BKI OBJEKTDATEN

Kosten abgerechneter Bauwerke

G7
Technische Gebäudeausrüstung

BKI Objektdaten:
Kosten abgerechneter Objekte und statistische Kostenkennwerte
G7 Technische Gebäudeausrüstung

BKI Baukosteninformationszentrum (Hrsg.)
Stuttgart: BKI, 2025

Mitarbeit:
Hannes Spielbauer (Geschäftsführer)
Brigitte Lechler (Prokuristin)
Dokumentation: Catrin Baumeister, Anna Bertling, Annette Dyckmans, Heike Elsäßer,
Sabine Egenberger, Foroogh Hemmati, Irmgard Schauer, Sibylle Vogelmann
Produktmanagement: Patrick Jeske
Endbearbeitung: Jeannette Sturm

Fachautoren:
Univ.-Prof. Dr.-Ing. Wolfdietrich Kalusche

Layout, Satz:
Marvin Bisceglie
Hans-Peter Freund
Thomas Fütterer

Fachliche Begleitung:
Beirat Baukosteninformationszentrum
Stephan Weber (Vorsitzender)
Markus Lehrmann (stellv. Vorsitzender)
Prof. Dr. Bert Bielefeld
Markus Fehrs
Andrea Geister-Herbolzheimer
Prof. Dr. Wolfdietrich Kalusche
David Meuer
Martin Müller
Markus Weise

Anschrift:
Seelbergstraße 4, 70372 Stuttgart
Kundenbetreuung: 0711 954 854-0
Baukosten-Hotline: 0711 954 854-41
Telefax: 0711 954 854-54
info@bki.de
www.bki.de

Titelabbildungen:
Bildungszentrum Holzbauberufe (4200-0039) Arch.: Lieb Architekten BDA; Freudenstadt; Fotograf: Daniel Vieser
Einfamilienhaus, Büro - Passivhaus (6100-1562) Arch.: Shakti Haus; Bad König; Fotograf: spectrum fotostudio
Wohnanlage (28 WE) (6200-0080) Arch.: eap Architekten Stadtplaner PartGmbH; München; Fotograf: Florian Schreiber

Vorwort

Die Planung der Baukosten ist eine wesentliche Leistung der Architekt*innen und Planer*innen mit gleicher Relevanz wie die räumliche, gestalterische oder konstruktive Planung. Kostenermittlungen in den verschiedenen Planungsphasen erfüllen eine Aufgabe mit besonderer Wichtigkeit. Sie dienen auch als Grundlage für weitergehende Leistungen, wie Kostenvergleiche, Kostenkontrolle und Kostensteuerung.

Kostenermittlungen sind meist nur so gut, wie die angewendeten Methoden. Das Baukosteninformationszentrum BKI wurde 1996 von den Architektenkammern aller Bundesländer gegründet, um aktuelle Daten bereitzustellen und zielführende Methoden zu entwickeln und zu vermitteln.

In der Fachbuchreihe BKI Objektdaten publiziert BKI einzelne Bauobjekte nach thematischen Gesichtspunkten. Das vorliegende Fachbuch BKI Objektdaten G7 „Technische Gebäudeausrüstung" beinhaltet die Erfahrungen von 50 abgerechneten Objekten. Einen Schwerpunkt bilden die Dokumentationen der Haustechnikanlagen von KfW-, Passiv- und weiteren Energieeffizienzhäusern. Die ausgewählten Objekte enthalten insbesondere energieeffiziente Gebäudetechnik, wie zum Beispiel zu Wärmepumpen, Solaranlagen und Pelletheizungen. Deren sorgfältig dokumentierten Kosten liefern wertvolle Unterstützung bei der wirtschaftlichen Planung in Bezug auf die gesetzlichen Anforderungen zur Verwendung von erneuerbaren Energien im Gebäudebereich.

Ein besonderer Vorteil der BKI-Dokumentationen liegt in den allgemeinen Objektbeschreibungen, den Beschreibungen der Einflussfaktoren auf die Kostenkennwerte wie auch die ausführlichen Beschreibungen der Kostengruppen. Fotos, Zeichnungen und übersichtlich dargestellte Flächenverhältnisse des Projektes bieten zusätzliche Informationen. Die Abbildung der Baukosten der ersten Ebene nach DIN 276 sorgt für zusätzliche Transparenz und beleuchtet die Kosten der TGA in ihrem baulichen Kontext zum gesamten Objekt. In den tieferen Ebenen nach DIN 276 findet eine detaillierte Darstellung der Kostenkennwerte für die Kostengruppe 400 - Technische Anlagen statt. Eine Besonderheit des BKI Objektdatenbandes G7 ist die grafische Aufbereitung der Kostengruppen der 2. Ebene an der Kostengruppe 400 Technische Anlagen. Komplettiert werden die Kostenangaben mit statistischen Kostenkennwerten der Kostengruppe 400 der BKI Gebäudearten des Neubaus, die gleichzeitig eine realistische Bandbreite (Von-, Mittel-, Bis-Werte) angeben. Statistische Kostenkennwerte der Elementarten und Positionen runden das Datenagebot ab.

Unser Dank gilt allen Architektur- und Ingenieurbüros sowie Bauherr*innen, die uns die Daten abgerechneter Objekte zur Verfügung gestellt haben. Wenn auch Sie zum Ausbau der BKI-Baukostendatenbanken beitragen und diese berufspolitische Gemeinschaftsaufgabe unterstützen möchten, finden Sie dazu unter www.bki.de nähere Informationen. Mit der Veröffentlichung interessanter Bauvorhaben in Publikationen des BKI zeigen Architekt*innen Kostenbewusstsein beim Planen und Bauen. Bewerbungsbögen zur Projektdokumentation für Ihre Projekte stellt BKI im Internet unter www.bki.de/objekt-veroeffentlichen.html zur Verfügung.

Besonderer Dank gilt auch den Mitglieder des Beirats für die fachliche Begleitung aller BKI-Entwicklungen. Für die Anwender*innen ist es von Vorteil, dass die Beiratsmitglieder in unterschiedlichen Funktionen als freie Architekt*innen, Projektsteuer*innen, Hochschullehrer*innen und in Führungspositionen von Architektenkammern tätig sind. Auch kommt den Veröffentlichungen sehr zugute, dass sowohl Beiratsmitglieder als auch Herausgeber aktiv an der Normungsarbeit mitwirken.

Wir wünschen allen Anwender*innen der Fachbuchreihe „BKI Objektdaten" viel Erfolg in allen Phasen der Kostenplanung und vor allem eine große Übereinstimmung zwischen geplanten und realisierten Baukosten im Sinne zufriedener Bauherr*innen. Anregungen und Kritik zur Verbesserung der BKI-Fachbücher sind uns jederzeit willkommen.

Hannes Spielbauer - Geschäftsführer
Brigitte Lechler - Prokuristin

Baukosteninformationszentrum
Deutscher Architektenkammern GmbH
Stuttgart, im März 2025

Inhalt	Seite

Benutzerhinweise

Einführung		9
Benutzerhinweise		9
Fotopräsentation der Objekte		12
Erläuterungen der Seitentypen (Musterseiten)		
	Objektübersicht	22
	Objektbeschreibung	24
	Planungskennwerte für Flächen und Rauminhalte DIN 277	26
	Kostenkennwerte 1. Ebene DIN 276	28
	Kostenkennwerte 2. und 3. Ebene DIN 276	30
	Kostenkennwerte für Leistungsbereiche nach STLB	32
	Kostenkennwerte für die Kostengruppe 400 der 3. Ebene DIN 276	34
	Gebäudearten-bezogene Kostenkennwerte 2. und 3. Ebene DIN 276	36
	Kostenkennwerte für Elementarten	38
	Positionen und Mustertexte	40
Fachartikel von Univ.-Prof. Dr.-Ing. Wolfdietrich Kalusche		
	„Die Kosten der Technischen Anlagen von Gebäuden im Wandel der Zeit"	44
Gliederung in Leistungsbereiche nach STLB Bau		60
Abkürzungsverzeichnis		61

Objektdaten

A	**Objektdokumentation, 1. und 2. Ebene**			
1	**Büro- und Verwaltungsgebäude**			
1200-0001	Gerichtsgebäude, Eingangsbereich	Modernisierung	3. Ebene	68
1300-0234	Bürogebäude (38 AP)		3. Ebene	76
1300-0283	Verwaltungsgebäude (34 AP)		3. Ebene	86
1300-0292	Landratsamt (136 AP), TG (19 STP)		3. Ebene	94
1300-0319	Amtsverwaltung (36 AP)		3. Ebene	104
2	**Gebäude für Forschung und Lehre**			
	(keine Objekte in Band G7)			
3	**Gebäude des Gesundheitswesens**			
	(keine Objekte in Band G7)			
4	**Schulen und Kindergärten**			
4100-0173	Ganztagesschule (9 Klassen, 225 Schüler)	Erweiterung	3. Ebene	114
4100-0194	Schule (12 Klassen, 336 Schüler)	Erweiterung	3. Ebene	124
4200-0039	Bildungszentrum Holzbauberufe (4 Klassen)		3. Ebene	134
4400-0322	Kindertagesstätte (4 Gruppen, 100 Kinder)		3. Ebene	144
4400-0333	Kindertagesstätte (3 Gruppen, 35 Kinder)		3. Ebene	154
4400-0334	Kindertagesstätte (8 Gruppen, 150 Kinder)		3. Ebene	162
4400-0356	Kindergarten (4 Gruppen, 112 Kinder), Wohnungen (4 WE)		3. Ebene	172
4400-0357	Kinderhaus (4 Gruppen, 74 Kinder)		3. Ebene	180
4400-0362	Kindertagesstätte (6 Gruppen, 124 Kinder)		3. Ebene	188

5	**Sportbauten**			
5100-0122	Sporthalle (Zweifeldhalle)	Modernisierung	3. Ebene	198
5100-0127	Sporthalle (Dreifeldhalle)		3. Ebene	208
5100-0128	Sporthalle (Einfeldhalle)		3. Ebene	218
5200-0012	Sportbadhalle	Erweiterung	3. Ebene	226
5200-0020	Badeanstalt		3. Ebene	236
5300-0016	Standbad, Gastronomie		3. Ebene	244
6	**Wohngebäude**			
6100-1355	Mehrfamilienhaus (17 WE)		3. Ebene	254
6100-1379	Wohn- und Geschäftshaus (1 WE)	Erweiterung	3. Ebene	262
6100-1384	Mehrfamilienhaus (3 WE)	Umbau	3. Ebene	272
6100-1393	Doppelhaushälfte (1 WE), Büro (2 AP)	Modernisierung	3. Ebene	280
6100-1394	Wohn- und Geschäftshaus (21 WE)	Umbau	3. Ebene	288
6100-1444	Einfamilienhaus, Garage (5 STP)		3. Ebene	298
6100-1494	Mehrfamilienhaus (53 WE), Ladengeschäfte, TG (13 STP)		3. Ebene	306
6100-1524	Mehrfamilienhaus (6 WE)		3. Ebene	314
6100-1559	Einfamilienhaus, Praxis - Passivhaus		3. Ebene	322
6100-1562	Einfamilienhaus, Büro - Passivhaus		3. Ebene	330
6100-1563	Ferienhaus (1 WE), Garage		3. Ebene	338
6100-1587	Mehrfamilienhaus (9 WE)		3. Ebene	346
6100-1593	Mehrfamilienhaus (3 WE)		3. Ebene	354
6100-1672	Einfamilienhaus		3. Ebene	362
6100-1690	Einfamilienhaus		3. Ebene	370
6100-1695	Mehrfamilienhaus (21 WE)		3. Ebene	378
6200-0080	Wohnanlage (28 WE), Inklusives Wohnen		3. Ebene	386
6200-0115	Hospiz (10 Betten)		3. Ebene	394
6400-0109	Kinder- und Jugendhaus		3. Ebene	404
6400-0112	Gemeindezentrum (80 Sitzplätze)		3. Ebene	412
6500-0051	Berufsschule (2.400 Schüler), Neubau Caféteria (100 Sitzplätze)	Modernisierung	3. Ebene	420
6600-0032	Hotel	Erweiterung	3. Ebene	430
7	**Gewerbegebäude**			
7100-0066	Produktionsgebäude, Büros (120 AP)		3. Ebene	442
7600-0078	Flughafenfeuerwehr (8 Fahrzeuge)	Erweiterung	3. Ebene	452
7800-0029	Fahrradparkhaus (200 STP)		3. Ebene	464
8	**Bauwerke für technische Zwecke** (keine Objekte in Band G7)			
9	**Kulturgebäude**			
9100-0155	Zweigbibliothek (150 Leseplätze, 12 AP)		3. Ebene	474
9100-0168	Schauspielhaus, Zweitspielstätte	Umbau	3. Ebene	484
9100-0169	Klosteranlage, Wissenschafts- und Studierzentrum	Modernisierung	3. Ebene	494
9100-0195	Speicherbibliothek, Universitätsarchiv		3. Ebene	506
9700-0028	Krematorium		3. Ebene	516

B Kosten der 3. Ebene DIN 276

400 Bauwerk – Technische Anlagen
410 Abwasser-, Wasser-, Gasanlagen 526
420 Wärmeversorgungsanlagen 549
430 Raumlufttechnische Anlagen 572
440 Elektrische Anlagen 585
450 Kommunikations-, sicherheits- und informationstechnische Anlagen 614
460 Förderanlagen 636
470 Nutzungsspezifische und verfahrenstechnische Anlagen 639
480 Gebäude- und Anlagenautomation 643
490 Sonstige Maßnahmen für technische Anlagen 654

Statistische Kostenkennwerte für Gebäudetechnik

C 2. Ebene DIN 276

400 Bauwerk – Technische Anlagen
410 Abwasser-, Wasser-, Gasanlagen 662
420 Wärmeversorgungsanlagen 664
430 Raumlufttechnische Anlagen 666
440 Elektrische Anlagen 668
450 Kommunikations-, sicherheits- und informationstechnische Anlagen 670
460 Förderanlagen 672
470 Nutzungsspezifische und verfahrenstechnische Anlagen 674
480 Gebäude- und Anlagenautomation 676
490 Sonstige Maßnahmen für technische Anlagen 678

D 3. Ebene DIN 276

410 Abwasser-, Wasser-, Gasanlagen
411 Abwasseranlagen 682
412 Wasseranlagen 684
413 Gasanlagen 686
419 Sonstiges zur KG 410 688

420 Wärmeversorgungsanlagen
421 Wärmeerzeugungsanlagen 690
422 Wärmeverteilnetze 692
423 Raumheizflächen 694
429 Sonstiges zur KG 420 696

430 Raumlufttechnische Anlagen
431 Lüftungsanlagen 698
432 Teilklimaanlagen 700
433 Klimaanlagen 702
434 Kälteanlagen 704

440 Elektrische Anlagen
442 Eigenstromversorgungsanlagen 706
443 Niederspannungsschaltanlagen 708
444 Niederspannungsinstallationsanlagen 710

440 Elektrische Anlagen (Fortsetzung)
445 Beleuchtungsanlagen 712
446 Blitzschutz- und Erdungsanlagen 714

450 Kommunikations-, sicherheits- und informationstechnische Anlagen
451 Telekommunikationsanlagen 716
452 Such- und Signalanlagen 718
453 Zeitdienstanlagen 720
454 Elektroakustische Anlagen 722
455 Audiovisuelle Medien- und Antennenanlagen 724
456 Gefahrenmelde- und Alarmanlagen 726
457 Datenübertragungsnetze 728

460 Förderanlagen
461 Aufzugsanlagen 730
465 Krananlagen 732

470 Nutzungsspezifische und verfahrenstechnische Anlagen
471 Küchentechnische Anlagen 734
473 Medienversorgungsanlagen, Medizin- und labortechnische Anlagen 736
474 Feuerlöschanlagen 738
475 Prozesswärme-, -kälte- und -luftanlagen 740
476 Weitere nutzungsspezifische Anlagen 742

480 Gebäude- und Anlagenautomation
481 Automationseinrichtungen 744
482 Schaltschränke, Automationsschwerpunkte 746
483 Automationsmanagement 748
484 Kabel, Leitungen und Verlegesysteme 750
485 Datenübertragungsnetze 752

490 Sonstige Maßnahmen für technische Anlagen
491 Baustelleneinrichtung 754
492 Gerüste 756
494 Abbruchmaßnahmen 758
495 Instandsetzungen 760
497 Zusätzliche Maßnahmen 762

E Elementarten - Neubau
410 Abwasser-, Wasser-, Gasanlagen 766
420 Wärmeversorgungsanlagen 774
430 Raumlufttechnische Anlagen 779
440 Elektrische Anlagen 780
450 Kommunikations-, sicherheits- und informationstechnische Anlagen 783
460 Förderanlagen 784

F Elementarten - Altbau
410 Abwasser-, Wasser-, Gasanlagen - Abbrechen 786
420 Wärmeversorgungsanlagen - Abbrechen 788

F Elementarten - Altbau (Fortsetzung)

410 Abwasser-, Wasser-, Gasanlagen - Herstellen 791
420 Wärmeversorgungsanlagen - Herstellen 799
430 Raumlufttechnische Anlagen - Herstellen 804
440 Elektrische Anlagen - Herstellen 805
460 Förderanlagen - Herstellen 808

G Kostenkennwerte für Positionen - Neubau

040 Wärmeversorgungsanlagen - Betriebseinrichtungen 810
041 Wärmeversorgungsanlagen - Leitungen, Armaturen, Heizflächen 840
042 Gas- und Wasseranlagen - Leitungen, Armaturen 878
044 Abwasseranlagen - Leitungen, Abläufe, Armaturen 890
045 Gas-, Wasser- und Entwässerungsanlagen - Ausstattung, Elemente, Fertigbäder 904
047 Dämm- und Brandschutzarbeiten an technischen Anlagen 918
053 Niederspannungsanlagen - Kabel / Leitungen, Verlegesysteme und Installationsgeräte 926
054 Niederspannungsanlagen - Verteilersysteme und Einbaugeräte 944
058 Leuchten und Lampen 948
061 Kommunikations- und Übertragungsnetze 952
063 Gefahrenmeldeanlagen 956
069 Aufzüge 962
075 Raumlufttechnische Anlagen 974

H Kostenkennwerte für Positionen - Altbau

340 Wärmeversorgungsanlagen - Betriebseinrichtungen 992
341 Wärmeversorgungsanlagen - Leitungen, Armaturen, Heizflächen 1008
342 Gas- und Wasseranlagen - Leitungen, Armaturen 1018
344 Abwasseranlagen - Leitungen, Abläufe, Armaturen 1022
345 Gas-, Wasser- und Entwässerungsanlagen - Ausstattung, Elemente, Fertigbäder 1026
347 Dämm- und Brandschutzarbeiten an technischen Anlagen 1038
353 Niederspannungsanlagen - Kabel / Leitungen, Verlegesysteme und Installationsgeräte 1048
358 Leuchten und Lampen 1056
363 Gefahrenmeldeanlagen 1060
369 Aufzüge 1066
375 Raumlufttechnische Anlagen 1076

Anhang

Verzeichnis der Architektur- und Planungsbüros 1092
Regionalfaktoren für Deutschland 1096
Regionalfaktoren für Österreich und den Europa-Raum 1100
Stichwortverzeichnis 1102

Einführung

In der Fachbuchreihe „BKI Objektdaten" werden für Kostenermittlungszwecke und Wirtschaftlichkeitsvergleiche bereits realisierte und vollständig abgerechnete Bauwerke aus allen Bundesländern veröffentlicht.

Mit diesem neuen Band BKI Objektdaten G7 setzt BKI innerhalb dieser Buchreihe einen Schwerpunkt. BKI entspricht damit einem vielfachen Wunsch der BKI Kunden, bestimmte Planungsaufgaben zu thematisieren. Das vorliegende Buch befasst sich schwerpunktmäßig mit der Planung von Technischen Anlagen eines Bauwerks. So werden in diesem Buch sowohl grobe statistische Kostenkennwerte für die Kostenplanung in den frühen Planungsphasen veröffentlicht als auch einzelne abgerechnete Kostendaten für differenziertere Kostenermittlungen.

Die Kostenkennwerte der Objekte dienen dazu, die Kosten von Bauprojekten im Vergleich mit den Kosten bereits realisierter Objekte zu ermitteln bzw. Kostenermittlungen mit büroeigenen Daten oder den Daten Dritter zu überprüfen, solange Kostenanschläge auf der Grundlage von Ausschreibungsergebnissen noch nicht vorliegen.

Unterstützt werden Kostenermittlungen nach DIN 276 in den frühen für die Kostenentwicklung eines Projektes aber entscheidenden Planungsphasen. Zugriff auf alle Einzelobjekte bietet auch die Software „BKI Kostenplaner".

Benutzerhinweise

1. Definitionen
Kostenkennwerte sind Werte, die das Verhältnis von Kosten bestimmter Kostengruppen nach DIN 276:2018-12 zu bestimmten Bezugseinheiten nach DIN 277:2021-08 darstellen.
Planungskennwerte im Sinne dieser Veröffentlichung sind Werte, die das Verhältnis bestimmter Flächen und Rauminhalte zur Nutzungsfläche (NUF) und Brutto-Grundfläche (BGF) darstellen, angegeben als Prozentsätze oder als Faktoren.

Positionen sind Teilleistungen eines gegliederten Leistungsverzeichnisses. Diese werden mit der Baubeschreibung für die Leistungsbeschreibung von Bauleistungen eingesetzt. BKI hat die Positionen als Mustertexte für die Ausschreibung mit Kurz- und Langtexte vorformuliert. Mit aktuellen Baupreisen pro definierter Einheit können diese mit entsprechenden Mengen für ein bepreistes LV eingesetzt werden. Die Baupreise werden aus abgerechneten und vergebenen Bauleistungen ermittelt.

Die Von-, Mittel-, Bis-Preise stellen dabei die übliche Bandbreite der Positionspreise dar. Minimal- und Maximalpreise bezeichnen die kleinsten und größten aufgetretenen Preise einer in der BKI-Positionsdatenbank dokumentierten Position. Sie stellen jedoch keine absolute Unter- oder Obergrenze dar.

2. Kostenstand und Umsatzsteuer
Kostenstand aller Kennwerte ist das 4. Quartal 2024. Maßgeblich für die Fortschreibung ist der Baupreisindex. Den vierteljährlich erscheinenden aktuellen Index können Sie im Internet unter **www.bki.de/baupreisindex** abrufen.

Die Umrechnung von Kostendaten dieses Buches wird durch ein Beispiel erläutert:
Ein Kostenkennwert von € 500,-/m² BGF mit dem Kostenstand 4. Quartal 2024 soll auf den Kostenstand 3. Quartal 2021 umgerechnet werden. Verwendet wird die Indexreihe mit dem Basisjahr 2021=100.

Index 4. Quartal 2024 (2021=100) = 130,8
Index 3. Quartal 2021 (2021=100) = 102,1

$$\frac{500{,}\text{- €/m}^2\text{ BGF} \times 102{,}1}{130{,}8} = 390{,}29\text{ €/m}^2\text{ BGF}$$

3. Datengrundlage - Haftung
Grundlage der Daten sind statistische Analysen abgerechneter Bauvorhaben. Die Daten wurden mit größtmöglicher Sorgfalt vom BKI bzw. seinen Dokumentationsstellen erhoben und zusammengestellt. Für die Richtigkeit, Aktualität und Vollständigkeit dieser Daten, Analysen und Tabellen übernimmt der Herausgeber keine Haftung, ebenso nicht für Druckfehler und fehlerhafte Angaben. Die Benutzung dieses Fachbuchs und die Umsetzung der darin erhaltenen Informationen erfolgen auf eigenes Risiko. Angesichts der vielfältigen Kosteneinflussfaktoren müssen Anwender*innen die genannten Orientierungswerte eigenverantwortlich prüfen und entsprechend dem jeweiligen Verwendungszweck anpassen.

4. Blatt-Typ Objektübersicht: Kostenkennwerte
Die jeder Objektdokumentation vorangestellten Kostenkennwerte €/m³ BRI, €/m² BGF und €/m² NUF beziehen sich auf die Kosten des Bauwerks (DIN 276: Summe Kostengruppe 300+400).

5. Kosteneinflüsse
Kosteneinflussgrößen sind beim Bauen von besonderer Bedeutung, da umwelt-, standort-, nutzer- und besonders herstellungs- sowie objektbedingte Faktoren eine erhebliche Relevanz aufweisen. Aus diesen Gründen ist eine genaue Anpassung der Kosten- und Planungskennwerte an die projektspezifisch unterschiedlichen Kosteneinflussgrößen erforderlich (siehe dazu BKI Handbuch Kostenplanung im Hochbau).

Die in der Reihe „BKI Baukosten" angebotenen statistischen Kostenkennwerte (Mittelwerte) sind auf der Grundlage mehrerer Objekte gebildet und können daher nicht über eine genaue Beschreibung der ausgeführten Maßnahmen verfügen. Das vorliegende Buch „BKI Objektdaten G7" bietet hingegen die Möglichkeit, einen Kostenwert durch die Beschreibung der ausgeführten Maßnahmen genau zu bewerten. Die Auswahl eines geeigneten Kostenkennwertes und ggf. eine projektspezifische Anpassung ist damit leichter möglich.

6. Regionalisierung der Daten
Grundlage der BKI Regionalfaktoren sind Daten aus der amtlichen Bautätigkeitsstatistik der statistischen Landesämter, eigene Berechnungen auch unter Verwendung von Schwerpunktpositionen und regionalen Umfragen. Zusätzlich wurden von BKI Verfahren entwickelt, um die Eingangsdaten auf Plausibilität prüfen und ggf. anpassen zu können. Auf der Grundlage dieser Berechnungen hat BKI einen bundesdeutschen Mittelwert gebildet. Anhand des Mittelwertes lassen sich die einzelnen Land- und Stadtkreise prozentual einordnen. Diese Prozentwerte wurden die Grundlage der BKI Deutschlandkarte mit „Regionalfaktoren für Deutschland".

Für die größeren Inseln Deutschlands wurden separate Regionalfaktoren ermittelt. Dazu wurde der zugehörige Landkreis in Festland und Inseln unterteilt. Alle Inseln eines Landkreises erhalten durch dieses Verfahren den gleichen Regionalfaktor. Der Regionalfaktor des Festlandes enthält keine Inseln mehr und ist daher gegenüber früheren Ausgaben verringert.

Die Kosten der Objekte der BKI Datenbanken wurden auf den Bundesdurchschnitt umgerechnet. Für die Anwender*in bedeutet die Umrechnung der Daten auf den Bundesdurchschnitt, dass einzelne Kostenkennwerte oder das Ergebnis einer Kostenermittlung mit dem Regionalfaktor des Standorts des geplanten Objekts multipliziert werden können.

Die BKI Stadt-/Landkreisfaktoren befinden sich im Anhang des Buchs.

7. Ausführungsdauer
Die Ausführungsdauer pro Leistungsposition wurde aus unterschiedlichen Literaturquellen recherchiert und dann über unsere Baupreisdokumentation fachkundig angepasst. Die Ausführungsdauer ist somit kein Wert welcher sich direkt aus den BKI-Dokumentationen ergibt, sondern einer der auch über Recherchen und Plausibilitätsprüfungen ermittelt wurde. Er soll eine Orientierung für die Dauer der Arbeitsleistung und durch Verrechnung mit Ausführungsmengen die Grundlage für die Terminplanung schaffen.

8. Urheberrechte
Alle Entwürfe, Zeichnungen und Fotos der uns zur Verfügung gestellten Objekte sind urheberrechtlich geschützt. Die Urheberrechte liegen bei den jeweiligen Büros bzw. Personen.

Fotopräsentation der Objekte

Fotopräsentation der Objekte

1200-0001 Gerichtsgebäude - Eingangsbereich Modernisierung — Seite 68

FRANKE Architektur I Innenarchitektur
Düren

1300-0234 Bürogebäude (38 AP) — Seite 76

Sturm und Wartzeck GmbH Architekten BDA
Innenarchitekten, Dipperz

1300-0283 Verwaltungsgebäude (34 AP) — Seite 86

Peter Alt Architekten Stadtplaner
Saarbrücken

1300-0292 Landratsamt (136 AP), TG (19 STP) — Seite 94

ArGe Gurland+Seher+Rapp Architekten
Biberach a.d. Riss und Ulm

1300-0319 Amtsverwaltung (36 AP) — Seite 104

Planungsring Mumm + Partner GbR
Treia

4100-0173 Ganztagesschule (9 Klassen, 225 Schüler) Erweiterung — Seite 114

Architekten_FSB
Bremen

4100-0194 Schule (12 Klassen, 336 Schüler) Seite 124
Erweiterung

Bosse Westphal Schäffer Architekten
Winsen/Luhe

4200-0039 Bildungszentrum Holzbauberufe (4 Klassen)
Seite 134

Lieb Architekten BDA
Freudenstadt

4400-0322 Kindertagesstätte (4 Gruppen, 100 Kinder)
Seite 144

Werkgruppe Freiburg Miller & Glos Part mbB
Freie Architekten, Freiburg

4400-0333 Kindertagesstätte (3 Gruppen, 35 Kinder)
Seite 154

Wolfgang Helmle Freier Architekt
Ellwangen

4400-0334 Kindertagesstätte (8 Gruppen, 150 Kinder)
Seite 162

Dipl.-Ing. (FH) Christian Gerhardy Stadtverwaltung
Wittlich, Wittlich

4400-0356 Kindergarten (4 Gr, 112 Ki), Wohnungen (4 WE)
Seite 172

goldbrunner + hrycyk architekten
München

© Sebastian Schels

4400-0357 Kinderhaus (4 Gruppen, 74 Kinder) Seite 180

goldbrunner + hrycyk architekten
München

© Simon Sommer

4400-0362 Kindertagesstätte (6 Gruppen, 124 Kinder) Seite 188

härtner ito architekten PartGmbB
Stuttgart

© Katharina Jaeger

5100-0122 Sporthalle (Zweifeldhalle) Seite 198
Modernisierung

Pahl + Weber-Pahl, Darmstadt und
KM architekten bda, Kassel

© Olaf Mahlstedt

5100-0127 Sporthalle (Dreifeldhalle) Seite 208

MRO Partnerschaft mbB Architekt Kahnert, Beratender Ingenieur Martens, Oldenburg

© JF ARCHITEKTEN UND STADTPLANER

5100-0128 Sporthalle (Einfeldhalle) Seite 218

JF ARCHITEKTEN UND STADTPLANER Fuchs und
Dycker PartG mbB BDA, Husum

© Architekten Contor Voigt

5200-0012 Sportbadhalle Seite 226
Erweiterung

Architekten Contor Voigt
Itzehoe

5200-0020 Badeanstalt Seite 236

⌂ Sabine Reimann Dipl. Ing. Architektin
Wesenberg

5300-0016 Strandbad, Gastronomie Seite 244

⌂ architekturbüro bielke und struve partgmbb
Eutin

6100-1355 Mehrfamilienhaus (17 WE) Seite 254

⌂ EBERT ARCHITEKTUR
Hamburg

6100-1379 Wohn- und Geschäftshaus (1 WE) Seite 262
Erweiterung

⌂ BAUatelier Deutscher
Dresden

6100-1384 Mehrfamilienhaus (3 WE) Seite 272
Umbau

⌂ bromsky Architekten Liebscher Streb PartGmbH
Berlin

6100-1393 Doppelhaushälfte (1 WE), Büro (2 AP)
Modernisierung Seite 280

⌂ Bialon ADK
Kirchheim unter Teck

6100-1394 Wohn- und Geschäftshaus (21 WE) Seite 288
Umbau

AFS - Architekturbüro Frank Sieber
Ranis

6100-1444 Einfamilienhaus, Garage (5 STP) Seite 298

HOLON ARCHITEKTEN
Hamburg

6100-1494 Mehrfamilienhaus (53 WE), TG (13 STP) Seite 306

Sommer + Sommer Architekten BDA
Berlin

6100-1524 Mehrfamilienhaus (6 WE) Seite 314

Augustin + Imkamp freie Architekten GbR
Leipzig

6100-1559 Einfamilienhaus, Praxis - Passivhaus Seite 322

messmerarchitektur gmbh
Wehingen

6100-1562 Einfamilienhaus, Büro - Passivhaus Seite 330

Shakti Haus
Bad König

6100-1563 Ferienhaus (1 WE), Garage Seite 338

meyer-bassin und partner freie architekten bda
Dresden

6100-1587 Mehrfamilienhaus (9 WE) Seite 346

Plan-R-Architektenbüro Martin Brüdigam
Hamburg

6100-1593 Mehrfamilienhaus (3 WE) Seite 354

bonfanti ARCHITEKTEN Anke und Ralph Bonfanti
Wiehl-Weiershagen

6100-1672 Einfamilienhaus Seite 362

brack architekten
Kempten

6100-1690 Einfamilienhaus Seite 370

wening.architekten
Groß Glienicke

6100-1695 Mehrfamilienhaus (21 WE) Seite 378

a hoch i netzwerk Lisa Groß
Dillingen

© Florian Schreiber

6200-0080 Wohnanlage (28 WE), Inklusives Wohnen
Seite 386

eap Architekten Stadtplaner PartGmbH
München

© Daniel Schvarcz

6200-0115 Hospiz (10 Betten) Seite 394

Sweco GmbH
München

© IPROconsult GmbH

6400-0109 Kinder- und Jugendhaus Seite 404

IPROconsult GmbH
Dresden

© Sebastian Thiemann

6400-0112 Gemeindezentrum (80 Sitzplätze) Seite 412

Architekturbüro Thiemann
Hersbruck

© westform architekten

6500-0051 Berufsschule, Caféteria (100 Sitzplätze)
Modernisierung Seite 420

westform architekten
Alsdorf

© haukehille.com

6600-0032 Hotel Seite 430
Erweiterung

architekturbüro bielke und struve partgmbb
Eutin

7100-0066 Produktionsgebäude, Büro (120 AP) Seite 442

Johannes Schneider Architekt BDA
Bremen

7600-0078 Flughafenfeuerwehr (8 Fahrzeuge) Seite 452
Erweiterung

Gössler Kinz Kerber Schippmann Architekten
PartG mbB, Hamburg

7800-0029 Fahrradparkhaus (200 STP) Seite 464

HJPplaner
Aachen

9100-0155 Zweigbibliothek (150 Leseplätze, 12 AP) Seite 474

Eßmann | Gärtner | Nieper Architekten GbR
Leipzig

9100-0168 Schauspielhaus, Zweitspielstätte Seite 484
Umbau

Eßmann | Gärtner | Nieper Architekten GbR
Leipzig

9100-0169 Klosteranlage, Wissenschafts- u. Studierzentrum
Modernisierung Seite 494

IPROconsult GmbH
Dresden

9100-0195 Speicherbibliothek Seite 506

Humboldtuniversität LPH 1-4 Schmidtmann und Gölling mbH LPH 5-8, Berlin

9700-0028 Krematorium Seite 516

Amt für Gebäudewirtschaft und Hochbau T. Walderich B.A. Architekt, Villingen-Schwenningen

Erläuterungen

(1) 1300-0283
Verwaltungsgebäude
(34 AP)

(2)

Kostenkennwerte für die Kosten des Bauwerks (Kostengruppen 300+400 nach DIN 276)

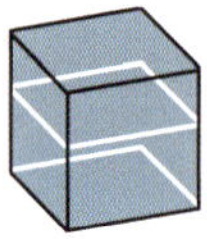

BRI 1.123 €/m³

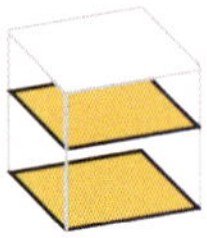

BGF 3.904 €/m²

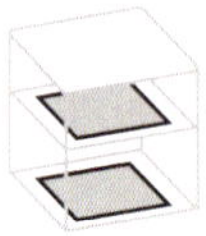

NUF 7.141 €/m²

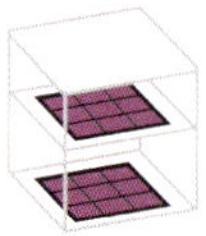

NE 172.516 €/NE

NE: Arbeitsplätze

(3)

Objekt:

a) Kennwerte: 3. Ebene DIN 276
b) BRI: 5.224 m³
BGF: 1.502 m²
NUF: 821 m²
c) Bauzeit: 122 Wochen
d) Bauende: 2019
e) Standard: mittel
f) Bundesland: Saarland
Kreis: Saarbrücken, Regionalverband

(4)

Architekt*in:

Peter Alt
Architekten Stadtplaner
Eschberger Weg 1
66121 Saarbrücken

(5)

© Peter Alt Architekten Stadtplaner

© Peter Alt Architekten Stadtplaner

© Peter Alt Architekten Stadtplaner

Kostenstand: 4. Quartal 2024, Bundesdurchschnitt, **inkl. 19% MwSt.**

(6)

Erläuterungen nebenstehender Beispielseite

Alle Kosten und Kostenkennwerte mit Mehrwertsteuer. Kostenstand 4. Quartal 2024
Kosten und Kostenkennwerte umgerechnet auf den Bundesdurchschnitt.

Objektübersicht

(1)
BKI-Objektnummer und -bezeichnung

(2)
Kostenkennwerte für Bauwerkskosten (Kostengruppe 300+400 nach DIN 276) bezogen auf:
- BRI: Brutto-Rauminhalt (DIN 277)
- BGF: Brutto-Grundfläche (DIN 277)
- NUF: Nutzungsfläche (DIN 277)
- NE: Nutzeinheiten (z. B. Betten bei Heimen, Stellplätze bei Garagen)
  Wohnfläche nach der Wohnflächenverordnung WoFlV, nur bei Wohngebäuden

(3)
a) „Kennwerte" gibt die Kostengliederungstiefe nach DIN 276 an. Die BKI Objekte sind unterschiedlich detailliert dokumentiert: Eine Kurzdokumentation enthält Kosteninformationen bis zur 1. Ebene DIN 276, eine Grobdokumentation bis zur 2. Ebene DIN 276 und eine Langdokumentation bis zur 3. Ebene
b) Angaben zu BRI, BGF und NUF
c) Angaben zur Bauzeit
d) Angaben zum Bauenede
e) Angaben zum Standard
f) Angaben zum Kreis, Bundesland

(4)
Planendes und/oder ausführendes Architektur- oder Planungsbüro, sowie teilweise Angaben zum Bauherrn.

(5)
Abbildungen des Objekts

(6)
Anzeige des Kostenstands

Objektbeschreibung

Allgemeine Objektinformationen

Das neue Verwaltungsgebäude dient als Ergänzungsbau eines bereits auf dem Werksgelände stehenden Gebäudes. Es hat auf allen Ebenen einen direkten Zugang zum Bestandsgebäude erhalten. Der viergeschossige Neubau verfügt über eine markante Auskragung der beiden oberen Geschosse über dem Eingangsbereich.

Nutzung

1 Untergeschoss
Haustechnik, Archiv

1 Erdgeschoss
Foyer, Kundenberatung, Büros

3 Obergeschosse
Büros, Sitzungsraum

Nutzeinheiten

Arbeitsplätze: 34

Grundstück

Bauraum: Beengter Bauraum
Neigung: Geneigtes Gelände
Bodenklasse: BK 1 bis BK 6

Markt

Hauptvergabezeit: 2. Quartal 2017
Baubeginn: 2. Quartal 2017
Bauende: 4. Quartal 2019
Konjunkturelle Gesamtlage: Durchschnitt
Regionaler Baumarkt: über Durchschnitt

Baukonstruktion

Das voll unterkellerte Bauwerk wurde in Anlehnung an den Bestand als Stahlbetonkonstruktion errichtet. Die einzigen tragenden Teile der Außenwände sind Stahlbetonstützen in den durchgehenden Fensterbändern. Die massiven Innenwände entlang des Flurs besitzen vorgerichtete Türöffnungen. Daher ist die Einteilung des Bürobereichs durch Ständerwände innerhalb des Rasters flexibel. Für die Fassade wurde eine Pfosten-Riegelkonstruktion gewählt. Die Stahlbetonbrüstungsbereiche sind mit Mineralwolle und schaumgefüllten Paneelen bekleidet. Die gesamte Fassade wurde abschließend mit einem Alublech überzogen, um die Pfosten, Riegel und Füllungen zu verdecken und eine einheitliche, glatte Oberfläche herzustellen.

Technische Anlagen

Die Beheizung erfolgt über eine Fernwärmezentrale, die alle Gebäude auf dem Gelände versorgt. Der Neubau ist mit einer eigenständigen **Lüftungsanlage** mit **Bauteilaktivierung** sowie einer eigenen Elektroverteilung ausgestattet. Auf dem Dach wurde eine **Photovoltaikanlage** installiert.

Energetische Kennwerte

Gesetzliche Grundlage: EnEV 2013
Gebäudenutzfläche: 892,00 m^2
Gebäudevolumen: 3.378,69 m^3
Hüllfläche des beheizten Volumens: 1.605,89 m^2
Mittlerer U-Wert (opake Bauteile): 0,19 W/(m^2·K)
Mittlerer U-Wert (transparente Bauteile): 1,00 W/(m^2·K)
Spez. Jahresprimärenergiebedarf: 147,20 kWh/(m^2·a)

Erläuterungen nebenstehender Tabellen und Abbildungen

Objektbeschreibung

①
Objektbeschreibung mit:
- Allgemeine Objektinformationen
- Angaben zur Nutzung
- Nutzeinheiten
- Grundstück
- Markt
- Baukonstruktion
- Technische Anlagen
- Sonstiges

②
Gebäudetechnisch besonders relevante Baumaßnahmen sind durch **Fettdruck** hervorgehoben.

③
- Energetische Kennwerte:
Die Angaben stammen aus dem Energieausweis (EnEV / GEG), bzw. der Energiebedarfsberechnung oder aus dem Passivhausprojektierungspaket (PHPP). Die Werte unterscheiden sich aufgrund unterschiedlicher Rechenverfahren. Die Zielsetzung bundesweit vergleichbarer Ergebnisse bedingt bei der EnEV / GEG bundesweit einheitliche Klimadaten und weitere einheitliche Randbedingungen. Das PHPP Verfahren verfolgt das Ziel, den späteren Energieverbrauch möglichst genau zu prognostizieren. Es berücksichtigt daher individuelle Klimadaten und Randbedingungen und bezieht mehr energetisch wirksame Faktoren mit ein.

Planungskennwerte für Flächen und Rauminhalte nach DIN 277

(1)

Flächen des Grundstücks		Menge Einheit	% an GF
BF	Bebaute Fläche	2.193,35 m²	38,2
UF	Unbebaute Fläche	3.546,65 m²	61,8
GF	Grundstücksfläche	5.740,00 m²	100,0

(2)

Grundflächen des Bauwerks		Menge Einheit	% an NUF	% an BGF
NUF	Nutzungsfläche	821,40 m²	100,0	54,7
TF	Technikfläche	95,15 m²	11,6	6,3
VF	Verkehrsfläche	342,78 m²	41,7	22,8
NRF	Netto-Raumfläche	1.259,33 m²	153,3	83,8
KGF	Konstruktions-Grundfläche	243,07 m²	29,6	16,2
BGF	Brutto-Grundfläche	1.502,40 m²	182,9	100,0

(3)

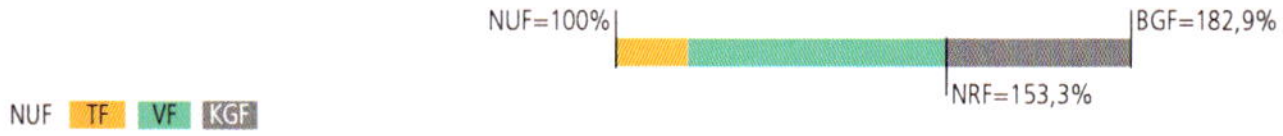

(4)

Brutto-Rauminhalt des Bauwerks		Menge Einheit	BRI/NUF (m)	BRI/BGF (m)
BRI	Brutto-Rauminhalt	5.223,84 m³	6,36	3,48

(5)

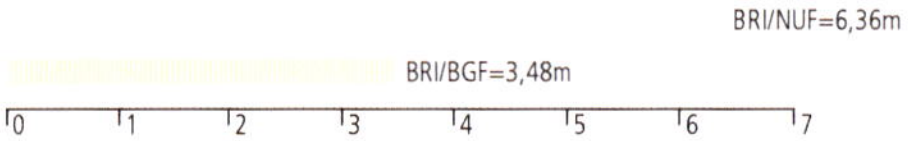

Prozentualer Anteil der Kostengruppen der 2. Ebene an der Kostengruppe 400 nach DIN 276

(6)

KG	Kostengruppen (2. Ebene)
410	Abwasser-, Wasser-, Gasanlagen
420	Wärmeversorgungsanlagen
430	Raumlufttechnische Anlagen
440	Elektrische Anlagen
450	Kommunikationstechnische Anlagen
460	Förderanlagen
470	Nutzungsspez. u. verfahrenstechn. Anl.
480	Gebäude- und Anlagenautomation
490	Sonst. Maßnahmen für techn. Anlagen

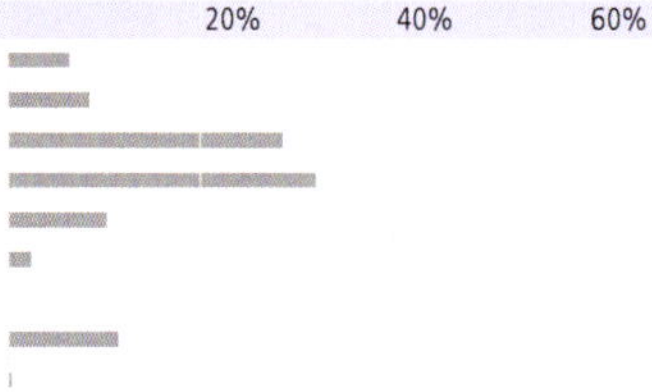

Ranking der Kostengruppen der 3. Ebene an der Kostengruppe 400 nach DIN 276

(7)

KG	Kostengruppen (3. Ebene)	% an KG 400	KG	Kostengruppen (3. Ebene)	% an KG 400
431	Lüftungsanlagen	28,6	412	Wasseranlagen	3,8
444	Niederspannungsinstallationsanlagen	18,5	483	Automationsmanagement	3,5
481	Automationseinrichtungen	6,9	423	Raumheizflächen	2,6
445	Beleuchtungsanlagen	6,6	461	Aufzugsanlagen	2,4
442	Eigenstromversorgungsanlagen	5,7	411	Abwasseranlagen	2,0
422	Wärmeverteilnetze	5,5	446	Blitzschutz- und Erdungsanlagen	1,3
457	Datenübertragungsnetze	5,4	419	Sonstiges zur KG 410	0,6
456	Gefahrenmelde- und Alarmanlagen	4,8	482	Schaltschränke, Automation	0,6

Kostenstand: 4. Quartal 2024, Bundesdurchschnitt, **inkl. 19% MwSt.**

Erläuterungen nebenstehender Planungskennwerte- und Baukostentabellen

Planungskennwerte für Flächen und Rauminhalte nach DIN 277

In Ergänzung der Kostenkennwerttabellen werden für jedes Objekt Planungskennwerte angegeben, die zur Überprüfung der Vergleichbarkeit des Objekts mit der geplanten Baumaßnahme dienen.
Ein Planungskennwert im Sinne dieser Veröffentlichung ist ein Wert, der das Verhältnis bestimmter Flächen und Rauminhalte zur Nutzungsfläche (NUF) und Brutto-Grundfläche (BGF) darstellt, angegeben als Prozentwert oder als Faktor (Mengenverhältnis).

①
Bebaute und unbebaute Flächen des Grundstücks sowie deren Verhältnis in Prozent zur Grundstücksfläche (GF).

②
Grundflächen im Verhältnis zur Nutzungsfläche (NUF = 100%) und Brutto-Grundfläche (BGF = 100%) in Prozent.

③
Grafische Darstellung der Grundflächen im Verhältnis zur Nutzungsfläche (NUF = 100%)

④
Verhältnis von Brutto-Rauminhalt (BRI) zur Nutzungsfläche (NUF) und Brutto-Grundfläche (BGF), (BRI / BGF = mittlere Geschosshöhe), angegeben als Faktor (in Meter).

⑤
Grafische Darstellung der Verhältnisse Brutto-Rauminhalt (BRI) zur Nutzungsfläche (NUF = 100%) und Brutto-Grundfläche (BGF); (BRI / BGF = mittlere Geschosshöhe), angegeben als Faktor (in Meter).

Kostenanalysen für die Kostengruppen der 2. und 3. Ebene an der KG 400

⑥
Prozentualer Anteil:
Die grafische Darstellung verdeutlicht, welchen durchschnittlichen Anteil die Kostengruppen der 2. Ebene DIN 276 an den Kosten Bauwerk - Technische Anlagen (KG 400) haben. Für Kostenermittlungen werden die kostenplanerisch besonders relevanten Kostengruppen sofort erkennbar. Bei der Aufsummierung aller Prozentanteile der Kostengruppen sind Abweichungen zu 100% rundungsbedingt.

⑦
In der Tabelle werden die Prozentwerte der Kosten der 3. Ebene an den Kosten der KG 400 angegeben. Durch die absteigende Sortierung ist schnell ersichtlich in welchen Kostengruppen die meisten Kosten aufgewendet wurden.

1300-0283
Verwaltungsgebäude
(34 AP)

1

2

3

Kostenkennwerte für die Kostengruppen der 1. Ebene DIN 276

KG	Kostengruppen (1. Ebene)	Einheit	Kosten €	€/Einheit	€/m² BGF	€/m³ BRI	% 300+400
100	Grundstück	m² GF	–	–	–	–	–
200	Vorbereitende Maßnahmen	m² GF	22.468	3,91	14,95	4,30	0,4
300	Bauwerk – Baukonstruktionen	m² BGF	4.300.437	2.862,38	2.862,38	823,23	73,3
400	Bauwerk – Technische Anlagen	m² BGF	1.565.102	1.041,73	1.041,73	299,61	26,7
	Bauwerk 300+400	**m² BGF**	**5.865.539**	**3.904,11**	**3.904,11**	**1.122,84**	**100,0**
500	Außenanlagen und Freiflächen	m² AF	164.795	46,46	109,69	31,55	2,8
600	Ausstattung und Kunstwerke	m² BGF	20.185	13,44	13,44	3,86	0,3
700	Baunebenkosten	m² BGF	–	–	–	–	–
800	Finanzierung	m² BGF	–	–	–	–	–

KG	Kostengruppe	Menge Einheit	Kosten €	€/Einheit	%
200	**Vorbereitende Maßnahmen**	5.740,00 m² GF	22.468	**3,91**	0,4
	Oberbodenarbeiten, Verbundsteine aufnehmen, lagern, Unterbau aufnehmen, Kanalrohre, Wasserleitungen, Betonrandsteine ausbauen; Entsorgung, Deponiegebühren				
3+4	**Bauwerk**				**100,0**
300	**Bauwerk – Baukonstruktionen**	1.502,40 m² BGF	4.300.437	**2.862,38**	73,3
	Stb-Bodenplatte, Bohrpfähle, Dämmung, Estrich, Epoxidharzbeschichtung, Natursteinplatten; Stb-Wände, Stb-Stützen, Beschichtung, Wandfliesen, Pfosten-Riegelfassade, Alufenster, Außenraffstores; GK-Wände, Porenbetonwände, Holztüren, mobile Trennwand, WC-Trennwände; Stb-Decken, Stb-Treppen, Linoleum, Bodenfliesen, GK-Decken, Alu-Rasterdecken; Stb-Flachdach, Flachdachausstieg, Dämmung, Dachabdichtung, Dachentwässerung; Trennwandschrank				
400	**Bauwerk – Technische Anlagen**	1.502,40 m² BGF	1.565.102	**1.041,73**	26,7
	Gebäudeentwässerung, Kalt- und Warmwasserleitungen, Sanitärobjekte; Inbetriebnahme Fernheizanlage, Heizungsleitungen, Plattenwärmekörper, Flachheizkörper; Lüftungsgeräte mit **WRG**, Lüftungskanäle; **Photovoltaikanlage**, Elektroinstallation, Beleuchtung, Fundamenterder; **Brandmeldeanlage**, Datenverkabelung; Rollstuhlhebebühne; **Gebäudeautomation**				
500	**Außenanlagen und Freiflächen**	3.546,65 m² AF	164.795	**46,46**	2,8
	Rohrgrabenaushub; Pflasterbeläge, Stützwände; Oberflächenentwässerung, Zisternen, Regenwasserversorgungsanlage; Beleuchtung; Abbruch Revisionsschächte; Entsorgung, Deponiegebühren				
600	**Ausstattung und Kunstwerke**	1.502,40 m² BGF	20.185	**13,44**	0,3
	Sanitärausstattung				

Kostenstand: 4. Quartal 2024, Bundesdurchschnitt, **inkl. 19% MwSt.**

Erläuterung nebenstehender Baukostentabelle

Alle Kostenkennwerte enthalten die Mehrwertsteuer. Kostenstand: 4. Quartal 2024
Kosten und Kostenkennwerte umgerechnet auf den Bundesdurchschnitt

Kostenkennwerte für die Kostengruppen der 1. Ebene DIN 276

①
Kostenübersicht, Kostenkennwerte in €/Einheit, €/m² BGF und €/m³ BRI für die Kostengruppen der 1. Ebene DIN 276. Anteil der jeweiligen Kostengruppe in Prozent an den Bauwerkskosten (Spalte: % 300+400).
Die Bezugseinheiten der Kostenkennwerte entsprechen der DIN 276:2018-12: Mengen und Bezugseinheiten.

②
Codierung und Bezeichnung der Ausführung zur Kostengruppe entsprechend der 1. Ebene nach DIN 276

③
Abgerechnete Leistungen zu dokumentierten Objekten mit BKI Objektnummer, Beschreibung, Menge, Einheit, Kosten, Kostenkennwert bezogen auf die Kostengruppeneinheit oder alternativ bezogen auf die übergeordnete Einheit.

Bei den Mengen handelt es sich um ausgeführte Mengen.

1300-0283
Verwaltungsgebäude
(34 AP)

1

2

Kostenkennwerte für die Kostengruppen 400 der 2. und 3.Ebene DIN 276 (Übersicht)

KG	Kostengruppe	Menge Einheit	Kosten €	€/Einheit	%
410	**Abwasser-, Wasser-, Gasanlagen**	**1.502,40 m² BGF**	**100.910,11**	**67,17**	**6,4**
411	Abwasseranlagen	1.502,40 m² BGF	31.861,89	21,21	2,0
412	Wasseranlagen	1.502,40 m² BGF	59.312,57	39,48	3,8
419	Sonstiges zur KG 410	1.502,40 m² BGF	9.735,65	6,48	0,6
420	**Wärmeversorgungsanlagen**	**1.502,40 m² BGF**	**131.424,64**	**87,48**	**8,4**
421	Wärmeerzeugungsanlagen	1.502,40 m² BGF	5.019,21	3,34	0,3
422	Wärmeverteilnetze	1.502,40 m² BGF	86.258,58	57,41	5,5
423	Raumheizflächen	1.502,40 m² BGF	40.146,85	26,72	2,6
430	**Raumlufttechnische Anlagen**	**1.502,40 m² BGF**	**447.806,09**	**298,06**	**28,6**
431	Lüftungsanlagen	1.502,40 m² BGF	447.806,09	298,06	28,6
440	**Elektrische Anlagen**	**1.502,40 m² BGF**	**502.234,35**	**334,29**	**32,1**
442	Eigenstromversorgungsanlagen	1.502,40 m² BGF	89.513,19	59,58	5,7
444	Niederspannungsinstallationsanlagen	1.502,40 m² BGF	289.214,59	192,50	18,5
445	Beleuchtungsanlagen	1.502,40 m² BGF	103.385,91	68,81	6,6
446	Blitzschutz- und Erdungsanlagen	1.502,40 m² BGF	20.120,66	13,39	1,3
450	**Kommunikationstechnische Anlagen**	**1.502,40 m² BGF**	**159.539,77**	**106,19**	**10,2**
456	Gefahrenmelde- und Alarmanlagen	1.502,40 m² BGF	74.977,84	49,91	4,8
457	Datenübertragungsnetze	1.502,40 m² BGF	84.561,93	56,28	5,4
460	**Förderanlagen**	**1.502,40 m² BGF**	**38.177,80**	**25,41**	**2,4**
461	Aufzugsanlagen	1.502,40 m² BGF	38.177,80	25,41	2,4
480	**Gebäude- und Anlagenautomation**	**1.502,40 m² BGF**	**178.518,52**	**118,82**	**11,4**
481	Automationseinrichtungen	1.502,40 m² BGF	107.411,31	71,49	6,9
482	Schaltschränke, Automation	1.502,40 m² BGF	9.977,89	6,64	0,6
483	Automationsmanagement	1.502,40 m² BGF	54.042,15	35,97	3,5
484	Kabel, Leitungen und Verlegesysteme	1.502,40 m² BGF	7.087,17	4,72	0,5
490	**Sonst. Maßnahmen für techn. Anlagen**	**1.502,40 m² BGF**	**6.491,13**	**4,32**	**0,4**
491	Baustelleneinrichtung	1.502,40 m² BGF	6.491,13	4,32	0,4

Kostenstand: 4.Quartal 2024, Bundesdurchschnitt, inkl. 19% MwSt.

Erläuterung nebenstehender Baukostentabelle

Alle Kostenkennwerte enthalten die Mehrwertsteuer. Kostenstand: 4. Quartal 2024
Kosten und Kostenkennwerte umgerechnet auf den Bundesdurchschnitt

Kostenkennwerte für Kostengruppen der 2. und 3. Ebene DIN 276

(1)
Codierung und Bezeichnung der Kostengruppe entsprechend der 2. und 3. Ebene nach DIN 276

(2)
Abgerechneten Leistungen mit Menge, Einheit, Kostenkennwert in Euro pro Einheit, Kosten in Euro und prozentualer Anteil an der Kostengruppe 400 DIN 276

Kostenkennwerte für Leistungsbereiche nach STLB (Kosten KG 400 nach DIN 276)

	LB	Leistungsbereiche	Kosten €	€/m²BGF	€/m³BRI	% an 400
	040	Wärmeversorgungsanlagen - Betriebseinrichtungen	–	–	–	–
	041	Wärmeversorgungsanlagen - Leitungen, Armaturen, Heizflächen	118.337	78,80	22,70	7,6
	042	Gas- und Wasseranlagen - Leitungen, Armaturen	22.811	15,20	4,40	1,5
(1)	043	Druckrohrleitungen für Gas, Wasser und Abwasser	251	0,17	0,05	< 0,1
	044	Abwasseranlagen - Leitungen, Abläufe, Armaturen	23.600	15,70	4,50	1,5
	045	Gas-, Wasser- und Entwässerungsanlagen - Ausstattung, Elemente, Fertigbäder	34.723	23,10	6,60	2,2
	046	GWE; Betriebseinrichtungen	–	–	–	–
	047	Dämm- und Brandschutzarbeiten an technischen Anlagen	54.932	36,60	10,50	3,5
	049	Feuerlöschanlagen, Feuerlöschgeräte	–	–	–	–
	050	Blitzschutz- / Erdungsanlagen, Überspannungsschutz	20.117	13,40	3,90	1,3
	051	Kabelleitungstiefbauarbeiten	–	–	–	–
	052	Mittelspannungsanlagen	–	–	–	–
	053	Niederspannungsanlagen - Kabel / Leitungen, Verlegesysteme, Installationsgeräte	290.560	193,40	55,60	18,6
	054	Niederspannungsanlagen - Verteilersysteme und Einbaugeräte	89.505	59,60	17,10	5,7
	055	Sicherheits- und Ersatzstromversorgungsanlagen	–	–	–	–
	057	Gebäudesystemtechnik	–	–	–	–
	058	Leuchten und Lampen	103.383	68,80	19,80	6,6
	059	Sicherheitsbeleuchtungsanlagen	–	–	–	–
	060	Sprech-, Ruf-, Antennenempfangs-, Uhren- und elektroakustische Anlagen	–	–	–	–
	061	Kommunikations- und Übertragungsnetze	84.535	56,30	16,20	5,4
	062	Kommunikationsanlagen	–	–	–	–
	063	Gefahrenmeldeanlagen	71.961	47,90	13,80	4,6
	064	Zutrittskontroll-, Zeiterfassungssysteme	–	–	–	–
	069	Aufzüge	38.178	25,40	7,30	2,4
	070	Gebäudeautomation	178.482	118,80	34,20	11,4
	075	Raumlufttechnische Anlagen	417.344	277,80	79,90	26,7
	078	Kälteanlagen für raumlufttechnische Anlagen	–	–	–	–
(2)		**Gebäudetechnik**	**1.548.720**	**1.030,80**	**296,50**	**99,0**
(3)		**Sonstige Leistungsbereiche**	**16.135**	**10,70**	**3,10**	**1,0**

Kostenstand: 4. Quartal 2024, Bundesdurchschnitt, **inkl. 19% MwSt.**

Erläuterung nebenstehender Baukostentabelle

Alle Kostenkennwerte enthalten die Mehrwertsteuer. Kostenstand: 4. Quartal 2024
Kosten und Kostenkennwerte umgerechnet auf den Bundesdurchschnitt.

Kostenkennwerte für Leistungsbereiche nach STLB

①
LB-Nummer nach Standardleistungsbuch (STLB).
Bezeichnung des Leistungsbereichs (zum Teil abgekürzt).

Kosten und Kostenkennwerte je Leistungsbereich in €/m² Brutto-Grundfläche und €/m³ Brutto-Rauminhalt (BGF und BRI nach DIN 277). Anteil der jeweiligen Leistungsbereiche in Prozent an den Kosten der Technischen Anlagen (KG 400).

②
Kostenkennwerte und Prozentanteile für „Leistungsbereichspakete" als Zusammenfassung bestimmter Leistungsbereiche. Leistungsbereiche mit relativ geringem Kostenanteil wurden in Einzelfällen mit anderen Leistungsbereichen zusammengefasst.
Beispiel:
LB 000 Baustelleneinrichtung zusammengefasst mit
LB 001 Gerüstarbeiten (Angabe: inkl. 001).

③
Ergänzende, den o.g. STLB-Leistungsbereichen nicht zuzuordnende Leistungsbereiche.

3

Kostenkennwerte für die Kostengruppen 400 der 3.Ebene DIN 276

KG	Kostengruppe	Menge Einheit	Kosten €	€/Einheit	%
431	**Lüftungsanlagen**				
	1200-0001 Gerichtsgebäude - Eingangsbereich				
	• Herstellen (Kosten: 100,0%)	136,87 m²BGF	25.831	**188,73**	70,6
	Zu- und Abluftgerät 450m³/h, mit WRG (1St), Wickelfalzrohre DN100-150, Formstücke, Dämmung (42m), Schalldämpfer DN200 (4St), Brandschutzklappen DN160 (4St), Lüftungsgitter (2St), Wetterschutzgitter (2St), Kanalrauchmelder (1St), Kernbohrungen (psch)				
	1300-0234 Bürogebäude (38 AP)	1.224,00 m²BGF	136.339	**111,39**	78,9
	Kompaktlüftungsgerät mit Wärmerückgewinnung, Wärmetauscher, Volumenstrom 3.800m³/h (1St), Wickelfalzrohre DN100-200, Formstücke, Rohrdämmung (246m), Rechteckkanäle, Stahl, b=50cm, Dämmung (242m²), Alu-Flexrohre DN100-200, Formstücke (12m), Auswertemodul (1St), Kanalrauchmelder (2St), Kleinlüfter 60/30m³/h (2St), Deckendrallauslässe (3St), Tellerventile (53St), Decken-Impulsauslässe (20St), Volumenstromregler (15St), Brandschutzklappen (17St), Schalldämpfer (34St)				
	1300-0283 Verwaltungsgebäude (34 AP)	1.502,40 m²BGF	447.806	**298,06**	100,0
	Lüftungsgeräte mit WRG, 15.000m³/h (1St), Alurohr DN60-100, Formstücke, Rohrdämmung (1.101m), Wickelfalzrohre DN100-150, Rohrdämmung (303m), Rechteckkanäle, Formstücke, Dämmung (296m²), Dichtmanschetten (1.129St), Brandschutzklappen (8St), Schalldämpfer (66St), Deckendrall-Luftdurchlässe (75St), Volumenstromregler (221St), Ventilatoreinsätze (12St), Sattelstutzen (235St), Lüftungsturm (1St), Alu-Kühlrohrauflagen (2.520St), Dachhauben (3St)				
	1300-0292 Landratsamt (136 AP), TG (19 STP)	4.569,26 m²BGF	7.758	**1,70**	0,7
	Zu-/Abluftgerät, Volumenstrom 32-160m³/h, mit WRG, Deckenmontage (1St), Bedienteil (1St), Wickelfalzrohre DN100, Formstücke (13m), Brandschutzklappe (1St), Wetterschutzgitter (1St)				
	1300-0319 Amtsverwaltung (36 AP)	1.790,04 m²BGF	240.481	**134,34**	84,2
	Kompaktlüftungsgeräte mit WRG, Volumenstrom 1.100m³/h (3St), 500m³/h, dezentral (3St), 185-235m³/h, Wandmontage, Vorheizung, Bedienelement (2St), Motorabsperrklappen (6St), Nachheizregister (6St), CO_2-Fühler (9St), Kondensatpumpen (8St), Stahl-Rechteckkanäle, Formstücke, Dämmung (141m²), Wickelfalzrohre DN80-315, Formstücke, Rohrdämmung (59m), Stahl-Ovalrohre, Formstücke, Rohrdämmung (54m), Alu-Flexrohre DN80-250 (18m), Brandschotts (7St), Schalldämpfer (38St), Dralldurchlässe (14St), Luftventile (14St), Lüftungsgitter (3St), Wetterschutzgitter (13St), Fassadenauslässe (4St), Dachhauben (4St), Einzelraumlüfter (11St)				

1

2

Kostenstand: 4.Quartal 2024, Bundesdurchschnitt, **inkl. 19% MwSt.**

Erläuterung nebenstehender Beispielseite

Alle Kosten und Kostenkennwerte mit Mehrwertsteuer. Kostenstand 4. Quartal 2024
Kosten und Kostenkennwerte umgerechnet auf den Bundesdurchschnitt.

Kostenkennwerte für die Kostengruppe 400 der 3. Ebene DIN 276

①
Codierung und Bezeichnung zur Kostengruppe entsprechend der 3. Ebene nach DIN 276

②
Abgerechnete Leistungen zu im Teil A dokumentierten Objekten mit BKI Objektnummer, Beschreibung, Menge, Einheit, Kosten in Euro, Kostenkennwert in Euro bezogen auf m^2 BGF.

③
Prozentualer Anteil an der Kostengruppe 400 DIN 276

1 2 3 4

430 Raumlufttechnische Anlagen

Kosten:
Stand 4. Quartal 2024
Bundesdurchschnitt
inkl. 19% MwSt.

Einheit: m²
Brutto-Grundfläche (BGF)

Gebäudeart	▷	€/Einheit	◁	KG an 400
1 Büro- und Verwaltungsgebäude				
Büro- und Verwaltungsgebäude, einfacher Standard	2,00	**4,90**	11,00	1,0%
Büro- und Verwaltungsgebäude, mittlerer Standard	25,00	**95,00**	180,00	11,9%
Büro- und Verwaltungsgebäude, hoher Standard	92,00	**178,00**	291,00	16,5%
Büro- und Verwaltungsgebäude, Holzbauweise	40,00	**127,00**	213,00	19,0%
2 Gebäude für Forschung und Lehre				
Instituts- und Laborgebäude	401,00	**616,00**	1.183,00	39,4%
3 Gebäude des Gesundheitswesens				
Medizinische Einrichtungen	12,00	**135,00**	213,00	16,5%
Pflegeheime	77,00	**145,00**	198,00	15,8%
Gebäude für Erholungszwecke	21,00	**91,00**	223,00	3,9%
4 Schulen und Kindergärten				
Schulen				
Allgemeinbildende Schulen	22,00	**93,00**	181,00	11,9%
Schulen, Holzbauweise	11,00	**76,00**	150,00	10,3%
Berufliche Schulen	66,00	**116,00**	150,00	12,7%
Förder- und Sonderschulen	19,00	**39,00**	79,00	6,3%
Weiterbildungseinrichtungen	42,00	**74,00**	103,00	11,5%
Kindergärten				
Kindergärten, nicht unterkellert, einfacher Standard	13,00	**48,00**	68,00	10,5%
Kindergärten, nicht unterkellert, mittlerer Standard	17,00	**85,00**	201,00	8,8%
Kindergärten, nicht unterkellert, hoher Standard	31,00	**81,00**	124,00	14,2%
Kindergärten, Holzbauweise, nicht unterkellert	33,00	**77,00**	135,00	9,7%
Kindergärten, unterkellert	4,70	**76,00**	147,00	13,1%

431 Lüftungsanlagen

Kosten:
Stand 4. Quartal 2024
Bundesdurchschnitt
inkl. 19% MwSt.

Einheit: m²
Brutto-Grundfläche (BGF)

Gebäudeart	▷	€/Einheit	◁	KG an 400
1 Büro- und Verwaltungsgebäude				
Büro- und Verwaltungsgebäude, einfacher Standard	1,90	**2,00**	2,10	0,5%
Büro- und Verwaltungsgebäude, mittlerer Standard	16,00	**73,00**	160,00	7,9%
Büro- und Verwaltungsgebäude, hoher Standard	21,00	**85,00**	159,00	7,1%
Büro- und Verwaltungsgebäude, Holzbauweise	5,60	**67,00**	139,00	13,0%
2 Gebäude für Forschung und Lehre				
Instituts- und Laborgebäude	149,00	**298,00**	384,00	20,3%
3 Gebäude des Gesundheitswesens				
Medizinische Einrichtungen	–	**11,00**	–	0,7%
Pflegeheime	59,00	**119,00**	168,00	11,0%
Gebäude für Erholungszwecke	19,00	**72,00**	167,00	3,3%
4 Schulen und Kindergärten				
Schulen				
Allgemeinbildende Schulen	22,00	**92,00**	179,00	11,8%
Schulen, Holzbauweise	11,00	**76,00**	150,00	10,3%
Berufliche Schulen	51,00	**70,00**	89,00	4,8%
Förder- und Sonderschulen	15,00	**24,00**	37,00	4,3%
Weiterbildungseinrichtungen	74,00	**94,00**	115,00	9,6%
Kindergärten				
Kindergärten, nicht unterkellert, einfacher Standard	13,00	**48,00**	68,00	10,5%
Kindergärten, nicht unterkellert, mittlerer Standard	17,00	**85,00**	201,00	8,8%
Kindergärten, nicht unterkellert, hoher Standard	23,00	**81,00**	129,00	12,9%
Kindergärten, Holzbauweise, nicht unterkellert	33,00	**77,00**	135,00	9,7%
Kindergärten, unterkellert	4,70	**76,00**	147,00	13,1%

Erläuterung nebenstehender Beispielseite

Alle Kosten und Kostenkennwerte mit Mehrwertsteuer. Kostenstand 4. Quartal 2024
Kosten und Kostenkennwerte umgerechnet auf den Bundesdurchschnitt.

Gebäudearten-bezogene Kostenkennwerte für die Kostengruppen der 2.-3. Ebene DIN 276

①

Ordnungszahl und Bezeichnung der Kostengruppe nach DIN 276:2018-12. Einheit und Mengenbezeichnung der Bezugseinheit nach DIN 276:2018-12, auf die die Kostenkennwerte in der Spalte „€/Einheit" bezogen sind.

DIN 276:2018-12: Mengen und Bezugseinheiten

②

Bezeichnung der Gebäudearten, gegliedert nach der Bauwerksartensystematik der BKI-Baukostendatenbanken.

③

Kostenkennwerte für die jeweilige Gebäudeart und die jeweilige Kostengruppe (Bauelement) mit Angabe von Mittelwert (Spalte: €/Einheit) und Streubereich (Spalten: von-/bis-Werte unter Berücksichtigung der Standardabweichung).
Bei Gebäudearten mit noch schmaler Datenbasis wird nur der Mittelwert angegeben. Insbesondere in diesen Fällen wird empfohlen, die Kosten projektbezogen über Ausführungsarten bzw. positionsweise zu ermitteln.

④

Durchschnittlicher Anteil der Kosten der jeweiligen Kostengruppe in Prozent der Kosten für Technische Anlagen (Kostengruppe 400 nach DIN 276 = 100%).

1 2 3 4 5

431
Lüftungsanlagen

KG.OZ		▷	€/Einheit	◁	LB an EA
431.20	**Abluftanlagen**				
01	**Lüftungsgerät, Abluft, bis 100m³/h, mit Luftleitungsanschluss** Einheit: St Lüftungsgerät 075 Raumlufttechnische Anlagen	408,00	**423,00**	456,00	100,0%
431.30	**Wärmerückgewinnungsanlagen**				
01	**Lüftungsgerät, dezentral, WRG, bis 100m³/h, mit Außenwanddurchlass** Einheit: St Anlage 075 Raumlufttechnische Anlagen	2.981,00	**3.372,00**	3.882,00	100,0%
02	**Lüftungsgerät, dezentral, WRG, bis 200m³/h, mit Luftleitungsanschluss, Schalldämpfer** Einheit: St Anlage 075 Raumlufttechnische Anlagen	6.576,00	**7.370,00**	8.421,00	100,0%

Kosten:
Stand 4.Quartal 2024
Bundesdurchschnitt
inkl. 19% MwSt.

▷ von
Ø Mittel
◁ bis

Erläuterung nebenstehender Beispielseite

Alle Kosten und Kostenkennwerte mit Mehrwertsteuer. Kostenstand 4. Quartal 2024
Kosten und Kostenkennwerte umgerechnet auf den Bundesdurchschnitt.

Elementarten

(1)

Ordnungszahl und Bezeichnung der Kostengruppe nach DIN 276:2018-12.

(2)

Ordnungszahl (5-stellig) für Elementarten (EA), darin bedeutet:
KG Kostengruppe 3. Ebene DIN 276 (Bauelement): 3-stellige Ordnungszahl
OZ Ordnungsstruktur und Ordnungszahl: jeweils 2-stellige

(3)

Angaben zu Elementarten in der Reihenfolge von oben nach unten
- Bezeichnung der Gliederungsstruktur
- Beschreibung der Elementart
- Einheit und Mengenbezeichnung der Bezugseinheit, auf die die Kostenkennwerte in der Spalte „€/Einheit" bezogen sind (je nach Elementart ggf. unterschiedliche Bezugseinheiten!)
- Ordnungszahl und Bezeichnung der Leistungsbereiche (nach STLB), die im Regelfall bei der Ausführung der jeweiligen Elementart beteiligt sind.

(4)

Kostenkennwerte für die jeweiligen Elementarten mit Angabe von Mittelwert (Spalte: €/Einheit) und Streubereich (Spalten: von-/bis-Werte unter Berücksichtigung der Standardabweichung).

(5)

Anteil der Leistungsbereiche in Prozent der Kosten für die jeweilige Elementart (Kosten EA = 100%) als Orientierungswert für die Überführung in eine vergabeorientierte Kostengliederung. Je nach Einzelfall und Vergabepraxis können ggf. auch andere Leistungsbereiche beteiligt sein und die Prozentanteile von den Orientierungswerten entsprechend abweichen.

(1) (2)

LB 040 Wärmeversorgungsanlagen - Betriebseinrichtungen

Wärmeversorgungsanlagen - Betriebseinrichtungen — **Preise €**

Nr.	Positionen	Einheit	▶	▷	ø brutto € / ø netto €	◁	◀
1	Gas-Brennwerttherme, Wand, bis 15kW	St	5.390	6.658	**7.356**	8.508	10.164
			4.530	5.595	**6.181**	7.150	8.541
2	Gas-Brennwerttherme, Wand, 15 bis 25kW	St	6.364	7.796	**8.946**	9.521	11.205
			5.348	6.551	**7.518**	8.001	9.416
3	Gas-Brennwerttherme, Wand, 25 bis 50kW	St	6.515	9.480	**10.540**	12.414	15.072
			5.475	7.967	**8.857**	10.432	12.666
4	Gas-Brennwertkessel, bis 25kW	St	5.910	7.410	**8.231**	8.983	11.078
			4.967	6.227	**6.917**	7.549	9.310
5	Gas-Brennwertkessel, 25 bis 50kW	St	6.657	8.394	**9.218**	10.089	11.849
			5.594	7.054	**7.746**	8.478	9.957
6	Gas-Brennwertkessel, 50 bis 70kW	St	9.563	11.447	**12.817**	15.719	16.828
			8.036	9.619	**10.771**	13.209	14.141
7	Gas-Brennwertkessel, 70 bis 150kW	St	10.379	12.973	**14.113**	16.059	19.695
			8.722	10.902	**11.859**	13.495	16.551
8	Gas-Brennwertkessel, 150 bis 225kW	St	16.235	19.676	**20.230**	24.367	29.238
			13.643	16.534	**17.000**	20.476	24.570

040

Kosten:
Stand 4. Quartal 2024
Bundesdurchschnitt

Nr. **Kurztext** / Langtext — Kostengruppe

▶ ▷ **ø netto €** ◁ ◀ [Einheit] Ausf.-Dauer Positionsnummer

A 1 Gas-Brennwerttherme, Wand — Beschreibung für Pos. **1-3**

Brennwerttherme, für geschlossene Heizungsanlage, wandhängende Montage, einschl. sicherheitstechnischer Einrichtungen, mit MSR in digitaler Ausführung; einschl. interner Verdrahtung.
Betriebsmittel: Erdgas

1 Gas-Brennwerttherme, Wand, bis 15kW — KG **421**

Wie Ausführungsbeschreibung A 1
Kesselkörper: **Edelstahl / Aluminium**
Erdgas: **E / L / Flüssiggas / Bioerdgas**
Wärmeleistung: bis 15 kW, modulierend 30-100%
Auslegungsvorlauftemperatur: **bis 75 / 85**°C
Max. zulässiger Betriebsdruck: **4 / 6 / 10** bar
Heizmedium: Wasser
Norm-Nutzungsgrad bei 40/30°C: **102 / über 108%** (bezogen auf den unteren Heizwert)

4.530€ 5.595€ **6.181€** 7.150€ 8.541€ [St] ⏱ 3,80h/St 040.000.085

(3)

▶ min
▷ von
ø Mittel
◁ bis
◀ max

(4)

2 Gas-Brennwerttherme, Wand, 15 bis 25kW — KG **421**

Wie Ausführungsbeschreibung A 1
Kesselkörper: **Edelstahl / Aluminium**
Erdgas: **E / L / Flüssiggas / Bioerdgas**
Wärmeleistung: 15-25 kW, modulierend 30-100%
Auslegungsvorlauftemperatur: **bis 75 / 85**°C
Max. zulässiger Betriebsdruck: **4 / 6 / 10** bar
Heizmedium: Wasser
Norm-Nutzungsgrad bei 40/30°C: **102 / über 108%** (bezogen auf den unteren Heizwert)

(5)

5.348€ 6.551€ **7.518€** 8.001€ 9.416€ [St] ⏱ 3,80h/St 040.000.035

© **BKI** Baukosteninformationszentrum
Mustertexte geprüft: Zentralverband Sanitär Heizung Klima (ZVSHK)

Kostenstand: 4. Quartal 2024, Bundesdurchschnitt

(6) (7) (8)

Erläuterung nebenstehender Tabelle

Alle Kostenkennwerte werden mit und ohne Mehrwertsteuer dargestellt.
Kostenstand: 4. Quartal 2024
Kosten und Kostenkennwerte umgerechnet auf den Bundesdurchschnitt.

Positionen und Mustertexte

(1)

Leistungsbereichs-Titel

(2)

Datentabelle mit Angabe:
- der Bauleistungen als Kurztext
- der Einheit
- Minimal-Wert, von-Wert, Mittelwert, bis-Wert und Maximalwert

Angaben jeweils mit MwSt. (1. Zeile) und ohne MwSt. (2. Zeile).
Gerundete Werte bis 10€ Nettosumme.
Die Ordnungsziffer verweist auf den zugehörigen Langtext.

(3)

Kostengruppen nach DIN 276. Die Angaben sind bei der Anwendung zu prüfen, da diese teilweise auf Positionsebene nicht zweifelsfrei zugeordnet werden können.

(4)

Ordnungsziffer für den Bezug zur Datentabelle. Mit A bezifferte Positionen sind Beschreibungen für die entsprechenden Folgepositionen.

(5)

Mustertexte als produktneutraler Positionstext für die Ausschreibung. Die durch Fettdruck hervorgehobenen bzw. mit Punktierung gekennzeichneten Textpassagen müssen in der Ausschreibung ausgewählt bzw. eingetragen werden um eindeutig kalkulierbar zu sein.

(6)

Abrechnungseinheit der Leistungspositionen

(7)

Ausführungsdauer der Leistung pro Stunde für die Terminplanung

(8)

Positionsnummer als ID-Kennung für das Auffinden des Datensatzes in elektronischen Medien

Die Kosten der Technischen Anlagen von Gebäuden im Wandel der Zeit

von Univ.-Prof. Dr.-Ing. Wolfdietrich Kalusche

Die Kosten der Technischen Anlagen von Gebäuden im Wandel der Zeit

ein Beitrag von Wolfdietrich Kalusche

Vorbemerkung

„Nichts ist beständiger als der Wandel."
Das trifft auch auf die Anforderungen an Gebäude zu. Hierbei handelt es sich einerseits um Gesetze, Verordnungen sowie Normen und andererseits um unterschiedlichste Nutzeranforderungen. Zur Erfüllung der Anforderungen dienen unter anderem Technische Anlagen in Gebäuden. Deren Anteil an den Bauwerkskosten nimmt in den letzten Jahren teilweise deutlich zu.

Die vorliegende Untersuchung soll folgende Fragen beantworten:

1. Nimmt der Anteil der Technischen Anlagen an den Bauwerkskosten grundsätzlich oder bei bestimmten Gebäudearten zu?
2. Sind auch die Technikflächen betroffen?
3. Was sollen Auftraggebende beim Aufstellen eines Kostenrahmens beachten?
4. Worauf ist bei der wirtschaftlichen Planung von Gebäuden zu achten?
5. Ist die Koordination der an der Planung fachlich Beteiligten durch Architekt*innen betroffen?

Für die Beantwortung vor allem der ersten Fragestellung liegen unter anderem Planungs- und Kostenwerte von Gebäuden aus den Jahren 1998 und 2024 vor.

1. Untersuchung der Anteile der Technischen Anlagen an den Bauwerkskosten

Das Baukosteninformationszentrum Deutscher Architektenkammern (BKI) bietet unter anderem statistische Kostenkennwerte, Planungskennwerte und Werte zu Bauzeiten von Gebäuden (Neubauten) an, die für Kostenermittlungen in den frühen Leistungsphasen und weitere Ermittlungen besonders geeignet sind. Ein Schwerpunkt sind Kostenkennwerte zu den Bauwerkskosten (KG 300+400) einer Vielzahl von Gebäudearten.

Vergleichende Untersuchungen der Kosten von Technischen Anlagen als Teil der Bauwerkskosten zeigen, dass diese sich je nach Gebäudeart deutlich unterscheiden und sich zudem in den letzten 26 Jahren unterschiedlich entwickelt haben. Die folgenden zwei Beispiele machen dies deutlich.

Beispiel 1: Lagergebäude ohne Mischnutzung (7700)

Es liegen im Jahr 2024 für diese Gebäudeart 19 Vergleichsobjekte vor. Die Anteile der Kosten von Technischen Anlagen an den Bauwerkskosten variieren von 5,0 % bis 30,4 %. Unterschiede bestehen besonders bei den Wärmeversorgungsanlagen (KG 420), den Raumlufttechnischen Anlagen (KG 430) sowie den Nutzungsspezifischen und verfahrenstechnischen Anlagen (KG 470).
[BKI Baukosten 2024 Neubau, Statistische Kostenkennwerte für Gebäude 2024, S. 887]

Anmerkung: Die oben genannten Technischen Anlagen wurden seinerzeit als Wärmeversorgungsanlagen (KG 420), Lufttechnische Anlagen (KG 430) und Nutzungsspezifische Anlagen (KG 470) bezeichnet. [vgl. DIN 276:1993-06]

Beispiel 2: Feuerwehrhäuser (7600)

Es liegen im Jahr 2024 für diese Gebäudeart 37 Vergleichsobjekte vor. Im Zeitraum von 1998 bis 2024 sind die Anteile der Kosten von Technischen Anlagen an den Bauwerkskosten durchschnittlich von 17,8 % auf 25,9 % gestiegen. Das ist eine erhebliche Steigerung. Dabei sind vor allem Zunahmen bei den elektrischen Anlagen (KG 440), den Kommunikationsanlagen (KG 450) und den Nutzungsspezifischen und verfahrenstechnischen Anlagen (KG 470) festzustellen.
[BKI Baukosten 1998, Teil 1: Kostenkennwerte für Gebäude 1998, S. 185]
[BKI Baukosten 2024 Neubau, Statistische Kostenkennwerte für Gebäude 2024, S. 939]

Anmerkung: Die oben genannten Technischen Anlagen wurden zuvor als Starkstromanlagen (KG 440), Fernmeldeanlagen (KG 450) und Nutzungsspezifische Anlagen (KG 470) unterschieden bzw. bezeichnet. [vgl. DIN 276:1993-06].

Wenn für eine Gebäudeart wie die Lagergebäude ohne Mischnutzung, insgesamt 19 Vergleichsobjekte vorliegen, kann davon ausgegangen werden, dass die Anforderungen an diese eine Gebäudeart und damit deren Eigenschaften zum Teil sehr unterschiedlich sind. Das betrifft weniger die Baukonstruktionen als die Technischen Anlagen, in diesem Fall besonders die bauklimatischen Eigenschaften. In der jeweiligen Beschreibung der Objekte werden unterschiedliche Lagergüter angegeben. Es werden zum Beispiel genannt: Streugut bzw. Streusalz einer Straßenmeisterei, Landmaschinen, Lebensmittel, Tiefkühlwaren. So unterschiedlich wie die Lagergüter sind, so unterschiedlich können auch die Gebäude sein. Darauf ist bei der Auswahl von Vergleichsobjekten zu achten.

Bei den Planungs- und Kostenkennwerten – wie auch den Bauzeiten – handelt es sich um statistische Werte, die nach Gebäudearten und teilweise nach Standards, nach Konstruktionsweisen, nach Größe des Gebäudes oder der Anzahl der Nutzeinheiten, z.B. Wohneinheiten, unterschieden werden.

Jedes Jahr kommen zahlreiche neue Vergleichsobjekte hinzu und andere werden herausgenommen. Damit verändern sich auch die Planungskennwerte und die Bauzeiten entsprechend den Entwicklungen im Bauwesen. Auch beim Vergleich der anteiligen Kosten der Technischen Anlagen an den Bauwerkskosten – gemessen in Prozent – können Veränderungen festgestellt werden. Diese sind Gegenstand der vorliegenden Untersuchung.

Für die jeweiligen Anteile der Kosten von Technischen Anlagen an den Bauwerkskosten liegen für alle Gebäudearten Kostenkennwerte vor. Dabei handelt es sich zunächst um Mittelwerte, z.B. 39,1 % bei den Instituts- und Laborgebäuden (Stand 2024).
[BKI Baukosten 2024 Neubau, Statistische Kostenkennwerte für Gebäude 2024, S. 213]

Beim Vergleich der Kennwerte wird deutlich, wie unterschiedlich diese je nach Gebäudeart sind. Weiterhin hat sich in den zurückliegenden 26 Jahren bei einigen Gebäudearten der Anteil der Kosten der Technischen Anlagen an den Bauwerkskosten kaum verändert, bei anderen hat er dagegen deutlich zugenommen.

Die dokumentierten Vergleichsobjekte werden in Gebäudearten unterschieden. Ein wesentlicher Gesichtspunkt dafür ist der Nutzungszweck, z.B. Schule. Liegt eine große Anzahl von Vergleichsobjekten gleichen Nutzungszwecks vor, z.B. 100 Schulen, werden diese nach weiteren Gesichtspunkten aufgeteilt, z.B. der Schulart: Allgemeinbildende Schulen, Berufsschulen, Förder- und Sonderschulen.

Eine weitere Möglichkeit der Unterscheidung von Vergleichsobjekten, z.B. Wohngebäuden, ist die Bauweise, z.B. freistehende Einfamilienhäuser, Doppelhäuser, Reihenhäuser. Unterschieden werden Nutzungsarten auch nach Standards, z.B. einfach, mittel, hoch, oder danach, ob sie unterkellert oder nicht unterkellert sind.

Seit drei Jahren werden zudem Holzbauten, in Abgrenzung zu Massivbauten, als Gebäudearten ausgewiesen. Je nach Gebäudeart kann festgestellt werden, dass sich sowohl die Grundflächen und Rauminhalte, die Bauwerkskosten, die Bauzeiten und daraus gebildete Planungskennwerte und Kostenkennwerte unterscheiden. Das gilt auch für den Anteil der Kosten Technischer Anlagen an den Bauwerkskosten.

Im Jahr 1998 reichten für die Dokumentation der Vergleichsobjekte noch rund 50 Gebäudearten aus. Aufgrund der Zunahme der Vergleichsobjekte auf über 4.000 ist die Zahl der Gebäudearten deutlich gewachsen, es sind inzwischen rund 86 Neubaugebäudearten. Vereinzelt sind zudem auch deren Bezeichnungen verändert worden.

Für die vorliegende Untersuchung wurden diejenigen Gebäudearten für den Vergleich der Anteile der Kosten von Technischen Anlagen an den Bauwerkskosten ausgewählt, bei denen
- eine überdurchschnittlich große Zahl von Vergleichsobjekten vorliegt, z.B. Büro- und Verwaltungsgebäude,
- Technische Anlagen für die Nutzung grundsätzlich erforderlich sind, z.B. Instituts- und Laborgebäude.

Bislang nicht enthalten sind nach der Auswahl Gebäudearten, bei denen
- die Vergleichsobjekte der Gebäudeart sehr unterschiedlich sind, z.B. Hoch- und Tiefgaragen,
- Gebäude mit Mischnutzung, z.B. Wohnhäuser mit Mischnutzung.

Grundlage sind zunächst die statistischen Verhältniswerte in der ersten Ebene der Kostengliederung der DIN 276. Betrachtet werden die Kosten der Technischen Anlagen (KG 400) im Verhältnis zu den Bauwerkskosten (KG 300+400) in Prozent.

Untersuchung von Gebäudearten in der ersten Ebene der Kostengliederung

Unter den genannten Gesichtspunkten werden zwölf Gebäudearten bzw. Gruppen von Gebäudearten in der ersten Ebene der Kostengliederung in Bezug auf die Technischen Anlagen verglichen. Es handelt sich dabei um (aktuelle Bezeichnung und Ordnungsnummer):
- Büro- und Verwaltungsgebäude (1300)
- Instituts- und Laborgebäude (2200, 7100)
- Schulen (4100, 4200, 4300)
- Kindergärten (4400)
- Sportbauten (5100, 5200)
- Wohngebäude (6100) – Ein- und Zweifamilienhäuser
- Wohngebäude (6100) – Doppel- und Reihenhäuser
- Wohngebäude (6100) – Mehrfamilienhäuser
- Gaststätten, Kantinen, Mensen (6500)
- Betriebs- und Werkstätten (7300)
- Feuerwehrhäuser (7600)
- Lagergebäude (7700)

→ **Tabelle 01** zeigt die Anteile der Kosten von Technischen Anlagen an den Bauwerkskosten der ausgewählten Gebäude bzw. Gruppen von Gebäudearten in den Jahren 1998 und 2024.

Anmerkung: Zu Auswahl und Zusammensetzung der Vergleichsobjekte siehe Anhang.

Bei fast allen Gebäudearten, die ausgewählt wurden, ist ein Anstieg der anteiligen Kosten der Technischen Anlagen an den Bauwerkskosten festzustellen. Ausnahmen sind lediglich die Sportbauten und die Betriebs- und Werkstätten. Mittlere Zunahmen zeigen sich bei Büro- und Verwaltungsgebäuden und bei einem Teil der Wohngebäude (Ein- und Zweifamilienhäusern, Doppel- und Reihenhäusern). Als hoch werden die Zunahmen bei den Instituts- und Laborgebäuden, den Schulen und den Mehrfamilienhäusern bewertet. Sehr hoch ist die Zunahme bei den Kindergärten und den Feuerwehrhäusern. Für die letzten beiden Gruppen (hoch, sehr hoch) werden die Technischen Anlagen in der zweiten Ebene der Kostengliederung (KG 410 bis KG 480) vertieft untersucht.

Untersuchung von Gebäudearten in der zweiten Ebene der Kostengliederung

Die zweite Ebene der Kostengliederung der Technischen Anlagen (KG 400) bildet die Anlagengruppen ab. Diese dienen auch der Unterscheidung von Leistungsbildern in der Honorarordnung für Architekten und Ingenieure (HOAI), soweit es um die Planung der Technischen Ausrüstung geht. Im Verlauf der letzten 30 Jahre ist die Norm seit Inkrafttreten der DIN 276:1993-06 mehrmals überarbeitet worden. [vgl. DIN 276:2006-11, DIN 276:2008-12, DIN 276:2018-12].

Die grundsätzliche Struktur, d.h. die erste und zweite Ebene der Kostengliederung, wurde beibehalten, einzelne Begriffe wurden überarbeitet. Zum Beispiel wurde die Bezeichnung Fernmelde- und informationstechnische Anlagen (KG 450) in Kommunikations-, sicherheits- und informationstechnische Anlagen (KG 450) umbenannt. **(→ Tab. 02)**

Anteile der Kosten von Technischen Anlagen an den Bauwerkskosten	Jahr 1998	Jahr 2024	Zunahme
Büro- und Verwaltungsgebäude (1300)	22,1 %	24,8 %	mittel
Instituts- und Laborgebäude (2200, 7100)	33,1 %	39,1 %	hoch
Schulen (4100, 4200, 4300)	19,8 %	24,0 %	hoch
Kindergärten (4400)	16,7 %	21,1 %	sehr hoch
Sportbauten (5100, ohne 5200 Schwimmhallen)	22,6 %	22,3 %	–
Wohngebäude (6100) – Ein- und Zweifamilienhäuser	16,0 %	19,1 %	mittel
Wohngebäude (6100) – Doppel- und Reihenhäuser	16,6 %	19,3 %	mittel
Wohngebäude (6100) – Mehrfamilienhäuser	16,5 %	20,6 %	hoch
Pflegeheime (6200)	27,4 %	28,0 %	gering
Gaststätten, Kantinen, Mensen (6500)	26,1 %	28,4 %	gering
Betriebs- und Werkstätten (7300)	24,7 %	24,0 %	–
Feuerwehrhäuser (7600)	17,8 %	25,9 %	sehr hoch
Lagergebäude (7700)	16,0 %	17,1 %	gering

Tab. 01: Anteile der Kosten von Technischen Anlagen an den Bauwerkskosten der ausgewählten Gebäudearten in Prozent für die Bezugsjahre 2024 und 1998. Anmerkung: Zu Auswahl und Zusammensetzung der Vergleichsobjekte siehe Anhang.

Kosten der Technische Anlagen (KG 400), zweite Ebene der Kostengliederung	
DIN 276:1993-06, Kosten im Hochbau	**DIN 276:2018-12, Kosten im Bauwesen**
410 Abwasser-, Wasser-, Gasanlagen	410 Abwasser-, Wasser-, Gasanlagen
420 Wärmeversorgungsanlagen	420 Wärmeversorgungsanlagen
430 Lufttechnische Anlagen	430 Raumlufttechnische Anlagen
440 Starkstromanlagen	440 Elektrische Anlagen
450 Fernmelde- und informationstechnische Anlagen	450 Kommunikations-, sicherheits- und informationstechnische Anlagen
460 Förderanlagen	460 Förderanlagen
470 Nutzungsspezifische Anlagen	470 Nutzungsspezifische und verfahrenstechnische Anlagen
480 Gebäudeautomation	480 Gebäude- und Anlagenautomation
490 Sonstige Maßnahmen für technische Anlagen	490 Sonstige Maßnahmen für technische Anlagen

Tab. 02: Bauwerk – Technische Anlagen, zweite Ebene der Kostengliederung – Gegenüberstellung der Bezeichnungen der Fassungen DIN 276 1993 und 2018. [DIN 276:1993-06, Kosten im Hochbau; DIN 276:2018-12, Kosten im Bauwesen]

In der dritten Ebene der Kostengliederung wurde mit der Novellierung der DIN 276:2006-11 die KG 414 Feuerlöschanlagen aus KG 410 Abwasser -, Wasser-, Gasanlagen herausgenommen und als KG 474 Feuerlöschanlagen in KG 470 Nutzungsspezifische und verfahrenstechnische Anlagen eingefügt. Die Nutzungsspezifischen Anlagen (Hochbau) wurden um die verfahrenstechnischen Anlagen (Ingenieurbau) erweitert (beide KG 480).

Unter den gegebenen Voraussetzungen können – von den Feuerlöschanlagen (KG 474) abgesehen – die Kostenanteile der Jahre 1998 und 2024 für grundsätzliche Betrachtungen verglichen werden.

In → **Tabelle 03** werden die wesentlichen Kosten der Technischen Anlagen (KG 400) in der zweiten Ebene der Kostengliederung bzw. den Anlagegruppen der Gebäudearten gezeigt, bei denen hohe und sehr hohe Zunahmen der Kosten der Technischen Anlagen an den Bauwerkskosten festgestellt werden konnten.

Die Zunahmen der Kosten der Technischen Anlagen an den Bauwerkskosten fallen je nach Gebäudeart und Anlagengruppe unterschiedlich aus. Die Ursachen hierfür lassen sich auf der Grundlage der vorliegenden Daten nicht im Einzelnen herleiten. Es ist festzustellen, dass die Anteile der Kosten der Technischen Anlagen

- je nach Gebäudeart unterschiedlich sind,
- auch innerhalb einer Gebäudeart große Unterschiede bestehen und
- im Betrachtungszeitraum (1998-2024) teilweise deutlich gestiegen sind und
- bestimmte Anlagegruppen dazu beigetragen haben.

Für das Aufstellen eines Kostenrahmens – hier KG 400 – durch die Bauherrenschaft sowie für die Koordination und Integration der Kostenplanung durch die Objektplanung soll nicht mit (veralteten) Richtwerten oder groben Orientierungswerten gearbeitet werden. Die Mitwirkung von Ingenieuren für die Planung der Technischen Anlagen ist grundsätzlich anzuraten. Eine Fehleinschätzung der Kosten der Technischen Anlagen zu Beginn eines Bauprojekts ist meist nur schwer zu korrigieren.

Kosten der Technische Anlagen (KG 400), zweite Ebene der Kostengliederung – Gebäudearten mit hohen und sehr hohen Zunahmen der Kosten der Technischen Anlagen an den Bauwerkskosten und Anlagegruppen		**Gebäudearten**					
KG	**Kostengruppe**	**Instituts- und Laborgebäude**	**Schulen**	**Kindergärten**	**Mehrfamilienhäuser**	**Feuerwehrhäuser**	**[...]**
400	Bauwerk – Technische Anlagen	–	–	–	–	–	–
410	Abwasser-, Wasser-, Gasanlagen	–	–	–	–	–	–
420	Wärmeversorgungsanlagen	–	–	–	–	–	–
430	Raumlufttechnische Anlagen	x	x		x	x	–
440	Elektrische Anlagen			x	x	x	–
450	Kommunikations-, sicherheits- und informationstechnische Anlagen	x	–	x	–	–	–
460	Förderanlagen	–	x	–	x	–	–
470	Nutzungsspezifische [...] Anlagen (Hochbau)	–	x	–	–	x	–
480	Gebäude- und Anlagenautomation	x	–	–	–	–	–
490	Sonstige Maßnahmen für technische Anlagen	–	–	–	–	–	–

Tab. 03: Kosten der Technischen Anlagen (KG 400), zweite Ebene der Kostengliederung – Gebäudearten mit hoher und sehr hoher Zunahme der Kosten der Technischen Anlagen an den Bauwerkskosten und den Anlagegruppen. [DIN 276:2018-12, Ziffer 5.4, S. 23-27]

2. Technikfläche oder Funktionsfläche, Technische Funktionsfläche

Für die Unterbringung der Technischen Anlagen, z.B. Wärmeerzeugungsanlagen, werden Flächen benötigt, die üblicherweise nicht Gegenstand eines Flächenprogramms bzw. eines Raumprogramms sind. Denn als Programmflächen sollen ausschließlich Nutzungsflächen bzw. Wohnflächen enthalten. Die Grundfläche zur Unterbringung der Technischen Anlagen wird in der gültigen Fassung der DIN 277:2021-08, Grundflächen und Rauminhalte von Bauwerken im Hochbau, als Technikfläche bezeichnet. Eine Technikfläche ist die „Teilfläche der Netto-Raumfläche (NRF) für die Technischen Anlagen zur Versorgung und Entsorgung des Bauwerks."
[vgl. DIN 277:2021-08, S. 5]

Die Technikfläche wurde in den vorangegangenen Jahren unterschiedlich bezeichnet – so auch in den BKI-Produkten – beziehungsweise umbenannt:

- In den 1980er Jahren wurde die Grundfläche zur Unterbringung der Technischen Anlagen als Funktionsfläche (FF) bezeichnet.
  [vgl. DIN 277:1987-06 – Teil 1: Begriffe, Berechnungsgrundlagen]
- Im Jahr 2005 wurde die Funktionsfläche (FF) in Technische Funktionsfläche (TF) umbenannt.
  [vgl. DIN 277-1:2005-02 – Teil 1: Begriffe, Ermittlungsgrundlagen]
- Im Jahr 2016 wurde die Technische Funktionsfläche (TF) in Technikfläche (TF) umbenannt.
  [vgl. DIN 277-1: 2016-01 – Teil 1: Hochbau]

Wesentliche Unterschiede der Ermittlung der Grundfläche bestehen jedoch nicht. Damit kann die Funktionsfläche (FF) in Angaben von 1998, z.B. BKI Baukosten 1998, Teil 1: Kostenkennwerte für Gebäude 1998, ohne Weiteres mit solchen von 2024 verglichen werden, z.B. BKI Baukosten 2024 Neubau, Statistische Kostenkennwerte für Gebäude 2024.

Bei der Ermittlung der Technikfläche sind folgende Regelungen zu beachten:

- „Grundflächen, die als Ergänzungsflächen zum Betrieb technischer Anlagen zur Ver- und Entsorgung des Bauwerks unmittelbar erforderlich sind (z.B. Lagerflächen für Brennstoffe, Löschwasser), gehören nicht zur Nutzungsfläche (NUF), sondern zur Technikfläche (TF)."
  [DIN 277:2021-08, S. 8]
- „Grundflächen für technische Anlagen oder Einbauten, die der Steuerung oder dem Betrieb besonderer nutzungsspezifischer Geräte oder Anlagen dienen (z.B. EDV-Serverraum, Kompressor-Raum für die Druckluftanlage einer Werkstatt oder Schalträume für medizinische Einrichtungen), sind nicht der Technikfläche (TF) zuzuordnen, sondern der Nutzungsfläche (NUF) [...] Sonstige Nutzungen (NUF 7). Dies gilt auch für Ergänzungsflächen, die für den Betrieb nutzungsspezifischer Einrichtungen erforderlich sind (z.B. Lüftungsanlage für Serverraum, Absauganlage mit Spänelager für Holzwerkstatt)."
  [DIN 277:2021-08, S. 9]

Da die Technikfläche in der Regel nicht Gegenstand eines Flächenprogramms bzw. eines Raumprogramms ist, soll der erforderliche Bedarf an Grundfläche für die Unterbringung der Technischen Anlagen so früh wie möglich geschätzt oder auf der Grundlage von statistischen Planungskennwerten ermittelt werden.

Die Technikfläche kann zunächst einmal mit Hilfe von Planungskennwerten überschlägig auf die Nutzungsfläche (NUF) beaufschlagt werden (Faktor = m^2 TF/m^2 NUF in Prozent, z.B. 5,1/100). Sicherer ist allerdings die Ermittlung der Technikfläche ausgehend von der Brutto-Grundfläche (BGF) auf der Grundlage von statistischen Planungskennwerten (Faktor = m^2 TF/m^2 BGF in Prozent, z.B. 2,9/100). Dabei finden weitere Grundflächen wie die Verkehrsfläche (VF) und die Konstruktions-Grundfläche (KGF) als Teile der Brutto-Grundfläche Berücksichtigung. Im Übrigen benötigen neben der Nutzungsfläche vor allem auch die Verkehrsfläche und die Technikfläche selbst eine Ver- und Entsorgung mit z.B. Heizung, Klima, Lüftung und Strom.
[vgl. BKI Baukosten 2024 Neubau, Statistische Kostenkennwerte für Gebäude 2024, S. 263]

Die Ermittlung ist für den Kostenrahmen relevant, weil der Umfang der Technischen Anlagen sich auf die Grundfläche und teilweise auch auf die Geschosshöhe auswirkt. Bei der Verlegung von Kanälen und Leitungen in Schächten, Doppelböden und abgehängten Decken sind die jeweiligen Querschnitte, gegebenenfalls ein Gefälle und Querungen sowie die notwendigen Bewegungsräume für die Installation und Wartung einzuschätzen. Dabei sind meist auch die Kosten der Baukonstruktionen (KG 300), z.B. Tragwerk und Innenausbau, betroffen.

Je höher der Anteil der Kosten von Technischen Anlagen an den Bauwerkskosten ist, desto höher ist wahrscheinlich der Anteil der Technikfläche an der Brutto-Grundfläche des Gebäudes. Um hierfür eine Einschätzung zu erhalten, sollen Planungskennwerte gegenübergestellt werden. Dafür wird auf die Gebäudearten Bezug genommen, bei denen der Anteil der Kosten von Technischen Anlagen an den Bauwerkskosten im Zeitraum von 1998 bis 2024 überdurchschnittlich zugenommen hat.

Das sind Schulen (hier Allgemeinbildende Schulen), Kindergärten (insbesondere Kindergärten, nicht unterkellert) und Feuerwehrhäuser. Zwar konnte auch bei Instituts- und Laborgebäuden sowie bei Wohngebäuden (Mehrfamilienhäuser) eine überdurchschnittliche Zunahme festgestellt werden. Allerdings sind diese Gebäudearten in ihren Eigenschaften so unterschiedlich, dass allgemeingültige Aussagen auf der Grundlage von Planungskennwerten in Bezug auf die Technikfläche nicht getroffen werden können.

(→ Tab. 04)

Anmerkung: Im Jahr 1998 wurde bei der Dokumentation der Vergleichsobjekte auf die Unterscheidung in unterkellerte und nicht unterkellerte Gebäude bei den Kindergärten bzw. Kindertagesstätten verzichtet. Eine Unterkellerung von Kindergärten ist nach wie vor die Ausnahme.

Bei diesen Vergleichsobjekten hat nicht nur der Anteil der Kosten von Technischen Anlagen an den Bauwerkskosten zugenommen, sondern es hat sich zudem der Anteil der Technikfläche vergrößert, siehe → **Tabelle 04**.

Das Ergebnis erscheint plausibel, soll aber nicht ohne Weiteres verallgemeinert werden. Denn die Mehrzahl der Anlagen hat sich sowohl hinsichtlich der Leistungsfähigkeit als auch des Flächenbedarfs sehr unterschiedlich entwickelt. Viele Anlagen sind kleiner und gleichzeitig leistungsfähiger geworden. Diesbezüglich ist die Mitwirkung von Ingenieuren für die Planung der Technischen Anlagen notwendig.

Anteil der Technikfläche (TF), vormals Funktionsfläche (FF), an der Brutto-Grundfläche (BGF) in Prozent	**Jahr 1998**	**Jahr 2024**	**Zunahme**
Allgemeinbildende Schulen (4100)	2,4 %	2,9 %	mittel
Kindergärten, nicht unterkellert (4400)	1,7 %	2,2 %	hoch
Feuerwehrhäuser (7600)	2,6 %	3,6 %	sehr hoch

Tab. 04: Veränderung der Technikfläche von 1998 bis 2024 – Allgemeinbildende Schulen, Kindergärten und Feuerwehrhäuser (Mittelwerte).

Planungsgrundlagen (Auszug)	**Vorgaben**
Gebäudeart	Allgemeinbildende Schulen, Gymnasium
Nutzeinheiten (NE)	500 Schülerinnen und Schüler (SUS)
Nutzungsfläche (NUF)	ca. 3.600 m²
Brutto- Grundfläche (BGF)	ca.5.200 m²
Technikfläche (TF)	Ist einzuschätzen.
Bauwerkskosten	ca. 10.000.000 €
Kosten Bauwerk – Baukonstruktionen (KG 300)	[...]
Kosten Bauwerk – Technische Anlagen (KG 400)	Ist einzuschätzen.
[...] weitere Planungsgrundlagen	[...]

Tab. 05: Planungsgrundlagen (Auszug) – Beispiel: Gymnasium (Allgemeinbildende Schule).

Die Angabe der anteiligen Kosten der Technischen Anlagen an den Bauwerkskosten in Prozent und die Angabe der Technikfläche als Teil der Brutto-Grundfläche in Prozent ist nicht ohne Weiteres anschaulich. Zum besseren Verständnis sind einfache Ermittlungen zu empfehlen, verbunden mit folgender Frage:

Wie groß muss für ein Gymnasium (Allgemeinbildende Schule) mit einer Kapazität von rund 500 Schülerinnen und Schülern (SUS) die Technikfläche unter Berücksichtigung der Technischen Anlagen sein?

(→ Tab. 05)

Der Kostenkennwert Kosten der Technischen Anlagen/Bauwerkskosten (KG 300/KG 300+400) für Allgemeinbildende Schulen (Stand 2024) wird mit den Prozentwerten von 19,2 bis 27,9 und im Mittel 23,4 angegeben. [BKI Baukosten 2024 Neubau, Statistische Kostenkennwerte für Gebäude 2024, S. 261]

Der Planungskennwert Technikfläche/Brutto-Grundfläche (TF/BGF) für Allgemeinbildende Schulen (Stand 2024) wird mit den Prozentwerten von 2,2 bis 6,7 und im Mittel 2,9 angegeben. [vgl. BKI Baukosten 2024 Neubau, Statistische Kostenkennwerte für Gebäude 2024, S. 263]

Bezogen auf die Bauwerkskosten des Gymnasiums von ca. 10.000.000 € und die Brutto-Grundfläche von ca. 5.200 m² können ohne weitere Untersuchungen Kosten der Technischen Anlagen von 1,92 bis 2,79 Mio. € und im Mittel 2,34 Mio. € und eine Technikfläche von rund 100 bis 230 m² für angemessen betrachtet werden.

Wegen der großen Unterschiede der Flächen und der Kostenwerte ist so früh wie möglich die Mitwirkung der Ingenieure für die Planung der Technischen Anlagen in Anspruch zu nehmen, vorzugsweise im Zusammenhang mit der Bedarfsplanung und spätestens beim Klären der Aufgabenstellung (HOAI-LPH 1 Grundlagenermittlung).

Als Kosteneinflüsse, die sich auch auf den Flächenbedarf auswirken können, kommen bei Allgemeinbildenden Schule in Betracht:

- Raumlufttechnische Anlagen, insbesondere Lüftungsanlagen (KG 431)
- Aufzugsanlagen, insbesondere Personenaufzüge (KG 461)
- Küchentechnische Anlagen (KG 471)
- [...]

3. Wirtschaftliche Planung von Gebäuden

Berufsaufgabe der Architekt*innen „ist insbesondere die gestaltende, technische, wirtschaftliche, ökologische und soziale Planung von Bauwerken." So beschreibt es das Architektengesetz von Baden-Württemberg. Unter wirtschaftlicher Planung ist vor allem die Berücksichtigung der vom Auftraggeber genannten Baukosten zu verstehen.

In diesem Zusammenhang obliegt den Architekt*innen wenigstens die Kostenplanung im Bereich der Baukonstruktionen sowie die Koordination und Integration der Kostenplanung für die Technischen Anlagen, die zu den Leistungen der an der Planung Beteiligten gehört. Zu den an der Planung Beteiligten zählen in jedem Fall die Ingenieur*innen, welche die Technischen Anlagen der jeweiligen Anlagengruppe(n) planen.

Die Anforderungen der DIN 276:2018-12 an die Kostenermittlungen der Baukonstruktionen (KG 300) und der Technischen Anlagen (KG 400) sind strukturell gleich, zusammen ergeben sie die Bauwerkskosten (KG 300+400). Die Kostenplanung der Architekt*innen und der Ingenieur*innen beginnt, soweit sie nach Architekten- oder Ingenieurvertrag den Leistungsbildern der Honorarordnung für Architekten und Ingenieure (HOAI) folgen, mit der Kostenschätzung und schließen mit der Kostenfeststellung ab. In der Leistungsphase 2 (Vorplanung) heißt es „Kostenschätzung nach DIN 276, Vergleich mit den finanziellen Rahmenbedingungen." [HOAI 2021, Anlage 10 (zu § 34 Absatz 4, § 35 Absatz 7)]

Als finanzielle Rahmenbedingungen sind die Vorgaben des Auftraggebers oder ein Kostenrahmen zu verstehen. Der Begriff Kostenrahmen ist schon seit vielen Jahren bekannt, aber erst mit der DIN 276-1:2006-11, Kosten im Bauwesen, Teil 1: Hochbau, findet der Kostenrahmen als erste von nunmehr fünf Stufen der Kostenermittlung Eingang in die Norm. Zwei Jahre danach wurde die DIN 276-1:2008-12 veröffentlicht, in Bezug auf den Kostenrahmen gab es keine Änderung.

4. Kostenrahmen der Auftraggebenden

In die Leistungsbilder der Honorarordnung für Architekten und Ingenieure, z.B. HOAI 2013, ist der Kostenrahmen als Grundleistung nicht aufgenommen worden. Insofern darf ein Kostenrahmen als Bestandteil der Planungsgrundlagen oder mindestens als Vorgabe für die Beauftragung von Architekten- und Ingenieurleistungen vom Auftraggeber erwartet werden.

Gewerbliche Bauherren und Öffentliche Bauherren verfügen in der Regel über baufachlich erfahrenes Personal, um einen der Norm entsprechenden Kostenrahmen aufzustellen. Von Privaten Bauherren wird man nicht in jedem Fall erwarten können, dass sie einen Kostenrahmen aufstellen können. Stattdessen wird eher eine Kostenangabe zu erwarten sein, die mehr der Finanzierbarkeit als der geplanten Investition entspricht. In einem solchen Fall ist eine Beratung durch Architekt*innen notwendig.

Im Folgenden wird die erste Fassung des Kostenrahmens (DIN 276-1:2006-11 bzw. DIN 276-1:2008-12) und anschließend wird zum Vergleich die aktuelle Fassung des Kostenrahmens (DIN 276-1:2018-12) jeweils mit Kostenwerten wiedergegeben.

Kostenrahmen (DIN 276-1:2006-11 bzw. DIN 276-1:2008-12)

„Der Kostenrahmen dient als eine Grundlage für die Entscheidung über die Bedarfsplanung sowie für grundsätzliche Wirtschaftlichkeits- und Finanzierungsüberlegungen und zur Festlegung der Kostenvorgabe.

Bei dem Kostenrahmen werden insbesondere folgende Informationen zugrunde gelegt:

- quantitative Bedarfsangaben, z.B. Raumprogramm mit Nutzeinheiten, Funktionselemente und deren Flächen;
- qualitative Bedarfsangaben, z.B. bautechnische Anforderungen, Funktionsanforderungen, Ausstattungsstandards;
- gegebenenfalls auch Angaben zum Standort.

Im Kostenrahmen müssen innerhalb der Gesamtkosten mindestens die Bauwerkskosten gesondert ausgewiesen werden.“
[DIN 276-1:2006-11, Ziffer 3.4.1, S. 7; DIN 276-1:2008-12, Ziffer 3.4.1, S. 7]

Grundlage eines Kostenrahmens sollten quantitative und qualitative Bedarfsangaben sowie gegebenenfalls Angaben zum Standort sein. Es waren mindestens zwei Kostenwerte anzugeben: die Gesamtkosten (KG 100-700) und die Bauwerkskosten (KG 300+400).

Kostenrahmen nach DIN 276:2008-12

(→ Tab. 06)

Häufig wurden bislang die Bauwerkskosten auf der Grundlage einfacher Kostenkennwerte wie €/m² BGF oder €/m³ BRI ermittelt. Dabei werden die Kosten der Technischen Anlagen nicht ausgewiesen. Es ist hierzu anzumerken, dass die Kosten der Technischen Anlagen (KG 400) als Teil der Bauwerkskosten sehr unterschiedlich sein können. → **Tabelle 06** zeigt die Kostenwerte in der ersten Ebene der Kostengliederung.

Kostengruppen	Kosten (€)
100 Grundstück	
200 Herrichten und Erschließen	
300 Bauwerk – Baukonstruktionen	5.500.000 €
400 Bauwerk – Technische Anlagen	
500 Außenanlagen und Freiflächen	
600 Ausstattung und Kunstwerke	
700 Baunebenkosten	
Gesamtkosten	10.000.000 €

Tab. 06: Kostenrahmen mit mindestens zwei Kostenwerten nach DIN 276:2008-12, Beispiel. [Gliederung gemäß DIN 276:2008-12, Ziffer 4.1, S. 10]

Kostenrahmen (DIN 276-1:2018-12)

Für die aktuelle DIN 276:2018, Kosten im Bauwesen, wurden unter anderem die Stufen der Kostenermittlung im Hinblick auf eine kontinuierliche Kostenplanung erweitert und redaktionell überarbeitet. Ferner wurden die Anforderungen an die Gliederungstiefe der Kostenermittlungen erweitert.
[vgl. DIN 276:2018-12, Änderungen Ziffer h, S. 3]

„Der Kostenrahmen dient der Entscheidung über die Bedarfsplanung, grundsätzlichen Wirtschaftlichkeits- und Finanzierungsüberlegungen sowie der Festlegung einer Kostenvorgabe.

Bei dem Kostenrahmen werden insbesondere folgende Informationen zugrunde gelegt:

- gegebenenfalls Angaben zum Standort;
- quantitative und qualitative Bedarfsangaben (z.B. Raumprogramm mit Nutzeinheiten, Funktionselemente und deren Flächen, bautechnische Anforderungen, Funktionsanforderungen, Ausstattungsstandards), aufgrund der Bedarfsplanung, z.B. nach DIN 18205;
- gegebenenfalls auch Berechnung der Mengen von Bezugseinheiten der Kostengruppen nach dieser Norm und nach der Normenreihe DIN 277;
- erläuternde Angaben zur organisatorischen und terminlichen Abwicklung des Bauprojekts.

Im Kostenrahmen müssen die Gesamtkosten nach Kostengruppen in der ersten Ebene der Kostengliederung ermittelt werden."
[DIN 276:2018-12, S. 9)

Für den Kostenrahmen bedeutet dies: Ergänzung bzw. Anwendung der Bedarfsplanung (DIN 18205), weitere Angaben zu den Grundlagen der Planung sowie Mengen von Bezugseinheiten (z.B. DIN 277), Erläuterung zur organisatorischen und terminlichen Abwicklung des Bauprojekts sowie Ermittlung der Gesamtkosten nach Kostengruppen in der ersten Ebene der Kostengliederung. Siehe dazu → **Tabelle 07**.

Kostenrahmen nach DIN 276:2018-12

Bei einem Kostenrahmen nach DIN 276:2018-12 werden die Kosten in der ersten Ebene der Kostengliederung unterschieden. Es werden die Kosten der Baukonstruktionen (KG 300) und die Kosten der Technischen Anlagen (KG 400) als Bestandteile der Bauwerkskosten (KG 300+400) getrennt ausgewiesen. Es geht bei der Betrachtung der Kosten der Technischen Anlagen von Gebäuden darum, dass sie von Anfang an, vorzugsweise schon beim Aufstellen des Kostenrahmens, mit einem angemessenen Verhältnis zu den Kosten der Baukonstruktionen Berücksichtigung finden.

Kostengruppen	Kosten
100 Grundstück	1.750.000 €
200 Vorbereitende Maßnahmen	250.000 €
300 Bauwerk – Baukonstruktionen	4.000.000 €
400 Bauwerk – Technische Anlagen	1.500.000 €
500 Außenanlagen und Freiflächen	300.000 €
600 Ausstattung und Kunstwerke	200.000 €
700 Baunebenkosten	1.250.000 €
800 Finanzierung	750.000 €
Gesamtkosten	10.000.000 €

Tab. 07: Kostenrahmen mit neun Kostenwerten nach DIN 276:2018-12, Beispiel. [Gliederung gemäß DIN 276:2018-12, Ziffer 5.1, S. 12-13]

Die Technischen Anlagen nach DIN 276:2018-12

Die DIN 276:2018-12 unterscheidet die Technischen Anlagen (KG 400) der Bauwerke, zu denen Hochbauten, Ingenieurbauten und Infrastrukturanlagen zählen, unterschieden in der zweiten Ebene der Kostengliederung wie folgt:

410 Abwasser-, Wasser-, Gasanlagen
420 Wärmeversorgungsanlagen
430 Raumlufttechnische Anlagen
440 Elektrische Anlagen
450 Kommunikations-, sicherheits- und informationstechnische Anlagen
460 Förderanlagen
470 Nutzungsspezifische und verfahrenstechnische Anlagen
480 Gebäude- und Anlagenautomation
490 Sonstige Maßnahmen für technische Anlagen
[vgl. DIN 276:2018-12, Ziffer 5.4, S. 23-28]

Es handelt sich hierbei um Bauleistungen und Lieferungen zur Herstellung der technischen Anlagen für Bauwerke einschließlich übergreifender Maßnahmen im Zusammenhang mit den Technischen Anlagen insgesamt. Dazu gehören auch die den einzelnen technischen Anlagen zugehörigen Gestelle, Befestigungen, Armaturen, Wärme- und Kältedämmungen, Schall- und Brandschutzvorkehrungen, Abdeckungen, Verkleidungen, Anstriche, Kennzeichnungen sowie die werkseitig integrierten Mess-, Steuer- und Regelanlagen. Dazu zählen, soweit erforderlich, auch die Betriebskosten bis zur Abnahme.

Nicht zu den Technischen Anlagen gehören die Arbeiten bzw. Kosten, die für das Erstellen und Schließen von Schlitzen, die Herstellung von Durchführungen in Form von Rohr- und Kabelgräben erforderlich sind. Diese zählen in der Regel zu den Baukonstruktionen (KG 300).
[vgl. DIN 276:2018-12, Ziffer 5.4, S. 17]

Die Kostengliederung der Norm spiegelt sich in der Struktur der Anwendungsbereiche der Fachplanung bzw. der Anlagegruppen wider. Der in der HOAI verwendete Begriff Technische Ausrüstung ist dem der Technischen Anlagen gleichbedeutend, auch der Begriff Technische Gebäudeausrüstung (TGA) wird im Hochbau häufig verwendet.

„(2) Zur Technischen Ausrüstung gehören folgende Anlagengruppen:
1. Abwasser-, Wasser- und Gasanlagen,
2. Wärmeversorgungsanlagen,
3. Lufttechnische Anlagen,
4. Starkstromanlagen,
5. Fernmelde- und informationstechnische Anlagen,
6. Förderanlagen,
7. Nutzungsspezifische Anlagen und verfahrenstechnische Anlagen,
8. Gebäudeautomation und Automation von Ingenieurbauwerken."

[HOAI 2021, § 53]

Für die Planung der Technischen Anlagen bzw. der Technischen Gebäudeausrüstung werden zum großen Teil unterschiedliche Qualifikationen vorausgesetzt. Entsprechend bringen die Fachplaner*innen neben praktischer Erfahrung in der Regel ein Studium der Versorgungstechnik, Elektrotechnik, Energietechnik oder des Maschinenbaus mit. Auch die Planungsbüros sind in der Mehrzahl auf bestimmte Anlagegruppen spezialisiert. Deswegen werden für ein Bauprojekt selten ein, aber häufig mehrere Ingenieurbüros beauftragt.

Je mehr Planungsbüros mitwirken, desto anspruchsvoller ist die vom Objektplaner zu erbringende Koordination der Planung, so auch der Kostenplanung.

Wie auch das Aufstellen eines Kostenrahmens gemäß DIN 276:2018-12 sind die Kosten der Technischen Anlagen anzugeben. Bei Unsicherheit über diesen Teil der Kosten ist eine fachliche Beratung zu empfehlen. Das „Mitwirken bei der Bedarfsplanung für komplexe Nutzungen zur Analyse der Bedürfnisse, Ziele und einschränkenden Gegebenheiten (Kosten, Termine und andere Rahmenbedingungen) des Bauherrn und wichtiger Beteiligter" ist eine Besondere Leistung in der Honorarordnung für Architekten und Ingenieure (HOAI) und sollte genutzt werden.
[HOAI 2021, Anlage 15 (zu § 55 Absatz 3, § 56 Absatz 3)]

Häufig werden die Kosten für die Technischen Anlagen nur grob geschätzt, auch wenn die Anforderungen an die Ver- und Entsorgung, den technischen Komfort und die Sicherheit des zu planenden Gebäudes hoch sind.

Planungsgrundlagen, insbesondere Kosten der Technischen Anlagen

Die Kosten der Technischen Anlagen sind ein wichtiger Teil sowohl der Bauwerkskosten als auch der Gesamtkosten von Bauprojekten. Der Kostenrahmen ist ein wichtiger Bestandteil der Planungsgrundlagen für Architekten- und Ingenieurleistungen. Er darf vom Auftraggeber einer Baumaßnahme erwartet werden.

Zu den Planungsgrundlagen gehören über den Kostenrahmen hinaus ein Raumprogramm, ein Funktionsprogramm, ein Ausstattungsprogramm, eine Standardbeschreibung, Angaben zu Standort und Grundstück sowie ein Terminrahmen. Im Zusammenhang mit Überlegungen zur Finanzierung und zur Wirtschaftlichkeit der geplanten Investition ist sicherzustellen, dass die mit den Planungsgrundlagen vorgegebenen Anforderungen an das Gebäude und dessen geplante Nutzung realistisch sind. Wenn ein vorhandenes Gebäude für die Nutzung in Betracht gezogen wird, sind vor Beginn der Objekt- und Fachplanung eine umfassende Bestandsaufnahme des Objekts sowie gegebenenfalls weitere Untersuchungen erforderlich.

5. Koordination der an der Planung fachlich Beteiligten

Nachdem sich der Bauherr und die Auftragnehmenden über die Planungsgrundlagen einschließlich des Kostenrahmens ausgetauscht und die Aufgabenstellung geklärt haben, übernimmt der Objektplaner umfangreiche Aufgaben der Koordination und Integration für die Planung insgesamt und vor allem auch für die Kostenplanung, vgl. → **Tabelle 08**.

Entsprechende Grundleistungen und normative Verweisungen sind in den Leistungsbildern der Honorarordnung für Architekten und Ingenieure (HOAI) enthalten. Sie werden in der Regel in die Verträge der an der Planung Beteiligten übernommen. Dazu gehören die Koordination der an der Planung Beteiligten und die Integration von deren Leistungen (im Rahmen der Mitwirkung) in die Gesamtplanung.

Zur Koordination des Objektplaners gehört unter anderem die Vorgabe von Strukturen. Er hat zudem darauf zu achten, dass die genannten Beiträge vollständig und frei von Überschneidungen sind und rechtzeitig vorliegen. Der Einsatz einer einheitlichen Software ist von Vorteil.

Die Fachingenieure für die Planung der Technischen Anlagen erarbeiten die Planung der jeweiligen Anlagengruppe(n), z.B. für die elektrischen Anlagen (KG 440). Dazu gehören auch Kostenermittlungen sowie die Kostenkontrolle und deren Weitergabe an den Objektplaner.

Auch der Fachingenieur für Tragwerksplanung hat bei der Kostenplanung mitzuwirken. Dazu gehören in den frühen Leistungsphasen:

- Beraten in statisch-konstruktiver Hinsicht unter Berücksichtigung der Belange der Standsicherheit, der Gebrauchsfähigkeit und der Wirtschaftlichkeit (LPH 2 b)
- Mitwirken bei der Kostenschätzung und bei der Terminplanung (LPH 2 e)
- Überschlägiges Ermitteln der Betonstahlmengen im Stahlbetonbau, der Stahlmengen im Stahlbau und der Holzmengen im Ingenieurholzbau (LPH 3 d)
- Mitwirken bei der Kostenberechnung und bei der Terminplanung (LPH g)
- Mitwirken beim Vergleich der Kostenberechnung mit der Kostenschätzung (LPH h)
- [...]

[Anlage 14 (zu § 51 Absatz 5, § 52 Absatz 2, HOAI 2021]

Grundleistungen der Kostenplanung – Koordinieren, Mitwirken und Integrieren			
LPH	**Leistungsbild Gebäude und Innenräume**	**Leistungsbild Tragwerksplanung**	**Leistungsbild Technische Ausrüstung**
1	a) Klären der Aufgabenstellung auf Grundlage der Vorgaben oder der Bedarfsplanung des Auftraggebers (hier: Kostenrahmen)	a) Klären der Aufgabenstellung auf Grund der Vorgaben oder der Bedarfsplanung des Auftraggebers im Benehmen mit dem Objektplaner (hier: Kostenrahmen)	a) Klären der Aufgabenstellung auf Grund der Vorgaben oder der Bedarfsplanung des Auftraggebers im Benehmen mit dem Objektplaner (hier: Kostenrahmen)
2	b) Abstimmen der Zielvorstellungen, Hinweisen auf Zielkonflikte (hier: Kostenziele) e) Bereitstellen der Arbeitsergebnisse als Grundlage für die anderen an der Planung fachlich Beteiligten sowie Koordination und Integration von deren Leistungen g) Kostenschätzung nach DIN 276, Vergleich mit den finanziellen Rahmenbedingungen (auch Kostenrahmen)	e) Mitwirken bei der Kostenschätzung und bei der Terminplanung	f) Kostenschätzung nach DIN 276 (2. Ebene) und Terminplanung
3	b) Bereitstellen der Arbeitsergebnisse als Grundlage für die anderen an der Planung fachlich Beteiligten sowie Koordination und Integration von deren Leistungen e) Kostenberechnung nach DIN 276 und Vergleich mit der Kostenschätzung	g) Mitwirken bei der Kostenberechnung und bei der Terminplanung	f) Kostenberechnung nach DIN 276 (3. Ebene) und Terminplanung
4	–	–	–
5	c) Bereitstellen der Arbeitsergebnisse als Grundlage für die anderen an der Planung fachlich Beteiligten, sowie Koordination und Integration von deren Leistungen		
6	d) Ermitteln der Kosten auf der Grundlage vom Planer bepreister Leistungsverzeichnisse e) Kostenkontrolle durch Vergleich der vom Planer bepreisten Leistungsverzeichnisse mit der Kostenberechnung	–	d) Ermitteln der Kosten auf Grundlage der vom Planer bepreisten Leistungsverzeichnisse e) Kostenkontrolle durch Vergleich der vom Planer bepreisten
7	–	–	–
8	b) Mitwirken bei der Koordination der am Projekt Beteiligten i) Kostenkontrolle durch Überprüfen der Leistungsabrechnung der bauausführenden Unternehmen im Vergleich zu den Vertragspreisen j) Kostenfeststellung, zum Beispiel nach DIN 276	–	h) Kostenkontrolle durch Überprüfen der Leistungsabrechnungen der ausführenden Unternehmen im Vergleich zu den Vertragspreisen und dem Kostenanschlag i) Kostenfeststellung
9	–	–	–

Tab. 08: Grundleistungen der Kostenplanung – Koordinieren, Mitwirken und Integrieren.
(Anlage 10, (zu § 34 Absatz 4, § 35 Absatz 7), Anlage 14 (zu § 51 Absatz 5, § 52 Absatz 2), Anlage 15 (zu § 55 Absatz 3, § 56 Absatz 3) HOAI 2021)

In Bezug auf die Technischen Anlagen hat der Tragwerksplaner darauf zu achten, dass die tragenden Wände und Decken auf die Anordnung von Zentralen und Leitungen der Technischen Anlagen abgestimmt sind und den Grundsätzen der Wirtschaftlichkeit genügen. Eine Kostenermittlung für das Tragwerk wird man vom Tragwerksplaner in der Regel nicht erwarten können.

Der Objektplaner übernimmt im Rahmen der Integration die Beiträge der Ingenieure für die Planung der Technischen Anlagen – je nach Anlagengruppe – sowie die Angaben des Tragwerksplaners in die Gesamtplanung. Er hat nicht die Aufgabe – und in der Regel nicht die Kenntnisse – um die Beiträge der an der Planung fachlich Beteiligten fachtechnisch zu prüfen. Es ist aber notwendig, dass er die entsprechenden Kosten auf Plausibilität überprüft. Das kann durch den Vergleich der Kosten einer vorangegangenen Kostenermittlung oder mit Kostenkennwerten von zur Verfügung stehenden Kostendatensammlungen geschehen.

Zusammenfassung

Im Zeitraum von 1998 bis 2024 haben sich die Anforderungen an Gebäude teilweise erheblich verändert. Ursächlich waren Gesetze, Verordnungen sowie Normen, aber auch Nutzeranforderungen. Das hat dazu geführt, dass heutzutage anders geplant und gebaut wird als noch vor 26 Jahren. Dabei haben sich auch besonders Art und Umfang der Technischen Anlagen von Gebäuden gewandelt. Der Anteil der Technischen Anlagen an den Bauwerkskosten ist größer und der Anteil der Baukonstruktionen ist bei vielen Gebäudearten entsprechen geringer geworden.

Das gilt vor allem für Kindergärten und Feuerwehrhäuser, aber auch für Instituts- und Laborgebäude, Schulen und Mehrfamilienhäuser.
In vielen Fällen konnten die Veränderungen auf einzelne Anlagegruppen, z.B. Raumlufttechnische Anlagen, Elektrische Anlagen, Kommunikations-, sicherheits- und informationstechnische Anlagen, Förderanlagen oder Nutzungsspezifische Anlagen als verursacht erkannt werden. Ein geringerer Anteil Technischer Anlagen ist praktisch nicht anzutreffen.

Für die Planung geht es unter anderem darum, dass beim Aufstellen eines Kostenrahmens die Kosten der Technischen Anlagen im angemessenen Umfang berücksichtigt werden. Die Mitwirkung von Ingenieuren für die Planung der Technischen Anlagen ist grundsätzlich anzuraten. Eine Fehleinschätzung der Kosten der Technischen Anlagen zu Beginn eines Bauprojekts soll vermieden werden.

Genauso wichtig wie die Kosten der Technischen Anlagen sind die erforderlichen Grundflächen und Rauminhalte für Technikzentralen, Leitungen und Endgeräte, also Technikflächen, Schächte und abgehängte Decken.

Die Aufgaben der Objektplanung der Koordination und Integration in der Zusammenarbeit mit den an der Planung Beteiligen (Tragwerksplanung und Technische Ausrüstung) sind umfangreich und verantwortungsvoll.

Die vorliegende Untersuchung zu den Technischen Anlagen möge dafür hilfreich sein. Eine Frage bleibt allerdings offen: Wird der Anteil der Technischen Anlagen weiter ansteigen oder nicht? Auf jeden Fall bleibt das Thema aktuell.

Literatur

Architektengesetz in der Fassung vom 28. März 2011 (GBl. S. 152) zuletzt geändert durch Verordnung vom 21. Dezember 2021 (GBl. 2022, S. 1, 5)

Baukosteninformationszentrum Deutscher Architektenkammern (Hrsg.): BKI Baukosten Gebäude Neubau 1998. Statistische Kostenkennwerte, Baukosteninformationszentrum Deutscher Architektenkammern, Stuttgart 1998

Baukosteninformationszentrum Deutscher Architektenkammern (Hrsg.): BKI Baukosten Gebäude Neubau 2024. Statistische Kostenkennwerte, Baukosteninformationszentrum Deutscher Architektenkammern, Stuttgart 2024

DIN 276:1993-06, Kosten im Hochbau

DIN 276:2018-12, Kosten im Bauwesen

Heraklit von Ephesos, Philosoph (etwa 520 v. Chr. bis um 460 v. Chr.): „Nichts ist beständiger als der Wandel."
[https://gutezitate.com/zitat/187854]

Honorarordnung für Architekten und Ingenieure (HOAI 2021)

Autor

Univ.-Prof. (em.) Dr.-Ing. Wolfdietrich Kalusche,
Architekt und Diplom-Wirtschaftsingenieur,
BKI-Beirat

Anhang:

Auswahl und Zusammensetzung der Vergleichsobjekte

- Büro- und Verwaltungsgebäude (1300)

Es werden 57 Verwaltungsgebäude (einfacher bis mittlerer Standard, mittlerer bis hoher Standard, hoher Standard) des Jahres 1998 mit 105 Büro- und Verwaltungsgebäuden (einfacher Standard, mittlerer Standard, hoher Standard, Holzbauweise) des Jahres 2024 verglichen.

- Instituts- und Laborgebäude (2200, 7100)

Es werden 4 Laborgebäude und 4 Institutsgebäude für Lehre und Forschung des Jahres 1998 mit 38 Instituts- und Laborgebäuden des Jahres 2024 verglichen.

- Schulen (4100, 4200, 4300)

Es werden 20 Allgemeinbildende Schulen, 7 Berufliche Schulen und 10 Sonderschulen des Jahres 1998 mit 44 Allgemeinbildenden Schulen, 12 Schulen in Holzbauweise, 10 Beruflichen Schulen, 15 Förder- und Sonderschulen sowie 12 Weiterbildungseinrichtungen des Jahres 2024 verglichen.

- Kindergärten (4400)

Es werden 75 Kindergärten und Kindertagesstätten (1 bis 2 Gruppen, 3 und mehr Gruppen) des Jahres 1998 mit 153 Kindergärten (nicht unterkellert, einfacher Standard, mittlerer Standard, hoher Standard sowie in Holzbauweise und unterkellert) des Jahres 2024 verglichen.

- Sportbauten (5100, ohne 5200 Schwimmhallen)

Es werden 6 Turn- und Mehrzweckhallen sowie 18 Sporthallen (Typ 15/27, Typ 27/45) des Jahres 1998 mit 15 Sport- und Mehrzweckhallen sowie 49 Sporthallen (Einfeldhallen, Mehrfeldhallen) des Jahres 2024 verglichen.

- Wohngebäude (6100) – Ein- und Zweifamilienhäuser

Es werden 64 Ein- und Zweifamilienhäuser (einfacher bis mittlerer Standard, mittlerer bis hoher Standard, hoher Standard) des Jahres 1998 mit 285 Ein- und Zweifamilienhäusern (unterkellert, einfacher Standard, mittlerer Standard, hoher Standard, sowie nicht unterkellert, einfacher Standard, mittlerer Standard, hoher Standard, ferner Passivhausstandard, Massivbauweise, und Passivhausstandard, Holzbauweise, weiterhin Holzbauweise, unterkellert, und Holzbauweise, nicht unterkellert) des Jahres 2024 verglichen.

- Wohngebäude (6100) – Doppel- und Reihenhäuser

Es werden 23 Reihenhäuser (einfacher bis mittlerer Standard, mittlerer bis hoher Standard) des Jahres 1998 mit 60 Doppel- und Reihenhäusern (einfacher, mittlerer, hoher Standard), Doppel- und Reihenhäusern Holzbauweise und Reihenhäusern (einfacher, mittlerer, hoher Standard) des Jahres 2024 verglichen.

- Wohngebäude (6100) – Mehrfamilienhäuser

Es werden 72 Mehrfamilienhäuser (einfacher bis mittlerer Standard, mittlerer bis hoher Standard, hoher Standard) des Jahres 1998 mit 208 Mehrfamilienhäusern (mit bis zu 6 WE, einfacher Standard, mittlerer Standard, hoher Standard, mit 6 bis zu 19 WE, einfacher Standard, mittlerer Standard, hoher Standard, mit 20 oder mehr WE, einfacher Standard, mittlerer Standard, hoher Standard) des Jahres 2024 verglichen.

- Pflegeheime (6200)

Es werden 11 Alten und Pflegeheime des Jahres 1998 mit 31 Pflegeheimen des Jahres 2024 verglichen.

- Gaststätten, Kantinen, Mensen (6500)

Es werden 9 Gaststätten, Kantinen und Mensen des Jahres 1998 mit 32 Objekten derselben Gebäudeart des Jahres 2024 verglichen.

- Betriebs- und Werkstätten (7300)

Es werden 22 Betriebs- und Werkstätten (eingeschossig, mehrgeschossig) des Jahres 1998 mit 44 Betriebs- und Werkstätten (eingeschossig, mehrgeschossig, geringer Hallenanteil, mehrgeschossig, hoher Hallenanteil) des Jahres 2024 verglichen.

- Feuerwehrhäuser (7600)

Es werden 20 Feuerwehrhäuser des Jahres 1998 mit 37 Objekten derselben Gebäudeart des Jahres 2024 verglichen.

- Lagergebäude (7700)

Es werden 19 Lager- und Versandgebäude (mittlere Geschosshöhe bis 5 m, mittlere Geschosshöhe 5 m bis 7, mittlere Geschosshöhe über 7 m) des Jahres 1998 mit 36 Lagergebäuden (ohne Mischnutzung, mit bis zu 25 % Mischnutzung, mit mehr als 25 % Mischnutzung) des Jahres 2024 verglichen.

Gliederung in Leistungsbereiche nach STLB-Bau

Als Beispiel für eine ausführungsorientierte Ergänzung der Kostengliederung werden im Folgenden die Leistungsbereiche des Standardleistungsbuches für das Bauwesen in einer Übersicht dargestellt.

000 Baustelleneinrichtungen; Verkehrssicherungs- und Sicherheitseinrichtungen
001 Gerüstarbeiten
002 Erdarbeiten
003 Landschaftsbauarbeiten
004 Landschaftsbauarbeiten, Pflanzen
005 Brunnenbauarbeiten und Aufschlussbohrungen
006 Spezialtiefbauarbeiten
007 Untertagebauarbeiten
008 Wasserhaltungsarbeiten
009 Entwässerungskanalarbeiten
010 Drän- und Versickerungsarbeiten
011 Abscheider- und Kleinkläranlagen
012 Mauerarbeiten
013 Betonarbeiten
014 Natur-, Betonwerksteinarbeiten
016 Zimmer- und Holzbauarbeiten
017 Stahlbauarbeiten
018 Abdichtungsarbeiten
019 Kampfmittelräumarbeiten
020 Dachdeckungsarbeiten
021 Dachabdichtungsarbeiten
022 Klempnerarbeiten
023 Putz- und Stuckarbeiten, Wärmedämmsysteme
024 Fliesen- und Plattenarbeiten
025 Estricharbeiten
026 Fenster, Außentüren
027 Tischlerarbeiten
028 Parkettarbeiten, Holzpflasterarbeiten
029 Beschlagarbeiten
030 Rollladenarbeiten
031 Metallbauarbeiten
032 Verglasungsarbeiten
033 Baureinigungsarbeiten
034 Maler- und Lackierarbeiten, Beschichtungen
035 Korrosionsschutzarbeiten an Stahlbauten
036 Bodenbelagarbeiten
037 Tapezierarbeiten
038 Vorgehängte hinterlüftete Fassaden
039 Trockenbauarbeiten
040 Wärmeversorgungsanlagen - Betriebseinrichtungen
041 Wärmeversorgungsanlagen - Leitungen, Armaturen, Heizflächen
042 Gas- und Wasseranlagen - Leitungen und Armaturen
043 Druckrohrleitungen für Gas, Wasser und Abwasser
044 Abwasseranlagen - Leitungen, Abläufe, Armaturen
045 Gas-, Wasser- und Entwässerungsanlagen - Ausstattung, Elemente, Fertigbäder
046 Gas-, Wasser- und Entwässerungsanlagen - Betriebseinrichtungen
047 Dämm- und Brandschutzarbeiten an technischen Anlagen
049 Feuerlöschanlagen, Feuerlöschgeräte
050 Blitzschutz- / Erdungsanlagen, Überspannungsschutz
051 Kabelleitungstiefbauarbeiten
052 Mittelspannungsanlagen
053 Niederspannungsanlagen - Kabel/Leitungen, Verlegesysteme, Installationsgeräte
054 Niederspannungsanlagen - Verteilersysteme und Einbaugeräte
055 Sicherheits- und Ersatzstromversorgungsanlagen
057 Gebäudesystemtechnik
058 Leuchten und Lampen
059 Sicherheitsbeleuchtungsanlagen
060 Such-, Signal-, Zeitdienst-, Antennen-, elektroakustische Anlagen, Medientechnik
061 Kommunikations- und Übertragungsnetze
062 Kommunikationsanlagen
063 Gefahrenmeldeanlagen
064 Zutrittskontroll-, Zeiterfassungssysteme
069 Aufzüge
070 Gebäudeautomation
075 Raumlufttechnische Anlagen
078 Kälteanlagen für raumlufttechnische Anlagen
080 Straßen, Wege, Plätze
081 Betonerhaltungsarbeiten
082 Bekämpfender Holzschutz
084 Abbruch-, Rückbau- und Schadstoffsanierungsarbeiten
085 Rohrvortriebsarbeiten
087 Abfallentsorgung, Verwertung und Beseitigung
090 Baulogistik
091 Stundenlohnarbeiten
096 Bauarbeiten an Bahnübergängen
097 Bauarbeiten an Gleisen und Weichen
098 Witterungsschutzmaßnahmen

Die BKI-Gliederung des vorliegenden Fachbuchs orientiert sich am Standardleistungsbuch für das Bauwesen. Die Nummern der Leistungsbereiche werden beim Altbau mit 3xx gekennzeichnet.

Abkürzungsverzeichnis

Abkürzung	Bezeichnung
a	Jahr (lat. annus)
AF	Außenanlagenfläche
Alu	Aluminium
AP	Arbeitsplätze
AWF	Außenwandfläche
BB	BB-Schloss=Buntbartschloss
BGF	Brutto-Grundfläche (Summe der Regelfall (R)- und Sonderfall (S)-Flächen nach DIN 277)
BGI	Baugrubeninhalt
BHKW	Blockheizkraftwerk
bis	oberer Grenzwert des Streubereichs um einen Mittelwert
BK	Bodenklasse
BRI	Brutto-Rauminhalt (Summe der Regelfall (R)- und Sonderfall (S)-Rauminhalte nach DIN 277)
BRI/BGF (m)	Verhältnis von Brutto-Rauminhalt zur Brutto-Grundfläche angegeben in Meter
BRI/NUF (m)	Verhältnis von Brutto-Rauminhalt zur Nutzungsfläche angegeben in Meter
BSH	Brettschichtholz
CaSi	Calciumsilikat
CG	Schaumglas
CO_2	Kohlendioxid
Cu	Kupfer
DD	DD-Lack=Polyurethan-Lack
DN	Durchmesser, Nennweite (DN80)
DAF	Dachfläche
DDC	Direct Digital Control
DEF	Deckenfläche
DF	Dünnformat
DIN 276	Kosten im Bauwesen - Teil 1 Hochbau (DIN 276:2018-12)
DIN 277	Grundflächen und Rauminhalte von Bauwerken im Hochbau (DIN 277:2021-08)
DK	Dreh-/Kipp(-flügel)
EIB	Europäischer Installationsbus
EPS	Expandierter Polystyrol-Hartschaum
ESG	Einscheiben-Sicherheitsglas
Fläche/BGF (%)	Anteil der angegebenen Fläche zur Brutto-Grundfläche in Prozent
Fläche/NUF (%)	Anteil der angegebenen Fläche zur Nutzungsfläche in Prozent
F90-A	Feuerwiderstandsklasse 90min
€/Einheit	Spaltenbezeichnung für Mittelwerte zu den Kosten bezogen auf eine Einheit der Bezugsgröße
€/m² BGF	Spaltenbezeichnung für Mittelwerte zu den Kosten bezogen auf Brutto-Grundfläche
GEG / EnEV	Gebäudeenergiegesetz / Energieeinsparverordnung
GF	Grundstücksfläche
GK / GKB / GKF	Gipskarton / Gipskarton-Bauplatten / Gipskarton-Feuerschutz
GKI	Gipskarton - imprägniert
GKL	Güteklasse
GK1	Geotechnische Kategorie 1 DIN 4020
Gl	Glieder (Heizkörper)
Gl24h	Festigkeitsklasse
GRF	Gründungsfläche
HDF	hochdichte Faserplatte
Hlz / LHlz	Hochlochziegel / Leichthochlochziegel
HT-Rohr	Hochtemperaturrohr
HPL	Laminatbeschichtung im Hochdruckpressverfahren (eng. High Pressure Laminate)
inkl.	einschließlich

Abkürzungsverzeichnis

Abkürzung	Bezeichnung
i.L. / i.M.	im Lichten / im Mittel
IWF	Innenwandfläche
KFZ	Kraftfahrzeug
KG	Kellergeschoß / Kunststoff Grundleitung / Kostengruppe
KGF	Konstruktions-Grundfläche (Summe der Regelfall (R)- und Sonderfall (S)-Flächen nach DIN 277)
KMz	Klinkermauerziegel
KNX	Konnex Bus
KS	Kalksandstein
KSK	kaltselbstklebend
KSL / KSV / KSVm	Kalksandstein-Lochstein / Kalksandstein-Vollstein / Kalksandstein-Vormauerwerk
KVH	Konstruktionsvollholz
KWK	Kraftwärmekopplung
LAR	Leitungsanlagen-Richtlinie
LB	Leistungsbereich
LED	Leuchtdiode
LK	Lastklasse
LM	Leichtmetall / Leichtmörtel
LWL	Lichtwellenleiter
LZR	Luftzwischenraum (Isolierglas)
MDF	mitteldichte Faserplatte (Spanplatte)
MDS	mineralische Dichtschlämme
Menge/BGF	Menge der genannten Kostengruppen-Bezugsgröße bezogen auf die Menge der Brutto-Grundfläche
Menge/NUF	Menge der genannten Kostengruppen-Bezugsgröße bezogen auf die Menge der Nutzungsfläche
MF	Mineralfaser
MG	Mörtelgruppe
MLAR	Master-Leitungsanlagen-Richtlinie
MSR	Mess-, Steuerungs- und Regelungstechnik
MW	Mauerwerk / Mineralwolle / Maulweite (Zargen)
MwSt.	Mehrwertsteuer
Mz	Mauerziegel
NE	Nutzeinheit
NF	Normalformat / Nut und Feder
NM	Normalmauermörtel
NH	Nadelholz
NUF	Nutzungsfläche (Summe der Regelfall (R)- und Sonderfall (S)-Flächen nach DIN 277)
NRF	Netto-Raumfläche (Summe der Regelfall (R)- und Sonderfall (S)-Flächen nach DIN 277)
Obj.-Nr.	Nummer des Objekts in den BKI-Baukostendatenbanken
OK	Oberkante
OS	Oberflächenschutzschicht
OSB	Grobspanplatten (engl. oriented strand board)
PC	Polycarbonat
PE / PE-HD	Polyethylen / Polyethylen, hohe Dichte
PES	Polyester
PIR	Polyisocyanurat
PMMA	Polymethylmetacrylat
PP	Polypropylen
PS	Polystyrol
PU/PUR	Polyurethan
PVC / PCV-U	Polyvinylchlorid / Polyvinylchlorid-Hart
PV	Polyestervlies oder Photovoltaikanlage

Abkürzungsverzeichnis

Abkürzung	Bezeichnung
PYE / PYP	Elastomerbitumen / Plastomerbitumen
PZ	Profilzylinder
RCL	Recycling
RD	rauchdicht
RRM	Rohbaurichtmaß
RS	Rauchschutz (Türen)
RW	Regenwasser
RWA	Rauch-Wärme-Abzug
SFK	Steindruckfestigkeitsklasse
SML	Gusseisen-Abwasserrohr
Stb	Stahlbeton
STLB	Standardleistungsbuch
Stg	Steigung
STP	Stellplatz
TF	Technikfläche (Summe der Regelfall (R)- und Sonderfall (S)-Flächen nach DIN 277)
T-RS / T30	Rauchschutztür / Tür mit Feuerwiderstand 30min
TSD	Trittschalldämmung
UK	Unterkonstruktion / Unterkante
uP / aP	unter Putz / auf Putz
Uw	U-Wert Fenster (engl. window)
VF	Verkehrsfläche (Summe der Regelfall (R)- und Sonderfall (S)-Flächen nach DIN 277)
VK	Vorderkante
VMz	Vormauerziegel
VSG	Verbund-Sicherheitsglas
von	unterer Grenzwert des Streubereichs um einen Mittelwert
V2A / V4A	Edelstahl
WDVS	Wärmedämmverbundsystem
WD-Putz	Wärmedämmputzsystem
WE	Wohneinheit
WF	Holzweichfaser
WFL	Wohnfläche
WK	Einbruch-Widerstandsklasse
WLG	Wärmeleitgruppe
WLs	Wärmeleitstufe
WRG	Wärmerückgewinnung
WU	wasserundurchlässig (Betonqualität)
XPS	extrudierter Polystyrol-Hartschaum
ZTV	zusätzl. techn. Vertragsbedingungen
Ø	Mittelwert
300+400	Zusammenfassung der Kostengruppen Bauwerk-Baukonstruktionen und Bauwerk-Technische Anlagen
% an 300+400	Kostenanteil der jeweiligen Kostengruppe an den Kosten des Bauwerks
% an 300	Kostenanteil der jeweiligen Kostengruppe an der Kostengruppe Bauwerk-Baukonstruktion
% an 400	Kostenanteil der jeweiligen Kostengruppe an der Kostengruppe Bauwerk-Technische Anlagen
G1	BKI Objektedaten G1 Technische Gebäudeausrüstung, Kosten abgerechneter Bauwerke, erschienen 2006*
G2	BKI Objektedaten G2 Technische Gebäudeausrüstung, Kosten abgerechneter Bauwerke, erschienen 2008*
G3	BKI Objektedaten G3 Technische Gebäudeausrüstung, Kosten abgerechneter Bauwerke, erschienen 2012*
G4	BKI Objektedaten G4 Technische Gebäudeausrüstung, Kosten abgerechneter Bauwerke, erschienen 2015
G5	BKI Objektedaten G5 Technische Gebäudeausrüstung, Kosten abgerechneter Bauwerke, erschienen 2018
G6	BKI Objektedaten G6 Technische Gebäudeausrüstung, Kosten abgerechneter Bauwerke, erschienen 2022
G7	BKI Objektedaten G7 Technische Gebäudeausrüstung, Kosten abgerechneter Bauwerke, erschienen 2025

* Bücher bereits vergriffen

Abkürzungsverzeichnis

Einheiten

µm	Mikrometer
m	Meter
m^2	Quadratmeter
m^3	Kubikmeter
cm	Zentimeter
cm^2	Quadratzentimeter
cm^3	Kubikzentimeter
dm	Dezimeter
dm^2	Quadratdezimeter
dm^3	Kubikdezimeter
d	Tage
dH	deutsche Härte (Wasserhärte)
dB	Dezibel
DPr	Proctordichte
h	Stunde
Hz	Hertz
kg	Kilogramm
kN	Kilonewton
kW	Kilowatt
kW_{el}	elektrische Leistung in Kilowatt
kW_{th}	thermische Leistung in Kilowatt
kW_p	Kilowatt-Peak (Photovoltaikanlagen)
kvar	Blindleistung
l	Liter
lm	Lumen
mbar	Millibar
min	Minute
mm	Millimeter
mm^2	Quadratmillimeter
mm^3	Kubikmillimeter
MN	Meganewton
N	Newton
psch	Pauschal
s	Sekunde
St	Stück
t	Tonnen
V	Volt
W	Watt
Wp	Watt-Peak
°	Grad
%	Prozent
n.A.	nach Aufwand (Preis ist Projektbezogen)

Kombinierte Einheiten

h/[Einheit]	Stunde pro [Einheit] = Ausführungsdauer
mh	Meter pro Stunde
md	Meter pro Tag
mWo	Meter pro Woche
mMt	Meter pro Monat
ma	Meter pro Jahr
m^2d	Quadratmeter pro Tag
m^2Wo	Quadratmeter pro Woche
m^2Mt	Quadratmeter pro Monat
m^3d	Kubikmeter pro Tag
m^3Wo	Kubikmeter pro Woche
m^3Mt	Kubikmeter pro Monat
Sth	Stück pro Stunde
Std	Stück pro Tag
StWo	Stück pro Woche
StMt	Stück pro Monat
td	Tonne pro Tag
tWo	Tonne pro Woche

Mengenangaben

A	Fläche
B	Breite
D	Durchmesser
d	Dicke
H	Höhe
k	k-Wert
L	Länge
lw	lichte Weite
T	Tiefe
U	u-Wert
V	Volumen

Rechenzeichen

<	kleiner
>	größer
<=	kleiner gleich
>=	größer gleich
-	bis

OBJEKTDATEN

A

Objektdokumentation, 1. und 2. Ebene

Büro- und Verwaltungsgebäude

1

1100 Parlamentsgebäude
- 1200 Gerichtsgebäude
- 1300 Bürogebäude

1200-0001
Gerichtsgebäude
Eingangsbereich

Modernisierung

Kostenkennwerte für die Kosten des Bauwerks (Kostengruppen 300+400 nach DIN 276)

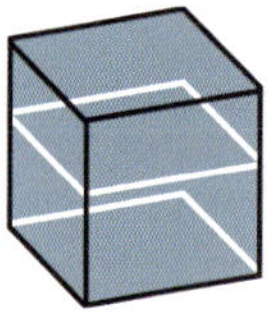

BRI 379 €/m³

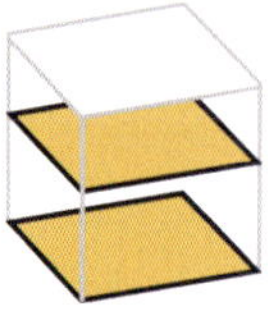

BGF 2.532 €/m²

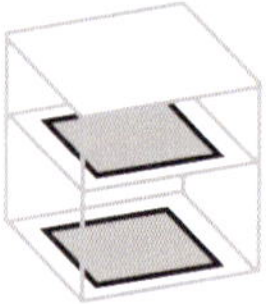

NUF 18.938 €/m²

Objekt:
Kennwerte: 3. Ebene DIN 276
BRI: 914 m³
BGF: 137 m²
NUF: 18 m²
Bauzeit: 18 Wochen
Bauende: 2017
Standard: hoch
Bundesland: Nordrhein-Westfalen
Kreis: Köln, Stadt

Architekt*in:
FRANKE
Architektur I Innenarchitektur
Oberstraße 135
52349 Düren

Bauherr*in:
Oberlandesgericht Köln

vorher

nachher

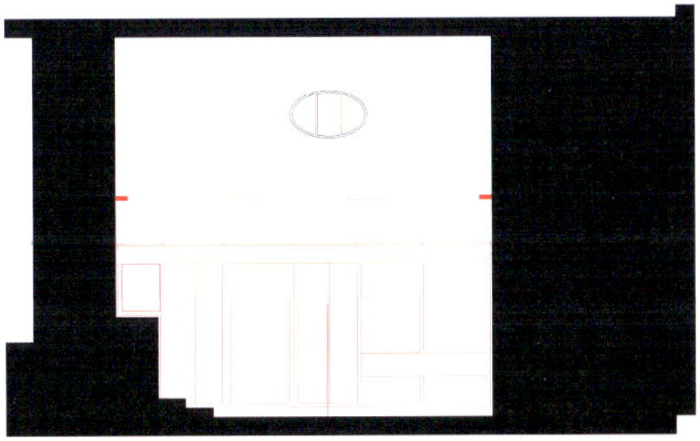

Schnitt A-A, Ansicht

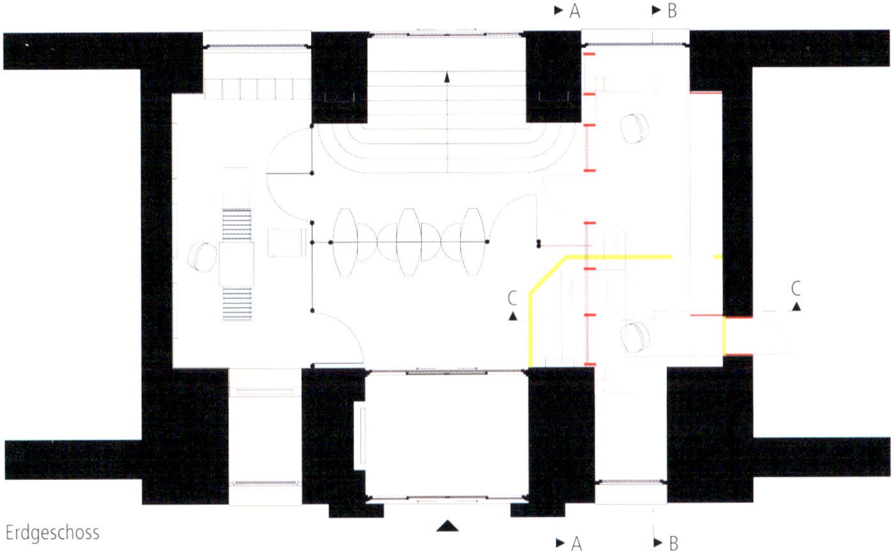

Erdgeschoss

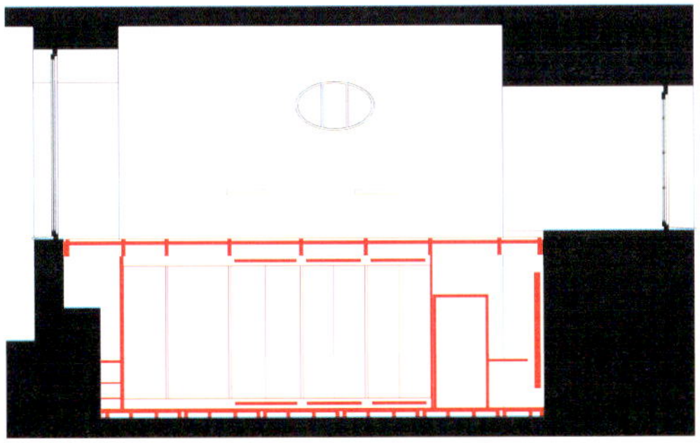

Schnitt B-B

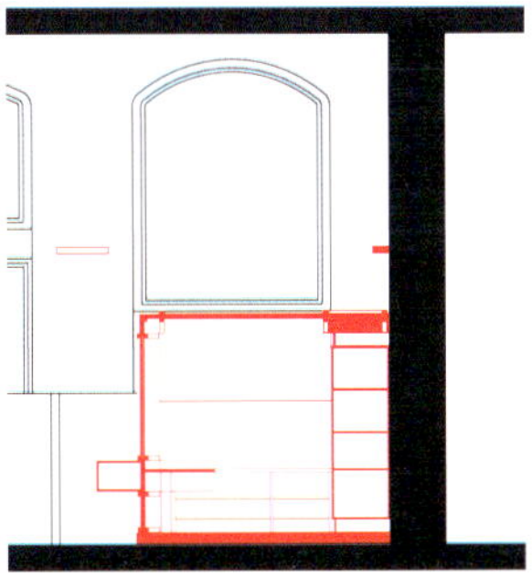

Schnitt C-C

Objektbeschreibung

Allgemeine Objektinformationen

Die in die Jahre gekommene Pförtnerloge in der Eingangshalle des Oberlandesgerichts wurde erneuert und durch eine zeitgemäße Neukonstruktion ersetzt. Wichtig war hierbei, dass sich das neue Objekt in Farb- und Materialwahl in das historische Gebäude einfügt. Ebenso wurden im gesamten Eingangsbereich die Wand- und Deckenflächen gestrichen.

Nutzung

1 Erdgeschoss
Eingangsbereich/Schleuse

Nutzeinheiten

Arbeitsplätze: 4

Grundstück

Bauraum: Beengter Bauraum

Markt

Hauptvergabezeit: 1. Quartal 2017
Baubeginn: 2. Quartal 2017
Bauende: 3. Quartal 2017
Konjunkturelle Gesamtlage: Durchschnitt
Regionaler Baumarkt: über Durchschnitt

Baubestand

Baujahr: 1911
Bauzustand: gut
Aufwand: hoch
Grundrissänderungen: wenige
Tragwerkseingriffe: wenige
Nutzungsänderung: nein
Nutzung während der Bauzeit: ja

Baukonstruktion

Der Sicherheitsaspekt war ein wichtiges Thema und Voraussetzung für die Wahl der Materialien. Es wurde eine Pfosten-Riegel-Konstruktion mit durchschusshemmenden Stahlverstärkungen und ebensolcher Verglasung gewählt. Die vorgefertigten Elemente wurden vor Ort montiert, wobei es im Rahmen des Denkmalschutzes wichtig war, dass die vorhandene Struktur von Fliesen und Fensterbänken erhalten bliebt.

Technische Anlagen

Die technische Ausrüstung ist hochmodern. Alle Steuerungen für Schleuse, Eingangshalle und Überwachung der Nebeneingänge mussten hier zusammengeführt werden. Eine **Lüftungsanlage mit Wärmerückgewinnung** und ein **Klimagerät** sorgen für den Luftaustausch und angenehme Temperaturen.

Planungskennwerte für Flächen und Rauminhalte nach DIN 277

Flächen des Grundstücks		Menge Einheit	% an GF
BF	Bebaute Fläche	–	–
UF	Unbebaute Fläche	–	–
GF	Grundstücksfläche	–	–

Grundflächen des Bauwerks		Menge Einheit	% an NUF	% an BGF
NUF	Nutzungsfläche	18,30 m²	100,0	13,4
TF	Technikfläche	–	–	–
VF	Verkehrsfläche	57,76 m²	315,6	42,2
NRF	Netto-Raumfläche	76,06 m²	415,6	55,6
KGF	Konstruktions-Grundfläche	60,81 m²	332,3	44,4
BGF	Brutto-Grundfläche	136,87 m²	747,9	100,0

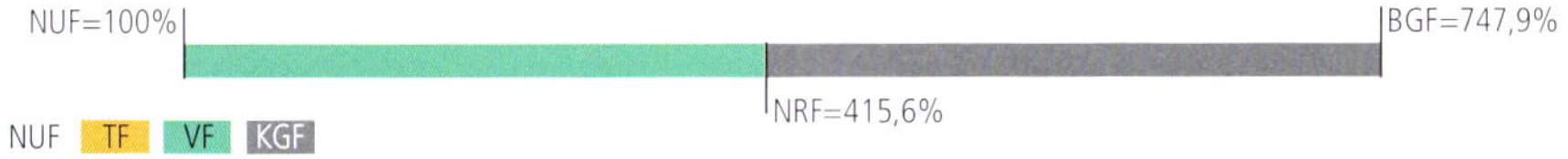

Brutto-Rauminhalt des Bauwerks		Menge Einheit	BRI/NUF (m)	BRI/BGF (m)
BRI	Brutto-Rauminhalt	914,28 m³	49,96	6,68

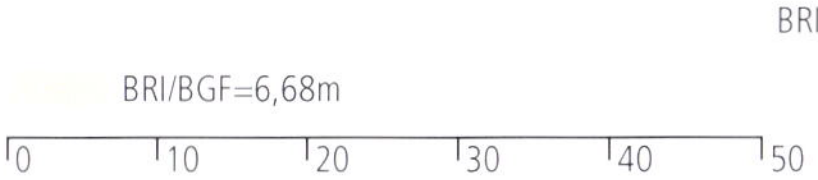

Prozentualer Anteil der Kostengruppen der 2.Ebene an der Kostengruppe 400 nach DIN 276

KG	Kostengruppen (2. Ebene)
410	Abwasser-, Wasser-, Gasanlagen
420	Wärmeversorgungsanlagen
430	Raumlufttechnische Anlagen
440	Elektrische Anlagen
450	Kommunikationstechnische Anlagen
460	Förderanlagen
470	Nutzungsspez. u. verfahrenstechn. Anl.
480	Gebäude- und Anlagenautomation
490	Sonst. Maßnahmen für techn. Anlagen

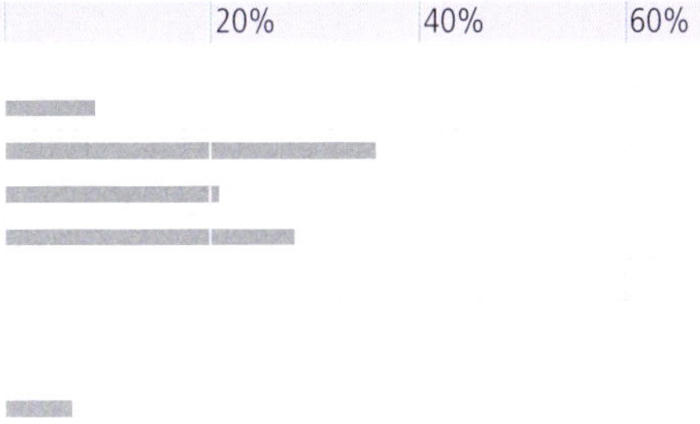

Ranking der Kostengruppen der 3.Ebene an der Kostengruppe 400 nach DIN 276

KG	Kostengruppen (3. Ebene)	% an KG 400	KG	Kostengruppen (3. Ebene)	% an KG 400
431	Lüftungsanlagen	25,3	423	Raumheizflächen	6,1
456	Gefahrenmelde- und Alarmanlagen	15,0	498	Provisorische technische Anlagen	5,7
452	Such- und Signalanlagen	12,2	422	Wärmeverteilnetze	2,7
445	Beleuchtungsanlagen	11,2	494	Abbruchmaßnahmen	0,9
434	Kälteanlagen	10,5	457	Datenübertragungsnetze	0,8
444	Niederspannungsinstallationsanlagen	9,5			

Modernisierung

Kostenkennwerte für die Kostengruppen der 1. Ebene DIN 276

KG	Kostengruppen (1. Ebene)	Einheit	Kosten €	€/Einheit	€/m² BGF	€/m³ BRI	% 300+400
100	Grundstück	m² GF	–	–	–	–	–
200	Vorbereitende Maßnahmen	m² GF	–	–	–	–	–
300	Bauwerk – Baukonstruktionen	m² BGF	244.295	1.784,87	1.784,87	267,20	70,5
400	Bauwerk – Technische Anlagen	m² BGF	102.265	747,17	747,17	111,85	29,5
	Bauwerk 300+400	**m² BGF**	**346.559**	**2.532,03**	**2.532,03**	**379,05**	**100,0**
500	Außenanlagen und Freiflächen	m² AF	–	–	–	–	–
600	Ausstattung und Kunstwerke	m² BGF	–	–	–	–	–
700	Baunebenkosten	m² BGF	–	–	–	–	–
800	Finanzierung	m² BGF	–	–	–	–	–

KG	Kostengruppe	Menge Einheit	Kosten €	€/Einheit	%
3+4	**Bauwerk**				**100,0**
300	**Bauwerk – Baukonstruktionen**	136,87 m² BGF	244.295	**1.784,87**	70,5
	• Abbrechen (Kosten: 2,3%) Abbruch von Pförtnerloge, Podestboden, Büromöbeln; Entsorgung, Deponiegebühren		5.659		
	• Wiederherstellen (Kosten: 0,7%) Historische Fensterelemente aufarbeiten, lackieren		1.631		
	• Herstellen (Kosten: 97,0%) Dispersionsbeschichtung; Podestboden, Parkett; Einbauschränke, Schiebemulde, Schließfächer, Schreibtische, Pförtnerloge, durchschusshemmende Verglasungen		237.005		
400	**Bauwerk – Technische Anlagen**	136,87 m² BGF	102.265	**747,17**	29,5
	• Abbrechen (Kosten: 0,9%) Abbruch von Heizungsrohren, Heizkörpern, Elektroinstallation, Beleuchtung; Entsorgung, Deponiegebühren		908		
	• Wiederherstellen (Kosten: 3,5%) Einbaugeräte demontieren, prüfen, Wiedereinbau in Bedien- und Steuertableau		3.597		
	• Herstellen (Kosten: 95,6%) Heizungsrohre, Heizkörper; Zu- und Abluftgerät, Lüftungsleitungen, **Klimagerät**; Elektroinstallation, Beleuchtung, Sprechanlage EDV-Verkabelung; Provisorium		97.759		

Kostenkennwerte für die Kostengruppen 400 der 2.Ebene DIN 276

KG	Kostengruppe	Menge Einheit	Kosten €	€/Einheit	%
400	**Bauwerk – Technische Anlagen**				**100,0**
420	**Wärmeversorgungsanlagen**	136,87 m²BGF	9.003	**65,78**	8,8
	• Herstellen (Kosten: 100,0%) Kupferrohre DN15 (1m) * Heizkörper (3St)	136,87 m²BGF	9.003	**65,78**	
430	**Raumlufttechnische Anlagen**	136,87 m²BGF	36.585	**267,30**	35,8
	• Herstellen (Kosten: 100,0%) Zu- und Abluftgerät 450m³/h, **WRG** (1St), Wickelfalzrohre DN100-150 (42m), Schalldämpfer (4St), Brandschutzklappen (4St), Lüftungsgitter (2St), Wetterschutzgitter (2St), Kanalrauchmelder (1St) * Split-**Klimagerät** (1St), Kondensator 3kW (1St), Kältemittelleitungen (psch), Kondensatleitungen DN22 (25m)	136,87 m²BGF	36.585	**267,30**	
440	**Elektrische Anlagen**	136,87 m²BGF	21.246	**155,23**	20,8
	• Herstellen (Kosten: 100,0%) Mantelleitungen (268m), Steckdosen (16St), Schalter (2St) * LED-Pendelleuchte (1St), LED-Wandleuchten (8St)	136,87 m²BGF	21.246	**155,23**	
450	**Kommunikationstechnische Anlagen**	136,87 m²BGF	28.727	**209,88**	28,1
	• Wiederherstellen (Kosten: 12,5%) Einbaugeräte demontieren, prüfen, Wiedereinbau in Bedien- und Steuertableau (9St)	136,87 m²BGF	3.597	**26,28**	
	• Herstellen (Kosten: 87,5%) Sprechanlage (1St), Steuereinheit (1St), Mikrofon (1St), Lautsprecher (1St) * Bedien- und Steuertableau (1St) * Datenkabel (93m), Datenanschlussdosen (6St)	136,87 m²BGF	25.130	**183,60**	
490	**Sonst. Maßnahmen für techn. Anlagen**	136,87 m²BGF	6.703	**48,98**	6,6
	• Abbrechen (Kosten: 13,5%) Abbruch von Heizungsrohren (25m), Heizkörpern (3St), Kabel (55m), Leuchten (9St); Entsorgung, Deponiegebühren	136,87 m²BGF	908	**6,64**	
	• Herstellen (Kosten: 86,5%) Provisorische Pförtneranlage (1St)	136,87 m²BGF	5.795	**42,34**	

Kostenkennwerte für die Kostengruppen 400 der 2. und 3. Ebene DIN 276 (Übersicht)

KG	Kostengruppe	Menge Einheit	Kosten €	€/Einheit	%
420	**Wärmeversorgungsanlagen**	**136,87 m² BGF**	**9.003,13**	**65,78**	**8,8**
422	Wärmeverteilnetze	136,87 m² BGF	2.758,98	20,16	2,7
423	Raumheizflächen	136,87 m² BGF	6.244,16	45,62	6,1
430	**Raumlufttechnische Anlagen**	**136,87 m² BGF**	**36.585,26**	**267,30**	**35,8**
431	Lüftungsanlagen	136,87 m² BGF	25.831,09	188,73	25,3
434	Kälteanlagen	136,87 m² BGF	10.754,18	78,57	10,5
440	**Elektrische Anlagen**	**136,87 m² BGF**	**21.246,10**	**155,23**	**20,8**
444	Niederspannungsinstallationsanlagen	136,87 m² BGF	9.755,55	71,28	9,5
445	Beleuchtungsanlagen	136,87 m² BGF	11.490,56	83,95	11,2
450	**Kommunikationstechnische Anlagen**	**136,87 m² BGF**	**28.726,66**	**209,88**	**28,1**
452	Such- und Signalanlagen	136,87 m² BGF	12.495,02	91,29	12,2
456	Gefahrenmelde- und Alarmanlagen	136,87 m² BGF	15.387,36	112,42	15,0
457	Datenübertragungsnetze	136,87 m² BGF	844,28	6,17	0,8
490	**Sonst. Maßnahmen für techn. Anlagen**	**136,87 m² BGF**	**6.703,42**	**48,98**	**6,6**
494	Abbruchmaßnahmen	136,87 m² BGF	908,18	6,64	0,9
498	Provisorische technische Anlagen	136,87 m² BGF	5.795,24	42,34	5,7

Kostenkennwerte für Leistungsbereiche nach STLB (Kosten KG 400 nach DIN 276)

LB	Leistungsbereiche	Kosten €	€/m² BGF	€/m³ BRI	% an 400
040	Wärmeversorgungsanlagen - Betriebseinrichtungen	–	–	–	–
041	Wärmeversorgungsanlagen - Leitungen, Armaturen, Heizflächen	8.996	65,70	9,80	8,8
042	Gas- und Wasseranlagen - Leitungen, Armaturen	–	–	–	–
043	Druckrohrleitungen für Gas, Wasser und Abwasser	–	–	–	–
044	Abwasseranlagen - Leitungen, Abläufe, Armaturen	–	–	–	–
045	Gas-, Wasser- und Entwässerungsanlagen - Ausstattung, Elemente, Fertigbäder	–	–	–	–
046	Gas-, Wasser- und Entwässerungsanlagen - Betriebseinrichtungen	–	–	–	–
047	Dämm- und Brandschutzarbeiten an technischen Anlagen	556	4,10	0,61	0,5
049	Feuerlöschanlagen, Feuerlöschgeräte	–	–	–	–
050	Blitzschutz- / Erdungsanlagen, Überspannungsschutz	–	–	–	–
051	Kabelleitungstiefbauarbeiten	–	–	–	–
052	Mittelspannungsanlagen	–	–	–	–
053	Niederspannungsanlagen - Kabel / Leitungen, Verlegesysteme, Installationsgeräte	9.749	71,20	10,70	9,5
054	Niederspannungsanlagen - Verteilersysteme und Einbaugeräte	–	–	–	–
055	Sicherheits- und Ersatzstromversorgungsanlagen	–	–	–	–
057	Gebäudesystemtechnik	–	–	–	–
058	Leuchten und Lampen	11.491	84,00	12,60	11,2
059	Sicherheitsbeleuchtungsanlagen	–	–	–	–
060	Such-, Signal-, Zeitdienst-, Antennen-, elektroakustische Anlagen, Medientechnik	4.571	33,40	5,00	4,5
061	Kommunikations- und Übertragungsnetze	843	6,20	0,92	0,8
062	Kommunikationsanlagen	–	–	–	–
063	Gefahrenmeldeanlagen	29.099	212,60	31,80	28,5
	Wiederherstellen	3.593	26,20	3,90	3,5
	Herstellen	25.507	186,40	27,90	24,9
064	Zutrittskontroll-, Zeiterfassungssysteme	–	–	–	–
069	Aufzüge	–	–	–	–
070	Gebäudeautomation	–	–	–	–
075	Raumlufttechnische Anlagen	28.476	208,00	31,10	27,8
078	Kälteanlagen für raumlufttechnische Anlagen	7.539	55,10	8,20	7,4
	Gebäudetechnik	**101.319**	**740,30**	**110,80**	**99,1**
	Wiederherstellen	3.593	26,20	3,90	3,5
	Herstellen	97.727	714,00	106,90	95,6
	Sonstige Leistungsbereiche	**907**	**6,60**	**0,99**	**0,9**
	Abbrechen	907	6,60	0,99	0,9

1300-0234
Bürogebäude
(38 AP)

Kostenkennwerte für die Kosten des Bauwerks (Kostengruppen 300+400 nach DIN 276)

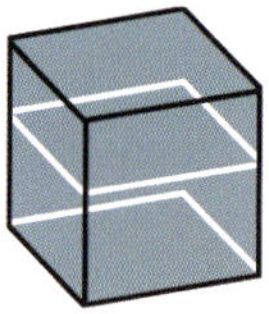

BRI 689 €/m³

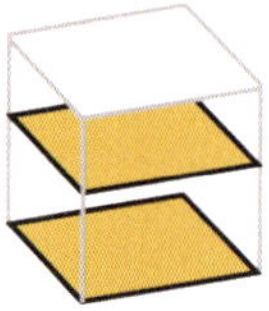

BGF 2.586 €/m²

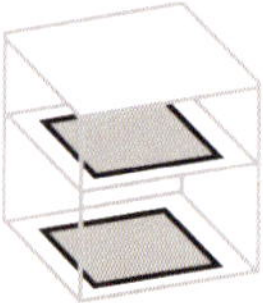

NUF 4.347 €/m²

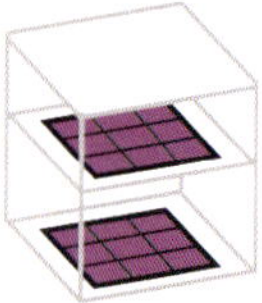

NE 83.288 €/NE

NE: Arbeitsplätze

Objekt:
Kennwerte: 3. Ebene DIN 276
BRI: 4.593 m³
BGF: 1.224 m²
NUF: 728 m²
Bauzeit: 48 Wochen
Bauende: 2016
Standard: hoch
Bundesland: Hessen
Kreis: Fulda

Architekt*in:
Sturm und Wartzeck GmbH
Architekten BDA,
Innenarchitekten
Wilhelm-Ney-Straße 22
36160 Dipperz

Bauherr*in:
Pentagast eG
Marketing- u. Dienstleistungsgesellschaft der Gastronomie- und Großküchenausstatter eG
Philipp-Reis-Straße 22
36093 Künzell

Zeichnungen

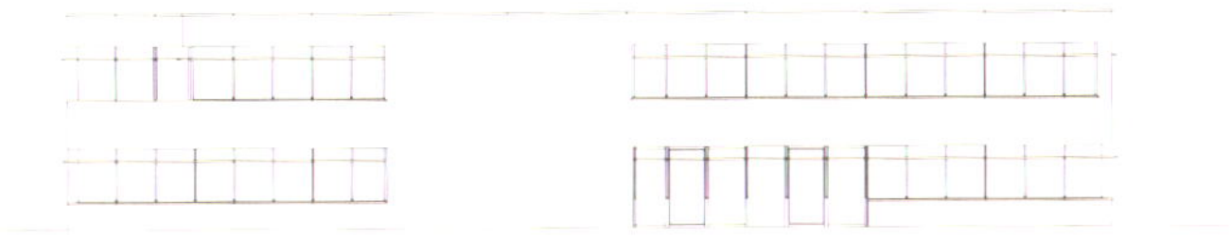

Ansicht Nord-Ost

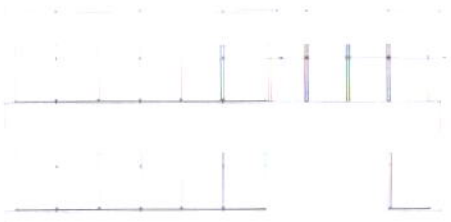

Ansicht Süd-Ost

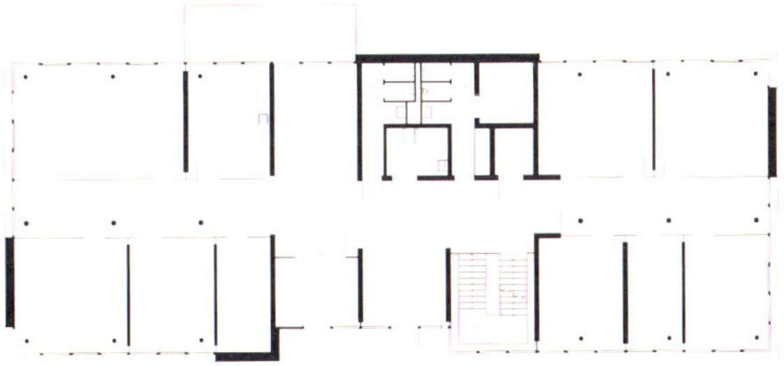

Erdgeschoss

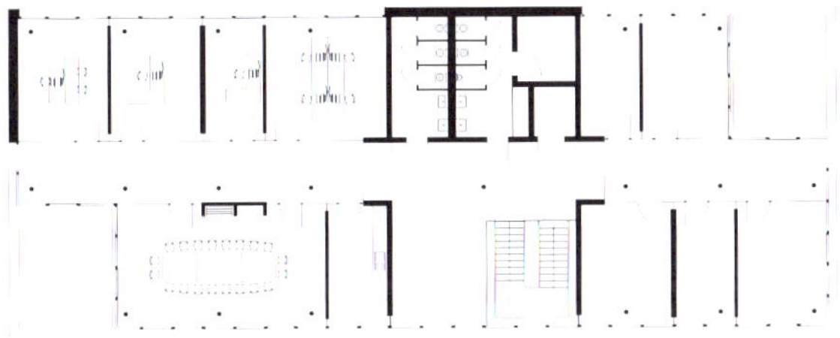

Obergeschoss

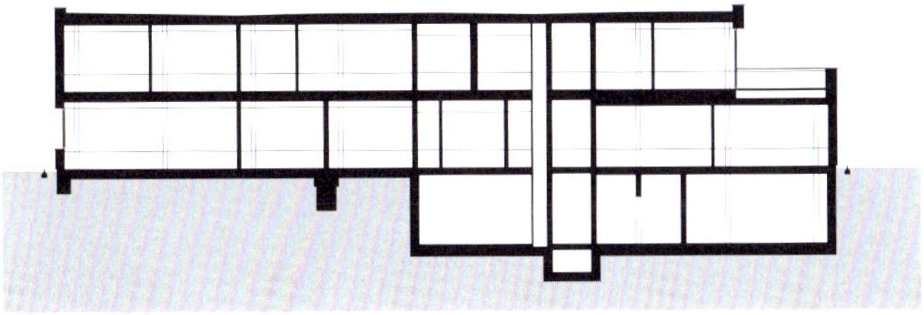

Schnitt

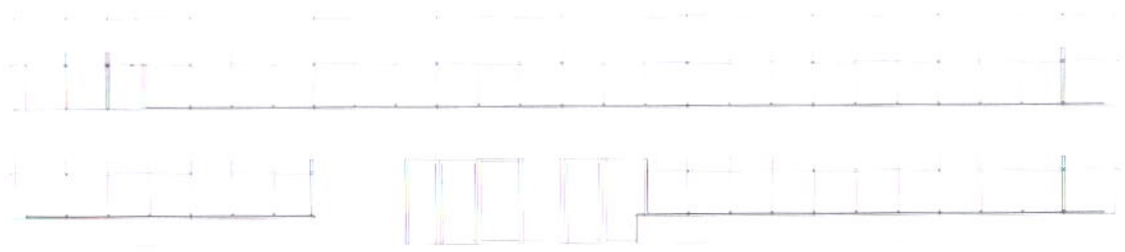

Ansicht Süd-West

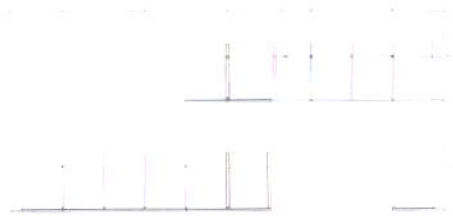

Ansicht Nord-West

Objektbeschreibung

Allgemeine Objektinformationen

Der zweigeschossige Verwaltungsbau steht im heterogenen Umfeld eines Gewerbeareals am Rande des Stadtgebiets. Die gute Infrastruktur und die variable Bauplatzgröße gaben den Ausschlag für die Standortwahl. Der schlichte Baukörper weist neben den großzügigen Fensterbändern zwei Terrasseneinschnitte im Obergeschoss als Besonderheit auf. Im Inneren sorgen die mittige Erschließung und die transparenten Raumabschlüsse für helle Räume und eine leichte Orientierung.

Nutzung

1 Untergeschoss
Technik, Lager, Serverraum, Treppenhaus, Flure

1 Erdgeschoss
Büros, Eingangsbereich, Aufenthaltsraum, Sanitärräume, Treppenhaus, Flure

1 Obergeschoss
Büros, Besprechungsraum, Pausenraum, Sanitärräume, Treppenhaus, Flure, zwei Terrassen

Nutzeinheiten

Arbeitsplätze: 38

Grundstück

Bauraum: Freier Bauraum
Neigung: Ebenes Gelände
Bodenklasse: BK 4

Markt

Hauptvergabezeit: 3.Quartal 2015
Baubeginn: 3.Quartal 2015
Bauende: 2.Quartal 2016
Konjunkturelle Gesamtlage: Durchschnitt
Regionaler Baumarkt: Durchschnitt

Baukonstruktion

Das Gebäude wurde in Stahlbetonskelettbauweise errichtet und gründet auf einer Fundamentplatte aus WU-Beton. Mit Ausnahme der Wände des Kerns wurde auf tragende Innenwände verzichtet, Stahlbetonstützen übernehmen die Tragfunktion der Wände. Trennwände zu den Büros wurden in Glas mit Aluprofilen ausgeführt, im OG sorgt eine mobile, verglaste Trennwandanlage für mehr Flexibilität in der Raumnutzung. Die Fensterbänder mit außenliegenden Raffstores erhielten ein starres vorgelagertes Aluprofil als zusätzlichen Sonnenschutz und als Gestaltungselement. Die Holzfenster wurden in Dreifachverglasung ausgeführt. Die Fassade besteht aus einem verputzten Vollwärmeschutz. Auf den Stahlbetondecken liegt ein Heizestrich, der wiederum mit großflächigen Fliesen in den Erschließungszonen und hochwertigem Nadelfilz in den Büros belegt ist. Die abgehängten GK-Decken wurden zum Teil als gelochte Akustikdecken ausgeführt.

Technische Anlagen

Das Gebäude ist mit einer **Fußbodenheizung** versehen, über die im Sommer die Bauteile auch gekühlt werden können. Zur Wärmeerzeugung steht eine **Luft-Wärmepumpe** zur Verfügung. Alle Räume sind zudem mit einer **Zu- und Abluftanlage mit Wärmerückgewinnung** ausgestattet. Die Elektroversorgung der Büros erfolgt über Bodensteckdosen. Das Gebäude ist mit einer Einbruchmelde- sowie **Brandmeldezentrale** ausgestattet.

Sonstiges

Der Entwurf berücksichtigt eine spätere Erweiterungsmöglichkeit auf dem Grundstück. Die Aufzugsanlage wird später nachgerüstet.

Planungskennwerte für Flächen und Rauminhalte nach DIN 277

Flächen des Grundstücks		Menge Einheit	% an GF
BF	Bebaute Fläche	494,00 m²	16,5
UF	Unbebaute Fläche	2.506,00 m²	83,5
GF	Grundstücksfläche	3.000,00 m²	100,0

Grundflächen des Bauwerks		Menge Einheit	% an NUF	% an BGF
NUF	Nutzungsfläche	728,00 m²	100,0	59,5
TF	Technikfläche	104,00 m²	14,3	8,5
VF	Verkehrsfläche	240,00 m²	33,0	19,6
NRF	Netto-Raumfläche	1.072,00 m²	147,3	87,6
KGF	Konstruktions-Grundfläche	152,00 m²	20,9	12,4
BGF	Brutto-Grundfläche	1.224,00 m²	168,1	100,0

Brutto-Rauminhalt des Bauwerks		Menge Einheit	BRI/NUF (m)	BRI/BGF (m)
BRI	Brutto-Rauminhalt	4.593,00 m³	6,31	3,75

Prozentualer Anteil der Kostengruppen der 2. Ebene an der Kostengruppe 400 nach DIN 276

KG	Kostengruppen (2. Ebene)
410	Abwasser-, Wasser-, Gasanlagen
420	Wärmeversorgungsanlagen
430	Raumlufttechnische Anlagen
440	Elektrische Anlagen
450	Kommunikationstechnische Anlagen
460	Förderanlagen
470	Nutzungsspez. u. verfahrenstechn. Anl.
480	Gebäude- und Anlagenautomation
490	Sonst. Maßnahmen für techn. Anlagen

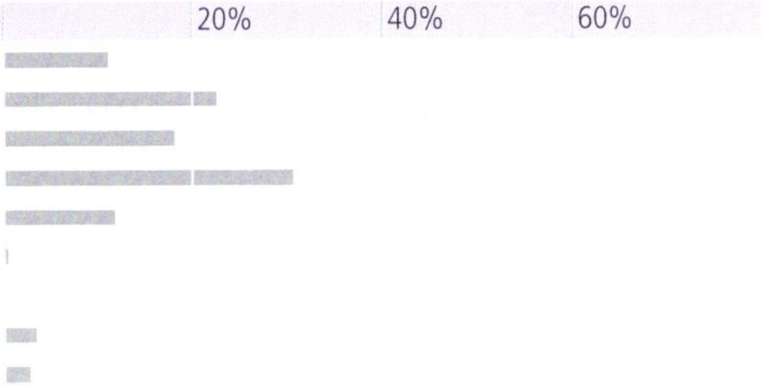

Ranking der Kostengruppen der 3. Ebene an der Kostengruppe 400 nach DIN 276

KG	Kostengruppen (3. Ebene)	% an KG 400	KG	Kostengruppen (3. Ebene)	% an KG 400
444	Niederspannungsinstallationsanlagen	22,0	457	Datenübertragungsnetze	3,9
431	Lüftungsanlagen	14,2	432	Teilklimaanlagen	3,8
421	Wärmeerzeugungsanlagen	11,5	481	Automationseinrichtungen	3,2
422	Wärmeverteilnetze	7,8	423	Raumheizflächen	3,1
445	Beleuchtungsanlagen	7,8	452	Such- und Signalanlagen	1,9
411	Abwasseranlagen	6,4	491	Baustelleneinrichtung	1,9
456	Gefahrenmelde- und Alarmanlagen	5,1	451	Telekommunikationsanlagen	0,8
412	Wasseranlagen	4,1	446	Blitzschutz- und Erdungsanlagen	0,7

Objekte

Kostenkennwerte für die Kostengruppen der 1. Ebene DIN 276

KG	Kostengruppen (1. Ebene)	Einheit	Kosten €	€/Einheit	€/m² BGF	€/m³ BRI	% 300+400
100	Grundstück	m² GF	–	–	–	–	–
200	Vorbereitende Maßnahmen	m² GF	7.548	2,52	6,17	1,64	0,2
300	Bauwerk – Baukonstruktionen	m² BGF	2.203.079	1.799,90	1.799,90	479,66	69,6
400	Bauwerk – Technische Anlagen	m² BGF	961.853	785,83	785,83	209,42	30,4
	Bauwerk 300+400	**m² BGF**	**3.164.932**	**2.585,73**	**2.585,73**	**689,08**	**100,0**
500	Außenanlagen und Freiflächen	m² AF	324.611	129,53	265,21	70,68	10,3
600	Ausstattung und Kunstwerke	m² BGF	17.865	14,60	14,60	3,89	0,6
700	Baunebenkosten	m² BGF	–	–	–	–	–
800	Finanzierung	m² BGF	–	–	–	–	–

KG	Kostengruppe	Menge Einheit	Kosten €	€/Einheit	%
200	**Vorbereitende Maßnahmen**	3.000,00 m² GF	7.548	**2,52**	0,2
	Suchgräben; Oberboden abtragen, Pflanzbewuchs abräumen				
3+4	**Bauwerk**				**100,0**
300	**Bauwerk – Baukonstruktionen**	1.224,00 m² BGF	2.203.079	**1.799,90**	69,6
	Stb-Fundamente, Stb-Bodenplatte, Heizestrich, Bodenbeschichtung, Bodenfliesen, Nadelfilz; Stb-Doppelwandtafeln, Stb-Brüstungen, Holz-Alufenster, Außentürelemente, WDVS, Gipsputz, Latexbeschichtung, Alu-Lamellenraffstores, Verschattungslamellen vor Fassade; KS-Mauerwerk, GK-Wände, Stb-Stützen, Stahltüren, Holztüren, Alu-Feuerschutztüren, Vliestapeten, Wandfliesen, Glas-Systemtrennwände, mobile Trennwandanlage; Stb-Elementdecken, GK-Lochplattendecken, GK-Decken; Stb-Flachdach, Gefälledämmung, Kunststoffabdichtung, Betonpflaster, Dachentwässerung				
400	**Bauwerk – Technische Anlagen**	1.224,00 m² BGF	961.853	**785,83**	30,4
	Gebäudeentwässerung, Abwasserhebeanlage, Kalt- und Warmwasserleitungen, Sanitärobjekte; **Luft-Wasser-Wärmepumpe**, Pufferspeicher, **Fußbodenheizung**, Heizkörper; Kompaktlüftungsgerät mit **WRG**, **Split-Klimageräte** (2St); Elektroinstallation, Fußboden-Installationsgeräte, Beleuchtung, **Blitzschutz**; Sprechanlage, Zutrittskontrolle, **Brandmeldeanlage**, **Einbruchmeldeanlage**, Datenverkabelung; Steuerung: Heizungs-, Klima,- Lüftungsanlagen				
500	**Außenanlagen und Freiflächen**	2.506,00 m² AF	324.611	**129,53**	10,3
	Bodenarbeiten; Einzelfundamente; Frostschutzschicht, Asphaltbeläge, Betonpflaster, Betonrasengitterplatten, Betonpflasterbeläge, Traufstreifen; Stahleinhausung für Müll; Oberflächenentwässerung; Lichtwerbeanlage; Oberboden, Bepflanzung, Rasen				
600	**Ausstattung und Kunstwerke**	1.224,00 m² BGF	17.865	**14,60**	0,6
	Spiegelschränke, Waschtische, Sanitärausstattung				

Kostenkennwerte für die Kostengruppen 400 der 2.Ebene DIN 276

KG	Kostengruppe	Menge Einheit	Kosten €	€/Einheit	%
400	**Bauwerk – Technische Anlagen**				**100,0**
410	**Abwasser-, Wasser-, Gasanlagen**	1.224,00 m² BGF	105.489	**86,18**	11,0
	KG-Rohre DN100-300 (371m), HT-Rohre DN50-100 (46m), PE-Rohre DN56-100 (70m), HDPE-Rohre DN50 (8m), Abwasserhebeanlage (1St), Bodenabläufe (4St), Hausanschlussschächte (3St), Spülkontrollschächte (2St) * Metallverbundrohre DN12-25 (224m), Tiefspül-WCs (9St), Aufsatzbecken (6St), Urinale (2St), Waschtisch (1St), Duschelement (1St), Ausgussbecken (4St), Durchlauferhitzer (6St), Spüle (1St) * Montageelemente (12St)				
420	**Wärmeversorgungsanlagen**	1.224,00 m² BGF	215.947	**176,43**	22,5
	Luft-Wasser-Wärmepumpe (1St), Pufferspeicher 1.000l (2St), Hocheffizienz-Pumpen (3St), Systemschaltschrank (1St), Druckausdehnungsgefäße (3St) * Kupferrohre DN15-54 (237m), Siederohre DN25-65 (101m) * **Fußbodenheizung**, PE-Xc Rohre (4.552m), Verteilerschränke (6St), Heizkörper, h=90cm (2m)				
430	**Raumlufttechnische Anlagen**	1.224,00 m² BGF	172.725	**141,12**	18,0
	Kompaktlüftungsgerät Volumenstrom 3.800m³/h (1St), Wickelfalzrohre DN100-200 (246m), Rechteckkanäle (242m²), Alu-Flexrohre DN100-200 (12m), Auswertemodul (1St), Kanalrauchmelder (2St), Kleinlüfter 60/30m³/h (2St), Tellerventile (53St), Decken-Impulsauslässe (20St), Volumenstromregler (15St), Brandschutzklappen (17St), Schalldämpfer (34St) * **Split-Klimageräte** (1St), für Euroraster Kassettendecke (2St), Kältemittelleitungen DN6-12mm (85m), Kondensatleitung DN20 (5St)				
440	**Elektrische Anlagen**	1.224,00 m² BGF	293.069	**239,44**	30,5
	Verteilerschränke (2St), Installationsverteiler (2St), Mantelleitungen (14.753m), Installationskabel (2.930m), Jalousie-Anschlussleitungen (3.233m), Kabelrinnen, -leitern (74m), Installationsrohre DN25-32 (629m), Unterflurkanäle (139m), Steckdosen (119St), Taster, Schalter (89St), **Präsenzmelder** (14St), Fußboden-Installationsgeräte (38St), Thermostate (10St) * Alu-Einbaudownlights (105St), LED-Einbauleuchten (75St), Nothinweisleuchten (12St), Spiegelleuchten (6St), Lichtbausteine (6St), Pollerleuchten (4St) * Fundamenterder (278m), Potenzialausgleichsschienen (4St)				
450	**Kommunikationstechnische Anlagen**	1.224,00 m² BGF	112.078	**91,57**	11,7
	Installationskabel (280m), Verteilerkasten (1St), Tür-Controller (1St), Netzgerät (1St), Bodentankanschluss-System (1St) * digitale Schließanlage (1St), Türterminal, Fernüberwachung (1St) * **Brandmeldezentrale** (1St), **Einbruchmeldezentrale**, Übertragungsgerät (1St), akustische Signalgeber (5St), Meldergruppenmodule (25St), Infrarotmelder (25St), Installationskabel (1.776m), Verschlussüberwachung (33St) * Datenkabel (7.624m), Verteilerkasten (1St), Patchfelder (12St), Datenanschlussdosen (302St)				
460	**Förderanlagen**	1.224,00 m² BGF	3.808	**3,11**	0,4
	Haltewinkel zur späteren Nachrüstung eines Personenaufzugs (13m)				
480	**Gebäude- und Anlagenautomation**	1.224,00 m² BGF	32.344	**26,42**	3,4
	Jalousieaktoren (15St), Schaltaktoren (9St), Multimedia Touchpanel (1St), Dimmaktoren (3St), Wetterzentrale (1St), Linienkoppler (3St), Jalousiesteuerbaustein, Applikationsbaustein (1St), Funkschaltuhr, Wettersensor (1St) * Busleitungen (478m)				

KG	Kostengruppe	Menge Einheit	Kosten €	€/Einheit	%
490	**Sonst. Maßnahmen für techn. Anlagen**	1.224,00 m^2 BGF	26.393	**21,56**	2,7

Baustelleneinrichtungen (2St), Bauzaun (192m), Kraneinsatz (psch), Baustrom, Bauwasser (psch) * Hebebühnen bis 5,00m (psch) * Absturzsicherungen (174m), Kondenstrockner (32d) * provisorischer Regenwasseranschluss (3St)

Kostenkennwerte für die Kostengruppen 400 der 2. und 3.Ebene DIN 276 (Übersicht)

KG	Kostengruppe	Menge Einheit	Kosten €	€/Einheit	%
410	**Abwasser-, Wasser-, Gasanlagen**	**1.224,00 m2 BGF**	**105.489,42**	**86,18**	**11,0**
411	Abwasseranlagen	1.224,00 m2 BGF	61.658,14	50,37	6,4
412	Wasseranlagen	1.224,00 m2 BGF	39.208,00	32,03	4,1
419	Sonstiges zur KG 410	1.224,00 m2 BGF	4.623,28	3,78	0,5
420	**Wärmeversorgungsanlagen**	**1.224,00 m2 BGF**	**215.946,54**	**176,43**	**22,5**
421	Wärmeerzeugungsanlagen	1.224,00 m2 BGF	110.674,90	90,42	11,5
422	Wärmeverteilnetze	1.224,00 m2 BGF	75.459,92	61,65	7,8
423	Raumheizflächen	1.224,00 m2 BGF	29.811,72	24,36	3,1
430	**Raumlufttechnische Anlagen**	**1.224,00 m2 BGF**	**172.724,86**	**141,12**	**18,0**
431	Lüftungsanlagen	1.224,00 m2 BGF	136.338,51	111,39	14,2
432	Teilklimaanlagen	1.224,00 m2 BGF	36.386,35	29,73	3,8
440	**Elektrische Anlagen**	**1.224,00 m2 BGF**	**293.068,72**	**239,44**	**30,5**
444	Niederspannungsinstallationsanlagen	1.224,00 m2 BGF	211.596,80	172,87	22,0
445	Beleuchtungsanlagen	1.224,00 m2 BGF	75.069,12	61,33	7,8
446	Blitzschutz- und Erdungsanlagen	1.224,00 m2 BGF	6.402,81	5,23	0,7
450	**Kommunikationstechnische Anlagen**	**1.224,00 m2 BGF**	**112.078,45**	**91,57**	**11,7**
451	Telekommunikationsanlagen	1.224,00 m2 BGF	7.606,93	6,21	0,8
452	Such- und Signalanlagen	1.224,00 m2 BGF	18.203,92	14,87	1,9
456	Gefahrenmelde- und Alarmanlagen	1.224,00 m2 BGF	48.952,58	39,99	5,1
457	Datenübertragungsnetze	1.224,00 m2 BGF	37.315,02	30,49	3,9
460	**Förderanlagen**	**1.224,00 m2 BGF**	**3.807,77**	**3,11**	**0,4**
461	Aufzugsanlagen	1.224,00 m2 BGF	3.807,77	3,11	0,4
480	**Gebäude- und Anlagenautomation**	**1.224,00 m2 BGF**	**32.343,96**	**26,42**	**3,4**
481	Automationseinrichtungen	1.224,00 m2 BGF	31.204,81	25,49	3,2
484	Kabel, Leitungen und Verlegesysteme	1.224,00 m2 BGF	1.139,15	0,93	0,1
490	**Sonst. Maßnahmen für techn. Anlagen**	**1.224,00 m2 BGF**	**26.392,92**	**21,56**	**2,7**
491	Baustelleneinrichtung	1.224,00 m2 BGF	17.942,06	14,66	1,9
492	Gerüste	1.224,00 m2 BGF	384,86	0,31	< 0,1
497	Zusätzliche Maßnahmen	1.224,00 m2 BGF	6.738,25	5,51	0,7
498	Provisorische technische Anlagen	1.224,00 m2 BGF	1.327,75	1,08	0,1

Objekte

Kostenkennwerte für Leistungsbereiche nach STLB (Kosten KG 400 nach DIN 276)

LB	Leistungsbereiche	Kosten €	€/m² BGF	€/m³ BRI	% an 400
040	Wärmeversorgungsanlagen - Betriebseinrichtungen	66.006	53,90	14,40	6,9
041	Wärmeversorgungsanlagen - Leitungen, Armaturen, Heizflächen	131.314	107,30	28,60	13,7
042	Gas- und Wasseranlagen - Leitungen, Armaturen	20.085	16,40	4,40	2,1
043	Druckrohrleitungen für Gas, Wasser und Abwasser	–	–	–	–
044	Abwasseranlagen - Leitungen, Abläufe, Armaturen	40.617	33,20	8,80	4,2
045	Gas-, Wasser- und Entwässerungsanlagen - Ausstattung, Elemente, Fertigbäder	20.717	16,90	4,50	2,2
046	Gas-, Wasser- und Entwässerungsanlagen - Betriebseinrichtungen	5.789	4,70	1,30	0,6
047	Dämm- und Brandschutzarbeiten an technischen Anlagen	36.234	29,60	7,90	3,8
049	Feuerlöschanlagen, Feuerlöschgeräte	–	–	–	–
050	Blitzschutz- / Erdungsanlagen, Überspannungsschutz	6.403	5,20	1,40	0,7
051	Kabelleitungstiefbauarbeiten	–	–	–	–
052	Mittelspannungsanlagen	–	–	–	–
053	Niederspannungsanlagen - Kabel / Leitungen, Verlegesysteme, Installationsgeräte	209.924	171,50	45,70	21,8
054	Niederspannungsanlagen - Verteilersysteme und Einbaugeräte	–	–	–	–
055	Sicherheits- und Ersatzstromversorgungsanlagen	–	–	–	–
057	Gebäudesystemtechnik	–	–	–	–
058	Leuchten und Lampen	70.915	57,90	15,40	7,4
059	Sicherheitsbeleuchtungsanlagen	5.980	4,90	1,30	0,6
060	Such-, Signal-, Zeitdienst-, Antennen-, elektroakustische Anlagen, Medientechnik	24.549	20,10	5,30	2,6
061	Kommunikations- und Übertragungsnetze	37.315	30,50	8,10	3,9
062	Kommunikationsanlagen	–	–	–	–
063	Gefahrenmeldeanlagen	48.953	40,00	10,70	5,1
064	Zutrittskontroll-, Zeiterfassungssysteme	1.262	1,00	0,27	0,1
069	Aufzüge	–	–	–	–
070	Gebäudeautomation	30.518	24,90	6,60	3,2
075	Raumlufttechnische Anlagen	162.738	133,00	35,40	16,9
078	Kälteanlagen für raumlufttechnische Anlagen	–	–	–	–
	Gebäudetechnik	**919.319**	**751,10**	**200,20**	**95,6**
	Sonstige Leistungsbereiche	**42.534**	**34,80**	**9,30**	**4,4**

1300-0283
Verwaltungsgebäude
(34 AP)

Kostenkennwerte für die Kosten des Bauwerks (Kostengruppen 300+400 nach DIN 276)

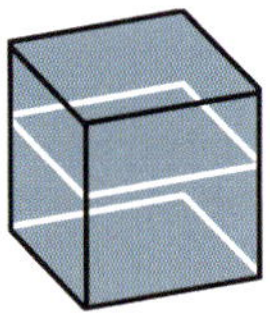

BRI 1.123 €/m³

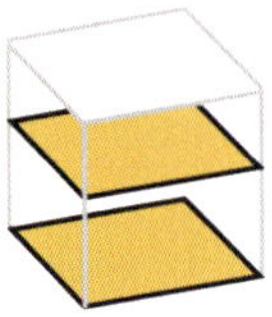

BGF 3.904 €/m²

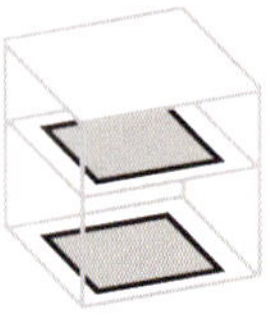

NUF 7.141 €/m²

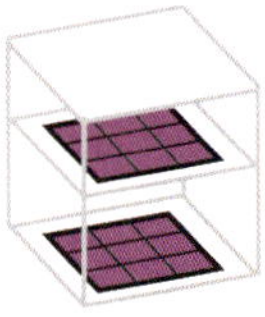

NE 172.516 €/NE
NE: Arbeitsplätze

Objekt:
Kennwerte: 3. Ebene DIN 276
BRI: 5.224 m³
BGF: 1.502 m²
NUF: 821 m²
Bauzeit: 122 Wochen
Bauende: 2019
Standard: mittel
Bundesland: Saarland
Kreis: Saarbrücken, Regionalverband

Architekt*in:
Peter Alt
Architekten Stadtplaner
Eschberger Weg 1
66121 Saarbrücken

© Peter Alt Architekten Stadtplaner

© Peter Alt Architekten Stadtplaner

© Peter Alt Architekten Stadtplaner

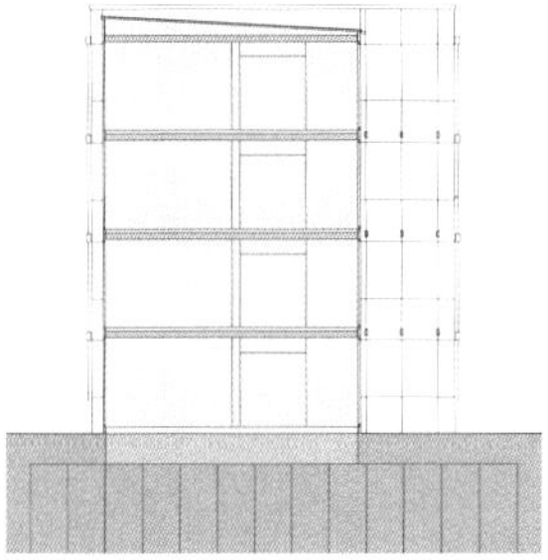

Schnitt - Ansicht Nord

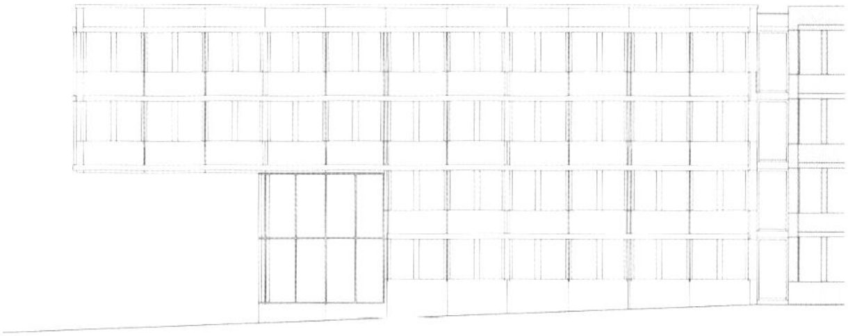

Ansicht Ost

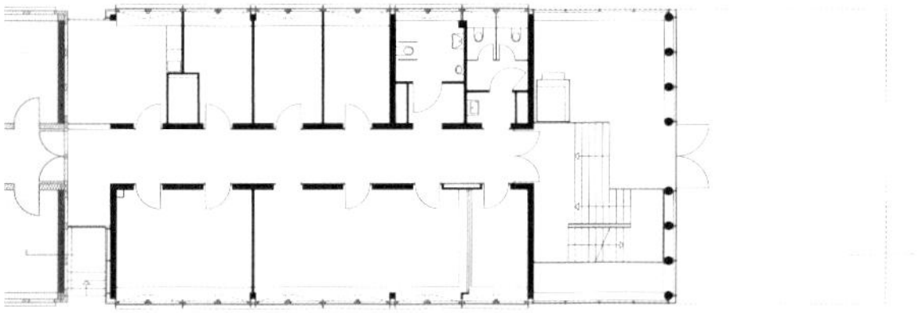

Erdgeschoss

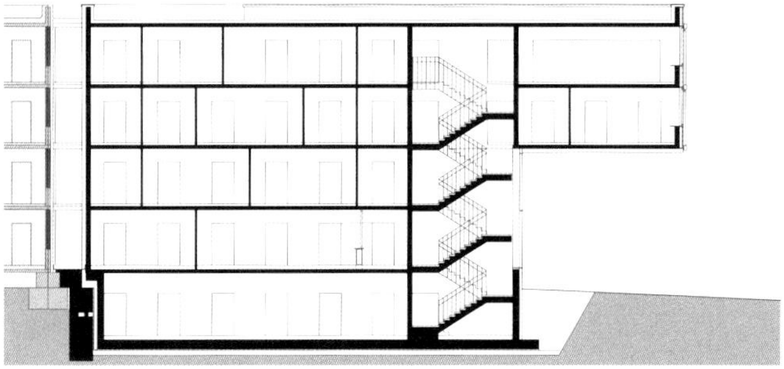

Längsschnitt

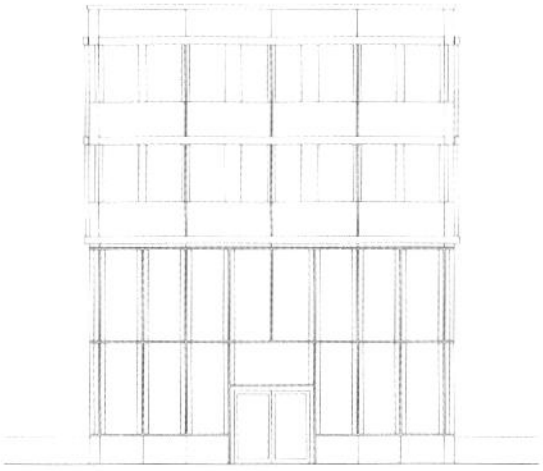

Ansicht Süd

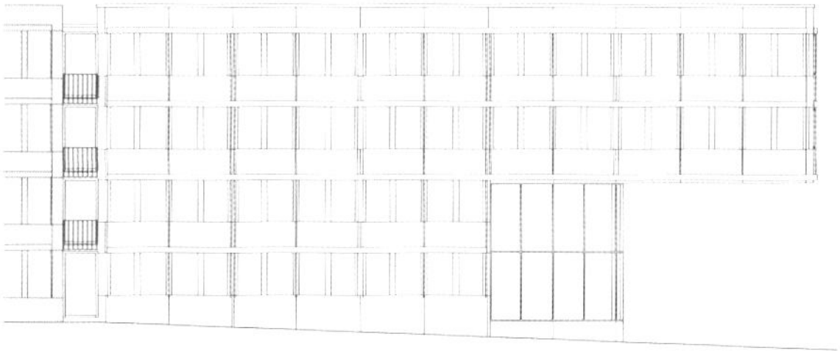

Ansicht West

Objektbeschreibung

Allgemeine Objektinformationen

Das neue Verwaltungsgebäude dient als Ergänzungsbau eines bereits auf dem Werksgelände stehenden Gebäudes. Es hat auf allen Ebenen einen direkten Zugang zum Bestandsgebäude erhalten. Der viergeschossige Neubau verfügt über eine markante Auskragung der beiden oberen Geschosse über dem Eingangsbereich.

Nutzung

1 Untergeschoss
Haustechnik, Archiv

1 Erdgeschoss
Foyer, Kundenberatung, Büros

3 Obergeschosse
Büros, Sitzungsraum

Nutzeinheiten

Arbeitsplätze: 34

Grundstück

Bauraum: Beengter Bauraum
Neigung: Geneigtes Gelände
Bodenklasse: BK 1 bis BK 6

Markt

Hauptvergabezeit: 2. Quartal 2017
Baubeginn: 2. Quartal 2017
Bauende: 4. Quartal 2019
Konjunkturelle Gesamtlage: Durchschnitt
Regionaler Baumarkt: über Durchschnitt

Baukonstruktion

Das voll unterkellerte Bauwerk wurde in Anlehnung an den Bestand als Stahlbetonkonstruktion errichtet. Die einzigen tragenden Teile der Außenwände sind Stahlbetonstützen in den durchgehenden Fensterbändern. Die massiven Innenwände entlang des Flurs besitzen vorgerichtete Türöffnungen. Daher ist die Einteilung des Bürobereichs durch Ständerwände innerhalb des Rasters flexibel. Für die Fassade wurde eine Pfosten-Riegelkonstruktion gewählt. Die Stahlbetonbrüstungsbereiche sind mit Mineralwolle und schaumgefüllten Paneelen bekleidet. Die gesamte Fassade wurde abschließend mit einem Alublech überzogen, um die Pfosten, Riegel und Füllungen zu verdecken und eine einheitliche, glatte Oberfläche herzustellen.

Technische Anlagen

Die Beheizung erfolgt über eine Fernwärmezentrale, die alle Gebäude auf dem Gelände versorgt. Der Neubau ist mit einer eigenständigen **Lüftungsanlage** mit **Bauteilaktivierung** sowie einer eigenen Elektroverteilung ausgestattet. Auf dem Dach wurde eine **Photovoltaikanlage** installiert.

Energetische Kennwerte

Gesetzliche Grundlage: EnEV 2013
Gebäudenutzfläche: 892,00 m^2
Gebäudevolumen: 3.378,69 m^3
Hüllfläche des beheizten Volumens: 1.605,89 m^2
Mittlerer U-Wert (opake Bauteile): 0,19 $W/(m^2 \cdot K)$
Mittlerer U-Wert (transparente Bauteile): 1,00 $W/(m^2 \cdot K)$
Spez. Jahresprimärenergiebedarf: 147,20 $kWh/(m^2 \cdot a)$

Planungskennwerte für Flächen und Rauminhalte nach DIN 277

Flächen des Grundstücks		Menge Einheit	% an GF
BF	Bebaute Fläche	2.193,35 m²	38,2
UF	Unbebaute Fläche	3.546,65 m²	61,8
GF	Grundstücksfläche	5.740,00 m²	100,0

Grundflächen des Bauwerks		Menge Einheit	% an NUF	% an BGF
NUF	Nutzungsfläche	821,40 m²	100,0	54,7
TF	Technikfläche	95,15 m²	11,6	6,3
VF	Verkehrsfläche	342,78 m²	41,7	22,8
NRF	Netto-Raumfläche	1.259,33 m²	153,3	83,8
KGF	Konstruktions-Grundfläche	243,07 m²	29,6	16,2
BGF	Brutto-Grundfläche	1.502,40 m²	182,9	100,0

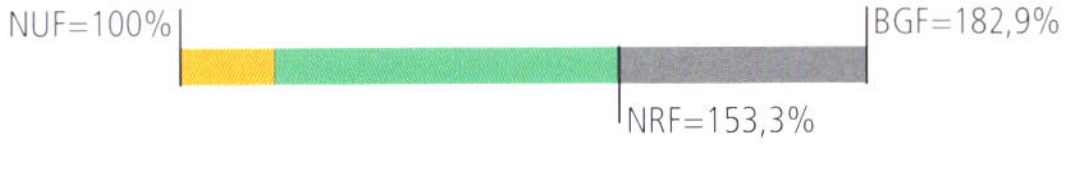

Brutto-Rauminhalt des Bauwerks		Menge Einheit	BRI/NUF (m)	BRI/BGF (m)
BRI	Brutto-Rauminhalt	5.223,84 m³	6,36	3,48

Prozentualer Anteil der Kostengruppen der 2. Ebene an der Kostengruppe 400 nach DIN 276

KG	Kostengruppen (2. Ebene)
410	Abwasser-, Wasser-, Gasanlagen
420	Wärmeversorgungsanlagen
430	Raumlufttechnische Anlagen
440	Elektrische Anlagen
450	Kommunikationstechnische Anlagen
460	Förderanlagen
470	Nutzungsspez. u. verfahrenstechn. Anl.
480	Gebäude- und Anlagenautomation
490	Sonst. Maßnahmen für techn. Anlagen

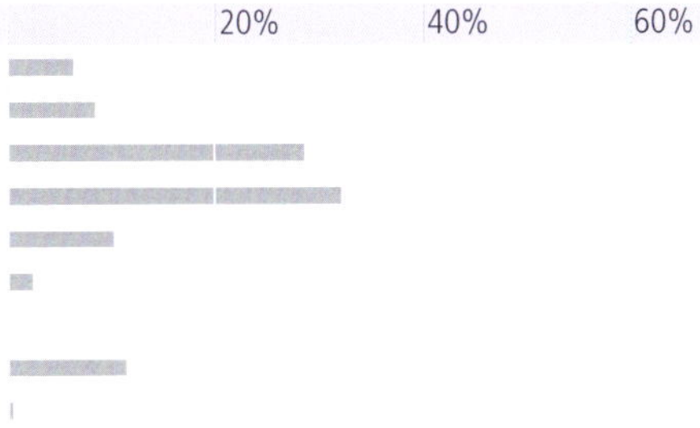

Ranking der Kostengruppen der 3. Ebene an der Kostengruppe 400 nach DIN 276

KG	Kostengruppen (3. Ebene)	% an KG 400
431	Lüftungsanlagen	28,6
444	Niederspannungsinstallationsanlagen	18,5
481	Automationseinrichtungen	6,9
445	Beleuchtungsanlagen	6,6
442	Eigenstromversorgungsanlagen	5,7
422	Wärmeverteilnetze	5,5
457	Datenübertragungsnetze	5,4
456	Gefahrenmelde- und Alarmanlagen	4,8
412	Wasseranlagen	3,8
483	Automationsmanagement	3,5
423	Raumheizflächen	2,6
461	Aufzugsanlagen	2,4
411	Abwasseranlagen	2,0
446	Blitzschutz- und Erdungsanlagen	1,3
419	Sonstiges zur KG 410	0,6
482	Schaltschränke, Automation	0,6

Kostenkennwerte für die Kostengruppen der 1. Ebene DIN 276

KG	Kostengruppen (1. Ebene)	Einheit	Kosten €	€/Einheit	€/m² BGF	€/m³ BRI	% 300+400
100	Grundstück	m² GF	–	–	–	–	–
200	Vorbereitende Maßnahmen	m² GF	22.468	3,91	14,95	4,30	0,4
300	Bauwerk – Baukonstruktionen	m² BGF	4.300.437	2.862,38	2.862,38	823,23	73,3
400	Bauwerk – Technische Anlagen	m² BGF	1.565.102	1.041,73	1.041,73	299,61	26,7
	Bauwerk 300+400	**m² BGF**	**5.865.539**	**3.904,11**	**3.904,11**	**1.122,84**	**100,0**
500	Außenanlagen und Freiflächen	m² AF	164.795	46,46	109,69	31,55	2,8
600	Ausstattung und Kunstwerke	m² BGF	20.185	13,44	13,44	3,86	0,3
700	Baunebenkosten	m² BGF	–	–	–	–	–
800	Finanzierung	m² BGF	–	–	–	–	–

KG	Kostengruppe	Menge Einheit	Kosten €	€/Einheit	%
200	**Vorbereitende Maßnahmen**	5.740,00 m² GF	22.468	**3,91**	0,4
	Oberbodenarbeiten, Verbundsteine aufnehmen, lagern, Unterbau aufnehmen, Kanalrohre, Wasserleitungen, Betonrandsteine ausbauen; Entsorgung, Deponiegebühren				
3+4	**Bauwerk**				**100,0**
300	**Bauwerk – Baukonstruktionen**	1.502,40 m² BGF	4.300.437	**2.862,38**	73,3
	Stb-Bodenplatte, Bohrpfähle, Dämmung, Estrich, Epoxidharzbeschichtung, Natursteinplatten; Stb-Wände, Stb-Stützen, Beschichtung, Wandfliesen, Pfosten-Riegelfassade, Alufenster, Außenraffstores; GK-Wände, Porenbetonwände, Holztüren, mobile Trennwand, WC-Trennwände; Stb-Decken, Stb-Treppen, Linoleum, Bodenfliesen, GK-Decken, Alu-Rasterdecken; Stb-Flachdach, Flachdachausstieg, Dämmung, Dachabdichtung, Dachentwässerung; Trennwandschrank				
400	**Bauwerk – Technische Anlagen**	1.502,40 m² BGF	1.565.102	**1.041,73**	26,7
	Gebäudeentwässerung, Kalt- und Warmwasserleitungen, Sanitärobjekte; Inbetriebnahme Fernheizanlage, Heizungsleitungen, Plattenwärmekörper, Flachheizkörper; Lüftungsgeräte mit **WRG**, Lüftungskanäle; **Photovoltaikanlage**, Elektroinstallation, Beleuchtung, Fundamenterder; **Brandmeldeanlage**, Datenverkabelung; Rollstuhlhebebühne; **Gebäudeautomation**				
500	**Außenanlagen und Freiflächen**	3.546,65 m² AF	164.795	**46,46**	2,8
	Rohrgrabenaushub; Pflasterbeläge, Stützwände; Oberflächenentwässerung, Zisternen, Regenwasserversorgungsanlage; Beleuchtung; Abbruch Revisionsschächte; Entsorgung, Deponiegebühren				
600	**Ausstattung und Kunstwerke**	1.502,40 m² BGF	20.185	**13,44**	0,3
	Sanitärausstattung				

Kostenkennwerte für die Kostengruppen 400 der 2.Ebene DIN 276

KG	Kostengruppe	Menge Einheit	Kosten €	€/Einheit	%
400	**Bauwerk – Technische Anlagen**				**100,0**
410	**Abwasser-, Wasser-, Gasanlagen**	1.502,40 m2 BGF	100.910	**67,17**	6,4
	KG-Rohre DN100-250 (77m), PP-Rohre DN50-100 (54m), Gussrohre DN50-100 (49m), Kontrollschächte DN600 (2St) * Edelstahlrohre DN15-35 (157m), Metallverbundrohre (84m), Flexschläuche DN20-32 (149m), Waschtische (8St), Tiefspül-WCs (12St), Urinale (4St), Durchlauferhitzer (1St) * Montageelemente (28St)				
420	**Wärmeversorgungsanlagen**	1.502,40 m2 BGF	131.425	**87,48**	8,4
	Inbetriebnahmen Heizungsanlage (psch) * Stahlgewinderohre DN15-50 (224m), Kupferrohre DN15-28mm (362m), Umwälzpumpen (3St) * Plattenwärmekörper (65St), Flachheizkörper (2St)				
430	**Raumlufttechnische Anlagen**	1.502,40 m2 BGF	447.806	**298,06**	28,6
	Lüftungsgeräte mit **WRG**, 15.000m3/h (1St), Alurohre DN60-100 (1.101m), Wickelfalzrohre DN100-150 (303m), Rechteckkanäle (296m2), Brandschutzklappen (8St), Schalldämpfer (66St), Deckendrall-Luftdurchlässe (75St), Volumenstromregler (221St), Ventilatoreinsätze (12St), Lüftungsturm (1St), Dachhauben (3St)				
440	**Elektrische Anlagen**	1.502,40 m2 BGF	502.234	**334,29**	32,1
	Photovoltaikanlage 275Wp (172St), Wechselrichter (1St) * Hauptverteiler (1St), Unterverteiler (4St), FI-Schutzschalter (17St), Mantelleitungen (11.148m), Taster (56St), Steckdosen (334St), Herdanschlussdosen (4St) * LED-Einbauleuchten (78St), Pendelleuchten (70St), Feuchtraumwannenleuchten (9St), Bodeneinbauleuchten (4St), LED-Sicherheitsleuchten (10St) * Fundamenterder (330m), Ringerder (293m), Fangstangen (57m), Potenzialausgleichsschienen (5St)				
450	**Kommunikationstechnische Anlagen**	1.502,40 m2 BGF	159.540	**106,19**	10,2
	Wandverteilerschränke (2St), Umbau **Brandmeldeanlage** (1St), Meldesockel (41St), Fernmeldeleitungen (3.044m), Druckknopfmelder (10St), neuronale Brandmelder (41St), Ausgabebaustein, vierfach (1St) * Netzwerkschränke (4St), Spleißboxen (5St), Steuermodul (1St), Patchpanels (23St), Datenkabel (11.667m), Datendosen Cat6A (610St), Kabelführungspaneele (20St), Signaltongeber (12St)				
460	**Förderanlagen**	1.502,40 m2 BGF	38.178	**25,41**	2,4
	Rollstuhlhebebühne 1,28x1,63m, Hubhöhe=1,10m, Tragkraft 300kg (1St)				
480	**Gebäude- und Anlagenautomation**	1.502,40 m2 BGF	178.519	**118,82**	11,4
	Automationsstation mit Bedienfeld (1St), Touchpanel (1St), Raumautomationsstationen (67St), Wetterstation (1St), **KNX Präsenzmelder** (107St), Jalousieaktoren (53St), Thermoantriebsaktoren (37St), Automationsmodulboxen (37St), Temperaturfühler (15St), elektrothermische Antriebe (49St) * Schaltschrank (1St) * Raumautomationsstationen (72St) * Fernmeldeleitungen (671m), Patchkabel (6St), Kabelbahn (19m)				
490	**Sonst. Maßnahmen für techn. Anlagen**	1.502,40 m2 BGF	6.491	**4,32**	0,4
	Baustelleneinrichtungen (6St), Versorgungsanschlüsse Baustrom, Wasser, Toilette (psch), Bauzaun (123m), Baustellenbeleuchtung, Wannenleuchten (10St), Kabelzuleitungen (100m)				

Kostenkennwerte für die Kostengruppen 400 der 2. und 3. Ebene DIN 276 (Übersicht)

KG	Kostengruppe	Menge Einheit	Kosten €	€/Einheit	%
410	**Abwasser-, Wasser-, Gasanlagen**	**1.502,40 m² BGF**	**100.910,11**	**67,17**	**6,4**
411	Abwasseranlagen	1.502,40 m² BGF	31.861,89	21,21	2,0
412	Wasseranlagen	1.502,40 m² BGF	59.312,57	39,48	3,8
419	Sonstiges zur KG 410	1.502,40 m² BGF	9.735,65	6,48	0,6
420	**Wärmeversorgungsanlagen**	**1.502,40 m² BGF**	**131.424,64**	**87,48**	**8,4**
421	Wärmeerzeugungsanlagen	1.502,40 m² BGF	5.019,21	3,34	0,3
422	Wärmeverteilnetze	1.502,40 m² BGF	86.258,58	57,41	5,5
423	Raumheizflächen	1.502,40 m² BGF	40.146,85	26,72	2,6
430	**Raumlufttechnische Anlagen**	**1.502,40 m² BGF**	**447.806,09**	**298,06**	**28,6**
431	Lüftungsanlagen	1.502,40 m² BGF	447.806,09	298,06	28,6
440	**Elektrische Anlagen**	**1.502,40 m² BGF**	**502.234,35**	**334,29**	**32,1**
442	Eigenstromversorgungsanlagen	1.502,40 m² BGF	89.513,19	59,58	5,7
444	Niederspannungsinstallationsanlagen	1.502,40 m² BGF	289.214,59	192,50	18,5
445	Beleuchtungsanlagen	1.502,40 m² BGF	103.385,91	68,81	6,6
446	Blitzschutz- und Erdungsanlagen	1.502,40 m² BGF	20.120,66	13,39	1,3
450	**Kommunikationstechnische Anlagen**	**1.502,40 m² BGF**	**159.539,77**	**106,19**	**10,2**
456	Gefahrenmelde- und Alarmanlagen	1.502,40 m² BGF	74.977,84	49,91	4,8
457	Datenübertragungsnetze	1.502,40 m² BGF	84.561,93	56,28	5,4
460	**Förderanlagen**	**1.502,40 m² BGF**	**38.177,80**	**25,41**	**2,4**
461	Aufzugsanlagen	1.502,40 m² BGF	38.177,80	25,41	2,4
480	**Gebäude- und Anlagenautomation**	**1.502,40 m² BGF**	**178.518,52**	**118,82**	**11,4**
481	Automationseinrichtungen	1.502,40 m² BGF	107.411,31	71,49	6,9
482	Schaltschränke, Automation	1.502,40 m² BGF	9.977,89	6,64	0,6
483	Automationsmanagement	1.502,40 m² BGF	54.042,15	35,97	3,5
484	Kabel, Leitungen und Verlegesysteme	1.502,40 m² BGF	7.087,17	4,72	0,5
490	**Sonst. Maßnahmen für techn. Anlagen**	**1.502,40 m² BGF**	**6.491,13**	**4,32**	**0,4**
491	Baustelleneinrichtung	1.502,40 m² BGF	6.491,13	4,32	0,4

Kostenkennwerte für Leistungsbereiche nach STLB (Kosten KG 400 nach DIN 276)

LB	Leistungsbereiche	Kosten €	€/m² BGF	€/m³ BRI	% an 400
040	Wärmeversorgungsanlagen - Betriebseinrichtungen	–	–	–	–
041	Wärmeversorgungsanlagen - Leitungen, Armaturen, Heizflächen	118.337	78,80	22,70	7,6
042	Gas- und Wasseranlagen - Leitungen, Armaturen	22.811	15,20	4,40	1,5
043	Druckrohrleitungen für Gas, Wasser und Abwasser	251	0,17	0,05	< 0,1
044	Abwasseranlagen - Leitungen, Abläufe, Armaturen	23.600	15,70	4,50	1,5
045	Gas-, Wasser- und Entwässerungsanlagen - Ausstattung, Elemente, Fertigbäder	34.723	23,10	6,60	2,2
046	Gas-, Wasser- und Entwässerungsanlagen - Betriebseinrichtungen	–	–	–	–
047	Dämm- und Brandschutzarbeiten an technischen Anlagen	54.932	36,60	10,50	3,5
049	Feuerlöschanlagen, Feuerlöschgeräte	–	–	–	–
050	Blitzschutz- / Erdungsanlagen, Überspannungsschutz	20.117	13,40	3,90	1,3
051	Kabelleitungstiefbauarbeiten	–	–	–	–
052	Mittelspannungsanlagen	–	–	–	–
053	Niederspannungsanlagen - Kabel / Leitungen, Verlegesysteme, Installationsgeräte	290.560	193,40	55,60	18,6
054	Niederspannungsanlagen - Verteilersysteme und Einbaugeräte	89.505	59,60	17,10	5,7
055	Sicherheits- und Ersatzstromversorgungsanlagen	–	–	–	–
057	Gebäudesystemtechnik	–	–	–	–
058	Leuchten und Lampen	103.383	68,80	19,80	6,6
059	Sicherheitsbeleuchtungsanlagen	–	–	–	–
060	Such-, Signal-, Zeitdienst-, Antennen-, elektroakustische Anlagen, Medientechnik	–	–	–	–
061	Kommunikations- und Übertragungsnetze	84.535	56,30	16,20	5,4
062	Kommunikationsanlagen	–	–	–	–
063	Gefahrenmeldeanlagen	71.961	47,90	13,80	4,6
064	Zutrittskontroll-, Zeiterfassungssysteme	–	–	–	–
069	Aufzüge	38.178	25,40	7,30	2,4
070	Gebäudeautomation	178.482	118,80	34,20	11,4
075	Raumlufttechnische Anlagen	417.344	277,80	79,90	26,7
078	Kälteanlagen für raumlufttechnische Anlagen	–	–	–	–
	Gebäudetechnik	**1.548.720**	**1.030,80**	**296,50**	**99,0**
	Sonstige Leistungsbereiche	**16.135**	**10,70**	**3,10**	**1,0**

Objekte

1300-0292
Landratsamt (136 AP)
TG (19 STP)

Kostenkennwerte für die Kosten des Bauwerks (Kostengruppen 300+400 nach DIN 276)

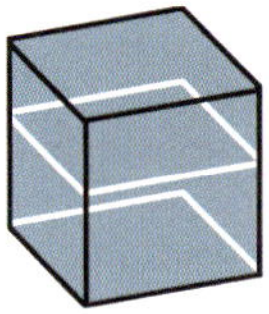
BRI 853 €/m³

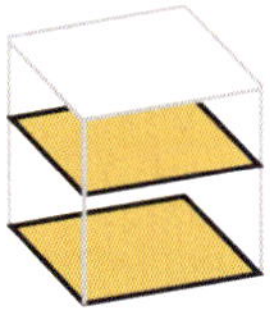
BGF 3.185 €/m²

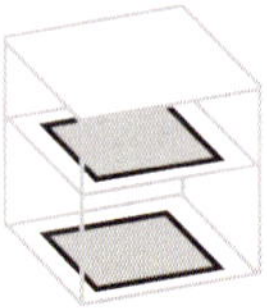
NUF 5.920 €/m²

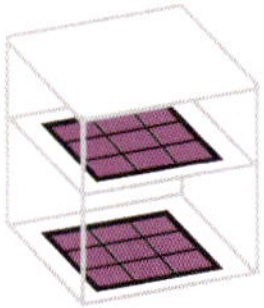
NE 106.995 €/NE

NE: Arbeitsplätze

Objekt:
Kennwerte: 3.Ebene DIN 276
BRI: 17.068 m³
BGF: 4.569 m²
NUF: 2.458 m²
Bauzeit: 117 Wochen
Bauende: 2020
Standard: hoch
Bundesland: Baden-Württemberg
Kreis: Biberach

Architekt*in:
ArGe
Gurland+Seher+Rapp
Architekten
Bleicherstraße 1
88400 Biberach a.d. Riss
Magirus-Deutz-Straße 14
89077 Ulm

Bauherr*in:
Landratsamt Biberach
Amt für Liegenschaften und
Gebäude
Rollinstraße 9
88400 Biberach a.d. Riss

© Conné van d'Grachten

© Conné van d'Grachten

© Conné van d'Grachten

© Conné van d'Grachten

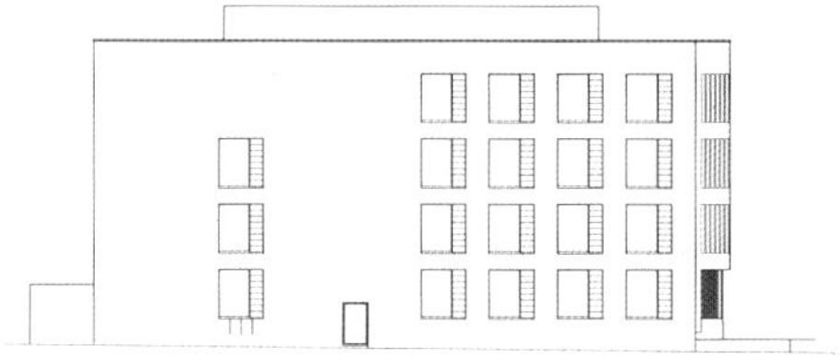

Ansicht Süd

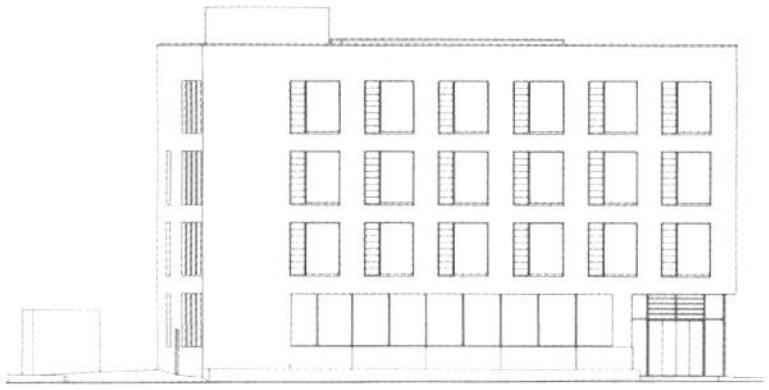

Ansicht Ost

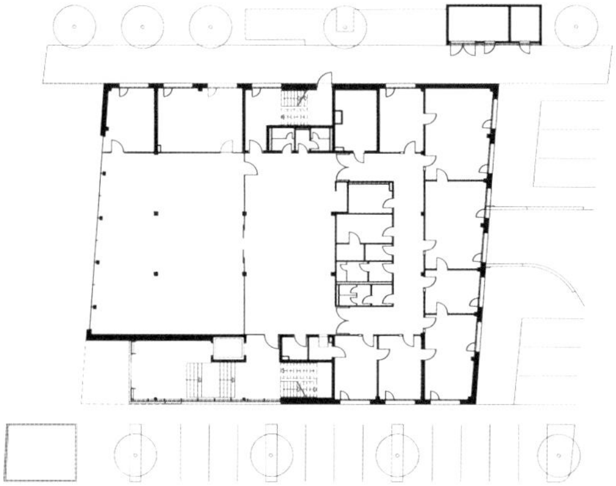

Erdgeschoss

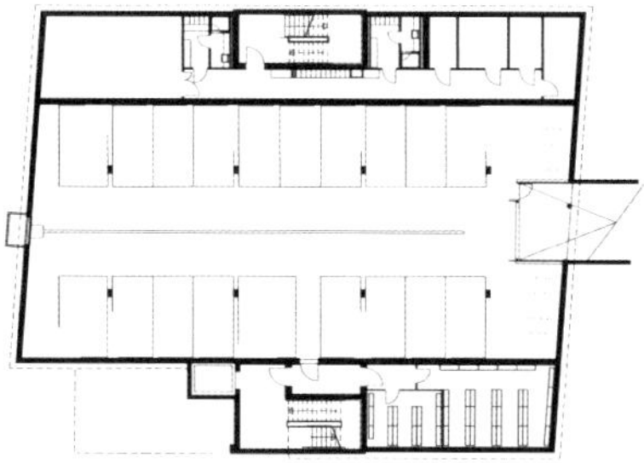

Untergeschoss

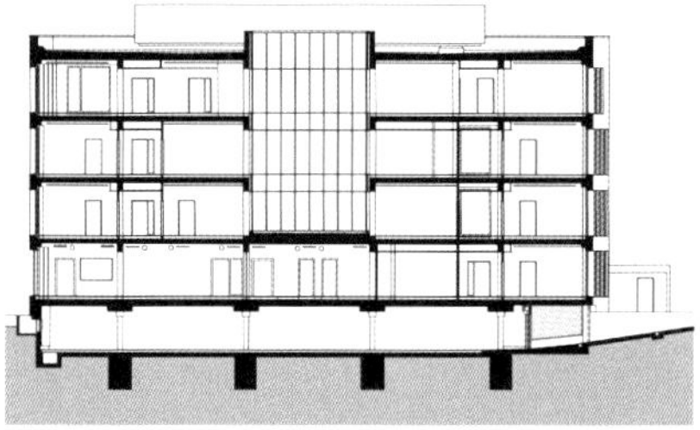

Schnitt A-A

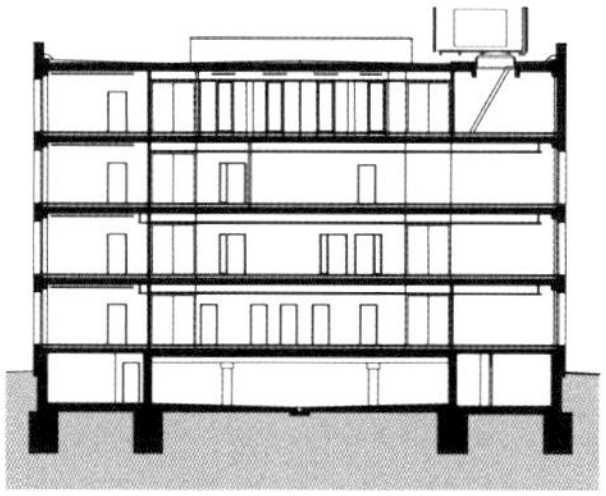

Schnitt B-B

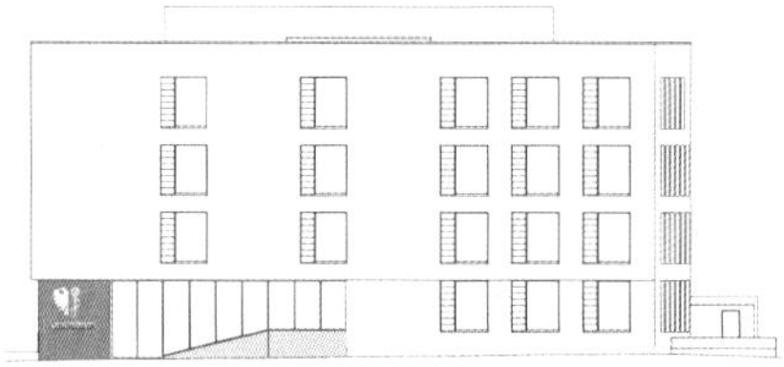

Ansicht Nord

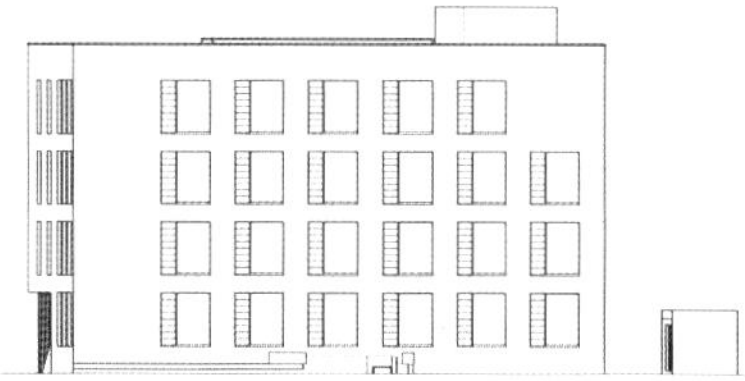

Ansicht West

Objektbeschreibung

Allgemeine Objektinformationen

Der viergeschossige Neubau in Holz-Beton-Hybridbauweise ergänzt die vorhandenen Gebäude des Landratsamts. Das Gebäude beinhaltet im Erdgeschoss die Kfz-Zulassungsstelle, in den Obergeschossen das Verkehrsamt, das Gesundheitsamt und die IT-Abteilung des Landratsamts. Hauptzugang und öffentliche Schalterhalle sind durch großflächige Verglasungen deutlich erkennbar und ermöglichen Kundennähe und Transparenz. Das Erdgeschoss mit der hohen Publikumsfrequenz der Kfz-Zulassungsstelle wird zum Charakteristikum des Gebäudes. Alle Obergeschosse sind ringartig um einen Innenhof orientiert und werden über diesen Hof zusätzlich belichtet.

Nutzung

1 Untergeschoss
Tiefgarage, Technikzentrale, Archiv, Umkleiden, Hausmeisterraum

1 Erdgeschoss
Schalterhalle, Anmeldung, Wartehalle, Foyer, Büros, Kasse, Schilderladen, Lager, Schutzraum, Kopierraum, Teeküche, Sanitärräume, Putzraum, Technikraum

3 Obergeschosse
Büros, Arztzimmer, Untersuchungszimmer, Besprechungszimmer, Teeküche, Sanitärräume, Putzräume, Technikraum, Serverraum

Nutzeinheiten

Arbeitsplätze: 136
Bürofläche: 1.545 m²
Stellplätze: 19

Grundstück

Bauraum: Baulücke
Neigung: Ebenes Gelände
Bodenklasse: BK 1 bis BK 5

Markt

Hauptvergabezeit: 3.Quartal 2018
Baubeginn: 3.Quartal 2018
Bauende: 4.Quartal 2020
Konjunkturelle Gesamtlage: über Durchschnitt
Regionaler Baumarkt: Durchschnitt

Baukonstruktion

Der Skelettbau aus Brettschichtholzstützen und -unterzügen wird von einer Massivholz-Betonverbunddecke überspannt, in welche deckengleiche Stahlbetonunterzüge an den Außenwandachsen integriert sind. Zwei gegenüberliegende, sich aus dem massiven Untergeschoss entwickelnde Stahlbetonkerne stabilisieren das Skelett. Die Gründung erfolgt über Brunnenfundamente. Dünne nichttragende Brettsperrholz-Fassadenelemente umschließen das Bauwerk und nehmen die vorgehängte gedämmte Fassade aus Ton-Keramik-Platten auf. Alle Einzelfenster sind Holz-Alufenster. Die Innenhoffassaden sowie die Westfassade im EG sind als Holz-Alu-Pfosten-Riegelfassade und die Eingangsfassade als Alu-Pfosten-Riegelfassade ausgebildet. Die Holzoberflächen innen sind in Sichtqualität ausgeführt.

Technische Anlagen

Die **Heizung und Kühlung** erfolgt mit einer Wasser-Wasser-**Wärmepumpe**, die an einen Saug- und Schluckbrunnen angeschlossen ist. Eine Rückgewinnung der Serverabwärme unterstützt die **Wärmepumpe**. Deckensegel dienen der Wärme-/Klimakälteverteilung und leisten einen Beitrag zur Verbesserung der Raumakustik. Auf dem Dach befindet sich eine zentrale **Lüftungsanlage** mit hocheffizienter **Wärmerückgewinnung** sowie eine **Photovoltaikanlage** mit Energiespeicher. Das Gebäude ist mit Zeiterfassungsterminals, Einbruch- und Brandmeldeanlagen, einer Zugangskontrollanlage sowie einem Datenübertragungsnetz ausgestattet und verfügt über eine umfassende **Gebäudeautomation**. Ein **Aufzug** verbindet alle Ebenen **barrierefrei**.

Sonstiges

Das Projekt wurde vom Land Baden-Württemberg und dem Europäischen Fonds für regionale Entwicklung – EFRE 2014-2020 – als zukunftsweisendes Vorhaben im Holzbau gefördert. Beim Deutschen Holzbaupreis 2021 wurde es unter der Rubrik „Engere Wahl" ausgewählt.

Energetische Kennwerte

Gesetzliche Grundlage: EnEV 2013
Gebäudenutzfläche: 3.378,00 m²
Gebäudevolumen: 10.278,00 m³
Hüllfläche des beheizten Volumens: 4.604,90 m²
Spez. Transmissionswärmeverlust: 0,37 W/(m²·K)
Mittlerer U-Wert (opake Bauteile): 0,17 W/(m²·K)
Mittlerer U-Wert (transparente Bauteile): 0,84 W/(m²·K)
Transmissionswärmeverlust H_T: 1.488,80 kWh/a
Spez. Jahresprimärenergiebedarf: 48,00 kWh/(m²·a)
Spez. Jahresendenergiebedarf: 33,50 kWh/(m²·a)

Planungskennwerte für Flächen und Rauminhalte nach DIN 277

Flächen des Grundstücks		Menge Einheit	% an GF
BF	Bebaute Fläche	–	–
UF	Unbebaute Fläche	–	–
GF	Grundstücksfläche	–	–

Grundflächen des Bauwerks		Menge Einheit	% an NUF	% an BGF
NUF	Nutzungsfläche	2.458,00 m²	100,0	53,8
TF	Technikfläche	155,00 m²	6,3	3,4
VF	Verkehrsfläche	1.288,00 m²	52,4	28,2
NRF	Netto-Raumfläche	3.901,00 m²	158,7	85,4
KGF	Konstruktions-Grundfläche	668,26 m²	27,2	14,6
BGF	Brutto-Grundfläche	4.569,26 m²	185,9	100,0

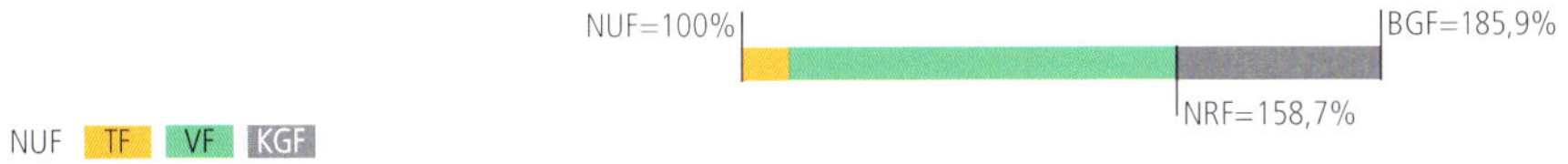

Brutto-Rauminhalt des Bauwerks		Menge Einheit	BRI/NUF (m)	BRI/BGF (m)
BRI	Brutto-Rauminhalt	17.068,45 m³	6,94	3,74

Prozentualer Anteil der Kostengruppen der 2. Ebene an der Kostengruppe 400 nach DIN 276

KG	Kostengruppen (2. Ebene)
410	Abwasser-, Wasser-, Gasanlagen
420	Wärmeversorgungsanlagen
430	Raumlufttechnische Anlagen
440	Elektrische Anlagen
450	Kommunikationstechnische Anlagen
460	Förderanlagen
470	Nutzungsspez. u. verfahrenstechn. Anl.
480	Gebäude- und Anlagenautomation
490	Sonst. Maßnahmen für techn. Anlagen

Ranking der Kostengruppen der 3. Ebene an der Kostengruppe 400 nach DIN 276

KG	Kostengruppen (3. Ebene)	% an KG 400	KG	Kostengruppen (3. Ebene)	% an KG 400
432	Teilklimaanlagen	13,4	421	Wärmeerzeugungsanlagen	4,1
444	Niederspannungsinstallationsanlagen	13,0	411	Abwasseranlagen	3,9
445	Beleuchtungsanlagen	9,0	412	Wasseranlagen	3,9
456	Gefahrenmelde- und Alarmanlagen	8,1	434	Kälteanlagen	3,6
481	Automationseinrichtungen	7,3	457	Datenübertragungsnetze	3,0
439	Sonstiges zur KG 430	7,2	441	Hoch- und Mittelspannungsanlagen	2,3
422	Wärmeverteilnetze	6,2	484	Kabel, Leitungen und Verlegesysteme	2,3
442	Eigenstromversorgungsanlagen	5,7	461	Aufzugsanlagen	2,0

Kostenkennwerte für die Kostengruppen der 1. Ebene DIN 276

KG	Kostengruppen (1. Ebene)	Einheit	Kosten €	€/Einheit	€/m² BGF	€/m³ BRI	% 300+400
100	Grundstück	m² GF	–	–	–	–	–
200	Vorbereitende Maßnahmen	m² GF	253.615	–	55,50	14,86	1,7
300	Bauwerk – Baukonstruktionen	m² BGF	10.010.885	2.190,92	2.190,92	586,51	68,8
400	Bauwerk – Technische Anlagen	m² BGF	4.540.472	993,70	993,70	266,02	31,2
	Bauwerk 300+400	**m² BGF**	**14.551.357**	**3.184,62**	**3.184,62**	**852,53**	**100,0**
500	Außenanlagen und Freiflächen	m² AF	156.502	–	34,25	9,17	1,1
600	Ausstattung und Kunstwerke	m² BGF	93.534	20,47	20,47	5,48	0,6
700	Baunebenkosten	m² BGF	–	–	–	–	–
800	Finanzierung	m² BGF	–	–	–	–	–

KG	Kostengruppe	Menge Einheit	Kosten €	€/Einheit	%
200	**Vorbereitende Maßnahmen**	–	253.615	–	1,7

Suchgräben; Abbruch von Hauptgebäude, massiv, unterkellert, Nebengebäuden, Garagenzeile, Carports, Asphaltbelägen, Pflaster, Schächten, Hofabläufen, Leichtstoffabscheider, Gartentoren, Pollern, Schildern; Bäume fällen, Sträucher roden; Entsorgung, Deponiegebühren

KG	Kostengruppe	Menge Einheit	Kosten €	€/Einheit	%
3+4	**Bauwerk**				**100,0**
300	**Bauwerk – Baukonstruktionen**	4.569,26 m² BGF	10.010.885	**2.190,92**	68,8

Baugrundverbesserung, Stb-Bodenplatten, Brunnengründung, Epoxidharzbeschichtung, Estrich; Stb-Wände, Brettsperrholzwände, Stützen, Holz-Alufenster, hinterlüftete Keramikbekleidung, Stb-FT-Fassaden, Alu-Lamellenelemente, Holz-Alu-Pfosten-Riegel-Fassaden, Sonnenschutz; KS-Sichtmauerwerk, GK-Wände, Glastrennwände, Innentüren, Putz, Beschichtung, Wandfliesen, Holzlasur, Betonlasur, WC-Trennwände, mobile Trennwand; Holz-Beton-Verbunddecken, Stb-Decken, Hohlböden, Kautschuk, Teppich, Parkett, Bodenfliesen, Doppelböden, abgehängte Decken, Akustikdecken; Brettschichtholzdach, Stb-Dächer, Holz-Beton-Verbunddach, Dachverglasungen, extensive Begrünung, Kiesschüttung, Dachentwässerung; Einbaumöbel, Beschilderung

KG	Kostengruppe	Menge Einheit	Kosten €	€/Einheit	%
400	**Bauwerk – Technische Anlagen**	4.569,26 m² BGF	4.540.472	**993,70**	31,2

Gebäudeentwässerung, Kalt- und Warmwasserleitungen, Sanitärobjekte; Wasser-Wasser-**Wärmepumpe**, Pufferspeicher, Plattenwärmeübertrager, Gas-Brennwertkessel, Heizungsrohre, Heizkörper, **Rampenheizung**, **Abgasanlage**; Zu-/Abluftgerät, **Teilklimaanlage**, **Kälteanlage**, **Kühldeckensegel**, GK-Kühldecken; **Trafo**, Mittelspannungsanlage, Energiespeicher, **Photovoltaikanlage**, **USV-Anlage**, Zentralbatteriesystem, Niederspannungsschaltanlage, Elektroinstallation, Beleuchtung, **Blitzschutz**; Sprechanlage, Notrufset, Zeiterfassung, ELA-Anlage, Einbruch-/Überfallmeldeanlage, **Brandmeldeanlage**, Zugangskontrolle, Datenübertragungsnetze; **Personenaufzug**; Feuerlöscher; **Gebäudeautomation**

KG	Kostengruppe	Menge Einheit	Kosten €	€/Einheit	%
500	**Außenanlagen und Freiflächen**	–	156.502	–	1,1

Bodenarbeiten; Gebäudeentwässerung, Schluck- und Saugbrunnen, Außenbeleuchtung

KG	Kostengruppe	Menge Einheit	Kosten €	€/Einheit	%
600	**Ausstattung und Kunstwerke**	4.569,26 m² BGF	93.534	**20,47**	0,6

Büromöblierung, Duschtrennwände, Sanitärausstattung; LCE-Fernseher, Signage-Displays

Kostenkennwerte für die Kostengruppen 400 der 2. Ebene DIN 276

KG	Kostengruppe	Menge Einheit	Kosten €	€/Einheit	%
400	**Bauwerk – Technische Anlagen**				**100,0**
410	**Abwasser-, Wasser-, Gasanlagen**	4.569,26 m² BGF	368.989	**80,75**	8,1
	PE-Rohre DN50-150 (509m), Stahl-Regenfallrohre DN50-125, innenliegend (186m), Verbundrohre DN50-70 (47m), PP-Rohre DN100-150 (152m), Kleinhebeanlagen (2St), Tauchpumpen (3St), Entwässerungsrinne (10m), Abläufe (15St) * Edelstahlrohre DN12-32 (665m), Enthärtungsanlage (1St), Waschtische (29St), Tiefspül-WCs (18St), Urinale (7St), Ausgussbecken (5St), Duschwannen (2St), Durchlauferhitzer (29St) * Montageelemente (64St)				
420	**Wärmeversorgungsanlagen**	4.569,26 m² BGF	495.927	**108,54**	10,9
	Wasser-Wasser-**Wärmepumpe** 108kW (1St), Pufferspeicher 3.500l (1St), Plattenwärmeübertrager 51-170kW (4St), Brunnenpumpe (1St), Edelstahlrohre DN15 (52m), Gas-Brennwertkessel 35kW (1St) * Gewinderohre DN12-32 (1.903m), Stahlrohre DN40-65 (557m), Heizungsverteiler (1St), Ausdehnungsgefäße 50-300l (3St), Hocheffizienzpumpen (6St), Wärme-/Kältemengenzähler (5St) * Röhrenheizkörper (6St), **Rampenheizung** (736m) * **Abgasanlage**, Doppelrohre DN80/125 (1St)				
430	**Raumlufttechnische Anlagen**	4.569,26 m² BGF	1.105.498	**241,94**	24,3
	Zu-/Abluftgerät 32-160m³/h, **WRG** (1St), Wickelfalzrohr DN100 (13m), Brandschutzklappe (1St) * Zu-/Abluftgerät 8.900m³/h, Heizleistung 35kW, Kühlleistung 37kW, **WRG** (1St), Rechteckkanäle (610m²), Wickelfalzrohre DN100-280 (502m), Alu-Flexrohre DN80-125 (157m), Ovalrohre (18m), Luftdurchlässe (198St), Stahl-Einhausung: Trägerrost HEB200 (139m), Gitterroste (51m²), Sichtschutzroste (110m²) * Kühleinheiten 30kW (2St), Umluftkühlgerät 3,6kW (1St), Plattenwärmeübertrager 37kW (1St), Pumpen (5St), Stahlrohre DN40-65 (198m) * Metallkühldeckensegel 80-100W/m² (330St), GK-Kühldecken 54-70W/m² (188m²)				
440	**Elektrische Anlagen**	4.569,26 m² BGF	1.418.655	**310,48**	31,2
	Traforaum, bestückt (1St), MS-Raum, bestückt (1St) * Photovoltaikmodule (132St), Leistungsoptimierer (66St), Energiespeicher 40kW (1St), **USV-Anlage** (1St), Zentralbatteriesystem (1St), Bleibatterie (1St) * Schaltfeld (1St), Abgangsfeld (1St), Schaltgeräte (12St) * Verteilerschränke (10St), Zählerschrank (1St), Mantelleitungen (29.057m), Installationskabel (7.309m), Steuerleitungen (3.119m), Starkstromkabel (1.538m), Solarleitung (591m), Steckdosen (776St), Geräteanschlussdosen (19St), Tischanschlussfelder (2St), Schalter/Taster (24St), Präsenz-, Bewegungsmelder (25St), Ladestationen für E-Autos (2St) * LED-Leuchten (679St), LED-**Lichtbänder** (9St), Scheinwerfer (4St), Lichtkanäle (4St), LED-Sicherheitsleuchten (77St), LED-Rettungszeichen (40St) * Ringerder (370m), Fundamenterder (238m), Fangstangen (7St), Ableitungen (228m), Fangleitungen (33m)				
450	**Kommunikationstechnische Anlagen**	4.569,26 m² BGF	531.132	**116,24**	11,7
	Sprechanlage (1St), IP-Kamera (1St), Notrufset (1St) * Zeiterfassungsterminals (2St) * Verstärker (2St), Lautsprecher (12St) * **Einbruchmeldezentrale** (1St), Bedienteil (1St), Bewegungsmelder (1St), Überfallmelder (2St), **Brandmeldezentrale** (1St), Feuerwehr-Informationszentralen (2St), Blitzleuchten (2St), Rauch-/Brandmelder (276St), Ansaugrauchmelder (2St), Zutrittskontroll-Schaltschrank (1St), Bus-Controller (2St), Zugangskontrollterminals (15St), digitale Zylinder (97St), Dome-Kamera (1St), Gaswarngerät (1St) * Netzwerkschränke (7St), Serverschränke (3St), **LWL**-Verteilerfelder (15St), Datenkabel (11.856m), **LWL-Kabel** (175m), Datenanschlussdosen (123St)				

KG	Kostengruppe	Menge Einheit	Kosten €	€/Einheit	%
460	**Förderanlagen**	4.569,26 m² BGF	89.388	**19,56**	2,0
	Personenaufzug (1St)				
470	**Nutzungsspez. u. verfahrenstechn. Anl.**	4.569,26 m² BGF	2.768	**0,61**	< 0,1
	Schaumfeuerlöscher (10St), Kohlendioxid-Feuerlöscher (5St)				
480	**Gebäude- und Anlagenautomation**	4.569,26 m² BGF	504.861	**110,49**	11,1
	Automationsstationen (5St), Kommunikationsschnittstelle (1St), Feldgeräte (289St), Programmierung von Datenpunkten (540St), von Aus-/Eingängen (888St), **KNX**-Bedienserver (1St), **KNX**-Bediengeräte (3St), Binäreingänge (16St), **KNX**-Feldgeräte (315St) * Schaltschränke (8St), Notbedienebenen (2St), Überspannungsschutzgeräte (13St), Phasenüberwachungen (5St), Lampenprüfmodule (5St), Entsperrschaltungen (5St), Steuerungen (236St) * Mantelleitungen (7.421m), Installationskabel (7.707m), Schlauchleitungen (1.956m) * **KNX**-Busleitungen (2.456m), Datenkabel (884m)				
490	**Sonst. Maßnahmen für techn. Anlagen**	4.569,26 m² BGF	23.254	**5,09**	0,5
	Baustelleneinrichtungen (3St), Mobilkräne (3d) * Fahrgerüste (psch) * Schutz von Anlagenteilen (psch)				

Kostenkennwerte für die Kostengruppen 400 der 2. und 3.Ebene DIN 276 (Übersicht)

KG	Kostengruppe	Menge Einheit	Kosten €	€/Einheit	%
410	**Abwasser-, Wasser-, Gasanlagen**	**4.569,26 m² BGF**	**368.988,91**	**80,75**	**8,1**
411	Abwasseranlagen	4.569,26 m² BGF	178.292,14	39,02	3,9
412	Wasseranlagen	4.569,26 m² BGF	177.736,45	38,90	3,9
419	Sonstiges zur KG 410	4.569,26 m² BGF	12.960,32	2,84	0,3
420	**Wärmeversorgungsanlagen**	**4.569,26 m² BGF**	**495.926,98**	**108,54**	**10,9**
421	Wärmeerzeugungsanlagen	4.569,26 m² BGF	184.595,00	40,40	4,1
422	Wärmeverteilnetze	4.569,26 m² BGF	283.666,99	62,08	6,2
423	Raumheizflächen	4.569,26 m² BGF	25.654,84	5,61	0,6
429	Sonstiges zur KG 420	4.569,26 m² BGF	2.010,16	0,44	< 0,1
430	**Raumlufttechnische Anlagen**	**4.569,26 m² BGF**	**1.105.498,38**	**241,94**	**24,3**
431	Lüftungsanlagen	4.569,26 m² BGF	7.758,30	1,70	0,2
432	Teilklimaanlagen	4.569,26 m² BGF	606.464,11	132,73	13,4
434	Kälteanlagen	4.569,26 m² BGF	164.393,30	35,98	3,6
439	Sonstiges zur KG 430	4.569,26 m² BGF	326.882,65	71,54	7,2
440	**Elektrische Anlagen**	**4.569,26 m² BGF**	**1.418.654,56**	**310,48**	**31,2**
441	Hoch- und Mittelspannungsanlagen	4.569,26 m² BGF	103.943,93	22,75	2,3
442	Eigenstromversorgungsanlagen	4.569,26 m² BGF	257.825,10	56,43	5,7
443	Niederspannungsschaltanlagen	4.569,26 m² BGF	23.822,72	5,21	0,5
444	Niederspannungsinstallationsanlagen	4.569,26 m² BGF	592.395,93	129,65	13,0
445	Beleuchtungsanlagen	4.569,26 m² BGF	408.303,99	89,36	9,0
446	Blitzschutz- und Erdungsanlagen	4.569,26 m² BGF	32.362,91	7,08	0,7
450	**Kommunikationstechnische Anlagen**	**4.569,26 m² BGF**	**531.132,04**	**116,24**	**11,7**
452	Such- und Signalanlagen	4.569,26 m² BGF	4.311,44	0,94	< 0,1
453	Zeitdienstanlagen	4.569,26 m² BGF	13.856,48	3,03	0,3
454	Elektroakustische Anlagen	4.569,26 m² BGF	9.869,84	2,16	0,2
456	Gefahrenmelde- und Alarmanlagen	4.569,26 m² BGF	368.003,01	80,54	8,1
457	Datenübertragungsnetze	4.569,26 m² BGF	135.091,27	29,57	3,0
460	**Förderanlagen**	**4.569,26 m² BGF**	**89.387,98**	**19,56**	**2,0**
461	Aufzugsanlagen	4.569,26 m² BGF	89.387,98	19,56	2,0
470	**Nutzungsspez. u. verfahrenstechn. Anl.**	**4.569,26 m² BGF**	**2.768,15**	**0,61**	**< 0,1**
474	Feuerlöschanlagen	4.569,26 m² BGF	2.768,15	0,61	< 0,1
480	**Gebäude- und Anlagenautomation**	**4.569,26 m² BGF**	**504.861,10**	**110,49**	**11,1**
481	Automationseinrichtungen	4.569,26 m² BGF	332.707,22	72,81	7,3
482	Schaltschränke, Automation	4.569,26 m² BGF	57.867,37	12,66	1,3
484	Kabel, Leitungen und Verlegesysteme	4.569,26 m² BGF	105.353,30	23,06	2,3
485	Datenübertragungsnetze	4.569,26 m² BGF	8.933,21	1,96	0,2
490	**Sonst. Maßnahmen für techn. Anlagen**	**4.569,26 m² BGF**	**23.253,60**	**5,09**	**0,5**
491	Baustelleneinrichtung	4.569,26 m² BGF	11.129,28	2,44	0,2
492	Gerüste	4.569,26 m² BGF	11.193,28	2,45	0,2
497	Zusätzliche Maßnahmen	4.569,26 m² BGF	931,05	0,20	< 0,1

Kostenkennwerte für Leistungsbereiche nach STLB (Kosten KG 400 nach DIN 276)

LB	Leistungsbereiche	Kosten €	€/m² BGF	€/m³ BRI	% an 400
040	Wärmeversorgungsanlagen - Betriebseinrichtungen	154.862	33,90	9,10	3,4
041	Wärmeversorgungsanlagen - Leitungen, Armaturen, Heizflächen	267.563	58,60	15,70	5,9
042	Gas- und Wasseranlagen - Leitungen, Armaturen	80.808	17,70	4,70	1,8
043	Druckrohrleitungen für Gas, Wasser und Abwasser	–	–	–	–
044	Abwasseranlagen - Leitungen, Abläufe, Armaturen	122.069	26,70	7,20	2,7
045	Gas-, Wasser- und Entwässerungsanlagen - Ausstattung, Elemente, Fertigbäder	98.739	21,60	5,80	2,2
046	Gas-, Wasser- und Entwässerungsanlagen - Betriebseinrichtungen	17.458	3,80	1,00	0,4
047	Dämm- und Brandschutzarbeiten an technischen Anlagen	237.567	52,00	13,90	5,2
049	Feuerlöschanlagen, Feuerlöschgeräte	2.768	0,61	0,16	< 0,1
050	Blitzschutz- / Erdungsanlagen, Überspannungsschutz	23.998	5,30	1,40	0,5
051	Kabelleitungstiefbauarbeiten	–	–	–	–
052	Mittelspannungsanlagen	133.899	29,30	7,80	2,9
053	Niederspannungsanlagen - Kabel / Leitungen, Verlegesysteme, Installationsgeräte	457.759	100,20	26,80	10,1
054	Niederspannungsanlagen - Verteilersysteme und Einbaugeräte	187.804	41,10	11,00	4,1
055	Sicherheits- und Ersatzstromversorgungsanlagen	150.300	32,90	8,80	3,3
057	Gebäudesystemtechnik	–	–	–	–
058	Leuchten und Lampen	375.784	82,20	22,00	8,3
059	Sicherheitsbeleuchtungsanlagen	49.646	10,90	2,90	1,1
060	Such-, Signal-, Zeitdienst-, Antennen-, elektroakustische Anlagen, Medientechnik	14.181	3,10	0,83	0,3
061	Kommunikations- und Übertragungsnetze	135.091	29,60	7,90	3,0
062	Kommunikationsanlagen	–	–	–	–
063	Gefahrenmeldeanlagen	135.838	29,70	8,00	3,0
064	Zutrittskontroll-, Zeiterfassungssysteme	246.022	53,80	14,40	5,4
069	Aufzüge	88.795	19,40	5,20	2,0
070	Gebäudeautomation	504.861	110,50	29,60	11,1
075	Raumlufttechnische Anlagen	783.898	171,60	45,90	17,3
078	Kälteanlagen für raumlufttechnische Anlagen	111.262	24,40	6,50	2,5
	Gebäudetechnik	**4.380.972**	**958,80**	**256,70**	**96,5**
	Sonstige Leistungsbereiche	**148.306**	**32,50**	**8,70**	**3,3**

1300-0319
Amtsverwaltung
(36 AP)

Kostenkennwerte für die Kosten des Bauwerks (Kostengruppen 300+400 nach DIN 276)

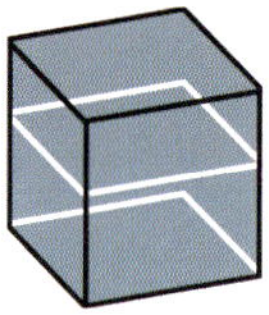

BRI 875 €/m^3

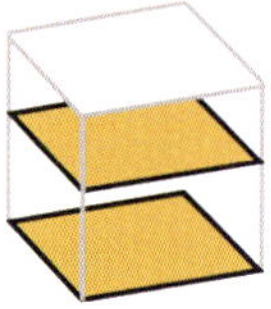

BGF 3.169 €/m^2

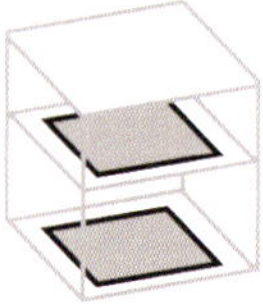

NUF 5.689 €/m^2

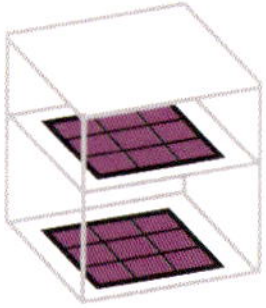

NE 157.549 €/NE

NE: Arbeitsplätze

Objekt:
Kennwerte: 3.Ebene DIN 276
BRI: 6.479 m^3
BGF: 1.790 m^2
NUF: 997 m^2
Bauzeit: 78 Wochen
Bauende: 2023
Standard: mittel
Bundesland: Schleswig-Holstein
Kreis: Schleswig-Flensburg

Architekt*in:
Planungsring
Mumm + Partner GbR
Krim 2
24896 Treia

Bauherr*in:
Amtsverwaltung Haddeby
Rendsburger Straße 54c
24866 Busdorf

Zeichnungen

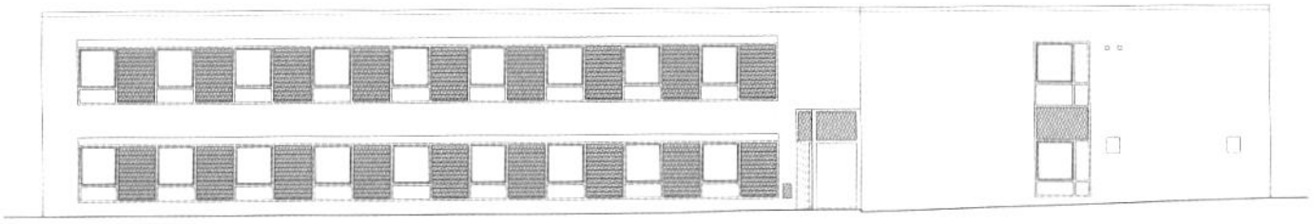

Ansicht Nord

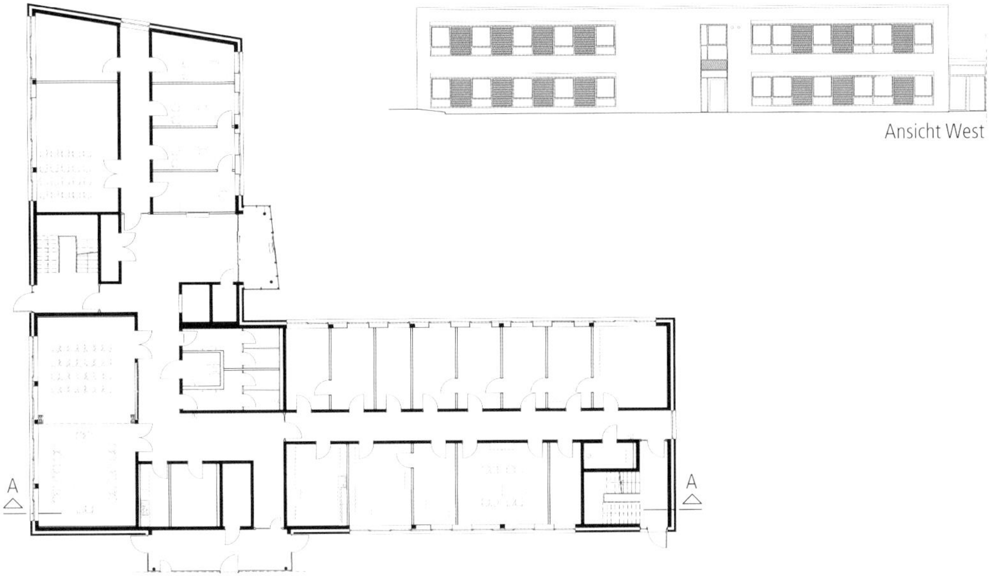

Erdgeschoss

Ansicht West

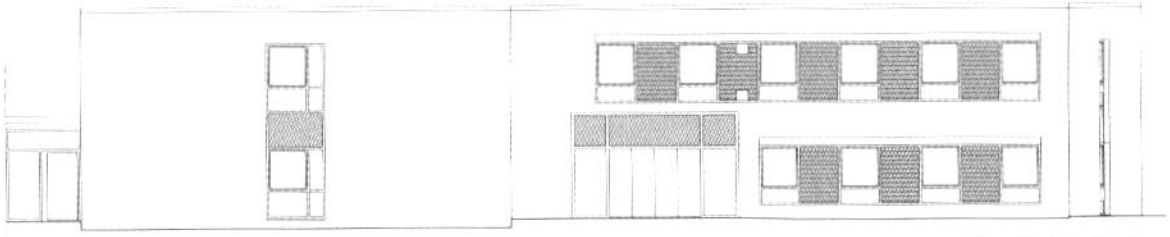

Ansicht Ost

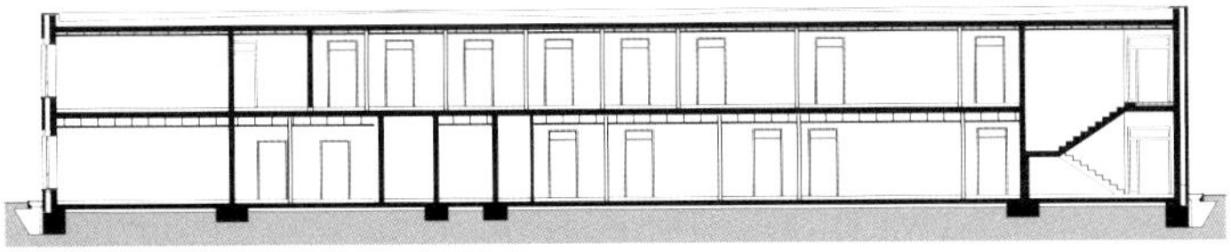

Schnitt A-A

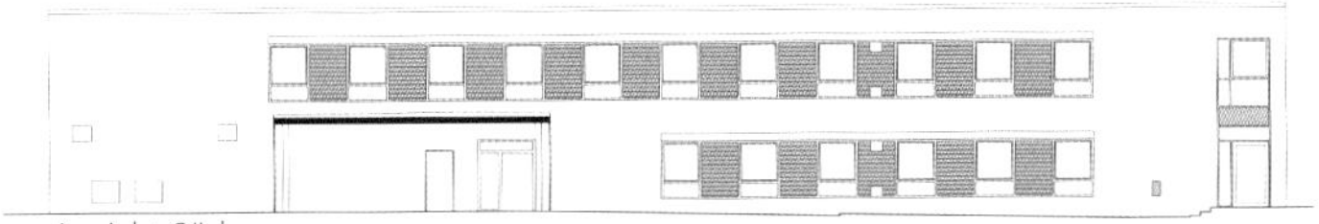

Ansicht Süd

Objektbeschreibung

Allgemeine Objektinformationen

Die neue Amtsverwaltung dient als modernes, kommunales Verwaltungszentrum für die acht Gemeinden des Amts. Der zweigeschossige Baukörper mit L-förmigem Grundriss ist über einen eingeschossigen Verbindungsbau an ein Bestandsgebäude angeschlossen. Alle Dienststellen und Sitzungsräume sind **barrierefrei** erreichbar.

Nutzung

1 Erdgeschoss
Standesamt, Archiv, Bürgerbüros, Foyer, Sitzungssaal, Teeküche, Garderobe, Poststelle, Büros, Besprechungsraum, Sanitätsraum, WCs, Putzmittelraum, Technik

1 Obergeschoss
Büros, Archive, Besprechungsräume, WCs, Kopierraum, Putzmittelraum, Technik

Nutzeinheiten

Arbeitsplätze: 36
Stellplätze: 46

Grundstück

Bauraum: Beengter Bauraum
Neigung: Geneigtes Gelände
Bodenklasse: BK 1

Markt

Hauptvergabezeit: 2.Quartal 2021
Baubeginn: 3.Quartal 2021
Bauende: 1.Quartal 2023
Konjunkturelle Gesamtlage: Durchschnitt
Regionaler Baumarkt: Durchschnitt

Baukonstruktion

Das Gebäude wurde in Massivbauweise mit Flachdach errichtet. Die tragenden Wände aus Kalksandstein und Stahlbeton werden durch einzelne Stahlbetonstützen ergänzt. Das helle, hinterlüftete Verblendmauerwerk wird durch anthrazitfarbene Bänder aus Kunststofffenstern mit Jalousien und geschlossenen Paneelen untergliedert. Die Treppenhäuser und der Eingangsbereich werden über Alu-Pfosten-Riegelfassaden belichtet. Tapeten mit Akzentbildern nehmen Bezug auf die Geschichte der Region.

Technische Anlagen

Der Neubau ist an die vorhandene Pelletheizung des Bestands angeschlossen und wird durch eine **Wärmepumpe** ergänzt. Die Räume werden mittels **Fußbodenheizung** mit Heizwärme versorgt. Auf dem Flachdach sind **Photovoltaik**-Module montiert, die mit einem **Stromspeicher** verbunden sind. Für die Sitzungsräume ist eine **Zu- und Abluftanlage mit Wärmerückgewinnung** installiert. Das Gebäude ist mit einer **Einbruchmeldeanlage** und einem **Aufzug** ausgestattet.

Sonstiges

Etwa 55% des für die Wärme- und Kälteversorgung des Gebäudes erforderlichen Energiebedarfs wird durch **erneuerbare Energien** erbracht. Durch die **Photovoltaikanlage** wird in Verbindung mit einem **Stromspeicher** ausreichend Strom für die Amtsverwaltung produziert.

Energetische Kennwerte

Gesetzliche Grundlage: EnEV 2013
Gebäudenutzfläche: 1.517,00 m^2
Gebäudevolumen: 5.971,32 m^3
Hüllfläche des beheizten Volumens: 2.847,90 m^2
Spez. Transmissionswärmeverlust: 0,33 $W/(m^2 \cdot K)$
Spez. Jahresprimärenergiebedarf: 82,40 $kWh/(m^2 \cdot a)$

Planungskennwerte für Flächen und Rauminhalte nach DIN 277

Flächen des Grundstücks		Menge Einheit	% an GF
BF	Bebaute Fläche	–	–
UF	Unbebaute Fläche	–	–
GF	Grundstücksfläche	–	–

Grundflächen des Bauwerks		Menge Einheit	% an NUF	% an BGF
NUF	Nutzungsfläche	997,00 m²	100,0	55,7
TF	Technikfläche	32,15 m²	3,2	1,8
VF	Verkehrsfläche	380,23 m²	38,1	21,2
NRF	Netto-Raumfläche	1.409,38 m²	141,4	78,7
KGF	Konstruktions-Grundfläche	380,66 m²	38,2	21,3
BGF	Brutto-Grundfläche	1.790,04 m²	179,5	100,0

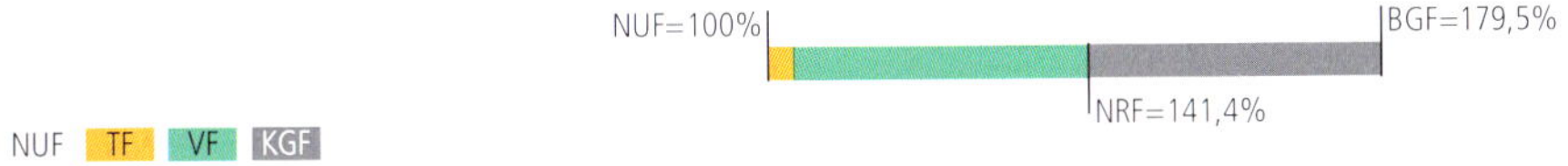

Brutto-Rauminhalt des Bauwerks		Menge Einheit	BRI/NUF (m)	BRI/BGF (m)
BRI	Brutto-Rauminhalt	6.479,20 m³	6,50	3,62

Prozentualer Anteil der Kostengruppen der 2. Ebene an der Kostengruppe 400 nach DIN 276

KG	Kostengruppen (2. Ebene)
410	Abwasser-, Wasser-, Gasanlagen
420	Wärmeversorgungsanlagen
430	Raumlufttechnische Anlagen
440	Elektrische Anlagen
450	Kommunikationstechnische Anlagen
460	Förderanlagen
470	Nutzungsspez. u. verfahrenstechn. Anl.
480	Gebäude- und Anlagenautomation
490	Sonst. Maßnahmen für techn. Anlagen

Ranking der Kostengruppen der 3. Ebene an der Kostengruppe 400 nach DIN 276

KG	Kostengruppen (3. Ebene)	% an KG 400	KG	Kostengruppen (3. Ebene)	% an KG 400
442	Eigenstromversorgungsanlagen	26,9	422	Wärmeverteilnetze	3,6
444	Niederspannungsinstallationsanlagen	17,2	412	Wasseranlagen	3,4
431	Lüftungsanlagen	13,5	432	Teilklimaanlagen	2,5
445	Beleuchtungsanlagen	6,1	495	Instandsetzungen	2,2
421	Wärmeerzeugungsanlagen	6,0	411	Abwasseranlagen	1,2
423	Raumheizflächen	4,4	456	Gefahrenmelde- und Alarmanlagen	1,0
457	Datenübertragungsnetze	4,4	446	Blitzschutz- und Erdungsanlagen	0,9
461	Aufzugsanlagen	4,0	452	Such- und Signalanlagen	0,7

Kostenkennwerte für die Kostengruppen der 1. Ebene DIN 276

KG	Kostengruppen (1. Ebene)	Einheit	Kosten €	€/Einheit	€/m² BGF	€/m³ BRI	% 300+400
100	Grundstück	m² GF	–	–	–	–	–
200	Vorbereitende Maßnahmen	m² GF	–	–	–	–	–
300	Bauwerk – Baukonstruktionen	m² BGF	3.891.993	2.174,25	2.174,25	600,69	68,6
400	Bauwerk – Technische Anlagen	m² BGF	1.779.786	994,27	994,27	274,69	31,4
	Bauwerk 300+400	**m² BGF**	**5.671.779**	**3.168,52**	**3.168,52**	**875,38**	**100,0**
500	Außenanlagen und Freiflächen	m² AF	159.530	–	89,12	24,62	2,8
600	Ausstattung und Kunstwerke	m² BGF	11.578	6,47	6,47	1,79	0,2
700	Baunebenkosten	m² BGF	–	–	–	–	–
800	Finanzierung	m² BGF	–	–	–	–	–

KG	Kostengruppe	Menge Einheit	Kosten €	€/Einheit	%
3+4	**Bauwerk**				**100,0**
300	**Bauwerk – Baukonstruktionen**	1.790,04 m² BGF	3.891.993	**2.174,25**	68,6

Stb-Flachgründung, Abdichtung, Estrich, PVC, Teppich, Bodenfliesen, Perimeterdämmung; Stb-Wände, Kunststofffenster/-türen, Verblendmauerwerk, Gipsputz, Tapete, Beschichtung, Alu-Pfosten-Riegelfassaden, Automatiktür, Raffstores; KS-Mauerwerk, GK-Wände F30, Stb-Stützen, Holztüren, Alu-Glastüren, Festverglasungen, Tapete mit Akzentbildern, Wandfliesen, WC-Trennwände, mobile Trennwand, Alu-Glaswand; Stb-Decken, Stb-Treppen, abgehängte Decken, Beschichtung, Geländer; Stb-Flachdächer, Dachausstieg, Gefälledämmung, Dachabdichtung, Dachentwässerung; Einbauküchen

KG	Kostengruppe	Menge Einheit	Kosten €	€/Einheit	%
400	**Bauwerk – Technische Anlagen**	1.790,04 m² BGF	1.779.786	**994,27**	31,4

Gebäudeentwässerung, Kalt- und Warmwasserleitungen, Sanitärobjekte; Luft-Wasser-Wärmepumpen, Heizungsrohre, **Fußbodenheizung**, **Luftschleieranlage**; Kompaktlüftungsgeräte mit **WRG**, Einzelraumlüfter, **Split-Klimageräte**; **Photovoltaikanlage**, Elektroinstallation, Beleuchtung, **Blitzschutzanlage**; Sprechanlage, Notruf, elektroakustische Anlagen, Feuerwehr-Antenne, **Einbruchmeldeanlage**, Datenübertragungsnetz; **Personenaufzug**; **KNX**-Jalousiesteuerung

KG	Kostengruppe	Menge Einheit	Kosten €	€/Einheit	%
500	**Außenanlagen und Freiflächen**	–	159.530	–	2,8

Rohrgrabenaushub; Stb-Fundamentplatte; Betonpflaster, Lagermaterial; Fernwärmeleitungen; Elektroinstallation, Autoladestationen, Fahrradladestationen, Außenbeleuchtung; Datenverkabelung

KG	Kostengruppe	Menge Einheit	Kosten €	€/Einheit	%
600	**Ausstattung und Kunstwerke**	1.790,04 m² BGF	11.578	**6,47**	0,2

Sanitärausstattung

Kostenkennwerte für die Kostengruppen 400 der 2. Ebene DIN 276

KG	Kostengruppe	Menge Einheit	Kosten €	€/Einheit	%
400	**Bauwerk – Technische Anlagen**				**100,0**
410	**Abwasser-, Wasser-, Gasanlagen**	1.790,04 m² BGF	87.506	**48,89**	4,9
	PP-Rohre (111m), PVC-Kondensatleitungen (106m), KG-Rohre (51m) * Edelstahlrohre (216m), Rückspülfilter (1St), Druckminderer (1St), Ventile (5St), Hygienespülungen (3St), WCs (6St), **barrierefrei** (1St), Handwaschbecken (8St), **barrierefrei** (1St), Urinale (2St), Ausgussbecken (1St), Elektro-Durchlauferhitzer (12St), Außenarmaturen (2St) * Montageelemente (18St)				
420	**Wärmeversorgungsanlagen**	1.790,04 m² BGF	249.214	**139,22**	14,0
	Luft-Wasser-Wärmepumpen 40kw (2St), Pufferspeicher 1.000l (1St), Tauchheizkörper (4St), Umwälzpumpen (2St), PE-Xa-Rohre (60m) * Edelstahlrohre (272m) * **Fußbodenheizung**, Tackerplatten (1.479m²), PB-Rohre (5.766m), Heizkreisverteiler (8St), Stellantriebe (76St), Raumthermostate (56St), **Luftschleieranlage** 18,6kW, 3.600m³/h (1St)				
430	**Raumlufttechnische Anlagen**	1.790,04 m² BGF	285.760	**159,64**	16,1
	Kompaktlüftungsgeräte mit **WRG**, 1.100m³/h (3St), 500m³/h (3St), 185-235m³/h (2St), Nachheizregister (6St), Einzelraumlüfter (11St), Rechteckkanäle (141m²), Wickelfalzrohre (59m), Ovalrohre (54m), Flexrohre (18m), Luftdurchlässe (31St) * Multi-**Split-Klimageräte**, Kühlleistung 4,0-8,0kW, Heizleistung 4,4-9,6kW (2St), Heizblöcke (2St), Single-**Split-Klimageräte**, Kühlleistung 2,0-2,5kW, Heizleistung 2,5-3,2kW (5St), Kältemittelleitungen (302m)				
440	**Elektrische Anlagen**	1.790,04 m² BGF	908.166	**507,34**	51,0
	Photovoltaikanlage 375Wp (psch) * Wandlerschränke (3St), Zählerschränke (3St), Verteiler (6St), Mantelleitungen (9.923m), Starkstromkabel (288m), Installationskabel (1.368m), Steckdosen (378St), Schalter/Taster (172St), Bodentanks (10St), **Präsenzmelder** (32St) * Einlegeleuchten (108St), Stehleuchten (31St), Ein-/Aufbauleuchten (37St), Aufbaustrahler (4St), **Lichtbänder** (13St), Downlights (2St), Rettungszeichen-/Sicherheitsleuchten (26St), Überwachungszentrale (1St) * Fundamenterder (315m), Fang-/Ableitungen (518m)				
450	**Kommunikationstechnische Anlagen**	1.790,04 m² BGF	113.606	**63,47**	6,4
	Sprechanlage (1St), Notrufset (1St), Installationskabel (47m) * Bluetooth-Receiver (1St), Radio (1St), Einbaulautsprecher (6St), Installationskabel (82m) * Feuerwehr-Antenne (psch) * **Einbruchmeldezentrale** (1St), Bewegungsmelder (4St), Zutrittsleser (3St), Rauchmelder (2St) * Verteilerschränke (2St), Patchpanels (16St), Rangierfelder (3St), Datenkabel (7.314m), **LWL-Kabel** (143m), Datenanschlussdosen (381St)				
460	**Förderanlagen**	1.790,04 m² BGF	71.442	**39,91**	4,0
	Personenaufzug (1St), **RWA**-Schachtentrauchung (1St)				
480	**Gebäude- und Anlagenautomation**	1.790,04 m² BGF	21.335	**11,92**	1,2
	KNX-Wetterstation (1St), **KNX**-Jalousieaktoren (62St) * **KNX**-Dali-Gateways (2St), Logikmodule (2St), Binäreingänge (2St), Schaltaktoren (3St), Handumschaltung (1St) * **EIB**-Busleitungen (567m)				
490	**Sonst. Maßnahmen für techn. Anlagen**	1.790,04 m² BGF	42.757	**23,89**	2,4
	Hochdruck-Rohrreinigung (51m) * provisorischer Verteileranschluss (1St), provisorischer Datenanschluss (1St)				

Kostenkennwerte für die Kostengruppen 400 der 2. und 3. Ebene DIN 276 (Übersicht)

KG	Kostengruppe	Menge Einheit	Kosten €	€/Einheit	%
410	**Abwasser-, Wasser-, Gasanlagen**	**1.790,04 m² BGF**	**87.506,44**	**48,89**	**4,9**
411	Abwasseranlagen	1.790,04 m² BGF	21.594,72	12,06	1,2
412	Wasseranlagen	1.790,04 m² BGF	59.836,00	33,43	3,4
419	Sonstiges zur KG 410	1.790,04 m² BGF	6.075,72	3,39	0,3
420	**Wärmeversorgungsanlagen**	**1.790,04 m² BGF**	**249.213,53**	**139,22**	**14,0**
421	Wärmeerzeugungsanlagen	1.790,04 m² BGF	107.085,47	59,82	6,0
422	Wärmeverteilnetze	1.790,04 m² BGF	64.422,73	35,99	3,6
423	Raumheizflächen	1.790,04 m² BGF	77.705,35	43,41	4,4
430	**Raumlufttechnische Anlagen**	**1.790,04 m² BGF**	**285.760,16**	**159,64**	**16,1**
431	Lüftungsanlagen	1.790,04 m² BGF	240.481,05	134,34	13,5
432	Teilklimaanlagen	1.790,04 m² BGF	45.279,12	25,30	2,5
440	**Elektrische Anlagen**	**1.790,04 m² BGF**	**908.165,64**	**507,34**	**51,0**
442	Eigenstromversorgungsanlagen	1.790,04 m² BGF	478.470,84	267,30	26,9
444	Niederspannungsinstallationsanlagen	1.790,04 m² BGF	306.701,63	171,34	17,2
445	Beleuchtungsanlagen	1.790,04 m² BGF	107.737,60	60,19	6,1
446	Blitzschutz- und Erdungsanlagen	1.790,04 m² BGF	15.255,57	8,52	0,9
450	**Kommunikationstechnische Anlagen**	**1.790,04 m² BGF**	**113.606,49**	**63,47**	**6,4**
452	Such- und Signalanlagen	1.790,04 m² BGF	12.935,12	7,23	0,7
454	Elektroakustische Anlagen	1.790,04 m² BGF	3.102,64	1,73	0,2
455	Audiovisuelle Medien- u. Antennenanl.	1.790,04 m² BGF	768,48	0,43	< 0,1
456	Gefahrenmelde- und Alarmanlagen	1.790,04 m² BGF	18.055,21	10,09	1,0
457	Datenübertragungsnetze	1.790,04 m² BGF	78.745,05	43,99	4,4
460	**Förderanlagen**	**1.790,04 m² BGF**	**71.441,88**	**39,91**	**4,0**
461	Aufzugsanlagen	1.790,04 m² BGF	71.441,88	39,91	4,0
480	**Gebäude- und Anlagenautomation**	**1.790,04 m² BGF**	**21.335,34**	**11,92**	**1,2**
481	Automationseinrichtungen	1.790,04 m² BGF	12.736,69	7,12	0,7
482	Schaltschränke, Automation	1.790,04 m² BGF	6.562,62	3,67	0,4
484	Kabel, Leitungen und Verlegesysteme	1.790,04 m² BGF	2.036,03	1,14	0,1
490	**Sonst. Maßnahmen für techn. Anlagen**	**1.790,04 m² BGF**	**42.756,79**	**23,89**	**2,4**
495	Instandsetzungen	1.790,04 m² BGF	39.732,67	22,20	2,2
498	Provisorische technische Anlagen	1.790,04 m² BGF	3.024,14	1,69	0,2

Kostenkennwerte für Leistungsbereiche nach STLB (Kosten KG 400 nach DIN 276)

LB	Leistungsbereiche	Kosten €	€/m² BGF	€/m³ BRI	% an 400
040	Wärmeversorgungsanlagen - Betriebseinrichtungen	105.985	59,20	16,40	6,0
041	Wärmeversorgungsanlagen - Leitungen, Armaturen, Heizflächen	120.753	67,50	18,60	6,8
042	Gas- und Wasseranlagen - Leitungen, Armaturen	29.694	16,60	4,60	1,7
043	Druckrohrleitungen für Gas, Wasser und Abwasser	–	–	–	–
044	Abwasseranlagen - Leitungen, Abläufe, Armaturen	11.795	6,60	1,80	0,7
045	Gas-, Wasser- und Entwässerungsanlagen - Ausstattung, Elemente, Fertigbäder	33.976	19,00	5,20	1,9
046	Gas-, Wasser- und Entwässerungsanlagen - Betriebseinrichtungen	2.057	1,10	0,32	0,1
047	Dämm- und Brandschutzarbeiten an technischen Anlagen	61.960	34,60	9,60	3,5
049	Feuerlöschanlagen, Feuerlöschgeräte	–	–	–	–
050	Blitzschutz- / Erdungsanlagen, Überspannungsschutz	15.256	8,50	2,40	0,9
051	Kabelleitungstiefbauarbeiten	–	–	–	–
052	Mittelspannungsanlagen	–	–	–	–
053	Niederspannungsanlagen - Kabel / Leitungen, Verlegesysteme, Installationsgeräte	177.509	99,20	27,40	10,0
054	Niederspannungsanlagen - Verteilersysteme und Einbaugeräte	586.002	327,40	90,40	32,9
055	Sicherheits- und Ersatzstromversorgungsanlagen	–	–	–	–
057	Gebäudesystemtechnik	21.335	11,90	3,30	1,2
058	Leuchten und Lampen	95.743	53,50	14,80	5,4
059	Sicherheitsbeleuchtungsanlagen	11.994	6,70	1,90	0,7
060	Such-, Signal-, Zeitdienst-, Antennen-, elektroakustische Anlagen, Medientechnik	13.025	7,30	2,00	0,7
061	Kommunikations- und Übertragungsnetze	83.188	46,50	12,80	4,7
062	Kommunikationsanlagen	–	–	–	–
063	Gefahrenmeldeanlagen	18.055	10,10	2,80	1,0
064	Zutrittskontroll-, Zeiterfassungssysteme	–	–	–	–
069	Aufzüge	71.442	39,90	11,00	4,0
070	Gebäudeautomation	–	–	–	–
075	Raumlufttechnische Anlagen	275.366	153,80	42,50	15,5
078	Kälteanlagen für raumlufttechnische Anlagen	–	–	–	–
	Gebäudetechnik	**1.735.135**	**969,30**	**267,80**	**97,5**
	Sonstige Leistungsbereiche	**44.651**	**24,90**	**6,90**	**2,5**

Objekte

Schulen und Kindergärten

4

- 4100 Allgemeinbildende Schulen
- 4200 Berufliche Schulen
- 4300 Sonderschulen
- 4400 Kindertagesstätten
- 4500 Weiterbildungseinrichtungen

4100-0173
Ganztagesschule
(9 Klassen)
(225 Schüler)

Erweiterung

Kostenkennwerte für die Kosten des Bauwerks (Kostengruppen 300+400 nach DIN 276)

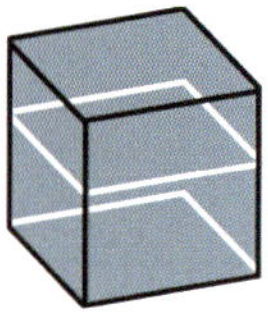

BRI 499 €/m3

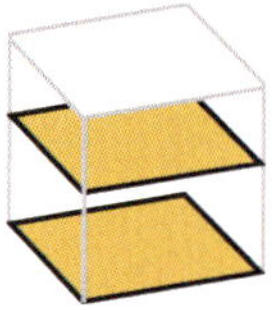

BGF 2.055 €/m2

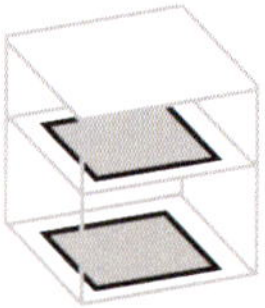

NUF 3.991 €/m2

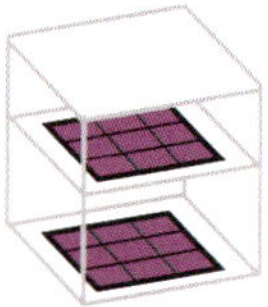

NE 16.993 €/NE

NE: Schüler

Objekt:
Kennwerte: 3.Ebene DIN 276
BRI: 7.669 m3
BGF: 1.861 m2
NUF: 958 m2
Bauzeit: 65 Wochen
Bauende: 2015
Standard: hoch
Bundesland: Bremen
Kreis: Bremen, Stadt

Architekt*in:
Architekten_FSB
Am Wall 162
28195 Bremen

Bauherr*in:
Immobilien Bremen AöR
Theodor-Heuss-Allee 14
28215 Bremen

Ansicht Nord

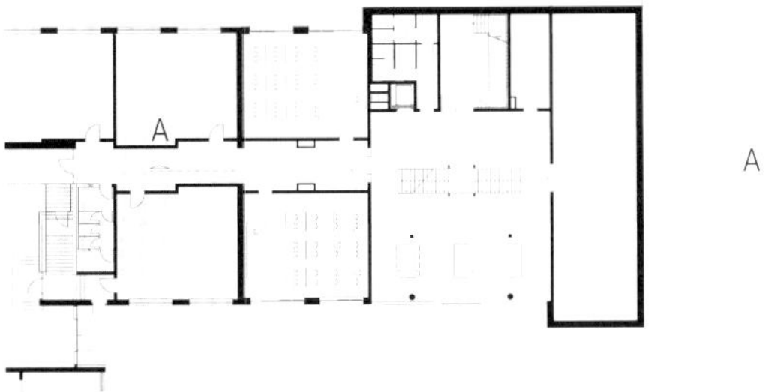

Eingangsgeschoss

Erdgeschoss

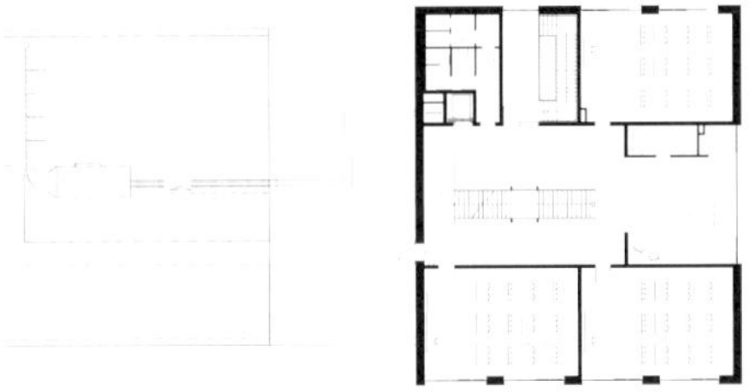

Obergeschoss

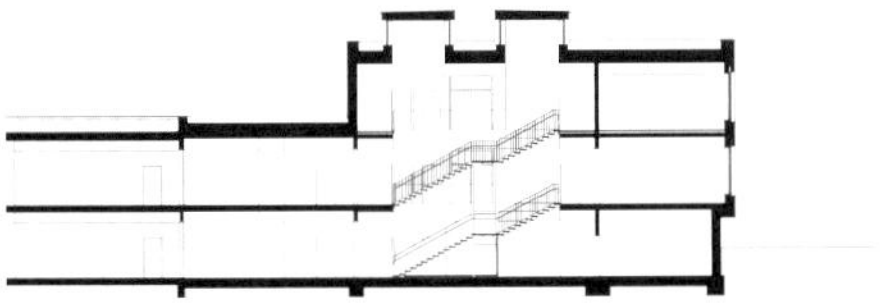

Schnitt A-A

Ansicht Süd

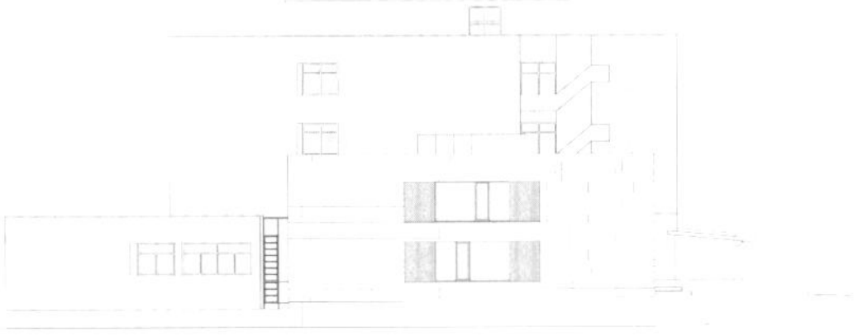

Ansicht Ost

4100-0173
Ganztagesschule
(9 Klassen)
(225 Schüler)

Erweiterung

Objektbeschreibung

Allgemeine Objektinformationen

Durch die Einführung einer Oberstufe benötigte die Ganztagesschule weitere Klassenzimmer. Der dreigeschossige Erweiterungsbau umfasst neun Klassenzimmer, zwei Differenzierungsräume, einen multifunktionalen PC-Arbeitsraum und ein Lehrerzimmer.

Nutzung

1 Untergeschoss
zwei Klassenräume, Foyer, WCs, Treppenhaus, Lager, Technik

1 Erdgeschoss
vier Klassenräume, drei Gruppenräume, Foyer, WCs, Treppenhaus, Flur

1 Obergeschoss
drei Klassenräume, Lehrerzimmer, Foyer, WCs, Treppenhaus

Nutzeinheiten

Klassen: 9
Schüler: 225

Grundstück

Bauraum: Freier Bauraum
Neigung: Geneigtes Gelände
Bodenklasse: BK 1 bis BK 3

Markt

Hauptvergabezeit: 4. Quartal 2013
Baubeginn: 4. Quartal 2013
Bauende: 1. Quartal 2015
Konjunkturelle Gesamtlage: über Durchschnitt
Regionaler Baumarkt: über Durchschnitt

Baubestand

Bauzustand: mittel
Aufwand: niedrig
Grundrissänderungen: keine
Tragwerkseingriffe: keine
Nutzungsänderung: nein
Nutzung während der Bauzeit: ja

Baukonstruktion

Der Erweiterungsbau gründet flach auf einer Stahlbetonbodenplatte und ist in Massivbauweise mit Flachdach errichtet worden. Nur die Dachaufbauten wurden in Holzbauweise erstellt. Die beiden oberen Geschosse kragen aus. In den Klassenräumen kamen Passivhausfenster aus Holz und Aluminium in Form von Pfostenriegelfassadensystemen zum Einbau, die jeweils einen motorisch zu öffnenden Flügel zur Nachtauskühlung erhielten. Die vorgehängte Fassade aus Zink ist in Großrautentechnik im wilden Verband ausgeführt und setzt damit die Fassadengestaltung des bestehenden zweigeschossigen Gebäudeteils fort.

Technische Anlagen

Der Anbau ist an die vorhandene Wärmeerzeugung und **Lüftungsanlage** der Ganztagesschule angeschlossen. Zur Entlüftung unerwünschter Wärme im Sommer wurde ein Nachtlüftungssystem eingebaut, das über elektrisch zu öffnende Fenster funktioniert. Die Raumtemperaturregelung erfolgt mittels elektronischer Raumfühler. Zum Abzug der warmen Luft wurden in die beiden Aufbauten auf dem Flachdach ebenfalls Lüftungsflügel eingebaut. Der Einbruchschutz wird durch außenliegende Lochgitter gewährleistet. Eine Sonnenschutzanlage auf der Süd- und Ostseite trägt zusätzlich zur Temperierung der Räume bei. In jedem Klassenraum wurden EDV-Anschlüsse installiert.

Sonstiges

Durch den Einbau einer Aufzugsanlage werden alle im Erdgeschoss und Obergeschoss gelegenen Räume der Ganztagesschule **barrierefrei** erschlossen.

Planungskennwerte für Flächen und Rauminhalte nach DIN 277

	Flächen des Grundstücks	Menge Einheit	% an GF
BF	Bebaute Fläche	–	–
UF	Unbebaute Fläche	–	–
GF	Grundstücksfläche	–	–

	Grundflächen des Bauwerks	Menge Einheit	% an NUF	% an BGF
NUF	Nutzungsfläche	958,00 m²	100,0	51,5
TF	Technikfläche	27,50 m²	2,9	1,5
VF	Verkehrsfläche	435,50 m²	45,5	23,4
NRF	Netto-Raumfläche	1.421,00 m²	148,3	76,4
KGF	Konstruktions-Grundfläche	439,58 m²	45,9	23,6
BGF	Brutto-Grundfläche	1.860,58 m²	194,2	100,0

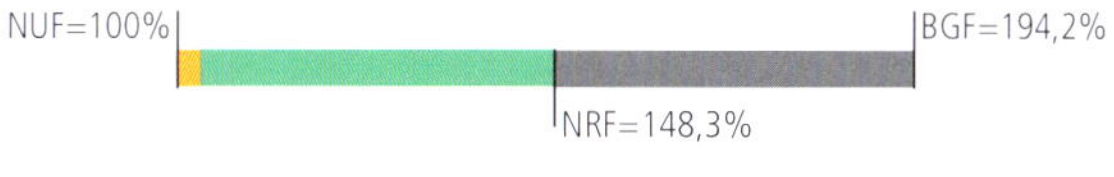

	Brutto-Rauminhalt des Bauwerks	Menge Einheit	BRI/NUF (m)	BRI/BGF (m)
BRI	Brutto-Rauminhalt	7.669,45 m³	8,01	4,12

Prozentualer Anteil der Kostengruppen der 2. Ebene an der Kostengruppe 400 nach DIN 276

KG	Kostengruppen (2. Ebene)
410	Abwasser-, Wasser-, Gasanlagen
420	Wärmeversorgungsanlagen
430	Raumlufttechnische Anlagen
440	Elektrische Anlagen
450	Kommunikationstechnische Anlagen
460	Förderanlagen
470	Nutzungsspez. u. verfahrenstechn. Anl.
480	Gebäude- und Anlagenautomation
490	Sonst. Maßnahmen für techn. Anlagen

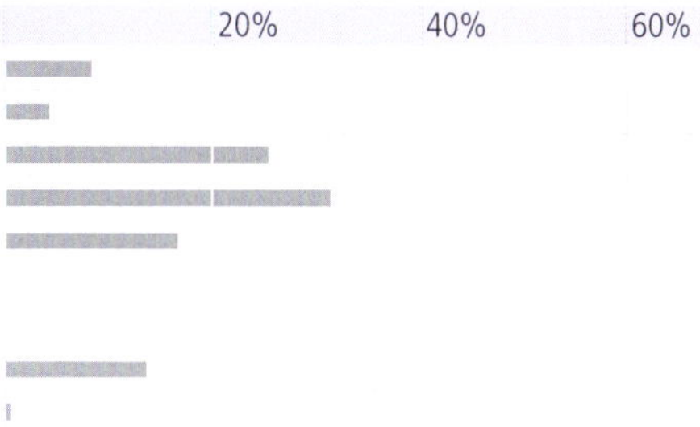

Ranking der Kostengruppen der 3. Ebene an der Kostengruppe 400 nach DIN 276

KG	Kostengruppen (3. Ebene)	% an KG 400
431	Lüftungsanlagen	25,3
444	Niederspannungsinstallationsanlagen	18,7
456	Gefahrenmelde- und Alarmanlagen	15,5
445	Beleuchtungsanlagen	11,1
481	Automationseinrichtungen	10,6
412	Wasseranlagen	4,9
411	Abwasseranlagen	3,3
485	Datenübertragungsnetze	3,1
423	Raumheizflächen	2,2
422	Wärmeverteilnetze	2,1
446	Blitzschutz- und Erdungsanlagen	1,5
454	Elektroakustische Anlagen	1,1
491	Baustelleneinrichtung	0,6
419	Sonstiges zur KG 410	0,1
421	Wärmeerzeugungsanlagen	< 0,1

Kostenkennwerte für die Kostengruppen der 1. Ebene DIN 276

KG	Kostengruppen (1. Ebene)	Einheit	Kosten €	€/Einheit	€/m² BGF	€/m³ BRI	% 300+400
100	Grundstück	m² GF	–	–	–	–	–
200	Vorbereitende Maßnahmen	m² GF	2.930	–	1,57	0,38	< 0,1
300	Bauwerk – Baukonstruktionen	m² BGF	3.042.145	1.635,05	1.635,05	396,66	79,6
400	Bauwerk – Technische Anlagen	m² BGF	781.360	419,95	419,95	101,88	20,4
	Bauwerk 300+400	**m² BGF**	**3.823.505**	**2.055,01**	**2.055,01**	**498,54**	**100,0**
500	Außenanlagen und Freiflächen	m² AF	52.450	–	28,19	6,84	1,4
600	Ausstattung und Kunstwerke	m² BGF	21.602	11,61	11,61	2,82	0,6
700	Baunebenkosten	m² BGF	–	–	–	–	–
800	Finanzierung	m² BGF	–	–	–	–	–

KG	Kostengruppe	Menge Einheit	Kosten €	€/Einheit	%
200	**Vorbereitende Maßnahmen**	–	2.930	–	< 0,1
	• Abbrechen (Kosten: 87,7%) Roden von Bewuchs, Fällen von Bäumen; Entsorgung, Deponiegebühren		2.570		
	• Herstellen (Kosten: 12,3%) Sicherung von Wasserleitungen		360		
3+4	**Bauwerk**				**100,0**
300	**Bauwerk – Baukonstruktionen**	1.860,58 m² BGF	3.042.145	**1.635,05**	79,6
	• Abbrechen (Kosten: 0,4%) Abbruch von Stahlprofiltoren, Zink-Fassadenplatten mit Unterkonstruktion, Fensterelementen, Attiken; Entsorgung, Deponiegebühren		12.252		
	• Wiederherstellen (Kosten: 0,2%) Lose Farbreste entfernen, neu beschichten, Gehwegplatten, aufnehmen, reinigen, verlegen, Akustikdeckenplatten, demontieren, wieder einlegen		4.658		
	• Herstellen (Kosten: 99,4%) Erdarbeiten; Stb-Bodenplatten, Stb-Fundamente, EPS-Dämmung, Zementestrich, Betonwerkstein, Epoxidharzbeschichtung, Linoleum, Bodenfliesen; Stb-Wände, KS-Mauerwerk, Stb-Stützen, Alu-Fenster, Zink-Fassadenbekleidung, Gipsputz, Wandfliesen, Alu-Pfostenriegelelemente, Holz-Alufassadenelemente, Außenraffstore; GK-Wände, Holztüren, Alutüren, Gipsputz, Beschichtung, Wandfliesen, Pinnwände, Glastrennwände, WC-Trennwände; Stb-Elementdecken, Spannbetondecken, Stb-Treppen, EPS-Dämmung, Zementestrich, Linoleum, Betonwerkstein, Bodenfliesen, GK-Decken, Rasterdecken, Stahlwangentreppen, Treppengeländer; Stb-Flachdächer, Spannbetondach, Holzflachdach, Lichtkuppeln, Attikaabdeckungen, Dachentwässerung, GK-Decken, Steigleiteranlage, Laufsteg		3.025.235		

KG	Kostengruppe	Menge Einheit	Kosten €	€/Einheit	%
400	**Bauwerk – Technische Anlagen**	1.860,58 m² BGF	781.360	**419,95**	20,4
	• Abbrechen (Kosten: < 0,1%) Stilllegen von Heizungsanlage; Abbruch von Lüftungskanälen, Installationsgeräten, Demontage von Leuchten; Entsorgung, Deponiegebühren		554		
	• Wiederherstellen (Kosten: 1,8%) Demontage von Lüftungskanälen, Montage an neuem Standort, Inbetriebnahme, Neuprogrammierung **Lüftungsgerät** nach Erweiterung		13.801		
	• Herstellen (Kosten: 98,2%) Entwässerungsleitungen; Sanitärinstallation, Sanitärobjekte; Heizungsrohre, Heizkörper; Lüftungsleitungen, Rechteckkanäle, Abluftgitter; Ergänzung Elektroinstallation, Beleuchtung; Blitzschutzerweiterung		767.005		
500	**Außenanlagen und Freiflächen**	–	52.450	**–**	1,4
	• Abbrechen (Kosten: 11,2%) Abbruch von Einzelfundamenten; Entsorgung, Deponiegebühren		5.868		
	• Herstellen (Kosten: 88,8%) Entwässerungsmulde; Streifenfundamente, Einzelfundament; Granitpflaster; Stb-Winkelstützwände; Eingangstreppe; Kontrollschächte		46.582		
600	**Ausstattung und Kunstwerke**	1.860,58 m² BGF	21.602	**11,61**	0,6
	• Herstellen (Kosten: 100,0%) Vorhänge, Sanitärausstattung		21.602		

Kostenkennwerte für die Kostengruppen 400 der 2. Ebene DIN 276

KG	Kostengruppe	Menge Einheit	Kosten €	€/Einheit	%
400	**Bauwerk – Technische Anlagen**				**100,0**
410	**Abwasser-, Wasser-, Gasanlagen**	1.860,58 m² BGF	64.573	**34,71**	8,3
	• Herstellen (Kosten: 100,0%)	1.860,58 m² BGF	64.573	**34,71**	
	KG-Rohre (133m), PP-Rohre (96m), Reinigungsrohre (2St) * Kupferrohre (219m), Spülleitungsanlagen (2St), Waschtische (6St), WCs (12St), Urinale, Spülautomatik (5St), WC-Stützklappgriff (1St), Spülenanschlüsse (2St), Warmwasserspeicher (2St), Durchlauferhitzer (1St) * Montageelemente (13St)				
420	**Wärmeversorgungsanlagen**	1.860,58 m² BGF	33.672	**18,10**	4,3
	• Abbrechen (Kosten: 0,6%)	1.860,58 m² BGF	188	**0,10**	
	Heizungsanlage stilllegen (1St)				
	• Herstellen (Kosten: 99,4%)	1.860,58 m² BGF	33.484	**18,00**	
	Kupferrohre (280m), Bohrungen (16St) * Ventilheizkörper (14m²), Röhrenradiatoren (5m²)				
430	**Raumlufttechnische Anlagen**	1.860,58 m² BGF	198.007	**106,42**	25,3
	• Abbrechen (Kosten: 0,1%)	1.860,58 m² BGF	253	**0,14**	
	Abbruch von Lüftungskanälen (15m²); Entsorgung, Deponiegebühren, Kulissenschalldämpfer (2St), lagern				
	• Wiederherstellen (Kosten: 1,5%)	1.860,58 m² BGF	2.935	**1,58**	
	Demontage von Lüftungskanälen, Montage an neuem Standort (15m), Inbetriebnahme, Neuprogrammierung des Lüftungsgerätes nach Erweiterung (1St)				
	• Herstellen (Kosten: 98,4%)	1.860,58 m² BGF	194.819	**104,71**	
	Rechteckkanäle (350m²), Wickelfalzrohre (609m), Steuereinheit Brandschutzklappen, Anzeigedisplay (1St), Kulissenschalldämpfer (2St), Volumenstromregler (31St), Rohrschalldämpfer (33St), Brandschutzklappen (7St), Luftdurchlässe (74St), Rauchschutzklappen (4St), Dachdurchführung (1St)				
440	**Elektrische Anlagen**	1.860,58 m² BGF	244.120	**131,21**	31,2
	• Abbrechen (Kosten: < 0,1%)	1.860,58 m² BGF	112	**0,06**	
	Abbruch von Installationsgeräten (13St) * Demontage von Leuchten (7St); Entsorgung, Deponiegebühren				
	• Wiederherstellen (Kosten: 4,5%)	1.860,58 m² BGF	10.866	**5,84**	
	Beleuchtung demontieren, neu installieren, Piktogramme versetzen (psch)				
	• Herstellen (Kosten: 95,5%)	1.860,58 m² BGF	233.142	**125,31**	
	Verteilerfeld (1St), Zähler (1St), Verteiler (5St), Hauptbedienstellen (4St), Anschaltmodul (1St), optischer Rauchmelder (1St), LS-Schalter (99St), Lasttrennschalter (2St), FI-Schalter (21St), Trennrelais (17St), Mantelleitungen (13.205m), Steckdosen (178St), Schalter/Taster (5St) * Anbauleuchten (124St), Einbauleuchten (90St), Rettungszeichenleuchten (11St) * Fundamenterder (252m), Anschlussfahnen (8St), Fangleitungen (394m), Fangstangen (19St)				

KG	Kostengruppe	Menge Einheit	Kosten €	€/Einheit	%
450	**Kommunikationstechnische Anlagen**	1.860,58 m²BGF	129.469	**69,59**	16,6
	• Herstellen (Kosten: 100,0%)	1.860,58 m²BGF	129.469	**69,59**	
	Deckenlautsprecher für ELA-Anlage (34St), Verteiler (4St), Datenkabel (893m) * **Brandmeldeanlage** (1St), LCD-Bedienteil (1St), ISDN-Übertragungsgerät (1St), Handmelder (5St), Multisensormelder (86St), Antriebe für RWAs (psch), Installationsleitungen (1.518m), WC-Zugtaster, Rufleuchte, Anzeigeeinheit (1St), Steuergeräte, Rettungswegzentrale (3St), Türterminals, Module (3St)				
480	**Gebäude- und Anlagenautomation**	1.860,58 m²BGF	106.449	**57,21**	13,6
	• Herstellen (Kosten: 100,0%)	1.860,58 m²BGF	106.449	**57,21**	
	KNX-Controller (1St), Controlpanel (1St), Visualisierung der Beleuchtung (1St), **KNX**-Wetterzentrale (1St), Lüftungs-BUS-Zentrale (1St), **KNX**-Jalousieaktoren (4St), **KNX**-Binärausgänge (2St), **KNX-Präsenzmelder** (34St), **KNX**-Spannungsversorgungen (4St), Analogaktoren (5St), Koppler (3St), Bedienelemente (16St), **KNX**-Schnittstellen (16St), **KNX**-Taster-Ankopplungen (4St) * Netzwerkschrank (1St), Patchpanel, Verteilerfelder (7St), Datenkabel **Cat7** (4.480m), Datenanschlussdosen (60St)				
490	**Sonst. Maßnahmen für techn. Anlagen**	1.860,58 m²BGF	5.068	**2,72**	0,6
	• Herstellen (Kosten: 100,0%)	1.860,58 m²BGF	5.068	**2,72**	
	Baubeleuchtung (psch), Baustromverteiler, versetzen, warten (11St)				

Kostenkennwerte für die Kostengruppen 400 der 2. und 3.Ebene DIN 276 (Übersicht)

KG	Kostengruppe	Menge Einheit	Kosten €	€/Einheit	%
410	**Abwasser-, Wasser-, Gasanlagen**	**1.860,58 m² BGF**	**64.573,33**	**34,71**	**8,3**
411	Abwasseranlagen	1.860,58 m² BGF	25.501,56	13,71	3,3
412	Wasseranlagen	1.860,58 m² BGF	38.243,90	20,55	4,9
419	Sonstiges zur KG 410	1.860,58 m² BGF	827,86	0,44	0,1
420	**Wärmeversorgungsanlagen**	**1.860,58 m² BGF**	**33.672,48**	**18,10**	**4,3**
421	Wärmeerzeugungsanlagen	1.860,58 m² BGF	187,81	0,10	< 0,1
422	Wärmeverteilnetze	1.860,58 m² BGF	16.638,11	8,94	2,1
423	Raumheizflächen	1.860,58 m² BGF	16.846,32	9,05	2,2
430	**Raumlufttechnische Anlagen**	**1.860,58 m² BGF**	**198.007,48**	**106,42**	**25,3**
431	Lüftungsanlagen	1.860,58 m² BGF	198.007,48	106,42	25,3
440	**Elektrische Anlagen**	**1.860,58 m² BGF**	**244.120,25**	**131,21**	**31,2**
444	Niederspannungsinstallationsanlagen	1.860,58 m² BGF	146.078,73	78,51	18,7
445	Beleuchtungsanlagen	1.860,58 m² BGF	86.529,89	46,51	11,1
446	Blitzschutz- und Erdungsanlagen	1.860,58 m² BGF	11.511,64	6,19	1,5
450	**Kommunikationstechnische Anlagen**	**1.860,58 m² BGF**	**129.469,19**	**69,59**	**16,6**
454	Elektroakustische Anlagen	1.860,58 m² BGF	8.223,26	4,42	1,1
456	Gefahrenmelde- und Alarmanlagen	1.860,58 m² BGF	121.245,93	65,17	15,5
480	**Gebäude- und Anlagenautomation**	**1.860,58 m² BGF**	**106.449,10**	**57,21**	**13,6**
481	Automationseinrichtungen	1.860,58 m² BGF	82.436,04	44,31	10,6
485	Datenübertragungsnetze	1.860,58 m² BGF	24.013,06	12,91	3,1
490	**Sonst. Maßnahmen für techn. Anlagen**	**1.860,58 m² BGF**	**5.067,70**	**2,72**	**0,6**
491	Baustelleneinrichtung	1.860,58 m² BGF	5.067,70	2,72	0,6

Kostenkennwerte für Leistungsbereiche nach STLB (Kosten KG 400 nach DIN 276)

LB	Leistungsbereiche	Kosten €	€/m² BGF	€/m³ BRI	% an 400
040	Wärmeversorgungsanlagen - Betriebseinrichtungen	–	–	–	–
041	Wärmeversorgungsanlagen - Leitungen, Armaturen, Heizflächen	26.375	14,20	3,40	3,4
042	Gas- und Wasseranlagen - Leitungen, Armaturen	10.893	5,90	1,40	1,4
043	Druckrohrleitungen für Gas, Wasser und Abwasser	–	–	–	–
044	Abwasseranlagen - Leitungen, Abläufe, Armaturen	7.517	4,00	0,98	1,0
045	Gas-, Wasser- und Entwässerungsanlagen - Ausstattung, Elemente, Fertigbäder	30.850	16,60	4,00	3,9
046	Gas-, Wasser- und Entwässerungsanlagen - Betriebseinrichtungen	–	–	–	–
047	Dämm- und Brandschutzarbeiten an technischen Anlagen	70.977	38,10	9,30	9,1
049	Feuerlöschanlagen, Feuerlöschgeräte	–	–	–	–
050	Blitzschutz- / Erdungsanlagen, Überspannungsschutz	11.401	6,10	1,50	1,5
051	Kabelleitungstiefbauarbeiten	–	–	–	–
052	Mittelspannungsanlagen	–	–	–	–
053	Niederspannungsanlagen - Kabel / Leitungen, Verlegesysteme, Installationsgeräte	212.364	114,10	27,70	27,2
054	Niederspannungsanlagen - Verteilersysteme und Einbaugeräte	–	–	–	–
055	Sicherheits- und Ersatzstromversorgungsanlagen	–	–	–	–
057	Gebäudesystemtechnik	–	–	–	–
058	Leuchten und Lampen	86.446	46,50	11,30	11,1
	Wiederherstellen	10.866	5,80	1,40	1,4
	Herstellen	75.579	40,60	9,90	9,7
059	Sicherheitsbeleuchtungsanlagen	–	–	–	–
060	Such-, Signal-, Zeitdienst-, Antennen-, elektroakustische Anlagen, Medientechnik	8.325	4,50	1,10	1,1
061	Kommunikations- und Übertragungsnetze	23.873	12,80	3,10	3,1
062	Kommunikationsanlagen	–	–	–	–
063	Gefahrenmeldeanlagen	56.961	30,60	7,40	7,3
064	Zutrittskontroll-, Zeiterfassungssysteme	–	–	–	–
069	Aufzüge	–	–	–	–
070	Gebäudeautomation	68.660	36,90	9,00	8,8
075	Raumlufttechnische Anlagen	142.403	76,50	18,60	18,2
	Wiederherstellen	2.933	1,60	0,38	0,4
	Herstellen	139.471	75,00	18,20	17,8
078	Kälteanlagen für raumlufttechnische Anlagen	–	–	–	–
	Gebäudetechnik	**757.047**	**406,90**	**98,70**	**96,9**
	Wiederherstellen	13.799	7,40	1,80	1,8
	Herstellen	743.248	399,50	96,90	95,1
	Sonstige Leistungsbereiche	**24.156**	**13,00**	**3,10**	**3,1**
	Abbrechen	553	0,30	0,07	< 0,1
	Herstellen	23.603	12,70	3,10	3,0

4100-0194
Schule
(12 Klassen)
(336 Schüler)

Erweiterung

Kostenkennwerte für die Kosten des Bauwerks (Kostengruppen 300+400 nach DIN 276)

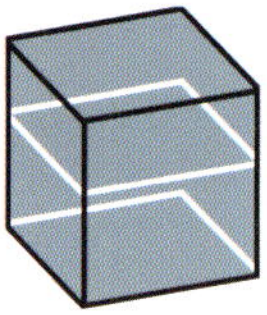

BRI 547 €/m³

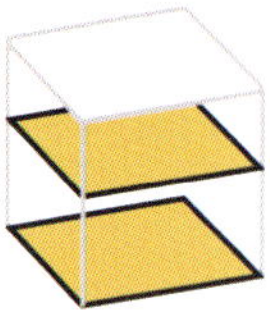

BGF 2.121 €/m²

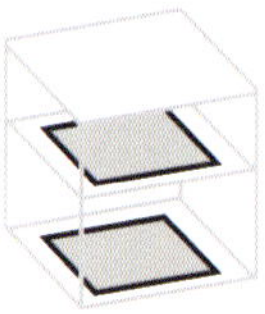

NUF 3.169 €/m²

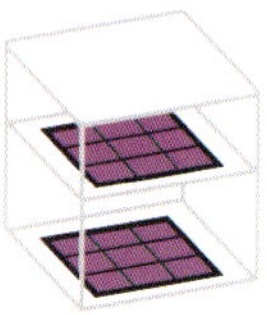

NE 11.224 €/NE
NE: Schüler

Objekt:
Kennwerte: 3. Ebene DIN 276
BRI: 6.899 m³
BGF: 1.778 m²
NUF: 1.190 m²
Bauzeit: 83 Wochen
Bauende: 2017
Standard: hoch
Bundesland: Niedersachsen
Kreis: Harburg

Architekt*in:
Bosse Westphal Schäffer
Architekten
Löhnfeld 26
21423 Winsen/Luhe

Bauherr*in:
Stadt Winsen/Luhe
Der Bürgermeister
21423 Winsen/Luhe

Zeichnungen

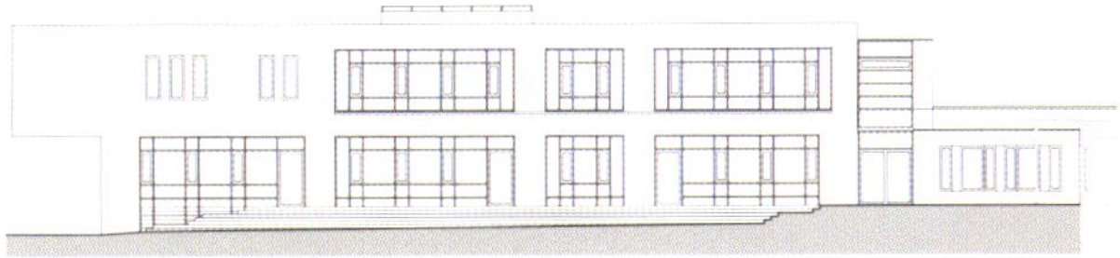

Ansicht Nord

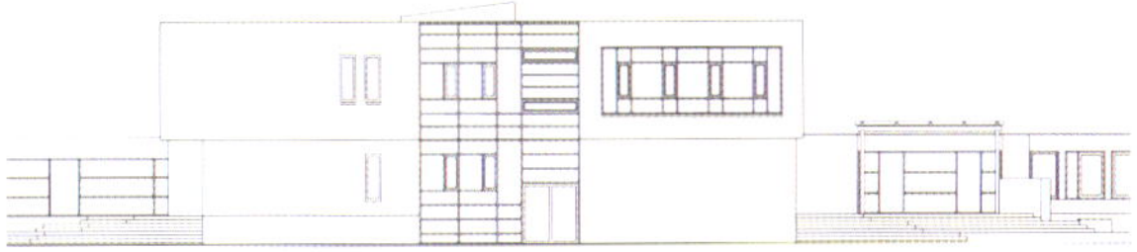

Ansicht Ost

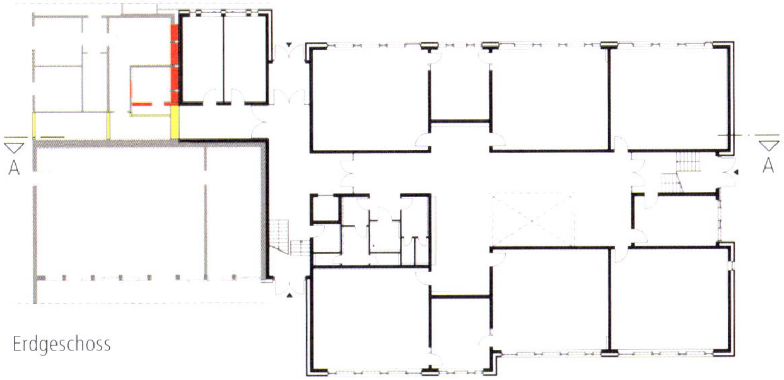

Erdgeschoss

Erweiterung

Obergeschoss

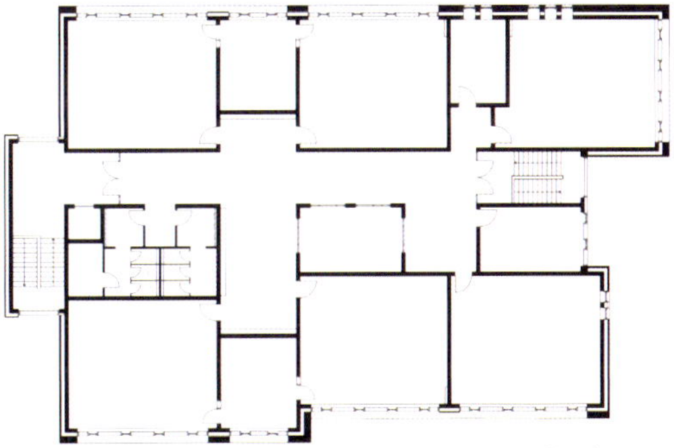

Erweiterung

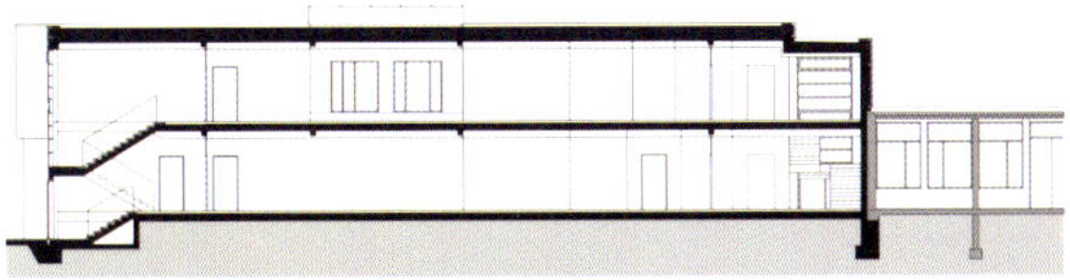

Schnitt A-A

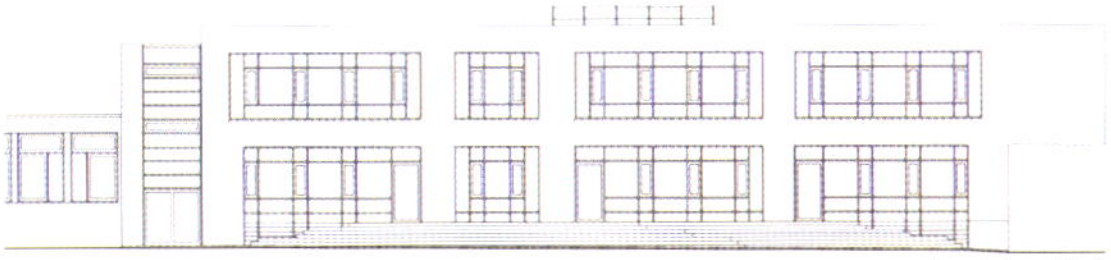

Ansicht Süd

4100-0194
Schule
(12 Klassen)
(336 Schüler)

Erweiterung

Objektbeschreibung

Allgemeine Objektinformationen

Der Neubau erweitert das bestehende Schulgebäude und bietet Platz für 336 Schüler. Auf zwei Geschossen verteilen sich insgesamt zwölf Klassenräume und fünf Gruppenräume um einen zentralen, durch eine große Dachverglasung belichteten Multifunktionsraum. Dieser ermöglicht den Schülern eine Nutzung als Aufenthaltsbereich, aber auch als Lern- und Kommunikationszone.

Nutzung

1 Erdgeschoss
Erweiterung: Klassenräume, Multifunktionsbereich, Gruppenräume, WCs, Windfang, Verwaltungsräume
Bestand: Umbauten Eingang/Flur, Putzmittel, Lagerraum

1 Obergeschoss
Erweiterung: Klassenräume, Gruppenräume, WCs
Bestand: -

Nutzeinheiten

Klassen: 12
Schüler: 336

Grundstück

Bauraum: Freier Bauraum
Neigung: Ebenes Gelände
Bodenklasse: BK 1 bis BK 4

Markt

Hauptvergabezeit: 1.Quartal 2016
Baubeginn: 3.Quartal 2015
Bauende: 2.Quartal 2017
Konjunkturelle Gesamtlage: über Durchschnitt
Regionaler Baumarkt: unter Durchschnitt

Baubestand

Baujahr: 1971
Bauzustand: mittel
Aufwand: hoch
Grundrissänderungen: umfangreiche
Tragwerkseingriffe: wenige
Nutzungsänderung: nein
Nutzung während der Bauzeit: ja

Baukonstruktion

Das Gebäude ist in Massivbauweise errichtet. Die Fassaden im Erdgeschoss sind mit Vormauerziegeln bekleidet, im Obergeschoss wurden HPL-Platten vorgehängt. Die großflächigen Tür- und Fensterbänder sind in einer Pfosten-Riegelkonstruktion ausgeführt. Die Innenwände sind in Kalksandstein errichtet. Die innere Erschließung erfolgt über zwei Treppenhäuser sowie einen **Aufzug**. Die Böden sind mit Industrieparkett, in den Sanitärräumen mit Fliesen belegt. Die Decken wurden mit Akustikdecken abgehängt. Das Stahlbeton-Flachdach ist über der Gefälledämmung mit Kunststoff abgedichtet. Ein Glasdach belichtet die innenliegenden Flurbereiche.

Technische Anlagen

Die Schulerweiterung wird mit einer Gastherme beheizt. Die Wärmeverteilung erfolgt über eine **Fußbodenheizung**. Eine **Lüftungsanlage mit Wärmerückgewinnung** versorgt die Räume mit Frischluft. Es wurde ein **Aufzug**, eine **Blitzschutzanlage** und eine **Brandmeldeanlage** eingebaut.

Sonstiges

Im Zuge der Schulerweiterung wurde auch ein Mensagebäude für das Schulzentrums erbaut. Diese Baumaßnahme wurde mit der Objektnummer 6500-0048 dokumentiert.

Energetische Kennwerte

Gesetzliche Grundlage: EnEV 2013
Gebäudenutzfläche: 1.954,94 m^2
Gebäudevolumen: 6.109,20 m^3
Hüllfläche des beheizten Volumens: 2.736,77 m^2
Mittlerer U-Wert (opake Bauteile): 0,16 W/(m^2·K)
Mittlerer U-Wert (transparente Bauteile): 1,00 W/(m^2·K)
Mittlerer U-Wert (Glasdächer, etc.): 1,00 W/(m^2·K)
Jahresprimärenergie: 78.473,00 kWh/a
Spez. Jahresprimärenergiebedarf: 54,09 kWh/(m^2·a)
Jahresendenergiebedarf: 81.713,00 kWh/a
Spez. Jahresendenergiebedarf: 56,32 kWh/(m^2·a)

Planungskennwerte für Flächen und Rauminhalte nach DIN 277

Flächen des Grundstücks		Menge Einheit	% an GF
BF	Bebaute Fläche	4.671,41 m²	22,9
UF	Unbebaute Fläche	15.687,32 m²	77,1
GF	Grundstücksfläche	20.358,73 m²	100,0

Grundflächen des Bauwerks		Menge Einheit	% an NUF	% an BGF
NUF	Nutzungsfläche	1.190,14 m²	100,0	66,9
TF	Technikfläche	4,04 m²	0,3	0,2
VF	Verkehrsfläche	295,79 m²	24,9	16,6
NRF	Netto-Raumfläche	1.489,97 m²	125,2	83,8
KGF	Konstruktions-Grundfläche	288,41 m²	24,2	16,2
BGF	Brutto-Grundfläche	1.778,38 m²	149,4	100,0

Brutto-Rauminhalt des Bauwerks		Menge Einheit	BRI/NUF (m)	BRI/BGF (m)
BRI	Brutto-Rauminhalt	6.898,81 m³	5,80	3,88

Prozentualer Anteil der Kostengruppen der 2. Ebene an der Kostengruppe 400 nach DIN 276

KG	Kostengruppen (2. Ebene)
410	Abwasser-, Wasser-, Gasanlagen
420	Wärmeversorgungsanlagen
430	Raumlufttechnische Anlagen
440	Elektrische Anlagen
450	Kommunikationstechnische Anlagen
460	Förderanlagen
470	Nutzungsspez. u. verfahrenstechn. Anl.
480	Gebäude- und Anlagenautomation
490	Sonst. Maßnahmen für techn. Anlagen

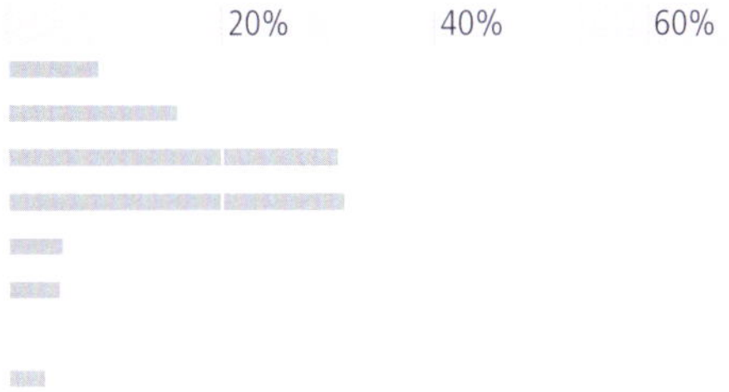

Ranking der Kostengruppen der 3. Ebene an der Kostengruppe 400 nach DIN 276

KG	Kostengruppen (3. Ebene)	% an KG 400	KG	Kostengruppen (3. Ebene)	% an KG 400
431	Lüftungsanlagen	30,8	481	Automationseinrichtungen	3,4
444	Niederspannungsinstallationsanlagen	16,3	411	Abwasseranlagen	2,6
445	Beleuchtungsanlagen	14,9	457	Datenübertragungsnetze	2,6
423	Raumheizflächen	6,7	456	Gefahrenmelde- und Alarmanlagen	1,6
412	Wasseranlagen	5,1	419	Sonstiges zur KG 410	0,7
422	Wärmeverteilnetze	4,8	455	Audiovisuelle Medien- u. Antennenanl.	0,6
461	Aufzugsanlagen	4,8	446	Blitzschutz- und Erdungsanlagen	0,3
421	Wärmeerzeugungsanlagen	4,2	454	Elektroakustische Anlagen	0,3

Kostenkennwerte für die Kostengruppen der 1. Ebene DIN 276

KG	Kostengruppen (1. Ebene)	Einheit	Kosten €	€/Einheit	€/m² BGF	€/m³ BRI	% 300+400
100	Grundstück	m² GF	–	–	–	–	–
200	Vorbereitende Maßnahmen	m² GF	23.127	1,14	13,00	3,35	0,6
300	Bauwerk – Baukonstruktionen	m² BGF	2.709.798	1.523,75	1.523,75	392,79	71,9
400	Bauwerk – Technische Anlagen	m² BGF	1.061.494	596,89	596,89	153,87	28,1
	Bauwerk 300+400	**m² BGF**	**3.771.292**	**2.120,63**	**2.120,63**	**546,66**	**100,0**
500	Außenanlagen und Freiflächen	m² AF	–	–	–	–	–
600	Ausstattung und Kunstwerke	m² BGF	10.258	5,77	5,77	1,49	0,3
700	Baunebenkosten	m² BGF	–	–	–	–	–
800	Finanzierung	m² BGF	–	–	–	–	–

KG	Kostengruppe	Menge Einheit	Kosten €	€/Einheit	%
200	**Vorbereitende Maßnahmen**	20.358,73 m² GF	23.127	**1,14**	0,6

- Abbrechen (Kosten: 86,3%) — 19.961
  Baumstubben, Wurzelballen abräumen; Entsorgung, Deponiegebühren

- Herstellen (Kosten: 13,7%) — 3.166
  Oberboden abtragen, laden, lagern

KG	Kostengruppe	Menge Einheit	Kosten €	€/Einheit	%
3+4	**Bauwerk**				**100,0**
300	**Bauwerk – Baukonstruktionen**	1.778,38 m² BGF	2.709.798	**1.523,75**	71,9

- Abbrechen (Kosten: 0,4%) — 10.436
  Abbruch von Betonfundament; von Innenwänden; von Innentüren mit Stahlzargen; von Wandputz; von Einbauschränken; Entsorgung, Deponiegebühren

- Wiederherstellen (Kosten: 0,1%) — 3.135
  Alufenster ausbauen, wieder einbauen, Fensterbänke unterfüttern, beiputzen; Festverglasung ausbauen, säubern, neu verglasen, einsetzen

- Herstellen (Kosten: 99,5%) — 2.696.227
  Oberbodenarbeiten, Bodenaustausch; Stb-Fundamente, Stb-Bodenplatte, Bitumenabdichtung, EPS-Dämmung, Heizestrich, Eichenparkett, Betonwerkstein, Bodenfliesen; KS-Mauerwerk, Stb-Wände, Stb-Stützen, Mineralwolldämmung, HPL-Außenwandbekleidung, Verblendmauerwerk, Alu-Bekleidung, Kalk-Zementputz, Beschichtung; Alu-Holz-Pfosten-Riegelfassade, Alu-Pfosten-Riegelfassade, Außenraffstores, Senkrechtmarkisen; KS-Mauerwerk, Stb-Wände, Stahlträger; Holztüren, Stahltüren, Kalk-Zementputz, Fliesen, WC-Trennwände; Stb-Elementdecken, Stb-Treppen, Heizestrich, Eichenparkett, Bodenfliesen; Akustikdecken; Treppengeländer; Stb-Flachdach, Stahlvordächer, Glasvordach; Lichtkuppel, Gefälledämmung, EPDM-Abdichtung, Rollkiesschüttung, Attikaabdeckungen, Dachentwässerung, Akustikdecken, Alu-Lichtdach-Konstruktion

KG	Kostengruppe	Menge Einheit	Kosten €	€/Einheit	%
400	**Bauwerk – Technische Anlagen**	1.778,38 m² BGF	1.061.494	**596,89**	28,1
	• Abbrechen (Kosten: 0,5%) Abbruch von Rohrleitungen; von Elektroinstallationen; Entsorgung, Deponiegebühren		5.172		
	• Wiederherstellen (Kosten: 0,4%) Demontage und Montage von Heizkörpern		3.872		
	• Herstellen (Kosten: 99,1%) Gebäudeentwässerung, Kalt- und Warmwasserleitungen, Sanitärobjekte; Gas-Brennwertkessel, **Fußbodenheizung**, Heizkörper; Zu- und Abluftgeräte, Lüftungskanäle; Elektroinstallation, Beleuchtung; Lautsprecheranlagen, Notrufanlage, Netzwerkverkabelung; **Personenaufzug**; **Gebäudeautomation**		1.052.449		
600	**Ausstattung und Kunstwerke**	1.778,38 m² BGF	10.258	**5,77**	0,3
	• Herstellen (Kosten: 100,0%) Wandspiegel, Sanitärausstattung, Handtrockner		10.258		

Kostenkennwerte für die Kostengruppen 400 der 2.Ebene DIN 276

KG	Kostengruppe	Menge Einheit	Kosten €	€/Einheit	%
400	**Bauwerk – Technische Anlagen**				**100,0**
410	**Abwasser-, Wasser-, Gasanlagen**	1.778,38 m² BGF	89.570	**50,37**	8,4
	• Herstellen (Kosten: 100,0%) KG-Rohre DN100-300 (119m), HT-Rohre DN50-100 (36m), Kontrollschächte DN1.000, t=1,10m (2St) * Kupferrohre DN15-42 (192m), Wand-Tiefspül-WCs, WC-Sitze (10St), **barrierefrei** (1St), Stützklappgriffe (2St), Urinale (7St), Waschtische, Armaturen (22St), Ausgussbecken (1St), Hygienespülung (1St), Warmwasserspeicher, 10l (1St), Durchlauferhitzer (1St), Brausethermostat (1St) * Montageelemente (38St)	1.778,38 m² BGF	89.570	**50,37**	
420	**Wärmeversorgungsanlagen**	1.778,38 m² BGF	166.783	**93,78**	15,7
	• Abbrechen (Kosten: 1,2%) Abbruch von Rohrleitungen DN15-50 (121m); Entsorgung, Deponiegebühren	1.778,38 m² BGF	1.984	**1,12**	
	• Wiederherstellen (Kosten: 2,3%) Demontage und Montage von Heizkörpern (1St), Stahlglieder-Heizkörper (3St)	1.778,38 m² BGF	3.872	**2,18**	
	• Herstellen (Kosten: 96,5%) Gasbrennwertkessel 48kW (1St) * Stahlrohre DN15-50 (313m), PE-Fernwärmeleitung DN50 (16m), Kabelschutzrohr DN110 (50m), Umwälzpumpen (2St), Kugelhähne (12St), Ventile (psch), Brandschotts (16St) * **Fußbodenheizung** (1.267m²), Verteiler (7St), Erweiterungsmodule, Steuermodule (7St), Raumfühler (28St), Plattenheizkörper (2St)	1.778,38 m² BGF	160.928	**90,49**	
430	**Raumlufttechnische Anlagen**	1.778,38 m² BGF	326.963	**183,85**	30,8
	• Herstellen (Kosten: 100,0%) Zu- und Abluftgeräte, wetterfest, Steuerungen, Regler, Ventilatoren, Zubehör (2St), Lüftungskanäle, Formstücke, Dämmung (960m²), Wickelfalzrohre DN100-160 (50m), Telefonie-Schalldämpfer (9St), Volumenstromregler (56St), Sensoren (20St), Brandschotts (16St), Lüftungsgitter (106St)	1.778,38 m² BGF	326.963	**183,85**	
440	**Elektrische Anlagen**	1.778,38 m² BGF	333.546	**187,56**	31,4
	• Abbrechen (Kosten: 1,0%) Abbruch von Schaltschrank (1St), Feldgeräten, Verkabelungen (6St); Entsorgung, Deponiegebühren	1.778,38 m² BGF	3.189	**1,79**	
	• Herstellen (Kosten: 99,0%) Schaltschrank, bestückt (1St), Standverteiler (2St), Hauptschalter (2St), Abzweigkästen (91St), Sicherungsautomaten (64St), FI/LS-Schalter (63St), Überspannungsableiter (2St), NH-Trenner (2St), Netzüberwachungsrelais (8St), Motorsteuereinheiten (5St), Mantelleitungen (11.464m), Kanal/Leerrohre (532m), Steckdosen (251St), Schalter, Taster (121St), **Präsenzmelder** (53St) * Deckeneinbauleuchten (300St), Wannenleuchten (28St), Strahler (30St), Lichtmasten, Aufsatzleuchten (5St), Erweiterung der SiBe-Zentrale (psch), Rettungsweg-Leuchten (32St), Notbeleuchtung (30St) * Erdungsanschlüsse (56St), Potenzialausgleich (1St), Potenzialausgleichsschienen (4St), Mantelleitungen (510m)	1.778,38 m² BGF	330.357	**185,76**	

KG	Kostengruppe	Menge Einheit	Kosten €	€/Einheit	%
450	**Kommunikationstechnische Anlagen**	1.778,38 m² BGF	54.633	**30,72**	5,1
	• Herstellen (Kosten: 100,0%)	1.778,38 m² BGF	54.633	**30,72**	
	Deckeneinbaulautsprecher (36St), Lautsprechermast (1St) * Lautstärkeregler (2St), Cinch-Stecker (12St), HDMI-Mantelleitung (180m), Anschlussblende (24St), Blindblende (12St) * Hardware für Gebäudemanagement (1St), Basis-GLT-Update (2St), Internetmodem (1St), Rufanlage für barrierefreies WC (1St) * Zentraler Verteilerschrank (1St), **LWL** Patchfeld 19" (6St), Audio Chinch-Anschlüsse (36St), RJ45 Dosen (39St), Patchkabel 2xRJ45 (12St), Datenanschlussdosen (8St), Daten-Installationskabel (2.630m)				
460	**Förderanlagen**	1.778,38 m² BGF	51.353	**28,88**	4,8
	• Herstellen (Kosten: 100,0%)	1.778,38 m² BGF	51.353	**28,88**	
	Personenaufzug, Tragkraft 630kg, zwei Haltestellen (1St)				
480	**Gebäude- und Anlagenautomation**	1.778,38 m² BGF	36.132	**20,32**	3,4
	• Herstellen (Kosten: 100,0%)	1.778,38 m² BGF	36.132	**20,32**	
	Automationsstationen mit Bedienfeld (2St), Transformatoren (3St), Prozessschnittstelle (1St), Ein- Ausgabemodule (2St), Messwertgeber (23St), MS-Fühlertasche (12St), Dreiwegeventile (10St), Temperaturwächter (3St), Überspannungsschutz (2St), Netzgeräte (2St), Koppelrelais (10St), Switch-Port (1St)				
490	**Sonst. Maßnahmen für techn. Anlagen**	1.778,38 m² BGF	2.514	**1,41**	0,2
	• Herstellen (Kosten: 100,0%)	1.778,38 m² BGF	2.514	**1,41**	
	Provisorische Wasserspeier (4St), provisorische Fallrohre (63m)				

Kostenkennwerte für die Kostengruppen 400 der 2. und 3.Ebene DIN 276 (Übersicht)

KG	Kostengruppe	Menge Einheit	Kosten €	€/Einheit	%
410	**Abwasser-, Wasser-, Gasanlagen**	**1.778,38 m² BGF**	**89.569,65**	**50,37**	**8,4**
411	Abwasseranlagen	1.778,38 m² BGF	27.943,96	15,71	2,6
412	Wasseranlagen	1.778,38 m² BGF	54.316,32	30,54	5,1
419	Sonstiges zur KG 410	1.778,38 m² BGF	7.309,36	4,11	0,7
420	**Wärmeversorgungsanlagen**	**1.778,38 m² BGF**	**166.783,34**	**93,78**	**15,7**
421	Wärmeerzeugungsanlagen	1.778,38 m² BGF	44.920,55	25,26	4,2
422	Wärmeverteilnetze	1.778,38 m² BGF	50.993,39	28,67	4,8
423	Raumheizflächen	1.778,38 m² BGF	70.869,41	39,85	6,7
430	**Raumlufttechnische Anlagen**	**1.778,38 m² BGF**	**326.962,62**	**183,85**	**30,8**
431	Lüftungsanlagen	1.778,38 m² BGF	326.962,62	183,85	30,8
440	**Elektrische Anlagen**	**1.778,38 m² BGF**	**333.546,28**	**187,56**	**31,4**
444	Niederspannungsinstallationsanlagen	1.778,38 m² BGF	172.665,84	97,09	16,3
445	Beleuchtungsanlagen	1.778,38 m² BGF	157.663,06	88,66	14,9
446	Blitzschutz- und Erdungsanlagen	1.778,38 m² BGF	3.217,37	1,81	0,3
450	**Kommunikationstechnische Anlagen**	**1.778,38 m² BGF**	**54.632,52**	**30,72**	**5,1**
454	Elektroakustische Anlagen	1.778,38 m² BGF	3.602,75	2,03	0,3
455	Audiovisuelle Medien- u. Antennenanl.	1.778,38 m² BGF	5.840,69	3,28	0,6
456	Gefahrenmelde- und Alarmanlagen	1.778,38 m² BGF	17.363,01	9,76	1,6
457	Datenübertragungsnetze	1.778,38 m² BGF	27.826,07	15,65	2,6
460	**Förderanlagen**	**1.778,38 m² BGF**	**51.352,80**	**28,88**	**4,8**
461	Aufzugsanlagen	1.778,38 m² BGF	51.352,80	28,88	4,8
480	**Gebäude- und Anlagenautomation**	**1.778,38 m² BGF**	**36.132,39**	**20,32**	**3,4**
481	Automationseinrichtungen	1.778,38 m² BGF	36.132,39	20,32	3,4
490	**Sonst. Maßnahmen für techn. Anlagen**	**1.778,38 m² BGF**	**2.513,95**	**1,41**	**0,2**
498	Provisorische technische Anlagen	1.778,38 m² BGF	2.513,95	1,41	0,2

Kostenkennwerte für Leistungsbereiche nach STLB (Kosten KG 400 nach DIN 276)

LB	Leistungsbereiche	Kosten €	€/m² BGF	€/m³ BRI	% an 400
040	Wärmeversorgungsanlagen - Betriebseinrichtungen	44.921	25,30	6,50	4,2
041	Wärmeversorgungsanlagen - Leitungen, Armaturen, Heizflächen	113.714	63,90	16,50	10,7
	Wiederherstellen	3.872	2,20	0,56	0,4
	Herstellen	109.843	61,80	15,90	10,3
042	Gas- und Wasseranlagen - Leitungen, Armaturen	36.737	20,70	5,30	3,5
043	Druckrohrleitungen für Gas, Wasser und Abwasser	–	–	–	–
044	Abwasseranlagen - Leitungen, Abläufe, Armaturen	9.851	5,50	1,40	0,9
045	Gas-, Wasser- und Entwässerungsanlagen - Ausstattung, Elemente, Fertigbäder	12.068	6,80	1,70	1,1
046	Gas-, Wasser- und Entwässerungsanlagen - Betriebseinrichtungen	2.769	1,60	0,40	0,3
047	Dämm- und Brandschutzarbeiten an technischen Anlagen	27.405	15,40	4,00	2,6
049	Feuerlöschanlagen, Feuerlöschgeräte	–	–	–	–
050	Blitzschutz- / Erdungsanlagen, Überspannungsschutz	3.217	1,80	0,47	0,3
051	Kabelleitungstiefbauarbeiten	–	–	–	–
052	Mittelspannungsanlagen	–	–	–	–
053	Niederspannungsanlagen - Kabel / Leitungen, Verlegesysteme, Installationsgeräte	173.644	97,60	25,20	16,4
054	Niederspannungsanlagen - Verteilersysteme und Einbaugeräte	–	–	–	–
055	Sicherheits- und Ersatzstromversorgungsanlagen	–	–	–	–
057	Gebäudesystemtechnik	–	–	–	–
058	Leuchten und Lampen	140.108	78,80	20,30	13,2
059	Sicherheitsbeleuchtungsanlagen	13.900	7,80	2,00	1,3
060	Such-, Signal-, Zeitdienst-, Antennen-, elektroakustische Anlagen, Medientechnik	8.063	4,50	1,20	0,8
061	Kommunikations- und Übertragungsnetze	37.943	21,30	5,50	3,6
062	Kommunikationsanlagen	–	–	–	–
063	Gefahrenmeldeanlagen	–	–	–	–
064	Zutrittskontroll-, Zeiterfassungssysteme	–	–	–	–
069	Aufzüge	–	–	–	–
070	Gebäudeautomation	36.132	20,30	5,20	3,4
075	Raumlufttechnische Anlagen	375.831	211,30	54,50	35,4
078	Kälteanlagen für raumlufttechnische Anlagen	–	–	–	–
	Gebäudetechnik	**1.036.303**	**582,70**	**150,20**	**97,6**
	Wiederherstellen	3.872	2,20	0,56	0,4
	Herstellen	1.032.431	580,50	149,70	97,3
	Sonstige Leistungsbereiche	**25.190**	**14,20**	**3,70**	**2,4**
	Abbrechen	5.172	2,90	0,75	0,5
	Herstellen	20.018	11,30	2,90	1,9

4200-0039
Bildungszentrum
Holzbauberufe
(4 Klassen)

Kostenkennwerte für die Kosten des Bauwerks (Kostengruppen 300+400 nach DIN 276)

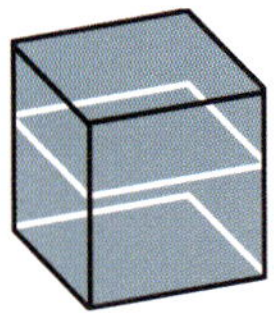

BRI 568 €/m³

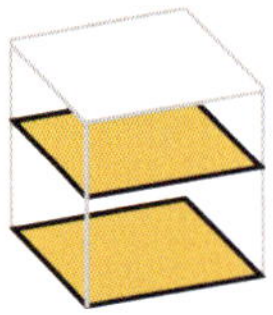

BGF 2.997 €/m²

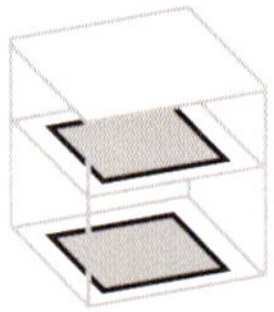

NUF 4.044 €/m²

Objekt:
Kennwerte: 3. Ebene DIN 276
BRI: 18.752 m³
BGF: 3.556 m²
NUF: 2.635 m²
Bauzeit: 57 Wochen
Bauende: 2020
Standard: hoch
Bundesland: Baden-Württemberg
Kreis: Biberach

Architekt*in:
Lieb Architekten BDA
Raiffeisenstraße 17
72250 Freudenstadt

Bauherr*in:
Gemeinnütziges Berufsförderungswerk des Baden-Württembergischen Zimmerer- und Holzbaugewerbes GmbH

© Daniel Vieser

© Daniel Vieser

© Daniel Vieser

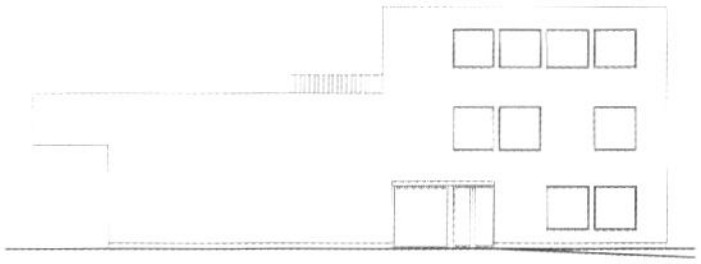

Ansicht Ost

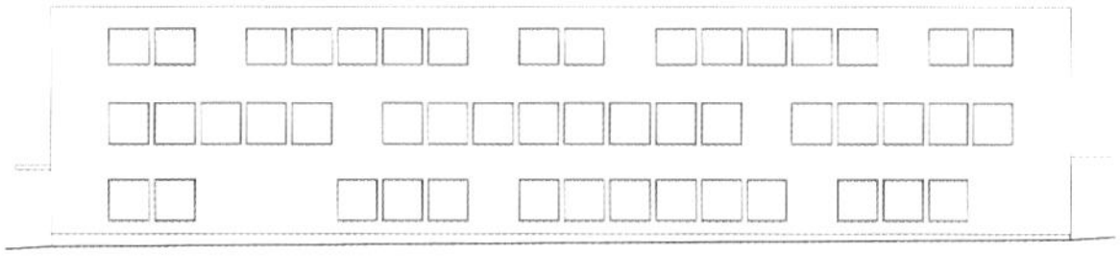

Ansicht Nord

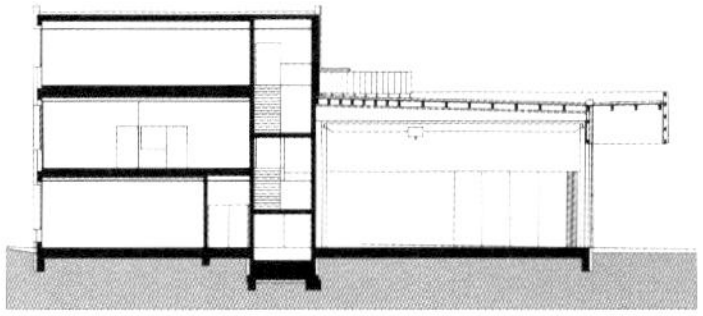

Schnitt A-A

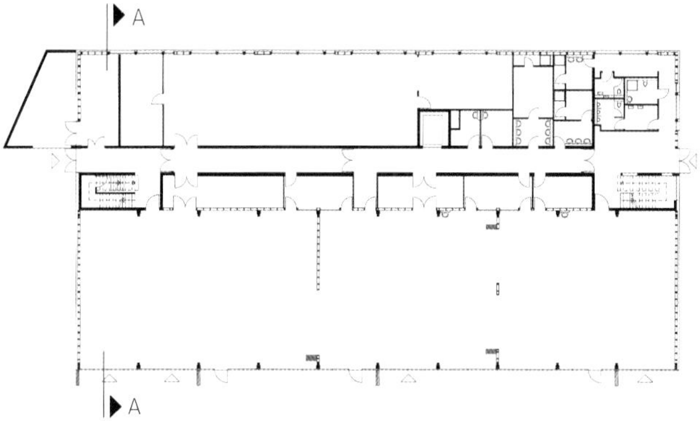

Erdgeschoss

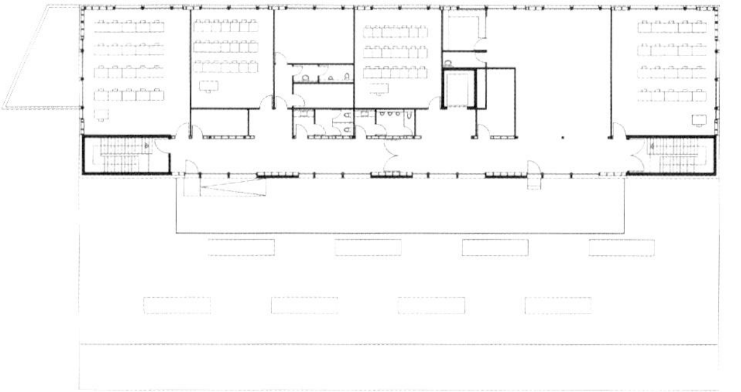

2. Obergeschoss

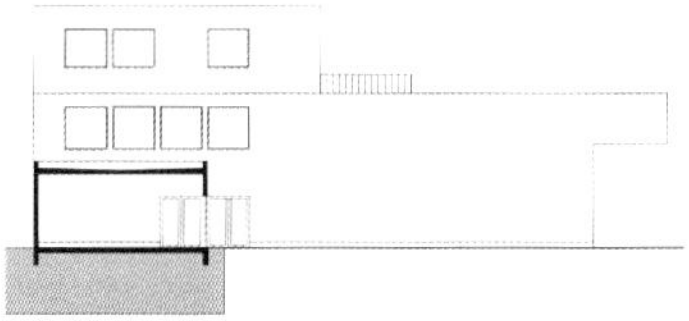

Ansicht West

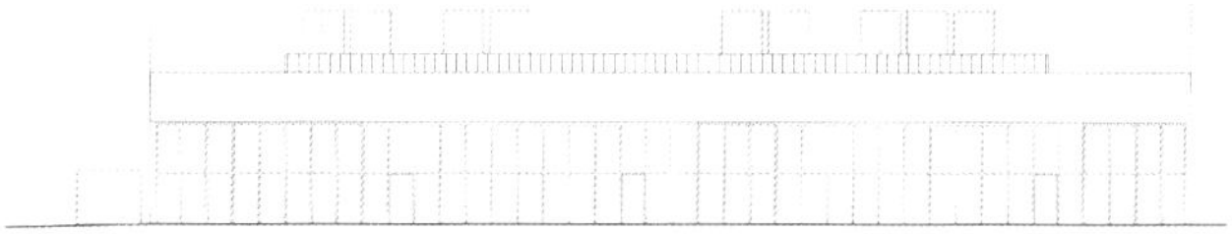

Ansicht Süd

Objektbeschreibung

Allgemeine Objektinformationen

Der dreigeschossige, nicht unterkellerte Neubau dient als Außenstelle eines Zimmererausbildungszentrums. Das Gebäude besteht aus einer Werkstatthalle mit **Kranbahn** und einem angrenzenden dreigeschossigen Riegel mit Lager-, Theorie- und Nebenräumen sowie einer Dachterrasse.

Nutzung

1 Erdgeschoss
Werkstatthalle, Werkraum, Lehrmittellager, Umkleiden, WC-Räume

2 Obergeschosse
Lehrwerkstatt, Theorieräume, Küche, Pausenraum, WC-Räume, Dachterrasse mit Außenbereich

Nutzeinheiten

Klassen: 4

Grundstück

Bauraum: Baulücke
Neigung: Ebenes Gelände
Bodenklasse: BK 3 bis BK 7

Markt

Hauptvergabezeit: 2. Quartal 2019
Baubeginn: 3. Quartal 2019
Bauende: 3. Quartal 2020
Konjunkturelle Gesamtlage: unter Durchschnitt
Regionaler Baumarkt: Durchschnitt

Baukonstruktion

Aufgrund der schwierigen geologischen Verhältnisse erfolgte eine Tiefergründung mit duktilen Gusspfählen, auf die die Last des Gebäudes mittels Streifenfundamenten bzw. punktförmig abgetragen wurde. Die Bodenplatte besteht aus WU-Beton. Das Gebäude wurde in Holzrahmenbauweise mit Holz-Beton-Verbunddecken erbaut. Die Treppen- und Aufzugsschächte sind aus Stahlbeton.

Technische Anlagen

Die Beheizung des Gebäudes erfolgt über Gasbrennwertkessel. Die Wärmeübertragung erfolgt über eine **Fußbodenheizung**, im Werkstattbereich über Deckenstrahlplatten bzw. in den Nebenräumen und Treppenhäusern über statischen Heizflächen. Auf dem Dach wurde eine **Photovoltaikanlage** installiert. Ein **Aufzug** verbindet alle Ebenen **barrierefrei**.

Energetische Kennwerte

Gesetzliche Grundlage: EnEV 2013
Gebäudenutzfläche: 3.014,00 m^2
Spez. Jahresprimärenergiebedarf: 73,00 kWh/(m^2·a)
CO_2-Emissionen: 26,00 kg/(m^2·a)

Planungskennwerte für Flächen und Rauminhalte nach DIN 277

Flächen des Grundstücks		Menge Einheit	% an GF
BF	Bebaute Fläche	1.700,89 m²	48,6
UF	Unbebaute Fläche	1.799,11 m²	51,4
GF	Grundstücksfläche	3.500,00 m²	100,0

Grundflächen des Bauwerks		Menge Einheit	% an NUF	% an BGF
NUF	Nutzungsfläche	2.634,94 m²	100,0	74,1
TF	Technikfläche	38,84 m²	1,5	1,1
VF	Verkehrsfläche	564,29 m²	21,4	15,9
NRF	Netto-Raumfläche	3.238,07 m²	122,9	91,1
KGF	Konstruktions-Grundfläche	318,09 m²	12,1	8,9
BGF	Brutto-Grundfläche	3.556,16 m²	135,0	100,0

Brutto-Rauminhalt des Bauwerks		Menge Einheit	BRI/NUF (m)	BRI/BGF (m)
BRI	Brutto-Rauminhalt	18.752,13 m³	7,12	5,27

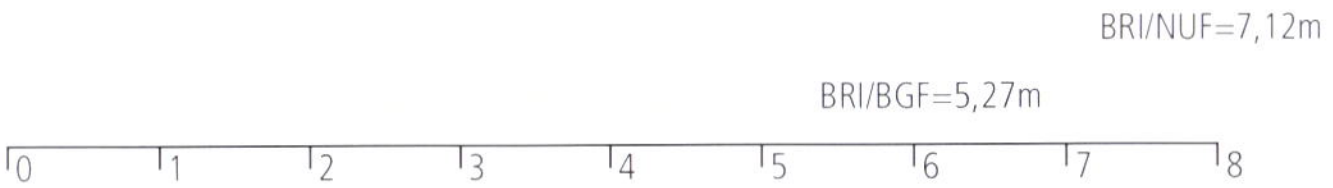

Prozentualer Anteil der Kostengruppen der 2.Ebene an der Kostengruppe 400 nach DIN 276

KG	Kostengruppen (2. Ebene)
410	Abwasser-, Wasser-, Gasanlagen
420	Wärmeversorgungsanlagen
430	Raumlufttechnische Anlagen
440	Elektrische Anlagen
450	Kommunikationstechnische Anlagen
460	Förderanlagen
470	Nutzungsspez. u. verfahrenstechn. Anl.
480	Gebäude- und Anlagenautomation
490	Sonst. Maßnahmen für techn. Anlagen

Ranking der Kostengruppen der 3.Ebene an der Kostengruppe 400 nach DIN 276

KG	Kostengruppen (3. Ebene)	% an KG 400	KG	Kostengruppen (3. Ebene)	% an KG 400
431	Lüftungsanlagen	12,8	461	Aufzugsanlagen	4,9
444	Niederspannungsinstallationsanlagen	12,5	411	Abwasseranlagen	4,2
412	Wasseranlagen	8,2	483	Automationsmanagement	4,1
465	Krananlagen	6,5	443	Niederspannungsschaltanlagen	3,6
476	Weitere nutzungsspezifische Anlagen	6,0	456	Gefahrenmelde- und Alarmanlagen	3,3
423	Raumheizflächen	5,6	485	Datenübertragungsnetze	3,2
422	Wärmeverteilnetze	5,3	457	Datenübertragungsnetze	2,5
445	Beleuchtungsanlagen	5,0	419	Sonstiges zur KG 410	2,3

Kostenkennwerte für die Kostengruppen der 1. Ebene DIN 276

KG	Kostengruppen (1. Ebene)	Einheit	Kosten €	€/Einheit	€/m² BGF	€/m³ BRI	% 300+400
100	Grundstück	m² GF	–	–	–	–	–
200	Vorbereitende Maßnahmen	m² GF	11.443	3,27	3,22	0,61	0,1
300	Bauwerk – Baukonstruktionen	m² BGF	7.241.960	2.036,45	2.036,45	386,19	68,0
400	Bauwerk – Technische Anlagen	m² BGF	3.414.769	960,24	960,24	182,10	32,0
	Bauwerk 300+400	**m² BGF**	**10.656.728**	**2.996,70**	**2.996,70**	**568,29**	**100,0**
500	Außenanlagen und Freiflächen	m² AF	5.870	12,96	1,65	0,31	< 0,1
600	Ausstattung und Kunstwerke	m² BGF	10.707	3,01	3,01	0,57	0,1
700	Baunebenkosten	m² BGF	–	–	–	–	–
800	Finanzierung	m² BGF	–	–	–	–	–

KG	Kostengruppe	Menge Einheit	Kosten €	€/Einheit	%
200	**Vorbereitende Maßnahmen**	3.500,00 m² GF	11.443	**3,27**	0,1
	Erschließung Gas, Wasser				
3+4	**Bauwerk**				**100,0**
300	**Bauwerk – Baukonstruktionen**	3.556,16 m² BGF	7.241.960	**2.036,45**	68,0
	Stb-Bodenplatte, Stb-Tiefgründung, Zementestrich, Holzpflaster, Bodenfliesen; Holzrahmenwände, Stb-Elementwände, Holz-/Stb-Stützen, Holz-Alufenster, Alu-Sektionaltor, Holzschalung, Dispersionsbeschichtung, Pfosten-Riegel-Fassade, Holz-Alutüren, Stahl/Glas-Faltschiebetore, Markisen; Brettsperrholzwände, Stb-Wände, GK-Wände, Stahl-Faltschiebetore, Holztüren, Wandfliesen; Holz-Beton-Verbunddecken, Stb-Decken, Stb-Treppen, Heizestrich, Parkett, Metallkassettendecken, Akustikdecken, GK-Decken, Geländer; Holzflachdachkonstruktion, Oberlichter, Dachbegrünung, Brettstapel-/Holzrippendächer, Dachaufstieg, Dachentwässerung; Einbauküche, Teeküche, Streifenvorhänge, PVC-Lamellen				
400	**Bauwerk – Technische Anlagen**	3.556,16 m² BGF	3.414.769	**960,24**	32,0
	Gebäudeentwässerung, Kalt- und Warmwasserleitungen, Enthärtungsanlage, Sanitärobjekte; Gas-Brennwertkessel, Heizungsrohre, **Fußbodenheizung**, Deckenstrahlplatten, Flachheizkörper; Lüftungsgeräte mit **WRG**, Kühlanlage; Solarmodule, Elektroinstallation, Beleuchtung, Erdung; Telefonanlage, Rufsignalanlage, Videoanlage, **Brandmeldezentrale**, Datenübertragungsnetze; **Aufzug**, **Kranbahn**; Druckluftversorgung, Entstauber; **Gebäudeautomation**				
500	**Außenanlagen und Freiflächen**	453,10 m² AF	5.870	**12,96**	< 0,1
	Außenbeleuchtung				
600	**Ausstattung und Kunstwerke**	3.556,16 m² BGF	10.707	**3,01**	0,1
	Sanitärausstattungen				

Kostenkennwerte für die Kostengruppen 400 der 2.Ebene DIN 276

KG	Kostengruppe	Menge Einheit	Kosten €	€/Einheit	%
400	**Bauwerk – Technische Anlagen**				**100,0**
410	**Abwasser-, Wasser-, Gasanlagen**	3.556,16 m² BGF	520.756	**146,44**	15,3

KG-Rohre DN100-250 (330m), PP-Rohre DN50-110 (254m), PE-Rohre DN75-160 (134m), Kontrollschächte DN1.000-1.200m (2St) * Edelstahlrohre DN15-42 (1.032m), Verbundrohre DN20 (23m), Hausanschluss (1St), Enthärtungsanlage (1St), Wand-Tiefspül-WCs (8St), Waschtische (14St), Urinale (10St), Einbauwaschtischanlagen (10St), Ausgussbecken (4St), Durchlauferhitzer (24St), Stützklappgriffe (2St) * Edelstahlrohre DN50 (69m), Thermostate (2St) * Montageelemente (127St)

KG	Kostengruppe	Menge Einheit	Kosten €	€/Einheit	%
420	**Wärmeversorgungsanlagen**	3.556,16 m² BGF	416.623	**117,16**	12,2

Gas-Brennwertkessel 13-78kW (2St), Ausdehnungsgefäße (2St), Vakuum-Sprühentgasung (1St) * Stahlgewinderohre DN25-65 (43m), Heizungsverteiler (1St), Pumpen (5St), Stellantriebe (96St), Brandschotts (64St), Raumtemperaturfühler (44St) * **Fußbodenheizung**, EPS-Rollplatten (1.460m²), PE-Rohre (8.800m), UP-Verteiler (8St), Deckenstrahlplatten 4,50x1,50m, Heizleistung 2.200W (203m²), Flachheizkörper (38St)

KG	Kostengruppe	Menge Einheit	Kosten €	€/Einheit	%
430	**Raumlufttechnische Anlagen**	3.556,16 m² BGF	442.948	**124,56**	13,0

Zu-/Abluftgeräte 8.600m³/h, **mit Wärmerückgewinnung**, Einhausungen (1St), 2.600m³/h (1St), Lüftungsleitungen (1.179m²), Wickelfalzrohre DN80-160 (319m), Brandschutzkappen (29St), Volumenstromregler (85St), Schalldämpfer (62St), Schlitzdurchlässe (46St), Zu-/Abluftauslässe (92St), Weitwurfdüsen (4St) * Kühlanlage Serverraum (1St)

KG	Kostengruppe	Menge Einheit	Kosten €	€/Einheit	%
440	**Elektrische Anlagen**	3.556,16 m² BGF	794.531	**223,42**	23,3

Solarmodule (96St), Wechselrichter (2St), Verteilerschank (1St), Notstromversorgung (2St) * Niederspannungsschaltschränke, Hauptverteiler (3St), Unterverteiler (8St), Hausanschlussschrank (1St), FI/LS-Schalter (620St), Hauptschalter (45St) * Installationskabel (26.222m), Mantelleitungen (11.545m), Schalter/Taster (516St), Steckdosen (223St), CEE-Steckdosen (85St), **Präsenzmelder** (53St), Herdanschlussdosen (2St) * **Lichtbänder** (148St), LED-Downlights (115St), Decken-/Wandleuchten (225St), LED-Displayleuchten (30St), Sicherheitsleuchten (48St), Spiegelleuchten (21St) * Fundamenterder (763m)

KG	Kostengruppe	Menge Einheit	Kosten €	€/Einheit	%
450	**Kommunikationstechnische Anlagen**	3.556,16 m² BGF	267.719	**75,28**	7,8

Telefonanlage (1St), DECT-Basisstationen (16St), Telefone (12St), Controller (1St), Patchkabel (101St) * Rufsignalanlage (1St), Sprechstellen (3St), Lautsprecher (74St), Videoanlage (1St), Außenkameras (6St), Türsprechanlage (1St), Briefkastenanlage (1St) * **Brandmeldezentrale** (1St), Feuerwehr-Informationssystem (1St), Installationskabel (2.594m), **RWA-Anlage** (1St), Rauchabzugsflügel (6St), Melder (171St), CO_2-Notauslösung (1St), CO_2-Druckleitung (120m), Videokamera (1St) * Datenverteilerschränke (3St), Datenkabel (9.688m), Patchpanel (57St)

KG	Kostengruppe	Menge Einheit	Kosten €	€/Einheit	%
460	**Förderanlagen**	3.556,16 m² BGF	391.653	**110,13**	11,5

Personenaufzug, drei Haltestellen, Förderhöhe 8,52m (1St) * Einträgerbrückenkran, Tragkraft 6,4t (1St), Kranbahnträger, BSH 24x76cm (112m), Schienensystem (135m)

KG	Kostengruppe	Menge Einheit	Kosten €	€/Einheit	%
470	**Nutzungsspez. u. verfahrenstechn. Anl.**	3.556,16 m² BGF	230.205	**64,73**	6,7
	Löschwasser-Einspeisearmaturen (2St), Stahlrohre (41m) * Druckluftversorgungsanlage: Kompressor, Druckluftbehälter (1St), Hebeanlagen (2St), Druckluftleitungen (9m), fahrbare Entstauber (3St), Energiesparschieber (9St), Rohre (83m), PUR-Schlauch (13m)				
480	**Gebäude- und Anlagenautomation**	3.556,16 m² BGF	350.333	**98,51**	10,3
	EIB-Spannungsversorgung (7St), Schaltaktoren (30St), Wetterzentrale (1St) * Schaltschrankanlage (1St), Leistungsbaugruppen (3St) * Datenverarbeitungseinrichtung (2St), Tableau (2St), Steuerung (1St), Unterstation (1St), Erfassen von Mess-/Steuer- und Regelpunkten (667St) * **EIB**-Busleitungen (21.847m)				

Kostenkennwerte für die Kostengruppen 400 der 2. und 3.Ebene DIN 276 (Übersicht)

KG	Kostengruppe	Menge Einheit	Kosten €	€/Einheit	%
410	**Abwasser-, Wasser-, Gasanlagen**	**3.556,16 m² BGF**	**520.755,60**	**146,44**	**15,3**
411	Abwasseranlagen	3.556,16 m² BGF	141.925,24	39,91	4,2
412	Wasseranlagen	3.556,16 m² BGF	281.381,99	79,13	8,2
413	Gasanlagen	3.556,16 m² BGF	18.373,11	5,17	0,5
419	Sonstiges zur KG 410	3.556,16 m² BGF	79.075,26	22,24	2,3
420	**Wärmeversorgungsanlagen**	**3.556,16 m² BGF**	**416.623,36**	**117,16**	**12,2**
421	Wärmeerzeugungsanlagen	3.556,16 m² BGF	45.237,54	12,72	1,3
422	Wärmeverteilnetze	3.556,16 m² BGF	179.366,48	50,44	5,3
423	Raumheizflächen	3.556,16 m² BGF	192.019,33	54,00	5,6
430	**Raumlufttechnische Anlagen**	**3.556,16 m² BGF**	**442.947,72**	**124,56**	**13,0**
431	Lüftungsanlagen	3.556,16 m² BGF	437.098,33	122,91	12,8
434	Kälteanlagen	3.556,16 m² BGF	5.849,37	1,64	0,2
440	**Elektrische Anlagen**	**3.556,16 m² BGF**	**794.531,33**	**223,42**	**23,3**
442	Eigenstromversorgungsanlagen	3.556,16 m² BGF	52.939,52	14,89	1,6
443	Niederspannungsschaltanlagen	3.556,16 m² BGF	122.524,57	34,45	3,6
444	Niederspannungsinstallationsanlagen	3.556,16 m² BGF	427.267,49	120,15	12,5
445	Beleuchtungsanlagen	3.556,16 m² BGF	171.486,71	48,22	5,0
446	Blitzschutz- und Erdungsanlagen	3.556,16 m² BGF	20.313,04	5,71	0,6
450	**Kommunikationstechnische Anlagen**	**3.556,16 m² BGF**	**267.719,27**	**75,28**	**7,8**
451	Telekommunikationsanlagen	3.556,16 m² BGF	33.563,96	9,44	1,0
452	Such- und Signalanlagen	3.556,16 m² BGF	35.195,79	9,90	1,0
456	Gefahrenmelde- und Alarmanlagen	3.556,16 m² BGF	112.303,75	31,58	3,3
457	Datenübertragungsnetze	3.556,16 m² BGF	86.655,77	24,37	2,5
460	**Förderanlagen**	**3.556,16 m² BGF**	**391.653,15**	**110,13**	**11,5**
461	Aufzugsanlagen	3.556,16 m² BGF	168.093,08	47,27	4,9
465	Krananlagen	3.556,16 m² BGF	223.560,07	62,87	6,5
470	**Nutzungsspez. u. verfahrenstechn. Anl.**	**3.556,16 m² BGF**	**230.205,42**	**64,73**	**6,7**
474	Feuerlöschanlagen	3.556,16 m² BGF	24.595,10	6,92	0,7
476	Weitere nutzungsspezifische Anlagen	3.556,16 m² BGF	205.610,32	57,82	6,0
480	**Gebäude- und Anlagenautomation**	**3.556,16 m² BGF**	**350.332,78**	**98,51**	**10,3**
481	Automationseinrichtungen	3.556,16 m² BGF	38.697,72	10,88	1,1
482	Schaltschränke, Automation	3.556,16 m² BGF	64.432,84	18,12	1,9
483	Automationsmanagement	3.556,16 m² BGF	139.213,60	39,15	4,1
485	Datenübertragungsnetze	3.556,16 m² BGF	107.988,62	30,37	3,2

Kostenkennwerte für Leistungsbereiche nach STLB (Kosten KG 400 nach DIN 276)

LB	Leistungsbereiche	Kosten €	€/m² BGF	€/m³ BRI	% an 400
040	Wärmeversorgungsanlagen - Betriebseinrichtungen	34.085	9,60	1,80	1,0
041	Wärmeversorgungsanlagen - Leitungen, Armaturen, Heizflächen	323.662	91,00	17,30	9,5
042	Gas- und Wasseranlagen - Leitungen, Armaturen	227.684	64,00	12,10	6,7
043	Druckrohrleitungen für Gas, Wasser und Abwasser	–	–	–	–
044	Abwasseranlagen - Leitungen, Abläufe, Armaturen	88.165	24,80	4,70	2,6
045	Gas-, Wasser- und Entwässerungsanlagen - Ausstattung, Elemente, Fertigbäder	172.820	48,60	9,20	5,1
046	Gas-, Wasser- und Entwässerungsanlagen - Betriebseinrichtungen	–	–	–	–
047	Dämm- und Brandschutzarbeiten an technischen Anlagen	111.033	31,20	5,90	3,3
049	Feuerlöschanlagen, Feuerlöschgeräte	24.595	6,90	1,30	0,7
050	Blitzschutz- / Erdungsanlagen, Überspannungsschutz	20.053	5,60	1,10	0,6
051	Kabelleitungstiefbauarbeiten	–	–	–	–
052	Mittelspannungsanlagen	–	–	–	–
053	Niederspannungsanlagen - Kabel / Leitungen, Verlegesysteme, Installationsgeräte	535.516	150,60	28,60	15,7
054	Niederspannungsanlagen - Verteilersysteme und Einbaugeräte	172.433	48,50	9,20	5,0
055	Sicherheits- und Ersatzstromversorgungsanlagen	–	–	–	–
057	Gebäudesystemtechnik	272.261	76,60	14,50	8,0
058	Leuchten und Lampen	171.487	48,20	9,10	5,0
059	Sicherheitsbeleuchtungsanlagen	–	–	–	–
060	Such-, Signal-, Zeitdienst-, Antennen-, elektroakustische Anlagen, Medientechnik	37.302	10,50	2,00	1,1
061	Kommunikations- und Übertragungsnetze	–	–	–	–
062	Kommunikationsanlagen	120.220	33,80	6,40	3,5
063	Gefahrenmeldeanlagen	94.358	26,50	5,00	2,8
064	Zutrittskontroll-, Zeiterfassungssysteme	–	–	–	–
069	Aufzüge	164.734	46,30	8,80	4,8
070	Gebäudeautomation	–	–	–	–
075	Raumlufttechnische Anlagen	386.876	108,80	20,60	11,3
078	Kälteanlagen für raumlufttechnische Anlagen	5.849	1,60	0,31	0,2
	Gebäudetechnik	**2.963.133**	**833,20**	**158,00**	**86,8**
	Sonstige Leistungsbereiche	**432.765**	**121,70**	**23,10**	**12,7**

4400-0322
Kindertagesstätte
(4 Gruppen)
(100 Kinder)

Kostenkennwerte für die Kosten des Bauwerks (Kostengruppen 300+400 nach DIN 276)

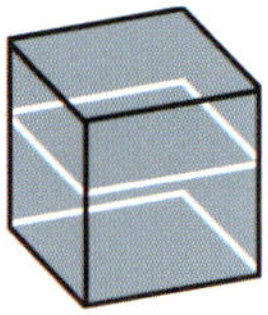

BRI 613 €/m³

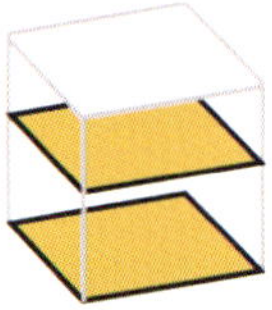

BGF 2.624 €/m²

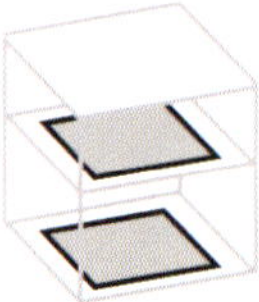

NUF 3.801 €/m²

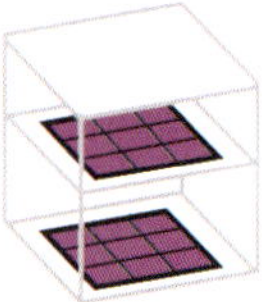

NE 29.375 €/NE

NE: Kinder

Objekt:
Kennwerte: 3.Ebene DIN 276
BRI: 4.792 m³
BGF: 1.120 m²
NUF: 773 m²
Bauzeit: 57 Wochen
Bauende: 2016
Standard: hoch
Bundesland: Baden-Württemberg
Kreis: Breisgau-Hochschwarzwald

Architekt*in:
Werkgruppe Freiburg
Miller & Glos Part mbB
Freie Architekten
Hummelstraße 17
79100 Freiburg

Bauherr*in:
Katholische Kirchengemeinde
St. Gallus
Dorfstraße 25
79249 Merzhausen

© Werkgruppe Freiburg Architekten

© Werkgruppe Freiburg Architekten

© Werkgruppe Freiburg Architekten

Kostenstand: 4. Quartal 2024, Bundesdurchschnitt, **inkl. 19% MwSt.**

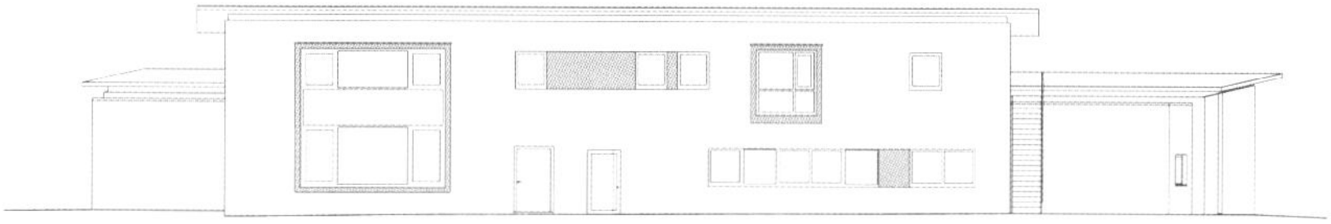

Ansicht Nord

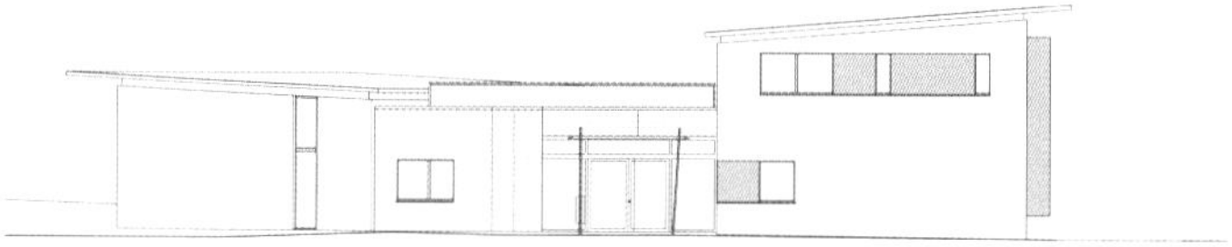

Ansicht Ost

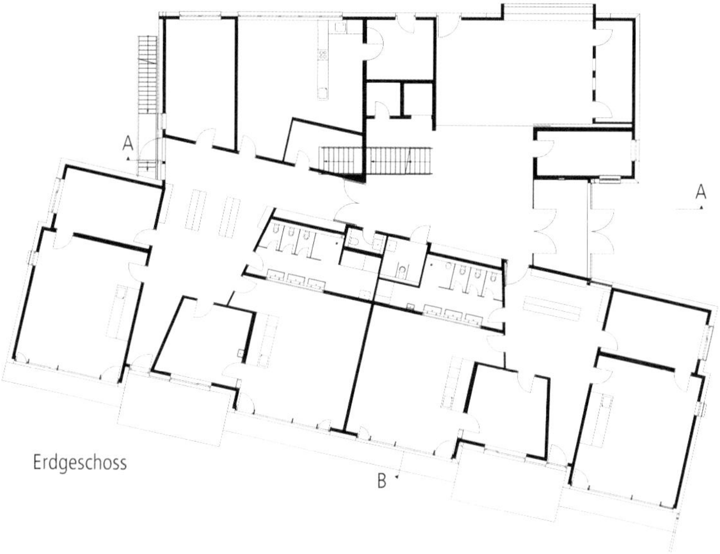

Erdgeschoss

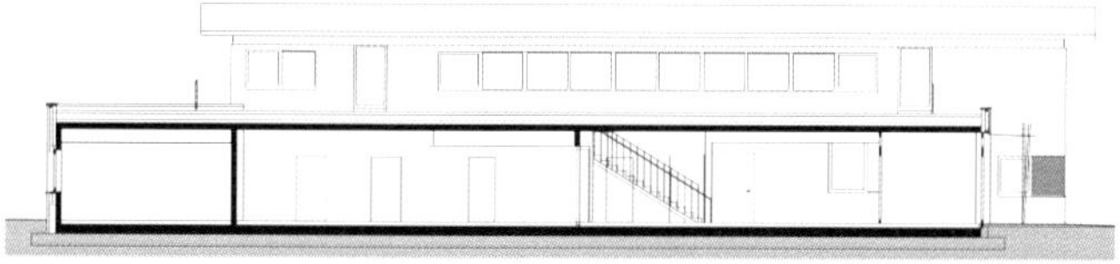

Schnitt A-A

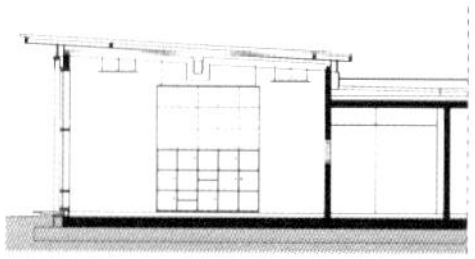

Schnitt B-B

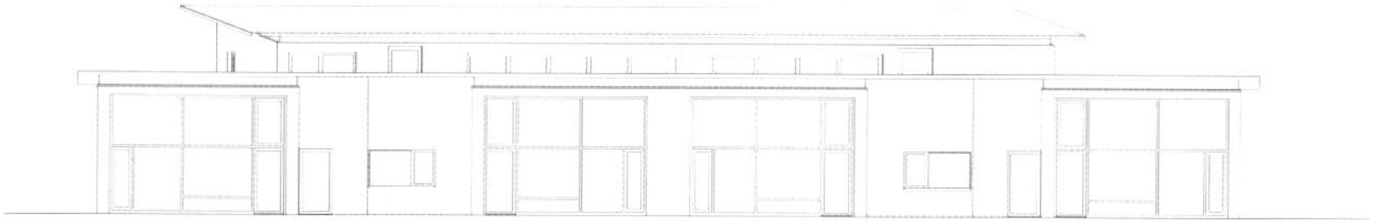

Ansicht Süd

Objektbeschreibung

Allgemeine Objektinformationen

Nach Abbruch des bestehenden Kindergartens wurde eine Kindertagesstätte errichtet. Der Neubau gliedert sich in drei Gebäudeteile. Der straßenseitige Teil ist zweigeschossig und beherbergt die Personal- und Technikräume. Die Gruppenräume befinden sich in dem eineinhalbgeschossigen Teil in Richtung Garten. Der eingeschossige Mittelteil mit großzügigem Eingangsbereich dient als Erschließungszone. Es sind jeweils zwei Gruppenräume um einen Spielflur mit Sanitärraum zusammengefasst. Zudem befinden sich im Erdgeschoss eine Küche mit Kinderrestaurant und ein Bewegungsraum.

Nutzung

1 Erdgeschoss
Gruppenräume mit Kinderküchen, Intensivräume, Spielflure, Ruheraum, Sanitärräume, barrierefreies WC, Bewegungsraum, Geräteraum, Küche, Lager, Materialräume, Büro

1 Dachgeschoss
Schlafräume, Elternraum, Werkraum, Besprechungsraum, Pausenraum, Kinder-WCs, Umkleide, WC, Garderobe, Haustechnikraum, Putzraum

Nutzeinheiten

Gruppen: 4
Kinder: 100

Grundstück

Bauraum: Freier Bauraum
Neigung: Ebenes Gelände
Bodenklasse: BK 1 bis BK 3

Markt

Hauptvergabezeit: 4. Quartal 2015
Baubeginn: 4. Quartal 2015
Bauende: 4. Quartal 2016
Konjunkturelle Gesamtlage: über Durchschnitt
Regionaler Baumarkt: Durchschnitt

Baukonstruktion

Das Gebäude wurde in Massivbauweise in Stahlbeton und Kalksandsteinmauerwerk errichtet. Die Fassaden sind mit hervorspringenden Kuben und Fensterbändern gestaltet und mit einer Holzverschalung bzw. einem Wärmedämmverbundsystem differenziert. Sämtliche Fenster haben Holzrahmen und eine Dreifachverglasung erhalten und werden mit außenliegenden Raffstoren verschattet. Als Geschossdecke kam eine Elementdecke mit Aufbeton zum Einbau. Die Dachlandschaft setzt sich aus zwei Pultdächern und einem begehbaren Flachdach zusammen. Die in Holzkonstruktion ausgeführten Pultdächer über den eineinhalb- und zweigeschossigen Baukörpern bringen durch den großen Dachüberstand einen Beitrag zum sommerlichen Wärmeschutz. Alle nichttragenden Innenwände sind in Trockenbauweise hergestellt worden. Als schallabsorbierende Maßnahme wurden die Decken in den Fluren und Gruppenräumen mit abgehängten Akustikdecken bekleidet. Die Fußböden sind mit Linoleum belegt, in den Sanitärräumen wurden Wände und Böden gefliest.

Technische Anlagen

Die Wärmeversorgung erfolgt über einen Fernwärmeanschluss. Im Gebäude gibt es eine **Lüftungsanlage mit Wärmerückgewinnung**.

Sonstiges

Das Farbkonzept wurde mittels farbigen Akustikelementen und Bodenbelägen sowie Farbfolien auf den Fensterflächen umgesetzt.

Planungskennwerte für Flächen und Rauminhalte nach DIN 277

Flächen des Grundstücks		Menge Einheit	% an GF
BF	Bebaute Fläche	1.997,08 m²	54,6
UF	Unbebaute Fläche	1.658,92 m²	45,4
GF	Grundstücksfläche	3.656,00 m²	100,0

Grundflächen des Bauwerks		Menge Einheit	% an NUF	% an BGF
NUF	Nutzungsfläche	772,79 m²	100,0	69,0
TF	Technikfläche	17,15 m²	2,2	1,5
VF	Verkehrsfläche	177,59 m²	23,0	15,9
NRF	Netto-Raumfläche	967,53 m²	125,2	86,4
KGF	Konstruktions-Grundfläche	152,10 m²	19,7	13,6
BGF	Brutto-Grundfläche	1.119,63 m²	144,9	100,0

Brutto-Rauminhalt des Bauwerks		Menge Einheit	BRI/NUF (m)	BRI/BGF (m)
BRI	Brutto-Rauminhalt	4.791,61 m³	6,20	4,28

Prozentualer Anteil der Kostengruppen der 2.Ebene an der Kostengruppe 400 nach DIN 276

KG	Kostengruppen (2. Ebene)
410	Abwasser-, Wasser-, Gasanlagen
420	Wärmeversorgungsanlagen
430	Raumlufttechnische Anlagen
440	Elektrische Anlagen
450	Kommunikationstechnische Anlagen
460	Förderanlagen
470	Nutzungsspez. u. verfahrenstechn. Anl.
480	Gebäude- und Anlagenautomation
490	Sonst. Maßnahmen für techn. Anlagen

Ranking der Kostengruppen der 3.Ebene an der Kostengruppe 400 nach DIN 276

KG	Kostengruppen (3. Ebene)	% an KG 400	KG	Kostengruppen (3. Ebene)	% an KG 400
431	Lüftungsanlagen	18,8	456	Gefahrenmelde- und Alarmanlagen	3,5
444	Niederspannungsinstallationsanlagen	16,1	445	Beleuchtungsanlagen	3,2
412	Wasseranlagen	9,5	483	Automationsmanagement	2,7
411	Abwasseranlagen	8,0	482	Schaltschränke, Automation	2,5
461	Aufzugsanlagen	8,0	484	Kabel, Leitungen und Verlegesysteme	2,1
422	Wärmeverteilnetze	7,5	446	Blitzschutz- und Erdungsanlagen	2,0
471	Küchentechnische Anlagen	6,3	421	Wärmeerzeugungsanlagen	1,3
423	Raumheizflächen	4,7	419	Sonstiges zur KG 410	1,2

Kostenkennwerte für die Kostengruppen der 1. Ebene DIN 276

KG	Kostengruppen (1. Ebene)	Einheit	Kosten €	€/Einheit	€/m² BGF	€/m³ BRI	% 300+400
100	Grundstück	m² GF	–	–	–	–	–
200	Vorbereitende Maßnahmen	m² GF	108.932	29,80	97,29	22,73	3,7
300	Bauwerk – Baukonstruktionen	m² BGF	2.230.143	1.991,86	1.991,86	465,43	75,9
400	Bauwerk – Technische Anlagen	m² BGF	707.336	631,76	631,76	147,62	24,1
	Bauwerk 300+400	**m² BGF**	**2.937.479**	**2.623,62**	**2.623,62**	**613,05**	**100,0**
500	Außenanlagen und Freiflächen	m² AF	87.521	–	78,17	18,27	3,0
600	Ausstattung und Kunstwerke	m² BGF	70.896	63,32	63,32	14,80	2,4
700	Baunebenkosten	m² BGF	–	–	–	–	–
800	Finanzierung	m² BGF	–	–	–	–	–

KG	Kostengruppe	Menge Einheit	Kosten €	€/Einheit	%
200	**Vorbereitende Maßnahmen**	3.656,00 m² GF	108.932	**29,80**	3,7
	Abbruch von Kindergartengebäude, Fundamenten, Hecken, Wurzelstöcke roden				
3+4	**Bauwerk**				**100,0**
300	**Bauwerk – Baukonstruktionen**	1.119,63 m² BGF	2.230.143	**1.991,86**	75,9
	Stb-Bodenplatten, WU, Fundamente, Abdichtung, Estrich, Linoleum, Bodenfliesen, Perimeterdämmung; Stb-Wände, WU, Stahlstützen, auskragende Fensterkuben, Holzfenster, WDVS, Holzfassade, Putz, Wandfliesen, Beschichtungen, Pfosten-Riegel-Fassaden, Alu-Eingangselement, Raffstores, Vordach; KS-Mauerwerk, GK-Wände, Stb-Stützen, Stahltüren, Holztüren, Akustikbekleidung, Alu-Windfangelement; Stb-Decken, Stb-FT-Treppe, Stahltreppe, Bodenbeschichtung, Akustikdecken, Stahlgeländer; Stb-Flachdach, Holz-Pultdächer, Lichtkuppeln, Dachabdichtung, Gründach, Trapezblechdeckung, Dachentwässerung, GK-Decken, Akustik-Deckensegel, Beschichtung; Einbauküchen, Einbaumöbel, Schriftzug				
400	**Bauwerk – Technische Anlagen**	1.119,63 m² BGF	707.336	**631,76**	24,1
	Gebäudeentwässerung, Kalt- und Warmwasserleitungen, Durchlauferhitzer, Sanitärobjekte; **Fernwärmeübergabestation**, Heizungsrohre, Heizkörper; **Lüftungsanlage**; Elektroinstallation, Beleuchtung, **Blitzschutzanlage**; Telefonleitungen, Gegensprechanlage, Notrufset, Aufzugsentrauchung, Rauchmelder, EDV-Dosen; **Aufzug**; Verteilerküche; **Gebäudeautomation**				
500	**Außenanlagen und Freiflächen**	–	87.521	**–**	3,0
	Rohrgrabenaushub; Entwässerung, **Fernwärmeversorgung**, Nahwärmeversorgung, Kabelschutzrohre, Erdkabel; Briefkastenanlage, Edelstahl-Rankseile; Pflastersteine und Rinnenplatten aufnehmen, lagern, wieder versetzen				
600	**Ausstattung und Kunstwerke**	1.119,63 m² BGF	70.896	**63,32**	2,4
	Möbel, Sanitärausstattungen				

Kostenkennwerte für die Kostengruppen 400 der 2.Ebene DIN 276

KG	Kostengruppe	Menge Einheit	Kosten €	€/Einheit	%
400	**Bauwerk – Technische Anlagen**				**100,0**
410	**Abwasser-, Wasser-, Gasanlagen**	1.119,63 m²BGF	132.439	**118,29**	18,7
	KG-Rohre DN110-160 (322m), PE-Rohre DN56-100 (32m), PP-Rohre DN50-100 (54m), PE-Regenfallrohr, innenliegend (9m), Bodenabläufe (7St), Dachabläufe (2St) * Metallverbundrohre DN16-40 (396m), Ventile (12St), Außenarmaturen (2St), Durchlauferhitzer 3,5-27kW (18St), Kinder-WCs (8St), Kleinkind-WCs (2St), Tiefspül-WCs (3St), Waschtische (13St), Waschbecken (1St), Ausgussbecken (1St), Brausegarnituren (3St) * Montagelemente (27St)				
420	**Wärmeversorgungsanlagen**	1.119,63 m²BGF	94.994	**84,84**	13,4
	Fernwärmeübergabestation 130kW (1St) * PE-XA-Rohre DN12-20 (425m), Stahlrohre DN15-50 (251m), Metallverbundrohre DN40-50 (42m), Heizleitungsverteiler (5St), Heizungsverteiler (1St), Pumpen (3St), Elektro-Begleitheizband (1St) * Röhrenheizkörper (27St), Planheizkörper (3St)				
430	**Raumlufttechnische Anlagen**	1.119,63 m²BGF	133.102	**118,88**	18,8
	Lüftungszentralgerät mit **WRG**, 5.400m³/h (1St), Radial-Ventilator (1St), Deflektorhauben (2St), Wickelfalzrohre DN100-600 (173m), Luftkanäle (309m²), Alu-Flexrohre DN100-160 (19m), Brandschutzklappen (6St), Volumenstromregler (4St), Kanalschalldämpfer (14St), Rohrschalldämpfer (22St), Luftdurchlässe (57St), Zu-, Abluftgitter (31St)				
440	**Elektrische Anlagen**	1.119,63 m²BGF	151.247	**135,09**	21,4
	Zähleranlage, Verteiler (1St), Wandverteiler (1St), Zeitschaltuhren (2St), Mantelleitungen NYM (4.820m), Steuerleitungen (162m), Steckdosen (149St), Schalter,Taster (108St), Jalousiesteuerung (1St), **Präsenzmelder** (7St), Bewegungsmelder (2St) * Decken-, Wandleuchten (11St), Rettungszeichenleuchten (22St), LED-Sicherheitsleuchten (24St) * Fundamenterder (341m), Potenzialausgleichsschienen (3St), Fangleitungen (182m), Ableitungen (72m), Fangstangen (4St), Erdeinführungsstangen (10St), Erdungskabel (55m)				
450	**Kommunikationstechnische Anlagen**	1.119,63 m²BGF	33.754	**30,15**	4,8
	Fernmeldekabel (154m), Verbindungsverteiler (1St) * Wohnungsstationen (4St), Gongs (2St), Schwachstromverteiler (1St), Notrufset (1St), Türwächter mit Voralarm (3St) * Rauchwarnmelder, prozessorgesteuert (38St), Funkhandtaster (2St), Brandmeldekabel (22m), Aufzugsentrauchung (1St), Rauchmelder, optisch (2St), Wind-Regen-Geber (1St), Lüftertaster (1St) * Datenanschlussdosen Cat6 (33St), RJ45 (17St)				
460	**Förderanlagen**	1.119,63 m²BGF	56.286	**50,27**	8,0
	Personenaufzug, Traglast 630kg, Förderhöhe 3,40m, zwei Haltestellen, **barrierefrei** (1St)				
470	**Nutzungsspez. u. verfahrenstechn. Anl.**	1.119,63 m²BGF	44.544	**39,78**	6,3
	Küchenkorpusse (psch), Durchschub-Geschirrspülmaschine mit Enthärter (1St), Zulauftisch (1St), Ablauftisch (1St), Spülbecken (1St), Handwaschbecken, Edelstahl (1St), Kühl-Gefrierschrank 321l (1St), Kühlschrank 390l (1St), Unterbau-Kühlschrank (1St), Geschirrspüler (1St), Kochfeld (1St), Hochschrank (1St)				

KG	Kostengruppe	Menge Einheit	Kosten €	€/Einheit	%
480	**Gebäude- und Anlagenautomation**	1.119,63 m² BGF	57.770	**51,60**	8,2
	Temperaturfühler (10St), Kanalrauchmelder (1St), Außenfühler (2St), Durchgangsventile (2St), Dreiwegeventil (1St), Stellantriebe (3St), Pegelwandler (1St), Wohnraumfühler (2St), Elektrozähler (1St), Wärmezähler (1St) * Steuerschränke (2St) * Automationsgeräte (2St), TFT-Touch-Monitor (1St), Touchscreen-Farbdisplay (1St), Gateways (2St), Kommunikationsmodul (1St), Softwaremodule (50St), Ausgangsmodule (4St), Raumbediengerät (1St) * Dateninnenkabel (711m), Mantelleitungen NYM (825m), Steuerleitungen (302m), Installationskabel (428m)				
490	**Sonst. Maßnahmen für techn. Anlagen**	1.119,63 m² BGF	3.200	**2,86**	0,5
	Rollgerüste (4St) * Entleeren der Heizanlage im Pfarrzentrum, nach Umbau wieder befüllen (2.000l), Abbruch von Wandkessel (1St), Rauchrohren DN100 (4m), Rohrleitungen (41m), Absperrventilen, Pumpen, Stellmotor (10St), Gasleitung DN50 (15m); Entsorgung, Deponiegebühren				

Kostenkennwerte für die Kostengruppen 400 der 2. und 3.Ebene DIN 276 (Übersicht)

KG	Kostengruppe	Menge Einheit	Kosten €	€/Einheit	%
410	**Abwasser-, Wasser-, Gasanlagen**	**1.119,63 m²BGF**	**132.438,97**	**118,29**	**18,7**
411	Abwasseranlagen	1.119,63 m²BGF	56.669,25	50,61	8,0
412	Wasseranlagen	1.119,63 m²BGF	67.180,08	60,00	9,5
419	Sonstiges zur KG 410	1.119,63 m²BGF	8.589,65	7,67	1,2
420	**Wärmeversorgungsanlagen**	**1.119,63 m²BGF**	**94.994,43**	**84,84**	**13,4**
421	Wärmeerzeugungsanlagen	1.119,63 m²BGF	8.936,17	7,98	1,3
422	Wärmeverteilnetze	1.119,63 m²BGF	53.069,68	47,40	7,5
423	Raumheizflächen	1.119,63 m²BGF	32.988,60	29,46	4,7
430	**Raumlufttechnische Anlagen**	**1.119,63 m²BGF**	**133.102,07**	**118,88**	**18,8**
431	Lüftungsanlagen	1.119,63 m²BGF	133.102,07	118,88	18,8
440	**Elektrische Anlagen**	**1.119,63 m²BGF**	**151.246,76**	**135,09**	**21,4**
444	Niederspannungsinstallationsanlagen	1.119,63 m²BGF	114.133,10	101,94	16,1
445	Beleuchtungsanlagen	1.119,63 m²BGF	22.754,90	20,32	3,2
446	Blitzschutz- und Erdungsanlagen	1.119,63 m²BGF	14.358,77	12,82	2,0
450	**Kommunikationstechnische Anlagen**	**1.119,63 m²BGF**	**33.753,84**	**30,15**	**4,8**
451	Telekommunikationsanlagen	1.119,63 m²BGF	1.735,54	1,55	0,2
452	Such- und Signalanlagen	1.119,63 m²BGF	4.633,69	4,14	0,7
456	Gefahrenmelde- und Alarmanlagen	1.119,63 m²BGF	24.783,72	22,14	3,5
457	Datenübertragungsnetze	1.119,63 m²BGF	2.600,89	2,32	0,4
460	**Förderanlagen**	**1.119,63 m²BGF**	**56.285,64**	**50,27**	**8,0**
461	Aufzugsanlagen	1.119,63 m²BGF	56.285,64	50,27	8,0
470	**Nutzungsspez. u. verfahrenstechn. Anl.**	**1.119,63 m²BGF**	**44.544,02**	**39,78**	**6,3**
471	Küchentechnische Anlagen	1.119,63 m²BGF	44.544,02	39,78	6,3
480	**Gebäude- und Anlagenautomation**	**1.119,63 m²BGF**	**57.770,31**	**51,60**	**8,2**
481	Automationseinrichtungen	1.119,63 m²BGF	6.996,41	6,25	1,0
482	Schaltschränke, Automation	1.119,63 m²BGF	17.341,44	15,49	2,5
483	Automationsmanagement	1.119,63 m²BGF	18.805,22	16,80	2,7
484	Kabel, Leitungen und Verlegesysteme	1.119,63 m²BGF	14.627,26	13,06	2,1
490	**Sonst. Maßnahmen für techn. Anlagen**	**1.119,63 m²BGF**	**3.200,32**	**2,86**	**0,5**
492	Gerüste	1.119,63 m²BGF	1.100,05	0,98	0,2
494	Abbruchmaßnahmen	1.119,63 m²BGF	2.100,27	1,88	0,3

Kostenkennwerte für Leistungsbereiche nach STLB (Kosten KG 400 nach DIN 276)

LB	Leistungsbereiche	Kosten €	€/m² BGF	€/m³ BRI	% an 400
040	Wärmeversorgungsanlagen - Betriebseinrichtungen	8.936	8,00	1,90	1,3
041	Wärmeversorgungsanlagen - Leitungen, Armaturen, Heizflächen	80.465	71,90	16,80	11,4
042	Gas- und Wasseranlagen - Leitungen, Armaturen	37.494	33,50	7,80	5,3
043	Druckrohrleitungen für Gas, Wasser und Abwasser	–	–	–	–
044	Abwasseranlagen - Leitungen, Abläufe, Armaturen	16.712	14,90	3,50	2,4
045	Gas-, Wasser- und Entwässerungsanlagen - Ausstattung, Elemente, Fertigbäder	32.357	28,90	6,80	4,6
046	Gas-, Wasser- und Entwässerungsanlagen - Betriebseinrichtungen	–	–	–	–
047	Dämm- und Brandschutzarbeiten an technischen Anlagen	28.445	25,40	5,90	4,0
049	Feuerlöschanlagen, Feuerlöschgeräte	–	–	–	–
050	Blitzschutz- / Erdungsanlagen, Überspannungsschutz	14.359	12,80	3,00	2,0
051	Kabelleitungstiefbauarbeiten	–	–	–	–
052	Mittelspannungsanlagen	–	–	–	–
053	Niederspannungsanlagen - Kabel / Leitungen, Verlegesysteme, Installationsgeräte	95.030	84,90	19,80	13,4
054	Niederspannungsanlagen - Verteilersysteme und Einbaugeräte	18.817	16,80	3,90	2,7
055	Sicherheits- und Ersatzstromversorgungsanlagen	–	–	–	–
057	Gebäudesystemtechnik	–	–	–	–
058	Leuchten und Lampen	3.710	3,30	0,77	0,5
059	Sicherheitsbeleuchtungsanlagen	19.045	17,00	4,00	2,7
060	Such-, Signal-, Zeitdienst-, Antennen-, elektroakustische Anlagen, Medientechnik	5.381	4,80	1,10	0,8
061	Kommunikations- und Übertragungsnetze	3.589	3,20	0,75	0,5
062	Kommunikationsanlagen	–	–	–	–
063	Gefahrenmeldeanlagen	24.784	22,10	5,20	3,5
064	Zutrittskontroll-, Zeiterfassungssysteme	–	–	–	–
069	Aufzüge	56.229	50,20	11,70	7,9
070	Gebäudeautomation	57.770	51,60	12,10	8,2
075	Raumlufttechnische Anlagen	120.976	108,00	25,20	17,1
078	Kälteanlagen für raumlufttechnische Anlagen	–	–	–	–
	Gebäudetechnik	**624.099**	**557,40**	**130,20**	**88,2**
	Sonstige Leistungsbereiche	**82.137**	**73,40**	**17,10**	**11,6**

4400-0333
Kindertagesstätte
(3 Gruppen, 35 Kinder)

Kostenkennwerte für die Kosten des Bauwerks (Kostengruppen 300+400 nach DIN 276)

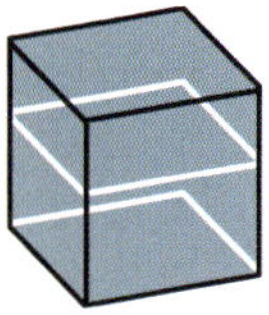

BRI 667 €/m^3

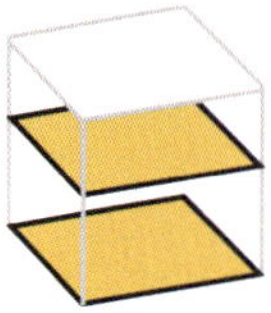

BGF 3.261 €/m^2

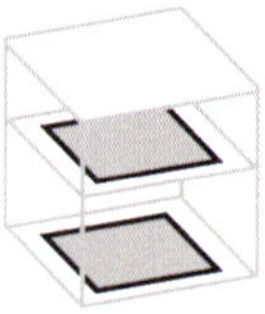

NUF 5.344 €/m^2

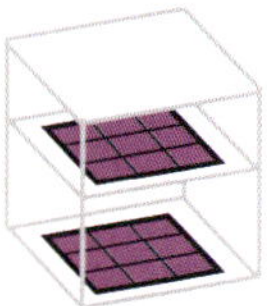

NE 60.099 €/NE

NE: Kinder

Objekt:
Kennwerte: 3.Ebene DIN 276
BRI: 3.156 m^3
BGF: 645 m^2
NUF: 394 m^2
Bauzeit: 39 Wochen
Bauende: 2019
Standard: mittel
Bundesland: Baden-Württemberg
Kreis: Ostalbkreis

Architekt*in:
Wolfgang Helmle
Freier Architekt
Schloßvorstadt 7
73479 Ellwangen

Bauherr*in:
Reha-Südwest gGmbh
Kanalweg 40/42
76149 Karlsruhe

© Architekt Helmle

© Architekt Helmle

© Architekt Helmle

© Architekt Helmle

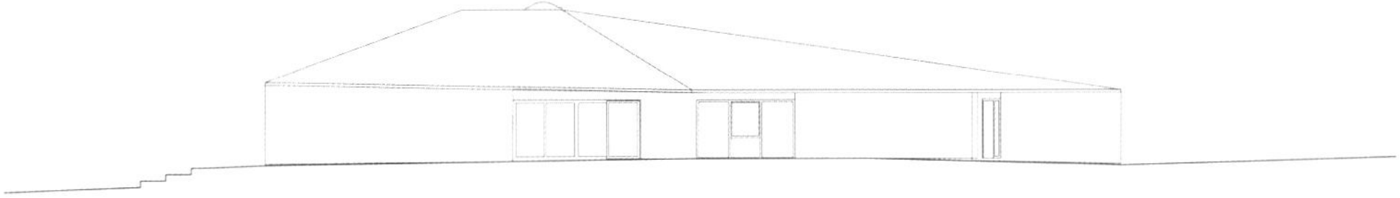

Ansicht Ost

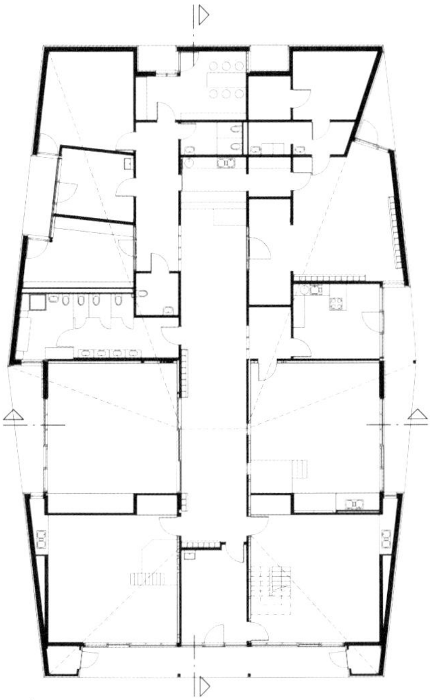

Erdgeschoss

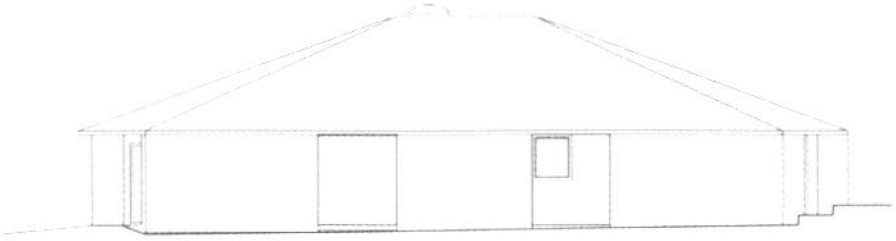

Ansicht Nord

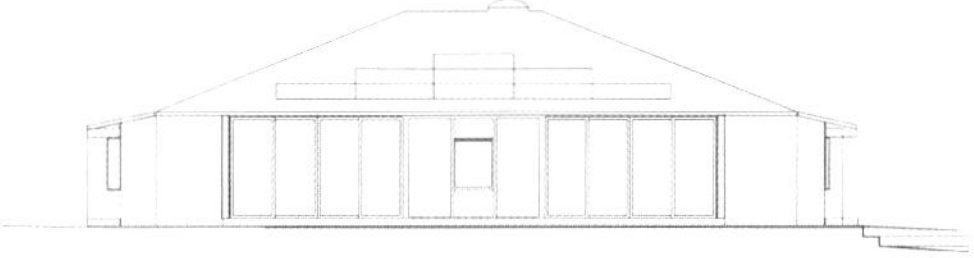

Ansicht Süd

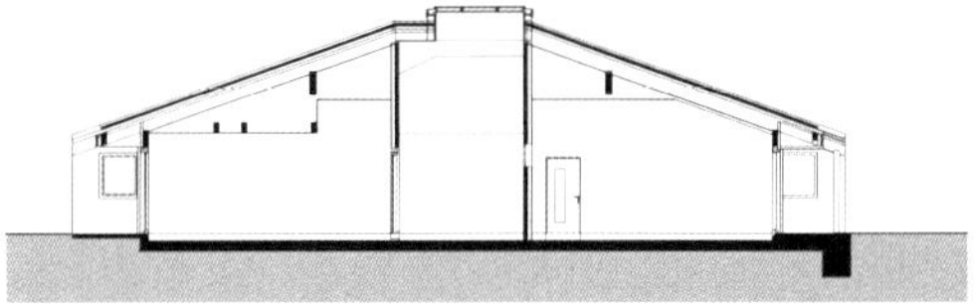

Querschnitt

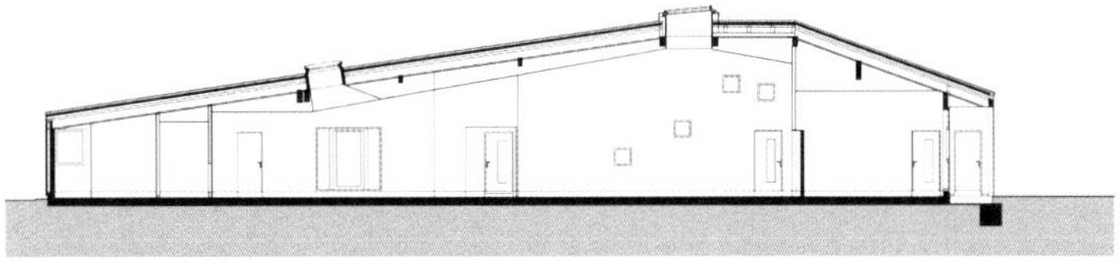

Längsschnitt

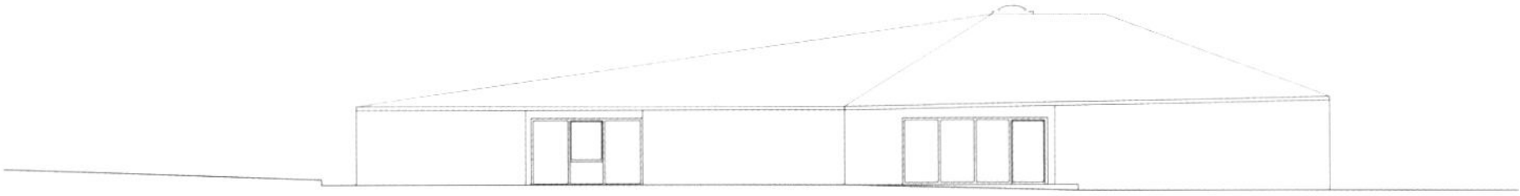

Ansicht West

Objektbeschreibung

Allgemeine Objektinformationen

Der Neubau einer inklusiven Kindertagesstätte ist als eingeschossiges Gebäude mit Spielgalerie und Walmdach ohne Unterkellerung konzipiert. Die Anordnung und Gliederung der Gruppenräume ist durch Vor- und Rücksprünge der Fassaden von außen ablesbar. Innen sind die Gruppen-, Neben- und Sanitärräume um einen zentralen Flur angeordnet, der sich an ein großzügiges Foyer mit Garderoben anschließt.

Nutzung

1 Erdgeschoss

Gruppenräume (3St), Intensivräume (3St), Ruheraum, Bewegungsraum, Sanitärräume, WC **barrierefrei**, Büro, Personalraum, Foyer, Garderobe, Küche, Technikräume, Putzraum, Waschen

1 Dachgeschoss

Spielgalerie

Nutzeinheiten

Gruppen: 3
Kinder: 35

Grundstück

Bauraum: Beengter Bauraum
Neigung: Geneigtes Gelände
Bodenklasse: BK 3

Markt

Hauptvergabezeit: 1. Quartal 2018
Baubeginn: 2. Quartal 2018
Bauende: 1. Quartal 2019
Konjunkturelle Gesamtlage: über Durchschnitt
Regionaler Baumarkt: unter Durchschnitt

Baukonstruktion

Das Gebäude steht auf einer Stahlbetonbodenplatte und wurde komplett aus Holz errichtet. Die Böden sind mit Parkett, Linoleum und Fliesen belegt. Die Innen- und Außenwände sind als Holzrahmenbau ausgeführt. Die Außenwände sind mit Zellulose gedämmt und zusätzlich von außen mit Holzweichfaserplatten beplankt. Eine Lärche-Schindelbekleidung und in Teilen eine HPL-Bekleidungen gestalten die Fassaden. Es wurden dreifachverglaste Alu-Pfosten-Riegel-Elemente und Fenster eingebaut. In den Gruppenräumen bestehen die Innenwände aus Brettsperrholz mit Weißtannenoberfläche. Trockenbauwände und die GF-Bekleidungen der Holzwände wurden beschichtet sowie Dreischichtplatten-Bekleidungen angebracht. Eine Holztreppe führt auf eine Spielgalerie aus Brettsperrholz. Das Walmdach wurde gedämmt und extensiv begrünt. Es wurden GK-Unterdecken ausgeführt. Für eine gute Raumakustik sorgen Akustikelementen aus Weißtanne.

Technische Anlagen

Die Energieversorgung erfolgt über eine solarthermische Anlage auf dem Dach, die Ihre Energie in einen Erdsolespeicher unter der Bodenplatte einspeist. Eine **Fußbodenheizung** sorgt für eine angenehme Raumtemperatur. Diese wird von einer **Sole-Wasser-Wärmepumpe** beheizt.

Sonstiges

Auf Nachhaltigkeit bezüglich Baustoffwahl und Energieverbrauch wurde Wert gelegt. Der Einsatz erneuerbarer Energien erfolgte mit dem Ziel der Energieautarkie. Ein weiterer wichtiger Aspekt war der Einbau gesundheitlich unbedenklicher Baustoffe. Sämtliche Räume sind **barrierefrei** erschlossen.

Energetische Kennwerte

Gesetzliche Grundlage: EnEV 2013
Gebäudenutzfläche: 535,00 m^2
Gebäudevolumen: 1.931,50 m^3
Hüllfläche des beheizten Volumens: 1.483,40 m^2
Spez. Transmissionswärmeverlust: 0,23 W/(m^2·K)
Mittlerer U-Wert (opake Bauteile): 0,12 W/(m^2·K)
Mittlerer U-Wert (transparente Bauteile): 0,89 W/(m^2·K)
Mittlerer U-Wert (Vorhangfassade): 0,89 W/(m^2·K)
Mittlerer U-Wert (Glasdächer, etc.): 1,00 W/(m^2·K)
Spez. Jahresprimärenergiebedarf: 63,50 kWh/(m^2·a)
Spez. Jahresendenergiebedarf: 35,30 kWh/(m^2·a)
CO_2-Emissionen: 24,00 kg/(m^2·a)

Planungskennwerte für Flächen und Rauminhalte nach DIN 277

Flächen des Grundstücks		Menge Einheit	% an GF
BF	Bebaute Fläche	675,68 m²	47,8
UF	Unbebaute Fläche	738,32 m²	52,2
GF	Grundstücksfläche	1.414,00 m²	100,0

Grundflächen des Bauwerks		Menge Einheit	% an NUF	% an BGF
NUF	Nutzungsfläche	393,65 m²	100,0	61,0
TF	Technikfläche	18,19 m²	4,6	2,8
VF	Verkehrsfläche	144,09 m²	36,6	22,3
NRF	Netto-Raumfläche	555,93 m²	141,2	86,2
KGF	Konstruktions-Grundfläche	89,05 m²	22,6	13,8
BGF	Brutto-Grundfläche	644,98 m²	163,8	100,0

Brutto-Rauminhalt des Bauwerks		Menge Einheit	BRI/NUF (m)	BRI/BGF (m)
BRI	Brutto-Rauminhalt	3.155,63 m³	8,02	4,89

Prozentualer Anteil der Kostengruppen der 2. Ebene an der Kostengruppe 400 nach DIN 276

KG	Kostengruppen (2. Ebene)
410	Abwasser-, Wasser-, Gasanlagen
420	Wärmeversorgungsanlagen
430	Raumlufttechnische Anlagen
440	Elektrische Anlagen
450	Kommunikationstechnische Anlagen
460	Förderanlagen
470	Nutzungsspez. u. verfahrenstechn. Anl.
480	Gebäude- und Anlagenautomation
490	Sonst. Maßnahmen für techn. Anlagen

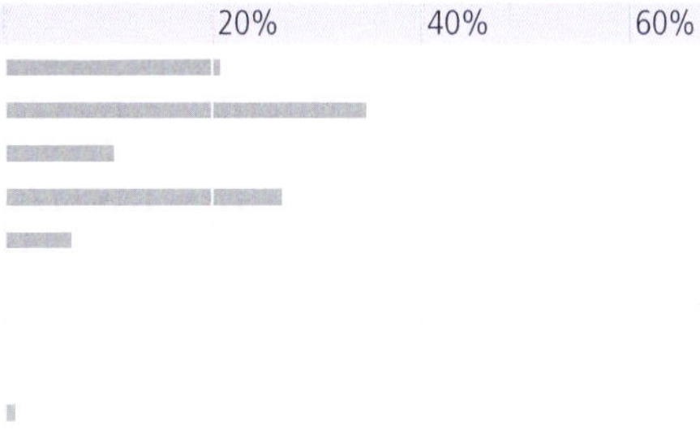

Ranking der Kostengruppen der 3. Ebene an der Kostengruppe 400 nach DIN 276

KG	Kostengruppen (3. Ebene)	% an KG 400	KG	Kostengruppen (3. Ebene)	% an KG 400
421	Wärmeerzeugungsanlagen	20,1	446	Blitzschutz- und Erdungsanlagen	2,9
444	Niederspannungsinstallationsanlagen	13,9	456	Gefahrenmelde- und Alarmanlagen	2,6
412	Wasseranlagen	13,2	419	Sonstiges zur KG 410	2,1
431	Lüftungsanlagen	10,5	454	Elektroakustische Anlagen	1,7
445	Beleuchtungsanlagen	9,8	457	Datenübertragungsnetze	1,7
423	Raumheizflächen	7,5	497	Zusätzliche Maßnahmen	0,7
422	Wärmeverteilnetze	7,0	452	Such- und Signalanlagen	0,5
411	Abwasseranlagen	5,4	492	Gerüste	0,2

Kostenkennwerte für die Kostengruppen der 1. Ebene DIN 276

KG	Kostengruppen (1. Ebene)	Einheit	Kosten €	€/Einheit	€/m² BGF	€/m³ BRI	% 300+400
100	Grundstück	m² GF	–	–	–	–	–
200	Vorbereitende Maßnahmen	m² GF	9.418	6,66	14,60	2,98	0,4
300	Bauwerk – Baukonstruktionen	m² BGF	1.641.540	2.545,10	2.545,10	520,19	78,0
400	Bauwerk – Technische Anlagen	m² BGF	461.932	716,20	716,20	146,38	22,0
	Bauwerk 300+400	**m² BGF**	**2.103.472**	**3.261,30**	**3.261,30**	**666,58**	**100,0**
500	Außenanlagen und Freiflächen	m² AF	15.259	–	23,66	4,84	0,7
600	Ausstattung und Kunstwerke	m² BGF	230.483	357,35	357,35	73,04	11,0
700	Baunebenkosten	m² BGF	–	–	–	–	–
800	Finanzierung	m² BGF	–	–	–	–	–

KG	Kostengruppe	Menge Einheit	Kosten €	€/Einheit	%
200	**Vorbereitende Maßnahmen**	1.414,00 m² GF	9.418	**6,66**	0,4
	Bitumenbelag abbrechen, Asphalttragschicht einbauen, Oberboden abtragen, in Mieten lagern, Bäume fällen, Wurzelstöcke roden, beseitigen				
3+4	**Bauwerk**				**100,0**
300	**Bauwerk – Baukonstruktionen**	644,98 m² BGF	1.641.540	**2.545,10**	78,0
	Baugrundverbesserung, Stb-Flachgründung, Heizestrich, Parkett, Linoleum, Bodenfliesen, Glasschaumschotter; Holzrahmenwände, Holzstützen, Holz-Alu-Fenster-/Türelemente, Holzfaserdämmung, Holzschindelbekleidung, HPL-Bekleidung, Holz-Alu-Pfosten-Riegel-Fassaden, Markisen; Brettsperrholzwände, GK-Wände, Holz-Fenster-/Türelement, Hebeschiebetüren, GF-Bekleidungen, GK-Beplankung, Beschichtung, Dreischichtplatten-Bekleidungen, Wandfliesen, WC-Trennwandanlagen; Brettsperrholzdecke, Holztreppenanlage; Holz-Walmdach, Dachfenster, Dachbegrünung, Dachentwässerung, Akustikdecken, abgehängte Decken; Einbaumöbel				
400	**Bauwerk – Technische Anlagen**	644,98 m² BGF	461.932	**716,20**	22,0
	Gebäudeentwässerung, Kalt- und Warmwasserleitungen, Sanitärobjekte; **Sole-Wasser-Wärmepumpe**, Solarstation, Erdsolespeicher, Flachkollektoren, Heizungsrohre, **Fußbodenheizung**; Zu-/**Abluftanlage**; Elektroinstallation, Beleuchtung, Erdungsanlage; Personen-Notsignalanlage, Lautsprecheranlage, **RWA-Anlage**, Datenübertragungsnetz				
500	**Außenanlagen und Freiflächen**	–	15.259	**–**	0,7
	Pollerleuchten teilweise mit Steckdosen, Bewegungssensor, Notlicht				
600	**Ausstattung und Kunstwerke**	644,98 m² BGF	230.483	**357,35**	11,0
	Einrichtung, Möblierung, Sanitärausstattung, Ausstattung Bewegungsraum, Ausstattung Snoezelen				

Kostenkennwerte für die Kostengruppen 400 der 2. Ebene DIN 276

KG	Kostengruppe	Menge Einheit	Kosten €	€/Einheit	%
400	**Bauwerk – Technische Anlagen**				**100,0**
410	**Abwasser-, Wasser-, Gasanlagen**	644,98 m² BGF	95.818	**148,56**	20,7
	KG-Rohre (242m), Kontrollschächte (2St), Mehrschichtverbundrohre (168m), Bodenabläufe (2St), Edelstahlrinne (1St) * Edelstahlrohre (274m), Mehrschichtverbundrohre (224m), Flexschläuche (10m), Zirkulationspumpe (1St), Tiefspül-WCs (6St), **barrierefrei**, WC-Steuerung (1St), Waschtische (9St), Duschwanne (1St), Ausgussbecken (1St), Sicherheitsthermostate (12St), Elektronik-Batterien (11St), Außenarmaturen (2St), Stützklappgriffe (2St) * Montagewände (42m²), Montageelemente (19St)				
420	**Wärmeversorgungsanlagen**	644,98 m² BGF	159.966	**248,02**	34,6
	Sole-Wasser-Wärmepumpe (1St), Pufferspeicher (2St), Pumpen (2St), Solarstation (1St), Solarvorschaltgefäß (1St), Solar-Ausdehnungsgefäße (2St), Mischergruppe (1St), Erdsolespeicher: Registermatten, Heiz-/Kühlkreise möglich, PE-RT-Rohre (482m²), Glykol-Wasser-Gemisch (1St), Soleverteiler (4St), Flachkollektoren (8St), Regelung * Edelstahlrohre (159m), Edelstahlsolarleitungen (227m) * **Fußbodenheizung** (554m²), Fußbodenheizregister (247St), PE-RT-Rohre (920m), Heizkreisverteiler (4St), Anschlussgruppen (4St)				
430	**Raumlufttechnische Anlagen**	644,98 m² BGF	48.662	**75,45**	10,5
	Zu-/Abluftgerät, Volumenstrom, Deckenmontage (1St), Hydraulikeinheit (1St), Spiralfalzrohre (167m), Alu-Flexrohre (41m), Stahl-Formteile, Kanaldämmung (35m²), Drosselklappen (31St), Tellerventile (36St), Wetterschutzgitter (2St)				
440	**Elektrische Anlagen**	644,98 m² BGF	123.050	**190,78**	26,6
	Zählerschrank (1St), Verteilerschrank (1St), Kleinverteiler (2St), Mantelleitungen (5.041m), Gummischlauchleitungen (428m), Steuerleitungen (61m), Erdkabel (86m), Steckdosen (179t), Schalter/Taster (247St), **Präsenzmelder** (18St) * Anbauleuchten (8St), Einbaustrahler (10St), Lichtkanäle (137m), Notleuchten-, Sicherheitsleuchten (6St), Spots (3St) * Fundamenterder (326m), Anschlussfahnen (37St), Auffangleitungen (107m), Fangstangen (5St), Potenzialausgleichsschienen (2St)				
450	**Kommunikationstechnische Anlagen**	644,98 m² BGF	29.970	**46,47**	6,5
	Schwachstromverteilerkasten (1St), Ruf-Kompakt-Set (1St), Fernmeldeleitungen (35m) * Deckenlautsprecher (6St), Installationsverstärker (3St), Audio-Kabel (147m), Audio-Anschlussdosen (4St) * Rauchabzugszentrale (1St), Wind-/Regensensor (1St), **RWA**-Haupt-/Nebenbedienstellen (3St), Rauchwarnmelder (35St) * Netzwerkschrank (1St), Patchfelder (2St), C6A-Module (76St), Datenanschlussdosen (34St), Datenleitungen (1.062m), HDMI-Anschlussdosen (2St), HDMI-Kabel (10m)				
490	**Sonst. Maßnahmen für techn. Anlagen**	644,98 m² BGF	4.466	**6,92**	1,0
	Fahrgerüste (psch) * Elektroheizmobil für Estrichaufheizung, Leihgebühr (2St) * provisorischer Anschluss Dachkuppel für Lüftungszwecke, Parametrierung, Programmierung bauseitiges Bediengerät (1St)				

Kostenkennwerte für die Kostengruppen 400 der 2. und 3.Ebene DIN 276 (Übersicht)

KG	Kostengruppe	Menge Einheit	Kosten €	€/Einheit	%
410	**Abwasser-, Wasser-, Gasanlagen**	**644,98 m² BGF**	**95.818,07**	**148,56**	**20,7**
411	Abwasseranlagen	644,98 m² BGF	24.976,54	38,72	5,4
412	Wasseranlagen	644,98 m² BGF	60.975,16	94,54	13,2
419	Sonstiges zur KG 410	644,98 m² BGF	9.866,37	15,30	2,1
420	**Wärmeversorgungsanlagen**	**644,98 m² BGF**	**159.965,65**	**248,02**	**34,6**
421	Wärmeerzeugungsanlagen	644,98 m² BGF	92.734,11	143,78	20,1
422	Wärmeverteilnetze	644,98 m² BGF	32.528,95	50,43	7,0
423	Raumheizflächen	644,98 m² BGF	34.702,59	53,80	7,5
430	**Raumlufttechnische Anlagen**	**644,98 m² BGF**	**48.661,99**	**75,45**	**10,5**
431	Lüftungsanlagen	644,98 m² BGF	48.661,99	75,45	10,5
440	**Elektrische Anlagen**	**644,98 m² BGF**	**123.049,93**	**190,78**	**26,6**
444	Niederspannungsinstallationsanlagen	644,98 m² BGF	64.265,88	99,64	13,9
445	Beleuchtungsanlagen	644,98 m² BGF	45.479,54	70,51	9,8
446	Blitzschutz- und Erdungsanlagen	644,98 m² BGF	13.304,51	20,63	2,9
450	**Kommunikationstechnische Anlagen**	**644,98 m² BGF**	**29.970,11**	**46,47**	**6,5**
452	Such- und Signalanlagen	644,98 m² BGF	2.478,79	3,84	0,5
454	Elektroakustische Anlagen	644,98 m² BGF	7.954,19	12,33	1,7
456	Gefahrenmelde- und Alarmanlagen	644,98 m² BGF	11.899,93	18,45	2,6
457	Datenübertragungsnetze	644,98 m² BGF	7.637,19	11,84	1,7
490	**Sonst. Maßnahmen für techn. Anlagen**	**644,98 m² BGF**	**4.466,25**	**6,92**	**1,0**
492	Gerüste	644,98 m² BGF	1.101,53	1,71	0,2
497	Zusätzliche Maßnahmen	644,98 m² BGF	3.128,23	4,85	0,7
498	Provisorische technische Anlagen	644,98 m² BGF	236,49	0,37	< 0,1

Kostenkennwerte für Leistungsbereiche nach STLB (Kosten KG 400 nach DIN 276)

LB	Leistungsbereiche	Kosten €	€/m² BGF	€/m³ BRI	% an 400
040	Wärmeversorgungsanlagen - Betriebseinrichtungen	95.768	148,50	30,30	20,7
041	Wärmeversorgungsanlagen - Leitungen, Armaturen, Heizflächen	60.893	94,40	19,30	13,2
042	Gas- und Wasseranlagen - Leitungen, Armaturen	25.206	39,10	8,00	5,5
043	Druckrohrleitungen für Gas, Wasser und Abwasser	–	–	–	–
044	Abwasseranlagen - Leitungen, Abläufe, Armaturen	8.396	13,00	2,70	1,8
045	Gas-, Wasser- und Entwässerungsanlagen - Ausstattung, Elemente, Fertigbäder	40.033	62,10	12,70	8,7
046	Gas-, Wasser- und Entwässerungsanlagen - Betriebseinrichtungen	–	–	–	–
047	Dämm- und Brandschutzarbeiten an technischen Anlagen	14.349	22,20	4,50	3,1
049	Feuerlöschanlagen, Feuerlöschgeräte	–	–	–	–
050	Blitzschutz- / Erdungsanlagen, Überspannungsschutz	13.305	20,60	4,20	2,9
051	Kabelleitungstiefbauarbeiten	–	–	–	–
052	Mittelspannungsanlagen	–	–	–	–
053	Niederspannungsanlagen - Kabel / Leitungen, Verlegesysteme, Installationsgeräte	44.739	69,40	14,20	9,7
054	Niederspannungsanlagen - Verteilersysteme und Einbaugeräte	18.771	29,10	5,90	4,1
055	Sicherheits- und Ersatzstromversorgungsanlagen	–	–	–	–
057	Gebäudesystemtechnik	–	–	–	–
058	Leuchten und Lampen	43.003	66,70	13,60	9,3
059	Sicherheitsbeleuchtungsanlagen	2.477	3,80	0,78	0,5
060	Such-, Signal-, Zeitdienst-, Antennen-, elektroakustische Anlagen, Medientechnik	10.433	16,20	3,30	2,3
061	Kommunikations- und Übertragungsnetze	7.637	11,80	2,40	1,7
062	Kommunikationsanlagen	–	–	–	–
063	Gefahrenmeldeanlagen	11.900	18,50	3,80	2,6
064	Zutrittskontroll-, Zeiterfassungssysteme	–	–	–	–
069	Aufzüge	–	–	–	–
070	Gebäudeautomation	–	–	–	–
075	Raumlufttechnische Anlagen	46.755	72,50	14,80	10,1
078	Kälteanlagen für raumlufttechnische Anlagen	–	–	–	–
	Gebäudetechnik	**443.665**	**687,90**	**140,60**	**96,0**
	Sonstige Leistungsbereiche	**16.580**	**25,70**	**5,30**	**3,6**

4400-0334
Kindertagesstätte
(8 Gruppen)
(150 Kinder)

Kostenkennwerte für die Kosten des Bauwerks (Kostengruppen 300+400 nach DIN 276)

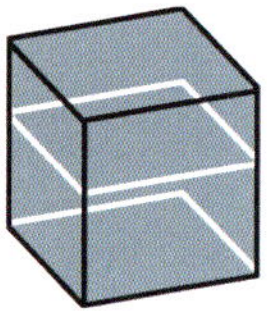

BRI 496 €/m³

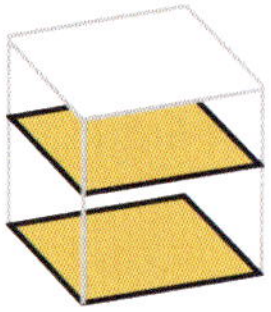

BGF 2.155 €/m²

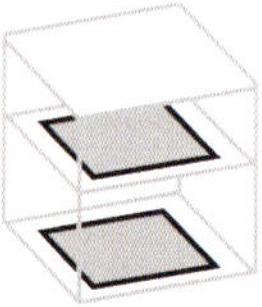

NUF 3.248 €/m²

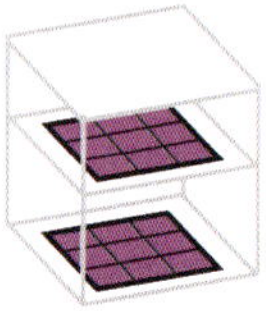

NE 23.687 €/NE
NE: Kinder

Objekt:
Kennwerte: 3. Ebene DIN 276
BRI: 7.157 m³
BGF: 1.649 m²
NUF: 1.094 m²
Bauzeit: 70 Wochen
Bauende: 2018
Standard: mittel
Bundesland: Rheinland-Pfalz
Kreis: Bernkastel-Wittlich

Architekt*in:
Dipl.-Ing. (FH)
Christian Gerhardy
Stadtverwaltung Wittlich
Schloßstraße 11
54516 Wittlich

Bauherr*in:
Stiftung Stadt Wittlich
Schloßstraße 11
54516 Wittlich

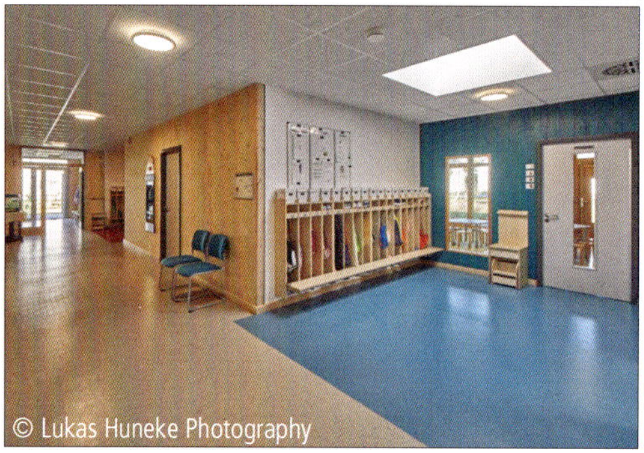

Ansicht Nord

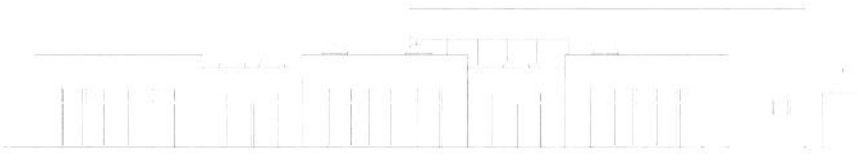
Ansicht Ost

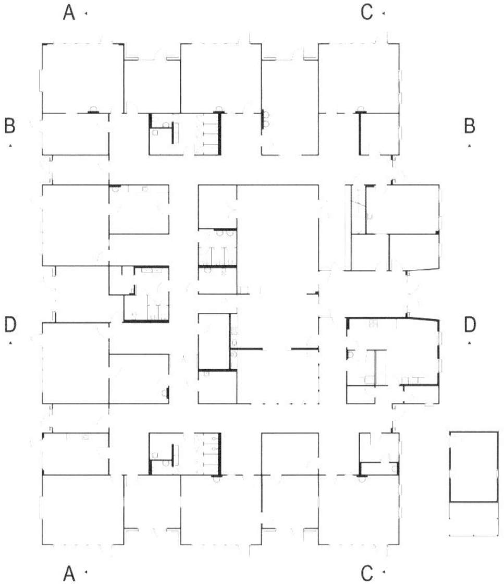

Erdgeschoss

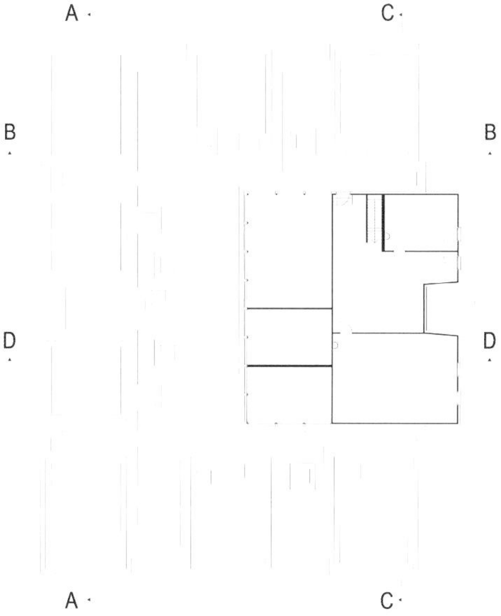

Obergeschoss

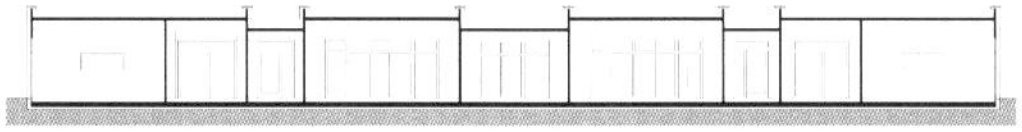
Schnitt A-A

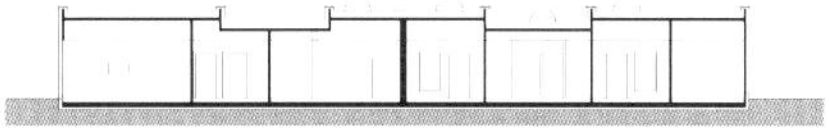
Schnitt B-B

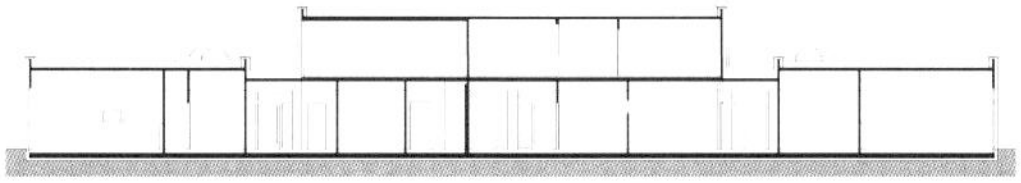
Schnitt C-C

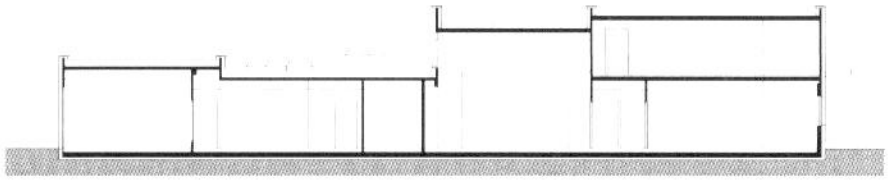
Schnitt D-D

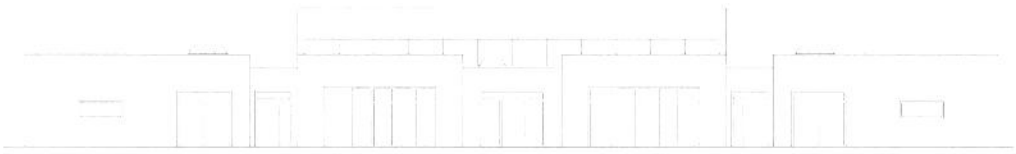
Ansicht Süd

Ansicht West

Objektbeschreibung

Allgemeine Objektinformationen

Der Neubau der achtgruppigen Kindertagesstätte, davon zwei integrative Gruppen, bietet Platz für 150 Kinder. Die räumliche Struktur der Kita beruht auf einem zweigeschossigen Kern, der sich aus einem großen Mehrzweckraum und zwei Mensen nebst Empfangsbereich und Büros mit Sozialräumen zusammensetzt. Dazu kommen drei Spielflure, zwei Schlafbereiche, die Verwaltungsbüros, ein Therapieraum sowie eine moderne Großküche. Um dieses Zentrum gruppieren sich acht über Wege und Plätze miteinander verbundene eingeschossige Einheiten, die den jeweiligen Kitagruppen zur Verfügung stehen. Deren Farbgebung an den Fenstern und Zugangstüren dient den Kindern zur Orientierung. Von dort aus gelangen sie direkt auf das frei bespielbare Außengelände.

Nutzung

1 Erdgeschoss
Gruppenräume, Nebenräume, Schlafräume, Garderoben, Spielflure, Therapieraum, Mehrzweckraum, Geräteraum, Mensen, Großküche, Sanitärräume, Personalräume, Umkleide, Hausanschlussraum, Abstellraum

1 Obergeschoss
Technikraum, Abstellraum, HWR/Wäschelager

Nutzeinheiten

Gruppen: 8
Kinder: 150

Grundstück

Bauraum: Freier Bauraum
Neigung: Ebenes Gelände
Bodenklasse: BK 3 bis BK 4

Markt

Hauptvergabezeit: 1. Quartal 2017
Baubeginn: 1. Quartal 2017
Bauende: 3. Quartal 2018
Konjunkturelle Gesamtlage: Durchschnitt
Regionaler Baumarkt: Durchschnitt

Baukonstruktion

Das Gebäude wurde auf einem ehemaligen Sportplatz errichtet, dessen Oberbau als Tragschicht wiederverwertet werden konnte. Auf der Bodenplatte aus Stahlbeton wurde eine mineralische Dämmung eingebaut. Den Sockelbereich bilden Schaumglasplatten. Sämtliche Wände und Decken des Neubaus wurden aus Massivholzelementen hergestellt. Die Außenwände sind mit einer Dämmung aus Holzweichfaser ummantelt. An den Gebäuderücksprüngen wurde zusätzlich eine Rhombusschalung aus Lärchenholz angebracht. Ebenfalls aus Lärche wurden die Holz-Alufenster mit Dreifachverglasung angefertigt. Das Flachdach erhielt eine extensive Dachbegrünung. Das Holz der Innenwände wurde größtenteils sichtbar belassen. Alle Bodenbeläge bestehen aus Kautschuk.

Technische Anlagen

Zur Beheizung dient eine Sole-Wasserwärmepumpe, die aus acht **Erdsonden** gespeist wird. Die Wärmeverteilung erfolgt über eine geregelte **Fußbodenheizung**. Die Kühlung wird im Sommer über die passive Nutzung der Sondenbohrungen über die Flächenheizung und die Nachtauskühlung über die **Lüftungsanlage** erreicht. Eine **Photovoltaikanlage** auf dem Dach deckt den Eigenverbrauch an Strom. Das Raumklima wird über eine Be- und Entlüftungsanlage **mit Wärmerückgewinnung** gesteuert. In der Küche wurde eine separate **Lüftungsanlage mit Wärmerückgewinnung** installiert. Im gesamten Gebäude sind die Beleuchtungselemente mit stromsparenden **LEDs** ausgestattet.

Sonstiges

Die drei Nebengebäude für Außenspielgeräte und Kinderwagen sind in der Dokumentation enthalten. Die Außenanlage ist unter der BKI-Objektnummer 4400-0390 dokumentiert.

Energetische Kennwerte

Gesetzliche Grundlage: EnEV 2013
Gebäudenutzfläche: 1.232,00 m²
Gebäudevolumen: 3.850,00 m³
Hüllfläche des beheizten Volumens: 3.699,92 m²
Mittlerer U-Wert (opake Bauteile): 0,14 W/(m²·K)
Mittlerer U-Wert (transparente Bauteile): 1,00 W/(m²·K)
Jahresprimärenergie: 173.438,00 kWh/a
Spez. Jahresprimärenergiebedarf: 157,67 kWh/(m²·a)
Jahresendenergiebedarf: 96.355,00 kWh/a
Spez. Jahresendenergiebedarf: 87,60 kWh/(m²·a)

Planungskennwerte für Flächen und Rauminhalte nach DIN 277

	Flächen des Grundstücks	Menge Einheit	% an GF
BF	Bebaute Fläche	1.490,91 m²	22,1
UF	Unbebaute Fläche	5.259,09 m²	77,9
GF	Grundstücksfläche	6.750,00 m²	100,0

	Grundflächen des Bauwerks	Menge Einheit	% an NUF	% an BGF
NUF	Nutzungsfläche	1.094,08 m²	100,0	66,4
TF	Technikfläche	82,96 m²	7,6	5,0
VF	Verkehrsfläche	342,12 m²	31,3	20,7
NRF	Netto-Raumfläche	1.519,16 m²	138,9	92,1
KGF	Konstruktions-Grundfläche	129,70 m²	11,9	7,9
BGF	Brutto-Grundfläche	1.648,86 m²	150,7	100,0

	Brutto-Rauminhalt des Bauwerks	Menge Einheit	BRI/NUF (m)	BRI/BGF (m)
BRI	Brutto-Rauminhalt	7.157,23 m³	6,54	4,34

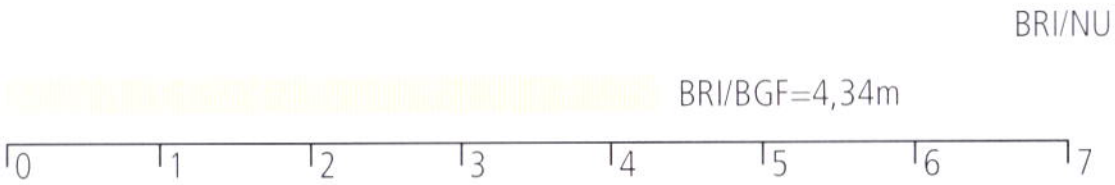

Prozentualer Anteil der Kostengruppen der 2.Ebene an der Kostengruppe 400 nach DIN 276

KG	Kostengruppen (2. Ebene)
410	Abwasser-, Wasser-, Gasanlagen
420	Wärmeversorgungsanlagen
430	Raumlufttechnische Anlagen
440	Elektrische Anlagen
450	Kommunikationstechnische Anlagen
460	Förderanlagen
470	Nutzungsspez. u. verfahrenstechn. Anl.
480	Gebäude- und Anlagenautomation
490	Sonst. Maßnahmen für techn. Anlagen

Ranking der Kostengruppen der 3.Ebene an der Kostengruppe 400 nach DIN 276

KG	Kostengruppen (3. Ebene)	% an KG 400
431	Lüftungsanlagen	23,0
471	Küchentechnische Anlagen	14,2
444	Niederspannungsinstallationsanlagen	13,8
412	Wasseranlagen	9,9
422	Wärmeverteilnetze	6,0
445	Beleuchtungsanlagen	5,7
421	Wärmeerzeugungsanlagen	5,6
423	Raumheizflächen	5,4

KG	Kostengruppen (3. Ebene)	% an KG 400
411	Abwasseranlagen	4,2
446	Blitzschutz- und Erdungsanlagen	2,6
442	Eigenstromversorgungsanlagen	2,1
481	Automationseinrichtungen	2,1
457	Datenübertragungsnetze	1,6
456	Gefahrenmelde- und Alarmanlagen	1,2
419	Sonstiges zur KG 410	1,0
497	Zusätzliche Maßnahmen	0,9

Kostenkennwerte für die Kostengruppen der 1. Ebene DIN 276

KG	Kostengruppen (1. Ebene)	Einheit	Kosten €	€/Einheit	€/m² BGF	€/m³ BRI	% 300+400
100	Grundstück	m² GF	–	–	–	–	–
200	Vorbereitende Maßnahmen	m² GF	10.629	1,57	6,45	1,49	0,3
300	Bauwerk – Baukonstruktionen	m² BGF	2.610.687	1.583,33	1.583,33	364,76	73,5
400	Bauwerk – Technische Anlagen	m² BGF	942.374	571,53	571,53	131,67	26,5
	Bauwerk 300+400	**m² BGF**	**3.553.061**	**2.154,86**	**2.154,86**	**496,43**	**100,0**
500	Außenanlagen und Freiflächen	m² AF	189.333	35,93	114,83	26,45	5,3
600	Ausstattung und Kunstwerke	m² BGF	374.546	227,15	227,15	52,33	10,5
700	Baunebenkosten	m² BGF	–	–	–	–	–
800	Finanzierung	m² BGF	–	–	–	–	–

KG	Kostengruppe	Menge Einheit	Kosten €	€/Einheit	%
200	**Vorbereitende Maßnahmen**	6.750,00 m² GF	10.629	**1,57**	0,3
	Baugelände abräumen, Sportplatzoberbau abtragen, lagern, Abbruch von Rasenbordsteinen, Einzelfundamenten; Entsorgung, Deponiegebühren; Trinkwasseranschluss, Stromanschluss				
3+4	**Bauwerk**				**100,0**
300	**Bauwerk – Baukonstruktionen**	1.648,86 m² BGF	2.610.687	**1.583,33**	73,5
	Stb-Bodenplatte, Dämmung, Heizestrich, Kautschukbelag, Perimeterdämmung, Dränage; Brettsperrholzwände, Holz-Alu-Fenster-/Türelemente, WDVS, Holzfaserdämmung, Holzbekleidung, Wandfliesen, Raffstores; Brettsperrholzinnenwände, GK-Wände, Holz-Glaselemente, Holz-Glastüren, Holztüren, Innenfenster, Vlies, Beschichtung, mobile Trennwand, WC-Trennwände; Brettsperrholzdecke, Brettsperrholztreppe, Estrich, Bodenbeschichtung; Brettsperrholz-Flachdächer, Lichtkuppeln, Dämmung, Dachbegrünung, Dachentwässerung, Akustikdecken, Sonnenschutz, Seilsicherungssystem				
400	**Bauwerk – Technische Anlagen**	1.648,86 m² BGF	942.374	**571,53**	26,5
	Gebäudeentwässerung, Kaltwasserleitungen, Sanitärobjekte, Durchlauferhitzer; Sole/Wasser-**Wärmepumpe**, Heizungsrohre, **Fußbodenheizung** zum **Heizen und Kühlen**, Heizkörper; Zu-/Abluftgeräte mit **WRG**; **Photovoltaikanlage**, Elektroinstallation, Beleuchtung, Erdung; Telefone, Ruf-Kompaktset, Antennenanschlussdosen, Branderkennungsanlage, Datenübertragungsnetz; küchentechnische Einrichtungen; **Gebäudeautomation**				
500	**Außenanlagen und Freiflächen**	5.269,91 m² AF	189.333	**35,93**	5,3
	Stb-Bodenplatten; drei Nebengebäude: Brettsperrholzwände, Holzbekleidungen, Brettsperrholzdächer, Dachabdichtung, Fenster, Türen; Entwässerung, Fettabscheider, **Erdsondenanlage**				
600	**Ausstattung und Kunstwerke**	1.648,86 m² BGF	374.546	**227,15**	10,5
	Einrichtung, Möblierung, Sanitärausstattung; Skulptur; Fluchtwegbeschilderung				

Kostenkennwerte für die Kostengruppen 400 der 2.Ebene DIN 276

KG	Kostengruppe	Menge Einheit	Kosten €	€/Einheit	%
400	**Bauwerk – Technische Anlagen**				**100,0**
410	**Abwasser-, Wasser-, Gasanlagen**	1.648,86 m² BGF	142.228	**86,26**	15,1
	KG-Rohre (253m), PP-Rohre (333m), Bodenabläufe (10St), Flachdachabläufe (3St) * PE-Xa-Rohre (598m), Druckminderer-Filter-Kombi (1St), Kaltwasserverteiler (1St), Waschtische (17St), Handwaschbecken (1St), Ausgussbecken (2St), Spiel-Waschlandschaften (3St), Einbaubecken, Babywanne (3St), Tiefspül-WCs (20St), Spülautomatik (8St), Stützklappgriffe (4St), Rückenstützen (2St), Einbauspülen (4St), Durchlauferhitzer (24St) * Montageelemente (35St)				
420	**Wärmeversorgungsanlagen**	1.648,86 m² BGF	160.227	**97,17**	17,0
	Sole/Wasser-**Wärmepumpe** 50kW (1St), Solepaket (1St), Pufferspeicher (1St), Tauchheizkörper (1St), Heizwasserverteiler (1St), Wärmetauscher (1St), Raumklimastation (1St), Heizungsverteiler (1St), Ausdehnungsgefäß (1St) * Kupferrohre (371m), Umwälzpumpen (6St) * **Fußbodenheizung**, PE-Xa-Rohre (8.771m), Trägerplatten (1.312m²), Heizkreisverteiler, Heiz-/Kühlkreise (6St), Heizkörper (4St)				
430	**Raumlufttechnische Anlagen**	1.648,86 m² BGF	216.661	**131,40**	23,0
	Zu-/Abluftgeräte 2.500m³/h, **WRG**, Regelung, Wärmetauscher (2St), Luftkanäle (365m²), Rundrohre (398m), Alu-Flexrohre (466m), Schalldämpfer (63St), Volumenstromkonstanthalter (39St), Volumenstromregler (3St), Brandschutzklappen (10St), Luftdurchlässe (143St)				
440	**Elektrische Anlagen**	1.648,86 m² BGF	228.375	**138,50**	24,2
	Solarmodule 245Wp (36St), Wechselrichter (1St), Solar-Gateway (1St) * Zählerschrank (1St), Verteiler (6St), Brandschutzschalter (16St), DALI-Steuerungen (3St), Mantelleitungen (10.861m), Ölflexleitungen (795m), Schalter, Taster (73St), Steckdosen (275St), Herdanschlussdosen (11St), Präsenz-/Bewegungsmelder (32St) * Einlegeleuchten (111St), Einbauleuchten (47St), Deckenleuchten (87St) * Ringerder (521m), Funktionspotenzialausgleichsleiter (298m)				
450	**Kommunikationstechnische Anlagen**	1.648,86 m² BGF	29.546	**17,92**	3,1
	Kabellose DECT-Telefone (5St) * Ruf-Kompaktset (1St), Hupen (7St), Klingeltransformatoren (3St), Klingelleitungen (87m) * Koaxialkabel (229m), Antennenanschlussdosen (2St) * Funk-Branderkennungsanlage (1St), Funk-Melder (46St) * Netzwerkschrank (1St), Verteiler 19" (3St), Panel (1St), Router (1St), Datenkabel (1.540m), Datenanschlussdosen (69St), Steuerleitungen (799m), Switch (1St)				
470	**Nutzungsspez. u. verfahrenstechn. Anl.**	1.648,86 m² BGF	135.722	**82,31**	14,4
	Kühlschränke (3St), Tiefkühlschränke (2St), Kombidämpfer (1St), Dampfkondensationshaube (1St), Elektro-Kippbratpfanne (1St), Kochfeld (1St), Arbeitstische (3St), Arbeitsschränke (4St), Schubladenblöcke (2St), Spültisch (1St), Handwasch-/Ausgusskombination (1St), Haubenspülmaschine (1St), Abluft-**WRG** (1St), Ablauftisch (1St), Wandhaube (1St), Handwaschbecken (1St), Hängeschrank (1St), Regale (3St) * Feuerlöscher (10St)				
480	**Gebäude- und Anlagenautomation**	1.648,86 m² BGF	20.864	**12,65**	2,2
	KNX-Anlage, Projektierung (psch), **KNX**-Spannungsversorgung (2St), Koppler (1St), USB-Schnittstellen (2St), Wetterstation (1St), Binäreingänge, vierfach (1St), **KNX**-Tastermodule, ein- bis vierfach (23St), **KNX-Präsenzmelder** (12St), Jalousie-/Schaltaktoren (5St), Schaltaktoren mit Handbetätigung (3St) * Busleitungen (403m)				

KG	Kostengruppe	Menge Einheit	Kosten €	€/Einheit	%
490	**Sonst. Maßnahmen für techn. Anlagen**	1.648,86 m² BGF	8.751	**5,31**	0,9
	Gerüst (psch) * Miete für mobiles Heizgerät, Stellmotor (4Wo), Heizöl (psch)				

Kostenkennwerte für die Kostengruppen 400 der 2. und 3. Ebene DIN 276 (Übersicht)

KG	Kostengruppe	Menge Einheit	Kosten €	€/Einheit	%
410	**Abwasser-, Wasser-, Gasanlagen**	**1.648,86 m² BGF**	**142.227,79**	**86,26**	**15,1**
411	Abwasseranlagen	1.648,86 m² BGF	39.442,69	23,92	4,2
412	Wasseranlagen	1.648,86 m² BGF	93.542,13	56,73	9,9
419	Sonstiges zur KG 410	1.648,86 m² BGF	9.242,97	5,61	1,0
420	**Wärmeversorgungsanlagen**	**1.648,86 m² BGF**	**160.227,29**	**97,17**	**17,0**
421	Wärmeerzeugungsanlagen	1.648,86 m² BGF	52.350,80	31,75	5,6
422	Wärmeverteilnetze	1.648,86 m² BGF	56.693,30	34,38	6,0
423	Raumheizflächen	1.648,86 m² BGF	51.183,20	31,04	5,4
430	**Raumlufttechnische Anlagen**	**1.648,86 m² BGF**	**216.660,86**	**131,40**	**23,0**
431	Lüftungsanlagen	1.648,86 m² BGF	216.660,86	131,40	23,0
440	**Elektrische Anlagen**	**1.648,86 m² BGF**	**228.374,65**	**138,50**	**24,2**
442	Eigenstromversorgungsanlagen	1.648,86 m² BGF	19.858,16	12,04	2,1
444	Niederspannungsinstallationsanlagen	1.648,86 m² BGF	129.634,33	78,62	13,8
445	Beleuchtungsanlagen	1.648,86 m² BGF	53.973,14	32,73	5,7
446	Blitzschutz- und Erdungsanlagen	1.648,86 m² BGF	24.909,01	15,11	2,6
450	**Kommunikationstechnische Anlagen**	**1.648,86 m² BGF**	**29.546,26**	**17,92**	**3,1**
451	Telekommunikationsanlagen	1.648,86 m² BGF	924,37	0,56	< 0,1
452	Such- und Signalanlagen	1.648,86 m² BGF	1.647,74	1,00	0,2
455	Audiovisuelle Medien- u. Antennenanl.	1.648,86 m² BGF	704,78	0,43	< 0,1
456	Gefahrenmelde- und Alarmanlagen	1.648,86 m² BGF	11.013,09	6,68	1,2
457	Datenübertragungsnetze	1.648,86 m² BGF	15.256,27	9,25	1,6
470	**Nutzungsspez. u. verfahrenstechn. Anl.**	**1.648,86 m² BGF**	**135.722,39**	**82,31**	**14,4**
471	Küchentechnische Anlagen	1.648,86 m² BGF	134.219,58	81,40	14,2
474	Feuerlöschanlagen	1.648,86 m² BGF	1.502,80	0,91	0,2
480	**Gebäude- und Anlagenautomation**	**1.648,86 m² BGF**	**20.863,91**	**12,65**	**2,2**
481	Automationseinrichtungen	1.648,86 m² BGF	19.686,46	11,94	2,1
484	Kabel, Leitungen und Verlegesysteme	1.648,86 m² BGF	1.177,45	0,71	0,1
490	**Sonst. Maßnahmen für techn. Anlagen**	**1.648,86 m² BGF**	**8.750,83**	**5,31**	**0,9**
492	Gerüste	1.648,86 m² BGF	644,06	0,39	< 0,1
497	Zusätzliche Maßnahmen	1.648,86 m² BGF	8.106,77	4,92	0,9

Kostenkennwerte für Leistungsbereiche nach STLB (Kosten KG 400 nach DIN 276)

LB	Leistungsbereiche	Kosten €	€/m² BGF	€/m³ BRI	% an 400
040	Wärmeversorgungsanlagen - Betriebseinrichtungen	57.991	35,20	8,10	6,2
041	Wärmeversorgungsanlagen - Leitungen, Armaturen, Heizflächen	87.962	53,30	12,30	9,3
042	Gas- und Wasseranlagen - Leitungen, Armaturen	35.408	21,50	4,90	3,8
043	Druckrohrleitungen für Gas, Wasser und Abwasser	–	–	–	–
044	Abwasseranlagen - Leitungen, Abläufe, Armaturen	21.052	12,80	2,90	2,2
045	Gas-, Wasser- und Entwässerungsanlagen - Ausstattung, Elemente, Fertigbäder	63.325	38,40	8,80	6,7
046	Gas-, Wasser- und Entwässerungsanlagen - Betriebseinrichtungen	–	–	–	–
047	Dämm- und Brandschutzarbeiten an technischen Anlagen	59.509	36,10	8,30	6,3
049	Feuerlöschanlagen, Feuerlöschgeräte	1.503	0,91	0,21	0,2
050	Blitzschutz- / Erdungsanlagen, Überspannungsschutz	24.906	15,10	3,50	2,6
051	Kabelleitungstiefbauarbeiten	–	–	–	–
052	Mittelspannungsanlagen	–	–	–	–
053	Niederspannungsanlagen - Kabel / Leitungen, Verlegesysteme, Installationsgeräte	99.856	60,60	14,00	10,6
054	Niederspannungsanlagen - Verteilersysteme und Einbaugeräte	49.547	30,00	6,90	5,3
055	Sicherheits- und Ersatzstromversorgungsanlagen	–	–	–	–
057	Gebäudesystemtechnik	–	–	–	–
058	Leuchten und Lampen	53.967	32,70	7,50	5,7
059	Sicherheitsbeleuchtungsanlagen	–	–	–	–
060	Such-, Signal-, Zeitdienst-, Antennen-, elektroakustische Anlagen, Medientechnik	2.350	1,40	0,33	0,2
061	Kommunikations- und Übertragungsnetze	16.172	9,80	2,30	1,7
062	Kommunikationsanlagen	–	–	–	–
063	Gefahrenmeldeanlagen	11.010	6,70	1,50	1,2
064	Zutrittskontroll-, Zeiterfassungssysteme	–	–	–	–
069	Aufzüge	–	–	–	–
070	Gebäudeautomation	20.852	12,60	2,90	2,2
075	Raumlufttechnische Anlagen	184.466	111,90	25,80	19,6
078	Kälteanlagen für raumlufttechnische Anlagen	–	–	–	–
	Gebäudetechnik	**789.877**	**479,00**	**110,40**	**83,8**
	Sonstige Leistungsbereiche	**151.503**	**91,90**	**21,20**	**16,1**

4400-0356
Kindergarten
(4 Gruppen)
(112 Kinder)
Wohnungen (4 WE)

Kostenkennwerte für die Kosten des Bauwerks (Kostengruppen 300+400 nach DIN 276)

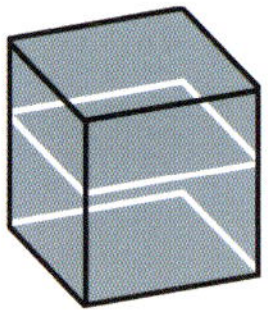

BRI 779 €/m^3

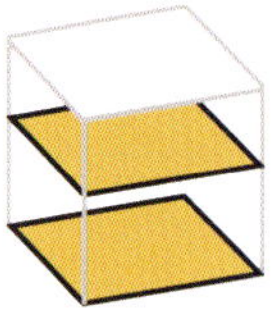

BGF 3.223 €/m^2

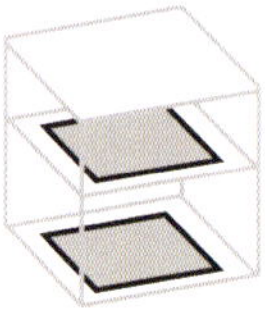

NUF 4.632 €/m^2

Objekt:
Kennwerte: 3. Ebene DIN 276
BRI: 4.984 m^3
BGF: 1.205 m^2
NUF: 838 m^2
Bauzeit: 79 Wochen
Bauende: 2020
Standard: mittel
Bundesland: Bayern
Kreis: Freising

Architekt*in:
goldbrunner + hrycyk architekten
Sommerstraße 9
81543 München

Bauherr*in:
Gemeinde Neufahrn
Bahnhofstraße 32
85375 Neufahrn bei Freising

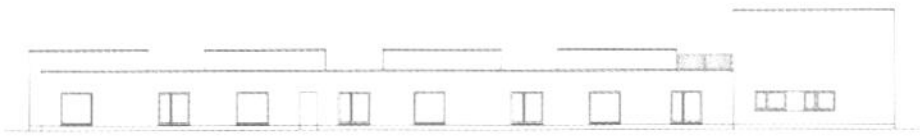

Ansicht Nord

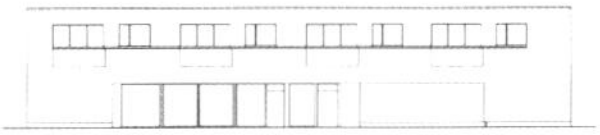

Ansicht West

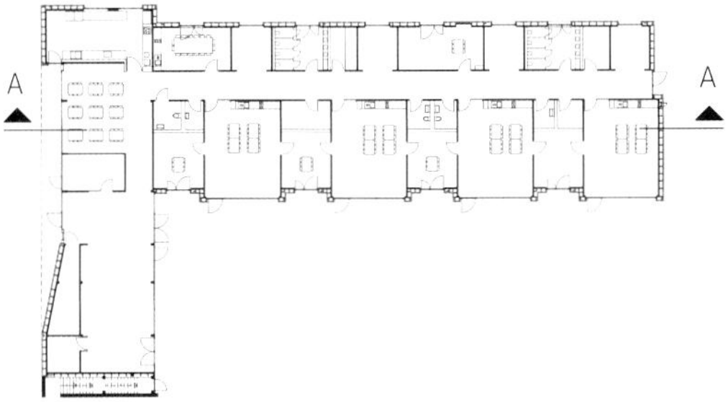

Erdgeschoss

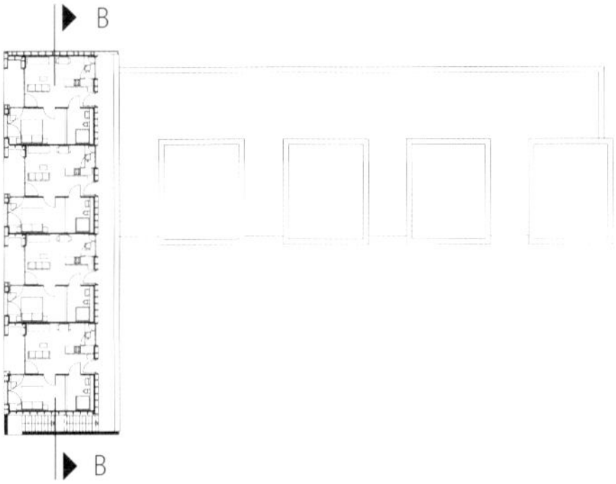

Obergeschoss

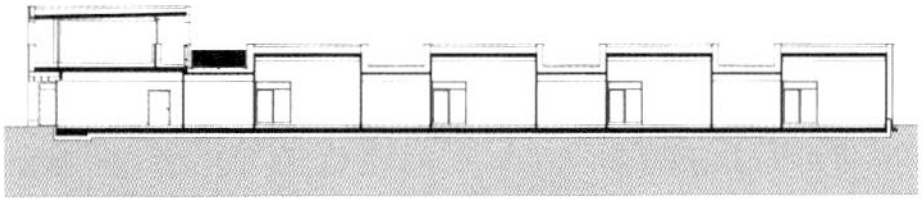

Schnitt A-A

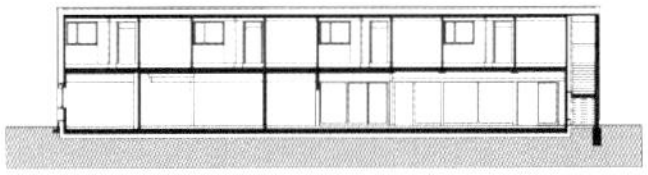

Schnitt B-B

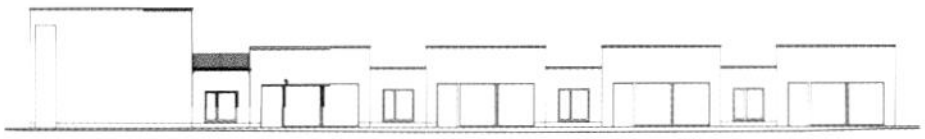

Ansicht Süd

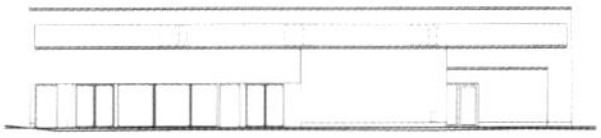

Ansicht Ost

4400-0356
Kindergarten
(4 Gruppen)
(112 Kinder)
Wohnungen (4 WE)

Objektbeschreibung

Allgemeine Objektinformationen

Der winkelförmige Neubau des viergruppigen Kindergartens schirmt den Freispielbereich zur Wohnbebauung hin ab. Im zweigeschossigen Kopfbau befinden sich neben dem Zugang im Erdgeschoss alle gemeinsam genutzten Räume des Kindergartens. Vom zentralen Foyer bietet sich ein direkter Durchgang in den Garten. Durch die Raumnischen mit den Garderobenbereichen entstehen Durchblicke und Aufweitungen des Spielflurs in den Außenspielbereich. Mittels einer mobilen Faltwand kann der Mehrzweckraum zugeschaltet und so Platz für Feste und Veranstaltungen geschaffen werden.
Im Obergeschoss des Kopfbaus befinden sich vier Wohnungen für das Personal, die über eine einläufige Treppe und einen Laubengang erschlossen werden und nach Westen ausgerichtet sind. Das ermöglicht eine maximale Privatheit und Rückzug vom Arbeitsalltag.

Nutzung

1 Erdgeschoss
Gruppenräume (4St), Nebenräume (4St), Foyer mit Garderobe, Mehrzweckraum, Multifunktionsraum, Küche, Lagerräume, Büro, Personalraum, Therapieraum, Sanitätsräume

1 Obergeschoss
Wohnungen (4St) mit je Wohn-, Essküche, Schlafzimmer, Bad, Balkon

Nutzeinheiten

Gruppen: 4
Kinder: 112
Wohnfläche: 180 m^2

Grundstück

Bauraum: Freier Bauraum
Neigung: Ebenes Gelände
Bodenklasse: BK 3 bis BK 4

Markt

Hauptvergabezeit: 4. Quartal 2018
Baubeginn: 1. Quartal 2019
Bauende: 3. Quartal 2020
Konjunkturelle Gesamtlage: über Durchschnitt
Regionaler Baumarkt: über Durchschnitt

Baukonstruktion

Die Ausführung der Bodenplatte erfolgte in Stahlbetonbauweise, ebenfalls die Treppe und die Treppenwand an der Nordseite. Die gesamte weitere Konstruktion wurde in Holzmassivbauweise mit Brettsperrholzwänden und -decken ausgeführt. Die Fassaden sind mit einer vorgegrauten, sägerauen Holzverschalung in unterschiedlichen Fugenbreiten bekleidet. Die Fenster sind in Holz-Aluminium ausgeführt. Die Dachflächen sind als Massivholzdecken mit einem Gefälle von jeweils 2,5% ausgebildet. Der Dachaufbau setzt sich aus der notwendigen Wärmedämmschicht und einer zweilagigen Dachabdichtung zusammen. Der eingeschossige Gebäudeteil erhielt eine extensive Dachbegrünung. Die nichttragenden Innenwände sind in Trockenbauweise erstellt. Zur Erzielung der erforderlichen Schallschutzwerte sind die Holzmassivwände mit Vorsatzschalen bekleidet. Die Unterdecken wurden mit abgehängten Holzwolle-Akustikplatten ausgeführt. Im Bereich der Nebenräume, sowie in den Wohnungen wurden abgehängte Gipskartondecken mit Akustiklochung verbaut.

Technische Anlagen

Die Heizwärme und Warmwasserbereitung ist mittels einer Grundwasser-**Wärmepumpe** sichergestellt. Zu diesem Zwecke wurde ein Schluckbrunnen installiert. Alle Räume werden über **Fußbodenheizung** beheizt. Im Gebäude wurde eine kontrollierte Be- und Entlüftungsanlage eingebaut. Auf der zweigeschossigen Dachfläche kommt eine **Photovoltaik-Anlage** zum Einsatz.

Energetische Kennwerte

Gesetzliche Grundlage: EnEV 2013
Gebäudenutzfläche: 765,00 m^2
Gebäudevolumen: 3.370,00 m^3
Hüllfläche des beheizten Volumens: 2.295,00 m^2
Spez. Transmissionswärmeverlust: 0,23 $W/(m^2 \cdot K)$
Mittlerer U-Wert (opake Bauteile): 0,12 $W/(m^2 \cdot K)$
Mittlerer U-Wert (transparente Bauteile): 1,00 $W/(m^2 \cdot K)$
Spez. Jahresprimärenergiebedarf: 75,95 $kWh/(m^2 \cdot a)$
PV-Anlage: 19,20 kW_p

Planungskennwerte für Flächen und Rauminhalte nach DIN 277

Flächen des Grundstücks		Menge Einheit	% an GF
BF	Bebaute Fläche	1.447,78 m²	41,4
UF	Unbebaute Fläche	2.051,95 m²	58,6
GF	Grundstücksfläche	3.499,73 m²	100,0

Grundflächen des Bauwerks		Menge Einheit	% an NUF	% an BGF
NUF	Nutzungsfläche	838,23 m²	100,0	69,6
TF	Technikfläche	13,40 m²	1,6	1,1
VF	Verkehrsfläche	247,95 m²	29,6	20,6
NRF	Netto-Raumfläche	1.099,58 m²	131,2	91,3
KGF	Konstruktions-Grundfläche	105,16 m²	12,5	8,7
BGF	Brutto-Grundfläche	1.204,74 m²	143,7	100,0

Brutto-Rauminhalt des Bauwerks		Menge Einheit	BRI/NUF (m)	BRI/BGF (m)
BRI	Brutto-Rauminhalt	4.984,09 m³	5,95	4,14

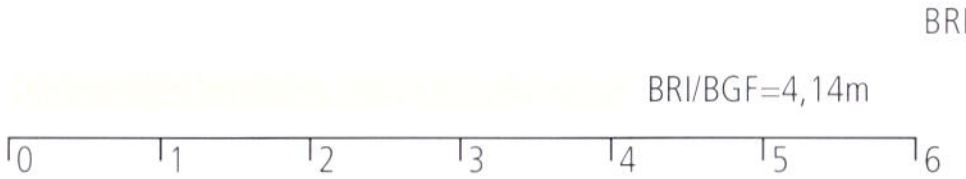

Prozentualer Anteil der Kostengruppen der 2. Ebene an der Kostengruppe 400 nach DIN 276

KG	Kostengruppen (2. Ebene)
410	Abwasser-, Wasser-, Gasanlagen
420	Wärmeversorgungsanlagen
430	Raumlufttechnische Anlagen
440	Elektrische Anlagen
450	Kommunikationstechnische Anlagen
460	Förderanlagen
470	Nutzungsspez. u. verfahrenstechn. Anl.
480	Gebäude- und Anlagenautomation
490	Sonst. Maßnahmen für techn. Anlagen

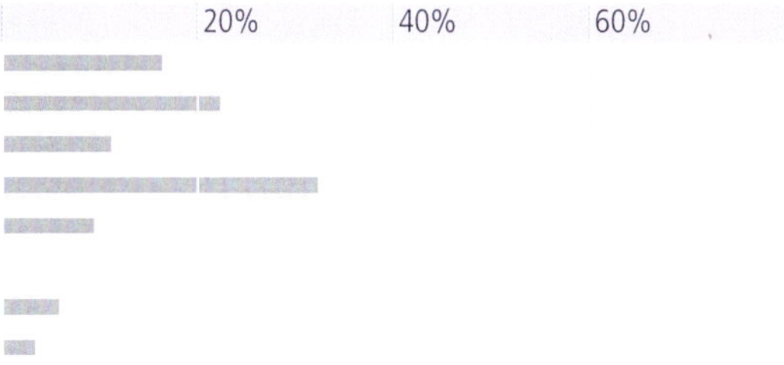

Ranking der Kostengruppen der 3. Ebene an der Kostengruppe 400 nach DIN 276

KG	Kostengruppen (3. Ebene)	% an KG 400	KG	Kostengruppen (3. Ebene)	% an KG 400
444	Niederspannungsinstallationsanlagen	17,0	471	Küchentechnische Anlagen	5,8
431	Lüftungsanlagen	11,0	456	Gefahrenmelde- und Alarmanlagen	5,2
421	Wärmeerzeugungsanlagen	8,9	442	Eigenstromversorgungsanlagen	4,8
412	Wasseranlagen	8,7	446	Blitzschutz- und Erdungsanlagen	3,0
445	Beleuchtungsanlagen	7,5	457	Datenübertragungsnetze	2,7
423	Raumheizflächen	7,3	481	Automationseinrichtungen	2,1
411	Abwasseranlagen	6,7	483	Automationsmanagement	1,0
422	Wärmeverteilnetze	6,0	452	Such- und Signalanlagen	0,9

Kostenkennwerte für die Kostengruppen der 1. Ebene DIN 276

KG	Kostengruppen (1. Ebene)	Einheit	Kosten €	€/Einheit	€/m² BGF	€/m³ BRI	% 300+400
100	Grundstück	m² GF	–	–	–	–	–
200	Vorbereitende Maßnahmen	m² GF	31.111	8,89	25,82	6,24	0,8
300	Bauwerk – Baukonstruktionen	m² BGF	2.762.838	2.293,31	2.293,31	554,33	71,2
400	Bauwerk – Technische Anlagen	m² BGF	1.119.739	929,44	929,44	224,66	28,8
	Bauwerk 300+400	**m² BGF**	**3.882.577**	**3.222,75**	**3.222,75**	**778,99**	**100,0**
500	Außenanlagen und Freiflächen	m² AF	367.181	794,47	304,78	73,67	9,5
600	Ausstattung und Kunstwerke	m² BGF	21.627	17,95	17,95	4,34	0,6
700	Baunebenkosten	m² BGF	–	–	–	–	–
800	Finanzierung	m² BGF	–	–	–	–	–

KG	Kostengruppe	Menge Einheit	Kosten €	€/Einheit	%
200	**Vorbereitende Maßnahmen**	3.499,73 m² GF	31.111	**8,89**	0,8
	Abbruch von Asphaltbelägen; Entsorgung, Deponiegebühren; Oberbodenarbeiten, Wurzelstöcke entfernen				
3+4	**Bauwerk**				**100,0**
300	**Bauwerk – Baukonstruktionen**	1.204,74 m² BGF	2.762.838	**2.293,31**	71,2
	Baugrubenaushub; Stb-Bodenplatte, Abdichtung, Heizestrich, Parkett, Kautschukbelag, Bodenfliesen, Perimeterdämmung; Brettsperrholzwände, BSH-Stützen, Holz-Alu-Fensterelemente, Holz-Alu-Türen, Holzfaserdämmung, hinterlüftete Holzbekleidung, Oberputz, Silikatbeschichtung, GK-Vorsatzschalen, Wandfliesen, Fenstermarkisen; GK-Wände, Holztüren, Dispersionsbeschichtung, mobile Trennwand, WC-Trennwände; Brettsperrholzdecken, Stb-Treppe, Stahlträger, Fertigparkett, Betonplatten, Dachentwässerung, Holzwolle-Akustikdecken, GK-Bekleidung, Handlauf; Brettsperrholzdach, Dämmung, Dachbegrünung, Gitterrostbelag, GK-Schallschutzdecken, Geländer; Kücheneinrichtungen, Einbauschränke				
400	**Bauwerk – Technische Anlagen**	1.204,74 m² BGF	1.119.739	**929,44**	28,8
	Gebäudeentwässerung, Kalt- und Warmwasserleitungen, Sanitärobjekte; Sole/Wasser-**Wärmepumpe**, Trinkwasser-Erwärmungs-Stationen, Energiespeicher, 300 l, Warmwasserspeicher 1.500 l, Heizleitungen, **Fußbodenheizung**; Lüftungsanlagen, Einzelraumlüfter, Plattenwärmetauscher; **Photovoltaikanlage**, Elektroinstallation, Beleuchtung, **Blitzschutzanlage**; Videosprechanlage, Sat-Antennenanlage, **Brandmeldeanlage**, Datenübertragungsnetz; Kücheneinrichtung; **Gebäudeautomation**				
500	**Außenanlagen und Freiflächen**	462,17 m² AF	367.181	**794,47**	9,5
	Bodenarbeiten; Stb-Bodenplatte, Stb-Streifenfundamente, Einzelfundamente, Schraubfundamente; Asphaltbelag; Sonnensegel, Fahrradabstellplätze: Stahlkonstruktionen, Furnierschichtholzdach, Abdichtung; zwei Nebengebäude: Holzkonstruktionen, BSH-Dachbalken, Furnierschichtholzdächer, Abdichtung, Faserzement-Wandbekleidungen, Dreischichtplatten als Trennwände, Türen; Geländeentwässerung, Schluckbrunnen, Brunnenschächte				
600	**Ausstattung und Kunstwerke**	1.204,74 m² BGF	21.627	**17,95**	0,6
	Sitzbänke, Sanitärausstattung				

Kostenkennwerte für die Kostengruppen 400 der 2.Ebene DIN 276

KG	Kostengruppe	Menge Einheit	Kosten €	€/Einheit	%
400	**Bauwerk – Technische Anlagen**				**100,0**
410	**Abwasser-, Wasser-, Gasanlagen**	1.204,74 m2 BGF	181.007	**150,25**	16,2

KG-Rohre DN100-150 (254m), PP-Rohre DN50-100 (217m), Brandschutzmanschetten (12St), Bodenabläufe (10St), Entwässerungsrinnen (20m) * Edelstahlrohre DN18-35 (137m), Mehrschichtverbundrohre DN16-20 (573m), Tiefspül-WCs (15St), Waschbecken (15St), **barrierefrei** (1St), Duschwannen (5St), Ausgussbecken (2St), Außentresore Wasser, Strom (2St), Außenarmatur (1St), Druckminderer (1St), Sicherheitsthermostate (8St) * Montageelemente (29St)

KG	Kostengruppe	Menge Einheit	Kosten €	€/Einheit	%
420	**Wärmeversorgungsanlagen**	1.204,74 m2 BGF	248.252	**206,06**	22,2

Sole/Wasser-**Wärmepumpe** 34,8kW (1St), Pufferspeicher, 300 l (1St), Warmwasserspeicher 1.500 l (1St), Systemregler (1St), Trinkwasser-Erwärmungs-Stationen (8St), Plattenwärmetauscher (1St), Edelstahlrohre DN54, für Brunnenwasser (15m), Raumtemperaturregler (25St), Raumklimastation (1St) * Kupferrohre DN15-42 (664m), Plattenwärmetauscher (1St) * **Fußbodenheizung**, PE-Xc Rohre (918m2), Verteilerschränke (6St), TW-Stationen (4St)

KG	Kostengruppe	Menge Einheit	Kosten €	€/Einheit	%
430	**Raumlufttechnische Anlagen**	1.204,74 m2 BGF	122.747	**101,89**	11,0

Lüftungsgeräte, bis 2.016 m3/h, **WRG** (3St), Einzelraumlüfter, **WRG** (16St), Wickelfalzrohre DN100-400 (371m), Rohrschalldämpfer (44St), Stahlkanäle, b=35-50cm (166m2), Kanalschalldämpfer (8St), Stellantriebe (3St), Steuerungssets (4St), Schalldämpfer DN100-160 (36St), Zu-, Abluftauslässe (20St), Deflektorhauben (2St), Lüftungsgitter (15St), Drosselklappen (8St)

KG	Kostengruppe	Menge Einheit	Kosten €	€/Einheit	%
440	**Elektrische Anlagen**	1.204,74 m2 BGF	360.688	**299,39**	32,2

Photovoltaikanlage (139m2), Verteilerschrank (1St), Solarkabel (318m), LS-Schalter (9St) * Wandlerschränke (2St), Zählerschränke (3St), Feldverteiler (5St), Lasttrennschalter (124St), Schutzschalter (24St), LS-Schalter (204St), Mantelleitungen (7.148m), Steckdosen, Schalter/Taster (420St) * LED-Leuchten (86St), LED-Einbaudownlight (46St), LED-Lichtschienen (47m), Rettungszeichenleuchten (20St) * Fundamenterder (611m), Anschlussfahnen (45St), Alu-Fangleitungen (77m), Mantelleitungen (604m)

KG	Kostengruppe	Menge Einheit	Kosten €	€/Einheit	%
450	**Kommunikationstechnische Anlagen**	1.204,74 m2 BGF	104.593	**86,82**	9,3

Videotürsprechstelle, Kameramodul (1St), Innen-Videosprechstellen (6St), Freisprechstation (1St) * Offset-Parabolantenne, LNB (1St), Einzelanschlussdosen (9St), Außenkabel (470m) * **Hausalarmanlage** (1St), **Brandmeldeanlage** (1St), Brandmeldekabel (1.116m), Notrufset (1St), Fluchttürsteuerung (1St) * IT-Standgehäuse (1St), Kleinverteiler (4St), DSL-Router (1St), Patchfeld (3St), Datenkabel (3.341m), Datenanschlussdosen (38St)

KG	Kostengruppe	Menge Einheit	Kosten €	€/Einheit	%
470	**Nutzungsspez. u. verfahrenstechn. Anl.**	1.204,74 m2 BGF	65.112	**54,05**	5,8

Kücheneinrichtung mit Edelstahlschränke, Arbeitsplatte (7St), Ausgussbecken (2St), Induktions-Kochfeld, Elektro-Combi-Dämpfer, Tiefkühlschrank, Kühlschrank, Geschirrbrause, Korbdurchschub-spülmaschine, Abluft-Deckenhaube (1St)

KG	Kostengruppe	Menge Einheit	Kosten €	€/Einheit	%
480	**Gebäude- und Anlagenautomation**	1.204,74 m2 BGF	37.339	**30,99**	3,3

KNX-Controller (1St), Taster-Schnittstellen (37St), Jalousieaktoren (8St), Busschnittstellen (14St), Linienkoppler (3St), Tastsensoren (14St), Binäreingabegerät (1St) * Programmierung **KNX**-Steuerungen (psch) * Busleitungen **KNX** (870m)

Kostenkennwerte für die Kostengruppen 400 der 2. und 3. Ebene DIN 276 (Übersicht)

KG	Kostengruppe	Menge Einheit	Kosten €	€/Einheit	%
410	**Abwasser-, Wasser-, Gasanlagen**	**1.204,74 m² BGF**	**181.007,00**	**150,25**	**16,2**
411	Abwasseranlagen	1.204,74 m² BGF	75.148,12	62,38	6,7
412	Wasseranlagen	1.204,74 m² BGF	97.070,44	80,57	8,7
419	Sonstiges zur KG 410	1.204,74 m² BGF	8.788,44	7,29	0,8
420	**Wärmeversorgungsanlagen**	**1.204,74 m² BGF**	**248.252,48**	**206,06**	**22,2**
421	Wärmeerzeugungsanlagen	1.204,74 m² BGF	99.313,15	82,44	8,9
422	Wärmeverteilnetze	1.204,74 m² BGF	66.976,07	55,59	6,0
423	Raumheizflächen	1.204,74 m² BGF	81.963,26	68,03	7,3
430	**Raumlufttechnische Anlagen**	**1.204,74 m² BGF**	**122.747,17**	**101,89**	**11,0**
431	Lüftungsanlagen	1.204,74 m² BGF	122.747,17	101,89	11,0
440	**Elektrische Anlagen**	**1.204,74 m² BGF**	**360.687,76**	**299,39**	**32,2**
442	Eigenstromversorgungsanlagen	1.204,74 m² BGF	53.347,04	44,28	4,8
444	Niederspannungsinstallationsanlagen	1.204,74 m² BGF	190.779,78	158,36	17,0
445	Beleuchtungsanlagen	1.204,74 m² BGF	83.518,53	69,32	7,5
446	Blitzschutz- und Erdungsanlagen	1.204,74 m² BGF	33.042,41	27,43	3,0
450	**Kommunikationstechnische Anlagen**	**1.204,74 m² BGF**	**104.592,90**	**86,82**	**9,3**
452	Such- und Signalanlagen	1.204,74 m² BGF	10.210,76	8,48	0,9
455	Audiovisuelle Medien- u. Antennenanl.	1.204,74 m² BGF	6.618,62	5,49	0,6
456	Gefahrenmelde- und Alarmanlagen	1.204,74 m² BGF	58.040,33	48,18	5,2
457	Datenübertragungsnetze	1.204,74 m² BGF	29.723,20	24,67	2,7
470	**Nutzungsspez. u. verfahrenstechn. Anl.**	**1.204,74 m² BGF**	**65.112,16**	**54,05**	**5,8**
471	Küchentechnische Anlagen	1.204,74 m² BGF	65.112,16	54,05	5,8
480	**Gebäude- und Anlagenautomation**	**1.204,74 m² BGF**	**37.339,40**	**30,99**	**3,3**
481	Automationseinrichtungen	1.204,74 m² BGF	23.050,94	19,13	2,1
483	Automationsmanagement	1.204,74 m² BGF	10.762,58	8,93	1,0
484	Kabel, Leitungen und Verlegesysteme	1.204,74 m² BGF	3.525,88	2,93	0,3

Kostenkennwerte für Leistungsbereiche nach STLB (Kosten KG 400 nach DIN 276)

LB	Leistungsbereiche	Kosten €	€/m² BGF	€/m³ BRI	% an 400
040	Wärmeversorgungsanlagen - Betriebseinrichtungen	–	–	–	–
041	Wärmeversorgungsanlagen - Leitungen, Armaturen, Heizflächen	232.887	193,30	46,70	20,8
042	Gas- und Wasseranlagen - Leitungen, Armaturen	58.986	49,00	11,80	5,3
043	Druckrohrleitungen für Gas, Wasser und Abwasser	182	0,15	0,04	< 0,1
044	Abwasseranlagen - Leitungen, Abläufe, Armaturen	68.587	56,90	13,80	6,1
045	Gas-, Wasser- und Entwässerungsanlagen - Ausstattung, Elemente, Fertigbäder	43.003	35,70	8,60	3,8
046	Gas-, Wasser- und Entwässerungsanlagen - Betriebseinrichtungen	–	–	–	–
047	Dämm- und Brandschutzarbeiten an technischen Anlagen	31.998	26,60	6,40	2,9
049	Feuerlöschanlagen, Feuerlöschgeräte	–	–	–	–
050	Blitzschutz- / Erdungsanlagen, Überspannungsschutz	20.521	17,00	4,10	1,8
051	Kabelleitungstiefbauarbeiten	–	–	–	–
052	Mittelspannungsanlagen	–	–	–	–
053	Niederspannungsanlagen - Kabel / Leitungen, Verlegesysteme, Installationsgeräte	199.271	165,40	40,00	17,8
054	Niederspannungsanlagen - Verteilersysteme und Einbaugeräte	54.175	45,00	10,90	4,8
055	Sicherheits- und Ersatzstromversorgungsanlagen	–	–	–	–
057	Gebäudesystemtechnik	–	–	–	–
058	Leuchten und Lampen	72.134	59,90	14,50	6,4
059	Sicherheitsbeleuchtungsanlagen	11.384	9,40	2,30	1,0
060	Such-, Signal-, Zeitdienst-, Antennen-, elektroakustische Anlagen, Medientechnik	7.299	6,10	1,50	0,7
061	Kommunikations- und Übertragungsnetze	29.723	24,70	6,00	2,7
062	Kommunikationsanlagen	10.211	8,50	2,00	0,9
063	Gefahrenmeldeanlagen	58.040	48,20	11,60	5,2
064	Zutrittskontroll-, Zeiterfassungssysteme	–	–	–	–
069	Aufzüge	–	–	–	–
070	Gebäudeautomation	37.339	31,00	7,50	3,3
075	Raumlufttechnische Anlagen	117.406	97,50	23,60	10,5
078	Kälteanlagen für raumlufttechnische Anlagen	–	–	–	–
	Gebäudetechnik	**1.053.148**	**874,20**	**211,30**	**94,1**
	Sonstige Leistungsbereiche	**65.112**	**54,00**	**13,10**	**5,8**

4400-0357
Kinderhaus
(4 Gruppen, 74 Kinder)

Kostenkennwerte für die Kosten des Bauwerks (Kostengruppen 300+400 nach DIN 276)

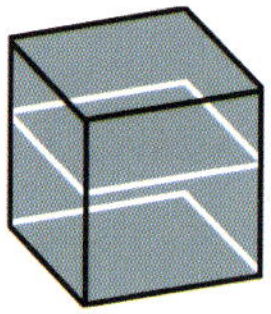

BRI 818 €/m³

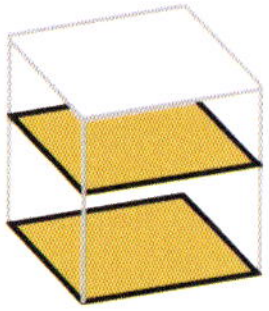

BGF 3.188 €/m²

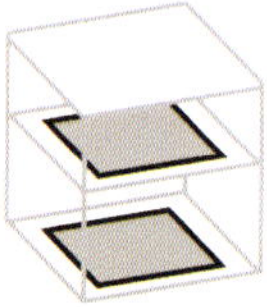

NUF 5.316 €/m²

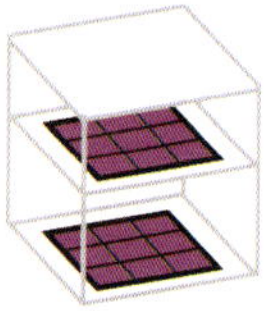

NE 43.466 €/NE
NE: Kinder

Objekt:
Kennwerte: 3.Ebene DIN 276
BRI: 3.931 m³
BGF: 1.009 m²
NUF: 605 m²
Bauzeit: 61 Wochen
Bauende: 2019
Standard: mittel
Bundesland: Bayern
Kreis: Landshut

Architekt*in:
goldbrunner + hrycyk
architekten
Sommerstraße 9
81543 München

Bauherr*in:
Gemeinde St. Franziskus
Bruckberg
Rathausplatz 1
84079 Bruckberg

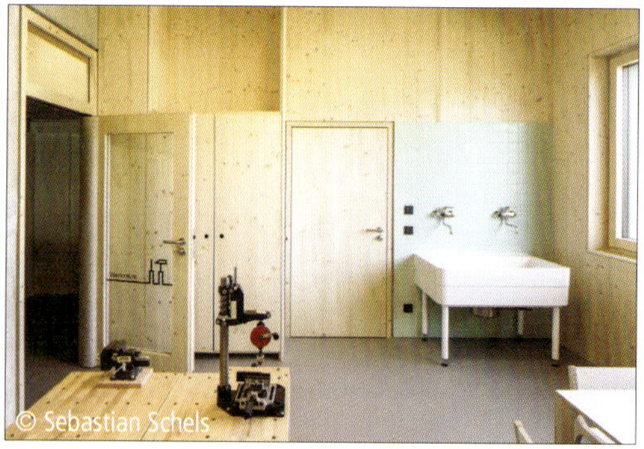

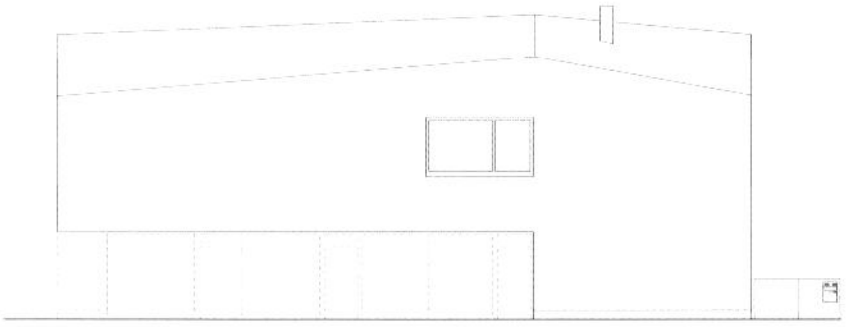

Ansicht Nord-Ost

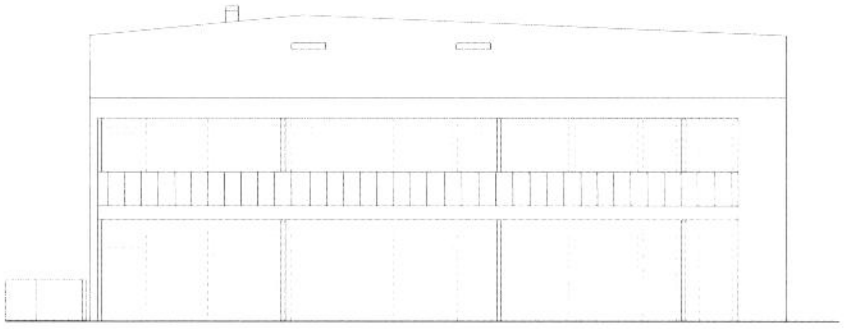

Ansicht Süd-West

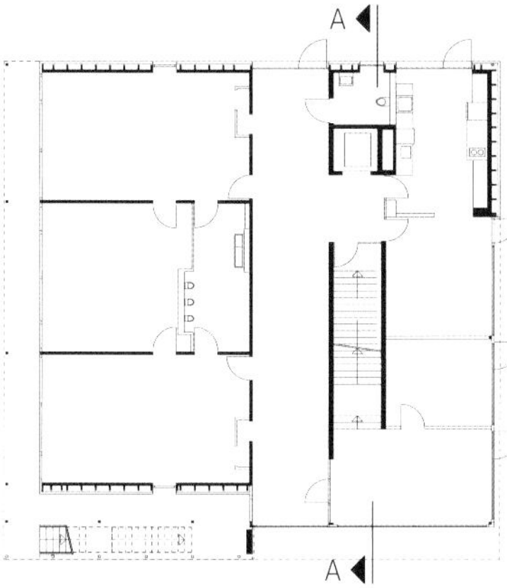

Erdgeschoss

Obergeschoss

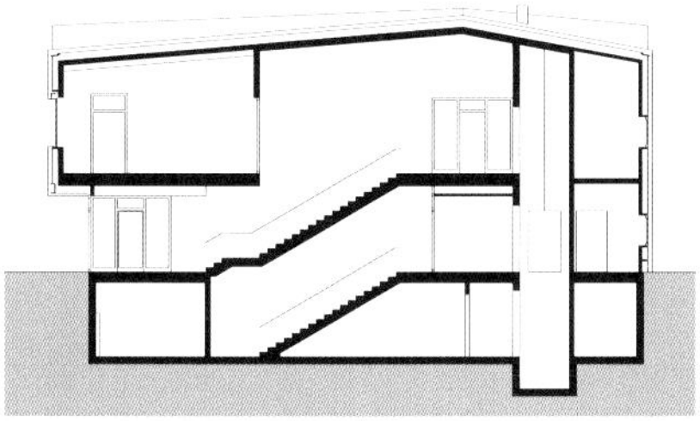

Schnitt A-A

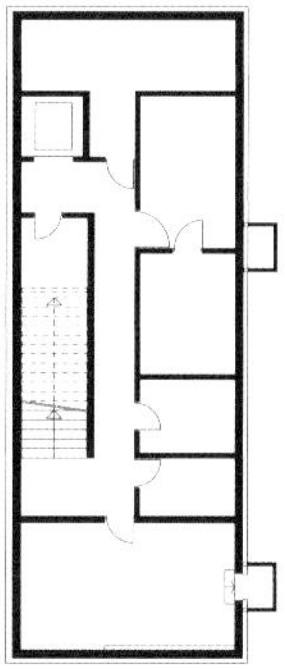

Untergeschoss

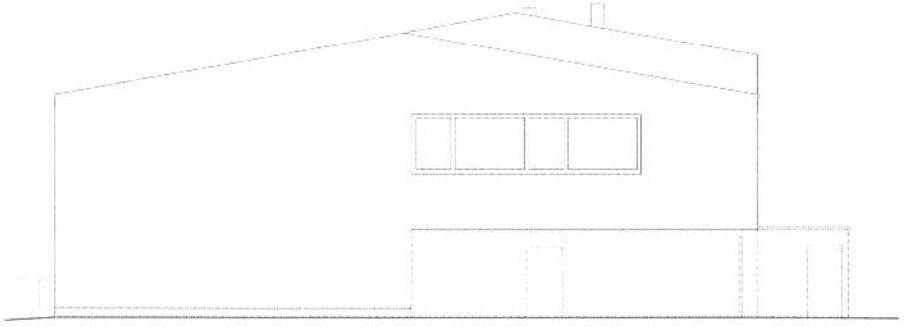

Ansicht Süd-Ost

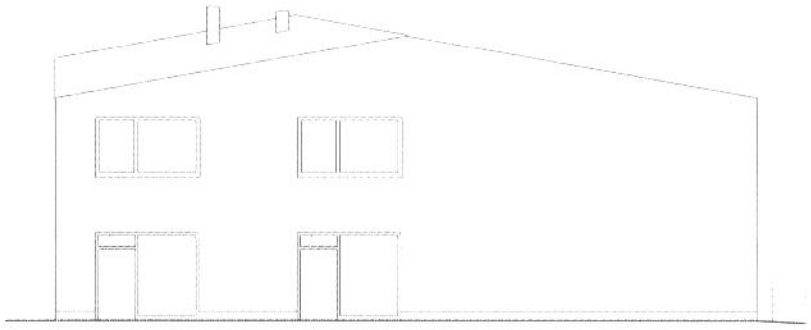

Ansicht Nord-West

Objektbeschreibung

Allgemeine Objektinformationen

Das viergruppige Kinderhaus bildet mit dem bestehenden Schulgebäude einen neuen Platz als Treffpunkt der Kinder zwischen Kirche und Rathaus. Der Neubau fügt sich mit seinen drei geschlossenen Fassadenseiten in die dörfliche Ortsmitte gut ein. Der quadratische Baukörper öffnet sich zum Freispielbereich. Im Erdgeschoss befinden sich die Krippenkinder mit direkten Zugängen zum Freispielbereich, die Schüler aus der Grundschule gelangen über die zentrale Haupttreppe zu den beiden Hortgruppen im Obergeschoss. Durch das gemeinsame Foyer sind beide Einheiten unabhängig voneinander nutzbar.

Nutzung

1 Untergeschoss
Lager, Technik, Putzraum, Pelletlager, Flur, Treppenhaus

1 Erdgeschoss
Foyer, Spielflur, Krippenräume (2St), Schlafraum, Küche, Nebenraum, Büro, WCs, WC **barrierefrei**

1 Obergeschoss
Spielflur, Horträume (2St), Mehrzweckraum, Therapieraum, Nebenraum, Lager, Personalraum, WCs, WC-Personal

Nutzeinheiten

Gruppen: 4
Kinder: 74

Grundstück

Bauraum: Freier Bauraum
Neigung: Ebenes Gelände
Bodenklasse: BK 1 bis BK 7

Markt

Hauptvergabezeit: 2. Quartal 2018
Baubeginn: 3. Quartal 2018
Bauende: 3. Quartal 2019
Konjunkturelle Gesamtlage: über Durchschnitt
Regionaler Baumarkt: unter Durchschnitt

Baukonstruktion

Die Bodenplatte, der Aufzugschacht und der Treppenraum sind in Stahlbetonbauweise ausgeführt. Die Unterkellerung ist bis zur Oberkante der Kellerdecke in WU-Bauweise hergestellt. Alle weiteren Konstruktionen wurden in Holzmassivbauweise mit Brettsperrholzwänden, -decken und -dachflächen angefertigt. Die tragenden Holzoberflächen sind ebenso wie die Sichtbetonwände in ihrer natürlichen Oberfläche belassen. Vorsatzschalen aus Dreischichtplatten vor den Holzmassiv- und den Trockenbauwänden dienen dem Schallschutz. Die Fassaden sind mit einer unbehandelten, sägerauen Holzschalung bekleidet. Es kamen flächenbündige Holz-Aluminium-Fenster zum Einbau. Die hinterlüftete Dachfläche erhielt eine Stehfalzdeckung aus Kupferblech. Die Unterdecken sind mit abgehängten Holzwolle-Akustikplatten versehen. Die Dachentwässerung wird in einer umlaufenden, zurückversetzten Rinne und in verdeckt liegenden Fallleitungen geführt.

Technische Anlagen

Die Heizwärme und Warmwasserbereitung ist zentral über eine Pelletheizung im Untergeschoss sichergestellt. Alle Nutzräume werden über eine **Fußbodenheizung** erwärmt. Im Gebäude ist eine kontrollierte Be- und Entlüftungsanlage eingebaut. Das Gebäude ist **barrierefrei** und mit einem **Aufzug** ausgestattet.

Sonstiges

Alle Bauteile sind im Passivhausstandard und die umfassenden Hüllflächen mit einer Anforderung von U=mind. 0,15W/m^{2}K ausgeführt.

Energetische Kennwerte

Gesetzliche Grundlage: EnEV 2013
Gebäudenutzfläche: 749,00 m^2
Gebäudevolumen: 3.296,00 m^3
A/V_e-Verhältnis (Kompaktheit): 0,45 m^{-1}
Hüllfläche des beheizten Volumens: 1.498,00 m^2
Spez. Transmissionswärmeverlust: 0,28 W/(m^2·K)
Mittlerer U-Wert (opake Bauteile): 0,13 W/(m^2·K)
Mittlerer U-Wert (transparente Bauteile): 0,82 W/(m^2·K)
Spez. Jahresprimärenergiebedarf: 43,80 kWh/(m^2·a)
Spez. Jahresendenergiebedarf: 99,00 kWh/(m^2·a)
CO_2-Emissionen: 9,00 kg/(m^2·a)

Planungskennwerte für Flächen und Rauminhalte nach DIN 277

Flächen des Grundstücks		Menge Einheit	% an GF
BF	Bebaute Fläche	470,00 m²	36,8
UF	Unbebaute Fläche	808,00 m²	63,2
GF	Grundstücksfläche	1.278,00 m²	100,0

Grundflächen des Bauwerks		Menge Einheit	% an NUF	% an BGF
NUF	Nutzungsfläche	605,00 m²	100,0	60,0
TF	Technikfläche	65,00 m²	10,7	6,4
VF	Verkehrsfläche	222,26 m²	36,7	22,0
NRF	Netto-Raumfläche	892,26 m²	147,5	88,4
KGF	Konstruktions-Grundfläche	116,74 m²	19,3	11,6
BGF	Brutto-Grundfläche	1.009,00 m²	166,8	100,0

Brutto-Rauminhalt des Bauwerks		Menge Einheit	BRI/NUF (m)	BRI/BGF (m)
BRI	Brutto-Rauminhalt	3.931,00 m³	6,50	3,90

Prozentualer Anteil der Kostengruppen der 2. Ebene an der Kostengruppe 400 nach DIN 276

KG	Kostengruppen (2. Ebene)
410	Abwasser-, Wasser-, Gasanlagen
420	Wärmeversorgungsanlagen
430	Raumlufttechnische Anlagen
440	Elektrische Anlagen
450	Kommunikationstechnische Anlagen
460	Förderanlagen
470	Nutzungsspez. u. verfahrenstechn. Anl.
480	Gebäude- und Anlagenautomation
490	Sonst. Maßnahmen für techn. Anlagen

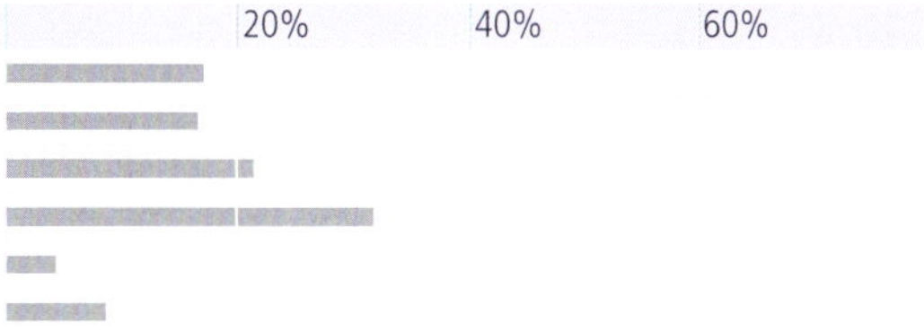

Ranking der Kostengruppen der 3. Ebene an der Kostengruppe 400 nach DIN 276

KG	Kostengruppen (3. Ebene)	% an KG 400	KG	Kostengruppen (3. Ebene)	% an KG 400
431	Lüftungsanlagen	21,4	421	Wärmeerzeugungsanlagen	4,3
444	Niederspannungsinstallationsanlagen	20,8	456	Gefahrenmelde- und Alarmanlagen	2,8
412	Wasseranlagen	10,5	446	Blitzschutz- und Erdungsanlagen	2,2
445	Beleuchtungsanlagen	8,7	429	Sonstiges zur KG 420	1,3
461	Aufzugsanlagen	8,7	457	Datenübertragungsnetze	1,1
411	Abwasseranlagen	6,0	419	Sonstiges zur KG 410	0,6
422	Wärmeverteilnetze	5,7	452	Such- und Signalanlagen	0,6
423	Raumheizflächen	5,5			

Kostenkennwerte für die Kostengruppen der 1. Ebene DIN 276

KG	Kostengruppen (1. Ebene)	Einheit	Kosten €	€/Einheit	€/m² BGF	€/m³ BRI	% 300+400
100	Grundstück	m² GF	–	–	–	–	–
200	Vorbereitende Maßnahmen	m² GF	1.619	1,27	1,60	0,41	< 0,1
300	Bauwerk – Baukonstruktionen	m² BGF	2.507.736	2.485,37	2.485,37	637,94	78,0
400	Bauwerk – Technische Anlagen	m² BGF	708.723	702,40	702,40	180,29	22,0
	Bauwerk 300+400	**m² BGF**	**3.216.459**	**3.187,77**	**3.187,77**	**818,23**	**100,0**
500	Außenanlagen und Freiflächen	m² AF	138.928	171,94	137,69	35,34	4,3
600	Ausstattung und Kunstwerke	m² BGF	11.391	11,29	11,29	2,90	0,4
700	Baunebenkosten	m² BGF	–	–	–	–	–
800	Finanzierung	m² BGF	–	–	–	–	–

KG	Kostengruppe	Menge Einheit	Kosten €	€/Einheit	%
200	**Vorbereitende Maßnahmen**	1.278,00 m² GF	1.619	**1,27**	< 0,1
	Abbruch von Asphaltflächen; Entsorgung, Deponiegebühren				
3+4	**Bauwerk**				**100,0**
300	**Bauwerk – Baukonstruktionen**	1.009,00 m² BGF	2.507.736	**2.485,37**	78,0
	Baugrubenaushub, Stb-Bodenplatte, Stb-Streifenfundamente, Heizestrich, Linoleum, Bodenfliesen; Brettsperrholzwände, Stb-Wände, Stahlstützen, Holz-Alu-Fensterelemente, Holz-Alu-Türelemente, Holzfaserdämmplatten, Zelluloseeinblasdämmung, Weißtannen-Holzfassade, Wandfliesen, Fenstermarkisen; Brettsperrholzwände, Stb-Wände, GK-Wände, Holztüren, Stahltüren, Dispersionsbeschichtung; Brettsperrholzdecken, Stb-Decken, Stb-Treppen, Betonterrassenplatten, Holzwolle-Akustikdecken, Stahltreppe, Balkongeländer; Brettsperrholzdach, Stb-Satteldach, Lichtkuppeln, Zellulosedämmung, Doppelstehfalzdeckung, Dachentwässerung, Holzwolle-Akustikdecken; Einbaumöbel, Kücheneinrichtungen				
400	**Bauwerk – Technische Anlagen**	1.009,00 m² BGF	708.723	**702,40**	22,0
	Gebäudeentwässerung, Kalt- und Warmwasserleitungen, Sanitärobjekte; Pelletkessel, Heizleitungen, **Fußbodenheizung**; **Lüftungsanlage**; Elektroinstallation, Beleuchtung, **Blitzschutzanlage**; Sprechanlage, **Brandmeldezentrale**, Datenübertragungsnetz; Aufzugsanlage				
500	**Außenanlagen und Freiflächen**	808,00 m² AF	138.928	**171,94**	4,3
	Bodenarbeiten; Stb-Streifenfundamente; Zaun mit Toren, Nebengebäude, Stahlkonstruktion, Holzfassade, Brettsperrholzflachdach, extensive Dachbegrünung; Außenbeleuchtung				
600	**Ausstattung und Kunstwerke**	1.009,00 m² BGF	11.391	**11,29**	0,4
	Sanitärausstattung, Speisentransportbehälter, Servierwagen, Sitzwürfel				

Kostenkennwerte für die Kostengruppen 400 der 2.Ebene DIN 276

KG	Kostengruppe	Menge Einheit	Kosten €	€/Einheit	%
400	**Bauwerk – Technische Anlagen**				**100,0**
410	**Abwasser-, Wasser-, Gasanlagen**	1.009,00 m² BGF	120.981	**119,90**	17,1
	KG-Rohre DN100-200 (132m), PE-Rohre DN100 (32m), PP-Rohre DN50-100 (93m), Brandschutzmanschetten (111St), Bodenabläufe DN100 (4St); Schmutzwasserpumpen (2St), Revisionsschächte DN1.000 (2St) * Edelstahlrohre DN15-35 (99m), Mehrschichtverbundrohre DN16-20 (205m), Enthärtungsanlage (1St), Tiefspül-WCs (9St), WC-Steuerungen (2St), Stützgriffe (2St), Waschlandschaft (1St), Speicher, 15l (1St), Waschtische (3St), **barrierefrei** (1St), Ausgussbecken (2St), Duschwanne (1St), **Säuglingspflegebecken** (1St), Werkraumbecken (1St) * Montageelemente (10St)				
420	**Wärmeversorgungsanlagen**	1.009,00 m² BGF	117.983	**116,93**	16,6
	Pelletkessel, 12-45kW (1St), Absaugsystem (1St), Pufferspeicher (1St), Druckausdehnungsgefäß (1St) * Kupferrohre DN15-42 (224m), Dreiwegeventile (2St), Heizungsverteiler (1St), Kugelhähne (18St) * **Fußbodenheizung** (621m²), Heizkreisverteiler, Verteilerschränke, Wohnungsstationen (4St), Stellantriebe (41St), Schaltzentralen (4St), Kompaktheizkörper (2St), Raumthermostate (23St) * Schornstein (12m)				
430	**Raumlufttechnische Anlagen**	1.009,00 m² BGF	151.558	**150,21**	21,4
	Lüftungsgeräte (2St), Volumenstromregler (12St), Stellantriebe (2St), Heizregister (1St), Luftkanäle (222m²), Kanalschalldämpfer (8St), Wickelfalzrohre DN100-400 (261m), Schalldämpfer DN100-160 (28St), Lüftungsrohre DN100-125, Brandschutzklappen (10St), Kanalrauchmelder (4St), Deckendrallauslässe (16St), Wandschlitzauslässe (18m), Lüftungsgitter (9St)				
440	**Elektrische Anlagen**	1.009,00 m² BGF	224.701	**222,70**	31,7
	Zählerschrank, Hauptverteiler (1St), Messschrank, Überspannungsschutzgerät (1St), Verteilerschrank (1St), Überspannungsschutzgerät (1St), Kleinverteiler (1St), FI-Schutzschalter (104St), LS-Schutzschalter (43St), Mantelleitungen (9.036m), Außenkabel A-2Y (65m), Steckdosen (167St), Schalter/Taster (53St) * LED-Einbauleuchten (60St), LED-Deckendownlights (14St), Wannenleuchten (12St), Spiegelleuchten (5St), Außenleuchten (psch) * Fundamenterder (396m), Alu-Fangleitungen (49m), Potenzialausgleichsschienen (2St)				
450	**Kommunikationstechnische Anlagen**	1.009,00 m² BGF	31.513	**31,23**	4,4
	Sprechanlage (1St), Netzgerät, Notrufset, Telefon-Gateway (1St), DECT-Repeater (2St) * Brandmeldezentrale (1St), Multisensormelder (37St), Blitzleuchte, Überspannungsschutz (1St), Druckknopfmelder (14St), Brandmeldekabel (918m) * Medienschrank, DSL-Router, Repeater (1St), Datenkabel **Cat7** (1.044m), Datenanschlussdosen Cat6 (14St), Telefonanschlussdosen (3St)				
460	**Förderanlagen**	1.009,00 m² BGF	61.987	**61,43**	8,7
	Aufzugsanlage, Nutzlast 630kg, Förderhöhe 6,25m, drei Haltestellen (1St)				

Kostenkennwerte für die Kostengruppen 400 der 2. und 3. Ebene DIN 276 (Übersicht)

KG	Kostengruppe	Menge Einheit	Kosten €	€/Einheit	%
410	**Abwasser-, Wasser-, Gasanlagen**	**1.009,00 m² BGF**	**120.980,53**	**119,90**	**17,1**
411	Abwasseranlagen	1.009,00 m² BGF	42.263,43	41,89	6,0
412	Wasseranlagen	1.009,00 m² BGF	74.484,91	73,82	10,5
419	Sonstiges zur KG 410	1.009,00 m² BGF	4.232,20	4,19	0,6
420	**Wärmeversorgungsanlagen**	**1.009,00 m² BGF**	**117.983,27**	**116,93**	**16,6**
421	Wärmeerzeugungsanlagen	1.009,00 m² BGF	30.242,18	29,97	4,3
422	Wärmeverteilnetze	1.009,00 m² BGF	40.108,43	39,75	5,7
423	Raumheizflächen	1.009,00 m² BGF	38.699,08	38,35	5,5
429	Sonstiges zur KG 420	1.009,00 m² BGF	8.933,58	8,85	1,3
430	**Raumlufttechnische Anlagen**	**1.009,00 m² BGF**	**151.558,33**	**150,21**	**21,4**
431	Lüftungsanlagen	1.009,00 m² BGF	151.558,33	150,21	21,4
440	**Elektrische Anlagen**	**1.009,00 m² BGF**	**224.701,32**	**222,70**	**31,7**
444	Niederspannungsinstallationsanlagen	1.009,00 m² BGF	147.207,32	145,89	20,8
445	Beleuchtungsanlagen	1.009,00 m² BGF	61.974,91	61,42	8,7
446	Blitzschutz- und Erdungsanlagen	1.009,00 m² BGF	15.519,09	15,38	2,2
450	**Kommunikationstechnische Anlagen**	**1.009,00 m² BGF**	**31.512,52**	**31,23**	**4,4**
452	Such- und Signalanlagen	1.009,00 m² BGF	4.082,47	4,05	0,6
456	Gefahrenmelde- und Alarmanlagen	1.009,00 m² BGF	19.899,72	19,72	2,8
457	Datenübertragungsnetze	1.009,00 m² BGF	7.530,34	7,46	1,1
460	**Förderanlagen**	**1.009,00 m² BGF**	**61.987,14**	**61,43**	**8,7**
461	Aufzugsanlagen	1.009,00 m² BGF	61.987,14	61,43	8,7

Kostenkennwerte für Leistungsbereiche nach STLB (Kosten KG 400 nach DIN 276)

LB	Leistungsbereiche	Kosten €	€/m² BGF	€/m³ BRI	% an 400
040	Wärmeversorgungsanlagen - Betriebseinrichtungen	30.242	30,00	7,70	4,3
041	Wärmeversorgungsanlagen - Leitungen, Armaturen, Heizflächen	66.302	65,70	16,90	9,4
042	Gas- und Wasseranlagen - Leitungen, Armaturen	48.494	48,10	12,30	6,8
043	Druckrohrleitungen für Gas, Wasser und Abwasser	–	–	–	–
044	Abwasseranlagen - Leitungen, Abläufe, Armaturen	34.005	33,70	8,70	4,8
045	Gas-, Wasser- und Entwässerungsanlagen - Ausstattung, Elemente, Fertigbäder	29.497	29,20	7,50	4,2
046	Gas-, Wasser- und Entwässerungsanlagen - Betriebseinrichtungen	–	–	–	–
047	Dämm- und Brandschutzarbeiten an technischen Anlagen	23.858	23,60	6,10	3,4
049	Feuerlöschanlagen, Feuerlöschgeräte	–	–	–	–
050	Blitzschutz- / Erdungsanlagen, Überspannungsschutz	15.519	15,40	3,90	2,2
051	Kabelleitungstiefbauarbeiten	–	–	–	–
052	Mittelspannungsanlagen	–	–	–	–
053	Niederspannungsanlagen - Kabel / Leitungen, Verlegesysteme, Installationsgeräte	182.566	180,90	46,40	25,8
054	Niederspannungsanlagen - Verteilersysteme und Einbaugeräte	–	–	–	–
055	Sicherheits- und Ersatzstromversorgungsanlagen	–	–	–	–
057	Gebäudesystemtechnik	–	–	–	–
058	Leuchten und Lampen	22.774	22,60	5,80	3,2
059	Sicherheitsbeleuchtungsanlagen	–	–	–	–
060	Such-, Signal-, Zeitdienst-, Antennen-, elektroakustische Anlagen, Medientechnik	2.502	2,50	0,64	0,4
061	Kommunikations- und Übertragungsnetze	9.111	9,00	2,30	1,3
062	Kommunikationsanlagen	–	–	–	–
063	Gefahrenmeldeanlagen	19.900	19,70	5,10	2,8
064	Zutrittskontroll-, Zeiterfassungssysteme	–	–	–	–
069	Aufzüge	61.987	61,40	15,80	8,7
070	Gebäudeautomation	–	–	–	–
075	Raumlufttechnische Anlagen	146.113	144,80	37,20	20,6
078	Kälteanlagen für raumlufttechnische Anlagen	–	–	–	–
	Gebäudetechnik	**692.871**	**686,70**	**176,30**	**97,8**
	Sonstige Leistungsbereiche	**15.852**	**15,70**	**4,00**	**2,2**

Objekte

4400-0362
Kindertagesstätte
(6 Gruppen)
(124 Kinder)

Kostenkennwerte für die Kosten des Bauwerks (Kostengruppen 300+400 nach DIN 276)

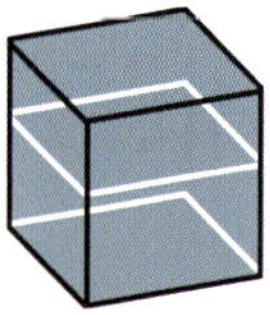

BRI 632 €/m³

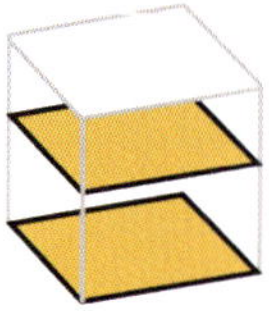

BGF 2.429 €/m²

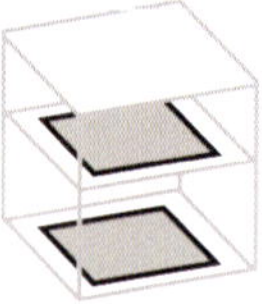

NUF 4.278 €/m²

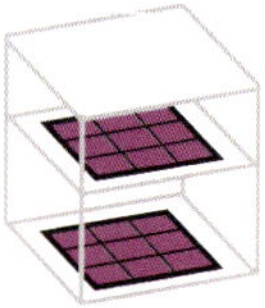

NE 32.879 €/NE

NE: Kinder

Objekt:
Kennwerte: 3. Ebene DIN 276
BRI: 6.446 m³
BGF: 1.678 m²
NUF: 953 m²
Bauzeit: 82 Wochen
Bauende: 2019
Standard: mittel
Bundesland: Bayern
Kreis: Berchtesgadener Land

Architekt*in:
härtner ito architekten
PartGmbB
Tübinger Straße 83a
70178 Stuttgart

Bauherr*in:
Stadt Bad Reichenhall
83435 Bad Reichenhall

© Simon Sommer

© Simon Sommer

© Simon Sommer

© Simon Sommer

© Simon Sommer

© Simon Sommer

© Simon Sommer

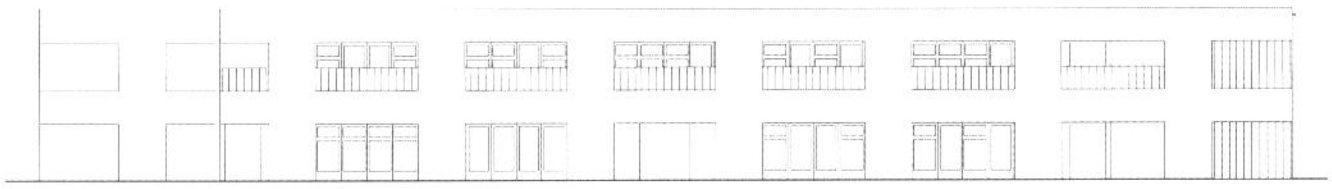

Ansicht Süd

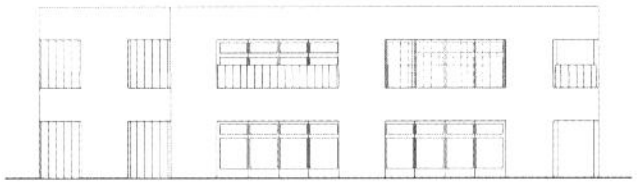

Ansicht Ost

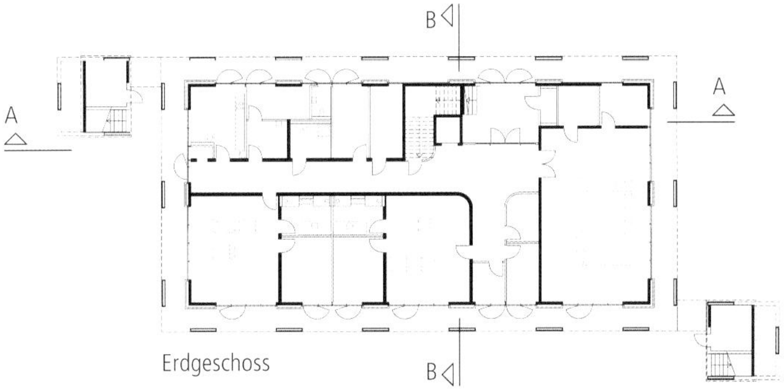

Erdgeschoss

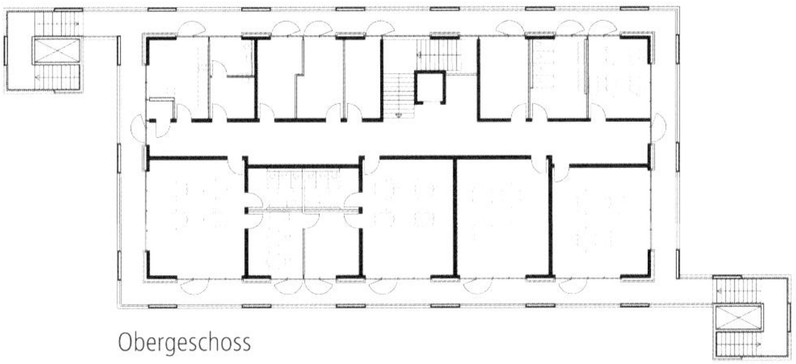

Obergeschoss

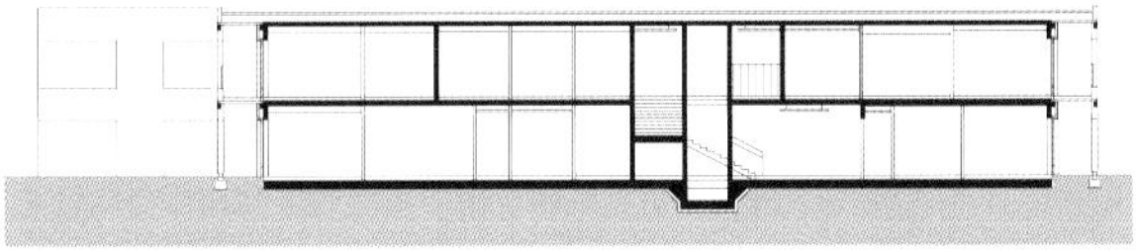

Schnitt A-A

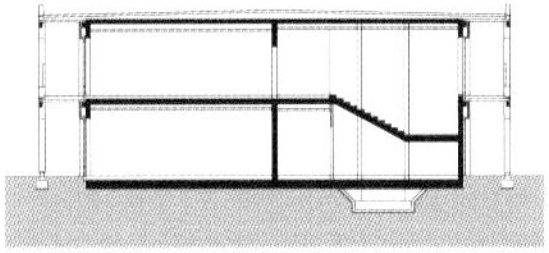

Schnitt B-B

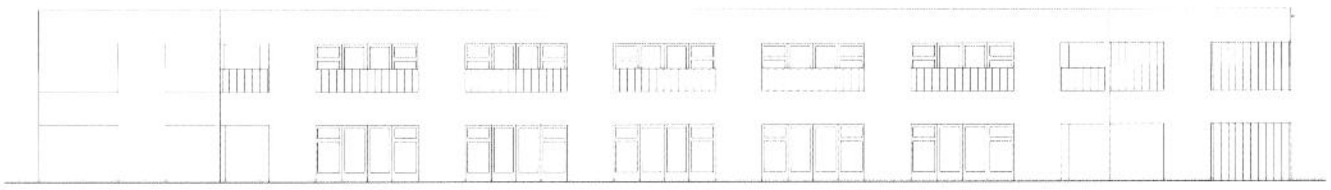

Ansicht Nord

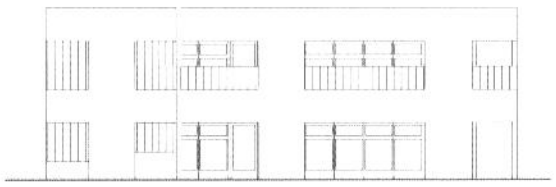

Ansicht West

Objektbeschreibung

Allgemeine Objektinformationen

Bei dem Neubau handelt es sich um einen viergruppigen Kindergarten und eine zweigruppige Kinderkrippe. Die Kinderkrippenräume befinden sich im Erdgeschoss während die Kindergartenräume im Obergeschoss untergebracht sind. Die Materialien sind möglichst naturbelassen, damit der Veränderungsprozess der natürlichen Materialien von den Kindern wahrgenommen werden kann. Außerdem kann dies den Aufwand des Bauunterhalts minimieren. Eine beschichtete Holzoberfläche ist aufwändiger zu sanieren als eine naturbelassene Holzoberfläche. Durch die sägeraue Lärchenschalung wird eine gleichmäßige Vergrauung der Holzoberflächenfarbe möglich. Die Farben des Gebäudes sind zurückhaltend, da die Kinder die Farben ins Haus bringen. Das Gebäude ist als Hintergrund für die Kinder konzipiert.

Nutzung

1 Erdgeschoss
Gruppenräume U3, Schlafräume, Mehrzweckraum, Büro, Besprechungsraum, Personalraum, Sanitärräume, Küche, HWR, Lager, Flur, Treppenhaus, Technikräume, Putzraum

1 Obergeschoss
Gruppenräume, Intensivräume, Büro, Besprechungsraum, Personalraum, Sanitärräume, Küche, HWR, Lager, Flur, Windfang, Technikräume, Putzraum

Nutzeinheiten

Gruppen: 6
Kinder: 124

Grundstück

Bauraum: Freier Bauraum
Neigung: Ebenes Gelände
Bodenklasse: BK 1 bis BK 4

Markt

Hauptvergabezeit: 4. Quartal 2017
Baubeginn: 1. Quartal 2018
Bauende: 3. Quartal 2019
Konjunkturelle Gesamtlage: Durchschnitt
Regionaler Baumarkt: Durchschnitt

Baukonstruktion

Das zweigeschossige Gebäude besteht aus Beton mit einem umlaufenden Umgang aus Holz. Die tragende Außenhülle des Umlaufs und der Attika sind als Holzrahmenbau hergestellt. Die Außenhülle trägt Vordach und Umlauf. Durch den Umlauf fällt das Tageslicht sanft in die Räume hinein (keine direkte Sonnenstrahlung). Im ganzen Gebäude werden dadurch keine außenliegenden Sonnenschutzelemente benötigt. Bei den tragenden Innenwänden handelt es sich sowohl um Mauerwerkswände als auch Stahlbetonwände. Die Geschossdecke und das Dach bestehen aus Betonhalbfertigteilen. Das Flachdach ist bekiest. Durch die Dachfenster über dem Spielflur im Obergeschoss fällt das Tageslicht ins Gebäude hinein.

Technische Anlagen

Das Gebäude wird mit eine **Sole-Wasser-Wärmepumpe** beheizt. Die Wärme wird über eine **Fußbodenheizung** in den Räumen verteilt. Auf dem Dach ist eine **Photovoltaikanlage** installiert. Eine **Lüftungsanlage mit Wärmerückgewinnung** sorgt für Frischluft. Ein **Personenaufzug** verbindet die zwei Geschosse miteinander **barrierefrei**.

Sonstiges

Der Umgang des Neubaus dient als Fluchtbalkon, überdachte Spielfläche und Verschattungselement. Zwei Treppentürme dienen als Fluchttreppe und Spielturm für die Kinder. Durch die im Grundriss diagonal angeordneten Treppentürme kann man aus den Räumen über den Umgang direkt ins Freie flüchten. Dadurch wurde die Haupttreppe im Gebäude von allen brandschutztechnischen Anforderungen befreit.

Energetische Kennwerte

Gesetzliche Grundlage: EnEV 2013
Gebäudenutzfläche: 1.030,71 m^2
Gebäudevolumen: 4.174,90 m^3
Hüllfläche des beheizten Volumens: 1.817,30 m^2
Spez. Transmissionswärmeverlust: 0,41 W/(m^2·K)
Mittlerer U-Wert (opake Bauteile): 0,18 W/(m^2·K)
Mittlerer U-Wert (transparente Bauteile): 1,00 W/(m^2·K)
Spez. Jahresprimärenergiebedarf: 64,32 kWh/(m^2·a)
Spez. Jahresendenergiebedarf: 30,40 kWh/(m^2·a)
CO_2-Emissionen: 21,00 kg/(m^2·a)

Planungskennwerte für Flächen und Rauminhalte nach DIN 277

Flächen des Grundstücks		Menge Einheit	% an GF
BF	Bebaute Fläche	851,73 m²	12,5
UF	Unbebaute Fläche	5.988,27 m²	87,5
GF	Grundstücksfläche	6.840,00 m²	100,0

Grundflächen des Bauwerks		Menge Einheit	% an NUF	% an BGF
NUF	Nutzungsfläche	953,05 m²	100,0	56,8
TF	Technikfläche	23,25 m²	2,4	1,4
VF	Verkehrsfläche	396,63 m²	41,6	23,6
NRF	Netto-Raumfläche	1.372,93 m²	144,1	81,8
KGF	Konstruktions-Grundfläche	305,35 m²	32,0	18,2
BGF	Brutto-Grundfläche	1.678,28 m²	176,1	100,0

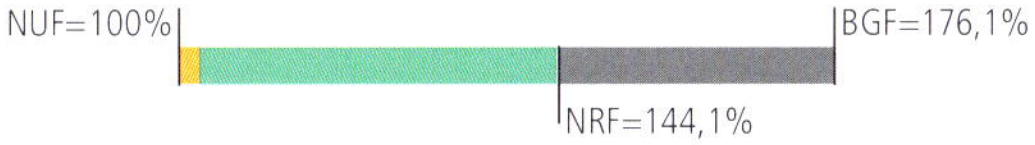

NUF TF VF KGF

Brutto-Rauminhalt des Bauwerks		Menge Einheit	BRI/NUF (m)	BRI/BGF (m)
BRI	Brutto-Rauminhalt	6.446,45 m³	6,76	3,84

Prozentualer Anteil der Kostengruppen der 2. Ebene an der Kostengruppe 400 nach DIN 276

KG	Kostengruppen (2. Ebene)
410	Abwasser-, Wasser-, Gasanlagen
420	Wärmeversorgungsanlagen
430	Raumlufttechnische Anlagen
440	Elektrische Anlagen
450	Kommunikationstechnische Anlagen
460	Förderanlagen
470	Nutzungsspez. u. verfahrenstechn. Anl.
480	Gebäude- und Anlagenautomation
490	Sonst. Maßnahmen für techn. Anlagen

Ranking der Kostengruppen der 3. Ebene an der Kostengruppe 400 nach DIN 276

KG	Kostengruppen (3. Ebene)	% an KG 400	KG	Kostengruppen (3. Ebene)	% an KG 400
444	Niederspannungsinstallationsanlagen	23,9	456	Gefahrenmelde- und Alarmanlagen	4,0
412	Wasseranlagen	16,1	411	Abwasseranlagen	3,4
445	Beleuchtungsanlagen	9,6	423	Raumheizflächen	3,2
461	Aufzugsanlagen	6,9	446	Blitzschutz- und Erdungsanlagen	2,3
431	Lüftungsanlagen	5,6	481	Automationseinrichtungen	2,2
421	Wärmeerzeugungsanlagen	5,3	419	Sonstiges zur KG 410	1,9
442	Eigenstromversorgungsanlagen	5,2	457	Datenübertragungsnetze	1,6
422	Wärmeverteilnetze	5,0	482	Schaltschränke, Automation	1,1

Kostenkennwerte für die Kostengruppen der 1. Ebene DIN 276

KG	Kostengruppen (1. Ebene)	Einheit	Kosten €	€/Einheit	€/m² BGF	€/m³ BRI	% 300+400
100	Grundstück	m² GF	–	–	–	–	–
200	Vorbereitende Maßnahmen	m² GF	275.952	40,34	164,43	42,81	6,8
300	Bauwerk – Baukonstruktionen	m² BGF	3.331.448	1.985,04	1.985,04	516,79	81,7
400	Bauwerk – Technische Anlagen	m² BGF	745.490	444,20	444,20	115,64	18,3
	Bauwerk 300+400	**m² BGF**	**4.076.938**	**2.429,24**	**2.429,24**	**632,43**	**100,0**
500	Außenanlagen und Freiflächen	m² AF	130.805	21,84	77,94	20,29	3,2
600	Ausstattung und Kunstwerke	m² BGF	109.804	65,43	65,43	17,03	2,7
700	Baunebenkosten	m² BGF	–	–	–	–	–
800	Finanzierung	m² BGF	–	–	–	–	–

KG	Kostengruppe	Menge Einheit	Kosten €	€/Einheit	%
200	**Vorbereitende Maßnahmen**	6.840,00 m² GF	275.952	**40,34**	6,8
	Baumschutz, Entsorgung von Haufwerk, Baumwurzeln entfernen; Hausanschluss Wasser und Glasfaser				
3+4	**Bauwerk**				**100,0**
300	**Bauwerk – Baukonstruktionen**	1.678,28 m² BGF	3.331.448	**1.985,04**	81,7
	Baugrundverbesserung, Stb-Bodenplatte, Fundamente, Heizestrich, Linoleum, Bodenfliesen; Holzrahmenwände, Stb-Wände, Alufenster, Fassadenbekleidung Fichte-Dreischichtplatte, Nut-/Federschalung Lärche, Holzgeländer, Lamellenelemente; Mauerwerk, GK-Wände, Holztüren, Gipsputz, Beschichtung, PU-Lack, Wandfliesen, WC-Trennwände; Stb-Elementdecke, Stb-Treppen, Brettsperrholz-Decken, Terrassendielen, Akustikdecke, GK-Decke; Stb-Elementdach, Brettsperrholz-Dach, Alu-Lichtdach, Lichtkuppel, Gefälledämmung, Dachabdichtung, Rundkies; Einbaumöbel, Einbauküchen; Schließanlage				
400	**Bauwerk – Technische Anlagen**	1.678,28 m² BGF	745.490	**444,20**	18,3
	Gebäudeentwässerung, Kalt- und Warmwasserleitungen, Sanitärobjekte; **Sole-Wasser-Wärmepumpe**, Heizungsrohre, **Fußbodenheizung**; **Lüftungsanlage**; Elektroinstallation, Beleuchtung, **Blitzschutz**; Telefonanschluss, Telefonanlage, Türsprechanlage, Personen-Notrufanlage, **Brandmeldeanlage**, Netzwerkverkabelung; **Personenaufzug**; **Gebäudeautomation**				
500	**Außenanlagen und Freiflächen**	5.988,27 m² AF	130.805	**21,84**	3,2
	Bodenarbeiten; Gebäudeentwässerung, Fettabscheider, Hebeanlage, Regenwasser-Rigolen, Mastaufsatzleuchten, Erdkabel				
600	**Ausstattung und Kunstwerke**	1.678,28 m² BGF	109.804	**65,43**	2,7
	Gewerbe-Waschmaschinen, Gewerbe-Wäschetrockner, Speisentransportbehälter, Möblierung für Gruppenräume, Schlafräume, Personal, Büro und Garderoben, Sanitärausstattungen, Rasenmäher; Spiel- und Indoor-Sportgeräte				

Kostenkennwerte für die Kostengruppen 400 der 2. Ebene DIN 276

KG	Kostengruppe	Menge Einheit	Kosten €	€/Einheit	%
400	**Bauwerk – Technische Anlagen**				**100,0**
410	**Abwasser-, Wasser-, Gasanlagen**	1.678,28 m²BGF	159.776	**95,20**	21,4
	KG-Rohre DN100-250 (84m), PP-Rohre DN40-100 (134m) * Edelstahl-Systemrohre DN12-25, Rohrdämmung (301m), Metallverbundrohre DN12-15, Rohrdämmung (195m), Waschtische (4St), Waschrinnen (8St), Tiefspül-WCs (18St), Duschpaneels (2St), Außenarmaturen (2St) * Montageelemente (29St), Montageplatten für Griff- und Haltesysteme (47St)				
420	**Wärmeversorgungsanlagen**	1.678,28 m²BGF	100.549	**59,91**	13,5
	Sole-Wasser-Wärmepumpe 26,7kW (1St), Plattenwärmetauscher (1St), Trinkwasserspeicher (1St) * Kupferrohre, Rohrdämmung (219m), Ausdehnungsgefäß (1St) * Rohre für **Fußbodenheizung** (5.050m), Heizkreisverteiler, neun bis elf Heizkreise (5St)				
430	**Raumlufttechnische Anlagen**	1.678,28 m²BGF	41.575	**24,77**	5,6
	Lüftungsanlagen **mit Wärmerückgewinnung**, Minilüfter (1St), Wickelfalzrohre (319m), Ovalrohre (40m), vollflexible Lüftungsrohre (10m), Volumenstrombegrenzer (42St), Lüftungsventile (42St), Telefonieschalldämpfer (11St)				
440	**Elektrische Anlagen**	1.678,28 m²BGF	305.912	**182,28**	41,0
	Photovoltaikanlage mit Solarmodulen 270W (36St), Sicherheitsbeleuchtungsanlage (1St) * Schaltschrankkombination (1St), Mantelleitungen (10.188m), Steuerkabel (304m), Sicherheitskabel (216m), Schalter, Taster (78St), Steckdosen (165St), Raumtemperaturregler (37St), **Präsenzmelder** (11St) * Anbauleuchten (124St), Lichtleisten (17St), Wandleuchten (46St), Pendelleuchten (4St), Sicherheitsleuchten (23St) * Rundleiter (598m), Fundamenterder (200m), Überbrückungsbügel (84St)				
450	**Kommunikationstechnische Anlagen**	1.678,28 m²BGF	56.717	**33,79**	7,6
	Telefonkabel (200m), Telefonzentrale (1St), Telefone (9St) * Türsprechanlage (1St), Personen-Notrufanlage (1St) * **Brandmelde-**Computer (1St), Brandmeldekabel (782m), optische Rauchmelder (80St), Multisensormelder (18St), Wärmemelder (2St), Warntongeber (50St), Handmelder (7St) * Netzwerkschrank (1St), Datenkabel (1.178m), Netzwerkdosen (17St)				
460	**Förderanlagen**	1.678,28 m²BGF	51.073	**30,43**	6,9
	Personenaufzug, acht Personen, zwei Haltestellen (1St), Schachtentrauchungssystem (psch)				
480	**Gebäude- und Anlagenautomation**	1.678,28 m²BGF	24.739	**14,74**	3,3
	PC-Bedienpanel (1St), Automationsgerät mit 15 E/A (1St), Software Automationsstation (1St), Modem für SMS-Übertragung (1St), Universal-Eingangsmodul (1St), Tauchfühler (9St), Außentemperaturfühler (1St), Spannungsversorgungsmodul (1St) * **DDC**-Schaltschrank, bestückt (1St), ID Kommunikationssoftware (1St)				
490	**Sonst. Maßnahmen für techn. Anlagen**	1.678,28 m²BGF	5.149	**3,07**	0,7
	Baustelleneinrichtung (1St)				

Kostenkennwerte für die Kostengruppen 400 der 2. und 3. Ebene DIN 276 (Übersicht)

KG	Kostengruppe	Menge Einheit	Kosten €	€/Einheit	%
410	**Abwasser-, Wasser-, Gasanlagen**	**1.678,28 m² BGF**	**159.776,26**	**95,20**	**21,4**
411	Abwasseranlagen	1.678,28 m² BGF	25.392,35	15,13	3,4
412	Wasseranlagen	1.678,28 m² BGF	120.304,90	71,68	16,1
419	Sonstiges zur KG 410	1.678,28 m² BGF	14.078,99	8,39	1,9
420	**Wärmeversorgungsanlagen**	**1.678,28 m² BGF**	**100.548,53**	**59,91**	**13,5**
421	Wärmeerzeugungsanlagen	1.678,28 m² BGF	39.859,13	23,75	5,3
422	Wärmeverteilnetze	1.678,28 m² BGF	36.938,94	22,01	5,0
423	Raumheizflächen	1.678,28 m² BGF	23.750,48	14,15	3,2
430	**Raumlufttechnische Anlagen**	**1.678,28 m² BGF**	**41.575,22**	**24,77**	**5,6**
431	Lüftungsanlagen	1.678,28 m² BGF	41.575,22	24,77	5,6
440	**Elektrische Anlagen**	**1.678,28 m² BGF**	**305.912,48**	**182,28**	**41,0**
442	Eigenstromversorgungsanlagen	1.678,28 m² BGF	38.976,06	23,22	5,2
444	Niederspannungsinstallationsanlagen	1.678,28 m² BGF	178.341,74	106,26	23,9
445	Beleuchtungsanlagen	1.678,28 m² BGF	71.679,83	42,71	9,6
446	Blitzschutz- und Erdungsanlagen	1.678,28 m² BGF	16.914,85	10,08	2,3
450	**Kommunikationstechnische Anlagen**	**1.678,28 m² BGF**	**56.716,52**	**33,79**	**7,6**
451	Telekommunikationsanlagen	1.678,28 m² BGF	7.739,48	4,61	1,0
452	Such- und Signalanlagen	1.678,28 m² BGF	7.657,02	4,56	1,0
456	Gefahrenmelde- und Alarmanlagen	1.678,28 m² BGF	29.659,23	17,67	4,0
457	Datenübertragungsnetze	1.678,28 m² BGF	11.660,80	6,95	1,6
460	**Förderanlagen**	**1.678,28 m² BGF**	**51.072,60**	**30,43**	**6,9**
461	Aufzugsanlagen	1.678,28 m² BGF	51.072,60	30,43	6,9
480	**Gebäude- und Anlagenautomation**	**1.678,28 m² BGF**	**24.739,12**	**14,74**	**3,3**
481	Automationseinrichtungen	1.678,28 m² BGF	16.692,59	9,95	2,2
482	Schaltschränke, Automation	1.678,28 m² BGF	8.046,53	4,79	1,1
490	**Sonst. Maßnahmen für techn. Anlagen**	**1.678,28 m² BGF**	**5.148,92**	**3,07**	**0,7**
491	Baustelleneinrichtung	1.678,28 m² BGF	5.148,92	3,07	0,7

Kostenkennwerte für Leistungsbereiche nach STLB (Kosten KG 400 nach DIN 276)

LB	Leistungsbereiche	Kosten €	€/m² BGF	€/m³ BRI	% an 400
040	Wärmeversorgungsanlagen - Betriebseinrichtungen	38.534	23,00	6,00	5,2
041	Wärmeversorgungsanlagen - Leitungen, Armaturen, Heizflächen	57.399	34,20	8,90	7,7
042	Gas- und Wasseranlagen - Leitungen, Armaturen	37.616	22,40	5,80	5,0
043	Druckrohrleitungen für Gas, Wasser und Abwasser	–	–	–	–
044	Abwasseranlagen - Leitungen, Abläufe, Armaturen	11.109	6,60	1,70	1,5
045	Gas-, Wasser- und Entwässerungsanlagen - Ausstattung, Elemente, Fertigbäder	92.808	55,30	14,40	12,4
046	Gas-, Wasser- und Entwässerungsanlagen - Betriebseinrichtungen	–	–	–	–
047	Dämm- und Brandschutzarbeiten an technischen Anlagen	12.699	7,60	2,00	1,7
049	Feuerlöschanlagen, Feuerlöschgeräte	–	–	–	–
050	Blitzschutz- / Erdungsanlagen, Überspannungsschutz	16.915	10,10	2,60	2,3
051	Kabelleitungstiefbauarbeiten	–	–	–	–
052	Mittelspannungsanlagen	–	–	–	–
053	Niederspannungsanlagen - Kabel / Leitungen, Verlegesysteme, Installationsgeräte	132.053	78,70	20,50	17,7
054	Niederspannungsanlagen - Verteilersysteme und Einbaugeräte	70.263	41,90	10,90	9,4
055	Sicherheits- und Ersatzstromversorgungsanlagen	–	–	–	–
057	Gebäudesystemtechnik	–	–	–	–
058	Leuchten und Lampen	66.555	39,70	10,30	8,9
059	Sicherheitsbeleuchtungsanlagen	19.155	11,40	3,00	2,6
060	Such-, Signal-, Zeitdienst-, Antennen-, elektroakustische Anlagen, Medientechnik	7.657	4,60	1,20	1,0
061	Kommunikations- und Übertragungsnetze	19.025	11,30	3,00	2,6
062	Kommunikationsanlagen	–	–	–	–
063	Gefahrenmeldeanlagen	29.864	17,80	4,60	4,0
064	Zutrittskontroll-, Zeiterfassungssysteme	–	–	–	–
069	Aufzüge	51.073	30,40	7,90	6,9
070	Gebäudeautomation	24.739	14,70	3,80	3,3
075	Raumlufttechnische Anlagen	40.313	24,00	6,30	5,4
078	Kälteanlagen für raumlufttechnische Anlagen	–	–	–	–
	Gebäudetechnik	**727.778**	**433,60**	**112,90**	**97,6**
	Sonstige Leistungsbereiche	**17.712**	**10,60**	**2,70**	**2,4**

Objekte

Sportbauten

5

- 5100 Hallen (ohne Schwimmhallen)
- 5200 Schwimmhallen
- 5300 Gebäude für Sportplatz und Freibadanlagen

5400 Sportplatzanlagen (Außenanlagen)
5500 Freibadanlagen (Außenanlagen)
5600 Sondersportanlagen

5100-0122
Sporthalle
(Zweifeldhalle)

Modernisierung

Kostenkennwerte für die Kosten des Bauwerks (Kostengruppen 300+400 nach DIN 276)

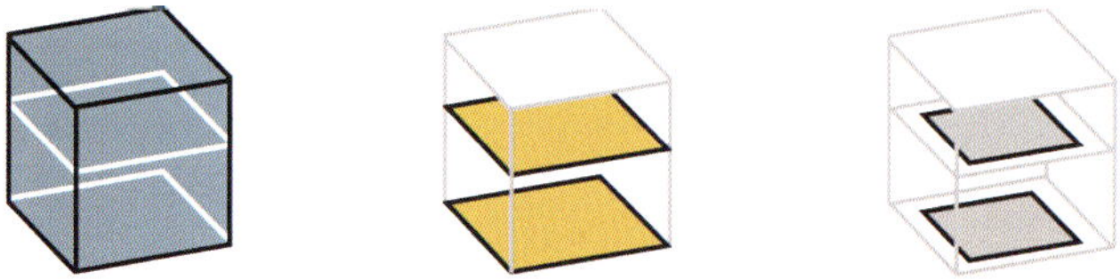

BRI 343 €/m³ BGF 2.733 €/m² NUF 4.031 €/m²

Objekt:
Kennwerte: 3. Ebene DIN 276
BRI: 17.656 m³
BGF: 2.217 m²
NUF: 1.503 m²
Bauzeit: 109 Wochen
Bauende: 2016
Standard: mittel
Bundesland: Hessen
Kreis: Kassel

Architekt*in:
LPH 1-9
pwpMAS Architekten
PartG mbB
Spreestraße 3
64295 Darmstadt

und

KM architekten bda
Leipziger Straße 99
34123 Kassel

Bauherr*in:
Magistrat der Stadt Baunatal

© Katharina Jaeger

nachher

© Katharina Jaeger

nachher

© KM architekten bda

vorher

© KM architekten bda

vorher

Ansicht Nord

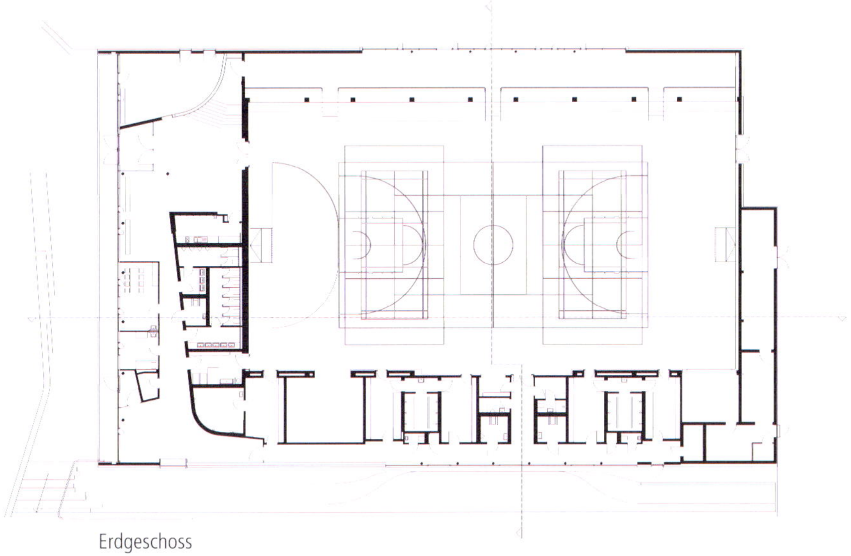

Erdgeschoss

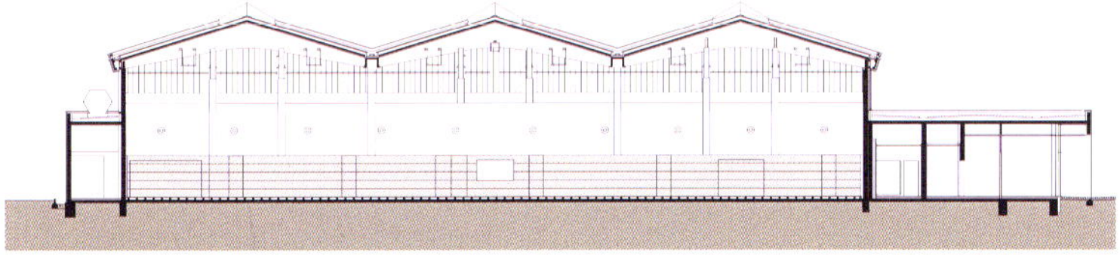

Längsschnitt

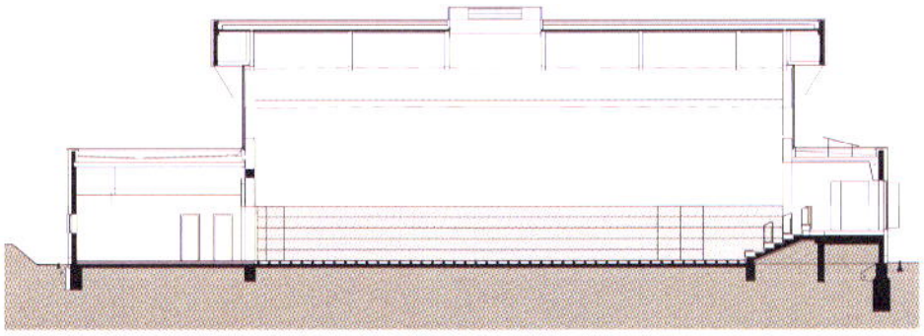

Querschnitt

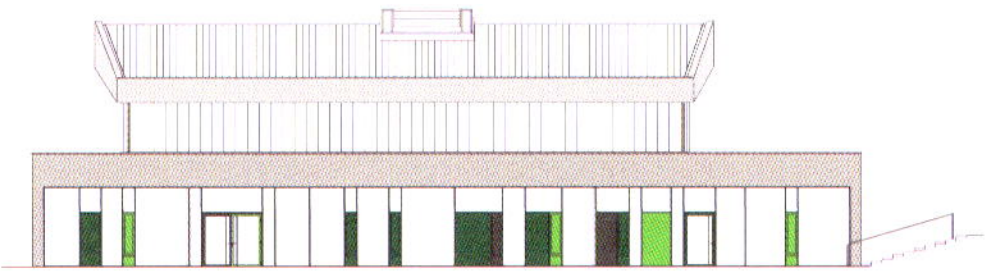

Ansicht West

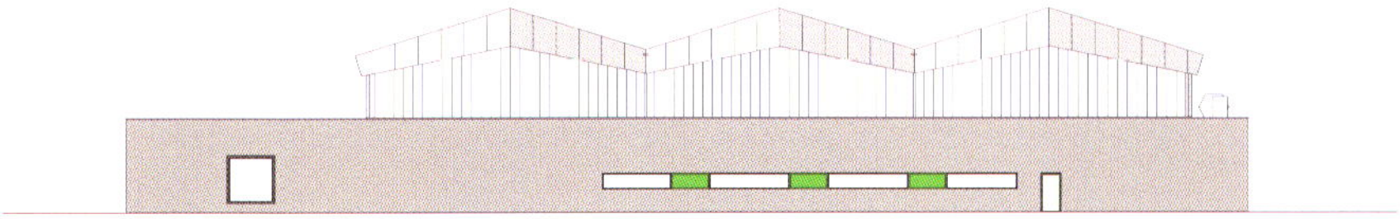

Ansicht Süd

Objektbeschreibung

Allgemeine Objektinformationen

Die Zweifeld-Sporthalle wurde baulich erweitert und komplett modernisiert. Der Umbau beinhaltet eine Neuordnung der Funktionsbereiche im Hinblick auf Barrierefreiheit und Akustik. Eine Cateringküche wurde integriert und der Tribünenbereich vergrößert. Die Baumaßnahme umfasst neben der energetischen Modernisierung der Gebäudehülle und dem Neubau der Funktionsbereiche auch die Erneuerung der Haustechnik unter dem Einsatz von **Photovoltaik** und dem Einbau einer **Solarthermie**. Das Relief der Außenwand sowie das Material- und Farbkonzept vermitteln zwischen dem urbanen Charakter des Gebäudes und dem umgebenden Landschaftsraum.

Nutzung

1 Erdgeschoss
Halle, Geräte, Tribüne, Eingang, Umkleiden, Duschen, WCs, Technik

Nutzeinheiten

Stellplätze: 7
Zuschauerplätze: 392

Grundstück

Bauraum: Freier Bauraum
Neigung: Ebenes Gelände
Bodenklasse: BK 2 bis BK 5

Markt

Hauptvergabezeit: 1. Quartal 2015
Baubeginn: 4. Quartal 2014
Bauende: 4. Quartal 2016
Konjunkturelle Gesamtlage: über Durchschnitt
Regionaler Baumarkt: unter Durchschnitt

Baubestand

Baujahr: 1987
Bauzustand: mittel
Aufwand: mittel
Grundrissänderungen: einige
Tragwerkseingriffe: wenige
Nutzungsänderung: nein
Nutzung während der Bauzeit: nein

Baukonstruktion

Die Bestandskonstruktion der Halle wurde modernisiert und beibehalten. Die Erweiterung umfasst die Funktionsräume und einen Galeriebereich mit Trapezblechdecke. Die Westseite der Sporthalle mit Haupteingang und Foyer hat eine vorgehängte Pfosten-Riegel-Fassade mit großflächigen Verglasungen, wohingegen sich die anschließenden Fassaden eher geschlossen zeigen. Oberlichtfenster dienen der Belichtung und Belüftung der Halle. Der Trainingsbereich ist mit einem Doppelschwingboden und Linoleumbelag ausgestattet. Im Sanitärbereich sind sämtliche Böden sowie die Wände raumhoch gefliest.

Technische Anlagen

Die Haustechnik wurde vollständig erneuert. Eine thermische **Solaranlage** auf dem Dach unterstützt die Wärmeversorgung der Sporthalle. Die Wärmeerzeugung erfolgt mittels einer Luft/Wasser-Gas-Absorptions-**Wärmepumpe** und einem Gas-Brennwertkessel. Das Sportfeld wird über große Deckenstrahlplatten beheizt. In übrigen Räumen wird die Wärme über eine **Fußbodenheizung** und Heizkörper verteilt. Die Be- und Entlüftung der Räume erfolgt über Lüftungsanlagen **mit Wärmerückgewinnung**. Das Energiekonzept wird durch eine **Photovoltaikanlage** abgerundet.

Sonstiges

Die Außenanlage zur dieser Sporthalle ist unter der Objektnummer 5100-0137 dokumentiert.

Energetische Kennwerte

Gesetzliche Grundlage: EnEV 2013
Gebäudenutzfläche: 2.163,10 m^2
Gebäudevolumen: 17.436,20 m^3
Hüllfläche des beheizten Volumens: 6.315,30 m^2
Spez. Transmissionswärmeverlust: 0,26 $W/(m^2 \cdot K)$
Mittlerer U-Wert (opake Bauteile): 0,19 $W/(m^2 \cdot K)$
Mittlerer U-Wert (transparente Bauteile): 1,19 $W/(m^2 \cdot K)$
Jahresprimärenergie: 388.184,68 kWh/a
Spez. Jahresprimärenergiebedarf: 179,48 $kWh/(m^2 \cdot a)$
Jahresendenergiebedarf: 302.721,70 kWh/a
Spez. Jahresendenergiebedarf: 139,95 $kWh/(m^2 \cdot a)$

Planungskennwerte für Flächen und Rauminhalte nach DIN 277

Flächen des Grundstücks		Menge Einheit	% an GF
BF	Bebaute Fläche	2.282,84 m²	56,6
UF	Unbebaute Fläche	1.752,16 m²	43,4
GF	Grundstücksfläche	4.035,00 m²	100,0

Grundflächen des Bauwerks		Menge Einheit	% an NUF	% an BGF
NUF	Nutzungsfläche	1.503,21 m²	100,0	67,8
TF	Technikfläche	120,73 m²	8,0	5,4
VF	Verkehrsfläche	444,78 m²	29,6	20,1
NRF	Netto-Raumfläche	2.068,72 m²	137,6	93,3
KGF	Konstruktions-Grundfläche	148,29 m²	9,9	6,7
BGF	Brutto-Grundfläche	2.217,01 m²	147,5	100,0

Brutto-Rauminhalt des Bauwerks		Menge Einheit	BRI/NUF (m)	BRI/BGF (m)
BRI	Brutto-Rauminhalt	17.656,36 m³	11,75	7,96

Prozentualer Anteil der Kostengruppen der 2. Ebene an der Kostengruppe 400 nach DIN 276

KG	Kostengruppen (2. Ebene)
410	Abwasser-, Wasser-, Gasanlagen
420	Wärmeversorgungsanlagen
430	Raumlufttechnische Anlagen
440	Elektrische Anlagen
450	Kommunikationstechnische Anlagen
460	Förderanlagen
470	Nutzungsspez. u. verfahrenstechn. Anl.
480	Gebäude- und Anlagenautomation
490	Sonst. Maßnahmen für techn. Anlagen

Ranking der Kostengruppen der 3. Ebene an der Kostengruppe 400 nach DIN 276

KG	Kostengruppen (3. Ebene)	% an KG 400	KG	Kostengruppen (3. Ebene)	% an KG 400
431	Lüftungsanlagen	12,9	421	Wärmeerzeugungsanlagen	5,3
423	Raumheizflächen	11,6	442	Eigenstromversorgungsanlagen	3,5
444	Niederspannungsinstallationsanlagen	11,3	482	Schaltschränke, Automation	3,1
422	Wärmeverteilnetze	11,1	454	Elektroakustische Anlagen	2,2
445	Beleuchtungsanlagen	9,8	492	Gerüste	1,7
412	Wasseranlagen	8,5	446	Blitzschutz- und Erdungsanlagen	1,5
481	Automationseinrichtungen	6,4	443	Niederspannungsschaltanlagen	1,3
411	Abwasseranlagen	5,7	455	Audiovisuelle Medien- u. Antennenanl.	0,7

Modernisierung

Kostenkennwerte für die Kostengruppen der 1. Ebene DIN 276

KG	Kostengruppen (1. Ebene)	Einheit	Kosten €	€/Einheit	€/m² BGF	€/m³ BRI	% 300+400
100	Grundstück	m² GF	–	–	–	–	–
200	Vorbereitende Maßnahmen	m² GF	–	–	–	–	–
300	Bauwerk – Baukonstruktionen	m² BGF	4.484.341	2.022,70	2.022,70	253,98	74,0
400	Bauwerk – Technische Anlagen	m² BGF	1.575.402	710,60	710,60	89,23	26,0
	Bauwerk 300+400	**m² BGF**	**6.059.743**	**2.733,30**	**2.733,30**	**343,20**	**100,0**
500	Außenanlagen und Freiflächen	m² AF	433.737	247,54	195,64	24,57	7,2
600	Ausstattung und Kunstwerke	m² BGF	75.476	34,04	34,04	4,27	1,2
700	Baunebenkosten	m² BGF	–	–	–	–	–
800	Finanzierung	m² BGF	–	–	–	–	–

KG	Kostengruppe	Menge Einheit	Kosten €	€/Einheit	%
3+4	**Bauwerk**				**100,0**
300	**Bauwerk – Baukonstruktionen**	2.217,01 m² BGF	4.484.341	**2.022,70**	74,0

- Abbrechen (Kosten: 6,0%) 270.276
  Abbruch von Bodenplatten, Tribüne, Treppen, Doppelschwingboden, Bodenbelägen; Mauerwerk, Putz, Wandfliesen, Gasbetondielen, Holzwänden, GK-Beplankung, Brüstung, Alufassade, Blechpanelfüllungen, Vormauerschalen, Dämmung, Blechbekleidung, Beschichtung, Raffstores; Prallwänden, GK-Wand, Türen, Toren, Wandbekleidungen, Ziegel- und Gasbetonmauerwerk, WC-Trennwänden, Falttüren, Trennwänden; Stb-Decken; Trapezblechtragschale, Sparrendächern, Vordach, Lichtkuppeln, Dacheindeckung, Blechbekleidung, Flachdachabdichtung, Dachentwässerung, Rasterdeckenplatten, Glattkantbrettern, GK-Decken; Küche, Sportanlagen, Hallenvorhang; Entsorgung, Deponiegebühren

- Wiederherstellen (Kosten: 1,6%) 73.204
  Türflügel demontieren, Beschläge in neuen Türflügel umbauen, neue Türflügel einbauen, verglasen, Verschmutzungen entfernen, mit Universal-Desinfektionsmittel behandeln; Anstrich an Holzleimbindern, Windverbänden erneuern; konstruktive Änderung an Traverse, Sprossenwände abschleifen, stabilisieren

- Herstellen (Kosten: 92,3%) 4.140.861
  Bodenplatte, Tribüne, Podesttreppe, Doppelschwingboden, Linoleum, Estrich, Beschichtung, Bodenfliesen, Dränage, Geländer; Hlz-Mauerwerk, Stb-Hohlwände, Stb-Stützen, Fenster, Dämmung, Putz, Beschichtung, Blechbekleidung, Profilglasfassade, Pfosten-Riegel-Fassade, Raffstores; GK-Wände, Türen, Schwingtore, Putz, Beschichtungen, Prallwände, Wandfliesen, Trennvorhang, Windfangelement, WC-Trennwände; Stb-Elementdecken, Stb-Hohlplattendach, Dachöffnungen, Dämmung, Stahltrapezblech, Dachabdichtung, Dachentwässerung, Streckmetalldecken, GK-Decken, Akustikdecken, Zementbauplatten, Beschichtung; Küche, Bänke, Sportgeräte, Werbebanner; Schließanlage

KG	Kostengruppe	Menge Einheit	Kosten €	€/Einheit	%
400	**Bauwerk – Technische Anlagen**	2.217,01 m² BGF	1.575.402	**710,60**	26,0
	• Abbrechen (Kosten: 1,5%) Abbruch von Gebäudeentwässerung, Kalt- und Warmwasserleitungen, Sanitärobjekten; Solarkollektoren, Warmwasserspeicher, Gas-Brennwertkessel, Pumpen, Ausdehnungsgefäß, Heizungsrohren, Heizungsverteiler, Heizkörpern, Edelstahlschornstein; **Lüftungsgerät**, Luftkanälen, Spiralfalzrohren, Kleinraumventilatoren; Elektroinstallation, Beleuchtung; Lautsprecher, Tragsysteme, Audioschrank, Spielstandsanzeige, **Brandmeldeanlage**; Entsorgung, Deponiegebühren		24.173		
	• Herstellen (Kosten: 98,5%) Gebäudeentwässerung, Kalt- und Warmwasserleitungen, Enthärtungsanlage, Hauswasserstation, Sanitärobjekte, Durchlauferhitzer, Gasanschluss; Solarthermieanlage, **Vakuum-Röhrenkollektoren**, Pufferspeicher, Luft/Wasser-Gas-Absorptions-**Wärmepumpe**, Gas-Brennwertkessel, Wasseraufbereitungsanlage, Deckenstrahlplatten, **Fußbodenheizung**, Heizkörper; Zu-/Abluftgeräte mit **WRG**; Zentralbatteriesystem, **Batterie**-Control-System, PV-Module, Niederspannungsstandverteiler, Elektroinstallation, Beleuchtung, **Blitzschutz**; Such- und Signalanlagen, elektroakustische Anlagen, Anzeigetafeln, **Brandmeldeanlage**, Datenübertragung; Feuerlöscher; **Gebäudeautomation**		1.551.229		
500	**Außenanlagen und Freiflächen**	1.752,16 m² AF	433.737	**247,54**	7,2
	• Abbrechen (Kosten: 8,7%) Abbruch von Betonfundamenten; Betonpflaster, Betonplatten, Betonbordsteinen, Schotter-Kies, Asphaltfläche, Parkplatzmarkierung; Müllplatzeinhausung, Stützmauern, Betonblockstufen, Handlauf; Betonschächten, Öltank, Mastleuchten; Mülleimern, Fahrradständern, Fahnenmast, Straßenschild; Bäume fällen, Wurzelstöcke, Bodendecker roden; Entsorgung, Deponiegebühren		37.568		
	• Wiederherstellen (Kosten: 3,7%) Kunststoffabdeckungen austauschen; Betonpflastersteine ausbauen, säubern, lagern, wieder verlegen, Betonunterbau abbrechen, entsorgen, Bordsteine versetzen; Straßenleuchten demontieren, lagern, wieder montieren; Pflege- und Verjüngungsschnitt, Kronenrückschnitte, Lichtraumprofile schneiden		15.949		
	• Herstellen (Kosten: 87,7%) Bodenarbeiten; Köcherfundamente; Bodenplatte, Dränleitungen; Pflaster, Bordsteine, Asphalt, Parkplatzmarkierung, Spritzschutzstreifen; Müllplatzeinhausung, Absturzgeländer, Stb-Wände, Betonmauerwinkel, Betonblockstufen; Oberflächenentwässerung, Erdkabel, Außenbeleuchtung; Sitzblöcke, Fahnenmasten, Mülleimer, Fahrradanlehnbügel, Hinweisschild; Oberbodenarbeiten, Pflanzgruben, Bäume, Sträucher, Wurzelschutzzaun, Rasenansaat		380.221		
600	**Ausstattung und Kunstwerke**	2.217,01 m² BGF	75.476	**34,04**	1,2
	• Abbrechen (Kosten: 1,4%) Abbruch von Garderobenleisten, Duschtrennwänden, Spiegeln, Lamellenvorhang, Gardinenlaufschienen, WC-Bürsten, WC-Papierhalter, Wandmülleimer, Abfallkörben, Papierspendern, Handtuchhaken, Desinfektionsspender, Seifenspender, Stützklappgriffen; Wandhalter für Turngeräte demontieren, einlagern; Fluchtwegeplänen, Glasrahmen; Entsorgung, Deponiegebühren		1.019		
	• Herstellen (Kosten: 98,6%) Schrankanlage, Flügeltürschränke, Tische, Stühle, Garderobenständer, Arztliege, Handtuchhaken, Seifen- und Desinfektionsspender, Abfallbehälter, WC-Papierhalter, WC-Ersatzrollenhalter, WC-Bürstengarnitur, Hygiene-Abfallbehälter, Handtuchspender; Turngeräte lackieren, Kassiertisch; Schilder		74.457		

Modernisierung

Kostenkennwerte für die Kostengruppen 400 der 2. Ebene DIN 276

KG	Kostengruppe	Menge Einheit	Kosten €	€/Einheit	%
400	**Bauwerk – Technische Anlagen**				**100,0**
410	**Abwasser-, Wasser-, Gasanlagen**	2.217,01 m² BGF	237.150	**106,97**	15,1
	• Abbrechen (Kosten: 1,2%) Abbruch von Sanitärentlüftungen (20St), Regenwasserleitungen (104m), Bodenabläufen (10St), Ablaufrinnen (4St) * Waschtischen (32St), Stand-WCs (16St), Urinalen (5St), Spülbecken (1St), Armaturen (42St), Duschköpfen, Duscharmatur (16St); Entsorgung, Deponiegebühren	2.217,01 m² BGF	2.862	**1,29**	
	• Herstellen (Kosten: 98,8%) Abwasserrohre (688m), Anschlüsse an Kontrollschächte (18St), Entwässerungsrinnen (4St), Abläufe (4St), Bodenabläufe (6St) * Edelstahlrohre (392m), Metallverbundrohre (386m), Enthärtungsanlage (1St), Hauswasserstation (1St), Einbauwaschbecken (8St), Waschtische (6St), **barrierefrei** (3St), Handwaschbecken (3St), Durchlauferhitzer 3,5kW (5St), Kleinspeicher 5l (1St), Waschrinne (1St), Ausgussbecken (1St), Duschwanne (1St), Tiefspül-WCs (15St), Urinale, Spülautomatik (6St) * Gasanschluss, Gaszähler (psch), Gas-Absperr-Kugelhähne (3St), Kupferrohre (24m) * Montageelemente (28St)	2.217,01 m² BGF	234.288	**105,68**	
420	**Wärmeversorgungsanlagen**	2.217,01 m² BGF	442.052	**199,39**	28,1
	• Abbrechen (Kosten: 3,2%) Abbruch von Solarkollektoren, Rohrleitungen (8St), Solaranlagen-Schrank (1St), Warmwasserspeicher (2St), Gas-Brennwertkessel, Umwälzpumpe (1St), Dreiwegeventile mit Motor, Pumpen (46St), Ausdehnungsgefäß (1St), Heizungsverteiler (1St) * Heizungsrohren (1.514m), Blechbekleidungen (39St), Heizungsverteiler (3St) * Plattenheizkörpern (14St), Kompakt-Fertigheizkörpern (4St), Röhrenheizkörper (1St) * Edelstahlschornstein (1St); Entsorgung, Deponiegebühren	2.217,01 m² BGF	14.034	**6,33**	
	• Herstellen (Kosten: 96,8%) Solarthermieanlage, **Vakuum-Röhrenkollektoren** 1,70x1,25m (5St), Pufferspeicher (2St), Zweistrang-Solarstation (1St), Kompaktverteiler (1St), Frischwassermodul (1St), Luft/Wasser-Gas-Absorptions-**Wärmepumpe** (1St), Gas-Brennwertkessel (1St), Membran-Ausdehnungsgefäße (4St) * Hocheffizienzpumpen (2St), Umwälzpumpen (10St), Zirkulationspumpe (1St), Wasseraufbereitungsanlage (psch), Heizungsbefüllstation (1St), Metallverbundrohre (1.647m), Stahlrohre (1.515m) * Alu-Deckenstrahlplatten, b=0,90m, l=22,50m (6St), Alu-Laserflex Systemrohre (1.524m), Heizkreisverteiler (6St), **Fußbodenheizung** (160m²), Mehrschicht-Sicherheitsrohre (568m), Heizkörper (24St)	2.217,01 m² BGF	428.018	**193,06**	
430	**Raumlufttechnische Anlagen**	2.217,01 m² BGF	202.809	**91,48**	12,9
	• Abbrechen (Kosten: 0,9%) Abbruch von **Lüftungsgerät** (1St), Schaltschränken (2St), Luftkanälen (73m²), Spiralfalzrohren (3St), Deckenluftdurchlässen (12St), Kleinraumventilatoren (9St), Tellerventilen (5St), Wetterschutzgittern (4St), Jalousieklappen (2St); Entsorgung, Deponiegebühren	2.217,01 m² BGF	1.765	**0,80**	
	• Herstellen (Kosten: 99,1%) Zu-/Abluftgeräte mit **WRG**, Volumenstrom 9.000m³/h (1St), 1.850m³/h (1St), Dach-Radialventilatoren (2St), Deflektorhaube (1St), Lüftungskanäle an Lichtkuppeln (7St), Volumenstromregler (18St), Lüftungskanäle (326m²), Formteile (211m²), Wickelfalzrohre (83m), Flexrohre (9m), Bimetall-Luftkanalthermometer (8St), Weitwurfdüsen (10St), UP-Lüftungsgeräte (8St), Decken-Impulsauslässe (5St), Deckenluftdurchlässe (4St), Tellerventile (20St)	2.217,01 m² BGF	201.045	**90,68**	

KG	Kostengruppe	Menge Einheit	Kosten €	€/Einheit	%
440	**Elektrische Anlagen**	2.217,01 m² BGF	433.072	**195,34**	27,5
	• Abbrechen (Kosten: 1,0%) Abbruch von Hauptverteilung (1St), Unterverteilungen (2St) * PVC-Rohren (144m), Kabelkanälen, PVC (117m), Stahlblech (17m), Kabelrinnen (109m) * Einbauleuchten (91St), Hallenstrahler (45St), Anbauleuchten (43St), Wandleuchten (18St), Rettungszeichenleuchten (12St), Pendelleuchten (6St), Ballschutzkörben (4St); Entsorgung, Deponiegebühren	2.217,01 m² BGF	4.533	**2,04**	
	• Herstellen (Kosten: 99,0%) Zentralbatteriesystem (1St), **Batterie**-Control-System (1St), PV-Module (40St) * Niederspannungsstandverteiler (1St), Schaltschränke (2St), Zeitschaltuhr (1St), Überspannungsableiter (1St) * Steuergerät (1St), LS-Schalter (241St), FI-Schalter (33St), Mantelleitungen (18.692m), Sicherheitskabel (873m), Steckdosen (153St), Schalter/Taster (47St) * Deckenpendelleuchten (8St), **Lichtbänder** (2St), Einbau-Downlights (92St), Anbauleuchten (40St), Lichtleisten (37St), Sicherheitsleuchten (67St), Rettungszeichenleuchten (27St), Downlights (17St), Einbaustrahler (14St), Einbauleuchten (14St), Spiegelleuchten (9St), Außenbeleuchtung (4St) * Runddrähte (852m), Fundamenterder (92m)	2.217,01 m² BGF	428.538	**193,30**	
450	**Kommunikationstechnische Anlagen**	2.217,01 m² BGF	69.978	**31,56**	4,4
	• Abbrechen (Kosten: 1,4%) Abbruch von Lautsprechern (21St), Tragsystemen (3St), Audioschrank (1St) * Spielstandsanzeige (1St) * **Brandmeldezentrale**, Handmeldern (10St), Blitzleuchte (1St), Sirenen (8St), Hauptmelder (1St), Feuerwehrschlüsseldepot (1St); Entsorgung, Deponiegebühren	2.217,01 m² BGF	979	**0,44**	
	• Herstellen (Kosten: 98,6%) Ruf-Sets (6St), Zugschnurtaster (3St), Kontrollanzeigen (2St), Installationsleitungen (800m) * Wanduhr, DCF-Funkempfänger (1St) * Serverschrank (1St), Vierkanalverstärker (1St), Steuereinheit für ELA-System (1St), Dreikanal Unterputz-Mixer (7St), Installationsleitungen (2.153m), Lautsprecher (51St), digitale Systemsprechstelle (1St) * elektronische Anzeigetafeln (2St), Installationsleitungen (1.000m) * Brandmeldeleitungen (460m), **RWA-Zentrale** (1St) * Datenkabel **Cat7** (794m), Koaxialkabel (402m), Datendose Cat6 (2St), Datenanschlussdosen Cat6 (16St), TAE-Anschlussdose (1St)	2.217,01 m² BGF	68.999	**31,12**	
470	**Nutzungsspez. u. verfahrenstechn. Anl.**	2.217,01 m² BGF	774	**0,35**	< 0,1
	• Herstellen (Kosten: 100,0%) Schaumfeuerlöscher 6l (6St)	2.217,01 m² BGF	774	**0,35**	
480	**Gebäude- und Anlagenautomation**	2.217,01 m² BGF	151.148	**68,18**	9,6
	• Herstellen (Kosten: 100,0%) Automationsstationen (2St), Vorrangbedienebene (1St), **KNX**-Spannungsversorgung (3St), **KNX**-Koppler (2St), Jalousieaktoren (3St), DALI-Gateways (3St), **Präsenzmelder** (26St), Wetterzentrale (1St), Differenzdruckwächter (4St), Kanalrauchmelder (4St), Gateway-Modul (1St) * Standschränke (3St), Phasenlampen (6St), Phasenüberwachung (2St), **Sicherheitstrafo** (1St), Temperaturüberwachung (2St), Aufschaltungen für Stellbefehle (32St), für Messwerte (28St), Motorsteuerung (14St), Rauchmeldeüberwachung (4St), Überspannungsschutz (1St) * Busleitungen (534m)	2.217,01 m² BGF	151.148	**68,18**	
490	**Sonst. Maßnahmen für techn. Anlagen**	2.217,01 m² BGF	38.419	**17,33**	2,4
	• Herstellen (Kosten: 100,0%) Arbeitsbühnen (4St), Teleskopmastbühne (22d), Rollgerüste (3St) * Komfort-Lufterhitzer (4St), Winterbaubeheizung (psch), Reinigung von Heizkörpern (psch)	2.217,01 m² BGF	38.419	**17,33**	

Kostenkennwerte für die Kostengruppen 400 der 2. und 3. Ebene DIN 276 (Übersicht)

KG	Kostengruppe	Menge Einheit	Kosten €	€/Einheit	%
410	**Abwasser-, Wasser-, Gasanlagen**	**2.217,01 m²BGF**	**237.149,91**	**106,97**	**15,1**
411	Abwasseranlagen	2.217,01 m²BGF	89.591,79	40,41	5,7
412	Wasseranlagen	2.217,01 m²BGF	134.039,80	60,46	8,5
413	Gasanlagen	2.217,01 m²BGF	3.486,56	1,57	0,2
419	Sonstiges zur KG 410	2.217,01 m²BGF	10.031,76	4,52	0,6
420	**Wärmeversorgungsanlagen**	**2.217,01 m²BGF**	**442.052,08**	**199,39**	**28,1**
421	Wärmeerzeugungsanlagen	2.217,01 m²BGF	83.555,30	37,69	5,3
422	Wärmeverteilnetze	2.217,01 m²BGF	175.239,24	79,04	11,1
423	Raumheizflächen	2.217,01 m²BGF	182.765,06	82,44	11,6
429	Sonstiges zur KG 420	2.217,01 m²BGF	492,49	0,22	< 0,1
430	**Raumlufttechnische Anlagen**	**2.217,01 m²BGF**	**202.809,13**	**91,48**	**12,9**
431	Lüftungsanlagen	2.217,01 m²BGF	202.809,13	91,48	12,9
440	**Elektrische Anlagen**	**2.217,01 m²BGF**	**433.071,71**	**195,34**	**27,5**
442	Eigenstromversorgungsanlagen	2.217,01 m²BGF	55.384,39	24,98	3,5
443	Niederspannungsschaltanlagen	2.217,01 m²BGF	20.691,35	9,33	1,3
444	Niederspannungsinstallationsanlagen	2.217,01 m²BGF	177.561,70	80,09	11,3
445	Beleuchtungsanlagen	2.217,01 m²BGF	155.049,12	69,94	9,8
446	Blitzschutz- und Erdungsanlagen	2.217,01 m²BGF	24.385,15	11,00	1,5
450	**Kommunikationstechnische Anlagen**	**2.217,01 m²BGF**	**69.977,89**	**31,56**	**4,4**
452	Such- und Signalanlagen	2.217,01 m²BGF	6.062,13	2,73	0,4
453	Zeitdienstanlagen	2.217,01 m²BGF	3.371,59	1,52	0,2
454	Elektroakustische Anlagen	2.217,01 m²BGF	33.901,87	15,29	2,2
455	Audiovisuelle Medien- u. Antennenanl.	2.217,01 m²BGF	11.787,94	5,32	0,7
456	Gefahrenmelde- und Alarmanlagen	2.217,01 m²BGF	9.287,63	4,19	0,6
457	Datenübertragungsnetze	2.217,01 m²BGF	5.566,72	2,51	0,4
470	**Nutzungsspez. u. verfahrenstechn. Anl.**	**2.217,01 m²BGF**	**774,20**	**0,35**	**< 0,1**
474	Feuerlöschanlagen	2.217,01 m²BGF	774,20	0,35	< 0,1
480	**Gebäude- und Anlagenautomation**	**2.217,01 m²BGF**	**151.148,34**	**68,18**	**9,6**
481	Automationseinrichtungen	2.217,01 m²BGF	100.476,13	45,32	6,4
482	Schaltschränke, Automation	2.217,01 m²BGF	49.451,24	22,31	3,1
484	Kabel, Leitungen und Verlegesysteme	2.217,01 m²BGF	1.220,97	0,55	< 0,1
490	**Sonst. Maßnahmen für techn. Anlagen**	**2.217,01 m²BGF**	**38.418,82**	**17,33**	**2,4**
492	Gerüste	2.217,01 m²BGF	27.053,44	12,20	1,7
497	Zusätzliche Maßnahmen	2.217,01 m²BGF	11.365,38	5,13	0,7

Kostenkennwerte für Leistungsbereiche nach STLB (Kosten KG 400 nach DIN 276)

LB	Leistungsbereiche	Kosten €	€/m² BGF	€/m³ BRI	% an 400
040	Wärmeversorgungsanlagen - Betriebseinrichtungen	79.469	35,80	4,50	5,0
041	Wärmeversorgungsanlagen - Leitungen, Armaturen, Heizflächen	311.387	140,50	17,60	19,8
042	Gas- und Wasseranlagen - Leitungen, Armaturen	51.111	23,10	2,90	3,2
043	Druckrohrleitungen für Gas, Wasser und Abwasser	–	–	–	–
044	Abwasseranlagen - Leitungen, Abläufe, Armaturen	81.904	36,90	4,60	5,2
045	Gas-, Wasser- und Entwässerungsanlagen - Ausstattung, Elemente, Fertigbäder	72.913	32,90	4,10	4,6
046	Gas-, Wasser- und Entwässerungsanlagen - Betriebseinrichtungen	15.568	7,00	0,88	1,0
047	Dämm- und Brandschutzarbeiten an technischen Anlagen	73.633	33,20	4,20	4,7
049	Feuerlöschanlagen, Feuerlöschgeräte	774	0,35	0,04	< 0,1
050	Blitzschutz- / Erdungsanlagen, Überspannungsschutz	24.385	11,00	1,40	1,5
051	Kabelleitungstiefbauarbeiten	–	–	–	–
052	Mittelspannungsanlagen	–	–	–	–
053	Niederspannungsanlagen - Kabel / Leitungen, Verlegesysteme, Installationsgeräte	134.877	60,80	7,60	8,6
054	Niederspannungsanlagen - Verteilersysteme und Einbaugeräte	76.752	34,60	4,30	4,9
055	Sicherheits- und Ersatzstromversorgungsanlagen	17.983	8,10	1,00	1,1
057	Gebäudesystemtechnik	–	–	–	–
058	Leuchten und Lampen	137.564	62,00	7,80	8,7
059	Sicherheitsbeleuchtungsanlagen	16.953	7,60	0,96	1,1
060	Such-, Signal-, Zeitdienst-, Antennen-, elektroakustische Anlagen, Medientechnik	54.429	24,60	3,10	3,5
061	Kommunikations- und Übertragungsnetze	5.567	2,50	0,32	0,4
062	Kommunikationsanlagen	–	–	–	–
063	Gefahrenmeldeanlagen	9.004	4,10	0,51	0,6
064	Zutrittskontroll-, Zeiterfassungssysteme	–	–	–	–
069	Aufzüge	–	–	–	–
070	Gebäudeautomation	151.148	68,20	8,60	9,6
075	Raumlufttechnische Anlagen	178.787	80,60	10,10	11,3
078	Kälteanlagen für raumlufttechnische Anlagen	–	–	–	–
	Gebäudetechnik	**1.494.207**	**674,00**	**84,60**	**94,8**
	Sonstige Leistungsbereiche	**54.142**	**24,40**	**3,10**	**3,4**
	Abbrechen	24.173	10,90	1,40	1,5
	Herstellen	29.969	13,50	1,70	1,9

5100-0127
Sporthalle
(Dreifeldhalle)

Kostenkennwerte für die Kosten des Bauwerks (Kostengruppen 300+400 nach DIN 276)

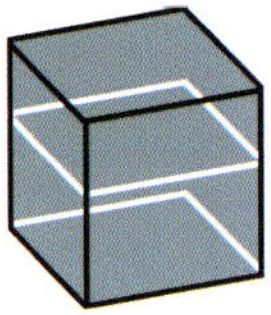

BRI 351 €/m³

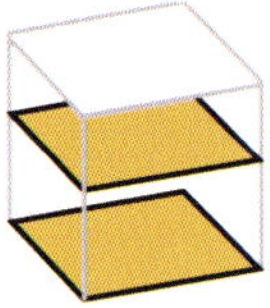

BGF 2.355 €/m²

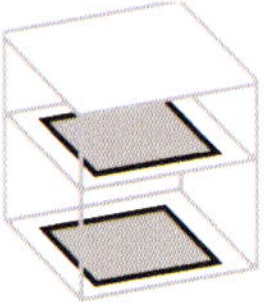

NUF 3.432 €/m²

Objekt:
Kennwerte: 3.Ebene DIN 276
BRI: 29.217 m³
BGF: 4.351 m²
NUF: 2.985 m²
Bauzeit: 78 Wochen
Bauende: 2018
Standard: mittel
Bundesland: Niedersachsen
Kreis: Vechta

Architekt*in:
MRO Partnerschaft mbB
Architekt Kahnert
Beratender Ingenieur Martens
Huntestraße 15
26135 Oldenburg

Bauherr*in:
Stadt Lohne
Vogtstraße 26
49393 Lohne

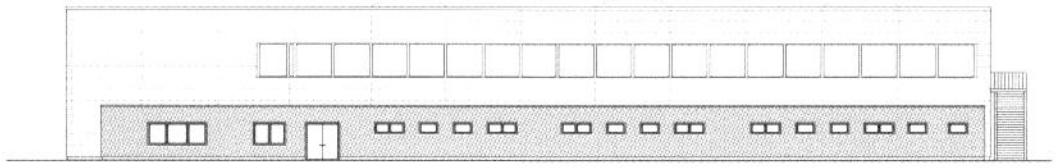

Ansicht Nord-Ost

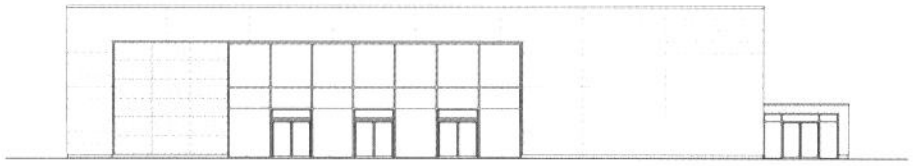

Ansicht Süd-Ost

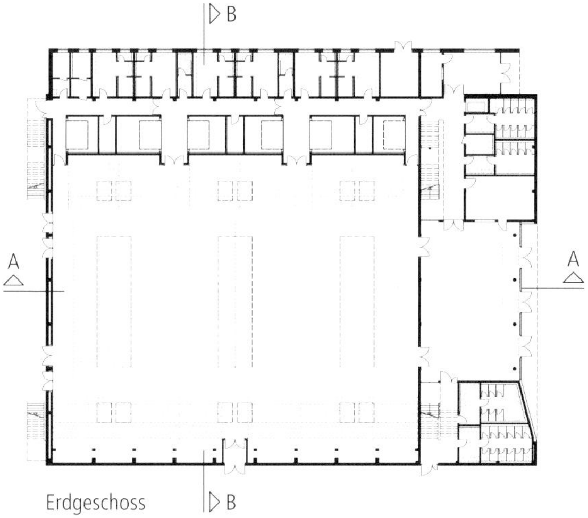

Erdgeschoss

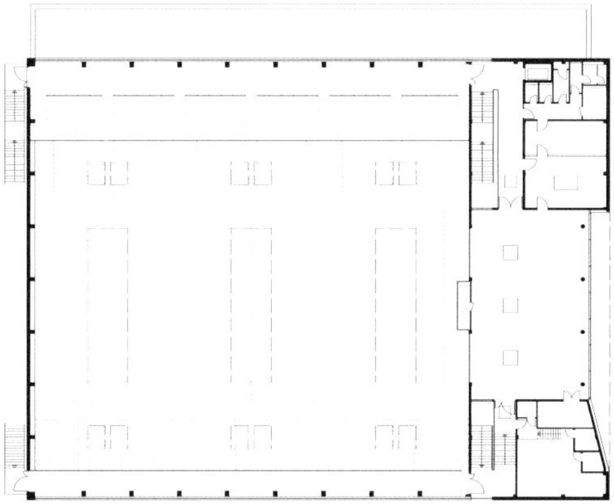

Obergeschoss

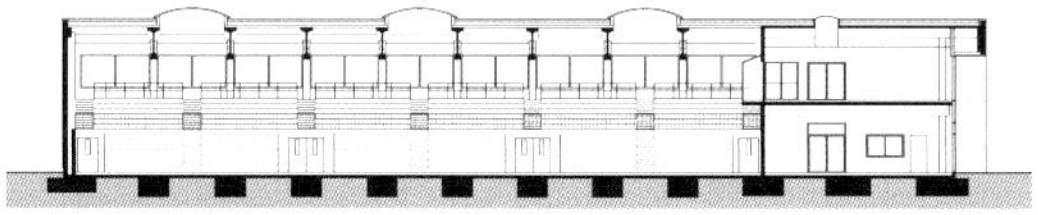

Schnitt A-A

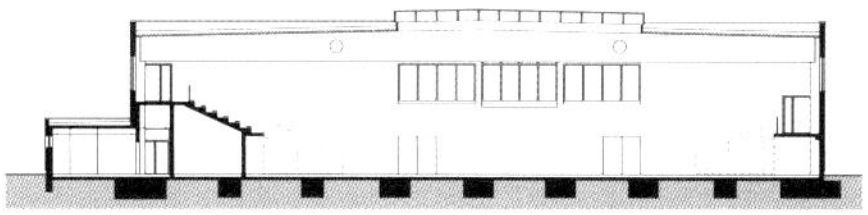

Schnitt B-B

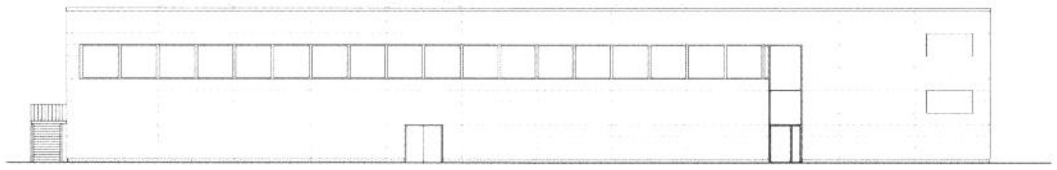

Ansicht Süd-West

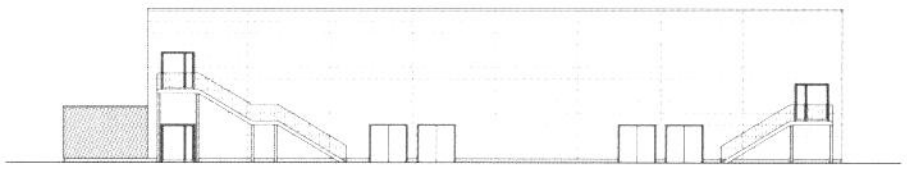

Ansicht Nord-West

Objektbeschreibung

Allgemeine Objektinformationen

Bei der neugebauten Sport- und Mehrzweckhalle handelt es sich um eine Dreifeldhalle mit großem Tribünenbereich. Der Eingangsbereich des Gebäudes ist zweigeschossig. Ebenerdig erschließt sich das Gebäude über ein großzügiges Foyer. Von hier aus gelangt man zu den insgesamt sechs Umkleidekabinen. Im darüberliegenden Stockwerk befinden sich ein Multifunktionsraum, der Blickkontakt in die Halle bietet, mit Nebenräumen für ein eventuelles Catering. Ausziehbare Tribünen bieten bis zu 1.500 Zuschauern Sitzplätze. Wird das Parkett als Zuschauerraum mitgerechnet können bis zu 2.500 Personen an Veranstaltungen teilnehmen.

Nutzung

1 Erdgeschoss
Sporthalle, Foyer, Geräteräume, Umkleiden, Sanitärräume

1 Obergeschoss
Tribüne, Multifunktionsräume, Technik

Nutzeinheiten

Hallenfelder: 3
Sitzplätze: 1.500

Grundstück

Bauraum: Freier Bauraum
Neigung: Ebenes Gelände
Bodenklasse: BK 1 bis BK 4

Markt

Hauptvergabezeit: 4. Quartal 2016
Baubeginn: 4. Quartal 2016
Bauende: 2. Quartal 2018
Konjunkturelle Gesamtlage: Durchschnitt
Regionaler Baumarkt: Durchschnitt

Baukonstruktion

Die Sporthalle wurde in Massivbauweise auf einer Stahlbetonbodenplatte errichtet. Die Fassade ist aus Porenbeton-Wandelementen erstellt. Wandstützen und Dachbinder sind in Fertigbauweise aus Stahlbeton ausgeführt. Die Belichtung erfolgt über eine Alu-Pfosten-Riegel-Konstruktion und Alufensterbändern. Der eingeschossige Baukörper, der die Nebenräume beherbergt, erhielt ein massives Stahlbeton-Flachdach. Das Hallendach wurde aus gedämmten Trapezblechen mit Kunststoffabdichtung erstellt. Dachoberlichtbänder versorgen die Halle mit Tageslicht. Die Innenwände sind in Kalksandstein gemauert, diese sind in den Sanitärräumen raumhoch gefliest. Der Boden der Sporthalle ist mit einem flächenelastischen Linoleum-Sportboden belegt. Die Böden der öffentlichen Bereiche sind gefliest. Der Multifunktionsraum ist mit Parkett ausgestattet. Die Wände in der Halle sind mit textilem Prallschutz bekleidet. Weiter kamen in den Sanitärräumen keramische Wandbeläge zum Einsatz.

Technische Anlagen

Die Wärmeerzeugung erfolgt mittels Gas-Brennwertkessel. Die Sporthalle wird über große Deckenstrahlplatten beheizt. In den übrigen Räumen wird die Wärme über Plattenheizkörper verteilt. Die Be- und Entlüftung der Räume erfolgt über zwei Kompakt-Lüftungsgeräte. Eine Beschallungsanlage, sowie Brandmelde- und **Einbruchmeldeanlage** wurden installiert. Die Tribünenanlage kann teilweise eingefahren werden, unter der massiven Stahlbetontribüne befinden sich die Geräteräume. Ein **Personenaufzug** erschließt das Gebäude **barrierefrei**.

Sonstiges

Das Gebäude ist mit einem hohen Vorfertigungsgrad aus industriellen Baustoffen erstellt worden, wobei das Augenmerk der Gestaltung auf einem stilistisch reduzierten Gebäudekörper lag.

Energetische Kennwerte

Gesetzliche Grundlage: EnEV 2013
Gebäudenutzfläche: 3.713,00 m^2
Spez. Jahresprimärenergiebedarf: 90,00 kWh/(m^2·a)
CO_2-Emissionen: 29,00 kg/(m^2·a)

Planungskennwerte für Flächen und Rauminhalte nach DIN 277

Flächen des Grundstücks		Menge Einheit	% an GF
BF	Bebaute Fläche	3.110,30 m²	12,8
UF	Unbebaute Fläche	21.116,70 m²	87,2
GF	Grundstücksfläche	24.227,00 m²	100,0

Grundflächen des Bauwerks		Menge Einheit	% an NUF	% an BGF
NUF	Nutzungsfläche	2.985,35 m²	100,0	68,6
TF	Technikfläche	269,91 m²	9,0	6,2
VF	Verkehrsfläche	704,68 m²	23,6	16,2
NRF	Netto-Raumfläche	3.959,94 m²	132,6	91,0
KGF	Konstruktions-Grundfläche	391,49 m²	13,1	9,0
BGF	Brutto-Grundfläche	4.351,43 m²	145,8	100,0

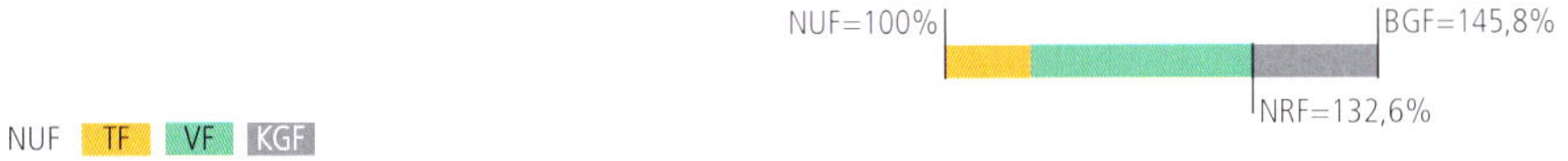

Brutto-Rauminhalt des Bauwerks		Menge Einheit	BRI/NUF (m)	BRI/BGF (m)
BRI	Brutto-Rauminhalt	29.216,87 m³	9,79	6,71

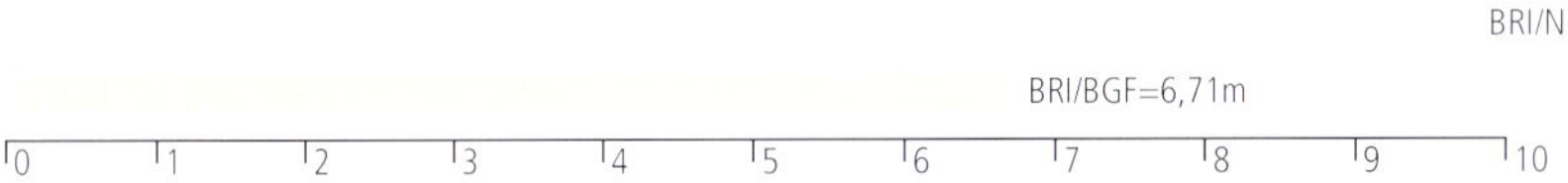

Prozentualer Anteil der Kostengruppen der 2.Ebene an der Kostengruppe 400 nach DIN 276

KG	Kostengruppen (2. Ebene)
410	Abwasser-, Wasser-, Gasanlagen
420	Wärmeversorgungsanlagen
430	Raumlufttechnische Anlagen
440	Elektrische Anlagen
450	Kommunikationstechnische Anlagen
460	Förderanlagen
470	Nutzungsspez. u. verfahrenstechn. Anl.
480	Gebäude- und Anlagenautomation
490	Sonst. Maßnahmen für techn. Anlagen

Ranking der Kostengruppen der 3.Ebene an der Kostengruppe 400 nach DIN 276

KG	Kostengruppen (3. Ebene)	% an KG 400	KG	Kostengruppen (3. Ebene)	% an KG 400
432	Teilklimaanlagen	20,9	411	Abwasseranlagen	3,2
445	Beleuchtungsanlagen	11,8	481	Automationseinrichtungen	3,2
444	Niederspannungsinstallationsanlagen	10,8	461	Aufzugsanlagen	2,8
412	Wasseranlagen	10,7	421	Wärmeerzeugungsanlagen	2,6
423	Raumheizflächen	8,1	419	Sonstiges zur KG 410	1,7
456	Gefahrenmelde- und Alarmanlagen	7,4	446	Blitzschutz- und Erdungsanlagen	1,5
422	Wärmeverteilnetze	5,2	483	Automationsmanagement	1,2
454	Elektroakustische Anlagen	3,5	484	Kabel, Leitungen und Verlegesysteme	1,2

Kostenkennwerte für die Kostengruppen der 1. Ebene DIN 276

KG	Kostengruppen (1. Ebene)	Einheit	Kosten €	€/Einheit	€/m² BGF	€/m³ BRI	% 300+400
100	Grundstück	m² GF	–	–	–	–	–
200	Vorbereitende Maßnahmen	m² GF	–	–	–	–	–
300	Bauwerk – Baukonstruktionen	m² BGF	7.651.340	1.758,35	1.758,35	261,88	74,7
400	Bauwerk – Technische Anlagen	m² BGF	2.594.650	596,28	596,28	88,81	25,3
	Bauwerk 300+400	**m² BGF**	**10.245.990**	**2.354,63**	**2.354,63**	**350,69**	**100,0**
500	Außenanlagen und Freiflächen	m² AF	101.698	25,57	23,37	3,48	1,0
600	Ausstattung und Kunstwerke	m² BGF	63.324	14,55	14,55	2,17	0,6
700	Baunebenkosten	m² BGF	–	–	–	–	–
800	Finanzierung	m² BGF	–	–	–	–	–

KG	Kostengruppe	Menge Einheit	Kosten €	€/Einheit	%
3+4	**Bauwerk**				**100,0**
300	**Bauwerk – Baukonstruktionen**	4.351,43 m² BGF	7.651.340	**1.758,35**	74,7

Fundamente, Stb-Bodenplatten, Doppelschwingboden, Linoleum, Estrich, Bodenfliesen; Beton-Wandelemente, Mauerwerk, Stb-Wände, Stb-Stützen, Fenster, Türen, Fassadenplatten, Putz, Beschichtung, Wandfliesen, Prallschutz, Alu-Pfosten-Riegel-Fassade, Stahltreppen; Stb-Elementwände, Holztüren, Schwebetore, Trennwände; Stb-Elementdecken, Stb-FT-Decken, Stb-FT-Tribünen, Stb-Treppen, Parkettschwingboden, GK-Decken; Stb-FT-Flachdachbinder, Stahltrapezblech, Stb-Elementflachdächer, Stb-FT-Dach, **Lichtbänder**, Dachentwässerung; Teleskoptribünen, Sportgeräte

KG	Kostengruppe	Menge Einheit	Kosten €	€/Einheit	%
400	**Bauwerk – Technische Anlagen**	4.351,43 m² BGF	2.594.650	**596,28**	25,3

Gebäudeentwässerung, Kalt- und Warmwasserleitungen, Sanitärobjekte, Gasanschluss; Gas-Brennwertkessel, Heizungsrohre, Heizkörper, Deckenstrahlplatten; Lüftungsgeräte; Elektroinstallation, Beleuchtung, Erdung; Telefonanlage, Elektroakustische Anlage, **Einbruchmeldezentrale**, Zutrittskontrollanlage, Videoüberwachungsanlage, **Brandmeldeanlage**; **Aufzug**; **Gebäudeautomation**

KG	Kostengruppe	Menge Einheit	Kosten €	€/Einheit	%
500	**Außenanlagen und Freiflächen**	3.977,50 m² AF	101.698	**25,57**	1,0

Außenbeleuchtung

KG	Kostengruppe	Menge Einheit	Kosten €	€/Einheit	%
600	**Ausstattung und Kunstwerke**	4.351,43 m² BGF	63.324	**14,55**	0,6

Sanitärausstattung

Kostenkennwerte für die Kostengruppen 400 der 2.Ebene DIN 276

KG	Kostengruppe	Menge Einheit	Kosten €	€/Einheit	%
400	**Bauwerk – Technische Anlagen**				**100,0**
410	**Abwasser-, Wasser-, Gasanlagen**	4.351,43 m²BGF	408.872	**93,96**	15,8
	KG-Rohre DN100-125 (457m), HT-Rohre DN50-100 (203m), Druckrohre DN32 (11m), Bodenabläufe (19St) * Kupferrohre DN15-54 (1.344m), Hauswasserstation (1St), Tiefspül-WCs (46St), Urinale, Sensorsteuerung (21St), Waschbecken (28St), elektronische Duscheinrichtungen (29St), Ausgussbecken (1St) * Gasanschluss (1St), Kupferrohre DN42-54 (8m) * Montageelemente (132St)				
420	**Wärmeversorgungsanlagen**	4.351,43 m²BGF	415.205	**95,42**	16,0
	Gas-Brennwertkessel 285kW (1St), Neutralisationseinrichtung (1St), Heizungsverteiler (1St), Warmwasserbereiter 900l (1St), Ausdehnungsgefäß 400l (1St) * Kupferrohre DN15-35 (584m), Stahlrohre DN12-65 (435m), Umwälzpumpen (7St), Thermometer (16St) * Ventilheizkörper (20St), Röhrenradiatoren (11St), Konvektoren (3St), Deckenstrahlplatten (6St) * Abgasrohre (4m)				
430	**Raumlufttechnische Anlagen**	4.351,43 m²BGF	541.306	**124,40**	20,9
	Zu-/Abluftgeräte 20.500m³/h (1St), 4.200m³/h (1St) (24m²), Lamellenhauben (2St), Wetterschutzgitter (2St), Rechteckkanäle (1.047m²), Wickelfalzrohre DN100-1.120 (470m), Rohrschalldämpfer (45St), Kulissenschalldämpfer (40St), Brandschutzklappen (28St), Volumenstromregler (8St), Volumenstrombegrenzer (62St), Kanalrauchmelder (4St), Luftdurchlässe (80St), Weitwurfdüsen (22St), Luftqualitätsfühler (2St)				
440	**Elektrische Anlagen**	4.351,43 m²BGF	677.113	**155,61**	26,1
	Zentralbatterie für Rettungszeichenleuchten (1St), **Batterie**-Notstromsysteme (5St) * Niederspannungshauptverteiler (1St) * Unterverteiler (4St), Mantelleitungen (14.701m), Installationskabel (5.175m), Steckdosen (251St), Schalter/Taster (151St) * LED-**Lichtbänder** (475m), LED-Einbaudownlights (240St), LED-Leuchten (94St), LED-Rettungszeichenleuchten (49St), LED-Wandfluter (7St), LED-Strahler (6St) * Fundamenterder (716m), Ringerder (658m), Blitzschutzableiter (875m), Potenzialausgleichsschienen (8St)				
450	**Kommunikationstechnische Anlagen**	4.351,43 m²BGF	310.493	**71,35**	12,0
	Telefonverteiler (2St) * Notrufset (3St) * elektroakustische Anlage (1St), 19"-Systemcontroller (1St), Ein-/Ausgangsmodule (6St), Überwachungsmodule (28St), Lautsprechersysteme (12St), Lautsprecher (78St), Sprechstelle (7St) * Parabolantenne (1St), UKW-Antenne (1St), Koaxialkabel (575m) * **Einbruchmeldezentrale** (1St), Kameras (8St), Videoüberwachungsanlage (1St), Bewegungsmelder (18St), Zutrittskontrollanlage (1St), **Brandmeldeanlage** (1St), Melder (207St), Übertragungseinrichtung (1St), Feuerwehrbediensystem (1St), Wassermelder (psch), CO_2-Notauslösestationen (6St) * Datenschrank (1St), Switch (2St), 19"-Patchfelder (4St), Datenkabel (2.400m)				
460	**Förderanlagen**	4.351,43 m²BGF	71.589	**16,45**	2,8
	Personenaufzug, zwei Haltestellen, Förderhöhe 4,76m (1St)				

KG	Kostengruppe	Menge Einheit	Kosten €	€/Einheit	%
480	**Gebäude- und Anlagenautomation**	4.351,43 m² BGF	168.555	**38,74**	6,5
	Schaltschränke (2St), Busankoppler (1St), Touch-Screen Displays (3St), Switches (2St), Schaltaktoren (11St), Bewegungsmelder (99St), Taster (18St), Temperaturfühler/-wächter (23St), Jahreszeitschaltuhr (1St), Wetterstation (1St), Dämmerungsschalter (1St), Feuchtefühler (1St) * Schaltschränke, Haupteinspeisungen (2St), Steuerkästen (3St), Steuerungen (15St) * Softwareerstellungen (34St), Programmierung (1St) * Datenkabel (2.100m), **EIB**-Busleitungen (1.200m), Installationskabel (131m)				
490	**Sonst. Maßnahmen für techn. Anlagen**	4.351,43 m² BGF	1.515	**0,35**	< 0,1
	Müll- und Bauschuttentsorgung (psch), Container 7m³ (1St)				

Kostenkennwerte für die Kostengruppen 400 der 2. und 3. Ebene DIN 276 (Übersicht)

KG	Kostengruppe	Menge Einheit	Kosten €	€/Einheit	%
410	**Abwasser-, Wasser-, Gasanlagen**	**4.351,43 m² BGF**	**408.872,33**	**93,96**	**15,8**
411	Abwasseranlagen	4.351,43 m² BGF	82.839,69	19,04	3,2
412	Wasseranlagen	4.351,43 m² BGF	277.528,78	63,78	10,7
413	Gasanlagen	4.351,43 m² BGF	4.151,24	0,95	0,2
419	Sonstiges zur KG 410	4.351,43 m² BGF	44.352,63	10,19	1,7
420	**Wärmeversorgungsanlagen**	**4.351,43 m² BGF**	**415.205,28**	**95,42**	**16,0**
421	Wärmeerzeugungsanlagen	4.351,43 m² BGF	66.916,02	15,38	2,6
422	Wärmeverteilnetze	4.351,43 m² BGF	134.282,10	30,86	5,2
423	Raumheizflächen	4.351,43 m² BGF	209.623,03	48,17	8,1
429	Sonstiges zur KG 420	4.351,43 m² BGF	4.384,13	1,01	0,2
430	**Raumlufttechnische Anlagen**	**4.351,43 m² BGF**	**541.305,81**	**124,40**	**20,9**
432	Teilklimaanlagen	4.351,43 m² BGF	541.305,81	124,40	20,9
440	**Elektrische Anlagen**	**4.351,43 m² BGF**	**677.113,50**	**155,61**	**26,1**
442	Eigenstromversorgungsanlagen	4.351,43 m² BGF	28.249,18	6,49	1,1
443	Niederspannungsschaltanlagen	4.351,43 m² BGF	23.629,67	5,43	0,9
444	Niederspannungsinstallationsanlagen	4.351,43 m² BGF	279.218,95	64,17	10,8
445	Beleuchtungsanlagen	4.351,43 m² BGF	307.210,03	70,60	11,8
446	Blitzschutz- und Erdungsanlagen	4.351,43 m² BGF	38.805,66	8,92	1,5
450	**Kommunikationstechnische Anlagen**	**4.351,43 m² BGF**	**310.493,41**	**71,35**	**12,0**
451	Telekommunikationsanlagen	4.351,43 m² BGF	535,39	0,12	< 0,1
452	Such- und Signalanlagen	4.351,43 m² BGF	2.552,70	0,59	< 0,1
454	Elektroakustische Anlagen	4.351,43 m² BGF	91.289,18	20,98	3,5
455	Audiovisuelle Medien- u. Antennenanl.	4.351,43 m² BGF	7.230,63	1,66	0,3
456	Gefahrenmelde- und Alarmanlagen	4.351,43 m² BGF	193.283,35	44,42	7,4
457	Datenübertragungsnetze	4.351,43 m² BGF	15.602,16	3,59	0,6
460	**Förderanlagen**	**4.351,43 m² BGF**	**71.589,12**	**16,45**	**2,8**
461	Aufzugsanlagen	4.351,43 m² BGF	71.589,12	16,45	2,8
480	**Gebäude- und Anlagenautomation**	**4.351,43 m² BGF**	**168.555,25**	**38,74**	**6,5**
481	Automationseinrichtungen	4.351,43 m² BGF	83.282,99	19,14	3,2
482	Schaltschränke, Automation	4.351,43 m² BGF	22.533,99	5,18	0,9
483	Automationsmanagement	4.351,43 m² BGF	32.136,75	7,39	1,2
484	Kabel, Leitungen und Verlegesysteme	4.351,43 m² BGF	30.601,53	7,03	1,2
490	**Sonst. Maßnahmen für techn. Anlagen**	**4.351,43 m² BGF**	**1.514,97**	**0,35**	**< 0,1**
496	Materialentsorgung	4.351,43 m² BGF	1.514,97	0,35	< 0,1

Kostenkennwerte für Leistungsbereiche nach STLB (Kosten KG 400 nach DIN 276)

LB	Leistungsbereiche	Kosten €	€/m² BGF	€/m³ BRI	% an 400
040	Wärmeversorgungsanlagen - Betriebseinrichtungen	38.215	8,80	1,30	1,5
041	Wärmeversorgungsanlagen - Leitungen, Armaturen, Heizflächen	342.936	78,80	11,70	13,2
042	Gas- und Wasseranlagen - Leitungen, Armaturen	4.151	0,95	0,14	0,2
043	Druckrohrleitungen für Gas, Wasser und Abwasser	487	0,11	0,02	< 0,1
044	Abwasseranlagen - Leitungen, Abläufe, Armaturen	71.633	16,50	2,50	2,8
045	Gas-, Wasser- und Entwässerungsanlagen - Ausstattung, Elemente, Fertigbäder	307.635	70,70	10,50	11,9
046	Gas-, Wasser- und Entwässerungsanlagen - Betriebseinrichtungen	–	–	–	–
047	Dämm- und Brandschutzarbeiten an technischen Anlagen	140.444	32,30	4,80	5,4
049	Feuerlöschanlagen, Feuerlöschgeräte	–	–	–	–
050	Blitzschutz- / Erdungsanlagen, Überspannungsschutz	38.806	8,90	1,30	1,5
051	Kabelleitungstiefbauarbeiten	–	–	–	–
052	Mittelspannungsanlagen	–	–	–	–
053	Niederspannungsanlagen - Kabel / Leitungen, Verlegesysteme, Installationsgeräte	249.292	57,30	8,50	9,6
054	Niederspannungsanlagen - Verteilersysteme und Einbaugeräte	54.496	12,50	1,90	2,1
055	Sicherheits- und Ersatzstromversorgungsanlagen	–	–	–	–
057	Gebäudesystemtechnik	171.572	39,40	5,90	6,6
058	Leuchten und Lampen	281.934	64,80	9,60	10,9
059	Sicherheitsbeleuchtungsanlagen	41.392	9,50	1,40	1,6
060	Such-, Signal-, Zeitdienst-, Antennen-, elektroakustische Anlagen, Medientechnik	111.339	25,60	3,80	4,3
061	Kommunikations- und Übertragungsnetze	15.208	3,50	0,52	0,6
062	Kommunikationsanlagen	–	–	–	–
063	Gefahrenmeldeanlagen	182.589	42,00	6,20	7,0
064	Zutrittskontroll-, Zeiterfassungssysteme	9.421	2,20	0,32	0,4
069	Aufzüge	71.589	16,50	2,50	2,8
070	Gebäudeautomation	–	–	–	–
075	Raumlufttechnische Anlagen	455.797	104,70	15,60	17,6
078	Kälteanlagen für raumlufttechnische Anlagen	–	–	–	–
	Gebäudetechnik	**2.588.935**	**595,00**	**88,60**	**99,8**
	Sonstige Leistungsbereiche	**5.715**	**1,30**	**0,20**	**0,2**

Kostenkennwerte für die Kosten des Bauwerks (Kostengruppen 300+400 nach DIN 276)

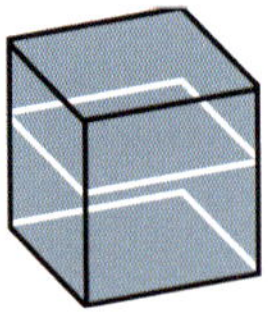

BRI 447 €/m³

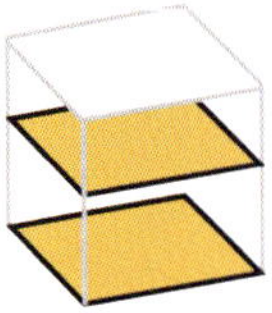

BGF 2.726 €/m²

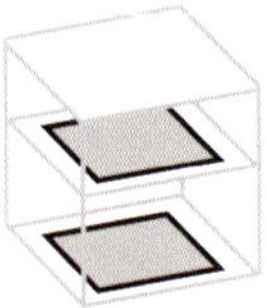

NUF 3.376 €/m²

Objekt:
Kennwerte: 3. Ebene DIN 276
BRI: 4.978 m³
BGF: 816 m²
NUF: 658 m²
Bauzeit: 39 Wochen
Bauende: 2018
Standard: mittel
Bundesland: Schleswig-Holstein
Kreis: Nordfriesland

Architekt*in:
JF ARCHITEKTEN
UND STADTPLANER
Fuchs und Dycker
PartG mbB BDA
Hafenstraße 9
25813 Husum

Bauherr*in:
Schulverband Witzwort

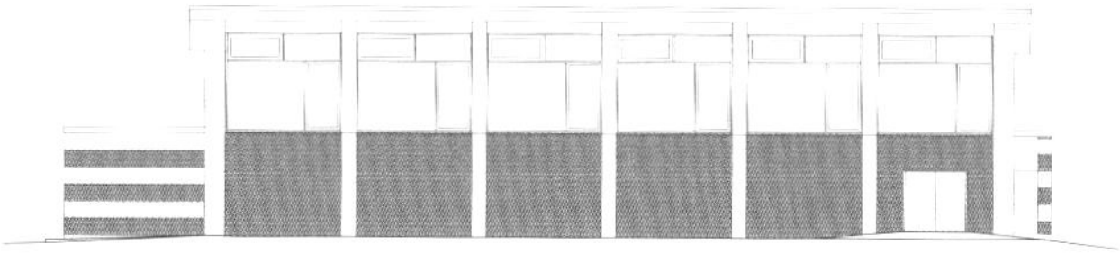

Ansicht Nord

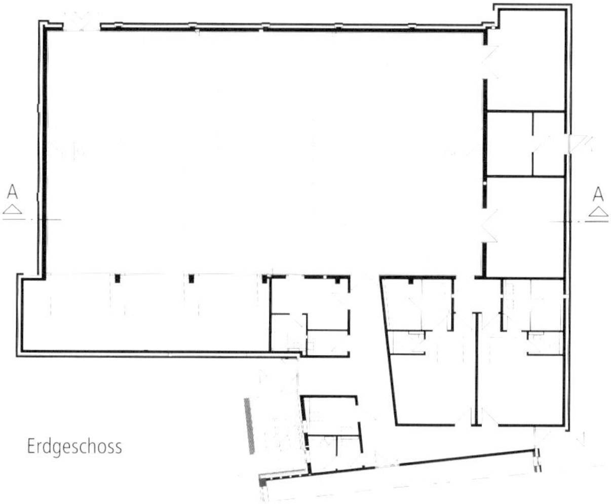

Erdgeschoss

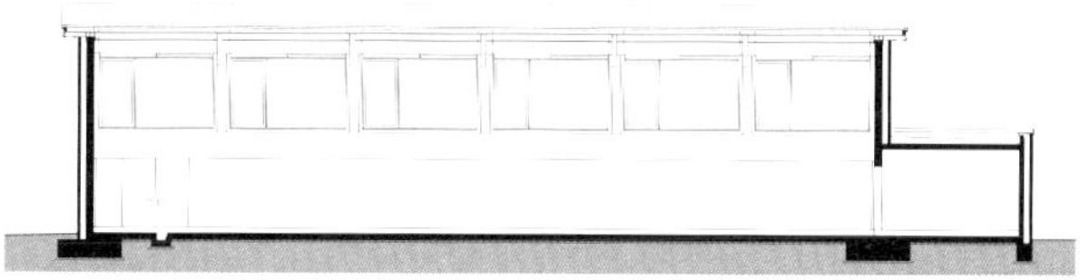

Schnitt A-A

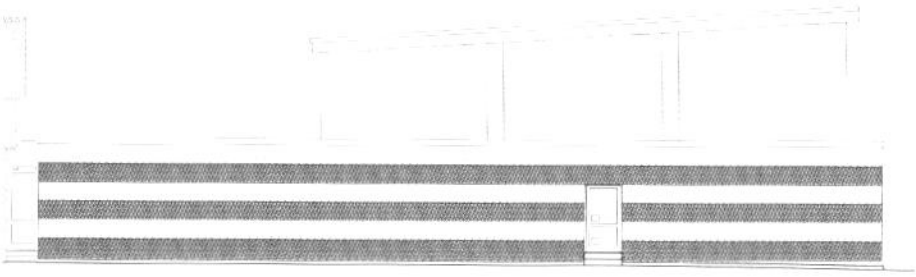

Ansicht Ost

Ansicht West

Objektbeschreibung

Allgemeine Objektinformationen

Die Sporthalle ist direkt mit der Grundschule verbunden. Aufgrund der stark eingegrünten Umgebung und der vorgegebenen Ausrichtung der Halle, konnte die Nordseite großflächig verglast werden, ohne störende Blendwirkungen zu erhalten. Die Fenster im Süden, die mit Mattglas versehen sind, erlauben eine gute Querlüftung sowie eine Tageslichtnutzung.

Nutzung

1 Erdgeschoss
Sporthalle, Lagerräume, Technikraum, Umkleiden (2St), Duschen, WCs, Geräteraum

Nutzeinheiten

Hallenfelder: 1
Hallenfläche: 409 m²

Grundstück

Bauraum: Freier Bauraum
Neigung: Ebenes Gelände
Bodenklasse: BK 1 bis BK 4

Markt

Hauptvergabezeit: 4. Quartal 2017
Baubeginn: 4. Quartal 2017
Bauende: 3. Quartal 2018
Konjunkturelle Gesamtlage: über Durchschnitt
Regionaler Baumarkt: unter Durchschnitt

Baukonstruktion

Die Sporthalle gründet auf einer Bodenplatte. Die tragenden Bauteile bestehen aus KS-Mauerwerk, Betonwänden und Fertigteilstützen. Alle Außenwände sind mit HPL-Platten oder Verblendmauerwerk bekleidet und hinterlüftet. Eine Alu-Pfosten-Riegel-Fassade sorgt für die Belichtung in der Halle. Innenseitig erhielten die Wände einen Prallschutz, Fliesen oder Putz mit Beschichtung. Die Halle hat ein Pultdach in Holzkonstruktion aus BSH-Bindern mit Alu-Eindeckung. Über den Räumen ist ein Flachdach aus Stahlbeton als Foliendach mit Kiesschicht aufgebaut. Die innenliegenden Räume werden über Lichtkuppeln belichtet.

Technische Anlagen

Die Wärmeerzeugung erfolgt über zwei getrennte Gas-Brennwertthermen um unterschiedliche Lasten bedienen zu können. In der Halle sind ballwurfsichere Deckenstrahlplatten in die Akustikdecke integriert. Eine mechanische Be- und Entlüftung erfolgt nur für Umkleiden und Sanitärräume sowie die fensterlosen Geräteräume. Die Halle wird natürlich be- und entlüftet.

Sonstiges

Die Fassade wurde wegen des Ablaufs auf der Baustelle sowie aus wirtschaftlichen Gründen mit nur einer Steinsorte verblendet. Die Streifen entstehen durch die Verwendung von unterschiedlich farbigem Fugenmörtel.

Planungskennwerte für Flächen und Rauminhalte nach DIN 277

Flächen des Grundstücks		Menge Einheit	% an GF
BF	Bebaute Fläche	816,28 m²	28,4
UF	Unbebaute Fläche	2.062,72 m²	71,6
GF	Grundstücksfläche	2.879,00 m²	100,0

Grundflächen des Bauwerks		Menge Einheit	% an NUF	% an BGF
NUF	Nutzungsfläche	658,36 m²	100,0	80,7
TF	Technikfläche	10,52 m²	1,6	1,3
VF	Verkehrsfläche	55,17 m²	8,4	6,8
NRF	Netto-Raumfläche	724,05 m²	110,0	88,8
KGF	Konstruktions-Grundfläche	91,45 m²	13,9	11,2
BGF	Brutto-Grundfläche	815,50 m²	123,9	100,0

Brutto-Rauminhalt des Bauwerks		Menge Einheit	BRI/NUF (m)	BRI/BGF (m)
BRI	Brutto-Rauminhalt	4.978,21 m³	7,56	6,10

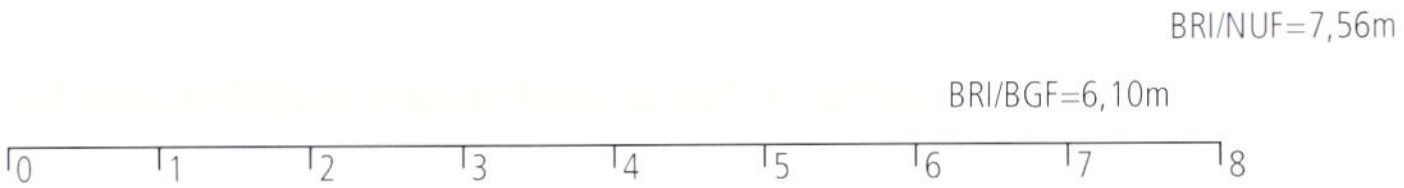

Prozentualer Anteil der Kostengruppen der 2.Ebene an der Kostengruppe 400 nach DIN 276

KG	Kostengruppen (2. Ebene)
410	Abwasser-, Wasser-, Gasanlagen
420	Wärmeversorgungsanlagen
430	Raumlufttechnische Anlagen
440	Elektrische Anlagen
450	Kommunikationstechnische Anlagen
460	Förderanlagen
470	Nutzungsspez. u. verfahrenstechn. Anl.
480	Gebäude- und Anlagenautomation
490	Sonst. Maßnahmen für techn. Anlagen

Ranking der Kostengruppen der 3.Ebene an der Kostengruppe 400 nach DIN 276

KG	Kostengruppen (3. Ebene)	% an KG 400
412	Wasseranlagen	15,0
431	Lüftungsanlagen	13,5
444	Niederspannungsinstallationsanlagen	13,5
423	Raumheizflächen	10,8
445	Beleuchtungsanlagen	9,6
422	Wärmeverteilnetze	9,1
421	Wärmeerzeugungsanlagen	7,8
411	Abwasseranlagen	5,1
446	Blitzschutz- und Erdungsanlagen	3,2
456	Gefahrenmelde- und Alarmanlagen	3,2
481	Automationseinrichtungen	3,0
419	Sonstiges zur KG 410	2,8
442	Eigenstromversorgungsanlagen	1,6
491	Baustelleneinrichtung	0,7
492	Gerüste	0,7
452	Such- und Signalanlagen	0,1

Kostenkennwerte für die Kostengruppen der 1. Ebene DIN 276

KG	Kostengruppen (1. Ebene)	Einheit	Kosten €	€/Einheit	€/m² BGF	€/m³ BRI	% 300+400
100	Grundstück	m² GF	–	–	–	–	–
200	Vorbereitende Maßnahmen	m² GF	166	0,06	0,20	0,03	< 0,1
300	Bauwerk – Baukonstruktionen	m² BGF	1.638.398	2.009,07	2.009,07	329,11	73,7
400	Bauwerk – Technische Anlagen	m² BGF	584.399	716,61	716,61	117,39	26,3
	Bauwerk 300+400	**m² BGF**	**2.222.797**	**2.725,69**	**2.725,69**	**446,51**	**100,0**
500	Außenanlagen und Freiflächen	m² AF	11.625	–	14,25	2,34	0,5
600	Ausstattung und Kunstwerke	m² BGF	68.520	84,02	84,02	13,76	3,1
700	Baunebenkosten	m² BGF	–	–	–	–	–
800	Finanzierung	m² BGF	–	–	–	–	–

KG	Kostengruppe	Menge Einheit	Kosten €	€/Einheit	%
200	**Vorbereitende Maßnahmen**	2.879,00 m² GF	166	**0,06**	< 0,1

Wurzelstock roden, laden, entsorgen

KG	Kostengruppe	Menge Einheit	Kosten €	€/Einheit	%
3+4	**Bauwerk**				**100,0**
300	**Bauwerk – Baukonstruktionen**	815,50 m² BGF	1.638.398	**2.009,07**	73,7

Wasserhaltung; Bodenaustausch, Stb-Bodenplatte, Estrich, Dämmung, Sportboden, Beschichtung, Bodenfliesen; KS-Wände, Stb-Wände, Stb-FT-Stützen, Alufenster, Alutüren, Dämmung, Verblendmauerwerk, HPL-Fassadenbekleidung, Alu-Bekleidung, Alu-Pfosten-Riegel-Fassade; Holztüren, Stahltüren, Geräteraumtore, Putz, Beschichtung, Prallschutzbelag, Wandfliesen, Duschtrennwandanlagen; Holz-Pultdach, Stb-Flachdach, Lichtkuppeln, Dämmung, Alu-Profiltafeln, Alu-Bekleidungen, Dachentwässerung, Dämmung, Folienabdichtung, Rollkies, Akustikdecken, GK-Decken, HPL-Bekleidung

KG	Kostengruppe	Menge Einheit	Kosten €	€/Einheit	%
400	**Bauwerk – Technische Anlagen**	815,50 m² BGF	584.399	**716,61**	26,3

Gebäudeentwässerung, Kalt- und Warmwasserleitungen, Hauswasserstation, Rückspülautomatik, Hygienespülgerät, Sanitärobjekte; Gas-Brennwertthermen, Trinkwassererwärmer, rückspülbarer Trinkwasserfeinfilter, Pufferspeicher, Heizkreisverteiler, Stahlrohre, Deckenstrahlplatten, Ballabweishauben, Heizkörper; Zu- und Abluftgerät mit **WRG**; Notlichtsystem, Elektroinstallation, Rettungszeichenleuchten, Sicherheitsleuchten, Beleuchtung, **Blitzschutz**; WC-Notruf, Gongs, **Brandmeldezentrale**, Datenkabel; **Gebäudeautomation**

KG	Kostengruppe	Menge Einheit	Kosten €	€/Einheit	%
500	**Außenanlagen und Freiflächen**	–	11.625	**–**	0,5

Rohrgrabenarbeiten, Grundwasserabsenkung, Wasserhaltung; Wasserleitungen; Asphalt aufnehmen, entsorgen, untere Schichten lagern, wieder auftragen

KG	Kostengruppe	Menge Einheit	Kosten €	€/Einheit	%
600	**Ausstattung und Kunstwerke**	815,50 m² BGF	68.520	**84,02**	3,1

Umkleidebänke, Garderobenleiste, Duschabtrennungen, Spiegel, Seifenspender, Papierhandtuchspender, Abfallbehälter, Papierkörbe, Bürstengarnituren, Papierrollenhalter; Klettertauanlagen, Doppelsprossenwände, Multischaukel, Basketballkorbanlagen, Steckreckanlage, Handballtore, Wandeinbaukasten, Volleyballanlage, Slackline-Säulen

Kostenkennwerte für die Kostengruppen 400 der 2.Ebene DIN 276

KG	Kostengruppe	Menge Einheit	Kosten €	€/Einheit	%
400	**Bauwerk – Technische Anlagen**				**100,0**
410	**Abwasser-, Wasser-, Gasanlagen**	815,50 m²BGF	133.743	**164,00**	22,9
	PP-Rohre (171m), Bodenabläufe (11St) * Stahlrohre (409m), Hauswasserstation (1St), Rückspülautomatik (1St), Hygienespülgerät Kaltwasser (1St), Tiefspül-WCs (4St), **barrierefrei** (1St), Stützklappgriffe (4St), Rückenstützen (2St), Urinal (1St), Waschtische (10St), elektronisch gesteuerte Duschpaneele (7St), Funktionscontroller (1St), Ausgussbecken (2St), Außenwandventile (2St), Armaturen * Montageelemente (21St)				
420	**Wärmeversorgungsanlagen**	815,50 m²BGF	162.509	**199,28**	27,8
	Gas-Brennwertthermen (2St), Ausdehnungsgefäße (2St), hydraulische Weiche (1St), Trinkwassererwärmer (1St), Zirkulationspumpe (1St), rückspülbarer Trinkwasserfeinfilter (1St), Pufferspeicher (1St) * Heizkreisverteiler (1St), Schmutzfänger (5St), Stahlrohre (510m) * Deckenstrahlplatten (12St), Ballabweishauben (74m²), Kompaktheizkörper (17St), Röhrenradiatoren (3St), Thermostate (20St)				
430	**Raumlufttechnische Anlagen**	815,50 m²BGF	78.688	**96,49**	13,5
	Zu- und Abluftgerät mit **WRG** (1St), Lüftungsgitter (13St), Volumenstromregler (10St), Dachhauben (2St), Wetterschutzgitter (2St), Luftkanäle (98m²), Lüftungsrohre (65m), Flexrohre (7m)				
440	**Elektrische Anlagen**	815,50 m²BGF	163.352	**200,31**	28,0
	Notlichtsystem (1St), 3-Phasenüberwachung (1St) * Installationsverteiler (1St), Hauptschalter (1St), modularer Kombi-Ableiter (1St), Lasttrennschalter (5St), FI-Schutzschalter (6St), Brandschutzschalter (1St), LS-Schalter (38St), Mantelleitungen (6.500m), Steckdosen (57St), Schalter, Taster (17St), CEE-Kombi-Dose (1St), Bewegungsmelder (28St) * Rettungszeichenleuchten (18St), Sicherheitsleuchten (14St), Anbauleuchten (62St), Feuchtraumleuchten (13St), Außenleuchten (6St) * Fangleitungen (320m), Erdungsleitungen (185m), Fundamenterder (160m), Ableitungen (115m), Ringerder (320m)				
450	**Kommunikationstechnische Anlagen**	815,50 m²BGF	19.811	**24,29**	3,4
	WC-Notrufanlage (1St), elektronische Gongs (2St), Klingeltransformator (1St) * **Brandmeldezentrale** (1St), analoges Wählgerät (1St), Blitz-/Überspannungsableiter (1St), Brandmeldekabel (870m), optische Rauchmelder (3St), akustische Warntongeber (12St), Handmelder (6St), Feuerwehrlaufkarten (25St) * Datenkabel **Cat7** (100m)				
480	**Gebäude- und Anlagenautomation**	815,50 m²BGF	17.942	**22,00**	3,1
	KNX-Raumbediengerät (1St), Wetterzentrale, Wettersensoren (1St), Luftqualitätssensor (1St), DALI Gateway (2St), Schaltaktor achtfach (1St), Schaltnetzteil (1St), Linienkoppler (1St), Gruppentaster mit Busankoppler (4St), **EIB**-Spannungsversorgung (1St), Jalousieaktor (1St) * MSR-Leitungen (200m)				
490	**Sonst. Maßnahmen für techn. Anlagen**	815,50 m²BGF	8.355	**10,24**	1,4
	Baustelleneinrichtung (psch), Baustromverteiler (1St), Gummischlauchleitungen (50m), Feuchtraumleuchten (10St) * Montagegerüste (psch), Arbeitsbühne (1St)				

Kostenkennwerte für die Kostengruppen 400 der 2. und 3. Ebene DIN 276 (Übersicht)

KG	Kostengruppe	Menge Einheit	Kosten €	€/Einheit	%
410	**Abwasser-, Wasser-, Gasanlagen**	**815,50 m² BGF**	**133.742,59**	**164,00**	**22,9**
411	Abwasseranlagen	815,50 m² BGF	29.851,96	36,61	5,1
412	Wasseranlagen	815,50 m² BGF	87.797,26	107,66	15,0
419	Sonstiges zur KG 410	815,50 m² BGF	16.093,37	19,73	2,8
420	**Wärmeversorgungsanlagen**	**815,50 m² BGF**	**162.508,86**	**199,28**	**27,8**
421	Wärmeerzeugungsanlagen	815,50 m² BGF	45.751,68	56,10	7,8
422	Wärmeverteilnetze	815,50 m² BGF	53.373,47	65,45	9,1
423	Raumheizflächen	815,50 m² BGF	63.383,69	77,72	10,8
430	**Raumlufttechnische Anlagen**	**815,50 m² BGF**	**78.687,76**	**96,49**	**13,5**
431	Lüftungsanlagen	815,50 m² BGF	78.687,76	96,49	13,5
440	**Elektrische Anlagen**	**815,50 m² BGF**	**163.351,79**	**200,31**	**28,0**
442	Eigenstromversorgungsanlagen	815,50 m² BGF	9.464,64	11,61	1,6
444	Niederspannungsinstallationsanlagen	815,50 m² BGF	79.161,74	97,07	13,5
445	Beleuchtungsanlagen	815,50 m² BGF	56.275,21	69,01	9,6
446	Blitzschutz- und Erdungsanlagen	815,50 m² BGF	18.450,20	22,62	3,2
450	**Kommunikationstechnische Anlagen**	**815,50 m² BGF**	**19.810,82**	**24,29**	**3,4**
452	Such- und Signalanlagen	815,50 m² BGF	857,09	1,05	0,1
456	Gefahrenmelde- und Alarmanlagen	815,50 m² BGF	18.587,59	22,79	3,2
457	Datenübertragungsnetze	815,50 m² BGF	365,70	0,45	< 0,1
480	**Gebäude- und Anlagenautomation**	**815,50 m² BGF**	**17.942,36**	**22,00**	**3,1**
481	Automationseinrichtungen	815,50 m² BGF	17.343,23	21,27	3,0
484	Kabel, Leitungen und Verlegesysteme	815,50 m² BGF	599,14	0,73	0,1
490	**Sonst. Maßnahmen für techn. Anlagen**	**815,50 m² BGF**	**8.354,58**	**10,24**	**1,4**
491	Baustelleneinrichtung	815,50 m² BGF	4.277,14	5,24	0,7
492	Gerüste	815,50 m² BGF	4.077,43	5,00	0,7

Kostenkennwerte für Leistungsbereiche nach STLB (Kosten KG 400 nach DIN 276)

LB	Leistungsbereiche	Kosten €	€/m² BGF	€/m³ BRI	% an 400
040	Wärmeversorgungsanlagen - Betriebseinrichtungen	45.739	56,10	9,20	7,8
041	Wärmeversorgungsanlagen - Leitungen, Armaturen, Heizflächen	101.591	124,60	20,40	17,4
042	Gas- und Wasseranlagen - Leitungen, Armaturen	44.526	54,60	8,90	7,6
043	Druckrohrleitungen für Gas, Wasser und Abwasser	–	–	–	–
044	Abwasseranlagen - Leitungen, Abläufe, Armaturen	28.363	34,80	5,70	4,9
045	Gas-, Wasser- und Entwässerungsanlagen - Ausstattung, Elemente, Fertigbäder	56.412	69,20	11,30	9,7
046	Gas-, Wasser- und Entwässerungsanlagen - Betriebseinrichtungen	–	–	–	–
047	Dämm- und Brandschutzarbeiten an technischen Anlagen	26.959	33,10	5,40	4,6
049	Feuerlöschanlagen, Feuerlöschgeräte	–	–	–	–
050	Blitzschutz- / Erdungsanlagen, Überspannungsschutz	18.439	22,60	3,70	3,2
051	Kabelleitungstiefbauarbeiten	–	–	–	–
052	Mittelspannungsanlagen	–	–	–	–
053	Niederspannungsanlagen - Kabel / Leitungen, Verlegesysteme, Installationsgeräte	79.849	97,90	16,00	13,7
054	Niederspannungsanlagen - Verteilersysteme und Einbaugeräte	8.732	10,70	1,80	1,5
055	Sicherheits- und Ersatzstromversorgungsanlagen	–	–	–	–
057	Gebäudesystemtechnik	–	–	–	–
058	Leuchten und Lampen	42.069	51,60	8,50	7,2
059	Sicherheitsbeleuchtungsanlagen	14.200	17,40	2,90	2,4
060	Such-, Signal-, Zeitdienst-, Antennen-, elektroakustische Anlagen, Medientechnik	856	1,00	0,17	0,1
061	Kommunikations- und Übertragungsnetze	366	0,45	0,07	< 0,1
062	Kommunikationsanlagen	–	–	–	–
063	Gefahrenmeldeanlagen	18.582	22,80	3,70	3,2
064	Zutrittskontroll-, Zeiterfassungssysteme	–	–	–	–
069	Aufzüge	–	–	–	–
070	Gebäudeautomation	17.931	22,00	3,60	3,1
075	Raumlufttechnische Anlagen	70.678	86,70	14,20	12,1
078	Kälteanlagen für raumlufttechnische Anlagen	–	–	–	–
	Gebäudetechnik	**575.291**	**705,40**	**115,60**	**98,4**
	Sonstige Leistungsbereiche	**4.782**	**5,90**	**0,96**	**0,8**

5200-0012
Sportbadhalle

Kostenkennwerte für die Kosten des Bauwerks (Kostengruppen 300+400 nach DIN 276)

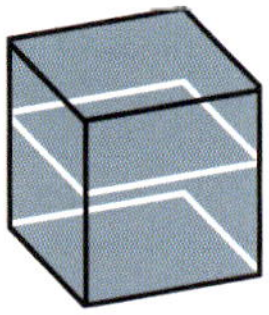

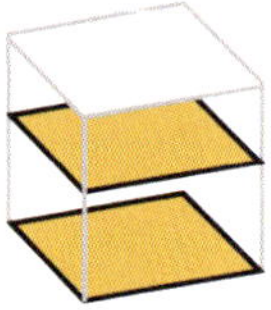

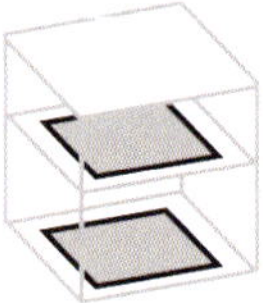

Erweiterung

BRI 1.029 €/m³ | BGF 6.092 €/m² | NUF 7.013 €/m²

Objekt:
Kennwerte: 3. Ebene DIN 276
BRI: 4.770 m³
BGF: 806 m²
NUF: 700 m²
Bauzeit: 61 Wochen
Bauende: 2015
Standard: mittel
Bundesland: Schleswig-Holstein
Kreis: Nordfriesland

Architekt*in:
Architekten Contor Voigt
Burg 7A
25524 Itzehoe

Bauherr*in:
Insel Sylt
Tourismus-Service GmbH
Strandstraße 35
25980 Sylt

© Architekten Contor Voigt

© Architekten Contor Voigt

© Georg Supanz

© Architekten Contor Voigt

vorher

Kostenstand: 4. Quartal 2024, Bundesdurchschnitt, **inkl. 19% MwSt.**

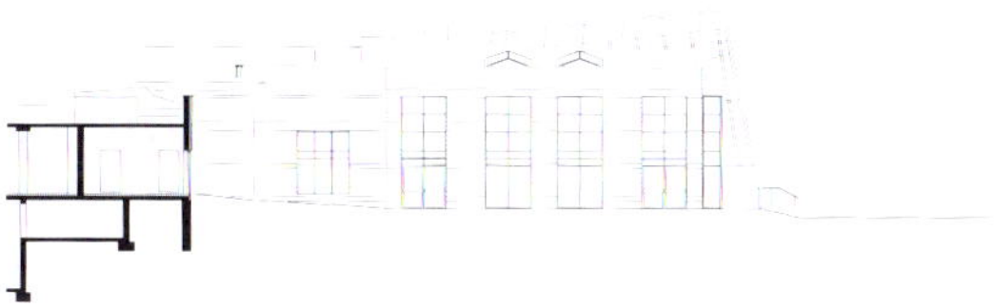

Ansicht Nord

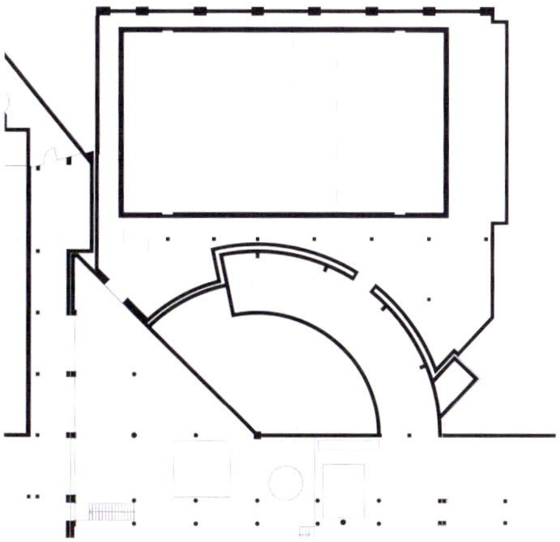

Untergeschoss

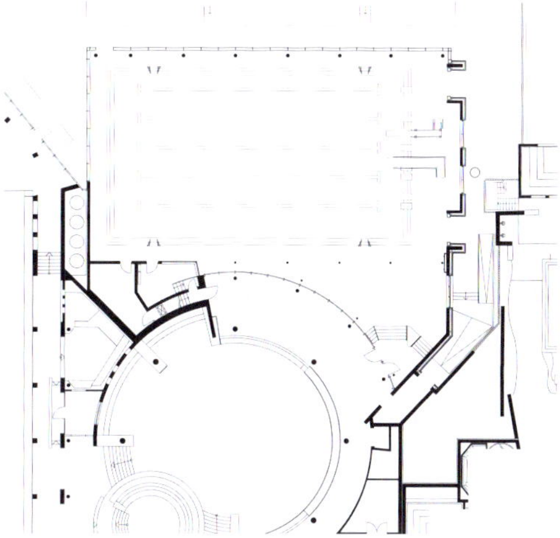

Erdgeschoss

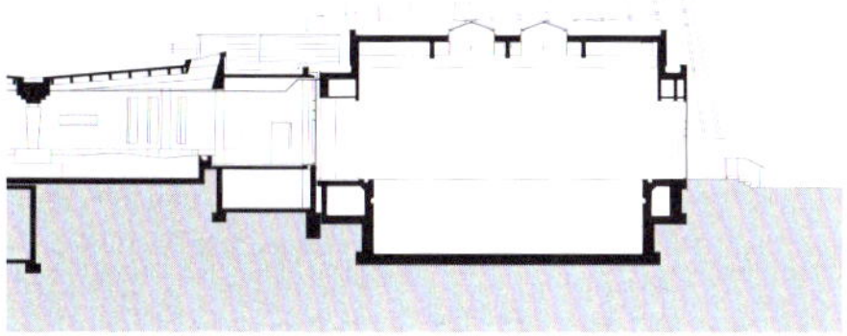

Querschnitt

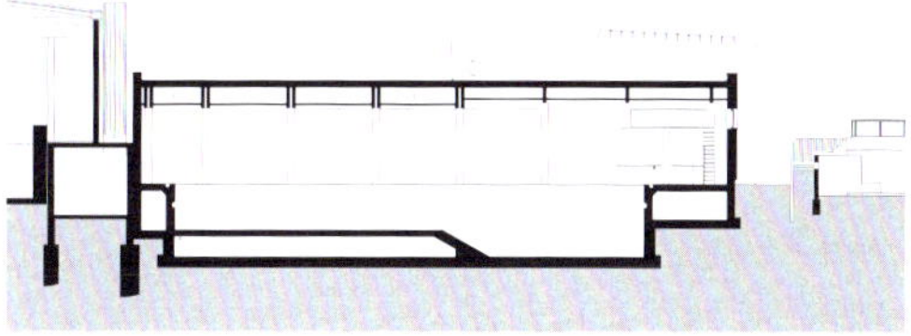

Längsschnitt

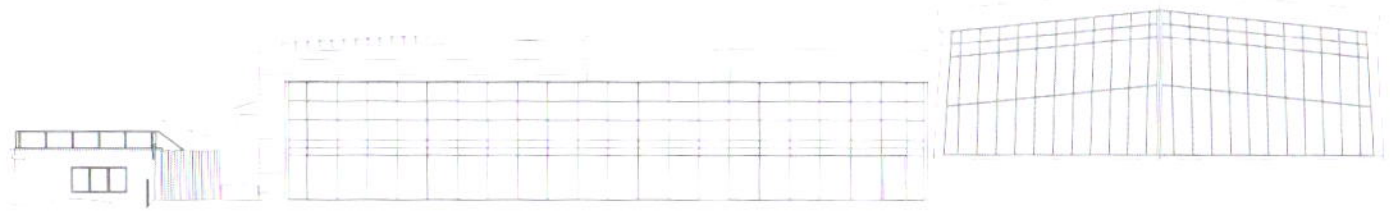

Ansicht West

Objektbeschreibung

Allgemeine Objektinformationen

Das sanierungsbedürftige Nichtschwimmer-Kunststoff-Außenbecken wird abgebrochen. An diese Stelle wird eine Schwimmer-Sportbadhalle mit einem 14x25m Sportbecken errichtet. Die Sportbadhalle integriert sich mit seiner unbehandelten Stülpschalung und der spiegelnden Pfostenriegelfassade in die Dünenlandschaft der Nordsee. Durch die großzügige Fassadengestaltung wird ein fließender Übergang von Innen nach Außen geschaffen. Das Pultdach des Sprungturms bricht durch die quadratische Kubatur der Halle. Einzelne Farbakzente setzen im Innenraum Orientierungspunkte.

Nutzung

1 Untergeschoss
Kriechkeller, Leitungsschächte

1 Erdgeschoss
Schwimmbereich, Schwimmmeisterbüro

Nutzeinheiten

Beckengröße: 350 m^2

Grundstück

Bauraum: Freier Bauraum
Neigung: Ebenes Gelände
Bodenklasse: BK 1 bis BK 4

Markt

Hauptvergabezeit: 4. Quartal 2014
Baubeginn: 4. Quartal 2014
Bauende: 4. Quartal 2015
Konjunkturelle Gesamtlage: Durchschnitt
Regionaler Baumarkt: Durchschnitt

Baubestand

Baujahr: 1991
Bauzustand: mittel
Aufwand: mittel
Grundrissänderungen: wenige
Tragwerkseingriffe: wenige
Nutzungsänderung: nein
Nutzung während der Bauzeit: ja

Baukonstruktion

Der kubische Baukörper gründet auf einer Fundamentplatte aus wasserundurchlässigem Beton. Die Außenwände des Technikgeschosses sind ebenfalls aus WU-Beton hergestellt. Sämtliche geschlossene Wände im Erdgeschoss bestehen aus Stahlbeton und wechseln sich mit einer Pfosten-Riegel-Fassade aus Aluminium und Verbundsicherheitsglas ab. Für die weitere Fassadengestaltung kamen Fassadendämmplatten mit einer waagerechten Stülpschalung zum Einbau. Für die Dachkonstruktion wurden Brettschichtholzbinder und Stahlfachwerkträger gewählt. Den oberen Abschluss des Gebäudes bildet eine Trapezblecheindeckung mit Mineralfaserdämmung.

Technische Anlagen

Die Wärmeerzeugung erfolgt durch die vorhandene **Fernwärmeübergabestation**. Die benötigte Wärmeleistung ist geringer als die des abgängigen Außenbeckens. Das Beckenwasser wird über einen vorhandenen Plattentauscher weiter erwärmt. Eine Luftaufbereitungsanlage mit Doppelplattenwärmetauscher dient der **Wärmerückgewinnung**. Eine bestehende Filteranlage wird ebenfalls weiterverwendet.

Sonstiges

Die Sportbadhalle wird neben der öffentlichen Nutzung Vereinen und Schulen zur Verfügung gestellt. Die bestehende Eingangshalle, die Umkleiden, WC und Duschen des Freizeitbades werden auch für die Sportbeckenhalle genutzt.

Planungskennwerte für Flächen und Rauminhalte nach DIN 277

Flächen des Grundstücks		Menge Einheit	% an GF
BF	Bebaute Fläche	6.718,52 m²	40,1
UF	Unbebaute Fläche	10.026,48 m²	59,9
GF	Grundstücksfläche	16.745,00 m²	100,0

Grundflächen des Bauwerks		Menge Einheit	% an NUF	% an BGF
NUF	Nutzungsfläche	699,85 m²	100,0	86,9
TF	Technikfläche	36,15 m²	5,2	4,5
VF	Verkehrsfläche	11,90 m²	1,7	1,5
NRF	Netto-Raumfläche	747,90 m²	106,9	92,8
KGF	Konstruktions-Grundfläche	57,70 m²	8,2	7,2
BGF	Brutto-Grundfläche	805,60 m²	115,1	100,0

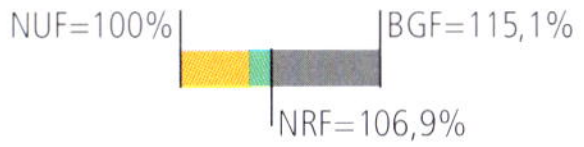

Brutto-Rauminhalt des Bauwerks		Menge Einheit	BRI/NUF (m)	BRI/BGF (m)
BRI	Brutto-Rauminhalt	4.770,21 m³	6,82	5,92

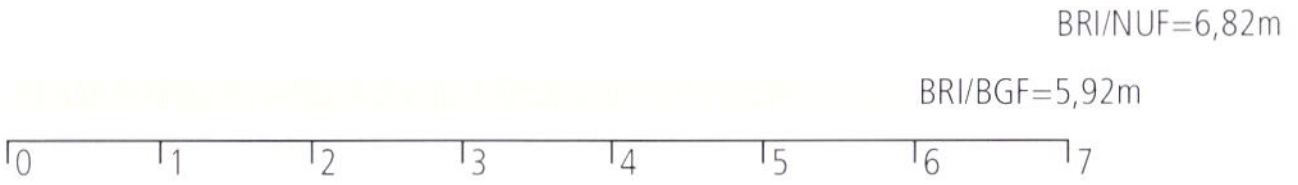

Prozentualer Anteil der Kostengruppen der 2. Ebene an der Kostengruppe 400 nach DIN 276

KG	Kostengruppen (2. Ebene)
410	Abwasser-, Wasser-, Gasanlagen
420	Wärmeversorgungsanlagen
430	Raumlufttechnische Anlagen
440	Elektrische Anlagen
450	Kommunikationstechnische Anlagen
460	Förderanlagen
470	Nutzungsspez. u. verfahrenstechn. Anl.
480	Gebäude- und Anlagenautomation
490	Sonst. Maßnahmen für techn. Anlagen

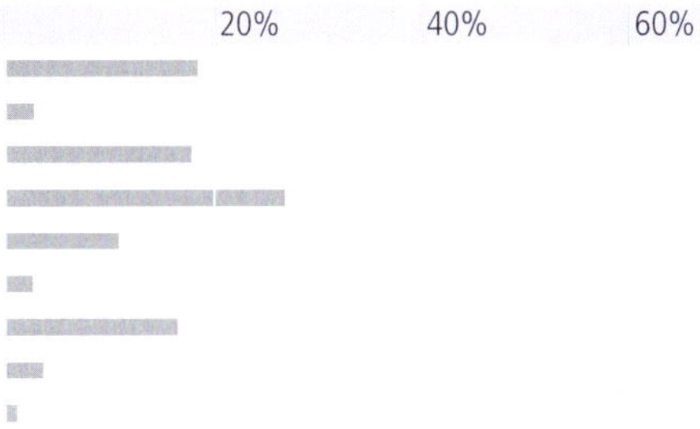

Ranking der Kostengruppen der 3. Ebene an der Kostengruppe 400 nach DIN 276

KG	Kostengruppen (3. Ebene)	% an KG 400	KG	Kostengruppen (3. Ebene)	% an KG 400
431	Lüftungsanlagen	17,7	422	Wärmeverteilnetze	2,7
472	Reinigungs- und badetechn. Anlagen	16,4	461	Aufzugsanlagen	2,6
445	Beleuchtungsanlagen	12,6	442	Eigenstromversorgungsanlagen	2,0
411	Abwasseranlagen	10,6	454	Elektroakustische Anlagen	1,9
444	Niederspannungsinstallationsanlagen	9,0	483	Automationsmanagement	1,1
456	Gefahrenmelde- und Alarmanlagen	8,4	482	Schaltschränke, Automation	1,0
412	Wasseranlagen	7,7	491	Baustelleneinrichtung	0,9
446	Blitzschutz- und Erdungsanlagen	3,1	481	Automationseinrichtungen	0,7

Erweiterung

Kostenkennwerte für die Kostengruppen der 1. Ebene DIN 276

KG	Kostengruppen (1. Ebene)	Einheit	Kosten €	€/Einheit	€/m² BGF	€/m³ BRI	% 300+400
100	Grundstück	m² GF	–	–	–	–	–
200	Vorbereitende Maßnahmen	m² GF	–	–	–	–	–
300	Bauwerk – Baukonstruktionen	m² BGF	3.640.364	4.518,82	4.518,82	763,15	74,2
400	Bauwerk – Technische Anlagen	m² BGF	1.267.599	1.573,48	1.573,48	265,73	25,8
	Bauwerk 300+400	**m² BGF**	**4.907.963**	**6.092,31**	**6.092,31**	**1.028,88**	**100,0**
500	Außenanlagen und Freiflächen	m² AF	53.097	–	65,91	11,13	1,1
600	Ausstattung und Kunstwerke	m² BGF	2.303	2,86	2,86	0,48	< 0,1
700	Baunebenkosten	m² BGF	–	–	–	–	–
800	Finanzierung	m² BGF	–	–	–	–	–

KG	Kostengruppe	Menge Einheit	Kosten €	€/Einheit	%
3+4	**Bauwerk**				**100,0**
300	**Bauwerk – Baukonstruktionen**	805,60 m² BGF	3.640.364	**4.518,82**	74,2

- Abbrechen (Kosten: 1,1%) 41.456
  Durchbrüche in Außenwänden, Abbruch von Verglasungen in Pfosten-Riegel-Fassade, Fluchttür; Innentüren; Verglasung, Bitumenbahnen, Dämmung, Alu-Randeinfassung; Ausschwimmkanal, extensive Dachbegrünung, BSH-Pultdach, Stahlstützen, Alu-Pfosten-Riegel-Konstruktion, Stb-Wänden, Stb-Bodenplatte, WU-Beton, Stb-Treppe, WU-Aufschüttungen; Entsorgung, Deponiegebühren

- Wiederherstellen (Kosten: 0,4%) 14.822
  Abdichtung durch Injektionsverfahren mit Mikrofeinzement, Fugenblech; Blechbekleidung aufnehmen, lagern, wieder einbauen

- Herstellen (Kosten: 98,5%) 3.584.086
  Stb-Fundamentplatte, WU-Beton, Stb-Einzelfundamente, Stb-Aufkantungen, Estrich, Abdichtung, Bodenfliesen, Perimeterdämmung, Dränage, Pumpensumpf; Stb-Außenwände, WU-Beton, Beckenkopf, Alu-Außentüren, vorgehängte hinterlüftete Holzfassade, Dämmung, Stülpschalung, sibirische Lärche, WDVS, Oberputz, Beschichtung, Wandfliesen, Brandschutzbekleidung, Alu-Pfosten-Riegel-Fassade, Fensterfelder, Verbundpaneele; Porenbeton-Mauerwerk, Stahlstützen, Verguss, Ortbeton, Alutüren, Alufenster, Stahlblechtüren, Holztüren, Stahl-Steigleitern; Stb-Decke, WU-Beton, Stb-Fertigteiltreppen, Beschichtung, Geländer, Treppenhandlauf; BSH-Flachdach, BSH-Pultdach, Alu-Lichtdach, **RWA**-Elemente, Lichtkuppeln, Dachdeckung, Trapezblech, Beschichtung, Dämmung, Kunststoff-Dachabdichtung, Dachentwässerung, abgehängte Akustik-Decken, Oberlichtbekleidung, Beschichtung, Sekuranten

KG	Kostengruppe	Menge Einheit	Kosten €	€/Einheit	%
400	**Bauwerk – Technische Anlagen**	805,60 m²BGF	1.267.599	**1.573,48**	25,8
	• Abbrechen (Kosten: 0,3%) Abbruch von PE-Rohren, Schacht, Gussleitungen, Dämmung; Entsorgung, Deponiegebühren		3.228		
	• Wiederherstellen (Kosten: 3,3%) SW-Kanal, Rohre demontieren, lagern, wieder montieren; Instandsetzung von Schwimmbadtechnik im Bestand		41.772		
	• Herstellen (Kosten: 96,4%) Doppelpumpenanlagen, Tauchpumpen, Pumpensteuerung, Abwasserleitungen, Regenwasserleitungen, Rinnenabläufe, Zulauföffnungen, Bodenabläufe, Dachabläufe, Druckluft-Steuersystem, Druckrohre, Schwallwasserleitungen, Kupferrohre, Handwaschbecken; Umwälzpumpe, Tauchhülsen, **Fußbodenheizung**; **Lüftungsanlage** mit **WRG**, **RWA**-Zentralen; Zentralbatteriesystem, Elektroinstallation, LED-Beleuchtung, Rettungszeichenleuchten, **Blitzschutz**; Nebenuhr, elektroakustische Anlagen, Rauchansauganlage, Rauchmelder, Datenübertragungsnetze; Schrägaufzug; Sprunganlagen, Startsockel, Betriebs-Wasserapparatur, Chlorgas-Saugleitungen; Gebäude- und Anlagenautomation		1.222.599		
500	**Außenanlagen und Freiflächen**	–	53.097	–	1,1
	• Abbrechen (Kosten: 51,3%) Abbruch von Stb-Streifenfundamenten; Stb-Winkelstützwänden, Handlauf, Schwimmbad-Treppengeländer, Griffbögen, Außenbecken, Stb-Bodenplatte, Kunststoffbeschichtung, GFK-Wände mit Stahlträgerkonstruktion, Mehrschichtfilter, WU-Aufschüttungen; Entsorgung, Deponiegebühren		27.225		
	• Herstellen (Kosten: 48,7%) Holzpalisaden, Winkelstützwand, Betonblockstufen; Bodenarbeiten, Mutterboden, Quarzsand, Rollrasen		25.872		
600	**Ausstattung und Kunstwerke**	805,60 m²BGF	2.303	**2,86**	< 0,1
	• Herstellen (Kosten: 100,0%) Handscheinwerfer mit Notlichtfunktion, **Ladestation**, Kristallglasspiegel, Porzellanablage, Doppel-Handtuchhaken; Sockelbleche für Piktogramme, gravierte Resopal-Schilder für Notleuchten		2.303		

Kostenkennwerte für die Kostengruppen 400 der 2. Ebene DIN 276

KG	Kostengruppe	Menge Einheit	Kosten €	€/Einheit	%
400	**Bauwerk – Technische Anlagen**				**100,0**
410	**Abwasser-, Wasser-, Gasanlagen**	805,60 m² BGF	231.996	**287,98**	18,3
	• Abbrechen (Kosten: 1,4%)	805,60 m² BGF	3.228	**4,01**	
	Abbruch von PE-Rohren (200m), Schacht (1St) * Gussleitungen DN100, Schalung, Dämmung (14h); Entsorgung, Deponiegebühren				
	• Wiederherstellen (Kosten: 2,6%)	805,60 m² BGF	6.014	**7,46**	
	SW-Kanal ausbauen, wieder einbauen (18m) * PVC-Rohre demontieren, lagern, wieder montieren (149m), Armaturen (10St)				
	• Herstellen (Kosten: 96,0%)	805,60 m² BGF	222.754	**276,51**	
	Doppelpumpenanlagen, Tauchpumpen, Pumpensteuerungen (2St), Rohrgräben (26m³), KG-Rohre DN125-200 (38m), HT-Abwasserleitungen DN70 (88m), PE-Regenwasserleitungen DN70-150 (373m), Revisionsschächte (3St), Schacht (1St), Rinnenabläufe DN100 (28St), Zulauföffnungen DN50 (45St), Bodenabläufe DN70-100 (8St), Dachabläufe DN100 (21St) * Druckluft-Steuersystem, PVC-Rohre DN15 (118St), PVC-Druckrohre DN50-250 (243m), Schwallwasserleitungen DN100-300 (140m), Kupferrohre DN15-20 (160m), Handwaschbecken (1St), Waschtischarmaturen (1St), Brausesets (2St)				
420	**Wärmeversorgungsanlagen**	805,60 m² BGF	34.707	**43,08**	2,7
	• Herstellen (Kosten: 100,0%)	805,60 m² BGF	34.707	**43,08**	
	Umwälzpumpe (1St), Tauchhülsen (6St), Heizungsrohre DN50 (141m), Anschlüsse an Lufterhitzer DN50 (6St), an Bestandsleitungen DN32-65 (2St), Vorschweißflansch (16St), Luftgefäße (4St), Flanschen-Ventile (4St), Flanschen-Schmutzfänger (1St), Manometer (4St)				
430	**Raumlufttechnische Anlagen**	805,60 m² BGF	223.954	**278,00**	17,7
	• Herstellen (Kosten: 100,0%)	805,60 m² BGF	223.954	**278,00**	
	Lüftungsanlage mit **WRG** (1St), Rechteckkanäle (130m²), Doppelwandkanäle (130m²), Rundrohre DN200-800 (208m), Wickelfalzrohre (50m), Deflektorhaube (1St), Ansaugbogen (1St), Regenkragen (2St), Durchführungen, Flachdach (9St), Außenwand (2St), Schlitzauslässe (14St), Rundrohrdurchlässe (2St), **RWA**-Zentralen (3St), **RWA**-Taster (3St), Lüftungstaster (3St)				
440	**Elektrische Anlagen**	805,60 m² BGF	339.092	**420,92**	26,8
	• Herstellen (Kosten: 100,0%)	805,60 m² BGF	339.092	**420,92**	
	Zentralbatteriesystem (1St), Fernmeldetableau (1St) * Unterverteiler (1St), Hauptschalter (1St), FI-Schalter (5St), LS-Schalter (3St), FI/LS-Schalter (4St), Sicherungen (15St), Spannungswächterrelais (14St), Überspannungsschutzgerät (1St), Erdkabel (211m), Mantelleitungen (3.918m), Betonkabel (81m), Niederspannungskabel (40m), Leerrohre (260m), Steckdosen (19St), CEE-Steckdosen (3St), Schalter (12St), **Präsenzmelder** (2St) * LED-Downlights (63St), LED-Schwimmbadscheinwerfer (18St), Flächenstrahler (3St), Leuchten (39St), Rettungszeichenleuchten (10St) * Rundstahl (373m), Mantelleitungen (504m), Flachstahl (494m), Alu-Leitungen (287m), Blitzableitungen (59m), Potenzialausgleichsschienen (7St)				

KG	Kostengruppe	Menge Einheit	Kosten €	€/Einheit	%
450	**Kommunikationstechnische Anlagen**	805,60 m²BGF	136.870	**169,90**	10,8
	• Herstellen (Kosten: 100,0%)	805,60 m²BGF	136.870	**169,90**	
	Nebenuhr (1St) * Lautsprecher (4St), 4-Kanal-Endverstärker (1St), Mischvorverstärker (2St), Fernsprechleitungen (264m), Funk-Mikrofon-Headset-Set (1St), UHF-Empfänger (1St), UHF-Antennen (2St), Koaxialkabel (20m), Mikrofon-Sprechstelle (1St) * Rauchansauganlagen (4St), Kanalrauchschalter (3St), Rauchansaugsystem ABS-Rohre (350m), Rauchmelder (32St), Multisensormelder (28St), Warntongeber (6St), Handmelder (5St), Installationskabel (1.159m) * Datenkabel **Cat7** (808m), Fernmeldeleitungen (185m), Anschlusssteckdosen RJ45 (2St), RJ45-Stecker Cat6 (36St), Patchkabel Cat6 (36St)				
460	**Förderanlagen**	805,60 m²BGF	33.564	**41,66**	2,6
	• Herstellen (Kosten: 100,0%)	805,60 m²BGF	33.564	**41,66**	
	Schrägaufzug für barrierefreien Zugang, Plattformgröße 0,90x1,00m, Tragfähigkeit 200kg, Seitenbefahrung (1St)				
470	**Nutzungsspez. u. verfahrenstechn. Anl.**	805,60 m²BGF	208.192	**258,43**	16,4
	• Wiederherstellen (Kosten: 17,2%)	805,60 m²BGF	35.759	**44,39**	
	PVC-Rohre demontieren, PE-Rohre neu aufbauen (2St), Dichtungen (6St), Düsen austauschen (918St), Instandsetzung von Pumpe vor dem Wiedereinbau, neue Gleitringdichtungen (1St), Umwälzpumpen demontieren, lagern, wieder montieren, Monometer austauschen, Reparaturschalter, Mano-Vakuummeter (2St), elektronische Prüfung von Filtern (2St), Filterverrohrung demontieren, lagern, wieder montieren (2St), Gasdosiergerät umrüsten (1St), Druckerhöhungspumpe demontieren, lagern, mit Dichtung wieder montieren (1St)				
	• Herstellen (Kosten: 82,8%)	805,60 m²BGF	172.434	**214,04**	
	Plattform-Sprunganlage, h=3,00m (1St), Sprungbrettanlage, h=1,00m (1St), Sprungbrett, l=4,80m (1St), Sprungbrett-Walzenverstellung (1St), Startsockel, Haube und Zwischenstufe (5St), Betriebs-Wasserapparatur (1St), Chlorgas-Saugleitungen (20m), Sicherheitsschaltung (1St), Strömungswächter (1St), Dosierpumpen (2St), Druckluftwartungseinheit (1St), Mano-Vakuummeter (1St), Probeentnahmeventile (7St), Tauchtemperaturfühler (7St), Kunststoff-Statikmischer (1St), Messwasser-Entnahmepumpe (1St), Griffbögen (4St), Geländer (3St), Schwimmbadleinen 25m (4St), Rettungsringe (2St), Rettungsstangen (2St)				
480	**Gebäude- und Anlagenautomation**	805,60 m²BGF	45.265	**56,19**	3,6
	• Herstellen (Kosten: 100,0%)	805,60 m²BGF	45.265	**56,19**	
	Kanalfühler (4St), Tauchtemperaturfühler (7St), Witterungsfühler (1St), Tauch- und Anlege-Frostschutzwächter (1St), Frostwächter (1St), Differenzdruckwächter (2St), Luftstromwächter (2St), Drehantriebe für Luftklappen (4St), Ventilantriebe (2St), Frequenzumrichter (2St) * Schaltschrank, Feldgeräte (1St) * **DDC**-Regel- und Steuersystem (1St) * Fernmeldeleitungen (373m), Steuerleitungen (163m), Datenkabel (68m), Leerrohre (22m) * Fernmeldeleitungen (866m), Leerrohre (84m)				
490	**Sonst. Maßnahmen für techn. Anlagen**	805,60 m²BGF	13.959	**17,33**	1,1
	• Herstellen (Kosten: 100,0%)	805,60 m²BGF	13.959	**17,33**	
	Baustelleneinrichtung (psch) * Arbeitsgerüst, h=7,00m (1St), Montagegerüst mit Arbeitsbühne, h=2,00m (1St), Gerüstanlage für mobilen Betrieb, h=4,00m (1St)				

Erweiterung

Kostenkennwerte für die Kostengruppen 400 der 2. und 3. Ebene DIN 276 (Übersicht)

KG	Kostengruppe	Menge Einheit	Kosten €	€/Einheit	%
410	**Abwasser-, Wasser-, Gasanlagen**	**805,60 m² BGF**	**231.995,77**	**287,98**	**18,3**
411	Abwasseranlagen	805,60 m² BGF	133.882,67	166,19	10,6
412	Wasseranlagen	805,60 m² BGF	98.113,10	121,79	7,7
420	**Wärmeversorgungsanlagen**	**805,60 m² BGF**	**34.707,42**	**43,08**	**2,7**
422	Wärmeverteilnetze	805,60 m² BGF	34.707,42	43,08	2,7
430	**Raumlufttechnische Anlagen**	**805,60 m² BGF**	**223.954,48**	**278,00**	**17,7**
431	Lüftungsanlagen	805,60 m² BGF	223.954,48	278,00	17,7
440	**Elektrische Anlagen**	**805,60 m² BGF**	**339.091,86**	**420,92**	**26,8**
442	Eigenstromversorgungsanlagen	805,60 m² BGF	25.971,99	32,24	2,0
444	Niederspannungsinstallationsanlagen	805,60 m² BGF	114.221,83	141,78	9,0
445	Beleuchtungsanlagen	805,60 m² BGF	159.413,57	197,88	12,6
446	Blitzschutz- und Erdungsanlagen	805,60 m² BGF	39.484,48	49,01	3,1
450	**Kommunikationstechnische Anlagen**	**805,60 m² BGF**	**136.870,18**	**169,90**	**10,8**
453	Zeitdienstanlagen	805,60 m² BGF	1.652,05	2,05	0,1
454	Elektroakustische Anlagen	805,60 m² BGF	24.021,57	29,82	1,9
456	Gefahrenmelde- und Alarmanlagen	805,60 m² BGF	106.279,71	131,93	8,4
457	Datenübertragungsnetze	805,60 m² BGF	4.916,83	6,10	0,4
460	**Förderanlagen**	**805,60 m² BGF**	**33.563,85**	**41,66**	**2,6**
461	Aufzugsanlagen	805,60 m² BGF	33.563,85	41,66	2,6
470	**Nutzungsspez. u. verfahrenstechn. Anl.**	**805,60 m² BGF**	**208.192,21**	**258,43**	**16,4**
472	Reinigungs- und badetechn. Anlagen	805,60 m² BGF	208.192,21	258,43	16,4
480	**Gebäude- und Anlagenautomation**	**805,60 m² BGF**	**45.264,78**	**56,19**	**3,6**
481	Automationseinrichtungen	805,60 m² BGF	8.508,35	10,56	0,7
482	Schaltschränke, Automation	805,60 m² BGF	12.609,54	15,65	1,0
483	Automationsmanagement	805,60 m² BGF	13.639,54	16,93	1,1
484	Kabel, Leitungen und Verlegesysteme	805,60 m² BGF	5.366,07	6,66	0,4
485	Datenübertragungsnetze	805,60 m² BGF	5.141,28	6,38	0,4
490	**Sonst. Maßnahmen für techn. Anlagen**	**805,60 m² BGF**	**13.958,58**	**17,33**	**1,1**
491	Baustelleneinrichtung	805,60 m² BGF	11.579,38	14,37	0,9
492	Gerüste	805,60 m² BGF	2.379,19	2,95	0,2

Kostenkennwerte für Leistungsbereiche nach STLB (Kosten KG 400 nach DIN 276)

LB	Leistungsbereiche	Kosten €	€/m² BGF	€/m³ BRI	% an 400
040	Wärmeversorgungsanlagen - Betriebseinrichtungen	2.565	3,20	0,54	0,2
041	Wärmeversorgungsanlagen - Leitungen, Armaturen, Heizflächen	20.675	25,70	4,30	1,6
042	Gas- und Wasseranlagen - Leitungen, Armaturen	84.697	105,10	17,80	6,7
	Wiederherstellen	2.298	2,90	0,48	0,2
	Herstellen	82.399	102,30	17,30	6,5
043	Druckrohrleitungen für Gas, Wasser und Abwasser	–	–	–	–
044	Abwasseranlagen - Leitungen, Abläufe, Armaturen	78.248	97,10	16,40	6,2
045	Gas-, Wasser- und Entwässerungsanlagen - Ausstattung, Elemente, Fertigbäder	3.618	4,50	0,76	0,3
046	Gas-, Wasser- und Entwässerungsanlagen - Betriebseinrichtungen	99.357	123,30	20,80	7,8
	Wiederherstellen	35.754	44,40	7,50	2,8
	Herstellen	63.603	79,00	13,30	5,0
047	Dämm- und Brandschutzarbeiten an technischen Anlagen	23.490	29,20	4,90	1,9
049	Feuerlöschanlagen, Feuerlöschgeräte	–	–	–	–
050	Blitzschutz- / Erdungsanlagen, Überspannungsschutz	39.472	49,00	8,30	3,1
051	Kabelleitungstiefbauarbeiten	–	–	–	–
052	Mittelspannungsanlagen	–	–	–	–
053	Niederspannungsanlagen - Kabel / Leitungen, Verlegesysteme, Installationsgeräte	95.317	118,30	20,00	7,5
054	Niederspannungsanlagen - Verteilersysteme und Einbaugeräte	44.850	55,70	9,40	3,5
055	Sicherheits- und Ersatzstromversorgungsanlagen	–	–	–	–
057	Gebäudesystemtechnik	–	–	–	–
058	Leuchten und Lampen	159.410	197,90	33,40	12,6
059	Sicherheitsbeleuchtungsanlagen	–	–	–	–
060	Such-, Signal-, Zeitdienst-, Antennen-, elektroakustische Anlagen, Medientechnik	25.666	31,90	5,40	2,0
061	Kommunikations- und Übertragungsnetze	4.914	6,10	1,00	0,4
062	Kommunikationsanlagen	–	–	–	–
063	Gefahrenmeldeanlagen	106.259	131,90	22,30	8,4
064	Zutrittskontroll-, Zeiterfassungssysteme	–	–	–	–
069	Aufzüge	33.564	41,70	7,00	2,6
070	Gebäudeautomation	45.249	56,20	9,50	3,6
075	Raumlufttechnische Anlagen	222.900	276,70	46,70	17,6
078	Kälteanlagen für raumlufttechnische Anlagen	–	–	–	–
	Gebäudetechnik	**1.090.253**	**1.353,30**	**228,60**	**86,0**
	Wiederherstellen	38.052	47,20	8,00	3,0
	Herstellen	1.052.200	1.306,10	220,60	83,0
	Sonstige Leistungsbereiche	**174.750**	**216,90**	**36,60**	**13,8**
	Abbrechen	3.225	4,00	0,68	0,3
	Wiederherstellen	3.714	4,60	0,78	0,3
	Herstellen	167.811	208,30	35,20	13,2

Kostenkennwerte für die Kosten des Bauwerks (Kostengruppen 300+400 nach DIN 276)

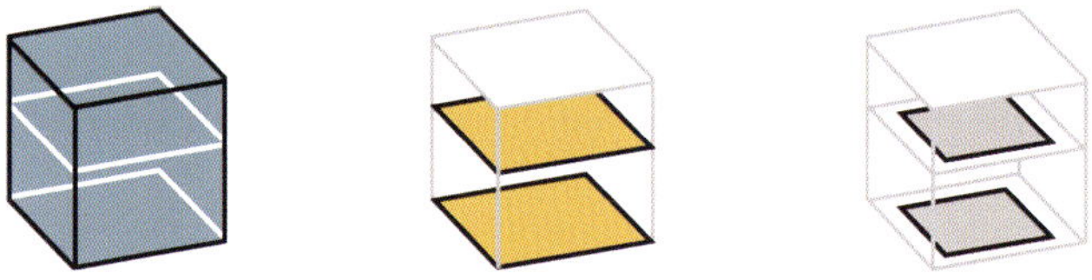

BRI 1.104 €/m³ | BGF 3.550 €/m² | NUF 5.489 €/m²

Objekt:
Kennwerte: 3.Ebene DIN 276
BRI: 656 m³
BGF: 204 m²
NUF: 132 m²
Bauzeit: 30 Wochen
Bauende: 2019
Standard: mittel
Bundesland: Mecklenburg-Vorpommern
Kreis: Mecklenburgische Seenplatte

Architekt*in:
Sabine Reimann
Dipl. Ing. Architektin
Ringstraße 30
17255 Wesenberg

Bauherr*in:
Gemeinde Feldberger Seenlandschaft
Prenzlauer Straße 2
17258 Feldberg

© Sabine Reimann

© Sabine Reimann

© Sabine Reimann

Ansicht Nord

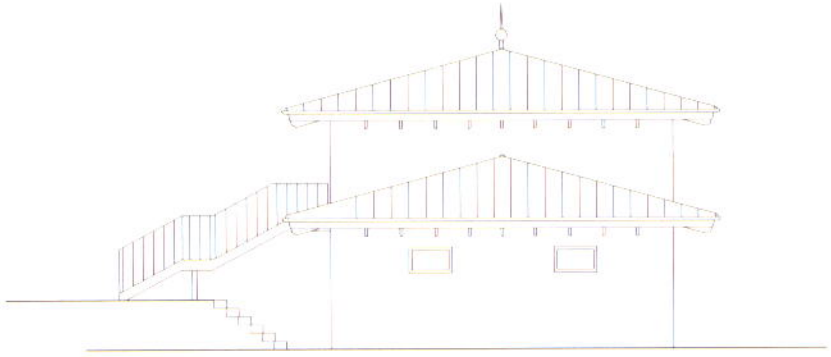

Ansicht Ost

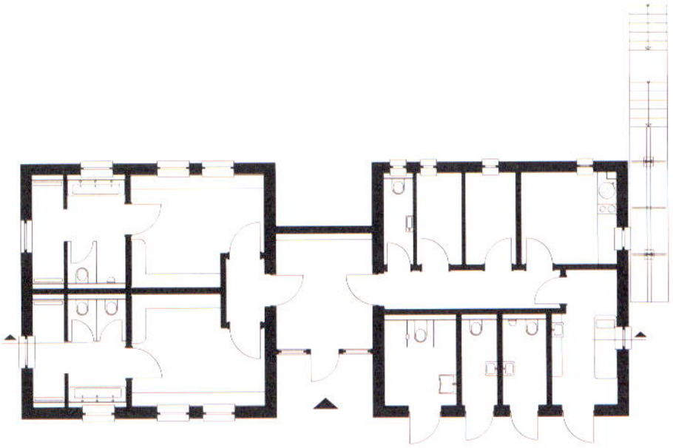

Erdgeschoss

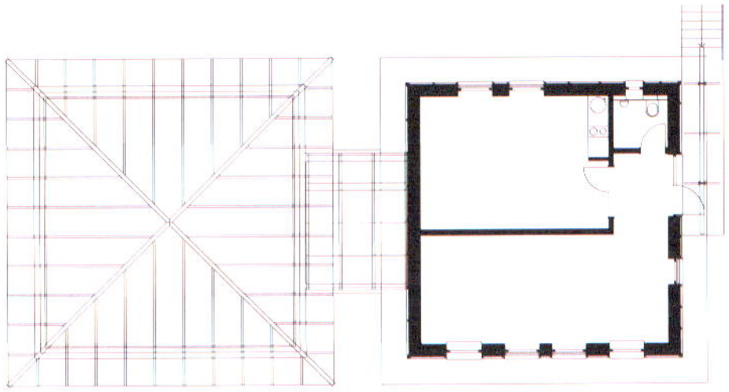

Obergeschoss

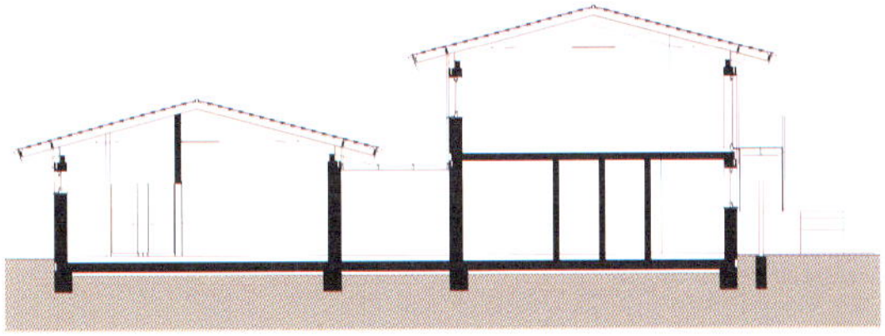

Schnitt

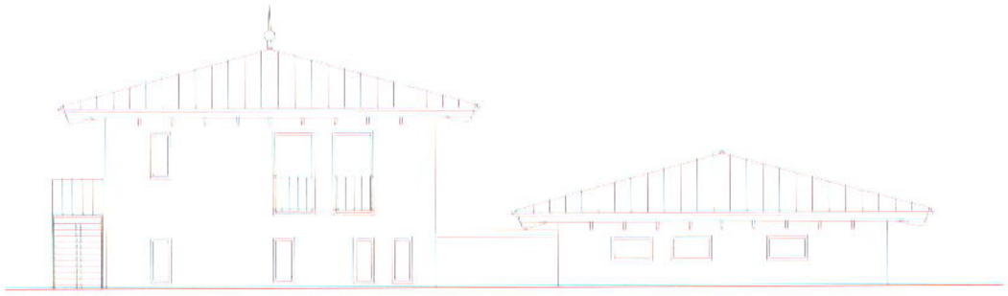

Ansicht Süd

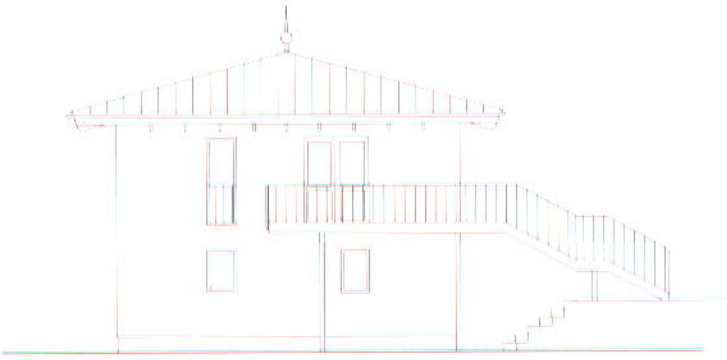

Ansicht West

Objektbeschreibung

Allgemeine Objektinformationen

Auf einer Halbinsel des Sees wurde eine neue Badeanstalt an der Stelle eines ehemaligen Naturbades realisiert. Die beiden ein- und zweigeschossigen Baukörper mit quadratischem Grundriss sind über ein gemeinsames Foyer miteinander verbunden. Der schlichte zweckmäßige Neubau beherbergt Duschen und öffentliche Toiletten, die neben dem Badebetrieb an der offenen Badestelle auch dem anliegenden Sportplatz dienen. Der ehemalige Drei-Meter-Sprungturm wurde ebenfalls wieder neu auf einer Plattform im See errichtet.

Grundstück

Bauraum: Freier Bauraum
Neigung: Geneigtes Gelände
Bodenklasse: BK 3

Markt

Hauptvergabezeit: 1. Quartal 2019
Baubeginn: 1. Quartal 2019
Bauende: 3. Quartal 2019
Konjunkturelle Gesamtlage: Durchschnitt
Regionaler Baumarkt: unter Durchschnitt

Baukonstruktion

Die zweigeschossige Badeanstalt entstand aus Hohlziegelmauerwerk auf einer Stahlbetonbodenplatte. Die Fassade ist mit einem mineralischen Außenputz beschichtet. Es kamen Kunststofffenster mit zweifachem Wärmeschutzglas zur Ausführung. Das Zeltdach hat eine Aufsparrendämmung erhalten und ist mit Tonziegeln gedeckt. Sämtliche Innenwände wurden aus Kalksandstein gemauert und mit einem Kalkzementinnenputz versehen bzw. in den Nassbereichen gefliest. Die Fußböden wurden mit PVC oder Fliesen belegt.

Technische Anlagen

Die Energieversorgung des Gebäudes erfolgt mittels **Luft-Wasser-Wärmepumpe**. Über eine **Fußbodenheizung** wird die Wärme in die einzelnen Räume verteilt. Alle Räume sind mit energiesparenden LED-Leuchten ausgestattet.

Sonstiges

Die Sprungturmanlage wurde auf einer Stahlbetonplattform auf Stahlrohrpfählen erbaut. Bei der Planung des Neubaus wurden Entscheidungen aus Bürgerbeteiligungen berücksichtigt.

Planungskennwerte für Flächen und Rauminhalte nach DIN 277

Flächen des Grundstücks		Menge Einheit	% an GF
BF	Bebaute Fläche	204,00 m²	–
UF	Unbebaute Fläche	–	–
GF	Grundstücksfläche	–	–

Grundflächen des Bauwerks		Menge Einheit	% an NUF	% an BGF
NUF	Nutzungsfläche	131,95 m²	100,0	64,7
TF	Technikfläche	3,90 m²	3,0	1,9
VF	Verkehrsfläche	21,00 m²	15,9	10,3
NRF	Netto-Raumfläche	156,85 m²	118,9	76,9
KGF	Konstruktions-Grundfläche	47,15 m²	35,7	23,1
BGF	Brutto-Grundfläche	204,00 m²	154,6	100,0

Brutto-Rauminhalt des Bauwerks		Menge Einheit	BRI/NUF (m)	BRI/BGF (m)
BRI	Brutto-Rauminhalt	656,00 m³	4,97	3,22

Prozentualer Anteil der Kostengruppen der 2.Ebene an der Kostengruppe 400 nach DIN 276

KG	Kostengruppen (2.Ebene)
410	Abwasser-, Wasser-, Gasanlagen
420	Wärmeversorgungsanlagen
430	Raumlufttechnische Anlagen
440	Elektrische Anlagen
450	Kommunikationstechnische Anlagen
460	Förderanlagen
470	Nutzungsspez. u. verfahrenstechn. Anl.
480	Gebäude- und Anlagenautomation
490	Sonst. Maßnahmen für techn. Anlagen

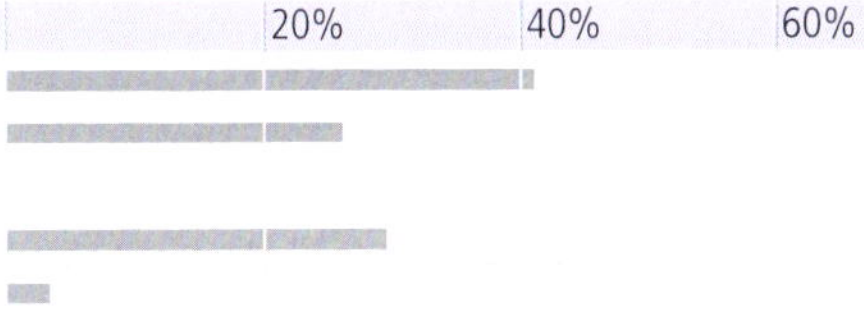

Ranking der Kostengruppen der 3.Ebene an der Kostengruppe 400 nach DIN 276

KG	Kostengruppen (3.Ebene)	% an KG 400
412	Wasseranlagen	30,4
444	Niederspannungsinstallationsanlagen	16,1
421	Wärmeerzeugungsanlagen	10,9
423	Raumheizflächen	9,6
411	Abwasseranlagen	7,9
445	Beleuchtungsanlagen	7,0
446	Blitzschutz- und Erdungsanlagen	6,4
422	Wärmeverteilnetze	5,7
419	Sonstiges zur KG 410	2,7
456	Gefahrenmelde- und Alarmanlagen	2,5
457	Datenübertragungsnetze	0,5
451	Telekommunikationsanlagen	0,2
452	Such- und Signalanlagen	0,2

Kostenkennwerte für die Kostengruppen der 1. Ebene DIN 276

KG	Kostengruppen (1. Ebene)	Einheit	Kosten €	€/Einheit	€/m² BGF	€/m³ BRI	% 300+400
100	Grundstück	m² GF	–	–	–	–	–
200	Vorbereitende Maßnahmen	m² GF	75.099	–	368,13	114,48	10,4
300	Bauwerk – Baukonstruktionen	m² BGF	542.330	2.658,48	2.658,48	826,72	74,9
400	Bauwerk – Technische Anlagen	m² BGF	181.952	891,92	891,92	277,37	25,1
	Bauwerk 300+400	**m² BGF**	**724.282**	**3.550,40**	**3.550,40**	**1.104,09**	**100,0**
500	Außenanlagen und Freiflächen	m² AF	239.875	–	1.175,86	365,66	33,1
600	Ausstattung und Kunstwerke	m² BGF	4.260	20,88	20,88	6,49	0,6
700	Baunebenkosten	m² BGF	–	–	–	–	–
800	Finanzierung	m² BGF	–	–	–	–	–

KG	Kostengruppe	Menge Einheit	Kosten €	€/Einheit	%
200	**Vorbereitende Maßnahmen**	–	75.099	–	10,4
	Baumschutz, Abbruch von Bestandsgebäuden, Fundamenten, Rodungsarbeiten; Entsorgung, Deponiegebühren				
3+4	**Bauwerk**				**100,0**
300	**Bauwerk – Baukonstruktionen**	204,00 m² BGF	542.330	**2.658,48**	74,9
	Stb-Flachgründung, Heizestrich, Bodenfliesen; Mauerwerk, Kunststoff-Tür-/Fensterelemente, Alu-Pfosten-Riegel-Fassade; Mauerwerk, Kunststofftüren, Beschichtung, Wandfliesen, WC-Trennwände; Absturzsicherungen; Stb-Elementdecke, Linoleum; Stahltreppe; Holz-Zeltdach; Ziegeldeckung, Dachentwässerung				
400	**Bauwerk – Technische Anlagen**	204,00 m² BGF	181.952	**891,92**	25,1
	Gebäudeentwässerung, Kalt- und Warmwasserleitungen, Sanitärobjekte; **Luft-Wasser-Wärmepumpe**, Heizungsrohre, **Fußbodenheizung**; Elektroinstallation, Beleuchtung, Erdung; Fernmeldeleitungen, Türöffneranlage, Datenverkabelung				
500	**Außenanlagen und Freiflächen**	–	239.875	–	33,1
	Bodenarbeiten; Tiefgründung Sprungturm; Betonpflaster; Betonstufen, Steganlage erneuern; Liegebänke, Sprungturm, Sprungbrett; Oberbodenarbeiten, Rasen				
600	**Ausstattung und Kunstwerke**	204,00 m² BGF	4.260	**20,88**	0,6
	Sanitärausstattungen				

Kostenkennwerte für die Kostengruppen 400 der 2. Ebene DIN 276

KG	Kostengruppe	Menge Einheit	Kosten €	€/Einheit	%
400	**Bauwerk – Technische Anlagen**				**100,0**
410	**Abwasser-, Wasser-, Gasanlagen**	204,00 m² BGF	74.574	**365,56**	41,0
	PVC-Abwasserrohre DN100 (70m), Kontrollschacht DN400 (1St), Edelstahl-Duschrinnen (4St) * Edelstahlrohre DN12-32 (208m), Hauswasserstation (1St), Wasserzähler (4St), Wand-Tiefspül-WCs (8St), Waschtische (6St), Stützklappgriffe (4St), Waschtischanlagen, drei Mulden (2St), Duschelemente (4St), Urinal (1St), Durchlauferhitzer (9St), Außenarmatur (1St) * Montageelemente (12St)				
420	**Wärmeversorgungsanlagen**	204,00 m² BGF	47.580	**233,24**	26,1
	Luft-Wasser-Wärmepumpe (1St), Kältemittelleitungen (psch), Pufferspeicher (1St) * Kupferrohre DN15-32 (133m) * **Fußbodenheizung**, Tackersystem (162m²), Verteilerschränke, Wärmemengenzähler (4St), Regler (18St), Zeitschaltuhren (2St)				
440	**Elektrische Anlagen**	204,00 m² BGF	53.658	**263,03**	29,5
	Zählerschrank (1St), Verteiler (1St), Hauptschalter (2St), Schutzschalter (55St), Mantelleitungen (1.498m), Steckdosen (46St), Taster, Schalter (18St), Temperaturregler (14St), Präsenz-/Bewegungsmelder (10St) * LED-Deckenleuchten (28St), Wandleuchten, außen (8St), Notleuchten (4St), LED-Wandleuchten (4St), Hängeleuchten (3St), Spiegelleuchten (2St) * Fundamenterder (94m), Ringerder (82m), Ableitungen (48m), Fangstangen (9St), Erdeinführungsstangen (8St), Potenzialausgleichsschienen (2St)				
450	**Kommunikationstechnische Anlagen**	204,00 m² BGF	6.140	**30,10**	3,4
	Fernmeldeleitungen (112m) * Ruf-Kompaktset (1St) * Türöffneranlage mit Münzautomaten (4St) * Datenkabel (137m), Datenanschlussdosen (6St)				

Kostenkennwerte für die Kostengruppen 400 der 2. und 3.Ebene DIN 276 (Übersicht)

KG	Kostengruppe	Menge Einheit	Kosten €	€/Einheit	%
410	**Abwasser-, Wasser-, Gasanlagen**	**204,00 m² BGF**	**74.574,28**	**365,56**	**41,0**
411	Abwasseranlagen	204,00 m² BGF	14.321,44	70,20	7,9
412	Wasseranlagen	204,00 m² BGF	55.285,74	271,01	30,4
419	Sonstiges zur KG 410	204,00 m² BGF	4.967,10	24,35	2,7
420	**Wärmeversorgungsanlagen**	**204,00 m² BGF**	**47.580,34**	**233,24**	**26,1**
421	Wärmeerzeugungsanlagen	204,00 m² BGF	19.822,47	97,17	10,9
422	Wärmeverteilnetze	204,00 m² BGF	10.362,93	50,80	5,7
423	Raumheizflächen	204,00 m² BGF	17.394,95	85,27	9,6
440	**Elektrische Anlagen**	**204,00 m² BGF**	**53.657,88**	**263,03**	**29,5**
444	Niederspannungsinstallationsanlagen	204,00 m² BGF	29.301,14	143,63	16,1
445	Beleuchtungsanlagen	204,00 m² BGF	12.734,38	62,42	7,0
446	Blitzschutz- und Erdungsanlagen	204,00 m² BGF	11.622,36	56,97	6,4
450	**Kommunikationstechnische Anlagen**	**204,00 m² BGF**	**6.139,72**	**30,10**	**3,4**
451	Telekommunikationsanlagen	204,00 m² BGF	412,72	2,02	0,2
452	Such- und Signalanlagen	204,00 m² BGF	408,86	2,00	0,2
456	Gefahrenmelde- und Alarmanlagen	204,00 m² BGF	4.469,22	21,91	2,5
457	Datenübertragungsnetze	204,00 m² BGF	848,91	4,16	0,5

Kostenkennwerte für Leistungsbereiche nach STLB (Kosten KG 400 nach DIN 276)

LB	Leistungsbereiche	Kosten €	€/m2 BGF	€/m3 BRI	% an 400
040	Wärmeversorgungsanlagen - Betriebseinrichtungen	19.323	94,70	29,50	10,6
041	Wärmeversorgungsanlagen - Leitungen, Armaturen, Heizflächen	21.869	107,20	33,30	12,0
042	Gas- und Wasseranlagen - Leitungen, Armaturen	14.125	69,20	21,50	7,8
043	Druckrohrleitungen für Gas, Wasser und Abwasser	–	–	–	–
044	Abwasseranlagen - Leitungen, Abläufe, Armaturen	8.210	40,20	12,50	4,5
045	Gas-, Wasser- und Entwässerungsanlagen - Ausstattung, Elemente, Fertigbäder	42.919	210,40	65,40	23,6
046	Gas-, Wasser- und Entwässerungsanlagen - Betriebseinrichtungen	–	–	–	–
047	Dämm- und Brandschutzarbeiten an technischen Anlagen	9.098	44,60	13,90	5,0
049	Feuerlöschanlagen, Feuerlöschgeräte	–	–	–	–
050	Blitzschutz- / Erdungsanlagen, Überspannungsschutz	11.622	57,00	17,70	6,4
051	Kabelleitungstiefbauarbeiten	–	–	–	–
052	Mittelspannungsanlagen	–	–	–	–
053	Niederspannungsanlagen - Kabel / Leitungen, Verlegesysteme, Installationsgeräte	20.405	100,00	31,10	11,2
054	Niederspannungsanlagen - Verteilersysteme und Einbaugeräte	9.281	45,50	14,10	5,1
055	Sicherheits- und Ersatzstromversorgungsanlagen	–	–	–	–
057	Gebäudesystemtechnik	–	–	–	–
058	Leuchten und Lampen	11.952	58,60	18,20	6,6
059	Sicherheitsbeleuchtungsanlagen	782	3,80	1,20	0,4
060	Such-, Signal-, Zeitdienst-, Antennen-, elektroakustische Anlagen, Medientechnik	409	2,00	0,62	0,2
061	Kommunikations- und Übertragungsnetze	876	4,30	1,30	0,5
062	Kommunikationsanlagen	–	–	–	–
063	Gefahrenmeldeanlagen	–	–	–	–
064	Zutrittskontroll-, Zeiterfassungssysteme	4.469	21,90	6,80	2,5
069	Aufzüge	–	–	–	–
070	Gebäudeautomation	–	–	–	–
075	Raumlufttechnische Anlagen	–	–	–	–
078	Kälteanlagen für raumlufttechnische Anlagen	–	–	–	–
	Gebäudetechnik	**175.341**	**859,50**	**267,30**	**96,4**
	Sonstige Leistungsbereiche	**6.611**	**32,40**	**10,10**	**3,6**

5300-0016
Strandbad
Gastronomie

Kostenkennwerte für die Kosten des Bauwerks (Kostengruppen 300+400 nach DIN 276)

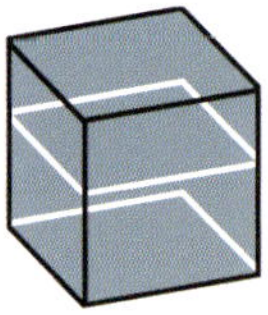

BRI 1.214 €/m³

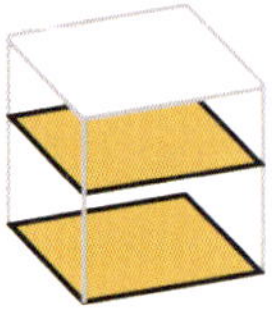

BGF 4.996 €/m²

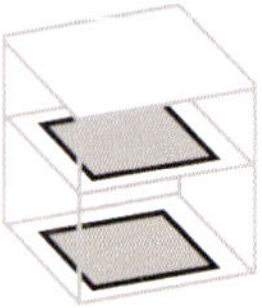

NUF 7.125 €/m²

Objekt:
Kennwerte: 3. Ebene DIN 276
BRI: 2.024 m³
BGF: 492 m²
NUF: 345 m²
Bauzeit: 43 Wochen
Bauende: 2016
Standard: mittel
Bundesland: Schleswig-Holstein
Kreis: Ostholstein

Architekt*in:
architekturbüro
bielke und struve partgmbb
Weidestraße 23
23701 Eutin

Bauherr*in:
Tourismus-Service Scharbeutz
Am Bürgerhaus 2
23683 Scharbeutz

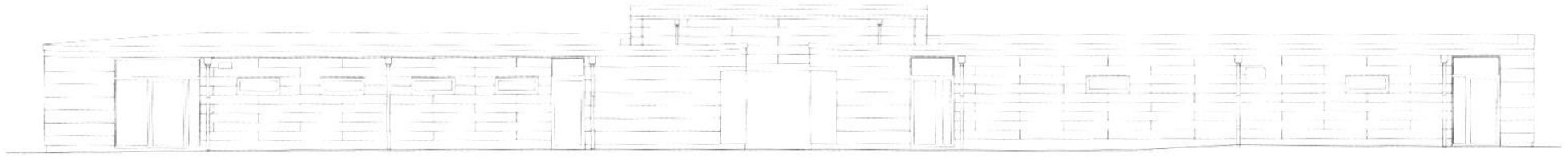

Ansicht Ost

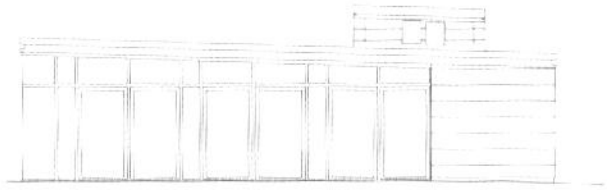

Ansicht Süd

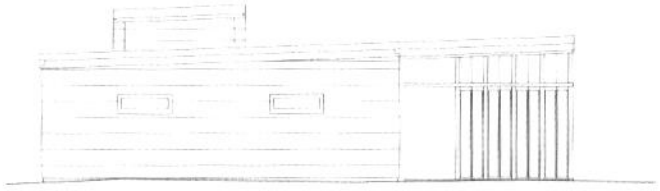

Ansicht Nord

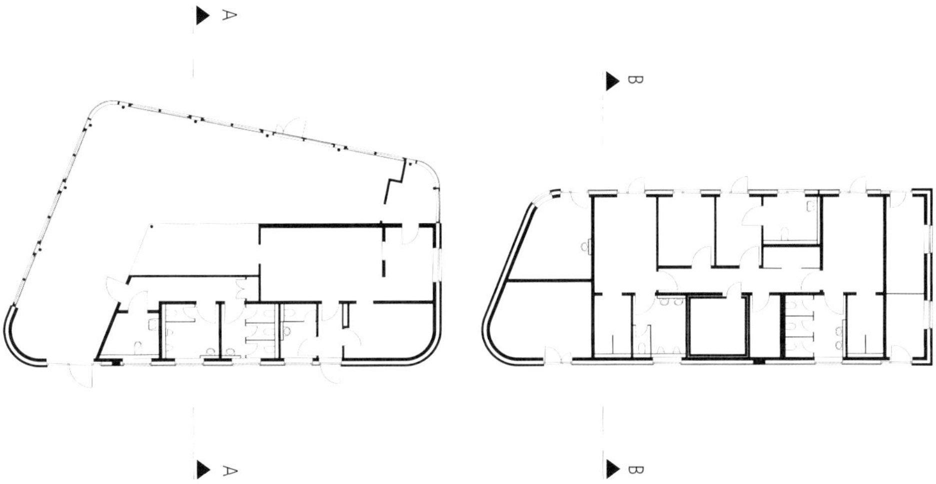

Erdgeschoss

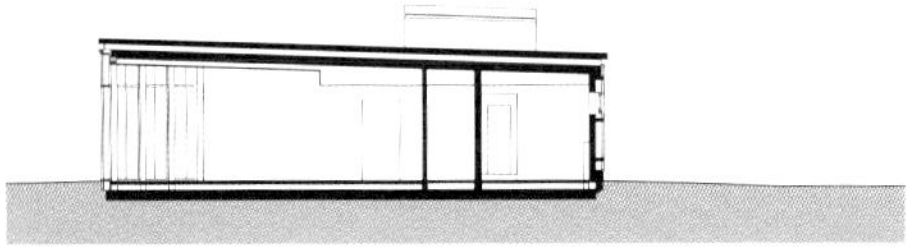

Schnitt A-A

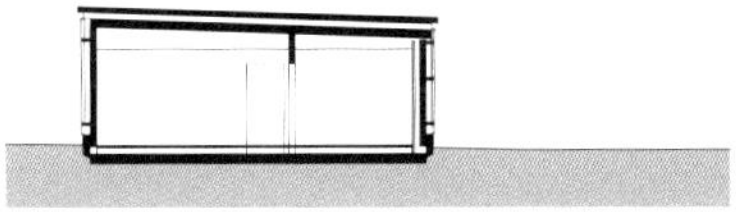

Schnitt B-B

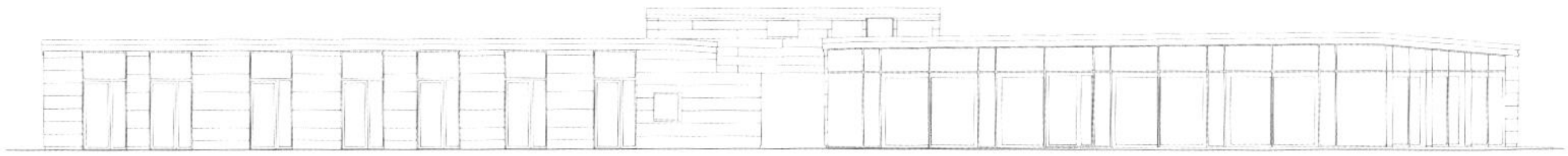

Ansicht West

Objektbeschreibung

Allgemeine Objektinformationen

Der Neubau beinhaltet eine allgemeine Gastronomie und einen Umkleidebereich für den Badebetrieb mit Sanitärräumen und einer Sauna.

Nutzung

1 Erdgeschoss
Restaurant, Barbereich, Flur, Spülküche, Küche, Kiosk, Personal, Lager, Umkleidekabinen, Duschen, WCs, Sauna, Lager

Nutzeinheiten

Sitzplätze: 80

Grundstück

Bauraum: Freier Bauraum
Neigung: Ebenes Gelände
Bodenklasse: BK 1 bis BK 4

Markt

Hauptvergabezeit: 3. Quartal 2015
Baubeginn: 3. Quartal 2015
Bauende: 3. Quartal 2016
Konjunkturelle Gesamtlage: unter Durchschnitt
Regionaler Baumarkt: unter Durchschnitt

Baukonstruktion

Das Gebäude wurde in Massivbauweise erstellt und gründet auf einer Stahlbetonplatte. Die Außen- und Innenwände wurden aus Kalksandstein-Mauerwerk hergestellt. Die gedämmten Außenwände wurden mit Verblendsteinmauerwerk bzw. in Teilbereichen mit einer Vorhangfassade in Holzoptik bekleidet. Die verglasten Fassadenbereiche aus Alu-Fensterelementen mit dreifacher Sonnenschutzverglasung sind teilweise mit grünen Folien beschichtet. Von innen sind die Wände verputzt. Das leicht geneigte Pultdach in Holzkonstruktion auf Stahlträgern ist begrünt und wurde zum Innenraum hin mit GK-Akustikdecken verkleidet.

Technische Anlagen

Der Neubau wird über eine Gasbrennwertkesselanlage beheizt, deren Regelung durch drei Solar-Flachkollektoren unterstützt wird. Für eine kontrollierte Raumlüftung der Küche sorgt eine mechanische Be- und Entlüftungsanlage. Die WCs und Sanitärräume wurden mit Kompakt-Lüftungsgeräten ausgestattet.

Planungskennwerte für Flächen und Rauminhalte nach DIN 277

Flächen des Grundstücks		Menge Einheit	% an GF
BF	Bebaute Fläche	492,00 m²	22,0
UF	Unbebaute Fläche	1.748,00 m²	78,0
GF	Grundstücksfläche	2.240,00 m²	100,0

Grundflächen des Bauwerks		Menge Einheit	% an NUF	% an BGF
NUF	Nutzungsfläche	345,00 m²	100,0	70,1
TF	Technikfläche	19,00 m²	5,5	3,9
VF	Verkehrsfläche	23,00 m²	6,7	4,7
NRF	Netto-Raumfläche	387,00 m²	112,2	78,7
KGF	Konstruktions-Grundfläche	105,00 m²	30,4	21,3
BGF	Brutto-Grundfläche	492,00 m²	142,6	100,0

Brutto-Rauminhalt des Bauwerks		Menge Einheit	BRI/NUF (m)	BRI/BGF (m)
BRI	Brutto-Rauminhalt	2.024,00 m³	5,87	4,11

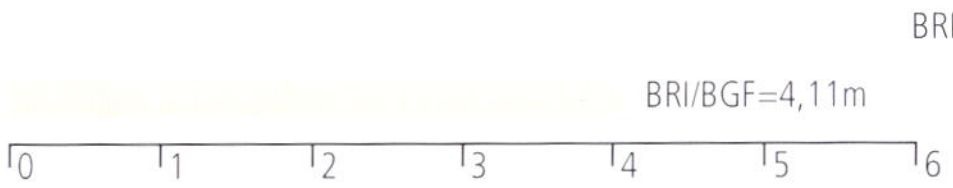

Prozentualer Anteil der Kostengruppen der 2. Ebene an der Kostengruppe 400 nach DIN 276

KG	Kostengruppen (2. Ebene)
410	Abwasser-, Wasser-, Gasanlagen
420	Wärmeversorgungsanlagen
430	Raumlufttechnische Anlagen
440	Elektrische Anlagen
450	Kommunikationstechnische Anlagen
460	Förderanlagen
470	Nutzungsspez. u. verfahrenstechn. Anl.
480	Gebäude- und Anlagenautomation
490	Sonst. Maßnahmen für techn. Anlagen

Ranking der Kostengruppen der 3. Ebene an der Kostengruppe 400 nach DIN 276

KG	Kostengruppen (3. Ebene)	% an KG 400	KG	Kostengruppen (3. Ebene)	% an KG 400
471	Küchentechnische Anlagen	19,4	422	Wärmeverteilnetze	3,8
412	Wasseranlagen	18,5	434	Kälteanlagen	3,1
421	Wärmeerzeugungsanlagen	9,6	472	Reinigungs- und badetechn. Anlagen	2,9
411	Abwasseranlagen	9,3	423	Raumheizflächen	2,4
431	Lüftungsanlagen	9,1	419	Sonstiges zur KG 410	1,1
445	Beleuchtungsanlagen	8,7	446	Blitzschutz- und Erdungsanlagen	0,9
456	Gefahrenmelde- und Alarmanlagen	5,9	491	Baustelleneinrichtung	0,5
444	Niederspannungsinstallationsanlagen	4,5	413	Gasanlagen	0,3

Kostenstand: 4. Quartal 2024, Bundesdurchschnitt, **inkl. 19% MwSt.**

Kostenkennwerte für die Kostengruppen der 1. Ebene DIN 276

KG	Kostengruppen (1. Ebene)	Einheit	Kosten €	€/Einheit	€/m² BGF	€/m³ BRI	% 300+400
100	Grundstück	m² GF	–	–	–	–	–
200	Vorbereitende Maßnahmen	m² GF	21.609	9,65	43,92	10,68	0,9
300	Bauwerk – Baukonstruktionen	m² BGF	1.553.435	3.157,39	3.157,39	767,51	63,2
400	Bauwerk – Technische Anlagen	m² BGF	904.546	1.838,51	1.838,51	446,91	36,8
	Bauwerk 300+400	**m² BGF**	**2.457.981**	**4.995,90**	**4.995,90**	**1.214,42**	**100,0**
500	Außenanlagen und Freiflächen	m² AF	228.422	130,68	464,27	112,86	9,3
600	Ausstattung und Kunstwerke	m² BGF	13.994	28,44	28,44	6,91	0,6
700	Baunebenkosten	m² BGF	–	–	–	–	–
800	Finanzierung	m² BGF	–	–	–	–	–

KG	Kostengruppe	Menge Einheit	Kosten €	€/Einheit	%
200	**Vorbereitende Maßnahmen**	2.240,00 m² GF	21.609	**9,65**	0,9
	Baum fällen, Sträucher roden				
3+4	**Bauwerk**				**100,0**
300	**Bauwerk – Baukonstruktionen**	492,00 m² BGF	1.553.435	**3.157,39**	63,2
	Stb-Bodenplatte, Heizestrich, Bodenfliesen, Epoxidharzbeschichtungen; KS-Mauerwerk, Alufenster, Alu-Eingangstüren, HPL-Fassadenbekleidung, Verblendmauerwerk, Gipsputz, Kalkzementputz, Wandfliesen, Dispersionsbeschichtung, Alu-Pfosten-Riegel-Fassade; KS-Mauerwerk, GK-Ständerwände, Stahlstützen, Holztüren, WC-Trennwände; Holzbalken-Pultdächer, Stahlträger, Bitumenabdichtung, Dachbegrünung, Kiesschüttung, Mineralwolldämmung, GK-Bekleidung; Ausgabetresen, Einbauten Bistroeinrichtung				
400	**Bauwerk – Technische Anlagen**	492,00 m² BGF	904.546	**1.838,51**	36,8
	Gebäudeentwässerung, Kalt- und Warmwasserleitungen, Sanitärobjekte; Gas-Brennwertkessel mit Solarunterstützung, Energiespeicher, **Fußbodenheizung**; Lüftungsgeräte **mit Wärmerückgewinnung**, **Kälteanlage**; Elektroinstallation, Beleuchtung; **Brandmeldeanlage**; Kücheneinrichtung, Saunakabine				
500	**Außenanlagen und Freiflächen**	1.748,00 m² AF	228.422	**130,68**	9,3
	Bodenarbeiten; Betonsteinpflaster, wassergebundene Deckschicht; Doppelstabmattenzaun, Toranlagen; Geländeentwässerung; Fahrradanlehnbügel; Oberboden, Bepflanzung, Rasen				
600	**Ausstattung und Kunstwerke**	492,00 m² BGF	13.994	**28,44**	0,6
	Sanitärausstattung, Umkleidebänke				

Kostenkennwerte für die Kostengruppen 400 der 2.Ebene DIN 276

KG	Kostengruppe	Menge Einheit	Kosten €	€/Einheit	%
400	**Bauwerk – Technische Anlagen**				**100,0**
410	**Abwasser-, Wasser-, Gasanlagen**	492,00 m² BGF	263.954	**536,49**	29,2
	PP-Rohre DN100-150 (286m), DN50-70 (60m), Bodenabläufe DN70-100 (7St), Reinigungsrohre (11St), Revisionsschächte DN1.000 (4St), Kontrollschächte DN500 (5St) * Edelstahlrohre DN15-35 (580m), Hauswasserstationen (3St), Strömungsverteiler (11St), Hygienespüleinrichtungen (2St), Handwaschbecken (11St), WCs (11St), Urinale (4St), Duschen (8St), Ausgussbecken (2St) * Kupferrohre DN22-28 (11m) * Montageelemente (27St)				
420	**Wärmeversorgungsanlagen**	492,00 m² BGF	142.379	**289,39**	15,7
	Gas-Brennwertkessel 14-60kW, Regelung mit Solarunterstützung 7,5m², drei Flachkollektoren (1St), Energiespeicher (2St) * Kupferrohre DN22-42 (286m), Erweiterungsmodule (3St), Umwälzpumpe (1St), Wärmemengenzähler (4St) * PE-XA Rohre DN20 (328m²), Verteilerschrank (1St), Verteiler bis sechs Kreisläufe (4St), Röhrenradiatoren (2St)				
430	**Raumlufttechnische Anlagen**	492,00 m² BGF	109.730	**223,03**	12,1
	Zuluftgerät, 2.600m³/h (1St), **Lüftungsgerät mit Wärmerückgewinnung** 350m³/h (4St), Rechteckkanäle (50m²), Wickelfalzrohre DN125-160 (128m), Dachventilator (1St), Drallauslässe (13St), Schalldämpfer (17St), Brandschutzklappen (2St) * **Kälteanlage** als Verbundanlage, 4,8kW (1St), **Kälteanlage** als Einzelaggregat (1St), Kupferrohre DN6-12 (119m)				
440	**Elektrische Anlagen**	492,00 m² BGF	127.572	**259,29**	14,1
	Zählerschränke, Einbauteile (3St), Funkfernschalter (1St), Mantelleitungen (2.473m), Steckdosen (114St), Taster, Schalter (23St), **Präsenzmelder** (16St) * Einbau-Downlights (99St), Feuchtraum-Deckenleuchten (15St), Spiegel-Wandleuchten (7St), Pendelleuchten (9St) * Fundamenterder (154m), Ableitungen (246m), Fangstangen (10St), Potenzialausgleichsschienen (2St)				
450	**Kommunikationstechnische Anlagen**	492,00 m² BGF	54.352	**110,47**	6,0
	Brandmeldezentrale (1St), Feuerwehrschlüsseldepot, Übertragungsgerät (1St), Notsignal-Blitzleuchte (1St), Installationskabel (307m), Handmelder (1St), Multisensormelder (22St), Signalleuchten (5St), Zugschalter, Ruf-Abstelltaster (2St), Rettungszeichenleuchte (2St) * Datenkabel (85m), Datenanschlussdosen (psch)				
470	**Nutzungsspez. u. verfahrenstechn. Anl.**	492,00 m² BGF	201.278	**409,10**	22,3
	Kücheneinrichtung mit Kühlschränken (6St), Dunstabzugshauben (2St), Tiefkühlschrank (1St), Geschirrspülmaschine, Kombidämpfer, Griddlepfanne, Cerankochfeld, Wärmeschrank, Saladette (1St), Spülbecken (4St), Arbeitstische mit Unterschränken, Wandschränken * Saunakabine, Saunaofen 15kW (1St)				
490	**Sonst. Maßnahmen für techn. Anlagen**	492,00 m² BGF	5.281	**10,73**	0,6
	Baustelleneinrichtung (1St), Baustromverteiler (1St) * Montagegerüst (1St)				

Kostenkennwerte für die Kostengruppen 400 der 2. und 3. Ebene DIN 276 (Übersicht)

KG	Kostengruppe	Menge Einheit	Kosten €	€/Einheit	%
410	**Abwasser-, Wasser-, Gasanlagen**	**492,00 m² BGF**	**263.953,95**	**536,49**	**29,2**
411	Abwasseranlagen	492,00 m² BGF	83.825,81	170,38	9,3
412	Wasseranlagen	492,00 m² BGF	167.635,21	340,72	18,5
413	Gasanlagen	492,00 m² BGF	2.444,26	4,97	0,3
419	Sonstiges zur KG 410	492,00 m² BGF	10.048,66	20,42	1,1
420	**Wärmeversorgungsanlagen**	**492,00 m² BGF**	**142.379,25**	**289,39**	**15,7**
421	Wärmeerzeugungsanlagen	492,00 m² BGF	86.805,36	176,43	9,6
422	Wärmeverteilnetze	492,00 m² BGF	34.034,18	69,18	3,8
423	Raumheizflächen	492,00 m² BGF	21.539,71	43,78	2,4
430	**Raumlufttechnische Anlagen**	**492,00 m² BGF**	**109.729,95**	**223,03**	**12,1**
431	Lüftungsanlagen	492,00 m² BGF	82.023,41	166,71	9,1
434	Kälteanlagen	492,00 m² BGF	27.706,53	56,31	3,1
440	**Elektrische Anlagen**	**492,00 m² BGF**	**127.571,74**	**259,29**	**14,1**
444	Niederspannungsinstallationsanlagen	492,00 m² BGF	41.047,89	83,43	4,5
445	Beleuchtungsanlagen	492,00 m² BGF	78.830,12	160,22	8,7
446	Blitzschutz- und Erdungsanlagen	492,00 m² BGF	7.693,75	15,64	0,9
450	**Kommunikationstechnische Anlagen**	**492,00 m² BGF**	**54.352,36**	**110,47**	**6,0**
456	Gefahrenmelde- und Alarmanlagen	492,00 m² BGF	53.240,32	108,21	5,9
457	Datenübertragungsnetze	492,00 m² BGF	1.112,05	2,26	0,1
470	**Nutzungsspez. u. verfahrenstechn. Anl.**	**492,00 m² BGF**	**201.278,08**	**409,10**	**22,3**
471	Küchentechnische Anlagen	492,00 m² BGF	175.487,82	356,68	19,4
472	Reinigungs- und badetechn. Anlagen	492,00 m² BGF	25.790,24	52,42	2,9
490	**Sonst. Maßnahmen für techn. Anlagen**	**492,00 m² BGF**	**5.280,67**	**10,73**	**0,6**
491	Baustelleneinrichtung	492,00 m² BGF	4.487,94	9,12	0,5
492	Gerüste	492,00 m² BGF	792,73	1,61	< 0,1

Kostenkennwerte für Leistungsbereiche nach STLB (Kosten KG 400 nach DIN 276)

LB	Leistungsbereiche	Kosten €	€/m² BGF	€/m³ BRI	% an 400
040	Wärmeversorgungsanlagen - Betriebseinrichtungen	51.811	105,30	25,60	5,7
041	Wärmeversorgungsanlagen - Leitungen, Armaturen, Heizflächen	95.961	195,00	47,40	10,6
042	Gas- und Wasseranlagen - Leitungen, Armaturen	109.935	223,40	54,30	12,2
043	Druckrohrleitungen für Gas, Wasser und Abwasser	362	0,74	0,18	< 0,1
044	Abwasseranlagen - Leitungen, Abläufe, Armaturen	74.778	152,00	36,90	8,3
045	Gas-, Wasser- und Entwässerungsanlagen - Ausstattung, Elemente, Fertigbäder	66.675	135,50	32,90	7,4
046	Gas-, Wasser- und Entwässerungsanlagen - Betriebseinrichtungen	–	–	–	–
047	Dämm- und Brandschutzarbeiten an technischen Anlagen	33.574	68,20	16,60	3,7
049	Feuerlöschanlagen, Feuerlöschgeräte	–	–	–	–
050	Blitzschutz- / Erdungsanlagen, Überspannungsschutz	7.542	15,30	3,70	0,8
051	Kabelleitungstiefbauarbeiten	–	–	–	–
052	Mittelspannungsanlagen	–	–	–	–
053	Niederspannungsanlagen - Kabel / Leitungen, Verlegesysteme, Installationsgeräte	47.778	97,10	23,60	5,3
054	Niederspannungsanlagen - Verteilersysteme und Einbaugeräte	–	–	–	–
055	Sicherheits- und Ersatzstromversorgungsanlagen	–	–	–	–
057	Gebäudesystemtechnik	–	–	–	–
058	Leuchten und Lampen	75.874	154,20	37,50	8,4
059	Sicherheitsbeleuchtungsanlagen	–	–	–	–
060	Such-, Signal-, Zeitdienst-, Antennen-, elektroakustische Anlagen, Medientechnik	–	–	–	–
061	Kommunikations- und Übertragungsnetze	–	–	–	–
062	Kommunikationsanlagen	–	–	–	–
063	Gefahrenmeldeanlagen	50.576	102,80	25,00	5,6
064	Zutrittskontroll-, Zeiterfassungssysteme	–	–	–	–
069	Aufzüge	–	–	–	–
070	Gebäudeautomation	–	–	–	–
075	Raumlufttechnische Anlagen	75.419	153,30	37,30	8,3
078	Kälteanlagen für raumlufttechnische Anlagen	25.842	52,50	12,80	2,9
	Gebäudetechnik	**716.125**	**1.455,50**	**353,80**	**79,2**
	Sonstige Leistungsbereiche	**188.421**	**383,00**	**93,10**	**20,8**

Objekte

Wohngebäude

6

- 6100 Wohnhäuser
- 6200 Wohnheime
- 6300 Gemeinschaftsunterkünfte
- 6400 Betreuungseinrichtungen
- 6500 Verpflegungseinrichtungen
- 6600 Beherbergungsstätten

6100-1355
Mehrfamilienhaus
(17 WE)

Kostenkennwerte für die Kosten des Bauwerks (Kostengruppen 300+400 nach DIN 276)

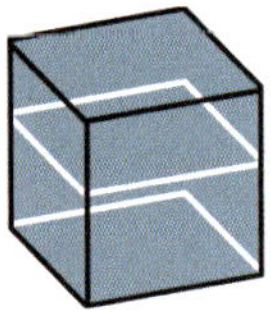

BRI 610 €/m³

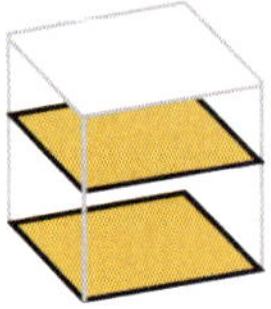

BGF 1.764 €/m²

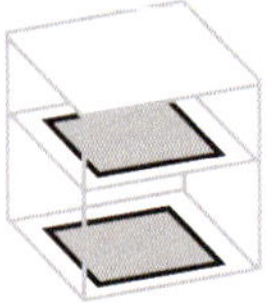

NUF 2.403 €/m²

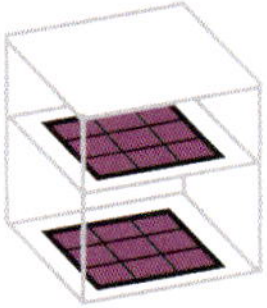

NE 2.887 €/NE
NE: Wohnfläche

Objekt:
Kennwerte: 3. Ebene DIN 276
BRI: 6.511 m³
BGF: 2.252 m²
NUF: 1.653 m²
Bauzeit: 78 Wochen
Bauende: 2016
Standard: mittel
Bundesland: Hamburg
Kreis: Hamburg, Stadt

Architekt*in:
EBERT ARCHITEKTUR
Weidenallee 10b
20357 Hamburg

© ARNT HAUG

© ARN

© ARNT HAUG

© ARNT HAUG

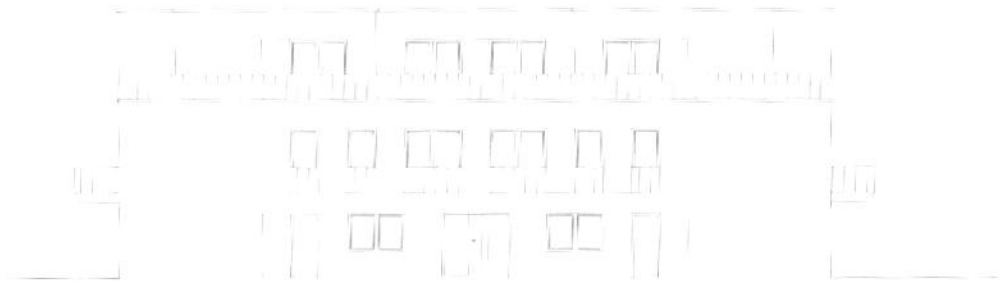

Ansicht Nord-West

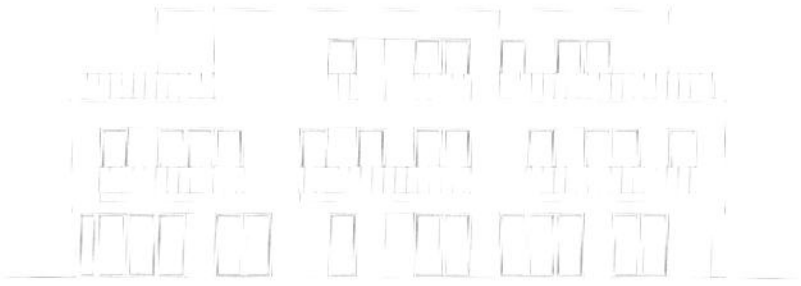

Ansicht Nord-Ost

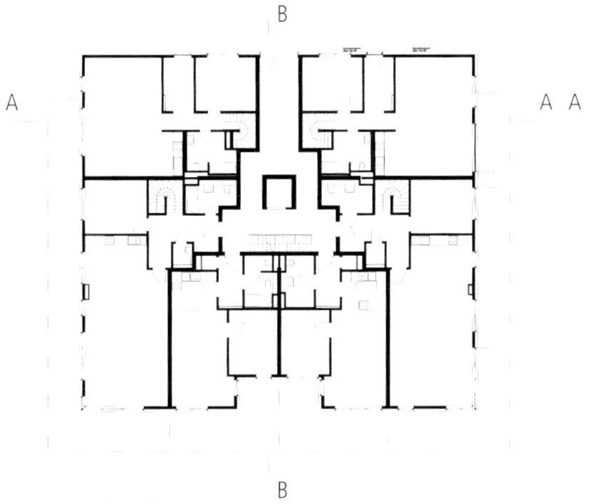

Erdgeschoss

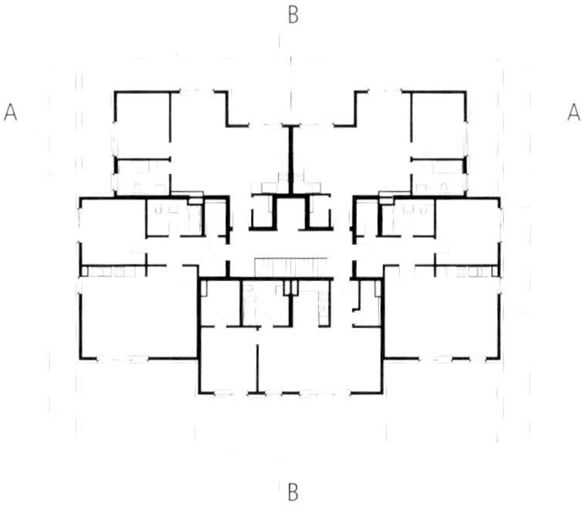

2. Obergeschoss

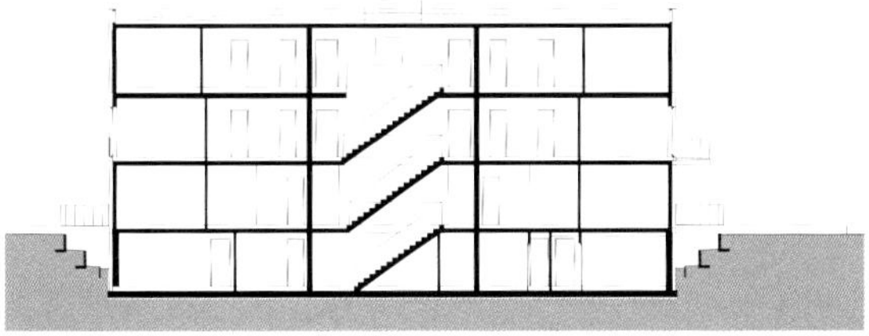

Schnitt A-A

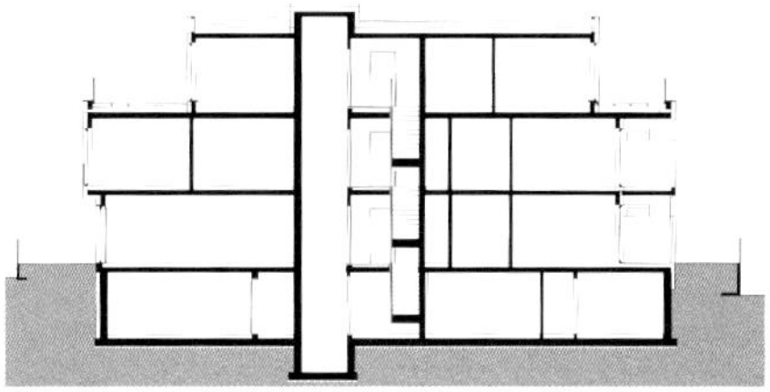

Schnitt B-B

Ansicht Süd-West

Ansicht Süd-Ost

Objektbeschreibung

Allgemeine Objektinformationen

Der kubische Baukörper mit Flachdach bietet auf drei Ebenen Raum für insgesamt 17 Wohneinheiten unterschiedlicher Größe und ist voll unterkellert. Die Wohnungen zeichnen sich durch bodentiefe Fenster und großzügige Balkon- und Dachterrassenflächen aus. Die Grundrisse der Eigentumswohnungen bieten Platz für individuelle Gestaltungsmöglichkeiten. Ein **Aufzug** verbindet das Untergeschoss mit den Wohnetagen.

Nutzung

1 Untergeschoss
Kellerräume, Hobbyräume, Bäder, Hausanschluss, Kinderwagenabstellraum, Trocknungsraum, Fahrradkeller

1 Erdgeschoss
sechs Wohnungen: Kochen/Essen/Wohnen, Schlafen, Bad, Terrasse/Loggia

2 Obergeschosse
1. OG
sechs Wohnungen: Kochen/Essen/Wohnen, Schlafen, Bad, Kind, Balkon/Loggia
2. OG
fünf Wohnungen: Kochen/Essen/Wohnen, Schlafen, Bad, Dachterrasse

Nutzeinheiten

Stellplätze: 16
Wohneinheiten: 17
Wohnfläche: 1.376m²

Grundstück

Bauraum: Beengter Bauraum
Neigung: Geneigtes Gelände
Bodenklasse: BK 1 bis BK 4

Markt

Hauptvergabezeit: 4.Quartal 2014
Baubeginn: 4.Quartal 2014
Bauende: 2.Quartal 2016
Konjunkturelle Gesamtlage: über Durchschnitt
Regionaler Baumarkt: über Durchschnitt

Baukonstruktion

Der Neubau wurde in Massivbauweise errichtet und gründet auf einer Fundamentplatte. Die Stb-Außenwände sind als Doppelelementwände mit Kernfüllung ausgeführt und haben ein WDVS erhalten. Alle Decken und Treppen sind aus Stahlbeton. Für die Fassadengestaltung wurden Fenster mit dunkel beschichteten Faserzementplatten optisch zu einer Einheit zusammengefasst und bilden einen Kontrast zu den weißen Putzflächen. Sämtliche Fenster sind dreifachverglaste Kunststofffenster. Das Flachdach wurde mit einer Gefälledämmung ausgeführt. Ein Dachfenster belichtet das innenliegende Treppenhaus mit Tageslicht. Im Innenausbau wurden die Böden in Bädern als auch die Treppenstufen mit Fliesen belegt. In den Wohnungen kam Industrieparkett aus Eiche zum Einbau.

Technische Anlagen

Die Beheizung des Gebäudes erfolgt über eine Gas-Brennwerttherme mit Unterstützung durch eine **Solaranlage**. Die Wärme wird über **Fußbodenheizung** und Heizkörper übertragen. Das Gebäude wird über eine dezentrale **Lüftungsanlage** belüftet. Alle innenliegenden Räume sind mit einer Entlüftung ausgestattet.

Planungskennwerte für Flächen und Rauminhalte nach DIN 277

Flächen des Grundstücks		Menge Einheit	% an GF
BF	Bebaute Fläche	579,70 m²	28,1
UF	Unbebaute Fläche	1.486,30 m²	71,9
GF	Grundstücksfläche	2.066,00 m²	100,0

Grundflächen des Bauwerks		Menge Einheit	% an NUF	% an BGF
NUF	Nutzungsfläche	1.653,11 m²	100,0	73,4
TF	Technikfläche	21,43 m²	1,3	1,0
VF	Verkehrsfläche	271,27 m²	16,4	12,0
NRF	Netto-Raumfläche	1.945,81 m²	117,7	86,4
KGF	Konstruktions-Grundfläche	305,90 m²	18,5	13,6
BGF	Brutto-Grundfläche	2.251,71 m²	136,2	100,0

Brutto-Rauminhalt des Bauwerks		Menge Einheit	BRI/NUF (m)	BRI/BGF (m)
BRI	Brutto-Rauminhalt	6.511,01 m³	3,94	2,89

Prozentualer Anteil der Kostengruppen der 2. Ebene an der Kostengruppe 400 nach DIN 276

KG	Kostengruppen (2. Ebene)
410	Abwasser-, Wasser-, Gasanlagen
420	Wärmeversorgungsanlagen
430	Raumlufttechnische Anlagen
440	Elektrische Anlagen
450	Kommunikationstechnische Anlagen
460	Förderanlagen
470	Nutzungsspez. u. verfahrenstechn. Anl.
480	Gebäude- und Anlagenautomation
490	Sonst. Maßnahmen für techn. Anlagen

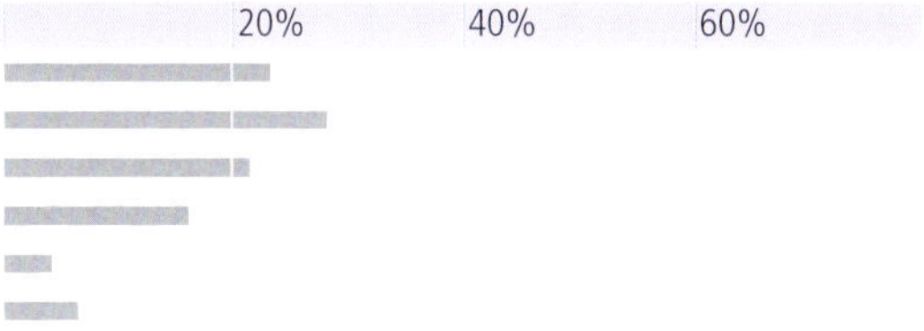

Ranking der Kostengruppen der 3. Ebene an der Kostengruppe 400 nach DIN 276

KG	Kostengruppen (3. Ebene)	% an KG 400	KG	Kostengruppen (3. Ebene)	% an KG 400
431	Lüftungsanlagen	21,5	445	Beleuchtungsanlagen	1,9
412	Wasseranlagen	16,7	457	Datenübertragungsnetze	1,2
423	Raumheizflächen	14,9	455	Audiovisuelle Medien- u. Antennenanl.	1,1
444	Niederspannungsinstallationsanlagen	13,5	451	Telekommunikationsanlagen	1,0
421	Wärmeerzeugungsanlagen	9,0	446	Blitzschutz- und Erdungsanlagen	0,7
411	Abwasseranlagen	6,7	452	Such- und Signalanlagen	0,6
461	Aufzugsanlagen	6,6	429	Sonstiges zur KG 420	0,3
422	Wärmeverteilnetze	4,1	456	Gefahrenmelde- und Alarmanlagen	0,3

Kostenkennwerte für die Kostengruppen der 1. Ebene DIN 276

KG	Kostengruppen (1. Ebene)	Einheit	Kosten €	€/Einheit	€/m² BGF	€/m³ BRI	% 300+400
100	Grundstück	m² GF	–	–	–	–	–
200	Vorbereitende Maßnahmen	m² GF	29.474	14,27	13,09	4,53	0,7
300	Bauwerk – Baukonstruktionen	m² BGF	3.057.676	1.357,93	1.357,93	469,62	77,0
400	Bauwerk – Technische Anlagen	m² BGF	914.225	406,01	406,01	140,41	23,0
	Bauwerk 300+400	**m² BGF**	**3.971.901**	**1.763,95**	**1.763,95**	**610,03**	**100,0**
500	Außenanlagen und Freiflächen	m² AF	582.233	365,95	258,57	89,42	14,7
600	Ausstattung und Kunstwerke	m² BGF	–	–	–	–	–
700	Baunebenkosten	m² BGF	–	–	–	–	–
800	Finanzierung	m² BGF	–	–	–	–	–

KG	Kostengruppe	Menge Einheit	Kosten €	€/Einheit	%
200	**Vorbereitende Maßnahmen**	2.066,00 m² GF	29.474	**14,27**	0,7

Oberboden abtragen, Kampfmittelräumung; Hausanschluss Abwasser, Übergabeschächte, Schmutzwasser-Sielleitungen, Regensielleitung, Wasser, Rohrgraben, PE-Rohre, Leerrohre für Telekommunikation

KG	Kostengruppe	Menge Einheit	Kosten €	€/Einheit	%
3+4	**Bauwerk**				**100,0**
300	**Bauwerk – Baukonstruktionen**	2.251,71 m² BGF	3.057.676	**1.357,93**	77,0

Stb-Fundamentplatte, Estrich, Bodenfliesen, PU-Beschichtung; KS-Mauerwerk, Stb-Doppelelementwände mit Kernfüllung, Stb-Schalsteine, Stb-Stützen, Kunststofffenster, WDVS, Putz, Beschichtung, hinterlüftete Faserzement-Fassade, Trennwände, Brüstungsgeländer; Stb-Wände, GK-Metallständerwände, Holz-, Stahl-, Brandschutztüren, Wandfliesen, GK-Vorsatzschalen, Wandhandläufe; Stb-Decken, Stb-Treppen, Heizestrich, Parkett, Terrassendielen, Tapete, Beschichtung, Geländer; Stb-Flachdach, Lichtkuppel, Kunststoffabdichtung, Terrassendielen, Dachentwässerung

KG	Kostengruppe	Menge Einheit	Kosten €	€/Einheit	%
400	**Bauwerk – Technische Anlagen**	2.251,71 m² BGF	914.225	**406,01**	23,0

Gebäudeentwässerung, Kalt- und Warmwasserleitungen, Sanitärobjekte; Gas-Brennwerttherme, **Solaranlage**, Heizungsrohre, **Fußbodenheizung**, Heizkörper; Abluftventilatoren, Einzelraumlüfter **mit Wärmerückgewinnung**; Elektroinstallation, Beleuchtung, **Blitzschutz**; Telekommunikationsanlage, Türsprechanlage, Fernseh- und Antennenanlage, **RWA**-Steuerung, Datenübertragungsnetz; **Personenaufzug**

KG	Kostengruppe	Menge Einheit	Kosten €	€/Einheit	%
500	**Außenanlagen und Freiflächen**	1.591,00 m² AF	582.233	**365,95**	14,7

Oberbodenarbeiten, Wasserhaltung; Stb-Fundamente, Dränage; Betonpflaster, Dränpflaster, Terrassendielen, Betonplatten, Fallschutzkies; Doppelstabzaun, Geländer, Stb-Winkelstützmauern, Carports, Fahrradstellplätze, Mülltonneneinhausung; Entwässerung, Spülschächte; Rankelemente, Spielanlage, Sandkasten; Pflanzen, Rollrasen

Kostenkennwerte für die Kostengruppen 400 der 2.Ebene DIN 276

KG	Kostengruppe	Menge Einheit	Kosten €	€/Einheit	%
400	**Bauwerk – Technische Anlagen**				**100,0**
410	**Abwasser-, Wasser-, Gasanlagen**	2.251,71 m²BGF	213.111	**94,64**	23,3
	KG-Rohre DN100 (40m), Abwasserrohre DN110 (380m), Doppelpumpenhebeanlage (1St), Überflurbehälter (1St), Bodeneinlauf DN100 (1St) * Mehrschichtverbundrohre (1.495m), Kalt- und Warmwasserzähler (21St), Waschtische (21St), Tiefspül-WCs (21St), Badewannen (17St), Duschen, bodengleich (4St), Ausgussbecken (1St), Waschmaschinenanschlüsse (17St), Außenzapfstellen (6St)				
420	**Wärmeversorgungsanlagen**	2.251,71 m²BGF	257.806	**114,49**	28,2
	Gas-Brennwerttherme (1St), Anlagenhydraulik (1St), **Solaranlage**, Flachkollektoren (1St), Solarleitungen (65m), Außenfühler (1St) * Mehrschichtverbundrohre (361m), Rohrdämmung (86m) * **Fußbodenheizung** (1.328m²), Heizkörper (2St) * Luft-Abgassystem (1St)				
430	**Raumlufttechnische Anlagen**	2.251,71 m²BGF	196.267	**87,16**	21,5
	Zentrale Abluftventilatoren (2St), Abluftleitungen (45m), Zuleitungen mit Nachlaufrelais (42St), Rundkanäle (76St), Einzelraumlüfter **mit Wärmerückgewinnung** (76St), Außenhauben mit Schalldämmung (76St), Ablufttellerventile im Keller (20St)				
440	**Elektrische Anlagen**	2.251,71 m²BGF	147.560	**65,53**	16,1
	Zähleranlage mit 17 Wohnungszählern, einem Allgemeinzähler (1St), Allgemeinverteilung (1St), Wohnungsverteilungen (17St), Stromkreiszuleitungen (170St), Erdkabel (130m), Mantelleitungen (560m), Installationskabel (766m), Schalter, Taster (158St), mit Leuchte (15St), Wechselschalter (16St), Steckdosen (629St), Außensteckdosen (17St) * Wand- und Deckenleuchten (39St), Deckenaufbau-Tiefstrahler (12St), Lichtleisten (8St), Ovalleuchten (6St) * Erdungsdraht (20m), Kabelbahn (27m), Potenzialausgleichsschienen (36St)				
450	**Kommunikationstechnische Anlagen**	2.251,71 m²BGF	39.351	**17,48**	4,3
	Telefonleitungen (1.390m) * Klingelanlage (1St), Installationskabel (150m) * Koaxialkabel (1.355m), Antennendosen (39St), Kabelsteckdosen (2St) * **RWA**-Steuerungsset (1St) * Datenkabel (850m), Datenanschlussdosen (39St), Patchpanels (17St)				
460	**Förderanlagen**	2.251,71 m²BGF	60.131	**26,70**	6,6
	Personenaufzug, Traglast 675kg, 9 Personen, Förderhöhe 8,72m, Notrufsystem, vier Haltestellen (1St)				

Kostenkennwerte für die Kostengruppen 400 der 2. und 3. Ebene DIN 276 (Übersicht)

KG	Kostengruppe	Menge Einheit	Kosten €	€/Einheit	%
410	**Abwasser-, Wasser-, Gasanlagen**	**2.251,71 m² BGF**	**213.111,17**	**94,64**	**23,3**
411	Abwasseranlagen	2.251,71 m² BGF	60.807,38	27,00	6,7
412	Wasseranlagen	2.251,71 m² BGF	152.303,79	67,64	16,7
420	**Wärmeversorgungsanlagen**	**2.251,71 m² BGF**	**257.806,28**	**114,49**	**28,2**
421	Wärmeerzeugungsanlagen	2.251,71 m² BGF	81.911,39	36,38	9,0
422	Wärmeverteilnetze	2.251,71 m² BGF	37.070,04	16,46	4,1
423	Raumheizflächen	2.251,71 m² BGF	135.806,21	60,31	14,9
429	Sonstiges zur KG 420	2.251,71 m² BGF	3.018,63	1,34	0,3
430	**Raumlufttechnische Anlagen**	**2.251,71 m² BGF**	**196.266,64**	**87,16**	**21,5**
431	Lüftungsanlagen	2.251,71 m² BGF	196.266,64	87,16	21,5
440	**Elektrische Anlagen**	**2.251,71 m² BGF**	**147.559,64**	**65,53**	**16,1**
444	Niederspannungsinstallationsanlagen	2.251,71 m² BGF	123.643,04	54,91	13,5
445	Beleuchtungsanlagen	2.251,71 m² BGF	17.703,56	7,86	1,9
446	Blitzschutz- und Erdungsanlagen	2.251,71 m² BGF	6.213,03	2,76	0,7
450	**Kommunikationstechnische Anlagen**	**2.251,71 m² BGF**	**39.350,82**	**17,48**	**4,3**
451	Telekommunikationsanlagen	2.251,71 m² BGF	9.545,38	4,24	1,0
452	Such- und Signalanlagen	2.251,71 m² BGF	5.428,24	2,41	0,6
455	Audiovisuelle Medien- u. Antennenanl.	2.251,71 m² BGF	10.471,35	4,65	1,1
456	Gefahrenmelde- und Alarmanlagen	2.251,71 m² BGF	2.881,69	1,28	0,3
457	Datenübertragungsnetze	2.251,71 m² BGF	11.024,18	4,90	1,2
460	**Förderanlagen**	**2.251,71 m² BGF**	**60.130,88**	**26,70**	**6,6**
461	Aufzugsanlagen	2.251,71 m² BGF	60.130,88	26,70	6,6

Kostenkennwerte für Leistungsbereiche nach STLB (Kosten KG 400 nach DIN 276)

LB	Leistungsbereiche	Kosten €	€/m² BGF	€/m³ BRI	% an 400
040	Wärmeversorgungsanlagen - Betriebseinrichtungen	83.921	37,30	12,90	9,2
041	Wärmeversorgungsanlagen - Leitungen, Armaturen, Heizflächen	158.874	70,60	24,40	17,4
042	Gas- und Wasseranlagen - Leitungen, Armaturen	81.049	36,00	12,40	8,9
043	Druckrohrleitungen für Gas, Wasser und Abwasser	–	–	–	–
044	Abwasseranlagen - Leitungen, Abläufe, Armaturen	45.270	20,10	7,00	5,0
045	Gas-, Wasser- und Entwässerungsanlagen - Ausstattung, Elemente, Fertigbäder	68.756	30,50	10,60	7,5
046	Gas-, Wasser- und Entwässerungsanlagen - Betriebseinrichtungen	–	–	–	–
047	Dämm- und Brandschutzarbeiten an technischen Anlagen	37.973	16,90	5,80	4,2
049	Feuerlöschanlagen, Feuerlöschgeräte	–	–	–	–
050	Blitzschutz- / Erdungsanlagen, Überspannungsschutz	6.211	2,80	0,95	0,7
051	Kabelleitungstiefbauarbeiten	–	–	–	–
052	Mittelspannungsanlagen	–	–	–	–
053	Niederspannungsanlagen - Kabel / Leitungen, Verlegesysteme, Installationsgeräte	98.907	43,90	15,20	10,8
054	Niederspannungsanlagen - Verteilersysteme und Einbaugeräte	30.013	13,30	4,60	3,3
055	Sicherheits- und Ersatzstromversorgungsanlagen	–	–	–	–
057	Gebäudesystemtechnik	–	–	–	–
058	Leuchten und Lampen	17.700	7,90	2,70	1,9
059	Sicherheitsbeleuchtungsanlagen	–	–	–	–
060	Such-, Signal-, Zeitdienst-, Antennen-, elektroakustische Anlagen, Medientechnik	20.315	9,00	3,10	2,2
061	Kommunikations- und Übertragungsnetze	16.152	7,20	2,50	1,8
062	Kommunikationsanlagen	–	–	–	–
063	Gefahrenmeldeanlagen	2.881	1,30	0,44	0,3
064	Zutrittskontroll-, Zeiterfassungssysteme	–	–	–	–
069	Aufzüge	60.129	26,70	9,20	6,6
070	Gebäudeautomation	–	–	–	–
075	Raumlufttechnische Anlagen	183.510	81,50	28,20	20,1
078	Kälteanlagen für raumlufttechnische Anlagen	–	–	–	–
	Gebäudetechnik	**911.661**	**404,90**	**140,00**	**99,7**
	Sonstige Leistungsbereiche	**2.453**	**1,10**	**0,38**	**0,3**

Objekte

6100-1379
Wohn- und Geschäftshaus (1 WE)

Erweiterung

Kostenkennwerte für die Kosten des Bauwerks (Kostengruppen 300+400 nach DIN 276)

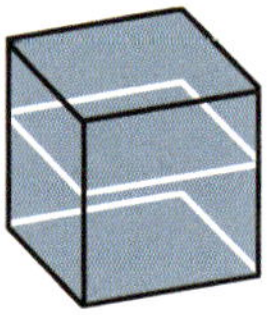

BRI 577 €/m^3

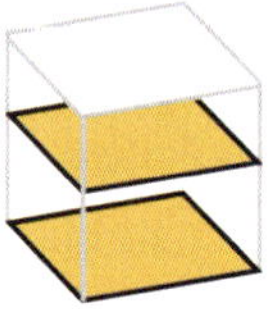

BGF 1.684 €/m^2

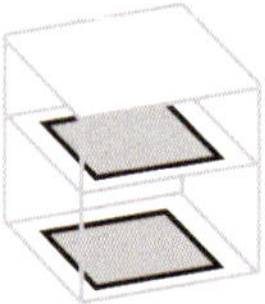

NUF 2.697 €/m^2

Objekt:
Kennwerte: 3. Ebene DIN 276
BRI: 2.225 m^3
BGF: 762 m^2
NUF: 476 m^2
Bauzeit: 65 Wochen
Bauende: 2014
Standard: mittel
Bundesland: Sachsen
Kreis: Dresden, Stadt

Architekt*in:
BAUatelier Deutscher
Karl-Roth-Straße 2
01309 Dresden

vorher

nachher

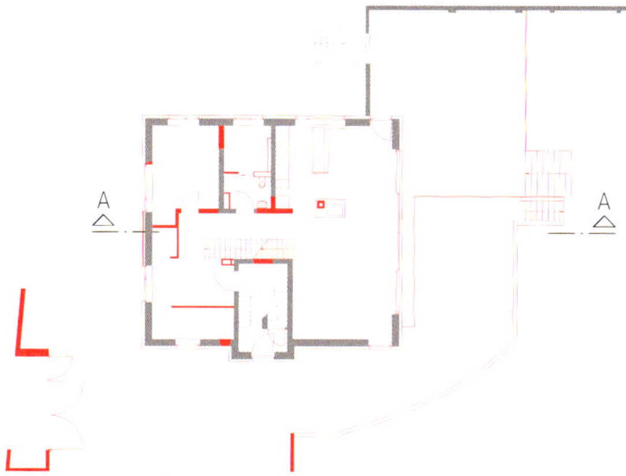

Erdgeschoss

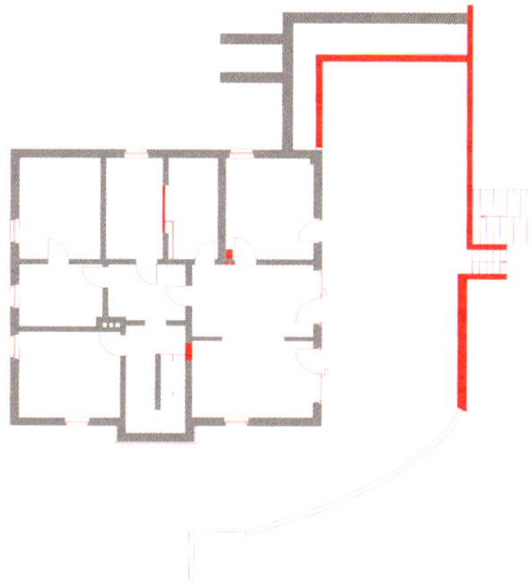

Untergeschoss

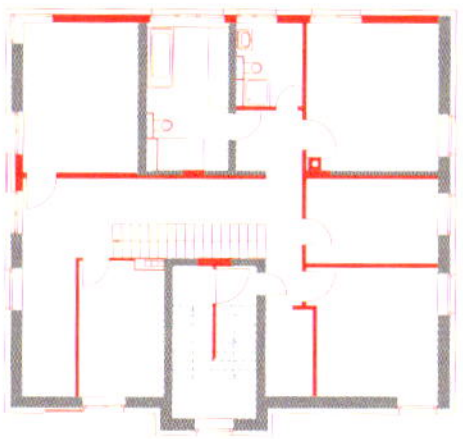

1. Obergeschoss

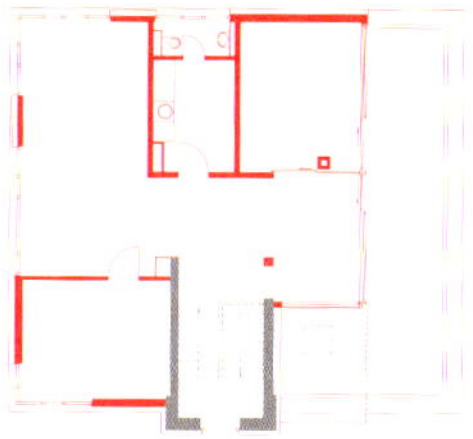

Dachgeschoss

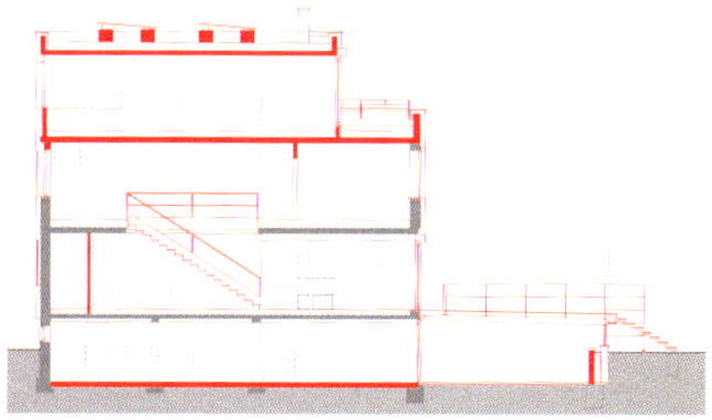

Schnitt A-A

Ansicht Süd

Objektbeschreibung

Allgemeine Objektinformationen

Die Herausforderung bestand darin, das 1933 errichtete und 1966 ab dem Sockelgeschoss erneuerte Gebäude in ein zeitgemäßes innerstädtisches Wohn- und Geschäftshaus umzubauen. Aus dem Sattel- wurde ein Flachdach. Dadurch entstand im Dachgeschoss ein Vollgeschoss als separate Büroeinheit. Durch den südseitigen Rücksprung entstand eine großzügige teilüberdachte Dachterrasse. Aufschiebbare Fensterfronten lassen auf der Südseite Licht herein und verbinden so den Innen- und Außenraum. Großzügigkeit entstand weiterhin durch das Zusammenlegen von zwei Etagen- zu einer Maisonettewohnung.

Nutzung

1 Untergeschoss
Technik, Abstellräume, Werkstatt, WC

1 Erdgeschoss
Wohnen, Kochen, Musik, HWR, WC, Terrasse

1 Obergeschoss
Kinder, Schlafen, Arbeiten, Gast, Bäder

1 Dachgeschoss
Büros, Teeküche, WC, Terrasse

Nutzeinheiten

Arbeitsplätze: 4
Bürofläche: 112 m²
Wohneinheiten: 1
Wohnfläche: 263 m²

Grundstück

Bauraum: Freier Bauraum
Neigung: Ebenes Gelände
Bodenklasse: BK 1 bis BK 4

Markt

Hauptvergabezeit: 3. Quartal 2013
Baubeginn: 3. Quartal 2013
Bauende: 4. Quartal 2014
Konjunkturelle Gesamtlage: Durchschnitt
Regionaler Baumarkt: über Durchschnitt

Baubestand

Baujahr: 1933/1966
Bauzustand: mittel
Aufwand: hoch
Grundrissänderungen: umfangreiche
Tragwerkseingriffe: umfangreiche
Nutzungsänderung: ja
Nutzung während der Bauzeit: nein

Baukonstruktion

Die Außenwände der Hauptetagen bestehen aus Ziegelmauerwerk. Die Decken aus Stahlbeton. Das bestehende Satteldach wurde abgebrochen und durch ein Flachdach mit Bitumenabdichtung ersetzt. Eine Holzwangentreppe verbindet die Wohnungsstockwerke. Die Fassade wurde mit 14cm Mineralwolle gedämmt. Im Kontrast zum mineralischen Putz stehen die hellen Lärchenholzfenster mit Schiebeelementen und Außenwandflächen mit hinterlüfteten Holzwerkstoffplatten. Die Fensterflächen können durch putzbündige Schiebeläden geschlossen werden.

Technische Anlagen

Auf dem Dach wurde eine **Wärmepumpe** mit **Eisspeicher,** kombiniert mit Solar-Luft-Absorbern, eingebaut. Die **Lüftungsanlage mit Wärmerückgewinnung** unterstützt diesen Ansatz. Dabei wird die Zuluft durch ihre Lage unterm Estrich passiv temperiert.

Sonstiges

Wegen des großen Baumbestandes und der farbenfreudigen Nachbarfassaden wurde ein graubrauner Putz gewählt, welcher Zurückhaltung im Straßenraum übt und Wärme absorbiert.

Energetische Kennwerte

Gesetzliche Grundlage: EnEV 2013
Gebäudenutzfläche: 408,50 m²
Gebäudevolumen: 1.408,50 m³
A/V_e-Verhältnis (Kompaktheit): 0,52 m⁻¹
Hüllfläche des beheizten Volumens: 736,00 m²
Spez. Transmissionswärmeverlust: 0,43 W/(m²·K)
Spez. Jahresprimärenergiebedarf: 46,60 kWh/(m²·a)
Jahresheizwärmebedarf: 48,27 kWh/a
Anlagenaufwandszahl: 0,77

Planungskennwerte für Flächen und Rauminhalte nach DIN 277

Flächen des Grundstücks		Menge Einheit	% an GF
BF	Bebaute Fläche	213,00 m²	26,0
UF	Unbebaute Fläche	607,00 m²	74,0
GF	Grundstücksfläche	820,00 m²	100,0

Grundflächen des Bauwerks		Menge Einheit	% an NUF	% an BGF
NUF	Nutzungsfläche	475,85 m²	100,0	62,4
TF	Technikfläche	18,78 m²	3,9	2,5
VF	Verkehrsfläche	131,29 m²	27,6	17,2
NRF	Netto-Raumfläche	625,92 m²	131,5	82,1
KGF	Konstruktions-Grundfläche	136,24 m²	28,6	17,9
BGF	Brutto-Grundfläche	762,16 m²	160,2	100,0

Brutto-Rauminhalt des Bauwerks		Menge Einheit	BRI/NUF (m)	BRI/BGF (m)
BRI	Brutto-Rauminhalt	2.225,36 m³	4,68	2,92

Prozentualer Anteil der Kostengruppen der 2. Ebene an der Kostengruppe 400 nach DIN 276

KG	Kostengruppen (2. Ebene)
410	Abwasser-, Wasser-, Gasanlagen
420	Wärmeversorgungsanlagen
430	Raumlufttechnische Anlagen
440	Elektrische Anlagen
450	Kommunikationstechnische Anlagen
460	Förderanlagen
470	Nutzungsspez. u. verfahrenstechn. Anl.
480	Gebäude- und Anlagenautomation
490	Sonst. Maßnahmen für techn. Anlagen

Ranking der Kostengruppen der 3. Ebene an der Kostengruppe 400 nach DIN 276

KG	Kostengruppen (3. Ebene)	% an KG 400
421	Wärmeerzeugungsanlagen	20,9
444	Niederspannungsinstallationsanlagen	17,2
412	Wasseranlagen	15,2
432	Teilklimaanlagen	13,0
423	Raumheizflächen	11,3
422	Wärmeverteilnetze	6,0
429	Sonstiges zur KG 420	4,3
446	Blitzschutz- und Erdungsanlagen	2,2
411	Abwasseranlagen	2,1
457	Datenübertragungsnetze	1,9
455	Audiovisuelle Medien- u. Antennenanl.	1,8
419	Sonstiges zur KG 410	1,4
456	Gefahrenmelde- und Alarmanlagen	1,1
452	Such- und Signalanlagen	0,8
413	Gasanlagen	0,7
445	Beleuchtungsanlagen	0,3

Kostenkennwerte für die Kostengruppen der 1. Ebene DIN 276

KG	Kostengruppen (1. Ebene)	Einheit	Kosten €	€/Einheit	€/m² BGF	€/m³ BRI	% 300+400
100	Grundstück	m² GF	–	–	–	–	–
200	Vorbereitende Maßnahmen	m² GF	5.437	6,63	7,13	2,44	0,4
300	Bauwerk – Baukonstruktionen	m² BGF	997.448	1.308,71	1.308,71	448,22	77,7
400	Bauwerk – Technische Anlagen	m² BGF	285.932	375,16	375,16	128,49	22,3
	Bauwerk 300+400	**m² BGF**	**1.283.380**	**1.683,87**	**1.683,87**	**576,71**	**100,0**
500	Außenanlagen und Freiflächen	m² AF	185.999	306,42	244,04	83,58	14,5
600	Ausstattung und Kunstwerke	m² BGF	2.105	2,76	2,76	0,95	0,2
700	Baunebenkosten	m² BGF	–	–	–	–	–
800	Finanzierung	m² BGF	–	–	–	–	–

KG	Kostengruppe	Menge Einheit	Kosten €	€/Einheit	%
200	**Vorbereitende Maßnahmen**	820,00 m² GF	5.437	**6,63**	0,4

- Abbrechen (Kosten: 56,2%) 3.056
  Abbruch von Hofmauer, Schacht ausbauen, Wurzelstöcke roden; Entsorgung, Deponiegebühren

- Herstellen (Kosten: 43,8%) 2.381
  Oberbodenabtrag; Stromanschluss, Verkehrserschließung

KG	Kostengruppe	Menge Einheit	Kosten €	€/Einheit	%
3+4	**Bauwerk**				**100,0**
300	**Bauwerk – Baukonstruktionen**	762,16 m² BGF	997.448	**1.308,71**	77,7

- Abbrechen (Kosten: 10,2%) 101.561
  Abbruch von Beton-Bodenplatte, Fundamenten; Mauerwerk, Holzfenstern, Garagentoren, Eingangstüren, Putz, Eingangsvorbau; Sturzauflager, Trockenbauwänden, Türen, Wandfliesen, Installationsschächten; Holzbalkendecke, Stb-Decken, Parkett, PVC-Belägen, Bodenfliesen, Teppich, Holzböden; Holzdachkonstruktion, Dachfenstern, Ziegeln, Dämmung; Dachentwässerung, **Blitzschutz**; Kücheneinbau; Entsorgung, Deponiegebühren

- Wiederherstellen (Kosten: 4,4%) 44.322
  Fundamente ausbessern; Sandsteinmauerwerk versetzen, ausbessern, Putzschäden reparieren; Horizontalsperre in Ziegelmauerwerk einbauen; Mauerwerksausbrüche auffüllen; Terrazzobelag überarbeiten, Stahl-Treppenhausgeländer aufarbeiten, beschichten

- Herstellen (Kosten: 85,4%) 851.565
  Bodenplatte, Fundamente, Abdichtung, Dämmung, Bodenfliesen, Betonpflaster; Mauerwerk, Stützen, Holzfenster, Putz, Lamellenraffstores; GK-Wände, Holztüren, Wandfliesen, Beschichtung; Stb-Decke, Holzwangentreppe, Stahl-Steg, Estrich, Trittschalldämmung, Parkett, Linoleum, Natursteinplatten, Glasbrüstung; Stb-Flachdach, Aufbeton Trapezblechdach, Abdichtung, Dämmung, Kies, Dachentwässerung

KG	Kostengruppe	Menge Einheit	Kosten €	€/Einheit	%
400	**Bauwerk – Technische Anlagen**	762,16 m² BGF	285.932	**375,16**	22,3
	• Abbrechen (Kosten: 2,2%) Abbruch von Abwasserrohren, Trinkwasserrohren; Heizungsanlage, Heizungsrohren, Schornsteinen; Elektroinstallation; Entsorgung, Deponiegebühren		6.241		
	• Herstellen (Kosten: 97,8%) Gebäudeentwässerung, Kalt- und Warmwasserleitungen, Sanitärobjekte; **Sole-Wasser-Wärmepumpe**, Solar-Luft-Kollektoren, Heizungsrohre, **Fußbodenheizung**, Heizkörper, Schornstein; **Lüftungsgerät**, Kühleinheit, Bodenkanalsystem, Lüftungsleitungen; Elektroinstallation, Beleuchtung, Erdung; Sprechanlage, Antennenanlage, Datenverkabelung		279.691		
500	**Außenanlagen und Freiflächen**	607,00 m² AF	185.999	**306,42**	14,5
	• Abbrechen (Kosten: 0,6%) Abbruch von Betonplatten, Granitpflaster; Gebäude-/Oberflächenentwässerung; Teppichklopfgerüst; Entsorgung, Deponiegebühren		1.141		
	• Herstellen (Kosten: 99,4%) Bodenarbeiten, Fundamente; Sandsteinmauer, Toranlage, Stahltreppe; Gebäude-/Oberflächenentwässerung, Rigolen, **Regenwasserspeicher**, **Eisspeicher**, Erdkabel; Briefkastenanlage; Oberbodenarbeiten		184.858		
600	**Ausstattung und Kunstwerke**	762,16 m² BGF	2.105	**2,76**	0,2
	• Herstellen (Kosten: 100,0%) Spiegel, Duschabtrennung		2.105		

Kostenkennwerte für die Kostengruppen 400 der 2. Ebene DIN 276

KG	Kostengruppe	Menge Einheit	Kosten €	€/Einheit	%
400	**Bauwerk – Technische Anlagen**				**100,0**
410	**Abwasser-, Wasser-, Gasanlagen**	762,16 m² BGF	55.131	**72,34**	19,3
	• Abbrechen (Kosten: 1,0%)	762,16 m² BGF	529	**0,69**	
	Abbruch von Abwasserrohren (psch) * Trinkwasserrohren (psch); Entsorgung, Deponiegebühren				
	• Herstellen (Kosten: 99,0%)	762,16 m² BGF	54.602	**71,64**	
	PP-Rohre DN50-100 (39m), HT-Rohre DN100 (4m), PE-Rohre DN32 (41m) * Edelstahlrohre DN12-32 (153m), Metallverbundrohre DN16-20 (108m), Wasserzähler (2St), Ausdehnungsgefäße (2St), Pumpen (2St), Tiefspül-WCs (5St), Waschtische (4St), Doppelwaschtisch (1St), Duschen (2St), Badewanne (1St), Armaturen (7St), Brausegarnituren (3St), Außenarmaturen (2St) * Kupferrohre DN18-22 (15m), Gassteckdose DN15 (1St) * Montageelemente (11St)				
420	**Wärmeversorgungsanlagen**	762,16 m² BGF	121.212	**159,04**	42,4
	• Abbrechen (Kosten: 4,5%)	762,16 m² BGF	5.472	**7,18**	
	Abbruch von Heizungsanlage (psch) * Heizungsrohren (psch) * gemauerten Schornsteinen (39m); Entsorgung, Deponiegebühren				
	• Herstellen (Kosten: 95,5%)	762,16 m² BGF	115.741	**151,86**	
	Eis-Energiespeicherheizung: **Sole-Wasser-Wärmepumpe** (1St), Solar-Luft-Kollektoren (9St), Steuerungseinheit (1St), PE-Druckrohre DN25 (18m), Umwälzpumpen (4St), Pufferspeicher (1St), Warmwasserspeicher (1St), Membran-Ausdehnungsgefäße (2St) * Stahlrohre DN15-35 (188m), Ausdehnungsgefäß (1St) * **Fußbodenheizung** (274m²), Heizkreisverteiler (4St), Heizkörper (3St) * Schornstein (11m)				
430	**Raumlufttechnische Anlagen**	762,16 m² BGF	37.100	**48,68**	13,0
	• Herstellen (Kosten: 100,0%)	762,16 m² BGF	37.100	**48,68**	
	Lüftungsgerät, 300m³/h, Kühleinheit (1St), Einblasmodule, Bodenkanalsystem (12St), Ausblaskästen, Schlitzauslässe bodengleich (12St), Lüftungsleitungen (112m), Wickelfalzrohre DN100-180 (48m), Abluftventile DN100 (8St), Schalldämpfer (6St), Brandschutzklappen (6St)				
440	**Elektrische Anlagen**	762,16 m² BGF	56.367	**73,96**	19,7
	• Abbrechen (Kosten: 0,4%)	762,16 m² BGF	240	**0,32**	
	Abbruch von Verteiler, Schaltern, Steckdosen, Zuleitungen (psch); Entsorgung, Deponiegebühren				
	• Herstellen (Kosten: 99,6%)	762,16 m² BGF	56.127	**73,64**	
	Elektroinstallation (psch), Verkabelung für Solar-Luft-Kollektoren (50m), für **Fußbodenheizung** (psch) * LED-Deckeneinbauleuchten (7St) * Ringerder (63m), Tiefenerder (2St), Fangleitungen (47m), Ableiter (53m), Kreuzverbinder (44St)				
450	**Kommunikationstechnische Anlagen**	762,16 m² BGF	16.121	**21,15**	5,6
	• Herstellen (Kosten: 100,0%)	762,16 m² BGF	16.121	**21,15**	
	Gegensprechanlage (1St) * Antennenanlage (1St), HDMI-Kabel (10m) * Rauchmelder (5St) * Datenkabelung (psch)				

Kostenkennwerte für die Kostengruppen 400 der 2. und 3.Ebene DIN 276 (Übersicht)

KG	Kostengruppe	Menge Einheit	Kosten €	€/Einheit	%
410	**Abwasser-, Wasser-, Gasanlagen**	**762,16 m² BGF**	**55.131,33**	**72,34**	**19,3**
411	Abwasseranlagen	762,16 m² BGF	5.992,18	7,86	2,1
412	Wasseranlagen	762,16 m² BGF	43.417,50	56,97	15,2
413	Gasanlagen	762,16 m² BGF	1.858,75	2,44	0,7
419	Sonstiges zur KG 410	762,16 m² BGF	3.862,90	5,07	1,4
420	**Wärmeversorgungsanlagen**	**762,16 m² BGF**	**121.212,41**	**159,04**	**42,4**
421	Wärmeerzeugungsanlagen	762,16 m² BGF	59.626,03	78,23	20,9
422	Wärmeverteilnetze	762,16 m² BGF	17.028,42	22,34	6,0
423	Raumheizflächen	762,16 m² BGF	32.405,06	42,52	11,3
429	Sonstiges zur KG 420	762,16 m² BGF	12.152,89	15,95	4,3
430	**Raumlufttechnische Anlagen**	**762,16 m² BGF**	**37.099,60**	**48,68**	**13,0**
432	Teilklimaanlagen	762,16 m² BGF	37.099,60	48,68	13,0
440	**Elektrische Anlagen**	**762,16 m² BGF**	**56.367,30**	**73,96**	**19,7**
444	Niederspannungsinstallationsanlagen	762,16 m² BGF	49.245,39	64,61	17,2
445	Beleuchtungsanlagen	762,16 m² BGF	743,72	0,98	0,3
446	Blitzschutz- und Erdungsanlagen	762,16 m² BGF	6.378,19	8,37	2,2
450	**Kommunikationstechnische Anlagen**	**762,16 m² BGF**	**16.121,12**	**21,15**	**5,6**
452	Such- und Signalanlagen	762,16 m² BGF	2.217,55	2,91	0,8
455	Audiovisuelle Medien- u. Antennenanl.	762,16 m² BGF	5.289,15	6,94	1,8
456	Gefahrenmelde- und Alarmanlagen	762,16 m² BGF	3.226,59	4,23	1,1
457	Datenübertragungsnetze	762,16 m² BGF	5.387,83	7,07	1,9

Kostenkennwerte für Leistungsbereiche nach STLB (Kosten KG 400 nach DIN 276)

LB	Leistungsbereiche	Kosten €	€/m² BGF	€/m³ BRI	% an 400
040	Wärmeversorgungsanlagen - Betriebseinrichtungen	57.220	75,10	25,70	20,0
041	Wärmeversorgungsanlagen - Leitungen, Armaturen, Heizflächen	48.756	64,00	21,90	17,1
042	Gas- und Wasseranlagen - Leitungen, Armaturen	1.859	2,40	0,84	0,7
043	Druckrohrleitungen für Gas, Wasser und Abwasser	–	–	–	–
044	Abwasseranlagen - Leitungen, Abläufe, Armaturen	5.132	6,70	2,30	1,8
045	Gas-, Wasser- und Entwässerungsanlagen - Ausstattung, Elemente, Fertigbäder	41.234	54,10	18,50	14,4
046	Gas-, Wasser- und Entwässerungsanlagen - Betriebseinrichtungen	–	–	–	–
047	Dämm- und Brandschutzarbeiten an technischen Anlagen	8.673	11,40	3,90	3,0
049	Feuerlöschanlagen, Feuerlöschgeräte	–	–	–	–
050	Blitzschutz- / Erdungsanlagen, Überspannungsschutz	6.378	8,40	2,90	2,2
051	Kabelleitungstiefbauarbeiten	–	–	–	–
052	Mittelspannungsanlagen	–	–	–	–
053	Niederspannungsanlagen - Kabel / Leitungen, Verlegesysteme, Installationsgeräte	48.712	63,90	21,90	17,0
054	Niederspannungsanlagen - Verteilersysteme und Einbaugeräte	293	0,38	0,13	0,1
055	Sicherheits- und Ersatzstromversorgungsanlagen	–	–	–	–
057	Gebäudesystemtechnik	–	–	–	–
058	Leuchten und Lampen	744	0,98	0,33	0,3
059	Sicherheitsbeleuchtungsanlagen	–	–	–	–
060	Such-, Signal-, Zeitdienst-, Antennen-, elektroakustische Anlagen, Medientechnik	7.399	9,70	3,30	2,6
061	Kommunikations- und Übertragungsnetze	5.496	7,20	2,50	1,9
062	Kommunikationsanlagen	–	–	–	–
063	Gefahrenmeldeanlagen	3.227	4,20	1,40	1,1
064	Zutrittskontroll-, Zeiterfassungssysteme	–	–	–	–
069	Aufzüge	–	–	–	–
070	Gebäudeautomation	–	–	–	–
075	Raumlufttechnische Anlagen	36.340	47,70	16,30	12,7
078	Kälteanlagen für raumlufttechnische Anlagen	–	–	–	–
	Gebäudetechnik	**271.462**	**356,20**	**122,00**	**94,9**
	Sonstige Leistungsbereiche	**14.470**	**19,00**	**6,50**	**5,1**
	Abbrechen	6.241	8,20	2,80	2,2
	Herstellen	8.229	10,80	3,70	2,9

6100-1384
Mehrfamilienhaus
(3 WF)

Umbau

Kostenkennwerte für die Kosten des Bauwerks (Kostengruppen 300+400 nach DIN 276)

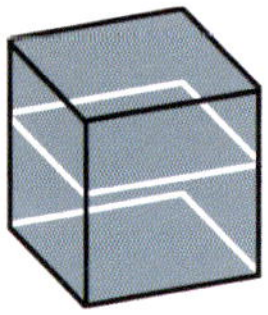

BRI 503 €/m³

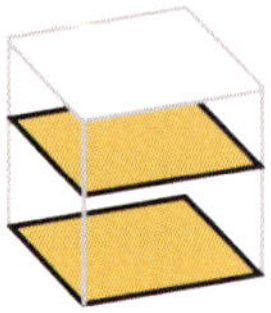

BGF 1.937 €/m²

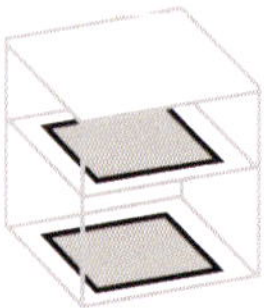

NUF 2.376 €/m²

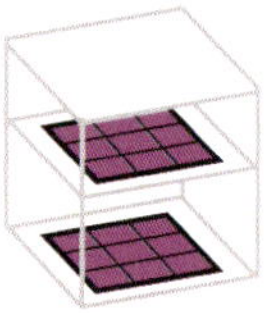

NE 2.329 €/NE

NE: Wohnfläche

Objekt:
Kennwerte: 3.Ebene DIN 276
BRI: 2.364 m³
BGF: 614 m²
NUF: 501 m²
Bauzeit: 96 Wochen
Bauende: 2014
Standard: mittel
Bundesland: Brandenburg
Kreis: Potsdam-Mittelmark

Architekt*in:
bromsky Architekten
Liebscher Streb
PartGmbH
Elisabethkirchstraße 13
10115 Berlin

© Werner Huthmacher

© Werner Huthmacher

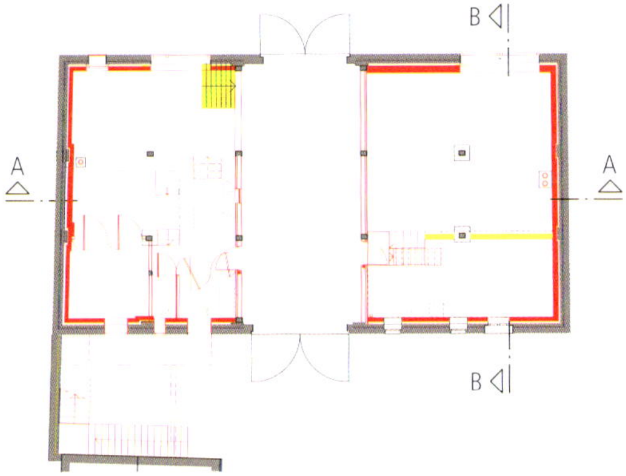

Erdgeschoss

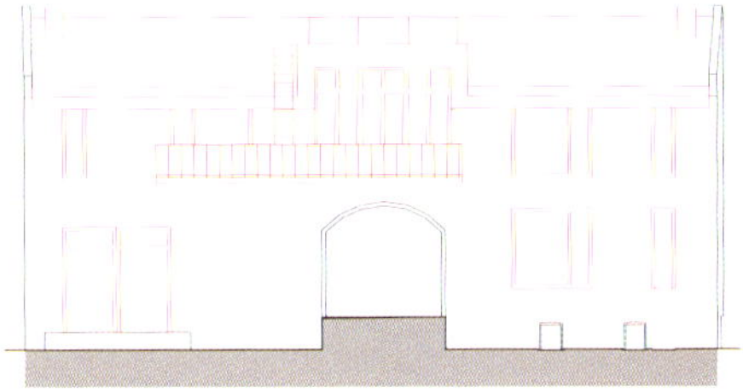

Ansicht Nord-West

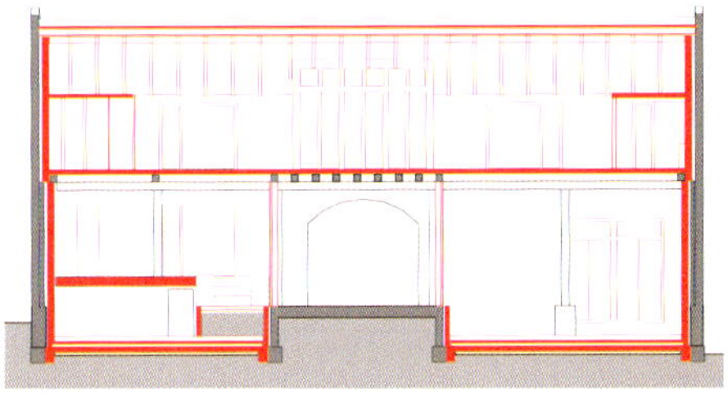

Schnitt A-A

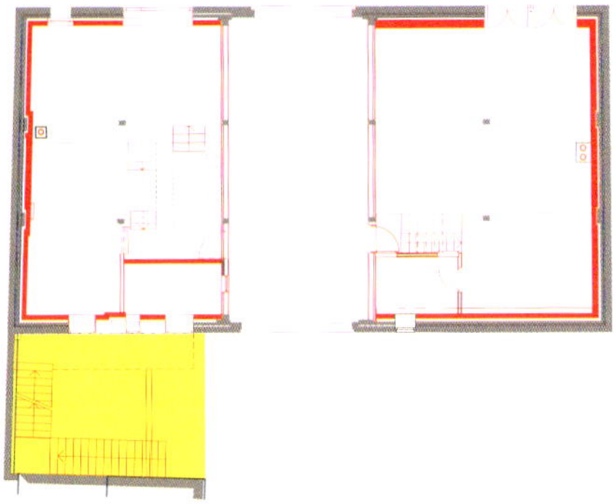

Erdgeschoss Galerie

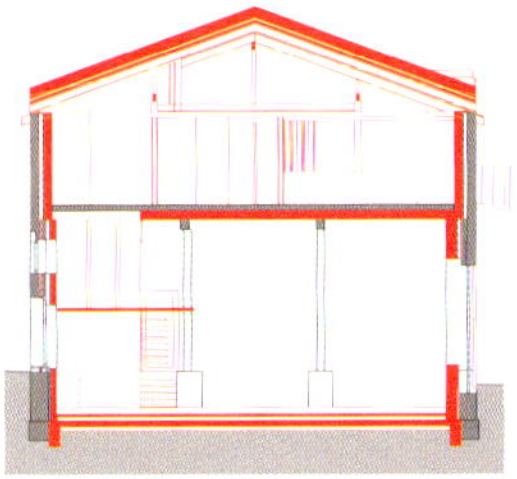

Schnitt B-B

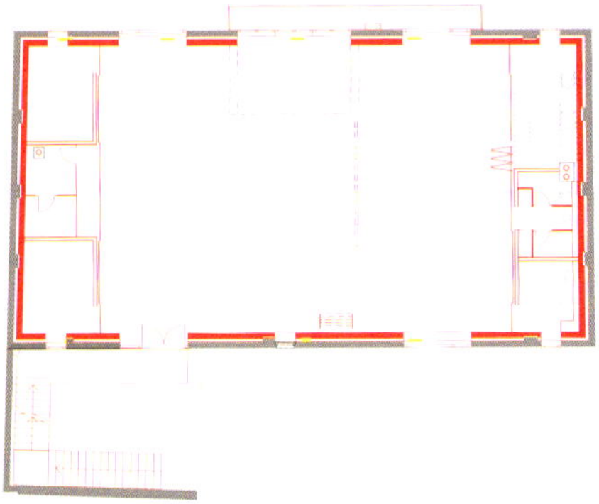

Dachgeschoss

Ansicht Süd-Ost

Objektbeschreibung

Allgemeine Objektinformationen

Aus einem Dreiseithof wurde die Ziegelscheune in eine Wohn- und Ateliernutzungen umgebaut. Von der Tordurchfahrt sind ebenerdig ein Maleratelier mit Wohngalerie und eine Wohnung mit Architekturbüro erschlossen. Eine Außentreppe führt hinauf ins Dachgeschoss, in dem ein Proben- und Konzertraum untergebracht ist. Die ehemalige Tordurchfahrt ist das Herzstück des Hauses. Der Raum dient als Gemeinschaftsraum, dem "Scheunensalon".

Nutzung

1 Untergeschoss
Wohnen

1 Erdgeschoss
Wohnen und Atelier

1 Obergeschoss
Wohnen und Atelier

Nutzeinheiten

Wohneinheiten: 3
Wohnfläche: 511 m²

Grundstück

Bauraum: Beengter Bauraum
Neigung: Geneigtes Gelände
Bodenklasse: BK 1 bis BK 4

Markt

Hauptvergabezeit: 1. Quartal 2012
Baubeginn: 1. Quartal 2012
Bauende: 1. Quartal 2014
Konjunkturelle Gesamtlage: Durchschnitt
Regionaler Baumarkt: unter Durchschnitt

Baubestand

Baujahr: 1908
Bauzustand: mittel
Aufwand: hoch
Grundrissänderungen: umfangreiche
Tragwerkseingriffe: umfangreiche
Nutzung während der Bauzeit: nein

Baukonstruktion

Neue Bodenplatten tragen das kerngedämmtes Mauerwerk. Ein stützenfreies Binderdachtragwerk liegt auf den alten Ziegelwänden auf. Das zweischalig ausgeführte Bestandsmauerwerk weist die Besonderheit auf, dass die tragende Schale außen liegt. Bestandsziegelwände erhielten eine neue Horizontalsperre im Mauersägeverfahren und eine gedämmte Vertikalabdichtung außen. Zur Vervollständigung der Wannenausbildung wurden WU-Stahlbetonbodenplatten und die Bestandswände abgedichtet. Neue Stahlträger tragen die Holzbalkendecke. Das Auflager der Bestandspfosten wurde durch beidseitige Holzknaggen vergrößert. Die vorgefertigte Dachbinderkonstruktion mit Koppelpfetten liegt auf den Bestandsziegelwänden auf. Eine zweiläufige Stb-Außentreppe erschließt das obere Geschoss. Die Böden wurden mit Parkett und sichtbarem Estrich belegt. Es wurden neue Holzfenster eingebaut.

Technische Anlagen

Zur Gasbrennwerttherme wurde eine solarthermische Anlage zur Warmwasserbereitung und Heizungsunterstützung auf dem Dach installiert. In den unteren Nutzungseinheiten wurde eine **Fußbodenheizung** eingebaut. Im oberen Geschoss kommen Heizkörper zum Einsatz. Das Atelier im verfügt über einen offenen Kamin.

Sonstiges

Leitmotiv der Architektur ist die Auseinandersetzung mit dem Vorgefundenen. Die Materialien sind roh, Eingriffe und Bezüge ablesbar, die Farbigkeit wird abgeleitet. Die offenen Strukturen geben die Möglichkeit für weitere Ausbaumöglichkeiten.

Energetische Kennwerte

Gesetzliche Grundlage: EnEV 2009
Gebäudenutzfläche: 486,60 m²
Gebäudevolumen: 2.106,60 m³
A/V_e-Verhältnis (Kompaktheit): 0,58 m⁻¹
Hüllfläche des beheizten Volumens: 1.211,50 m²
Spez. Transmissionswärmeverlust: 0,42 W/(m²·K)
Spez. Jahresendenergiebedarf: 122,80 kWh/(m²·a)
Spez. Jahresheizwärmebedarf: 103,78 kWh/(m²·a)
Anlagenaufwandszahl: 1,06

Planungskennwerte für Flächen und Rauminhalte nach DIN 277

Flächen des Grundstücks		Menge Einheit	% an GF
BF	Bebaute Fläche	256,85 m²	11,6
UF	Unbebaute Fläche	1.948,75 m²	88,4
GF	Grundstücksfläche	2.205,60 m²	100,0

Grundflächen des Bauwerks		Menge Einheit	% an NUF	% an BGF
NUF	Nutzungsfläche	500,76 m²	100,0	81,5
TF	Technikfläche	2,99 m²	0,6	0,5
VF	Verkehrsfläche	9,46 m²	1,9	1,5
NRF	Netto-Raumfläche	513,21 m²	102,5	83,5
KGF	Konstruktions-Grundfläche	101,07 m²	20,2	16,5
BGF	Brutto-Grundfläche	614,28 m²	122,7	100,0

Brutto-Rauminhalt des Bauwerks		Menge Einheit	BRI/NUF (m)	BRI/BGF (m)
BRI	Brutto-Rauminhalt	2.364,48 m³	4,72	3,85

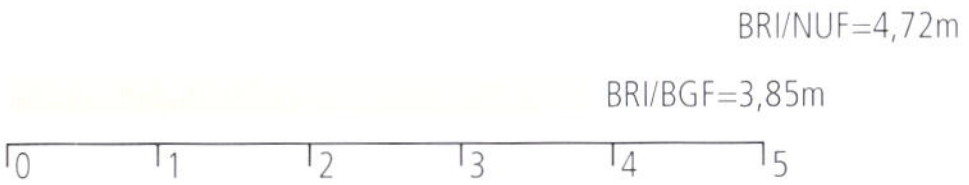

Prozentualer Anteil der Kostengruppen der 2. Ebene an der Kostengruppe 400 nach DIN 276

KG	Kostengruppen (2. Ebene)
410	Abwasser-, Wasser-, Gasanlagen
420	Wärmeversorgungsanlagen
430	Raumlufttechnische Anlagen
440	Elektrische Anlagen
450	Kommunikationstechnische Anlagen
460	Förderanlagen
470	Nutzungsspez. u. verfahrenstechn. Anl.
480	Gebäude- und Anlagenautomation
490	Sonst. Maßnahmen für techn. Anlagen

Ranking der Kostengruppen der 3. Ebene an der Kostengruppe 400 nach DIN 276

KG	Kostengruppen (3. Ebene)	% an KG 400	KG	Kostengruppen (3. Ebene)	% an KG 400
429	Sonstiges zur KG 420	20,9	413	Gasanlagen	2,9
444	Niederspannungsinstallationsanlagen	19,7	445	Beleuchtungsanlagen	2,7
421	Wärmeerzeugungsanlagen	16,7	491	Baustelleneinrichtung	1,5
423	Raumheizflächen	12,8	419	Sonstiges zur KG 410	1,3
412	Wasseranlagen	8,9	452	Such- und Signalanlagen	0,7
411	Abwasseranlagen	6,1	451	Telekommunikationsanlagen	0,6
422	Wärmeverteilnetze	5,1	446	Blitzschutz- und Erdungsanlagen	0,2

Kostenkennwerte für die Kostengruppen der 1. Ebene DIN 276

KG	Kostengruppen (1. Ebene)	Einheit	Kosten €	€/Einheit	€/m² BGF	€/m³ BRI	% 300+400
100	Grundstück	m² GF	–	–	–	–	–
200	Vorbereitende Maßnahmen	m² GF	2.185	0,99	3,56	0,92	0,2
300	Bauwerk – Baukonstruktionen	m² BGF	1.008.788	1.642,23	1.642,23	426,64	84,8
400	Bauwerk – Technische Anlagen	m² BGF	181.244	295,05	295,05	76,65	15,2
	Bauwerk 300+400	**m² BGF**	**1.190.032**	**1.937,28**	**1.937,28**	**503,30**	**100,0**
500	Außenanlagen und Freiflächen	m² AF	27.278	14,00	44,41	11,54	2,3
600	Ausstattung und Kunstwerke	m² BGF	1.371	2,23	2,23	0,58	0,1
700	Baunebenkosten	m² BGF	–	–	–	–	–
800	Finanzierung	m² BGF	–	–	–	–	–

KG	Kostengruppe	Menge Einheit	Kosten €	€/Einheit	%
200	**Vorbereitende Maßnahmen**	2.205,60 m² GF	2.185	**0,99**	0,2
	• Herstellen (Kosten: 100,0%) Anschlusskosten Gas		2.185		
3+4	**Bauwerk**				**100,0**
300	**Bauwerk – Baukonstruktionen**	614,28 m² BGF	1.008.788	**1.642,23**	84,8
	• Abbrechen (Kosten: 1,9%) Abbruch von Mauerwerk, Taubenstall, Stb-Decke, Dachstuhl, Holzschalung; Entsorgung, Deponiegebühren		19.069		
	• Wiederherstellen (Kosten: 8,4%) Ziegelmauerwerk reinigen, Fugen entfernen, mit Zementmörtel auffüllen, Horizontalsperren einbauen, Risse mit Beton verfüllen, Beschichtung auftragen, loses Mauerwerk, aufmauern, innenseitig ausbetonieren, Fensterbänke ersetzen		84.263		
	• Herstellen (Kosten: 89,8%) Erdarbeiten; Bodenplatte, Abdichtung, Estrich; Mauerwerk, Stahlträger, Stürze, Ringanker, Holzfenster, Eingangselemente, Bekleidung Tordurchfahrt, Mauerwerk-Vorsatzschale, Wandfliesen, Stb-Fertigteiltreppe, Stahl-Balkonanlage, Stahl-Terrassenanlage, Steigleiter, Geländer; Holzständerwände, GK-Ständerwände, Holz-Trennwand, Holztüren, mobile Trennwände; Holzbalkendecken, Stahlträger, Holztreppe, Estrich, Parkett, Holzdielen, Bodenfliesen; Dachbinder, Holzfaserbretter, Windrispenbänder, Dachfenster, Blechdeckung, Dachentwässerung; Einbaumöbel		905.456		
400	**Bauwerk – Technische Anlagen**	614,28 m² BGF	181.244	**295,05**	15,2
	• Herstellen (Kosten: 100,0%) Gebäudeentwässerung, Hebeanlage, Kalt- und Warmwasserleitungen, Sanitärobjekte; Solarkollektoranlage, Gasbrennwerttherme, Heizungsrohre, **Fußbodenheizung**, Heizkörper, Schornstein; Elektroinstallation, Beleuchtung, Erdung; Telefonanschluss		181.244		
500	**Außenanlagen und Freiflächen**	1.948,75 m² AF	27.278	**14,00**	2,3
	• Herstellen (Kosten: 100,0%) Bodenarbeiten; Fundamente; Pflasterflächen, Holz-Terrassenbelag; Toranlage; Oberflächenentwässerung		27.278		
600	**Ausstattung und Kunstwerke**	614,28 m² BGF	1.371	**2,23**	0,1
	• Herstellen (Kosten: 100,0%) Sanitärverglasungen, Sanitärausstattung		1.371		

Kostenkennwerte für die Kostengruppen 400 der 2.Ebene DIN 276

KG	Kostengruppe	Menge Einheit	Kosten €	€/Einheit	%
400	**Bauwerk – Technische Anlagen**				**100,0**
410	**Abwasser-, Wasser-, Gasanlagen**	614,28 m² BGF	34.757	**56,58**	19,2
	• Herstellen (Kosten: 100,0%) HT-Rohre (53m), KG-Rohre DN100 (40m), PVC-Druckleitung DN50 (psch), Hebeanlage (1St), Duschrinne (1St), Bodenablauf DN50 (1St) * Verbundrohre (202m), Wasserzähler (3St), Waschtische (3St), Tiefspül-WCs (4St), Stützklappgriffe (4St), Badewanne (1St), Brausegarnitur (1St) * Kupferrohre DN22-35 (psch), Gas-Steckdosen (4St), Gaszähler (3St) * Montageelemente (7St)	614,28 m² BGF	34.757	**56,58**	
420	**Wärmeversorgungsanlagen**	614,28 m² BGF	100.593	**163,76**	55,5
	• Herstellen (Kosten: 100,0%) Solarkollektoranlage, sechs Kollektoren, Regelung, Speicher (1St), Gasbrennwerttherme 32kW (1St), hydraulische Weiche (1St), Zirkulationspumpe (1St), Verrohrung der Heizungsanlage (psch) * Verbundrohre (315m), Zähleranschluss (1St) * PE-Fußbodenheizungsrohre (100m²), Heizkreisverteiler (1St), Wärmemengenzähler (3St), Heizkörper (16St), Badheizkörper (3St) * Schornsteinschacht, h=8,75m, Edelstahlrohre (2St), Schornsteinkopfventilator (1St)	614,28 m² BGF	100.593	**163,76**	
440	**Elektrische Anlagen**	614,28 m² BGF	40.895	**66,57**	22,6
	• Herstellen (Kosten: 100,0%) Mantelleitungen (183m), Installationskabel (45m), Zählerschrank (1St), Unterverteiler (4St), Zähler (4St), Leerrohre DN20 (8m), Kabelrinnen (10m), Raum-Elektroinstallation (22St), Schalter/Taster (160St), Steckdosen (60St), Herdanschlussdosen (3St), **Dimmer** (2St), Raumthermostat (1St) * Halogenleuchten, Porzellanfassungen (19St), Lichtleisten (9St), **Lichtbänder** (6St), Feuchtraumleuchten (3St), Gitterleuchte (1St) * Potenzialausgleichsanlage (1St)	614,28 m² BGF	40.895	**66,57**	
450	**Kommunikationstechnische Anlagen**	614,28 m² BGF	2.330	**3,79**	1,3
	• Herstellen (Kosten: 100,0%) Fernmeldeleitungen (65m), Telefon-Anschlussdosen (3St) * Installationskabel J-Y(ST)Y (110m)	614,28 m² BGF	2.330	**3,79**	
490	**Sonst. Maßnahmen für techn. Anlagen**	614,28 m² BGF	2.669	**4,35**	1,5
	• Herstellen (Kosten: 100,0%) Baustelleneinrichtung, Baustrom (1St)	614,28 m² BGF	2.669	**4,35**	

Kostenkennwerte für die Kostengruppen 400 der 2. und 3. Ebene DIN 276 (Übersicht)

KG	Kostengruppe	Menge Einheit	Kosten €	€/Einheit	%
410	**Abwasser-, Wasser-, Gasanlagen**	**614,28 m² BGF**	**34.756,99**	**56,58**	**19,2**
411	Abwasseranlagen	614,28 m² BGF	11.007,56	17,92	6,1
412	Wasseranlagen	614,28 m² BGF	16.201,58	26,37	8,9
413	Gasanlagen	614,28 m² BGF	5.276,60	8,59	2,9
419	Sonstiges zur KG 410	614,28 m² BGF	2.271,27	3,70	1,3
420	**Wärmeversorgungsanlagen**	**614,28 m² BGF**	**100.593,42**	**163,76**	**55,5**
421	Wärmeerzeugungsanlagen	614,28 m² BGF	30.177,56	49,13	16,7
422	Wärmeverteilnetze	614,28 m² BGF	9.245,05	15,05	5,1
423	Raumheizflächen	614,28 m² BGF	23.242,08	37,84	12,8
429	Sonstiges zur KG 420	614,28 m² BGF	37.928,74	61,75	20,9
440	**Elektrische Anlagen**	**614,28 m² BGF**	**40.894,50**	**66,57**	**22,6**
444	Niederspannungsinstallationsanlagen	614,28 m² BGF	35.637,43	58,01	19,7
445	Beleuchtungsanlagen	614,28 m² BGF	4.945,91	8,05	2,7
446	Blitzschutz- und Erdungsanlagen	614,28 m² BGF	310,74	0,51	0,2
450	**Kommunikationstechnische Anlagen**	**614,28 m² BGF**	**2.329,82**	**3,79**	**1,3**
451	Telekommunikationsanlagen	614,28 m² BGF	1.127,36	1,84	0,6
452	Such- und Signalanlagen	614,28 m² BGF	1.202,46	1,96	0,7
490	**Sonst. Maßnahmen für techn. Anlagen**	**614,28 m² BGF**	**2.669,42**	**4,35**	**1,5**
491	Baustelleneinrichtung	614,28 m² BGF	2.669,42	4,35	1,5

Kostenkennwerte für Leistungsbereiche nach STLB (Kosten KG 400 nach DIN 276)

LB	Leistungsbereiche	Kosten €	€/m² BGF	€/m³ BRI	% an 400
040	Wärmeversorgungsanlagen - Betriebseinrichtungen	63.569	103,50	26,90	35,1
041	Wärmeversorgungsanlagen - Leitungen, Armaturen, Heizflächen	38.048	61,90	16,10	21,0
042	Gas- und Wasseranlagen - Leitungen, Armaturen	7.980	13,00	3,40	4,4
043	Druckrohrleitungen für Gas, Wasser und Abwasser	988	1,60	0,42	0,5
044	Abwasseranlagen - Leitungen, Abläufe, Armaturen	5.528	9,00	2,30	3,0
045	Gas-, Wasser- und Entwässerungsanlagen - Ausstattung, Elemente, Fertigbäder	10.011	16,30	4,20	5,5
046	Gas-, Wasser- und Entwässerungsanlagen - Betriebseinrichtungen	4.198	6,80	1,80	2,3
047	Dämm- und Brandschutzarbeiten an technischen Anlagen	158	0,26	0,07	< 0,1
049	Feuerlöschanlagen, Feuerlöschgeräte	–	–	–	–
050	Blitzschutz- / Erdungsanlagen, Überspannungsschutz	311	0,51	0,13	0,2
051	Kabelleitungstiefbauarbeiten	–	–	–	–
052	Mittelspannungsanlagen	–	–	–	–
053	Niederspannungsanlagen - Kabel / Leitungen, Verlegesysteme, Installationsgeräte	26.308	42,80	11,10	14,5
054	Niederspannungsanlagen - Verteilersysteme und Einbaugeräte	9.303	15,10	3,90	5,1
055	Sicherheits- und Ersatzstromversorgungsanlagen	–	–	–	–
057	Gebäudesystemtechnik	–	–	–	–
058	Leuchten und Lampen	4.942	8,00	2,10	2,7
059	Sicherheitsbeleuchtungsanlagen	–	–	–	–
060	Such-, Signal-, Zeitdienst-, Antennen-, elektroakustische Anlagen, Medientechnik	1.201	2,00	0,51	0,7
061	Kommunikations- und Übertragungsnetze	455	0,74	0,19	0,3
062	Kommunikationsanlagen	670	1,10	0,28	0,4
063	Gefahrenmeldeanlagen	–	–	–	–
064	Zutrittskontroll-, Zeiterfassungssysteme	–	–	–	–
069	Aufzüge	–	–	–	–
070	Gebäudeautomation	–	–	–	–
075	Raumlufttechnische Anlagen	–	–	–	–
078	Kälteanlagen für raumlufttechnische Anlagen	–	–	–	–
	Gebäudetechnik	**173.670**	**282,70**	**73,40**	**95,8**
	Sonstige Leistungsbereiche	**7.478**	**12,20**	**3,20**	**4,1**

6100-1393
Doppelhaushälfte
(1 WE)
Büro (2 AP)

Modernisierung

Kostenkennwerte für die Kosten des Bauwerks (Kostengruppen 300+400 nach DIN 276)

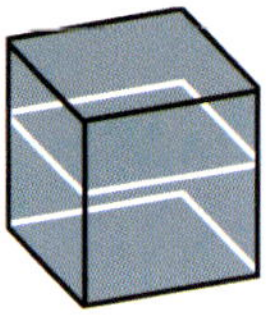
BRI 455 €/m³

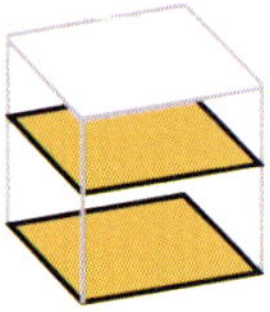
BGF 1.138 €/m²

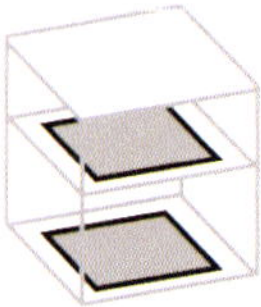
NUF 2.106 €/m²

Objekt:
Kennwerte: 3.Ebene DIN 276
BRI: 1.018 m³
BGF: 407 m²
NUF: 220 m²
Bauzeit: 157 Wochen
Bauende: 2018
Standard: hoch
Bundesland: Baden-Württemberg
Kreis: Esslingen

Architekt*in:
Bialon ADK
Staufenstraße 14
73230 Kirchheim unter Teck

vorher

nachher

Zeichnungen

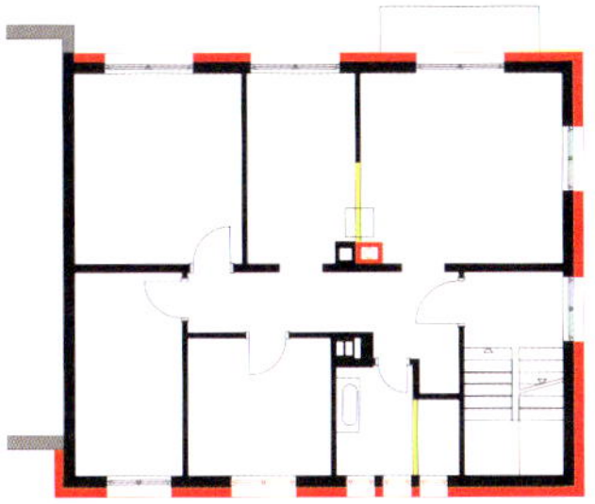

Obergeschoss

Ansicht Nord

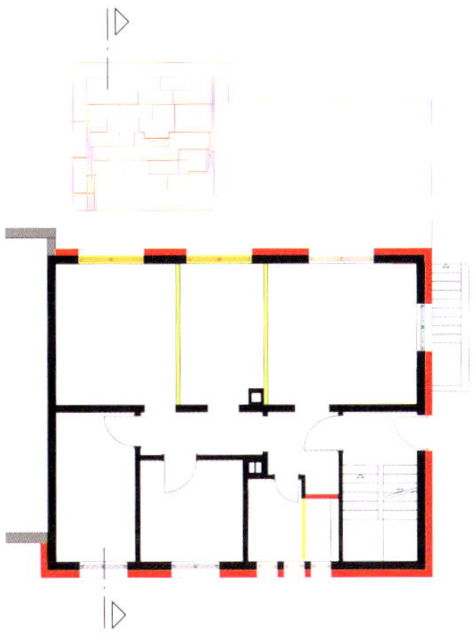

Erdgeschoss

Ansicht West

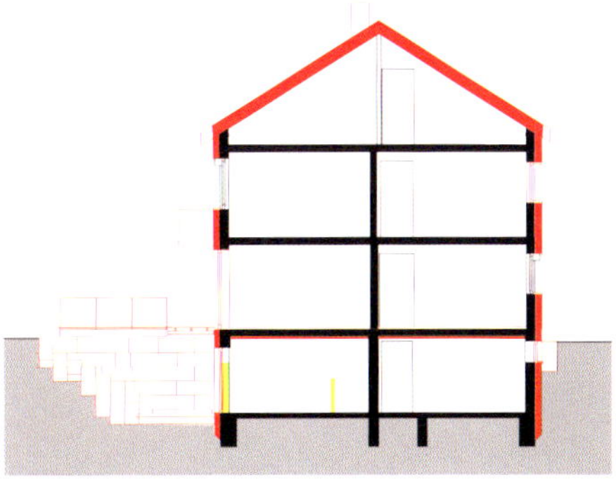

Schnitt

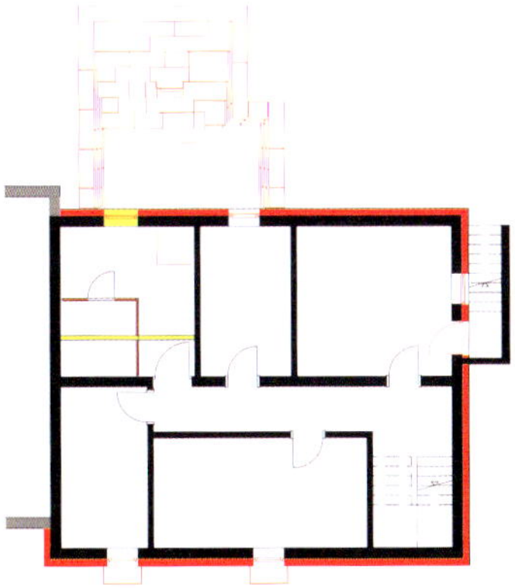

Untergeschoss

Ansicht Süd

6100-1393
Doppelhaushälfte
(1 WE)
Büro (2 AP)

Modernisierung

Objektbeschreibung

Allgemeine Objektinformationen

Das zweigeschossige Einfamilienhaus mit Satteldach wurde vollständig modernisiert. Im Erdgeschoss wurden alle Räume zu einem großen Wohn-Essbereich geöffnet, nur die Küche blieb erhalten. Bad und WC wurden zu einem barrierefreien Duschbad ausgebaut und im Obergeschoss zu einem geräumigen Bad mit Wanne zusammengeführt. Im Dachboden befindet sich ein neues Duschbad. Das geschlossene Treppenhaus blieb erhalten. Der Öltankraum im Untergeschoss wurde in eine Sauna umgebaut.

Nutzung

1 Untergeschoss
Sauna, Werkstattraum, Keller, Technik/Waschraum, Archiv

1 Erdgeschoss
Wohn- und Esszimmer, Küche, Gästezimmer, Bad, Terrasse

1 Obergeschoss
Schlafzimmer, Kinderzimmer (2St), Ankleide, Bibliothek, Bad, Balkon

1 Dachgeschoss
Büros (2St), Bad

Nutzeinheiten

Arbeitsplätze: 2
Bürofläche: 48 m^2
Wohneinheiten: 1
Wohnfläche: 149 m^2

Grundstück

Bauraum: Beengter Bauraum
Neigung: Ebenes Gelände

Markt

Hauptvergabezeit: 1. Quartal 2015
Baubeginn: 1. Quartal 2015
Bauende: 1. Quartal 2018
Konjunkturelle Gesamtlage: über Durchschnitt
Regionaler Baumarkt: Durchschnitt

Baubestand

Baujahr: 1960
Bauzustand: mittel
Aufwand: hoch
Grundrissänderungen: einige
Tragwerkseingriffe: wenige
Nutzungsänderung: ja
Nutzung während der Bauzeit: ja

Baukonstruktion

Die Fassade ist mit einem Wärmedämmverbundsystem bekleidet worden. Im Erdgeschoss wurden Estrich und darunterliegende Dämmung erneuert. Im unbeheizten Untergeschoss erhielt die Decke eine Dämmung. Es kamen großflächige Fenster und Terrassentüren mit Dreifachverglasung zum Einbau. Das Dach wurde statisch verstärkt, gedämmt und neu eingedeckt, sowie innenseitig mit einer Gipskartonbekleidung versehen.

Technische Anlagen

Das Gebäude wird mittels einer geothermischen **Wärmepumpe**, deren Heizungskonzept eine automatische Temperaturregelung beinhaltet, mit Wärme versorgt. Im Erdgeschoss wurde eine **Fußbodenheizung** mit der Möglichkeit der **passiven Kühlung** im Sommer installiert. Sämtliche Sanitär- und Elektroleitungen im Haus wurden erneuert sowie LAN-Zugänge in allen Räumen ermöglicht. Die dezentrale Lüftung auf allen Ebenen **mit Wärmerückgewinnung** ist modernisiert worden. Auf dem Dach befindet sich eine **Photovoltaikanlage** mit Speichermöglichkeit. Ein Heizkamin sorgt für zusätzliche Strahlungswärme.

Sonstiges

Folgende Arbeiten wurden vom Bauherren in Eigenleistung erbracht: GK-Bekleidung im Dachgeschoss, Einbau von Wohnraumlüftern, Einbau Ganzglasgeländer an der Terrasse

Energetische Kennwerte

Gesetzliche Grundlage: EnEV 2013
Gebäudenutzfläche: 215,00 m^2
Spez. Transmissionswärmeverlust: 0,31 W/($m^2 \cdot$K)
Spez. Jahresprimärenergiebedarf: 17,66 kWh/($m^2 \cdot$a)
Spez. Jahresendenergiebedarf: 10,00 kWh/($m^2 \cdot$a)
Spez. Jahresheizwärmebedarf: 36,40 kWh/($m^2 \cdot$a)
CO_2-Emissionen: 11,00 kg/($m^2 \cdot$a)

Planungskennwerte für Flächen und Rauminhalte nach DIN 277

Flächen des Grundstücks		Menge Einheit	% an GF
BF	Bebaute Fläche	139,00 m²	25,1
UF	Unbebaute Fläche	415,00 m²	74,9
GF	Grundstücksfläche	554,00 m²	100,0

Grundflächen des Bauwerks		Menge Einheit	% an NUF	% an BGF
NUF	Nutzungsfläche	219,75 m²	100,0	54,0
TF	Technikfläche	6,00 m²	2,7	1,5
VF	Verkehrsfläche	71,79 m²	32,7	17,6
NRF	Netto-Raumfläche	297,54 m²	135,4	73,1
KGF	Konstruktions-Grundfläche	109,22 m²	49,7	26,9
BGF	Brutto-Grundfläche	406,76 m²	185,1	100,0

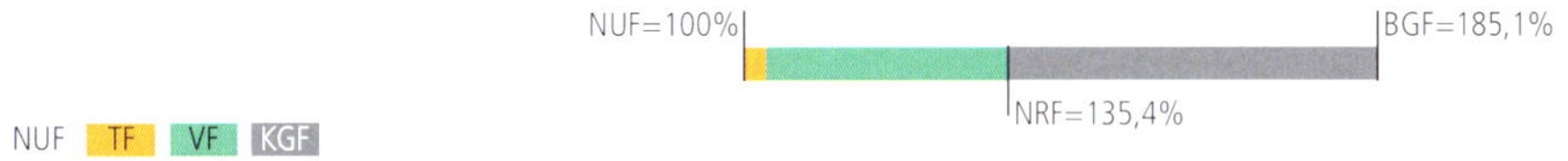

Brutto-Rauminhalt des Bauwerks		Menge Einheit	BRI/NUF (m)	BRI/BGF (m)
BRI	Brutto-Rauminhalt	1.017,77 m³	4,63	2,50

Prozentualer Anteil der Kostengruppen der 2.Ebene an der Kostengruppe 400 nach DIN 276

KG	Kostengruppen (2. Ebene)
410	Abwasser-, Wasser-, Gasanlagen
420	Wärmeversorgungsanlagen
430	Raumlufttechnische Anlagen
440	Elektrische Anlagen
450	Kommunikationstechnische Anlagen
460	Förderanlagen
470	Nutzungsspez. u. verfahrenstechn. Anl.
480	Gebäude- und Anlagenautomation
490	Sonst. Maßnahmen für techn. Anlagen

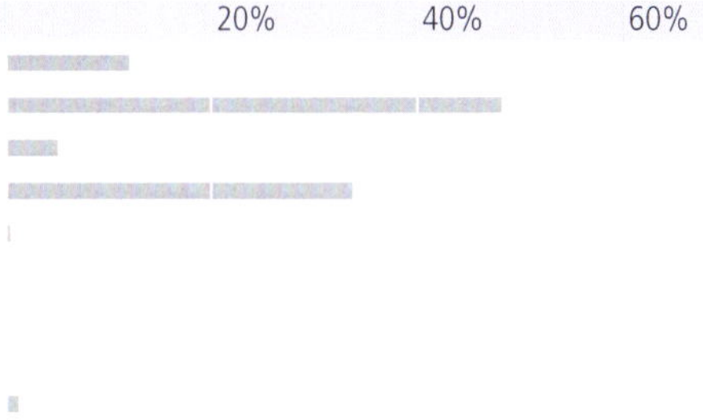

Ranking der Kostengruppen der 3.Ebene an der Kostengruppe 400 nach DIN 276

KG	Kostengruppen (3. Ebene)	% an KG 400	KG	Kostengruppen (3. Ebene)	% an KG 400
421	Wärmeerzeugungsanlagen	27,3	411	Abwasseranlagen	2,0
444	Niederspannungsinstallationsanlagen	19,4	419	Sonstiges zur KG 410	2,0
442	Eigenstromversorgungsanlagen	13,8	491	Baustelleneinrichtung	0,8
423	Raumheizflächen	8,2	445	Beleuchtungsanlagen	0,4
412	Wasseranlagen	7,9	497	Zusätzliche Maßnahmen	0,4
422	Wärmeverteilnetze	7,4	457	Datenübertragungsnetze	0,3
429	Sonstiges zur KG 420	5,0	455	Audiovisuelle Medien- u. Antennenanl.	0,1
431	Lüftungsanlagen	5,0	451	Telekommunikationsanlagen	< 0,1

Kostenkennwerte für die Kostengruppen der 1. Ebene DIN 276

KG	Kostengruppen (1. Ebene)	Einheit	Kosten €	€/Einheit	€/m² BGF	€/m³ BRI	% 300+400
100	Grundstück	m² GF	–	–	–	–	–
200	Vorbereitende Maßnahmen	m² GF	–	–	–	–	–
300	Bauwerk – Baukonstruktionen	m² BGF	297.510	731,41	731,41	292,32	64,3
400	Bauwerk – Technische Anlagen	m² BGF	165.262	406,29	406,29	162,38	35,7
	Bauwerk 300+400	**m² BGF**	**462.772**	**1.137,70**	**1.137,70**	**454,69**	**100,0**
500	Außenanlagen und Freiflächen	m² AF	115.943	362,69	285,04	113,92	25,1
600	Ausstattung und Kunstwerke	m² BGF	808	1,99	1,99	0,79	0,2
700	Baunebenkosten	m² BGF	–	–	–	–	–
800	Finanzierung	m² BGF	–	–	–	–	–

KG	Kostengruppe	Menge Einheit	Kosten €	€/Einheit	%
3+4	**Bauwerk**				**100,0**
300	**Bauwerk – Baukonstruktionen**	406,76 m² BGF	297.510	**731,41**	64,3

- Abbrechen (Kosten: 4,1%) 12.201
  Abbruch von Mauerwerk, Fensterlaibungen, Wandfliesen, Vordach, Rollläden demontieren, lagern; Bodenfliesen, Bodenbelag; Dachdämmung, Dachflächenfenster, Dachziegel, Dachentwässerung, Ortgang- und Traufgesims; Entsorgung, Deponiegebühren
- Herstellen (Kosten: 95,9%) 285.309
  Fenster, Fenstertüren, Eingangstür, Außenwandabdichtung, Perimeterdämmung, WDVS, Spachtelung Q4, Beschichtung, Putz, Wandfliesen, Rollläden, Vordach, Lichtschächte; Heizestrich, Bodenfliesen, Parkett, Kellerdeckendämmung, GK-Bekleidung; Zwischensparrendämmung, Sparrenaufdopplung, Dachflächenfenster, Aufsparrendämmung, Ziegeldeckung, Dachentwässerung, GK-Bekleidung

KG	Kostengruppe	Menge Einheit	Kosten €	€/Einheit	%
400	**Bauwerk – Technische Anlagen**	406,76 m² BGF	165.262	**406,29**	35,7

- Abbrechen (Kosten: 2,9%) 4.724
  Abbruch Einrichtungsgegenstand; Heizungsanlage, Stahltank, Heizkörper; Entsorgung, Deponiegebühren
- Herstellen (Kosten: 97,1%) 160.538
  Gebäudeentwässerung, Kalt- und Warmwasserleitungen, Sanitärobjekte; Wärmepumpenanlage, Heizungsrohre, **Fußbodenheizung**, Heizkörper, Edelstahlschornstein; Wohnraumlüfter; Elektroinstallation, Beleuchtung; Telefon, Übertragungsnetze

KG	Kostengruppe	Menge Einheit	Kosten €	€/Einheit	%
500	**Außenanlagen und Freiflächen**	319,68 m² AF	115.943	**362,69**	25,1

- Abbrechen (Kosten: 0,6%) 746
  Rodungsarbeiten, Grünschnittentsorgung
- Herstellen (Kosten: 99,4%) 115.198
  Aushub; Tragschichten, Betonpflaster, Terrassendielen auf Unterkonstruktion, Jurasplitt, Rasenschutzwaben; Gartentor, Gartentür, Ganzglasgeländer, Lichthof Quadersteinmauer, Mülltonneneinhausung; Oberflächenentwässerung, **Erdsonden**; Pflanzsubstrat, Pflanzen, Rasen

KG	Kostengruppe	Menge Einheit	Kosten €	€/Einheit	%
600	**Ausstattung und Kunstwerke**	406,76 m² BGF	808	**1,99**	0,2

- Herstellen (Kosten: 100,0%) 808
  Vorhangschiene, Duschvorhang

Kostenkennwerte für die Kostengruppen 400 der 2.Ebene DIN 276

KG	Kostengruppe	Menge Einheit	Kosten €	€/Einheit	%
400	**Bauwerk – Technische Anlagen**				**100,0**
410	**Abwasser-, Wasser-, Gasanlagen**	406,76 m² BGF	19.611	**48,21**	11,9
	• Abbrechen (Kosten: 0,6%) Abbruch Einrichtungsgegenstand (1St); Entsorgung, Deponiegebühren	406,76 m² BGF	119	**0,29**	
	• Herstellen (Kosten: 99,4%) PP-Rohre (2m), Bodenabläufe (2St), an Bestand anschließen (3St) * Metallverbundrohre (23m), Waschtisch (1St), Tiefspül-WCs (3St), Urinal (1St), Urinalsteuerung (1St), Badewanne (1St), Viertelkreisdusche (1St), Duschtasse, bodengleich (1St), Brausegarnituren, Brausestangen (2St), Wasserzähler (4St), Anschlüsse an Bestand (3St), Armaturen * Montageelemente (6St)	406,76 m² BGF	19.492	**47,92**	
420	**Wärmeversorgungsanlagen**	406,76 m² BGF	79.322	**195,01**	48,0
	• Abbrechen (Kosten: 5,8%) Abbruch von Heizungsanlage (psch), Stahltank 6.800l (1St), Ölschlamm (1.500l) * Heizkörper (1St); Entsorgung, Deponiegebühren	406,76 m² BGF	4.606	**11,32**	
	• Herstellen (Kosten: 94,2%) Wärmepumpenanlage: Sole/Wasser-**Wärmepumpe** 9,9kW mit passiver Kühlfunktion 7,8kW, Trinkwasserspeicher 301l, zwei Pufferspeicher 700l, Fernsteuerung (1St), Ausdehnungsgefäß (1St), Pumpen (2St), in bestehendes Heizsystem einbinden (psch) * Kupferrohre (44m), Metallverbundrohre (16m), Verteiler (1St), Anschluss an Bestand * **Kaminofen** 2-9kW (1St), **Fußbodenheizung** (75m²), Heizkörper (5St) * Edelstahlschornsteine (11m), Feuerungsanschlüsse (2St), Kaminkopfbekleidung (1St)	406,76 m² BGF	74.717	**183,69**	
430	**Raumlufttechnische Anlagen**	406,76 m² BGF	8.218	**20,20**	5,0
	• Herstellen (Kosten: 100,0%) Wohnraumlüfter 14-54m³/h, Zu-/Abluft-Wechselbetrieb, **Wärmerückgewinnung**, Fernbedienung, liefern (8St), Kernbohrungen (8St)	406,76 m² BGF	8.218	**20,20**	
440	**Elektrische Anlagen**	406,76 m² BGF	55.473	**136,38**	33,6
	• Herstellen (Kosten: 100,0%) **Photovoltaikanlage** 6,16kW_p, 22 Module (1St), Wechselrichter (1St), Einspeisemanagement (1St), Wechselstromzähler (1St), **Energiemanager** (1St), FI/LS, LS-Schalter (3St), Kompaktschalter (1St), Installationsleitungen (34m) * Zählerschränke (2St), Verteiler (2St), Stromstoßschalter (4St), SLS-Schalter (1St), FI-Schalter (4St), FI/LS, LS-Schalter (30St), Mantelleitungen (680m), RGBW/RGBA-Kabel (76St), Steckdosen (94St), Schalter, Taster (36St) * LED-Einbaustrahler (2St), LED-Schienen (4m)	406,76 m² BGF	55.473	**136,38**	
450	**Kommunikationstechnische Anlagen**	406,76 m² BGF	656	**1,61**	0,4
	• Herstellen (Kosten: 100,0%) TAE-Steckdosen (3St), Fernmeldeleitungen (23m) * Antennendosen (4St), Verteiler, vierfach (1St), zweifach (1St), Koaxialkabel (84m) * Datendosen (4St), RJ45-Stecker (10St), Datenleitung **Cat7** (123m)	406,76 m² BGF	656	**1,61**	
490	**Sonst. Maßnahmen für techn. Anlagen**	406,76 m² BGF	1.982	**4,87**	1,2
	• Herstellen (Kosten: 100,0%) Baustelleneinrichtung (1St) * Freileitung isolieren (1St)	406,76 m² BGF	1.982	**4,87**	

Kostenkennwerte für die Kostengruppen 400 der 2. und 3. Ebene DIN 276 (Übersicht)

KG	Kostengruppe	Menge Einheit	Kosten €	€/Einheit	%
410	**Abwasser-, Wasser-, Gasanlagen**	**406,76 m² BGF**	**19.611,06**	**48,21**	**11,9**
411	Abwasseranlagen	406,76 m² BGF	3.276,63	8,06	2,0
412	Wasseranlagen	406,76 m² BGF	13.020,26	32,01	7,9
419	Sonstiges zur KG 410	406,76 m² BGF	3.314,15	8,15	2,0
420	**Wärmeversorgungsanlagen**	**406,76 m² BGF**	**79.322,39**	**195,01**	**48,0**
421	Wärmeerzeugungsanlagen	406,76 m² BGF	45.141,19	110,98	27,3
422	Wärmeverteilnetze	406,76 m² BGF	12.256,34	30,13	7,4
423	Raumheizflächen	406,76 m² BGF	13.586,87	33,40	8,2
429	Sonstiges zur KG 420	406,76 m² BGF	8.337,98	20,50	5,0
430	**Raumlufttechnische Anlagen**	**406,76 m² BGF**	**8.217,53**	**20,20**	**5,0**
431	Lüftungsanlagen	406,76 m² BGF	8.217,53	20,20	5,0
440	**Elektrische Anlagen**	**406,76 m² BGF**	**55.473,14**	**136,38**	**33,6**
442	Eigenstromversorgungsanlagen	406,76 m² BGF	22.741,79	55,91	13,8
444	Niederspannungsinstallationsanlagen	406,76 m² BGF	32.108,08	78,94	19,4
445	Beleuchtungsanlagen	406,76 m² BGF	623,26	1,53	0,4
450	**Kommunikationstechnische Anlagen**	**406,76 m² BGF**	**655,50**	**1,61**	**0,4**
451	Telekommunikationsanlagen	406,76 m² BGF	28,80	0,07	< 0,1
455	Audiovisuelle Medien- u. Antennenanl.	406,76 m² BGF	190,44	0,47	0,1
457	Datenübertragungsnetze	406,76 m² BGF	436,27	1,07	0,3
490	**Sonst. Maßnahmen für techn. Anlagen**	**406,76 m² BGF**	**1.982,44**	**4,87**	**1,2**
491	Baustelleneinrichtung	406,76 m² BGF	1.361,76	3,35	0,8
497	Zusätzliche Maßnahmen	406,76 m² BGF	620,69	1,53	0,4

Kostenkennwerte für Leistungsbereiche nach STLB (Kosten KG 400 nach DIN 276)

LB	Leistungsbereiche	Kosten €	€/m² BGF	€/m³ BRI	% an 400
040	Wärmeversorgungsanlagen - Betriebseinrichtungen	48.020	118,10	47,20	29,1
041	Warmeversorgungsanlagen - Leitungen, Armaturen, Heizflächen	21.934	53,90	21,60	13,3
042	Gas- und Wasseranlagen - Leitungen, Armaturen	7.264	17,90	7,10	4,4
043	Druckrohrleitungen für Gas, Wasser und Abwasser	–	–	–	–
044	Abwasseranlagen - Leitungen, Abläufe, Armaturen	3.248	8,00	3,20	2,0
045	Gas-, Wasser- und Entwässerungsanlagen - Ausstattung, Elemente, Fertigbäder	8.981	22,10	8,80	5,4
046	Gas-, Wasser- und Entwässerungsanlagen - Betriebseinrichtungen	–	–	–	–
047	Dämm- und Brandschutzarbeiten an technischen Anlagen	2.835	7,00	2,80	1,7
049	Feuerlöschanlagen, Feuerlöschgeräte	–	–	–	–
050	Blitzschutz- / Erdungsanlagen, Überspannungsschutz	–	–	–	–
051	Kabelleitungstiefbauarbeiten	–	–	–	–
052	Mittelspannungsanlagen	–	–	–	–
053	Niederspannungsanlagen - Kabel / Leitungen, Verlegesysteme, Installationsgeräte	28.529	70,10	28,00	17,3
054	Niederspannungsanlagen - Verteilersysteme und Einbaugeräte	26.942	66,20	26,50	16,3
055	Sicherheits- und Ersatzstromversorgungsanlagen	–	–	–	–
057	Gebäudesystemtechnik	–	–	–	–
058	Leuchten und Lampen	623	1,50	0,61	0,4
059	Sicherheitsbeleuchtungsanlagen	–	–	–	–
060	Such-, Signal-, Zeitdienst-, Antennen-, elektroakustische Anlagen, Medientechnik	190	0,47	0,19	0,1
061	Kommunikations- und Übertragungsnetze	465	1,10	0,46	0,3
062	Kommunikationsanlagen	–	–	–	–
063	Gefahrenmeldeanlagen	–	–	–	–
064	Zutrittskontroll-, Zeiterfassungssysteme	–	–	–	–
069	Aufzüge	–	–	–	–
070	Gebäudeautomation	–	–	–	–
075	Raumlufttechnische Anlagen	8.218	20,20	8,10	5,0
078	Kälteanlagen für raumlufttechnische Anlagen	–	–	–	–
	Gebäudetechnik	**157.248**	**386,60**	**154,50**	**95,2**
	Sonstige Leistungsbereiche	**8.014**	**19,70**	**7,90**	**4,8**
	Abbrechen	4.724	11,60	4,60	2,9
	Herstellen	3.290	8,10	3,20	2,0

6100-1394
Wohn- und
Geschäftshaus
(21 WE)

Umbau

Kostenkennwerte für die Kosten des Bauwerks (Kostengruppen 300+400 nach DIN 276)

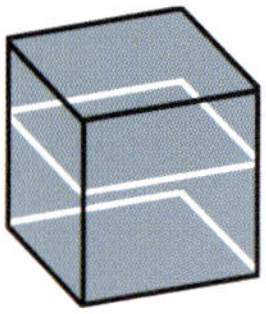

BRI 612 €/m³

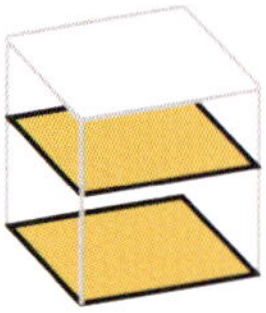

BGF 2.192 €/m²

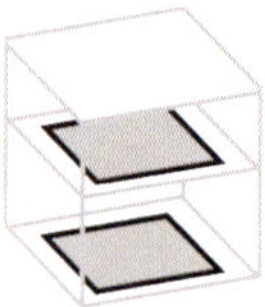

NUF 4.377 €/m²

Objekt:
Kennwerte: 3. Ebene DIN 276
BRI: 10.101 m³
BGF: 2.819 m²
NUF: 1.412 m²
Bauzeit: 113 Wochen
Bauende: 2017
Standard: mittel
Bundesland: Thüringen
Kreis: Saale-Orla-Kreis

Architekt*in:
AFS - Architekturbüro
Frank Sieber
Pößnecker Straße 30
07389 Ranis

Bauherr*in:
Grundstücks- und Wohnungsgesellschaft Pößneck/Triptis mbH
Turmstraße 52
07381 Pößneck

vorher

nachher

Ansicht Ost

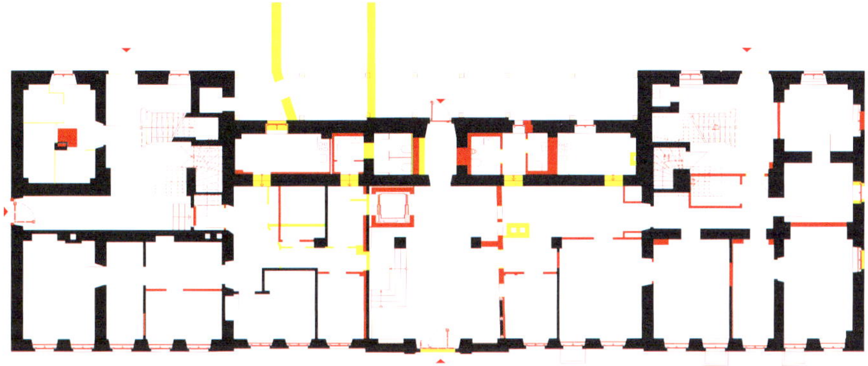

Erdgeschoss

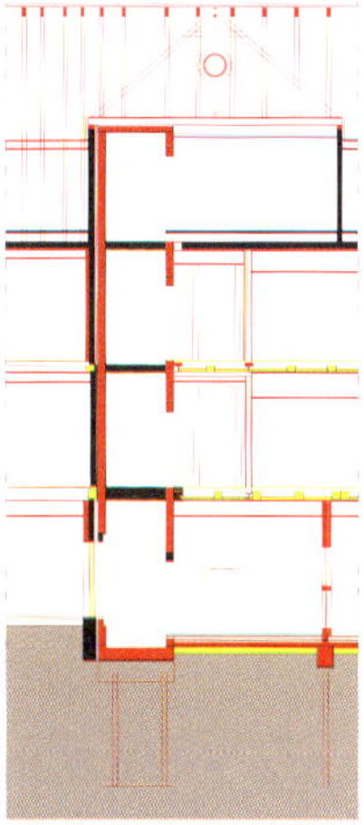

Schnitt A-A

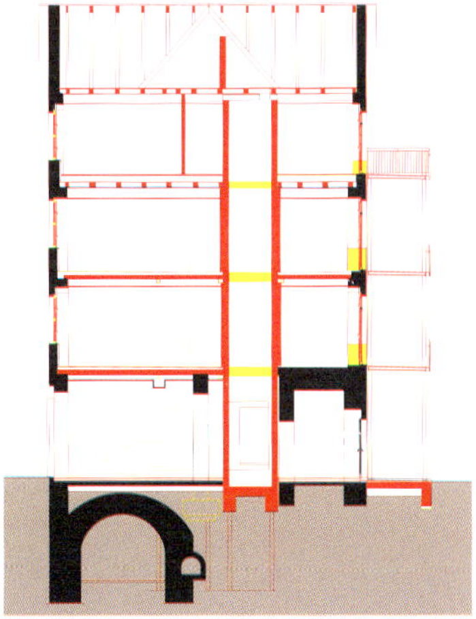

Schnitt B-B

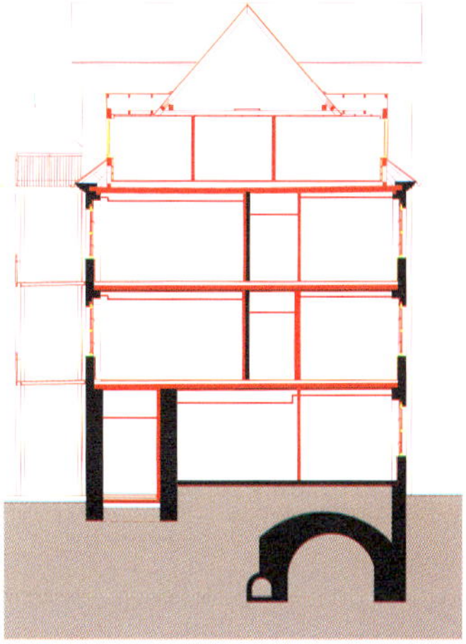

Schnitt C-C

6100-1394
Wohn- und
Geschäftshaus
(21 WE)

Umbau

Objektbeschreibung

Allgemeine Objektinformationen

Das Wohn- und Geschäftshaus wurde 1795 erbaut. Nach langjährigem Leerstand konnte das Gebäude mit Hilfe von Fördermitteln grundlegend modernisiert werden. Das Erdgeschoss dient ausschließlich dem Gewerbe. In den oberen Geschossen befinden sich 21 barrierefreie Wohnungen, die zum Teil durch einen Laubengang zur Stadtmauer hin erschlossen werden. Alle Wohnungen können über einen **Aufzug** durch das neu gestaltete Foyer oder über die sanierten Treppenhäuser zu beiden Seiten erreicht werden. Um das Wohn- und Geschäftshaus wieder in das städtische Leben einzubinden, wurde ein neues Farbkonzept für die Fassade entwickelt. Die Außenanlage mit Aufenthalts- und Parkflächen ist neu gestaltet worden.

Nutzung

1 Untergeschoss
Abstell-/ Kellerräume

1 Erdgeschoss
Gewerbe

2 Obergeschosse
Wohnungen

1 Dachgeschoss
Wohnungen, Abstellräume

Nutzeinheiten

Arbeitsplätze: 12
Bürofläche: 227 m^2
Wohneinheiten: 21
Wohnfläche: 1.079 m^2

Grundstück

Bauraum: Freier Bauraum
Neigung: Geneigtes Gelände
Bodenklasse: BK 4

Markt

Hauptvergabezeit: 2.Quartal 2015
Baubeginn: 2.Quartal 2015
Bauende: 3.Quartal 2017
Konjunkturelle Gesamtlage: Durchschnitt
Regionaler Baumarkt: Durchschnitt

Baubestand

Baujahr: 1795
Bauzustand: mittel
Aufwand: hoch
Grundrissänderungen: einige
Tragwerkseingriffe: einige
Nutzungsänderung: nein
Nutzung während der Bauzeit: nein

Baukonstruktion

Die massiven Außenwände bestehen aus Bruchstein und Ziegelmauerwerk. Die Innenwände sind bis auf das Erdgeschoss als Fachwerkwände errichtet worden. Sämtliche Deckenlagen sind historische Holzbalkendecken mit Einschüben und Holzdielenbelag. Im Erdgeschoss bilden die oberen Raumabschlüsse jeweils massive Gewölbedecken, die von Holzbalkenlagen überspannt werden. Den Dachstuhl bildet ein Sparrendachstuhl mit zweifach liegendem Stuhl. Das Bauwerk war ursprünglich in zwei Gebäudehälften mit je einem offenen Treppenhaus geteilt. Im Zuge der Neuplanung wurden die beiden Gebäudehälften durch eine Laubengangkonstruktion aus Stahl an der Rückseite baulich miteinander verbunden. Die Geschossdecken wurden ertüchtigt und oberseitig mit Gussasphalt sowie unterseitig mit Brandschutzplatten bekleidet. Alle Außen- und Innenwände sind neu verputzt. Der Innenausbau erfolgte in Trockenbauweise.

Technische Anlagen

Das Gebäude ist mit einer Wärmeerzeugeranlage als Kaskade von zwei Wandbrennwertgaskesseln ausgestattet. Die Wärme wird über Heizkörper im gesamten Gebäude verteilt. Die sanitäre Ausstattung ist **barrierefrei** und teilweise uneingeschränkt für Rollstuhlfahrer nutzbar.

Sonstiges

Die Bleiglasfenster der Ostfassade wurden restauriert und wieder eingesetzt. Der instandgesetzte schmiedeeiserne Südbalkon ist eines der historischen Hauptaugenmerke des Gebäudes. Fenstergitter mit floraler Ornamentik schmücken das Oberlicht der Haupteingangstür. Die dazugehörige Außenanlage ist als eigenständiges Objekt mit der BKI-Objektnummer 6100-1640 dokumentiert.

Planungskennwerte für Flächen und Rauminhalte nach DIN 277

Flächen des Grundstücks		Menge Einheit	% an GF
BF	Bebaute Fläche	704,00 m²	94,0
UF	Unbebaute Fläche	45,00 m²	6,0
GF	Grundstücksfläche	749,00 m²	100,0

Grundflächen des Bauwerks		Menge Einheit	% an NUF	% an BGF
NUF	Nutzungsfläche	1.411,51 m²	100,0	50,1
TF	Technikfläche	40,48 m²	2,9	1,4
VF	Verkehrsfläche	875,66 m²	62,0	31,1
NRF	Netto-Raumfläche	1.411,51 m²	100,0	50,1
KGF	Konstruktions-Grundfläche	1.407,51 m²	99,7	49,9
BGF	Brutto-Grundfläche	2.819,02 m²	199,7	100,0

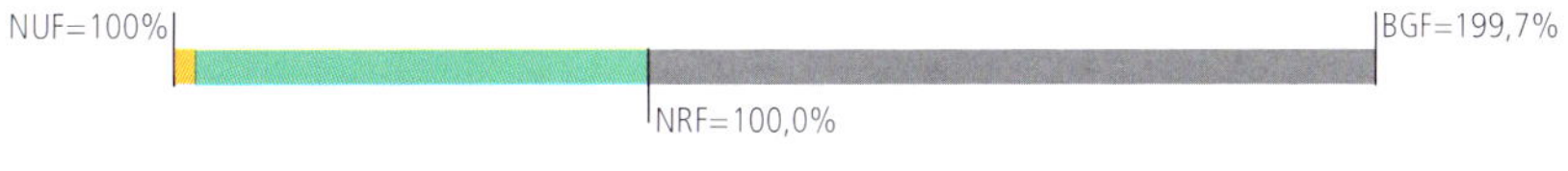

Brutto-Rauminhalt des Bauwerks		Menge Einheit	BRI/NUF (m)	BRI/BGF (m)
BRI	Brutto-Rauminhalt	10.100,74 m³	7,16	3,58

Prozentualer Anteil der Kostengruppen der 2. Ebene an der Kostengruppe 400 nach DIN 276

KG	Kostengruppen (2. Ebene)
410	Abwasser-, Wasser-, Gasanlagen
420	Wärmeversorgungsanlagen
430	Raumlufttechnische Anlagen
440	Elektrische Anlagen
450	Kommunikationstechnische Anlagen
460	Förderanlagen
470	Nutzungsspez. u. verfahrenstechn. Anl.
480	Gebäude- und Anlagenautomation
490	Sonst. Maßnahmen für techn. Anlagen

Ranking der Kostengruppen der 3. Ebene an der Kostengruppe 400 nach DIN 276

KG	Kostengruppen (3. Ebene)	% an KG 400	KG	Kostengruppen (3. Ebene)	% an KG 400
412	Wasseranlagen	19,1	456	Gefahrenmelde- und Alarmanlagen	3,7
444	Niederspannungsinstallationsanlagen	18,8	421	Wärmeerzeugungsanlagen	3,5
422	Wärmeverteilnetze	12,2	431	Lüftungsanlagen	3,0
411	Abwasseranlagen	8,9	452	Such- und Signalanlagen	1,6
461	Aufzugsanlagen	7,5	419	Sonstiges zur KG 410	1,4
423	Raumheizflächen	7,3	446	Blitzschutz- und Erdungsanlagen	1,4
445	Beleuchtungsanlagen	5,0	457	Datenübertragungsnetze	1,2
429	Sonstiges zur KG 420	4,2	413	Gasanlagen	1,0

Kostenkennwerte für die Kostengruppen der 1. Ebene DIN 276

KG	Kostengruppen (1. Ebene)	Einheit	Kosten €	€/Einheit	€/m² BGF	€/m³ BRI	% 300+400
100	Grundstück	m² GF	–	–	–	–	–
200	Vorbereitende Maßnahmen	m² GF	14.170	18,92	5,03	1,40	0,2
300	Bauwerk – Baukonstruktionen	m² BGF	5.060.762	1.795,22	1.795,22	501,03	81,9
400	Bauwerk – Technische Anlagen	m² BGF	1.117.350	396,36	396,36	110,62	18,1
	Bauwerk 300+400	**m² BGF**	**6.178.112**	**2.191,58**	**2.191,58**	**611,65**	**100,0**
500	Außenanlagen und Freiflächen	m² AF	33.056	734,58	11,73	3,27	0,5
600	Ausstattung und Kunstwerke	m² BGF	16.310	5,79	5,79	1,61	0,3
700	Baunebenkosten	m² BGF	–	–	–	–	–
800	Finanzierung	m² BGF	–	–	–	–	–

KG	Kostengruppe	Menge Einheit	Kosten €	€/Einheit	%
200	**Vorbereitende Maßnahmen**	749,00 m² GF	14.170	**18,92**	0,2
	• Abbrechen (Kosten: 25,0%) Abbruch von Hindernissen im Boden; Entsorgung, Deponiegebühren		3.544		
	• Herstellen (Kosten: 75,0%) Suchgräben, Entsorgung von Aushubmaterial; Stromanschluss		10.626		
3+4	**Bauwerk**				**100,0**
300	**Bauwerk – Baukonstruktionen**	2.819,02 m² BGF	5.060.762	**1.795,22**	81,9
	• Abbrechen (Kosten: 9,5%) Abbruch von Stb-Bodenplatte, Pflaster; Mauerwerk, Fenstern, Türen, schadhaften Fugen; Fachwerkwänden, Putz, Leimfarbbeschichtungen, Tapeten, Wandfliesen, Lattenverschlägen; Gewölbedecken, Holzbalkendecken, Holzdielen, Estrich, Linoleum, Teppich, Bodenfliesen, Parkett; Holzdachtragwerk, Ziegeln, Dachentwässerung; Kücheneinrichtungen; Entsorgung, Deponiegebühren		480.979		
	• Wiederherstellen (Kosten: 12,1%) Betonwerksteinbelag ausbessern, versiegeln; Mauerwerk reinigen, Horizontalsperre einbauen, Schwammsanierung, Druckinjektage, Vierungen, Gesimse erneuern, Bleiglasfensterelemente ergänzen, Zierelemente aufarbeiten, ergänzen; Mauerwerk aufmauern, Holztüren aufarbeiten, Fachwerkwände ertüchtigen; Balkenkopfsanierung, Holz-/Betontreppen aufarbeiten, Putz erneuern, Stuckflächen ergänzen, Vouten ausbessern, Balkon aufarbeiten, Zierelemente ergänzen, Geländer überarbeiten, Ornamente ergänzen; Holzdachkonstruktion, Sparren aufdoppeln, Aufschieblinge erneuern, Kehlbalken, Kopfbänder wechseln, Dachentwässerung anpassen; Wandschranktüren aufarbeiten, ergänzen		611.228		
	• Herstellen (Kosten: 78,4%) Stb-Fundamentplatte, Stb-Bodenplatte, Stb-Tiefgründung; Ziegelmauerwerk, Stahlträger, Holzfenster, Haustüren, Putz, Tapete, Beschichtung, Wandfliesen; Holzständerwände, Fachwerkwände, Stb-Ringbalken, Stb-Unterzüge, GK-Wände, Holztüren, GK-Vorsatzschalen, Beschichtung, Lattenverschläge, WC-Trennwand; Stb-Decke, Deckenbalken, Bodenbretter, OSB-Platten, Dämmung, Stahlwangentreppe, Estrich, PVC-Beläge, Holzdielen, Bodenfliesen, Parkett, Kautschukboden, GK-Decken, Kassettendecken, Beschichtung, Laubenganganlage, Polymerbeton-Bodenplatten, Entwässerung, Geländersäulen; Dachbalken, Dachschalung, Streben, Firstbohlen, Balkenunterfütterung, Dämmung, Dachausstiege, Schieferdeckung, Blechabdeckungen, Dachentwässerung		3.968.555		

KG	Kostengruppe	Menge Einheit	Kosten €	€/Einheit	%
400	**Bauwerk – Technische Anlagen**	2.819,02 m² BGF	1.117.350	**396,36**	18,1
	• Abbrechen (Kosten: 5,1%) Abbruch von Abwasserleitungen, Sanitärobjekten; Heizöfen, Schornsteinanlage; Elektroinstallation, Beleuchtung, **Blitzschutz**; Sprechanlage, Sat-Anlage, Antenne; Entsorgung, Deponiegebühren		57.525		
	• Herstellen (Kosten: 94,9%) Gebäudeentwässerung, Hebeanlage, Kalt- und Warmwasserleitungen, Sanitärobjekte; Gas-Brennwertkessel, Heizungsrohre, Heizkörper; Einzelraumlüfter; Elektroinstallation, Beleuchtung, Erdung; Sprechanlagen, **Brandmeldeanlage**, **RWA-Zentrale**, Datenverkabelung; **Personenaufzug**		1.059.825		
500	**Außenanlagen und Freiflächen**	45,00 m² AF	33.056	**734,58**	0,5
	• Abbrechen (Kosten: 0,7%) Abbruch von Betonschacht (1St); Entsorgung, Deponiegebühren		247		
	• Herstellen (Kosten: 99,3%) Bodenarbeiten, Oberflächenentwässerung		32.809		
600	**Ausstattung und Kunstwerke**	2.819,02 m² BGF	16.310	**5,79**	0,3
	• Herstellen (Kosten: 100,0%) Duschabtrennungen, Duschvorhangstangen, Handläufe		16.310		

Kostenkennwerte für die Kostengruppen 400 der 2. Ebene DIN 276

KG	Kostengruppe	Menge Einheit	Kosten €	€/Einheit	%
400	**Bauwerk – Technische Anlagen**				**100,0**
410	**Abwasser-, Wasser-, Gasanlagen**	2.819,02 m² BGF	340.595	**120,82**	30,5
	• Abbrechen (Kosten: 1,5%)	2.819,02 m² BGF	5.273	**1,87**	
	Abbruch von Abwasserleitungen (584m) * Bleirohren DN32 (65m), Badewannen (6St), WCs, Handwaschbecken (24St); Entsorgung, Deponiegebühren				
	• Herstellen (Kosten: 98,5%)	2.819,02 m² BGF	335.322	**118,95**	
	PE-Rohre DN50-125 (747m), HT-Rohre DN100-125 (100m), Bodenabläufe DN40-70 (18St), Hebeanlage (1St) * PE-Rohre DN16-26 (729m), Edelstahlrohre DN15-42 (397m), Wasserzähler (25St), Waschtische (31St), Tiefspül-WCs (27St), Duschen (21St), Urinale (3St), Spülbecken (2St), Durchlauferhitzer (21St), Warmwasserbereiter (3St), Hygienespüleinrichtungen (30St) * Edelstahlrohre DN42 (60m), Kugelhähne DN20-50 (12St), Strömungswächter (2St) * Montageelemente (68St)				
420	**Wärmeversorgungsanlagen**	2.819,02 m² BGF	304.511	**108,02**	27,3
	• Abbrechen (Kosten: 14,5%)	2.819,02 m² BGF	44.115	**15,65**	
	Abbruch von Einzelöfen, Abgasrohren (4St), Kachelöfen (3St) * Schornsteinmauerwerk, h=19,00m (100m³); Entsorgung, Deponiegebühren				
	• Herstellen (Kosten: 85,5%)	2.819,02 m² BGF	260.396	**92,37**	
	Gas-Brennwertkessel 50-70kW (2St), Regelungen (2St), hydraulische Weiche (1St), Verteiler (1St), Umwälzpumpen (3St), Ausdehnungsgefäß (1St), Neutralisationsanlage (1St) * Stahlrohre DN15-76 (2.817m), Temperaturwächter (6St), Umwälzpumpe (1St), Differenzdruckregler (26St), Kugelhähne (16St) * Flachheizkörper (170St), Röhrenradiatoren (6St), Konvektoren (3St) * Abgasrohr DN110-160 (3m)				
430	**Raumlufttechnische Anlagen**	2.819,02 m² BGF	32.982	**11,70**	3,0
	• Herstellen (Kosten: 100,0%)	2.819,02 m² BGF	32.982	**11,70**	
	Einzelraumlüfter 60-95m³/h (18St), Wickelfalzrohre DN80-400 (205m), Lamellenhaube (1St)				
440	**Elektrische Anlagen**	2.819,02 m² BGF	281.624	**99,90**	25,2
	• Abbrechen (Kosten: 2,9%)	2.819,02 m² BGF	8.091	**2,87**	
	Abbruch von Unterverteilern (6St), Zählerplatz (1St), Kabeln (2.134m), Schaltern/Steckdosen (465St), Elektroboilern (6St) * Wand-/Deckenleuchten (74St), Fassadenleuchten (2St) * Blitzableitern (75m), Klemmen, Schellen (30St); Entsorgung, Deponiegebühren				
	• Herstellen (Kosten: 97,1%)	2.819,02 m² BGF	273.533	**97,03**	
	Zählerschränke (2St), Verteiler (27St), Schütze (21St), Relais (33St), Mantelleitungen (15.800m), Installationsleitungen (2.656m), SLS-Schalter (24St), FI/LS-Schalter (518St), Schalter (213St), Steckdosen (544St), Herdanschlussdosen (23St), Bewegungsmelder (39St) * Feuchtraumleuchten (39St), LED-Downlights (27St), Kellerleuchten (20St), Decken-/Wandleuchten (72St), Einbauleuchten (40St), Strahler (4St), Hängeleuchten (2St), LED-Rettungszeichenleuchten (28St) * Fundamenterder (102m), Ringerder (58m), Fangstangen (36St), Überspannungsableiter (6St), Potenzialausgleichsschienen (4St)				

KG	Kostengruppe	Menge Einheit	Kosten €	€/Einheit	%
450	**Kommunikationstechnische Anlagen**	2.819,02 m²BGF	73.965	**26,24**	6,6
	• Abbrechen (Kosten: < 0,1%)	2.819,02 m²BGF	46	**0,02**	
	Abbruch von Klingeltableau (1St) * Sat-Anlage, Verstärker, Antenne (psch); Entsorgung, Deponiegebühren				
	• Herstellen (Kosten: 99,9%)	2.819,02 m²BGF	73.918	**26,22**	
	TAE-Anschlussdosen (68St) * Sprechanlagen (2St), Klingeltaster (23St), Türsprechstationen (4St) * **Brandmeldeanlage** (1St), **RWA-Zentrale** (2St), Installationskabel (1.512m), Rauchmelder (71St), Druckknopfmelder (23St), optische Melder (14St), **RWA**-Taster (8St) * Datenkabel **Cat7** (3.144m), Datenanschlussdosen Cat6 (46St)				
460	**Förderanlagen**	2.819,02 m²BGF	83.674	**29,68**	7,5
	• Herstellen (Kosten: 100,0%)	2.819,02 m²BGF	83.674	**29,68**	
	Personenaufzug Traglast 630kg, fünf Haltestellen, Förderhöhe 11,80m, Seilantrieb (1St), Schaltschrank (1St)				

Kostenkennwerte für die Kostengruppen 400 der 2. und 3.Ebene DIN 276 (Übersicht)

KG	Kostengruppe	Menge Einheit	Kosten €	€/Einheit	%
410	**Abwasser-, Wasser-, Gasanlagen**	**2.819,02 m² BGF**	**340.594,82**	**120,82**	**30,5**
411	Abwasseranlagen	2.819,02 m² BGF	99.394,05	35,26	8,9
412	Wasseranlagen	2.819,02 m² BGF	213.374,64	75,69	19,1
413	Gasanlagen	2.819,02 m² BGF	11.713,82	4,16	1,0
419	Sonstiges zur KG 410	2.819,02 m² BGF	16.112,30	5,72	1,4
420	**Wärmeversorgungsanlagen**	**2.819,02 m² BGF**	**304.511,40**	**108,02**	**27,3**
421	Wärmeerzeugungsanlagen	2.819,02 m² BGF	39.293,45	13,94	3,5
422	Wärmeverteilnetze	2.819,02 m² BGF	136.768,19	48,52	12,2
423	Raumheizflächen	2.819,02 m² BGF	81.962,42	29,07	7,3
429	Sonstiges zur KG 420	2.819,02 m² BGF	46.487,34	16,49	4,2
430	**Raumlufttechnische Anlagen**	**2.819,02 m² BGF**	**32.981,72**	**11,70**	**3,0**
431	Lüftungsanlagen	2.819,02 m² BGF	32.981,72	11,70	3,0
440	**Elektrische Anlagen**	**2.819,02 m² BGF**	**281.623,75**	**99,90**	**25,2**
444	Niederspannungsinstallationsanlagen	2.819,02 m² BGF	209.928,55	74,47	18,8
445	Beleuchtungsanlagen	2.819,02 m² BGF	55.761,89	19,78	5,0
446	Blitzschutz- und Erdungsanlagen	2.819,02 m² BGF	15.933,33	5,65	1,4
450	**Kommunikationstechnische Anlagen**	**2.819,02 m² BGF**	**73.964,67**	**26,24**	**6,6**
451	Telekommunikationsanlagen	2.819,02 m² BGF	1.691,70	0,60	0,2
452	Such- und Signalanlagen	2.819,02 m² BGF	17.338,26	6,15	1,6
455	Audiovisuelle Medien- u. Antennenanl.	2.819,02 m² BGF	37,90	0,01	< 0,1
456	Gefahrenmelde- und Alarmanlagen	2.819,02 m² BGF	41.007,44	14,55	3,7
457	Datenübertragungsnetze	2.819,02 m² BGF	13.889,38	4,93	1,2
460	**Förderanlagen**	**2.819,02 m² BGF**	**83.673,51**	**29,68**	**7,5**
461	Aufzugsanlagen	2.819,02 m² BGF	83.673,51	29,68	7,5

Kostenkennwerte für Leistungsbereiche nach STLB (Kosten KG 400 nach DIN 276)

LB	Leistungsbereiche	Kosten €	€/m² BGF	€/m³ BRI	% an 400
040	Wärmeversorgungsanlagen - Betriebseinrichtungen	31.774	11,30	3,10	2,8
041	Wärmeversorgungsanlagen - Leitungen, Armaturen, Heizflächen	193.430	68,60	19,20	17,3
042	Gas- und Wasseranlagen - Leitungen, Armaturen	90.804	32,20	9,00	8,1
043	Druckrohrleitungen für Gas, Wasser und Abwasser	–	–	–	–
044	Abwasseranlagen - Leitungen, Abläufe, Armaturen	93.259	33,10	9,20	8,3
045	Gas-, Wasser- und Entwässerungsanlagen - Ausstattung, Elemente, Fertigbäder	87.495	31,00	8,70	7,8
046	Gas-, Wasser- und Entwässerungsanlagen - Betriebseinrichtungen	–	–	–	–
047	Dämm- und Brandschutzarbeiten an technischen Anlagen	106.539	37,80	10,50	9,5
049	Feuerlöschanlagen, Feuerlöschgeräte	–	–	–	–
050	Blitzschutz- / Erdungsanlagen, Überspannungsschutz	15.698	5,60	1,60	1,4
051	Kabelleitungstiefbauarbeiten	–	–	–	–
052	Mittelspannungsanlagen	–	–	–	–
053	Niederspannungsanlagen - Kabel / Leitungen, Verlegesysteme, Installationsgeräte	169.484	60,10	16,80	15,2
054	Niederspannungsanlagen - Verteilersysteme und Einbaugeräte	38.065	13,50	3,80	3,4
055	Sicherheits- und Ersatzstromversorgungsanlagen	–	–	–	–
057	Gebäudesystemtechnik	–	–	–	–
058	Leuchten und Lampen	43.655	15,50	4,30	3,9
059	Sicherheitsbeleuchtungsanlagen	11.373	4,00	1,10	1,0
060	Such-, Signal-, Zeitdienst-, Antennen-, elektroakustische Anlagen, Medientechnik	20.942	7,40	2,10	1,9
061	Kommunikations- und Übertragungsnetze	11.656	4,10	1,20	1,0
062	Kommunikationsanlagen	–	–	–	–
063	Gefahrenmeldeanlagen	37.396	13,30	3,70	3,3
064	Zutrittskontroll-, Zeiterfassungssysteme	–	–	–	–
069	Aufzüge	83.673	29,70	8,30	7,5
070	Gebäudeautomation	–	–	–	–
075	Raumlufttechnische Anlagen	21.636	7,70	2,10	1,9
078	Kälteanlagen für raumlufttechnische Anlagen	–	–	–	–
	Gebäudetechnik	**1.056.878**	**374,90**	**104,60**	**94,6**
	Sonstige Leistungsbereiche	**57.525**	**20,40**	**5,70**	**5,1**
	Abbrechen	57.525	20,40	5,70	5,1

6100-1444
Einfamilienhaus
Garage (5 STP)

Kostenkennwerte für die Kosten des Bauwerks (Kostengruppen 300+400 nach DIN 276)

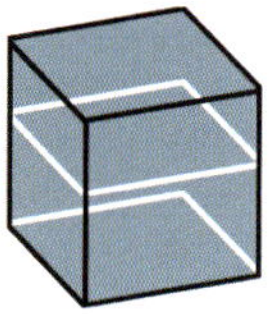

BRI 1.811 €/m^3

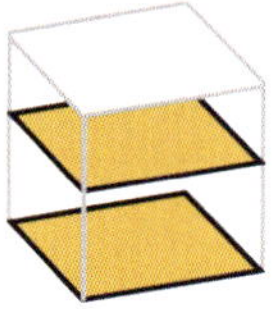

BGF 6.018 €/m^2

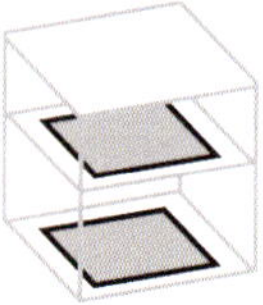

NUF 8.402 €/m^2

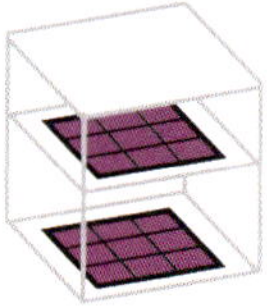

NE 9.901 €/NE

NE: Wohnfläche

Objekt:
Kennwerte: 3.Ebene DIN 276
BRI: 1.737 m^3
BGF: 523 m^2
NUF: 374 m^2
Bauzeit: 61 Wochen
Bauende: 2017
Standard: hoch
Bundesland: Brandenburg
Kreis: Brandenburg a.d. Havel

Architekt*in:
HOLON ARCHITEKTEN
Ferdinand-Beit-Straße 7b
20099 Hamburg

Zeichnungen

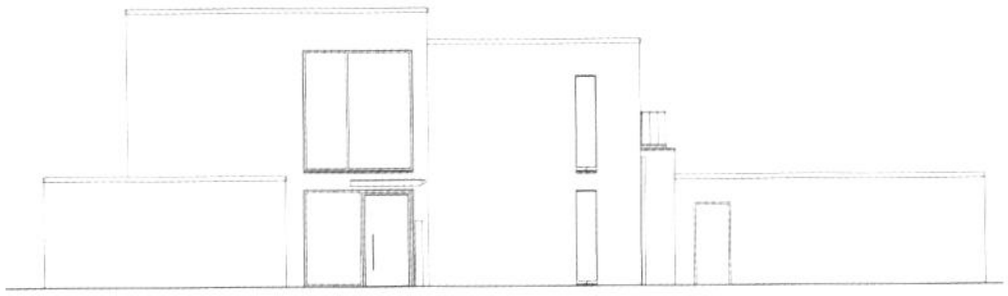

Ansicht Nord-West

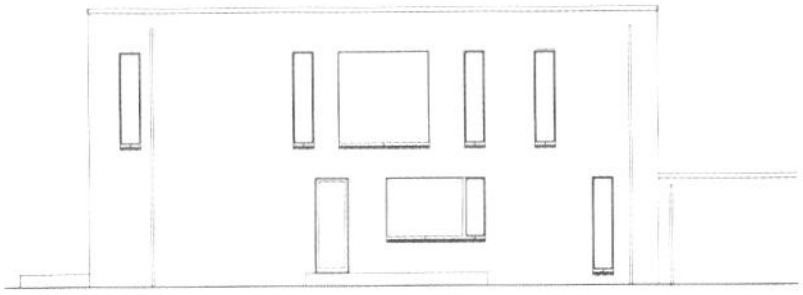

Ansicht Nord-Ost

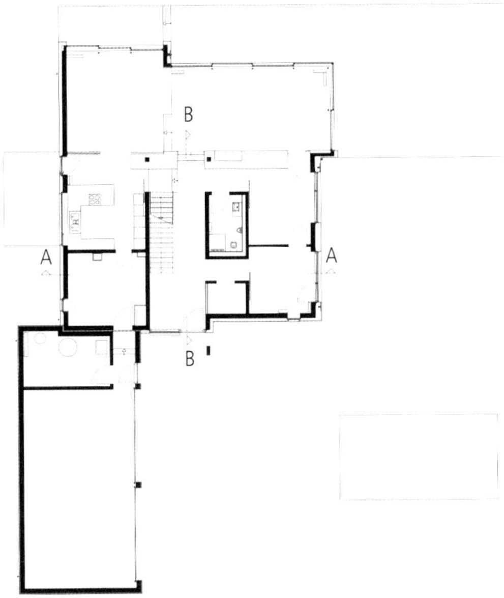

Erdgeschoss

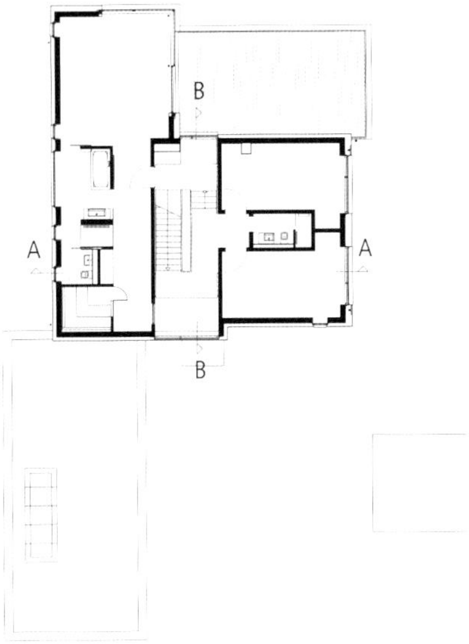

Obergeschoss

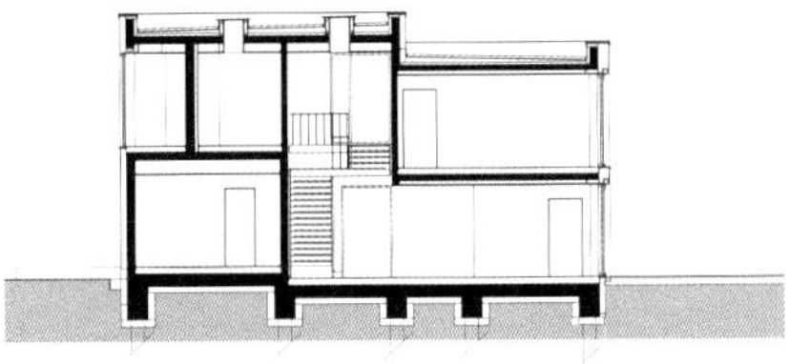

Schnitt A-A

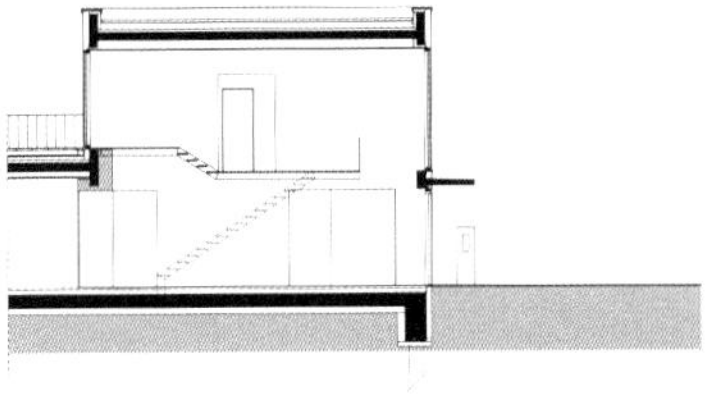

Schnitt B-B

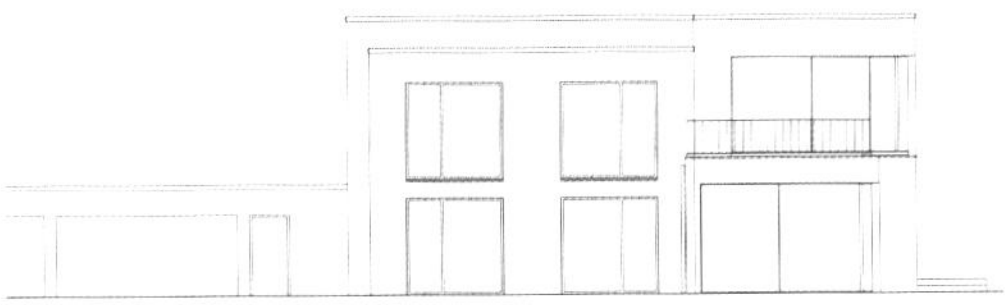

Ansicht Süd-West

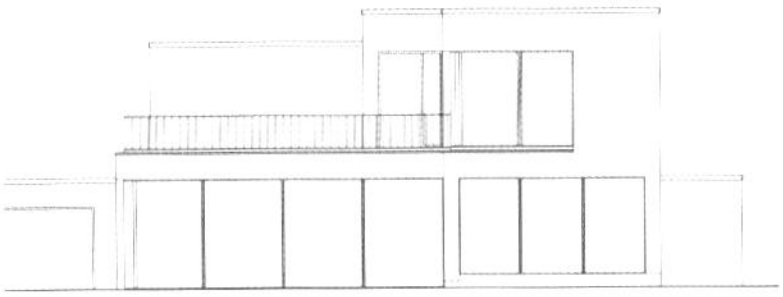

Ansicht Süd-Ost

Objektbeschreibung

Allgemeine Objektinformationen

Der Neubau wurde auf einem weitläufigen Ufergrundstück erbaut. Der kubische Baukörper mit Flachdach öffnet sich mit großzügigen Verglasungen zur Terrasse und Dachterrasse in Richtung Wasser. Der Wohnraum ist vollkommen offen und hell gestaltet. Im Zentrum des Gebäudes befindet sich ein Atrium, in das eine freitragende Stahltreppe integriert wurde. Die Garage ist als eigenständiger Baukörper an das Wohnhaus angegliedert und rahmt zusammen mit dem gegenüberliegenden freistehenden Showcase für einen Oldtimer den Eingangsbereich ein.

Nutzung

1 Erdgeschoss
Wohnen, Essen, Küche, Gästezimmer, Duschbad, Arbeitszimmer, Garderobe, Eingangsbereich, Atrium, HWR, Technikraum, Garagen

1 Obergeschoss
Schlafzimmer, Badezimmer, WC, Sauna, Kinderzimmer (2St), Duschbad, Ankleide, Atrium, Terrasse

Nutzeinheiten

Stellplätze: 5
Wohneinheiten: 1
Wohnfläche: 318 m^2

Grundstück

Bauraum: Freier Bauraum
Neigung: Ebenes Gelände
Bodenklasse: BK 3 bis BK 5

Markt

Hauptvergabezeit: 2.Quartal 2016
Baubeginn: 3.Quartal 2016
Bauende: 3.Quartal 2017
Konjunkturelle Gesamtlage: über Durchschnitt
Regionaler Baumarkt: Durchschnitt

Baukonstruktion

Das Wohngebäude wurde auf einer Pfahlgründung mit Balkenrost errichtet. Für die Außenwände wurde Massivbauweise aus Kalksandsteinmauerwerk gewählt, teilweise sind die Wände aus Stahlbeton hergestellt. Die Fassade wurde mit einem Wärmedämmverbundsystem bekleidet und mit mineralischem Außenputz beschichtet. Es kamen Elementdecken zum Einbau. Im Luftraum des Atriums befindet sich bereits das Fundament für eine Aufzugserweiterung. Alle Alufenster haben eine dreifache Isolierverglasung und textile fassadenintegrierte Markisen als Sonnenschutz erhalten. Die Flachdächer verfügen über große Öffnungen für Oberlichter und wurden als Warmdächer realisiert. Sie sind bekiest bzw. auf der Dachterrasse mit Holzdielen belegt. Die Innenwände wurden mit einem Kalkzementputz und Vliestapete ausgestattet. Die Stahltreppenanlage im Atrium ist mit Zwischenpodesten und aufgelegten Holzstufen ausgeführt worden. Die Fußböden sind mit Eiche-Parkettdielen und großformatigen Fliesen gestaltet.

Technische Anlagen

Der Wärmebedarf für Warmwasser und Heizung wird über eine **Sole-Wasser-Wärmepumpe** mit **Erdsonden** und kontrollierter, zentraler **Wohnraumlüftung mit Wärmerückgewinnung** gedeckt. Die Wärmeübertragung erfolgt mittels **Fußbodenheizung** und im Bad über einen Handtuchheizkörper. Für zusätzliche Wärme in den Wohnräumen sorgt ein Gaskamin. Das gesamte Gebäude ist mit einer hochwertigen Gebäudeautomationsanlage ausgestattet.

Sonstiges

Zentrale Mittelraummöbel wurden als raumbildendes Bauteil gestaltet und beinhalten neben Stauraum dahinterliegende Schächte und Versorgungsleitungen.

Planungskennwerte für Flächen und Rauminhalte nach DIN 277

Flächen des Grundstücks		Menge Einheit	% an GF
BF	Bebaute Fläche	350,96 m²	13,1
UF	Unbebaute Fläche	2.321,04 m²	86,9
GF	Grundstücksfläche	2.672,00 m²	100,0

Grundflächen des Bauwerks		Menge Einheit	% an NUF	% an BGF
NUF	Nutzungsfläche	374,39 m²	100,0	71,6
TF	Technikfläche	19,81 m²	5,3	3,8
VF	Verkehrsfläche	45,80 m²	12,2	8,8
NRF	Netto-Raumfläche	440,00 m²	117,5	84,2
KGF	Konstruktions-Grundfläche	82,66 m²	22,1	15,8
BGF	Brutto-Grundfläche	522,66 m²	139,6	100,0

Brutto-Rauminhalt des Bauwerks		Menge Einheit	BRI/NUF (m)	BRI/BGF (m)
BRI	Brutto-Rauminhalt	1.736,82 m³	4,64	3,32

Prozentualer Anteil der Kostengruppen der 2. Ebene an der Kostengruppe 400 nach DIN 276

KG	Kostengruppen (2. Ebene)
410	Abwasser-, Wasser-, Gasanlagen
420	Wärmeversorgungsanlagen
430	Raumlufttechnische Anlagen
440	Elektrische Anlagen
450	Kommunikationstechnische Anlagen
460	Förderanlagen
470	Nutzungsspez. u. verfahrenstechn. Anl.
480	Gebäude- und Anlagenautomation
490	Sonst. Maßnahmen für techn. Anlagen

Ranking der Kostengruppen der 3. Ebene an der Kostengruppe 400 nach DIN 276

KG	Kostengruppen (3. Ebene)	% an KG 400	KG	Kostengruppen (3. Ebene)	% an KG 400
423	Raumheizflächen	14,9	456	Gefahrenmelde- und Alarmanlagen	4,1
444	Niederspannungsinstallationsanlagen	12,2	411	Abwasseranlagen	2,8
412	Wasseranlagen	11,6	422	Wärmeverteilnetze	2,8
431	Lüftungsanlagen	11,0	484	Kabel, Leitungen und Verlegesysteme	1,8
421	Wärmeerzeugungsanlagen	9,7	457	Datenübertragungsnetze	1,7
481	Automationseinrichtungen	9,3	452	Such- und Signalanlagen	1,3
445	Beleuchtungsanlagen	7,6	419	Sonstiges zur KG 410	1,0
429	Sonstiges zur KG 420	6,7	446	Blitzschutz- und Erdungsanlagen	0,8

Kostenkennwerte für die Kostengruppen der 1. Ebene DIN 276

KG	Kostengruppen (1. Ebene)	Einheit	Kosten €	€/Einheit	€/m² BGF	€/m³ BRI	% 300+400
100	Grundstück	m² GF	–	–	–	–	–
200	Vorbereitende Maßnahmen	m² GF	–	–	–	–	–
300	Bauwerk – Baukonstruktionen	m² BGF	2.453.773	4.694,78	4.694,78	1.412,80	78,0
400	Bauwerk – Technische Anlagen	m² BGF	691.842	1.323,69	1.323,69	398,34	22,0
	Bauwerk 300+400	**m² BGF**	**3.145.615**	**6.018,47**	**6.018,47**	**1.811,13**	**100,0**
500	Außenanlagen und Freiflächen	m² AF	331.285	142,73	633,84	190,74	10,5
600	Ausstattung und Kunstwerke	m² BGF	61.738	118,12	118,12	35,55	2,0
700	Baunebenkosten	m² BGF	–	–	–	–	–
800	Finanzierung	m² BGF	–	–	–	–	–

KG	Kostengruppe	Menge Einheit	Kosten €	€/Einheit	%
3+4	**Bauwerk**				**100,0**
300	**Bauwerk – Baukonstruktionen**	522,66 m² BGF	2.453.773	**4.694,78**	78,0

Stb-Bodenplatte, Bohrpfähle, Zementestrich, Landhausdielen, Bodenfliesen; KS-Mauerwerk, Stb-Wände, Stb-/Stahlstützen, Alufenster, Sektionaltore, WDVS, Malervlies, Innenputz, Beschichtung, Markisen; GK-Wände, Holztüren, Wandfliesen; Stb-Decken, Landhausdielen, Bodenfliesen, Terrassendielen, GK-Decken, Stahlwangentreppe, Holzstufen, Terrassengeländer; Stb-Flachdach, Holzbalken-Flachdach, Flachdachfenster, Dachentwässerung; Raumteiler, Einbaumöbel, Einbauküche

KG	Kostengruppe	Menge Einheit	Kosten €	€/Einheit	%
400	**Bauwerk – Technische Anlagen**	522,66 m² BGF	691.842	**1.323,69**	22,0

Gebäudeentwässerung, Kalt- und Warmwasserleitungen, Sanitärobjekte; **Sole-Wasser-Wärmepumpe**, **Erdsonden**, Heizungsrohre, Fußbodensystem Heizen/Kühlen/Lüften, Heizkörper, Gaskamin; Zu-/Abluftgerät, Lüftungsleitungen; Elektroinstallation, Beleuchtung, Erdung; Videosprechanlage, **Alarmanlage**, EDV-Verkabelung; **Gebäudeautomation**

KG	Kostengruppe	Menge Einheit	Kosten €	€/Einheit	%
500	**Außenanlagen und Freiflächen**	2.321,04 m² AF	331.285	**142,73**	10,5

Bodenarbeiten; Nebengebäude: Stb-Bodenplatte, Bohrpfähle, Fundamente; KS-Mauerwerk, Holzbalken-Flachdach, WDVS, Oberputz, Dispersionsbeschichtung, Estrich, Epoxidharzbeschichtung, Alu-Festverglasung, Jalousie, Sektionaltor, Dachentwässerung; Oberflächenentwässerung, Hebeanlage, **Erdsonden**, Außenleuchten

KG	Kostengruppe	Menge Einheit	Kosten €	€/Einheit	%
600	**Ausstattung und Kunstwerke**	522,66 m² BGF	61.738	**118,12**	2,0

Stoffvorhänge, Innenjalousien, funkgesteuert, Duschabtrennungen, Waschtisch-Unterschränke

Kostenkennwerte für die Kostengruppen 400 der 2. Ebene DIN 276

KG	Kostengruppe	Menge Einheit	Kosten €	€/Einheit	%
400	**Bauwerk – Technische Anlagen**				**100,0**
410	**Abwasser-, Wasser-, Gasanlagen**	522,66 m²BGF	109.130	**208,80**	15,8
	PP-Rohre DN50-150 (103m) * Stahlrohre DN15-32 (255m), WCs (3St), Waschtische (2St), Badewanne (1St) * Gaszähler (1St), Strömungswächter (1St) * Montageelemente (12St)				
420	**Wärmeversorgungsanlagen**	522,66 m²BGF	235.913	**451,37**	34,1
	Sole-Wasser-Wärmepumpe (1St), CU-Leitungen DN50 für **Erdsondenanlage** (psch), Energiespeicher (2St), Trinkwassermodul (1St), Raumklimastation (1St) * Kupferrohre DN18-42 (175m) * Wärmedämmung, d=30mm, Tackerplatten für Heizen/Kühlen/Lüften (310m²), Heizungsrohre (3.200m), Heizkreisverteiler (5St), Lüften: Systemplatten (19St), Wickelfalzrohre (183m), Luftverteilerkästen (5St), Badheizkörper (2St) * Einbau-Gaskamin (1St), Edelstahl-Schornstein (1St)				
430	**Raumlufttechnische Anlagen**	522,66 m²BGF	75.762	**144,95**	11,0
	Zu-/Abluftgerät, 1.500m³/h, Wasserkühlregister (1St), Regelung, **Automation** (1St), Raumluftreiniger (4St), Wickelfalzrohre DN125-320 (75m), Lüftungskanäle (43m²), PP-Lüftungsrohre DN200-250, erdverlegt (29m), Lüftungsventile (18St), Wetterschutzgitter (2St)				
440	**Elektrische Anlagen**	522,66 m²BGF	143.092	**273,78**	20,7
	Schaltschrank (1St), Mantelleitungen (6.200m), Schalter/Taster/Steckdosen (165St), Bodentanks (4St) * LED-Lichtleisten (370m), für Treppe (21St), LED-Downlights (24St), LED-Einbaustrahler (14St), LED-Wannenleuchten (10St), LED-Deckenleuchten (6St), LED-Pendelleuchten (4St) * Ringerder (psch), Fundamenterder (psch), Potenzialausgleichsschienen (3St)				
450	**Kommunikationstechnische Anlagen**	522,66 m²BGF	50.926	**97,44**	7,4
	Türsprechanlage, Videomodul, Audiomodul, Zugangsmodul (1St), Innenstation (1St), Lautsprecherkabel (100m) * Koaxialkabel (470m) * **Einbruchmeldeanlage** (1St), Bewegungsmelder (3St), Magnetriegelkontakte (18St), Schließzylinder (9St), Feuer-/Rauchtürschließer (1St) * Datenkabel **Cat7** (1.280m), Datenanschlussdosen (22St), 19"-Patchpanels (3St), Netzwerkschrank (1St), Verteilerkasten (9St)				
480	**Gebäude- und Anlagenautomation**	522,66 m²BGF	77.019	**147,36**	11,1
	Spannungsversorgung BUS-System (5St), Schaltaktoren (39St), Jalousieaktoren (5St), Ventilantriebaktoren (4St), Stellantriebe (42St), **Präsenzmelder** (5St), Universaldimmer (1St), Wetterstation (1St), Tastsensoren (39St), Bedienelemente (7St) * **EIB**-Leitungen (1.500m), Datenkabel **Cat7** (1.139) Fernmeldekabel (330m)				

Kostenkennwerte für die Kostengruppen 400 der 2. und 3. Ebene DIN 276 (Übersicht)

KG	Kostengruppe	Menge Einheit	Kosten €	€/Einheit	%
410	**Abwasser-, Wasser-, Gasanlagen**	**522,66 m² BGF**	**109.130,20**	**208,80**	**15,8**
411	Abwasseranlagen	522,66 m² BGF	19.685,34	37,66	2,8
412	Wasseranlagen	522,66 m² BGF	79.996,44	153,06	11,6
413	Gasanlagen	522,66 m² BGF	2.849,91	5,45	0,4
419	Sonstiges zur KG 410	522,66 m² BGF	6.598,50	12,62	1,0
420	**Wärmeversorgungsanlagen**	**522,66 m² BGF**	**235.912,69**	**451,37**	**34,1**
421	Wärmeerzeugungsanlagen	522,66 m² BGF	67.240,82	128,65	9,7
422	Wärmeverteilnetze	522,66 m² BGF	19.198,71	36,73	2,8
423	Raumheizflächen	522,66 m² BGF	103.249,57	197,55	14,9
429	Sonstiges zur KG 420	522,66 m² BGF	46.223,58	88,44	6,7
430	**Raumlufttechnische Anlagen**	**522,66 m² BGF**	**75.762,00**	**144,95**	**11,0**
431	Lüftungsanlagen	522,66 m² BGF	75.762,00	144,95	11,0
440	**Elektrische Anlagen**	**522,66 m² BGF**	**143.092,14**	**273,78**	**20,7**
444	Niederspannungsinstallationsanlagen	522,66 m² BGF	84.355,80	161,40	12,2
445	Beleuchtungsanlagen	522,66 m² BGF	52.870,72	101,16	7,6
446	Blitzschutz- und Erdungsanlagen	522,66 m² BGF	5.865,64	11,22	0,8
450	**Kommunikationstechnische Anlagen**	**522,66 m² BGF**	**50.925,76**	**97,44**	**7,4**
452	Such- und Signalanlagen	522,66 m² BGF	9.000,09	17,22	1,3
455	Audiovisuelle Medien- u. Antennenanl.	522,66 m² BGF	1.570,24	3,00	0,2
456	Gefahrenmelde- und Alarmanlagen	522,66 m² BGF	28.266,72	54,08	4,1
457	Datenübertragungsnetze	522,66 m² BGF	12.088,70	23,13	1,7
480	**Gebäude- und Anlagenautomation**	**522,66 m² BGF**	**77.019,43**	**147,36**	**11,1**
481	Automationseinrichtungen	522,66 m² BGF	64.309,11	123,04	9,3
484	Kabel, Leitungen und Verlegesysteme	522,66 m² BGF	12.710,32	24,32	1,8

Kostenkennwerte für Leistungsbereiche nach STLB (Kosten KG 400 nach DIN 276)

LB	Leistungsbereiche	Kosten €	€/m² BGF	€/m³ BRI	% an 400
040	Wärmeversorgungsanlagen - Betriebseinrichtungen	112.184	214,60	64,60	16,2
041	Wärmeversorgungsanlagen - Leitungen, Armaturen, Heizflächen	107.892	206,40	62,10	15,6
042	Gas- und Wasseranlagen - Leitungen, Armaturen	46.190	88,40	26,60	6,7
043	Druckrohrleitungen für Gas, Wasser und Abwasser	–	–	–	–
044	Abwasseranlagen - Leitungen, Abläufe, Armaturen	12.232	23,40	7,00	1,8
045	Gas-, Wasser- und Entwässerungsanlagen - Ausstattung, Elemente, Fertigbäder	36.525	69,90	21,00	5,3
046	Gas-, Wasser- und Entwässerungsanlagen - Betriebseinrichtungen	–	–	–	–
047	Dämm- und Brandschutzarbeiten an technischen Anlagen	14.937	28,60	8,60	2,2
049	Feuerlöschanlagen, Feuerlöschgeräte	–	–	–	–
050	Blitzschutz- / Erdungsanlagen, Überspannungsschutz	5.861	11,20	3,40	0,8
051	Kabelleitungstiefbauarbeiten	–	–	–	–
052	Mittelspannungsanlagen	–	–	–	–
053	Niederspannungsanlagen - Kabel / Leitungen, Verlegesysteme, Installationsgeräte	70.902	135,70	40,80	10,2
054	Niederspannungsanlagen - Verteilersysteme und Einbaugeräte	17.145	32,80	9,90	2,5
055	Sicherheits- und Ersatzstromversorgungsanlagen	–	–	–	–
057	Gebäudesystemtechnik	77.005	147,30	44,30	11,1
058	Leuchten und Lampen	52.861	101,10	30,40	7,6
059	Sicherheitsbeleuchtungsanlagen	–	–	–	–
060	Such-, Signal-, Zeitdienst-, Antennen-, elektroakustische Anlagen, Medientechnik	9.966	19,10	5,70	1,4
061	Kommunikations- und Übertragungsnetze	12.085	23,10	7,00	1,7
062	Kommunikationsanlagen	–	–	–	–
063	Gefahrenmeldeanlagen	17.606	33,70	10,10	2,5
064	Zutrittskontroll-, Zeiterfassungssysteme	10.648	20,40	6,10	1,5
069	Aufzüge	–	–	–	–
070	Gebäudeautomation	–	–	–	–
075	Raumlufttechnische Anlagen	79.004	151,20	45,50	11,4
078	Kälteanlagen für raumlufttechnische Anlagen	–	–	–	–
	Gebäudetechnik	**683.043**	**1.306,90**	**393,30**	**98,7**
	Sonstige Leistungsbereiche	**8.547**	**16,40**	**4,90**	**1,2**

6100-1494
Mehrfamilienhaus
(53 WE)
Ladengeschäfte
TG (13 STP)

Kostenkennwerte für die Kosten des Bauwerks (Kostengruppen 300+400 nach DIN 276)

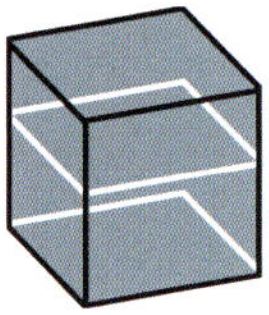

BRI 512 €/m³

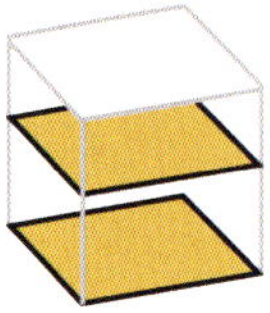

BGF 1.657 €/m²

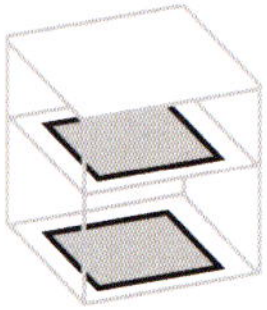

NUF 2.416 €/m²

Objekt:
Kennwerte: 3. Ebene DIN 276
BRI: 20.798 m³
BGF: 6.430 m²
NUF: 4.411 m²
Bauzeit: 78 Wochen
Bauende: 2018
Standard: mittel
Bundesland: Berlin
Kreis: Berlin, Stadt

Architekt*in:
Sommer + Sommer
Architekten BDA
Uhlandstraße 158
10719 Berlin

Bauherr*in:
Grundstücksgesellschaft
Lindenstraße 2-4
Uhlandstraße 158
10719 Berlin

© Werner Huthmacher

© Werner Huthmacher

Ansicht Nord-West

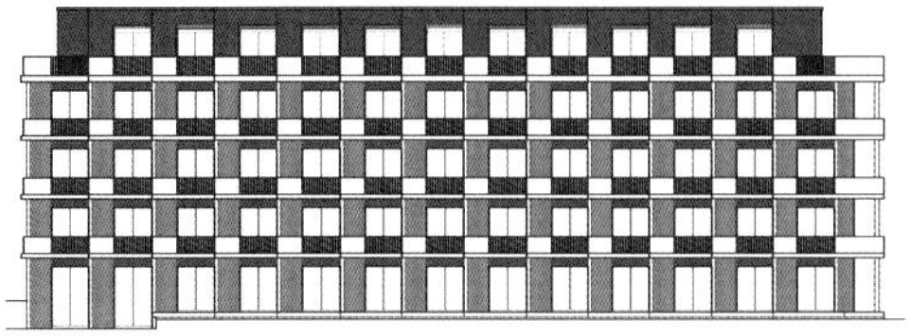

Ansicht Süd-Ost

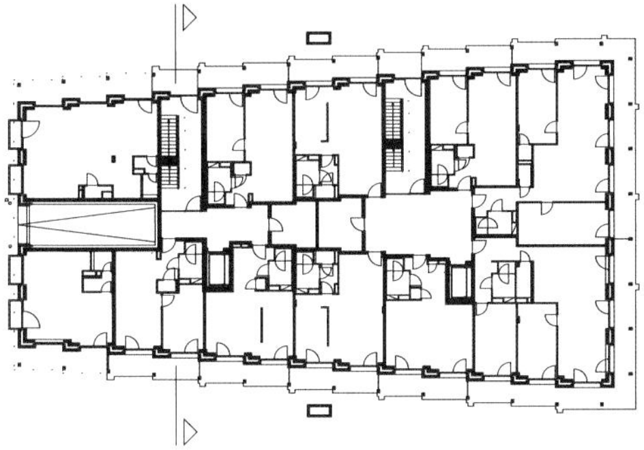

Erdgeschoss

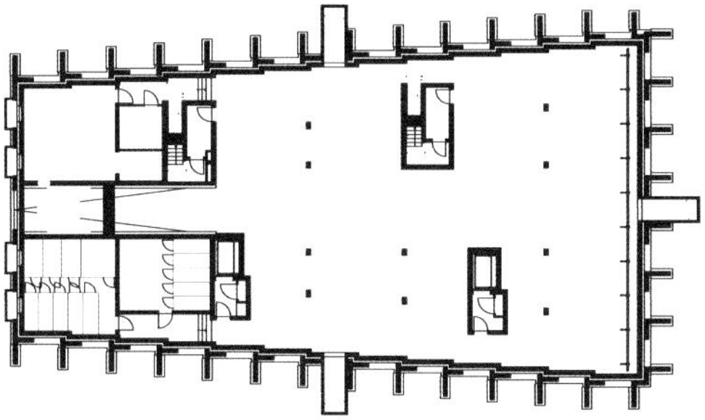

Untergeschoss

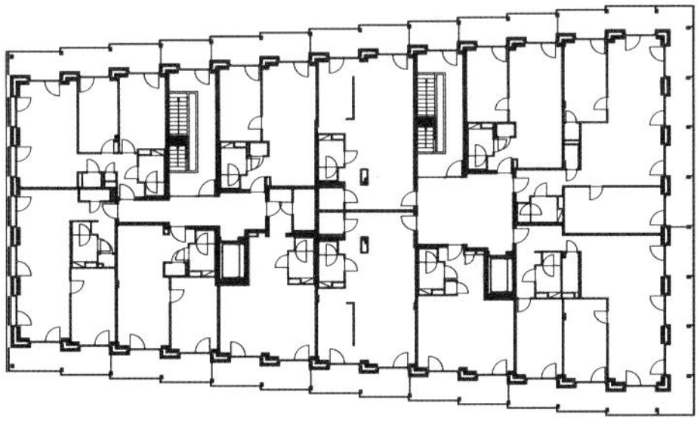

1.-3. Obergeschoss

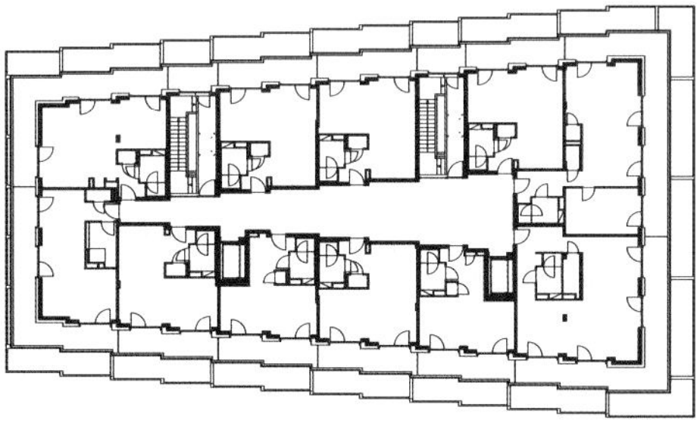

Dachgeschoss

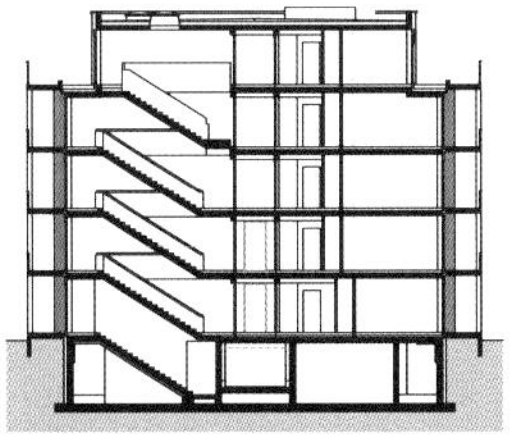

Schnitt

Ansicht Süd-West

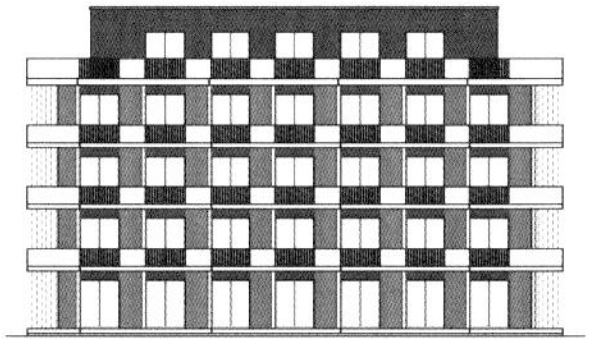

Ansicht Nord-Ost

Objektbeschreibung

Allgemeine Objektinformationen

Das Gebäude drängt sich zwischen die Kronen zweier Eichen und entwickelt sich in die Grundstückstiefe. Das trapezartige Gebäudevolumen ist an der Straßenfront schmal und adressiert jede Wohnung an die Straße. An drei Seiten ist dem Baukörper eine selbsttragende Konstruktion vorgestellt, die den Wohnungen großzügigen Außenraum mit Loggien verleiht. Die auf dem Grundstück gesammelten Blätter wurden in den Beton der Fertigteil-Konstruktion eingestreut und hinterließen Abdrücke, die an den früheren Baumbestand erinnern. Großzügige Verkehrsflächen, wie Treppen und Flure sind ein Angebot an die gemeinschaftliche Nutzung, ebenso wie der naturnah gestaltete Garten.

Nutzung

1 Untergeschoss
Tiefgarage, Abstellräume, Haustechnikräume

1 Erdgeschoss
neun Wohnungen, zwei Ladengeschäfte, zwei Kinderwagenräume

3 Obergeschosse
je elf Wohnungen

1 Dachgeschoss
elf Wohnungen

Nutzeinheiten

Stellplätze: 13
Verkaufsfläche: 112 m^2
Wohneinheiten: 53
Wohnfläche: 3.565 m^2

Grundstück

Bauraum: Beengter Bauraum
Neigung: Ebenes Gelände
Bodenklasse: BK 2 bis BK 3

Markt

Hauptvergabezeit: 1. Quartal 2017
Baubeginn: 1. Quartal 2017
Bauende: 3. Quartal 2018
Konjunkturelle Gesamtlage: über Durchschnitt
Regionaler Baumarkt: über Durchschnitt

Baukonstruktion

Der Rohbau wurde massiv in Stahlbetonskelettbauweise, mit Stützen, Treppen- und Aufzugskernen realisiert. Die Konstruktion der Loggien besteht aus Stahlbetonfertigteilen und steht selbsttragend vor dem Rohbau auf der Stahlbetonbodenplatte. Dazwischen liegt eine mineralische Kerndämmung. Zusammen mit den Wandfertigteilen beträgt die gesamte Wandstärke der Außenwand über 60 Zentimeter. Die Innenwände der Geschosse wurden aus Kalksandstein-Mauerwerk und Gipskarton hergestellt. Von innen sind die Wände verputzt. Terrassentrennwände dienen dem Sichtschutz, während Kellertrennwände den Raum in einzelne Bereiche unterteilen. Als Nasszellen wurden Fertigbadmodule eingebaut. Die Fenster sind aus Holz und mit Dreischeibenisolierverglasung ausgeführt. Eine Rollgittertoranlage riegelt die Tiefgarage ab. Als Bodenbelag wurde in den Wohnungen Parkett gewählt, in den Fluren und Treppenhäusern ein flüssiger Kunststoff. Auf die Rampe wurde ein Gussasphalt aufgetragen. In den beiden Treppenhäusern führen jeweils Stahlbetontreppen in die oberen Stockwerke. Das Flachdach aus Stahlbeton mit Gefälledämmung hat zwei **RWA**-Lichtkuppeln erhalten.

Technische Anlagen

Die Anlagentechnik für Heizung und Warmwasserbereitung ist eine Eis-Energiespeicherheizung, bestehend aus einer **Wärmepumpe**, Solarabsorbern auf dem Dach und einem unterirdischen, wassergefüllten **Eisspeicher**. Die **Sole-Wasser-Wärmepumpe** nutzt wechselseitig die jeweils zur Verfügung stehende, optimale Energiequelle. Der **Eisspeicher** gefriert im jahreszeitlichen Wechsel, so dass im Frühjahr zusätzlich Kühlung zur Verfügung steht. Die Wohnungen werden über eine **Fußbodenheizung** versorgt. Die Übergabe von Warmwasser erfolgt in den jeweiligen Wohnungsstationen. Alle Bäder sind werkseitig vorgefertigte Nasszellen, die nach Bauablauf angeschlossen wurden. Das mehrstöckige Gebäude ist mit zwei Personenaufzügen ausgestattet.

Energetische Kennwerte

Gesetzliche Grundlage: EnEV 2013

Planungskennwerte für Flächen und Rauminhalte nach DIN 277

Flächen des Grundstücks		Menge Einheit	% an GF
BF	Bebaute Fläche	1.189,00 m²	32,0
UF	Unbebaute Fläche	2.529,00 m²	68,0
GF	Grundstücksfläche	3.718,00 m²	100,0

Grundflächen des Bauwerks		Menge Einheit	% an NUF	% an BGF
NUF	Nutzungsfläche	4.411,10 m²	100,0	68,6
TF	Technikfläche	76,89 m²	1,7	1,2
VF	Verkehrsfläche	1.118,98 m²	25,4	17,4
NRF	Netto-Raumfläche	5.606,97 m²	127,1	87,2
KGF	Konstruktions-Grundfläche	823,05 m²	18,7	12,8
BGF	Brutto-Grundfläche	6.430,02 m²	145,8	100,0

Brutto-Rauminhalt des Bauwerks		Menge Einheit	BRI/NUF (m)	BRI/BGF (m)
BRI	Brutto-Rauminhalt	20.797,92 m³	4,72	3,24

Prozentualer Anteil der Kostengruppen der 2. Ebene an der Kostengruppe 400 nach DIN 276

KG	Kostengruppen (2. Ebene)
410	Abwasser-, Wasser-, Gasanlagen
420	Wärmeversorgungsanlagen
430	Raumlufttechnische Anlagen
440	Elektrische Anlagen
450	Kommunikationstechnische Anlagen
460	Förderanlagen
470	Nutzungsspez. u. verfahrenstechn. Anl.
480	Gebäude- und Anlagenautomation
490	Sonst. Maßnahmen für techn. Anlagen

Ranking der Kostengruppen der 3. Ebene an der Kostengruppe 400 nach DIN 276

KG	Kostengruppen (3. Ebene)	% an KG 400	KG	Kostengruppen (3. Ebene)	% an KG 400
412	Wasseranlagen	19,7	457	Datenübertragungsnetze	3,6
421	Wärmeerzeugungsanlagen	18,8	434	Kälteanlagen	3,3
444	Niederspannungsinstallationsanlagen	18,3	443	Niederspannungsschaltanlagen	2,0
461	Aufzugsanlagen	6,9	445	Beleuchtungsanlagen	1,4
411	Abwasseranlagen	6,8	452	Such- und Signalanlagen	0,9
422	Wärmeverteilnetze	6,4	456	Gefahrenmelde- und Alarmanlagen	0,7
423	Raumheizflächen	5,3	446	Blitzschutz- und Erdungsanlagen	0,6
431	Lüftungsanlagen	4,3	474	Feuerlöschanlagen	0,4

Kostenkennwerte für die Kostengruppen der 1. Ebene DIN 276

KG	Kostengruppen (1. Ebene)	Einheit	Kosten €	€/Einheit	€/m² BGF	€/m³ BRI	% 300+400
100	Grundstück	m² GF	–	–	–	–	–
200	Vorbereitende Maßnahmen	m² GF	81.652	21,96	12,70	3,93	0,8
300	Bauwerk – Baukonstruktionen	m² BGF	8.336.895	1.296,56	1.296,56	400,85	78,2
400	Bauwerk – Technische Anlagen	m² BGF	2.318.544	360,58	360,58	111,48	21,8
	Bauwerk 300+400	**m² BGF**	**10.655.439**	**1.657,14**	**1.657,14**	**512,33**	**100,0**
500	Außenanlagen und Freiflächen	m² AF	340.635	134,69	52,98	16,38	3,2
600	Ausstattung und Kunstwerke	m² BGF	12.676	1,97	1,97	0,61	0,1
700	Baunebenkosten	m² BGF	–	–	–	–	–
800	Finanzierung	m² BGF	–	–	–	–	–

KG	Kostengruppe	Menge Einheit	Kosten €	€/Einheit	%
200	**Vorbereitende Maßnahmen**	3.718,00 m² GF	81.652	**21,96**	0,8
	Wurzelschutz, Kronenpflege, Abbruch von Zaunpfählen, Gartenmauer, Ziegeltreppen, Gehwegplatten, Tischtennisplatte, Bäume fällen; Erschließungsarbeiten; Gehwegfläche umbauen				
3+4	**Bauwerk**				**100,0**
300	**Bauwerk – Baukonstruktionen**	6.430,02 m² BGF	8.336.895	**1.296,56**	78,2
	Stb-Fundamente, Stb-Bodenplatte; Stb-Wände, KS-Mauerwerk, Stb-FT-Stützen, Holzfenster, Rollgittertor, Kerndämmung, vorgestellte Stb-Fertigteilfassade, WDVS, Markisen; GK-Wände, Stb-Stützen, Holztüren, GK-Bekleidungen, Innenputz, Beschichtungen; Stb-Decken, FT-Balkone, FT-Treppen, Heizestrich, Parkett, Bodenbeschichtung, GK-Decken, Geländer; Stb-Flachdach, FT-Flachdach, Flachdachausstiege, Kiesdach, Betonplatten, Dachentwässerung; Einbauküchen, Fahrrad-Doppelstockparker, Briefkastenanlage; Fertigteil-Nasszellen				
400	**Bauwerk – Technische Anlagen**	6.430,02 m² BGF	2.318.544	**360,58**	21,8
	Gebäudeentwässerung, Kalt- und Warmwasserleitungen, Trinkwasser-Wohnungsstationen; **Sole-Wasser-Wärmepumpe** zum **Heizen und Kühlen**, Solar-Luft-Kollektoren, Heizungsrohre, **Fußbodenheizung**; dezentrale Einzelraumlüfter, Kälterohrnetz; Elektroinstallation, Beleuchtung, Erdung; Video-, Türsprech-, Klingelanlagen, **RWA-Anlage**, Breitbandkabelanlage; **Aufzüge**; Feuerlösch-Steigleitungen				
500	**Außenanlagen und Freiflächen**	2.529,00 m² AF	340.635	**134,69**	3,2
	Bodenarbeiten; Abwasserrohre; Stb-**Eisspeicher**, Wärmetauschersystem, Übergabeschacht				
600	**Ausstattung und Kunstwerke**	6.430,02 m² BGF	12.676	**1,97**	0,1
	Holzbänke, Ganzglasdusche, Spiegel, Klappleiter				

Kostenkennwerte für die Kostengruppen 400 der 2.Ebene DIN 276

KG	Kostengruppe	Menge Einheit	Kosten €	€/Einheit	%
400	**Bauwerk – Technische Anlagen**				**100,0**
410	**Abwasser-, Wasser-, Gasanlagen**	6.430,02 m2 BGF	616.104	**95,82**	26,6
	PE-Rohre DN56-150 (1.113m), Gussrohre DN100 (70m), PE-Reinigungsrohre DN75-110 (42St), PP-Rohre DN100 (20m), Bodenabläufe (2St), Dacheinläufe (13St), Schmutzwasserhebeanlage (1St) * Weichwasseranlage (1St), Sole-Hebeanlage (1St), Trinkwasser-Wohnungsstationen (53St), Absperr-Wasserzähler (113St), PEX-Rohre DN12-20 (1.120m), Edelstahlrohre DN15-54 (385m), Waschbecken (3St), WCs (3St), Brausegarnitur (1St) * Montageelemente (7St)				
420	**Wärmeversorgungsanlagen**	6.430,02 m2 BGF	710.462	**110,49**	30,6
	Eis-Energiespeicherheizung: **Sole-Wasser-Wärmepumpe** (1St), 18 Solar-Luft-Kollektoren (140m2), Regelung, Energiequellen-Überwachung (1St), PE-Xa-Rohre DN110-125 (137m), Umwälzpumpen (6St), Heizungs-, Kältespeicher 2.304l (2St), Stahlrohre DN50-125 (60m), Ausdehnungsgefäße (2St) * Mehrschichtverbundrohre DN16-32 (580m), Stahlrohre DN15-80 (870m) * **Fußbodenheizung**, EPS-Dämmplatte (3.100m2), EPS-Tackerplatte (100m2), Heizkreisverteiler (3St), Röhrenradiatoren (2St), Fertignasszellen anbinden (53St)				
430	**Raumlufttechnische Anlagen**	6.430,02 m2 BGF	175.649	**27,32**	7,6
	Dezentrale Einzelraumlüftungen über Dach (12St), Lüftungsleitungen * Umwälzpumpe (1St), Rückschlagventil (1St), Flanschen-Absperrventile (8St), Mischer-Hubventil (1St), Stellantrieb (1St), Plattenwärmeüberträger (1St), Membran-Ausdehnungsgefäß 500l (1St), Kälterohrnetz, Stahlrohre DN15-50 (995m), PE-Xc-Rohre DN20 (160m), Entleerungsstutzen (10St), Strangregulierventile (22St)				
440	**Elektrische Anlagen**	6.430,02 m2 BGF	519.385	**80,78**	22,4
	HA-HV Kombination bis 1.000A (2St), Zählerschränke, Verteileranlage, 2-10 Zählerplätze (6St), Komplettfelder, Hausanschlusszähler, Datenschnittstellen 4-6ZP (12St), Kombiableiter (7St) * Installationskleinverteiler (54St), Mantelleitungen (27.035m), Raumtemperaturregler (153St), Steckdosen (1.751St), Schalter, Taster (570St), **Präsenzmelder** (33St), Bewegungsmelder (1St) * Einzelbatterie-Überwachungssystem (1St), LED-Sicherheitsleuchten (4St), LED-Rettungszeichenleuchten (5St), LED-Downlights (92St), Feuchtraumleuchten (47St) * Fundamenterder (256m), Ringerder (303m), Mantelleitungen (749m), Potenzialausgleichsschienen (5St)				
450	**Kommunikationstechnische Anlagen**	6.430,02 m2 BGF	121.902	**18,96**	5,3
	Video-, Türsprech-, Klingelanlage, 30 Namensschilder (1St), 25 Namensschilder (1St), Audio-Innenstationen (53St), BUS-Strangversorgungen (2St), **Trafos** (2St) * Schachtentrauchungsanlage (psch), **RWA**-Zentralen (2St), Rauchmelder (2St) * Breitbandkabelanlage: Kommunikationsverteiler (55St), Schwachstromleitungen (4.107m), Koaxialkabel (5.860m), Abdeckungen Multimediadosen (156St)				
460	**Förderanlagen**	6.430,02 m2 BGF	160.116	**24,90**	6,9
	Personenaufzüge, Traglast 1.000kg, sechs Haltestellen (2St)				
470	**Nutzungsspez. u. verfahrenstechn. Anl.**	6.430,02 m2 BGF	10.413	**1,62**	0,4
	Steigleitung trocken, Edelstahlrohre DN76-89, Schutzschlauch (18m), Rückflussverhinderer (1St)				
490	**Sonst. Maßnahmen für techn. Anlagen**	6.430,02 m2 BGF	4.512	**0,70**	0,2
	Provisorische Regenentwässerung im Gebäude erstellen, rückbauen, HT-Rohre DN100 (4St)				

Kostenkennwerte für die Kostengruppen 400 der 2. und 3.Ebene DIN 276 (Übersicht)

KG	Kostengruppe	Menge Einheit	Kosten €	€/Einheit	%
410	**Abwasser-, Wasser-, Gasanlagen**	**6.430,02 m² BGF**	**616.104,14**	**95,82**	**26,6**
411	Abwasseranlagen	6.430,02 m² BGF	157.990,29	24,57	6,8
412	Wasseranlagen	6.430,02 m² BGF	456.596,39	71,01	19,7
419	Sonstiges zur KG 410	6.430,02 m² BGF	1.517,46	0,24	< 0,1
420	**Wärmeversorgungsanlagen**	**6.430,02 m² BGF**	**710.462,28**	**110,49**	**30,6**
421	Wärmeerzeugungsanlagen	6.430,02 m² BGF	437.044,90	67,97	18,8
422	Wärmeverteilnetze	6.430,02 m² BGF	149.489,99	23,25	6,4
423	Raumheizflächen	6.430,02 m² BGF	123.927,39	19,27	5,3
430	**Raumlufttechnische Anlagen**	**6.430,02 m² BGF**	**175.649,07**	**27,32**	**7,6**
431	Lüftungsanlagen	6.430,02 m² BGF	98.875,89	15,38	4,3
434	Kälteanlagen	6.430,02 m² BGF	76.773,18	11,94	3,3
440	**Elektrische Anlagen**	**6.430,02 m² BGF**	**519.384,92**	**80,78**	**22,4**
443	Niederspannungsschaltanlagen	6.430,02 m² BGF	45.920,01	7,14	2,0
444	Niederspannungsinstallationsanlagen	6.430,02 m² BGF	424.956,40	66,09	18,3
445	Beleuchtungsanlagen	6.430,02 m² BGF	33.479,60	5,21	1,4
446	Blitzschutz- und Erdungsanlagen	6.430,02 m² BGF	15.028,89	2,34	0,6
450	**Kommunikationstechnische Anlagen**	**6.430,02 m² BGF**	**121.902,15**	**18,96**	**5,3**
452	Such- und Signalanlagen	6.430,02 m² BGF	21.283,55	3,31	0,9
456	Gefahrenmelde- und Alarmanlagen	6.430,02 m² BGF	16.548,01	2,57	0,7
457	Datenübertragungsnetze	6.430,02 m² BGF	84.070,59	13,07	3,6
460	**Förderanlagen**	**6.430,02 m² BGF**	**160.116,26**	**24,90**	**6,9**
461	Aufzugsanlagen	6.430,02 m² BGF	160.116,26	24,90	6,9
470	**Nutzungsspez. u. verfahrenstechn. Anl.**	**6.430,02 m² BGF**	**10.412,60**	**1,62**	**0,4**
474	Feuerlöschanlagen	6.430,02 m² BGF	10.412,60	1,62	0,4
490	**Sonst. Maßnahmen für techn. Anlagen**	**6.430,02 m² BGF**	**4.512,36**	**0,70**	**0,2**
498	Provisorische technische Anlagen	6.430,02 m² BGF	4.512,36	0,70	0,2

Kostenkennwerte für Leistungsbereiche nach STLB (Kosten KG 400 nach DIN 276)

LB	Leistungsbereiche	Kosten €	€/m² BGF	€/m³ BRI	% an 400
040	Wärmeversorgungsanlagen - Betriebseinrichtungen	436.226	67,80	21,00	18,8
041	Wärmeversorgungsanlagen - Leitungen, Armaturen, Heizflächen	239.011	37,20	11,50	10,3
042	Gas- und Wasseranlagen - Leitungen, Armaturen	396.900	61,70	19,10	17,1
043	Druckrohrleitungen für Gas, Wasser und Abwasser	–	–	–	–
044	Abwasseranlagen - Leitungen, Abläufe, Armaturen	101.051	15,70	4,90	4,4
045	Gas-, Wasser- und Entwässerungsanlagen - Ausstattung, Elemente, Fertigbäder	18.216	2,80	0,88	0,8
046	Gas-, Wasser- und Entwässerungsanlagen - Betriebseinrichtungen	29.241	4,50	1,40	1,3
047	Dämm- und Brandschutzarbeiten an technischen Anlagen	122.932	19,10	5,90	5,3
049	Feuerlöschanlagen, Feuerlöschgeräte	10.413	1,60	0,50	0,4
050	Blitzschutz- / Erdungsanlagen, Überspannungsschutz	8.232	1,30	0,40	0,4
051	Kabelleitungstiefbauarbeiten	–	–	–	–
052	Mittelspannungsanlagen	–	–	–	–
053	Niederspannungsanlagen - Kabel / Leitungen, Verlegesysteme, Installationsgeräte	376.083	58,50	18,10	16,2
054	Niederspannungsanlagen - Verteilersysteme und Einbaugeräte	91.826	14,30	4,40	4,0
055	Sicherheits- und Ersatzstromversorgungsanlagen	–	–	–	–
057	Gebäudesystemtechnik	–	–	–	–
058	Leuchten und Lampen	29.764	4,60	1,40	1,3
059	Sicherheitsbeleuchtungsanlagen	3.715	0,58	0,18	0,2
060	Such-, Signal-, Zeitdienst-, Antennen-, elektroakustische Anlagen, Medientechnik	16.035	2,50	0,77	0,7
061	Kommunikations- und Übertragungsnetze	84.071	13,10	4,00	3,6
062	Kommunikationsanlagen	–	–	–	–
063	Gefahrenmeldeanlagen	16.548	2,60	0,80	0,7
064	Zutrittskontroll-, Zeiterfassungssysteme	–	–	–	–
069	Aufzüge	160.116	24,90	7,70	6,9
070	Gebäudeautomation	–	–	–	–
075	Raumlufttechnische Anlagen	98.876	15,40	4,80	4,3
078	Kälteanlagen für raumlufttechnische Anlagen	58.628	9,10	2,80	2,5
	Gebäudetechnik	**2.297.885**	**357,40**	**110,50**	**99,1**
	Sonstige Leistungsbereiche	**20.659**	**3,20**	**0,99**	**0,9**

Objekte

6100-1524
Mehrfamilienhaus
(6 WE)

Kostenkennwerte für die Kosten des Bauwerks (Kostengruppen 300+400 nach DIN 276)

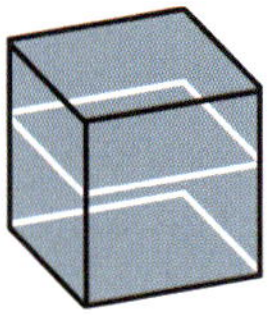

BRI 717 €/m³

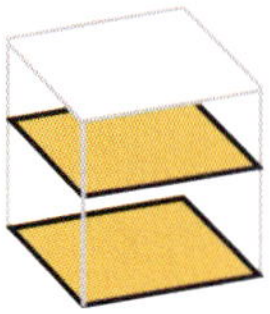

BGF 2.332 €/m²

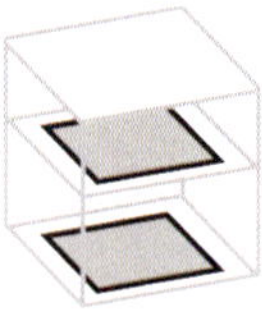

NUF 3.731 €/m²

Objekt:
Kennwerte: 3.Ebene DIN 276
BRI: 4.424 m³
BGF: 1.360 m²
NUF: 850 m²
Bauzeit: 83 Wochen
Bauende: 2018
Standard: hoch
Bundesland: Sachsen
Kreis: Leipzig, Stadt

Architekt*in:
Augustin + Imkamp
freie Architekten GbR
Kochstraße 132
04277 Leipzig

Bauherr*in:
Eigentümergemeinschaft
ME 30 GbR

© Augustin + Imkamp

© Augustin + Imkamp

© Augustin + Imkamp

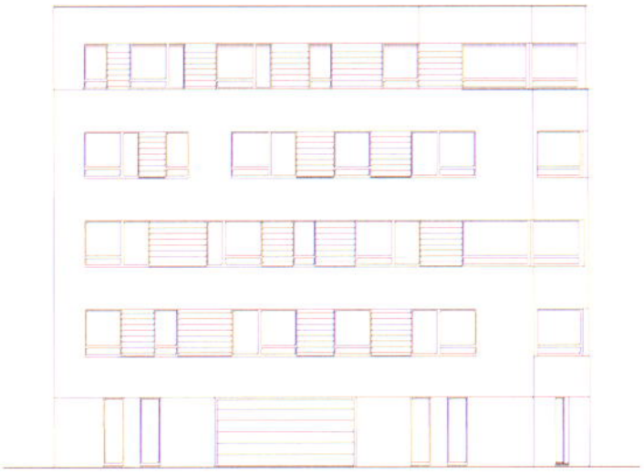

Ansicht Nord-West

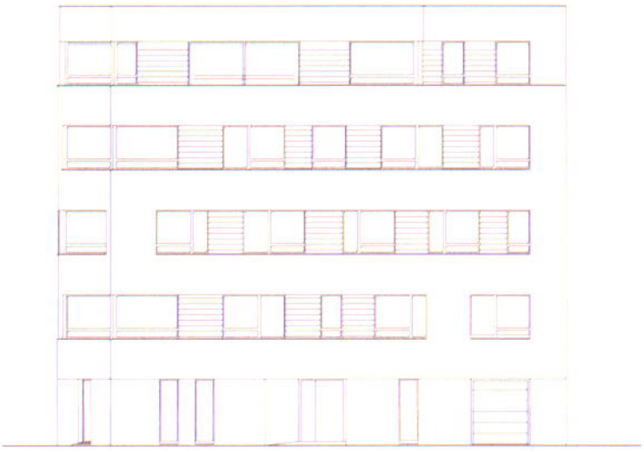

Ansicht Nord-Ost

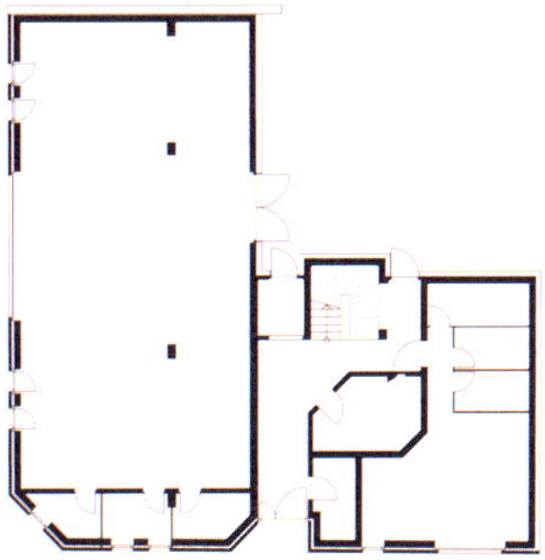

Erdgeschoss

1. Obergeschoss

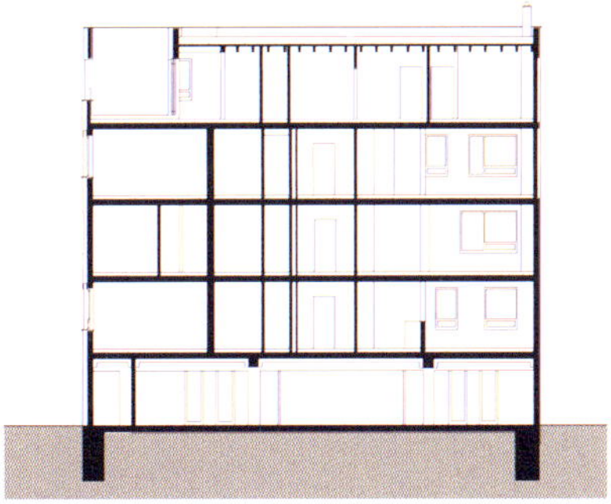

Schnitt 1

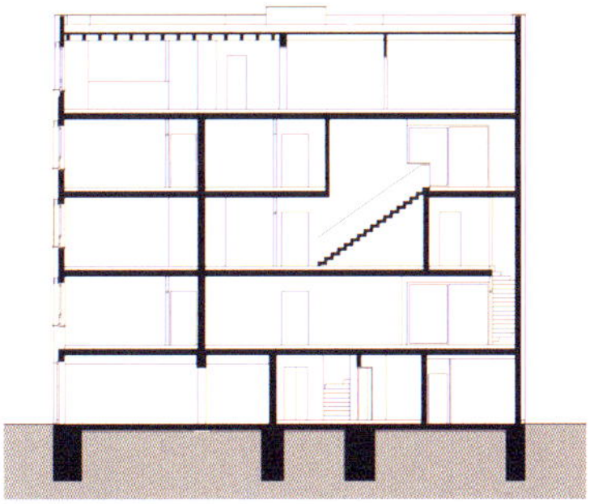

Schnitt 2

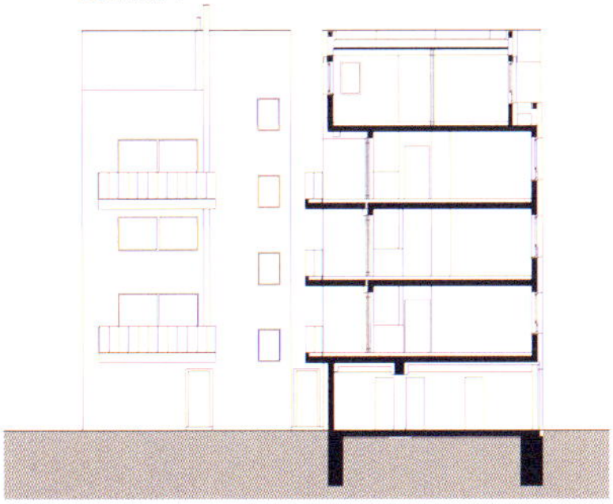

Schnitt - Ansicht Süd-West

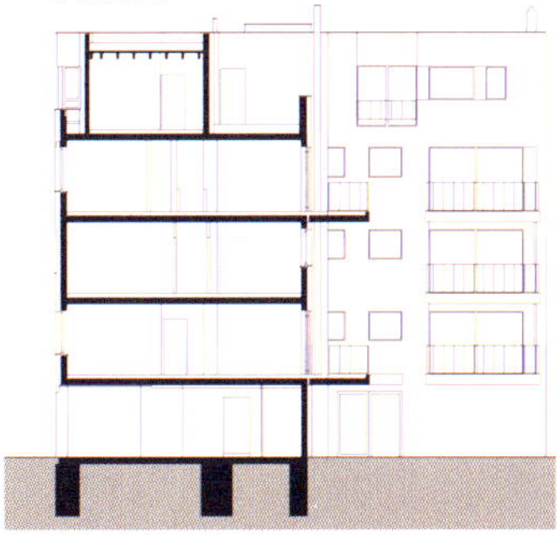

Schnitt - Ansicht Süd-Ost

Objektbeschreibung

Allgemeine Objektinformationen

Das fünfgeschossige Mehrfamilienhaus wurde für eine Baugemeinschaft von sechs Familien für den eigenen Bedarf realisiert. Den sechs Wohneinheiten unterschiedlicher Größe in den Obergeschossen sind im Erdgeschoss sechs Pkw-Stellplätze, ein Fahrradabstellraum, private Abstellbereiche sowie ein Haustechnikraum zugeordnet. Alle Wohnungen besitzen Balkone bzw. im obersten Geschoss Dachterrassen, die mit hochwertigen Terrassendielen belegt sind.

Nutzung

1 Erdgeschoss
Hauseingang, Fahrradraum, Technik, Abstellräume, Garage für Pkws

4 Obergeschosse
Treppenhaus, **Aufzug**, Wohnräume, Küchen, Bäder, WCs

Nutzeinheiten

Stellplätze: 6

Grundstück

Bauraum: Baulücke
Neigung: Ebenes Gelände
Bodenklasse: BK 3

Markt

Hauptvergabezeit: 2. Quartal 2017
Baubeginn: 2. Quartal 2017
Bauende: 4. Quartal 2018
Konjunkturelle Gesamtlage: über Durchschnitt
Regionaler Baumarkt: über Durchschnitt

Baukonstruktion

Das nicht unterkellerte Wohnhaus gründet auf Streifenfundamenten und einer Stahlbetonbodenplatte aus wasserundurchlässigem Beton. Im Erdgeschoss bestehen die Außenwände aus Stahlbeton-Wandelementen und haben eine Klinker-Vormauerschale mit Kerndämmung erhalten. In den Obergeschossen sind sie aus Kalksandsteinmauerwerk erbaut und wurden außen mit einem Wärmedämmverbundsystem mit Mineralfaser-Lamellen ummantelt. Die dreifach verglasten Holzfenster besitzen Alu-Außenraffstores als Sonnenschutz. In allen Etagen sind Stahlbeton-Decken eingebaut worden. Die Balkone bilden Stahlbeton-Kragplatten mit Flachstahl-Brüstungsgeländern und Holzterrassendielen als Belag. Das Flachdach wurde in sichtbarer Holzbalkenkonstruktion ausgeführt. Lediglich über dem Treppenhaus befindet sich ein Stahlbeton-Flachdach. Auf der Gefälledämmung mit zweilagiger Abdichtung wurde das Flachdach bekiest. Aufwendige Blechverwahrungen an den Attikas und den Fensterbändern betonen die horizontalen Linien des Gebäudes. Für die Innenwände wurden Mauerwerk und Metallständerwände mit Gipskarton gewählt. Als Bodenbeläge kamen Eiche Massivparkett sowie in den Küchen und Bädern Fliesen zur Ausführung. In den bodengleichen Duschen wurden Kleinmosaikfliesen verlegt.

Technische Anlagen

Zur Beheizung und Warmwasserbereitung dienen zwei Luft-Wasser-Wärmepumpen für die Grundlast und zusätzlich eine Gas-Brennwertzentralheizung für Spitzenlasten. Die Wärmeverteilung auf die einzelnen Nutzungseinheiten erfolgt mittels **Fußbodenheizung**. Alle innenliegenden Bäder werden maschinell entlüftet. Eine Aufzugsanlage wurde eingebaut.

Energetische Kennwerte

Gesetzliche Grundlage: EnEV 2013

Planungskennwerte für Flächen und Rauminhalte nach DIN 277

Flächen des Grundstücks		Menge Einheit	% an GF
BF	Bebaute Fläche	283,80 m²	66,5
UF	Unbebaute Fläche	143,20 m²	33,5
GF	Grundstücksfläche	427,00 m²	100,0

Grundflächen des Bauwerks		Menge Einheit	% an NUF	% an BGF
NUF	Nutzungsfläche	850,22 m²	100,0	62,5
TF	Technikfläche	12,81 m²	1,5	0,9
VF	Verkehrsfläche	216,64 m²	25,5	15,9
NRF	Netto-Raumfläche	1.079,67 m²	127,0	79,4
KGF	Konstruktions-Grundfläche	280,68 m²	33,0	20,6
BGF	Brutto-Grundfläche	1.360,35 m²	160,0	100,0

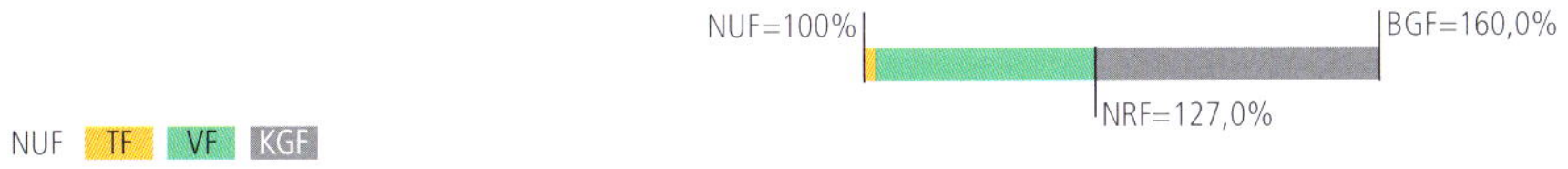

Brutto-Rauminhalt des Bauwerks		Menge Einheit	BRI/NUF (m)	BRI/BGF (m)
BRI	Brutto-Rauminhalt	4.423,82 m³	5,20	3,25

Prozentualer Anteil der Kostengruppen der 2. Ebene an der Kostengruppe 400 nach DIN 276

KG	Kostengruppen (2. Ebene)
410	Abwasser-, Wasser-, Gasanlagen
420	Wärmeversorgungsanlagen
430	Raumlufttechnische Anlagen
440	Elektrische Anlagen
450	Kommunikationstechnische Anlagen
460	Förderanlagen
470	Nutzungsspez. u. verfahrenstechn. Anl.
480	Gebäude- und Anlagenautomation
490	Sonst. Maßnahmen für techn. Anlagen

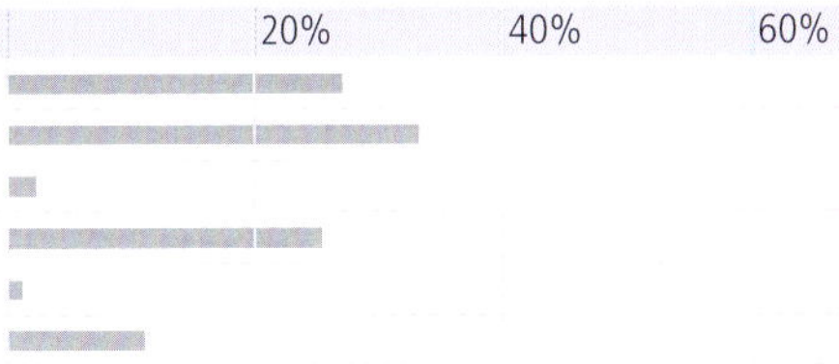

Ranking der Kostengruppen der 3. Ebene an der Kostengruppe 400 nach DIN 276

KG	Kostengruppen (3. Ebene)	% an KG 400	KG	Kostengruppen (3. Ebene)	% an KG 400
412	Wasseranlagen	19,9	445	Beleuchtungsanlagen	2,3
444	Niederspannungsinstallationsanlagen	19,4	446	Blitzschutz- und Erdungsanlagen	2,1
423	Raumheizflächen	15,2	443	Niederspannungsschaltanlagen	1,6
421	Wärmeerzeugungsanlagen	11,1	429	Sonstiges zur KG 420	1,2
461	Aufzugsanlagen	11,0	419	Sonstiges zur KG 410	1,0
411	Abwasseranlagen	5,7	454	Elektroakustische Anlagen	0,8
422	Wärmeverteilnetze	5,7	413	Gasanlagen	0,5
431	Lüftungsanlagen	2,3	456	Gefahrenmelde- und Alarmanlagen	0,3

Kostenkennwerte für die Kostengruppen der 1. Ebene DIN 276

KG	Kostengruppen (1. Ebene)	Einheit	Kosten €	€/Einheit	€/m² BGF	€/m³ BRI	% 300+400
100	Grundstück	m² GF	–	–	–	–	–
200	Vorbereitende Maßnahmen	m² GF	7.964	18,65	5,85	1,80	0,3
300	Bauwerk – Baukonstruktionen	m² BGF	2.479.677	1.822,82	1.822,82	560,53	78,2
400	Bauwerk – Technische Anlagen	m² BGF	692.517	509,07	509,07	156,54	21,8
	Bauwerk 300+400	**m² BGF**	**3.172.195**	**2.331,90**	**2.331,90**	**717,07**	**100,0**
500	Außenanlagen und Freiflächen	m² AF	50.116	349,97	36,84	11,33	1,6
600	Ausstattung und Kunstwerke	m² BGF	29.364	21,59	21,59	6,64	0,9
700	Baunebenkosten	m² BGF	–	–	–	–	–
800	Finanzierung	m² BGF	–	–	–	–	–

KG	Kostengruppe	Menge Einheit	Kosten €	€/Einheit	%
200	**Vorbereitende Maßnahmen**	427,00 m² GF	7.964	**18,65**	0,3
	Oberboden abtragen; Anschlusskosten für Gas, Wasser, Strom, Kabel				
3+4	**Bauwerk**				**100,0**
300	**Bauwerk – Baukonstruktionen**	1.360,35 m² BGF	2.479.677	**1.822,82**	78,2
	Fundamente, Bodenplatte, Estrich, Pflasterbelag, Bodenbeschichtung; KS-Mauerwerk, Stb-Wände, Porenbetonwände, Stb-Stützen; Holzfenster, Außentüren, Sektionaltor; WDVS, Strukturputz, Klinkervorsatzschale; Innenputz, Beschichtungen, Wandfliesen, Raffstoreanlagen; KS-Mauerwerk, Holzrahmenwände, GK-Wände, Holztüren; Stb-Decken, Stb-Treppen, Stb-Balkone, Stahltreppen, Parkettbeläge, Bodenfliesen, Terrassenbohlen, GK-Bekleidung, Mineralwolllamellen; Flachdachkonstruktionen, Vordach, **RWA**-Lichtkuppel, Gefälledämmung, Bitumenabdichtung, Dachentwässerung				
400	**Bauwerk – Technische Anlagen**	1.360,35 m² BGF	692.517	**509,07**	21,8
	Gebäudeentwässerung, Kalt- und Warmwasserleitungen, Sanitärobjekte; **Luft-Wasser-Wärmepumpe**, Gas-Brennwerttherme, Pufferspeicher, Heizleitungen, **Fußbodenheizung**, Verteilerschränke, Schornstein; Einzellüfter; Elektroinstallation, Beleuchtung, **Blitzschutzanlage**; Klingelanlage, Rauchmelder, Telefonanlage; **Personenaufzug**				
500	**Außenanlagen und Freiflächen**	143,20 m² AF	50.116	**349,97**	1,6
	Instandsetzung Gehweg; Pflasterarbeiten				
600	**Ausstattung und Kunstwerke**	1.360,35 m² BGF	29.364	**21,59**	0,9
	Duschtrennwände, Faltwand				

Kostenkennwerte für die Kostengruppen 400 der 2.Ebene DIN 276

KG	Kostengruppe	Menge Einheit	Kosten €	€/Einheit	%
400	**Bauwerk – Technische Anlagen**				**100,0**
410	**Abwasser-, Wasser-, Gasanlagen**	1.360,35 m² BGF	187.633	**137,93**	27,1
	KG-Rohre DN100-125 (110m), HT-Rohre DN50-110 (272m), Entwässerungsrinnen (34m), Duschrinnen (4St), Bodenabläufe (3St), Revisionsschacht (1St) * Metallverbundrohre DN12-32 (561m), Rückspülfilter (1St), Wasserzähler (52St), Möbelwaschtisch (1St), Regenduschen (6St), Badewannen (6St), WCs (13St), Handwaschbecken (10St), Doppelwaschtisch (1St), Bidet (1St) * Kupferrohre DN20-25 (20m), Gasströmungswächter (1St), Gaszähler (1St) * Montageelemente (13St)				
420	**Wärmeversorgungsanlagen**	1.360,35 m² BGF	229.439	**168,66**	33,1
	Luft-Wasser **Wärmepumpe** (2St), Gas-Brennwerttherme 55kW (1St), Ausdehnungsgefäße (2St), Pufferspeicher (2St), Kondensathebeanlage (1St) * Stahlrohre DN15-35 (347m) * **Fußbodenheizung**, Verlegeplatten mit Dämmung, PE-X-Heizungsrohre (670m²), Stellantriebe (108St), Heizkreisverteiler (9St), Verteilerschränke, Wärmemengenzähler (9St) * Schornstein, einzügig (11m)				
430	**Raumlufttechnische Anlagen**	1.360,35 m² BGF	15.683	**11,53**	2,3
	Einzellüfter, Volumenstrom 60m³/h (6St), Wickelfalzrohre DN80-125 (45m), Rohreinbauventilator DN125 (1St), Brandschutzklappe (1St)				
440	**Elektrische Anlagen**	1.360,35 m² BGF	175.572	**129,06**	25,4
	Zählerschrank, Hauptverteiler, Sicherungen, LS-Schalter (1St) * Elektroinstallation sechs Wohneinheiten mit Mantelleitungen, Unterverteiler, Steckdosen, Taster, Telefon-Verkabelung, Kabel-TV, Netzwerk, Rauchmelder, Klingel-, Gegensprechanlage (psch) * Einbaustrahler (131St) * Fundamenterder (75m), **Blitzschutz** (psch)				
450	**Kommunikationstechnische Anlagen**	1.360,35 m² BGF	8.241	**6,06**	1,2
	Lautsprecherverkabelung (psch), Sprechanlage (1St) * Rauchmelder (24St)				
460	**Förderanlagen**	1.360,35 m² BGF	75.949	**55,83**	11,0
	Personenaufzug (1St)				

Kostenkennwerte für die Kostengruppen 400 der 2. und 3. Ebene DIN 276 (Übersicht)

KG	Kostengruppe	Menge Einheit	Kosten €	€/Einheit	%
410	**Abwasser-, Wasser-, Gasanlagen**	**1.360,35 m² BGF**	**187.633,23**	**137,93**	**27,1**
411	Abwasseranlagen	1.360,35 m² BGF	39.463,32	29,01	5,7
412	Wasseranlagen	1.360,35 m² BGF	137.969,51	101,42	19,9
413	Gasanlagen	1.360,35 m² BGF	3.351,97	2,46	0,5
419	Sonstiges zur KG 410	1.360,35 m² BGF	6.848,43	5,03	1,0
420	**Wärmeversorgungsanlagen**	**1.360,35 m² BGF**	**229.438,62**	**168,66**	**33,1**
421	Wärmeerzeugungsanlagen	1.360,35 m² BGF	76.598,37	56,31	11,1
422	Wärmeverteilnetze	1.360,35 m² BGF	39.247,43	28,85	5,7
423	Raumheizflächen	1.360,35 m² BGF	105.598,15	77,63	15,2
429	Sonstiges zur KG 420	1.360,35 m² BGF	7.994,66	5,88	1,2
430	**Raumlufttechnische Anlagen**	**1.360,35 m² BGF**	**15.683,21**	**11,53**	**2,3**
431	Lüftungsanlagen	1.360,35 m² BGF	15.683,21	11,53	2,3
440	**Elektrische Anlagen**	**1.360,35 m² BGF**	**175.572,27**	**129,06**	**25,4**
443	Niederspannungsschaltanlagen	1.360,35 m² BGF	11.029,43	8,11	1,6
444	Niederspannungsinstallationsanlagen	1.360,35 m² BGF	134.520,57	98,89	19,4
445	Beleuchtungsanlagen	1.360,35 m² BGF	15.640,15	11,50	2,3
446	Blitzschutz- und Erdungsanlagen	1.360,35 m² BGF	14.382,12	10,57	2,1
450	**Kommunikationstechnische Anlagen**	**1.360,35 m² BGF**	**8.240,91**	**6,06**	**1,2**
454	Elektroakustische Anlagen	1.360,35 m² BGF	5.279,04	3,88	0,8
456	Gefahrenmelde- und Alarmanlagen	1.360,35 m² BGF	1.733,78	1,27	0,3
457	Datenübertragungsnetze	1.360,35 m² BGF	1.228,09	0,90	0,2
460	**Förderanlagen**	**1.360,35 m² BGF**	**75.949,25**	**55,83**	**11,0**
461	Aufzugsanlagen	1.360,35 m² BGF	75.949,25	55,83	11,0

Kostenkennwerte für Leistungsbereiche nach STLB (Kosten KG 400 nach DIN 276)

LB	Leistungsbereiche	Kosten €	€/m² BGF	€/m³ BRI	% an 400
040	Wärmeversorgungsanlagen - Betriebseinrichtungen	72.692	53,40	16,40	10,5
041	Wärmeversorgungsanlagen - Leitungen, Armaturen, Heizflächen	136.340	100,20	30,80	19,7
042	Gas- und Wasseranlagen - Leitungen, Armaturen	99.681	73,30	22,50	14,4
043	Druckrohrleitungen für Gas, Wasser und Abwasser	–	–	–	–
044	Abwasseranlagen - Leitungen, Abläufe, Armaturen	30.319	22,30	6,90	4,4
045	Gas-, Wasser- und Entwässerungsanlagen - Ausstattung, Elemente, Fertigbäder	37.911	27,90	8,60	5,5
046	Gas-, Wasser- und Entwässerungsanlagen - Betriebseinrichtungen	–	–	–	–
047	Dämm- und Brandschutzarbeiten an technischen Anlagen	17.194	12,60	3,90	2,5
049	Feuerlöschanlagen, Feuerlöschgeräte	–	–	–	–
050	Blitzschutz- / Erdungsanlagen, Überspannungsschutz	14.382	10,60	3,30	2,1
051	Kabelleitungstiefbauarbeiten	–	–	–	–
052	Mittelspannungsanlagen	–	–	–	–
053	Niederspannungsanlagen - Kabel / Leitungen, Verlegesysteme, Installationsgeräte	158.511	116,50	35,80	22,9
054	Niederspannungsanlagen - Verteilersysteme und Einbaugeräte	–	–	–	–
055	Sicherheits- und Ersatzstromversorgungsanlagen	–	–	–	–
057	Gebäudesystemtechnik	–	–	–	–
058	Leuchten und Lampen	15.640	11,50	3,50	2,3
059	Sicherheitsbeleuchtungsanlagen	–	–	–	–
060	Such-, Signal-, Zeitdienst-, Antennen-, elektroakustische Anlagen, Medientechnik	482	0,35	0,11	< 0,1
061	Kommunikations- und Übertragungsnetze	–	–	–	–
062	Kommunikationsanlagen	–	–	–	–
063	Gefahrenmeldeanlagen	1.734	1,30	0,39	0,3
064	Zutrittskontroll-, Zeiterfassungssysteme	–	–	–	–
069	Aufzüge	75.949	55,80	17,20	11,0
070	Gebäudeautomation	–	–	–	–
075	Raumlufttechnische Anlagen	15.683	11,50	3,50	2,3
078	Kälteanlagen für raumlufttechnische Anlagen	–	–	–	–
	Gebäudetechnik	**676.517**	**497,30**	**152,90**	**97,7**
	Sonstige Leistungsbereiche	**16.000**	**11,80**	**3,60**	**2,3**

Kostenstand: 4. Quartal 2024, Bundesdurchschnitt, **inkl. 19% MwSt.**

6100-1559
Einfamilienhaus
Praxis
Passivhaus

Kostenkennwerte für die Kosten des Bauwerks (Kostengruppen 300+400 nach DIN 276)

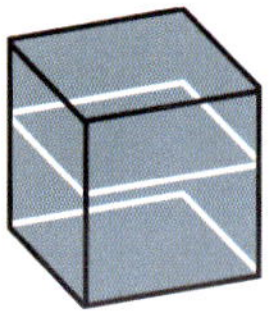

BRI 800 €/m^3

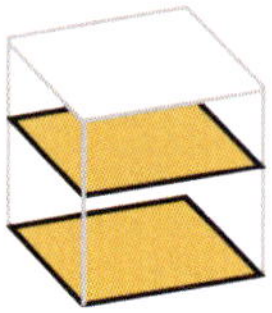

BGF 2.107 €/m^2

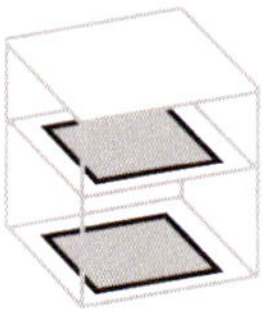

NUF 3.096 €/m^2

Objekt:
Kennwerte: 3. Ebene DIN 276
BRI: 1.605 m^3
BGF: 610 m^2
NUF: 415 m^2
Bauzeit: 52 Wochen
Bauende: 2015
Standard: mittel
Bundesland: Baden-Württemberg
Kreis: Tuttlingen

Architekt*in:
messmerarchitektur gmbh
Gosheimer Straße 24
78564 Wehingen

© Rolf Messmer

© Rolf Messmer

© Rolf Messmer

© Rolf Messmer

Zeichnungen

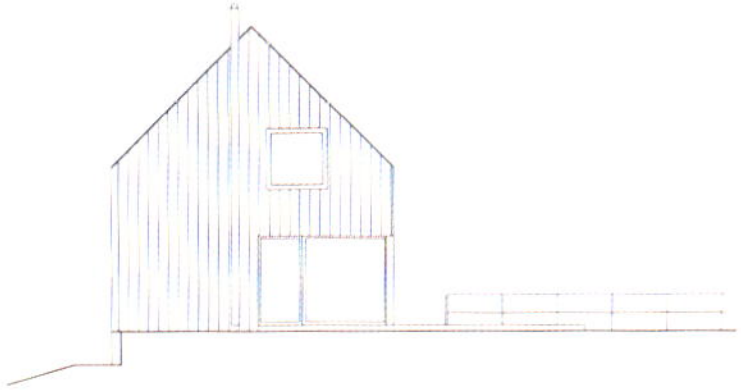

Ansicht Nord-West

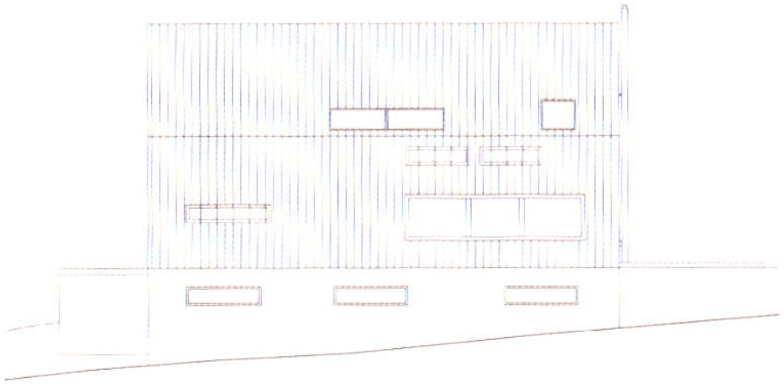

Ansicht Nord-Ost

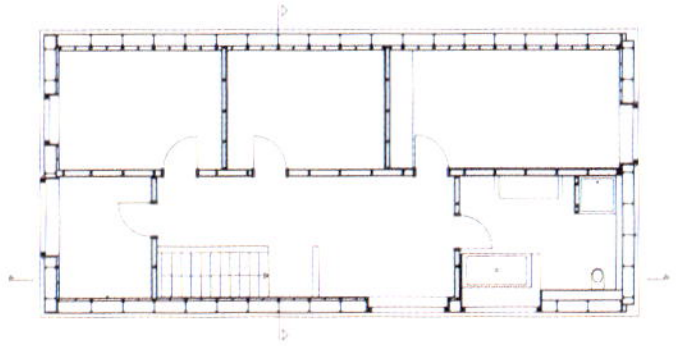

Dachgeschoss

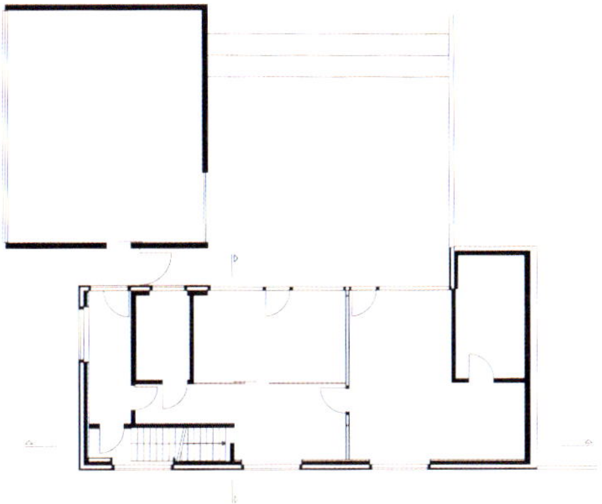

Erdgeschoss

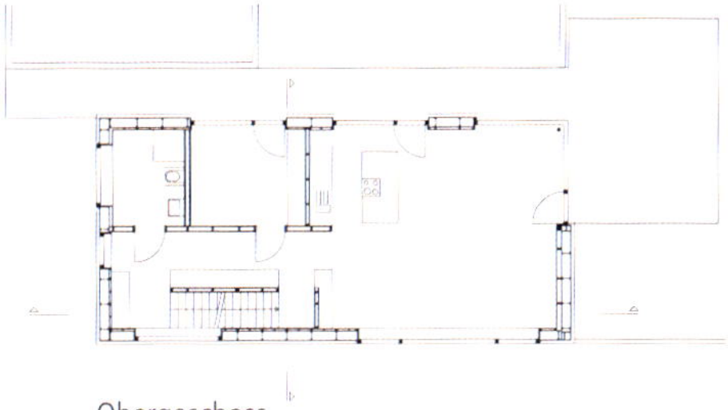

Obergeschoss

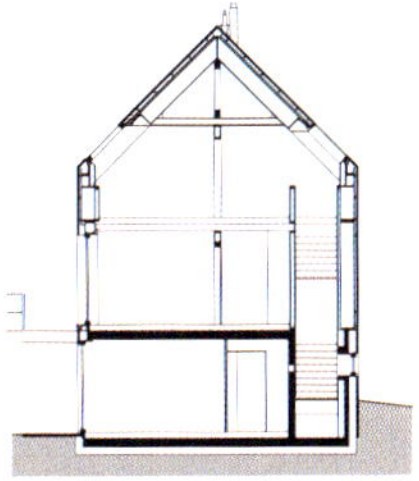

Querschnitt

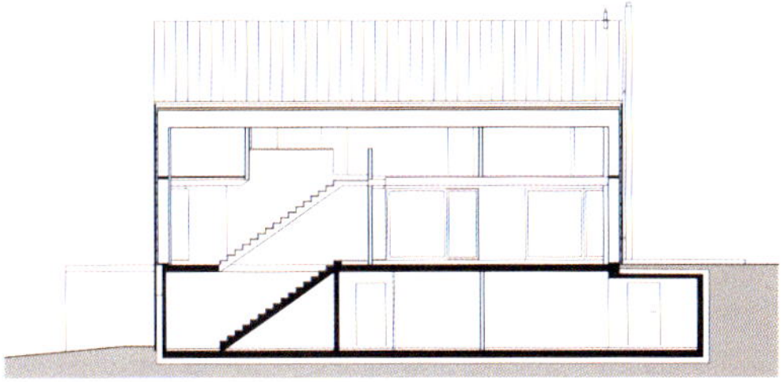

Längsschnitt

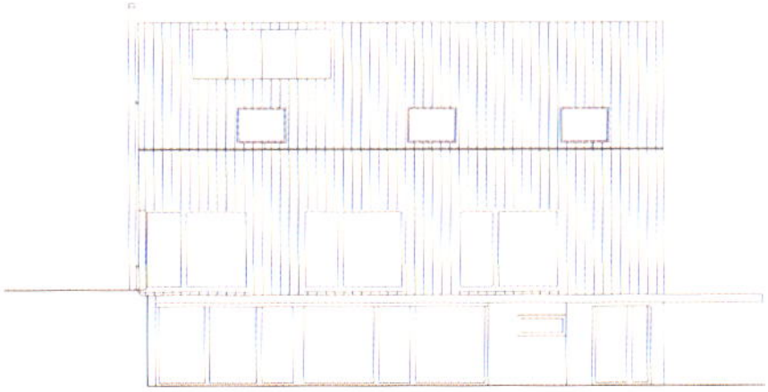

Ansicht Süd-West

Ansicht Süd-Ost

Objektbeschreibung

Allgemeine Objektinformationen

Mit seiner Lage am Ortsrand schafft das neue Wohnhaus mit Praxis einen harmonischen Übergang von der strukturierten Bebauung in die offene Landschaft. Die Einbettung des kompakten Baukörpers mit Satteldach in die Topografie am Hang und die großflächigen Öffnungen zu den angrenzenden Streuobstwiesen verstärken den Bezug ins Grüne. Die allseitigen Holzfassaden an Dach und Wand prägen das homogene Erscheinungsbild. Die beiden Baukörper Wohnhaus und Garage bilden durch ihre Stellung zueinander vor dem Gebäude einen kleinen Zugangshof, auf der privaten Rückseite wird ein geschützter Innenhof geschaffen, der der Praxis zugeordnet ist.

Nutzung

1 Erdgeschoss
Eingangsbereich, Praxis, Büro, Bad, WC, Technik, Garagen

1 Obergeschoss
Wohn-, Ess-, Küchenbereich, Schrankflur, Gast, Bad/WC

1 Dachgeschoss
Hauswirtschaftsraum, Kinderzimmer (2St), Schlafzimmer, Bad, Galerie

Nutzeinheiten

Wohneinheiten: 1
Wohnfläche: 189 m²

Grundstück

Bauraum: Freier Bauraum
Neigung: Hanglage
Bodenklasse: BK 1 bis BK 5

Markt

Hauptvergabezeit: 2. Quartal 2014
Baubeginn: 2. Quartal 2014
Bauende: 2. Quartal 2015
Konjunkturelle Gesamtlage: Durchschnitt
Regionaler Baumarkt: unter Durchschnitt

Baukonstruktion

Das Wohngebäude wurde in Mischbauweise errichtet. Erdgeschoss und Garage bilden einen Sockel aus Stahlbeton, die oberirdische Kubatur entstand als Holzrahmenbau. Obergeschoss und Dach haben eine Lamellenfassade aus Holz. Die Dachabdichtung des Wohnhauses erfolgte mittels thermoplastischer Kunststoffbahnen. Das Flachdach der Garage ist mit einer extensiven Begrünung ausgeführt. Für die Fenster wurde eine spezielle Verglasung im Passivhausstandard gewählt. Die Fensterrahmen bestehen außen aus Alu-Profilen, innen kam Holz zum Einsatz. Im Obergeschoss sind die Wände in Holzrahmenbauweise errichtet, die Kalksandsteinwände im Erdgeschoss sind verputzt. Der Wohnbereich hat eine Holz-Elementdecke mit Sichtoberfläche. Alle Türen und Türrahmen sowie die Fußböden sind in Echtholz gestaltet.

Technische Anlagen

Die Wärmeversorgung und die Warmwasserbereitung erfolgen über eine Gastherme, unterstützt durch eine thermische **Solaranlage**. Die Wärme wird über eine **Fußbodenheizung** in den Räumen verteilt. Im Wohnraum befindet sich zusätzlich ein **Kaminofen**. Ebenso kam ein Erdwärmetauscher zur Ausführung. Eine **kontrollierte Wohnraumlüftung mit Wärmerückgewinnung** sorgt für einen energieeffizienten Luftaustausch. Das energetische Konzept wird durch die Photovoltaikanlage abgerundet.

Sonstiges

Unter dem Aspekt der Nachhaltigkeit und Flexibilität wurden in jedem Geschoss Zugangsbereiche, Türen und Sanitärräume so dimensioniert, dass das gesamte Gebäude bei Bedarf auf sehr einfache Weise **barrierefrei** gestaltet werden kann.

Energetische Kennwerte

Gesetzliche Grundlage: EnEV 2013
Gebäudenutzfläche: 396,10 m²
Gebäudevolumen: 1.237,80 m³
A/V_e-Verhältnis (Kompaktheit): 0,61 m^{-1}
Hüllfläche des beheizten Volumens: 761,20 m²
Spez. Transmissionswärmeverlust: 0,19 W/(m²·K)
Jahresprimärenergie: 5.570,50 kWh/a
Spez. Jahresprimärenergiebedarf: 14,10 kWh/(m²·a)
Spez. Jahresheizwärmebedarf: 14,00 kWh/(m²·a)
Anlagenaufwandszahl: 0,59
Differenzdruck-Messverfahren: 0,40 h^{-1}

Planungskennwerte für Flächen und Rauminhalte nach DIN 277

Flächen des Grundstücks		Menge Einheit	% an GF
BF	Bebaute Fläche	264,75 m²	30,7
UF	Unbebaute Fläche	596,25 m²	69,3
GF	Grundstücksfläche	861,00 m²	100,0

Grundflächen des Bauwerks		Menge Einheit	% an NUF	% an BGF
NUF	Nutzungsfläche	414,94 m²	100,0	68,1
TF	Technikfläche	14,55 m²	3,5	2,4
VF	Verkehrsfläche	9,20 m²	2,2	1,5
NRF	Netto-Raumfläche	438,69 m²	105,7	72,0
KGF	Konstruktions-Grundfläche	170,86 m²	41,2	28,0
BGF	Brutto-Grundfläche	609,55 m²	146,9	100,0

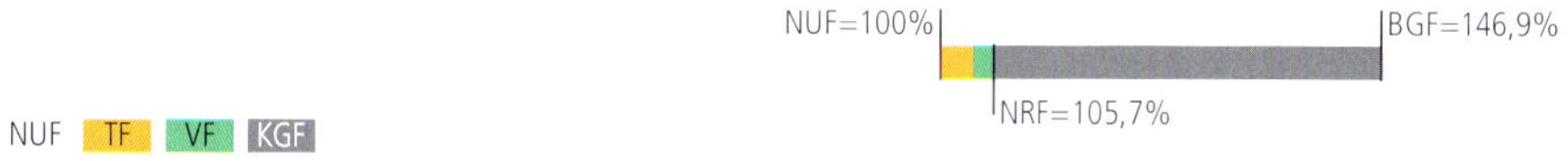

Brutto-Rauminhalt des Bauwerks		Menge Einheit	BRI/NUF (m)	BRI/BGF (m)
BRI	Brutto-Rauminhalt	1.605,30 m³	3,87	2,63

Prozentualer Anteil der Kostengruppen der 2. Ebene an der Kostengruppe 400 nach DIN 276

KG	Kostengruppen (2. Ebene)
410	Abwasser-, Wasser-, Gasanlagen
420	Wärmeversorgungsanlagen
430	Raumlufttechnische Anlagen
440	Elektrische Anlagen
450	Kommunikationstechnische Anlagen
460	Förderanlagen
470	Nutzungsspez. u. verfahrenstechn. Anl.
480	Gebäude- und Anlagenautomation
490	Sonst. Maßnahmen für techn. Anlagen

Ranking der Kostengruppen der 3. Ebene an der Kostengruppe 400 nach DIN 276

KG	Kostengruppen (3. Ebene)	% an KG 400	KG	Kostengruppen (3. Ebene)	% an KG 400
412	Wasseranlagen	16,6	457	Datenübertragungsnetze	3,1
421	Wärmeerzeugungsanlagen	14,1	422	Wärmeverteilnetze	2,6
444	Niederspannungsinstallationsanlagen	13,7	429	Sonstiges zur KG 420	2,3
442	Eigenstromversorgungsanlagen	13,2	445	Beleuchtungsanlagen	2,3
411	Abwasseranlagen	9,8	456	Gefahrenmelde- und Alarmanlagen	1,4
431	Lüftungsanlagen	9,0	451	Telekommunikationsanlagen	0,8
423	Raumheizflächen	6,1	452	Such- und Signalanlagen	0,4
419	Sonstiges zur KG 410	4,4	446	Blitzschutz- und Erdungsanlagen	< 0,1

Kostenstand: 4. Quartal 2024, Bundesdurchschnitt, **inkl. 19% MwSt.**

Kostenkennwerte für die Kostengruppen der 1. Ebene DIN 276

KG	Kostengruppen (1. Ebene)	Einheit	Kosten €	€/Einheit	€/m² BGF	€/m³ BRI	% 300+400
100	Grundstück	m² GF	–	–	–	–	–
200	Vorbereitende Maßnahmen	m² GF	3.466	4,03	5,69	2,16	0,3
300	Bauwerk – Baukonstruktionen	m² BGF	1.015.884	1.666,61	1.666,61	632,83	79,1
400	Bauwerk – Technische Anlagen	m² BGF	268.693	440,81	440,81	167,38	20,9
	Bauwerk 300+400	**m² BGF**	**1.284.577**	**2.107,42**	**2.107,42**	**800,21**	**100,0**
500	Außenanlagen und Freiflächen	m² AF	42.654	65,32	69,98	26,57	3,3
600	Ausstattung und Kunstwerke	m² BGF	–	–	–	–	–
700	Baunebenkosten	m² BGF	–	–	–	–	–
800	Finanzierung	m² BGF	–	–	–	–	–

KG	Kostengruppe	Menge Einheit	Kosten €	€/Einheit	%
200	**Vorbereitende Maßnahmen**	861,00 m² GF	3.466	**4,03**	0,3
	Oberboden abtragen				
3+4	**Bauwerk**				**100,0**
300	**Bauwerk – Baukonstruktionen**	609,55 m² BGF	1.015.884	**1.666,61**	79,1
	Stb-Flachgründung, Heizestrich, Parkett, Bodenfliesen; Holzrahmenwände, Einblasdämmung, Stb-Elementwände, Kerndämmung, Garagentore, Holz-Alufenster, Glashaustür, Stahltüren, offene Holzleistenschalung, GK-Bekleidung, Tapete, Putz, Wandfliesen; Holzrahmenwände, KS-Mauerwerk, GK-Wände, Holztüren, Wandfliesen; Stb-Elementdecken, Holz-Elementdecke, Stb-Treppe, Kehlbalkendecke, Holzdielen, GK-Decken, Stahlbalkon, Dispersionsbeschichtung, Geländer; Holzdachkonstruktion, Einblasdämmung, Dachflächenfenster, Dachverglasung, offene Holzleistenschalung, Dachbegrünung, Dachentwässerung; Einbauküche, Einbaumöbel				
400	**Bauwerk – Technische Anlagen**	609,55 m² BGF	268.693	**440,81**	20,9
	Gebäudeentwässerung, Kalt- und Warmwasserleitungen, Enthärtungsanlage, Sanitärobjekte; Gas-Brennwertkessel mit Solarunterstützung, **Kaminofen**, Heizungsrohre, **Fußbodenheizung**, Edelstahlschornstein; **Lüftungsgerät** mit **WRG**; Photovoltaikanlage, Elektroinstallation, Beleuchtung, Erdung; Telefonanlage, Sprechanlage, **Alarmanlage**, EDV-Verkabelung				
500	**Außenanlagen und Freiflächen**	653,03 m² AF	42.654	**65,32**	3,3
	Mineralbetonfundamente; Granitfelsen, Granitsteine, Stb-Stützwand, Stb-Winkelstützelemente; Oberflächenentwässerung, Regenwasserzisterne				

Kostenkennwerte für die Kostengruppen 400 der 2. Ebene DIN 276

KG	Kostengruppe	Menge Einheit	Kosten €	€/Einheit	%
400	**Bauwerk – Technische Anlagen**				**100,0**
410	**Abwasser-, Wasser-, Gasanlagen**	609,55 m² BGF	82.642	**135,58**	30,8
	KG-Rohre DN100-150 (261m), PE-Abwasserrohre DN50-100 (44m), HT-Rohre DN50-100 (36m), Dachabläufe DN100 (2St), Duschrinnen (3St) * Metallverbundrohre DN12-25 (240m), Verteiler (1St), Wasserzähler (3St), Enthärtungsanlage (1St), Badewanne (1St), Wand-Tiefspül-WCs (4St), Handwaschbecken (1St), Ausgussbecken (1St) * Montageelemente (6St)				
420	**Wärmeversorgungsanlagen**	609,55 m² BGF	67.725	**111,11**	25,2
	Gas-Brennwertkessel (1St), Sonnenkollektoren, Pufferspeicher, Wärmetauscher (psch), **Kaminofen** (1St), Ausdehnungsgefäß (1St), Differenzdruckwächter (1St), Heizkreisverteiler (3St) * Metallverbundrohre DN25-32 (85m), Stahlrohre DN25 (30m), Kupferrohre DN20 (14m) * **Fußbodenheizung**, Noppen-/Klettplatten, PE-Xa-Rohre (300m²), Raumthermostate (12St), Heizkreisverteiler (3St) * Edelstahlschornstein (1St), Rauchrohr DN150 (1St), PP-Abgasrohre (psch)				
430	**Raumlufttechnische Anlagen**	609,55 m² BGF	24.242	**39,77**	9,0
	Lüftungsgerät mit **WRG**, 450m³/h (1St), Außenluftfilterbox (1St), Thermostat (1St), Touchpanel (1St), Wickelfalzrohre DN160-180 (8m), Luftverteiler DN125-160 (5St), Zu-/Abluftventile DN125 (15St), Edelstahl-Bodengitter (8St)				
440	**Elektrische Anlagen**	609,55 m² BGF	78.668	**129,06**	29,3
	Photovoltaikanlage 7,5kW$_p$, PV-Module (25St), Speicherbatterie (1St) * Zählerschrank (1St), Mantelleitungen (1.470m), Schalter/Taster (56St), Steckdosen (144St), Jalousieschalter (7St), Herdanschlussdose (1St), **Präsenzmelder** (1St), Bodendosen (3St) * LED-Reflektorleuchten (39St), LED-**Lichtbänder** (12St), Feuchtraumleuchten (11St) * Erdungsblock (3St), Potenzialausgleichsschiene (1St)				
450	**Kommunikationstechnische Anlagen**	609,55 m² BGF	15.418	**25,29**	5,7
	Fernmeldeleitungen (109m), Telefonanlage (1St), Systemtelefon (1St), Anrufbeantworter (1St) * Türsprechanlage (1St), Türlautsprecher (1St) * **Alarmanlage** (1St), Bewegungsmelder (5St), Sirene (1St) * Koaxialkabel (342m), Datenkabel (101m), Cat6-Patchkabel (5St), Datenanschlussdosen (31St), 19"-Patchfelder (2St)				

Kostenkennwerte für die Kostengruppen 400 der 2. und 3. Ebene DIN 276 (Übersicht)

KG	Kostengruppe	Menge Einheit	Kosten €	€/Einheit	%
410	**Abwasser-, Wasser-, Gasanlagen**	**609,55 m²BGF**	**82.641,51**	**135,58**	**30,8**
411	Abwasseranlagen	609,55 m²BGF	26.229,48	43,03	9,8
412	Wasseranlagen	609,55 m²BGF	44.650,21	73,25	16,6
419	Sonstiges zur KG 410	609,55 m²BGF	11.761,82	19,30	4,4
420	**Wärmeversorgungsanlagen**	**609,55 m²BGF**	**67.724,84**	**111,11**	**25,2**
421	Wärmeerzeugungsanlagen	609,55 m²BGF	37.947,87	62,26	14,1
422	Wärmeverteilnetze	609,55 m²BGF	7.089,08	11,63	2,6
423	Raumheizflächen	609,55 m²BGF	16.470,01	27,02	6,1
429	Sonstiges zur KG 420	609,55 m²BGF	6.217,87	10,20	2,3
430	**Raumlufttechnische Anlagen**	**609,55 m²BGF**	**24.241,62**	**39,77**	**9,0**
431	Lüftungsanlagen	609,55 m²BGF	24.241,62	39,77	9,0
440	**Elektrische Anlagen**	**609,55 m²BGF**	**78.667,60**	**129,06**	**29,3**
442	Eigenstromversorgungsanlagen	609,55 m²BGF	35.444,06	58,15	13,2
444	Niederspannungsinstallationsanlagen	609,55 m²BGF	36.749,68	60,29	13,7
445	Beleuchtungsanlagen	609,55 m²BGF	6.238,68	10,23	2,3
446	Blitzschutz- und Erdungsanlagen	609,55 m²BGF	234,87	0,39	< 0,1
450	**Kommunikationstechnische Anlagen**	**609,55 m²BGF**	**15.417,90**	**25,29**	**5,7**
451	Telekommunikationsanlagen	609,55 m²BGF	2.129,53	3,49	0,8
452	Such- und Signalanlagen	609,55 m²BGF	1.197,42	1,96	0,4
456	Gefahrenmelde- und Alarmanlagen	609,55 m²BGF	3.817,22	6,26	1,4
457	Datenübertragungsnetze	609,55 m²BGF	8.273,72	13,57	3,1

Kostenkennwerte für Leistungsbereiche nach STLB (Kosten KG 400 nach DIN 276)

LB	Leistungsbereiche	Kosten €	€/m² BGF	€/m³ BRI	% an 400
040	Wärmeversorgungsanlagen - Betriebseinrichtungen	44.096	72,30	27,50	16,4
041	Wärmeversorgungsanlagen - Leitungen, Armaturen, Heizflächen	20.610	33,80	12,80	7,7
042	Gas- und Wasseranlagen - Leitungen, Armaturen	23.083	37,90	14,40	8,6
043	Druckrohrleitungen für Gas, Wasser und Abwasser	78	0,13	0,05	< 0,1
044	Abwasseranlagen - Leitungen, Abläufe, Armaturen	14.846	24,40	9,20	5,5
045	Gas-, Wasser- und Entwässerungsanlagen - Ausstattung, Elemente, Fertigbäder	24.480	40,20	15,20	9,1
046	Gas-, Wasser- und Entwässerungsanlagen - Betriebseinrichtungen	5.831	9,60	3,60	2,2
047	Dämm- und Brandschutzarbeiten an technischen Anlagen	3.836	6,30	2,40	1,4
049	Feuerlöschanlagen, Feuerlöschgeräte	–	–	–	–
050	Blitzschutz- / Erdungsanlagen, Überspannungsschutz	235	0,39	0,15	< 0,1
051	Kabelleitungstiefbauarbeiten	–	–	–	–
052	Mittelspannungsanlagen	–	–	–	–
053	Niederspannungsanlagen - Kabel / Leitungen, Verlegesysteme, Installationsgeräte	28.698	47,10	17,90	10,7
054	Niederspannungsanlagen - Verteilersysteme und Einbaugeräte	45.847	75,20	28,60	17,1
055	Sicherheits- und Ersatzstromversorgungsanlagen	–	–	–	–
057	Gebäudesystemtechnik	–	–	–	–
058	Leuchten und Lampen	6.233	10,20	3,90	2,3
059	Sicherheitsbeleuchtungsanlagen	–	–	–	–
060	Such-, Signal-, Zeitdienst-, Antennen-, elektroakustische Anlagen, Medientechnik	1.196	2,00	0,74	0,4
061	Kommunikations- und Übertragungsnetze	10.393	17,00	6,50	3,9
062	Kommunikationsanlagen	–	–	–	–
063	Gefahrenmeldeanlagen	3.812	6,30	2,40	1,4
064	Zutrittskontroll-, Zeiterfassungssysteme	–	–	–	–
069	Aufzüge	–	–	–	–
070	Gebäudeautomation	–	–	–	–
075	Raumlufttechnische Anlagen	23.321	38,30	14,50	8,7
078	Kälteanlagen für raumlufttechnische Anlagen	–	–	–	–
	Gebäudetechnik	**256.593**	**421,00**	**159,80**	**95,5**
	Sonstige Leistungsbereiche	**11.948**	**19,60**	**7,40**	**4,4**

6100-1562
Einfamilienhaus
Büro
Passivhaus

Kostenkennwerte für die Kosten des Bauwerks (Kostengruppen 300+400 nach DIN 276)

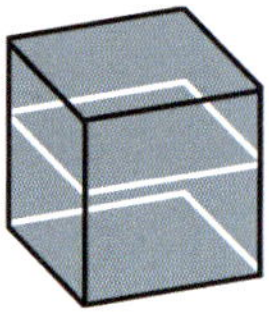

BRI 967 €/m³

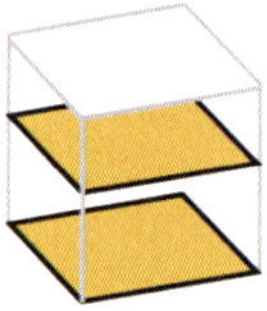

BGF 3.421 €/m²

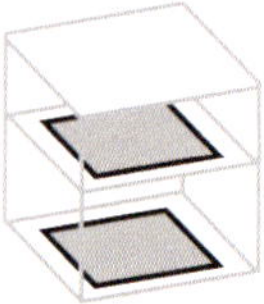

NUF 4.759 €/m²

Objekt:
Kennwerte: 3.Ebene DIN 276
BRI: 1.253 m³
BGF: 354 m²
NUF: 255 m²
Bauzeit: 148 Wochen
Bauende: 2020
Standard: hoch
Bundesland: Baden-Württemberg
Kreis: Schwäbisch Hall

Architekt*in:
Shakti Haus
Fürstengrunderstraße 100c
64732 Bad König

Bauherr*in:
Esther + Markus Schmidt
Geislingerstraße 30
74542 Braunsbach

Zeichnungen

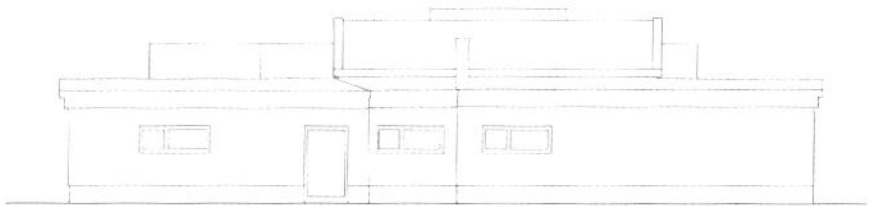

Ansicht Nord

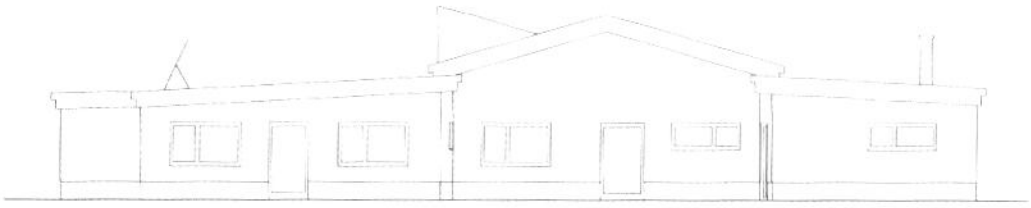

Ansicht Ost

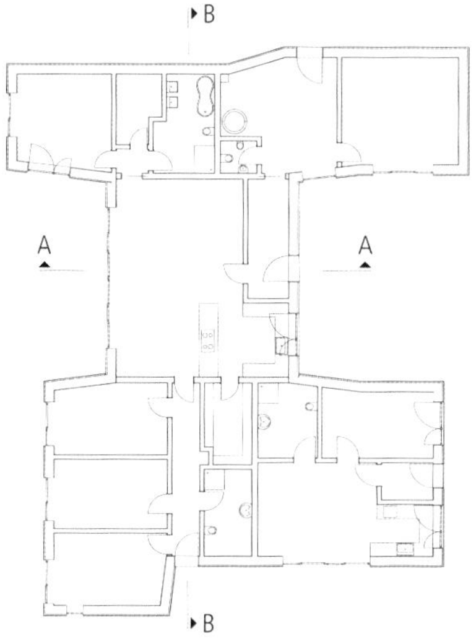

Erdgeschoss

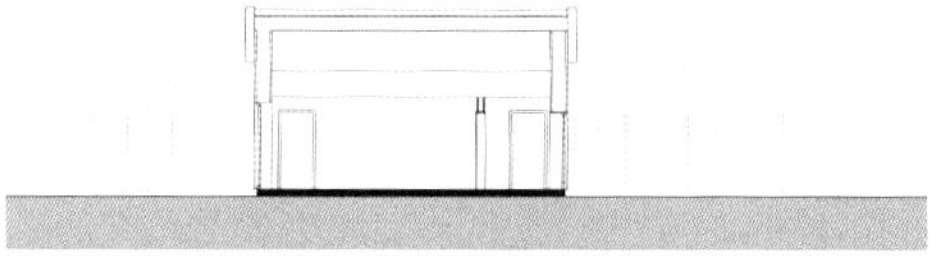

Schnitt A-A

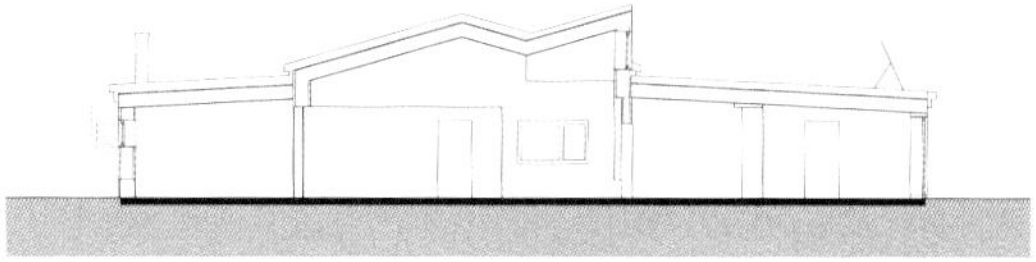

Schnitt B-B

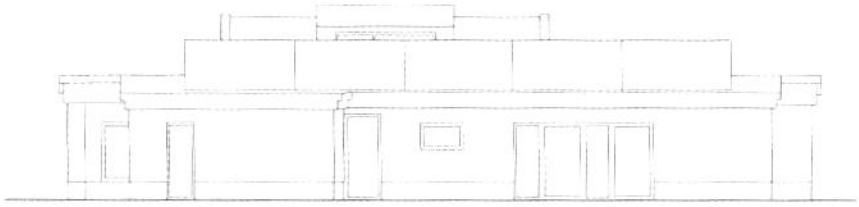

Ansicht Süd

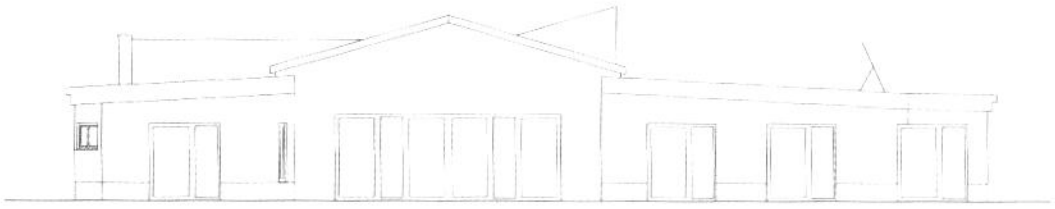

Ansicht West

Objektbeschreibung

Allgemeine Objektinformationen

Das neue Wohnhaus befindet sich am Ortsrand in einem Gewerbemischgebiet und ist nur durch einen Radweg vom nahe gelegenen Flusslauf getrennt. Der eingeschossige Holzbau gliedert sich in drei Baukörper und umfasst die Wohnräume der fünfköpfigen Familie inklusive einer Einliegerwohnung sowie einen Bürobereich mit Ausstellungsraum. Durch die gute räumliche Organisation konnte der Platzbedarf minimiert und die flexible Nutzung einzelner Raumbereiche auf lange Sicht sichergestellt werden.

Nutzung

1 Erdgeschoss
Wohnen/Essen/Kochen, Schlafzimmer, Ankleide, Kinderzimmer (3St), Bäder (2St), WC, Eingang, Vorrat, Flur, Einliegerwohnung, Büros, Ausstellungsraum

Nutzeinheiten

Arbeitsplätze: 3
Bürofläche: 46 m²
Wohneinheiten: 2
Wohnfläche: 229 m²

Grundstück

Bauraum: Freier Bauraum
Neigung: Ebenes Gelände
Bodenklasse: BK 1 bis BK 3

Markt

Hauptvergabezeit: 4. Quartal 2016
Baubeginn: 1. Quartal 2017
Bauende: 1. Quartal 2020
Konjunkturelle Gesamtlage: Durchschnitt
Regionaler Baumarkt: unter Durchschnitt

Baukonstruktion

Der nicht unterkellerte Neubau gründet auf einer Stahlbetonplatte und wurde in Holzbauweise errichtet. Für die Außenwände und das Flach- bzw. Satteldach wurde eine Holzrahmenkonstruktion mit einer ausfachenden Strohballendämmung gewählt. Außen wie innen kamen ausschließlich natürliche und nachwachsende Materialien zum Einsatz. Die Fassade des mittleren Gebäudeteils wurde mit Kalkputz beschichtet, die Außenwände der beiden seitlichen Gebäudeteile sind mit einer vertikalen Holzschalung gestaltet. Zudem wurde das Satteldach des mittleren Teils mit Tonziegeln gedeckt, seitlich kamen flach geneigte Pultdächer mit extensiver Begrünung zur Ausführung. Innen sind sämtliche Wände mit Lehmputz versehen. In den Wohnräumen wurden die Fußböden mit Fliesen belegt, die Schlafräume sind mit Echtholzparkett ausgestattet. Als Innentüren wurden Massivholztüren mit verdeckten Zargen eingebaut.

Technische Anlagen

Beheizt werden das Haus und die Gewerbehalle durch einen Pelletofen. Eine **Lüftungsanlage** mit Erdwärmetauscher sorgt für einen angemessenen Luftwechsel und für eine Raumabkühlung im Sommer. Die solarthermische Anlage mit Flachkollektoren und einer steilen Neigung ermöglicht eine hohe Ausnutzung in der Übergangszeit für die Heizungsunterstützung. Die **Photovoltaikanlage** auf der Gewerbehalle mit Akku-Speicher erzeugt einen Energie-Überschuss, der eigengenutzt u.a. auch für die E-Autos der Firma eingesetzt wird.

Sonstiges

Das Anbringen von Lehmbauplatten an Wänden und Dach, sowie das Einbauen von Schafwolldämmung in Innenwände erfolgte in Eigenleistung. Diese Lohnkosten sind nicht in der Dokumentation enthalten.

Energetische Kennwerte

Gesetzliche Grundlage: EnEV 2013
Spez. Jahresheizwärmebedarf: 15,00 kWh/(m²·a)
Differenzdruck-Messverfahren: 0,20 h^{-1}

Planungskennwerte für Flächen und Rauminhalte nach DIN 277

	Flächen des Grundstücks	Menge Einheit	% an GF
BF	Bebaute Fläche	524,00 m²	19,7
UF	Unbebaute Fläche	2.141,00 m²	80,3
GF	Grundstücksfläche	2.665,00 m²	100,0

	Grundflächen des Bauwerks	Menge Einheit	% an NUF	% an BGF
NUF	Nutzungsfläche	254,51 m²	100,0	71,9
TF	Technikfläche	5,50 m²	2,2	1,6
VF	Verkehrsfläche	18,62 m²	7,3	5,3
NRF	Netto-Raumfläche	278,63 m²	109,5	78,7
KGF	Konstruktions-Grundfläche	75,37 m²	29,6	21,3
BGF	Brutto-Grundfläche	354,00 m²	139,1	100,0

	Brutto-Rauminhalt des Bauwerks	Menge Einheit	BRI/NUF (m)	BRI/BGF (m)
BRI	Brutto-Rauminhalt	1.253,00 m³	4,92	3,54

Prozentualer Anteil der Kostengruppen der 2. Ebene an der Kostengruppe 400 nach DIN 276

KG	Kostengruppen (2. Ebene)
410	Abwasser-, Wasser-, Gasanlagen
420	Wärmeversorgungsanlagen
430	Raumlufttechnische Anlagen
440	Elektrische Anlagen
450	Kommunikationstechnische Anlagen
460	Förderanlagen
470	Nutzungsspez. u. verfahrenstechn. Anl.
480	Gebäude- und Anlagenautomation
490	Sonst. Maßnahmen für techn. Anlagen

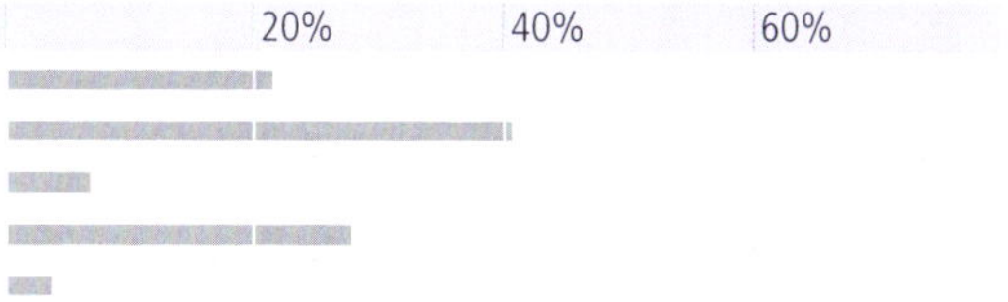

Ranking der Kostengruppen der 3. Ebene an der Kostengruppe 400 nach DIN 276

KG	Kostengruppen (3. Ebene)	% an KG 400
421	Wärmeerzeugungsanlagen	23,8
444	Niederspannungsinstallationsanlagen	20,0
423	Raumheizflächen	14,3
412	Wasseranlagen	14,0
431	Lüftungsanlagen	6,8
411	Abwasseranlagen	6,6
442	Eigenstromversorgungsanlagen	5,6

KG	Kostengruppen (3. Ebene)	% an KG 400
457	Datenübertragungsnetze	2,5
446	Blitzschutz- und Erdungsanlagen	2,1
429	Sonstiges zur KG 420	1,6
455	Audiovisuelle Medien- u. Antennenanl.	1,2
419	Sonstiges zur KG 410	0,9
422	Wärmeverteilnetze	0,8

Kostenstand: 4. Quartal 2024, Bundesdurchschnitt, **inkl. 19% MwSt.**

Kostenkennwerte für die Kostengruppen der 1. Ebene DIN 276

KG	Kostengruppen (1. Ebene)	Einheit	Kosten €	€/Einheit	€/m² BGF	€/m³ BRI	% 300+400
100	Grundstück	m² GF	–	–	–	–	–
200	Vorbereitende Maßnahmen	m² GF	18.474	6,93	52,19	14,74	1,5
300	Bauwerk – Baukonstruktionen	m² BGF	940.345	2.656,34	2.656,34	750,47	77,6
400	Bauwerk – Technische Anlagen	m² BGF	270.849	765,11	765,11	216,16	22,4
	Bauwerk 300+400	**m² BGF**	**1.211.194**	**3.421,45**	**3.421,45**	**966,64**	**100,0**
500	Außenanlagen und Freiflächen	m² AF	107.102	133,88	302,55	85,48	8,8
600	Ausstattung und Kunstwerke	m² BGF	–	–	–	–	–
700	Baunebenkosten	m² BGF	–	–	–	–	–
800	Finanzierung	m² BGF	–	–	–	–	–

KG	Kostengruppe	Menge Einheit	Kosten €	€/Einheit	%
200	**Vorbereitende Maßnahmen**	2.665,00 m² GF	18.474	**6,93**	1,5
	Abbruch von Asphaltdecken; Entsorgung, Deponiegebühren				
3+4	**Bauwerk**				**100,0**
300	**Bauwerk – Baukonstruktionen**	354,00 m² BGF	940.345	**2.656,34**	77,6
	Stb-Bodenplatte, Abdichtung, Estrich, Parkett, Bodenfliesen, Perimeterdämmung; Holzrahmen-Außenwände, Strohballendämmung, Mauerwerk, Kunststofffenster, Hebeschiebetüren, Haustüren, Holzbekleidung, Titanzinkbekleidung, Putz, Beschichtung, Raffstores; Holzrahmen-Innenwände, Holztüren, Lehmbauplatten, Lehmputz, Wandfliesen; Holzdächer, Dämmung, Dachabdichtung, Gründach, Ziegeldeckung, Dachentwässerung, GF-Bekleidung, Installationsdecken				
400	**Bauwerk – Technische Anlagen**	354,00 m² BGF	270.849	**765,11**	22,4
	Gebäudeentwässerung, Kalt-, Warm- und Regenwasserleitungen, Sanitärobjekte; Pelletheizzentrale, **Pellet**-Sacksilo, Nahwärmeleitung, **Fußbodenheizung**, Edelstahl-Schornstein; **Lüftungsgerät** mit **WRG**, Lüftungsrohre; **Photovoltaikanlage** auf Nachbargebäude, Elektroinstallation, Erdung; Antennendosen, EDV-Anlage				
500	**Außenanlagen und Freiflächen**	800,00 m² AF	107.102	**133,88**	8,8
	Bodenarbeiten; Entwässerung, **Zisterne**, Erdwärmetauscherrohre, Kabelschutzrohre; Oberboden, Kalkschotter				

Kostenkennwerte für die Kostengruppen 400 der 2.Ebene DIN 276

KG	Kostengruppe	Menge Einheit	Kosten €	€/Einheit	%
400	**Bauwerk – Technische Anlagen**				**100,0**
410	**Abwasser-, Wasser-, Gasanlagen**	354,00 m² BGF	57.922	**163,62**	21,4
	PVC-Rohre DN110 (32m), Rinne, innenliegend (4m), Rinnenabläufe (6St), Abwasserleitungen, Duschrinnen * Kalt-, Warm- und Regenwasserleitungen, Armaturen (psch), WCs, Regenwassernutzung (4St), Urinal, Regenwassernutzung (1St), Waschbecken (5St), Badewanne (1St), Duscharmaturen (3St), Waschmaschinenanschlüsse (3St), Waschmaschinenvorschaltgerät (1St), Regenwasserwerk 4,8m³/h (1St), Regenwasserentnahmestellen (5St) * Montageelemente (5St)				
420	**Wärmeversorgungsanlagen**	354,00 m² BGF	109.779	**310,11**	40,5
	Pelletheizzentrale 10kW, **Pellet**-Sacksilo in Nachbargebäude (1St), Saugaustragung, Schlauch 20m, Befüllset (1St), Zuluftklappe (1St), Ausdehnungsgefäß 100l (1St), Großflächen-Aufbaukollektor (11m²), Schichtspeicher 1.490l (1St), Wärmetauscher (1St), Solarstation (1St), Solarregler (1St), Ausdehnungsgefäß 80l (1St), Pumpen (2St) * Nahwärmeleitung (12m) * **Fußbodenheizung** (277m²) * Edelstahl-Schornstein (1St), Feinstaubabscheider (1St)				
430	**Raumlufttechnische Anlagen**	354,00 m² BGF	18.300	**51,69**	6,8
	Lüftungsgerät 500m³/h mit Wärmetauscher (1St), Schalldämmeinheit (1St), Wickelfalzrohre, Lüftungskanäle, Lüftungsleitungen (psch), Rohrdämmungen (psch), Zuluftventile (10St), Abluftventile (10St), Vorschaltfilter (10St)				
440	**Elektrische Anlagen**	354,00 m² BGF	74.935	**211,68**	27,7
	Photovoltaikanlage 7kW$_p$, auf Nachbargebäude (1St) * Zählerschrank (1St), Unterverteiler (3St), FI-Schutzschalter (15St), Sicherungen (32St), Mantelleitungen NYM (949m), Steckdosen (150St), Schalter/Taster (25St), Jalousieschalter (23St), Raumthermostate (15St) * Ringerder, Edelstahl (140m), Bandstahl (145m)				
450	**Kommunikationstechnische Anlagen**	354,00 m² BGF	9.913	**28,00**	3,7
	Koaxialkabel (288m), Antennendosen (12St) * Multimedia-Verteiler (3St), Datenkabel Cat6 (368m), Datenanschlussdosen (16St)				

Kostenkennwerte für die Kostengruppen 400 der 2. und 3. Ebene DIN 276 (Übersicht)

KG	Kostengruppe	Menge Einheit	Kosten €	€/Einheit	%
410	**Abwasser-, Wasser-, Gasanlagen**	**354,00 m² BGF**	**57.922,22**	**163,62**	**21,4**
411	Abwasseranlagen	354,00 m² BGF	17.767,93	50,19	6,6
412	Wasseranlagen	354,00 m² BGF	37.824,58	106,85	14,0
419	Sonstiges zur KG 410	354,00 m² BGF	2.329,70	6,58	0,9
420	**Wärmeversorgungsanlagen**	**354,00 m² BGF**	**109.779,11**	**310,11**	**40,5**
421	Wärmeerzeugungsanlagen	354,00 m² BGF	64.527,03	182,28	23,8
422	Wärmeverteilnetze	354,00 m² BGF	2.046,02	5,78	0,8
423	Raumheizflächen	354,00 m² BGF	38.767,30	109,51	14,3
429	Sonstiges zur KG 420	354,00 m² BGF	4.438,76	12,54	1,6
430	**Raumlufttechnische Anlagen**	**354,00 m² BGF**	**18.299,64**	**51,69**	**6,8**
431	Lüftungsanlagen	354,00 m² BGF	18.299,64	51,69	6,8
440	**Elektrische Anlagen**	**354,00 m² BGF**	**74.935,11**	**211,68**	**27,7**
442	Eigenstromversorgungsanlagen	354,00 m² BGF	15.240,40	43,05	5,6
444	Niederspannungsinstallationsanlagen	354,00 m² BGF	54.070,54	152,74	20,0
446	Blitzschutz- und Erdungsanlagen	354,00 m² BGF	5.624,17	15,89	2,1
450	**Kommunikationstechnische Anlagen**	**354,00 m² BGF**	**9.913,30**	**28,00**	**3,7**
455	Audiovisuelle Medien- u. Antennenanl.	354,00 m² BGF	3.220,83	9,10	1,2
457	Datenübertragungsnetze	354,00 m² BGF	6.692,47	18,91	2,5

Kostenkennwerte für Leistungsbereiche nach STLB (Kosten KG 400 nach DIN 276)

LB	Leistungsbereiche	Kosten €	€/m² BGF	€/m³ BRI	% an 400
040	Wärmeversorgungsanlagen - Betriebseinrichtungen	64.906	183,30	51,80	24,0
041	Wärmeversorgungsanlagen - Leitungen, Armaturen, Heizflächen	40.813	115,30	32,60	15,1
042	Gas- und Wasseranlagen - Leitungen, Armaturen	21.216	59,90	16,90	7,8
043	Druckrohrleitungen für Gas, Wasser und Abwasser	–	–	–	–
044	Abwasseranlagen - Leitungen, Abläufe, Armaturen	13.050	36,90	10,40	4,8
045	Gas-, Wasser- und Entwässerungsanlagen - Ausstattung, Elemente, Fertigbäder	15.704	44,40	12,50	5,8
046	Gas-, Wasser- und Entwässerungsanlagen - Betriebseinrichtungen	2.425	6,90	1,90	0,9
047	Dämm- und Brandschutzarbeiten an technischen Anlagen	2.136	6,00	1,70	0,8
049	Feuerlöschanlagen, Feuerlöschgeräte	–	–	–	–
050	Blitzschutz- / Erdungsanlagen, Überspannungsschutz	5.624	15,90	4,50	2,1
051	Kabelleitungstiefbauarbeiten	–	–	–	–
052	Mittelspannungsanlagen	–	–	–	–
053	Niederspannungsanlagen - Kabel / Leitungen, Verlegesysteme, Installationsgeräte	46.036	130,00	36,70	17,0
054	Niederspannungsanlagen - Verteilersysteme und Einbaugeräte	22.808	64,40	18,20	8,4
055	Sicherheits- und Ersatzstromversorgungsanlagen	–	–	–	–
057	Gebäudesystemtechnik	–	–	–	–
058	Leuchten und Lampen	–	–	–	–
059	Sicherheitsbeleuchtungsanlagen	–	–	–	–
060	Such-, Signal-, Zeitdienst-, Antennen-, elektroakustische Anlagen, Medientechnik	3.221	9,10	2,60	1,2
061	Kommunikations- und Übertragungsnetze	6.692	18,90	5,30	2,5
062	Kommunikationsanlagen	–	–	–	–
063	Gefahrenmeldeanlagen	–	–	–	–
064	Zutrittskontroll-, Zeiterfassungssysteme	–	–	–	–
069	Aufzüge	–	–	–	–
070	Gebäudeautomation	–	–	–	–
075	Raumlufttechnische Anlagen	18.300	51,70	14,60	6,8
078	Kälteanlagen für raumlufttechnische Anlagen	–	–	–	–
	Gebäudetechnik	**262.931**	**742,70**	**209,80**	**97,1**
	Sonstige Leistungsbereiche	**5.994**	**16,90**	**4,80**	**2,2**

6100-1563
Ferienhaus (1 WE)
Garage

Kostenkennwerte für die Kosten des Bauwerks (Kostengruppen 300+400 nach DIN 276)

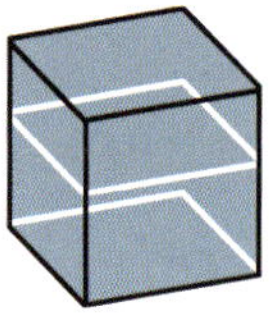

BRI 733 €/m^3

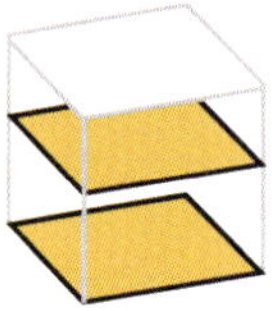

BGF 2.472 €/m^2

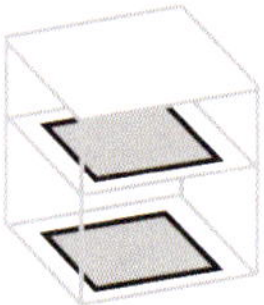

NUF 3.290 €/m^2

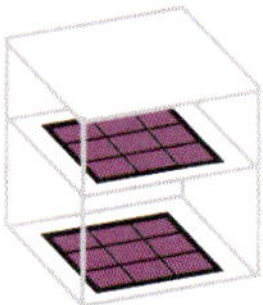

NE 4.221 €/NE

NE: Wohnfläche

Objekt:
Kennwerte: 3. Ebene DIN 276
BRI: 537 m^3
BGF: 159 m^2
NUF: 120 m^2
Bauzeit: 35 Wochen
Bauende: 2019
Standard: mittel
Bundesland: Sachsen
Kreis: Bautzen

Architekt*in:
meyer-bassin und partner
freie architekten bda
Schanzenstraße 11
01097 Dresden

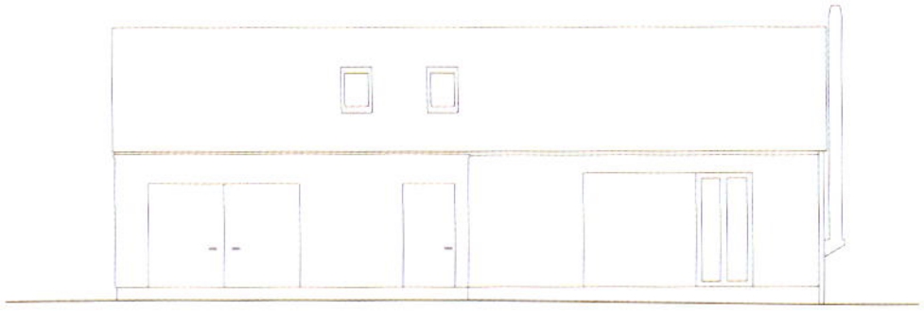

Ansicht Nord

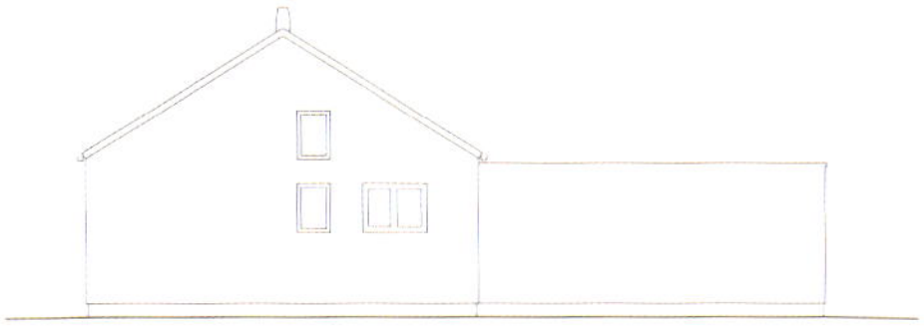

Ansicht Ost

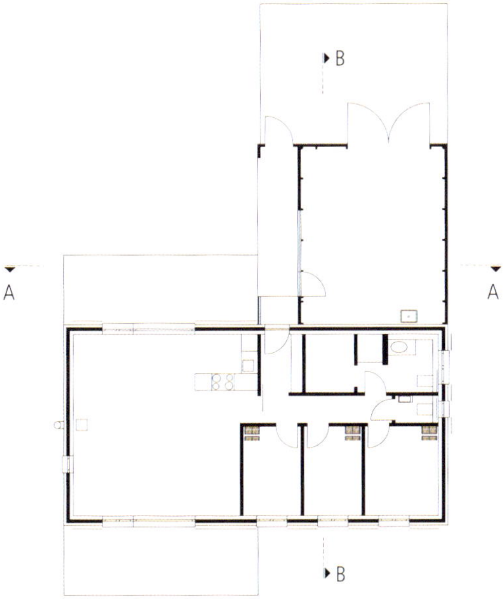

Erdgeschoss

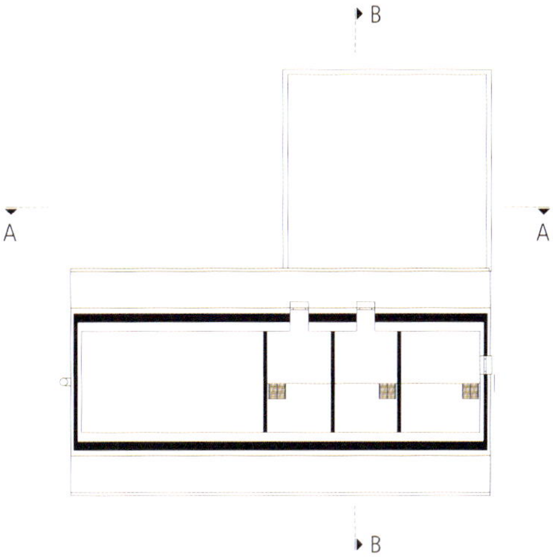

Dachgeschoss

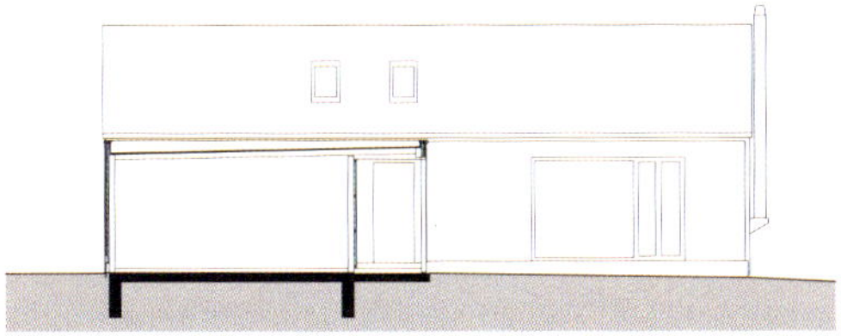

Schnitt A-A

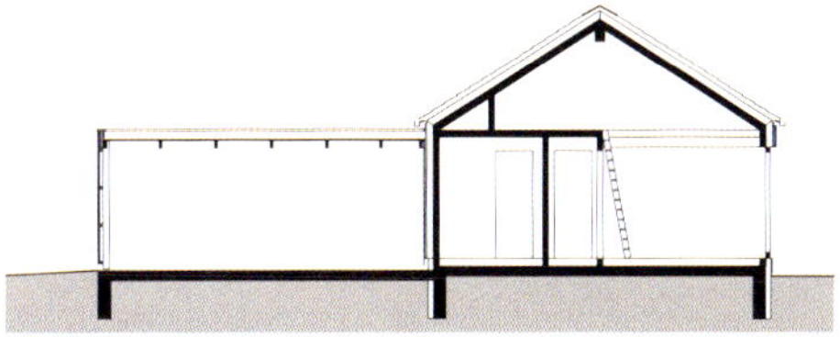

Schnitt B-B

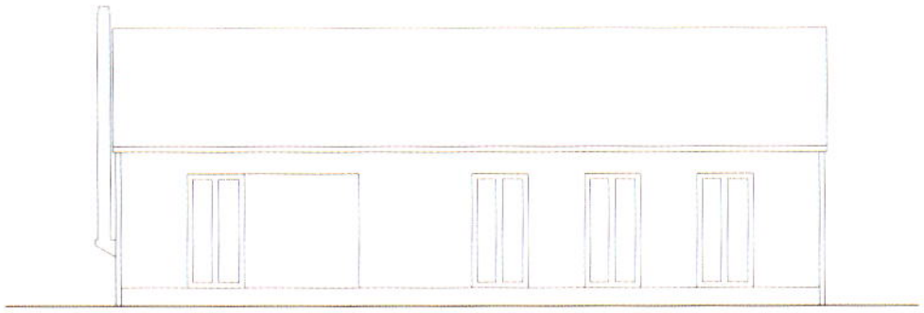

Ansicht Süd

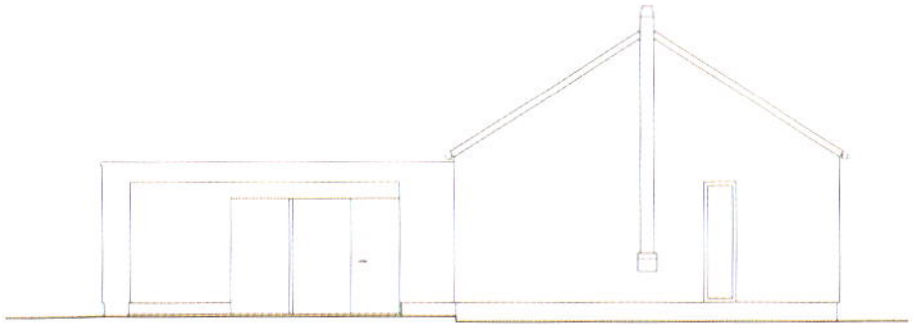

Ansicht West

Objektbeschreibung

Allgemeine Objektinformationen

Das neu erbaute Wohngebäude liegt in einem dörflichen Neubaugebiet und wird derzeit primär als Ferienhaus genutzt. Langfristig ist es zur dauerhaften und ganzjährigen Nutzung vorgesehen. Das eingeschossige Holzhaus mit Satteldach bietet Raum für eine Familie mit drei Kindern. Eine Garage mit Flachdach grenzt unmittelbar an das Wohnhaus. Im Inneren des Gebäudes sind die Massivholzwände prägendes Gestaltungselement in Verbindung mit einigen farbigen Wandflächen. Die Schlafräume sind mit einer Galerieebene ausgestattet, die die relativ kleinen Räume erweitert.

Nutzung

1 Erdgeschoss
Wohnen/Essen/Küche, drei Schlafzimmer, Sauna, Bad/WC, Gäste/WC, Flur, Zugang, Garage

1 Obergeschoss
drei Galerien mit Leitertreppen

Nutzeinheiten

Wohneinheiten: 1
Wohnfläche: 93 m²

Grundstück

Bauraum: Freier Bauraum
Neigung: Ebenes Gelände
Bodenklasse: BK 1 bis BK 3

Markt

Hauptvergabezeit: 2. Quartal 2018
Baubeginn: 3. Quartal 2018
Bauende: 2. Quartal 2019
Konjunkturelle Gesamtlage: Durchschnitt
Regionaler Baumarkt: unter Durchschnitt

Baukonstruktion

Der Neubau ist nicht unterkellert. Die Tragkonstruktion ist in Massivholzbauweise errichtet. Die Außenwände und die Dachscheiben sind aus verleimten Massivholzscheiben gefertigt, die Dämmung der Wand- und Dachflächen besteht aus Holzfasertafeln. Eine klassische Boden-Deckelschalung aus unbehandelter Lärche bildet die Fassade. Alle Fenster besitzen Rahmen aus Lärchenholz und sind mit großformatigen Holzschiebeläden vor Witterungseinflüssen geschützt. Das Satteldach hat eine Deckung aus Tonziegeln erhalten. Die Fußböden in den Wohnräumen sind mit Lärchenholzdielen belegt. Teilweise wurden einzelne Wände farbig gestaltet. Die Galerieebenen sind über einfache Leitertreppen aus Holz erschlossen.

Technische Anlagen

Aktuell wird das Gebäude mit einem **Kaminofen** beheizt, zusätzlich decken elektrische Infrarot-Strahlungsheizkörper den Wärmebedarf ab. Langfristig ist die Nachrüstung einer Heizung mit **Luft-Wärmepumpe** möglich. Die Installation einer **Photovoltaikanlage** mit Speichermöglichkeit für den Eigenbedarf wurde vorbereitet. Für die Brauchwasser- und Gartennutzung ist eine Regenwasserzisterne mit Pumpanlage installiert worden.

Sonstiges

Das Holz für das Gebäude stammt aus Wäldern der Region.

Energetische Kennwerte

Gesetzliche Grundlage: EnEV 2013
Gebäudenutzfläche: 126,95 m²
Gebäudevolumen: 396,72 m³
A/V_e-Verhältnis (Kompaktheit): 0,88 m⁻¹
Hüllfläche des beheizten Volumens: 348,78 m²
Spez. Transmissionswärmeverlust: 0,30 W/(m²·K)
Jahresprimärenergie: 6.820,02 kWh/a
Spez. Jahresprimärenergiebedarf: 53,72 kWh/(m²·a)
Jahresendenergiebedarf: 3.788,90 kWh/a
Spez. Jahresendenergiebedarf: 29,85 kWh/(m²·a)
Jahresheizwärmebedarf: 7.276,24 kWh/a
Spez. Jahresheizwärmebedarf: 57,32 kWh/(m²·a)
CO_2-Emissionen: 26,33 kg/(m²·a)
Anlagenaufwandszahl: 1,18

Planungskennwerte für Flächen und Rauminhalte nach DIN 277

Flächen des Grundstücks		Menge Einheit	% an GF
BF	Bebaute Fläche	142,64 m²	12,5
UF	Unbebaute Fläche	997,36 m²	87,5
GF	Grundstücksfläche	1.140,00 m²	100,0

Grundflächen des Bauwerks		Menge Einheit	% an NUF	% an BGF
NUF	Nutzungsfläche	119,70 m²	100,0	75,1
TF	Technikfläche	–	–	–
VF	Verkehrsfläche	16,90 m²	14,1	10,6
NRF	Netto-Raumfläche	136,60 m²	114,1	85,7
KGF	Konstruktions-Grundfläche	22,71 m²	19,0	14,3
BGF	Brutto-Grundfläche	159,31 m²	133,1	100,0

Brutto-Rauminhalt des Bauwerks		Menge Einheit	BRI/NUF (m)	BRI/BGF (m)
BRI	Brutto-Rauminhalt	537,30 m³	4,49	3,37

Prozentualer Anteil der Kostengruppen der 2. Ebene an der Kostengruppe 400 nach DIN 276

Ranking der Kostengruppen der 3. Ebene an der Kostengruppe 400 nach DIN 276

KG	Kostengruppen (3. Ebene)	% an KG 400
423	Raumheizflächen	40,4
412	Wasseranlagen	22,3
444	Niederspannungsinstallationsanlagen	11,8
429	Sonstiges zur KG 420	8,6
445	Beleuchtungsanlagen	7,8
446	Blitzschutz- und Erdungsanlagen	5,9
451	Telekommunikationsanlagen	2,0
411	Abwasseranlagen	1,3

Kostenkennwerte für die Kostengruppen der 1. Ebene DIN 276

KG	Kostengruppen (1. Ebene)	Einheit	Kosten €	€/Einheit	€/m² BGF	€/m³ BRI	% 300+400
100	Grundstück	m² GF	–	–	–	–	–
200	Vorbereitende Maßnahmen	m² GF	501	0,44	3,14	0,93	0,1
300	Bauwerk – Baukonstruktionen	m² BGF	349.563	2.194,23	2.194,23	650,59	88,8
400	Bauwerk – Technische Anlagen	m² BGF	44.219	277,56	277,56	82,30	11,2
	Bauwerk 300+400	**m² BGF**	**393.781**	**2.471,79**	**2.471,79**	**732,89**	**100,0**
500	Außenanlagen und Freiflächen	m² AF	11.436	190,60	71,78	21,28	2,9
600	Ausstattung und Kunstwerke	m² BGF	–	–	–	–	–
700	Baunebenkosten	m² BGF	–	–	–	–	–
800	Finanzierung	m² BGF	–	–	–	–	–

KG	Kostengruppe	Menge Einheit	Kosten €	€/Einheit	%
200	**Vorbereitende Maßnahmen**	1.140,00 m² GF	501	**0,44**	0,1
	Geländeoberfläche abräumen, Oberboden lagern				
3+4	**Bauwerk**				**100,0**
300	**Bauwerk – Baukonstruktionen**	159,31 m² BGF	349.563	**2.194,23**	88,8
	Stb-Bodenplatte, Abdichtung, Wärmedämmung, Holzfaserplatten, Dielenboden, Bodenfliesen; Holzfenster, Holztüren, Perimeterdämmung, Sockelputz, Massivholz-Außenwände mit Holzbekleidung, Holzrahmen-Außenwände mit Holzbekleidung, Schiebeläden, Klappläden; GK-Wände, Holzinnentüren, Wandfliesen, Beschichtung, Massivholz-Innenwand mit Holzbekleidung; Holzelementdecke; Massivholz-Satteldach, Holzbalken-Flachdach, Dachflächenfenster, Dämmung, Ziegeldeckung, Dachabdichtung, Dachentwässerung				
400	**Bauwerk – Technische Anlagen**	159,31 m² BGF	44.219	**277,56**	11,2
	Gebäudeentwässerung, Kaltwasserleitungen, Sanitärobjekte, Durchlauferhitzer; **Kaminofen** mit Speicherelement, Infrarot-Elektroheizungen, Edelstahl-Schornstein * Elektroinstallation, Leuchten, **Blitzschutz** * Telefonanschluss				
500	**Außenanlagen und Freiflächen**	60,00 m² AF	11.436	**190,60**	2,9
	Abwasser-Sammelgrube, Regenwasserzisterne				

Kostenkennwerte für die Kostengruppen 400 der 2.Ebene DIN 276

KG	Kostengruppe	Menge Einheit	Kosten €	€/Einheit	%
400	**Bauwerk – Technische Anlagen**				**100,0**
410	**Abwasser-, Wasser-, Gasanlagen**	159,31 m² BGF	10.431	**65,48**	23,6
	Abwasserinstallation * Wasserleitungen (psch), bodengleiche Dusche (1St), WCs (2St), Waschtische (2St), Durchlauferhitzer (2St)				
420	**Wärmeversorgungsanlagen**	159,31 m² BGF	21.659	**135,95**	49,0
	Kaminofen mit Speicherelement (1St), Infrarot-Elektroheizungen (6St) * Edelstahl-Schornstein (5m)				
440	**Elektrische Anlagen**	159,31 m² BGF	11.263	**70,70**	25,5
	Elektroinstallation, Hausanschluss, Vorbereitung für **PV-Anlage** * Leuchten * **Blitzschutz**, Erdung				
450	**Kommunikationstechnische Anlagen**	159,31 m² BGF	866	**5,44**	2,0
	Telefonanschluss (psch)				

Kostenkennwerte für die Kostengruppen 400 der 2. und 3. Ebene DIN 276 (Übersicht)

KG	Kostengruppe	Menge Einheit	Kosten €	€/Einheit	%
410	**Abwasser-, Wasser-, Gasanlagen**	**159,31 m² BGF**	**10.430,90**	**65,48**	**23,6**
411	Abwasseranlagen	159,31 m² BGF	570,78	3,58	1,3
412	Wasseranlagen	159,31 m² BGF	9.859,45	61,89	22,3
420	**Wärmeversorgungsanlagen**	**159,31 m² BGF**	**21.658,86**	**135,95**	**49,0**
423	Raumheizflächen	159,31 m² BGF	17.846,92	112,03	40,4
429	Sonstiges zur KG 420	159,31 m² BGF	3.811,95	23,93	8,6
440	**Elektrische Anlagen**	**159,31 m² BGF**	**11.262,58**	**70,70**	**25,5**
444	Niederspannungsinstallationsanlagen	159,31 m² BGF	5.198,11	32,63	11,8
445	Beleuchtungsanlagen	159,31 m² BGF	3.465,40	21,75	7,8
446	Blitzschutz- und Erdungsanlagen	159,31 m² BGF	2.599,06	16,31	5,9
450	**Kommunikationstechnische Anlagen**	**159,31 m² BGF**	**866,35**	**5,44**	**2,0**
451	Telekommunikationsanlagen	159,31 m² BGF	866,35	5,44	2,0

Kostenkennwerte für Leistungsbereiche nach STLB (Kosten KG 400 nach DIN 276)

LB	Leistungsbereiche	Kosten €	€/m² BGF	€/m³ BRI	% an 400
040	Wärmeversorgungsanlagen - Betriebseinrichtungen	3.812	23,90	7,10	8,6
041	Wärmeversorgungsanlagen - Leitungen, Armaturen, Heizflächen	17.847	112,00	33,20	40,4
042	Gas- und Wasseranlagen - Leitungen, Armaturen	1.679	10,50	3,10	3,8
043	Druckrohrleitungen für Gas, Wasser und Abwasser	–	–	–	–
044	Abwasseranlagen - Leitungen, Abläufe, Armaturen	–	–	–	–
045	Gas-, Wasser- und Entwässerungsanlagen - Ausstattung, Elemente, Fertigbäder	8.747	54,90	16,30	19,8
046	Gas-, Wasser- und Entwässerungsanlagen - Betriebseinrichtungen	–	–	–	–
047	Dämm- und Brandschutzarbeiten an technischen Anlagen	–	–	–	–
049	Feuerlöschanlagen, Feuerlöschgeräte	–	–	–	–
050	Blitzschutz- / Erdungsanlagen, Überspannungsschutz	2.599	16,30	4,80	5,9
051	Kabelleitungstiefbauarbeiten	–	–	–	–
052	Mittelspannungsanlagen	–	–	–	–
053	Niederspannungsanlagen - Kabel / Leitungen, Verlegesysteme, Installationsgeräte	5.198	32,60	9,70	11,8
054	Niederspannungsanlagen - Verteilersysteme und Einbaugeräte	–	–	–	–
055	Sicherheits- und Ersatzstromversorgungsanlagen	–	–	–	–
057	Gebäudesystemtechnik	–	–	–	–
058	Leuchten und Lampen	3.465	21,80	6,40	7,8
059	Sicherheitsbeleuchtungsanlagen	–	–	–	–
060	Such-, Signal-, Zeitdienst-, Antennen-, elektroakustische Anlagen, Medientechnik	–	–	–	–
061	Kommunikations- und Übertragungsnetze	865	5,40	1,60	2,0
062	Kommunikationsanlagen	–	–	–	–
063	Gefahrenmeldeanlagen	–	–	–	–
064	Zutrittskontroll-, Zeiterfassungssysteme	–	–	–	–
069	Aufzüge	–	–	–	–
070	Gebäudeautomation	–	–	–	–
075	Raumlufttechnische Anlagen	–	–	–	–
078	Kälteanlagen für raumlufttechnische Anlagen	–	–	–	–
	Gebäudetechnik	**44.212**	**277,50**	**82,30**	**100,0**
	Sonstige Leistungsbereiche	**–**	**–**	**–**	**–**

Objekte

6100-1587
Mehrfamilienhaus
(9 WE)

Kostenkennwerte für die Kosten des Bauwerks (Kostengruppen 300+400 nach DIN 276)

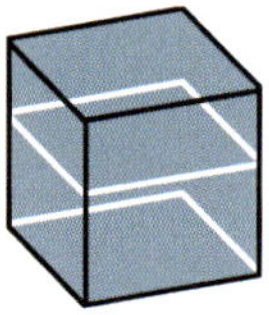

BRI 830 €/m³

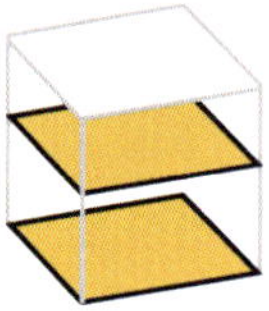

BGF 2.315 €/m²

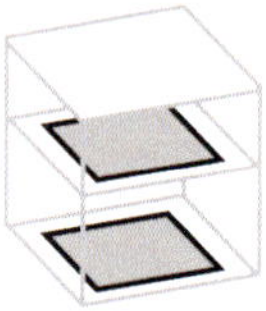

NUF 3.533 €/m²

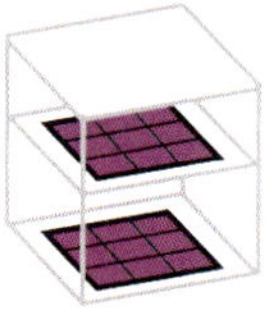

NE 3.632 €/NE

NE: Wohnfläche

Objekt:
Kennwerte: 3.Ebene DIN 276
BRI: 2.836 m³
BGF: 1.017 m²
NUF: 667 m²
Bauzeit: 56 Wochen
Bauende: 2021
Standard: mittel
Bundesland: Hamburg
Kreis: Hamburg, Stadt

Architekt*in:
Plan-R-Architektenbüro
Martin Brüdigam
Helenenstraße 14
22765 Hamburg

Bauherr*in:
Planungsgemeinschaft B48
GbR
WEG Brehmweg 48

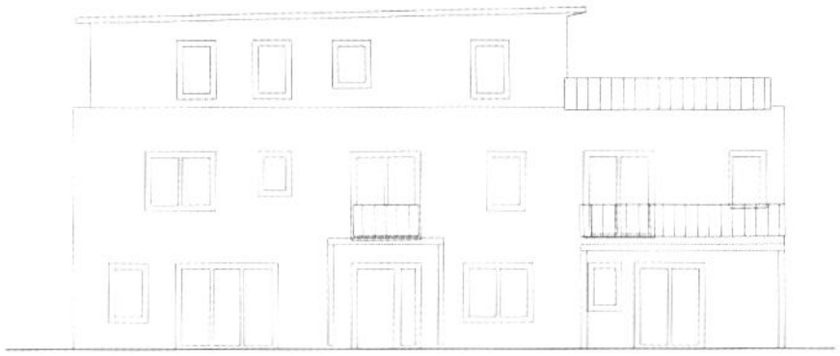

Ansicht Nord

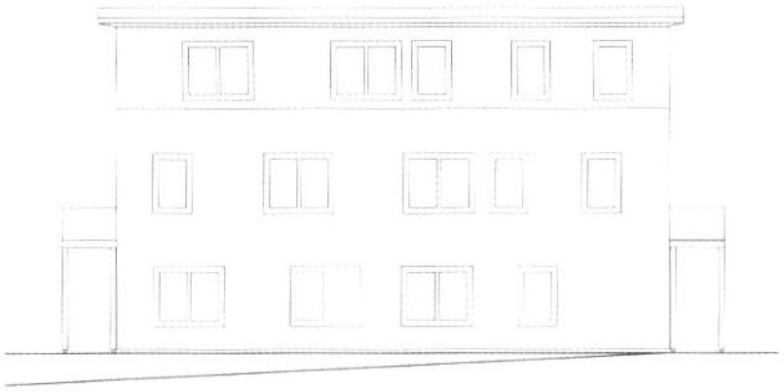

Ansicht Ost

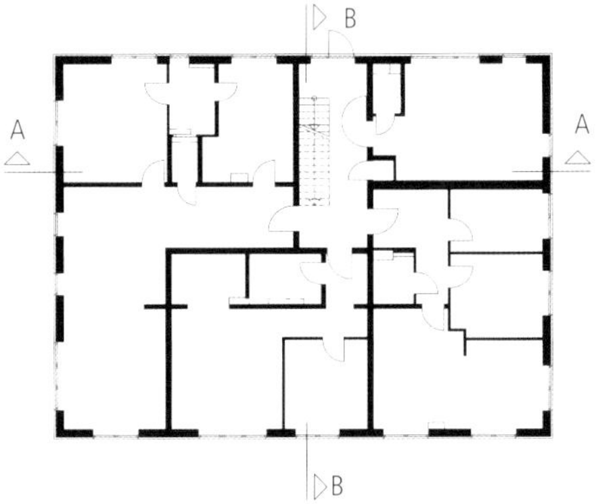

Erdgeschoss

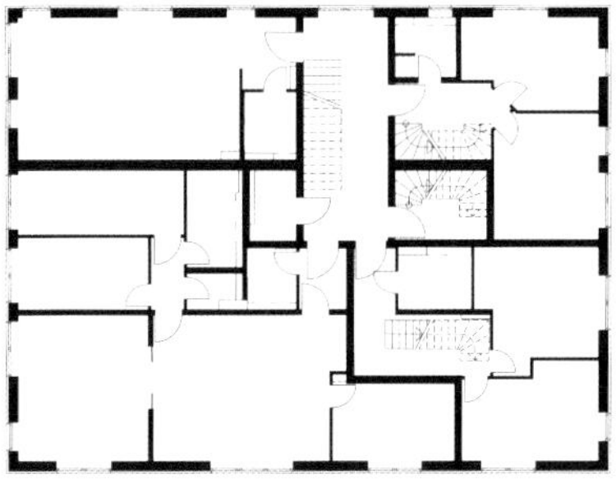

Obergeschoss

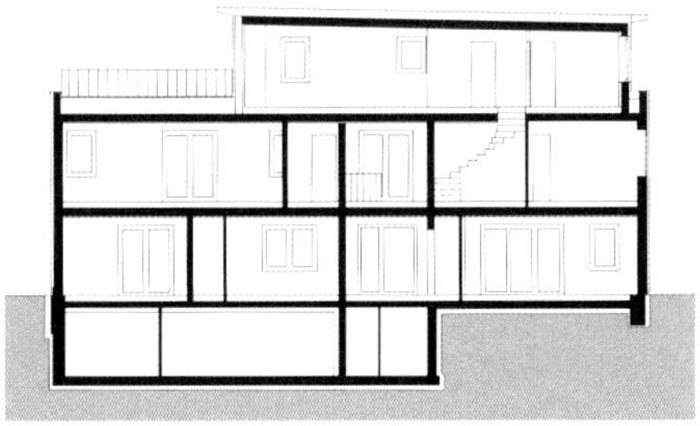

Schnitt A-A

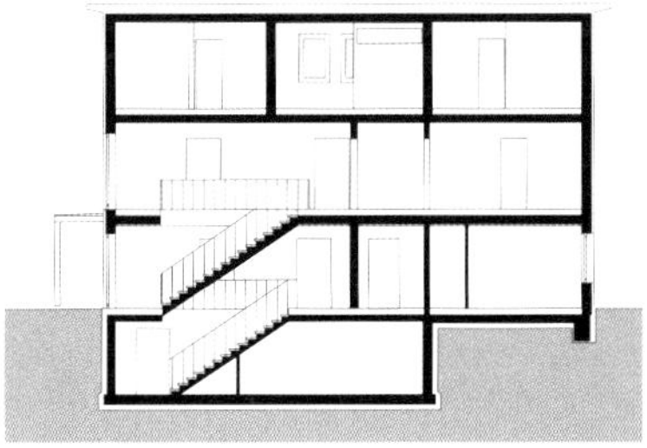

Schnitt B-B

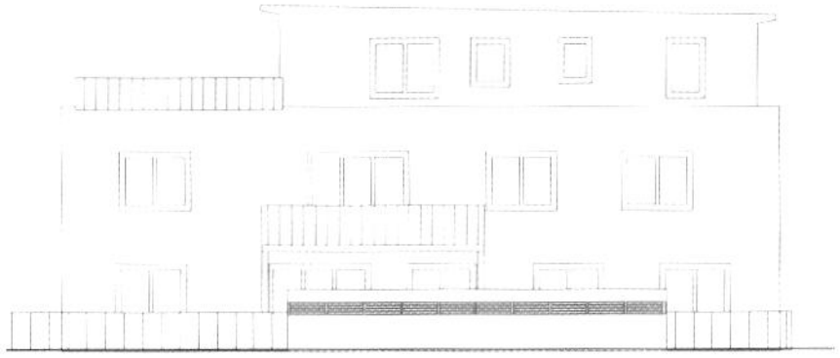

Ansicht Süd

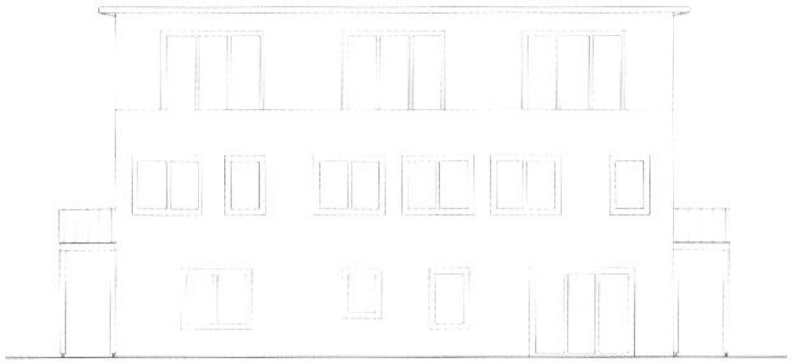

Ansicht West

Objektbeschreibung

Allgemeine Objektinformationen

Bei dem Neubau handelt es sich um einen Holzbau, der aus ökologischen Baustoffen besteht und überwiegend mit Holz realisiert ist. Für die Energieerzeugung wurde auf fossile Brennstoffe vollständig verzichtet.

Nutzung

1 Untergeschoss
Kellerräume, Werkstatt/Trockenraum, Technikraum

1 Erdgeschoss
vier Wohnungen

2 Obergeschosse
1.OG: zwei Etagenwohnungen, drei Maisonettewohnungen
2.OG: drei Maisonettewohnungen

Besonderer Kosteneinfluss Nutzung
Ökologische Bauweise mit nachwachsenden Rohstoffen.

Nutzeinheiten

Wohneinheiten: 9
Wohnfläche: 648 m²

Grundstück

Bauraum: Freier Bauraum
Neigung: Ebenes Gelände
Bodenklasse: BK 1 bis BK 4

Besonderer Kosteneinfluss Grundstück
Teilweise Bodenaustausch

Markt

Hauptvergabezeit: 2.Quartal 2020
Baubeginn: 2.Quartal 2020
Bauende: 3.Quartal 2021
Konjunkturelle Gesamtlage: über Durchschnitt
Regionaler Baumarkt: über Durchschnitt

Baukonstruktion

Der Teilkeller wurde aus WU-Beton hergestellt. Alle Wände oberhalb der EG-Sohle sind in Holzrahmenbauweise mit Holzfaserdämmung, Holzfenstern und hinterlüfteter Holzfassade errichtet. Die Außenwände wurden bis auf die innere Vorsatzschale vorgefertigt und mittels Mobilkran errichtet. Die Fensterlaibungen sind mit farbenfroh beschichtetem Metall bekleidet. Im Innenbereich wurden die Holzbalkendecken teilweise holzsichtig belassen und lasiert. Die Fußböden sind überwiegend mit Parkett belegt. Auf den Balkonen und der Dachterrasse liegen Holzdielen.

Technische Anlagen

Für den Betrieb des Gebäudes werden ausschließlich **erneuerbare Energien** verwendet. Sechs ca. 100m tiefe **Erdsonden** liefern über eine **Sole-Wasser-Wärmepumpe** Wärme und Warmwasser. Sie wird durch eine **Photovoltaikanlage** auf dem Dach und einen Ökostromanschluss unterstützt. Die Wärme wird über Fußbodenheizungen in den Räumen verteilt. In den Sanitärräumen sind Badheizkörper eingebaut. Badentlüfter mit Feuchteregulierung und Fensterfalzöffnungen sorgen für Luftaustausch in den Wohnungen.

Sonstiges

Die drei Erdgeschosswohnungen sind **barrierefrei** ausgeführt. Die dazugehörige Außenanlage ist als eigenständiges Objekt mit der BKI-Objektnummer 6100-1588 dokumentiert.

Energetische Kennwerte

Gesetzliche Grundlage: EnEV 2013
Gebäudenutzfläche: 800,20 m²
Gebäudevolumen: 2.500,70 m³
A/V_e-Verhältnis (Kompaktheit): 0,50 m^{-1}
Hüllfläche des beheizten Volumens: 1.252,60 m²
Spez. Transmissionswärmeverlust: 0,27 W/(m²·K)
Spez. Jahresprimärenergiebedarf: 42,43 kWh/(m²·a)
Anlagenaufwandszahl: 0,97

Planungskennwerte für Flächen und Rauminhalte nach DIN 277

Flächen des Grundstücks		Menge Einheit	% an GF
BF	Bebaute Fläche	309,90 m²	31,0
UF	Unbebaute Fläche	690,10 m²	69,0
GF	Grundstücksfläche	1.000,00 m²	100,0

Grundflächen des Bauwerks		Menge Einheit	% an NUF	% an BGF
NUF	Nutzungsfläche	666,55 m²	100,0	65,5
TF	Technikfläche	21,36 m²	3,2	2,1
VF	Verkehrsfläche	117,67 m²	17,7	11,6
NRF	Netto-Raumfläche	805,58 m²	120,9	79,2
KGF	Konstruktions-Grundfläche	211,39 m²	31,7	20,8
BGF	Brutto-Grundfläche	1.016,97 m²	152,6	100,0

Brutto-Rauminhalt des Bauwerks		Menge Einheit	BRI/NUF (m)	BRI/BGF (m)
BRI	Brutto-Rauminhalt	2.836,36 m³	4,26	2,79

Prozentualer Anteil der Kostengruppen der 2.Ebene an der Kostengruppe 400 nach DIN 276

KG	Kostengruppen (2. Ebene)
410	Abwasser-, Wasser-, Gasanlagen
420	Wärmeversorgungsanlagen
430	Raumlufttechnische Anlagen
440	Elektrische Anlagen
450	Kommunikationstechnische Anlagen
460	Förderanlagen
470	Nutzungsspez. u. verfahrenstechn. Anl.
480	Gebäude- und Anlagenautomation
490	Sonst. Maßnahmen für techn. Anlagen

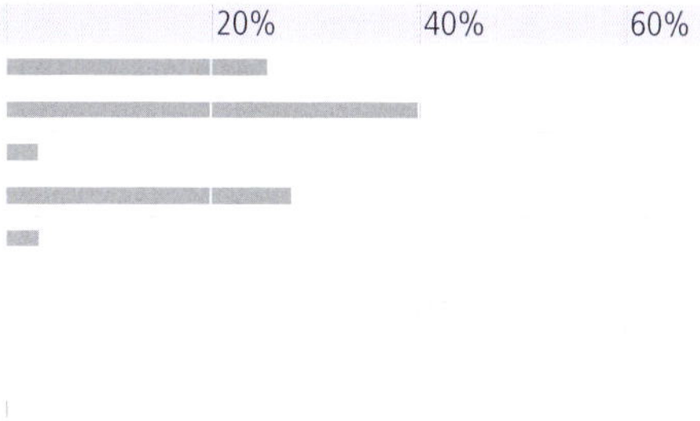

Ranking der Kostengruppen der 3.Ebene an der Kostengruppe 400 nach DIN 276

KG	Kostengruppen (3. Ebene)	% an KG 400	KG	Kostengruppen (3. Ebene)	% an KG 400
412	Wasseranlagen	20,6	445	Beleuchtungsanlagen	1,5
444	Niederspannungsinstallationsanlagen	20,0	419	Sonstiges zur KG 410	1,2
421	Wärmeerzeugungsanlagen	19,5	452	Such- und Signalanlagen	1,0
423	Raumheizflächen	15,3	446	Blitzschutz- und Erdungsanlagen	0,9
442	Eigenstromversorgungsanlagen	5,3	457	Datenübertragungsnetze	0,9
422	Wärmeverteilnetze	5,2	455	Audiovisuelle Medien- u. Antennenanl.	0,8
411	Abwasseranlagen	3,7	456	Gefahrenmelde- und Alarmanlagen	0,4
431	Lüftungsanlagen	3,2	495	Instandsetzungen	0,3

Kostenkennwerte für die Kostengruppen der 1. Ebene DIN 276

KG	Kostengruppen (1. Ebene)	Einheit	Kosten €	€/Einheit	€/m² BGF	€/m³ BRI	% 300+400
100	Grundstück	m² GF	–	–	–	–	–
200	Vorbereitende Maßnahmen	m² GF	56.142	56,14	55,21	19,79	2,4
300	Bauwerk – Baukonstruktionen	m² BGF	1.848.499	1.817,65	1.817,65	651,72	78,5
400	Bauwerk – Technische Anlagen	m² BGF	506.227	497,78	497,78	178,48	21,5
	Bauwerk 300+400	**m² BGF**	**2.354.726**	**2.315,43**	**2.315,43**	**830,19**	**100,0**
500	Außenanlagen und Freiflächen	m² AF	139.343	196,95	137,02	49,13	5,9
600	Ausstattung und Kunstwerke	m² BGF	–	–	–	–	–
700	Baunebenkosten	m² BGF	–	–	–	–	–
800	Finanzierung	m² BGF	–	–	–	–	–

KG	Kostengruppe	Menge Einheit	Kosten €	€/Einheit	%
200	**Vorbereitende Maßnahmen**	1.000,00 m² GF	56.142	**56,14**	2,4
	Suchschachtungen, Abbruch von Gebäude, Schadstoffsanierung, Oberboden abtragen, Boden umsetzen in Kampfmittelverdachtsflächen; Hausanschluss Wasser				
3+4	**Bauwerk**				**100,0**
300	**Bauwerk – Baukonstruktionen**	1.016,97 m² BGF	1.848.499	**1.817,65**	78,5
	Stb-Bodenplatte, Fundamente, Estrich, Parkett Bodenbeschichtung, Bodenfliesen, Linoleum; Holzrahmenwände, Stb-Wände, Holzfenster, Holzfassade, Installationsebene, Innenputz, Silikatbeschichtung, Lehmfarbe, Wandfliesen, Wabenplissees; KS-Mauerwerk, Holztüren, Innenfenster, Holz-Lattenverschläge; Holzbalkendecken, Weitspannträgersystem, Holzbalkone, Stb-Decke, Glasboden, Holzwangentreppen; Holzbalkendach, Oberlichter, Abdichtung, Extensivbegrünung, Holzterrasse, Dachentwässerung, Holzlasur, Stahlgeländer; Standbriefkasten				
400	**Bauwerk – Technische Anlagen**	1.016,97 m² BGF	506.227	**497,78**	21,5
	Gebäudeentwässerung, Kalt- und Warmwasserleitungen, Sanitärobjekte; **Sole-Wasser-Wärmepumpe**, Pufferspeicher, Kühlstation, Heizungsrohre, **Fußbodenheizung**, Badheizkörper; Badentlüfter, Kleinraumventilator; **Photovoltaikanlage**, Elektroinstallation, Beleuchtung, **Blitzschutz**; Türsprechanlage, Lautsprecherverkabelung, Antennenanschlüsse, Rauchwarnmelder, Datenverkabelung				
500	**Außenanlagen und Freiflächen**	707,50 m² AF	139.343	**196,95**	5,9
	Bodenarbeiten; Holzterrasse; KG-Rohre, Kontrollschächte, Retentionszisterne, **Erdsondenanlage**, Außenbeleuchtung				

Kostenkennwerte für die Kostengruppen 400 der 2.Ebene DIN 276

KG	Kostengruppe	Menge Einheit	Kosten €	€/Einheit	%
400	**Bauwerk – Technische Anlagen**				**100,0**
410	**Abwasser-, Wasser-, Gasanlagen**	1.016,97 m² BGF	128.571	**126,43**	25,4
	PP-Rohre DN50-125 (232m), Schmutzwasserhebeanlage (1St) * Edelstahlrohre DN12-40 (456m), Kunststoffverbundrohre DN12-15, Rohrdämmung (282m), Hauswasserstation (1St), Regenwassernutzungsanlage, Hauswasserautomat (1St), Waschtische (10St), Handwaschbecken (3St), Ausgussbecken (2St), Tiefspül-WCs (13St), Badewannen (4St), Duschrinnen, Brausegarnituren (5St) * Montageelemente (27St)				
420	**Wärmeversorgungsanlagen**	1.016,97 m² BGF	203.007	**199,62**	40,1
	Sole-Wasser-Wärmepumpe 26kW, Pufferspeicher 300l (1St), Trinkwasser-Pufferspeicher 1.000l, Frischwasserstation (1St), Heizkreis-Pufferspeicher 957l (1St), Kühlstation 25kW (1St) * Stahlrohre DN15-54, Rohrdämmung (321m) * Ausgleichsdämmung für **Fußbodenheizung** (635m²), Hohlkammerplatten, Klettrohre DN17, gebundene Schüttung (685m²), Heizkreisverteiler (12St), Raumthermostate (46St), PE-X-Rohre DN16-25 (104m), Rohrdämmung (90m), Badheizkörper (9St)				
430	**Raumlufttechnische Anlagen**	1.016,97 m² BGF	16.448	**16,17**	3,2
	Badentlüfter (4St), mit Feuchteregelung (12St), Kleinraumventilator, automatische Kellerentfeuchtung (1St), Wickelfalzrohre DN80-150 (80m), Flexrohre DN80 (16m), Lüftungsventile (3St), Flachdachhauben (6St)				
440	**Elektrische Anlagen**	1.016,97 m² BGF	140.003	**137,67**	27,7
	Photovoltaikanlage 18,5kW$_p$ (1St) * Zählerschränke (2St), Allgemeinverteiler (1St), Wohnungsverteiler (9St), Mantelleitungen (5.465m), Steckdosen (467St), Schalter, Taster (185St), **Dimmer** (4St), **Präsenzmelder** (5St), Jalousietaster (1St), Geräte-Brandschutzdosen (149St) * LED-Decken-/Wandleuchten (32St), LED-Wannenleuchten (4St), LED-Hausnummernleuchte (1St) * Fundamenterder (105m), Ringerder (114m), Potenzialausgleichsschiene (1St), Mantelleitungen (26m)				
450	**Kommunikationstechnische Anlagen**	1.016,97 m² BGF	16.588	**16,31**	3,3
	Busleitungen (347m), Wohnungsstationen für Türsprechanlage (11St), Einbautürlautsprecher (1St), Klingeltaster (9St) * Lautsprecherkabel (59m), Lautsprechersteckdosen (10St) * Koaxialkabel (616m), Antennensteckdosen (27St), HDMI-Kabel (5m), HDMI-Anschlussdosen (2St) * Rauchwarnmelder (2St) * Datenkabel (487m), Datenanschlussdosen (47St), Patchkabel (5St)				
490	**Sonst. Maßnahmen für techn. Anlagen**	1.016,97 m² BGF	1.610	**1,58**	0,3
	Kamerabefahrung, Fräsarbeiten an verstopfter Grundregenwasserleitung (1St), Rohrbruch Brauchwasseranschluss beseitigen (1h)				

Kostenkennwerte für die Kostengruppen 400 der 2. und 3. Ebene DIN 276 (Übersicht)

KG	Kostengruppe	Menge Einheit	Kosten €	€/Einheit	%
410	**Abwasser-, Wasser-, Gasanlagen**	**1.016,97 m² BGF**	**128.571,28**	**126,43**	**25,4**
411	Abwasseranlagen	1.016,97 m² BGF	18.643,25	18,33	3,7
412	Wasseranlagen	1.016,97 m² BGF	104.069,63	102,33	20,6
419	Sonstiges zur KG 410	1.016,97 m² BGF	5.858,40	5,76	1,2
420	**Wärmeversorgungsanlagen**	**1.016,97 m² BGF**	**203.007,24**	**199,62**	**40,1**
421	Wärmeerzeugungsanlagen	1.016,97 m² BGF	98.741,28	97,09	19,5
422	Wärmeverteilnetze	1.016,97 m² BGF	26.570,00	26,13	5,2
423	Raumheizflächen	1.016,97 m² BGF	77.695,96	76,40	15,3
430	**Raumlufttechnische Anlagen**	**1.016,97 m² BGF**	**16.447,79**	**16,17**	**3,2**
431	Lüftungsanlagen	1.016,97 m² BGF	16.447,79	16,17	3,2
440	**Elektrische Anlagen**	**1.016,97 m² BGF**	**140.002,53**	**137,67**	**27,7**
442	Eigenstromversorgungsanlagen	1.016,97 m² BGF	26.842,68	26,39	5,3
444	Niederspannungsinstallationsanlagen	1.016,97 m² BGF	101.283,27	99,59	20,0
445	Beleuchtungsanlagen	1.016,97 m² BGF	7.499,66	7,37	1,5
446	Blitzschutz- und Erdungsanlagen	1.016,97 m² BGF	4.376,94	4,30	0,9
450	**Kommunikationstechnische Anlagen**	**1.016,97 m² BGF**	**16.587,77**	**16,31**	**3,3**
452	Such- und Signalanlagen	1.016,97 m² BGF	5.253,09	5,17	1,0
454	Elektroakustische Anlagen	1.016,97 m² BGF	938,10	0,92	0,2
455	Audiovisuelle Medien- u. Antennenanl.	1.016,97 m² BGF	4.224,55	4,15	0,8
456	Gefahrenmelde- und Alarmanlagen	1.016,97 m² BGF	1.849,48	1,82	0,4
457	Datenübertragungsnetze	1.016,97 m² BGF	4.322,56	4,25	0,9
490	**Sonst. Maßnahmen für techn. Anlagen**	**1.016,97 m² BGF**	**1.610,19**	**1,58**	**0,3**
495	Instandsetzungen	1.016,97 m² BGF	1.610,19	1,58	0,3

Kostenkennwerte für Leistungsbereiche nach STLB (Kosten KG 400 nach DIN 276)

LB	Leistungsbereiche	Kosten €	€/m² BGF	€/m³ BRI	% an 400
040	Wärmeversorgungsanlagen - Betriebseinrichtungen	101.842	100,10	35,90	20,1
041	Wärmeversorgungsanlagen - Leitungen, Armaturen, Heizflächen	90.699	89,20	32,00	17,9
042	Gas- und Wasseranlagen - Leitungen, Armaturen	47.051	46,30	16,60	9,3
043	Druckrohrleitungen für Gas, Wasser und Abwasser	–	–	–	–
044	Abwasseranlagen - Leitungen, Abläufe, Armaturen	14.510	14,30	5,10	2,9
045	Gas-, Wasser- und Entwässerungsanlagen - Ausstattung, Elemente, Fertigbäder	46.810	46,00	16,50	9,2
046	Gas-, Wasser- und Entwässerungsanlagen - Betriebseinrichtungen	5.624	5,50	2,00	1,1
047	Dämm- und Brandschutzarbeiten an technischen Anlagen	26.168	25,70	9,20	5,2
049	Feuerlöschanlagen, Feuerlöschgeräte	–	–	–	–
050	Blitzschutz- / Erdungsanlagen, Überspannungsschutz	4.377	4,30	1,50	0,9
051	Kabelleitungstiefbauarbeiten	–	–	–	–
052	Mittelspannungsanlagen	–	–	–	–
053	Niederspannungsanlagen - Kabel / Leitungen, Verlegesysteme, Installationsgeräte	69.249	68,10	24,40	13,7
054	Niederspannungsanlagen - Verteilersysteme und Einbaugeräte	57.857	56,90	20,40	11,4
055	Sicherheits- und Ersatzstromversorgungsanlagen	–	–	–	–
057	Gebäudesystemtechnik	–	–	–	–
058	Leuchten und Lampen	7.500	7,40	2,60	1,5
059	Sicherheitsbeleuchtungsanlagen	–	–	–	–
060	Such-, Signal-, Zeitdienst-, Antennen-, elektroakustische Anlagen, Medientechnik	9.983	9,80	3,50	2,0
061	Kommunikations- und Übertragungsnetze	4.756	4,70	1,70	0,9
062	Kommunikationsanlagen	–	–	–	–
063	Gefahrenmeldeanlagen	1.849	1,80	0,65	0,4
064	Zutrittskontroll-, Zeiterfassungssysteme	–	–	–	–
069	Aufzüge	–	–	–	–
070	Gebäudeautomation	–	–	–	–
075	Raumlufttechnische Anlagen	16.342	16,10	5,80	3,2
078	Kälteanlagen für raumlufttechnische Anlagen	–	–	–	–
	Gebäudetechnik	**504.617**	**496,20**	**177,90**	**99,7**
	Sonstige Leistungsbereiche	**1.610**	**1,60**	**0,57**	**0,3**

6100-1593
Mehrfamilienhaus
(3 WE)

Kostenkennwerte für die Kosten des Bauwerks (Kostengruppen 300+400 nach DIN 276)

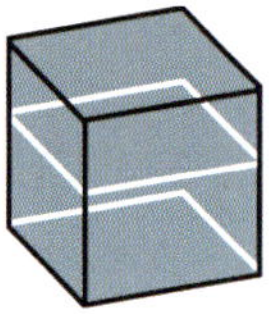

BRI 639 €/m³

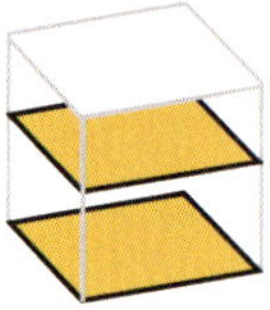

BGF 1.984 €/m²

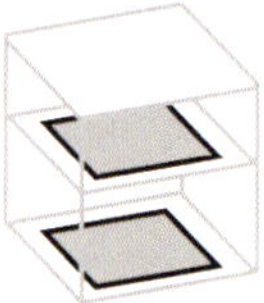

NUF 3.254 €/m²

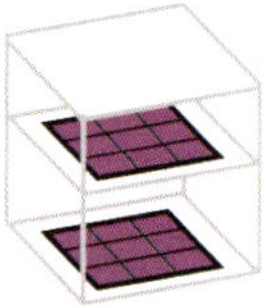

NE 3.711 €/NE

NE: Wohnfläche

Objekt:
Kennwerte: 3. Ebene DIN 276
BRI: 1.754 m³
BGF: 565 m²
NUF: 345 m²
Bauzeit: 57 Wochen
Bauende: 2021
Standard: hoch
Bundesland: Nordrhein-Westfalen
Kreis: Oberbergischer Kreis

Architekt*in:
bonfanti ARCHITEKTEN
Anke und Ralph Bonfanti
Im Ohler Garten 2a
51674 Wiehl-Weiershagen

Zeichnungen

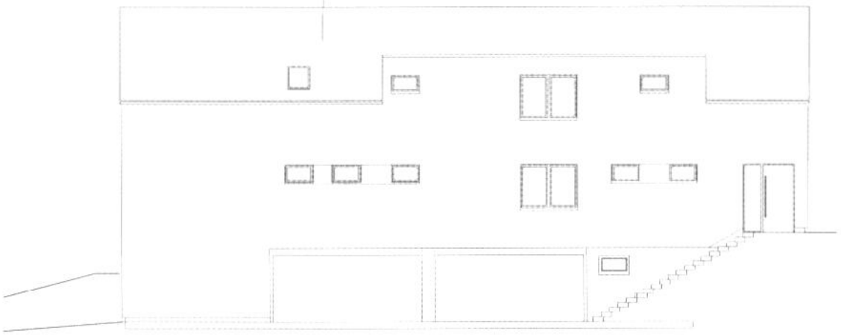

Ansicht Ost

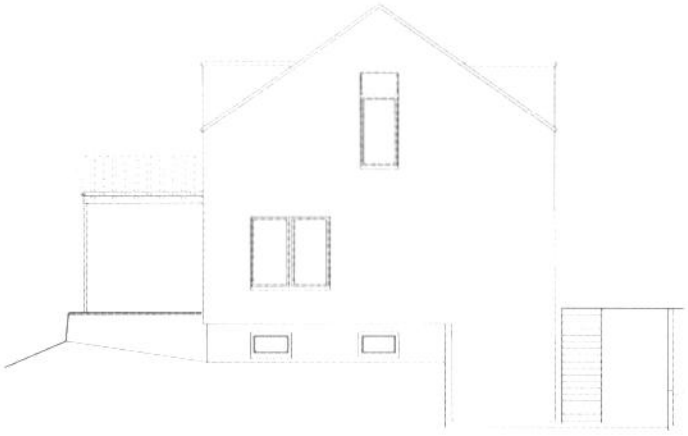

Ansicht Süd

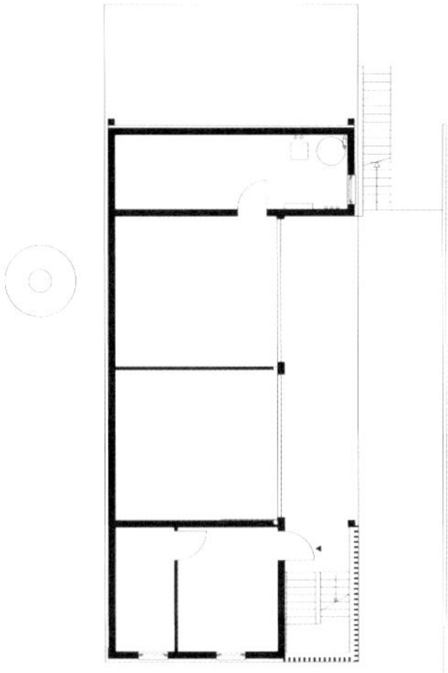

Untergeschoss

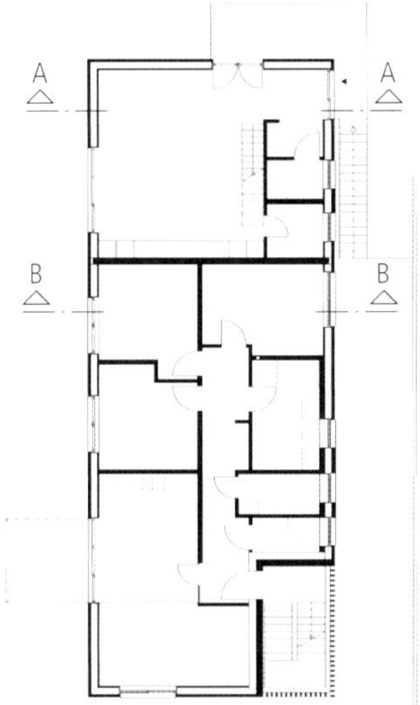

Erdgeschoss

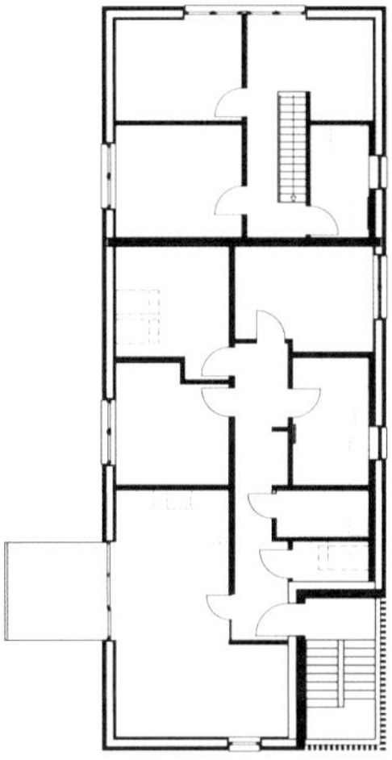

Dachgeschoss

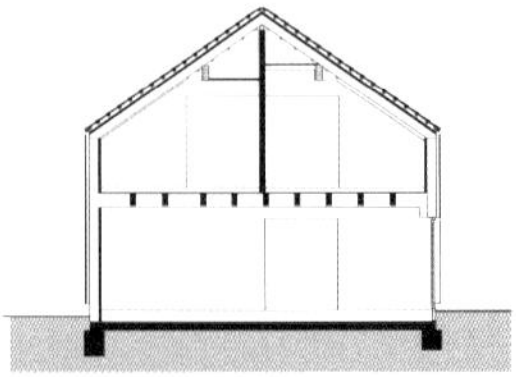

Schnitt A-A

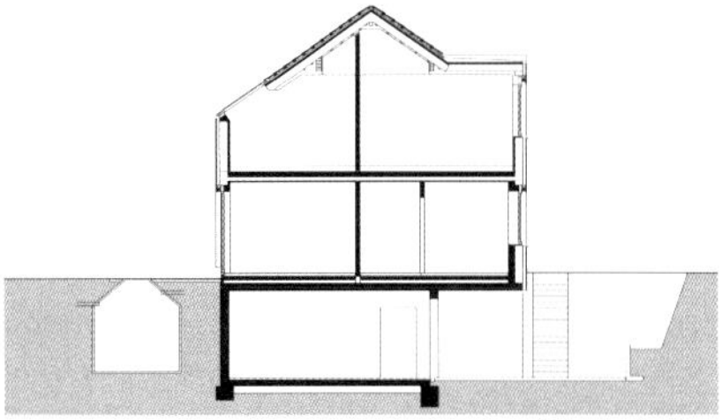

Schnitt B-B

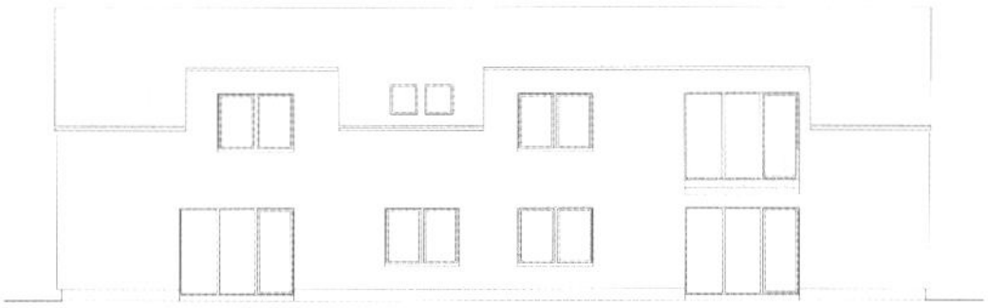

Ansicht West

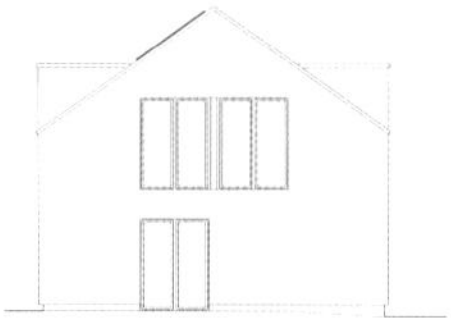

Ansicht Nord

Objektbeschreibung

Allgemeine Objektinformationen

Auf dem Grundstück stand ein Wohnhaus, welches abgebrochen wurde. Das Grundstück wurde im Anschluss so geteilt, dass baurechtlich die Erstellung eines Einfamilienhauses und eines Zweifamilienhauses möglich war. Das eigengenutzte Einfamilienhaus wird von der Bauherrschaft selbst bewohnt und ist als Maisonettewohnung konzipiert. Die beiden anderen Wohnungen sind vermietet.

Nutzung

1 Untergeschoss
Garagen, Technik, Müllraum, Fahrradraum, Außentreppe

1 Erdgeschoss
Wohnräume, Küchen, Bäder, WCs, Flur, Außentreppe, Terrassen

1 Obergeschoss
Wohnräume, Küche, Bäder, WCs, Flur, Außentreppe, Balkon

Nutzeinheiten

Stellplätze: 4
Wohneinheiten: 3
Wohnfläche: 302 m^2

Grundstück

Bauraum: Freier Bauraum
Neigung: Geneigtes Gelände
Bodenklasse: BK 3 bis BK 5

Markt

Hauptvergabezeit: 3. Quartal 2020
Baubeginn: 3. Quartal 2020
Bauende: 3. Quartal 2021
Konjunkturelle Gesamtlage: Durchschnitt
Regionaler Baumarkt: unter Durchschnitt

Baukonstruktion

Aus ökologischen und energetischen Gründen wurde eine Bebauung in Holzrahmenbauweise gewählt. Da das Haus am Hang steht wurde aus statischen Gründen das untere Geschoss in Betonbauweise erstellt. Die Wände der darüberliegenden Etagen sind in Holzrahmenbauweise errichtet. Die Gebäudetrennwand musste aus brandschutztechnischen Gründen betoniert werden. Die Fassaden sind mit einer hinterlüfteten, unregelmäßig breiten, senkrechten Holzschalung bekleidet. Die Alu-Kunststofffenster sind mit einer Dreifachverglasung ausgestattet. Die Böden wurden mit Parkett und Fliesen belegt.

Technische Anlagen

Für die Heizung wurde eine **Sole-Wasser-Wärmepumpe** eingebaut. Dazu waren 120m tiefe Erdsondenbohrungen notwendig. Außerdem erhielt jede Wohnung eine separate Wohnungslüftungsanlage **mit Wärmerückgewinnung**. Eine **Photovoltaikanlage** kam ebenfalls zur Ausführung.

Sonstiges

Bei dem Gebäude handelt es sich um ein KfW 40+ Haus gem. Förderrichtlinien.

Energetische Kennwerte

Gesetzliche Grundlage: EnEV 2013
Gebäudenutzfläche: 271,50 m^2
Spez. Transmissionswärmeverlust: 0,20 W/($m^2 \cdot K$)
Spez. Jahresprimärenergiebedarf: 18,20 kWh/($m^2 \cdot a$)
Spez. Jahresendenergiebedarf: 10,10 kWh/($m^2 \cdot a$)
CO_2-Emissionen: 6,90 kg/($m^2 \cdot a$)

Planungskennwerte für Flächen und Rauminhalte nach DIN 277

Flächen des Grundstücks		Menge Einheit	% an GF
BF	Bebaute Fläche	204,95 m²	21,5
UF	Unbebaute Fläche	748,05 m²	78,5
GF	Grundstücksfläche	953,00 m²	100,0

Grundflächen des Bauwerks		Menge Einheit	% an NUF	% an BGF
NUF	Nutzungsfläche	344,80 m²	100,0	61,0
TF	Technikfläche	21,12 m²	6,1	3,7
VF	Verkehrsfläche	82,35 m²	23,9	14,6
NRF	Netto-Raumfläche	448,27 m²	130,0	79,3
KGF	Konstruktions-Grundfläche	117,19 m²	34,0	20,7
BGF	Brutto-Grundfläche	565,46 m²	164,0	100,0

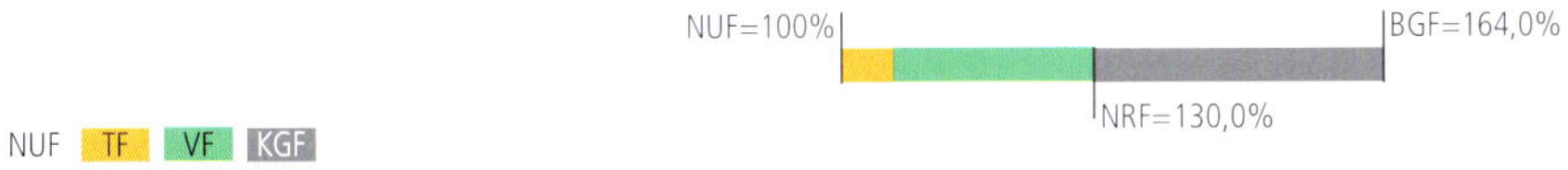

Brutto-Rauminhalt des Bauwerks		Menge Einheit	BRI/NUF (m)	BRI/BGF (m)
BRI	Brutto-Rauminhalt	1.754,30 m³	5,09	3,10

Prozentualer Anteil der Kostengruppen der 2. Ebene an der Kostengruppe 400 nach DIN 276

KG	Kostengruppen (2. Ebene)
410	Abwasser-, Wasser-, Gasanlagen
420	Wärmeversorgungsanlagen
430	Raumlufttechnische Anlagen
440	Elektrische Anlagen
450	Kommunikationstechnische Anlagen
460	Förderanlagen
470	Nutzungsspez. u. verfahrenstechn. Anl.
480	Gebäude- und Anlagenautomation
490	Sonst. Maßnahmen für techn. Anlagen

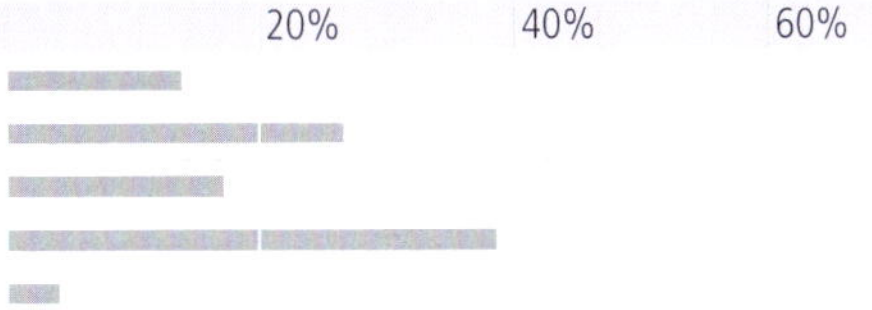

Ranking der Kostengruppen der 3. Ebene an der Kostengruppe 400 nach DIN 276

KG	Kostengruppen (3. Ebene)	% an KG 400	KG	Kostengruppen (3. Ebene)	% an KG 400
444	Niederspannungsinstallationsanlagen	22,5	457	Datenübertragungsnetze	2,2
431	Lüftungsanlagen	17,1	419	Sonstiges zur KG 410	2,1
421	Wärmeerzeugungsanlagen	14,3	455	Audiovisuelle Medien- u. Antennenanl.	1,5
442	Eigenstromversorgungsanlagen	14,1	446	Blitzschutz- und Erdungsanlagen	1,4
422	Wärmeverteilnetze	12,2	445	Beleuchtungsanlagen	0,4
412	Wasseranlagen	9,3	451	Telekommunikationsanlagen	0,3
411	Abwasseranlagen	2,3	452	Such- und Signalanlagen	0,2

Kostenkennwerte für die Kostengruppen der 1. Ebene DIN 276

KG	Kostengruppen (1. Ebene)	Einheit	Kosten €	€/Einheit	€/m² BGF	€/m³ BRI	% 300+400
100	Grundstück	m² GF	–	–	–	–	–
200	Vorbereitende Maßnahmen	m² GF	52.625	55,22	93,07	30,00	4,7
300	Bauwerk – Baukonstruktionen	m² BGF	912.553	1.613,82	1.613,82	520,18	81,3
400	Bauwerk – Technische Anlagen	m² BGF	209.308	370,16	370,16	119,31	18,7
	Bauwerk 300+400	**m² BGF**	**1.121.861**	**1.983,98**	**1.983,98**	**639,49**	**100,0**
500	Außenanlagen und Freiflächen	m² AF	36.021	–	63,70	20,53	3,2
600	Ausstattung und Kunstwerke	m² BGF	3.094	5,47	5,47	1,76	0,3
700	Baunebenkosten	m² BGF	–	–	–	–	–
800	Finanzierung	m² BGF	–	–	–	–	–

KG	Kostengruppe	Menge Einheit	Kosten €	€/Einheit	%
200	**Vorbereitende Maßnahmen**	953,00 m² GF	52.625	**55,22**	4,7
	Abbruch von Wohngebäude; Oberboden abtragen, abräumen von Sträuchern				
3+4	**Bauwerk**				**100,0**
300	**Bauwerk – Baukonstruktionen**	565,46 m² BGF	912.553	**1.613,82**	81,3
	Baugrubenaushub; Stb-Fundamenten, Stb-Bodenplatte, Abdichtung, Estrich, Epoxidharzbeschichtung, Sauberkeitsschicht, Dränage; Stb-Wände, Holzrahmenwände, Stb-Stützen, KS-Mauerwerkspfeiler, Alu-Kunststofffenster, Alu-Haustüren, Sektionaltore, Fassadenbekleidung: Lärchenholz, Faserzementplatten, Malervlies, Beschichtung, Calciumsilikatplatten, Alu-Raffstores; Stb-Wände, Holzrahmenwände, KS-Mauerwerk, GK-Wände, Stahlstütze, Innentüren, GK-Vorsatzschalen, Wandfliesen; Stb-Elementdecken, Holzbalkendecken, Stb-Treppen, Stahlwangentreppe, Dämmung, Heizestrich, Parkett, Bodenfliesen, abgehängte Decken, Balkonanlage, Geländer; Holz-Satteldach mit Gauben, Dachflächenfenster, Holzfaserdämmung, Dachziegel, Dachentwässerung, Dämmung, GK-Platten				
400	**Bauwerk – Technische Anlagen**	565,46 m² BGF	209.308	**370,16**	18,7
	Gebäudeentwässerung, Kalt- und Warmwasserleitungen, Sanitärobjekte; **Sole-Wasser-Wärmepumpe**, **Fußbodenheizung**; zentrale Wohnungslüftungsanlagen mit **WRG**; **PV-Anlage**, Elektroinstallation, Beleuchtung, Erdung; Klingelanlagen, Sat-Anlage, EDV-Verkabelung				
500	**Außenanlagen und Freiflächen**	–	36.021	**–**	3,2
	Erdsondenbohrung für **Wärmepumpe**				
600	**Ausstattung und Kunstwerke**	565,46 m² BGF	3.094	**5,47**	0,3
	Duschabtrennungen				

Kostenkennwerte für die Kostengruppen 400 der 2. Ebene DIN 276

KG	Kostengruppe	Menge Einheit	Kosten €	€/Einheit	%
400	**Bauwerk – Technische Anlagen**				**100,0**
410	**Abwasser-, Wasser-, Gasanlagen**	565,46 m² BGF	28.811	**50,95**	13,8
	KG-Rohre (6m), HT-Rohre (55m), Bodenablauf (1St) * Alu-Verbundrohre (238m), Zirkulationspumpe, Druckminderer (1St), WCs (6St), Handwaschbecken (6St), Badewannen (3St), Duschablaufrinnen (2St), Ausgussbecken (1St), Waschmaschinenanschlüsse (3St), Küchenanschluss (1St), Außenwasserhähne (2St) * Montageelemente (12St)				
420	**Wärmeversorgungsanlagen**	565,46 m² BGF	55.441	**98,05**	26,5
	Sole-Wasser-Wärmepumpe (1St), Wasseraufbereiter (1St), Schlammabscheider (1St), Ausdehnungsgefäß (1St) * Kupferrohre (90m), Fußbodenheizungsrohre (310m²), Heizkreisverteiler (4St), Stellantriebe (33St), Wärmemengenzähler (4St), Sicherheitsgruppe (1St), Unterputzventile (6St), Ventilblöcke (9St), Wasserzähler (2St)				
430	**Raumlufttechnische Anlagen**	565,46 m² BGF	35.830	**63,36**	17,1
	Zentrale Wohnungslüftungsanlagen mit **WRG**, Steuerung, Flachkanäle, Luftgitter, Ventile, Schalldämpfer (3St)				
440	**Elektrische Anlagen**	565,46 m² BGF	80.394	**142,17**	38,4
	PV-Anlage (1St) * Zählerschrank (1St), Unterverteiler (3St), FI-Schutzschalter (2St), FI/Automaten (14St), Erdkabel (140m), Mantelleitungen (127m), Schalter/Taster (47St), Steckdosen (170St), Raumthermostate (24St), Jalousienanschlüsse (12St), Deckenbrennstellen (12St), Stromkreiszuleitungen (36St), Verkabelung (psch) * Außenleuchten (3St) * Fundamenterder (63m), Anschlussfahnen (2St), Potenzialausgleichsschiene (1St)				
450	**Kommunikationstechnische Anlagen**	565,46 m² BGF	8.832	**15,62**	4,2
	Fernsehanschlussdosen (4St) * Klingelanlagen (3St) * Sat-Anlage (1St) * EDV-Anschlussdosen (21St)				

Kostenkennwerte für die Kostengruppen 400 der 2. und 3.Ebene DIN 276 (Übersicht)

KG	Kostengruppe	Menge Einheit	Kosten €	€/Einheit	%
410	**Abwasser-, Wasser-, Gasanlagen**	**565,46 m² BGF**	**28.811,08**	**50,95**	**13,8**
411	Abwasseranlagen	565,46 m² BGF	4.876,56	8,62	2,3
412	Wasseranlagen	565,46 m² BGF	19.467,51	34,43	9,3
419	Sonstiges zur KG 410	565,46 m² BGF	4.467,02	7,90	2,1
420	**Wärmeversorgungsanlagen**	**565,46 m² BGF**	**55.441,00**	**98,05**	**26,5**
421	Wärmeerzeugungsanlagen	565,46 m² BGF	29.845,95	52,78	14,3
422	Wärmeverteilnetze	565,46 m² BGF	25.595,04	45,26	12,2
430	**Raumlufttechnische Anlagen**	**565,46 m² BGF**	**35.830,34**	**63,36**	**17,1**
431	Lüftungsanlagen	565,46 m² BGF	35.830,34	63,36	17,1
440	**Elektrische Anlagen**	**565,46 m² BGF**	**80.393,72**	**142,17**	**38,4**
442	Eigenstromversorgungsanlagen	565,46 m² BGF	29.537,69	52,24	14,1
444	Niederspannungsinstallationsanlagen	565,46 m² BGF	47.086,74	83,27	22,5
445	Beleuchtungsanlagen	565,46 m² BGF	780,68	1,38	0,4
446	Blitzschutz- und Erdungsanlagen	565,46 m² BGF	2.988,61	5,29	1,4
450	**Kommunikationstechnische Anlagen**	**565,46 m² BGF**	**8.832,35**	**15,62**	**4,2**
451	Telekommunikationsanlagen	565,46 m² BGF	706,74	1,25	0,3
452	Such- und Signalanlagen	565,46 m² BGF	373,27	0,66	0,2
455	Audiovisuelle Medien- u. Antennenanl.	565,46 m² BGF	3.084,96	5,46	1,5
457	Datenübertragungsnetze	565,46 m² BGF	4.667,37	8,25	2,2

Kostenkennwerte für Leistungsbereiche nach STLB (Kosten KG 400 nach DIN 276)

LB	Leistungsbereiche	Kosten €	€/m² BGF	€/m³ BRI	% an 400
040	Wärmeversorgungsanlagen - Betriebseinrichtungen	29.382	52,00	16,70	14,0
041	Wärmeversorgungsanlagen - Leitungen, Armaturen, Heizflächen	24.434	43,20	13,90	11,7
042	Gas- und Wasseranlagen - Leitungen, Armaturen	7.527	13,30	4,30	3,6
043	Druckrohrleitungen für Gas, Wasser und Abwasser	–	–	–	–
044	Abwasseranlagen - Leitungen, Abläufe, Armaturen	8.841	15,60	5,00	4,2
045	Gas-, Wasser- und Entwässerungsanlagen - Ausstattung, Elemente, Fertigbäder	8.169	14,40	4,70	3,9
046	Gas-, Wasser- und Entwässerungsanlagen - Betriebseinrichtungen	–	–	–	–
047	Dämm- und Brandschutzarbeiten an technischen Anlagen	5.722	10,10	3,30	2,7
049	Feuerlöschanlagen, Feuerlöschgeräte	–	–	–	–
050	Blitzschutz- / Erdungsanlagen, Überspannungsschutz	2.114	3,70	1,20	1,0
051	Kabelleitungstiefbauarbeiten	–	–	–	–
052	Mittelspannungsanlagen	–	–	–	–
053	Niederspannungsanlagen - Kabel / Leitungen, Verlegesysteme, Installationsgeräte	48.602	86,00	27,70	23,2
054	Niederspannungsanlagen - Verteilersysteme und Einbaugeräte	29.538	52,20	16,80	14,1
055	Sicherheits- und Ersatzstromversorgungsanlagen	–	–	–	–
057	Gebäudesystemtechnik	–	–	–	–
058	Leuchten und Lampen	139	0,25	0,08	< 0,1
059	Sicherheitsbeleuchtungsanlagen	–	–	–	–
060	Such-, Signal-, Zeitdienst-, Antennen-, elektroakustische Anlagen, Medientechnik	3.085	5,50	1,80	1,5
061	Kommunikations- und Übertragungsnetze	1.335	2,40	0,76	0,6
062	Kommunikationsanlagen	4.412	7,80	2,50	2,1
063	Gefahrenmeldeanlagen	–	–	–	–
064	Zutrittskontroll-, Zeiterfassungssysteme	–	–	–	–
069	Aufzüge	–	–	–	–
070	Gebäudeautomation	–	–	–	–
075	Raumlufttechnische Anlagen	35.830	63,40	20,40	17,1
078	Kälteanlagen für raumlufttechnische Anlagen	–	–	–	–
	Gebäudetechnik	**209.131**	**369,80**	**119,20**	**99,9**
	Sonstige Leistungsbereiche	**178**	**0,31**	**0,10**	**< 0,1**

Objekte

Kostenkennwerte für die Kosten des Bauwerks (Kostengruppen 300+400 nach DIN 276)

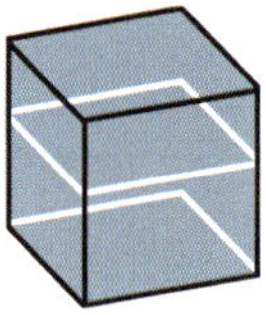

BRI 837 €/m³

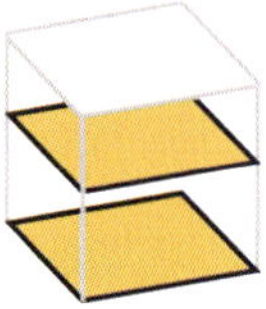

BGF 2.763 €/m²

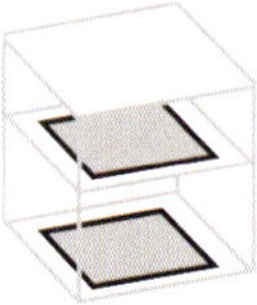

NUF 3.626 €/m²

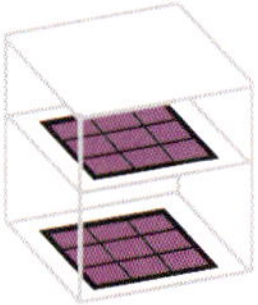

NE 3.176 €/NE

NE: Wohnfläche

Objekt:
Kennwerte: 3.Ebene DIN 276
BRI: 436 m³
BGF: 132 m²
NUF: 101 m²
Bauzeit: 39 Wochen
Bauende: 2022
Standard: mittel
Bundesland: Bayern
Kreis: Starnberg

Architekt*in:
brack architekten
Brennergasse 9
87435 Kempten

© Nicolas Felder

© Nicolas Felder

© Nicolas Felder

© Nicolas Felder

©

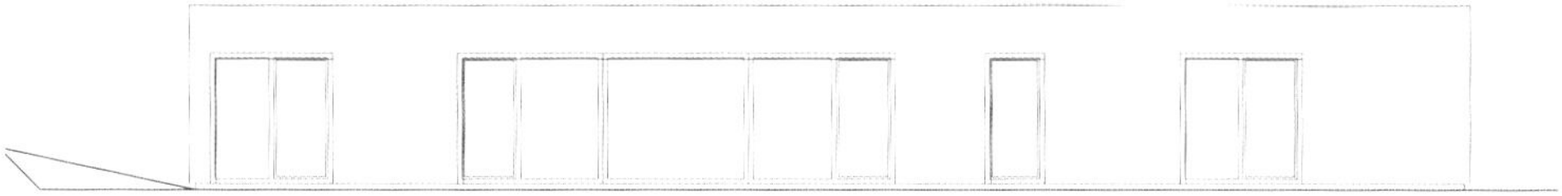

Ansicht Ost

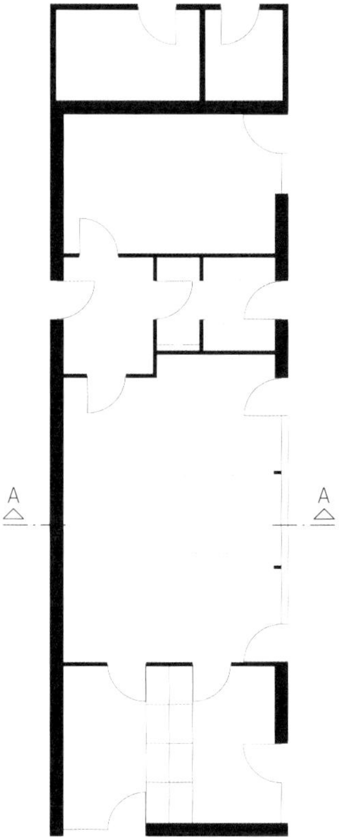

Erdgeschoss

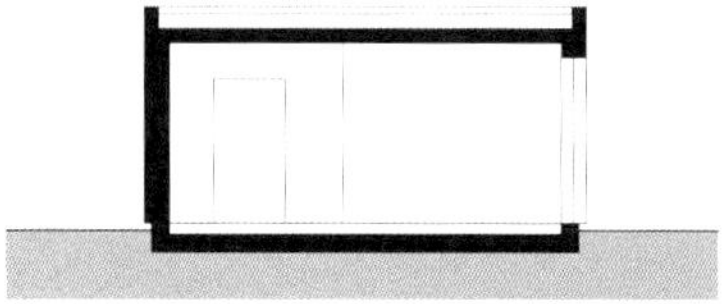

Schnitt A-A

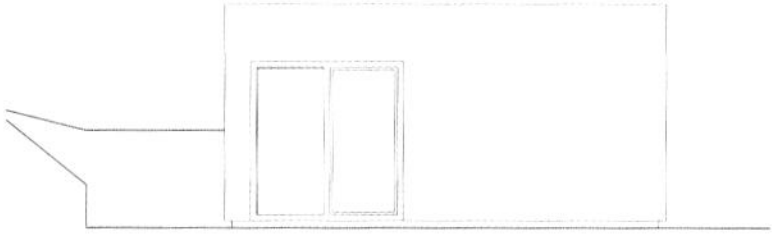

Ansicht Süd

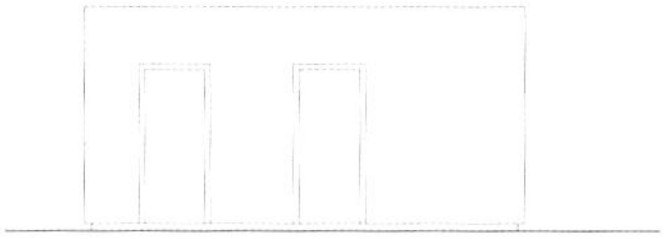

Ansicht Nord

Ansicht West

Objektbeschreibung

Allgemeine Objektinformationen

Das eingeschossige Einfamilienhaus entstand als Ersatzneubau für einen zum Wohngebäude umgebauten Hühnerstall. Für den Neubau war die Grundfläche des Bestands zu übernehmen.

Nutzung

1 Erdgeschoss
Wohnen/Essen/Küche, Schlafzimmer, Kinderzimmer (2St), Bad, Windfang, Abstellraum, Technikraum

Nutzeinheiten

Wohneinheiten: 1
Wohnfläche: 115 m^2

Grundstück

Bauraum: Beengter Bauraum
Neigung: Ebenes Gelände
Bodenklasse: BK 3 bis BK 5

Markt

Hauptvergabezeit: 4. Quartal 2021
Baubeginn: 1. Quartal 2022
Bauende: 4. Quartal 2022
Konjunkturelle Gesamtlage: über Durchschnitt
Regionaler Baumarkt: unter Durchschnitt

Baukonstruktion

Der Neubau gründet mit einer Stahlbeton-Fundamentplatte auf einer Schicht aus Schaumglasschotter. Die in Holzrahmenbauweise errichteten Außenwände stehen auf einem Stahlbetonsockel. Sie sind außenseitig mit Holzfaserdämmung und einer Nut- und Federschalung aus Lärche bekleidet. Die hohen Holz-Aluminiumfenster wurden mit Dreifachverglasung ausgeführt. Die Holzeingangstüren erhielten außen eine Deckschale aus Aluminium. Das Massivholz-Flachdach wurde extensiv begrünt. Innen kamen mit Gipskarton bekleidete Massivholzwände und Gipskartonwände zur Ausführung. Die Oberflächen wurden gespachtelt und beschichtet. Linoleum und Fliesen dienen als Bodenbelag.

Technische Anlagen

Das Gebäude wird durch eine **Wärmepumpe** beheizt und mit Warmwasser versorgt. Die Temperierung erfolgt über eine **Fußbodenheizung**. Die **Photovoltaikanlage** mit 4,05 kW_p dient der Eigenstromversorgung. LED-**Lichtbänder** sowie eine Antennenanlage wurden installiert.

Sonstiges

Die Außenanlage ist unter der BKI-Objektnummer 6100-1676 dokumentiert.

Energetische Kennwerte

Gesetzliche Grundlage: GEG 2020
Gebäudenutzfläche: 142,00 m^2
Gebäudevolumen: 443,70 m^3
A/V_e-Verhältnis (Kompaktheit): 0,88 m^{-1}
Hüllfläche des beheizten Volumens: 388,60 m^2
Spez. Transmissionswärmeverlust: 0,35 $W/(m^2 \cdot K)$
Spez. Jahresprimärenergiebedarf: 58,36 $kWh/(m^2 \cdot a)$
Anlagenaufwandszahl: 0,76
PV-Anlage: 3,64 kW_p

Planungskennwerte für Flächen und Rauminhalte nach DIN 277

Flächen des Grundstücks		Menge Einheit	% an GF
BF	Bebaute Fläche	464,26 m²	10,8
UF	Unbebaute Fläche	3.851,74 m²	89,2
GF	Grundstücksfläche	4.316,00 m²	100,0

Grundflächen des Bauwerks		Menge Einheit	% an NUF	% an BGF
NUF	Nutzungsfläche	100,75 m²	100,0	76,2
TF	Technikfläche	4,70 m²	4,7	3,6
VF	Verkehrsfläche	6,90 m²	6,8	5,2
NRF	Netto-Raumfläche	112,35 m²	111,5	85,0
KGF	Konstruktions-Grundfläche	19,88 m²	19,7	15,0
BGF	Brutto-Grundfläche	132,23 m²	131,2	100,0

Brutto-Rauminhalt des Bauwerks		Menge Einheit	BRI/NUF (m)	BRI/BGF (m)
BRI	Brutto-Rauminhalt	436,34 m³	4,33	3,30

Prozentualer Anteil der Kostengruppen der 2. Ebene an der Kostengruppe 400 nach DIN 276

KG	Kostengruppen (2. Ebene)
410	Abwasser-, Wasser-, Gasanlagen
420	Wärmeversorgungsanlagen
430	Raumlufttechnische Anlagen
440	Elektrische Anlagen
450	Kommunikationstechnische Anlagen
460	Förderanlagen
470	Nutzungsspez. u. verfahrenstechn. Anl.
480	Gebäude- und Anlagenautomation
490	Sonst. Maßnahmen für techn. Anlagen

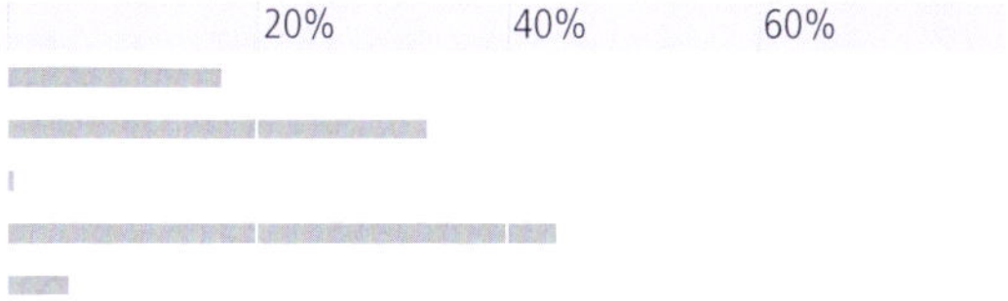

Ranking der Kostengruppen der 3. Ebene an der Kostengruppe 400 nach DIN 276

KG	Kostengruppen (3. Ebene)	% an KG 400
421	Wärmeerzeugungsanlagen	26,8
444	Niederspannungsinstallationsanlagen	24,9
412	Wasseranlagen	9,0
442	Eigenstromversorgungsanlagen	8,8
411	Abwasseranlagen	7,6
445	Beleuchtungsanlagen	7,4
423	Raumheizflächen	5,3
455	Audiovisuelle Medien- u. Antennenanl.	3,3
446	Blitzschutz- und Erdungsanlagen	2,8
422	Wärmeverteilnetze	1,3
457	Datenübertragungsnetze	1,1
431	Lüftungsanlagen	0,6
419	Sonstiges zur KG 410	0,5
452	Such- und Signalanlagen	0,4
456	Gefahrenmelde- und Alarmanlagen	0,2

Kostenkennwerte für die Kostengruppen der 1. Ebene DIN 276

KG	Kostengruppen (1. Ebene)	Einheit	Kosten €	€/Einheit	€/m² BGF	€/m³ BRI	% 300+400
100	Grundstück	m² GF	–	–	–	–	–
200	Vorbereitende Maßnahmen	m² GF	31.814	7,37	240,60	72,91	8,7
300	Bauwerk – Baukonstruktionen	m² BGF	272.542	2.061,12	2.061,12	624,60	74,6
400	Bauwerk – Technische Anlagen	m² BGF	92.782	701,67	701,67	212,63	25,4
	Bauwerk 300+400	**m² BGF**	**365.323**	**2.762,79**	**2.762,79**	**837,24**	**100,0**
500	Außenanlagen und Freiflächen	m² AF	5.728	5,09	43,32	13,13	1,6
600	Ausstattung und Kunstwerke	m² BGF	1.021	7,72	7,72	2,34	0,3
700	Baunebenkosten	m² BGF	–	–	–	–	–
800	Finanzierung	m² BGF	–	–	–	–	–

KG	Kostengruppe	Menge Einheit	Kosten €	€/Einheit	%
200	**Vorbereitende Maßnahmen**	4.316,00 m² GF	31.814	**7,37**	8,7
	Abbruch von Wohnhaus, Gartenhaus, Dachdeckungen, Betonplatten, Erdtank verfüllen, Bäume fällen				
3+4	**Bauwerk**				**100,0**
300	**Bauwerk – Baukonstruktionen**	132,23 m² BGF	272.542	**2.061,12**	74,6
	Stb-Fundamentplatte, Heizestrich, Linoleum, Bodenbeschichtung, Bodenfliesen, Schaumglasschotter; Holzrahmenwände, Stb-Sockelaufkantung, Massivholzattika, Holz-Alufenster, Holz-Alu-Eingangstüren, Dämmung, Holzschalung, Sockelputz, Beschichtung, GK-Installationsebene, Glasvordach; Massivholzwände, GK-Wände, Holztüren, GK-Bekleidung, Beschichtung, Wandfliesen; Brettsperrholz-Flachdach, Gefälledämmung, Dachabdichtung, Gründach, Kies, Dachentwässerung				
400	**Bauwerk – Technische Anlagen**	132,23 m² BGF	92.782	**701,67**	25,4
	Gebäudeentwässerung, Kalt- und Warmwasserleitungen, Sanitärobjekte; **Luft-Wasser-Wärmepumpe**, Heizleitungen, **Fußbodenheizung**; Einzelraumlüfter; **Photovoltaikanlage**, Elektroinstallation, Beleuchtung, Erdung; Türsprechanlage, Sat-Anlage, Rauchmelder, Datenverkabelung				
500	**Außenanlagen und Freiflächen**	1.125,00 m² AF	5.728	**5,09**	1,6
	Beton-Absetzschacht, Sprechanlage, **Ladestation**, Außenkabel				
600	**Ausstattung und Kunstwerke**	132,23 m² BGF	1.021	**7,72**	0,3
	Badewannenabtrennung				

Kostenstand: 4. Quartal 2024, Bundesdurchschnitt, **inkl. 19% MwSt.**

Kostenkennwerte für die Kostengruppen 400 der 2. Ebene DIN 276

KG	Kostengruppe	Menge Einheit	Kosten €	€/Einheit	%
400	**Bauwerk – Technische Anlagen**				**100,0**
410	**Abwasser-, Wasser-, Gasanlagen**	132,23 m² BGF	15.849	**119,86**	17,1
	PP-Grundleitungen DN100-150 (57m), PP-Schalldämmrohre DN50-100 * Edelstahlrohre DN12-25 (40m), Systemtrenner (1St), Rückspülfilter (1St), Tiefspül-WC (1St), Waschtisch (1St), Badewanne (1St), Brausegarnitur (1St) * Montageelement (1St)				
420	**Wärmeversorgungsanlagen**	132,23 m² BGF	31.051	**234,83**	33,5
	Luft-Wasser-Wärmepumpe, Heizleistung 2,3-6,5kW (1St), Multifunktionsspeicher (1St) * Stahlrohre DN12-25 (37m), Strangabsperrventil (1St) * **Fußbodenheizung**, Tackersystem, PS-Dämmung, d=30-35mm (108m²), PE-X-Rohre (800m), Edelstahlverteiler (1St), Stellantriebe (8St)				
430	**Raumlufttechnische Anlagen**	132,23 m² BGF	579	**4,38**	0,6
	Einzelraumlüfter (1St)				
440	**Elektrische Anlagen**	132,23 m² BGF	40.678	**307,63**	43,8
	Photovoltaikanlage (20m²), Wechselrichter (1St), Solarkabel (200m) * Zählerkasten (1St), Unterverteiler (1St), Zeitschalter (1St), Kabel (318m), Steckdosen (36St), Bodendose (1St), **Dimmer**/Schalter (15St), Raumthermostate (5St), Bewegungsmelder (1St) * LED-**Lichtbänder** (50m), Außenwandleuchten (5St), Wannenleuchten (3St) * Fundamenterder (126m), Erdungsschiene (1St)				
450	**Kommunikationstechnische Anlagen**	132,23 m² BGF	4.624	**34,97**	5,0
	Klingeltaster, Sprechstelle (1St), Rufgenerator (1St), Funkmodul (1St) * Sat-Anlage (1St), Antennenanschlussdosen (5St) * Rauchmelder (5St) * Patchfeld (1St), Datenanschlussdosen (6St)				

Kostenkennwerte für die Kostengruppen 400 der 2. und 3.Ebene DIN 276 (Übersicht)

KG	Kostengruppe	Menge Einheit	Kosten €	€/Einheit	%
410	**Abwasser-, Wasser-, Gasanlagen**	**132,23 m² BGF**	**15.848,65**	**119,86**	**17,1**
411	Abwasseranlagen	132,23 m² BGF	7.020,30	53,09	7,6
412	Wasseranlagen	132,23 m² BGF	8.340,69	63,08	9,0
419	Sonstiges zur KG 410	132,23 m² BGF	487,67	3,69	0,5
420	**Wärmeversorgungsanlagen**	**132,23 m² BGF**	**31.051,03**	**234,83**	**33,5**
421	Wärmeerzeugungsanlagen	132,23 m² BGF	24.892,57	188,25	26,8
422	Wärmeverteilnetze	132,23 m² BGF	1.205,47	9,12	1,3
423	Raumheizflächen	132,23 m² BGF	4.952,99	37,46	5,3
430	**Raumlufttechnische Anlagen**	**132,23 m² BGF**	**579,27**	**4,38**	**0,6**
431	Lüftungsanlagen	132,23 m² BGF	579,27	4,38	0,6
440	**Elektrische Anlagen**	**132,23 m² BGF**	**40.678,16**	**307,63**	**43,8**
442	Eigenstromversorgungsanlagen	132,23 m² BGF	8.149,77	61,63	8,8
444	Niederspannungsinstallationsanlagen	132,23 m² BGF	23.134,97	174,96	24,9
445	Beleuchtungsanlagen	132,23 m² BGF	6.833,85	51,68	7,4
446	Blitzschutz- und Erdungsanlagen	132,23 m² BGF	2.559,57	19,36	2,8
450	**Kommunikationstechnische Anlagen**	**132,23 m² BGF**	**4.624,48**	**34,97**	**5,0**
452	Such- und Signalanlagen	132,23 m² BGF	375,08	2,84	0,4
455	Audiovisuelle Medien- u. Antennenanl.	132,23 m² BGF	3.063,97	23,17	3,3
456	Gefahrenmelde- und Alarmanlagen	132,23 m² BGF	210,05	1,59	0,2
457	Datenübertragungsnetze	132,23 m² BGF	975,38	7,38	1,1

Kostenkennwerte für Leistungsbereiche nach STLB (Kosten KG 400 nach DIN 276)

LB	Leistungsbereiche	Kosten €	€/m² BGF	€/m³ BRI	% an 400
040	Wärmeversorgungsanlagen - Betriebseinrichtungen	24.893	188,30	57,00	26,8
041	Wärmeversorgungsanlagen - Leitungen, Armaturen, Heizflächen	6.029	45,60	13,80	6,5
042	Gas- und Wasseranlagen - Leitungen, Armaturen	5.324	40,30	12,20	5,7
043	Druckrohrleitungen für Gas, Wasser und Abwasser	–	–	–	–
044	Abwasseranlagen - Leitungen, Abläufe, Armaturen	1.816	13,70	4,20	2,0
045	Gas-, Wasser- und Entwässerungsanlagen - Ausstattung, Elemente, Fertigbäder	2.918	22,10	6,70	3,1
046	Gas-, Wasser- und Entwässerungsanlagen - Betriebseinrichtungen	–	–	–	–
047	Dämm- und Brandschutzarbeiten an technischen Anlagen	715	5,40	1,60	0,8
049	Feuerlöschanlagen, Feuerlöschgeräte	–	–	–	–
050	Blitzschutz- / Erdungsanlagen, Überspannungsschutz	2.560	19,40	5,90	2,8
051	Kabelleitungstiefbauarbeiten	–	–	–	–
052	Mittelspannungsanlagen	–	–	–	–
053	Niederspannungsanlagen - Kabel / Leitungen, Verlegesysteme, Installationsgeräte	17.660	133,60	40,50	19,0
054	Niederspannungsanlagen - Verteilersysteme und Einbaugeräte	13.625	103,00	31,20	14,7
055	Sicherheits- und Ersatzstromversorgungsanlagen	–	–	–	–
057	Gebäudesystemtechnik	–	–	–	–
058	Leuchten und Lampen	6.834	51,70	15,70	7,4
059	Sicherheitsbeleuchtungsanlagen	–	–	–	–
060	Such-, Signal-, Zeitdienst-, Antennen-, elektroakustische Anlagen, Medientechnik	3.439	26,00	7,90	3,7
061	Kommunikations- und Übertragungsnetze	975	7,40	2,20	1,1
062	Kommunikationsanlagen	–	–	–	–
063	Gefahrenmeldeanlagen	210	1,60	0,48	0,2
064	Zutrittskontroll-, Zeiterfassungssysteme	–	–	–	–
069	Aufzüge	–	–	–	–
070	Gebäudeautomation	–	–	–	–
075	Raumlufttechnische Anlagen	579	4,40	1,30	0,6
078	Kälteanlagen für raumlufttechnische Anlagen	–	–	–	–
	Gebäudetechnik	**87.577**	**662,30**	**200,70**	**94,4**
	Sonstige Leistungsbereiche	**5.204**	**39,40**	**11,90**	**5,6**

Objekte

Kostenkennwerte für die Kosten des Bauwerks (Kostengruppen 300+400 nach DIN 276)

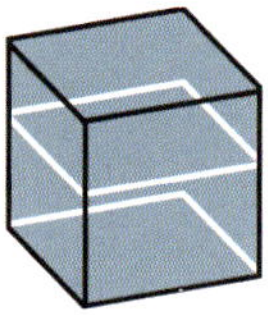

BRI 945 €/m³

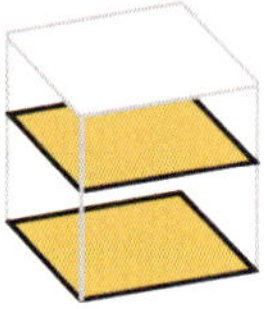

BGF 2.602 €/m²

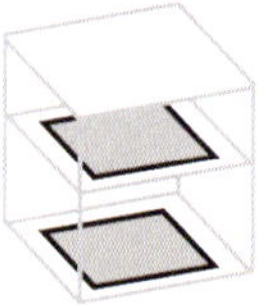

NUF 3.952 €/m²

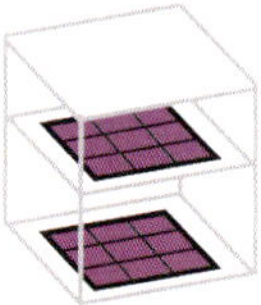

NE 6.783 €/NE

NE: Wohnfläche

Objekt:
Kennwerte: 3. Ebene DIN 276
BRI: 1.059 m³
BGF: 385 m²
NUF: 253 m²
Bauzeit: 74 Wochen
Bauende: 2022
Standard: hoch
Bundesland: Brandenburg
Kreis: Potsdam, Stadt

Architekt*in:
wening.architekten
Christophorusweg 5
14476 Groß Glienicke

Bauherr*in:
Stephan Madel
Falkensteinweg 17
87459 Pfronten

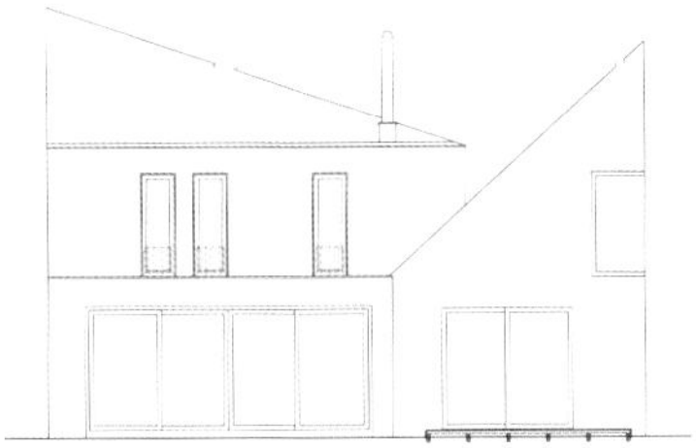
Ansicht Süd

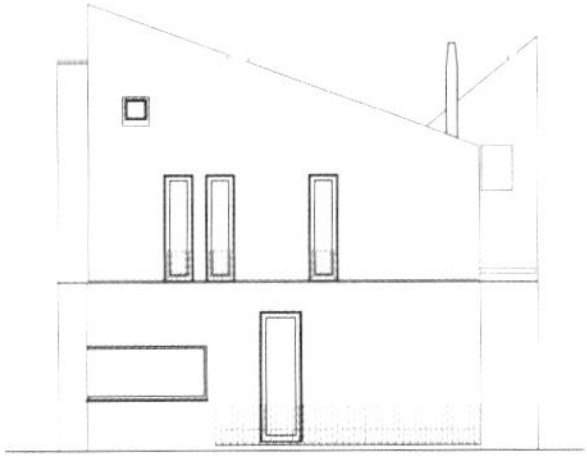
Ansicht West

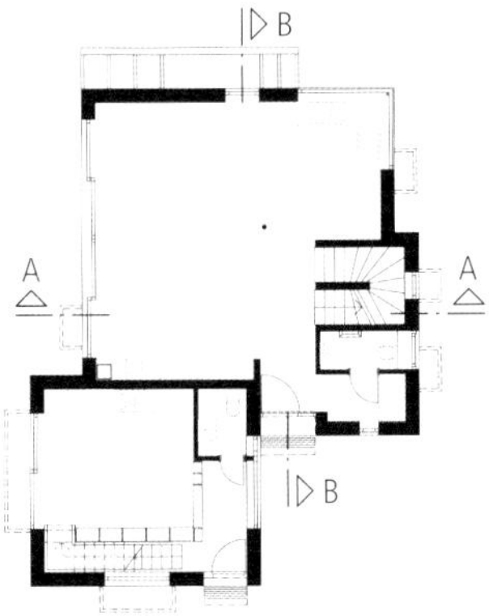

Erdgeschoss

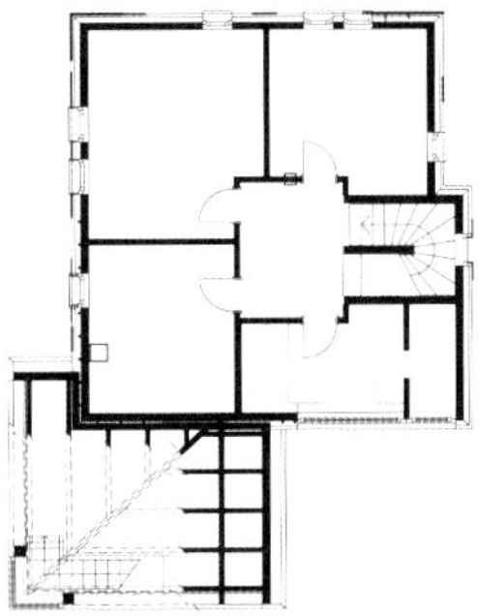
2. Obergeschoss

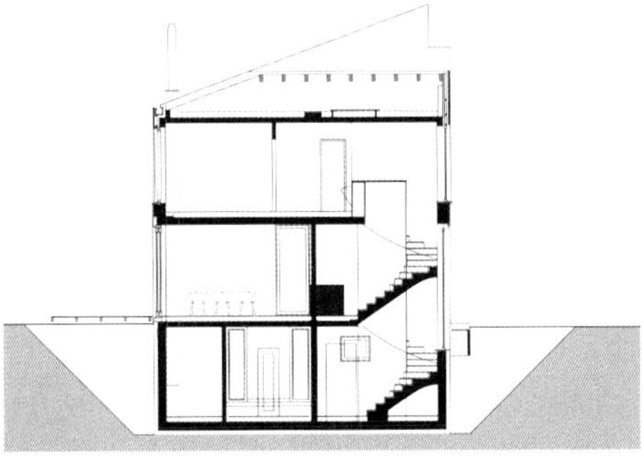
Schnitt A-A

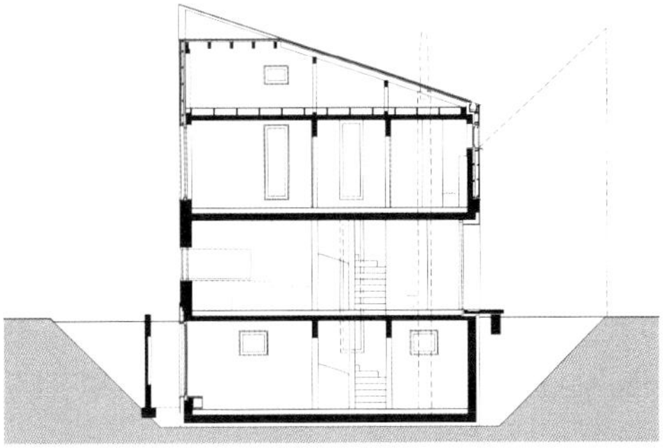
Schnitt B-B

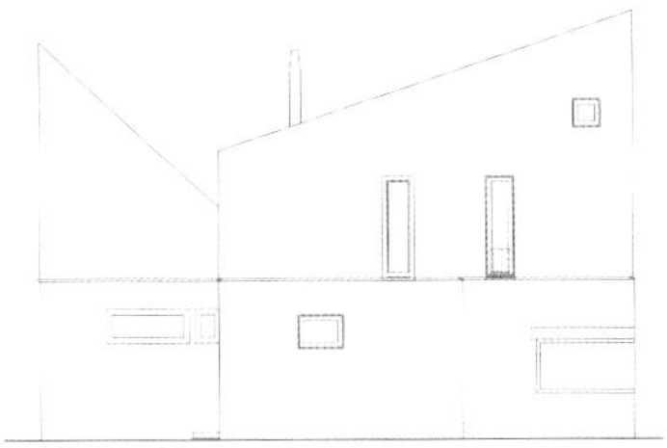
Ansicht Nord

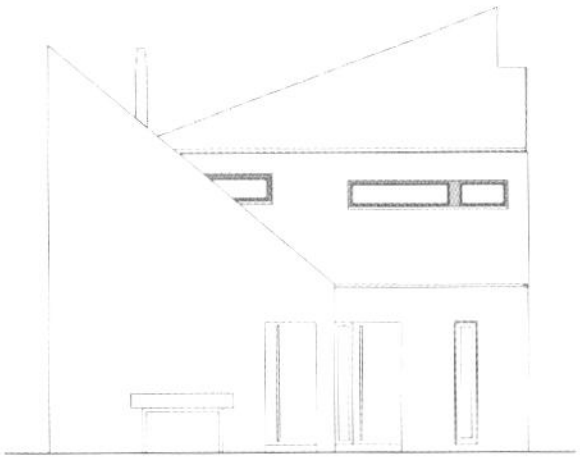
Ansicht Ost

Objektbeschreibung

Allgemeine Objektinformationen

Das aus zwei Volumen zusammengesetzte Haus spiegelt die Verknüpfung der Haupt- und der Einliegerwohnung wider. Die versetzten Spitz-Pultdächer verdeutlichen die Eigenständigkeit der beiden Wohneinheiten.

Nutzung

1 Untergeschoss
Schlafzimmer, Bad, Spa-Bereich, Abstellraum, Vorratsraum, Haustechnik

1 Erdgeschoss
Wohnen, Essen, Kochen, Diele, WC

1 Obergeschoss
Schlafzimmer, Kinderzimmer, Bad, Flur, Dachboden

1 Dachgeschoss
Abstellfläche

Nutzeinheiten

Wohneinheiten: 2
Wohnfläche: 148 m^2

Grundstück

Bauraum: Freier Bauraum
Neigung: Ebenes Gelände
Bodenklasse: BK 1 bis BK 3

Markt

Hauptvergabezeit: 2. Quartal 2021
Baubeginn: 3. Quartal 2021
Bauende: 4. Quartal 2022
Konjunkturelle Gesamtlage: über Durchschnitt
Regionaler Baumarkt: unter Durchschnitt

Baukonstruktion

Der Neubau gründet auf einer Fundamentplatte und ist mit einer Weißen Wanne mit speziell abgedichteten und mit Injektionsharz verpressten Sollrissfugen und einem Minimum an Bewehrungsstahl ausgeführt. Die verputzten Erdgeschossfassaden des Massivbaus binden die Baukörper zusammen, während das Obergeschoss des Haupthauses mit einer vertikalen Lattung aus Lärchenholz bekleidet ist. Die raumhohen Holzfenster schaffen einen maximalen Bezug zum Außenraum und fluten die Räume mit Licht. Auf dem Heizestrich sind Parkett oder Bodenfliesen verlegt. Die beiden Spitz-Pultdächer in Holzkonstruktion sind mit Stehfalzdeckung gedeckt. Dachrinnen und Fallrohre sind flächenbündig integriert, sodass die skulpturale Hülle aus Putz, Holz und Titanzink möglichst klar zutage tritt. Im Untergeschoss des Haupthauses steht ein Spa-Bereich mit Sauna zur Verfügung.

Technische Anlagen

Das Haus entspricht den Anforderungen eines Effizienzhauses 55 und erfüllt durch den Betrieb einer **Sole-Wasser-Wärmepumpe** die Anforderungen der EE-Klasse zu fast 72% für die Wärmenutzung aus erneuerbaren Energien. Die Wärme wird mittels einer **Fußbodenheizung** in die Räume abgegeben. In den Sanitärräumen sorgen Einzelraumlüfter für Frischluft. Für eine spätere Photovoltaiknutzung wurden Leerrohre bis unter die Dachfläche verlegt.

Sonstiges

Die Möblierung der Bäder, des Spa-Bereichs, Garderoben als Raumteiler und Küche, sowie Regale als Brüstungselemente ergeben einen hohen Standard für die Ausstattung des Hauses als Mietobjekt.

Energetische Kennwerte

Gesetzliche Grundlage: GEG 2020
Gebäudenutzfläche: 316,90 m^2
Gebäudevolumen: 990,40 m^3
A/V_e-Verhältnis (Kompaktheit): 0,66 m^{-1}
Hüllfläche des beheizten Volumens: 648,90 m^2
Spez. Transmissionswärmeverlust: 0,29 $W/(m^2 \cdot K)$
Spez. Jahresprimärenergiebedarf: 34,11 $kWh/(m^2 \cdot a)$
Anlagenaufwandszahl: 0,72

Planungskennwerte für Flächen und Rauminhalte nach DIN 277

	Flächen des Grundstücks	Menge Einheit	% an GF
BF	Bebaute Fläche	118,05 m²	19,7
UF	Unbebaute Fläche	480,95 m²	80,3
GF	Grundstücksfläche	599,00 m²	100,0

	Grundflächen des Bauwerks	Menge Einheit	% an NUF	% an BGF
NUF	Nutzungsfläche	253,32 m²	100,0	65,8
TF	Technikfläche	8,49 m²	3,4	2,2
VF	Verkehrsfläche	40,96 m²	16,2	10,6
NRF	Netto-Raumfläche	302,77 m²	119,5	78,7
KGF	Konstruktions-Grundfläche	82,03 m²	32,4	21,3
BGF	Brutto-Grundfläche	384,80 m²	151,9	100,0

	Brutto-Rauminhalt des Bauwerks	Menge Einheit	BRI/NUF (m)	BRI/BGF (m)
BRI	Brutto-Rauminhalt	1.058,94 m³	4,18	2,75

Prozentualer Anteil der Kostengruppen der 2. Ebene an der Kostengruppe 400 nach DIN 276

KG	Kostengruppen (2. Ebene)
410	Abwasser-, Wasser-, Gasanlagen
420	Wärmeversorgungsanlagen
430	Raumlufttechnische Anlagen
440	Elektrische Anlagen
450	Kommunikationstechnische Anlagen
460	Förderanlagen
470	Nutzungsspez. u. verfahrenstechn. Anl.
480	Gebäude- und Anlagenautomation
490	Sonst. Maßnahmen für techn. Anlagen

Ranking der Kostengruppen der 3. Ebene an der Kostengruppe 400 nach DIN 276

KG	Kostengruppen (3. Ebene)	% an KG 400
421	Wärmeerzeugungsanlagen	22,3
444	Niederspannungsinstallationsanlagen	19,7
412	Wasseranlagen	17,6
411	Abwasseranlagen	9,3
423	Raumheizflächen	8,1
422	Wärmeverteilnetze	6,6
445	Beleuchtungsanlagen	5,6
419	Sonstiges zur KG 410	3,4
429	Sonstiges zur KG 420	1,7
456	Gefahrenmelde- und Alarmanlagen	1,4
457	Datenübertragungsnetze	1,3
431	Lüftungsanlagen	1,1
446	Blitzschutz- und Erdungsanlagen	0,9
491	Baustelleneinrichtung	0,7
452	Such- und Signalanlagen	0,5

Kostenkennwerte für die Kostengruppen der 1. Ebene DIN 276

KG	Kostengruppen (1. Ebene)	Einheit	Kosten €	€/Einheit	€/m² BGF	€/m³ BRI	% 300+400
100	Grundstück	m² GF	–	–	–	–	–
200	Vorbereitende Maßnahmen	m² GF	13.910	23,22	36,15	13,14	1,4
300	Bauwerk – Baukonstruktionen	m² BGF	814.256	2.116,05	2.116,05	768,93	81,3
400	Bauwerk – Technische Anlagen	m² BGF	186.848	485,57	485,57	176,45	18,7
	Bauwerk 300+400	**m² BGF**	**1.001.104**	**2.601,62**	**2.601,62**	**945,38**	**100,0**
500	Außenanlagen und Freiflächen	m² AF	16.850	35,04	43,79	15,91	1,7
600	Ausstattung und Kunstwerke	m² BGF	–	–	–	–	–
700	Baunebenkosten	m² BGF	–	–	–	–	–
800	Finanzierung	m² BGF	–	–	–	–	–

KG	Kostengruppe	Menge Einheit	Kosten €	€/Einheit	%
200	**Vorbereitende Maßnahmen**	599,00 m² GF	13.910	**23,22**	1,4
	Abbruch von Gartenlaube, Entsorgung asbesthaltiger Baustoffe, Bäume fällen, Strauchwerk roden				
3+4	**Bauwerk**				**100,0**
300	**Bauwerk – Baukonstruktionen**	384,80 m² BGF	814.256	**2.116,05**	81,3
	Stb-Fundamentplatte, Heizestrich, Bodenfliesen, Parkett; Stb-Wände, Mauerwerk, Holzständerwände, Stb-Stützen, Holzfenster, Lärchenholzfassade, Außen-/Innenputz, Wandfliesen, Beschichtung, Senkrechtmarkisen; Stb-Elementwand, GK-Wände, Stahlstützen, Holztüren; Stb-Elementdecken, Stb-Treppen, Faltwerktreppe, Holzdielen, abgehängte GK-Decke; Spitz-Pultdächer, Dachflächenfenster, Stehfalzdeckung, innenliegende Kastenrinne, GK-Bekleidung, Einschubtreppe; Sauna, Einbaumöbel, Wäscheschacht				
400	**Bauwerk – Technische Anlagen**	384,80 m² BGF	186.848	**485,57**	18,7
	Gebäudeentwässerung, Kalt- und Warmwasserleitungen, Sanitärobjekte; **Sole-Wasser-Wärmepumpe**, Trinkwassererwärmer, Erdwärmesonden, Heizungsrohre, **Fußbodenheizung**, Badheizkörper, Schornsteinsystem; Einzelraumlüfter; Elektroinstallation, Beleuchtung, Potenzialausgleich; Klingel-/Sprechanlage, Rauchwarnmelder, Datenverkabelung				
500	**Außenanlagen und Freiflächen**	480,95 m² AF	16.850	**35,04**	1,7
	Erdaushub Sickergrube, Verfüllung Baugrube; KG-Rohre, Regenwasser-Sickerschacht, Tiefenbohrungen für Gartenbewässerung, Unterwasserpumpe, Brunnenschacht, Brunnenkopf, Steigleitung, Entnahmestelle; Erdkabel, Niederspannungskabel, Telefonkabel; Baustelleneinrichtung				

Kostenkennwerte für die Kostengruppen 400 der 2. Ebene DIN 276

KG	Kostengruppe	Menge Einheit	Kosten €	€/Einheit	%
400	**Bauwerk – Technische Anlagen**				**100,0**
410	**Abwasser-, Wasser-, Gasanlagen**	384,80 m² BGF	56.596	**147,08**	30,3
	KG-Rohre (51m), Abwasserrohre (71m), Regenwasserrohre (21m), Doppelhebeanlage (1St), Duschrinnen (3St) * Metallverbundrohre (203m), Zirkulationspumpe (1St), Waschtische (5St), Wand-Tiefspül-WCs (5St), Badewanne (1St) * Vorwand-Montageelemente (10St)				
420	**Wärmeversorgungsanlagen**	384,80 m² BGF	72.196	**187,62**	38,6
	Sole-Wasser-Wärmepumpe 4,15kW (1St), Trinkwassererwärmer 490l (1St), Erdwärmesonden (200m), Sondenleitungen (36m), Wärmeträgerflüssigkeit (404l) * Metallverbundrohre (57m), Verteilerschränke (5St), Verteiler (6St), Wärmemengenzähler (6St), Thermoantriebe (28St) * **Fußbodenheizung**, Verlegeplatte, Rohre (212m²), Regelmodule (6St), Badheizkörper (1St) * Schornsteinsystem, Wärmedämmung (1St)				
430	**Raumlufttechnische Anlagen**	384,80 m² BGF	1.985	**5,16**	1,1
	Einzelraumlüfter (2St), Wickelfalzrohr (11m), Wetterschutzgitter (1St), Tellerventile (2St)				
440	**Elektrische Anlagen**	384,80 m² BGF	48.857	**126,97**	26,1
	Zählerschrank (1St), Mantelleitungen (1.579m), Erdkabel (303m), Steuerleitungen, BUS-System (psch), Silikonleitungen (5m), Schalter/Taster (111St), Jalousie-Wippschalter (19St), Steckdosen (113St) * LED-Einbaustrahler (60St), NV-Einbaustrahler (4St), LED-Feuchtraumleuchten (4St), LED-Wandeinbauleuchten (4St), Außen-Downlights (3St), LED-Spiegelleuchte (1St) * Fundamenterder (106m), Potenzialausgleichsschiene (1St)				
450	**Kommunikationstechnische Anlagen**	384,80 m² BGF	5.885	**15,29**	3,1
	Klingel-/Sprechanlage (1St) * Rauchwarnmelder (12St) * Datenkabel (350m), **EIB**-Busleitung (250m), Datenanschlussdosen (11St), Cat6-Stecker (18St), 8-Port Gigabit-Switch (1St)				
490	**Sonst. Maßnahmen für techn. Anlagen**	384,80 m² BGF	1.329	**3,45**	0,7
	Baustelleneinrichtung für Bohrarbeiten mit Spülbohrgerät (psch)				

Kostenkennwerte für die Kostengruppen 400 der 2. und 3. Ebene DIN 276 (Übersicht)

KG	Kostengruppe	Menge Einheit	Kosten €	€/Einheit	%
410	**Abwasser-, Wasser-, Gasanlagen**	**384,80 m² BGF**	**56.596,36**	**147,08**	**30,3**
411	Abwasseranlagen	384,80 m² BGF	17.324,70	45,02	9,3
412	Wasseranlagen	384,80 m² BGF	32.972,88	85,69	17,6
419	Sonstiges zur KG 410	384,80 m² BGF	6.298,79	16,37	3,4
420	**Wärmeversorgungsanlagen**	**384,80 m² BGF**	**72.196,01**	**187,62**	**38,6**
421	Wärmeerzeugungsanlagen	384,80 m² BGF	41.670,60	108,29	22,3
422	Wärmeverteilnetze	384,80 m² BGF	12.350,98	32,10	6,6
423	Raumheizflächen	384,80 m² BGF	15.086,90	39,21	8,1
429	Sonstiges zur KG 420	384,80 m² BGF	3.087,53	8,02	1,7
430	**Raumlufttechnische Anlagen**	**384,80 m² BGF**	**1.984,52**	**5,16**	**1,1**
431	Lüftungsanlagen	384,80 m² BGF	1.984,52	5,16	1,1
440	**Elektrische Anlagen**	**384,80 m² BGF**	**48.857,02**	**126,97**	**26,1**
444	Niederspannungsinstallationsanlagen	384,80 m² BGF	36.737,51	95,47	19,7
445	Beleuchtungsanlagen	384,80 m² BGF	10.380,72	26,98	5,6
446	Blitzschutz- und Erdungsanlagen	384,80 m² BGF	1.738,79	4,52	0,9
450	**Kommunikationstechnische Anlagen**	**384,80 m² BGF**	**5.885,36**	**15,29**	**3,1**
452	Such- und Signalanlagen	384,80 m² BGF	860,44	2,24	0,5
456	Gefahrenmelde- und Alarmanlagen	384,80 m² BGF	2.685,54	6,98	1,4
457	Datenübertragungsnetze	384,80 m² BGF	2.339,37	6,08	1,3
490	**Sonst. Maßnahmen für techn. Anlagen**	**384,80 m² BGF**	**1.329,07**	**3,45**	**0,7**
491	Baustelleneinrichtung	384,80 m² BGF	1.329,07	3,45	0,7

Kostenkennwerte für Leistungsbereiche nach STLB (Kosten KG 400 nach DIN 276)

LB	Leistungsbereiche	Kosten €	€/m² BGF	€/m³ BRI	% an 400
040	Wärmeversorgungsanlagen - Betriebseinrichtungen	43.841	113,90	41,40	23,5
041	Wärmeversorgungsanlagen - Leitungen, Armaturen, Heizflächen	27.559	71,60	26,00	14,7
042	Gas- und Wasseranlagen - Leitungen, Armaturen	8.781	22,80	8,30	4,7
043	Druckrohrleitungen für Gas, Wasser und Abwasser	–	–	–	–
044	Abwasseranlagen - Leitungen, Abläufe, Armaturen	7.047	18,30	6,70	3,8
045	Gas-, Wasser- und Entwässerungsanlagen - Ausstattung, Elemente, Fertigbäder	28.762	74,70	27,20	15,4
046	Gas-, Wasser- und Entwässerungsanlagen - Betriebseinrichtungen	7.475	19,40	7,10	4,0
047	Dämm- und Brandschutzarbeiten an technischen Anlagen	2.524	6,60	2,40	1,4
049	Feuerlöschanlagen, Feuerlöschgeräte	–	–	–	–
050	Blitzschutz- / Erdungsanlagen, Überspannungsschutz	1.739	4,50	1,60	0,9
051	Kabelleitungstiefbauarbeiten	–	–	–	–
052	Mittelspannungsanlagen	–	–	–	–
053	Niederspannungsanlagen - Kabel / Leitungen, Verlegesysteme, Installationsgeräte	36.737	95,50	34,70	19,7
054	Niederspannungsanlagen - Verteilersysteme und Einbaugeräte	–	–	–	–
055	Sicherheits- und Ersatzstromversorgungsanlagen	–	–	–	–
057	Gebäudesystemtechnik	–	–	–	–
058	Leuchten und Lampen	10.381	27,00	9,80	5,6
059	Sicherheitsbeleuchtungsanlagen	–	–	–	–
060	Such-, Signal-, Zeitdienst-, Antennen-, elektroakustische Anlagen, Medientechnik	860	2,20	0,81	0,5
061	Kommunikations- und Übertragungsnetze	2.339	6,10	2,20	1,3
062	Kommunikationsanlagen	–	–	–	–
063	Gefahrenmeldeanlagen	2.686	7,00	2,50	1,4
064	Zutrittskontroll-, Zeiterfassungssysteme	–	–	–	–
069	Aufzüge	–	–	–	–
070	Gebäudeautomation	–	–	–	–
075	Raumlufttechnische Anlagen	1.985	5,20	1,90	1,1
078	Kälteanlagen für raumlufttechnische Anlagen	–	–	–	–
	Gebäudetechnik	**182.717**	**474,80**	**172,50**	**97,8**
	Sonstige Leistungsbereiche	**4.131**	**10,70**	**3,90**	**2,2**

6100-1695
Mehrfamilienhaus
(21 WE)

Kostenkennwerte für die Kosten des Bauwerks (Kostengruppen 300+400 nach DIN 276)

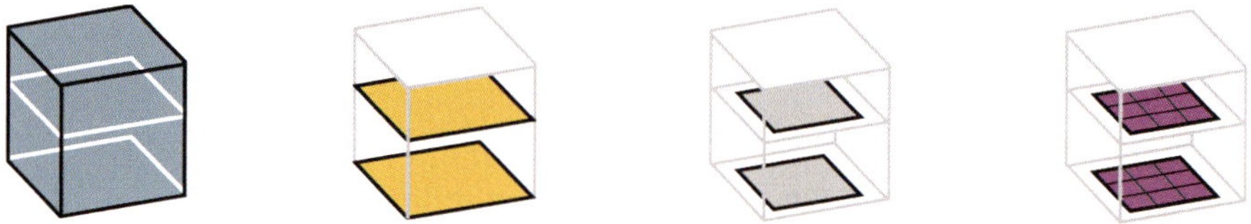

BRI 569 €/m³ | BGF 1.953 €/m² | NUF 2.951 €/m² | NE 2.970 €/NE

NE: Wohnfläche

Objekt:
Kennwerte: 3. Ebene DIN 276
BRI: 5.171 m³
BGF: 1.507 m²
NUF: 997 m²
Bauzeit: 100 Wochen
Bauende: 2023
Standard: mittel
Bundesland: Saarland
Kreis: Saarlouis

Architekt*in:
a hoch i netzwerk
Lisa Groß
Heinrich-Heine-Straße 2a
66763 Dillingen

Bauherr*in:
Bau- und
Siedlungsgesellschaft mbH
Metzger Straße 51
66763 Dillingen

Zeichnungen

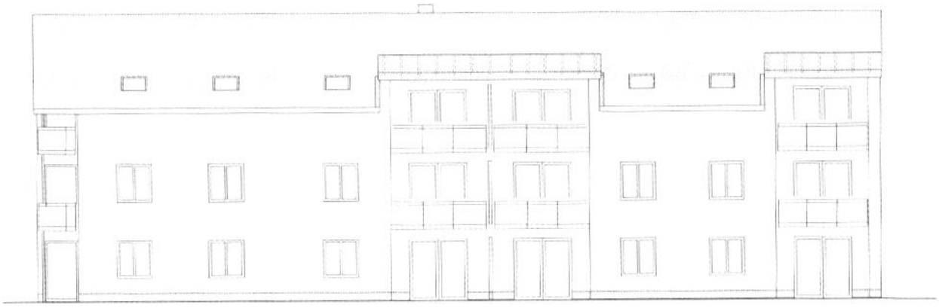

Ansicht Nord

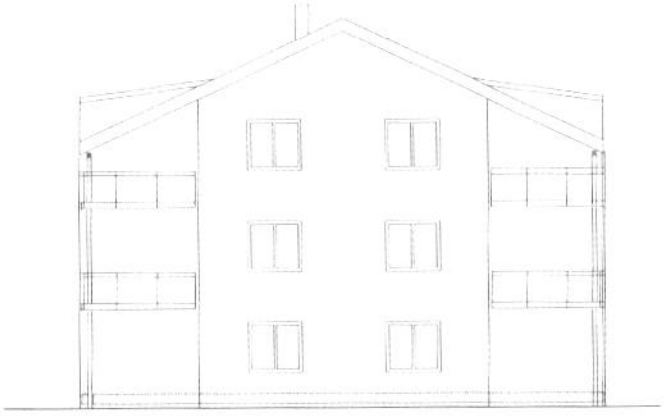

Ansicht Ost

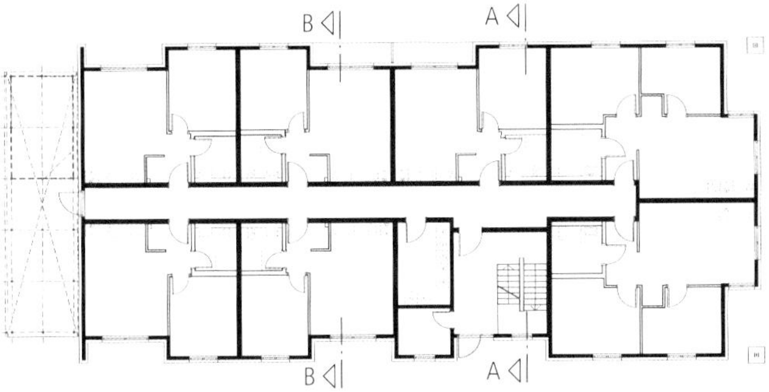

Erdgeschoss

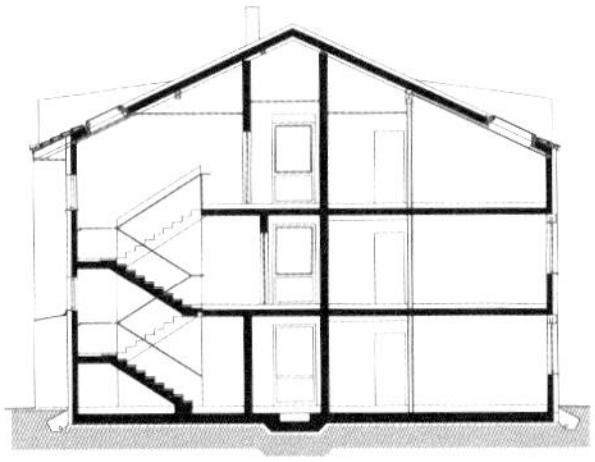

Schnitt A-A

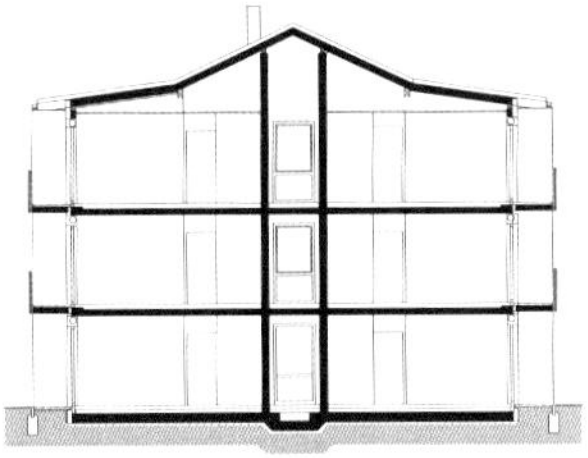

Schnitt B-B

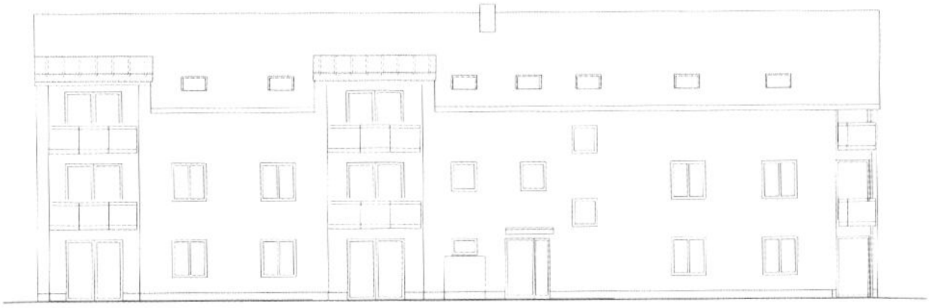

Ansicht Süd

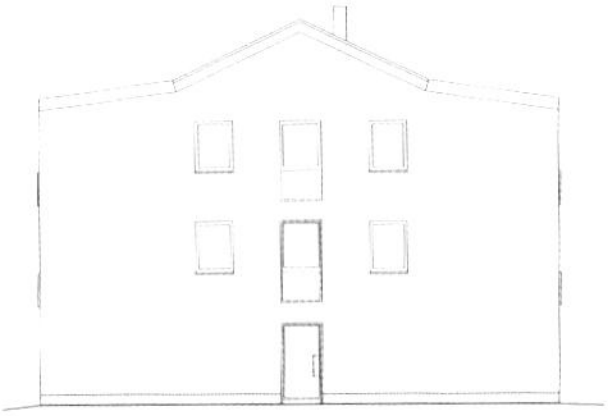

Ansicht West

Objektbeschreibung

Allgemeine Objektinformationen

Das nicht unterkellerte Mehrfamilienhaus umfasst 21 Wohneinheiten mit 45 bis 60m² Wohnfläche auf drei Ebenen. Alle Wohnungen sind **barrierefrei** gestaltet, zwei Wohnungen im Erdgeschoss sind rollstuhlgerecht ausgeführt. Jede Wohnung verfügt über eine Terrasse oder einen Balkon. Der Neubau wurde im Rahmen eines Sonderprogramms zur Förderung der Schaffung von Wohnraum in Gebieten mit erhöhtem Wohnungsbedarf der sozialen Wohnraumförderung gefördert.

Nutzung

1 Erdgeschoss
fünf Zwei-Zimmer-Wohnungen, zwei Drei-Zimmer-Wohnungen, Waschraum, Technik, Flur

1 Obergeschoss
fünf Zwei-Zimmer-Wohnungen, zwei Drei-Zimmer-Wohnungen, Waschraum, Technik, Flur

1 Dachgeschoss
fünf Zwei-Zimmer-Wohnungen, zwei Drei-Zimmer-Wohnungen, Waschraum, Technik, Flur

Nutzeinheiten

Wohneinheiten: 21
Wohnfläche: 991m²

Grundstück

Bauraum: Freier Bauraum
Neigung: Ebenes Gelände
Bodenklasse: BK 3 bis BK 5

Markt

Hauptvergabezeit: 2.Quartal 2021
Baubeginn: 3.Quartal 2021
Bauende: 3.Quartal 2023
Konjunkturelle Gesamtlage: Durchschnitt
Regionaler Baumarkt: Durchschnitt

Baukonstruktion

Der in Massivbauweise errichtete Neubau gründet auf einer Stahlbetonfundamentplatte. Die Außenwände aus Kalksandstein wurden mit einem Wärmedämmverbundsystem bekleidet. Die Kunststofffenster sind mit Wärmeschutzverglasung und Mini-Aufsatzrollläden ausgeführt. Innen kamen sowohl Leichtbauwände als auch Kalksandsteinwände zum Einsatz, die Oberflächen sind beschichtet oder mit Fliesen bekleidet. Die Holzinnentüren haben Stahlzargen. Die Geschossdecken, die Treppen und die Balkone wurden in Stahlbeton ausgeführt. Die Böden sind mit PVC und Fliesen belegt. Das Satteldach ist mit Ziegeln gedeckt.

Technische Anlagen

Das Gebäude wird durch eine **Luft-Wasser-Wärmepumpe** und ein Gas-Brennwertgerät beheizt. Die Temperierung erfolgt über eine **Fußbodenheizung**. Das Trinkwasser wird mit einer Frischwasserstation erwärmt. Die Wohnräume sind mit dezentralen Lüftungsgeräten **mit Wärmerückgewinnung** ausgestattet, die Bäder mit Einzelraumlüftern. Eine zentrale **Zu- und Abluftanlage** mit Heizregister belüftet die gemeinschaftlichen Räume.

Sonstiges

Die zum Gebäude gehörende Außenanlage ist unter der BKI-Objektnummer 6100-1704 dokumentiert.

Energetische Kennwerte

Gesetzliche Grundlage: EnEV 2013
Gebäudenutzfläche: 1.360,20m²
Gebäudevolumen: 4.250,50m³
A/V_e-Verhältnis (Kompaktheit): 0,46m⁻¹
Hüllfläche des beheizten Volumens: 1.946,50m²
Spez. Transmissionswärmeverlust: 0,32W/(m²·K)
Spez. Jahresprimärenergiebedarf: 37,83kWh/(m²·a)
Anlagenaufwandszahl: 0,87

Planungskennwerte für Flächen und Rauminhalte nach DIN 277

Flächen des Grundstücks		Menge Einheit	% an GF
BF	Bebaute Fläche	559,42 m²	39,1
UF	Unbebaute Fläche	871,58 m²	60,9
GF	Grundstücksfläche	1.431,00 m²	100,0

Grundflächen des Bauwerks		Menge Einheit	% an NUF	% an BGF
NUF	Nutzungsfläche	997,30 m²	100,0	66,2
TF	Technikfläche	29,16 m²	2,9	1,9
VF	Verkehrsfläche	247,16 m²	24,8	16,4
NRF	Netto-Raumfläche	1.273,62 m²	127,7	84,5
KGF	Konstruktions-Grundfläche	233,10 m²	23,4	15,5
BGF	Brutto-Grundfläche	1.506,72 m²	151,1	100,0

Brutto-Rauminhalt des Bauwerks		Menge Einheit	BRI/NUF (m)	BRI/BGF (m)
BRI	Brutto-Rauminhalt	5.170,70 m³	5,19	3,43

Prozentualer Anteil der Kostengruppen der 2.Ebene an der Kostengruppe 400 nach DIN 276

KG	Kostengruppen (2. Ebene)
410	Abwasser-, Wasser-, Gasanlagen
420	Wärmeversorgungsanlagen
430	Raumlufttechnische Anlagen
440	Elektrische Anlagen
450	Kommunikationstechnische Anlagen
460	Förderanlagen
470	Nutzungsspez. u. verfahrenstechn. Anl.
480	Gebäude- und Anlagenautomation
490	Sonst. Maßnahmen für techn. Anlagen

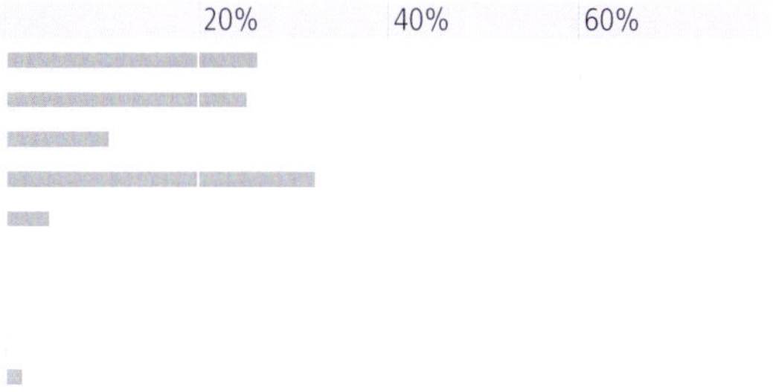

Ranking der Kostengruppen der 3.Ebene an der Kostengruppe 400 nach DIN 276

KG	Kostengruppen (3. Ebene)	% an KG 400	KG	Kostengruppen (3. Ebene)	% an KG 400
444	Niederspannungsinstallationsanlagen	29,4	445	Beleuchtungsanlagen	2,2
412	Wasseranlagen	15,1	451	Telekommunikationsanlagen	1,5
431	Lüftungsanlagen	10,6	452	Such- und Signalanlagen	1,5
423	Raumheizflächen	9,8	455	Audiovisuelle Medien- u. Antennenanl.	1,5
411	Abwasseranlagen	8,3	491	Baustelleneinrichtung	1,3
421	Wärmeerzeugungsanlagen	8,3	429	Sonstiges zur KG 420	0,9
422	Wärmeverteilnetze	5,9	446	Blitzschutz- und Erdungsanlagen	0,6
419	Sonstiges zur KG 410	2,7	495	Instandsetzungen	0,3

Kostenkennwerte für die Kostengruppen der 1. Ebene DIN 276

KG	Kostengruppen (1. Ebene)	Einheit	Kosten €	€/Einheit	€/m² BGF	€/m³ BRI	% 300+400
100	Grundstück	m² GF	–	–	–	–	–
200	Vorbereitende Maßnahmen	m² GF	15.685	10,96	10,41	3,03	0,5
300	Bauwerk – Baukonstruktionen	m² BGF	2.159.056	1.432,95	1.432,95	417,56	73,4
400	Bauwerk – Technische Anlagen	m² BGF	784.143	520,43	520,43	151,65	26,6
	Bauwerk 300+400	**m² BGF**	**2.943.198**	**1.953,38**	**1.953,38**	**569,21**	**100,0**
500	Außenanlagen und Freiflächen	m² AF	110.556	119,16	73,38	21,38	3,8
600	Ausstattung und Kunstwerke	m² BGF	14.834	9,85	9,85	2,87	0,5
700	Baunebenkosten	m² BGF	–	–	–	–	–
800	Finanzierung	m² BGF	–	–	–	–	–

KG	Kostengruppe	Menge Einheit	Kosten €	€/Einheit	%
200	**Vorbereitende Maßnahmen**	1.431,00 m² GF	15.685	**10,96**	0,5
	Oberbodenabtrag				
3+4	**Bauwerk**				**100,0**
300	**Bauwerk – Baukonstruktionen**	1.506,72 m² BGF	2.159.056	**1.432,95**	73,4
	Stb-Flachgründung, Heizestrich, PVC-Belag, Bodenfliesen; KS-Mauerwerk, Stützen, Kunststofffenster, Rollläden, Alu-Eingangstüren, WDVS, Balkontrennwände, Glasvordach; GK-Wände, Stahl-Wandscheibe, Holztüren, Putz, Beschichtung, Wandfliesen; Stb-Elementdecken, Stb-Balkone, Stb-Treppen, Stahlgeländer; Satteldach, Dachfenster, Ziegeldeckung, Dachabdichtung, Dachentwässerung, GK-Bekleidung, Holzschalung, Beschichtung, Außenrollläden; Schaukasten				
400	**Bauwerk – Technische Anlagen**	1.506,72 m² BGF	784.143	**520,43**	26,6
	Gebäudeentwässerung, Kalt- und Warmwasserleitungen, Sanitärobjekte; **Luft-Wasser-Wärmepumpe**, Gas-Brennwertgerät, Frischwasserstation, Pufferspeicher, Heizungsrohre, **Fußbodenheizung**, Schornstein; dezentrale **Wohnraumlüftung**, Einzelraumlüfter, Zu-/**Abluftanlage**, Heizregister; Elektroinstallation, Beleuchtung, Erdung; Kommunikationsverkabelung, Türsprechanlage; Antennenanlage				
500	**Außenanlagen und Freiflächen**	927,80 m² AF	110.556	**119,16**	3,8
	Erdarbeiten; Einzelfundamente; Terrassengeländer, Fahrradunterstand/Außenabstellraum; Gebäudeentwässerung, Retentionszisterne, Elektroinstallation, Außenbeleuchtung; Briefkastenanlage, Mülleinhausung				
600	**Ausstattung und Kunstwerke**	1.506,72 m² BGF	14.834	**9,85**	0,5
	Sanitärausstattung				

Kostenkennwerte für die Kostengruppen 400 der 2.Ebene DIN 276

KG	Kostengruppe	Menge Einheit	Kosten €	€/Einheit	%
400	**Bauwerk – Technische Anlagen**				**100,0**
410	**Abwasser-, Wasser-, Gasanlagen**	1.506,72 m² BGF	204.781	**135,91**	26,1
	PE-Rohre DN70-100 (284m), KG-Rohre DN100-125 (192m), PP-Rohre DN50-100 (135m), Duschrinnen (14St), Bodenabläufe (12St) * Edelstahlrohre DN12-40 (483m), PE-X-Rohre DN12-20 (763m), Hauswasserstation (1St), Hygienespülstation (1St), Wasserzähler (27St), Wand-WCs (21St), Waschtische (21St), Brausekombinationen (21St), Haltegriffe (6St), Ausgussbecken (2St) * Montageelemente (65St), Traversen (21St)				
420	**Wärmeversorgungsanlagen**	1.506,72 m² BGF	195.929	**130,04**	25,0
	Luft-Wasser-Wärmepumpe 22,3kW (1St), Heizkreisstation (1St), Gas-Brennwertgerät 32,6kW (1St), Heizkreismodule (4St), Frischwasserstation (1St), Pufferspeicher 500l (2St), Edelstahl-Gasrohre (19m) * Stahlrohre DN20-50 (355m), Heizkreisverteiler (1St), Heizkreisstationen, Umwälzpumpen (3St) * **Fußbodenheizung**, EPS-Rollplatten (1.240m²), PE-Xa-Rohre (4.986m), Edelstahlverteiler (24St) * Schornstein (9m), Schornsteinkopfbekleidung, Zink (1St)				
430	**Raumlufttechnische Anlagen**	1.506,72 m² BGF	82.774	**54,94**	10,6
	Zu-/Abluftventilatoren 45m³/h, Wandeinbau (48St), Einzelraumlüfter (22St), Zu-/Abluftgerät 170m³/h, **WRG** (1St), Elektro-Heizregister 1.200W (1St), Wickelfalzrohre DN100-125 (94m), Alu-Flexrohre DN100 (11m), Brandschutzklappen (2St), Luftauslässe (17St)				
440	**Elektrische Anlagen**	1.506,72 m² BGF	252.278	**167,44**	32,2
	Zähleranlage (1St), Unterverteiler (22St), Mantelleitungen (7.054m), Installationskabel (1.756m), Steuerleitungen (49m), Starkstromkabel (35m), Decken-/Wandauslässe (260St), Steckdosen (387St), Schalter (117St), Thermostate (52St), Geräteanschlussdosen (14St), Bewegungsmelder (12St), **Präsenzmelder** (3St), Temperaturregler (4St) * Anbauleuchten (45St) * Fundamenterder (138m), Anschlussfahnen (6St), Erdungsblöcke (3St)				
450	**Kommunikationstechnische Anlagen**	1.506,72 m² BGF	35.203	**23,36**	4,5
	LSA-Verteiler (1St), Datenkabel (1.510m), Datenanschlussdosen (21St) * Bus-Türsprechanlage (1St), Audio-Innenstationen (21St), Installationskabel (835m) * Sat-Antenne (1St), Koaxialkabel (1.620m), Antennenanschlussdosen (63St)				
490	**Sonst. Maßnahmen für techn. Anlagen**	1.506,72 m² BGF	13.178	**8,75**	1,7
	Baustelleneinrichtungen (3St) * Montagegerüste (2St) * Leckageortung (1St), Reparatur Kaltwasserleitung (psch)				

Kostenkennwerte für die Kostengruppen 400 der 2. und 3. Ebene DIN 276 (Übersicht)

KG	Kostengruppe	Menge Einheit	Kosten €	€/Einheit	%
410	**Abwasser-, Wasser-, Gasanlagen**	**1.506,72 m² BGF**	**204.780,82**	**135,91**	**26,1**
411	Abwasseranlagen	1.506,72 m² BGF	64.821,59	43,02	8,3
412	Wasseranlagen	1.506,72 m² BGF	118.489,76	78,64	15,1
419	Sonstiges zur KG 410	1.506,72 m² BGF	21.469,47	14,25	2,7
420	**Wärmeversorgungsanlagen**	**1.506,72 m² BGF**	**195.928,82**	**130,04**	**25,0**
421	Wärmeerzeugungsanlagen	1.506,72 m² BGF	65.413,21	43,41	8,3
422	Wärmeverteilnetze	1.506,72 m² BGF	46.540,29	30,89	5,9
423	Raumheizflächen	1.506,72 m² BGF	76.830,69	50,99	9,8
429	Sonstiges zur KG 420	1.506,72 m² BGF	7.144,62	4,74	0,9
430	**Raumlufttechnische Anlagen**	**1.506,72 m² BGF**	**82.774,29**	**54,94**	**10,6**
431	Lüftungsanlagen	1.506,72 m² BGF	82.774,29	54,94	10,6
440	**Elektrische Anlagen**	**1.506,72 m² BGF**	**252.278,27**	**167,44**	**32,2**
444	Niederspannungsinstallationsanlagen	1.506,72 m² BGF	230.157,70	152,75	29,4
445	Beleuchtungsanlagen	1.506,72 m² BGF	17.211,07	11,42	2,2
446	Blitzschutz- und Erdungsanlagen	1.506,72 m² BGF	4.909,50	3,26	0,6
450	**Kommunikationstechnische Anlagen**	**1.506,72 m² BGF**	**35.202,77**	**23,36**	**4,5**
451	Telekommunikationsanlagen	1.506,72 m² BGF	11.805,09	7,83	1,5
452	Such- und Signalanlagen	1.506,72 m² BGF	11.511,05	7,64	1,5
455	Audiovisuelle Medien- u. Antennenanl.	1.506,72 m² BGF	11.886,64	7,89	1,5
490	**Sonst. Maßnahmen für techn. Anlagen**	**1.506,72 m² BGF**	**13.177,58**	**8,75**	**1,7**
491	Baustelleneinrichtung	1.506,72 m² BGF	9.899,94	6,57	1,3
492	Gerüste	1.506,72 m² BGF	735,22	0,49	< 0,1
495	Instandsetzungen	1.506,72 m² BGF	2.542,40	1,69	0,3

Kostenkennwerte für Leistungsbereiche nach STLB (Kosten KG 400 nach DIN 276)

LB	Leistungsbereiche	Kosten €	€/m² BGF	€/m³ BRI	% an 400
040	Wärmeversorgungsanlagen - Betriebseinrichtungen	62.434	41,40	12,10	8,0
041	Wärmeversorgungsanlagen - Leitungen, Armaturen, Heizflächen	114.962	76,30	22,20	14,7
042	Gas- und Wasseranlagen - Leitungen, Armaturen	85.137	56,50	16,50	10,9
043	Druckrohrleitungen für Gas, Wasser und Abwasser	–	–	–	–
044	Abwasseranlagen - Leitungen, Abläufe, Armaturen	44.336	29,40	8,60	5,7
045	Gas-, Wasser- und Entwässerungsanlagen - Ausstattung, Elemente, Fertigbäder	44.717	29,70	8,60	5,7
046	Gas-, Wasser- und Entwässerungsanlagen - Betriebseinrichtungen	1.768	1,20	0,34	0,2
047	Dämm- und Brandschutzarbeiten an technischen Anlagen	36.028	23,90	7,00	4,6
049	Feuerlöschanlagen, Feuerlöschgeräte	–	–	–	–
050	Blitzschutz- / Erdungsanlagen, Überspannungsschutz	4.909	3,30	0,95	0,6
051	Kabelleitungstiefbauarbeiten	–	–	–	–
052	Mittelspannungsanlagen	–	–	–	–
053	Niederspannungsanlagen - Kabel / Leitungen, Verlegesysteme, Installationsgeräte	161.591	107,20	31,30	20,6
054	Niederspannungsanlagen - Verteilersysteme und Einbaugeräte	68.567	45,50	13,30	8,7
055	Sicherheits- und Ersatzstromversorgungsanlagen	–	–	–	–
057	Gebäudesystemtechnik	–	–	–	–
058	Leuchten und Lampen	17.211	11,40	3,30	2,2
059	Sicherheitsbeleuchtungsanlagen	–	–	–	–
060	Such-, Signal-, Zeitdienst-, Antennen-, elektroakustische Anlagen, Medientechnik	23.398	15,50	4,50	3,0
061	Kommunikations- und Übertragungsnetze	11.805	7,80	2,30	1,5
062	Kommunikationsanlagen	–	–	–	–
063	Gefahrenmeldeanlagen	–	–	–	–
064	Zutrittskontroll-, Zeiterfassungssysteme	–	–	–	–
069	Aufzüge	–	–	–	–
070	Gebäudeautomation	–	–	–	–
075	Raumlufttechnische Anlagen	82.281	54,60	15,90	10,5
078	Kälteanlagen für raumlufttechnische Anlagen	–	–	–	–
	Gebäudetechnik	**759.145**	**503,80**	**146,80**	**96,8**
	Sonstige Leistungsbereiche	**24.262**	**16,10**	**4,70**	**3,1**

6200-0080
Wohnanlage (28 WE)
Inklusives Wohnen

Kostenkennwerte für die Kosten des Bauwerks (Kostengruppen 300+400 nach DIN 276)

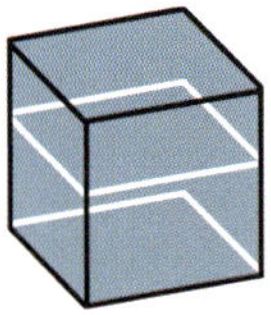

BRI 495 €/m³

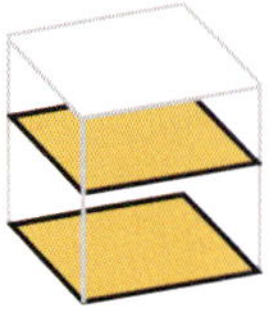

BGF 1.458 €/m²

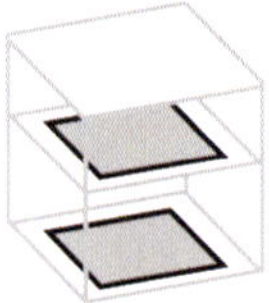

NUF 2.336 €/m²

Objekt:
Kennwerte: 3. Ebene DIN 276
BRI: 15.744 m³
BGF: 5.346 m²
NUF: 3.336 m²
Bauzeit: 109 Wochen
Bauende: 2016
Standard: mittel
Bundesland: Bayern
Kreis: Ingolstadt, Stadt

Architekt*in:
eap Architekten
Stadtplaner PartGmbH
Kreittmayrstraße 15
80335 München

Bauherr*in:
Verein für körper- und
mehrfachbehinderte
Menschen e.V.
bei der Hollerstaude 17
85049 Ingolstadt

© Florian Schreiber

© Florian Schreiber

© Florian Schreiber

© Florian Schreiber

© Florian Schreiber

© Florian Schreiber

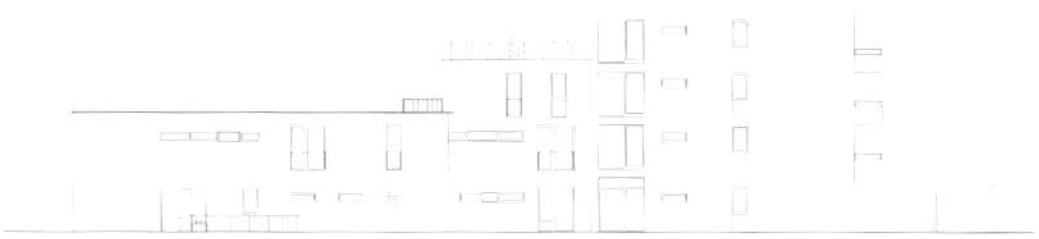

Ansicht Nord-West

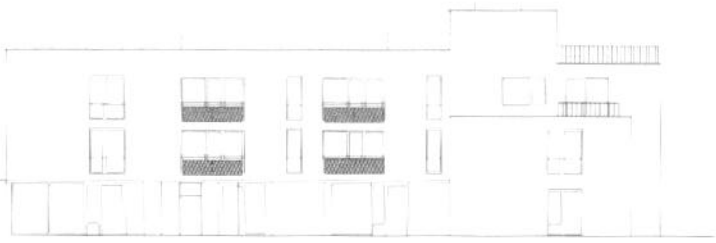

Ansicht Nord-Ost

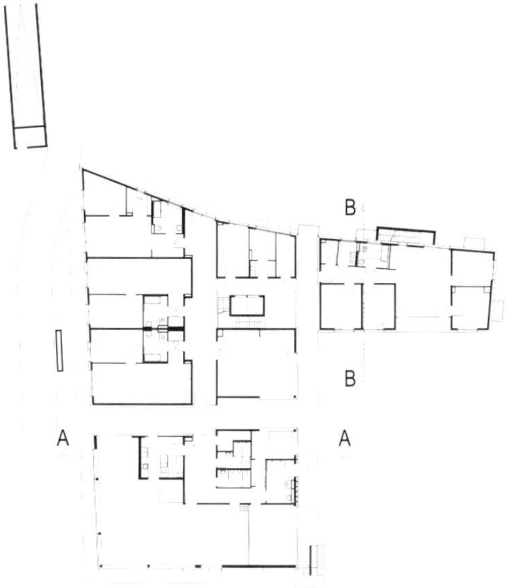

Erdgeschoss

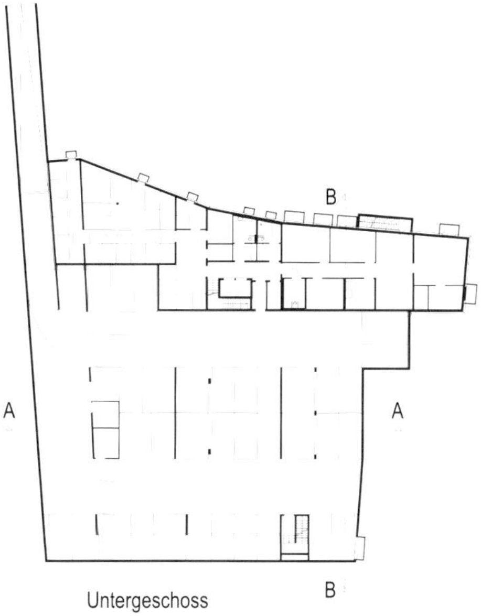

Untergeschoss

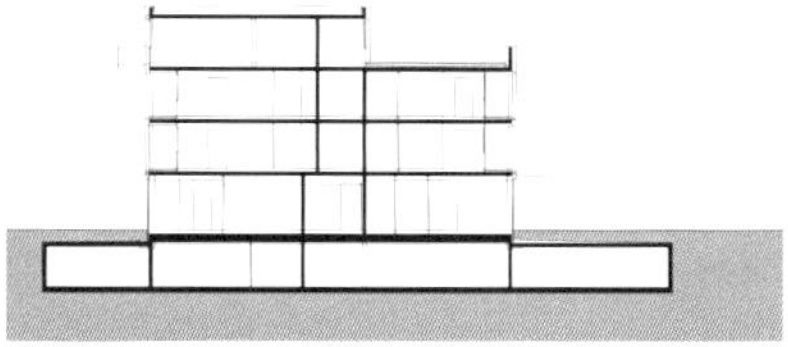

Schnitt A-A

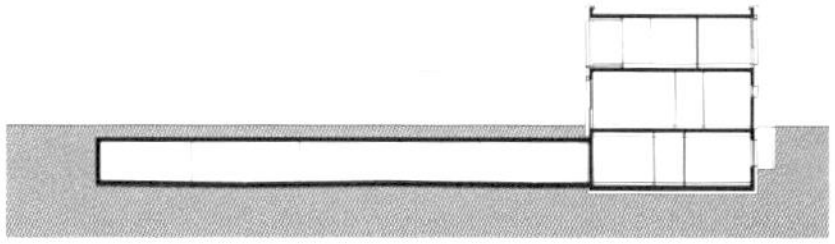

Schnitt B-B

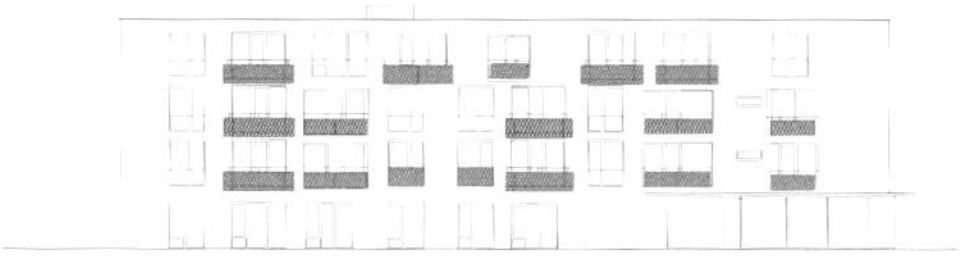

Ansicht Süd-West

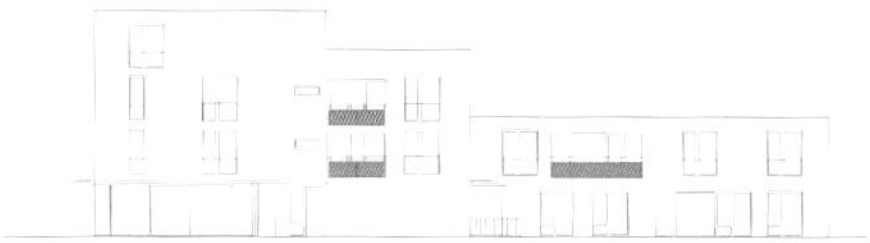

Ansicht Süd-Ost

Objektbeschreibung

Allgemeine Objektinformationen

In dem multifunktionalen Wohngebäude für inklusives Wohnen befinden sich verschiedene Wohnformen wie Haus- und Wohngemeinschaften sowie Einzelwohnen in Zwei- und Dreizimmerwohnungen. Der kompakte Baukörper bildet mit einem bestehenden dreigruppigen Wohnheim einen geschützten Hof, während an der Grundstücksgrenze ein öffentlicher Grünzug anschließt. Mit der Passage zwischen Wohnen und Café sind ein offener Zugang und frei zugängliche Außenanlagen geschaffen worden. Eine großzügige Dachterrasse steht ebenfalls allen Bewohnern zur Verfügung. Die Wohnungen im Erdgeschoss haben separate Mietergärten.

Nutzung

1 Untergeschoss
Krankengymnastik, Empfang, Therapieräume, Sanitärräume, Lagerräume, Abstellräume, Technik, Fahrradstellplätze, Tiefgarage

1 Erdgeschoss
Koordinationsbüro, rollstuhlgerechtes Café, Terrasse, Gemeinschaftsraum, Lager, Sanitärräume, Wohnungen

2 Obergeschosse
Einzelwohnungen, Wohngemeinschaften, Dachterrasse

1 Dachgeschoss
Einzelwohnungen, Hausgemeinschaft, Dachterrasse

Nutzeinheiten

Stellplätze: 35
Wohneinheiten: 28
Wohnfläche: 2.051 m^2

Grundstück

Bauraum: Freier Bauraum
Neigung: Ebenes Gelände
Bodenklasse: BK 1 bis BK 3

Markt

Hauptvergabezeit: 1. Quartal 2014
Baubeginn: 1. Quartal 2014
Bauende: 2. Quartal 2016
Konjunkturelle Gesamtlage: über Durchschnitt
Regionaler Baumarkt: Durchschnitt

Baukonstruktion

Der mit einer Tiefgarage unterkellerte Neubau entstand in Massivbauweise. Die Bodenplatte, alle Decken und die Treppen wurden aus Stahlbeton hergestellt. Die Außenwände aus Stahlbeton und Kalksandstein sind mit einem mineralischen Wärmedämmverbundsystem ummantelt. Schwellenlos erreichbare Loggien gestalten im Wechsel mit Balkonen die Fassade. Es kamen dreifach verglaste Fensterelemente mit Kunststoffrahmen zum Einbau. Innen wurden die Wände und Decken beschichtet und die Fußböden mit Industrieparkett belegt. Die Treppenstufen sind in Sichtbeton belassen.

Technische Anlagen

Das Gebäude ist an das örtliche Fernwärmenetz angeschlossen. Auf dem Hauptdach wurde zusätzlich eine **Photovoltaikanlage** installiert, die von einem Spender betrieben wird und Strom für die Kernzeiten des Betriebs liefert. Zwei **Aufzüge** verbinden alle Geschosse **barrierefrei**.

Sonstiges

Das komplette Gebäude mit Café und die Außenanlagen sind rollstuhlgerecht ausgeführt. Das Modellprojekt "Inklusive Wohnformen" soll Wegbereiter für gleichberechtigte Teilhabe und soziale Akzeptanz sein und wurde daher komplett nach DIN 18040 Teil 2 R realisiert.

Energetische Kennwerte

Gesetzliche Grundlage: EnEV 2009

Planungskennwerte für Flächen und Rauminhalte nach DIN 277

Flächen des Grundstücks		Menge Einheit	% an GF
BF	Bebaute Fläche	1.661,85 m²	72,9
UF	Unbebaute Fläche	597,15 m²	26,2
GF	Grundstücksfläche	2.280,00 m²	100,0

Grundflächen des Bauwerks		Menge Einheit	% an NUF	% an BGF
NUF	Nutzungsfläche	3.335,96 m²	100,0	62,4
TF	Technikfläche	24,01 m²	0,7	0,4
VF	Verkehrsfläche	1.369,90 m²	41,1	25,6
NRF	Netto-Raumfläche	4.729,87 m²	141,8	88,5
KGF	Konstruktions-Grundfläche	616,58 m²	18,5	11,5
BGF	Brutto-Grundfläche	5.346,45 m²	160,3	100,0

Brutto-Rauminhalt des Bauwerks		Menge Einheit	BRI/NUF (m)	BRI/BGF (m)
BRI	Brutto-Rauminhalt	15.744,47 m³	4,72	2,95

Prozentualer Anteil der Kostengruppen der 2. Ebene an der Kostengruppe 400 nach DIN 276

KG	Kostengruppen (2. Ebene)
410	Abwasser-, Wasser-, Gasanlagen
420	Wärmeversorgungsanlagen
430	Raumlufttechnische Anlagen
440	Elektrische Anlagen
450	Kommunikationstechnische Anlagen
460	Förderanlagen
470	Nutzungsspez. u. verfahrenstechn. Anl.
480	Gebäude- und Anlagenautomation
490	Sonst. Maßnahmen für techn. Anlagen

Ranking der Kostengruppen der 3. Ebene an der Kostengruppe 400 nach DIN 276

KG	Kostengruppen (3. Ebene)	% an KG 400	KG	Kostengruppen (3. Ebene)	% an KG 400
412	Wasseranlagen	20,1	456	Gefahrenmelde- und Alarmanlagen	3,5
444	Niederspannungsinstallationsanlagen	18,5	419	Sonstiges zur KG 410	2,7
431	Lüftungsanlagen	9,8	481	Automationseinrichtungen	2,3
411	Abwasseranlagen	9,6	421	Wärmeerzeugungsanlagen	1,6
423	Raumheizflächen	7,9	455	Audiovisuelle Medien- u. Antennenanl.	1,0
461	Aufzugsanlagen	7,5	454	Elektroakustische Anlagen	0,8
422	Wärmeverteilnetze	6,6	446	Blitzschutz- und Erdungsanlagen	0,7
445	Beleuchtungsanlagen	4,7	457	Datenübertragungsnetze	0,7

Kostenkennwerte für die Kostengruppen der 1. Ebene DIN 276

KG	Kostengruppen (1. Ebene)	Einheit	Kosten €	€/Einheit	€/m² BGF	€/m³ BRI	% 300+400
100	Grundstück	m² GF	–	–	–	–	–
200	Vorbereitende Maßnahmen	m² GF	29.510	12,94	5,52	1,87	0,4
300	Bauwerk – Baukonstruktionen	m² BGF	5.803.212	1.085,43	1.085,43	368,59	74,5
400	Bauwerk – Technische Anlagen	m² BGF	1.991.092	372,41	372,41	126,46	25,5
	Bauwerk 300+400	**m² BGF**	**7.794.304**	**1.457,85**	**1.457,85**	**495,05**	**100,0**
500	Außenanlagen und Freiflächen	m² AF	105.626	–	19,76	6,71	1,4
600	Ausstattung und Kunstwerke	m² BGF	34.565	6,47	6,47	2,20	0,4
700	Baunebenkosten	m² BGF	–	–	–	–	–
800	Finanzierung	m² BGF	–	–	–	–	–

KG	Kostengruppe	Menge Einheit	Kosten €	€/Einheit	%
200	**Vorbereitende Maßnahmen**	2.280,00 m² GF	29.510	**12,94**	0,4
	Oberboden abtragen, entsorgen, Abräumen von Pflanzbewuchs, Rodungsarbeiten; Entsorgung, Deponiegebühren; Anschlusskosten Baustrom				
3+4	**Bauwerk**				**100,0**
300	**Bauwerk – Baukonstruktionen**	5.346,45 m² BGF	5.803.212	**1.085,43**	74,5
	Stb-Flachgründung, Faserzementestrich, Parkett, Bodenfliesen; Stb-Wände, KS-Mauerwerk, Kunststofffenster-/Türelemente, Alu-Kipptoranlage, WDVS, Alu-Glas-Fassadenelemente, Alu-Pfosten-Riegel-Fassaden; GK-Wände, Stb-Stützen, Metall-Glaselemente, Stahltüren, Holztüren, Beschichtung, Wandfliesen, mobile Trennwand, Kellertrennwände, WC-Trennwände, Rollläden; Stb-Decken, Stb-Treppen, Terrassendielen, GK-Decken, Akustikdecken; Stb-Flachdächer, Dachausstieg, Abdichtung, Dämmung, Dachterrassen, Dachentwässerung				
400	**Bauwerk – Technische Anlagen**	5.346,45 m² BGF	1.991.092	**372,41**	25,5
	Gebäudeentwässerung, Hebeanlagen, Fettabscheider, Kalt- und Warmwasserleitungen, Sanitärobjekte; Anschluss an Fernwärme, Heizungsrohre, **Fußbodenheizung**; Lüftungsanlagen; Elektroinstallation, Beleuchtung, Erdung; Türsprechanlage, induktive Höranlage, **Brandmeldezentrale**, EDV-Verkabelung, Medienverkabelung; Aufzugsanlagen; **MSR-Technik**				
500	**Außenanlagen und Freiflächen**	–	105.626	**–**	1,4
	Bodenarbeiten; Fundamente; Maschendrahtzaun, Flügeltore; Gebäudeentwässerung, Rigolen; Außenbeleuchtung				
600	**Ausstattung und Kunstwerke**	5.346,45 m² BGF	34.565	**6,47**	0,4
	Sanitärausstattungen				

Kostenkennwerte für die Kostengruppen 400 der 2.Ebene DIN 276

KG	Kostengruppe	Menge Einheit	Kosten €	€/Einheit	%
400	**Bauwerk – Technische Anlagen**				**100,0**
410	**Abwasser-, Wasser-, Gasanlagen**	5.346,45 m² BGF	643.780	**120,41**	32,3
	PVC-Abwasserrohre DN50-200 (1.457m), PP-Abwasserrohre DN100 (90m), Entwässerungsrinnen (62m), Bodenabläufe (46St), Fäkalien-Hebeanlagen (1St), Fettabscheider 400l (1St), Hebeanlage (1St) * Edelstahlrohre DN15-50 (2.1556m), PE-Rohre DN10 (1.294m), Waschtische (37St), Wand-Tiefspül-WCs (19St), Badewannen (6St), Hebebadewanne, Motorantrieb (1St), Urinale (2St), Ausgussbecken (1St), Außenarmaturen (4St), Enthärtungsanlage (1St) * Montageelemente (96St)				
420	**Wärmeversorgungsanlagen**	5.346,45 m² BGF	319.774	**59,81**	16,1
	Plattenwärmetauscher, Anschluss an Fernwärme (1St), Warmwasserspeicher 1.000l (1St), Umwälzpumpen (7St) * Kupferrohre DN15-50 (1.045m), Stahlrohre DN15-40 (90m), Heizkreisverteiler (1St), Brandschotts (150St), Entsalzungspatrone (1St) * **Fußbodenheizung**, Lochplattensystem (2.983m), Heizkreisverteiler, Wärmemengenzähler (40St)				
430	**Raumlufttechnische Anlagen**	5.346,45 m² BGF	194.391	**36,36**	9,8
	Lüftungsgeräte mit **WRG**, 2.300m³/h (1St), 2.000m³/h (1St), Rohrventilatoren 360m³/h (2St), Rechteckkanäle (222m²), Wickelfalzrohre DN80-315 (207m), Schalldämpfer (12St), Brandschotts (19St), Brandschutzklappen (2St), Luftdurchlässe (32St), Dachhauben (21St), Einzelraumlüfter (33St)				
440	**Elektrische Anlagen**	5.346,45 m² BGF	476.198	**89,07**	23,9
	Zählerschränke (5St), Schutzschalter (586St), Mantelleitungen (22.230m), Steckdosen (1.086St), Taster/Schalter (326St), Raumthermostate (132St), Jalousieschalter (58St), Herdanschlussdosen (38St), Präsenz-/Bewegungsmelder (33St) * Wannenleuchten (57St), Feuchtraumleuchten (41St), Strahler (42St), LED-Leuchten (37St), Pendelleuchten (22St), Lichtleisten (38St), Rettungszeichenleuchten (8St), Orientierungsleuchte (1St) * Erdleitungen (493m), Ringerder (763m), Fundamenterder (273m), Potenzialausgleichsschienen (5St)				
450	**Kommunikationstechnische Anlagen**	5.346,45 m² BGF	137.738	**25,76**	6,9
	Fernmeldeleitungen (2.471m), Telefonanschlussdosen (71St), Telefongerät (1St) * Wohnungsstationen (30St), Ruf-Kompaktsets (2St) * induktive Höranlage (1St), Empfängerkopfhörer (1St), Erdkabel (350m) * Offset-Parabolantenne (1St), Koaxialkabel (4.249m), Antennenanschlussdosen (75St) * **Brandmeldezentrale** (1St), Brandmeldekabel (2.695m), **RWA-Zentrale** (1St), Rauch-/Wärmemelder (106St), Blitzleuchten (81St) * Installationskabel (1.729m), Datenkabel (797m), Datendosen (28St), Patchfelder (2St)				
460	**Förderanlagen**	5.346,45 m² BGF	148.748	**27,82**	7,5
	Personenaufzüge, **barrierefrei**, fünf Haltestellen (2St)				
480	**Gebäude- und Anlagenautomation**	5.346,45 m² BGF	70.465	**13,18**	3,5
	MSR-Technik, 143 Datenpunkte (1St), Anzeigepaneele (2St) * MSR-Schaltschrankanlage (1St) * Fernmeldeinstallationskabel (817m), Datenkabel **Cat7** (223m), Mantelleitungen (114m), Fernaufschaltung (1St)				

Kostenkennwerte für die Kostengruppen 400 der 2. und 3. Ebene DIN 276 (Übersicht)

KG	Kostengruppe	Menge Einheit	Kosten €	€/Einheit	%
410	**Abwasser-, Wasser-, Gasanlagen**	**5.346,45 m² BGF**	**643.779,62**	**120,41**	**32,3**
411	Abwasseranlagen	5.346,45 m² BGF	190.494,65	35,63	9,6
412	Wasseranlagen	5.346,45 m² BGF	399.308,16	74,69	20,1
419	Sonstiges zur KG 410	5.346,45 m² BGF	53.976,80	10,10	2,7
420	**Wärmeversorgungsanlagen**	**5.346,45 m² BGF**	**319.773,62**	**59,81**	**16,1**
421	Wärmeerzeugungsanlagen	5.346,45 m² BGF	31.753,55	5,94	1,6
422	Wärmeverteilnetze	5.346,45 m² BGF	130.858,74	24,48	6,6
423	Raumheizflächen	5.346,45 m² BGF	157.161,33	29,40	7,9
430	**Raumlufttechnische Anlagen**	**5.346,45 m² BGF**	**194.390,52**	**36,36**	**9,8**
431	Lüftungsanlagen	5.346,45 m² BGF	194.390,52	36,36	9,8
440	**Elektrische Anlagen**	**5.346,45 m² BGF**	**476.197,98**	**89,07**	**23,9**
444	Niederspannungsinstallationsanlagen	5.346,45 m² BGF	368.476,12	68,92	18,5
445	Beleuchtungsanlagen	5.346,45 m² BGF	93.659,56	17,52	4,7
446	Blitzschutz- und Erdungsanlagen	5.346,45 m² BGF	14.062,30	2,63	0,7
450	**Kommunikationstechnische Anlagen**	**5.346,45 m² BGF**	**137.737,61**	**25,76**	**6,9**
451	Telekommunikationsanlagen	5.346,45 m² BGF	10.524,99	1,97	0,5
452	Such- und Signalanlagen	5.346,45 m² BGF	9.529,08	1,78	0,5
454	Elektroakustische Anlagen	5.346,45 m² BGF	16.298,77	3,05	0,8
455	Audiovisuelle Medien- u. Antennenanl.	5.346,45 m² BGF	19.014,12	3,56	1,0
456	Gefahrenmelde- und Alarmanlagen	5.346,45 m² BGF	69.251,69	12,95	3,5
457	Datenübertragungsnetze	5.346,45 m² BGF	13.118,97	2,45	0,7
460	**Förderanlagen**	**5.346,45 m² BGF**	**148.748,11**	**27,82**	**7,5**
461	Aufzugsanlagen	5.346,45 m² BGF	148.748,11	27,82	7,5
480	**Gebäude- und Anlagenautomation**	**5.346,45 m² BGF**	**70.464,80**	**13,18**	**3,5**
481	Automationseinrichtungen	5.346,45 m² BGF	46.362,88	8,67	2,3
482	Schaltschränke, Automation	5.346,45 m² BGF	9.628,80	1,80	0,5
484	Kabel, Leitungen und Verlegesysteme	5.346,45 m² BGF	14.473,12	2,71	0,7

Kostenkennwerte für Leistungsbereiche nach STLB (Kosten KG 400 nach DIN 276)

LB	Leistungsbereiche	Kosten €	€/m² BGF	€/m³ BRI	% an 400
040	Wärmeversorgungsanlagen - Betriebseinrichtungen	12.705	2,40	0,81	0,6
041	Wärmeversorgungsanlagen - Leitungen, Armaturen, Heizflächen	266.348	49,80	16,90	13,4
042	Gas- und Wasseranlagen - Leitungen, Armaturen	193.234	36,10	12,30	9,7
043	Druckrohrleitungen für Gas, Wasser und Abwasser	4.138	0,77	0,26	0,2
044	Abwasseranlagen - Leitungen, Abläufe, Armaturen	83.139	15,60	5,30	4,2
045	Gas-, Wasser- und Entwässerungsanlagen - Ausstattung, Elemente, Fertigbäder	185.962	34,80	11,80	9,3
046	Gas-, Wasser- und Entwässerungsanlagen - Betriebseinrichtungen	69.642	13,00	4,40	3,5
047	Dämm- und Brandschutzarbeiten an technischen Anlagen	129.705	24,30	8,20	6,5
049	Feuerlöschanlagen, Feuerlöschgeräte	–	–	–	–
050	Blitzschutz- / Erdungsanlagen, Überspannungsschutz	14.062	2,60	0,89	0,7
051	Kabelleitungstiefbauarbeiten	–	–	–	–
052	Mittelspannungsanlagen	–	–	–	–
053	Niederspannungsanlagen - Kabel / Leitungen, Verlegesysteme, Installationsgeräte	323.061	60,40	20,50	16,2
054	Niederspannungsanlagen - Verteilersysteme und Einbaugeräte	30.210	5,70	1,90	1,5
055	Sicherheits- und Ersatzstromversorgungsanlagen	–	–	–	–
057	Gebäudesystemtechnik	84.177	15,70	5,30	4,2
058	Leuchten und Lampen	91.904	17,20	5,80	4,6
059	Sicherheitsbeleuchtungsanlagen	1.755	0,33	0,11	< 0,1
060	Such-, Signal-, Zeitdienst-, Antennen-, elektroakustische Anlagen, Medientechnik	32.290	6,00	2,10	1,6
061	Kommunikations- und Übertragungsnetze	21.679	4,10	1,40	1,1
062	Kommunikationsanlagen	13.708	2,60	0,87	0,7
063	Gefahrenmeldeanlagen	69.252	13,00	4,40	3,5
064	Zutrittskontroll-, Zeiterfassungssysteme	–	–	–	–
069	Aufzüge	148.748	27,80	9,40	7,5
070	Gebäudeautomation	–	–	–	–
075	Raumlufttechnische Anlagen	177.897	33,30	11,30	8,9
078	Kälteanlagen für raumlufttechnische Anlagen	–	–	–	–
	Gebäudetechnik	**1.953.617**	**365,40**	**124,10**	**98,1**
	Sonstige Leistungsbereiche	**30.675**	**5,70**	**1,90**	**1,5**

Kostenkennwerte für die Kosten des Bauwerks (Kostengruppen 300+400 nach DIN 276)

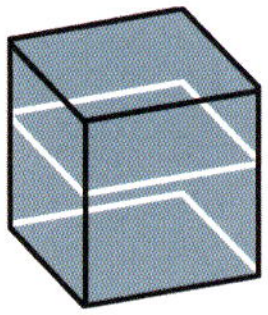

BRI 1.076 €/m³

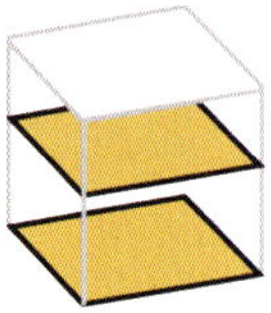

BGF 3.848 €/m²

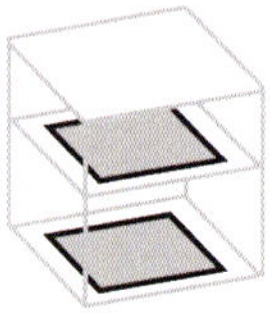

NUF 6.710 €/m²

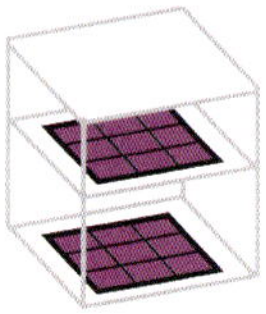

NE 522.906 €/NE

NE: Betten

Objekt:
Kennwerte: 3. Ebene DIN 276
BRI: 4.861 m³
BGF: 1.359 m²
NUF: 779 m²
Bauzeit: 131 Wochen
Bauende: 2020
Standard: hoch
Bundesland: Bayern
Kreis: Rosenheim

Architekt*in:
Sweco GmbH
Elsenheimerstraße 67
80687 München

Zusammenarbeit mit:
HSP Projektmanagement
und Beratung GmbH
Werkstraße 12
84513 Töging

Bauherr*in:
Chiemseehospiz gKU
Baumannstraße 56
83233 Bernau am Chiemsee

© Daniel Schvarcz

© Daniel Schvarcz

© Daniel Schvarcz

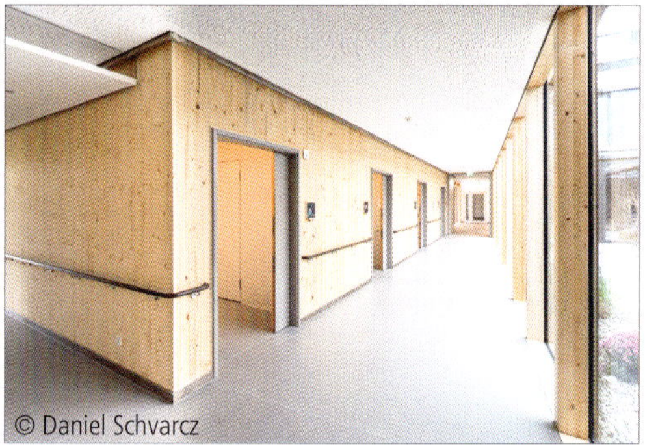

© Daniel Schvarcz

  Kostenstand: 4. Quartal 2024, Bundesdurchschnitt, **inkl. 19% MwSt.**

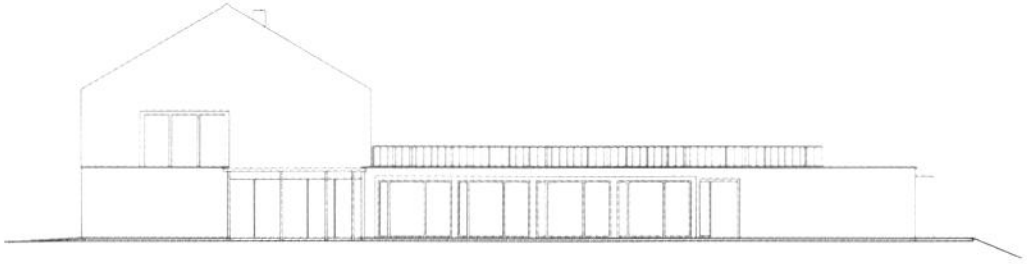

Ansicht West

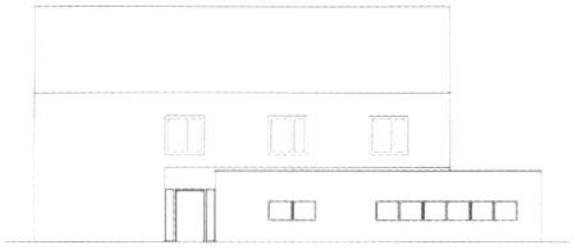

Ansicht Nord

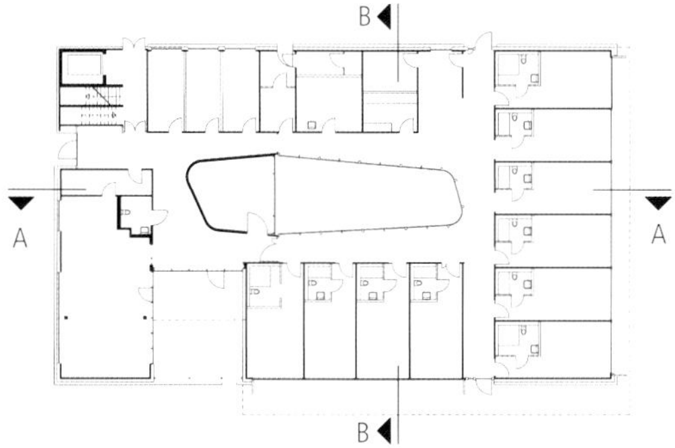

Erdgeschoss

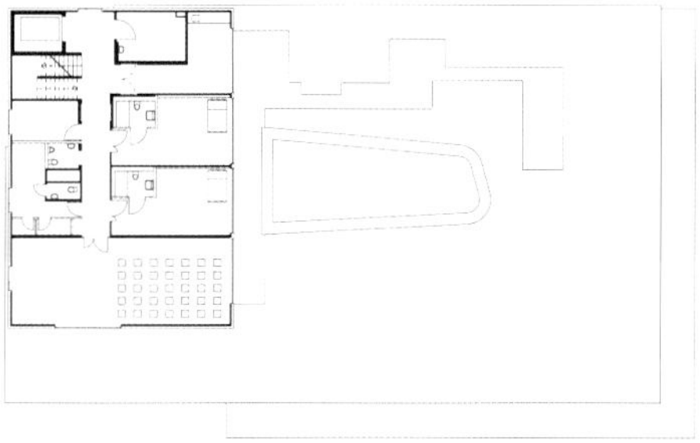

Obergeschoss

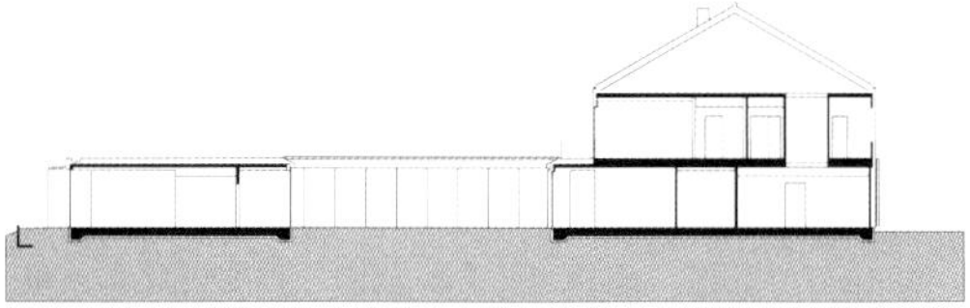

Schnitt A-A

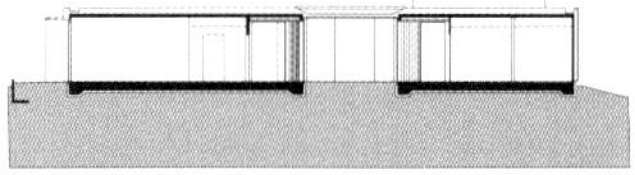

Schnitt B-B

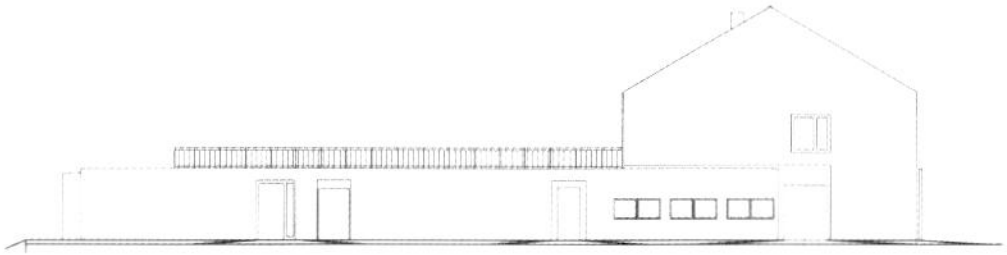

Ansicht Ost

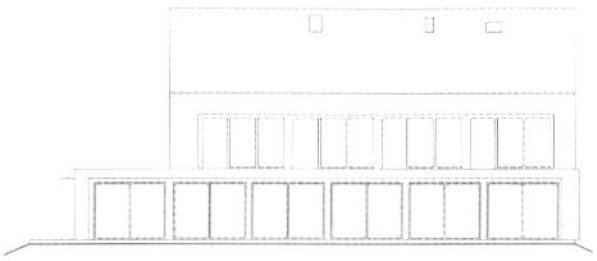

Ansicht Süd

Objektbeschreibung

Allgemeine Objektinformationen

Mit dem Chiemseehospiz in Bernau ist ein vertrauensvoller Ort entstanden, der zehn Bewohnern Lebensraum und zwei Zimmer den Besuchern, bietet. Der Neubau fügt sich behutsam in seine Umgebung ein, greift die Formsprache der benachbarten Bebauung auf und interpretiert diese neu. Zur Straße hin präsentiert sich das Gebäude als zweigeschossiger, verputzter Baukörper mit einem Satteldach. Daran schließt ein flacher eingeschossiger Gebäuderiegel an, dessen Fassade mit Holzlamellen bekleidet ist. Alle zehn Einbettzimmer befinden sich im Erdgeschoss und sind nach Süden oder Westen hin ausgerichtet, so dass die Räume optimal belichtet werden können.

Nutzung

1 Erdgeschoss
Einbettzimmer (10St) mit je einer Terrasse, Pflegebad, Pflegeartikelraum, Stützpunkt, Personalbüro, Innenhof, Raum der Stille, Aufenthaltsraum

1 Obergeschoss
Besucherzimmer (2St), Versammlungsraum, Dachterrasse, Umkleideraum, Hausmeisterraum, Teeküche, Aufbahrungsraum für die Verstorbenen

1 Dachgeschoss
Technik

Nutzeinheiten

Betten: 10
Wohnfläche: 362 m²
Zimmer: 10

Grundstück

Bauraum: Freier Bauraum
Neigung: Ebenes Gelände
Bodenklasse: BK 1 bis BK 5

Markt

Hauptvergabezeit: 1. Quartal 2018
Baubeginn: 2. Quartal 2018
Bauende: 4. Quartal 2020
Konjunkturelle Gesamtlage: über Durchschnitt
Regionaler Baumarkt: unter Durchschnitt

Baukonstruktion

Der Neubau wurde auf einer Pfahlgründung mit Bodenplatte errichtet. Die Außen- und Innenwände sind aus Massivholz. Der Werkstoff kam nicht nur konstruktiv, sondern auch als Sichtholz zum Einsatz. Bei den Decken kamen Massivholzplatten zum Einsatz. Den oberen Gebäudeabschluss bilden ein Massivholz-Flachdach mit extensiver Begrünung und ein Satteldach mit Alubekleidung.

Technische Anlagen

Die Temperierung des Hospizes erfolgt über eine **Fußbodenheizung** sowie Heiz- und Kühldecken. Erzeugt werden sowohl Wärme als auch Kälte über eine **Luft-Wasser-Wärmepumpe**. Darüber hinaus trägt die auf der geneigten Dachfläche mit Südausrichtung angebrachte **Photovoltaikanlage** zur nachhaltigen Erzeugung von Energie bei.

Sonstiges

Ein **Aufzug** verbindet die Ebenen **barrierefrei**.

Planungskennwerte für Flächen und Rauminhalte nach DIN 277

Flächen des Grundstücks		Menge Einheit	% an GF
BF	Bebaute Fläche	908,00 m²	39,7
UF	Unbebaute Fläche	1.382,00 m²	60,3
GF	Grundstücksfläche	2.290,00 m²	100,0

Grundflächen des Bauwerks		Menge Einheit	% an NUF	% an BGF
NUF	Nutzungsfläche	779,28 m²	100,0	57,3
TF	Technikfläche	71,54 m²	9,2	5,3
VF	Verkehrsfläche	265,13 m²	34,0	19,5
NRF	Netto-Raumfläche	1.115,95 m²	143,2	82,1
KGF	Konstruktions-Grundfläche	242,93 m²	31,2	17,9
BGF	Brutto-Grundfläche	1.358,88 m²	174,4	100,0

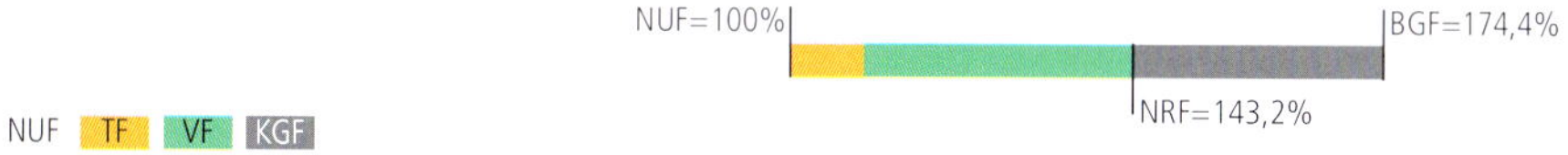

Brutto-Rauminhalt des Bauwerks		Menge Einheit	BRI/NUF (m)	BRI/BGF (m)
BRI	Brutto-Rauminhalt	4.861,09 m³	6,24	3,58

Prozentualer Anteil der Kostengruppen der 2. Ebene an der Kostengruppe 400 nach DIN 276

KG	Kostengruppen (2. Ebene)
410	Abwasser-, Wasser-, Gasanlagen
420	Wärmeversorgungsanlagen
430	Raumlufttechnische Anlagen
440	Elektrische Anlagen
450	Kommunikationstechnische Anlagen
460	Förderanlagen
470	Nutzungsspez. u. verfahrenstechn. Anl.
480	Gebäude- und Anlagenautomation
490	Sonst. Maßnahmen für techn. Anlagen

Ranking der Kostengruppen der 3. Ebene an der Kostengruppe 400 nach DIN 276

KG	Kostengruppen (3. Ebene)	% an KG 400	KG	Kostengruppen (3. Ebene)	% an KG 400
412	Wasseranlagen	12,8	456	Gefahrenmelde- und Alarmanlagen	5,6
444	Niederspannungsinstallationsanlagen	12,7	423	Raumheizflächen	3,8
439	Sonstiges zur KG 430	11,1	411	Abwasseranlagen	3,5
432	Teilklimaanlagen	10,6	446	Blitzschutz- und Erdungsanlagen	3,3
445	Beleuchtungsanlagen	9,3	452	Such- und Signalanlagen	2,5
421	Wärmeerzeugungsanlagen	6,0	457	Datenübertragungsnetze	2,5
461	Aufzugsanlagen	5,8	419	Sonstiges zur KG 410	1,5
422	Wärmeverteilnetze	5,6	442	Eigenstromversorgungsanlagen	1,2

Kostenkennwerte für die Kostengruppen der 1. Ebene DIN 276

KG	Kostengruppen (1. Ebene)	Einheit	Kosten €	€/Einheit	€/m² BGF	€/m³ BRI	% 300+400
100	Grundstück	m² GF	–	–	–	–	–
200	Vorbereitende Maßnahmen	m² GF	–	–	–	–	–
300	Bauwerk – Baukonstruktionen	m² BGF	3.785.182	2.785,52	2.785,52	778,67	72,4
400	Bauwerk – Technische Anlagen	m² BGF	1.443.877	1.062,55	1.062,55	297,03	27,6
	Bauwerk 300+400	**m² BGF**	**5.229.059**	**3.848,07**	**3.848,07**	**1.075,70**	**100,0**
500	Außenanlagen und Freiflächen	m² AF	420.828	304,51	309,69	86,57	8,0
600	Ausstattung und Kunstwerke	m² BGF	380.287	279,85	279,85	78,23	7,3
700	Baunebenkosten	m² BGF	–	–	–	–	–
800	Finanzierung	m² BGF	–	–	–	–	–

KG	Kostengruppe	Menge Einheit	Kosten €	€/Einheit	%
3+4	**Bauwerk**				**100,0**
300	**Bauwerk – Baukonstruktionen**	1.358,88 m² BGF	3.785.182	**2.785,52**	72,4

Pfahlgründung, Stb-Bodenplatten, Estrich, Linoleum, Massivholzparkett, Beschichtung, Bodenfliesen; Massivholzwände, Stb-Wände, Stützen, Holz-Alufenster, WDVS, BSH-Lamellen, Alu-Wandbekleidung, Pfosten-Riegelfassade, Senkrechtmarkisen; GK-Wände, Holztüren, Beschichtung, Wandfliesen, Holz-Akustikelemente; Massivholzdecken, Treppen, GK-Decken; Massivholz-Flachdach, Satteldach, **RWA-Lichtkuppeln**, Dämmung, Abdichtung, extensive Dachbegrünung, Betonplatten, Alu-Dachdeckung, Dachentwässerung; Einbaumöbel

KG	Kostengruppe	Menge Einheit	Kosten €	€/Einheit	%
400	**Bauwerk – Technische Anlagen**	1.358,88 m² BGF	1.443.877	**1.062,55**	27,6

Gebäudeentwässerung, Kalt- und Warmwasserleitungen, Sanitärobjekte; **Luft-Wasser-Wärmepumpe**, Vakuumentgasungsanlage, **Fußbodenheizung**, Elektroheizungen; Kompaktlüftungsgerät **mit Wärmerückgewinnung**, GK-Heiz- und Kühldecken; **PV-Anlage**, Elektroinstallation, Beleuchtung, Erdung; Telefonanschluss, Lichtrufanlage, Personenrufanlage, Sat-Anlage, **Brandmeldeanlage**, Datenübertragung; Personen- und Bettenaufzug; **Gebäudeautomation**

KG	Kostengruppe	Menge Einheit	Kosten €	€/Einheit	%
500	**Außenanlagen und Freiflächen**	1.382,00 m² AF	420.828	**304,51**	8,0

Bodenarbeiten; Asphalt, Betonpflaster, Betonplatten; Winkelstützelemente, Blockstufen, Carport; Abwasseranlagen, Quellstein, Pollerleuchten, Anschlusssäule, Standsäule, Sprechstellen; Einbauten; Oberbodenarbeiten, Geotextil, Bepflanzung, Rasen

KG	Kostengruppe	Menge Einheit	Kosten €	€/Einheit	%
600	**Ausstattung und Kunstwerke**	1.358,88 m² BGF	380.287	**279,85**	7,3

Möblierung der Bewohner- und Besucherzimmer, Aufenthaltsräume, Küchen, WC-Ausstattung; Möblierung der Arbeitsplätze; Türschilder

Kostenkennwerte für die Kostengruppen 400 der 2.Ebene DIN 276

KG	Kostengruppe	Menge Einheit	Kosten €	€/Einheit	%
400	**Bauwerk – Technische Anlagen**				**100,0**
410	**Abwasser-, Wasser-, Gasanlagen**	1.358,88 m2 BGF	256.771	**188,96**	17,8
	PE-HD-Rohre DN100-150 (186m), PP-Rohre DN50-100 (144m), Leckwasser-Abläufe DN50 (2St), Bodenabläufe (31St) * Edelstahlrohre DN15-35 (777m), Enthärtungsanlage (1St), Wasserbelebungsgerät (1St), Warmwasser-Standspeicher 400l (1St), Übertischspeicher (1St), Badewanne (1St), Waschtische (13St), Ausgussbecken (5St), Handwaschbecken (4St), UP-Duscharmaturen (13St), Tiefspül-WCs (21St), Urinal (1St) * Montageelemente (67St)				
420	**Wärmeversorgungsanlagen**	1.358,88 m2 BGF	222.277	**163,57**	15,4
	Luft-Wasser-Wärmepumpe (1St), Pufferspeicher 800l (1St), Kaltwasser-Pufferspeicher 830l (1St), Schlammabscheider (1St), Vakuumentgasungsanlage (1St), Heizungsnachspeise-/-befüllstation (1St) * Systemrohre (101m), C-Stahl-Rohre (397m), Fernwärme-Zwillingsleitung (22m), elektronischer Wärmezähler (2St), Hocheffizienzpumpen (3St) * **Fußbodenheizung** (3.434m), Rohrträgerplatte mit Dämmung (457m2), FBH-Verteiler (4St), Elektroheizungen (2St)				
430	**Raumlufttechnische Anlagen**	1.358,88 m2 BGF	312.320	**229,84**	21,6
	Kompaktlüftungsgerät **mit Wärmerückgewinnung** (1St), Automationsgerät (1St), Umluftkühlung Außeneinheit (1St), Kaltwasserkühler (1St), Kanalrauchmelder (2St), Wickelfalzrohre DN100-250 (286m), Flexrohre DN100-200 (83m), Kältemittelleitungen (22m) * GK-Heiz- und Kühldecken, Dämmung (404m2)				
440	**Elektrische Anlagen**	1.358,88 m2 BGF	392.359	**288,74**	27,2
	PV-Module (33St), Solarkabel (105m) * Wandlerschrank (1St), Einzelstandverteiler (1St) * Standverteiler (1St), Schaltschrank (1St), Starkstromkabel (220m), Kabel NYY (301m), Mantelleitungen (11.019m), Steckdosen (198St), Schalter/Taster (98St), **Präsenzmelder** (47St) * Notlichtüberwachungsgerät (1St), LED-Leuchten (120St), Bodeneinbauleuchten (3St), LED-Rettungszeichenleuchten (18St) * Tiefenerder (16St), Überspannungsableiter (25St), Runddraht (421m), Potenzialausgleichsschienen (5St)				
450	**Kommunikationstechnische Anlagen**	1.358,88 m2 BGF	158.660	**116,76**	11,0
	Fernmeldekabel (140m) * Lichtrufanlage (1St), Personenrufanlage (1St), Zimmerterminals (15St), Notruftaster (12St), Zimmersignalleuchten (15St), Zugtaster (27St) * Sat-Verteilanlage (1St), Sat-Einzeldosen (17St) * **Brandmeldezentrale** (1St), Netzwerkkamera (1St), Brandmeldekabel (1.187m), Installationskabel (282m), Multisensormelder mit Blitzleuchte (6St), Brandmelder (132St), Signalgeber (2St) * Serverschrank (1St), LAN-Datenkabel (4.523m), Fernmeldeleitungen (2.466m), Koaxialkabel (1.047m), Anschlussdosen (114St), Datenanschlussdosen (2St)				
460	**Förderanlagen**	1.358,88 m2 BGF	83.375	**61,36**	5,8
	Personen- und Bettenaufzug, Traglast 1.600kg, 21 Personen, Förderhöhe 3,50m, Notrufsystem, zwei Haltestellen (1St)				
480	**Gebäude- und Anlagenautomation**	1.358,88 m2 BGF	13.775	**10,14**	1,0
	Gateways (2St), Wetterstation (1St), Helligkeitssensor (1St), Windsensor (1St), Temperatursensor (1St), Dämmerungssensor (1St), Regensensor (1St), Jahreszeitschaltuhr (1St), Jalousieaktoren (6St), Jalousietaster (2St)				

KG	Kostengruppe	Menge Einheit	Kosten €	€/Einheit	%
490	**Sonst. Maßnahmen für techn. Anlagen**	1.358,88 m² BGF	4.339	**3,19**	0,3
	Baustelleneinrichtung (psch) * Reinigung von Sanitäranlagen (85m²), Technikzentrale (70m²), Handwaschbecken (18St), **Aufzug** (1St), Deckenleuchten (12St) * provisorischer Anschluss Heizgerät (psch)				

Kostenkennwerte für die Kostengruppen 400 der 2. und 3. Ebene DIN 276 (Übersicht)

KG	Kostengruppe	Menge Einheit	Kosten €	€/Einheit	%
410	**Abwasser-, Wasser-, Gasanlagen**	**1.358,88 m² BGF**	**256.771,24**	**188,96**	**17,8**
411	Abwasseranlagen	1.358,88 m² BGF	50.960,14	37,50	3,5
412	Wasseranlagen	1.358,88 m² BGF	184.577,42	135,83	12,8
419	Sonstiges zur KG 410	1.358,88 m² BGF	21.233,67	15,63	1,5
420	**Wärmeversorgungsanlagen**	**1.358,88 m² BGF**	**222.277,16**	**163,57**	**15,4**
421	Wärmeerzeugungsanlagen	1.358,88 m² BGF	85.965,44	63,26	6,0
422	Wärmeverteilnetze	1.358,88 m² BGF	80.869,11	59,51	5,6
423	Raumheizflächen	1.358,88 m² BGF	55.442,62	40,80	3,8
430	**Raumlufttechnische Anlagen**	**1.358,88 m² BGF**	**312.320,24**	**229,84**	**21,6**
432	Teilklimaanlagen	1.358,88 m² BGF	152.522,29	112,24	10,6
439	Sonstiges zur KG 430	1.358,88 m² BGF	159.797,95	117,60	11,1
440	**Elektrische Anlagen**	**1.358,88 m² BGF**	**392.358,81**	**288,74**	**27,2**
442	Eigenstromversorgungsanlagen	1.358,88 m² BGF	17.423,96	12,82	1,2
443	Niederspannungsschaltanlagen	1.358,88 m² BGF	9.118,89	6,71	0,6
444	Niederspannungsinstallationsanlagen	1.358,88 m² BGF	183.914,26	135,34	12,7
445	Beleuchtungsanlagen	1.358,88 m² BGF	133.620,59	98,33	9,3
446	Blitzschutz- und Erdungsanlagen	1.358,88 m² BGF	48.281,10	35,53	3,3
450	**Kommunikationstechnische Anlagen**	**1.358,88 m² BGF**	**158.660,35**	**116,76**	**11,0**
451	Telekommunikationsanlagen	1.358,88 m² BGF	417,90	0,31	< 0,1
452	Such- und Signalanlagen	1.358,88 m² BGF	36.432,11	26,81	2,5
455	Audiovisuelle Medien- u. Antennenanl.	1.358,88 m² BGF	4.243,45	3,12	0,3
456	Gefahrenmelde- und Alarmanlagen	1.358,88 m² BGF	81.056,10	59,65	5,6
457	Datenübertragungsnetze	1.358,88 m² BGF	36.510,30	26,87	2,5
460	**Förderanlagen**	**1.358,88 m² BGF**	**83.374,60**	**61,36**	**5,8**
461	Aufzugsanlagen	1.358,88 m² BGF	83.374,60	61,36	5,8
480	**Gebäude- und Anlagenautomation**	**1.358,88 m² BGF**	**13.775,44**	**10,14**	**1,0**
481	Automationseinrichtungen	1.358,88 m² BGF	13.775,44	10,14	1,0
490	**Sonst. Maßnahmen für techn. Anlagen**	**1.358,88 m² BGF**	**4.338,86**	**3,19**	**0,3**
491	Baustelleneinrichtung	1.358,88 m² BGF	2.095,91	1,54	0,1
497	Zusätzliche Maßnahmen	1.358,88 m² BGF	777,24	0,57	< 0,1
498	Provisorische technische Anlagen	1.358,88 m² BGF	1.465,70	1,08	0,1

Kostenkennwerte für Leistungsbereiche nach STLB (Kosten KG 400 nach DIN 276)

LB	Leistungsbereiche	Kosten €	€/m² BGF	€/m³ BRI	% an 400
040	Wärmeversorgungsanlagen - Betriebseinrichtungen	84.752	62,40	17,40	5,9
041	Wärmeversorgungsanlagen - Leitungen, Armaturen, Heizflächen	122.482	90,10	25,20	8,5
042	Gas- und Wasseranlagen - Leitungen, Armaturen	76.935	56,60	15,80	5,3
043	Druckrohrleitungen für Gas, Wasser und Abwasser	–	–	–	–
044	Abwasseranlagen - Leitungen, Abläufe, Armaturen	46.307	34,10	9,50	3,2
045	Gas-, Wasser- und Entwässerungsanlagen - Ausstattung, Elemente, Fertigbäder	117.935	86,80	24,30	8,2
046	Gas-, Wasser- und Entwässerungsanlagen - Betriebseinrichtungen	–	–	–	–
047	Dämm- und Brandschutzarbeiten an technischen Anlagen	43.426	32,00	8,90	3,0
049	Feuerlöschanlagen, Feuerlöschgeräte	–	–	–	–
050	Blitzschutz- / Erdungsanlagen, Überspannungsschutz	48.264	35,50	9,90	3,3
051	Kabelleitungstiefbauarbeiten	–	–	–	–
052	Mittelspannungsanlagen	–	–	–	–
053	Niederspannungsanlagen - Kabel / Leitungen, Verlegesysteme, Installationsgeräte	166.011	122,20	34,20	11,5
054	Niederspannungsanlagen - Verteilersysteme und Einbaugeräte	39.998	29,40	8,20	2,8
055	Sicherheits- und Ersatzstromversorgungsanlagen	–	–	–	–
057	Gebäudesystemtechnik	–	–	–	–
058	Leuchten und Lampen	133.609	98,30	27,50	9,3
059	Sicherheitsbeleuchtungsanlagen	–	–	–	–
060	Such-, Signal-, Zeitdienst-, Antennen-, elektroakustische Anlagen, Medientechnik	40.665	29,90	8,40	2,8
061	Kommunikations- und Übertragungsnetze	36.504	26,90	7,50	2,5
062	Kommunikationsanlagen	418	0,31	0,09	< 0,1
063	Gefahrenmeldeanlagen	80.906	59,50	16,60	5,6
064	Zutrittskontroll-, Zeiterfassungssysteme	–	–	–	–
069	Aufzüge	82.905	61,00	17,10	5,7
070	Gebäudeautomation	13.770	10,10	2,80	1,0
075	Raumlufttechnische Anlagen	297.367	218,80	61,20	20,6
078	Kälteanlagen für raumlufttechnische Anlagen	–	–	–	–
	Gebäudetechnik	**1.432.254**	**1.054,00**	**294,60**	**99,2**
	Sonstige Leistungsbereiche	**11.127**	**8,20**	**2,30**	**0,8**

6400-0109
Kinder- und
Jugendhaus

Kostenkennwerte für die Kosten des Bauwerks (Kostengruppen 300+400 nach DIN 276)

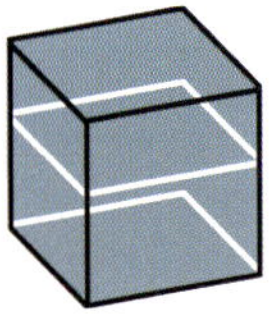

BRI 695 €/m³

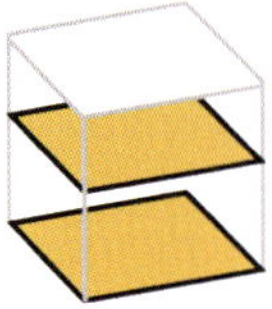

BGF 3.294 €/m²

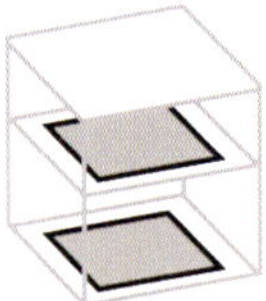

NUF 4.495 €/m²

Objekt:
Kennwerte: 3. Ebene DIN 276
BRI: 2.888 m³
BGF: 609 m²
NUF: 447 m²
Bauzeit: 96 Wochen
Bauende: 2018
Standard: mittel
Bundesland: Sachsen
Kreis: Dresden, Stadt

Architekt*in:
IPROconsult GmbH
Schnorrstraße 70
01069 Dresden

Bauherr*in:
Landeshauptstadt Dresden
Hochbauamt
Lingnerallee 3
01069 Dresden

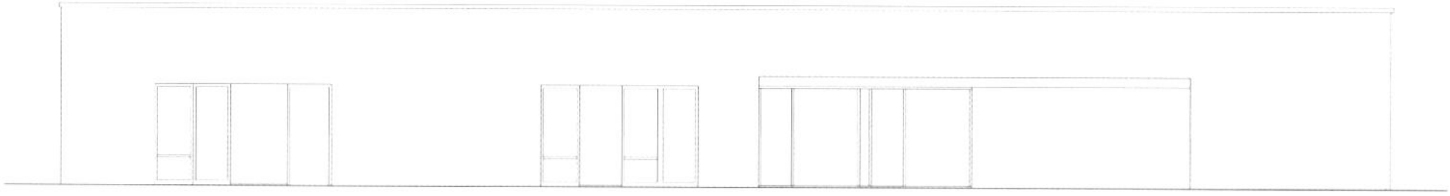

Ansicht Nord-West

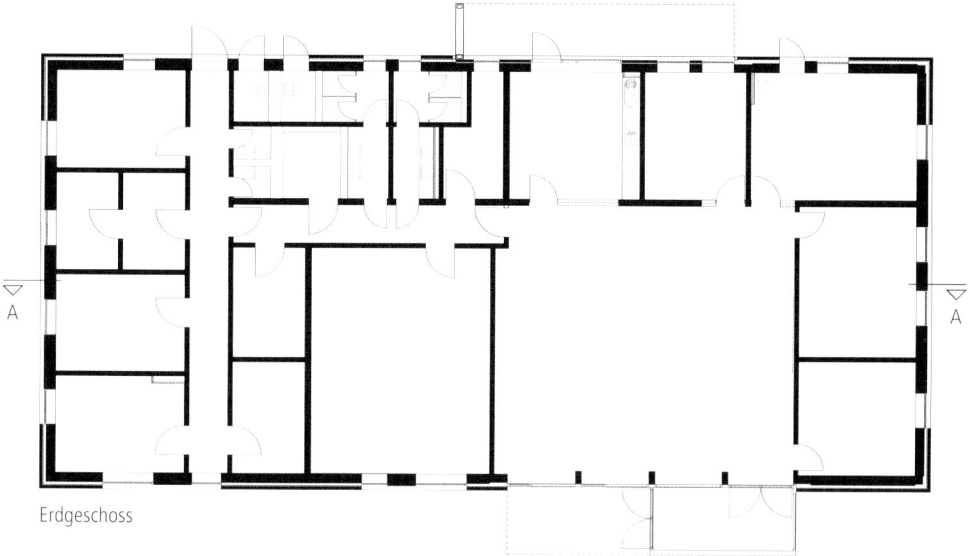

Erdgeschoss

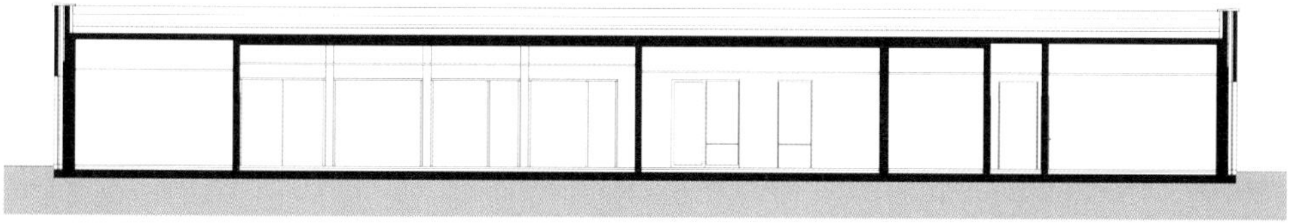

Schnitt A-A

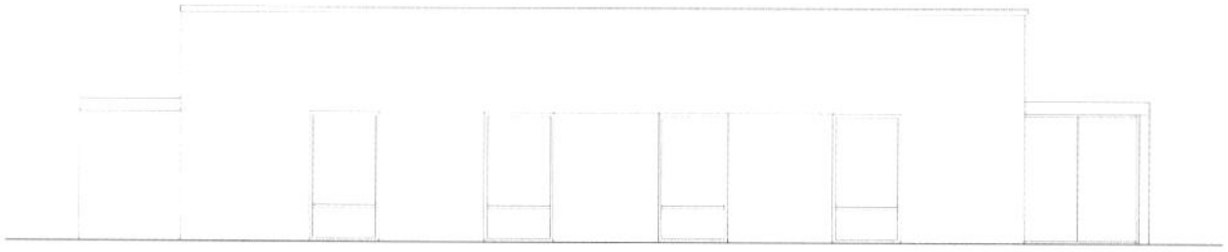

Ansicht Nord-Ost

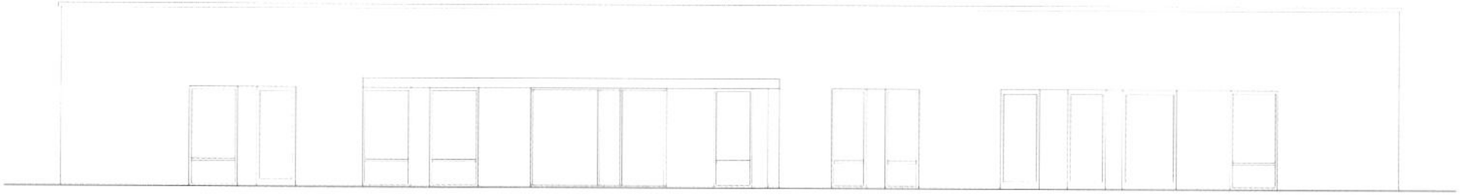

Ansicht Süd-Ost

Objektbeschreibung

Allgemeine Objektinformationen

Der Neubau ist eine durch das Jugendamt geförderte und durch das Diakonisches Werk betriebene Freizeiteinrichtung für Jugendliche. Die Nutzung erfolgt vorwiegend zwischen 14 und 18 Uhr. Weiterhin dient der Ersatzneubau als Büro-, Verwaltungs- und Sanitärbereich für den angeschlossenen, bestehenden Abenteuerspielplatz.

Nutzung

1 Erdgeschoss
Kinder- und Jugendhaus: Multifunktionsräume, Computerraum, Werkstätten, Brennofenraum, Lagerräume, Sport-Spielraum, Küche, Sanitärräume, Büro, Haustechnik, Flur, Windfang
Verwaltung Abenteuerspielplatz: Büro, Umkleide, Lagerraum, Flur, Sanitärraume

Grundstück

Bauraum: Freier Bauraum
Neigung: Ebenes Gelände
Bodenklasse: BK 3 bis BK 5

Markt

Hauptvergabezeit: 2. Quartal 2016
Baubeginn: 3. Quartal 2016
Bauende: 2. Quartal 2018
Konjunkturelle Gesamtlage: über Durchschnitt
Regionaler Baumarkt: über Durchschnitt

Baukonstruktion

Das Gebäude gründet auf einer Stahlbetonfundamentplatte und Stahlbetonfundamentbalken. Als Beläge kamen Linoleum und Bodenfliesen auf Heizestrich zur Ausführung. Die Außenwände wurden aus Ziegelmauerwerk errichtet. Im Bereich großer Verglasungen und Vordächer sind Stahlbetonstürze auf Stahlbetonstützen eingebaut. Es wurden bodentiefe Alufenster und Pfosten-Riegelfassaden, teilweise mit integriertem Sonnenschutz, eingebaut. Die Fassade besteht aus hinterlüftetem Verblendmauerwerk und zwischen den Fensteranlagen aus hinterlüfteten Faserzementtafeln. Die Innenwände wurden als Ziegelmauerwerk und Trockenbauwände realisiert. Sie sind verputzt, mit Malervlies versehen und beschichtet, in den Sanitärräumen türhoch gefliest. Das flach geneigte Dach wurde aus Spannbeton-Hohlplatten und Stb-Elementdecken ausgeführt. Die Dachflächen sind extensiv begrünt. Beide Vordächer wurden als Stahlkonstruktionen mit Trapezblechdeckung und Bitumenabdichtung ausgeführt und mit Fassadentafeln bekleidet. Die abgehängten Decken wurden zum Großteil als Akustikdecken ausgeführt.

Technische Anlagen

Das Kinder- und Jugendhaus ist an die **Fernwärmeversorgung** angeschlossen. Alle Räume werden über **Fußbodenheizung** mit Wärme versorgt. Die Sanitärräume und der Brennofenraum erhielten eine **Abluftanlage**. Die Belüftung des großen Multifunktionsraums findet über eine **Zu- und Abluftanlage mit Wärmerückgewinnung** statt. Der Computerraum ist mit einem Split-**Klimagerät** ausgestattet. Eine **Brandmeldeanlage** wurde eingebaut ebenso ein Datenübertragungsnetz.

Sonstiges

Das Gebäude ist **barrierefrei** erschlossen.

Energetische Kennwerte

Gesetzliche Grundlage: EnEV 2013
Gebäudenutzfläche: 528,00 m^2
Gebäudevolumen: 2.465,00 m^3
A/V_e-Verhältnis (Kompaktheit): 0,65 m^{-1}
Hüllfläche des beheizten Volumens: 1.593,00 m^2
Mittlerer U-Wert (opake Bauteile): 0,23 $W/(m^2 \cdot K)$
Mittlerer U-Wert (transparente Bauteile): 1,30 $W/(m^2 \cdot K)$
Spez. Jahresprimärenergiebedarf: 86,60 $kWh/(m^2 \cdot a)$

Planungskennwerte für Flächen und Rauminhalte nach DIN 277

Flächen des Grundstücks		Menge Einheit	% an GF
BF	Bebaute Fläche	644,93 m²	–
UF	Unbebaute Fläche	–	–
GF	Grundstücksfläche	–	–

Grundflächen des Bauwerks		Menge Einheit	% an NUF	% an BGF
NUF	Nutzungsfläche	446,53 m²	100,0	73,3
TF	Technikfläche	12,33 m²	2,8	2,0
VF	Verkehrsfläche	52,91 m²	11,8	8,7
NRF	Netto-Raumfläche	511,77 m²	114,6	84,0
KGF	Konstruktions-Grundfläche	97,55 m²	21,8	16,0
BGF	Brutto-Grundfläche	609,32 m²	136,5	100,0

Brutto-Rauminhalt des Bauwerks		Menge Einheit	BRI/NUF (m)	BRI/BGF (m)
BRI	Brutto-Rauminhalt	2.888,18 m³	6,47	4,74

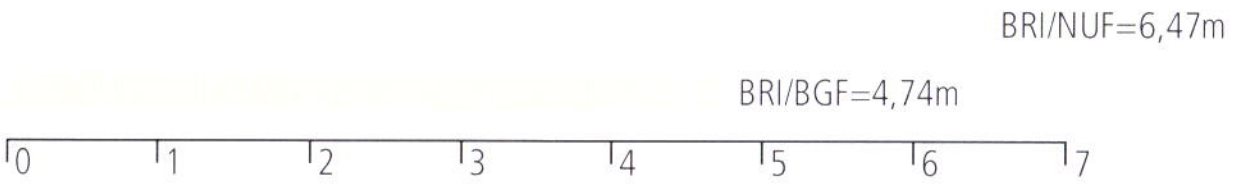

Prozentualer Anteil der Kostengruppen der 2.Ebene an der Kostengruppe 400 nach DIN 276

KG	Kostengruppen (2. Ebene)
410	Abwasser-, Wasser-, Gasanlagen
420	Wärmeversorgungsanlagen
430	Raumlufttechnische Anlagen
440	Elektrische Anlagen
450	Kommunikationstechnische Anlagen
460	Förderanlagen
470	Nutzungsspez. u. verfahrenstechn. Anl.
480	Gebäude- und Anlagenautomation
490	Sonst. Maßnahmen für techn. Anlagen

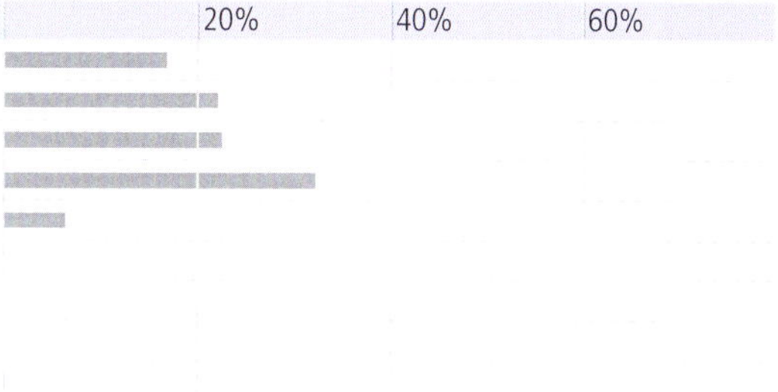

Ranking der Kostengruppen der 3.Ebene an der Kostengruppe 400 nach DIN 276

KG	Kostengruppen (3. Ebene)	% an KG 400	KG	Kostengruppen (3. Ebene)	% an KG 400
431	Lüftungsanlagen	20,5	446	Blitzschutz- und Erdungsanlagen	3,2
444	Niederspannungsinstallationsanlagen	16,9	457	Datenübertragungsnetze	2,9
445	Beleuchtungsanlagen	12,0	456	Gefahrenmelde- und Alarmanlagen	2,7
423	Raumheizflächen	11,8	432	Teilklimaanlagen	1,9
412	Wasseranlagen	10,3	419	Sonstiges zur KG 410	1,4
422	Wärmeverteilnetze	5,8	452	Such- und Signalanlagen	0,8
411	Abwasseranlagen	5,0	495	Instandsetzungen	0,2
421	Wärmeerzeugungsanlagen	4,4			

Kostenkennwerte für die Kostengruppen der 1. Ebene DIN 276

KG	Kostengruppen (1. Ebene)	Einheit	Kosten €	€/Einheit	€/m² BGF	€/m³ BRI	% 300+400
100	Grundstück	m² GF	–	–	–	–	–
200	Vorbereitende Maßnahmen	m² GF	551	–	0,90	0,19	< 0,1
300	Bauwerk – Baukonstruktionen	m² BGF	1.584.846	2.601,01	2.601,01	548,74	79,0
400	Bauwerk – Technische Anlagen	m² BGF	422.118	692,77	692,77	146,15	21,0
	Bauwerk 300+400	**m² BGF**	**2.006.964**	**3.293,78**	**3.293,78**	**694,89**	**100,0**
500	Außenanlagen und Freiflächen	m² AF	–	–	–	–	–
600	Ausstattung und Kunstwerke	m² BGF	17.094	28,05	28,05	5,92	0,9
700	Baunebenkosten	m² BGF	–	–	–	–	–
800	Finanzierung	m² BGF	–	–	–	–	–

KG	Kostengruppe	Menge Einheit	Kosten €	€/Einheit	%
200	**Vorbereitende Maßnahmen**	–	551	**–**	< 0,1
	Baumschutz, Wurzelschutz				
3+4	**Bauwerk**				**100,0**
300	**Bauwerk – Baukonstruktionen**	609,32 m² BGF	1.584.846	**2.601,01**	79,0
	Schaumglasschotter, Stb-Fundamentplatten, Heizestrich, Linoleum, Bodenfliesen, Bodenbeschichtung; Hlz-Mauerwerk, Stb-Stützen, Stahlstützen, Alu-Pfosten-Riegelkonstruktionen, Alufenster, Verblendmauerwerk, Fassadentafeln, Putz, Beschichtung, Wandfliesen; Ziegelmauerwerk, GK-Wände, Holztüren, Systemtrennwände; Spannbeton-Hohlplattendach, Stb-Elementdach, Stahl-Vordächer, extensive Dachbegrünung, Dachentwässerung, Stahltrapezprofile, Akustikdecken, GK-Decken, Faserzement-Decke				
400	**Bauwerk – Technische Anlagen**	609,32 m² BGF	422.118	**692,77**	21,0
	Gebäudeentwässerung, Kalt- und Warmwasserleitungen, Sanitärobjekte; Fernwärme-Kompaktstation, Heizungsrohre, **Fußbodenheizung**; Zu-/Abluftgerät **mit Wärmerückgewinnung**, **Abluftanlage**, Split-Raumklimagerät; Elektroinstallation, Beleuchtung, **Blitzschutzanlage**; Türsprechanlage, Ruf-Kompaktset, **Brandmeldeanlage**, Datenübertragungsnetz				
600	**Ausstattung und Kunstwerke**	609,32 m² BGF	17.094	**28,05**	0,9
	Sanitärausstattungen, Anhänge-Schiebeleiter; Schilder, Piktogramme				

Kostenkennwerte für die Kostengruppen 400 der 2.Ebene DIN 276

KG	Kostengruppe	Menge Einheit	Kosten €	€/Einheit	%
400	**Bauwerk – Technische Anlagen**				**100,0**
410	**Abwasser-, Wasser-, Gasanlagen**	609,32 m²BGF	70.580	**115,83**	16,7
	PCV-Rohre DN100-125 (68m), HT-Rohre DN50-100 (68m), Tonabscheider (1St) * Edelstahlrohre DN12-32 (161m), Druckminderer (1St), Kaltwasserzähler (1St), Durchlauferhitzer 13,5-18kW (4St), Waschtische (7St), Handwaschbecken (2St), Tiefspül-WCs (8St), Urinal (1St), Ausgussbecken (1St), Spülstein (1St) * Montageelemente (22St)				
420	**Wärmeversorgungsanlagen**	609,32 m²BGF	93.053	**152,72**	22,0
	Fernwärme-Kompaktstation 30kW, zwei Heizkreise (1St), Ausdehnungsgefäß (1St) * Kupferrohre DN20-40 (217m) * **Fußbodenheizung**, EPS-Dämmung, d=30mm (460m²), PE-Xc-Rohre (3.198m), Heizkreisverteiler, sechs bis zwölf Heizkreise (4St), Verteilerschränke (4St), Stellantriebe (31St)				
430	**Raumlufttechnische Anlagen**	609,32 m²BGF	94.765	**155,53**	22,4
	Zu-/Abluftgerät **mit Wärmerückgewinnung**, 1.500m³/h (1St), Heizregister (1St), Steuerschrank (1St), **Abluftanlage**: Ventilatoreinsätze 60-100m³/h (7St), Deckenluftdurchlässe (11St), Alu-Flexrohre DN80-200 (33m), Wickelfalzrohre DN100-300 (131m) * Split-Raumklimagerät 4,6kW (1St), Leitungen (30m)				
440	**Elektrische Anlagen**	609,32 m²BGF	135.656	**222,63**	32,1
	Zählerschränke (2St), Mantelleitungen (5.802m), Schalter, Taster (46St), Steckdosen (157St), **Dimmer** (4St), Bodentanks (5St), Bewegungsmelder (10St), **Präsenzmelder** (15St) * LED-Deckeneinbauleuchten (85St), LED Decken-/Wandleuchten (25St), Rettungszeichenleuchten (7St), Sicherheitsleuchten (12St) * Ringerder (266m), Potenzialausgleich (123m), Fangleitungen (231m), Ableitungen (81m), Potenzialausgleichsschienen (4St)				
450	**Kommunikationstechnische Anlagen**	609,32 m²BGF	27.080	**44,44**	6,4
	Tür-Gegensprechanlage, zwei Klingeltaster (1St), TK-Schnittstelle (1St), Ruf-Kompaktset (1St) * **Brandmeldecomputer** (1St), Multisensormelder (2St), Handfeuermelder (2St), Kombisignalgeber (21St), Fernmeldeleitungen (1.050m), Brandmeldekabel (47m) * Netzwerkwandschrank (1St), Datenanschlussdosen Cat6, 2xRJ45 (32St), RJ45 (12St), Datenkabel (1.862m)				
490	**Sonst. Maßnahmen für techn. Anlagen**	609,32 m²BGF	985	**1,62**	0,2
	Datendosen umverlegen (2St)				

Kostenkennwerte für die Kostengruppen 400 der 2. und 3. Ebene DIN 276 (Übersicht)

KG	Kostengruppe	Menge Einheit	Kosten €	€/Einheit	%
410	**Abwasser-, Wasser-, Gasanlagen**	**609,32 m² BGF**	**70.579,83**	**115,83**	**16,7**
411	Abwasseranlagen	609,32 m² BGF	21.248,41	34,87	5,0
412	Wasseranlagen	609,32 m² BGF	43.483,44	71,36	10,3
419	Sonstiges zur KG 410	609,32 m² BGF	5.847,98	9,60	1,4
420	**Wärmeversorgungsanlagen**	**609,32 m² BGF**	**93.052,54**	**152,72**	**22,0**
421	Wärmeerzeugungsanlagen	609,32 m² BGF	18.760,74	30,79	4,4
422	Wärmeverteilnetze	609,32 m² BGF	24.566,90	40,32	5,8
423	Raumheizflächen	609,32 m² BGF	49.724,90	81,61	11,8
430	**Raumlufttechnische Anlagen**	**609,32 m² BGF**	**94.764,63**	**155,53**	**22,4**
431	Lüftungsanlagen	609,32 m² BGF	86.662,79	142,23	20,5
432	Teilklimaanlagen	609,32 m² BGF	8.101,84	13,30	1,9
440	**Elektrische Anlagen**	**609,32 m² BGF**	**135.655,72**	**222,63**	**32,1**
444	Niederspannungsinstallationsanlagen	609,32 m² BGF	71.486,23	117,32	16,9
445	Beleuchtungsanlagen	609,32 m² BGF	50.848,93	83,45	12,0
446	Blitzschutz- und Erdungsanlagen	609,32 m² BGF	13.320,55	21,86	3,2
450	**Kommunikationstechnische Anlagen**	**609,32 m² BGF**	**27.080,25**	**44,44**	**6,4**
452	Such- und Signalanlagen	609,32 m² BGF	3.437,20	5,64	0,8
456	Gefahrenmelde- und Alarmanlagen	609,32 m² BGF	11.401,92	18,71	2,7
457	Datenübertragungsnetze	609,32 m² BGF	12.241,13	20,09	2,9
490	**Sonst. Maßnahmen für techn. Anlagen**	**609,32 m² BGF**	**984,79**	**1,62**	**0,2**
495	Instandsetzungen	609,32 m² BGF	984,79	1,62	0,2

Kostenkennwerte für Leistungsbereiche nach STLB (Kosten KG 400 nach DIN 276)

LB	Leistungsbereiche	Kosten €	€/m² BGF	€/m³ BRI	% an 400
040	Wärmeversorgungsanlagen - Betriebseinrichtungen	18.761	30,80	6,50	4,4
041	Wärmeversorgungsanlagen - Leitungen, Armaturen, Heizflächen	60.705	99,60	21,00	14,4
042	Gas- und Wasseranlagen - Leitungen, Armaturen	35.495	58,30	12,30	8,4
043	Druckrohrleitungen für Gas, Wasser und Abwasser	–	–	–	–
044	Abwasseranlagen - Leitungen, Abläufe, Armaturen	13.528	22,20	4,70	3,2
045	Gas-, Wasser- und Entwässerungsanlagen - Ausstattung, Elemente, Fertigbäder	11.206	18,40	3,90	2,7
046	Gas-, Wasser- und Entwässerungsanlagen - Betriebseinrichtungen	–	–	–	–
047	Dämm- und Brandschutzarbeiten an technischen Anlagen	25.294	41,50	8,80	6,0
049	Feuerlöschanlagen, Feuerlöschgeräte	–	–	–	–
050	Blitzschutz- / Erdungsanlagen, Überspannungsschutz	13.321	21,90	4,60	3,2
051	Kabelleitungstiefbauarbeiten	–	–	–	–
052	Mittelspannungsanlagen	–	–	–	–
053	Niederspannungsanlagen - Kabel / Leitungen, Verlegesysteme, Installationsgeräte	44.794	73,50	15,50	10,6
054	Niederspannungsanlagen - Verteilersysteme und Einbaugeräte	23.215	38,10	8,00	5,5
055	Sicherheits- und Ersatzstromversorgungsanlagen	–	–	–	–
057	Gebäudesystemtechnik	–	–	–	–
058	Leuchten und Lampen	50.125	82,30	17,40	11,9
059	Sicherheitsbeleuchtungsanlagen	723	1,20	0,25	0,2
060	Such-, Signal-, Zeitdienst-, Antennen-, elektroakustische Anlagen, Medientechnik	3.437	5,60	1,20	0,8
061	Kommunikations- und Übertragungsnetze	13.226	21,70	4,60	3,1
062	Kommunikationsanlagen	–	–	–	–
063	Gefahrenmeldeanlagen	11.402	18,70	3,90	2,7
064	Zutrittskontroll-, Zeiterfassungssysteme	–	–	–	–
069	Aufzüge	–	–	–	–
070	Gebäudeautomation	–	–	–	–
075	Raumlufttechnische Anlagen	89.690	147,20	31,10	21,2
078	Kälteanlagen für raumlufttechnische Anlagen	–	–	–	–
	Gebäudetechnik	**414.923**	**681,00**	**143,70**	**98,3**
	Sonstige Leistungsbereiche	**5.294**	**8,70**	**1,80**	**1,3**

6400-0112
Gemeindezentrum
(80 Sitzplätze)

Kostenkennwerte für die Kosten des Bauwerks (Kostengruppen 300+400 nach DIN 276)

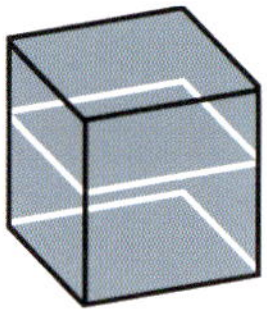

BRI 525 €/m^3

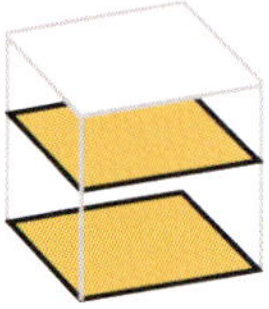

BGF 3.310 €/m^2

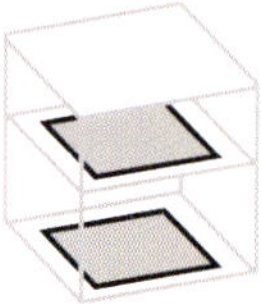

NUF 4.339 €/m^2

Objekt:
Kennwerte: 3. Ebene DIN 276
BRI: 2.480 m^3
BGF: 393 m^2
NUF: 300 m^2
Bauzeit: 44 Wochen
Bauende: 2016
Standard: hoch
Bundesland: Bayern
Kreis: Regensburg

Architekt*in:
Architekturbüro
Thiemann
Kirchgasse 20
91217 Hersbruck

Bauherr*in:
Evang.-Luth. Kirchen-
gemeinde Regenstauf

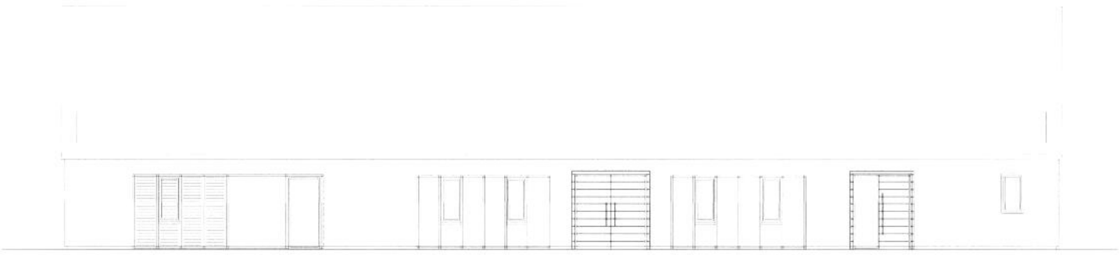

Ansicht Ost

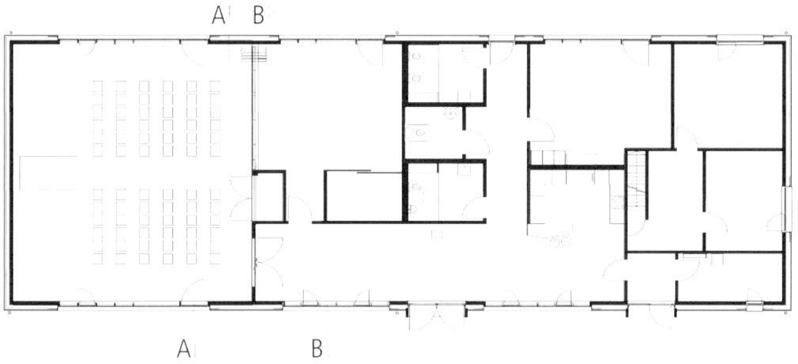

Erdgeschoss

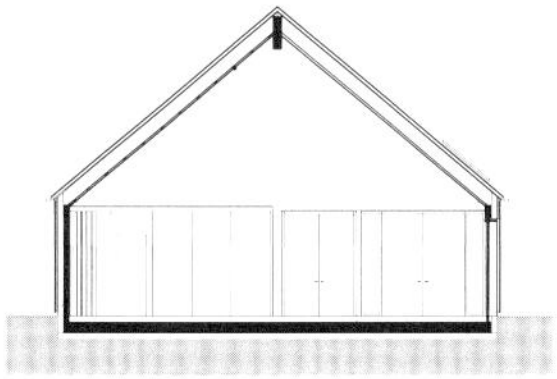

Schnitt A-A

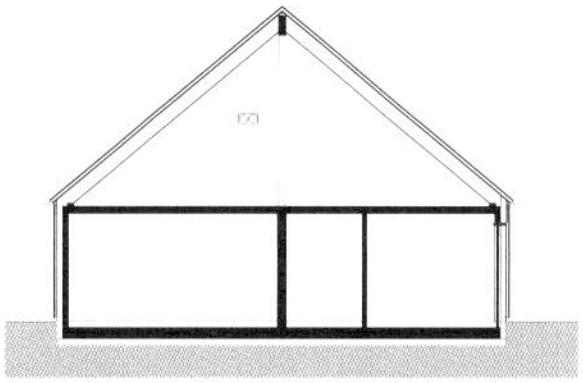

Schnitt B-B

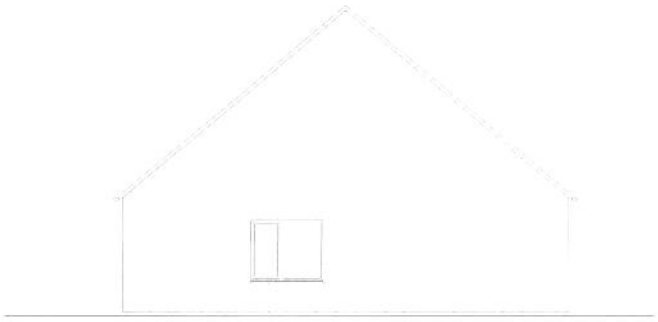

Ansicht West

Ansicht Süd

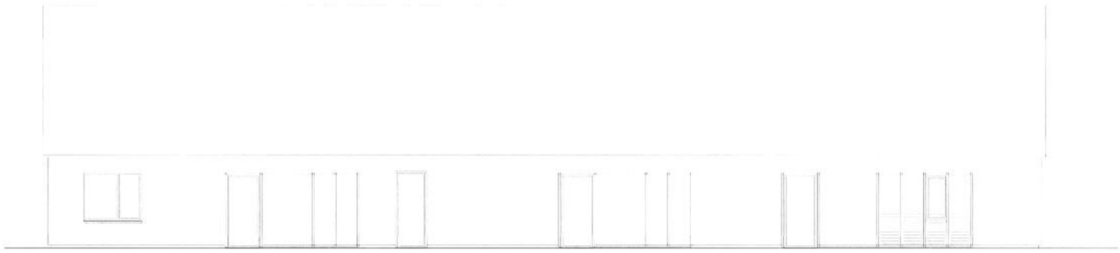

Ansicht Nord

Objektbeschreibung

Allgemeine Objektinformationen

Realisiert wurde ein baubiologisch einwandfreies und nachhaltiges Gemeindehaus einschließlich Pfarrbüro sowie einen Bereich für die Jugendarbeit. Herzstück des Gemeindehauses ist die Saalkirche. Dieser sakrale Raum dient in erster Linie der Feier von Gottesdiensten, ist jedoch so angelegt, dass auch eine Gemeindenutzung möglich ist. Ein unverrückbarer Altar aus Stampflehm stellt die Bedeutung des Raumes in den Vordergrund und zeigt auch bei Konzerten, Lesungen oder anderen Veranstaltungen die sakrale Bedeutung des Gebäudes.

Nutzung

1 Erdgeschoss
Saalkirche, Gemeinderaum, Gruppenraum, Pfarrbüro, Teeküche, WC-Räume

1 Dachgeschoss
Dachraum

Nutzeinheiten

Arbeitsplätze: 2
Sitzplätze: 80
Stellplätze: 3

Grundstück

Bauraum: Freier Bauraum
Neigung: Geneigtes Gelände
Bodenklasse: BK 1 bis BK 3

Markt

Hauptvergabezeit: 4.Quartal 2015
Baubeginn: 3.Quartal 2015
Bauende: 2.Quartal 2016
Konjunkturelle Gesamtlage: Durchschnitt
Regionaler Baumarkt: unter Durchschnitt

Baukonstruktion

Das Gebäude wurde so errichtet, dass sowohl die dämmende Gebäudehülle als auch die Luftdichtigkeitsebene komplett um das Gebäude gezogen wurden. Unter der Stahlbetonbodenplatte befindet sich eine Dämmebene. Die Brettstapelwände wurden in leimfreier Bauweise errichtet und sind innenseitig auf Sicht gearbeitet. Eine außen aufgebrachte Diagonalschalung gewährleistet statische Scheibenwirkung. Die vollflächig durchgehende Dampfbremse sichert die notwendige Luftdichtigkeit des Gebäudes. Die Dämmebene aus Holzwerkstoffplatten wurde außen aufgebracht, sie bildet eine homogene Schicht. Ein mineralischer Anstrich aus Vergrauungslasur lässt die großen Flächen der hinterlüfteten Fassadenkonstruktion einheitlich erscheinen.

Technische Anlagen

Das Gemeindehaus ist mit einer Sole-**Wärmepumpe** mit Pufferspeicher zur Versorgung der **Fußbodenheizung** ausgerüstet. Ein Großteil des Strombedarfs wird durch eine **Photovoltaikanlage** erzeugt. Eine zentrale **Lüftungsanlage mit Wärmerückgewinnung** sorgt für den Luftaustausch. Die Warmwasserversorgung erfolgt über energieeffiziente Durchlauferhitzer.

Sonstiges

Zurückhaltung und Natürlichkeit in der Materialität ziehen sich durch das gesamte Gebäude. Im Kirchenraum treffen wir auf Holz, Naturstein und Lehm. Auch die Farbigkeit bleibt überwiegend sanft und bescheiden mit Naturholz- und Weißtönungen.

Energetische Kennwerte

Gesetzliche Grundlage: EnEV 2013
Gebäudenutzfläche: 330,00 m^2
Spez. Transmissionswärmeverlust: 0,22 W/(m^2·K)
Mittlerer U-Wert (opake Bauteile): 0,11 W/(m^2·K)
Mittlerer U-Wert (transparente Bauteile): 0,90 W/(m^2·K)
Spez. Jahresprimärenergiebedarf: 100,80 kWh/(m^2·a)
Spez. Jahresendenergiebedarf: 63,10 kWh/(m^2·a)
CO_2-Emissionen: 38,00 kg/(m^2·a)
PV-Anlage: 9,12 kW_p

Planungskennwerte für Flächen und Rauminhalte nach DIN 277

Flächen des Grundstücks		Menge Einheit	% an GF
BF	Bebaute Fläche	393,00 m²	18,2
UF	Unbebaute Fläche	1.772,00 m²	81,8
GF	Grundstücksfläche	2.165,00 m²	100,0

Grundflächen des Bauwerks		Menge Einheit	% an NUF	% an BGF
NUF	Nutzungsfläche	299,80 m²	100,0	76,3
TF	Technikfläche	8,70 m²	2,9	2,2
VF	Verkehrsfläche	33,20 m²	11,1	8,4
NRF	Netto-Raumfläche	341,70 m²	114,0	86,9
KGF	Konstruktions-Grundfläche	51,30 m²	17,1	13,1
BGF	Brutto-Grundfläche	393,00 m²	131,1	100,0

Brutto-Rauminhalt des Bauwerks		Menge Einheit	BRI/NUF (m)	BRI/BGF (m)
BRI	Brutto-Rauminhalt	2.479,68 m³	8,27	6,31

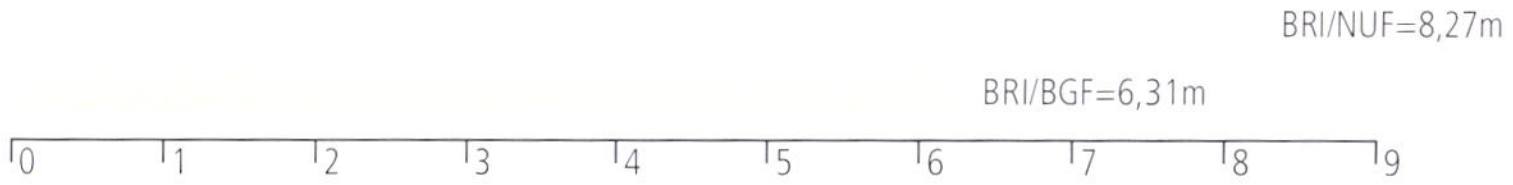

Prozentualer Anteil der Kostengruppen der 2. Ebene an der Kostengruppe 400 nach DIN 276

KG	Kostengruppen (2. Ebene)
410	Abwasser-, Wasser-, Gasanlagen
420	Wärmeversorgungsanlagen
430	Raumlufttechnische Anlagen
440	Elektrische Anlagen
450	Kommunikationstechnische Anlagen
460	Förderanlagen
470	Nutzungsspez. u. verfahrenstechn. Anl.
480	Gebäude- und Anlagenautomation
490	Sonst. Maßnahmen für techn. Anlagen

Ranking der Kostengruppen der 3. Ebene an der Kostengruppe 400 nach DIN 276

KG	Kostengruppen (3. Ebene)	% an KG 400	KG	Kostengruppen (3. Ebene)	% an KG 400
445	Beleuchtungsanlagen	15,0	422	Wärmeverteilnetze	5,5
423	Raumheizflächen	11,8	411	Abwasseranlagen	3,7
442	Eigenstromversorgungsanlagen	11,6	446	Blitzschutz- und Erdungsanlagen	2,3
421	Wärmeerzeugungsanlagen	11,3	419	Sonstiges zur KG 410	1,2
444	Niederspannungsinstallationsanlagen	10,3	457	Datenübertragungsnetze	1,0
454	Elektroakustische Anlagen	8,8	456	Gefahrenmelde- und Alarmanlagen	0,9
412	Wasseranlagen	8,2	452	Such- und Signalanlagen	0,3
431	Lüftungsanlagen	7,9	451	Telekommunikationsanlagen	< 0,1

Kostenkennwerte für die Kostengruppen der 1.Ebene DIN 276

KG	Kostengruppen (1.Ebene)	Einheit	Kosten €	€/Einheit	€/m² BGF	€/m³ BRI	% 300+400
100	Grundstück	m² GF	–	–	–	–	–
200	Vorbereitende Maßnahmen	m² GF	–	–	–	–	–
300	Bauwerk – Baukonstruktionen	m² BGF	1.068.986	2.720,07	2.720,07	431,10	82,2
400	Bauwerk – Technische Anlagen	m² BGF	231.702	589,57	589,57	93,44	17,8
	Bauwerk 300+400	**m² BGF**	**1.300.688**	**3.309,64**	**3.309,64**	**524,54**	**100,0**
500	Außenanlagen und Freiflächen	m² AF	182.949	103,24	465,52	73,78	14,1
600	Ausstattung und Kunstwerke	m² BGF	3.639	9,26	9,26	1,47	0,3
700	Baunebenkosten	m² BGF	–	–	–	–	–
800	Finanzierung	m² BGF	–	–	–	–	–

KG	Kostengruppe	Menge Einheit	Kosten €	€/Einheit	%
3+4	**Bauwerk**				**100,0**
300	**Bauwerk – Baukonstruktionen**	393,00 m² BGF	1.068.986	**2.720,07**	82,2
	Bodenverbesserung, Stb-Bodenplatte, Abdichtung, Estrich, Naturstein, Linoleum, Bodenfliesen; Brettstapelwände, Stahlstützen, Holzstütze, Holz-Eingangselemente, Holzfenster, Holzschalung, Silikatbeschichtung, Holz-Pfosten-Riegel-Fassaden; Brettstapelwände, GK-Wände, Holztüren, Wandfliesen, Trennwand; Brettschichtholz-Elementdecken, Brettstapeldecken, Holzwangentreppe, Akustikdecken; Holz-Satteldach, Ziegeldeckung, Dachentwässerung; Einbauküche, Einbauschränke, Holzbank				
400	**Bauwerk – Technische Anlagen**	393,00 m² BGF	231.702	**589,57**	17,8
	Gebäudeentwässerung, Kalt- und Warmwasserleitungen, Sanitärobjekte; **Sole-Wasser-Wärmepumpe**, **Erdsonden**, Heizungsrohre, **Fußbodenheizung**; **Zu-/Abluftgerät mit WRG**, Lüftungsleitungen; **Photovoltaikanlage**, Elektroinstallation, Beleuchtung, Erdung; Sprechanlage, Beschallungsanlage, EDV-Verkabelung				
500	**Außenanlagen und Freiflächen**	1.772,00 m² AF	182.949	**103,24**	14,1
	Bodenarbeiten; Bodenverbesserung; Betonpflaster, Sitzstufen; Oberflächenentwässerung, **Erdsonden**; Außenmöblierung; Oberbodenarbeiten, Rasen				
600	**Ausstattung und Kunstwerke**	393,00 m² BGF	3.639	**9,26**	0,3
	Sanitärausstattungen				

Kostenkennwerte für die Kostengruppen 400 der 2. Ebene DIN 276

KG	Kostengruppe	Menge Einheit	Kosten €	€/Einheit	%
400	**Bauwerk – Technische Anlagen**				**100,0**
410	**Abwasser-, Wasser-, Gasanlagen**	393,00 m² BGF	30.435	**77,44**	13,1
	HT-Rohre DN50-100 (37m) * Edelstahlrohre DN15-20 (56m), PE-Rohre DN15-20 (13m), Hauswasseranschluss (1St), Wand-Tiefspül-WCs (4St), Stützklappgriffe (2St), Waschtische (3St), Urinal (1St), Ausgussbecken (1St), Durchlauferhitzer 5-11kW (5St), Außenarmatur (1St) * Montageelemente (10St)				
420	**Wärmeversorgungsanlagen**	393,00 m² BGF	66.352	**168,83**	28,6
	Sole-Wasser-Wärmepumpe 17kW (1St), CU-Leitungen für **Erdsondenanlage** (4m), Verteiler (1St), Trinkwassermodul (1St), Umwälzpumpen (2St), Pufferspeicher (1St), Ausdehnungsgefäß (1St) * Kupferrohre DN20-32 (68m) * **Fußbodenheizung** (350m²), PE-Xa Rohre (1.920m), Heizkreisverteiler (2St), Stellantriebe (20St), Wärmemengenzähler (2St)				
430	**Raumlufttechnische Anlagen**	393,00 m² BGF	18.364	**46,73**	7,9
	Zu-/Abluftgerät 470m³/h, **WRG**, Rauchüberwachungssystem (1St), Wickelfalzrohre DN125-200 (50m), Alu-Rohre DN125-160 (14m), Schalldämpfer (10St), Tellerventile (10St)				
440	**Elektrische Anlagen**	393,00 m² BGF	90.951	**231,43**	39,3
	Photovoltaikanlage 9,12kW$_p$ (psch) * Zählerschrank (1St), LS-Schalter (38St), Mantelleitungen (1.575m), Steuerleitungen (366m), Schalter/Taster, Steckdosen (89St), Raumtemperaturregler (8St), Bewegungsmelder (1St), Herdanschlussdose (1St) * Leuchten (35St), Einbauleuchten (2St), Lichtschienen (8St), LED-Strahler (2St), **Lichtbänder** (2St), Spiegelleuchten (3St) * Ringerder (23m), Überspannungsableiter (2St), Blitzableiter (1St), Potenzialausgleichsschiene (1St)				
450	**Kommunikationstechnische Anlagen**	393,00 m² BGF	25.599	**65,14**	11,0
	Fernmeldeleitungen (46m) * Mantelleitungen (22m), Sprechanlage (1St) * Beschallungsanlage (psch), Mikrofonkabel (20m) * Mantelleitungen (11m), Rauchwarnmelder (11St) * Datenkabel (512m), Patchpanels (2St), Datenanschlussdosen (8St)				

Kostenkennwerte für die Kostengruppen 400 der 2. und 3. Ebene DIN 276 (Übersicht)

KG	Kostengruppe	Menge Einheit	Kosten €	€/Einheit	%
410	**Abwasser-, Wasser-, Gasanlagen**	**393,00 m² BGF**	**30.435,44**	**77,44**	**13,1**
411	Abwasseranlagen	393,00 m² BGF	8.636,32	21,98	3,7
412	Wasseranlagen	393,00 m² BGF	18.967,17	48,26	8,2
419	Sonstiges zur KG 410	393,00 m² BGF	2.831,94	7,21	1,2
420	**Wärmeversorgungsanlagen**	**393,00 m² BGF**	**66.352,11**	**168,83**	**28,6**
421	Wärmeerzeugungsanlagen	393,00 m² BGF	26.206,27	66,68	11,3
422	Wärmeverteilnetze	393,00 m² BGF	12.833,32	32,65	5,5
423	Raumheizflächen	393,00 m² BGF	27.312,52	69,50	11,8
430	**Raumlufttechnische Anlagen**	**393,00 m² BGF**	**18.364,04**	**46,73**	**7,9**
431	Lüftungsanlagen	393,00 m² BGF	18.364,04	46,73	7,9
440	**Elektrische Anlagen**	**393,00 m² BGF**	**90.950,64**	**231,43**	**39,3**
442	Eigenstromversorgungsanlagen	393,00 m² BGF	26.983,87	68,66	11,6
444	Niederspannungsinstallationsanlagen	393,00 m² BGF	23.901,18	60,82	10,3
445	Beleuchtungsanlagen	393,00 m² BGF	34.752,12	88,43	15,0
446	Blitzschutz- und Erdungsanlagen	393,00 m² BGF	5.313,46	13,52	2,3
450	**Kommunikationstechnische Anlagen**	**393,00 m² BGF**	**25.599,49**	**65,14**	**11,0**
451	Telekommunikationsanlagen	393,00 m² BGF	88,29	0,22	< 0,1
452	Such- und Signalanlagen	393,00 m² BGF	795,51	2,02	0,3
454	Elektroakustische Anlagen	393,00 m² BGF	20.421,04	51,96	8,8
456	Gefahrenmelde- und Alarmanlagen	393,00 m² BGF	2.016,14	5,13	0,9
457	Datenübertragungsnetze	393,00 m² BGF	2.278,51	5,80	1,0

Kostenkennwerte für Leistungsbereiche nach STLB (Kosten KG 400 nach DIN 276)

LB	Leistungsbereiche	Kosten €	€/m² BGF	€/m³ BRI	% an 400
040	Wärmeversorgungsanlagen - Betriebseinrichtungen	26.206	66,70	10,60	11,3
041	Wärmeversorgungsanlagen - Leitungen, Armaturen, Heizflächen	38.824	98,80	15,70	16,8
042	Gas- und Wasseranlagen - Leitungen, Armaturen	4.826	12,30	1,90	2,1
043	Druckrohrleitungen für Gas, Wasser und Abwasser	–	–	–	–
044	Abwasseranlagen - Leitungen, Abläufe, Armaturen	8.427	21,40	3,40	3,6
045	Gas-, Wasser- und Entwässerungsanlagen - Ausstattung, Elemente, Fertigbäder	15.893	40,40	6,40	6,9
046	Gas-, Wasser- und Entwässerungsanlagen - Betriebseinrichtungen	–	–	–	–
047	Dämm- und Brandschutzarbeiten an technischen Anlagen	3.782	9,60	1,50	1,6
049	Feuerlöschanlagen, Feuerlöschgeräte	–	–	–	–
050	Blitzschutz- / Erdungsanlagen, Überspannungsschutz	5.313	13,50	2,10	2,3
051	Kabelleitungstiefbauarbeiten	–	–	–	–
052	Mittelspannungsanlagen	–	–	–	–
053	Niederspannungsanlagen - Kabel / Leitungen, Verlegesysteme, Installationsgeräte	16.401	41,70	6,60	7,1
054	Niederspannungsanlagen - Verteilersysteme und Einbaugeräte	36.708	93,40	14,80	15,8
055	Sicherheits- und Ersatzstromversorgungsanlagen	–	–	–	–
057	Gebäudesystemtechnik	934	2,40	0,38	0,4
058	Leuchten und Lampen	34.752	88,40	14,00	15,0
059	Sicherheitsbeleuchtungsanlagen	–	–	–	–
060	Such-, Signal-, Zeitdienst-, Antennen-, elektroakustische Anlagen, Medientechnik	1.600	4,10	0,65	0,7
061	Kommunikations- und Übertragungsnetze	1.562	4,00	0,63	0,7
062	Kommunikationsanlagen	20.214	51,40	8,20	8,7
063	Gefahrenmeldeanlagen	–	–	–	–
064	Zutrittskontroll-, Zeiterfassungssysteme	–	–	–	–
069	Aufzüge	–	–	–	–
070	Gebäudeautomation	–	–	–	–
075	Raumlufttechnische Anlagen	16.261	41,40	6,60	7,0
078	Kälteanlagen für raumlufttechnische Anlagen	–	–	–	–
	Gebäudetechnik	**231.702**	**589,60**	**93,40**	**100,0**
	Sonstige Leistungsbereiche	**–**	**–**	**–**	**–**

Objekte

6500-0051
Berufsschule
(2.400 Schüler)
Neubau Caféteria
(100 Sitzplätze)

Modernisierung

Kostenkennwerte für die Kosten des Bauwerks (Kostengruppen 300+400 nach DIN 276)

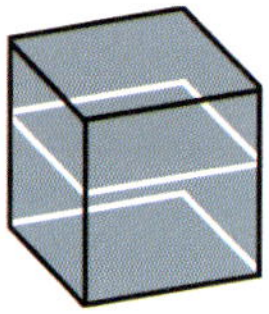

BRI 247 €/m^3

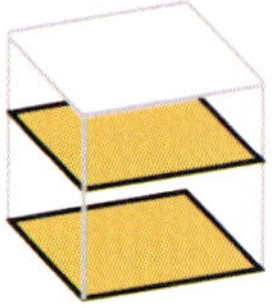

BGF 929 €/m^2

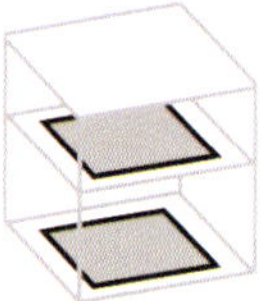

NUF 1.851 €/m^2

Objekt:
Kennwerte: 3.Ebene DIN 276
BRI: 16.023 m^3
BGF: 4.266 m^2
NUF: 2.140 m^2
Bauzeit: 48 Wochen
Bauende: 2018
Standard: mittel
Bundesland: Nordrhein-Westfalen
Kreis: Viersen

Architekt*in:
westform architekten
Joseph-von-Fraunhofer-Straße 3b
52477 Alsdorf

Bauherr*in:
Kreis Viesen
Der Landrat
Rathausmarkt 3
41707 Viesen

vorher

nachher

Zeichnungen

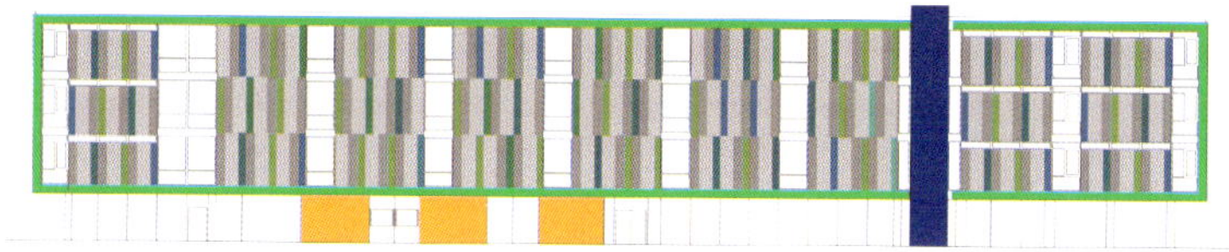

Ansicht Nord

Ansicht Ost

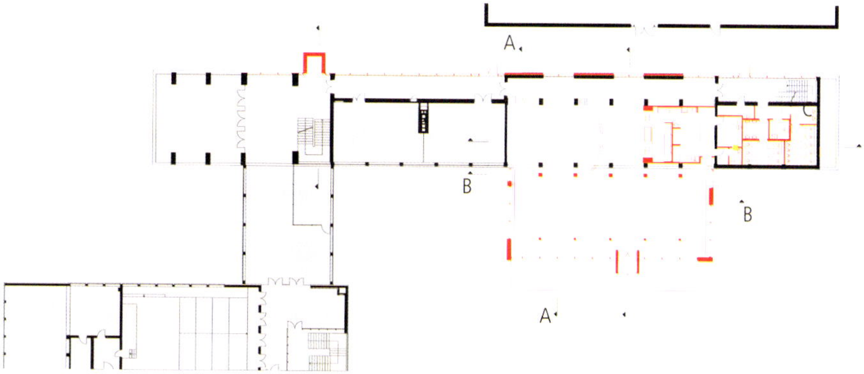

Erdgeschoss

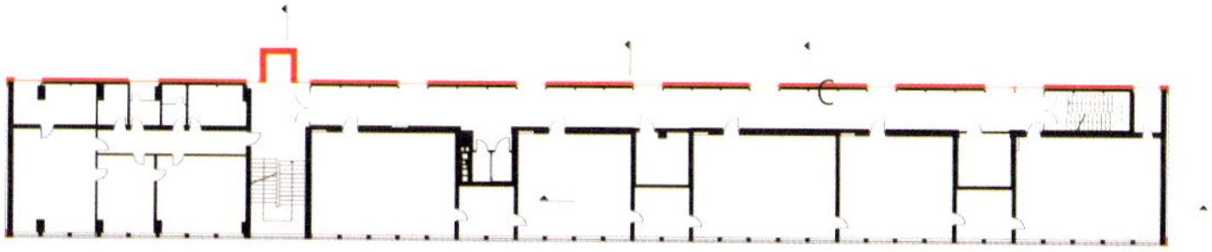

1. Obergeschoss

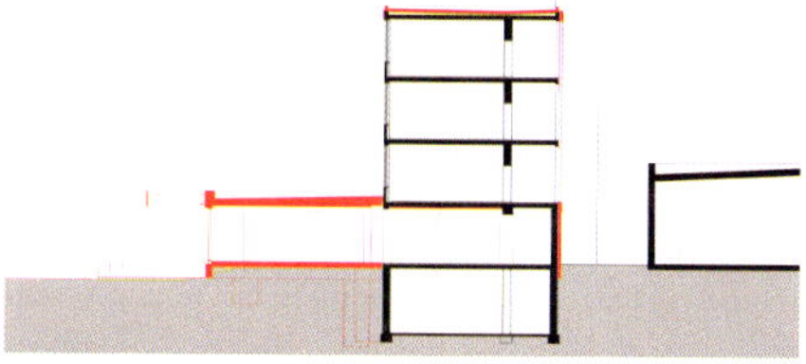

Schnitt A-A

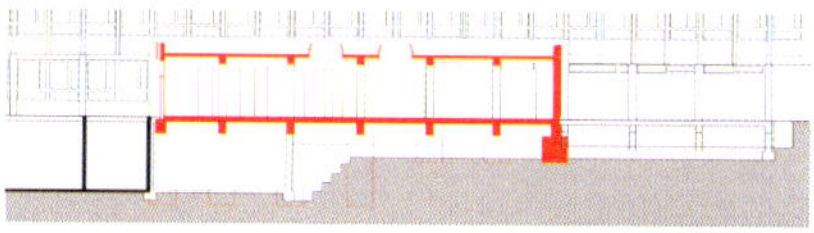

Schnitt B-B

Ansicht Süd

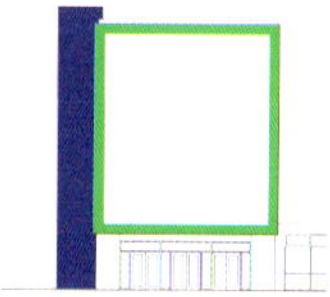

Ansicht West

6500-0051
Berufsschule
(2.400 Schüler)
Neubau Caféteria
(100 Sitzplätze)

Modernisierung

Objektbeschreibung

Allgemeine Objektinformationen

Das in den 1960er Jahren erbaute Berufskolleg wurde erweitert und modernisiert. Die Baumaßnahmen umfassen den Neubau der Caféteria mit 100 Sitzplätzen und Außenterrasse, die Renovierung der Sanitärräume, die Erneuerung der Nordfassade inklusive der Fenster, den Neubau eines Außenaufzugs, die Erneuerung der Dachabdichtung und Wärmedämmung sowie die Installation einer **Photovoltaikanlage**. Der Neubau der Caféteria entwickelte sich aus der vorhandenen Pausenhalle. In die modernisierte Halle sind im Bereich des Bestandsgebäudes ein separater Aufenthaltsraum und die Ausgabe der Schulverpflegung als Baukörper eingestellt worden.

Nutzung

1 Untergeschoss
Lagerräume, Technik

1 Erdgeschoss
Caféteria, Sanitärräume, Klassenräume, Flure, Treppenhaus

3 Obergeschosse
Klassenräume, Sanitärräume, Flure, Treppenhaus

Nutzeinheiten

Schüler: 2.400
Sitzplätze: 100

Grundstück

Bauraum: Beengter Bauraum
Neigung: Ebenes Gelände
Bodenklasse: BK 4

Markt

Hauptvergabezeit: 1. Quartal 2018
Baubeginn: 1. Quartal 2018
Bauende: 4. Quartal 2018
Konjunkturelle Gesamtlage: Durchschnitt
Regionaler Baumarkt: Durchschnitt

Baubestand

Baujahr: 1964
Bauzustand: mittel
Aufwand: hoch
Grundrissänderungen: umfangreiche
Tragwerkseingriffe: einige
Nutzungsänderung: ja
Nutzung während der Bauzeit: ja

Baukonstruktion

Für den Neubau der Caféteria wurde die Südseite der Pausenhalle geöffnet und die bestehende Stahlbetonkonstruktion in den angrenzenden Schulhof erweitert. Die Gründung erfolgte mit einer Brunnenringgründung mit aufgelagertem Tragrost aus Betonbalken. Die Wand- und Deckenoberflächen der Pausenhalle wurden weitestgehend erhalten, der Neubau ist komplett in Sichtbeton erstellt. Dreiseitig kam eine raumhohe Pfosten-Riegelfassade zum Einbau. Innen haben die gesamte Tragstruktur und die Decken eine weiße Beschichtung erhalten, der eingestellte Kubus bildet einen farbigen Akzent. Akustikdecken und frei hängende Akustikelemente dienen der Verbesserung der Raumakustik. Als Fußbodenbelag wurde PVC gewählt. Über der Terrassenfläche ist ein baulicher Sonnenschutz in Form einer auskragenden Stahlkonstruktion mit Gitterrosten angebracht worden. Die Nordfassade wurde komplett erneuert (ca. 1.122m²) und erhielt eine vierfarbige, gedämmte Bekleidung aus HPL-Fassadenplatten sowie neue Alufenster. Ein **Aufzug** wurde an die Nordfassade angebaut. Die bestehende Herren WC-Anlage ist komplett entkernt worden. Es wurden ein barrierefreies WC sowie eine neue Damen- und eine Herren-WC Anlage geschaffen. Im Zuge dessen wurden das Foyer und der angrenzende Flur geöffnet und mit einer Glasfassade versehen. Das Dach des Berufskollegs hat eine neue Dachabdichtung und Wärmedämmung erhalten, insgesamt ca. 800m².

Technische Anlagen

Die Haustechnik im Bereich der Caféteria und der WC Anlage wurde vollständig erneuert. Zudem ist eine neue **Lüftungsanlage** eingebaut worden. Auf dem sanierten Dach wurde eine **Photovoltaikanlage** (176m²) installiert, die größtenteils dem Eigenverbrauch der Schule dient.

Sonstiges

Die Freianlagen wurden unter der Objektnummer 4200-0034 dokumentiert.

Planungskennwerte für Flächen und Rauminhalte nach DIN 277

Flächen des Grundstücks		Menge Einheit	% an GF
BF	Bebaute Fläche	4.236,00 m²	19,8
UF	Unbebaute Fläche	17.178,00 m²	80,2
GF	Grundstücksfläche	21.414,00 m²	100,0

Grundflächen des Bauwerks		Menge Einheit	% an NUF	% an BGF
NUF	Nutzungsfläche	2.139,53 m²	100,0	50,2
TF	Technikfläche	180,57 m²	8,4	4,2
VF	Verkehrsfläche	1.183,74 m²	55,3	27,7
NRF	Netto-Raumfläche	3.503,84 m²	163,8	82,1
KGF	Konstruktions-Grundfläche	762,14 m²	35,6	17,9
BGF	Brutto-Grundfläche	4.265,98 m²	199,4	100,0

Brutto-Rauminhalt des Bauwerks		Menge Einheit	BRI/NUF (m)	BRI/BGF (m)
BRI	Brutto-Rauminhalt	16.022,95 m³	7,49	3,76

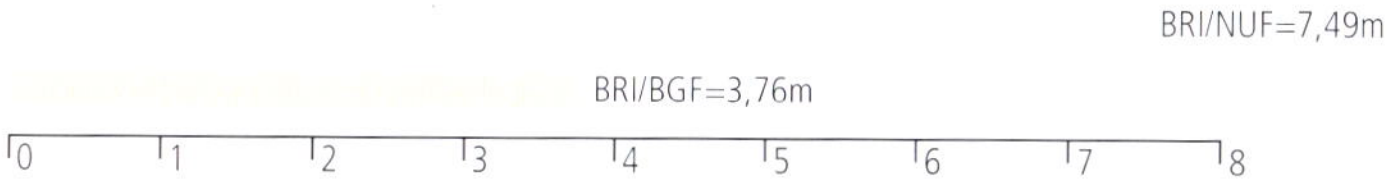

Prozentualer Anteil der Kostengruppen der 2. Ebene an der Kostengruppe 400 nach DIN 276

KG	Kostengruppen (2. Ebene)
410	Abwasser-, Wasser-, Gasanlagen
420	Wärmeversorgungsanlagen
430	Raumlufttechnische Anlagen
440	Elektrische Anlagen
450	Kommunikationstechnische Anlagen
460	Förderanlagen
470	Nutzungsspez. u. verfahrenstechn. Anl.
480	Gebäude- und Anlagenautomation
490	Sonst. Maßnahmen für techn. Anlagen

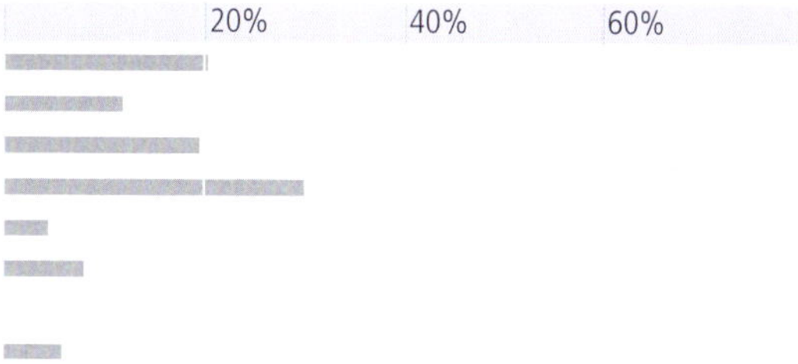

Ranking der Kostengruppen der 3. Ebene an der Kostengruppe 400 nach DIN 276

KG	Kostengruppen (3. Ebene)	% an KG 400	KG	Kostengruppen (3. Ebene)	% an KG 400
431	Lüftungsanlagen	19,5	423	Raumheizflächen	3,3
444	Niederspannungsinstallationsanlagen	16,2	445	Beleuchtungsanlagen	3,2
412	Wasseranlagen	10,2	481	Automationseinrichtungen	3,0
411	Abwasseranlagen	9,1	446	Blitzschutz- und Erdungsanlagen	2,4
442	Eigenstromversorgungsanlagen	8,1	484	Kabel, Leitungen und Verlegesysteme	1,8
461	Aufzugsanlagen	8,0	483	Automationsmanagement	1,2
422	Wärmeverteilnetze	7,8	419	Sonstiges zur KG 410	1,0
456	Gefahrenmelde- und Alarmanlagen	3,6	421	Wärmeerzeugungsanlagen	0,8

6500-0051
Berufsschule
(2.400 Schüler)
Neubau Caféteria
(100 Sitzplätze)

Modernisierung

Kostenkennwerte für die Kostengruppen der 1. Ebene DIN 276

KG	Kostengruppen (1. Ebene)	Einheit	Kosten €	€/Einheit	€/m² BGF	€/m³ BRI	% 300+400
100	Grundstück	m² GF	–	–	–	–	–
200	Vorbereitende Maßnahmen	m² GF	7.819	0,37	1,83	0,49	0,2
300	Bauwerk – Baukonstruktionen	m² BGF	3.010.530	705,71	705,71	187,89	76,0
400	Bauwerk – Technische Anlagen	m² BGF	950.580	222,83	222,83	59,33	24,0
	Bauwerk 300+400	**m² BGF**	**3.961.110**	**928,53**	**928,53**	**247,21**	**100,0**
500	Außenanlagen und Freiflächen	m² AF	104.693	629,54	24,54	6,53	2,6
600	Ausstattung und Kunstwerke	m² BGF	3.622	0,85	0,85	0,23	< 0,1
700	Baunebenkosten	m² BGF	–	–	–	–	–
800	Finanzierung	m² BGF	–	–	–	–	–

KG	Kostengruppe	Menge Einheit	Kosten €	€/Einheit	%
200	**Vorbereitende Maßnahmen**	21.414,00 m² GF	7.819	**0,37**	0,2

- Abbrechen (Kosten: 93,6%) — 7.316
  Grundstück freimachen, Bäume fällen

- Herstellen (Kosten: 6,4%) — 503
  Sicherungsmaßnahmen, Herrichten der Geländeoberfläche

KG	Kostengruppe	Menge Einheit	Kosten €	€/Einheit	%
3+4	**Bauwerk**				**100,0**
300	**Bauwerk – Baukonstruktionen**	4.265,98 m² BGF	3.010.530	**705,71**	76,0

- Abbrechen (Kosten: 7,3%) — 218.751
  Abbruch von Stb-Fundamenten, Betonpflastersteinen, Fliesenbelägen; Ziegelmauerwerk, Alu-Fenstern, Stahltüren, Faserzement-Fassadenplatten, Trapezblech-Fassadenbekleidung, Alu-Pfosten-Riegelfassade; KS-Wänden, GK-Wänden, Innenfenster mit Rollladen, Innentüren, Fliesen, WC-Trennwänden; Deckenputz, Holzwolle-Leichtbauplatten; Dachausstieg, Lichtkuppel, Dachabdichtung, Dämmung, Attikaabdeckungen, Faserzementformteile, Kiesschüttung; Entsorgung, Deponiegebühren

- Wiederherstellen (Kosten: 0,2%) — 5.224
  Stb-Bodenplatte aufstemmen, Untergrund verfüllen, wieder herstellen

- Herstellen (Kosten: 92,6%) — 2.786.555
  Bodenarbeiten, Baugrubenaushub; Stb-Fundamente, Stb-Bodenplatte, Brunnengründung, Kautschukbeläge; Stb-Außenwand, Alu-Fenster, Alu-Türelemente, HPL-Fassadenplatten, WDVS, Wandfliesen, Alu-Pfosten-Riegelfassade, Stahl-Sonnenschutzkonstruktion, Außenjalousien; GK-Wände, KS-Wände, Stb-Stützen, Vollholztüren, Stahltüren, Dispersionsbeschichtung, Wandfliesen, mobile Glastrennwände, WC-Trennwände; Stb-Deckenplatte, Fliesen, Kautschukbeläge, GK-Akustikdecken, Alu-Akustikabsorber, Rasterdecken; Stb-Flachdach, Lichtkuppeln, Gefälledämmung, Dachabdichtung, Dachentwässerung, extensive Dachbegrünung

KG	Kostengruppe	Menge Einheit	Kosten €	€/Einheit	%
400	**Bauwerk – Technische Anlagen**	4.265,98 m² BGF	950.580	**222,83**	24,0
	• Abbrechen (Kosten: 4,3%) Abbruch von Entwässerungsschacht, Abwasserleitungen; Wasserleitungen, Sanitärobjekten; Heizleitungen, Heizkörper; Elektroinstallation, Beleuchtung; Entsorgung, Deponiegebühren		41.253		
	• Wiederherstellen (Kosten: 0,4%) Kunstschieferbekleidung, Kaminkopf erneuern; Handmelder versetzen; Brandmelde Loop überbrücken, verlegen, wieder anschließen		3.775		
	• Herstellen (Kosten: 95,3%) Gebäudeentwässerung, Kalt- und Warmwasserleitungen, Sanitärobjekte; Heizleitungen, Heizkörper, **Fußbodenheizung**; **Lüftungsgerät** 5.000 m³/h, Wärmetauscher, Zuluftgeräte 2.000 m³/h, Lüftungskanäle; **Photovoltaikanlage**, Elektroinstallation, Beleuchtung, Sicherheitsbeleuchtung, **Blitzschutz**; **Einbruchmeldeanlage**, **Brandmeldeanlage**; **Personenaufzug**; **Gebäudeautomation**		905.553		
500	**Außenanlagen und Freiflächen**	166,30 m² AF	104.693	**629,54**	2,6
	• Abbrechen (Kosten: 16,3%) Abbruch von Stb-Fundamenten; Bodenbelägen, Betonblockstufen; Geländeentwässerungsleitungen, Außenleuchten; Entsorgung, Deponiegebühren		17.044		
	• Herstellen (Kosten: 83,7%) Terrasse mit Unterbau, Traufstreifen; Eingangstreppenanlage, Sitzstufen; Grundstücksentwässerung		87.649		
600	**Ausstattung und Kunstwerke**	4.265,98 m² BGF	3.622	**0,85**	< 0,1
	• Herstellen (Kosten: 100,0%) Sanitärausstattung		3.622		

Kostenkennwerte für die Kostengruppen 400 der 2. Ebene DIN 276

KG	Kostengruppe	Menge Einheit	Kosten €	€/Einheit	%
400	**Bauwerk – Technische Anlagen**				**100,0**
410	**Abwasser-, Wasser-, Gasanlagen**	4.265,98 m² BGF	192.603	**45,15**	20,3
	• Abbrechen (Kosten: 8,0%)	4.265,98 m² BGF	15.392	**3,61**	
	Abbruch von Entwässerungsschacht (1St), Abwasserleitungen (169m), Bodenabläufen (5St) * Wasserleitungen (186m), Sanitärobjekten (40St), Bodenabläufen (5St); Entsorgung, Deponiegebühren				
	• Herstellen (Kosten: 92,0%)	4.265,98 m² BGF	177.211	**41,54**	
	KG-Rohre DN100-200 (208m), PE-Rohre DN50-125 (136m), Bodenabläufe DN50 (5St), PP-Entwässerungsschächte DN400 (5St), DN1.000 (1St), Entwässerungsrinnen (7m), Brandschutzschotts (5St) * Edelstahlrohre DN15-35, (400m), Waschtische (8St), **barrierefrei** (1St), Tiefspül-WCs (14St), Urinale (4St), Ausgussbecken (3St), Durchlauferhitzer (1St) * Montageelemente (29St)				
420	**Wärmeversorgungsanlagen**	4.265,98 m² BGF	112.622	**26,40**	11,8
	• Abbrechen (Kosten: 19,9%)	4.265,98 m² BGF	22.413	**5,25**	
	Abbruch von Heizleitungen (468m) * Heizkörpern (12St); Entsorgung, Deponiegebühren				
	• Wiederherstellen (Kosten: 0,4%)	4.265,98 m² BGF	486	**0,11**	
	Kunstschieferbekleidung, Kaminkopf entfernen, wieder montieren (psch)				
	• Herstellen (Kosten: 79,7%)	4.265,98 m² BGF	89.723	**21,03**	
	Ultraschall-Wärmezähler (1St), füllen, einregulieren der Heizungsanlage (1St), Hocheffizienzpumpe (1St) * Heizleitungen DN10-50 (731m), Kugelhähne (21St), Strangregulierventile (16St), Rohrschotts (29St) * Ventilheizkörper (7St), Radiavektoren (6St), **Fußbodenheizung**, PE-Xa-Rohre (1.280m), Verteiler, 12 Heizkreise, Verteilerschrank (1St)				
430	**Raumlufttechnische Anlagen**	4.265,98 m² BGF	185.548	**43,49**	19,5
	• Herstellen (Kosten: 100,0%)	4.265,98 m² BGF	185.548	**43,49**	
	Lüftungsgerät, 5.000m³/h, Kreuzstromwärmetauscher (1St), Zuluftgeräte 2.000m³/h (2St), Außenluftansaugturm 5.000m³/h (1St), Wärmetauschersteuerung (1St), Wärmepumpen 12,5kW (1St), Volumenstromregler (6St), Kulissenschalldämpfer (8St), Rechteckkanäle (298m²), Wickelfalzrohre (232m), Aluflexrohre DN250-300 (10m), Tellerventile (27St), Drosselklappen (4St), Telefonieschalldämpfer (20St), Brandschutzklappen (6St)				
440	**Elektrische Anlagen**	4.265,98 m² BGF	284.115	**66,60**	29,9
	• Abbrechen (Kosten: 1,0%)	4.265,98 m² BGF	2.780	**0,65**	
	Abbruch von Unterverteiler (psch), Mantelleitungen (657m), Schalter, Taster (36St) * Leuchten (31St); Entsorgung, Deponiegebühren				
	• Wiederherstellen (Kosten: 0,8%)	4.265,98 m² BGF	2.173	**0,51**	
	Überprüfen, freischalten Beleuchtungsstromkreise (14h)				
	• Herstellen (Kosten: 98,3%)	4.265,98 m² BGF	279.162	**65,44**	
	Solarmodule 270Wp, Montagesystem (104St), Wechselrichter (1St) * Fehlerstromschutzschalter (5St), Stromstoßrelais (14St), Hauptschalter (2St), Überspannungsableiter (2St), LS-Schalter (4St), Stromkreise (27St), Mantelleitungen (7.468m), Leerrohre (743m), Steckdosen (137St), Schalter, Taster (75St), Bewegungsmelder (20St) * Anbauleuchten (51St), LED-Sicherheitsleuchten (26St), Rettungszeichenleuchten (10St) * Flachband-Ringerder (127m), Fangleitungen (201m), Fangstangen (14St), Potenzialausgleichserder DN10 (85m)				

KG	Kostengruppe	Menge Einheit	Kosten €	€/Einheit	%
450	**Kommunikationstechnische Anlagen**	4.265,98 m² BGF	42.345	**9,93**	4,5
	• Abbrechen (Kosten: 1,6%) Abbruch von Fernmeldeleitungen (172m) * Rauchmeldern (8St); Entsorgung, Deponiegebühren	4.265,98 m² BGF	667	**0,16**	
	• Wiederherstellen (Kosten: 0,2%) Versetzen von Handmeldern (1St)	4.265,98 m² BGF	85	**0,02**	
	• Herstellen (Kosten: 98,2%) Lautsprecherkabel (psch) * **Einbruchmeldeanlage** (psch), Brandmeldekabel J-H(ST) (986m), Multisensormelder (38St), Wärmemelder (4St), Brandmeldesockel (42St), akustischer Alarmgeber (1St), Stromversorgung Signalgeber (1St) * EDV-Schrank (1St), halogenfreies Datenkabel (630m), Patchpanel (1St)	4.265,98 m² BGF	41.592	**9,75**	
460	**Förderanlagen**	4.265,98 m² BGF	75.926	**17,80**	8,0
	• Herstellen (Kosten: 100,0%) **Personenaufzug**, 630Kg, fünf Haltestellen (1St)	4.265,98 m² BGF	75.926	**17,80**	
480	**Gebäude- und Anlagenautomation**	4.265,98 m² BGF	56.391	**13,22**	5,9
	• Herstellen (Kosten: 100,0%) Automationsstation für RLT-Anlage (1St), für Heizung (1St), Bediendisplay (1St), Fernbedientableau (1St), Druckfühler (6St), Temperaturfühler (13St), Rauchmelder (3St), Luftqualitätsfühler (1St), Wärmeleistungs-Messeinrichtung (1St), Klappenstellantriebe (4St), Frostschutzwächter (1St) * Schaltschrank (1St), Baugruppe zur Spannungsversorgung (3St), für Brandschutzklappen (17St), für Beleuchtung (2St), für Ventilatoren (5St), Pumpenmodul (1St), Hilfsrelais (16St), Sicherungsautomaten (2St), Überspannungs-Ableiter (1St) * Patchkabel, Cat5 (15m)	4.265,98 m² BGF	56.391	**13,22**	
490	**Sonst. Maßnahmen für techn. Anlagen**	4.265,98 m² BGF	1.031	**0,24**	0,1
	• Wiederherstellen (Kosten: 100,0%) **Brandmelde-**Loop überbrücken, provisorisch verlegen, wieder anschließen (psch)	4.265,98 m² BGF	1.031	**0,24**	

Kostenkennwerte für die Kostengruppen 400 der 2. und 3.Ebene DIN 276 (Übersicht)

KG	Kostengruppe	Menge Einheit	Kosten €	€/Einheit	%
410	**Abwasser-, Wasser-, Gasanlagen**	**4.265,98 m² BGF**	**192.602,89**	**45,15**	**20,3**
411	Abwasseranlagen	4.265,98 m² BGF	86.557,79	20,29	9,1
412	Wasseranlagen	4.265,98 m² BGF	96.705,76	22,67	10,2
419	Sonstiges zur KG 410	4.265,98 m² BGF	9.339,34	2,19	1,0
420	**Wärmeversorgungsanlagen**	**4.265,98 m² BGF**	**112.621,80**	**26,40**	**11,8**
421	Wärmeerzeugungsanlagen	4.265,98 m² BGF	7.171,45	1,68	0,8
422	Wärmeverteilnetze	4.265,98 m² BGF	73.932,76	17,33	7,8
423	Raumheizflächen	4.265,98 m² BGF	31.031,50	7,27	3,3
429	Sonstiges zur KG 420	4.265,98 m² BGF	486,09	0,11	< 0,1
430	**Raumlufttechnische Anlagen**	**4.265,98 m² BGF**	**185.547,62**	**43,49**	**19,5**
431	Lüftungsanlagen	4.265,98 m² BGF	185.547,62	43,49	19,5
440	**Elektrische Anlagen**	**4.265,98 m² BGF**	**284.115,25**	**66,60**	**29,9**
442	Eigenstromversorgungsanlagen	4.265,98 m² BGF	77.184,12	18,09	8,1
444	Niederspannungsinstallationsanlagen	4.265,98 m² BGF	154.100,37	36,12	16,2
445	Beleuchtungsanlagen	4.265,98 m² BGF	30.372,75	7,12	3,2
446	Blitzschutz- und Erdungsanlagen	4.265,98 m² BGF	22.458,01	5,26	2,4
450	**Kommunikationstechnische Anlagen**	**4.265,98 m² BGF**	**42.344,50**	**9,93**	**4,5**
451	Telekommunikationsanlagen	4.265,98 m² BGF	327,87	0,08	< 0,1
454	Elektroakustische Anlagen	4.265,98 m² BGF	1.656,77	0,39	0,2
456	Gefahrenmelde- und Alarmanlagen	4.265,98 m² BGF	33.846,08	7,93	3,6
457	Datenübertragungsnetze	4.265,98 m² BGF	6.513,78	1,53	0,7
460	**Förderanlagen**	**4.265,98 m² BGF**	**75.925,99**	**17,80**	**8,0**
461	Aufzugsanlagen	4.265,98 m² BGF	75.925,99	17,80	8,0
480	**Gebäude- und Anlagenautomation**	**4.265,98 m² BGF**	**56.391,15**	**13,22**	**5,9**
481	Automationseinrichtungen	4.265,98 m² BGF	28.405,47	6,66	3,0
483	Automationsmanagement	4.265,98 m² BGF	11.020,05	2,58	1,2
484	Kabel, Leitungen und Verlegesysteme	4.265,98 m² BGF	16.965,64	3,98	1,8
490	**Sonst. Maßnahmen für techn. Anlagen**	**4.265,98 m² BGF**	**1.031,28**	**0,24**	**0,1**
497	Zusätzliche Maßnahmen	4.265,98 m² BGF	1.031,28	0,24	0,1

Kostenkennwerte für Leistungsbereiche nach STLB (Kosten KG 400 nach DIN 276)

LB	Leistungsbereiche	Kosten €	€/m² BGF	€/m³ BRI	% an 400
040	Wärmeversorgungsanlagen - Betriebseinrichtungen	–	–	–	–
041	Wärmeversorgungsanlagen - Leitungen, Armaturen, Heizflächen	75.872	17,80	4,70	8,0
042	Gas- und Wasseranlagen - Leitungen, Armaturen	43.919	10,30	2,70	4,6
043	Druckrohrleitungen für Gas, Wasser und Abwasser	–	–	–	–
044	Abwasseranlagen - Leitungen, Abläufe, Armaturen	31.997	7,50	2,00	3,4
045	Gas-, Wasser- und Entwässerungsanlagen - Ausstattung, Elemente, Fertigbäder	28.191	6,60	1,80	3,0
046	Gas-, Wasser- und Entwässerungsanlagen - Betriebseinrichtungen	–	–	–	–
047	Dämm- und Brandschutzarbeiten an technischen Anlagen	59.966	14,10	3,70	6,3
049	Feuerlöschanlagen, Feuerlöschgeräte	–	–	–	–
050	Blitzschutz- / Erdungsanlagen, Überspannungsschutz	22.458	5,30	1,40	2,4
051	Kabelleitungstiefbauarbeiten	–	–	–	–
052	Mittelspannungsanlagen	–	–	–	–
053	Niederspannungsanlagen - Kabel / Leitungen, Verlegesysteme, Installationsgeräte	159.590	37,40	10,00	16,8
	Wiederherstellen	2.173	0,51	0,14	0,2
	Herstellen	157.417	36,90	9,80	16,6
054	Niederspannungsanlagen - Verteilersysteme und Einbaugeräte	77.184	18,10	4,80	8,1
055	Sicherheits- und Ersatzstromversorgungsanlagen	–	–	–	–
057	Gebäudesystemtechnik	–	–	–	–
058	Leuchten und Lampen	14.118	3,30	0,88	1,5
059	Sicherheitsbeleuchtungsanlagen	13.343	3,10	0,83	1,4
060	Such-, Signal-, Zeitdienst-, Antennen-, elektroakustische Anlagen, Medientechnik	–	–	–	–
061	Kommunikations- und Übertragungsnetze	8.171	1,90	0,51	0,9
062	Kommunikationsanlagen	–	–	–	–
063	Gefahrenmeldeanlagen	28.093	6,60	1,80	3,0
	Wiederherstellen	1.116	0,26	0,07	0,1
	Herstellen	26.977	6,30	1,70	2,8
064	Zutrittskontroll-, Zeiterfassungssysteme	–	–	–	–
069	Aufzüge	75.926	17,80	4,70	8,0
070	Gebäudeautomation	56.391	13,20	3,50	5,9
075	Raumlufttechnische Anlagen	166.384	39,00	10,40	17,5
078	Kälteanlagen für raumlufttechnische Anlagen	–	–	–	–
	Gebäudetechnik	**861.603**	**202,00**	**53,80**	**90,6**
	Wiederherstellen	3.289	0,77	0,21	0,3
	Herstellen	858.314	201,20	53,60	90,3
	Sonstige Leistungsbereiche	**88.656**	**20,80**	**5,50**	**9,3**
	Abbrechen	41.253	9,70	2,60	4,3
	Wiederherstellen	486	0,11	0,03	< 0,1
	Herstellen	46.917	11,00	2,90	4,9

6600-0032
Hotel

Kostenkennwerte für die Kosten des Bauwerks (Kostengruppen 300+400 nach DIN 276)

Erweiterung

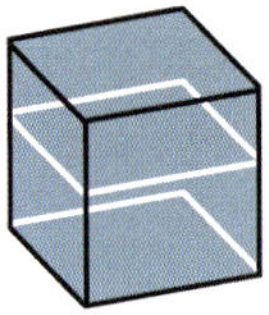

BRI 926 €/m³

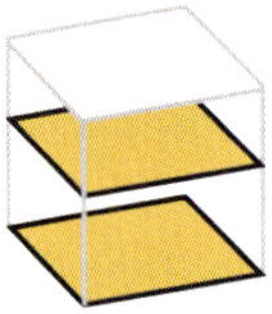

BGF 2.750 €/m²

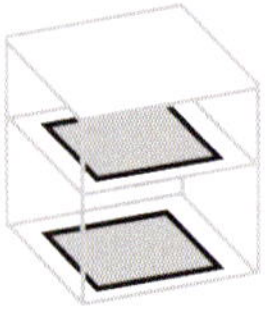

NUF 4.564 €/m²

Objekt:
Kennwerte: 3. Ebene DIN 276
BRI: 2.456 m³
BGF: 828 m²
NUF: 499 m²
Bauzeit: 52 Wochen
Bauende: 2016
Standard: mittel
Bundesland: Schleswig-Holstein
Kreis: Ostholstein

Architekt*in:
architekturbüro
bielke und struve partgmbb
Weidestraße 23
23701 Eutin

Bauherr*in:
Markus Schnoor
Am Ring 31
23746 Kellenhusen

vorher

nachher

nachher

Ansicht Ost

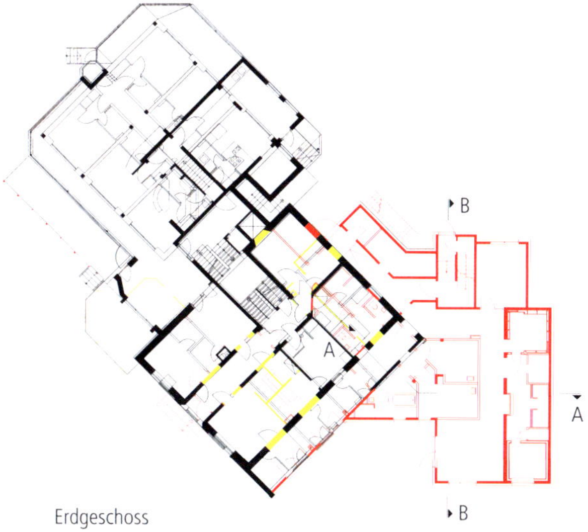

Erdgeschoss

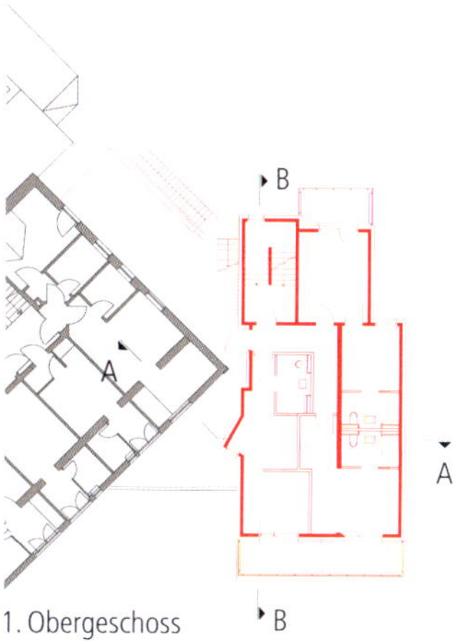

1. Obergeschoss

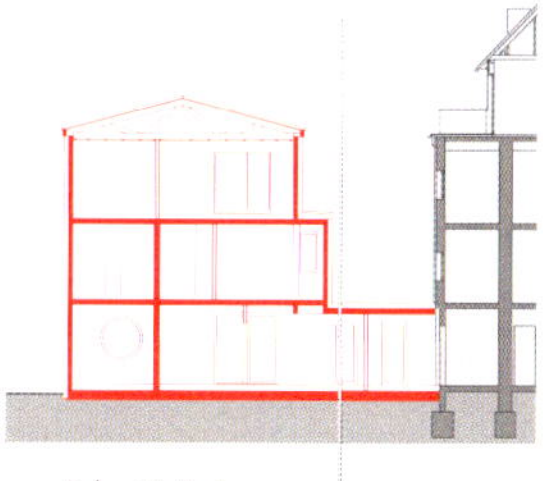

Schnitt A-A

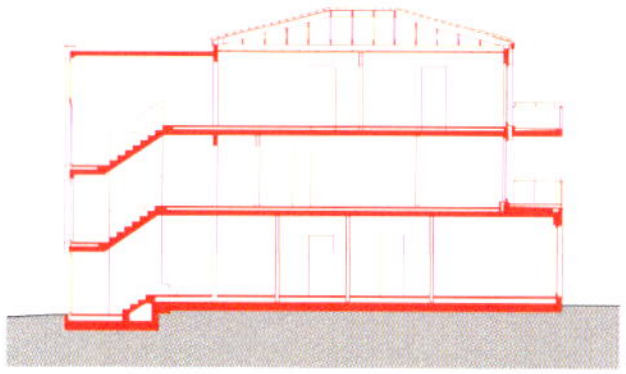

Schnitt B-B

Ansicht West

Erweiterung

Objektbeschreibung

Allgemeine Objektinformationen

Für die optimierte Nutzung wurde ein an das Hotel angrenzendes Wohngebäude rückgebaut und der Anbau eines dreigeschossigen Hotelgebäudes realisiert. Im Zuge der Umbauarbeiten wurde das Erdgeschoss des angrenzenden Bestandsgebäudetrakts modernisiert und funktional angepasst.

Nutzung

1 Erdgeschoss
Anbau: Sauna, Sanarium, Abkühlraum, Ruheraum, SPA-Lounge, drei Behandlungsräume, Kofferlager, Technikräume, Putzmittelraum
Altbau: Rezeption, Lobby, Backoffice, Loungebereich, WC- und Duschanlagen, **Aufzug**

1 Obergeschoss
Anbau: Zwei Hotelsuiten mit Balkon, ein Hotelzimmer mit Balkon

1 Dachgeschoss
Anbau: Hotelsuite mit Balkon, Hotelsuite mit Dachterrasse

Grundstück

Bauraum: Baulücke
Neigung: Ebenes Gelände
Bodenklasse: BK 3 bis BK 4

Markt

Hauptvergabezeit: 4.Quartal 2015
Baubeginn: 4.Quartal 2015
Bauende: 4.Quartal 2016
Konjunkturelle Gesamtlage: über Durchschnitt
Regionaler Baumarkt: unter Durchschnitt

Baubestand

Baujahr: 1928, Anbau 1983
Bauzustand: mittel
Aufwand: hoch
Grundrissänderungen: wenige
Tragwerkseingriffe: einige
Nutzungsänderung: nein
Nutzung während der Bauzeit: ja

Baukonstruktion

Der Abbruch umfasste einen eingeschossigen Flachdachbungalow in Massivbauweise sowie den Rückbau von Badanlagen und den Abbruch von Ziegelinnenwänden, Trockenbauwänden, Gipskartondecken, Fensterbrüstungen und Dielenfußböden. Für die Wiederherstellung wurden im Bestandsgebäude Holzdeckenkonstruktionen durch Stahlbauteile abgefangen und Abmauerungen an Fenster- und Türdurchbrüchen hergestellt. Zudem wurde eine Stahlbetonbodenplatte e schließlich Auffüllungen erneuert. Der Erweiterungsbau gründet auf Stahlbetonfundamenten. Die Gebäudekonstruktion wurde ebenfalls aus Stahlbeton erstellt. Die Fassade erhielt ein Wärmedämmverbundsystem und bodentiefe Kunststofffenster. Für die Balkone wurden Stahlbetonfertigteilelemente eingebaut. Die Walmdachkonstruktion aus Nagelplattenbindern ist mit Betondachsteinen eingedeckt. Als Innenwände kamen verputzte Kalksandsteinwände und Trockenbauwände zur Ausführung. Holzwerkstofftüren verbinden die Räume. Die Fußböden der Gästezimmer sind mit Parkett und PVC belegt, die öffentlichen Bereichen und die Bäder mit Fliesen. Balkone und Terrassen besitzen Beläge aus Bangkirai und Stahlgeländer als Absturzsicherung.

Technische Anlagen

Für die Beheizung des gesamten Gebäudes wurde die Gasheizung erneuert. Die Wärmeverteilung erfolgt mittels **Fußbodenheizung** und Heizkörpern. Im Wellnessbereich sorgt eine Be- und Entlüftungsanlage für einen angemessenen Luftwechsel. Eine Niederspannungsinstallationsanlage und eine **Brandmeldeanlage** wurden eingebaut. Das Bestandsgebäude erhielt einen **Aufzug**.

Sonstiges

Die BGF bezieht sich auf den neuen Anbau und das EG des Bestandsgebäudes.

Energetische Kennwerte

Gesetzliche Grundlage: EnEV 2013
Gebäudenutzfläche: 450,00 m^2
Hüllfläche des beheizten Volumens: 972,30 m^2
Spez. Transmissionswärmeverlust: 0,29 $W/(m^2 \cdot K)$
Spez. Jahresprimärenergiebedarf: 241,50 $kWh/(m^2 \cdot a)$
Spez. Jahresendenergiebedarf: 169,60 $kWh/(m^2 \cdot a)$

Planungskennwerte für Flächen und Rauminhalte nach DIN 277

Flächen des Grundstücks		Menge Einheit	% an GF
BF	Bebaute Fläche	738,62 m²	36,1
UF	Unbebaute Fläche	1.310,16 m²	63,9
GF	Grundstücksfläche	2.048,78 m²	100,0

Grundflächen des Bauwerks		Menge Einheit	% an NUF	% an BGF
NUF	Nutzungsfläche	498,60 m²	100,0	60,3
TF	Technikfläche	9,68 m²	1,9	1,2
VF	Verkehrsfläche	127,89 m²	25,6	15,5
NRF	Netto-Raumfläche	636,17 m²	127,6	76,9
KGF	Konstruktions-Grundfläche	191,36 m²	38,4	23,1
BGF	Brutto-Grundfläche	827,53 m²	166,0	100,0

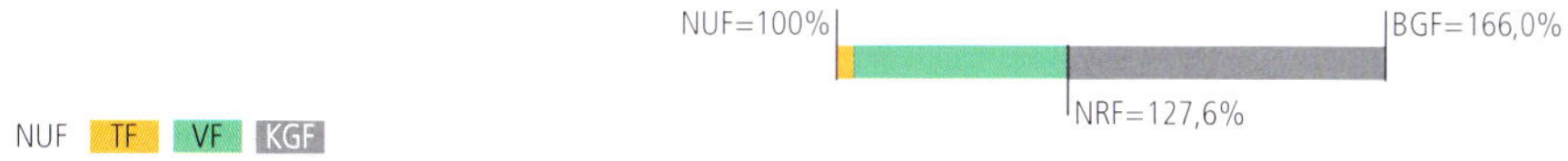

Brutto-Rauminhalt des Bauwerks		Menge Einheit	BRI/NUF (m)	BRI/BGF (m)
BRI	Brutto-Rauminhalt	2.456,41 m³	4,93	2,97

Prozentualer Anteil der Kostengruppen der 2. Ebene an der Kostengruppe 400 nach DIN 276

KG	Kostengruppen (2. Ebene)
410	Abwasser-, Wasser-, Gasanlagen
420	Wärmeversorgungsanlagen
430	Raumlufttechnische Anlagen
440	Elektrische Anlagen
450	Kommunikationstechnische Anlagen
460	Förderanlagen
470	Nutzungsspez. u. verfahrenstechn. Anl.
480	Gebäude- und Anlagenautomation
490	Sonst. Maßnahmen für techn. Anlagen

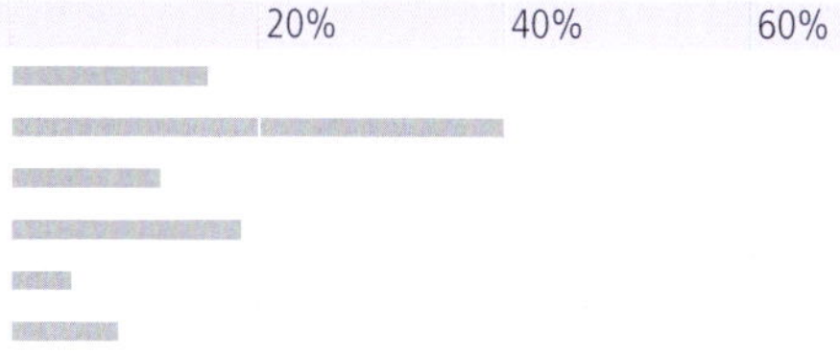

Ranking der Kostengruppen der 3. Ebene an der Kostengruppe 400 nach DIN 276

KG	Kostengruppen (3. Ebene)	% an KG 400	KG	Kostengruppen (3. Ebene)	% an KG 400
421	Wärmeerzeugungsanlagen	27,0	419	Sonstiges zur KG 410	1,3
412	Wasseranlagen	12,0	413	Gasanlagen	0,5
461	Aufzugsanlagen	8,6	429	Sonstiges zur KG 420	0,3
422	Wärmeverteilnetze	7,6	495	Instandsetzungen	0,1
423	Raumheizflächen	5,2	498	Provisorische technische Anlagen	< 0,1
411	Abwasseranlagen	2,0	491	Baustelleneinrichtung	< 0,1

Erweiterung

Kostenkennwerte für die Kostengruppen der 1. Ebene DIN 276

KG	Kostengruppen (1. Ebene)	Einheit	Kosten €	€/Einheit	€/m² BGF	€/m³ BRI	% 300+400
100	Grundstück	m² GF	–	–	–	–	–
200	Vorbereitende Maßnahmen	m² GF	1.536	0,75	1,86	0,63	< 0,1
300	Bauwerk – Baukonstruktionen	m² BGF	1.395.163	1.685,94	1.685,94	567,97	61,3
400	Bauwerk – Technische Anlagen	m² BGF	880.414	1.063,91	1.063,91	358,41	38,7
	Bauwerk 300+400	**m² BGF**	**2.275.577**	**2.749,84**	**2.749,84**	**926,38**	**100,0**
500	Außenanlagen und Freiflächen	m² AF	–	–	–	–	–
600	Ausstattung und Kunstwerke	m² BGF	330.548	399,44	399,44	134,57	14,5
700	Baunebenkosten	m² BGF	–	–	–	–	–
800	Finanzierung	m² BGF	–	–	–	–	–

KG	Kostengruppe	Menge Einheit	Kosten €	€/Einheit	%
200	**Vorbereitende Maßnahmen**	2.048,78 m² GF	1.536	**0,75**	< 0,1
	• Herstellen (Kosten: 100,0%) Suchschachtungen (psch)		1.536		
3+4	**Bauwerk**				**100,0**
300	**Bauwerk – Baukonstruktionen**	827,53 m² BGF	1.395.163	**1.685,94**	61,3
	• Abbrechen (Kosten: 3,2%) Abbruch von Doppelboden; Wand für Türöffnung, Eingangstür, Tapeten, Rampe an Außenwand; Mauerwerk, Fensterelement; Vordach; angebautem Flachdachbungalow, Massivbau; Entsorgung, Deponiegebühren		44.199		
	• Wiederherstellen (Kosten: 0,6%) Sockel unter altem Eingang mit KS-Steinen ausbessern, Schäden Bestandsmauerwerk ausbessern, Sohlbank wegen fehlender Abdichtung aufnehmen, anpassen, wieder einbauen, Laibung nach Abbrucharbeiten überarbeiten; defekte KS-Steine austauschen, alten Windfang, Einzelteile, ausbauen, Teile davon ändern, beschichten, in Türöffnung einbauen		8.556		
	• Herstellen (Kosten: 96,2%) Stb-Bodenplatte, Estrich, Bodenfliesen, Parkett, Bodenbeschichtung; KS-Mauerwerk, Stb-Ringbalken, Stb-Stützen, Kunststofffenster, Eingangstüren, Alu/Glastür, Stahltüren, WDVS, Balkontrennwand; KS-Mauerwerk, Stahlträger-Abfangungen einbauen, GK-Wände, Holztüren, Stahltüren, Innenputz, Beschichtung, Tapete, Wandfliesen; Stb-Elementdecke, FT-Balkonplatten, Stb-Treppen, Stahltreppen, Estrich, Bodenfliesen, Dämmung, Holzterrassen, GK-Decken, Geländer; Holzwalmdach, Stb-Flachdächer, Dachfenster, Betondachsteine, Dämmung, Dachabdichtung, Terrassenplatten, Terrassendielen, Dachentwässerung		1.342.408		

KG	Kostengruppe	Menge Einheit	Kosten €	€/Einheit	%
400	**Bauwerk – Technische Anlagen**	827,53 m²BGF	880.414	**1.063,91**	38,7
	• Abbrechen (Kosten: 2,1%) Abbruch von Leitungen, Armaturen; Heizungsanlage, Heizungsleitungen, Heizkörpern; **RWA**-Kanal: Entsorgung, Deponiegebühren		18.605		
	• Wiederherstellen (Kosten: < 0,1%) Defekte Abwasserleitung demontieren, durch Schallschutzrohr ersetzen, Kalt- und Warmwasserleitungen kappen; Heizkörper anschleifen, beschichten		666		
	• Herstellen (Kosten: 97,8%) Gebäudeentwässerung, Kalt- und Warmwasserleitungen, Sanitärobjekte; **Sole-Wasser**-Gas-Absorptionswärmepumpe, Gas-Brennwertkessel, Wasseraufbereitung, Gasanlagen, Warmwasserbereiter, Heizungsrohre, Heizungsleitungen ändern, **Fußbodenheizung**, Heizkörper; **Lüftungsanlage** mit **WRG**, **Abluftanlage**; Elektroinstallation, **Brandmeldeanlage**; Fernmelde-, informationstechnische Anlagen, **RWA-Anlage**; **Personenaufzug**		861.142		
600	**Ausstattung und Kunstwerke**	827,53 m²BGF	330.548	**399,44**	14,5
	• Wiederherstellen (Kosten: < 0,1%) Zersägtes Tischgestell wieder zusammenstellen, verschweißen (1St)		177		
	• Herstellen (Kosten: 99,9%) Ausstattungen		330.371		

Kostenkennwerte für die Kostengruppen 400 der 2. Ebene DIN 276

KG	Kostengruppe	Menge Einheit	Kosten €	€/Einheit	%
400	**Bauwerk – Technische Anlagen**				**100,0**
410	**Abwasser-, Wasser-, Gasanlagen**	827,53 m² BGF	139.058	**168,04**	15,8
	• Abbrechen (Kosten: 1,8%)	827,53 m² BGF	2.468	**2,98**	
	Abbruch von Abwasserleitungen (4h) * Wasserleitungen, Armaturen (24h); Entsorgung, Deponiegebühren				
	• Wiederherstellen (Kosten: 0,4%)	827,53 m² BGF	492	**0,59**	
	Defekte Abwasserleitung demontieren, durch Schallschutzrohr ersetzen, Kalt- und Warmwasserleitungen kappen (5h)				
	• Herstellen (Kosten: 97,9%)	827,53 m² BGF	136.098	**164,46**	
	KG-Rohre (67m), Kunststoffrohre (50m), Fallstrang auswechseln (3m), Bodenablauf (1St) * Hauptwasserleitung neu verlegen, Hauptwasseranschluss, Enthärtungsanlage umverlegen (34h), Hauswasserstation (1St), Wasserzähleranlage (4St), Mehrschicht-Verbundrohre (10m), Edelstahlrohre (360m), WC-Anlagen (7St), Waschtische (8St), Duschrinnen (14St) * Gasleitungen erneuern, Nebenzähler, thermische Sicherung, Strömungswächter (psch) * Montageelemente (18St)				
420	**Wärmeversorgungsanlagen**	827,53 m² BGF	352.299	**425,72**	40,0
	• Abbrechen (Kosten: 4,5%)	827,53 m² BGF	15.697	**18,97**	
	Abbruch von Heizungsanlage (psch) * Heizungsleitungen, einfrieren, trennen (7h) * Heizkörpern, Leitungen abstopfen (9h); Entsorgung, Deponiegebühren				
	• Wiederherstellen (Kosten: < 0,1%)	827,53 m² BGF	175	**0,21**	
	Heizkörper anschleifen, beschichten (2h)				
	• Herstellen (Kosten: 95,5%)	827,53 m² BGF	336.427	**406,54**	
	Sole-Wasser-Gas-Absorptionswärmepumpe 25,2kW (1St), Gas-Brennwertkessel 36-179kW (1St), Regelung (psch), Abgasleitung (psch), Druckhaltung, Wasseraufbereitung (psch), Gasanlagen (psch), Warmwasserbereiter (psch) * Heizungsrohre (psch), bauseitige Heizungsrohre dämmen (psch), Heizkörperanschlüsse umverlegen (psch), Heizungsleitungen ändern (10h) * **Fußbodenheizung** (psch), Heizkörper (psch) * Ofenklappe (1St)				
430	**Raumlufttechnische Anlagen**	827,53 m² BGF	105.864	**127,93**	12,0
	• Herstellen (Kosten: 100,0%)	827,53 m² BGF	105.864	**127,93**	
	Lüftungsanlage mit **WRG**, Volumenstrom 2.250m³/h, Luftdurchlässe, Einbauteile, Lüftungskanäle, Zubehör (1St), **Abluftanlage**: fünf Ventilatoren 60m³/h, fünf Zuluftautomaten DN160, Einbauteile, Lüftungskanäle, Zubehör (1St)				
440	**Elektrische Anlagen**	827,53 m² BGF	163.142	**197,14**	18,5
	• Herstellen (Kosten: 100,0%)	827,53 m² BGF	163.142	**197,14**	
	Elektroinstallation, **Brandmeldeanlage** (psch)				
450	**Kommunikationstechnische Anlagen**	827,53 m² BGF	42.833	**51,76**	4,9
	• Abbrechen (Kosten: 1,0%)	827,53 m² BGF	439	**0,53**	
	Abbruch von **RWA**-Kanal, asbesthaltig (1St); Entsorgung, Deponiegebühren				
	• Herstellen (Kosten: 99,0%)	827,53 m² BGF	42.394	**51,23**	
	Fernmelde-, informationstechnische Anlagen (psch), **RWA-Anlage** (psch)				

KG	Kostengruppe	Menge Einheit	Kosten €	€/Einheit	%
460	**Förderanlagen**	827,53 m²BGF	75.910	**91,73**	8,6
	• Herstellen (Kosten: 100,0%) **Personenaufzug**, fünf Haltestellen (1St)	827,53 m²BGF	75.910	**91,73**	
490	**Sonst. Maßnahmen für techn. Anlagen**	827,53 m²BGF	1.308	**1,58**	0,1
	• Herstellen (Kosten: 100,0%) Baustelleneinrichtung (psch) * beschädigte Abwasserleitung austauschen (5h), Fallstrang auseinandersägen, Rohrbruch beseitigen (4h) * Wasseranschluss erneuern, provisorisch anschließen (3h)	827,53 m²BGF	1.308	**1,58**	

Kostenkennwerte für die Kostengruppen 400 der 2. und 3. Ebene DIN 276 (Übersicht)

KG	Kostengruppe	Menge Einheit	Kosten €	€/Einheit	%
410	**Abwasser-, Wasser-, Gasanlagen**	**827,53 m² BGF**	**139.057,87**	**168,04**	**15,8**
411	Abwasseranlagen	827,53 m² BGF	17.778,62	21,48	2,0
412	Wasseranlagen	827,53 m² BGF	105.731,88	127,77	12,0
413	Gasanlagen	827,53 m² BGF	4.291,15	5,19	0,5
419	Sonstiges zur KG 410	827,53 m² BGF	11.256,21	13,60	1,3
420	**Wärmeversorgungsanlagen**	**827,53 m² BGF**	**352.298,78**	**425,72**	**40,0**
421	Wärmeerzeugungsanlagen	827,53 m² BGF	238.009,85	287,61	27,0
422	Wärmeverteilnetze	827,53 m² BGF	66.509,28	80,37	7,6
423	Raumheizflächen	827,53 m² BGF	45.502,49	54,99	5,2
429	Sonstiges zur KG 420	827,53 m² BGF	2.277,15	2,75	0,3
430	**Raumlufttechnische Anlagen**	**827,53 m² BGF**	**105.864,29**	**127,93**	**12,0**
440	**Elektrische Anlagen**	**827,53 m² BGF**	**163.141,79**	**197,14**	**18,5**
450	**Kommunikationstechnische Anlagen**	**827,53 m² BGF**	**42.832,82**	**51,76**	**4,9**
460	**Förderanlagen**	**827,53 m² BGF**	**75.909,71**	**91,73**	**8,6**
461	Aufzugsanlagen	827,53 m² BGF	75.909,71	91,73	8,6
490	**Sonst. Maßnahmen für techn. Anlagen**	**827,53 m² BGF**	**1.308,46**	**1,58**	**0,1**
491	Baustelleneinrichtung	827,53 m² BGF	30,32	0,04	< 0,1
495	Instandsetzungen	827,53 m² BGF	886,15	1,07	0,1
498	Provisorische technische Anlagen	827,53 m² BGF	391,98	0,47	< 0,1

Kostenkennwerte für Leistungsbereiche nach STLB (Kosten KG 400 nach DIN 276)

LB	Leistungsbereiche	Kosten €	€/m² BGF	€/m³ BRI	% an 400
040	Wärmeversorgungsanlagen - Betriebseinrichtungen	171.391	207,10	69,80	19,5
041	Wärmeversorgungsanlagen - Leitungen, Armaturen, Heizflächen	132.935	160,60	54,10	15,1
042	Gas- und Wasseranlagen - Leitungen, Armaturen	54.030	65,30	22,00	6,1
043	Druckrohrleitungen für Gas, Wasser und Abwasser	–	–	–	–
044	Abwasseranlagen - Leitungen, Abläufe, Armaturen	7.800	9,40	3,20	0,9
	Wiederherstellen	492	0,59	0,20	< 0,1
	Herstellen	7.308	8,80	3,00	0,8
045	Gas-, Wasser- und Entwässerungsanlagen - Ausstattung, Elemente, Fertigbäder	73.395	88,70	29,90	8,3
046	Gas-, Wasser- und Entwässerungsanlagen - Betriebseinrichtungen	–	–	–	–
047	Dämm- und Brandschutzarbeiten an technischen Anlagen	20.315	24,50	8,30	2,3
049	Feuerlöschanlagen, Feuerlöschgeräte	–	–	–	–
050	Blitzschutz- / Erdungsanlagen, Überspannungsschutz	–	–	–	–
051	Kabelleitungstiefbauarbeiten	–	–	–	–
052	Mittelspannungsanlagen	–	–	–	–
053	Niederspannungsanlagen - Kabel / Leitungen, Verlegesysteme, Installationsgeräte	183.718	222,00	74,80	20,9
054	Niederspannungsanlagen - Verteilersysteme und Einbaugeräte	–	–	–	–
055	Sicherheits- und Ersatzstromversorgungsanlagen	–	–	–	–
057	Gebäudesystemtechnik	–	–	–	–
058	Leuchten und Lampen	–	–	–	–
059	Sicherheitsbeleuchtungsanlagen	–	–	–	–
060	Such-, Signal-, Zeitdienst-, Antennen-, elektroakustische Anlagen, Medientechnik	–	–	–	–
061	Kommunikations- und Übertragungsnetze	16.869	20,40	6,90	1,9
062	Kommunikationsanlagen	–	–	–	–
063	Gefahrenmeldeanlagen	4.948	6,00	2,00	0,6
064	Zutrittskontroll-, Zeiterfassungssysteme	–	–	–	–
069	Aufzüge	75.910	91,70	30,90	8,6
070	Gebäudeautomation	–	–	–	–
075	Raumlufttechnische Anlagen	105.864	127,90	43,10	12,0
078	Kälteanlagen für raumlufttechnische Anlagen	–	–	–	–
	Gebäudetechnik	**847.175**	**1.023,70**	**344,90**	**96,2**
	Wiederherstellen	492	0,59	0,20	< 0,1
	Herstellen	846.684	1.023,10	344,70	96,2
	Sonstige Leistungsbereiche	**33.238**	**40,20**	**13,50**	**3,8**
	Abbrechen	18.605	22,50	7,60	2,1
	Wiederherstellen	174	0,21	0,07	< 0,1
	Herstellen	14.459	17,50	5,90	1,6

Gewerbegebäude

7

- 7100 Industrielle Produktionsstätten und Labors
- 7200 Geschäftshäuser, Läden
- 7300 Betriebs- und Werkstätten
- 7400 Landwirtschaftliche Betriebsgebäude
- 7500 Bank- und Postfilialen, gewerbliche Rechenzentren
- 7600 Gebäude öffentlicher Bereitschaftsdienste
- 7700 Lager- und Versandgebäude
- 7800 Hoch- und Tiefgaragen, gewerbl. Fahrzeughallen

7100-0066
Produktionsgebäude
Büro (120 AP)

Kostenkennwerte für die Kosten des Bauwerks (Kostengruppen 300+400 nach DIN 276)

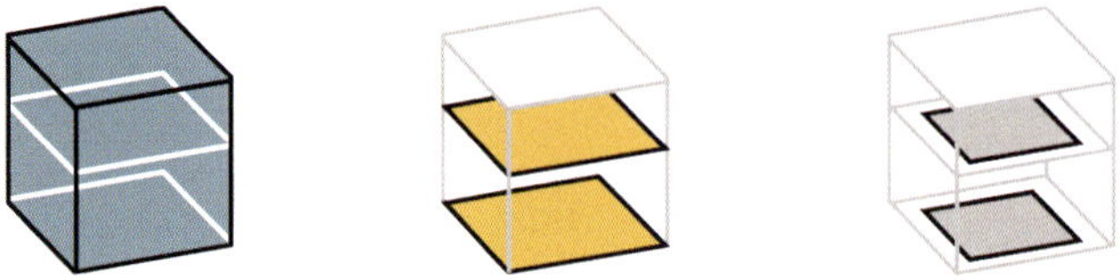

BRI 593 €/m³ **BGF** 2.738 €/m² **NUF** 3.943 €/m²

Objekt:
Kennwerte: 3.Ebene DIN 276
BRI: 17.141 m³
BGF: 3.710 m²
NUF: 2.576 m²
Bauzeit: 78 Wochen
Bauende: 2021
Standard: mittel
Bundesland: Bremen
Kreis: Bremen, Stadt

Architekt*in:
Johannes Schneider
Architekt BDA
Rembertistraße 32
28203 Bremen

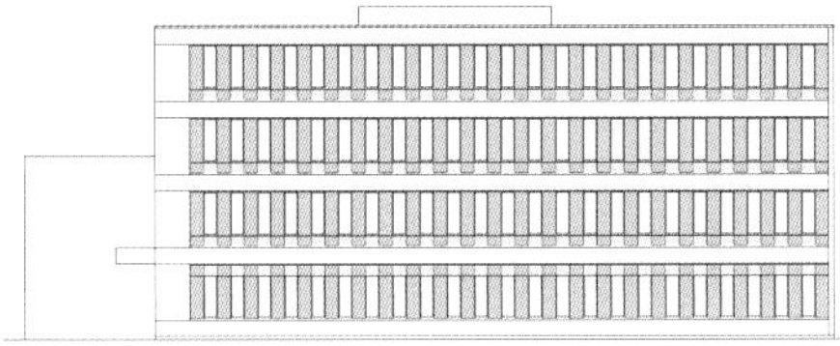

Ansicht Nord

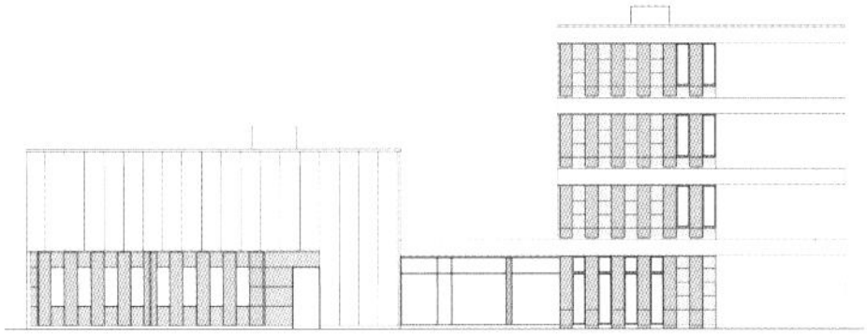

Ansicht Ost

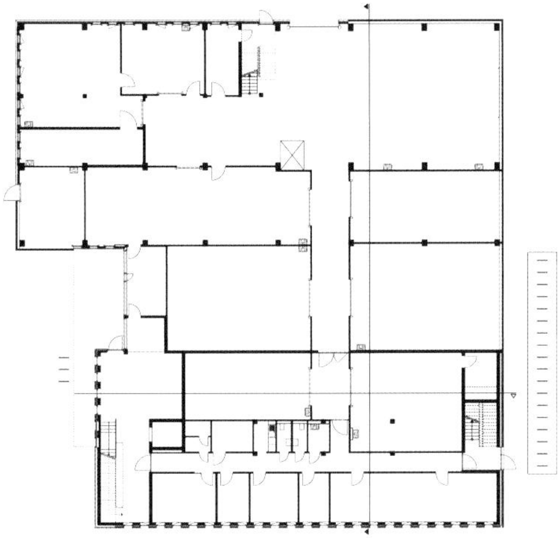

Erdgeschoss

1. Obergeschoss

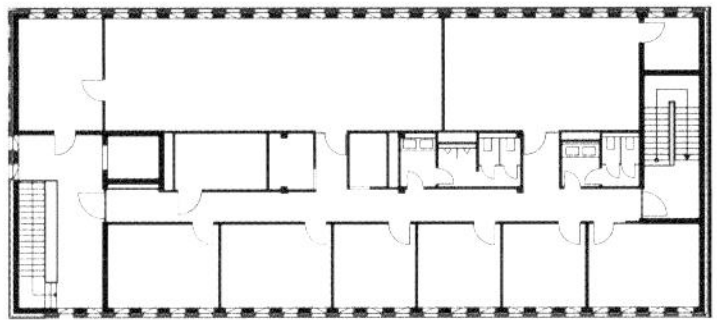

2.-3. Obergeschoss

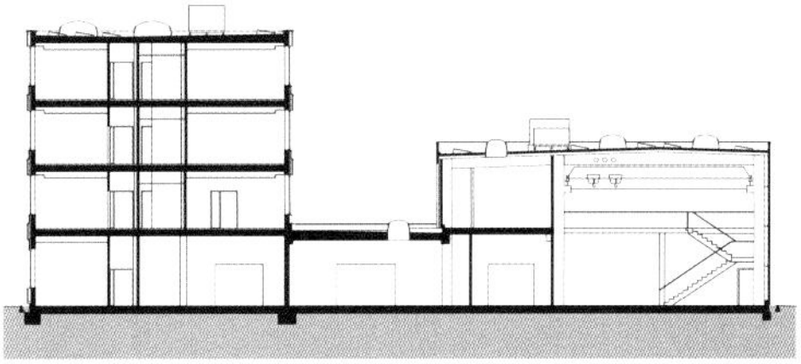

Schnitt

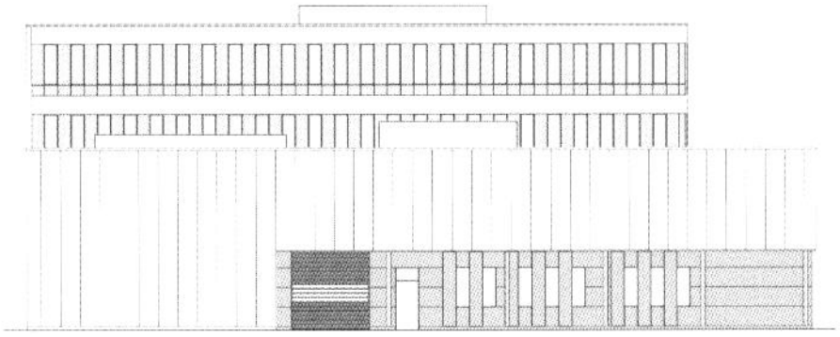

Ansicht Süd

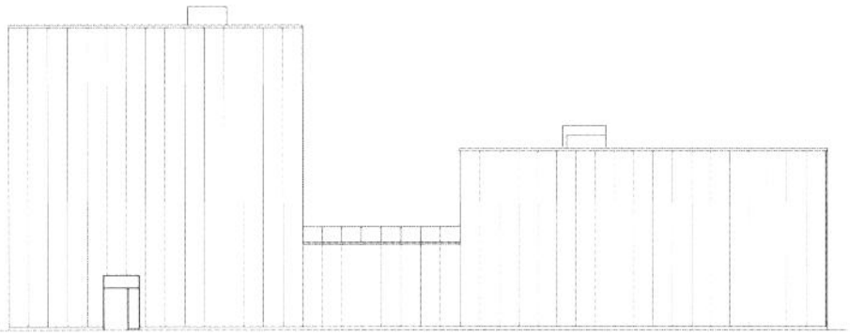

Ansicht West

Objektbeschreibung

Allgemeine Objektinformationen

Der Neubau besteht aus einem viergeschossigen Bürogebäude und einer zweigeschossigen Halle. Ein eingeschossiger Zwischenbau verbindet die beiden Gebäudeteile miteinander.

Nutzung

1 Erdgeschoss
Produktionsflächen, Technikräume, Empfang, Ausstellung, Konstruktionsbüros, Druckerraum, Sanitärräume,

3 Obergeschosse
1. OG: Lagerflächen, Produktion, Umkleiden, Schmutzraum, Elektroraum, Büros, Caféteria, Aula, Sanitärräume, Stuhllager, Druckerraum, Dachterrasse
2.+3. OG: Büros, Besprechung, Sanitärräume, Teeküchen, Druckerräume, Serverraum, Lager, Abstellräume

Besonderer Kosteneinfluss Nutzung
Gestaltungsgremium

Nutzeinheiten

Arbeitsplätze: 120

Grundstück

Bauraum: Freier Bauraum
Neigung: Ebenes Gelände
Bodenklasse: BK 1 bis BK 4

Markt

Hauptvergabezeit: 3.Quartal 2019
Baubeginn: 4.Quartal 2019
Bauende: 2.Quartal 2021
Konjunkturelle Gesamtlage: Durchschnitt
Regionaler Baumarkt: Durchschnitt

Baukonstruktion

Das in Stahlbetonskelettbauweise errichtete Gebäude gründet auf einer unterseitig wärmegedämmten Stahlbetonbodenplatte mit Einzel- und Streifenfundamenten. Die gedämmten Außenwände des Bürogebäudes wurden aus Stahlbeton und Mauerwerk hergestellt und mit hinterlüfteten Alukassetten bekleidet. Als Hallenfassade kamen Metall-Sandwichpaneele zur Ausführung. Die tragenden Innenwände der Geschosse bestehen aus Stahlbeton und Mauerwerk, während die nichttragenden Innenwände aus Gipskarton sind. Es kamen dreifachverglaste Kunststofffenster mit Schiebeläden als Sonnenschutz zum Einbau. Als Bodenbelag wurde Teppich oder Beschichtung gewählt. In den Treppenhäusern führen Stahlbetontreppen mit Stahlgeländern in die oberen Stockwerke. Die beiden Flachdächer haben eine Gefälledämmung erhalten, das Dach des Zwischenbaus ist begrünt. Das Hallendach wurde mit gedämmten Stahltrapezblechen ausgeführt. Zur Lüftung bzw. zum Rauch- und Wärmeabzug wurden Lichtkuppeln eingebaut.

Technische Anlagen

Der Neubau wird über Fernwärme beheizt. Die Räume werden mittels **Fußbodenheizung** und Deckenflächen mit Heizwärme versorgt. Die Kühlung erfolgt über Absorptionskälteaggregate. Teilweise wurde eine kontrollierte Be- und Entlüftung eingebaut. Das Gebäude verfügt über eine Photovoltaikanlage auf den Dächern. Eine Brand- und eine **Einbruchmeldeanlage** dienen der Sicherheit. Der mehrstöckige Neubau ist mit einem Personen- und einem Lastenaufzug ausgestattet.

Energetische Kennwerte

Gesetzliche Grundlage: EnEV 2013

Planungskennwerte für Flächen und Rauminhalte nach DIN 277

Flächen des Grundstücks		Menge Einheit	% an GF
BF	Bebaute Fläche	1.558,18 m²	23,2
UF	Unbebaute Fläche	5.168,82 m²	76,8
GF	Grundstücksfläche	6.727,00 m²	100,0

Grundflächen des Bauwerks		Menge Einheit	% an NUF	% an BGF
NUF	Nutzungsfläche	2.576,49 m²	100,0	69,4
TF	Technikfläche	58,52 m²	2,3	1,6
VF	Verkehrsfläche	611,26 m²	23,7	16,5
NRF	Netto-Raumfläche	3.246,27 m²	126,0	87,5
KGF	Konstruktions-Grundfläche	464,00 m²	18,0	12,5
BGF	Brutto-Grundfläche	3.710,27 m²	144,0	100,0

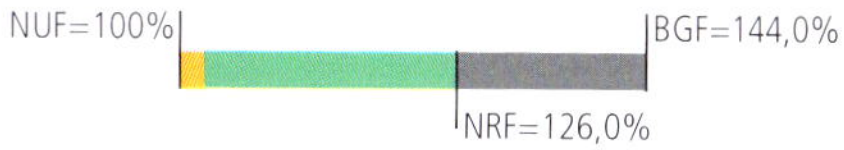

Brutto-Rauminhalt des Bauwerks		Menge Einheit	BRI/NUF (m)	BRI/BGF (m)
BRI	Brutto-Rauminhalt	17.140,63 m³	6,65	4,62

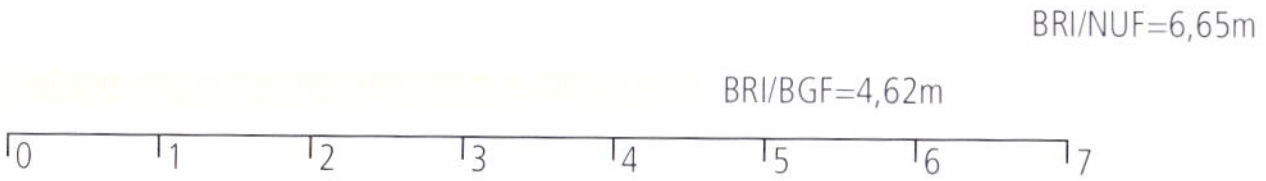

Prozentualer Anteil der Kostengruppen der 2. Ebene an der Kostengruppe 400 nach DIN 276

KG	Kostengruppen (2. Ebene)
410	Abwasser-, Wasser-, Gasanlagen
420	Wärmeversorgungsanlagen
430	Raumlufttechnische Anlagen
440	Elektrische Anlagen
450	Kommunikationstechnische Anlagen
460	Förderanlagen
470	Nutzungsspez. u. verfahrenstechn. Anl.
480	Gebäude- und Anlagenautomation
490	Sonst. Maßnahmen für techn. Anlagen

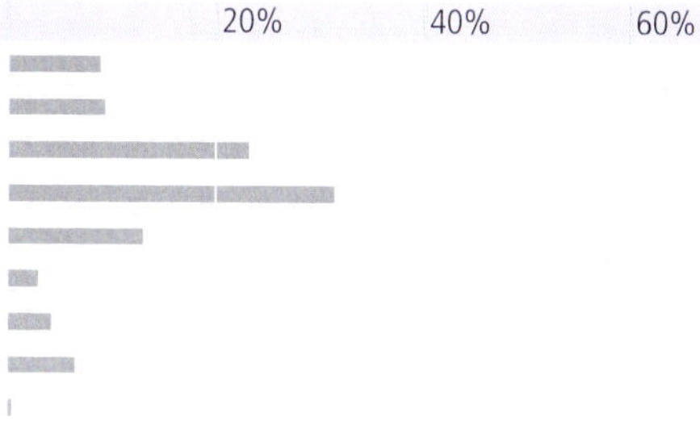

Ranking der Kostengruppen der 3. Ebene an der Kostengruppe 400 nach DIN 276

KG	Kostengruppen (3. Ebene)	% an KG 400	KG	Kostengruppen (3. Ebene)	% an KG 400
444	Niederspannungsinstallationsanlagen	20,3	473	Medienversorgungsanlagen, Medizi-	4,3
434	Kälteanlagen	13,3	422	Wärmeverteilnetze	4,2
432	Teilklimaanlagen	9,8	481	Automationseinrichtungen	3,7
445	Beleuchtungsanlagen	6,7	442	Eigenstromversorgungsanlagen	3,0
412	Wasseranlagen	6,6	411	Abwasseranlagen	2,0
456	Gefahrenmelde- und Alarmanlagen	6,5	461	Aufzugsanlagen	1,8
457	Datenübertragungsnetze	5,7	446	Blitzschutz- und Erdungsanlagen	1,3
423	Raumheizflächen	4,5	465	Krananlagen	1,2

Kostenkennwerte für die Kostengruppen der 1. Ebene DIN 276

KG	Kostengruppen (1. Ebene)	Einheit	Kosten €	€/Einheit	€/m² BGF	€/m³ BRI	% 300+400
100	Grundstück	m² GF	–	–	–	–	–
200	Vorbereitende Maßnahmen	m² GF	6.285	0,93	1,69	0,37	< 0,1
300	Bauwerk – Baukonstruktionen	m² BGF	6.211.926	1.674,25	1.674,25	362,41	61,1
400	Bauwerk – Technische Anlagen	m² BGF	3.946.958	1.063,79	1.063,79	230,27	38,9
	Bauwerk 300+400	**m² BGF**	**10.158.884**	**2.738,04**	**2.738,04**	**592,68**	**100,0**
500	Außenanlagen und Freiflächen	m² AF	788.951	301,48	212,64	46,03	7,8
600	Ausstattung und Kunstwerke	m² BGF	27.074	7,30	7,30	1,58	0,3
700	Baunebenkosten	m² BGF	–	–	–	–	–
800	Finanzierung	m² BGF	–	–	–	–	–

KG	Kostengruppe	Menge Einheit	Kosten €	€/Einheit	%
200	**Vorbereitende Maßnahmen**	6.727,00 m² GF	6.285	**0,93**	< 0,1

Standrohr gegen Frost sichern, Grasnarbe abtragen

KG	Kostengruppe	Menge Einheit	Kosten €	€/Einheit	%
3+4	**Bauwerk**				**100,0**
300	**Bauwerk – Baukonstruktionen**	3.710,27 m² BGF	6.211.926	**1.674,25**	61,1

Baugrundverbesserung, Fundamente, Stb-Bodenplatten, Epoxidharzbeschichtung, Bodenbeschichtung, Perimeterdämmung; Stb-Wände, KS-Mauerwerk, Stahl-Fassadenkonstruktion, Sandwichwände, Stb-Stützen, Kunststoff-Alufenster, Schnelllauftor, Alu-Rahmentüren, Alukassettenbekleidung, Alu-Pfosten-Riegel-Fassade, Schiebeläden; GK-Wände, Stb-Innenstützen, Holztüren, Schnelllauftore, Alu-Glastüren, Putz, Tapete, Beschichtung, Wandfliesen, WC-Trennwände, mobile Trennwände; Stb-Decken, Stb-Treppen, Estrich, Teppich, PVC-Belag, Bodenfliesen, Akustikdecken; Stb-Satteldachbinder, Stahltrapezblech, Stb-Dächer, Spannbeton-Hohldach, Lichtkuppeln, Gefälledämmung, Dachabdichtung, extensive Dachbegrünung, Betonplatten, Kies, Dachentwässerung, GK-Bekleidung

KG	Kostengruppe	Menge Einheit	Kosten €	€/Einheit	%
400	**Bauwerk – Technische Anlagen**	3.710,27 m² BGF	3.946.958	**1.063,79**	38,9

Gebäudeentwässerung, Kalt- und Warmwasserleitungen, Druckerhöhungsanlage, Sanitärobjekte; **Fernwärmeübergabestation**, **Speicherladesystem**, Heizungsrohre, Heizkörper, **Fußbodenheizung**, Kaltwasserkassetten; Zu-/Abluftanlagen, **Kälteanlage**; Zentralbatteriesystem, Photovoltaikanlage; Elektroinstallation, Beleuchtung, **Blitzschutzanlage**; Video-Gegensprechanlage, **Brandmeldeanlage**, **RWA**-Anlagen, **Einbruchmeldeanlage**, Zeiterfassung, Video-Überwachungsanlage; **Aufzug**, Krantragwerk; Medienversorgungsleitungen, technische Gase, Druckluft; **Gebäudeautomation**

KG	Kostengruppe	Menge Einheit	Kosten €	€/Einheit	%
500	**Außenanlagen und Freiflächen**	2.616,93 m² AF	788.951	**301,48**	7,8

Bodenarbeiten; Bodenplatte, Tragschicht; Gebäudeentwässerung, Gasleitung, Trafostation, Kompaktstation, Ringkabelschaltanlagen, **Transformator**, NSHV, Pollerleuchten; Vegetationsfläche mulchen

KG	Kostengruppe	Menge Einheit	Kosten €	€/Einheit	%
600	**Ausstattung und Kunstwerke**	3.710,27 m² BGF	27.074	**7,30**	0,3

Sanitärausstattung

Kostenkennwerte für die Kostengruppen 400 der 2. Ebene DIN 276

KG	Kostengruppe	Menge Einheit	Kosten €	€/Einheit	%
400	**Bauwerk – Technische Anlagen**				**100,0**
410	**Abwasser-, Wasser-, Gasanlagen**	3.710,27 m² BGF	349.201	**94,12**	8,8
	PVC-Rohre DN100 (265m), PE-Rohre DN70-100 (180m), PP-Fallrohre DN70-100, innenliegend (120m), HT-Rohre DN20-100 (113m), Bodenabläufe (2St) * Kupferrohre DN12-54 (1.125m), Druckerhöhungsanlage (1St), Systemtrenner (1St), Sinkstoffabscheider (1St), Hauswasserstation (1St), Zirkulationspumpe (1St), Wand-WCs (19St), Urinale (16St), Waschtische (19St), Duschwannen, Duschpaneele (4St), Ausgussbecken (14St), Werkraumbecken (2St) * Montageelemente (44St)				
420	**Wärmeversorgungsanlagen**	3.710,27 m² BGF	367.934	**99,17**	9,3
	Fernwärmeübergabestation (1St), **Speicherladesystem** 150l (1St), Druckausdehnungsgefäße (3St), Wassertemperaturregler (1St), Brauchwassermischer (1St) * Kupferrohre DN12-50 (1.212m), Stahlrohre DN32-65 (181m), Hocheffizienzpumpen (7St), Plattenwärmetauscher (1St), Heizungsverteiler (1St) * Kompaktheizkörper (26St), Vertikalheizkörper (6St), **Fußbodenheizung**, Noppenplatten, d=30mm (945m²), PE-Xa-Rohre (4.750m), Thermoantriebe (57St), Heizkreisverteiler (7St), Kaltwasserkassetten (32St), Lufterhitzer (2St), Luftverteiler (2St), Kondensat-Kupferrohre DN20 (160m)				
430	**Raumlufttechnische Anlagen**	3.710,27 m² BGF	912.157	**245,85**	23,1
	Zu-und Abluftgerät 6.000m³/h (1St), 5.100m³/h (1St), Dachventilator 1.600m³/h (1St), Rohrventilator 250m³/h (1St), Wickelfalzrohre DN100-315 (842m), DN400-500 (5m), Rechteckkanäle (220m²), Flexrohre DN100 (15m), Telefonieschalldämpfer (29St), Brandschutzklappen (22St), Luftdurchlässe (159St) * Kaltwassersatz 120kW (1St), Trockenrückkühler 300kW (1St), Kältepufferspeicher 2.000l (1St), Kühlwasser-Rückspeiseanlage 200l (1St), Plattenwärmetauscher (2St), Pumpen (13St), Interfacemodule (7St), Stahl-Kompensatoren (6St), Kälteverteiler (1St), Stahlrohre DN50-150 (147m), Kupferrohre DN12-50 (1.084m), **Klimageräte** (2St)				
440	**Elektrische Anlagen**	3.710,27 m² BGF	1.236.961	**333,39**	31,3
	Zentralbatteriesystem (1St), Dreiphasenwächtermodule (10St), Photovoltaikanlage 55kW$_p$ (psch), Wandlerzählerschrank (1St), Unterverteiler (1St), Datenlogger (1St) * Unterverteiler (10St), Mantelleitungen (10.760m), Starkstromkabel (10.210m), Gummischlauchleitungen (300m), Installationskabel (850m), Steckdosen (716St), Steckdosenkombinationen (24St), Bodentanks (7St), Schalter/Taster (113St), **Dimmer** (8St), **Präsenzmelder** (80St) * **Lichtbänder** (50St), Panel-Leuchten (182St), Anbauleuchten (107St), Einbaudownlights (65St), Anbaustrahler (10St), Wannenleuchten (8St), Wand-Außenleuchten (10St), Fluter (1St), Hallenbeleuchtung (psch), Sicherheitsleuchten (57St), Rettungszeichenleuchten (51St) * Ringerder (490m), Banderder (475m), Ableitungen (200m), Fangleitungen (120m), Erdeinführungsstangen (12St), Kombi-Fangeinrichtungen (6St), Potenzialausgleichsschienen (22St)				

KG	Kostengruppe	Menge Einheit	Kosten €	€/Einheit	%
450	**Kommunikationstechnische Anlagen**	3.710,27 m² BGF	513.012	**138,27**	13,0
	Gegensprechanlage: Kommunikationssäulen (2St), Türstationen (6St), Video-Hausstationen (2St), Installationskabel (680m), Notrufset (1St) * **Brandmeldecomputer** (1St), Feuerwehrbediensystem (1St), Brandmeldekabel (3.700m), **RWA**-Zentralen (3St), Sensor-/Handmelder (213St), **Einbruchmeldezentrale** (1St), Programmierterminal (1St), Installationskabel (1.700m), Datenkabel (750m), Transponder (150St), Leser (27St), Bewegungsmelder (15St), Türmodule (21St), elektronische Türdrücker (6St), Installationskabel (205m), Fluchttürsteuerungen (4St), Zeiterfassungsterminal (1St), Überwachungskameras (6St), Datenkabel (2.000m) * Verteilerschränke (3St), Netzwerkschrank (1St), Patchfelder (8St), Verteilerfelder (23St), Datenkabel (22.650m), **LWL-Kabel** (250m), Installationskabel (100m), Datenanschlussdosen (215St)				
460	**Förderanlagen**	3.710,27 m² BGF	118.338	**31,89**	3,0
	Aufzugsanlage, Traglast 1.000kg, Förderhöhe 11,50m, vier Haltestellen (1St) * Krananlage: Stahlträger HEB260 (56m), Ankerpunkte (16St)				
470	**Nutzungsspez. u. verfahrenstechn. Anl.**	3.710,27 m² BGF	170.968	**46,08**	4,3
	Technische Gase: Kupferrohre DN20-25 (485m), Entnahmestellendruckminderer (21St), Kontaktmanometer (2St), Schalt-/Signalkasten (1St), Druckluft: Edelstahlrohre DN32-50 (330m), Edelstahl-Stichleitungen, Gummischläuche als Maschinenanschlüsse (26St)				
480	**Gebäude- und Anlagenautomation**	3.710,27 m² BGF	259.889	**70,05**	6,6
	Automationsserver (8St), Human-Maschine-Interface (1St), Raumbediengeräte (70St), Wetterstation (1St), Ein-/Ausgangsmodule (19St), Schaltmodule (4St), Sensoren (82St), Aktoren (51St) * Schaltschränke (6St), **DDC**-Controller (3St), Sammelstöranzeigen (3St), Pumpenschaltungen (18St), Baugruppen (11St), Motorleistungsgruppen (4St) * Leitserver (1St), Bedienstation (1St), Dali-Gateway (1St), Schnittstellenmodule für Pumpensteuerung (8St) * Installationskabel (1.120m), Steuerleitungen (700m), Netzwerkkabel (200m)				
490	**Sonst. Maßnahmen für techn. Anlagen**	3.710,27 m² BGF	18.498	**4,99**	0,5
	Baustelleneinrichtung (1St), Kraneinsätze (3St) * Rollgerüste (56d), Arbeitsbühnen (4d) * Bauheizung (psch)				

Kostenkennwerte für die Kostengruppen 400 der 2. und 3.Ebene DIN 276 (Übersicht)

KG	Kostengruppe	Menge Einheit	Kosten €	€/Einheit	%
410	**Abwasser-, Wasser-, Gasanlagen**	**3.710,27 m² BGF**	**349.200,78**	**94,12**	**8,8**
411	Abwasseranlagen	3.710,27 m² BGF	79.661,64	21,47	2,0
412	Wasseranlagen	3.710,27 m² BGF	259.196,76	69,86	6,6
419	Sonstiges zur KG 410	3.710,27 m² BGF	10.342,38	2,79	0,3
420	**Wärmeversorgungsanlagen**	**3.710,27 m² BGF**	**367.934,12**	**99,17**	**9,3**
421	Wärmeerzeugungsanlagen	3.710,27 m² BGF	24.800,77	6,68	0,6
422	Wärmeverteilnetze	3.710,27 m² BGF	165.914,89	44,72	4,2
423	Raumheizflächen	3.710,27 m² BGF	177.218,45	47,76	4,5
430	**Raumlufttechnische Anlagen**	**3.710,27 m² BGF**	**912.157,19**	**245,85**	**23,1**
432	Teilklimaanlagen	3.710,27 m² BGF	387.183,59	104,35	9,8
434	Kälteanlagen	3.710,27 m² BGF	524.973,60	141,49	13,3
440	**Elektrische Anlagen**	**3.710,27 m² BGF**	**1.236.961,31**	**333,39**	**31,3**
442	Eigenstromversorgungsanlagen	3.710,27 m² BGF	117.670,78	31,71	3,0
444	Niederspannungsinstallationsanlagen	3.710,27 m² BGF	801.375,97	215,99	20,3
445	Beleuchtungsanlagen	3.710,27 m² BGF	266.266,51	71,76	6,7
446	Blitzschutz- und Erdungsanlagen	3.710,27 m² BGF	51.648,06	13,92	1,3
450	**Kommunikationstechnische Anlagen**	**3.710,27 m² BGF**	**513.011,79**	**138,27**	**13,0**
452	Such- und Signalanlagen	3.710,27 m² BGF	30.880,91	8,32	0,8
456	Gefahrenmelde- und Alarmanlagen	3.710,27 m² BGF	255.460,48	68,85	6,5
457	Datenübertragungsnetze	3.710,27 m² BGF	226.670,39	61,09	5,7
460	**Förderanlagen**	**3.710,27 m² BGF**	**118.337,86**	**31,89**	**3,0**
461	Aufzugsanlagen	3.710,27 m² BGF	70.968,59	19,13	1,8
465	Krananlagen	3.710,27 m² BGF	47.369,27	12,77	1,2
470	**Nutzungsspez. u. verfahrenstechn. Anl.**	**3.710,27 m² BGF**	**170.968,19**	**46,08**	**4,3**
473	Medienversorgungsanlagen, Medizinanl.	3.710,27 m² BGF	170.968,19	46,08	4,3
480	**Gebäude- und Anlagenautomation**	**3.710,27 m² BGF**	**259.888,70**	**70,05**	**6,6**
481	Automationseinrichtungen	3.710,27 m² BGF	147.618,28	39,79	3,7
482	Schaltschränke, Automation	3.710,27 m² BGF	47.779,85	12,88	1,2
483	Automationsmanagement	3.710,27 m² BGF	39.511,60	10,65	1,0
485	Datenübertragungsnetze	3.710,27 m² BGF	24.978,97	6,73	0,6
490	**Sonst. Maßnahmen für techn. Anlagen**	**3.710,27 m² BGF**	**18.497,77**	**4,99**	**0,5**
491	Baustelleneinrichtung	3.710,27 m² BGF	10.200,36	2,75	0,3
492	Gerüste	3.710,27 m² BGF	8.297,41	2,24	0,2

Kostenkennwerte für Leistungsbereiche nach STLB (Kosten KG 400 nach DIN 276)

LB	Leistungsbereiche	Kosten €	€/m² BGF	€/m³ BRI	% an 400
040	Wärmeversorgungsanlagen - Betriebseinrichtungen	23.995	6,50	1,40	0,6
041	Wärmeversorgungsanlagen - Leitungen, Armaturen, Heizflächen	223.896	60,30	13,10	5,7
042	Gas- und Wasseranlagen - Leitungen, Armaturen	202.652	54,60	11,80	5,1
043	Druckrohrleitungen für Gas, Wasser und Abwasser	–	–	–	–
044	Abwasseranlagen - Leitungen, Abläufe, Armaturen	40.449	10,90	2,40	1,0
045	Gas-, Wasser- und Entwässerungsanlagen - Ausstattung, Elemente, Fertigbäder	65.887	17,80	3,80	1,7
046	Gas-, Wasser- und Entwässerungsanlagen - Betriebseinrichtungen	129.437	34,90	7,60	3,3
047	Dämm- und Brandschutzarbeiten an technischen Anlagen	161.246	43,50	9,40	4,1
049	Feuerlöschanlagen, Feuerlöschgeräte	–	–	–	–
050	Blitzschutz- / Erdungsanlagen, Überspannungsschutz	51.648	13,90	3,00	1,3
051	Kabelleitungstiefbauarbeiten	–	–	–	–
052	Mittelspannungsanlagen	–	–	–	–
053	Niederspannungsanlagen - Kabel / Leitungen, Verlegesysteme, Installationsgeräte	634.493	171,00	37,00	16,1
054	Niederspannungsanlagen - Verteilersysteme und Einbaugeräte	268.445	72,40	15,70	6,8
055	Sicherheits- und Ersatzstromversorgungsanlagen	–	–	–	–
057	Gebäudesystemtechnik	–	–	–	–
058	Leuchten und Lampen	232.931	62,80	13,60	5,9
059	Sicherheitsbeleuchtungsanlagen	49.445	13,30	2,90	1,3
060	Such-, Signal-, Zeitdienst-, Antennen-, elektroakustische Anlagen, Medientechnik	30.881	8,30	1,80	0,8
061	Kommunikations- und Übertragungsnetze	226.670	61,10	13,20	5,7
062	Kommunikationsanlagen	–	–	–	–
063	Gefahrenmeldeanlagen	252.757	68,10	14,70	6,4
064	Zutrittskontroll-, Zeiterfassungssysteme	–	–	–	–
069	Aufzüge	70.841	19,10	4,10	1,8
070	Gebäudeautomation	259.889	70,00	15,20	6,6
075	Raumlufttechnische Anlagen	390.618	105,30	22,80	9,9
078	Kälteanlagen für raumlufttechnische Anlagen	526.886	142,00	30,70	13,3
	Gebäudetechnik	**3.843.065**	**1.035,80**	**224,20**	**97,4**
	Sonstige Leistungsbereiche	**95.595**	**25,80**	**5,60**	**2,4**

Kostenstand: 4. Quartal 2024, Bundesdurchschnitt, **inkl. 19% MwSt.**

7600-0078
Flughafenfeuerwehr
(8 Fahrzeuge)

Erweiterung

Kostenkennwerte für die Kosten des Bauwerks (Kostengruppen 300+400 nach DIN 276)

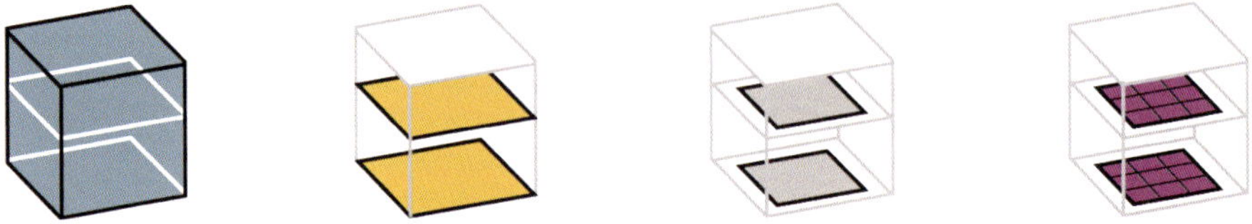

BRI	BGF	NUF	NE
376 €/m³	1.596 €/m²	2.492 €/m²	850.907 €/NE

NE: Fahrzeugstellplätze

Objekt:
Kennwerte: 3.Ebene DIN 276
BRI: 18.114 m³
BGF: 4.266 m²
NUF: 2.732 m²
Bauzeit: 104 Wochen
Bauende: 2017
Standard: hoch
Bundesland: Hamburg
Kreis: Hamburg, Stadt

Architekt*in:
Gössler Kinz Kerber
Schippmann
Architekten PartG mbB
Brauerknechtgraben 45
20459 Hamburg

Bauherr*in:
Flughafen Hamburg GmbH
22331 Hamburg

© Daniel Sumesgutner

© Daniel Sumesgutner

Erweiterung

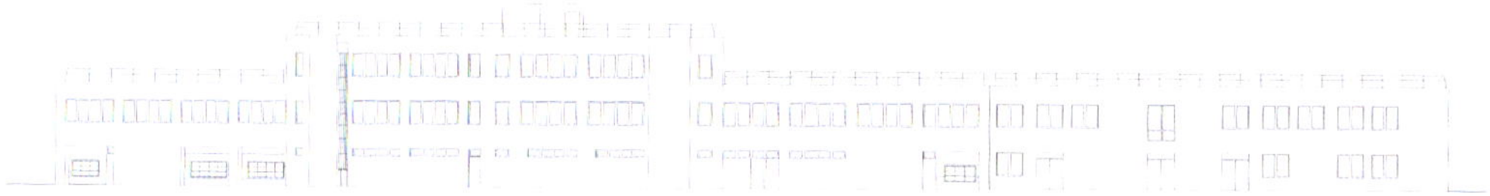

Ansicht Nord

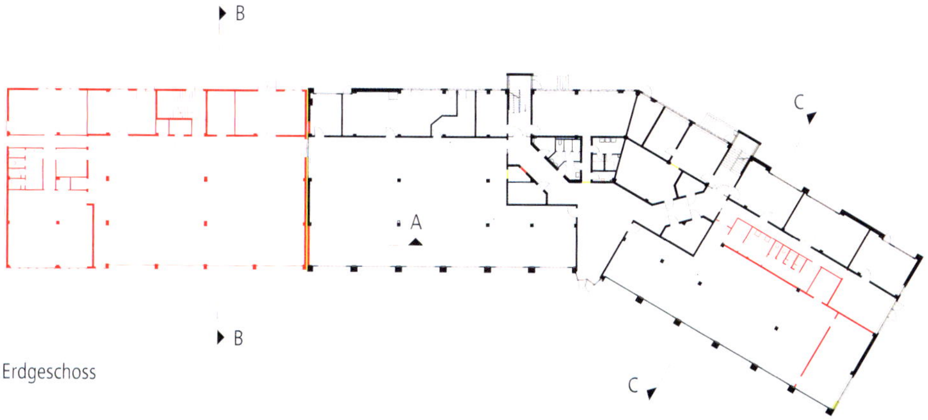

Erdgeschoss

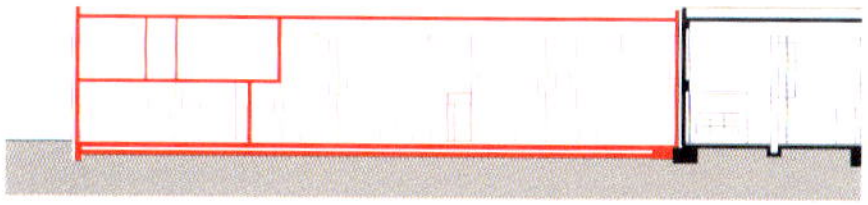

Schnitt A-A

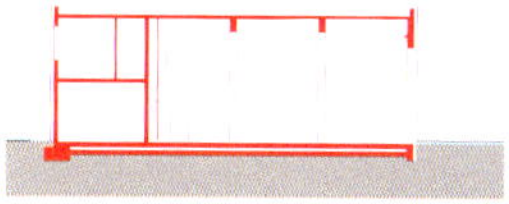

Schnitt B-B

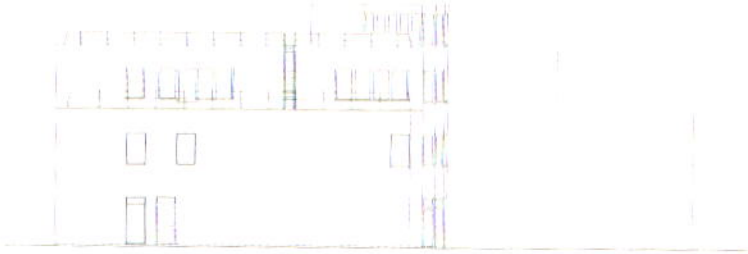

Ansicht West

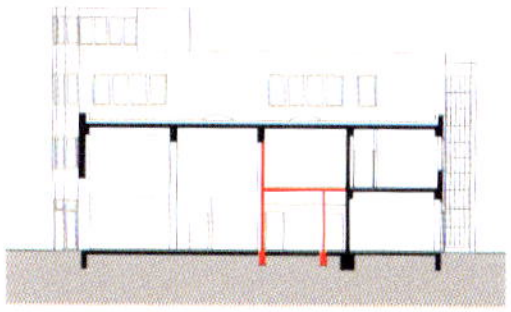

Schnitt C-C

Ansicht Süd

Objektbeschreibung

Allgemeine Objektinformationen

Die bestehende Flughafenfeuerwehr wurde den aktuellen Anforderungen entsprechend erweitert. In einem an das Bestandsgebäude anschließenden Erweiterungsbau wurden vier Stellplätze für große Löschfahrzeuge, eine Sicherheitsleitzentrale sowie weitere Räume für den Feuerwehrbetrieb geschaffen. Eine der bestehenden Fahrzeughallen erhielt eine zweite Ebene. In dieser Halle sind die Stellplätze für Löschfahrzeuge zu Plätzen für Rettungswagen mit verschiedenen Desinfektionseinrichtungen umfunktioniert worden.

Nutzung

1 Erdgeschoss
Fahrzeughallen, Desinfektionsräume, Werkstätten, Sporträume, Umkleiden

2 Obergeschosse
1.OG: Leitstelle, Ruheräume, Umkleideräume, Büros
2.OG: Büros, Küche, Kantine, Besprechungsraum

1 Dachgeschoss
alte Leitstelle

Nutzeinheiten

Fahrzeugstellplätze: 8

Grundstück

Bauraum: Beengter Bauraum
Neigung: Ebenes Gelände
Bodenklasse: BK 3

Besonderer Kosteneinfluss Grundstück
Bauen im Sicherheitsbereich des Flughafens.

Markt

Hauptvergabezeit: 2.Quartal 2015
Baubeginn: 4.Quartal 2015
Bauende: 4.Quartal 2017
Konjunkturelle Gesamtlage: über Durchschnitt
Regionaler Baumarkt: über Durchschnitt

Baubestand

Bauzustand: gut
Aufwand: mittel
Grundrissänderungen: einige
Tragwerkseingriffe: einige
Nutzungsänderung: nein
Nutzung während der Bauzeit: ja

Baukonstruktion

Der Erweiterungsbau wurde in Stahlbetonskelettbauweise erstellt. Die Außenwände sind mit einer nichtbrennbaren Wärmedämmung ummantelt und mit einer belüfteten Vorhangfassade aus Faserzementplatten bekleidet. Sämtliche Fenster- und Türelemente aus Isolierverglasung wurden mit Metallprofilen ausgeführt. Je nach funktionaler Erfordernis wurden sie mit Sonnenschutzverglasung versehen und erhielten Aluraffstores als Sonnenschutz. Das Flachdach wurde konventionell mit einer Gefälledämmung und Kunststoffabdichtung erstellt. Nichttragende Innenwände sind im EG aus Mauerwerk errichtet worden, im OG wurden sie in Trockenbauweise erbaut. Die Sanitärräume und Umkleiden wurden raumhoch gefliest. Als Bodenbelag kamen rote Vollklinkerfliesen zum Einbau. Die Fahrzeughalle ist mit Sektionaltoren ausgestattet.

Technische Anlagen

Die Beheizung des Gebäudes erfolgt über Fernwärme. Zu- und Abluftanlagen sorgen für eine angemessene Luftqualität in allen Räumen. In den Fahrzeughallen wurden Dieselabsauganlagen eingebaut. Die Steuerungstechnik für Türen und Tore entspricht besonderen Anforderungen mit aufwendiger Sicherheitstechnik und Zugangskontrollen.

Sonstiges

Das Gebäude befindet sich im Sicherheitsbereich des Flughafens. Der Bau ist durch die Anforderungen der Feuerwehr geprägt: Türbreiten wurden zum Teil vergrößert, um den Durchgang auch in Schutzkleidung mit Helm zu gewährleisten. Aus den Ruheräumen führen Rutschstangen in die Fahrzeughalle.

Energetische Kennwerte

Gesetzliche Grundlage: EnEV 2013
Gebäudenutzfläche: 915,00 m^2
Spez. Jahresprimärenergiebedarf: 168,30 kWh/($m^2 \cdot a$)
CO_2-Emissionen: 17,40 kg/($m^2 \cdot a$)

Planungskennwerte für Flächen und Rauminhalte nach DIN 277

Flächen des Grundstücks		Menge Einheit	% an GF
BF	Bebaute Fläche	–	–
UF	Unbebaute Fläche	–	–
GF	Grundstücksfläche	–	–

Grundflächen des Bauwerks		Menge Einheit	% an NUF	% an BGF
NUF	Nutzungsfläche	2.732,00 m²	100,0	64,0
TF	Technikfläche	239,00 m²	8,7	5,6
VF	Verkehrsfläche	596,00 m²	21,8	14,0
NRF	Netto-Raumfläche	3.567,00 m²	130,6	83,6
KGF	Konstruktions-Grundfläche	699,00 m²	25,6	16,4
BGF	Brutto-Grundfläche	4.266,00 m²	156,1	100,0

Brutto-Rauminhalt des Bauwerks		Menge Einheit	BRI/NUF (m)	BRI/BGF (m)
BRI	Brutto-Rauminhalt	18.114,00 m³	6,63	4,25

Prozentualer Anteil der Kostengruppen der 2. Ebene an der Kostengruppe 400 nach DIN 276

KG	Kostengruppen (2. Ebene)
410	Abwasser-, Wasser-, Gasanlagen
420	Wärmeversorgungsanlagen
430	Raumlufttechnische Anlagen
440	Elektrische Anlagen
450	Kommunikationstechnische Anlagen
460	Förderanlagen
470	Nutzungsspez. u. verfahrenstechn. Anl.
480	Gebäude- und Anlagenautomation
490	Sonst. Maßnahmen für techn. Anlagen

Ranking der Kostengruppen der 3. Ebene an der Kostengruppe 400 nach DIN 276

KG	Kostengruppen (3. Ebene)	% an KG 400
432	Teilklimaanlagen	13,9
444	Niederspannungsinstallationsanlagen	13,5
481	Automationseinrichtungen	9,8
475	Prozesswärme-, kälte- und -luftanlagen	9,1
445	Beleuchtungsanlagen	5,9
433	Klimaanlagen	5,6
454	Elektroakustische Anlagen	4,4
411	Abwasseranlagen	4,3

KG	Kostengruppen (3. Ebene)	% an KG 400
412	Wasseranlagen	4,2
452	Such- und Signalanlagen	4,0
421	Wärmeerzeugungsanlagen	3,8
474	Feuerlöschanlagen	3,3
422	Wärmeverteilnetze	3,1
442	Eigenstromversorgungsanlagen	2,9
423	Raumheizflächen	2,2
451	Telekommunikationsanlagen	2,0

Kostenkennwerte für die Kostengruppen der 1. Ebene DIN 276

KG	Kostengruppen (1. Ebene)	Einheit	Kosten €	€/Einheit	€/m² BGF	€/m³ BRI	% 300+400
100	Grundstück	m² GF	–	–	–	–	–
200	Vorbereitende Maßnahmen	m² GF	–	–	–	–	–
300	Bauwerk – Baukonstruktionen	m² BGF	3.914.540	917,61	917,61	216,11	57,5
400	Bauwerk – Technische Anlagen	m² BGF	2.892.717	678,09	678,09	159,70	42,5
	Bauwerk 300+400	**m² BGF**	**6.807.257**	**1.595,70**	**1.595,70**	**375,80**	**100,0**
500	Außenanlagen und Freiflächen	m² AF	76.927	–	18,03	4,25	1,1
600	Ausstattung und Kunstwerke	m² BGF	4.600	1,08	1,08	0,25	< 0,1
700	Baunebenkosten	m² BGF	–	–	–	–	–
800	Finanzierung	m² BGF	–	–	–	–	–

KG	Kostengruppe	Menge Einheit	Kosten €	€/Einheit	%
3+4	**Bauwerk**				**100,0**
300	**Bauwerk – Baukonstruktionen**	4.266,00 m² BGF	3.914.540	**917,61**	57,5

- Abrechen (Kosten: 4,1%) 159.765
  Abbruch von Stb-Bodenplatte, für Schlitze des neuen Streifenfundaments, bewehrtem Betonestrich mit Bodenfliesen; Stb-Brüstungen, Fenstern, Eternit-Fassadenplatten; GK-Wänden, Türen, Zargen, Wandfliesen; PVC-Belägen, Nadelvlies, abgehängten Decken; Oberlichtern, Flachdach-Bitumenabdichtung, Attikabekleidung, Rasterdecken; Rutschstangen; Entsorgung, Deponiegebühren

- Wiederherstellen (Kosten: 0,4%) 14.516
  Fensterbrett neu anfertigen, einbauen, Gardinenbrett anpassen; Fassadenplatten demontieren, nach Montage der Notüberläufe, der Vordächer anpassen; Rammschutz demontieren, lagern, nach beendigter Baumaßnahme wieder montieren; vorhandene Oberlichtklappen mit Isolierverglasung neu verglasen, Beschläge auswechseln, Rasterdecken in Teilen demontieren, nach Beendigung der Installationen wieder montieren.

- Herstellen (Kosten: 95,5%) 3.740.259
  Stb-Bodenplatte, Stb-Streifenfundamente; Abdichtung, Bodenfliesen, Glattstrich, Fußbodenschlitze, Linoleum, Dämmung; Stb-Wände, Alu-Fenster, Alu-Außentüren, Alu-Sektionaltore, hinterlüftete Faserzementbekleidung, Putz, Beschichtung, Raffstores, Verdunklungsrollos; Mauerwerk, Mauerwerk, Ringbalken, GK-Wände, GK-Vorsatzschalen, Stb-Stützen, Stahltüren, Holztüren, Stahlzargen, Putz, Wandfliesen, WC-Trennwände; Stb-Decken, Stb-Unterzüge, Stb-Treppenlauf; Trittschalldämmung, Doppelböden, Estrich, Nadelvlies, Kautschuk, Rasterdecken, Stahl-Geländer; Stb-Dach, Stb-Unterzüge, Stahlvordach, Regenschutzdach, Dämmung, Abdichtung, Attikableche, Dachentwässerung, GK-Decken, Sicherheitsgeländer; Einbaumöbel, Sprungschachttüren

KG	Kostengruppe	Menge Einheit	Kosten €	€/Einheit	%
400	**Bauwerk – Technische Anlagen**	4.266,00 m² BGF	2.892.717	**678,09**	42,5
	• Abbrechen (Kosten: 1,0%) Abbruch von Entwässerungsrinnen; Rohrleitungen, Sanitärobjekten; Heizleitungen, Armaturen, Pumpen, Heizkörpern, Deckenheizlüftern; Lüftungsleitungen; Kabeltrassen, Leuchten, Fangstangen; Absaugventilatoren, Lüftungsleitungen; Motortechnik, Elektroinstallation; Entsorgung, Deponiegebühren		27.600		
	• Wiederherstellen (Kosten: 0,8%) vorhandene Wasserleitungen stilllegen, umbauen, Strang wieder in Betrieb nehmen; Heizregisteranschluss, Pufferspeicher, Frischwasserstation nach Umbau wieder anschließen; **Kältemaschine**, Splitgerät vom Dach heben, nach Dachsanierung wieder montieren, Betriebsbereitschaft herstellen, Umluftkühler umsetzen; Umbau der vorhandenen Lichtschranken, Leuchten neu montieren, anschließen		21.853		
	• Herstellen (Kosten: 98,3%) Gebäudeentwässerung, Hebeanlage, Kaltwasserleitungen, Sanitärobjekte; **Fernwärmeübergabestation**, Heizleitungen, Heizkörper, Deckenstrahlgeräte; Lüftungsgeräte, Lüftungskanäle, Präzisionsklimagerät; Elektroinstallation, Zentralbatteriesystem, Beleuchtung, **Blitzschutz**; Telefoninstallation, Ruf-, Sprechanlage, ELA-Anlage, Antennenanlage, Rauchmeldeanlage, EDV-Verkabelung; **Gebäudeautomation**		2.843.264		
500	**Außenanlagen und Freiflächen**	–	76.927	–	1,1
	• Herstellen (Kosten: 100,0%) Sockelpodeste; Oberflächenentwässerung, Doppelpumpstation, Kontrollschacht, Lichtmasten für Hindernisfeuer, Sat-Anlage; Stahlrohr-Poller, Betonfundamente		76.927		
600	**Ausstattung und Kunstwerke**	4.266,00 m² BGF	4.600	**1,08**	< 0,1
	• Herstellen (Kosten: 100,0%) Sanitärausstattung, Duschkabine, Wandspiegel		4.600		

Erweiterung

Kostenkennwerte für die Kostengruppen 400 der 2.Ebene DIN 276

KG	Kostengruppe	Menge Einheit	Kosten €	€/Einheit	%
400	**Bauwerk – Technische Anlagen**				**100,0**
410	**Abwasser-, Wasser-, Gasanlagen**	4.266,00 m² BGF	258.208	**60,53**	8,9
	• Abbrechen (Kosten: 0,7%) Abbruch von Entwässerungsrinnen (16m) * Rohrleitungen DN40 (4m), Sanitärobjekten (2St); Entsorgung, Deponiegebühren	4.266,00 m² BGF	1.683	**0,39**	
	• Wiederherstellen (Kosten: 1,1%) vorhandene Kupferleitungen DN50 stilllegen, Abzweige, Absperrarmaturen einbauen, Strang wieder in Betrieb nehmen (psch)	4.266,00 m² BGF	2.918	**0,68**	
	• Herstellen (Kosten: 98,2%) KG-Rohre DN150-200 (84m), PE-HD Rohre DN50-100 (166m), PP-Rohre DN100-125 (125m), PP-Revisionsschacht DN400 (1St), Stb-Entnahmeschacht (1St), Leichtflüssigkeitsabscheider 5.000l (1St), Kleinhebeanlage (1St), Systemtrenner (1St), Bodenabläufe (4St), Entwässerungsrinnen (52m) * Kupferrohre DN12-100 (681m), PE-Druckleitung DN140 (12m), Frischwasserstationen (2St), Wasserzähler (1St), Pufferspeicher 800l (2St), Waschtische (9St), WCs (5St), Urinale (4St), Ausgussbecken (3St), Duschwannen (5St) * Montageelemente (31St)	4.266,00 m² BGF	253.606	**59,45**	
420	**Wärmeversorgungsanlagen**	4.266,00 m² BGF	265.092	**62,14**	9,2
	• Abbrechen (Kosten: 1,6%) Abbruch von Heizleitungen (108m), Armaturen (12St), Stellantrieben, Pumpen, Fühlern (psch) * Heizkörpern (10St), Deckenheizlüftern (5St); Entsorgung, Deponiegebühren	4.266,00 m² BGF	4.295	**1,01**	
	• Wiederherstellen (Kosten: 1,7%) Heizregisteranschluss nach Umbau an bestehende Heizleitungen anschließen (1St), trennen und Umschlussarbeiten von Heizungsleitungen (1St), ausgebauten Pufferspeicher wieder anschließen (1St), eingelagerte Frischwasserstation wieder anschließen (1St)	4.266,00 m² BGF	4.555	**1,07**	
	• Herstellen (Kosten: 96,7%) **Fernwärmeübergabestation** (1St), Bypassfilter (1St), Kompaktstation (1St), Umwälzpumpen (8St), Heizkreisverteiler (2St), Ausdehnungsgefäß (1St), Lufttöpfe (11St) * Kupfer-Heizleitungen DN12-50 (866m) * Heizkörper (34St), Thermostatventile (40St), Deckenstrahlplatten, l= 20,50m (4St), Blechabdeckung (11m), Komfort-Lufterhitzer (2St)	4.266,00 m² BGF	256.242	**60,07**	

KG	Kostengruppe	Menge Einheit	Kosten €	€/Einheit	%
430	**Raumlufttechnische Anlagen**	4.266,00 m² BGF	592.220	**138,82**	20,5
	• Abbrechen (Kosten: 0,6%)	4.266,00 m² BGF	3.499	**0,82**	
	Abbruch von Lüftungsleitungen DN32 (86m), Pumpen, Stellantriebe (2St), Armaturen (4St), Abluftventilator, Dachsockel, Halteeinrichtung (1St) * Lüftungsleitungen DN65 (30m), Pumpen, Stellantriebe (2St); Entsorgung, Deponiegebühren				
	• Wiederherstellen (Kosten: 1,0%)	4.266,00 m² BGF	5.891	**1,38**	
	Kältemaschine mit Untergestell vom Dach heben, einlagern, nach Dachsanierung wieder montieren, Betriebsbereitschaft herstellen (1St), Splitgerät vom Dach heben, einlagern, nach Dachsanierung wieder montieren, Betriebsbereitschaft herstellen (1St), Umluftkühler umsetzen (1St)				
	• Herstellen (Kosten: 98,4%)	4.266,00 m² BGF	582.829	**136,62**	
	Lüftungsgerät, 2.140m³/h (1St), Dach-Radialventilatoren, 875m³/h (2St), Schalldämpfsockel (1St), Rechteckkanäle (96m²), Lüftungsleitungen (23m²), Wickelfalzrohre DN100-200 (106m) * Lüftungs-Zentralgerät, 3.630m³/h (1St), **Kühlregister** 80kW (1St), Stahlfederkompensatoren (12St), Dach-Radialventilator (1St), Gebläsekonvektoren 250-460m³/h, Rechteckkanäle (176m²), Wickelfalzrohre DN100-200 (420m), Brandschutzklappen (59St) * Präzisionsklimagerät, 7.000m³/h (1St), Wärmetauscher (1St), Umwälzpumpen (3St), Kupferleitungen DN15-80 (397m)				
440	**Elektrische Anlagen**	4.266,00 m² BGF	689.647	**161,66**	23,8
	• Abbrechen (Kosten: 1,7%)	4.266,00 m² BGF	11.445	**2,68**	
	Abbruch von Kabeltrassen (64m), Elektroleitungen (1.539m), in Isolierstoffrohren (47m) * Leuchten (63St) * Fangstangen (14St), Dachauffangleitung (409m); Entsorgung, Deponiegebühren				
	• Wiederherstellen (Kosten: 0,3%)	4.266,00 m² BGF	2.361	**0,55**	
	Unterverteiler abklemmen, einlagern, neu anschließen (1St), Umbau der vorhandenen Lichtschranken (1St) * Leuchten von Tragschienen demontieren, Leuchten entsorgen, Tragschienen kürzen, neu montieren, anschließen (10St)				
	• Herstellen (Kosten: 98,0%)	4.266,00 m² BGF	675.841	**158,42**	
	Zentralbatteriesystem (1St), **USV-Anlage** (1St), USV-Komponenten (9St), Zusatzbatterien (42St), Außenverteilerschrank (1St), externer Bypass (2St) * Gebäudehauptverteiler (1St), Verteilerschränke (13St), LS/FI Schutzschalter (294St), SLS-Schalter (12St), Überspannungsableiter (7St), Mantelleitungen (12.219m), Steckdosen/Taster/Schalter (281St), Rettbox-Kupplungen (13St), Kabelrinnen (423m) * Außenleuchten (24St), Feuchtraumleuchten (111St), Hängeleuchten (74St), Downlights (67St), Spiegelleuchten (8St), Sicherheitsleuchten (48St), Rettungszeichen-Leuchten (17St), beleuchtetes Außenschild (2St) * Fundamenterder (392m), Ringerder (348m), Alu-Fangmasten (13St), Rundleiter (155m)				
450	**Kommunikationstechnische Anlagen**	4.266,00 m² BGF	404.764	**94,88**	14,0
	• Herstellen (Kosten: 100,0%)	4.266,00 m² BGF	404.764	**94,88**	
	Verteilerkästen (4St), Spleißboxen (10St), Kabelpigtails (144St), Lichtbogenspleiße (12St), Installationskabel (2.983m), **LWL**-Universalkabel (552m) * Erweiterungsset Türsprechstelle (2St), Module (3St), Deckenlautsprecher (6St), Außenkabel **Cat7** (500m) * Erweiterungsmodul für ELA-Server (1St), Sicherheitsleitstand (1St), Türsprechstelle (1St), Lautsprecher (61St), wetterfeste Tonsäulen (18St) * Koaxkabel (132m), Antennendose (1St) * Terminal-Controller (1St), Buchungsterminals (11St), Blinkleuchte (8St), Rauchmelder (26St) * Datenschränke (6St), Patchfelder (12St), Datenkabel (7.544m), Datenanschlussdosen (92St)				

Erweiterung

KG	Kostengruppe	Menge Einheit	Kosten €	€/Einheit	%
470	**Nutzungsspez. u. verfahrenstechn. Anl.**	4.266,00 m^2 BGF	358.200	**83,97**	12,4
	• Abbrechen (Kosten: 1,4%)	4.266,00 m^2 BGF	4.895	**1,15**	
	Abbruch von Absaugventilatoren (4St), Lüftungsleitungen (100m), Bauteilen (4St), Laufwagen (1St); Entsorgung, Deponiegebühren				
	• Wiederherstellen (Kosten: 1,7%)	4.266,00 m^2 BGF	6.128	**1,44**	
	Demontage der alten Standfüße an **Absauganlage**, Montage neuer Standfüße (9St)				
	• Herstellen (Kosten: 96,9%)	4.266,00 m^2 BGF	347.177	**81,38**	
	Feuerlöschleitungen, Kupfer DN65-100 (8m) * Schalldämmhauben (3St), Steuerungen (3St), Dachkonsolen (3St), Ausblaseinheiten (3St), Radialventilatoren (3St), Alu-Doppelkanäle, l=14m (4St), Alu-Einzelkanäle, l=6m (8St), Absaugstutzen (4St), Hydraulik-Stoßdämpfer (8St), Schalldämpfer (2St), Doppellaufwägen mit Absaughauben (4St), Führungsstangen (4St), Querträgerabhängungen (58m), Befestigungssäulen, l=3,00m (25St), C-Profil-Schienen (147m), Rollapparate (24St), Wickelfalzrohre DN160-600 (55m), Ölflexleitungen (772m), Mantelleitungen (163m)				
480	**Gebäude- und Anlagenautomation**	4.266,00 m^2 BGF	284.824	**66,77**	9,8
	• Abbrechen (Kosten: 0,6%)	4.266,00 m^2 BGF	1.782	**0,42**	
	Abbruch von Motortechnik, Stromleitungen, Bekleidung der Sektionaltore (psch); Entsorgung, Deponiegebühren				
	• Herstellen (Kosten: 99,4%)	4.266,00 m^2 BGF	283.042	**66,35**	
	Parametrierung der kompletten **EIB**-**KNX**-Anlage (psch), **Präsenzmelder** (48St), Tasterschnittstellen (33St), Schaltaktoren (28St), Binäreingänge (19St), **KNX**-Jalousieaktoren (6St), **KNX**-Spannungsversorgung (6St), Koppler (4St), **KNX**-Wetterstation (1St), Windsensor (1St)				
490	**Sonst. Maßnahmen für techn. Anlagen**	4.266,00 m^2 BGF	39.762	**9,32**	1,4
	• Herstellen (Kosten: 100,0%)	4.266,00 m^2 BGF	39.762	**9,32**	
	Baustelleneinrichtung (1St), Baustromverteiler (4St), Baubeleuchtung (20St), Mobilkran (1St), Kran-einsätze (4St) * fahrbare Hubbühnen (4St) * Schutzabdeckungen (69m^2)				

Kostenkennwerte für die Kostengruppen 400 der 2. und 3. Ebene DIN 276 (Übersicht)

KG	Kostengruppe	Menge Einheit	Kosten €	€/Einheit	%
410	**Abwasser-, Wasser-, Gasanlagen**	**4.266,00 m² BGF**	**258.207,89**	**60,53**	**8,9**
411	Abwasseranlagen	4.266,00 m² BGF	125.651,78	29,45	4,3
412	Wasseranlagen	4.266,00 m² BGF	122.720,20	28,77	4,2
419	Sonstiges zur KG 410	4.266,00 m² BGF	9.835,92	2,31	0,3
420	**Wärmeversorgungsanlagen**	**4.266,00 m² BGF**	**265.092,09**	**62,14**	**9,2**
421	Wärmeerzeugungsanlagen	4.266,00 m² BGF	110.549,77	25,91	3,8
422	Wärmeverteilnetze	4.266,00 m² BGF	90.218,00	21,15	3,1
423	Raumheizflächen	4.266,00 m² BGF	64.324,32	15,08	2,2
430	**Raumlufttechnische Anlagen**	**4.266,00 m² BGF**	**592.219,52**	**138,82**	**20,5**
431	Lüftungsanlagen	4.266,00 m² BGF	28.682,64	6,72	1,0
432	Teilklimaanlagen	4.266,00 m² BGF	402.762,06	94,41	13,9
433	Klimaanlagen	4.266,00 m² BGF	160.774,82	37,69	5,6
440	**Elektrische Anlagen**	**4.266,00 m² BGF**	**689.647,21**	**161,66**	**23,8**
442	Eigenstromversorgungsanlagen	4.266,00 m² BGF	83.910,63	19,67	2,9
444	Niederspannungsinstallationsanlagen	4.266,00 m² BGF	391.505,79	91,77	13,5
445	Beleuchtungsanlagen	4.266,00 m² BGF	171.047,38	40,10	5,9
446	Blitzschutz- und Erdungsanlagen	4.266,00 m² BGF	43.183,42	10,12	1,5
450	**Kommunikationstechnische Anlagen**	**4.266,00 m² BGF**	**404.764,31**	**94,88**	**14,0**
451	Telekommunikationsanlagen	4.266,00 m² BGF	58.157,88	13,63	2,0
452	Such- und Signalanlagen	4.266,00 m² BGF	114.779,86	26,91	4,0
454	Elektroakustische Anlagen	4.266,00 m² BGF	128.286,05	30,07	4,4
455	Audiovisuelle Medien- u. Antennenanl.	4.266,00 m² BGF	429,90	0,10	< 0,1
456	Gefahrenmelde- und Alarmanlagen	4.266,00 m² BGF	47.900,12	11,23	1,7
457	Datenübertragungsnetze	4.266,00 m² BGF	55.210,50	12,94	1,9
470	**Nutzungsspez. u. verfahrenstechn. Anl.**	**4.266,00 m² BGF**	**358.199,58**	**83,97**	**12,4**
474	Feuerlöschanlagen	4.266,00 m² BGF	94.150,71	22,07	3,3
475	Prozesswärme-, kälte- und -luftanlagen	4.266,00 m² BGF	264.048,88	61,90	9,1
480	**Gebäude- und Anlagenautomation**	**4.266,00 m² BGF**	**284.824,27**	**66,77**	**9,8**
481	Automationseinrichtungen	4.266,00 m² BGF	284.824,27	66,77	9,8
490	**Sonst. Maßnahmen für techn. Anlagen**	**4.266,00 m² BGF**	**39.762,11**	**9,32**	**1,4**
491	Baustelleneinrichtung	4.266,00 m² BGF	28.055,69	6,58	1,0
492	Gerüste	4.266,00 m² BGF	10.741,27	2,52	0,4
497	Zusätzliche Maßnahmen	4.266,00 m² BGF	965,14	0,23	< 0,1

Kostenkennwerte für Leistungsbereiche nach STLB (Kosten KG 400 nach DIN 276)

LB	Leistungsbereiche	Kosten €	€/m² BGF	€/m³ BRI	% an 400
040	Wärmeversorgungsanlagen - Betriebseinrichtungen	52.850	12,40	2,90	1,8
041	Wärmeversorgungsanlagen - Leitungen, Armaturen, Heizflächen	184.570	43,30	10,20	6,4
	Wiederherstellen	4.555	1,10	0,25	0,2
	Herstellen	180.015	42,20	9,90	6,2
042	Gas- und Wasseranlagen - Leitungen, Armaturen	102.502	24,00	5,70	3,5
	Wiederherstellen	2.918	0,68	0,16	0,1
	Herstellen	99.584	23,30	5,50	3,4
043	Druckrohrleitungen für Gas, Wasser und Abwasser	1.419	0,33	0,08	< 0,1
044	Abwasseranlagen - Leitungen, Abläufe, Armaturen	113.667	26,60	6,30	3,9
045	Gas-, Wasser- und Entwässerungsanlagen - Ausstattung, Elemente, Fertigbäder	22.402	5,30	1,20	0,8
046	Gas-, Wasser- und Entwässerungsanlagen - Betriebseinrichtungen	–	–	–	–
047	Dämm- und Brandschutzarbeiten an technischen Anlagen	120.684	28,30	6,70	4,2
049	Feuerlöschanlagen, Feuerlöschgeräte	94.151	22,10	5,20	3,3
050	Blitzschutz- / Erdungsanlagen, Überspannungsschutz	40.165	9,40	2,20	1,4
051	Kabelleitungstiefbauarbeiten	–	–	–	–
052	Mittelspannungsanlagen	–	–	–	–
053	Niederspannungsanlagen - Kabel / Leitungen, Verlegesysteme, Installationsgeräte	389.174	91,20	21,50	13,5
	Wiederherstellen	1.269	0,30	0,07	< 0,1
	Herstellen	387.905	90,90	21,40	13,4
054	Niederspannungsanlagen - Verteilersysteme und Einbaugeräte	–	–	–	–
055	Sicherheits- und Ersatzstromversorgungsanlagen	71.012	16,60	3,90	2,5
057	Gebäudesystemtechnik	65.381	15,30	3,60	2,3
058	Leuchten und Lampen	142.966	33,50	7,90	4,9
	Wiederherstellen	1.093	0,26	0,06	< 0,1
	Herstellen	141.873	33,30	7,80	4,9
059	Sicherheitsbeleuchtungsanlagen	26.296	6,20	1,50	0,9
060	Such-, Signal-, Zeitdienst-, Antennen-, elektroakustische Anlagen, Medientechnik	117.544	27,60	6,50	4,1
061	Kommunikations- und Übertragungsnetze	237.449	55,70	13,10	8,2
062	Kommunikationsanlagen	–	–	–	–
063	Gefahrenmeldeanlagen	6.277	1,50	0,35	0,2
064	Zutrittskontroll-, Zeiterfassungssysteme	33.827	7,90	1,90	1,2
069	Aufzüge	–	–	–	–
070	Gebäudeautomation	215.345	50,50	11,90	7,4
075	Raumlufttechnische Anlagen	770.401	180,60	42,50	26,6
	Wiederherstellen	12.019	2,80	0,66	0,4
	Herstellen	758.382	177,80	41,90	26,2
078	Kälteanlagen für raumlufttechnische Anlagen	–	–	–	–
	Gebäudetechnik	**2.808.082**	**658,20**	**155,00**	**97,1**
	Wiederherstellen	21.853	5,10	1,20	0,8
	Herstellen	2.786.229	653,10	153,80	96,3
	Sonstige Leistungsbereiche	**73.894**	**17,30**	**4,10**	**2,6**
	Abbrechen	27.600	6,50	1,50	1,0
	Herstellen	46.294	10,90	2,60	1,6

7800-0029
Fahrradparkhaus
(200 STP)

Kostenkennwerte für die Kosten des Bauwerks (Kostengruppen 300+400 nach DIN 276)

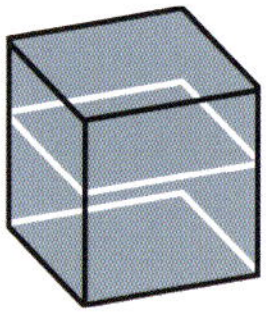

BRI 562 €/m³

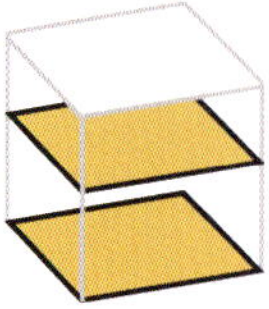

BGF 2.923 €/m²

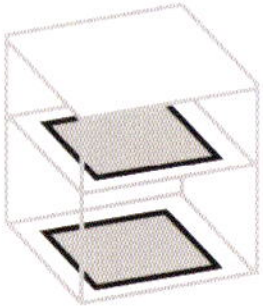

NUF 4.993 €/m²

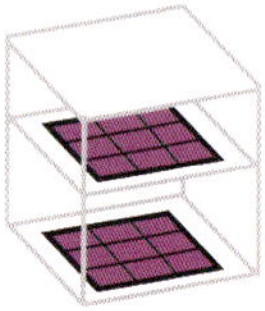

NE 2.806 €/NE

NE: Stellplätze

Objekt:
Kennwerte: 3. Ebene DIN 276
BRI: 998 m³
BGF: 192 m²
NUF: 112 m²
Bauzeit: 48 Wochen
Bauende: 2017
Standard: mittel
Bundesland: Nordrhein-Westfalen
Kreis: Rhein-Erft-Kreis

Architekt*in:
HJPplaner
Kasinostraße 76a
52066 Aachen

Entwurf:
Harald Heinz,
Thomas Schweyen
Projektleiter:
Thomas Schweyen
Tiefbau LP 5-9:
Fischer Teamplan

Bauherr*in:
Stadt Erftstadt
50374 Erftstadt

© Robert Mehl

© Robert Mehl

© Robert Mehl

© Robert Mehl

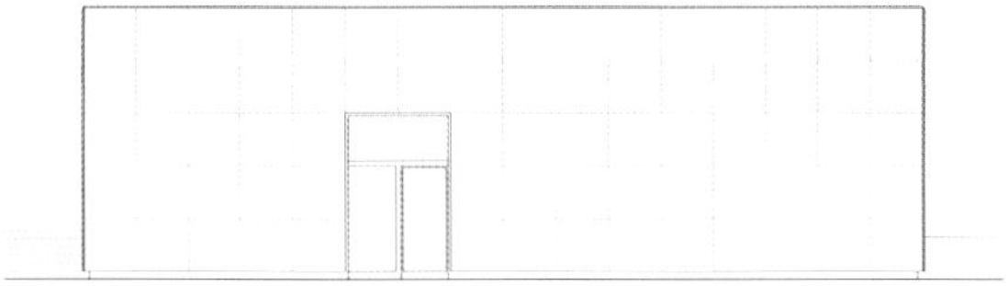

Ansicht Nord

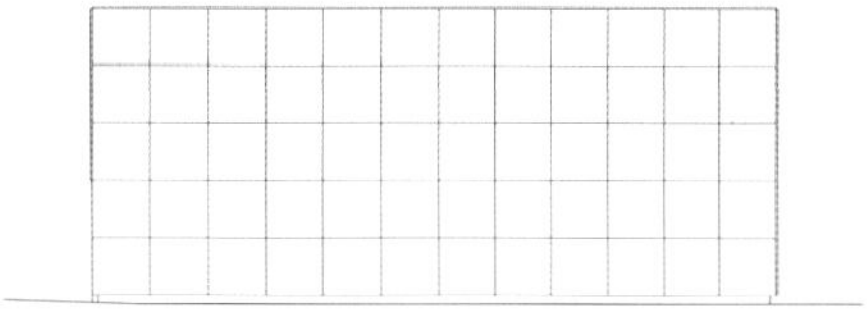

Ansicht Ost

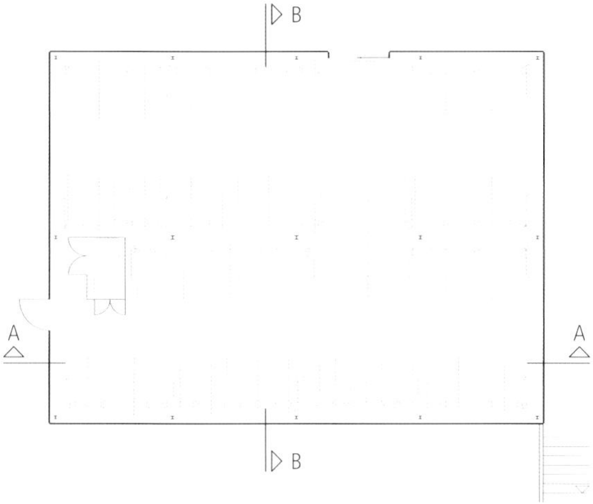

Erdgeschoss

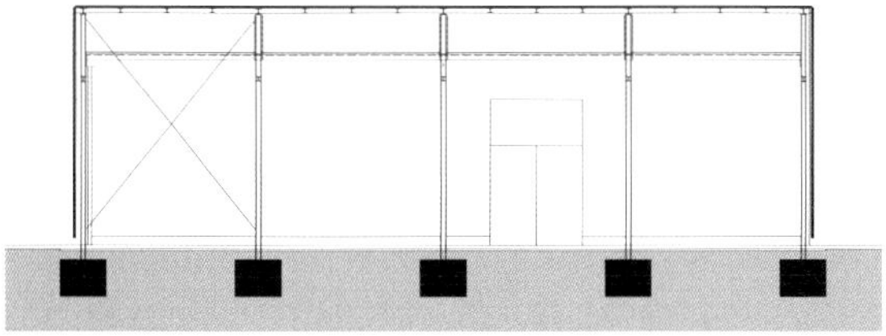

Schnitt A-A

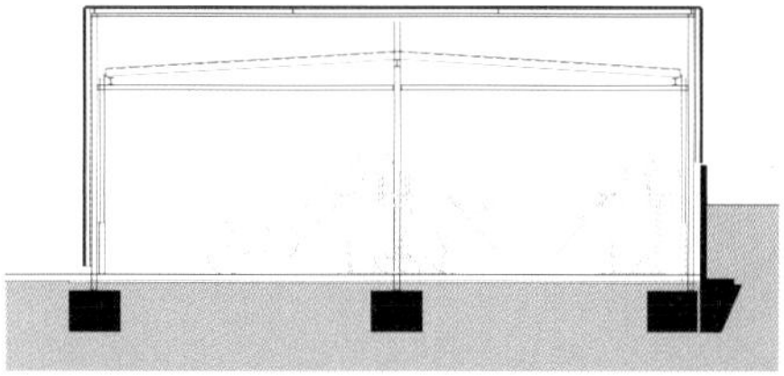

Schnitt B-B

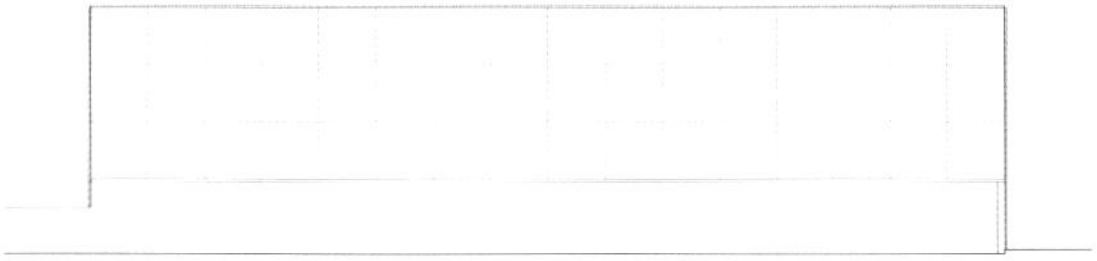

Ansicht Süd

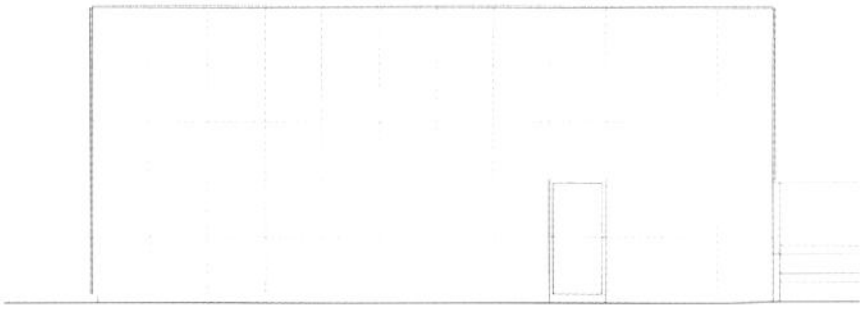

Ansicht West

Objektbeschreibung

Allgemeine Objektinformationen

Das neue Fahrradparkhaus umrahmt zusammen mit einem optisch gleichen Bahnhofsgebäude den Bahnhofsplatz. Der kubische Baukörper beinhaltet 200 Fahrradstellplätze und 16 Rollerstellplätze. Da das Gebäude von den Gleisen aus von oben sichtbar ist, hat es eine einheitliche Ummantelung von Fassaden und Dach erhalten.

Nutzung

1 Erdgeschoss
200 Stellplätze, Schließfachanlage, Doppelstockparker

Nutzeinheiten

Stellplätze: 200

Grundstück

Bauraum: Freier Bauraum
Neigung: Ebenes Gelände
Bodenklasse: BK 3 bis BK 5

Markt

Hauptvergabezeit: 3. Quartal 2016
Baubeginn: 3. Quartal 2016
Bauende: 3. Quartal 2017
Konjunkturelle Gesamtlage: über Durchschnitt
Regionaler Baumarkt: Durchschnitt

Baukonstruktion

Der Neubau gründet auf Einzelfundamenten. Die Konstruktion besteht aus Stahlstützen, die mit vorgehängten Stahlgitterrosten bekleidet sind. Alle Öffnungen sind auf das Raster der Gitterroste abgestimmt. Der Dachaufbau besteht aus zwei Ebenen: die erste Ebene bildet eine thermische Dachhaut aus Sandwichplatten, die zweite Ebene liegt als Stahlkonstruktion mit Gitterrosten darüber.

Technische Anlagen

Die LED-Beleuchtung, die hinter der Stahlgitterummantelung angeordnet ist, bringt die Fassade ab der Dämmung zum Leuchten. Ein elektronisches Zugangssystem sorgt für eine einfache Bedienung von elektronischen Türen. Das System öffnet mittels eines Zugangscodes jede Radabstellanlage die über einen elektronischen Türöffner angesteuert wird. Es besteht aus einer Eingabetastatur, einer Displayanzeige und einer Steuerung. Die Nutzer können ihre Wertsachen in einer Schließfachanlage mit neun Schließfächern, abzulegen. Das Fahrradparkhaus wird über Videokameras überwacht.

Sonstiges

Die Doppelstockparker ermöglichen auf einer Ebene doppelt so viele Fahrräder abzustellen, auch für 16 Roller sind Ständer aufgebaut. Das Bahnhofsgebäude mit Kiosk und WC-Anlage ist unter der Objektnummer 6500-0053 dokumentiert.
Die ZOB-Überdachung mit sechs Haltestellen ist unter der Objektnummer 9200-0003 dokumentiert.

Planungskennwerte für Flächen und Rauminhalte nach DIN 277

Flächen des Grundstücks		Menge Einheit	% an GF
BF	Bebaute Fläche	192,00 m²	–
UF	Unbebaute Fläche	–	–
GF	Grundstücksfläche	–	–

Grundflächen des Bauwerks		Menge Einheit	% an NUF	% an BGF
NUF	Nutzungsfläche	112,40 m²	100,0	58,5
TF	Technikfläche	3,69 m²	3,3	1,9
VF	Verkehrsfläche	63,01 m²	56,1	32,8
NRF	Netto-Raumfläche	179,10 m²	159,3	93,3
KGF	Konstruktions-Grundfläche	12,90 m²	11,5	6,7
BGF	Brutto-Grundfläche	192,00 m²	170,8	100,0

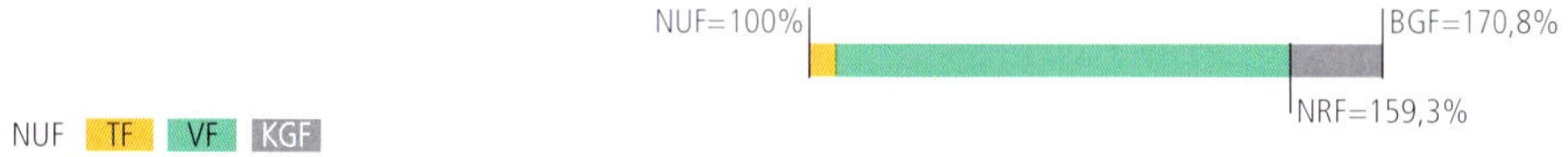

Brutto-Rauminhalt des Bauwerks		Menge Einheit	BRI/NUF (m)	BRI/BGF (m)
BRI	Brutto-Rauminhalt	998,40 m³	8,88	5,20

Prozentualer Anteil der Kostengruppen der 2. Ebene an der Kostengruppe 400 nach DIN 276

KG	Kostengruppen (2. Ebene)
410	Abwasser-, Wasser-, Gasanlagen
420	Wärmeversorgungsanlagen
430	Raumlufttechnische Anlagen
440	Elektrische Anlagen
450	Kommunikationstechnische Anlagen
460	Förderanlagen
470	Nutzungsspez. u. verfahrenstechn. Anl.
480	Gebäude- und Anlagenautomation
490	Sonst. Maßnahmen für techn. Anlagen

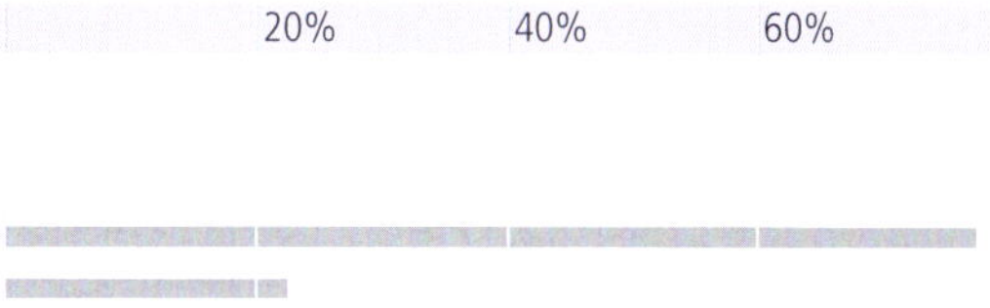

Ranking der Kostengruppen der 3. Ebene an der Kostengruppe 400 nach DIN 276

KG	Kostengruppen (3. Ebene)	% an KG 400	KG	Kostengruppen (3. Ebene)	% an KG 400
445	Beleuchtungsanlagen	54,4	444	Niederspannungsinstallationsanlagen	16,8
456	Gefahrenmelde- und Alarmanlagen	22,4	446	Blitzschutz- und Erdungsanlagen	6,3

Kostenkennwerte für die Kostengruppen der 1. Ebene DIN 276

KG	Kostengruppen (1. Ebene)	Einheit	Kosten €	€/Einheit	€/m² BGF	€/m³ BRI	% 300+400
100	Grundstück	m² GF	–	–	–	–	–
200	Vorbereitende Maßnahmen	m² GF	–	–	–	–	–
300	Bauwerk – Baukonstruktionen	m² BGF	443.711	2.310,99	2.310,99	444,42	79,1
400	Bauwerk – Technische Anlagen	m² BGF	117.557	612,28	612,28	117,75	20,9
	Bauwerk 300+400	**m² BGF**	**561.268**	**2.923,27**	**2.923,27**	**562,17**	**100,0**
500	Außenanlagen und Freiflächen	m² AF	–	–	–	–	–
600	Ausstattung und Kunstwerke	m² BGF	–	–	–	–	–
700	Baunebenkosten	m² BGF	–	–	–	–	–
800	Finanzierung	m² BGF	–	–	–	–	–

KG	Kostengruppe	Menge Einheit	Kosten €	€/Einheit	%
3+4	**Bauwerk**				**100,0**
300	**Bauwerk – Baukonstruktionen**	192,00 m² BGF	443.711	**2.310,99**	79,1

Stb-Einzelfundamente, Sauberkeitsschicht; Stahlstützen, Schiebetür, Stahltür als 2. Rettungsweg, Fluchttürwächter, vorgehängte Stahl-Gitterroste; Stahl-Dachkonstruktion, Revisionsöffnung, erste Dachebene als thermische Dachhaut aus Sandwichplatten, zweite Dachebene als Stahlkonstruktion mit Gitterrosten, Dachentwässerung; Schließfachanlage, Doppelstockparker, Rollerständer, Pfandluftpumpe, Schilder

KG	Kostengruppe	Menge Einheit	Kosten €	€/Einheit	%
400	**Bauwerk – Technische Anlagen**	192,00 m² BGF	117.557	**612,28**	20,9

Elektroinstallation, Fassadenleuchten, LED-Beleuchtung, **Blitzschutz**; Zugangssystem, Kameras, Aufzeichnungsgerät, Datenkabel

Kostenkennwerte für die Kostengruppen 400 der 2. Ebene DIN 276

KG	Kostengruppe	Menge Einheit	Kosten €	€/Einheit	%
400	**Bauwerk – Technische Anlagen**				**100,0**
440	**Elektrische Anlagen**	192,00 m² BGF	91.168	**474,83**	77,6
	Schaltschrank (1St), Erdkabel (340m), Stromkreiszuleitungen (505m), Mantelleitungen (63m), Steckdosen (3St), Bewegungsmelder (2St) * Fassadenleuchten (94St), RGB-Steuerungen (8St), LED-Rohrleuchten (6St), LED-Sicherheitsleuchten, Akkuheizung (2St) * Tiefenerder (4St), Ringerder (108m), Anschlussfahnen (15St), Erdeinführungsstangen (15St)				
450	**Kommunikationstechnische Anlagen**	192,00 m² BGF	26.389	**137,44**	22,4
	Zugangssystem für Radabstellanlagen (1St), Kameras (4St), Aufzeichnungsgerät (1St), Monitor (1St), Außenkabel **Cat7** (300m), Datenkabel (152m), Kabel **Cat7** (50m), Modular-Stecker Cat5E RJ45 (3St), Anschlussmodele **Cat7** (2St), Anschlussdosen, Cat6 2xRJ45 (2St), Cat6A 1xRJ45 (1St)				

Kostenkennwerte für die Kostengruppen 400 der 2. und 3. Ebene DIN 276 (Übersicht)

KG	Kostengruppe	Menge Einheit	Kosten €	€/Einheit	%
440	**Elektrische Anlagen**	**192,00 m² BGF**	**91.168,03**	**474,83**	**77,6**
444	Niederspannungsinstallationsanlagen	192,00 m² BGF	19.731,55	102,77	16,8
445	Beleuchtungsanlagen	192,00 m² BGF	63.985,43	333,26	54,4
446	Blitzschutz- und Erdungsanlagen	192,00 m² BGF	7.451,05	38,81	6,3
450	**Kommunikationstechnische Anlagen**	**192,00 m² BGF**	**26.389,13**	**137,44**	**22,4**
456	Gefahrenmelde- und Alarmanlagen	192,00 m² BGF	26.389,13	137,44	22,4

Kostenkennwerte für Leistungsbereiche nach STLB (Kosten KG 400 nach DIN 276)

LB	Leistungsbereiche	Kosten €	€/m² BGF	€/m³ BRI	% an 400
040	Wärmeversorgungsanlagen - Betriebseinrichtungen	6.738	35,10	6,70	5,7
041	Wärmeversorgungsanlagen - Leitungen, Armaturen, Heizflächen	–	–	–	–
042	Gas- und Wasseranlagen - Leitungen, Armaturen	–	–	–	–
043	Druckrohrleitungen für Gas, Wasser und Abwasser	–	–	–	–
044	Abwasseranlagen - Leitungen, Abläufe, Armaturen	–	–	–	–
045	Gas-, Wasser- und Entwässerungsanlagen - Ausstattung, Elemente, Fertigbäder	–	–	–	–
046	Gas-, Wasser- und Entwässerungsanlagen - Betriebseinrichtungen	–	–	–	–
047	Dämm- und Brandschutzarbeiten an technischen Anlagen	–	–	–	–
049	Feuerlöschanlagen, Feuerlöschgeräte	–	–	–	–
050	Blitzschutz- / Erdungsanlagen, Überspannungsschutz	713	3,70	0,71	0,6
051	Kabelleitungstiefbauarbeiten	–	–	–	–
052	Mittelspannungsanlagen	–	–	–	–
053	Niederspannungsanlagen - Kabel / Leitungen, Verlegesysteme, Installationsgeräte	17.118	89,20	17,10	14,6
054	Niederspannungsanlagen - Verteilersysteme und Einbaugeräte	2.613	13,60	2,60	2,2
055	Sicherheits- und Ersatzstromversorgungsanlagen	–	–	–	–
057	Gebäudesystemtechnik	–	–	–	–
058	Leuchten und Lampen	63.985	333,30	64,10	54,4
059	Sicherheitsbeleuchtungsanlagen	–	–	–	–
060	Such-, Signal-, Zeitdienst-, Antennen-, elektroakustische Anlagen, Medientechnik	–	–	–	–
061	Kommunikations- und Übertragungsnetze	–	–	–	–
062	Kommunikationsanlagen	–	–	–	–
063	Gefahrenmeldeanlagen	9.985	52,00	10,00	8,5
064	Zutrittskontroll-, Zeiterfassungssysteme	16.405	85,40	16,40	14,0
069	Aufzüge	–	–	–	–
070	Gebäudeautomation	–	–	–	–
075	Raumlufttechnische Anlagen	–	–	–	–
078	Kälteanlagen für raumlufttechnische Anlagen	–	–	–	–
	Gebäudetechnik	**117.557**	**612,30**	**117,70**	**100,0**
	Sonstige Leistungsbereiche	**–**	**–**	**–**	**–**

Kulturgebäude

9

- 9100 Gebäude für kulturelle und musische Zwecke
  9200 Empfangsgebäude bei Verkehrsanlagen
  9300 Gebäude für Tierhaltung
  9400 Gebäude für Pflanzenhaltung
  9500 Schutzbauwerke, Schutzbauten
  9600 Justizvollzugsanstalten
- 9700 Friedhofsanlagen

9100-0155
Zweigbibliothek
(150 Leseplätze)
(12 AP)

Kostenkennwerte für die Kosten des Bauwerks (Kostengruppen 300+400 nach DIN 276)

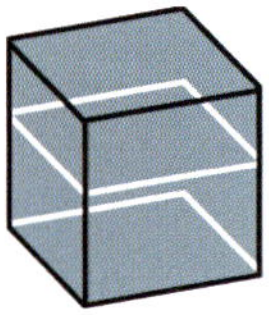

BRI 738 €/m^3

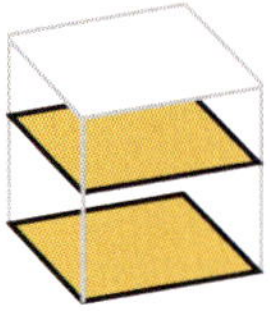

BGF 3.145 €/m^2

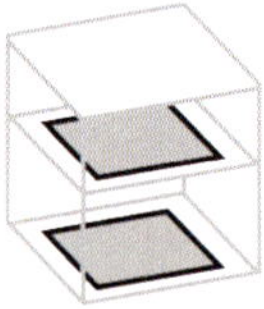

NUF 4.811 €/m^2

Objekt:
Kennwerte: 3.Ebene DIN 276
BRI: 31.931 m^3
BGF: 7.494 m^2
NUF: 4.899 m^2
Bauzeit: 169 Wochen
Bauende: 2015
Standard: mittel
Bundesland: Sachsen-Anhalt
Kreis: Halle (Saale), Stadt

Architekt*in:
Eßmann | Gärtner | Nieper
Architekten GbR
Gabelsbergerstraße 1a
04317 Leipzig

Bauherr*in:
Landesbetrieb
Bau- und Liegenschaftsmanagement
Sachsen-Anhalt, NL Süd-Ost
An der Fliederwegkaserne 21
06130 Halle (Saale)

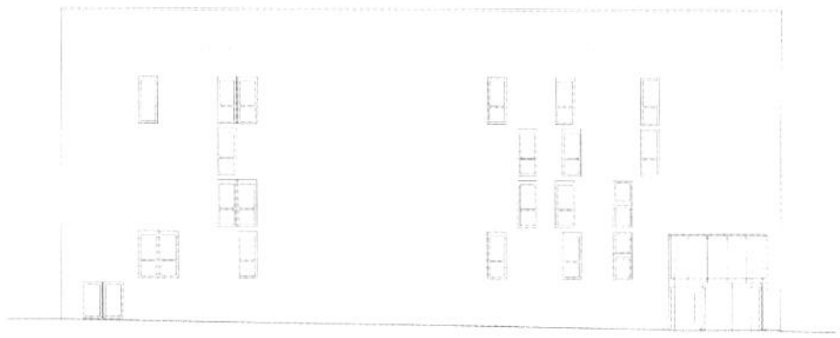

Ansicht Nord

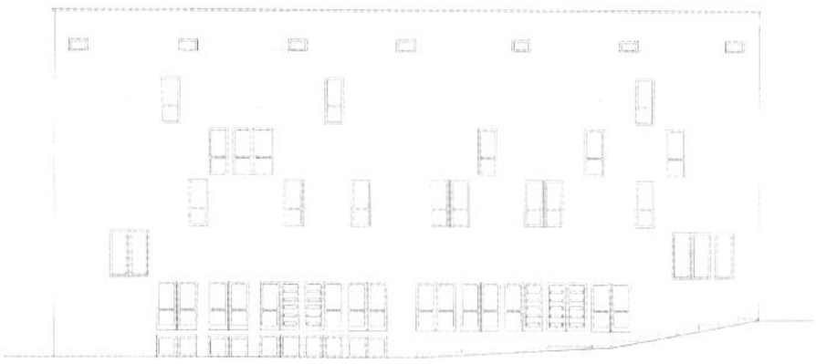

Ansicht Ost

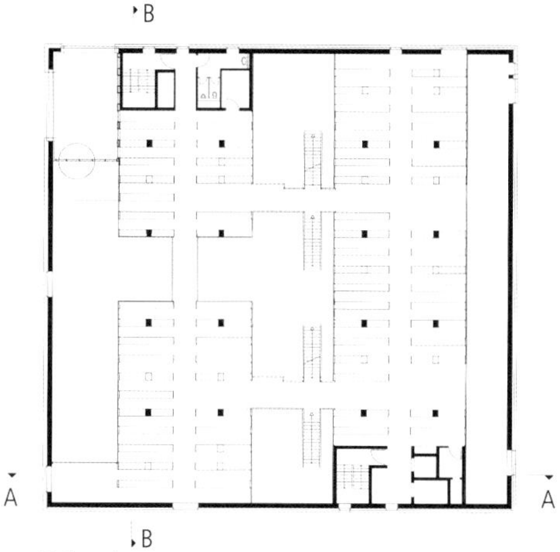

Erdgeschoss

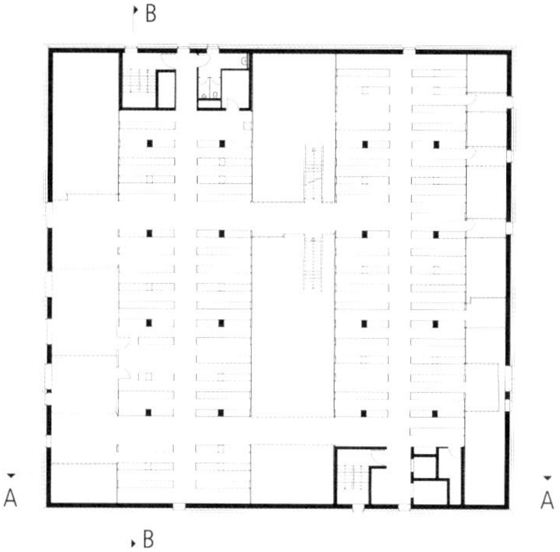

3. Obergeschoss

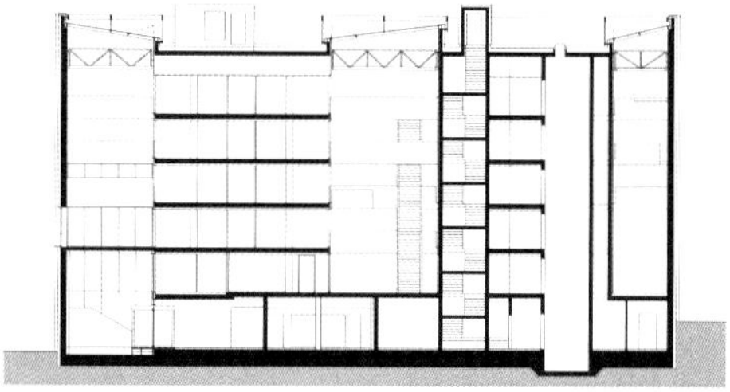

Schnitt A-A

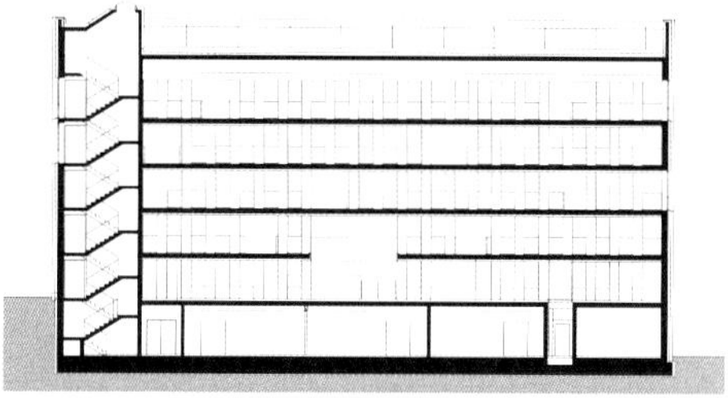

Schnitt B-B

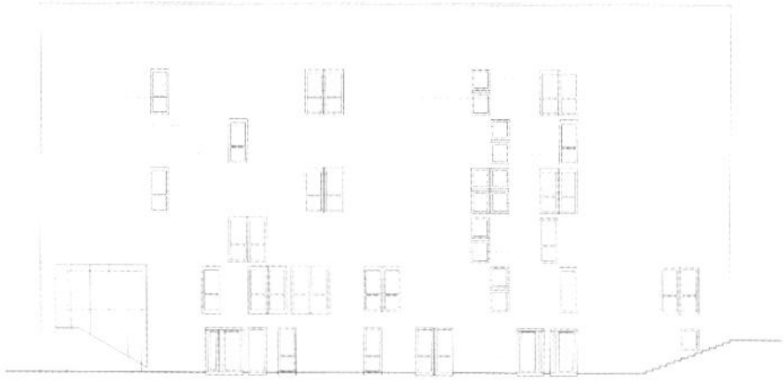

Ansicht Süd

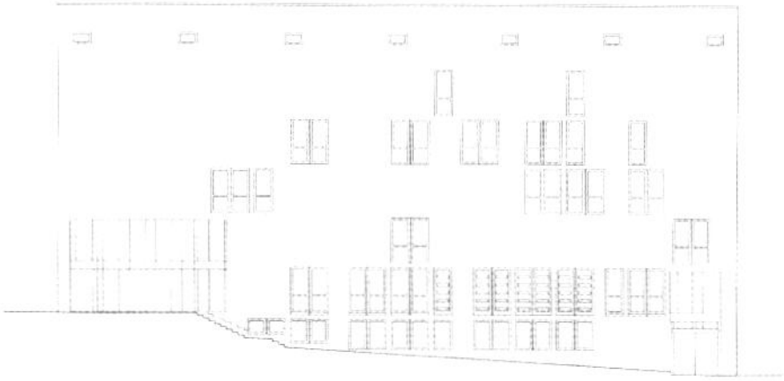

Ansicht West

Objektbeschreibung

Allgemeine Objektinformationen

Der Neubau ist als sechsgeschossiger Kubus auf einem quadratischen Grundriss realisiert. Die PC-Pools und das Kompaktmagazin wurden zusammen mit Nebennutzflächen und den Technikräumen im nach Süden hin ebenerdig gelegenen Untergeschoss untergebracht. Die eigentliche Bibliothek erstreckt sich über die fünf oberen Geschosse. Das Gebäude wird über zwei Eingänge auf unterschiedlichen Ebenen erschlossen. Die innere Gliederung folgt der Grundform klassischer Bibliotheksräume. Mit dem Wechsel von Lufträumen und kompakten Geschossen wird eine abwechslungsreiche Raumfolge erzeugt.

Nutzung

1 Untergeschoss
Eingang, Foyer, Vorbereiche, PC-Pools, Kompaktmagazin, Sanitärräume, Serverraum, Abstellraum, Haustechnikräume

1 Erdgeschoss
Foyer, Thekenbereich, Bucheingangsraum, Buchrückgabe, Garderoben, Sanitärräume, Freihandbibliothek, Leseplätze, barrierefreie Arbeitsplätze, Kopierraum, Technikräume

4 Obergeschosse
Freihandbereiche, Leseplätze, Carrells, Büros, Besprechungsraum, Medienraum, Teeküche, Aufsicht, Kopierräume, Sanitärräume, Verbindungsstege, Verteilerräume

Nutzeinheiten

Arbeitsplätze: 12

Grundstück

Bauraum: Freier Bauraum
Neigung: Geneigtes Gelände
Bodenklasse: BK 1 bis BK 5

Markt

Hauptvergabezeit: 1. Quartal 2012
Baubeginn: 2. Quartal 2012
Bauende: 3. Quartal 2015
Konjunkturelle Gesamtlage: Durchschnitt
Regionaler Baumarkt: über Durchschnitt

Baukonstruktion

Die Bibliothek ist eine Stahlbetonkonstruktion. Die 110cm starke Fundamentplatte sowie die erdberührten Außenwände wurden in wasserundurchlässigem Beton hergestellt. Das Ziegel-Verblendmauerwerk im Zierverband dient in gewebeartiger Fortführung vor den Fenstern gleichzeitig als feststehender Sonnenschutz. Im Bereich der Leseplätze und der Büroräume erhielten die Fenster Klappläden. Die zurückgesetzten Eingänge sind als Alu-Pfosten-Riegel-Fassaden ausgeführt. Das Flachdach ist bekiest. Die Schrägverglasungen werden mit elektrisch steuerbaren Alulamellen überspannt. Nichttragende Innenwände sind in Mauerwerks- und Leichtbauweise erstellt. Die Seitenwände der Erschließungskerne sowie die Decken- und Regalstirnseiten des Freihandbereichs wurden zu den Lufträumen hin mit schallabsorbierenden Holzpaneelen bekleidet. Innen sind die Erschließungskerne verputzt und beschichtet. Die öffentlichen Bereiche erhielten Akustikdecken, die Bodenbeläge sind mit Epoxidharzbeschichtung, mineralischer Oberflächenbeschichtung, Textilbelag und Kautschuk ausgeführt.

Technische Anlagen

Das Gebäude hat einen Fernwärmeanschluss. Die Wärmeverteilung erfolgt über Heizkörper, in Teilbereichen mit **Fußbodenheizung**. Insgesamt wurden vier Lüftungsanlagen installiert, die in den Bereichen der Technik und der PC-Pools mit einer Kühlanlage gekoppelt sind. Ein Lastenaufzug erschließt alle Geschosse, ein barrierefreier Senkrechtaufzug verbindet die Eingangsbereiche miteinander. Das gesamte Gebäude ist mit energiesparender LED-Beleuchtung ausgestattet. Die Atrien werden in Form eines Bussystems mit Lichtfühlern gesteuert. Eine Hochdruck-Wassernebel-Löschanlage und eine Buchsicherungsanlage wurden eingebaut.

Sonstiges

Die Zugänge, die Aufenthaltsräume und zwei WCs sind **barrierefrei**. In den Freihandbereichen der Bibliothek ist für Rollstuhlfahrer die Begleitung durch Bibliothekspersonal erforderlich.

Planungskennwerte für Flächen und Rauminhalte nach DIN 277

Flächen des Grundstücks		Menge Einheit	% an GF
BF	Bebaute Fläche	1.544,65 m²	–
UF	Unbebaute Fläche	–	–
GF	Grundstücksfläche	–	–

Grundflächen des Bauwerks		Menge Einheit	% an NUF	% an BGF
NUF	Nutzungsfläche	4.898,84 m²	100,0	65,4
TF	Technikfläche	411,45 m²	8,4	5,5
VF	Verkehrsfläche	1.126,85 m²	23,0	15,0
NRF	Netto-Raumfläche	6.437,14 m²	131,4	85,9
KGF	Konstruktions-Grundfläche	1.056,67 m²	21,6	14,1
BGF	Brutto-Grundfläche	7.493,81 m²	153,0	100,0

Brutto-Rauminhalt des Bauwerks		Menge Einheit	BRI/NUF (m)	BRI/BGF (m)
BRI	Brutto-Rauminhalt	31.931,36 m³	6,52	4,26

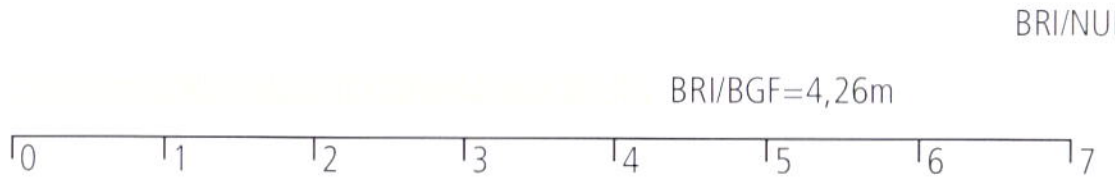

Prozentualer Anteil der Kostengruppen der 2. Ebene an der Kostengruppe 400 nach DIN 276

KG	Kostengruppen (2. Ebene)
410	Abwasser-, Wasser-, Gasanlagen
420	Wärmeversorgungsanlagen
430	Raumlufttechnische Anlagen
440	Elektrische Anlagen
450	Kommunikationstechnische Anlagen
460	Förderanlagen
470	Nutzungsspez. u. verfahrenstechn. Anl.
480	Gebäude- und Anlagenautomation
490	Sonst. Maßnahmen für techn. Anlagen

Ranking der Kostengruppen der 3. Ebene an der Kostengruppe 400 nach DIN 276

KG	Kostengruppen (3. Ebene)	% an KG 400
474	Feuerlöschanlagen	21,1
445	Beleuchtungsanlagen	14,6
444	Niederspannungsinstallationsanlagen	13,1
431	Lüftungsanlagen	8,4
456	Gefahrenmelde- und Alarmanlagen	8,4
434	Kälteanlagen	6,2
461	Aufzugsanlagen	4,1
411	Abwasseranlagen	4,0
432	Teilklimaanlagen	3,3
463	Befahranlagen	2,9
422	Wärmeverteilnetze	2,6
457	Datenübertragungsnetze	2,1
412	Wasseranlagen	1,5
492	Gerüste	1,5
446	Blitzschutz- und Erdungsanlagen	1,2
423	Raumheizflächen	1,1

Kostenkennwerte für die Kostengruppen der 1. Ebene DIN 276

KG	Kostengruppen (1. Ebene)	Einheit	Kosten €	€/Einheit	€/m² BGF	€/m³ BRI	% 300+400
100	Grundstück	m² GF	–	–	–	–	–
200	Vorbereitende Maßnahmen	m² GF	1.478	–	0,20	0,05	< 0,1
300	Bauwerk – Baukonstruktionen	m² BGF	18.031.479	2.406,18	2.406,18	564,69	76,5
400	Bauwerk – Technische Anlagen	m² BGF	5.535.311	738,65	738,65	173,35	23,5
	Bauwerk 300+400	**m² BGF**	**23.566.790**	**3.144,83**	**3.144,83**	**738,05**	**100,0**
500	Außenanlagen und Freiflächen	m² AF	–	–	–	–	–
600	Ausstattung und Kunstwerke	m² BGF	10.091	1,35	1,35	0,32	< 0,1
700	Baunebenkosten	m² BGF	–	–	–	–	–
800	Finanzierung	m² BGF	–	–	–	–	–

KG	Kostengruppe	Menge Einheit	Kosten €	€/Einheit	%
200	**Vorbereitende Maßnahmen**	–	1.478	**–**	< 0,1
	Abbruch von Betonplatten, Basaltpflaster, Betonhindernissen im Boden, Grundleitung; Entsorgung, Deponiegebühren				
3+4	**Bauwerk**				**100,0**
300	**Bauwerk – Baukonstruktionen**	7.493,81 m² BGF	18.031.479	**2.406,18**	76,5
	Stb-Fundamentplatte, WU, Estrich, Epoxidharzbeschichtung, Kautschuk, Schaumglasdämmung; Stb-Wände, Stb-Stützen, Alufenster, Ziegel-Verblendmauerwerk, Alu-Pfosten-Riegelfassaden, Karusselltüren, Sonnenschutz; KS-Sichtmauerwerk, GF-Wände, Glastrennwände, Innentüren, Festverglasungen, Putz, GF-Bekleidung, Tapete, Beschichtung, Holz-Paneelbekleidung, Wandfliesen, WC-Trennwände, mobile Trennwände, Glas-Systemtrennwand; Stb-Decken, Stb-Treppen, Stahl-Deckenkonstruktion, Trapezblech, Teppich, Akustikdecken, GK-Decken, WDVS, Stahltreppen, Glasbrüstungen; Stb-Dächer, Stahl-Dachkonstruktion, Schrägverglasungen, Lichtkuppeln, Rollkies, Betonplatten, Dachentwässerung, Sonnenschutzlamellen; Bibliotheks-Einbaumöbel				
400	**Bauwerk – Technische Anlagen**	7.493,81 m² BGF	5.535.311	**738,65**	23,5
	Gebäudeentwässerung, Hebeanlage, Kalt- und Warmwasserleitungen, Sanitärobjekte; Nahwärmeanschluss; Heizungsrohre, Heizkörper, **Fußbodenheizung**; Lüftungsanlagen, Teilklimaanlagen, Kälteanlagen, Splitt-**Klimageräte**, Umluftkühlgerät; Zentralbatteriesystem, Notstromsteuerzentralen, NSHV, Elektroinstallation, Beleuchtung, **Blitzschutzanlage**; Türsprechanlage, **Brandmeldeanlage**, **RWA-Anlage**, Buchsicherung, Datenübertragungsnetz; Lastenaufzug, Rollstuhlaufzug, Befahranlagen; Hochdruckwassernebel-Feuerlöschanlage				
600	**Ausstattung und Kunstwerke**	7.493,81 m² BGF	10.091	**1,35**	< 0,1
	Sanitärausstattung				

Kostenkennwerte für die Kostengruppen 400 der 2. Ebene DIN 276

KG	Kostengruppe	Menge Einheit	Kosten €	€/Einheit	%
400	**Bauwerk – Technische Anlagen**				**100,0**
410	**Abwasser-, Wasser-, Gasanlagen**	7.493,81 m²BGF	313.371	**41,82**	5,7
	SML-Rohre DN100-200, in Fundamentplatte (376m), DN100-150, im Gebäude (155m), DN100-200, als Regen-Druckentwässerung (120m), Stahlrohre DN70 (204m), HT-PP-Rohre DN50-110 (75m), HT-PE-Rohre DN40 (28m), Abwasserhebeanlage (1St), Abläufe (14St), Bodenrinnen (28m) * Edelstahlrohre DN12-50 (465m), Verbundrohre DN12-20 (144m), WCs (21St), Waschbecken (15St), Urinale (7St), Ausgussbecken (5St), Durchlauferhitzer (4St), Warmwasserspeicher (3St) * Montageelemente (43St)				
420	**Wärmeversorgungsanlagen**	7.493,81 m²BGF	243.232	**32,46**	4,4
	Nahwärmeübergabestation 220kW (1St), Ausdehnungsgefäße (2St), Verteiler-/Sammlerkombination (1St), Nachspeiseeinrichtung (1St), Glykol-Misch-/Auffang-/Rückspeiseanlage 500l (1St) * Präzisionsstahlrohre DN12-25 (1.743m), Gewinderohre DN15-65 (1.321m), Nassläuferpumpen (8St), Klappen, Ventile (76St) * Flachheizkörper (93St), **Fußbodenheizung**, Noppenplatten, d=30mm, PE-X-Rohre 16mm (438m²), Heizkreisverteiler (2St)				
430	**Raumlufttechnische Anlagen**	7.493,81 m²BGF	996.868	**133,03**	18,0
	Zu-/Abluftgeräte 10.000/11.000m³/h, **WRG** (2St), Rechteckkanäle (1.390m²), Wickelfalzrohre DN100-400 (625m), Alu-Flexrohre DN100-125 (104m), Luftdurchlässe (184St) * Zu-/Abluftgeräte 5.700m³/h, **WRG**, Kühl-/Heizregister (1St), 3.900m³/h, mit Dampfbefeuchtung (1St), Rechteckkanäle (903m²), Wickelfalzrohre DN100-400 (176m), Alu-Flexrohre DN100-125 (33m) Luftdurchlässe (86St) * Kaltwassererzeuger 51kW (1St), **Rückkühler** 65kW (1St), Plattenwärmeübertrager 55kW (1St), Auffangsystem für Wasser-Glykol-Gemisch (1St), Kältespeicher 500l (1St), Gewinderohre DN15-65 (608m), Edelstahlrohre DN20 (46m), Pumpen (6St), Ausdehnungsgefäße (3St), Deckeninduktionsauslässe (33St), **Split-Klimageräte** (4St), Umluftkühlgerät (1St)				
440	**Elektrische Anlagen**	7.493,81 m²BGF	1.710.231	**228,22**	30,9
	Zentralbatteriesystem (1St), Notstromsteuerzentralen (4St) * Schaltschrank-Felder, bestückt (4St) * Verteiler (25St), Mantelleitungen (31.327m), Erdkabel (3.402m), Jalousiekabel (2.350m), Installationskabel (1.039m), **EIB**-Kabel (707m), Steuerleitungen (200m), Steckdosen (848St), Schalter/Taster (279St), Bewegungsmelder (17St), **KNX**-Licht- und Sonnenschutzsteuerung (psch) * LED-Leuchten (862St), Wannenleuchten (336St), Tischleuchten (164St), Rasterleuchten (136St), Downlights (120St), LED-Sicherheits-Downlights (95St), LED-Rettungszeichenleuchten (40St) * Fundamenterder (380m), Ringerder (364m), Ableitungen (422m), Fangleitungen (240m), Erdkabel (1.389m), Potenzialausgleichsschienen (36St)				

KG	Kostengruppe	Menge Einheit	Kosten €	€/Einheit	%
450	**Kommunikationstechnische Anlagen**	7.493,81 m² BGF	602.269	**80,37**	10,9
	Türsprechstellen, Aufschaltung auf Telefonanlage (2St), Lautsprecherkabel (207m), Digitalkabel (180m), Videokabel (180m), VGA-Kabel (140m) * **Brandmeldezentrale** (1St), Feuerwehr-Informationssystem (1St), Laufkarten (136St), Rauchmelder (746St), Warntongeber (59St), Blitzleuchten (2St), **RWA**-Steuerung (psch), **RWA**-Taster (27St), Installationskabel (11.206m), Mantelleitungen (572m), Buchsicherung: Selbstverbucherterminals (4St), De-/Reaktivierungseinheiten (4St), Rückgabewägen (2St), Durchgangsschleuse (1St), Rückgabesystem (1St) * Netzwerkschränke (4St), Verteiler (8St), Patchfelder (37St), Datenkabel (35.598m), Fernmeldekabel (275m), Datenanschlussdosen 2xRJ45 (265St), RJ45 (196St)				
460	**Förderanlagen**	7.493,81 m² BGF	386.477	**51,57**	7,0
	Lastenaufzug über sechs Geschosse (1St), barrierefreier Senkrechtaufzug zur Verbindung der Eingangsbereiche (1St) * Schienenanlage (225m), Wartungsbühnen, Spannweite 3,50-7,00m (3St), Aluleitern (3St), Sekuranten (9St)				
470	**Nutzungsspez. u. verfahrenstechn. Anl.**	7.493,81 m² BGF	1.169.060	**156,00**	21,1
	Hochdruckwassernebel-Feuerlöschanlage: Pumpeneinheiten (2St), Reservepumpe (1St), Druckhalteeinrichtung (1St), Schaltschrank, Steuerung (1St), Störmeldezentrale (1St), Wasservorratstankanlagen 1.500l (7St), Edelstahlrohre DN10-25 (4.032m), HDWN-Düsen (1.310St)				
490	**Sonst. Maßnahmen für techn. Anlagen**	7.493,81 m² BGF	113.804	**15,19**	2,1
	Baustelleneinrichtungen (9St), Autokräne (2St) * Gerüste, Raumhöhe 5,00m (5St), Plattformen für Schachtmontage (275d), Hebebühne (9Mt)				

Kostenkennwerte für die Kostengruppen 400 der 2. und 3.Ebene DIN 276 (Übersicht)

KG	Kostengruppe	Menge Einheit	Kosten €	€/Einheit	%
410	**Abwasser-, Wasser-, Gasanlagen**	**7.493,81 m² BGF**	**313.370,51**	**41,82**	**5,7**
411	Abwasseranlagen	7.493,81 m² BGF	219.992,97	29,36	4,0
412	Wasseranlagen	7.493,81 m² BGF	82.620,92	11,03	1,5
419	Sonstiges zur KG 410	7.493,81 m² BGF	10.756,62	1,44	0,2
420	**Wärmeversorgungsanlagen**	**7.493,81 m² BGF**	**243.232,33**	**32,46**	**4,4**
421	Wärmeerzeugungsanlagen	7.493,81 m² BGF	39.175,26	5,23	0,7
422	Wärmeverteilnetze	7.493,81 m² BGF	142.950,93	19,08	2,6
423	Raumheizflächen	7.493,81 m² BGF	61.106,15	8,15	1,1
430	**Raumlufttechnische Anlagen**	**7.493,81 m² BGF**	**996.868,08**	**133,03**	**18,0**
431	Lüftungsanlagen	7.493,81 m² BGF	466.064,48	62,19	8,4
432	Teilklimaanlagen	7.493,81 m² BGF	185.369,43	24,74	3,3
434	Kälteanlagen	7.493,81 m² BGF	345.434,17	46,10	6,2
440	**Elektrische Anlagen**	**7.493,81 m² BGF**	**1.710.230,66**	**228,22**	**30,9**
442	Eigenstromversorgungsanlagen	7.493,81 m² BGF	57.376,22	7,66	1,0
443	Niederspannungsschaltanlagen	7.493,81 m² BGF	48.823,51	6,52	0,9
444	Niederspannungsinstallationsanlagen	7.493,81 m² BGF	725.376,06	96,80	13,1
445	Beleuchtungsanlagen	7.493,81 m² BGF	809.861,63	108,07	14,6
446	Blitzschutz- und Erdungsanlagen	7.493,81 m² BGF	68.793,25	9,18	1,2
450	**Kommunikationstechnische Anlagen**	**7.493,81 m² BGF**	**602.269,05**	**80,37**	**10,9**
452	Such- und Signalanlagen	7.493,81 m² BGF	17.139,11	2,29	0,3
456	Gefahrenmelde- und Alarmanlagen	7.493,81 m² BGF	467.313,21	62,36	8,4
457	Datenübertragungsnetze	7.493,81 m² BGF	117.816,73	15,72	2,1
460	**Förderanlagen**	**7.493,81 m² BGF**	**386.476,58**	**51,57**	**7,0**
461	Aufzugsanlagen	7.493,81 m² BGF	225.921,82	30,15	4,1
463	Befahranlagen	7.493,81 m² BGF	160.554,78	21,42	2,9
470	**Nutzungsspez. u. verfahrenstechn. Anl.**	**7.493,81 m² BGF**	**1.169.059,60**	**156,00**	**21,1**
474	Feuerlöschanlagen	7.493,81 m² BGF	1.169.059,60	156,00	21,1
490	**Sonst. Maßnahmen für techn. Anlagen**	**7.493,81 m² BGF**	**113.803,72**	**15,19**	**2,1**
491	Baustelleneinrichtung	7.493,81 m² BGF	31.644,65	4,22	0,6
492	Gerüste	7.493,81 m² BGF	82.159,07	10,96	1,5

9100-0155
Zweigbibliothek
(150 Leseplätze)
(12 AP)

Kostenkennwerte für Leistungsbereiche nach STLB (Kosten KG 400 nach DIN 276)

LB	Leistungsbereiche	Kosten €	€/m² BGF	€/m³ BRI	% an 400
040	Wärmeversorgungsanlagen - Betriebseinrichtungen	38.815	5,20	1,20	0,7
041	Wärmeversorgungsanlagen - Leitungen, Armaturen, Heizflächen	169.709	22,60	5,30	3,1
042	Gas- und Wasseranlagen - Leitungen, Armaturen	52.835	7,10	1,70	1,0
043	Druckrohrleitungen für Gas, Wasser und Abwasser	–	–	–	–
044	Abwasseranlagen - Leitungen, Abläufe, Armaturen	150.501	20,10	4,70	2,7
045	Gas-, Wasser- und Entwässerungsanlagen - Ausstattung, Elemente, Fertigbäder	35.321	4,70	1,10	0,6
046	Gas-, Wasser- und Entwässerungsanlagen - Betriebseinrichtungen	1.035	0,14	0,03	< 0,1
047	Dämm- und Brandschutzarbeiten an technischen Anlagen	211.493	28,20	6,60	3,8
049	Feuerlöschanlagen, Feuerlöschgeräte	1.169.060	156,00	36,60	21,1
050	Blitzschutz- / Erdungsanlagen, Überspannungsschutz	68.793	9,20	2,20	1,2
051	Kabelleitungstiefbauarbeiten	–	–	–	–
052	Mittelspannungsanlagen	–	–	–	–
053	Niederspannungsanlagen - Kabel / Leitungen, Verlegesysteme, Installationsgeräte	506.572	67,60	15,90	9,2
054	Niederspannungsanlagen - Verteilersysteme und Einbaugeräte	141.342	18,90	4,40	2,6
055	Sicherheits- und Ersatzstromversorgungsanlagen	4.568	0,61	0,14	< 0,1
057	Gebäudesystemtechnik	58.686	7,80	1,80	1,1
058	Leuchten und Lampen	768.442	102,50	24,10	13,9
059	Sicherheitsbeleuchtungsanlagen	94.228	12,60	3,00	1,7
060	Such-, Signal-, Zeitdienst-, Antennen-, elektroakustische Anlagen, Medientechnik	17.139	2,30	0,54	0,3
061	Kommunikations- und Übertragungsnetze	117.817	15,70	3,70	2,1
062	Kommunikationsanlagen	–	–	–	–
063	Gefahrenmeldeanlagen	467.313	62,40	14,60	8,4
064	Zutrittskontroll-, Zeiterfassungssysteme	–	–	–	–
069	Aufzüge	225.922	30,10	7,10	4,1
070	Gebäudeautomation	–	–	–	–
075	Raumlufttechnische Anlagen	599.646	80,00	18,80	10,8
078	Kälteanlagen für raumlufttechnische Anlagen	291.267	38,90	9,10	5,3
	Gebäudetechnik	**5.190.504**	**692,60**	**162,60**	**93,8**
	Sonstige Leistungsbereiche	**262.225**	**35,00**	**8,20**	**4,7**

9100-0168
Schauspielhaus
Zweitspielstätte

Umbau

Kostenkennwerte für die Kosten des Bauwerks (Kostengruppen 300+400 nach DIN 276)

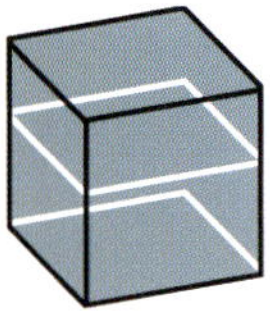

BRI 490 €/m³

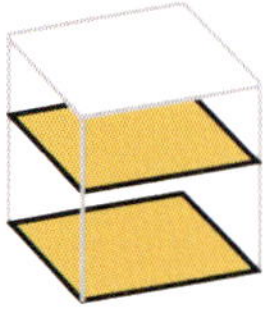

BGF 1.725 €/m²

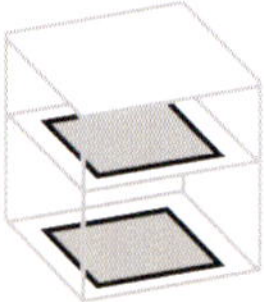

NUF 2.670 €/m²

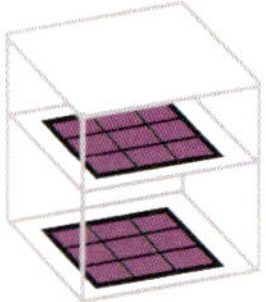

NE 24.842 €/NE

NE: Zuschauerplätze

Objekt:
Kennwerte: 3. Ebene DIN 276
BRI: 10.084 m³
BGF: 2.865 m²
NUF: 1.851 m²
Bauzeit: 70 Wochen
Bauende: 2017
Standard: hoch
Bundesland: Sachsen
Kreis: Leipzig, Stadt

Architekt*in:
Eßmann | Gärtner | Nieper
Architekten GbR
Gabelsbergerstraße 1a
04317 Leipzig

Bauherr*in:
Schauspiel Leipzig
Eigenbetrieb der Stadt Leipzig
Bosestraße 1
04109 Leipzig

© Steffen Junghans

© Steffen Junghans

Erdgeschoss

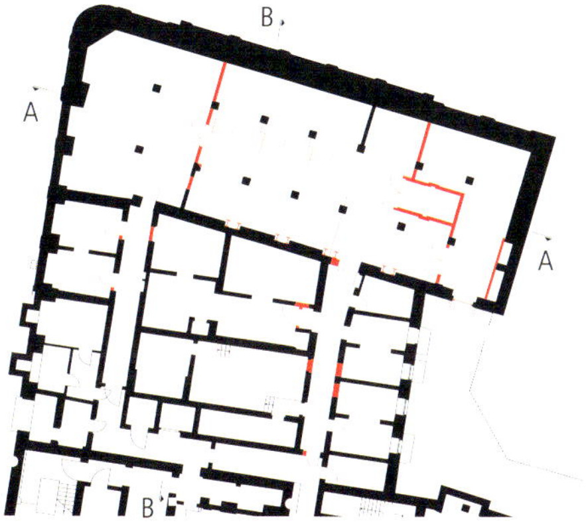

Untergeschoss

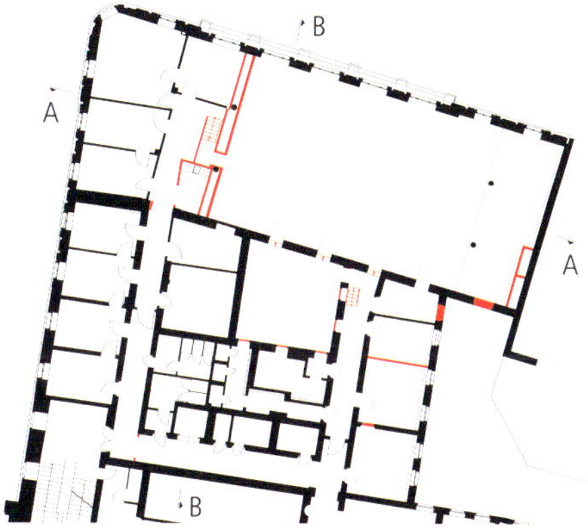

Zwischengeschoss

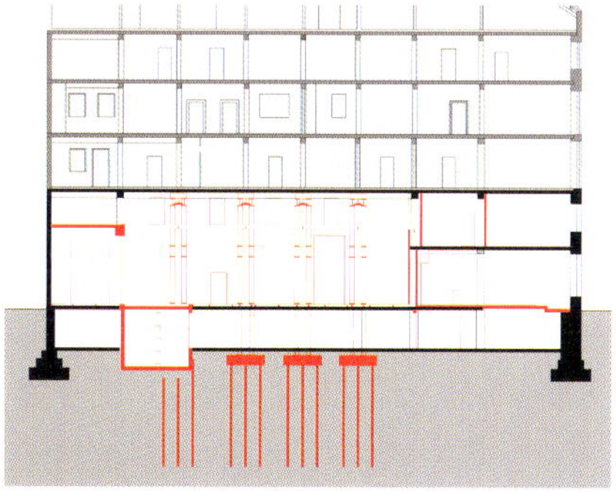

Schnitt A-A

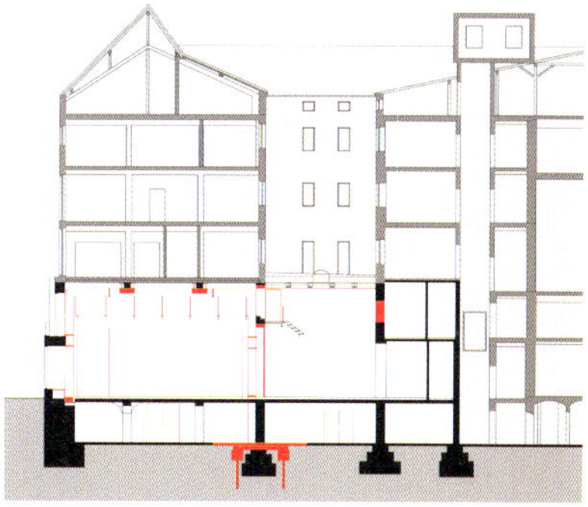

Schnitt B-B

Objektbeschreibung

Allgemeine Objektinformationen

Die ehemalige Diskothek wurde zur Zweitspielstätte des Schauspielhauses um- und ausgebaut. Das Gebäude wurde auf drei Ebenen neugestaltet. Die Spielstätte verfügt über eine flexible Bestuhlung und Szenenfläche. Die baulichen und technischen Bedingungen ermöglichen bis zu 199 Besucherplätze. Die vorhandene Optik mit sichtbarem Rohbau, Betondecken und Ziegelsteinen wurde in der Neugestaltung aufgegriffen und thematisiert. Alle öffentlichen Bereiche inklusive des Eingangs und der WC-Anlage sind **barrierefrei** zugänglich.

Nutzung

1 Untergeschoss
Technikräume, Lagerräume

1 Erdgeschoss
Szenenfläche, Foyer mit Garderobe, Maske, Sanitärräume

1 Obergeschoss
Technikebene, Büros, Umkleiden

Nutzeinheiten

Zuschauerplätze: 199

Markt

Hauptvergabezeit: 2. Quartal 2016
Baubeginn: 2. Quartal 2016
Bauende: 4. Quartal 2017
Konjunkturelle Gesamtlage: über Durchschnitt
Regionaler Baumarkt: über Durchschnitt

Baubestand

Baujahr: 1902
Bauzustand: gut
Aufwand: hoch
Grundrissänderungen: umfangreiche
Tragwerkseingriffe: umfangreiche
Nutzungsänderung: ja
Nutzung während der Bauzeit: nein

Baukonstruktion

Für die neue Szenenfläche im Erdgeschoss mussten aus der bestehenden Massivbaukonstruktion acht Stahlbetonstützen sowie die Stahlbetondecke abgebrochen werden. Vier Abfangkonstruktionen aus Profilstahlträgern mit neuen Gründungen in Form von Minibohrpfählen wurden eingebracht. Bestehende Innenwände sind größtenteils sichtbar belassen, neue Innenwände entstanden in Trockenbauweise. Zahlreiche Tür- und Fensteröffnungen wurden angepasst und haben Stahlbetonfertigteilstürze und neue Tür- und Fensterelemente erhalten. Die Decken wurden teilweise abgehängt, teilweise verputz und beschichtet oder erhielten nur eine Beschichtung. Als Fußbodenbeläge für die allgemeinen Flächen wurden Vinyl und Linoleum gewählt, im Untergeschoss wurde der Estrich versiegelt. In den Nassräumen sind die Böden mit Fliesen belegt. Die Szenefläche ist mit Dreischichtplatten und farbiger Deckbeschichtung gestaltet.

Technische Anlagen

An die bestehende Heizungsanlage wurden neue Heizkörper angeschlossen. Der neu errichtete Bereich wurde mit einer raumlufttechnischen Anlage **mit Wärmerückgewinnung** ausgestattet. Im Untergeschoss wurde eine **Kälteanlage** installiert. Das Schauspielhaus wurde mit einer Gefahrenmelde-/**Alarmanlage** und **Gebäudeautomation** ausgerüstet.

Sonstiges

Alle öffentlichen Bereiche sind **barrierefrei** zugänglich.
Auch eine rollstuhlgerechte WC-Anlage ist vorgesehen.
Für den Entwurf erzielte das Architekturbüro in einem öffentlichen Verhandlungsverfahren den 1. Platz.

Planungskennwerte für Flächen und Rauminhalte nach DIN 277

Flächen des Grundstücks		Menge Einheit	% an GF
BF	Bebaute Fläche	–	–
UF	Unbebaute Fläche	–	–
GF	Grundstücksfläche	–	–

Grundflächen des Bauwerks		Menge Einheit	% an NUF	% an BGF
NUF	Nutzungsfläche	1.851,44 m²	100,0	64,6
TF	Technikfläche	62,70 m²	3,4	2,2
VF	Verkehrsfläche	261,00 m²	14,1	9,1
NRF	Netto-Raumfläche	2.175,14 m²	117,5	75,9
KGF	Konstruktions-Grundfläche	689,86 m²	37,3	24,1
BGF	Brutto-Grundfläche	2.865,00 m²	154,7	100,0

Brutto-Rauminhalt des Bauwerks		Menge Einheit	BRI/NUF (m)	BRI/BGF (m)
BRI	Brutto-Rauminhalt	10.084,20 m³	5,45	3,52

Prozentualer Anteil der Kostengruppen der 2. Ebene an der Kostengruppe 400 nach DIN 276

KG	Kostengruppen (2. Ebene)
410	Abwasser-, Wasser-, Gasanlagen
420	Wärmeversorgungsanlagen
430	Raumlufttechnische Anlagen
440	Elektrische Anlagen
450	Kommunikationstechnische Anlagen
460	Förderanlagen
470	Nutzungsspez. u. verfahrenstechn. Anl.
480	Gebäude- und Anlagenautomation
490	Sonst. Maßnahmen für techn. Anlagen

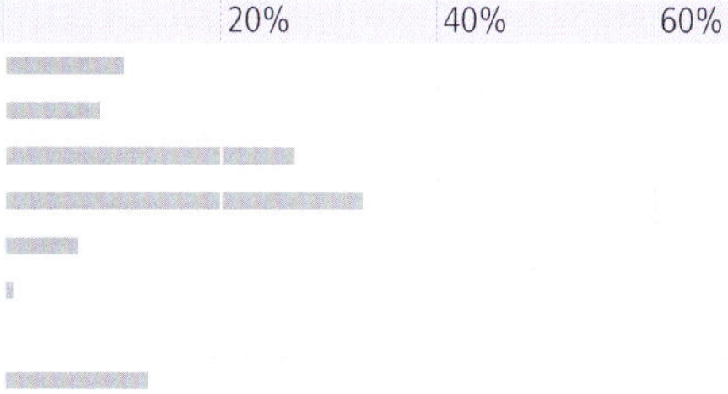

Ranking der Kostengruppen der 3. Ebene an der Kostengruppe 400 nach DIN 276

KG	Kostengruppen (3. Ebene)	% an KG 400	KG	Kostengruppen (3. Ebene)	% an KG 400
444	Niederspannungsinstallationsanlagen	21,1	442	Eigenstromversorgungsanlagen	4,1
431	Lüftungsanlagen	19,5	411	Abwasseranlagen	3,2
412	Wasseranlagen	7,2	423	Raumheizflächen	3,2
434	Kälteanlagen	7,2	483	Automationsmanagement	3,2
481	Automationseinrichtungen	5,8	484	Kabel, Leitungen und Verlegesysteme	3,1
445	Beleuchtungsanlagen	5,7	457	Datenübertragungsnetze	1,9
422	Wärmeverteilnetze	5,3	443	Niederspannungsschaltanlagen	1,5
456	Gefahrenmelde- und Alarmanlagen	4,6	482	Schaltschränke, Automation	1,1

Kostenkennwerte für die Kostengruppen der 1. Ebene DIN 276

KG	Kostengruppen (1. Ebene)	Einheit	Kosten €	€/Einheit	€/m² BGF	€/m³ BRI	% 300+400
100	Grundstück	m² GF	–	–	–	–	–
200	Vorbereitende Maßnahmen	m² GF	–	–	–	–	–
300	Bauwerk – Baukonstruktionen	m² BGF	3.425.141	1.195,51	1.195,51	339,65	69,3
400	Bauwerk – Technische Anlagen	m² BGF	1.518.384	529,98	529,98	150,57	30,7
	Bauwerk 300+400	**m² BGF**	**4.943.526**	**1.725,49**	**1.725,49**	**490,22**	**100,0**
500	Außenanlagen und Freiflächen	m² AF	–	–	–	–	–
600	Ausstattung und Kunstwerke	m² BGF	1.921	0,67	0,67	0,19	< 0,1
700	Baunebenkosten	m² BGF	–	–	–	–	–
800	Finanzierung	m² BGF	–	–	–	–	–

KG	Kostengruppe	Menge Einheit	Kosten €	€/Einheit	%
3+4	**Bauwerk**				**100,0**
300	**Bauwerk – Baukonstruktionen**	2.865,00 m² BGF	3.425,141	**1.195,51**	69,3

- Abbrechen (Kosten: 17,7%) — 607.805
  Abbruch von Bodenplatten, Fundament; Mauerwerk, Beton, Ringankern, Außentüren, Fenstern, Holzbauteilen; GK-Wänden, Stb-Stützen, Innentüren, Putz, Beschichtungen, Tapeten, Wandfliesen, bewehrten Gipsschalen; Stb-Decken, Estrich, Stahl-Glas-Element, Holzdielen, Unterzügen, Treppen, OSB-Platten, Abdichtung, Teerpappe, Estrich, PVC, Linoleum, Teppich, Spanplatten, Betonhohldielen, Bodenfliesen, Beschichtungen, GK-Decken; Stb-Dach, Vordach, Stahlkonstruktion, Welllichtplatten, Bitumenabdichtung, Dämmung, Blechen; Entsorgung, Deponiegebühren

- Wiederherstellen (Kosten: 0,7%) — 24.252
  Fenster reparieren, Außentür-Dichtring aufarbeiten; Rahmenhölzer neu herstellen, Ornamentverglasung verkitten, fehlendes Ornamentglas ersetzen, Beschichtung anschleifen, beschichten; Risse im Estrich vernadeln, verharzen, schließen, Bewehrung entrosten, Korrosionsschutz, mit Mörtel auffüllen, Decke reprofilieren

- Herstellen (Kosten: 81,5%) — 2.793.084
  Pumpensümpfe; Bodenaustausch, Bodenplatte, WU-Beton, Stb-Rampe, Stb-Treppenlaufplatte, Stahlträger, Mikropfähle, Versiegelung; Stb-Wände, Stb-Ringanker, Stahlstützen, Außentüren, Drehtür, Fenster, Putz, Klappläden, Lüftungsschacht; Mauerwerk, Stb-Stürze, GK-Wände, Stahlstützen, Innentüren, Rolltore, Putz, Beschichtung, Wandfliesen, WC-Trennwände, Verdunkelungen; Stb-Decken, Stahltreppe, Stahlträger, Stahlrahmen, Estrich, Imprägnierung, Fertigteilestrich, Bühnenboden, Vinyl, Linoleum, Bodenfliesen, Rippenstreckmetall, Putz, abgehängte Decken, Beschichtungen; Vordach, Dachrinne; Vorhangstangen

KG	Kostengruppe	Menge Einheit	Kosten €	€/Einheit	%
400	**Bauwerk – Technische Anlagen**	2.865,00 m² BGF	1.518.384	**529,98**	30,7
	• Abbrechen (Kosten: 6,1%) Abbruch von Abwasserrohren, Bodeneinläufen, Kalt- und Warmwasserleitungen; Heizungsrohren, Heizkörpern; **Lüftungsanlage**, Lüftungskanälen; Zentralbatteriesystem, Fernmeldeleitungen; Brandmeldekabeln, Rauchmelder, Signalgeber, Handmelder; **Aufzug**; Network-Control-Modulen, Kabeln an Feldgeräten abklemmen, kürzen; Entsorgung, Deponiegebühren		92.161		
	• Wiederherstellen (Kosten: 2,0%) Abwasser- und Wasserleitungen umbauen; Heizungsrohre umbauen; Austausch von LS-Schaltern		29.721		
	• Herstellen (Kosten: 92,0%) Hebeanlage, Abwasserleitungen, Kalt- und Warmwasserleitungen, Sanitärobjekte; Nassläuferpumpen, Kupferrohre, Heizkörper; Zu- und Abluftgerät mit **WRG**, Kaltwassergerät, Wickelfalzrohre, Deflektorhaube, **Kälteanlage**, Edelstahlrohre; Zentralbatteriesystem, Verteiler, Elektroinstallation, Beleuchtung, **Blitzschutz**; Such- und Signalanlage, Antennenanlage, Gefahrenmelde- und **Alarmanlage**, Datenübertragungsnetze; **Gebäudeautomation**		1.396.502		
600	**Ausstattung und Kunstwerke**	2.865,00 m² BGF	1.921	**0,67**	< 0,1
	• Abbrechen (Kosten: 30,2%) Abbruch von Gardinenleisten, Holzbauteilen; Entsorgung, Deponiegebühren		581		
	• Herstellen (Kosten: 69,8%) Duschabtrennung, Spiegel		1.340		

Umbau

Kostenkennwerte für die Kostengruppen 400 der 2.Ebene DIN 276

KG	Kostengruppe	Menge Einheit	Kosten €	€/Einheit	%
400	**Bauwerk – Technische Anlagen**				**100,0**
410	**Abwasser-, Wasser-, Gasanlagen**	2.865,00 m² BGF	165.760	**57,86**	10,9
	• Abbrechen (Kosten: 15,8%) Abbruch von Gusseisen-Rohren (218m), PP-Rohren (60m), KG-Rohren (6St), Bodeneinläufen (8St) * Stahlrohren (481m), Metallrohren (140m), Dämmung (980kg); Entsorgung, Deponiegebühren	2.865,00 m² BGF	26.199	**9,14**	
	• Wiederherstellen (Kosten: 2,5%) Abwasserleitungen umbauen (psch) * Wasserleitungen umbauen (psch)	2.865,00 m² BGF	4.101	**1,43**	
	• Herstellen (Kosten: 81,7%) Hebeanlage (1St), HT-Rohre (298m), SML-Rohre (16m) * Edelstahlrohre (749m), Verbundrohre (189m), Waschtische, Armaturen (10St), Ausgussbecken, Aufputz-Wandarmatur (1St), Duschwanne, Einhebel-Brausemischer, Brause-Set (1St), Tiefspül-WCs (7St), WC-Steuerung (1St), WC-Stützgriff (1St), mit Spülauslösung (2St), Urinale, Urinalsteuerungen (4St), Eckventil-Thermostat Set (1St) * Montageelemente (23St)	2.865,00 m² BGF	135.461	**47,28**	
420	**Wärmeversorgungsanlagen**	2.865,00 m² BGF	131.829	**46,01**	8,7
	• Abbrechen (Kosten: 9,2%) Abbruch von Kupferrohren (225m), Metallrohren (75m), Stahlrohren (36m) * Heizkörpern (25St); Entsorgung, Deponiegebühren	2.865,00 m² BGF	12.162	**4,25**	
	• Wiederherstellen (Kosten: 0,6%) Heizungsrohre umbauen (psch)	2.865,00 m² BGF	775	**0,27**	
	• Herstellen (Kosten: 90,2%) Nassläuferpumpen (2St) * Flansch-Absperrventile (2St), Rückschlagklappen (2St), Schmutzfänger (2St), Lufttöpfe (2St), Zeigerthermometer (1St), Manometer (1St), Kupferrohre (642m), Strangabsperrventile (18St) * Plan-Ventilheizkörper (13St), Konvektoren (7St), Röhrenheizkörper (2St), Thermostate (15St), Bodengitter (23St)	2.865,00 m² BGF	118.892	**41,50**	
430	**Raumlufttechnische Anlagen**	2.865,00 m² BGF	404.719	**141,26**	26,7
	• Abbrechen (Kosten: 1,2%) Abbruch von **Lüftungsanlage** (psch), Haltern, Wandwinkeln (psch), Lüftungskanälen (psch); Entsorgung, Deponiegebühren	2.865,00 m² BGF	4.670	**1,63**	
	• Herstellen (Kosten: 98,8%) Zu- und Abluftgerät 11.320m³/h mit **WRG** (1St), Kaltwassergerät (1St), Rechteckkanäle (344m²), Wickelfalzrohre (227m), Flexrohre (22m), Deflektorhaube (1St), Quellluftgitter (4St), Quellluftauslässe (8St), Lüftungsgitter (2St) * Kältepumpe 11,98m³/h (1St), Frequenzumrichter (1St), Kühlwasserverteiler (1St), Edelstahlrohre (335m), Blechmantel (93m), Zeigerthermometer (4St)	2.865,00 m² BGF	400.050	**139,63**	

KG	Kostengruppe	Menge Einheit	Kosten €	€/Einheit	%
440	**Elektrische Anlagen**	2.865,00 m² BGF	499.596	**174,38**	32,9
	• Abbrechen (Kosten: 5,4%)	2.865,00 m² BGF	26.988	**9,42**	
	Abbruch von Zentralbatteriesystem (1St) * Leitungen (7.639m), Fernmeldeleitungen (2.677m), Installationsrohren (729m), LF-Kanälen (634m), Brüstungskanälen (419m), Leerrohren (205m); Entsorgung, Deponiegebühren				
	• Wiederherstellen (Kosten: 5,0%)	2.865,00 m² BGF	24.845	**8,67**	
	2polige 10A LS-Schalter austauschen gegen 2polige 2A LS-Schalter für Si-Beleuchtungsstromkreise (117St)				
	• Herstellen (Kosten: 89,6%)	2.865,00 m² BGF	447.764	**156,29**	
	Zentralbatteriesystem (1St) * Standverteiler (3St), Unterverteilung (1St) * LS-Schalter (282St), FI-Schutzschalter (21St), Lasttrennschalter (55St), Dämmerungsschalter (1St), Treppenlicht-Zeitschalter (1St), Installationsleitungen (11.848m), Niederspannungskabel (525m), Steckdosen (326St), Schalter/Taster (88St), CEE-Steckdosen (3St) * Leuchten (180St), Downlights (23St), LED-Deckeneinbaustrahler (4St), LED-Sicherheitsleuchten (58St), Rettungszeichenleuchten (26St), Rasterhängeleuchten (14St), Pendelleuchten (2St) * Installationsleitungen (679m), Potenzialausgleichsleitungen (68m)				
450	**Kommunikationstechnische Anlagen**	2.865,00 m² BGF	103.421	**36,10**	6,8
	• Abbrechen (Kosten: 6,3%)	2.865,00 m² BGF	6.472	**2,26**	
	Abbruch von Brandmeldekabeln (620m), Rauchmelder (60St), Signalgeber (25St), Handmelder (20St); Entsorgung, Deponiegebühren				
	• Herstellen (Kosten: 93,7%)	2.865,00 m² BGF	96.948	**33,84**	
	Rufkompaktset (1St), Zugtaster (3St), Ruftaster (1St) * Koaxialleitungen (324m), Antennensteckdosen (7St) * **Einbruchmeldezentrale** (1St), IK-Leser mit Tastatur (3St), Passiv-Infrarot-Bewegungsmelder (12St), optischer Alarmgeber (5St), Rauchmelder (2St), Multisensormelder (85St), Warntongeber (48St), Handmelder (13St), Brandmeldekabel (142m) * Datenkabel **Cat7** (3.124m), Installationskabel (3.101m), **EIB**-Busleitungen (200m), 19" Spleisboxen (2St), Anschlussdosen (45St), Daten-Anschlussboxen (2St)				
460	**Förderanlagen**	2.865,00 m² BGF	14.116	**4,93**	0,9
	• Abbrechen (Kosten: 100,0%)	2.865,00 m² BGF	14.116	**4,93**	
	Abbruch von **Aufzug** (1St), Entsorgung, Deponiegebühren				
480	**Gebäude- und Anlagenautomation**	2.865,00 m² BGF	198.943	**69,44**	13,1
	• Abbrechen (Kosten: 0,8%)	2.865,00 m² BGF	1.555	**0,54**	
	Abbruch von Network-Control-Modulen (2St), Entsorgung, Deponiegebühren * Kabeln an Feldgeräten abklemmen, kürzen, auf Verteilerdose legen, mit Klemmen sichern, Kabelreste entsorgen (14St)				
	• Herstellen (Kosten: 99,2%)	2.865,00 m² BGF	197.388	**68,90**	
	Anwenderprogramme konvertieren, anpassen (2St), Network **Automation**-Engine (2St), **KNX**-Controlpanel (1St), DMX-Gateways (2St), DMX-GW-Konfiguratoren (2St), DALI-Gateway (1St), IP-Router (2St), Prozessrechner, Bedienstation (1St) * Standschrank (1St), Haupteispeisung (1St) * **DDC**-US: Spannungsversorgungsbaugruppe, Zentraleinheit (1St), **DDC**-Schaltschrank (1St), Dienstleistungen Datenpunkte (170St), Industrial-Ethernet-Switch (1St) * Installationsleitungen (4.918m), Datenübertragungskabel **Cat7** (89m)				

Kostenkennwerte für die Kostengruppen 400 der 2. und 3. Ebene DIN 276 (Übersicht)

KG	Kostengruppe	Menge Einheit	Kosten €	€/Einheit	%
410	**Abwasser-, Wasser-, Gasanlagen**	**2.865,00 m² BGF**	**165.760,49**	**57,86**	**10,9**
411	Abwasseranlagen	2.865,00 m² BGF	49.078,16	17,13	3,2
412	Wasseranlagen	2.865,00 m² BGF	109.751,01	38,31	7,2
419	Sonstiges zur KG 410	2.865,00 m² BGF	6.931,33	2,42	0,5
420	**Wärmeversorgungsanlagen**	**2.865,00 m² BGF**	**131.829,44**	**46,01**	**8,7**
421	Wärmeerzeugungsanlagen	2.865,00 m² BGF	2.865,60	1,00	0,2
422	Wärmeverteilnetze	2.865,00 m² BGF	80.890,08	28,23	5,3
423	Raumheizflächen	2.865,00 m² BGF	48.073,76	16,78	3,2
430	**Raumlufttechnische Anlagen**	**2.865,00 m² BGF**	**404.719,46**	**141,26**	**26,7**
431	Lüftungsanlagen	2.865,00 m² BGF	295.413,22	103,11	19,5
434	Kälteanlagen	2.865,00 m² BGF	109.306,23	38,15	7,2
440	**Elektrische Anlagen**	**2.865,00 m² BGF**	**499.596,10**	**174,38**	**32,9**
442	Eigenstromversorgungsanlagen	2.865,00 m² BGF	62.527,15	21,82	4,1
443	Niederspannungsschaltanlagen	2.865,00 m² BGF	23.101,91	8,06	1,5
444	Niederspannungsinstallationsanlagen	2.865,00 m² BGF	319.979,25	111,69	21,1
445	Beleuchtungsanlagen	2.865,00 m² BGF	86.387,38	30,15	5,7
446	Blitzschutz- und Erdungsanlagen	2.865,00 m² BGF	7.600,38	2,65	0,5
450	**Kommunikationstechnische Anlagen**	**2.865,00 m² BGF**	**103.420,54**	**36,10**	**6,8**
452	Such- und Signalanlagen	2.865,00 m² BGF	1.254,79	0,44	< 0,1
455	Audiovisuelle Medien- u. Antennenanl.	2.865,00 m² BGF	2.181,50	0,76	0,1
456	Gefahrenmelde- und Alarmanlagen	2.865,00 m² BGF	70.413,27	24,58	4,6
457	Datenübertragungsnetze	2.865,00 m² BGF	29.570,99	10,32	1,9
460	**Förderanlagen**	**2.865,00 m² BGF**	**14.115,96**	**4,93**	**0,9**
461	Aufzugsanlagen	2.865,00 m² BGF	14.115,96	4,93	0,9
480	**Gebäude- und Anlagenautomation**	**2.865,00 m² BGF**	**198.942,53**	**69,44**	**13,1**
481	Automationseinrichtungen	2.865,00 m² BGF	87.744,77	30,63	5,8
482	Schaltschränke, Automation	2.865,00 m² BGF	16.332,65	5,70	1,1
483	Automationsmanagement	2.865,00 m² BGF	47.855,71	16,70	3,2
484	Kabel, Leitungen und Verlegesysteme	2.865,00 m² BGF	47.009,37	16,41	3,1

Kostenkennwerte für Leistungsbereiche nach STLB (Kosten KG 400 nach DIN 276)

LB	Leistungsbereiche	Kosten €	€/m² BGF	€/m³ BRI	% an 400
040	Wärmeversorgungsanlagen - Betriebseinrichtungen	2.866	1,00	0,28	0,2
041	Wärmeversorgungsanlagen - Leitungen, Armaturen, Heizflächen	98.443	34,40	9,80	6,5
	Wiederherstellen	775	0,27	0,08	< 0,1
	Herstellen	97.668	34,10	9,70	6,4
042	Gas- und Wasseranlagen - Leitungen, Armaturen	57.565	20,10	5,70	3,8
	Wiederherstellen	2.321	0,81	0,23	0,2
	Herstellen	55.244	19,30	5,50	3,6
043	Druckrohrleitungen für Gas, Wasser und Abwasser	–	–	–	–
044	Abwasseranlagen - Leitungen, Abläufe, Armaturen	35.127	12,30	3,50	2,3
	Wiederherstellen	1.780	0,62	0,18	0,1
	Herstellen	33.348	11,60	3,30	2,2
045	Gas-, Wasser- und Entwässerungsanlagen - Ausstattung, Elemente, Fertigbäder	28.783	10,00	2,90	1,9
046	Gas-, Wasser- und Entwässerungsanlagen - Betriebseinrichtungen	–	–	–	–
047	Dämm- und Brandschutzarbeiten an technischen Anlagen	63.355	22,10	6,30	4,2
049	Feuerlöschanlagen, Feuerlöschgeräte	–	–	–	–
050	Blitzschutz- / Erdungsanlagen, Überspannungsschutz	7.600	2,70	0,75	0,5
051	Kabelleitungstiefbauarbeiten	–	–	–	–
052	Mittelspannungsanlagen	–	–	–	–
053	Niederspannungsanlagen - Kabel / Leitungen, Verlegesysteme, Installationsgeräte	236.749	82,60	23,50	15,6
	Wiederherstellen	24.845	8,70	2,50	1,6
	Herstellen	211.904	74,00	21,00	14,0
054	Niederspannungsanlagen - Verteilersysteme und Einbaugeräte	60.675	21,20	6,00	4,0
055	Sicherheits- und Ersatzstromversorgungsanlagen	59.557	20,80	5,90	3,9
057	Gebäudesystemtechnik	–	–	–	–
058	Leuchten und Lampen	86.387	30,20	8,60	5,7
059	Sicherheitsbeleuchtungsanlagen	–	–	–	–
060	Such-, Signal-, Zeitdienst-, Antennen-, elektroakustische Anlagen, Medientechnik	3.205	1,10	0,32	0,2
061	Kommunikations- und Übertragungsnetze	29.802	10,40	3,00	2,0
062	Kommunikationsanlagen	–	–	–	–
063	Gefahrenmeldeanlagen	63.941	22,30	6,30	4,2
064	Zutrittskontroll-, Zeiterfassungssysteme	–	–	–	–
069	Aufzüge	–	–	–	–
070	Gebäudeautomation	197.388	68,90	19,60	13,0
075	Raumlufttechnische Anlagen	243.384	85,00	24,10	16,0
078	Kälteanlagen für raumlufttechnische Anlagen	109.306	38,20	10,80	7,2
	Gebäudetechnik	**1.384.135**	**483,10**	**137,30**	**91,2**
	Wiederherstellen	29.721	10,40	2,90	2,0
	Herstellen	1.354.414	472,70	134,30	89,2
	Sonstige Leistungsbereiche	**134.250**	**46,90**	**13,30**	**8,8**
	Abbrechen	92.161	32,20	9,10	6,1
	Herstellen	42.089	14,70	4,20	2,8

9100-0169
Klosteranlage
Wissenschafts- und
Studierzentrum

Modernisierung

Kostenkennwerte für die Kosten des Bauwerks (Kostengruppen 300+400 nach DIN 276)

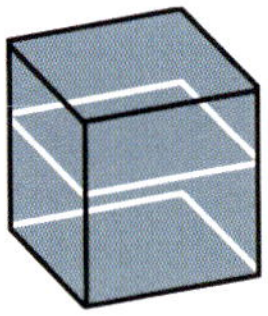

BRI 560 €/m³

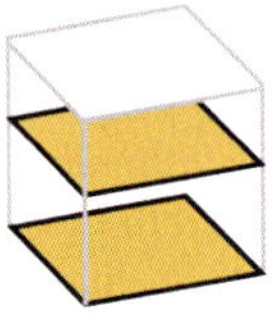

BGF 2.544 €/m²

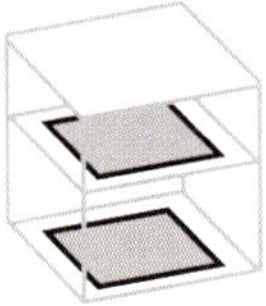

NUF 5.285 €/m²

Objekt:
Kennwerte: 3.Ebene DIN 276
BRI: 25.377 m³
BGF: 5.583 m²
NUF: 2.687 m²
Bauzeit: 122 Wochen
Bauende: 2016
Standard: hoch
Bundesland: Bayern
Kreis: Altötting

Architekt*in:
IPROconsult GmbH
Schnorrstraße 70
01069 Dresden

Bauherr*in:
Stadt Burghausen
Stadtplatz 112
84489 Burghausen

nachher

vorher

Ansicht Ost

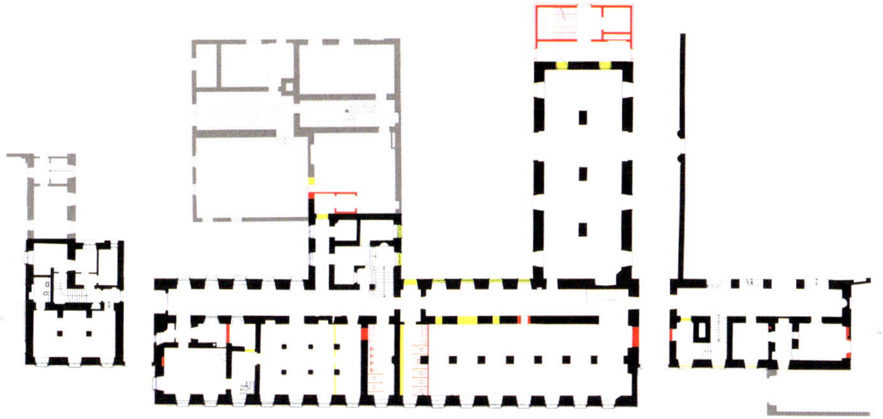

Erdgeschoss

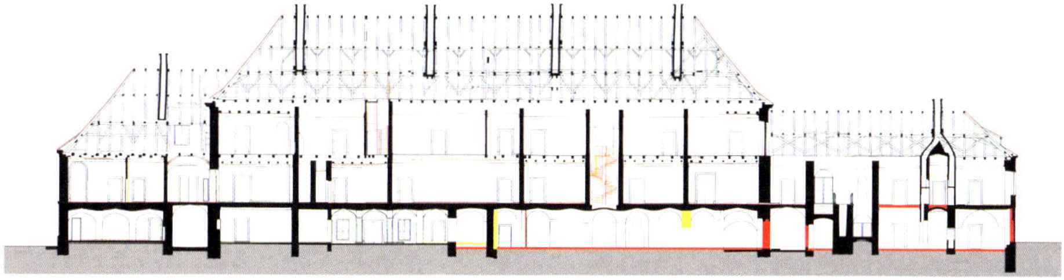

Schnitt

Ansicht West

Objektbeschreibung

Allgemeine Objektinformationen

Die ehemalige Klosteranlage wurde von der Stadt ersteigert. Der Prälatenstock mit Nord- und Südflügel, der Verbindungsflügel zur ehemaligen Brauerei und der Saalflügel mit dem Treppenhausanbau wurden revitalisiert und zu einem Wissenschafts- und Studierzentrum umgenutzt. Die spätbarocken Gebäude waren weitgehend in ihrem ursprünglichen Zustand erhalten.

Nutzung

1 Untergeschoss
Garderoben, Vorräume mit WCs, Catering, Haustechnik

1 Erdgeschoss
Lager/Abstellräume, Vorräume mit WCs/Dusche/Umkleide Personal, Haustechnik, Caféteria inkl. Küche/Lager/Funktionsraum, Teeküche

2 Obergeschosse
1.OG: Saal, Vorräume mit WCs, Besprechungs-, Seminar-, Funktionsräume, Lager, Flure, Kapelle (museal), Abtkapelle (museal)
2.OG: Seminarräume, Lager, Abstellräume, Teeküche, Getränkelager, Papstzimmer (museal)

1 Dachgeschoss
Technik

Grundstück

Bauraum: Beengter Bauraum
Neigung: Ebenes Gelände
Bodenklasse: BK 1 bis BK 4

Markt

Hauptvergabezeit: 3.Quartal 2014
Baubeginn: 3.Quartal 2014
Bauende: 4.Quartal 2016
Konjunkturelle Gesamtlage: über Durchschnitt
Regionaler Baumarkt: Durchschnitt

Sonstiges

Die Restaurierung des Klosters wurde mit dem Bayerischen Denkmalpflegepreis in Gold ausgezeichnet. Die Sanierung erfolgte unter Verwendung der originalen Materialien und der ursprünglichen Be- und Verarbeitungstechnologien. Wand- und Deckenfresken sowie bemalte Holzdielenböden und Kachelöfen wurden restauriert.

Baubestand

Baujahr: 1734
Bauzustand: schlecht
Aufwand: hoch
Grundrissänderungen: umfangreiche
Tragwerkseingriffe: umfangreiche
Nutzungsänderung: ja
Nutzung während der Bauzeit: nein

Baukonstruktion

Der alte Zustand der Baukonstruktionen wurde bewahrt und teilweise wiederhergestellt. Fundamente und erdberührte Wände erhielten eine Abdichtung. Die meisten erdberührten Fußbodenaufbauten wurden abgebrochen. Neue Stahlbetonbodenplatten sind mit Estrich, Bodenfliesen, Naturstein und in den Gängen mit historischem Marmor belegt. Ursprüngliche Fensteröffnungen und Fenstergrößen wurden wieder hergestellt.
Alle Außentüren und Fenster wurden saniert, neue nach historischem Vorbild hergestellt. Innenputz und Beschichtungen wurden restauriert. Geschossdecken aus zwei unabhängigen Balkenlagen sind statisch ertüchtigt und gegen den kalten Dachraum gedämmt. Holzdielenbeläge wurden aufgearbeitet. Ein Tonnengewölbe wurde durch ein Stahlbetonflachdach ersetzt. Der neue Treppenhausanbau ist in Stahlbeton und mit Sparrendach ausgeführt. Er dient auch der Stabilisierung der dünnen Wand zum Saal.

Technische Anlagen

Wasserleitungen und die komplette Elektroinstallation wurden erneuert. Die neuen Heizkörper und Fußbodenheizungen sind über Nahwärme an die Heizzentrale angeschlossen. Durchlauferhitzer erwärmen das Trinkwasser. Historische Kachelöfen wurden restauriert. Eine **Klimaanlage** und eine Rauchansauganlage sind installiert. Das Gebäude wurde mit einer Sprechanlage, einer **Brandmeldeanlage**, einer **elektronischen Schließanlage**, einem Datennetzwerk und moderner **Gebäudeautomation** ausgestattet. Zwei **Aufzüge** dienen der Personen- und Lastenbeförderung.

Energetische Kennwerte

Gesetzliche Grundlage: EnEV 2009
A/V_e-Verhältnis (Kompaktheit): 0,48 m^{-1}
Hüllfläche des beheizten Volumens: 569,40 m^2
Spez. Transmissionswärmeverlust: 0,57 $W/(m^2 \cdot K)$
Mittlerer U-Wert (opake Bauteile): 0,22 $W/(m^2 \cdot K)$
Mittlerer U-Wert (transparente Bauteile): 1,10 $W/(m^2 \cdot K)$
Jahresprimärenergie: 24.612,00 kWh/a
Spez. Jahresprimärenergiebedarf: 128,00 $kWh/(m^2 \cdot a)$
Jahresendenergiebedarf: 18.688,00 kWh/a

Planungskennwerte für Flächen und Rauminhalte nach DIN 277

Flächen des Grundstücks		Menge Einheit	% an GF
BF	Bebaute Fläche	–	–
UF	Unbebaute Fläche	–	–
GF	Grundstücksfläche	2.200,00 m²	100,0

Grundflächen des Bauwerks		Menge Einheit	% an NUF	% an BGF
NUF	Nutzungsfläche	2.687,48 m²	100,0	48,1
TF	Technikfläche	269,33 m²	10,0	4,8
VF	Verkehrsfläche	1.149,63 m²	42,8	20,6
NRF	Netto-Raumfläche	4.106,44 m²	152,8	73,6
KGF	Konstruktions-Grundfläche	1.476,47 m²	54,9	26,4
BGF	Brutto-Grundfläche	5.582,91 m²	207,7	100,0

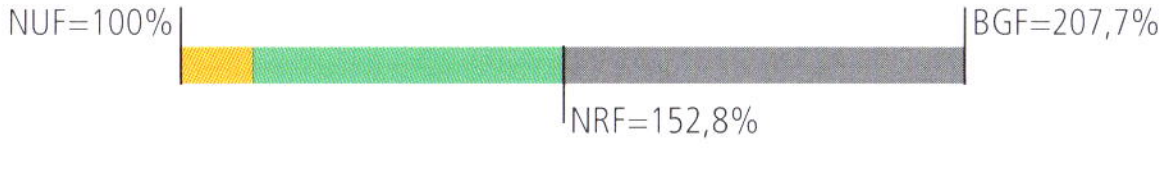

Brutto-Rauminhalt des Bauwerks		Menge Einheit	BRI/NUF (m)	BRI/BGF (m)
BRI	Brutto-Rauminhalt	25.377,00 m³	9,44	4,55

Prozentualer Anteil der Kostengruppen der 2. Ebene an der Kostengruppe 400 nach DIN 276

KG	Kostengruppen (2. Ebene)
410	Abwasser-, Wasser-, Gasanlagen
420	Wärmeversorgungsanlagen
430	Raumlufttechnische Anlagen
440	Elektrische Anlagen
450	Kommunikationstechnische Anlagen
460	Förderanlagen
470	Nutzungsspez. u. verfahrenstechn. Anl.
480	Gebäude- und Anlagenautomation
490	Sonst. Maßnahmen für techn. Anlagen

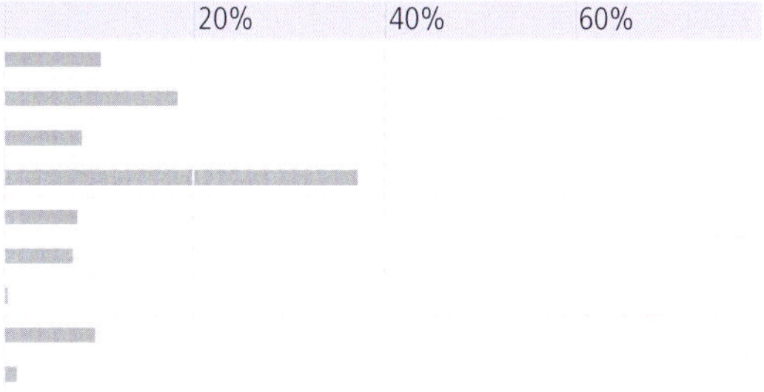

Ranking der Kostengruppen der 3. Ebene an der Kostengruppe 400 nach DIN 276

KG	Kostengruppen (3. Ebene)	% an KG 400	KG	Kostengruppen (3. Ebene)	% an KG 400
444	Niederspannungsinstallationsanlagen	20,8	434	Kälteanlagen	4,8
445	Beleuchtungsanlagen	13,5	429	Sonstiges zur KG 420	3,6
412	Wasseranlagen	7,2	431	Lüftungsanlagen	3,3
422	Wärmeverteilnetze	7,2	411	Abwasseranlagen	2,5
461	Aufzugsanlagen	7,2	446	Blitzschutz- und Erdungsanlagen	1,7
481	Automationseinrichtungen	7,2	452	Such- und Signalanlagen	1,3
423	Raumheizflächen	7,0	457	Datenübertragungsnetze	1,2
456	Gefahrenmelde- und Alarmanlagen	5,1	482	Schaltschränke, Automation	1,2

Kostenkennwerte für die Kostengruppen der 1. Ebene DIN 276

KG	Kostengruppen (1. Ebene)	Einheit	Kosten €	€/Einheit	€/m² BGF	€/m³ BRI	% 300+400
100	Grundstück	m² GF	–	–	–	–	–
200	Vorbereitende Maßnahmen	m² GF	189.115	85,96	33,87	7,45	1,3
300	Bauwerk – Baukonstruktionen	m² BGF	10.699.577	1.916,49	1.916,49	421,62	75,3
400	Bauwerk – Technische Anlagen	m² BGF	3.503.879	627,61	627,61	138,07	24,7
	Bauwerk 300+400	**m² BGF**	**14.203.456**	**2.544,10**	**2.544,10**	**559,70**	**100,0**
500	Außenanlagen und Freiflächen	m² AF	753.755	–	135,01	29,70	5,3
600	Ausstattung und Kunstwerke	m² BGF	1.120.672	200,73	200,73	44,16	7,9
700	Baunebenkosten	m² BGF	–	–	–	–	–
800	Finanzierung	m² BGF	–	–	–	–	–

KG	Kostengruppe	Menge Einheit	Kosten €	€/Einheit	%
200	**Vorbereitende Maßnahmen**	2.200,00 m² GF	189.115	**85,96**	1,3

- Abbrechen (Kosten: 35,8%) 67.729
  Abbruch von Hindernissen im Boden, Bodenkanälen, Mauerwerk, Hang-, Fassaden- und Dachflächen freischneiden; Entsorgung, Deponiegebühren

- Herstellen (Kosten: 64,2%) 121.387
  Suchschachtungen, Suchschlitze, Sicherung von Grundleitungen, Kabeln, Entsorgung von kontaminiertem Aushub; Trinkwasser-, Strom-, Netzanschluss

KG	Kostengruppe	Menge Einheit	Kosten €	€/Einheit	%
3+4	**Bauwerk**				**100,0**
300	**Bauwerk – Baukonstruktionen**	5.582,91 m²BGF	10.699.577	**1.916,49**	75,3

- Abbrechen (Kosten: 7,2%) 774.741
  Abbruch von Betonfundamenten, Betonbodenplatte, Mauerwerkstreppe, Fußbodenaufbau, Ausbauen und Lagern von Dielenböden; historischen Holzfenstern, Holztürelement, Abbruch von Holzfenstern, Putz, Dämmung, Tapeten, Natursteinbelag; Stahlträgern, Mauerwerk, Leichtbauwänden, Innentüren, Ausbauen und Lagern von Holztüren, Abbruch von Gewölbeauffüllungen, Holzbalkendecke, Stb-Decken, Aufnehmen und Lagern von Schüttungen, Fehlböden, Dielenböden, Abbruch von Fußbodenaufbauten, Tonnengewölbe, Bitumenabdichtungen, Faserzementdeckung, Ziegeldeckung, Dachentwässerung; Entsorgung, Deponiegebühren

- Wiederherstellen (Kosten: 31,3%) 3.351.252
  Mauerwerksfundamente verfestigen, Marmorbelag instandsetzen; gemauerte Dränagekanäle instandsetzen; Mauerwerk sanieren, historische Holzfenster restaurieren, Holztüren/-tore instandsetzen, Außenputz ausbessern, Beschichtung überarbeiten, erneuern, Pilaster restaurieren, Innenfaltläden restaurieren, Fenstergitter aufarbeiten; Mauerwerk ertüchtigen, Mauerwerkspfeiler sanieren, historische Holztüren restaurieren, Holzsupraporte restaurieren, Holzfenster instandsetzen, Innenputz überarbeiten, Beschichtungen erneuern, historische Tapeten nachleimen, Handläufe reparieren; Zuganker einbauen, Gewölbefüllungen und Schüttungen aus-/einbauen, Holzbalkendecken ertüchtigen, Holzbohlen erneuern, Dielenbelag instandsetzen, Holztreppen überarbeiten, Kuppel wiederherstellen, Holzgeländer instandsetzen; Spantenkuppel instandsetzen, Holzdachstuhl ertüchtigen, Ziegeldeckung instandsetzen, Dachentwässerung erneuern; historische Wandschränke aufarbeiten

- Herstellen (Kosten: 61,4%) 6.573.584
  Bodenvernagelung; Stb-Flachgründungen, teilweise im Gebäude, Estrich, Sichtestrich, Bodenfliesen, Bodenversiegelung, Parkett, Differenzstufen; Stb-Wände, Mauerwerk, Stb-Stützen, Außentüren/-fenster, Holzfenster nach historischem Vorbild, WDVS, Außenputz, Beschichtung, Stahl-Glasfassaden, Sonnenschutz; Leichtbauwände, Holzrahmenwände, Innentüren/-fenster, Holzrahmentüren nach historischem Vorbild, Dämmung, Innenputz, Beschichtung, Wandfliesen, WC-Trennwände; Einblasdämmung, Holzbalkendecken, Stb-Decken, Stb-Treppen, Stahlträgerdecken, begehbare Verglasung, Betonwerkstein, Holzdielen, Linoleum, GK-Deckensegel, GK-Decken, Stahltreppen; Dämmung in Dachkonstruktion, Stb-Flachdach, Holz-Steildach, Dachabdichtung, Gussasphalt, Ziegeldeckung, Dachentwässerung, Stahl-Lichtdächer; Beschilderung; Bauzustandssicherung

KG	Kostengruppe	Menge Einheit	Kosten €	€/Einheit	%
400	**Bauwerk – Technische Anlagen**	5.582,91 m² BGF	3.503.879	**627,61**	24,7
	• Abbrechen (Kosten: 0,4%) Abbruch von Abwasserrohren, Wasserleitungen, Badewanne, Spülkasten; **Fußbodenheizung**, Heizkörpern, Gusseisenofen, Ofenrohren; Entsorgung, Deponiegebühren, Abbauen und Lagern von Kachelöfen; Elektroinstallation, Wand-/Deckenleuchten; Entsorgung, Deponiegebühren		14.063		
	• Wiederherstellen (Kosten: 2,7%) Gemauerte Entwässerungskanäle ersetzen; Rohrdurchführungen brandschutztechnisch ertüchtigen, Heizkörper neu beschichten, historische Kachelöfen restaurieren		93.325		
	• Herstellen (Kosten: 96,9%) Gebäudeentwässerung, Kaltwasserleitungen, Sanitärobjekte, Durchlauferhitzer; Anschluss an Nahwärme, Enthärtungsstation, Heizungsrohre, Heizkörper, **Fußbodenheizung**, Wandheizung, Schornsteine; Rauchansaugsysteme, **Klimaanlage**; Zentralbatterieanlage, Elektroinstallation, Beleuchtung, **Blitzschutzanlage**; Notrufset, Sprechanlage, Audioverkabelung, **elektronische Schließanlage**, **Brandmeldeanlage**, **RWA-Anlage**, Datenübertragungsnetz; Personen-/Lastenaufzüge; Feuerlöschanlage, **Gebäudeautomation**		3.396.491		
500	**Außenanlagen und Freiflächen**	–	753.755	–	5,3
	• Abbrechen (Kosten: 3,3%) Abbruch von Pflaster, Asphaltdecken, Holzbelag, Aufnehmen und Lagern von Pflaster, Kiestraufe; Abbruch von Holztreppe; Trafostation, Mittelspannungskabel, Straßenbeleuchtung; Entsorgung, Deponiegebühren		24.590		
	• Wiederherstellen (Kosten: 0,2%) Abwasserrohre reinigen, spülen		1.573		
	• Herstellen (Kosten: 96,5%) Erdarbeiten; Asphaltdecke, mineralische Abdichtung, Kiestraufe; Gebäudeentwässerung, Trinkwasserleitungen, Hydranten, Nahwärme-Mediumrohre, Trafostation, Straßenbeleuchtung		727.591		
600	**Ausstattung und Kunstwerke**	5.582,91 m² BGF	1.120.672	**200,73**	7,9
	• Abbrechen (Kosten: 0,2%) Abnehmen und Lagern von historischen Textilvorhängen; historischem Brunnen		2.468		
	• Wiederherstellen (Kosten: 49,7%) Historisches Klavier aufarbeiten, historischen Hammerflügel restaurieren; Rokokoaltar restaurieren, dekorative Marmor-Wandbrunnen aufarbeiten, Skulpturen reinigen, Wand-/Deckenmalereien restaurieren, Dielenböden mit ornamentaler und monochromer Bemalung restaurieren, sechs historische Kachelöfen aufarbeiten, Sonnenuhr und Blindfenster überarbeiten		556.841		
	• Herstellen (Kosten: 50,1%) Stühle, Tische, Sonnenschirme, Sanitärausstattung; Flügel, Klavierhocker, Transportausstattung; Befestigung Leinwandgemälde, Beton-Standfüße für Wandbrunnen, Gerüste, Klimamonitoring		561.363		

Kostenkennwerte für die Kostengruppen 400 der 2.Ebene DIN 276

KG	Kostengruppe	Menge Einheit	Kosten €	€/Einheit	%
400	**Bauwerk – Technische Anlagen**				**100,0**
410	**Abwasser-, Wasser-, Gasanlagen**	5.582,91 m²BGF	358.223	**64,16**	10,2
	• Abbrechen (Kosten: 0,6%)	5.582,91 m²BGF	2.120	**0,38**	
	Abbruch von Abwasserrohren (219m) * Wasserleitungen (19m), Badewanne (1St), Spülkasten (1St); Entsorgung, Deponiegebühren				
	• Wiederherstellen (Kosten: 0,2%)	5.582,91 m²BGF	557	**0,10**	
	Gemauerte Entwässerungskanäle im Fundamentbereich abbrechen, durch Steinzeugrohre DN150 ersetzen (3St)				
	• Herstellen (Kosten: 99,3%)	5.582,91 m²BGF	355.545	**63,68**	
	KG-Rohre DN100-300 (47m), PE-HD-Rohre DN50-100 (157m), SML-Rohre DN50-100 (109m), Rückstauautomat (1St), Schmutzwasserpumpe (1St), Edelstahlrinne (1St) * Edelstahlrohre DN12-40 (544m), PE-Rohre DN32-40 (89m), PE-Druckrohre (50m), Begleitheizung (70m), Enthärtungsanlage (1St), Druckerhöhungsanlage (1St), Tiefspül-WCs (18St), Urinale (8St), Doppelwaschtische (6St), Waschtische (2St), Duschwannen (2St), Ausgussbecken (2St), Durchlauferhitzer (17St) * Montageelemente (34St)				
420	**Wärmeversorgungsanlagen**	5.582,91 m²BGF	641.189	**114,85**	18,3
	• Abbrechen (Kosten: 1,2%)	5.582,91 m²BGF	7.407	**1,33**	
	Abbruch von **Fußbodenheizung** (psch), Heizkörpern (9St) * Gusseisenofen (1St), Ofenrohren (16m); Entsorgung, Deponiegebühren, Abbauen und Lagern von Kachelöfen, Dokumentation (5St)				
	• Wiederherstellen (Kosten: 13,9%)	5.582,91 m²BGF	89.277	**15,99**	
	Rohrdurchführungen brandschutztechnisch ertüchtigen (7St) * Heizkörper neu beschichten (17m²) * Kaminzug-Vorräume säubern (9St), historische Kachelöfen restaurieren, Bruchstellen und Glasurabplatzungen reparieren, Fehlstellen ergänzen, Farbfassungen retuschieren, schadhafte Fugen erneuern, Bekrönungsvase neu befestigen (8St), Metallgitter entrosten, wachsen (3St), Metalluntergestelle entrosten, wachsen (2St)				
	• Herstellen (Kosten: 84,9%)	5.582,91 m²BGF	544.505	**97,53**	
	Vakuum-Sprührohrentgasung (1St), Druckausdehnungsgefäße (2St), Enthärtungsstation (1St), Verteiler (2St) * Stahlrohre DN12-80 (1.910m), Umwälzpumpen (5St) * Heizkörper, Blenden (74St), **Fußbodenheizung**, EPS-Platten (1.528m²), Verbundrohre (2.040m), Heizkreisverteiler (12St), Kompensatoren (8St), Elektro-**Fußbodenheizung** (12m²), Wandheizung (6m²), Verbundrohre (200m) * Schornsteinschlote (4St), Schornsteinverwahrungen (4St)				
430	**Raumlufttechnische Anlagen**	5.582,91 m²BGF	285.963	**51,22**	8,2
	• Herstellen (Kosten: 100,0%)	5.582,91 m²BGF	285.963	**51,22**	
	Rauchansaugsysteme (9St), Koppler (16St), Gateways (4St), Brandrauchrohre (632m), Ansaugrauchmelder (11St), Lüftungskanalmelder (2St), PVC-Kapillarrohr-Sets (51St) * Zu-/**Abluftanlage** mit **WRG**, **Klimagerät** (1St), Wickelfalzrohre DN100-250 (236m), Rechteckkanäle (30m²), Alu-Flexrohre DN100-125 (57m), Schalldämpfer (8St), Brandschutzklappen (11St), Luftdurchlässe (48St)				

KG	Kostengruppe	Menge Einheit	Kosten €	€/Einheit	%
440	**Elektrische Anlagen**	5.582,91 m² BGF	1.298.992	**232,67**	37,1
	• Abbrechen (Kosten: 0,3%)	5.582,91 m² BGF	4.535	**0,81**	
	Abbruch von Elektro-Aufputzinstallationen, Leitungen, Installationsgeräten (728m), Unterverteilern (150St) * Wand-/Deckenleuchten (psch); Entsorgung, Deponiegebühren				
	• Herstellen (Kosten: 99,7%)	5.582,91 m² BGF	1.294.457	**231,86**	
	Zentralbatterieanlage für Sicherheitsbeleuchtung (1St), Überwachungsmodule (7St), Überwachungsbausteine (77St) * Zähler, Schränke (9St), Verteiler (27St), Mantelleitungen (17.996m), Starkstromkabel (3.821m), Installationskabel (1.461m), Brandmeldekabel (5.958m), Steckdosen (562St), Herdanschlussdosen (13St), Schalter/Taster (47St), Bewegungs-/**Präsenzmelder** (26St) * Leuchten (301St), Spots (101St), Strahler (113St), Gewölbefluter (12St), Scheinwerfer (4St), Rettungszeichenleuchten (53St), Bereitschaftsstrahler (47St) * Ringerder (402m), Fundamenterder (33m), Ableitungen (973m), Fangstangen (16St), Erdeinführungsstangen (28St)				
450	**Kommunikationstechnische Anlagen**	5.582,91 m² BGF	270.834	**48,51**	7,7
	• Herstellen (Kosten: 100,0%)	5.582,91 m² BGF	270.834	**48,51**	
	Notrufset (1St), Außensprechanlagen (2St), Kommunikationsstele (1St) * Audiokabel (247m), Audio-Anschlussdosen (48St) * **elektronische Schließanlage** (1St), **Brandmeldeanlage** (1St), Feuerwehrbediensystem (1St), Feuerwehrlaufkarten (105St), Melder (118St), Sirenen (34St), **RWA**-Steuerzentralen (2St), **RWA**-Bedienstellen (5St) * Netzwerkschränke (3St), Patchpanels (12St), Rangierpanels (12St), Datenkabel (4.141m), **LWL-Kabel** (290m), Datendoppeldosen (86St)				
460	**Förderanlagen**	5.582,91 m² BGF	251.334	**45,02**	7,2
	• Herstellen (Kosten: 100,0%)	5.582,91 m² BGF	251.334	**45,02**	
	Personen-/Lastenaufzug, Tragkraft 1.600kg (1St), Laibungsbekleidungen, Stahlportale (4St), **Personenaufzug**, Tragkraft 630kg (1St)				
470	**Nutzungsspez. u. verfahrenstechn. Anl.**	5.582,91 m² BGF	13.316	**2,39**	0,4
	• Herstellen (Kosten: 100,0%)	5.582,91 m² BGF	13.316	**2,39**	
	Löschwasser-Einspeisearmatur (1St), Wandhydrant (1St), Stahlrohr DN50-80, Formstücke (19m), Be-/Entlüftungsventil (1St), Brandschotts (4St)				
480	**Gebäude- und Anlagenautomation**	5.582,91 m² BGF	336.402	**60,26**	9,6
	• Herstellen (Kosten: 100,0%)	5.582,91 m² BGF	336.402	**60,26**	
	KNX-Server (1St), **KNX**-Gateways (2St), **KNX**-Schnittstellen (23St), **KNX**-Linienkoppler (7St), **KNX**-Eingänge (22St), **KNX**-Feldgeräte (379St), Automationseinrichtung (psch), Ein-/Ausgabefunktionen (153St), Verarbeitungsfunktionen (137St), Feldgeräte (38St) * Schaltschrankfelder (2St), Messgerät (1St), Bediengerät (1St), Überspannungsschutzgeräte (3St), Baugruppen (110St), Sicherheitssteuerungen (2St) * Mantelleitungen (874m), Fernmeldekabel (660m), Motoranschlussleitungen (313m) * **KNX**-Busleitungen (4.158m), MSR-Verkabelung (psch)				

KG	Kostengruppe	Menge Einheit	Kosten €	€/Einheit	%
490	**Sonst. Maßnahmen für techn. Anlagen**	5.582,91 m2 BGF	47.626	**8,53**	1,4
	• Wiederherstellen (Kosten: 7,3%) Beschädigte Heizungsrohre erneuern (37h)	5.582,91 m2 BGF	3.491	**0,63**	
	• Herstellen (Kosten: 92,7%) Baustelleneinrichtungen (5St) * Lkw-Teleskop-Hebebühne (1St), Fahrhebebühne (1St), Montagebühnen in Aufzugsschächten (psch), Fahrgerüste (6St) * Baureinigung von Sanitärobjekten, Schaltern (psch), Heizkörpern (75St), Aufzugskabinen (2St), Schutzabdeckung von Bodenkonvektoren (psch)	5.582,91 m2 BGF	44.135	**7,91**	

Kostenkennwerte für die Kostengruppen 400 der 2. und 3. Ebene DIN 276 (Übersicht)

KG	Kostengruppe	Menge Einheit	Kosten €	€/Einheit	%
410	**Abwasser-, Wasser-, Gasanlagen**	**5.582,91 m² BGF**	**358.222,55**	**64,16**	**10,2**
411	Abwasseranlagen	5.582,91 m² BGF	88.364,77	15,83	2,5
412	Wasseranlagen	5.582,91 m² BGF	253.233,83	45,36	7,2
419	Sonstiges zur KG 410	5.582,91 m² BGF	16.623,93	2,98	0,5
420	**Wärmeversorgungsanlagen**	**5.582,91 m² BGF**	**641.189,30**	**114,85**	**18,3**
421	Wärmeerzeugungsanlagen	5.582,91 m² BGF	18.492,27	3,31	0,5
422	Wärmeverteilnetze	5.582,91 m² BGF	253.824,58	45,46	7,2
423	Raumheizflächen	5.582,91 m² BGF	244.302,73	43,76	7,0
429	Sonstiges zur KG 420	5.582,91 m² BGF	124.569,71	22,31	3,6
430	**Raumlufttechnische Anlagen**	**5.582,91 m² BGF**	**285.963,02**	**51,22**	**8,2**
431	Lüftungsanlagen	5.582,91 m² BGF	117.150,28	20,98	3,3
434	Kälteanlagen	5.582,91 m² BGF	168.812,74	30,24	4,8
440	**Elektrische Anlagen**	**5.582,91 m² BGF**	**1.298.992,23**	**232,67**	**37,1**
442	Eigenstromversorgungsanlagen	5.582,91 m² BGF	36.629,24	6,56	1,0
444	Niederspannungsinstallationsanlagen	5.582,91 m² BGF	728.291,60	130,45	20,8
445	Beleuchtungsanlagen	5.582,91 m² BGF	473.163,68	84,75	13,5
446	Blitzschutz- und Erdungsanlagen	5.582,91 m² BGF	60.907,70	10,91	1,7
450	**Kommunikationstechnische Anlagen**	**5.582,91 m² BGF**	**270.834,33**	**48,51**	**7,7**
452	Such- und Signalanlagen	5.582,91 m² BGF	45.014,30	8,06	1,3
455	Audiovisuelle Medien- u. Antennenanl.	5.582,91 m² BGF	5.278,77	0,95	0,2
456	Gefahrenmelde- und Alarmanlagen	5.582,91 m² BGF	178.235,63	31,93	5,1
457	Datenübertragungsnetze	5.582,91 m² BGF	42.305,62	7,58	1,2
460	**Förderanlagen**	**5.582,91 m² BGF**	**251.333,86**	**45,02**	**7,2**
461	Aufzugsanlagen	5.582,91 m² BGF	251.333,86	45,02	7,2
470	**Nutzungsspez. u. verfahrenstechn. Anl.**	**5.582,91 m² BGF**	**13.316,02**	**2,39**	**0,4**
474	Feuerlöschanlagen	5.582,91 m² BGF	13.316,02	2,39	0,4
480	**Gebäude- und Anlagenautomation**	**5.582,91 m² BGF**	**336.401,74**	**60,26**	**9,6**
481	Automationseinrichtungen	5.582,91 m² BGF	251.933,01	45,13	7,2
482	Schaltschränke, Automation	5.582,91 m² BGF	43.009,17	7,70	1,2
484	Kabel, Leitungen und Verlegesysteme	5.582,91 m² BGF	20.757,14	3,72	0,6
485	Datenübertragungsnetze	5.582,91 m² BGF	20.702,44	3,71	0,6
490	**Sonst. Maßnahmen für techn. Anlagen**	**5.582,91 m² BGF**	**47.625,94**	**8,53**	**1,4**
491	Baustelleneinrichtung	5.582,91 m² BGF	3.576,65	0,64	0,1
492	Gerüste	5.582,91 m² BGF	38.591,40	6,91	1,1
495	Instandsetzungen	5.582,91 m² BGF	3.491,27	0,63	< 0,1
497	Zusätzliche Maßnahmen	5.582,91 m² BGF	1.966,60	0,35	< 0,1

Kostenkennwerte für Leistungsbereiche nach STLB (Kosten KG 400 nach DIN 276)

LB	Leistungsbereiche	Kosten €	€/m² BGF	€/m³ BRI	% an 400
040	Wärmeversorgungsanlagen - Betriebseinrichtungen	39.435	7,10	1,60	1,1
	Wiederherstellen	559	0,10	0,02	< 0,1
	Herstellen	38.876	7,00	1,50	1,1
041	Wärmeversorgungsanlagen - Leitungen, Armaturen, Heizflächen	417.712	74,80	16,50	11,9
	Wiederherstellen	3.491	0,63	0,14	< 0,1
	Herstellen	414.221	74,20	16,30	11,8
042	Gas- und Wasseranlagen - Leitungen, Armaturen	69.563	12,50	2,70	2,0
043	Druckrohrleitungen für Gas, Wasser und Abwasser	–	–	–	–
044	Abwasseranlagen - Leitungen, Abläufe, Armaturen	51.680	9,30	2,00	1,5
045	Gas-, Wasser- und Entwässerungsanlagen - Ausstattung, Elemente, Fertigbäder	142.138	25,50	5,60	4,1
046	Gas-, Wasser- und Entwässerungsanlagen - Betriebseinrichtungen	44.213	7,90	1,70	1,3
047	Dämm- und Brandschutzarbeiten an technischen Anlagen	94.703	17,00	3,70	2,7
	Wiederherstellen	9.670	1,70	0,38	0,3
	Herstellen	85.033	15,20	3,40	2,4
049	Feuerlöschanlagen, Feuerlöschgeräte	13.316	2,40	0,52	0,4
050	Blitzschutz- / Erdungsanlagen, Überspannungsschutz	60.908	10,90	2,40	1,7
051	Kabelleitungstiefbauarbeiten	–	–	–	–
052	Mittelspannungsanlagen	–	–	–	–
053	Niederspannungsanlagen - Kabel / Leitungen, Verlegesysteme, Installationsgeräte	546.168	97,80	21,50	15,6
054	Niederspannungsanlagen - Verteilersysteme und Einbaugeräte	131.030	23,50	5,20	3,7
055	Sicherheits- und Ersatzstromversorgungsanlagen	35.389	6,30	1,40	1,0
057	Gebäudesystemtechnik	–	–	–	–
058	Leuchten und Lampen	439.617	78,70	17,30	12,5
059	Sicherheitsbeleuchtungsanlagen	34.523	6,20	1,40	1,0
060	Such-, Signal-, Zeitdienst-, Antennen-, elektroakustische Anlagen, Medientechnik	50.293	9,00	2,00	1,4
061	Kommunikations- und Übertragungsnetze	42.306	7,60	1,70	1,2
062	Kommunikationsanlagen	–	–	–	–
063	Gefahrenmeldeanlagen	208.662	37,40	8,20	6,0
064	Zutrittskontroll-, Zeiterfassungssysteme	86.724	15,50	3,40	2,5
069	Aufzüge	241.041	43,20	9,50	6,9
070	Gebäudeautomation	336.402	60,30	13,30	9,6
075	Raumlufttechnische Anlagen	112.391	20,10	4,40	3,2
078	Kälteanlagen für raumlufttechnische Anlagen	–	–	–	–
	Gebäudetechnik	**3.198.215**	**572,90**	**126,00**	**91,3**
	Wiederherstellen	13.720	2,50	0,54	0,4
	Herstellen	3.184.494	570,40	125,50	90,9
	Sonstige Leistungsbereiche	**267.073**	**47,80**	**10,50**	**7,6**
	Abbrechen	14.063	2,50	0,55	0,4
	Wiederherstellen	79.605	14,30	3,10	2,3
	Herstellen	173.405	31,10	6,80	4,9

Objekte

9100-0195
Speicherbibliothek,
Universitätsarchiv

Kostenkennwerte für die Kosten des Bauwerks (Kostengruppen 300+400 nach DIN 276)

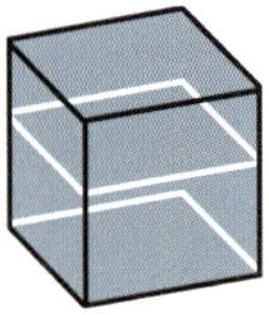

BRI 509 €/m³

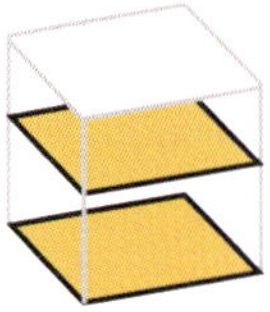

BGF 2.165 €/m²

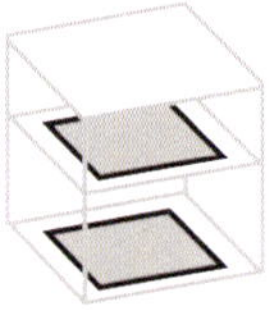

NUF 3.484 €/m²

Objekt:
Kennwerte: 3. Ebene DIN 276
BRI: 16.209 m³
BGF: 3.814 m²
NUF: 2.369 m²
Bauzeit: 83 Wochen
Bauende: 2020
Standard: mittel
Bundesland: Berlin
Kreis: Berlin, Stadt

Architekt*in:
LPH 1-4 Humboldtuniversität
LPH 5-8 Schmidtmann und Gölling Architektur- und Ingenieursgesellschaft mbH
Bölschestraße 10
12587 Berlin

Bauherr*in:
Humboldt-Universität
Unter den Linden 6
10099 Berlin

© Schmidtmann und Gölling GmbH

© Schmidtmann und Gölling GmbH

© Schmidtmann und Gölling GmbH

© Schmidtmann und Gölling GmbH

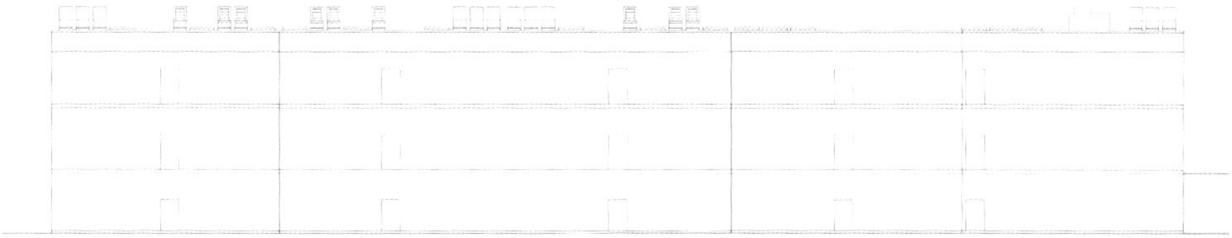

Ansicht Nord-Ost

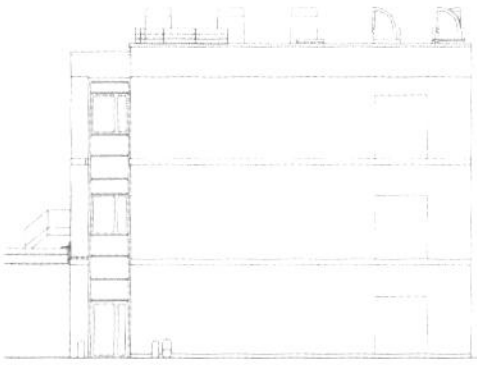

Ansicht Nord-West

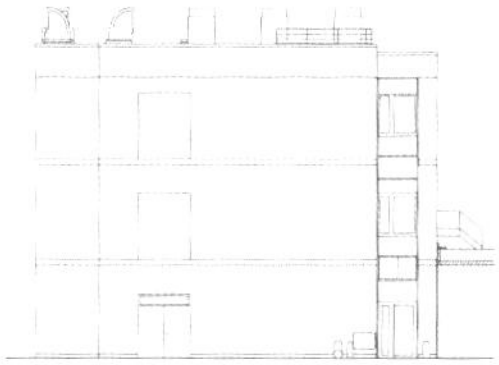

Ansicht Süd-Ost

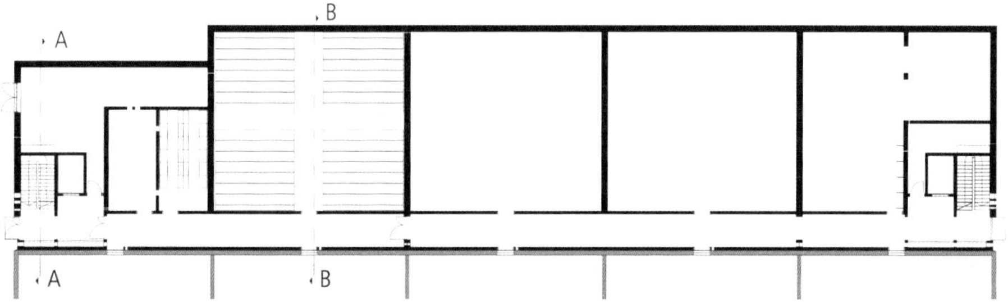

Erdgeschoss

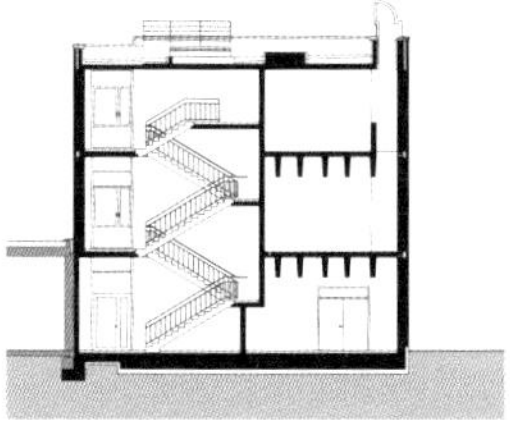

Schnitt A-A

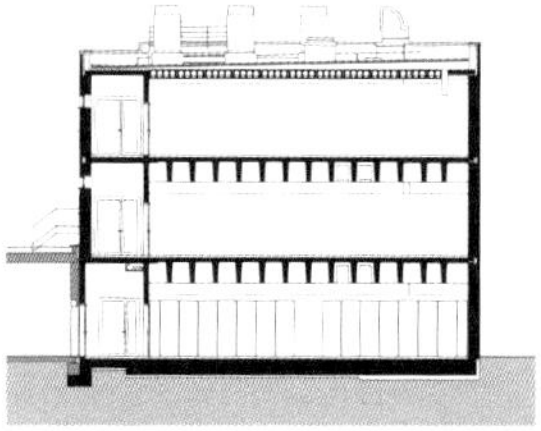

Schnitt B-B

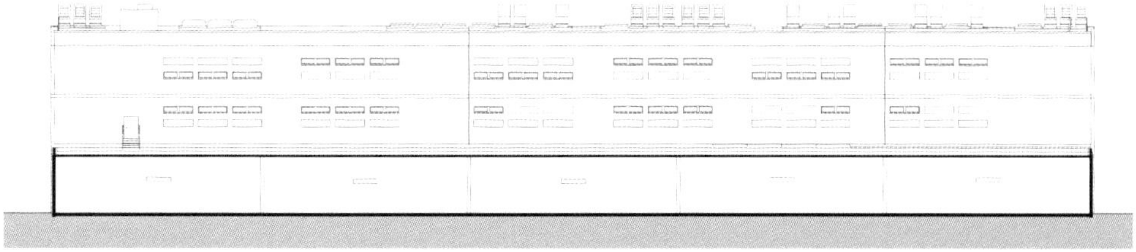

Ansicht Süd-West

Objektbeschreibung

Allgemeine Objektinformationen

In einem zweiten Bauabschnitt wurde das bestehende Universitätsarchiv- und Speicherbibliotheksgebäude um einen dreigeschossigen Neubau mit Archiv- und Lagerflächen ergänzt, der unmittelbar an den Bestand anschließt. Der kubische Baukörper wirkt durch seine größtenteils geschlossene Fassade massiv. Hohe klimatische Anforderungen an die Archivnutzung und eine minimale Durchbiegung der Decken für die Ausstattung mit Rollregalen stellten besondere Anforderungen an die Bauausführung.

Nutzung

1 Erdgeschoss
Archiv, Speicherbibliothek

2 Obergeschosse
Lager, Archiv, ohne Ausbau

Nutzeinheiten

Lagerfläche: 2.250 m²

Grundstück

Bauraum: Freier Bauraum
Neigung: Ebenes Gelände
Bodenklasse: BK 1 bis BK 3

Markt

Hauptvergabezeit: 3. Quartal 2018
Baubeginn: 3. Quartal 2018
Bauende: 2. Quartal 2020
Konjunkturelle Gesamtlage: über Durchschnitt
Regionaler Baumarkt: über Durchschnitt

Baukonstruktion

Das nicht unterkellerte Gebäude wurde aus porosierten Hochlochziegeln errichtet. Die Außenwände haben einen Dämmputz und Anstrich erhalten. In den Decken wurden vorgespannte T-Stegplatten verbaut. Der Aufzugsschacht besteht aus Stahlbeton, für die Innenwände wurde ebenfalls Mauerwerk gewählt. Das Flachdach ist als Retentionsdach ausgeführt. Innen sind alle Wände mit Gipsputz bekleidet. Als Innentüren kamen Stahlblechtüren mit teilweise großen Glasausschnitten zum Einbau. Die Böden wurden mit Epoxidharz beschichtet. Die Lagerräume sind mit Rollregalen ausgestattet, die manuell betätigt werden.

Technische Anlagen

Das Gebäude wird mit Fernwärme versorgt. In den besonders sensiblen Archivbereichen regulieren **Klimageräte** die Raumtemperatur und -feuchtigkeit. Die Südfassade und das Gründach sind für die Nachrüstung mit Photovoltaikelementen vorbereitet worden.

Sonstiges

Die Aufnahme der Nutzung erfolgte vorerst nur über ein Drittel der Flächen im Erdgeschoss, die Obergeschosse sowie die beiden Aufzugsanlagen sind nicht ausgebaut.

Energetische Kennwerte

Gesetzliche Grundlage: EnEV 2013

Planungskennwerte für Flächen und Rauminhalte nach DIN 277

Flächen des Grundstücks		Menge Einheit	% an GF
BF	Bebaute Fläche	1.263,78 m²	15,5
UF	Unbebaute Fläche	6.871,22 m²	84,5
GF	Grundstücksfläche	8.135,00 m²	100,0

Grundflächen des Bauwerks		Menge Einheit	% an NUF	% an BGF
NUF	Nutzungsfläche	2.369,44 m²	100,0	62,1
TF	Technikfläche	275,25 m²	11,6	7,2
VF	Verkehrsfläche	663,93 m²	28,0	17,4
NRF	Netto-Raumfläche	3.308,62 m²	139,6	86,7
KGF	Konstruktions-Grundfläche	505,50 m²	21,3	13,3
BGF	Brutto-Grundfläche	3.814,12 m²	161,0	100,0

Brutto-Rauminhalt des Bauwerks		Menge Einheit	BRI/NUF (m)	BRI/BGF (m)
BRI	Brutto-Rauminhalt	16.208,87 m³	6,84	4,25

Prozentualer Anteil der Kostengruppen der 2.Ebene an der Kostengruppe 400 nach DIN 276

KG	Kostengruppen (2. Ebene)
410	Abwasser-, Wasser-, Gasanlagen
420	Wärmeversorgungsanlagen
430	Raumlufttechnische Anlagen
440	Elektrische Anlagen
450	Kommunikationstechnische Anlagen
460	Förderanlagen
470	Nutzungsspez. u. verfahrenstechn. Anl.
480	Gebäude- und Anlagenautomation
490	Sonst. Maßnahmen für techn. Anlagen

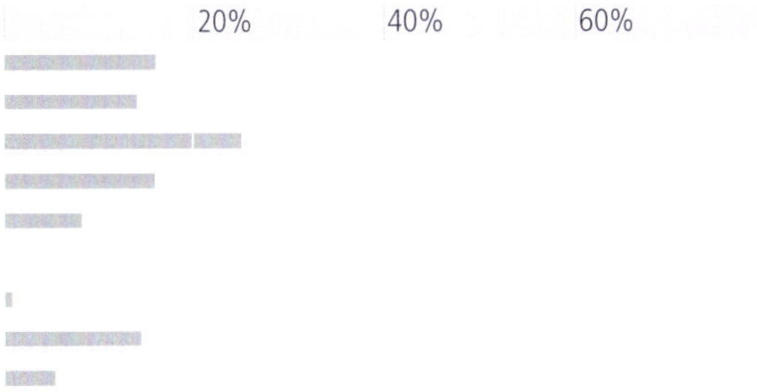

Ranking der Kostengruppen der 3.Ebene an der Kostengruppe 400 nach DIN 276

KG	Kostengruppen (3. Ebene)	% an KG 400	KG	Kostengruppen (3. Ebene)	% an KG 400
411	Abwasseranlagen	12,7	484	Kabel, Leitungen und Verlegesysteme	5,4
422	Wärmeverteilnetze	11,9	445	Beleuchtungsanlagen	3,9
433	Klimaanlagen	10,7	412	Wasseranlagen	3,3
444	Niederspannungsinstallationsanlagen	8,7	491	Baustelleneinrichtung	3,3
431	Lüftungsanlagen	8,5	446	Blitzschutz- und Erdungsanlagen	3,0
456	Gefahrenmelde- und Alarmanlagen	7,6	482	Schaltschränke, Automation	2,2
481	Automationseinrichtungen	6,1	423	Raumheizflächen	2,1
434	Kälteanlagen	5,9	492	Gerüste	1,7

Objekte

Kostenkennwerte für die Kostengruppen der 1. Ebene DIN 276

KG	Kostengruppen (1. Ebene)	Einheit	Kosten €	€/Einheit	€/m² BGF	€/m³ BRI	% 300+400
100	Grundstück	m² GF	–	–	–	–	–
200	Vorbereitende Maßnahmen	m² GF	83.518	10,27	21,90	5,15	1,0
300	Bauwerk – Baukonstruktionen	m² BGF	5.976.282	1.566,88	1.566,88	368,70	72,4
400	Bauwerk – Technische Anlagen	m² BGF	2.279.667	597,69	597,69	140,64	27,6
	Bauwerk 300+400	**m² BGF**	**8.255.949**	**2.164,57**	**2.164,57**	**509,35**	**100,0**
500	Außenanlagen und Freiflächen	m² AF	616.897	–	161,74	38,06	7,5
600	Ausstattung und Kunstwerke	m² BGF	–	–	–	–	–
700	Baunebenkosten	m² BGF	–	–	–	–	–
800	Finanzierung	m² BGF	–	–	–	–	–

KG	Kostengruppe	Menge Einheit	Kosten €	€/Einheit	%
200	**Vorbereitende Maßnahmen**	8.135,00 m² GF	83.518	**10,27**	1,0
	Oberboden abtragen, Bäume fällen, Wurzelstöcke entfernen				
3+4	**Bauwerk**				**100,0**
300	**Bauwerk – Baukonstruktionen**	3.814,12 m² BGF	5.976.282	**1.566,88**	72,4
	Stb-Fundamentplatten, Verbundestrich, Epoxidharzbeschichtung, Linoleum, Perimeterdämmung; Hlz-Mauerwerk, Stb-Wände, Stb-Stützen, Stahltüren, Alufenster, Mineralputz, Silikatbeschichtung, Alu-Pfosten-Riegel-Fassade, Vordächer, Stahltreppe; GK-Wände, Stahltüren, Alutüren, Kalkputz, Silikatbeschichtung; Stb-TT-Plattendecken, Stb-Elementdecken, Stb-Treppen, Dispersionsbeschichtung, Treppengeländer; Spannbeton-Hohldächer, Flachdachfenster, Gefälledämmplatten, Bitumenabdichtung, extensive Dachbegrünung, Dachentwässerung; Beschilderung				
400	**Bauwerk – Technische Anlagen**	3.814,12 m² BGF	2.279.667	**597,69**	27,6
	Gebäudeentwässerung, Schmutzwasserhebeanlage, Kaltwasserleitungen, Umkehrosmose-Anlage; Anschluss an Fernwärme, Flachheizkörper, Umluftheizgeräte; Lüftungsanlagen, **Klimaanlage**, **Kälteanlage**; Stromversorgungssysteme, Elektroinstallation, Beleuchtung, **Blitzschutz**; Zutrittskontrollanlage, **Einbruchmeldeanlage**, **Brandmeldeanlage**, EDV-Verkabelung; Feuerlöscher, Löschwasserleitungen; **Gebäudeautomation**				
500	**Außenanlagen und Freiflächen**	–	616.897	**–**	7,5
	Bodenarbeiten, Sickergruben; Schottertragschicht, Asphaltbelag, Gehwegplatten, Rasengittersteine, Betonpflaster, Natursteinpflaster; Maschendrahtzäune, Oberflächenentwässerung; Oberbodenarbeiten, Pflanzen, Rasen				

Kostenkennwerte für die Kostengruppen 400 der 2.Ebene DIN 276

KG	Kostengruppe	Menge Einheit	Kosten €	€/Einheit	%
400	**Bauwerk – Technische Anlagen**				**100,0**
410	**Abwasser-, Wasser-, Gasanlagen**	3.814,12 m²BGF	365.041	**95,71**	16,0

KG-Rohre DN100-200 (58m), PE-Rohre DN50-200 (179m), innenliegende Dachentwässerung, Stahlrohre DN40-200 (282m), Bodenabläufe DN100 (5St), Schmutzwasserhebeanlage (1St), Kondensathebeanlagen (2St), Handmembranpumpe (1St), HDPE-Druckrohre DN40 (13m) * Edelstahlrohre DN15-30 (233m), Umkehrosmose-Anlage (1St), Hauswasser-Feinfilter (1St), Spüleinrichtungen (2St), Wasserzähler (2St), Systemtrenner(1St), Absperrventile (21St), Überlaufüberwachungen (2St), Außenarmaturen DN20 (2St), Ausgussbecken (1St)

KG	Kostengruppe	Menge Einheit	Kosten €	€/Einheit	%
420	**Wärmeversorgungsanlagen**	3.814,12 m²BGF	319.094	**83,66**	14,0

Stahl-Heizungsrohre DN15-65 (1.736m), Heizungsverteiler (1St), Umwälzpumpen (11St), Druckausdehnungsgefäß (1St), Schlammabscheider (1St), Druckmessgeräte, Absperrhähne (37St), Temperaturfühler (12St), Entleerungshähne (77St), Zeigerthermometer (31St), Luftabscheider (14St) * Umluftheizgeräte 11,5kW, Luftverteiler (8St), Flachheizkörper (18m²), Röhrenradiator (3m²)

KG	Kostengruppe	Menge Einheit	Kosten €	€/Einheit	%
430	**Raumlufttechnische Anlagen**	3.814,12 m²BGF	572.825	**150,19**	25,1

Lüftungszentralgeräte 4.600m³/h, zur Luftaufbereitung (2St), 3.500m³/h (1St), Zu-/Abluftgerät 600m³/h, mit **WRG** (1St), Rechteckkanäle (461m²), Wickelfalzrohre DN200-315 (35m), Volumenstromregler (4St), Jalousieklappen (15St), Luftgitter (47St), Luftdurchlässe (3St), Wetterschutzgitter (11St), Schalldämpfer (4St), Brandschutzklappen (3St) * **Klimazentralgerät** 5.600 m³/h (1St), Rechteckkanäle (643m²), Wickelfalzrohre DN160-315 (35m), Kältemittelleitungen DN8-15 (46m), Luftgitter (47St), Jalousieklappen (15St), Dachdurchführungen (22St), Kulissenschalldämpfer (2St), Kanalnachheizregister (2St), Wetterschutzgitter (11St), Volumenstromregler (4St), Brandschutzklappen (3St) * **Kälteanlage**, Flüssigkeitskühler 49,9kW (1St), Glycolrückspeiseanlage (1St), Edelstahlrohre DN22-54mm (87m), Kältesplittsystem 5kW (1St), Hochleistungs-Heizmatte (1St), Druckmessgeräte (9St), Glasthermometer (5St)

KG	Kostengruppe	Menge Einheit	Kosten €	€/Einheit	%
440	**Elektrische Anlagen**	3.814,12 m²BGF	363.034	**95,18**	15,9

Zentrale Stromversorgungssysteme (2St) * Energie-Schaltgerätekombinationen (2St), Hauptverteilung (1St), Installationskleinverteiler (4St), LS-Schalter (153St), FI-Schutzschalter (36St), Lasttrennschalter (22St), Starkstromkabel NHX (8.932m), Installationskabel J-EH (500m), **LWL**-Außenkabel (806m), Taster/Schalter (78St), Geräteanschlussdosen 400V (70St), Steckdosen (57St), Dämmerungsschalter (2St) * LED-Lichtbandleuchten (144St), LED-Anbauleuchten (79St), LED-Sicherheitsleuchten (37St), Rettungszeichenleuchte (26St) * Ringerder (560m), Fundamenterder (208m), Fangmasten (7St), Fangleitungen (383m), Ableitungen (157m), Überspannungsschutz (64St), Kabel N2XH-J(557m)

KG	Kostengruppe	Menge Einheit	Kosten €	€/Einheit	%
450	**Kommunikationstechnische Anlagen**	3.814,12 m²BGF	187.227	**49,09**	8,2

Einbruchmeldeanlage (1St), **RWA**-Zentralen (2St), Zutrittskontrollanlage, Türsteuereinheiten (2St), Kartenleser (6St), Anlagenschrank für BMA (1St), neuronale Brandmelder (124St), Feuerwehr-Laufkarten (57St), Alarmbausteine (20St), Alarmtongeber (14St), Handfeuermelder (13St), Installationskabel (4.409m), Datenkabel (134m), Kleinverteiler (9St), Bewegungsmelder (2St), Magnetkontakte (2St), Riegelschaltkontakt (1St) * Datenschrank (1St), Patchfelder, Spleißkassetten (4St), Datenkabel (1.614m), Buchsen (34St), Datenanschlussdosen (14St), Patchfelder (2St)

KG	Kostengruppe	Menge Einheit	Kosten €	€/Einheit	%
470	**Nutzungsspez. u. verfahrenstechn. Anl.**	3.814,12 m² BGF	19.818	**5,20**	0,9
	Feuerlöscher (28St), Löschwasserleitungen DN90 (41m), Schlauchanschlusseinrichtungen (4St)				
480	**Gebäude- und Anlagenautomation**	3.814,12 m² BGF	329.189	**86,31**	14,4
	Automationseinrichtungen (2St), Kanalrauchmelder (1St), Raumtransmitter (16St), Wasserwarngeräte mit Bodensensoren (10St), Luftstromwächter (5St), Stabtemperaturfühler (29St), Frostschutzsteuerungen (183St), Feindifferenzdruckwächter (15St) * Standschränke (6St), Wandschränke (3St), Überspannungsschutz (6St), Frostschutzschaltungen (4St), Klappensteuerungen (17St), Koppelrelais (116St), Rauchmelder-Überwachungen (7St), Entrauchungsschaltungen (4St), Steuerelemente **Kältemaschine**, Umluftheizer, Splitkälte (5St), Fehlerstromüberwachungen (6St) * Patchkabel (18m), Datenanschlussdosen (2St), Anlagenbild (12St) * Datenkabel (6.421m), Mantelleitungen (3.136m), Erdkabel (1.029m), Aderleitungen (41m)				
490	**Sonst. Maßnahmen für techn. Anlagen**	3.814,12 m² BGF	123.440	**32,36**	5,4
	Baustelleneinrichtungen (3St), Baustromverteiler (11St), Gummischlauchleitungen (390m), Überfahrschutz (6m) * Arbeitsbühnen, Hubbühnen, Leitern (psch), Gerüste für Sanitär-/Kälteinstallation (psch) * Abbruch von Kabeln (14kg); Entsorgung, Deponiegebühren, Aufnehmen und Lagern von Leuchten (11St) * Schutzkonstruktionen, OSB-Verlegeplatten (22St), Umsetzen (30St)				

Kostenkennwerte für die Kostengruppen 400 der 2. und 3.Ebene DIN 276 (Übersicht)

KG	Kostengruppe	Menge Einheit	Kosten €	€/Einheit	%
410	**Abwasser-, Wasser-, Gasanlagen**	**3.814,12 m²BGF**	**365.040,63**	**95,71**	**16,0**
411	Abwasseranlagen	3.814,12 m²BGF	289.900,94	76,01	12,7
412	Wasseranlagen	3.814,12 m²BGF	75.139,69	19,70	3,3
420	**Wärmeversorgungsanlagen**	**3.814,12 m²BGF**	**319.093,50**	**83,66**	**14,0**
422	Wärmeverteilnetze	3.814,12 m²BGF	271.075,79	71,07	11,9
423	Raumheizflächen	3.814,12 m²BGF	48.017,70	12,59	2,1
430	**Raumlufttechnische Anlagen**	**3.814,12 m²BGF**	**572.824,50**	**150,19**	**25,1**
431	Lüftungsanlagen	3.814,12 m²BGF	194.148,21	50,90	8,5
433	Klimaanlagen	3.814,12 m²BGF	244.317,43	64,06	10,7
434	Kälteanlagen	3.814,12 m²BGF	134.358,87	35,23	5,9
440	**Elektrische Anlagen**	**3.814,12 m²BGF**	**363.033,60**	**95,18**	**15,9**
442	Eigenstromversorgungsanlagen	3.814,12 m²BGF	6.947,25	1,82	0,3
444	Niederspannungsinstallationsanlagen	3.814,12 m²BGF	198.053,58	51,93	8,7
445	Beleuchtungsanlagen	3.814,12 m²BGF	89.378,08	23,43	3,9
446	Blitzschutz- und Erdungsanlagen	3.814,12 m²BGF	68.654,68	18,00	3,0
450	**Kommunikationstechnische Anlagen**	**3.814,12 m²BGF**	**187.226,82**	**49,09**	**8,2**
456	Gefahrenmelde- und Alarmanlagen	3.814,12 m²BGF	173.659,79	45,53	7,6
457	Datenübertragungsnetze	3.814,12 m²BGF	13.567,03	3,56	0,6
470	**Nutzungsspez. u. verfahrenstechn. Anl.**	**3.814,12 m²BGF**	**19.818,19**	**5,20**	**0,9**
474	Feuerlöschanlagen	3.814,12 m²BGF	19.818,19	5,20	0,9
480	**Gebäude- und Anlagenautomation**	**3.814,12 m²BGF**	**329.189,27**	**86,31**	**14,4**
481	Automationseinrichtungen	3.814,12 m²BGF	139.019,52	36,45	6,1
482	Schaltschränke, Automation	3.814,12 m²BGF	49.990,73	13,11	2,2
483	Automationsmanagement	3.814,12 m²BGF	16.559,75	4,34	0,7
484	Kabel, Leitungen und Verlegesysteme	3.814,12 m²BGF	123.619,25	32,41	5,4
490	**Sonst. Maßnahmen für techn. Anlagen**	**3.814,12 m²BGF**	**123.440,23**	**32,36**	**5,4**
491	Baustelleneinrichtung	3.814,12 m²BGF	75.820,73	19,88	3,3
492	Gerüste	3.814,12 m²BGF	38.466,08	10,09	1,7
494	Abbruchmaßnahmen	3.814,12 m²BGF	886,34	0,23	< 0,1
497	Zusätzliche Maßnahmen	3.814,12 m²BGF	8.267,10	2,17	0,4

Kostenkennwerte für Leistungsbereiche nach STLB (Kosten KG 400 nach DIN 276)

LB	Leistungsbereiche	Kosten €	€/m² BGF	€/m³ BRI	% an 400
040	Wärmeversorgungsanlagen - Betriebseinrichtungen	27.868	7,30	1,70	1,2
041	Wärmeversorgungsanlagen - Leitungen, Armaturen, Heizflächen	240.961	63,20	14,90	10,6
042	Gas- und Wasseranlagen - Leitungen, Armaturen	45.988	12,10	2,80	2,0
043	Druckrohrleitungen für Gas, Wasser und Abwasser	2.262	0,59	0,14	< 0,1
044	Abwasseranlagen - Leitungen, Abläufe, Armaturen	212.651	55,80	13,10	9,3
045	Gas-, Wasser- und Entwässerungsanlagen - Ausstattung, Elemente, Fertigbäder	187	0,05	0,01	< 0,1
046	Gas-, Wasser- und Entwässerungsanlagen - Betriebseinrichtungen	21.147	5,50	1,30	0,9
047	Dämm- und Brandschutzarbeiten an technischen Anlagen	238.691	62,60	14,70	10,5
049	Feuerlöschanlagen, Feuerlöschgeräte	19.818	5,20	1,20	0,9
050	Blitzschutz- / Erdungsanlagen, Überspannungsschutz	67.793	17,80	4,20	3,0
051	Kabelleitungstiefbauarbeiten	–	–	–	–
052	Mittelspannungsanlagen	–	–	–	–
053	Niederspannungsanlagen - Kabel / Leitungen, Verlegesysteme, Installationsgeräte	175.845	46,10	10,80	7,7
054	Niederspannungsanlagen - Verteilersysteme und Einbaugeräte	4.452	1,20	0,27	0,2
055	Sicherheits- und Ersatzstromversorgungsanlagen	6.947	1,80	0,43	0,3
057	Gebäudesystemtechnik	–	–	–	–
058	Leuchten und Lampen	76.566	20,10	4,70	3,4
059	Sicherheitsbeleuchtungsanlagen	12.812	3,40	0,79	0,6
060	Such-, Signal-, Zeitdienst-, Antennen-, elektroakustische Anlagen, Medientechnik	–	–	–	–
061	Kommunikations- und Übertragungsnetze	26.835	7,00	1,70	1,2
062	Kommunikationsanlagen	–	–	–	–
063	Gefahrenmeldeanlagen	139.635	36,60	8,60	6,1
064	Zutrittskontroll-, Zeiterfassungssysteme	18.772	4,90	1,20	0,8
069	Aufzüge	–	–	–	–
070	Gebäudeautomation	330.051	86,50	20,40	14,5
075	Raumlufttechnische Anlagen	347.402	91,10	21,40	15,2
078	Kälteanlagen für raumlufttechnische Anlagen	119.466	31,30	7,40	5,2
	Gebäudetechnik	**2.136.151**	**560,10**	**131,80**	**93,7**
	Sonstige Leistungsbereiche	**105.050**	**27,50**	**6,50**	**4,6**

Kostenkennwerte für die Kosten des Bauwerks (Kostengruppen 300+400 nach DIN 276)

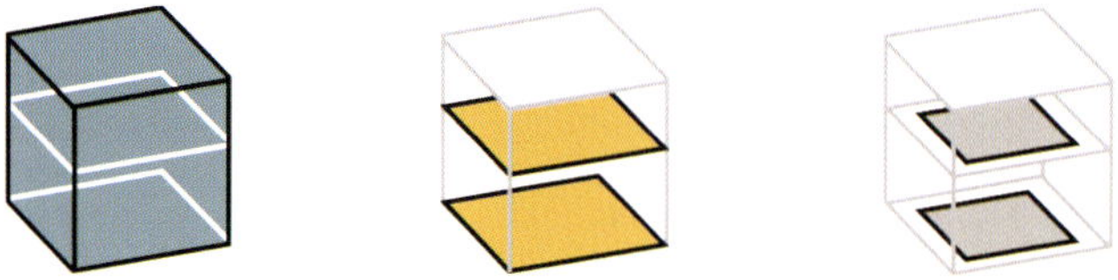

BRI 1.140 €/m³ BGF 4.844 €/m² NUF 7.882 €/m²

Objekt:
Kennwerte: 3.Ebene DIN 276
BRI: 6.835 m³
BGF: 1.608 m²
NUF: 988 m²
Bauzeit: 91 Wochen
Bauende: 2018
Standard: hoch
Bundesland: Baden-Württemberg
Kreis: Schwarzwald-Baar-Kreis

Architekt*in:
Amt für Gebäudewirtschaft und Hochbau
Tobias Walderich
B.A. Architekt
Marktplatz 1
78054 Villlingen-Schwenningen

Bauherr*in:
Stadt Villingen-Schwenningen
Marktplatz 1
78054 Villingen-Schwenningen

Fotos:
Gertrud-Luckner-Gewerbeschule
Bissierstraße 17
79114 Freiburg

© Jörg Robold

© Diana Saurer

© Diana Saurer

Zeichnungen

Ansicht Nord-Ost

Ansicht Nord-West

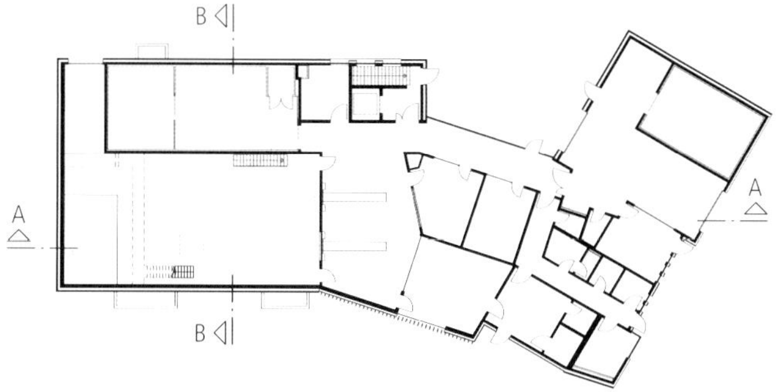

Erdgeschoss

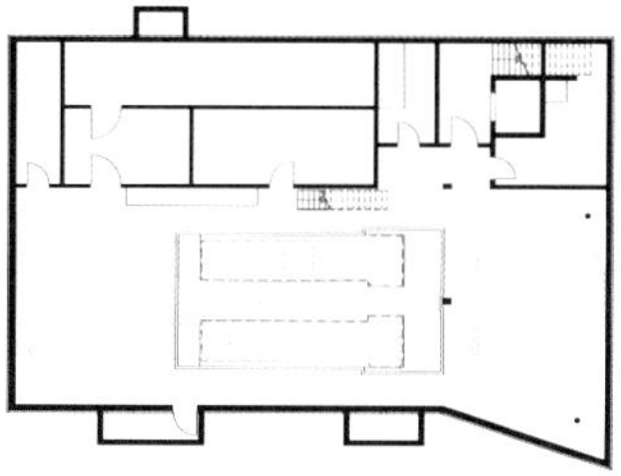

Untergeschoss

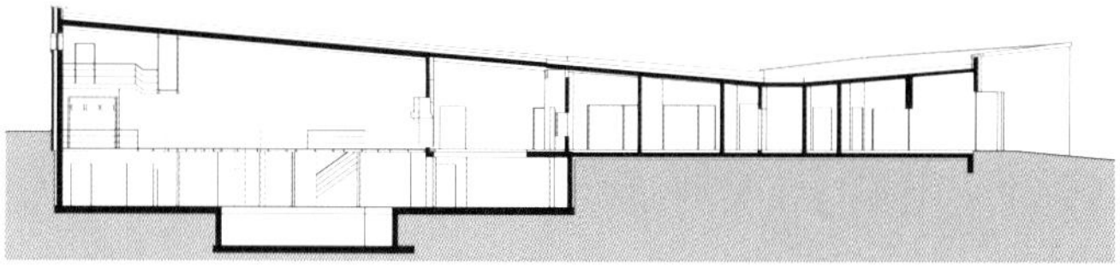

Schnitt A-A

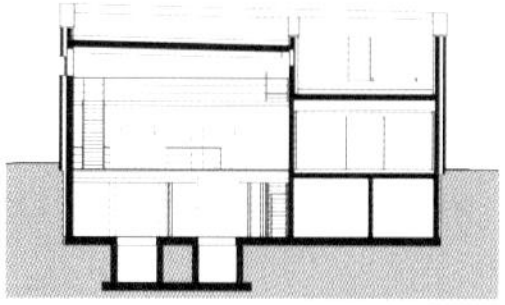

Schnitt B-B

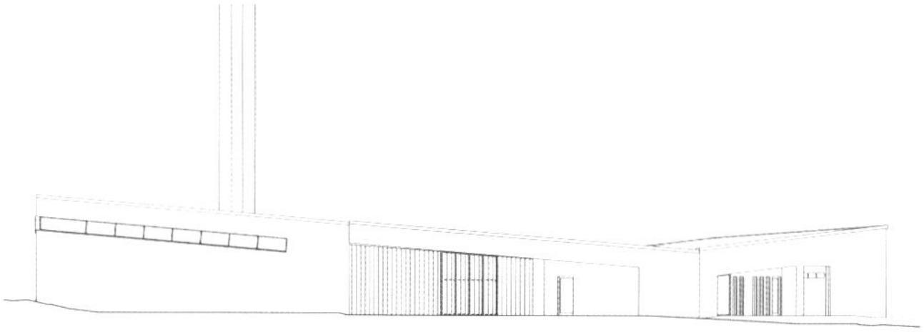

Ansicht Süd-Ost

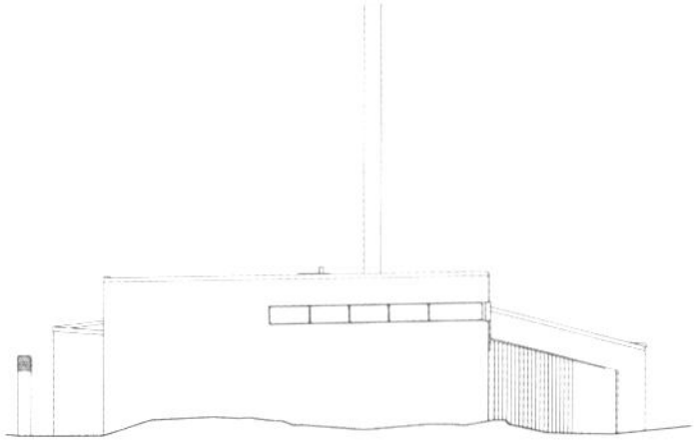

Ansicht Süd-West

Objektbeschreibung

Allgemeine Objektinformationen

Das neue Krematorium wurde auf einem denkmalgeschützten Waldfriedhof erbaut. Direkt neben dem Neubau steht das ebenfalls denkmalgeschützte alte Krematorium mit der Aussegnungshalle. Beide Gebäude zusammen bilden ein stimmiges Gebäudeensemble, das sich wie selbstverständlich in die sensible Umgebung einfügt. Im Inneren folgt das Gebäude einem klaren Gestaltungskonzept, das lediglich mit den Materialien Beton, Stein, Glas und Holz arbeitet.

Nutzung

1 Untergeschoss
Anlagenhalle, RLT-Anlage, Hausanschlussraum, Elektroraum, Ascheaufbereitung, Urnenlager, Ersatzteillager, Archiv, Flur

1 Erdgeschoss
Anlagenhalle, Kühlräume, Steuerzentrale, Büros, Überführungszone, Bestattungsraum, Abschiedsraum, Foyer, Arztzimmer, Sanitärräume, Personalaufenthalt, Umkleide, Dusche, Putzraum

1 Obergeschoss
Technik

Nutzeinheiten

Arbeitsplätze: 4

Grundstück

Bauraum: Freier Bauraum
Neigung: Ebenes Gelände
Bodenklasse: BK 3 bis BK 5

Markt

Hauptvergabezeit: 3.Quartal 2016
Baubeginn: 3.Quartal 2016
Bauende: 2.Quartal 2018
Konjunkturelle Gesamtlage: über Durchschnitt
Regionaler Baumarkt: Durchschnitt

Baukonstruktion

Aufgrund der großen Spannweiten und hohen Verkehrslasten wurde ein Stahlbetonbau realisiert. Er hat eine asymmetrische Grundrissform und zwei schräg gegeneinander laufende Dachflächen, die die unterschiedlichen Raumhöhen miteinander verbinden. An den Außenwänden wurde eine hinterlüftete dunkle Klinkerfassade angebracht, die nur wenige gezielt platzierte Öffnungen aufweist.

Technische Anlagen

Der Neubau ist für den Einbau von zwei Kremationsöfen ausgelegt. Im ersten Schritt wurde eine Ofenlinie umgesetzt, die zweite kann bei Bedarf unproblematisch eingebracht werden. Neben der Kremationsanlage wurden im Krematorium insgesamt vier Kühlräume eingebaut. Die **Lüftungsanlage mit Wärmerückgewinnung** wurde mit einem Luft-Erdwärmetauscher versehen. Dadurch konnte auf ein **Klimagerät** verzichtet werden. Das Krematorium sowie die benachbarte Aussegnungshalle können mit der Abwärme des Kremationsprozesses beheizt werden. Hierfür wurde ein Pufferspeicher mit 16.000l Volumen eingebaut.

Sonstiges

Die Freianlagen des neuen Krematoriums sind unter der BKI-Objektnummer 9700-0030 dokumentiert.

Energetische Kennwerte

Gesetzliche Grundlage: EnEV 2013
Gebäudenutzfläche: 1.270,00 m²
Hüllfläche des beheizten Volumens: 3.128,50 m²
Mittlerer U-Wert (opake Bauteile): 0,19 W/(m²·K)
Mittlerer U-Wert (transparente Bauteile): 1,10 W/(m²·K)
Spez. Jahresprimärenergiebedarf: 35,80 kWh/(m²·a)

Planungskennwerte für Flächen und Rauminhalte nach DIN 277

Flächen des Grundstücks		Menge Einheit	% an GF
BF	Bebaute Fläche	930,80 m²	27,1
UF	Unbebaute Fläche	2.506,80 m²	72,9
GF	Grundstücksfläche	3.437,60 m²	100,0

Grundflächen des Bauwerks		Menge Einheit	% an NUF	% an BGF
NUF	Nutzungsfläche	988,13 m²	100,0	61,5
TF	Technikfläche	186,36 m²	18,9	11,6
VF	Verkehrsfläche	204,73 m²	20,7	12,7
NRF	Netto-Raumfläche	1.379,22 m²	139,6	85,8
KGF	Konstruktions-Grundfläche	228,76 m²	23,2	14,2
BGF	Brutto-Grundfläche	1.607,98 m²	162,7	100,0

Brutto-Rauminhalt des Bauwerks		Menge Einheit	BRI/NUF (m)	BRI/BGF (m)
BRI	Brutto-Rauminhalt	6.834,50 m³	6,92	4,25

Prozentualer Anteil der Kostengruppen der 2. Ebene an der Kostengruppe 400 nach DIN 276

KG	Kostengruppen (2. Ebene)
410	Abwasser-, Wasser-, Gasanlagen
420	Wärmeversorgungsanlagen
430	Raumlufttechnische Anlagen
440	Elektrische Anlagen
450	Kommunikationstechnische Anlagen
460	Förderanlagen
470	Nutzungsspez. u. verfahrenstechn. Anl.
480	Gebäude- und Anlagenautomation
490	Sonst. Maßnahmen für techn. Anlagen

Ranking der Kostengruppen der 3. Ebene an der Kostengruppe 400 nach DIN 276

KG	Kostengruppen (3. Ebene)	% an KG 400	KG	Kostengruppen (3. Ebene)	% an KG 400
476	Weitere nutzungsspezifische Anlagen	63,0	411	Abwasseranlagen	2,1
431	Lüftungsanlagen	6,7	412	Wasseranlagen	2,1
444	Niederspannungsinstallationsanlagen	5,6	456	Gefahrenmelde- und Alarmanlagen	1,2
445	Beleuchtungsanlagen	3,0	482	Schaltschränke, Automation	1,0
422	Wärmeverteilnetze	2,9	484	Kabel, Leitungen und Verlegesysteme	1,0
481	Automationseinrichtungen	2,8	446	Blitzschutz- und Erdungsanlagen	0,7
421	Wärmeerzeugungsanlagen	2,4	423	Raumheizflächen	0,5
461	Aufzugsanlagen	2,3	452	Such- und Signalanlagen	0,5

Kostenkennwerte für die Kostengruppen der 1. Ebene DIN 276

KG	Kostengruppen (1. Ebene)	Einheit	Kosten €	€/Einheit	€/m² BGF	€/m³ BRI	% 300+400
100	Grundstück	m² GF	–	–	–	–	–
200	Vorbereitende Maßnahmen	m² GF	323.543	94,12	201,21	47,34	4,2
300	Bauwerk – Baukonstruktionen	m² BGF	4.545.057	2.826,56	2.826,56	665,02	58,4
400	Bauwerk – Technische Anlagen	m² BGF	3.243.202	2.016,94	2.016,94	474,53	41,6
	Bauwerk 300+400	**m² BGF**	**7.788.259**	**4.843,50**	**4.843,50**	**1.139,55**	**100,0**
500	Außenanlagen und Freiflächen	m² AF	468.627	186,94	291,44	68,57	6,0
600	Ausstattung und Kunstwerke	m² BGF	89.630	55,74	55,74	13,11	1,2
700	Baunebenkosten	m² BGF	–	–	–	–	–
800	Finanzierung	m² BGF	–	–	–	–	–

KG	Kostengruppe	Menge Einheit	Kosten €	€/Einheit	%
200	**Vorbereitende Maßnahmen**	3.437,60 m² GF	323.543	**94,12**	4,2
	Wasserleitung sichern, Abbruch von Asphalt, Betonpflaster, teerhaltiger Bitumenschicht, Abräumen von Wurzelgeflecht, Wurzelstöcken; Entsorgung, Deponiegebühren; Trinkwasseranschluss, Gasanschluss, Stromanschluss, Medienleerrohre				
3+4	**Bauwerk**				**100,0**
300	**Bauwerk – Baukonstruktionen**	1.607,98 m² BGF	4.545.057	**2.826,56**	58,4
	Trägerbohlenverbau; Baugrundverbesserung, Stb-Flachgründung, Estrich, Bodenfliesen, Parkett; Stb-Wände, Stahlstützen, **RWA**-Fensterband, Alufenster, Alutüren, Sektionaltore, Verblendmauerwerk, WDVS, Faserzementbekleidung, Alu-Pfosten-Riegel-Fassade, Alu-Sichtschutzlamellen, Vertikalstores; GK-Wände, Stb-Stützen, Holztüren, Putz, Beschichtung, Wandfliesen, Natursteinbekleidung, Glastrennwände, Stb-Decken, Stb-Treppe, Stahlkonstruktion, Gitterroste, Stahltreppen; Stb-Flachdächer, Spannbeton-Fertigteildächer, Dachbegrünung, Kies, Betonplatten, Dachentwässerung, Akustikdeckensegel, abgehängte Decken; Einbaumöbel; Kühlzellen				
400	**Bauwerk – Technische Anlagen**	1.607,98 m² BGF	3.243.202	**2.016,94**	41,6
	Gebäudeentwässerung, Kalt- und Warmwasserleitungen, Sanitärobjekte; Gas-Brennwertgerät, Pufferspeicher, Heizungsrohre, Heizkörper, Schornstein; Zu-/**Abluftanlage**; Elektroinstallation, Beleuchtung, Erdungsanlage; Personen-Notsignalanlage, Türsprechanlage, Lautsprecheranlage, Beamer, **elektronische Schließanlage**, **RWA-Anlage**, Datenübertragungsnetz; **Personenaufzug**, Elektrokettenzug; Einäscherungsanlage, Wasch-/Präparierstation, Ankleide-/Wasch-/Seziertisch; **Gebäudeautomation**				
500	**Außenanlagen und Freiflächen**	2.506,80 m² AF	468.627	**186,94**	6,0
	Bodenarbeiten; Asphaltbelag; Gebäudeentwässerung, Wasserleitung, Luft-Erdwärmetauscher, Mittelspannungsschaltanlage, Drehstrom-Öl-**Trafo**, Niederspannungsschaltanlage, Außenbeleuchtung				
600	**Ausstattung und Kunstwerke**	1.607,98 m² BGF	89.630	**55,74**	1,2
	Hocker, Bänke, Sanitärausstattung; Sargwagen, Sarghubstapler				

Kostenkennwerte für die Kostengruppen 400 der 2.Ebene DIN 276

KG	Kostengruppe	Menge Einheit	Kosten €	€/Einheit	%
400	**Bauwerk – Technische Anlagen**				**100,0**
410	**Abwasser-, Wasser-, Gasanlagen**	1.607,98 m² BGF	136.293	**84,76**	4,2
	PP-Rohre DN100-150 (779m), SML-Rohre DN50-125 (132m), Schmutzwasserpumpe (1St), Bodenabläufe (15St) * Metallverbundrohre DN15-32 (472m), Frischwasserstation (1St), Waschtische (11St), **barrierefrei** (1St), Tiefspül-WCs (3St), **barrierefrei** (1St), Urinale (3St), Duschwanne (1St) * Montageelemente (5St)				
420	**Wärmeversorgungsanlagen**	1.607,98 m² BGF	197.068	**122,56**	6,1
	Gas-Brennwertgerät 48kW (1St), Pufferspeicher 16.000l (1St), 985l (3St), Gas-Stahlrohre DN25-100 (88m), Flanschkugelhähne (9St) * Stahlrohre DN15-100 (661m), Heizungspumpen (5St), Ventile, Klappen (73St), Schmutzfänger (2St), Durchflusssensoren (2St), Wärmezähler-Rechenwerke (2St), Motorkugelhähne (2St) * Heizkörper (18St), Lufterhitzer 15-30kW (2St) * Schornstein (psch), Abgasleitung (psch)				
430	**Raumlufttechnische Anlagen**	1.607,98 m² BGF	217.581	**135,31**	6,7
	Zu-/Abluftgerät 6.000m³/h, mit **WRG** (1St), Dachventilatoren 13.882m³/h (2St), 1.048m³/h (2St), Rechteckkanäle (334m²), Wickelfalzrohre DN100-500 (208m), Alu-Flexrohre DN100-250 (95m), Kulissenschalldämpfer (4St), Volumenstromregler (17St), Klappen (17St), **Rauchauslöseeinrichtung** (1St), Deflektorhaube (1St), Lamellenhaube (1St), Schutzgitter (6St), Luftdurchlässe (73St)				
440	**Elektrische Anlagen**	1.607,98 m² BGF	303.195	**188,56**	9,3
	NSHV, bestückt (1St), Einspeise-/Abgangsfelder (4St), Mantelleitungen (3.827m), Starkstromkabel (728m), Installationskabel (596m), Steckdosen (105St), Schalter, Taster (68St), Bewegungsmelder (5St), Verkabelungen Technik (7St) * Lichtkanäle (47St), LED-Einbaudownlights (40St), Pendelleuchten (37St), LED-Einbauflächenleuchten (4St), LED-Strahler (2St), Profilleuchten (2St), Wannenleuchten (68St), Notlichtanlage (1St), Rettungszeichenleuchten (22St) * Erdungsanlage (psch), Blitzstromableiter (1St), Potenzialausgleichsschienen (5St)				
450	**Kommunikationstechnische Anlagen**	1.607,98 m² BGF	74.567	**46,37**	2,3
	Personen-Notsignalzentrale (1St), Personen-Notsignalgerät (1St), Telefon-Wählgerät (1St), Sirene/Blitzgerät (1St), Ruf-Kompaktset (1St), Türsprechanlage, Tastenmodule (2St), Türlautsprechermodule (2St), Türlautsprecher (1St), Briefkästen (2St) * Lautsprecher (6St), Verstärker (1St) * Beamer (1St) * **elektronische Schließanlage**, Schließzylinder (16St), Nutzerterminals (2St), Server (1St), **RWA-Anlage** (1St), Messfühler (10St), Melder (12St), Wind-/Regenwächter (1St) * Datenschrank (1St), HDMI-Extender (2St), Patchpanel Cat6 (1St), **LWL**-Spleißbox (1St), Telefonfelder (2St), Rangierpanels (3St), Datenkabel **Cat7** (668m), Datendosen (13St), Datenmodule (4St)				
460	**Förderanlagen**	1.607,98 m² BGF	89.201	**55,47**	2,8
	Personenaufzug (1St) * Elektrokettenzug (1St)				

KG	Kostengruppe	Menge Einheit	Kosten €	€/Einheit	%
470	**Nutzungsspez. u. verfahrenstechn. Anl.**	1.607,98 m² BGF	2.044.714	**1.271,60**	63,0
	Schaumfeuerlöscher * Einäscherungsofen (1St), Industriebrenneranlage (1St), Sargeinfahrmaschine (1St), Aschesortiertisch (1St), Aschemühle (1St), Wärmetauscherturm (1St), Abgasreinigung, Zyklon-Vorabscheider (1St), automatische Additivsortierung (1St), Gewebefilter (1St), Ofensteuerung (1St), Prozessleitsystem (psch), Emissionsmessung (psch), Schornsteinanlage (1St), Kältemaschinen 1,6-10,4kW (4St), Kupferrohre (105m), Wasch-/Präparierstation (1St), Ankleide-/Wasch-/Seziertisch (1St)				
480	**Gebäude- und Anlagenautomation**	1.607,98 m² BGF	168.484	**104,78**	5,2
	Software, Programmierung, Systemintegration (psch), Datenpunkte (155St), Überwachungen (5St), Sensoren (32St), Aktoren (19St) * Schaltschrankanlage (1St) * Mantelleitungen (2.591m) * Steuerleitungen (2.687m), Netzwerkkabel **Cat7** (112m)				
490	**Sonst. Maßnahmen für techn. Anlagen**	1.607,98 m² BGF	12.100	**7,52**	0,4
	Baustelleneinrichtungen (5St), Kraneinsätze (3St) * Montagegerüst für **Aufzug** (1St)				

Kostenkennwerte für die Kostengruppen 400 der 2. und 3.Ebene DIN 276 (Übersicht)

KG	Kostengruppe	Menge Einheit	Kosten €	€/Einheit	%
410	**Abwasser-, Wasser-, Gasanlagen**	**1.607,98 m² BGF**	**136.292,86**	**84,76**	**4,2**
411	Abwasseranlagen	1.607,98 m² BGF	68.434,16	42,56	2,1
412	Wasseranlagen	1.607,98 m² BGF	66.884,02	41,60	2,1
419	Sonstiges zur KG 410	1.607,98 m² BGF	974,67	0,61	< 0,1
420	**Wärmeversorgungsanlagen**	**1.607,98 m² BGF**	**197.068,19**	**122,56**	**6,1**
421	Wärmeerzeugungsanlagen	1.607,98 m² BGF	78.835,96	49,03	2,4
422	Wärmeverteilnetze	1.607,98 m² BGF	94.968,77	59,06	2,9
423	Raumheizflächen	1.607,98 m² BGF	17.006,87	10,58	0,5
429	Sonstiges zur KG 420	1.607,98 m² BGF	6.256,57	3,89	0,2
430	**Raumlufttechnische Anlagen**	**1.607,98 m² BGF**	**217.580,90**	**135,31**	**6,7**
431	Lüftungsanlagen	1.607,98 m² BGF	217.580,90	135,31	6,7
440	**Elektrische Anlagen**	**1.607,98 m² BGF**	**303.194,88**	**188,56**	**9,3**
444	Niederspannungsinstallationsanlagen	1.607,98 m² BGF	182.611,08	113,57	5,6
445	Beleuchtungsanlagen	1.607,98 m² BGF	97.877,26	60,87	3,0
446	Blitzschutz- und Erdungsanlagen	1.607,98 m² BGF	22.706,54	14,12	0,7
450	**Kommunikationstechnische Anlagen**	**1.607,98 m² BGF**	**74.567,06**	**46,37**	**2,3**
452	Such- und Signalanlagen	1.607,98 m² BGF	16.724,53	10,40	0,5
454	Elektroakustische Anlagen	1.607,98 m² BGF	2.774,08	1,73	< 0,1
455	Audiovisuelle Medien- u. Antennenanl.	1.607,98 m² BGF	2.381,71	1,48	< 0,1
456	Gefahrenmelde- und Alarmanlagen	1.607,98 m² BGF	39.736,33	24,71	1,2
457	Datenübertragungsnetze	1.607,98 m² BGF	12.950,41	8,05	0,4
460	**Förderanlagen**	**1.607,98 m² BGF**	**89.200,97**	**55,47**	**2,8**
461	Aufzugsanlagen	1.607,98 m² BGF	74.148,92	46,11	2,3
465	Krananlagen	1.607,98 m² BGF	15.052,06	9,36	0,5
470	**Nutzungsspez. u. verfahrenstechn. Anl.**	**1.607,98 m² BGF**	**2.044.713,61**	**1.271,60**	**63,0**
474	Feuerlöschanlagen	1.607,98 m² BGF	250,23	0,16	< 0,1
476	Weitere nutzungsspezifische Anlagen	1.607,98 m² BGF	2.044.463,07	1.271,45	63,0
480	**Gebäude- und Anlagenautomation**	**1.607,98 m² BGF**	**168.483,95**	**104,78**	**5,2**
481	Automationseinrichtungen	1.607,98 m² BGF	90.928,89	56,55	2,8
482	Schaltschränke, Automation	1.607,98 m² BGF	33.765,74	21,00	1,0
484	Kabel, Leitungen und Verlegesysteme	1.607,98 m² BGF	31.190,63	19,40	1,0
485	Datenübertragungsnetze	1.607,98 m² BGF	12.598,68	7,84	0,4
490	**Sonst. Maßnahmen für techn. Anlagen**	**1.607,98 m² BGF**	**12.099,76**	**7,52**	**0,4**
491	Baustelleneinrichtung	1.607,98 m² BGF	8.423,89	5,24	0,3
492	Gerüste	1.607,98 m² BGF	3.675,86	2,29	0,1

Kostenkennwerte für Leistungsbereiche nach STLB (Kosten KG 400 nach DIN 276)

LB	Leistungsbereiche	Kosten €	€/m² BGF	€/m³ BRI	% an 400
040	Wärmeversorgungsanlagen - Betriebseinrichtungen	65.102	40,50	9,50	2,0
041	Wärmeversorgungsanlagen - Leitungen, Armaturen, Heizflächen	80.791	50,20	11,80	2,5
042	Gas- und Wasseranlagen - Leitungen, Armaturen	45.238	28,10	6,60	1,4
043	Druckrohrleitungen für Gas, Wasser und Abwasser	–	–	–	–
044	Abwasseranlagen - Leitungen, Abläufe, Armaturen	21.133	13,10	3,10	0,7
045	Gas-, Wasser- und Entwässerungsanlagen - Ausstattung, Elemente, Fertigbäder	33.053	20,60	4,80	1,0
046	Gas-, Wasser- und Entwässerungsanlagen - Betriebseinrichtungen	2.205	1,40	0,32	< 0,1
047	Dämm- und Brandschutzarbeiten an technischen Anlagen	66.649	41,40	9,80	2,1
049	Feuerlöschanlagen, Feuerlöschgeräte	250	0,16	0,04	< 0,1
050	Blitzschutz- / Erdungsanlagen, Überspannungsschutz	22.703	14,10	3,30	0,7
051	Kabelleitungstiefbauarbeiten	–	–	–	–
052	Mittelspannungsanlagen	–	–	–	–
053	Niederspannungsanlagen - Kabel / Leitungen, Verlegesysteme, Installationsgeräte	116.016	72,10	17,00	3,6
054	Niederspannungsanlagen - Verteilersysteme und Einbaugeräte	64.528	40,10	9,40	2,0
055	Sicherheits- und Ersatzstromversorgungsanlagen	–	–	–	–
057	Gebäudesystemtechnik	–	–	–	–
058	Leuchten und Lampen	87.887	54,70	12,90	2,7
059	Sicherheitsbeleuchtungsanlagen	9.979	6,20	1,50	0,3
060	Such-, Signal-, Zeitdienst-, Antennen-, elektroakustische Anlagen, Medientechnik	21.866	13,60	3,20	0,7
061	Kommunikations- und Übertragungsnetze	12.942	8,00	1,90	0,4
062	Kommunikationsanlagen	–	–	–	–
063	Gefahrenmeldeanlagen	20.449	12,70	3,00	0,6
064	Zutrittskontroll-, Zeiterfassungssysteme	–	–	–	–
069	Aufzüge	74.146	46,10	10,80	2,3
070	Gebäudeautomation	134.698	83,80	19,70	4,2
075	Raumlufttechnische Anlagen	201.227	125,10	29,40	6,2
078	Kälteanlagen für raumlufttechnische Anlagen	93.821	58,30	13,70	2,9
	Gebäudetechnik	**1.174.681**	**730,50**	**171,90**	**36,2**
	Sonstige Leistungsbereiche	**2.045.241**	**1.271,90**	**299,30**	**63,1**

OBJEKTDATEN

B

Kosten der 3. Ebene DIN 276

Kostenkennwerte für die Kostengruppen 400 der 3. Ebene DIN 276

KG	Kostengruppe	Menge Einheit	Kosten €	€/Einheit	%
411	**Abwasseranlagen**				
	1300-0234 Bürogebäude (38 AP)				
		1.224,00 m² BGF	61.658	**50,37**	58,4
	KG-Rohre DN100-300, Formstücke (371m), HT-Rohre DN50-100, Formstücke (46m) PE-Rohre DN56-100, Formstücke, Dämmung (70m), HDPE-Rohre DN50 (8m), Abwasserhebeanlage (1St), Zulaufschieber (1St), Bodenabläufe (4St), Hausanschlussschächte DN1.000, h=3,00m, Schachtabdeckung (1St), h=1,50m (2St), Spülkontrollschächte DN400, h=1,40m (2St), Rohrschotts (10St), Rohrdurchführungen (18St), Flachdachhauben (5St)				
	1300-0283 Verwaltungsgebäude (34 AP)				
		1.502,40 m² BGF	31.862	**21,21**	31,6
	KG-Rohre DN100-250, Formstücke (77m), PP-Rohre DN50-100, Formstücke, Rohrdämmung (54m), Gussrohre DN50-100, Formstücke (49m), Kupferrohre DN35, Formstücke (4m), Rohrdurchführungen DN100 (12St), Kontrollschächte DN600 (2St)				
	1300-0292 Landratsamt (136 AP), TG (19 STP)				
		4.569,26 m² BGF	178.292	**39,02**	48,3
	PE-Rohre DN50-90, Formstücke (227m), DN56-150, schallgedämmt (282m), Stahl-Regenfallrohre DN50-125, innenliegend, Formstücke, Rohrdämmung (186m), Verbundrohre DN50-70, Formstücke (47m), PP-Rohre DN100-150, Formstücke (152m), Rohrschotts (60St), Kleinhebeanlagen (2St), Tauchpumpen (3St), Alarmschaltgerät (1St), Kondensatpumpe (1St), Entwässerungsrinne (10m), Flachdachabläufe DN50-70 (9St), Notabläufe DN50-70 (4St), Bodenabläufe DN50 (2St)				
	1300-0319 Amtsverwaltung (36 AP)				
		1.790,04 m² BGF	21.595	**12,06**	24,7
	PP-Rohre DN50-110, Formstücke, Rohrdämmung (111m), PVC-Kondensatleitungen 25-32mm (106m), KG-Rohre DN100, Formstücke (51m), Rohrschotts (16St), Dachentlüftungshauben (4St), Geruchsverschlüsse (14St)				
	4100-0173 Ganztagesschule (9 Klassen, 225 Schüler)				
	• Herstellen (Kosten: 100,0%)	1.860,58 m² BGF	25.502	**13,71**	39,5
	KG-Rohre DN100-150, Formstücke, Sandbett (133m), PP-Rohre DN50-100, Formstücke (96m), Reinigungsrohre DN100 (2St), Kernbohrungen DN100-150 (152St), Brandschotts DN50-100 (9St)				
	4100-0194 Schule (12 Klassen, 336 Schüler)				
	• Herstellen (Kosten: 100,0%)	1.778,38 m² BGF	27.944	**15,71**	31,2
	KG-Rohre DN100-300, Formstücke (119m), HT-Rohre DN50-100, Formstücke (36m), Kontrollschächte DN1.000, t=1,10m (2St)				

KG	Kostengruppe	Menge Einheit	Kosten €	€/Einheit	%
	4200-0039 Bildungszentrum Holzbauberufe (4 Klassen)				
		3.556,16 m²BGF	141.925	**39,91**	27,3
	KG-Rohre DN100-250, Formstücke (330m), PP-Rohre DN50-110, schallgedämmt, Formstücke (127m), PE-Rohre DN75-160, Formstücke, Dämmung (134m), Kontrollschächte DN1.000-1.200, Schachtabdeckungen (2St)				
	4400-0322 Kindertagesstätte (4 Gruppen, 100 Kinder)				
		1.119,63 m²BGF	56.669	**50,61**	42,8
	KG-Rohre DN110-160, Formstücke (322m), Mauerkragen EPDM (40St), PE-Rohre DN56-100, Formstücke, Rohrdämmung (32m), PP-Rohre DN50-100, Formstücke, Rohrdämmung (54m), PE-Regenfallrohr, innenliegend (9m), Rohrabschottungen R90 (17St), Bodenabläufe (7St), Dachabläufe (2St)				
	4400-0333 Kindertagesstätte (3 Gruppen, 35 Kinder)				
		644,98 m²BGF	24.977	**38,72**	26,1
	KG-Rohre DN100-200, Formstücke (242m), Kontrollschächte DN1.000, t=1,75-2,75 (2St), Mehrschichtverbundrohre DN50-125, Formstücke, Rohrdämmung (168m), Bodenabläufe (2St), Edelstahlrinne (1St)				
	4400-0334 Kindertagesstätte (8 Gruppen, 150 Kinder)				
		1.648,86 m²BGF	39.443	**23,92**	27,7
	KG-Rohre DN100-125, Formstücke (253m), PP-Rohre DN40-110, Formstücke, Rohrdämmung (333m), Brandmanschetten (10St), Anschlüsse an Grundleitungen (46St), Bodenabläufe (7St), Küchenabläufe (3St), Flachdachabläufe (3St), Geruchsverschlüsse (3St)				
	4400-0356 Kindergarten (4 Gruppen, 112 Kinder), Wohnungen				
		1.204,74 m²BGF	75.148	**62,38**	41,5
	KG-Rohre DN100-150, Formstücke (254m), PP-Rohre DN50-100, schallgedämmt, Formstücke (217m), Putzstück DN100 (1St), Brandschutzmanschetten (12St), Bodenabläufe DN100 (10St), Entwässerungsrinnen, h=55-78mm, Abdeckroste (20m)				
	4400-0357 Kinderhaus (4 Gruppen, 74 Kinder)				
		1.009,00 m²BGF	42.263	**41,89**	34,9
	KG-Rohre DN100-200, Formstücke (132m), PE-Rohre DN100, Formstücke (32m), PP-Rohre DN50-100, hochschallgedämmt, Formstücke (93m), Brandschutzmanschetten (111St), Bodenabläufe DN100 (4St), Schmutzwasserpumpen (2St), Steueranlage (1St), Revisionsschacht DN1.000, h=1,75m (1St), h=2,00m (1St), Liefermaterial, Riesel (48m³)				
	4400-0362 Kindertagesstätte (6 Gruppen, 124 Kinder)				
		1.678,28 m²BGF	25.392	**15,13**	15,9
	KG-Rohre DN100-250, Formstücke, Einsanden (84m), PP-Rohre DN40-100, Formstücke (134m), Rohrschotts (12St), Geruchsverschlüsse (14St)				

KG	Kostengruppe	Menge Einheit	Kosten €	€/Einheit	%
	5100-0122 Sporthalle (Zweifeldhalle)				
	• Abbrechen (Kosten: 1,5%)	2.217,01 m²BGF	1.319	**0,60**	0,6
	Abbruch von Sanitärentlüftungen (20St), Regenwasserleitungen (104m), Bodenabläufen (10St), Ablaufrinnen (4St); Entsorgung, Deponiegebühren				
	• Herstellen (Kosten: 98,5%)	2.217,01 m²BGF	88.273	**39,82**	37,2
	PP-Abwasserrohre, Formstücke (405m), HT-Abwasserrohre DN50-100, Formstücke (94m), SML-Abwasserrohre DN100-150, Formstücke, Rohrdämmung (189m), Reinigungsrohre DN75-100 (21St), Anschlüsse an Kontrollschächte (18St), Entwässerungsrinnen, Edelstahl (4St), Abläufe DN100 (4St), Bodenabläufe DN50 (6St)				
	5100-0127 Sporthalle (Dreifeldhalle)				
		4.351,43 m²BGF	82.840	**19,04**	20,3
	KG-Rohre DN100-125, Formstücke (457m), HT-Rohre DN50-100 (203m), Druckrohre DN32 (11m), Rohrdämmung (259m), Brandschotts (69St), Bodenabläufe (19St)				
	5100-0128 Sporthalle (Einfeldhalle)				
		815,50 m²BGF	29.852	**36,61**	22,3
	PP-Rohre DN50-110, Formstücke (171m), Mauerkragen für Rohr DN110 (28St), Bodenabläufe (11St)				
	5200-0012 Sportbadhalle				
	• Abbrechen (Kosten: 1,3%)	805,60 m²BGF	1.720	**2,13**	0,7
	Abbruch von PE-Rohren (200m), Schacht (1St); Entsorgung, Deponiegebühren				
	• Wiederherstellen (Kosten: 2,8%)	805,60 m²BGF	3.714	**4,61**	1,6
	SW-Kanal ausbauen, wieder einbauen (18m)				
	• Herstellen (Kosten: 95,9%)	805,60 m²BGF	128.449	**159,45**	55,4
	Doppelpumpenanlagen, Tauchpumpen, Pumpensteuerungen (2St), Rohrgräben BK 3-4, t bis 1,00m, Füllsand (26m³), KG-Rohre DN125-200, Formstücke (38m), HT-Abwasserleitungen DN70, Formstücke (88m), PE-Regenwasserleitungen DN70-150, Formstücke (373m), Revisionsschächte (3St), Schacht (1St), PVC-Rinnenabläufe DN100 (28St), Zulauföffnungen DN50 (45St), Bodenabläufe DN70-100 (8St), wärmegedämmte Dachabläufe DN100 (21St)				
	5200-0020 Badeanstalt				
		204,00 m²BGF	14.321	**70,20**	19,2
	PVC-Abwasserrohre DN100, Formstücke (70m), Sandbett 0/8mm (52m), PE-Schutzschlauch (21m), Kontrollschacht DN400 (1St), Edelstahl-Duschrinnen, l=80cm, Roste (4St), Sifons (13St)				
	5300-0016 Strandbad, Gastronomie				
		492,00 m²BGF	83.826	**170,38**	31,8
	PP-Rohre DN100-150, Formstücke, Sandbett (286m), DN50-70, Formstücke, Befestigungen (60m), Bodenabläufe DN70-100 (7St), Reinigungsrohre (11St), Revisionsschächte DN1.000, t=1,5-1,8m, Schachtdeckel (4St), Kontrollschächte DN500, t=1,00m (5St), Dichtigkeitsprüfung (14St), Kanalbefahrung, Kameraüberprüfung (204m)				

KG	Kostengruppe	Menge Einheit	Kosten €	€/Einheit	%
	6100-1355 Mehrfamilienhaus (17 WE)				
		2.251,71 m² BGF	60.807	**27,00**	28,5
	KG-Rohre DN100 (40m), Abwasserrohre DN110, Formstücke (380m), Abwasser-Fallstränge DN110 (9St), Doppelpumpenhebeanlage (1St), Überflurbehälter (1St), Bodeneinlauf DN100 (1St)				
	6100-1379 Wohn- und Geschäftshaus (1 WE)				
	• Abbrechen (Kosten: 4,4%)	762,16 m² BGF	264	**0,35**	0,5
	Abbruch von Abwasserrohren (psch); Entsorgung, Deponiegebühren				
	• Herstellen (Kosten: 95,6%)	762,16 m² BGF	5.728	**7,52**	10,4
	PP-Abwasserrohre DN50-100, Formstücke, Rohrdämmung (39m), HT-Rohre DN100 (4m), PE-Rohre DN32 (41m), Ablaufgarnituren (12St), Rückstauverschlüsse (2St)				
	6100-1384 Mehrfamilienhaus (3 WE)				
	• Herstellen (Kosten: 100,0%)	614,28 m² BGF	11.008	**17,92**	31,7
	HT-Rohre, Formstücke (53m), KG-Rohre DN100 (40m), PVC-Druckleitung DN50 (psch), Hebeanlage (1St), Duschrinne, b=70cm (1St), Bodenablauf DN50 (1St)				
	6100-1393 Doppelhaushälfte (1 WE), Büro (2 AP)				
	• Herstellen (Kosten: 100,0%)	406,76 m² BGF	3.277	**8,06**	16,7
	PP-Rohre DN50-110, Formstücke (2m), Bodenabläufe (2St), an Bestand anschließen (3St)				
	6100-1394 Wohn- und Geschäftshaus (21 WE)				
	• Abbrechen (Kosten: 3,2%)	2.819,02 m² BGF	3.189	**1,13**	0,9
	Abbruch von Abwasserleitungen (584m); Entsorgung, Deponiegebühren				
	• Herstellen (Kosten: 96,8%)	2.819,02 m² BGF	96.205	**34,13**	28,2
	PE-Rohre, schallgedämmt DN50-125, Formstücke (747m), HT-Rohre DN100-125 (100m), Bodenabläufe DN40-70 (18St), Hebeanlage, Warngerät (1St)				
	6100-1444 Einfamilienhaus, Garage (5 STP)				
		522,66 m² BGF	19.685	**37,66**	18,0
	PP-Abwasserrohre DN50-150, Formstücke (103m), Rohrdämmung (7m), Sifons (6St)				
	6100-1494 Mehrfamilienhaus (53 WE), TG (13 STP)				
		6.430,02 m² BGF	157.990	**24,57**	25,6
	PE-Rohre DN56-150, Formstücke, Rohrdämmung (1.113m), Gussrohre DN100, Formstücke, Rohrdämmung (70m), PE-Reinigungsrohre DN75-110 (42St), Rohrabschottungen R90 (169St), PP-Rohre DN100, Formstücke (20m), Bodenabläufe (2St), Dacheinläufe (13St), Schmutzwasserhebeanlage (1St)				
	6100-1524 Mehrfamilienhaus (6 WE)				
		1.360,35 m² BGF	39.463	**29,01**	21,0
	KG-Rohre DN100-125, Formstücke (110m), HT-Rohre DN50-110, Formstücke, Rohrdämmung (272m), Entwässerungsrinnen (34m), Duschrinnen, l=70cm (4St), Bodenabläufe (3St), Revisionsschacht DN1.000, h=2,00m (1St)				

KG	Kostengruppe	Menge Einheit	Kosten €	€/Einheit	%
	6100-1559 Einfamilienhaus, Praxis - Passivhaus				
		609,55 m²BGF	26.229	**43,03**	31,7
	KG-Rohre DN100-150, Formstücke, Sandbett (261m), PE-Abwasserrohre DN50-100, Formstücke (44m), HT-Rohre DN50-100 (36m), Dachabläufe DN100 (2St), Duschrinnen, Edelstahlroste (3St), Sifons (12St)				
	6100-1562 Einfamilienhaus, Büro - Passivhaus				
		354,00 m²BGF	17.768	**50,19**	30,7
	PVC-Rohre DN110, Formstücke (32m), Rinne, innenliegend (4m), Rinnenabläufe (6St), Abwasserleitungen, Formstücke, Rohrdämmungen, Duschrinnen (psch)				
	6100-1563 Ferienhaus (1 WE), Garage				
		159,31 m²BGF	571	**3,58**	5,5
	Abwasserinstallation				
	6100-1587 Mehrfamilienhaus (9 WE)				
		1.016,97 m²BGF	18.643	**18,33**	14,5
	PP-Rohre DN50-125, Formstücke (232m), Schmutzwasserhebeanlage (1St), Brandschutzmanschetten (24St)				
	6100-1593 Mehrfamilienhaus (3 WE)				
		565,46 m²BGF	4.877	**8,62**	16,9
	KG-Rohre DN125, Formstücke (6m), HT-Rohre DN50-100, Formstücke, Rohrdämmung (55m), Bodenablauf DN100 (1St)				
	6100-1672 Einfamilienhaus				
		132,23 m²BGF	7.020	**53,09**	44,3
	PP-Grundleitungen DN100-150, Formstücke (57m), PP-Schalldämmrohre DN50-100, Formstücke, Rohrdämmung (9m)				
	6100-1690 Einfamilienhaus				
		384,80 m²BGF	17.325	**45,02**	30,6
	KG-Rohre DN110, Formstücke (51m), Abwasserrohre DN100 (28m), DN70 (22m), DN50 (21m), Regenwasserrohre (21m), Doppelhebeanlage, Einbau in Bodenplatte, zwei Fäkalienpumpen, integrierte Rückschlagklappe (1St), Duschrinnen (3St)				
	6100-1695 Mehrfamilienhaus (21 WE)				
		1.506,72 m²BGF	64.822	**43,02**	31,7
	PE-Rohre DN70-100, Formstücke, Rohrdämmung (284m), Rohrschotts (51St), KG-Rohre DN100-125, Formstücke (192m), PP-Rohre DN50-100, Formstücke (135m), Duschrinnen, l=60cm, Edelstahl (14St), Sifons (27St), Bodenabläufe DN50 (11St), Kellerablauf (1St)				

KG	Kostengruppe	Menge Einheit	Kosten €	€/Einheit	%

6200-0080 Wohnanlage (28 WE), Inklusives Wohnen

		5.346,45 m²BGF	190.495	**35,63**	29,6

PVC-Abwasserrohre DN50-200, schallgedämmt, Formstücke (1.457m), PP-Abwasserrohre DN100, Formstücke (90m), Rohrdämmung DN50-100 (64m), Sandbett (19m³), Brandschotts DN50-150 (243St), Entwässerungsrinnen (62m), Bodenabläufe (46St), Sifons (34St), Fäkalien-Hebeanlagen, Doppelpumpe (1St), Fettabscheider 400l (1St), Probeentnahmeschacht DN100 (1St), Hebeanlage (1St), Entsorgungsleitung DN70 (19m)

6200-0115 Hospiz (10 Betten)

		1.358,88 m²BGF	50.960	**37,50**	19,8

PE-HD-Rohre DN100-150, Formstücke (186m), PP-Rohre DN50-100, Formstücke, Rohrdämmung (144m), Leckwasser-Abläufe DN50 (2St), Bodenabläufe (31St)

6400-0109 Kinder- und Jugendhaus

		609,32 m²BGF	21.248	**34,87**	30,1

PCV-Rohre DN100-125, Formstücke, Sandbett (68m), HT-Rohre DN50-100, Formstücke, Rohrdämmung (68m), Anschlüsse an Grundleitungen (14St), Tonabscheider (1St), Bodenabläufe (4St), Revisionsschacht (1St), Dachgullys (6St), Dichtheitsprüfung (55m), Videobefahrung (55m)

6400-0112 Gemeindezentrum (80 Sitzplätze)

		393,00 m²BGF	8.636	**21,98**	28,4

HT-Rohre DN50-100, Formstücke, Rohrdämmung (37m), Geruchsverschlüsse (4St) Brandschotts (2St)

6500-0051 Berufsschule, Neubau Caféteria (100 Sitzplätze)

	• Abbrechen (Kosten: 5,9%)	4.265,98 m²BGF	5.122	**1,20**	2,7

Abbruch von Entwässerungsschacht, t=2,00m (1St), Abwasserleitungen (169m), Bodenabläufen (5St); Entsorgung, Deponiegebühren

	• Herstellen (Kosten: 94,1%)	4.265,98 m²BGF	81.436	**19,09**	42,3

KG-Rohre DN100-200, Formstücke (208m), PE-Rohre DN50-125, Formstücke, Rohrdämmung (136m), Bodenabläufe DN50 (5St), PP-Entwässerungsschächte DN400, h bis 1,80m (5St), DN1.000, h=2,80m, Schachtabdeckung (1St), Entwässerungsrinnen (7m), Brandschutzschotts (5St)

6600-0032 Hotel

	• Abbrechen (Kosten: 2,0%)	827,53 m²BGF	356	**0,43**	0,3

Abbruch von Zinkleitung (2h), im Altbau unbrauchbaren Leitungen (2h); Entsorgung, Deponiegebühren

	• Wiederherstellen (Kosten: 2,8%)	827,53 m²BGF	492	**0,59**	0,4

Defekte Abwasserleitung demontieren, durch Schallschutzrohr ersetzen, Kalt- und Warmwasserleitungen kappen (5h)

	• Herstellen (Kosten: 95,2%)	827,53 m²BGF	16.931	**20,46**	12,2

KG-Rohre DN110-160, Formstücke (67m), Kunststoffrohre DN56-90, Rohrdämmung (50m), Rohrabschottungen (11St), Reinigungsöffnungen (6St), Fallstrang auswechseln, PP-Rohr, l=2,00m, Formstücke, Rohrdämmung (3m), Bodenablauf (1St)

KG	Kostengruppe	Menge Einheit	Kosten €	€/Einheit	%
	7100-0066 Produktionsgebäude, Büro (120 AP)				
		3.710,27 m² BGF	79.662	**21,47**	22,8
	PVC-Rohre DN100, Formstücke, Sandbett (265m), PE-Rohre DN70-100, Formstücke, Rohrdämmung (180m), PP-Fallrohre DN70-100, innenliegend, Formstücke, Rohrdämmung (120m), HT-Rohre DN20-100, Formstücke, Rohrdämmung (113m), Rohrschotts R90 (32St), Rohrbelüfter DN70 (2St), Bodenabläufe DN70-100, Edelstahlrost (2St), Flachdachdurchführungen DN100 (12St), Sifons (18St)				
	7600-0078 Flughafenfeuerwehr (8 Fahrzeuge)				
	• Abbrechen (Kosten: 1,2%)	4.266,00 m² BGF	1.536	**0,36**	0,6
	Abbruch von Entwässerungsrinnen (16m); Entsorgung, Deponiegebühren				
	• Herstellen (Kosten: 98,8%)	4.266,00 m² BGF	124.116	**29,09**	48,1
	KG-Rohre DN150-200, Formstücke (84m), PE-HD Rohre DN50-100 (166m), Rohrisolierung DN40 (46m), PP-Rohre DN100-125 (125m), PP-Revisionsschacht DN400, t=1,50m (1St), Stb-Probeentnahmeschacht, t=85cm (1St), Leichtflüssigkeitsabscheider 5.000l, Alarmanlage, (1St), Kleinhebeanlage (1St), Systemtrenner (1St), Bodenabläufe (4St), Brandschotts (13St), Entwässerungsrinnen, Abdeckung (52m)				
	9100-0155 Zweigbibliothek (150 Leseplätze, 12 AP)				
		7.493,81 m² BGF	219.993	**29,36**	70,2
	SML-Rohre DN100-200, Formstücke, Rohrdämmung, in Fundamentplatte (376m), DN100-150, im Gebäude (155m), DN100-200, als Druckentwässerung, Blechummantelung (120m), Stahlrohre DN70, Formstücke, Rohrdämmung (204m), HT-PP-Rohre DN50-110, Formstücke, Rohrdämmung (75m), HT-PE-Rohre DN40, Formstücke, Rohrdämmung (28m), Brandschotts (14St), Abwasserhebeanlage 4,00m³/h, Förderhöhe 4,50m (1St), Bodenabläufe DN100, Gusseisen (14St), Bodenrinnen, Edelstahl, Schlitzroste (28m)				
	9100-0168 Schauspielhaus, Zweitspielstätte				
	• Abbrechen (Kosten: 12,5%)	2.865,00 m² BGF	6.115	**2,13**	3,7
	Abbruch von Gusseisen-Rohren DN bis 110 (218m), PP-Rohren DN bis 110 (60m), KG-Rohren DN bis 300 (6St), Bodeneinläufen DN150 (8St); Entsorgung, Deponiegebühren				
	• Wiederherstellen (Kosten: 3,6%)	2.865,00 m² BGF	1.780	**0,62**	1,1
	Abwasserleitungen DN100 umbauen (psch)				
	• Herstellen (Kosten: 83,9%)	2.865,00 m² BGF	41.183	**14,37**	24,8
	Hebeanlage (1St), HT-Rohre, schalldämmend, Formstücke (298m), SML-Rohre, Formstücke (16m), Rohrabschottungen R90 DN50-150 (57St)				

KG	Kostengruppe	Menge Einheit	Kosten €	€/Einheit	%
	9100-0169 Klosteranlage, Wissenschafts- und Studierzentrum				
	• Abbrechen (Kosten: 1,6%)	5.582,91 m²BGF	1.431	**0,26**	0,4
	Abbruch von Abwasserrohren (219m); Entsorgung, Deponiegebühren				
	• Wiederherstellen (Kosten: 0,6%)	5.582,91 m²BGF	557	**0,10**	0,2
	Gemauerte Entwässerungskanäle im Fundamentbereich abbrechen, l=1,50m, durch Steinzeugrohre DN150 ersetzen (3St)				
	• Herstellen (Kosten: 97,7%)	5.582,91 m²BGF	86.376	**15,47**	24,1
	KG-Rohre DN100-300, Formstücke (47m), PE-HD-Rohre DN50-100, Rohrdämmung (157m), SML-Rohre DN50-100, Formstücke, Rohrdämmung (109m), SML-Standrohre DN100-125 (11St), Brandschotts (22St), Anschlüsse an Grundleitungen (16St), Fäkalien-Rückstauautomat DN100 (1St), Schmutzwasserpumpe, Steuerung, Alarmhupe, Niveauschalter (1St), Rückschlagklappe (1St), Absperrschieber (1St), Geruchsverschlüsse (18St), Ablaufgarnituren (16St), Edelstahlrinne 160x20cm (1St), Kernbohrungen, D=100-150cm (32St)				
	9100-0195 Speicherbibliothek				
		3.814,12 m²BGF	289.901	**76,01**	79,4
	KG-Rohre DN100-200, Formstücke (58m), PE-Rohre DN50-200, Formstücke, Rohrdämmung (179m), innenliegende Dachentwässerung, HDE-Druckströmungssystem, Stahlrohre, verzinkt, DN40-100, Formstücke, Rohrdämmung (163m), DN125-200 (119m), Bodenabläufe DN100 (5St), Schmutzwasserhebeanlage (1St), Kondensathebeanlagen (2St), Handmembranpumpe (1St), HDPE-Druckrohre DN40, Formstücke, Rohrdämmung (13m), Alarmmelder (1St), Brandschotts (21St)				
	9700-0028 Krematorium				
		1.607,98 m²BGF	68.434	**42,56**	50,2
	PP-Rohre DN100-150 (779m), SML-Rohre DN50-125, Formstücke, Rohrdämmung (132m), Brandschotts (28St), Schmutzwasserpumpe (1St), Bodendurchführungen (13St), Bodenabläufe (15St)				
412	**Wasseranlagen**				
	1300-0234 Bürogebäude (38 AP)				
		1.224,00 m²BGF	39.208	**32,03**	37,2
	Metallverbundrohre DN12-25, Formstücke, Rohrdämmung (224m), Hauswasserstation (1St), Tiefspül-WCs (9St), Aufsatzbecken, Armaturen (6St), Urinale (2St), Waschtisch (1St), Duschelement, Bodenablauf, Brausearmatur (1St), Ausgussbecken (4St), Durchlauferhitzer (6St), Spüle (1St), Außenarmatur (2St)				
	1300-0283 Verwaltungsgebäude (34 AP)				
		1.502,40 m²BGF	59.313	**39,48**	58,8
	Edelstahlrohre DN15-35, Formstücke, Rohrdämmung (157m), Metallverbundrohre, Formstücke, Rohrdämmung (84m), Flexschläuche DN20-32 (149m), Waschtische (8St), Tiefspül-WCs (12St), Urinale, pneumatische Steuerung (4St), Armaturen (8St), Durchlauferhitzer (1St), Rückenstütze (1St), WC-Auslöser (2St), Freistromventile (9St), Absperrventile (27St)				

3. Ebene

KG	Kostengruppe	Menge Einheit	Kosten €	€/Einheit	%
	1300-0292 Landratsamt (136 AP), TG (19 STP)				
		4.569,26 m² BGF	177.736	**38,90**	48,2
	Edelstahlrohre DN12-32, Formstücke, Rohrdämmung (665m), Rohrschotts (42St), Enthärtungsanlage (1St), Rückspülfilter (1St), Trinkwasserverteiler (1St), Systemtrenner (2St), Strömungsteilergruppen (15St), Hygienespülungen (7St), Ventile (49St), Waschtische (28St), barrierefrei (1St), Tiefspül-WCs (17St), barrierefrei (1St), Urinale, Automatikauslösung (7St), Ausgussbecken (5St), Duschwannen (2St), Außenarmaturen (2St), Durchlauferhitzer 6,5kW-13 (27St), 27kW (2St), elektronische Waschtischarmaturen (15St)				
	1300-0319 Amtsverwaltung (36 AP)				
		1.790,04 m² BGF	59.836	**33,43**	68,4
	Edelstahlrohre DN12-25, Formstücke, Rohrdämmung (216m), Brandschotts (7St), Automatik-Rückspülfilter (1St), Druckminderer (1St), Ventile (5St), Hygienespülungen (3St), WCs (6St), barrierefrei (1St), Handwaschbecken (8St), barrierefrei (1St), Urinale, Spülautomatik (2St), Ausgussbecken (1St), Elektro-Durchlauferhitzer 3,5kW (9St), 13,2kW (3St), Außenarmaturen, Einbauschränke, zwei Steckdosen (2St), Armaturen				
	4100-0173 Ganztagesschule (9 Klassen, 225 Schüler)				
	• Herstellen (Kosten: 100,0%)	1.860,58 m² BGF	38.244	**20,55**	59,2
	Kupferrohre DN12-32, Formstücke, Rohrdämmung (219m), Spülleitungsanlage DN50 (2St), Absperrventile (4St), Waschtische (6St), WCs (12St), Urinale, Spülautomatik (5St), WC-Stützklappgriff (1St), Doppelspülenanschluss (2St), Warmwasserspeicher, 5l (2St), Durchlauferhitzer (1St), Standventile (5St)				
	4100-0194 Schule (12 Klassen, 336 Schüler)				
	• Herstellen (Kosten: 100,0%)	1.778,38 m² BGF	54.316	**30,54**	60,6
	Kupferrohre DN15-42, Formstücke, Rohrdämmung (192m), Wand-Tiefspül-WCs, WC-Sitze (10St), barrierefrei (1St), Stützklappgriffe (2St), Urinale (7St), Waschtische, Armaturen (22St), Ausgussbecken (1St), Hygienespülung (1St), Warmwasserspeicher, 10l (1St), Durchlauferhitzer (1St), Brausethermostat (1St), Kernbohrungen DN24-26 (24St)				
	4200-0039 Bildungszentrum Holzbauberufe (4 Klassen)				
		3.556,16 m² BGF	281.382	**79,13**	54,0
	Edelstahlrohre DN15-42, Formstücke, Rohrdämmung (1.032m), Verbundrohre DN20, Formstücke (23m), Hauswasserfilter, Zähler, Rückspülautomatik (1St), Verteiler (1St), Enthärtungsanlage (1St), Kugelhähne (12St), Wand-Tiefspül-WCs (7St), barrierefrei (1St), Stützklappgriffe (2St), Waschtische (13St), barrierefrei (1St), Urinale, Spülautomatik (10St), Einbauwaschtischanlagen (10St), Ausgussbecken (4St), Armaturen (28St), Durchlauferhitzer 6,5-21kW (24St)				
	4400-0322 Kindertagesstätte (4 Gruppen, 100 Kinder)				
		1.119,63 m² BGF	67.180	**60,00**	50,7
	Metallverbundrohre DN16-40, Formstücke, Rohrdämmung (396m), Ventile (12St), Außenarmaturen (2St), Durchlauferhitzer 3,5kW (4St), 6,5kW (4St), 13,5kW (5St), 27kW (5St), Kinder-WCs (8St), Kleinkind-WCs (2St), Tiefspül-WCs (2St), barrierefrei, Steuerung (1St), Waschtische (13St), Waschbecken (1St), Ausgussbecken (1St), Brausegarnituren (3St)				

KG	Kostengruppe	Menge Einheit	Kosten €	€/Einheit	%
	4400-0333 Kindertagesstätte (3 Gruppen, 35 Kinder)				
		644,98 m²BGF	60.975	**94,54**	63,6

Edelstahlrohre DN12-40, Formstücke, Rohrdämmung (274m), Mehrschichtverbundrohre DN12-20, Formstücke, Rohrdämmung (224m), Flexschläuche (10m), Zirkulationspumpe (1St), Rückspülfilter, Druckminderer (1St), Tiefspül-WCs (2St), für Kinder (3St), für Baby (1St), barrierefrei, WC-Steuerung, Funk (1St), Waschtische (2St), mit Griffmulden (7St), Duschwanne 80x80cm, Brausegarnitur (1St), Ausgussbecken (1St), Sicherheitsthermostate (12St), Waschtisch-Elektronik-Batterien (11St), Spültischarmatur (1St), Außenarmaturen (2St), Stützklappgriffe (2St)

	4400-0334 Kindertagesstätte (8 Gruppen, 150 Kinder)				
		1.648,86 m²BGF	93.542	**56,73**	65,8

PE-Xa-Rohre DN12-32, Formstücke, Rohrdämmung (598m), Druckminderer-Filter-Kombi (1St), Kaltwasserverteiler (1St), Waschtische (16St), barrierefrei (1St), Handwaschbecken (1St), Ausgussbecken (2St), Spiel-Waschlandschaften (3St), Einbaubecken, Babywanne (3St), Tiefspül-WCs (6St), barrierefrei (2St), für Kinder (8St), für Babys (2St), Spülautomatik (8St), Stützklappgriffe (4St), Rückenstützen (2St), Brausearmatur (1St), Einbauspülen (4St), Durchlauferhitzer (24St), Außenarmaturen (3St)

	4400-0356 Kindergarten (4 Gruppen, 112 Kinder), Wohnungen				
		1.204,74 m²BGF	97.070	**80,57**	53,6

Edelstahlrohre DN18-35, Formstücke, Rohrdämmung (137m), Mehrschichtverbundrohre DN16-20, Formstücke, Rohrdämmung (573m), Rückspülfilter (1St), Druckminderer (1St), Sicherheitsthermostate (8St), Tiefspül-WCs (14St), barrierefrei, Spülautomatik (1St), Waschtischreihe, vier Waschplätze (2St), Waschbecken (7St), barrierefrei (1St), Duschwannen (5St), Duscharmaturen (5St), Ausgussbecken (2St), Armaturen (18St), Außentresore Wasser, Strom (2St), Außenarmatur, DN15 (1St)

	4400-0357 Kinderhaus (4 Gruppen, 74 Kinder)				
		1.009,00 m²BGF	74.485	**73,82**	61,6

Edelstahlrohre DN15-35, Formstücke, Rohrdämmung (99m), Mehrschichtverbundrohre DN16-20, Formstücke, Rohrdämmung (205m), Außentresore Wasser, Strom (2St), Enthärtungsanlage (1St), Tiefspül-WCs (9St), Fernauslösungen, WC-Steuerung (2St), Stütz-Klappgriffe (2St), Spiel- und Waschlandschaft (1St), Speicher, 15l (1St), Waschtische (3St), barrierefrei (1St), Ausgussbecken (1St), Handwasch-Ausgussbecken-Kombination (1St), Duschwanne (1St), Säuglingspflegebecken (1St), Werkraumbecken (1St)

	4400-0362 Kindertagesstätte (6 Gruppen, 124 Kinder)				
		1.678,28 m²BGF	120.305	**71,68**	75,3

Edelstahl-Systemrohre DN12-25, Formstücke, Rohrdämmung (301m), Metallverbundrohre DN12-15, Formstücke, Rohrdämmung (195m), Rückspülfilter (1St), Druckminderer (1St), Kolbenabsperrventile (17St), Ablaufventile (12St), Probenahmeventile (8St), Schrägsitzventile (6St), Regulierventile (6St), Waschtische (4St), Waschrinnen (8St), Tiefspül-WCs (18St), Duschpaneels (2St), Außenarmaturen (2St), Armaturen

KG	Kostengruppe	Menge Einheit	Kosten €	€/Einheit	%
	5100-0122 Sporthalle (Zweifeldhalle)				
	• Abbrechen (Kosten: 1,2%)	2.217,01 m² BGF	1.543	**0,70**	0,7
	Abbruch von Waschtischen (32St), Stand-WCs (16St), Urinalen (5St), Spülbecken (1St), Armaturen (42St), Duschköpfen, Duscharmatur (16St); Entsorgung, Deponiegebühren				
	• Herstellen (Kosten: 98,8%)	2.217,01 m² BGF	132.497	**59,76**	55,9
	Edelstahlrohre DN15-35, Formstücke (392m), Metallverbundrohre, Formstücke, Rohrdämmung (386m), Enthärtungsanlage (1St), Hauswasserstation (1St), Einbauwaschbecken (8St), Waschtische (6St), barrierefrei (3St), Handwaschbecken (3St), Durchlauferhitzer 3,5kW (5St), Kleinspeicher 5l (1St), Waschrinne (1St), Ausgussbecken (1St), Armaturen (21St), Duschwanne (1St), Brauseköpfe, feststehend (17St), UP-Duscharmaturen (16St), Tiefspül-WCs (15St), Urinale, Spülautomatik (6St)				
	5100-0127 Sporthalle (Dreifeldhalle)				
		4.351,43 m² BGF	277.529	**63,78**	67,9
	Kupferrohre DN15-54, Formstücke, Rohrdämmung (1.344m), Hauswasserstation (1St), Tiefspül-WCs (43St), barrierefrei (3St), Stützklappgriffe (6St), Urinale, Sensorsteuerung (21St), Waschbecken (28St), elektronische Duscheinrichtungen, Armaturen, Temperaturfühler, Regenbrausen (29St), Ausgussbecken (1St), Armaturen				
	5100-0128 Sporthalle (Einfeldhalle)				
		815,50 m² BGF	87.797	**107,66**	65,6
	Stahlrohre, Formstücke, Rohrdämmung (409m), Hauswasserstation DN40 (1St), Rückspülautomatik (1St), Hygienespülgerät Kaltwasser (1St), Tiefspül-WCs, Steuerungen (4St), barrierefrei (1St), Stützklappgriffe (4St), Rückenstützen (2St), Urinal (1St), Waschtische (10St), elektronisch gesteuerte Duschpaneele mit Zeitsteuerung (7St), Funktionscontroller (1St), Ausgussbecken (2St), Außenwandventile (2St), Armaturen				
	5200-0012 Sportbadhalle				
	• Abbrechen (Kosten: 1,5%)	805,60 m² BGF	1.508	**1,87**	0,7
	Abbruch von Gussleitungen DN100, Schalung, Dämmung (14h); Entsorgung, Deponiegebühren				
	• Wiederherstellen (Kosten: 2,3%)	805,60 m² BGF	2.299	**2,85**	1,0
	PVC-Rohre, Formstücke, demontieren, lagern, wieder montieren, DN32-65 (21m), DN80-100 (26m), DN125-200 (45m), DN250-300 (57m), Armaturen (10St)				
	• Herstellen (Kosten: 96,1%)	805,60 m² BGF	94.305	**117,06**	40,6
	Druckluft-Steuersystem, PVC-Rohre DN15, Formstücke (118St), PVC-Druckrohre DN50-250, Formstücke (243m), Schwallwasserleitungen DN100-300, Formstücke (140m), Kupferrohre DN15-20, Rohrdämmung (160m), Absperrventile (5St), Brandschutzmanschetten (9St), Handwaschbecken (1St), Waschtischarmaturen (1St), Brausesets (2St)				
	5200-0020 Badeanstalt				
		204,00 m² BGF	55.286	**271,01**	74,1
	Edelstahlrohre DN12-32, Formstücke, Dämmung (208m), Hauswasserstation (1St), Wasserzähler (4St), Freistromventile (2St), Wand-Tiefspül-WCs (7St), barrierefrei (1St), Waschtische (5St), barrierefrei (1St), Stützklappgriffe (4St), Waschtischanlagen, drei Mulden (2St), Duschelemente (4St), Urinal (1St), Durchlauferhitzer (9St), Armaturen (10St), Außenarmatur (1St)				

KG	Kostengruppe	Menge Einheit	Kosten €	€/Einheit	%
	5300-0016 Strandbad, Gastronomie				
		492,00 m² BGF	167.635	**340,72**	63,5
	Edelstahlrohre DN15-35, Formstücke, Rohrdämmung (580m), Hauswasserstationen (3St), Strömungsverteiler (11St), Hygienespüleinrichtungen (2St), Handwaschbecken, Armaturen (11St), WCs (11St), Urinale (4St), berührungslose Steuerungen (4St), Duschen (8St), Ausgussbecken (2St), Funktionskontroller Münzkontaktgeber (2St), Absperrventile (6St)				
	6100-1355 Mehrfamilienhaus (17 WE)				
		2.251,71 m² BGF	152.304	**67,64**	71,5
	Mehrschichtverbundrohre, Formstücke (1.495m), Rohrdämmung (130m), Steigstränge (18St), Kalt- und Warmwasserzähler (21St), Waschtische, Armaturen (21St), Tiefspül-WCs (21St), Badewannen (17St), Duschen, bodengleich (4St), Ausgussbecken, Stahl (1St), Waschmaschinenanschlüsse (17St), Außenzapfstellen (6St)				
	6100-1379 Wohn- und Geschäftshaus (1 WE)				
	• Abbrechen (Kosten: 0,6%)	762,16 m² BGF	264	**0,35**	0,5
	Abbruch von Trinkwasserrohren (psch); Entsorgung, Deponiegebühren				
	• Herstellen (Kosten: 99,4%)	762,16 m² BGF	43.153	**56,62**	78,3
	Edelstahlrohre DN12-32, Formstücke, Rohrdämmung (153m), Metallverbundrohre DN16-20 (108m), Brandschotts (24St), Wasserzähler (2St), Ausdehnungsgefäße 12-18l (2St), Pumpen (2St), Regulierventile (3St), Absperrventile (12St), Tiefspül-WCs (5St), Waschtische (4St), Doppelwaschtisch, Marmorplatte (1St), Duschwanne (1St), Dusche, bodengleich (1St), Badewanne (1St), Armaturen (7St), Brausegarnituren (3St), Außenarmaturen (2St)				
	6100-1384 Mehrfamilienhaus (3 WE)				
	• Herstellen (Kosten: 100,0%)	614,28 m² BGF	16.202	**26,37**	46,6
	Verbundrohre, Formstücke, Dämmung (202m), Wasserzähler (3St), Waschtische (3St), Tiefspül-WCs (4St), Stützklappgriffe (4St), Badewanne (1St), Brausegarnitur (1St), Armaturen				
	6100-1393 Doppelhaushälfte (1 WE), Büro (2 AP)				
	• Abbrechen (Kosten: 0,9%)	406,76 m² BGF	119	**0,29**	0,6
	Abbruch Einrichtungsgegenstand (1St); Entsorgung, Deponiegebühren				
	• Herstellen (Kosten: 99,1%)	406,76 m² BGF	12.902	**31,72**	65,8
	Metallverbundrohre DN12-16, Formstücke (23m), Waschtisch (1St), Tiefspül-WCs (3St), Urinal (1St), Urinalsteuerung (1St), Badewanne 160x70cm, Acryl (1St), Viertelkreisdusche 80x80x13cm, Acryl (1St), Duschtasse, bodengleich (1St), Brausegarnituren, Brausestangen (2St), Wasserzähler (4St), Anschlüsse an Bestand (3St), Armaturen				

KG	Kostengruppe	Menge Einheit	Kosten €	€/Einheit	%
	6100-1394 Wohn- und Geschäftshaus (21 WE)				
	• Abbrechen (Kosten: 1,0%)	2.819,02 m² BGF	2.084	**0,74**	0,6
	Abbruch von Bleirohren DN32 (65m), Badewannen (6St), WCs, Handwaschbecken (24St); Entsorgung, Deponiegebühren				
	• Herstellen (Kosten: 99,0%)	2.819,02 m² BGF	211.291	**74,95**	62,0
	PE-Rohre DN16-26, Formstücke, Rohrdämmung (729m), Edelstahlrohre DN15-42 (397m), Brandschotts (287St), Absperrventile DN15-40 (8St), Wasserzähler (25St), Waschtische, Armaturen (29St), barrierefrei (2St), Tiefspül-WCs (25St), barrierefrei (2St), Duschwannen (5St), bodengleich (16St), Brausearmaturen (21St), Urinale (3St), Spülbecken (2St), Durchlauferhitzer (21St), Warmwasserbereiter 5l (3St), Hygienespüleinrichtungen (30St), Stützklappgriffe (4St)				
	6100-1444 Einfamilienhaus, Garage (5 STP)				
		522,66 m² BGF	79.996	**153,06**	73,3
	Stahlrohre DN15-32, Formstücke, Rohrdämmung (255m), Absperrventile (7St), Rückspülfilter (1St), Ausdehnungsgefäß (1St), Tiefspül-WCs (3St), Waschtische (2St), Badewanne (1St), Außenarmatur (1St), Armaturen				
	6100-1494 Mehrfamilienhaus (53 WE), TG (13 STP)				
		6.430,02 m² BGF	456.596	**71,01**	74,1
	Weichwasseranlage (1St), Sole-Hebeanlage (1St), Trinkwasser-Wohnungsstationen (53St), Absperr-Wasserzähler (113St), PEX-Rohre DN12-20, Formstücke, Rohrdämmung (1.120m), Edelstahlrohre DN15-54, Formstücke, Rohrdämmung (385m), Waschbecken (3St), Wand-Tiefspül-WCs (3St), Brausegarnitur (1St), Außenarmaturen (2St), Küchenanschlüsse (55St), Waschmaschinenanschlüsse (53St), Rohrabschottungen R90 (57St), Trinkwasserbegleitheizung (120m)				
	6100-1524 Mehrfamilienhaus (6 WE)				
		1.360,35 m² BGF	137.970	**101,42**	73,5
	Metallverbundrohre DN12-32, Formstücke, Rohrdämmung (561m), Rückspülfilter (1St), Wasserzähler (52St), Rückflussverhinderer (2St), Möbelwaschtisch (1St), Regenduschen (6St), Badewannen (6St), Duschen (3St), WCs (13St), Handwaschbecken (10St), Doppelwaschtisch (1St), Bidet (1St), Armaturen (54St)				
	6100-1559 Einfamilienhaus, Praxis - Passivhaus				
		609,55 m² BGF	44.650	**73,25**	54,0
	Metallverbundrohre DN12-25, Formstücke, Rohrdämmung (240m), Verteiler (1St), Wasserzähler (3St), Enthärtungsanlage (1St), Badewanne (1St), Wand-Tiefspül-WCs (4St), Handwaschbecken (1St), Ausgussbecken (1St), Armaturen				
	6100-1562 Einfamilienhaus, Büro - Passivhaus				
		354,00 m² BGF	37.825	**106,85**	65,3
	Kalt-, Warm- und Regenwasserleitungen, Rohrdämmungen, Armaturen (psch), WCs, Regenwassernutzung (4St), Urinal, Regenwassernutzung (1St), Flussstein-Waschbecken auf Holzunterbau (5St), Badewanne (1St), Duscharmaturen (3St), Waschmaschinenanschlüsse (3St), Waschmaschinenvorschaltgerät (1St), Regenwasserwerk 4,8m³/h (1St), Regenwasserentnahmestellen (5St)				

KG	Kostengruppe	Menge Einheit	Kosten €	€/Einheit	%
	6100-1563 Ferienhaus (1 WE), Garage				
		159,31 m²BGF	9.859	**61,89**	94,5
	Wasserleitungen, Armaturen (psch), bodengleiche Dusche 90x100cm, Rinneneinlauf (1St), Waschtische (2St), WCs (2St), Durchlauferhitzer (2St)				
	6100-1587 Mehrfamilienhaus (9 WE)				
		1.016,97 m²BGF	104.070	**102,33**	80,9
	Edelstahlrohre DN12-40, Formstücke, Rohrdämmung (456m), Mehrschichtverbundrohre DN12-15, Rohrdämmung (282m), Hauswasserstation (1St), Rückspülautomatik (1St), Ventile (24St), Wasserzähler-Montageblöcke (24St), Regenwassernutzungsanlage, Hauswasserautomat, Saug-, Druckschlauch (1St), Waschtische (10St), Handwaschbecken (3St), Ausgussbecken (2St), Tiefspül-WCs (13St), Badewannen (4St), Duschrinnen, Brausegarnituren (5St), WM-Anschlüsse (9St), Spülenanschlüsse (9St), Armaturen				
	6100-1593 Mehrfamilienhaus (3 WE)				
		565,46 m²BGF	19.468	**34,43**	67,6
	Alu-Verbundrohre DN18-28, Formstücke, Rohrdämmung (238m), Zirkulationspumpe, Druckminderer (1St), Wand-WCs (6St), Handwaschbecken (6St), Badewannen 180x80cm (3St), Duschablaufrinnen, l=90cm (2St), Ausgussbecken (1St), Waschmaschinenanschlüsse (3St), Küchenanschluss (1St), Außenwasserhähne, frostfrei (2St), Brandschutzmanschetten (8St)				
	6100-1672 Einfamilienhaus				
		132,23 m²BGF	8.341	**63,08**	52,6
	Edelstahlrohre DN12-25, Formstücke, Rohrdämmung (40m), Systemtrenner (1St), Zähleranschlussgarnitur (1St), Rückspülfilter (1St), Schrägsitzventile (3St), Mischventil (1St), Tiefspül-WC (1St), Waschtisch mit Möbel (1St), Badewanne (1St), Brausegarnitur (1St), Außenarmatur (1St), Geräteventil (1St)				
	6100-1690 Einfamilienhaus				
		384,80 m²BGF	32.973	**85,69**	58,3
	Metallverbundrohre DN12, Formstücke, Rohrdämmung (123m), DN15 (45m), DN20 (25m), DN25 (10m), Brauchwasser-Zirkulationspumpe, Absperreinrichtungen (1St), Waschtische (4St), mit zwei Armaturen (1St), Wand-Tiefspül-WCs (5St), Badewanne, Stahl (1St), Außenwasser-Zapfstellen, Wasserzähler (2St), Küchen-/WM-Anschlüsse (4St), Wasserzähler (1St)				
	6100-1695 Mehrfamilienhaus (21 WE)				
		1.506,72 m²BGF	118.490	**78,64**	57,9
	Edelstahlrohre DN12-40, Formstücke, Rohrdämmung (483m), PE-X-Rohre DN12-20, gedämmt, Formstücke (763m), Rohrschotts (39St), Hauswasserstation (1St), Hygienespülstation (1St), Wasserzähler (27St), Eckventile (76St), Schrägsitzventile (22St), Regelventile (7St), Entnahmeventil (1St), Wand-WCs (19St), barrierefrei, Stützklappgriffe (2St), Waschtische, Armaturen (19St), barrierefrei (2St), Brausekombinationen (21St), Haltegriffe (6St), Ausgussbecken (2St)				

KG	Kostengruppe	Menge Einheit	Kosten €	€/Einheit	%
	6200-0080 Wohnanlage (28 WE), Inklusives Wohnen				
		5.346,45 m² BGF	399.308	**74,69**	62,0
	Edelstahlrohre DN15-50, Formstücke, Dämmung (2.1556m), PE-Rohre DN10, Formstücke (1.294m), Brandschotts (189St), Ventile (61St), Thermometer (24St), Waschtische, Armaturen (37St), Wand-Tiefspül-WCs (19St), Stützklappgriffe (10St), Badewannen, Armaturen (6St), Hebebadewanne, Motorantrieb (1St), Urinale, Sensorsteuerung (2St), Ausgussbecken (1St), Außenarmaturen (4St), Enthärtungsanlage (1St)				
	6200-0115 Hospiz (10 Betten)				
		1.358,88 m² BGF	184.577	**135,83**	71,9
	Edelstahlrohre DN15-35, Formstücke, Rohrdämmung (777m), Strömungsleiter DN15-32 (10St), Enthärtungsanlage (1St), Wasserbelebungsgerät (1St), Warmwasser-Standspeicher 400l (1St), Übertischspeicher (1St), Sitz-Liege-Badewanne, elektrische Neigungs- und Höhenverstellung, Thermostat (1St), Waschtische, unterfahrbar (13St), Ausgussbecken (5St), Handwaschbecken (4St), UP-Duscharmaturen (13St), Tiefspül-WCs (21St), Urinal, Infrarot-Elektronik (1St)				
	6400-0109 Kinder- und Jugendhaus				
		609,32 m² BGF	43.483	**71,36**	61,6
	Edelstahlrohre DN12-32, Formstücke, Rohrdämmung (161m), Druckminderer, Filter (1St), Rückspülautomatik (1St), Rückflussverhinderer (1St), Absperrventile (3St), Kaltwasserzähler (1St), Durchlauferhitzer 13,5kW (3St), 18kW (1St), Waschtische (6St), barrierefrei (1St), Handwaschbecken (2St), Tiefspül-WCs (7St), barrierefrei (1St), Urinal (1St), Ausgussbecken (1St), Spülstein (1St), UP-Versorgungsschrank, mit Außenarmatur, Steckdosen (1St)				
	6400-0112 Gemeindezentrum (80 Sitzplätze)				
		393,00 m² BGF	18.967	**48,26**	62,3
	Edelstahlrohre DN15-20, Formstücke, Rohrdämmung (56m), PE-Rohre DN15-20, Formstücke (13m), Hauswasseranschluss (1St), Wand-Tiefspül-WCs (3St), barrierefrei, Spülautomatik (1St), Stützklappgriffe (2St), Waschtische (3St), Urinal (1St), Ausgussbecken (1St), Durchlauferhitzer 5kW (4St), 11kW (1St), Brandschotts (2St), Außenarmatur (1St)				
	6500-0051 Berufsschule, Neubau Caféteria (100 Sitzplätze)				
	• Abbrechen (Kosten: 10,6%)	4.265,98 m² BGF	10.270	**2,41**	5,3
	Abbruch von Wasserleitungen, Rohrdämmung (186m), Sanitärobjekten (40St); Entsorgung, Deponiegebühren				
	• Herstellen (Kosten: 89,4%)	4.265,98 m² BGF	86.436	**20,26**	44,9
	Edelstahlrohre DN15-35, Formstücke, Rohrdämmung (400m), Waschtische (8St), barrierefrei (1St), Tiefspül-WCs, Betätigungsplatten (14St), Urinale (4St), Ausgussbecken (3St), Durchlauferhitzer (1St), Absperrventile (3St), Außenarmatur (1St), Strömungsteiler (4St), Rohrschotts (29St), Brandschutzbekleidung an Bestandsleitungen (psch)				

KG	Kostengruppe	Menge Einheit	Kosten €	€/Einheit	%
	6600-0032 Hotel				
	• Abbrechen (Kosten: 2,0%)	827,53 m²BGF	2.113	**2,55**	1,5
	Abbruch von Wasserleitungen, Armaturen (24h); Entsorgung, Deponiegebühren				
	• Herstellen (Kosten: 98,0%)	827,53 m²BGF	103.619	**125,22**	74,5
	Hauptwasserleitung neu verlegen, Hauptwasseranschluss installieren, Enthärtungsanlage umverlegen (34h), Hauswasserstation (1St), Wasserzähleranlage (4St), Mehrschicht-Verbundrohre DN63, Formstücke (10m), Edelstahlrohre DN15 35, Formstücke, Rohrdämmung (360m), WC-Anlagen, Montageelemente, Tiefspül-WCs, elektronische Spülung (7St), Aufsatzwaschtische, Konsolenplatten (8St), Duschrinnen (14St), Brausearmaturen (8St), Regenkopfbrausen (2St), Schwallbrause (1St), Außenarmatur (1St), Sicherheitsgruppen (2St), Kugelhähne (8St), Freistromventile (4St)				
	7100-0066 Produktionsgebäude, Büro (120 AP)				
		3.710,27 m²BGF	259.197	**69,86**	74,2
	Kupferrohre DN12-28, Formstücke, Rohrdämmung (725m), DN32-54 (400m), Rohrschotts R90 (64St), Druckerhöhungsanlage (1St), Systemtrenner (1St), Sinkstoffabscheider (1St), Probenahmeeinrichtung (1St), Hauswasserstation (1St), Wasserzählerbügel (1St), Zirkulationspumpe (1St), Schrägsitzventile (17St), Regulierventile (3St), Eckventile (31St), Probenahmeventile (3St), Sicherheitsgruppe (1St), Wand-WCs (18St), barrierefrei (1St), Urinale (16St), Waschtische, Infrarotarmaturen (17St), barrierefrei (1St), Duschwannen, Duschpaneele (4St), Ausgussbecken (14St), Werkraumbecken (2St), Armaturen (20St), Außenarmaturen (3St)				
	7600-0078 Flughafenfeuerwehr (8 Fahrzeuge)				
	• Abbrechen (Kosten: 0,1%)	4.266,00 m²BGF	147	**0,03**	< 0,1
	Abbruch von Rohrleitungen DN40 (4m), Sanitärobjekten, Haltevorrichtungen (2St), Rohrleitungsarmaturen (1St); Entsorgung, Deponiegebühren				
	• Wiederherstellen (Kosten: 2,4%)	4.266,00 m²BGF	2.918	**0,68**	1,1
	vorhandene Kupferleitungen DN50 stilllegen, Abzweige, Absperrarmaturen einbauen, Strang wieder in Betrieb nehmen (7psch)				
	• Herstellen (Kosten: 97,5%)	4.266,00 m²BGF	119.655	**28,05**	46,3
	Kupferrohre DN12-32, Formstücke, Rohrdämmung (579m), DN100 (102m), PE-Druckleitungen DN140 (12m), Hauseinführungen (3St), Frischwasserstationen (2St), Steinfänge (2St), Wasserzähler (1St), Pufferspeicher 800l (2St), Wasserfilter (1St), Alarmbox mit Hupe (1St), Kondensatpumpe (1St), Waschtische (9St), WCs (5St), Urinale (4St), Ausgussbecken (3St), Duschwannen (5St), Duscharmaturen (9St), Waschtischarmaturen (12St), Schrägsitzventile (24St), Absperr/Eckventile (34St), Zirkulationsventile (5St), Brandschotts (72St)				
	9100-0155 Zweigbibliothek (150 Leseplätze, 12 AP)				
		7.493,81 m²BGF	82.621	**11,03**	26,4
	Edelstahlrohre DN12-50, Formstücke, Rohrdämmung (465m), Mehrschichtverbundrohre DN12-20, Formstücke, Rohrdämmung (144m), Rohrschotts (12St), Absperrventile DN15-50 (21St), Magnetventile (4St), Rohrtrenner (1St), Filter (1St), Wasserzähler (2St), Wand-WCs (18St), barrierefrei (3St), Waschbecken (12St), barrierefrei (3St), Urinale (7St), Ausgussbecken (5St), Durchlauferhitzer 3,5kW (4St), Warmwasserspeicher 10l (3St)				

3. Ebene

KG	Kostengruppe	Menge Einheit	Kosten €	€/Einheit	%
	9100-0168 Schauspielhaus, Zweitspielstätte				
	• Abbrechen (Kosten: 18,3%)	2.865,00 m² BGF	20.083	**7,01**	12,1
	Abbruch von Stahlrohren (481m), Metallrohren (140m), Dämmung (980kg); Entsorgung, Deponiegebühren				
	• Wiederherstellen (Kosten: 2,1%)	2.865,00 m² BGF	2.321	**0,81**	1,4
	Wasserleitungen umbauen (psch)				
	• Herstellen (Kosten: 79,6%)	2.865,00 m² BGF	87.346	**30,49**	52,7
	Edelstahlrohre, Formstücke, Rohrdämmung (749m), Verbundrohre, Formstücke, Rohrdämmung (189m), Absperrventile (31St), Zirkulations-Regulierventil (7St), Waschtische (10St), Ausgussbecken (1St), Duschwanne, Einhebel-Brausemischer, Brause-Set (1St), Tiefspül-WCs (7St), WC-Steuerung (1St), WC-Stützgriff (1St), mit Spülauslösung (2St), Urinale, Urinalsteuerungen (4St), Armaturen				
	9100-0169 Klosteranlage, Wissenschafts- und Studierzentrum				
	• Abbrechen (Kosten: 0,3%)	5.582,91 m² BGF	689	**0,12**	0,2
	Abbruch von Wasserleitungen, Aufputz (19m), Badewanne (1St), Spülkasten (1St); Entsorgung, Deponiegebühren				
	• Herstellen (Kosten: 99,7%)	5.582,91 m² BGF	252.545	**45,24**	70,5
	Edelstahlrohre DN12-40, Formstücke, Rohrdämmung (544m), PE-Rohre DN32-40, Formstücke, Rohrdämmung (89m), PE-Druckrohre DN15-20 (50m), Begleitheizung (70m), Enthärtungsanlage (1St), Druckerhöhungsanlage (1St), Druckminderer (1St), Rückspülfilter (1St), Rückflussverhinderer (2St), Systemtrenner (1St), Freistromventile (17St), Tiefspül-WCs (17St), barrierefrei (1St), Urinale, Spülautomatik (8St), Doppelwaschtische (6St), Waschtische (1St), barrierefrei (1St), Waschtischarmaturen, berührungslos (14St), Duschwannen (2St), Ausgussbecken (2St), Küchenanschlüsse (5St), Durchlauferhitzer (17St), Kernbohrungen, D=80-180cm (24St), Rohrnetzdesinfektion (1St)				
	9100-0195 Speicherbibliothek				
		3.814,12 m² BGF	75.140	**19,70**	20,6
	Edelstahlrohre DN15-30, Formstücke, Rohrdämmung (233m), Stahl-Tragkonstruktion (430kg), Brandschotts DN15-80 (20St), Umkehrosmose-Anlage (1St), Anschlussblock (1St), Magnetventil (1St), Hauswasser-Feinfilter (1St), Spüleinrichtungen (2St), Wasserzähler (2St), Systemtrenner DN15 (1St), Absperrventile (21St), Überlaufüberwachungen (2St), Außenarmaturen DN20 (2St), Ausgussbecken (1St)				
	9700-0028 Krematorium				
		1.607,98 m² BGF	66.884	**41,60**	49,1
	Metallverbundrohre DN15-32, Formstücke, Rohrdämmung (472m), Frischwasserstation (1St), Wasserzähler/Filter/Druckminderer (1St), Waschtische, Armaturen (11St), barrierefrei, elektronische Armatur (1St), Tiefspül-WCs (3St), barrierefrei, mit Steuerung (1St), Urinale, Spülautomatik (3St), Duschwanne, Brausearmatur (1St)				
413	**Gasanlagen**				
	4200-0039 Bildungszentrum Holzbauberufe (4 Klassen)				
		3.556,16 m² BGF	18.373	**5,17**	3,5
	Edelstahlrohre DN50, Formteile (69m), Kugelhähne DN40 (2St), Thermostate (2St)				

KG	Kostengruppe	Menge Einheit	Kosten €	€/Einheit	%
	5100-0122 Sporthalle (Zweifeldhalle)				
	• Herstellen (Kosten: 100,0%)	2.217,01 m²BGF	3.487	**1,57**	1,5
	Gasanschluss, Gaszähler (psch), Gas-Absperr-Kugelhähne DN20-25 (3St), Kupferrohre DN22-35 (24m)				
	5100-0127 Sporthalle (Dreifeldhalle)				
		4.351,43 m²BGF	4.151	**0,95**	1,0
	Gasanschluss, Zähler (1St), Absperrhahn (1St), Kupferrohre DN42-54, Formstücke (8m), Brandschotts (18St)				
	5300-0016 Strandbad, Gastronomie				
		492,00 m²BGF	2.444	**4,97**	0,9
	Anschluss Brennwertkessel (1St), Kupferrohre DN22-28, Formstücke, Dämmung (11m), Gaszähler-Kugelhahn (1St)				
	6100-1379 Wohn- und Geschäftshaus (1 WE)				
	• Herstellen (Kosten: 100,0%)	762,16 m²BGF	1.859	**2,44**	3,4
	Kupferrohre DN18-22, Formstücke (15m), Gassteckdose DN15 (1St), Strömungswächter (1St)				
	6100-1384 Mehrfamilienhaus (3 WE)				
	• Herstellen (Kosten: 100,0%)	614,28 m²BGF	5.277	**8,59**	15,2
	Kupferrohre DN22-35, Formstücke (psch), Gas-Steckdosen (4St), Gaszähler (3St)				
	6100-1394 Wohn- und Geschäftshaus (21 WE)				
	• Herstellen (Kosten: 100,0%)	2.819,02 m²BGF	11.714	**4,16**	3,4
	Edelstahlrohre DN42, Formstücke (60m), Kugelhähne DN20-50 (12St), Absperrventile DN65 (4St), Strömungswächter (2St)				
	6100-1444 Einfamilienhaus, Garage (5 STP)				
		522,66 m²BGF	2.850	**5,45**	2,6
	Stahlrohr DN18, Formstücke (4m), Gaszähler (1St), Gasabsperrhähne DN25 (2St), Gasströmungswächter (1St)				
	6100-1524 Mehrfamilienhaus (6 WE)				
		1.360,35 m²BGF	3.352	**2,46**	1,8
	Kupferrohre DN20-25, Formstücke, Rohrdämmung (20m), Gasströmungswächter (1St), Gaszähler (1St), Beschichtung Leitungen (psch)				
	6600-0032 Hotel				
	• Herstellen (Kosten: 100,0%)	827,53 m²BGF	4.291	**5,19**	3,1
	Gasleitungen bis Kessel erneuern, Gebäudeeintritt vergrößern, Nebenzähler für Gasherde, thermische Sicherung vor Gasmagnetventil, Strömungswächter für Zähler der Gasherde setzen (psch)				

KG	Kostengruppe	Menge Einheit	Kosten €	€/Einheit	%
419	**Sonstiges zur KG 410**				
	1300-0234 Bürogebäude (38 AP)				
		1.224,00 m² BGF	4.623	**3,78**	4,4
	Montageelemente für WCs (9St), für Waschtisch (1St), für Urinale (2St)				
	1300-0283 Verwaltungsgebäude (34 AP)				
		1.502,40 m² BGF	9.736	**6,48**	9,6
	Montageelemente für WCs (11St), barrierefrei (1St), für Waschtische (8St), für Stützgriffe (4St), für Urinale (4St)				
	1300-0292 Landratsamt (136 AP), TG (19 STP)				
		4.569,26 m² BGF	12.960	**2,84**	3,5
	Montageelemente für Waschtische (26St), für Wand-WCs (16St), für Urinale (7St), für Stütz-/Haltegriffe (5St), für Ausgussbecken (4St), für Spültische (4St), für Duschen (2St)				
	1300-0319 Amtsverwaltung (36 AP)				
		1.790,04 m² BGF	6.076	**3,39**	6,9
	Montageelemente für Waschbecken (8St), barrierefrei (1St), für Wand-WCs (4St), barrierefrei (1St), für Stützgriffe (2St), für Urinale (2St), für Ausgussbecken (1St), Traverse (1St)				
	4100-0173 Ganztagesschule (9 Klassen, 225 Schüler)				
	• Herstellen (Kosten: 100,0%)	1.860,58 m² BGF	828	**0,44**	1,3
	Montageelemente für Waschtische (5St), für Unterspülkasten (8St)				
	4100-0194 Schule (12 Klassen, 336 Schüler)				
	• Herstellen (Kosten: 100,0%)	1.778,38 m² BGF	7.309	**4,11**	8,2
	Montageelemente für WCs (10St), barrierefrei (1St), für Waschtische (20St), für Urinale (7St)				
	4200-0039 Bildungszentrum Holzbauberufe (4 Klassen)				
		3.556,16 m² BGF	79.075	**22,24**	15,2
	Montageelemente für Anschlussleitungen (32St), für Waschtische (20St), für Durchlauferhitzer (20St), für Urinale (17St), für Duschen (12St), für WCs (9St), für Ausgussbecken (9St), für Küchenspülen (4St), für Waschmaschinen (2St), für Spülkästen (2St)				
	4400-0322 Kindertagesstätte (4 Gruppen, 100 Kinder)				
		1.119,63 m² BGF	8.590	**7,67**	6,5
	Montagelemente für Waschtische (7St), für WCs (13St), für Duschen (3St), für Stütz-, Haltegriffe (4St)				
	4400-0333 Kindertagesstätte (3 Gruppen, 35 Kinder)				
		644,98 m² BGF	9.866	**15,30**	10,3
	Installations-Montagewände, raumhoch (42m²), Montageelemente für Waschtisch (1St), barrierefrei (8St), für WCs (6St), barrierefrei (1St), für bodenstehendes WC (1St), für Stützklappgriffe (2St)				

KG	Kostengruppe	Menge Einheit	Kosten €	€/Einheit	%
	4400-0334 Kindertagesstätte (8 Gruppen, 150 Kinder)				
		1.648,86 m² BGF	9.243	**5,61**	6,5
	Montageelemente für Waschtische (16St), für Wand-WCs (8St), barrierefrei (1St), für Kinder-WCs (8St), barrierefrei (1St), für Ausgussbecken (1St)				
	4400-0356 Kindergarten (4 Gruppen, 112 Kinder), Wohnungen				
		1.204,74 m² BGF	8.788	**7,29**	4,9
	Montageelemente für WCs (15St), für Waschtische (8St), für Ausgussbecken (1St), für Duschen (5St)				
	4400-0357 Kinderhaus (4 Gruppen, 74 Kinder)				
		1.009,00 m² BGF	4.232	**4,19**	3,5
	Montageelemente für Kinder-WCs (3St), für Wand-WCs (6St), für Waschtisch (1St)				
	4400-0362 Kindertagesstätte (6 Gruppen, 124 Kinder)				
		1.678,28 m² BGF	14.079	**8,39**	8,8
	Montageelemente für Waschtische (11St), für WCs (18St), Montageplatten für Griff- und Haltesysteme (47St)				
	5100-0122 Sporthalle (Zweifeldhalle)				
	• Herstellen (Kosten: 100,0%)	2.217,01 m² BGF	10.032	**4,52**	4,2
	Montageelemente für Waschtische (7St), WCs (15St), Urinale (6St)				
	5100-0127 Sporthalle (Dreifeldhalle)				
		4.351,43 m² BGF	44.353	**10,19**	10,8
	Montageelemente für WCs (46St), für Waschtische (38St), für Duschen (27St), für Urinale (21St)				
	5100-0128 Sporthalle (Einfeldhalle)				
		815,50 m² BGF	16.093	**19,73**	12,0
	Montageelemente für WCs (5St), für Stützklappgriffe (4St), für Urinal (1St), für Waschtische (10St), für Ausgussbecken (1St)				
	5200-0020 Badeanstalt				
		204,00 m² BGF	4.967	**24,35**	6,7
	Montageelemente für WCs (8St), für Waschtische (3St), für Urinal (1St)				
	5300-0016 Strandbad, Gastronomie				
		492,00 m² BGF	10.049	**20,42**	3,8
	Montageelemente für WCs (9St), barrierefrei (2St), für Urinale (4St), für Handwaschbecken (9St), für Ausgussbecken (1St), für Stütz- und Haltegriffe (2St)				
	6100-1379 Wohn- und Geschäftshaus (1 WE)				
	• Herstellen (Kosten: 100,0%)	762,16 m² BGF	3.863	**5,07**	7,0
	Montageelemente für WCs (5St), für Waschtische (3St), für Duscharmaturen (2St), für Ausgussbecken (1St)				

KG	Kostengruppe	Menge Einheit	Kosten €	€/Einheit	%
	6100-1384 Mehrfamilienhaus (3 WE)				
•	Herstellen (Kosten: 100,0%)	614,28 m² BGF	2.271	**3,70**	6,5
	Montageelemente für WCs (5St), für Waschtische (2St)				
	6100-1393 Doppelhaushälfte (1 WE), Büro (2 AP)				
•	Herstellen (Kosten: 100,0%)	406,76 m² BGF	3.314	**8,15**	16,9
	Montageelemente für WCs (3St), für Urinal (1St), für Waschtische (2St)				
	6100-1394 Wohn- und Geschäftshaus (21 WE)				
•	Herstellen (Kosten: 100,0%)	2.819,02 m² BGF	16.112	**5,72**	4,7
	Montageelemente für WCs (25St), barrierefrei (2St), für Waschtische (20St), barrierefrei (2St), für Waschmaschinen (19St)				
	6100-1444 Einfamilienhaus, Garage (5 STP)				
		522,66 m² BGF	6.598	**12,62**	6,0
	Montageelemente für Waschtische (5St), für Duschen (4St), für WCs (3St)				
	6100-1494 Mehrfamilienhaus (53 WE), TG (13 STP)				
		6.430,02 m² BGF	1.517	**0,24**	0,2
	Montageelemente für Waschbecken (3St), für WCs (3St), für Dusche (1St)				
	6100-1524 Mehrfamilienhaus (6 WE)				
		1.360,35 m² BGF	6.848	**5,03**	3,6
	Montageelemente für WCs (12St), für Bidet (1St)				
	6100-1559 Einfamilienhaus, Praxis - Passivhaus				
		609,55 m² BGF	11.762	**19,30**	14,2
	Montageelemente für WCs (4St), für Waschtische (2St)				
	6100-1562 Einfamilienhaus, Büro - Passivhaus				
		354,00 m² BGF	2.330	**6,58**	4,0
	Montageelemente für WCs (4St), für Urinal (1St)				
	6100-1587 Mehrfamilienhaus (9 WE)				
		1.016,97 m² BGF	5.858	**5,76**	4,6
	Montageelemente für WCs (13St), für Waschtische (13St), für Ausgussbecken (1St)				
	6100-1593 Mehrfamilienhaus (3 WE)				
		565,46 m² BGF	4.467	**7,90**	15,5
	Montageelemente für WCs (6St), für Waschtische (6St)				
	6100-1672 Einfamilienhaus				
		132,23 m² BGF	488	**3,69**	3,1
	Montageelement für WC (1St)				

KG	Kostengruppe	Menge Einheit	Kosten €	€/Einheit	%
	6100-1690 Einfamilienhaus				
		384,80 m²BGF	6.299	**16,37**	11,1
	Montageelemente für WCs (5St), für Waschtische (5St)				
	6100-1695 Mehrfamilienhaus (21 WE)				
		1.506,72 m²BGF	21.469	**14,25**	10,5
	Montageelemente für Wand-WCs (19St), barrierefrei (2St), für Waschtische (19St), barrierefrei (2St), für Duscharmaturen (21St), für Stützgriffe (2St), Traversen für Küchenspülen (21St)				
	6200-0080 Wohnanlage (28 WE), Inklusives Wohnen				
		5.346,45 m²BGF	53.977	**10,10**	8,4
	Montageelemente für Waschtische (37St), für Stütz-/Haltegriffe (37St), für WCs (19St), für Urinale (2St), für Ausgussbecken (1St)				
	6200-0115 Hospiz (10 Betten)				
		1.358,88 m²BGF	21.234	**15,63**	8,3
	Montageelemente für Waschtische, Handwaschbecken (16St), Ausgussbecken (1St), WCs (18St), Urinal (1St), Stütz-Klappgriffe (17St), UP-Duscharmaturen (13St), Küchenspülen (1St)				
	6400-0109 Kinder- und Jugendhaus				
		609,32 m²BGF	5.848	**9,60**	8,3
	Montageelemente für Waschtische (8St), unterfahrbar (1St), für WCs (7St), barrierefrei (1St), für (Urinal (1St), für Ausgussbecken (2St), für Stützklappgriffe (2St)				
	6400-0112 Gemeindezentrum (80 Sitzplätze)				
		393,00 m²BGF	2.832	**7,21**	9,3
	Montageelemente für WCs (3St), barrierefrei (1St), für Haltegriffe (2St), für Waschtische (3St), für Urinal (1St)				
	6500-0051 Berufsschule, Neubau Caféteria (100 Sitzplätze)				
•	Herstellen (Kosten: 100,0%)	4.265,98 m²BGF	9.339	**2,19**	4,8
	Montageelemente für Wand-WCs (13St), für Waschtische (8St), für Urinale (4St), für Ausgussbecken (1St), für Stützklappgriffe (2St)				
	6600-0032 Hotel				
•	Herstellen (Kosten: 100,0%)	827,53 m²BGF	11.256	**13,60**	8,1
	Montageelemente für Sanitärobjekte (18St)				
	7100-0066 Produktionsgebäude, Büro (120 AP)				
		3.710,27 m²BGF	10.342	**2,79**	3,0
	Montageelemente für WCs (17St), barrierefrei (1St), für Waschtische (17St), barrierefrei (1St), für Urinale (8St)				

KG	Kostengruppe	Menge Einheit	Kosten €	€/Einheit	%
	7600-0078 Flughafenfeuerwehr (8 Fahrzeuge)				
	• Herstellen (Kosten: 100,0%)	4.266,00 m²BGF	9.836	**2,31**	3,8
	Montageelemente für WCs (9St), für Waschtische (9St), für Duschen (8St), für Urinale (5St)				
	9100-0155 Zweigbibliothek (150 Leseplätze, 12 AP)				
		7.493,81 m²BGF	10.757	**1,44**	3,4
	Montageelemente für WCs (18St), barrierefrei (3St), für Waschbecken (12St), barrierefrei (3St), für Urinale (7St)				
	9100-0168 Schauspielhaus, Zweitspielstätte				
	• Herstellen (Kosten: 100,0%)	2.865,00 m²BGF	6.931	**2,42**	4,2
	Montageelemente für Waschtische (11St), Dusche (1St), WCs (7St), Urinale (4St)				
	9100-0169 Klosteranlage, Wissenschafts- und Studierzentrum				
	• Herstellen (Kosten: 100,0%)	5.582,91 m²BGF	16.624	**2,98**	4,6
	Montageelemente für Wand-WCs (18St), für Urinale (9St), für Stützklappgriffe (4St), für Waschtische (3St)				
	9700-0028 Krematorium				
		1.607,98 m²BGF	975	**0,61**	0,7
	Montageelemente für Waschtische (5St)				

Kostenkennwerte für die Kostengruppen 400 der 3.Ebene DIN 276

KG	Kostengruppe	Menge Einheit	Kosten €	€/Einheit	%
421	**Wärmeerzeugungsanlagen**				
	1300-0234 Bürogebäude (38 AP)				
		1.224,00 m² BGF	110.675	**90,42**	51,3
	Luft-Wasser-Wärmepumpe 16kW (1St), Wärmetauscherschutz (1St), Hydronikmodul (1St), Kompensator DN80 (2St), Pufferspeicher 1.000l, Kälteschutzisolierung (2St), Tauchtemperaturfühler (16St), Tauchheizkörper 7,5kW (1St), Bedieneinheit (1St), Schwingungsdämpfer (2St), Absperrmagnetventile (2St), Wärmeträgerflüssigkeit (120l), Absperrventile (12St), Differenzdruckregler (6St), Hocheffizienz-Pumpen (3St), Universalmodule (3St), Kommunikationszentrale (1St), Systemschaltschrank (1St), Druckausdehnungsgefäße (3St)				
	1300-0283 Verwaltungsgebäude (34 AP)				
		1.502,40 m² BGF	5.019	**3,34**	3,8
	Inbetriebnahmen Heizungsanlage (psch), Druckprobe (1St)				
	1300-0292 Landratsamt (136 AP), TG (19 STP)				
		4.569,26 m² BGF	184.595	**40,40**	37,2
	Wasser-Wasser-Wärmepumpe 108kW (1St), Kommunikationsmodule (2St), schalldämmende Kompensatoren (2St), Pufferspeicher 3.500l (1St), Plattenwärmeübertrager 170kW (1St), 107kW (1St), 51kW (2St), Absperrklappen (2St), Dreiwegemischer (1St), Brunnenpumpe (1St), Automatikfilter (1St), Edelstahlrohre DN15, Formstücke, für Brunnenwasser (52m), Wasserzähler (1St), Gas-Brennwertkessel 35kW (1St), Kommunikationsmodul (1St), Gas-Kupferrohre DN25, Formstücke (56m), Gas-Strömungswächter DN25 (1St)				
	1300-0319 Amtsverwaltung (36 AP)				
		1.790,04 m² BGF	107.085	**59,82**	43,0
	Luft-Wasser-Wärmepumpen 40kw (2St), Warmwassermodul DN50 (1St), Masterregler (1St), Pufferspeicher 1.000l (1St), Tauchheizkörper 6kW (4St), differenzdruckloser Verteiler (1St), Umwälzpumpen DN32 (2St), Durchfluss-Schalter DN50 (2St), PE-Xa-Rohre DN50, gedämmt, Formstücke (60m), Stahl-Flexrohre DN25, gedämmt (7m)				
	4100-0173 Ganztagesschule (9 Klassen, 225 Schüler)				
	• Abbrechen (Kosten: 100,0%)	1.860,58 m² BGF	188	**0,10**	0,6
	Heizungsanlage stilllegen (1St)				
	4100-0194 Schule (12 Klassen, 336 Schüler)				
	• Herstellen (Kosten: 100,0%)	1.778,38 m² BGF	44.921	**25,26**	26,9
	Edelstahl-Gasbrennwertkessel 48kW (1St)				
	4200-0039 Bildungszentrum Holzbauberufe (4 Klassen)				
		3.556,16 m² BGF	45.238	**12,72**	10,9
	Gas-Brennwertkessel 13-78kW, Anschlussgruppen, Abgasanlagen (2St), Ausdehnungsgefäße (2St), hydraulische Weiche (1St), Vakuum-Sprühentgasung (1St)				

KG	Kostengruppe	Menge Einheit	Kosten €	€/Einheit	%
	4400-0322 Kindertagesstätte (4 Gruppen, 100 Kinder)				
		1.119,63 m² BGF	8.936	**7,98**	9,4
	Fernwärmeübergabestation 130kW (1St)				
	4400-0333 Kindertagesstätte (3 Gruppen, 35 Kinder)				
		644,98 m² BGF	92.734	**143,78**	58,0
	Sole-Wasser-Wärmepumpe 6-24kW (1St), Speicher 300l (1St), Pufferspeicher 1.000l (1St), Ausdehnungsgefäß 150l (1St), Pumpen (2St), Solarstation (1St), Solarregler (1St), Solarvorschaltgefäß 35l (1St), Solar-Ausdehnungsgefäße 80l (2St), Mischergruppe (1St), Erdsolespeicher: Registermatten, Heiz-/Kühlkreise möglich, PE-RT-Rohre, Formstücke (482m²), Glykol-Wasser-Gemisch (1St), Soleverteiler (4St), Flachkollektoren 2,15x1,25x0,80m, 2kW (8St), Regelung, Fernzugriff (2St), Visualisierung				
	4400-0334 Kindertagesstätte (8 Gruppen, 150 Kinder)				
		1.648,86 m² BGF	52.351	**31,75**	32,7
	Sole/Wasser-Wärmepumpe 50kW (1St), Solepaket (1St), Pufferspeicher 500l (1St), Tauchheizkörper 7,5kW (1St), Heizwasserverteiler (1St), Plattenwärmetauscher (1St), Wärmepumpenmanager (1St), Raumklimastation (1St), Erweiterungsmodul (1St), Heizungsverteiler (1St), Membran-Ausdehnungsgefäß 80l (1St), Kugelhähne (44St), Mischer mit Stellantrieben (2St), Schmutzabscheider (1St), Entsalzungspatrone (1St), automatische Entlüfter (13St)				
	4400-0356 Kindergarten (4 Gruppen, 112 Kinder), Wohnungen				
		1.204,74 m² BGF	99.313	**82,44**	40,0
	Sole/Wasser-Wärmepumpe 34,8kW (1St), Pufferspeicher, 300l (1St), Warmwasserspeicher 1.500l (1St), Systemregler (1St), Tauchheizkörper (2St), Verteiler (1St), Wärmepumpenfilter (2St), Trinkwasser-Erwärmungs-Stationen (8St), Trinkwassermodul, hydraulische Weiche (1St), Plattenwärmetauscher (1St), Edelstahlrohre DN54, Formstücke, für Brunnenwasser (15m), Raumtemperaturregler (25St), Raumklimastation (1St), Reglermodule (9St)				
	4400-0357 Kinderhaus (4 Gruppen, 74 Kinder)				
		1.009,00 m² BGF	30.242	**29,97**	25,6
	Pelletkessel, 12,0-45,0kW, vollautomatisch (1St), Absaugsystem (1St), Schichtpufferspeicher, Isolierung (1St), Druckausdehnungsgefäß (1St)				
	4400-0362 Kindertagesstätte (6 Gruppen, 124 Kinder)				
		1.678,28 m² BGF	39.859	**23,75**	39,6
	Sole-Wasser-Wärmepumpe 26,7kW (1St), Plattenwärmetauscher (1St), Energiespeicher (1St), Trinkwasserspeicher (1St), Trinkwassermodul (1St), Pumpengruppe (1St)				

KG	Kostengruppe	Menge Einheit	Kosten €	€/Einheit	%
	5100-0122 Sporthalle (Zweifeldhalle)				
	• Abbrechen (Kosten: 6,4%)	2.217,01 m² BGF	5.361	**2,42**	1,2
	Abbruch von Solarkollektoren, Wärmedämmung, Armaturen, Rohrleitungen (8St), Solaranlagen-Schrank (1St), Warmwasserspeicher 750l (1St), 500l (1St), Gas-Brennwertkessel, Rauchrohr, Regelung, Umwälzpumpe (1St), Dreiwegeventile mit Motor, Pumpen, Armaturen (46St), Ausdehnungsgefäß (1St), Heizungsverteiler (1St); Entsorgung, Deponiegebühren				
	• Herstellen (Kosten: 93,6%)	2.217,01 m² BGF	78.194	**35,27**	17,7
	Solarthermieanlage, Vakuum-Röhrenkollektoren 1,70x1,25m (5St), Pufferspeicher 1.000l (1St), 800l (1St), Zweistrang-Solarstation (1St), Wellrohrschlauch DN16 (3St), Kompaktverteiler (1St), Frischwassermodul (1St), Luft/Wasser-Gas-Absorptions-Wärmepumpe (1St), Gas-Brennwertkessel (1St), Membran-Ausdehnungsgefäße 120l (2St), 50l (2St), Schlammabscheider (2St), Mikroluftblasenabscheider (1St)				
	5100-0127 Sporthalle (Dreifeldhalle)				
		4.351,43 m² BGF	66.916	**15,38**	16,1
	Gas-Brennwertkessel 285kW, Regelung (1St), Stb-Gerätesockel C25/30, d=20cm (1m²), Neutralisationseinrichtung (1St), Heizungsverteiler (1St), Dreiwegeventile, Stellantriebe (5St), Warmwasserbereiter 900l (1St), Membran-Ausdehnungsgefäß 400l (1St)				
	5100-0128 Sporthalle (Einfeldhalle)				
		815,50 m² BGF	45.752	**56,10**	28,2
	Gas-Brennwertthermen 35kW (2St), Ausdehnungsgefäße (2St), hydraulische Weiche (1St), Trinkwassererwärmer (1St), Zirkulationspumpe (1St), rückspülbarer Trinkwasserfeinfilter (1St), Pufferspeicher (1St)				
	5200-0020 Badeanstalt				
		204,00 m² BGF	19.822	**97,17**	41,7
	Luft-Wasser-Wärmepumpe, Außengerät mit Fundament, Inneneinheit mit Wärmespeicher 200l (1St), Kältemittelleitungen, Abscheider (psch), Pufferspeicher (1St), Ausdehnungsgefäß (1St), Funkfernbedienung (1St)				
	5300-0016 Strandbad, Gastronomie				
		492,00 m² BGF	86.805	**176,43**	61,0
	Gas-Brennwertkessel 14-60kW, Regelung mit Solarunterstützung 7,5m², drei Flachkollektoren, Trennstation, Pumpe (1St), Energiespeicher 1.250l (1St), 1.000l (1St), Modulverteiler (2St), hydraulische Weiche (1St), Expansionsgefäße (2St), Hydraulik-Mischergruppe (2St), Kesselkreis-Pumpenset (1St), Dreiwege-Umschaltventile (2St), Fernbedienstation (1St), Kollektoranschlusssets (4St)				
	6100-1355 Mehrfamilienhaus (17 WE)				
		2.251,71 m² BGF	81.911	**36,38**	31,8
	Gas-Brennwerttherme (1St), Anlagenhydraulik (1St), Solaranlage, Flachkollektoren (1St), Solarleitungen (65m), Außenfühler (1St)				

KG	Kostengruppe	Menge Einheit	Kosten €	€/Einheit	%
	6100-1379 Wohn- und Geschäftshaus (1 WE)				
	• Abbrechen (Kosten: 0,6%)	762,16 m²BGF	334	**0,44**	0,3
	Abbruch von Heizungsrohren (psch); Entsorgung, Deponiegebühren				
	• Herstellen (Kosten: 99,4%)	762,16 m²BGF	59.292	**77,79**	48,9
	Eis-Energiespeicherheizung: Sole-Wasser-Wärmepumpe 17,5kW, Kälteleistung 25kW (1St), Solar-Luft-Kollektoren 2,00x1,25m (9St), Sole-Frostschutzgemisch (1.120l), Steuerungseinheit (1St), PE-Druckrohre DN25, Formstücke, Rohrdämmung (18m), Umwälzpumpen (4St), Pufferspeicher 500l (1St), Warmwasserspeicher 500l (1St), Membran-Ausdehnungsgefäße 18-50l (2St)				
	6100-1384 Mehrfamilienhaus (3 WE)				
	• Herstellen (Kosten: 100,0%)	614,28 m²BGF	30.178	**49,13**	30,0
	Solarkollektoranlage, sechs Kollektoren, Regelung, Speicher, Ausdehnungsgefäß, Befestigung (1St), Gasbrennwerttherme 32kW (1St), hydraulische Weiche, Pumpengruppe (1St), Zirkulationspumpe (1St), Verrohrung der Heizungsanlage, Absperrungen, Isolierung (psch)				
	6100-1393 Doppelhaushälfte (1 WE), Büro (2 AP)				
	• Abbrechen (Kosten: 7,8%)	406,76 m²BGF	3.531	**8,68**	4,5
	Abbruch von Heizungsanlage (psch), Stahltank 6.800l, entleeren, entgasen, reinigen, ausbauen (1St), Ölschlamm (1.500l); Entsorgung, Deponiegebühren				
	• Herstellen (Kosten: 92,2%)	406,76 m²BGF	41.610	**102,30**	52,5
	Wärmepumpenanlage: Sole/Wasser-Wärmepumpe 9,9kW mit passiver Kühlfunktion 7,8kW, Trinkwasserspeicher 301l, zwei Pufferspeicher 700l, Fernsteuerung (1St), Ausdehnungsgefäß 150l (1St), Pumpen (2St), Pumpengruppe, Mischer (1St), Sole-Anbindung DN28, an Wärmepumpe (9m), Kernbohrung, Dichtungseinsatz (1St), Neuanlage in bestehendes Heizsystem einbinden (psch)				
	6100-1394 Wohn- und Geschäftshaus (21 WE)				
	• Abbrechen (Kosten: 1,4%)	2.819,02 m²BGF	569	**0,20**	0,2
	Abbruch von Einzelöfen, Metall, Abgasrohren (4St), Kachelöfen (3St); Entsorgung, Deponiegebühren				
	• Herstellen (Kosten: 98,6%)	2.819,02 m²BGF	38.724	**13,74**	12,7
	Gas-Brennwertkessel 50kW (1St), 70kW (1St), Regelungen (2St), hydraulische Weiche (1St), Verteiler (1St), Umwälzpumpen (3St), Ausdehnungsgefäß (1St), Absperrhähne (2St), Neutralisationsanlage (1St), Entleerungsrinnen (2St)				
	6100-1444 Einfamilienhaus, Garage (5 STP)				
		522,66 m²BGF	67.241	**128,65**	28,5
	Sole-Wasser-Wärmepumpe 14kW (1St), CU-Leitungen DN50 für Erdsondenanlage (psch), Ausdehnungsgefäß (1St), Druckwächter (1St), Energiespeicher 900l (1St), 200l (1St), Temperaturfühler/-regler (3St), Trinkwassermodul (1St), Unterverteiler (1St), Raumklimastation (1St), Ausdehnungsgefäß 50l (1St)				

KG	Kostengruppe	Menge Einheit	Kosten €	€/Einheit	%

6100-1494 Mehrfamilienhaus (53 WE), TG (13 STP)

	6.430,02 m²BGF	437.045	**67,97**	61,5

Eis-Energiespeicherheizung: Sole-Wasser-Wärmepumpe, Wärmeleistung 106kW, Kälteleistung 85kW (1St), Anschlusssets (2St), Regenerationssystem: 18 Solar-Luft-Kollektoren (140m²), Solareisfluid (5.380l), Regelung, Energiequellen-Überwachung, Schaltschrank, Programmierung, drei Wärmemengenzähler (1St), PE-Xa-Rohre DN110-125 (137m), Calpex-Edelstahl-Übergänge (4St), Zwei-Wege-Ventile (6St), Umwälzpumpen (6St), Heizungs-, Kältespeicher 2.304l (2St), Mischer-Hubventile (2St), Stahlrohre DN50-125, Rohrdämmung (60m), Luftgefäße (12St), Membran-Ausdehnungsgefäße 500l (2St)

6100-1524 Mehrfamilienhaus (6 WE)

	1.360,35 m²BGF	76.598	**56,31**	33,4

Luft-Wasser Wärmepumpe (2St), Gas-Brennwerttherme 55kW (1St), hydraulisches Anschlussset (2St), Kugelhähne (2St), Ausdehnungsgefäße, Heizungsmischer (2St), Pufferspeicher 750l (1St), 950l (1St), Kondensathebeanlage (1St), Umwälzpumpe (1St)

6100-1559 Einfamilienhaus, Praxis - Passivhaus

	609,55 m²BGF	37.948	**62,26**	56,0

Gas-Brennwertkessel 10kW (1St), sechs Sonnenkollektoren 1,05x2,38m zur Trinkwassererwärmung, Pufferspeicher 950l, Wärmetauscher (psch), Kaminofen (1St), Membran-Ausdehnungsgefäß 140l (1St), Differenzdruckwächter (1St), Heizkreisverteiler (3St)

6100-1562 Einfamilienhaus, Büro - Passivhaus

	354,00 m²BGF	64.527	**182,28**	58,8

Pelletheizzentrale 10kW, Pellet-Sacksiloin 4,5-7,5m³, im Nachbargebäude (1St), Saugaustragung, Schlauch 20m, Befüllset (1St), Zuluftklappe (1St), Ausdehnungsgefäß 100l (1St), Großflächen-Aufbaukollektor 1,51x7,00m, Flachdachmontage auf Betonblockstufen (11m²), Schichtspeicher 1.490l, gedämmt (1St), Wärmetauscher (1St), Solarstation (1St), Solarregler (1St), Ausdehnungsgefäß 80l (1St), Pumpen (2St)

6100-1587 Mehrfamilienhaus (9 WE)

	1.016,97 m²BGF	98.741	**97,09**	48,6

Sole-Wasser-Wärmepumpe 26kW, Pufferspeicher 300l, Heizwasserverteiler (1St), TW-Pufferspeicher 1.000l, zwei Einschraubheizkörper 7,5kW, Frischwasserstation (1St), Heizkreis-Pufferspeicher 957l, Kompressor, Steuereinheit für Nieder- und Hochtemperaturregelung (1St), passive Kühlstation, Kühllast 25kW, Wärmetauscher (1St), passiver Kühlregler (1St), Soleleitung DN50, gedämmt (19m), Heizkreisverteilung (1St), Pumpen (2St), Wasserzähler (1St), Füllwasserenthärter (1St)

6100-1593 Mehrfamilienhaus (3 WE)

	565,46 m²BGF	29.846	**52,78**	53,8

Sole-Wasser-Wärmepumpe (1St), Wasseraufbereiter (1St), Schlammabscheider (1St), Ausdehnungsgefäß (1St)

KG	Kostengruppe	Menge Einheit	Kosten €	€/Einheit	%
	6100-1672 Einfamilienhaus				
		132,23 m² BGF	24.893	**188,25**	80,2
	Luft-Wasser-Wärmepumpe, Heizleistung 2,3-6,5kW (1St), Multifunktionsspeicher 830l (1St), Pumpenbaugruppe (1St), Sicherheitsgruppe (1St), Umschaltventil (1St), Luft-Schlammabscheider (1St)				
	6100-1690 Einfamilienhaus				
		384,80 m² BGF	41.671	**108,29**	57,7
	Sole-Wasser-Wärmepumpe, Wärmeleistung 4,15kW, Heiz- und Warmwasserbetrieb, Wärmeübertrager für passive Kühlung über Flächenheizung (1St), Trinkwassererwärmer 490l, Zirkulationsrückführung, Hochleistungswärmetauscher (1St), Spülbohrungen, Erdwärmesonden, Sondenköpfe, Verfüllung, Bohrtiefe 50-100m (200m), Bohrungen verpressen (5m³), PEHD-Sondenleitungen im Erdreich, t bis 1,25m, als Doppelleitung (36m), Wärmeträgerflüssigkeit (404l), Sondenkreise verbinden (2St)				
	6100-1695 Mehrfamilienhaus (21 WE)				
		1.506,72 m² BGF	65.413	**43,41**	33,4
	Luft-Wasser-Wärmepumpe 22,3kW, Wetterschutzhaube (1St), Heizkreisstation (1St), Gas-Brennwertgerät 32,6kW (1St), Heizkreismodule (4St), Frischwasserstation, Bedieneinheit (1St), Umwälzpumpen (2St), Pufferspeicher 500l (2St), Schlammabscheider (2St), Luftabscheider (1St), Entsalzung (1St), hydraulische Weiche (1St), Nachfüllkombination (1St), Ausdehnungsgefäße (4St), Ventile (4St), Edelstahl-Gasrohre, Formstücke (19m), Gas-Kugelhähne (3St)				
	6200-0080 Wohnanlage (28 WE), Inklusives Wohnen				
		5.346,45 m² BGF	31.754	**5,94**	9,9
	Plattenwärmetauscher, Anschluss an Fernwärme (1St), Warmwasserspeicher 1.000l, Speicherladepumpe (1St), Membran-Ausdehnungsgefäß 400l (1St), Umwälzpumpen (7St)				
	6200-0115 Hospiz (10 Betten)				
		1.358,88 m² BGF	85.965	**63,26**	38,7
	Luft-Wasser-Wärmepumpe (1St), Nassläufer-Umwälzpumpe (1St), Pufferspeicher 800l (1St), Kaltwasser-Pufferspeicher 830l (1St), Schlammabscheider (1St), Membran-Ausdehnungsgefäße 200l (1St), 80l (2St), 50l (1St), Vakuumentgasungsanlage (1St), Heizungsnachspeise-/-befüllstation (1St)				
	6400-0109 Kinder- und Jugendhaus				
		609,32 m² BGF	18.761	**30,79**	20,2
	Fernwärme-Kompaktstation 30kW, zwei Heizkreise (1St), Ausdehnungsgefäß 80l (1St)				
	6400-0112 Gemeindezentrum (80 Sitzplätze)				
		393,00 m² BGF	26.206	**66,68**	39,5
	Sole-Wasser-Wärmepumpe 17kW (1St), CU-Leitungen für Erdsondenanlage, Formteile, Rohrdämmung (4m), Verteiler (1St), Trinkwassermodul (1St), Umwälzpumpen (2St), Pufferspeicher 500l (1St), Ausdehnungsgefäß (1St)				

KG	Kostengruppe	Menge Einheit	Kosten €	€/Einheit	%
	6500-0051 Berufsschule, Neubau Caféteria (100 Sitzplätze)				
	• Herstellen (Kosten: 100,0%)	4.265,98 m²BGF	7.171	**1,68**	6,4
	Anschluss an Bestand (1St), Ultraschall-Wärmezähler (1St), füllen, einregulieren der Heizungsanlage (1St), Hocheffizienzpumpe (1St)				
	6600-0032 Hotel				
	• Abbrechen (Kosten: 6,0%)	827,53 m²BGF	14.339	**17,33**	4,1
	Abbruch von Heizungsanlage (psch); Entsorgung, Deponiegebühren				
	• Herstellen (Kosten: 94,0%)	827,53 m²BGF	223.671	**270,29**	63,5
	Sole-Wasser-Gas-Absorptionswärmepumpe 25,2kW (1St), Gas-Brennwertkessel 36-179kW (1St), Regelung (psch), Abgasleitung (psch), Druckhaltung, Wasseraufbereitung (psch), Gasanlagen, Zubehör (psch), Verteiler, Armaturen, Pumpen (psch), Warmwasserbereiter (psch), Kondensatpumpen (2St), Brauchwasserpumpe (1St)				
	7100-0066 Produktionsgebäude, Büro (120 AP)				
		3.710,27 m²BGF	24.801	**6,68**	6,7
	Fernwärmeübergabestation (1St), Speicherladesystem 150l (1St), Druckausdehnungsgefäße 33l (1St), 50l (1St), 400l (1St), Sicherheitsgruppe (1St), Wassertemperaturregler (1St), Brauchwassermischer (1St), Heizungsbefüllkombinationen (2St), Sicherheitsventil (1St), Kappenventil (1St)				
	7600-0078 Flughafenfeuerwehr (8 Fahrzeuge)				
	• Wiederherstellen (Kosten: 4,1%)	4.266,00 m²BGF	4.555	**1,07**	1,7
	Heizregisteranschluss nach Umbau an bestehende Heizleitungen anschließen (1St), Trennen und Umschlussarbeiten von Heizungsleitungen (1St), ausgebauten Pufferspeicher wieder anschließen (1St), ausgebaute, eingelagerte Frischwasserstation wieder anschließen (1St)				
	• Herstellen (Kosten: 95,9%)	4.266,00 m²BGF	105.995	**24,85**	40,0
	Fernwärmeübergabestation (1St), Edelstahl-Bypassfilter (1St), Kompaktstation zur Heizungsverteilung (1St), Umwälzpumpen (8St), Heizkreisverteiler (2St), Ausdehnungsgefäß (1St), Absperrventile (9St), Lufttöpfe (11St), Kugelhähne (25St), Kernbohrungen (20St)				
	9100-0155 Zweigbibliothek (150 Leseplätze, 12 AP)				
		7.493,81 m²BGF	39.175	**5,23**	16,1
	Nahwärmeübergabestation 220kW (1St), Membran-Druckausdehnungsgefäße (2St), Verteiler-/Sammlerkombination (1St), Nachspeiseeinrichtung (1St), Glykol-Misch-/Auffang-/Rückspeiseanlage 500l (1St)				
	9100-0168 Schauspielhaus, Zweitspielstätte				
	• Herstellen (Kosten: 100,0%)	2.865,00 m²BGF	2.866	**1,00**	2,2
	Nassläuferpumpen, Förderstrom 2,52m³/h, Leistungsaufnahme 124W (1St), Förderstrom 1,83m³/h, Leistungsaufnahme 56W (1St)				
	9100-0169 Klosteranlage, Wissenschafts- und Studierzentrum				
	• Herstellen (Kosten: 100,0%)	5.582,91 m²BGF	18.492	**3,31**	2,9
	Vakuum-Sprührohrentgasung (1St), Druckausdehnungsgefäß 600l (1St), 50l (1St), Füllarmatur (1St), Enthärtungsstation (1St), Heizungsverteiler (1St), Kompaktverteiler (1St), Entleerungsrinne (4m)				

KG	Kostengruppe	Menge Einheit	Kosten €	€/Einheit	%
	9700-0028 Krematorium				
		1.607,98 m2 BGF	78.836	**49,03**	40,0
	Gas-Brennwertgerät 48kW (1St), Störmeldungsmodul (1St), Pufferspeicher 16.000l (1St), 985l (3St), Ausdehnungsgefäße (2St), Gas-Stahlrohre DN50-100, Formstücke (44m), DN25 (44m) Flanschkugelhähne DN80-100 (9St)				
422	**Wärmeverteilnetze**				
	1200-0001 Gerichtsgebäude - Eingangsbereich				
	• Herstellen (Kosten: 100,0%)	136,87 m2 BGF	2.759	**20,16**	30,6
	Kupferrohre DN15, Formstücke (1m)				
	1300-0234 Bürogebäude (38 AP)				
		1.224,00 m2 BGF	75.460	**61,65**	34,9
	Kupferrohre DN15-54, Formstücke, Rohrdämmung (237m), Siederohre DN25-65, Rohrdämmung (101m), Wärmeträgerflüssigkeit (120l), Absperrventile (12St), Wärmemengenzähler (1St), Differenzdruckregler (6St), Heizungsverteiler (1St), Plattenwärmeüberträger, Edelstahl (1St), Vakuum-Sprühentgasung (1St), Strangregulierventile (7St), Kugelhähne (8St), Stellantrieb (1St)				
	1300-0283 Verwaltungsgebäude (34 AP)				
		1.502,40 m2 BGF	86.259	**57,41**	65,6
	Stahlgewinderohre DN15-50, Formstücke, Rohrdämmung (224m), Kupferrohre DN15-28mm, Formstücke, Rohrdämmung (362m), Umwälzpumpen (3St), Rückschlagventile (5St), Armaturenkappen (23St), Thermometer (16St), Dreiwegemischer (4St), Fühlerstutzen (4St), Absperrventile (20St), Schmutzfänger (1St), Schnellentlüfter (3St)				
	1300-0292 Landratsamt (136 AP), TG (19 STP)				
		4.569,26 m2 BGF	283.667	**62,08**	57,2
	Gewinderohre DN12-32, Formstücke, Rohrdämmung (1.903m), Stahlrohre DN40-65, Formstücke Rohrdämmung (557m), Rohrschotts (80St), Heizungsverteiler (1St), Ausdehnungsgefäße 50l (2St), 300l, Steuereinheit (1St), Hocheffizienzpumpen (6St), Wärme-/Kältemengenzähler (5St), Lufttöpfe (22St), Nachspeisearmatur (1St), Enthärtungsarmatur (1St), Motorkugelhahn (1St), Schmutzabscheider (1St), Absperrklappen (21St), Regulierventile (20St), Absperrventile (4St), Rückschlagventile (5St), Entleerungsventile (423St), Kugelhähne (247St)				
	1300-0319 Amtsverwaltung (36 AP)				
		1.790,04 m2 BGF	64.423	**35,99**	25,9
	Edelstahlrohre DN15-40, Formstücke, Rohrdämmung (272m), Brandschotts (14St), Umwälzpumpen (2St), Luftgefäße (9St), Druckausdehnungsgefäße 50l (2St), Kugelhähne (18St), Ventile (6St), Schlammabscheider (2St), Messdosen für Leckwarnsystem (2St), Wasserzähler (1St), Enthärtungsarmatur (1St)				
	4100-0173 Ganztagesschule (9 Klassen, 225 Schüler)				
	• Herstellen (Kosten: 100,0%)	1.860,58 m2 BGF	16.638	**8,94**	49,4
	Kupferrohre DN12-25, Formstücke, Rohrdämmung (280m), Kernbohrungen (16St)				

KG	Kostengruppe	Menge Einheit	Kosten €	€/Einheit	%
	4100-0194 Schule (12 Klassen, 336 Schüler)				
	• Abbrechen (Kosten: 3,9%)	1.778,38 m²BGF	1.984	**1,12**	1,2
	Abbruch von Rohrleitungen DN15-50, Formstücke, Rohrdämmung (121m); Entsorgung, Deponiegebühren				
	• Herstellen (Kosten: 96,1%)	1.778,38 m²BGF	49.010	**27,56**	29,4
	C-Stahlrohre DN15-50, Formstücke, Rohrdämmung (313m), PE-Fernwärmeleitung DN50 (16m), Kabelschutzrohr DN110 (50m), Umwälzpumpen (2St), Kugelhähne (12St), Ventile (psch), Dämmkappen DN25 (2St), Brandschotts (16St), Kernbohrungen DN130-200 (13St)				
	4200-0039 Bildungszentrum Holzbauberufe (4 Klassen)	3.556,16 m²BGF	179.366	**50,44**	43,1
	Stahlgewinderohre DN25-65, Formteile, Rohrdämmung (43m), Heizungsverteiler (1St), Absperrklappen DN25-65 (18St), Volumenstromregler DN25-65 (6St), Nassläuferpumpen mit Wärmedämmung (5St), Stellantriebe (96St), Brandschotts (64St), Raumtemperaturfühler (44St), Kugelhähne DN20 (28St), Druckmesser (6St)				
	4400-0322 Kindertagesstätte (4 Gruppen, 100 Kinder)	1.119,63 m²BGF	53.070	**47,40**	55,9
	PE-XA-Rohre DN12-20 (425m), Stahlrohre DN15-50, Formstücke, Rohrdämmung (251m), Metallverbundrohre DN40-50, Formstücke, Rohrdämmung (42m), Heizleitungsverteiler, zweifach (2St), dreifach (3St), Heizungsverteiler (1St), Pumpen (3St), Elektro-Begleitheizband (1St), Ventile, Armaturen				
	4400-0333 Kindertagesstätte (3 Gruppen, 35 Kinder)	644,98 m²BGF	32.529	**50,43**	20,3
	Edelstahlrohre DN25-50, Formstücke, Rohrdämmung (159m), Edelstahlsolarleitungen DN12-25, Formstücke, Rohrdämmung (227m), Lufttöpfe DN65-80 (4St), Kontrollschacht für Wärmepumpenleitungen DN1.500 (1St)				
	4400-0334 Kindertagesstätte (8 Gruppen, 150 Kinder)	1.648,86 m²BGF	56.693	**34,38**	35,4
	Kupferrohre DN15-64, Formstücke, Rohrdämmung (371m), Umwälzpumpen (6St)				
	4400-0356 Kindergarten (4 Gruppen, 112 Kinder), Wohnungen	1.204,74 m²BGF	66.976	**55,59**	27,0
	Kupferrohre DN15-42, Formstücke, Rohrdämmung (664m), Ausdehnungsgefäß (1St), Kugelhähne (24St), Schnellentlüfter (17St), Brandschotts (67St), Entleerungsventile (18St), Thermometer (9St), Plattenwärmetauscher (1St), Schlammabscheider (1St)				
	4400-0357 Kinderhaus (4 Gruppen, 74 Kinder)	1.009,00 m²BGF	40.108	**39,75**	34,0
	Kupferrohre DN15-42, Formstücke, Rohrdämmung (224m), Dreiwegeventile (2St), Entleerungsventile (15St), Heizungsverteiler (1St), Kugelhähne (18St), Zeigerthermometer (9St)				

KG	Kostengruppe	Menge Einheit	Kosten €	€/Einheit	%
	4400-0362 Kindertagesstätte (6 Gruppen, 124 Kinder)				
		1.678,28 m² BGF	36.939	**22,01**	36,7
	Kupferrohre DN15-54, Formstücke, Rohrdämmung (219m), Membran-Ausdehnungsgefäß 200l (1St), Regulierventile (6St), Kugelhähne (6St)				
	5100-0122 Sporthalle (Zweifeldhalle)				
•	Abbrechen (Kosten: 4,5%)	2.217,01 m² BGF	7.908	**3,57**	1,8
	Abbruch von Heizungsrohren DN15-80 (1.514m), Rohrdämmung (581m), Blechbekleidungen (39St), Heizungsverteiler (3St); Entsorgung, Deponiegebühren				
•	Herstellen (Kosten: 95,5%)	2.217,01 m² BGF	167.332	**75,48**	37,9
	Hocheffizienzpumpen (2St), Umwälzpumpen (10St), Zirkulationspumpe (1St), mobile Wasseraufbereitungsanlage (psch), automatische Heizungsbefüllstation (1St), Strangregulierventil DN15-32 (3St), Kugelhähne (46St), Absperrkugelhähne (24St), Heizkreisverteiler (1St), Metallverbundrohre DN12-25, Formstücke, Rohrdämmung (1.647m), Stahlrohre DN15-50, Formstücke, Rohrdämmung (1.515m), Dreiwegeventile (4St), Tauchtemperatur-Messwertgeber (18St)				
	5100-0127 Sporthalle (Dreifeldhalle)				
		4.351,43 m² BGF	134.282	**30,86**	32,3
	Kupferrohre DN15-35, Formstücke (584m), Stahlrohre DN12-65, Formstücke (435m), Rohrdämmung (1.112m), Umwälzpumpen (7St), Absperrventile (28St), Thermometer (16St), Brandschotts (68St)				
	5100-0128 Sporthalle (Einfeldhalle)				
		815,50 m² BGF	53.373	**65,45**	32,8
	Heizkreisverteiler (1St), Kugelhähne (14St), Schmutzfänger (5St), Stahlrohre, Formstücke, Rohrdämmung (510m)				
	5200-0012 Sportbadhalle				
•	Herstellen (Kosten: 100,0%)	805,60 m² BGF	34.707	**43,08**	100,0
	Umwälzpumpe (1St), Tauchhülsen (6St), Heizungsrohre DN50, Formstücke (141m), Rohrdämmung (354m), Dämmkappen (7St), Dämmung für Armaturen (8St), Brandschutzmanschetten (29St), Anschlüsse an Lufterhitzer DN50 (6St), an Bestandsleitungen DN32-65 (2St), Vorschweißflansche (16St), Luftgefäße (4St), Flanschen-Ventile (4St), Flanschen-Schmutzfänger (1St), Manometer (4St)				
	5200-0020 Badeanstalt				
		204,00 m² BGF	10.363	**50,80**	21,8
	Kupferrohre DN15-32, Formteile, Dämmung (133m), Kugelhähne (2St)				
	5300-0016 Strandbad, Gastronomie				
		492,00 m² BGF	34.034	**69,18**	23,9
	Kupferrohre DN22-42, Formstücke, Rohrdämmung (286m), hydraulische Mischergruppen (3St), Erweiterungsmodule (3St), Umwälzpumpe (1St), Kugelhähne (13St), Wärmemengenzähler (4St)				

KG	Kostengruppe	Menge Einheit	Kosten €	€/Einheit	%
	6100-1355 Mehrfamilienhaus (17 WE)				
		2.251,71 m²BGF	37.070	**16,46**	14,4
	Mehrschichtverbundrohre, Formstücke (361m), Rohrdämmung (86m)				
	6100-1379 Wohn- und Geschäftshaus (1 WE)				
•	Abbrechen (Kosten: 1,6%)	762,16 m²BGF	272	**0,36**	0,2
	Abbruch von Heizleitungen (psch); Entsorgung, Deponiegebühren				
•	Herstellen (Kosten: 98,4%)	762,16 m²BGF	16.756	**21,98**	13,8
	Stahlrohre DN15-35, Formstücke, Rohrdämmung (188m), Brandschotts (12St), Ausdehnungsgefäß 25l (1St)				
	6100-1384 Mehrfamilienhaus (3 WE)				
•	Herstellen (Kosten: 100,0%)	614,28 m²BGF	9.245	**15,05**	9,2
	Verbundrohre, Formstücke, Dämmung (315m), Zähleranschluss (1St)				
	6100-1393 Doppelhaushälfte (1 WE), Büro (2 AP)				
•	Herstellen (Kosten: 100,0%)	406,76 m²BGF	12.256	**30,13**	15,5
	Kupferrohre DN28, Formstücke, Rohrdämmung (44m), Metallverbundrohre DN12-32, Formstücke, Rohrdämmung (16m), Verteiler (1St), Anschluss an Bestand				
	6100-1394 Wohn- und Geschäftshaus (21 WE)				
•	Herstellen (Kosten: 100,0%)	2.819,02 m²BGF	136.768	**48,52**	44,9
	Stahlrohre DN15-76, Formstücke, Rohrdämmung (2.817m), Manometer (2St), Temperaturwächter (6St), Umwälzpumpe (1St), Differenzdruckregler (26St), Kugelhähne (16St)				
	6100-1444 Einfamilienhaus, Garage (5 STP)				
		522,66 m²BGF	19.199	**36,73**	8,1
	Kupferrohre DN18-42, Formstücke (175m), Kugelhähne (14St), Strangregulierventile (2St)				
	6100-1494 Mehrfamilienhaus (53 WE), TG (13 STP)				
		6.430,02 m²BGF	149.490	**23,25**	21,0
	Stahlrohre DN15-80, Formstücke, Rohrdämmung (870m), Mehrschichtverbundrohre DN16-32, Formstücke, Rohrdämmung (580m), Entleerungsstutzen (16St), Differenzdruckmesser (2St), Strangregulierventile (11St), Strangabsperrventile (11St), Strangarmaturen (10St), Brandschutzdurchführungen (112St)				
	6100-1524 Mehrfamilienhaus (6 WE)				
		1.360,35 m²BGF	39.247	**28,85**	17,1
	Stahlrohre DN15-35, Formstücke, Rohrdämmung (347m), Rohrkennzeichnung (psch)				
	6100-1559 Einfamilienhaus, Praxis - Passivhaus				
		609,55 m²BGF	7.089	**11,63**	10,5
	Metallverbundrohre DN25-32, Formstücke, Rohrdämmung (85m), Stahlrohre DN25 (30m), Kupferrohre DN20 (14m)				
	6100-1562 Einfamilienhaus, Büro - Passivhaus				
		354,00 m²BGF	2.046	**5,78**	1,9
	Nahwärmeleitung, gedämmt (12m)				

KG	Kostengruppe	Menge Einheit	Kosten €	€/Einheit	%
	6100-1587 Mehrfamilienhaus (9 WE)				
		1.016,97 m²BGF	26.570	**26,13**	13,1
	Stahlrohre DN15-54, Formstücke, Rohrdämmung (321m), Strangabsperrventile (6St), Strangregulierventile (6St), Wärmemengenzähler, bauseits (12St)				
	6100-1593 Mehrfamilienhaus (3 WE)				
		565,46 m²BGF	25.595	**45,26**	46,2
	Kupferrohre DN28-35, Rohrdämmung (90m), Fußbodenheizungsrohre 17x2mm (310m²), Heizkreisverteiler achtfach (4St), Stellantriebe (33St), Wärmemengenzähler (4St), Sicherheitsgruppe (1St), Unterputzventile (6St), Ventilblöcke (9St), Wasserzähler (2St), Klemmverschraubungen (72St)				
	6100-1672 Einfamilienhaus				
		132,23 m²BGF	1.205	**9,12**	3,9
	Stahlrohre DN12-25, Formstücke, Rohrdämmung (37m), Strangabsperrventil (1St), Kugelhahn (1St)				
	6100-1690 Einfamilienhaus				
		384,80 m²BGF	12.351	**32,10**	17,1
	Metall-Verbundrohre DN20, Formstücke, Rohrdämmung (42m), DN25 (12m), Verteilerschränke (5St), Verteiler für drei Heizkreise (2St), für vier Heizkreise (1St), für fünf Heizkreise (2St), für acht Heizkreise (1St), Wärmemengenzähler, Einbaugarnituren (6St), Thermoantriebe (28St)				
	6100-1695 Mehrfamilienhaus (21 WE)				
		1.506,72 m²BGF	46.540	**30,89**	23,8
	Stahlrohre DN20-50, Formstücke, Rohrdämmung (355m), Rohrschotts (23St), Heizkreisverteiler, drei Heizkreise (1St), Heizkreisstationen, Umwälzpumpen (3St), Schnellentlüfter (10St), Entleerungshähne (10St), Thermometer (6St), Manometer (4St), Lufttöpfe (4St), Kugelhähne (3St), Schmutzfänger (2St)				
	6200-0080 Wohnanlage (28 WE), Inklusives Wohnen				
		5.346,45 m²BGF	130.859	**24,48**	40,9
	Kupferrohre DN15-50, Formstücke, Rohrdämmung (1.045m), Stahlrohre DN15-40 (90m), Heizband-Begleitheizung (90m), Heizkreisverteiler (1St), Brandschotts (150St), Entsalzungspatrone (1St)				
	6200-0115 Hospiz (10 Betten)				
		1.358,88 m²BGF	80.869	**59,51**	36,4
	Systemrohre, Formstücke (101m), C-Stahl-Rohre, Formstücke, Rohrdämmung (397m), Fernwärme-Zwillingsleitung (22m), Zwei-Wege-Ventile (2St), Drei-Wege-Ventile (2St), Kugelhähne DN25-50 (32St), elektronischer Wärmezähler (2St), Hocheffizienzpumpen (3St), Heizungsverteiler (1St)				

KG	Kostengruppe	Menge Einheit	Kosten €	€/Einheit	%
	6400-0109 Kinder- und Jugendhaus				
		609,32 m²BGF	24.567	**40,32**	26,4
	Kupferrohre DN20-40, Formstücke, Dämmung (217m), Differenzdruckregler (4St), Kugelhähne (15St)				
	6400-0112 Gemeindezentrum (80 Sitzplätze)				
		393,00 m²BGF	12.833	**32,65**	19,3
	Kupferrohre DN20-32, Formstücke, Rohrdämmung (68m)				
	6500-0051 Berufsschule, Neubau Caféteria (100 Sitzplätze)				
	• Abbrechen (Kosten: 29,1%)	4.265,98 m²BGF	21.540	**5,05**	19,1
	Abbruch von Heizleitungen, Rohrdämmung (468m); Entsorgung, Deponiegebühren				
	• Herstellen (Kosten: 70,9%)	4.265,98 m²BGF	52.392	**12,28**	46,5
	Heizleitungen DN10-50, Formstücke, Rohrdämmung (731m), Kugelhähne (21St), Strangregulierventile (16St), Rohrschotts (29St)				
	6600-0032 Hotel				
	• Abbrechen (Kosten: 0,9%)	827,53 m²BGF	623	**0,75**	0,2
	Abbruch von Heizungsleitungen, einfrieren, trennen (7h); Entsorgung, Deponiegebühren				
	• Herstellen (Kosten: 99,1%)	827,53 m²BGF	65.887	**79,62**	18,7
	Heizungsrohre, Formstücke, Rohrdämmung (psch), bauseitige Heizungsrohre dämmen (psch), Heizkörperanschlüsse umverlegen (psch), Heizungsleitungen ändern (10h)				
	7100-0066 Produktionsgebäude, Büro (120 AP)				
		3.710,27 m²BGF	165.915	**44,72**	45,1
	Kupferrohre DN12-28, Formstücke, Rohrdämmung (933m), DN32-50 (279m), Stahlrohre DN50-65, Formstücke, Rohrdämmung (142m), DN32-40 (39m), Brandschotts R90 (48St), Lufttöpfe (10St), Dachdurchführung (1St), Nachspeiseeinrichtung (1St), Entsalzungspatrone (1St), Kugelhähne (41St), Fühler/Tauchhülsen (36St), Absperrventile (24St), Rückschlagventile (8St), Thermometer (10St), Hocheffizienzpumpen (7St), Schmutzfänger (6St), Dreiwegeventile (5St), Manometer (5St), Interfacemodule (3St), Plattenwärmetauscher (1St), Heizungsverteiler, zehn Heizkreise (1St)				
	7600-0078 Flughafenfeuerwehr (8 Fahrzeuge)				
	• Abbrechen (Kosten: 3,9%)	4.266,00 m²BGF	3.485	**0,82**	1,3
	Abbruch von Heizleitungen (108m), Armaturen (12St), Stellantrieben, Pumpen, Fühler (psch); Entsorgung, Deponiegebühren				
	• Herstellen (Kosten: 96,1%)	4.266,00 m²BGF	86.733	**20,33**	32,7
	Kupfer-Heizleitungen DN12-50, Formstücke, Rohrdämmung (866m)				
	9100-0155 Zweigbibliothek (150 Leseplätze, 12 AP)				
		7.493,81 m²BGF	142.951	**19,08**	58,8
	Präzisionsstahlrohre DN12-25, Formstücke, Rohrdämmung (1.743m), Gewinderohre DN15-65, Formstücke, Rohrdämmung (1.321m), Rohrschotts (127St), Luftgefäße (21St), Zeigerthermometer (16St), Nassläuferpumpen (8St), Rückschlagklappen (12St), Strangabsperr-/Regulierventil (38St), Absperrklappen (16St), Strangventile (10St), Entleerungskugelhähne (33St), Manometer, Druckstoßminderer (19St), Differenzdruckmesser (3St)				

KG	Kostengruppe	Menge Einheit	Kosten €	€/Einheit	%
	9100-0168 Schauspielhaus, Zweitspielstätte				
	• Abbrechen (Kosten: 13,1%)	2.865,00 m² BGF	10.631	**3,71**	8,1
	Abbruch von Kupferrohren (225m), Metallrohren (75m), Stahlrohren (36m); Entsorgung, Deponiegebühren				
	• Herstellen (Kosten: 86,9%)	2.865,00 m² BGF	70.259	**24,52**	53,3
	Flansch-Absperrventile (2St), Rückschlagklappen (2St), Schmutzfänger (2St), Lufttöpfe (2St), Zeigerthermometer (1St), Manometer (1St), Kupferrohre, Formstücke, Rohrdämmung (642m), Strangabsperrventile (18St)				
	9100-0169 Klosteranlage, Wissenschafts- und Studierzentrum				
	• Wiederherstellen (Kosten: 3,8%)	5.582,91 m² BGF	9.670	**1,73**	1,5
	Rohrdurchführungen freistemmen, brandschutztechnisch ertüchtigen (7St)				
	• Herstellen (Kosten: 96,2%)	5.582,91 m² BGF	244.154	**43,73**	38,1
	C-Stahlrohre DN12-50, Formstücke, Rohrdämmung (1.692m), Stahlrohre DN15-80, nahtlos, Formstücke, Rohrdämmung (218m), Rohrschotts R90 (46St), Absperrventile (30St), Differenzdruckregler (2St), Rückschlagventile (5St), Schmutzfänger (6St), Umwälzpumpen (5St), Kernbohrungen, D=50-180cm (28St), Wandschlitz für Sockelheizung (201m)				
	9100-0195 Speicherbibliothek				
		3.814,12 m² BGF	271.076	**71,07**	85,0
	Stahl-Heizungsrohre DN15-65, Formstücke, Rohrdämmung (1.736m), Brandschotts DN15-40 (110St), Stahl-Tragkonstruktion (728kg), Heizungsverteiler, zehn Heizkreise (1St), Umwälzpumpen (11St), Druckausdehnungsgefäß (1St), Schlammabscheider (1St), Absperrventile (80St), Regelventile (10St), Rückschlagklappen (40St), Druckmessgeräte, Absperrhähne (37St), Temperaturfühler (12St), Entleerungshähne (77St), Zeigerthermometer (31St), Luftabscheider DN50-100 (14St)				
	9700-0028 Krematorium				
		1.607,98 m² BGF	94.969	**59,06**	48,2
	Stahlrohre DN15-100, Formstücke, Rohrdämmung (661m), Brandschotts (27St), Heizungspumpen (5St), Ventile (35St), Absperrklappen (33St), Entlüftungsgruppen (18St), Rückschlagklappen (5St), Schmutzfänger (2St), Durchflusssensoren (2St), Wärmezähler-Rechenwerke (2St), Motorkugelhähne (2St), Kugelhähne (7St), Thermometer (23St), Manometer (12St), Impulsgeber (1St), Druckbegrenzer (2St), Nachfüllarmatur (1St)				
423	**Raumheizflächen**				
	1200-0001 Gerichtsgebäude - Eingangsbereich				
	• Herstellen (Kosten: 100,0%)	136,87 m² BGF	6.244	**45,62**	69,4
	Röhrenheizkörper (2St), Planheizkörper (1St), Thermostatventile (3St)				
	1300-0234 Bürogebäude (38 AP)				
		1.224,00 m² BGF	29.812	**24,36**	13,8
	Fußbodenheizung, Verlegeplatten, PE-Xc Rohre (4.552m), Verteiler, 6-12 Kreise (7St), Verteilerschränke (6St), Stellantriebe (59St), Heizkörper, h=90cm (2m), Ventile, Thermostate (4St)				

KG	Kostengruppe	Menge Einheit	Kosten €	€/Einheit	%
	1300-0283 Verwaltungsgebäude (34 AP)				
		1.502,40 m2 BGF	40.147	**26,72**	30,5
	Plattenwärmekörper 132x40cm (47St), 52x90cm (12St), 160x40 (4St), 160x90cm (2St), Flachheizkörper 132x40cm (2St), Ventilblöcke DN15 (65St), Konsolen, Verschraubungen (65St), Wandhalterungen (51St), Fühlerelemente (15St)				
	1300-0292 Landratsamt (136 AP), TG (19 STP)				
		4.569,26 m2 BGF	25.655	**5,61**	5,2
	Röhrenheizkörper, Thermostatköpfe (6St), Rampenheizung, Heizleitungen (736m), Verteiler (1St)				
	1300-0319 Amtsverwaltung (36 AP)				
		1.790,04 m2 BGF	77.705	**43,41**	31,2
	Fußbodenheizung, EPS-Tackerplatten WLG 035, d=30mm (1.479m2), PB-Rohre 15mm (5.766m), Heizkreisverteiler, sieben bis zwölf Heizkreise, Verteilerschränke (8St), Differenzdruckregler (8St), Stellantriebe (76St), Raumthermostate (56St), Einzelraumregelungen (8St), Luftschleieranlage, Heizleistung 18,6kW, Volumenstrom 3.600m3/h (1St), Frostschutzthermostat (1St), Absperrventil (1St), Raumtemperatursensor (1St), Magnet-Türkontakt (1St)				
	4100-0173 Ganztagesschule (9 Klassen, 225 Schüler)				
	• Herstellen (Kosten: 100,0%)	1.860,58 m2 BGF	16.846	**9,05**	50,0
	Ventilheizkörper, h=55-95cm (14m2), Röhrenradiatoren, h=1,00m (5m2), Thermostatventile (12St), Heizkörperverschraubungen (21St)				
	4100-0194 Schule (12 Klassen, 336 Schüler)				
	• Wiederherstellen (Kosten: 5,5%)	1.778,38 m2 BGF	3.872	**2,18**	2,3
	Demontage und Montage von Heizkörpern (1St), Stahlglieder-Heizkörper (3St), Entleeren, Füllen der Heizleitungen (psch)				
	• Herstellen (Kosten: 94,5%)	1.778,38 m2 BGF	66.998	**37,67**	40,2
	Fußbodenheizung, Noppenfolie (1.267m2), Verteiler (7St), Erweiterungsmodule, Steuermodule (7St), Raumfühler (28St), Plattenheizkörper (2St)				
	4200-0039 Bildungszentrum Holzbauberufe (4 Klassen)				
		3.556,16 m2 BGF	192.019	**54,00**	46,1
	Fußbodenheizung, EPS-Rollplatten, d=30-2mm (1.460m2), PE-Rohre (8.800m), UP-Verteiler (8St), Regulierventile (16St), Deckenstrahlplatten 4,50x1,50m, Heizleistung 2.200W, Regelung, Wärmedämmung, d=40mm, alukaschiert (203m2), Flachheizkörper, Thermostatköpfe, Ventile (38St)				
	4400-0322 Kindertagesstätte (4 Gruppen, 100 Kinder)				
		1.119,63 m2 BGF	32.989	**29,46**	34,7
	Röhrenheizkörper (27St), Planheizkörper (3St), Thermostate (31St)				

KG	Kostengruppe	Menge Einheit	Kosten €	€/Einheit	%
	4400-0333 Kindertagesstätte (3 Gruppen, 35 Kinder)				
		644,98 m² BGF	34.703	**53,80**	21,7
	Fußbodenheizung, EPS-Dämmplatte WLG 040, d=30-2mm (554m²), Fußbodenheizregister (247St), PE-RT-Rohre (920m), Heizkreisverteiler, sieben-elf Heizkreise (4St), Verteilerschränke (4St), Anschlussgruppen für Sole- oder Heizkreis (4St), Raumthermostate (15St), Raumtemperaturregler (6St), Ventilantriebe (35St), hydraulischer Abgleich (1St)				
	4400-0334 Kindertagesstätte (8 Gruppen, 150 Kinder)				
		1.648,86 m² BGF	51.183	**31,04**	31,9
	Fußbodenheizung, PE-Xa-Rohre DN16 (8.771m), Noppenplatten (968m²), Tackerplatten (344m²), Heizkreisverteiler, Heiz-/Kühlkreise (6St), Raumregler (39St), Regelverteiler Anwendung Heizen/Kühlen (6St), Verteilerschränke (6St), Stellantriebe (62St), Heizkörper, Thermostate (4St)				
	4400-0356 Kindergarten (4 Gruppen, 112 Kinder), Wohnungen				
		1.204,74 m² BGF	81.963	**68,03**	33,0
	Fußbodenheizung, Verlegeplatten, PE-Xc Rohre (918m²), Verteilerschränke, 5-10 Heizkreise, schallgedämmt (6St), TW-Stationen, schallgedämmt (4St), Stellantriebe (67St), Kugelhähne (12St), elektronische Raumtemperaturregler (18St)				
	4400-0357 Kinderhaus (4 Gruppen, 74 Kinder)				
		1.009,00 m² BGF	38.699	**38,35**	32,8
	Fußbodenheizung, Verlegeplatten, PE-Xc Rohre (621m²), Heizkreisverteiler, Verteilerschränke, Wohnungsstationen (4St), Stellantriebe (41St), Schaltzentralen (4St), Kompaktheizkörper 700x900x64 (1St), 500x900x64 (1St), Raumthermostate (23St)				
	4400-0362 Kindertagesstätte (6 Gruppen, 124 Kinder)				
		1.678,28 m² BGF	23.750	**14,15**	23,6
	Rohre für Fußbodenheizung (5.050m), Verteilerschränke (6St), Heizkreisverteiler, neun Heizkreise (3St), zehn Heizkreise (1St), elf Heizkreise (1St), Stellantriebe (53St)				
	5100-0122 Sporthalle (Zweifeldhalle)				
	• Abbrechen (Kosten: 0,1%)	2.217,01 m² BGF	273	**0,12**	< 0,1
	Abbruch von Plattenheizkörpern (14St), Kompakt-Fertigheizkörpern (4St), Röhrenheizkörper (1St); Entsorgung, Deponiegebühren				
	• Herstellen (Kosten: 99,9%)	2.217,01 m² BGF	182.492	**82,31**	41,3
	Alu-Deckenstrahlplatten, b=0,90m, l=22,50m (6St), Volumenstrom-Durchflussregler DN20 (6St), Alu-Laserflex Systemrohre (1.524m), Heizkreisverteiler (6St), Fußbodenheizung, Noppenplatte (160m²), Mehrschicht-Sicherheitsrohre (568m), Ventilheizkörper (14St), Röhrenheizkörper (9St), Kompaktheizkörper (1St), Thermostatköpfe (24St)				
	5100-0127 Sporthalle (Dreifeldhalle)				
		4.351,43 m² BGF	209.623	**48,17**	50,5
	Ventilheizkörper (20St), Röhrenradiatoren (11St), Konvektoren (3St), Thermostatköpfe (33St), Deckenstrahlplatten, Trägersystem, Aufhängungen (6St), Ballabweisbleche (222m)				

KG	Kostengruppe	Menge Einheit	Kosten €	€/Einheit	%
	5100-0128 Sporthalle (Einfeldhalle)				
		815,50 m2 BGF	63.384	**77,72**	39,0
	Weitspannträgersystem (320m), Deckenstrahlplatten, b=46cm, l=140cm (8St), l=120cm (4St), Ballabweishauben (74m2), Kompaktheizkörper (17St), Röhrenradiatoren (3St), Thermostate (20St)				
	5200-0020 Badeanstalt				
		204,00 m2 BGF	17.395	**85,27**	36,6
	Fußbodenheizung, Tackersystem, EPS-Dämmung, d=80mm (162m2), Verteilerschränke, Wärmemengenzähler (4St), Regler (18St), Zeitschaltuhren (2St)				
	5300-0016 Strandbad, Gastronomie				
		492,00 m2 BGF	21.540	**43,78**	15,1
	PE-XA Rohre DN20 auf Stahlmatten (328m2), Verteilerschrank (1St), Verteiler bis sechs Kreisläufe (4St), Raumfühler, Thermoantriebe (10St), Röhrenradiatoren (2St)				
	6100-1355 Mehrfamilienhaus (17 WE)				
		2.251,71 m2 BGF	135.806	**60,31**	52,7
	Fußbodenheizung, Dämmung (1.328m2), Heizkörper (2St)				
	6100-1379 Wohn- und Geschäftshaus (1 WE)				
	• Herstellen (Kosten: 100,0%)	762,16 m2 BGF	32.405	**42,52**	26,7
	Fußbodenheizung mit Tacker-Dämmplatten WLG 035, d=30mm (274m2), PE-Xa-Rohre 17x2mm (2.861m), Heizkreisverteiler, 33 Heizkreise (4St), Stellantriebe (33St), Bad-Heizkörper (2St), Ventilkompakt-Heizkörper (1St)				
	6100-1384 Mehrfamilienhaus (3 WE)				
	• Herstellen (Kosten: 100,0%)	614,28 m2 BGF	23.242	**37,84**	23,1
	PE-Fußbodenheizungsrohre (100m2), Heizkreisverteiler (1St), Wärmemengenzähler (3St), Plattenheizkörper (15St), Badheizkörper (3St), Röhrenradiator (1St), Ventile, Verschraubungen, Thermostatköpfe (18St)				
	6100-1393 Doppelhaushälfte (1 WE), Büro (2 AP)				
	• Abbrechen (Kosten: 7,9%)	406,76 m2 BGF	1.074	**2,64**	1,4
	Abbruch von Heizkörper, Rohrleitungen abstopfen (1St); Entsorgung, Deponiegebühren				
	• Herstellen (Kosten: 92,1%)	406,76 m2 BGF	12.513	**30,76**	15,8
	Kaminofen mit Backfach 2-9kW (1St), Fußbodenheizung, PE-Xc Rohre DN16 (75m2), Heizkörper (2St), Badheizkörper (3St)				
	6100-1394 Wohn- und Geschäftshaus (21 WE)				
	• Herstellen (Kosten: 100,0%)	2.819,02 m2 BGF	81.962	**29,07**	26,9
	Flachheizkörper (170St), Röhrenradiatoren (6St), Konvektoren (3St), HK-Anschlussverschraubungen (193St)				

KG	Kostengruppe	Menge Einheit	Kosten €	€/Einheit	%
	6100-1444 Einfamilienhaus, Garage (5 STP)				
		522,66 m² BGF	103.250	**197,55**	43,8
	PUR-Wärmedämmung, d=30mm (304m²), Tackerplatten für Heizen/Kühlen/Lüften (310m²), Heizungsrohre PE-RT (3.200m), Rohrdämmung (125m), UP-Wandschränke, Heizkreisverteiler, Strangregulierung (5St), Lüften: Systemplatten, Bodendurchlässe mit Auslassgitter und Einblasmodulen (19St), Bodenkanal, Wickelfalzrohre 129x51mm, Formteile (111m), 208x52mm (72m), Luftverteilerkästen (5St), Badheizkörper (2St), elektrische Fliesenheizung (4m²)				
	6100-1494 Mehrfamilienhaus (53 WE), TG (13 STP)				
		6.430,02 m² BGF	123.927	**19,27**	17,4
	Fußbodenheizung: Noppenplatte, EPS-Wärmedämmplatte WLG 040, d=30mm (3.100m²), Noppenverteiler (100m²), EPS-Tackerplatte WLG 040, d=30mm, Transitleitungen (100m²), Schutzrohre, Transitleitungen (1.800m), PE-Xa-Rohre (19.000m), Heizkreisverteiler, drei Heizkreise (1St), fünf Heizkreise (2St), Thermoantriebe (10St), Heizkreisverteilerschränke (2St), Röhrenradiatoren, Thermostate (2St), Heizungsrohre Fertignasszellen anbinden (53St)				
	6100-1524 Mehrfamilienhaus (6 WE)				
		1.360,35 m² BGF	105.598	**77,63**	46,0
	Fußbodenheizung, Verlegeplatten mit Dämmung, PE-X-Heizungsrohre (670m²), Stellantriebe (108St), Heizkreisverteiler (9St), Verteilerschränke, Wärmemengenzähler (9St)				
	6100-1559 Einfamilienhaus, Praxis - Passivhaus				
		609,55 m² BGF	16.470	**27,02**	24,3
	Fußbodenheizung, Noppenplatten, PE-Xa-Rohre (195m²), Klettplatten, PE-Xa-Rohre (105m²), Raumthermostate (12St), Heizkreisverteiler (3St)				
	6100-1562 Einfamilienhaus, Büro - Passivhaus				
		354,00 m² BGF	38.767	**109,51**	35,3
	Noppenplatte, Fußbodenheizung (277m²)				
	6100-1563 Ferienhaus (1 WE), Garage				
		159,31 m² BGF	17.847	**112,03**	82,4
	Kaminofen mit Speicherelement (1St), Infrarot-Elektroheizungen (6St)				
	6100-1587 Mehrfamilienhaus (9 WE)				
		1.016,97 m² BGF	77.696	**76,40**	38,3
	EPS-Ausgleichsdämmung, d=20mm, für Fußbodenheizung (635m²), Hohlkammerplatte mit Klettvlies, d=3mm, PE-X-Klettrohre DN17, gebundene Schüttung (685m²), Anbindeleitungen unter Dämmung (76St), Verteilerschränke (10St), Heizkreisverteiler (12St), Stellantriebe (63St), Raumthermostate heizen/kühlen (46St), PE-X-Rohre DN16-25 (104m), Rohrdämmung (90m), Badheizkörper (9St)				

KG	Kostengruppe	Menge Einheit	Kosten €	€/Einheit	%
	6100-1672 Einfamilienhaus				
		132,23 m² BGF	4.953	**37,46**	16,0
	Fußbodenheizung, Tackersystem, PS-Dämmung WLS 045, d=30-35mm (108m²), PE-X-Rohre 17x2mm (800m), Edelstahlverteiler, elf Heizkreise, Verteilerschrank (1St), Stellantriebe (8St), Kugelhahn (1St)				
	6100-1690 Einfamilienhaus				
		384,80 m² BGF	15.087	**39,21**	20,9
	Fußbodenheizung, EPS-Verlegeplatte, PE-Xa-Rohre (212m²), Raumtemperatur-/Feuchtefühler (15St), Regelmodule (6St), Badheizkörper 150x50cm, Elektropatrone 600W (1St)				
	6100-1695 Mehrfamilienhaus (21 WE)				
		1.506,72 m² BGF	76.831	**50,99**	39,2
	Fußbodenheizung, EPS-Rollplatten, d=30-2mm (1.240m²), PE-Xa-Rohre (4.986m), Rohrführungsbögen (157St), Edelstahlverteiler, vier Heizkreise, Verteilerschränke (24St), WMZ-Anschlusssets (24St), Regulierventile (24St), Regelmodule (24St), Thermoantriebe (24St)				
	6200-0080 Wohnanlage (28 WE), Inklusives Wohnen				
		5.346,45 m² BGF	157.161	**29,40**	49,1
	Fußbodenheizung, Lochplattensystem (2.983m), Heizkreisverteiler, Wärmemengenzähler (40St)				
	6200-0115 Hospiz (10 Betten)				
		1.358,88 m² BGF	55.443	**40,80**	24,9
	Fußbodenheizung (3.434m), Rohrträgerplatte mit Wärme-/Trittschalldämmung, Abdeckfolie (457m²), FBH-Verteiler (4St), Regelmodule (6St), Raumfühler (45St), hydraulische Abgleiche (7St), Elektroheizungen (2St)				
	6400-0109 Kinder- und Jugendhaus				
		609,32 m² BGF	49.725	**81,61**	53,4
	Fußbodenheizung, Tackersystem, EPS-Dämmung WLG 040, d=30mm (460m²), PE-Xc-Rohre (3.198m), Heizkreisverteiler, sechs bis zwölf Heizkreise (4St), Verteilerschränke (4St), Raumthermostate (18St), Stellantriebe (31St)				
	6400-0112 Gemeindezentrum (80 Sitzplätze)				
		393,00 m² BGF	27.313	**69,50**	41,2
	Fußbodenheizung, Verlegeplatten (350m²), PE-Xa Rohre (1.920m), Heizkreisverteiler (2St), Stellantriebe (20St), Wärmemengenzähler (2St)				
	6500-0051 Berufsschule, Neubau Caféteria (100 Sitzplätze)				
	• Abbrechen (Kosten: 2,8%)	4.265,98 m² BGF	873	**0,20**	0,8
	Abbruch von Heizkörpern (12St); Entsorgung, Deponiegebühren				
	• Herstellen (Kosten: 97,2%)	4.265,98 m² BGF	30.159	**7,07**	26,8
	Ventilheizkörper, h=50-70cm (7St), Radiavektoren h=0,21m, l=1,50m (6St), Fußbodenheizung, PE-Xa-Rohre (1.280m), Verteiler, 12 Heizkreise, Verteilerschrank (1St), Thermoantriebe (12St), Thermostat-Köpfe (9St), Differenzdruckregler (1St)				

KG	Kostengruppe	Menge Einheit	Kosten €	€/Einheit	%
	6600-0032 Hotel				
	• Abbrechen (Kosten: 1,6%)	827,53 m² BGF	736	**0,89**	0,2
	Abbruch von Heizkörpern, Leitungen abstopfen (9h); Entsorgung, Deponiegebühren				
	• Wiederherstellen (Kosten: 0,4%)	827,53 m² BGF	175	**0,21**	< 0,1
	Heizkörper anschleifen, beschichten (2h)				
	• Herstellen (Kosten: 98,0%)	827,53 m² BGF	44.592	**53,89**	12,7
	Fußbodenheizung (psch), Heizkörper, Zubehör (psch), bauseitigen Heizkörper montieren (psch)				
	7100-0066 Produktionsgebäude, Büro (120 AP)				
		3.710,27 m² BGF	177.218	**47,76**	48,2
	Kompaktheizkörper (26St), Vertikalheizkörper (6St), Fußbodenheizung, EPS-Noppenplatten WLG 040, d=30mm (945m²), PE-Xa-Rohre 16mm (4.750m), Thermoantriebe (57St), Kugelhähne (7St), Heizkreisverteiler, sechs bis zehn Heizkreise, Verteilerschränke (7St), Kaltwasserkassetten, Ventilkits (32St), Blenden (18St), Lufterhitzer, Filterkasten (2St), Tropfabscheider, Kondensatwannen (2St), Luftverteiler (2St), Umschaltventile (2St), Zweiwegeventile (2St), Kondensatpumpen (2St), Kupferrohre DN20, Formstücke, als Kondensatleitung (160m)				
	7600-0078 Flughafenfeuerwehr (8 Fahrzeuge)				
	• Abbrechen (Kosten: 1,3%)	4.266,00 m² BGF	810	**0,19**	0,3
	Abbruch von Heizkörpern (10St), Deckenheizlüftern (5St); Entsorgung, Deponiegebühren				
	• Herstellen (Kosten: 98,7%)	4.266,00 m² BGF	63.514	**14,89**	24,0
	Heizkörper, einreihig (20St), zweireihig (14St), Thermostatventile (40St), Deckenstrahlplatten, l= 20,50m, Aufhängungen (2St), l=7,00m, Aufhängungen (2St), Blechabdeckung (11m), Komfort-Lufterhitzer (2St)				
	9100-0155 Zweigbibliothek (150 Leseplätze, 12 AP)				
		7.493,81 m² BGF	61.106	**8,15**	25,1
	Flachheizkörper (93St), Thermostatköpfe (89St), Heizkörperventile (24St), Fußbodenheizung, PS-Noppenplatten, d=30mm, PE-X-Rohre 16mm (438m²), Heizkreisverteiler 9/11 Heizkreise (2St)				
	9100-0168 Schauspielhaus, Zweitspielstätte				
	• Abbrechen (Kosten: 3,2%)	2.865,00 m² BGF	1.531	**0,53**	1,2
	Abbruch von Heizkörpern (25St), Entsorgung, Deponiegebühren				
	• Wiederherstellen (Kosten: 1,6%)	2.865,00 m² BGF	775	**0,27**	0,6
	Heizungsrohre umbauen (psch)				
	• Herstellen (Kosten: 95,2%)	2.865,00 m² BGF	45.768	**15,97**	34,7
	Plan-Ventilheizkörper (13St), Konvektoren (7St), Röhrenheizkörper (2St), Thermostate (15St), Bodengitter (23St)				

KG	Kostengruppe	Menge Einheit	Kosten €	€/Einheit	%
	9100-0169 Klosteranlage, Wissenschafts- und Studierzentrum				
	• Abbrechen (Kosten: 0,2%)	5.582,91 m²BGF	494	**0,09**	<0,1
	Abbruch von Fußbodenheizung (psch), Heizkörpern (9St); Entsorgung, Deponiegebühren				
	• Wiederherstellen (Kosten: 0,4%)	5.582,91 m²BGF	892	**0,16**	0,1
	Heizkörper reinigen, schleifen, neu beschichten (17m²)				
	• Herstellen (Kosten: 99,4%)	5.582,91 m²BGF	242.917	**43,51**	37,9
	Ventilheizkörper (73St), Röhrenradiator (1St), Ventilhahnblöcke (72St), Heizkörperblenden (74St), Fußbodenheizung, EPS-Tackerplatten (1.314m²), EPS-Trägerplatten (214m²), Verbundrohre 16-17x2mm (2.040m), Heizkreisverteiler (12St), Kompensatoren (8St), Elektro-Fußbodenheizung (12m²), Wandheizung, Rohrträgerelemente (6m²), Verbundrohre 16x2mm (200m)				
	9100-0195 Speicherbibliothek				
		3.814,12 m²BGF	48.018	**12,59**	15,0
	Umluftheizgeräte 11,5kW, Luftverteiler (8St), Flachheizkörper, h=90cm (11m²), h=60cm (7m²), Röhrenradiator, h=180cm, viersäulig (3m²), Thermostatventile, Thermostatköpfe (36St)				
	9700-0028 Krematorium				
		1.607,98 m²BGF	17.007	**10,58**	8,6
	Röhrenradiatoren (11St), Plattenheizkörper (6St), Handtuchwärmekörper (1St), Thermostatköpfe, Ventile (18St), Lufterhitzer 30kW (1St), 15KW (1St), Stufenschaltgeräte (2St), Industriethermostate (2St)				
429	**Sonstiges zur KG 420**				
	1300-0292 Landratsamt (136 AP), TG (19 STP)				
		4.569,26 m²BGF	2.010	**0,44**	0,4
	Abgasanlage, Doppelrohre DN80/125, Außenrohr Stahl, Innenrohr Kunststoff, Dachdurchführung (1St)				
	4400-0357 Kinderhaus (4 Gruppen, 74 Kinder)				
		1.009,00 m²BGF	8.934	**8,85**	7,6
	Schornstein 39x39cm, einzügig (12m), Aufsatzkranz (1St), Kaminverwahrung (1St)				
	5100-0122 Sporthalle (Zweifeldhalle)				
	• Abbrechen (Kosten: 100,0%)	2.217,01 m²BGF	492	**0,22**	0,1
	Abbruch von Edelstahlschornstein mit Leiter, D=40cm, h ü. Dach 5,00m (1St); Entsorgung, Deponiegebühren				
	5100-0127 Sporthalle (Dreifeldhalle)				
		4.351,43 m²BGF	4.384	**1,01**	1,1
	Abgasrohre, DN200, Formstücke, Revisionsöffnung (4m), Dachdurchführung (1St)				
	6100-1355 Mehrfamilienhaus (17 WE)				
		2.251,71 m²BGF	3.019	**1,34**	1,2
	Luft-Abgassystem (1St)				

KG	Kostengruppe	Menge Einheit	Kosten €	€/Einheit	%
	6100-1379 Wohn- und Geschäftshaus (1 WE)				
•	Abbrechen (Kosten: 40,0%)	762,16 m²BGF	4.865	**6,38**	4,0
	Abbruch von gemauerten Schornsteinen (39m), Deckenöffnungen reinigen, teilweise schließen (psch); Entsorgung, Deponiegebühren				
•	Herstellen (Kosten: 60,0%)	762,16 m²BGF	7.287	**9,56**	6,0
	Schornstein 38x38cm, einzügig, Mantelsteine, Dämmschale, Keramik-Innenrohr (11m), Wickelfalzrohre 80x320mm, Formstücke (5m), Alu-Wetterschutzgitter, D=200mm (1St)				
	6100-1384 Mehrfamilienhaus (3 WE)				
•	Herstellen (Kosten: 100,0%)	614,28 m²BGF	37.929	**61,75**	37,7
	Schornsteinschacht 32x32cm, h=8,75m, Edelstahlrohr DN150 (1St), h=9,00m, Edelstahlrohre DN200/DN150, Abgasautomatik (1St), Schornsteinkopfventilator (1St), Edelstahl-Abdeckplatten (2St)				
	6100-1393 Doppelhaushälfte (1 WE), Büro (2 AP)				
•	Herstellen (Kosten: 100,0%)	406,76 m²BGF	8.338	**20,50**	10,5
	Edelstahlschornsteine (11m), Ummauerung, Porenbeton-Bauplatten, d=5-7,5cm (3m²), Sparrenhalterung (1St), Kamintüren (2St), Feuerungsanschlüsse (2St), Schachtabdeckung (1St), Kaminkopfbekleidung, Titanzink (1St)				
	6100-1394 Wohn- und Geschäftshaus (21 WE)				
•	Abbrechen (Kosten: 93,7%)	2.819,02 m²BGF	43.546	**15,45**	14,3
	Abbruch von Schornsteinmauerwerk, h=19,00m (100m³); Entsorgung, Deponiegebühren				
•	Herstellen (Kosten: 6,3%)	2.819,02 m²BGF	2.941	**1,04**	1,0
	Abgasrohr DN110-160 (3m), Revisionsöffnungen (3St), Dachdurchführungen (2St)				
	6100-1444 Einfamilienhaus, Garage (5 STP)				
		522,66 m²BGF	46.224	**88,44**	19,6
	Einbau-Gaskamin, Brennzelle, Frontverglasung, keramische Holzscheite, Fernbedienung, Einbaurahmen, Brandschutzverkleidung (1St), L90-Brandschutzschacht (1St), Edelstahl-Schornstein 130x200mm (1St), Revisionsklappen (psch), Natursteinsockel (1St)				
	6100-1524 Mehrfamilienhaus (6 WE)				
		1.360,35 m²BGF	7.995	**5,88**	3,5
	Schornstein, einzügig, Mantelsteine mit Schamottrohre (11m), Edelstahlabdeckung (1St)				
	6100-1559 Einfamilienhaus, Praxis - Passivhaus				
		609,55 m²BGF	6.218	**10,20**	9,2
	Edelstahlschornstein, doppelwandig (1St), Rauchrohr DN150, Formstücke (1St), Zuluftrohr DN100 (1St), PP-Abgasrohre D=60/100mm, Formstücke (psch)				
	6100-1562 Einfamilienhaus, Büro - Passivhaus				
		354,00 m²BGF	4.439	**12,54**	4,0
	Edelstahl-Schornstein NW130, doppelwandig, h=5m (1St), Feinstaubabscheider (1St)				
	6100-1563 Ferienhaus (1 WE), Garage				
		159,31 m²BGF	3.812	**23,93**	17,6
	Edelstahl-Schornstein, Reinigungsöffnung, obere Abdeckung (1St)				

KG	Kostengruppe	Menge Einheit	Kosten €	€/Einheit	%
	6100-1690 Einfamilienhaus				
		384,80 m²BGF	3.088	**8,02**	4,3
	Schornsteinsystem, Wärmedämmung, einzügig, Edelstahl-Schornsteinaufsatz mit keramischem Innenrohr, Abdeckplatte, Gesamtlänge 10,20m (1St), KG-Rohre DN200, Formstücke, für Kaminzuluft (4m)				
	6100-1695 Mehrfamilienhaus (21 WE)				
		1.506,72 m²BGF	7.145	**4,74**	3,6
	Schornstein 53x38cm (9m), Grundbausatz (1St), Abgasrohre DN80 (2m), Kamintüren (2St), Revisionsrohr DN80 (1St), Schornsteinkopfbekleidung, Zink (1St)				
	6500-0051 Berufsschule, Neubau Caféteria (100 Sitzplätze)				
•	Wiederherstellen (Kosten: 100,0%)	4.265,98 m²BGF	486	**0,11**	0,4
	Kunstschieferbekleidung, Kaminkopf entfernen, wieder montieren (psch)				
	6600-0032 Hotel				
•	Herstellen (Kosten: 100,0%)	827,53 m²BGF	2.277	**2,75**	0,6
	Ofenklappe liefern, montieren (1St)				
	9100-0169 Klosteranlage, Wissenschafts- und Studierzentrum				
•	Abbrechen (Kosten: 5,5%)	5.582,91 m²BGF	6.913	**1,24**	1,1
	Abbauen und Lagern von Kachelöfen, Dokumentation (5St), Abbruch von Gusseisenofen (1St), Ofenrohren (16m); Entsorgung, Deponiegebühren				
•	Wiederherstellen (Kosten: 63,2%)	5.582,91 m²BGF	78.715	**14,10**	12,3
	Kaminzug-Vorräume säubern (9St), historische Kachelöfen restaurieren, Kachelmaterial reinigen, Putz-/Farbreste entfernen, Bruchstellen und Glasurabplatzungen reparieren, Fehlstellen ergänzen, Farbfassungen retuschieren, schadhafte Fugen mit Lehm erneuern, Bekrönungsvase prüfen, neu befestigen, Kachelofen aus Barock (5St), aus Klassizismus (1St), aus Rokoko (1St), aus Spätbarock, Klammerungen entfernen, Futterplatten lösen, Ofen ohne Heizeinsatz neu aufsetzen (1St), Metallgitter entrosten, wachsen (3St), Metall-untergestelle entrosten, wachsen (2St)				
•	Herstellen (Kosten: 31,3%)	5.582,91 m²BGF	38.942	**6,98**	6,1
	Schornsteinschlote für BHKWs (2St), für Unterdruckkessel (2St), Schornsteinverwahrungen, Titanzink (4St), Deckendurchbrüche 95x105cm (2St)				
	9700-0028 Krematorium				
		1.607,98 m²BGF	6.257	**3,89**	3,2
	Schornstein (psch), Abgasleitung (psch)				

Kostenkennwerte für die Kostengruppen 400 der 3. Ebene DIN 276

KG	Kostengruppe	Menge Einheit	Kosten €	€/Einheit	%
431	**Lüftungsanlagen**				
	1200-0001 Gerichtsgebäude - Eingangsbereich				
	• Herstellen (Kosten: 100,0%)	136,87 m²BGF	25.831	**188,73**	70,6
	Zu- und Abluftgerät 450m³/h, mit WRG (1St), Wickelfalzrohre DN100-150, Formstücke, Dämmung (42m), Schalldämpfer DN200 (4St), Brandschutzklappen DN160 (4St), Lüftungsgitter (2St), Wetterschutzgitter (2St), Kanalrauchmelder (1St), Kernbohrungen (psch)				
	1300-0234 Bürogebäude (38 AP)				
		1.224,00 m²BGF	136.339	**111,39**	78,9
	Kompaktlüftungsgerät mit Wärmerückgewinnung, Wärmetauscher, Volumenstrom 3.800m³/h (1St), Wickelfalzrohre DN100-200, Formstücke, Rohrdämmung (246m), Rechteckkanäle, Stahl, b=50cm, Dämmung (242m²), Alu-Flexrohre DN100-200, Formstücke (12m), Auswertemodul (1St), Kanalrauchmelder (2St), Kleinlüfter 60/30m³/h (2St), Deckendrallauslässe (3St), Tellerventile (53St), Decken-Impulsauslässe (20St), Volumenstromregler (15St), Brandschutzklappen (17St), Schalldämpfer (34St)				
	1300-0283 Verwaltungsgebäude (34 AP)				
		1.502,40 m²BGF	447.806	**298,06**	100,0
	Lüftungsgeräte mit WRG, 15.000m³/h (1St), Alurohr DN60-100, Formstücke, Rohrdämmung (1.101m), Wickelfalzrohre DN100-150, Rohrdämmung (303m), Rechteckkanäle, Formstücke, Dämmung (296m²), Dichtmanschetten (1.129St), Brandschutzklappen (8St), Schalldämpfer (66St), Deckendrall-Luftdurchlässe (75St), Volumenstromregler (221St), Ventilatoreinsätze (12St), Sattelstutzen (235St), Lüftungsturm (1St), Alu-Kühlrohrauflagen (2.520St), Dachhauben (3St)				
	1300-0292 Landratsamt (136 AP), TG (19 STP)				
		4.569,26 m²BGF	7.758	**1,70**	0,7
	Zu-/Abluftgerät, Volumenstrom 32-160m³/h, mit WRG, Deckenmontage (1St), Bedienteil (1St), Wickelfalzrohre DN100, Formstücke (13m), Brandschutzklappe (1St), Wetterschutzgitter (1St)				
	1300-0319 Amtsverwaltung (36 AP)				
		1.790,04 m²BGF	240.481	**134,34**	84,2
	Kompaktlüftungsgeräte mit WRG, Volumenstrom 1.100m³/h (3St), 500m³/h, dezentral (3St), 185-235m³/h, Wandmontage, Vorheizung, Bedienelement (2St), Motorabsperrklappen (6St), Nachheizregister (6St), CO_2-Fühler (9St), Kondensatpumpen (8St), Stahl-Rechteckkanäle, Formstücke, Dämmung (141m²), Wickelfalzrohre DN80-315, Formstücke, Rohrdämmung (59m), Stahl-Ovalrohre, Formstücke, Rohrdämmung (54m), Alu-Flexrohre DN80-250 (18m), Brandschotts (7St), Schalldämpfer (38St), Dralldurchlässe (14St), Luftventile (14St), Lüftungsgitter (3St), Wetterschutzgitter (13St), Fassadenauslässe (4St), Dachhauben (4St), Einzelraumlüfter (11St)				

KG	Kostengruppe	Menge Einheit	Kosten €	€/Einheit	%
	4100-0173 Ganztagesschule (9 Klassen, 225 Schüler)				
	• Abbrechen (Kosten: 0,1%)	1.860,58 m² BGF	253	**0,14**	0,1
	Abbruch von Lüftungskanälen (15m²), Kulissenschalldämpfer lagern (2St); Entsorgung, Deponiegebühren				
	• Wiederherstellen (Kosten: 1,5%)	1.860,58 m² BGF	2.935	**1,58**	1,5
	Demontage Lüftungskanäle, Montage an neuem Standort (15m), Inbetriebnahme, Neuprogrammierung des Lüftungsgerätes nach Erweiterung (1St)				
	• Herstellen (Kosten: 98,4%)	1.860,58 m² BGF	194.819	**104,71**	98,4
	Rechteckkanäle 500-2000mm, Formstücke (350m²), Wickelfalzrohre DN100-315, Formstücke (527m), Aluflexrohre DN100-250, Formstücke (82m), Dämmung Blechkanäle (321m²), Steuereinheit Brandschutzklappen, Anzeigedisplay (1St), Kulissenschalldämpfer (2St), Volumenstromregler (31St), Rohrschalldämpfer (33St), Brandschutzklappen (7St), Luftdurchlässe (74St), Schiebestutzen (16St), Rauchschutzklappen (4St), Kernbohrungen DN125-300 (66St), Dachdurchführung (1St)				
	4100-0194 Schule (12 Klassen, 336 Schüler)				
	• Herstellen (Kosten: 100,0%)	1.778,38 m² BGF	326.963	**183,85**	100,0
	Zu- und Abluftgeräte, wetterfest, Steuerungen, Regler, Ventilatoren, Zubehör (2St), Lüftungskanäle, Formstücke, Dämmung (960m²), Wickelfalzrohre DN100-160 (50m), Telefonie-Schalldämpfer (9St), Volumenstromregler (56St), Sensoren (20St), Brandschotts (16St), Luftauslässe (40St), Lüftungsgitter (106St), Dachdurchführungen (4St)				
	4200-0039 Bildungszentrum Holzbauberufe (4 Klassen)				
		3.556,16 m² BGF	437.098	**122,91**	98,7
	Zu-/Abluftgeräte, Volumenstrom 8.600m³/h, wetterfest, Stahlunterkonstruktion, Einhausungen, mit Wärmerückgewinnung (1St), 2.600m³/h (1St), Rechteckkanäle, Formstücke, Dämmung (988m²), Wickelfalzrohre DN80-160 (319m), Rundkanäle DN80-200 (191m), Brandschutzkappen (29St), Volumenstromregler (85St), Schalldämpfer (62St), Schlitzdurchlässe (46St), Zu-/Abluftauslässe (92St), Weitwurfdüsen (4St), Dachdurchführungen (4St)				
	4400-0322 Kindertagesstätte (4 Gruppen, 100 Kinder)				
		1.119,63 m² BGF	133.102	**118,88**	100,0
	Lüftungszentralgerät mit WRG, 5400m³/h, Steuerung, Regelung (1St), Radial-Ventilator (1St), Deflektorhauben (2St), Wickelfalzrohre DN100-600, Formstücke (173m), Luftkanäle (309m²), Alu-Flexrohre DN100-160 (19m), Brandschutzklappen (6St), Volumenstromregler (4St), Kanalschalldämpfer (14St), Rohrschalldämpfer (22St), Luft-Überströmelemente (26St), Tellerventile (21St), Brandschutz-Tellerventile (6St), Drallauslässe (4St), Zu-, Abluftgitter (12St), Kompaktgitter (19St)				
	4400-0333 Kindertagesstätte (3 Gruppen, 35 Kinder)				
		644,98 m² BGF	48.662	**75,45**	100,0
	Zu-/Abluftgerät, Volumenstrom 1.350m³/h, Deckenmontage (1St), Hydraulikeinheit (1St), Spiralfalzrohre DN100-315, Formstücke (167m), Alu-Flexrohre DN100-125 (41m), Stahl-Formteile, Kanaldämmung (35m²), Rohrschalldämpfer (28St), Kanalschalldämpfer (1St), Drosselklappen (31St), Tellerventile DN100-125 (36St), Wetterschutzgitter 40x60cm (2St)				

KG	Kostengruppe	Menge Einheit	Kosten €	€/Einheit	%
	4400-0334 Kindertagesstätte (8 Gruppen, 150 Kinder)				
		1.648,86 m² BGF	216.661	**131,40**	100,0
	Zu-/Abluftgeräte 2.500m³/h, WRG, Regelung, Wärmetauscher (2St), Luftkanäle, Dämmung (365m²), Rundrohre DN100-200, Formstücke (398m), Alu-Flexrohre DN125-200, Formstücke (466m), Telefonieschalldämpfer (28St), flexible Schalldämpfer (25St), Kulissenschalldämpfer (10St), Schalldämmelemente (28St), Volumenstromregler (3St), Volumenstromkonstanthalter (39St), Brandschutzklappen (10St), Luftdurchlässe (143St)				
	4400-0356 Kindergarten (4 Gruppen, 112 Kinder), Wohnungen				
		1.204,74 m² BGF	122.747	**101,89**	100,0
	Lüftungsgeräte, Volumenstrom bis 2.016 m³/h, WRG (1St), bis 1.980 m³/h mit Gegenstromwärmeübertrager (1St), mit Plattenwärmetauscher, WRG (1St), Einzelraumlüfter, bis 45 m³/h (16St), Wickelfalzrohre DN100-400, Formstücke (371m), Rohrschalldämpfer (44St), Rechteckkanäle, b=35-50cm, Formstücke (166m²), Kanalschalldämpfer (8St), Stellantriebe (3St), Steuerungssets (4St), Zu-, Abluftauslässe (20St), Kanalrauchmelder (2St), Lüftungsgitter (15St), Drosselklappen (8St), Dreiwegeventile (3St), Dachhauben (2St), Deflektorhauben (2St)				
	4400-0357 Kinderhaus (4 Gruppen, 74 Kinder)				
		1.009,00 m² BGF	151.558	**150,21**	100,0
	Lüftungsgerät, Volumenstrom 1.305m³/h, Rotationswärmeübertrager (1St), Lüftungsgerät, Volumenstrom 575m³/h, Plattenwärmetauscher (1St), Volumenstromregler (12St), Stellantriebe (2St), Heizregister (1St), Stahlkanäle, b=35-100cm, Dämmung (222m²), Kanalschalldämpfer (8St), Wickelfalzrohre DN100-400, Formstücke, Rohrdämmung (261m), Schalldämpfer DN100-160 (28St), Lüftungsrohre DN100-125, Kautschukdämmung (70m), Brandschutzklappen (10St), Kanalrauchmelder (4St), Deckendrallauslässe (16St), Wandschlitzauslässe (18m), Lüftungsgitter (9St)				
	4400-0362 Kindertagesstätte (6 Gruppen, 124 Kinder)				
		1.678,28 m² BGF	41.575	**24,77**	100,0
	Lüftungsanlagen mit Wärmerückgewinnung, Volumenstrom 570m³/h (2St), Minilüfter (1St), Wickelfalzrohre DN70-200, Formstücke (319m), Ovalrohre, Formstücke (40m), vollflexible Lüftungsrohre NW125-200 (10m), Volumenstrombegrenzer (42St), Lüftungsventile (42St), Telefonieschalldämpfer (11St)				

KG	Kostengruppe	Menge Einheit	Kosten €	€/Einheit	%
	5100-0122 Sporthalle (Zweifeldhalle)				
	• Abbrechen (Kosten: 0,9%)	2.217,01 m²BGF	1.765	**0,80**	0,9
	Abbruch von Lüftungsgerät (1St), Schaltschränken (2St), Luftkanälen, Formstücken (73m²), Spiralfalzrohren (3St), Deckenluftdurchlässen (12St), Kleinraumventilatoren (9St), Tellerventilen (5St), Wetterschutzgittern (4St), Jalousieklappen (2St); Entsorgung, Deponiegebühren				
	• Herstellen (Kosten: 99,1%)	2.217,01 m²BGF	201.045	**90,68**	99,1
	Zu-/Abluftgeräte mit WRG, Volumenstrom 9.000m³/h (1St), 1.850m³/h (1St), Dach-Radialventilatoren, Volumenstrom 1.300m³/h (1St), 840m³/h (1St), Deflektorhaube, b=0,95m, l=1,25m (1St), Lüftungskanäle an Lichtkuppeln (7St), Volumenstromregler (18St), Lüftungskanäle, gerade (326m²), Formstücke (211m²), Schalldämpfer (8St), Wickelfalzrohre DN100-450, Formstücke, Rohrdämmung (83m), Flexrohre DN100-150 (9m), Bimetall-Luftkanalthermometer (8St), Weitwurfdüsen (10St), UP-Lüftungsgeräte (8St), Decken-Impulsauslässe (5St), Deckenluftdurchlässe (4St), Tellerventile (20St)				
	5100-0128 Sporthalle (Einfeldhalle)				
		815,50 m²BGF	78.688	**96,49**	100,0
	Zu- und Abluftgerät mit WRG (1St), Lüftungsgitter (13St), Volumenstromregler (10St), Dachhauben (2St), Wetterschutzgitter (2St), Luftkanäle, Formstücke, Dämmung (98m²), Lüftungsrohre (65m), Flexrohre DN80-200 (7m)				
	5200-0012 Sportbadhalle				
	• Herstellen (Kosten: 100,0%)	805,60 m²BGF	223.954	**278,00**	100,0
	Lüftungsanlage mit WRG, Zu- und Abluft, Volumenstrom 16.800 m³/h (1St), Rechteckkanäle, Formstücke (130m²), Doppelwandkanäle, Formstücke (130m²), Rundrohre DN200-800, Formstücke (208m), Wickelfalzrohre (50m), Deflektorhaube (1St), Ansaugbogen (1St), Regenkragen (2St), Durchführungen, Flachdach (9St), Außenwand (2St), Schlitzauslässe (14St), Rundrohrdurchlässe (2St), RWA-Zentralen (3St), RWA-Taster (3St), Lüftungstaster (3St)				
	5300-0016 Strandbad, Gastronomie				
		492,00 m²BGF	82.023	**166,71**	74,8
	Zuluftgerät in Flachbauweise, Filter, Volumenstrom 2.600 m³/h (1St), Lüftungsgerät mit Wärmerückgewinnung, Volumenstrom 350 m³/h (4St), Rechteckkanäle, Stahl, Wärmedämmung (50m²), Flachdachsockel, Transformator (1St), Dachhauben (2St), Wickelfalzrohre DN125-160, Formstücke, Rohrdämmung (128m), Dachventilator (1St), Drallauslässe (13St), Schalldämpfer (17St), Brandschutzklappen (2St), Wetterschutzgitter (3St)				
	6100-1355 Mehrfamilienhaus (17 WE)				
		2.251,71 m²BGF	196.267	**87,16**	100,0
	Zentrale Abluftventilatoren (2St), Abluftleitungen, Formstücke (45m), Zuleitungen mit Nachlaufrelais (42St), Rundkanäle (76St), Einzelraumlüfter mit Wärmerückgewinnung (76St), Außenhauben mit Schalldämmung (76St), Ablufttellerventile im Keller (20St)				

KG	Kostengruppe	Menge Einheit	Kosten €	€/Einheit	%
	6100-1393 Doppelhaushälfte (1 WE), Büro (2 AP)				
	• Herstellen (Kosten: 100,0%)	406,76 m²BGF	8.218	**20,20**	100,0
	Wohnraumlüfter 14-54m³/h, Zu-/Abluft-Wechselbetrieb, Wärmerückgewinnung, Fernbedienung, liefern (8St), Kernbohrungen DN180 (8St)				
	6100-1394 Wohn- und Geschäftshaus (21 WE)				
	• Herstellen (Kosten: 100,0%)	2.819,02 m²BGF	32.982	**11,70**	100,0
	Einzelraumlüfter 60m³/h (15St), 95m³/h (3St), Wickelfalzrohre DN80-400, Formstücke, Rohrdämmung (205m), Brandschotts (22St), Lamellenhaube, Dachdurchführung DN400 (1St)				
	6100-1444 Einfamilienhaus, Garage (5 STP)				
		522,66 m²BGF	75.762	**144,95**	100,0
	Zu-/Abluftgerät mit WRG, 1.500m³/h, Wasserkühlregister (1St), Regelung, Automation, Bedienteil (1St), Raumluftreiniger (4St), Wickelfalzrohre DN125-320, Formteile (75m), Lüftungskanäle, Formteile (43m²), PP-Lüftungsrohre DN200-250, Formteile, erdverlegt (29m), Lüftungsventile (18St), Wetterschutzgitter (2St), Insektengitter (2St)				
	6100-1494 Mehrfamilienhaus (53 WE), TG (13 STP)				
		6.430,02 m²BGF	98.876	**15,38**	56,3
	Dezentrale Einzelraumlüftung über Dach, für Fertignasszellen, Waschmaschinenräume (12St), Lüftungsleitungen				
	6100-1524 Mehrfamilienhaus (6 WE)				
		1.360,35 m²BGF	15.683	**11,53**	100,0
	Einzellüfter, Volumenstrom 60m³/h (6St), Wickelfalzrohre DN80-125, Formstücke, Dämmung (45m), Rohreinbauventilator, schallgedämmt, DN125 (1St), Brandschutzklappe (1St)				
	6100-1559 Einfamilienhaus, Praxis - Passivhaus				
		609,55 m²BGF	24.242	**39,77**	100,0
	Lüftungsgerät mit WRG, 450m³/h (1St), Außenluftfilterbox (1St), Thermostat (1St), Touchpanel (1St), Wickelfalzrohre DN160-180, Formstücke, Dämmung (8m), Luftverteiler DN125, fünf Stutzen (2St), DN160, zehn Stutzen (3St), Zu-/Abluftventile DN125 (15St), Edelstahl-Bodengitter (8St)				
	6100-1562 Einfamilienhaus, Büro - Passivhaus				
		354,00 m²BGF	18.300	**51,69**	100,0
	Lüftungsgerät 500m³/h mit Enthalpiewärmetauscher (1St), Schalldämmeinheit (1St), Wickelfalzrohre, Lüftungskanäle, Lüftungsleitungen (psch), Rohrdämmungen (psch), Zuluftventile (10St), Abluftventile (10St), Vorschaltfilter (10St)				
	6100-1587 Mehrfamilienhaus (9 WE)				
		1.016,97 m²BGF	16.448	**16,17**	100,0
	Badentlüfter (4St), mit Feuchteregelung (12St), Kleinraumventilator, automatische Kellerentfeuchtung (1St), Rohreinschubventilator (1St), Wickelfalzrohre DN80-150, Formstücke (80m), Flexrohre DN80 (16m), Telefonieschalldämpfer (1St), Lüftungsventile (3St), Brandschutzschotts (8St), Brandschutzklappe (1St), Flachdachhauben (6St)				

KG	Kostengruppe	Menge Einheit	Kosten €	€/Einheit	%

6100-1593 Mehrfamilienhaus (3 WE)

565,46 m²BGF	35.830	**63,36**	100,0

Zentrale Wohnungslüftungsanlagen mit WRG, Steuerung, Flachkanäle, Luftgitter, Abluft- und Zuluftventile, Schalldämpfer (3St), Designventile (12St)

6100-1672 Einfamilienhaus

132,23 m²BGF	579	**4,38**	100,0

Einzelraumlüfter 100m³/h, Außenwandhülse (1St)

6100-1690 Einfamilienhaus

384,80 m²BGF	1.985	**5,16**	100,0

Einzelraumlüfter (2St), Wickelfalzrohr DN100 (11m), Wetterschutzgitter (1St), Tellerventile (2St)

6100-1695 Mehrfamilienhaus (21 WE)

1.506,72 m²BGF	82.774	**54,94**	100,0

Zu-/Abluftventilatoren 45m³/h, WRG, Wandeinbau (48St), Steuerungssets (21St), Einzelraumlüfter (22St), Zu-/Abluftgerät 170m³/h, WRG, Regelung (1St), Elektro-Heizregister 1.200W, Regelung (1St), Wickelfalzrohre DN100-125, Formstücke (94m), Alu-Flexrohre DN100 (11m), Schalldämpfer DN100 (23St), Brandschotts (18St), Brandschutzklappen (2St), Feuchte-/Temperaturfühler (2St), Lüftungsgitter (12St), Tellerventile (5St), Wetterschutzgitter (2St)

6200-0080 Wohnanlage (28 WE), Inklusives Wohnen

5.346,45 m²BGF	194.391	**36,36**	100,0

Lüftungsgeräte mit WRG, Volumenstrom 2.300m³/h, wetterfest, Unterbau (1St), 2.000m³/h (1St), Rohrventilatoren 360m³/h (2St), Rechteckkanäle, Stahl, Formstücke, Dämmung (102m²), fettdicht (120m²), Wickelfalzrohre DN80-315, Formstücke, Dämmung (207m), Schalldämpfer (12St), Brandschotts (19St), Brandschutzklappen (2St), Luftdurchlässe (32St), Dachhauben (21St), Einbau-Einzelraumlüfter 35m³/h (33St)

6400-0109 Kinder- und Jugendhaus

609,32 m²BGF	86.663	**142,23**	91,5

Zu-/Abluftgerät mit Wärmerückgewinnung, Volumenstrom 1.500m³/h (1St), Heizregister (1St), Umwälzpumpe (1St), Steuerschrank für acht Brandschutzklappen (1St), Abluftanlage: Ventilatoreinsätze 60m³/h (3St), 100m³/h (4St), Deckenluftdurchlässe (11St), Flachdachhauben (2St), Kanalrauchmelder (1St), Alu-Flexrohre DN80-200 (33m), Wickelfalzrohre DN100-300, Rohrdämmung (131m), Telefonieschalldämpfer (6St), Außen-Wandhaube (1St), Rauch-Auslöseeinrichtung (1St)

6400-0112 Gemeindezentrum (80 Sitzplätze)

393,00 m²BGF	18.364	**46,73**	100,0

Zu-/Abluftgerät 470m³/h, mit WRG, Steuerung, Rauchüberwachungssystem (1St), Wickelfalzrohre DN125-200, Formstücke (50m), Alu-Rohre DN125-160 (14m), Schalldämpfer (10St), Tellerventile (10St)

KG	Kostengruppe	Menge Einheit	Kosten €	€/Einheit	%
	6500-0051 Berufsschule, Neubau Caféteria (100 Sitzplätze)				
	• Herstellen (Kosten: 100,0%)	4.265,98 m² BGF	185.548	**43,49**	100,0
	Lüftungsgerät 5.000 m³/h, Kreuzstromwärmetauscher, Bodenwanne Edelstahl (1St), Zuluftgeräte 2.000 m³/h (2St), Außenluftansaug- und Fortluftturm 5.000 m³/h (1St), Wärmetauschersteuerung (1St), Wärmepumpe 12,5kW (1St), Ankerkorb (1St), Volumenstromregler (6St), Kulissenschalldämpfer (8St), Rechteckkanäle, Rohrdämmung (298m²), Wickelfalzrohre, Rohrdämmung (232m), Aluflexrohre DN250-300 (10m), Zuluft-Tellerventile (27St), Drosselklappen (4St), Telefonieschalldämpfer (20St), Brandschutzklappen (6St), Abluftgitter (13St)				
	7600-0078 Flughafenfeuerwehr (8 Fahrzeuge)				
	• Abbrechen (Kosten: 8,0%)	4.266,00 m² BGF	2.303	**0,54**	0,4
	Abbruch von Lüftungsleitungen DN32 (86m), Pumpen, Stellantriebe (2St), Armaturen (4St), Abluftventilator, Dachsockel, Halteeinrichtung (1St); Entsorgung, Deponiegebühren				
	• Herstellen (Kosten: 92,0%)	4.266,00 m² BGF	26.379	**6,18**	4,5
	Lüftungsgerät, Volumenstrom 2.140m³/h (1St), Dach-Radialventilatoren, Volumenstrom 875m³/h (2St), Verschlussklappen (2St), Schalldämpfsockel (1St), Rechteckkanäle, Formstücke (96m²), Luftleitungen Edelstahl (23m²), Wickelfalzrohre DN100-200, Formstücke (106m), Regulierklappen (13St), Dachdurchführungen (3St), Revisionsöffnungen (3St)				
	9100-0155 Zweigbibliothek (150 Leseplätze, 12 AP)				
		7.493,81 m² BGF	466.064	**62,19**	46,8
	Zu-/Abluftgeräte 10.000/11.000m³/h, WRG (2St), Profilstahl-Grundrahmen (1t), Wetterschutzdach (1St), Wetterschutzgitter (4St), Rechteckkanäle, Formstücke, Dämmung (1.390m²), Schachtabdeckungen 300x350cm, gedämmt, zwei Kanaldurchführungen (2St), Wickelfalzrohre DN100-400, Formstücke, Rohrdämmung (625m), Alu-Flexrohre DN100-125 (104m), Drosselklappen (143St), Brandschutzklappen (8St), Volumenstromregler (39St), Schalldämpfer (32St), Kulissenschalldämpfer (32St), Schiebestutzen (32St), Luftdurchlässe (184St)				
	9100-0168 Schauspielhaus, Zweitspielstätte				
	• Abbrechen (Kosten: 1,6%)	2.865,00 m² BGF	4.670	**1,63**	1,2
	Abbruch von Lüftungsanlage (psch), Haltern, Wandwinkeln (psch), Lüftungskanälen (psch); Entsorgung, Deponiegebühren				
	• Herstellen (Kosten: 98,4%)	2.865,00 m² BGF	290.744	**101,48**	71,8
	Zu- und Abluftgerät 11.320m³/h mit WRG (1St), Kaltwassergerät mit Kanalanschluss 30kW (1St), Rechteckkanäle, Rohrdämmung (344m²), Formstücke (247m²), Wickelfalzrohre DN100-800, Formstücke, Rohrdämmung (227m), Flexrohre DN100-200 (22m), Deflektorhaube DN800 (1St), Quellluftgitter (4St), Quellluftauslässe (8St), Lüftungsgitter (2St), Drallluftauslässe (7St), Volumenstromregler (27St), Schalldämpfer (35St), Brandschutzklappen (28St)				
	9100-0169 Klosteranlage, Wissenschafts- und Studierzentrum				
	• Herstellen (Kosten: 100,0%)	5.582,91 m² BGF	117.150	**20,98**	41,0
	Rauchansaugsysteme (9St), Koppler (16St), Gateways (4St), Brandrauchrohre, Formstücke (632m), Ansaugrauchmelder (11St), Lüftungskanalmelder (2St), PVC-Kapillarrohr-Sets (51St)				

KG	Kostengruppe	Menge Einheit	Kosten €	€/Einheit	%
	9100-0195 Speicherbibliothek				
		3.814,12 m² BGF	194.148	**50,90**	33,9

Lüftungszentralgeräte zur Luftaufbereitung, Volumenstrom 4.600m³/h, Umluft, Luftfilter (2St), 3.500m³/h (1St), Zu-/Abluftgerät mit WRG, Volumenstrom 600m³/h (1St), Rechteckkanäle, Formstücke, Dämmung (461m²), Wickelfalzrohre DN200-315, Formstücke, Rohrdämmung (35m), Dreiwegeventil (1St), Volumenstromregler (4St), Differenzdruckmanometer (1St), Edelstahl-Kondensatleitung DN25, Formstücke (7m), Jalousieklappen (15St), Luftgitter (47St), Luftdurchlässe (3St), Wetterschutzgitter (11St), Schalldämpfer (4St), Brandschutzklappen (3St), Blechwannen, b=50-90cm (59m), Stahl-Tragkonstruktionen (719kg)

	9700-0028 Krematorium				
		1.607,98 m² BGF	217.581	**135,31**	100,0

Zu-/Abluftgerät, Volumenstrom 6.000m³/h, Rotationswärmetauscher (1St), Dachventilatoren, Volumenstrom 13.882m³/h, Sockelschalldämpfer (2St), Volumenstrom 1.048m³/h (2St), Rechteckkanäle, Formstücke, Dämmung (334m²), Wickelfalzrohre DN100-280, Formstücke, Beschichtung (197m), DN355-500 (11m), Alu-Flexrohre DN100-250 (95m), Kulissenschalldämpfer (4St), Telefonieschalldämpfer (8St), Volumenstromregler (17St), Jalousieklappen (12St), Brand-/Rauchschutzklappen (5St), Kondensatabläufe (2St), Rauchauslöseeinrichtung (1St), Deflektorhaube (1St), Lamellenhaube (1St), Drahtgitter (5St), Wetterschutzgitter (1St), Schlitzdurchlässe (36St), Dralldurchlässe (10St), Tellerventile (21St), Zu-Abluftgitter (6St)

432	**Teilklimaanlagen**				
	1300-0234 Bürogebäude (38 AP)				
		1.224,00 m² BGF	36.386	**29,73**	21,1

Split-Klimagerät, Außeneinheit, Kühlleistung bis 5,5kW, Heizleistung 6,5kW, Flachdachsockel (2St), Inneneinheit, Kühlleistung bis 5,3kW, Heizleistung 6,5kW (1St), für Euroraster Kassettendecke, Kühlleistung bis 3,00kW, Heizleistung bis 4,5kW (2St), Fernbedienungen (2St), Kältemittelleitungen DN6-12mm (85m), Kondensatleitung DN20 (5St), Standrohr, doppelwandig (1St), Durchbrüche (52St)

	1300-0292 Landratsamt (136 AP), TG (19 STP)				
		4.569,26 m² BGF	606.464	**132,73**	54,9

Zu-/Abluftgerät 8.900m³/h, Heizleistung 35kW, Kühlleistung 37kW, mit WRG (1St), Rechteckkanäle, Formstücke, Dämmung (610m²), Wickelfalzrohre DN100-280, Formstücke, Rohrdämmung (502m), Alu-Flexrohre DN80-125 (157m), Ovalrohre, Formstücke (18m), Schalldämpfer (122St), Brandschutzklappen (57St), Volumenstromregler (38St), Schlitzauslässe (110St), Tellerventile (46St), Rundrohrdurchlässe (28St), Lüftungsbausteine (4St), Luftgitter (7St), Stahl-Einhausung: Auflagerfüße (12St), Trägerrost HEB200 (139m), Gitterroste (51m²), Differenztreppe (1St), Sichtschutzroste (110m²)

3. Ebene

KG	Kostengruppe	Menge Einheit	Kosten €	€/Einheit	%
	1300-0319 Amtsverwaltung (36 AP)				
		1.790,04 m²BGF	45.279	**25,30**	15,8
	Multi-Split-Klimageräte, Kühlleistung 8,0kW, Heizleistung 9,6kW, Wandmontage (1St), Kühlleistung 4,0kW, Heizleistung 4,4kW (1St), Umweltschutzwannen (2St), Heizblöcke (2St), Reparaturschalter (2St), Single-Split-Klimageräte, Kühlleistung 2,5kW, Heizleistung 3,2kW, in Rasterdecken, Fernbedienungen (3St), Kühlleistung 2,0kW, Heizleistung 2,5kW, Wandmontage, Fernbedienungen (2St), Kältemittelleitungen 1/4-3/8", Kupfer, gedämmt (302m), Brandschotts (3St)				
	5100-0127 Sporthalle (Dreifeldhalle)				
		4.351,43 m²BGF	541.306	**124,40**	100,0
	Zu-/Abluftgeräte 20.500m³/h mit Lufterhitzer, Luftkühler, Wärmetauscher (1St), 4.200m³/h (1St), Stb-Gerätesockel C25/30, d=20cm (24m²), Lamellenhauben (2St), Wetterschutzgitter (2St), Rechteckkanäle, Formstücke, Dämmung (1.047m²), Wickelfalzrohre DN100-1.120, Dämmung (470m), Schalldämpfer (85St), Brandschutzklappen (28St), Volumenstromregler (8St), Volumenstrombegrenzer (62St), Kanalrauchmelder (4St), Luftdurchlässe (80St), Weitwurfdüsen (22St), Luftqualitätsfühler (2St)				
	6100-1379 Wohn- und Geschäftshaus (1 WE)				
	• Herstellen (Kosten: 100,0%)	762,16 m²BGF	37.100	**48,68**	100,0
	Lüftungsgerät mit WRG, 300m³/h, Kühleinheit (1St), Einblasmodule 100x785mm für Bodenkanalsystem (12St), Ausblaskästen 1015x80mm, Schlitzauslässe bodengleich (12St), Lüftungsleitungen, Formstücke (112m), Wickelfalzrohre DN100-180, Formstücke, Dämmung (48m), Abluftventile DN100, schallgedämmt (8St), Schalldämpfer (6St), Brandschutzklappen (6St)				
	6200-0115 Hospiz (10 Betten)				
		1.358,88 m²BGF	152.522	**112,24**	48,8
	Kompaktlüftungsgerät mit Wärmerückgewinnung (1St), Automationsgerät (1St), Touchscreen in Schaltschranktür (1St), Touchdisplay als externe Bedieneinheit (1St), Umluftkühlung Außeneinheit bis 2,0kW (1St), Kaltwasserkühler 2,0kW (1St), Kanalrauchmelder 24V (2St), Wickelfalzrohre DN100-250, Formstücke (286m), Alu-Flexrohre DN100-200 (83m), Kältemittelleitungen (22m), Schalldämpfer (69St), Brandschutzklappen (13St), Kaltrauch-Absperrklappen (21St), Volumenstromregler (18St)				
	6400-0109 Kinder- und Jugendhaus				
		609,32 m²BGF	8.102	**13,30**	8,5
	Split-Raumklimagerät 4,6kW, Außengerät 2.200m³/h mit Wärmepumpenfunktion, Innengerät 430-1.000m³/h, Fernbedienung (1St), Klima-Flüssigkeitsleitung, Rohrdämmung (15m), Klima-Sauggasleitung, Rohrdämmung (15m), Dachdurchführung (1St), Edelstahl-Kondensatleitung DN20, Formstücke, Rohrdämmung (6m)				

KG	Kostengruppe	Menge Einheit	Kosten €	€/Einheit	%
	7100-0066 Produktionsgebäude, Büro (120 AP)				
		3.710,27 m² BGF	387.184	**104,35**	42,4

Zu-/Abluftgerät 6.000m³/h, mit Lufterhitzer, Luftkühler, Wärmerückgewinnung (1St), 5.100m³/h (1St), Dachventilator 1.600m³/h, Sockelschalldämpfer, Regelautomatik (1St), Rohrventilator DN100, 250m³/h, Rückschlagklappe (1St), Wickelfalzrohre DN100-160, Formstücke (520m), DN200-315 (322m), DN400-500 (5m), Stahl-Rechteckkanäle, Formstücke, Dämmung (220m²), Flexrohre DN100 (15m), Dachdurchführungen (9St), Flachdachhaube (1St), Ausblasbogen (1St), Volumenstromregler (53St), Absperrklappen (37St), Telefonieschalldämpfer (29St), Brandschutzklappen (22St), Brandschotts (8St), Drallauslässe (13St), Lüftungsgitter (32St), Zu-/Abluftventile (111St), Brandschutztellerventile (3St)

KG	Kostengruppe	Menge Einheit	Kosten €	€/Einheit	%
	7600-0078 Flughafenfeuerwehr (8 Fahrzeuge)				
	• Abbrechen (Kosten: 0,3%)	4.266,00 m² BGF	1.196	**0,28**	0,2

Abbruch von Lüftungsleitungen DN65 (30m), Pumpen, Stellantriebe (2St), Armaturen (2St); Entsorgung, Deponiegebühren

KG	Kostengruppe	Menge Einheit	Kosten €	€/Einheit	%
	• Wiederherstellen (Kosten: 1,5%)	4.266,00 m² BGF	5.891	**1,38**	1,0

Kältemaschine mit Untergestell vom Dach heben, einlagern, nach Dachsanierung wieder montieren, Betriebsbereitschaft herstellen (1St), Splitgerät vom Dach heben, einlagern, nach Dachsanierung wieder montieren, Betriebsbereitschaft herstellen (1St), Umluftkühler umsetzen (1St)

KG	Kostengruppe	Menge Einheit	Kosten €	€/Einheit	%
	• Herstellen (Kosten: 98,2%)	4.266,00 m² BGF	395.675	**92,75**	66,8

Lüftungs-Zentralgerät, Volumenstrom 3.630m³/h (1St), Kühlregister 80kW, Kältemittel, 600l (1St), Auffangwanne, Grundrahmen (1St), Stahlfederkompensatoren zur Schallentkopplung (12St), Dachstützen (12St), Dach-Radialventilator (1St), Gebläsekonvektoren 250-460m³/h, Leitwarten (8St), Kompensatoren (2St), Rechteckkanäle, Formstücke, Dämmung (176m²), Wickelfalzrohre DN100-200, Formstücke (241m), flexible Rohrleitungen (179m), Regulierklappen (11St), Brandschutzklappen (59St), Anschlusskästen (38St), Deckendurchlässe (35St), Dachdurchführungen (3St), Revisionsöffnungen (10St)

KG	Kostengruppe	Menge Einheit	Kosten €	€/Einheit	%
	9100-0155 Zweigbibliothek (150 Leseplätze, 12 AP)				
		7.493,81 m² BGF	185.369	**24,74**	18,6

Zu-/Abluftgeräte 5.700, WRG, Kühl-/Heizregister (1St), 3.900m³/h, mit Dampfbefeuchtung (1St), Profilstahl-Grundrahmen (1t), Wetterschutzdach (1St), Wetterschutzgitter (2St), Rechteckkanäle, Formstücke, Dämmung (903m²), Schachtabdeckung 100x150cm, gedämmt, Kanaldurchführung (1St), Wickelfalzrohre DN100-400, Formstücke, Rohrdämmung (176m), Alu-Flexrohre DN100-125 (33m), Brandschutzklappen (25St), Drosselklappen (13St), Volumenstromregler (13St), Schalldämpfer (18St), Kulissenschalldämpfer (13St), Luftdurchlässe (86St)

KG	Kostengruppe	Menge Einheit	Kosten €	€/Einheit	%
433	**Klimaanlagen**				
	7600-0078 Flughafenfeuerwehr (8 Fahrzeuge)				
	• Herstellen (Kosten: 100,0%)	4.266,00 m² BGF	160.775	**37,69**	27,1

Präzisionsklimagerät, Volumenstrom 7.000m³/h (1St), Wärmetauscher (1St), Umwälzpumpen (3St), Kupferleitungen DN15-80, Formstücke, Rohrdämmung (397m), Kondensatleitungen DN20-40 (136m), Manometer (4St), Weiche (1St), Leckagesensor, Platten-Wärmetauscher, 35W (1St), Ventile (43St), Raumtemperaturfühler (14St), Kugelhahnen (18St), Druckmanometer (13St)

KG	Kostengruppe	Menge Einheit	Kosten €	€/Einheit	%
	9100-0195 Speicherbibliothek				
		3.814,12 m² BGF	244.317	**64,06**	42,7
	Lüftungszentralgerät 5.600m³/h, Lufterhitzermodul Warmwasser/Sole, Luftkühlermodul, Ventilatormodul, Wärmerückgewinnermodul, Dampfbefeuchtermodul (1St), Rechteckkanäle, Formstücke, Dämmung (444m²), schallgedämmt (199m²), Wickelfalzrohre DN160-315, Formstücke, Dämmung (35m), Kältemittelleitungen DN8-15, Formstücke, Dämmung (46m), Edelstahlrohre DN25, Formstücke (7m), Luftgitter (47St), Jalousieklappen (15St), Dachdurchführungen (22St), Kulissenschalldämpfer (2St), Kanalnachheizregister (2St), Wetterschutzgitter (11St), Volumenstromregler (4St), Brandschutzklappen (3St), Brandschotts (5St), Tropfwannen (5St), Ersatzfilter (1St)				
434	**Kälteanlagen**				
	1200-0001 Gerichtsgebäude - Eingangsbereich				
	• Herstellen (Kosten: 100,0%)	136,87 m² BGF	10.754	**78,57**	29,4
	Split-Klimagerät (1St), Kondensator 3kW (1St), Kältemittelleitungen (psch), Kältemittel (psch), Kondensatleitungen DN22, Kupfer (25m)				
	1300-0292 Landratsamt (136 AP), TG (19 STP)				
		4.569,26 m² BGF	164.393	**35,98**	14,9
	Kühleinheiten für Server, Kälteleistung 30kW (2St), Wasserwarnanlagen (2St), Umluftkühlgerät 3,6kW (1St), Plattenwärmeübertrager 37kW (1St), Kälteverteiler (1St), Hocheffizienz-Nassläuferpumpen (5St), Kältemengenzähler (1St), Absperrklappen (13St), Rückschlagventile (5St), Schmutzfänger (5St), Entleerungsventile (85St), Thermometer (38St), Druckmessgeräte (10St), Lufttöpfe (8St), Stahlrohre DN40-65, Formstücke, Rohrdämmung (198m), Brandschotts (38St), Wasser-Glykol-Gemisch (160l)				
	4200-0039 Bildungszentrum Holzbauberufe (4 Klassen)				
		3.556,16 m² BGF	5.849	**1,64**	1,3
	Kühlanlage Serverraum (1St), Kupferrohr DN28, Formstücke (6m)				
	5300-0016 Strandbad, Gastronomie				
		492,00 m² BGF	27.707	**56,31**	25,2
	Kälteanlage als Verbundanlage für 10 Kühlmöbel, 4,8kW (1St), Kälteanlage als Einzelaggregat (1St), Kupferrohre DN6-12, Formstücke, Dämmung (119m)				
	6100-1494 Mehrfamilienhaus (53 WE), TG (13 STP)				
		6.430,02 m² BGF	76.773	**11,94**	43,7
	Umwälzpumpe (1St), Rückschlagventil (1St), Flanschen-Absperrventile (8St), Mischer-Hubventil (1St), Stellantrieb (1St), Plattenwärmeüberträger (1St), Membran-Ausdehnungsgefäß 500l (1St), Kälterohrnetz, Stahlrohre DN15-50, Formstücke, Rohrdämmung (995m), PE-Xc-Rohre DN20, gedämmt (160m), Entleerungsstutzen (10St), Strangregulierventile (22St), R90 Brandschutzdurchführungen (110St)				

KG	Kostengruppe	Menge Einheit	Kosten €	€/Einheit	%
	7100-0066 Produktionsgebäude, Büro (120 AP)				
		3.710,27 m²BGF	524.974	**141,49**	57,6

Kaltwassersatz 120kW (1St), Trockenrückkühler 300kW (1St), Edelstahl-Auffangwannen (3St), Kältepufferspeicher 2.000l, gedämmt (1St), Druckausdehnungsgefäße 50-250l (3St), Kältemittel (600l), Kühlwasser-Rückspeiseanlage 200l (1St), Absperrventile (45St), Rückschlagventile (12St), Regulierventile (7St), Dreiwegeventile (7St), Zweiwegeventil (1St), Schmutzfänger (11St), Entleerungshähne (40St), Kugelhähne (19St), Fühler/Tauchhülsen (50St), Maschinenthermometer (18St), Zeigerthermometer (16St), Manometer (5St), Plattenwärmetauscher (2St), Nassläuferpumpen (12St), Trockenläufer-Kreiselpumpe (1St), Interfacemodule (7St), Stahl-Kompensatoren DN50-100 (6St), Kälteverteiler, gedämmt, sechs Abgänge (1St), Nachspeiseeinrichtungen (2St), Lufttöpfe (10St), Stahlrohre DN50-150, Formstücke, Kältedämmung (147m), Kupferrohre DN12-50, Formstücke, Kältedämmung (1.084m), Rohrschotts R90 (36St), Dachdurchführungen (3St), Kältedämmung Armaturen (108St), Klimageräte (2St), Stahl-Tragkonstruktion, zwei Rahmen HEA140 (psch)

	9100-0155 Zweigbibliothek (150 Leseplätze, 12 AP)				
		7.493,81 m²BGF	345.434	**46,10**	34,7

Kaltwassererzeuger 51kW (1St), Rückkühler 65kW (1St), Plattenwärmeübertrager 55kW (1St), Schwingungsdämpfer (16St), Maschinenfundament (22m²), Auffangsystem für Wasser-Glykol-Gemisch (1St), Kältespeicher 500l (1St), Kälteverteiler, acht Stutzen (1St), Gewinderohre DN15-65, Formstücke, Dämmung (608m), Edelstahlrohre DN20, Formstücke, Dämmung (46m), Rohrschotts (48St), Luftgefäße (24St), Trockenläuferpumpen (6St), Druckausdehnungsgefäße (3St), Ventile, Klappen (63St), Entleerungskugelhähne (41St), Schlammabscheider (2St), Manometer, Druckstoßminderer (26St), Zeigerthermometer (31St), Deckeninduktionsauslässe (33St), Split-Klimageräte (4St), Umluftkühlgerät (1St)

	9100-0168 Schauspielhaus, Zweitspielstätte				
	• Herstellen (Kosten: 100,0%)	2.865,00 m²BGF	109.306	**38,15**	27,0

Kältepumpe 11,98m³/h (1St), Frequenzumrichter (1St), Kühlwasserverteiler (1St), Edelstahlrohre DN15-65, Formstücke, Rohrdämmung (335m), Blechmantel DN65 (93m), Zeigerthermometer (4St), Flansch-Absperrventile (10St), Strangregulierventil (1St), Differenzdruckregler (1St)

	9100-0169 Klosteranlage, Wissenschafts- und Studierzentrum				
	• Herstellen (Kosten: 100,0%)	5.582,91 m²BGF	168.813	**30,24**	59,0

Zu-/Abluftanlage mit Wärmerückgewinnung, Klimagerät (1St), Wickelfalzrohre DN100-250, Formstücke, Rohrdämmung (236m), KG-Rohre DN100-200, Formstücke (6m), Rechteckkanäle, Formstücke, Kanaldämmung (30m²), Alu-Flexrohre DN100-125 (57m), Schalldämpfer (8St), Brandschutzklappen (11St), Volumenstromregler (1St), Zu-/Abluftventile (39St), Lüftungsgitter (6St), Überströmöffnungen F90 (2St), Ausblasstutzen (1St), Kernbohrungen, D=40-180cm (97St)

KG	Kostengruppe	Menge Einheit	Kosten €	€/Einheit	%
	9100-0195 Speicherbibliothek				
		3.814,12 m² BGF	134.359	**35,23**	23,5
	Kälteanlage, Flüssigkeitskühler 49,9kW, Verdichter, Verdampfer (1St), Mauerwerkssockel, h=50cm (1St), Glycolrückspeiseanlage, Glykolauffangwanne, Druckausdehnungsgefäß 25l (1St), Edelstahlrohre DN22-54mm, Formstücke, Rohrdämmung (87m), Brandschotts (6St), Kältesplittsystem 5kW (1St), Hochleistungs-Heizmatte (1St), Ankerstangen (43m), Druckmessgeräte (9St), Glasthermometer (5St), Stahl-Tragkonstruktionen (602kg), Dachdurchführung (1St)				
439	**Sonstiges zur KG 430**				
	1300-0292 Landratsamt (136 AP), TG (19 STP)				
		4.569,26 m² BGF	326.883	**71,54**	29,6
	Metallkühldeckensegel 175-240x80-120cm, Kühlleistung 80W/m², Heizleistung 100W/m² (330St), Schalldämmauflage, d=120mm (804m²), GK-Kühldecken, Kühlleistung 54W/m², Heizleistung 70W/m² (188m²), Deckenabschottungen, h=52cm (37m)				
	6200-0115 Hospiz (10 Betten)				
		1.358,88 m² BGF	159.798	**117,60**	51,2
	GK-Heiz- und Kühldecken, Glaswolldämmung, d=30mm, PE-Folie, hydraulische Klimaregisteranschlüsse (404m²), Thermostatventile (20St), Revisionsöffnungen 60x60cm (7St), 40x40cm (10St)				

Kostenkennwerte für die Kostengruppen 400 der 3.Ebene DIN 276

KG	Kostengruppe	Menge Einheit	Kosten €	€/Einheit	%
441	**Hoch- und Mittelspannungsanlagen**				
	1300-0292 Landratsamt (136 AP), TG (19 STP)				
		4.569,26 m²BGF	103.944	**22,75**	7,3
	Traforaum (1St), MS-Raum (1St), Trockentrafo 400kVA (1St), Gummi-Schwinglager (1St), Trafoschienen 2xIPE160, Querträger (1St), Ringkabelfelder 630A (2St), Verrechnungsmessfeld 630A (1St), Transformatorfeld 200A (1St), Druckabsorber, drei- und einfeldig (1St), Sonderabnehmerschrank (1St), Software (1St), MS-Kabel N2XS2Y (57m), Trafokabel CFW (40m), Erdkabel NYY-0 (20m), Potenzialausgleich (psch), Aufschiebeendverschlüsse (9St)				
442	**Eigenstromversorgungsanlagen**				
	1300-0283 Verwaltungsgebäude (34 AP)				
		1.502,40 m²BGF	89.513	**59,58**	17,8
	Photovoltaikanlage 275Wp, Alu-Montagegestell (172St), Solarwechselrichter (1St), Überspannungsschutz (1St), Einspeiseverteiler (1St), Visualisierungsdisplay (1St), Messschrank, Verkabelung (1St), Datenlogger (1St), Installationsrohr (6m), Einweisung, Revisionsunterlagen (psch)				
	1300-0292 Landratsamt (136 AP), TG (19 STP)				
		4.569,26 m²BGF	257.825	**56,43**	18,2
	Photovoltaikmodule, Alu-Aufständerung, Windschotts (132St), Wechselrichter (1St), Leistungsoptimierer (66St), Energiespeicherraum (1St), Energiespeicher, Ladeleistung max. 40kW, Bezugsleistung max. 36kW, verfügbare Kapazität 33-35kWh (1St), USV-Anlage (1St), Zentralbatteriesystem (1St), Bleibatterie (1St)				
	1300-0319 Amtsverwaltung (36 AP)				
		1.790,04 m²BGF	478.471	**267,30**	52,7
	Photovoltaikanlage, Nennleistung 375Wp, 255 Module 176x104cm, Aufständerung (psch), Wechselrichter (2St), Wandlerzählerschrank (1St), Stromspeicher 50kW (1St), Solarkabel (1.000m), Starkstromkabel (75m)				
	4200-0039 Bildungszentrum Holzbauberufe (4 Klassen)				
		3.556,16 m²BGF	52.940	**14,89**	6,7
	Solarmodule, Flachdachmontage (96St), Solarkabel (120m), Wechselrichter (2St), Verteilerschank (1St), LED-Display (1St), Notstromversorgung (2St)				
	4400-0334 Kindertagesstätte (8 Gruppen, 150 Kinder)				
		1.648,86 m²BGF	19.858	**12,04**	8,7
	Photovoltaikanlage: Solarmodule 245Wp (36St), Alu-Montagegestelle, Betonplattenauflage (psch), Windleitbleche (4St), Solarkabel (190m), Wechselrichter (1St), Überspannungsableiter (1St), Solar-Gateway, Netzteil, Datenkabel (1St)				

KG	Kostengruppe	Menge Einheit	Kosten €	€/Einheit	%
	4400-0356 Kindergarten (4 Gruppen, 112 Kinder), Wohnungen				
		1.204,74 m² BGF	53.347	**44,28**	14,8
	Photovoltaikanlage: Solarstrommodule 170x100x3cm, Alurahmen, Nennleistung 305Wp (139m²), Wechselrichter (2St), Befestigungskonstruktion Generator (psch), Generatoranschlusskasten (1St), Verteilerschrank 80x60x30cm (1St), Solarkabel (318m), LS-Schalter (9St), Fehlerstromschutzschalter (2St), Lasttrennschalter (1St)				
	4400-0362 Kindertagesstätte (6 Gruppen, 124 Kinder)				
		1.678,28 m² BGF	38.976	**23,22**	12,7
	Photovoltaikanlage mit Hochleistungs-Solarmodulen 270W, Montagesystem, aufgeständert (36St), Netzwechselrichter 9kW (1St), Sicherheitsbeleuchtungsanlage, Zentrale, Brandschutzgehäuse E30 (1St)				
	5100-0122 Sporthalle (Zweifeldhalle)				
	• Herstellen (Kosten: 100,0%)	2.217,01 m² BGF	55.384	**24,98**	12,8
	Zentralbatteriesystem (1St), Batterie-Control-System (1St), Fernmeldetableau (1St), PV-Module 250Wp (40St), Wechselrichter (1St)				
	5100-0127 Sporthalle (Dreifeldhalle)				
		4.351,43 m² BGF	28.249	**6,49**	4,2
	Zentralbatterie für Rettungszeichenleuchten (1St), Batterie-Notstromsysteme für Elektroakustische Anlage (1St), für Brandmeldeanlage (4St)				
	5100-0128 Sporthalle (Einfeldhalle)				
		815,50 m² BGF	9.465	**11,61**	5,8
	Notlichtsystem (1St), Brandschutzgehäuse (1St), 3-Phasenüberwachung (1St), Fernanzeige (1St)				
	5200-0012 Sportbadhalle				
	• Herstellen (Kosten: 100,0%)	805,60 m² BGF	25.972	**32,24**	7,7
	Zentralbatteriesystem mit Einzelleuchten-Überwachung (1St), Fernmeldetableau (1St), Überwachungsmodule (9St)				
	6100-1393 Doppelhaushälfte (1 WE), Büro (2 AP)				
	• Herstellen (Kosten: 100,0%)	406,76 m² BGF	22.742	**55,91**	41,0
	Photovoltaikanlage 6,16kW$_p$, 22 Module, zweilagige Unterkonstruktion (1St), Wechselrichter (1St), Einspeisemanagement (1St), Wechselstromzähler (1St), Energiemanager (1St), FI/LS-Schalter (1St), LS-Schalter (2St), Kompaktschalter (1St), Installationsleitungen (34m), Steuerleitung (10m)				
	6100-1559 Einfamilienhaus, Praxis - Passivhaus				
		609,55 m² BGF	35.444	**58,15**	45,1
	Photovoltaikanlage 7,5kW$_p$ mit PV-Modulen, Wechselrichter, Unterkonstruktion (25St), Speicherbatterie 12kW/h, Leistung 3,5kW (1St), Inbetriebnahme, Einweisung (psch)				

KG	Kostengruppe	Menge Einheit	Kosten €	€/Einheit	%
	6100-1562 Einfamilienhaus, Büro - Passivhaus				
		354,00 m² BGF	15.240	**43,05**	20,3
	Photovoltaikanlage 7kW$_p$, auf Nachbargebäude (1St)				
	6100-1587 Mehrfamilienhaus (9 WE)				
		1.016,97 m² BGF	26.843	**26,39**	19,2
	Photovoltaikanlage 18,5kW$_p$ (1St)				
	6100-1593 Mehrfamilienhaus (3 WE)				
		565,46 m² BGF	29.538	**52,24**	36,7
	Photovoltaikanlage: 17 Solarmodule, 170x100cm, Nennleistung 6kW/h, Batteriespeicher 10kW/h (psch)				
	6100-1672 Einfamilienhaus				
		132,23 m² BGF	8.150	**61,63**	20,0
	Photovoltaikanlage 4,05kW$_p$, ballastiert, zwölf Module (20m²), Wechselrichter (1St), Solarkabel (200m)				
	6200-0115 Hospiz (10 Betten)				
		1.358,88 m² BGF	17.424	**12,82**	4,4
	Photovoltaikanlage, PV-Module (33St), Wechselrichter 10kW (1St), Netzschutzrelais (1St), Solarkabel (105m)				
	6400-0112 Gemeindezentrum (80 Sitzplätze)				
		393,00 m² BGF	26.984	**68,66**	29,7
	Photovoltaikanlage 9,12kW$_p$, 32 Module 164x41cm, Nennleistung 285Wp (psch)				
	6500-0051 Berufsschule, Neubau Caféteria (100 Sitzplätze)				
	• Herstellen (Kosten: 100,0%)	4.265,98 m² BGF	77.184	**18,09**	27,2
	Solar Montagesystem für neun Module (12St), Solarmodule 270Wp (104St), Wechselrichter 15kW (1St), DC-Trennschalter (18St)				
	7100-0066 Produktionsgebäude, Büro (120 AP)				
		3.710,27 m² BGF	117.671	**31,71**	9,5
	Zentralbatteriesystem für Sicherheitsbeleuchtungsanlage, Nennbetriebsdauer 8h, Standschrank 205x50x40cm, Programmierung (1St), Dreiphasenwächtermodule (10St), Überwachungsmodul (1St), Fernanzeigemodul (1St), Photovoltaikanlage 55kW$_p$, 176 Module 167x100cm, Nennleistung 310Wp (psch), Wechselrichter (2St), Wandlerzählerschrank (1St), Unterverteiler (1St), Datenlogger (1St)				
	7600-0078 Flughafenfeuerwehr (8 Fahrzeuge)				
	• Herstellen (Kosten: 100,0%)	4.266,00 m² BGF	83.911	**19,67**	12,2
	Zentralbatteriesystem (1St), USV-Anlage (1St), USV-Komponenten (9St), Außenverteilerschrank (1St), externer Bypass (2St), Zusatzbatterien (42St), Batteriegehäuse (1St)				

3. Ebene

KG	Kostengruppe	Menge Einheit	Kosten €	€/Einheit	%
	9100-0155 Zweigbibliothek (150 Leseplätze, 12 AP)				
		7.493,81 m² BGF	57.376	**7,66**	3,4
	Zentralbatteriesystem (1St), BUS-Unterstationen (2St), Dreiphasenüberwachungen (19St), SV-Überwachungsmodule (85St), Adressmodule (10St), Fernmeldetableau (1St), Notstromsteuerzentralen für RWA-Anlagen (4St)				
	9100-0168 Schauspielhaus, Zweitspielstätte				
	• Abbrechen (Kosten: 4,7%)	2.865,00 m² BGF	2.970	**1,04**	0,6
	Abbruch von Zentralbatteriesystem (1St), Entsorgung, Deponiegebühren				
	• Herstellen (Kosten: 95,3%)	2.865,00 m² BGF	59.557	**20,79**	11,9
	Zentralbatteriesystem, Nennbetriebsdauer 3h, Wiederaufladezeit 12h (1St), Verteiler (2St), DLS/3PH-Bus-Module (6St)				
	9100-0169 Klosteranlage, Wissenschafts- und Studierzentrum				
	• Herstellen (Kosten: 100,0%)	5.582,91 m² BGF	36.629	**6,56**	2,8
	Zentralbatterieanlage für Sicherheitsbeleuchtung, Leistung 13,6kW (1St), externe Dreiphasen-Überwachungsmodule (7St), Stromkreisumschaltung (1St), Überwachungsbausteine (77St)				
	9100-0195 Speicherbibliothek				
		3.814,12 m² BGF	6.947	**1,82**	1,9
	Zentrale Stromversorgungssysteme (2St), USB-Programmiermodul (1St)				
443	**Niederspannungsschaltanlagen**				
	1300-0292 Landratsamt (136 AP), TG (19 STP)				
		4.569,26 m² BGF	23.823	**5,21**	1,7
	Schaltfeld (1St), modulares Abgangsfeld (1St), Schaltgeräte (12St), Leistungsschalter 630A (1St), Stromwandler (1St), Überspannungsableiter (1St), Multifunktionsmessgerät (1St), Messstromwandler (1St)				
	4200-0039 Bildungszentrum Holzbauberufe (4 Klassen)				
		3.556,16 m² BGF	122.525	**34,45**	15,4
	Niederspannungsschaltschränke, Hauptverteiler (3St), Unterverteiler (8St), Hausanschlussschrank (1St), FI/LS-Schalter (620St), Relais/Schütze (81St), Hauptschalter (45St)				
	5100-0122 Sporthalle (Zweifeldhalle)				
	• Abbrechen (Kosten: 1,2%)	2.217,01 m² BGF	241	**0,11**	< 0,1
	Abbruch von Hauptverteilung (1St), Unterverteilungen (2St); Entsorgung, Deponiegebühren				
	• Herstellen (Kosten: 98,8%)	2.217,01 m² BGF	20.450	**9,22**	4,7
	Niederspannungsstandverteiler (1St), Schaltschränke (2St), Reitersicherungen (2St), Sicherungslasttrennschalter (1St), Leistungsschalter (1St), Lasttrennschalter (1St), Zeitschaltuhr, analog (1St), Überspannungsableiter (1St)				
	5100-0127 Sporthalle (Dreifeldhalle)				
		4.351,43 m² BGF	23.630	**5,43**	3,5
	Niederspannungshauptverteiler (1St), Anschlussschrank (1St), Unterverteiler, bestückt (2St)				

KG	Kostengruppe	Menge Einheit	Kosten €	€/Einheit	%
	6100-1494 Mehrfamilienhaus (53 WE), TG (13 STP)				
		6.430,02 m² BGF	45.920	**7,14**	8,8
	HA-HV Kombination bis 1.000A (2St), Zählerschrank, Verteileranlage, zehn Zählerplätze (1St), sechs Zählerplätze (1St), acht Zählerplätze (1St), zwei Zählerplätze (3St), Kabelanschlusskasten (1St), Komplettfelder, elektronische Hausanschlusszähler, Datenschnittstellen 6ZP (6St), 4ZP (6St), Multimediafelder (2St), RJ45-Buchsen (20St), SLS-Schalter (58St), FI/LS-Schalter (4St), Kombiableiter (7St)				
	6100-1524 Mehrfamilienhaus (6 WE)				
		1.360,35 m² BGF	11.029	**8,11**	6,3
	Zählerschrank, Hauptverteiler, Sicherungen, LS-Schalter (1St)				
	6200-0115 Hospiz (10 Betten)				
		1.358,88 m² BGF	9.119	**6,71**	2,3
	Wandlerschrank 250A (1St), Einzelstandverteiler (1St), Bausteine (31St)				
	9100-0155 Zweigbibliothek (150 Leseplätze, 12 AP)				
		7.493,81 m² BGF	48.824	**6,52**	2,9
	Schaltschrank-Felder (4St), Leistungsschalter, vierpolig, 630A (1St), 250A (1St), Lastschalter 250A (9St), 125A (1St), Sicherungssockel (42St), Netz-Überspannungsschutz (1St), Messgerät (1St), Gateway (1St), Stromwandler (3St), Spannungswächter, dreipolig (1St), Sicherungen (18St)				
	9100-0168 Schauspielhaus, Zweitspielstätte				
	• Herstellen (Kosten: 100,0%)	2.865,00 m² BGF	23.102	**8,06**	4,6
	Standverteiler (3St), Unterverteilung (1St), UES-Ableiter. vierpolig (3St), Spannungsfreischaltungen (2St), Metallschrank (1St)				
444	**Niederspannungsinstallationsanlagen**				
	1200-0001 Gerichtsgebäude - Eingangsbereich				
	• Herstellen (Kosten: 100,0%)	136,87 m² BGF	9.756	**71,28**	45,9
	Mantelleitungen NHXMH (242m), J-H(ST)H (26m), Leerrohre (41m), Steckdosen (16St), Schalter (2St)				
	1300-0234 Bürogebäude (38 AP)				
		1.224,00 m² BGF	211.597	**172,87**	72,2
	Verteilerschränke (2St), Überspannungsschutzgerät (5St), Leitungsschutzschalter (180St), Sicherungssockel (43St), Installationsverteiler (2St), Sicherungsleisten (9St), Installationskabel NYM (14.753m), Installationskabel J-Y (2.930m), Jalousie-Anschlussleitungen (3.233m), Kabelrinnen,-leitern (74m), Installationsrohre DN25-32 (629m), Unterflur-Installationskanäle (139m), Steckdosen (119St), Taster, Schalter (89St), Präsenzmelder (14St), Raumtemperaturregler (35St), Abzweigkästen (209), Fußboden-Installationsgeräte (38St), Gerätebecher (102St), Thermostate (10St)				

KG	Kostengruppe	Menge Einheit	Kosten €	€/Einheit	%
	1300-0283 Verwaltungsgebäude (34 AP)				
		1.502,40 m² BGF	289.215	**192,50**	57,6
	Hauptverteilerschrank, bestückt (1St), Unterverteiler, bestückt (4St), FI-Schalter (17St), LS-Schalter (1St), Mantelleitungen NYM (7.188m), NYY (2.320m), J-Y(St)Y (750m), Steuerleitungen (718m), Solarkabel (172m), Leerrohre (5.608m), Brüstungskanäle (602m), Standfüße für Brüstungskanäle (286St), Kabelrinnen (57m), E-Auto-Ladestationen (3St), mit Standfüßen (4St), Schalterdosen (546St), Taster (56St), Steckdosen (334St), Verbindungsdosen (175St), Herdanschlussdosen (4St), Kabelabschottungen (11St)				
	1300-0292 Landratsamt (136 AP), TG (19 STP)				
		4.569,26 m² BGF	592.396	**129,65**	41,8
	Verteilerschränke (10St), Zählerschrank (1St), Mess-/Wandlerfeld (1St), EEG-Feld (1St), Kleinverteiler (1St), Lasttrennschalter (63St), Sicherungsautomaten (354St), FI/LS-Schalter (191St), Blitzstromableiter (3St), Drehstromzähler (6St), Überspannungsschutz (1St), Bypass-Schalter (1St), Mantelleitungen (29.057m), Installationskabel (7.309m), Steuerleitungen (3.119m), Starkstromkabel (1.538m), Solarleitung (591m), Leerrohre (4.925m), Kabelrinnen (1.835m), Kabelschotts (99St), Steckdosen (776St), Geräteanschlussdosen (19St), Tischanschlussfelder (2St), Schalter/Taster (24St), Präsenz-, Bewegungsmelder (25St), Ladestationen für E-Autos (2St), Rinnenheizung (11m), Eis-/Schneemelder (1St)				
	1300-0319 Amtsverwaltung (36 AP)				
		1.790,04 m² BGF	306.702	**171,34**	33,8
	Wandlerschränke (3St), Zählerschränke (3St), Drehstromzähler (2St), Hauptverteiler (2St), Unterverteiler (4St), Sicherungslastschaltleisten (2St), Lasttrenner 630A (1St), Trenn-/Schutzschalter (157St), Sicherungen (179St), Kombiableiter (6St), Mantelleitungen (9.923m), Starkstromkabel (288m), Installationskabel (1.329m), Fernsprech-Außenkabel (39m), Leerrohre (501m), Brüstungskanäle (236m), Brandschutzkanäle (68m), Unterflurkanäle (20m), Brandschotts (47St), Steckdosen (378St), Schalter/Taster (172St), Bodentanks (10St), Präsenzmelder (32St)				
	4100-0173 Ganztagesschule (9 Klassen, 225 Schüler)				
	• Abbrechen (Kosten: < 0,1%)	1.860,58 m² BGF	30	**0,02**	< 0,1
	Abbruch von Installationsgeräten (13St); Entsorgung, Deponiegebühren				
	• Herstellen (Kosten: 100,0%)	1.860,58 m² BGF	146.049	**78,50**	59,8
	Verteilerfeld (1St), Zähler (1St), Unterverteiler, bestückt (1St), Kleinverteiler (4St), Hauptbedienstellen (4St), Abzweigkasten 45x30cm (1St), Anschaltmodul (1St), LS-Schalter (99St), Lasttrennschalter (2St), Fehlerstromschutzschalter (21St), Trennrelais (17St), Trafos (4St), Mantelleitungen NHXMH-J (11.237m), JH(ST)H (478m), N2XH (102m), EIB-H(ST)H (1.181m), Silikonleitungen (47m), erdverlegt (160m), Kabelkanäle (26m), Kabelrinnen (124m), Leerrohre (194m), Steckdosen (178St), Schalter/Taster (5St), optischer Rauchmelder (1St), Wettermodul (1St), Regensensor (1St), Brandschotts F90 (62St)				

KG	Kostengruppe	Menge Einheit	Kosten €	€/Einheit	%
	4100-0194 Schule (12 Klassen, 336 Schüler)				
	• Abbrechen (Kosten: 1,8%)	1.778,38 m²BGF	3.189	**1,79**	1,0
	Abbruch von Schaltschrank (1St), Feldgeräten, Verkabelungen (6St); Entsorgung, Deponiegebühren				
	• Herstellen (Kosten: 98,2%)	1.778,38 m²BGF	169.477	**95,30**	50,8
	Schaltschrank, bestückt (1St), Standverteiler, Verteilerfelder IP55 (2St), Hauptschalter, vierpolig (2St), Abzweigkästen, IP 55 (91St), Sicherungsautomaten (64St), FI/LS-Schalter (42St), FI-Schutzschalter (16St), Lasttrennschalter (5St), Überspannungsableiter (2St), NH-Trenner (2St), Netzüberwachungsrelais (8St), Zeitschaltuhr (1St), Motorsteuereinheiten (5St), Mantelleitungen (N)HMH (8.551m), J-H(St)H (2.487m), (N)2XCH (287m), H07RN (139m), Brüstungskanal (235m), Brandschutzkanal (15m), Leerrohre (282m), Sammelhalterungen (847St), Steckdosen (251St), Schalter, Taster (121St), Präsenzmelder IP 20 (53St), Brandschotts (55St)				
	4200-0039 Bildungszentrum Holzbauberufe (4 Klassen)				
		3.556,16 m²BGF	427.267	**120,15**	53,8
	Installationskabel J-Y(St)Y (26.222m), Mantelleitungen NYCWY (2.771m), H05RR (3.389m), ölbeständig (5.385m), Leerrohre (1.761m), Kabelrinnen, Ausleger, Stiele (822m), Installationskanäle (304m), Anschlussdosen (1.112St), Schalter/Taster (460St), Steckdosen (223St), CEE-Steckdosen (85St), Präsenzmelder (53St), Not-Aus-Taster (53St), Unterflurdosen (18St), Jalousieschalter (3St), Herdanschlussdosen (2St)				
	4400-0322 Kindertagesstätte (4 Gruppen, 100 Kinder)				
		1.119,63 m²BGF	114.133	**101,94**	75,5
	Zähleranlage, Verteiler, fünffeldrig, neunreihig (1St), Wandverteiler (1St), Lasttrennschalter (1St), Sicherungen (55St), FI-Schalter (22St), Fernschalter (14St), Zeitschaltuhren (2St), NH-Sicherungsgehäuse (1St), Hauptschalter (2St), Mantelleitungen NYM (4.820m), Steuerleitungen (162m), Leerrohre (2.220m), Kabelrinnen (33m), Brüstungskanal (27m), Steckdosen (146St), CEE-Steckdosen (3St), Schalter,Taster (95St), Jalousietaster (13St), Jalousiesteuerung (1St), Präsenzmelder (7St), Bewegungsmelder (2St)				
	4400-0333 Kindertagesstätte (3 Gruppen, 35 Kinder)				
		644,98 m²BGF	64.266	**99,64**	52,2
	Zählerschrank (1St), Verteilerschrank (1St), Kleinverteiler (2St), Drehstromzähler (3St), Schutzschalter (82St), Schütze (4St), Blitzstrom-Kombi-Ableiter (1St), Jahresuhr (1St), Dämmerungsschalter (1St), Kabelrinnen (24m), Installationskanäle (29m), Mantelleitungen (5.041m), Fernmeldeleitungen (1.083m), Gummischlauchleitungen (428m), Steuerleitungen (61m), Erdkabel (86m), Steckdosen (175St), CEE-Steckdosen (4St), Schalter/Taster (243St), Jalousieschalter (1St), Präsenzmelder (18St), DALI-Potentiometer (2St), Automatikschalter (1St), Herdanschlussdose (1St)				

KG	Kostengruppe	Menge Einheit	Kosten €	€/Einheit	%
	4400-0334 Kindertagesstätte (8 Gruppen, 150 Kinder)				
		1.648,86 m² BGF	129.634	**78,62**	56,8
	Zählerschrank (1St), Verteiler, bestückt (1St), Unterverteiler, bestückt (5St), Brandschutzschalter (16St), LSS (2St), Sicherungen (12St), DALI-Steuerungen (3St), Mantelleitungen (10.861m), Ölflexleitungen (795m), Leerrohre (588m), Kunststoffkanäle (42m), Kabelrinnen (132m), Schalter, Taster (73St), Steckdosen (267St), CEE-Steckdosen (8St), Herdanschlussdosen (11St), Präsenzmelder (19St), Bewegungsmelder (13St)				
	4400-0356 Kindergarten (4 Gruppen, 112 Kinder), Wohnungen				
		1.204,74 m² BGF	190.780	**158,36**	52,9
	Wandlerschrank (2St), Zählerschränke (3St), Feldverteiler (5St), Lasttrennschalter (124St), Schutzschalter (24St), LS-Schalter (204St), Mantelleitungen NHXMH (5.184m), J-H(St)H (1.355m), NYY (455m), N2XCH (154m), Leerrohre (409m), Kabelrinnen (79m), Steckdosen (296St), Schalter/Taster (124St), Abzweigdosen (410St), Präsenzmelder (9St)				
	4400-0357 Kinderhaus (4 Gruppen, 74 Kinder)				
		1.009,00 m² BGF	147.207	**145,89**	65,5
	Zählerschrank, Hauptverteiler, bis 250A, 80x80x27cm (1St), Messschrank, Überspannungsschutzgerät, Zählerwechselplatte (1St), Verteilerschrank 195x80x20cm (1St), Überspannungsschutzgerät (1St), Kleinverteiler (1St), Sonnenschutzzentrale (1St), FI-Schutzschalter (104St), Leitungsschutzschalter (43St), Lasttrennschalter (2St), Mantelleitungen NHXMH (6.665m), J-H (1.355m), NYY (455m), Steuerleitungen A05RN-F (561m), Außenkabel A-2Y (65m), Kabelrinnen (89m), Ausleger (477St), Leerrohre (671m), Steckdosen (167St), Schalter/Taster (53St), Abzweigdosen (462St), Jalousieschalter (15St), Präsenzmelder (13St)				
	4400-0362 Kindertagesstätte (6 Gruppen, 124 Kinder)				
		1.678,28 m² BGF	178.342	**106,26**	58,3
	Schaltschrankkombination für Wandlermessung, Unterverteilungen, komplett bestückt (1St), Mantelleitungen (10.188m), Steuerkabel (304m), Sicherheitskabel (216m), Schalter, Taster (78St), Steckdosen (165St), Raumtemperaturregler (37St), Schalterdosen (417St), Präsenzmelder (11St), Leerrohre (1.502m)				
	5100-0122 Sporthalle (Zweifeldhalle)				
	• Abbrechen (Kosten: 0,7%)	2.217,01 m² BGF	1.295	**0,58**	0,3
	Abbruch von PVC-Rohren (144m), Kabelkanälen, PVC (117m), Stahlblech (17m), Kabelrinnen (109m); Entsorgung, Deponiegebühren				
	• Herstellen (Kosten: 99,3%)	2.217,01 m² BGF	176.266	**79,51**	40,7
	Steuergerät (1St), LS-Schalter (241St), FI-Schalter (33St), Verteiler (1St), Mantelleitungen NHXMH (15.698m), J-H(St)H (2.994m), Sicherheitskabel (873m), Leerrohre (712m), Kabelrinnen (1.156m), Steckdosen (153St), Schalter/Taster (47St), Schlüsseltaster (5St), Herdanschlussdosen (6St)				

KG	Kostengruppe	Menge Einheit	Kosten €	€/Einheit	%

5100-0127 Sporthalle (Dreifeldhalle)

	4.351,43 m²BGF	279.219	**64,17**	41,2

Unterverteiler, bestückt (4St), Kleinverteiler (6St), LS-Schalter (202St), Lasttrennschalter (48St), FI-Schalter (56St), Überspannungsschutz-Ableiter (12St), Mantelleitungen NYM-J (12.275m), NYY, erdverlegt (1.550m), NHXMH (721m), NYCWY (155m), Installationskabel Y-J(ST)Y (1.825m), H07RN (1.125m), halogenfrei (2.225m), Schutzrohre (1.204m), Kabelrinnen (260m), Miniverteiler, bestückt (5St), Steckdosen (231St), CEE-Steckdosen (20St), Schalter/Taster (151St), Herdanschlussdosen (2St)

5100-0128 Sporthalle (Einfeldhalle)

	815,50 m²BGF	79.162	**97,07**	48,5

Installationsverteiler (1St), Hauptschalter, dreipolig (1St), modularer Kombi-Ableiter (1St), Lasttrennschalter (5St), FI-Schutzschalter (6St), Brandschutzschalter (1St), LS-Schalter (38St), Stromstoßschalter (4St), Schütze (10St), Mantelleitungen NYM-J (5.010m), NYY-J (75m), J-H(St)H (1.300m), NHXH (125m), Gummileitungen H07RN-F (50m), H05VV-F (55m), Leerrohre (220m), Kabelrinnen (45m), Stahlpanzerrohre (50m), Steckdosen (57St), Schalter (7St), Taster (5St), Jalousieschalter (4St), Schlüsselschalter (5St), Geräte-Anschlussdosen (3St), CEE-Kombi-Dose (1St), Bewegungsmelder (28St)

5200-0012 Sportbadhalle

• Herstellen (Kosten: 100,0%)	805,60 m²BGF	114.222	**141,78**	33,7

Unterverteiler (1St), Hauptschalter (1St), FI-Schalter (5St), LS-Schalter (3St), FI/LS-Schalter (4St), Sicherungen (15St), Spannungswächterrelais (14St), Überspannungsschutzgerät (1St), Überspannungsschütze (9St), Tasterschnittstellen (2St), Erdkabel NYY (211m), Mantelleitungen NYM (3.829m), NYCWY (89m), Betonkabel NI2YY (81m), Niederspannungskabel NHXHX (40m), Leerrohre (260m), Kabelbahnen (171m), Kanäle (30m), Steckdosen (19St), Steckdosenverteiler (3St), CEE-Steckdosen (3St), Schalter (12St), Präsenzmelder (2St)

5200-0020 Badeanstalt

	204,00 m²BGF	29.301	**143,63**	54,6

Zählerschrank (1St), Verteiler (1St), Hauptschalter (2St), Schutzschalter (55St), Mantelleitungen NYM-J (1.415m), NYY-J (83m), Leerrohre (107m), Kabelkanäle (19m), Steckdosen (46St), Taster, Schalter (18St), Temperaturregler (14St), Präsenz-/Bewegungsmelder (10St), Herdanschlussdosen (3St)

5300-0016 Strandbad, Gastronomie

	492,00 m²BGF	41.048	**83,43**	32,2

Zählerschränke 195x80x20cm, Einbauteile (3St), Funkfernschalter (1St), , Mantelleitungen NYM (2.473m), Kabelrinnen (17m), Steckdosen (114St), Taster, Schalter (23St), Präsenzmelder (16St)

KG	Kostengruppe	Menge Einheit	Kosten €	€/Einheit	%
	6100-1355 Mehrfamilienhaus (17 WE)				
		2.251,71 m²BGF	123.643	**54,91**	83,8
	Zähleranlage mit 17 Wohnungszählern, einem Allgemeinzähler (1St), Allgemeinverteilung (1St), Wohnungsverteilungen (17St), Stromkreiszuleitungen (170St), Erdkabel NYY (130m), Mantelleitungen NYM (560m), Installationskabel J-Y(St)Y (766m), Leerrohre (452m), Schalter, Taster (158St), mit Leuchte (15St), Wechselschalter (16St), Steckdosen (629St), Außensteckdosen (17St), Herdanschlussdosen (17St), Geschirrspülanschlussdosen (17St), 5-Min-Lichtanlage (1St)				
	6100-1379 Wohn- und Geschäftshaus (1 WE)				
	• Abbrechen (Kosten: 0,5%)	762,16 m²BGF	240	**0,32**	0,4
	Abbruch von Verteiler, Schaltern, Steckdosen, Zuleitungen (psch); Entsorgung, Deponiegebühren				
	• Herstellen (Kosten: 99,5%)	762,16 m²BGF	49.005	**64,30**	86,9
	Elektroinstallation vier Etagen, eine Wohneinheit, ein Büro, Außenanlage (psch), Verkabelung für Solar-Luft-Kollektoren (50m), für Fußbodenheizung, 19 Raumtemperaturfühler (psch), Bodentanks (2St)				
	6100-1384 Mehrfamilienhaus (3 WE)				
	• Herstellen (Kosten: 100,0%)	614,28 m²BGF	35.637	**58,01**	87,1
	Mantelleitungen NYM-J (93m), NYY-J (90m), Installationskabel (45m), Zählerschrank (1St), Unterverteiler (4St), Zähler (4St), PVC-Leerrohre DN20 (8m), Kabelrinnen (10m), Raum-Elektroinstallation (22St), Schalter/Taster (160St), Steckdosen (60St), Herdanschlussdosen (3St), Dimmer (2St), Raumthermostat (1St)				
	6100-1393 Doppelhaushälfte (1 WE), Büro (2 AP)				
	• Herstellen (Kosten: 100,0%)	406,76 m²BGF	32.108	**78,94**	57,9
	Zählerschränke (2St), Feldverteiler (1St), Verteiler (2St), Komplettfeld (1St), Stromstoßschalter (4St), SLS-Schalter (1St), FI-Schalter (4St), FI/LS-Schalter (5St), Leitungsschutzschalter (25St), Digitalschaltuhr (1St), Kabelabzweigkästen (3St), Mantelleitungen (680m), Steuerleitungen (78m), RGBW/RGBA-Kabel (76St), Kabelkanäle (31m), Leerrohre (61m), Steckdosen (93St), FI-Steckdose (1St), Schalter, Taster (36St), Herdanschlussdose (1St)				
	6100-1394 Wohn- und Geschäftshaus (21 WE)				
	• Abbrechen (Kosten: 3,4%)	2.819,02 m²BGF	7.122	**2,53**	2,5
	Abbruch von Unterverteilern (6St), Zählerplatz (1St), Kabeln (2.134m), Schaltern/Steckdosen (465St), Elektroboilern (6St); Entsorgung, Deponiegebühren				
	• Herstellen (Kosten: 96,6%)	2.819,02 m²BGF	202.807	**71,94**	72,0
	Zählerschränke (2St), Verteiler (3St), Unterverteiler (24St), Schütze (21St), Relais (33St), Mantelleitungen NYM-J (15.011m), NYY (789m), Installationsleitungen JY(St)Y (2.656m), Kabelrinnen, Formstücke (44m), Installationskanäle (55m), Leerrohre (514m), SLS-Schalter (24St), FI/LS-Schalter (518St), Schalter (213St), Steckdosen (544St), Herdanschlussdosen (23St), Bewegungsmelder (39St), Brandschotts (31St)				

KG	Kostengruppe	Menge Einheit	Kosten €	€/Einheit	%
	6100-1444 Einfamilienhaus, Garage (5 STP)				
		522,66 m² BGF	84.356	**161,40**	59,0
	Schaltschrank (1St), LS-Schalter (28St), Sicherungen (55St), FI-Schalter (3St), Mantelleitungen (4.850m), NYY-J (1.350m), H05VV-F erdverlegt, Leerrohre (100m), Kabelkanäle (38m), Schalter/Taster/Steckdosen (164St), CEE-Steckdose (1St), Bodentanks (4St)				
	6100-1494 Mehrfamilienhaus (53 WE), TG (13 STP)				
		6.430,02 m² BGF	424.956	**66,09**	81,8
	Installationskleinverteiler (54St), FI-Schalter (111St), Sicherungen (881St), Transformatoren 230V/12V (56St), Mantelleitungen (27.035m), Kabelrinnen (319m), Montagerohre (379m), Raumtemperaturregler (153St), Steckdosen (1.751St), Herddosen (55St), Schalter, Taster (553St), Jalousietaster (17St), Schaltrelais, Zentralsteuerung (12St), Präsenzmelder (33St), Bewegungsmelder (1St), Lichtauslässe (310St), Hauseinführungen (6St)				
	6100-1524 Mehrfamilienhaus (6 WE)				
		1.360,35 m² BGF	134.521	**98,89**	76,6
	Elektroinstallation sechs Wohneinheiten, Gemeinschaftseigentum (psch), Mantelleitungen, Unterverteiler, Steckdosen, Taster, Herdanschlussdosen, Telefon-Verkabelung, Kabel-TV, Netzwerk, Raumthermostate, inkl. Rauchmelder, Klingel-, Gegensprechanlage (psch)				
	6100-1559 Einfamilienhaus, Praxis - Passivhaus				
		609,55 m² BGF	36.750	**60,29**	46,7
	Zählerschrank, bestückt (1St), LS-Schalter (58St), Stromzähler (4St), Jalousierelais (4St), FI-Schutzschalter (5St), Schaltuhr (1St), Mantelleitungen NYM (1.470m), Leerrohre (721m), Leitungsführungskanäle (23m), Schalter/Taster (56St), Steckdosen (144St), Jalousieschalter (7St), Herdanschlussdose (1St), Präsenzmelder (1St), Bodendosen, bestückt (3St)				
	6100-1562 Einfamilienhaus, Büro - Passivhaus				
		354,00 m² BGF	54.071	**152,74**	72,2
	Zählerschrank (1St), Unterverteiler (3St), FI-Schutzschalter (15St), Sicherungen (32St), Mantelleitungen NYM (949m), Steckdosen (150St), Schalter/Taster (25St), Jalousieschalter (23St), Raumthermostate (15St)				
	6100-1563 Ferienhaus (1 WE), Garage				
		159,31 m² BGF	5.198	**32,63**	46,2
	Elektroinstallation, Hausanschluss, Vorbereitung für PV-Anlage (psch)				
	6100-1587 Mehrfamilienhaus (9 WE)				
		1.016,97 m² BGF	101.283	**99,59**	72,3
	Zählerschränke, bestückt (2St), Allgemeinverteiler, bestückt (1St), Wohnungsverteiler, bestückt (9St), Mantelleitungen (5.465m), Mikro-Leerrohre (218m), Kunststoffpanzerrohre (66m), Profilschiene, Bügelschellen (18m), Kabeltrasse (9m), Kabelanschlusskästen (2St), Ringraumdichtung (1St), Steckdosen (467St), Schalter, Taster (185St), Dimmer (4St), Präsenzmelder (5St), Jalousietaster (1St), Herdanschlussdosen (11St), Geräte-Brandschutzdosen (149St)				

KG	Kostengruppe	Menge Einheit	Kosten €	€/Einheit	%
	6100-1593 Mehrfamilienhaus (3 WE)				
		565,46 m² BGF	47.087	**83,27**	58,6
	Zählerschrank (1St), Unterverteiler (3St), FI-Schutzschalter (2St), FI/Sicherungsautomaten (14), Erdkabel (140m), Mantelleitungen NYY (127m), Kabelkanäle (31m), Bewegungsmelder (3St), Schalter/Taster (44St), Steckdosen (112St), Herd-, Backofen-, Spülmaschinenanschlüsse (je 3St), UP-Raumthermostate (24St), Jalousienanschlüsse (12St), Deckenbrennstellen (12St), Stromkreiszuleitungen NYY (36St), Verkabelung (psch)				
	6100-1672 Einfamilienhaus				
		132,23 m² BGF	23.135	**174,96**	56,9
	Zählerkasten (1St), Unterverteiler (1St), FI-LS-Kombischalter (2St), LS-Schalter (2St), Zeitschalter (1St), Flachbandkabel (197m), Mantelleitungen NYM (77m), Solarkabel (44m), Leerrohre (33m), Kabelkanal (4m), Steckdosen (36St), Bodendose (1St), Dimmer (9St), Schalter (6St), Raumthermostate (5St), Bewegungsmelder (1St)				
	6100-1690 Einfamilienhaus				
		384,80 m² BGF	36.738	**95,47**	75,2
	Zählerschrank 140x130x20cm, zwei Zählerfelder, komplett bestückt (1St), Mantelleitungen NYM (1.579m), Erdkabel NYY (303m), Steuerleitungen, BUS-System (psch), Silikonleitungen (5m), Leerrohre (250m), Schalter/Taster (111St), Jalousie-Wippschalter (19St), Steckdosen (113St)				
	6100-1695 Mehrfamilienhaus (21 WE)				
		1.506,72 m² BGF	230.158	**152,75**	91,2
	Zähleranlage (1St), Unterverteiler (22St), LS-Schalter (264St), Hauptschalter (21St), FI-Schutzschalter (15St), Multischalter (2St), Überspannungsschutz (1St), Zeitschaltuhr (1St), Dämmerungsschalter (1St), Trennschalter (1St), Mantelleitungen (7.054m), Installationskabel (1.756m), Steuerleitungen (49m), Starkstromkabel (35m), Leerrohre (5.023m), Kabelrinnen (20m), Brandschotts (10St), Decken-/Wandauslässe (260St), Steckdosen (387St), Schalter (117St), Thermostate (52St), Geräteanschlussdosen (14St), Bewegungsmelder (12St), Präsenzmelder (3St), Temperaturregler (4St)				
	6200-0080 Wohnanlage (28 WE), Inklusives Wohnen				
		5.346,45 m² BGF	368.476	**68,92**	77,4
	Zählerschränke (5St), Schutzschalter (586St), Lasttrenner (13St), Mantelleitungen NYM-J (21.844m), H07RR-F (301m), NYCWY (85m), Leerrohre (8.434m), Kabelrinnen (339m), Steckdosen (1.075St), CEE-Steckdosen (11St), Taster/Schalter (326St), Raumthermostate (132St), Jalousieschalter (58St), Herdanschlussdosen (38St), Präsenz-/Bewegungsmelder (33St)				

KG	Kostengruppe	Menge Einheit	Kosten €	€/Einheit	%
	6200-0115 Hospiz (10 Betten)				
		1.358,88 m² BGF	183.914	**135,34**	46,9
	Standverteiler (1St), Feldverteiler (1St), Schaltschrank (1St), Kleinverteiler (4St), NH-Lasttrennschalter (5St), Hauptschalter (2St), Schaltaktor (1St), Sicherungslastschalter 63A (34St), Spannungsversorgung 24V (1St), Drehstromzähler (1St), FI-Schalter (31St), FI/LS-Schalter (46St), LS-Schalter (177St), Starkstromkabel (220m), Kabel NYY (301m), Mantelleitungen NYM (11.019m), Steuerleitungen (80m), Leerrohre (506m), Gitterrinnen (94m), Kabelrinnen (47m), Kabelkanäle (33m), Steckdosen (198St), Schalter/Taster (98St), Präsenzmelder (47St), Bewegungsmelder (1St), USB-Spannungsversorgungen (24St), Geräteanschlussdosen (22St), Hauseinführung (1St)				
	6400-0109 Kinder- und Jugendhaus				
		609,32 m² BGF	71.486	**117,32**	52,7
	Zählerschränke (2St), Verteilerschränke (2St), Lasttrennschalter (3St), FI-Schutzschalter (12St), LS-Schalter (71St), SLS-Schalter (1St), Brandschutzschalter (37St), Sicherungen (24St), Schaltuhren (2St), Überspannungsschutz (31St), Relais (4St), DALI-Schnittstellen (4St), Mantelleitungen NHMH (5.733m), NYY (69m), Installationsrohre (144m), Brandschutzklappen (8St), Schalter, Taster (46St), Steckdosen (157St), Dimmer (4St), Bodentanks (5St), Bewegungsmelder (10St), Präsenzmelder (15St)				
	6400-0112 Gemeindezentrum (80 Sitzplätze)				
		393,00 m² BGF	23.901	**60,82**	26,3
	Zählerschrank (1St), LS-Schalter (38St), Mantelleitungen NYM-J (1.575m), Steuerleitungen (366m), Leerrohre (795m), Kabelkanäle (30m), Schalter, Steckdosen (85St), CEE-Steckdose (1St), Raumtemperaturregler (8St), Jalousietaster (3St), Bewegungsmelder (1St), Herdanschlussdose (1St)				
	6500-0051 Berufsschule, Neubau Caféteria (100 Sitzplätze)				
	• Abbrechen (Kosten: 1,3%)	4.265,98 m² BGF	2.042	**0,48**	0,7
	Abbruch von Unterverteiler (psch), Mantelleitungen (657m), Schalter, Taster (36St); Entsorgung, Deponiegebühren				
	• Herstellen (Kosten: 98,7%)	4.265,98 m² BGF	152.059	**35,64**	53,5
	Fehlerstromschutzschalter (5St), Stromstoßrelais (14St), Hauptschalter (2St), Schaltgerätekombination (2St), Überspannungsableiter (2St), LS-Schalter (4St), Abzweigkästen (82St), Verteilerstromkreise (7St), Endstromkreise (20St), Mantelleitungen NYM-J (181m), halogenfreie Leitungen NHXMH (6.054m), J-H(St) (1.233m), Leerrohre (572m), Kabelrinnen (171m), Steckdosen (137St), Schalter, Taster (75St), Bewegungsmelder (20St), Herdanschlussdosen (2St), LED Bedienteil (1St)				

KG	Kostengruppe	Menge Einheit	Kosten €	€/Einheit	%
	7100-0066 Produktionsgebäude, Büro (120 AP)				
		3.710,27 m² BGF	801.376	**215,99**	64,8
	Unterverteiler, bestückt (10St), Mantelleitungen NYM (10.760m), Starkstromkabel NYY (9.860m), NYCWY (250m), NHXH-JFE (100m), Gummischlauchleitungen H07RN-F (300m), Installationskabel J-Y(ST)Y (850m), Leerrohre (1.680m), Kabelrinnen (410m), Stiele (400St), Ausleger (800St), Kabelleitern (26m), Kabelkanäle (80m), Brüstungskanäle (350m), Brandschotts (19St), Abzweigdosen/Klemmkästen (173St), Steckdosen (712St), Steckdosenkombinationen, fünf CEE-Dosen, zwei Steckdosen, Datendose 2xRJ45 (15St), zwei CEE-Dosen, drei Steckdosen, Datendose 2xRJ45 (9St), Bodentanks (7St), CEE-Stecker/Kupplungen (15St), CEE-Dosen (4St), Herdanschlussdosen (4St), Schalter/Taster (113St), Dimmer (8St), Präsenzmelder (80St), Zuleitungen für Kältemaschinen, Druckluft (psch)				
	7600-0078 Flughafenfeuerwehr (8 Fahrzeuge)				
	• Abbrechen (Kosten: 1,8%)	4.266,00 m² BGF	6.919	**1,62**	1,0
	Abbruch von Kabeltrassen (64m), Elektroleitungen (1.539m), in Isolierstoffrohren (47m); Entsorgung, Deponiegebühren				
	• Wiederherstellen (Kosten: 0,3%)	4.266,00 m² BGF	1.269	**0,30**	0,2
	Unterverteiler abklemmen, einlagern, neu anschließen (1St), Umbau der vorhandenen Lichtschranken (1St)				
	• Herstellen (Kosten: 97,9%)	4.266,00 m² BGF	383.318	**89,85**	55,6
	Gebäudehauptverteiler (2St), Verteilerschränke (12St), SLS-Schalter (12St), Überspannungsableiter (7St), Unterspannungsrelais (6St), LS/FI Schutzschalter (294St), Digitalmultimeter (2St), halogenfreie Mantelleitungen NHXMH-J (10.909m), NHXH (189m), N2XCH (971m), NHXCH (150m), Steckdosen/Taster/Schalter (281St), Herdanschlussdosen (6St), Rettbox-Kupplungen (13St), Metallkabelrinnen (330m), Steigleitern (93m), Brüstungskanäle (54m), Installationsrohre (495m), Kabelschotts (43St)				
	7800-0029 Fahrradparkhaus (200 STP)				
		192,00 m² BGF	19.732	**102,77**	21,6
	Schaltschrank (1St), Erdkabel NYY-J (340m), Leerrohre (36m), Kabelkanäle (3St), Stromkreiszuleitungen (505m), Mantelleitungen NHXMH-J (63m), Steckdosen (3St), Bewegungsmelder (2St)				
	9100-0155 Zweigbibliothek (150 Leseplätze, 12 AP)				
		7.493,81 m² BGF	725.376	**96,80**	42,4
	Wandverteiler (12St), Kleinverteiler (10St), Standverteiler (3St), Lasttrennschalter (24St), LS-Schalter (960St), Relais (211St), FI-Schalter (160St), Sicherungen (259St), Schaltuhren (2St), Dämmerungsschalter (1St), Überspannungsschutzgeräte (23St), Mantelleitungen NYM (31.327m), Erdkabel NYY (1.413m), NHXH (1.007m), NYCWY (926m), NHXCH (56m), Jalousiekabel (2.350m), Installationskabel (1.039m), EIB-Kabel (707m), Steuerleitungen (200m), Leerrohre (7.079m), Kabelrinnen (730m), Brüstungskanäle (167m), Kabelkanäle (166m), Unterflurkanäle (49m), Steigtrassen (32m), Kabelbandagen (206m), Kabelschotts (58St), Steckdosen (848St), Schalter/Taster (279St), Bewegungsmelder (17St), KNX-Licht- und Sonnenschutzsteuerung (psch)				

KG	Kostengruppe	Menge Einheit	Kosten €	€/Einheit	%
	9100-0168 Schauspielhaus, Zweitspielstätte				
	• Abbrechen (Kosten: 7,5%)	2.865,00 m² BGF	24.018	**8,38**	4,8
	Abbruch von Leitungen (7.639m), Fernmeldeleitungen (2.677m), Installationsrohren bis DN40 (729m), LF-Kanälen, halogenfrei (634m), Brüstungskanälen (419m), Leerrohren (205m); Entsorgung, Deponiegebühren				
	• Wiederherstellen (Kosten: 7,8%)	2.865,00 m² BGF	24.845	**8,67**	5,0
	2polige 10A LS-Schalter austauschen gegen 2polige 2A LS-Schalter für Si-Beleuchtungsstromkreise (117St)				
	• Herstellen (Kosten: 84,7%)	2.865,00 m² BGF	271.117	**94,63**	54,3
	LS-Schalter (282St), FI-Schutzschalter (21St), Lasttrennschalter (55St), REG-Schnittstelle (1St), Dämmerungsschalter (1St), Treppenlicht-Zeitschalter (1St), Installationsleitungen NHXMH-J (11.215m), NYY-J (387m), NYCWY (246m), Niederspannungskabel (525m), Leerrohre (792m), Kabelrinnen (502m), Steckdosen (326St), Schalter/Taster (88St), Geräte-Anschlussdosen (6St), CEE-Steckdosen (3St), Präsenzmelder (20St), Schlüsseltaster (3St), LED-Signallichter (3St)				
	9100-0169 Klosteranlage, Wissenschafts- und Studierzentrum				
	• Abbrechen (Kosten: 0,6%)	5.582,91 m² BGF	4.272	**0,77**	0,3
	Abbruch von Elektro-Aufputzinstallationen, Leitungen, Installationsgeräten (728m), Unterverteilern (150St); Entsorgung, Deponiegebühren				
	• Herstellen (Kosten: 99,4%)	5.582,91 m² BGF	724.020	**129,69**	55,7
	Einspeiseschränke (3St), Wandler-/Schaltschränke (3St), Zählerschränke (3St), Wandverteiler (5St), Unterverteiler (18St), Kleinverteiler (4St), Lasttrennschalter (34St), LS-Schalter (479St), Hilfsschalter (94St), Sicherungen (70St), Überspannungsableiter (14St), FI-Schalter (29St), Relais (27St), Schütze (9St), Stromwandler (6St), Stromstoßschalter (5St), Schaltuhren (4St), Hauptschalter (1St), Mantelleitungen (17.996m), Starkstromkabel (3.821m), Installationskabel (1.461m), Brandmeldekabel (5.958m), Leerrohre (12.695m), Kabelschutzrohre DN50-110 (747m), Kabelrinnen (146m), Fußbodenkanäle (118m), Kabelkanäle (103m), C-Profilschienen (101m), Steigtrassen (51m), Hauseinführungen (9St), Steckdosen (575St), Schalter/Taster (47St), Bewegungs-/Präsenzmelder (26St), Kernbohrungen, D=30-130cm (226St), Deckendurchbrüche 30-40x10cm (25St), Schlitze (1.280m)				
	9100-0195 Speicherbibliothek				
		3.814,12 m² BGF	198.054	**51,93**	54,6
	Energie-Schaltgerätekombinationen (2St), Hauptverteilung (1St), Installationskleinverteiler (4St), Fluchttürsteuerung (psch), LS-Schalter (153St), FI-Schutzschalter (36St), Lasttrennschalter (22St), Sicherungssockel (12St), Starkstromkabel NHX (8.932m), Installationskabel J-EH (500m), LWL-Außenkabel (806m), Leerrohre (1.125m), Kabelrinnen (139m), Kabelleiter (65m), Kabelkanäle (54m), Schaukelabhängungen (52St), Kabelabzweigkästen (2St), Taster/Schalter (78St), Geräteanschlussdosen 400V (70St), Steckdosen (57St), Dämmerungsschalter (2St), Brandschotts (29St), Anschluss RWA-Anlagen (17St)				

3. Ebene

KG	Kostengruppe	Menge Einheit	Kosten €	€/Einheit	%
	9700-0028 Krematorium				
		1.607,98 m² BGF	182.611	**113,57**	60,2
	NSHV (1St), Einspeise-/Abgangsfelder (4St), LS-Schalter (90St), FI-Schalter (48St), Lasttrennschalter (5St), Leistungsschalter 1.000A (1St), Jahresschaltuhren (2St), Multimessgerät (1St), Relais (12St), Schütze (10St), Überspannungsableiter (2St), Dämmerungsschalter (1St), Mantelleitungen (3.827m), Starkstromkabel (728m), Installationskabel (596m), Leerrohre (689m), Kabelrinnen (132m), Kabelkanäle (16m), Steigtrassen (13m), Brandschotts (6St), Steckdosen (105St), Schalter, Taster (65St), Automatikschalter (3St), Bewegungsmelder (5St), Verkabelungen Technik (7St)				
445	**Beleuchtungsanlagen**				
	1200-0001 Gerichtsgebäude - Eingangsbereich				
	• Herstellen (Kosten: 100,0%)	136,87 m² BGF	11.491	**83,95**	54,1
	LED-Pendelleuchte, l=6,0m (1St), LED-Wandleuchten (8St)				
	1300-0234 Bürogebäude (38 AP)				
		1.224,00 m² BGF	75.069	**61,33**	25,6
	Alu-Einbaudownlights (105St), LED-Einbauleuchten (43St), Anbauleuchten, Stahlblech pulverbeschichtet (32St), Nothinweisleuchten (12St), Spiegelleuchten (6St), Lichtbausteine (6St), Pollerleuchten (4St)				
	1300-0283 Verwaltungsgebäude (34 AP)				
		1.502,40 m² BGF	103.386	**68,81**	20,6
	LED-Einbauleuchten (78St), Pendelleuchten (70St), Seil-Abhängesets (12St), LED-Feuchtraumwannenleuchten (9St), Bodeneinbauleuchten (4St), LED-Rettungswegleuchten (10St)				
	1300-0292 Landratsamt (136 AP), TG (19 STP)				
		4.569,26 m² BGF	408.304	**89,36**	28,8
	LED-Einbauleuchten (471St), LED-Feuchtraumleuchten (73St), LED-Stehleuchten (72St), Anbauleuchten (25St), Linien-Spiegelleuchten (16St), LED-Lichtbänder, l=148cm (9St), Pendelleuchten (8St), für drei Arbeitsplätze (2St), für fünf Arbeitsplätze (1St), für Anmeldung (1St), für Theke (1St), LED-Profilleuchten, l=1,40-3,40m (5St), Scheinwerfer (4St), Spotleuchten (4St), Lichtkanäle (4St), LED-Sicherheitsleuchten (77St), LED-Rettungszeichen-Scheibenleuchten (40St)				
	1300-0319 Amtsverwaltung (36 AP)				
		1.790,04 m² BGF	107.738	**60,19**	11,9
	LED-Einlegeleuchten 62,5x62,5cm (55St), dimmbar (32St), 120x30cm (21St), Stehleuchten, Licht-/Präsenzmelder (31St), Einbauleuchten (15St), LED-Aufbauleuchten (12St), LED-Spiegelleuchten (9St), Aufbaustrahler (4St), Lichtbänder, l=5,50m (4St), l=2,00m (4St), l=7,3m (3St), l-förmig, l=10,70m (1St), l=6,15m (1St), LED-Einbaudownlights (2St), Außenleuchte (1St), Rettungszeichenleuchten (18St), Sicherheitsleuchten (8St), BUS-Überwachungszentrale (1St), Fernmeldetableau (1St)				

KG	Kostengruppe	Menge Einheit	Kosten €	€/Einheit	%
	4100-0173 Ganztagesschule (9 Klassen, 225 Schüler)				
	• Abbrechen (Kosten: < 0,1%)	1.860,58 m² BGF	82	**0,04**	< 0,1
	Demontage von Leuchten (7St); Entsorgung, Deponiegebühren				
	• Wiederherstellen (Kosten: 12,6%)	1.860,58 m² BGF	10.866	**5,84**	4,5
	Beleuchtung demontieren, neu installieren, Piktogramme versetzen (psch)				
	• Herstellen (Kosten: 87,3%)	1.860,58 m² BGF	75.581	**40,62**	31,0
	LED-Anbauleuchten (116St), Tafelleuchten (20St), Einbaudownlights (66St), Spiegel-Wandleuchten (6St), Rettungszeichenleuchten, Notbatterie (11St), Decken-Sicherheitsleuchte 18x18x4cm (12St)				
	4100-0194 Schule (12 Klassen, 336 Schüler)				
	• Herstellen (Kosten: 100,0%)	1.778,38 m² BGF	157.663	**88,66**	47,3
	Deckeneinbauleuchten (298St), Wannenleuchten (28St), Einbau-Strahler (30St), Deckenleuchten (2St), Lichtmasten, h=4,5m, Aufsatzleuchten (5St), LED-Rettungszeichen-Leuchten (25St), Erweiterung der Sicherheits-Beleuchtungszentrale (psch), Rettungsweg-Leuchten (7St), Notbeleuchtung (30St)				
	4200-0039 Bildungszentrum Holzbauberufe (4 Klassen)	3.556,16 m² BGF	171.487	**48,22**	21,6
	Lichtbänder (148St), LED-Einbaudownlights (115St), Decken-/Wandleuchten (225St), LED-Displayleuchten (30St), Sicherheitsleuchten (48St), Spiegelleuchten (21St)				
	4400-0322 Kindertagesstätte (4 Gruppen, 100 Kinder)	1.119,63 m² BGF	22.755	**20,32**	15,0
	Decken-, Wandleuchten (11St), Rettungszeichenleuchen (22St), LED-Sicherheitsleuchten (24St)				
	4400-0333 Kindertagesstätte (3 Gruppen, 35 Kinder)	644,98 m² BGF	45.480	**70,51**	37,0
	Feuchtraum-Anbauleuchten (6St), Anbauleuchten (2St), Einbau-Tiefstrahler (10St), Lichtkanäle, Anbau (47m), Einbau (2m), Pendel (10m), DALI-Lichtkanäle (78m), Notleuchten, selbstüberwachend (4St), Sicherheitsleuchten (2St), Spots (3St)				
	4400-0334 Kindertagesstätte (8 Gruppen, 150 Kinder)	1.648,86 m² BGF	53.973	**32,73**	23,6
	Einlegeleuchten 62x62cm (111St), Einbauleuchten 62x62cm (9St), Downlights (39St), Anbauleuchten, rund (35St), Pendelleuchten (14St), Deckenleuchten (12St), Einbauleuchte, Spot (1St), Sportstättenleuchten, ballwurfsicher (6St), Wannenleuchten (19St)				
	4400-0356 Kindergarten (4 Gruppen, 112 Kinder), Wohnungen	1.204,74 m² BGF	83.519	**69,32**	23,2
	LED-Pendelleuchten, l=174cm (28St), LED-Einbaudownlights (46St), LED-Lichtschienen, l=141cm (41m), l=60cm (4St), Flächenaufbauleuchte 60x60cm (42St), Wandleuchten (16St), Rettungszeichenleuchten (20St)				

3. Ebene

KG	Kostengruppe	Menge Einheit	Kosten €	€/Einheit	%
	4400-0357 Kinderhaus (4 Gruppen, 74 Kinder)				
		1.009,00 m² BGF	61.975	**61,42**	27,6
	LED-Einbauleuchten, 36W (24St), LED-Hängeleuchten (36St), LED-Decken-Einbaudownlights (14St), Wannenleuchten, l=1,57m (12St), Spiegelleuchten (5St), Außenleuchten (psch)				
	4400-0362 Kindertagesstätte (6 Gruppen, 124 Kinder)				
		1.678,28 m² BGF	71.680	**42,71**	23,4
	LED-Anbauleuchten (124St), LED-Feuchtraumlichtleisten (17St), Wandleuchten (46St), Kugelpendelleuchten (4St), LED-Voute (1m), Sicherheitsleuchten (23St)				
	5100-0122 Sporthalle (Zweifeldhalle)				
	• Abbrechen (Kosten: 1,9%)	2.217,01 m² BGF	2.997	**1,35**	0,7
	Abbruch von Einbauleuchten (91St), Hallenstrahler (45St), Anbauleuchten (43St), Wandleuchten (18St), Rettungszeichenleuchten (12St), Pendelleuchten (6St), Ballschutzkörben (4St); Entsorgung, Deponiegebühren				
	• Herstellen (Kosten: 98,1%)	2.217,01 m² BGF	152.052	**68,58**	35,1
	LED-Geräteträger (98St), Tragprofile (70St), Seilaufhängungen (196St), LED-Deckenpendelleuchten, rund (8St), Lichtbänder (2St), Einbau-Downlights (92St), Anbauleuchten (40St), LED-Lichtleisten (37St), Sicherheitsleuchten (67St), Rettungszeichenleuchten (27St), LED-Downlights (17St), LED-Einbaustrahler (14St), Einbauleuchten (14St), LED-Spiegelleuchten (9St), Außenbeleuchtung (4St), LED-Flexband (1St)				
	5100-0127 Sporthalle (Dreifeldhalle)				
		4.351,43 m² BGF	307.210	**70,60**	45,4
	LED-Lichtbänder, ballwurfsicher (360m), LED-Lichtstreifen (115m), LED-Einbaudownlights (240St), LED-Rettungszeichenleuchten (49St), LED-Feuchtraumleuchten (34St), LED-Wand-/Deckenleuchten (22St), LED-An-/Einbauleuchten (21St), LED-Spiegelleuchten (9St), LED-Bodeneinbauleuchten (8St), LED-Wandfluter (7St), LED-Strahler (6St)				
	5100-0128 Sporthalle (Einfeldhalle)				
		815,50 m² BGF	56.275	**69,01**	34,5
	Rettungszeichenleuchten (18St), Ballschutzkörbe (12St), Sicherheitsleuchten (8St), ballwurfsicher (6St), Anbauleuchten (38St), ballwurfsicher (24St), Feuchtraumleuchten (13St), Außenleuchten (6St)				
	5200-0012 Sportbadhalle				
	• Herstellen (Kosten: 100,0%)	805,60 m² BGF	159.414	**197,88**	47,0
	LED-Downlights (63St), LED-Schwimmbadscheinwerfer, RGB-Controller (18St), Flächenstrahler (3St), Sicherheitsleuchten (8St), Feuchtraumleuchten (27St), Decken- und Wandleuchten (3St), Pollerleuchte (1St), Rettungszeichenleuchten (10St), Controller zur Steuerung (1St), Überwachungsmodule (5St)				
	5200-0020 Badeanstalt				
		204,00 m² BGF	12.734	**62,42**	23,7
	LED-Deckenleuchten (28St), Wandleuchten, außen (8St), Notleuchten (4St), LED-Wandleuchten (4St), Hängeleuchten (3St), Spiegelleuchten (2St), Feuchtraumleuchte (1St)				

KG	Kostengruppe	Menge Einheit	Kosten €	€/Einheit	%
	5300-0016 Strandbad, Gastronomie				
		492,00 m²BGF	78.830	**160,22**	61,8
	Einbau-Downlights (99St), Feuchtraum-Deckenleuchten, l=157cm (11St), l=127cm (4St), Pendelleuchten (9St), Spiegel-Wandleuchten (7St), Steuereinheit (1St), Touch-Paneele (2St)				
	6100-1355 Mehrfamilienhaus (17 WE)				
		2.251,71 m²BGF	17.704	**7,86**	12,0
	Wand- und Deckenleuchten (39St), Deckenaufbau-Tiefstrahler (12St), Feuchtraum-Lichtleisten (8St), Ovalleuchten (6St)				
	6100-1379 Wohn- und Geschäftshaus (1 WE)				
	• Herstellen (Kosten: 100,0%)	762,16 m²BGF	744	**0,98**	1,3
	LED-Deckeneinbauleuchten (7St)				
	6100-1384 Mehrfamilienhaus (3 WE)				
	• Herstellen (Kosten: 100,0%)	614,28 m²BGF	4.946	**8,05**	12,1
	Halogenleuchten, Porzellanfassungen (19St), Lichtleisten (9St), Lichtbänder (6St), Feuchtraumleuchten (3St), Gitterleuchte (1St)				
	6100-1393 Doppelhaushälfte (1 WE), Büro (2 AP)				
	• Herstellen (Kosten: 100,0%)	406,76 m²BGF	623	**1,53**	1,1
	LED-Einbaustrahler (2St), LED-Schienen in Fliesenbelag (4m)				
	6100-1394 Wohn- und Geschäftshaus (21 WE)				
	• Abbrechen (Kosten: 1,3%)	2.819,02 m²BGF	733	**0,26**	0,3
	Abbruch von Wand-/Deckenleuchten (74St), Fassadenleuchten (2St); Entsorgung, Deponiegebühren				
	• Herstellen (Kosten: 98,7%)	2.819,02 m²BGF	55.029	**19,52**	19,5
	Feuchtraumleuchten (39St), LED-Downlights (27St), Kellerleuchten (20St), Decken-/Wandleuchten (72St), Einbauleuchten (40St), Strahler (4St), Hängeleuchten (2St), LED-Rettungszeichenleuchten (28St)				
	6100-1444 Einfamilienhaus, Garage (5 STP)				
		522,66 m²BGF	52.871	**101,16**	36,9
	LED-Lichtleisten (370m), für Treppe (21St), LED-Downlights (24St), LED-Einbaustrahler (14St), LED-Wannenleuchten (10St), LED-Deckenleuchten (6St), LED-Pendelleuchten (4St)				
	6100-1494 Mehrfamilienhaus (53 WE), TG (13 STP)				
		6.430,02 m²BGF	33.480	**5,21**	6,4
	Einzelbatterie-Überwachungssystem, DALI Schnittstelle (1St), LED-Sicherheitsleuchten (4St), LED-Rettungszeichenleuchten (5St), LED-Einbaudownlights (46St), LED-Aufbaudownlights (46St), Wandanbau-Feuchtraumleuchten (47St), Ovalleuchten (2St), Wandleuchte (1St)				
	6100-1524 Mehrfamilienhaus (6 WE)				
		1.360,35 m²BGF	15.640	**11,50**	8,9
	Einbaustrahler (131St), LED-Leiste (1St)				

3. Ebene

KG	Kostengruppe	Menge Einheit	Kosten €	€/Einheit	%
	6100-1559 Einfamilienhaus, Praxis - Passivhaus				
		609,55 m² BGF	6.239	**10,23**	7,9
	LED-Reflektorleuchten (39St), LED-Lichtbänder, Alu-Profilschienen (12St), Feuchtraumleuchten (11St)				
	6100-1563 Ferienhaus (1 WE), Garage				
		159,31 m² BGF	3.465	**21,75**	30,8
	Leuchten (psch)				
	6100-1587 Mehrfamilienhaus (9 WE)				
		1.016,97 m² BGF	7.500	**7,37**	5,4
	LED-Deckenleuchten (22St), LED-Wandleuchten (10St), LED-Wannenleuchten (4St), LED-Hausnummernleuchte (1St), LED-Downlight (1St)				
	6100-1593 Mehrfamilienhaus (3 WE)				
		565,46 m² BGF	781	**1,38**	1,0
	Außenleuchten (3St)				
	6100-1672 Einfamilienhaus				
		132,23 m² BGF	6.834	**51,68**	16,8
	LED-Lichtbänder (50m), Aluprofile, l=2,50-4,40m (12St), Schaltnetzteile (8St), Außenwandleuchten (5St), Feuchtraum-Wannenleuchten (3St)				
	6100-1690 Einfamilienhaus				
		384,80 m² BGF	10.381	**26,98**	21,2
	LED-Einbaustrahler (60St), NV-Einbaustrahler (4St), LED-Feuchtraumleuchten (4St), LED-Wandeinbauleuchten (4St), Außen-Downlights (3St), LED-Spiegelleuchte unter Fensterbrett, mit Schiene, l=2,40m, Abdeckung Opalglas (1St)				
	6100-1695 Mehrfamilienhaus (21 WE)				
		1.506,72 m² BGF	17.211	**11,42**	6,8
	LED-Anbauleuchten (45St), Teleskop-Geräteträger (21St)				
	6200-0080 Wohnanlage (28 WE), Inklusives Wohnen				
		5.346,45 m² BGF	93.660	**17,52**	19,7
	Wannenleuchten (57St), Feuchtraumleuchten (41St), Strahler (42St), LED-Rundleuchten (23St), Pendelleuchten (22St), Lichtleisten (38St), LED-Deckenleuchten (14St), Rettungszeichenleuchten (8St), Orientierungsleuchte (1St)				

KG	Kostengruppe	Menge Einheit	Kosten €	€/Einheit	%
	6200-0115 Hospiz (10 Betten)				
		1.358,88 m² BGF	133.621	**98,33**	34,1
	Notlichtüberwachungsgerät (1St), LED-Rundleuchten (39St), LED-Lichtlinien, dimmbar (60St), LED-Sternenhimmel-Set (1St), LED-Decken-Anbauleuchten (18St), LED-Decken-Einbauleuchten (26St), Deckenleuchten (3St), LED-Band (1St), Bodeneinbauleuchten (3St), LED-Rettungszeichenleuchten (18St), LED-Deckenaufbau-Tiefstrahler (18St), Wandleuchten (4St), LED-Feuchtraum-Anbauleuchten (19St), LED-Spiegelleuchten (16St), LED-Lichtleiste (7m), LED-Anbauleuchten (2St)				
	6400-0109 Kinder- und Jugendhaus				
		609,32 m² BGF	50.849	**83,45**	37,5
	LED-Deckeneinbauleuchten, Systemdecken (85St), LED Decken-/Wandleuchten (5St), LED-Anbauleuchten (10St), Wandleuchten (10St), Einbauleuchten (6St), LED-Rettungszeichenleuchten (7St), LED-Sicherheitsleuchten (10St), außen (2St), Sicherheitslichtsystem, Software (1St)				
	6400-0112 Gemeindezentrum (80 Sitzplätze)				
		393,00 m² BGF	34.752	**88,43**	38,2
	Hängeleuchten (16St), Decken-/Wandleuchten (14St), Wannenleuchten (5St), Einbauleuchten (2St), Lichtschienen (8St), LED-Strahler (2St), Lichtbänder (2St), Spiegelleuchten (3St)				
	6500-0051 Berufsschule, Neubau Caféteria (100 Sitzplätze)				
	• Abbrechen (Kosten: 2,4%)	4.265,98 m² BGF	739	**0,17**	0,3
	Abbruch von Leuchten (31St); Entsorgung, Deponiegebühren				
	• Wiederherstellen (Kosten: 7,2%)	4.265,98 m² BGF	2.173	**0,51**	0,8
	Überprüfen, freischalten bestehender Beleuchtungsstromkreise (14h)				
	• Herstellen (Kosten: 90,4%)	4.265,98 m² BGF	27.461	**6,44**	9,7
	Anbauleuchten D=40cm (39St), LED-Sicherheitsleuchten (26St), Deckenanbauleuchten (12St), Rettungszeichenleuchten (10St), LED-Band (8m), Web-Controller (1St)				
	7100-0066 Produktionsgebäude, Büro (120 AP)				
		3.710,27 m² BGF	266.267	**71,76**	21,5
	LED-Lichtbänder, l bis 17,00m (50St), LED-Panel-Leuchten 62x62cm (182St), LED-Anbauleuchten (107St), LED-Einbaudownlights (65St), LED-Anbaustrahler (10St), Wannenleuchten (8St), LED-Straßenleuchten, Wandausleger (10St), LED-Fluter (1St), Hallenbeleuchtung (psch), LED-Sicherheitsleuchten (57St), LED-Rettungszeichenleuchten (40St), dreiseitig abstrahlend (11St)				

3. Ebene

KG	Kostengruppe	Menge Einheit	Kosten €	€/Einheit	%
	7600-0078 Flughafenfeuerwehr (8 Fahrzeuge)				
	• Abbrechen (Kosten: 0,9%)	4.266,00 m² BGF	1.507	**0,35**	0,2
	Abbruch von Leuchten (63St); Entsorgung, Deponiegebühren				
	• Wiederherstellen (Kosten: 0,6%)	4.266,00 m² BGF	1.093	**0,26**	0,2
	Leuchten auf Tragschienen demontieren, Leuchten entsorgen, Tragschienen kürzen, neu montieren, anschließen (10St)				
	• Herstellen (Kosten: 98,5%)	4.266,00 m² BGF	168.448	**39,49**	24,4
	Feuchtraumleuchten (111St), Wannenleuchten (64St), LED-Downlights (67St), Deckeneinbau-Leuchten (48St), Sicherheitsleuchten (35St), Rettungszeichen-Leuchten (17St), LED-Hängeleuchten (10St), Außenstrahler (17St), Außenleuchten (7St), Spiegelleuchten (8St), Schachtbeleuchtungen (2St), beleuchtetes Außenschild (2St)				
	7800-0029 Fahrradparkhaus (200 STP)				
		192,00 m² BGF	63.985	**333,26**	70,2
	Fassadenleuchten (94St), RGB-Steuerungen (8St), LED-Rohrleuchten (6St), LED-Sicherheitsleuchten, Akkuheizung (2St)				
	9100-0155 Zweigbibliothek (150 Leseplätze, 12 AP)				
		7.493,81 m² BGF	809.862	**108,07**	47,4
	LED-Spiegelrasterleuchten (804St), LED-Leuchten, Kettenabhängung (55St), LED-Wannenleuchten (3St), Einbau-Wannenleuchten (147St), Anbau-Wannenleuchten (189St), Tischleuchten (164St), Einbau-Rasterleuchten (82St), Anbau-Rasterleuchten (54St), Einbau-Downlights (88St), Aufbau-Downlights (32St), LED-Sicherheits-Downlights (95St), LED-Rettungszeichenleuchten (40St)				
	9100-0168 Schauspielhaus, Zweitspielstätte				
	• Herstellen (Kosten: 100,0%)	2.865,00 m² BGF	86.387	**30,15**	17,3
	Feuchtraumleuchten (87St), Deckenleuchten (86St), Einbaudownlights (23St), LED-Deckeneinbaustrahler (4St), LED-Sicherheitsleuchten (58St), Rettungszeichenleuchten (26St), Rasterhängeleuchten (14St), Wandleuchten (7St), Pendelleuchten (2St)				
	9100-0169 Klosteranlage, Wissenschafts- und Studierzentrum				
	• Abbrechen (Kosten: < 0,1%)	5.582,91 m² BGF	264	**0,05**	< 0,1
	Abbruch von Wand-/Deckenleuchten (psch); Entsorgung, Deponiegebühren				
	• Herstellen (Kosten: 99,9%)	5.582,91 m² BGF	472.900	**84,70**	36,4
	Wandleuchten (218St), LED-Spots (48St), LED-Bodenstrahler (73St), Wannenleuchten (68St), Einbaudownlights (53St), Stromschienenstrahler (40St), Stromschienen, l=4,00m (22St), Schiebeleuchten, Motorsteuerung (12St), LED-Gewölbefluter (12St), LED-Scheinwerfer (4St), Pendelleuchten (3St), Rettungszeichenleuchten (17St), mit Pendelabhängung (36St), LED-Bereitschaftsstrahler (47St), KNX-Parametrierung (psch)				
	9100-0195 Speicherbibliothek				
		3.814,12 m² BGF	89.378	**23,43**	24,6
	LED-Lichtbänder (172St), LED-Anbauleuchten, rechteckig (62St), rund (21St), LED-Wandleuchten (6St), LED-Deckensicherheitsleuchten (37St), Rettungszeichenleuchten (26St)				

KG	Kostengruppe	Menge Einheit	Kosten €	€/Einheit	%
	9700-0028 Krematorium				
		1.607,98 m2 BGF	97.877	**60,87**	32,3
	Lichtkanäle, l=56,5-140,5cm (44St), l=175-217cm (3St), LED-Einbaudownlights (40St), Pendelleuchten (36St), Tragschienen (27m), LED-Einbauflächenleuchten (4St), LED-Strahler (2St), Profilleuchten (2St), Sonderpendelleuchte (1St), Feuchtraum-Wannenleuchten (68St), Notlichtanlage (1St), Dreiphasenüberwachung (1St), Dali-Repeater (1St), Rettungszeichenleuchten (22St)				
446	**Blitzschutz- und Erdungsanlagen**				
	1300-0234 Bürogebäude (38 AP)				
		1.224,00 m2 BGF	6.403	**5,23**	2,2
	Fundamenterder, Bandstahl 30x3,5mm (125m), Rundstahl, Edelstahl, D=10mm (153m), Potenzialausgleichsschienen (4St)				
	1300-0283 Verwaltungsgebäude (34 AP)				
		1.502,40 m2 BGF	20.121	**13,39**	4,0
	Fundamenterder, Bandstahl 30x3,5mm (330m), Ringerder, Runddraht 8-10mm (293m), Fangstangen, d=16mm (57m), Potenzialausgleichsschienen (5St)				
	1300-0292 Landratsamt (136 AP), TG (19 STP)				
		4.569,26 m2 BGF	32.363	**7,08**	2,3
	Ringerder, Edelstahl, D=10mm (370m), Fundamenterder, Bandstahl 30x3,5mm (238m), Erdungsfestpunkte (6St), Anschlussfahnen (14St), Fangstangen, l=5,50m, Betonsockel (7St), Ableitungen, Stahl, D=8mm (228m), Fangleitungen, Alu, D=8mm (33m), Potenzialausgleichsschienen (7St), Erdungsbandrohrschellen (14St), Klemmen (118St), Anschlüsse (276St)				
	1300-0319 Amtsverwaltung (36 AP)				
		1.790,04 m2 BGF	15.256	**8,52**	1,7
	Fundamenterder, Bandstahl 30x3,5mm (315m), Fangleitungen, Alu, D=8mm (200m), Ableitungen V4A, D=10mm (189m), Alu, D=8mm (129m), Anschlussfahnen (34St), Potenzialausgleichsschienen (3St), Mantelleitungen (145m), Klemmen (94St), Schellen (22St), Fangstangen (13St), Überbrückungen (9St)				
	4100-0173 Ganztagesschule (9 Klassen, 225 Schüler)				
	• Herstellen (Kosten: 100,0%)	1.860,58 m2 BGF	11.512	**6,19**	4,7
	Fundamenterder, Bandstahl 30x3,5mm (252m), Anschlussfahnen bis 2,00m (8St), Fangleitungen, d=8mm (394m), Fangstangen (19St), Potenzialausgleichsschienen, Überbrückungsbänder, l=180mm (29St)				
	4100-0194 Schule (12 Klassen, 336 Schüler)				
	• Herstellen (Kosten: 100,0%)	1.778,38 m2 BGF	3.217	**1,81**	1,0
	Erdungsanschlüsse (56St), Potenzialausgleich (1St), Potenzialausgleichsschiene (4St), Mantelleitungen (N)HMH (510m)				

3. Ebene

KG	Kostengruppe	Menge Einheit	Kosten €	€/Einheit	%
	4200-0039 Bildungszentrum Holzbauberufe (4 Klassen)				
		3.556,16 m² BGF	20.313	**5,71**	2,6
	Fundamenterder (763m), Ableitungen (177m), Verbinder (63St), Fangstangen (47St), Trennstellen (13St)				
	4400-0322 Kindertagesstätte (4 Gruppen, 100 Kinder)				
		1.119,63 m² BGF	14.359	**12,82**	9,5
	Fundamenterder, Bandstahl, Edelstahl (324m), Rundstahl, D=10mm, Edelstahl (17m), Fangleitungen (182m), Ableitungen (72m), Fangspitzen (16St), Erdungskabel (55m), Fangstangen, l=2,50m (4St), Erdeinführungsstangen (10St), Potenzialausgleichsschienen (3St), Klemmen (229St)				
	4400-0333 Kindertagesstätte (3 Gruppen, 35 Kinder)				
		644,98 m² BGF	13.305	**20,63**	10,8
	Fundamenterder, Bandstahl (131m), Edelstahl, D=10mm (195m), Anschlussfahnen (37St), Erdeinführungen (6St), Ableitungen Alu/PVC, hinter Fassade (41m), Alu-Auffangleitungen, D=8mm (107m), Alu-Fangstangen, l=2,00m (5St), Klemmen (110St), Potenzialausgleichsschienen (2St)				
	4400-0334 Kindertagesstätte (8 Gruppen, 150 Kinder)				
		1.648,86 m² BGF	24.909	**15,11**	10,9
	Ringerder, Edelstahl (521m), Funktionspotenzialausgleichsleiter, Stahldraht verzinkt (298m), Anschlussfahnen (20St), Potenzialausgleichsschienen (7St), Erdungskabel (20m)				
	4400-0356 Kindergarten (4 Gruppen, 112 Kinder), Wohnungen				
		1.204,74 m² BGF	33.042	**27,43**	9,2
	Fundamenterder, Bandstahl (248m), Ringerder, Edelstahl (353m), Anschlussfahnen (45St), Alu-Fangleitung, D=8mm (77m), Alu-Fangstangen, D=16mm (15St), Potenzialausgleichsschienen (4St), Mantelleitungen N2XH-O (604m), Koax-Blitzstromableiter (5St), Anschlussverbindungsleitung (146m), Überspannungs-Ableiter (28St)				
	4400-0357 Kinderhaus (4 Gruppen, 74 Kinder)				
		1.009,00 m² BGF	15.519	**15,38**	6,9
	Fundamenterder, Bandstahl (396m), Anschlussfahnen (25St), Überspannungs-Ableiter, vierpolig (11St), Alu-Fangleitung, D=8mm (49m), Alu-Fangstangen, D=16mm (2St), Potenzialausgleichsschienen (2St), Mantelleitungen NHXMH (372m)				
	4400-0362 Kindertagesstätte (6 Gruppen, 124 Kinder)				
		1.678,28 m² BGF	16.915	**10,08**	5,5
	Rundleiter V4A, als Ringerder (488m), als senkrechte Ableitung in Beton (84m), als Fahne (26m), Fundamenterder, Bandstahl 30mm (200m), Überbrückungsbügel (84St)				
	5100-0122 Sporthalle (Zweifeldhalle)				
•	Herstellen (Kosten: 100,0%)	2.217,01 m² BGF	24.385	**11,00**	5,6
	Runddrähte (852m), Fundamenterder, Bandstahl 30x3,5mm (92m), Erdeinführungsstangen (22St), Potenzialausgleichsschienen (4St), Tiefenerder (2St), Fangstangen (8St)				

KG	Kostengruppe	Menge Einheit	Kosten €	€/Einheit	%
	5100-0127 Sporthalle (Dreifeldhalle)				
		4.351,43 m² BGF	38.806	**8,92**	5,7
	Fundamenterder, Bandstahl 3x3,5mm (716m), Ringerder, Edelstahl, D=10mm (658m), Tiefenerder, D=25mm (5St), Blitzschutzableiter (875m), Fangstangen (33St), Anschlussfahnen (19St), Potenzialausgleichsschienen (8St), Mantelleitungen NYY-J (675m), H07RN-F (225m)				
	5100-0128 Sporthalle (Einfeldhalle)				
		815,50 m² BGF	18.450	**22,62**	11,3
	Fangleitungen (320m), Erdungsleitungen (185m), Fundamenterder (160m), Ableitungen (115m), Fangspitzen (22St), Fangstangen (12St), Ringerder (320m), Anschlussfahnen (2St), Tiefenerder (2St), Hauptpotenzialausgleich (1St), Potenzialausgleichsschienen (7St), Banderdungsschellen (15St)				
	5200-0012 Sportbadhalle				
•	Herstellen (Kosten: 100,0%)	805,60 m² BGF	39.484	**49,01**	11,6
	Rundstahl (373m), Mantelleitungen NYM (504m), Flachstahl (494m), Alu-Leitungen (287m), Anschlussfahnen, Rundstahl (4St), Blitzableitungen (59m), Potenzialausgleichsschienen (7St), Fangstangen (24St)				
	5200-0020 Badeanstalt				
		204,00 m² BGF	11.622	**56,97**	21,7
	Fundamenterder (94m), Fangleitungen, Alu (92m), Ringerder (82m), Ableitungen, Alu (48m), Klemmen (14St), Edelstahl-Fangstangen (9St), Edelstahl-Erdeinführungsstangen (8St), Anschlussfahnen (8St), Potenzialausgleichsschienen (2St)				
	5300-0016 Strandbad, Gastronomie				
		492,00 m² BGF	7.694	**15,64**	6,0
	Fundamenterder, verzinkt, d=10mm (154m), Alu-Ableiter, D=8mm (59m), Edelstahl-Fangleitungen, D=8mm (187m), Fangstangen, D=16mm, l=2,00m (10St), Potenzialausgleichschienen (2St), Erdungsanschlüsse (16St)				
	6100-1355 Mehrfamilienhaus (17 WE)				
		2.251,71 m² BGF	6.213	**2,76**	4,2
	Erdungsdraht (20m), Kabelbahn, verzinkt (27m), Hauptpotenzialausgleich (1St), Potenzialausgleichsschienen (36St)				
	6100-1379 Wohn- und Geschäftshaus (1 WE)				
•	Herstellen (Kosten: 100,0%)	762,16 m² BGF	6.378	**8,37**	11,3
	Ringerder, V4A, D=10mm (63m), Tiefenerder, Stahl, D=20mm (2St), Fangstangen (5St), Fangleitungen (47m), Ableiter (53m), Kreuzverbinder (44St)				
	6100-1384 Mehrfamilienhaus (3 WE)				
•	Herstellen (Kosten: 100,0%)	614,28 m² BGF	311	**0,51**	0,8
	Potenzialausgleichsanlage (1St)				

KG	Kostengruppe	Menge Einheit	Kosten €	€/Einheit	%
	6100-1394 Wohn- und Geschäftshaus (21 WE)				
	• Abbrechen (Kosten: 1,5%)	2.819,02 m² BGF	236	**0,08**	< 0,1
	Abbruch von Blitzableitern (75m), Klemmen, Schellen (30St); Entsorgung, Deponiegebühren				
	• Herstellen (Kosten: 98,5%)	2.819,02 m² BGF	15.698	**5,57**	5,6
	Edelstahl-Fundamenterder (102m), Ringerder (58m), Trennstellen (12St), Ableitungen, Stahl, D=8mm (548m), Fangstangen (36St), Überspannungsableiter (6St), Potenzialausgleichsschienen (4St)				
	6100-1444 Einfamilienhaus, Garage (5 STP)				
		522,66 m² BGF	5.866	**11,22**	4,1
	Ringerder, Edelstahl (psch), Fundamenterder (psch), Anschlussfahnen, Edelstahl (psch), Erdleitungen H07V-U (39m), Potenzialausgleichsschienen (3St)				
	6100-1494 Mehrfamilienhaus (53 WE), TG (13 STP)				
		6.430,02 m² BGF	15.029	**2,34**	2,9
	Fundamenterder, Bandstahl (256m), Anschlussfahnen (5St), Erdungsfestpunkte (12St), Ringerder, V4A (303m), Erderfahnen, V4A (11St), Potenzialausgleichsschienen (5St), Mantelleitungen NHXMH-J (749m)				
	6100-1524 Mehrfamilienhaus (6 WE)				
		1.360,35 m² BGF	14.382	**10,57**	8,2
	Fundamenterder (75m), Blitzschutz außen (psch)				
	6100-1559 Einfamilienhaus, Praxis - Passivhaus				
		609,55 m² BGF	235	**0,39**	0,3
	Erdungsblock (3St), Potenzialausgleichsschiene (1St)				
	6100-1562 Einfamilienhaus, Büro - Passivhaus				
		354,00 m² BGF	5.624	**15,89**	7,5
	Ringerder, Edelstahl, D=10mm (140m), Bandstahl, verzinkt (145m)				
	6100-1563 Ferienhaus (1 WE), Garage				
		159,31 m² BGF	2.599	**16,31**	23,1
	Blitzschutz, Erdung (psch)				
	6100-1587 Mehrfamilienhaus (9 WE)				
		1.016,97 m² BGF	4.377	**4,30**	3,1
	Fundamenterder (105m), Ringerder, Edelstahl (114m), Anschlussfahnen, Edelstahl (8m), Potenzialausgleichschiene (1St), Mantelleitungen (26m)				
	6100-1593 Mehrfamilienhaus (3 WE)				
		565,46 m² BGF	2.989	**5,29**	3,7
	Fundamenterder V4A (63m), Anschlussfahnen (2St), Potenzialausgleichsschiene (1St)				

KG	Kostengruppe	Menge Einheit	Kosten €	€/Einheit	%
	6100-1672 Einfamilienhaus				
		132,23 m² BGF	2.560	**19,36**	6,3
	Fundamenterder V4A (66m), verzinkt (60m), Verbinder (36St), Erdungsschiene (1St), Anschlussfahne (1St), Mantelleitungen NYM (16m)				
	6100-1690 Einfamilienhaus				
		384,80 m² BGF	1.739	**4,52**	3,6
	Fundamenterder, Bandstahl 30x3,5mm, feuerverzinkt (106m), Potenzialausgleichsschiene (1St)				
	6100-1695 Mehrfamilienhaus (21 WE)				
		1.506,72 m² BGF	4.910	**3,26**	1,9
	Fundamenterder, Bandstahl 30x3,5mm (126m), Edelstahl (12m), Anschlussfahnen (6St), Trennstellen (6St), Erdungsblöcke (3St), Potenzialausgleichsschienen (2St), Erdungsschellen (10St), Klemmanschlüsse (10St), Mantelleitungen (33m)				
	6200-0080 Wohnanlage (28 WE), Inklusives Wohnen				
		5.346,45 m² BGF	14.062	**2,63**	3,0
	Erdleitungen NYM-J (493m), Ringerder, Edelstahl, D=10mm (490m), Fundamenterder (273m), Potenzialausgleichsschienen (5St)				
	6200-0115 Hospiz (10 Betten)				
		1.358,88 m² BGF	48.281	**35,53**	12,3
	Tiefenerder, Edelstahl (16St), Überspannungsableiter (25St), Überspannungsschutz (1St), Fangleitungen auf Flachdächern (177m), Runddraht, Stahldraht (270m), Edelstahl (151m), modulare Kombi-Ableiter (4St), Erdeinführungsstangen (32St), Anschlussfahnen, Rundstahl (51St), Banderdungsschellen (95St), Ableitungen, Alu (54m), Fangspitzen, Alu (29St), Potenzialausgleichsschienen (5St), Fangleitung, Alu (2m)				
	6400-0109 Kinder- und Jugendhaus				
		609,32 m² BGF	13.321	**21,86**	9,8
	Ringerder (266m), Funktionspotenzialausgleich, Runddrähte (123m), Trennstellenkästen (9St), Fangleitungen (231m), Fangstangen (15St), Ableitungen (81m), Banderdungsschellen (12St), Überbrückungsbänder (49St), Überspannungsschutz Mastleuchte (1St), Potenzialausgleichsschienen (4St)				
	6400-0112 Gemeindezentrum (80 Sitzplätze)				
		393,00 m² BGF	5.313	**13,52**	5,8
	Ringerder (23m), Überspannungsableiter (2St), Blitzableiter (1St), Potenzialausgleichsschiene (1St)				
	6500-0051 Berufsschule, Neubau Caféteria (100 Sitzplätze)				
	• Herstellen (Kosten: 100,0%)	4.265,98 m² BGF	22.458	**5,26**	7,9
	Flachband-Ringerder (127m), Fangleitungen, Runddraht 8mm (201m), Fangstangen 16mm, l=50cm (14St), Potenzialausgleichserder (85m), Potenzialausgleichsschienen (3St), Überspannungsschutz (1St)				

3. Ebene

KG	Kostengruppe	Menge Einheit	Kosten €	€/Einheit	%
	7100-0066 Produktionsgebäude, Büro (120 AP)				
		3.710,27 m² BGF	51.648	**13,92**	4,2
	Ringerder, Edelstahl, D=10mm (490m), Banderder, Edelstahl 30x35mm (475m), Ableitungen (200m), Alu-Fangleitungen, D=8mm (120m), Alu-Fangstangen, l=1,00-3,00m (60St), Anschlussfahnen, Edelstahl (15St), Erdeinführungsstangen, Edelstahl (12St), Trennstellenkästen (12St), Kombi-Fangeinrichtungen für Dachaufbauten (6St), Klemmen (725St), Alu-Laschen/Verbindungen (125St), Erdungsbandrohrschellen (103St), Potenzialausgleichsschienen (22St), Anschlüsse an Potenzialausgleich (121St), Mantelleitungen NYM-J (760m), Blitzschutz für Photovoltaikanlage (psch)				
	7600-0078 Flughafenfeuerwehr (8 Fahrzeuge)				
	• Abbrechen (Kosten: 7,0%)	4.266,00 m² BGF	3.019	**0,71**	0,4
	Abbruch von Fangstangen (14St), Dachauffangleitungen (409m); Entsorgung, Deponiegebühren				
	• Herstellen (Kosten: 93,0%)	4.266,00 m² BGF	40.165	**9,42**	5,8
	Fundamenterder, Bandstahl 30x3,5mm (392m), Ringerder, D=10mm (348m), Alu-Fangmasten (13St), Erdeinführungsstangen (4St), Potenzialausgleichsschiene, siebenfach (8St), Rundleiter, d=8mm (155m), NYM-J-Mantelleitungen (270m), Verbinder (242St), Klemmen (78St)				
	7800-0029 Fahrradparkhaus (200 STP)				
		192,00 m² BGF	7.451	**38,81**	8,2
	Tiefenerder (4St), Ringerder (108m), Anschlussfahnen (15St), Erdeinführungsstangen (15St)				
	9100-0155 Zweigbibliothek (150 Leseplätze, 12 AP)				
		7.493,81 m² BGF	68.793	**9,18**	4,0
	Fundamenterder, Bandstahl 30x3,5mm (380m), Ringerder, Edelstahl, D=10mm (364m), Ableitung, Rundstahl, D=10mm (422m), Alu-Fangleitungen, D=8mm (240m), Anschlussfahnen (36St), Alu-Fangstangen, l=2,00-6,50m (28St), Alu-Fangspitzen (30St), Erdkabel NYY (1.389m), Potenzialausgleichsschienen (36St), Verbindungen/Anschlüsse (543St)				
	9100-0168 Schauspielhaus, Zweitspielstätte				
	• Herstellen (Kosten: 100,0%)	2.865,00 m² BGF	7.600	**2,65**	1,5
	Installationsleitungen NHMH-J (679m), Potenzialausgleichsleitungen (68m), Potenzialausgleichsschienen (14St)				
	9100-0169 Klosteranlage, Wissenschafts- und Studierzentrum				
	• Herstellen (Kosten: 100,0%)	5.582,91 m² BGF	60.908	**10,91**	4,7
	Ringerder, Runddraht V4A (402m), Fundamenterder, Bandstahl 30x3,5mm (33m), Ober-/Ableitungen, Kupfer (818m), Alu (93m), Edelstahl (62m), Leitungshalter (754St), Verbinder, Klemmen (584St), Fangstangen (16St), Erdeinführungsstangen (28St), Erdungsbandschellen (21St), Potenzialausgleichsschienen (13St), Potenzialausgleichsleitungen NYM (586m)				

KG	Kostengruppe	Menge Einheit	Kosten €	€/Einheit	%
	9100-0195 Speicherbibliothek				
		3.814,12 m²BGF	68.655	**18,00**	18,9
	Ringerder, Edelstahl (560m), Fundamenterder (208m), Betonsockel, Teleskop-Fangmasten, l=4,35m (7St), Anschlussfahnen, l=2,00m (13St), Alu-Fangleitungen (383m), Alu-Fangstangen (7St), Alu-Ableitungen (157m), Erdeinführungen (6St), Überspannungsschutz (73St), Potenzialausgleichsschienen (6St), Dachhalter (359St), Kabel N2XH-J (557m), Verbinder (441St)				
	9700-0028 Krematorium				
		1.607,98 m²BGF	22.707	**14,12**	7,5
	Erdungsanlage (psch), Blitzstromableiter (1St), Erdungsbandschellen (16St), Potenzialausgleichsschienen (5St), Aufzugserdung (1St)				

Kostenkennwerte für die Kostengruppen 400 der 3.Ebene DIN 276

KG	Kostengruppe	Menge Einheit	Kosten €	€/Einheit	%
451	**Telekommunikationsanlagen**				
	1300-0234 Bürogebäude (38 AP)				
		1.224,00 m² BGF	7.607	**6,21**	6,8
	Installationskabel J-Y (240m), HDMI-Kupferkabel (40m), Verteilerkasten (1St), Tür-Controller, Transformator (1St), Steuermodul, Fernschaltmodul (1St), Bus-Netzgerät (1St), Bodentankanschluss-System (1St)				
	4200-0039 Bildungszentrum Holzbauberufe (4 Klassen)	3.556,16 m² BGF	33.564	**9,44**	12,5
	Telefonanlage, Kommunikationsserver (1St), DECT-Basisstationen (16St), Systemtelefone (12St), Controller, zehn Kanäle (1St), Patchkabel (101St), Switch, achtfach (1St)				
	4400-0322 Kindertagesstätte (4 Gruppen, 100 Kinder)	1.119,63 m² BGF	1.736	**1,55**	5,1
	Fernmeldekabel (154m), Verbindungsverteiler (1St)				
	4400-0334 Kindertagesstätte (8 Gruppen, 150 Kinder)	1.648,86 m² BGF	924	**0,56**	3,1
	Kabellose DECT-Telefone, Adapter RJ45/TAE (5St), Ladeschalen, Adapter Lan/TAE (2St)				
	4400-0362 Kindertagesstätte (6 Gruppen, 124 Kinder)	1.678,28 m² BGF	7.739	**4,61**	13,6
	Telefonkabel (200m), Telefonzentrale (1St), Telefone, schnurlos (9St), Repeater (3St)				
	5100-0127 Sporthalle (Dreifeldhalle)	4.351,43 m² BGF	535	**0,12**	0,2
	Telefonverteilerkasten (2St), Fernmeldeleitungen (50m)				
	5200-0020 Badeanstalt				
		204,00 m² BGF	413	**2,02**	6,7
	Fernmeldeleitungen (112m), Anschlussdose (1St)				
	6100-1355 Mehrfamilienhaus (17 WE)				
		2.251,71 m² BGF	9.545	**4,24**	24,3
	Telefonleitungen (1.390m), Leerrohre (830m)				
	6100-1384 Mehrfamilienhaus (3 WE)				
	• Herstellen (Kosten: 100,0%)	614,28 m² BGF	1.127	**1,84**	48,4
	Fernmeldeleitungen (65m), Telefon-Anschlussdosen (3St)				
	6100-1393 Doppelhaushälfte (1 WE), Büro (2 AP)				
	• Herstellen (Kosten: 100,0%)	406,76 m² BGF	29	**0,07**	4,4
	TAE-Steckdosen (3St), Fernmeldeleitungen (23m)				

KG	Kostengruppe	Menge Einheit	Kosten €	€/Einheit	%
	6100-1394 Wohn- und Geschäftshaus (21 WE)				
	• Herstellen (Kosten: 100,0%)	2.819,02 m² BGF	1.692	**0,60**	2,3
	TAE-Anschlussdosen (68St)				
	6100-1559 Einfamilienhaus, Praxis - Passivhaus				
		609,55 m² BGF	2.130	**3,49**	13,8
	Fernmeldeleitungen J-Y(ST)Y (109m), Telefonanlage (1St), Systemtelefon (1St), Anrufbeantworter-Modul (1St)				
	6100-1563 Ferienhaus (1 WE), Garage				
		159,31 m² BGF	866	**5,44**	100,0
	Telefonanschluss (psch)				
	6100-1593 Mehrfamilienhaus (3 WE)				
		565,46 m² BGF	707	**1,25**	8,0
	Fernsehanschlussdosen (4St), Verkabelungen (psch)				
	6100-1695 Mehrfamilienhaus (21 WE)				
		1.506,72 m² BGF	11.805	**7,83**	33,5
	LSA-Verteiler (1St), Datenkabel Cat6 (1.510m), Datenanschlussdosen 2xRJ45 (21St)				
	6200-0080 Wohnanlage (28 WE), Inklusives Wohnen				
		5.346,45 m² BGF	10.525	**1,97**	7,6
	Fernmeldeleitungen J-Y(ST)Y (2.471m), Telefonanschlussdosen (71St), Verteilerkasten (3St), Telefongerät (1St)				
	6200-0115 Hospiz (10 Betten)				
		1.358,88 m² BGF	418	**0,31**	0,3
	Fernmeldekabel (140m)				
	6400-0112 Gemeindezentrum (80 Sitzplätze)				
		393,00 m² BGF	88	**0,22**	0,3
	Fernmeldeleitungen J-Y(ST)Y (46m)				
	6500-0051 Berufsschule, Neubau Caféteria (100 Sitzplätze)				
	• Abbrechen (Kosten: 100,0%)	4.265,98 m² BGF	328	**0,08**	0,8
	Abbruch von Fernmeldeleitungen (172m); Entsorgung, Deponiegebühren				
	7600-0078 Flughafenfeuerwehr (8 Fahrzeuge)				
	• Herstellen (Kosten: 100,0%)	4.266,00 m² BGF	58.158	**13,63**	14,4
	Verteilerkästen (4St), Spleißboxen (10St), Kabelpigtails, Kupplungen (144St), Lichtbogenspleiße (12St), Installationskabel J-H(ST)H (2.983m), LWL-Universalkabel (552m), Installationsrohr (559m)				
452	**Such- und Signalanlagen**				
	1200-0001 Gerichtsgebäude - Eingangsbereich				
	• Herstellen (Kosten: 100,0%)	136,87 m² BGF	12.495	**91,29**	43,5
	Gegensprechanlage (1St), Steuereinheit (1St), Mikrofon (1St), Lautsprecher (1St)				

3. Ebene

KG	Kostengruppe	Menge Einheit	Kosten €	€/Einheit	%
	1300-0234 Bürogebäude (38 AP)				
		1.224,00 m²BGF	18.204	**14,87**	16,2
	Digitale Schließanlage (1St), Einbautürlautsprecher, Gehäuse, Netzteile, Edelstahlkassette (1St), Türterminal, Fernüberwachung der Notentriegelung (1St)				
	1300-0292 Landratsamt (136 AP), TG (19 STP)				
		4.569,26 m²BGF	4.311	**0,94**	0,8
	Sprechanlage, Tasterwahlblock (1St), Ruftasten (2St), Lautsprecher (1St), Einbaumikrofon (1St), IP-Kamera (1St), IP-Elektronik (1St), POE-Energieversorgung (1St), Notrufset (1St)				
	1300-0319 Amtsverwaltung (36 AP)				
		1.790,04 m²BGF	12.935	**7,23**	11,4
	Sprechanlage, Türstation, Standsäule (1St), Innensprechanlage mit Gegensprechfunktion (1St), Notruf für barrierefreies WC (1St), Signalleuchte (1St), Zugraster (2St), Abstelltaster (1St), USV-Modul (1St), Installationskabel (47m)				
	4200-0039 Bildungszentrum Holzbauberufe (4 Klassen)				
		3.556,16 m²BGF	35.196	**9,90**	13,1
	Rufsignalanlage, Serverschrank 19" (1St), Sprechstellen (3St), Lautsprecher (74St), Switch 19" (2St), Videoanlage (1St), Außenkameras (6St), Türsprechanlage (1St), Briefkastenanlage (1St)				
	4400-0322 Kindertagesstätte (4 Gruppen, 100 Kinder)				
		1.119,63 m²BGF	4.634	**4,14**	13,7
	Wohnungsstationen (4St), Gongs (2St), Schwachstromverteiler (1St), Notrufset für barrierefreies WC (1St), Türwächter mit Voralarm (3St)				
	4400-0333 Kindertagesstätte (3 Gruppen, 35 Kinder)				
		644,98 m²BGF	2.479	**3,84**	8,3
	Schwachstromverteilerkasten (1St), LSA-Anschlussleiten (8St), Ruf-Kompakt-Set für barrierefreies WC (1St), Ruftaster mit Beruhigungslampe (1St), Einbaulautsprecher (1St), Innenstationen, Freisprechen (3St), Steuergerät (1St), Fernmeldeleitungen (35m)				
	4400-0334 Kindertagesstätte (8 Gruppen, 150 Kinder)				
		1.648,86 m²BGF	1.648	**1,00**	5,6
	Ruf-Kompaktset für barrierefreies WC (1St), Hupen (7St), Klingeltransformatoren (3St), Klingelleitungen (87m)				
	4400-0356 Kindergarten (4 Gruppen, 112 Kinder), Wohnungen				
		1.204,74 m²BGF	10.211	**8,48**	9,8
	Videotürsprechstelle, Kameramodul (1St), TK-Schnittstelle (1St), Innen-Videosprechanlagen (6St), Freisprechstation, Tischkonsole (1St)				
	4400-0357 Kinderhaus (4 Gruppen, 74 Kinder)				
		1.009,00 m²BGF	4.082	**4,05**	13,0
	Sprechanlage (1St), Netzgerät, Notrufset, Telefon-Gateway (1St), DECT-Repeater (2St)				

KG	Kostengruppe	Menge Einheit	Kosten €	€/Einheit	%
	4400-0362 Kindertagesstätte (6 Gruppen, 124 Kinder)				
		1.678,28 m²BGF	7.657	**4,56**	13,5
	Türsprechanlage, vier Modulplätze (1St), Displaymodul (1St), Codiermodul (1St), Türsprechmodul (1St), Infomodul (1St), Briefkastenelemente (2St), Personen-Notrufanlage (1St)				
	5100-0122 Sporthalle (Zweifeldhalle)				
	• Herstellen (Kosten: 100,0%)	2.217,01 m²BGF	6.062	**2,73**	8,7
	Ruf-Sets: Netzteil, Alarmmelde-Einsatz, Signaltaster-Einsatz mit Zugschnur, optische und akustische Notrufsignalisierung, Beruhigungslicht bei Rufauslösung, Abstelltaster zum Aufheben des Notrufs (6St), Zugschnurtaster (3St), Kontrollanzeigen, sechsfach für Lichtruf (2St), Installationsleitungen J-H(St)H (800m)				
	5100-0127 Sporthalle (Dreifeldhalle)				
		4.351,43 m²BGF	2.553	**0,59**	0,8
	Ruf-Kompaktset für barrierefreie WCs (3St)				
	5100-0128 Sporthalle (Einfeldhalle)				
		815,50 m²BGF	857	**1,05**	4,3
	WC-Notrufanlage (1St), elektronische Gongs (2St), Ballschutzkorb (1St), Klingeltransformator (1St)				
	5200-0020 Badeanstalt				
		204,00 m²BGF	409	**2,00**	6,7
	Ruf-Kompaktset für barrierefreies WC (1St)				
	6100-1355 Mehrfamilienhaus (17 WE)				
		2.251,71 m²BGF	5.428	**2,41**	13,8
	Klingelanlage für 17 Wohneinheiten, Klingeltaster, Lichttaster (1St), Installationskabel J-Y(ST)Y (150m)				
	6100-1379 Wohn- und Geschäftshaus (1 WE)				
	• Herstellen (Kosten: 100,0%)	762,16 m²BGF	2.218	**2,91**	13,8
	Gegensprechanlage, drei Teilnehmer, Klingeltaster (1St)				
	6100-1384 Mehrfamilienhaus (3 WE)				
	• Herstellen (Kosten: 100,0%)	614,28 m²BGF	1.202	**1,96**	51,6
	Installationskabel J-Y(ST)Y (110m)				
	6100-1394 Wohn- und Geschäftshaus (21 WE)				
	• Abbrechen (Kosten: < 0,1%)	2.819,02 m²BGF	8	**< 0,01**	< 0,1
	Abbruch von Klingeltableau (1St); Entsorgung, Deponiegebühren				
	• Herstellen (Kosten: 100,0%)	2.819,02 m²BGF	17.330	**6,15**	23,4
	Sprechanlagen, Verteilerkästen (2St), Klingeltaster, Türöffner (23St), Türsprechstationen (4St)				
	6100-1444 Einfamilienhaus, Garage (5 STP)				
		522,66 m²BGF	9.000	**17,22**	17,7
	Türkommunikationsanlage, Videomodul, Audiomodul, Zugangsmodul, Transponder, Klingeltaster (1St), Innenstation, Touchdisplay (1St), Lautsprecherkabel (100m)				

KG	Kostengruppe	Menge Einheit	Kosten €	€/Einheit	%
	6100-1494 Mehrfamilienhaus (53 WE), TG (13 STP)				
		6.430,02 m²BGF	21.284	**3,31**	17,5
	Metallstehlen für Türsprechanlagen (2St), Frontplatten Gegensprechanlagen, Durchgravur, LED-Hintergrundbeleuchtung (2St), Frontplatten Türstation, Kombitaster, LED-Lichtmodul, für 30 Namensschilder (1St), für 25 Namensschilder (1St), Video-Türsprechanlagen, Außenstationen (2St), Audio-Innenstationen zum Freisprechen (53St), BUS-Strangversorgungen (2St), Trafos (2St)				
	6100-1559 Einfamilienhaus, Praxis - Passivhaus				
		609,55 m²BGF	1.197	**1,96**	7,8
	Türsprechanlage (1St), Türlautsprecher (1St)				
	6100-1587 Mehrfamilienhaus (9 WE)				
		1.016,97 m²BGF	5.253	**5,17**	31,7
	Busleitungen (347m), Wohnungsstationen für Türsprechanlage (11St), Einbautürlautsprecher, Ruftastenbeleuchtung, für Briefkastenanlage (1St), Klingeltaster (9St)				
	6100-1593 Mehrfamilienhaus (3 WE)				
		565,46 m²BGF	373	**0,66**	4,2
	Klingelanlagen (3St), Verkabelungen (psch)				
	6100-1672 Einfamilienhaus				
		132,23 m²BGF	375	**2,84**	8,1
	Klingeltaster, Sprechstelle (1St), Rufgenerator (1St), Funkmodul (1St)				
	6100-1690 Einfamilienhaus				
		384,80 m²BGF	860	**2,24**	14,6
	Klingel-/Sprechanlage, zwei Klingeltrafos, Klingeldrücker, Läutewerk (1St)				
	6100-1695 Mehrfamilienhaus (21 WE)				
		1.506,72 m²BGF	11.511	**7,64**	32,7
	Kommunikationsstele, Alu (1St), Bus-Tastenmodule, vier Ruftasten (6St), Bus-Türlautsprechermodul (1St), Bus-Netzgerät (1St), Audio-Innenstationen (21St), Bus-Steuergeräte (2St), Installationskabel J-H(ST)H (835m)				
	6200-0080 Wohnanlage (28 WE), Inklusives Wohnen				
		5.346,45 m²BGF	9.529	**1,78**	6,9
	Wohnungsstationen (30St), Türklingeltaster (30St), Ruf-Kompaktset für barrierefreie WCs (2St), Dienstzimmerterminals (2St)				
	6200-0115 Hospiz (10 Betten)				
		1.358,88 m²BGF	36.432	**26,81**	23,0
	Lichtrufanlage (1St), Personenrufanlage (1St), Dienstzimmerterminal (1St), Zimmerterminals (14St), Notruftaster (12St), Sprachmodule (15St), Zimmersignalleuchten (15St), Birntaster (12St), Zugtaster (27St), Abstelltaster (14St), Ruftaster (1St)				

KG	Kostengruppe	Menge Einheit	Kosten €	€/Einheit	%
	6400-0109 Kinder- und Jugendhaus				
		609,32 m² BGF	3.437	**5,64**	12,7
	Tür-Gegensprechanlage, Einbaulautsprecher, zwei Klingeltaster (1St), Türöffner (1St), TK-Schnittstelle (1St), Ruf-Kompaktset für barrierefreies WC (1St), Installationskabel J-Y(St)Y (463m)				
	6400-0112 Gemeindezentrum (80 Sitzplätze)				
		393,00 m² BGF	796	**2,02**	3,1
	Mantelleitungen (22m), Sprechanlage (1St)				
	7100-0066 Produktionsgebäude, Büro (120 AP)				
		3.710,27 m² BGF	30.881	**8,32**	6,0
	Tür-/Video-Gegensprechanlage: Kommunikationssäulen, Kameramodule, Einbaulautsprecher (2St), Türstationen (6St), Türumschaltungen (3St), Netzgeräte (3St), BUS-Verbinder (1St), Video-Linienverteiler (1St), Video-Hausstationen, Tischkonsolen (2St), Installationskabel J-Y(St)Y (680m), Notrufset für barrierefreies WC (1St)				
	7600-0078 Flughafenfeuerwehr (8 Fahrzeuge)				
	• Herstellen (Kosten: 100,0%)	4.266,00 m² BGF	114.780	**26,91**	28,4
	Erweiterungsset Türsprechstelle (1St), Türsprechstelle mit Video (1St), Intercom-Module (3St), Deckenlautsprecher (6St), Außenkabel Cat7 (500m)				
	9100-0155 Zweigbibliothek (150 Leseplätze, 12 AP)				
		7.493,81 m² BGF	17.139	**2,29**	2,8
	Türsprechstellen, Info-, Tasten-, Lautsprechermodul, Aufschaltung auf Telefonanlage (2St), Lautsprecherkabel (207m), symmetrische Digitalkabel (180m), FBAS-Videokabel (180m), VGA-Kabel (140m)				
	9100-0168 Schauspielhaus, Zweitspielstätte				
	• Herstellen (Kosten: 100,0%)	2.865,00 m² BGF	1.255	**0,44**	1,2
	Rufkompaktset: Zugtaster mit LED-Beruhigungslampe, Abstelltaster, Dienstzimmereinheit mit LED-Rufmeldelampe, Schallgeber, Zimmer-Signalleuchte (1St), Zugtaster mit LED-Beruhigungslampe (3St), Ruftaster (1St)				
	9100-0169 Klosteranlage, Wissenschafts- und Studierzentrum				
	• Herstellen (Kosten: 100,0%)	5.582,91 m² BGF	45.014	**8,06**	16,6
	Notrufset, Netzgerät (1St), Außensprechanlagen, Zentralmodule, Sprechstellenmodule, SIP-Video-Clients, VoiP-Telefone (2St), Kommunikationsstele (1St)				
	9700-0028 Krematorium				
		1.607,98 m² BGF	16.725	**10,40**	22,4
	Personen-Notsignalzentrale (1St), Personen-Notsignalgerät (1St), Telefon-Wählgerät (1St), Sirene/Blitzgerät (1St), Antenne (1St), Netzgeräte (2St), Ruf-Kompaktset (1St), Türsprechanlage, Tastenmodule (2St), Türlautsprechermodule (2St), Einbautürlautsprecher (1St), BUS-Schnittstellen (2St), Briefkästen (2St), Netzgerät (1St), Trafo (1St)				

KG	Kostengruppe	Menge Einheit	Kosten €	€/Einheit	%
453	**Zeitdienstanlagen**				
	1300-0292 Landratsamt (136 AP), TG (19 STP)				
		4.569,26 m² BGF	13.856	**3,03**	2,6
	Zeiterfassungsterminals (2St), Programmierung (1St), Blende (1St)				
	5100-0122 Sporthalle (Zweifeldhalle)				
	• Herstellen (Kosten: 100,0%)	2.217,01 m² BGF	3.372	**1,52**	4,8
	Wanduhr, D=60cm, ballwurfsicher, DCF-Funkempfänger 230V (1St)				
	5200-0012 Sportbadhalle				
	• Herstellen (Kosten: 100,0%)	805,60 m² BGF	1.652	**2,05**	1,2
	Nebenuhr, D=64,6cm (1St)				
454	**Elektroakustische Anlagen**				
	1300-0292 Landratsamt (136 AP), TG (19 STP)				
		4.569,26 m² BGF	9.870	**2,16**	1,9
	Verstärker, mit Webradio, MP3-Player, Busankoppler (1St), ELA Verstärker (1St), Deckeneinbaulautsprecher (12St)				
	1300-0319 Amtsverwaltung (36 AP)				
		1.790,04 m² BGF	3.103	**1,73**	2,7
	Bluetooth-Receiver (1St), Radio (1St), Decken-Einbaulautsprecher (6St), Installationskabel (82m)				
	4100-0173 Ganztagesschule (9 Klassen, 225 Schüler)				
	• Herstellen (Kosten: 100,0%)	1.860,58 m² BGF	8.223	**4,42**	6,4
	ELA-Anlage, programmieren, in Betrieb nehmen (psch), Deckeneinbaulautsprecher (33St), Aufbaulautsprecher (1St), Verteiler (4St), Lautsprecherkabel J-H(St)H (893m)				
	4100-0194 Schule (12 Klassen, 336 Schüler)				
	• Herstellen (Kosten: 100,0%)	1.778,38 m² BGF	3.603	**2,03**	6,6
	Deckeneinbaulautsprecher 6/10Watt (36St), Lautsprechermast (1St), Nachrüsten Verstärker (1St)				
	4400-0333 Kindertagesstätte (3 Gruppen, 35 Kinder)				
		644,98 m² BGF	7.954	**12,33**	26,5
	Deckenlautsprecher (6St), Installationsverstärker, Überträger (3St), Überträger, zweikanalig (2St), Audio-Kabel (50m), Cinch-Audiokabel (97m), Audio-Anschlussdosen (4St)				
	5100-0122 Sporthalle (Zweifeldhalle)				
	• Abbrechen (Kosten: 1,5%)	2.217,01 m² BGF	525	**0,24**	0,7
	Abbruch von Lautsprechern (21St), Tragsystemen (3St), Audioschrank (1St); Entsorgung, Deponiegebühren				
	• Herstellen (Kosten: 98,5%)	2.217,01 m² BGF	33.377	**15,05**	47,7
	Serverschrank (1St), Vierkanalverstärker (1St), zentrale Steuereinheit für ELA-System mit 24 Lautsprecherkreisen (1St), Dreikanal Unterputz-Mixer (7St), Installationsleitungen J-H(St)H (2.153m), Lautsprecher (4St), Einbaulautsprecher (35St), Aufbaulautsprecher (12St), digitale Systemsprechstelle, Elektret-Mikrofon (1St)				

KG	Kostengruppe	Menge Einheit	Kosten €	€/Einheit	%
	5100-0127 Sporthalle (Dreifeldhalle)				
		4.351,43 m²BGF	91.289	**20,98**	29,4
	Elektroakustische Anlage (1St), 19"-Systemcontroller (1St), Ein-/Ausgangsmodule (6St), Überwachungsmodule (28St), Lautsprechersysteme (12St), Einbaulautsprecher, feuergeschützt (78St), Mikrofonsprechstelle, Leistungsverstärker (7St)				
	5200-0012 Sportbadhalle				
	• Herstellen (Kosten: 100,0%)	805,60 m²BGF	24.022	**29,82**	17,6
	Hochleistungslautsprecher, wetterfest (4St), Deckenhalterungen für Lautsprecher (4St), Wand-Schwenkrahmenschrank (1St), 4-Kanal-Endverstärker (1St), 3-Kanal-Mischvorverstärker mit integriertem MP3-Player (1St), 4-Kanal-Matrix-Mischvorverstärker (1St), Fernsprechleitungen (264m), Funk-Mikrofon-Headset-Set (1St), UHF-Empfänger (1St), UHF-Antennen (2St), UHF-Taschensender (1St), Koaxialkabel 50 Ohm (20m), Grafik-Equalizer (1St), digitale Mikrofon-Sprechstelle (1St), Mikrofon-Anschlussdose (1St)				
	6100-1524 Mehrfamilienhaus (6 WE)				
		1.360,35 m²BGF	5.279	**3,88**	64,1
	Lautsprecherverkabelung (psch), Sprechanlage (1St)				
	6100-1587 Mehrfamilienhaus (9 WE)				
		1.016,97 m²BGF	938	**0,92**	5,7
	Lautsprecherkabel (59m), Lautsprechersteckdosen (10St)				
	6200-0080 Wohnanlage (28 WE), Inklusives Wohnen				
		5.346,45 m²BGF	16.299	**3,05**	11,8
	Induktive Höranlage mit Verstärker (1St), Empfängerkopfhörer, tragbar (1St), Erdkabel (350m)				
	6400-0112 Gemeindezentrum (80 Sitzplätze)				
		393,00 m²BGF	20.421	**51,96**	79,8
	Beschallungsanlage (psch), Mikrofonkabel (20m)				
	6500-0051 Berufsschule, Neubau Caféteria (100 Sitzplätze)				
	• Herstellen (Kosten: 100,0%)	4.265,98 m²BGF	1.657	**0,39**	3,9
	Lautsprecherkabel (psch)				
	7600-0078 Flughafenfeuerwehr (8 Fahrzeuge)				
	• Herstellen (Kosten: 100,0%)	4.266,00 m²BGF	128.286	**30,07**	31,7
	Erweiterungsmodul für ELA-Server (1St), Sicherheitsleitstand (1St), Edelstahl-Türsprechstelle (1St), IP-Einbauhauptsprechstellen (9St), mit Wähltastatur (2St), mit Display (3St), Deckenlautsprecher (29St), Wandlautsprecher (13St), Druckkammerlautsprecher (3St), wetterfeste Tonsäulen (18St), Koppelrelais (1St)				
	9700-0028 Krematorium				
		1.607,98 m²BGF	2.774	**1,73**	3,7
	Aufbau-Lautsprecher (6St), Verstärker (1St)				

3. Ebene

KG	Kostengruppe	Menge Einheit	Kosten €	€/Einheit	%
455	**Audiovisuelle Medien- und Antennenanlagen**				
	1300-0319 Amtsverwaltung (36 AP)				
		1.790,04 m² BGF	768	**0,43**	0,7
	Feuerwehr-Antenne (psch)				
	4100-0194 Schule (12 Klassen, 336 Schüler)				
	• Herstellen (Kosten: 100,0%)	1.778,38 m² BGF	5.841	**3,28**	10,7
	Lautstärkeregler im Modulsystem (2St), Stereo Cinch-Stecker (12St), HDMI-Mantelleitung (180m), Anschlussblenden (24St), Blindblenden (12St)				
	4400-0334 Kindertagesstätte (8 Gruppen, 150 Kinder)				
		1.648,86 m² BGF	705	**0,43**	2,4
	Koaxialkabel (229m), Antennenanschlussdosen (2St)				
	4400-0356 Kindergarten (4 Gruppen, 112 Kinder), Wohnungen				
		1.204,74 m² BGF	6.619	**5,49**	6,3
	Offset-Parabolantenne, D=120cm, Flachdachständer, Quadro-LNB (1St), Einzelanschlussdosen (9St), Außenkabel (470m)				
	5100-0122 Sporthalle (Zweifeldhalle)				
	• Abbrechen (Kosten: 1,4%)	2.217,01 m² BGF	170	**0,08**	0,2
	Abbruch von Spielstandsanzeige (1St); Entsorgung, Deponiegebühren				
	• Herstellen (Kosten: 98,6%)	2.217,01 m² BGF	11.618	**5,24**	16,6
	Elektronische Anzeigetafeln (2St), Installationsleitungen J-H(St)H (1.000m)				
	5100-0127 Sporthalle (Dreifeldhalle)				
		4.351,43 m² BGF	7.231	**1,66**	2,3
	Offset-Parabolantenne, D=95cm, Verstärker (1St), UKW-Antenne, Verstärker, Mast (1St), Koaxialkabel (575m), Antennendosen, dreifach (4St)				
	6100-1355 Mehrfamilienhaus (17 WE)				
		2.251,71 m² BGF	10.471	**4,65**	26,6
	Koaxialkabel (1.355m), Antennendosen (39St), Kabelsteckdosen (2St)				
	6100-1379 Wohn- und Geschäftshaus (1 WE)				
	• Herstellen (Kosten: 100,0%)	762,16 m² BGF	5.289	**6,94**	32,8
	Antennenanlage, Überspannungsschutz (1St), HDMI-Kabel (10m)				
	6100-1393 Doppelhaushälfte (1 WE), Büro (2 AP)				
	• Herstellen (Kosten: 100,0%)	406,76 m² BGF	190	**0,47**	29,1
	Antennendosen (4St), Verteiler, vierfach (1St), zweifach (1St), Koaxialkabel (84m)				
	6100-1394 Wohn- und Geschäftshaus (21 WE)				
	• Abbrechen (Kosten: 100,0%)	2.819,02 m² BGF	38	**0,01**	< 0,1
	Abbruch von Sat-Anlage, Verstärker, Antenne (psch); Entsorgung, Deponiegebühren				

KG	Kostengruppe	Menge Einheit	Kosten €	€/Einheit	%
	6100-1444 Einfamilienhaus, Garage (5 STP)				
		522,66 m² BGF	1.570	**3,00**	3,1
	Koaxialkabel (470m)				
	6100-1562 Einfamilienhaus, Büro - Passivhaus				
		354,00 m² BGF	3.221	**9,10**	32,5
	Koaxialkabel (288m), Antennendosen (12St)				
	6100-1587 Mehrfamilienhaus (9 WE)				
		1.016,97 m² BGF	4.225	**4,15**	25,5
	Koaxialkabel (616m), Antennensteckdosen (27St), Antennen-Abzweiger, zwei-achtfach (9St), HDMI-Kabel (5m), HDMI-Anschlussdosen (2St)				
	6100-1593 Mehrfamilienhaus (3 WE)				
		565,46 m² BGF	3.085	**5,46**	34,9
	Sat-Anlage, vierfach LNB, Zuleitungen zu Verteilerpunkten (1St)				
	6100-1672 Einfamilienhaus				
		132,23 m² BGF	3.064	**23,17**	66,3
	Sat-Anlage (1St), Antennenanschlussdosen (5St)				
	6100-1695 Mehrfamilienhaus (21 WE)				
		1.506,72 m² BGF	11.887	**7,89**	33,8
	Sat-Antenne, Dachhalter (1St), Koaxialkabel (1.620m), Antennenanschlussdosen (63St)				
	6200-0080 Wohnanlage (28 WE), Inklusives Wohnen				
		5.346,45 m² BGF	19.014	**3,56**	13,8
	Offset-Parabolantenne, D=90cm, Verstärker, Verteiler, Mast (1St), Koaxialkabel (4.249m), Antennenanschlussdosen (75St), HDMI-Kabel, Anschlussdosen (8St)				
	6200-0115 Hospiz (10 Betten)				
		1.358,88 m² BGF	4.243	**3,12**	2,7
	Sat-Verteilanlage mit 48 Anschlüssen (1St), Sat-Verteilnetzverstärker (1St), Sat-Einzeldosen, zweifach (17St), Multischalter (3St), Überspannungsschütze (4St)				
	7600-0078 Flughafenfeuerwehr (8 Fahrzeuge)				
•	Herstellen (Kosten: 100,0%)	4.266,00 m² BGF	430	**0,10**	0,1
	Koaxkabel (132m), Antennendose (1St), Abzweig (1St)				
	9100-0168 Schauspielhaus, Zweitspielstätte				
•	Herstellen (Kosten: 100,0%)	2.865,00 m² BGF	2.181	**0,76**	2,1
	Koaxialleitungen (324m), Antennensteckdosen (7St)				
	9100-0169 Klosteranlage, Wissenschafts- und Studierzentrum				
•	Herstellen (Kosten: 100,0%)	5.582,91 m² BGF	5.279	**0,95**	1,9
	XLR-Audiokabel (142m), DMX-Audiokabel (105m), XLR-Anschlussdosen (36St), DMX-Flanschbuchsen (12St)				

KG	Kostengruppe	Menge Einheit	Kosten €	€/Einheit	%
	9700-0028 Krematorium				
		1.607,98 m2 BGF	2.382	**1,48**	3,2
	Beamer, Deckenhalterung (1St)				
456	**Gefahrenmelde- und Alarmanlagen**				
	1200-0001 Gerichtsgebäude - Eingangsbereich				
	• Wiederherstellen (Kosten: 23,4%)	136,87 m2 BGF	3.597	**26,28**	12,5
	Einbaugeräte demontieren, prüfen, Wiedereinbau in Bedien- und Steuertableau: Schiebetoranlage (2St), Speed-Gate (2St), Sprech-/Gegensprechstellen (2St), Notschließer (1St), Schrankanlage (1St), Überwachung Nebentüren (1St)				
	• Herstellen (Kosten: 76,6%)	136,87 m2 BGF	11.790	**86,14**	41,0
	Bedien- und Steuertableau, bestückt (1St)				
	1300-0234 Bürogebäude (38 AP)				
		1.224,00 m2 BGF	48.953	**39,99**	43,7
	Brandmeldezentrale, Interface-Modul, Brandschutzgehäuse (1St), Einbruchmeldezentrale, Übertragungsgerät, Netzwerkbaugruppe (1St), Handfeuermelder (1St), akustische Signalgeber (5St), Meldergruppenmodule (25St), Infrarotmelder (25St), Notstromakkus (2St), Bewegungsmelder (2St), Ringleitungsbaugruppen, LCD-Bedienteile (2St), Installationskabel J-Y (1.776m), Verschlussüberwachung (33St), Meldersockel (29St)				
	1300-0283 Verwaltungsgebäude (34 AP)				
		1.502,40 m2 BGF	74.978	**49,91**	47,0
	Wandverteilerschränke (2St), Umbau vorhandene Brandmeldeanlage (1St), Meldesockel (41St), Fernmeldeleitung IY(ST)Y (2.482m), halogenfreies Sicherheitskabel (398m), Brandmeldekabel E30 (164m), Feuerwehr-Laufkarten (1psch), Druckknopfmelder (10St), neuronale Brandmelder (41St), Ausgabebaustein, vierfach (1St), Inbetriebnahme, Revisionsunterlagen, Werkplanung (1St)				
	1300-0292 Landratsamt (136 AP), TG (19 STP)				
		4.569,26 m2 BGF	368.003	**80,54**	69,3
	Einbruchmeldezentrale (1St), Bedienteil (1St), IP-Übertragungsgerät (1St), Signalgeber (1St), Kartenleser (1St), Signalverteiler (2St), Überfallmelder (2St), Bewegungsmelder (1St), Brandmeldezentrale (1St), F30-Standschränke (2St), Feuerwehr-Infozentralen (2St), IP-Übertragungsgerät (1St), Feuerwehrschlüsseldepot (1St), Blitzleuchten (2St), Rauchmelder (244St), Brandmelder (19St), Handmelder (13St), Ansaugrauchmelder (2St), Zutrittskontroll-Schaltschrank (1St), Bus-Controller (2St), Zugangskontrollterminals (15St), digitale Schließsysteme (2St), digitale Zylinder (97St), Chipkarten (170St), Dome-Kamera (1St), Gaswarngerät (1St), Gasmessfühler (3St)				
	1300-0319 Amtsverwaltung (36 AP)				
		1.790,04 m2 BGF	18.055	**10,09**	15,9
	Einbruchmeldezentrale (1St), 2-Meldergruppenmodule (6St), Erweiterungsmodule, 16 Meldergruppen (2St), LCD-Bedienteil (1St), IP-Übertragungsgerät (1St), Türmodul (1St), Auswerteeinheit (1St), Bewegungsmelder (4St), Zutrittsleser (3St), Rauchmelder (2St), Reedkontakte (2St), Riegelschaltkontakte (2St)				

KG	Kostengruppe	Menge Einheit	Kosten €	€/Einheit	%
	4100-0173 Ganztagesschule (9 Klassen, 225 Schüler)				
	• Herstellen (Kosten: 100,0%)	1.860,58 m² BGF	121.246	**65,17**	93,6
	Brandmeldeanlage, Hängegehäuse F30 (1St), LCD-Bedienteil (1St), Unterverteiler (3St), ISDN-Übertragungsgerät (1St), Antriebe für RWAs (psch), Installationskabel J-H(St)H (1.518m), Einbaumagnetkontakt (100St), Multisensormelder (86St), Handmelder (5St), Steuergerät, Rettungswegzentrale (3St), Türterminals (3St), Fluchttüröffner (6St), Türmodule (3St), WC-Zugtaster, Rufleuchte, Anzeigeeinheit (1St)				
	4100-0194 Schule (12 Klassen, 336 Schüler)				
	• Herstellen (Kosten: 100,0%)	1.778,38 m² BGF	17.363	**9,76**	31,8
	Hardware für Gebäudemanagement (1St), Basis-GLT-Update (2St), Internetmodem (1St), Rufanlage für barrierefreies WC (1St), Anlagenbildaufzeichnung (12St), Einblendpunkte (337St)				
	4200-0039 Bildungszentrum Holzbauberufe (4 Klassen)	3.556,16 m² BGF	112.304	**31,58**	41,9
	Brandmeldezentrale (1St), Feuerwehr-Informationssystem (1St), Installationskabel (2.594m), RWA-Anlage, Programmiereinheit (1St), Rauchabzugsflügel (6St), Rauchmelder (145St), Brandmelder (17St), Handmelder (9St), Hupen (23St), CO_2-Notauslösung (1St), CO_2-Druckleitung (120m), Überwachungssystem, Videokamera (1St)				
	4400-0322 Kindertagesstätte (4 Gruppen, 100 Kinder)	1.119,63 m² BGF	24.784	**22,14**	73,4
	Rauchwarnmelder, prozessorgesteuert, Funk (38St), Funkhandtaster, manuelle Alarmauslösung (2St), Rauchmelder, optisch (2St), Brandmeldekabel (22m), Aufzugsentrauchung (1St), Wind-Regen-Geber (1St), Lüftertaster (1St)				
	4400-0333 Kindertagesstätte (3 Gruppen, 35 Kinder)	644,98 m² BGF	11.900	**18,45**	39,7
	Rauchabzugszentrale (1St), Wind-/Regensensor (1St), RWA-Haupt-/Nebenbedienstellen (3St), Rauchwarnmelder, Funkmodul (32St), Funkhandtaster (3St), optische Brandmelder (3St)				
	4400-0334 Kindertagesstätte (8 Gruppen, 150 Kinder)	1.648,86 m² BGF	11.013	**6,68**	37,3
	Funk-Branderkennungsanlage, Programmierung (1St), Funk-Rauchmelder (40St), Funk-Wärmemelder (6St), Funk- Reichweitenverstärker (1St), Backup-Akkus (2St)				
	4400-0356 Kindergarten (4 Gruppen, 112 Kinder), Wohnungen	1.204,74 m² BGF	58.040	**48,18**	55,5
	Hausalarmanlage (1St), Brandmeldeanlage, bestückt (1St), Brandmeldekabel (1.116m), Notrufset (1St), Fluchttürsteuerung (1St)				
	4400-0357 Kinderhaus (4 Gruppen, 74 Kinder)	1.009,00 m² BGF	19.900	**19,72**	63,1
	Brandmeldezentrale (1St), Multisensormelder, Meldesockel (37St), Blitzleuchte, Überspannungsschutz (1St), Druckknopfmelder (14St), Brandmeldekabel (918m)				

KG	Kostengruppe	Menge Einheit	Kosten €	€/Einheit	%
	4400-0362 Kindertagesstätte (6 Gruppen, 124 Kinder)				
		1.678,28 m² BGF	29.659	**17,67**	52,3
	Brandmelde-Computer (1St), Brandschutzgehäuse F30 R (1St), Übertragungsgerät mit Sprachübertragung (1St), Brandmeldekabel (782m), Schlüsseldepot (1St), optische Rauchmelder (80St), Multisensormelder (18St), Wärmemelder (2St), Warntongeber (50St), Handmelder (7St)				
	5100-0122 Sporthalle (Zweifeldhalle)				
	• Abbrechen (Kosten: 3,1%)	2.217,01 m² BGF	284	**0,13**	0,4
	Abbruch von Brandmeldezentrale, Handmeldern (10St), Blitzleuchte (1St), Sirenen (8St), Hauptmelder (1St), Feuerwehrschlüsseldepot (1St); Entsorgung, Deponiegebühren				
	• Herstellen (Kosten: 96,9%)	2.217,01 m² BGF	9.004	**4,06**	12,9
	Brandmeldeleitungen (460m), RWA-Zentrale, Stahlblechgehäuse mit Zylinderschloss zur Ansteuerung von Motoröffnern (1St), Rauchmelder (4St), Lüftungstaster (1St), RWA-Taster (1St)				
	5100-0127 Sporthalle (Dreifeldhalle)				
		4.351,43 m² BGF	193.283	**44,42**	62,3
	Einbruchmeldezentrale, Übertragungsgerät (1St), Kameras, Masten (8St), Videoüberwachungsanlage (1St), Bewegungsmelder (18St), Zutrittskontrollanlage, Leseeinheit (1St), Brandmeldeanlage (1St), Brandmeldekabel J-Y-(ST)Y (1.100m), Multisensormelder (192St), Handfeuermelder (11St), Übertragungseinrichtung (1St), Feuerwehrschlüsseldepot (1St), Feuerwehrbediensystem (1St), Wassermelder (psch), CO_2-Notauslösestationen (6St), CO_2-Melder (3St), Wind-/Regenwächter (1St)				
	5100-0128 Sporthalle (Einfeldhalle)				
		815,50 m² BGF	18.588	**22,79**	93,8
	Brandmeldezentrale (1St), analoges Wählgerät (1St), Blitz-/Überspannungsableiter (1St), Brandmeldekabel JY-(St)-Y (750m), E30 (120m), optische Rauchmelder (3St), akustische Warntongeber (12St), Ballschutzkörbe (10St), Handmelder (6St), Feuerwehrlaufkarten (25St)				
	5200-0012 Sportbadhalle				
	• Herstellen (Kosten: 100,0%)	805,60 m² BGF	106.280	**131,93**	77,7
	Rauchansauganlage mit LED-Anzeige (4St), Kanalrauchschalter (3St), Rauchansaugsystem ABS-Rohre, Formstücke (350m), ABS-3-Wege-Kugelhähne (4St), Rauchmelder (32St), Multisensormelder (28St), Warntongeber, rot (6St), Handmelder, rot (5St), Installationskabel J Y(ST)Y (780m), E30 (184m), Kabel J-H(ST)H, Halogenfrei (195m), Leerrohre (78m), Schaltschränke mit Sichtfenster (4St)				
	5200-0020 Badeanstalt				
		204,00 m² BGF	4.469	**21,91**	72,8
	Türöffneranlage mit Münzautomaten, zeitgesteuert, vier WC-Eingangstüren (4St)				

KG	Kostengruppe	Menge Einheit	Kosten €	€/Einheit	%
	5300-0016 Strandbad, Gastronomie				
		492,00 m2 BGF	53.240	**108,21**	98,0
	Brandmeldezentrale, F30-Gehäuse (1St), Feuerwehrschlüsseldepot, Edelstahlsäule, ISDN/IP-Übertragungsgerät (1St), Rundum-Notsignal-Blitzleuchte (1St), Installationskabel (307m), Feuerwehr-Info- und Bediensystem (1St), Handmelder Elektronikmodul (1St), Multisensormelder mit Warntongeber (22St), Signalleuchten (5St), Zugschalter, Ruf-Abstelltaster (2St), Rettungszeichen-Scheibenleuchten (2St)				
	6100-1355 Mehrfamilienhaus (17 WE)				
		2.251,71 m2 BGF	2.882	**1,28**	7,3
	RWA-Steuerungsset, Motorzentrale, RWA-Gruppe Rauchabzug, Notstromversorgung, Sicherheitsüberwachung, Diagnoselampen, Hauptauslösetaster, akustische Alarm- und Störungsmeldung über Signalgeber, lichtoptischer Rauchmelder (1St)				
	6100-1379 Wohn- und Geschäftshaus (1 WE)				
	• Herstellen (Kosten: 100,0%)	762,16 m2 BGF	3.227	**4,23**	20,0
	Rauchmelder, verkabelt (5St)				
	6100-1394 Wohn- und Geschäftshaus (21 WE)				
	• Herstellen (Kosten: 100,0%)	2.819,02 m2 BGF	41.007	**14,55**	55,4
	Brandmeldeanlage, Steuerung (1St), RWA-Zentrale (2St), Installationskabel JY-St-Y (1.512m), Rauchmelder (71St), Druckknopfmelder (23St), optische Melder (14St), RWA-Taster (8St)				
	6100-1444 Einfamilienhaus, Garage (5 STP)				
		522,66 m2 BGF	28.267	**54,08**	55,5
	Einbruchmeldeanlage (1St), Server (1St), Touchdisplay (1St), Bedienteil (1St), Bewegungsmelder (3St), Magnetriegelkontakte (18St), Schließzylinder (9St), Motorschloss, Haustür (1St), Feuer-/Rauchtürschließer (1St)				
	6100-1494 Mehrfamilienhaus (53 WE), TG (13 STP)				
		6.430,02 m2 BGF	16.548	**2,57**	13,6
	Schachtentrauchungsanlage, Aufzüge (psch), RWA-Zentralen (2St), RWA-Taster (4St), Rauchmelder (2St)				
	6100-1524 Mehrfamilienhaus (6 WE)				
		1.360,35 m2 BGF	1.734	**1,27**	21,0
	Rauchmelder (24St)				
	6100-1559 Einfamilienhaus, Praxis - Passivhaus				
		609,55 m2 BGF	3.817	**6,26**	24,8
	Alarmanlage (1St), Bewegungsmelder (5St), Funkbedienteil (1St), Sirene (1St)				
	6100-1587 Mehrfamilienhaus (9 WE)				
		1.016,97 m2 BGF	1.849	**1,82**	11,1
	Rauchwarnmelder (2St)				

KG	Kostengruppe	Menge Einheit	Kosten €	€/Einheit	%
	6100-1672 Einfamilienhaus				
		132,23 m²BGF	210	**1,59**	4,5
	Rauchmelder (5St)				
	6100-1690 Einfamilienhaus				
		384,80 m²BGF	2.686	**6,98**	45,6
	Rauchwarnmelder (12St)				
	6200-0080 Wohnanlage (28 WE), Inklusives Wohnen				
		5.346,45 m²BGF	69.252	**12,95**	50,3
	Brandmeldezentrale (1St), Brandmeldekabel J-Y(ST)Y (2.695m), RWA-Zentrale, Motorsteuerung (1St), Rauch-/Wärmemelder (106St), Blitzleuchten (81St)				
	6200-0115 Hospiz (10 Betten)				
		1.358,88 m²BGF	81.056	**59,65**	51,1
	Brandmeldezentrale (1St), Wandverteiler (1St), Netzwerkkamera (1St), Brandmeldekabel (1.187m), Installationskabel (282m), Multisensormelder mit Blitzleuchte (6St), Brandmelder (132St), Handfeuermelder (8St), Abschaltungen Fremdgewerk (4St), optischer Signalgeber (2St), Informationsleuchte (1St), Feuerwehrschleifenpläne, Feuerwehrlaufkarten (53St), Alu-Stehleiter (1St)				
	6400-0109 Kinder- und Jugendhaus				
		609,32 m²BGF	11.402	**18,71**	42,1
	Brandmeldecomputer (1St), Akkus (2St), Multisensormelder (2St), Handfeuermelder (2St), Kombisignalgeber, optisch (21St), Fernmeldeleitungen J-Y(St)Y (1.050m), Brandmeldekabel JE-H(St)H E30 (47m)				
	6400-0112 Gemeindezentrum (80 Sitzplätze)				
		393,00 m²BGF	2.016	**5,13**	7,9
	Mantelleitungen MYM-J (11m), Rauchwarnmelder, vernetzt (11St)				
	6500-0051 Berufsschule, Neubau Caféteria (100 Sitzplätze)				
	• Abbrechen (Kosten: 1,0%)	4.265,98 m²BGF	339	**0,08**	0,8
	Abbruch von Rauchmeldern (8St); Entsorgung, Deponiegebühren				
	• Wiederherstellen (Kosten: 0,3%)	4.265,98 m²BGF	85	**0,02**	0,2
	Versetzen von Handmeldern (1St)				
	• Herstellen (Kosten: 98,7%)	4.265,98 m²BGF	33.422	**7,83**	78,9
	Einbruchmeldeanlage (psch), Brandmeldekabel J-H(ST) (986m), Multisensormelder (38St), Wärmemelder (4St), Brandmeldesockel (42St), Brandfallsteuerung (1St), akustischer Alarmgeber (1St), Stromversorgung Signalgeber (1St), Feuerwehrlaufkarte (1St)				

KG	Kostengruppe	Menge Einheit	Kosten €	€/Einheit	%

7100-0066 Produktionsgebäude, Büro (120 AP)

	3.710,27 m²BGF	255.460	**68,85**	49,8

Brandmeldecomputer (1St), IP-Übertragungsgerät (1St), Feuerwehrbediensystem (1St), Brandmeldekabel (3.700m), Feuerwehrschlüsseldepot, Hohlsäule, Überspannungsschutz (1St), Freischaltelement (1St), Feuerwehrlaufplan (1St), Feuerwehrlaufkarten (52St), RWA-Zentralen (3St), Hauptauslösetaster (4St), Multisensormelder (187St), Handmelder (13St), Rauchmelder (10St), Thermodifferenzialmelder (3St), Blitzleuchten (2St), Signalgeber (1St), Einbruchmeldezentrale (1St), Programmierterminal (1St), LED-Bedienteile (7St), Schnittstellenwandler (3St), Installationskabel (1.700m), Datenkabel Cat7 (750m), Transponder (150St), HF-Tastaturleser (24St), Wandleser (3St), Bewegungsmelder (15St), Türmodule (21St), elektronische Türdrücker (6St), Anschlüsse an Fenster/Türen (217St), Innensirenen (7St), optisch-akustischer Signalgeber (1St), Installationskabel J-Y(ST)Y (205m), Fluchttürsteuerungen (4St), Zeiterfassungsterminal (1St), Dome-Kameras, Wandhalterungen (4St), Bullet-Kameras (2St), Netzwerkrekorder (1St), Datenkabel Cat7 (2.000m)

7600-0078 Flughafenfeuerwehr (8 Fahrzeuge)

• Herstellen (Kosten: 100,0%)	4.266,00 m²BGF	47.900	**11,23**	11,8

Terminal-Controller (1St), Netzteil-Komponente (1St), Buchungsterminals (11St), Blinkleuchte (8St), Rauchmelder (26St), Abzweigkästen (11St), Modulgehäuse (1St)

7800-0029 Fahrradparkhaus (200 STP)

	192,00 m²BGF	26.389	**137,44**	100,0

Zugangssystem für Radabstellanlagen (1St), Kameras, 90 Grad (3St), 102 Grad (1St), Aufzeichnungsgerät (1St), Monitor (1St), Außenkabel Cat7 (300m), Leerrohre (23m), Datenkabel (152m), Kabel Cat7 (50m), Modular-Stecker Cat5E RJ45 (3St), Anschlussmodele Cat7 (2St), Anschlussdosen, Cat6 2xRJ45 (2St), Cat6A 1xRJ45 (1St)

9100-0155 Zweigbibliothek (150 Leseplätze, 12 AP)

	7.493,81 m²BGF	467.313	**62,36**	77,6

Brandmeldezentrale (1St), LWL-Konverter (4St), Ringbusmodule (10St), Peripheriemodul (1St), Feuerwehr-Informations-/Bediensystem, Schlüsseldepot (1St), Feuerwehrlaufkarten (136St), Rauchmelder, optisch (641St), Multisensor (58St), manuell (43St), linienförmig, Reflektorsets (4St), Warntongeber (59St), Blitzleuchten (2St), RWA-Master-Slave-Steuerung (psch), RWA-Taster (27St), Installationskabel (11.206m), Mantelleitungen (572m), Leerrohre (728m), Kabelkanäle (111m), Buchsicherung: Selbstverbucherterminals (4St), De-/Reaktivierungseinheiten (2St), für Tischeinbau (2St), Rückgabewagen (2St), Durchgangsschleuse (1St), Rückgabesystem (1St)

KG	Kostengruppe	Menge Einheit	Kosten €	€/Einheit	%
	9100-0168 Schauspielhaus, Zweitspielstätte				
	• Abbrechen (Kosten: 9,2%)	2.865,00 m² BGF	6.472	**2,26**	6,3
	Abbruch von Brandmeldekabeln (620m), Rauchmelder (60St), Signalgeber (25St), Handmelder (20St); Entsorgung, Deponiegebühren				
	• Herstellen (Kosten: 90,8%)	2.865,00 m² BGF	63.941	**22,32**	61,8
	Einbruchmeldezentrale (1St), Netz-/Ladeteil 12V DC/32Ah (1St), IK-Leser mit Tastatur (3St), ID-Schlüsselanhänger (20St), Universal-Reedkontakte (3St), Passiv-Infrarot-Bewegungsmelder (12St), I/O-Module (4St), Feuerwehrlaufkarten (37St), optischer Alarmgeber (5St), Rauchmelder (2St), Multisensormelder (85St), Warntongeber (48St), Handmelder (13St), Brandmeldekabel (142m)				
	9100-0169 Klosteranlage, Wissenschafts- und Studierzentrum				
	• Herstellen (Kosten: 100,0%)	5.582,91 m² BGF	178.236	**31,93**	65,8
	Elektronische Schließanlage, Server, Module, Software (1St), Aufbuchleser (1St), Doppelzylinder (116St), Nutzerschlüssel (100St), Elektronikschlüssel (1St), Brandmeldecomputer, Anzeige-/Bedienteil (1St), Ringlinienmodule (5St), Schnittstellenmodul (1St), Steuermodul (1St), Feuerwehrbediensystem (1St), Feuerwehranzeigetableau (1St), Feuerwehrschlüsseldepot (1St), Feuerwehrlaufkarten (105St), Blitzleuchte (1St), Rauchmelder (93St), Handmelder (19St), Koppler (32St), Sirenen (34St), Multisensormelder (5St), Linienrauchmelder, Koppler (1St), Alarmierungskoppler (31St), RWA-Steuerzentralen (2St), RWA-Bedienstellen (5St)				
	9100-0195 Speicherbibliothek				
		3.814,12 m² BGF	173.660	**45,53**	92,8
	Einbruchmeldeanlage (1St), RWA-Zentralen (2St), Zutrittskontrollanlage, Türsteuereinheiten für vier Türen (2St), Kartenleser (6St), Bestandstüren einbinden (5St), Anlagenschrank für BMA (1St), neuronale Brandmelder, Wärmesensoren, Meldersockel (124St), Feuerwehr-Laufkarten (57St), technische Alarmbausteine (20St), Alarmtongeber (14St), Handfeuermelder (13St), Installationskabel (4.409m), Datenkabel (134m), Leerrohre (1.075m), Verteiler-Relais (12St), Kleinverteiler (9St), Koppler (2St), Bewegungsmelder (2St), Magnetkontakte (2St), Riegelschaltkontakt (1St)				
	9700-0028 Krematorium				
		1.607,98 m² BGF	39.736	**24,71**	53,3
	Elektronische Schließanlage, Schließzylinder (16St), Nutzerterminals (2St), Server (1St), Nutzerschlüssel (70St), RWA-Anlage (1St), 19"-Baugruppenträger (1St), Messfühler (10St), Auswerteeinheiten (5St), Rauchmelder (6St), Handmelder (6St), Wind-/Regenwächter (1St), Schlüsseltaster (1St), Warnleuchte (1St), Signalhupe (1St)				
457	**Datenübertragungsnetze**				
	1200-0001 Gerichtsgebäude - Eingangsbereich				
	• Herstellen (Kosten: 100,0%)	136,87 m² BGF	844	**6,17**	2,9
	Datenkabel Cat7 (93m), Datenanschlussdosen (6St)				

KG	Kostengruppe	Menge Einheit	Kosten €	€/Einheit	%
	1300-0234 Bürogebäude (38 AP)				
		1.224,00 m²BGF	37.315	**30,49**	33,3
	Datenkabel, halogenfrei (7.624m), Stahlblechverteilerkasten (1St), EDV-Verteilerrack 80x200x10cm (2St), Patchfeld Kat 6A (12St), 19"-Verteilerbox (2St), Datenanschlussdosen RJ 45 (302St), Steckdosenleiste, siebenfach (6St)				
	1300-0283 Verwaltungsgebäude (34 AP)				
		1.502,40 m²BGF	84.562	**56,28**	53,0
	Netzwerkschränke, 42HE, Schaltschrankleuchte (4St), Spleissboxen E2000 (5St), Steuermodul (1St), Lüftereinheiten (4St), Patchpanel (23St), Datenkabel S/FTP (8.423m), BUS EIB Kabel (2.874m), LWL-Kabel (370m), Tragplatten (148St), Sockel (4St), Datendosen Cat6A (610St), Kabelführungspaneele (20St), Steckdosenleisten (4St), Signaltongeber (12St)				
	1300-0292 Landratsamt (136 AP), TG (19 STP)				
		4.569,26 m²BGF	135.091	**29,57**	25,4
	Netzwerkschränke (7St), Serverschränke (3St), Patchfelder (28St), LWL-Verteilerfelder (15St), Datenkabel, duplex (11.285m), simplex (671m), LWL-Kabel (175m), Patchkabel, l=25cm (300St), HDMI-Kabel, l=10m (4St), Datenanschlussdosen 2xRJ45 (47St), RJ45 (29St), Buchsen RJ45 (438St), Tischanschlussfeld (1St)				
	1300-0319 Amtsverwaltung (36 AP)				
		1.790,04 m²BGF	78.745	**43,99**	69,3
	19"-Verteilerschränke (2St), Patchpanels (16St), 19"-Rangierfelder (3St), Datenkabel, duplex (5.791m), simplex (1.523m), LWL-Kabel (143m), Datenanschlussdosen RJ45 (381St)				
	4100-0194 Schule (12 Klassen, 336 Schüler)				
•	Herstellen (Kosten: 100,0%)	1.778,38 m²BGF	27.826	**15,65**	50,9
	Zentraler Verteilerschrank (1St), LWL Patchfeld 19" (6St), Audio Chinch-Anschlüsse (36St), RJ45 Doppeldosen (12St), Einfachdosen (27St), Patchkabel 2xRJ45 (12St), Patchkabel Universal-Datenanschlussdosen (8St), Daten-Installationskabel (2.630m), Kabelrinne (30m)				
	4200-0039 Bildungszentrum Holzbauberufe (4 Klassen)				
		3.556,16 m²BGF	86.656	**24,37**	32,4
	Datenverteilerschränke (3St), Datenkabel (9.688m), Patchpanel Cat6 (31St), Patchkabel (26St), Verteiler (3St)				
	4400-0322 Kindertagesstätte (4 Gruppen, 100 Kinder)				
		1.119,63 m²BGF	2.601	**2,32**	7,7
	Datenanschlussdosen Cat6 (33St), RJ45 (17St)				
	4400-0333 Kindertagesstätte (3 Gruppen, 35 Kinder)				
		644,98 m²BGF	7.637	**11,84**	25,5
	Netzwerkschrank 21HE (1St), Patchfelder 24 Ports (2St), Steckdosen (6St), C6A-Module (76St), Datenanschlussdosen mit Abdeckplatte, 2xRJ45 (4St), Datenanschlussdosen 2xRJ45 (13St), Datenleitungen (1.062m), HDMI-Anschlussdosen (2St), HDMI-Kabel (10m)				

KG	Kostengruppe	Menge Einheit	Kosten €	€/Einheit	%
	4400-0334 Kindertagesstätte (8 Gruppen, 150 Kinder)				
		1.648,86 m² BGF	15.256	**9,25**	51,6
	Netzwerkschrank (1St), Verteiler 19", 24HE (3St), Panel 25 Port (1St), Router (1St), Datenkabel Cat7 (1.540m), Datenanschlussdosen, einfach (5St), zweifach (32St), Patchkabel Cat6 (5St), Steuerleitungen (799m), Switch (1St)				
	4400-0356 Kindergarten (4 Gruppen, 112 Kinder), Wohnungen				
		1.204,74 m² BGF	29.723	**24,67**	28,4
	Netzwerkschrank, 70x89x70cm (1St), Multi-Mediaverteiler (4St), DSL-Router, Repeater (1St), 19-Zoll-Patchfeld (3St), Datenkabel Cat7 (1.930m), Installationskabel J-H(St)H (1.146m), Steuerleitungen (265m), Module Cat6 (56St), Datenanschlussdosen Cat6 (38St)				
	4400-0357 Kinderhaus (4 Gruppen, 74 Kinder)				
		1.009,00 m² BGF	7.530	**7,46**	23,9
	Medienschrank, DSL-Router, Repeater (1St), Datenkabel Cat7 (1.044m), Module Cat6 (26St), Datenanschlussdosen Cat6 (14St), Telefonanschlussdosen (3St)				
	4400-0362 Kindertagesstätte (6 Gruppen, 124 Kinder)				
		1.678,28 m² BGF	11.661	**6,95**	20,6
	Netzwerkschrank 42HE (1St), Datenkabel (1.178m), Patchpanel CAT6a 24 Port (1St), Keystonemodul (1St), Rangierpanels (5St), Blindpanels (4St), Switch (1St), Patchkabel (24St), Netzwerkdosen, einfach (13St), zweifach (2St)				
	5100-0122 Sporthalle (Zweifeldhalle)				
	• Herstellen (Kosten: 100,0%)	2.217,01 m² BGF	5.567	**2,51**	8,0
	Datenkabel Cat7 (794m), Koaxialkabel (402m), Datendose Cat6 (2St), Patchpanel (1St), Datenanschlussdosen Cat6 (16St), TAE-Anschlussdose (1St)				
	5100-0127 Sporthalle (Dreifeldhalle)				
		4.351,43 m² BGF	15.602	**3,59**	5,0
	Datenschrank (1St), Switch (2St), 19"-Patchfelder (4St), Datenkabel Cat7 (2.400m), Patchkabel 1,00-2,00m (48St), Datenanschlussdosen Cat6 (31St)				
	5100-0128 Sporthalle (Einfeldhalle)				
		815,50 m² BGF	366	**0,45**	1,8
	Datenkabel Cat7 (100m)				
	5200-0012 Sportbadhalle				
	• Herstellen (Kosten: 100,0%)	805,60 m² BGF	4.917	**6,10**	3,6
	Datenkabel Cat7 (808m), Fernmeldeleitungen (185m), Anschlusssteckdosen RJ45, zweifach (2St), RJ45-Stecker Cat6 (36St), Patchkabel Cat6, l=0,50m (36St)				
	5200-0020 Badeanstalt				
		204,00 m² BGF	849	**4,16**	13,8
	Datenkabel J-02YSCH (137m), Datenanschlussdosen 2xRJ45 (6St)				

KG	Kostengruppe	Menge Einheit	Kosten €	€/Einheit	%
	5300-0016 Strandbad, Gastronomie				
		492,00 m2BGF	1.112	**2,26**	2,0
	Datenkabel (85m), Datenanschlussdosen (psch)				
	6100-1355 Mehrfamilienhaus (17 WE)				
		2.251,71 m2BGF	11.024	**4,90**	28,0
	Datenkabel, Leerrohre (850m), Datenanschlussdosen (39St), Patchpanels (17St)				
	6100-1379 Wohn- und Geschäftshaus (1 WE)				
•	Herstellen (Kosten: 100,0%)	762,16 m2BGF	5.388	**7,07**	33,4
	Datenverkabelung (psch), Datenkabel für Bodentank (56m)				
	6100-1393 Doppelhaushälfte (1 WE), Büro (2 AP)				
•	Herstellen (Kosten: 100,0%)	406,76 m2BGF	436	**1,07**	66,6
	Datendosen (4St), RJ45-Stecker (10St), Datenleitung Cat7 (123m)				
	6100-1394 Wohn- und Geschäftshaus (21 WE)				
•	Herstellen (Kosten: 100,0%)	2.819,02 m2BGF	13.889	**4,93**	18,8
	Datenkabel Cat7 (3.144m), Datenanschlussdosen Cat6 (46St)				
	6100-1444 Einfamilienhaus, Garage (5 STP)				
		522,66 m2BGF	12.089	**23,13**	23,7
	Datenkabel Cat7 (1.280m), Datenanschlussdosen (22St), 19"-Patchpanels (3St), Netzwerkschrank (1St), Verteilerkasten (9St)				
	6100-1494 Mehrfamilienhaus (53 WE), TG (13 STP)				
		6.430,02 m2BGF	84.071	**13,07**	69,0
	Breitbandkabelanlage: Kommunikationsverteiler, vierreihig, UV Schwachstrom (55St), Schwachstromleitungen (4.107m), Koaxialkabel (5.860m), Leerrohre (3.437m), Hohlwanddosen (145St), Einzel-, Zentralplatten für Multimediadosen (156St)				
	6100-1524 Mehrfamilienhaus (6 WE)				
		1.360,35 m2BGF	1.228	**0,90**	14,9
	Datendosen (6St)				
	6100-1559 Einfamilienhaus, Praxis - Passivhaus				
		609,55 m2BGF	8.274	**13,57**	53,7
	Koaxialkabel (342m), Datenkabel (101m), Cat6-Patchkabel (5St), Datenanschlussdosen (31St), 19"-Patchfelder (2St)				
	6100-1562 Einfamilienhaus, Büro - Passivhaus				
		354,00 m2BGF	6.692	**18,91**	67,5
	Multimedia-Verteiler (3St), Datenkabel Cat6 (368m), Datenanschlussdosen (16St)				

KG	Kostengruppe	Menge Einheit	Kosten €	€/Einheit	%
	6100-1587 Mehrfamilienhaus (9 WE)				
		1.016,97 m² BGF	4.323	**4,25**	26,1
	Datenkabel Cat7 (487m), Datenanschlussdosen Cat6, einfach (35St), zweifach (6St), Switch (1St), Patchkabel (5St)				
	6100-1593 Mehrfamilienhaus (3 WE)				
		565,46 m² BGF	4.667	**8,25**	52,8
	EDV-Anschlussdosen (21St), Verkabelungen (psch)				
	6100-1672 Einfamilienhaus				
		132,23 m² BGF	975	**7,38**	21,1
	Patchfeld (1St), Datenanschlussdosen (6St)				
	6100-1690 Einfamilienhaus				
		384,80 m² BGF	2.339	**6,08**	39,7
	Datenkabel Cat7 (350m), EIB-Busleitung (250m), Datenanschlussdosen AMJ45 (11St), Cat6-Stecker multiportfähig (18St), 8-Port Gigabit-Switch (1St)				
	6200-0080 Wohnanlage (28 WE), Inklusives Wohnen				
		5.346,45 m² BGF	13.119	**2,45**	9,5
	Installationskabel J-Y(ST)Y (1.729m), Datenkabel (797m), Datendosen (24St), Doppeldosen (4St), Verteiler (2St), Patchfelder Cat3 (2St)				
	6200-0115 Hospiz (10 Betten)				
		1.358,88 m² BGF	36.510	**26,87**	23,0
	Serverschrank (1St), Patchpanels Cat6a, 24-fach, LSA-Technik (5St), Patchpanel, sechsfach (1St), Multimediaträger HDMI (1St), LAN-Datenkabel Cat7 (4.523m), Fernmeldeleitungen (2.466m), Koaxialkabel (1.047m), 19"-Überspannungsschutz-Steckdosenleiste (1St), Verbindungskabel Cat6a, l=1,00m (12St), Anschlussdosen RJ45 (114St), Datenanschlussdosen RJ45 Cat6a, zweifach (2St)				
	6400-0109 Kinder- und Jugendhaus				
		609,32 m² BGF	12.241	**20,09**	45,2
	Netzwerkwandschrank (1St), 19"-Rangierfelder (2St), Datenanschlussdosen Cat6, 2xRJ45 (32St), RJ45 in Bodentanks (12St)Datenkabel Cat7 (1.787m), Cat6 (75m), HDMI-Kabel (10m), Induktionsschleife (1St)				
	6400-0112 Gemeindezentrum (80 Sitzplätze)				
		393,00 m² BGF	2.279	**5,80**	8,9
	Datenkabel (512m), Patchpanels Cat6 (2St), Datenanschlussdosen Cat6 (8St)				
	6500-0051 Berufsschule, Neubau Caféteria (100 Sitzplätze)				
•	Herstellen (Kosten: 100,0%)	4.265,98 m² BGF	6.514	**1,53**	15,4
	EDV-Schrank (1St), halogenfreies Datenkabel (630m), Anschlussdosen 2x RJ45 (13St), Patchpanel 19" (1St)				

KG	Kostengruppe	Menge Einheit	Kosten €	€/Einheit	%

7100-0066 Produktionsgebäude, Büro (120 AP)

	3.710,27 m2 BGF	226.670	**61,09**	44,2

19"-Verteilerschränke (3St), 19"-Netzwerkschrank (1St), 19"-Patchfelder (8St), 19"-Verteilerfelder (23St), 19"-Rangierpanels (8St), 19"-ÜSS-Steckdosenleisten (7St), Datenkabel Cat7 (22.350m), J-D(ZN)H (300m), LWL-Kabel (250m), Installationskabel A-2YF(L)2Y (100m), Datenkabel Cat7 l=1,00-3,00m (200St), HDMI-Kabel, l=15,00m (2St), Datenanschlussdosen Cat6a, 2xRJ45 (200St), 1xRJ45 (15St)

7600-0078 Flughafenfeuerwehr (8 Fahrzeuge)

• Herstellen (Kosten: 100,0%)	4.266,00 m2 BGF	55.210	**12,94**	13,6

19"-Datenschränke (6St), Patchfelder (12St), Datenkabel J-02YSCH (7.544m), Serverschränke, 80x100cm (28St), Datenanschlussdosen RJ45 (92St), RJ 45 Buchsen (310St), Brandschotts (16St)

9100-0155 Zweigbibliothek (150 Leseplätze, 12 AP)

	7.493,81 m2 BGF	117.817	**15,72**	19,6

Netzwerkschränke 42HE (4St), Verteiler Cat6 (8St), Steckdosenleisten, siebenfach (8St), 19"-Kabelführungspanels (44St), 19"-Patchfelder (37St), Datenkabel Cat7 (35.598m), Fernmeldekabel J-Y(ST)Y (275m), Patchkabel Cat7, l=2,00-8,00m, RJ45-Stecker (68St), Leerrohre (139m), Datenanschlussdosen Cat6, 2xRJ45 (265St), RJ45 (196St)

9100-0168 Schauspielhaus, Zweitspielstätte

• Herstellen (Kosten: 100,0%)	2.865,00 m2 BGF	29.571	**10,32**	28,6

Datenkabel Cat7 (3.124m), Installationskabel J-H(ST)H (3.101m), EIB-Busleitungen (200m), Patchpanels 19" (3St), Spleisboxen 19" (2St), Anschlussdosen (45St), Daten-Anschlussboxen (2St)

9100-0169 Klosteranlage, Wissenschafts- und Studierzentrum

• Herstellen (Kosten: 100,0%)	5.582,91 m2 BGF	42.306	**7,58**	15,6

19"-Netzwerkschränke (3St), 19"-Patchpanels (9St), 19"-LWL-Patchpanel (3St), Rangierpanels (12St), Blindpanels (12St), Datenkabel Cat7 (3.901m), LWL-Kabel (190m), Datenaußenkabel Cat6 (140m), A2YL (100m), LWL-Außenkabel (100m), Datenanschlussdosen 2xRJ45 (86St)

9100-0195 Speicherbibliothek

	3.814,12 m2 BGF	13.567	**3,56**	7,2

Daten-Standschrank (1St), Patchfelder, Spleißkassetten (4St), Datenkabel Cat7A (1.614m), Buchsen Cat6A (34St), Datenanschlussdosen Cat6A (14St), Patchfelder Cat6A (2St), Steckdosenleisten (2St)

9700-0028 Krematorium

	1.607,98 m2 BGF	12.950	**8,05**	17,4

Datenschrank 42HE (1St), HDMI-Extender-Receiver (1St), HDMI-Extender-Transmitter (1St), 19"-Patchpanel Cat6 (1St), LWL-Spleißbox (1St), Telefonfelder (2St), Rangierpanels (3St), Datenkabel Cat7 (668m), Datendosen (13St), Datenmodule (4St), Patchkabel, l=2,00m (3St), HDMI-Kabel, l=2,00m (2St)

Kostenkennwerte für die Kostengruppen 400 der 3.Ebene DIN 276

KG	Kostengruppe	Menge Einheit	Kosten €	€/Einheit	%
461	**Aufzugsanlagen**				
	1300-0234 Bürogebäude (38 AP)				
		1.224,00 m²BGF	3.808	**3,11**	100,0
	Haltewinkel 150x150x12mm zur späteren Nachrüstung eines Personenaufzugs (13m)				
	1300-0283 Verwaltungsgebäude (34 AP)				
		1.502,40 m²BGF	38.178	**25,41**	100,0
	Rollstuhlhebebühne 1,28x1,63m, Hubhöhe 1,10m, Tragkraft 300kg (1St)				
	1300-0292 Landratsamt (136 AP), TG (19 STP)				
		4.569,26 m²BGF	89.388	**19,56**	100,0
	Personenaufzug, fünf Haltestellen (1St)				
	1300-0319 Amtsverwaltung (36 AP)				
		1.790,04 m²BGF	71.442	**39,91**	100,0
	Personenaufzug, barrierefrei, Tragkraft 630kg, acht Personen, Förderhöhe 3,41m, zwei Haltestellen (1St), RWA-Schachtentrauchung (1St)				
	4100-0194 Schule (12 Klassen, 336 Schüler)				
	• Herstellen (Kosten: 100,0%)	1.778,38 m²BGF	51.353	**28,88**	100,0
	Personenaufzug, Tragkraft 630kg, acht Personen, ca.0,5m/s, zwei Haltestellen (1St)				
	4200-0039 Bildungszentrum Holzbauberufe (4 Klassen)				
		3.556,16 m²BGF	168.093	**47,27**	42,9
	Personenaufzug, Traglast 2.500kg, drei Haltestellen, Förderhöhe 8,52m, Kabinenmaß 1,80x2,70m, Seilantrieb (1St), Hochlamellenparkett, geölt (21m²)				
	4400-0322 Kindertagesstätte (4 Gruppen, 100 Kinder)				
		1.119,63 m²BGF	56.286	**50,27**	100,0
	Personenaufzug, Traglast 630kg, acht Personen, Förderhöhe 3,40m, zwei Haltestellen, barrierefreies Innen-Pulttableau, Außentableau mit Schlüsselschalter, Edelstahl-Kabinenwände (1St)				
	4400-0357 Kinderhaus (4 Gruppen, 74 Kinder)				
		1.009,00 m²BGF	61.987	**61,43**	100,0
	Aufzugsanlage, Nutzlast 630 kg, Förderhöhe 6,25m, drei Haltestellen, Kabinenmaß 1,10x1,40x2,20m (1St)				
	4400-0362 Kindertagesstätte (6 Gruppen, 124 Kinder)				
		1.678,28 m²BGF	51.073	**30,43**	100,0
	Personenaufzug, Tragkraft 630kg, acht Personen, behindertengerechte Ausstattung, Förderhöhe 3,43m, zwei Haltestellen (1St), Schachtentrauchungssystem (psch)				

KG	Kostengruppe	Menge Einheit	Kosten €	€/Einheit	%
	5100-0127 Sporthalle (Dreifeldhalle)				
		4.351,43 m2 BGF	71.589	**16,45**	100,0
	Personenaufzug, zwei Haltestellen, Traglast 1.000kg, 13 Personen, Förderhöhe 4,76m, barrierefrei (1St)				
	5200-0012 Sportbadhalle				
	• Herstellen (Kosten: 100,0%)	805,60 m2 BGF	33.564	**41,66**	100,0
	Plattform-Schrägaufzug für barrierefreien Zugang, Plattformgröße 0,90x1,00m, Tragfähigkeit 200kg, Seitenbefahrung (1St)				
	6100-1355 Mehrfamilienhaus (17 WE)				
		2.251,71 m2 BGF	60.131	**26,70**	100,0
	Personenaufzug, Traglast 675kg, 9 Personen, Förderhöhe 8,72m, Notrufsystem, vier Haltestellen (1St)				
	6100-1394 Wohn- und Geschäftshaus (21 WE)				
	• Herstellen (Kosten: 100,0%)	2.819,02 m2 BGF	83.674	**29,68**	100,0
	Personenaufzug Traglast 630kg, acht Personen, fünf Haltestellen, Förderhöhe 11,80m, Kabinenmaß 1,10x1,40m, Seilantrieb (1St), Schaltschrank (1St)				
	6100-1494 Mehrfamilienhaus (53 WE), TG (13 STP)				
		6.430,02 m2 BGF	160.116	**24,90**	100,0
	Personenaufzüge, Traglast 1.000kg, sechs Haltestellen (2St)				
	6100-1524 Mehrfamilienhaus (6 WE)				
		1.360,35 m2 BGF	75.949	**55,83**	100,0
	Personenaufzug (1St)				
	6200-0080 Wohnanlage (28 WE), Inklusives Wohnen				
		5.346,45 m2 BGF	148.748	**27,82**	100,0
	Personenaufzüge, barrierefrei, Nutzlast 675kg, neun Personen, Förderhöhe 12,35m, fünf Haltestellen, Kabinenmaß 1,20x1,40m (2St)				
	6200-0115 Hospiz (10 Betten)				
		1.358,88 m2 BGF	83.375	**61,36**	100,0
	Personen- und Bettenaufzug, Traglast 1.600kg, 21 Personen, Förderhöhe 3,50m, Notrufsystem, zwei Haltestellen (1St)				
	6500-0051 Berufsschule, Neubau Caféteria (100 Sitzplätze)				
	• Herstellen (Kosten: 100,0%)	4.265,98 m2 BGF	75.926	**17,80**	100,0
	Personenaufzug, acht Personen, 630Kg, Förderhöhe 13,68m, fünf Haltestellen (1St)				
	6600-0032 Hotel				
	• Herstellen (Kosten: 100,0%)	827,53 m2 BGF	75.910	**91,73**	100,0
	Personenaufzug, Tragkraft 320kg, Förderhöhe 8,36m, fünf Haltestellen, Kabinenmaß 1,00x0,85m (1St)				

KG	Kostengruppe	Menge Einheit	Kosten €	€/Einheit	%
	7100-0066 Produktionsgebäude, Büro (120 AP)				
		3.710,27 m² BGF	70.969	**19,13**	60,0
	Personenaufzug, Traglast 1.000kg, 13 Personen, Förderhöhe 11,50m, vier Haltestellen, Kabinenmaße 1,10x2,10m, Treibscheibenantrieb (1St)				
	9100-0155 Zweigbibliothek (150 Leseplätze, 12 AP)				
		7.493,81 m² BGF	225.922	**30,15**	58,5
	Lastenaufzug über sechs Geschosse (1St), barrierefreier Senkrechtaufzug zur Verbindung der Eingangsbereiche (1St)				
	9100-0168 Schauspielhaus, Zweitspielstätte				
	• Abbrechen (Kosten: 100,0%)	2.865,00 m² BGF	14.116	**4,93**	100,0
	Abbruch von Aufzug (1St), Entsorgung, Deponiegebühren				
	9100-0169 Klosteranlage, Wissenschafts- und Studierzentrum				
	• Herstellen (Kosten: 100,0%)	5.582,91 m² BGF	251.334	**45,02**	100,0
	Personen-/Lastenaufzug, Tragkraft 1.600kg, Förderhöhe 11,78m, vier Haltestellen, vier Zugänge, Aufzugskabine 140x240cm, Betonwerksteinbelag (1St), Laibungsbekleidung, Stahlportale 1,45x2,45m, Beschichtung (4St), Personenaufzug, Tragkraft 630kg, Förderhöhe 11,73m, sechs Haltestellen, sechs Zugänge, Aufzugskabine 110x140cm, Betonwerksteinbelag (1St)				
	9700-0028 Krematorium				
		1.607,98 m² BGF	74.149	**46,11**	83,1
	Personenaufzug, Traglast 1.000kg, zwei Haltestellen, Förderhöhe 3,10m, Kabinenmaß 1,40x1,58m, Seilantrieb (1St)				
463	**Befahranlagen**				
	9100-0155 Zweigbibliothek (150 Leseplätze, 12 AP)				
		7.493,81 m² BGF	160.555	**21,42**	41,5
	Schienenanlage, horizontale Fahrschienenprofile, l=37,50m, Auflagerkonsolen (225m), Wartungsbühne, Alu-Tragkonstruktion, Spannweite 7,00m, Korbbreite 70cm, Alu-Geländer, h=110cm, Gitterrost-Boden, Kurbelantrieb (1St), Spannweite 5,50m (1St), Spannweite 3,50m (1St), Alu-Leitern (3St), Leiterturm 65x65cm, verschiebbar, h=50-70cm, als Erhöhung Standfläche (1St), Sekuranten (9St)				
465	**Krananlagen**				
	4200-0039 Bildungszentrum Holzbauberufe (4 Klassen)				
		3.556,16 m² BGF	223.560	**62,87**	57,1
	Einträgerbrückenkran, Tragkraft 6,4t, Spannweite 13,75x55,80m (1St), Kranbahnträger BSH 24x76cm, als Durchlaufträger (112m), Schienensystem (135m), Transportkästen (20St)				
	7100-0066 Produktionsgebäude, Büro (120 AP)				
		3.710,27 m² BGF	47.369	**12,77**	40,0
	Krananlage: Stahlträger HEB260 (56m), Ankerpunkte (16St)				
	9700-0028 Krematorium				
		1.607,98 m² BGF	15.052	**9,36**	16,9
	Elektrokettenzug, elektrisches Fahrwerk, Traglast 2.000kg, Hubhöhe 10,00m (1St)				

KG	Kostengruppe	Menge Einheit	Kosten €	€/Einheit	%
471	**Küchentechnische Anlagen**				
	4400-0322 Kindertagesstätte (4 Gruppen, 100 Kinder)				
		1.119,63 m2 BGF	44.544	**39,78**	100,0
	Küchenkorpusse, Spanplatten, Oberfläche HPL (psch), Durchschub-Geschirrspülmaschine mit Enthärter (1St), Zulauftisch (1St), Ablauftisch (1St), Spülbecken (1St), Handwaschbecken, Edelstahl (1St), Kühl-Gefrierschrank 321l (1St), Kühlschrank 390l (1St), Unterbau-Kühlschrank (1St), Geschirrspüler (1St), Kochfeld (1St), Hochschrank (1St)				
	4400-0334 Kindertagesstätte (8 Gruppen, 150 Kinder)				
		1.648,86 m2 BGF	134.220	**81,40**	98,9
	Umluft-Kühlschränke (3St), Umluft-Tiefkühlschränke (2St), Außen-Kälteaggregate, Dachaufstellung (2St), Kombidämpfer (1St), Kondensationshaube (1St), Elektro-Kippbratpfanne (1St), Kochfeld (1St), Arbeitstische (3St), Tischplatte (1St), Arbeitsschränke (4St), Schubladenblöcke (2St), Spültisch, Unterbau (1St), Handwasch-/Ausgusskombination (1St), Geschirrbrause (1St), Haubenspülmaschine (1St), Abluft-WRG (1St), Ablauftisch (1St), Wandhaube (1St), Hängeschrank (1St), Regale (3St)				
	4400-0356 Kindergarten (4 Gruppen, 112 Kinder), Wohnungen				
		1.204,74 m2 BGF	65.112	**54,05**	100,0
	Edelstahlschränke als Schubladenschränke, Hoch-, Unterschränke, Arbeitsplatte (7St), Spültisch mit zwei Ausgussbecken, Induktions-Kochfeld, Elektro-Combi-Dämpfer, Umluft-Tiefkühlschrank, Kühlschrank, Geschirrbrause, Korbdurchschubspülmaschine, Abluft-Deckenhaube (1St)				
	5300-0016 Strandbad, Gastronomie				
		492,00 m2 BGF	175.488	**356,68**	87,2
	Kücheneinrichtung mit Kühlschränken (6St), Dunstabzugshauben (2St), Tiefkühlschrank (1St), Geschirrspülmaschine, Kombidämpfer, Griddlepfanne, Cerankochfeld, Fritteuse, Wärmeschrank, Saladette (1St), Spülbecken (4St), Arbeitstische mit Unterschränken, Wandschränken				

KG	Kostengruppe	Menge Einheit	Kosten €	€/Einheit	%
472	**Wäscherei-, Reinigungs- und badetechnische Anlagen**				
	5200-0012 Sportbadhalle				
	• Wiederherstellen (Kosten: 17,2%)	805,60 m² BGF	35.759	**44,39**	17,2
	Filtersand, d=40cm, Filterfrontverrohrung für vorhandenen Mehrschichtfilter, PVC-Rohre demontieren, PE-Rohre neu aufbauen (2St), Dichtungen (6St), Düsen austauschen (918St), Instandsetzung von Pumpe vor dem Wiedereinbau, neue Gleitringdichtungen (1St), Umwälzpumpen demontieren, lagern, am neuen Aufstellplatz wieder montieren, Monometer austauschen, Reparaturschalter, Mano-Vakuummeter (2St), elektronische Prüfung von Filtern, D=2,70m, Mantelhöhe=2,00m (2St), Filterverrohrung demontieren, lagern, wieder montieren (2St), Gasdosiergerät umrüsten (1St), Druckerhöhungspumpe demontieren, lagern, mit Dichtung wieder montieren (1St)				
	• Herstellen (Kosten: 82,8%)	805,60 m² BGF	172.434	**214,04**	82,8
	Plattform-Sprunganlage, h=3,00m, auf Stahl-Rundsäule, Belag aus Kunststoff, Rutschklasse C, Aufstiegsleiter mit Sicherheitshandläufen (1St), Sprungbrettanlage, h=1,00m, auf vier Säulen, Aufstiegsleiter (1St), Vollkunststoff-Sprungbrett, l=4,80m (1St), Sprungbrett-Walzenverstellung (1St), Startsockel, Edelstahl, Haube und Zwischenstufe aus Kunststoff, Rutschklasse C (5St), Betriebs-Wasserapparatur (1St), Chlorgas-Saugleitungen (20m), Sicherheitsschaltung zur Verhinderung einer Überchlorung (1St), Strömungswächter (1St), Dosierpumpen (2St), Druckluftwartungseinheit (1St), Mano-Vakuummeter (1St), Probeentnahmeventile (7St), Tauchtemperaturfühler (7St), Kunststoff-Statikmischer zur Flockungsmitteldurchmischung DN250 (1St), Messwasser-Entnahmepumpe (1St), Griffbögen, Edelstahl (4St), Geländer, Edelstahl, h=1,10m (3St), Schwimmbadleinen 25m (4St), Rettungsringe (2St), Rettungsstangen (2St)				
	5300-0016 Strandbad, Gastronomie				
		492,00 m² BGF	25.790	**52,42**	12,8
	Saunakabine 230x230cm, Fichte, Saunaofen 15kW, Notrufschalter, Zubehör (1St)				
473	**Medienversorgungsanlagen, Medizin- und labortechnische Anlagen**				
	7100-0066 Produktionsgebäude, Büro (120 AP)				
		3.710,27 m² BGF	170.968	**46,08**	100,0
	Technische Gase: Kupferrohre DN20-25 (485m), Kugelhähne (46St), Entnahmestellendruckminderer (21St), Kontaktmanometer (2St), Magnetventile (2St), Schalt-/Signalkasten (1St), Handschiebeventil (1St), Druckluft: Edelstahlrohre DN32-50, Formstücke (330m), Edelstahl-Stichleitungen, l=3,00-4,00m, Formstücke, Edelstahl-Kugelhähne, Gummischläuche als Maschinenanschlüsse, l=3,00-4,00m (26St)				
474	**Feuerlöschanlagen**				
	1300-0292 Landratsamt (136 AP), TG (19 STP)				
		4.569,26 m² BGF	2.768	**0,61**	100,0
	Schaumfeuerlöscher 6l (10St), Kohlendioxid-Feuerlöscher (5St)				
	4200-0039 Bildungszentrum Holzbauberufe (4 Klassen)				
		3.556,16 m² BGF	24.595	**6,92**	10,7
	Löschwasser-Einspeisearmaturen, Wandschrank (2St), Schlauchanschlussarmaturen (4St), Stahlrohre DN50-80, Formstücke (41m)				

KG	Kostengruppe	Menge Einheit	Kosten €	€/Einheit	%
	4400-0334 Kindertagesstätte (8 Gruppen, 150 Kinder)				
		1.648,86 m2 BGF	1.503	**0,91**	1,1
	Feuerlöscher: Schaum-Löscher, 6l (8St), Kohlendioxid-Löscher, 5kg (1St), Fettbrand-Löscher, 6l (1St)				
	5100-0122 Sporthalle (Zweifeldhalle)				
	• Herstellen (Kosten: 100,0%)	2.217,01 m2 BGF	774	**0,35**	100,0
	Schaumfeuerlöscher 6l (6St)				
	6100-1494 Mehrfamilienhaus (53 WE), TG (13 STP)				
		6.430,02 m2 BGF	10.413	**1,62**	100,0
	Steigleitung trocken, Edelstahlrohre DN76-89, Formstücke, Schutzschlauch (18m), Rückflussverhinderer (1St)				
	7600-0078 Flughafenfeuerwehr (8 Fahrzeuge)				
	• Herstellen (Kosten: 100,0%)	4.266,00 m2 BGF	94.151	**22,07**	26,3
	Feuerlösch-Trennstation mit Pumpanlage, Regelung, Edelstahlverrohrung (1St), Feuerlöschleitungen, Kupfer DN65-100, Formstücke (8m), Schlauchanschlussventil (1St), Druckhaltepumpe, Sanftanlasser (1St), Ausdehnungsgefäß (1St), Überlaufanschluss (1St)				
	9100-0155 Zweigbibliothek (150 Leseplätze, 12 AP)				
		7.493,81 m2 BGF	1.169.060	**156,00**	100,0
	Hochdruckwassernebel-Feuerlöschanlage: Pumpeneinheiten, zwei Axialkolbenpumpen, Drehstrommotor, Ventile, Schalter (2St), Reservepumpe (1St), Druckhalteeinrichtung (1St), Düsenschrank (1St), Schaltschrank, Steuerung (1St), Störmeldezentrale (1St), Verkabelung (psch), Wasservorratstanks 1.500l (7St), Nachfüllbaugruppe (1St), Edelstahlrohre DN10-25, Formstücke (4.032m), HDWN-Düsen (1.310St), Hochdruck-Bereichsventile DN20-25 (16St), Entleerungskugelhähne (36St)				
	9100-0169 Klosteranlage, Wissenschafts- und Studierzentrum				
	• Herstellen (Kosten: 100,0%)	5.582,91 m2 BGF	13.316	**2,39**	100,0
	Löschwasser-Einspeisearmatur (1St), Wandhydrant (1St), Stahlrohr DN50-80 (19m), Be-/Entlüftungsventil (1St), Brandschotts (4St)				
	9100-0195 Speicherbibliothek				
		3.814,12 m2 BGF	19.818	**5,20**	100,0
	Wasser-Feuerlöscher 6L (25St), Wandhalter (26St), Beschilderungen (28St), Pulver-Feuerlöscher (3St), Löschwasserleitungen DN90, Stahlgewinderohre, Formstücke (41m), Schlauchanschlusseinrichtungen (4St), Löschwasser-Einspeisearmaturen (2St), Rohrentlüfter DN50 (2St)				
	9700-0028 Krematorium				
		1.607,98 m2 BGF	250	**0,16**	< 0,1
	Schaumfeuerlöscher (1St)				

KG	Kostengruppe	Menge Einheit	Kosten €	€/Einheit	%
475	**Prozesswärme-, kälte- und -luftanlagen**				
	7600-0078 Flughafenfeuerwehr (8 Fahrzeuge)				
	• Abbrechen (Kosten: 1,9%)	4.266,00 m² BGF	4.895	**1,15**	1,4
	Abbruch von Absaugventilatoren (4St), Lüftungsleitungen (100m), Bauteilen (4St), Laufwagen (1St); Entsorgung, Deponiegebühren				
	• Wiederherstellen (Kosten: 2,3%)	4.266,00 m² BGF	6.128	**1,44**	1,7
	Demontage der alten Standfüße an Absauganlage, Montage neuer Standfüße (9St)				
	• Herstellen (Kosten: 95,8%)	4.266,00 m² BGF	253.026	**59,31**	70,6
	Schalldämmhauben 406x146x146cm, Dämmung (3St), Steuerungen (3St), Dachkonsolen, h=0,70m (3St), Ausblaseinheiten (3St), Radialventilatoren (3St), Alu-Doppelkanäle, D=2x290cm², l=14m (4St), Alu-Einzelkanäle, l=6m (8St), Absaugstutzen (4St), Hydraulik-Stoßdämpfer (8St), Schalldämpfer (2St), Doppellaufwägen mit Absaughauben (4St), Führungsstangen (4St), Schlauch DN35, l=2m (4St), Querträgerabhängungen (58m), Befestigungssäulen, verzinkt, l=3,00m (25St), C-Profil-Schienen (147m), Rollapparate (24St), zusätzliche Laufwägen (6St), Wickelfalzrohre DN160-600, Formstücke (55m), Ölflexleitung (772m), Kabel YSLYCY (163m)				
476	**Weitere nutzungsspezifische Anlagen**				
	4200-0039 Bildungszentrum Holzbauberufe (4 Klassen)				
		3.556,16 m² BGF	205.610	**57,82**	89,3
	Druckluftversorgungsanlage: Schraubenkompressor, Druckluftbehälter 1.000l (1St), Hebeanlagen (2St), Druckluftleitungen, Formstücke (9m), Kugelhähne (18St), Kupplungen (17St), fahrbarer Entstauber, Volumenstrom 7.950m³/h, Filterfläche 15m², Spänebehälter, Presslingverdichter, Verrohrung (1St), Volumenstrom 2.495m³/h (1St), Volumenstrom 1.593m³/h (1St), Energiesparschieber (9St), Abluftrohre DN120-350, Formteile (83m), PUR-Schlauch D=80-160mm (13m)				
	9700-0028 Krematorium				
		1.607,98 m² BGF	2.044.463	**1.271,45**	100,0
	Einäscherungsofen (1St), Industriebrenneranlage (1St), Sargeinfahrmaschine (1St), Abgaskanäle (psch), Aschesortiertisch (1St), Aschemühle mit Staubabsaugung (1St), Wärmetauscherturm (1St), Rückkühlwerk (1St), Verrohrungen, Armaturenstrecken, Dämmung (psch), Abgasreinigung, Zyklon-Vorabscheider (1St), automatische Additivsortierung (1St), Gewebefilter (1St), Druckluftanlage (1St), Abgasgebläse (1St), Ofensteuerung (1St), Prozessleitsystem (psch), Emissionsmessung, Entnahmesonde, CO-Analysator, Schaltschrank (psch), Schornsteinanlage (1St), Kältemaschinen, Verdampfer, Kälteleistung 1,6-10,4kW (4St), Kupferrohre, Formstücke, Rohrdämmung, Blechummantelung (105m), Tauwasserleitungen (3St), Wasch-/Präparierstation (1St), Ankleide-/Wasch-/Seziertisch (1St)				

KG	Kostengruppe	Menge Einheit	Kosten €	€/Einheit	%
481	**Automationseinrichtungen**				
	1300-0234 Bürogebäude (38 AP)				
		1.224,00 m² BGF	31.205	**25,49**	96,5
	Jalousieaktoren, achtfach (14St), vierfach (1St), Schaltaktoren (9St), Multimediatouchpanel (1St), Dimmaktoren (3St), Wetterzentrale, Busüberwachungszentrale Beleuchtung (1St), Linienkoppler (3St), Jalousiesteuerbaustein, Applikationsbaustein (1St), Funkschaltuhr, Wettersensor (1St)				
	1300-0283 Verwaltungsgebäude (34 AP)				
		1.502,40 m² BGF	107.411	**71,49**	60,2
	Automationsstation mit Bedienfeld (1St), Touch Panel, 19" (1St), Raumautomationsstation (67St), Wetterstation (1St), Windsensor (1St), Kanalrauchmelder (1St), Frostwächter (1St), KNX Präsenzmelder (107St), Jalousieaktoren (53St), Thermoantriebsaktoren (37St), Luftkanaldruckdifferenzfühler (2St), Spannungsversorgung BUS-System (12St), Automationsmodulbox (37St), Temperaturfühler (15St), Ventilantrieb (3St), elektrothermische Antriebe (49St), Durchgangsventile (3St)				
	1300-0292 Landratsamt (136 AP), TG (19 STP)				
		4.569,26 m² BGF	332.707	**72,81**	65,9
	Automationsstationen (5St), Kommunikationsschnittstelle (1St), Sensoren (85St), Aktoren (203St), Programmierung von Datenpunkten (540St), von Aus-/Eingängen (888St), KNX-Bedienserver (1St), KNX-Bediengeräte (3St), KNX-IP-Schnittstelle (1St), Binäreingänge, achtfach (14St), vierfach (2St), KNX-Schaltaktoren (13St), KNX-Jalousieaktoren (8St), KNX-Tasterstellungen (217St), KNX-Wetterstation (1St), KNX-Dali-Gateways (6St), KNX-Linienkoppler (8St), KNX-Präsenzmelder (62St)				
	1300-0319 Amtsverwaltung (36 AP)				
		1.790,04 m² BGF	12.737	**7,12**	59,7
	KNX-Wetterstation, Mast (1St), KNX-Jalousieaktoren (62St)				
	4100-0173 Ganztagesschule (9 Klassen, 225 Schüler)				
	• Herstellen (Kosten: 100,0%)	1.860,58 m² BGF	82.436	**44,31**	77,4
	KNX-Controller (1St), Controlpanel (1St), Visualisierung der Beleuchtung (1St), KNX-Wetterzentrale (1St), Lüftungs-BUS-Zentrale (1St), KNX-Jalousieaktoren (4St), KNX-Binärausgänge (2St), KNX-Präsenzmelder (34St), KNX-Schnittstelle (1St), KNX-Spannungsversorgungen (4St), Analogaktoren (5St), Koppler (3St), Bedienelemente (16St), KNX-Universalschnittstellen (16St), KNX-Taster-Ankopplung (4St)				
	4100-0194 Schule (12 Klassen, 336 Schüler)				
	• Herstellen (Kosten: 100,0%)	1.778,38 m² BGF	36.132	**20,32**	100,0
	Automationsstationen mit Bedienfeld (2St), Transformatoren (3St), Prozessschnittstelle (1St), Ein- Ausgabemodule (2St), Temperatur-Messwertgeber (23St), MS-Fühlertasche (12St), Dreiwegeventile DN15-32 (10St), Temperaturwächter (3St), Überspannungsschutz (2St), Netzgeräte (2St), Koppelrelais (10St), Ethernet-Switch Port (1St)				

KG	Kostengruppe	Menge Einheit	Kosten €	€/Einheit	%
	4200-0039 Bildungszentrum Holzbauberufe (4 Klassen)				
		3.556,16 m² BGF	38.698	**10,88**	11,0
	EIB-Spannungsversorgung (7St), Schaltaktoren, vierfach (19St), achtfach (11St), Wetterzentrale, Sensor (1St), Klemmen (1.097St), Bezeichnungsschilder (298St)				
	4400-0322 Kindertagesstätte (4 Gruppen, 100 Kinder)				
		1.119,63 m² BGF	6.996	**6,25**	12,1
	Kanal-, Tauchtemperaturfühler (10St), Kanalrauchmelder (1St), Außenfühler (2St), Durchgangsventile (2St), Dreiwegeventil (1St), Stellantriebe (3St), Pegelwandler (1St), Wohnraumfühler (2St), Elektrozähler (1St), Wärmezähler (1St)				
	4400-0334 Kindertagesstätte (8 Gruppen, 150 Kinder)				
		1.648,86 m² BGF	19.686	**11,94**	94,4
	KNX-Anlage, Projektierung (psch), KNX-Spannungsversorgung (2St), Koppler (1St), USB-Schnittstellen (2St), Wetterstation (1St), Binäreingänge, vierfach (1St), KNX-Tastermodule, ein- bis vierfach (23St), KNX-Präsenzmelder (12St), Jalousie-/Schaltaktoren (5St), Schaltaktoren mit Handbetätigung (3St)				
	4400-0356 Kindergarten (4 Gruppen, 112 Kinder), Wohnungen				
		1.204,74 m² BGF	23.051	**19,13**	61,7
	KNX-Controller (1St), Taster-Schnittstellen, zweifach (36St), vierfach (1St), Jalousieaktoren, vierfach (6St), achtfach (2St), Wetterstation (1St), Bus-Schnittstellen (14St), Schnittstellen-Umsetzer (3St), Linienkoppler (3St), Tastsensoren (14St), Bewegungsmelder (1St), Binäreingabegerät (1St)				
	4400-0362 Kindertagesstätte (6 Gruppen, 124 Kinder)				
		1.678,28 m² BGF	16.693	**9,95**	67,5
	PC-Bedienpanel 15" (1St), Automationsgerät mit 15 E/A (1St), Software Automationsstation (1St), Modem für SMS-Übertragung (1St), Universal-Eingangsmodul (1St), Tauchfühler (9St), Außentemperaturfühler (1St), Spannungsversorgungsmodul (1St)				
	5100-0122 Sporthalle (Zweifeldhalle)				
	• Herstellen (Kosten: 100,0%)	2.217,01 m² BGF	100.476	**45,32**	66,5
	Automationsstationen (2St), Vorrangbedienebene (1St), KNX-Spannungsversorgung (3St), KNX-Koppler (2St), KNX-Binäreingänge (7St), KNX-Binärausgänge (11St), Jalousieaktoren (3St), DALI-Gateways (3St), Präsenzmelder (26St), Raum-Controller (1St), Lichtsensoren (2St), Steuertableau (1St), Wetterzentrale (1St), Differenzdruckwächter (4St), Kanalrauchmelder (4St), Gateway-Modul (1St)				
	5100-0127 Sporthalle (Dreifeldhalle)				
		4.351,43 m² BGF	83.283	**19,14**	49,4
	Schaltschränke (2St), Busankoppler (1St), Touch-Screen Displays (3St), Switch, acht Ports (2St), Schaltaktoren (11St), Präsenz-/Bewegungsmelder (99St), Taster (18St), Temperaturfühler (21St), Temperaturwächter (2St), Jahreszeitschaltuhr, Antenne, Mast (1St), Wetterstation (1St), Dämmerungsschalter (1St), Feuchtefühler (1St)				

KG	Kostengruppe	Menge Einheit	Kosten €	€/Einheit	%
	5100-0128 Sporthalle (Einfeldhalle)				
		815,50 m²BGF	17.343	**21,27**	96,7

KNX-Raumbediengerät (1St), Wetterzentrale, Wettersensoren (1St), Luftqualitätssensor (1St), DALI Gateway (2St), Schaltaktor achtfach (1St), Schaltnetzteil (1St), Linienkoppler (1St), Gruppentaster mit Busankoppler (4St), EIB-Spannungsversorgung (1St), Jalousieaktor (1St)

	5200-0012 Sportbadhalle				
	• Herstellen (Kosten: 100,0%)	805,60 m²BGF	8.508	**10,56**	18,8

Kanalfühler (4St), Tauchtemperaturfühler (7St), Witterungsfühler (1St), Tauch- und Anlege-Frostschutzwächter (1St), Schutzrohre, Edelstahl (4St), Frostwächter (1St), Differenzdruckwächter (2St), Luftstromwächter (2St), Drehantriebe für Luftklappen (4St), Ventilantriebe, elektromotorisch (2St), Frequenzumrichter (2St)

	6100-1444 Einfamilienhaus, Garage (5 STP)				
		522,66 m²BGF	64.309	**123,04**	83,5

Spannungsversorgung BUS-System (5St), Schaltaktoren, achtfach (16St), zweifach (23St), Jalousieaktoren, achtfach (3St), zweifach (2St), Ventilantriebaktoren, sechsfach (4St), Stellantriebe (42St), Präsenzmelder (5St), Universaldimmer (1St), Wetterstation mit Sensor (1St), Tastsensoren (39St), Bedienelemente, dreifach (3St), mit Display (3St), Komfortpanel mit Touchdisplay (1St)

	6200-0080 Wohnanlage (28 WE), Inklusives Wohnen				
		5.346,45 m²BGF	46.363	**8,67**	65,8

MSR-Technik, 143 Datenpunkte, Prozessor, 29 Module, Router (1St), Anzeigepaneele (2St), Fühler (12St), Kanalrauchmelder (2St)

	6200-0115 Hospiz (10 Betten)				
		1.358,88 m²BGF	13.775	**10,14**	100,0

Gateways (2St), Wetterstation (1St), Helligkeitssensor (1St), Windsensor (1St), Temperatursensor (1St), Dämmerungssensor (1St), Regensensor (1St), Jahreszeitschaltuhr (1St), Jalousieaktoren, vierfach (6St), Jalousietaster (2St), Tastensensoren, einfach (4St), dreifach (1St)

	6500-0051 Berufsschule, Neubau Caféteria (100 Sitzplätze)				
	• Herstellen (Kosten: 100,0%)	4.265,98 m²BGF	28.405	**6,66**	50,4

Automationsstationen für RLT-Anlage (1St), für Heizung (1St), Bediendisplay (1St), Fernbedientableau (1St), Differenzdruckfühler (6St), Temperaturfühler (13St), Rauchmelder (3St), Luftqualitätsfühler (1St), Wärmeleistungs-Messeinrichtung (1St), Klappenstellantriebe (4St), Frostschutzwächter (1St), Leckagemelder (1St)

KG	Kostengruppe	Menge Einheit	Kosten €	€/Einheit	%
	7100-0066 Produktionsgebäude, Büro (120 AP)				
		3.710,27 m² BGF	147.618	**39,79**	56,8
	Automationsserver, Software (8St), Human-Maschine-Interface (1St), Raumbediengeräte (70St), Wetterstation (1St), Frequenzumrichter (1St), Modbus-Zähler (6St), Kompressoraufschaltungen (2St), Ein-/Ausgangsmodule (19St), Schaltmodule (4St), Temperatursensoren (59St), Dali-Multisensoren (5St), Feuchtesensoren (5St), Differenzdrucksensoren (4St), Kanalrauchmelder (4St), CO_2-Sensoren (3St), Frostwächter (2St), Dreiwegeventile (14St), Hubventile (7St), Stellantriebe (11St), Ventilantriebe (8St), Klappenantriebe (4St), Differenzdruckschalter (6St), Volumenstrom-Messumformer (1St), Datenpunkte (188St), Regelapplikationen, Visualisierungen (56St), Trendlogdarstellungen (27St), Anlagenbilder (21St)				
	7600-0078 Flughafenfeuerwehr (8 Fahrzeuge)				
	• Abbrechen (Kosten: 0,6%)	4.266,00 m² BGF	1.782	**0,42**	0,6
	Abbruch von Motortechnik, Stromleitungen, Bekleidung der Sektionaltore (psch); Entsorgung, Deponiegebühren				
	• Herstellen (Kosten: 99,4%)	4.266,00 m² BGF	283.042	**66,35**	99,4
	Parametrierung, Programmierung der kompletten EIB-KNX-Anlage (psch), sämtliche technische Anlagen zur Mess- Steuerungs und Regelungstechnik (psch), Präsenzmelder (48St), Tasterschnittstellen, zweifach (33St), Schaltaktoren (28St), Binäreingänge (19St), KNX-Jalousieaktoren (6St), KNX-Spannungsversorgung REG-K/640 (6St), Koppler (4St), KNX-Wetterstation (1St), Windsensor (1St)				
	9100-0168 Schauspielhaus, Zweitspielstätte				
	• Abbrechen (Kosten: 0,3%)	2.865,00 m² BGF	230	**0,08**	0,1
	Abbruch von Network-Control-Modulen (2St), Entsorgung, Deponiegebühren				
	• Herstellen (Kosten: 99,7%)	2.865,00 m² BGF	87.514	**30,55**	44,0
	Anwenderprogramme konvertieren, anpassen (2St), Network Automation-Engine (2St), KNX-Controlpanel (1St), DMX-Gateways (2St), DMX-GW-Konfiguratoren (2St), KNX-Spannungsversorgung (1St), KNX-Binärausgänge (9St), DALI-Gateway (1St), IP-Router (2St), Prozessrechner, Bedienstation (1St), Kombifühler (3St), 2-Phasen-Frostschutzwächter (1St), Rauchauslöseeinrichtungen (2St), Flachmonitor für Leitrechner (1St), DDC-Hardware (2St)				
	9100-0169 Klosteranlage, Wissenschafts- und Studierzentrum				
	• Herstellen (Kosten: 100,0%)	5.582,91 m² BGF	251.933	**45,13**	74,9
	KNX-Server (1St), KNX-Gateways (2St), KNX-Spannungsversorgungen (9St), KNX-Schnittstellen (23St), KNX-Linienkoppler (7St), KNX-Anlageneingänge (20St), KNX-Binäreingänge (2St), KNX-Aktoren (205St), KNX-Sensoren (132St), KNX-Objektregler (22St), KNX-Klimamonitoring-Komponenten (20St), Aufzeichnung Messpunkte (95St), Programmierung Alarmerweiterungen (62St), Heizungsregelung (psch), Visualisierungen (psch), Automationseinrichtung (psch), Ein-/Ausgabefunktionen (153St), Verarbeitungsfunktionen (137St), Sensoren (30St), Aktoren (8St)				

KG	Kostengruppe	Menge Einheit	Kosten €	€/Einheit	%
	9100-0195 Speicherbibliothek				
		3.814,12 m²BGF	139.020	**36,45**	42,2
	Automationseinrichtungen (2St), Konfiguration (psch), Kanalrauchmelder 24V (1St), Frostschutzsteuerungen (183St), Klappenantriebe (60St), Stabtemperaturfühler (29St), Raumtransmitter (16St), Feindifferenzdruckwächter (15St), Ventile (11St), Wasserwarngeräte mit Bodensensoren (10St), Luftstromwächter (5St), Kanaltransmitter (5St), Antriebe (7St), Frostwächter (4St), USV-Geräte (2St), Kanal-Hygrostat (1St), Konfiguration, Dokumentation (psch)				
	9700-0028 Krematorium				
		1.607,98 m²BGF	90.929	**56,55**	54,0
	Software, Programmierung, Systemintegration (psch), Datenpunkte (155St), Filterüberwachungen (3St), Ventilatorüberwachungen (2St), Temperaturfühler (31St), Frostschutzthermostat (1St), Klappenantriebe (8St), Raumtemperaturregler (5St), Dreiwegeventile (3St), Druckbegrenzer (2St), Temperaturbegrenzer (1St)				
482	**Schaltschränke, Automationsschwerpunkte**				
	1300-0283 Verwaltungsgebäude (34 AP)				
		1.502,40 m²BGF	9.978	**6,64**	5,6
	Schaltschrank, 100x40x180cm, bestückt (1St)				
	1300-0292 Landratsamt (136 AP), TG (19 STP)				
		4.569,26 m²BGF	57.867	**12,66**	11,5
	Schaltschränke (8St), Notbedienebenen (2St), Einspeisungen, Nennstrom 16-40A (6St), Spannungsversorgungen (12St), Überspannungsschutzgeräte (13St), Phasenüberwachungen (5St), Lampenprüfmodule (5St), Entsperrschaltungen (5St), Steuerungen für Stellantriebe (184St), für Kontaktgeber (35St), für Motoren (17St), Frequenzumrichter (1St)				
	1300-0319 Amtsverwaltung (36 AP)				
		1.790,04 m²BGF	6.563	**3,67**	30,8
	KNX-Dali-Gateways, Spannungsversorgung (2St), Logikmodule (2St), Binäreingänge, achtfach (2St), Schaltaktoren, vierfach (3St), Handumschaltung (1St)				
	4200-0039 Bildungszentrum Holzbauberufe (4 Klassen)				
		3.556,16 m²BGF	64.433	**18,12**	18,4
	Schaltschrankanlage, dreiteilig, bestückt (1St), Leistungsbaugruppen, Technik (3St), Abzweigdosen, halogenfrei (122St)				
	4400-0322 Kindertagesstätte (4 Gruppen, 100 Kinder)				
		1.119,63 m²BGF	17.341	**15,49**	30,0
	Steuerschrank, Fernwärme, bestückt, in bestehendem Pfarrhaus (1St), Steuerschrank Heizung, bestückt (1St)				
	4400-0362 Kindertagesstätte (6 Gruppen, 124 Kinder)				
		1.678,28 m²BGF	8.047	**4,79**	32,5
	DDC-Schaltschrank, komplett bestückt (1St), ID Kommunikationssoftware WP (1St)				

KG	Kostengruppe	Menge Einheit	Kosten €	€/Einheit	%
	5100-0122 Sporthalle (Zweifeldhalle)				
	• Herstellen (Kosten: 100,0%)	2.217,01 m² BGF	49.451	**22,31**	32,7
	Standschränke (3St), Schaltschrankbeleuchtung (3St), Schaltschranklüfter (2St), Einspeisungen 400V (2St), Phasenlampen (6St), Phasenüberwachung (2St), Hilfsschütze (9St), Steckdosen (2St), Steuerspannungstrafos (2St), Sicherheitstrafo (1St), Netzabgänge (11St), Temperaturüberwachung (2St), Aufschaltungen für Stellbefehle (32St), für Messwerte (28St), Motorsteuerung (14St), Trennstärker (1St), Rauchmeldeüberwachungen (4St), Überspannungsschutz (1St)				
	5100-0127 Sporthalle (Dreifeldhalle)				
		4.351,43 m² BGF	22.534	**5,18**	13,4
	Schaltschränke, Haupteinspeisungen, Phasenkontrolle, Störmeldungen, Überspannungsschutz (2St), Steuerkästen (3St), Steuerungen für Heizung (1St), für Lüftung (11St), für Hygienespülung (3St)				
	5200-0012 Sportbadhalle				
	• Herstellen (Kosten: 100,0%)	805,60 m² BGF	12.610	**15,65**	27,9
	Schaltschrank, Feldgeräte (1St)				
	6200-0080 Wohnanlage (28 WE), Inklusives Wohnen				
		5.346,45 m² BGF	9.629	**1,80**	13,7
	MSR-Schaltschrankanlage 1400x1800x400mm, bestückt (1St)				
	7100-0066 Produktionsgebäude, Büro (120 AP)				
		3.710,27 m² BGF	47.780	**12,88**	18,4
	Schaltschränke, Innenbeleuchtung (6St), Netzanschlüsse, Netzkontrollen (3St), Überspannungsschutz (5St), DDC-Controller (3St), Sammelstöranzeigen (3St), Sammelschienen (3St), Spannungsversorgungen 24V (7St), 400/230V (3St), 230V (2St), Relais (28St), Pumpenschaltungen (18St), Baugruppen (11St), Motorleistungsgruppen (4St), Anschlüsse externe Datenpunkte/Störmeldungen (107St), Anschlussdosen RJ45 (11St)				
	9100-0168 Schauspielhaus, Zweitspielstätte				
	• Herstellen (Kosten: 100,0%)	2.865,00 m² BGF	16.333	**5,70**	8,2
	Standschrank (1St), Schrankbeleuchtung (2St), Schranklüfter (1St), Haupteispeisung (1St), Phasenkontrolllampen (3St), Anschaltungen für Brandschutzklappe (28St), für Kanalrauchmelder (2St), Motorbaugruppen (6St), Überwachungsbaugruppen (3St), Spannungsversorgungen (2St), Sammelstörmeldebaugruppe (1St)				
	9100-0169 Klosteranlage, Wissenschafts- und Studierzentrum				
	• Herstellen (Kosten: 100,0%)	5.582,91 m² BGF	43.009	**7,70**	12,8
	Schaltschrankfelder (2St), Messgerät (1St), Bediengerät (1St), Einspeisung mit Lasttrennschalter (1St), Spannungsversorgungen (3St), Überspannungsschutzgeräte (3St), FI-Schalter (2St), Leistungsabgänge (4St), Leistungsbaugruppen (7St), Koppelrelais (4St), Schütze (6St), LVB-Module (62St), Baugruppen (41St), KNX-Lastschalter (13St), Sicherheitssteuerungen (2St), Reparaturschalter (2St)				

KG	Kostengruppe	Menge Einheit	Kosten €	€/Einheit	%
	9100-0195 Speicherbibliothek				
		3.814,12 m²BGF	49.991	**13,11**	15,2
	Standschränke 200x80x40cm, Sockel, Lüfter, Filter, Thermostat (6St), Wandschränke 50x50x21cm (3St), Einspeisung 400V, 63 Hauptschalter, Sammelstörmeldungen (2St), Frostschutzschaltungen (4St), Koppelrelais (116St), Steuerbaugruppen (24St), Klappensteuerungen (17St), Motorbaugruppen bis 4kW (15St), BMA Überwachungen (14St), Zwangssteuerungen (10St), Rauchmelder-Überwachungen (7St), Überspannungsschutz (6St), Fehlerstromüberwachung (6St), Entrauchungsschaltungen (4St), Überwachung Meldungen (320St), Steuerelemente für Kälte-, Klimaanlagen (5St)				
	9700-0028 Krematorium				
		1.607,98 m²BGF	33.766	**21,00**	20,0
	Schaltschrankanlage (1St)				
483	**Automationsmanagement**				
	1300-0283 Verwaltungsgebäude (34 AP)				
		1.502,40 m²BGF	54.042	**35,97**	30,3
	Einregulierung, Programmierung gesamte DDC-Anlage (psch), Inbetriebnahme, Programmierung Raumautomationsstationen (72St), Projektabwicklung und Koordination (1St)				
	4200-0039 Bildungszentrum Holzbauberufe (4 Klassen)				
		3.556,16 m²BGF	139.214	**39,15**	39,7
	Datenverarbeitungseinrichtung (2St), Bedientableau (2St), Anlagensteuerung (1St), Unterstation, Software, Bedienfunktionen einrichten (1St), Erfassen von Mess-/Steuer- und Regelpunkten (667St), Fernbediengeräte (20St)				
	4400-0322 Kindertagesstätte (4 Gruppen, 100 Kinder)				
		1.119,63 m²BGF	18.805	**16,80**	32,6
	Automationsgeräte mit 15 E/A-Modulen (2St), TFT-Touch-Monitor (1St), Touchscreen-Farbdisplay (1St), Gateways (2St), Kommunikationsmodul (1St), Softwaremodule Ein-, Ausgabefunktionen (50St), Kommunikationssoftware (4St), Ausgangsmodule (4St), Raumbediengerät (1St)				
	4400-0356 Kindergarten (4 Gruppen, 112 Kinder), Wohnungen				
		1.204,74 m²BGF	10.763	**8,93**	28,8
	Programmierung KNX-Steuerungen (psch), Dokumentation, Einweisung (psch)				
	5100-0127 Sporthalle (Dreifeldhalle)				
		4.351,43 m²BGF	32.137	**7,39**	19,1
	Softwareerstellungen für Lüftung (2St), für Heizung (1St), für Elektro (1St), Steuerung Spüleinrichtungen (30St), Programmierung (1St)				
	5200-0012 Sportbadhalle				
	• Herstellen (Kosten: 100,0%)	805,60 m²BGF	13.640	**16,93**	30,1
	DDC-Regel- und Steuersystem (1St), Software-Programmierung (1St)				

KG	Kostengruppe	Menge Einheit	Kosten €	€/Einheit	%
	6500-0051 Berufsschule, Neubau Caféteria (100 Sitzplätze)				
	• Herstellen (Kosten: 100,0%)	4.265,98 m² BGF	11.020	**2,58**	19,5
	Schaltschrank (1St), Baugruppen zur Spannungsversorgung (3St), für Brandschutzklappen (17St), für Beleuchtung (2St), für Ventilatoren (5St), Pumpenmodul (1St), Hilfsrelais (16St), Sicherungsautomaten (2St), Überspannungs-Ableiter (1St)				
	7100-0066 Produktionsgebäude, Büro (120 AP)				
		3.710,27 m² BGF	39.512	**10,65**	15,2
	Leitserver, Software (1St), Bedienstation (1St), Dali-Gateway (1St), Netzwerk-Switch (1St), Patchpanel (1St), Schnittstellenmodule für Pumpensteuerung (8St), Erstellen von Trendspeichern (100St), Zähler-IDs (70St), Trendlogdarstellungen (30St), Beleuchtungsapplikationen (8St), Websites für Navigation (4St), Mail-Alarmierung (1St), Aufschaltung EMA-Anlage (1St), Übernahme von Datenpunkten (229St)				
	9100-0168 Schauspielhaus, Zweitspielstätte				
	• Herstellen (Kosten: 100,0%)	2.865,00 m² BGF	47.856	**16,70**	24,1
	DDC-US: Spannungsversorgungsbaugruppe, Zentraleinheit, 8 Port Ethernet Switch, Ein-/Ausgabeebene, Handbedienebene auf E/A-Modul (1St), DDC-Schaltschrank (1St), Dienstleistungen Datenpunkte (170St), Anlagenschemas (8St), Industrial-Ethernet-Switch (1St), Patchkabel Cat6 (3m)				
	9100-0195 Speicherbibliothek				
		3.814,12 m² BGF	16.560	**4,34**	5,0
	Aufschaltung auf vorhandenes GLT-System (psch), Erstellung von EDE-Datei (psch), Patchkabel (18m), Datenanschlussdosen (2St), Anlagenbilder (12St)				
484	**Kabel, Leitungen und Verlegesysteme**				
	1300-0234 Bürogebäude (38 AP)				
		1.224,00 m² BGF	1.139	**0,93**	3,5
	Busleitungen KNX/EIB (478m)				
	1300-0283 Verwaltungsgebäude (34 AP)				
		1.502,40 m² BGF	7.087	**4,72**	4,0
	Fernmeldeleitung J-Y(ST)Y (439m), Mantelleitungen NYM (232m), Patchkabel, l=3,00m (6St), Stahlblech-Kabelbahn (19m), Kunststoffpanzer-Steckrohr (19m), Abzweigdosen (121St), Bezeichnungsschilder (81St)				
	1300-0292 Landratsamt (136 AP), TG (19 STP)				
		4.569,26 m² BGF	105.353	**23,06**	20,9
	Mantelleitungen NYM (7.421m), Installationskabel J-Y(St)Y (7.707m), Spezial-PVC-Schlauchleitungen (1.956m), Leerrohre (236m), Bodenauslässe, rund (2St)				
	1300-0319 Amtsverwaltung (36 AP)				
		1.790,04 m² BGF	2.036	**1,14**	9,5
	EIB-Busleitungen (567m)				

KG	Kostengruppe	Menge Einheit	Kosten €	€/Einheit	%
	4400-0322 Kindertagesstätte (4 Gruppen, 100 Kinder)				
		1.119,63 m² BGF	14.627	**13,06**	25,3
	Dateninnenkabel (711m), Mantelleitungen NYM (825m), Steuerleitungen (302m), Installationskabel (428m)				
	4400-0334 Kindertagesstätte (8 Gruppen, 150 Kinder)				
		1.648,86 m² BGF	1.177	**0,71**	5,6
	Busleitungen, EIB (403m)				
	4400-0356 Kindergarten (4 Gruppen, 112 Kinder), Wohnungen				
		1.204,74 m² BGF	3.526	**2,93**	9,4
	Busleitungen KNX (870m)				
	5100-0122 Sporthalle (Zweifeldhalle)				
•	Herstellen (Kosten: 100,0%)	2.217,01 m² BGF	1.221	**0,55**	0,8
	Busleitungen (534m)				
	5100-0127 Sporthalle (Dreifeldhalle)				
		4.351,43 m² BGF	30.602	**7,03**	18,2
	Datenkabel J-2Y(ST)H (1.500m), J-Y(ST)Y, Leerrohr (600m), EIB-Busleitungen (1.200m), Installationskabel (131m)				
	5100-0128 Sporthalle (Einfeldhalle)				
		815,50 m² BGF	599	**0,73**	3,3
	MSR-Leitungen J-Y(ST)Y (200m)				
	5200-0012 Sportbadhalle				
•	Herstellen (Kosten: 100,0%)	805,60 m² BGF	5.366	**6,66**	11,9
	Fernmeldeleitungen J-Y(St)Y (373m), Steuerleitungen (163m), Datenkabel (68m), Leerrohre (31m)				
	6100-1444 Einfamilienhaus, Garage (5 STP)				
		522,66 m² BGF	12.710	**24,32**	16,5
	EIB-Leitungen J-Y(ST)Y (1.500m), Datenkabel Cat7, erdverlegt (1.139) Fernmeldekabel A-2Y(L)2Y, erdverlegt (330m)				
	6200-0080 Wohnanlage (28 WE), Inklusives Wohnen				
		5.346,45 m² BGF	14.473	**2,71**	20,5
	Fernmeldeinstallationskabel J-Y(ST)Y (817m), Datenkabel Cat7 (223m), Mantelleitungen NYM-J (114m), Leerrohre (88m), Kabelanschlüsse (60St), Fernaufschaltung (1St)				
	6500-0051 Berufsschule, Neubau Caféteria (100 Sitzplätze)				
•	Herstellen (Kosten: 100,0%)	4.265,98 m² BGF	16.966	**3,98**	30,1
	Feuchtraum-Abzweigkästen 90x90cm (14St), Patchkabel, Cat5 (15m), Anschlüsse NYM-J (76St), JY(St)Y (136St)				

KG	Kostengruppe	Menge Einheit	Kosten €	€/Einheit	%
	9100-0168 Schauspielhaus, Zweitspielstätte				
	• Abbrechen (Kosten: 2,8%)	2.865,00 m² BGF	1.324	**0,46**	0,7
	Kabeln an Feldgeräten abklemmen, kürzen, auf Verteilerdose legen, mit Klemmen sichern, Kabelreste entsorgen (14St)				
	• Herstellen (Kosten: 97,2%)	2.865,00 m² BGF	45.685	**15,95**	23,0
	Installationsleitungen J-H(St)H (3.047m), NHXMH-J (1.871m), Datenübertragungskabel Cat7 (89m), Leerrohre (77m), Kabelrinnen (10m)				
	9100-0169 Klosteranlage, Wissenschafts- und Studierzentrum				
	• Herstellen (Kosten: 100,0%)	5.582,91 m² BGF	20.757	**3,72**	6,2
	Mantelleitungen NYM (874m), Fernmeldekabel J-Y(ST)Y (660m), Motoranschlussleitungen 2YSLCY (313m), Abzweigdosen (55St), Anschlüsse (137St)				
	9100-0195 Speicherbibliothek				
		3.814,12 m² BGF	123.619	**32,41**	37,6
	Datenkabel-J-H(St)H (6.421m), Mantelleitungen-NHX (3.136m), Erdkabel (1.029m), Aderleitungen (41m), Leerrohre (279m), Kabelrinnen (146m), Kabelrinnenabdeckungen (96m), Abzweigdosen (82St), Kabelmarker (550St)				
	9700-0028 Krematorium				
		1.607,98 m² BGF	31.191	**19,40**	18,5
	Mantelleitungen (2.591m), Leerrohre (201m), Kabelrinnen (23m), Profilschienen (4m)				
485	**Datenübertragungsnetze**				
	1300-0292 Landratsamt (136 AP), TG (19 STP)				
		4.569,26 m² BGF	8.933	**1,96**	1,8
	KNX-Busleitungen (2.456m), Datenkabel, simplex (884m)				
	4100-0173 Ganztagesschule (9 Klassen, 225 Schüler)				
	• Herstellen (Kosten: 100,0%)	1.860,58 m² BGF	24.013	**12,91**	22,6
	Netzwerkschrank (1St), Patchpanel, Verteilerfelder (7St), Datenkabel Cat7 (4.391m), Universalkabel LWL (89m), Datenanschlussdosen (60St)				
	4200-0039 Bildungszentrum Holzbauberufe (4 Klassen)				
		3.556,16 m² BGF	107.989	**30,37**	30,8
	EIB-Busleitungen (21.847m)				
	5200-0012 Sportbadhalle				
	• Herstellen (Kosten: 100,0%)	805,60 m² BGF	5.141	**6,38**	11,4
	Fernmeldeleitungen J-Y (St) (866m), Leerrohre (84m)				
	7100-0066 Produktionsgebäude, Büro (120 AP)				
		3.710,27 m² BGF	24.979	**6,73**	9,6
	Installationskabel J-(HST)H (1.120m), Steuerleitungen HSLH-JZ (700m), Netzwerkkabel Cat7 (200m), beidseitiges Auflegen von Kabeln, Bezeichnungsschilder (178St)				

KG	Kostengruppe	Menge Einheit	Kosten €	€/Einheit	%
	9100-0169 Klosteranlage, Wissenschafts- und Studierzentrum				
	• Herstellen (Kosten: 100,0%)	5.582,91 m2BGF	20.702	**3,71**	6,2
	KNX-Busleitungen (4.158m), MSR-Verkabelung (psch)				
	9700-0028 Krematorium				
		1.607,98 m2BGF	12.599	**7,84**	7,5
	Steuerleitungen (2.687m), Netzwerkkabel Cat7 (112m)				

Kostenkennwerte für die Kostengruppen 400 der 3.Ebene DIN 276

KG	Kostengruppe	Menge Einheit	Kosten €	€/Einheit	%
491	**Baustelleneinrichtung**				
	1300-0234 Bürogebäude (38 AP)				
		1.224,00 m² BGF	17.942	**14,66**	68,0
	Baustelleneinrichtungen (2St), Bauzaun (192m), Kraneinsatz (psch), Baustrom, Bauwasser (psch)				
	1300-0283 Verwaltungsgebäude (34 AP)				
		1.502,40 m² BGF	6.491	**4,32**	100,0
	Baustelleneinrichtungen (6St), Versorgungsanschlüsse Baustrom, Wasser, Toilette (psch), Bauzaun (123m), Baustellenleuchte 10St), Kabelzuleitungen (100m)				
	1300-0292 Landratsamt (136 AP), TG (19 STP)				
		4.569,26 m² BGF	11.129	**2,44**	47,9
	Baustelleneinrichtungen (3St), Mobilkräne (3d)				
	4100-0173 Ganztagesschule (9 Klassen, 225 Schüler)				
	• Herstellen (Kosten: 100,0%)	1.860,58 m² BGF	5.068	**2,72**	100,0
	Baubeleuchtung (psch), Baustromverteiler, versetzen, warten (11St), Verkabelung Gummischlauchleitung (20m)				
	4400-0362 Kindertagesstätte (6 Gruppen, 124 Kinder)				
		1.678,28 m² BGF	5.149	**3,07**	100,0
	Baustelleneinrichtung (1St)				
	5100-0128 Sporthalle (Einfeldhalle)				
		815,50 m² BGF	4.277	**5,24**	51,2
	Baustelleneinrichtung (psch), Baustromverteiler (1St), Gummischlauchleitungen H07RN-F (50m), Feuchtraumleuchten (10St)				
	5200-0012 Sportbadhalle				
	• Herstellen (Kosten: 100,0%)	805,60 m² BGF	11.579	**14,37**	83,0
	Baustelleneinrichtung (psch)				
	5300-0016 Strandbad, Gastronomie				
		492,00 m² BGF	4.488	**9,12**	85,0
	Baustelleneinrichtungen (1St), Baustromverteiler (1St)				
	6100-1384 Mehrfamilienhaus (3 WE)				
	• Herstellen (Kosten: 100,0%)	614,28 m² BGF	2.669	**4,35**	100,0
	Baustelleneinrichtung, Baustrom (1St), Vorhaltung (52Wo)				
	6100-1393 Doppelhaushälfte (1 WE), Büro (2 AP)				
	• Herstellen (Kosten: 100,0%)	406,76 m² BGF	1.362	**3,35**	68,7
	Baustelleneinrichtung (1St)				

KG	Kostengruppe	Menge Einheit	Kosten €	€/Einheit	%
	6100-1690 Einfamilienhaus				
		384,80 m²BGF	1.329	**3,45**	100,0
	Baustelleneinrichtung für Bohrarbeiten mit Spülbohrgerät, Bohrgestänge bis 100m (psch)				
	6100-1695 Mehrfamilienhaus (21 WE)				
		1.506,72 m²BGF	9.900	**6,57**	75,1
	Baustelleneinrichtungen (3St)				
	6200-0115 Hospiz (10 Betten)				
		1.358,88 m²BGF	2.096	**1,54**	48,3
	Baustelleneinrichtung (psch)				
	6600-0032 Hotel				
	• Herstellen (Kosten: 100,0%)	827,53 m²BGF	30	**0,04**	2,3
	Baustelleneinrichtung (psch)				
	7100-0066 Produktionsgebäude, Büro (120 AP)				
		3.710,27 m²BGF	10.200	**2,75**	55,1
	Baustelleneinrichtung (1St), Kraneinsätze (3St)				
	7600-0078 Flughafenfeuerwehr (8 Fahrzeuge)				
	• Herstellen (Kosten: 100,0%)	4.266,00 m²BGF	28.056	**6,58**	70,6
	Baustelleneinrichtung (1St), Baustromverteiler (4St), Baubeleuchtung (20St), Mobilkran (1St), Kraneinsätze (4St)				
	9100-0155 Zweigbibliothek (150 Leseplätze, 12 AP)				
		7.493,81 m²BGF	31.645	**4,22**	27,8
	Baustelleneinrichtungen (9St), Autokräne (2St)				
	9100-0169 Klosteranlage, Wissenschafts- und Studierzentrum				
	• Herstellen (Kosten: 100,0%)	5.582,91 m²BGF	3.577	**0,64**	7,5
	Baustelleneinrichtungen (5St)				
	9100-0195 Speicherbibliothek				
		3.814,12 m²BGF	75.821	**19,88**	61,4
	Baustelleneinrichtungen (3St), Baustromverteiler, Verteilerschränke (11St), Gummischlauchleitungen (390m), Überfahrschutz für Baustromkabel (6m)				
	9700-0028 Krematorium				
		1.607,98 m²BGF	8.424	**5,24**	69,6
	Baustelleneinrichtungen (5St), Kraneinsätze (3St)				
492	**Gerüste**				
	1300-0234 Bürogebäude (38 AP)				
		1.224,00 m²BGF	385	**0,31**	1,5
	Hebebühnen, h bis 5,00m (psch)				

KG	Kostengruppe	Menge Einheit	Kosten €	€/Einheit	%
	1300-0292 Landratsamt (136 AP), TG (19 STP)				
		4.569,26 m² BGF	11.193	**2,45**	48,1
	Fahrgerüste (psch)				
	4400-0322 Kindertagesstätte (4 Gruppen, 100 Kinder)				
		1.119,63 m² BGF	1.100	**0,98**	34,4
	Rollgerüste (4St)				
	4400-0333 Kindertagesstätte (3 Gruppen, 35 Kinder)				
		644,98 m² BGF	1.102	**1,71**	24,7
	Fahrgerüste (psch)				
	4400-0334 Kindertagesstätte (8 Gruppen, 150 Kinder)				
		1.648,86 m² BGF	644	**0,39**	7,4
	Gerüst (psch)				
	5100-0122 Sporthalle (Zweifeldhalle)				
	• Herstellen (Kosten: 100,0%)	2.217,01 m² BGF	27.053	**12,20**	70,4
	Arbeitsbühnen, h=10,00m (2St), h=8,00m (2St), Teleskopmastbühne (22d), Rollgerüste, h=2,00-4,50m (3St)				
	5100-0128 Sporthalle (Einfeldhalle)				
		815,50 m² BGF	4.077	**5,00**	48,8
	Montagegerüste (psch), Arbeitsbühne, h bis 7,00m (1St)				
	5200-0012 Sportbadhalle				
	• Herstellen (Kosten: 100,0%)	805,60 m² BGF	2.379	**2,95**	17,0
	Arbeitsgerüst, h=7,00m (1St), Montagegerüst mit Arbeitsbühne, h=2,00m (1St), Gerüstanlage für mobilen Betrieb, h=4,00m (1St)				
	5300-0016 Strandbad, Gastronomie				
		492,00 m² BGF	793	**1,61**	15,0
	Montagegerüst (1St)				
	6100-1695 Mehrfamilienhaus (21 WE)				
		1.506,72 m² BGF	735	**0,49**	5,6
	Montagegerüste (2St)				
	7100-0066 Produktionsgebäude, Büro (120 AP)				
		3.710,27 m² BGF	8.297	**2,24**	44,9
	Rollgerüste (56d), Arbeitsbühnen 1,20x2,30m, Arbeitshöhe 9,90m (4d)				
	7600-0078 Flughafenfeuerwehr (8 Fahrzeuge)				
	• Herstellen (Kosten: 100,0%)	4.266,00 m² BGF	10.741	**2,52**	27,0
	Fahrbare Hubbühnen (4St), Doppellaufwagen (1St)				

KG	Kostengruppe	Menge Einheit	Kosten €	€/Einheit	%
	9100-0155 Zweigbibliothek (150 Leseplätze, 12 AP)				
		7.493,81 m²BGF	82.159	**10,96**	72,2
	Gerüste, Raumhöhe 5,00m (5St), Plattformen für Schachtmontage (275d), Hebebühne, Montagehöhe bis 9,00m (9Mt)				
	9100-0169 Klosteranlage, Wissenschafts- und Studierzentrum				
	• Herstellen (Kosten: 100,0%)	5.582,91 m²BGF	38.591	**6,91**	81,0
	Lkw-Teleskop-Hebebühne (1St), Fahrhebebühne (1St), Montagebühnen in Aufzugsschächten (psch), Fahrgerüste (6St), Montagegerüste (psch)				
	9100-0195 Speicherbibliothek				
		3.814,12 m²BGF	38.466	**10,09**	31,2
	Arbeitsbühnen, Hubbühnen, Leitern, h bis 5,00m (psch), Gerüste für Sanitär-/Kälteinstallation, Arbeitshöhe 3,50-5,00m (psch)				
	9700-0028 Krematorium				
		1.607,98 m²BGF	3.676	**2,29**	30,4
	Montagegerüst für Aufzug (1St), Fahrgerüste (3St)				
494	**Abbruchmaßnahmen**				
	1200-0001 Gerichtsgebäude - Eingangsbereich				
	• Abbrechen (Kosten: 100,0%)	136,87 m²BGF	908	**6,64**	13,5
	Abbruch von Heizungsrohren (25m), Heizkörpern (3St), Kabel (55m), Leuchten (9St); Entsorgung, Deponiegebühren				
	4400-0322 Kindertagesstätte (4 Gruppen, 100 Kinder)				
		1.119,63 m²BGF	2.100	**1,88**	65,6
	Entleeren der Heizanlage im Pfarrzentrum, mit Kessel, Heizkreis, Heizkörper, nach Umbau wiederbefüllen (2.000l), Abbruch von Wandkessel (1St), Rauchrohren DN100 (4m), Rohrleitungen (41m), Absperrventilen, Pumpen, Stellmotor (10St), Gasleitung DN50 (15m); Entsorgung, Deponiegebühren				
	9100-0195 Speicherbibliothek				
		3.814,12 m²BGF	886	**0,23**	0,7
	Abbruch von Kabeln (14kg); Entsorgung, Deponiegebühren, Aufnehmen und Lagern von Leuchten (11St)				
495	**Instandsetzungen**				
	1300-0319 Amtsverwaltung (36 AP)				
		1.790,04 m²BGF	39.733	**22,20**	92,9
	Hochdruck-Rohrreinigung (51m)				

KG	Kostengruppe	Menge Einheit	Kosten €	€/Einheit	%
	6100-1587 Mehrfamilienhaus (9 WE)				
		1.016,97 m² BGF	1.610	**1,58**	100,0
	Kamerabefahrung, Fräsarbeiten an verstopfter Grundregenwasserleitung (1St), anschließend Rohrbruch Brauchwasseranschluss beseitigen (1h), defekte Bauwasserleitung reparieren (2h), defekten, eingefrorenen Bauwasseranschluss reparieren, Heizband einbauen, isolieren (16h)				
	6100-1695 Mehrfamilienhaus (21 WE)				
		1.506,72 m² BGF	2.542	**1,69**	19,3
	Leckageortung (1St), Reparatur Kaltwasserleitung (psch)				
	6400-0109 Kinder- und Jugendhaus				
		609,32 m² BGF	985	**1,62**	100,0
	Datendosen abklemmen, ausbauen, Kabel auftrennen, umverlegen, Datendosen wieder einbauen (2St)				
	6600-0032 Hotel				
	• Herstellen (Kosten: 100,0%)	827,53 m² BGF	886	**1,07**	67,7
	Beschädigte Abwasserleitung austauschen, Wand einschneiden, aufstemmen, Abwasserleitung austauschen (5h), Fallstrang auseinandersägen, Rohrbruch beseitigen (4h)				
	9100-0169 Klosteranlage, Wissenschafts- und Studierzentrum				
	• Wiederherstellen (Kosten: 100,0%)	5.582,91 m² BGF	3.491	**0,63**	7,3
	Beschädigte Heizungsrohre erneuern (37h)				
496	**Materialentsorgung**				
	5100-0127 Sporthalle (Dreifeldhalle)				
		4.351,43 m² BGF	1.515	**0,35**	100,0
	Müll- und Bauschuttentsorgung (psch), Container 7m³ (1St); Entsorgung, Deponiegebühren				
497	**Zusätzliche Maßnahmen**				
	1300-0234 Bürogebäude (38 AP)				
		1.224,00 m² BGF	6.738	**5,51**	25,5
	Absturzsicherungen (174m), Kondenstrockner (32d)				
	1300-0292 Landratsamt (136 AP), TG (19 STP)				
		4.569,26 m² BGF	931	**0,20**	4,0
	Schutz von Anlagenteilen (psch)				
	4400-0333 Kindertagesstätte (3 Gruppen, 35 Kinder)				
		644,98 m² BGF	3.128	**4,85**	70,0
	Elektroheizmobil für Estrichaufheizung, Leihgebühr (2St)				
	4400-0334 Kindertagesstätte (8 Gruppen, 150 Kinder)				
		1.648,86 m² BGF	8.107	**4,92**	92,6
	Miete für mobiles Heizgerät, Stellmotor (4Wo), Heizöl (psch)				

KG	Kostengruppe	Menge Einheit	Kosten €	€/Einheit	%
	5100-0122 Sporthalle (Zweifeldhalle)				
	• Herstellen (Kosten: 100,0%)	2.217,01 m² BGF	11.365	**5,13**	29,6
	Komfort-Lufterhitzer (4St), Winterbaubeheizung nach Winterperiode entleeren, demontieren, entsorgen (psch), Reinigung von Heizkörpern (psch)				
	6100-1393 Doppelhaushälfte (1 WE), Büro (2 AP)				
	• Herstellen (Kosten: 100,0%)	406,76 m² BGF	621	**1,53**	31,3
	Freileitung isolieren (1St)				
	6200-0115 Hospiz (10 Betten)				
		1.358,88 m² BGF	777	**0,57**	17,9
	Reinigung von Sanitäranlagen (85m²), Technikzentrale (70m²), Handwaschbecken (18St), Aufzugskabine (1St), Aufzugstür (1St), Deckenleuchten (12St)				
	6500-0051 Berufsschule, Neubau Caféteria (100 Sitzplätze)				
	• Wiederherstellen (Kosten: 100,0%)	4.265,98 m² BGF	1.031	**0,24**	100,0
	Brandmelde-Loop überbrücken, provisorisch verlegen, nach Baumaßnahmen wieder anschließen (psch)				
	7600-0078 Flughafenfeuerwehr (8 Fahrzeuge)				
	• Herstellen (Kosten: 100,0%)	4.266,00 m² BGF	965	**0,23**	2,4
	Schutzabdeckungen an Fenstern, Türen (69m²)				
	9100-0169 Klosteranlage, Wissenschafts- und Studierzentrum				
	• Herstellen (Kosten: 100,0%)	5.582,91 m² BGF	1.967	**0,35**	4,1
	Baureinigung von Sanitärobjekten, Schaltern (psch), Heizkörpern (75St), Aufzugskabinen (2St), Schutzabdeckung von Bodenkonvektoren (psch)				
	9100-0195 Speicherbibliothek				
		3.814,12 m² BGF	8.267	**2,17**	6,7
	Schutzkonstruktionen, OSB-Verlegeplatten (22St), Umsetzen (30St)				
498	**Provisorische technische Anlagen**				
	1200-0001 Gerichtsgebäude - Eingangsbereich				
	• Herstellen (Kosten: 100,0%)	136,87 m² BGF	5.795	**42,34**	86,5
	Provisorische Pförtneranlage (1St)				
	1300-0234 Bürogebäude (38 AP)				
		1.224,00 m² BGF	1.328	**1,08**	5,0
	Provisorischer Regenwasseranschluss (3St)				
	1300-0319 Amtsverwaltung (36 AP)				
		1.790,04 m² BGF	3.024	**1,69**	7,1
	Provisorischer Verteileranschluss (1St), provisorischer Datenanschluss (1St)				
	4100-0194 Schule (12 Klassen, 336 Schüler)				
	• Herstellen (Kosten: 100,0%)	1.778,38 m² BGF	2.514	**1,41**	100,0
	Provisorische Wasserspeier (4St), provisorische Fallrohre (63m)				

KG	Kostengruppe	Menge Einheit	Kosten €	€/Einheit	%
	4400-0333 Kindertagesstätte (3 Gruppen, 35 Kinder)				
		644,98 m²BGF	236	**0,37**	5,3
	Provisorische Anschluss Dachkuppel für Lüftungszwecke, Parametrierung, Programmierung bauseitiges Bediengerät (1St)				
	6100-1494 Mehrfamilienhaus (53 WE), TG (13 STP)				
		6.430,02 m²BGF	4.512	**0,70**	100,0
	Provisorische Regenentwässerung im Gebäude erstellen, rückbauen, HT-Rohre DN100 (4St)				
	6200-0115 Hospiz (10 Betten)				
		1.358,88 m²BGF	1.466	**1,08**	33,8
	Provisorischer Anschluss Heizgerät (psch)				
	6600-0032 Hotel				
	• Herstellen (Kosten: 100,0%)	827,53 m²BGF	392	**0,47**	30,0
	Wasseranschluss erneuern, provisorisch anschließen (3h)				

STATISTISCHE KOSTENKENNWERTE FÜR GEBÄUDETECHNIK

C

2. Ebene DIN 276

Kosten:
Stand 4. Quartal 2024
Bundesdurchschnitt
inkl. 19% MwSt.

Einheit: m²
Brutto-Grundfläche (BGF)

▷ von
ø Mittel
◁ bis

Gebäudeart	▷	€/Einheit	◁	KG an 400
1 Büro- und Verwaltungsgebäude				
Büro- und Verwaltungsgebäude, einfacher Standard	30,00	**45,00**	78,00	16,5%
Büro- und Verwaltungsgebäude, mittlerer Standard	54,00	**72,00**	100,00	12,1%
Büro- und Verwaltungsgebäude, hoher Standard	68,00	**88,00**	107,00	11,1%
Büro- und Verwaltungsgebäude, Holzbauweise	50,00	**66,00**	79,00	12,3%
2 Gebäude für Forschung und Lehre				
Instituts- und Laborgebäude	68,00	**117,00**	262,00	7,1%
3 Gebäude des Gesundheitswesens				
Medizinische Einrichtungen	93,00	**114,00**	128,00	16,2%
Pflegeheime	176,00	**231,00**	280,00	26,1%
Gebäude für Erholungszwecke	21,00	**261,00**	440,00	31,7%
4 Schulen und Kindergärten				
Schulen				
Allgemeinbildende Schulen	47,00	**74,00**	100,00	13,1%
Schulen, Holzbauweise	63,00	**100,00**	166,00	18,3%
Berufliche Schulen	72,00	**110,00**	275,00	13,1%
Förder- und Sonderschulen	61,00	**100,00**	132,00	16,1%
Weiterbildungseinrichtungen	78,00	**109,00**	142,00	21,7%
Kindergärten				
Kindergärten, nicht unterkellert, einfacher Standard	91,00	**110,00**	147,00	26,0%
Kindergärten, nicht unterkellert, mittlerer Standard	83,00	**124,00**	156,00	24,4%
Kindergärten, nicht unterkellert, hoher Standard	87,00	**121,00**	180,00	20,4%
Kindergärten, Holzbauweise, nicht unterkellert	97,00	**122,00**	150,00	23,8%
Kindergärten, unterkellert	88,00	**115,00**	150,00	22,7%
5 Sportbauten				
Sport- und Mehrzweckhallen	94,00	**111,00**	144,00	26,6%
Sporthallen (Einfeldhallen)	87,00	**109,00**	164,00	22,5%
Sporthallen (Dreifeldhallen)	96,00	**122,00**	170,00	22,2%
Schwimmhallen	175,00	**237,00**	354,00	14,9%
6 Wohngebäude				
Ein- und Zweifamilienhäuser				
Ein- und Zweifamilienhäuser, unterkellert, einfacher Standard	50,00	**72,00**	86,00	34,4%
Ein- und Zweifamilienhäuser, unterkellert, mittlerer Standard	78,00	**104,00**	167,00	27,3%
Ein- und Zweifamilienhäuser, unterkellert, hoher Standard	79,00	**112,00**	146,00	24,9%
Ein- und Zweifamilienhäuser, nicht unterkellert, einfacher Standard	53,00	**75,00**	97,00	32,4%
Ein- und Zweifamilienhäuser, nicht unterkellert, mittlerer Standard	93,00	**118,00**	150,00	29,8%
Ein- und Zweifamilienhäuser, nicht unterkellert, hoher Standard	71,00	**106,00**	136,00	24,9%
Ein- und Zweifamilienhäuser, Passivhausstandard, Massivbauweise	86,00	**122,00**	167,00	27,6%
Ein- und Zweifamilienhäuser, Passivhausstandard, Holzbauweise	96,00	**136,00**	194,00	27,2%
Ein- und Zweifamilienhäuser, Holzbauweise, unterkellert	79,00	**109,00**	159,00	30,6%
Ein- und Zweifamilienhäuser, Holzbauweise, nicht unterkellert	59,00	**98,00**	159,00	25,4%
Doppel- und Reihenend- / Reihenhäuser				
Doppel- und Reihenendhäuser, einfacher Standard	52,00	**74,00**	92,00	36,8%
Doppel- und Reihenendhäuser, mittlerer Standard	65,00	**99,00**	126,00	27,6%
Doppel- und Reihenendhäuser, hoher Standard	98,00	**130,00**	177,00	31,2%
Doppel- und Reihenendhäuser, Holzbauweise	82,00	**109,00**	175,00	28,9%
Reihenhäuser, einfacher Standard	59,00	**77,00**	87,00	35,7%
Reihenhäuser, mittlerer Standard	86,00	**96,00**	115,00	33,5%
Reihenhäuser, hoher Standard	135,00	**140,00**	153,00	33,4%

Gebäudeart	▷	€/Einheit	◁	KG an 400
7 Mehrfamilienhäuser				
Mehrfamilienhäuser, mit bis zu 6 WE, einfacher Standard	61,00	**77,00**	93,00	41,2%
Mehrfamilienhäuser, mit bis zu 6 WE, mittlerer Standard	60,00	**107,00**	141,00	36,1%
Mehrfamilienhäuser, mit bis zu 6 WE, hoher Standard	86,00	**106,00**	128,00	27,5%
Mehrfamilienhäuser, mit 6 bis 19 WE, einfacher Standard	77,00	**91,00**	109,00	37,8%
Mehrfamilienhäuser, mit 6 bis 19 WE, mittlerer Standard	50,00	**78,00**	103,00	29,9%
Mehrfamilienhäuser, mit 6 bis 19 WE, hoher Standard	87,00	**95,00**	106,00	33,7%
Mehrfamilienhäuser, mit 20 oder mehr WE, einfacher Standard	88,00	**98,00**	124,00	37,3%
Mehrfamilienhäuser, mit 20 oder mehr WE, mittlerer Standard	73,00	**91,00**	123,00	24,7%
Mehrfamilienhäuser, mit 20 oder mehr WE, hoher Standard	107,00	**128,00**	163,00	33,3%
Mehrfamilienhäuser, Passivhäuser	76,00	**95,00**	129,00	28,3%
Mehrfamilienhäuser, Holzbauweise	63,00	**94,00**	135,00	25,9%
Wohnhäuser, mit bis zu 15% Mischnutzung, einfacher Standard	96,00	**106,00**	121,00	35,0%
Wohnhäuser, mit bis zu 15% Mischnutzung, mittlerer Standard	31,00	**91,00**	124,00	30,7%
Wohnhäuser, mit bis zu 15% Mischnutzung, hoher Standard	105,00	**160,00**	215,00	32,6%
Wohnhäuser, mit mehr als 15% Mischnutzung	95,00	**164,00**	209,00	32,0%
Seniorenwohnungen und Beherbergungen				
Seniorenwohnungen, mittlerer Standard	96,00	**124,00**	243,00	31,0%
Seniorenwohnungen, hoher Standard	88,00	**127,00**	165,00	27,1%
Wohnheime und Internate	84,00	**131,00**	203,00	26,0%
Hotels	–	**131,00**	–	42,7%
8 Gewerbe-, Lager- und Garagen				
Gaststätten, Kantinen und Mensen	104,00	**143,00**	210,00	15,0%
Industrielle Produktionsgebäude, Massivbauweise	58,00	**75,00**	92,00	17,8%
Industrielle Produktionsgebäude, überwiegend Skelettbauweise	25,00	**49,00**	76,00	7,6%
Betriebs- und Werkstätten, eingeschossig	23,00	**62,00**	93,00	14,7%
Betriebs- und Werkstätten, mehrgeschossig, geringer Hallenanteil	26,00	**58,00**	129,00	13,8%
Betriebs- und Werkstätten, mehrgeschossig, hoher Hallenanteil	24,00	**69,00**	126,00	19,3%
Geschäftshäuser, mit Wohnungen	35,00	**51,00**	61,00	14,2%
Geschäftshäuser, ohne Wohnungen	66,00	**85,00**	104,00	26,4%
Verbrauchermärkte	54,00	**75,00**	95,00	14,6%
Autohäuser	28,00	**51,00**	90,00	16,1%
Lagergebäude, ohne Mischnutzung	5,30	**15,00**	30,00	20,1%
Lagergebäude, mit bis zu 25% Mischnutzung	19,00	**33,00**	61,00	13,5%
Lagergebäude, mit mehr als 25% Mischnutzung	38,00	**46,00**	59,00	18,1%
Garagen und Bereitschaftsdienste				
Einzel- und Doppelgaragen	–	**–**	–	–
Mehrfachgaragen	14,00	**40,00**	137,00	34,7%
Hochgaragen	2,60	**13,00**	20,00	16,0%
Carports	–	**–**	–	–
Feuerwehrhäuser	86,00	**133,00**	223,00	24,5%
Öffentliche Bereitschaftsdienste	21,00	**44,00**	69,00	10,4%
9 Gebäude für kulturelle und religiöse Zwecke				
Bibliotheken, Museen und Ausstellungen	53,00	**92,00**	145,00	12,8%
Theater	98,00	**135,00**	173,00	19,4%
Gemeindezentren, einfacher Standard	53,00	**65,00**	89,00	25,6%
Gemeindezentren, mittlerer Standard	62,00	**90,00**	113,00	18,1%
Gemeindezentren, hoher Standard	84,00	**128,00**	177,00	19,0%
Gemeindezentren, Holzbauweise	87,00	**102,00**	132,00	17,6%
Sakralbauten	86,00	**87,00**	87,00	16,9%
Friedhofsgebäude	27,00	**75,00**	118,00	18,3%

Einheit: m²
Brutto-Grundfläche (BGF)

Kostenstand: 4. Quartal 2024, Bundesdurchschnitt, **inkl. 19% MwSt.**

420 Wärmeversorgungsanlagen

Kosten:
Stand 4. Quartal 2024
Bundesdurchschnitt
inkl. 19% MwSt.

Einheit: m²
Brutto-Grundfläche (BGF)

Gebäudeart	▷	€/Einheit	◁	KG an 400
1 Büro- und Verwaltungsgebäude				
Büro- und Verwaltungsgebäude, einfacher Standard	57,00	**75,00**	92,00	31,1%
Büro- und Verwaltungsgebäude, mittlerer Standard	97,00	**140,00**	237,00	22,0%
Büro- und Verwaltungsgebäude, hoher Standard	132,00	**189,00**	256,00	23,1%
Büro- und Verwaltungsgebäude, Holzbauweise	109,00	**128,00**	138,00	19,1%
2 Gebäude für Forschung und Lehre				
Instituts- und Laborgebäude	94,00	**196,00**	450,00	11,3%
3 Gebäude des Gesundheitswesens				
Medizinische Einrichtungen	50,00	**62,00**	68,00	9,0%
Pflegeheime	69,00	**93,00**	143,00	10,3%
Gebäude für Erholungszwecke	67,00	**201,00**	291,00	40,3%
4 Schulen und Kindergärten				
Schulen				
Allgemeinbildende Schulen	61,00	**101,00**	180,00	20,3%
Schulen, Holzbauweise	64,00	**83,00**	116,00	15,4%
Berufliche Schulen	50,00	**107,00**	142,00	13,6%
Förder- und Sonderschulen	89,00	**137,00**	204,00	22,1%
Weiterbildungseinrichtungen	61,00	**114,00**	245,00	16,7%
Kindergärten				
Kindergärten, nicht unterkellert, einfacher Standard	89,00	**94,00**	101,00	23,1%
Kindergärten, nicht unterkellert, mittlerer Standard	75,00	**105,00**	145,00	21,6%
Kindergärten, nicht unterkellert, hoher Standard	83,00	**114,00**	166,00	19,9%
Kindergärten, Holzbauweise, nicht unterkellert	78,00	**122,00**	200,00	22,8%
Kindergärten, unterkellert	71,00	**109,00**	144,00	22,4%
5 Sportbauten				
Sport- und Mehrzweckhallen	51,00	**103,00**	182,00	18,5%
Sporthallen (Einfeldhallen)	76,00	**127,00**	182,00	26,3%
Sporthallen (Dreifeldhallen)	107,00	**155,00**	214,00	27,3%
Schwimmhallen	164,00	**269,00**	445,00	17,2%
6 Wohngebäude				
Ein- und Zweifamilienhäuser				
Ein- und Zweifamilienhäuser, unterkellert, einfacher Standard	68,00	**87,00**	99,00	43,3%
Ein- und Zweifamilienhäuser, unterkellert, mittlerer Standard	122,00	**160,00**	216,00	40,0%
Ein- und Zweifamilienhäuser, unterkellert, hoher Standard	143,00	**188,00**	249,00	41,9%
Ein- und Zweifamilienhäuser, nicht unterkellert, einfacher Standard	88,00	**93,00**	98,00	42,6%
Ein- und Zweifamilienhäuser, nicht unterkellert, mittlerer Standard	104,00	**154,00**	190,00	38,8%
Ein- und Zweifamilienhäuser, nicht unterkellert, hoher Standard	159,00	**225,00**	310,00	52,6%
Ein- und Zweifamilienhäuser, Passivhausstandard, Massivbauweise	78,00	**141,00**	218,00	30,7%
Ein- und Zweifamilienhäuser, Passivhausstandard, Holzbauweise	89,00	**151,00**	244,00	23,8%
Ein- und Zweifamilienhäuser, Holzbauweise, unterkellert	107,00	**142,00**	204,00	40,7%
Ein- und Zweifamilienhäuser, Holzbauweise, nicht unterkellert	112,00	**155,00**	246,00	40,7%
Doppel- und Reihenend- / Reihenhäuser				
Doppel- und Reihenendhäuser, einfacher Standard	64,00	**93,00**	145,00	44,0%
Doppel- und Reihenendhäuser, mittlerer Standard	94,00	**135,00**	203,00	36,9%
Doppel- und Reihenendhäuser, hoher Standard	149,00	**167,00**	225,00	40,6%
Doppel- und Reihenendhäuser, Holzbauweise	115,00	**162,00**	179,00	42,8%
Reihenhäuser, einfacher Standard	71,00	**93,00**	130,00	41,8%
Reihenhäuser, mittlerer Standard	101,00	**117,00**	147,00	39,7%
Reihenhäuser, hoher Standard	117,00	**159,00**	279,00	36,0%

▷ von
ø Mittel
◁ bis

Einheit: m²
Brutto-Grundfläche (BGF)

Gebäudeart	▷	€/Einheit	◁	KG an 400
7 Mehrfamilienhäuser				
Mehrfamilienhäuser, mit bis zu 6 WE, einfacher Standard	58,00	**68,00**	79,00	36,8%
Mehrfamilienhäuser, mit bis zu 6 WE, mittlerer Standard	62,00	**93,00**	115,00	31,7%
Mehrfamilienhäuser, mit bis zu 6 WE, hoher Standard	81,00	**118,00**	158,00	29,8%
Mehrfamilienhäuser, mit 6 bis 19 WE, einfacher Standard	60,00	**76,00**	92,00	32,2%
Mehrfamilienhäuser, mit 6 bis 19 WE, mittlerer Standard	43,00	**82,00**	134,00	28,4%
Mehrfamilienhäuser, mit 6 bis 19 WE, hoher Standard	55,00	**67,00**	91,00	23,5%
Mehrfamilienhäuser, mit 20 oder mehr WE, einfacher Standard	49,00	**76,00**	153,00	27,7%
Mehrfamilienhäuser, mit 20 oder mehr WE, mittlerer Standard	75,00	**94,00**	122,00	26,0%
Mehrfamilienhäuser, mit 20 oder mehr WE, hoher Standard	63,00	**92,00**	150,00	23,1%
Mehrfamilienhäuser, Passivhäuser	48,00	**89,00**	186,00	23,1%
Mehrfamilienhäuser, Holzbauweise	70,00	**99,00**	200,00	27,9%
Wohnhäuser, mit bis zu 15% Mischnutzung, einfacher Standard	77,00	**91,00**	114,00	29,8%
Wohnhäuser, mit bis zu 15% Mischnutzung, mittlerer Standard	74,00	**87,00**	108,00	35,3%
Wohnhäuser, mit bis zu 15% Mischnutzung, hoher Standard	86,00	**133,00**	180,00	27,0%
Wohnhäuser, mit mehr als 15% Mischnutzung	103,00	**119,00**	144,00	25,4%
Seniorenwohnungen und Beherbergungen				
Seniorenwohnungen, mittlerer Standard	56,00	**79,00**	99,00	20,7%
Seniorenwohnungen, hoher Standard	141,00	**158,00**	175,00	35,3%
Wohnheime und Internate	79,00	**121,00**	170,00	25,6%
Hotels	–	**95,00**	–	31,1%
8 Gewerbe-, Lager- und Garagen				
Gaststätten, Kantinen und Mensen	123,00	**148,00**	161,00	17,5%
Industrielle Produktionsgebäude, Massivbauweise	77,00	**92,00**	101,00	22,2%
Industrielle Produktionsgebäude, überwiegend Skelettbauweise	46,00	**70,00**	104,00	9,4%
Betriebs- und Werkstätten, eingeschossig	111,00	**144,00**	203,00	19,2%
Betriebs- und Werkstätten, mehrgeschossig, geringer Hallenanteil	67,00	**94,00**	125,00	18,6%
Betriebs- und Werkstätten, mehrgeschossig, hoher Hallenanteil	61,00	**113,00**	179,00	29,7%
Geschäftshäuser, mit Wohnungen	43,00	**70,00**	84,00	20,1%
Geschäftshäuser, ohne Wohnungen	99,00	**101,00**	103,00	32,5%
Verbrauchermärkte	62,00	**123,00**	183,00	22,6%
Autohäuser	39,00	**88,00**	118,00	28,7%
Lagergebäude, ohne Mischnutzung	40,00	**69,00**	164,00	16,0%
Lagergebäude, mit bis zu 25% Mischnutzung	53,00	**65,00**	88,00	31,6%
Lagergebäude, mit mehr als 25% Mischnutzung	35,00	**59,00**	73,00	24,8%
Garagen und Bereitschaftsdienste				
Einzel- und Doppelgaragen	–	**–**	–	–
Mehrfachgaragen	0,10	**96,00**	192,00	8,9%
Hochgaragen	–	**1,00**	–	0,2%
Carports	–	**–**	–	–
Feuerwehrhäuser	65,00	**111,00**	194,00	18,7%
Öffentliche Bereitschaftsdienste	46,00	**53,00**	71,00	15,0%
9 Gebäude für kulturelle und religiöse Zwecke				
Bibliotheken, Museen und Ausstellungen	76,00	**130,00**	304,00	17,1%
Theater	101,00	**150,00**	177,00	10,5%
Gemeindezentren, einfacher Standard	69,00	**82,00**	107,00	33,3%
Gemeindezentren, mittlerer Standard	89,00	**131,00**	176,00	25,8%
Gemeindezentren, hoher Standard	150,00	**169,00**	187,00	25,1%
Gemeindezentren, Holzbauweise	89,00	**132,00**	155,00	21,7%
Sakralbauten	144,00	**174,00**	203,00	33,9%
Friedhofsgebäude	123,00	**144,00**	165,00	11,6%

Kosten:
Stand 4. Quartal 2024
Bundesdurchschnitt
inkl. 19% MwSt.

Einheit: m²
Brutto-Grundfläche (BGF)

▷ von
ø Mittel
◁ bis

Gebäudeart	▷	€/Einheit	◁	KG an 400
1 Büro- und Verwaltungsgebäude				
Büro- und Verwaltungsgebäude, einfacher Standard	2,00	**4,90**	11,00	1,0%
Büro- und Verwaltungsgebäude, mittlerer Standard	25,00	**95,00**	180,00	11,9%
Büro- und Verwaltungsgebäude, hoher Standard	92,00	**178,00**	291,00	16,5%
Büro- und Verwaltungsgebäude, Holzbauweise	40,00	**127,00**	213,00	19,0%
2 Gebäude für Forschung und Lehre				
Instituts- und Laborgebäude	401,00	**616,00**	1.183,00	39,4%
3 Gebäude des Gesundheitswesens				
Medizinische Einrichtungen	12,00	**135,00**	213,00	16,5%
Pflegeheime	77,00	**145,00**	198,00	15,8%
Gebäude für Erholungszwecke	21,00	**91,00**	223,00	3,9%
4 Schulen und Kindergärten				
Schulen				
Allgemeinbildende Schulen	22,00	**93,00**	181,00	11,9%
Schulen, Holzbauweise	11,00	**76,00**	150,00	10,3%
Berufliche Schulen	66,00	**116,00**	150,00	12,7%
Förder- und Sonderschulen	19,00	**39,00**	79,00	6,3%
Weiterbildungseinrichtungen	42,00	**74,00**	103,00	11,5%
Kindergärten				
Kindergärten, nicht unterkellert, einfacher Standard	13,00	**48,00**	68,00	10,5%
Kindergärten, nicht unterkellert, mittlerer Standard	17,00	**85,00**	201,00	8,8%
Kindergärten, nicht unterkellert, hoher Standard	31,00	**81,00**	124,00	14,2%
Kindergärten, Holzbauweise, nicht unterkellert	33,00	**77,00**	135,00	9,7%
Kindergärten, unterkellert	4,70	**76,00**	147,00	13,1%
5 Sportbauten				
Sport- und Mehrzweckhallen	15,00	**80,00**	114,00	13,4%
Sporthallen (Einfeldhallen)	9,90	**45,00**	84,00	7,9%
Sporthallen (Dreifeldhallen)	57,00	**107,00**	153,00	18,0%
Schwimmhallen	142,00	**277,00**	346,00	17,7%
6 Wohngebäude				
Ein- und Zweifamilienhäuser				
Ein- und Zweifamilienhäuser, unterkellert, einfacher Standard	–	**–**	–	–
Ein- und Zweifamilienhäuser, unterkellert, mittlerer Standard	25,00	**54,00**	120,00	5,5%
Ein- und Zweifamilienhäuser, unterkellert, hoher Standard	7,30	**40,00**	72,00	5,0%
Ein- und Zweifamilienhäuser, nicht unterkellert, einfacher Standard	–	**34,00**	–	6,0%
Ein- und Zweifamilienhäuser, nicht unterkellert, mittlerer Standard	4,60	**33,00**	58,00	4,4%
Ein- und Zweifamilienhäuser, nicht unterkellert, hoher Standard	2,40	**16,00**	29,00	0,6%
Ein- und Zweifamilienhäuser, Passivhausstandard, Massivbauweise	55,00	**98,00**	168,00	18,9%
Ein- und Zweifamilienhäuser, Passivhausstandard, Holzbauweise	78,00	**123,00**	203,00	23,3%
Ein- und Zweifamilienhäuser, Holzbauweise, unterkellert	24,00	**42,00**	70,00	6,1%
Ein- und Zweifamilienhäuser, Holzbauweise, nicht unterkellert	36,00	**44,00**	61,00	8,8%
Doppel- und Reihenend- / Reihenhäuser				
Doppel- und Reihenendhäuser, einfacher Standard	–	**–**	–	–
Doppel- und Reihenendhäuser, mittlerer Standard	14,00	**46,00**	57,00	12,2%
Doppel- und Reihenendhäuser, hoher Standard	4,80	**21,00**	40,00	4,4%
Doppel- und Reihenendhäuser, Holzbauweise	14,00	**22,00**	36,00	4,5%
Reihenhäuser, einfacher Standard	3,10	**7,30**	14,00	2,9%
Reihenhäuser, mittlerer Standard	6,40	**38,00**	70,00	7,4%
Reihenhäuser, hoher Standard	47,00	**62,00**	75,00	15,2%

Gebäudeart	▷	€/Einheit	◁	KG an 400
7 Mehrfamilienhäuser				
Mehrfamilienhäuser, mit bis zu 6 WE, einfacher Standard	–	**1,90**	–	0,4%
Mehrfamilienhäuser, mit bis zu 6 WE, mittlerer Standard	5,50	**15,00**	43,00	3,7%
Mehrfamilienhäuser, mit bis zu 6 WE, hoher Standard	5,90	**26,00**	57,00	5,9%
Mehrfamilienhäuser, mit 6 bis 19 WE, einfacher Standard	5,40	**17,00**	40,00	4,8%
Mehrfamilienhäuser, mit 6 bis 19 WE, mittlerer Standard	8,00	**29,00**	72,00	9,4%
Mehrfamilienhäuser, mit 6 bis 19 WE, hoher Standard	7,60	**13,00**	27,00	4,7%
Mehrfamilienhäuser, mit 20 oder mehr WE, einfacher Standard	4,50	**6,40**	7,40	1,7%
Mehrfamilienhäuser, mit 20 oder mehr WE, mittlerer Standard	5,10	**23,00**	42,00	5,8%
Mehrfamilienhäuser, mit 20 oder mehr WE, hoher Standard	20,00	**43,00**	86,00	12,1%
Mehrfamilienhäuser, Passivhäuser	41,00	**72,00**	97,00	20,1%
Mehrfamilienhäuser, Holzbauweise	11,00	**41,00**	91,00	9,2%
Wohnhäuser, mit bis zu 15% Mischnutzung, einfacher Standard	0,90	**5,10**	14,00	1,8%
Wohnhäuser, mit bis zu 15% Mischnutzung, mittlerer Standard	21,00	**29,00**	36,00	5,5%
Wohnhäuser, mit bis zu 15% Mischnutzung, hoher Standard	–	**26,00**	–	6,0%
Wohnhäuser, mit mehr als 15% Mischnutzung	5,70	**14,00**	23,00	1,7%
Seniorenwohnungen und Beherbergungen				
Seniorenwohnungen, mittlerer Standard	12,00	**15,00**	19,00	3,9%
Seniorenwohnungen, hoher Standard	–	**4,50**	–	0,4%
Wohnheime und Internate	15,00	**51,00**	101,00	7,9%
Hotels	–	**–**	–	–
8 Gewerbe-, Lager- und Garagen				
Gaststätten, Kantinen und Mensen	54,00	**269,00**	401,00	24,7%
Industrielle Produktionsgebäude, Massivbauweise	13,00	**30,00**	53,00	5,6%
Industrielle Produktionsgebäude, überwiegend Skelettbauweise	68,00	**198,00**	413,00	17,6%
Betriebs- und Werkstätten, eingeschossig	5,40	**133,00**	261,00	9,7%
Betriebs- und Werkstätten, mehrgeschossig, geringer Hallenanteil	11,00	**173,00**	394,00	16,8%
Betriebs- und Werkstätten, mehrgeschossig, hoher Hallenanteil	2,70	**44,00**	86,00	3,4%
Geschäftshäuser, mit Wohnungen	3,40	**49,00**	141,00	9,6%
Geschäftshäuser, ohne Wohnungen	3,60	**4,30**	5,00	1,4%
Verbrauchermärkte	75,00	**90,00**	104,00	17,9%
Autohäuser	1,50	**3,10**	5,60	0,9%
Lagergebäude, ohne Mischnutzung	2,10	**61,00**	179,00	2,3%
Lagergebäude, mit bis zu 25% Mischnutzung	–	**66,00**	–	4,3%
Lagergebäude, mit mehr als 25% Mischnutzung	–	**2,50**	–	0,4%
Garagen und Bereitschaftsdienste				
Einzel- und Doppelgaragen	–	**–**	–	–
Mehrfachgaragen	–	**–**	–	–
Hochgaragen	–	**4,10**	–	0,8%
Carports	–	**–**	–	–
Feuerwehrhäuser	22,00	**40,00**	71,00	7,6%
Öffentliche Bereitschaftsdienste	41,00	**45,00**	53,00	7,8%
9 Gebäude für kulturelle und religiöse Zwecke				
Bibliotheken, Museen und Ausstellungen	52,00	**168,00**	354,00	13,6%
Theater	223,00	**335,00**	392,00	24,0%
Gemeindezentren, einfacher Standard	1,50	**11,00**	20,00	2,2%
Gemeindezentren, mittlerer Standard	74,00	**115,00**	156,00	8,2%
Gemeindezentren, hoher Standard	9,00	**25,00**	41,00	3,8%
Gemeindezentren, Holzbauweise	4,40	**59,00**	168,00	8,2%
Sakralbauten	–	**86,00**	–	8,4%
Friedhofsgebäude	53,00	**141,00**	271,00	17,1%

Einheit: m²
Brutto-Grundfläche (BGF)

Kosten:
Stand 4. Quartal 2024
Bundesdurchschnitt
inkl. 19% MwSt.

Einheit: m²
Brutto-Grundfläche (BGF)

Gebäudeart	▷	€/Einheit	◁	KG an 400
1 Büro- und Verwaltungsgebäude				
Büro- und Verwaltungsgebäude, einfacher Standard	64,00	**101,00**	148,00	35,3%
Büro- und Verwaltungsgebäude, mittlerer Standard	155,00	**217,00**	347,00	33,5%
Büro- und Verwaltungsgebäude, hoher Standard	200,00	**264,00**	410,00	29,4%
Büro- und Verwaltungsgebäude, Holzbauweise	120,00	**220,00**	272,00	37,7%
2 Gebäude für Forschung und Lehre				
Instituts- und Laborgebäude	162,00	**229,00**	381,00	17,4%
3 Gebäude des Gesundheitswesens				
Medizinische Einrichtungen	224,00	**264,00**	339,00	36,8%
Pflegeheime	180,00	**203,00**	289,00	22,7%
Gebäude für Erholungszwecke	5,30	**168,00**	278,00	17,3%
4 Schulen und Kindergärten				
Schulen				
Allgemeinbildende Schulen	126,00	**162,00**	232,00	31,4%
Schulen, Holzbauweise	134,00	**211,00**	303,00	35,8%
Berufliche Schulen	184,00	**220,00**	275,00	31,4%
Förder- und Sonderschulen	153,00	**210,00**	316,00	34,2%
Weiterbildungseinrichtungen	120,00	**216,00**	439,00	28,7%
Kindergärten				
Kindergärten, nicht unterkellert, einfacher Standard	107,00	**150,00**	178,00	35,2%
Kindergärten, nicht unterkellert, mittlerer Standard	123,00	**174,00**	263,00	31,5%
Kindergärten, nicht unterkellert, hoher Standard	130,00	**194,00**	296,00	32,2%
Kindergärten, Holzbauweise, nicht unterkellert	126,00	**186,00**	259,00	33,8%
Kindergärten, unterkellert	99,00	**182,00**	268,00	32,4%
5 Sportbauten				
Sport- und Mehrzweckhallen	67,00	**202,00**	294,00	36,6%
Sporthallen (Einfeldhallen)	123,00	**175,00**	225,00	37,1%
Sporthallen (Dreifeldhallen)	78,00	**131,00**	162,00	22,9%
Schwimmhallen	187,00	**239,00**	268,00	17,3%
6 Wohngebäude				
Ein- und Zweifamilienhäuser				
Ein- und Zweifamilienhäuser, unterkellert, einfacher Standard	29,00	**39,00**	58,00	18,7%
Ein- und Zweifamilienhäuser, unterkellert, mittlerer Standard	50,00	**92,00**	148,00	22,5%
Ein- und Zweifamilienhäuser, unterkellert, hoher Standard	53,00	**103,00**	184,00	21,0%
Ein- und Zweifamilienhäuser, nicht unterkellert, einfacher Standard	31,00	**34,00**	38,00	15,6%
Ein- und Zweifamilienhäuser, nicht unterkellert, mittlerer Standard	62,00	**99,00**	207,00	23,1%
Ein- und Zweifamilienhäuser, nicht unterkellert, hoher Standard	51,00	**75,00**	114,00	18,0%
Ein- und Zweifamilienhäuser, Passivhausstandard, Massivbauweise	55,00	**86,00**	226,00	18,0%
Ein- und Zweifamilienhäuser, Passivhausstandard, Holzbauweise	73,00	**122,00**	241,00	23,0%
Ein- und Zweifamilienhäuser, Holzbauweise, unterkellert	48,00	**71,00**	145,00	19,5%
Ein- und Zweifamilienhäuser, Holzbauweise, nicht unterkellert	54,00	**81,00**	190,00	20,8%
Doppel- und Reihenend- / Reihenhäuser				
Doppel- und Reihenendhäuser, einfacher Standard	19,00	**35,00**	45,00	16,6%
Doppel- und Reihenendhäuser, mittlerer Standard	56,00	**70,00**	139,00	19,1%
Doppel- und Reihenendhäuser, hoher Standard	61,00	**91,00**	133,00	21,6%
Doppel- und Reihenendhäuser, Holzbauweise	47,00	**83,00**	123,00	21,2%
Reihenhäuser, einfacher Standard	21,00	**39,00**	48,00	17,5%
Reihenhäuser, mittlerer Standard	38,00	**46,00**	52,00	16,1%
Reihenhäuser, hoher Standard	43,00	**53,00**	64,00	12,6%

▷ von
ø Mittel
◁ bis

Einheit: m²
Brutto-Grundfläche (BGF)

Gebäudeart	▷	€/Einheit	◁	KG an 400
7 Mehrfamilienhäuser				
Mehrfamilienhäuser, mit bis zu 6 WE, einfacher Standard	34,00	**38,00**	41,00	20,4%
Mehrfamilienhäuser, mit bis zu 6 WE, mittlerer Standard	50,00	**77,00**	167,00	25,0%
Mehrfamilienhäuser, mit bis zu 6 WE, hoher Standard	72,00	**91,00**	114,00	23,3%
Mehrfamilienhäuser, mit 6 bis 19 WE, einfacher Standard	42,00	**54,00**	88,00	21,8%
Mehrfamilienhäuser, mit 6 bis 19 WE, mittlerer Standard	36,00	**63,00**	78,00	23,4%
Mehrfamilienhäuser, mit 6 bis 19 WE, hoher Standard	32,00	**47,00**	55,00	16,5%
Mehrfamilienhäuser, mit 20 oder mehr WE, einfacher Standard	40,00	**54,00**	72,00	21,0%
Mehrfamilienhäuser, mit 20 oder mehr WE, mittlerer Standard	79,00	**103,00**	149,00	27,8%
Mehrfamilienhäuser, mit 20 oder mehr WE, hoher Standard	58,00	**67,00**	80,00	17,6%
Mehrfamilienhäuser, Passivhäuser	50,00	**70,00**	89,00	20,5%
Mehrfamilienhäuser, Holzbauweise	58,00	**126,00**	188,00	31,4%
Wohnhäuser, mit bis zu 15% Mischnutzung, einfacher Standard	53,00	**59,00**	70,00	19,6%
Wohnhäuser, mit bis zu 15% Mischnutzung, mittlerer Standard	36,00	**59,00**	100,00	20,5%
Wohnhäuser, mit bis zu 15% Mischnutzung, hoher Standard	72,00	**143,00**	214,00	27,6%
Wohnhäuser, mit mehr als 15% Mischnutzung	81,00	**114,00**	174,00	25,3%
Seniorenwohnungen und Beherbergungen				
Seniorenwohnungen, mittlerer Standard	66,00	**89,00**	108,00	22,8%
Seniorenwohnungen, hoher Standard	75,00	**87,00**	99,00	19,6%
Wohnheime und Internate	100,00	**126,00**	216,00	26,4%
Hotels	–	**70,00**	–	22,8%
8 Gewerbe-, Lager- und Garagen				
Gaststätten, Kantinen und Mensen	175,00	**228,00**	329,00	24,3%
Industrielle Produktionsgebäude, Massivbauweise	127,00	**165,00**	221,00	35,2%
Industrielle Produktionsgebäude, überwiegend Skelettbauweise	117,00	**210,00**	300,00	31,8%
Betriebs- und Werkstätten, eingeschossig	43,00	**143,00**	216,00	24,2%
Betriebs- und Werkstätten, mehrgeschossig, geringer Hallenanteil	46,00	**131,00**	213,00	27,5%
Betriebs- und Werkstätten, mehrgeschossig, hoher Hallenanteil	70,00	**131,00**	210,00	34,7%
Geschäftshäuser, mit Wohnungen	80,00	**120,00**	140,00	33,9%
Geschäftshäuser, ohne Wohnungen	59,00	**67,00**	75,00	22,2%
Verbrauchermärkte	139,00	**150,00**	161,00	30,8%
Autohäuser	76,00	**121,00**	186,00	40,3%
Lagergebäude, ohne Mischnutzung	30,00	**64,00**	132,00	53,9%
Lagergebäude, mit bis zu 25% Mischnutzung	52,00	**98,00**	165,00	37,6%
Lagergebäude, mit mehr als 25% Mischnutzung	73,00	**97,00**	139,00	40,0%
Garagen und Bereitschaftsdienste				
Einzel- und Doppelgaragen	–	**67,00**	–	100,0%
Mehrfachgaragen	11,00	**27,00**	84,00	24,1%
Hochgaragen	12,00	**41,00**	57,00	59,3%
Carports	–	**–**	–	–
Feuerwehrhäuser	94,00	**171,00**	258,00	28,8%
Öffentliche Bereitschaftsdienste	106,00	**135,00**	214,00	38,5%
9 Gebäude für kulturelle und religiöse Zwecke				
Bibliotheken, Museen und Ausstellungen	160,00	**308,00**	856,00	33,8%
Theater	114,00	**174,00**	239,00	24,1%
Gemeindezentren, einfacher Standard	51,00	**73,00**	116,00	27,7%
Gemeindezentren, mittlerer Standard	121,00	**167,00**	209,00	33,8%
Gemeindezentren, hoher Standard	182,00	**232,00**	278,00	35,1%
Gemeindezentren, Holzbauweise	204,00	**275,00**	316,00	45,5%
Sakralbauten	133,00	**171,00**	209,00	33,4%
Friedhofsgebäude	39,00	**98,00**	165,00	32,0%

450 Kommunikations-, sicherheits- und informationstechnische Anlagen

Kosten:
Stand 4. Quartal 2024
Bundesdurchschnitt
inkl. 19% MwSt.

Einheit: m²
Brutto-Grundfläche (BGF)

▷ von
ø Mittel
◁ bis

Gebäudeart	▷	€/Einheit	◁	KG an 400
1 Büro- und Verwaltungsgebäude				
Büro- und Verwaltungsgebäude, einfacher Standard	6,30	**28,00**	55,00	8,6%
Büro- und Verwaltungsgebäude, mittlerer Standard	52,00	**67,00**	89,00	11,2%
Büro- und Verwaltungsgebäude, hoher Standard	54,00	**99,00**	217,00	9,9%
Büro- und Verwaltungsgebäude, Holzbauweise	19,00	**44,00**	116,00	6,3%
2 Gebäude für Forschung und Lehre				
Instituts- und Laborgebäude	29,00	**86,00**	110,00	5,5%
3 Gebäude des Gesundheitswesens				
Medizinische Einrichtungen	64,00	**80,00**	109,00	10,9%
Pflegeheime	87,00	**103,00**	115,00	11,5%
Gebäude für Erholungszwecke	26,00	**54,00**	110,00	2,3%
4 Schulen und Kindergärten				
Schulen				
Allgemeinbildende Schulen	7,00	**35,00**	50,00	5,9%
Schulen, Holzbauweise	26,00	**56,00**	84,00	9,1%
Berufliche Schulen	50,00	**59,00**	73,00	8,1%
Förder- und Sonderschulen	27,00	**44,00**	63,00	7,5%
Weiterbildungseinrichtungen	10,00	**42,00**	83,00	4,8%
Kindergärten				
Kindergärten, nicht unterkellert, einfacher Standard	7,20	**23,00**	32,00	5,2%
Kindergärten, nicht unterkellert, mittlerer Standard	19,00	**36,00**	73,00	7,4%
Kindergärten, nicht unterkellert, hoher Standard	5,30	**23,00**	28,00	3,6%
Kindergärten, Holzbauweise, nicht unterkellert	19,00	**42,00**	65,00	6,2%
Kindergärten, unterkellert	11,00	**23,00**	34,00	4,0%
5 Sportbauten				
Sport- und Mehrzweckhallen	10,00	**35,00**	59,00	3,2%
Sporthallen (Einfeldhallen)	15,00	**22,00**	30,00	5,0%
Sporthallen (Dreifeldhallen)	20,00	**33,00**	60,00	5,1%
Schwimmhallen	9,90	**21,00**	40,00	1,7%
6 Wohngebäude				
Ein- und Zweifamilienhäuser				
Ein- und Zweifamilienhäuser, unterkellert, einfacher Standard	4,50	**7,90**	13,00	3,7%
Ein- und Zweifamilienhäuser, unterkellert, mittlerer Standard	7,30	**13,00**	21,00	3,6%
Ein- und Zweifamilienhäuser, unterkellert, hoher Standard	14,00	**25,00**	61,00	4,9%
Ein- und Zweifamilienhäuser, nicht unterkellert, einfacher Standard	2,40	**8,30**	14,00	3,2%
Ein- und Zweifamilienhäuser, nicht unterkellert, mittlerer Standard	8,40	**16,00**	28,00	3,9%
Ein- und Zweifamilienhäuser, nicht unterkellert, hoher Standard	9,70	**17,00**	35,00	3,8%
Ein- und Zweifamilienhäuser, Passivhausstandard, Massivbauweise	7,30	**14,00**	24,00	2,9%
Ein- und Zweifamilienhäuser, Passivhausstandard, Holzbauweise	8,40	**17,00**	24,00	2,5%
Ein- und Zweifamilienhäuser, Holzbauweise, unterkellert	5,70	**9,30**	15,00	2,7%
Ein- und Zweifamilienhäuser, Holzbauweise, nicht unterkellert	5,50	**11,00**	23,00	3,0%
Doppel- und Reihenend- / Reihenhäuser				
Doppel- und Reihenendhäuser, einfacher Standard	1,50	**7,60**	16,00	2,6%
Doppel- und Reihenendhäuser, mittlerer Standard	11,00	**15,00**	23,00	4,3%
Doppel- und Reihenendhäuser, hoher Standard	5,10	**9,40**	16,00	2,3%
Doppel- und Reihenendhäuser, Holzbauweise	8,20	**10,00**	15,00	2,7%
Reihenhäuser, einfacher Standard	3,30	**6,90**	10,00	1,9%
Reihenhäuser, mittlerer Standard	8,90	**12,00**	16,00	3,2%
Reihenhäuser, hoher Standard	9,60	**15,00**	24,00	2,8%

Einheit: m²
Brutto-Grundfläche (BGF)

Gebäudeart	▷	€/Einheit	◁	KG an 400
7 Mehrfamilienhäuser				
Mehrfamilienhäuser, mit bis zu 6 WE, einfacher Standard	–	**3,30**	–	1,1%
Mehrfamilienhäuser, mit bis zu 6 WE, mittlerer Standard	7,90	**10,00**	13,00	3,5%
Mehrfamilienhäuser, mit bis zu 6 WE, hoher Standard	8,70	**17,00**	23,00	4,3%
Mehrfamilienhäuser, mit 6 bis 19 WE, einfacher Standard	5,70	**8,30**	16,00	3,3%
Mehrfamilienhäuser, mit 6 bis 19 WE, mittlerer Standard	4,50	**8,50**	16,00	2,9%
Mehrfamilienhäuser, mit 6 bis 19 WE, hoher Standard	11,00	**16,00**	25,00	5,7%
Mehrfamilienhäuser, mit 20 oder mehr WE, einfacher Standard	2,20	**7,40**	9,30	2,6%
Mehrfamilienhäuser, mit 20 oder mehr WE, mittlerer Standard	21,00	**26,00**	34,00	7,7%
Mehrfamilienhäuser, mit 20 oder mehr WE, hoher Standard	9,10	**15,00**	27,00	3,8%
Mehrfamilienhäuser, Passivhäuser	7,00	**14,00**	22,00	4,2%
Mehrfamilienhäuser, Holzbauweise	9,70	**15,00**	21,00	4,1%
Wohnhäuser, mit bis zu 15% Mischnutzung, einfacher Standard	3,90	**8,10**	10,00	2,6%
Wohnhäuser, mit bis zu 15% Mischnutzung, mittlerer Standard	3,70	**14,00**	19,00	4,5%
Wohnhäuser, mit bis zu 15% Mischnutzung, hoher Standard	4,20	**4,40**	4,70	1,0%
Wohnhäuser, mit mehr als 15% Mischnutzung	11,00	**15,00**	20,00	2,5%
Seniorenwohnungen und Beherbergungen				
Seniorenwohnungen, mittlerer Standard	14,00	**24,00**	44,00	6,0%
Seniorenwohnungen, hoher Standard	14,00	**21,00**	29,00	4,5%
Wohnheime und Internate	13,00	**28,00**	50,00	5,6%
Hotels	–	**9,00**	–	2,9%
8 Gewerbe-, Lager- und Garagen				
Gaststätten, Kantinen und Mensen	14,00	**24,00**	45,00	2,5%
Industrielle Produktionsgebäude, Massivbauweise	5,30	**13,00**	24,00	2,6%
Industrielle Produktionsgebäude, überwiegend Skelettbauweise	13,00	**41,00**	111,00	5,2%
Betriebs- und Werkstätten, eingeschossig	2,00	**65,00**	107,00	7,4%
Betriebs- und Werkstätten, mehrgeschossig, geringer Hallenanteil	5,40	**18,00**	32,00	3,7%
Betriebs- und Werkstätten, mehrgeschossig, hoher Hallenanteil	5,50	**16,00**	44,00	2,8%
Geschäftshäuser, mit Wohnungen	15,00	**23,00**	31,00	3,7%
Geschäftshäuser, ohne Wohnungen	6,50	**12,00**	18,00	4,2%
Verbrauchermärkte	6,90	**11,00**	14,00	2,0%
Autohäuser	27,00	**29,00**	31,00	4,5%
Lagergebäude, ohne Mischnutzung	11,00	**27,00**	83,00	4,7%
Lagergebäude, mit bis zu 25% Mischnutzung	24,00	**39,00**	54,00	7,8%
Lagergebäude, mit mehr als 25% Mischnutzung	–	**14,00**	–	1,5%
Garagen und Bereitschaftsdienste				
Einzel- und Doppelgaragen	–	**–**	–	–
Mehrfachgaragen	0,30	**5,90**	11,00	0,6%
Hochgaragen	6,70	**30,00**	73,00	20,5%
Carports	–	**–**	–	–
Feuerwehrhäuser	22,00	**62,00**	110,00	9,7%
Öffentliche Bereitschaftsdienste	13,00	**34,00**	55,00	9,6%
9 Gebäude für kulturelle und religiöse Zwecke				
Bibliotheken, Museen und Ausstellungen	28,00	**66,00**	105,00	8,2%
Theater	13,00	**54,00**	98,00	5,9%
Gemeindezentren, einfacher Standard	6,90	**7,50**	8,10	1,8%
Gemeindezentren, mittlerer Standard	7,80	**18,00**	44,00	3,1%
Gemeindezentren, hoher Standard	35,00	**56,00**	67,00	6,4%
Gemeindezentren, Holzbauweise	8,80	**18,00**	37,00	3,0%
Sakralbauten	5,60	**14,00**	23,00	2,7%
Friedhofsgebäude	20,00	**33,00**	46,00	1,8%

Kosten:
Stand 4. Quartal 2024
Bundesdurchschnitt
inkl. 19% MwSt.

Einheit: m²
Brutto-Grundfläche (BGF)

▷ von
ø Mittel
◁ bis

Gebäudeart	▷	€/Einheit	◁	KG an 400
1 Büro- und Verwaltungsgebäude				
Büro- und Verwaltungsgebäude, einfacher Standard	34,00	**48,00**	62,00	7,0%
Büro- und Verwaltungsgebäude, mittlerer Standard	29,00	**43,00**	82,00	3,2%
Büro- und Verwaltungsgebäude, hoher Standard	21,00	**44,00**	69,00	2,9%
Büro- und Verwaltungsgebäude, Holzbauweise	–	**20,00**	–	0,5%
2 Gebäude für Forschung und Lehre				
Instituts- und Laborgebäude	–	**26,00**	–	0,5%
3 Gebäude des Gesundheitswesens				
Medizinische Einrichtungen	26,00	**45,00**	54,00	[illegible]%
Pflegeheime	42,00	**52,00**	60,00	4,3%
Gebäude für Erholungszwecke	–	**–**	–	–
4 Schulen und Kindergärten				
Schulen				
Allgemeinbildende Schulen	17,00	**26,00**	33,00	3,9%
Schulen, Holzbauweise	36,00	**61,00**	110,00	3,8%
Berufliche Schulen	23,00	**50,00**	127,00	3,3%
Förder- und Sonderschulen	19,00	**38,00**	57,00	5,6%
Weiterbildungseinrichtungen	24,00	**47,00**	90,00	3,9%
Kindergärten				
Kindergärten, nicht unterkellert, einfacher Standard	–	**–**	–	–
Kindergärten, nicht unterkellert, mittlerer Standard	–	**51,00**	–	1,4%
Kindergärten, nicht unterkellert, hoher Standard	21,00	**31,00**	50,00	2,6%
Kindergärten, Holzbauweise, nicht unterkellert	30,00	**43,00**	55,00	1,2%
Kindergärten, unterkellert	–	**61,00**	–	2,2%
5 Sportbauten				
Sport- und Mehrzweckhallen	–	**–**	–	–
Sporthallen (Einfeldhallen)	–	**–**	–	–
Sporthallen (Dreifeldhallen)	18,00	**22,00**	30,00	1,9%
Schwimmhallen	–	**9,80**	–	0,4%
6 Wohngebäude				
Ein- und Zweifamilienhäuser				
Ein- und Zweifamilienhäuser, unterkellert, einfacher Standard	–	**–**	–	–
Ein- und Zweifamilienhäuser, unterkellert, mittlerer Standard	–	**–**	–	–
Ein- und Zweifamilienhäuser, unterkellert, hoher Standard	–	**–**	–	–
Ein- und Zweifamilienhäuser, nicht unterkellert, einfacher Standard	–	**–**	–	–
Ein- und Zweifamilienhäuser, nicht unterkellert, mittlerer Standard	–	**–**	–	–
Ein- und Zweifamilienhäuser, nicht unterkellert, hoher Standard	–	**–**	–	–
Ein- und Zweifamilienhäuser, Passivhausstandard, Massivbauweise	–	**–**	–	–
Ein- und Zweifamilienhäuser, Passivhausstandard, Holzbauweise	–	**–**	–	–
Ein- und Zweifamilienhäuser, Holzbauweise, unterkellert	–	**–**	–	–
Ein- und Zweifamilienhäuser, Holzbauweise, nicht unterkellert	–	**–**	–	–
Doppel- und Reihenend- / Reihenhäuser				
Doppel- und Reihenendhäuser, einfacher Standard	–	**–**	–	–
Doppel- und Reihenendhäuser, mittlerer Standard	–	**–**	–	–
Doppel- und Reihenendhäuser, hoher Standard	–	**–**	–	–
Doppel- und Reihenendhäuser, Holzbauweise	–	**–**	–	–
Reihenhäuser, einfacher Standard	–	**–**	–	–
Reihenhäuser, mittlerer Standard	–	**–**	–	–
Reihenhäuser, hoher Standard	–	**–**	–	–

Einheit: m²
Brutto-Grundfläche (BGF)

Gebäudeart	▷	€/Einheit	◁	KG an 400
7 Mehrfamilienhäuser				
Mehrfamilienhäuser, mit bis zu 6 WE, einfacher Standard	–	**–**	–	–
Mehrfamilienhäuser, mit bis zu 6 WE, mittlerer Standard	–	**–**	–	–
Mehrfamilienhäuser, mit bis zu 6 WE, hoher Standard	57,00	**61,00**	68,00	9,1%
Mehrfamilienhäuser, mit 6 bis 19 WE, einfacher Standard	–	**–**	–	–
Mehrfamilienhäuser, mit 6 bis 19 WE, mittlerer Standard	27,00	**34,00**	39,00	6,0%
Mehrfamilienhäuser, mit 6 bis 19 WE, hoher Standard	28,00	**44,00**	52,00	15,8%
Mehrfamilienhäuser, mit 20 oder mehr WE, einfacher Standard	41,00	**63,00**	85,00	9,4%
Mehrfamilienhäuser, mit 20 oder mehr WE, mittlerer Standard	23,00	**30,00**	47,00	7,4%
Mehrfamilienhäuser, mit 20 oder mehr WE, hoher Standard	25,00	**57,00**	89,00	10,0%
Mehrfamilienhäuser, Passivhäuser	20,00	**36,00**	52,00	3,7%
Mehrfamilienhäuser, Holzbauweise	–	**43,00**	–	1,4%
Wohnhäuser, mit bis zu 15% Mischnutzung, einfacher Standard	23,00	**34,00**	41,00	11,1%
Wohnhäuser, mit bis zu 15% Mischnutzung, mittlerer Standard	–	**42,00**	–	3,5%
Wohnhäuser, mit bis zu 15% Mischnutzung, hoher Standard	–	**39,00**	–	5,8%
Wohnhäuser, mit mehr als 15% Mischnutzung	–	**–**	–	–
Seniorenwohnungen und Beherbergungen				
Seniorenwohnungen, mittlerer Standard	30,00	**57,00**	110,00	15,0%
Seniorenwohnungen, hoher Standard	31,00	**62,00**	92,00	12,9%
Wohnheime und Internate	17,00	**32,00**	46,00	4,0%
Hotels	–	**–**	–	–
8 Gewerbe-, Lager- und Garagen				
Gaststätten, Kantinen und Mensen	–	**76,00**	–	2,2%
Industrielle Produktionsgebäude, Massivbauweise	3,90	**22,00**	40,00	1,9%
Industrielle Produktionsgebäude, überwiegend Skelettbauweise	37,00	**84,00**	146,00	6,5%
Betriebs- und Werkstätten, eingeschossig	32,00	**51,00**	89,00	21,3%
Betriebs- und Werkstätten, mehrgeschossig, geringer Hallenanteil	13,00	**20,00**	23,00	11,7%
Betriebs- und Werkstätten, mehrgeschossig, hoher Hallenanteil	12,00	**60,00**	93,00	6,9%
Geschäftshäuser, mit Wohnungen	59,00	**103,00**	147,00	14,5%
Geschäftshäuser, ohne Wohnungen	–	**100,00**	–	13,2%
Verbrauchermärkte	–	**–**	–	–
Autohäuser	–	**116,00**	–	8,7%
Lagergebäude, ohne Mischnutzung	–	**7,40**	–	< 0,1%
Lagergebäude, mit bis zu 25% Mischnutzung	–	**20,00**	–	1,3%
Lagergebäude, mit mehr als 25% Mischnutzung	–	**–**	–	–
Garagen und Bereitschaftsdienste				
Einzel- und Doppelgaragen	–	**–**	–	–
Mehrfachgaragen	–	**814,00**	–	19,6%
Hochgaragen	–	**9,20**	–	1,7%
Carports	–	**–**	–	–
Feuerwehrhäuser	–	**25,00**	–	0,7%
Öffentliche Bereitschaftsdienste	–	**19,00**	–	0,9%
9 Gebäude für kulturelle und religiöse Zwecke				
Bibliotheken, Museen und Ausstellungen	36,00	**80,00**	162,00	2,1%
Theater	30,00	**47,00**	56,00	3,3%
Gemeindezentren, einfacher Standard	–	**16,00**	–	2,1%
Gemeindezentren, mittlerer Standard	71,00	**75,00**	79,00	8,7%
Gemeindezentren, hoher Standard	–	**148,00**	–	5,1%
Gemeindezentren, Holzbauweise	–	**–**	–	–
Sakralbauten	–	**40,00**	–	3,9%
Friedhofsgebäude	–	**55,00**	–	0,7%

Kostenstand: 4. Quartal 2024, Bundesdurchschnitt, **inkl. 19% MwSt.**

470 Nutzungsspezifische und verfahrenstechnische Anlagen

Kosten:
Stand 4. Quartal 2024
Bundesdurchschnitt
inkl. 19% MwSt.

Einheit: m²
Brutto-Grundfläche (BGF)

▷ von
ø Mittel
◁ bis

Gebäudeart	▷	€/Einheit	◁	KG an 400
1 Büro- und Verwaltungsgebäude				
Büro- und Verwaltungsgebäude, einfacher Standard	1,00	**3,20**	5,30	0,5%
Büro- und Verwaltungsgebäude, mittlerer Standard	5,20	**18,00**	49,00	1,4%
Büro- und Verwaltungsgebäude, hoher Standard	3,00	**12,00**	54,00	0,6%
Büro- und Verwaltungsgebäude, Holzbauweise	–	**0,60**	–	< 0,1%
2 Gebäude für Forschung und Lehre				
Instituts- und Laborgebäude	191,00	**273,00**	436,00	13,5%
3 Gebäude des Gesundheitswesens				
Medizinische Einrichtungen	–	**56,00**	–	1,8%
Pflegeheime	60,00	**98,00**	185,00	8,7%
Gebäude für Erholungszwecke	–	**409,00**	–	4,5%
4 Schulen und Kindergärten				
Schulen				
Allgemeinbildende Schulen	51,00	**99,00**	144,00	7,5%
Schulen, Holzbauweise	6,20	**26,00**	65,00	1,4%
Berufliche Schulen	8,90	**131,00**	229,00	12,2%
Förder- und Sonderschulen	5,00	**25,00**	74,00	4,1%
Weiterbildungseinrichtungen	12,00	**80,00**	212,00	7,1%
Kindergärten				
Kindergärten, nicht unterkellert, einfacher Standard	–	**–**	–	–
Kindergärten, nicht unterkellert, mittlerer Standard	2,50	**22,00**	82,00	2,2%
Kindergärten, nicht unterkellert, hoher Standard	37,00	**45,00**	65,00	4,8%
Kindergärten, Holzbauweise, nicht unterkellert	0,70	**18,00**	54,00	0,6%
Kindergärten, unterkellert	1,20	**1,40**	1,50	0,3%
5 Sportbauten				
Sport- und Mehrzweckhallen	–	**1,80**	–	< 0,1%
Sporthallen (Einfeldhallen)	–	**–**	–	–
Sporthallen (Dreifeldhallen)	0,70	**1,60**	5,20	0,3%
Schwimmhallen	194,00	**600,00**	1.336,00	27,8%
6 Wohngebäude				
Ein- und Zweifamilienhäuser				
Ein- und Zweifamilienhäuser, unterkellert, einfacher Standard	–	**–**	–	–
Ein- und Zweifamilienhäuser, unterkellert, mittlerer Standard	–	**–**	–	–
Ein- und Zweifamilienhäuser, unterkellert, hoher Standard	–	**–**	–	–
Ein- und Zweifamilienhäuser, nicht unterkellert, einfacher Standard	–	**–**	–	–
Ein- und Zweifamilienhäuser, nicht unterkellert, mittlerer Standard	–	**–**	–	–
Ein- und Zweifamilienhäuser, nicht unterkellert, hoher Standard	–	**–**	–	–
Ein- und Zweifamilienhäuser, Passivhausstandard, Massivbauweise	–	**–**	–	–
Ein- und Zweifamilienhäuser, Passivhausstandard, Holzbauweise	–	**11,00**	–	0,1%
Ein- und Zweifamilienhäuser, Holzbauweise, unterkellert	–	**9,70**	–	0,2%
Ein- und Zweifamilienhäuser, Holzbauweise, nicht unterkellert	–	**11,00**	–	0,3%
Doppel- und Reihenend- / Reihenhäuser				
Doppel- und Reihenendhäuser, einfacher Standard	–	**–**	–	–
Doppel- und Reihenendhäuser, mittlerer Standard	–	**–**	–	–
Doppel- und Reihenendhäuser, hoher Standard	–	**–**	–	–
Doppel- und Reihenendhäuser, Holzbauweise	–	**–**	–	–
Reihenhäuser, einfacher Standard	–	**–**	–	–
Reihenhäuser, mittlerer Standard	–	**–**	–	–
Reihenhäuser, hoher Standard	–	**–**	–	–

Gebäudeart	▷	€/Einheit	◁	KG an 400
7 Mehrfamilienhäuser				
Mehrfamilienhäuser, mit bis zu 6 WE, einfacher Standard	–	**0,30**	–	< 0,1%
Mehrfamilienhäuser, mit bis zu 6 WE, mittlerer Standard	–	–	–	–
Mehrfamilienhäuser, mit bis zu 6 WE, hoher Standard	–	–	–	–
Mehrfamilienhäuser, mit 6 bis 19 WE, einfacher Standard	–	–	–	–
Mehrfamilienhäuser, mit 6 bis 19 WE, mittlerer Standard	–	–	–	–
Mehrfamilienhäuser, mit 6 bis 19 WE, hoher Standard	–	**0,50**	–	< 0,1%
Mehrfamilienhäuser, mit 20 oder mehr WE, einfacher Standard	–	**3,10**	–	0,2%
Mehrfamilienhäuser, mit 20 oder mehr WE, mittlerer Standard	–	**1,60**	–	< 0,1%
Mehrfamilienhäuser, mit 20 oder mehr WE, hoher Standard	–	–	–	–
Mehrfamilienhäuser, Passivhäuser	–	–	–	–
Mehrfamilienhäuser, Holzbauweise	–	**0,90**	–	< 0,1%
Wohnhäuser, mit bis zu 15% Mischnutzung, einfacher Standard	–	**0,20**	–	< 0,1%
Wohnhäuser, mit bis zu 15% Mischnutzung, mittlerer Standard	–	–	–	–
Wohnhäuser, mit bis zu 15% Mischnutzung, hoher Standard	–	–	–	–
Wohnhäuser, mit mehr als 15% Mischnutzung	–	**286,00**	–	13,2%
Seniorenwohnungen und Beherbergungen				
Seniorenwohnungen, mittlerer Standard	0,80	**2,50**	8,60	0,6%
Seniorenwohnungen, hoher Standard	0,30	**0,90**	1,50	0,2%
Wohnheime und Internate	0,60	**31,00**	123,00	2,5%
Hotels	–	–	–	–
8 Gewerbe-, Lager- und Garagen				
Gaststätten, Kantinen und Mensen	102,00	**117,00**	145,00	12,9%
Industrielle Produktionsgebäude, Massivbauweise	7,70	**172,00**	830,00	14,9%
Industrielle Produktionsgebäude, überwiegend Skelettbauweise	24,00	**71,00**	166,00	17,2%
Betriebs- und Werkstätten, eingeschossig	–	**32,00**	–	0,9%
Betriebs- und Werkstätten, mehrgeschossig, geringer Hallenanteil	23,00	**140,00**	479,00	6,5%
Betriebs- und Werkstätten, mehrgeschossig, hoher Hallenanteil	5,00	**22,00**	55,00	1,3%
Geschäftshäuser, mit Wohnungen	1,00	**32,00**	64,00	4,1%
Geschäftshäuser, ohne Wohnungen	–	–	–	–
Verbrauchermärkte	53,00	**60,00**	67,00	12,1%
Autohäuser	–	**9,30**	–	0,7%
Lagergebäude, ohne Mischnutzung	0,70	**103,00**	205,00	2,2%
Lagergebäude, mit bis zu 25% Mischnutzung	–	**19,00**	–	1,2%
Lagergebäude, mit mehr als 25% Mischnutzung	–	**145,00**	–	15,2%
Garagen und Bereitschaftsdienste				
Einzel- und Doppelgaragen	–	–	–	–
Mehrfachgaragen	9,20	**36,00**	62,00	12,1%
Hochgaragen	–	**4,30**	–	0,8%
Carports	–	–	–	–
Feuerwehrhäuser	35,00	**71,00**	104,00	8,1%
Öffentliche Bereitschaftsdienste	25,00	**132,00**	339,00	15,7%
9 Gebäude für kulturelle und religiöse Zwecke				
Bibliotheken, Museen und Ausstellungen	4,40	**74,00**	153,00	6,6%
Theater	13,00	**353,00**	1.031,00	12,7%
Gemeindezentren, einfacher Standard	1,00	**18,00**	51,00	7,3%
Gemeindezentren, mittlerer Standard	1,00	**32,00**	63,00	2,3%
Gemeindezentren, hoher Standard	2,80	**70,00**	138,00	4,7%
Gemeindezentren, Holzbauweise	0,90	**14,00**	41,00	3,1%
Sakralbauten	–	**1,10**	–	0,1%
Friedhofsgebäude	21,00	**646,00**	1.272,00	17,0%

Einheit: m²
Brutto-Grundfläche (BGF)

Kosten:
Stand 4. Quartal 2024
Bundesdurchschnitt
inkl. 19% MwSt.

Einheit: m²
Brutto-Grundfläche (BGF)

▷ von
ø Mittel
◁ bis

Gebäudeart	▷	€/Einheit	◁	KG an 400
1 Büro- und Verwaltungsgebäude				
Büro- und Verwaltungsgebäude, einfacher Standard	–	**–**	–	–
Büro- und Verwaltungsgebäude, mittlerer Standard	33,00	**66,00**	97,00	4,6%
Büro- und Verwaltungsgebäude, hoher Standard	41,00	**81,00**	146,00	6,1%
Büro- und Verwaltungsgebäude, Holzbauweise	43,00	**77,00**	110,00	4,8%
2 Gebäude für Forschung und Lehre				
Instituts- und Laborgebäude	40,00	**89,00**	179,00	4,6%
3 Gebäude des Gesundheitswesens				
Medizinische Einrichtungen	14,00	**29,00**	43,00	2,1%
Pflegeheime	3,10	**6,90**	9,20	0,4%
Gebäude für Erholungszwecke	–	**–**	–	–
4 Schulen und Kindergärten				
Schulen				
Allgemeinbildende Schulen	26,00	**57,00**	83,00	4,0%
Schulen, Holzbauweise	58,00	**83,00**	96,00	5,5%
Berufliche Schulen	58,00	**82,00**	129,00	5,6%
Förder- und Sonderschulen	11,00	**27,00**	40,00	3,8%
Weiterbildungseinrichtungen	37,00	**89,00**	142,00	5,6%
Kindergärten				
Kindergärten, nicht unterkellert, einfacher Standard	–	**–**	–	–
Kindergärten, nicht unterkellert, mittlerer Standard	13,00	**57,00**	101,00	2,0%
Kindergärten, nicht unterkellert, hoher Standard	–	**52,00**	–	1,4%
Kindergärten, Holzbauweise, nicht unterkellert	24,00	**39,00**	79,00	1,9%
Kindergärten, unterkellert	–	**49,00**	–	2,5%
5 Sportbauten				
Sport- und Mehrzweckhallen	–	**35,00**	–	1,6%
Sporthallen (Einfeldhallen)	–	**22,00**	–	0,8%
Sporthallen (Dreifeldhallen)	25,00	**32,00**	39,00	1,8%
Schwimmhallen	–	**125,00**	–	2,9%
6 Wohngebäude				
Ein- und Zweifamilienhäuser				
Ein- und Zweifamilienhäuser, unterkellert, einfacher Standard	–	**–**	–	–
Ein- und Zweifamilienhäuser, unterkellert, mittlerer Standard	22,00	**37,00**	53,00	1,1%
Ein- und Zweifamilienhäuser, unterkellert, hoher Standard	54,00	**58,00**	67,00	2,3%
Ein- und Zweifamilienhäuser, nicht unterkellert, einfacher Standard	–	**–**	–	–
Ein- und Zweifamilienhäuser, nicht unterkellert, mittlerer Standard	–	**–**	–	–
Ein- und Zweifamilienhäuser, nicht unterkellert, hoher Standard	–	**–**	–	–
Ein- und Zweifamilienhäuser, Passivhausstandard, Massivbauweise	9,80	**38,00**	53,00	1,8%
Ein- und Zweifamilienhäuser, Passivhausstandard, Holzbauweise	–	**–**	–	–
Ein- und Zweifamilienhäuser, Holzbauweise, unterkellert	–	**–**	–	–
Ein- und Zweifamilienhäuser, Holzbauweise, nicht unterkellert	–	**20,00**	–	1,0%
Doppel- und Reihenend- / Reihenhäuser				
Doppel- und Reihenendhäuser, einfacher Standard	–	**–**	–	–
Doppel- und Reihenendhäuser, mittlerer Standard	–	**–**	–	–
Doppel- und Reihenendhäuser, hoher Standard	–	**–**	–	–
Doppel- und Reihenendhäuser, Holzbauweise	–	**–**	–	–
Reihenhäuser, einfacher Standard	–	**–**	–	–
Reihenhäuser, mittlerer Standard	–	**–**	–	–
Reihenhäuser, hoher Standard	–	**–**	–	–

Einheit: m²
Brutto-Grundfläche (BGF)

Gebäudeart	▷	€/Einheit	◁	KG an 400
7 Mehrfamilienhäuser				
Mehrfamilienhäuser, mit bis zu 6 WE, einfacher Standard	–	**–**	–	–
Mehrfamilienhäuser, mit bis zu 6 WE, mittlerer Standard	–	**–**	–	–
Mehrfamilienhäuser, mit bis zu 6 WE, hoher Standard	–	**–**	–	–
Mehrfamilienhäuser, mit 6 bis 19 WE, einfacher Standard	–	**–**	–	–
Mehrfamilienhäuser, mit 6 bis 19 WE, mittlerer Standard	–	**–**	–	–
Mehrfamilienhäuser, mit 6 bis 19 WE, hoher Standard	–	**–**	–	–
Mehrfamilienhäuser, mit 20 oder mehr WE, einfacher Standard	–	**–**	–	–
Mehrfamilienhäuser, mit 20 oder mehr WE, mittlerer Standard	–	**–**	–	–
Mehrfamilienhäuser, mit 20 oder mehr WE, hoher Standard	–	**–**	–	–
Mehrfamilienhäuser, Passivhäuser	–	**–**	–	–
Mehrfamilienhäuser, Holzbauweise	–	**–**	–	–
Wohnhäuser, mit bis zu 15% Mischnutzung, einfacher Standard	–	**–**	–	–
Wohnhäuser, mit bis zu 15% Mischnutzung, mittlerer Standard	–	**–**	–	–
Wohnhäuser, mit bis zu 15% Mischnutzung, hoher Standard	–	**–**	–	–
Wohnhäuser, mit mehr als 15% Mischnutzung	–	**–**	–	–
Seniorenwohnungen und Beherbergungen				
Seniorenwohnungen, mittlerer Standard	–	**–**	–	–
Seniorenwohnungen, hoher Standard	–	**–**	–	–
Wohnheime und Internate	15,00	**20,00**	27,00	1,6%
Hotels	–	**–**	–	–
8 Gewerbe-, Lager- und Garagen				
Gaststätten, Kantinen und Mensen	–	**–**	–	–
Industrielle Produktionsgebäude, Massivbauweise	–	**–**	–	–
Industrielle Produktionsgebäude, überwiegend Skelettbauweise	26,00	**57,00**	83,00	4,0%
Betriebs- und Werkstätten, eingeschossig	–	**96,00**	–	2,7%
Betriebs- und Werkstätten, mehrgeschossig, geringer Hallenanteil	38,00	**47,00**	55,00	1,3%
Betriebs- und Werkstätten, mehrgeschossig, hoher Hallenanteil	29,00	**48,00**	67,00	1,8%
Geschäftshäuser, mit Wohnungen	–	**–**	–	–
Geschäftshäuser, ohne Wohnungen	–	**–**	–	–
Verbrauchermärkte	–	**–**	–	–
Autohäuser	–	**–**	–	–
Lagergebäude, ohne Mischnutzung	–	**65,00**	–	0,7%
Lagergebäude, mit bis zu 25% Mischnutzung	–	**43,00**	–	2,8%
Lagergebäude, mit mehr als 25% Mischnutzung	–	**–**	–	–
Garagen und Bereitschaftsdienste				
Einzel- und Doppelgaragen	–	**–**	–	–
Mehrfachgaragen	–	**–**	–	–
Hochgaragen	–	**–**	–	–
Carports	–	**–**	–	–
Feuerwehrhäuser	8,90	**32,00**	55,00	1,6%
Öffentliche Bereitschaftsdienste	16,00	**25,00**	34,00	2,0%
9 Gebäude für kulturelle und religiöse Zwecke				
Bibliotheken, Museen und Ausstellungen	44,00	**81,00**	123,00	3,9%
Theater	–	**–**	–	–
Gemeindezentren, einfacher Standard	–	**–**	–	–
Gemeindezentren, mittlerer Standard	–	**–**	–	–
Gemeindezentren, hoher Standard	–	**27,00**	–	0,9%
Gemeindezentren, Holzbauweise	–	**14,00**	–	0,7%
Sakralbauten	–	**–**	–	–
Friedhofsgebäude	–	**105,00**	–	1,3%

Statistik 2. Ebene

Kosten:
Stand 4. Quartal 2024
Bundesdurchschnitt
inkl. 19% MwSt

Einheit: m²
Brutto-Grundfläche (BGF)

▷ von
ø Mittel
◁ bis

Gebäudeart	▷	€/Einheit	◁	KG an 400
1 Büro- und Verwaltungsgebäude				
Büro- und Verwaltungsgebäude, einfacher Standard	–	**–**	–	–
Büro- und Verwaltungsgebäude, mittlerer Standard	2,40	**5,40**	24,00	0,2%
Büro- und Verwaltungsgebäude, hoher Standard	2,70	**7,80**	22,00	0,3%
Büro- und Verwaltungsgebäude, Holzbauweise	3,20	**4,10**	5,10	0,3%
2 Gebäude für Forschung und Lehre				
Instituts- und Laborgebäude	4,20	**23,00**	41,00	0,5%
3 Gebäude des Gesundheitswesens				
Medizinische Einrichtungen	2,80	**4,10**	5,40	0,4%
Pflegeheime	1,80	**2,60**	3,00	0,2%
Gebäude für Erholungszwecke	–	**11,00**	–	0,1%
4 Schulen und Kindergärten				
Schulen				
Allgemeinbildende Schulen	4,10	**16,00**	39,00	1,9%
Schulen, Holzbauweise	1,60	**3,70**	5,80	0,3%
Berufliche Schulen	1,40	**2,90**	4,30	0,1%
Förder- und Sonderschulen	0,70	**2,80**	6,80	0,2%
Weiterbildungseinrichtungen	< 0,10	**0,40**	0,70	< 0,1%
Kindergärten				
Kindergärten, nicht unterkellert, einfacher Standard	–	**–**	–	–
Kindergärten, nicht unterkellert, mittlerer Standard	3,20	**6,00**	8,70	0,7%
Kindergärten, nicht unterkellert, hoher Standard	2,00	**11,00**	29,00	0,9%
Kindergärten, Holzbauweise, nicht unterkellert	1,70	**3,70**	6,00	0,2%
Kindergärten, unterkellert	1,70	**6,40**	11,00	0,5%
5 Sportbauten				
Sport- und Mehrzweckhallen	–	**0,70**	–	< 0,1%
Sporthallen (Einfeldhallen)	0,80	**5,50**	10,00	0,4%
Sporthallen (Dreifeldhallen)	0,50	**2,60**	8,90	0,4%
Schwimmhallen	–	**0,90**	–	< 0,1%
6 Wohngebäude				
Ein- und Zweifamilienhäuser				
Ein- und Zweifamilienhäuser, unterkellert, einfacher Standard	–	**–**	–	–
Ein- und Zweifamilienhäuser, unterkellert, mittlerer Standard	–	**–**	–	–
Ein- und Zweifamilienhäuser, unterkellert, hoher Standard	–	**3,50**	–	< 0,1%
Ein- und Zweifamilienhäuser, nicht unterkellert, einfacher Standard	–	**–**	–	–
Ein- und Zweifamilienhäuser, nicht unterkellert, mittlerer Standard	0,90	**2,10**	3,20	< 0,1%
Ein- und Zweifamilienhäuser, nicht unterkellert, hoher Standard	–	**7,50**	–	0,1%
Ein- und Zweifamilienhäuser, Passivhausstandard, Massivbauweise	–	**4,00**	–	< 0,1%
Ein- und Zweifamilienhäuser, Passivhausstandard, Holzbauweise	–	**–**	–	–
Ein- und Zweifamilienhäuser, Holzbauweise, unterkellert	–	**13,00**	–	0,2%
Ein- und Zweifamilienhäuser, Holzbauweise, nicht unterkellert	–	**–**	–	–
Doppel- und Reihenend- / Reihenhäuser				
Doppel- und Reihenendhäuser, einfacher Standard	–	**1,10**	–	< 0,1%
Doppel- und Reihenendhäuser, mittlerer Standard	–	**–**	–	–
Doppel- und Reihenendhäuser, hoher Standard	–	**–**	–	–
Doppel- und Reihenendhäuser, Holzbauweise	–	**–**	–	–
Reihenhäuser, einfacher Standard	–	**1,10**	–	0,2%
Reihenhäuser, mittlerer Standard	–	**–**	–	–
Reihenhäuser, hoher Standard	–	**–**	–	–

Einheit: m² Brutto-Grundfläche (BGF)

Gebäudeart	▷	€/Einheit	◁	KG an 400
7 Mehrfamilienhäuser				
Mehrfamilienhäuser, mit bis zu 6 WE, einfacher Standard	–	**–**	–	–
Mehrfamilienhäuser, mit bis zu 6 WE, mittlerer Standard	–	**–**	–	–
Mehrfamilienhäuser, mit bis zu 6 WE, hoher Standard	–	**0,70**	–	< 0,1%
Mehrfamilienhäuser, mit 6 bis 19 WE, einfacher Standard	–	**2,50**	–	0,2%
Mehrfamilienhäuser, mit 6 bis 19 WE, mittlerer Standard	–	**–**	–	–
Mehrfamilienhäuser, mit 6 bis 19 WE, hoher Standard	–	**0,70**	–	< 0,1%
Mehrfamilienhäuser, mit 20 oder mehr WE, einfacher Standard	–	**0,20**	–	< 0,1%
Mehrfamilienhäuser, mit 20 oder mehr WE, mittlerer Standard	0,40	**2,50**	8,70	0,4%
Mehrfamilienhäuser, mit 20 oder mehr WE, hoher Standard	–	**0,60**	–	< 0,1%
Mehrfamilienhäuser, Passivhäuser	–	**–**	–	–
Mehrfamilienhäuser, Holzbauweise	–	**1,60**	–	< 0,1%
Wohnhäuser, mit bis zu 15% Mischnutzung, einfacher Standard	–	**–**	–	–
Wohnhäuser, mit bis zu 15% Mischnutzung, mittlerer Standard	–	**–**	–	–
Wohnhäuser, mit bis zu 15% Mischnutzung, hoher Standard	–	**–**	–	–
Wohnhäuser, mit mehr als 15% Mischnutzung	–	**–**	–	–
Seniorenwohnungen und Beherbergungen				
Seniorenwohnungen, mittlerer Standard	–	**–**	–	–
Seniorenwohnungen, hoher Standard	–	**–**	–	–
Wohnheime und Internate	2,60	**5,50**	10,00	0,4%
Hotels	–	**1,50**	–	0,5%
8 Gewerbe-, Lager- und Garagen				
Gaststätten, Kantinen und Mensen	9,50	**14,00**	19,00	0,8%
Industrielle Produktionsgebäude, Massivbauweise	–	**–**	–	–
Industrielle Produktionsgebäude, überwiegend Skelettbauweise	6,60	**10,00**	16,00	0,5%
Betriebs- und Werkstätten, eingeschossig	–	**–**	–	–
Betriebs- und Werkstätten, mehrgeschossig, geringer Hallenanteil	0,40	**3,60**	6,90	< 0,1%
Betriebs- und Werkstätten, mehrgeschossig, hoher Hallenanteil	0,40	**2,40**	4,40	< 0,1%
Geschäftshäuser, mit Wohnungen	–	**–**	–	–
Geschäftshäuser, ohne Wohnungen	–	**–**	–	–
Verbrauchermärkte	–	**–**	–	–
Autohäuser	–	**–**	–	–
Lagergebäude, ohne Mischnutzung	–	**3,20**	–	< 0,1%
Lagergebäude, mit bis zu 25% Mischnutzung	–	**–**	–	–
Lagergebäude, mit mehr als 25% Mischnutzung	–	**–**	–	–
Garagen und Bereitschaftsdienste				
Einzel- und Doppelgaragen	–	**–**	–	–
Mehrfachgaragen	–	**–**	–	–
Hochgaragen	–	**4,10**	–	0,8%
Carports	–	**–**	–	–
Feuerwehrhäuser	1,00	**3,60**	8,60	0,3%
Öffentliche Bereitschaftsdienste	0,20	**0,60**	1,40	< 0,1%
9 Gebäude für kulturelle und religiöse Zwecke				
Bibliotheken, Museen und Ausstellungen	5,60	**18,00**	33,00	1,9%
Theater	–	**–**	–	–
Gemeindezentren, einfacher Standard	–	**–**	–	–
Gemeindezentren, mittlerer Standard	–	**1,60**	–	< 0,1%
Gemeindezentren, hoher Standard	–	**–**	–	–
Gemeindezentren, Holzbauweise	–	**2,00**	–	0,1%
Sakralbauten	–	**6,70**	–	0,7%
Friedhofsgebäude	–	**7,50**	–	< 0,1%

STATISTISCHE KOSTENKENNWERTE FÜR GEBÄUDETECHNIK

D

3. Ebene DIN 276

Kosten:
Stand 4. Quartal 2024
Bundesdurchschnitt
inkl. 19% MwSt.

Einheit: m²
Brutto-Grundfläche (BGF)

▷ von
ø Mittel
◁ bis

Gebäudeart	▷	€/Einheit	◁	KG an 400
1 Büro- und Verwaltungsgebäude				
Büro- und Verwaltungsgebäude, einfacher Standard	7,40	**19,00**	42,00	7,0%
Büro- und Verwaltungsgebäude, mittlerer Standard	16,00	**31,00**	48,00	5,1%
Büro- und Verwaltungsgebäude, hoher Standard	21,00	**32,00**	49,00	3,8%
Büro- und Verwaltungsgebäude, Holzbauweise	13,00	**29,00**	46,00	5,2%
2 Gebäude für Forschung und Lehre				
Instituts- und Laborgebäude	28,00	**49,00**	98,00	2,9%
3 Gebäude des Gesundheitswesens				
Medizinische Einrichtungen	42,00	**49,00**	58,00	6,9%
Pflegeheime	45,00	**56,00**	73,00	6,4%
Gebäude für Erholungszwecke	32,00	**86,00**	160,00	17,1%
4 Schulen und Kindergärten				
Schulen				
Allgemeinbildende Schulen	23,00	**34,00**	51,00	4,9%
Schulen, Holzbauweise	12,00	**29,00**	48,00	5,5%
Berufliche Schulen	32,00	**49,00**	111,00	6,0%
Förder- und Sonderschulen	19,00	**32,00**	55,00	5,5%
Weiterbildungseinrichtungen	51,00	**67,00**	83,00	6,2%
Kindergärten				
Kindergärten, nicht unterkellert, einfacher Standard	28,00	**37,00**	56,00	8,6%
Kindergärten, nicht unterkellert, mittlerer Standard	17,00	**32,00**	52,00	6,3%
Kindergärten, nicht unterkellert, hoher Standard	15,00	**24,00**	51,00	3,5%
Kindergärten, Holzbauweise, nicht unterkellert	21,00	**37,00**	58,00	6,8%
Kindergärten, unterkellert	30,00	**38,00**	41,00	8,1%
5 Sportbauten				
Sport- und Mehrzweckhallen	34,00	**43,00**	55,00	9,8%
Sporthallen (Einfeldhallen)	12,00	**24,00**	35,00	4,8%
Sporthallen (Dreifeldhallen)	19,00	**44,00**	56,00	6,4%
6 Wohngebäude				
Ein- und Zweifamilienhäuser				
Ein- und Zweifamilienhäuser, unterkellert, einfacher Standard	12,00	**23,00**	42,00	10,7%
Ein- und Zweifamilienhäuser, unterkellert, mittlerer Standard	16,00	**27,00**	41,00	7,3%
Ein- und Zweifamilienhäuser, unterkellert, hoher Standard	25,00	**35,00**	48,00	7,7%
Ein- und Zweifamilienhäuser, nicht unterkellert, einfacher Standard	11,00	**20,00**	29,00	8,4%
Ein- und Zweifamilienhäuser, nicht unterkellert, mittlerer Standard	21,00	**35,00**	58,00	8,5%
Ein- und Zweifamilienhäuser, nicht unterkellert, hoher Standard	15,00	**32,00**	46,00	7,7%
Ein- und Zweifamilienhäuser, Passivhausstandard, Massivbauweise	17,00	**30,00**	50,00	7,0%
Ein- und Zweifamilienhäuser, Passivhausstandard, Holzbauweise	21,00	**34,00**	55,00	6,9%
Ein- und Zweifamilienhäuser, Holzbauweise, unterkellert	17,00	**30,00**	45,00	8,5%
Ein- und Zweifamilienhäuser, Holzbauweise, nicht unterkellert	11,00	**23,00**	53,00	6,6%
Doppel- und Reihenend- / Reihenhäuser				
Doppel- und Reihenendhäuser, einfacher Standard	20,00	**27,00**	30,00	10,6%
Doppel- und Reihenendhäuser, mittlerer Standard	21,00	**36,00**	74,00	10,1%
Doppel- und Reihenendhäuser, hoher Standard	23,00	**39,00**	97,00	9,3%
Doppel- und Reihenendhäuser, Holzbauweise	18,00	**28,00**	39,00	7,9%
Reihenhäuser, einfacher Standard	13,00	**28,00**	43,00	10,2%
Reihenhäuser, mittlerer Standard	29,00	**31,00**	33,00	11,0%
Reihenhäuser, hoher Standard	32,00	**42,00**	51,00	10,2%

Gebäudeart	▷	€/Einheit	◁	KG an 400
7 Mehrfamilienhäuser				
Mehrfamilienhäuser, mit bis zu 6 WE, einfacher Standard	23,00	**29,00**	36,00	15,6%
Mehrfamilienhäuser, mit bis zu 6 WE, mittlerer Standard	16,00	**25,00**	42,00	8,4%
Mehrfamilienhäuser, mit bis zu 6 WE, hoher Standard	26,00	**32,00**	42,00	8,6%
Mehrfamilienhäuser, mit 6 bis 19 WE, einfacher Standard	19,00	**28,00**	34,00	11,2%
Mehrfamilienhäuser, mit 6 bis 19 WE, mittlerer Standard	12,00	**22,00**	30,00	8,1%
Mehrfamilienhäuser, mit 6 bis 19 WE, hoher Standard	24,00	**29,00**	37,00	10,5%
Mehrfamilienhäuser, mit 20 oder mehr WE, einfacher Standard	19,00	**25,00**	30,00	6,2%
Mehrfamilienhäuser, mit 20 oder mehr WE, mittlerer Standard	20,00	**28,00**	40,00	7,5%
Mehrfamilienhäuser, mit 20 oder mehr WE, hoher Standard	29,00	**34,00**	44,00	9,1%
Mehrfamilienhäuser, Passivhäuser	18,00	**30,00**	44,00	8,5%
Mehrfamilienhäuser, Holzbauweise	13,00	**21,00**	35,00	6,0%
Wohnhäuser, mit bis zu 15% Mischnutzung, einfacher Standard	31,00	**38,00**	42,00	12,4%
Wohnhäuser, mit bis zu 15% Mischnutzung, mittlerer Standard	7,10	**26,00**	36,00	8,5%
Wohnhäuser, mit bis zu 15% Mischnutzung, hoher Standard	–	**28,00**	–	8,5%
Wohnhäuser, mit mehr als 15% Mischnutzung	39,00	**49,00**	59,00	8,2%
Seniorenwohnungen und Beherbergungen				
Seniorenwohnungen, mittlerer Standard	27,00	**38,00**	55,00	9,4%
Seniorenwohnungen, hoher Standard	22,00	**33,00**	43,00	7,0%
Wohnheime und Internate	21,00	**38,00**	54,00	7,7%
Hotels	–	**9,70**	–	3,2%
8 Gewerbe-, Lager- und Garagen				
Gaststätten, Kantinen und Mensen	–	**107,00**	–	9,3%
Industrielle Produktionsgebäude, Massivbauweise	19,00	**23,00**	32,00	5,1%
Industrielle Produktionsgebäude, überwiegend Skelettbauweise	16,00	**22,00**	27,00	4,0%
Betriebs- und Werkstätten, eingeschossig	15,00	**27,00**	45,00	3,8%
Betriebs- und Werkstätten, mehrgeschossig, geringer Hallenanteil	8,40	**24,00**	60,00	7,0%
Betriebs- und Werkstätten, mehrgeschossig, hoher Hallenanteil	11,00	**30,00**	52,00	8,6%
Geschäftshäuser, mit Wohnungen	21,00	**22,00**	24,00	6,0%
Geschäftshäuser, ohne Wohnungen	21,00	**34,00**	48,00	10,3%
Verbrauchermärkte	21,00	**27,00**	33,00	5,3%
Autohäuser	7,50	**32,00**	56,00	10,0%
Lagergebäude, ohne Mischnutzung	2,70	**9,70**	13,00	15,2%
Lagergebäude, mit bis zu 25% Mischnutzung	6,50	**12,00**	21,00	5,3%
Lagergebäude, mit mehr als 25% Mischnutzung	7,60	**16,00**	25,00	7,5%
Garagen und Bereitschaftsdienste				
Einzel- und Doppelgaragen	–	**–**	–	–
Mehrfachgaragen	9,00	**25,00**	56,00	31,0%
Hochgaragen	2,60	**11,00**	15,00	14,7%
Carports	–	**–**	–	–
Feuerwehrhäuser	39,00	**71,00**	131,00	12,6%
Öffentliche Bereitschaftsdienste	12,00	**16,00**	25,00	3,6%
9 Gebäude für kulturelle und religiöse Zwecke				
Bibliotheken, Museen und Ausstellungen	26,00	**38,00**	65,00	5,7%
Theater	56,00	**79,00**	102,00	14,9%
Gemeindezentren, einfacher Standard	13,00	**17,00**	23,00	7,0%
Gemeindezentren, mittlerer Standard	14,00	**29,00**	47,00	5,2%
Gemeindezentren, hoher Standard	28,00	**47,00**	68,00	6,9%
Gemeindezentren, Holzbauweise	27,00	**33,00**	37,00	5,8%
Friedhofsgebäude	26,00	**34,00**	43,00	3,9%

Einheit: m²
Brutto-Grundfläche (BGF)

Statistik 3. Ebene

Kosten:
Stand 4. Quartal 2024
Bundesdurchschnitt
inkl. 19% MwSt.

Einheit: m²
Brutto-Grundfläche (BGF)

Gebäudeart	▷	€/Einheit	◁	KG an 400
1 Büro- und Verwaltungsgebäude				
Büro- und Verwaltungsgebäude, einfacher Standard	15,00	**26,00**	31,00	10,9%
Büro- und Verwaltungsgebäude, mittlerer Standard	28,00	**36,00**	71,00	5,6%
Büro- und Verwaltungsgebäude, hoher Standard	35,00	**52,00**	72,00	6,9%
Büro- und Verwaltungsgebäude, Holzbauweise	27,00	**33,00**	38,00	6,2%
2 Gebäude für Forschung und Lehre				
Instituts- und Laborgebäude	34,00	**64,00**	151,00	3,9%
3 Gebäude des Gesundheitswesens				
Medizinische Einrichtungen	56,00	**64,00**	76,00	9,0%
Pflegeheime	67,00	**108,00**	135,00	12,1%
Gebäude für Erholungszwecke	175,00	**262,00**	318,00	13,1%
4 Schulen und Kindergärten				
Schulen				
Allgemeinbildende Schulen	31,00	**41,00**	51,00	7,8%
Schulen, Holzbauweise	40,00	**59,00**	96,00	10,6%
Berufliche Schulen	35,00	**64,00**	164,00	7,4%
Förder- und Sonderschulen	39,00	**53,00**	102,00	8,6%
Weiterbildungseinrichtungen	31,00	**32,00**	33,00	3,1%
Kindergärten				
Kindergärten, nicht unterkellert, einfacher Standard	59,00	**68,00**	86,00	16,4%
Kindergärten, nicht unterkellert, mittlerer Standard	53,00	**84,00**	107,00	16,4%
Kindergärten, nicht unterkellert, hoher Standard	58,00	**67,00**	90,00	10,9%
Kindergärten, Holzbauweise, nicht unterkellert	55,00	**74,00**	89,00	14,7%
Kindergärten, unterkellert	50,00	**72,00**	103,00	13,8%
5 Sportbauten				
Sport- und Mehrzweckhallen	57,00	**68,00**	89,00	16,7%
Sporthallen (Einfeldhallen)	66,00	**79,00**	108,00	16,5%
Sporthallen (Dreifeldhallen)	56,00	**70,00**	86,00	10,1%
6 Wohngebäude				
Ein- und Zweifamilienhäuser				
Ein- und Zweifamilienhäuser, unterkellert, einfacher Standard	42,00	**48,00**	51,00	23,4%
Ein- und Zweifamilienhäuser, unterkellert, mittlerer Standard	48,00	**66,00**	107,00	16,6%
Ein- und Zweifamilienhäuser, unterkellert, hoher Standard	47,00	**74,00**	98,00	16,6%
Ein- und Zweifamilienhäuser, nicht unterkellert, einfacher Standard	42,00	**53,00**	64,00	23,4%
Ein- und Zweifamilienhäuser, nicht unterkellert, mittlerer Standard	64,00	**78,00**	110,00	20,1%
Ein- und Zweifamilienhäuser, nicht unterkellert, hoher Standard	41,00	**73,00**	86,00	16,9%
Ein- und Zweifamilienhäuser, Passivhausstandard, Massivbauweise	56,00	**82,00**	123,00	19,3%
Ein- und Zweifamilienhäuser, Passivhausstandard, Holzbauweise	69,00	**104,00**	155,00	20,8%
Ein- und Zweifamilienhäuser, Holzbauweise, unterkellert	51,00	**76,00**	135,00	21,3%
Ein- und Zweifamilienhäuser, Holzbauweise, nicht unterkellert	39,00	**58,00**	94,00	16,3%
Doppel- und Reihenend- / Reihenhäuser				
Doppel- und Reihenendhäuser, einfacher Standard	46,00	**56,00**	72,00	22,1%
Doppel- und Reihenendhäuser, mittlerer Standard	38,00	**59,00**	75,00	16,6%
Doppel- und Reihenendhäuser, hoher Standard	72,00	**90,00**	148,00	21,5%
Doppel- und Reihenendhäuser, Holzbauweise	53,00	**73,00**	119,00	19,1%
Reihenhäuser, einfacher Standard	48,00	**58,00**	67,00	23,2%
Reihenhäuser, mittlerer Standard	44,00	**53,00**	63,00	17,9%
Reihenhäuser, hoher Standard	79,00	**96,00**	103,00	22,8%

▷ von
ø Mittel
◁ bis

Einheit: m²
Brutto-Grundfläche (BGF)

Gebäudeart	▷	€/Einheit	◁	KG an 400
7 Mehrfamilienhäuser				
Mehrfamilienhäuser, mit bis zu 6 WE, einfacher Standard	38,00	**48,00**	57,00	25,6%
Mehrfamilienhäuser, mit bis zu 6 WE, mittlerer Standard	43,00	**80,00**	113,00	27,3%
Mehrfamilienhäuser, mit bis zu 6 WE, hoher Standard	53,00	**70,00**	90,00	17,9%
Mehrfamilienhäuser, mit 6 bis 19 WE, einfacher Standard	57,00	**67,00**	87,00	26,2%
Mehrfamilienhäuser, mit 6 bis 19 WE, mittlerer Standard	32,00	**49,00**	64,00	19,4%
Mehrfamilienhäuser, mit 6 bis 19 WE, hoher Standard	46,00	**60,00**	67,00	21,3%
Mehrfamilienhäuser, mit 20 oder mehr WE, einfacher Standard	35,00	**48,00**	60,00	12,1%
Mehrfamilienhäuser, mit 20 oder mehr WE, mittlerer Standard	42,00	**56,00**	75,00	15,3%
Mehrfamilienhäuser, mit 20 oder mehr WE, hoher Standard	47,00	**88,00**	116,00	22,7%
Mehrfamilienhäuser, Passivhäuser	50,00	**59,00**	74,00	18,1%
Mehrfamilienhäuser, Holzbauweise	44,00	**64,00**	94,00	18,0%
Wohnhäuser, mit bis zu 15% Mischnutzung, einfacher Standard	63,00	**69,00**	78,00	22,6%
Wohnhäuser, mit bis zu 15% Mischnutzung, mittlerer Standard	24,00	**60,00**	84,00	20,9%
Wohnhäuser, mit bis zu 15% Mischnutzung, hoher Standard	–	**77,00**	–	23,0%
Wohnhäuser, mit mehr als 15% Mischnutzung	56,00	**83,00**	109,00	13,4%
Seniorenwohnungen und Beherbergungen				
Seniorenwohnungen, mittlerer Standard	42,00	**55,00**	67,00	13,9%
Seniorenwohnungen, hoher Standard	66,00	**94,00**	122,00	20,1%
Wohnheime und Internate	54,00	**83,00**	135,00	16,5%
Hotels	–	**107,00**	–	35,0%
8 Gewerbe-, Lager- und Garagen				
Gaststätten, Kantinen und Mensen	–	**103,00**	–	9,0%
Industrielle Produktionsgebäude, Massivbauweise	34,00	**45,00**	51,00	9,9%
Industrielle Produktionsgebäude, überwiegend Skelettbauweise	15,00	**30,00**	59,00	3,3%
Betriebs- und Werkstätten, eingeschossig	36,00	**53,00**	82,00	10,9%
Betriebs- und Werkstätten, mehrgeschossig, geringer Hallenanteil	23,00	**36,00**	83,00	6,3%
Betriebs- und Werkstätten, mehrgeschossig, hoher Hallenanteil	24,00	**41,00**	78,00	10,3%
Geschäftshäuser, mit Wohnungen	15,00	**28,00**	36,00	8,0%
Geschäftshäuser, ohne Wohnungen	42,00	**48,00**	55,00	15,2%
Verbrauchermärkte	34,00	**47,00**	60,00	9,1%
Autohäuser	9,00	**21,00**	34,00	7,9%
Lagergebäude, ohne Mischnutzung	4,40	**10,00**	25,00	2,1%
Lagergebäude, mit bis zu 25% Mischnutzung	12,00	**20,00**	36,00	7,8%
Lagergebäude, mit mehr als 25% Mischnutzung	18,00	**35,00**	51,00	12,6%
Garagen und Bereitschaftsdienste				
Einzel- und Doppelgaragen	–	**–**	–	–
Mehrfachgaragen	2,10	**24,00**	68,00	3,7%
Hochgaragen	–	**6,00**	–	1,1%
Carports	–	**–**	–	–
Feuerwehrhäuser	40,00	**54,00**	78,00	10,4%
Öffentliche Bereitschaftsdienste	8,30	**16,00**	29,00	3,2%
9 Gebäude für kulturelle und religiöse Zwecke				
Bibliotheken, Museen und Ausstellungen	18,00	**39,00**	67,00	6,2%
Theater	53,00	**83,00**	114,00	9,7%
Gemeindezentren, einfacher Standard	32,00	**45,00**	72,00	17,2%
Gemeindezentren, mittlerer Standard	38,00	**53,00**	66,00	10,8%
Gemeindezentren, hoher Standard	50,00	**79,00**	110,00	11,6%
Gemeindezentren, Holzbauweise	53,00	**63,00**	82,00	10,6%
Friedhofsgebäude	42,00	**45,00**	48,00	6,2%

Kosten:
Stand 4. Quartal 2024
Bundesdurchschnitt
inkl. 19% MwSt.

Einheit: m²
Brutto-Grundfläche (BGF)

▷ von
ø Mittel
◁ bis

Gebäudeart	▷	€/Einheit	◁	KG an 400
1 Büro- und Verwaltungsgebäude				
Büro- und Verwaltungsgebäude, einfacher Standard	–	**–**	–	–
Büro- und Verwaltungsgebäude, mittlerer Standard	–	**–**	–	–
Büro- und Verwaltungsgebäude, hoher Standard	1,00	**1,20**	1,40	< 0,1%
Büro- und Verwaltungsgebäude, Holzbauweise	–	**–**	–	–
2 Gebäude für Forschung und Lehre				
Instituts- und Laborgebäude	–	**–**	–	–
3 Gebäude des Gesundheitswesens				
Medizinische Einrichtungen	–	**–**	–	–
Pflegeheime	–	**–**	–	–
Gebäude für Erholungszwecke	5,00	**14,00**	22,00	0,5%
4 Schulen und Kindergärten				
Schulen				
Allgemeinbildende Schulen	–	**6,80**	–	0,1%
Schulen, Holzbauweise	–	**5,20**	–	< 0,1%
Berufliche Schulen	–	**1,30**	–	< 0,1%
Förder- und Sonderschulen	–	**0,40**	–	< 0,1%
Weiterbildungseinrichtungen	–	**3,20**	–	0,1%
Kindergärten				
Kindergärten, nicht unterkellert, einfacher Standard	–	**–**	–	–
Kindergärten, nicht unterkellert, mittlerer Standard	–	**6,10**	–	0,2%
Kindergärten, nicht unterkellert, hoher Standard	–	**–**	–	–
Kindergärten, Holzbauweise, nicht unterkellert	–	**–**	–	–
Kindergärten, unterkellert	–	**–**	–	–
5 Sportbauten				
Sport- und Mehrzweckhallen	–	**–**	–	–
Sporthallen (Einfeldhallen)	–	**–**	–	–
Sporthallen (Dreifeldhallen)	–	**1,00**	–	< 0,1%
6 Wohngebäude				
Ein- und Zweifamilienhäuser				
Ein- und Zweifamilienhäuser, unterkellert, einfacher Standard	–	**–**	–	–
Ein- und Zweifamilienhäuser, unterkellert, mittlerer Standard	–	**–**	–	–
Ein- und Zweifamilienhäuser, unterkellert, hoher Standard	–	**3,40**	–	< 0,1%
Ein- und Zweifamilienhäuser, nicht unterkellert, einfacher Standard	–	**–**	–	–
Ein- und Zweifamilienhäuser, nicht unterkellert, mittlerer Standard	–	**–**	–	–
Ein- und Zweifamilienhäuser, nicht unterkellert, hoher Standard	–	**–**	–	–
Ein- und Zweifamilienhäuser, Passivhausstandard, Massivbauweise	–	**8,20**	–	0,1%
Ein- und Zweifamilienhäuser, Passivhausstandard, Holzbauweise	–	**–**	–	–
Ein- und Zweifamilienhäuser, Holzbauweise, unterkellert	–	**2,40**	–	< 0,1%
Ein- und Zweifamilienhäuser, Holzbauweise, nicht unterkellert	–	**2,10**	–	0,1%
Doppel- und Reihenend- / Reihenhäuser				
Doppel- und Reihenendhäuser, einfacher Standard	–	**–**	–	–
Doppel- und Reihenendhäuser, mittlerer Standard	–	**–**	–	–
Doppel- und Reihenendhäuser, hoher Standard	–	**–**	–	–
Doppel- und Reihenendhäuser, Holzbauweise	–	**1,60**	–	0,1%
Reihenhäuser, einfacher Standard	–	**–**	–	–
Reihenhäuser, mittlerer Standard	–	**–**	–	–
Reihenhäuser, hoher Standard	–	**–**	–	–

Einheit: m²
Brutto-Grundfläche (BGF)

Gebäudeart	▷	€/Einheit	◁	KG an 400
7 Mehrfamilienhäuser				
Mehrfamilienhäuser, mit bis zu 6 WE, einfacher Standard	–	–	–	–
Mehrfamilienhäuser, mit bis zu 6 WE, mittlerer Standard	–	–	–	–
Mehrfamilienhäuser, mit bis zu 6 WE, hoher Standard	–	**2,50**	–	< 0,1%
Mehrfamilienhäuser, mit 6 bis 19 WE, einfacher Standard	–	–	–	–
Mehrfamilienhäuser, mit 6 bis 19 WE, mittlerer Standard	–	–	–	–
Mehrfamilienhäuser, mit 6 bis 19 WE, hoher Standard	–	–	–	–
Mehrfamilienhäuser, mit 20 oder mehr WE, einfacher Standard	–	–	–	–
Mehrfamilienhäuser, mit 20 oder mehr WE, mittlerer Standard	–	–	–	–
Mehrfamilienhäuser, mit 20 oder mehr WE, hoher Standard	–	–	–	–
Mehrfamilienhäuser, Passivhäuser	–	**2,40**	–	0,1%
Mehrfamilienhäuser, Holzbauweise	–	–	–	–
Wohnhäuser, mit bis zu 15% Mischnutzung, einfacher Standard	–	–	–	–
Wohnhäuser, mit bis zu 15% Mischnutzung, mittlerer Standard	–	–	–	–
Wohnhäuser, mit bis zu 15% Mischnutzung, hoher Standard	–	–	–	–
Wohnhäuser, mit mehr als 15% Mischnutzung	–	–	–	–
Seniorenwohnungen und Beherbergungen				
Seniorenwohnungen, mittlerer Standard	–	–	–	–
Seniorenwohnungen, hoher Standard	–	–	–	–
Wohnheime und Internate	–	**5,10**	–	0,1%
Hotels	–	**0,90**	–	0,3%
8 Gewerbe-, Lager- und Garagen				
Gaststätten, Kantinen und Mensen	–	**0,60**	–	< 0,1%
Industrielle Produktionsgebäude, Massivbauweise	–	–	–	–
Industrielle Produktionsgebäude, überwiegend Skelettbauweise	–	**1,50**	–	< 0,1%
Betriebs- und Werkstätten, eingeschossig	–	–	–	–
Betriebs- und Werkstätten, mehrgeschossig, geringer Hallenanteil	–	**2,30**	–	< 0,1%
Betriebs- und Werkstätten, mehrgeschossig, hoher Hallenanteil	–	**11,00**	–	0,2%
Geschäftshäuser, mit Wohnungen	–	–	–	–
Geschäftshäuser, ohne Wohnungen	–	–	–	–
Verbrauchermärkte	–	–	–	–
Autohäuser	–	–	–	–
Lagergebäude, ohne Mischnutzung	–	–	–	–
Lagergebäude, mit bis zu 25% Mischnutzung	–	–	–	–
Lagergebäude, mit mehr als 25% Mischnutzung	–	–	–	–
Garagen und Bereitschaftsdienste				
Einzel- und Doppelgaragen	–	–	–	–
Mehrfachgaragen	–	–	–	–
Hochgaragen	–	–	–	–
Carports	–	–	–	–
Feuerwehrhäuser	–	–	–	–
Öffentliche Bereitschaftsdienste	–	–	–	–
9 Gebäude für kulturelle und religiöse Zwecke				
Bibliotheken, Museen und Ausstellungen	–	–	–	–
Theater	–	**11,00**	–	0,2%
Gemeindezentren, einfacher Standard	–	–	–	–
Gemeindezentren, mittlerer Standard	–	–	–	–
Gemeindezentren, hoher Standard	–	**3,30**	–	0,1%
Gemeindezentren, Holzbauweise	–	–	–	–
Friedhofsgebäude	–	–	–	–

Kosten:
Stand 4. Quartal 2024
Bundesdurchschnitt
inkl. 19% MwSt.

Einheit: m²
Brutto-Grundfläche (BGF)

▷ von
Ø Mittel
◁ bis

Gebäudeart	▷	€/Einheit	◁	KG an 400
1 Büro- und Verwaltungsgebäude				
Büro- und Verwaltungsgebäude, einfacher Standard	–	**7,40**	–	0,8%
Büro- und Verwaltungsgebäude, mittlerer Standard	3,30	**5,10**	8,20	0,8%
Büro- und Verwaltungsgebäude, hoher Standard	2,80	**4,20**	6,90	0,5%
Büro- und Verwaltungsgebäude, Holzbauweise	2,30	**4,20**	9,50	1,0%
2 Gebäude für Forschung und Lehre				
Instituts- und Laborgebäude	2,60	**5,80**	12,00	0,3%
3 Gebäude des Gesundheitswesens				
Medizinische Einrichtungen	–	**5,70**	–	0,3%
Pflegeheime	21,00	**84,00**	166,00	7,5%
Gebäude für Erholungszwecke	15,00	**20,00**	23,00	1,1%
4 Schulen und Kindergärten				
Schulen				
Allgemeinbildende Schulen	3,30	**4,10**	5,80	0,3%
Schulen, Holzbauweise	4,00	**11,00**	17,00	2,1%
Berufliche Schulen	2,30	**4,20**	6,00	0,3%
Förder- und Sonderschulen	3,30	**4,40**	5,50	0,4%
Weiterbildungseinrichtungen	–	**11,00**	–	0,4%
Kindergärten				
Kindergärten, nicht unterkellert, einfacher Standard	4,70	**6,80**	8,80	1,0%
Kindergärten, nicht unterkellert, mittlerer Standard	7,00	**11,00**	14,00	1,5%
Kindergärten, nicht unterkellert, hoher Standard	4,30	**6,00**	7,70	0,4%
Kindergärten, Holzbauweise, nicht unterkellert	8,00	**11,00**	15,00	2,3%
Kindergärten, unterkellert	4,80	**6,30**	8,70	0,8%
5 Sportbauten				
Sport- und Mehrzweckhallen	–	**–**	–	–
Sporthallen (Einfeldhallen)	7,10	**13,00**	20,00	1,2%
Sporthallen (Dreifeldhallen)	–	**10,00**	–	0,3%
6 Wohngebäude				
Ein- und Zweifamilienhäuser				
Ein- und Zweifamilienhäuser, unterkellert, einfacher Standard	–	**1,60**	–	0,2%
Ein- und Zweifamilienhäuser, unterkellert, mittlerer Standard	2,70	**5,70**	18,00	1,1%
Ein- und Zweifamilienhäuser, unterkellert, hoher Standard	2,50	**5,00**	13,00	0,6%
Ein- und Zweifamilienhäuser, nicht unterkellert, einfacher Standard	–	**3,70**	–	0,7%
Ein- und Zweifamilienhäuser, nicht unterkellert, mittlerer Standard	4,80	**8,90**	32,00	1,3%
Ein- und Zweifamilienhäuser, nicht unterkellert, hoher Standard	0,80	**2,00**	2,50	0,3%
Ein- und Zweifamilienhäuser, Passivhausstandard, Massivbauweise	6,10	**11,00**	13,00	1,1%
Ein- und Zweifamilienhäuser, Passivhausstandard, Holzbauweise	4,90	**8,40**	16,00	0,8%
Ein- und Zweifamilienhäuser, Holzbauweise, unterkellert	3,80	**6,50**	8,50	0,7%
Ein- und Zweifamilienhäuser, Holzbauweise, nicht unterkellert	3,80	**5,30**	6,80	1,1%
Doppel- und Reihenend- / Reihenhäuser				
Doppel- und Reihenendhäuser, einfacher Standard	4,00	**7,80**	12,00	1,9%
Doppel- und Reihenendhäuser, mittlerer Standard	2,80	**6,20**	10,00	0,9%
Doppel- und Reihenendhäuser, hoher Standard	–	**7,10**	–	0,4%
Doppel- und Reihenendhäuser, Holzbauweise	4,90	**16,00**	27,00	1,7%
Reihenhäuser, einfacher Standard	–	**–**	–	–
Reihenhäuser, mittlerer Standard	–	**4,70**	–	1,0%
Reihenhäuser, hoher Standard	–	**6,50**	–	0,4%

Gebäudeart	▷	€/Einheit	◁	KG an 400
7 Mehrfamilienhäuser				
Mehrfamilienhäuser, mit bis zu 6 WE, einfacher Standard	–	**–**	–	–
Mehrfamilienhäuser, mit bis zu 6 WE, mittlerer Standard	1,90	**2,70**	3,60	0,4%
Mehrfamilienhäuser, mit bis zu 6 WE, hoher Standard	3,80	**6,00**	8,40	0,9%
Mehrfamilienhäuser, mit 6 bis 19 WE, einfacher Standard	–	**4,70**	–	0,5%
Mehrfamilienhäuser, mit 6 bis 19 WE, mittlerer Standard	7,00	**9,90**	23,00	2,3%
Mehrfamilienhäuser, mit 6 bis 19 WE, hoher Standard	3,70	**7,90**	9,70	1,9%
Mehrfamilienhäuser, mit 20 oder mehr WE, einfacher Standard	2,40	**36,00**	69,00	7,4%
Mehrfamilienhäuser, mit 20 oder mehr WE, mittlerer Standard	2,80	**7,20**	13,00	1,9%
Mehrfamilienhäuser, mit 20 oder mehr WE, hoher Standard	2,90	**5,70**	7,30	1,5%
Mehrfamilienhäuser, Passivhäuser	2,30	**6,90**	14,00	1,5%
Mehrfamilienhäuser, Holzbauweise	6,70	**10,00**	20,00	1,9%
Wohnhäuser, mit bis zu 15% Mischnutzung, einfacher Standard	–	**–**	–	–
Wohnhäuser, mit bis zu 15% Mischnutzung, mittlerer Standard	–	**16,00**	–	1,3%
Wohnhäuser, mit bis zu 15% Mischnutzung, hoher Standard	–	**–**	–	–
Wohnhäuser, mit mehr als 15% Mischnutzung	–	**–**	–	–
Seniorenwohnungen und Beherbergungen				
Seniorenwohnungen, mittlerer Standard	10,00	**42,00**	138,00	7,0%
Seniorenwohnungen, hoher Standard	–	**–**	–	–
Wohnheime und Internate	5,90	**11,00**	23,00	1,7%
Hotels	–	**13,00**	–	4,2%
8 Gewerbe-, Lager- und Garagen				
Gaststätten, Kantinen und Mensen	–	**–**	–	–
Industrielle Produktionsgebäude, Massivbauweise	–	**–**	–	–
Industrielle Produktionsgebäude, überwiegend Skelettbauweise	0,90	**2,00**	2,80	0,3%
Betriebs- und Werkstätten, eingeschossig	–	**–**	–	–
Betriebs- und Werkstätten, mehrgeschossig, geringer Hallenanteil	1,80	**3,40**	6,10	0,6%
Betriebs- und Werkstätten, mehrgeschossig, hoher Hallenanteil	1,70	**3,90**	8,10	0,2%
Geschäftshäuser, mit Wohnungen	–	**2,30**	–	0,2%
Geschäftshäuser, ohne Wohnungen	1,20	**2,50**	3,80	0,9%
Verbrauchermärkte	–	**2,40**	–	0,2%
Autohäuser	–	**3,30**	–	1,4%
Lagergebäude, ohne Mischnutzung	–	**–**	–	–
Lagergebäude, mit bis zu 25% Mischnutzung	1,00	**2,20**	3,40	0,4%
Lagergebäude, mit mehr als 25% Mischnutzung	–	**–**	–	–
Garagen und Bereitschaftsdienste				
Einzel- und Doppelgaragen	–	**–**	–	–
Mehrfachgaragen	–	**–**	–	–
Hochgaragen	–	**0,50**	–	< 0,1%
Carports	–	**–**	–	–
Feuerwehrhäuser	5,20	**8,30**	16,00	1,5%
Öffentliche Bereitschaftsdienste	–	**2,40**	–	< 0,1%
9 Gebäude für kulturelle und religiöse Zwecke				
Bibliotheken, Museen und Ausstellungen	2,90	**5,30**	8,80	0,7%
Theater	–	**8,00**	–	1,1%
Gemeindezentren, einfacher Standard	0,50	**3,80**	7,20	1,4%
Gemeindezentren, mittlerer Standard	7,40	**11,00**	17,00	2,1%
Gemeindezentren, hoher Standard	–	**7,20**	–	0,3%
Gemeindezentren, Holzbauweise	6,90	**9,20**	11,00	1,1%
Friedhofsgebäude	–	**0,60**	–	< 0,1%

Einheit: m²
Brutto-Grundfläche (BGF)

421 Wärmeerzeugungs-anlagen

Kosten:
Stand 4. Quartal 2024
Bundesdurchschnitt
inkl. 19% MwSt.

Einheit: m²
Brutto-Grundfläche (BGF)

▷ von
Ø Mittel
◁ bis

Gebäudeart	▷	€/Einheit	◁	KG an 400
1 Büro- und Verwaltungsgebäude				
Büro- und Verwaltungsgebäude, einfacher Standard	11,00	**22,00**	27,00	10,5%
Büro- und Verwaltungsgebäude, mittlerer Standard	14,00	**32,00**	63,00	4,7%
Büro- und Verwaltungsgebäude, hoher Standard	18,00	**53,00**	80,00	7,1%
Büro- und Verwaltungsgebäude, Holzbauweise	15,00	**38,00**	53,00	4,9%
2 Gebäude für Forschung und Lehre				
Instituts- und Laborgebäude	15,00	**86,00**	227,00	3,2%
3 Gebäude des Gesundheitswesens				
Medizinische Einrichtungen	13,00	**22,00**	37,00	2,8%
Pflegeheime	12,00	**28,00**	54,00	3,2%
Gebäude für Erholungszwecke	108,00	**135,00**	176,00	6,6%
4 Schulen und Kindergärten				
Schulen				
Allgemeinbildende Schulen	12,00	**37,00**	104,00	5,8%
Schulen, Holzbauweise	7,30	**19,00**	41,00	3,5%
Berufliche Schulen	10,00	**23,00**	35,00	1,5%
Förder- und Sonderschulen	14,00	**46,00**	100,00	7,7%
Weiterbildungseinrichtungen	7,60	**16,00**	25,00	1,8%
Kindergärten				
Kindergärten, nicht unterkellert, einfacher Standard	19,00	**26,00**	38,00	6,1%
Kindergärten, nicht unterkellert, mittlerer Standard	27,00	**61,00**	135,00	11,4%
Kindergärten, nicht unterkellert, hoher Standard	8,00	**27,00**	39,00	3,6%
Kindergärten, Holzbauweise, nicht unterkellert	24,00	**54,00**	100,00	9,8%
Kindergärten, unterkellert	17,00	**34,00**	77,00	6,3%
5 Sportbauten				
Sport- und Mehrzweckhallen	11,00	**34,00**	47,00	6,2%
Sporthallen (Einfeldhallen)	14,00	**26,00**	56,00	4,8%
Sporthallen (Dreifeldhallen)	15,00	**49,00**	83,00	3,2%
6 Wohngebäude				
Ein- und Zweifamilienhäuser				
Ein- und Zweifamilienhäuser, unterkellert, einfacher Standard	34,00	**38,00**	43,00	18,8%
Ein- und Zweifamilienhäuser, unterkellert, mittlerer Standard	40,00	**85,00**	120,00	20,5%
Ein- und Zweifamilienhäuser, unterkellert, hoher Standard	52,00	**97,00**	146,00	20,9%
Ein- und Zweifamilienhäuser, nicht unterkellert, einfacher Standard	25,00	**47,00**	68,00	19,3%
Ein- und Zweifamilienhäuser, nicht unterkellert, mittlerer Standard	47,00	**80,00**	133,00	19,6%
Ein- und Zweifamilienhäuser, nicht unterkellert, hoher Standard	67,00	**123,00**	209,00	27,2%
Ein- und Zweifamilienhäuser, Passivhausstandard, Massivbauweise	37,00	**88,00**	125,00	20,0%
Ein- und Zweifamilienhäuser, Passivhausstandard, Holzbauweise	62,00	**119,00**	166,00	15,0%
Ein- und Zweifamilienhäuser, Holzbauweise, unterkellert	45,00	**68,00**	104,00	15,5%
Ein- und Zweifamilienhäuser, Holzbauweise, nicht unterkellert	52,00	**84,00**	149,00	19,3%
Doppel- und Reihenend- / Reihenhäuser				
Doppel- und Reihenendhäuser, einfacher Standard	47,00	**73,00**	124,00	27,2%
Doppel- und Reihenendhäuser, mittlerer Standard	32,00	**64,00**	97,00	17,5%
Doppel- und Reihenendhäuser, hoher Standard	40,00	**50,00**	55,00	7,5%
Doppel- und Reihenendhäuser, Holzbauweise	69,00	**98,00**	126,00	25,7%
Reihenhäuser, einfacher Standard	43,00	**56,00**	69,00	21,4%
Reihenhäuser, mittlerer Standard	47,00	**55,00**	63,00	18,6%
Reihenhäuser, hoher Standard	53,00	**76,00**	101,00	17,7%

Einheit: m²
Brutto-Grundfläche (BGF)

Gebäudeart	▷	€/Einheit	◁	KG an 400
7 Mehrfamilienhäuser				
Mehrfamilienhäuser, mit bis zu 6 WE, einfacher Standard	8,70	**11,00**	14,00	6,5%
Mehrfamilienhäuser, mit bis zu 6 WE, mittlerer Standard	21,00	**27,00**	34,00	7,3%
Mehrfamilienhäuser, mit bis zu 6 WE, hoher Standard	26,00	**43,00**	61,00	10,7%
Mehrfamilienhäuser, mit 6 bis 19 WE, einfacher Standard	6,00	**18,00**	41,00	7,3%
Mehrfamilienhäuser, mit 6 bis 19 WE, mittlerer Standard	16,00	**43,00**	85,00	11,5%
Mehrfamilienhäuser, mit 6 bis 19 WE, hoher Standard	9,50	**14,00**	18,00	4,9%
Mehrfamilienhäuser, mit 20 oder mehr WE, einfacher Standard	7,70	**13,00**	18,00	3,3%
Mehrfamilienhäuser, mit 20 oder mehr WE, mittlerer Standard	11,00	**36,00**	55,00	9,5%
Mehrfamilienhäuser, mit 20 oder mehr WE, hoher Standard	7,20	**14,00**	21,00	2,3%
Mehrfamilienhäuser, Passivhäuser	18,00	**48,00**	122,00	12,1%
Mehrfamilienhäuser, Holzbauweise	11,00	**37,00**	81,00	9,9%
Wohnhäuser, mit bis zu 15% Mischnutzung, einfacher Standard	21,00	**48,00**	94,00	14,9%
Wohnhäuser, mit bis zu 15% Mischnutzung, mittlerer Standard	34,00	**43,00**	57,00	19,4%
Wohnhäuser, mit bis zu 15% Mischnutzung, hoher Standard	–	**4,40**	–	1,3%
Wohnhäuser, mit mehr als 15% Mischnutzung	–	**17,00**	–	1,8%
Seniorenwohnungen und Beherbergungen				
Seniorenwohnungen, mittlerer Standard	5,40	**20,00**	40,00	5,0%
Seniorenwohnungen, hoher Standard	55,00	**61,00**	67,00	13,4%
Wohnheime und Internate	19,00	**51,00**	86,00	10,2%
Hotels	–	**60,00**	–	19,6%
8 Gewerbe-, Lager- und Garagen				
Gaststätten, Kantinen und Mensen	–	**48,00**	–	4,2%
Industrielle Produktionsgebäude, Massivbauweise	16,00	**34,00**	48,00	7,3%
Industrielle Produktionsgebäude, überwiegend Skelettbauweise	7,10	**16,00**	37,00	2,1%
Betriebs- und Werkstätten, eingeschossig	14,00	**43,00**	73,00	4,1%
Betriebs- und Werkstätten, mehrgeschossig, geringer Hallenanteil	12,00	**35,00**	94,00	5,6%
Betriebs- und Werkstätten, mehrgeschossig, hoher Hallenanteil	13,00	**45,00**	72,00	11,7%
Geschäftshäuser, mit Wohnungen	18,00	**32,00**	41,00	9,3%
Geschäftshäuser, ohne Wohnungen	11,00	**17,00**	23,00	5,1%
Verbrauchermärkte	–	**31,00**	–	2,5%
Autohäuser	12,00	**18,00**	23,00	7,9%
Lagergebäude, ohne Mischnutzung	6,10	**19,00**	36,00	4,2%
Lagergebäude, mit bis zu 25% Mischnutzung	6,60	**9,60**	13,00	2,7%
Lagergebäude, mit mehr als 25% Mischnutzung	14,00	**17,00**	20,00	7,2%
Garagen und Bereitschaftsdienste				
Einzel- und Doppelgaragen	–	**–**	–	–
Mehrfachgaragen	–	**93,00**	–	4,3%
Hochgaragen	–	**–**	–	–
Carports	–	**–**	–	–
Feuerwehrhäuser	9,70	**30,00**	63,00	3,4%
Öffentliche Bereitschaftsdienste	13,00	**15,00**	19,00	4,0%
9 Gebäude für kulturelle und religiöse Zwecke				
Bibliotheken, Museen und Ausstellungen	8,10	**27,00**	42,00	4,1%
Theater	–	**7,60**	–	0,2%
Gemeindezentren, einfacher Standard	17,00	**29,00**	46,00	11,4%
Gemeindezentren, mittlerer Standard	34,00	**55,00**	114,00	10,6%
Gemeindezentren, hoher Standard	52,00	**69,00**	107,00	10,1%
Gemeindezentren, Holzbauweise	40,00	**47,00**	58,00	8,0%
Friedhofsgebäude	–	**49,00**	–	1,2%

Statistik 3. Ebene

Kosten:
Stand 4. Quartal 2024
Bundesdurchschnitt
inkl. 19% MwSt.

Einheit: m²
Brutto-Grundfläche (BGF)

▷ von
ø Mittel
◁ bis

Gebäudeart	▷	€/Einheit	◁	KG an 400
1 Büro- und Verwaltungsgebäude				
Büro- und Verwaltungsgebäude, einfacher Standard	8,20	**10,00**	14,00	4,3%
Büro- und Verwaltungsgebäude, mittlerer Standard	31,00	**52,00**	89,00	7,5%
Büro- und Verwaltungsgebäude, hoher Standard	48,00	**76,00**	125,00	8,7%
Büro- und Verwaltungsgebäude, Holzbauweise	25,00	**45,00**	57,00	6,1%
2 Gebäude für Forschung und Lehre				
Instituts- und Laborgebäude	29,00	**89,00**	151,00	5,4%
3 Gebäude des Gesundheitswesens				
Medizinische Einrichtungen	18,00	**22,00**	26,00	3,4%
Pflegeheime	33,00	**39,00**	60,00	4,4%
Gebäude für Erholungszwecke	58,00	**86,00**	140,00	4,5%
4 Schulen und Kindergärten				
Schulen				
Allgemeinbildende Schulen	24,00	**38,00**	54,00	8,8%
Schulen, Holzbauweise	21,00	**28,00**	44,00	4,7%
Berufliche Schulen	16,00	**40,00**	76,00	3,2%
Förder- und Sonderschulen	21,00	**39,00**	64,00	6,4%
Weiterbildungseinrichtungen	16,00	**30,00**	43,00	3,2%
Kindergärten				
Kindergärten, nicht unterkellert, einfacher Standard	24,00	**27,00**	32,00	6,5%
Kindergärten, nicht unterkellert, mittlerer Standard	15,00	**23,00**	32,00	2,5%
Kindergärten, nicht unterkellert, hoher Standard	14,00	**37,00**	46,00	5,8%
Kindergärten, Holzbauweise, nicht unterkellert	22,00	**33,00**	60,00	6,0%
Kindergärten, unterkellert	24,00	**31,00**	38,00	6,6%
5 Sportbauten				
Sport- und Mehrzweckhallen	7,50	**31,00**	45,00	5,4%
Sporthallen (Einfeldhallen)	21,00	**47,00**	69,00	9,6%
Sporthallen (Dreifeldhallen)	31,00	**36,00**	42,00	2,4%
6 Wohngebäude				
Ein- und Zweifamilienhäuser				
Ein- und Zweifamilienhäuser, unterkellert, einfacher Standard	9,10	**13,00**	21,00	6,4%
Ein- und Zweifamilienhäuser, unterkellert, mittlerer Standard	11,00	**16,00**	25,00	3,8%
Ein- und Zweifamilienhäuser, unterkellert, hoher Standard	12,00	**24,00**	37,00	4,9%
Ein- und Zweifamilienhäuser, nicht unterkellert, einfacher Standard	16,00	**19,00**	23,00	9,4%
Ein- und Zweifamilienhäuser, nicht unterkellert, mittlerer Standard	10,00	**15,00**	23,00	2,8%
Ein- und Zweifamilienhäuser, nicht unterkellert, hoher Standard	11,00	**19,00**	29,00	3,7%
Ein- und Zweifamilienhäuser, Passivhausstandard, Massivbauweise	8,40	**14,00**	23,00	2,1%
Ein- und Zweifamilienhäuser, Passivhausstandard, Holzbauweise	7,10	**10,00**	16,00	1,7%
Ein- und Zweifamilienhäuser, Holzbauweise, unterkellert	8,50	**16,00**	23,00	4,0%
Ein- und Zweifamilienhäuser, Holzbauweise, nicht unterkellert	6,80	**11,00**	16,00	2,8%
Doppel- und Reihenend- / Reihenhäuser				
Doppel- und Reihenendhäuser, einfacher Standard	15,00	**17,00**	18,00	6,7%
Doppel- und Reihenendhäuser, mittlerer Standard	24,00	**33,00**	79,00	7,5%
Doppel- und Reihenendhäuser, hoher Standard	9,90	**20,00**	25,00	2,9%
Doppel- und Reihenendhäuser, Holzbauweise	18,00	**20,00**	22,00	4,3%
Reihenhäuser, einfacher Standard	17,00	**20,00**	23,00	7,9%
Reihenhäuser, mittlerer Standard	4,50	**18,00**	32,00	5,4%
Reihenhäuser, hoher Standard	21,00	**33,00**	59,00	7,4%

Einheit: m²
Brutto-Grundfläche (BGF)

Gebäudeart	▷	€/Einheit	◁	KG an 400
7 Mehrfamilienhäuser				
Mehrfamilienhäuser, mit bis zu 6 WE, einfacher Standard	17,00	**28,00**	40,00	14,7%
Mehrfamilienhäuser, mit bis zu 6 WE, mittlerer Standard	12,00	**23,00**	30,00	8,0%
Mehrfamilienhäuser, mit bis zu 6 WE, hoher Standard	16,00	**27,00**	48,00	7,0%
Mehrfamilienhäuser, mit 6 bis 19 WE, einfacher Standard	23,00	**28,00**	36,00	10,6%
Mehrfamilienhäuser, mit 6 bis 19 WE, mittlerer Standard	10,00	**20,00**	28,00	5,8%
Mehrfamilienhäuser, mit 6 bis 19 WE, hoher Standard	15,00	**21,00**	25,00	7,6%
Mehrfamilienhäuser, mit 20 oder mehr WE, einfacher Standard	16,00	**17,00**	18,00	4,0%
Mehrfamilienhäuser, mit 20 oder mehr WE, mittlerer Standard	16,00	**27,00**	36,00	7,8%
Mehrfamilienhäuser, mit 20 oder mehr WE, hoher Standard	13,00	**20,00**	33,00	5,3%
Mehrfamilienhäuser, Passivhäuser	11,00	**17,00**	25,00	3,5%
Mehrfamilienhäuser, Holzbauweise	26,00	**30,00**	45,00	9,5%
Wohnhäuser, mit bis zu 15% Mischnutzung, einfacher Standard	–	**20,00**	–	2,3%
Wohnhäuser, mit bis zu 15% Mischnutzung, mittlerer Standard	8,50	**18,00**	34,00	5,6%
Wohnhäuser, mit bis zu 15% Mischnutzung, hoher Standard	–	**45,00**	–	13,4%
Wohnhäuser, mit mehr als 15% Mischnutzung	–	**36,00**	–	3,9%
Seniorenwohnungen und Beherbergungen				
Seniorenwohnungen, mittlerer Standard	19,00	**34,00**	49,00	8,3%
Seniorenwohnungen, hoher Standard	35,00	**53,00**	71,00	12,1%
Wohnheime und Internate	18,00	**28,00**	41,00	6,0%
Hotels	–	**7,20**	–	2,3%
8 Gewerbe-, Lager- und Garagen				
Gaststätten, Kantinen und Mensen	–	**69,00**	–	6,0%
Industrielle Produktionsgebäude, Massivbauweise	21,00	**25,00**	36,00	5,7%
Industrielle Produktionsgebäude, überwiegend Skelettbauweise	21,00	**32,00**	46,00	3,6%
Betriebs- und Werkstätten, eingeschossig	67,00	**69,00**	70,00	5,9%
Betriebs- und Werkstätten, mehrgeschossig, geringer Hallenanteil	13,00	**25,00**	43,00	4,2%
Betriebs- und Werkstätten, mehrgeschossig, hoher Hallenanteil	14,00	**45,00**	97,00	5,6%
Geschäftshäuser, mit Wohnungen	18,00	**20,00**	22,00	5,6%
Geschäftshäuser, ohne Wohnungen	30,00	**37,00**	44,00	12,3%
Verbrauchermärkte	–	**110,00**	–	8,8%
Autohäuser	12,00	**28,00**	44,00	10,4%
Lagergebäude, ohne Mischnutzung	16,00	**30,00**	69,00	6,9%
Lagergebäude, mit bis zu 25% Mischnutzung	10,00	**22,00**	33,00	4,0%
Lagergebäude, mit mehr als 25% Mischnutzung	–	**13,00**	–	5,4%
Garagen und Bereitschaftsdienste				
Einzel- und Doppelgaragen	–	**–**	–	–
Mehrfachgaragen	–	**43,00**	–	2,0%
Hochgaragen	–	**–**	–	–
Carports	–	**–**	–	–
Feuerwehrhäuser	21,00	**41,00**	64,00	6,9%
Öffentliche Bereitschaftsdienste	17,00	**20,00**	27,00	4,8%
9 Gebäude für kulturelle und religiöse Zwecke				
Bibliotheken, Museen und Ausstellungen	19,00	**30,00**	71,00	4,0%
Theater	–	**82,00**	–	1,9%
Gemeindezentren, einfacher Standard	4,50	**15,00**	21,00	6,7%
Gemeindezentren, mittlerer Standard	26,00	**30,00**	40,00	6,2%
Gemeindezentren, hoher Standard	11,00	**26,00**	32,00	3,9%
Gemeindezentren, Holzbauweise	11,00	**30,00**	39,00	4,6%
Friedhofsgebäude	–	**59,00**	–	1,5%

Kosten:
Stand 4. Quartal 2024
Bundesdurchschnitt
inkl. 19% MwSt.

Einheit: m²
Brutto-Grundfläche (BGF)

▷ von
ø Mittel
◁ bis

Gebäudeart	▷	€/Einheit	◁	KG an 400
1 Büro- und Verwaltungsgebäude				
Büro- und Verwaltungsgebäude, einfacher Standard	26,00	**37,00**	54,00	18,2%
Büro- und Verwaltungsgebäude, mittlerer Standard	30,00	**53,00**	87,00	8,0%
Büro- und Verwaltungsgebäude, hoher Standard	22,00	**56,00**	90,00	6,6%
Büro- und Verwaltungsgebäude, Holzbauweise	5,60	**45,00**	69,00	8,1%
2 Gebäude für Forschung und Lehre				
Instituts- und Laborgebäude	25,00	**32,00**	51,00	2,2%
3 Gebäude des Gesundheitswesens				
Medizinische Einrichtungen	12,00	**16,00**	24,00	2,6%
Pflegeheime	20,00	**25,00**	41,00	2,8%
Gebäude für Erholungszwecke	46,00	**59,00**	85,00	3,3%
4 Schulen und Kindergärten				
Schulen				
Allgemeinbildende Schulen	17,00	**30,00**	63,00	5,6%
Schulen, Holzbauweise	24,00	**38,00**	50,00	7,3%
Berufliche Schulen	12,00	**23,00**	46,00	2,1%
Förder- und Sonderschulen	33,00	**52,00**	81,00	8,6%
Weiterbildungseinrichtungen	21,00	**33,00**	45,00	3,5%
Kindergärten				
Kindergärten, nicht unterkellert, einfacher Standard	29,00	**38,00**	54,00	9,9%
Kindergärten, nicht unterkellert, mittlerer Standard	24,00	**30,00**	32,00	3,9%
Kindergärten, nicht unterkellert, hoher Standard	14,00	**39,00**	67,00	6,4%
Kindergärten, Holzbauweise, nicht unterkellert	25,00	**36,00**	55,00	6,9%
Kindergärten, unterkellert	27,00	**40,00**	51,00	8,7%
5 Sportbauten				
Sport- und Mehrzweckhallen	16,00	**33,00**	65,00	6,2%
Sporthallen (Einfeldhallen)	26,00	**54,00**	77,00	11,9%
Sporthallen (Dreifeldhallen)	48,00	**53,00**	57,00	3,4%
6 Wohngebäude				
Ein- und Zweifamilienhäuser				
Ein- und Zweifamilienhäuser, unterkellert, einfacher Standard	15,00	**23,00**	28,00	11,2%
Ein- und Zweifamilienhäuser, unterkellert, mittlerer Standard	33,00	**42,00**	53,00	11,4%
Ein- und Zweifamilienhäuser, unterkellert, hoher Standard	33,00	**46,00**	60,00	10,8%
Ein- und Zweifamilienhäuser, nicht unterkellert, einfacher Standard	13,00	**16,00**	18,00	7,5%
Ein- und Zweifamilienhäuser, nicht unterkellert, mittlerer Standard	27,00	**46,00**	80,00	11,9%
Ein- und Zweifamilienhäuser, nicht unterkellert, hoher Standard	45,00	**61,00**	98,00	14,6%
Ein- und Zweifamilienhäuser, Passivhausstandard, Massivbauweise	21,00	**31,00**	40,00	6,8%
Ein- und Zweifamilienhäuser, Passivhausstandard, Holzbauweise	19,00	**32,00**	60,00	5,1%
Ein- und Zweifamilienhäuser, Holzbauweise, unterkellert	26,00	**40,00**	59,00	8,4%
Ein- und Zweifamilienhäuser, Holzbauweise, nicht unterkellert	28,00	**44,00**	83,00	13,7%
Doppel- und Reihenend- / Reihenhäuser				
Doppel- und Reihenendhäuser, einfacher Standard	23,00	**25,00**	26,00	9,7%
Doppel- und Reihenendhäuser, mittlerer Standard	17,00	**32,00**	56,00	9,1%
Doppel- und Reihenendhäuser, hoher Standard	45,00	**48,00**	50,00	7,2%
Doppel- und Reihenendhäuser, Holzbauweise	29,00	**38,00**	60,00	9,7%
Reihenhäuser, einfacher Standard	23,00	**30,00**	37,00	11,4%
Reihenhäuser, mittlerer Standard	42,00	**42,00**	43,00	14,6%
Reihenhäuser, hoher Standard	26,00	**32,00**	46,00	7,3%

Gebäudeart	▷	€/Einheit	◁	KG an 400
7 Mehrfamilienhäuser				
Mehrfamilienhäuser, mit bis zu 6 WE, einfacher Standard	17,00	**22,00**	27,00	11,7%
Mehrfamilienhäuser, mit bis zu 6 WE, mittlerer Standard	23,00	**41,00**	68,00	13,8%
Mehrfamilienhäuser, mit bis zu 6 WE, hoher Standard	28,00	**42,00**	64,00	10,8%
Mehrfamilienhäuser, mit 6 bis 19 WE, einfacher Standard	15,00	**22,00**	27,00	8,9%
Mehrfamilienhäuser, mit 6 bis 19 WE, mittlerer Standard	14,00	**24,00**	46,00	7,9%
Mehrfamilienhäuser, mit 6 bis 19 WE, hoher Standard	17,00	**31,00**	49,00	10,7%
Mehrfamilienhäuser, mit 20 oder mehr WE, einfacher Standard	12,00	**13,00**	14,00	3,2%
Mehrfamilienhäuser, mit 20 oder mehr WE, mittlerer Standard	18,00	**30,00**	48,00	8,4%
Mehrfamilienhäuser, mit 20 oder mehr WE, hoher Standard	36,00	**62,00**	112,00	15,5%
Mehrfamilienhäuser, Passivhäuser	15,00	**26,00**	37,00	7,3%
Mehrfamilienhäuser, Holzbauweise	23,00	**37,00**	76,00	7,8%
Wohnhäuser, mit bis zu 15% Mischnutzung, einfacher Standard	20,00	**35,00**	44,00	12,1%
Wohnhäuser, mit bis zu 15% Mischnutzung, mittlerer Standard	18,00	**25,00**	40,00	10,0%
Wohnhäuser, mit bis zu 15% Mischnutzung, hoher Standard	–	**33,00**	–	9,8%
Wohnhäuser, mit mehr als 15% Mischnutzung	–	**44,00**	–	4,8%
Seniorenwohnungen und Beherbergungen				
Seniorenwohnungen, mittlerer Standard	20,00	**25,00**	31,00	6,3%
Seniorenwohnungen, hoher Standard	30,00	**36,00**	42,00	8,1%
Wohnheime und Internate	29,00	**40,00**	52,00	9,2%
Hotels	–	**24,00**	–	8,0%
8 Gewerbe-, Lager- und Garagen				
Gaststätten, Kantinen und Mensen	–	**35,00**	–	3,0%
Industrielle Produktionsgebäude, Massivbauweise	15,00	**30,00**	53,00	7,7%
Industrielle Produktionsgebäude, überwiegend Skelettbauweise	18,00	**31,00**	45,00	3,5%
Betriebs- und Werkstätten, eingeschossig	19,00	**38,00**	57,00	3,5%
Betriebs- und Werkstätten, mehrgeschossig, geringer Hallenanteil	19,00	**37,00**	57,00	8,4%
Betriebs- und Werkstätten, mehrgeschossig, hoher Hallenanteil	22,00	**33,00**	42,00	11,2%
Geschäftshäuser, mit Wohnungen	5,40	**18,00**	25,00	5,1%
Geschäftshäuser, ohne Wohnungen	29,00	**37,00**	45,00	11,6%
Verbrauchermärkte	–	**35,00**	–	2,8%
Autohäuser	13,00	**20,00**	28,00	8,9%
Lagergebäude, ohne Mischnutzung	11,00	**24,00**	39,00	6,3%
Lagergebäude, mit bis zu 25% Mischnutzung	26,00	**37,00**	48,00	7,7%
Lagergebäude, mit mehr als 25% Mischnutzung	6,10	**19,00**	32,00	8,9%
Garagen und Bereitschaftsdienste				
Einzel- und Doppelgaragen	–	**–**	–	–
Mehrfachgaragen	0,10	**24,00**	48,00	2,2%
Hochgaragen	–	**1,00**	–	0,2%
Carports	–	**–**	–	–
Feuerwehrhäuser	29,00	**42,00**	58,00	8,1%
Öffentliche Bereitschaftsdienste	7,10	**12,00**	19,00	2,9%
9 Gebäude für kulturelle und religiöse Zwecke				
Bibliotheken, Museen und Ausstellungen	15,00	**34,00**	53,00	5,9%
Theater	–	**95,00**	–	2,2%
Gemeindezentren, einfacher Standard	26,00	**33,00**	46,00	13,6%
Gemeindezentren, mittlerer Standard	24,00	**46,00**	71,00	8,7%
Gemeindezentren, hoher Standard	43,00	**63,00**	83,00	9,7%
Gemeindezentren, Holzbauweise	38,00	**53,00**	81,00	8,7%
Friedhofsgebäude	–	**11,00**	–	0,3%

Einheit: m²
Brutto-Grundfläche (BGF)

Kosten:
Stand 4. Quartal 2024
Bundesdurchschnitt
inkl. 19% MwSt.

Einheit: m²
Brutto-Grundfläche (BGF)

▷ von
Ø Mittel
◁ bis

Gebäudeart	▷	€/Einheit	◁	KG an 400
1 Büro- und Verwaltungsgebäude				
Büro- und Verwaltungsgebäude, einfacher Standard	3,90	**4,70**	5,50	1,5%
Büro- und Verwaltungsgebäude, mittlerer Standard	3,80	**16,00**	63,00	0,8%
Büro- und Verwaltungsgebäude, hoher Standard	6,10	**13,00**	32,00	0,7%
Büro- und Verwaltungsgebäude, Holzbauweise	–	**0,40**	–	< 0,1%
2 Gebäude für Forschung und Lehre				
Instituts- und Laborgebäude	1,40	**15,00**	42,00	0,5%
3 Gebäude des Gesundheitswesens				
Medizinische Einrichtungen	1,10	**1,90**	2,70	[illegible]%
Pflegeheime	1,10	**1,80**	2,40	< 0,1%
Gebäude für Erholungszwecke	14,00	**54,00**	132,00	25,9%
4 Schulen und Kindergärten				
Schulen				
Allgemeinbildende Schulen	–	**2,60**	–	< 0,1%
Schulen, Holzbauweise	–	**–**	–	–
Berufliche Schulen	1,30	**1,80**	2,20	0,1%
Förder- und Sonderschulen	–	**6,70**	–	0,2%
Weiterbildungseinrichtungen	0,80	**0,90**	1,00	< 0,1%
Kindergärten				
Kindergärten, nicht unterkellert, einfacher Standard	–	**7,30**	–	0,6%
Kindergärten, nicht unterkellert, mittlerer Standard	–	**3,70**	–	0,1%
Kindergärten, nicht unterkellert, hoher Standard	–	**18,00**	–	0,8%
Kindergärten, Holzbauweise, nicht unterkellert	0,80	**2,10**	4,50	0,1%
Kindergärten, unterkellert	2,70	**5,20**	8,90	0,9%
5 Sportbauten				
Sport- und Mehrzweckhallen	–	**16,00**	–	0,8%
Sporthallen (Einfeldhallen)	–	**1,30**	–	< 0,1%
Sporthallen (Dreifeldhallen)	1,00	**4,90**	8,70	0,3%
6 Wohngebäude				
Ein- und Zweifamilienhäuser				
Ein- und Zweifamilienhäuser, unterkellert, einfacher Standard	18,00	**19,00**	21,00	6,8%
Ein- und Zweifamilienhäuser, unterkellert, mittlerer Standard	13,00	**26,00**	50,00	4,2%
Ein- und Zweifamilienhäuser, unterkellert, hoher Standard	11,00	**24,00**	60,00	5,4%
Ein- und Zweifamilienhäuser, nicht unterkellert, einfacher Standard	–	**22,00**	–	6,3%
Ein- und Zweifamilienhäuser, nicht unterkellert, mittlerer Standard	7,70	**27,00**	64,00	4,5%
Ein- und Zweifamilienhäuser, nicht unterkellert, hoher Standard	19,00	**31,00**	48,00	7,0%
Ein- und Zweifamilienhäuser, Passivhausstandard, Massivbauweise	–	**13,00**	–	0,3%
Ein- und Zweifamilienhäuser, Passivhausstandard, Holzbauweise	16,00	**28,00**	53,00	2,4%
Ein- und Zweifamilienhäuser, Holzbauweise, unterkellert	10,00	**17,00**	28,00	2,1%
Ein- und Zweifamilienhäuser, Holzbauweise, nicht unterkellert	8,90	**19,00**	25,00	3,8%
Doppel- und Reihenend- / Reihenhäuser				
Doppel- und Reihenendhäuser, einfacher Standard	–	**4,10**	–	0,6%
Doppel- und Reihenendhäuser, mittlerer Standard	6,50	**15,00**	31,00	2,8%
Doppel- und Reihenendhäuser, hoher Standard	27,00	**40,00**	67,00	5,9%
Doppel- und Reihenendhäuser, Holzbauweise	11,00	**22,00**	33,00	3,1%
Reihenhäuser, einfacher Standard	–	**4,10**	–	0,9%
Reihenhäuser, mittlerer Standard	5,80	**7,40**	9,00	2,5%
Reihenhäuser, hoher Standard	5,90	**36,00**	67,00	3,6%

Gebäudeart	▷	€/Einheit	◁	KG an 400
7 Mehrfamilienhäuser				
Mehrfamilienhäuser, mit bis zu 6 WE, einfacher Standard	3,50	**6,60**	9,60	3,9%
Mehrfamilienhäuser, mit bis zu 6 WE, mittlerer Standard	4,50	**8,60**	18,00	2,6%
Mehrfamilienhäuser, mit bis zu 6 WE, hoher Standard	4,00	**7,30**	10,00	1,3%
Mehrfamilienhäuser, mit 6 bis 19 WE, einfacher Standard	1,60	**11,00**	30,00	4,4%
Mehrfamilienhäuser, mit 6 bis 19 WE, mittlerer Standard	1,30	**4,00**	6,70	0,3%
Mehrfamilienhäuser, mit 6 bis 19 WE, hoher Standard	–	**5,60**	–	0,3%
Mehrfamilienhäuser, mit 20 oder mehr WE, einfacher Standard	2,30	**2,50**	2,80	0,6%
Mehrfamilienhäuser, mit 20 oder mehr WE, mittlerer Standard	1,90	**3,30**	4,70	0,3%
Mehrfamilienhäuser, mit 20 oder mehr WE, hoher Standard	–	**0,60**	–	< 0,1%
Mehrfamilienhäuser, Passivhäuser	0,90	**2,00**	3,70	0,2%
Mehrfamilienhäuser, Holzbauweise	3,50	**4,30**	5,00	0,8%
Wohnhäuser, mit bis zu 15% Mischnutzung, einfacher Standard	1,40	**2,30**	3,20	0,6%
Wohnhäuser, mit bis zu 15% Mischnutzung, mittlerer Standard	–	**4,10**	–	0,3%
Wohnhäuser, mit bis zu 15% Mischnutzung, hoher Standard	–	**4,60**	–	1,4%
Wohnhäuser, mit mehr als 15% Mischnutzung	–	**–**	–	–
Seniorenwohnungen und Beherbergungen				
Seniorenwohnungen, mittlerer Standard	0,20	**0,60**	1,00	< 0,1%
Seniorenwohnungen, hoher Standard	6,70	**7,60**	8,60	1,7%
Wohnheime und Internate	–	**16,00**	–	0,3%
Hotels	–	**3,60**	–	1,2%
8 Gewerbe-, Lager- und Garagen				
Gaststätten, Kantinen und Mensen	–	**4,80**	–	0,4%
Industrielle Produktionsgebäude, Massivbauweise	0,90	**4,40**	7,90	0,5%
Industrielle Produktionsgebäude, überwiegend Skelettbauweise	0,40	**1,10**	1,60	0,1%
Betriebs- und Werkstätten, eingeschossig	0,70	**1,80**	3,00	0,2%
Betriebs- und Werkstätten, mehrgeschossig, geringer Hallenanteil	1,60	**2,50**	4,20	0,4%
Betriebs- und Werkstätten, mehrgeschossig, hoher Hallenanteil	1,80	**7,80**	12,00	1,2%
Geschäftshäuser, mit Wohnungen	–	**1,60**	–	0,1%
Geschäftshäuser, ohne Wohnungen	4,60	**10,00**	15,00	3,6%
Verbrauchermärkte	–	**6,80**	–	0,5%
Autohäuser	2,10	**2,20**	2,20	1,2%
Lagergebäude, ohne Mischnutzung	0,90	**3,70**	5,80	0,7%
Lagergebäude, mit bis zu 25% Mischnutzung	1,10	**1,30**	1,50	0,3%
Lagergebäude, mit mehr als 25% Mischnutzung	–	**1,20**	–	0,2%
Garagen und Bereitschaftsdienste				
Einzel- und Doppelgaragen	–	**–**	–	–
Mehrfachgaragen	–	**7,70**	–	0,4%
Hochgaragen	–	**–**	–	–
Carports	–	**–**	–	–
Feuerwehrhäuser	1,50	**4,20**	9,50	0,3%
Öffentliche Bereitschaftsdienste	–	**1,50**	–	< 0,1%
9 Gebäude für kulturelle und religiöse Zwecke				
Bibliotheken, Museen und Ausstellungen	6,60	**8,80**	11,00	0,6%
Theater	–	**–**	–	–
Gemeindezentren, einfacher Standard	2,10	**7,20**	12,00	1,5%
Gemeindezentren, mittlerer Standard	–	**4,00**	–	0,3%
Gemeindezentren, hoher Standard	–	**42,00**	–	1,4%
Gemeindezentren, Holzbauweise	1,60	**3,60**	5,60	0,3%
Friedhofsgebäude	–	**3,90**	–	< 0,1%

Einheit: m²
Brutto-Grundfläche (BGF)

Kosten:
Stand 4. Quartal 2024
Bundesdurchschnitt
inkl. 19% MwSt.

Einheit: m²
Brutto-Grundfläche (BGF)

▷ von
ø Mittel
◁ bis

Gebäudeart	▷	€/Einheit	◁	KG an 400
1 Büro- und Verwaltungsgebäude				
Büro- und Verwaltungsgebäude, einfacher Standard	1,90	**2,00**	2,10	0,5%
Büro- und Verwaltungsgebäude, mittlerer Standard	16,00	**73,00**	160,00	7,9%
Büro- und Verwaltungsgebäude, hoher Standard	21,00	**85,00**	159,00	7,1%
Büro- und Verwaltungsgebäude, Holzbauweise	5,60	**67,00**	139,00	13,0%
2 Gebäude für Forschung und Lehre				
Instituts- und Laborgebäude	149,00	**298,00**	384,00	20,3%
3 Gebäude des Gesundheitswesens				
Medizinische Einrichtungen	–	**11,00**	–	0,7%
Pflegeheime	59,00	**119,00**	168,00	11,0%
Gebäude für Erholungszwecke	19,00	**72,00**	167,00	3,3%
4 Schulen und Kindergärten				
Schulen				
Allgemeinbildende Schulen	22,00	**92,00**	179,00	11,8%
Schulen, Holzbauweise	11,00	**76,00**	150,00	10,3%
Berufliche Schulen	51,00	**70,00**	89,00	4,8%
Förder- und Sonderschulen	15,00	**24,00**	37,00	4,3%
Weiterbildungseinrichtungen	74,00	**94,00**	115,00	9,6%
Kindergärten				
Kindergärten, nicht unterkellert, einfacher Standard	13,00	**48,00**	68,00	10,5%
Kindergärten, nicht unterkellert, mittlerer Standard	17,00	**85,00**	201,00	8,8%
Kindergärten, nicht unterkellert, hoher Standard	23,00	**81,00**	129,00	12,9%
Kindergärten, Holzbauweise, nicht unterkellert	33,00	**77,00**	135,00	9,7%
Kindergärten, unterkellert	4,70	**76,00**	147,00	13,1%
5 Sportbauten				
Sport- und Mehrzweckhallen	15,00	**80,00**	114,00	13,4%
Sporthallen (Einfeldhallen)	9,90	**45,00**	84,00	7,9%
Sporthallen (Dreifeldhallen)	26,00	**58,00**	90,00	4,2%
6 Wohngebäude				
Ein- und Zweifamilienhäuser				
Ein- und Zweifamilienhäuser, unterkellert, einfacher Standard	–	**–**	–	–
Ein- und Zweifamilienhäuser, unterkellert, mittlerer Standard	2,10	**36,00**	47,00	3,6%
Ein- und Zweifamilienhäuser, unterkellert, hoher Standard	2,20	**33,00**	55,00	3,8%
Ein- und Zweifamilienhäuser, nicht unterkellert, einfacher Standard	–	**34,00**	–	6,0%
Ein- und Zweifamilienhäuser, nicht unterkellert, mittlerer Standard	4,60	**33,00**	58,00	4,4%
Ein- und Zweifamilienhäuser, nicht unterkellert, hoher Standard	2,40	**16,00**	29,00	0,6%
Ein- und Zweifamilienhäuser, Passivhausstandard, Massivbauweise	52,00	**99,00**	168,00	18,8%
Ein- und Zweifamilienhäuser, Passivhausstandard, Holzbauweise	77,00	**126,00**	203,00	23,9%
Ein- und Zweifamilienhäuser, Holzbauweise, unterkellert	24,00	**42,00**	70,00	6,1%
Ein- und Zweifamilienhäuser, Holzbauweise, nicht unterkellert	36,00	**44,00**	61,00	9,8%
Doppel- und Reihenend- / Reihenhäuser				
Doppel- und Reihenendhäuser, einfacher Standard	–	**–**	–	–
Doppel- und Reihenendhäuser, mittlerer Standard	14,00	**46,00**	57,00	12,2%
Doppel- und Reihenendhäuser, hoher Standard	4,80	**21,00**	40,00	4,4%
Doppel- und Reihenendhäuser, Holzbauweise	14,00	**22,00**	36,00	4,5%
Reihenhäuser, einfacher Standard	–	**6,80**	–	1,5%
Reihenhäuser, mittlerer Standard	6,40	**38,00**	70,00	11,2%
Reihenhäuser, hoher Standard	47,00	**62,00**	75,00	15,2%

Gebäudeart	▷	€/Einheit	◁	KG an 400
7 Mehrfamilienhäuser				
Mehrfamilienhäuser, mit bis zu 6 WE, einfacher Standard	–	**1,90**	–	0,4%
Mehrfamilienhäuser, mit bis zu 6 WE, mittlerer Standard	5,50	**15,00**	43,00	3,7%
Mehrfamilienhäuser, mit bis zu 6 WE, hoher Standard	5,90	**26,00**	57,00	5,9%
Mehrfamilienhäuser, mit 6 bis 19 WE, einfacher Standard	5,00	**21,00**	37,00	4,9%
Mehrfamilienhäuser, mit 6 bis 19 WE, mittlerer Standard	8,00	**29,00**	72,00	9,4%
Mehrfamilienhäuser, mit 6 bis 19 WE, hoher Standard	7,60	**13,00**	27,00	4,7%
Mehrfamilienhäuser, mit 20 oder mehr WE, einfacher Standard	7,30	**7,40**	7,50	1,8%
Mehrfamilienhäuser, mit 20 oder mehr WE, mittlerer Standard	7,60	**21,00**	45,00	5,2%
Mehrfamilienhäuser, mit 20 oder mehr WE, hoher Standard	20,00	**43,00**	86,00	12,1%
Mehrfamilienhäuser, Passivhäuser	41,00	**72,00**	97,00	20,1%
Mehrfamilienhäuser, Holzbauweise	11,00	**41,00**	91,00	9,2%
Wohnhäuser, mit bis zu 15% Mischnutzung, einfacher Standard	0,90	**5,10**	14,00	1,8%
Wohnhäuser, mit bis zu 15% Mischnutzung, mittlerer Standard	21,00	**29,00**	36,00	5,5%
Wohnhäuser, mit bis zu 15% Mischnutzung, hoher Standard	–	**26,00**	–	7,9%
Wohnhäuser, mit mehr als 15% Mischnutzung	–	**5,70**	–	0,6%
Seniorenwohnungen und Beherbergungen				
Seniorenwohnungen, mittlerer Standard	11,00	**13,00**	16,00	3,4%
Seniorenwohnungen, hoher Standard	–	**4,50**	–	0,4%
Wohnheime und Internate	15,00	**51,00**	101,00	7,8%
Hotels	–	**–**	–	–
8 Gewerbe-, Lager- und Garagen				
Gaststätten, Kantinen und Mensen	–	**299,00**	–	26,1%
Industrielle Produktionsgebäude, Massivbauweise	15,00	**23,00**	31,00	1,7%
Industrielle Produktionsgebäude, überwiegend Skelettbauweise	7,10	**24,00**	37,00	3,1%
Betriebs- und Werkstätten, eingeschossig	–	**188,00**	–	7,0%
Betriebs- und Werkstätten, mehrgeschossig, geringer Hallenanteil	8,30	**41,00**	171,00	5,6%
Betriebs- und Werkstätten, mehrgeschossig, hoher Hallenanteil	2,70	**43,00**	83,00	3,3%
Geschäftshäuser, mit Wohnungen	3,20	**11,00**	27,00	2,4%
Geschäftshäuser, ohne Wohnungen	3,60	**4,10**	4,60	1,4%
Verbrauchermärkte	–	**104,00**	–	8,4%
Autohäuser	0,90	**3,20**	5,60	1,0%
Lagergebäude, ohne Mischnutzung	3,90	**74,00**	144,00	2,7%
Lagergebäude, mit bis zu 25% Mischnutzung	–	**38,00**	–	2,5%
Lagergebäude, mit mehr als 25% Mischnutzung	–	**2,50**	–	0,6%
Garagen und Bereitschaftsdienste				
Einzel- und Doppelgaragen	–	**–**	–	–
Mehrfachgaragen	–	**–**	–	–
Hochgaragen	–	**4,10**	–	0,8%
Carports	–	**–**	–	–
Feuerwehrhäuser	18,00	**37,00**	71,00	7,1%
Öffentliche Bereitschaftsdienste	–	**38,00**	–	1,5%
9 Gebäude für kulturelle und religiöse Zwecke				
Bibliotheken, Museen und Ausstellungen	6,00	**31,00**	57,00	2,8%
Theater	–	**375,00**	–	8,7%
Gemeindezentren, einfacher Standard	1,50	**11,00**	20,00	2,2%
Gemeindezentren, mittlerer Standard	74,00	**108,00**	142,00	7,7%
Gemeindezentren, hoher Standard	9,00	**25,00**	41,00	3,8%
Gemeindezentren, Holzbauweise	8,10	**88,00**	168,00	8,2%
Friedhofsgebäude	7,50	**71,00**	135,00	4,2%

Einheit: m²
Brutto-Grundfläche (BGF)

Kosten:
Stand 4. Quartal 2024
Bundesdurchschnitt
inkl. 19% MwSt.

Einheit: m²
Brutto-Grundfläche (BGF)

Gebäudeart	▷	€/Einheit	◁	KG an 400
1 Büro- und Verwaltungsgebäude				
Büro- und Verwaltungsgebäude, einfacher Standard	–	**–**	–	–
Büro- und Verwaltungsgebäude, mittlerer Standard	4,50	**17,00**	26,00	0,6%
Büro- und Verwaltungsgebäude, hoher Standard	34,00	**67,00**	107,00	2,2%
Büro- und Verwaltungsgebäude, Holzbauweise	–	**133,00**	–	3,3%
2 Gebäude für Forschung und Lehre				
Instituts- und Laborgebäude	–	**–**	–	–
3 Gebäude des Gesundheitswesens				
Medizinische Einrichtungen	1,10	**106,00**	160,00	13,5%
Pflegeheime	1,40	**57,00**	112,00	2,1%
Gebäude für Erholungszwecke	–	**–**	–	–
4 Schulen und Kindergärten				
Schulen				
Allgemeinbildende Schulen	–	**5,20**	–	< 0,1%
Schulen, Holzbauweise	–	**–**	–	–
Berufliche Schulen	–	**–**	–	–
Förder- und Sonderschulen	–	**1,70**	–	< 0,1%
Weiterbildungseinrichtungen	–	**–**	–	–
Kindergärten				
Kindergärten, nicht unterkellert, einfacher Standard	–	**–**	–	–
Kindergärten, nicht unterkellert, mittlerer Standard	–	**–**	–	–
Kindergärten, nicht unterkellert, hoher Standard	–	**–**	–	–
Kindergärten, Holzbauweise, nicht unterkellert	–	**–**	–	–
Kindergärten, unterkellert	–	**–**	–	–
5 Sportbauten				
Sport- und Mehrzweckhallen	–	**–**	–	–
Sporthallen (Einfeldhallen)	–	**–**	–	–
Sporthallen (Dreifeldhallen)	–	**124,00**	–	4,2%
6 Wohngebäude				
Ein- und Zweifamilienhäuser				
Ein- und Zweifamilienhäuser, unterkellert, einfacher Standard	–	**–**	–	–
Ein- und Zweifamilienhäuser, unterkellert, mittlerer Standard	–	**–**	–	–
Ein- und Zweifamilienhäuser, unterkellert, hoher Standard	–	**–**	–	–
Ein- und Zweifamilienhäuser, nicht unterkellert, einfacher Standard	–	**–**	–	–
Ein- und Zweifamilienhäuser, nicht unterkellert, mittlerer Standard	–	**–**	–	–
Ein- und Zweifamilienhäuser, nicht unterkellert, hoher Standard	–	**–**	–	–
Ein- und Zweifamilienhäuser, Passivhausstandard, Massivbauweise	–	**–**	–	–
Ein- und Zweifamilienhäuser, Passivhausstandard, Holzbauweise	–	**–**	–	–
Ein- und Zweifamilienhäuser, Holzbauweise, unterkellert	–	**–**	–	–
Ein- und Zweifamilienhäuser, Holzbauweise, nicht unterkellert	–	**–**	–	–
Doppel- und Reihenend- / Reihenhäuser				
Doppel- und Reihenendhäuser, einfacher Standard	–	**–**	–	–
Doppel- und Reihenendhäuser, mittlerer Standard	–	**–**	–	–
Doppel- und Reihenendhäuser, hoher Standard	–	**–**	–	–
Doppel- und Reihenendhäuser, Holzbauweise	–	**–**	–	–
Reihenhäuser, einfacher Standard	–	**–**	–	–
Reihenhäuser, mittlerer Standard	–	**–**	–	–
Reihenhäuser, hoher Standard	–	**–**	–	–

▷ von
ø Mittel
◁ bis

Gebäudeart	▷	€/Einheit	◁	KG an 400
7 Mehrfamilienhäuser				
Mehrfamilienhäuser, mit bis zu 6 WE, einfacher Standard	–	–	–	–
Mehrfamilienhäuser, mit bis zu 6 WE, mittlerer Standard	–	–	–	–
Mehrfamilienhäuser, mit bis zu 6 WE, hoher Standard	–	–	–	–
Mehrfamilienhäuser, mit 6 bis 19 WE, einfacher Standard	–	**3,80**	–	0,4%
Mehrfamilienhäuser, mit 6 bis 19 WE, mittlerer Standard	–	–	–	–
Mehrfamilienhäuser, mit 6 bis 19 WE, hoher Standard	–	–	–	–
Mehrfamilienhäuser, mit 20 oder mehr WE, einfacher Standard	–	–	–	–
Mehrfamilienhäuser, mit 20 oder mehr WE, mittlerer Standard	–	–	–	–
Mehrfamilienhäuser, mit 20 oder mehr WE, hoher Standard	–	–	–	–
Mehrfamilienhäuser, Passivhäuser	–	–	–	–
Mehrfamilienhäuser, Holzbauweise	–	–	–	–
Wohnhäuser, mit bis zu 15% Mischnutzung, einfacher Standard	–	–	–	–
Wohnhäuser, mit bis zu 15% Mischnutzung, mittlerer Standard	–	–	–	–
Wohnhäuser, mit bis zu 15% Mischnutzung, hoher Standard	–	–	–	–
Wohnhäuser, mit mehr als 15% Mischnutzung	–	–	–	–
Seniorenwohnungen und Beherbergungen				
Seniorenwohnungen, mittlerer Standard	–	–	–	–
Seniorenwohnungen, hoher Standard	–	–	–	–
Wohnheime und Internate	–	–	–	–
Hotels	–	–	–	–
8 Gewerbe-, Lager- und Garagen				
Gaststätten, Kantinen und Mensen	–	–	–	–
Industrielle Produktionsgebäude, Massivbauweise	–	**63,00**	–	4,5%
Industrielle Produktionsgebäude, überwiegend Skelettbauweise	39,00	**72,00**	104,00	2,5%
Betriebs- und Werkstätten, eingeschossig	–	–	–	–
Betriebs- und Werkstätten, mehrgeschossig, geringer Hallenanteil	4,70	**136,00**	397,00	3,9%
Betriebs- und Werkstätten, mehrgeschossig, hoher Hallenanteil	–	–	–	–
Geschäftshäuser, mit Wohnungen	–	**82,00**	–	5,2%
Geschäftshäuser, ohne Wohnungen	–	–	–	–
Verbrauchermärkte	–	–	–	–
Autohäuser	–	–	–	–
Lagergebäude, ohne Mischnutzung	–	–	–	–
Lagergebäude, mit bis zu 25% Mischnutzung	–	–	–	–
Lagergebäude, mit mehr als 25% Mischnutzung	–	–	–	–
Garagen und Bereitschaftsdienste				
Einzel- und Doppelgaragen	–	–	–	–
Mehrfachgaragen	–	–	–	–
Hochgaragen	–	–	–	–
Carports	–	–	–	–
Feuerwehrhäuser	–	**5,00**	–	0,1%
Öffentliche Bereitschaftsdienste	–	**2,50**	–	< 0,1%
9 Gebäude für kulturelle und religiöse Zwecke				
Bibliotheken, Museen und Ausstellungen	–	**25,00**	–	0,5%
Theater	–	–	–	–
Gemeindezentren, einfacher Standard	–	–	–	–
Gemeindezentren, mittlerer Standard	–	**13,00**	–	0,5%
Gemeindezentren, hoher Standard	–	–	–	–
Gemeindezentren, Holzbauweise	–	–	–	–
Friedhofsgebäude	–	–	–	–

Einheit: m²
Brutto-Grundfläche (BGF)

Kosten:
Stand 4. Quartal 2024
Bundesdurchschnitt
inkl. 19% MwSt.

Einheit: m²
Brutto-Grundfläche (BGF)

▷ von
ø Mittel
◁ bis

Gebäudeart	▷	€/Einheit	◁	KG an 400
1 Büro- und Verwaltungsgebäude				
Büro- und Verwaltungsgebäude, einfacher Standard	–	**–**	–	–
Büro- und Verwaltungsgebäude, mittlerer Standard	11,00	**59,00**	118,00	1,7%
Büro- und Verwaltungsgebäude, hoher Standard	53,00	**107,00**	168,00	4,1%
Büro- und Verwaltungsgebäude, Holzbauweise	–	**–**	–	–
2 Gebäude für Forschung und Lehre				
Instituts- und Laborgebäude	–	**541,00**	–	5,7%
3 Gebäude des Gesundheitswesens				
Medizinische Einrichtungen	–	**–**	–	–
Pflegeheime	–	**–**	–	–
Gebäude für Erholungszwecke	–	**–**	–	–
4 Schulen und Kindergärten				
Schulen				
Allgemeinbildende Schulen	–	**–**	–	–
Schulen, Holzbauweise	–	**–**	–	–
Berufliche Schulen	–	**–**	–	–
Förder- und Sonderschulen	–	**–**	–	–
Weiterbildungseinrichtungen	–	**–**	–	–
Kindergärten				
Kindergärten, nicht unterkellert, einfacher Standard	–	**–**	–	–
Kindergärten, nicht unterkellert, mittlerer Standard	–	**–**	–	–
Kindergärten, nicht unterkellert, hoher Standard	–	**–**	–	–
Kindergärten, Holzbauweise, nicht unterkellert	–	**–**	–	–
Kindergärten, unterkellert	–	**–**	–	–
5 Sportbauten				
Sport- und Mehrzweckhallen	–	**–**	–	–
Sporthallen (Einfeldhallen)	–	**–**	–	–
Sporthallen (Dreifeldhallen)	–	**–**	–	–
6 Wohngebäude				
Ein- und Zweifamilienhäuser				
Ein- und Zweifamilienhäuser, unterkellert, einfacher Standard	–	**–**	–	–
Ein- und Zweifamilienhäuser, unterkellert, mittlerer Standard	–	**–**	–	–
Ein- und Zweifamilienhäuser, unterkellert, hoher Standard	–	**100,00**	–	1,2%
Ein- und Zweifamilienhäuser, nicht unterkellert, einfacher Standard	–	**–**	–	–
Ein- und Zweifamilienhäuser, nicht unterkellert, mittlerer Standard	–	**–**	–	–
Ein- und Zweifamilienhäuser, nicht unterkellert, hoher Standard	–	**–**	–	–
Ein- und Zweifamilienhäuser, Passivhausstandard, Massivbauweise	–	**–**	–	–
Ein- und Zweifamilienhäuser, Passivhausstandard, Holzbauweise	–	**–**	–	–
Ein- und Zweifamilienhäuser, Holzbauweise, unterkellert	–	**–**	–	–
Ein- und Zweifamilienhäuser, Holzbauweise, nicht unterkellert	–	**–**	–	–
Doppel- und Reihenend- / Reihenhäuser				
Doppel- und Reihenendhäuser, einfacher Standard	–	**–**	–	–
Doppel- und Reihenendhäuser, mittlerer Standard	–	**–**	–	–
Doppel- und Reihenendhäuser, hoher Standard	–	**–**	–	–
Doppel- und Reihenendhäuser, Holzbauweise	–	**–**	–	–
Reihenhäuser, einfacher Standard	–	**14,00**	–	2,3%
Reihenhäuser, mittlerer Standard	–	**–**	–	–
Reihenhäuser, hoher Standard	–	**–**	–	–

Einheit: m²
Brutto-Grundfläche (BGF)

Gebäudeart	▷	€/Einheit	◁	KG an 400
7 Mehrfamilienhäuser				
Mehrfamilienhäuser, mit bis zu 6 WE, einfacher Standard	–	–	–	–
Mehrfamilienhäuser, mit bis zu 6 WE, mittlerer Standard	–	–	–	–
Mehrfamilienhäuser, mit bis zu 6 WE, hoher Standard	–	–	–	–
Mehrfamilienhäuser, mit 6 bis 19 WE, einfacher Standard	–	–	–	–
Mehrfamilienhäuser, mit 6 bis 19 WE, mittlerer Standard	–	–	–	–
Mehrfamilienhäuser, mit 6 bis 19 WE, hoher Standard	–	–	–	–
Mehrfamilienhäuser, mit 20 oder mehr WE, einfacher Standard	–	–	–	–
Mehrfamilienhäuser, mit 20 oder mehr WE, mittlerer Standard	–	–	–	–
Mehrfamilienhäuser, mit 20 oder mehr WE, hoher Standard	–	–	–	–
Mehrfamilienhäuser, Passivhäuser	–	–	–	–
Mehrfamilienhäuser, Holzbauweise	–	–	–	–
Wohnhäuser, mit bis zu 15% Mischnutzung, einfacher Standard	–	–	–	–
Wohnhäuser, mit bis zu 15% Mischnutzung, mittlerer Standard	–	–	–	–
Wohnhäuser, mit bis zu 15% Mischnutzung, hoher Standard	–	–	–	–
Wohnhäuser, mit mehr als 15% Mischnutzung	–	–	–	–
Seniorenwohnungen und Beherbergungen				
Seniorenwohnungen, mittlerer Standard	–	–	–	–
Seniorenwohnungen, hoher Standard	–	–	–	–
Wohnheime und Internate	–	**2,90**	–	< 0,1%
Hotels	–	–	–	–
8 Gewerbe-, Lager- und Garagen				
Gaststätten, Kantinen und Mensen	–	–	–	–
Industrielle Produktionsgebäude, Massivbauweise	–	–	–	–
Industrielle Produktionsgebäude, überwiegend Skelettbauweise	13,00	**78,00**	207,00	4,0%
Betriebs- und Werkstätten, eingeschossig	–	–	–	–
Betriebs- und Werkstätten, mehrgeschossig, geringer Hallenanteil	–	**285,00**	–	6,1%
Betriebs- und Werkstätten, mehrgeschossig, hoher Hallenanteil	–	**4,10**	–	< 0,1%
Geschäftshäuser, mit Wohnungen	–	–	–	–
Geschäftshäuser, ohne Wohnungen	–	–	–	–
Verbrauchermärkte	–	–	–	–
Autohäuser	–	–	–	–
Lagergebäude, ohne Mischnutzung	–	–	–	–
Lagergebäude, mit bis zu 25% Mischnutzung	–	–	–	–
Lagergebäude, mit mehr als 25% Mischnutzung	–	–	–	–
Garagen und Bereitschaftsdienste				
Einzel- und Doppelgaragen	–	–	–	–
Mehrfachgaragen	–	–	–	–
Hochgaragen	–	–	–	–
Carports	–	–	–	–
Feuerwehrhäuser	–	–	–	–
Öffentliche Bereitschaftsdienste	–	–	–	–
9 Gebäude für kulturelle und religiöse Zwecke				
Bibliotheken, Museen und Ausstellungen	64,00	**103,00**	141,00	3,4%
Theater	–	–	–	–
Gemeindezentren, einfacher Standard	–	–	–	–
Gemeindezentren, mittlerer Standard	–	–	–	–
Gemeindezentren, hoher Standard	–	–	–	–
Gemeindezentren, Holzbauweise	–	–	–	–
Friedhofsgebäude	–	–	–	–

Kosten:
Stand 4. Quartal 2024
Bundesdurchschnitt
inkl. 19% MwSt.

Einheit: m²
Brutto-Grundfläche (BGF)

▷ von
ø Mittel
◁ bis

Gebäudeart	▷	€/Einheit	◁	KG an 400
1 Büro- und Verwaltungsgebäude				
Büro- und Verwaltungsgebäude, einfacher Standard	–	**–**	–	–
Büro- und Verwaltungsgebäude, mittlerer Standard	26,00	**61,00**	146,00	1,7%
Büro- und Verwaltungsgebäude, hoher Standard	33,00	**71,00**	101,00	2,1%
Büro- und Verwaltungsgebäude, Holzbauweise	–	**36,00**	–	0,9%
2 Gebäude für Forschung und Lehre				
Instituts- und Laborgebäude	189,00	**343,00**	642,00	13,3%
3 Gebäude des Gesundheitswesens				
Medizinische Einrichtungen	–	**64,00**	–	2,0%
Pflegeheime	–	**19,00**	–	0,5%
Gebäude für Erholungszwecke	–	**56,00**	–	0,6%
4 Schulen und Kindergärten				
Schulen				
Allgemeinbildende Schulen	–	**–**	–	–
Schulen, Holzbauweise	–	**1,60**	–	< 0,1%
Berufliche Schulen	–	**–**	–	–
Förder- und Sonderschulen	–	**–**	–	–
Weiterbildungseinrichtungen	–	**–**	–	–
Kindergärten				
Kindergärten, nicht unterkellert, einfacher Standard	–	**–**	–	–
Kindergärten, nicht unterkellert, mittlerer Standard	–	**–**	–	–
Kindergärten, nicht unterkellert, hoher Standard	–	**–**	–	–
Kindergärten, Holzbauweise, nicht unterkellert	–	**–**	–	–
Kindergärten, unterkellert	–	**–**	–	–
5 Sportbauten				
Sport- und Mehrzweckhallen	–	**–**	–	–
Sporthallen (Einfeldhallen)	–	**–**	–	–
Sporthallen (Dreifeldhallen)	–	**–**	–	–
6 Wohngebäude				
Ein- und Zweifamilienhäuser				
Ein- und Zweifamilienhäuser, unterkellert, einfacher Standard	–	**–**	–	–
Ein- und Zweifamilienhäuser, unterkellert, mittlerer Standard	–	**–**	–	–
Ein- und Zweifamilienhäuser, unterkellert, hoher Standard	–	**–**	–	–
Ein- und Zweifamilienhäuser, nicht unterkellert, einfacher Standard	–	**–**	–	–
Ein- und Zweifamilienhäuser, nicht unterkellert, mittlerer Standard	–	**–**	–	–
Ein- und Zweifamilienhäuser, nicht unterkellert, hoher Standard	–	**–**	–	–
Ein- und Zweifamilienhäuser, Passivhausstandard, Massivbauweise	–	**55,00**	–	1,1%
Ein- und Zweifamilienhäuser, Passivhausstandard, Holzbauweise	–	**–**	–	–
Ein- und Zweifamilienhäuser, Holzbauweise, unterkellert	–	**–**	–	–
Ein- und Zweifamilienhäuser, Holzbauweise, nicht unterkellert	–	**–**	–	–
Doppel- und Reihenend- / Reihenhäuser				
Doppel- und Reihenendhäuser, einfacher Standard	–	**–**	–	–
Doppel- und Reihenendhäuser, mittlerer Standard	–	**–**	–	–
Doppel- und Reihenendhäuser, hoher Standard	–	**–**	–	–
Doppel- und Reihenendhäuser, Holzbauweise	–	**–**	–	–
Reihenhäuser, einfacher Standard	–	**–**	–	–
Reihenhäuser, mittlerer Standard	–	**–**	–	–
Reihenhäuser, hoher Standard	–	**–**	–	–

Gebäudeart	▷	€/Einheit	◁	KG an 400
7 Mehrfamilienhäuser				
Mehrfamilienhäuser, mit bis zu 6 WE, einfacher Standard	–	–	–	–
Mehrfamilienhäuser, mit bis zu 6 WE, mittlerer Standard	–	–	–	–
Mehrfamilienhäuser, mit bis zu 6 WE, hoher Standard	–	–	–	–
Mehrfamilienhäuser, mit 6 bis 19 WE, einfacher Standard	–	–	–	–
Mehrfamilienhäuser, mit 6 bis 19 WE, mittlerer Standard	–	–	–	–
Mehrfamilienhäuser, mit 6 bis 19 WE, hoher Standard	–	–	–	–
Mehrfamilienhäuser, mit 20 oder mehr WE, einfacher Standard	–	–	–	–
Mehrfamilienhäuser, mit 20 oder mehr WE, mittlerer Standard	–	**12,00**	–	0,7%
Mehrfamilienhäuser, mit 20 oder mehr WE, hoher Standard	–	–	–	–
Mehrfamilienhäuser, Passivhäuser	–	–	–	–
Mehrfamilienhäuser, Holzbauweise	–	–	–	–
Wohnhäuser, mit bis zu 15% Mischnutzung, einfacher Standard	–	–	–	–
Wohnhäuser, mit bis zu 15% Mischnutzung, mittlerer Standard	–	–	–	–
Wohnhäuser, mit bis zu 15% Mischnutzung, hoher Standard	–	–	–	–
Wohnhäuser, mit mehr als 15% Mischnutzung	–	–	–	–
Seniorenwohnungen und Beherbergungen				
Seniorenwohnungen, mittlerer Standard	–	–	–	–
Seniorenwohnungen, hoher Standard	–	–	–	–
Wohnheime und Internate	–	–	–	–
Hotels	–	–	–	–
8 Gewerbe-, Lager- und Garagen				
Gaststätten, Kantinen und Mensen	–	–	–	–
Industrielle Produktionsgebäude, Massivbauweise	–	–	–	–
Industrielle Produktionsgebäude, überwiegend Skelettbauweise	107,00	**168,00**	275,00	7,8%
Betriebs- und Werkstätten, eingeschossig	–	**72,00**	–	2,7%
Betriebs- und Werkstätten, mehrgeschossig, geringer Hallenanteil	–	**139,00**	–	1,2%
Betriebs- und Werkstätten, mehrgeschossig, hoher Hallenanteil	–	–	–	–
Geschäftshäuser, mit Wohnungen	–	**33,00**	–	2,1%
Geschäftshäuser, ohne Wohnungen	–	**0,40**	–	< 0,1%
Verbrauchermärkte	–	–	–	–
Autohäuser	–	–	–	–
Lagergebäude, ohne Mischnutzung	–	**35,00**	–	0,5%
Lagergebäude, mit bis zu 25% Mischnutzung	–	**28,00**	–	1,8%
Lagergebäude, mit mehr als 25% Mischnutzung	–	–	–	–
Garagen und Bereitschaftsdienste				
Einzel- und Doppelgaragen	–	–	–	–
Mehrfachgaragen	–	–	–	–
Hochgaragen	–	–	–	–
Carports	–	–	–	–
Feuerwehrhäuser	–	**18,00**	–	0,4%
Öffentliche Bereitschaftsdienste	–	**40,00**	–	3,9%
9 Gebäude für kulturelle und religiöse Zwecke				
Bibliotheken, Museen und Ausstellungen	35,00	**42,00**	45,00	2,3%
Theater	–	–	–	–
Gemeindezentren, einfacher Standard	–	–	–	–
Gemeindezentren, mittlerer Standard	–	–	–	–
Gemeindezentren, hoher Standard	–	–	–	–
Gemeindezentren, Holzbauweise	–	–	–	–
Friedhofsgebäude	–	**263,00**	–	28,0%

Einheit: m²
Brutto-Grundfläche (BGF)

Kosten:
Stand 4. Quartal 2024
Bundesdurchschnitt
inkl. 19% MwSt.

Einheit: m²
Brutto-Grundfläche (BGF)

▷ von
ø Mittel
◁ bis

Gebäudeart	▷	€/Einheit	◁	KG an 400
1 Büro- und Verwaltungsgebäude				
Büro- und Verwaltungsgebäude, einfacher Standard	–	**–**	–	–
Büro- und Verwaltungsgebäude, mittlerer Standard	9,60	**53,00**	184,00	3,1%
Büro- und Verwaltungsgebäude, hoher Standard	18,00	**48,00**	116,00	3,4%
Büro- und Verwaltungsgebäude, Holzbauweise	56,00	**90,00**	158,00	11,6%
2 Gebäude für Forschung und Lehre				
Instituts- und Laborgebäude	–	**8,00**	–	0,2%
3 Gebäude des Gesundheitswesens				
Medizinische Einrichtungen	19,00	**31,00**	43,00	3,0%
Pflegeheime	4,90	**9,40**	14,00	0,8%
Gebäude für Erholungszwecke	–	**–**	–	–
4 Schulen und Kindergärten				
Schulen				
Allgemeinbildende Schulen	7,20	**15,00**	52,00	2,0%
Schulen, Holzbauweise	15,00	**25,00**	35,00	1,0%
Berufliche Schulen	–	**8,90**	–	0,3%
Förder- und Sonderschulen	8,40	**23,00**	60,00	3,4%
Weiterbildungseinrichtungen	–	**9,50**	–	0,4%
Kindergärten				
Kindergärten, nicht unterkellert, einfacher Standard	–	**–**	–	–
Kindergärten, nicht unterkellert, mittlerer Standard	6,10	**9,10**	12,00	0,5%
Kindergärten, nicht unterkellert, hoher Standard	–	**–**	–	–
Kindergärten, Holzbauweise, nicht unterkellert	23,00	**41,00**	52,00	1,5%
Kindergärten, unterkellert	–	**–**	–	–
5 Sportbauten				
Sport- und Mehrzweckhallen	15,00	**24,00**	33,00	2,3%
Sporthallen (Einfeldhallen)	12,00	**14,00**	17,00	1,5%
Sporthallen (Dreifeldhallen)	6,50	**16,00**	26,00	1,0%
6 Wohngebäude				
Ein- und Zweifamilienhäuser				
Ein- und Zweifamilienhäuser, unterkellert, einfacher Standard	–	**–**	–	–
Ein- und Zweifamilienhäuser, unterkellert, mittlerer Standard	70,00	**100,00**	118,00	4,6%
Ein- und Zweifamilienhäuser, unterkellert, hoher Standard	–	**–**	–	–
Ein- und Zweifamilienhäuser, nicht unterkellert, einfacher Standard	–	**–**	–	–
Ein- und Zweifamilienhäuser, nicht unterkellert, mittlerer Standard	–	**62,00**	–	0,7%
Ein- und Zweifamilienhäuser, nicht unterkellert, hoher Standard	–	**–**	–	–
Ein- und Zweifamilienhäuser, Passivhausstandard, Massivbauweise	73,00	**174,00**	275,00	4,9%
Ein- und Zweifamilienhäuser, Passivhausstandard, Holzbauweise	58,00	**123,00**	157,00	4,5%
Ein- und Zweifamilienhäuser, Holzbauweise, unterkellert	–	**–**	–	–
Ein- und Zweifamilienhäuser, Holzbauweise, nicht unterkellert	–	**154,00**	–	3,6%
Doppel- und Reihenend- / Reihenhäuser				
Doppel- und Reihenendhäuser, einfacher Standard	–	**–**	–	–
Doppel- und Reihenendhäuser, mittlerer Standard	–	**–**	–	–
Doppel- und Reihenendhäuser, hoher Standard	–	**–**	–	–
Doppel- und Reihenendhäuser, Holzbauweise	–	**84,00**	–	5,4%
Reihenhäuser, einfacher Standard	–	**–**	–	–
Reihenhäuser, mittlerer Standard	–	**–**	–	–
Reihenhäuser, hoher Standard	–	**–**	–	–

Gebäudeart	▷	€/Einheit	◁	KG an 400
7 Mehrfamilienhäuser				
Mehrfamilienhäuser, mit bis zu 6 WE, einfacher Standard	–	–	–	–
Mehrfamilienhäuser, mit bis zu 6 WE, mittlerer Standard	–	**102,00**	–	6,2%
Mehrfamilienhäuser, mit bis zu 6 WE, hoher Standard	–	–	–	–
Mehrfamilienhäuser, mit 6 bis 19 WE, einfacher Standard	–	–	–	–
Mehrfamilienhäuser, mit 6 bis 19 WE, mittlerer Standard	–	–	–	–
Mehrfamilienhäuser, mit 6 bis 19 WE, hoher Standard	–	–	–	–
Mehrfamilienhäuser, mit 20 oder mehr WE, einfacher Standard	–	–	–	–
Mehrfamilienhäuser, mit 20 oder mehr WE, mittlerer Standard	–	**4,60**	–	0,3%
Mehrfamilienhäuser, mit 20 oder mehr WE, hoher Standard	–	–	–	–
Mehrfamilienhäuser, Passivhäuser	–	–	–	–
Mehrfamilienhäuser, Holzbauweise	36,00	**65,00**	118,00	7,8%
Wohnhäuser, mit bis zu 15% Mischnutzung, einfacher Standard	–	–	–	–
Wohnhäuser, mit bis zu 15% Mischnutzung, mittlerer Standard	–	**32,00**	–	2,7%
Wohnhäuser, mit bis zu 15% Mischnutzung, hoher Standard	–	–	–	–
Wohnhäuser, mit mehr als 15% Mischnutzung	–	–	–	–
Seniorenwohnungen und Beherbergungen				
Seniorenwohnungen, mittlerer Standard	–	**3,20**	–	0,2%
Seniorenwohnungen, hoher Standard	–	**3,00**	–	0,4%
Wohnheime und Internate	–	**41,00**	–	1,6%
Hotels	–	–	–	–
8 Gewerbe-, Lager- und Garagen				
Gaststätten, Kantinen und Mensen	–	–	–	–
Industrielle Produktionsgebäude, Massivbauweise	7,50	**18,00**	29,00	2,2%
Industrielle Produktionsgebäude, überwiegend Skelettbauweise	4,70	**14,00**	32,00	0,8%
Betriebs- und Werkstätten, eingeschossig	–	**2,10**	–	< 0,1%
Betriebs- und Werkstätten, mehrgeschossig, geringer Hallenanteil	1,80	**2,90**	4,00	< 0,1%
Betriebs- und Werkstätten, mehrgeschossig, hoher Hallenanteil	–	**1,10**	–	< 0,1%
Geschäftshäuser, mit Wohnungen	–	**23,00**	–	1,4%
Geschäftshäuser, ohne Wohnungen	–	–	–	–
Verbrauchermärkte	–	–	–	–
Autohäuser	–	–	–	–
Lagergebäude, ohne Mischnutzung	–	**4,60**	–	< 0,1%
Lagergebäude, mit bis zu 25% Mischnutzung	–	**7,30**	–	0,5%
Lagergebäude, mit mehr als 25% Mischnutzung	–	–	–	–
Garagen und Bereitschaftsdienste				
Einzel- und Doppelgaragen	–	–	–	–
Mehrfachgaragen	–	–	–	–
Hochgaragen	–	**1,90**	–	0,4%
Carports	–	–	–	–
Feuerwehrhäuser	19,00	**37,00**	64,00	2,4%
Öffentliche Bereitschaftsdienste	–	**3,60**	–	0,1%
9 Gebäude für kulturelle und religiöse Zwecke				
Bibliotheken, Museen und Ausstellungen	3,90	**9,60**	19,00	0,5%
Theater	–	**6,10**	–	0,8%
Gemeindezentren, einfacher Standard	–	–	–	–
Gemeindezentren, mittlerer Standard	–	**39,00**	–	1,4%
Gemeindezentren, hoher Standard	19,00	**44,00**	69,00	3,5%
Gemeindezentren, Holzbauweise	–	–	–	–
Friedhofsgebäude	–	–	–	–

Einheit: m²
Brutto-Grundfläche (BGF)

443 Niederspannungs-schaltanlagen

Kosten:
Stand 4. Quartal 2024
Bundesdurchschnitt
inkl. 19% MwSt.

Einheit: m²
Brutto-Grundfläche (BGF)

▷ von
ø Mittel
◁ bis

Gebäudeart	▷	€/Einheit	◁	KG an 400
1 Büro- und Verwaltungsgebäude				
Büro- und Verwaltungsgebäude, einfacher Standard	–	**–**	–	–
Büro- und Verwaltungsgebäude, mittlerer Standard	9,10	**18,00**	33,00	1,0%
Büro- und Verwaltungsgebäude, hoher Standard	15,00	**23,00**	31,00	0,8%
Büro- und Verwaltungsgebäude, Holzbauweise	–	**5,20**	–	0,1%
2 Gebäude für Forschung und Lehre				
Instituts- und Laborgebäude	21,00	**90,00**	159,00	3,0%
3 Gebäude des Gesundheitswesens				
Medizinische Einrichtungen	–	**–**	–	–
Pflegeheime	6,70	**11,00**	13,00	0,7%
Gebäude für Erholungszwecke	–	**–**	–	–
4 Schulen und Kindergärten				
Schulen				
Allgemeinbildende Schulen	23,00	**27,00**	31,00	1,3%
Schulen, Holzbauweise	7,30	**21,00**	34,00	0,7%
Berufliche Schulen	–	**20,00**	–	0,6%
Förder- und Sonderschulen	–	**19,00**	–	0,8%
Weiterbildungseinrichtungen	–	**28,00**	–	1,0%
Kindergärten				
Kindergärten, nicht unterkellert, einfacher Standard	–	**–**	–	–
Kindergärten, nicht unterkellert, mittlerer Standard	–	**13,00**	–	0,5%
Kindergärten, nicht unterkellert, hoher Standard	–	**10,00**	–	0,4%
Kindergärten, Holzbauweise, nicht unterkellert	–	**–**	–	–
Kindergärten, unterkellert	–	**–**	–	–
5 Sportbauten				
Sport- und Mehrzweckhallen	–	**14,00**	–	0,7%
Sporthallen (Einfeldhallen)	–	**–**	–	–
Sporthallen (Dreifeldhallen)	–	**5,40**	–	0,2%
6 Wohngebäude				
Ein- und Zweifamilienhäuser				
Ein- und Zweifamilienhäuser, unterkellert, einfacher Standard	–	**–**	–	–
Ein- und Zweifamilienhäuser, unterkellert, mittlerer Standard	–	**–**	–	–
Ein- und Zweifamilienhäuser, unterkellert, hoher Standard	–	**–**	–	–
Ein- und Zweifamilienhäuser, nicht unterkellert, einfacher Standard	–	**–**	–	–
Ein- und Zweifamilienhäuser, nicht unterkellert, mittlerer Standard	–	**–**	–	–
Ein- und Zweifamilienhäuser, nicht unterkellert, hoher Standard	–	**–**	–	–
Ein- und Zweifamilienhäuser, Passivhausstandard, Massivbauweise	–	**–**	–	–
Ein- und Zweifamilienhäuser, Passivhausstandard, Holzbauweise	–	**–**	–	–
Ein- und Zweifamilienhäuser, Holzbauweise, unterkellert	–	**–**	–	–
Ein- und Zweifamilienhäuser, Holzbauweise, nicht unterkellert	–	**–**	–	–
Doppel- und Reihenend- / Reihenhäuser				
Doppel- und Reihenendhäuser, einfacher Standard	–	**–**	–	–
Doppel- und Reihenendhäuser, mittlerer Standard	–	**–**	–	–
Doppel- und Reihenendhäuser, hoher Standard	–	**–**	–	–
Doppel- und Reihenendhäuser, Holzbauweise	–	**–**	–	–
Reihenhäuser, einfacher Standard	–	**18,00**	–	3,1%
Reihenhäuser, mittlerer Standard	–	**–**	–	–
Reihenhäuser, hoher Standard	–	**–**	–	–

Einheit: m²
Brutto-Grundfläche (BGF)

Gebäudeart	▷	€/Einheit	◁	KG an 400
7 Mehrfamilienhäuser				
Mehrfamilienhäuser, mit bis zu 6 WE, einfacher Standard	2,90	**6,20**	9,60	3,2%
Mehrfamilienhäuser, mit bis zu 6 WE, mittlerer Standard	–	–	–	–
Mehrfamilienhäuser, mit bis zu 6 WE, hoher Standard	–	**8,10**	–	0,2%
Mehrfamilienhäuser, mit 6 bis 19 WE, einfacher Standard	–	**4,70**	–	0,5%
Mehrfamilienhäuser, mit 6 bis 19 WE, mittlerer Standard	–	**17,00**	–	0,5%
Mehrfamilienhäuser, mit 6 bis 19 WE, hoher Standard	–	–	–	–
Mehrfamilienhäuser, mit 20 oder mehr WE, einfacher Standard	–	–	–	–
Mehrfamilienhäuser, mit 20 oder mehr WE, mittlerer Standard	7,10	**8,00**	8,90	0,9%
Mehrfamilienhäuser, mit 20 oder mehr WE, hoher Standard	–	–	–	–
Mehrfamilienhäuser, Passivhäuser	–	–	–	–
Mehrfamilienhäuser, Holzbauweise	–	–	–	–
Wohnhäuser, mit bis zu 15% Mischnutzung, einfacher Standard	–	–	–	–
Wohnhäuser, mit bis zu 15% Mischnutzung, mittlerer Standard	–	–	–	–
Wohnhäuser, mit bis zu 15% Mischnutzung, hoher Standard	–	**3,00**	–	0,9%
Wohnhäuser, mit mehr als 15% Mischnutzung	–	–	–	–
Seniorenwohnungen und Beherbergungen				
Seniorenwohnungen, mittlerer Standard	–	**5,70**	–	0,2%
Seniorenwohnungen, hoher Standard	–	–	–	–
Wohnheime und Internate	–	–	–	–
Hotels	–	–	–	–
8 Gewerbe-, Lager- und Garagen				
Gaststätten, Kantinen und Mensen	–	**44,00**	–	3,8%
Industrielle Produktionsgebäude, Massivbauweise	8,80	**36,00**	50,00	4,5%
Industrielle Produktionsgebäude, überwiegend Skelettbauweise	6,20	**16,00**	32,00	1,7%
Betriebs- und Werkstätten, eingeschossig	–	**33,00**	–	1,2%
Betriebs- und Werkstätten, mehrgeschossig, geringer Hallenanteil	3,90	**30,00**	43,00	2,9%
Betriebs- und Werkstätten, mehrgeschossig, hoher Hallenanteil	13,00	**24,00**	38,00	3,3%
Geschäftshäuser, mit Wohnungen	–	**1,90**	–	0,1%
Geschäftshäuser, ohne Wohnungen	–	–	–	–
Verbrauchermärkte	–	**5,00**	–	0,4%
Autohäuser	–	–	–	–
Lagergebäude, ohne Mischnutzung	–	**18,00**	–	0,3%
Lagergebäude, mit bis zu 25% Mischnutzung	–	–	–	–
Lagergebäude, mit mehr als 25% Mischnutzung	–	**9,30**	–	1,5%
Garagen und Bereitschaftsdienste				
Einzel- und Doppelgaragen	–	–	–	–
Mehrfachgaragen	–	–	–	–
Hochgaragen	–	–	–	–
Carports	–	–	–	–
Feuerwehrhäuser	–	**21,00**	–	0,4%
Öffentliche Bereitschaftsdienste	–	–	–	–
9 Gebäude für kulturelle und religiöse Zwecke				
Bibliotheken, Museen und Ausstellungen	6,50	**14,00**	22,00	0,4%
Theater	–	–	–	–
Gemeindezentren, einfacher Standard	–	–	–	–
Gemeindezentren, mittlerer Standard	–	–	–	–
Gemeindezentren, hoher Standard	–	–	–	–
Gemeindezentren, Holzbauweise	–	–	–	–
Friedhofsgebäude	–	–	–	–

Kosten:
Stand 4. Quartal 2024
Bundesdurchschnitt
inkl. 19% MwSt.

Einheit: m²
Brutto-Grundfläche (BGF)

▷ von
ø Mittel
◁ bis

Gebäudeart	▷	€/Einheit	◁	KG an 400
1 Büro- und Verwaltungsgebäude				
Büro- und Verwaltungsgebäude, einfacher Standard	28,00	**46,00**	56,00	19,9%
Büro- und Verwaltungsgebäude, mittlerer Standard	84,00	**117,00**	173,00	18,8%
Büro- und Verwaltungsgebäude, hoher Standard	93,00	**124,00**	189,00	14,1%
Büro- und Verwaltungsgebäude, Holzbauweise	58,00	**103,00**	148,00	18,7%
2 Gebäude für Forschung und Lehre				
Instituts- und Laborgebäude	48,00	**106,00**	156,00	8,2%
3 Gebäude des Gesundheitswesens				
Medizinische Einrichtungen	96,00	**138,00**	219,00	18,1%
Pflegeheime	68,00	**102,00**	123,00	11,5%
Gebäude für Erholungszwecke	102,00	**147,00**	214,00	8,2%
4 Schulen und Kindergärten				
Schulen				
Allgemeinbildende Schulen	61,00	**91,00**	119,00	16,6%
Schulen, Holzbauweise	65,00	**97,00**	132,00	16,7%
Berufliche Schulen	96,00	**149,00**	194,00	17,4%
Förder- und Sonderschulen	91,00	**139,00**	302,00	22,3%
Weiterbildungseinrichtungen	90,00	**174,00**	341,00	20,0%
Kindergärten				
Kindergärten, nicht unterkellert, einfacher Standard	50,00	**67,00**	91,00	15,5%
Kindergärten, nicht unterkellert, mittlerer Standard	64,00	**91,00**	154,00	17,5%
Kindergärten, nicht unterkellert, hoher Standard	41,00	**65,00**	92,00	9,9%
Kindergärten, Holzbauweise, nicht unterkellert	61,00	**98,00**	143,00	17,8%
Kindergärten, unterkellert	48,00	**106,00**	167,00	18,3%
5 Sportbauten				
Sport- und Mehrzweckhallen	46,00	**117,00**	259,00	22,2%
Sporthallen (Einfeldhallen)	34,00	**58,00**	86,00	12,1%
Sporthallen (Dreifeldhallen)	49,00	**54,00**	64,00	6,3%
6 Wohngebäude				
Ein- und Zweifamilienhäuser				
Ein- und Zweifamilienhäuser, unterkellert, einfacher Standard	28,00	**36,00**	54,00	17,5%
Ein- und Zweifamilienhäuser, unterkellert, mittlerer Standard	39,00	**63,00**	92,00	16,1%
Ein- und Zweifamilienhäuser, unterkellert, hoher Standard	44,00	**81,00**	138,00	16,9%
Ein- und Zweifamilienhäuser, nicht unterkellert, einfacher Standard	29,00	**30,00**	30,00	13,7%
Ein- und Zweifamilienhäuser, nicht unterkellert, mittlerer Standard	49,00	**76,00**	119,00	18,6%
Ein- und Zweifamilienhäuser, nicht unterkellert, hoher Standard	42,00	**64,00**	92,00	15,3%
Ein- und Zweifamilienhäuser, Passivhausstandard, Massivbauweise	43,00	**51,00**	63,00	11,9%
Ein- und Zweifamilienhäuser, Passivhausstandard, Holzbauweise	55,00	**73,00**	103,00	14,6%
Ein- und Zweifamilienhäuser, Holzbauweise, unterkellert	42,00	**64,00**	115,00	17,6%
Ein- und Zweifamilienhäuser, Holzbauweise, nicht unterkellert	35,00	**50,00**	73,00	14,4%
Doppel- und Reihenend- / Reihenhäuser				
Doppel- und Reihenendhäuser, einfacher Standard	41,00	**43,00**	44,00	16,7%
Doppel- und Reihenendhäuser, mittlerer Standard	50,00	**59,00**	86,00	16,3%
Doppel- und Reihenendhäuser, hoher Standard	56,00	**73,00**	129,00	17,4%
Doppel- und Reihenendhäuser, Holzbauweise	32,00	**47,00**	63,00	12,0%
Reihenhäuser, einfacher Standard	28,00	**38,00**	48,00	15,5%
Reihenhäuser, mittlerer Standard	35,00	**41,00**	47,00	13,9%
Reihenhäuser, hoher Standard	32,00	**45,00**	61,00	10,7%

Gebäudeart	▷	€/Einheit	◁	KG an 400
7 Mehrfamilienhäuser				
Mehrfamilienhäuser, mit bis zu 6 WE, einfacher Standard	26,00	**29,00**	31,00	15,6%
Mehrfamilienhäuser, mit bis zu 6 WE, mittlerer Standard	34,00	**50,00**	61,00	16,5%
Mehrfamilienhäuser, mit bis zu 6 WE, hoher Standard	61,00	**75,00**	96,00	19,5%
Mehrfamilienhäuser, mit 6 bis 19 WE, einfacher Standard	35,00	**44,00**	61,00	16,9%
Mehrfamilienhäuser, mit 6 bis 19 WE, mittlerer Standard	35,00	**55,00**	67,00	20,8%
Mehrfamilienhäuser, mit 6 bis 19 WE, hoher Standard	32,00	**41,00**	50,00	14,5%
Mehrfamilienhäuser, mit 20 oder mehr WE, einfacher Standard	45,00	**54,00**	63,00	13,4%
Mehrfamilienhäuser, mit 20 oder mehr WE, mittlerer Standard	57,00	**79,00**	153,00	20,8%
Mehrfamilienhäuser, mit 20 oder mehr WE, hoher Standard	43,00	**57,00**	64,00	14,9%
Mehrfamilienhäuser, Passivhäuser	48,00	**64,00**	86,00	18,7%
Mehrfamilienhäuser, Holzbauweise	50,00	**77,00**	97,00	20,9%
Wohnhäuser, mit bis zu 15% Mischnutzung, einfacher Standard	48,00	**51,00**	55,00	16,9%
Wohnhäuser, mit bis zu 15% Mischnutzung, mittlerer Standard	25,00	**42,00**	52,00	15,6%
Wohnhäuser, mit bis zu 15% Mischnutzung, hoher Standard	–	**56,00**	–	16,7%
Wohnhäuser, mit mehr als 15% Mischnutzung	82,00	**126,00**	169,00	20,1%
Seniorenwohnungen und Beherbergungen				
Seniorenwohnungen, mittlerer Standard	58,00	**71,00**	80,00	17,9%
Seniorenwohnungen, hoher Standard	65,00	**75,00**	84,00	16,7%
Wohnheime und Internate	64,00	**83,00**	116,00	18,0%
Hotels	–	**50,00**	–	16,5%
8 Gewerbe-, Lager- und Garagen				
Gaststätten, Kantinen und Mensen	–	**49,00**	–	4,3%
Industrielle Produktionsgebäude, Massivbauweise	56,00	**94,00**	128,00	18,1%
Industrielle Produktionsgebäude, überwiegend Skelettbauweise	69,00	**146,00**	224,00	21,7%
Betriebs- und Werkstätten, eingeschossig	129,00	**131,00**	135,00	23,7%
Betriebs- und Werkstätten, mehrgeschossig, geringer Hallenanteil	31,00	**71,00**	124,00	15,5%
Betriebs- und Werkstätten, mehrgeschossig, hoher Hallenanteil	38,00	**83,00**	128,00	23,0%
Geschäftshäuser, mit Wohnungen	36,00	**77,00**	101,00	22,7%
Geschäftshäuser, ohne Wohnungen	52,00	**59,00**	66,00	19,4%
Verbrauchermärkte	115,00	**117,00**	120,00	24,6%
Autohäuser	32,00	**88,00**	144,00	30,8%
Lagergebäude, ohne Mischnutzung	25,00	**48,00**	109,00	24,0%
Lagergebäude, mit bis zu 25% Mischnutzung	26,00	**59,00**	79,00	24,6%
Lagergebäude, mit mehr als 25% Mischnutzung	37,00	**39,00**	42,00	16,3%
Garagen und Bereitschaftsdienste				
Einzel- und Doppelgaragen	–	**67,00**	–	100,0%
Mehrfachgaragen	7,10	**21,00**	58,00	13,4%
Hochgaragen	6,80	**15,00**	32,00	22,0%
Carports	–	**–**	–	–
Feuerwehrhäuser	55,00	**88,00**	148,00	14,7%
Öffentliche Bereitschaftsdienste	62,00	**77,00**	107,00	21,6%
9 Gebäude für kulturelle und religiöse Zwecke				
Bibliotheken, Museen und Ausstellungen	76,00	**103,00**	144,00	16,6%
Theater	110,00	**139,00**	168,00	18,6%
Gemeindezentren, einfacher Standard	22,00	**30,00**	43,00	11,8%
Gemeindezentren, mittlerer Standard	54,00	**81,00**	109,00	15,8%
Gemeindezentren, hoher Standard	71,00	**88,00**	129,00	13,1%
Gemeindezentren, Holzbauweise	80,00	**128,00**	152,00	20,9%
Friedhofsgebäude	96,00	**105,00**	114,00	13,0%

Einheit: m²
Brutto-Grundfläche (BGF)

Gebäudeart	▷	€/Einheit	◁	KG an 400
1 Büro- und Verwaltungsgebäude				
Büro- und Verwaltungsgebäude, einfacher Standard	3,60	**29,00**	42,00	11,4%
Büro- und Verwaltungsgebäude, mittlerer Standard	31,00	**58,00**	75,00	9,3%
Büro- und Verwaltungsgebäude, hoher Standard	48,00	**94,00**	143,00	10,0%
Büro- und Verwaltungsgebäude, Holzbauweise	26,00	**47,00**	89,00	5,4%
2 Gebäude für Forschung und Lehre				
Instituts- und Laborgebäude	43,00	**59,00**	91,00	4,2%
3 Gebäude des Gesundheitswesens				
Medizinische Einrichtungen	77,00	**95,00**	124,00	14,1%
Pflegeheime	64,00	**75,00**	92,00	8,5%
Gebäude für Erholungszwecke	70,00	**101,00**	160,00	4,7%
4 Schulen und Kindergärten				
Schulen				
Allgemeinbildende Schulen	37,00	**56,00**	72,00	10,6%
Schulen, Holzbauweise	47,00	**82,00**	159,00	14,1%
Berufliche Schulen	46,00	**65,00**	84,00	6,9%
Förder- und Sonderschulen	36,00	**58,00**	89,00	9,7%
Weiterbildungseinrichtungen	29,00	**70,00**	91,00	8,0%
Kindergärten				
Kindergärten, nicht unterkellert, einfacher Standard	54,00	**64,00**	84,00	15,4%
Kindergärten, nicht unterkellert, mittlerer Standard	36,00	**73,00**	167,00	10,2%
Kindergärten, nicht unterkellert, hoher Standard	35,00	**71,00**	101,00	11,9%
Kindergärten, Holzbauweise, nicht unterkellert	28,00	**59,00**	77,00	10,8%
Kindergärten, unterkellert	48,00	**65,00**	105,00	12,3%
5 Sportbauten				
Sport- und Mehrzweckhallen	23,00	**55,00**	112,00	9,5%
Sporthallen (Einfeldhallen)	63,00	**95,00**	188,00	20,5%
Sporthallen (Dreifeldhallen)	51,00	**57,00**	71,00	6,6%
6 Wohngebäude				
Ein- und Zweifamilienhäuser				
Ein- und Zweifamilienhäuser, unterkellert, einfacher Standard	0,10	**0,70**	1,40	0,2%
Ein- und Zweifamilienhäuser, unterkellert, mittlerer Standard	2,40	**4,30**	14,00	0,7%
Ein- und Zweifamilienhäuser, unterkellert, hoher Standard	6,00	**19,00**	47,00	2,9%
Ein- und Zweifamilienhäuser, nicht unterkellert, einfacher Standard	–	**4,70**	–	0,8%
Ein- und Zweifamilienhäuser, nicht unterkellert, mittlerer Standard	5,40	**17,00**	40,00	2,4%
Ein- und Zweifamilienhäuser, nicht unterkellert, hoher Standard	1,80	**6,40**	20,00	1,1%
Ein- und Zweifamilienhäuser, Passivhausstandard, Massivbauweise	1,90	**5,70**	9,80	0,5%
Ein- und Zweifamilienhäuser, Passivhausstandard, Holzbauweise	3,10	**11,00**	17,00	1,0%
Ein- und Zweifamilienhäuser, Holzbauweise, unterkellert	2,20	**5,80**	16,00	0,5%
Ein- und Zweifamilienhäuser, Holzbauweise, nicht unterkellert	4,10	**14,00**	21,00	2,4%
Doppel- und Reihenend- / Reihenhäuser				
Doppel- und Reihenendhäuser, einfacher Standard	0,20	**1,10**	2,10	0,3%
Doppel- und Reihenendhäuser, mittlerer Standard	5,00	**12,00**	26,00	1,4%
Doppel- und Reihenendhäuser, hoher Standard	5,70	**17,00**	48,00	3,2%
Doppel- und Reihenendhäuser, Holzbauweise	14,00	**16,00**	17,00	1,9%
Reihenhäuser, einfacher Standard	–	**1,10**	–	0,2%
Reihenhäuser, mittlerer Standard	–	**0,60**	–	0,1%
Reihenhäuser, hoher Standard	5,10	**8,00**	14,00	1,5%

Kosten:
Stand 4. Quartal 2024
Bundesdurchschnitt
inkl. 19% MwSt.

Einheit: m^2
Brutto-Grundfläche (BGF)

▷ von
ø Mittel
◁ bis

Gebäudeart	▷	€/Einheit	◁	KG an 400
7 Mehrfamilienhäuser				
Mehrfamilienhäuser, mit bis zu 6 WE, einfacher Standard	–	**3,30**	–	1,0%
Mehrfamilienhäuser, mit bis zu 6 WE, mittlerer Standard	2,30	**4,30**	7,30	1,4%
Mehrfamilienhäuser, mit bis zu 6 WE, hoher Standard	6,80	**12,00**	23,00	2,6%
Mehrfamilienhäuser, mit 6 bis 19 WE, einfacher Standard	3,30	**9,30**	19,00	3,4%
Mehrfamilienhäuser, mit 6 bis 19 WE, mittlerer Standard	1,80	**4,60**	8,60	1,5%
Mehrfamilienhäuser, mit 6 bis 19 WE, hoher Standard	2,20	**4,80**	8,60	1,4%
Mehrfamilienhäuser, mit 20 oder mehr WE, einfacher Standard	9,00	**11,00**	14,00	2,9%
Mehrfamilienhäuser, mit 20 oder mehr WE, mittlerer Standard	8,40	**15,00**	23,00	4,5%
Mehrfamilienhäuser, mit 20 oder mehr WE, hoher Standard	0,90	**5,00**	7,70	1,4%
Mehrfamilienhäuser, Passivhäuser	3,20	**5,20**	5,90	0,9%
Mehrfamilienhäuser, Holzbauweise	1,40	**5,60**	8,40	1,5%
Wohnhäuser, mit bis zu 15% Mischnutzung, einfacher Standard	1,60	**5,30**	13,00	1,8%
Wohnhäuser, mit bis zu 15% Mischnutzung, mittlerer Standard	0,60	**3,80**	10,00	1,1%
Wohnhäuser, mit bis zu 15% Mischnutzung, hoher Standard	–	**12,00**	–	3,4%
Wohnhäuser, mit mehr als 15% Mischnutzung	–	**10,00**	–	1,1%
Seniorenwohnungen und Beherbergungen				
Seniorenwohnungen, mittlerer Standard	13,00	**17,00**	23,00	4,1%
Seniorenwohnungen, hoher Standard	2,50	**4,60**	6,60	1,1%
Wohnheime und Internate	12,00	**30,00**	87,00	5,4%
Hotels	–	**16,00**	–	5,1%
8 Gewerbe-, Lager- und Garagen				
Gaststätten, Kantinen und Mensen	–	**95,00**	–	8,3%
Industrielle Produktionsgebäude, Massivbauweise	29,00	**38,00**	49,00	9,0%
Industrielle Produktionsgebäude, überwiegend Skelettbauweise	19,00	**36,00**	58,00	5,2%
Betriebs- und Werkstätten, eingeschossig	21,00	**41,00**	62,00	3,8%
Betriebs- und Werkstätten, mehrgeschossig, geringer Hallenanteil	17,00	**43,00**	70,00	6,5%
Betriebs- und Werkstätten, mehrgeschossig, hoher Hallenanteil	11,00	**34,00**	57,00	7,2%
Geschäftshäuser, mit Wohnungen	21,00	**33,00**	53,00	9,1%
Geschäftshäuser, ohne Wohnungen	4,70	**4,90**	5,10	1,6%
Verbrauchermärkte	11,00	**24,00**	37,00	4,4%
Autohäuser	24,00	**32,00**	40,00	15,2%
Lagergebäude, ohne Mischnutzung	11,00	**17,00**	39,00	6,9%
Lagergebäude, mit bis zu 25% Mischnutzung	12,00	**31,00**	63,00	9,9%
Lagergebäude, mit mehr als 25% Mischnutzung	14,00	**30,00**	46,00	13,7%
Garagen und Bereitschaftsdienste				
Einzel- und Doppelgaragen	–	**–**	–	–
Mehrfachgaragen	2,30	**7,40**	22,00	5,3%
Hochgaragen	3,70	**23,00**	35,00	29,9%
Carports	–	**–**	–	–
Feuerwehrhäuser	29,00	**50,00**	69,00	8,6%
Öffentliche Bereitschaftsdienste	19,00	**25,00**	28,00	6,1%
9 Gebäude für kulturelle und religiöse Zwecke				
Bibliotheken, Museen und Ausstellungen	25,00	**71,00**	118,00	9,2%
Theater	77,00	**85,00**	92,00	12,5%
Gemeindezentren, einfacher Standard	20,00	**38,00**	72,00	13,5%
Gemeindezentren, mittlerer Standard	51,00	**68,00**	86,00	15,1%
Gemeindezentren, hoher Standard	67,00	**105,00**	141,00	15,8%
Gemeindezentren, Holzbauweise	117,00	**136,00**	167,00	22,7%
Friedhofsgebäude	15,00	**38,00**	61,00	3,1%

Einheit: m²
Brutto-Grundfläche (BGF)

Kosten:
Stand 4. Quartal 2024
Bundesdurchschnitt
inkl. 19% MwSt.

Einheit: m²
Brutto-Grundfläche (BGF)

▷ von
Ø Mittel
◁ bis

Gebäudeart	▷	€/Einheit	◁	KG an 400
1 Büro- und Verwaltungsgebäude				
Büro- und Verwaltungsgebäude, einfacher Standard	1,90	**4,20**	5,60	2,0%
Büro- und Verwaltungsgebäude, mittlerer Standard	3,80	**7,40**	12,00	1,2%
Büro- und Verwaltungsgebäude, hoher Standard	5,90	**9,20**	19,00	1,0%
Büro- und Verwaltungsgebäude, Holzbauweise	3,30	**6,40**	8,00	1,3%
2 Gebäude für Forschung und Lehre				
Instituts- und Laborgebäude	3,90	**10,00**	15,00	0,8%
3 Gebäude des Gesundheitswesens				
Medizinische Einrichtungen	7,30	**11,00**	13,00	1,6%
Pflegeheime	5,00	**11,00**	36,00	1,2%
Gebäude für Erholungszwecke	8,60	**19,00**	57,00	4,5%
4 Schulen und Kindergärten				
Schulen				
Allgemeinbildende Schulen	2,80	**4,90**	7,40	1,0%
Schulen, Holzbauweise	11,00	**16,00**	26,00	3,3%
Berufliche Schulen	6,60	**25,00**	34,00	2,5%
Förder- und Sonderschulen	3,70	**7,00**	13,00	1,3%
Weiterbildungseinrichtungen	1,70	**5,70**	7,70	0,8%
Kindergärten				
Kindergärten, nicht unterkellert, einfacher Standard	10,00	**19,00**	34,00	4,4%
Kindergärten, nicht unterkellert, mittlerer Standard	9,10	**16,00**	44,00	2,7%
Kindergärten, nicht unterkellert, hoher Standard	4,70	**9,50**	14,00	1,5%
Kindergärten, Holzbauweise, nicht unterkellert	10,00	**18,00**	25,00	3,6%
Kindergärten, unterkellert	3,50	**11,00**	16,00	1,8%
5 Sportbauten				
Sport- und Mehrzweckhallen	5,60	**9,20**	16,00	1,9%
Sporthallen (Einfeldhallen)	9,10	**15,00**	20,00	3,1%
Sporthallen (Dreifeldhallen)	3,50	**5,50**	8,90	0,6%
6 Wohngebäude				
Ein- und Zweifamilienhäuser				
Ein- und Zweifamilienhäuser, unterkellert, einfacher Standard	1,10	**2,10**	4,10	1,0%
Ein- und Zweifamilienhäuser, unterkellert, mittlerer Standard	2,00	**4,10**	9,30	1,1%
Ein- und Zweifamilienhäuser, unterkellert, hoher Standard	2,50	**5,40**	10,00	1,2%
Ein- und Zweifamilienhäuser, nicht unterkellert, einfacher Standard	1,60	**2,50**	3,40	1,1%
Ein- und Zweifamilienhäuser, nicht unterkellert, mittlerer Standard	2,20	**5,70**	12,00	1,3%
Ein- und Zweifamilienhäuser, nicht unterkellert, hoher Standard	1,70	**6,10**	14,00	1,6%
Ein- und Zweifamilienhäuser, Passivhausstandard, Massivbauweise	2,00	**4,40**	9,20	1,0%
Ein- und Zweifamilienhäuser, Passivhausstandard, Holzbauweise	1,70	**3,40**	7,70	0,5%
Ein- und Zweifamilienhäuser, Holzbauweise, unterkellert	2,70	**5,70**	15,00	1,5%
Ein- und Zweifamilienhäuser, Holzbauweise, nicht unterkellert	2,20	**4,30**	13,00	1,5%
Doppel- und Reihenend- / Reihenhäuser				
Doppel- und Reihenendhäuser, einfacher Standard	1,10	**2,70**	4,30	0,7%
Doppel- und Reihenendhäuser, mittlerer Standard	3,20	**4,10**	6,40	1,1%
Doppel- und Reihenendhäuser, hoher Standard	3,00	**5,20**	7,40	1,0%
Doppel- und Reihenendhäuser, Holzbauweise	3,70	**7,40**	11,00	2,0%
Reihenhäuser, einfacher Standard	–	**1,20**	–	0,2%
Reihenhäuser, mittlerer Standard	–	**2,30**	–	0,5%
Reihenhäuser, hoher Standard	1,20	**2,20**	3,50	0,5%

Einheit: m²
Brutto-Grundfläche (BGF)

Gebäudeart	▷	€/Einheit	◁	KG an 400
7 Mehrfamilienhäuser				
Mehrfamilienhäuser, mit bis zu 6 WE, einfacher Standard	0,40	**0,80**	1,20	0,5%
Mehrfamilienhäuser, mit bis zu 6 WE, mittlerer Standard	1,70	**2,70**	4,10	0,9%
Mehrfamilienhäuser, mit bis zu 6 WE, hoher Standard	2,10	**4,50**	7,60	1,1%
Mehrfamilienhäuser, mit 6 bis 19 WE, einfacher Standard	1,50	**2,10**	3,30	0,8%
Mehrfamilienhäuser, mit 6 bis 19 WE, mittlerer Standard	0,60	**1,40**	2,60	0,6%
Mehrfamilienhäuser, mit 6 bis 19 WE, hoher Standard	1,20	**1,60**	2,10	0,6%
Mehrfamilienhäuser, mit 20 oder mehr WE, einfacher Standard	2,30	**2,40**	2,60	0,6%
Mehrfamilienhäuser, mit 20 oder mehr WE, mittlerer Standard	2,30	**4,40**	8,30	1,3%
Mehrfamilienhäuser, mit 20 oder mehr WE, hoher Standard	3,70	**4,90**	7,00	1,3%
Mehrfamilienhäuser, Passivhäuser	1,80	**2,70**	6,10	0,9%
Mehrfamilienhäuser, Holzbauweise	3,10	**3,90**	4,90	1,2%
Wohnhäuser, mit bis zu 15% Mischnutzung, einfacher Standard	2,70	**2,80**	2,80	0,9%
Wohnhäuser, mit bis zu 15% Mischnutzung, mittlerer Standard	1,90	**3,00**	4,60	1,1%
Wohnhäuser, mit bis zu 15% Mischnutzung, hoher Standard	–	**2,20**	–	0,7%
Wohnhäuser, mit mehr als 15% Mischnutzung	3,30	**4,30**	5,30	0,7%
Seniorenwohnungen und Beherbergungen				
Seniorenwohnungen, mittlerer Standard	3,70	**6,10**	11,00	1,6%
Seniorenwohnungen, hoher Standard	5,70	**6,50**	7,40	1,4%
Wohnheime und Internate	2,90	**8,30**	29,00	1,5%
Hotels	–	**3,80**	–	1,2%
8 Gewerbe-, Lager- und Garagen				
Gaststätten, Kantinen und Mensen	–	**6,40**	–	0,6%
Industrielle Produktionsgebäude, Massivbauweise	3,80	**6,20**	13,00	1,4%
Industrielle Produktionsgebäude, überwiegend Skelettbauweise	2,40	**9,00**	12,00	1,8%
Betriebs- und Werkstätten, eingeschossig	2,40	**9,00**	22,00	1,3%
Betriebs- und Werkstätten, mehrgeschossig, geringer Hallenanteil	3,00	**9,30**	18,00	2,5%
Betriebs- und Werkstätten, mehrgeschossig, hoher Hallenanteil	2,50	**5,20**	10,00	1,3%
Geschäftshäuser, mit Wohnungen	0,80	**2,10**	2,80	0,5%
Geschäftshäuser, ohne Wohnungen	2,40	**3,60**	4,90	1,2%
Verbrauchermärkte	4,10	**6,10**	8,20	1,4%
Autohäuser	1,40	**1,70**	2,00	0,8%
Lagergebäude, ohne Mischnutzung	2,70	**8,90**	44,00	11,8%
Lagergebäude, mit bis zu 25% Mischnutzung	2,10	**6,00**	7,90	2,6%
Lagergebäude, mit mehr als 25% Mischnutzung	1,60	**2,80**	4,00	1,0%
Garagen und Bereitschaftsdienste				
Einzel- und Doppelgaragen	–	**–**	–	–
Mehrfachgaragen	2,30	**4,90**	7,80	5,4%
Hochgaragen	1,20	**2,00**	2,50	7,0%
Carports	–	**–**	–	–
Feuerwehrhäuser	5,50	**11,00**	18,00	2,6%
Öffentliche Bereitschaftsdienste	2,40	**6,10**	14,00	1,0%
9 Gebäude für kulturelle und religiöse Zwecke				
Bibliotheken, Museen und Ausstellungen	7,50	**16,00**	26,00	2,7%
Theater	2,30	**6,30**	10,00	1,4%
Gemeindezentren, einfacher Standard	3,00	**5,10**	7,90	2,4%
Gemeindezentren, mittlerer Standard	3,40	**8,20**	22,00	1,5%
Gemeindezentren, hoher Standard	4,10	**10,00**	16,00	1,6%
Gemeindezentren, Holzbauweise	8,60	**11,00**	14,00	1,9%
Friedhofsgebäude	–	**14,00**	–	1,8%

Kosten:
Stand 4. Quartal 2024
Bundesdurchschnitt
inkl. 19% MwSt.

Einheit: m²
Brutto-Grundfläche (BGF)

▷ von
ø Mittel
◁ bis

Gebäudeart	▷	€/Einheit	◁	KG an 400
1 Büro- und Verwaltungsgebäude				
Büro- und Verwaltungsgebäude, einfacher Standard	–	**–**	–	–
Büro- und Verwaltungsgebäude, mittlerer Standard	4,70	**11,00**	32,00	0,6%
Büro- und Verwaltungsgebäude, hoher Standard	11,00	**22,00**	39,00	0,6%
Büro- und Verwaltungsgebäude, Holzbauweise	–	**2,10**	–	0,1%
2 Gebäude für Forschung und Lehre				
Instituts- und Laborgebäude	–	**3,80**	–	< 0,1%
3 Gebäude des Gesundheitswesens				
Medizinische Einrichtungen	0,60	**4,30**	8,00	0,3%
Pflegeheime	0,30	**4,40**	8,50	0,3%
Gebäude für Erholungszwecke	2,00	**6,40**	11,00	0,2%
4 Schulen und Kindergärten				
Schulen				
Allgemeinbildende Schulen	–	**3,60**	–	0,1%
Schulen, Holzbauweise	5,50	**8,50**	10,00	0,6%
Berufliche Schulen	6,70	**9,70**	13,00	0,7%
Förder- und Sonderschulen	3,00	**8,00**	27,00	1,5%
Weiterbildungseinrichtungen	2,80	**8,20**	14,00	0,7%
Kindergärten				
Kindergärten, nicht unterkellert, einfacher Standard	–	**2,80**	–	0,2%
Kindergärten, nicht unterkellert, mittlerer Standard	1,30	**7,60**	20,00	0,6%
Kindergärten, nicht unterkellert, hoher Standard	1,60	**2,70**	3,90	0,2%
Kindergärten, Holzbauweise, nicht unterkellert	2,00	**4,50**	6,90	0,2%
Kindergärten, unterkellert	4,20	**5,90**	7,60	0,5%
5 Sportbauten				
Sport- und Mehrzweckhallen	–	**0,80**	–	< 0,1%
Sporthallen (Einfeldhallen)	–	**0,20**	–	< 0,1%
Sporthallen (Dreifeldhallen)	0,10	**0,20**	0,30	< 0,1%
6 Wohngebäude				
Ein- und Zweifamilienhäuser				
Ein- und Zweifamilienhäuser, unterkellert, einfacher Standard	0,90	**1,60**	3,00	0,8%
Ein- und Zweifamilienhäuser, unterkellert, mittlerer Standard	0,90	**2,00**	4,20	0,2%
Ein- und Zweifamilienhäuser, unterkellert, hoher Standard	< 0,10	**2,50**	4,90	< 0,1%
Ein- und Zweifamilienhäuser, nicht unterkellert, einfacher Standard	–	**0,40**	–	0,1%
Ein- und Zweifamilienhäuser, nicht unterkellert, mittlerer Standard	0,60	**1,50**	2,90	0,2%
Ein- und Zweifamilienhäuser, nicht unterkellert, hoher Standard	2,60	**5,00**	7,40	0,3%
Ein- und Zweifamilienhäuser, Passivhausstandard, Massivbauweise	1,20	**2,30**	4,10	0,3%
Ein- und Zweifamilienhäuser, Passivhausstandard, Holzbauweise	1,60	**3,00**	4,40	0,4%
Ein- und Zweifamilienhäuser, Holzbauweise, unterkellert	1,00	**2,30**	4,00	0,5%
Ein- und Zweifamilienhäuser, Holzbauweise, nicht unterkellert	–	**5,40**	–	0,2%
Doppel- und Reihenend- / Reihenhäuser				
Doppel- und Reihenendhäuser, einfacher Standard	–	**–**	–	–
Doppel- und Reihenendhäuser, mittlerer Standard	0,70	**1,00**	1,50	0,2%
Doppel- und Reihenendhäuser, hoher Standard	1,70	**2,50**	3,30	0,2%
Doppel- und Reihenendhäuser, Holzbauweise	0,60	**1,10**	2,40	0,3%
Reihenhäuser, einfacher Standard	–	**–**	–	–
Reihenhäuser, mittlerer Standard	–	**1,80**	–	0,4%
Reihenhäuser, hoher Standard	–	**2,50**	–	0,2%

Einheit: m²
Brutto-Grundfläche (BGF)

Gebäudeart	▷	€/Einheit	◁	KG an 400
7 Mehrfamilienhäuser				
Mehrfamilienhäuser, mit bis zu 6 WE, einfacher Standard	–	**–**	–	–
Mehrfamilienhäuser, mit bis zu 6 WE, mittlerer Standard	0,50	**0,70**	1,00	0,1%
Mehrfamilienhäuser, mit bis zu 6 WE, hoher Standard	0,70	**1,90**	2,70	0,4%
Mehrfamilienhäuser, mit 6 bis 19 WE, einfacher Standard	0,90	**1,00**	1,00	0,3%
Mehrfamilienhäuser, mit 6 bis 19 WE, mittlerer Standard	0,50	**2,40**	3,50	0,3%
Mehrfamilienhäuser, mit 6 bis 19 WE, hoher Standard	1,60	**2,90**	3,60	0,8%
Mehrfamilienhäuser, mit 20 oder mehr WE, einfacher Standard	–	**3,20**	–	0,3%
Mehrfamilienhäuser, mit 20 oder mehr WE, mittlerer Standard	2,50	**5,20**	7,80	0,5%
Mehrfamilienhäuser, mit 20 oder mehr WE, hoher Standard	1,40	**1,60**	2,10	0,4%
Mehrfamilienhäuser, Passivhäuser	1,20	**1,90**	2,60	0,5%
Mehrfamilienhäuser, Holzbauweise	0,80	**1,20**	1,70	0,3%
Wohnhäuser, mit bis zu 15% Mischnutzung, einfacher Standard	–	**–**	–	–
Wohnhäuser, mit bis zu 15% Mischnutzung, mittlerer Standard	1,70	**2,00**	2,20	0,7%
Wohnhäuser, mit bis zu 15% Mischnutzung, hoher Standard	–	**0,20**	–	< 0,1%
Wohnhäuser, mit mehr als 15% Mischnutzung	–	**3,70**	–	0,4%
Seniorenwohnungen und Beherbergungen				
Seniorenwohnungen, mittlerer Standard	2,20	**4,20**	6,10	0,8%
Seniorenwohnungen, hoher Standard	–	**–**	–	–
Wohnheime und Internate	1,10	**1,80**	2,60	0,3%
Hotels	–	**–**	–	–
8 Gewerbe-, Lager- und Garagen				
Gaststätten, Kantinen und Mensen	–	**6,80**	–	0,6%
Industrielle Produktionsgebäude, Massivbauweise	1,90	**2,90**	4,90	0,5%
Industrielle Produktionsgebäude, überwiegend Skelettbauweise	–	**1,30**	–	< 0,1%
Betriebs- und Werkstätten, eingeschossig	2,90	**5,00**	7,20	0,4%
Betriebs- und Werkstätten, mehrgeschossig, geringer Hallenanteil	2,20	**2,90**	4,40	0,3%
Betriebs- und Werkstätten, mehrgeschossig, hoher Hallenanteil	1,50	**4,00**	10,00	0,4%
Geschäftshäuser, mit Wohnungen	1,20	**2,00**	2,70	0,3%
Geschäftshäuser, ohne Wohnungen	1,50	**2,00**	2,50	0,7%
Verbrauchermärkte	–	**1,00**	–	< 0,1%
Autohäuser	–	**9,20**	–	1,1%
Lagergebäude, ohne Mischnutzung	–	**–**	–	–
Lagergebäude, mit bis zu 25% Mischnutzung	–	**0,50**	–	< 0,1%
Lagergebäude, mit mehr als 25% Mischnutzung	–	**–**	–	–
Garagen und Bereitschaftsdienste				
Einzel- und Doppelgaragen	–	**–**	–	–
Mehrfachgaragen	0,30	**0,80**	1,30	0,1%
Hochgaragen	–	**< 0,10**	–	< 0,1%
Carports	–	**–**	–	–
Feuerwehrhäuser	5,30	**11,00**	15,00	0,9%
Öffentliche Bereitschaftsdienste	1,40	**2,20**	3,00	0,2%
9 Gebäude für kulturelle und religiöse Zwecke				
Bibliotheken, Museen und Ausstellungen	1,40	**8,60**	16,00	0,5%
Theater	0,60	**3,70**	6,90	0,2%
Gemeindezentren, einfacher Standard	0,50	**0,80**	1,00	0,2%
Gemeindezentren, mittlerer Standard	0,70	**2,70**	4,60	0,2%
Gemeindezentren, hoher Standard	0,20	**5,50**	11,00	0,4%
Gemeindezentren, Holzbauweise	–	**7,90**	–	0,4%
Friedhofsgebäude	–	**–**	–	–

Kosten:
Stand 4. Quartal 2024
Bundesdurchschnitt
inkl. 19% MwSt.

Einheit: m²
Brutto-Grundfläche (BGF)

▷ von
ø Mittel
◁ bis

Gebäudeart	▷	€/Einheit	◁	KG an 400
1 Büro- und Verwaltungsgebäude				
Büro- und Verwaltungsgebäude, einfacher Standard	0,90	**3,40**	8,50	1,5%
Büro- und Verwaltungsgebäude, mittlerer Standard	1,80	**4,40**	11,00	0,6%
Büro- und Verwaltungsgebäude, hoher Standard	1,20	**5,30**	10,00	0,6%
Büro- und Verwaltungsgebäude, Holzbauweise	0,90	**2,90**	4,80	0,4%
2 Gebäude für Forschung und Lehre				
Instituts- und Laborgebäude	2,40	**6,40**	14,00	0,3%
3 Gebäude des Gesundheitswesens				
Medizinische Einrichtungen	5,10	**16,00**	37,00	2,4%
Pflegeheime	26,00	**30,00**	38,00	3,5%
Gebäude für Erholungszwecke	1,70	**1,90**	2,00	< 0,1%
4 Schulen und Kindergärten				
Schulen				
Allgemeinbildende Schulen	0,50	**0,60**	0,70	< 0,1%
Schulen, Holzbauweise	2,00	**3,80**	9,90	0,5%
Berufliche Schulen	0,40	**0,90**	1,30	< 0,1%
Förder- und Sonderschulen	1,30	**2,10**	4,10	0,3%
Weiterbildungseinrichtungen	–	**3,10**	–	0,1%
Kindergärten				
Kindergärten, nicht unterkellert, einfacher Standard	1,50	**3,80**	7,90	0,9%
Kindergärten, nicht unterkellert, mittlerer Standard	1,60	**2,60**	3,60	0,4%
Kindergärten, nicht unterkellert, hoher Standard	1,40	**2,40**	4,10	0,3%
Kindergärten, Holzbauweise, nicht unterkellert	2,70	**4,60**	8,20	0,6%
Kindergärten, unterkellert	2,10	**4,60**	11,00	0,7%
5 Sportbauten				
Sport- und Mehrzweckhallen	–	**0,90**	–	< 0,1%
Sporthallen (Einfeldhallen)	1,10	**2,00**	2,90	0,2%
Sporthallen (Dreifeldhallen)	–	**0,60**	–	< 0,1%
6 Wohngebäude				
Ein- und Zweifamilienhäuser				
Ein- und Zweifamilienhäuser, unterkellert, einfacher Standard	1,30	**2,00**	3,20	1,0%
Ein- und Zweifamilienhäuser, unterkellert, mittlerer Standard	1,20	**3,00**	5,80	0,8%
Ein- und Zweifamilienhäuser, unterkellert, hoher Standard	2,70	**6,20**	15,00	1,2%
Ein- und Zweifamilienhäuser, nicht unterkellert, einfacher Standard	1,40	**1,60**	1,80	0,7%
Ein- und Zweifamilienhäuser, nicht unterkellert, mittlerer Standard	1,10	**2,50**	3,90	0,5%
Ein- und Zweifamilienhäuser, nicht unterkellert, hoher Standard	1,20	**3,00**	5,90	0,7%
Ein- und Zweifamilienhäuser, Passivhausstandard, Massivbauweise	1,90	**4,00**	8,30	0,8%
Ein- und Zweifamilienhäuser, Passivhausstandard, Holzbauweise	3,00	**5,10**	9,60	0,8%
Ein- und Zweifamilienhäuser, Holzbauweise, unterkellert	1,30	**3,00**	4,40	0,8%
Ein- und Zweifamilienhäuser, Holzbauweise, nicht unterkellert	2,40	**3,80**	7,20	0,5%
Doppel- und Reihenend- / Reihenhäuser				
Doppel- und Reihenendhäuser, einfacher Standard	1,50	**5,30**	9,20	1,4%
Doppel- und Reihenendhäuser, mittlerer Standard	2,10	**4,20**	6,70	1,2%
Doppel- und Reihenendhäuser, hoher Standard	3,50	**3,90**	4,60	1,0%
Doppel- und Reihenendhäuser, Holzbauweise	1,70	**2,80**	3,90	0,8%
Reihenhäuser, einfacher Standard	–	**1,50**	–	0,3%
Reihenhäuser, mittlerer Standard	–	**1,30**	–	0,3%
Reihenhäuser, hoher Standard	3,90	**4,40**	5,30	0,8%

Gebäudeart	▷	€/Einheit	◁	KG an 400
7 Mehrfamilienhäuser				
Mehrfamilienhäuser, mit bis zu 6 WE, einfacher Standard	–	**2,40**	–	0,8%
Mehrfamilienhäuser, mit bis zu 6 WE, mittlerer Standard	1,70	**3,50**	4,60	1,2%
Mehrfamilienhäuser, mit bis zu 6 WE, hoher Standard	2,70	**7,70**	12,00	1,8%
Mehrfamilienhäuser, mit 6 bis 19 WE, einfacher Standard	2,10	**2,60**	3,40	1,0%
Mehrfamilienhäuser, mit 6 bis 19 WE, mittlerer Standard	1,70	**2,20**	3,90	0,5%
Mehrfamilienhäuser, mit 6 bis 19 WE, hoher Standard	3,00	**5,40**	7,10	1,6%
Mehrfamilienhäuser, mit 20 oder mehr WE, einfacher Standard	1,80	**2,40**	2,90	0,6%
Mehrfamilienhäuser, mit 20 oder mehr WE, mittlerer Standard	3,70	**7,70**	22,00	2,3%
Mehrfamilienhäuser, mit 20 oder mehr WE, hoher Standard	2,20	**3,30**	5,50	0,8%
Mehrfamilienhäuser, Passivhäuser	2,70	**3,80**	5,00	1,2%
Mehrfamilienhäuser, Holzbauweise	1,10	**2,80**	4,20	0,8%
Wohnhäuser, mit bis zu 15% Mischnutzung, einfacher Standard	–	**0,90**	–	0,1%
Wohnhäuser, mit bis zu 15% Mischnutzung, mittlerer Standard	1,30	**2,50**	3,60	0,4%
Wohnhäuser, mit bis zu 15% Mischnutzung, hoher Standard	–	**2,60**	–	0,8%
Wohnhäuser, mit mehr als 15% Mischnutzung	2,30	**2,50**	2,60	0,4%
Seniorenwohnungen und Beherbergungen				
Seniorenwohnungen, mittlerer Standard	3,90	**12,00**	26,00	2,9%
Seniorenwohnungen, hoher Standard	5,40	**10,00**	16,00	2,2%
Wohnheime und Internate	2,00	**3,20**	5,10	0,7%
Hotels	–	**–**	–	–
8 Gewerbe-, Lager- und Garagen				
Gaststätten, Kantinen und Mensen	–	**–**	–	–
Industrielle Produktionsgebäude, Massivbauweise	–	**6,30**	–	0,5%
Industrielle Produktionsgebäude, überwiegend Skelettbauweise	1,20	**3,60**	8,30	0,2%
Betriebs- und Werkstätten, eingeschossig	–	**2,40**	–	< 0,1%
Betriebs- und Werkstätten, mehrgeschossig, geringer Hallenanteil	1,50	**2,60**	4,30	0,5%
Betriebs- und Werkstätten, mehrgeschossig, hoher Hallenanteil	0,70	**1,80**	5,90	0,4%
Geschäftshäuser, mit Wohnungen	0,30	**5,90**	11,00	1,0%
Geschäftshäuser, ohne Wohnungen	2,50	**2,60**	2,70	0,8%
Verbrauchermärkte	–	**2,40**	–	0,2%
Autohäuser	–	**–**	–	–
Lagergebäude, ohne Mischnutzung	2,00	**2,80**	3,50	0,4%
Lagergebäude, mit bis zu 25% Mischnutzung	1,70	**3,10**	4,60	0,6%
Lagergebäude, mit mehr als 25% Mischnutzung	–	**0,50**	–	< 0,1%
Garagen und Bereitschaftsdienste				
Einzel- und Doppelgaragen	–	**–**	–	–
Mehrfachgaragen	–	**3,00**	–	0,1%
Hochgaragen	–	**< 0,10**	–	< 0,1%
Carports	–	**–**	–	–
Feuerwehrhäuser	1,50	**6,70**	22,00	0,7%
Öffentliche Bereitschaftsdienste	0,80	**1,10**	1,40	0,2%
9 Gebäude für kulturelle und religiöse Zwecke				
Bibliotheken, Museen und Ausstellungen	0,90	**1,90**	2,50	0,1%
Theater	–	**1,30**	–	0,2%
Gemeindezentren, einfacher Standard	0,60	**1,40**	2,30	0,4%
Gemeindezentren, mittlerer Standard	1,20	**2,90**	5,60	0,4%
Gemeindezentren, hoher Standard	1,30	**1,80**	2,00	0,2%
Gemeindezentren, Holzbauweise	2,30	**3,20**	4,10	0,4%
Friedhofsgebäude	–	**10,00**	–	0,3%

Einheit: m²
Brutto-Grundfläche (BGF)

Kosten:
Stand 4. Quartal 2024
Bundesdurchschnitt
inkl. 19% MwSt.

Einheit: m²
Brutto-Grundfläche (BGF)

▷ von
Ø Mittel
◁ bis

Gebäudeart	▷	€/Einheit	◁	KG an 400
1 Büro- und Verwaltungsgebäude				
Büro- und Verwaltungsgebäude, einfacher Standard	–	**–**	–	–
Büro- und Verwaltungsgebäude, mittlerer Standard	–	**23,00**	–	0,2%
Büro- und Verwaltungsgebäude, hoher Standard	–	**–**	–	–
Büro- und Verwaltungsgebäude, Holzbauweise	–	**3,00**	–	< 0,1%
2 Gebäude für Forschung und Lehre				
Instituts- und Laborgebäude	–	**2,60**	–	< 0,1%
3 Gebäude des Gesundheitswesens				
Medizinische Einrichtungen	–	**–**	–	–
Pflegeheime	–	**–**	–	–
Gebäude für Erholungszwecke	–	**–**	–	–
4 Schulen und Kindergärten				
Schulen				
Allgemeinbildende Schulen	0,50	**1,30**	3,30	0,1%
Schulen, Holzbauweise	–	**0,60**	–	< 0,1%
Berufliche Schulen	–	**3,40**	–	0,1%
Förder- und Sonderschulen	1,10	**1,90**	2,70	0,2%
Weiterbildungseinrichtungen	–	**–**	–	–
Kindergärten				
Kindergärten, nicht unterkellert, einfacher Standard	–	**–**	–	–
Kindergärten, nicht unterkellert, mittlerer Standard	–	**–**	–	–
Kindergärten, nicht unterkellert, hoher Standard	–	**–**	–	–
Kindergärten, Holzbauweise, nicht unterkellert	–	**1,10**	–	< 0,1%
Kindergärten, unterkellert	–	**0,60**	–	< 0,1%
5 Sportbauten				
Sport- und Mehrzweckhallen	–	**0,40**	–	< 0,1%
Sporthallen (Einfeldhallen)	–	**–**	–	–
Sporthallen (Dreifeldhallen)	0,40	**1,20**	2,00	0,1%
6 Wohngebäude				
Ein- und Zweifamilienhäuser				
Ein- und Zweifamilienhäuser, unterkellert, einfacher Standard	–	**–**	–	–
Ein- und Zweifamilienhäuser, unterkellert, mittlerer Standard	–	**–**	–	–
Ein- und Zweifamilienhäuser, unterkellert, hoher Standard	–	**–**	–	–
Ein- und Zweifamilienhäuser, nicht unterkellert, einfacher Standard	–	**–**	–	–
Ein- und Zweifamilienhäuser, nicht unterkellert, mittlerer Standard	–	**–**	–	–
Ein- und Zweifamilienhäuser, nicht unterkellert, hoher Standard	–	**–**	–	–
Ein- und Zweifamilienhäuser, Passivhausstandard, Massivbauweise	–	**–**	–	–
Ein- und Zweifamilienhäuser, Passivhausstandard, Holzbauweise	–	**–**	–	–
Ein- und Zweifamilienhäuser, Holzbauweise, unterkellert	–	**–**	–	–
Ein- und Zweifamilienhäuser, Holzbauweise, nicht unterkellert	–	**–**	–	–
Doppel- und Reihenend- / Reihenhäuser				
Doppel- und Reihenendhäuser, einfacher Standard	–	**–**	–	–
Doppel- und Reihenendhäuser, mittlerer Standard	–	**–**	–	–
Doppel- und Reihenendhäuser, hoher Standard	–	**–**	–	–
Doppel- und Reihenendhäuser, Holzbauweise	–	**–**	–	–
Reihenhäuser, einfacher Standard	–	**–**	–	–
Reihenhäuser, mittlerer Standard	–	**–**	–	–
Reihenhäuser, hoher Standard	–	**–**	–	–

Gebäudeart	▷	€/Einheit	◁	KG an 400
7 Mehrfamilienhäuser				
Mehrfamilienhäuser, mit bis zu 6 WE, einfacher Standard	–	–	–	–
Mehrfamilienhäuser, mit bis zu 6 WE, mittlerer Standard	–	–	–	–
Mehrfamilienhäuser, mit bis zu 6 WE, hoher Standard	–	–	–	–
Mehrfamilienhäuser, mit 6 bis 19 WE, einfacher Standard	–	–	–	–
Mehrfamilienhäuser, mit 6 bis 19 WE, mittlerer Standard	–	–	–	–
Mehrfamilienhäuser, mit 6 bis 19 WE, hoher Standard	–	–	–	–
Mehrfamilienhäuser, mit 20 oder mehr WE, einfacher Standard	–	–	–	–
Mehrfamilienhäuser, mit 20 oder mehr WE, mittlerer Standard	–	–	–	–
Mehrfamilienhäuser, mit 20 oder mehr WE, hoher Standard	–	–	–	–
Mehrfamilienhäuser, Passivhäuser	–	–	–	–
Mehrfamilienhäuser, Holzbauweise	–	–	–	–
Wohnhäuser, mit bis zu 15% Mischnutzung, einfacher Standard	–	–	–	–
Wohnhäuser, mit bis zu 15% Mischnutzung, mittlerer Standard	–	–	–	–
Wohnhäuser, mit bis zu 15% Mischnutzung, hoher Standard	–	–	–	–
Wohnhäuser, mit mehr als 15% Mischnutzung	–	–	–	–
Seniorenwohnungen und Beherbergungen				
Seniorenwohnungen, mittlerer Standard	–	–	–	–
Seniorenwohnungen, hoher Standard	–	–	–	–
Wohnheime und Internate	–	–	–	–
Hotels	–	–	–	–
8 Gewerbe-, Lager- und Garagen				
Gaststätten, Kantinen und Mensen	–	–	–	–
Industrielle Produktionsgebäude, Massivbauweise	–	–	–	–
Industrielle Produktionsgebäude, überwiegend Skelettbauweise	–	–	–	–
Betriebs- und Werkstätten, eingeschossig	–	–	–	–
Betriebs- und Werkstätten, mehrgeschossig, geringer Hallenanteil	–	–	–	–
Betriebs- und Werkstätten, mehrgeschossig, hoher Hallenanteil	–	–	–	–
Geschäftshäuser, mit Wohnungen	–	–	–	–
Geschäftshäuser, ohne Wohnungen	–	–	–	–
Verbrauchermärkte	–	–	–	–
Autohäuser	–	–	–	–
Lagergebäude, ohne Mischnutzung	–	**0,60**	–	< 0,1%
Lagergebäude, mit bis zu 25% Mischnutzung	–	–	–	–
Lagergebäude, mit mehr als 25% Mischnutzung	–	–	–	–
Garagen und Bereitschaftsdienste				
Einzel- und Doppelgaragen	–	–	–	–
Mehrfachgaragen	–	–	–	–
Hochgaragen	–	–	–	–
Carports	–	–	–	–
Feuerwehrhäuser	–	**3,80**	–	0,1%
Öffentliche Bereitschaftsdienste	–	–	–	–
9 Gebäude für kulturelle und religiöse Zwecke				
Bibliotheken, Museen und Ausstellungen	–	–	–	–
Theater	–	–	–	–
Gemeindezentren, einfacher Standard	–	–	–	–
Gemeindezentren, mittlerer Standard	–	–	–	–
Gemeindezentren, hoher Standard	–	–	–	–
Gemeindezentren, Holzbauweise	–	–	–	–
Friedhofsgebäude	–	–	–	–

Einheit: m²
Brutto-Grundfläche (BGF)

Kosten:
Stand 4. Quartal 2024
Bundesdurchschnitt
inkl. 19% MwSt.

Einheit: m²
Brutto-Grundfläche (BGF)

▷ von
ø Mittel
◁ bis

Gebäudeart	▷	€/Einheit	◁	KG an 400
1 Büro- und Verwaltungsgebäude				
Büro- und Verwaltungsgebäude, einfacher Standard	–	**–**	–	–
Büro- und Verwaltungsgebäude, mittlerer Standard	0,20	**1,00**	1,70	< 0,1%
Büro- und Verwaltungsgebäude, hoher Standard	–	**–**	–	–
Büro- und Verwaltungsgebäude, Holzbauweise	–	**2,20**	–	< 0,1%
2 Gebäude für Forschung und Lehre				
Instituts- und Laborgebäude	–	**–**	–	–
3 Gebäude des Gesundheitswesens				
Medizinische Einrichtungen	0,20	**5,00**	7,60	0,6%
Pflegeheime	3,20	**9,40**	16,00	0,4%
Gebäude für Erholungszwecke	–	**–**	–	–
4 Schulen und Kindergärten				
Schulen				
Allgemeinbildende Schulen	2,70	**8,20**	12,00	1,1%
Schulen, Holzbauweise	1,60	**3,50**	5,30	0,2%
Berufliche Schulen	10,00	**14,00**	17,00	0,7%
Förder- und Sonderschulen	3,60	**8,60**	18,00	1,0%
Weiterbildungseinrichtungen	–	**–**	–	–
Kindergärten				
Kindergärten, nicht unterkellert, einfacher Standard	–	**–**	–	–
Kindergärten, nicht unterkellert, mittlerer Standard	–	**21,00**	–	0,8%
Kindergärten, nicht unterkellert, hoher Standard	–	**2,00**	–	< 0,1%
Kindergärten, Holzbauweise, nicht unterkellert	–	**12,00**	–	0,2%
Kindergärten, unterkellert	–	**–**	–	–
5 Sportbauten				
Sport- und Mehrzweckhallen	4,30	**6,20**	8,10	0,6%
Sporthallen (Einfeldhallen)	1,00	**5,30**	9,60	0,5%
Sporthallen (Dreifeldhallen)	12,00	**16,00**	21,00	1,8%
6 Wohngebäude				
Ein- und Zweifamilienhäuser				
Ein- und Zweifamilienhäuser, unterkellert, einfacher Standard	–	**–**	–	–
Ein- und Zweifamilienhäuser, unterkellert, mittlerer Standard	1,70	**2,50**	4,10	0,1%
Ein- und Zweifamilienhäuser, unterkellert, hoher Standard	1,30	**3,50**	16,00	0,3%
Ein- und Zweifamilienhäuser, nicht unterkellert, einfacher Standard	–	**–**	–	–
Ein- und Zweifamilienhäuser, nicht unterkellert, mittlerer Standard	1,00	**1,10**	1,30	< 0,1%
Ein- und Zweifamilienhäuser, nicht unterkellert, hoher Standard	0,50	**1,00**	2,00	< 0,1%
Ein- und Zweifamilienhäuser, Passivhausstandard, Massivbauweise	–	**–**	–	–
Ein- und Zweifamilienhäuser, Passivhausstandard, Holzbauweise	–	**–**	–	–
Ein- und Zweifamilienhäuser, Holzbauweise, unterkellert	–	**5,30**	–	< 0,1%
Ein- und Zweifamilienhäuser, Holzbauweise, nicht unterkellert	0,90	**1,80**	3,20	0,1%
Doppel- und Reihenend- / Reihenhäuser				
Doppel- und Reihenendhäuser, einfacher Standard	–	**–**	–	–
Doppel- und Reihenendhäuser, mittlerer Standard	–	**–**	–	–
Doppel- und Reihenendhäuser, hoher Standard	–	**0,30**	–	< 0,1%
Doppel- und Reihenendhäuser, Holzbauweise	–	**1,40**	–	0,1%
Reihenhäuser, einfacher Standard	–	**–**	–	–
Reihenhäuser, mittlerer Standard	–	**–**	–	–
Reihenhäuser, hoher Standard	–	**0,90**	–	< 0,1%

Einheit: m^2
Brutto-Grundfläche (BGF)

Gebäudeart	▷	€/Einheit	◁	KG an 400
7 Mehrfamilienhäuser				
Mehrfamilienhäuser, mit bis zu 6 WE, einfacher Standard	–	–	–	–
Mehrfamilienhäuser, mit bis zu 6 WE, mittlerer Standard	–	**0,50**	–	< 0,1%
Mehrfamilienhäuser, mit bis zu 6 WE, hoher Standard	0,90	**2,40**	3,90	0,1%
Mehrfamilienhäuser, mit 6 bis 19 WE, einfacher Standard	–	–	–	–
Mehrfamilienhäuser, mit 6 bis 19 WE, mittlerer Standard	–	–	–	–
Mehrfamilienhäuser, mit 6 bis 19 WE, hoher Standard	–	**1,20**	–	< 0,1%
Mehrfamilienhäuser, mit 20 oder mehr WE, einfacher Standard	–	–	–	–
Mehrfamilienhäuser, mit 20 oder mehr WE, mittlerer Standard	–	–	–	–
Mehrfamilienhäuser, mit 20 oder mehr WE, hoher Standard	–	–	–	–
Mehrfamilienhäuser, Passivhäuser	–	**0,10**	–	< 0,1%
Mehrfamilienhäuser, Holzbauweise	–	**0,90**	–	< 0,1%
Wohnhäuser, mit bis zu 15% Mischnutzung, einfacher Standard	–	**1,40**	–	0,2%
Wohnhäuser, mit bis zu 15% Mischnutzung, mittlerer Standard	–	**0,90**	–	0,2%
Wohnhäuser, mit bis zu 15% Mischnutzung, hoher Standard	–	–	–	–
Wohnhäuser, mit mehr als 15% Mischnutzung	–	–	–	–
Seniorenwohnungen und Beherbergungen				
Seniorenwohnungen, mittlerer Standard	–	–	–	–
Seniorenwohnungen, hoher Standard	–	–	–	–
Wohnheime und Internate	3,00	**8,90**	15,00	0,3%
Hotels	–	–	–	–
8 Gewerbe-, Lager- und Garagen				
Gaststätten, Kantinen und Mensen	–	**17,00**	–	1,5%
Industrielle Produktionsgebäude, Massivbauweise	–	–	–	–
Industrielle Produktionsgebäude, überwiegend Skelettbauweise	–	–	–	–
Betriebs- und Werkstätten, eingeschossig	–	–	–	–
Betriebs- und Werkstätten, mehrgeschossig, geringer Hallenanteil	–	–	–	–
Betriebs- und Werkstätten, mehrgeschossig, hoher Hallenanteil	–	**0,30**	–	< 0,1%
Geschäftshäuser, mit Wohnungen	–	–	–	–
Geschäftshäuser, ohne Wohnungen	–	–	–	–
Verbrauchermärkte	–	**1,60**	–	0,1%
Autohäuser	–	–	–	–
Lagergebäude, ohne Mischnutzung	–	–	–	–
Lagergebäude, mit bis zu 25% Mischnutzung	–	–	–	–
Lagergebäude, mit mehr als 25% Mischnutzung	–	–	–	–
Garagen und Bereitschaftsdienste				
Einzel- und Doppelgaragen	–	–	–	–
Mehrfachgaragen	–	–	–	–
Hochgaragen	–	–	–	–
Carports	–	–	–	–
Feuerwehrhäuser	10,00	**12,00**	14,00	0,5%
Öffentliche Bereitschaftsdienste	–	–	–	–
9 Gebäude für kulturelle und religiöse Zwecke				
Bibliotheken, Museen und Ausstellungen	15,00	**60,00**	106,00	2,1%
Theater	–	**24,00**	–	0,6%
Gemeindezentren, einfacher Standard	–	**2,50**	–	0,2%
Gemeindezentren, mittlerer Standard	–	**12,00**	–	0,4%
Gemeindezentren, hoher Standard	15,00	**41,00**	54,00	4,6%
Gemeindezentren, Holzbauweise	–	**2,50**	–	0,1%
Friedhofsgebäude	–	**1,70**	–	< 0,1%

Statistik 3. Ebene

455 Audiovisuelle Medien- und Antennenanlagen

Kosten:
Stand 4. Quartal 2024
Bundesdurchschnitt
inkl. 19% MwSt.

Einheit: m²
Brutto-Grundfläche (BGF)

▷ von
ø Mittel
◁ bis

Gebäudeart	▷	€/Einheit	◁	KG an 400
1 Büro- und Verwaltungsgebäude				
Büro- und Verwaltungsgebäude, einfacher Standard	–	**6,50**	–	1,0%
Büro- und Verwaltungsgebäude, mittlerer Standard	0,40	**1,50**	6,70	< 0,1%
Büro- und Verwaltungsgebäude, hoher Standard	1,50	**4,40**	21,00	0,2%
Büro- und Verwaltungsgebäude, Holzbauweise	–	**1,80**	–	< 0,1%
2 Gebäude für Forschung und Lehre				
Instituts- und Laborgebäude	–	**–**	–	–
3 Gebäude des Gesundheitswesens				
Medizinische Einrichtungen	0,20	**1,70**	2,50	0,2%
Pflegeheime	3,40	**4,70**	5,70	0,6%
Gebäude für Erholungszwecke	–	**0,40**	–	< 0,1%
4 Schulen und Kindergärten				
Schulen				
Allgemeinbildende Schulen	–	**0,50**	–	< 0,1%
Schulen, Holzbauweise	–	**2,00**	–	< 0,1%
Berufliche Schulen	–	**3,20**	–	< 0,1%
Förder- und Sonderschulen	0,70	**1,00**	1,50	< 0,1%
Weiterbildungseinrichtungen	–	**2,80**	–	0,1%
Kindergärten				
Kindergärten, nicht unterkellert, einfacher Standard	–	**–**	–	–
Kindergärten, nicht unterkellert, mittlerer Standard	0,40	**0,60**	0,80	< 0,1%
Kindergärten, nicht unterkellert, hoher Standard	1,30	**3,30**	5,30	0,3%
Kindergärten, Holzbauweise, nicht unterkellert	0,40	**2,70**	5,10	0,1%
Kindergärten, unterkellert	–	**0,70**	–	< 0,1%
5 Sportbauten				
Sport- und Mehrzweckhallen	1,10	**1,30**	1,50	0,1%
Sporthallen (Einfeldhallen)	–	**–**	–	–
Sporthallen (Dreifeldhallen)	–	**1,70**	–	< 0,1%
6 Wohngebäude				
Ein- und Zweifamilienhäuser				
Ein- und Zweifamilienhäuser, unterkellert, einfacher Standard	1,60	**4,30**	8,70	2,0%
Ein- und Zweifamilienhäuser, unterkellert, mittlerer Standard	3,90	**5,60**	7,60	1,2%
Ein- und Zweifamilienhäuser, unterkellert, hoher Standard	4,40	**6,20**	8,50	1,0%
Ein- und Zweifamilienhäuser, nicht unterkellert, einfacher Standard	0,60	**3,80**	7,10	1,4%
Ein- und Zweifamilienhäuser, nicht unterkellert, mittlerer Standard	3,20	**7,40**	16,00	1,3%
Ein- und Zweifamilienhäuser, nicht unterkellert, hoher Standard	1,40	**4,00**	9,10	0,8%
Ein- und Zweifamilienhäuser, Passivhausstandard, Massivbauweise	1,80	**4,20**	7,30	0,9%
Ein- und Zweifamilienhäuser, Passivhausstandard, Holzbauweise	3,30	**6,60**	11,00	0,8%
Ein- und Zweifamilienhäuser, Holzbauweise, unterkellert	1,70	**3,90**	6,90	0,9%
Ein- und Zweifamilienhäuser, Holzbauweise, nicht unterkellert	1,40	**4,80**	8,60	1,1%
Doppel- und Reihenend- / Reihenhäuser				
Doppel- und Reihenendhäuser, einfacher Standard	2,00	**4,50**	7,00	1,2%
Doppel- und Reihenendhäuser, mittlerer Standard	1,30	**5,50**	8,90	1,6%
Doppel- und Reihenendhäuser, hoher Standard	1,50	**3,90**	6,70	0,8%
Doppel- und Reihenendhäuser, Holzbauweise	1,60	**4,80**	9,00	1,2%
Reihenhäuser, einfacher Standard	–	**1,70**	–	0,3%
Reihenhäuser, mittlerer Standard	–	**12,00**	–	2,5%
Reihenhäuser, hoher Standard	1,80	**2,90**	5,20	0,5%

Einheit: m²
Brutto-Grundfläche (BGF)

Gebäudeart	▷	€/Einheit	◁	KG an 400
7 Mehrfamilienhäuser				
Mehrfamilienhäuser, mit bis zu 6 WE, einfacher Standard	–	**0,90**	–	0,3%
Mehrfamilienhäuser, mit bis zu 6 WE, mittlerer Standard	1,70	**4,20**	6,50	1,5%
Mehrfamilienhäuser, mit bis zu 6 WE, hoher Standard	3,00	**3,90**	5,20	1,0%
Mehrfamilienhäuser, mit 6 bis 19 WE, einfacher Standard	2,30	**4,80**	9,90	1,8%
Mehrfamilienhäuser, mit 6 bis 19 WE, mittlerer Standard	2,60	**4,00**	7,20	1,0%
Mehrfamilienhäuser, mit 6 bis 19 WE, hoher Standard	2,70	**4,00**	5,10	1,2%
Mehrfamilienhäuser, mit 20 oder mehr WE, einfacher Standard	1,70	**1,90**	2,00	0,5%
Mehrfamilienhäuser, mit 20 oder mehr WE, mittlerer Standard	3,20	**7,90**	19,00	1,9%
Mehrfamilienhäuser, mit 20 oder mehr WE, hoher Standard	3,50	**7,50**	15,00	1,8%
Mehrfamilienhäuser, Passivhäuser	2,00	**5,90**	9,80	1,8%
Mehrfamilienhäuser, Holzbauweise	2,60	**3,90**	4,80	1,1%
Wohnhäuser, mit bis zu 15% Mischnutzung, einfacher Standard	2,40	**3,70**	4,50	1,2%
Wohnhäuser, mit bis zu 15% Mischnutzung, mittlerer Standard	2,80	**8,40**	18,00	2,5%
Wohnhäuser, mit bis zu 15% Mischnutzung, hoher Standard	–	**1,90**	–	0,6%
Wohnhäuser, mit mehr als 15% Mischnutzung	–	**4,60**	–	0,5%
Seniorenwohnungen und Beherbergungen				
Seniorenwohnungen, mittlerer Standard	2,00	**4,10**	7,80	1,0%
Seniorenwohnungen, hoher Standard	3,70	**3,70**	3,80	0,8%
Wohnheime und Internate	0,90	**2,60**	3,60	0,4%
Hotels	–	**4,20**	–	1,4%
8 Gewerbe-, Lager- und Garagen				
Gaststätten, Kantinen und Mensen	–	**4,10**	–	0,4%
Industrielle Produktionsgebäude, Massivbauweise	–	**2,30**	–	< 0,1%
Industrielle Produktionsgebäude, überwiegend Skelettbauweise	–	–	–	–
Betriebs- und Werkstätten, eingeschossig	–	–	–	–
Betriebs- und Werkstätten, mehrgeschossig, geringer Hallenanteil	0,70	**0,90**	1,10	0,1%
Betriebs- und Werkstätten, mehrgeschossig, hoher Hallenanteil	–	**7,00**	–	0,4%
Geschäftshäuser, mit Wohnungen	0,20	**0,90**	1,60	0,2%
Geschäftshäuser, ohne Wohnungen	–	**2,30**	–	0,3%
Verbrauchermärkte	–	–	–	–
Autohäuser	–	–	–	–
Lagergebäude, ohne Mischnutzung	–	–	–	–
Lagergebäude, mit bis zu 25% Mischnutzung	–	**0,80**	–	0,1%
Lagergebäude, mit mehr als 25% Mischnutzung	–	–	–	–
Garagen und Bereitschaftsdienste				
Einzel- und Doppelgaragen	–	–	–	–
Mehrfachgaragen	–	**5,40**	–	0,2%
Hochgaragen	–	–	–	–
Carports	–	–	–	–
Feuerwehrhäuser	2,40	**3,90**	7,20	0,9%
Öffentliche Bereitschaftsdienste	–	**1,90**	–	0,2%
9 Gebäude für kulturelle und religiöse Zwecke				
Bibliotheken, Museen und Ausstellungen	–	**1,50**	–	< 0,1%
Theater	–	–	–	–
Gemeindezentren, einfacher Standard	2,40	**2,60**	2,80	0,6%
Gemeindezentren, mittlerer Standard	–	**0,80**	–	< 0,1%
Gemeindezentren, hoher Standard	–	**4,00**	–	0,2%
Gemeindezentren, Holzbauweise	0,70	**1,30**	1,80	0,1%
Friedhofsgebäude	–	**1,50**	–	< 0,1%

Gebäudeart	▷	€/Einheit	◁	KG an 400
1 Büro- und Verwaltungsgebäude				
Büro- und Verwaltungsgebäude, einfacher Standard	–	**–**	–	–
Büro- und Verwaltungsgebäude, mittlerer Standard	7,80	**22,00**	41,00	3,0%
Büro- und Verwaltungsgebäude, hoher Standard	22,00	**46,00**	87,00	4,2%
Büro- und Verwaltungsgebäude, Holzbauweise	–	**81,00**	–	2,0%
2 Gebäude für Forschung und Lehre				
Instituts- und Laborgebäude	7,10	**33,00**	59,00	2,3%
3 Gebäude des Gesundheitswesens				
Medizinische Einrichtungen	15,00	**27,00**	49,00	3,5%
Pflegeheime	24,00	**43,00**	57,00	4,6%
Gebäude für Erholungszwecke	22,00	**65,00**	108,00	1,7%
4 Schulen und Kindergärten				
Schulen				
Allgemeinbildende Schulen	4,40	**14,00**	24,00	1,8%
Schulen, Holzbauweise	18,00	**36,00**	64,00	4,8%
Berufliche Schulen	17,00	**30,00**	64,00	3,5%
Förder- und Sonderschulen	4,30	**15,00**	21,00	2,7%
Weiterbildungseinrichtungen	< 0,10	**12,00**	23,00	0,9%
Kindergärten				
Kindergärten, nicht unterkellert, einfacher Standard	7,10	**11,00**	18,00	2,4%
Kindergärten, nicht unterkellert, mittlerer Standard	9,80	**22,00**	43,00	3,2%
Kindergärten, nicht unterkellert, hoher Standard	12,00	**18,00**	22,00	2,2%
Kindergärten, Holzbauweise, nicht unterkellert	12,00	**24,00**	40,00	3,6%
Kindergärten, unterkellert	3,40	**9,90**	17,00	1,8%
5 Sportbauten				
Sport- und Mehrzweckhallen	–	**25,00**	–	1,1%
Sporthallen (Einfeldhallen)	9,10	**16,00**	23,00	3,6%
Sporthallen (Dreifeldhallen)	8,90	**27,00**	44,00	1,8%
6 Wohngebäude				
Ein- und Zweifamilienhäuser				
Ein- und Zweifamilienhäuser, unterkellert, einfacher Standard	–	**–**	–	–
Ein- und Zweifamilienhäuser, unterkellert, mittlerer Standard	1,60	**2,60**	6,10	0,2%
Ein- und Zweifamilienhäuser, unterkellert, hoher Standard	3,50	**7,70**	14,00	0,6%
Ein- und Zweifamilienhäuser, nicht unterkellert, einfacher Standard	–	**–**	–	–
Ein- und Zweifamilienhäuser, nicht unterkellert, mittlerer Standard	1,60	**2,50**	2,90	0,1%
Ein- und Zweifamilienhäuser, nicht unterkellert, hoher Standard	2,50	**6,60**	26,00	0,8%
Ein- und Zweifamilienhäuser, Passivhausstandard, Massivbauweise	0,80	**7,70**	12,00	0,4%
Ein- und Zweifamilienhäuser, Passivhausstandard, Holzbauweise	1,00	**2,30**	6,30	0,2%
Ein- und Zweifamilienhäuser, Holzbauweise, unterkellert	–	**–**	–	–
Ein- und Zweifamilienhäuser, Holzbauweise, nicht unterkellert	1,40	**1,60**	2,00	0,2%
Doppel- und Reihenend- / Reihenhäuser				
Doppel- und Reihenendhäuser, einfacher Standard	–	**1,80**	–	0,2%
Doppel- und Reihenendhäuser, mittlerer Standard	–	**3,30**	–	0,1%
Doppel- und Reihenendhäuser, hoher Standard	–	**0,70**	–	< 0,1%
Doppel- und Reihenendhäuser, Holzbauweise	–	**–**	–	–
Reihenhäuser, einfacher Standard	–	**7,20**	–	1,2%
Reihenhäuser, mittlerer Standard	–	**–**	–	–
Reihenhäuser, hoher Standard	–	**1,70**	–	0,1%

Kosten:
Stand 4. Quartal 2024
Bundesdurchschnitt
inkl. 19% MwSt.

Einheit: m²
Brutto-Grundfläche (BGF)

▷ von
Ø Mittel
◁ bis

Einheit: m²
Brutto-Grundfläche (BGF)

Gebäudeart	▷	€/Einheit	◁	KG an 400
7 Mehrfamilienhäuser				
Mehrfamilienhäuser, mit bis zu 6 WE, einfacher Standard	–	**–**	–	–
Mehrfamilienhäuser, mit bis zu 6 WE, mittlerer Standard	0,80	**2,10**	3,30	0,3%
Mehrfamilienhäuser, mit bis zu 6 WE, hoher Standard	1,10	**2,20**	5,40	0,2%
Mehrfamilienhäuser, mit 6 bis 19 WE, einfacher Standard	–	**1,40**	–	0,2%
Mehrfamilienhäuser, mit 6 bis 19 WE, mittlerer Standard	0,90	**1,30**	2,20	0,2%
Mehrfamilienhäuser, mit 6 bis 19 WE, hoher Standard	2,30	**6,50**	14,00	1,3%
Mehrfamilienhäuser, mit 20 oder mehr WE, einfacher Standard	–	**1,00**	–	0,3%
Mehrfamilienhäuser, mit 20 oder mehr WE, mittlerer Standard	3,00	**5,00**	11,00	1,3%
Mehrfamilienhäuser, mit 20 oder mehr WE, hoher Standard	–	**2,80**	–	0,3%
Mehrfamilienhäuser, Passivhäuser	–	**0,30**	–	< 0,1%
Mehrfamilienhäuser, Holzbauweise	1,80	**2,20**	2,90	0,4%
Wohnhäuser, mit bis zu 15% Mischnutzung, einfacher Standard	–	**–**	–	–
Wohnhäuser, mit bis zu 15% Mischnutzung, mittlerer Standard	–	**2,00**	–	0,2%
Wohnhäuser, mit bis zu 15% Mischnutzung, hoher Standard	–	**–**	–	–
Wohnhäuser, mit mehr als 15% Mischnutzung	–	**17,00**	–	1,1%
Seniorenwohnungen und Beherbergungen				
Seniorenwohnungen, mittlerer Standard	3,40	**4,30**	5,70	1,1%
Seniorenwohnungen, hoher Standard	–	**1,50**	–	0,2%
Wohnheime und Internate	8,00	**15,00**	20,00	2,9%
Hotels	–	**–**	–	–
8 Gewerbe-, Lager- und Garagen				
Gaststätten, Kantinen und Mensen	–	**17,00**	–	1,5%
Industrielle Produktionsgebäude, Massivbauweise	–	**23,00**	–	0,5%
Industrielle Produktionsgebäude, überwiegend Skelettbauweise	4,10	**26,00**	56,00	2,0%
Betriebs- und Werkstätten, eingeschossig	42,00	**82,00**	121,00	7,5%
Betriebs- und Werkstätten, mehrgeschossig, geringer Hallenanteil	6,40	**14,00**	23,00	1,2%
Betriebs- und Werkstätten, mehrgeschossig, hoher Hallenanteil	–	**28,00**	–	0,5%
Geschäftshäuser, mit Wohnungen	–	**12,00**	–	0,8%
Geschäftshäuser, ohne Wohnungen	–	**13,00**	–	2,4%
Verbrauchermärkte	–	**8,60**	–	0,7%
Autohäuser	–	**–**	–	–
Lagergebäude, ohne Mischnutzung	16,00	**33,00**	68,00	4,6%
Lagergebäude, mit bis zu 25% Mischnutzung	3,40	**18,00**	33,00	2,7%
Lagergebäude, mit mehr als 25% Mischnutzung	–	**13,00**	–	2,1%
Garagen und Bereitschaftsdienste				
Einzel- und Doppelgaragen	–	**–**	–	–
Mehrfachgaragen	–	**1,80**	–	< 0,1%
Hochgaragen	–	**25,00**	–	4,6%
Carports	–	**–**	–	–
Feuerwehrhäuser	8,50	**42,00**	79,00	4,2%
Öffentliche Bereitschaftsdienste	11,00	**31,00**	50,00	5,2%
9 Gebäude für kulturelle und religiöse Zwecke				
Bibliotheken, Museen und Ausstellungen	31,00	**44,00**	57,00	3,8%
Theater	–	**20,00**	–	0,5%
Gemeindezentren, einfacher Standard	–	**–**	–	–
Gemeindezentren, mittlerer Standard	3,00	**8,40**	19,00	1,2%
Gemeindezentren, hoher Standard	5,10	**7,00**	8,90	0,5%
Gemeindezentren, Holzbauweise	–	**7,20**	–	0,4%
Friedhofsgebäude	–	**25,00**	–	0,6%

457 Datenübertragungsnetze

Kosten:
Stand 4. Quartal 2024
Bundesdurchschnitt
inkl. 19% MwSt.

Einheit: m²
Brutto-Grundfläche (BGF)

▷ von
ø Mittel
◁ bis

Gebäudeart	▷	€/Einheit	◁	KG an 400
1 Büro- und Verwaltungsgebäude				
Büro- und Verwaltungsgebäude, einfacher Standard	13,00	**13,00**	14,00	3,5%
Büro- und Verwaltungsgebäude, mittlerer Standard	32,00	**40,00**	50,00	6,7%
Büro- und Verwaltungsgebäude, hoher Standard	20,00	**48,00**	108,00	4,2%
Büro- und Verwaltungsgebäude, Holzbauweise	11,00	**20,00**	29,00	3,5%
2 Gebäude für Forschung und Lehre				
Instituts- und Laborgebäude	28,00	**46,00**	93,00	2,8%
3 Gebäude des Gesundheitswesens				
Medizinische Einrichtungen	17,00	**27,00**	33,00	3,8%
Pflegeheime	7,20	**20,00**	27,00	2,1%
Gebäude für Erholungszwecke	3,00	**5,10**	8,90	0,3%
4 Schulen und Kindergärten				
Schulen				
Allgemeinbildende Schulen	8,00	**18,00**	29,00	2,6%
Schulen, Holzbauweise	11,00	**15,00**	22,00	2,7%
Berufliche Schulen	4,60	**21,00**	52,00	1,2%
Förder- und Sonderschulen	6,80	**15,00**	18,00	2,2%
Weiterbildungseinrichtungen	–	**21,00**	–	1,3%
Kindergärten				
Kindergärten, nicht unterkellert, einfacher Standard	4,30	**11,00**	18,00	1,7%
Kindergärten, nicht unterkellert, mittlerer Standard	6,00	**9,40**	14,00	1,3%
Kindergärten, nicht unterkellert, hoher Standard	2,30	**3,90**	5,40	0,3%
Kindergärten, Holzbauweise, nicht unterkellert	4,10	**9,60**	19,00	1,4%
Kindergärten, unterkellert	1,90	**5,20**	7,60	0,9%
5 Sportbauten				
Sport- und Mehrzweckhallen	–	**27,00**	–	1,2%
Sporthallen (Einfeldhallen)	0,60	**2,90**	7,40	0,6%
Sporthallen (Dreifeldhallen)	–	**3,60**	–	0,1%
6 Wohngebäude				
Ein- und Zweifamilienhäuser				
Ein- und Zweifamilienhäuser, unterkellert, einfacher Standard	–	**–**	–	–
Ein- und Zweifamilienhäuser, unterkellert, mittlerer Standard	3,20	**6,60**	10,00	1,1%
Ein- und Zweifamilienhäuser, unterkellert, hoher Standard	5,10	**9,20**	17,00	1,7%
Ein- und Zweifamilienhäuser, nicht unterkellert, einfacher Standard	–	**5,40**	–	1,0%
Ein- und Zweifamilienhäuser, nicht unterkellert, mittlerer Standard	4,80	**8,90**	14,00	1,7%
Ein- und Zweifamilienhäuser, nicht unterkellert, hoher Standard	4,00	**6,10**	10,00	1,1%
Ein- und Zweifamilienhäuser, Passivhausstandard, Massivbauweise	1,90	**5,00**	8,10	0,8%
Ein- und Zweifamilienhäuser, Passivhausstandard, Holzbauweise	3,40	**6,70**	13,00	0,5%
Ein- und Zweifamilienhäuser, Holzbauweise, unterkellert	0,60	**2,40**	5,00	0,3%
Ein- und Zweifamilienhäuser, Holzbauweise, nicht unterkellert	3,60	**4,90**	9,60	0,9%
Doppel- und Reihenend- / Reihenhäuser				
Doppel- und Reihenendhäuser, einfacher Standard	2,80	**3,00**	3,20	0,7%
Doppel- und Reihenendhäuser, mittlerer Standard	3,70	**6,40**	16,00	1,2%
Doppel- und Reihenendhäuser, hoher Standard	–	**5,40**	–	0,3%
Doppel- und Reihenendhäuser, Holzbauweise	–	**4,00**	–	0,2%
Reihenhäuser, einfacher Standard	–	**–**	–	–
Reihenhäuser, mittlerer Standard	–	**0,40**	–	< 0,1%
Reihenhäuser, hoher Standard	5,30	**9,20**	13,00	1,2%

Gebäudeart	▷	€/Einheit	◁	KG an 400
7 Mehrfamilienhäuser				
Mehrfamilienhäuser, mit bis zu 6 WE, einfacher Standard	–	**–**	–	–
Mehrfamilienhäuser, mit bis zu 6 WE, mittlerer Standard	1,20	**1,70**	2,70	0,3%
Mehrfamilienhäuser, mit bis zu 6 WE, hoher Standard	0,90	**4,30**	10,00	0,9%
Mehrfamilienhäuser, mit 6 bis 19 WE, einfacher Standard	–	**2,30**	–	0,3%
Mehrfamilienhäuser, mit 6 bis 19 WE, mittlerer Standard	2,10	**4,10**	5,50	0,8%
Mehrfamilienhäuser, mit 6 bis 19 WE, hoher Standard	–	**2,40**	–	0,1%
Mehrfamilienhäuser, mit 20 oder mehr WE, einfacher Standard	–	**3,20**	–	0,4%
Mehrfamilienhäuser, mit 20 oder mehr WE, mittlerer Standard	4,30	**9,80**	13,00	1,7%
Mehrfamilienhäuser, mit 20 oder mehr WE, hoher Standard	–	**5,40**	–	0,4%
Mehrfamilienhäuser, Passivhäuser	2,40	**4,80**	10,00	0,7%
Mehrfamilienhäuser, Holzbauweise	3,80	**7,70**	13,00	1,4%
Wohnhäuser, mit bis zu 15% Mischnutzung, einfacher Standard	4,70	**5,40**	6,10	1,2%
Wohnhäuser, mit bis zu 15% Mischnutzung, mittlerer Standard	1,60	**2,40**	3,20	0,4%
Wohnhäuser, mit bis zu 15% Mischnutzung, hoher Standard	–	**–**	–	–
Wohnhäuser, mit mehr als 15% Mischnutzung	–	**–**	–	–
Seniorenwohnungen und Beherbergungen				
Seniorenwohnungen, mittlerer Standard	1,20	**3,00**	6,20	0,5%
Seniorenwohnungen, hoher Standard	3,00	**6,30**	9,60	1,3%
Wohnheime und Internate	4,50	**13,00**	22,00	1,1%
Hotels	–	**4,80**	–	1,6%
8 Gewerbe-, Lager- und Garagen				
Gaststätten, Kantinen und Mensen	–	**–**	–	–
Industrielle Produktionsgebäude, Massivbauweise	–	**4,90**	–	0,3%
Industrielle Produktionsgebäude, überwiegend Skelettbauweise	9,40	**22,00**	50,00	3,0%
Betriebs- und Werkstätten, eingeschossig	–	**18,00**	–	0,7%
Betriebs- und Werkstätten, mehrgeschossig, geringer Hallenanteil	7,90	**13,00**	17,00	1,6%
Betriebs- und Werkstätten, mehrgeschossig, hoher Hallenanteil	5,10	**9,60**	14,00	1,1%
Geschäftshäuser, mit Wohnungen	–	**17,00**	–	1,5%
Geschäftshäuser, ohne Wohnungen	–	**–**	–	–
Verbrauchermärkte	–	**0,60**	–	< 0,1%
Autohäuser	–	**18,00**	–	2,2%
Lagergebäude, ohne Mischnutzung	1,50	**5,50**	13,00	0,8%
Lagergebäude, mit bis zu 25% Mischnutzung	16,00	**17,00**	18,00	4,3%
Lagergebäude, mit mehr als 25% Mischnutzung	–	**–**	–	–
Garagen und Bereitschaftsdienste				
Einzel- und Doppelgaragen	–	**–**	–	–
Mehrfachgaragen	–	**–**	–	–
Hochgaragen	0,20	**0,40**	0,70	0,6%
Carports	–	**–**	–	–
Feuerwehrhäuser	4,20	**16,00**	34,00	2,4%
Öffentliche Bereitschaftsdienste	4,60	**5,10**	6,10	1,4%
9 Gebäude für kulturelle und religiöse Zwecke				
Bibliotheken, Museen und Ausstellungen	6,60	**13,00**	24,00	1,6%
Theater	5,50	**15,00**	24,00	1,3%
Gemeindezentren, einfacher Standard	–	**2,90**	–	0,4%
Gemeindezentren, mittlerer Standard	0,70	**10,00**	20,00	0,8%
Gemeindezentren, hoher Standard	2,60	**3,70**	5,80	0,4%
Gemeindezentren, Holzbauweise	5,70	**14,00**	22,00	1,6%
Friedhofsgebäude	–	**8,10**	–	0,2%

Einheit: m²
Brutto-Grundfläche (BGF)

Kosten:
Stand 4. Quartal 2024
Bundesdurchschnitt
inkl. 19% MwSt.

Einheit: m²
Brutto-Grundfläche (BGF)

▷ von
Ø Mittel
◁ bis

Gebäudeart	▷	€/Einheit	◁	KG an 400
1 Büro- und Verwaltungsgebäude				
Büro- und Verwaltungsgebäude, einfacher Standard	–	**62,00**	–	6,5%
Büro- und Verwaltungsgebäude, mittlerer Standard	28,00	**42,00**	81,00	3,1%
Büro- und Verwaltungsgebäude, hoher Standard	21,00	**44,00**	69,00	2,9%
Büro- und Verwaltungsgebäude, Holzbauweise	–	**20,00**	–	0,5%
2 Gebäude für Forschung und Lehre				
Instituts- und Laborgebäude	–	**26,00**	–	0,5%
3 Gebäude des Gesundheitswesens				
Medizinische Einrichtungen	26,00	**45,00**	54,00	6,3%
Pflegeheime	42,00	**52,00**	60,00	4,3%
Gebäude für Erholungszwecke	–	**–**	–	–
4 Schulen und Kindergärten				
Schulen				
Allgemeinbildende Schulen	17,00	**26,00**	33,00	3,9%
Schulen, Holzbauweise	29,00	**40,00**	46,00	2,7%
Berufliche Schulen	21,00	**58,00**	127,00	3,3%
Förder- und Sonderschulen	20,00	**42,00**	57,00	7,2%
Weiterbildungseinrichtungen	24,00	**47,00**	90,00	5,2%
Kindergärten				
Kindergärten, nicht unterkellert, einfacher Standard	–	**–**	–	–
Kindergärten, nicht unterkellert, mittlerer Standard	–	**51,00**	–	1,4%
Kindergärten, nicht unterkellert, hoher Standard	–	**50,00**	–	1,6%
Kindergärten, Holzbauweise, nicht unterkellert	30,00	**43,00**	55,00	1,2%
Kindergärten, unterkellert	–	**61,00**	–	2,2%
5 Sportbauten				
Sport- und Mehrzweckhallen	–	**–**	–	–
Sporthallen (Einfeldhallen)	–	**–**	–	–
Sporthallen (Dreifeldhallen)	–	**16,00**	–	0,6%
6 Wohngebäude				
Ein- und Zweifamilienhäuser				
Ein- und Zweifamilienhäuser, unterkellert, einfacher Standard	–	**–**	–	–
Ein- und Zweifamilienhäuser, unterkellert, mittlerer Standard	–	**–**	–	–
Ein- und Zweifamilienhäuser, unterkellert, hoher Standard	–	**–**	–	–
Ein- und Zweifamilienhäuser, nicht unterkellert, einfacher Standard	–	**–**	–	–
Ein- und Zweifamilienhäuser, nicht unterkellert, mittlerer Standard	–	**–**	–	–
Ein- und Zweifamilienhäuser, nicht unterkellert, hoher Standard	–	**–**	–	–
Ein- und Zweifamilienhäuser, Passivhausstandard, Massivbauweise	–	**–**	–	–
Ein- und Zweifamilienhäuser, Passivhausstandard, Holzbauweise	–	**–**	–	–
Ein- und Zweifamilienhäuser, Holzbauweise, unterkellert	–	**–**	–	–
Ein- und Zweifamilienhäuser, Holzbauweise, nicht unterkellert	–	**–**	–	–
Doppel- und Reihenend- / Reihenhäuser				
Doppel- und Reihenendhäuser, einfacher Standard	–	**–**	–	–
Doppel- und Reihenendhäuser, mittlerer Standard	–	**–**	–	–
Doppel- und Reihenendhäuser, hoher Standard	–	**–**	–	–
Doppel- und Reihenendhäuser, Holzbauweise	–	**–**	–	–
Reihenhäuser, einfacher Standard	–	**–**	–	–
Reihenhäuser, mittlerer Standard	–	**–**	–	–
Reihenhäuser, hoher Standard	–	**–**	–	–

Gebäudeart	▷	€/Einheit	◁	KG an 400
7 Mehrfamilienhäuser				
Mehrfamilienhäuser, mit bis zu 6 WE, einfacher Standard	–	**–**	–	–
Mehrfamilienhäuser, mit bis zu 6 WE, mittlerer Standard	–	**–**	–	–
Mehrfamilienhäuser, mit bis zu 6 WE, hoher Standard	57,00	**61,00**	68,00	9,1%
Mehrfamilienhäuser, mit 6 bis 19 WE, einfacher Standard	–	**–**	–	–
Mehrfamilienhäuser, mit 6 bis 19 WE, mittlerer Standard	27,00	**30,00**	41,00	5,1%
Mehrfamilienhäuser, mit 6 bis 19 WE, hoher Standard	28,00	**44,00**	52,00	15,8%
Mehrfamilienhäuser, mit 20 oder mehr WE, einfacher Standard	–	**85,00**	–	8,6%
Mehrfamilienhäuser, mit 20 oder mehr WE, mittlerer Standard	23,00	**30,00**	47,00	7,4%
Mehrfamilienhäuser, mit 20 oder mehr WE, hoher Standard	25,00	**57,00**	89,00	10,0%
Mehrfamilienhäuser, Passivhäuser	20,00	**36,00**	52,00	3,7%
Mehrfamilienhäuser, Holzbauweise	–	**43,00**	–	1,4%
Wohnhäuser, mit bis zu 15% Mischnutzung, einfacher Standard	23,00	**34,00**	41,00	11,1%
Wohnhäuser, mit bis zu 15% Mischnutzung, mittlerer Standard	–	**42,00**	–	3,5%
Wohnhäuser, mit bis zu 15% Mischnutzung, hoher Standard	–	**39,00**	–	11,6%
Wohnhäuser, mit mehr als 15% Mischnutzung	–	**–**	–	–
Seniorenwohnungen und Beherbergungen				
Seniorenwohnungen, mittlerer Standard	30,00	**62,00**	110,00	16,2%
Seniorenwohnungen, hoher Standard	31,00	**62,00**	92,00	12,9%
Wohnheime und Internate	17,00	**32,00**	46,00	4,0%
Hotels	–	**–**	–	–
8 Gewerbe-, Lager- und Garagen				
Gaststätten, Kantinen und Mensen	–	**69,00**	–	6,0%
Industrielle Produktionsgebäude, Massivbauweise	3,90	**22,00**	40,00	2,3%
Industrielle Produktionsgebäude, überwiegend Skelettbauweise	19,00	**24,00**	29,00	0,9%
Betriebs- und Werkstätten, eingeschossig	–	**14,00**	–	0,5%
Betriebs- und Werkstätten, mehrgeschossig, geringer Hallenanteil	13,00	**20,00**	23,00	11,7%
Betriebs- und Werkstätten, mehrgeschossig, hoher Hallenanteil	–	**5,40**	–	< 0,1%
Geschäftshäuser, mit Wohnungen	36,00	**40,00**	43,00	5,9%
Geschäftshäuser, ohne Wohnungen	–	**100,00**	–	13,2%
Verbrauchermärkte	–	**–**	–	–
Autohäuser	–	**–**	–	–
Lagergebäude, ohne Mischnutzung	–	**–**	–	–
Lagergebäude, mit bis zu 25% Mischnutzung	–	**–**	–	–
Lagergebäude, mit mehr als 25% Mischnutzung	–	**–**	–	–
Garagen und Bereitschaftsdienste				
Einzel- und Doppelgaragen	–	**–**	–	–
Mehrfachgaragen	–	**–**	–	–
Hochgaragen	–	**9,20**	–	1,7%
Carports	–	**–**	–	–
Feuerwehrhäuser	–	**25,00**	–	0,7%
Öffentliche Bereitschaftsdienste	–	**–**	–	–
9 Gebäude für kulturelle und religiöse Zwecke				
Bibliotheken, Museen und Ausstellungen	–	**30,00**	–	0,6%
Theater	–	**57,00**	–	1,3%
Gemeindezentren, einfacher Standard	–	**16,00**	–	2,1%
Gemeindezentren, mittlerer Standard	71,00	**75,00**	79,00	8,7%
Gemeindezentren, hoher Standard	–	**148,00**	–	5,1%
Gemeindezentren, Holzbauweise	–	**–**	–	–
Friedhofsgebäude	–	**46,00**	–	1,1%

Einheit: m²
Brutto-Grundfläche (BGF)

Kosten:
Stand 4. Quartal 2024
Bundesdurchschnitt
inkl. 19% MwSt.

Einheit: m²
Brutto-Grundfläche (BGF)

▷ von
ø Mittel
◁ bis

Gebäudeart	▷	€/Einheit	◁	KG an 400
1 Büro- und Verwaltungsgebäude				
Büro- und Verwaltungsgebäude, einfacher Standard	–	–	–	–
Büro- und Verwaltungsgebäude, mittlerer Standard	–	–	–	–
Büro- und Verwaltungsgebäude, hoher Standard	–	–	–	–
Büro- und Verwaltungsgebäude, Holzbauweise	–	–	–	–
2 Gebäude für Forschung und Lehre				
Instituts- und Laborgebäude	–	–	–	–
3 Gebäude des Gesundheitswesens				
Medizinische Einrichtungen	–	–	–	–
Pflegeheime	–	–	–	–
Gebäude für Erholungszwecke	–	–	–	–
4 Schulen und Kindergärten				
Schulen				
Allgemeinbildende Schulen	–	–	–	–
Schulen, Holzbauweise	–	**63,00**	–	1,1%
Berufliche Schulen	–	–	–	–
Förder- und Sonderschulen	–	–	–	–
Weiterbildungseinrichtungen	–	–	–	–
Kindergärten				
Kindergärten, nicht unterkellert, einfacher Standard	–	–	–	–
Kindergärten, nicht unterkellert, mittlerer Standard	–	–	–	–
Kindergärten, nicht unterkellert, hoher Standard	–	–	–	–
Kindergärten, Holzbauweise, nicht unterkellert	–	–	–	–
Kindergärten, unterkellert	–	–	–	–
5 Sportbauten				
Sport- und Mehrzweckhallen	–	–	–	–
Sporthallen (Einfeldhallen)	–	–	–	–
Sporthallen (Dreifeldhallen)	–	–	–	–
6 Wohngebäude				
Ein- und Zweifamilienhäuser				
Ein- und Zweifamilienhäuser, unterkellert, einfacher Standard	–	–	–	–
Ein- und Zweifamilienhäuser, unterkellert, mittlerer Standard	–	–	–	–
Ein- und Zweifamilienhäuser, unterkellert, hoher Standard	–	–	–	–
Ein- und Zweifamilienhäuser, nicht unterkellert, einfacher Standard	–	–	–	–
Ein- und Zweifamilienhäuser, nicht unterkellert, mittlerer Standard	–	–	–	–
Ein- und Zweifamilienhäuser, nicht unterkellert, hoher Standard	–	–	–	–
Ein- und Zweifamilienhäuser, Passivhausstandard, Massivbauweise	–	–	–	–
Ein- und Zweifamilienhäuser, Passivhausstandard, Holzbauweise	–	–	–	–
Ein- und Zweifamilienhäuser, Holzbauweise, unterkellert	–	–	–	–
Ein- und Zweifamilienhäuser, Holzbauweise, nicht unterkellert	–	–	–	–
Doppel- und Reihenend- / Reihenhäuser				
Doppel- und Reihenendhäuser, einfacher Standard	–	–	–	–
Doppel- und Reihenendhäuser, mittlerer Standard	–	–	–	–
Doppel- und Reihenendhäuser, hoher Standard	–	–	–	–
Doppel- und Reihenendhäuser, Holzbauweise	–	–	–	–
Reihenhäuser, einfacher Standard	–	–	–	–
Reihenhäuser, mittlerer Standard	–	–	–	–
Reihenhäuser, hoher Standard	–	–	–	–

Einheit: m²
Brutto-Grundfläche (BGF)

Gebäudeart	▷	€/Einheit	◁	KG an 400
7 Mehrfamilienhäuser				
Mehrfamilienhäuser, mit bis zu 6 WE, einfacher Standard	–	–	–	–
Mehrfamilienhäuser, mit bis zu 6 WE, mittlerer Standard	–	–	–	–
Mehrfamilienhäuser, mit bis zu 6 WE, hoher Standard	–	–	–	–
Mehrfamilienhäuser, mit 6 bis 19 WE, einfacher Standard	–	–	–	–
Mehrfamilienhäuser, mit 6 bis 19 WE, mittlerer Standard	–	–	–	–
Mehrfamilienhäuser, mit 6 bis 19 WE, hoher Standard	–	–	–	–
Mehrfamilienhäuser, mit 20 oder mehr WE, einfacher Standard	–	–	–	–
Mehrfamilienhäuser, mit 20 oder mehr WE, mittlerer Standard	–	–	–	–
Mehrfamilienhäuser, mit 20 oder mehr WE, hoher Standard	–	–	–	–
Mehrfamilienhäuser, Passivhäuser	–	–	–	–
Mehrfamilienhäuser, Holzbauweise	–	–	–	–
Wohnhäuser, mit bis zu 15% Mischnutzung, einfacher Standard	–	–	–	–
Wohnhäuser, mit bis zu 15% Mischnutzung, mittlerer Standard	–	–	–	–
Wohnhäuser, mit bis zu 15% Mischnutzung, hoher Standard	–	–	–	–
Wohnhäuser, mit mehr als 15% Mischnutzung	–	–	–	–
Seniorenwohnungen und Beherbergungen				
Seniorenwohnungen, mittlerer Standard	–	–	–	–
Seniorenwohnungen, hoher Standard	–	–	–	–
Wohnheime und Internate	–	–	–	–
Hotels	–	–	–	–
8 Gewerbe-, Lager- und Garagen				
Gaststätten, Kantinen und Mensen	–	–	–	–
Industrielle Produktionsgebäude, Massivbauweise	–	–	–	–
Industrielle Produktionsgebäude, überwiegend Skelettbauweise	34,00	**72,00**	171,00	5,6%
Betriebs- und Werkstätten, eingeschossig	13,00	**51,00**	89,00	4,8%
Betriebs- und Werkstätten, mehrgeschossig, geringer Hallenanteil	–	–	–	–
Betriebs- und Werkstätten, mehrgeschossig, hoher Hallenanteil	12,00	**58,00**	88,00	6,8%
Geschäftshäuser, mit Wohnungen	–	–	–	–
Geschäftshäuser, ohne Wohnungen	–	–	–	–
Verbrauchermärkte	–	–	–	–
Autohäuser	–	–	–	–
Lagergebäude, ohne Mischnutzung	–	**7,40**	–	0,1%
Lagergebäude, mit bis zu 25% Mischnutzung	–	–	–	–
Lagergebäude, mit mehr als 25% Mischnutzung	–	–	–	–
Garagen und Bereitschaftsdienste				
Einzel- und Doppelgaragen	–	–	–	–
Mehrfachgaragen	–	–	–	–
Hochgaragen	–	–	–	–
Carports	–	–	–	–
Feuerwehrhäuser	–	–	–	–
Öffentliche Bereitschaftsdienste	–	–	–	–
9 Gebäude für kulturelle und religiöse Zwecke				
Bibliotheken, Museen und Ausstellungen	–	–	–	–
Theater	–	–	–	–
Gemeindezentren, einfacher Standard	–	–	–	–
Gemeindezentren, mittlerer Standard	–	–	–	–
Gemeindezentren, hoher Standard	–	–	–	–
Gemeindezentren, Holzbauweise	–	–	–	–
Friedhofsgebäude	–	**9,40**	–	0,2%

Kosten:
Stand 4. Quartal 2024
Bundesdurchschnitt
inkl. 19% MwSt.

Einheit: m²
Brutto-Grundfläche (BGF)

▷ von
Ø Mittel
◁ bis

Gebäudeart	▷	€/Einheit	◁	KG an 400
1 Büro- und Verwaltungsgebäude				
Büro- und Verwaltungsgebäude, einfacher Standard	–	**–**	–	–
Büro- und Verwaltungsgebäude, mittlerer Standard	2,90	**12,00**	29,00	0,3%
Büro- und Verwaltungsgebäude, hoher Standard	–	**2,10**	–	< 0,1%
Büro- und Verwaltungsgebäude, Holzbauweise	–	**–**	–	–
2 Gebäude für Forschung und Lehre				
Instituts- und Laborgebäude	–	**–**	–	–
3 Gebäude des Gesundheitswesens				
Medizinische Einrichtungen	–	**3,40**	–	0,1%
Pflegeheime	51,00	**84,00**	166,00	7,4%
Gebäude für Erholungszwecke	–	**357,00**	–	3,9%
4 Schulen und Kindergärten				
Schulen				
Allgemeinbildende Schulen	14,00	**77,00**	142,00	5,2%
Schulen, Holzbauweise	–	**12,00**	–	0,2%
Berufliche Schulen	–	**147,00**	–	2,4%
Förder- und Sonderschulen	8,20	**12,00**	16,00	1,0%
Weiterbildungseinrichtungen	7,00	**110,00**	212,00	8,3%
Kindergärten				
Kindergärten, nicht unterkellert, einfacher Standard	–	**–**	–	–
Kindergärten, nicht unterkellert, mittlerer Standard	–	**81,00**	–	2,0%
Kindergärten, nicht unterkellert, hoher Standard	32,00	**38,00**	41,00	4,3%
Kindergärten, Holzbauweise, nicht unterkellert	–	**54,00**	–	0,5%
Kindergärten, unterkellert	–	**–**	–	–
5 Sportbauten				
Sport- und Mehrzweckhallen	–	**1,30**	–	< 0,1%
Sporthallen (Einfeldhallen)	–	**–**	–	–
Sporthallen (Dreifeldhallen)	–	**–**	–	–
6 Wohngebäude				
Ein- und Zweifamilienhäuser				
Ein- und Zweifamilienhäuser, unterkellert, einfacher Standard	–	**–**	–	–
Ein- und Zweifamilienhäuser, unterkellert, mittlerer Standard	–	**–**	–	–
Ein- und Zweifamilienhäuser, unterkellert, hoher Standard	–	**–**	–	–
Ein- und Zweifamilienhäuser, nicht unterkellert, einfacher Standard	–	**–**	–	–
Ein- und Zweifamilienhäuser, nicht unterkellert, mittlerer Standard	–	**–**	–	–
Ein- und Zweifamilienhäuser, nicht unterkellert, hoher Standard	–	**–**	–	–
Ein- und Zweifamilienhäuser, Passivhausstandard, Massivbauweise	–	**–**	–	–
Ein- und Zweifamilienhäuser, Passivhausstandard, Holzbauweise	–	**–**	–	–
Ein- und Zweifamilienhäuser, Holzbauweise, unterkellert	–	**–**	–	–
Ein- und Zweifamilienhäuser, Holzbauweise, nicht unterkellert	–	**–**	–	–
Doppel- und Reihenend- / Reihenhäuser				
Doppel- und Reihenendhäuser, einfacher Standard	–	**–**	–	–
Doppel- und Reihenendhäuser, mittlerer Standard	–	**–**	–	–
Doppel- und Reihenendhäuser, hoher Standard	–	**–**	–	–
Doppel- und Reihenendhäuser, Holzbauweise	–	**–**	–	–
Reihenhäuser, einfacher Standard	–	**–**	–	–
Reihenhäuser, mittlerer Standard	–	**–**	–	–
Reihenhäuser, hoher Standard	–	**–**	–	–

Einheit: m²
Brutto-Grundfläche (BGF)

Gebäudeart	▷	€/Einheit	◁	KG an 400
7 Mehrfamilienhäuser				
Mehrfamilienhäuser, mit bis zu 6 WE, einfacher Standard	–	–	–	–
Mehrfamilienhäuser, mit bis zu 6 WE, mittlerer Standard	–	–	–	–
Mehrfamilienhäuser, mit bis zu 6 WE, hoher Standard	–	–	–	–
Mehrfamilienhäuser, mit 6 bis 19 WE, einfacher Standard	–	–	–	–
Mehrfamilienhäuser, mit 6 bis 19 WE, mittlerer Standard	–	–	–	–
Mehrfamilienhäuser, mit 6 bis 19 WE, hoher Standard	–	–	–	–
Mehrfamilienhäuser, mit 20 oder mehr WE, einfacher Standard	–	–	–	–
Mehrfamilienhäuser, mit 20 oder mehr WE, mittlerer Standard	–	–	–	–
Mehrfamilienhäuser, mit 20 oder mehr WE, hoher Standard	–	–	–	–
Mehrfamilienhäuser, Passivhäuser	–	–	–	–
Mehrfamilienhäuser, Holzbauweise	–	–	–	–
Wohnhäuser, mit bis zu 15% Mischnutzung, einfacher Standard	–	–	–	–
Wohnhäuser, mit bis zu 15% Mischnutzung, mittlerer Standard	–	–	–	–
Wohnhäuser, mit bis zu 15% Mischnutzung, hoher Standard	–	–	–	–
Wohnhäuser, mit mehr als 15% Mischnutzung	–	**221,00**	–	10,2%
Seniorenwohnungen und Beherbergungen				
Seniorenwohnungen, mittlerer Standard	–	–	–	–
Seniorenwohnungen, hoher Standard	–	–	–	–
Wohnheime und Internate	–	**43,00**	–	0,9%
Hotels	–	–	–	–
8 Gewerbe-, Lager- und Garagen				
Gaststätten, Kantinen und Mensen	–	**96,00**	–	8,4%
Industrielle Produktionsgebäude, Massivbauweise	–	**1,60**	–	< 0,1%
Industrielle Produktionsgebäude, überwiegend Skelettbauweise	–	–	–	–
Betriebs- und Werkstätten, eingeschossig	–	–	–	–
Betriebs- und Werkstätten, mehrgeschossig, geringer Hallenanteil	–	**479,00**	–	4,2%
Betriebs- und Werkstätten, mehrgeschossig, hoher Hallenanteil	–	–	–	–
Geschäftshäuser, mit Wohnungen	–	–	–	–
Geschäftshäuser, ohne Wohnungen	–	–	–	–
Verbrauchermärkte	–	–	–	–
Autohäuser	–	–	–	–
Lagergebäude, ohne Mischnutzung	–	–	–	–
Lagergebäude, mit bis zu 25% Mischnutzung	–	–	–	–
Lagergebäude, mit mehr als 25% Mischnutzung	–	–	–	–
Garagen und Bereitschaftsdienste				
Einzel- und Doppelgaragen	–	–	–	–
Mehrfachgaragen	–	–	–	–
Hochgaragen	–	–	–	–
Carports	–	–	–	–
Feuerwehrhäuser	–	–	–	–
Öffentliche Bereitschaftsdienste	–	–	–	–
9 Gebäude für kulturelle und religiöse Zwecke				
Bibliotheken, Museen und Ausstellungen	–	**70,00**	–	0,9%
Theater	–	–	–	–
Gemeindezentren, einfacher Standard	–	**51,00**	–	7,0%
Gemeindezentren, mittlerer Standard	–	**63,00**	–	2,2%
Gemeindezentren, hoher Standard	–	**81,00**	–	2,7%
Gemeindezentren, Holzbauweise	–	–	–	–
Friedhofsgebäude	–	–	–	–

473 Medienversorgungsanlagen, Medizin- und labortechnische Anlagen

Kosten:
Stand 4. Quartal 2024
Bundesdurchschnitt
inkl. 19% MwSt.

Einheit: m²
Brutto-Grundfläche (BGF)

▷ von
ø Mittel
◁ bis

Gebäudeart	▷	€/Einheit	◁	KG an 400
1 Büro- und Verwaltungsgebäude				
Büro- und Verwaltungsgebäude, einfacher Standard	–	**–**	–	–
Büro- und Verwaltungsgebäude, mittlerer Standard	–	**0,60**	–	< 0,1%
Büro- und Verwaltungsgebäude, hoher Standard	–	**–**	–	–
Büro- und Verwaltungsgebäude, Holzbauweise	–	**–**	–	–
2 Gebäude für Forschung und Lehre				
Instituts- und Laborgebäude	136,00	**240,00**	435,00	12,5%
3 Gebäude des Gesundheitswesens				
Medizinische Einrichtungen	–	**48,00**	–	1,5%
Pflegeheime	–	**29,00**	–	0,7%
Gebäude für Erholungszwecke	–	**–**	–	–
4 Schulen und Kindergärten				
Schulen				
Allgemeinbildende Schulen	23,00	**42,00**	61,00	2,1%
Schulen, Holzbauweise	–	**–**	–	–
Berufliche Schulen	–	**–**	–	–
Förder- und Sonderschulen	–	**–**	–	–
Weiterbildungseinrichtungen	–	**16,00**	–	1,0%
Kindergärten				
Kindergärten, nicht unterkellert, einfacher Standard	–	**–**	–	–
Kindergärten, nicht unterkellert, mittlerer Standard	–	**–**	–	–
Kindergärten, nicht unterkellert, hoher Standard	–	**–**	–	–
Kindergärten, Holzbauweise, nicht unterkellert	–	**–**	–	–
Kindergärten, unterkellert	–	**–**	–	–
5 Sportbauten				
Sport- und Mehrzweckhallen	–	**–**	–	–
Sporthallen (Einfeldhallen)	–	**–**	–	–
Sporthallen (Dreifeldhallen)	–	**–**	–	–
6 Wohngebäude				
Ein- und Zweifamilienhäuser				
Ein- und Zweifamilienhäuser, unterkellert, einfacher Standard	–	**–**	–	–
Ein- und Zweifamilienhäuser, unterkellert, mittlerer Standard	–	**–**	–	–
Ein- und Zweifamilienhäuser, unterkellert, hoher Standard	–	**–**	–	–
Ein- und Zweifamilienhäuser, nicht unterkellert, einfacher Standard	–	**–**	–	–
Ein- und Zweifamilienhäuser, nicht unterkellert, mittlerer Standard	–	**–**	–	–
Ein- und Zweifamilienhäuser, nicht unterkellert, hoher Standard	–	**–**	–	–
Ein- und Zweifamilienhäuser, Passivhausstandard, Massivbauweise	–	**–**	–	–
Ein- und Zweifamilienhäuser, Passivhausstandard, Holzbauweise	–	**–**	–	–
Ein- und Zweifamilienhäuser, Holzbauweise, unterkellert	–	**–**	–	–
Ein- und Zweifamilienhäuser, Holzbauweise, nicht unterkellert	–	**–**	–	–
Doppel- und Reihenend- / Reihenhäuser				
Doppel- und Reihenendhäuser, einfacher Standard	–	**–**	–	–
Doppel- und Reihenendhäuser, mittlerer Standard	–	**–**	–	–
Doppel- und Reihenendhäuser, hoher Standard	–	**–**	–	–
Doppel- und Reihenendhäuser, Holzbauweise	–	**–**	–	–
Reihenhäuser, einfacher Standard	–	**–**	–	–
Reihenhäuser, mittlerer Standard	–	**–**	–	–
Reihenhäuser, hoher Standard	–	**–**	–	–

Gebäudeart	▷	€/Einheit	◁	KG an 400
7 Mehrfamilienhäuser				
Mehrfamilienhäuser, mit bis zu 6 WE, einfacher Standard	–	–	–	–
Mehrfamilienhäuser, mit bis zu 6 WE, mittlerer Standard	–	–	–	–
Mehrfamilienhäuser, mit bis zu 6 WE, hoher Standard	–	–	–	–
Mehrfamilienhäuser, mit 6 bis 19 WE, einfacher Standard	–	–	–	–
Mehrfamilienhäuser, mit 6 bis 19 WE, mittlerer Standard	–	–	–	–
Mehrfamilienhäuser, mit 6 bis 19 WE, hoher Standard	–	–	–	–
Mehrfamilienhäuser, mit 20 oder mehr WE, einfacher Standard	–	–	–	–
Mehrfamilienhäuser, mit 20 oder mehr WE, mittlerer Standard	–	–	–	–
Mehrfamilienhäuser, mit 20 oder mehr WE, hoher Standard	–	–	–	–
Mehrfamilienhäuser, Passivhäuser	–	–	–	–
Mehrfamilienhäuser, Holzbauweise	–	–	–	–
Wohnhäuser, mit bis zu 15% Mischnutzung, einfacher Standard	–	–	–	–
Wohnhäuser, mit bis zu 15% Mischnutzung, mittlerer Standard	–	–	–	–
Wohnhäuser, mit bis zu 15% Mischnutzung, hoher Standard	–	–	–	–
Wohnhäuser, mit mehr als 15% Mischnutzung	–	–	–	–
Seniorenwohnungen und Beherbergungen				
Seniorenwohnungen, mittlerer Standard	–	–	–	–
Seniorenwohnungen, hoher Standard	–	–	–	–
Wohnheime und Internate	–	**80,00**	–	1,6%
Hotels	–	–	–	–
8 Gewerbe-, Lager- und Garagen				
Gaststätten, Kantinen und Mensen	–	–	–	–
Industrielle Produktionsgebäude, Massivbauweise	8,80	**11,00**	13,00	1,4%
Industrielle Produktionsgebäude, überwiegend Skelettbauweise	12,00	**44,00**	66,00	3,0%
Betriebs- und Werkstätten, eingeschossig	–	**23,00**	–	0,8%
Betriebs- und Werkstätten, mehrgeschossig, geringer Hallenanteil	–	–	–	–
Betriebs- und Werkstätten, mehrgeschossig, hoher Hallenanteil	4,30	**13,00**	31,00	0,9%
Geschäftshäuser, mit Wohnungen	–	–	–	–
Geschäftshäuser, ohne Wohnungen	–	–	–	–
Verbrauchermärkte	–	–	–	–
Autohäuser	–	–	–	–
Lagergebäude, ohne Mischnutzung	–	**15,00**	–	0,2%
Lagergebäude, mit bis zu 25% Mischnutzung	–	–	–	–
Lagergebäude, mit mehr als 25% Mischnutzung	–	–	–	–
Garagen und Bereitschaftsdienste				
Einzel- und Doppelgaragen	–	–	–	–
Mehrfachgaragen	–	–	–	–
Hochgaragen	–	–	–	–
Carports	–	–	–	–
Feuerwehrhäuser	–	**26,00**	–	0,5%
Öffentliche Bereitschaftsdienste	–	**13,00**	–	0,5%
9 Gebäude für kulturelle und religiöse Zwecke				
Bibliotheken, Museen und Ausstellungen	–	–	–	–
Theater	–	–	–	–
Gemeindezentren, einfacher Standard	–	–	–	–
Gemeindezentren, mittlerer Standard	–	–	–	–
Gemeindezentren, hoher Standard	–	–	–	–
Gemeindezentren, Holzbauweise	–	–	–	–
Friedhofsgebäude	–	–	–	–

Einheit: m²
Brutto-Grundfläche (BGF)

Kosten:
Stand 4. Quartal 2024
Bundesdurchschnitt
inkl. 19% MwSt.

Einheit: m²
Brutto-Grundfläche (BGF)

▷ von
ø Mittel
◁ bis

Gebäudeart	▷	€/Einheit	◁	KG an 400
1 Büro- und Verwaltungsgebäude				
Büro- und Verwaltungsgebäude, einfacher Standard	–	**5,30**	–	0,6%
Büro- und Verwaltungsgebäude, mittlerer Standard	3,90	**18,00**	67,00	0,6%
Büro- und Verwaltungsgebäude, hoher Standard	1,80	**3,30**	6,40	0,1%
Büro- und Verwaltungsgebäude, Holzbauweise	–	**0,60**	–	< 0,1%
2 Gebäude für Forschung und Lehre				
Instituts- und Laborgebäude	0,70	**2,20**	3,70	< 0,1%
3 Gebäude des Gesundheitswesens				
Medizinische Einrichtungen	–	**4,90**	–	0,2%
Pflegeheime	0,30	**0,70**	1,20	< 0,1%
Gebäude für Erholungszwecke	–	**–**	–	–
4 Schulen und Kindergärten				
Schulen				
Allgemeinbildende Schulen	0,80	**1,10**	1,30	< 0,1%
Schulen, Holzbauweise	1,30	**3,20**	6,90	0,2%
Berufliche Schulen	1,60	**1,80**	2,40	0,1%
Förder- und Sonderschulen	0,60	**1,10**	2,80	0,2%
Weiterbildungseinrichtungen	1,00	**1,40**	1,80	0,1%
Kindergärten				
Kindergärten, nicht unterkellert, einfacher Standard	–	**–**	–	–
Kindergärten, nicht unterkellert, mittlerer Standard	1,00	**2,10**	3,40	0,2%
Kindergärten, nicht unterkellert, hoher Standard	–	**0,40**	–	< 0,1%
Kindergärten, Holzbauweise, nicht unterkellert	0,50	**0,70**	0,90	< 0,1%
Kindergärten, unterkellert	1,20	**1,40**	1,50	0,3%
5 Sportbauten				
Sport- und Mehrzweckhallen	–	**0,60**	–	< 0,1%
Sporthallen (Einfeldhallen)	–	**–**	–	–
Sporthallen (Dreifeldhallen)	0,30	**0,80**	1,20	< 0,1%
6 Wohngebäude				
Ein- und Zweifamilienhäuser				
Ein- und Zweifamilienhäuser, unterkellert, einfacher Standard	–	**–**	–	–
Ein- und Zweifamilienhäuser, unterkellert, mittlerer Standard	–	**–**	–	–
Ein- und Zweifamilienhäuser, unterkellert, hoher Standard	–	**–**	–	–
Ein- und Zweifamilienhäuser, nicht unterkellert, einfacher Standard	–	**–**	–	–
Ein- und Zweifamilienhäuser, nicht unterkellert, mittlerer Standard	–	**–**	–	–
Ein- und Zweifamilienhäuser, nicht unterkellert, hoher Standard	–	**–**	–	–
Ein- und Zweifamilienhäuser, Passivhausstandard, Massivbauweise	–	**–**	–	–
Ein- und Zweifamilienhäuser, Passivhausstandard, Holzbauweise	–	**–**	–	–
Ein- und Zweifamilienhäuser, Holzbauweise, unterkellert	–	**–**	–	–
Ein- und Zweifamilienhäuser, Holzbauweise, nicht unterkellert	–	**–**	–	–
Doppel- und Reihenend- / Reihenhäuser				
Doppel- und Reihenendhäuser, einfacher Standard	–	**–**	–	–
Doppel- und Reihenendhäuser, mittlerer Standard	–	**–**	–	–
Doppel- und Reihenendhäuser, hoher Standard	–	**–**	–	–
Doppel- und Reihenendhäuser, Holzbauweise	–	**–**	–	–
Reihenhäuser, einfacher Standard	–	**–**	–	–
Reihenhäuser, mittlerer Standard	–	**–**	–	–
Reihenhäuser, hoher Standard	–	**–**	–	–

Einheit: m²
Brutto-Grundfläche (BGF)

Gebäudeart	▷	€/Einheit	◁	KG an 400
7 Mehrfamilienhäuser				
Mehrfamilienhäuser, mit bis zu 6 WE, einfacher Standard	–	**0,30**	–	< 0,1%
Mehrfamilienhäuser, mit bis zu 6 WE, mittlerer Standard	–	**–**	–	–
Mehrfamilienhäuser, mit bis zu 6 WE, hoher Standard	–	**–**	–	–
Mehrfamilienhäuser, mit 6 bis 19 WE, einfacher Standard	–	**–**	–	–
Mehrfamilienhäuser, mit 6 bis 19 WE, mittlerer Standard	–	**–**	–	–
Mehrfamilienhäuser, mit 6 bis 19 WE, hoher Standard	–	**0,50**	–	< 0,1%
Mehrfamilienhäuser, mit 20 oder mehr WE, einfacher Standard	–	**3,10**	–	0,3%
Mehrfamilienhäuser, mit 20 oder mehr WE, mittlerer Standard	–	**1,60**	–	< 0,1%
Mehrfamilienhäuser, mit 20 oder mehr WE, hoher Standard	–	**–**	–	–
Mehrfamilienhäuser, Passivhäuser	–	**–**	–	–
Mehrfamilienhäuser, Holzbauweise	–	**0,90**	–	< 0,1%
Wohnhäuser, mit bis zu 15% Mischnutzung, einfacher Standard	–	**0,20**	–	< 0,1%
Wohnhäuser, mit bis zu 15% Mischnutzung, mittlerer Standard	–	**–**	–	–
Wohnhäuser, mit bis zu 15% Mischnutzung, hoher Standard	–	**–**	–	–
Wohnhäuser, mit mehr als 15% Mischnutzung	–	**–**	–	–
Seniorenwohnungen und Beherbergungen				
Seniorenwohnungen, mittlerer Standard	0,50	**1,00**	2,30	0,2%
Seniorenwohnungen, hoher Standard	0,30	**0,90**	1,50	0,2%
Wohnheime und Internate	0,50	**0,90**	1,30	< 0,1%
Hotels	–	**–**	–	–
8 Gewerbe-, Lager- und Garagen				
Gaststätten, Kantinen und Mensen	–	**1,20**	–	0,1%
Industrielle Produktionsgebäude, Massivbauweise	1,00	**45,00**	88,00	1,8%
Industrielle Produktionsgebäude, überwiegend Skelettbauweise	0,30	**0,90**	1,70	< 0,1%
Betriebs- und Werkstätten, eingeschossig	–	**8,90**	–	0,3%
Betriebs- und Werkstätten, mehrgeschossig, geringer Hallenanteil	–	**1,90**	–	0,1%
Betriebs- und Werkstätten, mehrgeschossig, hoher Hallenanteil	–	**18,00**	–	0,3%
Geschäftshäuser, mit Wohnungen	1,00	**32,00**	64,00	4,1%
Geschäftshäuser, ohne Wohnungen	–	**–**	–	–
Verbrauchermärkte	–	**–**	–	–
Autohäuser	–	**–**	–	–
Lagergebäude, ohne Mischnutzung	0,70	**10,00**	20,00	0,4%
Lagergebäude, mit bis zu 25% Mischnutzung	–	**13,00**	–	0,8%
Lagergebäude, mit mehr als 25% Mischnutzung	–	**1,80**	–	0,3%
Garagen und Bereitschaftsdienste				
Einzel- und Doppelgaragen	–	**–**	–	–
Mehrfachgaragen	–	**0,20**	–	< 0,1%
Hochgaragen	–	**4,30**	–	0,8%
Carports	–	**–**	–	–
Feuerwehrhäuser	6,20	**18,00**	37,00	1,5%
Öffentliche Bereitschaftsdienste	–	**–**	–	–
9 Gebäude für kulturelle und religiöse Zwecke				
Bibliotheken, Museen und Ausstellungen	3,40	**34,00**	156,00	3,5%
Theater	–	**46,00**	–	1,1%
Gemeindezentren, einfacher Standard	0,20	**0,70**	1,70	0,4%
Gemeindezentren, mittlerer Standard	–	**1,00**	–	< 0,1%
Gemeindezentren, hoher Standard	1,40	**2,10**	2,80	0,1%
Gemeindezentren, Holzbauweise	0,80	**0,90**	0,90	< 0,1%
Friedhofsgebäude	–	**0,20**	–	< 0,1%

Statistik 3. Ebene

Kosten:
Stand 4. Quartal 2024
Bundesdurchschnitt
inkl. 19% MwSt.

Einheit: m²
Brutto-Grundfläche (BGF)

▷ von
ø Mittel
◁ bis

Gebäudeart	▷	€/Einheit	◁	KG an 400
1 Büro- und Verwaltungsgebäude				
Büro- und Verwaltungsgebäude, einfacher Standard	–	–	–	–
Büro- und Verwaltungsgebäude, mittlerer Standard	–	–	–	–
Büro- und Verwaltungsgebäude, hoher Standard	–	–	–	–
Büro- und Verwaltungsgebäude, Holzbauweise	–	–	–	–
2 Gebäude für Forschung und Lehre				
Instituts- und Laborgebäude	–	**93,00**	–	1,0%
3 Gebäude des Gesundheitswesens				
Medizinische Einrichtungen	–	–	–	–
Pflegeheime	–	–	–	–
Gebäude für Erholungszwecke	–	–	–	–
4 Schulen und Kindergärten				
Schulen				
Allgemeinbildende Schulen	–	–	–	–
Schulen, Holzbauweise	–	–	–	–
Berufliche Schulen	–	**263,00**	–	6,3%
Förder- und Sonderschulen	–	–	–	–
Weiterbildungseinrichtungen	–	–	–	–
Kindergärten				
Kindergärten, nicht unterkellert, einfacher Standard	–	–	–	–
Kindergärten, nicht unterkellert, mittlerer Standard	–	–	–	–
Kindergärten, nicht unterkellert, hoher Standard	–	–	–	–
Kindergärten, Holzbauweise, nicht unterkellert	–	–	–	–
Kindergärten, unterkellert	–	–	–	–
5 Sportbauten				
Sport- und Mehrzweckhallen	–	–	–	–
Sporthallen (Einfeldhallen)	–	–	–	–
Sporthallen (Dreifeldhallen)	–	–	–	–
6 Wohngebäude				
Ein- und Zweifamilienhäuser				
Ein- und Zweifamilienhäuser, unterkellert, einfacher Standard	–	–	–	–
Ein- und Zweifamilienhäuser, unterkellert, mittlerer Standard	–	–	–	–
Ein- und Zweifamilienhäuser, unterkellert, hoher Standard	–	–	–	–
Ein- und Zweifamilienhäuser, nicht unterkellert, einfacher Standard	–	–	–	–
Ein- und Zweifamilienhäuser, nicht unterkellert, mittlerer Standard	–	–	–	–
Ein- und Zweifamilienhäuser, nicht unterkellert, hoher Standard	–	–	–	–
Ein- und Zweifamilienhäuser, Passivhausstandard, Massivbauweise	–	–	–	–
Ein- und Zweifamilienhäuser, Passivhausstandard, Holzbauweise	–	–	–	–
Ein- und Zweifamilienhäuser, Holzbauweise, unterkellert	–	–	–	–
Ein- und Zweifamilienhäuser, Holzbauweise, nicht unterkellert	–	–	–	–
Doppel- und Reihenend- / Reihenhäuser				
Doppel- und Reihenendhäuser, einfacher Standard	–	–	–	–
Doppel- und Reihenendhäuser, mittlerer Standard	–	–	–	–
Doppel- und Reihenendhäuser, hoher Standard	–	–	–	–
Doppel- und Reihenendhäuser, Holzbauweise	–	–	–	–
Reihenhäuser, einfacher Standard	–	–	–	–
Reihenhäuser, mittlerer Standard	–	–	–	–
Reihenhäuser, hoher Standard	–	–	–	–

Gebäudeart	▷	€/Einheit	◁	KG an 400
7 Mehrfamilienhäuser				
Mehrfamilienhäuser, mit bis zu 6 WE, einfacher Standard	–	–	–	–
Mehrfamilienhäuser, mit bis zu 6 WE, mittlerer Standard	–	–	–	–
Mehrfamilienhäuser, mit bis zu 6 WE, hoher Standard	–	–	–	–
Mehrfamilienhäuser, mit 6 bis 19 WE, einfacher Standard	–	–	–	–
Mehrfamilienhäuser, mit 6 bis 19 WE, mittlerer Standard	–	–	–	–
Mehrfamilienhäuser, mit 6 bis 19 WE, hoher Standard	–	–	–	–
Mehrfamilienhäuser, mit 20 oder mehr WE, einfacher Standard	–	–	–	–
Mehrfamilienhäuser, mit 20 oder mehr WE, mittlerer Standard	–	–	–	–
Mehrfamilienhäuser, mit 20 oder mehr WE, hoher Standard	–	–	–	–
Mehrfamilienhäuser, Passivhäuser	–	–	–	–
Mehrfamilienhäuser, Holzbauweise	–	–	–	–
Wohnhäuser, mit bis zu 15% Mischnutzung, einfacher Standard	–	–	–	–
Wohnhäuser, mit bis zu 15% Mischnutzung, mittlerer Standard	–	–	–	–
Wohnhäuser, mit bis zu 15% Mischnutzung, hoher Standard	–	–	–	–
Wohnhäuser, mit mehr als 15% Mischnutzung	–	–	–	–
Seniorenwohnungen und Beherbergungen				
Seniorenwohnungen, mittlerer Standard	–	–	–	–
Seniorenwohnungen, hoher Standard	–	–	–	–
Wohnheime und Internate	–	–	–	–
Hotels	–	–	–	–
8 Gewerbe-, Lager- und Garagen				
Gaststätten, Kantinen und Mensen	–	**48,00**	–	4,2%
Industrielle Produktionsgebäude, Massivbauweise	–	–	–	–
Industrielle Produktionsgebäude, überwiegend Skelettbauweise	–	**21,00**	–	0,4%
Betriebs- und Werkstätten, eingeschossig	–	–	–	–
Betriebs- und Werkstätten, mehrgeschossig, geringer Hallenanteil	–	**15,00**	–	0,4%
Betriebs- und Werkstätten, mehrgeschossig, hoher Hallenanteil	–	–	–	–
Geschäftshäuser, mit Wohnungen	–	–	–	–
Geschäftshäuser, ohne Wohnungen	–	–	–	–
Verbrauchermärkte	–	**67,00**	–	5,4%
Autohäuser	–	–	–	–
Lagergebäude, ohne Mischnutzung	–	**170,00**	–	2,6%
Lagergebäude, mit bis zu 25% Mischnutzung	–	–	–	–
Lagergebäude, mit mehr als 25% Mischnutzung	–	–	–	–
Garagen und Bereitschaftsdienste				
Einzel- und Doppelgaragen	–	–	–	–
Mehrfachgaragen	–	–	–	–
Hochgaragen	–	–	–	–
Carports	–	–	–	–
Feuerwehrhäuser	30,00	**42,00**	55,00	2,1%
Öffentliche Bereitschaftsdienste	–	**18,00**	–	0,7%
9 Gebäude für kulturelle und religiöse Zwecke				
Bibliotheken, Museen und Ausstellungen	–	–	–	–
Theater	–	–	–	–
Gemeindezentren, einfacher Standard	–	–	–	–
Gemeindezentren, mittlerer Standard	–	–	–	–
Gemeindezentren, hoher Standard	–	–	–	–
Gemeindezentren, Holzbauweise	–	–	–	–
Friedhofsgebäude	–	–	–	–

Einheit: m²
Brutto-Grundfläche (BGF)

Kostenstand: 4. Quartal 2024, Bundesdurchschnitt, **inkl. 19% MwSt.**

Kosten:
Stand 4. Quartal 2024
Bundesdurchschnitt
inkl. 19% MwSt.

Einheit: m²
Brutto-Grundfläche (BGF)

▷ von
ø Mittel
◁ bis

Gebäudeart	▷	€/Einheit	◁	KG an 400
1 Büro- und Verwaltungsgebäude				
Büro- und Verwaltungsgebäude, einfacher Standard	–	–	–	–
Büro- und Verwaltungsgebäude, mittlerer Standard	0,20	**8,00**	16,00	0,3%
Büro- und Verwaltungsgebäude, hoher Standard	–	**52,00**	–	0,5%
Büro- und Verwaltungsgebäude, Holzbauweise	–	–	–	–
2 Gebäude für Forschung und Lehre				
Instituts- und Laborgebäude	–	–	–	–
3 Gebäude des Gesundheitswesens				
Medizinische Einrichtungen	–	–	–	–
Pflegeheime	–	–	–	–
Gebäude für Erholungszwecke	–	–	–	–
4 Schulen und Kindergärten				
Schulen				
Allgemeinbildende Schulen	–	**1,70**	–	< 0,1%
Schulen, Holzbauweise	–	**58,00**	–	1,0%
Berufliche Schulen	0,60	**11,00**	16,00	0,9%
Förder- und Sonderschulen	–	–	–	–
Weiterbildungseinrichtungen	–	**0,30**	–	< 0,1%
Kindergärten				
Kindergärten, nicht unterkellert, einfacher Standard	–	–	–	–
Kindergärten, nicht unterkellert, mittlerer Standard	–	–	–	–
Kindergärten, nicht unterkellert, hoher Standard	–	–	–	–
Kindergärten, Holzbauweise, nicht unterkellert	–	–	–	–
Kindergärten, unterkellert	–	–	–	–
5 Sportbauten				
Sport- und Mehrzweckhallen	–	–	–	–
Sporthallen (Einfeldhallen)	–	–	–	–
Sporthallen (Dreifeldhallen)	–	**4,30**	–	0,2%
6 Wohngebäude				
Ein- und Zweifamilienhäuser				
Ein- und Zweifamilienhäuser, unterkellert, einfacher Standard	–	–	–	–
Ein- und Zweifamilienhäuser, unterkellert, mittlerer Standard	–	–	–	–
Ein- und Zweifamilienhäuser, unterkellert, hoher Standard	–	–	–	–
Ein- und Zweifamilienhäuser, nicht unterkellert, einfacher Standard	–	–	–	–
Ein- und Zweifamilienhäuser, nicht unterkellert, mittlerer Standard	–	–	–	–
Ein- und Zweifamilienhäuser, nicht unterkellert, hoher Standard	–	–	–	–
Ein- und Zweifamilienhäuser, Passivhausstandard, Massivbauweise	–	–	–	–
Ein- und Zweifamilienhäuser, Passivhausstandard, Holzbauweise	–	**11,00**	–	0,2%
Ein- und Zweifamilienhäuser, Holzbauweise, unterkellert	–	**9,70**	–	0,2%
Ein- und Zweifamilienhäuser, Holzbauweise, nicht unterkellert	–	**11,00**	–	0,3%
Doppel- und Reihenend- / Reihenhäuser				
Doppel- und Reihenendhäuser, einfacher Standard	–	–	–	–
Doppel- und Reihenendhäuser, mittlerer Standard	–	–	–	–
Doppel- und Reihenendhäuser, hoher Standard	–	–	–	–
Doppel- und Reihenendhäuser, Holzbauweise	–	–	–	–
Reihenhäuser, einfacher Standard	–	–	–	–
Reihenhäuser, mittlerer Standard	–	–	–	–
Reihenhäuser, hoher Standard	–	–	–	–

Gebäudeart	▷	€/Einheit	◁	KG an 400
7 Mehrfamilienhäuser				
Mehrfamilienhäuser, mit bis zu 6 WE, einfacher Standard	–	–	–	–
Mehrfamilienhäuser, mit bis zu 6 WE, mittlerer Standard	–	–	–	–
Mehrfamilienhäuser, mit bis zu 6 WE, hoher Standard	–	–	–	–
Mehrfamilienhäuser, mit 6 bis 19 WE, einfacher Standard	–	–	–	–
Mehrfamilienhäuser, mit 6 bis 19 WE, mittlerer Standard	–	–	–	–
Mehrfamilienhäuser, mit 6 bis 19 WE, hoher Standard	–	–	–	–
Mehrfamilienhäuser, mit 20 oder mehr WE, einfacher Standard	–	–	–	–
Mehrfamilienhäuser, mit 20 oder mehr WE, mittlerer Standard	–	–	–	–
Mehrfamilienhäuser, mit 20 oder mehr WE, hoher Standard	–	–	–	–
Mehrfamilienhäuser, Passivhäuser	–	–	–	–
Mehrfamilienhäuser, Holzbauweise	–	–	–	–
Wohnhäuser, mit bis zu 15% Mischnutzung, einfacher Standard	–	–	–	–
Wohnhäuser, mit bis zu 15% Mischnutzung, mittlerer Standard	–	–	–	–
Wohnhäuser, mit bis zu 15% Mischnutzung, hoher Standard	–	–	–	–
Wohnhäuser, mit mehr als 15% Mischnutzung	–	**64,00**	–	3,0%
Seniorenwohnungen und Beherbergungen				
Seniorenwohnungen, mittlerer Standard	–	–	–	–
Seniorenwohnungen, hoher Standard	–	–	–	–
Wohnheime und Internate	–	**< 0,10**	–	< 0,1%
Hotels	–	–	–	–
8 Gewerbe-, Lager- und Garagen				
Gaststätten, Kantinen und Mensen	–	–	–	–
Industrielle Produktionsgebäude, Massivbauweise	–	**740,00**	–	14,8%
Industrielle Produktionsgebäude, überwiegend Skelettbauweise	34,00	**91,00**	191,00	13,7%
Betriebs- und Werkstätten, eingeschossig	–	–	–	–
Betriebs- und Werkstätten, mehrgeschossig, geringer Hallenanteil	11,00	**32,00**	54,00	1,8%
Betriebs- und Werkstätten, mehrgeschossig, hoher Hallenanteil	–	**6,90**	–	0,1%
Geschäftshäuser, mit Wohnungen	–	–	–	–
Geschäftshäuser, ohne Wohnungen	–	–	–	–
Verbrauchermärkte	–	–	–	–
Autohäuser	–	**9,30**	–	1,1%
Lagergebäude, ohne Mischnutzung	–	–	–	–
Lagergebäude, mit bis zu 25% Mischnutzung	–	**6,10**	–	0,4%
Lagergebäude, mit mehr als 25% Mischnutzung	–	**143,00**	–	22,6%
Garagen und Bereitschaftsdienste				
Einzel- und Doppelgaragen	–	–	–	–
Mehrfachgaragen	9,00	**36,00**	62,00	12,1%
Hochgaragen	–	–	–	–
Carports	–	–	–	–
Feuerwehrhäuser	11,00	**40,00**	96,00	4,0%
Öffentliche Bereitschaftsdienste	1,70	**155,00**	308,00	12,1%
9 Gebäude für kulturelle und religiöse Zwecke				
Bibliotheken, Museen und Ausstellungen	–	**111,00**	–	1,5%
Theater	–	**985,00**	–	22,8%
Gemeindezentren, einfacher Standard	–	–	–	–
Gemeindezentren, mittlerer Standard	–	–	–	–
Gemeindezentren, hoher Standard	–	**55,00**	–	1,8%
Gemeindezentren, Holzbauweise	–	**41,00**	–	3,1%
Friedhofsgebäude	–	**1.271,00**	–	31,5%

Einheit: m²
Brutto-Grundfläche (BGF)

Gebäudeart	▷	€/Einheit	◁	KG an 400
1 Büro- und Verwaltungsgebäude				
Büro- und Verwaltungsgebäude, einfacher Standard	–	**–**	–	–
Büro- und Verwaltungsgebäude, mittlerer Standard	24,00	**40,00**	73,00	2,5%
Büro- und Verwaltungsgebäude, hoher Standard	24,00	**55,00**	116,00	3,9%
Büro- und Verwaltungsgebäude, Holzbauweise	43,00	**58,00**	73,00	3,9%
2 Gebäude für Forschung und Lehre				
Instituts- und Laborgebäude	9,80	**94,00**	179,00	2,8%
3 Gebäude des Gesundheitswesens				
Medizinische Einrichtungen	14,00	**19,00**	23,00	[illegible]%
Pflegeheime	1,30	**6,30**	9,10	0,4%
Gebäude für Erholungszwecke	–	**–**	–	–
4 Schulen und Kindergärten				
Schulen				
Allgemeinbildende Schulen	18,00	**34,00**	47,00	2,5%
Schulen, Holzbauweise	11,00	**40,00**	55,00	2,8%
Berufliche Schulen	56,00	**93,00**	129,00	4,6%
Förder- und Sonderschulen	8,60	**23,00**	40,00	3,1%
Weiterbildungseinrichtungen	18,00	**75,00**	133,00	6,0%
Kindergärten				
Kindergärten, nicht unterkellert, einfacher Standard	–	**–**	–	–
Kindergärten, nicht unterkellert, mittlerer Standard	12,00	**32,00**	52,00	1,2%
Kindergärten, nicht unterkellert, hoher Standard	–	**6,20**	–	0,2%
Kindergärten, Holzbauweise, nicht unterkellert	14,00	**30,00**	51,00	1,4%
Kindergärten, unterkellert	–	**12,00**	–	0,6%
5 Sportbauten				
Sport- und Mehrzweckhallen	–	**24,00**	–	1,1%
Sporthallen (Einfeldhallen)	–	**21,00**	–	0,7%
Sporthallen (Dreifeldhallen)	16,00	**18,00**	19,00	1,2%
6 Wohngebäude				
Ein- und Zweifamilienhäuser				
Ein- und Zweifamilienhäuser, unterkellert, einfacher Standard	–	**–**	–	–
Ein- und Zweifamilienhäuser, unterkellert, mittlerer Standard	22,00	**37,00**	51,00	1,1%
Ein- und Zweifamilienhäuser, unterkellert, hoher Standard	52,00	**53,00**	55,00	2,1%
Ein- und Zweifamilienhäuser, nicht unterkellert, einfacher Standard	–	**–**	–	–
Ein- und Zweifamilienhäuser, nicht unterkellert, mittlerer Standard	–	**–**	–	–
Ein- und Zweifamilienhäuser, nicht unterkellert, hoher Standard	–	**–**	–	–
Ein- und Zweifamilienhäuser, Passivhausstandard, Massivbauweise	9,80	**34,00**	47,00	1,8%
Ein- und Zweifamilienhäuser, Passivhausstandard, Holzbauweise	–	**–**	–	–
Ein- und Zweifamilienhäuser, Holzbauweise, unterkellert	–	**–**	–	–
Ein- und Zweifamilienhäuser, Holzbauweise, nicht unterkellert	–	**20,00**	–	1,1%
Doppel- und Reihenend- / Reihenhäuser				
Doppel- und Reihenendhäuser, einfacher Standard	–	**–**	–	–
Doppel- und Reihenendhäuser, mittlerer Standard	–	**–**	–	–
Doppel- und Reihenendhäuser, hoher Standard	–	**–**	–	–
Doppel- und Reihenendhäuser, Holzbauweise	–	**–**	–	–
Reihenhäuser, einfacher Standard	–	**–**	–	–
Reihenhäuser, mittlerer Standard	–	**–**	–	–
Reihenhäuser, hoher Standard	–	**–**	–	–

Kosten:
Stand 4. Quartal 2024
Bundesdurchschnitt
inkl. 19% MwSt.

Einheit: m²
Brutto-Grundfläche (BGF)

▷ von
ø Mittel
◁ bis

Gebäudeart	▷	€/Einheit	◁	KG an 400
7 Mehrfamilienhäuser				
Mehrfamilienhäuser, mit bis zu 6 WE, einfacher Standard	–	–	–	–
Mehrfamilienhäuser, mit bis zu 6 WE, mittlerer Standard	–	–	–	–
Mehrfamilienhäuser, mit bis zu 6 WE, hoher Standard	–	–	–	–
Mehrfamilienhäuser, mit 6 bis 19 WE, einfacher Standard	–	–	–	–
Mehrfamilienhäuser, mit 6 bis 19 WE, mittlerer Standard	–	–	–	–
Mehrfamilienhäuser, mit 6 bis 19 WE, hoher Standard	–	–	–	–
Mehrfamilienhäuser, mit 20 oder mehr WE, einfacher Standard	–	–	–	–
Mehrfamilienhäuser, mit 20 oder mehr WE, mittlerer Standard	–	–	–	–
Mehrfamilienhäuser, mit 20 oder mehr WE, hoher Standard	–	–	–	–
Mehrfamilienhäuser, Passivhäuser	–	–	–	–
Mehrfamilienhäuser, Holzbauweise	–	–	–	–
Wohnhäuser, mit bis zu 15% Mischnutzung, einfacher Standard	–	–	–	–
Wohnhäuser, mit bis zu 15% Mischnutzung, mittlerer Standard	–	–	–	–
Wohnhäuser, mit bis zu 15% Mischnutzung, hoher Standard	–	–	–	–
Wohnhäuser, mit mehr als 15% Mischnutzung	–	–	–	–
Seniorenwohnungen und Beherbergungen				
Seniorenwohnungen, mittlerer Standard	–	–	–	–
Seniorenwohnungen, hoher Standard	–	–	–	–
Wohnheime und Internate	8,70	**11,00**	12,00	1,0%
Hotels	–	–	–	–
8 Gewerbe-, Lager- und Garagen				
Gaststätten, Kantinen und Mensen	–	–	–	–
Industrielle Produktionsgebäude, Massivbauweise	–	–	–	–
Industrielle Produktionsgebäude, überwiegend Skelettbauweise	19,00	**35,00**	50,00	2,6%
Betriebs- und Werkstätten, eingeschossig	–	**96,00**	–	3,6%
Betriebs- und Werkstätten, mehrgeschossig, geringer Hallenanteil	–	**32,00**	–	0,3%
Betriebs- und Werkstätten, mehrgeschossig, hoher Hallenanteil	–	**27,00**	–	0,5%
Geschäftshäuser, mit Wohnungen	–	–	–	–
Geschäftshäuser, ohne Wohnungen	–	–	–	–
Verbrauchermärkte	–	–	–	–
Autohäuser	–	–	–	–
Lagergebäude, ohne Mischnutzung	–	**39,00**	–	0,6%
Lagergebäude, mit bis zu 25% Mischnutzung	–	**43,00**	–	2,8%
Lagergebäude, mit mehr als 25% Mischnutzung	–	–	–	–
Garagen und Bereitschaftsdienste				
Einzel- und Doppelgaragen	–	–	–	–
Mehrfachgaragen	–	–	–	–
Hochgaragen	–	–	–	–
Carports	–	–	–	–
Feuerwehrhäuser	8,00	**21,00**	34,00	1,1%
Öffentliche Bereitschaftsdienste	–	**6,10**	–	0,2%
9 Gebäude für kulturelle und religiöse Zwecke				
Bibliotheken, Museen und Ausstellungen	21,00	**29,00**	36,00	1,2%
Theater	–	–	–	–
Gemeindezentren, einfacher Standard	–	–	–	–
Gemeindezentren, mittlerer Standard	–	–	–	–
Gemeindezentren, hoher Standard	–	**27,00**	–	0,9%
Gemeindezentren, Holzbauweise	–	**9,80**	–	0,5%
Friedhofsgebäude	–	**57,00**	–	1,4%

Einheit: m²
Brutto-Grundfläche (BGF)

Kosten:
Stand 4. Quartal 2024
Bundesdurchschnitt
inkl. 19% MwSt.

Einheit: m²
Brutto-Grundfläche (BGF)

▷ von
ø Mittel
◁ bis

Gebäudeart	▷	€/Einheit	◁	KG an 400
1 Büro- und Verwaltungsgebäude				
Büro- und Verwaltungsgebäude, einfacher Standard	–	**–**	–	–
Büro- und Verwaltungsgebäude, mittlerer Standard	6,50	**12,00**	21,00	0,8%
Büro- und Verwaltungsgebäude, hoher Standard	9,70	**17,00**	31,00	1,0%
Büro- und Verwaltungsgebäude, Holzbauweise	–	**13,00**	–	0,3%
2 Gebäude für Forschung und Lehre				
Instituts- und Laborgebäude	10,00	**18,00**	26,00	1,0%
3 Gebäude des Gesundheitswesens				
Medizinische Einrichtungen	–	**–**	–	–
Pflegeheime	–	**1,80**	–	< 0,1%
Gebäude für Erholungszwecke	–	**–**	–	–
4 Schulen und Kindergärten				
Schulen				
Allgemeinbildende Schulen	12,00	**13,00**	14,00	0,7%
Schulen, Holzbauweise	18,00	**24,00**	29,00	1,1%
Berufliche Schulen	–	**–**	–	–
Förder- und Sonderschulen	8,70	**13,00**	16,00	1,0%
Weiterbildungseinrichtungen	–	**19,00**	–	1,1%
Kindergärten				
Kindergärten, nicht unterkellert, einfacher Standard	–	**–**	–	–
Kindergärten, nicht unterkellert, mittlerer Standard	–	**24,00**	–	0,4%
Kindergärten, nicht unterkellert, hoher Standard	–	**15,00**	–	0,5%
Kindergärten, Holzbauweise, nicht unterkellert	4,80	**12,00**	19,00	0,3%
Kindergärten, unterkellert	–	**28,00**	–	1,4%
5 Sportbauten				
Sport- und Mehrzweckhallen	–	**11,00**	–	0,5%
Sporthallen (Einfeldhallen)	–	**–**	–	–
Sporthallen (Dreifeldhallen)	5,20	**6,70**	8,30	0,4%
6 Wohngebäude				
Ein- und Zweifamilienhäuser				
Ein- und Zweifamilienhäuser, unterkellert, einfacher Standard	–	**–**	–	–
Ein- und Zweifamilienhäuser, unterkellert, mittlerer Standard	–	**–**	–	–
Ein- und Zweifamilienhäuser, unterkellert, hoher Standard	–	**–**	–	–
Ein- und Zweifamilienhäuser, nicht unterkellert, einfacher Standard	–	**–**	–	–
Ein- und Zweifamilienhäuser, nicht unterkellert, mittlerer Standard	–	**–**	–	–
Ein- und Zweifamilienhäuser, nicht unterkellert, hoher Standard	–	**–**	–	–
Ein- und Zweifamilienhäuser, Passivhausstandard, Massivbauweise	–	**–**	–	–
Ein- und Zweifamilienhäuser, Passivhausstandard, Holzbauweise	–	**–**	–	–
Ein- und Zweifamilienhäuser, Holzbauweise, unterkellert	–	**–**	–	–
Ein- und Zweifamilienhäuser, Holzbauweise, nicht unterkellert	–	**–**	–	–
Doppel- und Reihenend- / Reihenhäuser				
Doppel- und Reihenendhäuser, einfacher Standard	–	**–**	–	–
Doppel- und Reihenendhäuser, mittlerer Standard	–	**–**	–	–
Doppel- und Reihenendhäuser, hoher Standard	–	**–**	–	–
Doppel- und Reihenendhäuser, Holzbauweise	–	**–**	–	–
Reihenhäuser, einfacher Standard	–	**–**	–	–
Reihenhäuser, mittlerer Standard	–	**–**	–	–
Reihenhäuser, hoher Standard	–	**–**	–	–

Gebäudeart	▷	€/Einheit	◁	KG an 400
7 Mehrfamilienhäuser				
Mehrfamilienhäuser, mit bis zu 6 WE, einfacher Standard	–	–	–	–
Mehrfamilienhäuser, mit bis zu 6 WE, mittlerer Standard	–	–	–	–
Mehrfamilienhäuser, mit bis zu 6 WE, hoher Standard	–	–	–	–
Mehrfamilienhäuser, mit 6 bis 19 WE, einfacher Standard	–	–	–	–
Mehrfamilienhäuser, mit 6 bis 19 WE, mittlerer Standard	–	–	–	–
Mehrfamilienhäuser, mit 6 bis 19 WE, hoher Standard	–	–	–	–
Mehrfamilienhäuser, mit 20 oder mehr WE, einfacher Standard	–	–	–	–
Mehrfamilienhäuser, mit 20 oder mehr WE, mittlerer Standard	–	–	–	–
Mehrfamilienhäuser, mit 20 oder mehr WE, hoher Standard	–	–	–	–
Mehrfamilienhäuser, Passivhäuser	–	–	–	–
Mehrfamilienhäuser, Holzbauweise	–	–	–	–
Wohnhäuser, mit bis zu 15% Mischnutzung, einfacher Standard	–	–	–	–
Wohnhäuser, mit bis zu 15% Mischnutzung, mittlerer Standard	–	–	–	–
Wohnhäuser, mit bis zu 15% Mischnutzung, hoher Standard	–	–	–	–
Wohnhäuser, mit mehr als 15% Mischnutzung	–	–	–	–
Seniorenwohnungen und Beherbergungen				
Seniorenwohnungen, mittlerer Standard	–	–	–	–
Seniorenwohnungen, hoher Standard	–	–	–	–
Wohnheime und Internate	1,80	**4,50**	5,80	0,4%
Hotels	–	–	–	–
8 Gewerbe-, Lager- und Garagen				
Gaststätten, Kantinen und Mensen	–	–	–	–
Industrielle Produktionsgebäude, Massivbauweise	–	–	–	–
Industrielle Produktionsgebäude, überwiegend Skelettbauweise	11,00	**15,00**	21,00	0,7%
Betriebs- und Werkstätten, eingeschossig	–	–	–	–
Betriebs- und Werkstätten, mehrgeschossig, geringer Hallenanteil	–	**11,00**	–	< 0,1%
Betriebs- und Werkstätten, mehrgeschossig, hoher Hallenanteil	–	**2,10**	–	< 0,1%
Geschäftshäuser, mit Wohnungen	–	–	–	–
Geschäftshäuser, ohne Wohnungen	–	–	–	–
Verbrauchermärkte	–	–	–	–
Autohäuser	–	–	–	–
Lagergebäude, ohne Mischnutzung	–	**19,00**	–	0,3%
Lagergebäude, mit bis zu 25% Mischnutzung	–	–	–	–
Lagergebäude, mit mehr als 25% Mischnutzung	–	–	–	–
Garagen und Bereitschaftsdienste				
Einzel- und Doppelgaragen	–	–	–	–
Mehrfachgaragen	–	–	–	–
Hochgaragen	–	–	–	–
Carports	–	–	–	–
Feuerwehrhäuser	–	**5,60**	–	0,1%
Öffentliche Bereitschaftsdienste	–	**9,40**	–	0,4%
9 Gebäude für kulturelle und religiöse Zwecke				
Bibliotheken, Museen und Ausstellungen	9,50	**11,00**	13,00	0,4%
Theater	–	–	–	–
Gemeindezentren, einfacher Standard	–	–	–	–
Gemeindezentren, mittlerer Standard	–	–	–	–
Gemeindezentren, hoher Standard	–	–	–	–
Gemeindezentren, Holzbauweise	–	–	–	–
Friedhofsgebäude	–	**21,00**	–	0,5%

Einheit: m²
Brutto-Grundfläche (BGF)

Kosten:
Stand 4. Quartal 2024
Bundesdurchschnitt
inkl. 19% MwSt.

Einheit: m²
Brutto-Grundfläche (BGF)

▷ von
ø Mittel
◁ bis

Gebäudeart	▷	€/Einheit	◁	KG an 400
1 Büro- und Verwaltungsgebäude				
Büro- und Verwaltungsgebäude, einfacher Standard	–	**–**	–	–
Büro- und Verwaltungsgebäude, mittlerer Standard	6,70	**14,00**	30,00	0,5%
Büro- und Verwaltungsgebäude, hoher Standard	7,10	**7,90**	8,70	0,1%
Büro- und Verwaltungsgebäude, Holzbauweise	–	**–**	–	–
2 Gebäude für Forschung und Lehre				
Instituts- und Laborgebäude	–	**16,00**	–	0,3%
3 Gebäude des Gesundheitswesens				
Medizinische Einrichtungen	–	**–**	–	–
Pflegeheime	–	**–**	–	–
Gebäude für Erholungszwecke	–	**–**	–	–
4 Schulen und Kindergärten				
Schulen				
Allgemeinbildende Schulen	3,60	**5,90**	9,30	0,3%
Schulen, Holzbauweise	9,80	**24,00**	39,00	1,0%
Berufliche Schulen	–	**–**	–	–
Förder- und Sonderschulen	–	**–**	–	–
Weiterbildungseinrichtungen	–	**–**	–	–
Kindergärten				
Kindergärten, nicht unterkellert, einfacher Standard	–	**–**	–	–
Kindergärten, nicht unterkellert, mittlerer Standard	–	**19,00**	–	0,3%
Kindergärten, nicht unterkellert, hoher Standard	–	**17,00**	–	0,5%
Kindergärten, Holzbauweise, nicht unterkellert	–	**8,90**	–	< 0,1%
Kindergärten, unterkellert	–	**–**	–	–
5 Sportbauten				
Sport- und Mehrzweckhallen	–	**–**	–	–
Sporthallen (Einfeldhallen)	–	**–**	–	–
Sporthallen (Dreifeldhallen)	–	**7,40**	–	0,2%
6 Wohngebäude				
Ein- und Zweifamilienhäuser				
Ein- und Zweifamilienhäuser, unterkellert, einfacher Standard	–	**–**	–	–
Ein- und Zweifamilienhäuser, unterkellert, mittlerer Standard	–	**–**	–	–
Ein- und Zweifamilienhäuser, unterkellert, hoher Standard	–	**11,00**	–	0,1%
Ein- und Zweifamilienhäuser, nicht unterkellert, einfacher Standard	–	**–**	–	–
Ein- und Zweifamilienhäuser, nicht unterkellert, mittlerer Standard	–	**–**	–	–
Ein- und Zweifamilienhäuser, nicht unterkellert, hoher Standard	–	**–**	–	–
Ein- und Zweifamilienhäuser, Passivhausstandard, Massivbauweise	–	**–**	–	–
Ein- und Zweifamilienhäuser, Passivhausstandard, Holzbauweise	–	**–**	–	–
Ein- und Zweifamilienhäuser, Holzbauweise, unterkellert	–	**–**	–	–
Ein- und Zweifamilienhäuser, Holzbauweise, nicht unterkellert	–	**–**	–	–
Doppel- und Reihenend- / Reihenhäuser				
Doppel- und Reihenendhäuser, einfacher Standard	–	**–**	–	–
Doppel- und Reihenendhäuser, mittlerer Standard	–	**–**	–	–
Doppel- und Reihenendhäuser, hoher Standard	–	**–**	–	–
Doppel- und Reihenendhäuser, Holzbauweise	–	**–**	–	–
Reihenhäuser, einfacher Standard	–	**–**	–	–
Reihenhäuser, mittlerer Standard	–	**–**	–	–
Reihenhäuser, hoher Standard	–	**–**	–	–

Einheit: m²
Brutto-Grundfläche (BGF)

Gebäudeart	▷	€/Einheit	◁	KG an 400
7 Mehrfamilienhäuser				
Mehrfamilienhäuser, mit bis zu 6 WE, einfacher Standard	–	–	–	–
Mehrfamilienhäuser, mit bis zu 6 WE, mittlerer Standard	–	–	–	–
Mehrfamilienhäuser, mit bis zu 6 WE, hoher Standard	–	–	–	–
Mehrfamilienhäuser, mit 6 bis 19 WE, einfacher Standard	–	–	–	–
Mehrfamilienhäuser, mit 6 bis 19 WE, mittlerer Standard	–	–	–	–
Mehrfamilienhäuser, mit 6 bis 19 WE, hoher Standard	–	–	–	–
Mehrfamilienhäuser, mit 20 oder mehr WE, einfacher Standard	–	–	–	–
Mehrfamilienhäuser, mit 20 oder mehr WE, mittlerer Standard	–	–	–	–
Mehrfamilienhäuser, mit 20 oder mehr WE, hoher Standard	–	–	–	–
Mehrfamilienhäuser, Passivhäuser	–	–	–	–
Mehrfamilienhäuser, Holzbauweise	–	–	–	–
Wohnhäuser, mit bis zu 15% Mischnutzung, einfacher Standard	–	–	–	–
Wohnhäuser, mit bis zu 15% Mischnutzung, mittlerer Standard	–	–	–	–
Wohnhäuser, mit bis zu 15% Mischnutzung, hoher Standard	–	–	–	–
Wohnhäuser, mit mehr als 15% Mischnutzung	–	–	–	–
Seniorenwohnungen und Beherbergungen				
Seniorenwohnungen, mittlerer Standard	–	–	–	–
Seniorenwohnungen, hoher Standard	–	–	–	–
Wohnheime und Internate	–	–	–	–
Hotels	–	–	–	–
8 Gewerbe-, Lager- und Garagen				
Gaststätten, Kantinen und Mensen	–	–	–	–
Industrielle Produktionsgebäude, Massivbauweise	–	–	–	–
Industrielle Produktionsgebäude, überwiegend Skelettbauweise	8,60	**9,60**	11,00	0,3%
Betriebs- und Werkstätten, eingeschossig	–	–	–	–
Betriebs- und Werkstätten, mehrgeschossig, geringer Hallenanteil	8,20	**23,00**	38,00	0,9%
Betriebs- und Werkstätten, mehrgeschossig, hoher Hallenanteil	–	–	–	–
Geschäftshäuser, mit Wohnungen	–	–	–	–
Geschäftshäuser, ohne Wohnungen	–	–	–	–
Verbrauchermärkte	–	–	–	–
Autohäuser	–	–	–	–
Lagergebäude, ohne Mischnutzung	–	–	–	–
Lagergebäude, mit bis zu 25% Mischnutzung	–	–	–	–
Lagergebäude, mit mehr als 25% Mischnutzung	–	–	–	–
Garagen und Bereitschaftsdienste				
Einzel- und Doppelgaragen	–	–	–	–
Mehrfachgaragen	–	–	–	–
Hochgaragen	–	–	–	–
Carports	–	–	–	–
Feuerwehrhäuser	–	**14,00**	–	0,4%
Öffentliche Bereitschaftsdienste	–	**8,00**	–	0,3%
9 Gebäude für kulturelle und religiöse Zwecke				
Bibliotheken, Museen und Ausstellungen	–	**4,30**	–	0,1%
Theater	–	–	–	–
Gemeindezentren, einfacher Standard	–	–	–	–
Gemeindezentren, mittlerer Standard	–	–	–	–
Gemeindezentren, hoher Standard	–	–	–	–
Gemeindezentren, Holzbauweise	–	–	–	–
Friedhofsgebäude	–	–	–	–

Statistik 3. Ebene

484
Kabel, Leitungen und Verlegesysteme

Kosten:
Stand 4. Quartal 2024
Bundesdurchschnitt
inkl. 19% MwSt.

Einheit: m²
Brutto-Grundfläche (BGF)

▷ von
ø Mittel
◁ bis

Gebäudeart	▷	€/Einheit	◁	KG an 400
1 Büro- und Verwaltungsgebäude				
Büro- und Verwaltungsgebäude, einfacher Standard	–	**–**	–	–
Büro- und Verwaltungsgebäude, mittlerer Standard	1,80	**3,50**	6,30	0,2%
Büro- und Verwaltungsgebäude, hoher Standard	2,80	**8,50**	21,00	0,4%
Büro- und Verwaltungsgebäude, Holzbauweise	–	**23,00**	–	0,6%
2 Gebäude für Forschung und Lehre				
Instituts- und Laborgebäude	–	**–**	–	–
3 Gebäude des Gesundheitswesens				
Medizinische Einrichtungen	–	**18,00**	–	0,6%
Pflegeheime	–	**–**	–	–
Gebäude für Erholungszwecke	–	**–**	–	–
4 Schulen und Kindergärten				
Schulen				
Allgemeinbildende Schulen	–	**3,30**	–	< 0,1%
Schulen, Holzbauweise	–	**3,00**	–	< 0,1%
Berufliche Schulen	–	**–**	–	–
Förder- und Sonderschulen	–	**2,70**	–	< 0,1%
Weiterbildungseinrichtungen	–	**9,00**	–	0,3%
Kindergärten				
Kindergärten, nicht unterkellert, einfacher Standard	–	**–**	–	–
Kindergärten, nicht unterkellert, mittlerer Standard	0,70	**3,10**	5,50	0,1%
Kindergärten, nicht unterkellert, hoher Standard	–	**13,00**	–	0,4%
Kindergärten, Holzbauweise, nicht unterkellert	–	**2,90**	–	< 0,1%
Kindergärten, unterkellert	–	**–**	–	–
5 Sportbauten				
Sport- und Mehrzweckhallen	–	**–**	–	–
Sporthallen (Einfeldhallen)	–	**0,70**	–	< 0,1%
Sporthallen (Dreifeldhallen)	0,80	**3,90**	7,00	0,3%
6 Wohngebäude				
Ein- und Zweifamilienhäuser				
Ein- und Zweifamilienhäuser, unterkellert, einfacher Standard	–	**–**	–	–
Ein- und Zweifamilienhäuser, unterkellert, mittlerer Standard	–	**–**	–	–
Ein- und Zweifamilienhäuser, unterkellert, hoher Standard	–	**–**	–	–
Ein- und Zweifamilienhäuser, nicht unterkellert, einfacher Standard	–	**–**	–	–
Ein- und Zweifamilienhäuser, nicht unterkellert, mittlerer Standard	–	**–**	–	–
Ein- und Zweifamilienhäuser, nicht unterkellert, hoher Standard	–	**–**	–	–
Ein- und Zweifamilienhäuser, Passivhausstandard, Massivbauweise	–	**7,60**	–	0,1%
Ein- und Zweifamilienhäuser, Passivhausstandard, Holzbauweise	–	**–**	–	–
Ein- und Zweifamilienhäuser, Holzbauweise, unterkellert	–	**–**	–	–
Ein- und Zweifamilienhäuser, Holzbauweise, nicht unterkellert	–	**–**	–	–
Doppel- und Reihenend- / Reihenhäuser				
Doppel- und Reihenendhäuser, einfacher Standard	–	**–**	–	–
Doppel- und Reihenendhäuser, mittlerer Standard	–	**–**	–	–
Doppel- und Reihenendhäuser, hoher Standard	–	**–**	–	–
Doppel- und Reihenendhäuser, Holzbauweise	–	**–**	–	–
Reihenhäuser, einfacher Standard	–	**–**	–	–
Reihenhäuser, mittlerer Standard	–	**–**	–	–
Reihenhäuser, hoher Standard	–	**–**	–	–

Einheit: m²
Brutto-Grundfläche (BGF)

Gebäudeart	▷	€/Einheit	◁	KG an 400
7 Mehrfamilienhäuser				
Mehrfamilienhäuser, mit bis zu 6 WE, einfacher Standard	–	–	–	–
Mehrfamilienhäuser, mit bis zu 6 WE, mittlerer Standard	–	–	–	–
Mehrfamilienhäuser, mit bis zu 6 WE, hoher Standard	–	–	–	–
Mehrfamilienhäuser, mit 6 bis 19 WE, einfacher Standard	–	–	–	–
Mehrfamilienhäuser, mit 6 bis 19 WE, mittlerer Standard	–	–	–	–
Mehrfamilienhäuser, mit 6 bis 19 WE, hoher Standard	–	–	–	–
Mehrfamilienhäuser, mit 20 oder mehr WE, einfacher Standard	–	–	–	–
Mehrfamilienhäuser, mit 20 oder mehr WE, mittlerer Standard	–	–	–	–
Mehrfamilienhäuser, mit 20 oder mehr WE, hoher Standard	–	–	–	–
Mehrfamilienhäuser, Passivhäuser	–	–	–	–
Mehrfamilienhäuser, Holzbauweise	–	–	–	–
Wohnhäuser, mit bis zu 15% Mischnutzung, einfacher Standard	–	–	–	–
Wohnhäuser, mit bis zu 15% Mischnutzung, mittlerer Standard	–	–	–	–
Wohnhäuser, mit bis zu 15% Mischnutzung, hoher Standard	–	–	–	–
Wohnhäuser, mit mehr als 15% Mischnutzung	–	–	–	–
Seniorenwohnungen und Beherbergungen				
Seniorenwohnungen, mittlerer Standard	–	–	–	–
Seniorenwohnungen, hoher Standard	–	–	–	–
Wohnheime und Internate	–	**2,70**	–	< 0,1%
Hotels	–	–	–	–
8 Gewerbe-, Lager- und Garagen				
Gaststätten, Kantinen und Mensen	–	–	–	–
Industrielle Produktionsgebäude, Massivbauweise	–	–	–	–
Industrielle Produktionsgebäude, überwiegend Skelettbauweise	–	**3,70**	–	< 0,1%
Betriebs- und Werkstätten, eingeschossig	–	–	–	–
Betriebs- und Werkstätten, mehrgeschossig, geringer Hallenanteil	–	–	–	–
Betriebs- und Werkstätten, mehrgeschossig, hoher Hallenanteil	–	–	–	–
Geschäftshäuser, mit Wohnungen	–	–	–	–
Geschäftshäuser, ohne Wohnungen	–	–	–	–
Verbrauchermärkte	–	–	–	–
Autohäuser	–	–	–	–
Lagergebäude, ohne Mischnutzung	–	–	–	–
Lagergebäude, mit bis zu 25% Mischnutzung	–	–	–	–
Lagergebäude, mit mehr als 25% Mischnutzung	–	–	–	–
Garagen und Bereitschaftsdienste				
Einzel- und Doppelgaragen	–	–	–	–
Mehrfachgaragen	–	–	–	–
Hochgaragen	–	–	–	–
Carports	–	–	–	–
Feuerwehrhäuser	–	–	–	–
Öffentliche Bereitschaftsdienste	–	–	–	–
9 Gebäude für kulturelle und religiöse Zwecke				
Bibliotheken, Museen und Ausstellungen	–	**32,00**	–	0,8%
Theater	–	–	–	–
Gemeindezentren, einfacher Standard	–	–	–	–
Gemeindezentren, mittlerer Standard	–	–	–	–
Gemeindezentren, hoher Standard	–	–	–	–
Gemeindezentren, Holzbauweise	–	**4,30**	–	0,2%
Friedhofsgebäude	–	**19,00**	–	0,5%

485 Datenübertragungsnetze

Kosten:
Stand 4. Quartal 2024
Bundesdurchschnitt
inkl. 19% MwSt.

Einheit: m²
Brutto-Grundfläche (BGF)

▷ von
ø Mittel
◁ bis

Gebäudeart	▷	€/Einheit	◁	KG an 400
1 Büro- und Verwaltungsgebäude				
Büro- und Verwaltungsgebäude, einfacher Standard	–	**–**	–	–
Büro- und Verwaltungsgebäude, mittlerer Standard	3,70	**13,00**	29,00	0,7%
Büro- und Verwaltungsgebäude, hoher Standard	2,90	**8,90**	24,00	0,6%
Büro- und Verwaltungsgebäude, Holzbauweise	–	**2,00**	–	< 0,1%
2 Gebäude für Forschung und Lehre				
Instituts- und Laborgebäude	–	**24,00**	–	0,5%
3 Gebäude des Gesundheitswesens				
Medizinische Einrichtungen	–	**1,90**	–	< 0,1%
Pflegeheime	–	**–**	–	–
Gebäude für Erholungszwecke	–	**–**	–	–
4 Schulen und Kindergärten				
Schulen				
Allgemeinbildende Schulen	0,60	**6,90**	13,00	0,5%
Schulen, Holzbauweise	–	**30,00**	–	0,5%
Berufliche Schulen	–	**–**	–	–
Förder- und Sonderschulen	–	**1,40**	–	< 0,1%
Weiterbildungseinrichtungen	–	**–**	–	–
Kindergärten				
Kindergärten, nicht unterkellert, einfacher Standard	–	**–**	–	–
Kindergärten, nicht unterkellert, mittlerer Standard	–	**–**	–	–
Kindergärten, nicht unterkellert, hoher Standard	–	**–**	–	–
Kindergärten, Holzbauweise, nicht unterkellert	–	**1,20**	–	< 0,1%
Kindergärten, unterkellert	–	**9,10**	–	0,5%
5 Sportbauten				
Sport- und Mehrzweckhallen	–	**–**	–	–
Sporthallen (Einfeldhallen)	–	**–**	–	–
Sporthallen (Dreifeldhallen)	–	**–**	–	–
6 Wohngebäude				
Ein- und Zweifamilienhäuser				
Ein- und Zweifamilienhäuser, unterkellert, einfacher Standard	–	**–**	–	–
Ein- und Zweifamilienhäuser, unterkellert, mittlerer Standard	–	**1,10**	–	< 0,1%
Ein- und Zweifamilienhäuser, unterkellert, hoher Standard	1,50	**2,40**	3,30	< 0,1%
Ein- und Zweifamilienhäuser, nicht unterkellert, einfacher Standard	–	**–**	–	–
Ein- und Zweifamilienhäuser, nicht unterkellert, mittlerer Standard	–	**–**	–	–
Ein- und Zweifamilienhäuser, nicht unterkellert, hoher Standard	–	**–**	–	–
Ein- und Zweifamilienhäuser, Passivhausstandard, Massivbauweise	–	**4,90**	–	< 0,1%
Ein- und Zweifamilienhäuser, Passivhausstandard, Holzbauweise	–	**–**	–	–
Ein- und Zweifamilienhäuser, Holzbauweise, unterkellert	–	**–**	–	–
Ein- und Zweifamilienhäuser, Holzbauweise, nicht unterkellert	–	**–**	–	–
Doppel- und Reihenend- / Reihenhäuser				
Doppel- und Reihenendhäuser, einfacher Standard	–	**–**	–	–
Doppel- und Reihenendhäuser, mittlerer Standard	–	**–**	–	–
Doppel- und Reihenendhäuser, hoher Standard	–	**–**	–	–
Doppel- und Reihenendhäuser, Holzbauweise	–	**–**	–	–
Reihenhäuser, einfacher Standard	–	**–**	–	–
Reihenhäuser, mittlerer Standard	–	**–**	–	–
Reihenhäuser, hoher Standard	–	**–**	–	–

Einheit: m²
Brutto-Grundfläche (BGF)

Gebäudeart	▷	€/Einheit	◁	KG an 400
7 Mehrfamilienhäuser				
Mehrfamilienhäuser, mit bis zu 6 WE, einfacher Standard	–	–	–	–
Mehrfamilienhäuser, mit bis zu 6 WE, mittlerer Standard	–	–	–	–
Mehrfamilienhäuser, mit bis zu 6 WE, hoher Standard	–	–	–	–
Mehrfamilienhäuser, mit 6 bis 19 WE, einfacher Standard	–	–	–	–
Mehrfamilienhäuser, mit 6 bis 19 WE, mittlerer Standard	–	–	–	–
Mehrfamilienhäuser, mit 6 bis 19 WE, hoher Standard	–	–	–	–
Mehrfamilienhäuser, mit 20 oder mehr WE, einfacher Standard	–	–	–	–
Mehrfamilienhäuser, mit 20 oder mehr WE, mittlerer Standard	–	–	–	–
Mehrfamilienhäuser, mit 20 oder mehr WE, hoher Standard	–	–	–	–
Mehrfamilienhäuser, Passivhäuser	–	–	–	–
Mehrfamilienhäuser, Holzbauweise	–	–	–	–
Wohnhäuser, mit bis zu 15% Mischnutzung, einfacher Standard	–	–	–	–
Wohnhäuser, mit bis zu 15% Mischnutzung, mittlerer Standard	–	–	–	–
Wohnhäuser, mit bis zu 15% Mischnutzung, hoher Standard	–	–	–	–
Wohnhäuser, mit mehr als 15% Mischnutzung	–	–	–	–
Seniorenwohnungen und Beherbergungen				
Seniorenwohnungen, mittlerer Standard	–	–	–	–
Seniorenwohnungen, hoher Standard	–	–	–	–
Wohnheime und Internate	–	**9,50**	–	0,1%
Hotels	–	–	–	–
8 Gewerbe-, Lager- und Garagen				
Gaststätten, Kantinen und Mensen	–	–	–	–
Industrielle Produktionsgebäude, Massivbauweise	–	–	–	–
Industrielle Produktionsgebäude, überwiegend Skelettbauweise	6,10	**7,70**	11,00	0,4%
Betriebs- und Werkstätten, eingeschossig	–	–	–	–
Betriebs- und Werkstätten, mehrgeschossig, geringer Hallenanteil	–	**4,00**	–	< 0,1%
Betriebs- und Werkstätten, mehrgeschossig, hoher Hallenanteil	–	–	–	–
Geschäftshäuser, mit Wohnungen	–	–	–	–
Geschäftshäuser, ohne Wohnungen	–	–	–	–
Verbrauchermärkte	–	–	–	–
Autohäuser	–	–	–	–
Lagergebäude, ohne Mischnutzung	–	**6,50**	–	< 0,1%
Lagergebäude, mit bis zu 25% Mischnutzung	–	–	–	–
Lagergebäude, mit mehr als 25% Mischnutzung	–	–	–	–
Garagen und Bereitschaftsdienste				
Einzel- und Doppelgaragen	–	–	–	–
Mehrfachgaragen	–	–	–	–
Hochgaragen	–	–	–	–
Carports	–	–	–	–
Feuerwehrhäuser	1,00	**1,30**	1,70	< 0,1%
Öffentliche Bereitschaftsdienste	–	**10,00**	–	0,4%
9 Gebäude für kulturelle und religiöse Zwecke				
Bibliotheken, Museen und Ausstellungen	–	–	–	–
Theater	–	–	–	–
Gemeindezentren, einfacher Standard	–	–	–	–
Gemeindezentren, mittlerer Standard	–	–	–	–
Gemeindezentren, hoher Standard	–	–	–	–
Gemeindezentren, Holzbauweise	–	–	–	–
Friedhofsgebäude	–	**7,80**	–	0,2%

Kosten:
Stand 4. Quartal 2024
Bundesdurchschnitt
inkl. 19% MwSt.

Einheit: m²
Brutto-Grundfläche (BGF)

▷ von
ø Mittel
◁ bis

Gebäudeart	▷	€/Einheit	◁	KG an 400
1 Büro- und Verwaltungsgebäude				
Büro- und Verwaltungsgebäude, einfacher Standard	–	–	–	–
Büro- und Verwaltungsgebäude, mittlerer Standard	1,30	**2,20**	3,70	< 0,1%
Büro- und Verwaltungsgebäude, hoher Standard	0,70	**4,40**	15,00	0,2%
Büro- und Verwaltungsgebäude, Holzbauweise	–	**2,40**	–	< 0,1%
2 Gebäude für Forschung und Lehre				
Instituts- und Laborgebäude	0,50	**2,30**	4,20	< 0,1%
3 Gebäude des Gesundheitswesens				
Medizinische Einrichtungen	–	**4,30**	–	0,3%
Pflegeheime	–	**1,50**	–	< 0,1%
Gebäude für Erholungszwecke	–	**9,10**	–	< 0,1%
4 Schulen und Kindergärten				
Schulen				
Allgemeinbildende Schulen	1,00	**1,50**	2,00	< 0,1%
Schulen, Holzbauweise	1,60	**2,40**	3,20	0,2%
Berufliche Schulen	–	–	–	–
Förder- und Sonderschulen	0,30	**2,50**	4,70	0,2%
Weiterbildungseinrichtungen	–	–	–	–
Kindergärten				
Kindergärten, nicht unterkellert, einfacher Standard	–	–	–	–
Kindergärten, nicht unterkellert, mittlerer Standard	–	**3,10**	–	0,1%
Kindergärten, nicht unterkellert, hoher Standard	–	–	–	–
Kindergärten, Holzbauweise, nicht unterkellert	2,20	**2,60**	3,10	< 0,1%
Kindergärten, unterkellert	–	**0,70**	–	< 0,1%
5 Sportbauten				
Sport- und Mehrzweckhallen	–	–	–	–
Sporthallen (Einfeldhallen)	0,80	**3,00**	5,20	0,2%
Sporthallen (Dreifeldhallen)	–	–	–	–
6 Wohngebäude				
Ein- und Zweifamilienhäuser				
Ein- und Zweifamilienhäuser, unterkellert, einfacher Standard	–	–	–	–
Ein- und Zweifamilienhäuser, unterkellert, mittlerer Standard	–	–	–	–
Ein- und Zweifamilienhäuser, unterkellert, hoher Standard	–	**3,50**	–	< 0,1%
Ein- und Zweifamilienhäuser, nicht unterkellert, einfacher Standard	–	–	–	–
Ein- und Zweifamilienhäuser, nicht unterkellert, mittlerer Standard	0,90	**2,10**	3,20	< 0,1%
Ein- und Zweifamilienhäuser, nicht unterkellert, hoher Standard	–	**7,50**	–	0,1%
Ein- und Zweifamilienhäuser, Passivhausstandard, Massivbauweise	–	–	–	–
Ein- und Zweifamilienhäuser, Passivhausstandard, Holzbauweise	–	–	–	–
Ein- und Zweifamilienhäuser, Holzbauweise, unterkellert	–	–	–	–
Ein- und Zweifamilienhäuser, Holzbauweise, nicht unterkellert	–	–	–	–
Doppel- und Reihenend- / Reihenhäuser				
Doppel- und Reihenendhäuser, einfacher Standard	–	**1,10**	–	0,2%
Doppel- und Reihenendhäuser, mittlerer Standard	–	–	–	–
Doppel- und Reihenendhäuser, hoher Standard	–	–	–	–
Doppel- und Reihenendhäuser, Holzbauweise	–	–	–	–
Reihenhäuser, einfacher Standard	–	**1,10**	–	0,2%
Reihenhäuser, mittlerer Standard	–	–	–	–
Reihenhäuser, hoher Standard	–	–	–	–

Einheit: m^2
Brutto-Grundfläche (BGF)

Gebäudeart	▷	€/Einheit	◁	KG an 400
7 Mehrfamilienhäuser				
Mehrfamilienhäuser, mit bis zu 6 WE, einfacher Standard	–	**–**	–	–
Mehrfamilienhäuser, mit bis zu 6 WE, mittlerer Standard	–	**–**	–	–
Mehrfamilienhäuser, mit bis zu 6 WE, hoher Standard	–	**–**	–	–
Mehrfamilienhäuser, mit 6 bis 19 WE, einfacher Standard	–	**2,30**	–	0,3%
Mehrfamilienhäuser, mit 6 bis 19 WE, mittlerer Standard	–	**–**	–	–
Mehrfamilienhäuser, mit 6 bis 19 WE, hoher Standard	–	**0,70**	–	< 0,1%
Mehrfamilienhäuser, mit 20 oder mehr WE, einfacher Standard	–	**0,20**	–	< 0,1%
Mehrfamilienhäuser, mit 20 oder mehr WE, mittlerer Standard	0,20	**3,40**	6,60	0,3%
Mehrfamilienhäuser, mit 20 oder mehr WE, hoher Standard	–	**0,10**	–	< 0,1%
Mehrfamilienhäuser, Passivhäuser	–	**–**	–	–
Mehrfamilienhäuser, Holzbauweise	–	**–**	–	–
Wohnhäuser, mit bis zu 15% Mischnutzung, einfacher Standard	–	**–**	–	–
Wohnhäuser, mit bis zu 15% Mischnutzung, mittlerer Standard	–	**–**	–	–
Wohnhäuser, mit bis zu 15% Mischnutzung, hoher Standard	–	**–**	–	–
Wohnhäuser, mit mehr als 15% Mischnutzung	–	**–**	–	–
Seniorenwohnungen und Beherbergungen				
Seniorenwohnungen, mittlerer Standard	–	**–**	–	–
Seniorenwohnungen, hoher Standard	–	**–**	–	–
Wohnheime und Internate	–	**3,10**	–	< 0,1%
Hotels	–	**0,40**	–	0,1%
8 Gewerbe-, Lager- und Garagen				
Gaststätten, Kantinen und Mensen	–	**1,20**	–	0,1%
Industrielle Produktionsgebäude, Massivbauweise	–	**–**	–	–
Industrielle Produktionsgebäude, überwiegend Skelettbauweise	1,20	**3,10**	6,00	0,2%
Betriebs- und Werkstätten, eingeschossig	–	**–**	–	–
Betriebs- und Werkstätten, mehrgeschossig, geringer Hallenanteil	0,40	**2,60**	4,80	< 0,1%
Betriebs- und Werkstätten, mehrgeschossig, hoher Hallenanteil	0,40	**0,80**	1,20	< 0,1%
Geschäftshäuser, mit Wohnungen	–	**–**	–	–
Geschäftshäuser, ohne Wohnungen	–	**–**	–	–
Verbrauchermärkte	–	**–**	–	–
Autohäuser	–	**–**	–	–
Lagergebäude, ohne Mischnutzung	–	**0,30**	–	< 0,1%
Lagergebäude, mit bis zu 25% Mischnutzung	–	**–**	–	–
Lagergebäude, mit mehr als 25% Mischnutzung	–	**–**	–	–
Garagen und Bereitschaftsdienste				
Einzel- und Doppelgaragen	–	**–**	–	–
Mehrfachgaragen	–	**–**	–	–
Hochgaragen	–	**3,90**	–	0,7%
Carports	–	**–**	–	–
Feuerwehrhäuser	–	**–**	–	–
Öffentliche Bereitschaftsdienste	–	**0,30**	–	< 0,1%
9 Gebäude für kulturelle und religiöse Zwecke				
Bibliotheken, Museen und Ausstellungen	3,60	**9,00**	20,00	0,6%
Theater	–	**–**	–	–
Gemeindezentren, einfacher Standard	–	**–**	–	–
Gemeindezentren, mittlerer Standard	–	**–**	–	–
Gemeindezentren, hoher Standard	–	**–**	–	–
Gemeindezentren, Holzbauweise	–	**2,00**	–	0,1%
Friedhofsgebäude	–	**5,20**	–	0,1%

Kosten:
Stand 4. Quartal 2024
Bundesdurchschnitt
inkl. 19% MwSt.

Einheit: m²
Brutto-Grundfläche (BGF)

▷ von
ø Mittel
◁ bis

Gebäudeart	▷	€/Einheit	◁	KG an 400
1 Büro- und Verwaltungsgebäude				
Büro- und Verwaltungsgebäude, einfacher Standard	–	**–**	–	–
Büro- und Verwaltungsgebäude, mittlerer Standard	0,10	**0,60**	0,70	< 0,1%
Büro- und Verwaltungsgebäude, hoher Standard	0,30	**1,60**	2,80	< 0,1%
Büro- und Verwaltungsgebäude, Holzbauweise	–	**2,40**	–	< 0,1%
2 Gebäude für Forschung und Lehre				
Instituts- und Laborgebäude	–	**–**	–	–
3 Gebäude des Gesundheitswesens				
Medizinische Einrichtungen	–	**1,00**	–	< 0,1%
Pflegeheime	–	**–**	–	–
Gebäude für Erholungszwecke	–	**1,60**	–	< 0,1%
4 Schulen und Kindergärten				
Schulen				
Allgemeinbildende Schulen	0,50	**0,60**	0,70	< 0,1%
Schulen, Holzbauweise	–	**–**	–	–
Berufliche Schulen	–	**–**	–	–
Förder- und Sonderschulen	–	**0,20**	–	< 0,1%
Weiterbildungseinrichtungen	< 0,10	**0,40**	0,70	< 0,1%
Kindergärten				
Kindergärten, nicht unterkellert, einfacher Standard	–	**–**	–	–
Kindergärten, nicht unterkellert, mittlerer Standard	0,40	**0,90**	1,40	< 0,1%
Kindergärten, nicht unterkellert, hoher Standard	–	**1,00**	–	< 0,1%
Kindergärten, Holzbauweise, nicht unterkellert	1,60	**1,70**	1,70	< 0,1%
Kindergärten, unterkellert	–	**2,60**	–	< 0,1%
5 Sportbauten				
Sport- und Mehrzweckhallen	–	**–**	–	–
Sporthallen (Einfeldhallen)	–	**5,00**	–	0,2%
Sporthallen (Dreifeldhallen)	–	**–**	–	–
6 Wohngebäude				
Ein- und Zweifamilienhäuser				
Ein- und Zweifamilienhäuser, unterkellert, einfacher Standard	–	**–**	–	–
Ein- und Zweifamilienhäuser, unterkellert, mittlerer Standard	–	**–**	–	–
Ein- und Zweifamilienhäuser, unterkellert, hoher Standard	–	**–**	–	–
Ein- und Zweifamilienhäuser, nicht unterkellert, einfacher Standard	–	**–**	–	–
Ein- und Zweifamilienhäuser, nicht unterkellert, mittlerer Standard	–	**–**	–	–
Ein- und Zweifamilienhäuser, nicht unterkellert, hoher Standard	–	**–**	–	–
Ein- und Zweifamilienhäuser, Passivhausstandard, Massivbauweise	–	**–**	–	–
Ein- und Zweifamilienhäuser, Passivhausstandard, Holzbauweise	–	**–**	–	–
Ein- und Zweifamilienhäuser, Holzbauweise, unterkellert	–	**–**	–	–
Ein- und Zweifamilienhäuser, Holzbauweise, nicht unterkellert	–	**–**	–	–
Doppel- und Reihenend- / Reihenhäuser				
Doppel- und Reihenendhäuser, einfacher Standard	–	**–**	–	–
Doppel- und Reihenendhäuser, mittlerer Standard	–	**–**	–	–
Doppel- und Reihenendhäuser, hoher Standard	–	**–**	–	–
Doppel- und Reihenendhäuser, Holzbauweise	–	**–**	–	–
Reihenhäuser, einfacher Standard	–	**–**	–	–
Reihenhäuser, mittlerer Standard	–	**–**	–	–
Reihenhäuser, hoher Standard	–	**–**	–	–

Einheit: m^2
Brutto-Grundfläche (BGF)

Gebäudeart	▷	€/Einheit	◁	KG an 400
7 Mehrfamilienhäuser				
Mehrfamilienhäuser, mit bis zu 6 WE, einfacher Standard	–	–	–	–
Mehrfamilienhäuser, mit bis zu 6 WE, mittlerer Standard	–	–	–	–
Mehrfamilienhäuser, mit bis zu 6 WE, hoher Standard	–	–	–	–
Mehrfamilienhäuser, mit 6 bis 19 WE, einfacher Standard	–	–	–	–
Mehrfamilienhäuser, mit 6 bis 19 WE, mittlerer Standard	–	–	–	–
Mehrfamilienhäuser, mit 6 bis 19 WE, hoher Standard	–	–	–	–
Mehrfamilienhäuser, mit 20 oder mehr WE, einfacher Standard	–	–	–	–
Mehrfamilienhäuser, mit 20 oder mehr WE, mittlerer Standard	–	**0,50**	–	< 0,1%
Mehrfamilienhäuser, mit 20 oder mehr WE, hoher Standard	–	–	–	–
Mehrfamilienhäuser, Passivhäuser	–	–	–	–
Mehrfamilienhäuser, Holzbauweise	–	–	–	–
Wohnhäuser, mit bis zu 15% Mischnutzung, einfacher Standard	–	–	–	–
Wohnhäuser, mit bis zu 15% Mischnutzung, mittlerer Standard	–	–	–	–
Wohnhäuser, mit bis zu 15% Mischnutzung, hoher Standard	–	–	–	–
Wohnhäuser, mit mehr als 15% Mischnutzung	–	–	–	–
Seniorenwohnungen und Beherbergungen				
Seniorenwohnungen, mittlerer Standard	–	–	–	–
Seniorenwohnungen, hoher Standard	–	–	–	–
Wohnheime und Internate	–	–	–	–
Hotels	–	–	–	–
8 Gewerbe-, Lager- und Garagen				
Gaststätten, Kantinen und Mensen	–	–	–	–
Industrielle Produktionsgebäude, Massivbauweise	–	–	–	–
Industrielle Produktionsgebäude, überwiegend Skelettbauweise	2,20	**3,20**	4,10	0,1%
Betriebs- und Werkstätten, eingeschossig	–	–	–	–
Betriebs- und Werkstätten, mehrgeschossig, geringer Hallenanteil	–	**1,50**	–	< 0,1%
Betriebs- und Werkstätten, mehrgeschossig, hoher Hallenanteil	–	–	–	–
Geschäftshäuser, mit Wohnungen	–	–	–	–
Geschäftshäuser, ohne Wohnungen	–	–	–	–
Verbrauchermärkte	–	–	–	–
Autohäuser	–	–	–	–
Lagergebäude, ohne Mischnutzung	–	–	–	–
Lagergebäude, mit bis zu 25% Mischnutzung	–	–	–	–
Lagergebäude, mit mehr als 25% Mischnutzung	–	–	–	–
Garagen und Bereitschaftsdienste				
Einzel- und Doppelgaragen	–	–	–	–
Mehrfachgaragen	–	–	–	–
Hochgaragen	–	–	–	–
Carports	–	–	–	–
Feuerwehrhäuser	0,80	**3,40**	8,60	0,3%
Öffentliche Bereitschaftsdienste	–	**1,10**	–	< 0,1%
9 Gebäude für kulturelle und religiöse Zwecke				
Bibliotheken, Museen und Ausstellungen	1,20	**7,40**	11,00	0,5%
Theater	–	–	–	–
Gemeindezentren, einfacher Standard	–	–	–	–
Gemeindezentren, mittlerer Standard	–	–	–	–
Gemeindezentren, hoher Standard	–	–	–	–
Gemeindezentren, Holzbauweise	–	–	–	–
Friedhofsgebäude	–	**2,30**	–	< 0,1%

Kosten:
Stand 4. Quartal 2024
Bundesdurchschnitt
inkl. 19% MwSt.

Einheit: m²
Brutto-Grundfläche (BGF)

▷ von
ø Mittel
◁ bis

Gebäudeart	▷	€/Einheit	◁	KG an 400
1 Büro- und Verwaltungsgebäude				
Büro- und Verwaltungsgebäude, einfacher Standard	–	–	–	–
Büro- und Verwaltungsgebäude, mittlerer Standard	–	**2,00**	–	< 0,1%
Büro- und Verwaltungsgebäude, hoher Standard	–	–	–	–
Büro- und Verwaltungsgebäude, Holzbauweise	–	–	–	–
2 Gebäude für Forschung und Lehre				
Instituts- und Laborgebäude	–	–	–	–
3 Gebäude des Gesundheitswesens				
Medizinische Einrichtungen	–	–	–	–
Pflegeheime	–	**2,70**	–	< 0,1%
Gebäude für Erholungszwecke	–	–	–	–
4 Schulen und Kindergärten				
Schulen				
Allgemeinbildende Schulen	–	**32,00**	–	1,4%
Schulen, Holzbauweise	–	**0,70**	–	< 0,1%
Berufliche Schulen	–	**1,40**	–	< 0,1%
Förder- und Sonderschulen	–	**1,10**	–	< 0,1%
Weiterbildungseinrichtungen	–	–	–	–
Kindergärten				
Kindergärten, nicht unterkellert, einfacher Standard	–	–	–	–
Kindergärten, nicht unterkellert, mittlerer Standard	–	–	–	–
Kindergärten, nicht unterkellert, hoher Standard	–	**1,90**	–	< 0,1%
Kindergärten, Holzbauweise, nicht unterkellert	–	–	–	–
Kindergärten, unterkellert	–	–	–	–
5 Sportbauten				
Sport- und Mehrzweckhallen	–	**0,70**	–	< 0,1%
Sporthallen (Einfeldhallen)	–	–	–	–
Sporthallen (Dreifeldhallen)	–	**0,60**	–	< 0,1%
6 Wohngebäude				
Ein- und Zweifamilienhäuser				
Ein- und Zweifamilienhäuser, unterkellert, einfacher Standard	–	–	–	–
Ein- und Zweifamilienhäuser, unterkellert, mittlerer Standard	–	–	–	–
Ein- und Zweifamilienhäuser, unterkellert, hoher Standard	–	–	–	–
Ein- und Zweifamilienhäuser, nicht unterkellert, einfacher Standard	–	–	–	–
Ein- und Zweifamilienhäuser, nicht unterkellert, mittlerer Standard	–	–	–	–
Ein- und Zweifamilienhäuser, nicht unterkellert, hoher Standard	–	–	–	–
Ein- und Zweifamilienhäuser, Passivhausstandard, Massivbauweise	–	–	–	–
Ein- und Zweifamilienhäuser, Passivhausstandard, Holzbauweise	–	–	–	–
Ein- und Zweifamilienhäuser, Holzbauweise, unterkellert	–	–	–	–
Ein- und Zweifamilienhäuser, Holzbauweise, nicht unterkellert	–	–	–	–
Doppel- und Reihenend- / Reihenhäuser				
Doppel- und Reihenendhäuser, einfacher Standard	–	–	–	–
Doppel- und Reihenendhäuser, mittlerer Standard	–	–	–	–
Doppel- und Reihenendhäuser, hoher Standard	–	–	–	–
Doppel- und Reihenendhäuser, Holzbauweise	–	–	–	–
Reihenhäuser, einfacher Standard	–	–	–	–
Reihenhäuser, mittlerer Standard	–	–	–	–
Reihenhäuser, hoher Standard	–	–	–	–

Einheit: m²
Brutto-Grundfläche (BGF)

Gebäudeart	▷	€/Einheit	◁	KG an 400
7 Mehrfamilienhäuser				
Mehrfamilienhäuser, mit bis zu 6 WE, einfacher Standard	–	–	–	–
Mehrfamilienhäuser, mit bis zu 6 WE, mittlerer Standard	–	–	–	–
Mehrfamilienhäuser, mit bis zu 6 WE, hoher Standard	–	–	–	–
Mehrfamilienhäuser, mit 6 bis 19 WE, einfacher Standard	–	**0,20**	–	< 0,1%
Mehrfamilienhäuser, mit 6 bis 19 WE, mittlerer Standard	–	–	–	–
Mehrfamilienhäuser, mit 6 bis 19 WE, hoher Standard	–	–	–	–
Mehrfamilienhäuser, mit 20 oder mehr WE, einfacher Standard	–	–	–	–
Mehrfamilienhäuser, mit 20 oder mehr WE, mittlerer Standard	–	–	–	–
Mehrfamilienhäuser, mit 20 oder mehr WE, hoher Standard	–	–	–	–
Mehrfamilienhäuser, Passivhäuser	–	–	–	–
Mehrfamilienhäuser, Holzbauweise	–	–	–	–
Wohnhäuser, mit bis zu 15% Mischnutzung, einfacher Standard	–	–	–	–
Wohnhäuser, mit bis zu 15% Mischnutzung, mittlerer Standard		–	–	–
Wohnhäuser, mit bis zu 15% Mischnutzung, hoher Standard	–	–	–	–
Wohnhäuser, mit mehr als 15% Mischnutzung	–	–	–	–
Seniorenwohnungen und Beherbergungen				
Seniorenwohnungen, mittlerer Standard	–	–	–	–
Seniorenwohnungen, hoher Standard	–	–	–	–
Wohnheime und Internate	–	**10,00**	–	0,3%
Hotels	–	–	–	–
8 Gewerbe-, Lager- und Garagen				
Gaststätten, Kantinen und Mensen	–	–	–	–
Industrielle Produktionsgebäude, Massivbauweise	–	–	–	–
Industrielle Produktionsgebäude, überwiegend Skelettbauweise	–	–	–	–
Betriebs- und Werkstätten, eingeschossig	–	–	–	–
Betriebs- und Werkstätten, mehrgeschossig, geringer Hallenanteil	–	–	–	–
Betriebs- und Werkstätten, mehrgeschossig, hoher Hallenanteil	–	–	–	–
Geschäftshäuser, mit Wohnungen	–	–	–	–
Geschäftshäuser, ohne Wohnungen	–	–	–	–
Verbrauchermärkte	–	–	–	–
Autohäuser	–	–	–	–
Lagergebäude, ohne Mischnutzung	–	**2,90**	–	< 0,1%
Lagergebäude, mit bis zu 25% Mischnutzung	–	–	–	–
Lagergebäude, mit mehr als 25% Mischnutzung	–	–	–	–
Garagen und Bereitschaftsdienste				
Einzel- und Doppelgaragen	–	–	–	–
Mehrfachgaragen	–	–	–	–
Hochgaragen	–	–	–	–
Carports	–	–	–	–
Feuerwehrhäuser	–	**0,60**	–	< 0,1%
Öffentliche Bereitschaftsdienste	–	**< 0,10**	–	< 0,1%
9 Gebäude für kulturelle und religiöse Zwecke				
Bibliotheken, Museen und Ausstellungen	–	**0,20**	–	< 0,1%
Theater	–	–	–	–
Gemeindezentren, einfacher Standard	–	–	–	–
Gemeindezentren, mittlerer Standard	–	–	–	–
Gemeindezentren, hoher Standard	–	–	–	–
Gemeindezentren, Holzbauweise	–	–	–	–
Friedhofsgebäude	–	–	–	–

Kostenstand: 4. Quartal 2024, Bundesdurchschnitt, **inkl. 19% MwSt.**

Kosten:
Stand 4.Quartal 2024
Bundesdurchschnitt
inkl. 19% MwSt.

Einheit: m²
Brutto-Grundfläche (BGF)

▷ von
ø Mittel
◁ bis

Gebäudeart	▷	€/Einheit	◁	KG an 400
1 Büro- und Verwaltungsgebäude				
Büro- und Verwaltungsgebäude, einfacher Standard	–	**–**	–	–
Büro- und Verwaltungsgebäude, mittlerer Standard	0,50	**7,70**	22,00	0,1%
Büro- und Verwaltungsgebäude, hoher Standard	–	**–**	–	–
Büro- und Verwaltungsgebäude, Holzbauweise	–	**–**	–	–
2 Gebäude für Forschung und Lehre				
Instituts- und Laborgebäude	–	**–**	–	–
3 Gebäude des Gesundheitswesens				
Medizinische Einrichtungen	–	**2,80**	–	< 0,1%
Pflegeheime	–	**–**	–	–
Gebäude für Erholungszwecke	–	**–**	–	–
4 Schulen und Kindergärten				
Schulen				
Allgemeinbildende Schulen	–	**0,50**	–	< 0,1%
Schulen, Holzbauweise	–	**0,60**	–	< 0,1%
Berufliche Schulen	–	**–**	–	–
Förder- und Sonderschulen	–	**–**	–	–
Weiterbildungseinrichtungen	–	**–**	–	–
Kindergärten				
Kindergärten, nicht unterkellert, einfacher Standard	–	**–**	–	–
Kindergärten, nicht unterkellert, mittlerer Standard	–	**6,80**	–	0,2%
Kindergärten, nicht unterkellert, hoher Standard	–	**1,20**	–	< 0,1%
Kindergärten, Holzbauweise, nicht unterkellert	–	**–**	–	–
Kindergärten, unterkellert	1,40	**4,60**	7,80	0,4%
5 Sportbauten				
Sport- und Mehrzweckhallen	–	**–**	–	–
Sporthallen (Einfeldhallen)	–	**–**	–	–
Sporthallen (Dreifeldhallen)	–	**–**	–	–
6 Wohngebäude				
Ein- und Zweifamilienhäuser				
Ein- und Zweifamilienhäuser, unterkellert, einfacher Standard	–	**–**	–	–
Ein- und Zweifamilienhäuser, unterkellert, mittlerer Standard	–	**–**	–	–
Ein- und Zweifamilienhäuser, unterkellert, hoher Standard	–	**–**	–	–
Ein- und Zweifamilienhäuser, nicht unterkellert, einfacher Standard	–	**–**	–	–
Ein- und Zweifamilienhäuser, nicht unterkellert, mittlerer Standard	–	**–**	–	–
Ein- und Zweifamilienhäuser, nicht unterkellert, hoher Standard	–	**–**	–	–
Ein- und Zweifamilienhäuser, Passivhausstandard, Massivbauweise	–	**–**	–	–
Ein- und Zweifamilienhäuser, Passivhausstandard, Holzbauweise	–	**–**	–	–
Ein- und Zweifamilienhäuser, Holzbauweise, unterkellert	–	**13,00**	–	0,2%
Ein- und Zweifamilienhäuser, Holzbauweise, nicht unterkellert	–	**–**	–	–
Doppel- und Reihenend- / Reihenhäuser				
Doppel- und Reihenendhäuser, einfacher Standard	–	**–**	–	–
Doppel- und Reihenendhäuser, mittlerer Standard	–	**–**	–	–
Doppel- und Reihenendhäuser, hoher Standard	–	**–**	–	–
Doppel- und Reihenendhäuser, Holzbauweise	–	**–**	–	–
Reihenhäuser, einfacher Standard	–	**–**	–	–
Reihenhäuser, mittlerer Standard	–	**–**	–	–
Reihenhäuser, hoher Standard	–	**–**	–	–

Gebäudeart	▷	€/Einheit	◁	KG an 400
7 Mehrfamilienhäuser				
Mehrfamilienhäuser, mit bis zu 6 WE, einfacher Standard	–	–	–	–
Mehrfamilienhäuser, mit bis zu 6 WE, mittlerer Standard	–	–	–	–
Mehrfamilienhäuser, mit bis zu 6 WE, hoher Standard	–	–	–	–
Mehrfamilienhäuser, mit 6 bis 19 WE, einfacher Standard	–	–	–	–
Mehrfamilienhäuser, mit 6 bis 19 WE, mittlerer Standard	–	–	–	–
Mehrfamilienhäuser, mit 6 bis 19 WE, hoher Standard	–	–	–	–
Mehrfamilienhäuser, mit 20 oder mehr WE, einfacher Standard	–	–	–	–
Mehrfamilienhäuser, mit 20 oder mehr WE, mittlerer Standard	–	**1,70**	–	< 0,1%
Mehrfamilienhäuser, mit 20 oder mehr WE, hoher Standard	–	**0,40**	–	< 0,1%
Mehrfamilienhäuser, Passivhäuser	–	–	–	–
Mehrfamilienhäuser, Holzbauweise	–	**1,60**	–	< 0,1%
Wohnhäuser, mit bis zu 15% Mischnutzung, einfacher Standard	–	–	–	–
Wohnhäuser, mit bis zu 15% Mischnutzung, mittlerer Standard	–	–	–	–
Wohnhäuser, mit bis zu 15% Mischnutzung, hoher Standard	–	–	–	–
Wohnhäuser, mit mehr als 15% Mischnutzung	–	–	–	–
Seniorenwohnungen und Beherbergungen				
Seniorenwohnungen, mittlerer Standard	–	–	–	–
Seniorenwohnungen, hoher Standard	–	–	–	–
Wohnheime und Internate	–	–	–	–
Hotels	–	**0,50**	–	0,2%
8 Gewerbe-, Lager- und Garagen				
Gaststätten, Kantinen und Mensen	–	–	–	–
Industrielle Produktionsgebäude, Massivbauweise	–	–	–	–
Industrielle Produktionsgebäude, überwiegend Skelettbauweise	–	–	–	–
Betriebs- und Werkstätten, eingeschossig	–	–	–	–
Betriebs- und Werkstätten, mehrgeschossig, geringer Hallenanteil	–	–	–	–
Betriebs- und Werkstätten, mehrgeschossig, hoher Hallenanteil	–	–	–	–
Geschäftshäuser, mit Wohnungen	–	–	–	–
Geschäftshäuser, ohne Wohnungen	–	–	–	–
Verbrauchermärkte	–	–	–	–
Autohäuser	–	–	–	–
Lagergebäude, ohne Mischnutzung	–	–	–	–
Lagergebäude, mit bis zu 25% Mischnutzung	–	–	–	–
Lagergebäude, mit mehr als 25% Mischnutzung	–	–	–	–
Garagen und Bereitschaftsdienste				
Einzel- und Doppelgaragen	–	–	–	–
Mehrfachgaragen	–	–	–	–
Hochgaragen	–	–	–	–
Carports	–	–	–	–
Feuerwehrhäuser	–	–	–	–
Öffentliche Bereitschaftsdienste	–	–	–	–
9 Gebäude für kulturelle und religiöse Zwecke				
Bibliotheken, Museen und Ausstellungen	–	**31,00**	–	0,9%
Theater	–	–	–	–
Gemeindezentren, einfacher Standard	–	–	–	–
Gemeindezentren, mittlerer Standard	–	**1,60**	–	< 0,1%
Gemeindezentren, hoher Standard	–	–	–	–
Gemeindezentren, Holzbauweise	–	–	–	–
Friedhofsgebäude	–	–	–	–

Einheit: m²
Brutto-Grundfläche (BGF)

Kosten:
Stand 4. Quartal 2024
Bundesdurchschnitt
inkl. 19% MwSt.

Einheit: m²
Brutto-Grundfläche (BGF)

▷ von
ø Mittel
◁ bis

Gebäudeart	▷	€/Einheit	◁	KG an 400
1 Büro- und Verwaltungsgebäude				
Büro- und Verwaltungsgebäude, einfacher Standard	–	**–**	–	–
Büro- und Verwaltungsgebäude, mittlerer Standard	–	**0,60**	–	< 0,1%
Büro- und Verwaltungsgebäude, hoher Standard	3,30	**4,40**	5,50	< 0,1%
Büro- und Verwaltungsgebäude, Holzbauweise	–	**0,20**	–	< 0,1%
2 Gebäude für Forschung und Lehre				
Instituts- und Laborgebäude	–	**–**	–	–
3 Gebäude des Gesundheitswesens				
Medizinische Einrichtungen	–	**–**	–	–
Pflegeheime	0,60	**1,20**	1,80	< 0,1%
Gebäude für Erholungszwecke	–	**–**	–	–
4 Schulen und Kindergärten				
Schulen				
Allgemeinbildende Schulen	–	**4,00**	–	< 0,1%
Schulen, Holzbauweise	–	**–**	–	–
Berufliche Schulen	–	**–**	–	–
Förder- und Sonderschulen	–	**2,00**	–	< 0,1%
Weiterbildungseinrichtungen	–	**–**	–	–
Kindergärten				
Kindergärten, nicht unterkellert, einfacher Standard	–	**–**	–	–
Kindergärten, nicht unterkellert, mittlerer Standard	0,70	**4,10**	6,00	0,4%
Kindergärten, nicht unterkellert, hoher Standard	–	**–**	–	–
Kindergärten, Holzbauweise, nicht unterkellert	0,90	**2,90**	4,90	< 0,1%
Kindergärten, unterkellert	–	**0,30**	–	< 0,1%
5 Sportbauten				
Sport- und Mehrzweckhallen	–	**–**	–	–
Sporthallen (Einfeldhallen)	–	**–**	–	–
Sporthallen (Dreifeldhallen)	–	**–**	–	–
6 Wohngebäude				
Ein- und Zweifamilienhäuser				
Ein- und Zweifamilienhäuser, unterkellert, einfacher Standard	–	**–**	–	–
Ein- und Zweifamilienhäuser, unterkellert, mittlerer Standard	–	**–**	–	–
Ein- und Zweifamilienhäuser, unterkellert, hoher Standard	–	**–**	–	–
Ein- und Zweifamilienhäuser, nicht unterkellert, einfacher Standard	–	**–**	–	–
Ein- und Zweifamilienhäuser, nicht unterkellert, mittlerer Standard	–	**–**	–	–
Ein- und Zweifamilienhäuser, nicht unterkellert, hoher Standard	–	**–**	–	–
Ein- und Zweifamilienhäuser, Passivhausstandard, Massivbauweise	–	**–**	–	–
Ein- und Zweifamilienhäuser, Passivhausstandard, Holzbauweise	–	**–**	–	–
Ein- und Zweifamilienhäuser, Holzbauweise, unterkellert	–	**–**	–	–
Ein- und Zweifamilienhäuser, Holzbauweise, nicht unterkellert	–	**–**	–	–
Doppel- und Reihenend- / Reihenhäuser				
Doppel- und Reihenendhäuser, einfacher Standard	–	**–**	–	–
Doppel- und Reihenendhäuser, mittlerer Standard	–	**–**	–	–
Doppel- und Reihenendhäuser, hoher Standard	–	**–**	–	–
Doppel- und Reihenendhäuser, Holzbauweise	–	**–**	–	–
Reihenhäuser, einfacher Standard	–	**–**	–	–
Reihenhäuser, mittlerer Standard	–	**–**	–	–
Reihenhäuser, hoher Standard	–	**–**	–	–

Einheit: m²
Brutto-Grundfläche (BGF)

Gebäudeart	▷	€/Einheit	◁	KG an 400
7 Mehrfamilienhäuser				
Mehrfamilienhäuser, mit bis zu 6 WE, einfacher Standard	–	–	–	–
Mehrfamilienhäuser, mit bis zu 6 WE, mittlerer Standard	–	–	–	–
Mehrfamilienhäuser, mit bis zu 6 WE, hoher Standard	–	**0,70**	–	< 0,1%
Mehrfamilienhäuser, mit 6 bis 19 WE, einfacher Standard	–	–	–	–
Mehrfamilienhäuser, mit 6 bis 19 WE, mittlerer Standard	–	–	–	–
Mehrfamilienhäuser, mit 6 bis 19 WE, hoher Standard	–	–	–	–
Mehrfamilienhäuser, mit 20 oder mehr WE, einfacher Standard	–	–	–	–
Mehrfamilienhäuser, mit 20 oder mehr WE, mittlerer Standard	–	**0,20**	–	< 0,1%
Mehrfamilienhäuser, mit 20 oder mehr WE, hoher Standard	–	–	–	–
Mehrfamilienhäuser, Passivhäuser	–	–	–	–
Mehrfamilienhäuser, Holzbauweise	–	–	–	–
Wohnhäuser, mit bis zu 15% Mischnutzung, einfacher Standard	–	–	–	–
Wohnhäuser, mit bis zu 15% Mischnutzung, mittlerer Standard	–	–	–	–
Wohnhäuser, mit bis zu 15% Mischnutzung, hoher Standard	–	–	–	–
Wohnhäuser, mit mehr als 15% Mischnutzung	–	–	–	–
Seniorenwohnungen und Beherbergungen				
Seniorenwohnungen, mittlerer Standard	–	–	–	–
Seniorenwohnungen, hoher Standard	–	–	–	–
Wohnheime und Internate	–	–	–	–
Hotels	–	**0,60**	–	0,2%
8 Gewerbe-, Lager- und Garagen				
Gaststätten, Kantinen und Mensen	–	**18,00**	–	1,6%
Industrielle Produktionsgebäude, Massivbauweise	–	–	–	–
Industrielle Produktionsgebäude, überwiegend Skelettbauweise	–	**16,00**	–	0,2%
Betriebs- und Werkstätten, eingeschossig	–	–	–	–
Betriebs- und Werkstätten, mehrgeschossig, geringer Hallenanteil	–	**0,60**	–	< 0,1%
Betriebs- und Werkstätten, mehrgeschossig, hoher Hallenanteil	–	**3,20**	–	< 0,1%
Geschäftshäuser, mit Wohnungen	–	–	–	–
Geschäftshäuser, ohne Wohnungen	–	–	–	–
Verbrauchermärkte	–	–	–	–
Autohäuser	–	–	–	–
Lagergebäude, ohne Mischnutzung	–	–	–	–
Lagergebäude, mit bis zu 25% Mischnutzung	–	–	–	–
Lagergebäude, mit mehr als 25% Mischnutzung	–	–	–	–
Garagen und Bereitschaftsdienste				
Einzel- und Doppelgaragen	–	–	–	–
Mehrfachgaragen	–	–	–	–
Hochgaragen	–	**0,20**	–	< 0,1%
Carports	–	–	–	–
Feuerwehrhäuser	–	–	–	–
Öffentliche Bereitschaftsdienste	–	–	–	–
9 Gebäude für kulturelle und religiöse Zwecke				
Bibliotheken, Museen und Ausstellungen	–	**2,20**	–	< 0,1%
Theater	–	–	–	–
Gemeindezentren, einfacher Standard	–	–	–	–
Gemeindezentren, mittlerer Standard	–	–	–	–
Gemeindezentren, hoher Standard	–	–	–	–
Gemeindezentren, Holzbauweise	–	–	–	–
Friedhofsgebäude	–	–	–	–

STATISTISCHE KOSTENKENNWERTE FÜR GEBÄUDETECHNIK

E

Elementarten - Neubau
zur 3.Ebene DIN 276
für die Kostengruppen 400

KG.OZ		▷	€/Einheit	◁	LB an EA
411.10	**Abwasserleitungen/Abläufe**				
01	**Abwasser, PP-Rohrleitungen, Formteile, DN/OD75, gedämmt**	65,00	**74,00**	85,00	
	Einheit: m Abwasserleitung				
	044 Abwasseranlagen - Leitungen, Abläufe, Armaturen				78,2%
	047 Dämm- und Brandschutzarbeiten an technischen Anlagen				21,8%
02	**Abwasser, PP-Rohrleitungen, Formteile, DN/OD90, gedämmt**	85,00	**99,00**	114,00	
	Einheit: m Abwasserleitung				
	044 Abwasseranlagen - Leitungen, Abläufe, Armaturen				83,6%
	047 Dämm- und Brandschutzarbeiten an technischen Anlagen				16,4%
03	**Abwasser, PP-Rohrleitungen, Formteile, DN/OD110, gedämmt**	109,00	**125,00**	145,00	
	Einheit: m Abwasserleitung				
	044 Abwasseranlagen - Leitungen, Abläufe, Armaturen				87,0%
	047 Dämm- und Brandschutzarbeiten an technischen Anlagen				13,0%
04	**Abwasser, HT-Rohrleitungen, Formteile, DN/OD75, gedämmt**	56,00	**62,00**	80,00	
	Einheit: m Abwasserleitung				
	044 Abwasseranlagen - Leitungen, Abläufe, Armaturen				73,8%
	047 Dämm- und Brandschutzarbeiten an technischen Anlagen				26,2%
05	**Abwasser, HT-Rohrleitungen, Formteile, DN/OD110, gedämmt**	67,00	**73,00**	88,00	
	Einheit: m Abwasserleitung				
	044 Abwasseranlagen - Leitungen, Abläufe, Armaturen				77,9%
	047 Dämm- und Brandschutzarbeiten an technischen Anlagen				22,1%
06	**Abwasser, Guss-Rohrleitungen, Formteile, DN80, gedämmt**	104,00	**114,00**	123,00	
	Einheit: m Abwasserleitung				
	044 Abwasseranlagen - Leitungen, Abläufe, Armaturen				85,8%
	047 Dämm- und Brandschutzarbeiten an technischen Anlagen				14,2%
07	**Bodenablauf, Anschlussleitung, Guss, DN/OD110**	887,00	**915,00**	951,00	
	Einheit: St Ablauf				
	044 Abwasseranlagen - Leitungen, Abläufe, Armaturen				100,0%
08	**Duschablauf, Anschlussleitung, PP-Rohrleitung, bis DN/OD110**	791,00	**886,00**	1.054,00	
	Einheit: St Ablauf				
	044 Abwasseranlagen - Leitungen, Abläufe, Armaturen				100,0%
09	**Duschrinne, Edelstahl, PP-Anschlussleitung**	728,00	**792,00**	923,00	
	Einheit: St Ablauf				
	044 Abwasseranlagen - Leitungen, Abläufe, Armaturen				100,0%

Kosten:
Stand 4. Quartal 2024
Bundesdurchschnitt
inkl. 19% MwSt.

▷ von
ø Mittel
◁ bis

KG.OZ		▷	€/Einheit	◁	LB an EA
411.10	**Abwasserleitungen/Abläufe**				
10	**Flachdachentwässerung, innenliegend, Freispiegel, HT, DN/OD75**	793,00	**882,00**	1.095,00	
	Einheit: St Entwässerung				
	021 Dachabdichtungsarbeiten				22,4%
	044 Abwasseranlagen - Leitungen, Abläufe, Armaturen				55,6%
	047 Dämm- und Brandschutzarbeiten an technischen Anlagen				22,0%
11	**Flachdachentwässerung, innenliegend, Freispiegel, HT, DN/OD110**	906,00	**976,00**	1.079,00	
	Einheit: St Entwässerung				
	044 Abwasseranlagen - Leitungen, Abläufe, Armaturen				80,1%
	047 Dämm- und Brandschutzarbeiten an technischen Anlagen				19,9%
12	**Flachdachentwässerung, innenliegend, Freispiegel, PP, DN/OD75**	805,00	**921,00**	1.073,00	
	Einheit: St Entwässerung				
	021 Dachabdichtungsarbeiten				21,4%
	044 Abwasseranlagen - Leitungen, Abläufe, Armaturen				57,5%
	047 Dämm- und Brandschutzarbeiten an technischen Anlagen				21,1%
13	**Flachdachentwässerung, innenliegend, Freispiegel, PP, DN/OD110**	1.088,00	**1.227,00**	1.400,00	
	Einheit: St Entwässerung				
	044 Abwasseranlagen - Leitungen, Abläufe, Armaturen				84,2%
	047 Dämm- und Brandschutzarbeiten an technischen Anlagen				15,8%
14	**Rohrbelüfter, HT-Leitung, DN/OD75, Formstücke, gedämmt**	519,00	**582,00**	701,00	
	Einheit: St Belüfter				
	044 Abwasseranlagen - Leitungen, Abläufe, Armaturen				83,3%
	047 Dämm- und Brandschutzarbeiten an technischen Anlagen				16,7%
15	**Rohrbelüfter, HT-Leitung, DN/OD110, Formstücke, gedämmt**	621,00	**694,00**	914,00	
	Einheit: St Belüfter				
	044 Abwasseranlagen - Leitungen, Abläufe, Armaturen				86,0%
	047 Dämm- und Brandschutzarbeiten an technischen Anlagen				14,0%
16	**Rohrbelüfter, PE-Leitung, DN/OD75, Formstücke, gedämmt**	536,00	**624,00**	688,00	
	Einheit: St Belüfter				
	044 Abwasseranlagen - Leitungen, Abläufe, Armaturen				84,4%
	047 Dämm- und Brandschutzarbeiten an technischen Anlagen				15,6%
17	**Rohrbelüfter, PE-Leitung, DN/OD110, Formstücke, gedämmt**	736,00	**848,00**	1.197,00	
	Einheit: St Belüfter				
	044 Abwasseranlagen - Leitungen, Abläufe, Armaturen				88,5%
	047 Dämm- und Brandschutzarbeiten an technischen Anlagen				11,5%

KG.OZ		▷	€/Einheit	◁	LB an EA
411.10	**Abwasserleitungen/Abläufe**				
18	**Rohrbelüfter, Gussleitung, DN/OD110, Formstücke, gedämmt** Einheit: St Belüfter	950,00	**1.073,00**	1.151,00	
	044 Abwasseranlagen - Leitungen, Abläufe, Armaturen				90,9%
	047 Dämm- und Brandschutzarbeiten an technischen Anlagen				9,1%

Kosten:
Stand 4. Quartal 2024
Bundesdurchschnitt
inkl. 19% MwSt.

▷ von
ø Mittel
◁ bis

KG.OZ		▷	€/Einheit	◁	LB an EA
412.20	**Wasseraufbereitungsanlagen**				
01	**Hauseinführung, Rohrleitung, Hauswasserstation, Druckminderer, Filter**	993,00	**1.072,00**	1.347,00	
	Einheit: St Hauswasserstation				
	042 Gas- und Wasseranlagen - Leitungen, Armaturen				100,0%
412.40	**Wasserleitungen/Verteiler**				
01	**Trinkwasserleitung, Metallverbundrohr, DN15**	19,00	**22,00**	26,00	
	Einheit: m Wasserleitung				
	042 Gas- und Wasseranlagen - Leitungen, Armaturen				100,0%
02	**Trinkwasserleitung, Metallverbundrohr, DN20**	23,00	**27,00**	31,00	
	Einheit: m Wasserleitung				
	042 Gas- und Wasseranlagen - Leitungen, Armaturen				100,0%
03	**Trinkwasserleitung, Kupferrohr, DN12**	27,00	**31,00**	34,00	
	Einheit: m Wasserleitung				
	042 Gas- und Wasseranlagen - Leitungen, Armaturen				100,0%
04	**Trinkwasserleitung, Kupferrohr, DN20**	31,00	**34,00**	42,00	
	Einheit: m Wasserleitung				
	042 Gas- und Wasseranlagen - Leitungen, Armaturen				100,0%
05	**Trinkwasserleitung, Edelstahlrohr, DN12**	24,00	**28,00**	31,00	
	Einheit: m Wasserleitung				
	042 Gas- und Wasseranlagen - Leitungen, Armaturen				100,0%
06	**Trinkwasserleitung, Edelstahlrohr, DN20**	34,00	**35,00**	40,00	
	Einheit: m Wasserleitung				
	042 Gas- und Wasseranlagen - Leitungen, Armaturen				100,0%
07	**Trinkwasserleitung, Kupferrohr, DN12, Dämmung**	51,00	**59,00**	63,00	
	Einheit: m Wasserleitung				
	042 Gas- und Wasseranlagen - Leitungen, Armaturen				52,7%
	047 Dämm- und Brandschutzarbeiten an technischen Anlagen				47,3%
08	**Trinkwasserleitung, Kupferrohr, DN20, Dämmung**	55,00	**62,00**	72,00	
	Einheit: m Wasserleitung				
	042 Gas- und Wasseranlagen - Leitungen, Armaturen				54,9%
	047 Dämm- und Brandschutzarbeiten an technischen Anlagen				45,1%
09	**Trinkwasserleitung, Edelstahlrohr, DN12, Dämmung**	47,00	**56,00**	60,00	
	Einheit: m Wasserleitung				
	042 Gas- und Wasseranlagen - Leitungen, Armaturen				49,5%
	047 Dämm- und Brandschutzarbeiten an technischen Anlagen				50,5%
10	**Trinkwasserleitung, Edelstahlrohr, DN20, Dämmung**	58,00	**63,00**	69,00	
	Einheit: m Wasserleitung				
	042 Gas- und Wasseranlagen - Leitungen, Armaturen				55,2%
	047 Dämm- und Brandschutzarbeiten an technischen Anlagen				44,8%
11	**Trinkwasserleitung, Metallverbundrohr, DN15, Dämmung**	43,00	**50,00**	55,00	
	Einheit: m Wasserleitung				
	042 Gas- und Wasseranlagen - Leitungen, Armaturen				43,9%
	047 Dämm- und Brandschutzarbeiten an technischen Anlagen				56,1%

KG.OZ	▷	€/Einheit	◁	LB an EA
412.40 Wasserleitungen/Verteiler				
12 **Trinkwasserleitung, Metallverbundrohr, DN20, Dämmung**	49,00	**56,00**	67,00	
Einheit: m Wasserleitung				
042 Gas- und Wasseranlagen - Leitungen, Armaturen				48,6%
047 Dämm- und Brandschutzarbeiten an technischen Anlagen				51,4%
13 **Umwälzpumpe, Nassläufer, bis 2,5m³/h, Wärmedämmschale**	619,00	**697,00**	754,00	
Einheit: St Pumpe				
040 Wärmeversorgungsanlagen - Betriebseinrichtungen				100,0%
14 **Umwälzpumpe, Nassläufer, bis 5,0m³/h, Wärmedämmschale**	856,00	**918,00**	983,00	
Einheit: St Pumpe				
040 Wärmeversorgungsanlagen - Betriebseinrichtungen				100,0%
15 **Umwälzpumpe, Nassläufer, über 5,0m³/h, Wärmedämmschale**	1.441,00	**1.528,00**	1.812,00	
Einheit: St Pumpe				
040 Wärmeversorgungsanlagen - Betriebseinrichtungen				100,0%
412.50 Dezentrale Wassererwärmer				
01 **Wohnungsstation, dezentral, Trinkwarmwasserbereitung, Durchflussprinzip, bis 15l/min, Anschluss**	4.865,00	**5.406,00**	6.223,00	
Einheit: St Durchlauferhitzer				
040 Wärmeversorgungsanlagen - Betriebseinrichtungen				98,8%
042 Gas- und Wasseranlagen - Leitungen, Armaturen				0,6%
047 Dämm- und Brandschutzarbeiten an technischen Anlagen				0,5%
02 **Wohnungsstation, dezentral, Trinkwarmwasserbereitung, Durchflussprinzip, bis 30l/min, Anschluss**	5.534,00	**6.150,00**	7.078,00	
Einheit: St Durchlauferhitzer				
040 Wärmeversorgungsanlagen - Betriebseinrichtungen				99,0%
042 Gas- und Wasseranlagen - Leitungen, Armaturen				0,6%
047 Dämm- und Brandschutzarbeiten an technischen Anlagen				0,5%
412.60 Sanitärobjekte				
01 **Ausgussbecken, Stahl, Armatur, Sifon, Eckventile**	527,00	**653,00**	886,00	
Einheit: St Ausgussbecken				
042 Gas- und Wasseranlagen - Leitungen, Armaturen				12,5%
045 Gas-, Wasser- und Entwässerungsanlagen - Ausstattung, Elemente, Fertigbäder				87,5%
02 **Ausgussbecken, Stahl, Installationselement, Armatur, Sifon, Eckventile**	663,00	**834,00**	1.100,00	
Einheit: St Ausgussbecken				
042 Gas- und Wasseranlagen - Leitungen, Armaturen				9,8%
045 Gas-, Wasser- und Entwässerungsanlagen - Ausstattung, Elemente, Fertigbäder				90,2%
03 **Waschtisch, 550x450mm, Armatur, Sifon, Eckventile**	685,00	**780,00**	983,00	
Einheit: St Waschbecken				
042 Gas- und Wasseranlagen - Leitungen, Armaturen				10,5%
045 Gas-, Wasser- und Entwässerungsanlagen - Ausstattung, Elemente, Fertigbäder				89,5%

Kosten:
Stand 4. Quartal 2024
Bundesdurchschnitt
inkl. 19% MwSt.

▷ von
ø Mittel
◁ bis

KG.OZ		▷	€/Einheit	◁	LB an EA
412.60	**Sanitärobjekte**				
04	**Handwaschbecken, barrierefrei, Armatur berührungslos, Sifon, Eckventile**	1.329,00	**1.619,00**	2.172,00	
	Einheit: St Waschbecken				
	042 Gas- und Wasseranlagen - Leitungen, Armaturen				5,0%
	045 Gas-, Wasser- und Entwässerungsanlagen - Ausstattung, Elemente, Fertigbäder				95,0%
05	**Handwaschbecken, barrierefrei, Installationselement, Armatur berührungslos, Sifon, Eckventile**	1.465,00	**1.800,00**	2.386,00	
	Einheit: St Waschbecken				
	042 Gas- und Wasseranlagen - Leitungen, Armaturen				4,5%
	045 Gas-, Wasser- und Entwässerungsanlagen - Ausstattung, Elemente, Fertigbäder				95,5%
06	**Handwaschbecken, barrierefrei, Installationselement, Stützgriffen, Armatur berührungslos, Sifon**	3.027,00	**3.587,00**	4.459,00	
	Einheit: St Waschbecken				
	042 Gas- und Wasseranlagen - Leitungen, Armaturen				2,3%
	045 Gas-, Wasser- und Entwässerungsanlagen - Ausstattung, Elemente, Fertigbäder				97,7%
07	**Bidet, wandhängend, Armatur, Sifon, Eckventile**	999,00	**1.240,00**	1.531,00	
	Einheit: St Bidet				
	042 Gas- und Wasseranlagen - Leitungen, Armaturen				6,6%
	045 Gas-, Wasser- und Entwässerungsanlagen - Ausstattung, Elemente, Fertigbäder				93,4%
08	**Bidet, wandhängend, Installationselement, Armatur, Sifon, Eckventile**	1.359,00	**1.641,00**	1.966,00	
	Einheit: St Bidet				
	042 Gas- und Wasseranlagen - Leitungen, Armaturen				5,0%
	045 Gas-, Wasser- und Entwässerungsanlagen - Ausstattung, Elemente, Fertigbäder				95,0%
09	**Urinal, wandhängend, Betätigungsplatte, Sifon**	383,00	**444,00**	483,00	
	Einheit: St Urinal				
	045 Gas-, Wasser- und Entwässerungsanlagen - Ausstattung, Elemente, Fertigbäder				100,0%
10	**Urinal, wandhängend, Betätigungsplatte, Urinalsteuerung, Sifon**	749,00	**901,00**	1.113,00	
	Einheit: St Urinal				
	045 Gas-, Wasser- und Entwässerungsanlagen - Ausstattung, Elemente, Fertigbäder				100,0%
11	**Urinal, wandhängend, Installationselement, Betätigungsplatte, Sifon**	724,00	**809,00**	899,00	
	Einheit: St Urinal				
	045 Gas-, Wasser- und Entwässerungsanlagen - Ausstattung, Elemente, Fertigbäder				100,0%
12	**Urinal, wandhängend, Installationselement, Betätigungsplatte, Urinalsteuerung, Sifon**	1.090,00	**1.266,00**	1.530,00	
	Einheit: St Urinal				
	045 Gas-, Wasser- und Entwässerungsanlagen - Ausstattung, Elemente, Fertigbäder				100,0%
13	**WC, wandhängend, WC-Sitz, Betätigungsplatte**	676,00	**703,00**	873,00	
	Einheit: St WC-Becken				
	045 Gas-, Wasser- und Entwässerungsanlagen - Ausstattung, Elemente, Fertigbäder				100,0%
14	**WC, wandhängend, WC-Sitz, Betätigung berührungslos**	1.296,00	**1.455,00**	1.737,00	
	Einheit: St WC-Becken				
	045 Gas-, Wasser- und Entwässerungsanlagen - Ausstattung, Elemente, Fertigbäder				100,0%

Kosten:
Stand 4.Quartal 2024
Bundesdurchschnitt
inkl. 19% MwSt.

▷ von
ø Mittel
◁ bis

KG.OZ		▷	€/Einheit	◁	LB an EA
412.60	**Sanitärobjekte**				
15	**WC, wandhängend, Spülkasten, WC-Sitz, Betätigungsplatte**	857,00	**918,00**	1.082,00	
	Einheit: St WC-Becken				
	045 Gas-, Wasser- und Entwässerungsanlagen - Ausstattung, Elemente, Fertigbäder				100,0%
16	**WC, wandhängend, Installationselement, Spülkasten, WC-Sitz, Betätigungsplatte**	1.218,00	**1.319,00**	1.517,00	
	Einheit: St WC-Becken				
	045 Gas-, Wasser- und Entwässerungsanlagen - Ausstattung, Elemente, Fertigbäder				100,0%
17	**WC, barrierefrei, wandhängend, WC-Sitz, Betätigungs-platte**	933,00	**1.034,00**	1.208,00	
	Einheit: St WC-Becken				
	045 Gas-, Wasser- und Entwässerungsanlagen - Ausstattung, Elemente, Fertigbäder				100,0%
18	**WC, barrierefrei, wandhängend, WC-Sitz, Betätigung berührungslos**	1.553,00	**1.785,00**	2.073,00	
	Einheit: St WC-Becken				
	045 Gas-, Wasser- und Entwässerungsanlagen - Ausstattung, Elemente, Fertigbäder				100,0%
19	**WC, barrierefrei, wandhängend, Spülkasten, WC-Sitz, Betätigungsplatte**	1.114,00	**1.248,00**	1.418,00	
	Einheit: St WC-Becken				
	045 Gas-, Wasser- und Entwässerungsanlagen - Ausstattung, Elemente, Fertigbäder				100,0%
20	**WC, barrierefrei, wandhängend, Installationselement, Spülkasten, WC-Sitz, Betätigungsplatte**	1.293,00	**1.435,00**	1.643,00	
	Einheit: St WC-Becken				
	045 Gas-, Wasser- und Entwässerungsanlagen - Ausstattung, Elemente, Fertigbäder				100,0%
21	**WC, barrierefrei, wandhängend, Installationselement, Spülkasten, WC-Sitz, Betätigung berührungslos**	2.206,00	**2.519,00**	2.897,00	
	Einheit: St WC-Becken				
	045 Gas-, Wasser- und Entwässerungsanlagen - Ausstattung, Elemente, Fertigbäder				100,0%
22	**WC, barrierefrei, Installationselement, Hygienespülung, Stützgriffe, Notruf, berührungslos**	9.818,00	**11.489,00**	13.613,00	
	Einheit: St WC-Becken				
	045 Gas-, Wasser- und Entwässerungsanlagen - Ausstattung, Elemente, Fertigbäder				91,3%
	063 Gefahrenmeldeanlagen				8,7%
23	**WC-Garnitur, Bürste, Papierhalter**	117,00	**170,00**	191,00	
	Einheit: St WC-Garniturset				
	045 Gas-, Wasser- und Entwässerungsanlagen - Ausstattung, Elemente, Fertigbäder				100,0%
24	**Duschwanne, 80x80cm, mit Einhebel-Wandarmatur, Ablauf und Brausegarnitur**	1.014,00	**1.169,00**	1.334,00	
	Einheit: St Duschwanne				
	045 Gas-, Wasser- und Entwässerungsanlagen - Ausstattung, Elemente, Fertigbäder				100,0%
25	**Duschwanne, 80x80cm, mit Thermostat-Wandarmatur, Ablauf und Brausegarnitur**	1.013,00	**1.200,00**	1.550,00	
	Einheit: St Duschwanne				
	045 Gas-, Wasser- und Entwässerungsanlagen - Ausstattung, Elemente, Fertigbäder				100,0%

412.60 Sanitärobjekte

KG.OZ		▷	€/Einheit	◁	LB an EA
26	**Duschwanne, 100x100cm, mit Einhebel-Wandarmatur, Ablauf und Brausegarnitur** Einheit: St Duschwanne 045 Gas-, Wasser- und Entwässerungsanlagen - Ausstattung, Elemente, Fertigbäder	1.175,00	**1.382,00**	1.587,00	100,0%
27	**Duschwanne, 100x100cm, mit Thermostat-Wandarmatur, Ablauf und Brausegarnitur** Einheit: St Duschwanne 045 Gas-, Wasser- und Entwässerungsanlagen - Ausstattung, Elemente, Fertigbäder	1.174,00	**1.412,00**	1.802,00	100,0%
28	**Duschwanne 100x100cm, mit Einhebel-Wandarmatur, Duschabtrennung, Ablauf und Brausegarnitur** Einheit: St Duschwanne 045 Gas-, Wasser- und Entwässerungsanlagen - Ausstattung, Elemente, Fertigbäder	2.372,00	**2.642,00**	2.905,00	100,0%
29	**Duschwanne, 100x100cm, mit Thermostat-Wandarmatur, Duschabtrennung, Ablauf und Brausegarnitur** Einheit: St Duschwanne 045 Gas-, Wasser- und Entwässerungsanlagen - Ausstattung, Elemente, Fertigbäder	2.371,00	**2.673,00**	3.121,00	100,0%
30	**Badewanne, 170x80cm, Einhebel-Wandarmatur, Ablauf und Brausegarnitur** Einheit: St Badewanne 045 Gas-, Wasser- und Entwässerungsanlagen - Ausstattung, Elemente, Fertigbäder	1.117,00	**1.298,00**	1.670,00	100,0%
31	**Badewanne, 170x80cm, Thermostat-Wandarmatur, Ablauf und Brausegarnitur** Einheit: St Badewanne 045 Gas-, Wasser- und Entwässerungsanlagen - Ausstattung, Elemente, Fertigbäder	1.462,00	**1.687,00**	2.128,00	100,0%
32	**Badewanne, 170x80cm, mit Türeinstieg, Einhebel-Wandarmatur, Ablauf und Brausegarnitur** Einheit: St Badewanne 045 Gas-, Wasser- und Entwässerungsanlagen - Ausstattung, Elemente, Fertigbäder	7.022,00	**8.307,00**	10.883,00	100,0%
33	**Badewannen-Duschkombi, 170x80cm, Türeinstieg, Duschwand, Thermostat-Wandarmatur, Ablauf** Einheit: St Badewanne 045 Gas-, Wasser- und Entwässerungsanlagen - Ausstattung, Elemente, Fertigbäder	9.764,00	**12.176,00**	14.967,00	100,0%
34	**Waschtischgarnitur, Seifen und Papierspender** Einheit: St Garnitur 045 Gas-, Wasser- und Entwässerungsanlagen - Ausstattung, Elemente, Fertigbäder	218,00	**264,00**	375,00	100,0%

Kosten:
Stand 4. Quartal 2024
Bundesdurchschnitt
inkl. 19% MwSt.

KG.OZ		▷	€/Einheit	◁	LB an EA
421.30	**Heizkesselanlagen**				
01	**Gas-Brennwerttherme, 15-25kW, mit Pufferspeicher, Ausdehnungsgefäß** Einheit: St Anlage 040 Wärmeversorgungsanlagen - Betriebseinrichtungen	11.338,00	**13.007,00**	14.566,00	100,0%
02	**Gas-Brennwerttherme, 15-25kW, mit Pufferspeicher, Ausdehnungsgefäß, Neutralisationsanlage** Einheit: St Anlage 040 Wärmeversorgungsanlagen - Betriebseinrichtungen	11.943,00	**13.696,00**	15.471,00	100,0%
03	**Gas-Brennwertkessel, bis 25kW, mit Pufferspeicher, Ausdehnungsgefäß** Einheit: St Anlage 040 Wärmeversorgungsanlagen - Betriebseinrichtungen	10.953,00	**12.293,00**	14.028,00	100,0%
04	**Gas-Brennwertkessel, bis 25kW, mit Pufferspeicher, Ausdehnungsgefäß, Neutralisationsanlage** Einheit: St Anlage 040 Wärmeversorgungsanlagen - Betriebseinrichtungen	11.558,00	**12.981,00**	14.933,00	100,0%
05	**Gas-Brennwertkessel, 50-70kW, mit Pufferspeicher, Ausdehnungsgefäß, Neutralisationsanlage** Einheit: St Anlage 040 Wärmeversorgungsanlagen - Betriebseinrichtungen	15.594,00	**17.567,00**	21.670,00	100,0%
06	**Öl-Brennwerttherme, 15-25kW, mit Pufferspeicher, Ausdehnungsgefäß** Einheit: St Anlage 040 Wärmeversorgungsanlagen - Betriebseinrichtungen	12.463,00	**14.556,00**	17.638,00	100,0%
07	**Öl-Brennwertkessel, bis 25kW, mit Pufferspeicher, Ausdehnungsgefäß** Einheit: St Anlage 040 Wärmeversorgungsanlagen - Betriebseinrichtungen	14.358,00	**15.817,00**	17.976,00	100,0%
08	**Öl-Brennwerttherme, 15-25kW, mit Pufferspeicher, Ausdehnungsgefäß, Neutralisationsanlage** Einheit: St Anlage 040 Wärmeversorgungsanlagen - Betriebseinrichtungen	13.068,00	**15.244,00**	18.543,00	100,0%
09	**Öl-Brennwertkessel, bis 25kW, mit Pufferspeicher, Ausdehnungsgefäß, Neutralisationsanlage** Einheit: St Anlage 040 Wärmeversorgungsanlagen - Betriebseinrichtungen	14.963,00	**16.505,00**	18.882,00	100,0%
10	**Öl-Brennwertkessel, 25-50kW, mit Pufferspeicher, Ausdehnungsgefäß, Neutralisationsanlage** Einheit: St Anlage 040 Wärmeversorgungsanlagen - Betriebseinrichtungen	16.501,00	**18.177,00**	20.720,00	100,0%
11	**Öl-Brennwertkessel, 50-70kW, mit Pufferspeicher, Ausdehnungsgefäß, Neutralisationsanlage** Einheit: St Anlage 040 Wärmeversorgungsanlagen - Betriebseinrichtungen	20.450,00	**23.929,00**	28.965,00	100,0%

▷ von
ø Mittel
◁ bis

KG.OZ		▷	€/Einheit	◁	LB an EA
421.30	**Heizkesselanlagen**				
12	**Holz/Pellet-Heizkessel, bis 25kW, Fördersystem, Ausdehnungsgefäß, mit Pufferspeicher** Einheit: St Anlage	24.587,00	**26.196,00**	29.792,00	
	040 Wärmeversorgungsanlagen - Betriebseinrichtungen				100,0%
13	**Holz/Pellet-Heizkessel, 25-50kW, Fördersystem, Ausdehnungsgefäß, mit Pufferspeicher** Einheit: St Anlage	24.351,00	**28.400,00**	35.435,00	
	040 Wärmeversorgungsanlagen - Betriebseinrichtungen				100,0%
421.40	**Wärmepumpenanlagen**				
01	**Wärmepumpe, bis 15kW, Luft-Wasser, mit Speicher** Einheit: St Anlage	21.721,00	**24.004,00**	28.080,00	
	040 Wärmeversorgungsanlagen - Betriebseinrichtungen				100,0%
02	**Wärmepumpe, 15-25kW, Luft-Wasser, mit Speicher** Einheit: St Anlage	33.854,00	**35.885,00**	39.194,00	
	040 Wärmeversorgungsanlagen - Betriebseinrichtungen				100,0%
03	**Wärmepumpe, bis 15kW, Wasser-Wasser, Brunnen, mit Speicher** Einheit: St Anlage	43.112,00	**47.871,00**	55.066,00	
	040 Wärmeversorgungsanlagen - Betriebseinrichtungen				100,0%
04	**Wärmepumpe, 25-35kW, Wasser-Wasser, mit Speicher, Brunnen** Einheit: St Anlage	52.639,00	**62.182,00**	74.527,00	
	040 Wärmeversorgungsanlagen - Betriebseinrichtungen				100,0%
05	**Wärmepumpe, bis 15kW, Sole-Wasser, mit Speicher** Einheit: St Anlage	21.872,00	**23.769,00**	28.565,00	
	040 Wärmeversorgungsanlagen - Betriebseinrichtungen				100,0%
06	**Wärmepumpe, bis 25-35kW, Sole-Wasser, mit Speicher** Einheit: St Anlage	37.225,00	**39.292,00**	44.246,00	
	040 Wärmeversorgungsanlagen - Betriebseinrichtungen				100,0%
421.50	**Solaranlagen**				
01	**Solaranlage, thermisch, bis 10m², mit Speicher** Einheit: St Anlage	12.415,00	**14.754,00**	16.702,00	
	040 Wärmeversorgungsanlagen - Betriebseinrichtungen				100,0%
02	**Solaranlage, thermisch, bis 20m², mit Speicher** Einheit: St Anlage	19.065,00	**21.118,00**	23.291,00	
	040 Wärmeversorgungsanlagen - Betriebseinrichtungen				100,0%

Kosten:
Stand 4. Quartal 2024
Bundesdurchschnitt
inkl. 19% MwSt.

KG.OZ		▷	€/Einheit	◁	LB an EA
422.10	**Verteilungen**				
01	**Heizungsverteiler, Umwälzpumpe 2,5m³/h, Absperrklappe**	5.468,00	**5.874,00**	6.826,00	
	Einheit: St Umwälzpumpe				
	040 Wärmeversorgungsanlagen - Betriebseinrichtungen				100,0%
02	**Heizungsverteiler, Umwälzpumpe 5m³/h, Absperrklappe**	6.314,00	**6.670,00**	8.021,00	
	Einheit: St Umwälzpumpe				
	040 Wärmeversorgungsanlagen - Betriebseinrichtungen				100,0%
03	**Heizungsverteiler, 5 Heizkreise, Umwälzpumpe 5m³/h, Absperrklappe**	8.821,00	**9.571,00**	11.143,00	
	Einheit: St Umwälzpumpe				
	040 Wärmeversorgungsanlagen - Betriebseinrichtungen				100,0%
04	**Heizungsverteiler, 5 Heizkreise, Fußbodenheizung, Verteilerschrank, Unterputz**	1.017,00	**1.134,00**	1.220,00	
	Einheit: St Umwälzpumpe				
	041 Wärmeversorgungsanlagen - Leitungen, Armaturen, Heizflächen				100,0%
422.20	**Rohrleitungen**				
01	**Heizleitung, Kupferrohre DN15, Dämmung**	40,00	**46,00**	56,00	
	Einheit: m Leitung Rohrdämmung				
	041 Wärmeversorgungsanlagen - Leitungen, Armaturen, Heizflächen				52,3%
	047 Dämm- und Brandschutzarbeiten an technischen Anlagen				47,7%
02	**Heizleitung, Kupferrohre DN20, Dämmung**	52,00	**60,00**	69,00	
	Einheit: m Leitung Rohrdämmung				
	041 Wärmeversorgungsanlagen - Leitungen, Armaturen, Heizflächen				51,3%
	047 Dämm- und Brandschutzarbeiten an technischen Anlagen				48,7%
03	**Heizleitung, Kupferrohre DN25, Dämmung**	63,00	**71,00**	86,00	
	Einheit: m Leitung Rohrdämmung				
	041 Wärmeversorgungsanlagen - Leitungen, Armaturen, Heizflächen				52,9%
	047 Dämm- und Brandschutzarbeiten an technischen Anlagen				47,1%

▷ von
ø Mittel
◁ bis

423.10 Heizkörper

		▷	€/Einheit	◁	LB an EA
01	**Heizkörper, 500/700mm, Thermostatventil**	284,00	**314,00**	353,00	
	Einheit: St Heizkörperfläche				
	041 Wärmeversorgungsanlagen - Leitungen, Armaturen, Heizflächen				100,0%
02	**Heizkörper, 500 bis 1.400mm, Thermostatventil**	474,00	**521,00**	584,00	
	Einheit: St Heizkörperfläche				
	041 Wärmeversorgungsanlagen - Leitungen, Armaturen, Heizflächen				100,0%
03	**Heizkörper, 500 bis 2.100mm, Thermostatventil**	665,00	**728,00**	817,00	
	Einheit: St Heizkörperfläche				
	041 Wärmeversorgungsanlagen - Leitungen, Armaturen, Heizflächen				100,0%
04	**Heizkörper, 600/700mm, Thermostatventil**	322,00	**355,00**	399,00	
	Einheit: St Heizkörperfläche				
	041 Wärmeversorgungsanlagen - Leitungen, Armaturen, Heizflächen				100,0%
05	**Heizkörper, 600 bis 1.400mm, Thermostatventil**	549,00	**601,00**	674,00	
	Einheit: St Heizkörperfläche				
	041 Wärmeversorgungsanlagen - Leitungen, Armaturen, Heizflächen				100,0%
06	**Heizkörper, 600 bis 2.100mm, Thermostatventil**	682,00	**746,00**	837,00	
	Einheit: St Heizkörperfläche				
	041 Wärmeversorgungsanlagen - Leitungen, Armaturen, Heizflächen				100,0%
07	**Heizkörper, 900/700mm, Thermostatventil**	408,00	**448,00**	503,00	
	Einheit: St Heizkörperfläche				
	041 Wärmeversorgungsanlagen - Leitungen, Armaturen, Heizflächen				100,0%
08	**Heizkörper, 900 bis 1.400mm, Thermostatventil**	762,00	**833,00**	934,00	
	Einheit: St Heizkörperfläche				
	041 Wärmeversorgungsanlagen - Leitungen, Armaturen, Heizflächen				100,0%
09	**Heizkörper, 900 bis 2.100mm, Thermostatventil**	873,00	**954,00**	1.069,00	
	Einheit: St Heizkörperfläche				
	041 Wärmeversorgungsanlagen - Leitungen, Armaturen, Heizflächen				100,0%

423.20 Flächenheizsysteme

		▷	€/Einheit	◁	LB an EA
01	**Fußbodenheizung Typ A, PE-Rohr, 100mm, Systemträger, EPS 30**	49,00	**53,00**	59,00	
	Einheit: m² Bodenfläche				
	041 Wärmeversorgungsanlagen - Leitungen, Armaturen, Heizflächen				100,0%
02	**Fußbodenheizung Typ A, PE-Rohr, 100mm, Systemträger, EPS 50**	53,00	**57,00**	65,00	
	Einheit: m² Bodenfläche				
	041 Wärmeversorgungsanlagen - Leitungen, Armaturen, Heizflächen				100,0%

KG.OZ	▷	€/Einheit	◁	LB an EA
429.10 Schornsteinanlagen				
01 **IW Schornstein, Formsteine, einzügig, 11,0m**	479,00	**538,00**	644,00	
Einheit: m Schornstein				
012 Mauerarbeiten				100,0%
02 **IW Schornstein, Formsteine, zweizügig, 11,0m**	644,00	**687,00**	779,00	
Einheit: m Schornstein				
012 Mauerarbeiten				100,0%
03 **Schornsteinanlage**	8.692,00	**10.077,00**	13.158,00	
Einheit: St Schornstein				
040 Wärmeversorgungsanlagen - Betriebseinrichtungen				100,0%

Kosten:
Stand 4. Quartal 2024
Bundesdurchschnitt
inkl. 19% MwSt.

▷ von
ø Mittel
◁ bis

KG.OZ		▷	€/Einheit	◁	LB an EA
431.20	**Abluftanlagen**				
01	**Lüftungsgerät, Abluft, bis 100m³/h, mit Luftleitungsanschluss** Einheit: St Lüftungsgerät 075 Raumlufttechnische Anlagen	408,00	**423,00**	456,00	 100,0%
431.30	**Wärmerückgewinnungsanlagen**				
01	**Lüftungsgerät, dezentral, WRG, bis 100m³/h, mit Außenwanddurchlass** Einheit: St Anlage 075 Raumlufttechnische Anlagen	2.981,00	**3.372,00**	3.882,00	 100,0%
02	**Lüftungsgerät, dezentral, WRG, bis 200m³/h, mit Luftleitungsanschluss, Schalldämpfer** Einheit: St Anlage 075 Raumlufttechnische Anlagen	6.576,00	**7.370,00**	8.421,00	 100,0%

KG.OZ		▷	€/Einheit	◁	LB an EA
442.40	**Photovoltaikanlagen**				
01	**Photovoltaikanlage 2kW$_p$**	7.606,00	**9.102,00**	11.907,00	
	Einheit: St Anlage				
	020 Dachdeckungsarbeiten				18,6%
	053 Niederspannungsanlagen - Kabel / Leitungen, Verlegesysteme, Installationsgeräte				81,4%
02	**Photovoltaikanlage 10kW$_p$**	24.163,00	**28.806,00**	36.873,00	
	Einheit: St Anlage				
	020 Dachdeckungsarbeiten				4,9%
	053 Niederspannungsanlagen - Kabel / Leitungen, Verlegesysteme, Installationsgeräte				95,1%
03	**Photovoltaikanlage 10kW$_p$, Batteriespeicher bis 10kW$_p$**	35.605,00	**41.196,00**	50.350,00	
	Einheit: St Anlage				
	020 Dachdeckungsarbeiten				3,4%
	053 Niederspannungsanlagen - Kabel / Leitungen, Verlegesysteme, Installationsgeräte				96,6%
04	**Photovoltaikanlage 10kW$_p$, Batteriespeicher bis 10kW$_p$, mit E-Heizeinsatz**	36.094,00	**41.736,00**	50.947,00	
	Einheit: St Anlage				
	020 Dachdeckungsarbeiten				3,4%
	040 Wärmeversorgungsanlagen - Betriebseinrichtungen				1,3%
	053 Niederspannungsanlagen - Kabel / Leitungen, Verlegesysteme, Installationsgeräte				95,3%

Kosten:
Stand 4. Quartal 2024
Bundesdurchschnitt
inkl. 19% MwSt.

▷ von
ø Mittel
◁ bis

KG.OZ		▷	€/Einheit	◁	LB an EA
444.10	**Kabel und Leitungen**				
01	**Installationsleitung, NYM-J, Installationsrohr**	7,20	**8,60**	11,00	
	Einheit: m Elektroleitung				
	053 Niederspannungsanlagen - Kabel / Leitungen, Verlegesysteme, Installationsgeräte				100,0%
444.20	**Unterverteiler**				
01	**Installationskleinverteiler, uP, 356x348mm**	262,00	**291,00**	333,00	
	Einheit: St Verteiler				
	054 Niederspannungsanlagen - Verteilersysteme und Einbaugeräte				100,0%
444.40	**Installationsgeräte**				
01	**Schutzkontaktsteckdose, Mantelleitung, Installationsrohr 2,0m**	50,00	**56,00**	65,00	
	Einheit: St Installationsgerät				
	053 Niederspannungsanlagen - Kabel / Leitungen, Verlegesysteme, Installationsgeräte				100,0%
02	**Tastschalter, Mantelleitung, Installationsrohr 2,0m**	53,00	**61,00**	71,00	
	Einheit: St Installationsgerät				
	053 Niederspannungsanlagen - Kabel / Leitungen, Verlegesysteme, Installationsgeräte				100,0%

KG.OZ		▷	€/Einheit	◁	LB an EA
445.10	**Ortsfeste Leuchten, Allgemeinbeleuchtung**				
01	**Anbauleuchte, LED, Feuchtraum, Mantelleitung, Installationsrohr 2,0m**	166,00	**186,00**	207,00	
	Einheit: St Leuchte				
	053 Niederspannungsanlagen - Kabel / Leitungen, Verlegesysteme, Installationsgeräte				9,3%
	058 Leuchten und Lampen				90,7%
02	**Einbaudownlight, LED 9W, Mantelleitung, Installationsrohr 2,0m**	81,00	**91,00**	103,00	
	Einheit: St Leuchte				
	053 Niederspannungsanlagen - Kabel / Leitungen, Verlegesysteme, Installationsgeräte				19,0%
	058 Leuchten und Lampen				81,0%
03	**Wannenleuchte, 1x58W, Mantelleitung, Installationsrohr 2,0m**	191,00	**223,00**	285,00	
	Einheit: St Leuchte				
	053 Niederspannungsanlagen - Kabel / Leitungen, Verlegesysteme, Installationsgeräte				7,7%
	058 Leuchten und Lampen				92,3%
04	**Pendelleuchte, LED 47W, bis 598mm, Mantelleitung, Installationsrohr 2,0m**	350,00	**377,00**	485,00	
	Einheit: St Leuchte				
	053 Niederspannungsanlagen - Kabel / Leitungen, Verlegesysteme, Installationsgeräte				4,6%
	058 Leuchten und Lampen				95,4%

Kosten:
Stand 4. Quartal 2024
Bundesdurchschnitt
inkl. 19% MwSt.

▷ von
ø Mittel
◁ bis

456.10 Brandmeldeanlagen

		▷	€/Einheit	◁	LB an EA
01	**Brandmeldezentrale bis 4 Ringe-/Linien**	3.506,00	**3.895,00**	4.285,00	
	Einheit: St Brandmeldezentrale				
	063 Gefahrenmeldeanlagen				100,0%
02	**Brandmeldezentrale ab 5 Ringe-/Linien**	11.573,00	**12.196,00**	12.819,00	
	Einheit: St Brandmeldezentrale				
	063 Gefahrenmeldeanlagen				100,0%

KG.OZ		▷	€/Einheit	◁	LB an EA
461.10	**Personenaufzüge**				
01	**Personenaufzug, bis 320kg** Einheit: St Aufzugsanlage 069 Aufzüge	57.515,00	**60.057,00**	65.620,00	100,0%
02	**Personenaufzug, barrierefrei, bis 630kg** Einheit: St Aufzugsanlage 069 Aufzüge	70.423,00	**74.636,00**	80.833,00	100,0%
03	**Personenaufzug, barrierefrei, bis 1.275kg** Einheit: St Aufzugsanlage 069 Aufzüge	101.462,00	**116.334,00**	131.256,00	100,0%
461.30	**Kleingüteraufzüge**				
01	**Kleingüteraufzug, bis 300kg** Einheit: St Aufzugsanlage 069 Aufzüge	16.440,00	**18.502,00**	19.392,00	100,0%

Kosten:
Stand 4. Quartal 2024
Bundesdurchschnitt
inkl. 19% MwSt.

▷ von
ø Mittel
◁ bis

STATISTISCHE KOSTENKENNWERTE FÜR GEBÄUDETECHNIK

F

Elementarten - Altbau (Abbrechen und Herstellen) zur 3.Ebene DIN 276 für die Kostengruppen 400

KG.OZ	Abbrechen	▷	€/Einheit	◁	LB an EA
411.10	**Abwasserleitungen/Abläufe**				
01	**Abwasserleitung, Kunststoff, bis DN/OD110, abbrechen** Einheit: m Rohrleitung 084 Abbruch-, Rückbau- und Schadstoffsanierungsarbeiten	12,00	**15,00**	17,00	100,0%
02	**Abwasserleitung, Guss, bis DN/OD110, abbrechen** Einheit: m Rohrleitung 084 Abbruch-, Rückbau- und Schadstoffsanierungsarbeiten	16,00	**19,00**	22,00	100,0%
03	**Abwasserleitung, Guss, bis DN200, abbrechen** Einheit: m Rohrleitung 084 Abbruch-, Rückbau- und Schadstoffsanierungsarbeiten	24,00	**28,00**	33,00	100,0%
04	**Abwasserleitung, Stahl, bis DN100, abbrechen** Einheit: m Rohrleitung 084 Abbruch-, Rückbau- und Schadstoffsanierungsarbeiten	16,00	**19,00**	22,00	100,0%

Kosten:
Stand 4. Quartal 2024
Bundesdurchschnitt
inkl. 19% MwSt.

▷ von
ø Mittel
◁ bis

KG.OZ	Abbrechen	▷	€/Einheit	◁	LB an EA
412.40	**Wasserleitungen/Verteiler**				
01	**Wasserleitung, Kupfer, bis DN25, abbrechen** Einheit: m Rohrleitung 084 Abbruch-, Rückbau- und Schadstoffsanierungsarbeiten	8,10	**9,50**	11,00	100,0%
02	**Wasserleitung, Stahl, bis DN25, abbrechen** Einheit: m Rohrleitung 084 Abbruch-, Rückbau- und Schadstoffsanierungsarbeiten	10,00	**12,00**	14,00	100,0%
03	**Wasserleitung, Stahl, bis DN50, abbrechen** Einheit: m Rohrleitung 084 Abbruch-, Rückbau- und Schadstoffsanierungsarbeiten	14,00	**16,00**	19,00	100,0%
04	**Wasserleitung, Stahl, bis DN100, abbrechen** Einheit: m Rohrleitung 084 Abbruch-, Rückbau- und Schadstoffsanierungsarbeiten	17,00	**20,00**	24,00	100,0%
412.60	**Sanitärobjekte**				
01	**Waschtisch, abbrechen** Einheit: St Sanitärobjekt 084 Abbruch-, Rückbau- und Schadstoffsanierungsarbeiten	48,00	**50,00**	62,00	100,0%
02	**Urinal mit Betätigungsplatte abbrechen** Einheit: St Sanitärobjekt 084 Abbruch-, Rückbau- und Schadstoffsanierungsarbeiten	38,00	**47,00**	56,00	100,0%
03	**WC mit WC-Sitz und Deckel, mit Betätigungsplatte, abbrechen** Einheit: St Sanitärobjekt 084 Abbruch-, Rückbau- und Schadstoffsanierungsarbeiten	45,00	**56,00**	66,00	100,0%
04	**Duschwanne, Ablaufgarnitur, abbrechen** Einheit: St Sanitärobjekt 084 Abbruch-, Rückbau- und Schadstoffsanierungsarbeiten	85,00	**100,00**	114,00	100,0%
05	**Badewanne, Ablaufgarnitur, abbrechen** Einheit: St Sanitärobjekt 084 Abbruch-, Rückbau- und Schadstoffsanierungsarbeiten	152,00	**165,00**	191,00	100,0%

KG.OZ	Abbrechen	▷	€/Einheit	◁	LB an EA
421.30	**Heizkesselanlagen**				
01	**Heiztherme abbrechen** Einheit: St Anlage 084 Abbruch-, Rückbau- und Schadstoffsanierungsarbeiten	179,00	**181,00**	183,00	100,0%
02	**Heizkessel abbrechen, bis 50kW** Einheit: St Anlage 084 Abbruch-, Rückbau- und Schadstoffsanierungsarbeiten	620,00	**666,00**	777,00	100,0%

Kosten:
Stand 4. Quartal 2024
Bundesdurchschnitt
inkl. 19% MwSt.

▷ von
ø Mittel
◁ bis

KG.OZ	Abbrechen	▷	€/Einheit	◁	LB an EA
422.20	**Rohrleitungen**				
01	**Gewinderohrleitung, bis DN25, abbrechen** Einheit: m Rohrleitung 084 Abbruch-, Rückbau- und Schadstoffsanierungsarbeiten	9,20	**11,00**	16,00	100,0%
02	**Gewinderohrleitung, bis DN100, abbrechen** Einheit: m Rohrleitung 084 Abbruch-, Rückbau- und Schadstoffsanierungsarbeiten	19,00	**20,00**	21,00	100,0%

KG.OZ	Abbrechen	▷	€/Einheit	◁	LB an EA
423.10	**Heizkörper**				
01	**Radiator, bis 50kg, abbrechen** Einheit: St Heizkörper 084 Abbruch-, Rückbau- und Schadstoffsanierungsarbeiten	53,00	**54,00**	56,00	100,0%
02	**Radiator, bis 100kg, abbrechen** Einheit: St Heizkörper 084 Abbruch-, Rückbau- und Schadstoffsanierungsarbeiten	82,00	**88,00**	97,00	100,0%
03	**Flachheizkörper, bis 50kg, abbrechen** Einheit: St Heizkörper 084 Abbruch-, Rückbau- und Schadstoffsanierungsarbeiten	49,00	**53,00**	53,00	100,0%

Kosten:
Stand 4. Quartal 2024
Bundesdurchschnitt
inkl. 19% MwSt.

▷ von
ø Mittel
◁ bis

KG.OZ	Herstellen	▷	€/Einheit	◁	LB an EA
411.10	**Abwasserleitungen/Abläufe**				
01	**Abwasser, PP-Rohrleitungen, Formteile, DN/OD75, gedämmt**	72,00	**82,00**	94,00	
	Einheit: m Abwasserleitung				
	044 Abwasseranlagen - Leitungen, Abläufe, Armaturen				78,2%
	047 Dämm- und Brandschutzarbeiten an technischen Anlagen				21,8%
02	**Abwasser, PP-Rohrleitungen, Formteile, DN/OD90, gedämmt**	93,00	**109,00**	125,00	
	Einheit: m Abwasserleitung				
	044 Abwasseranlagen - Leitungen, Abläufe, Armaturen				83,6%
	047 Dämm- und Brandschutzarbeiten an technischen Anlagen				16,4%
03	**Abwasser, PP-Rohrleitungen, Formteile, DN/OD110, gedämmt**	120,00	**137,00**	159,00	
	Einheit: m Abwasserleitung				
	044 Abwasseranlagen - Leitungen, Abläufe, Armaturen				87,0%
	047 Dämm- und Brandschutzarbeiten an technischen Anlagen				13,0%
04	**Abwasser, HT-Rohrleitungen, Formteile, DN/OD75, gedämmt**	62,00	**68,00**	88,00	
	Einheit: m Abwasserleitung				
	044 Abwasseranlagen - Leitungen, Abläufe, Armaturen				73,8%
	047 Dämm- und Brandschutzarbeiten an technischen Anlagen				26,2%
05	**Abwasser, HT-Rohrleitungen, Formteile, DN/OD110, gedämmt**	74,00	**81,00**	97,00	
	Einheit: m Abwasserleitung				
	044 Abwasseranlagen - Leitungen, Abläufe, Armaturen				77,9%
	047 Dämm- und Brandschutzarbeiten an technischen Anlagen				22,1%
06	**Abwasser, Guss-Rohrleitungen, Formteile, DN80, gedämmt**	114,00	**126,00**	136,00	
	Einheit: m Abwasserleitung				
	044 Abwasseranlagen - Leitungen, Abläufe, Armaturen				85,8%
	047 Dämm- und Brandschutzarbeiten an technischen Anlagen				14,2%
07	**Bodenablauf, Guss, DN/OD110, Anschlussleitung**	932,00	**962,00**	994,00	
	Einheit: St Ablauf				
	044 Abwasseranlagen - Leitungen, Abläufe, Armaturen				100,0%
08	**Duschablauf, Guss, bis DN100, Anschlussleitung**	805,00	**904,00**	1.076,00	
	Einheit: St Ablauf				
	044 Abwasseranlagen - Leitungen, Abläufe, Armaturen				100,0%
09	**Duschrinne, Edelstahl, Anschlussleitung**	825,00	**901,00**	1.047,00	
	Einheit: St Ablauf				
	044 Abwasseranlagen - Leitungen, Abläufe, Armaturen				100,0%
10	**Flachdachentwässerungsablauf, innenliegend, Freispiegel, HT, DN/OD75**	236,00	**267,00**	345,00	
	Einheit: St Ablauf				
	021 Dachabdichtungsarbeiten				81,2%
	044 Abwasseranlagen - Leitungen, Abläufe, Armaturen				15,4%
	047 Dämm- und Brandschutzarbeiten an technischen Anlagen				3,3%

KG.OZ	Herstellen	▷	€/Einheit	◁	LB an EA
411.10	**Abwasserleitungen/Abläufe**				
11	**Flachdachentwässerungsablauf, innenliegend, Freispiegel, HT, DN/OD110** Einheit: St Ablauf	276,00	**294,00**	334,00	
	044 Abwasseranlagen - Leitungen, Abläufe, Armaturen				97,0%
	047 Dämm- und Brandschutzarbeiten an technischen Anlagen				3,0%
12	**Flachdachentwässerungsablauf, innenliegend, Freispiegel, PP, DN/OD75** Einheit: St Ablauf	251,00	**287,00**	354,00	
	021 Dachabdichtungsarbeiten				75,6%
	044 Abwasseranlagen - Leitungen, Abläufe, Armaturen				21,3%
	047 Dämm- und Brandschutzarbeiten an technischen Anlagen				3,1%
13	**Flachdachentwässerungsablauf, innenliegend, Freispiegel, PP, DN/OD110** Einheit: St Ablauf	366,00	**398,00**	458,00	
	044 Abwasseranlagen - Leitungen, Abläufe, Armaturen				97,8%
	047 Dämm- und Brandschutzarbeiten an technischen Anlagen				2,2%
14	**Rohrbelüfter, HT-Leitung, DN/OD75, Formstücke, gedämmt** Einheit: St Belüfter	270,00	**310,00**	367,00	
	044 Abwasseranlagen - Leitungen, Abläufe, Armaturen				94,3%
	047 Dämm- und Brandschutzarbeiten an technischen Anlagen				5,7%
15	**Rohrbelüfter, HT-Leitung, DN/OD110, Formstücke, gedämmt** Einheit: St Belüfter	311,00	**355,00**	477,00	
	044 Abwasseranlagen - Leitungen, Abläufe, Armaturen				97,5%
	047 Dämm- und Brandschutzarbeiten an technischen Anlagen				2,5%
16	**Rohrbelüfter, PE-Leitung, DN/OD75, Formstücke, gedämmt** Einheit: St Belüfter	271,00	**316,00**	354,00	
	044 Abwasseranlagen - Leitungen, Abläufe, Armaturen				97,2%
	047 Dämm- und Brandschutzarbeiten an technischen Anlagen				2,8%
17	**Rohrbelüfter, PE-Leitung, DN/OD110, Formstücke, gedämmt** Einheit: St Belüfter	342,00	**405,00**	553,00	
	044 Abwasseranlagen - Leitungen, Abläufe, Armaturen				97,8%
	047 Dämm- und Brandschutzarbeiten an technischen Anlagen				2,2%
18	**Rohrbelüfter, Gussleitung, DN/OD110, Formstücke, gedämmt** Einheit: St Belüfter	430,00	**491,00**	532,00	
	044 Abwasseranlagen - Leitungen, Abläufe, Armaturen				98,2%
	047 Dämm- und Brandschutzarbeiten an technischen Anlagen				1,8%

Kosten:
Stand 4. Quartal 2024
Bundesdurchschnitt
inkl. 19% MwSt.

▷ von
ø Mittel
◁ bis

KG.OZ	Herstellen	▷	€/Einheit	◁	LB an EA
412.20	**Wasseraufbereitungsanlagen**				
01	**Hauseinführung, Rohrleitung, Hauswasserstation, Druckminderer, Filter**	1.111,00	**1.199,00**	1.506,00	
	Einheit: St Hauswasserstation				
	042 Gas- und Wasseranlagen - Leitungen, Armaturen				100,0%
412.40	**Wasserleitungen/Verteiler**				
01	**Trinkwasserleitung, Metallverbundrohr, DN15**	21,00	**24,00**	28,00	
	Einheit: m Wasserleitung				
	042 Gas- und Wasseranlagen - Leitungen, Armaturen				100,0%
02	**Trinkwasserleitung, Metallverbundrohr, DN20**	26,00	**30,00**	34,00	
	Einheit: m Wasserleitung				
	042 Gas- und Wasseranlagen - Leitungen, Armaturen				100,0%
03	**Trinkwasserleitung, Kupferrohr, DN12**	30,00	**34,00**	37,00	
	Einheit: m Wasserleitung				
	042 Gas- und Wasseranlagen - Leitungen, Armaturen				100,0%
04	**Trinkwasserleitung, Kupferrohr, DN20**	34,00	**38,00**	47,00	
	Einheit: m Wasserleitung				
	042 Gas- und Wasseranlagen - Leitungen, Armaturen				100,0%
05	**Trinkwasserleitung, Edelstahlrohr, DN12**	26,00	**30,00**	34,00	
	Einheit: m Wasserleitung				
	042 Gas- und Wasseranlagen - Leitungen, Armaturen				100,0%
06	**Trinkwasserleitung, Edelstahlrohr, DN20**	38,00	**38,00**	44,00	
	Einheit: m Wasserleitung				
	042 Gas- und Wasseranlagen - Leitungen, Armaturen				100,0%
07	**Trinkwasserleitung, Kupferrohr, DN12, Dämmung**	56,00	**65,00**	69,00	
	Einheit: m Wasserleitung				
	042 Gas- und Wasseranlagen - Leitungen, Armaturen				52,7%
	047 Dämm- und Brandschutzarbeiten an technischen Anlagen				47,3%
08	**Trinkwasserleitung, Kupferrohr, DN20, Dämmung**	62,00	**70,00**	87,00	
	Einheit: m Wasserleitung				
	042 Gas- und Wasseranlagen - Leitungen, Armaturen				54,1%
	047 Dämm- und Brandschutzarbeiten an technischen Anlagen				45,9%
09	**Trinkwasserleitung, Edelstahlrohr, DN12, Dämmung**	52,00	**61,00**	66,00	
	Einheit: m Wasserleitung				
	042 Gas- und Wasseranlagen - Leitungen, Armaturen				49,5%
	047 Dämm- und Brandschutzarbeiten an technischen Anlagen				50,5%
10	**Trinkwasserleitung, Edelstahlrohr, DN20, Dämmung**	65,00	**70,00**	84,00	
	Einheit: m Wasserleitung				
	042 Gas- und Wasseranlagen - Leitungen, Armaturen				54,4%
	047 Dämm- und Brandschutzarbeiten an technischen Anlagen				45,6%
11	**Trinkwasserleitung, Metallverbundrohr, DN15, Dämmung**	47,00	**55,00**	60,00	
	Einheit: m Wasserleitung				
	042 Gas- und Wasseranlagen - Leitungen, Armaturen				43,9%
	047 Dämm- und Brandschutzarbeiten an technischen Anlagen				56,1%

Kosten:
Stand 4. Quartal 2024
Bundesdurchschnitt
inkl. 19% MwSt.

KG.OZ	Herstellen	▷	€/Einheit	◁	LB an EA
412.40	**Wasserleitungen/Verteiler**				
12	**Trinkwasserleitung, Metallverbundrohr, DN20, Dämmung**	53,00	**62,00**	74,00	
	Einheit: m Wasserleitung				
	042 Gas- und Wasseranlagen - Leitungen, Armaturen				48,6%
	047 Dämm- und Brandschutzarbeiten an technischen Anlagen				51,4%
13	**Umwälzpumpe, Nassläufer, bis 2,5m³/h, Wärmedämmschale**	722,00	**810,00**	875,00	
	Einheit: St Pumpe				
	040 Wärmeversorgungsanlagen - Betriebseinrichtungen				94,6%
	047 Dämm- und Brandschutzarbeiten an technischen Anlagen				5,4%
14	**Umwälzpumpe, Nassläufer, bis 5,0m³/h, Wärmedämmschale**	994,00	**1.066,00**	1.140,00	
	Einheit: St Pumpe				
	040 Wärmeversorgungsanlagen - Betriebseinrichtungen				94,8%
	047 Dämm- und Brandschutzarbeiten an technischen Anlagen				5,2%
15	**Umwälzpumpe, Nassläufer, über 5,0m³/h, Wärmedämmschale**	1.638,00	**1.738,00**	2.052,00	
	Einheit: St Pumpe				
	040 Wärmeversorgungsanlagen - Betriebseinrichtungen				96,7%
	047 Dämm- und Brandschutzarbeiten an technischen Anlagen				3,3%
412.50	**Dezentrale Wassererwärmer**				
01	**Wohnungsstation, dezentral, Trinkwarmwasserbereitung, Durchflussprinzip, bis 15l/min, Anschluss**	5.352,00	**5.947,00**	6.845,00	
	Einheit: St Durchlauferhitzer				
	040 Wärmeversorgungsanlagen - Betriebseinrichtungen				98,8%
	042 Gas- und Wasseranlagen - Leitungen, Armaturen				0,6%
	047 Dämm- und Brandschutzarbeiten an technischen Anlagen				0,5%
02	**Wohnungsstation, dezentral, Trinkwarmwasserbereitung, Durchflussprinzip, bis 30l/min, Anschluss**	6.088,00	**6.765,00**	7.786,00	
	Einheit: St Durchlauferhitzer				
	040 Wärmeversorgungsanlagen - Betriebseinrichtungen				99,0%
	042 Gas- und Wasseranlagen - Leitungen, Armaturen				0,6%
	047 Dämm- und Brandschutzarbeiten an technischen Anlagen				0,5%
412.60	**Sanitärobjekte**				
01	**Ausgussbecken, Stahl, Armatur, Sifon, Eckventile**	579,00	**718,00**	974,00	
	Einheit: St Ausgussbecken				
	042 Gas- und Wasseranlagen - Leitungen, Armaturen				12,5%
	045 Gas-, Wasser- und Entwässerungsanlagen - Ausstattung, Elemente, Fertigbäder				87,5%
02	**Ausgussbecken, Stahl, Installationselement, Armatur, Sifon, Eckventile**	729,00	**917,00**	1.210,00	
	Einheit: St Ausgussbecken				
	042 Gas- und Wasseranlagen - Leitungen, Armaturen				9,8%
	045 Gas-, Wasser- und Entwässerungsanlagen - Ausstattung, Elemente, Fertigbäder				90,2%

▷ von
ø Mittel
◁ bis

KG.OZ	Herstellen	▷	€/Einheit	◁	LB an EA
412.60	**Sanitärobjekte**				
03	**Waschtisch, 550/450mm, Armatur, Sifon, Eckventile**	754,00	**858,00**	1.082,00	
	Einheit: St Waschbecken				
	042 Gas- und Wasseranlagen - Leitungen, Armaturen				10,5%
	045 Gas-, Wasser- und Entwässerungsanlagen - Ausstattung, Elemente, Fertigbäder				89,5%
04	**Waschtisch, 550/450mm, Installationselement, Armatur, Sifon, Eckventile**	904,00	**1.057,00**	1.318,00	
	Einheit: St Waschbecken				
	042 Gas- und Wasseranlagen - Leitungen, Armaturen				8,5%
	045 Gas-, Wasser- und Entwässerungsanlagen - Ausstattung, Elemente, Fertigbäder				91,5%
05	**Waschtisch, 600/500mm, Armatur, Sifon, Eckventile**	761,00	**922,00**	1.183,00	
	Einheit: St Waschbecken				
	042 Gas- und Wasseranlagen - Leitungen, Armaturen				9,7%
	045 Gas-, Wasser- und Entwässerungsanlagen - Ausstattung, Elemente, Fertigbäder				90,3%
06	**Waschtisch, 600/500mm, Installationselement, Armatur, Sifon, Eckventile**	912,00	**1.121,00**	1.419,00	
	Einheit: St Waschbecken				
	042 Gas- und Wasseranlagen - Leitungen, Armaturen				8,0%
	045 Gas-, Wasser- und Entwässerungsanlagen - Ausstattung, Elemente, Fertigbäder				92,0%
07	**Waschtisch, barrierefrei, Armatur berührungslos, Sifon, Eckventile**	1.461,00	**1.781,00**	2.389,00	
	Einheit: St Waschbecken				
	042 Gas- und Wasseranlagen - Leitungen, Armaturen				5,0%
	045 Gas-, Wasser- und Entwässerungsanlagen - Ausstattung, Elemente, Fertigbäder				95,0%
08	**Waschtisch, barrierefrei, Installationselement, Armatur berührungslos, Sifon, Eckventile**	1.612,00	**1.980,00**	2.625,00	
	Einheit: St Waschbecken				
	042 Gas- und Wasseranlagen - Leitungen, Armaturen				4,5%
	045 Gas-, Wasser- und Entwässerungsanlagen - Ausstattung, Elemente, Fertigbäder				95,5%
09	**Waschtisch, barrierefrei, Installationselement mit Stützgriffen, Armatur, Sifon, Eckventile**	3.330,00	**3.946,00**	4.905,00	
	Einheit: St Waschbecken				
	042 Gas- und Wasseranlagen - Leitungen, Armaturen				2,3%
	045 Gas-, Wasser- und Entwässerungsanlagen - Ausstattung, Elemente, Fertigbäder				97,7%
10	**Bidet, wandhängend, Armatur, Sifon, Eckventile**	1.099,00	**1.364,00**	1.684,00	
	Einheit: St Bidet				
	042 Gas- und Wasseranlagen - Leitungen, Armaturen				6,6%
	045 Gas-, Wasser- und Entwässerungsanlagen - Ausstattung, Elemente, Fertigbäder				93,4%
11	**Bidet, wandhängend, Installationselement, Armatur, Sifon, Eckventile**	1.495,00	**1.805,00**	2.163,00	
	Einheit: St Bidet				
	042 Gas- und Wasseranlagen - Leitungen, Armaturen				5,0%
	045 Gas-, Wasser- und Entwässerungsanlagen - Ausstattung, Elemente, Fertigbäder				95,0%
12	**Urinal, wandhängend, Betätigungsplatte, Sifon**	422,00	**489,00**	531,00	
	Einheit: St Urinal				
	045 Gas-, Wasser- und Entwässerungsanlagen - Ausstattung, Elemente, Fertigbäder				100,0%

KG.OZ	Herstellen	▷	€/Einheit	◁	LB an EA
412.60	**Sanitärobjekte**				
13	**Urinal, wandhängend, Betätigungsplatte, Urinalsteuerung, Sifon** Einheit: St Urinal 045 Gas-, Wasser- und Entwässerungsanlagen - Ausstattung, Elemente, Fertigbäder	823,00	**991,00**	1.224,00	100,0%
14	**Urinal, wandhängend, Installationselement, Betätigungsplatte, Sifon** Einheit: St Urinal 045 Gas-, Wasser- und Entwässerungsanlagen - Ausstattung, Elemente, Fertigbäder	797,00	**890,00**	989,00	100,0%
15	**Urinal, wandhängend, Installationselement, Betätigungsplatte, Urinalsteuerung, Sifon** Einheit: St Urinal 045 Gas-, Wasser- und Entwässerungsanlagen - Ausstattung, Elemente, Fertigbäder	1.199,00	**1.393,00**	1.683,00	100,0%
16	**WC, wandhängend, WC-Sitz, Betätigungsplatte** Einheit: St WC-Becken 045 Gas-, Wasser- und Entwässerungsanlagen - Ausstattung, Elemente, Fertigbäder	743,00	**774,00**	960,00	100,0%
17	**WC, wandhängend, WC-Sitz, Betätigung berührungslos** Einheit: St WC-Becken 045 Gas-, Wasser- und Entwässerungsanlagen - Ausstattung, Elemente, Fertigbäder	1.425,00	**1.601,00**	1.911,00	100,0%
18	**WC, wandhängend, Spülkasten, WC-Sitz, Betätigungsplatte** Einheit: St WC-Becken 045 Gas-, Wasser- und Entwässerungsanlagen - Ausstattung, Elemente, Fertigbäder	943,00	**1.009,00**	1.190,00	100,0%
19	**WC, wandhängend, Installationselement, Spülkasten, WC-Sitz, Betätigungsplatte** Einheit: St WC-Becken 045 Gas-, Wasser- und Entwässerungsanlagen - Ausstattung, Elemente, Fertigbäder	1.340,00	**1.451,00**	1.669,00	100,0%
20	**WC, barrierefrei, wandhängend, WC-Sitz, Betätigungsplatte** Einheit: St WC-Becken 045 Gas-, Wasser- und Entwässerungsanlagen - Ausstattung, Elemente, Fertigbäder	1.026,00	**1.137,00**	1.329,00	100,0%
21	**WC, barrierefrei, wandhängend, WC-Sitz, Betätigung berührungslos** Einheit: St WC-Becken 045 Gas-, Wasser- und Entwässerungsanlagen - Ausstattung, Elemente, Fertigbäder	1.708,00	**1.964,00**	2.280,00	100,0%
22	**WC, barrierefrei, wandhängend, Spülkasten, WC-Sitz, Betätigungsplatte** Einheit: St WC-Becken 045 Gas-, Wasser- und Entwässerungsanlagen - Ausstattung, Elemente, Fertigbäder	1.226,00	**1.373,00**	1.559,00	100,0%
23	**WC, barrierefrei, wandhängend, Installationselement, Spülkasten, WC-Sitz, Betätigungsplatte** Einheit: St WC-Becken 045 Gas-, Wasser- und Entwässerungsanlagen - Ausstattung, Elemente, Fertigbäder	1.422,00	**1.578,00**	1.808,00	100,0%

Kosten:
Stand 4. Quartal 2024
Bundesdurchschnitt
inkl. 19% MwSt.

▷ von
ø Mittel
◁ bis

KG.OZ	Herstellen	▷	€/Einheit	◁	LB an EA
412.60	**Sanitärobjekte**				
24	**WC, barrierefrei, wandhängend, Installationselement, Spülkasten, WC-Sitz, Betätigung berührungslos** Einheit: St WC-Becken 045 Gas-, Wasser- und Entwässerungsanlagen - Ausstattung, Elemente, Fertigbäder	2.426,00	**2.771,00**	3.186,00	 100,0%
25	**WC, barrierefrei, Installationselement, Hygienespülung, Stützgriffe, Notruf, berührungslos** Einheit: St WC-Becken 045 Gas-, Wasser- und Entwässerungsanlagen - Ausstattung, Elemente, Fertigbäder 063 Gefahrenmeldeanlagen	10.800,00	**12.637,00**	14.974,00	 91,3% 8,7%
26	**WC-Garnitur, Bürste, Papierhalter** Einheit: St WC-Garniturset 045 Gas-, Wasser- und Entwässerungsanlagen - Ausstattung, Elemente, Fertigbäder	129,00	**187,00**	210,00	 100,0%
27	**Duschwanne, 80x80cm, mit Einhebel-Wandarmatur, Ablauf und Brausegarnitur** Einheit: St Duschwanne 045 Gas-, Wasser- und Entwässerungsanlagen - Ausstattung, Elemente, Fertigbäder	1.116,00	**1.286,00**	1.468,00	 100,0%
28	**Duschwanne, 80x80cm, mit Thermostat-Wandarmatur, Ablauf und Brausegarnitur** Einheit: St Duschwanne 045 Gas-, Wasser- und Entwässerungsanlagen - Ausstattung, Elemente, Fertigbäder	1.114,00	**1.320,00**	1.705,00	 100,0%
29	**Duschwanne, 100x100cm, mit Einhebel-Wandarmatur, Ablauf und Brausegarnitur** Einheit: St Duschwanne 045 Gas-, Wasser- und Entwässerungsanlagen - Ausstattung, Elemente, Fertigbäder	1.293,00	**1.520,00**	1.745,00	 100,0%
30	**Duschwanne, 100x100cm, mit Thermostat-Wandarmatur, Ablauf und Brausegarnitur** Einheit: St Duschwanne 045 Gas-, Wasser- und Entwässerungsanlagen - Ausstattung, Elemente, Fertigbäder	1.291,00	**1.553,00**	1.983,00	 100,0%
31	**Duschwanne 100x100cm, mit Einhebel-Wandarmatur, Duschabtrennung, Ablauf und Brausegarnitur** Einheit: St Duschwanne 045 Gas-, Wasser- und Entwässerungsanlagen - Ausstattung, Elemente, Fertigbäder	2.609,00	**2.907,00**	3.196,00	 100,0%
32	**Duschwanne, 100x100cm, mit Thermostat-Wandarmatur, Duschabtrennung, Ablauf und Brausegarnitur** Einheit: St Duschwanne 045 Gas-, Wasser- und Entwässerungsanlagen - Ausstattung, Elemente, Fertigbäder	2.608,00	**2.940,00**	3.433,00	 100,0%
33	**Badewanne, 170x80cm, Einhebel-Wandarmatur, Ablauf und Brausegarnitur** Einheit: St Badewanne 045 Gas-, Wasser- und Entwässerungsanlagen - Ausstattung, Elemente, Fertigbäder	1.228,00	**1.428,00**	1.837,00	 100,0%
34	**Badewanne, 170x80cm, mit Türeinstieg, Einhebel-Wandarmatur, Ablauf und Brausegarnitur** Einheit: St Badewanne 045 Gas-, Wasser- und Entwässerungsanlagen - Ausstattung, Elemente, Fertigbäder	7.724,00	**9.138,00**	11.971,00	 100,0%

Elementarten

KG.OZ	Herstellen	▷	€/Einheit	◁	LB an EA
412.60	**Sanitärobjekte**				
35	**Badewanne, 170x80cm, Thermostat-Wandarmatur, Ablauf und Brausegarnitur** Einheit: St Badewanne 045 Gas-, Wasser- und Entwässerungsanlagen - Ausstattung, Elemente, Fertigbäder	1.608,00	**1.855,00**	2.340,00	100,0%
36	**Badewannen-Duschkombi, 170x80cm, Türeinstieg, Duschwand, Thermostat-Wandarmatur, Ablauf** Einheit: St Badewanne 045 Gas-, Wasser- und Entwässerungsanlagen - Ausstattung, Elemente, Fertigbäder	10.741,00	**13.394,00**	16.463,00	100,0%
37	**Waschtischgarnitur, Seifen und Papierspender** Einheit: St Garnitur 045 Gas-, Wasser- und Entwässerungsanlagen - Ausstattung, Elemente, Fertigbäder	240,00	**291,00**	413,00	100,0%

Kosten:
Stand 4. Quartal 2024
Bundesdurchschnitt
inkl. 19% MwSt.

▷ von
ø Mittel
◁ bis

421.30	**Heizkesselanlagen**				
01	**Gas-Brennwerttherme, 15-25kW, mit Pufferspeicher, Ausdehnungsgefäß** Einheit: St Anlage 040 Wärmeversorgungsanlagen - Betriebseinrichtungen	12.472,00	**14.308,00**	16.022,00	100,0%
02	**Gas-Brennwertkessel, bis 25kW, mit Pufferspeicher, Ausdehnungsgefäß** Einheit: St Anlage 040 Wärmeversorgungsanlagen - Betriebseinrichtungen	12.048,00	**13.522,00**	15.430,00	100,0%
03	**Öl-Brennwerttherme, 15-25kW, mit Pufferspeicher, Ausdehnungsgefäß** Einheit: St Anlage 040 Wärmeversorgungsanlagen - Betriebseinrichtungen	13.709,00	**16.011,00**	19.402,00	100,0%
04	**Öl-Brennwertkessel, bis 25kW, mit Pufferspeicher, Ausdehnungsgefäß** Einheit: St Anlage 040 Wärmeversorgungsanlagen - Betriebseinrichtungen	15.794,00	**17.399,00**	19.774,00	100,0%
05	**Gas-Brennwerttherme, 15-25kW, mit Pufferspeicher, Ausdehnungsgefäß, Neutralisationsanlage** Einheit: St Anlage 040 Wärmeversorgungsanlagen - Betriebseinrichtungen	13.138,00	**15.065,00**	17.018,00	100,0%
06	**Gas-Brennwertkessel, bis 25kW, mit Pufferspeicher, Ausdehnungsgefäß, Neutralisationsanlage** Einheit: St Anlage 040 Wärmeversorgungsanlagen - Betriebseinrichtungen	12.714,00	**14.279,00**	16.427,00	100,0%
07	**Gas-Brennwertkessel, bis 70kW, mit Pufferspeicher, Ausdehnungsgefäß, Neutralisationsanlage** Einheit: St Anlage 040 Wärmeversorgungsanlagen - Betriebseinrichtungen	17.154,00	**19.323,00**	23.837,00	100,0%
08	**Öl-Brennwerttherme, 15-25kW, mit Pufferspeicher, Ausdehnungsgefäß, Neutralisationsanlage** Einheit: St Anlage 040 Wärmeversorgungsanlagen - Betriebseinrichtungen	14.375,00	**16.768,00**	20.398,00	100,0%
09	**Öl-Brennwertkessel, bis 25kW, mit Pufferspeicher, Ausdehnungsgefäß, Neutralisationsanlage** Einheit: St Anlage 040 Wärmeversorgungsanlagen - Betriebseinrichtungen	16.459,00	**18.156,00**	20.770,00	100,0%
10	**Öl-Brennwertkessel, bis 50kW, mit Pufferspeicher, Ausdehnungsgefäß, Neutralisationsanlage** Einheit: St Anlage 040 Wärmeversorgungsanlagen - Betriebseinrichtungen	18.151,00	**19.994,00**	22.792,00	100,0%
11	**Öl-Brennwertkessel, bis 70kW, mit Pufferspeicher, Ausdehnungsgefäß, Neutralisationsanlage** Einheit: St Anlage 040 Wärmeversorgungsanlagen - Betriebseinrichtungen	22.495,00	**26.321,00**	31.862,00	100,0%

KG.OZ	Herstellen	▷	€/Einheit	◁	LB an EA
421.30	**Heizkesselanlagen**				
12	**Holz/Pellet-Heizkessel, bis 25kW, Fördersystem, Ausdehnungsgefäß, mit Pufferspeicher** Einheit: St Anlage 040 Wärmeversorgungsanlagen - Betriebseinrichtungen	27.046,00	**28.816,00**	32.771,00	100,0%
13	**Holz/Pellet-Heizkessel, bis 50kW, Fördersystem, Ausdehnungsgefäß, mit Pufferspeicher** Einheit: St Anlage 040 Wärmeversorgungsanlagen - Betriebseinrichtungen	26.786,00	**31.240,00**	38.979,00	100,0%
421.40	**Wärmepumpenanlagen**				
01	**Wärmepumpe, bis 20kW, Luft, mit Speicher** Einheit: St Anlage 040 Wärmeversorgungsanlagen - Betriebseinrichtungen	33.902,00	**39.775,00**	46.140,00	100,0%
02	**Wärmepumpe, bis 35kW, Luft, mit Speicher** Einheit: St Anlage 040 Wärmeversorgungsanlagen - Betriebseinrichtungen	42.772,00	**50.210,00**	58.140,00	100,0%
03	**Wärmepumpe, bis 15kW, Wasser, mit Speicher, Brunnen** Einheit: St Anlage 040 Wärmeversorgungsanlagen - Betriebseinrichtungen	45.464,00	**50.473,00**	56.817,00	100,0%
04	**Wärmepumpe, bis 35kW, Wasser, mit Speicher, Brunnen** Einheit: St Anlage 040 Wärmeversorgungsanlagen - Betriebseinrichtungen	55.944,00	**66.215,00**	78.225,00	100,0%
421.50	**Solaranlagen**				
01	**Solaranlage, thermisch, bis 10m², mit Speicher** Einheit: St Anlage 040 Wärmeversorgungsanlagen - Betriebseinrichtungen	16.576,00	**18.875,00**	22.144,00	100,0%
02	**Solaranlage, thermisch, bis 20m², mit Speicher** Einheit: St Anlage 040 Wärmeversorgungsanlagen - Betriebseinrichtungen	20.971,00	**23.230,00**	25.620,00	100,0%

Kosten:
Stand 4. Quartal 2024
Bundesdurchschnitt
inkl. 19% MwSt.

▷ von
ø Mittel
◁ bis

KG.OZ	Herstellen	▷	€/Einheit	◁	LB an EA
422.10	**Verteilungen**				
01	**Heizungsverteiler, Umwälzpumpe 2,5m^3/h, Absperrklappe**	6.015,00	**6.462,00**	7.508,00	
	Einheit: St Umwälzpumpe				
	040 Wärmeversorgungsanlagen - Betriebseinrichtungen				100,0%
02	**Heizungsverteiler, Umwälzpumpe 5m^3/h, Absperrklappe**	6.945,00	**7.338,00**	8.823,00	
	Einheit: St Umwälzpumpe				
	040 Wärmeversorgungsanlagen - Betriebseinrichtungen				100,0%
03	**Heizungsverteiler, 5 Heizkreise, Fußbodenheizung, Verteilerschrank, Unterputz**	1.118,00	**1.247,00**	1.342,00	
	Einheit: St Umwälzpumpe				
	041 Wärmeversorgungsanlagen - Leitungen, Armaturen, Heizflächen				100,0%
04	**Heizungsverteiler, 5 Heizkreise, Umwälzpumpe 5m^3/h, Absperrklappe**	9.703,00	**10.528,00**	12.257,00	
	Einheit: St Umwälzpumpe				
	040 Wärmeversorgungsanlagen - Betriebseinrichtungen				100,0%
422.20	**Rohrleitungen**				
01	**Heizleitung, Kupferrohre DN15, Dämmung**	44,00	**51,00**	62,00	
	Einheit: m Leitung				
	041 Wärmeversorgungsanlagen - Leitungen, Armaturen, Heizflächen				52,3%
	047 Dämm- und Brandschutzarbeiten an technischen Anlagen				47,7%
02	**Heizleitung, Kupferrohre DN20, Dämmung**	57,00	**66,00**	76,00	
	Einheit: m Leitung				
	041 Wärmeversorgungsanlagen - Leitungen, Armaturen, Heizflächen				51,3%
	047 Dämm- und Brandschutzarbeiten an technischen Anlagen				48,7%
03	**Heizleitung, Kupferrohre DN25, Dämmung**	70,00	**78,00**	94,00	
	Einheit: m Leitung				
	041 Wärmeversorgungsanlagen - Leitungen, Armaturen, Heizflächen				52,9%
	047 Dämm- und Brandschutzarbeiten an technischen Anlagen				47,1%

KG.OZ	Herstellen	▷	€/Einheit	◁	LB an EA
423.10	**Heizkörper**				
01	**Heizkörper, 500/700mm, Thermostatventil** Einheit: St Heizkörper 041 Wärmeversorgungsanlagen - Leitungen, Armaturen, Heizflächen	313,00	**345,00**	388,00	100,0%
02	**Heizkörper, 500 bis 1.400mm, Thermostatventil** Einheit: St Heizkörper 041 Wärmeversorgungsanlagen - Leitungen, Armaturen, Heizflächen	522,00	**573,00**	643,00	100,0%
03	**Heizkörper, 500 bis 2.100mm, Thermostatventil** Einheit: St Heizkörper 041 Wärmeversorgungsanlagen - Leitungen, Armaturen, Heizflächen	732,00	**801,00**	898,00	100,0%
04	**Heizkörper, 600/700mm, Thermostatventil** Einheit: St Heizkörper 041 Wärmeversorgungsanlagen - Leitungen, Armaturen, Heizflächen	355,00	**391,00**	439,00	100,0%
05	**Heizkörper, 600 bis 1.400mm, Thermostatventil** Einheit: St Heizkörper 041 Wärmeversorgungsanlagen - Leitungen, Armaturen, Heizflächen	603,00	**661,00**	742,00	100,0%
06	**Heizkörper, 600 bis 2.100mm, Thermostatventil** Einheit: St Heizkörper 041 Wärmeversorgungsanlagen - Leitungen, Armaturen, Heizflächen	750,00	**821,00**	921,00	100,0%
07	**Heizkörper, 900/700mm, Thermostatventil** Einheit: St Heizkörper 041 Wärmeversorgungsanlagen - Leitungen, Armaturen, Heizflächen	448,00	**493,00**	553,00	100,0%
08	**Heizkörper, 900 bis 1.400mm, Thermostatventil** Einheit: St Heizkörper 041 Wärmeversorgungsanlagen - Leitungen, Armaturen, Heizflächen	838,00	**916,00**	1.027,00	100,0%
09	**Heizkörper, 900 bis 2.100mm, Thermostatventil** Einheit: St Heizkörper 041 Wärmeversorgungsanlagen - Leitungen, Armaturen, Heizflächen	960,00	**1.049,00**	1.176,00	100,0%
423.20	**Flächenheizsysteme**				
01	**Fußbodenheizung Typ A, PE-Rohr, 100mm, Systemträger, EPS 30** Einheit: m² Bodenfläche 041 Wärmeversorgungsanlagen - Leitungen, Armaturen, Heizflächen	54,00	**58,00**	64,00	100,0%
02	**Fußbodenheizung Typ A, PE-Rohr, 100mm, Systemträger, EPS 50** Einheit: m² Bodenfläche 041 Wärmeversorgungsanlagen - Leitungen, Armaturen, Heizflächen	58,00	**63,00**	72,00	100,0%

Kosten:
Stand 4. Quartal 2024
Bundesdurchschnitt
inkl. 19% MwSt.

▷ von
ø Mittel
◁ bis

KG.OZ	Herstellen	▷	€/Einheit	◁	LB an EA
429.10	**Schornsteinanlagen**				
01	**IW Schornstein, Formsteine, einzügig, 11,0m**	527,00	**592,00**	709,00	
	Einheit: m Schornstein				
	012 Mauerarbeiten				100,0%
02	**IW Schornstein, Formsteine, zweizügig, 11,0m**	708,00	**755,00**	857,00	
	Einheit: m Schornstein				
	012 Mauerarbeiten				100,0%

KG.OZ	Herstellen	▷	€/Einheit	◁	LB an EA
431.20	**Abluftanlagen**				
01	**Lüftungsgerät, Abluft, bis 100m³/h, mit Luftleitungsanschluss** Einheit: St Lüftungsgerät 075 Raumlufttechnische Anlagen	449,00	**465,00**	502,00	100,0%
431.30	**Wärmerückgewinnungsanlagen**				
01	**Lüftungsgerät, dezentral, WRG, bis 100m³/h, mit Außenwanddurchlass** Einheit: St Anlage 075 Raumlufttechnische Anlagen	3.279,00	**3.709,00**	4.270,00	100,0%
02	**Lüftungsgerät, dezentral, WRG, bis 200m³/h, mit Luftleitungsanschluss, Schalldämpfer** Einheit: St Anlage 075 Raumlufttechnische Anlagen	7.234,00	**8.107,00**	9.264,00	100,0%

Kosten:
Stand 4. Quartal 2024
Bundesdurchschnitt
inkl. 19% MwSt.

▷ von
ø Mittel
◁ bis

KG.OZ	Herstellen	▷	€/Einheit	◁	LB an EA
442.40	**Photovoltaikanlagen**				
01	**Photovoltaikanlage 2kW$_p$**	8.366,00	**10.013,00**	13.098,00	
	Einheit: St Anlage				
	020 Dachdeckungsarbeiten				18,6%
	053 Niederspannungsanlagen - Kabel / Leitungen, Verlegesysteme, Installationsgeräte				81,4%
02	**Photovoltaikanlage 10kW$_p$**	26.580,00	**31.687,00**	40.560,00	
	Einheit: St Anlage				
	020 Dachdeckungsarbeiten				4,9%
	053 Niederspannungsanlagen - Kabel / Leitungen, Verlegesysteme, Installationsgeräte				95,1%
03	**Photovoltaikanlage 10kW$_p$, Batteriespeicher bis 10kW$_p$**	39.166,00	**45.315,00**	55.385,00	
	Einheit: St Anlage				
	020 Dachdeckungsarbeiten				3,4%
	053 Niederspannungsanlagen - Kabel / Leitungen, Verlegesysteme, Installationsgeräte				96,6%
04	**Photovoltaikanlage 10kW$_p$, Batteriespeicher bis 10kW$_p$, mit E-Heizeinsatz**	39.704,00	**45.910,00**	56.042,00	
	Einheit: St Anlage				
	020 Dachdeckungsarbeiten				3,4%
	040 Wärmeversorgungsanlagen - Betriebseinrichtungen				1,3%
	053 Niederspannungsanlagen - Kabel / Leitungen, Verlegesysteme, Installationsgeräte				95,3%

Elementarten

KG.OZ	Herstellen	▷	€/Einheit	◁	LB an EA
444.10	**Kabel und Leitungen**				
01	**Kunststoffmantelleitung, NYM-J, Installationsrohr**	9,50	**10,00**	13,00	
	Einheit: m Elektroleitung				
	053 Niederspannungsanlagen - Kabel / Leitungen, Verlegesysteme, Installationsgeräte				100,0%
444.20	**Unterverteiler**				
01	**Installationskleinverteiler, uP, 356x348mm**	289,00	**320,00**	366,00	
	Einheit: St Verteiler				
	054 Niederspannungsanlagen - Verteilersysteme und Einbaugeräte				100,0%
444.40	**Installationsgeräte**				
01	**Schutzkontaktsteckdose, Mantelleitung/Installationsrohr 2,0m**	52,00	**57,00**	64,00	
	Einheit: St Installationsgerät				
	053 Niederspannungsanlagen - Kabel / Leitungen, Verlegesysteme, Installationsgeräte				44,6%
	054 Niederspannungsanlagen - Verteilersysteme und Einbaugeräte				55,4%
02	**Kreuzschalter, Mantelleitung/Installationsrohr 2,0m**	56,00	**61,00**	68,00	
	Einheit: St Installationsgerät				
	053 Niederspannungsanlagen - Kabel / Leitungen, Verlegesysteme, Installationsgeräte				41,4%
	054 Niederspannungsanlagen - Verteilersysteme und Einbaugeräte				58,6%

Kosten:
Stand 4. Quartal 2024
Bundesdurchschnitt
inkl. 19% MwSt.

▷ von
ø Mittel
◁ bis

KG.OZ	Herstellen	▷	€/Einheit	◁	LB an EA
445.10	**Ortsfeste Leuchten, Allgemeinbeleuchtung**				
01	**Anbauleuchte, LED, Feuchtraum, Mantelleitung/Installationsrohr 2,0m**	186,00	**206,00**	229,00	
	Einheit: St Leuchte				
	053 Niederspannungsanlagen - Kabel / Leitungen, Verlegesysteme, Installationsgeräte				10,0%
	058 Leuchten und Lampen				90,0%
02	**Einbaudownlight, LED 9W, Mantelleitung/Installationsrohr 2,0m**	92,00	**102,00**	114,00	
	Einheit: St Leuchte				
	053 Niederspannungsanlagen - Kabel / Leitungen, Verlegesysteme, Installationsgeräte				20,3%
	058 Leuchten und Lampen				79,7%
03	**Wannenleuchte, 1x58W, Mantelleitung/Installationsrohr 2,0m**	213,00	**247,00**	315,00	
	Einheit: St Leuchte				
	053 Niederspannungsanlagen - Kabel / Leitungen, Verlegesysteme, Installationsgeräte				8,3%
	058 Leuchten und Lampen				91,7%
04	**Pendelleuchte, LED 47W, bis 598mm, Mantelleitung/Installationsrohr 2,0m**	388,00	**416,00**	535,00	
	Einheit: St Leuchte				
	053 Niederspannungsanlagen - Kabel / Leitungen, Verlegesysteme, Installationsgeräte				5,0%
	058 Leuchten und Lampen				95,0%

KG.OZ	Herstellen	▷	€/Einheit	◁	LB an EA
461.10	**Personenaufzüge**				
01	**Personenaufzug, bis 320kg** Einheit: St Aufzugsanlage 069 Aufzüge	63.267,00	**66.062,00**	72.182,00	100,0%
02	**Personenaufzug, barrierefrei, bis 630kg** Einheit: St Aufzugsanlage 069 Aufzüge	77.465,00	**82.099,00**	88.916,00	100,0%
03	**Personenaufzug, barrierefrei, bis 1.275kg** Einheit: St Aufzugsanlage 069 Aufzüge	111.608,00	**127.967,00**	144.382,00	100,0%
461.30	**Kleingüteraufzüge**				
01	**Kleingüteraufzug, bis 300kg** Einheit: St Aufzugsanlage 069 Aufzüge	18.084,00	**20.352,00**	21.331,00	100,0%

Kosten:
Stand 4. Quartal 2024
Bundesdurchschnitt
inkl. 19% MwSt.

▷ von
ø Mittel
◁ bis

STATISTISCHE KOSTENKENNWERTE FÜR GEBÄUDETECHNIK

G

Positionen für Neubau

Nr.	Positionen	Einheit	▶	▷	ø brutto € / ø netto €	◁	◀
1	Gas-Brennwerttherme, Wand, bis 15kW	St	5.390	6.658	**7.356**	8.508	10.164
			4.530	5.595	**6.181**	7.150	8.541
2	Gas-Brennwerttherme, Wand, 15 bis 25kW	St	6.364	7.796	**8.946**	9.521	11.205
			5.348	6.551	**7.518**	8.001	9.416
3	Gas-Brennwerttherme, Wand, 25 bis 50kW	St	6.515	9.480	**10.540**	12.414	15.072
			5.475	7.967	**8.857**	10.432	12.666
4	Gas-Brennwertkessel, bis 25kW	St	5.910	7.410	**8.231**	8.983	11.078
			4.967	6.227	**6.917**	7.549	9.310
5	Gas-Brennwertkessel, 25 bis 50kW	St	6.657	8.394	**9.218**	10.089	11.849
			5.594	7.054	**7.746**	8.478	9.957
6	Gas-Brennwertkessel, 50 bis 70kW	St	9.563	11.447	**12.817**	15.719	16.828
			8.036	9.619	**10.771**	13.209	14.141
7	Gas-Brennwertkessel, 70 bis 150kW	St	10.379	12.973	**14.113**	16.059	19.695
			8.722	10.902	**11.859**	13.495	16.551
8	Gas-Brennwertkessel, 150 bis 225kW	St	16.235	19.676	**20.230**	24.367	29.238
			13.643	16.534	**17.000**	20.476	24.570
9	Gas-Brennwertkessel, 225 bis 400kW	St	28.795	36.592	**36.745**	40.955	48.751
			24.198	30.749	**30.878**	34.416	40.968
10	Gas-Brennwertkessel, 400 bis 600kW	St	29.102	38.861	**42.531**	45.792	52.896
			24.455	32.656	**35.740**	38.481	44.450
11	Öl-Brennwerttherme, Wand, bis 15kW	St	6.049	7.141	**8.402**	10.082	10.922
			5.083	6.001	**7.060**	8.472	9.178
12	Öl-Brennwerttherme, Wand, 15 bis 25kW	St	7.556	8.920	**10.494**	12.593	13.118
			6.349	7.496	**8.819**	10.582	11.023
13	Öl-Brennwertkessel, bis 25kW	St	9.992	10.815	**11.756**	12.931	15.283
			8.397	9.089	**9.879**	10.867	12.842
14	Öl-Brennwertkessel, 25 bis 50kW	St	11.413	12.353	**13.427**	14.770	16.784
			9.591	10.381	**11.283**	12.412	14.104
15	Öl-Brennwertkessel, 50 bis 70kW	St	14.192	16.302	**19.179**	23.015	26.851
			11.926	13.699	**16.117**	19.340	22.563
16	Öl-Brennwertkessel, 70 bis 100kW	St	19.143	21.988	**25.868**	31.042	35.181
			16.086	18.477	**21.738**	26.086	29.564
17	Heizöltank, stehend, 5.000 Liter	St	3.535	3.906	**5.558**	5.702	8.481
			2.971	3.282	**4.670**	4.791	7.127
18	Schornsteinanlage	St	4.980	8.243	**9.548**	12.524	15.837
			4.185	6.927	**8.024**	10.524	13.308
19	Neutralisationsanlage, Brennwertgeräte	St	369	605	**688**	906	1.338
			310	508	**578**	761	1.124
20	Neutralisationsgranulat 5kg	St	81	128	**134**	154	189
			68	108	**113**	130	159
21	Heizungsverteiler, Vorlaufverteiler/Rücklaufsammler	St	2.074	3.858	**3.981**	4.863	6.647
			1.743	3.242	**3.345**	4.086	5.585
22	Holz/Pellet-Heizkessel, bis 25kW	St	14.828	16.899	**17.662**	19.426	22.012
			12.461	14.201	**14.842**	16.324	18.497
23	Holz/Pellet-Heizkessel, 25 bis 50kW	St	15.699	17.291	**19.840**	24.566	28.174
			13.192	14.530	**16.673**	20.644	23.675
24	Holz/Pellet-Heizkessel, 50 bis 120kW	St	29.403	49.619	**54.750**	76.676	104.291
			24.708	41.697	**46.009**	64.433	87.640

Kosten:
Stand 4. Quartal 2024
Bundesdurchschnitt

▶ min
▷ von
ø Mittel
◁ bis
◀ max

Nr.	Positionen	Einheit	▶	▷	ø brutto € / ø netto €	◁	◀
25	Pellet-Fördersystem, Förderschnecke	St	3.195	4.145	**4.473**	5.322	6.488
			2.685	3.483	**3.759**	4.472	5.452
26	Pellet-Fördersystem, Saugleitung	St	2.185	3.517	**4.498**	5.824	6.989
			1.836	2.955	**3.780**	4.894	5.873
27	Brennstofflagerbehälter für Holzpellets	St	3.472	4.759	**5.353**	5.428	6.998
			2.917	3.999	**4.498**	4.561	5.881
28	Erdgas-BHKW-Anlage, 1,0kW$_{el}$, 2,5kW$_{th}$	St	27.359	28.350	**32.711**	37.271	38.064
			22.991	23.823	**27.489**	31.320	31.987
29	Erdgas-BHKW-Anlage, 1,5-3,0kW$_{el}$, 4-10kW$_{th}$	St	40.998	41.831	**46.589**	51.545	53.508
			34.452	35.152	**39.151**	43.315	44.965
30	Erdgas-BHKW-Anlage, 5-20kW$_{el}$, 10-45kW$_{th}$	St	78.161	81.283	**93.178**	107.056	109.744
			65.681	68.305	**78.301**	89.963	92.222
31	Flach-Solarkollektoranlage, thermisch, bis 10m²	St	7.820	10.538	**12.505**	13.874	17.043
			6.572	8.855	**10.509**	11.659	14.322
32	Flach-Solarkollektoranlage, thermisch, 10-20m²	St	13.680	17.188	**18.869**	20.463	25.121
			11.496	14.443	**15.857**	17.196	21.110
33	Flach-Solarkollektoranlage, thermisch, 20-30m²	St	19.439	25.410	**28.798**	30.340	35.535
			16.335	21.353	**24.200**	25.496	29.861
34	Pufferspeicher bis 500 Liter, Heizung	St	1.115	1.848	**2.150**	2.835	4.104
			937	1.553	**1.807**	2.382	3.449
35	Pufferspeicher bis 1.000 Liter, Heizung	St	1.738	3.386	**3.884**	4.829	7.766
			1.460	2.846	**3.264**	4.058	6.526
36	Pufferspeicher bis 2.000 Liter, Heizung	St	2.201	3.550	**4.154**	5.398	7.663
			1.849	2.983	**3.491**	4.536	6.440
37	Trinkwarmwasserbereiter, Durchflussprinzip, 1-15l/min	St	–	4.809	**5.343**	6.144	–
			–	4.041	**4.490**	5.163	–
38	Trinkwarmwasserbereiter, Durchflussprinzip, 1-30l/min	St	–	5.478	**6.086**	6.999	–
			–	4.603	**5.115**	5.882	–
39	Wärmepumpe, bis 15kW, Wasser	St	21.002	22.085	**22.175**	22.636	24.249
			17.649	18.559	**18.635**	19.022	20.377
40	Wärmepumpe, 15-25kW, Wasser	St	21.298	24.614	**25.052**	25.857	29.172
			17.898	20.684	**21.052**	21.728	24.514
41	Wärmepumpe, 25-35kW, Wasser	St	23.382	25.664	**29.052**	33.028	37.458
			19.648	21.567	**24.413**	27.755	31.477
42	Wärmepumpe, 35-50kW, Wasser	St	26.485	37.470	**39.708**	43.661	54.646
			22.257	31.488	**33.368**	36.690	45.921
43	Wärmepumpe, bis 15kW, Sole	St	13.556	16.705	**17.898**	20.323	25.549
			11.391	14.037	**15.040**	17.078	21.470
44	Wärmepumpe, 15-25kW, Sole	St	20.698	24.579	**27.473**	29.045	31.879
			17.393	20.655	**23.087**	24.408	26.789
45	Wärmepumpe, 25-35kW, Sole	St	26.860	32.058	**33.422**	36.004	41.201
			22.572	26.940	**28.085**	30.255	34.623
46	Wärmepumpe, 35-50kW, Sole	St	35.761	43.025	**46.184**	54.063	66.889
			30.051	36.156	**38.810**	45.431	56.209
47	Wärmepumpe, bis 15kW, Luft	St	11.843	16.554	**18.133**	19.838	23.489
			9.952	13.911	**15.238**	16.670	19.738
48	Wärmepumpe, 15-25kW, Luft	St	25.052	28.687	**30.014**	30.952	33.452
			21.052	24.107	**25.222**	26.010	28.111

Kosten:
Stand 4. Quartal 2024
Bundesdurchschnitt

Nr.	Positionen	Einheit	▶	▷	ø brutto € / ø netto €	◁	◀
49	Wärmepumpe, 25-35kW, Luft	St	34.975	38.569	**39.258**	39.667	43.261
			29.391	32.411	**32.990**	33.334	36.354
50	Brunnenanlage, WP bis 15kW	St	15.037	15.860	**19.825**	24.187	26.338
			12.636	13.328	**16.660**	20.325	22.133
51	Brunnenanlage, WP 15-25kW	St	17.535	18.239	**22.799**	27.815	30.204
			14.736	15.327	**19.159**	23.374	25.381
52	Brunnenanlage, WP 25-35kW	St	20.588	21.808	**27.260**	33.257	34.625
			17.301	18.326	**22.907**	27.947	29.096
53	Brunnenanlage, WP 35-50kW	St	36.811	39.650	**49.563**	60.467	63.151
			30.934	33.320	**41.649**	50.812	53.068
54	Erdsondenanlage, Wärmepumpe	m	87	105	**112**	119	137
			73	88	**94**	100	115
55	Inbetriebnahme Wärmepumpe	psch	717	1.781	**1.987**	3.414	6.668
			602	1.496	**1.670**	2.869	5.603
56	Wartung, Wärmepumpe	psch	356	373	**375**	388	405
			299	313	**315**	326	340
57	Membran-Druckausdehnungsgefäß, bis 50 Liter	St	99	156	**178**	216	301
			83	131	**149**	182	253
58	Membran-Druckausdehnungsgefäß, bis 100 Liter	St	173	235	**236**	250	293
			146	198	**198**	210	246
59	Membran-Druckausdehnungsgefäß, bis 500 Liter	St	362	550	**610**	839	1.289
			304	462	**512**	705	1.083
60	Membran-Druckausdehnungsgefäß, über 500 Liter	St	1.529	2.316	**2.633**	3.140	5.250
			1.285	1.946	**2.212**	2.639	4.411
61	Trinkwarmwasserspeicher	St	1.712	3.596	**4.124**	5.429	7.438
			1.439	3.021	**3.465**	4.562	6.251
62	Speicher-Wassererwärmer mit Solar, bis 400 Liter	St	1.035	1.877	**2.249**	2.828	3.671
			869	1.578	**1.890**	2.376	3.084
63	Elektro Heizeinsatz, Heizungsanlage	St	383	489	**541**	597	724
			322	411	**454**	501	608
64	Umwälzpumpen, bis 2,50m³/h	St	427	619	**697**	754	997
			359	520	**585**	633	838
65	Umwälzpumpen, bis 5,00m³/h	St	725	856	**918**	983	1.091
			609	719	**772**	826	917
66	Umwälzpumpen, ab 5,00m³/h	St	1.199	1.441	**1.528**	1.812	2.819
			1.008	1.211	**1.284**	1.522	2.369
67	Absperrklappen, bis DN25	St	121	165	**200**	202	220
			102	139	**168**	169	185
68	Absperrklappen, DN32	St	132	169	**194**	224	262
			111	142	**163**	189	220
69	Absperrklappen, DN65	St	187	230	**288**	324	377
			157	193	**242**	273	317
70	Absperrklappen, DN80	St	245	292	**314**	353	418
			206	246	**264**	297	352
71	Rückschlagventil, DN65	St	158	222	**246**	365	533
			133	186	**207**	307	448
72	Dreiwegeventil, DN40	St	360	528	**685**	746	856
			303	444	**576**	627	719

▶ min
▷ von
ø Mittel
◁ bis
◀ max

Nr.	Positionen	Einheit	►	▷	ø brutto € / ø netto €	◁	◄
73	Heizungsverteiler, Wandmontage, 3 Heizkreise	St	300	316	**373**	391	822
			252	266	**313**	329	691
74	Heizungsverteiler, Wandmontage, 5 Heizkreise	St	459	488	**542**	643	879
			386	410	**456**	540	738
75	Füllarmatur, Heizung	St	29	37	**42**	45	57
			25	31	**35**	38	48
76	Stundensatz, Obermonteur/-in Heizung	h	72	76	**78**	81	86
			61	64	**66**	68	72
77	Stundensatz, Helfer/-in Heizung	h	47	55	**59**	64	73
			39	46	**49**	54	62

Nr. **Kurztext** / Langtext — Kostengruppe
► ▷ **ø netto €** ◁ ◄ [Einheit] Ausf.-Dauer Positionsnummer

A 1 Gas-Brennwerttherme, Wand — Beschreibung für Pos. **1-3**

Brennwerttherme, für geschlossene Heizungsanlage, wandhängende Montage, einschl. sicherheitstechnischer Einrichtungen, mit MSR in digitaler Ausführung; einschl. interner Verdrahtung.
Betriebsmittel: Erdgas

1 Gas-Brennwerttherme, Wand, bis 15kW — KG **421**

Wie Ausführungsbeschreibung A 1
Kesselkörper: **Edelstahl / Aluminium**
Erdgas: **E / L / Flüssiggas / Bioerdgas**
Wärmeleistung: bis 15 kW, modulierend 30-100%
Auslegungsvorlauftemperatur: **bis 75 / 85**°C
Max. zulässiger Betriebsdruck: **4 / 6 / 10** bar
Heizmedium: Wasser
Norm-Nutzungsgrad bei 40/30°C: **102 / über 108**% (bezogen auf den unteren Heizwert)

4.530€ 5.595€ **6.181€** 7.150€ 8.541€ [St] ⏱ 3,80h/St 040.000.085

2 Gas-Brennwerttherme, Wand, 15 bis 25kW — KG **421**

Wie Ausführungsbeschreibung A 1
Kesselkörper: **Edelstahl / Aluminium**
Erdgas: **E / L / Flüssiggas / Bioerdgas**
Wärmeleistung: 15-25 kW, modulierend 30-100%
Auslegungsvorlauftemperatur: **bis 75 / 85**°C
Max. zulässiger Betriebsdruck: **4 / 6 / 10** bar
Heizmedium: Wasser
Norm-Nutzungsgrad bei 40/30°C: **102 / über 108**% (bezogen auf den unteren Heizwert)

5.348€ 6.551€ **7.518€** 8.001€ 9.416€ [St] ⏱ 3,80h/St 040.000.035

Nr.	Kurztext / Langtext						Kostengruppe
▶	▷	**ø netto €**	◁	◀	[Einheit]	Ausf.-Dauer	Positionsnummer

3 **Gas-Brennwerttherme, Wand, 25 bis 50kW** — KG **421**

Wie Ausführungsbeschreibung A 1
Kesselkörper: **Edelstahl / Aluminium**
Erdgas: **E / L / Flüssiggas / Bioerdgas**
Wärmeleistung: 25-50 kW, modulierend 30-100%
Auslegungsvorlauftemperatur: **bis 75 / 85**°C
Max. zulässiger Betriebsdruck: **4 / 6 / 10** bar
Heizmedium: Wasser
Norm-Nutzungsgrad bei 40/30°C: **102 / über 108**% (bezogen auf den unteren Heizwert)

5.475€	7.967€	**8.857€**	10.432€	12.666€	[St]	⏱ 4,10h/St	040.000.036

A 2 **Gas-Brennwertkessel** — Beschreibung für Pos. **4-10**

Gas-Brennwertkessel für geschlossene Heizungsanlagen; für den Betrieb mit gleitend abgesenkter Kesselwasser-Temperatur ohne untere Begrenzung, modulierender Brenner, mit Edelstahl-Heizflächen. Alle abgasberührten Teile, wie Brennkammer, Nachschaltheizflächen und Abgassammelkasten, aus Edelstahl. Kesselkörper allseitig wärmegedämmt, Ummantelung aus Stahlblech, epoxidharzbeschichtet. Lieferumfang: Kessel mit schwenkbarer Kesseltür, inkl. Erdgas-Unit-Brenner, Reinigungsdeckel am Abgassammelkasten, Gegenflanschen mit Schrauben und Dichtungen an allen Stutzen, Wärmedämmung, Brennkammerschauglas. inkl. elektronischer Kesselkreisregelung, komplett mit allen Fühlern, Thermostaten und dem Sicherheitstemperaturbegrenzer.

4 **Gas-Brennwertkessel, bis 25kW** — KG **421**

Wie Ausführungsbeschreibung A 2
Kesselkörperabmessung: .....
Gesamtabmessungen: ..... (mit Kesselregulierung)
Gewicht komplett mit Wärmedämmung ..... kg
Kesselkörper: .....
Erdgas: **E / L / Flüssiggas / Bioerdgas**
Max. Nennwärmeleistung: ..... kW
Feuerungst. Wirkungsgrad: bis 108%
Abgasseitiger Widerstand: ..... mbar
Zul. Vorlauftemperatur: bis **90 / 100**°C
Max. zulässiger Betriebsdruck: **4 / 6 / 10** bar
Wasserinhalt: ..... Liter
Abgasrohr, lichte Weite: ..... mm

4.967€	6.227€	**6.917€**	7.549€	9.310€	[St]	⏱ 5,00h/St	040.000.086

Kosten:
Stand 4. Quartal 2024
Bundesdurchschnitt

▶ min
▷ von
ø Mittel
◁ bis
◀ max

5 **Gas-Brennwertkessel, 25 bis 50kW** KG **421**

Wie Ausführungsbeschreibung A 2
Kesselkörperabmessung: .....
Gesamtabmessungen: ..... (mit Kesselregulierung)
Gewicht komplett mit Wärmedämmung ..... kg
Kesselkörper: .....
Erdgas: **E / L / Flüssiggas / Bioerdgas**
Max. Nennwärmeleistung: ..... kW
Feuerungst. Wirkungsgrad: bis 108%
Abgasseitiger Widerstand: ..... mbar
Zul. Vorlauftemperatur: bis **90 / 100**°C
Max. zulässiger Betriebsdruck: **4 / 6 / 10** bar
Wasserinhalt: ..... Liter
Abgasrohr, lichte Weite: ..... mm

5.594€ 7.054€ **7.746€** 8.478€ 9.957€ [St] ⏱ 5,30h/St 040.000.087

6 **Gas-Brennwertkessel, 50 bis 70kW** KG **421**

Wie Ausführungsbeschreibung A 2
Kesselkörperabmessung: .....
Gesamtabmessungen: ..... (mit Kesselregulierung)
Gewicht komplett mit Wärmedämmung ..... kg
Kesselkörper: .....
Erdgas: **E / L / Flüssiggas / Bioerdgas**
Max. Nennwärmeleistung: ..... kW
Feuerungst. Wirkungsgrad: bis 108%
Abgasseitiger Widerstand: ..... mbar
Zul. Vorlauftemperatur: bis **90 / 100**°C
Max. zulässiger Betriebsdruck: **4 / 6 / 10** bar
Wasserinhalt: ..... Liter
Abgasrohr, lichte Weite: ..... mm

8.036€ 9.619€ **10.771€** 13.209€ 14.141€ [St] ⏱ 5,50h/St 040.000.039

7 **Gas-Brennwertkessel, 70 bis 150kW** KG **421**

Wie Ausführungsbeschreibung A 2
Kesselkörperabmessung: .....
Gesamtabmessungen: ..... (mit Kesselregulierung)
Gewicht komplett mit Wärmedämmung ..... kg
Kesselkörper: .....
Erdgas: **E / L / Flüssiggas / Bioerdgas**
Max. Nennwärmeleistung: ..... kW
Feuerungst. Wirkungsgrad: bis 108%
Abgasseitiger Widerstand: ..... mbar
Zul. Vorlauftemperatur: bis **90 / 100**°C
Max. zulässiger Betriebsdruck: **4 / 6 / 10** bar
Wasserinhalt: ..... Liter
Abgasrohr, lichte Weite: ..... mm

8.722€ 10.902€ **11.859€** 13.495€ 16.551€ [St] ⏱ 5,80h/St 040.000.003

Nr.	Kurztext / Langtext						Kostengruppe
▶	▷	ø netto €	◁	◀	[Einheit]	Ausf.-Dauer	Positionsnummer

8 **Gas-Brennwertkessel, 150 bis 225kW** KG **421**

Wie Ausführungsbeschreibung A 2
Kesselkörperabmessung: .....
Gesamtabmessungen: ..... (mit Kesselregulierung)
Gewicht komplett mit Wärmedämmung ..... kg
Kesselkörper: .....
Erdgas: **E / L / Flüssiggas / Bioerdgas**
Max. Nennwärmeleistung: ..... kW
Feuerungst. Wirkungsgrad: bis 108%
Abgasseitiger Widerstand: ..... mbar
Zul. Vorlauftemperatur: bis **90 / 100**°C
Max. zulässiger Betriebsdruck: **4 / 6 / 10** bar
Wasserinhalt: ..... Liter
Abgasrohr, lichte Weite: ..... mm

13.643	16.534€	**17.000€**	20.476€	24.570€	[St]	⏱ 6,70h/St	040.000.088

9 **Gas-Brennwertkessel, 225 bis 400kW** KG **421**

Wie Ausführungsbeschreibung A 2
Kesselkörperabmessung: .....
Gesamtabmessungen: ..... (mit Kesselregulierung)
Gewicht komplett mit Wärmedämmung ..... kg
Kesselkörper: .....
Erdgas: **E / L / Flüssiggas / Bioerdgas**
Max. Nennwärmeleistung: ..... kW
Feuerungst. Wirkungsgrad: bis 108%
Abgasseitiger Widerstand: ..... mbar
Zul. Vorlauftemperatur: bis **90 / 100**°C
Max. zulässiger Betriebsdruck: **4 / 6 / 10** bar
Wasserinhalt: ..... Liter
Abgasrohr, lichte Weite: ..... mm

24.198	30.749€	**30.878€**	34.416€	40.968€	[St]	⏱ 8,00h/St	040.000.041

10 **Gas-Brennwertkessel, 400 bis 600kW** KG **421**

Wie Ausführungsbeschreibung A 2
Kesselkörperabmessung: .....
Gesamtabmessungen: ..... (mit Kesselregulierung)
Gewicht komplett mit Wärmedämmung ..... kg
Kesselkörper: .....
Erdgas: **E / L / Flüssiggas / Bioerdgas**
Max. Nennwärmeleistung: ..... kW
Feuerungst. Wirkungsgrad: bis 108%
Abgasseitiger Widerstand: ..... mbar
Zul. Vorlauftemperatur: bis **90 / 100**°C
Max. zulässiger Betriebsdruck: **4 / 6 / 10** bar
Wasserinhalt: ..... Liter
Abgasrohr, lichte Weite: ..... mm

24.455	32.656€	**35.740€**	38.481€	44.450€	[St]	⏱ 10,00h/St	040.000.010

Kosten:
Stand 4. Quartal 2024
Bundesdurchschnitt

▶ min
▷ von
ø Mittel
◁ bis
◀ max

11 Öl-Brennwerttherme, Wand, bis 15kW KG **421**

Öl-Brennwerttherme, für geschlossene Heizungsanlage, für Heizöl EL DIN 51603-1, Kesselkörper aus Metall, wandhängende Montage, mit modulierendem Brenner, einschl. Ummantelung mit Wärmedämmung, einschl. sicherheitstechnischer Einrichtungen DIN EN 12828, mit MSR in digitaler Ausführung, einschl. interner Verdrahtung.
Kesselkörper: **Edelstahl / Aluminium / Gusseisen**
Heizöl: **EL schwefelarm / A Bio 10**
Wärmeleistung: ..... kW, modulierend 30-100%
Auslegungsvorlauftemperatur: bis **75 / 85**°C
Max. zulässiger Betriebsdruck: 3 bar
Heizmedium: Wasser
Norm-Nutzungsgrad bei 50/30°C: **98 / über 104**% (bezogen auf den unteren Heizwert)
Ausführung gem. Einzelbeschreibung: .....

5.083€ 6.001€ **7.060€** 8.472€ 9.178€ [St] ⏱ 4,20h/St 040.000.080

12 Öl-Brennwerttherme, Wand, 15 bis 25kW KG **421**

Öl-Brennwerttherme, für geschlossene Heizungsanlage, für Heizöl EL DIN 51603-1, Kesselkörper aus Metall, wandhängende Montage, mit modulierendem Brenner, einschl. Ummantelung mit Wärmedämmung, einschl. sicherheitstechnischer Einrichtungen DIN EN 12828, mit MSR in digitaler Ausführung; einschl. interner Verdrahtung.
Kesselkörper: **Edelstahl / Aluminium / Gusseisen**
Heizöl: **EL schwefelarm / A Bio 10**
Wärmeleistung: ..... kW, modulierend 30-100%
Auslegungsvorlauftemperatur: bis **75 / 85**°C
Max. zulässiger Betriebsdruck: 3 bar
Heizmedium: Wasser
Norm-Nutzungsgrad bei 50/30°C: **98 / über 104**% (bezogen auf den unteren Heizwert)
Ausführung gem. Einzelbeschreibung: .....

6.349€ 7.496€ **8.819€** 10.582€ 11.023€ [St] ⏱ 4,20h/St 040.000.083

13 Öl-Brennwertkessel, bis 25kW KG **421**

Öl-Brennwertkessel für Heizöl EL DIN 51603-1, für geschlossene Heizungsanlagen; für den Betrieb mit gleitend abgesenkter Kesselwasser-Temperatur ohne untere Begrenzung, modulierender Brenner, mit Metall-Heizflächen, Brennwert-Wärmetauscher aus Edelstahl. Kesselkörper allseitig wärmegedämmt, Ummantelung aus Stahlblech, epoxidharzbeschichtet. Lieferumfang: Kessel mit schwenkbarer Kesseltür, inkl. Erdöl-Unit-Brenner, Reinigungsdeckel am Abgassammelkasten, Gegenflanschen mit Schrauben und Dichtungen an allen Stutzen, Wärmedämmung, Brennkammerschauglas, inkl. elektronischer Kesselkreisregelung, komplett mit allen Fühlern, Thermostaten und dem Sicherheitstemperaturbegrenzer.
Abmessungen Kesselkörper: Länge ..... mm, Breite ..... mm, Höhe ..... mm
Gesamtabmessungen: Länge ..... mm, Breite (Kesselregulierung) ..... mm, Höhe ..... mm
Gewicht komplett mit Wärmedämmung ..... kg
Erdgas: **EL schwefelarm / A Bio 10**
Max. Nennwärmeleistung: ..... kW
Feuerungst. Wirkungsgrad: bis 103%
Abgasseitiger Widerstand: ..... mbar
Zul. Vorlauftemperatur: bis **90 / 100**°C
Max. zulässiger Betriebsdruck: 3 bar
Wasserinhalt: ..... Liter
Abgasrohr lichte Weite: ..... mm
Ausführung gem. Einzelbeschreibung: .....

8.397€ 9.089€ **9.879€** 10.867€ 12.842€ [St] ⏱ 6,20h/St 040.000.089

Nr. **Kurztext** / Langtext | Kostengruppe
▶ ▷ **ø netto €** ◁ ◀ [Einheit] Ausf.-Dauer Positionsnummer

Kosten:
Stand 4. Quartal 2024
Bundesdurchschnitt

14 Öl-Brennwertkessel, 25 bis 50kW KG **421**

Öl-Brennwertkessel für Heizöl EL DIN 51603-1, für geschlossene Heizungsanlagen; für den Betrieb mit gleitend abgesenkter Kesselwasser-Temperatur ohne untere Begrenzung, modulierender Brenner, mit Metall-Heizflächen, Brennwert-Wärmetauscher aus Edelstahl. Kesselkörper allseitig wärmegedämmt, Ummantelung aus Stahlblech, epoxidharzbeschichtet. Lieferumfang: Kessel mit schwenkbarer Kesseltür, inkl. Erdöl-Unit-Brenner, Reinigungsdeckel am Abgassammelkasten, Gegenflanschen mit Schrauben und Dichtungen an allen Stutzen, Wärmedämmung, Brennkammerschauglas, inkl. elektronischer Kesselkreisregelung, komplett mit allen Fühlern, Thermostaten und dem Sicherheitstemperaturbegrenzer.
Abmessungen Kesselkörper: Länge ..... mm, Breite ..... mm, Höhe ..... mm
Gesamtabmessungen: Länge ..... mm, Breite (Kesselregulierung) ..... mm, Höhe ..... mm
Gewicht komplett mit Wärmedämmung ..... kg
Erdgas: **EL schwefelarm / A Bio 10**
Max. Nennwärmeleistung: ..... kW
Feuerungst. Wirkungsgrad: bis 103%
Abgasseitiger Widerstand: ..... mbar
Zul. Vorlauftemperatur: bis **90 / 100**°C
Max. zulässiger Betriebsdruck: 3 bar
Wasserinhalt: ..... Liter
Abgasrohr lichte Weite: ..... mm
Ausführung gem. Einzelbeschreibung: .....

9.591€ 10.381€ **11.283€** 12.412€ 14.104€ [St] ⏱ 6,20h/St 040.000.081

15 Öl-Brennwertkessel, 50 bis 70kW KG **421**

Öl-Brennwertkessel für Heizöl EL DIN 51603-1, für geschlossene Heizungsanlagen; für den Betrieb mit gleitend abgesenkter Kesselwasser-Temperatur ohne untere Begrenzung, modulierender Brenner, mit Metall-Heizflächen, Brennwert-Wärmetauscher aus Edelstahl. Kesselkörper allseitig wärmegedämmt, Ummantelung aus Stahlblech, epoxidharzbeschichtet. Lieferumfang: Kessel mit schwenkbarer Kesseltür, inkl. Erdöl-Unit-Brenner, Reinigungsdeckel am Abgassammelkasten, Gegenflanschen mit Schrauben und Dichtungen an allen Stutzen, Wärmedämmung, Brennkammerschauglas, inkl. elektronischer Kesselkreisregelung, komplett mit allen Fühlern, Thermostaten und dem Sicherheitstemperaturbegrenzer.
Abmessungen Kesselkörper: Länge ..... mm, Breite ..... mm, Höhe ..... mm
Gesamtabmessungen: Länge ..... mm, Breite (Kesselregulierung) ..... mm, Höhe ..... mm
Gewicht komplett mit Wärmedämmung ..... kg
Erdgas: **EL schwefelarm / A Bio 10**
Max. Nennwärmeleistung: ..... kW
Feuerungst. Wirkungsgrad: bis 103%
Abgasseitiger Widerstand: ..... mbar
Zul. Vorlauftemperatur: bis **90 / 100**°C
Max. zulässiger Betriebsdruck: 3 bar
Wasserinhalt: ..... Liter
Abgasrohr lichte Weite: ..... mm
Ausführung gem. Einzelbeschreibung: .....

11.926 13.699€ **16.117€** 19.340€ 22.563€ [St] ⏱ 7,60h/St 040.000.084

▶ min
▷ von
ø Mittel
◁ bis
◀ max

16 Öl-Brennwertkessel, 70 bis 100kW KG **421**

Öl-Brennwertkessel für Heizöl EL DIN 51603-1, für geschlossene Heizungsanlagen; für den Betrieb mit gleitend abgesenkter Kesselwasser-Temperatur ohne untere Begrenzung, modulierender Brenner, mit Metall-Heizflächen, Brennwert-Wärmetauscher aus Edelstahl. Kesselkörper allseitig wärmegedämmt, Ummantelung aus Stahlblech, epoxidharzbeschichtet. Lieferumfang: Kessel mit schwenkbarer Kesseltür, inkl. Erdöl-Unit-Brenner, Reinigungsdeckel am Abgassammelkasten, Gegenflanschen mit Schrauben und Dichtungen an allen Stutzen, Wärmedämmung, Brennkammerschauglas, inkl. elektronischer Kesselkreisregelung, komplett mit allen Fühlern, Thermostaten und dem Sicherheitstemperaturbegrenzer.
Abmessungen Kesselkörper: Länge ..... mm, Breite ..... mm, Höhe ..... mm
Gesamtabmessungen: Länge ..... mm, Breite (Kesselregulierung) ..... mm, Höhe ..... mm
Gewicht komplett mit Wärmedämmung ..... kg
Erdgas: **EL schwefelarm / A Bio 10**
Max. Nennwärmeleistung: ..... kW
Feuerungst. Wirkungsgrad: bis 103%
Abgasseitiger Widerstand: ..... mbar
Zul. Vorlauftemperatur: bis **90 / 100°C**
Max. zulässiger Betriebsdruck: 3 bar
Wasserinhalt: ..... Liter
Abgasrohr lichte Weite: ..... mm
Ausführung gem. Einzelbeschreibung: .....

16.086 18.477€ **21.738€** 26.086€ 29.564€ [St] ⏱ 8,40h/St 040.000.082

17 Heizöltank, stehend, 5.000 Liter KG **421**

Heizöllagerbehälter in stehender Ausführung, für oberirdische Lagerung im Gebäude. Leckschutzauskleidung mit Bauartzulassung. Überwachung mit Vakuum. Eventueller Zusatz: Heizölauffangbehälter, Entlüftungsleitung, Füllleitung, Entlüftungshaube, Grenzwertgeber, Tankinhaltsanzeiger, Tankeinbaugarnitur, Sicherheitsrohr, Doppelpumpenaggregat, Absperrkombination, Filterkombination, Schnellschlussventile, Kugelhähne, Motor- und Schutzschalter, Elektroleitungen, Bezeichnungsschilder, Doppelkugel-Fußventil.
Material Behälter: **Stahl / GFK**
Brutto-Lagervolumen: 5.000 Liter
Abmessung: .....
Einbringung: **am Stück / geteilt**, mit Unterstützungskonstruktion

2.971€ 3.282€ **4.670€** 4.791€ 7.127€ [St] ⏱ 2,00h/St 040.000.032

18 Schornsteinanlage KG **429**

Schornsteinanlage, industriell gefertigtes, doppelwandiges, wärmegedämmtes, druck- und kondensatdichtes Schornstein- und Abgassystem in Elementbauweise, bauaufsichtlich zugelassen, Feuerstätte mit niedrigen Abgastemperaturen, feuchte bzw. kondensierende Betriebsweise, ausbrenngeprüft bis 1.000°C. Eventuell Zusatz: mit Konsolblechen, Zwischenstütze, Inspektionselement, Wandführungsstützen, Mündungsabschluss, Verbindungskupplung, Wetterkragen einschl. Befestigung, Dichtungen und Verbindungsstücke, mit Inspektionselementen, Schiebeelementen, Gleitmittel, Befestigungsbänder, Dichtungsmittel für Kesselanschluss, Messöffnung, Klemmbänder, Unterstützung.
Installation: **Außenwandmontage / im Schacht**
Material: Edelstahl
Wandstärke: 1 mm
Schornsteinhöhe: ..... m

4.185€ 6.927€ **8.024€** 10.524€ 13.308€ [St] ⏱ 6,00h/St 040.000.033

Nr.	Kurztext / Langtext						Kostengruppe
▶	▷	**ø netto €**	◁	◀	[Einheit]	Ausf.-Dauer	Positionsnummer

19 **Neutralisationsanlage, Brennwertgeräte** KG **421**

Neutralisationsanlage geeignet für Kondenswasser aus Erdgas/Heizöl. Gehäuse aus durchsichtigem Kunststoff mit Markierung für minimalen und maximalen Füllstand. Komplett mit Neutralisationsgranulat befüllt, Halteschellen und vorbereitetem Abwasseranschluss für HT-Rohr, inkl. Sifon.
Brennwertgeräte: bis ..... kW
Gesamtabmessungen Länge: ..... mm
Durchmesser: ..... mm
Anschluss Fallstrang: ca. 4,00 m

310€	508€	**578€**	761€	1.124€	[St]	⏱ 0,90h/St	040.000.027

20 **Neutralisationsgranulat 5kg** KG **421**

Neutralisationsgranulat als Nachfüllpack/Erstbefüllung in 5kg.

68€	108€	**113€**	130€	159€	[St]	⏱ 0,15h/St	040.000.096

21 **Heizungsverteiler, Vorlaufverteiler/Rücklaufsammler** KG **421**

Heizungsverteiler als kombinierter Vorlaufverteiler und Rücklaufsammler, Quadratform und eingeschweißtem Trennsteg. **Mit / ohne** Zwischenisolierung zur thermischen Trennung von Vor- und Rücklauf, Wärmedämmung mit Schutzmantel. Mit paarweise nebeneinander angeordneten Stutzen (fluchtend) mit Vorschweißflanschen, auf Spindelhöhe ausgerichtet, mit Anschlussstutzen für Entleerung, Entlüftung, Druckmessung und Temperaturmessung an jeder Kammer, mit Messstutzen für Regelung, Stutzenabstand variabel entsprechend Durchmesser und Wärmedämmstärke des Stutzens. Mit Konsolen für Wand-/Bodenbefestigung. Inklusive Bohrungen und Befestigungselementen.
Material: Stahl
Schutzmantel: **Aluminium / Stahlblech verzinkt**
Max. Heizwasserdurchsatz: ..... m³/h
Max. Mediumtemperatur: **100 / 120**°C
Max. Betriebs-Druck: **6 / 10** bar
Anzahl der Gruppen: (je 2 Stutzen)
Dimension: ..... x DN.....
Doppelkammer-Größe: 150 x 150 mm²

1.743€	3.242€	**3.345€**	4.086€	5.585€	[St]	⏱ 2,00h/St	040.000.028

Kosten:
Stand 4. Quartal 2024
Bundesdurchschnitt

▶ min
▷ von
ø Mittel
◁ bis
◀ max

A 3 **Holz/Pellet-Heizkessel** Beschreibung für Pos. **22-24**

Heizkessel für geschlossene Warmwasserheizungsanlagen für Festbrennstoff zur Erzeugung von Warmwasser. Kesselkörper aus Metall, für stehende Montage, einschl. sicherheitstechnischer Einrichtungen. Anschlussstutzen für Vor-, Rücklauf, Entlüftung, Füllung, Entleerung. Mit CE-Registrierung und Bauartzulassung.

22 **Holz/Pellet-Heizkessel, bis 25kW** KG **421**

Wie Ausführungsbeschreibung A 3
Kesselkörper: **Stahl / Guss**
Brennstoff: **Stückholz / Pellets DIN EN ISO 17225-2**
Wärmeleistung: ..... kW
Auslegungsvorlauftemperatur: bis 110°C
Max. zulässiger Betriebsdruck: **6 / 10 / 16 / 25** bar
Heizmedium: Wasser
Norm-Nutzungsgrad: bei **75 / 60**°C: **92 / 94**% (bezogen auf den unteren Heizwert)
Abmessungen Kesselkörper: Länge ..... mm, Breite: ..... mm, Höhe: ..... mm
Gesamtabmessungen: Länge ..... mm, Breite (mit Kesselregulierung) ..... mm, Höhe: ..... mm
Gewicht komplett mit Wärmedämmung: ..... kg
Wasserinhalt: ..... Liter

12.461 14.201€ **14.842€** 16.324€ 18.497€ [St] ⏱ 5,00h/St 040.000.043

23 **Holz/Pellet-Heizkessel, 25 bis 50kW** KG **421**

Wie Ausführungsbeschreibung A 3
Kesselkörper: **Stahl / Guss**
Brennstoff: **Stückholz / Pellets DIN EN ISO 17225-2**
Wärmeleistung: ..... kW
Auslegungsvorlauftemperatur: bis 110°C
Max. zulässiger Betriebsdruck: **6 / 10 / 16 / 25** bar
Heizmedium: Wasser
Norm-Nutzungsgrad: bei **75 / 60**°C: **92 / 94**% (bezogen auf den unteren Heizwert)
Abmessungen Kesselkörper: Länge ..... mm, Breite: ..... mm, Höhe: ..... mm
Gesamtabmessungen: Länge ..... mm, Breite (mit Kesselregulierung) ..... mm, Höhe: ..... mm
Gewicht komplett mit Wärmedämmung: ..... kg
Wasserinhalt: ..... Liter

13.192 14.530€ **16.673€** 20.644€ 23.675€ [St] ⏱ 5,20h/St 040.000.044

Nr.	Kurztext / Langtext						Kostengruppe
▶	▷	ø netto €	◁	◀	[Einheit]	Ausf.-Dauer	Positionsnummer

24 **Holz/Pellet-Heizkessel, 50 bis 120kW** KG **421**

Wie Ausführungsbeschreibung A 3
Kesselkörper: **Stahl / Guss**
Brennstoff: **Stückholz / Pellets DIN EN ISO 17225-2**
Wärmeleistung: ..... kW
Auslegungsvorlauftemperatur: bis 110°C
Max. zulässiger Betriebsdruck: **6 / 10 / 16 / 25** bar
Heizmedium: Wasser
Norm-Nutzungsgrad: bei **75 / 60**°C: **92 / 94**% (bezogen auf den unteren Heizwert)
Abmessungen Kesselkörper: Länge ..... mm, Breite: ..... mm, Höhe: ..... mm
Gesamtabmessungen: Länge ..... mm, Breite (mit Kesselregulierung) ..... mm, Höhe: ..... mm
Gewicht komplett mit Wärmedämmung: ..... kg
Wasserinhalt: ..... Liter

Kosten:
Stand 4. Quartal 2024
Bundesdurchschnitt

24.708 | 41.697€ | **46.009€** | 64.433€ | 87.640€ | [St] | ⏱ 6,00h/St | 040.000.004

25 **Pellet-Fördersystem, Förderschnecke** KG **421**

Beschickungssystem für Pelletfeuerungen als Förderschnecke mit Antrieb und Steuerung. Lagerbodenschnecke mit ziehendem Antrieb und Übergabetrichter für Beschickung des Kessels mit Brennstoff. Antriebseinheit mit Stirnradgetriebemotor. Auswurf mit Revisionsdeckel, Sicherheitsendschalter und Fallrohr/Adapter zur nachfolgenden Fördereinrichtung. Schnecke und Kanal aus Stahl geschweißt. Rohrförderschnecke für Pellets, Steigungswinkel bis 65°. Ziehender Antrieb mit Auswurf über einer Fallstrecke. Der Antrieb erfolgt über Stirnradgetriebemotor. Steuerung im Schaltkasten vorverkabelt.
Lagerbodenschnecke: ..... m
Schneckendurchmesser: ..... mm
Waagerechte Länge: ..... m
Durchmesser Förderschnecke: max. 120 mm
Länge der Rohrförderschnecke: ..... m
Max. Förderkapazität: ..... kg/h
Anschluss 230 V 50 Hz: 0,5 kW

2.685€ | 3.483€ | **3.759€** | 4.472€ | 5.452€ | [St] | ⏱ 0,60h/St | 040.000.026

26 **Pellet-Fördersystem, Saugleitung** KG **421**

Austragungsystem für Pelletfeuerungen mit Saugturbine im Metallgehäuse. Zwischenbehälter, Saugschlauch mit Drahtspirale, Rückluftschlauch, Austragungsschnecke im Lager mit max. 2.500mm offenem Schneckenkanal, Absaugung von Übergabestation, Kapazitätsfühler mit Relais, Steuerung im Schaltkasten vorverkabelt, Zeitschaltuhr zur Einstellung der Saugzeit.
Gesamtschlauchlänge: bis 30 m
Länge Saugschlauch mit Drahtspirale: 15 m
Länge Rückluftschlauch: 15 m
Austragungsystem: Saugprinzip
Max. Förderkapazität: **5 / 10** kg/h
Anschluss 230V 50Hz: 1,1 kW

1.836€ | 2.955€ | **3.780€** | 4.894€ | 5.873€ | [St] | ⏱ 0,30h/St | 040.000.029

▶ min
▷ von
ø Mittel
◁ bis
◀ max

Nr. **Kurztext** / Langtext | Kostengruppe
► ▷ **ø netto €** ◁ ◀ [Einheit] Ausf.-Dauer Positionsnummer

27 Brennstofflagerbehälter für Holzpellets KG **421**

Brennstofflagerbehälter aus Stahlgestell und flexiblem Gewebe für Holzpellets als **Sacksilo / Betonschacht / Fertig-Kunststoffbehälter** inkl. Anschluss.
Aufstellort: **innerhalb des Gebäudes / außerhalb des Gebäudes / unterirdisch**
Ausführung Behälter: **luftdurchlässig / luftundurchlässig**, Staubdicht, **antistatisch / wasserdicht** und frostsicher
Inhalt: ..... t
Länge/Breite Aufstellraum: .....m / ..... m
Raumhöhe: ..... m

2.917€ 3.999€ **4.498€** 4.561€ 5.881€ [St] ⏱ 4,50h/St 040.000.097

28 Erdgas-BHKW-Anlage, 1,0kW$_{el}$, 2,5kW$_{th}$ KG **421**

Blockheizkraftwerk als Kompaktmodul in Gehäuse, schallgedämmt, zur Erzeugung von Heizwärme und Strom. Mit Schaltschrank, Verkabelung innerhalb des Moduls hitze- und schwingungsfest verlegt, einschl. Brennstoffversorgungseinrichtungen bestehend aus: Gasregelstrecke, Gasfilter, Gasabsperrarmaturen, Manometern, ... einschl. Abgassystem, als Viertakt-Otto-Motor, einschl. aller erforderlichen elektrischen Anschlüsse und aller erforderlichen Anschlüsse für Brennstoff, Heizwasser, Abgas (ca. 10-15m) und Kondensat.
Betriebsweise: konstant
Kondensat-Hebeanlage: **ja / nein**
Brennstoff: Erdgas
Aufstellung: schallentkoppelt, stationär im Gebäude
Thermische Leistung: bis 2,5 kW$_{th}$
Elektrische Leistung: bis 1,0 kW$_{el}$
Elektrischer Wirkungsgrad: mind. 25%
Gesamtwirkungsgrad: mind. 90%
Schallleistungspegel max: 60 dB(A)
Schaltschrank: **integriert / separat**
Ausführung gem. nachfolgender Einzelbeschreibung: .....

22.991 23.823€ **27.489€** 31.320€ 31.987€ [St] ⏱ 8,00h/St 040.000.053

29 Erdgas-BHKW-Anlage, 1,5-3,0kW$_{el}$, 4-10kW$_{th}$ KG **421**

Blockheizkraftwerk als Kompaktmodul in Gehäuse, schallgedämmt, zur Erzeugung von Heizwärme und Strom. Mit Schaltschrank, Verkabelung innerhalb des Moduls hitze- und schwingungsfest verlegt, einschl. Brennstoffversorgungseinrichtungen bestehend aus: Gasregelstrecke, Gasfilter, Gasabsperrarmaturen, Manometern, ... einschl. Abgassystem, als Viertakt-Otto-Motor, Leistung einschl. aller erforderlichen elektrischen Anschlüsse und aller erforderlichen Anschlüsse für Brennstoff, Heizwasser, Abgas (ca. 10-15m) und Kondensat.
Betriebsweise: konstant
Kondensat-Hebeanlage: **ja / nein**
Brennstoff: Erdgas
Aufstellung: schallentkoppelt, stationär im Gebäude
Thermische Leistung: bis 4.0-10,0 kW$_{th}$
Elektrische Leistung: bis 1,5-3,0 kW$_{el}$
Elektrischer Wirkungsgrad: mind. 25%
Gesamtwirkungsgrad: mind. 90%
Schallleistungspegel max: 60 dB(A)
Schaltschrank: **integriert / separat**
Ausführung gem. nachfolgender Einzelbeschreibung: .....

34.452 35.152€ **39.151€** 43.315€ 44.965€ [St] ⏱ 8,50h/St 040.000.054

Kosten:
Stand 4. Quartal 2024
Bundesdurchschnitt

Nr.	Kurztext / Langtext						Kostengruppe
▶	▷	ø netto €	◁	◀	[Einheit]	Ausf.-Dauer	Positionsnummer

30 Erdgas-BHKW-Anlage, 5-20kW$_{el}$, 10-45kW$_{th}$ KG **421**

Blockheizkraftwerk als Kompaktmodul in Gehäuse, schallgedämmt, zur Erzeugung von Heizwärme und Strom. Mit Schaltschrank, Verkabelung innerhalb des Moduls hitze- und schwingungsfest verlegt, einschl. Brennstoffversorgungseinrichtungen bestehend aus: Gasregelstrecke, Gasfilter, Gasabsperrarmaturen, Manometern, ... einschl. Abgassystem, als Viertakt-Otto-Motor, Leistung einschl. aller erforderlichen elektrischen Anschlüsse und aller erforderlichen Anschlüsse für Brennstoff, Heizwasser, Abgas (ca. 10-15m) und Kondensat.
Betriebsweise: konstant
Kondensat-Hebeanlage: **ja / nein**
Brennstoff: Erdgas
Aufstellung: schallentkoppelt, stationär im Gebäude
Thermische Leistung: bis 10.0-45,0 kW$_{th}$
Elektrische Leistung: bis 5,0-20,0 kW$_{el}$
Elektrischer Wirkungsgrad: mind. 25%
Gesamtwirkungsgrad: mind. 90%
Schallleistungspegel max: 60 dB(A)
Schaltschrank: **integriert / separat**
Ausführung gem. nachfolgender Einzelbeschreibung: .....

65.681 | 68.305€ | **78.301€** | 89.963€ | 92.222€ | [St] | ⏱ 12,00h/St | 040.000.055

A 4 Flach-Solarkollektoranlage, thermisch Beschreibung für Pos. **31-33**

Flachkollektor für Heizung in Aufdachmontage mit konstruktiver Verankerung sowie systembedingten Befestigungsmitteln und gedämmter Solarpumpenregelgruppe. Module mit korrosions- und witterungsbeständigem Rahmen und mit hochselektiver Vakuumbeschichtung, rückseitig hochtemperaturbeständige Wärmeschutzdämmung, mit durchgehender Wanne, hochtransparentes, gehärtetes Solarsicherheitsglas, mit Bauartzulassung, 2 Fühlerhülsen für Fühler. Leistung einschl. Anschlussfittinge für Kupferrohr sowie sämtlicher Verbindungs- und Dichtungsmaterialien und ca. 40m fertigisolierter Solaranschlussleitungen mit Dachdurchführungen und Frostschutz-Befüllung.

31 Flach-Solarkollektoranlage, thermisch, bis 10m² KG **421**

Wie Ausführungsbeschreibung A 4
Frostschutz-Befüllung (Menge, Art und Mischungsverhältnis): .....
Kollektor-Neigungswinkel: min/max 15-75°
Mindest-Ertrag: 500 kWh/(m²a) gem. Prüfverfahren nach EN12975-2
Maximaler Betriebsdruck: 10 bar
Aperturfläche: bis 10 m²
Ausführung gem. nachfolgender Einzelbeschreibung: .....

6.572€ | 8.855€ | **10.509€** | 11.659€ | 14.322€ | [St] | ⏱ 4,90h/St | 040.000.056

32 Flach-Solarkollektoranlage, thermisch, 10-20m² KG **421**

Wie Ausführungsbeschreibung A 4
Frostschutz-Befüllung (Menge, Art und Mischungsverhältnis): .....
Kollektor-Neigungswinkel: min/max 15-75°
Mindest-Ertrag: 500 kWh/(m²a) gem. Prüfverfahren nach EN12975-2
Maximaler Betriebsdruck: 10 bar
Aperturfläche: 10 bis 20 m²
Ausführung gem. nachfolgender Einzelbeschreibung: .....

11.496 | 14.443€ | **15.857€** | 17.196€ | 21.110€ | [St] | ⏱ 5,80h/St | 040.000.057

▶ min
▷ von
ø Mittel
◁ bis
◀ max

33 Flach-Solarkollektoranlage, thermisch, 20-30m² KG **421**

Wie Ausführungsbeschreibung A 4
Frostschutz-Befüllung (Menge, Art und Mischungsverhältnis): .....
Kollektor-Neigungswinkel: min/max 15-75°
Mindest-Ertrag: 500 kWh/(m²a) gem. Prüfverfahren nach EN12975-2
Maximaler Betriebsdruck: 10 bar
Aperturfläche: 20 bis 30 m²
Ausführung gem. nachfolgender Einzelbeschreibung: .....

16.335 21.353€ **24.200€** 25.496€ 29.861€ [St] ⏱ 7,00h/St 040.000.058

34 Pufferspeicher bis 500 Liter, Heizung KG **421**

Pufferspeicher als Wärmespeicheranlage für den Einsatz in Heizungsanlagen mit Wärmeschutzmantel, einschl. Schaltung und Regelung, sowie Anschlussleitungen.
Speicher: Stahl, innen unbehandelt, außen Grundbeschichtung
Nenninhalt: ..... Liter
Maximaler zulässiger Betriebsüberdruck: 6 bar
Ausführung gem. nachfolgender Einzelbeschreibung: .....

937€ 1.553€ **1.807€** 2.382€ 3.449€ [St] ⏱ 3,40h/St 040.000.059

35 Pufferspeicher bis 1.000 Liter, Heizung KG **421**

Pufferspeicher als Wärmespeicheranlage für den Einsatz in Heizungsanlagen mit Wärmeschutzmantel, einschl. Schaltung und Regelung, sowie Anschlussleitungen.
Speicher: Stahl, innen unbehandelt, außen Grundbeschichtung
Nenninhalt: ..... Liter
Maximaler zulässiger Betriebsüberdruck: 6 bar
Ausführung gem. nachfolgender Einzelbeschreibung: .....

1.460€ 2.846€ **3.264€** 4.058€ 6.526€ [St] ⏱ 4,60h/St 040.000.060

36 Pufferspeicher bis 2.000 Liter, Heizung KG **421**

Pufferspeicher als Wärmespeicheranlage für den Einsatz in Heizungsanlagen mit Wärmeschutzmantel, einschl. Schaltung und Regelung, sowie Anschlussleitungen.
Speicher: Stahl, innen unbehandelt, außen Grundbeschichtung
Nenninhalt: ..... Liter
Maximaler zulässiger Betriebsüberdruck: 6 bar
Ausführung gem. nachfolgender Einzelbeschreibung: .....

1.849€ 2.983€ **3.491€** 4.536€ 6.440€ [St] ⏱ 4,80h/St 040.000.090

Nr.	Kurztext / Langtext						Kostengruppe
▶	▷	ø netto €	◁	◀	[Einheit]	Ausf.-Dauer	Positionsnummer

A 5 Trinkwarmwasserbereiter, Durchflussprinzip — Beschreibung für Pos. **37-38**

Trinkwarmwasserbereiter zur Brauchwasserbereitung im Durchlaufprinzip mit Wärmetauscher aus kupferverlöteten Edelstahlplatten, mit Umwälzpumpe und Fertigdämmung einschl. Absperrkugelhähnen, zusätzlich mit Zirkulationspumpe, Rückflussverhinderer, Verrohrungs- und Verschraubungsteile in der Station montiert und an Regelung angeschlossen. Entlüftungsmöglichkeiten auf der Heizungsseite, mit Rückflussverhinderer der Heizkreispumpe, elektronischer Trinkwasserregler (proportional) zur konstanten Warmwassertemperaturregelung in Abhängigkeit der eingestellten Warmwassertemperatur und Zapfleistung durch Modulation der Heizkreispumpe.

37 Trinkwarmwasserbereiter, Durchflussprinzip, 1-15l/min — KG **421**

Wie Ausführungsbeschreibung A 5
Technische Daten:
Betriebsdruck Heizung: 3 bar
Betriebsdruck Trinkwasser: 6 bar
Maximale zulässige Vorlauftemperatur Heizung: 95°C
Versorgungsspannung 230 V AC / 50 HZ
Zapfleistung Warmwasser (55-60°C): 1-15 l/min
Ausführung gem. nachfolgender Einzelbeschreibung: .....

▶	▷	ø	◁	◀	Einheit	Ausf.-Dauer	Positionsnummer
–	4.041€	**4.490€**	5.163€	–	[St]	⏱ 0,40h/St	040.000.061

38 Trinkwarmwasserbereiter, Durchflussprinzip, 1-30l/min — KG **421**

Wie Ausführungsbeschreibung A 5
Technische Daten:
Betriebsdruck Heizung: 3 bar
Betriebsdruck Trinkwasser: 6 bar
Maximale zulässige Vorlauftemperatur Heizung: 95°C
Versorgungsspannung 230 V AC / 50 HZ
Zapfleistung Warmwasser (55-60°C): 1-30 l/min
Ausführung gem. nachfolgender Einzelbeschreibung: .....

▶	▷	ø	◁	◀	Einheit	Ausf.-Dauer	Positionsnummer
–	4.603€	**5.115€**	5.882€	–	[St]	⏱ 0,40h/St	040.000.062

Kosten:
Stand 4. Quartal 2024
Bundesdurchschnitt

▶ min
▷ von
ø Mittel
◁ bis
◀ max

A 6 Wärmepumpe, Wasser — Beschreibung für Pos. **39-42**

Elektrisch angetriebene Wärmepumpe für Raumheizung und zur Erwärmung von Trinkwasser DIN EN 14511 für Innenaufstellung, mit Verdichter, einschl. Schwingungsdämpfer, Regelung für Warmwasserbereitung und einen geregelten Heizkreis. Leistung einschl. Anschlusszubehör und Inbetriebnahme

39 Wärmepumpe, bis 15kW, Wasser — KG **421**

Wie Ausführungsbeschreibung A 6
Wärmequelle: Wasser, gem. beigefügter Wasseranalyse
Minimale Wärmequellentemperatur: ca. 10°C
Maximale Vorlauftemperatur:
Mind. 60°C zur Raumheizung / mind. 72°C zur WW-Bereitung
Nennwärmeleistung: bis 15 kW (bei W10W35)
Leistungszahl (COP): mind. 5,5 (bei W10W35)
Maximaler Schallleistungspegel 55 dB(A)
Maximaler Betriebsdruck: mind. PN 6
Bemessungsbetriebsspannung: 400 V AC
Ausführung gem. nachfolgender Einzelbeschreibung: .....

17.649	18.559€	**18.635€**	19.022€	20.377€	[St]	⏱ 6,00h/St	040.000.063

40 Wärmepumpe, 15-25kW, Wasser — KG **421**

Wie Ausführungsbeschreibung A 6
Wärmequelle: Wasser, gem. beigefügter Wasseranalyse
Minimale Wärmequellentemperatur: ca. 10°C
Maximale Vorlauftemperatur:
Mind. 60°C zur Raumheizung / mind. 72°C zur WW-Bereitung
Nennwärmeleistung: 15-25 kW (bei W10W35)
Leistungszahl (COP): mind. 5,5 (bei W10W35)
Maximaler Schallleistungspegel 55 dB(A)
Maximaler Betriebsdruck: mind. PN 6
Bemessungsbetriebsspannung: 400 V AC
Ausführung gem. nachfolgender Einzelbeschreibung: .....

17.898	20.684€	**21.052€**	21.728€	24.514€	[St]	⏱ 6,00h/St	040.000.069

41 Wärmepumpe, 25-35kW, Wasser — KG **421**

Wie Ausführungsbeschreibung A 6
Wärmequelle: Wasser, gem. beigefügter Wasseranalyse
Minimale Wärmequellentemperatur: ca. 10°C
Maximale Vorlauftemperatur:
Mind. 60°C zur Raumheizung / mind. 72°C zur WW-Bereitung
Nennwärmeleistung: 25-35 kW (bei W10W35)
Leistungszahl (COP): mind. 5,5 (bei W10W35)
Maximaler Schallleistungspegel 55 dB(A)
Maximaler Betriebsdruck: mind. PN 6
Bemessungsbetriebsspannung: 400 V AC
Ausführung gem. nachfolgender Einzelbeschreibung: .....

19.648	21.567€	**24.413€**	27.755€	31.477€	[St]	⏱ 6,00h/St	040.000.070

Nr.	Kurztext / Langtext						Kostengruppe
►	▷	ø netto €	◁	◀	[Einheit]	Ausf.-Dauer	Positionsnummer

42 Wärmepumpe, 35-50kW, Wasser KG **421**

Wie Ausführungsbeschreibung A 6
Wärmequelle: Wasser, gem. beigefügter Wasseranalyse
Minimale Wärmequellentemperatur: ca. 10°C
Maximale Vorlauftemperatur:
Mind. 60°C **zur Raumheizung / mind. 72**°C **zur WW-Bereitung**
Nennwärmeleistung: 35-50 kW (bei W10W35)
Leistungszahl (COP): mind. 5,5 (bei W10W35)
Maximaler Schallleistungspegel 55 dB(A)
Maximaler Betriebsdruck: mind. PN 6
Bemessungsbetriebsspannung: 400 V AC
Ausführung gem. nachfolgender Einzelbeschreibung: .....

22.257 | 31.488€ | **33.368€** | 36.690€ | 45.921€ | [St] | ⏱ 7,00h/St | 040.000.071

Kosten:
Stand 4. Quartal 2024
Bundesdurchschnitt

A 7 Wärmepumpe, Sole Beschreibung für Pos. **43-46**

Elektrisch angetriebene Wärmepumpe für Raumheizung und zur Erwärmung von Trinkwasser DIN EN 14511 für Innenaufstellung, mit Verdichter einschl. Schwingungsdämpfer sowie Regelung für Warmwasserbereitung und einen geregelten Heizkreis. Leistung einschl. Anschlusszubehör und Inbetriebnahme.

43 Wärmepumpe, bis 15kW, Sole KG **421**

Wie Ausführungsbeschreibung A 7
Wärmequelle: **Sole / Wasser** über **Erdsonden / Erdkollektoren**
Solequalität: .....
Minimale Wärmequellentemperatur: 0°C
Maximale Vorlauftemperatur:
Mind. 60°C **zur Raumheizung / mind. 72**°C **zur WW-Bereitung**
Nennwärmeleistung: bis 15 kW (bei B0W35)
Leistungszahl (COP): mind. 4,5 (bei B0W35)
Maximaler Schallleistungspegel: 55 dB(A)
Maximaler Betriebsdruck: mind. PN 6
Bemessungsbetriebsspannung: 400 V AC
Ausführung gem. nachfolgender Einzelbeschreibung: .....

11.391 | 14.037€ | **15.040€** | 17.078€ | 21.470€ | [St] | ⏱ 6,00h/St | 040.000.064

► min
▷ von
ø Mittel
◁ bis
◀ max

44 **Wärmepumpe, 15-25kW, Sole** KG **421**

Wie Ausführungsbeschreibung A 7
Wärmequelle: **Sole / Wasser** über **Erdsonden / Erdkollektoren**
Solequalität: .....
Minimale Wärmequellentemperatur: 0°C
Maximale Vorlauftemperatur:
Mind. 60°C **zur Raumheizung / mind. 72**°C **zur WW-Bereitung**
Nennwärmeleistung: 15-25 kW (bei B0W35)
Leistungszahl (COP): mind. 4,7 (bei B0W35)
Maximaler Schallleistungspegel: 55 dB(A)
Maximaler Betriebsdruck: mind. PN 6
Bemessungsbetriebsspannung: 400 V AC
Ausführung gem. nachfolgender Einzelbeschreibung: .....

17.393 20.655€ **23.087€** 24.408€ 26.789€ [St] ⏱ 6,00h/St 040.000.072

45 **Wärmepumpe, 25-35kW, Sole** KG **421**

Wie Ausführungsbeschreibung A 7
Wärmequelle: **Sole / Wasser** über **Erdsonden / Erdkollektoren**
Solequalität: .....
Minimale Wärmequellentemperatur: 0°C
Maximale Vorlauftemperatur:
Mind. 60°C **zur Raumheizung / mind. 72**°C **zur WW-Bereitung**
Nennwärmeleistung: 25-35 kW (bei B0W35)
Leistungszahl (COP): mind. 4,7 (bei B0W35)
Maximaler Schallleistungspegel: 55 dB(A)
Maximaler Betriebsdruck: mind. PN 6
Bemessungsbetriebsspannung: 400 V AC
Ausführung gem. nachfolgender Einzelbeschreibung: .....

22.572 26.940€ **28.085€** 30.255€ 34.623€ [St] ⏱ 6,00h/St 040.000.073

46 **Wärmepumpe, 35-50kW, Sole** KG **421**

Wie Ausführungsbeschreibung A 7
Wärmequelle: **Sole / Wasser** über **Erdsonden / Erdkollektoren**
Solequalität: .....
Minimale Wärmequellentemperatur: 0°C
Maximale Vorlauftemperatur:
Mind. 60°C **zur Raumheizung / mind. 72**°C **zur WW-Bereitung**
Nennwärmeleistung: 35-50 kW (bei B0W35)
Leistungszahl (COP): mind. 4,7 (bei B0W35)
Maximaler Schallleistungspegel: 55 dB(A)
Maximaler Betriebsdruck: mind. PN 6
Bemessungsbetriebsspannung: 400 V AC
Ausführung gem. nachfolgender Einzelbeschreibung: .....

30.051 36.156€ **38.810€** 45.431€ 56.209€ [St] ⏱ 7,00h/St 040.000.074

Nr.	Kurztext / Langtext						Kostengruppe
▶	▷	ø netto €	◁	◀	[Einheit]	Ausf.-Dauer	Positionsnummer

A 8 **Wärmepumpe, Luft** Beschreibung für Pos. **47-49**

Elektrisch angetriebene Wärmepumpe für Raumheizung und zur Erwärmung von Trinkwasser DIN EN 14511 für Innen-/Außenaufstellung, mit Verdichter, einschl. Schwingungsdämpfer sowie Regelung für Warmwasserbereitung und einen geregelten Heizkreis. Leistung einschl. Anschlusszubehör und Inbetriebnahme.

47 **Wärmepumpe, bis 15kW, Luft** KG **421**

Wie Ausführungsbeschreibung A 8
Wärmequelle: Luft
Minimale Wärmequellentemperatur: -18°C
Maximaler Vorlauftemperatur:
Mind. 55°C zur Raumheizung mit zusätzlichem elektrischen Heizstab / mind. 72°C zur WW-Bereitung
Montage/Aufstellung: schallentkoppelt
Nennwärmeleistung bis 15 kW (bei A2W35)
Leistungszahl (COP): mind. 4,0 (bei A2W35)
Maximaler Schallleistungspegel: 60 dB(A)
Maximaler Betriebsdruck: mind. PN 6
Bemessungsbetriebsspannung: 400 V AC
Ausführung gem. nachfolgender Einzelbeschreibung: .....

9.952€ 13.911€ **15.238€** 16.670€ 19.738€ [St] ⏱ 6,00h/St 040.000.091

48 **Wärmepumpe, 15-25kW, Luft** KG **421**

Wie Ausführungsbeschreibung A 8
Wärmequelle: Luft
Minimale Wärmequellentemperatur: -18°C
Maximaler Vorlauftemperatur:
Mind. 55°C zur Raumheizung mit zusätzlichem elektrischen Heizstab / mind. 72°C zur WW-Bereitung
Montage/Aufstellung: schallentkoppelt
Nennwärmeleistung 15-25 kW (bei A2W35)
Leistungszahl (COP): mind. 3,5 (bei A2W35)
Maximaler Schallleistungspegel: 65 dB(A)
Maximaler Betriebsdruck: mind. PN 6
Bemessungsbetriebsspannung: 400 V AC
Ausführung gem. nachfolgender Einzelbeschreibung: .....

21.052 24.107€ **25.222€** 26.010€ 28.111€ [St] ⏱ 6,00h/St 040.000.092

Kosten:
Stand 4.Quartal 2024
Bundesdurchschnitt

▶ min
▷ von
ø Mittel
◁ bis
◀ max

Nr.	Kurztext / Langtext						Kostengruppe
▶	▷	ø netto €	◁	◀	[Einheit]	Ausf.-Dauer	Positionsnummer

49 Wärmepumpe, 25-35kW, Luft KG **421**

Wie Ausführungsbeschreibung A 8
Wärmequelle: Luft
Minimale Wärmequellentemperatur: -18°C
Maximaler Vorlauftemperatur:
Mind. 55°C zur Raumheizung mit zusätzlichem elektrischen Heizstab / mind. 72°C zur WW-Bereitung
Montage/Aufstellung: schallentkoppelt
Nennwärmeleistung 25-35 kW (bei A2W35)
Leistungszahl (COP): mind. 3,4 (bei A2W35)
Maximaler Schallleistungspegel: 65 dB(A)
Maximaler Betriebsdruck: mind. PN 6
Bemessungsbetriebsspannung: 400 V AC
Ausführung gem. nachfolgender Einzelbeschreibung: .....

29.391 32.411€ **32.990€** 33.334€ 36.354€ [St] ⏱ 6,00h/St 040.000.093

A 9 Brunnenanlage Beschreibung für Pos. **50-53**

Brunnenanlage für Wärmepumpe mit Filterrohren im Bereich des Grundwasserspiegels oder durchlässigen Horizonts und Filterkies, Schacht aus Fertigteilen, mit Sumpf- oder Aufsatzrohr sowie Bodenkappe, Brunnenkopf (Flanschanschluss) mit Durchgang für Pumpensteigrohre, Kabelverbindung, inkl. Einbau von Steigrohren, einschl. Zubehör. Schächte für Saug- und Schluckbrunnen aus Beton-/Stahlbetonfertigteilen, ohne Schachtunterteil, mit Steigeisengang und Abdeckung. Liefern und Montieren der erdverlegten Leitungen DN50 (von den Brunnen bis zum Übergabepunkt Innenkante Gebäude), inkl. aller Form-, Verbindungsteile, Armaturen, Anschlussverschraubungen und Dichtungen. Erdkabel für Brunnenpumpe verlegen und anklemmen, Leistung einschl. Pumpversuch zur Leistungsermittlung, Erstellung einer Wasseranalyse über das Brunnenwasser, mit Gutachten zur Erlangung der wasserrechtlichen Erlaubnis für die thermische Nutzung von Grundwasser. Die Baustelleneinrichtung mit An- und Abtransport des Bohrgerätes sowie Aufstellen/Umsetzen der Bohranlage von Bohrpunkt zu Bohrpunkt auf hindernisfreiem, von LKW befahrbarem Gelände, ist Leistungsbestandteil.

50 Brunnenanlage, WP bis 15kW KG **421**

Wie Ausführungsbeschreibung A 9
Brunnenbohrung:
Bodenmaterial (Beschreibung der Homogenbereiche nach Unterlagen des AG): .....
Bohrtiefe: 0-15 m
Wärmepumpe: bis 15 kW, mehrstufige Unterwasserpumpe
Nennförderstrom: bis 3,5 m^3/h (für GW dT 4K)
Beton-/Stahlbetonfertigteilen: DN1.500
Lichte Schachttiefe: über 1,5 m bis 2,0 m
Ausführung gem. nachfolgender Einzelbeschreibung: .....

12.636 13.328€ **16.660€** 20.325€ 22.133€ [St] ⏱ 14,00h/St 040.000.066

Kosten:
Stand 4. Quartal 2024
Bundesdurchschnitt

Nr.	Kurztext / Langtext						Kostengruppe
▶	▷	ø netto €	◁	◀	[Einheit]	Ausf.-Dauer	Positionsnummer

51 **Brunnenanlage, WP 15-25kW** KG **421**

Wie Ausführungsbeschreibung A 9
Brunnenbohrung:
Bodenmaterial (Beschreibung der Homogenbereiche nach Unterlagen des AG): .....
Bohrtiefe: 0-15 m
Wärmepumpe: 15-25 kW, mehrstufige Unterwasserpumpe
Nennförderstrom: bis 5,5 m³/h (für GW dT 4K)
Beton-/Stahlbetonfertigteilen: DN1.500
Lichte Schachttiefe: über 1,5 m bis 2,0 m
Ausführung gem. nachfolgender Einzelbeschreibung: .....

14.736 15.327€ **19.159€** 23.374€ 25.381€ [St] ⏱ 17,00h/St 040.000.077

52 **Brunnenanlage, WP 25-35kW** KG **421**

Wie Ausführungsbeschreibung A 9
Brunnenbohrung:
Bodenmaterial (Beschreibung der Homogenbereiche nach Unterlagen des AG): .....
Bohrtiefe: 0-15 m
Wärmepumpe: 25-35 kW, mehrstufige Unterwasserpumpe
Nennförderstrom: bis 7,5 m³/h (für GW dT 4K)
Beton-/Stahlbetonfertigteilen: DN1.500
Lichte Schachttiefe: über 1,5 m bis 2,0 m
Ausführung gem. nachfolgender Einzelbeschreibung: ....

17.301 18.326€ **22.907€** 27.947€ 29.096€ [St] ⏱ 20,00h/St 040.000.078

53 **Brunnenanlage, WP 35-50kW** KG **421**

Wie Ausführungsbeschreibung A 9
Brunnenbohrung:
Bodenmaterial (Beschreibung der Homogenbereiche nach Unterlagen des AG): .....
Bohrtiefe: 0-15 m
Wärmepumpe: 35-50 kW, mehrstufige Unterwasserpumpe
Nennförderstrom: bis 11,0 m³/h (für GW dT 4K)
Beton-/Stahlbetonfertigteilen: DN1.500
Lichte Schachttiefe: über 1,5 m bis 2,0 m
Ausführung gem. nachfolgender Einzelbeschreibung: .....

30.934 33.320€ **41.649€** 50.812€ 53.068€ [St] ⏱ 22,00h/St 040.000.079

▶ min
▷ von
ø Mittel
◁ bis
◀ max

Nr.	Kurztext / Langtext						Kostengruppe
▶	▷	ø netto €	◁	◀	[Einheit]	Ausf.-Dauer	Positionsnummer

54 Erdsondenanlage, Wärmepumpe KG **421**

Erdsondenanlage mit druckgeprüften Doppel-U- Sonden und Füllung des Ringraums mit Zement-Bentonit-Suspension. Ausführung der Erdwärmesondenbohrung(en) einschl. eventuell notwendiger Verrohrung des Bohrlochs. Leistung inkl. Antrag auf wasserrechtliche Genehmigung einschl. Bohrgenehmigung zur Vorlage bei der zuständigen Behörde und Nebenarbeiten und Versicherungen. Graphische Darstellung der Bohrergebnisse, Ausbauzeichnung. Baustelleneinrichtung mit An- und Abtransport Bohrgerät, Mannschaft und Ausrüstung, Auf- und Abbau des Bohrgeräts je Ansatzpunkt einschl. Umsetzen.
Bohrloch: ca. 160 mm
Doppel-U-Sonden: 32 mm einschl. Fußstück
Durchflussspülung und Befüllung: mit **Wasser / Wasser-Glykol**
Sondentiefe: bis 50 m
Überstand Sonden über Gelände: ca. 1,00 m
Ausführung gem. nachfolgender Einzelbeschreibung: .....

73€ | 88€ | **94€** | 100€ | 115€ | [m] | ⏱ 0,20h/m | 040.000.067

55 Inbetriebnahme Wärmepumpe KG **421**

Die Erstinbetriebnahme der Wärmepumpe sollte rechtzeitig angemeldet werden. Die Inbetriebnahme hat gem. der Vorgaben des Wärmepumpenherstellers sowie den gesetzlichen Bestimmungen unter Berücksichtigung der Garantie und Gewährleistung zu erfolgen, einschl. An- und Abreisekosten, inkl. Aushändigung des unterzeichneten Übergabe und Inbetriebnahmeprotokolls.
Leistungsumfang: Inbetriebsetzen der Wärmepumpe, Inbetriebnahme der Regelungsanlage, Inbetriebsetzen und Programmieren Fernüberwachung, Überprüfen der Hersteller-Projektierungsrichtlinien, Protokollerstellung mit allen eingestellten Parametern, inkl. Aushändigung des unterzeichneten Übergabe-/Inbetriebnahmeprotokolls.

602€ | 1.496€ | **1.670€** | 2.869€ | 5.603€ | [psch] | ⏱ 4,80h/psch | 040.000.100

56 Wartung, Wärmepumpe KG **421**

Wartung einer Luft, Wasser, Sole Wärmepumpe gem. der Vorgaben des Wärmepumpenherstellers sowie den gesetzlichen Bestimmungen unter Berücksichtigung der Garantie und Gewährleistung.

299€ | 313€ | **315€** | 326€ | 340€ | [psch] | ⏱ 1,80h/psch | 040.000.101

57 Membran-Druckausdehnungsgefäß, bis 50 Liter KG **421**

Membran-Druckausdehnungsgefäß mit Abnahmebescheinigung DIN EN 13831 für Heizungswasser.
Zulässiger Betriebsdruck: **3 / 6 / 10 bar**
Vordruck Druckausdehnungsgefäß: ..... bar
Nennvolumen Ausdehnungsgefäß: ..... Liter
Werkstoff: Stahl
Aufstellung: stehend
Oberfläche außen: lackiert

83€ | 131€ | **149€** | 182€ | 253€ | [St] | ⏱ 1,00h/St | 040.000.094

58 Membran-Druckausdehnungsgefäß, bis 100 Liter KG **421**

Membran-Druckausdehnungsgefäß mit Abnahmebescheinigung DIN EN 13831 für Heizungswasser.
Zulässiger Betriebsdruck: **3 / 6 / 10 bar**
Vordruck Druckausdehnungsgefäß: ..... bar
Nennvolumen Ausdehnungsgefäß: ..... Liter
Werkstoff: Stahl
Aufstellung: stehend
Oberfläche außen: lackiert

146€ | 198€ | **198€** | 210€ | 246€ | [St] | ⏱ 1,50h/St | 040.000.095

Nr.	Kurztext / Langtext						Kostengruppe
▶	▷	**ø netto €**	◁	◀	[Einheit]	Ausf.-Dauer	Positionsnummer

59 **Membran-Druckausdehnungsgefäß, bis 500 Liter** KG **421**

Membran-Druckausdehnungsgefäß mit Abnahmebescheinigung DIN EN 13831 für Heizungswasser.
Zulässiger Betriebsdruck: **3 / 6 / 10 bar**
Vordruck Druckausdehnungsgefäß: ..... bar
Nennvolumen Ausdehnungsgefäß: ..... Liter
Werkstoff: Stahl
Aufstellung: stehend
Oberfläche außen: lackiert

▶	▷	ø	◁	◀	Einheit	Ausf.-Dauer	Positionsnummer
304€	462€	**512€**	705€	1.083€	[St]	⏱ 2,50h/St	040.000.008

60 **Membran-Druckausdehnungsgefäß, über 500 Liter** KG **421**

Membran-Druckausdehnungsgefäß mit Abnahmebescheinigung DIN EN 13831 für Heizungswasser.
Zulässiger Betriebsdruck: **3 / 6 / 10 bar**
Vordruck Druckausdehnungsgefäß: ..... bar
Nennvolumen Ausdehnungsgefäß: ..... Liter
Werkstoff: Stahl
Aufstellung: stehend
Oberfläche außen: lackiert

▶	▷	ø	◁	◀	Einheit	Ausf.-Dauer	Positionsnummer
1.285€	1.946€	**2.212€**	2.639€	4.411€	[St]	⏱ 3,00h/St	040.000.011

61 **Trinkwarmwasserspeicher** KG **421**

Speicher-Wassererwärmung für Trinkwasser DIN 4753-7 und DVGW W 551. Mit Einbauheizfläche DIN 4708-2 als Glattrohrwärmetauscher aus geschweißtem nichtrostendem Stahlrohr. Warmwasserdauerleistung bei Erwärmung von 10 auf 60°C und Heizwasser-Vorlauftemperatur von 70°C ...... l/h. Behälter mit Korrosionsschutzeinrichtung, mit Anschlussstutzen für Heizmitteleintritt, Mess- und Regeleinrichtung, Kalt-, Warm- und Zirkulationswasser. Mit Wärmedämmung und Ummantelung, abnehmbar.
Bauart: **stehend / liegend**
Speicherinhalt: ..... Liter
Leistungskennzahl NI: ..... [ ]
Maximale Speichertemperatur: 95°C
Zulässiger Druck: **4 / 6 / 10 bar**
Maximale Heizwassertemperatur: ..... °C
Behälter: **Stahl emailliert / Edelstahl**
Durchmesser ohne Wärmedämmung: ..... m
Höhe: ..... m
Gewicht: ..... kg

▶	▷	ø	◁	◀	Einheit	Ausf.-Dauer	Positionsnummer
1.439€	3.021€	**3.465€**	4.562€	6.251€	[St]	⏱ 5,80h/St	040.000.020

Kosten:
Stand 4. Quartal 2024
Bundesdurchschnitt

▶ min
▷ von
ø Mittel
◁ bis
◀ max

62 Speicher-Wassererwärmer mit Solar, bis 400 Liter KG **421**

Bivalenter Speicher-Wassererwärmer für Trinkwasser DIN 4753-7 und DVGW W 551, mit zwei innenliegenden Heizflächen DIN 4708-2, mit Einbauheizfläche für Solaraufheizung und weiteren Wärmeerzeuger. Leistung einschl. Anschlüssen für Medien und für Messwertgeber, mit Revisionsöffnung, mit abnehmbarer Wärmedämmung und Ummantelung, mit Anschlussleitungen.
Speicher: Bauart stehend
Material: **nichtrostendem Stahl / Stahl emailliert**
Speicherinhalt: bis 400 Liter
DIN 4708-2 bei Erwärmung von 10 auf 45°C
Leistungskennzahl je Heizfläche mindestens NL 2,5
(nach DIN 4708 bei Speicher-/VL-Temperatur **60/70**°C)
Ausführung gem. nachfolgender Einzelbeschreibung: .....

869€ 1.578€ **1.890€** 2.376€ 3.084€ [St] ⏱ 2,50h/St 040.000.068

63 Elektro Heizeinsatz, Heizungsanlage KG **422**

Elektro-Heizeinsatz, Heizleistung von 2,4 oder 6kW wählbar. Einsetzbar bei weichem bis mittelhartem Trinkwasser bis 2,5mol/m³ (14° dH, Härtebereich mittel). Mit Sicherheitstemperaturbegrenzer und Temperaturregler.

322€ 411€ **454€** 501€ 608€ [St] ⏱ 1,00h/St 040.000.102

64 Umwälzpumpen, bis 2,50m³/h KG **421**

Kreiselpumpe als Umwälzpumpe, Ausführung als Nassläufer, für Heizwasser VDI 2035 Blatt 1+2, Wärmedämmschalen.
Leistung: **regelbar / stufenlos regelbar**
Regelgröße: **Druck / Differenzdruck / Temperatur / Signal**
Max. Betriebstemperatur: **90 / 100 / 110**°C
Max. Betriebsdruck: **6 / 10 / 16** bar
Maximale Druckerhöhung: ..... bar
Max. Förderleistung: ..... m³/h
Gewindeanschluss/Flanschanschluss: DN.....
Werkstoff Gehäuse: **Bronze / Gusseisen / Rotguss / Stahl, nichtrostend**
Werkstoff Laufrad: **Bronze / Kunststoff / Stahl, nichtrostend**
Energieeffizienzklasse: **A / B / C**

359€ 520€ **585€** 633€ 838€ [St] ⏱ 0,70h/St 040.000.009

65 Umwälzpumpen, bis 5,00m³/h KG **422**

Kreiselpumpe als Umwälzpumpe, Ausführung als Nassläufer, für Heizwasser VDI 2035 Blatt 1+2, Wärmedämmschalen.
Leistung: **regelbar / stufenlos regelbar**
Regelgröße: **Druck / Differenzdruck / Temperatur / Signal**
Max. Betriebstemperatur: **90 / 100 / 110**°C
Max. Betriebsdruck: **6 / 10 / 16** bar
Maximale Druckerhöhung: ..... bar
Max. Förderleistung: ..... m³/h
Gewindeanschluss/Flanschanschluss: DN.....
Werkstoff Gehäuse: **Bronze / Gusseisen / Rotguss / Stahl, nichtrostend**
Werkstoff Laufrad: **Bronze / Kunststoff / Stahl, nichtrostend**
Energieeffizienzklasse: **A / B / C**

609€ 719€ **772€** 826€ 917€ [St] ⏱ 0,80h/St 040.000.012

Nr. **Kurztext** / Langtext — Kostengruppe
▶ ▷ **ø netto €** ◁ ◀ [Einheit] Ausf.-Dauer Positionsnummer

Kosten:
Stand 4. Quartal 2024
Bundesdurchschnitt

66 **Umwälzpumpen, ab 5,00m³/h** KG **422**

Kreiselpumpe als Umwälzpumpe, Ausführung als Nassläufer, für Heizwasser VDI 2035 Blatt 1+2, Wärmedämmschalen.
Leistung: **regelbar / stufenlos regelbar**
Regelgröße: **Druck / Differenzdruck / Temperatur / Signal**
Max. Betriebstemperatur: **90 / 100 / 110**°C
Max. Betriebsdruck: **6 / 10 / 16** bar
Maximale Druckerhöhung: ..... bar
Max. Förderleistung: ..... m³/h
Gewindeanschluss/Flanschanschluss: DN.....
Werkstoff Gehäuse: **Bronze / Gusseisen / Rotguss / Stahl, nichtrostend**
Werkstoff Laufrad: **Bronze / Kunststoff / Stahl, nichtrostend**
Energieeffizienzklasse: **A / B / C**

1.008€ 1.211€ **1.284€** 1.522€ 2.369€ [St] ⏱ 1,00h/St 040.000.013

67 **Absperrklappen, bis DN25** KG **422**

Absperrklappe als Zwischenflanscharmatur, für Betrieb mit Heizungswasser, inkl. zwei Gegenflanschen.
Heizungswasser: **bis / über 120**°C
Gehäuse: **Guss / Bronze / .....**
Nenndruck PN: **6 / 10 / 16** bar
Nenndurchmesser Rohr: bis DN25
Betätigung: über **Handhebel / Rasterhebel**
Baulänge: .....

102€ 139€ **168€** 169€ 185€ [St] ⏱ 0,35h/St 040.000.049

68 **Absperrklappen, DN32** KG **422**

Absperrklappe als Zwischenflanscharmatur, für Betrieb mit Heizungswasser, inkl. zwei Gegenflanschen.
Heizungswasser: **bis / über 120**°C
Gehäuse: **Guss / Bronze / .....**
Nenndruck PN: **6 / 10 / 16** bar
Nenndurchmesser Rohr: DN32
Betätigung: über **Handhebel / Rasterhebel**
Baulänge: .....

111€ 142€ **163€** 189€ 220€ [St] ⏱ 0,38h/St 040.000.014

69 **Absperrklappen, DN65** KG **422**

Absperrklappe als Zwischenflanscharmatur, für Betrieb mit Heizungswasser, inkl. zwei Gegenflanschen.
Heizungswasser: **bis / über 120**°C
Gehäuse: **Guss / Bronze / .....**
Nenndruck PN: **6 / 10 / 16** bar
Nenndurchmesser Rohr: DN65
Betätigung: über **Handhebel / Rasterhebel**
Baulänge: .....

157€ 193€ **242€** 273€ 317€ [St] ⏱ 0,50h/St 040.000.017

▶ min
▷ von
ø Mittel
◁ bis
◀ max

70 Absperrklappen, DN80 KG **422**

Absperrklappe als Zwischenflanscharmatur, für Betrieb mit Heizungswasser, inkl. zwei Gegenflanschen.
Heizungswasser: **bis / über 120**°C
Gehäuse: **Guss / Bronze / .....**
Nenndruck PN: **6 / 10 / 16** bar
Nenndurchmesser Rohr: DN80
Betätigung: über **Handhebel / Rasterhebel**
Baulänge: .....

206€ 246€ **264€** 297€ 352€ [St] ⏱ 0,60h/St 040.000.018

71 Rückschlagventil, DN65 KG **422**

Rückschlagventil in Zwischenflanschausführung mit Spezialzentrierung, zum Einbau zwischen Rohrleitungsflanschen, inkl. Gegenflanschen, entsprechend langen Schrauben und Dichtungen.
Nennweite: DN65
Nenndruck: PN 6

133€ 186€ **207€** 307€ 448€ [St] ⏱ 0,40h/St 040.000.021

72 Dreiwegeventil, DN40 KG **421**

Dreiwege-Mischventil mit Verschraubung, Kennlinie A-AB gleichprozentig, B-AB linear. Für Heizungsverteilungen inkl. elektrischem Stellantrieb für 3-Punkt oder Auf-Zu-Regelung sowie Verschraubungen und Dichtungen.
Material Gehäuse: Grauguss
Nenndruck: PN 16
Nennweite: DN40
Max. Vorlauftemperatur: 95°C
kvs-Wert: 25 m^3/h
Spannung: 230 V, 50 Hz

303€ 444€ **576€** 627€ 719€ [St] ⏱ 0,90h/St 040.000.022

73 Heizungsverteiler, Wandmontage, 3 Heizkreise KG **421**

Heizungsverteiler als kombinierter Vor- und Rücklaufverteiler. Abgangsstutzen Vor- und Rücklauf nebeneinander, als Rohrstutzen, mit Vorschweißflansch. Für Abgänge DN25-DN100 mit Stutzenabstand 350mm, bei größeren Dimensionen 400mm. Flanschstutzen DN25-DN100 sind auf gleiche Spindelhöhe, für Armaturen entsprechend den Baulängenreihen F1, F4, oder K1, abgestimmt. Entleerungsmuffen DN15 für Vor- und Rücklaufbalken. Verteiler werkseitig druckgeprüft und grundiert. Heizkreisverteiler für 3 Heizkreise (1 Anschluss Wärmeerzeuger Vor-/Rücklauf, 2 Anschlüsse für Heizkreise (DN25-DN100). Inkl. Wärmedämmschalen für Verteiler entsprechend Heizungsanlagenverordnung.
Material: Stahl
Vorschweißflansch: **PN 6 / PN 10 / PN 16**

252€ 266€ **313€** 329€ 691€ [St] ⏱ 0,75h/St 040.000.050

Nr.	Kurztext / Langtext						Kostengruppe
▶	▷	**ø netto €**	◁	◀	[Einheit]	Ausf.-Dauer	Positionsnummer

74 Heizungsverteiler, Wandmontage, 5 Heizkreise KG **421**

Heizungsverteiler als kombinierter Vor- und Rücklaufverteiler. Abgangsstutzen Vor- und Rücklauf nebeneinander, als Rohrstutzen, mit Vorschweißflansch. Für Abgänge DN25-DN100 mit Stutzenabstand 350mm, bei größeren Dimensionen 400mm. Flanschstutzen DN25-DN100 sind auf gleiche Spindelhöhe, für Armaturen entsprechend den Baulängenreihen F1, F4, oder K1, abgestimmt. Entleerungsmuffen DN15 für Vor- und Rücklaufbalken. Verteiler werkseitig druckgeprüft und grundiert. Heizkreisverteiler für 5 Heizkreise (1 Anschluss Wärmeerzeuger Vor-/Rücklauf, 2 Anschlüsse für Heizkreise (DN25 - DN100). Inkl. Wärmedämmschalen für Verteiler entsprechend Heizungsanlagenverordnung.
Material: Stahl
Vorschweißflansch: **PN 6 / PN 10 / PN 16**

386€ 410€ **456€** 540€ 738€ [St] ⏱ 0,90h/St 040.000.051

75 Füllarmatur, Heizung KG **421**

Manuelle Heizungsfüll-/-nachfüllstation mit flexibler Schlauchanbindung zum Befüllen von Warmwasser-Heizungsanlagen. Bestehend aus Absperrarmatur mit Systemtrenner, einem Wandschlauchhalter, 5 m Wasserschlauch 1/2" für maximal 12 bar Betriebsdruck, zwei halben Schlauchverschraubungen 1/2" aus Messing, inklusive Befestigungselementen für Wandbefestigung.
Temperaturbereich: bis 40°C (Füllwasser)

25€ 31€ **35€** 38€ 48€ [St] ⏱ 0,10h/St 040.000.052

76 Stundensatz, Obermonteur/-in Heizung

Verrechnungssatz für die jeweilige Arbeitskraft inkl. aller Aufwendungen wie Lohn- und Gehaltskosten, Lohn- und Gehaltsnebenkosten, Zuschläge, lohngebundene und lohnabhängige Kosten, sonstige Sozialkosten, Gemeinkosten, Wagnis und Gewinn. Leistung nach besonderer Anordnung der Bauüberwachung. Nachweis und Anmeldung gem. VOB/B.

61€ 64€ **66€** 68€ 72€ [h] ⏱ 1,00h/h 040.000.098

77 Stundensatz, Helfer/-in Heizung

Verrechnungssatz für die jeweilige Arbeitskraft inkl. aller Aufwendungen wie Lohn- und Gehaltskosten, Lohn- und Gehaltsnebenkosten, Zuschläge, lohngebundene und lohnabhängige Kosten, sonstige Sozialkosten, Gemeinkosten, Wagnis und Gewinn. Leistung nach besonderer Anordnung der Bauüberwachung. Nachweis und Anmeldung gem. VOB/B.

39€ 46€ **49€** 54€ 62€ [h] ⏱ 1,00h/h 040.000.099

Kosten:
Stand 4. Quartal 2024
Bundesdurchschnitt

▶ min
▷ von
ø Mittel
◁ bis
◀ max

Nr.	Positionen	Einheit	►	▷	ø brutto € / ø netto €	◁	◀
1	Strangregulierventil, DN15	St	81	101	**112**	120	144
			68	85	**94**	101	121
2	Überströmventil, DN15	St	64	108	**132**	146	190
			54	91	**111**	123	160
3	Schmutzfänger, DN40	St	103	142	**157**	224	300
			87	119	**132**	188	252
4	Schnellentlüfter, DN10	St	16	42	**49**	68	136
			14	35	**41**	58	114
5	Zeigerthermometer, Bimetall	St	19	28	**34**	61	92
			16	24	**29**	51	78
6	Manometer, Rohrfeder	St	48	74	**93**	102	142
			40	62	**78**	86	119
7	Absperrventil, Guss, DN15	St	36	56	**63**	85	117
			30	47	**53**	71	99
8	Absperrventil, Guss, DN20	St	64	82	**85**	99	128
			54	69	**71**	83	108
9	Absperrventil, Guss, DN25	St	67	123	**138**	149	184
			56	103	**116**	125	155
10	Absperrventil, Guss, DN32	St	88	141	**157**	208	304
			74	118	**132**	175	256
11	Absperrventil, Guss, DN40	St	156	203	**215**	238	284
			131	170	**181**	200	239
12	Absperrventil, Guss, DN50	St	217	256	**273**	324	379
			182	215	**229**	273	319
13	Absperrventil, Guss, DN65	St	228	313	**314**	345	410
			191	263	**264**	290	345
14	Badheizkörper/Handtuchheizkörper, beschichtet	St	520	875	**978**	1.143	1.938
			437	735	**822**	961	1.629
15	Rohrleitung, Kupfer, DN15	m	15	22	**24**	28	36
			12	18	**20**	24	30
16	Rohrleitung, Kupfer, DN20	m	19	27	**31**	33	43
			16	23	**26**	28	36
17	Rohrleitung, Kupfer, DN25	m	31	36	**38**	43	50
			26	30	**32**	36	42
18	Rohrleitung, C-Stahlrohr, DN10	m	16	19	**22**	25	28
			13	16	**18**	21	23
19	Rohrleitung, C-Stahlrohr, DN12	m	16	20	**24**	25	28
			13	17	**20**	21	24
20	Rohrleitung, C-Stahlrohr, DN15	m	18	23	**25**	27	31
			15	19	**21**	23	26
21	Rohrleitung, C-Stahlrohr, DN20	m	24	24	**30**	39	42
			20	20	**25**	33	36
22	Rohrleitung, C-Stahlrohr, DN25	m	30	35	**37**	40	45
			25	29	**31**	33	37
23	Rohrleitung, C-Stahlrohr, DN32	m	37	44	**45**	47	54
			31	37	**38**	39	45
24	Rohrleitung, C-Stahlrohr, DN40	m	35	48	**62**	67	79
			29	41	**52**	56	66

Kosten:
Stand 4. Quartal 2024
Bundesdurchschnitt

► min
▷ von
ø Mittel
◁ bis
◀ max

Mustertexte geprüft: Zentralverband Sanitär Heizung Klima (ZVSHK)

Nr.	Positionen	Einheit	▶	▷	ø brutto € / ø netto €	◁	◀
25	Rohrleitung, C-Stahlrohr, DN50	m	40	66	**73**	81	99
			33	56	**61**	68	83
26	Rohrleitung, C-Stahlrohr, Bogen, DN50	St	15	31	**39**	46	61
			13	26	**32**	39	52
27	Rohrleitung, Stahlrohr, DN65	m	43	52	**56**	62	81
			36	44	**47**	52	68
28	Rohrleitung, Stahlrohr, DN80	m	52	58	**64**	70	85
			44	48	**54**	59	71
29	Rohrleitung, Stahlrohr, DN100	m	69	73	**88**	104	107
			58	61	**74**	87	90
30	Rohrleitung, Stahlrohr, DN150	m	87	97	**107**	117	119
			73	81	**90**	98	100
31	Rohrleitung, PE-X 17mm, Fußbodenheizung	m	10	13	**14**	15	18
			8	11	**12**	13	15
32	Rohrleitung, PE-X 20mm, Fußbodenheizung	m	13	15	**17**	17	21
			11	13	**14**	14	18
33	Rohrleitung, PE-X 25mm, Fußbodenheizung	m	19	22	**23**	24	27
			16	18	**19**	20	23
34	Rohrleitung, Verbundrohr, 16mm, Fußbodenheizung	m	26	29	**29**	30	31
			22	24	**25**	25	26
35	Rohrleitung, Verbundrohr, 20mm, Fußbodenheizung	m	28	33	**37**	39	42
			23	28	**31**	33	35
36	Rohrleitung, Verbundrohr, 26mm, Fußbodenheizung	m	31	35	**42**	46	50
			26	29	**35**	39	42
37	Röhrenheizkörper, Stahl, h=500	St	10	11	**17**	20	22
			9	10	**14**	17	19
38	Röhrenheizkörper, Stahl, h=600	St	17	18	**22**	26	30
			14	15	**19**	22	25
39	Röhrenheizkörper, Stahl, h=900	St	18	19	**28**	35	37
			15	16	**23**	29	31
40	Kompaktheizkörper, Stahl, H=500, L=bis 700, Typ 11	St	185	213	**232**	260	301
			156	179	**195**	218	253
41	Kompaktheizkörper, Stahl, H=500, L=bis 700, Typ 22	St	206	236	**257**	288	334
			173	199	**216**	242	281
42	Kompaktheizkörper, Stahl, H=500, L=bis 700, Typ 33	St	292	336	**365**	409	474
			245	282	**307**	343	398
43	Kompaktheizkörper, Stahl, H=500, L=700-1.400, Typ 11	St	347	399	**433**	477	529
			291	335	**364**	401	444
44	Kompaktheizkörper, Stahl, H=500, L=700-1.400, Typ 22	St	371	426	**464**	519	603
			312	358	**390**	436	506
45	Kompaktheizkörper, Stahl, H=500, L=700-1.400, Typ 33	St	511	588	**639**	716	830
			429	494	**537**	601	698
46	Kompaktheizkörper, Stahl, H=500, L=1.400-2.100, Typ 11	St	476	547	**595**	666	773
			400	460	**500**	560	649
47	Kompaktheizkörper, Stahl, H=500, L=1.400-2.100, Typ 22	St	537	617	**671**	752	872
			451	519	**564**	632	733
48	Kompaktheizkörper, Stahl, H=500, L=1.400-2.100, Typ 33	St	693	797	**867**	936	1.040
			583	670	**728**	786	874

Nr.	Positionen	Einheit	►	▷	ø brutto € / ø netto €	◁	◄
49	Kompaktheizkörper, Stahl, H=600, L=bis 700, Typ 11	St	213	245	**266**	298	346
			179	206	**224**	250	291
50	Kompaktheizkörper, Stahl, H=600, L=bis 700, Typ 22	St	239	274	**298**	334	388
			201	231	**251**	281	326
51	Kompaktheizkörper, Stahl, H=600, L=bis 700, Typ 33	St	319	367	**399**	447	519
			268	308	**335**	376	436
52	Kompaktheizkörper, Stahl, H=600, L=700-1.400, Typ 11	St	379	436	**474**	521	578
			318	366	**398**	438	486
53	Kompaktheizkörper, Stahl, H=600, L=700-1.400, Typ 22	St	435	501	**544**	609	707
			366	421	**457**	512	594
54	Kompaktheizkörper, Stahl, H=600, L=700-1.400, Typ 33	St	543	625	**679**	761	883
			457	525	**571**	639	742
55	Kompaktheizkörper, Stahl, H=600, L=1.400-2.100, Typ 11	St	492	565	**615**	688	799
			413	475	**517**	579	671
56	Kompaktheizkörper, Stahl, H=600, L=1.400-2.100, Typ 22	St	551	634	**689**	772	896
			463	533	**579**	649	753
57	Kompaktheizkörper, Stahl, H=600, L=1.400-2.100, Typ 33	St	717	825	**897**	969	1.076
			603	693	**754**	814	904
58	Kompaktheizkörper, Stahl, H=900, L=bis 700, Typ 11	St	281	323	**351**	393	456
			236	271	**295**	330	383
59	Kompaktheizkörper, Stahl, H=900, L=bis 700, Typ 22	St	313	360	**391**	438	508
			263	302	**329**	368	427
60	Kompaktheizkörper, Stahl, H=900, L=bis 700, Typ 33	St	429	493	**536**	600	697
			360	414	**450**	505	586
61	Kompaktheizkörper, Stahl, H=900, L=1.400-2.100, Typ 11	St	663	762	**828**	928	1.077
			557	640	**696**	780	905
62	Kompaktheizkörper, Stahl, H=900, L=1.400-2.100, Typ 22	St	717	825	**897**	1.004	1.166
			603	693	**754**	844	980
63	Kompaktheizkörper, Stahl, H=900, L=1.400-2.100, Typ 33	St	903	1.038	**1.129**	1.219	1.320
			759	872	**948**	1.024	1.110
64	Radiavektoren, Profilrohre, H=140, L=bis 700	St	538	762	**826**	977	1.078
			452	640	**694**	821	906
65	Radiavektoren, Profilrohre, H=140, L=1.400-2.100	St	871	1.312	**1.361**	1.715	2.117
			732	1.103	**1.144**	1.441	1.779
66	Radiavektoren, Profilrohre, H=210, L=bis 700	St	550	758	**901**	1.087	1.337
			462	637	**757**	914	1.123
67	Radiavektoren, Profilrohre, H=210, L=1.400-2.100	St	1.110	1.673	**1.834**	2.056	2.604
			933	1.406	**1.541**	1.727	2.188
68	Radiavektoren, Profilrohre, H=280, L=bis 700	St	557	917	**1.002**	1.253	1.613
			468	770	**842**	1.053	1.356
69	Radiavektoren, Profilrohre, H=280, L=700-1.400	St	725	1.248	**1.454**	1.789	2.301
			609	1.049	**1.222**	1.504	1.933
70	Thermostatventil, DN15	St	16	24	**30**	36	44
			14	20	**25**	31	37
71	Heizkörperverschraubung, DN15	St	19	24	**27**	29	36
			16	20	**23**	24	30
72	Heizkörper ausbauen/wieder einbauen	St	38	59	**74**	97	189
			32	50	**62**	81	159

Kosten:
Stand 4. Quartal 2024
Bundesdurchschnitt

► min
▷ von
ø Mittel
◁ bis
◄ max

Nr.	Positionen	Einheit	▶	▷	ø brutto € / ø netto €	◁	◀
73	Kappenventil, Ausdehnungsgefäß, DN20	St	33	37	**46**	57	60
			28	31	**38**	48	51
74	Muffenkugelhahn, DN15	St	10	26	**33**	42	62
			9	22	**27**	36	52
75	Membran-Sicherheitsventil	St	13	23	**29**	38	44
			11	19	**24**	32	37
76	Verteiler Heizungswasser	St	296	442	**509**	599	774
			249	371	**428**	504	651
77	Deckenstrahlplatte, Stahlblech beschichtet/Stahlrohre	St	3.178	4.282	**4.539**	5.044	7.583
			2.671	3.599	**3.814**	4.239	6.372
78	Heizkreisverteiler, Fußbodenheizung, 5 Heizkreise	St	245	352	**390**	424	486
			206	296	**328**	356	409
79	Verteilerschrank, Fußbodenheizung, Unterputz	St	655	665	**744**	796	856
			550	559	**625**	669	720
80	Verteilerschrank, Fußbodenheizung, Aufputz	St	637	643	**683**	726	730
			535	540	**574**	610	613
81	Umlenkungsbogen, Heizleitung	St	3	4	**5**	6	7
			3	4	**4**	5	6
82	Tacker/EPS-Systemträger, Fußbodenheizung	m²	10	11	**13**	14	17
			8	9	**11**	12	14
83	Noppen/EPS-Systemträger, Fußbodenheizung	m²	11	14	**15**	16	18
			10	12	**12**	13	15
84	Noppen-Systemträger, Dämmung, Fußbodenheizung	m²	18	25	**25**	30	36
			15	21	**21**	25	31
85	Noppen-Systemträger, Fußbodenheizung	m²	13	17	**19**	22	27
			11	14	**16**	19	23
86	Fußbodenheizung, Typ A, Träger/PE-X Rohr, 100	m²	37	40	**41**	44	49
			31	34	**35**	37	41
87	Fußbodenheizung, Typ A, Träger/PE-X Rohr, 200	m²	29	30	**32**	35	37
			24	26	**27**	29	31
88	Anbindeleitung, PE-X 17mm, Fußbodenheizung	m	4	6	**6**	7	8
			3	5	**5**	6	7
89	Schutzummantelung, Fußbodenheizrohr	St	2	4	**4**	4	7
			2	3	**4**	4	6
90	Ummantelung, Anbindeleitung	m	2	3	**4**	5	7
			2	3	**3**	5	6
91	Funktionsheizen, Fußbodenheizung	m²	2	2	**3**	4	6
			1	2	**2**	3	5
92	Belegreifheizen, Fußbodenheizung	m²	0,3	0,5	**0,6**	0,9	4,0
			0,3	0,4	**0,5**	0,7	3,4
93	Einregulierung/Inbetriebnahme, Fußbodenheizung	psch	350	446	**1.221**	3.245	5.570
			294	375	**1.026**	2.727	4.681
94	Messung, Feuchte, Fußbodenheizung	St	61	63	**79**	96	107
			51	53	**66**	81	90
95	Abgleichventil, hydraulisch DN15	St	136	142	**190**	229	280
			114	119	**160**	192	236
96	Abgleichventil, hydraulisch DN20	St	140	204	**221**	250	311
			118	172	**186**	210	261

Nr.	Positionen	Einheit	▶	▷	ø brutto € / ø netto €	◁	◀
97	Abgleichventil, hydraulisch DN32	St	216	250	**280**	300	352
			182	210	**235**	252	296
98	Abgleichventil, hydraulisch DN50	St	303	322	**360**	376	433
			255	270	**302**	316	364
99	Abgleichventil, hydraulisch DN80	St	905	983	**1.050**	1.097	1.135
			761	826	**882**	922	954
100	Schlamm und Magnetitabscheider 1 1/4"	St	251	267	**273**	291	312
			211	224	**229**	244	263
101	Schlamm und Magnetitabscheider 1 1/2"	St	318	418	**445**	480	526
			268	351	**374**	403	442
102	Hydraulischer Abgleich	St	502	616	**651**	797	977
			421	518	**547**	670	821

Kosten:
Stand 4. Quartal 2024
Bundesdurchschnitt

Nr. **Kurztext** / Langtext — Kostengruppe
▶ ▷ **ø netto €** ◁ ◀ [Einheit] Ausf.-Dauer Positionsnummer

1 Strangregulierventil, DN15 KG **421**

Strangregulierventil als Durchgangsventil in Schrägsitzausführung. Stufenlose Voreinstellung über Handrad. Ablesbarkeit der Voreinstellung unabhängig von der Handradstellung. Alle Funktionselemente auf der Handradseite. Montage im Vor- und Rücklauf möglich. Ventilgehäuse und Kopfstück, Spindel und Ventilkegel aus entzinkungsbeständigem **Messing (Ms-EZB) / Rotguss**, Kegel mit Dichtung aus PTFE, wartungsfreie Spindelabdichtung durch doppelten O-Ring. Messventil und Füll- und Entleerkugelhahn anschließ- und austauschbar. Inklusive Verschraubung beidseitig.
Strangregulierventil: **PN 6 / 10 / 16** bar
Ventilgehäuse und Kopfstück aus: **Rotguss / Grauguss**
Betriebstemperatur **120 / 150**°C
Nennweite: DN15
Anschlussgewinde: Rp 1/2 IG

68€ 85€ **94€** 101€ 121€ [St] ⏱ 0,20h/St 041.000.009

2 Überströmventil, DN15 KG **421**

Differenzdruck-Überströmventil mit Federhaube aus Kunststoff, Membrane aus EPDM, einschl. Anzeigenhülse, inkl. beidseitiger Verschraubung.
Ausführung: **Eckausführung / gerade Ausführung**
Material: **Messing / Rotguss / Grauguss** mit eingebauter Differenzdruck-Anzeige
Differenzdruck: zwischen 0,05 und 0,5 bar
Betriebstemperatur: **110 / 120 / 150°C**
Betriebsdruck: max. **3 / 6 / 10** bar
Nennweite: DN15
Anschlussgewinde Rp 1/2 IG

54€ 91€ **111€** 123€ 160€ [St] ⏱ 0,35h/St 041.000.010

▶ min
▷ von
ø Mittel
◁ bis
◀ max

Nr.	Kurztext / Langtext						Kostengruppe
▶	▷	ø netto €	◁	◀	[Einheit]	Ausf.-Dauer	Positionsnummer

3 **Schmutzfänger, DN40** KG **421**

Schmutzfänger, mit **einfachem / doppeltem** Sieb, aus Niro-Stahldrahtgeflecht.
Betriebsdruck: PN **6 / 10 / 16** bar
Gehäuse: Grauguss
Betriebstemperatur: **110 / 120 / 150**°C
Nennweite: DN40
Anschlussgewinde: Rp 1 1/2 IG

87€ | 119€ | **132€** | 188€ | 252€ | [St] | ⏱ 0,30h/St | 041.000.011

4 **Schnellentlüfter, DN10** KG **421**

Schwimmerentlüfter zur permanenten, automatischen Entlüftung von Heizungsanlagen.
Anschlussgewinde: Rp 3/8 IG
Material Gehäuse: **Messing / Grauguss**
Material Schwimmer: Kunststoff
Betriebstemperatur: 115°C
Betriebsdruck PN: **6 / 10 / 16** bar

14€ | 35€ | **41€** | 58€ | 114€ | [St] | ⏱ 0,10h/St | 041.000.012

5 **Zeigerthermometer, Bimetall** KG **421**

Zeigerthermometer DIN EN 13190, Tauchrohr radial, aus nichtrostendem Stahl, inklusive Tauchhülse, eingeschweißt in Medienrohr.
Messelement: Bimetall
Tauchrohr-Einbaulänge: **63 / 80 / 100 / 160** mm
Tauchrohrdurchmesser: **6 / 8 / 10** mm
Gehäuse: **Aluminium / Edelstahl**
Übersteckring: **Messing / Edelstahl**, poliert
Gehäusedurchmesser: **63 / 80 / 100 / 160** mm
Anzeigebereich: **-40 / 0**°C bis **60 / 100 / 160**°C
Zifferblatt: Aluminium, weiß, Skalenaufdruck schwarz
Instrumentenglas Schutzart: IP65
Messgenauigkeit: Klasse 1

16€ | 24€ | **29€** | 51€ | 78€ | [St] | ⏱ 0,05h/St | 041.000.013

6 **Manometer, Rohrfeder** KG **421**

Manometer, als Rohrfedermanometer mit verstellbarer Markierung, Rohrfeder aus nichtrostendem Stahl.
Anschlusszapfen: R 1/4, radial nach unten
Anschluss: **hinten / seitlich**
Gehäusedurchmesser: **63 / 80 / 100 / 160** mm
Gehäuse: **Messing / nichtrostender Stahl**
Anzeigebereich: bis **3 / 6 / 10 / 16 / 25** bar
Nenndruck: PN **6 / 10 / 16 / 25** bar
Messgenauigkeit: 1,6% vom Skalenendwert

40€ | 62€ | **78€** | 86€ | 119€ | [St] | ⏱ 0,05h/St | 041.000.014

Nr. **Kurztext** / Langtext — Kostengruppe
▶ ▷ **ø netto €** ◁ ◀ [Einheit] Ausf.-Dauer Positionsnummer

A 1 Absperrventil, Guss Beschreibung für Pos. **7-13**

Absperrventil als Durchgangsventil in Schrägsitzausführung, mit Entleerung. Spindel und Ventilkegel aus entzinkungsbeständigem Messing (Ms-EZB), Kegel mit Dichtung aus PTFE, wartungsfreie Spindelabdichtung durch doppelten O-Ring, inklusive beidseitiger Verschraubung, zwei Gegenflanschen mit Schrauben, Pressverbindung inklusive Pressfittinge.

7 Absperrventil, Guss, DN15 KG **422**

Wie Ausführungsbeschreibung A 1
Betriebsdruck PN: **6 / 10 / 16** bar
Gehäuse und Kopfstück: **Rotguss / Grauguss**
Betriebstemperatur: **120 / 150**°C
Nennweite: DN15
Anschluss: Rp 1/2 IG x Rp 1/2 IG

30€ 47€ **53€** 71€ 99€ [St] ⏱ 0,30h/St 041.000.033

8 Absperrventil, Guss, DN20 KG **422**

Wie Ausführungsbeschreibung A 1
Betriebsdruck PN: **6 / 10 / 16** bar
Gehäuse und Kopfstück: **Rotguss / Grauguss**
Betriebstemperatur: **120 / 150**°C
Nennweite: DN20
Anschluss: Rp 3/4 IG x Rp 3/4 IG

54€ 69€ **71€** 83€ 108€ [St] ⏱ 0,32h/St 041.000.034

9 Absperrventil, Guss, DN25 KG **422**

Wie Ausführungsbeschreibung A 1
Betriebsdruck PN: **6 / 10 / 16** bar
Gehäuse und Kopfstück: **Rotguss / Grauguss**
Betriebstemperatur: **120 / 150**°C
Nennweite: DN25
Anschluss: Rp 1 IG x Rp 1 IG

56€ 103€ **116€** 125€ 155€ [St] ⏱ 0,36h/St 041.000.035

10 Absperrventil, Guss, DN32 KG **422**

Wie Ausführungsbeschreibung A 1
Betriebsdruck PN: **6 / 10 / 16** bar
Gehäuse und Kopfstück: **Rotguss / Grauguss**
Betriebstemperatur: **120 / 150**°C
Nennweite: DN32
Anschluss: Rp 1 1/4 IG x Rp 1 1/4 IG

74€ 118€ **132€** 175€ 256€ [St] ⏱ 0,40h/St 041.000.036

Kosten:
Stand 4. Quartal 2024
Bundesdurchschnitt

▶ min
▷ von
ø Mittel
◁ bis
◀ max

11 Absperrventil, Guss, DN40 KG **422**

Wie Ausführungsbeschreibung A 1
Betriebsdruck PN: **6 / 10 / 16** bar
Gehäuse und Kopfstück: **Rotguss / Grauguss**
Betriebstemperatur: **120 / 150**°C
Nennweite: DN40
Anschluss: Rp 1 1/2 IG x Rp 1 1/2 IG

131€ 170€ **181€** 200€ 239€ [St] ⏱ 0,45h/St 041.000.037

12 Absperrventil, Guss, DN50 KG **422**

Wie Ausführungsbeschreibung A 1
Betriebsdruck PN: **6 / 10 / 16** bar
Gehäuse und Kopfstück: **Rotguss / Grauguss**
Betriebstemperatur: **120 / 150**°C
Nennweite: DN50
Anschluss: Rp 2 IG x Rp 2 IG

182€ 215€ **229€** 273€ 319€ [St] ⏱ 0,50h/St 041.000.038

13 Absperrventil, Guss, DN65 KG **422**

Wie Ausführungsbeschreibung A 1
Betriebsdruck PN: **6 / 10 / 16** bar
Gehäuse und Kopfstück: **Rotguss / Grauguss**
Betriebstemperatur: **120 / 150**°C
Nennweite: DN65
Anschluss: Rp 2 1/2 IG x Rp 2 1/2 IG

191€ 263€ **264€** 290€ 345€ [St] ⏱ 0,60h/St 041.000.039

14 Badheizkörper/Handtuchheizkörper, beschichtet KG **423**

Bad-/ Handtuchheizkörper mit Thermostat und elektrischem Heizeinsatz. Rohre horizontal, gerade, mit integrierter 2-Rohr Armatur und Anschlussverschraubung, inkl. elektr. Raumtemperaturregelung, Elektroheizpatrone mit Trockenlaufschutz, einschl. Montage und Anschluss.
Material: Stahl
Beschichtung DIN 55900-2: Pulverbeschichtung
Farbe: **weiß / Sonderfarbton**
Maximale Betriebstemperatur: **90 / 120**°C
Maximaler Betriebsdruck PN: **6 / 10** bar
Höhe: 1800 mm
Breite: 600 mm
Tiefe: 40 mm
Heizleistung DIN EN 442-2: 800 W
Elektrische Heizpatrone 230 V / 50 Hz: 600 W
Schutzart: IP 3X DIN EN 60529 (VDE 0470-1)

437€ 735€ **822€** 961€ 1.629€ [St] ⏱ 1,80h/St 041.000.015

Nr.	Kurztext / Langtext						Kostengruppe
▶	▷	ø netto €	◁	◀	[Einheit]	Ausf.-Dauer	Positionsnummer

A 2 Rohrleitung, Kupfer Beschreibung für Pos. **15-17**

Rohrleitung aus nahtlosem Kupferrohr DIN EN 1057, für Heizungswasser, Form- und Verbindungsstücke werden gesondert vergütet, inkl. Rohrbefestigung, Schweiß-, Löt-, Dichtungsmittel und Herstellen der Verbindungen.

15 Rohrleitung, Kupfer, DN15 KG **422**

Wie Ausführungsbeschreibung A 2
Außendurchmesser: 18 mm
Rohrstärke: 1 mm

12€ 18€ **20€** 24€ 30€ [m] ⏱ 0,15h/m 041.000.110

16 Rohrleitung, Kupfer, DN20 KG **422**

Wie Ausführungsbeschreibung A 2
Außendurchmesser: 22 mm
Rohrstärke: 1 mm

16€ 23€ **26€** 28€ 36€ [m] ⏱ 0,17h/m 041.000.111

17 Rohrleitung, Kupfer, DN25 KG **422**

Wie Ausführungsbeschreibung A 2
Außendurchmesser: 28 mm
Rohrstärke: 1 mm

26€ 30€ **32€** 36€ 42€ [m] ⏱ 0,20h/m 041.000.112

A 3 Rohrleitung, C-Stahlrohr Beschreibung für Pos. **18-25**

Rohrleitung in Stangen, geschweißte Ausführung, Rohre außen grundiert mit Kunststoffmantel aus Polypropylen, einschl. Fittings, Materialwechsel bei Armaturen etc. bis DN50, falls nicht separat aufgeführt.

18 Rohrleitung, C-Stahlrohr, DN10 KG **422**

Wie Ausführungsbeschreibung A 3
C-Stahlrohr: .....
Werkstoff: RSt. 34-2
Farbe: **..... / cremeweiß RAL 9001**
Nennweite: 12 x 1,2 mm

13€ 16€ **18€** 21€ 23€ [m] ⏱ 0,13h/m 041.000.121

19 Rohrleitung, C-Stahlrohr, DN12 KG **422**

Wie Ausführungsbeschreibung A 3
C-Stahlrohr: .....
Werkstoff: RSt. 34-2
Farbe: **..... / cremeweiß RAL 9001**
Nennweite: 15 x 1,2 mm

13€ 17€ **20€** 21€ 24€ [m] ⏱ 0,15h/m 041.000.122

Kosten:
Stand 4. Quartal 2024
Bundesdurchschnitt

▶ min
▷ von
ø Mittel
◁ bis
◀ max

Nr.	Kurztext / Langtext						Kostengruppe
▶	▷	**ø netto €**	◁	◀	[Einheit]	Ausf.-Dauer	Positionsnummer

20 Rohrleitung, C-Stahlrohr, DN15 KG **422**

Wie Ausführungsbeschreibung A 3
C-Stahlrohr: .....
Werkstoff: RSt. 34-2
Farbe: **..... / cremeweiß RAL 9001**
Nennweite: 18 x 1,2 mm

15€	19€	**21€**	23€	26€	[m]	⏱ 0,18 h/m	041.000.001

21 Rohrleitung, C-Stahlrohr, DN20 KG **422**

Wie Ausführungsbeschreibung A 3
C-Stahlrohr: .....
Werkstoff: RSt. 34-2
Farbe: **..... / cremeweiß RAL 9001**
Nennweite: 22 x 1,5 mm

20€	20€	**25€**	33€	36€	[m]	⏱ 0,22 h/m	041.000.017

22 Rohrleitung, C-Stahlrohr, DN25 KG **422**

Wie Ausführungsbeschreibung A 3
C-Stahlrohr: .....
Werkstoff: RSt. 34-2
Farbe: **..... / cremeweiß RAL 9001**
Nennweite: 28 x 1,5 mm

25€	29€	**31€**	33€	37€	[m]	⏱ 0,25 h/m	041.000.018

23 Rohrleitung, C-Stahlrohr, DN32 KG **422**

Wie Ausführungsbeschreibung A 3
C-Stahlrohr: .....
Werkstoff: RSt. 34-2
Farbe: **..... / cremeweiß RAL 9001**
Nennweite: 35 x 1,5 .mm

31€	37€	**38€**	39€	45€	[m]	⏱ 0,28 h/m	041.000.019

24 Rohrleitung, C-Stahlrohr, DN40 KG **422**

Wie Ausführungsbeschreibung A 3
C-Stahlrohr: .....
Werkstoff: RSt. 34-2
Farbe: **..... / cremeweiß RAL 9001**
Nennweite: 42 x 1,5 mm

29€	41€	**52€**	56€	66€	[m]	⏱ 0,33 h/m	041.000.020

Kosten:
Stand 4. Quartal 2024
Bundesdurchschnitt

Nr.	**Kurztext** / Langtext					Kostengruppe
▶	▷	**ø netto €**	◁	◀	[Einheit]	Ausf.-Dauer	Positionsnummer

25 Rohrleitung, C-Stahlrohr, DN50 KG **422**
Wie Ausführungsbeschreibung A 3
C-Stahlrohr: .....
Werkstoff: RSt. 34-2
Farbe: **..... / cremeweiß RAL 9001**
Nennweite: 54 x 1,5 mm

▶	▷	ø	◁	◀	Einheit	Ausf.-Dauer	Positionsnummer
33€	56€	**61€**	68€	83€	[m]	0,36 h/m	041.000.021

26 Rohrleitung, C-Stahlrohr, Bogen, DN50 KG **422**
Form- und Verbindungsstücke als Bogen 90°, für Rohrleitung in geschweißter Ausführung. Rohrleitung: Präzisionsstahlrohr DIN EN 10305-3
Werkstoff: .....
Außendurchmesser: 54 mm

▶	▷	ø	◁	◀	Einheit	Ausf.-Dauer	Positionsnummer
13€	26€	**32€**	39€	52€	[St]	0,40 h/St	041.000.002

A 4 Rohrleitung, Stahlrohr Beschreibung für Pos. **27-30**
Rohrleitung aus nahtlosem Stahlrohr, für Heizungswasser, Form- und Verbindungsstücke werden gesondert vergütet, inkl. Rohrbefestigung.

27 Rohrleitung, Stahlrohr, DN65 KG **422**
Wie Ausführungsbeschreibung A 4
Rohrleitung: Stahlrohr DIN EN 10216-1, Maße DIN EN 10220
Oberfläche: schwarz
Außendurchmesser: 76,1 mm
Verlegung: bis **3,50 / 5,00 / 7,00** m über **Gelände / Fußboden**

▶	▷	ø	◁	◀	Einheit	Ausf.-Dauer	Positionsnummer
36€	44€	**47€**	52€	68€	[m]	0,40 h/m	041.000.022

28 Rohrleitung, Stahlrohr, DN80 KG **422**
Wie Ausführungsbeschreibung A 4
Rohrleitung: Stahlrohr DIN EN 10216-1, Maße DIN EN 10220
Oberfläche: schwarz
Außendurchmesser: 88,9 mm
Verlegung: bis **3,50 / 5,00 / 7,00** m **über Gelände / Fußboden**

▶	▷	ø	◁	◀	Einheit	Ausf.-Dauer	Positionsnummer
44€	48€	**54€**	59€	71€	[m]	0,44 h/m	041.000.023

29 Rohrleitung, Stahlrohr, DN100 KG **422**
Wie Ausführungsbeschreibung A 4
Rohrleitung: Stahlrohr DIN EN 10216-1, Maße DIN EN 10220
Oberfläche: schwarz
Außendurchmesser: 108 mm
Verlegung: bis **3,50 / 5,00 / 7,00** m **über Gelände / Fußboden**

▶	▷	ø	◁	◀	Einheit	Ausf.-Dauer	Positionsnummer
58€	61€	**74€**	87€	90€	[m]	0,48 h/m	041.000.024

▶ min
▷ von
ø Mittel
◁ bis
◀ max

30 Rohrleitung, Stahlrohr, DN150 KG **422**

Wie Ausführungsbeschreibung A 4
Rohrleitung: Stahlrohr DIN EN 10216-1, Maße DIN EN 10220
Oberfläche: schwarz
Außendurchmesser: 168,3 mm
Verlegung: bis **3,50 / 5,00 / 7,00** m über **Gelände / Fußboden**

73€ 81€ **90€** 98€ 100€ [m] ⏱ 0,55h/m 041.000.025

A 5 Rohrleitung, PE-X-Rohr, Fußbodenheizung Beschreibung für Pos. **31-33**

Rohrleitung der Fußbodenheizung DIN EN 1264-1, für Verlegesystem Typ A (Verlegung im Estrich), mit Rohr aus Polyethylen PE-X DIN EN ISO 15875-1 und DIN EN ISO 15875-2, sauerstoffdicht DIN 4726.
Vorlauftemperatur: .....°C
Norm-Innentemperatur: .....°C

31 Rohrleitung, PE-X 17mm, Fußbodenheizung KG **422**

Wie Ausführungsbeschreibung A 5
Außendurchmesser: 17 mm
Verlegeabstand: ..... mm

8€ 11€ **12€** 13€ 15€ [m] ⏱ 0,14h/m 041.000.068

32 Rohrleitung, PE-X 20mm, Fußbodenheizung KG **422**

Wie Ausführungsbeschreibung A 5
Außendurchmesser: 20 mm
Verlegeabstand: ..... mm

11€ 13€ **14€** 14€ 18€ [m] ⏱ 0,14h/m 041.000.069

33 Rohrleitung, PE-X 25mm, Fußbodenheizung KG **422**

Wie Ausführungsbeschreibung A 5
Außendurchmesser: 25 mm
Verlegeabstand: ..... mm

16€ 18€ **19€** 20€ 23€ [m] ⏱ 0,14h/m 041.000.070

A 6 Rohrleitung, Mehrschichtrohr, Fußbodenheizung Beschreibung für Pos. **34-36**

Heizleitung der Fußbodenheizung DIN EN 1264-1, für Verlegesystem Typ A (Verlegung im Estrich), mit Rohr aus Mehrschichtverbundwerkstoff (PE, Aluminium, PE) DIN 16836, sauerstoffdicht DIN 4726.
Vorlauftemperatur: ..... °C
Norm-Innentemperatur: ..... °C

34 Rohrleitung, Verbundrohr, 16mm, Fußbodenheizung KG **422**

Wie Ausführungsbeschreibung A 6
Außendurchmesser: 16 mm
Verlegeabstand: 100 mm

22€ 24€ **25€** 25€ 26€ [m] ⏱ 0,14h/m 041.000.071

Nr. **Kurztext** / Langtext — Kostengruppe

▶ ▷ **ø netto €** ◁ ◀ [Einheit] Ausf.-Dauer Positionsnummer

35 **Rohrleitung, Verbundrohr, 20mm, Fußbodenheizung** — KG **422**

Wie Ausführungsbeschreibung A 6
Außendurchmesser: 20 mm
Verlegeabstand: 100 mm

23€ 28€ **31€** 33€ 35€ [m] ⏱ 0,14 h/m 041.000.072

36 **Rohrleitung, Verbundrohr, 26mm, Fußbodenheizung** — KG **422**

Wie Ausführungsbeschreibung A 6
Außendurchmesser: 26 mm
Verlegeabstand: 100 mm

26€ 29€ **35€** 39€ 42€ [m] ⏱ 0,14 h/m 041.000.073

Kosten:
Stand 4. Quartal 2024
Bundesdurchschnitt

A 7 **Röhrenheizkörper, Stahl** — Beschreibung für Pos. **37-39**

Röhrenheizkörper als Mehrsäuler in Gliederbauweise mit vertikalen Präzisionsrundrohren und Kopfstück vollständig verschweißt. Wärmeleistung geprüft DIN EN 442-2. Lieferung montagefertig mit 2 bis 4 stirnseitigen Anschlüssen für Vorlauf, Rücklauf, Entlüftung und Entleerung. Mit Lieferung, fachgerechter Montage sowie Montagezubehör für Massivwände oder Leichtbauwänden. Wandkonsolen, verzinkt mit Schalldämmteil für Mehrsäuler.

37 **Röhrenheizkörper, Stahl, h=500** — KG **423**

Wie Ausführungsbeschreibung A 7
Wärmekörper: mit Pulver-Einbrenn-Fertiglackierung
Farbe: RAL 9010
Max. Betriebstemperatur: **bis 120**°C **/ über 120**°C
Max. Betriebsdruck: **4 / 6 / 10 / 12** bar
Bauhöhe: 500 mm
Bautiefe: ..... mm
Glieder: ..... St
Normwärmeabgabe je Glied: ..... W
Hinweis: Preisangaben pro HK-Glied

9€ 10€ **14€** 17€ 19€ [St] ⏱ 0,12 h/St 041.000.003

38 **Röhrenheizkörper, Stahl, h=600** — KG **423**

Wie Ausführungsbeschreibung A 7
Wärmekörper: mit Pulver-Einbrenn-Fertiglackierung
Farbe: RAL 9010
Max. Betriebstemperatur: **bis 120**°C **/ über 120**°C
Max. Betriebsdruck: **4 / 6 / 10 / 12** bar
Bauhöhe: 600 mm
Bautiefe: ..... mm
Glieder: ..... St
Normwärmeabgabe je Glied: ..... W
Hinweis: Preisangaben pro HK-Glied

14€ 15€ **19€** 22€ 25€ [St] ⏱ 0,15 h/St 041.000.026

▶ min
▷ von
ø Mittel
◁ bis
◀ max

39 **Röhrenheizkörper, Stahl, h=900** KG **423**

Wie Ausführungsbeschreibung A 7
Wärmekörper: mit Pulver-Einbrenn-Fertiglackierung
Farbe: RAL 9010
Max. Betriebstemperatur: **bis 120**°C **/ über 120**°C
Max. Betriebsdruck: **4 / 6 / 10 / 12** bar
Bauhöhe: 900 mm
Bautiefe: ..... mm
Glieder: ..... St
Normwärmeabgabe je Glied: ..... W
Hinweis: Preisangaben pro HK-Glied

15€ 16€ **23€** 29€ 31€ [St] ⏱ 0,18h/St 041.000.027

A 8 **Kompaktheizkörper, Stahl** Beschreibung für Pos. **40-63**

Kompaktheizkörper als Plattenheizkörper, Sickenteilung 33 1/3mm. Übergreifende obere Abdeckung und geschlossene seitliche Blenden. Zweischichtlackierung, lösungsmittelfrei im Heizbetrieb, entfettet, eisenphosphoriert, grundiert mit kathodischem Elektrotauchlack und elektrostatisch pulverbeschichtet, Rückseite mit vier Befestigungslaschen (ab Baulänge 1.800mm = 6St). Einschl. Montageset, bestehend aus Bohrkonsolen, Abstandshalter und Sicherungsbügel zur Befestigung sowie Blind- und Entlüftungsstopfen. Mit Lieferung, Montage sowie Montagezubehör, einschl. Einschraubventil mit Voreinstellung.

40 **Kompaktheizkörper, Stahl, H=500, L=bis 700, Typ 11** KG **423**

Wie Ausführungsbeschreibung A 8
Heizkörper: Typ 11
Material: Stahlblech St. 12.03
Blechstärke: 1,25 mm
Farbe: weiß
Anschlüsse: G 1/2 **vertikal links / rechts**
Betriebsdruck: max. **4 / 6 / 10** bar
Medium: Heißwasser bis **110 / 120**°C
Bautiefe: ..... mm
Bauhöhe: 500 mm
Baulänge: bis 700 mm
Fabrikat: .....
Typ: .....
Normwärmeabgabe: ..... W/m

156€ 179€ **195€** 218€ 253€ [St] ⏱ 1,00h/St 041.000.083

Nr.	Kurztext / Langtext						Kostengruppe
▶	▷	ø netto €	◁	◀	[Einheit]	Ausf.-Dauer	Positionsnummer

41 Kompaktheizkörper, Stahl, H=500, L=bis 700, Typ 22 KG **423**

Wie Ausführungsbeschreibung A 8
Heizkörper: Typ 22
Material: Stahlblech St. 12.03
Blechstärke: 1,25 mm
Farbe: weiß
Anschlüsse: G 1/2 **vertikal links / rechts**
Betriebsdruck: max. **4 / 6 / 10** bar
Medium: Heißwasser bis **110 / 120**°C
Bautiefe: ..... mm
Bauhöhe: 500 mm
Baulänge: bis 700 mm
Fabrikat: .....
Typ: .....
Normwärmeabgabe: ..... W/m

▶	▷	ø	◁	◀	[Einheit]	Ausf.-Dauer	Positionsnummer
173€	199€	**216€**	242€	281€	[St]	⏱ 1,00h/St	041.000.084

42 Kompaktheizkörper, Stahl, H=500, L=bis 700, Typ 33 KG **423**

Wie Ausführungsbeschreibung A 8
Heizkörper: Typ 33
Material: Stahlblech St. 12.03
Blechstärke: 1,25 mm
Farbe: weiß
Anschlüsse: G 1/2 **vertikal links / rechts**
Betriebsdruck: max. **4 / 6 / 10** bar
Medium: Heißwasser bis **110 / 120**°C
Bautiefe: ..... mm
Bauhöhe: 500 mm
Baulänge: bis 700 mm
Fabrikat: .....
Typ: .....
Normwärmeabgabe: ..... W/m

▶	▷	ø	◁	◀	[Einheit]	Ausf.-Dauer	Positionsnummer
245€	282€	**307€**	343€	398€	[St]	⏱ 1,00h/St	041.000.085

Kosten:
Stand 4. Quartal 2024
Bundesdurchschnitt

▶ min
▷ von
ø Mittel
◁ bis
◀ max

43 Kompaktheizkörper, Stahl, H=500, L=700-1.400, Typ 11 KG **423**

Wie Ausführungsbeschreibung A 8
Heizkörper: Typ 11
Material: Stahlblech St. 12.03
Blechstärke: 1,25 mm
Farbe: weiß
Anschlüsse: G 1/2 **vertikal links / rechts**
Betriebsdruck: max. **4 / 6 / 10** bar
Medium: Heißwasser bis **110 / 120**°C
Bautiefe: ..... mm
Bauhöhe: 500 mm
Baulänge: 701-1.400 mm
Fabrikat: .....
Typ: .....
Normwärmeabgabe: ..... W/m

291€ 335€ **364€** 401€ 444€ [St] ⏱ 1,10h/St 041.000.086

44 Kompaktheizkörper, Stahl, H=500, L=700-1.400, Typ 22 KG **423**

Wie Ausführungsbeschreibung A 8
Heizkörper: Typ 22
Material: Stahlblech St. 12.03
Blechstärke: 1,25 mm
Farbe: weiß
Anschlüsse: G 1/2 **vertikal links / rechts**
Betriebsdruck: max. **4 / 6 / 10** bar
Medium: Heißwasser bis **110 / 120**°C
Bautiefe: ..... mm
Bauhöhe: 500 mm
Baulänge: 701-1.400 mm
Fabrikat: .....
Typ: .....
Normwärmeabgabe: ..... W/m

312€ 358€ **390€** 436€ 506€ [St] ⏱ 1,10h/St 041.000.087

Nr.	Kurztext / Langtext						Kostengruppe
▶	▷	**ø netto €**	◁	◀	[Einheit]	Ausf.-Dauer	Positionsnummer

45 Kompaktheizkörper, Stahl, H=500, L=700-1.400, Typ 33 KG **423**

Wie Ausführungsbeschreibung A 8
Heizkörper: Typ 33
Material: Stahlblech St. 12.03
Blechstärke: 1,25 mm
Farbe: weiß
Anschlüsse: G 1/2 **vertikal links / rechts**
Betriebsdruck: max. **4 / 6 / 10** bar
Medium: Heißwasser bis **110 / 120**°C
Bautiefe: ..... mm
Bauhöhe: 500 mm
Baulänge: 701-1.400 mm
Fabrikat: .....
Typ: .....
Normwärmeabgabe: ..... W/m

429€	494€	**537€**	601€	698€	[St]	⏱ 1,10h/St	041.000.088

46 Kompaktheizkörper, Stahl, H=500, L=1.400-2.100, Typ 11 KG **423**

Wie Ausführungsbeschreibung A 8
Heizkörper: Typ 11
Material: Stahlblech St. 12.03
Blechstärke: 1,25 mm
Farbe: weiß
Anschlüsse: G 1/2 **vertikal links / rechts**
Betriebsdruck: max. **4 / 6 / 10** bar
Medium: Heißwasser bis **110 / 120**°C
Bautiefe: ..... mm
Bauhöhe: 500 mm
Baulänge: 1.401-2100 mm
Fabrikat: .....
Typ: .....
Normwärmeabgabe: ..... W/m

400€	460€	**500€**	560€	649€	[St]	⏱ 1,30h/St	041.000.089

Kosten:
Stand 4. Quartal 2024
Bundesdurchschnitt

▶ min
▷ von
ø Mittel
◁ bis
◀ max

47 **Kompaktheizkörper, Stahl, H=500, L=1.400-2.100, Typ 22** KG **423**

Wie Ausführungsbeschreibung A 8
Heizkörper: Typ 22
Material: Stahlblech St. 12.03
Blechstärke: 1,25 mm
Farbe: weiß
Anschlüsse: G 1/2 **vertikal links / rechts**
Betriebsdruck: max. **4 / 6 / 10** bar
Medium: Heißwasser bis **110 / 120**°C
Bautiefe: ..... mm
Bauhöhe: 500 mm
Baulänge: 1.401-2.100 mm
Fabrikat: .....
Typ: .....
Normwärmeabgabe: ..... W/m

451€ 519€ **564€** 632€ 733€ [St] ⏱ 1,30h/St 041.000.090

48 **Kompaktheizkörper, Stahl, H=500, L=1.400-2.100, Typ 33** KG **423**

Wie Ausführungsbeschreibung A 8
Heizkörper: Typ 33
Material: Stahlblech St. 12.03
Blechstärke: 1,25 mm
Farbe: weiß
Anschlüsse: G 1/2 **vertikal links / rechts**
Betriebsdruck: max. **4 / 6 / 10** bar
Medium: Heißwasser bis **110 / 120**°C
Bautiefe: ..... mm
Bauhöhe: 500 mm
Baulänge: 1.401-2.100 mm
Fabrikat: .....
Typ: .....
Normwärmeabgabe: ..... W/m

583€ 670€ **728€** 786€ 874€ [St] ⏱ 1,30h/St 041.000.091

Nr.	Kurztext / Langtext						Kostengruppe
▶	▷	**ø netto €**	◁	◀	[Einheit]	Ausf.-Dauer	Positionsnummer

49 Kompaktheizkörper, Stahl, H=600, L=bis 700, Typ 11 KG **423**

Wie Ausführungsbeschreibung A 8
Heizkörper: Typ 11
Material: Stahlblech St. 12.03
Blechstärke: 1,25 mm
Farbe: weiß
Anschlüsse: G 1/2 **vertikal links / rechts**
Betriebsdruck: max. **4 / 6 / 10** bar
Medium: Heißwasser bis **110 / 120**°C
Bautiefe: ..... mm
Bauhöhe: 600 mm
Baulänge: bis 700 mm
Fabrikat: .....
Typ: .....
Normwärmeabgabe: ..... W/m

▶	▷	ø	◁	◀	Einheit	Ausf.-Dauer	Positionsnummer
179€	206€	**224€**	250€	291€	[St]	⏱ 1,00h/St	041.000.092

50 Kompaktheizkörper, Stahl, H=600, L=bis 700, Typ 22 KG **423**

Wie Ausführungsbeschreibung A 8
Heizkörper: Typ 22
Material: Stahlblech St. 12.03
Blechstärke: 1,25 mm
Farbe: weiß
Anschlüsse: G 1/2 **vertikal links / rechts**
Betriebsdruck: max. **4 / 6 / 10** bar
Medium: Heißwasser bis **110 / 120**°C
Bautiefe: ..... mm
Bauhöhe: 600 mm
Baulänge: bis 700 mm
Fabrikat: .....
Typ: .....
Normwärmeabgabe: ..... W/m

▶	▷	ø	◁	◀	Einheit	Ausf.-Dauer	Positionsnummer
201€	231€	**251€**	281€	326€	[St]	⏱ 1,00h/St	041.000.093

Kosten:
Stand 4. Quartal 2024
Bundesdurchschnitt

▶ min
▷ von
ø Mittel
◁ bis
◀ max

Nr.	Kurztext / Langtext						Kostengruppe
▶	▷	**ø netto €**	◁	◀	[Einheit]	Ausf.-Dauer	Positionsnummer

51 Kompaktheizkörper, Stahl, H=600, L=bis 700, Typ 33 KG **423**

Wie Ausführungsbeschreibung A 8
Heizkörper: Typ 33
Material: Stahlblech St. 12.03
Blechstärke: 1,25 mm
Farbe: weiß
Anschlüsse: G 1/2 **vertikal links / rechts**
Betriebsdruck: max. **4 / 6 / 10** bar
Medium: Heißwasser bis **110 / 120**°C
Bautiefe: ..... mm
Bauhöhe: 600 mm
Baulänge: bis 700 mm
Fabrikat: .....
Typ: .....
Normwärmeabgabe: ..... W/m

▶	▷	ø netto €	◁	◀	[Einheit]	Ausf.-Dauer	Positionsnummer
268€	308€	**335€**	376€	436€	[St]	⏱ 1,00h/St	041.000.094

52 Kompaktheizkörper, Stahl, H=600, L=700-1.400, Typ 11 KG **423**

Wie Ausführungsbeschreibung A 8
Heizkörper: Typ 11
Material: Stahlblech St. 12.03
Blechstärke: 1,25 mm
Farbe: weiß
Anschlüsse: G 1/2 **vertikal links / rechts**
Betriebsdruck: max. **4 / 6 / 10** bar
Medium: Heißwasser bis **110 / 120**°C
Bautiefe: ..... mm
Bauhöhe: 600 mm
Baulänge: 701-1.400 mm
Fabrikat: .....
Typ: .....
Normwärmeabgabe: ..... W/m

▶	▷	ø netto €	◁	◀	[Einheit]	Ausf.-Dauer	Positionsnummer
318€	366€	**398€**	438€	486€	[St]	⏱ 1,10h/St	041.000.095

Nr.	Kurztext / Langtext						Kostengruppe
▶	▷	ø netto €	◁	◀	[Einheit]	Ausf.-Dauer	Positionsnummer

53 Kompaktheizkörper, Stahl, H=600, L=700-1.400, Typ 22 KG **423**

Wie Ausführungsbeschreibung A 8
Heizkörper: Typ 22
Material: Stahlblech St. 12.03
Blechstärke: 1,25 mm
Farbe: weiß
Anschlüsse: G 1/2 **vertikal links / rechts**
Betriebsdruck: max. **4 / 6 / 10** bar
Medium: Heißwasser bis **110 / 120**°C
Bautiefe: ..... mm
Bauhöhe: 600 mm
Baulänge: 701-1.400 mm
Fabrikat: .....
Typ: .....
Normwärmeabgabe: ..... W/m

366€	421€	**457€**	512€	594€	[St]	⏱ 1,10h/St	041.000.096

54 Kompaktheizkörper, Stahl, H=600, L=700-1.400, Typ 33 KG **423**

Wie Ausführungsbeschreibung A 8
Heizkörper: Typ 33
Material: Stahlblech St. 12.03
Blechstärke: 1,25 mm
Farbe: weiß
Anschlüsse: G 1/2 **vertikal links / rechts**
Betriebsdruck: max. **4 / 6 / 10** bar
Medium: Heißwasser bis **110 / 120**°C
Bautiefe: ..... mm
Bauhöhe: 600 mm
Baulänge: 701-1.400 mm
Fabrikat: .....
Typ: .....
Normwärmeabgabe: ..... W/m

457€	525€	**571€**	639€	742€	[St]	⏱ 1,10h/St	041.000.097

Kosten:
Stand 4. Quartal 2024
Bundesdurchschnitt

▶ min
▷ von
ø Mittel
◁ bis
◀ max

Nr.	**Kurztext** / Langtext						Kostengruppe
▶	▷	**ø netto €**	◁	◀	[Einheit]	Ausf.-Dauer	Positionsnummer

55 Kompaktheizkörper, Stahl, H=600, L=1.400-2.100, Typ 11 KG **423**

Wie Ausführungsbeschreibung A 8
Heizkörper: Typ 11
Material: Stahlblech St. 12.03
Blechstärke: 1,25 mm
Farbe: weiß
Anschlüsse: G 1/2 **vertikal links / rechts**
Betriebsdruck: max. **4 / 6 / 10** bar
Medium: Heißwasser bis **110 / 120**°C
Bautiefe: ..... mm
Bauhöhe: 600 mm
Baulänge: 1401-2.100 mm
Fabrikat: .....
Typ: .....
Normwärmeabgabe: ..... W/m

413€	475€	**517€**	579€	671€	[St]	⏱ 1,30 h/St	041.000.098

56 Kompaktheizkörper, Stahl, H=600, L=1.400-2.100, Typ 22 KG **423**

Wie Ausführungsbeschreibung A 8
Heizkörper: Typ 22
Material: Stahlblech St. 12.03
Blechstärke: 1,25 mm
Farbe: weiß
Anschlüsse: G 1/2 **vertikal links / rechts**
Betriebsdruck: max. **4 / 6 / 10** bar
Medium: Heißwasser bis **110 / 120**°C
Bautiefe: ..... mm
Bauhöhe: 600 mm
Baulänge: 1.401-2.100 mm
Fabrikat: .....
Typ: .....
Normwärmeabgabe: ..... W/m

463€	533€	**579€**	649€	753€	[St]	⏱ 1,30 h/St	041.000.099

Nr.	Kurztext / Langtext						Kostengruppe
▶	▷	**ø netto €**	◁	◀	[Einheit]	Ausf.-Dauer	Positionsnummer

57 Kompaktheizkörper, Stahl, H=600, L=1.400-2.100, Typ 33 KG **423**

Wie Ausführungsbeschreibung A 8
Heizkörper: Typ 33
Material: Stahlblech St. 12.03
Blechstärke: 1,25 mm
Farbe: weiß
Anschlüsse: G 1/2 **vertikal links / rechts**
Betriebsdruck: max. **4 / 6 / 10** bar
Medium: Heißwasser bis **110 / 120**°C
Bautiefe: ..... mm
Bauhöhe: 600 mm
Baulänge: 1.401-2.100 mm
Fabrikat: .....
Typ: .....
Normwärmeabgabe: ..... W/m

603€	693€	**754€**	814€	904€	[St]	⏱ 1,30h/St	041.000.100

58 Kompaktheizkörper, Stahl, H=900, L=bis 700, Typ 11 KG **423**

Wie Ausführungsbeschreibung A 8
Heizkörper: Typ 11
Material: Stahlblech St. 12.03
Blechstärke: 1,25 mm
Farbe: weiß
Anschlüsse: G 1/2 **vertikal links / rechts**
Betriebsdruck: max. **4 / 6 / 10** bar
Medium: Heißwasser bis **110 / 120**°C
Bautiefe: ..... mm
Bauhöhe: 900 mm
Baulänge: bis 700 mm
Fabrikat: .....
Typ: .....
Normwärmeabgabe: ..... W/m

236€	271€	**295€**	330€	383€	[St]	⏱ 1,00h/St	041.000.101

Kosten:
Stand 4. Quartal 2024
Bundesdurchschnitt

▶ min
▷ von
ø Mittel
◁ bis
◀ max

Nr.	Kurztext / Langtext						Kostengruppe
▶	▷	**ø netto €**	◁	◀	[Einheit]	Ausf.-Dauer	Positionsnummer

59 Kompaktheizkörper, Stahl, H=900, L=bis 700, Typ 22 KG **423**

Wie Ausführungsbeschreibung A 8
Heizkörper: Typ 22
Material: Stahlblech St. 12.03
Blechstärke: 1,25 mm
Farbe: weiß
Anschlüsse: G 1/2 **vertikal links / rechts**
Betriebsdruck: max. **4 / 6 / 10** bar
Medium: Heißwasser bis **110 / 120**°C
Bautiefe: ..... mm
Bauhöhe: 900 mm
Baulänge: bis 700 mm
Fabrikat: .....
Typ: .....
Normwärmeabgabe: ..... W/m

263€	302€	**329€**	368€	427€	[St]	⏱ 1,00h/St	041.000.102

60 Kompaktheizkörper, Stahl, H=900, L=bis 700, Typ 33 KG **423**

Wie Ausführungsbeschreibung A 8
Heizkörper: Typ 33
Material: Stahlblech St. 12.03
Blechstärke: 1,25 mm
Farbe: weiß
Anschlüsse: G 1/2 **vertikal links / rechts**
Betriebsdruck: max. **4 / 6 / 10** bar
Medium: Heißwasser bis **110 / 120**°C
Bautiefe: ..... mm
Bauhöhe: 900 mm
Baulänge: bis 700 mm
Fabrikat: .....
Typ: .....
Normwärmeabgabe: ..... W/m

360€	414€	**450€**	505€	586€	[St]	⏱ 1,00h/St	041.000.103

Nr.	Kurztext / Langtext						Kostengruppe
▶	▷	ø netto €	◁	◀	[Einheit]	Ausf.-Dauer	Positionsnummer

61 Kompaktheizkörper, Stahl, H=900, L=1.400-2.100, Typ 11 KG **423**

Wie Ausführungsbeschreibung A 8
Heizkörper: Typ 11
Material: Stahlblech St. 12.03
Blechstärke: 1,25 mm
Farbe: weiß
Anschlüsse: G 1/2 **vertikal links / rechts**
Betriebsdruck: max. **4 / 6 / 10** bar
Medium: Heißwasser bis **110 / 120**°C
Bautiefe: ..... mm
Bauhöhe: 900 mm
Baulänge: 1.401-2.100 mm
Fabrikat: .....
Typ: .....
Normwärmeabgabe: ..... W/m

▶	▷	ø	◁	◀	Einheit	Ausf.-Dauer	Positionsnummer
557€	640€	**696€**	780€	905€	[St]	⏱ 1,30h/St	041.000.107

62 Kompaktheizkörper, Stahl, H=900, L=1.400-2.100, Typ 22 KG **423**

Wie Ausführungsbeschreibung A 8
Heizkörper: Typ 22
Material: Stahlblech St. 12.03
Blechstärke: 1,25 mm
Farbe: weiß
Anschlüsse: G 1/2 **vertikal links / rechts**
Betriebsdruck: max. **4 / 6 / 10** bar
Medium: Heißwasser bis **110 / 120**°C
Bautiefe: ..... mm
Bauhöhe: 900 mm
Baulänge: 1.401-2.100 mm
Fabrikat: .....
Typ: .....
Normwärmeabgabe: ..... W/m

▶	▷	ø	◁	◀	Einheit	Ausf.-Dauer	Positionsnummer
603€	693€	**754€**	844€	980€	[St]	⏱ 1,30h/St	041.000.108

Kosten:
Stand 4. Quartal 2024
Bundesdurchschnitt

▶ min
▷ von
ø Mittel
◁ bis
◀ max

63 Kompaktheizkörper, Stahl, H=900, L=1.400-2.100, Typ 33 KG **423**

Wie Ausführungsbeschreibung A 8
Heizkörper: Typ 33
Material: Stahlblech St. 12.03
Blechstärke: 1,25 mm
Farbe: weiß
Anschlüsse: G 1/2 **vertikal links / rechts**
Betriebsdruck: max. **4 / 6 / 10** bar
Medium: Heißwasser bis **110 / 120**°C
Bautiefe: ..... mm
Bauhöhe: 900 mm
Baulänge: 1.401-2.100 mm
Fabrikat: .....
Typ: .....
Normwärmeabgabe: ..... W/m

759€ 872€ **948€** 1.024€ 1.110€ [St] ⏱ 1,30h/St 041.000.109

A 9 Radiavektor, Profilrohr Beschreibung für Pos. **64-69**

Radiavektor in vollständig geschweißter Ausführung mit 2 bis 5 hintereinander und 1 bis 4 übereinander angeordneten wasserführenden Profilrohren. Wärmeleistung geprüft DIN EN 442-2. Lieferung montagefertig mit 2 bis 4 stirnseitigen Anschlüssen für Vorlauf, Rücklauf, Entlüftung und Entleerung, fachgerechte Montage sowie Montagezubehör.

64 Radiavektoren, Profilrohre, H=140, L=bis 700 KG **423**

Wie Ausführungsbeschreibung A 9
Wärmeleistung: ..... W/m
Wärmekörper: mit Pulvereinbrenn-Fertiglackierung
Farbe: RAL 9010
Anschluss: **wechselseitig / gleichseitig Standkonsolen EFK mit Kunststoffkappe FK**
Max. Betriebstemperatur: **100 / 120**°C
Max. Betriebsdruck: **4 / 6 / 10** bar
Fabrikat: .....
Modell: .....
Typ: .....
Bauhöhe: 140 mm
Bautiefe: ..... mm
Baulänge: bis 700 mm

452€ 640€ **694€** 821€ 906€ [St] ⏱ 1,60h/St 041.000.005

Kosten:
Stand 4. Quartal 2024
Bundesdurchschnitt

► min
▷ von
ø Mittel
◁ bis
◀ max

Nr.	**Kurztext** / Langtext						Kostengruppe
►	▷	**ø netto €**	◁	◀	[Einheit]	Ausf.-Dauer	Positionsnummer

65 **Radiavektoren, Profilrohre, H=140, L=1.400-2.100** KG **423**

Wie Ausführungsbeschreibung A 9
Wärmeleistung: ..... W/m
Wärmekörper: mit Pulvereinbrenn-Fertiglackierung
Farbe: RAL 9010
Anschluss: **wechselseitig / gleichseitig Standkonsolen EFK mit Kunststoffkappe FK**
Max. Betriebstemperatur: **100 / 120**°C
Max. Betriebsdruck: **4 / 6 / 10** bar
Fabrikat: .....
Modell: .....
Typ: .....
Bauhöhe: 140 mm
Bautiefe: ..... mm
Baulänge: 1.401-2.100 mm

732€	1.103€	**1.144€**	1.441€	1.779€	[St]	⏱ 1,72h/St	041.000.047

66 **Radiavektoren, Profilrohre, H=210, L=bis 700** KG **423**

Wie Ausführungsbeschreibung A 9
Wärmeleistung: ..... W/m
Wärmekörper: mit Pulvereinbrenn-Fertiglackierung
Farbe: RAL 9010
Anschluss: **wechselseitig / gleichseitig Standkonsolen EFK mit Kunststoffkappe FK**
Max. Betriebstemperatur: **100 / 120**°C
Max. Betriebsdruck: **4 / 6 / 10** bar
Fabrikat: .....
Modell: .....
Typ: .....
Bauhöhe: 210 mm
Bautiefe: ..... mm
Baulänge: bis 700 mm

462€	637€	**757€**	914€	1.123€	[St]	⏱ 1,60h/St	041.000.031

67 **Radiavektoren, Profilrohre, H=210, L=1.400-2.100** KG **423**

Wie Ausführungsbeschreibung A 9
Wärmeleistung: ..... W/m
Wärmekörper: mit Pulvereinbrenn-Fertiglackierung
Farbe: RAL 9010
Anschluss: **wechselseitig / gleichseitig Standkonsolen EFK mit Kunststoffkappe FK**
Max. Betriebstemperatur: **100 / 120**°C
Max. Betriebsdruck: **4 / 6 / 10** bar
Fabrikat: .....
Modell: .....
Typ: .....
Bauhöhe: 210 mm
Bautiefe: ..... mm
Baulänge: 1.401-2.100 mm

933€	1.406€	**1.541€**	1.727€	2.188€	[St]	⏱ 1,72h/St	041.000.050

68 **Radiavektoren, Profilrohre, H=280, L=bis 700** KG **423**

Wie Ausführungsbeschreibung A 9
Wärmeleistung: ..... W/m
Wärmekörper: mit Pulvereinbrenn-Fertiglackierung
Farbe: RAL 9010
Anschluss: **wechselseitig / gleichseitig Standkonsolen EFK mit Kunststoffkappe FK**
Max. Betriebstemperatur: **100 / 120**°C
Max. Betriebsdruck: **4 / 6 / 10** bar
Fabrikat: .....
Modell: .....
Typ: .....
Bauhöhe: 280 mm
Bautiefe: ..... mm
Baulänge: bis 700 mm

468€ 770€ **842€** 1.053€ 1.356€ [St] ⏱ 1,60h/St 041.000.032

69 **Radiavektoren, Profilrohre, H=280, L=700-1.400** KG **423**

Wie Ausführungsbeschreibung A 9
Wärmeleistung: ..... W/m
Wärmekörper: mit Pulvereinbrenn-Fertiglackierung
Farbe: RAL 9010
Anschluss: **wechselseitig / gleichseitig Standkonsolen EFK mit Kunststoffkappe FK**
Max. Betriebstemperatur: **100 / 120**°C
Max. Betriebsdruck: **4 / 6 / 10** bar
Fabrikat: .....
Modell: .....
Typ: .....
Bauhöhe: 280 mm
Bautiefe: ..... mm
Baulänge: bis 1.400 mm

609€ 1.049€ **1.222€** 1.504€ 1.933€ [St] ⏱ 1,64h/St 041.000.051

70 **Thermostatventil, DN15** KG **423**

Heizkörperventil, als Durchgangs-, Eck- oder Axialventil. Gehäuse aus korrosionsbeständigem, entzinkungsfreiem Rotguss. Mit Niro-Spindelabdichtung und doppelter O-Ring-Abdichtung. Thermostat-Oberteil und äußerer O-Ring ohne Entleeren der Anlage auswechselbar. Anschluss Innengewinde für Gewinderohr, oder in Verbindung mit Klemmverschraubung für Kupfer-, Präzisionsstahl- oder Verbundrohr. Inkl. Thermostat-Kopf mit eingebautem Fühler.
Zul. Betriebstemperatur: 120°C
Zul. Betriebsdruck: **6 / 10** bar
Nennweite: DN15

14€ 20€ **25€** 31€ 37€ [St] ⏱ 0,10h/St 041.000.006

Nr.	Kurztext / Langtext						Kostengruppe
▶	▷	ø netto €	◁	◀	[Einheit]	Ausf.-Dauer	Positionsnummer

71 Heizkörperverschraubung, DN15 KG **423**

Heizkörper-Anschlussmontageeinheit für den Unterputz-Anschluss von Ventilheizkörpern aus **der Wand / aus dem Boden,** bestehend aus dem Kugelhahnblock mit Anschlussnippel in Eckform, Anschlussverschraubungs-Set, 2 Heizkörper-Anschlussrohre sowie Montageeinheit. Inkl. Schiebehülsen und allen sonstigen Verbindungs- und Befestigungsmaterialien.
Mittenabstand Anschluss: 50 mm
Nennweite: DN15

16€ | 20€ | **23€** | 24€ | 30€ | [St] | ⏱ 0,10 h/St | 041.000.008

72 Heizkörper ausbauen/wieder einbauen KG **423**

Heizkörper nach Aufforderung der Bauleitung einmal geschlossen ausbauen und wieder geschlossen einbauen.
Heizkörper: **Röhren- / Plattenheizkörper / Konvektor**
Einheit: Stück
Förderweg: .....
Lagerstelle: .....

32€ | 50€ | **62€** | 81€ | 159€ | [St] | ⏱ 1,00 h/St | 041.000.053

73 Kappenventil, Ausdehnungsgefäß, DN20 KG **422**

Muffen-Kappenventil aus Messing zum Einbau in die Ausdehnungsleitung vor dem Membran-Ausdehnungsgefäß, mit **Plombiervorrichtung / Stahlkappe** gegen unbeabsichtigtes Schließen gesichert.
Gewindeanschluss DN20

28€ | 31€ | **38€** | 48€ | 51€ | [St] | ⏱ 0,30 h/St | 041.000.054

74 Muffenkugelhahn, DN15 KG **422**

Muffenkugelhahn, Gehäuse und Kugel aus Rotguss, Kugelabdichtung PTFE, O-Ringe EPDM, Bedienungsknebel aus Kunststoff, inkl. Wärmedämm-Halbschalen aus PUR sowie Spannringe.
Nennweite: DN15

9€ | 22€ | **27€** | 36€ | 52€ | [St] | ⏱ 0,50 h/St | 041.000.055

75 Membran-Sicherheitsventil KG **422**

Membran-Sicherheitsventil für geschlossene Heizungsanlagen DIN EN 12828, federbelastet, bauteilgeprüft, Gehäuse aus Rotguss.
Muffenanschluss Eintritt: DN20
Austritt: DN25
Abblaseleistung: 100 kW
Ansprechdruck: **2,5 / 3,0** bar

11€ | 19€ | **24€** | 32€ | 37€ | [St] | ⏱ 0,45 h/St | 041.000.056

Kosten:
Stand 4. Quartal 2024
Bundesdurchschnitt

▶ min
▷ von
ø Mittel
◁ bis
◀ max

76 **Verteiler Heizungswasser** KG **422**

Heizkreisverteiler für Pumpenwarmwasserheizungen als **Verteiler / Sammler / Verteiler-Sammler-Kombination**. Mit Flanschanschlüssen für ..... Anschlussstutzen, abnehmbarer Wärmedämmung und Befestigungsklammern, inkl. **Stand- / Wandkonsolen**.
Maximale Betriebstemperatur: **bis / über 120**°C
Maximaler Betriebsdruck: **4 / 6 / 10 / 16** bar
Werkstoff: Stahl
Maximale Anschlussdimension: DN.....
Achsabstand der Anschlüsse: ..... mm
Inklusive: **Stand- / Wandkonsolen**
Aufstellung: **Boden / Wand**
Schutzmantel: **Aluminium / Stahl verzinkt**

249€ 371€ **428€** 504€ 651€ [St] ⏱ 1,20h/St 041.000.007

77 **Deckenstrahlplatte, Stahlblech beschichtet/Stahlrohre** KG **423**

Deckenstrahlplatte mit Kopfstück, Anschlussmuffen, Aufhängekonstruktion, Abdeckblech, Stirn und Umlenkblechen, zum Heizen und Kühlen, zur Installation an der Decke. Die Temperaturübertragung erfolgt mittels Wärmestrahlung. Wärmeleistung geprüft, mit Registrierung.
Medium: **Wasser / Klimakaltwasser**
Betriebstemperatur: bis 120°C
Max. Betriebsdruck: **6 / 10 / 16** bar
Auslegungs-Wärmeleistung: .....
Wärmedämmung: **als Schallschluckplatte mit 40** mm **Dicke / mineralfaserfreien Stoffen mit 40** mm **Dicke / Baustoffklasse A2 nicht brennbar**
Rohdichte: **min. 15** kg/m³
Bemessungswert der Wärmeleitfähigkeit: max. 0,040 W/(mK)
Ausführung Strahlfläche: **Blech / gelochtes Blech, 1** mm **/ 1,25** mm
Lage der Leitung: **über Strahlblech eingelegt / unter dem Strahlblech eingelegt**
Rohrleitung: **Stahlgewinderohr mittelschwer / Präzisionsstahlrohr, geschweißt / nahtlos schwarz**
Oberflächenschutz: **Grundbeschichtung / Deckbeschichtung als Pulverbeschichtung oder Grundbeschichtung, Deckbeschichtung als Pulverbeschichtung**
Farbton: **weiß / Sonderfarbton**
Länge Strahlplatte: ..... mm
Breite Strahlplatte: ..... mm

2.671€ 3.599€ **3.814€** 4.239€ 6.372€ [St] ⏱ 5,00h/St 041.000.135

Kosten:
Stand 4. Quartal 2024
Bundesdurchschnitt

Nr. **Kurztext** / Langtext — Kostengruppe
▶ ▷ **ø netto €** ◁ ◀ [Einheit] Ausf.-Dauer Positionsnummer

78 Heizkreisverteiler, Fußbodenheizung, 5 Heizkreise KG **422**

Heizkreisverteiler für Fußbodenheizungen, mit Verschraubungen für Heizungsrohre, Übergangsverschraubungen für Heizkreisrohre, Entlüftung und Entleerung, Heizkreis-Rückläufe mit Durchflussanzeiger und Feinregulierung, einschl. Klemmringverschraubungen, mit 3/4" Eurokonus, bestehend aus Grundkörper mit O-Ring, Klemmring und Überwurfmutter, zum Anschluss des Heizkreisrohres an den Heizkreisverteiler.
Werkstoff: .....
Befestigung, schallgedämmt: **in / an** .....
Anschluss: **waagrecht / senkrecht**
max. Betriebstemperatur in °C: 60
max. Betriebsüberdruck in bar: 4
max. Volumenstrom in m³/h: 3
Nenndruck PN: **6 / 10** bar
Gewindeanschluss: R 1"
Heizkreisanschluss: G 3/4 Eurokonus
Anzahl Heizkreise: 5
Baulänge: ..... mm

206€ 296€ **328€** 356€ 409€ [St] ⏱ 1,06 h/St 041.000.059

79 Verteilerschrank, Fußbodenheizung, Unterputz KG **422**

Verteilerschrank für Heizkreisverteiler, für Wandeinbau, zur Aufnahme der Fußboden-Heizkreisverteiler, der Anschluss- und der Regelungskomponenten, mit Tür mit Zylinderschloss und höhenverstellbarem Sockel, mit Estrich-Abschlussblende, Türbereich mit Kantenschutz, Schranktür mit Kippsicherung und Verriegelung, mit horizontal und vertikal einstellbarer Verteilerbefestigung, mit integrierter Normschiene zur Befestigung der Regelungskomponenten.
Werkstoff: Stahlblech, ...
RAL-Farbe: .....
Schrankhöhe: ..... mm
Schranktiefe: ..... mm
Schrankbreite : ..... mm
Höhenverstellbarkeit: ..... mm
Heizkreise: .....

550€ 559€ **625€** 669€ 720€ [St] ⏱ 1,20 h/St 041.000.058

80 Verteilerschrank, Fußbodenheizung, Aufputz KG **422**

Verteilerschrank für Heizkreisverteiler, für Wandaufbau, zur Aufnahme der Fußboden-Heizkreisverteiler, der Anschluss- und der Regelungskomponenten, mit Tür mit Zylinderschloss und höhenverstellbarem Sockel, mit Estrich-Abschlussblende, Türbereich mit Kantenschutz, Schranktür mit Kippsicherung und Verriegelung, mit horizontal und vertikal einstellbarer Verteilerbefestigung, mit integrierter Normschiene zur Befestigung der Regelungskomponenten.
Werkstoff: Stahlblech, ...
RAL-Farbe: .....
Schrankhöhe: ..... mm
Schranktiefe: ..... mm
Schrankbreite : ..... mm
Höhenverstellbarkeit: ..... mm
Heizkreise: .....

535€ 540€ **574€** 610€ 613€ [St] ⏱ 1,00 h/St 041.000.057

▶ min
▷ von
ø Mittel
◁ bis
◀ max

Nr.	Kurztext / Langtext						Kostengruppe
▶	▷	ø netto €	◁	◀	[Einheit]	Ausf.-Dauer	Positionsnummer

81 Umlenkungsbogen, Heizleitung KG **422**

Rohrführungsbogen aus Kunststoff, zur 90°-Umlenkung der Heizkreisrohre, zur sicheren Rohreinführung an den Verteilerkästen.
Heizkreisrohr: .....
Außendurchmesser: .....

3€ | 4€ | **4€** | 5€ | 6€ | [St] | ⏱ 0,10h/St | 041.000.113

82 Tacker/EPS-Systemträger, Fußbodenheizung KG **422**

Tacker-Systemelement für Rohrleitungen der Fußbodenheizung mit EPS-Wärmedämmplatte und aufkaschierten Mehrschicht-Gewebe, zur Aufnahme der Heizleitungen in Verlegesystem Typ A, DIN EN 1264-1.
Untergrund: .....
Nutzlast: ..... kN/m²
Dämmstoffdicke: .....
Anwendungstyp: .....
Angeb. Fabrikat: .....

8€ | 9€ | **11€** | 12€ | 14€ | [m²] | ⏱ 0,10h/m² | 041.000.077

83 Noppen/EPS-Systemträger, Fußbodenheizung KG **422**

Noppen-Systemelement für Rohrleitungen der Fußbodenheizung mit EPS-Wärmedämmplatte und Kunststoff-Folienkaschierung zur Aufnahme der Heizleitungen in Verlegesystem Typ A, DIN EN 1264-1.
Untergrund: .....
Nutzlast: ..... kN/m²
Dämmstoffdicke: .....
Anwendungstyp: .....
Angeb. Fabrikat: .....

10€ | 12€ | **12€** | 13€ | 15€ | [m²] | ⏱ 0,10h/m² | 041.000.078

84 Noppen-Systemträger, Dämmung, Fußbodenheizung KG **422**

Systemträgerplatten für Rohrleitungen der Fußbodenheizung aus Noppenplatten zur Aufnahme der Heizleitungen in Verlegesystem Typ A (Verlegung im Estrich) mit Trittschall- und Wärmedämmung.
Untergrund: .....
Nutzlast: ..... kN/m²
Heizleitung: ..... mm
Dämmschichten: .....
Wärmeleitfähigkeit: ..... (W/mK)
Angeb. Fabrikat: .....

15€ | 21€ | **21€** | 25€ | 31€ | [m²] | ⏱ 0,10h/m² | 041.000.079

85 Noppen-Systemträger, Fußbodenheizung KG **422**

Systemträgerplatten für Rohrleitungen der Fußbodenheizung aus Noppenplatten zur Aufnahme der Heizleitungen in Verlegesystem Typ A (Verlegung im Estrich).
Untergrund: .....
Nutzlast: ..... kN/m²
Heizleitung: .....
Angeb. Fabrikat: .....

11€ | 14€ | **16€** | 19€ | 23€ | [m²] | ⏱ 0,08h/m² | 041.000.080

Kosten:
Stand 4. Quartal 2024
Bundesdurchschnitt

Nr.	**Kurztext** / Langtext						Kostengruppe
▶	▷	**ø netto €**	◁	◀	[Einheit]	Ausf.-Dauer	Positionsnummer

A 10 Fußbodenheizung, Typ A, Träger/Leitung — Beschreibung für Pos. **86-87**

Fußbodenheizung, für Verlegesystem Typ A (Verlegung im Estrich), Rohr aus Polyethylen PE-X, sauerstoffdicht, einschl. Trägersystem.
Vorlauftemperatur: 30°C
Norm-Innentemperatur: 18°C
Außendurchmesser: 17 mm
Rohrstärke: 2 mm
Trägersystem: .....
Ausführung gem. Einzelbeschreibung: .....
Angeb. Fabrikat/Typ: .....

86 Fußbodenheizung, Typ A, Träger/PE-X Rohr, 100 — KG **423**

Wie Ausführungsbeschreibung A 10
Verlegeabstand: 100 mm

▶	▷	ø	◁	◀	Einheit	Ausf.-Dauer	Positionsnummer
31€	34€	**35€**	37€	41€	[m²]	⏱ 1,20 h/m²	041.000.016

87 Fußbodenheizung, Typ A, Träger/PE-X Rohr, 200 — KG **423**

Wie Ausführungsbeschreibung A 10
Verlegeabstand: 200 mm

▶	▷	ø	◁	◀	Einheit	Ausf.-Dauer	Positionsnummer
24€	26€	**27€**	29€	31€	[m²]	⏱ 1,00 h/m²	041.000.114

88 Anbindeleitung, PE-X 17mm, Fußbodenheizung — KG **423**

Anbindeleitung der Fußbodenheizung DIN EN 1264-1, für Verlegesystem Typ A (Verlegung im Estrich), mit Rohr aus Polyethylen PE-X DIN EN ISO 15875-1 und DIN EN ISO 15875-2, sauerstoffdicht DIN 4726, einschl. Trägerbefestigung.
Vorlauftemperatur: ..... °C
Norm-Innentemperatur: ..... °C
Außendurchmesser: 17 mm
Wanddicke: 2

▶	▷	ø	◁	◀	Einheit	Ausf.-Dauer	Positionsnummer
3€	5€	**5€**	6€	7€	[m]	⏱ 0,10 h/m	041.000.074

89 Schutzummantelung, Fußbodenheizrohr — KG **423**

Flexible Ummantelung zum Schutz des Fußbodenheizungsrohrs beim Kreuzen von **Dehn- / Bewegungsfugen** und im Verteilerbereich.
Ausführung: .....
Material: .....
Länge.: ..... mm
Außendurchmesser: ...... mm
Innendurchmesser: ..... mm
Ausführung gem. Einzelbeschreibung: .....

▶	▷	ø	◁	◀	Einheit	Ausf.-Dauer	Positionsnummer
2€	3€	**4€**	4€	6€	[St]	⏱ 0,10 h/St	041.000.115

▶ min
▷ von
ø Mittel
◁ bis
◀ max

Nr.	Kurztext / Langtext						Kostengruppe
▶	▷	ø netto €	◁	◀	[Einheit]	Ausf.-Dauer	Positionsnummer

90 **Ummantelung, Anbindeleitung** KG **423**

Flexible Ummantelung als Überschub für Anbindeleitungen, zur Reduzierung der Heizleistung.
Ausführung: .....
Material: .....
Länge.: ..... mm
Außendurchmesser: ...... mm
Innendurchmesser: ..... mm
Ausführung gem. Einzelbeschreibung: .....

2€	3€	**3€**	5€	6€	[m]	⏱ 0,10 h/m	041.000.116

91 **Funktionsheizen, Fußbodenheizung** KG **423**

Auf- und Abheizen der Fußbodenheizfläche nach Freigabe durch die Estrichfirma, gem. Aufheizprotokoll des Estrichherstellers, einschl. Erstellen eines Funktionsheiz-Protokolls.
Estrich: .....
Ausführung gem. Einzelbeschreibung: .....

1€	2€	**2€**	3€	5€	[m²]	⏱ 0,16 h/m²	041.000.117

92 **Belegreifheizen, Fußbodenheizung** KG **423**

Belegreifheizen, nach abgeschlossenem Funktionsheizen und vor dem Belegen des Estrichs mit Oberbelägen, zur schnelleren Austrocknung des Estrichs. Belegreifheizen nach Datenblatt "FBH-D4" der "Schnittstellenkoordination bei beheizten Fußbodenkonstruktionen" des BVF (Bundesverbands Flächenheizung e.V.), einschl. Erstellen eines Belegreifheiz-Protokolls.
Estrich: .....
Ausführung gem. Einzelbeschreibung: .....

0,3€	0,4€	**0,5€**	0,7€	3,4€	[m²]	–	041.000.118

93 **Einregulierung/Inbetriebnahme, Fußbodenheizung** KG **423**

Verteilerweise Einregulierung der gesamten Fußboden-Heizungsanlage mit vorhergegangenem Befüllen, Spülen und Druckprobe nach Herstellerangabe. Einstellung der erforderlichen Wassermengen für die einzelnen Heizkreise, Inbetriebnahme und Erstellen eines Einstellprotokolls.
Ausführung gem. Einzelbeschreibung: .....

294€	375€	**1.026€**	2.727€	4.681€	[psch]	–	041.000.119

94 **Messung, Feuchte, Fußbodenheizung** KG **353**

Feuchtigkeitsmessung des Estrichs der Fußbodenheizung, entsprechend Schnittstellenkoordination des BVF (Bundesverbands Flächenheizung e.V.) mit Protokollierung. Messstellenset aus Kunststoff, pro Raum eine Messstelle, bei größeren Räumen (etwa 50m²) entsprechend mehr. Um den Messpunkt herum darf sich im abstand von 10cm (Durchmesser 20cm) kein Heizrohr befinden.
Ausführung gem. Einzelbeschreibung: .....

51€	53€	**66€**	81€	90€	[St]	⏱ 0,50 h/St	041.000.120

Nr. **Kurztext** / Langtext Kostengruppe

▶ ▷ **ø netto €** ◁ ◀ [Einheit] Ausf.-Dauer Positionsnummer

A 11 **Abgleichventil, hydraulisch** Beschreibung für Pos. **95-99**

Abgleichventil für den hydraulischen Abgleich des Trink-, Heiz- oder Kühlsystems mit Voreinstellung, Absperrung und Durchflussmessung, geeignet für Wassermischungen mit gebräuchlichen Korrosions- und Frostschutzzusätzen, hydraulisch einstellbar.

95 **Abgleichventil, hydraulisch DN15** KG **422**

Wie Ausführungsbeschreibung A 11
Typ: .....
Modell: .....
Dimension: DN15
Max. Betriebstemperatur .....°C
Max. Betriebsdruck: ..... bar
Gehäuse: **Messing / Rotguss**
Schauglas: Kunststoff
Fabrikat: .....

114€ 119€ **160€** 192€ 236€ [St] ⏱ 0,25h/St 041.000.123

96 **Abgleichventil, hydraulisch DN20** KG **422**

Wie Ausführungsbeschreibung A 11
Typ: .....
Modell: .....
Dimension: DN20
Max. Betriebstemperatur .....°C
Max. Betriebsdruck: ..... bar
Gehäuse: **Messing / Rotguss**
Schauglas: Kunststoff
Fabrikat: .....

118€ 172€ **186€** 210€ 261€ [St] ⏱ 0,27h/St 041.000.136

97 **Abgleichventil, hydraulisch DN32** KG **422**

Wie Ausführungsbeschreibung A 11
Typ: .....
Modell: .....
Dimension: DN32
Max. Betriebstemperatur .....°C
Max. Betriebsdruck: ..... bar
Gehäuse: **Messing / Rotguss**
Schauglas: Kunststoff
Fabrikat: .....

182€ 210€ **235€** 252€ 296€ [St] ⏱ 0,33h/St 041.000.125

Kosten:
Stand 4. Quartal 2024
Bundesdurchschnitt

▶ min
▷ von
ø Mittel
◁ bis
◀ max

98 **Abgleichventil, hydraulisch DN50** KG **422**

Wie Ausführungsbeschreibung A 11
Typ: .....
Modell: .....
Dimension: DN50
Max. Betriebstemperatur .....°C
Max. Betriebsdruck: ..... bar
Gehäuse: **Messing / Rotguss**
Schauglas: Kunststoff
Fabrikat: .....

255€ 270€ **302€** 316€ 364€ [St] ⏱ 0,38h/St 041.000.127

99 **Abgleichventil, hydraulisch DN80** KG **422**

Wie Ausführungsbeschreibung A 11
Typ: .....
Modell: .....
Dimension: DN80
Max. Betriebstemperatur .....°C
Max. Betriebsdruck: ..... bar
Gehäuse: **Messing / Rotguss**
Schauglas: Kunststoff
Fabrikat: .....

761€ 826€ **882€** 922€ 954€ [St] ⏱ 0,65h/St 041.000.129

A 12 **Schlamm und Magnetitabscheider** Beschreibung für Pos. **100-101**

Schlamm und Magnetitabscheider für Heiz- und Kühlwassersysteme bzw. geschlossene flüssigkeitsgefüllte Anlagensysteme, geeignet für die Medien Wasser, Heizungswasser, Klimakaltwasser und Wasser-/Glykolgemisch, als Abscheider zur Entfernung von zirkulierenden Verunreinigungen (Schmutz und Schlamm), Eisenoxide (magnetische Partikel) aus wasserführenden Systemen.

100 **Schlamm und Magnetitabscheider 1 1/4"** KG **422**

Wie Ausführungsbeschreibung A 12
Technische Daten:
Abscheidertyp: .....
Gehäuse: .....
Betriebsdruck: .....
Anschluss: .....
Volumenstrom: ..... m³/h
Betriebstemperatur max.: .....°C
Baulänge: ..... mm
Filterwirksamkeit: ..... ƒ-m
Fabrikat: .....

211€ 224€ **229€** 244€ 263€ [St] ⏱ 0,60h/St 041.000.137

Nr.	Kurztext / Langtext						Kostengruppe
▶	▷	ø netto €	◁	◀	[Einheit]	Ausf.-Dauer	Positionsnummer

101 Schlamm und Magnetitabscheider 1 1/2" KG **422**

Wie Ausführungsbeschreibung A 12
Technische Daten:
Abscheidertyp: .....
Gehäuse: .....
Betriebsdruck: .....
Anschluss: .....
Volumenstrom: ..... m³/h
Betriebstemperatur max.: .....°C
Baulänge: ..... mm
Filterwirksamkeit: ..... ƒ-m
Fabrikat: .....

▶	▷	ø netto €	◁	◀	[Einheit]	Ausf.-Dauer	Positionsnummer
268€	351€	**374€**	403€	442€	[St]	⏱ 0,75h/St	041.000.138

102 Hydraulischer Abgleich KG **421**

Hydraulischer Abgleich der gesamten Heizungsanlage gem. VOB Teil C, Einstellen aller Regulierventile, Heizkörperthermostatventile, Pumpen, inkl. aller hierfür erforderlichen Messgeräte, Einstellwerkzeuge sowie Erstellung eines Protokolls.

▶	▷	ø netto €	◁	◀	[Einheit]	Ausf.-Dauer	Positionsnummer
421€	518€	**547€**	670€	821€	[St]	⏱ 2,80h/St	041.000.134

Kosten:
Stand 4. Quartal 2024
Bundesdurchschnitt

▶ min
▷ von
ø Mittel
◁ bis
◀ max

Kosten:
Stand 4. Quartal 2024
Bundesdurchschnitt

Nr.	Positionen	Einheit	►	▷	**ø brutto €** / ø netto €	◁	◄
1	Hauseinführung, DN25	St	144	199	**227**	250	362
			121	167	**191**	210	304
2	Hauswasserstation, Druckminderer/Wasserfilter, DN40	St	491	761	**807**	1.054	1.406
			413	640	**678**	886	1.181
3	Leitung, Metallverbundrohr, DN12	m	9	16	**19**	21	26
			7	14	**16**	18	22
4	Leitung, Metallverbundrohr, DN15	m	10	19	**22**	26	36
			9	16	**18**	22	31
5	Leitung, Metallverbundrohr, DN20	m	15	23	**27**	31	40
			12	20	**23**	26	34
6	Leitung, Metallverbundrohr, DN25	m	20	33	**38**	43	53
			17	28	**32**	36	44
7	Leitung, Metallverbundrohr, DN32	m	29	43	**49**	55	70
			24	36	**41**	46	59
8	Leitung, Metallverbundrohr, DN40	m	45	61	**68**	74	84
			38	52	**57**	62	70
9	Leitung, Metallverbundrohr, DN50	m	58	71	**79**	84	99
			49	59	**66**	71	83
10	Leitung, Kupferrohr, 15mm	m	20	27	**31**	34	39
			17	23	**26**	28	33
11	Leitung, Kupferrohr, 18mm	m	24	30	**33**	37	43
			20	25	**28**	31	36
12	Leitung, Kupferrohr, 22mm	m	26	31	**34**	42	51
			22	26	**29**	36	43
13	Leitung, Kupferrohr, 28mm	m	30	40	**44**	51	64
			25	33	**37**	43	54
14	Leitung, Kupferrohr, 35mm	m	42	52	**56**	57	77
			35	43	**47**	48	65
15	Leitung, Kupferrohr, 42mm	m	49	61	**66**	70	87
			41	51	**55**	59	73
16	Leitung, Kupferrohr, 54mm	m	61	84	**88**	97	112
			51	70	**74**	81	94
17	Leitung, Edelstahlrohr, 15mm	m	12	24	**28**	31	37
			10	20	**23**	26	31
18	Leitung, Edelstahlrohr, 18mm	m	16	26	**30**	30	43
			14	22	**25**	25	36
19	Leitung, Edelstahlrohr, 22mm	m	19	34	**35**	40	53
			16	29	**29**	34	45
20	Leitung, Edelstahlrohr, 28mm	m	22	36	**39**	45	59
			18	30	**32**	38	49
21	Leitung, Edelstahlrohr, 35mm	m	32	49	**52**	61	77
			27	41	**44**	51	65
22	Leitung, Edelstahlrohr, 42mm	m	40	59	**61**	75	94
			34	49	**52**	63	79
23	Leitung, Edelstahlrohr, 54mm	m	47	63	**68**	84	112
			39	53	**57**	71	94
24	Löschwasserleitung, verzinktes Rohr, DN50	m	70	75	**77**	80	85
			59	63	**65**	67	71

► min
▷ von
ø Mittel
◁ bis
◄ max

Nr.	Positionen	Einheit	►	▷	**ø brutto €** ø netto €	◁	◄
25	Löschwasserleitung, verzinktes Rohr, DN100	m	109	114	**129**	138	141
			91	96	**108**	116	118
26	Kugelhahn, DN15	St	20	31	**33**	53	87
			17	26	**28**	44	73
27	Kugelhahn, DN25	St	24	52	**61**	86	125
			20	43	**52**	72	105
28	Kugelhahn, DN50	St	80	118	**128**	185	261
			67	99	**107**	155	220
29	Eckventil, DN15	St	10	34	**41**	56	87
			8	29	**34**	47	73
30	Absperr-Schrägsitzventil DN15	St	74	98	**112**	128	160
			62	82	**94**	107	135
31	Absperr-Schrägsitzventil, DN25	St	85	139	**160**	204	287
			72	117	**135**	171	242
32	Absperr-Schrägsitzventil, DN50	St	158	293	**357**	415	521
			132	246	**300**	349	438
33	Absperr-Schrägsitzventil, DN65	St	540	552	**615**	683	695
			454	464	**517**	574	584
34	Zirkulations-Regulierventil, DN20	St	116	136	**151**	159	180
			97	115	**127**	134	151
35	Zirkulations-Regulierventil, DN32	St	244	274	**285**	312	342
			205	230	**239**	262	288
36	Warmwasser-Zirkulationspumpe, DN20	St	256	385	**443**	538	748
			215	323	**372**	452	629
37	Füll- und Entleerventil, DN15	St	12	18	**22**	26	37
			10	15	**18**	22	31
38	Membran-Sicherheitsventil, Warmwasserbereiter	St	54	77	**94**	119	196
			45	64	**79**	100	165
39	Enthärtungsanlage, vollautomatisch, Ionenaustausch-verfahren	St	2.397	3.000	**3.039**	3.049	3.652
			2.014	2.521	**2.554**	2.562	3.069
40	Leitung, Kupferrohr ummantelt, DN10	m	4	5	**6**	6	7
			4	4	**5**	5	6
41	Leitung, Kupferrohr ummantelt, DN20	m	11	12	**12**	13	15
			9	10	**10**	11	12

Kosten:
Stand 4. Quartal 2024
Bundesdurchschnitt

Nr.	Kurztext / Langtext						Kostengruppe
▶	▷	**ø netto €**	◁	◀	[Einheit]	Ausf.-Dauer	Positionsnummer

1 **Hauseinführung, DN25** KG **412**

Wanddurchführung für **Erdgas / Trinkwasser** mit Absperrarmatur nach Vorschrift des zuständigen Versorgungsunternehmens. Anschlüsse **mit / ohne** anschweißenden Dichtungsbahnen für Bauten, einschl. Herstellen der für Hauseinführung notwendigen Kernbohrung.
Wand: **Beton / Mauerwerk**
Dicke: bis 24 cm
Abdichtung: **drückendes / nichtdrückendes Wasser**
Medium: Erdgas, Trinkwasser
Material: **Gusseisen / Kunststoff / Stahl**
Medienleitung: DN25
Anschluss PN: 10 bar

121€ 167€ **191€** 210€ 304€ [St] ⏱ 0,40 h/St 042.000.010

2 **Hauswasserstation, Druckminderer/Wasserfilter, DN40** KG **412**

Hauswasserstation geprüft DIN EN 13443-1, mit Druckminderer (Armaturengruppe I) mit Feinfilter in Klarsichthaube aus Polyethylen. Filtrationsfeinheit 0,1mm mit Rückspülvorrichtung, Ablaufhahn DN15 (R1/2) und Rückflussverhinderer. Mit Vor- und Hinterdruckmanometer, einstellbar. Gerade Bauform mit Anschlüsse mit Verschraubungen DN40 (R1 1/2).
Vordruck max.: 16 bar
Hinterdruck: 1,5 bis 6 bar
Mindestdruckgefälle: ca. 1 bar
Betriebstemperatur max.: 40°C

413€ 640€ **678€** 886€ 1.181€ [St] ⏱ 0,80 h/St 042.000.009

A 1 **Leitung, Metallverbundrohr** Beschreibung für Pos. **3-9**

Metallverbundrohr aus Mehrschichtverbundwerkstoff (PE, Aluminium, PE), für Trinkwasser warm und kalt, einschl. Dichtungs- und Befestigungsmittel. Form- und Verbindungsstücke (Fittings) werden gesondert vergütet.

3 **Leitung, Metallverbundrohr, DN12** KG **412**

Wie Ausführungsbeschreibung A 1
Nennweite: DN12
Außendurchmesser: 16 mm
Wandstärke: 2,25 mm
Lieferung: **Stangen / Ringen**
Verlegehöhe: **3,50 / 5,00 / 7,00** m

7€ 14€ **16€** 18€ 22€ [m] ⏱ 0,28 h/m 042.000.008

4 **Leitung, Metallverbundrohr, DN15** KG **412**

Wie Ausführungsbeschreibung A 1
Nennweite: DN15
Außendurchmesser: 20 mm
Wandstärke: 2,5 mm
Lieferung: **Stangen / Ringen**
Verlegehöhe: **3,50 / 5,00 / 7,00** m

9€ 16€ **18€** 22€ 31€ [m] ⏱ 0,28 h/m 042.000.042

▶ min
▷ von
ø Mittel
◁ bis
◀ max

Nr.	Kurztext / Langtext					Kostengruppe
▶ ▷	ø netto €	◁ ◀	[Einheit]		Ausf.-Dauer	Positionsnummer

5 Leitung, Metallverbundrohr, DN20 KG **412**
Wie Ausführungsbeschreibung A 1
Nennweite: DN20
Außendurchmesser: 26 mm
Wandstärke: 3 mm
Lieferung: **Stangen / Ringen**
Verlegehöhe: **3,50 / 5,00 / 7,00** m

12€ 20€ **23€** 26€ 34€ [m] ⏱ 0,28h/m 042.000.045

6 Leitung, Metallverbundrohr, DN25 KG **412**
Wie Ausführungsbeschreibung A 1
Nennweite: DN25
Außendurchmesser: 32 mm
Wandstärke: 3 mm
Lieferung: **Stangen / Ringen**
Verlegehöhe: **3,50 / 5,00 / 7,00** m

17€ 28€ **32€** 36€ 44€ [m] ⏱ 0,28h/m 042.000.043

7 Leitung, Metallverbundrohr, DN32 KG **412**
Wie Ausführungsbeschreibung A 1
Nennweite: DN32
Außendurchmesser: 40 mm
Wandstärke: 3,5 mm
Lieferung: **Stangen / Ringen**
Verlegehöhe: **3,50 / 5,00 / 7,00** m

24€ 36€ **41€** 46€ 59€ [m] ⏱ 0,28h/m 042.000.046

8 Leitung, Metallverbundrohr, DN40 KG **412**
Wie Ausführungsbeschreibung A 1
Nennweite: DN40
Außendurchmesser: 50 mm
Wandstärke: 4 mm
Lieferung: **Stangen / Ringen**
Verlegehöhe: **3,50 / 5,00 / 7,00** m

38€ 52€ **57€** 62€ 70€ [m] ⏱ 0,28h/m 042.000.047

9 Leitung, Metallverbundrohr, DN50 KG **412**
Wie Ausführungsbeschreibung A 1
Nennweite: DN50
Außendurchmesser: 63 mm
Wandstärke: 4 mm
Lieferung: **Stangen / Ringen**
Verlegehöhe: **3,50 / 5,00 / 7,00** m

49€ 59€ **66€** 71€ 83€ [m] ⏱ 0,28h/m 042.000.049

Nr.	Kurztext / Langtext						Kostengruppe
►	▷	ø netto €	◁	◀	[Einheit]	Ausf.-Dauer	Positionsnummer

A 2 Leitung, Kupferrohr — Beschreibung für Pos. **10-16**

Kupferrohr, blank, in Stangen, einschl. Rohrverbindung **löten / pressen**, mit Aufhängung.

10 Leitung, Kupferrohr, 15mm — KG **412**

Wie Ausführungsbeschreibung A 2
Nennweite: 15 mm
Wandstärke: 1 mm
Verlegehöhe: **3,50 / 5,00 / 7,00** m

17€	23€	**26€**	28€	33€	[m]	⏱ 0,25h/m	042.000.001

11 Leitung, Kupferrohr, 18mm — KG **412**

Wie Ausführungsbeschreibung A 2
Nennweite: 18 mm
Wandstärke: 1 mm
Verlegehöhe: **3,50 / 5,00 / 7,00** m

20€	25€	**28€**	31€	36€	[m]	⏱ 0,25h/m	042.000.011

12 Leitung, Kupferrohr, 22mm — KG **412**

Wie Ausführungsbeschreibung A 2
Nennweite: 22 mm
Wandstärke: 1 mm
Verlegehöhe: **3,50 / 5,00 / 7,00** m

22€	26€	**29€**	36€	43€	[m]	⏱ 0,25h/m	042.000.012

13 Leitung, Kupferrohr, 28mm — KG **412**

Wie Ausführungsbeschreibung A 2
Nennweite: 28 mm
Wandstärke: 1 mm
Verlegehöhe: **3,50 / 5,00 / 7,00** m

25€	33€	**37€**	43€	54€	[m]	⏱ 0,25h/m	042.000.013

14 Leitung, Kupferrohr, 35mm — KG **412**

Wie Ausführungsbeschreibung A 2
Nennweite: 35 mm
Wandstärke: 1,2 mm
Verlegehöhe: **3,50 / 5,00 / 7,00** m

35€	43€	**47€**	48€	65€	[m]	⏱ 0,25h/m	042.000.014

15 Leitung, Kupferrohr, 42mm — KG **412**

Wie Ausführungsbeschreibung A 2
Nennweite: 42 mm
Wandstärke: 1,2 mm
Verlegehöhe: **3,50 / 5,00 / 7,00** m

41€	51€	**55€**	59€	73€	[m]	⏱ 0,25h/m	042.000.015

Kosten:
Stand 4. Quartal 2024
Bundesdurchschnitt

► min
▷ von
ø Mittel
◁ bis
◀ max

Nr.	Kurztext / Langtext						Kostengruppe
▶	▷	ø netto €	◁	◀	[Einheit]	Ausf.-Dauer	Positionsnummer

16 **Leitung, Kupferrohr, 54mm** KG **412**

Wie Ausführungsbeschreibung A 2
Nennweite: 54 mm
Wandstärke: 1,5 mm
Verlegehöhe: **3,50 / 5,00 / 7,00** m

▶	▷	ø netto €	◁	◀	[Einheit]	Ausf.-Dauer	Positionsnummer
51€	70€	**74€**	81€	94€	[m]	⏱ 0,25h/m	042.000.016

A 3 **Leitung, Edelstahlrohr** Beschreibung für Pos. **17-23**

Rohrleitung; Edelstahl aus nichtrostendem Cr-Ni-Mo-Stahl, in geschweißter Ausführung, DVGW GW 541 für Trinkwasser DIN 1988-200, in Stangen, beständig gegen alle natürlichen Trinkwasserinhaltsstoffe, verlegt nach den Richtlinien des Herstellers, einschl. Rohrverbindung sowie Befestigungsmaterial, körperschallgedämmt.

17 **Leitung, Edelstahlrohr, 15mm** KG **412**

Wie Ausführungsbeschreibung A 3
Werkstoff-Nr.: .....
Maximaler Betriebsdruck: 16 bar
Maximale Temperatur: 85°C
Nennweite: 15 mm
Wandstärke: 1 mm
Verlegung in Gebäuden bis **3,50 / 5,00 / 7,00** m **über Gelände / Fußboden**

▶	▷	ø netto €	◁	◀	[Einheit]	Ausf.-Dauer	Positionsnummer
10€	20€	**23€**	26€	31€	[m]	⏱ 0,14h/m	042.000.004

18 **Leitung, Edelstahlrohr, 18mm** KG **412**

Wie Ausführungsbeschreibung A 3
Werkstoff-Nr.: .....
Maximaler Betriebsdruck: 16 bar
Maximale Temperatur: 85°C
Nennweite: 18 mm
Wandstärke: 1 mm
Verlegung in Gebäuden bis **3,50 / 5,00 / 7,00** m **über Gelände / Fußboden**

▶	▷	ø netto €	◁	◀	[Einheit]	Ausf.-Dauer	Positionsnummer
14€	22€	**25€**	25€	36€	[m]	⏱ 0,14h/m	042.000.023

19 **Leitung, Edelstahlrohr, 22mm** KG **412**

Wie Ausführungsbeschreibung A 3
Werkstoff-Nr.: .....
Maximaler Betriebsdruck: 16 bar
Maximale Temperatur: 85°C
Nennweite: 22 mm
Wandstärke: 1,2 mm
Verlegung in Gebäuden bis **3,50 / 5,00 / 7,00** m **über Gelände / Fußboden**

▶	▷	ø netto €	◁	◀	[Einheit]	Ausf.-Dauer	Positionsnummer
16€	29€	**29€**	34€	45€	[m]	⏱ 0,14h/m	042.000.024

Kosten:
Stand 4. Quartal 2024
Bundesdurchschnitt

▶ min
▷ von
ø Mittel
◁ bis
◀ max

Nr.	Kurztext / Langtext						Kostengruppe
▶	▷	ø netto €	◁	◀	[Einheit]	Ausf.-Dauer	Positionsnummer

20 Leitung, Edelstahlrohr, 28mm — KG **412**

Wie Ausführungsbeschreibung A 3
Werkstoff-Nr.: .....
Maximaler Betriebsdruck: 16 bar
Maximale Temperatur: 85°C
Nennweite: 28 mm
Wandstärke: 1,2 mm
Verlegung in Gebäuden bis **3,50 / 5,00 / 7,00** m **über Gelände / Fußboden**

18€	30€	**32€**	38€	49€	[m]	⏱ 0,14 h/m	042.000.025

21 Leitung, Edelstahlrohr, 35mm — KG **412**

Wie Ausführungsbeschreibung A 3
Werkstoff-Nr.: .....
Maximaler Betriebsdruck: 16 bar
Maximale Temperatur: 85°C
Nennweite: 35mm
Wandstärke: 1,5mm
Verlegung in Gebäuden bis **3,50 / 5,00 / 7,00** m **über Gelände / Fußboden**

27€	41€	**44€**	51€	65€	[m]	⏱ 0,14 h/m	042.000.026

22 Leitung, Edelstahlrohr, 42mm — KG **412**

Wie Ausführungsbeschreibung A 3
Werkstoff-Nr.: .....
Maximaler Betriebsdruck: 16 bar
Maximale Temperatur: 85°C
Nennweite: 42 mm
Wandstärke: 1,5 mm
Verlegung in Gebäuden bis **3,50 / 5,00 / 7,00** m **über Gelände / Fußboden**

34€	49€	**52€**	63€	79€	[m]	⏱ 0,14 h/m	042.000.027

23 Leitung, Edelstahlrohr, 54mm — KG **412**

Wie Ausführungsbeschreibung A 3
Werkstoff-Nr.: .....
Maximaler Betriebsdruck: 16 bar
Maximale Temperatur: 85°C
Nennweite: 54 mm
Wandstärke: 1,5 mm
Verlegung in Gebäuden bis **3,50 / 5,00 / 7,00** m **über Gelände / Fußboden**

39€	53€	**57€**	71€	94€	[m]	⏱ 0,14 h/m	042.000.028

24 Löschwasserleitung, verzinktes Rohr, DN50 — KG **474**

Rohrleitung, Gewinderohr mittelschwer, geschweißt, DIN EN 10255 einschl. Rohrbefestigung und Verbindungsstücke.
Oberfläche: verzinkt DIN EN 10240
Durchmesser: 60,3 mm
Verlegung in Gebäuden: bis **3,50 / 5,00 / 7,00** m über **Gelände / Fußboden**

59€	63€	**65€**	67€	71€	[m]	⏱ 0,40 h/m	042.000.033

25 **Löschwasserleitung, verzinktes Rohr, DN100** KG **474**
Rohrleitung, Gewinderohr mittelschwer, geschweißt, DIN EN 10255 einschl. Rohrbefestigung und Verbindungsstücke.
Oberfläche: verzinkt DIN EN 10240
Durchmesser: 114,3 mm
Verlegung in Gebäuden: bis **3,50 / 5,00 / 7,00** m über **Gelände / Fußboden**

91€	96€	**108€**	116€	118€	[m]	⏱ 0,70 h/m	042.000.036

26 **Kugelhahn, DN15** KG **412**
Kugelhahn in Durchgangsform.
Nennweite: DN15
Gehäuse: **Rotguss / Messing**, für Trinkwasser
Anschluss Außengewinde: R 1/2

17€	26€	**28€**	44€	73€	[St]	⏱ 0,35 h/St	042.000.038

27 **Kugelhahn, DN25** KG **412**
Kugelhahn in Durchgangsform.
Nennweite: DN25
Gehäuse: **Rotguss / Messing**, für Trinkwasser
Anschluss Außengewinde: R 1

20€	43€	**52€**	72€	105€	[St]	⏱ 0,35 h/St	042.000.040

28 **Kugelhahn, DN50** KG **412**
Kugelhahn in Durchgangsform.
Nennweite: DN50
Gehäuse: **Rotguss / Messing**, für Trinkwasser
Anschluss Außengewinde: R 2

67€	99€	**107€**	155€	220€	[St]	⏱ 0,35 h/St	042.000.054

29 **Eckventil, DN15** KG **412**
Eckventil, verchromt mit Rosette. Als Absperr- und Anschlussventil, mit Schneidringverschraubung.
Gehäuse: entzinkungsbeständiges Messing
Nennweite: DN15
Geräuschverhalten Gruppe DIN 4109-1: **I / II**

8€	29€	**34€**	47€	73€	[St]	⏱ 0,20 h/St	042.000.006

Nr.	Kurztext / Langtext						Kostengruppe
▶	▷	ø netto €	◁	◀	[Einheit]	Ausf.-Dauer	Positionsnummer

A 4 **Absperr-Schrägsitzventil** Beschreibung für Pos. **30-33**

Absperr-Schrägsitzventil, in Durchgangsform, Muffenanschluss, für Trinkwasser DIN 1988-200, mit Entleerung, Schallschutz-Zulassung, Gehäuse, mit wartungsfreier Spindelabdichtung, mit PTFE-Dichtung. Inkl. Dämmschale und Übergänge auf Kunststoff- bzw. Edelstahlrohr. Absperrung mit Handgriff.

30 **Absperr-Schrägsitzventil DN15** KG **412**

Wie Ausführungsbeschreibung A 4
Absperr-Schrägsitzventil, in Durchgangsform, Muffenanschluss, für Trinkwasser, mit Entleerung, Schallschutz-Zulassung, Gehäuse, mit wartungsfreier Spindelabdichtung, mit PTFE-Dichtung. Inkl. Dämmschale und Übergänge auf Kunststoff- bzw. Edelstahlrohr. Absperrung mit Handgriff.
Nennweite: DN15
Gehäuse: **Rotguss / Messing**
Maximaler Betriebsdruck: **10 / 16** bar

62€	82€	**94€**	107€	135€	[St]	⏱ 0,30h/St	042.000.007

Kosten:
Stand 4. Quartal 2024
Bundesdurchschnitt

31 **Absperr-Schrägsitzventil, DN25** KG **412**

Wie Ausführungsbeschreibung A 4
Absperr-Schrägsitzventil, in Durchgangsform, Muffenanschluss, für Trinkwasser, mit Entleerung, Schallschutz-Zulassung, Gehäuse, mit wartungsfreier Spindelabdichtung, mit PTFE-Dichtung. Inkl. Dämmschale und Übergänge auf Kunststoff- bzw. Edelstahlrohr. Absperrung mit Handgriff.
Nennweite: DN25
Gehäuse: **Rotguss / Messing**
Maximaler Betriebsdruck: **10 / 16** bar

72€	117€	**135€**	171€	242€	[St]	⏱ 0,30h/St	042.000.056

32 **Absperr-Schrägsitzventil, DN50** KG **412**

Wie Ausführungsbeschreibung A 4
Absperr-Schrägsitzventil, in Durchgangsform, Flanschanschluss (inkl. Gegenflanschen), für Trinkwasser, mit Entleerung, Schallschutz-Zulassung, Gehäuse, mit wartungsfreier Spindelabdichtung, mit PTFE-Dichtung. Inkl. Dämmschale und Übergänge auf Kunststoff- bzw. Edelstahlrohr. Absperrung mit Handgriff.
Nennweite: DN50
Gehäuse: **Rotguss / Messing**
Maximaler Betriebsdruck: **10 / 16** bar

132€	246€	**300€**	349€	438€	[St]	⏱ 0,30h/St	042.000.059

▶ min
▷ von
ø Mittel
◁ bis
◀ max

33 **Absperr-Schrägsitzventil, DN65** KG **412**

Wie Ausführungsbeschreibung A 4
Absperr-Schrägsitzventil, in Durchgangsform, Flanschanschluss (inkl. Gegenflanschen), für Trinkwasser, mit Entleerung, Schallschutz-Zulassung, Gehäuse, mit wartungsfreier Spindelabdichtung, mit PTFE-Dichtung. Inkl. Dämmschale und Übergänge auf Kunststoff- bzw. Edelstahlrohr. Absperrung mit Handgriff.
Nennweite: DN65
Gehäuse: **Rotguss / Messing**
Maximaler Betriebsdruck: **10 / 16** bar

454€	464€	**517€**	574€	584€	[St]	⏱ 0,30h/St	042.000.060

Nr.	Kurztext / Langtext						Kostengruppe
▶	▷	ø netto €	◁	◀	[Einheit]	Ausf.-Dauer	Positionsnummer

A 5 Zirkulations-Regulierventil — Beschreibung für Pos. **34-35**

Zirkulations-Regulierventil, Schallzulassung, mit Temperatur- und digitaler Stellungsanzeige zum hydraulischen Strangabgleich und zur Strangabsperrung, mit Entleerung im Gehäuse, mit Niro-Press-Verschraubung.

34 Zirkulations-Regulierventil, DN20 — KG **412**

Wie Ausführungsbeschreibung A 5
Gehäuse: **Rotguss / Messing**
Anschluss: DN20

97€	115€	**127€**	134€	151€	[St]	⏱ 0,25h/St	042.000.061

35 Zirkulations-Regulierventil, DN32 — KG **412**

Wie Ausführungsbeschreibung A 5
Gehäuse: **Rotguss / Messing**
Anschluss: DN32

205€	230€	**239€**	262€	288€	[St]	⏱ 0,25h/St	042.000.063

36 Warmwasser-Zirkulationspumpe, DN20 — KG **412**

Elektronisch geregelte Zirkulationspumpe, für Trinkwasser DIN 1988-200, als wellenloser Pumpenläufer ohne Lagerbuchsen, mit Rückschlagventil, beiderseits mit zweiteiligen Lötverschraubungen, flachdichtend. Als Dauerläufer mit Drehzahlregelung. Druck- und temperaturabhängige Drehzahlanpassung.
Pumpengehäuse: Rotguss
Elektroanschluss: 230 V / 50 Hz
Leistungsaufnahme: ..... Watt
Anschluss: DN20

215€	323€	**372€**	452€	629€	[St]	⏱ 0,80h/St	042.000.050

37 Füll- und Entleerventil, DN15 — KG **412**

Füll- und Entleerkugelhahn, mit Stopfbuchse, Kette und Kappe.
Anschluss: 1/2"
Gehäuse: Rotguss

10€	15€	**18€**	22€	31€	[St]	⏱ 0,20h/St	042.000.041

38 Membran-Sicherheitsventil, Warmwasserbereiter — KG **412**

Membran-Sicherheitsventil mit Sicherheitsventil-Austauschsatz, für geschlossene, druckfeste Warmwasserbereiter DIN 1988-200, bauteilgeprüft, mit vergrößertem Austritt.
Gehäuse: **Rotguss / Messing**
Eintritt: DN25
Austritt: DN32
Ansprechdruck: **6, 10, 16** bar
Nenninhalt WWB: bis 5.000 LM

45€	64€	**79€**	100€	165€	[St]	⏱ 0,40h/St	042.000.048

Nr.	Kurztext / Langtext					Kostengruppe
▶	▷	**ø netto €**	◁	◀	[Einheit]	Ausf.-Dauer	Positionsnummer

39 **Enthärtungsanlage, vollautomatisch, Ionenaustauschverfahren** KG **412**

Vollautomatische Enthärtungsanlage für kaltes Trinkwasser DIN EN 14743 und DIN 19636-100, mit selbstständiger Ermittlung der Rohwasserhärte. Vollautomatische Einstellung auf die gewünschte Resthärte per Knopfdruck und permanenter Überprüfung und Nachregulierung bei Abweichungen. Eingebaute Desinfektionseinrichtung mit platinierten Titanelektroden zur Desinfektion des Ionenaustauschers.
Nenndurchfluss: 1,8 m^3/h bei 0,8 bar
Max. Durchfluss (kurzzeitig): 3,5 m^3/h
Rohranschluss: DN25
Einbaulänge: 195 mm
Salzvorratsbehälter: 36 kg
Salzverbrauch: 0,36 kg je m^3, bei Enthärtung von 20° dH auf 8° dH
Nenndruck: PN 10
Kapazität je kg Salz: 5,0 mol
Betriebstemperatur: max. 30°C
Betriebsdruck: 2-7 bar
Mindestfließdruck bei Nenndurchfluss: 2 bar
Elektroanschluss: **230 V / 50 Hz**

2.014€ 2.521€ **2.554€** 2.562€ 3.069€ [St] ⏱ 1,00h/St 042.000.064

A 6 **Leitung, Kupferrohr ummantelt** Beschreibung für Pos. **40-41**

Leitung aus Kupferrohr DIN EN 1057 für Trinkwasser-, Heizung-, Gas-, Flüssiggas-Installationen sowie für alle Leitungen ohne Wärmedämmanforderungen. Zum Pressen und Löten geeignet. Ummantelung zur Verminderung von Tauwasserbildung, Schutz vor mechanischer Beschädigung und Korrosionsschutz. Lieferung in Ringen, inkl. Rohrverbindung sowie Befestigungsmaterial, körperschallgedämmt.

40 **Leitung, Kupferrohr ummantelt, DN10** KG **412**

Wie Ausführungsbeschreibung A 6
Stegmantel: Kunststoff
Farbe: grau
Zulässige Betriebstemperatur: 100°C
Brandverhalten: B2
Beanspruchungsklasse: B
Lieferung: in Ringen
Rohr: 12 x 1 mm
Mantel Außendurchmesser: 16 mm
Maximaler Betriebsdruck: ..... bar

4€ 4€ **5€** 5€ 6€ [m] ⏱ 0,15h/m 042.000.065

Kosten:
Stand 4. Quartal 2024
Bundesdurchschnitt

▶ min
▷ von
ø Mittel
◁ bis
◀ max

Nr.	Kurztext / Langtext						Kostengruppe
►	▷	ø netto €	◁	◄	[Einheit]	Ausf.-Dauer	Positionsnummer

41 **Leitung, Kupferrohr ummantelt, DN20** KG **412**

Wie Ausführungsbeschreibung A 6
Stegmantel: Kunststoff
Farbe: grau
Zulässige Betriebstemperatur: 100°C
Brandverhalten: B2
Beanspruchungsklasse: B
Lieferung: in Ringen
Rohr: 22 x 1 mm
Mantel Außendurchmesser: 27 mm
Maximaler Betriebsdruck: ..... bar

9€	10€	**10€**	11€	12€	[m]	⏱ 0,15h/m	042.000.068

Nr.	Positionen	Einheit	►	▷	ø brutto € / ø netto €	◁	◄
1	Bodenablauf, DN/OD110	St	612	662	**676**	689	740
			514	556	**568**	579	621
2	Abwasserhebeanlage, DN100	St	2.950	4.457	**5.108**	6.052	7.580
			2.479	3.745	**4.293**	5.086	6.370
3	Dachentwässerung DN70	St	173	203	**213**	241	283
			146	171	**179**	202	238
4	Rohrbelüfter DN50	St	62	96	**116**	125	152
			52	81	**97**	105	128
5	Rohrbelüfter DN70	St	90	125	**141**	154	193
			76	105	**119**	129	162
6	Rohrbelüfter DN100	St	104	131	**143**	154	204
			88	110	**120**	129	171
7	Grundleitung, PVC-U, DN100	m	31	35	**37**	39	42
			26	29	**31**	33	35
8	Abwasserleitung, Guss, DN80	m	49	55	**59**	60	66
			42	46	**50**	50	55
9	Formstück, Bogen, Guss, DN80	St	20	33	**38**	46	74
			17	28	**32**	38	62
10	Formstück, Abzweig, Guss, DN80	St	35	38	**40**	42	48
			29	32	**34**	35	41
11	Putzstück, Guss, DN80	St	29	44	**51**	63	78
			25	37	**43**	53	66
12	Abwasserleitung, Guss, DN100	m	63	73	**79**	83	91
			53	62	**67**	70	77
13	Formstück, Bogen, Guss, DN100	St	29	39	**40**	48	62
			25	33	**34**	40	52
14	Formstück, Abzweig, Guss, DN100	St	23	38	**50**	53	63
			20	32	**42**	44	53
15	Putzstück, Guss, DN100	St	54	68	**77**	78	92
			46	57	**65**	66	78
16	Abwasserleitung, Guss, DN125	m	75	95	**121**	135	137
			63	80	**102**	113	115
17	Formstück, Bogen, Guss, DN125	St	38	46	**54**	64	80
			32	39	**46**	54	67
18	Formstück, Abzweig, Guss, DN125	St	26	54	**66**	83	105
			22	45	**55**	69	89
19	Abwasserleitung, Guss, DN150	m	103	120	**144**	146	153
			86	101	**121**	123	129
20	Formstück, Bogen, Guss, DN150	St	44	63	**77**	87	99
			37	53	**64**	73	83
21	Formstück, Abzweig, Guss, DN150	St	63	105	**131**	147	163
			53	88	**110**	124	137
22	Putzstück, Guss, DN150	St	131	157	**187**	206	242
			110	132	**157**	173	203
23	Abwasserleitung, HT-Rohr, DN/OD63	m	17	21	**22**	24	27
			15	18	**19**	20	22
24	Formstück, HT-Bogen, DN/OD63	St	8	9	**9**	9	10
			7	8	**8**	8	9

Kosten:
Stand 4. Quartal 2024
Bundesdurchschnitt

► min
▷ von
ø Mittel
◁ bis
◄ max

Nr.	Positionen	Einheit	▶	▷	ø brutto € / ø netto €	◁	◀
25	Formstück, HT-Abzweig, DN/OD63	St	7	13	**15**	20	28
			6	11	**12**	17	24
26	Abwasserleitung, HT-Rohr, DN/OD75	m	27	32	**35**	44	58
			23	27	**30**	37	49
27	Formstück, HT-Bogen, DN/OD75	St	5	9	**10**	18	25
			4	8	**8**	15	21
28	Formstück, HT-Abzweig, DN/OD75	St	6	11	**13**	15	20
			5	10	**11**	13	17
29	Abwasserleitung, HT-Rohr, DN/OD110	m	33	38	**40**	42	50
			28	32	**34**	36	42
30	Formstück, HT-Bogen, DN/OD110	St	7	11	**13**	16	22
			6	9	**11**	13	19
31	Formstück, HT-Abzweig, DN/OD110	St	8	28	**32**	72	132
			7	23	**27**	61	111
32	Formstück, HT Doppelabzweig, DN/OD110	St	28	40	**55**	77	85
			23	34	**46**	64	72
33	Formstück, HT Übergangsrohr, DN/OD110	St	1	5	**7**	11	17
			1	4	**6**	10	14
34	Abwasserleitung, PE-Rohr, DN/OD75	m	24	33	**39**	41	49
			21	28	**33**	34	41
35	Formstück, PE-Bogen, DN/OD75	St	8	11	**12**	14	17
			7	9	**10**	12	15
36	Formstück, PE-Abzweig, DN/OD75	St	13	14	**17**	19	20
			11	12	**14**	16	17
37	Abwasserleitung, PE-Rohr, DN/OD110	m	50	53	**59**	81	120
			42	44	**50**	68	101
38	Formstück, PE-Bogen, DN/OD110	St	22	24	**32**	41	42
			18	20	**27**	34	36
39	Formstück, PE-Abzweig, DN/OD110	St	24	27	**38**	43	48
			20	23	**32**	36	41
40	Formstück, PE-Putzstück, DN/OD110	St	42	49	**61**	73	77
			36	41	**51**	61	64
41	Abwasserleitung, PE-Rohr, DN/OD160	m	83	94	**113**	131	137
			69	79	**95**	110	115
42	Formstück, PE-Abzweig, DN/OD160	St	115	129	**147**	159	178
			97	108	**124**	134	150
43	Druckleitung, Schmutzwasserhebeanlage DN/OD50	m	30	35	**46**	52	54
			25	29	**38**	43	46
44	Doppelabzweig, Guss DN100	St	73	77	**83**	88	93
			61	65	**69**	74	78
45	Abwasserleitung, PP-Rohre, DN/OD63, schallgedämmt	m	26	32	**37**	42	50
			22	27	**31**	35	42
46	Abwasserleitung, PP-Rohre, DN/OD75, schallgedämmt	m	26	32	**37**	41	50
			22	27	**31**	35	42
47	Abwasserleitung, PP-Rohre, DN/OD90, schallgedämmt	m	37	45	**53**	59	72
			31	37	**45**	50	60
48	Abwasserleitung, PP-Rohre, DN/OD110 schallgedämmt	m	39	47	**54**	60	73
			33	39	**45**	51	61

Nr.	Positionen	Einheit	▶	▷	ø brutto € / ø netto €	◁	◀
49	Abwasser-Rohrbogen, PP, DN/OD63, schallgedämmt	St	9	13	**15**	17	22
			7	11	**12**	15	18
50	Abwasser-Rohrbogen, PP, DN/OD75, schallgedämmt	St	11	16	**19**	22	28
			9	14	**16**	19	23
51	Abwasser-Rohrbogen, PP, DN/OD90, schallgedämmt	St	15	22	**26**	31	39
			13	19	**22**	26	33
52	Abwasser-Rohrbogen, PP, DN/OD110, schallgedämmt	St	34	49	**57**	68	85
			29	42	**48**	57	72
53	Abwasser-Abzweig, PP, DN/OD63, schallgedämmt	St	15	21	**24**	29	37
			12	18	**21**	25	31
54	Abwasser-Abzweig, PP, DN/OD75, schallgedämmt	St	19	27	**31**	37	46
			16	23	**26**	31	39
55	Abwasser-Abzweig, PP, DN/OD90, schallgedämmt	St	26	38	**44**	53	66
			22	32	**37**	45	56
56	Abwasser-Abzweig, PP, DN/OD110, schallgedämmt	St	28	41	**47**	56	70
			24	34	**39**	47	59
57	Bodenablauf, bodengleiche Dusche	St	545	598	**665**	797	917
			458	503	**558**	670	771
58	Bodenablauf, Rinne, bodengleiche Dusche	St	673	718	**897**	1.076	1.238
			565	603	**754**	905	1.040
59	Duschrinne, Edelstahl, 900mm	St	408	638	**687**	802	984
			343	536	**578**	674	827

Kosten:
Stand 4. Quartal 2024
Bundesdurchschnitt

Nr. **Kurztext** / Langtext — Kostengruppe
▶ ▷ **ø netto €** ◁ ◀ [Einheit] Ausf.-Dauer Positionsnummer

1 Bodenablauf, DN/OD110 KG **411**

Bodenablauf DIN EN 1253-1 für frostfreie Räume, mit Geruchsverschluss und Reinigungsöffnung, mit 2 Isolierflanschen, sowie Aufstockelement, mit Rostrahmen und Rost.
Nennweite: DN/OD110
Ablaufleistung: 2,0 l/s
Gehäuse: Gusseisen
Isolierflansch: DN/OD110
Aufstockelement: 45 / 300 mm (kürzbar)
Abgang: **waagrecht / senkrecht**
Rost: **V4A / Gusseisen grundbeschichtet**
Abmessung (L x B): 150 x 150 mm

514€ 556€ **568€** 579€ 621€ [St] ⏱ 0,80h/St 044.000.036

▶ min
▷ von
ø Mittel
◁ bis
◀ max

Nr.	Kurztext / Langtext						Kostengruppe
▶	▷	ø netto €	◁	◀	[Einheit]	Ausf.-Dauer	Positionsnummer

2 Abwasserhebeanlage, DN100 KG **411**

Automatische Schmutzwasser-Hebeanlage für fäkalienfreies Abwasser DIN EN 12050-2, bestehend aus: Kunststoffsammelbehälter mit automatisch schaltender Tauchmotorpumpe und Rückschlagklappe, zwei um 90° versetzte Zulaufstutzen, Entlüftungs- und Druckstutzen. Abdeckung mit Zwischengehäuse, höhenverstellbar. Abdeckplatte wahlweise als Strukturblech, Ausführung mit Bodenablauf und Geruchsverschluss. Alarmschaltgerät netzunabhängig, mit Ausschalter, piezokeramischem Signalgeber. Grüne Betriebsleuchte, potenzialfreier Kontakt zur Ansteuerung einer Leitwarte, Versorgungsteil mit Batterie für 5 Stunden Betrieb bei Netzausfall.
Zulauf: DN100
Schallpegel bei Betrieb: max. 85 dBA
Spannung: **230 V / 12V** = 1,2 VA
Förderleistung: 5,00 m^3/h
Förderhöhe: 13 m

2.479€	3.745€	**4.293€**	5.086€	6.370€	[St]	⏱ 8,00h/St	044.000.037

3 Dachentwässerung DN70 KG **411**

Dachwasserablauf für Flachdachentwässerung (mit planmäßig vollgefüllt betriebener Regenwasserleitung), mit Grundkörper aus Kunststoff, Flanschring für Anschluss an Dampfsperre, Befestigungsscheibe für Flanschring, mit Ablaufkörper, sowie Befestigungsscheibe für Einsatzring. Höhenverstellbares Aufsatzstück, mit Laubfangkorb, Isolierkörper, einschl. Befestigungsmaterial.
Nennweite: DN70
Werkstoff Grund- und Ablaufkörper: PE-HD
Anschlussstutzen Abflussleistung: PE-HD
Ablaufleistung: 1-12 l/s

146€	171€	**179€**	202€	238€	[St]	⏱ 0,60h/St	044.000.038

4 Rohrbelüfter DN50 KG **411**

Rohrbelüfter zur Belüftung von Abwasserleitungen DIN EN 12380. Mit Sieb für Lufteinlassöffnung, mit Lippendichtung für Abwasserleitung. Allgemeiner bauaufsichtlicher Zulassung.
Abmessung: DN50

52€	81€	**97€**	105€	128€	[St]	⏱ 0,15h/St	044.000.039

5 Rohrbelüfter DN70 KG **411**

Rohrbelüfter zur Belüftung von Abwasserleitungen DIN EN 12380. Mit Sieb für Lufteinlassöffnung, mit Lippendichtung für Abwasserleitung. Allgemeiner bauaufsichtlicher Zulassung.
Abmessung: DN70

76€	105€	**119€**	129€	162€	[St]	⏱ 0,15h/St	044.000.051

6 Rohrbelüfter DN100 KG **411**

Rohrbelüfter zur Belüftung von Abwasserleitungen DIN EN 12380. Mit Sieb für Lufteinlassöffnung, mit Lippendichtung für Abwasserleitung. Allgemeiner bauaufsichtlicher Zulassung.
Abmessung: DN100

88€	110€	**120€**	129€	171€	[St]	⏱ 0,15h/St	044.000.052

Nr. **Kurztext** / Langtext — Kostengruppe
▶ ▷ **ø netto €** ◁ ◀ [Einheit] Ausf.-Dauer Positionsnummer

7 **Grundleitung, PVC-U, DN100** KG **411**
Abwasserleitung als Grundleitung aus PVC-U-Rohren, allgemeine bauaufsichtliche Zulassung, Verlegung in vorhandenem Graben.
Grundleitung für: **Schmutzwasser / Regenwasser**
Bettung: **gesondert vergütet / bauseits**
Nennweite: DN100
26€ 29€ **31€** 33€ 35€ [m] ⏱ 0,25h/m 044.000.035

8 **Abwasserleitung, Guss, DN80** KG **411**
Abwasserleitungen aus muffenlosen Gussrohren, DIN EN 877 und DIN 19522, innen mit Zweikomponenten-Epoxid-Schutzschicht, außen mit Schutzfarbe versehen. Inklusive aller Verbindungsmaterialien, verschraubbare Spannhülsen aus nichtrostendem Stahl mit Gummidichtmanschette, auch kraftschlüssig, sowie allen Befestigungsteilen. Verlegung in Gebäuden.
Nennweite: DN80
Schutzfarbe: **rotbraun / grau**
Verlegehöhe: bis **3,50 / 5,00 / 10,00** m
42€ 46€ **50€** 50€ 55€ [m] ⏱ 0,40h/m 044.000.034

9 **Formstück, Bogen, Guss, DN80** KG **411**
Bogen aller Winkelgrade für Schmutz- und Regenwasserleitung aus Guss, innen mit Zweikomponenten-Epoxid-Schutzschicht, außen mit Schutzfarbe versehen.
Nennweite: DN80
Winkelgrad: ..... °
17€ 28€ **32€** 38€ 62€ [St] ⏱ 0,20h/St 044.000.001

10 **Formstück, Abzweig, Guss, DN80** KG **411**
Abzweig aller Winkelgrade für Schmutz- und Regenwasserleitung aus Guss, innen mit Zweikomponenten-Epoxid-Schutzschicht, außen mit Schutzfarbe versehen.
Nennweite: DN80
Winkelgrad: ..... °
29€ 32€ **34€** 35€ 41€ [St] ⏱ 0,30h/St 044.000.002

11 **Putzstück, Guss, DN80** KG **411**
Reinigungsöffnung für Schmutz- und Regenwasserleitung aus Guss, innen mit Zweikomponenten-Epoxid-Schutzschicht, außen mit Schutzfarbe versehen.
Öffnung: **rechteckig / rund**
Nennweite: DN80
25€ 37€ **43€** 53€ 66€ [St] ⏱ 0,20h/St 044.000.003

12 **Abwasserleitung, Guss, DN100** KG **411**
Abwasserleitungen aus muffenlosen Gussrohren, DIN EN 877 und DIN 19522, innen mit Zweikomponenten-Epoxid-Schutzschicht, außen mit Schutzfarbe versehen. Inklusive aller Verbindungsmaterialien, verschraubbare Spannhülsen aus nichtrostendem Stahl mit Gummidichtmanschette, auch kraftschlüssig, sowie allen Befestigungsteilen. Verlegung in Gebäuden.
Nennweite: DN100
Schutzfarbe: **rotbraun / grau**
Verlegehöhe: bis **3,50 / 5,00 / 10,00** m
53€ 62€ **67€** 70€ 77€ [m] ⏱ 0,50h/m 044.000.004

Kosten:
Stand 4. Quartal 2024
Bundesdurchschnitt

▶ min
▷ von
ø Mittel
◁ bis
◀ max

Nr.	Kurztext / Langtext						Kostengruppe
►	▷	**ø netto €**	◁	◄	[Einheit]	Ausf.-Dauer	Positionsnummer

13 Formstück, Bogen, Guss, DN100 KG **411**

Bogen aller Winkelgrade für Schmutz- und Regenwasserleitung aus Guss, innen mit Zweikomponenten-Epoxid-Schutzschicht, außen mit Schutzfarbe versehen.
Nennweite: DN100
Winkelgrad: ..... °

25€	33€	**34€**	40€	52€	[St]	⏱ 0,25h/St	044.000.005

14 Formstück, Abzweig, Guss, DN100 KG **411**

Abzweig aller Winkelgrade für Schmutz- und Regenwasserleitung aus Guss, innen mit Zweikomponenten-Epoxid-Schutzschicht, außen mit Schutzfarbe versehen.
Nennweite: DN100
Winkelgrad: ..... °

20€	32€	**42€**	44€	53€	[St]	⏱ 0,40h/St	044.000.006

15 Putzstück, Guss, DN100 KG **411**

Reinigungsöffnung für Schmutz- und Regenwasserleitung aus Guss, innen mit Zweikomponenten-Epoxid-Schutzschicht, außen mit Schutzfarbe versehen.
Öffnung: **rechteckig / rund**
Nennweite: DN100

46€	57€	**65€**	66€	78€	[St]	⏱ 0,25h/St	044.000.007

16 Abwasserleitung, Guss, DN125 KG **411**

Abwasserleitungen aus muffenlosen Gussrohren, DIN EN 877 und DIN 19522, innen mit Zweikomponenten-Epoxid-Schutzschicht, außen mit Schutzfarbe versehen. Inklusive aller Verbindungsmaterialien, verschraubbare Spannhülsen aus nichtrostendem Stahl mit Gummidichtmanschette, auch kraftschlüssig, sowie allen Befestigungsteilen. Verlegung in Gebäuden.
Nennweite: DN125
Schutzfarbe: **rotbraun / grau**
Verlegehöhe: bis **3,50 / 5,00 / 10,00** m

63€	80€	**102€**	113€	115€	[m]	⏱ 0,50h/m	044.000.008

17 Formstück, Bogen, Guss, DN125 KG **411**

Bogen aller Winkelgrade für Schmutz- und Regenwasserleitung aus Guss, innen mit Zweikomponenten-Epoxid-Schutzschicht, außen mit Schutzfarbe versehen.
Nennweite: DN125
Winkelgrad: ..... °

32€	39€	**46€**	54€	67€	[St]	⏱ 0,30h/St	044.000.009

18 Formstück, Abzweig, Guss, DN125 KG **411**

Abzweig aller Winkelgrade für Schmutz- und Regenwasserleitung aus Guss, innen mit Zweikomponenten-Epoxid-Schutzschicht, außen mit Schutzfarbe versehen.
Nennweite: DN125
Winkelgrad: ..... °

22€	45€	**55€**	69€	89€	[St]	⏱ 0,40h/St	044.000.010

Nr.	Kurztext / Langtext						Kostengruppe
▶	▷	ø netto €	◁	◀	[Einheit]	Ausf.-Dauer	Positionsnummer

19 Abwasserleitung, Guss, DN150 KG **411**

Abwasserleitungen aus muffenlosen Gussrohren, DIN EN 877 und DIN 19522, innen mit Zweikomponenten-Epoxid-Schutzschicht, außen mit Schutzfarbe versehen. Inklusive aller Verbindungsmaterialien, verschraubbare Spannhülsen aus nichtrostendem Stahl mit Gummidichtmanschette, auch kraftschlüssig, sowie allen Befestigungsteilen. Verlegung in Gebäuden.
Nennweite: DN150
Schutzfarbe: **rotbraun / grau**
Verlegehöhe: bis **3,50 / 5,00 / 10,00** m

86€ 101€ **121€** 123€ 129€ [m] ⏱ 0,50h/m 044.000.012

20 Formstück, Bogen, Guss, DN150 KG **411**

Bogen aller Winkelgrade für Schmutz- und Regenwasserleitung aus Guss, innen mit Zweikomponenten-Epoxid-Schutzschicht, außen mit Schutzfarbe versehen.
Nennweite: DN150
Winkelgrad: ..... °

37€ 53€ **64€** 73€ 83€ [St] ⏱ 0,30h/St 044.000.013

21 Formstück, Abzweig, Guss, DN150 KG **411**

Abzweig aller Winkelgrade für Schmutz- und Regenwasserleitung aus Guss, innen mit Zweikomponenten-Epoxid-Schutzschicht, außen mit Schutzfarbe versehen.
Nennweite: DN150
Winkelgrad: ..... °

53€ 88€ **110€** 124€ 137€ [St] ⏱ 0,45h/St 044.000.014

22 Putzstück, Guss, DN150 KG **411**

Reinigungsöffnung für Schmutz- und Regenwasserleitung aus Guss, innen mit Zweikomponenten-Epoxid-Schutzschicht, außen mit Schutzfarbe versehen.
Öffnung: **rechteckig / rund**
Nennweite: DN150

110€ 132€ **157€** 173€ 203€ [St] ⏱ 0,30h/St 044.000.015

23 Abwasserleitung, HT-Rohr, DN/OD63 KG **411**

HT-Abwasserrohre mit Steckmuffensystem und mit werkseitig eingebautem Lippendichtring zur Entwässerung innerhalb von Gebäuden und zur Ableitung von aggressiven Medien. Chemische Beständigkeit: Resistent gegenüber anorganischen Salzen, Laugen und Milchsäuren in Konzentrationen, wie sie zum Beispiel in Laborwässern vorhanden sind. Material heißwasserbeständig, lichtstabilisiert, dauerhaft schwer entflammbar.
Material: Polypropylen (PP)
Nennweite: DN/OD63

15€ 18€ **19€** 20€ 22€ [m] ⏱ 0,30h/m 044.000.016

24 Formstück, HT-Bogen, DN/OD63 KG **411**

HT-Bogen aller Winkelgrade für Schmutz- und Regenwasserleitung aus PP DIN EN 1451-1, Steckmuffensystem mit werkseitig vormontiertem Lippendichtring.
Nennweite: DN/OD63
Winkelgrad: .....°

7€ 8€ **8€** 8€ 9€ [St] ⏱ 0,10h/St 044.000.017

Kosten:
Stand 4. Quartal 2024
Bundesdurchschnitt

▶ min
▷ von
ø Mittel
◁ bis
◀ max

Nr.	Kurztext / Langtext						Kostengruppe
▶	▷	**ø netto €**	◁	◀	[Einheit]	Ausf.-Dauer	Positionsnummer

25 Formstück, HT-Abzweig, DN/OD63 KG **411**

HT-Abzweig aller Winkelgrade für Schmutz- und Regenwasserleitung aus PP DIN EN 1451-1, Steckmuffensystem mit werkseitig vormontiertem Lippendichtring.
Nennweite: DN/OD63
Winkelgrad: .....°

6€ | 11€ | **12€** | 17€ | 24€ | [St] | ⏱ 0,15h/St | 044.000.018

26 Abwasserleitung, HT-Rohr, DN/OD75 KG **411**

HT-Abwasserrohre DIN EN 1451-1 mit Steckmuffensystem und mit werkseitig eingebautem Lippendichtring zur Entwässerung innerhalb von Gebäuden und zur Ableitung von aggressiven Medien. Chemische Beständigkeit: Resistent gegenüber anorganischen Salzen, Laugen und Milchsäuren in Konzentrationen, wie sie zum Beispiel in Laborwässern vorhanden sind. Material heißwasserbeständig, lichtstabilisiert, dauerhaft schwer entflammbar.
Material: Polypropylen (PP)
Nennweite: DN/OD75

23€ | 27€ | **30€** | 37€ | 49€ | [m] | ⏱ 0,30h/m | 044.000.019

27 Formstück, HT-Bogen, DN/OD75 KG **411**

HT-Bogen aller Winkelgrade für Schmutz- und Regenwasserleitung aus PP DIN EN 1451-1, Steckmuffensystem mit werkseitig vormontiertem Lippendichtring.
Nennweite: DN/OD75
Winkelgrad: .....°

4€ | 8€ | **8€** | 15€ | 21€ | [St] | ⏱ 0,10h/St | 044.000.020

28 Formstück, HT-Abzweig, DN/OD75 KG **411**

HT-Abzweig aller Winkelgrade für Schmutz- und Regenwasserleitung aus PP DIN EN 1451-1, Steckmuffensystem mit werkseitig vormontiertem Lippendichtring.
Nennweite: DN/OD75
Winkelgrad: .....°

5€ | 10€ | **11€** | 13€ | 17€ | [St] | ⏱ 0,15h/St | 044.000.021

29 Abwasserleitung, HT-Rohr, DN/OD110 KG **411**

HT-Abwasserrohre DIN EN 1451-1 mit Steckmuffensystem und mit werkseitig eingebautem Lippendichtring zur Entwässerung innerhalb von Gebäuden und zur Ableitung von aggressiven Medien. Chemische Beständigkeit: Resistent gegenüber anorganischen Salzen, Laugen und Milchsäuren in Konzentrationen, wie sie zum Beispiel in Laborwässern vorhanden sind. Material heißwasserbeständig, lichtstabilisiert, dauerhaft schwer entflammbar.
Material: Polypropylen (PP)
Nennweite: DN/OD110

28€ | 32€ | **34€** | 36€ | 42€ | [m] | ⏱ 0,35h/m | 044.000.022

30 Formstück, HT-Bogen, DN/OD110 KG **411**

HT-Bogen aller Winkelgrade für Schmutz- und Regenwasserleitung aus PP DIN EN 1451-1, Steckmuffensystem mit werkseitig vormontiertem Lippendichtring.
Nennweite: DN/OD110
Winkelgrad: .....°

6€ | 9€ | **11€** | 13€ | 19€ | [St] | ⏱ 0,10h/St | 044.000.023

Kosten:
Stand 4. Quartal 2024
Bundesdurchschnitt

Nr.	Kurztext / Langtext						Kostengruppe
▶	▷	**ø netto €**	◁	◀	[Einheit]	Ausf.-Dauer	Positionsnummer

31 Formstück, HT-Abzweig, DN/OD110 KG **411**
HT-Abzweig aller Winkelgrade für Schmutz- und Regenwasserleitung aus PP DIN EN 1451-1, Steckmuffensystem mit werkseitig vormontiertem Lippendichtring.
Nennweite: DN/OD110
Winkelgrad: .....°

7€ | 23€ | **27€** | 61€ | 111€ | [St] | ⏱ 0,20h/St | 044.000.024

32 Formstück, HT Doppelabzweig, DN/OD110 KG **411**
HT-Eck-Doppelabzweig für Schmutz- und Regenwasserleitung aus PP DIN EN 1451-1, Steckmuffensystem mit werkseitig vormontiertem Lippendichtring, Abgänge mit gleichen bzw. reduzierten Durchmessern, **87, 70, 45**°, in **Eck- / Gabelform.**
Anschluss: DN/OD110

23€ | 34€ | **46€** | 64€ | 72€ | [St] | ⏱ 0,20h/St | 044.000.048

33 Formstück, HT Übergangsrohr, DN/OD110 KG **411**
HT-Übergangsrohr exzentrisch für Schmutz- und Regenwasserleitung aus PP DIN EN 1451-1, Steckmuffensystem mit werkseitig vormontiertem Lippendichtring.
Anschluss: DN/OD110
Übergang auf: **DN/OD75 / DN/OD63**

1€ | 4€ | **6€** | 10€ | 14€ | [St] | ⏱ 0,12h/St | 044.000.049

34 Abwasserleitung, PE-Rohr, DN/OD75 KG **411**
Abwasserleitung aus PE-Rohr, heißwasserbeständig und schallgedämmt, Verlegung in Gebäuden, Form- und Verbindungsstücke werden gesondert vergütet, einschl. Rohrbefestigungen, körperschallgedämmt.
Nennweite: DN/OD75

21€ | 28€ | **33€** | 34€ | 41€ | [m] | ⏱ 0,30h/m | 044.000.025

35 Formstück, PE-Bogen, DN/OD75 KG **411**
Bogen aller Winkelgrade für Schmutz- und Regenwasserleitung aus PE.
Nennweite: DN/OD75
Winkelgrad: .....°

7€ | 9€ | **10€** | 12€ | 15€ | [St] | ⏱ 0,10h/St | 044.000.026

36 Formstück, PE-Abzweig, DN/OD75 KG **411**
Abzweig aller Winkelgrade für Schmutz- und Regenwasserleitung aus PE.
Nennweite: DN/OD75
Winkelgrad: .....°

11€ | 12€ | **14€** | 16€ | 17€ | [St] | ⏱ 0,16h/St | 044.000.027

37 Abwasserleitung, PE-Rohr, DN/OD110 KG **411**
Abwasserleitung aus PE-Rohr, heißwasserbeständig und schallgedämmt, Verlegung in Gebäuden, Form- und Verbindungsstücke werden gesondert vergütet, einschl. Rohrbefestigungen, körperschallgedämmt.
Nennweite: DN/OD110

42€ | 44€ | **50€** | 68€ | 101€ | [m] | ⏱ 0,34h/m | 044.000.028

▶ min
▷ von
ø Mittel
◁ bis
◀ max

38 Formstück, PE-Bogen, DN/OD110 KG **411**

Bogen aller Winkelgrade für Schmutz- und Regenwasserleitung aus PE.
Nennweite: DN/OD110
Winkelgrad: .....°

18€ 20€ **27€** 34€ 36€ [St] ⏱ 0,10h/St 044.000.029

39 Formstück, PE-Abzweig, DN/OD110 KG **411**

Abzweig aller Winkelgrade für Schmutz- und Regenwasserleitung aus PE.
Nennweite: DN/OD110
Winkelgrad: .....°

20€ 23€ **32€** 36€ 41€ [St] ⏱ 0,16h/St 044.000.030

40 Formstück, PE-Putzstück, DN/OD110 KG **411**

Reinigungsöffnung für Schmutz- und Regenwasserleitung aus PE.
Öffnung: **rechteckig / rund**
Nennweite: DN/OD110

36€ 41€ **51€** 61€ 64€ [St] ⏱ 0,10h/St 044.000.031

41 Abwasserleitung, PE-Rohr, DN/OD160 KG **411**

Abwasserleitung aus PE-Rohr, heißwasserbeständig und schallgedämmt, Verlegung in Gebäuden, Form- und Verbindungsstücke werden gesondert vergütet, einschl. Rohrbefestigungen, körperschallgedämmt.
Nennweite: DN/OD160

69€ 79€ **95€** 110€ 115€ [m] ⏱ 0,40h/m 044.000.032

42 Formstück, PE-Abzweig, DN/OD160 KG **411**

Abzweig aller Winkelgrade für Schmutz- und Regenwasserleitung aus PE.
Nennweite: DN/OD160
Winkelgrad: .....°

97€ 108€ **124€** 134€ 150€ [St] ⏱ 0,10h/St 044.000.033

43 Druckleitung, Schmutzwasserhebeanlage DN/OD50 KG **411**

Druckleitung, Schmutzwasserhebeanlage, aus korrosionsfestem Material, Verlegung **unterhalb / in der Bodenplatte** zum bauseitigen Anschluss oberhalb des Fertigbodens, Durchdringungen abgedichtet gegen **drückendes / nichtdrückendes Wasser**, komplett mit allen Anschluss- und Abdichtungsmaterialien.
Druckleitung: DN/OD50
Maximaldruck: **4 / 6** bar

25€ 29€ **38€** 43€ 46€ [m] ⏱ 0,30h/m 044.000.047

44 Doppelabzweig, Guss DN100 KG **411**

Eck-Doppelabzweig für Schmutz- und Regenwasserleitung aus Guss, innen mit Zweikomponenten-Epoxid-Schutzschicht, außen mit Schutzfarbe versehen. 87, 70, 45°, Abgänge mit gleichen bzw. reduzierten Durchmessern, in **Eck- / Gabelform**.
Anschluss: DN100

61€ 65€ **69€** 74€ 78€ [St] ⏱ 0,32h/St 044.000.050

Kosten:
Stand 4. Quartal 2024
Bundesdurchschnitt

Nr.	Kurztext / Langtext						Kostengruppe
▶	▷	ø netto €	◁	◀	[Einheit]	Ausf.-Dauer	Positionsnummer

A 1 Abwasserleitung, PP-Rohre, schallgedämmt Beschreibung für Pos. **45-48**

Schallgedämmte Abwasserleitung aus mineralverstärktes Polypropylen (PP)-Rohr für Entwässerungsanlagen innerhalb von Gebäuden. Einsetzbar bis 95°C (kurzzeitig); geeignet zur Ableitung chemisch aggressiver Abwässer mit einem pH-Wert von 2 bis 12. Rohrverbindungen sind bis zu einem Wasserüberdruck von 0,5 bar dicht.
Material Lippendichtring: Styrol-Butadien-Kautschuk (SBR).

45 Abwasserleitung, PP-Rohre, DN/OD63, schallgedämmt KG **411**

Wie Ausführungsbeschreibung A 1
Nennweite: DN/OD63
Baulänge: 1,00 m

22€	27€	**31€**	35€	42€	[m]	⏱ 0,28 h/m	044.000.053

46 Abwasserleitung, PP-Rohre, DN/OD75, schallgedämmt KG **411**

Wie Ausführungsbeschreibung A 1
Nennweite: DN/OD75
Baulänge: 1,00 m

22€	27€	**31€**	35€	42€	[m]	⏱ 0,28 h/m	044.000.054

47 Abwasserleitung, PP-Rohre, DN/OD90, schallgedämmt KG **411**

Wie Ausführungsbeschreibung A 1
Nennweite: DN/OD90
Baulänge: 1,00 m

31€	37€	**45€**	50€	60€	[m]	⏱ 0,28 h/m	044.000.055

48 Abwasserleitung, PP-Rohre, DN/OD110 schallgedämmt KG **411**

Wie Ausführungsbeschreibung A 1
Nennweite: DN/OD110
Baulänge: 1,00 m

33€	39€	**45€**	51€	61€	[m]	⏱ 0,32 h/m	044.000.056

A 2 Abwasser-Rohrbogen, PP, schallgedämmt Beschreibung für Pos. **49-52**

Bogen aller Winkelgrade schallgedämmt für Schmutz- und Regenwasserleitung aus PP DIN EN 1451-1, Material Rohre und Formteile: mineralverstärktes Polypropylen (PP).
Material Lippendichtring: Styrol-Butadien-Kautschuk (SBR)

49 Abwasser-Rohrbogen, PP, DN/OD63, schallgedämmt KG **411**

Wie Ausführungsbeschreibung A 2
Nennweite: DN/OD63
Winkelgrad: ..... °

7€	11€	**12€**	15€	18€	[St]	⏱ 0,12 h/St	044.000.057

50 Abwasser-Rohrbogen, PP, DN/OD75, schallgedämmt KG **411**

Wie Ausführungsbeschreibung A 2
Nennweite: DN/OD75
Winkelgrad: ..... °

9€	14€	**16€**	19€	23€	[St]	⏱ 0,12 h/St	044.000.058

▶ min
▷ von
ø Mittel
◁ bis
◀ max

Nr.	Kurztext / Langtext						Kostengruppe
▶	▷	ø netto €	◁	◀	[Einheit]	Ausf.-Dauer	Positionsnummer

51 Abwasser-Rohrbogen, PP, DN/OD90, schallgedämmt KG **411**

Wie Ausführungsbeschreibung A 2
Nennweite: DN/OD90
Winkelgrad: ..... °

13€	19€	**22€**	26€	33€	[St]	⏱ 0,12h/St	044.000.059

52 Abwasser-Rohrbogen, PP, DN/OD110, schallgedämmt KG **411**

Wie Ausführungsbeschreibung A 2
Nennweite: DN/OD110
Winkelgrad: ..... °

29€	42€	**48€**	57€	72€	[St]	⏱ 0,12h/St	044.000.060

A 3 Abwasser-Abzweig, PP, schallgedämmt Beschreibung für Pos. **53-56**

Abzweig aller Winkelgrade schallgedämmt für Schmutz- und Regenwasserleitung aus PP DIN EN 1451-1, Material Rohre und Formteile: mineralverstärktes Polypropylen (PP).
Material Lippendichtring: Styrol-Butadien-Kautschuk (SBR)

53 Abwasser-Abzweig, PP, DN/OD63, schallgedämmt KG **411**

Wie Ausführungsbeschreibung A 3
Nennweite: DN/OD63
Winkelgrad: .....°

12€	18€	**21€**	25€	31€	[St]	⏱ 0,16h/St	044.000.061

54 Abwasser-Abzweig, PP, DN/OD75, schallgedämmt KG **411**

Wie Ausführungsbeschreibung A 3
Nennweite: DN / OD75
Winkelgrad: .....°

16€	23€	**26€**	31€	39€	[St]	⏱ 0,16h/St	044.000.062

55 Abwasser-Abzweig, PP, DN/OD90, schallgedämmt KG **411**

Wie Ausführungsbeschreibung A 3
Nennweite: DN / OD90
Winkelgrad: .....°

22€	32€	**37€**	45€	56€	[St]	⏱ 0,16h/St	044.000.063

56 Abwasser-Abzweig, PP, DN/OD110, schallgedämmt KG **411**

Wie Ausführungsbeschreibung A 3
Nennweite: DN/OD110
Winkelgrad: .....°

24€	34€	**39€**	47€	59€	[St]	⏱ 0,16h/St	044.000.064

Kosten:
Stand 4. Quartal 2024
Bundesdurchschnitt

Nr. **Kurztext** / Langtext — Kostengruppe

► ▷ **ø netto €** ◁ ◄ [Einheit] Ausf.-Dauer Positionsnummer

57 **Bodenablauf, bodengleiche Dusche** KG **411**

Boden- / Deckenablauf DIN EN 1253-1 aus Gusseisen, mit herausnehmbarem Glockengeruchverschluss, mit Pressdichtungsflansch, Abgang **senkrecht / waagrecht**, Gehäuse epoxiert, mit Aufsatzstück aus Gusseisen, epoxiert, mit Pressdichtungsflansch, stufenlos höhenverstellbar, mit Abdichtring, rückstausicher, mit Rostrahmen aus nichtrostendem Stahl.
Durchmesser: DN70-100
Rostrahmen-Nennmaß (L x B): 150 x 150 mm
Gitterrost: nichtrostender Stahl, rutschhemmend, Klasse: L 15
zusätzliche Ausführungsoptionen: .....
Fabrikat: .....
Typ: .....

►	▷	ø	◁	◄	Einheit	Ausf.-Dauer	Positionsnummer
458€	503€	**558€**	670€	771€	[St]	⏱ 1,20h/St	044.000.067

58 **Bodenablauf, Rinne, bodengleiche Dusche** KG **411**

Rinnenablauf für Dusche, höhenverstellbar, Gehäuse aus nichtrostendem Stahl, mit Geruchsverschluss und Reinigungsöffnung, mit Anschlussrand.
Anschluss: DN50-70
Baulänge: über 600 bis 1.000 mm
Abgang: **seitlich / senkrecht**
Rost: nichtrostendem Stahl, Klasse K 3
zusätzliche Ausführungsoptionen: .....
Fabrikat: .....
Typ: .....

►	▷	ø	◁	◄	Einheit	Ausf.-Dauer	Positionsnummer
565€	603€	**754€**	905€	1.040€	[St]	⏱ 1,00h/St	044.000.068

59 **Duschrinne, Edelstahl, 900mm** KG **411**

Entwässerungsrinne für den Duschbereich aus Edelstahl mit umlaufendem Anschlussrand mit Anschluss für Abdichtung, Geruchsverschluss, mit herausnehmbaren Kammeinsatz.
Ablaufstutzen: DN50, für Steckrohrmuffensysteme
Ablaufleistung 0,6 l/s
Belastbarkeit: K 3
Rinnenlänge: 900 mm
Rinnenbreite: ..... mm

►	▷	ø	◁	◄	Einheit	Ausf.-Dauer	Positionsnummer
343€	536€	**578€**	674€	827€	[St]	⏱ 1,00h/St	044.000.065

► min
▷ von
ø Mittel
◁ bis
◄ max

LB 045
Gas-, Wasser- und Entwässerungs- anlagen - Ausstattung, Elemente, Fertigbäder

045

Kosten:
Stand 4. Quartal 2024
Bundesdurchschnitt

Nr.	Positionen	Einheit	►	▷	**ø brutto €** ø netto €	◁	◄
1	Handwaschbecken, Keramik	St	129	212	**221**	251	353
			109	178	**186**	211	297
2	Waschtisch, Keramik 550x450	St	178	291	**314**	380	485
			150	245	**263**	319	408
3	Waschtisch, Keramik 600x500	St	185	298	**372**	472	670
			156	251	**313**	397	563
4	Waschbecken, barrierefrei	St	348	394	**464**	626	858
			292	331	**390**	526	721
5	Raumsparsiphon, Waschtisch, unterfahrbar	St	83	93	**107**	128	160
			70	78	**90**	108	134
6	UP-Sifon, Waschtisch	St	20	44	**53**	65	99
			17	37	**44**	54	83
7	Einhebel-Mischbatterie, Standmontage	St	185	282	**332**	426	633
			155	237	**279**	358	532
8	Spiegel, Kristallglas	St	46	64	**77**	102	136
			39	54	**65**	86	114
9	Spiegel, hochkant, für Waschtisch	St	106	120	**141**	183	226
			89	101	**119**	154	190
10	Badewanne, Stahl	St	439	668	**724**	841	1.286
			369	562	**608**	707	1.081
11	Einhandmischer, Badewanne	St	90	281	**394**	600	819
			75	236	**331**	504	688
12	Thermostatarmatur, Badewanne	St	470	626	**783**	1.057	1.527
			395	526	**658**	888	1.283
13	WC, wandhängend	St	301	433	**437**	515	715
			253	364	**368**	432	601
14	WC, barrierefrei	St	527	690	**768**	850	1.254
			443	580	**645**	714	1.054
15	WC-Spülkasten, mit Betätigungsplatte	St	262	292	**333**	389	476
			220	246	**279**	327	400
16	Notruf, barrierefreies WC	St	619	868	**1.043**	1.221	1.461
			520	730	**877**	1.026	1.228
17	WC-Sitz	St	70	132	**148**	179	252
			59	111	**124**	150	212
18	WC-Bürste	St	8	50	**87**	92	114
			7	42	**73**	77	96
19	WC-Toilettenpapierhalter	St	37	68	**83**	99	140
			31	57	**70**	84	118
20	Duschwanne, Stahl 80x80	St	214	305	**343**	387	478
			179	256	**288**	325	402
21	Duschwanne, Stahl 90x90	St	291	451	**517**	559	743
			245	379	**434**	470	624
22	Duschwanne, Stahl 100x100	St	321	465	**556**	639	838
			270	391	**467**	537	704
23	Duschwanne, Stahl 100x80	St	329	593	**702**	802	954
			276	498	**590**	674	802
24	Einhebelmischarmatur, Dusche	St	284	543	**646**	718	910
			239	456	**543**	604	765

► min
▷ von
ø Mittel
◁ bis
◄ max

Nr.	Positionen	Einheit	▶	▷	ø brutto € / ø netto €	◁	◀
25	Duschabtrennung, Kunststoff	St	1.085	1.197	**1.261**	1.318	1.454
			912	1.006	**1.059**	1.108	1.222
26	Urinal, Keramik	St	267	339	**391**	418	494
			225	285	**329**	351	416
27	Installationselement, Urinal	St	297	341	**365**	417	483
			250	287	**307**	350	406
28	Bidet, Keramik	St	280	574	**740**	897	1.896
			235	483	**622**	754	1.594
29	Einhandmischer, Bidet	St	246	316	**371**	445	613
			207	266	**312**	374	515
30	Ausgussbecken, Stahl	St	116	141	**155**	205	266
			97	118	**130**	172	224
31	Seifenspender, Wandmontage	St	72	138	**165**	235	345
			61	116	**138**	198	290
32	Papierhandtuchspender, Wandmontage	St	39	81	**100**	140	222
			32	68	**84**	118	187
33	Einhandmischer, Spültisch	St	54	273	**363**	504	773
			45	230	**305**	423	650
34	Installationselement, WC	St	302	360	**401**	435	488
			254	303	**337**	366	410
35	Installationselement, barrierefreies WC, mit Stützgriffen	St	683	841	**1.051**	1.262	1.472
			574	707	**884**	1.060	1.237
36	Installationselement, Hygiene-Spül-WC, mit Stützgriffen	St	959	1.180	**1.475**	1.770	2.065
			806	992	**1.240**	1.488	1.735
37	Installationselement, Hygiene-Spül-WC	St	379	460	**541**	650	747
			318	387	**455**	546	628
38	Installationselement, Waschtisch	St	70	136	**181**	214	287
			59	115	**152**	180	241
39	Installationselement, barrierefreier Waschtisch, mit Stützgriffen	St	487	606	**696**	835	954
			409	509	**585**	702	801
40	Installationselement, barrierefreier Waschtisch, höhenverstellbar	St	334	378	**445**	525	600
			280	318	**374**	441	504
41	Installationselement, Stützgriff	St	226	296	**348**	418	477
			190	249	**292**	351	401
42	Unterkonstruktion Stützgriff/Sitz	St	101	131	**155**	186	212
			84	110	**130**	156	178
43	Haltegriff, Edelstahl, 600mm	St	106	153	**164**	211	271
			89	128	**138**	177	227
44	Haltegriff, Kunststoff, 300mm	St	110	159	**193**	230	319
			93	133	**162**	193	268
45	Duschhandlauf, Edelstahl, 600mm	St	396	568	**640**	727	944
			332	477	**538**	611	793
46	Duschsitz, klappbar	St	433	524	**564**	565	655
			364	440	**474**	475	551
47	WC-Rückenstütze	St	345	444	**503**	525	605
			290	373	**423**	441	508

Nr.	Positionen	Einheit	►	▷	ø brutto € / ø netto €	◁	◄
48	Stützgriff, fest, WC	St	473	557	**696**	835	940
			398	468	**585**	702	790
49	Stützgriff, fest, WC mit Spülauslösung	St	713	800	**870**	957	1.088
			600	673	**731**	804	914
50	Stützgriff, klappbar, WC	St	544	670	**837**	1.005	1.147
			457	563	**703**	844	964
51	Stützgriff, fest, Waschtisch	St	383	472	**590**	708	808
			322	396	**496**	595	679
52	Stützgriff, klappbar, Waschtisch	St	546	621	**682**	744	819
			459	522	**574**	625	688
53	Stundensatz, Obermonteur/-in Sanitär	h	62	71	**74**	79	86
			52	60	**62**	66	72
54	Stundensatz, Helfer/-in Sanitär	h	55	61	**64**	64	72
			47	52	**54**	54	61

Kosten:
Stand 4. Quartal 2024
Bundesdurchschnitt

Nr. **Kurztext** / Langtext Kostengruppe
► ▷ **ø netto €** ◁ ◄ [Einheit] Ausf.-Dauer Positionsnummer

1 Handwaschbecken, Keramik KG **412**

Handwaschbecken mit Überlauf aus Sanitärporzellan, inkl. Befestigung und Schallschutzset DIN 4109.
Größe: ..... x ..... cm
Farbe: .....
Fabrikat: .....
Typ: .....

109€ 178€ **186€** 211€ 297€ [St] ⏱ 0,90h/St 045.000.001

A 1 Waschtisch, Keramik Beschreibung für Pos. **2-3**

Waschtisch mit Überlauf aus Sanitärporzellan installieren, einschl. Befestigung und Schallschutzset.

2 Waschtisch, Keramik 550x450 KG **412**

Wie Ausführungsbeschreibung A 1
Größe: ca. 550 x 450 mm
Farbe: .....
Fabrikat: .....
Typ: .....

150€ 245€ **263€** 319€ 408€ [St] ⏱ 0,90h/St 045.000.016

3 Waschtisch, Keramik 600x500 KG **412**

Wie Ausführungsbeschreibung A 1
Größe: ca. 600 x 500 mm
Farbe: .....
Fabrikat: .....
Typ: .....

156€ 251€ **313€** 397€ 563€ [St] ⏱ 1,20h/St 045.000.027

► min
▷ von
ø Mittel
◁ bis
◄ max

Nr.	Kurztext / Langtext						Kostengruppe
▶	▷	ø netto €	◁	◀	[Einheit]	Ausf.-Dauer	Positionsnummer

4 Waschbecken, barrierefrei KG **412**

Waschbecken, als barrierefreie Ausführung unterfahrbar DIN 18040, aus Sanitärporzellan, glasiert, weiß, mit wasserabweisender Beschichtung, mit Loch für Einlocharmatur, mit Überlauf, für Ablaufventil, inkl. Befestigung und Schallschutzset.
Breite: über 500 bis 550 mm
Ausladung: über 450 bis 500 mm
Fabrikat: .....
Typ: .....

292€ | 331€ | **390€** | 526€ | 721€ | [St] | ⏱ 1,25h/St | 045.000.037

5 Raumsparsiphon, Waschtisch, unterfahrbar KG **412**

Geruchsverschluss für Waschbecken, 1 1/4 x DN32, aus Messing, verchromt, als Wandeinbaugeruchsverschluss mit Kasten und Abdeckung, mit Reinigungsöffnung, durch Abdeckplatte verdeckt, für Wandanschluss, verstellbar.

70€ | 78€ | **90€** | 108€ | 134€ | [St] | ⏱ 0,15h/St | 045.000.062

6 UP-Sifon, Waschtisch KG **412**

Geruchsverschluss für Waschtisch,1 1/4" aus Kunststoff, als Wandeinbaugeruchsverschluss durch Abdeckplatte verdeckt, verstellbar.

17€ | 37€ | **44€** | 54€ | 83€ | [St] | ⏱ 0,15h/St | 045.000.075

7 Einhebel-Mischbatterie, Standmontage KG **412**

Einhand-Waschtischarmatur für Standmontage mit Keramikkartusche und Zugstangen-Ablaufgarnitur, inkl. Temperaturbegrenzer und Schnellmontagesystem.
Farbe: .....
Fabrikat: .....
Typ: .....

155€ | 237€ | **279€** | 358€ | 532€ | [St] | ⏱ 0,80h/St | 045.000.002

8 Spiegel, Kristallglas KG **610**

Kristallspiegel, rechteckig, Kanten geschliffen, inkl. Befestigung mit Spiegelklammern.
Abmessung: 600 x 500 mm
Spiegelklammern: **Metall / Kunststoff**
Ecken: **abgerundet / gerade**

39€ | 54€ | **65€** | 86€ | 114€ | [St] | ⏱ 0,45h/St | 045.000.019

9 Spiegel, hochkant, für Waschtisch KG **412**

Kristallspiegel, rechteckig, rahmenlos mit C-Kante, poliert und versiegelt.
Befestigung: Magnetaufhängung
Höhe: 1.000 mm
Breite: 500 bis 600 mm
Stärke: ..... mm

89€ | 101€ | **119€** | 154€ | 190€ | [St] | ⏱ 0,48h/St | 045.000.065

Kosten:
Stand 4. Quartal 2024
Bundesdurchschnitt

Nr.	**Kurztext** / Langtext						Kostengruppe
▶	▷	**ø netto €**	◁	◀	[Einheit]	Ausf.-Dauer	Positionsnummer

10 Badewanne, Stahl KG **412**

Badewannenanlage bestehend aus Badewanne Stahl emailliert, 1x Badewannenfüße oder Träger für oben beschriebene Badewanne; 1x Rolle Wannenprofil-Dämmstreifen für Bade- und Duschwannen, aus Polyethylen-Schaumstoff, oberseitig mit Silikonfolie kaschiert, Ab- und Überlaufgarnitur, Grund- und Fertigset für Normalwannen.
Farbe: .....
Größe: 170 x 80 cm

369€ 562€ **608€** 707€ 1.081€ [St] ⏱ 1,80 h/St 045.000.003

11 Einhandmischer, Badewanne KG **412**

Einhandmischer für Badewanne in Wandmontage, eigensicher gegen Rückfließen, aus Metall, verchromt, Kugelmischsystem mit Griff, Luftsprudler und Rosetten, inkl. Temperaturbegrenzer, Geräuschverhalten DIN 4109 Gruppe I, mit Prüfzeichen.
Einbau: **Auf- / Unterputz**
Ausführungsoptionen: .....
Fabrikat: .....
Typ: .....

75€ 236€ **331€** 504€ 688€ [St] ⏱ 0,80 h/St 045.000.004

12 Thermostatarmatur, Badewanne KG **412**

Thermostat-Wandeinbaubatterie / Wandbatterie DIN EN 1111, aus Messing, sichtbare Teile verchromt, mit Temperaturwähler, Grad-Markierung und Temperatursperre, Geräuschverhalten DIN 4109 Gruppe I, mit Prüfzeichen. Armatur für Wanne, mit Absperrung und automatischer Rückstellung, mit Armhebel, Betätigungselement aus Metall, verchromt.
Ausführungsoptionen: .....
Fabrikat: .....
Typ: .....

395€ 526€ **658€** 888€ 1.283€ [St] ⏱ 1,20 h/St 045.000.069

13 WC, wandhängend KG **412**

WC-Anlage, bestehend aus: 1x Tiefspül-WC aus Sanitärporzellan, wandhängend, inkl. Befestigung und Schallschutzset DIN 4109.
Länge: ..... m
Breite: ..... m
Farbe: .....
Spülrand: **mit / ohne**

253€ 364€ **368€** 432€ 601€ [St] ⏱ 1,80 h/St 045.000.005

14 WC, barrierefrei KG **412**

Tiefspül-WC, wandhängend an Installationselement, als barrierefreie Ausführung DIN 18040, aus Sanitärporzellan, spülrandlos, glasiert, weiß, mit wasserabweisender Beschichtung, inkl. WC-Sitz und Rückenstütze und Schallschutzset.
Spülwasserbedarf: 6 l
Abgang: waagrecht
Fabrikat: .....
Typ: .....

443€ 580€ **645€** 714€ 1.054€ [St] ⏱ 2,00 h/St 045.000.038

▶ min
▷ von
ø Mittel
◁ bis
◀ max

Nr.	Kurztext / Langtext						Kostengruppe
▶	▷	ø netto €	◁	◀	[Einheit]	Ausf.-Dauer	Positionsnummer

15 WC-Spülkasten, mit Betätigungsplatte KG **412**

Unterputz-Spülkasten aus Kunststoff mit wassersparender Zweimengenspültechnik, schwitzwasserisoliert, für Wasseranschluss links, rechts oder hinten mittig, inkl. Betätigungsplatte für Betätigung von vorne, mit 2-Mengenauslösung, Befestigungsrahmen und Befestigung.
Inhalt: **3 / 6** Liter
Geräuschklasse: I
Größe: ..... x ..... x ..... m
Farbe: .....

220€	246€	**279€**	327€	400€	[St]	⏱ 0,85h/St	045.000.006

16 Notruf, barrierefreies WC KG **452**

Notruf, barrierefreies WC als Kompakt-Set, bestehend aus: 1-Kammer-Signalleuchte rot, Zugtaster, Abstelltaster, Meldeeinheit und Netzteil, einschl. Stromquelle für Sicherheitszwecke DIN VDE 0100-560 (VDE 0100-560), Weiterleitung Störung an Meldeeinheit, Weiterleitung Notruf an Meldeeinheit.
Ausführungsoptionen: .....
Fabrikat: .....
Typ: .....

520€	730€	**877€**	1.026€	1.228€	[St]	⏱ 1,20h/St	045.000.074

17 WC-Sitz KG **412**

WC-Sitz einschl. Deckel und Scharniere.
Scharniere: **Edelstahl / Kunststoff**
Farbe: .....
Material: ....

59€	111€	**124€**	150€	212€	[St]	⏱ 0,20h/St	045.000.007

18 WC-Bürste KG **610**

WC-Bürstengarnitur mit herausnehmbarem Glaseinsatz, Bürste mit Griff und Ersatzbürstenkopf, inkl. Befestigungsmaterial.
Farbe: .....

7€	42€	**73€**	77€	96€	[St]	⏱ 0,20h/St	045.000.008

19 WC-Toilettenpapierhalter KG **610**

Toilettenpapierhalter, offene Form mit gebogenem Halter und Abdeckung, für Wandaufbau, inkl. Befestigungsmaterial.
Rollenbreite: 100 und 120 mm
Material: Nylon
Farbe: Standardfarbe nach Wahl
Befestigungsschrauben **sichtbar / verdeckt**

31€	57€	**70€**	84€	118€	[St]	⏱ 0,20h/St	045.000.017

Kosten:
Stand 4. Quartal 2024
Bundesdurchschnitt

Nr.	Kurztext / Langtext						Kostengruppe
▶	▷	ø netto €	◁	◀	[Einheit]	Ausf.-Dauer	Positionsnummer

A 2 Duschwanne, Stahl — Beschreibung für Pos. **20-23**

Duschwannenanlage bestehend aus: 1x Duschwanne Stahlemaille inkl. Füße für Duschwanne, 1x Rolle Wannenprofil-Dämmstreifen für Bade- und Duschwannen, aus Polyäthylen-Schaumstoff, oberseitig mit Silikonfolie kaschiert, Schallschutz DIN 4109
1x Ablaufgarnitur für Duschwannen mit Haube.

20 Duschwanne, Stahl 80x80 — KG **412**

Wie Ausführungsbeschreibung A 2
Größe: 80 x 80 x 6 cm
Farbe: .....
Ablauf: **40 / 50** mm

179€ | 256€ | **288€** | 325€ | 402€ | [St] | ⏱ 1,40 h/St | 045.000.009

21 Duschwanne, Stahl 90x90 — KG **412**

Wie Ausführungsbeschreibung A 2
Größe: 90 x 90 x 6 cm
Farbe: .....
Ablauf: **40 / 50** mm

245€ | 379€ | **434€** | 470€ | 624€ | [St] | ⏱ 1,40 h/St | 045.000.030

22 Duschwanne, Stahl 100x100 — KG **412**

Wie Ausführungsbeschreibung A 2
Größe: 100 x 100 x 6 cm
Farbe: .....
Ablauf: **40 / 50** mm

270€ | 391€ | **467€** | 537€ | 704€ | [St] | ⏱ 1,40 h/St | 045.000.031

23 Duschwanne, Stahl 100x80 — KG **412**

Wie Ausführungsbeschreibung A 2
Größe: 100 x 80 x 6 cm
Farbe: .....
Ablauf: **40 / 50** mm

276€ | 498€ | **590€** | 674€ | 802€ | [St] | ⏱ 1,40 h/St | 045.000.033

24 Einhebelmischarmatur, Dusche — KG **412**

Unterputz-Brausearmatur, Einhebelmischer für Dusche in Wandmontage, eigensicher gegen Rückfließen, aus Metall verchromt, Kugelmischsystem mit Griff, Luftsprudler und Rosetten, einschl. Temperaturbegrenzer, Geräuschverhalten DIN 4109 Gruppe I, mit Prüfzeichen.
Anschluss: DN15

239€ | 456€ | **543€** | 604€ | 765€ | [St] | ⏱ 0,80 h/St | 045.000.010

▶ min
▷ von
ø Mittel
◁ bis
◀ max

Nr.	Kurztext / Langtext						Kostengruppe
▶	▷	ø netto €	◁	◀	[Einheit]	Ausf.-Dauer	Positionsnummer

25 Duschabtrennung, Kunststoff KG **610**

Duschabtrennung für Duschwanne, als Einzelanlage. Tür mit schmutzabweisender Beschichtung. Rahmen aus Kunststoff, mit Seitenwänden. Befestigung mit Wandanschlussprofil, wassergeschützt angesetzt. Mit Befestigungs- und Dichtmaterial.
Tür: **Drehtür / Schiebefalttür**
Kunststoff: **klar / mit Dekor mit schmutzabweisender Beschichtung**
Rahmen Farbe: **weiß / Standardfarbe**
Seitenwände: **1 / 2**
Breite Eingang: 800 mm
Breite Seitenteil: 800 mm
Höhe: 2.000 mm

912€ 1.006€ **1.059€** 1.108€ 1.222€ [St] ⏱ 2,00h/St 045.000.041

26 Urinal, Keramik KG **412**

Urinal-Anlage, Urinal aus Sanitärporzellan, verdeckter Zulauf und hinterer Abgang, verdeckter Schraubbefestigung, inkl. herausnehmbarem Sieb aus Edelstahl mit einer geschlossenen Randeinfassung aus EPDM und Absaugsiphon, mit Schallschutzset DIN 4109.
Farbe: .....
Stutzen AD: 50 mm
Abgang: waagrecht

225€ 285€ **329€** 351€ 416€ [St] ⏱ 1,50h/St 045.000.011

27 Installationselement, Urinal KG **419**

Urinal-Installationselement mit selbsttragendem Montagerahmen, Oberfläche pulverbeschichtet, mit verstellbaren Fußstützen verzinkt, für einen Fußbodenaufbau 0-20cm, mit zwei kompletten Keramikbefestigungen und vormontiertem Passstück, Absperrventil und Schmutzfänger, mit Einbauspülkasten DIN EN 14055 und Schutzteil, Einlaufbogen und PE-Fertigablaufanschlussbogen, inkl. Anschlussgarnitur für Einlauf und Ablaufsiphon, einschl. Befestigungsmaterial.
Keramikbefestigungen: M8
Absperrventil: R 1/2
Einlaufbogen: DN25
Ablaufbogen: DN40

250€ 287€ **307€** 350€ 406€ [St] ⏱ 1,30h/St 045.000.012

28 Bidet, Keramik KG **412**

Bidet DIN EN 14528 aus Sanitärporzellan, wandhängend, inkl. Befestigung und Schallschutzset.
Farbe: .....

235€ 483€ **622€** 754€ 1.594€ [St] ⏱ 2,40h/St 045.000.014

29 Einhandmischer, Bidet KG **412**

Einhandmischer für Bidet mit Keramikkartusche, Zugknopfablaufgarnitur, Kugelgelenk-Strahlregler und flexiblen Anschlüssen.
Farbe: .....

207€ 266€ **312€** 374€ 515€ [St] ⏱ 0,80h/St 045.000.015

Nr.	Kurztext / Langtext						Kostengruppe
▶	▷	ø netto €	◁	◀	[Einheit]	Ausf.-Dauer	Positionsnummer

30 Ausgussbecken, Stahl KG **412**

Ausgussbecken aus emaillierten Stahl, mit Rückwand, für wandhängenden Einbau, mit Klapprost aus Stahl, verzinkt, inkl. Befestigung.
Größe: 500 x 350 mm
Farbe: weiß

97€ | 118€ | **130€** | 172€ | 224€ | [St] | ⏱ 1,20h/St | 045.000.021

31 Seifenspender, Wandmontage KG **610**

Seifenspender für Flüssigseife, Wandmontage, inkl. Befestigung. Ausführungsform rechteckig. Spender für Einwegbehälter, mit vollständiger Erstbefüllung, Entnahme durch Drücken, Gehäuse verschließbar, inkl. Befestigung.
Gehäuse: **Kunststoff / Stahl nichtrostend**
Inhalt: **0,5 / 0,75** Liter

61€ | 116€ | **138€** | 198€ | 290€ | [St] | ⏱ 0,40h/St | 045.000.022

32 Papierhandtuchspender, Wandmontage KG **610**

Papierhandtuchspender, für Wandmontage, für Falt-Papierhandtücher, inkl. Erstbefüllung und Befestigung.
Fassungsvermögen: 300 Stück
Handtücher in: Lagen-Falzung, **25 / 33** cm
Gehäuse: **Kunststoff / Stahl nichtrostend**
Vorratsbehälter: verschließbar

32€ | 68€ | **84€** | 118€ | 187€ | [St] | ⏱ 0,35h/St | 045.000.023

33 Einhandmischer, Spültisch KG **412**

Einhandmischer für Spültisch, Kugelmischsystem, schwenkbarer Auslauf, Luftsprudler.
Oberfläche: verchromt
Durchmesser: DN15

45€ | 230€ | **305€** | 423€ | 650€ | [St] | ⏱ 0,70h/St | 045.000.024

34 Installationselement, WC KG **419**

WC-Installationselement für wandhängendes WC, Rahmen aus Stahl, pulverbeschichtet mit verstellbaren Fußstützen verzinkt, für einen Fußbodenaufbau von 0-20cm mit UP-Spülkasten, Betätigungsplatte mit Befestigungsrahmen, umstellbar auf Spül-Stopp-Funktion, für Betätigung von vorn. Vormontierter Wasseranschluss, Eckventil, schallgeschützter **Klemm- / Pressanschluss** aus Rotguss, C-Anschlussbogen, WC-Anschlussgarnitur, Befestigungsmaterial für Element und WC, inkl. Klein- und Befestigungsmaterial.
Wasseranschluss: Rp1/2
Anschlussbogen: **DN90 / DN100**

254€ | 303€ | **337€** | 366€ | 410€ | [St] | ⏱ 1,00h/St | 045.000.026

Kosten:
Stand 4. Quartal 2024
Bundesdurchschnitt

▶ min
▷ von
ø Mittel
◁ bis
◀ max

35 Installationselement, barrierefreies WC, mit Stützgriffen KG **419**

Installationselement als Einzelelement, statisch belastbar und stufenlos höhenverstellbar, für wandhängendes barrierefreies WC, mit beidseitiger Befestigungsmöglichkeit von Stützgriffen, inkl. Einbauspülkasten DIN EN 14055 und Ablaufbogen aus PE-HD-Rohr. Element für Metallständerwände und Vorwandmontage, zum Beplanken mit **Gipskarton / Gipsfaserplatten**, für Aufbau auf Rohfußboden, zur Wand- und Fußbodenbefestigung. Leistung mit Befestigung und Anschlüssen für Zu- und Abläufe.
Verstellbereich: 0 bis 200 mm
Einbauhöhe: über 1.000 bis 1.200 mm
Breite: 850 bis 1.000 mm
Fabrikat: .....
Typ: .....

▶	▷	ø netto €	◁	◀	[Einheit]	Ausf.-Dauer	Positionsnummer
574€	707€	**884€**	1.060€	1.237€	[St]	⏱ 1,30h/St	045.000.042

36 Installationselement, Hygiene-Spül-WC, mit Stützgriffen KG **419**

Installationselement als Einzelelement, statisch belastbar und stufenlos höhenverstellbar, für wandhängendes Hygiene-Spül-WC, mit beidseitiger Befestigungsmöglichkeit von Stützgriffen, inkl. Einbauspülkasten DIN EN 14055, mit Wasserzuleitung und Elektroanschluss für Anschluss von barrierefreiem Hygiene-Spül-WC sowie Ablaufbogen aus PE-HD-Rohr. Element für Metallständerwände und Vorwandmontage, zum Beplanken mit **Gipskarton / Gipsfaserplatten**, für Aufbau auf Rohfußboden, zur Wand- und Fußbodenbefestigung. Leistung mit Befestigung und Anschlüssen für Zu- und Abläufe.
Verstellbereich: 0 bis 200 mm
Einbauhöhe: über 1.000 bis 1.200 mm
Breite: 850 bis 1.000 mm
Fabrikat: .....
Typ: .....

▶	▷	ø netto €	◁	◀	[Einheit]	Ausf.-Dauer	Positionsnummer
806€	992€	**1.240€**	1.488€	1.735€	[St]	⏱ 1,50h/St	045.000.043

37 Installationselement, Hygiene-Spül-WC KG **419**

Installationselement als Einzelelement, statisch belastbar und stufenlos höhenverstellbar, für wandhängendes Hygiene-Spül-WC, inkl. Einbauspülkasten DIN EN 14055 mit Wasserzuleitung und Elektroanschluss, für Anschluss von barrierefreiem Hygiene-Spül-WC sowie Ablaufbogen aus PE-HD-Rohr. Element für Metallständerwände und Vorwandmontage, zum Beplanken mit **Gipskarton / Gipsfaserplatten**, für Aufbau auf Rohfußboden, zur Wand- und Fußbodenbefestigung. Leistung mit Befestigung und Anschlüssen für Zu- und Abläufe.
Verstellbereich: 0 bis 200 mm
Einbauhöhe: über 1.000 bis 1.200 mm
Breite: 400 bis 600 mm
Fabrikat: .....
Typ: .....

▶	▷	ø netto €	◁	◀	[Einheit]	Ausf.-Dauer	Positionsnummer
318€	387€	**455€**	546€	628€	[St]	⏱ 1,30h/St	045.000.044

38 Installationselement, Waschtisch KG **419**

Installationselement für Waschtisch mit Einlocharmatur, Rahmen aus Stahl, pulverbeschichtet, schallgeschützter Befestigung für Wandscheiben, Ablaufbogen, Gumminippel , Befestigungsmaterial für Element (Bodenbefestigung) und Waschtisch, selbstbohrende Schrauben für Befestigung an Ständerwand, inkl. Klein- und Befestigungsmaterial.
Ablaufbogen: **DN40 / DN50**
Gumminippel: 40/30

▶	▷	ø netto €	◁	◀	[Einheit]	Ausf.-Dauer	Positionsnummer
59€	115€	**152€**	180€	241€	[St]	⏱ 0,90h/St	045.000.025

Kosten:
Stand 4. Quartal 2024
Bundesdurchschnitt

Nr.	Kurztext / Langtext						Kostengruppe
▶	▷	ø netto €	◁	◀	[Einheit]	Ausf.-Dauer	Positionsnummer

39 Installationselement, barrierefreier Waschtisch, mit Stützgriffen KG **419**

Installationselement als Einzelelement, statisch belastbar und stufenlos höhenverstellbar, für wandhängenden barrierefreien Waschtisch, mit beidseitiger Befestigungsmöglichkeit von Stützgriffen, inkl. Unterputz-Geruchsverschluss. Element für Metallständerwände und Vorwandmontage, zum Beplanken mit **Gipskarton / Gipsfaserplatten**, für Aufbau auf Rohfußboden, zur Wand- und Fußbodenbefestigung. Leistung mit Befestigung und Anschlüssen für Zu- und Abläufe.
Verstellbereich: 0 bis 200 mm
Einbauhöhe Installationselement: über 1.000 bis 1.200 mm
Breite Installationselement: 1.200 bis 1.300 mm
Fabrikat: .....
Typ: .....

409€ | 509€ | **585€** | 702€ | 801€ | [St] | ⏱ 1,20 h/St | 045.000.047

40 Installationselement, barrierefreier Waschtisch, höhenverstellbar KG **419**

Installationselement als Einzelelement, statisch belastbar und stufenlos höhenverstellbar, für nachträglich im fertigen Bad höhenverstellbaren wandhängenden barrierefreien Waschtisch, mit Unterputz-Geruchsverschluss. Element für Metallständerwände und Vorwandmontage, zum Beplanken mit **Gipskarton / Gipsfaserplatten**, für Aufbau auf Rohfußboden, zur Wand- und Fußbodenbefestigung. Leistung mit Befestigung und Anschlüssen für Zu- und Abläufe.
Verstellbereich Keramik: 200 mm
Einbauhöhe: über 1.000 bis 1.200 mm
Breite: 400 bis 600 mm
Fabrikat: .....
Typ: .....

280€ | 318€ | **374€** | 441€ | 504€ | [St] | ⏱ 1,70 h/St | 045.000.050

41 Installationselement, Stützgriff KG **419**

Installationselement als Einzelelement, statisch belastbar und stufenlos höhenverstellbar, für wandhängenden Stützgriff, für Metallständerwände und Vorwandmontage, zum Beplanken mit **Gipskarton / Gipsfaserplatten,** für Aufbau auf Rohfußboden, zur Wand- und Fußbodenbefestigung.
Belastung: bis ..... kg
Verstellbereich: 0 bis 200 mm
Einbauhöhe: über 1.000 bis 1.200 mm
Breite: 300 bis 400 mm
Fabrikat: .....
Typ: .....

190€ | 249€ | **292€** | 351€ | 401€ | [St] | ⏱ 1,30 h/St | 045.000.048

42 Unterkonstruktion Stützgriff/Sitz KG **419**

Unterkonstruktion für wandhängenden **Stützgriff / Sitz**, für Metallständerwände und Vorwandmontage, zum Beplanken mit **Gipskarton / Gipsfaserplatten**. Montageplatte als wasserfest verleimte Furnierholzplatte, einschl. Befestigungsmaterial an Metallständern.
Belastung: bis kg .....
Stärke Montageplatte: mind. 30 mm
Höhe Montageplatte: 250 bis 500 mm
Breite Montageplatte: 300 bis 400 mm
Fabrikat: .....
Typ: .....

84€ | 110€ | **130€** | 156€ | 178€ | [St] | ⏱ 1,30 h/St | 045.000.049

▶ min
▷ von
ø Mittel
◁ bis
◀ max

Nr.	Kurztext / Langtext						Kostengruppe
▶	▷	**ø netto €**	◁	◀	[Einheit]	Ausf.-Dauer	Positionsnummer

43 Haltegriff, Edelstahl, 600mm KG **412**

Haltegriff aus Edelstahl, gebürstet, mit Befestigung.
Grifflänge: 600mm
Griffdurchmesser: 32 mm
Wandabstand: 50 mm
Belastung max.: 200 kg
Fabrikat : .....
Typ: .....

89€ 128€ **138€** 177€ 227€ [St] ⏱ 0,30h/St 045.000.034

44 Haltegriff, Kunststoff, 300mm KG **412**

Haltegriff, gerade Form, aus Kunststoff mit Stahlkern.
Profilquerschnitt: rund
Länge: 300 mm
Befestigung: mit Rosetten, Schrauben verdeckt
Zusätzliche Ausführungsoptionen: .....
Fabrikat: .....
Typ: .....

93€ 133€ **162€** 193€ 268€ [St] ⏱ 0,30h/St 045.000.052

45 Duschhandlauf, Edelstahl, 600mm KG **412**

Duschhandlauf mit 90° Winkel aus verchromtem Messingrohr mit Befestigung.
Höhenverstellbarkeit: ..... mm
Seitenverstellbarkeit: ..... mm
Rohrdurchmesser: 32 mm
Fabrikat : .....
Typ: .....

332€ 477€ **538€** 611€ 793€ [St] ⏱ 0,40h/St 045.000.035

46 Duschsitz, klappbar KG **412**

Klappsitz für Dusche aus Rahmen in Kunststoff, mit korrosionsgeschütztem Stahlkern, Arretierung und Fallbremse, inkl. Befestigung mit verdeckten Schrauben.
Wandbefestigung: **Leichtbauwände inkl. Unterkonstruktion / Mauerwerk / Beton**
Zusätzliche Ausführungsoptionen: .....
Fabrikat: .....
Typ: .....

364€ 440€ **474€** 475€ 551€ [St] ⏱ 0,15h/St 045.000.054

47 WC-Rückenstütze KG **412**

Rückenstütze für WC mit Befestigungselementen.
WC-Ausladung: von 650 bis 700 mm
Material: Kunststoff
Farbton: weiß
Zusätzliche Ausführungsoptionen: .....
Fabrikat: .....
Typ: .....

290€ 373€ **423€** 441€ 508€ [St] ⏱ 0,10h/St 045.000.055

Kosten:
Stand 4. Quartal 2024
Bundesdurchschnitt

Nr.	Kurztext / Langtext						Kostengruppe
▶	▷	ø netto €	◁	◀	[Einheit]	Ausf.-Dauer	Positionsnummer

48 **Stützgriff, fest, WC** KG **412**

Stützgriff, fest, für WC, aus Kunststoff mit Stahlkern, inkl. Befestigung mit Flansch, Schrauben verdeckt.
Farbton: weiß
Ausladung: 850 mm
Belastbar: bis 100 kg am Griffvorderteil
Zusätzliche Ausführungsoptionen: .....
Fabrikat: .....
Typ: .....

398 € | 468 € | **585 €** | 702 € | 790 € | [St] | ⏱ 0,15 h/St | 045.000.056

49 **Stützgriff, fest, WC mit Spülauslösung** KG **412**

Stützgriff, fest, für WC, aus Kunststoff mit Stahlkern, mit Spülauslösung, manuell, inkl. Befestigung mit Flansch, Schrauben verdeckt.
Farbton: weiß
Ausladung: 850 mm
Belastbar: bis 100 kg am Griffvorderteil
Zusätzliche Ausführungsoptionen: ....
Fabrikat: .....
Typ: .....

600 € | 673 € | **731 €** | 804 € | 914 € | [St] | ⏱ 0,35 h/St | 045.000.057

50 **Stützgriff, klappbar, WC** KG **412**

Stützklappgriff, klappbar, für WC, aus Kunststoff mit Stahlkern, mit Arretierung und Fallbremse, inkl. Befestigung mit Flansch, Schrauben verdeckt.
Farbton: weiß
Ausladung: 850 mm
Belastbar: bis 100 kg am Griffvorderteil
Zusätzliche Ausführungsoptionen: .....
Fabrikat: .....
Typ: .....

457 € | 563 € | **703 €** | 844 € | 964 € | [St] | ⏱ 0,35 h/St | 045.000.058

51 **Stützgriff, fest, Waschtisch** KG **412**

Stützgriff, fest, für Waschtisch, aus Kunststoff mit Stahlkern, inkl. Befestigung verdeckt.
Farbton: weiß
Ausladung: 600 mm
Belastbar bis 100 kg am Griffvorderteil
Fabrikat: .....
Typ: .....

322 € | 396 € | **496 €** | 595 € | 679 € | [St] | ⏱ 0,35 h/St | 045.000.060

▶ min
▷ von
ø Mittel
◁ bis
◀ max

52 Stützgriff, klappbar, Waschtisch KG **412**

Stützklappgriff, klappbar, für Waschtisch, aus Kunststoff mit Stahlkern, mit Arretierung und Fallbremse, inkl. Befestigung verdeckt.
Farbton: weiß
Ausladung: 600 mm
Belastbar: bis 100 kg am Griffvorderteil
Fabrikat: .....
Typ: .....

459€	522€	**574€**	625€	688€	[St]	⏱ 0,42 h/St	045.000.061

53 Stundensatz, Obermonteur/-in Sanitär

Verrechnungssatz für die jeweilige Arbeitskraft inkl. aller Aufwendungen wie Lohn- und Gehaltskosten, Lohn- und Gehaltsnebenkosten, Zuschläge, lohngebundene und lohnabhängige Kosten, sonstige Sozialkosten, Gemeinkosten, Wagnis und Gewinn. Leistung nach besonderer Anordnung der Bauüberwachung. Nachweis und Anmeldung gem. VOB/B.

52€	60€	**62€**	66€	72€	[h]	⏱ 1,00 h/h	045.000.079

54 Stundensatz, Helfer/-in Sanitär

Verrechnungssatz für die jeweilige Arbeitskraft inkl. aller Aufwendungen wie Lohn- und Gehaltskosten, Lohn- und Gehaltsnebenkosten, Zuschläge, lohngebundene und lohnabhängige Kosten, sonstige Sozialkosten, Gemeinkosten, Wagnis und Gewinn. Leistung nach besonderer Anordnung der Bauüberwachung. Nachweis und Anmeldung gem. VOB/B.

47€	52€	**54€**	54€	61€	[h]	⏱ 1,00 h/h	045.000.080

Kosten:
Stand 4. Quartal 2024
Bundesdurchschnitt

Nr.	Positionen	Einheit	▶	▷	ø brutto € / ø netto €	◁	◀
1	Kompaktdämmhülse, Rohrleitung DN15	m	9	11	**12**	13	14
			8	9	**10**	11	12
2	Kompaktdämmhülse, Rohrleitung DN25	m	12	15	**20**	22	28
			10	13	**17**	19	24
3	Wärmedämmung, Rohrleitung, DN15	m	15	24	**28**	29	38
			13	20	**24**	25	32
4	Rohrdämmung, MW-alukaschiert, DN15	m	8	18	**22**	28	38
			7	15	**19**	24	32
5	Rohrdämmung, MW-alukaschiert, DN25	m	15	27	**34**	43	56
			13	23	**28**	36	47
6	Rohrdämmung, MW-alukaschiert, DN40	m	35	39	**46**	54	56
			29	32	**39**	45	47
7	Rohrdämmung, MW-alukaschiert, DN65	m	36	46	**58**	75	95
			30	39	**49**	63	80
8	Rohrdämmung, MW/Blech DN20	m	32	38	**44**	45	50
			27	32	**37**	38	42
9	Rohrdämmung, MW/Blech DN40	m	40	48	**60**	71	75
			34	40	**50**	60	63
10	Lüftungskanal Mineral alukaschiert	m	24	35	**41**	45	55
			20	29	**34**	38	46
11	Brandschutzabschottung, R90, DN15	St	18	26	**30**	37	52
			15	22	**25**	31	44
12	Brandschutzabschottung, R90, DN20	St	46	52	**56**	56	63
			39	44	**47**	47	53
13	Brandschutzabschottung, R90, DN25	St	53	62	**64**	70	80
			44	52	**53**	59	67
14	Brandschutzabschottung, R90, DN32	St	58	70	**74**	84	103
			48	59	**62**	71	86
15	Brandschutzabschottung, R90, DN40	St	87	95	**103**	109	131
			73	80	**86**	91	110
16	Brandschutzabschottung, R90, DN50	St	92	109	**111**	121	135
			77	92	**93**	101	114
17	Brandschutzabschottung, R90, DN65	St	116	125	**134**	140	154
			98	105	**113**	118	129
18	Körperschalldämmung, Abwasserrohre	m	12	15	**16**	19	23
			10	12	**14**	16	19
19	Wärmedämmschalen für Armaturen und Pumpen, DN15	St	20	22	**26**	27	32
			17	19	**22**	23	27
20	Wärmedämmschalen für Armaturen und Pumpen, DN20	St	22	27	**33**	38	39
			18	23	**27**	32	33
21	Wärmedämmschalen für Armaturen und Pumpen, DN25	St	28	35	**38**	41	43
			23	30	**32**	34	36
22	Wärmedämmschalen für Armaturen und Pumpen, DN32	St	31	38	**40**	42	44
			26	32	**33**	35	37
23	Wärmedämmschalen für Armaturen und Pumpen, DN40	St	43	48	**50**	53	54
			36	40	**42**	44	45
24	Wärmedämmschalen für Armaturen und Pumpen, DN50	St	42	48	**52**	54	57
			35	40	**44**	45	48

▶ min
▷ von
ø Mittel
◁ bis
◀ max

A 1 Kompaktdämmhülse, Rohrleitung Beschreibung für Pos. **1-2**

Asymmetrische Wärmedämmung DIN 4140 für Rohrleitungen haustechnischer Anlagen auf Rohfußboden (gegen beheizte Räume oder auf Zusatzdämmung). Kompaktdämmhülsen in Anti-Körperschall-Ausführung. Zur Verlegung im Dämmbereich des Fußbodenaufbaus. Polsterlage aus miteinander vernadelten Kunststoff-Fasern und geschlossenzelligem Polyethylen mit reißfestem Gittergewebe.

1 Kompaktdämmhülse, Rohrleitung DN15 KG **422**

Wie Ausführungsbeschreibung A 1
Nennwert der Wärmeleitfähigkeit: 0,040 W/(mK)
Normalentflammbar: B2, DIN 4102-1
Nennweite: DN15
Dämmschichtdicke 1/2 gem. GEG: 13 mm
Bauhöhe: 36 mm

8€ 9€ **10€** 11€ 12€ [m] ⏱ 0,05h/m 047.000.005

2 Kompaktdämmhülse, Rohrleitung DN25 KG **422**

Wie Ausführungsbeschreibung A 1
Nennwert der Wärmeleitfähigkeit: 0,040W/(mK)
Normalentflammbar: B2, DIN 4102-1
Nennweite: DN25
Dämmschichtdicke 1/2 gem. GEG: 20 mm
Bauhöhe: 51 mm

10€ 13€ **17€** 19€ 24€ [m] ⏱ 0,05h/m 047.000.017

3 Wärmedämmung, Rohrleitung, DN15 KG **422**

Wärmedämmung für Rohrleitungen DIN 4140 haustechnischer Anlagen im sichtbaren Bereich unter der Decke. Mineralfaserschalen einseitig geschlitzt, nichtbrennbar A1 DIN EN 13501-1, einseitig Alu-Folie kaschiert. Sämtliche Quer- und Längsfugen werden dicht gestoßen und mit 10cm breiten selbstklebenden Alustreifen verbunden. Sicherung der Längsfuge mit Alu-Klebestreifen in der Mitte der Bahnenbreite. Verkleidung mit PVC-Mantel (Isogenopack) 0,35mm stark, schwer entflammbar.
Verlegung bis: **3,50 / 5,00 / 7,00** m über Fußboden
Nennwert der Wärmeleitfähigkeit: 0,040 W/(mK)
Rohrdurchmesser: 18 mm
Dämmschichtstärke 1/1 gem. GEG: 20 mm

13€ 20€ **24€** 25€ 32€ [m] ⏱ 0,30h/m 047.000.006

Nr.	Kurztext / Langtext						Kostengruppe
▶	▷	ø netto €	◁	◀	[Einheit]	Ausf.-Dauer	Positionsnummer

A 2 **Rohrdämmung, MW-alukaschiert** — Beschreibung für Pos. **4-7**

Wärmedämmung einschl. Ummantelung DIN 4140 an Rohrleitungen für Heizung, Warmwasser und Zirkulation nach GEG in Gebäuden. Dämmung aus Mineralwolle, als Matte, auf verzinktem Drahtgeflecht mit verzinktem Draht versteppt, befestigen mit Stahlhaken aus dem Werkstoff des Drahtgeflechts. Längs- und Rundstöße mit selbstklebender Aluminiumfolie überklebt.

4 **Rohrdämmung, MW-alukaschiert, DN15** — KG **422**

Wie Ausführungsbeschreibung A 2
Rohrleitung: Stahl, schwarz
Nennweite: DN15
Baustoffklasse DIN EN 13501-1: nichtbrennbar A1
Dämmstärke Wärmedämmung: 100% nach GEG
Dämmschichtdicke: 20 mm
Nennwert der Wärmeleitfähigkeit: 0,035 W/(mK) bei 40°C
Oberkante Dämmung: **Fußboden / über Gelände bis 3,50** m **/ bis 5,00** m

7€	15€	**19€**	24€	32€	[m]	⏱ 0,30 h/m	047.000.002

5 **Rohrdämmung, MW-alukaschiert, DN25** — KG **422**

Wie Ausführungsbeschreibung A 2
Rohrleitung: Stahl, schwarz
Nennweite: DN25
Baustoffklasse DIN EN 13501-1: nichtbrennbar A1
Dämmstärke Wärmedämmung: 100% nach GEG
Dämmschichtdicke: 30 mm
Nennwert der Wärmeleitfähigkeit: 0,035 W/(mK) bei 40°C
Oberkante Dämmung: **Fußboden / über Gelände bis 3,50** m **/ bis 5,00** m

13€	23€	**28€**	36€	47€	[m]	⏱ 0,30 h/m	047.000.008

6 **Rohrdämmung, MW-alukaschiert, DN40** — KG **422**

Wie Ausführungsbeschreibung A 2
Rohrleitung: Stahl, schwarz
Nennweite: DN40
Baustoffklasse DIN EN 13501-1: nichtbrennbar A1
Dämmstärke Wärmedämmung: 100% nach GEG
Dämmschichtdicke: 40 mm
Nennwert der Wärmeleitfähigkeit: 0,035 W/(mK) bei 40°C
Oberkante Dämmung: **Fußboden / über Gelände bis 3,50** m **/ bis 5,00** m

29€	32€	**39€**	45€	47€	[m]	⏱ 0,30 h/m	047.000.031

Kosten:
Stand 4. Quartal 2024
Bundesdurchschnitt

▶ min
▷ von
ø Mittel
◁ bis
◀ max

Nr.	Kurztext / Langtext						Kostengruppe
▶	▷	**ø netto €**	◁	◀	[Einheit]	Ausf.-Dauer	Positionsnummer

7 Rohrdämmung, MW-alukaschiert, DN65 KG **422**
Wie Ausführungsbeschreibung A 2
Rohrleitung: Stahl, schwarz
Nennweite: DN65
Baustoffklasse DIN EN 13501-1: nichtbrennbar A1
Dämmstärke Wärmedämmung: 100% nach GEG
Dämmschichtdicke: 70 mm
Nennwert der Wärmeleitfähigkeit: 0,035 W/(mK) bei 40°C
Oberkante Dämmung: **Fußboden / über Gelände bis 3,50** m **/ bis 5,00** m

30€ 39€ **49€** 63€ 80€ [m] ⏱ 0,30h/m 047.000.012

A 3 Rohrdämmung, MW/Blech Beschreibung für Pos. **8-9**
Wärmedämmung einschl. Ummantelung DIN 4140 an Rohrleitungen für Heizung, Warmwasser und Zirkulation nach GEG in Gebäuden. Dämmung aus Mineralwolle, als Matte, auf verzinktem Drahtgeflecht mit verzinktem Draht versteppt, befestigen mit Stahlhaken aus dem Werkstoff des Drahtgeflechts. Ummantelung aus nichtprofiliertem Blech, Blechdicke für normale mechanische Beanspruchung, Überlappungen verschrauben, einschl. Stützkonstruktion aus Hartschaum.

8 Rohrdämmung, MW/Blech DN20 KG **422**
Wie Ausführungsbeschreibung A 3
Rohrleitung: Stahl, schwarz
Nennweite: DN20
Baustoffklasse DIN EN 13501-1: nichtbrennbar A1
Dämmstärke Wärmedämmung: 100% nach GEG
Dämmschichtdicke: 20 mm
Nennwert der Wärmeleitfähigkeit: 0,035 W/(mK) bei 40°C
Ummantelung: **Stahl feuerverzinkt / Alu-Ummantelung**
Oberkante Dämmung: **Fußboden / über Gelände bis 3,50** m **/ bis 5,00** m

27€ 32€ **37€** 38€ 42€ [m] ⏱ 0,30h/m 047.000.003

9 Rohrdämmung, MW/Blech DN40 KG **422**
Wie Ausführungsbeschreibung A 3
Rohrleitung: Stahl, schwarz
Nennweite: DN40
Baustoffklasse DIN EN 13501-1: nichtbrennbar A1
Dämmstärke Wärmedämmung: 100% nach GEG
Dämmschichtdicke: 40 mm
Nennwert der Wärmeleitfähigkeit: 0,035 W/(mK) bei 40°C
Ummantelung: **Stahl feuerverzinkt / Alu-Ummantelung**
Oberkante Dämmung: **Fußboden / über Gelände bis 3,50** m **/ bis 5,00** m

34€ 40€ **50€** 60€ 63€ [m] ⏱ 0,30h/m 047.000.013

Nr.	Kurztext / Langtext						Kostengruppe
▶	▷	ø netto €	◁	◀	[Einheit]	Ausf.-Dauer	Positionsnummer

10 **Lüftungskanal Mineral alukaschiert** KG **431**

Wärmedämmung an Lüftungskanälen DIN 4140, in Gebäuden. Für gerade Kanäle, Dämmung aus Mineralwolle, als Matte, auf verzinktem Drahtgeflecht mit verzinktem Draht versteppt, Befestigen mit Stahlhaken aus dem Werkstoff des Drahtgeflechts, Wärmeleitfähigkeit für haustechnische Anlagen nach GEG. Zur Ausbildung einer Dampfsperre sind sämtliche Kanten, Stöße, Ausschnitte, usw. mit Aluminium-Umklebeband dicht zu verkleben.
Oberkante Dämmung über Gelände / Fußboden: **3,50 / 5,00** m
Baustoffklasse DIN EN 13501-1: nichtbrennbar A1
Wärmeleitfähigkeit 0,035 W/(mK): bei 40° Mitteltemperatur
Wärmedämmung: 100% nach GEG
Dämmschichtdicke: **30 / 50** mm
Kanalumfang: 0,5-4,0 m

20€	29€	**34€**	38€	46€	[m]	⏱ 0,40 h/m	047.000.001

Kosten:
Stand 4. Quartal 2024
Bundesdurchschnitt

A 4 **Brandschutzabschottung, R90** Beschreibung für Pos. **11-17**

Brandschutzabschottung von Rohrleitungen haustechnischer Anlagen nach **MLAR / LAR**, mit allgemeinem bauaufsichtlichen Prüfzeugnis/Zulassung. Dämmstoff aus Mineralwolle, nicht brennbar. Zur Verlegung in rundem Wanddurchbruch, ohne Hüllrohr, Verfüllung des Ringspalts mit Mörtel MG III, beidseitige Weiterführung der Dämmung.

11 **Brandschutzabschottung, R90, DN15** KG **422**

Wie Ausführungsbeschreibung A 4
Bauteil: **Wand / Decke / leichte Trennwand**
Feuerwiderstandsklasse: R90, DIN EN 13501-2
Montagehöhe: bis **3,50 / 5,00 / 7,00** m über Fußboden
Rohrleitung: **Stahl / Kupfer**
Ringspalt: bis 15 mm
Außendurchmesser der Rohrleitung: 18 mm
Außendurchmesser Schott: 60 mm
Dämmlänge: 1.000 mm

15€	22€	**25€**	31€	44€	[St]	⏱ 0,40 h/St	047.000.007

12 **Brandschutzabschottung, R90, DN20** KG **422**

Wie Ausführungsbeschreibung A 4
Bauteil: **Wand / Decke / leichte Trennwand**
Feuerwiderstandsklasse: R90, DIN EN 13501-2
Montagehöhe: bis **3,50 / 5,00 / 7,00** m über Fußboden
Rohrleitung: **Stahl / Kupfer**
Ringspalt: bis 15 mm
Außendurchmesser der Rohrleitung: 22 mm
Außendurchmesser Schott: 60 mm
Dämmlänge: 1.000 mm

39€	44€	**47€**	47€	53€	[St]	⏱ 0,40 h/St	047.000.018

▶ min
▷ von
ø Mittel
◁ bis
◀ max

13 **Brandschutzabschottung, R90, DN25** KG **422**
Wie Ausführungsbeschreibung A 4
Bauteil: **Wand / Decke / leichte Trennwand**
Feuerwiderstandsklasse: R90, DIN EN 13501-2
Montagehöhe: bis **3,50 / 5,00 / 7,00** m über Fußboden
Rohrleitung: **Stahl / Kupfer**
Ringspalt: bis 15 mm
Außendurchmesser der Rohrleitung: 28 mm
Außendurchmesser Schott: 80 mm
Dämmlänge: 1.000 mm
44€ 52€ **53€** 59€ 67€ [St] ⏱ 0,40 h/St 047.000.019

14 **Brandschutzabschottung, R90, DN32** KG **422**
Wie Ausführungsbeschreibung A 4
Bauteil: **Wand / Decke / leichte Trennwand**
Feuerwiderstandsklasse: R90, DIN EN 13501-2
Montagehöhe: bis **3,50 / 5,00 / 7,00** m über Fußboden
Rohrleitung: **Stahl / Kupfer**
Ringspalt: bis 15 mm
Außendurchmesser der Rohrleitung: 35 mm
Außendurchmesser Schott: 80 mm
Dämmlänge: 1.000 mm
48€ 59€ **62€** 71€ 86€ [St] ⏱ 0,40 h/St 047.000.020

15 **Brandschutzabschottung, R90, DN40** KG **422**
Wie Ausführungsbeschreibung A 4
Bauteil: **Wand / Decke / leichte Trennwand**
Feuerwiderstandsklasse: R90, DIN EN 13501-2
Montagehöhe: bis **3,50 / 5,00 / 7,00** m über Fußboden
Rohrleitung: **Stahl / Kupfer**
Ringspalt: bis 15 mm
Außendurchmesser der Rohrleitung: 48 mm
Außendurchmesser Schott: 100 mm
Dämmlänge: 1.000 mm
73€ 80€ **86€** 91€ 110€ [St] ⏱ 0,40 h/St 047.000.021

16 **Brandschutzabschottung, R90, DN50** KG **422**
Wie Ausführungsbeschreibung A 4
Bauteil: **Wand / Decke / leichte Trennwand**
Feuerwiderstandsklasse: R90, DIN EN 13501-2
Montagehöhe: bis **3,50 / 5,00 / 7,00** m über Fußboden
Rohrleitung: **Stahl / Kupfer**
Ringspalt: bis 15 mm
Außendurchmesser der Rohrleitung: 63 mm
Außendurchmesser Schott: 130 mm
Dämmlänge: 1.000 mm
77€ 92€ **93€** 101€ 114€ [St] ⏱ 0,40 h/St 047.000.022

Nr.	Kurztext / Langtext						Kostengruppe
►	▷	ø netto €	◁	◀	[Einheit]	Ausf.-Dauer	Positionsnummer

17 **Brandschutzabschottung, R90, DN65** — KG **422**

Wie Ausführungsbeschreibung A 4
Bauteil: **Wand / Decke / leichte Trennwand**
Feuerwiderstandsklasse: R90, DIN EN 13501-2
Montagehöhe: bis **3,50 / 5,00 / 7,00** m über Fußboden
Rohrleitung: **Stahl / Kupfer**
Ringspalt: bis 15 mm
Außendurchmesser der Rohrleitung: 76 mm
Außendurchmesser Schott: 180 mm
Dämmlänge: 1.000 mm

98€	105€	**113€**	118€	129€	[St]	⏱ 0,40h/St	047.000.023

Kosten:
Stand 4. Quartal 2024
Bundesdurchschnitt

18 **Körperschalldämmung, Abwasserrohre** — KG **422**

Körperschalldämmung aus PE mit robuster Außenhaut, aus hochflexiblem, geschlossenzelligem Weichpolyethylen Abwasserisoliersystem zur Körperschalldämmung, mit diffusionsdichter Außenhaut und montagefreundlicher Innengleitfolie, als Schall- und Schwitzwasserschutz für Abwasserrohre.
Einsatz: bis +105°C
Brandklasse: B2, DIN 4102-1
Isolierstärke: 4 mm
Nennweite: DN50-150

10€	12€	**14€**	16€	19€	[m]	⏱ 0,20h/m	047.000.030

A 5 **Wärmedämmschalen für Armaturen und Pumpen** — Beschreibung für Pos. **19-24**

Wärmedämmschalen DIN 4140 für Armaturen und Pumpen. Bestehend aus einem zusammenklappbaren Formteil aus Polyethylen mit kratzfester Oberfläche aus PE-Gittergewebe. Entleerungsöffnungen vorgeprägt, Lieferung inkl. Verschlussclipsen, mit handelsüblichen Klebern diffusionsdicht verschließbar.

19 **Wärmedämmschalen für Armaturen und Pumpen, DN15** — KG **422**

Wie Ausführungsbeschreibung A 5
Baustoffklasse: B1, DIN 4102-1
Wärmeleitwert 0,034 W/(mK): bei 10°C und 0,040 W/(mK) bei 40°C
Wasserdampfdiffusionsfaktor μ : 5.000
Temperaturbereich: -80°C bis +100°C
Abmessungen: Länge: 130 mm, Breite: 70 mm, Höhe: 112 mm
Nennweite: DN15

17€	19€	**22€**	23€	27€	[St]	⏱ 0,10h/St	047.000.024

► min
▷ von
ø Mittel
◁ bis
◀ max

20 **Wärmedämmschalen für Armaturen und Pumpen, DN20** — KG **422**

Wie Ausführungsbeschreibung A 5
Baustoffklasse: B1, DIN 4102-1
Wärmeleitwert 0,034 W/(mK) bei 10°C und 0,040 W/(mK) bei 40°C
Wasserdampfdiffusionsfaktor μ: 5.000
Temperaturbereich: -80°C bis +100°C
Abmessungen: Länge: 130 mm, Breite: 70 mm, Höhe: 112 mm
Nennweite: DN20

18€	23€	**27€**	32€	33€	[St]	⏱ 0,10h/St	047.000.025

21 Wärmedämmschalen für Armaturen und Pumpen, DN25 KG **422**

Wie Ausführungsbeschreibung A 5
Baustoffklasse: B1, DIN 4102-1
Wärmeleitwert 0,034 W/(mK) bei 10°C und 0,040 W/(mK) bei 40°C
Wasserdampfdiffusionsfaktor μ: 5.000
Temperaturbereich: -80°C bis +100°C
Abmessungen: Länge: 145 mm, Breite: 80 mm, Höhe: 130 mm
Nennweite: DN25

▶	▷	ø netto €	◁	◀	[Einheit]	Ausf.-Dauer	Positionsnummer
23€	30€	**32€**	34€	36€	[St]	⏱ 0,10h/St	047.000.026

22 Wärmedämmschalen für Armaturen und Pumpen, DN32 KG **422**

Wie Ausführungsbeschreibung A 5
Baustoffklasse: B1, DIN 4102-1
Wärmeleitwert 0,034 W/(mK): bei 10°C und 0,040 W/(mK) bei 40°C
Wasserdampfdiffusionsfaktor μ : 5.000
Temperaturbereich: -80°C bis +100°C
Abmessungen: Länge: 195 mm, Breite: 137 mm, Höhe: 203 mm
Nennweite: DN32

▶	▷	ø netto €	◁	◀	[Einheit]	Ausf.-Dauer	Positionsnummer
26€	32€	**33€**	35€	37€	[St]	⏱ 0,10h/St	047.000.027

23 Wärmedämmschalen für Armaturen und Pumpen, DN40 KG **422**

Wie Ausführungsbeschreibung A 5
Baustoffklasse: B1, DIN 4102-1
Wärmeleitwert 0,034 W/(mK): bei 10°C und 0,040 W/(mK) bei 40°C
Wasserdampfdiffusionsfaktor μ : 5.000
Temperaturbereich: -80°C bis +100°C
Abmessungen: Länge: 196 mm, Breite: 163mm, Höhe: 230 mm
Nennweite: DN40

▶	▷	ø netto €	◁	◀	[Einheit]	Ausf.-Dauer	Positionsnummer
36€	40€	**42€**	44€	45€	[St]	⏱ 0,10h/St	047.000.028

24 Wärmedämmschalen für Armaturen und Pumpen, DN50 KG **422**

Wie Ausführungsbeschreibung A 5
Baustoffklasse: B1, DIN 4102-1
Wärmeleitwert 0,034 W/(mK) bei 10°C und 0,040 W/(mK) bei 40°C
Wasserdampfdiffusionsfaktor μ : 5.000
Temperaturbereich: -80° C bis +100°C
Abmessungen: Länge: 212 mm, Breite: 182 mm, Höhe: 253 mm
Nennweite: DN50

▶	▷	ø netto €	◁	◀	[Einheit]	Ausf.-Dauer	Positionsnummer
35€	40€	**44€**	45€	48€	[St]	⏱ 0,10h/St	047.000.029

Kosten:
Stand 4. Quartal 2024
Bundesdurchschnitt

Nr.	Positionen	Einheit	▶	▷	**ø brutto €** ø netto €	◁	◀
1	Gitterrinne, Stahl, 200mm	m	36	44	**46**	51	59
			30	37	**39**	43	49
2	Kabelrinne, Stahl, 100mm	m	32	39	**42**	45	53
			27	33	**35**	38	45
3	Kabelrinne, Stahl, 200mm	m	33	47	**53**	68	107
			28	39	**44**	57	90
4	Kabelrinne, Stahl, 300mm	m	38	57	**65**	85	132
			32	48	**54**	72	111
5	Kabelrinne, Stahl , 400mm	m	50	69	**72**	96	141
			42	58	**60**	81	118
6	Elektroinstallationsrohr, 16mm	m	3	5	**6**	7	11
			2	4	**5**	6	9
7	Elektroinstallationsrohr, 25mm	m	5	10	**11**	13	18
			4	8	**9**	11	15
8	Elektroinstallationsrohr, 40mm	m	14	17	**18**	20	24
			11	14	**15**	16	20
9	Leitungsführungskanal PVC 15x15mm	m	4	7	**9**	16	26
			3	6	**7**	13	22
10	Leitungsführungskanal PVC 30x30mm	m	7	12	**14**	22	32
			6	10	**12**	19	27
11	Leitungsführungskanal PVC 90x40mm	m	12	17	**20**	29	39
			10	14	**17**	25	33
12	Leitungsführungskanal PVC 110x60mm	m	14	27	**34**	49	82
			12	22	**28**	41	69
13	Installationsleitung, NYM-J 1x6mm²	m	3	3	**3**	3	4
			2	3	**3**	3	3
14	Installationsleitung, NYM-J 1x10mm²	m	3	4	**5**	6	6
			3	3	**4**	5	5
15	Installationsleitung, NYM-J 1x16mm²	m	4	5	**5**	6	7
			3	4	**4**	5	6
16	Installationsleitung, NYM-J 3x1,5mm²	m	0,7	2,1	**3,0**	3,6	5,3
			0,6	1,7	**2,5**	3,1	4,4
17	Installationsleitung, NYM-J 3x2,5mm²	m	3	4	**4**	5	6
			3	3	**4**	4	5
18	Installationsleitung, NYM-J 5x1,5mm²	m	1	2	**3**	4	5
			0,9	2,0	**2,6**	3,0	4,2
19	Installationsleitung, NYM-J 5x2,5mm²	m	2	3	**4**	4	5
			2	3	**3**	4	4
20	Installationsleitung, NYM-J 5x4mm²	m	4	5	**6**	8	9
			3	4	**5**	7	8
21	Installationsleitung, NYM-J 5x6mm²	m	4	7	**8**	9	11
			4	6	**7**	8	9
22	Installationsleitung, NYM-J 5x10mm²	m	7	10	**12**	15	21
			6	8	**10**	12	17
23	Installationsleitung, NYM-J 5x16mm²	m	11	15	**19**	23	30
			9	13	**16**	19	25
24	Installationsleitung, NYM-J 1x6mm², AD	m	5	6	**7**	9	10
			4	5	**6**	8	8

▶ min
▷ von
ø Mittel
◁ bis
◀ max

Nr.	Positionen	Einheit	▶	▷	ø brutto € ø netto €	◁	◀
25	Installationsleitung, NYM-J 1x10mm², AD	m	7	8	**10**	12	14
			6	7	**8**	10	11
26	Installationsleitung, NYM-J 1x16mm², AD	m	10	10	**12**	15	16
			8	8	**10**	13	14
27	Installationsleitung, NYM-J 3x1,5mm², AD	m	5	5	**6**	8	9
			4	4	**5**	7	7
28	Installationsleitung, NYM-J 3x2,5mm², AD	m	5	6	**7**	9	10
			4	5	**6**	8	8
29	Installationsleitung, NYM-J 5x2,5mm², AD	m	8	9	**11**	13	14
			7	7	**9**	11	12
30	Installationsleitung, NYM-J 5x4mm², AD	m	11	12	**14**	18	18
			9	10	**12**	15	16
31	Installationsleitung, NYM-J 5x6mm², AD	m	13	14	**17**	21	22
			11	12	**14**	18	19
32	Installationsleitung, NYM-J 5x10mm², AD	m	18	19	**22**	28	30
			15	16	**19**	24	25
33	Installationsleitung, NYM-J 5x16mm², AD	m	27	27	**33**	41	43
			22	23	**27**	35	36
34	Installationsleitung, NYM-J 1x6mm², uP	m	4	5	**6**	7	8
			4	4	**5**	6	7
35	Installationsleitung, NYM-J 1x16mm², uP	m	4	4	**5**	7	7
			3	4	**4**	6	6
36	Installationsleitung, NYM-J 3x2,5mm², uP	m	5	5	**6**	8	9
			4	4	**5**	7	7
37	Installationsleitung, NYM-J 5x2,5mm², uP	m	6	7	**8**	11	11
			5	6	**7**	9	9
38	Installationsleitung, NYM-J 5x6mm², uP	m	15	15	**18**	22	24
			12	12	**15**	19	20
39	Geräteeinbaukanal, 130x60mm	m	23	37	**46**	49	59
			19	31	**38**	41	50
40	Geräteeinbaukanal, 170x60mm	m	42	51	**54**	59	71
			35	43	**45**	50	60
41	Geräteeinbaukanal, 210x60mm	m	53	66	**67**	74	85
			44	56	**57**	62	71
42	Sockelleistenkanal, 70x20mm	m	10	21	**24**	28	38
			8	18	**20**	24	32
43	Potentialausgleichsschiene, Stahl, verzinkt	St	25	50	**59**	92	156
			21	42	**49**	77	131
44	Tastschalter, Aus-/Wechselschalter, einpolig, uP	St	26	36	**37**	41	49
			22	30	**31**	35	41
45	Tastschalter, Aus-/Wechselschalter, zweipolig, uP	St	20	26	**29**	32	39
			17	22	**24**	27	33
46	Tastschalter, Serienschalter, uP	St	25	35	**39**	46	68
			21	29	**33**	39	57
47	Tastschalter, Kreuzschalter, uP	St	25	34	**40**	44	56
			21	29	**33**	37	47
48	Tastschalter, Taster, Kontrolllicht, uP	St	20	37	**48**	86	124
			17	31	**40**	72	104

Nr.	Positionen	Einheit	▶	▷	**ø brutto €** ø netto €	◁	◀
49	Verbindungs-/Abzweigdose, aP	St	21	31	**35**	36	65
			17	26	**29**	30	55
50	Verbindungs-/Abzweigkasten, aP	St	19	26	**30**	36	48
			16	22	**26**	31	40
51	Heizungs-Not-Ausschalter, aP	St	36	44	**48**	53	65
			30	37	**40**	45	54
52	Installationsschalter, Taster, aP	St	30	33	**36**	38	42
			25	28	**30**	32	35
53	Installationsschalter, Aus-/Wechselschalter, aP	St	25	32	**35**	37	47
			21	27	**29**	31	40
54	Gerätedose, Brandschutz, uP	St	26	31	**33**	35	39
			22	26	**28**	30	33
55	Gerätedose, uP, luftdicht	St	25	30	**36**	46	47
			21	25	**30**	39	39
56	Gerätedose, uP	St	8	17	**20**	51	95
			7	14	**16**	43	80
57	Dreifach-Schutzkontaktsteckdose, 16A, 250V, aP, Deckel	St	35	41	**49**	62	65
			29	34	**41**	52	54
58	Zweifach-Schutzkontaktsteckdose, 16A, 250V, aP, Deckel	St	30	36	**42**	54	56
			25	30	**36**	45	47
59	Schutzkontaktsteckdose, 16A, 250V, aP, Deckel	St	25	31	**37**	47	54
			21	26	**31**	40	45
60	Dreifach-Schutzkontaktsteckdose, 16A, 250V, Wand, aP	St	37	43	**46**	50	56
			31	36	**38**	42	47
61	Zweifach-Schutzkontaktsteckdose, 16A, 250V, Wand, aP	St	23	38	**44**	52	68
			19	32	**37**	44	57
62	Schutzkontaktsteckdose, 16A, 250V, Wandmontage, aP	St	17	24	**27**	31	39
			14	20	**23**	26	33
63	Schutzkontaktsteckdose, 16A, 250V, uP, IP44, Deckel	St	24	32	**34**	38	46
			21	27	**29**	32	39
64	Schutzkontaktsteckdose, 16A, 250V, uP, IP24	St	17	20	**22**	24	28
			14	17	**19**	20	24
65	Photovoltaik 2kW$_p$	St	6.201	6.224	**7.409**	9.409	10.896
			5.211	5.230	**6.226**	7.907	9.156
66	Photovoltaik 10kW$_p$	St	22.414	23.012	**27.395**	34.791	38.602
			18.835	19.337	**23.021**	29.236	32.438
67	Batteriespeicher bis 10kW$_h$	St	9.781	11.442	**12.390**	13.478	15.385
			8.219	9.615	**10.411**	11.326	12.928
68	Bewegungsmelder	St	142	234	**275**	326	444
			119	196	**231**	274	373
69	Stundensatz, Monteur/-in Elektro	h	67	75	**79**	80	90
			56	63	**66**	67	76
70	Stundensatz, Helfer/-in Elektro	h	51	56	**60**	63	71
			43	47	**50**	53	59

Kosten:
Stand 4. Quartal 2024
Bundesdurchschnitt

▶ min
▷ von
ø Mittel
◁ bis
◀ max

Nr.	Kurztext / Langtext						Kostengruppe
▶	▷	ø netto €	◁	◀	[Einheit]	Ausf.-Dauer	Positionsnummer

1 Gitterrinne, Stahl, 200mm KG **444**

Gitterrinne mit Trennsteg und Wandausleger, einschl. systembedingter Verbindungsstücke, Formstücke, Befestigungsmaterial.
Werkstoff: Stahl, feuerverzinkt
Drahtdurchmesser: 4mm
Breite: 200 mm
Höhe: 60 mm
Trennstege: 1
Angeb. Fabrikat: .....

30€ | 37€ | **39€** | 43€ | 49€ | [m] | ⏱ 0,20h/m | 053.000.001

A 1 Kabelrinne, Stahl Beschreibung für Pos. **2-5**

Kabelrinne mit Trennsteg und Wandausleger, einschl. systembedingten Verbindungsstücken, Formstücken, Befestigungsmaterial.
Norm: DIN EN 61537 (VDE 0639)
Werkstoff: Stahl, feuerverzinkt, DIN EN ISO 1461
Dicke Metallwerkstoff: 1,5 mm
Ausführung: gelocht
Höhe: 60 mm
Trennstege: 1

2 Kabelrinne, Stahl, 100mm KG **444**

Wie Ausführungsbeschreibung A 1
Breite: 100 mm
Angeb. Fabrikat: .....

27€ | 33€ | **35€** | 38€ | 45€ | [m] | ⏱ 0,20h/m | 053.000.002

3 Kabelrinne, Stahl, 200mm KG **444**

Wie Ausführungsbeschreibung A 1
Breite: 200 mm
Angeb. Fabrikat: .....

28€ | 39€ | **44€** | 57€ | 90€ | [m] | ⏱ 0,25h/m | 053.000.007

4 Kabelrinne, Stahl, 300mm KG **444**

Wie Ausführungsbeschreibung A 1
Breite: 300 mm
Angeb. Fabrikat: .....

32€ | 48€ | **54€** | 72€ | 111€ | [m] | ⏱ 0,30h/m | 053.000.008

5 Kabelrinne, Stahl , 400mm KG **444**

Wie Ausführungsbeschreibung A 1
Breite: 400 mm
Angeb. Fabrikat: .....

42€ | 58€ | **60€** | 81€ | 118€ | [m] | ⏱ 0,40h/m | 053.000.009

Nr.	Kurztext / Langtext						Kostengruppe
▶	▷	ø netto €	◁	◀	[Einheit]	Ausf.-Dauer	Positionsnummer

A 2 Elektroinstallationsrohr — Beschreibung für Pos. **6-8**

Elektroinstallationsrohr, geschlossen, für Verlegung unter Putz, mit Befestigung.
Norm: DIN EN 61386 (VDE 0605)
Werkstoff: Kunststoff, halogenfrei
Ausführung: einwandig, gewellt, flexibel
Druckfestigkeitsklasse: 3 - mittel (750 N)
Klasse Schlagbeanspruchung: 3 - mittel (2 kg/100 mm)

6 Elektroinstallationsrohr, 16mm — KG **444**

Wie Ausführungsbeschreibung A 2
Außendurchmesser: 16 mm

▶	▷	ø	◁	◀	Einheit	Ausf.-Dauer	Positionsnummer
2€	4€	**5€**	6€	9€	[m]	⏱ 0,10 h/m	053.000.020

7 Elektroinstallationsrohr, 25mm — KG **444**

Wie Ausführungsbeschreibung A 2
Außendurchmesser: 25 mm

▶	▷	ø	◁	◀	Einheit	Ausf.-Dauer	Positionsnummer
4€	8€	**9€**	11€	15€	[m]	⏱ 0,10 h/m	053.000.021

8 Elektroinstallationsrohr, 40mm — KG **444**

Wie Ausführungsbeschreibung A 2
Außendurchmesser: 40 mm

▶	▷	ø	◁	◀	Einheit	Ausf.-Dauer	Positionsnummer
11€	14€	**15€**	16€	20€	[m]	⏱ 0,10 h/m	053.000.022

A 3 Leitungsführungskanal PVC-U — Beschreibung für Pos. **9-12**

Leitungsführungskanal, einschl. systembedingter Verbindungsstücke, Formstücke, Befestigungsmaterial.
Norm: DIN EN 50085-2-1 (VDE 0604-2-1)
Werkstoff: PVC-U

9 Leitungsführungskanal PVC 15x15mm — KG **444**

Wie Ausführungsbeschreibung A 3
Breite: 15 mm
Höhe: 15 mm
Farbe: reinweiß RAL 9010
Befestigung: auf **Beton / Mauerwerk / Installationswand**

▶	▷	ø	◁	◀	Einheit	Ausf.-Dauer	Positionsnummer
3€	6€	**7€**	13€	22€	[m]	⏱ 0,04 h/m	053.000.035

10 Leitungsführungskanal PVC 30x30mm — KG **444**

Wie Ausführungsbeschreibung A 3
Breite: 30 mm
Höhe: 30 mm
Farbe: reinweiß RAL 9010
Befestigung: auf **Beton / Mauerwerk / Installationswand**

▶	▷	ø	◁	◀	Einheit	Ausf.-Dauer	Positionsnummer
6€	10€	**12€**	19€	27€	[m]	⏱ 0,04 h/m	053.000.036

Kosten:
Stand 4. Quartal 2024
Bundesdurchschnitt

▶ min
▷ von
ø Mittel
◁ bis
◀ max

11 Leitungsführungskanal PVC 90x40mm KG **444**

Wie Ausführungsbeschreibung A 3
Breite: 90 mm
Höhe: 40 mm
Farbe: reinweiß RAL 9010
Befestigung: auf **Beton / Mauerwerk / Installationswand**

10€ 14€ **17€** 25€ 33€ [m] ⏱ 0,05h/m 053.000.037

12 Leitungsführungskanal PVC 110x60mm KG **444**

Wie Ausführungsbeschreibung A 3
Breite: 110 mm
Höhe: 60 mm
Farbe: reinweiß RAL 9010
Befestigung: auf **Beton / Mauerwerk / Installationswand**

12€ 22€ **28€** 41€ 69€ [m] ⏱ 0,05h/m 053.000.038

A 4 Installationsleitung, NYM-J Beschreibung für Pos. **13-23**

Installationsleitung in vorhandener **Kabelrinne / Kanal / Rohr / Montagewand**.
Norm: DIN VDE 0250-204 (VDE 0250-204)
Leitungstyp: NYM-J

13 Installationsleitung, NYM-J 1x6mm² KG **444**

Wie Ausführungsbeschreibung A 4
Ader-/Leiterzahl: 1x 6 mm²
Metallzahl: Cu-Zahl 58

2€ 3€ **3€** 3€ 3€ [m] ⏱ 0,04h/m 053.000.044

14 Installationsleitung, NYM-J 1x10mm² KG **444**

Wie Ausführungsbeschreibung A 4
Ader-/Leiterzahl: 1x 10 mm²
Metallzahl: Cu-Zahl 96

3€ 3€ **4€** 5€ 5€ [m] ⏱ 0,04h/m 053.000.045

15 Installationsleitung, NYM-J 1x16mm² KG **444**

Wie Ausführungsbeschreibung A 4
Ader-/Leiterzahl: 1x 16 mm²
Metallzahl: Cu-Zahl 154

3€ 4€ **4€** 5€ 6€ [m] ⏱ 0,06h/m 053.000.046

16 Installationsleitung, NYM-J 3x1,5mm² KG **444**

Wie Ausführungsbeschreibung A 4
Ader-/Leiterzahl: 3x 1,5 mm²
Metallzahl: Cu-Zahl 43

0,6€ 1,7€ **2,5€** 3,1€ 4,4€ [m] ⏱ 0,07h/m 053.000.047

Kosten:
Stand 4. Quartal 2024
Bundesdurchschnitt

Nr.	Kurztext / Langtext						Kostengruppe
▶	▷	ø netto €	◁	◀	[Einheit]	Ausf.-Dauer	Positionsnummer
17	**Installationsleitung, NYM-J 3x2,5mm²**						KG **444**
	Wie Ausführungsbeschreibung A 4 Ader-/Leiterzahl: 3x 2,5 mm² Metallzahl: Cu-Zahl 72						
3€	3€	**4€**	4€	5€	[m]	⏱ 0,09 h/m	053.000.048
18	**Installationsleitung, NYM-J 5x1,5mm²**						KG **444**
	Wie Ausführungsbeschreibung A 4 Ader-/Leiterzahl: 5x 1,5 mm² Metallzahl: Cu-Zahl 72						
0,9€	2,0€	**2,6€**	3,0€	4,2€	[m]	⏱ 0,05 h/m	053.000.075
19	**Installationsleitung, NYM-J 5x2,5mm²**						KG **444**
	Wie Ausführungsbeschreibung A 4 Ader-/Leiterzahl: 5x 2,5 mm² Metallzahl: Cu-Zahl 120						
2€	3€	**3€**	4€	4€	[m]	⏱ 0,05 h/m	053.000.051
20	**Installationsleitung, NYM-J 5x4mm²**						KG **444**
	Wie Ausführungsbeschreibung A 4 Ader-/Leiterzahl: 5x 4 mm² Metallzahl: Cu-Zahl 192						
3€	4€	**5€**	7€	8€	[m]	⏱ 0,07 h/m	053.000.049
21	**Installationsleitung, NYM-J 5x6mm²**						KG **444**
	Wie Ausführungsbeschreibung A 4 Ader-/Leiterzahl: 5x 6 mm² Metallzahl: Cu-Zahl 288						
4€	6€	**7€**	8€	9€	[m]	⏱ 0,09 h/m	053.000.050
22	**Installationsleitung, NYM-J 5x10mm²**						KG **444**
	Wie Ausführungsbeschreibung A 4 Ader-/Leiterzahl: 5x 10 mm² Metallzahl: Cu-Zahl 430						
6€	8€	**10€**	12€	17€	[m]	⏱ 0,10 h/m	053.000.052
23	**Installationsleitung, NYM-J 5x16mm²**						KG **444**
	Wie Ausführungsbeschreibung A 4 Ader-/Leiterzahl: 5x 16 mm² Metallzahl: Cu-Zahl 768						
9€	13€	**16€**	19€	25€	[m]	⏱ 0,12 h/m	053.000.053

▶ min
▷ von
ø Mittel
◁ bis
◀ max

Nr.	Kurztext / Langtext					Kostengruppe
▶	▷	**ø netto €**	◁	◀	[Einheit]	Ausf.-Dauer	Positionsnummer

A 5 Installationsleitung, NYM-J, AD — Beschreibung für Pos. **24-33**

Installationsleitung, mit Sammelbefestigung aus Metall.
Norm: DIN VDE 0250-204 (VDE 0250-204)
Leitungstyp: NYM-J

24 Installationsleitung, NYM-J 1x6mm², AD — KG **444**

Wie Ausführungsbeschreibung A 5
Ader-/Leiterzahl: 1x 6 mm^2
Metallzahl: Cu-Zahl 58

▶	▷	ø netto €	◁	◀	[Einheit]	Ausf.-Dauer	Positionsnummer
4€	5€	**6€**	8€	8€	[m]	⏱ 0,02 h/m	053.000.059

25 Installationsleitung, NYM-J 1x10mm², AD — KG **444**

Wie Ausführungsbeschreibung A 5
Ader-/Leiterzahl: 1x 10 mm^2
Metallzahl: Cu-Zahl 96

▶	▷	ø netto €	◁	◀	[Einheit]	Ausf.-Dauer	Positionsnummer
6€	7€	**8€**	10€	11€	[m]	⏱ 0,04 h/m	053.000.060

26 Installationsleitung, NYM-J 1x16mm², AD — KG **444**

Wie Ausführungsbeschreibung A 5
Ader-/Leiterzahl: 1x 16 mm^2
Metallzahl: Cu-Zahl 154

▶	▷	ø netto €	◁	◀	[Einheit]	Ausf.-Dauer	Positionsnummer
8€	8€	**10€**	13€	14€	[m]	⏱ 0,06 h/m	053.000.061

27 Installationsleitung, NYM-J 3x1,5mm², AD — KG **444**

Wie Ausführungsbeschreibung A 5
Ader-/Leiterzahl: 3x 1,5 mm^2
Metallzahl: Cu-Zahl 43

▶	▷	ø netto €	◁	◀	[Einheit]	Ausf.-Dauer	Positionsnummer
4€	4€	**5€**	7€	7€	[m]	⏱ 0,07 h/m	053.000.062

28 Installationsleitung, NYM-J 3x2,5mm², AD — KG **444**

Wie Ausführungsbeschreibung A 5
Ader-/Leiterzahl: 3x 2,5 mm^2
Metallzahl: Cu-Zahl 72

▶	▷	ø netto €	◁	◀	[Einheit]	Ausf.-Dauer	Positionsnummer
4€	5€	**6€**	8€	8€	[m]	⏱ 0,09 h/m	053.000.063

29 Installationsleitung, NYM-J 5x2,5mm², AD — KG **444**

Wie Ausführungsbeschreibung A 5
Ader-/Leiterzahl: 5x 2,5 mm^2
Metallzahl: Cu-Zahl 120

▶	▷	ø netto €	◁	◀	[Einheit]	Ausf.-Dauer	Positionsnummer
7€	7€	**9€**	11€	12€	[m]	⏱ 0,05 h/m	053.000.064

Positionen Neubau

Nr.	Kurztext / Langtext						Kostengruppe
▶	▷	ø netto €	◁	◀	[Einheit]	Ausf.-Dauer	Positionsnummer

30 **Installationsleitung, NYM-J 5x4mm², AD** — KG **444**
Wie Ausführungsbeschreibung A 5
Ader-/Leiterzahl: 5x 4 mm²
Metallzahl: Cu-Zahl 192

▶	▷	ø	◁	◀	Einheit	Ausf.-Dauer	Positionsnummer
9€	10€	**12€**	15€	16€	[m]	⏱ 0,07 h/m	053.000.065

31 **Installationsleitung, NYM-J 5x6mm², AD** — KG **444**
Wie Ausführungsbeschreibung A 5
Ader-/Leiterzahl: 5x 6 mm²
Metallzahl: Cu-Zahl 288

▶	▷	ø	◁	◀	Einheit	Ausf.-Dauer	Positionsnummer
11€	12€	**14€**	18€	19€	[m]	⏱ 0,09 h/m	053.000.066

Kosten:
Stand 4. Quartal 2024
Bundesdurchschnitt

32 **Installationsleitung, NYM-J 5x10mm², AD** — KG **444**
Wie Ausführungsbeschreibung A 5
Ader-/Leiterzahl: 5x 10 mm²
Metallzahl: Cu-Zahl 430

▶	▷	ø	◁	◀	Einheit	Ausf.-Dauer	Positionsnummer
15€	16€	**19€**	24€	25€	[m]	⏱ 0,10 h/m	053.000.067

33 **Installationsleitung, NYM-J 5x16mm², AD** — KG **444**
Wie Ausführungsbeschreibung A 5
Ader-/Leiterzahl: 5x 16 mm²
Metallzahl: Cu-Zahl 768

▶	▷	ø	◁	◀	Einheit	Ausf.-Dauer	Positionsnummer
22€	23€	**27€**	35€	36€	[m]	⏱ 0,12 h/m	053.000.068

A 6 **Installationsleitung, NYM-J, uP** — Beschreibung für Pos. **34-38**
Installationsleitung unter Putz, mit Befestigung.
Norm: DIN VDE 0250-204 (VDE 0250-204)
Leitungstyp: NYM-J

34 **Installationsleitung, NYM-J 1x6mm², uP** — KG **444**
Wie Ausführungsbeschreibung A 6
Ader-/Leiterzahl: 1x 6 mm²
Metallzahl: Cu-Zahl 58

▶	▷	ø	◁	◀	Einheit	Ausf.-Dauer	Positionsnummer
4€	4€	**5€**	6€	7€	[m]	⏱ 0,02 h/m	053.000.054

35 **Installationsleitung, NYM-J 1x16mm², uP** — KG **444**
Wie Ausführungsbeschreibung A 6
Ader-/Leiterzahl: 1x 16 mm²
Metallzahl: Cu-Zahl 154

▶	▷	ø	◁	◀	Einheit	Ausf.-Dauer	Positionsnummer
3€	4€	**4€**	6€	6€	[m]	⏱ 0,04 h/m	053.000.055

▶ min
▷ von
ø Mittel
◁ bis
◀ max

Nr.	Kurztext / Langtext						Kostengruppe
▶	▷	ø netto €	◁	◀	[Einheit]	Ausf.-Dauer	Positionsnummer

36 Installationsleitung, NYM-J 3x2,5mm², uP — KG **444**

Wie Ausführungsbeschreibung A 6
Ader-/Leiterzahl: 3x 2,5 mm²
Metallzahl: Cu-Zahl 72

▶	▷	ø netto €	◁	◀	[Einheit]	Ausf.-Dauer	Positionsnummer
4€	4€	**5€**	7€	7€	[m]	0,05h/m	053.000.056

37 Installationsleitung, NYM-J 5x2,5mm², uP — KG **444**

Wie Ausführungsbeschreibung A 6
Ader-/Leiterzahl: 5x 2,5mm²
Metallzahl: Cu-Zahl 120

▶	▷	ø netto €	◁	◀	[Einheit]	Ausf.-Dauer	Positionsnummer
5€	6€	**7€**	9€	9€	[m]	0,07h/m	053.000.057

38 Installationsleitung, NYM-J 5x6mm², uP — KG **444**

Wie Ausführungsbeschreibung A 6
Ader-/Leiterzahl: 5x 6 mm²
Metallzahl: Cu-Zahl 288

▶	▷	ø netto €	◁	◀	[Einheit]	Ausf.-Dauer	Positionsnummer
12€	12€	**15€**	19€	20€	[m]	0,09h/m	053.000.058

A 7 Geräteeinbaukanal — Beschreibung für Pos. **39-41**

Geräteeinbaukanal mit Trennsteg, einschl. systembedingter Verbindungsstücke, Kabelhalteklammern, Formstücke, Befestigungsmaterial.
Norm: DIN EN 50085-2-1 (VDE 0604-2-1)
Werkstoff: PVC-U

39 Geräteeinbaukanal, 130x60mm — KG **444**

Wie Ausführungsbeschreibung A 7
Breite: 130 mm
Höhe: 60 mm
Farbe: reinweiß RAL 9010
Befestigung: auf **Beton / Mauerwerk / Installationswand**
Trennstege: 1

▶	▷	ø netto €	◁	◀	[Einheit]	Ausf.-Dauer	Positionsnummer
19€	31€	**38€**	41€	50€	[m]	0,08h/m	053.000.043

40 Geräteeinbaukanal, 170x60mm — KG **444**

Wie Ausführungsbeschreibung A 7
Breite: 170 mm
Höhe: 60 mm
Farbe: reinweiß RAL 9010
Befestigung: auf **Beton / Mauerwerk / Installationswand**
Trennstege: 1

▶	▷	ø netto €	◁	◀	[Einheit]	Ausf.-Dauer	Positionsnummer
35€	43€	**45€**	50€	60€	[m]	0,10h/m	053.000.041

Kosten:
Stand 4. Quartal 2024
Bundesdurchschnitt

Nr.	Kurztext / Langtext						Kostengruppe
▶	▷	ø netto €	◁	◀	[Einheit]	Ausf.-Dauer	Positionsnummer

41 Geräteeinbaukanal, 210x60mm KG **444**

Wie Ausführungsbeschreibung A 7
Breite: 210 mm
Höhe: 60 mm
Farbe: reinweiß RAL 9010
Befestigung: auf **Beton / Mauerwerk / Installationswand**
Trennstege: 1

44€	56€	**57€**	62€	71€	[m]	⏱ 0,12 h/m	053.000.042

42 Sockelleistenkanal, 70x20mm KG **444**

Sockelleistenkanal, einschl. systembedingter Verbindungsstücke, Formstücke, Befestigungsmaterial.
Norm: DIN EN 50085-2-1 (VDE 0604-2-1)
Werkstoff: PVC-U
Breite: 70 mm
Höhe: 20 mm
Farbe: reinweiß RAL 9010
Befestigung: auf **Beton / Mauerwerk / Installationswand**

8€	18€	**20€**	24€	32€	[m]	⏱ 0,08 h/m	053.000.069

43 Potentialausgleichsschiene, Stahl, verzinkt KG **446**

Potentialausgleichsschiene mit Abdeckhaube aus schlagfestem Polystyrol, Befestigungsmaterial. Ausführung mit Anschluss für 7x2,5 bis 25qmm, Flachband 30x3,5, Massivrundleiter Durchmesser 8 bis 10mm.
Norm: VDE 0618, Teil 1 (VDE 0618-1)
Angeb. Fabrikat: .....

21€	42€	**49€**	77€	131€	[St]	⏱ 0,60 h/St	053.000.006

A 8 Tastschalter Beschreibung für Pos. **44-48**

Tastschalter in Gerätedose mit Schraubbefestigung, einschl. Wippe mit Symbol, Kontrolllampe, anteilig Abdeckrahmen mit Beschriftungsfeld, unter Putz.
Norm: DIN EN 60669-1 (VDE 0632-1)

44 Tastschalter, Aus-/Wechselschalter, einpolig, uP KG **444**

Wie Ausführungsbeschreibung A 8
Tastschalter in Gerätedose mit Schraubbefestigung, einschl. Wippe mit Symbol, Kontrolllampe, anteilig Abdeckrahmen mit Beschriftungsfeld, unter Putz.
Norm: DIN EN 60669-1 (VDE 0632-1)
Leistung: Aus-/Wechselschalter, einpolig
Nennstrom: 10 A
Nennspannung: 250 V AC
Schutzart: IP 20
Farbe: reinweiß, RAL 9010
Befestigung: in Gerätedose, Einsatz mit Schrauben
Angeb. Fabrikat: .....

22€	30€	**31€**	35€	41€	[St]	⏱ 0,18 h/St	054.000.001

▶ min
▷ von
ø Mittel
◁ bis
◀ max

45 Tastschalter, Aus-/Wechselschalter, zweipolig, uP KG **444**

Wie Ausführungsbeschreibung A 8
Tastschalter in Gerätedose mit Schraubbefestigung, einschl. Wippe mit Symbol, Kontrolllampe, anteilig Abdeckrahmen mit Beschriftungsfeld, unter Putz.
Norm: DIN EN 60669-1 (VDE 0632-1)
Leistung: Aus-/Wechselschalter, zweipolig
Nennstrom: 10 A
Nennspannung: 250 V AC
Schutzart: IP 20
Farbe: reinweiß, RAL 9010
Angeb. Fabrikat: .....

17€ 22€ **24€** 27€ 33€ [St] ⏱ 0,18 h/St 054.000.002

46 Tastschalter, Serienschalter, uP KG **444**

Wie Ausführungsbeschreibung A 8
Leistung: Serienschalter, einpolig
Nennstrom: 10 A
Nennspannung: 250 V AC
Schutzart: IP 20
Farbe: reinweiß, RAL 9010
Angeb. Fabrikat: .....

21€ 29€ **33€** 39€ 57€ [St] ⏱ 0,18 h/St 054.000.014

47 Tastschalter, Kreuzschalter, uP KG **444**

Wie Ausführungsbeschreibung A 8
Leistung: Kreuzschalter, einpolig
Nennstrom: 10 A
Nennspannung: 250 V AC
Schutzart: IP 20
Farbe: reinweiß, RAL 9010
Angeb. Fabrikat: .....

21€ 29€ **33€** 37€ 47€ [St] ⏱ 0,18 h/St 054.000.015

48 Tastschalter, Taster, Kontrolllicht, uP KG **444**

Wie Ausführungsbeschreibung A 8
Leistung: Taster, einpolig
Nennstrom: 10 A
Nennspannung: 250 V AC
Schutzart: IP 20
Farbe: reinweiß, RAL 9010
Angeb. Fabrikat: .....

17€ 31€ **40€** 72€ 104€ [St] ⏱ 0,18 h/St 054.000.016

Kosten:
Stand 4. Quartal 2024
Bundesdurchschnitt

▶ min
▷ von
ø Mittel
◁ bis
◀ max

Nr.	**Kurztext** / Langtext						Kostengruppe
▶	▷	**ø netto €**	◁	◀	[Einheit]	Ausf.-Dauer	Positionsnummer

49 **Verbindungs-/Abzweigdose, aP** KG **444**

Verbindungsdose als Abzweigdose mit Deckel, mit Schraubbefestigung, auf Putz/Wandmontage.
Norm: DIN EN 60695 (VDE 0471)
Werkstoff Elektrobauteil: Polystyrol
Durchmesser: 70 mm
Abmessungen (L x B x T): 80 x 80 x 52 mm
Anschlusssystem: 5 Klemmen, 4 mm²
Schutzart: IP65
Angeb. Fabrikat: .....

17€ | 26€ | **29€** | 30€ | 55€ | [St] | ⏱ 0,18 h/St | 054.000.021

50 **Verbindungs-/Abzweigkasten, aP** KG **444**

Verbindungskasten als Abzweigdose, mit Deckel, mit Schraubbefestigung, auf Putz/Wandmontage.
Norm: DIN EN 60670-1 (VDE 0606-1)
Werkstoff Elektrobauteil: Polystyrol
Farbe: grau
Abmessungen (L x B x T): 200 x 250 x 155 mm
Anschlusssystem: 5 Klemmen, 4 mm²
Schutzart: IP54
Angeb. Fabrikat: .....

16€ | 22€ | **26€** | 31€ | 40€ | [St] | ⏱ 0,18 h/St | 054.000.023

51 **Heizungs-Not-Ausschalter, aP** KG **444**

Heizungs-Not-Ausschalter auf Putz, mit Schraubenbefestigung.
Norm: DIN VDE 0620
Leistung: Heizungs-Not-Ausschalter, zweipolig
Nennstrom: 16 A
Nennspannung: 250 V
Schutzart: IP 44
Farbe: grau
Angeb. Fabrikat: .....

30€ | 37€ | **40€** | 45€ | 54€ | [St] | ⏱ 0,12 h/St | 054.000.008

52 **Installationsschalter, Taster, aP** KG **444**

Installationsschalter einschl. Wippe mit Symbol, mit Beschriftungsfeld, Kontrolllampe, auf Putz, mit Schraubenbefestigung.
Norm: DIN EN 60669-1 (VDE 0632-1)
Leistung: Taster, einpolig
Nennstrom: 10 A
Nennspannung: 250 V AC
Schutzart: IP 44
Farbe: grau RAL 7035
Angeb. Fabrikat: .....

25€ | 28€ | **30€** | 32€ | 35€ | [St] | ⏱ 0,15 h/St | 054.000.035

53 Installationsschalter, Aus-/Wechselschalter, aP KG **444**

Installationsschalter einschl. Wippe mit Symbol, mit Beschriftungsfeld, Kontrolllampe, auf Putz, mit Schraubenbefestigung.
Norm: DIN EN 60669-1 (VDE 0632-1)
Leistung: Aus-/Wechselschalter, einpolig
Nennstrom: 10 A
Nennspannung: 250 V AC
Schutzart: IP 44
Farbe: grau RAL 7035
Angeb. Fabrikat: .....

21€ 27€ **29€** 31€ 40€ [St] ⏱ 0,15h/St 054.000.034

54 Gerätedose, Brandschutz, uP KG **444**

Gerätedose mit Brandschutzanforderungen, in Mauerwerk, mit Schraubenbefestigung und Klemmen, anteilig, unter Putz.
Norm: DIN EN 60670-1 (VDE 0606-1)/DIN 49073
Werkstoff: Kunststoff, halogenfrei
Durchmesser Installationsgerät: 60 mm
Tiefe: Installationsgerät: 60 mm
Farbe: schwarz
Angeb. Fabrikat: .....

22€ 26€ **28€** 30€ 33€ [St] ⏱ 0,30h/St 054.000.033

55 Gerätedose, uP, luftdicht KG **444**

Gerätedose, luftdicht, in Mauerwerk, mit Schraubenbefestigung und Klemmen, anteilig, unter Putz.
Norm: DIN EN 60670-1 (VDE 0606-1)/DIN 49073
Werkstoff: Kunststoff, halogenfrei
Durchmesser Installationsgerät: 60 mm
Tiefe: Installationsgerät: 40 mm
Ausführung: unter Putz
Farbe: schwarz
Einbringung: in Mauerwerk, mit Schrauben
Angeb. Fabrikat: .....

21€ 25€ **30€** 39€ 39€ [St] ⏱ 0,30h/St 054.000.032

56 Gerätedose, uP KG **444**

Gerätedose in Mauerwerk, mit Schrauben und Klemmen, anteilig, unter Putz.
Norm: DIN EN 60670-1 (VDE 0606-1)/DIN 49073
Werkstoff: Kunststoff, halogenfrei
Durchmesser Installationsgerät: 60 mm
Tiefe: Installationsgerät: 40 mm
Schutzart: IP20
Farbe: schwarz
Angeb. Fabrikat: .....

7€ 14€ **16€** 43€ 80€ [St] ⏱ 0,30h/St 054.000.047

Kosten:
Stand 4. Quartal 2024
Bundesdurchschnitt

▶ min
▷ von
ø Mittel
◁ bis
◀ max

Nr.	**Kurztext** / Langtext					Kostengruppe
▶	▷	**ø netto €**	◁	◀	[Einheit] Ausf.-Dauer	Positionsnummer

57 Dreifach-Schutzkontaktsteckdose, 16A, 250V, aP, Deckel KG **444**

Dreifach-Schutzkontaktsteckdose einschl. Klappdeckel, in Gerätedose mit Schraubenbefestigung, einschl. Beschriftungsfeld, **auf Putz / Wandmontage**.
Norm: DIN VDE 0620-1 (VDE 0620-1)
Nennstrom: 16 A
Nennspannung: 250 V
Schutzart: IP 44
Farbe: reinweiß RAL 9010
Angeb. Fabrikat: .....

29€ 34€ **41€** 52€ 54€ [St] ⏱ 0,18 h/St 054.000.031

58 Zweifach-Schutzkontaktsteckdose, 16A, 250V, aP, Deckel KG **444**

Zweifach-Schutzkontaktsteckdose einschl. Klappdeckel, in Gerätedose mit Schraubenbefestigung, einschl. Beschriftungsfeld, **auf Putz / Wandmontage**.
Norm: DIN VDE 0620-1 (VDE 0620-1)
Nennstrom: 16 A
Nennspannung: 250 V
Schutzart: IP 44
Farbe: reinweiß RAL 9010
Angeb. Fabrikat: .....

25€ 30€ **36€** 45€ 47€ [St] ⏱ 0,18 h/St 054.000.030

59 Schutzkontaktsteckdose, 16A, 250V, aP, Deckel KG **444**

Schutzkontaktsteckdose einschl. Klappdeckel, in Gerätedose mit Schraubenbefestigung, einschl. Beschriftungsfeld, **auf Putz / Wandmontage**.
Norm: DIN VDE 0620-1 (VDE 0620-1)
Nennstrom: 16 A
Nennspannung: 250 V
Schutzart: IP 44
Farbe: reinweiß RAL 9010
Angeb. Fabrikat: .....

21€ 26€ **31€** 40€ 45€ [St] ⏱ 0,18 h/St 054.000.029

60 Dreifach-Schutzkontaktsteckdose, 16A, 250V, Wand, aP KG **444**

Dreifach-Schutzkontaktsteckdose in Gerätedose mit Schraubenbefestigung, einschl. Beschriftungsfeld, **auf Putz / Wandmontage**.
Norm: DIN VDE 0620-1 (VDE 0620-1)
Nennstrom: 16 A
Nennspannung: 250 V
Schutzart: IP 24
Farbe: reinweiß RAL 9010
Angeb. Fabrikat: .....

31€ 36€ **38€** 42€ 47€ [St] ⏱ 0,18 h/St 054.000.028

61 Zweifach-Schutzkontaktsteckdose, 16A, 250V, Wand, aP KG **444**

Zweifach-Schutzkontaktsteckdose in Gerätedose mit Schraubenbefestigung, einschl. Beschriftungsfeld, **auf Putz / Wandmontage**.
Norm: DIN VDE 0620-1 (VDE 0620-1)
Nennstrom: 16 A
Nennspannung: 250 V
Schutzart: IP 24
Farbe: reinweiß RAL 9010
Angeb. Fabrikat: .....

19€ 32€ **37€** 44€ 57€ [St] ⏱ 0,18h/St 054.000.027

62 Schutzkontaktsteckdose, 16A, 250V, Wandmontage, aP KG **444**

Schutzkontaktsteckdose in Gerätedose mit Schraubenbefestigung, einschl. Beschriftungsfeld, **auf Putz / Wandmontage**.
Norm: DIN VDE 0620-1 (VDE 0620-1)
Nennstrom: 16 A
Nennspannung: 250 V
Schutzart: IP 24
Farbe: reinweiß RAL 9010
Angeb. Fabrikat: .....

14€ 20€ **23€** 26€ 33€ [St] ⏱ 0,18h/St 054.000.026

63 Schutzkontaktsteckdose, 16A, 250V, uP, IP44, Deckel KG **444**

Schutzkontaktsteckdose in Gerätedose und Klappdeckel, mit Schraubbefestigung einschl. Abdeckrahmen mit Beschriftungsfeld, unter Putz.
Norm: DIN VDE 0620-1 (VDE 0620-1)
Nennstrom: 16 A
Nennspannung: 250 V
Schutzart: IP 44
Farbe: reinweiß RAL 9010
Angeb. Fabrikat: .....

21€ 27€ **29€** 32€ 39€ [St] ⏱ 0,28h/St 054.000.025

64 Schutzkontaktsteckdose, 16A, 250V, uP, IP24 KG **444**

Schutzkontaktsteckdose in Gerätedose mit Schraubbefestigung einschl. Abdeckrahmen mit Beschriftungsfeld, unter Putz.
Norm: DIN VDE 0620-1 (VDE 0620-1)
Nennstrom: 16 A
Nennspannung: 250 V
Schutzart: IP 24
Farbe: reinweiß RAL 9010
Angeb. Fabrikat: .....

14€ 17€ **19€** 20€ 24€ [St] ⏱ 0,18h/St 054.000.024

Nr.	Kurztext / Langtext						Kostengruppe
▶	▷	ø netto €	◁	◀	[Einheit]	Ausf.-Dauer	Positionsnummer

A 9 Photovoltaik — Beschreibung für Pos. **65-66**

Solaranlage zur Stromgewinnung als Photovoltaiksystem zur **Aufdach- / Inndach- / Flachdachlösung**, mit konstruktiver Verankerung. Leistung einschl. systembedingter Befestigungsmittel und Befestigungskonstruktionsmaterial, Befestigung gem. statischem Einzelnachweis, mit Wechselrichter mit Datenlogger, Powermanagement, DC-Schalter und dreipoliger Einspeisung, einschl. ca. 100m Elektrokabel, komplett verdrahtet, mit Durchführungen, Anschlussarbeiten und Inbetriebnahme.

65 Photovoltaik 2kWp — KG **442**

Wie Ausführungsbeschreibung A 9
Nennleistung System: 2 kW_p
Polykristalline PV-Module: mind. 250 Wp
Auflast (Schneelast): bis 5 kN/m^2
Dynamische Last (Windlast): bis 2 kN/m^2
Ausführung gem. Einzelbeschreibung: .....

▶	▷	ø	◁	◀	Einheit	Ausf.-Dauer	Positionsnummer
5.211€	5.230€	**6.226€**	7.907€	9.156€	[St]	⏱ 14,00h/St	053.000.023

66 Photovoltaik 10kWp — KG **442**

Wie Ausführungsbeschreibung A 9
Nennleistung System: 10 kW_p
Polykristalline PV-Module: mind. 250 Wp
Auflast (Schneelast): bis 5 kN/m^2
Dynamische Last (Windlast): bis 2 kN/m^2
Ausführung gem. Einzelbeschreibung: .....

▶	▷	ø	◁	◀	Einheit	Ausf.-Dauer	Positionsnummer
18.835	19.337€	**23.021€**	29.236€	32.438€	[St]	⏱ 48,00h/St	053.000.024

67 Batteriespeicher bis 10kWh — KG **442**

Strom Batteriespeicher zur Eigenstrom-Nutzung, inkl. Batterie Wechselrichter.

▶	▷	ø	◁	◀	Einheit	Ausf.-Dauer	Positionsnummer
8.219€	9.615€	**10.411€**	11.326€	12.928€	[St]	⏱ 3,00h/St	053.000.071

68 Bewegungsmelder — KG **444**

Bewegungsmelder für 230 V AC **mit Unterkriechschutz / mit Rückfeldüberwachung** mit integriertem Dämmerungsschalter.
Sensorart: **Ultraschall / Infrarot / Radar / optisch**
Erfassungsbereich: .....°
Reichweite: ..... m
Schnittstelle: **RS232 / KNX-TP / DALI / COM**
Einstellbereich: **5 bis 300 / 5 bis 1.000**
Ausschaltverzögerung: **1** s **bis 11** min **/ 30** s **bis 30** min **/ 2** s **bis 16** min
Schutzart IP: **44 / 2X / 24 / 3X / 54 / 55 / 65 / 67**
Einbaubereich: **Wandmontage / Deckenmontage / Eckmontage**
Montaghöhe: **bis 3** m **/ über 3 bis 6** m **/ über 6 bis 9** m **/ über 9 bis 12** m

▶	▷	ø	◁	◀	Einheit	Ausf.-Dauer	Positionsnummer
119€	196€	**231€**	274€	373€	[St]	⏱ 1,80h/St	053.000.070

69 Stundensatz, Monteur/-in Elektro

Verrechnungssatz für die jeweilige Arbeitskraft inkl. aller Aufwendungen wie Lohn- und Gehaltskosten, Lohn- und Gehaltsnebenkosten, Zuschläge, lohngebundene und lohnabhängige Kosten, sonstige Sozialkosten, Gemeinkosten, Wagnis und Gewinn. Leistung nach besonderer Anordnung der Bauüberwachung. Nachweis und Anmeldung gem. VOB/B.

▶	▷	ø	◁	◀	Einheit	Ausf.-Dauer	Positionsnummer
56€	63€	**66€**	67€	76€	[h]	⏱ 1,00h/h	053.000.072

Kosten:
Stand 4. Quartal 2024
Bundesdurchschnitt

▶ min
▷ von
ø Mittel
◁ bis
◀ max

Nr.	**Kurztext** / Langtext						Kostengruppe
▶	▷	**ø netto €**	◁	◀	[Einheit]	Ausf.-Dauer	Positionsnummer

70 Stundensatz, Helfer/-in Elektro

Verrechnungssatz für die jeweilige Arbeitskraft inkl. aller Aufwendungen wie Lohn- und Gehaltskosten, Lohn- und Gehaltsnebenkosten, Zuschläge, lohngebundene und lohnabhängige Kosten, sonstige Sozialkosten, Gemeinkosten, Wagnis und Gewinn. Leistung nach besonderer Anordnung der Bauüberwachung. Nachweis und Anmeldung gem. VOB/B.

43€	47€	**50€**	53€	59€	[h]	⏱ 1,00h/h	053.000.073

Kosten:
Stand 4. Quartal 2024
Bundesdurchschnitt

Nr.	Positionen	Einheit	▶	▷	ø brutto € / ø netto €	◁	◀
1	Installationskleinverteiler, uP, 356x348x70mm	St	97	125	**136**	150	180
			81	105	**115**	126	151
2	Installationskleinverteiler, uP, 755x348x94,5mm	St	263	366	**414**	501	692
			221	308	**348**	421	581
3	Zählerschrank, uP, Multimediafeld	St	1.495	2.216	**2.402**	3.017	4.113
			1.256	1.862	**2.019**	2.535	3.456
4	Fehlerstromschutzschalter, 25A, vierpolig	St	48	68	**78**	88	106
			40	57	**66**	74	89
5	Fehlerstromschutzschalter 63A, vierpolig	St	123	143	**149**	173	214
			103	120	**126**	145	180
6	Leitungsschutzschalter 6kA, dreipolig B16A	St	41	56	**61**	68	87
			35	47	**51**	57	73
7	Leitungsschutzschalter 6kA, dreipolig B20A	St	59	71	**75**	77	97
			49	59	**63**	65	81
8	Leitungsschutzschalter 6kA, dreipolig C16A	St	65	75	**78**	89	113
			54	63	**66**	75	95
9	Leitungsschutzschalter 6kA, einpolig B10A	St	19	26	**28**	31	38
			16	22	**24**	26	32
10	Sicherungssockel, dreipolig	St	49	70	**76**	95	132
			41	59	**64**	79	111
11	Lasttrennschalter, 63A	St	75	119	**155**	196	255
			63	100	**130**	164	214

Nr. **Kurztext** / Langtext Kostengruppe
▶ ▷ **ø netto €** ◁ ◀ [Einheit] Ausf.-Dauer Positionsnummer

A 1 Installationskleinverteiler, uP Beschreibung für Pos. **1-2**

Installationskleinverteiler mit Kunststoffmauerkasten, Blendrahmen mit Tür aus Stahlblech, Blindabdeckungen.
Norm: DIN EN 60670-24, DIN 43871
Schutzart: IP30
Schutzartklasse: II
Montageart: Unterputz
Umgebungsbedingungen: .....

1 Installationskleinverteiler, uP, 356x348x70mm KG **444**

Wie Ausführungsbeschreibung A 1
Verteilerreihen: 1
Farbe: reinweiß RAL 9010
Höhe: 356 mm
Breite: 348 mm
Tiefe: 70 mm
Angeb. Fabrikat: .....

81€ 105€ **115€** 126€ 151€ [St] ⏱ 0,85h/St 054.000.036

▶ min
▷ von
ø Mittel
◁ bis
◀ max

Nr.	Kurztext / Langtext						Kostengruppe
▶	▷	**ø netto €**	◁	◀	[Einheit]	Ausf.-Dauer	Positionsnummer

2 Installationskleinverteiler, uP, 755x348x94,5mm KG **444**

Wie Ausführungsbeschreibung A 1
Verteilerreihen: 4
Farbe: reinweiß RAL 9010
Höhe: 755 mm
Breite: 348 mm
Tiefe: 94,5 mm
Angeb. Fabrikat: .....

221€ | 308€ | **348€** | 421€ | 581€ | [St] | ⏱ 1,00h/St | 054.000.037

3 Zählerschrank, uP, Multimediafeld KG **444**

Zählerschrank mit Multimediafeld und Dreifach-Steckdose, Kunststoffmauerkasten, Blendrahmen mit Tür aus Stahlblech, Blindabdeckungen.
Norm: DIN EN 0603/1, DIN 43870
Schutzart: IP44
Schutzklasse: II
Montageart: Unterputz
Verteilerreihen: 7
Farbe: reinweiß RAL 9010
Höhe: 1.100 mm
Breite: 1.050 mm
Tiefe: 205 mm
Angeb. Fabrikat: .....

1.256€ | 1.862€ | **2.019€** | 2.535€ | 3.456€ | [St] | ⏱ 0,85h/St | 054.000.038

A 2 Fehlerstromschutzschalter Beschreibung für Pos. **4-5**

Fehlerstromschutzschalter als Reiheneinbaugerät nach DIN 43880, mit Aufnahmevorrichtung für Beschriftungsschild.
Norm: DIN EN 61008-1 (VDE 0664-10)
Berührungsschutz: fingersicher (DIN EN 50274 (VDE 0660-514)
Typ Fehlerstrom: A pulsstromsensitiv
Bemessungsfehlerstrom (mA) Schutzschalter: 30
Anzahl Pole: 3+N
Bemessungsbetriebsspannung: 400 V AC
Kurzschlussfestigkeit: 6 kA
Max. Stoßstromfestigkeit: 250A
Antrieb Schalter: handbetätigt
Angeb. Fabrikat: .....

4 Fehlerstromschutzschalter, 25A, vierpolig KG **444**

Wie Ausführungsbeschreibung A 2
Bemessungsstrom: 25 A

40€ | 57€ | **66€** | 74€ | 89€ | [St] | ⏱ 0,45h/St | 054.000.043

5 Fehlerstromschutzschalter 63A, vierpolig KG **444**

Wie Ausführungsbeschreibung A 2
Bemessungsstrom: 63 A

103€ | 120€ | **126€** | 145€ | 180€ | [St] | ⏱ 0,50h/St | 054.000.044

Nr.	Kurztext / Langtext						Kostengruppe
▶	▷	**ø netto €**	◁	◀	[Einheit]	Ausf.-Dauer	Positionsnummer

A 3 Leitungsschutzschalter 6kA — Beschreibung für Pos. **6-9**

Leitungsschutzschalter als Reiheneinbaugerät nach DIN 43880, mit Aufnahmevorrichtung für Beschriftungsschild.
Norm: DIN EN 60898-1 (VDE 0641-11)
Berührungsschutz: fingersicher DIN EN 50274 (VDE 0660-514)
Bemessungsbetriebsspannung: 230/400 V AC

6 Leitungsschutzschalter 6kA, dreipolig B16A — KG **444**

Wie Ausführungsbeschreibung A 3
Bemessungsschaltvermögen: 6 kA
Anzahl Pole: 3
Auslösecharakteristik Schutzschalter: B
Bemessungsstrom: 16 A
Angeb. Fabrikat: .....

▶	▷	ø	◁	◀	Einheit	Ausf.-Dauer	Positionsnummer
35€	47€	**51€**	57€	73€	[St]	⏱ 0,65h/St	054.000.039

7 Leitungsschutzschalter 6kA, dreipolig B20A — KG **444**

Wie Ausführungsbeschreibung A 3
Bemessungsschaltvermögen: 6 kA
Anzahl Pole: 3
Auslösecharakteristik Schutzschalter: B
Bemessungsstrom: 20 A
Angeb. Fabrikat: .....

▶	▷	ø	◁	◀	Einheit	Ausf.-Dauer	Positionsnummer
49€	59€	**63€**	65€	81€	[St]	⏱ 0,65h/St	054.000.040

8 Leitungsschutzschalter 6kA, dreipolig C16A — KG **444**

Wie Ausführungsbeschreibung A 3
Bemessungsschaltvermögen: 6 kA
Anzahl Pole: 3
Auslösecharakteristik Schutzschalter: C
Bemessungsstrom: 16 A
Angeb. Fabrikat: .....

▶	▷	ø	◁	◀	Einheit	Ausf.-Dauer	Positionsnummer
54€	63€	**66€**	75€	95€	[St]	⏱ 0,65h/St	054.000.041

9 Leitungsschutzschalter 6kA, einpolig B10A — KG **444**

Wie Ausführungsbeschreibung A 3
Bemessungsschaltvermögen: 6 kA
Ausführung Abdeckung: beidseitige Klemmenabdeckung
Anzahl Pole: 1
Auslösecharakteristik Schutzschalter: B
Bemessungsstrom: 10 A
Angeb. Fabrikat: .....

▶	▷	ø	◁	◀	Einheit	Ausf.-Dauer	Positionsnummer
16€	22€	**24€**	26€	32€	[St]	⏱ 0,65h/St	054.000.042

Kosten:
Stand 4. Quartal 2024
Bundesdurchschnitt

▶ min
▷ von
ø Mittel
◁ bis
◀ max

Nr.	Kurztext / Langtext					Kostengruppe
►	▷	ø netto €	◁	◄	[Einheit] Ausf.-Dauer	Positionsnummer

10 Sicherungssockel, dreipolig KG **444**

Sicherungssockel mit Abdeckung, auf Tragschiene und Neutralleiterklemme. Bestückung mit Sicherungssockel/-unterteil/Trennschalter, mit Sicherungseinsatz.
Norm: DIN VDE 0636-3 (VDE 0636-3)
Bemessungsstrom: 63 A
Anzahle Pole: 3

41€ | 59€ | **64€** | 79€ | 111€ | [St] | ⏱ 0,30h/St | 054.000.045

11 Lasttrennschalter, 63A KG **444**

Lasttrennschalter mit Berührungsschutz nach DIN VDE 0106/100
Norm: DIN VDE 0632
Nennstrom: 63 A
Betriebsspannung: 400 V AC
Anschlussquerschnitt bei starrem Leiter: 16 mm^2

63€ | 100€ | **130€** | 164€ | 214€ | [St] | ⏱ 0,45h/St | 054.000.046

Positionen Neubau

Nr.	Positionen	Einheit	▶	▷	ø brutto € / ø netto €	◁	◀
1	Anbauleuchte, LED, Feuchtraum	St	144	152	**168**	185	190
			121	127	**142**	156	159
2	Einbauleuchte, LED, 39W	St	154	164	**182**	201	206
			129	138	**153**	169	173
3	Pendelleuchte, LED 47W, bis 598mm	St	300	335	**359**	463	470
			252	282	**302**	389	395
4	Pendelleuchte, LED 47W, bis 1.198mm	St	364	378	**449**	489	497
			306	318	**377**	411	418
5	Einbaudownlight, LED, 9W	St	61	66	**74**	81	85
			51	56	**62**	68	71
6	Einbaudownlight, LED, 17,8W	St	66	73	**83**	89	92
			55	61	**70**	75	77

Kosten:
Stand 4. Quartal 2024
Bundesdurchschnitt

Nr. **Kurztext** / Langtext — Kostengruppe
▶ ▷ **ø netto €** ◁ ◀ [Einheit] Ausf.-Dauer Positionsnummer

1 Anbauleuchte, LED, Feuchtraum KG **445**

Anbauleuchte für Feuchtraum, Gehäuse aus Kunststoff (Polycarbonat), innenliegende Halterung, Stahlblech, weiß lackiert, Refraktor Kunststoff (PMMA oder PC), innenprismatisch.
Befestigung: Decke/Wand
Abmessung: ..... (bis 1278 mm)
Leuchtmittel: LED 28 W
Lichtfarbe: 840, neutralweiß
Leuchtenlichtstrom: 3.350 lm
Elektrische Ausstattung: Betriebsgerät
Schutzart: IP 66
Schutzklasse: I
Spannung: 0-240 V / 50-60 Hz
Farbe: Lichtgrau
Zubehör: Befestigungsmaterial
Angeb. Fabrikat: .....

121€ 127€ **142€** 156€ 159€ [St] ⏱ 0,35h/St 058.000.003

▶ min
▷ von
ø Mittel
◁ bis
◀ max

Nr.	Kurztext / Langtext						Kostengruppe
▶	▷	**ø netto €**	◁	◀	[Einheit]	Ausf.-Dauer	Positionsnummer

2 Einbauleuchte, LED, 39W KG **445**

Einbauleuchte in abgehängter Decke, Gehäuse aus Aluminium, Diffusor und Lightguide aus vergilbungsfreiem PMMA (opal), seitliche Lichteinkopplung mit LED-Betriebsgerät extern.
Abmessung: ..... (bis 1.233 mm)
Abstrahlwinkel: 60°
Leuchtmittel: LED 39 W
Lichtfarbe: 830, warmweiß
Leuchtenlichtstrom: 3.600 lm
Lebensdauer: 50.000 h (L70/B10)
Schutzart: IP 20
Schutzklasse: II
Spannung: 220-240 V / 50-60 Hz
für Deckenstärke: 10-25 mm
Gehäusefarbe: weiß
Zubehör: Befestigungsmaterial
Angeb. Fabrikat: .....

129€	138€	**153€**	169€	173€	[St]	⏱ 0,60h/St	058.000.020

3 Pendelleuchte, LED 47W, bis 598mm KG **445**

Pendelleuchte, Abdeckung aus Stahlblech, pulverbeschichtet, Rahmen aus Aluminium, eloxiert, Diffusor aus Kunststoff (PMMA) opal, seitliche Lichteinkopplung mit LED, mit 2-Punkt-Stahlseilabhängung, stufenlos höhenverstellbar.
Abstrahlwinkel: 120°
Leuchtmittel: LED 47 W
Lichtfarbe: 830, warmweiß
Leuchtenlichtstrom: 4.300 lm
Schutzart: IP 40
Schutzklasse: I
Spannung: 100-240 V / 50-60 Hz
Gehäusefarbe: aluminium, eloxiert
Zubehör: Befestigungsmaterial
Abmessung: ..... (bis 598 mm)
Angeb. Fabrikat: .....

252€	282€	**302€**	389€	395€	[St]	⏱ 0,50h/St	058.000.023

Kosten:
Stand 4. Quartal 2024
Bundesdurchschnitt

Nr.	**Kurztext** / Langtext						Kostengruppe
▶	▷	**ø netto €**	◁	◀	[Einheit]	Ausf.-Dauer	Positionsnummer

4 Pendelleuchte, LED 47W, bis 1.198mm KG **445**

Pendelleuchte, Abdeckung aus Stahlblech, pulverbeschichtet, Rahmen aus Aluminium, eloxiert, Diffusor aus Kunststoff (PMMA) opal, seitliche Lichteinkopplung mit LED, mit 2-Punkt-Stahlseilabhängung, stufenlos höhenverstellbar.
Abstrahlwinkel: 120°
Leuchtmittel: LED 47 W
Lichtfarbe: 830, warmweiß
Leuchtenlichtstrom: 4.300 lm
Schutzart: IP 40
Schutzklasse: I
Spannung: 100-240 V / 50-60 Hz
Gehäusefarbe: aluminium, eloxiert
Zubehör: Befestigungsmaterial
Abmessung: ..... (bis 1.198 mm)
Angeb. Fabrikat: .....

306€	318€	**377€**	411€	418€	[St]	⏱ 0,55h/St	058.000.024

A 1 Einbaudownlight, LED Beschreibung für Pos. **5-6**

Einbaudownlight mit LED, Gehäuse aus Aluminium-Druckguss, pulverbeschichtet, Lightguide und Kunststoffabdeckung aus vergilbungsfreiem Kunststoff (PMMA), Abdeckung Kunststoff opal matt, Deckenbefestigung mit Federsystem.
Betriebsgerät: extern über Steckverbindung, mit Verbindungsleitung zwischen Leuchte und LED-Konverter 250 mm
Abstrahlwinkel: 110°
Lichtfarbe: 830, warmweiß
Lebensdauer: L70> 50.000 h
Spannung: 220-240 V / 50-60 Hz
für Deckenstärke: 1-20 mm
Schutzart: IP40
Schutzklasse: II
Zubehör: Befestigungsmaterial

5 Einbaudownlight, LED, 9W KG **445**

Wie Ausführungsbeschreibung A 1
Durchmesser: 170 mm
Einbautiefe: 27-53 mm
Lichtleistung: LED 9 W
Leuchtenlichtstrom: 940 lm
Angeb. Fabrikat: .....

51€	56€	**62€**	68€	71€	[St]	⏱ 0,30h/St	058.000.017

6 Einbaudownlight, LED, 17,8W KG **445**

Wie Ausführungsbeschreibung A 1
Durchmesser: 234 mm
Einbautiefe: 31-56 mm
Lichtleistung: LED 17,8 W
Leuchtenlichtstrom: 1.650 lm
Angeb. Fabrikat: .....

55€	61€	**70€**	75€	77€	[St]	⏱ 0,40h/St	058.000.018

▶ min
▷ von
ø Mittel
◁ bis
◀ max

061

Kosten:
Stand 4. Quartal 2024
Bundesdurchschnitt

Nr.	Positionen	Einheit	►	▷	ø brutto € / ø netto €	◁	◄
1	Installationsleitung, symmetrisch J-Y(St)Y 2x2x0,8mm, BS	m	–	6	**6**	7	–
			–	5	**5**	6	–
2	Installationsleitung, symmetrisch J-Y(St)Y 4x2x0,8mm, BS	m	–	6	**7**	7	–
			–	5	**6**	6	–
3	Installationsleitung, symmetrisch J-Y(St)Y 10x2x0,8mm, BS	m	–	9	**10**	10	–
			–	8	**9**	9	–
4	Installationsleitung, symmetrisch J-Y(St)Y 20x2x0,8mm, BS	m	–	12	**14**	15	–
			–	10	**12**	12	–
5	Installationsleitung, symmetrisch J-Y(St)Y 2x2x0,8mm, KR/K/R/MW	m	–	4	**5**	7	–
			–	4	**4**	6	–
6	Installationsleitung, symmetrisch J-Y(St)Y 4x2x0,8mm, KR/K/R/MW	m	–	6	**8**	10	–
			–	5	**6**	8	–
7	Installationsleitung, symmetrisch J-Y(St)Y 10x2x0,8mm, KR/K/R/MW	m	–	6	**8**	10	–
			–	5	**6**	8	–
8	Installationsleitung, symmetrisch J-Y(St)Y 20x2x0,8mm, KR/K/R/MW	m	–	6	**8**	10	–
			–	5	**6**	8	–
9	Installationsleitung, symmetrisch J-Y(St)Y 2x2x0,8mm, AD	m	–	5	**6**	8	–
			–	4	**5**	6	–
10	Installationsleitung, symmetrisch J-Y(St)Y 4x2x0,8mm, AD	m	–	6	**8**	10	–
			–	5	**6**	8	–
11	Installationsleitung, symmetrisch J-Y(St)Y 10x2x0,8mm, AD	m	–	7	**9**	11	–
			–	6	**7**	9	–
12	Installationsleitung, symmetrisch J-Y(St)Y 20x2x0,8mm, AD	m	–	10	**12**	16	–
			–	9	**10**	13	–
13	Installationsleitung, symmetrisch J-Y(St)Y 2x2x0,8mm, uP	m	–	4	**5**	7	–
			–	4	**4**	6	–
14	Installationsleitung, symmetrisch J-Y(St)Y 4x2x0,8mm, uP	m	–	5	**6**	8	–
			–	5	**5**	7	–
15	Installationsleitung, symmetrisch J-Y(St)Y 10x2x0,8mm, uP	m	–	7	**8**	10	–
			–	6	**7**	9	–
16	Installationsleitung, symmetrisch J-Y(St)Y 20x2x0,8mm, uP	m	–	10	**12**	15	–
			–	9	**10**	13	–

► min
▷ von
ø Mittel
◁ bis
◄ max

A 1 Installationsleitung, symmetrisch J-Y(St)Y, BS Beschreibung für Pos. **1-4**

Installationsleitung symmetrisch
Norm: DIN VDE 0815 (VDE 0815)
Leitungstyp: J-Y(St)Y
Verlegung: mit Metallbügel oder Bügelschelle

1 Installationsleitung, symmetrisch J-Y(St)Y 2x2x0,8mm, BS KG **444**

Wie Ausführungsbeschreibung A 1
Ader-/Leiterzahl: 2 x 2 x 0,8 mm

– 5€ **5€** 6€ – [m] ⏱ 0,09 h/m 061.000.001

2 Installationsleitung, symmetrisch J-Y(St)Y 4x2x0,8mm, BS KG **444**

Wie Ausführungsbeschreibung A 1
Ader-/Leiterzahl: 4 x 2 x 0,8 mm

– 5€ **6€** 6€ – [m] ⏱ 0,09 h/m 061.000.002

3 Installationsleitung, symmetrisch J-Y(St)Y 10x2x0,8mm, BS KG **444**

Wie Ausführungsbeschreibung A 1
Ader-/Leiterzahl: 10 x 2 x 0,8 mm

– 8€ **9€** 9€ – [m] ⏱ 0,13 h/m 061.000.003

4 Installationsleitung, symmetrisch J-Y(St)Y 20x2x0,8mm, BS KG **444**

Wie Ausführungsbeschreibung A 1
Ader-/Leiterzahl: 20 x 2 x 0,8 mm

– 10€ **12€** 12€ – [m] ⏱ 0,16 h/m 061.000.004

A 2 Installationsleitung, symmetrisch J-Y(St)Y, KR/K/R/MW Beschreibung für Pos. **5-8**

Installationsleitung symmetrisch
Norm: DIN VDE 0815 (VDE 0815)
Leitungstyp: J-Y(St)Y
Verlegung: in vorhandener **Kabelrinne / Kanal / Rohr / Montagewan**d

5 Installationsleitung, symmetrisch J-Y(St)Y 2x2x0,8mm, KR/K/R/MW KG **444**

Wie Ausführungsbeschreibung A 2
Ader-/Leiterzahl: 2 x 2 x 0,8 mm

– 4€ **4€** 6€ – [m] ⏱ 0,03 h/m 061.000.008

6 Installationsleitung, symmetrisch J-Y(St)Y 4x2x0,8mm, KR/K/R/MW KG **444**

Wie Ausführungsbeschreibung A 2
Ader-/Leiterzahl: 4 x 2 x 0,8 mm

– 5€ **6€** 8€ – [m] ⏱ 0,03 h/m 061.000.009

Kosten:
Stand 4. Quartal 2024
Bundesdurchschnitt

Nr.	Kurztext / Langtext						Kostengruppe
▶	▷	**ø netto €**	◁	◀	[Einheit]	Ausf.-Dauer	Positionsnummer

7 **Installationsleitung, symmetrisch J-Y(St)Y 10x2x0,8mm, KR/K/R/MW** KG **444**
Wie Ausführungsbeschreibung A 2
Ader-/Leiterzahl: 10 x 2 x 0,8 mm

–	5€	**6€**	8€	–	[m]	⏱ 0,05h/m	061.000.010

8 **Installationsleitung, symmetrisch J-Y(St)Y 20x2x0,8mm, KR/K/R/MW** KG **444**
Wie Ausführungsbeschreibung A 2
Ader-/Leiterzahl: 20 x 2 x 0,8 mm

–	5€	**6€**	8€	–	[m]	⏱ 0,06h/m	061.000.011

A 3 **Installationsleitung, symmetrisch J-Y(St)Y, AD** Beschreibung für Pos. **9-12**
Installationsleitung symmetrisch
Norm: DIN VDE 0815 (VDE 0815)
Leitungstyp: J-Y(St)Y
Verlegung: oberhalb der Abhangdecke mit Metallsammelbefestigung

9 **Installationsleitung, symmetrisch J-Y(St)Y 2x2x0,8mm, AD** KG **444**
Wie Ausführungsbeschreibung A 3
Ader-/Leiterzahl: 2 x 2 x 0,8 mm

–	4€	**5€**	6€	–	[m]	⏱ 0,05h/m	061.000.012

10 **Installationsleitung, symmetrisch J-Y(St)Y 4x2x0,8mm, AD** KG **444**
Wie Ausführungsbeschreibung A 3
Ader-/Leiterzahl: 4 x 2 x 0,8 mm

–	5€	**6€**	8€	–	[m]	⏱ 0,05h/m	061.000.013

11 **Installationsleitung, symmetrisch J-Y(St)Y 10x2x0,8mm, AD** KG **444**
Wie Ausführungsbeschreibung A 3
Ader-/Leiterzahl: 10 x 2 x 0,8 mm

–	6€	**7€**	9€	–	[m]	⏱ 0,08h/m	061.000.014

12 **Installationsleitung, symmetrisch J-Y(St)Y 20x2x0,8mm, AD** KG **444**
Wie Ausführungsbeschreibung A 3
Ader-/Leiterzahl: 20 x 2 x 0,8 mm

–	9€	**10€**	13€	–	[m]	⏱ 0,09h/m	061.000.015

▶ min
▷ von
ø Mittel
◁ bis
◀ max

Nr.	Kurztext / Langtext						Kostengruppe
►	▷	ø netto €	◁	◀	[Einheit]	Ausf.-Dauer	Positionsnummer

A 4 Installationsleitung, symmetrisch J-Y(St)Y, uP — Beschreibung für Pos. **13-16**

Installationsleitung symmetrisch
Norm: DIN VDE 0815 (VDE 0815)
Leitungstyp: J-Y(St)Y
Verlegung: unter Putz

13 Installationsleitung, symmetrisch J-Y(St)Y 2x2x0,8mm, uP — KG **444**

Wie Ausführungsbeschreibung A 4
Ader-/Leiterzahl: 2 x 2 x 0,8 mm

►	▷	ø netto €	◁	◀	[Einheit]	Ausf.-Dauer	Positionsnummer
–	4€	**4€**	6€	–	[m]	⏱ 0,02 h/m	061.000.017

14 Installationsleitung, symmetrisch J-Y(St)Y 4x2x0,8mm, uP — KG **444**

Wie Ausführungsbeschreibung A 4
Ader-/Leiterzahl: 4 x 2 x 0,8 mm

►	▷	ø netto €	◁	◀	[Einheit]	Ausf.-Dauer	Positionsnummer
–	5€	**5€**	7€	–	[m]	⏱ 0,04 h/m	061.000.016

15 Installationsleitung, symmetrisch J-Y(St)Y 10x2x0,8mm, uP — KG **444**

Wie Ausführungsbeschreibung A 4
Ader-/Leiterzahl: 10 x 2 x 0,8 mm

►	▷	ø netto €	◁	◀	[Einheit]	Ausf.-Dauer	Positionsnummer
–	6€	**7€**	9€	–	[m]	⏱ 0,07 h/m	061.000.018

16 Installationsleitung, symmetrisch J-Y(St)Y 20x2x0,8mm, uP — KG **444**

Wie Ausführungsbeschreibung A 4
Ader-/Leiterzahl: 20 x 2 x 0,8 mm

►	▷	ø netto €	◁	◀	[Einheit]	Ausf.-Dauer	Positionsnummer
–	9€	**10€**	13€	–	[m]	⏱ 0,08 h/m	061.000.019

Gefahrenmeldeanlagen **Preise €**

Nr.	Positionen	Einheit	►	▷	ø brutto € / ø netto €	◁	◄
1	Brandmeldezentrale, bis 4 Ringe-/Linien	St	3.155	3.506	**3.895**	4.285	4.713
			2.651	2.946	**3.273**	3.601	3.961
2	Brandmeldezentrale, ab 5 Ringe-/Linien	St	8.030	11.573	**12.196**	12.819	13.505
			6.748	9.725	**10.249**	10.773	11.349
3	Feuerwehr - Schlüsseldepot	St	2.721	2.858	**2.943**	3.169	3.329
			2.287	2.402	**2.473**	2.663	2.797
4	Notruf, für Barrierefreies WC	St	806	896	**995**	1.095	1.204
			678	753	**836**	920	1.012
5	Rauchmelder, optisch	St	209	232	**258**	283	313
			175	195	**217**	238	263
6	Rauchmelder, Ionisation	St	338	376	**418**	459	506
			284	316	**351**	386	425
7	Rauchwarnmelder, optisch	St	60	66	**74**	81	89
			50	56	**62**	68	75
8	Rauchwarnmelder, Funkvernetzte	St	148	165	**183**	201	221
			125	138	**154**	169	186
9	Wärme-Differenzialmelder	St	126	140	**156**	171	189
			106	118	**131**	144	158
10	Kombinierter Rauch-/Wärmemelder	St	247	274	**305**	335	369
			208	231	**256**	282	310
11	Handfeuermelder, Aufputz	St	110	114	**141**	155	171
			93	96	**119**	131	144
12	Signalgeber, akustisch	St	182	202	**225**	247	272
			153	170	**189**	208	229
13	Signalgeber, akustisch/optisch	St	224	249	**277**	305	335
			189	209	**233**	256	282
14	Signalgeber, optisch	St	199	222	**246**	271	298
			168	186	**207**	228	250
15	Anzeige-Tableau	St	799	887	**986**	1.084	1.193
			671	745	**828**	911	1.002
16	Feuerwehr-Bedienfeld	St	585	650	**722**	794	874
			492	546	**607**	667	734
17	Überfallmelder, Handtaster, Aufputz	St	95	106	**118**	129	142
			80	89	**99**	109	120
18	Rauchauslöseeinrichtung, Aufputz	St	1.267	1.342	**1.416**	1.789	2.386
			1.065	1.128	**1.190**	1.504	2.005

Kosten:
Stand 4. Quartal 2024
Bundesdurchschnitt

► min
▷ von
ø Mittel
◁ bis
◄ max

Nr.	Kurztext / Langtext					Kostengruppe	
▶	▷	ø netto €	◁	◀	[Einheit]	Ausf.-Dauer	Positionsnummer

1 Brandmeldezentrale, bis 4 Ringe-/Linien KG **456**

Brandmeldezentrale mit **Grenzwert - Linientechnik oder Ringbustechnik**
Ausführung als **Ringleitung oder Linien / Zonenleitung**
Anzahl **Ringleitungen oder Linien / Zonenleitungen:** ..... St
Insgesamt ausbaubare Leitungen: ..... St
Ausgebaut mit Stichleitungen für adressierbare Melder: ..... St
Insgesamt ausbaubare Stichleitungen für adressierbare Melder: ..... St
Ausgebaut mit Stichleitungen für Grenzwertmelder: ..... St
Insgesamt ausbaubare Stichleitungen für Grenzwertmelder: ..... St
Ausgebaut mit Meldergruppen: ..... St
Insgesamt ausbaubare Meldergruppen: ..... St
Ausbaubare Koppler: ..... St
Registriereinheit: **mit internem Drucker / digital / digital, mit Schnittstelle zum Drucker**
Brandmeldezentrale mit Ersatzstromversorgung, für eine Überbrückungszeit von: **4 / 12 / 24 / 30 / 48 / 72** h
Alarmierungszeit mindestens 0,5 h

2.651€ 2.946€ **3.273€** 3.601€ 3.961€ [St] ⏱ 6,80h/St 063.000.002

2 Brandmeldezentrale, ab 5 Ringe-/Linien KG **456**

Brandmeldezentrale mit **Grenzwert - Linientechnik oder Ringbustechnik**
Ausführung als **Ringleitung oder Linien / Zonenleitung**
Anzahl **Ringleitungen oder Linien / Zonenleitungen:** ..... St
Insgesamt ausbaubare Leitungen: ..... St
Ausgebaut mit Stichleitungen für adressierbare Melder: ..... St
Insgesamt ausbaubare Stichleitungen für adressierbare Melder: ..... St
Ausgebaut mit Stichleitungen für Grenzwertmelder: ..... St
Insgesamt ausbaubare Stichleitungen für Grenzwertmelder: ..... St
Ausgebaut mit Meldergruppen: ..... St
Insgesamt ausbaubare Meldergruppen: ..... St
Ausbaubare Koppler: ..... St
Registriereinheit: **mit internem Drucker / digital / digital, mit Schnittstelle zum Drucker**
Brandmeldezentrale mit Ersatzstromversorgung, für eine Überbrückungszeit von: **4 / 12 / 24 / 30 / 48 / 72** h
Alarmierungszeit mindestens 0,5 h

6.748€ 9.725€ **10.249€** 10.773€ 11.349€ [St] ⏱ 7,80h/St 063.000.003

3 Feuerwehr - Schlüsseldepot KG **456**

Feuerwehr - Schlüsseldepot Gehäuse aus Stahl. Die Schließung erfolgt nach den Anschlussbedingungen der zuständigen behördlich benannten hilfeleistenden Stelle.
Einbauort: **Unterputzmontage / in WDVS, mit Einbauschutz / in Montagesäule**
Überwachte Schlüssel: ..... St
Meldeanlagenbauteilklasse: **FSD1 / FSD2 / FSD3**

2.287€ 2.402€ **2.473€** 2.663€ 2.797€ [St] ⏱ 1,50h/St 063.000.004

4 Notruf, für barrierefreies WC KG **452**

Notruf für barrierefreies WC als Kompakt-Set, bestehend aus 1-Kammer-Signalleuchte rot, Zugtaster, Abstelltaster, Meldeeinheit und Netzteil, einschl. Stromquelle für Sicherheitszwecke DIN VDE 0100-560 (VDE 0100-560), Weiterleitung Störung an Meldeeinheit, Weiterleitung Notruf an Meldeeinheit.

678€ 753€ **836€** 920€ 1.012€ [St] ⏱ 1,20h/St 063.000.001

Nr.	Kurztext / Langtext						Kostengruppe
▶	▷	**ø netto €**	◁	◀	[Einheit]	Ausf.-Dauer	Positionsnummer

5 Rauchmelder, optisch KG **456**

Optischer Rauchmelder, nach dem Streulichtprinzip, passend zur überwachten Anschaltung an die Brandmeldezentrale. Einsatz bei einer Betriebsumgebungstemperatur von -10°C bis +60°C. Frühzeitige Erfassung offener Brände mit entsprechender Rauchentwicklung; intelligente Auswerteelektronik und optische Alarmanzeige sowie zusätzlicher Ausgang zur Anschaltung von externen Geräten, mit Meldersockel.
Energieversorgung: **aus Zentrale über Busleitung / aus Zentrale über separate Stichleitung / Batterie**
Schutzart : IP 42
Netzspannung : 24 V
Angeb. Fabrikat : .....
Ausführungshöhe über Fußboden: **bis 4** m **/ über 4** m **/ über 6** m

175€ 195€ **217€** 238€ 263€ [St] ⏱ 0,35h/St 063.000.005

Kosten:
Stand 4. Quartal 2024
Bundesdurchschnitt

6 Rauchmelder, Ionisation KG **456**

Ionisations-Rauchmelder, mit zwei getrennten Ionisations-Messkammern, passend zur überwachten Anschaltung an die Brandmeldezentrale. Einsatz bei einer Betriebsumgebungstemperatur von -10°C bis +60°C frühzeitige Erfassung offener Brände mit entsprechender Rauchentwicklung, intelligente Auswerteelektronik und optische Alarmanzeige sowie zusätzlicher Ausgang zur Anschaltung von externen Geräten, mit Meldersockel.
Schutzart : IP 42
Netzspannung : 24 V
Angeb. Fabrikat : .....
Ausführungshöhe über Fußboden: **bis 4** m **/ über 4** m **/ über 6** m

284€ 316€ **351€** 386€ 425€ [St] ⏱ 0,35h/St 063.000.006

7 Rauchwarnmelder, optisch KG **456**

Optischer Rauchwarnmelder, nach dem Streulichtprinzip, passend zur überwachten Anschaltung an die Brandmeldezentrale. Einsatz bei einer Betriebsumgebungstemperatur von -10°C bis +60°C. Frühzeitige Erfassung offener Brände mit entsprechender Rauchentwicklung; intelligente Auswerteelektronik und optische Alarmanzeige sowie zusätzlicher Ausgang zur Anschaltung von externen Geräten, mit Meldersockel.
Energieversorgung: **mit interner Primärbatterie / mit externer Energieversorgung**
Schutzart : IP 42
Netzspannung : 24 V
Angeb. Fabrikat : .....
Ausführungshöhe über Fußboden: **bis 4** m **/ über 4** m **/ über 6** m

50€ 56€ **62€** 68€ 75€ [St] ⏱ 0,35h/St 063.000.007

▶ min
▷ von
ø Mittel
◁ bis
◀ max

8 Rauchwarnmelder, Funkvernetzte KG **456**

Funkvernetzte Rauchwarnmelder, nach dem Streulichtprinzip, passend zur überwachten Anschaltung an die Brandmeldezentrale. Einsatz bei einer Betriebsumgebungstemperatur von -10°C bis +60°C. Frühzeitige Erfassung offener Brände mit entsprechender Rauchentwicklung; intelligente Auswerteelektronik und optische Alarmanzeige sowie zusätzlicher Ausgang zur Anschaltung von externen Geräten, mit Meldersockel.
Energieversorgung: **mit interner Primärbatterie / mit externer Energieversorgung**
Schutzart : IP 42
Netzspannung : 24 V
Angeb. Fabrikat : .....
Ausführungshöhe über Fußboden: **bis 4** m **/ über 4** m **/ über 6** m

125€ 138€ **154€** 169€ 186€ [St] ⏱ 0,35h/St 063.000.008

9 Wärme-Differenzialmelder KG **456**

Wärme-Differenzialmelder mit Maximalwertauslösung. Temperaturerfassung mit Halbleitern, einschl. Sockel. Integriertem Signalgeber im Sockel.
Signalart: **optisch / akustisch / optisch und akustisch**
Signal als: **Notsignal / Warnsignal**
Energieversorgung: **mit interner Primärbatterie / mit externer Energieversorgung**
Schalldruckpegel mind. 80 dB(A)
Gehäuse: **Kunststoff / Metall**
Bezeichnungsschild: .....
Ausführungshöhe über Fußboden: **bis 4 m / über 4 m / über 6 m**

106€ 118€ **131€** 144€ 158€ [St] ⏱ 0,35h/St 063.000.009

10 Kombinierter Rauch-/Wärmemelder KG **456**

Kombi-Melder mit integriertem Optischen Rauchmelder und Thermodifferenzialmelder, mit gewichteter Verknüpfung der Daten beider Melderfunktionen zur Erkennung von Schwelbränden und Bränden mit hoher Wärmeentwicklung mit Meldersockel und Trenner integriert im Melder. Soundgeber mind. 96dB (A). Eigenfunktionskontrolle, Notredundanz und automatischer Umweltanpassung. Mit Ferndiagnose und Softadressierung. Ringbus fähig über 2 Adern.
Spezifikation: .....
Gehäuse: ABS weiß ähnlich RAL 9010
Schutzart: IP 40

208€ 231€ **256€** 282€ 310€ [St] ⏱ 0,50h/St 063.000.010

11 Handfeuermelder, Aufputz KG **456**

Handfeuermelder für Anwendung **in Innenräumen / im freien** für Meldereinzelerkennung, in Aufputzausführung. Gehäuse aus **Isolierstoff / Druckguss.**
Bezeichnungsschild: .....

93€ 96€ **119€** 131€ 144€ [St] ⏱ 0,30h/St 063.000.011

12 Signalgeber, akustisch KG **456**

Akustischer Signalgeber als elektronischer Schallgeber mit integriertem punktförmigem Melder für die Alarmierungseinrichtung einer Brandmeldeanlage.
Signalgeber als: **Notsignal / Warnsignal**
Gehäuse: **Kunststoff / Stahl / Leichtmetall**
Anwendung Melder: **in Gebäuden (Typ A) / im Freien (Typ B)**
Montageort: **für Deckenmontage Kategorie C / für Wandmontage Kategorie W**
Arbeitshöhe: **bis / ab** 3,5 m

153€ 170€ **189€** 208€ 229€ [St] ⏱ 0,40h/St 063.000.012

Nr. **Kurztext** / Langtext — Kostengruppe
▶ ▷ **ø netto €** ◁ ◀ [Einheit] Ausf.-Dauer Positionsnummer

Kosten:
Stand 4. Quartal 2024
Bundesdurchschnitt

13 Signalgeber, akustisch / optisch KG **456**

Akustischer und Optischer Signalgeber als elektronischer Schallgeber und Blitzleuchte einschl. Leuchtmittel mit integriertem punktförmigem Melder für die Alarmierungseinrichtung einer Brandmeldeanlage.
Signalgeber als: **Notsignal / Warnsignal**
Farbton: rot
Gehäuse: **Kunststoff / Stahl / Leichtmetall**
Anwendung Melder: **in Gebäuden (Typ A) / im Freien (Typ B)**
Montageort: **für Deckenmontage Kategorie C / für Wandmontage Kategorie W**
Arbeitshöhe: **bis / ab** 3,5 m

189€ 209€ **233€** 256€ 282€ [St] ⏱ 0,50 h/St 063.000.013

14 Signalgeber, optisch KG **456**

Optischer Signalgeber als Gefahrensignal mit Blitzleuchte einschl. Leuchtmittel mit integriertem punktförmigem Melder für die Alarmierungseinrichtung einer Brandmeldeanlage.
Signalgeber als: **Notsignal / Warnsignal**
Farbton: rot
Gehäuse: **Kunststoff / Stahl / Leichtmetall**
Anwendung Melder: **in Gebäuden (Typ A) / im Freien (Typ B)**
Montageort: **für Deckenmontage Kategorie C / für Wandmontage Kategorie W**
Arbeitshöhe: **bis / ab** 3,5 m

168€ 186€ **207€** 228€ 250€ [St] ⏱ 0,40 h/St 063.000.014

15 Anzeige-Tableau KG **456**

Anzeige-Tableau, mit alphanumerischem Anzeigeelement, zur Anzeige aller Meldungen und Zustände der Brandmeldezentrale, mit mind. 3 LED-Anzeigeelementen, zur Anzeige aller Alarmmeldungen und Störungen, für Aufputzmontage.

671€ 745€ **828€** 911€ 1.002€ [St] ⏱ 1,60 h/St 063.000.015

16 Feuerwehr-Bedienfeld KG **456**

Feuerwehr-Bedienfeld einschl. Schließzylinder.
Schutzart: **IP 44 / IP 3X**
Betriebsspannung: V
Einbau: **Aufputz / Unterputz**

492€ 546€ **607€** 667€ 734€ [St] ⏱ 1,50 h/St 063.000.016

17 Überfallmelder, Handtaster, Aufputz KG **456**

Überfallmelder als Handtaster in Aufputzausführung.
Anschluss: **in Linientechnik / in Bustechnik / direkt an Zentrale**

- Impulsauslösung
- Alarmwiederholung
- Sabotageüberwachung

Schutzart: IP40
Abmessungen (D x T): ..... x ..... mm
Gehäuse: Kunststoff
Farbe: .....

80€ 89€ **99€** 109€ 120€ [St] ⏱ 0,65 h/St 063.000.017

▶ min
▷ von
ø Mittel
◁ bis
◀ max

18 **Rauchauslöseeinrichtung, Aufputz** KG **456**

Rauchauslöseeinrichtung zur Ansteuerung von Brandschutzklappen und zugehöriger Ventilatoren, Gehäuse mit Staukreuz, optischen Rauchdetektor nach EN 54-7, Auswerteelektronik, potenzialfreien Ausgängen, Rauchdetektor geschützt, zugänglich und überprüfbar, mit Gehäuses, Funktionstest, Rückstellung, LED-Anzeigen für Betrieb, Störungen und Verschmutzungsgrade. Einbau lage- und strömungsrichtungsunabhängig. In Aufputzausführung, Montage an Wand.
Anschlussspannung: 230 V, **50 / 60** Hz

1.065€ 1.128€ **1.190€** 1.504€ 2.005€ [St] ⏱ 2,15h/St 063.000.021

Nr.	Positionen	Einheit	▶	▷	ø brutto € / ø netto €	◁	◀
1	Personenaufzug/Lastenaufzug bis 320kg	St	45.666	56.040	**58.444**	63.917	72.495
			38.375	47.093	**49.113**	53.711	60.920
2	Personenaufzug/Lastenaufzug bis 630kg, barrierefrei, Typ 2	St	58.224	67.957	**71.844**	77.805	88.757
			48.928	57.106	**60.373**	65.382	74.585
3	Personenaufzug/Lastenaufzug bis 1.275kg, barrierefrei, Typ 3	St	72.845	98.996	**113.542**	128.228	155.795
			61.215	83.190	**95.414**	107.755	130.920
4	Personenaufzug/Lastenaufzug über 1.000 bis 1.600kg	St	113.940	128.085	**137.748**	140.921	163.577
			95.748	107.634	**115.754**	118.421	137.459
5	Bettenaufzug, 2.500kg	St	105.181	129.404	**143.543**	145.390	181.293
			88.387	108.743	**120.624**	122.177	152.347
6	Sitzlift, Treppe innen, gerade	St	5.761	6.187	**11.600**	15.854	16.550
			4.842	5.199	**9.748**	13.322	13.907
7	Sitzlift, Treppe innen, gewendelt	St	11.366	13.147	**19.334**	28.614	29.412
			9.551	11.048	**16.247**	24.045	24.716
8	Plattformlift, Treppe innen, gerade	St	14.481	15.467	**19.334**	28.034	29.588
			12.169	12.997	**16.247**	23.558	24.864
9	Plattformlift, Treppe innen, gewendelt	St	21.893	23.200	**31.900**	36.734	38.364
			18.398	19.496	**26.807**	30.869	32.238
10	Plattformlift, Treppe außen, gerade	St	20.859	21.267	**26.100**	29.155	30.907
			17.529	17.871	**21.933**	24.500	25.972
11	Plattformaufzug, bis 2 Etagen, barrierefrei, verglast, außen	St	40.388	40.601	**57.034**	69.601	72.416
			33.939	34.118	**47.928**	58.488	60.854
12	Plattformaufzug, bis 5 Etagen, barrierefrei, verglast, außen	St	102.139	103.435	**113.102**	121.802	124.402
			85.832	86.920	**95.043**	102.354	104.540
13	Schachtgerüst, Aufzug	m²	270	424	**504**	575	725
			227	356	**423**	483	609
14	Hublift, Förderplattform, 1,5m	St	13.978	15.080	**17.400**	26.100	26.777
			11.746	12.672	**14.622**	21.933	22.502
15	Hublift, Förderplattform, 3,0m	St	22.930	23.587	**29.000**	31.900	32.683
			19.269	19.821	**24.370**	26.807	27.465
16	Kleingüteraufzug mit Traggerüst	St	12.234	14.965	**16.889**	17.688	20.650
			10.281	12.576	**14.193**	14.864	17.353
17	Verglasung Aufzugsanlage	m²	170	280	**324**	394	496
			143	235	**272**	331	417
18	Schachttür, Aufzugsanlage	St	1.659	1.843	**2.286**	2.556	2.759
			1.394	1.549	**1.921**	2.148	2.318
19	Türlaibung, Aufzugsanlage	St	1.839	1.985	**2.063**	2.112	2.258
			1.545	1.668	**1.734**	1.774	1.898
20	Fahrkorb-Tableau, Aufzugsanlage	St	1.040	1.313	**1.478**	1.541	1.762
			874	1.104	**1.242**	1.295	1.481
21	Prüfung vor Inbetriebnahme, Aufzugsanlage	psch	1.245	1.475	**1.612**	1.704	1.875
			1.046	1.239	**1.355**	1.432	1.576
22	Inbetriebnahme und Endabnahme Aufzugsanlage	psch	1.490	2.713	**2.789**	4.317	6.165
			1.252	2.280	**2.344**	3.628	5.181
23	Wartung Personenaufzug	St	1.468	2.780	**3.283**	3.943	5.732
			1.233	2.336	**2.759**	3.313	4.816
24	Brandfallsteuerung	St	492	571	**607**	655	756
			413	480	**510**	551	636

Kosten:
Stand 4. Quartal 2024
Bundesdurchschnitt

▶ min
▷ von
ø Mittel
◁ bis
◀ max

Nr.	Positionen	Einheit	▶	▷	ø brutto € / ø netto €	◁	◀
25	Fern-/Notrufeinrichtung, Aufzugsanlage	St	802	992	**1.179**	1.324	1.514
			674	833	**991**	1.113	1.272
26	Schutzauskleidung Aufzugskabine	St	4.889	5.333	**5.604**	5.716	6.027
			4.109	4.481	**4.709**	4.803	5.065
27	Stundensatz, Monteur/-in Aufzüge	h	86	108	**113**	137	177
			72	91	**95**	115	149
28	Stundensatz, Helfer/-in Aufzüge	h	54	71	**77**	82	96
			45	60	**64**	69	80

Nr. **Kurztext** / Langtext — Kostengruppe

▶ ▷ **ø netto €** ◁ ◀ [Einheit] Ausf.-Dauer Positionsnummer

1 Personenaufzug/Lastenaufzug bis 320kg KG **461**

Seilaufzug, bis 320 kg Nutzlast, als **Personenaufzug / Lastenaufzug**, elektrisch betrieben.
Gruppengröße: 4 Personen
Gruppensteuerung: Auf-/Abwärts-Sammelsteuerung
Geschwindigkeit: **1,6 / 1,0 / 0,5** m/s
Nennlast: 320 kg
Anzahl der **Fahrten / Fahrzeit** je Tag ca. **1,5 / 3,0 / 6,0** (Stunden je Tag) nach VDI 4707 Bl.1
Schallwerte 1 Meter vom Antrieb entfernt: max. 65 dB(A)
Schallwerte in der Kabine während der Fahrt: max. 51 dB(A)
Schallwert ein Meter vor geschlossener Schachttür: max. 53 dB(A)
Brandschutz: **Türen ohne Brandanforderung / E120 nach EN81-58**
Anzahl Haltestellen: .... Geschosse. Summe Zugänge: ..... Zugänge
Schachtausführung: Betonschacht
Schacht-Abmessung (L x B x T): ..... x ..... x ..... mm
Schachtgrubentiefe: ..... mm
Schachtkopfhöhe: ..... mm
Förderhöhe: ..... mm
Motor: Energieeffizienzklasse ....., mit ..... kW
Nennstrom: .....
Anlaufstrom: .....
Hersteller/Typ des Antriebes: .....
Hersteller/Typ des Motors: .....
Hersteller/Typ der Steuerung: .....
Hersteller/Typ des Fahrkorbes: .....
Hersteller/Typ der elektronischen Steuerung: .....

38.375 47.093€ **49.113€** 53.711€ 60.920€ [St] ⏱ 180,00h/St 069.000.001

Nr. **Kurztext** / Langtext | Kostengruppe
▶ ▷ **ø netto €** ◁ ◀ [Einheit] Ausf.-Dauer Positionsnummer

2 **Personenaufzug/Lastenaufzug bis 630kg, barrierefrei, Typ 2** KG **461**

Seilaufzug als **Personenaufzug / Lastenaufzug**, elektrisch betrieben, Ausstattung für Personen mit Behinderung.
Nennlast: **630 kg / 8 Personen**
Türbreite: mind. 90 cm
Fahrkorbbreite: mind. 110 cm
Fahrkorbtiefe: mind. 210 cm
Typ: Personenaufzug EN81-70 barrierefrei, Nutzung durch 1 Rollstuhlbenutzer mit Begleitperson nach EN 12183 oder durch elektrisch angetriebenen Rollstuhl der Klassen A oder B DIN EN 12184
Gruppengröße: 8 Personen
Gruppensteuerung: Auf-/Abwärts-Sammelsteuerung
Geschwindigkeit: **1,6 / 1,0** / **0,5** m/s
Nennlast: 630 kg
Anzahl der **Fahrten / Fahrzeit** je Tag: ca. **1,5 / 3,0 / 6,0** (Stunden je Tag) nach VDI 4707 Bl.1
Schallwert 1 Meter vom Antrieb entfernt: max. ..... dB(A)
Schallwert in der Kabine während der Fahrt: max. 51 dB(A)
Schallwert 1 Meter vor geschlossener Schachttür: max. ..... dB(A)
Türausbildung: gem. DIN DIN 18091
Brandschutz: Türen **ohne Brandanforderung / E120 nach EN81-58**
Türausbildung: gem. DIN 18091
Anzahl Haltestellen: ..... Geschosse
Summe Zugänge: ..... Zugänge
Korrosionsschutz für Stahlteile: .....
Korrosivitätsklasse: C....., Schutzdauer: **L / M / H / VH**
Schachtausführung: Betonschacht nach EN81
Schacht-Abmessung (L x B x T): ..... x ..... x ..... mm
Schachtgrubentiefe: ..... mm
Schachtkopfhöhe: ..... mm
Förderhöhe: ..... mm
Aufzugsantrieb: **im Schacht / im gesonderten Maschinenraum**
Antrieb, Kabinenausstattung, Ausführung Schachtkorb und Türen, gem. Einzelbeschreibung
Bieterangaben:
Motor: Energieeffizienzklasse ....., mit ..... kW
Nennstrom: .....
Anlaufstrom: .....
Hersteller/Typ des Antriebes: .....
Hersteller/Typ des Motors: .....
Hersteller/Typ der Steuerung: .....
Hersteller/Typ des Fahrkorbes: .....
Hersteller/Typ der elektronischen Steuerung: .....

48.928 57.106€ **60.373€** 65.382€ 74.585€ [St] ⏱ 220,00h/St 069.000.004

Kosten:
Stand 4. Quartal 2024
Bundesdurchschnitt

▶ min
▷ von
ø Mittel
◁ bis
◀ max

3 **Personenaufzug/Lastenaufzug bis 1.275kg, barrierefrei, Typ 3** KG **461**

Seilaufzug als **Personenaufzug / Lastenaufzug**, elektrisch betrieben, Ausstattung für Personen mit Behinderung.
Nennlast: **1.275 kg / 13 Personen**
Gruppensteuerung: Auf-/Abwärts-Sammelsteuerung
Geschwindigkeit: **1,6 / 1,0 / 0,5** m/s
Nennlast: 1.275 kg
Anzahl der **Fahrten / Fahrzeit** je Tag: ca. **1,5 / 3,0 / 6,0** (Stunden je Tag) nach VDI 4707 Bl.1
Schallwert 1 Meter vom Antrieb entfernt: max. ..... dB(A)
Schallwert in der Kabine während der Fahrt: max. 51 dB(A)
Schallwert Meter vor geschlossener Schachttür: max. ..... dB(A)
Türausbildung: gem. DIN DIN 18091
Brandschutz: Türen **ohne Brandanforderung / E120 nach EN81-58**
Anzahl Haltestellen: .... Geschosse
Summe Zugänge: ..... Zugänge
Korrosionsschutz für Stahlteile: .....
Korrosivitätsklasse: C....., Schutzdauer: **L / M / H / VH**
Schachtausführung: Betonschacht nach EN81
Schacht-Abmessung (L x B x T): ..... x ..... x ..... mm
Schachtgrubentiefe: ..... mm
Schachtkopfhöhe: ..... mm
Förderhöhe: ..... mm
Aufzugsantrieb: **im Schacht / im gesonderten Maschinenraum**
Bieterangaben:
Motor: Energieeffizienzklasse ....., mit ..... kW
Nennstrom: ..... / Anlaufstrom: .....
Türbreite: mind. 90 cm
Fahrkorbbreite: mind. 200 cm
Fahrkorbtiefe: mind. 140 cm
Hersteller/Typ des Antriebes: .....
Hersteller/Typ des Motors: .....
Hersteller/Typ der Steuerung: .....
Hersteller/Typ des Fahrkorbes: .....
Hersteller/Typ der elektronischen Steuerung: .....

61.215 83.190€ **95.414€** 107.755€ 130.920€ [St] ⏱ 240,00h/St 069.000.002

Kosten:
Stand 4. Quartal 2024
Bundesdurchschnitt

Nr.	Kurztext / Langtext						Kostengruppe
▶	▷	**ø netto €**	◁	◀	[Einheit]	Ausf.-Dauer	Positionsnummer

4 **Personenaufzug/Lastenaufzug über 1.000 bis 1.600kg** KG **461**

Seilaufzug als **Personenaufzug / Lastenaufzug**, elektrisch betrieben.
Gruppensteuerung: Auf-/Abwärts-Sammelsteuerung
Geschwindigkeit: **1,6 / 1,0 / 0,5** m/s
Anzahl der **Fahrten / Fahrzeit** je Tag: ca. **1,5 / 3,0 / 6,0** (Stunden je Tag) nach VDI 4707 Bl.1
Schallwert 1 Meter vom Antrieb entfernt: max. ..... dB(A)
Schallwert in der Kabine während der Fahrt: max. 51 dB(A)
Schallwert 1 Meter vor geschlossener Schachttür: max. ..... dB(A)
Brandschutz: **Türen ohne Brandanforderung / E120 nach EN81-58**
Anzahl Haltestellen: ..... Geschosse
Zugänge: ..... Zugänge
Korrosionsschutz für Stahlteile: .....
Korrosivitätsklasse: C....., Schutzdauer: **L / M / H / VH**
Schachtausführung: Betonschacht nach EN81
Schacht-Abmessung (L x B x T): ..... x ..... x ..... mm
Schachtgrubentiefe: ..... mm
Schachtkopfhöhe: ..... mm
Förderhöhe: ..... mm
Aufzugsantrieb: **im Schacht / im gesonderten Maschinenraum**
Bieterangaben:
Motor: Energieeffizienzklasse ....., mit ..... kW
Nennstrom: .....
Anlaufstrom: .....
Hersteller/Typ des Antriebes: .....
Hersteller/Typ des Motors: .....
Hersteller/Typ der Steuerung: .....
Hersteller/Typ des Fahrkorbes: .....
Hersteller/Typ der elektronischen Steuerung: .....

▶	▷	ø	◁	◀	Einheit	Ausf.-Dauer	Positionsnummer
95.748	107.634€	**115.754€**	118.421€	137.459€	[St]	⏱ 240,00h/St	069.000.003

▶ min
▷ von
ø Mittel
◁ bis
◀ max

5 **Bettenaufzug, 2.500kg** KG **461**

Seilaufzug als Personenaufzug, elektrisch betrieben EN 81-1, liefern und betriebsfertig montieren. Ausführung gem. anliegender Einzelbeschreibungen. Einsatzempfehlung: Bettenaufzug gem. DIN 15309, in Krankenhäuser und Kliniken, Bettengröße 1,00 x 2,30m, mit Geräten für die medizinische Versorgung und Notbehandlung der Patienten, mit Begleitperson am Kopfende und/oder seitlich stehend. Ausführung barrierefrei EN81-70.
Gruppengröße: 33 Personen
Gruppensteuerung: Auf-/Abwärts-Sammelsteuerung
Geschwindigkeit: **1,0 / 0,5** m/s
Nennlast: 2.500 kg
Anzahl der **Fahrten / Fahrzeit** je Tag: ca. ..... (Stunden je Tag) nach VDI 4707 Bl.1
Schallwert 1 Meter vom Antrieb entfernt: max. ..... dB(A)
Schallwert in der Kabine während der Fahrt: max. 51 dB(A)
Schallwert 1 Meter vor geschlossener Schachttür: max. ..... dB(A)
Brandschutz: E120 nach EN81-58
Anzahl Haltestellen: ..... Geschosse
Zugänge: ..... **Zugänge / Türen** gegenüber: ..... Geschosse
Korrosionsschutz für Stahlteile: .....
Korrosivitätsklasse: C....., Schutzdauer: **L / M / H / VH**
Schachtausführung: Betonschacht nach EN81
Schacht-Abmessung (B x T): 2.775 x 3.250 mm
Schachtgrubentiefe: ..... mm
Schachtkopfhöhe: ..... mm
Förderhöhe: ..... mm
Aufzugsantrieb: **im Schacht / im gesonderten Maschinenraum**
Bieterangaben:
Motor: Energieeffizienzklasse ....., mit ..... kW
Nennstrom: ..... / Anlaufstrom: .....
Hersteller/Typ des Antriebes: .....
Hersteller/Typ des Motors: .....
Hersteller/Typ der Steuerung: .....
Hersteller/Typ des Fahrkorbes: .....
Hersteller/Typ der elektronischen Steuerung: .....

88.387 108.743€ **120.624€** 122.177€ 152.347€ [St] ⏱ 260,00h/St 069.000.008

Kosten:
Stand 4. Quartal 2024
Bundesdurchschnitt

▶ min
▷ von
ø Mittel
◁ bis
◀ max

Nr.	**Kurztext** / Langtext						Kostengruppe
▶	▷	**ø netto €**	◁	◀	[Einheit]	Ausf.-Dauer	Positionsnummer

A 1 Sitzlift, Treppe innen — Beschreibung für Pos. **6-7**

Sitzlift mit Stangenantrieb für Treppen im Innenbereich, mit außenseitiger Stützenmontage auf Treppenstufen, gepolsterten Sitz, klappbar, mit Rücken- und beidseitiger Armlehne, mit Gurt und Fußbrett.
Förderlänge: ..... m (1 Wohngeschoss)
Neigungswinkel: 0-.....°
Betrieb: Zahnstangenantrieb, Akkumotor 0,36 kW
Tragfähigkeit: 125 kg
Fahrgeschwindigkeit: max. 0,11 m/s
Stromversorgung: 230 V / 50 Hz
Steuerung: Totmannsteuerung
Bedienung: Fernbedienung und Taster, Joystick auf Lehne
Fahrschiene: parallele Stahlrohre,
Oberfläche: Stahlrohre, pulverbeschichtet, Farbe: RAL ......
Korrosivitätsklasse: C....., Schutzdauer: **L / M / H / VH**

6 Sitzlift, Treppe innen, gerade — KG **461**

Wie Ausführungsbeschreibung A 1
Treppenlauf: gerade

▶	▷	ø netto €	◁	◀	[Einheit]	Ausf.-Dauer	Positionsnummer
4.842€	5.199€	**9.748€**	13.322€	13.907€	[St]	–	069.000.012

7 Sitzlift, Treppe innen, gewendelt — KG **461**

Wie Ausführungsbeschreibung A 1
Treppenlauf: gewendelt

▶	▷	ø netto €	◁	◀	[Einheit]	Ausf.-Dauer	Positionsnummer
9.551€	11.048€	**16.247€**	24.045€	24.716€	[St]	–	069.000.013

A 2 Plattformlift, Treppe — Beschreibung für Pos. **8-10**

Plattformlift mit Fahrschiene und Antriebsseil, für Treppen mit Plattformrückwand und äußerer Wandbefestigung, Plattform mit Auffahrrampen, automatischen Sicherheitsbügel und Bedieneinheit.
Nutzgröße: mind. 860 mm x 650 mm
Förderlänge: ..... m (1 Wohngeschoss)
Neigungswinkel: 0-..... °
Betrieb: Seilantrieb, bis 2,2 kW
Tragfähigkeit: 250 kg
Fahrgeschwindigkeit: max. 0,52 m/s
Stromversorgung: 230 V / 50 Hz
Steuerung: Totmannsteuerung
Bedienung: Außenbefehlsgeber, Bedienpanel
Schlüsselaktivierung: **ja / nein**
Fahrschiene: parallele Stahlrohre,
Oberfläche: Stahlrohre, pulverbeschichtet, Farbe: RAL-......
Korrosivitätsklasse: C....., Schutzdauer: **L / M / H / VH**

8 Plattformlift, Treppe innen, gerade — KG **461**

Wie Ausführungsbeschreibung A 2
Einbauort: innen
Treppenlauf: gerade

▶	▷	ø netto €	◁	◀	[Einheit]	Ausf.-Dauer	Positionsnummer
12.169	12.997€	**16.247€**	23.558€	24.864€	[St]	–	069.000.014

Nr.	Kurztext / Langtext						Kostengruppe
▶	▷	**ø netto €**	◁	◀	[Einheit]	Ausf.-Dauer	Positionsnummer

9 Plattformlift, Treppe innen, gewendelt KG **461**

Wie Ausführungsbeschreibung A 2
Einbauort: innen
Treppenlauf: kurvig, ...

18.398	19.496€	**26.807€**	30.869€	32.238€	[St]	–	069.000.015

10 Plattformlift, Treppe außen, gerade KG **461**

Wie Ausführungsbeschreibung A 2
Einbauort: außen
Treppenlauf: gerade

17.529	17.871€	**21.933€**	24.500€	25.972€	[St]	–	069.000.016

A 3 Personenaufzug, Plattform, verglast, barrierefrei Beschreibung für Pos. **11-12**

Aufzugsanlage mit Senkrechtplattform und Seitenschutz, Aufzugstraggerüst aus Stahlprofilen mit Verglasung, Automatiktüren, Bedienelementen, Ausstattungen und Klappsitz. Die Inbetriebnahme mit Schlüsselschalter am Bedientableau an Zugang, Sicherheitseinrichtung mit Not-Stopptaster, Notruf, Notruftonsignal, Notlicht und Notablass bei Stromausfall.
Tragfähigkeit: 400 kg
Geschwindigkeit: 0,15 m/s
Nutzgröße (B x L): ..... x ..... mm
Bedienung: Tableau
Stromversorgung: 230 V / 50 Hz
Steuerung: Totmann-Steuerung, Selbsterhaltungsteuerung
Schachtkonstruktion: Stahlprofile, lackiert, Farbton: RAL .....
Korrosivitätsklasse: C....., Schutzdauer: **L / M / H / VH**
Verglasung: Wärmeschutzglas, Sicherheitsverglasung
U-Werte, Hüllflächen: .....
Schachtgrubentiefe: .....
Türen: .....

11 Plattformaufzug, bis 2 Etagen, barrierefrei, verglast, außen KG **461**

Wie Ausführungsbeschreibung A 3
Haltestellen: 2 St
Förderhöhe: bis 15 m
Einbauort: außen, ...

33.939	34.118€	**47.928€**	58.488€	60.854€	[St]	–	069.000.019

12 Plattformaufzug, bis 5 Etagen, barrierefrei, verglast, außen KG **461**

Wie Ausführungsbeschreibung A 3
Haltestellen: 5 St
Förderhöhe: bis 15 m
Einbauort: außen, ...

85.832	86.920€	**95.043€**	102.354€	104.540€	[St]	–	069.000.020

Kosten:
Stand 4. Quartal 2024
Bundesdurchschnitt

Nr.	Kurztext / Langtext					Kostengruppe
▶	▷	ø netto €	◁	◀	[Einheit] Ausf.-Dauer	Positionsnummer

13 Schachtgerüst, Aufzug KG **461**

Aufzugschachtgerüst, als geschweißte Stahlkonstruktion, Aufnahme einer Aufzugsanlage mit Haltestellen und Zugängen.
Tragfähigkeit: ..... kg,
Förderhöhe: .....m
Haltestellen: ..... St
Zugänge: ..... St
Schachtinnenmaße (L x B x H): ..... x ..... x ..... m
Oberfläche: .....
Einbauort: .....

227€ | 356€ | **423€** | 483€ | 609€ | [m²] | ⏱ 3,00 h/m² | 069.000.022

A 4 Hublift, Förderplattform Beschreibung für Pos. **14-15**

Hublift mit Förderplattform und Fördermast, Konstruktion selbsttragend, mit Wandbefestigung, Geländer mit Ausfachung, Bekleidungen aus Metall, sowie oberer Sicherheitstüre mit Blechbekleidung zur Sturzabsicherung und mitfahrender Sicherheitstüre.
Zugänge: gegenüber, 90° versetzt
Nutzgröße (B x L): 1.100 mm x 1.400 mm
Schachtgrube: .....
Betrieb: Spindelantrieb, 1,5 kW
Tragfähigkeit: 340 kg
Fahrgeschwindigkeit: max. 0,005 m/s
Stromversorgung: 230 V / 50 Hz
Steuerung: Totmannsteuerung
Bedienung: Wippschalter
Schlüsselaktivierung: **ja / nein**
Rahmen der Antriebseinheit und Türen : Aluminium, eloxiert
Geländer: nicht rostendes Stahlrohr, 40 mm
Ausfachung: Stahlblech, pulverbeschichtet, Farbe: .....
Stahlprofile, lackiert, Farbton: RAL .....
Korrosivitätsklasse: C....., Schutzdauer: **L / M / H / VH**
Bekleidung: .....

14 Hublift, Förderplattform, 1,5m KG **461**

Wie Ausführungsbeschreibung A 4
Einbauort: **Hochparterre / versetzte Geschossebene, innen / außen**
Förderhöhe: bis 1,50 m

11.746 | 12.672€ | **14.622€** | 21.933€ | 22.502€ | [St] | – | 069.000.017

15 Hublift, Förderplattform, 3,0m KG **461**

Wie Ausführungsbeschreibung A 4
Einbauort: ....., **innen / außen**
Förderhöhe: bis 3,0 m

19.269 | 19.821€ | **24.370€** | 26.807€ | 27.465€ | [St] | – | 069.000.018

▶ min
▷ von
ø Mittel
◁ bis
◀ max

16 **Kleingüteraufzug mit Traggerüst** KG **461**

Kleingüteraufzug, mit selbsttragendem, vormontiertem Schachtgerüst liefern und betriebsfertig montieren.
Ausführung gem. anliegender Einzelbeschreibungen, Anlagen-Nr.: .....
Aufzugstyp: Lastenaufzug, **elektrisch / hydraulisch** betrieben EN 81-3
Steuerung: Hol- und Sendesteuerung
Geschwindigkeit: **0,15 / 0,30 / 0,45** m/s
Nennlast: **50-100 / über 100-300** kg
Fahrzeit je Tag: ca. **1,5 / 3,0 / 6,0** (Stunden je Tag) nach VDI 4707 Bl.1
Schallwert 1 Meter vom Antrieb entfernt: max. ..... dB(A)
Schallwert 1 Meter vor geschlossener Schachttür: max. ..... dB(A)
Türausbildung: gem DIN DIN 18091
Anzahl Haltestellen: ..... Geschosse
Summe Zugänge: ..... St
Schachtausführung: Traggerüst aus korrosionsgeschützter Stahlkonstruktion, mit F30 Verkleidung aus verzinkten Stahlblechen
Korrosivitätsklasse: C....., Schutzdauer: **L / M / H / VH**
Schachtabmessung (L x B x T): ..... x ..... x ..... mm
Schachtkopfhöhe: ..... mm
Kabine: verzinkte Stahlkonstruktion
Kabinenlänge/-breite/-höhe (L x B x H): ..... x ..... x ..... mm
Förderhöhe: ..... mm
Beladung: **einseitig / zweiseitig gegenüberliegend**
Öffnung: **Schiebetür / Drehtür**
Öffnungshöhe: **Brüstungshöhe / bodenbündig**
Ausführung Fahrkorb, Türrahmen, Türblatt, Tableau: gem. Einzelbeschreibung
Türverriegelung: elektrisch überwacht
Aufzugsantrieb: **im Schacht / im gesonderten Maschinenraum**
Bieterangaben:
Motor: Energieeffizienzklasse ....., mit ..... kW
Nennstrom: ..... / Anlaufstrom: .....
Hersteller/Typ des Antriebes: .....
Hersteller/Typ des Motors: .....
Hersteller/Typ der Steuerung: .....
Hersteller/Typ des Fahrkorbes: .....
Hersteller/Typ der elektronischen Steuerung: .....

10.281 12.576€ **14.193€** 14.864€ 17.353€ [St] ⏱ 120,00h/St 069.000.005

17 **Verglasung Aufzugsanlage** KG **461**

Absturzsichernde Verglasung, für Aufzugsverglasung.
Verglasungen: VSG aus 2x 8 mm TVG mit PVB-Folie 0,76 mm bzw. nach Statik
Scheibengrößen:

- Aufzugrückseite (B x H): ca. ..... x ..... mm
- Seiten: 2x ca. ..... x ..... mm

143€ 235€ **272€** 331€ 417€ [m²] ⏱ 1,50h/m² 069.000.009

Nr.	Kurztext / Langtext						Kostengruppe
►	▷	ø netto €	◁	◀	[Einheit]	Ausf.-Dauer	Positionsnummer

18 Schachttür, Aufzugsanlage KG **461**

Schachttür, für Personen-/Lastenaufzug, Schiebetür mit **1 / 2** Türblättern horizontal bewegt, **seitlich / mittig** öffnend, entdröhnt. Montage Schachttüren an Innenseite des Aufzugschachts, Befestigung Schachttüren an bauseitigen Ankerschienen.
Türblätter: Stahl, grundiert
Türöffnung (B x H): 0,90 x 2,10 m
Türrahmen als Eckprofil dreiseitig umlaufend, vorgerichtet für Anschluss der Laibungsbekleidungen
Türschwelle: Stahl, nicht rostend, matt

1.394€ 1.549€ **1.921€** 2.148€ 2.318€ [St] ⏱ 1,50h/St 069.000.023

19 Türlaibung, Aufzugsanlage KG **461**

Türlaibung, für Personen-/Lastenaufzug, mit Anschluss an umlaufendes Türportal, Tiefe Einfassungen: mit Bauüberwachung des AG mittels Zeichnung und Aufmaß abstimmen, aus Stahl, mit Grundbeschichtung.
Türöffnung (B x H): 0,90 x 2,10 m

1.545€ 1.668€ **1.734€** 1.774€ 1.898€ [St] ⏱ 4,50h/St 069.000.024

Kosten:
Stand 4. Quartal 2024
Bundesdurchschnitt

20 Fahrkorb-Tableau, Aufzugsanlage KG **461**

Tableau für Befehlsgeber im Fahrkorb, Tableaugröße, Beschriftung und Anordnung nach DIN EN 81-70, mit Schlüsselschalter, einschl. Profilhalbzylinder und 3 Schlüsseln. Ausführung mit Tasten für die Funktionen Fahrbefehl, Tür-Auf, Tür-Zu, Notruf.

874€ 1.104€ **1.242€** 1.295€ 1.481€ [St] ⏱ 1,50h/St 069.000.025

21 Prüfung vor Inbetriebnahme, Aufzugsanlage KG **461**

Prüfung der Aufzugsanlage vor erstmaliger Inbetriebnahme veranlassen und durchführen durch zugelassene Überwachungsstelle, Ausführung gem. §15 Betriebssicherheitsverordnung. Leistung einschl. Gebühren und Prüfbescheinigung an den AG übergeben in ....-facher Ausfertigung.

1.046€ 1.239€ **1.355€** 1.432€ 1.576€ [psch] ⏱ 2,00h/psch 069.000.026

22 Inbetriebnahme und Endabnahme Aufzugsanlage KG **461**

Inbetriebnahme und Endabnahme mit Konformitätsbescheinigung durchführen, einschl. Übergabe der Konformitätserklärung mit allen erforderlichen Dokumentationen zur sofortigen Inbetriebnahme des Aufzuges und Verwendung durch die Benutzer (z. B. Prüfbescheinigungen durch eine vom AN frei gewählte benannte Stelle aus der europäischen Nando-Datenbank oder Nachweise eines Qualitätssicherungsverfahrens zur eigenverantwortlichen Endabnahme durch den AN), sämtliche Unterlagen, Bescheinigungen und Dokumentationen jeweils zweifach, geheftet in Ordnern.

1.252€ 2.280€ **2.344€** 3.628€ 5.181€ [psch] ⏱ 2,80h/psch 069.000.027

► min
▷ von
ø Mittel
◁ bis
◀ max

23 Wartung Personenaufzug KG **461**

Vollwartung für Aufzugsanlagen, inkl. aller Verbrauchs- und Bedarfsstoffe, sowie aller Ersatzteile über den Gesamtgewährleistungszeitraum von 4 Jahren hinaus.
Aufzugstyp: Personenaufzug, ... Personen, Nutzlast bis ...... kg
Aufzug-Nr. ..... / Einbauort: .....
Vergütung: je **Aufzug / Kalenderjahr**

1.233€ 2.336€ **2.759€** 3.313€ 4.816€ [St] ⏱ 3,00h/St 069.000.010

24 **Brandfallsteuerung** KG **461**

Brandfall-Steuerung als Erweiterung der Aufzugsanlagensteuerung, ausgelöst durch vorhandene Brandmeldeanlage über potenzialfreiem Kontakt, mit einer Haupt und einer alternativen Brandfallhaltestelle.
Anforderung: Im Brandfall, löscht die Aufzugssteuerung automatisch alle Außen- und Innenfahrbefehle und sperrt die Eingabe neuer Fahrbefehle. Die optischen Türsicherungs- und Überwachungssysteme werden überbrückt. Der Aufzug fährt in die vorgegebene Evakuierungshaltestelle und wird dort mit offener Tür stillgesetzt. Es ist zu verhindern, dass der Aufzug in eine brennende oder verrauchte Haltestelle fährt. Sofern die Evakuierungsebene nicht brand- und rauchfrei ist, wird automatisch eine alternative Fluchtetage angesteuert. Mit dem Löschen des Signales "Brandfall" geht der Aufzug wieder in den Normalbetrieb über.

413€ 480€ **510€** 551€ 636€ [St] ⏱ 3,00h/St 069.000.028

25 **Fern-/Notrufeinrichtung, Aufzugsanlage** KG **461**

Drahtloses Notrufsystem mit GSM-Modul, als Schnittstelle zwischen Notrufsystem und GSM-Mobilfunknetz. Relais-Ausgang zur Meldung von Netzverlust. Einstellbar von Ferne über DTMF-Codes und SMS. Externe Antenne mit SMA-Anschluss. Bereitstellen eines Telefonanschluss mit folgende Leistungsmerkmale:
Mobilfunk-Netz als Alternative zum analogen Festnetzanschluss
Entfernung zwischen Mobilfunk-Modul und Notrufsystem: bis zu 500 m
Zertifiziert nach EN 81-28 durch: **TÜV / DEKRA / .....**
Aufschaltbar: auf Notrufleitstellen und Standardtelefone
Frequenzstandard: **GSM900 / GSM1800 / UMTS / LTE**
Spannungsversorgung: 230 V AC
Überwachtes Netzteil mit Notstrom-Akku.
LED-Anzeigen für Status und Empfangsstärke
Abmessungen: ..... x ..... x ..... mm

674€ 833€ **991€** 1.113€ 1.272€ [St] ⏱ 5,50h/St 069.000.029

26 **Schutzauskleidung Aufzugskabine** KG **461**

Aufzugskabine auskleiden, zum Schutz vor Baubetrieb, während der gesamten Bauzeit vorhalten, danach rückstandsfrei demontieren, inkl. Entsorgung.
Abmessung: ca. ..... x ..... m
Auskleidung (H x T): 2,20m x 2,10m
Material: OSB-Platten, d=18mm, Hinterlegung mit Luftpolsterfolie.
Stöße: verklebt mit Kunststoffband.
Ausschnitte für Bedienelemente: ..... St
Vorhaltedauer: gesamte Bauzeit - siehe Bauzeiten-Terminplan

4.109€ 4.481€ **4.709€** 4.803€ 5.065€ [St] ⏱ 18,00h/St 069.000.011

27 **Stundensatz, Monteur/-in Aufzüge**

Verrechnungssatz für die jeweilige Arbeitskraft inkl. aller Aufwendungen wie Lohn- und Gehaltskosten, Lohn- und Gehaltsnebenkosten, Zuschläge, lohngebundene und lohnabhängige Kosten, sonstige Sozialkosten, Gemeinkosten, Wagnis und Gewinn. Leistung nach besonderer Anordnung der Bauüberwachung. Nachweis und Anmeldung gem. VOB/B.

72€ 91€ **95€** 115€ 149€ [h] ⏱ 1,00h/h 069.000.006

28 **Stundensatz, Helfer/-in Aufzüge**

Verrechnungssatz für die jeweilige Arbeitskraft inkl. aller Aufwendungen wie Lohn- und Gehaltskosten, Lohn- und Gehaltsnebenkosten, Zuschläge, lohngebundene und lohnabhängige Kosten, sonstige Sozialkosten, Gemeinkosten, Wagnis und Gewinn. Leistung nach besonderer Anordnung der Bauüberwachung. Nachweis und Anmeldung gem. VOB/B.

45€ 60€ **64€** 69€ 80€ [h] ⏱ 1,00h/h 069.000.007

Kosten:
Stand 4. Quartal 2024
Bundesdurchschnitt

► min
▷ von
ø Mittel
◁ bis
◄ max

Nr.	Positionen	Einheit	►	▷	ø brutto € ø netto €	◁	◄
1	Dezentrales Fassaden-Lüftungsgerät bis 45m³/h	St	533	973	**1.017**	1.453	1.893
			448	817	**855**	1.221	1.590
2	Brandschutz Absperrvorrichtung, K90, DN100	St	233	284	**300**	333	398
			196	238	**252**	280	335
3	Be- und Entlüftungsgerät, bis 5.000m³/h	St	6.183	10.004	**11.758**	14.236	24.134
			5.196	8.406	**9.881**	11.963	20.280
4	Be- und Entlüftungsgerät, bis 12.000m³/h	St	17.234	20.491	**23.893**	27.297	28.893
			14.482	17.219	**20.078**	22.939	24.280
5	Abluftrohrventilator, Einbaugerät	St	2.120	2.801	**3.611**	3.930	4.718
			1.782	2.354	**3.035**	3.302	3.965
6	Kanalventilator	St	1.951	2.975	**3.459**	4.080	5.567
			1.639	2.500	**2.907**	3.429	4.678
7	Kulissenschalldämpfer, rechteckig, Stahlblech, verzinkt	St	492	801	**953**	1.056	1.231
			414	673	**801**	887	1.035
8	Kulissenschalldämpfer, rund, Stahlblech, verzinkt	St	247	324	**345**	390	460
			207	272	**290**	328	387
9	Schalldämpfer, flach, runder Anschluss	St	149	181	**206**	211	235
			126	152	**173**	178	198
10	Wetterschutzgitter, Außenluft-/Fortluft	St	186	315	**352**	477	695
			156	265	**296**	401	584
11	Luftleitung, rechteckig, Stahlblech verzinkt	m²	56	72	**78**	84	106
			47	61	**66**	71	89
12	Luftleitung, rechteckig, Kunststoff	m²	149	197	**258**	300	343
			125	166	**217**	252	288
13	Luftleitung, feuerbeständig L30/L90	m²	80	187	**253**	262	379
			67	157	**213**	220	318
14	Formstücke, verzinkt, Luftleitung	m²	75	113	**117**	143	175
			63	95	**98**	120	147
15	Formteile, Kunststoff, Lüftungskanäle	m²	266	278	**330**	380	397
			224	234	**277**	319	334
16	Luftleitung, Wickelfalz, verzinkt, DN100	m	23	26	**27**	28	31
			20	22	**23**	24	26
17	Luftleitung, Wickelfalz, verzinkt, DN125	m	24	30	**33**	45	61
			20	25	**28**	38	51
18	Luftleitung, Wickelfalz, verzinkt, DN160	m	27	34	**36**	45	61
			23	29	**30**	38	51
19	Luftleitung, Wickelfalz, verzinkt, DN180	m	32	37	**42**	53	54
			27	31	**36**	44	46
20	Luftleitung, Wickelfalz, verzinkt, DN250	m	47	52	**60**	71	79
			40	44	**51**	59	66
21	Luftleitung, Wickelfalz, verzinkt, DN500	m	77	85	**97**	109	117
			64	71	**81**	91	98
22	Luftleitung, Aluminium, flexibel, DN80	m	9	16	**21**	21	28
			8	14	**17**	18	24
23	Luftleitung, Aluminium, flexibel, DN100	m	14	23	**26**	37	49
			12	19	**22**	31	41
24	Rohrbogen, Luftleitung	St	18	27	**31**	40	53
			15	22	**26**	33	44

Nr.	Positionen	Einheit	▶	▷	ø brutto € ø netto €	◁	◀
25	Abzweigstück, Luftleitung	St	22	29	**30**	32	38
			19	24	**25**	27	32
26	Lüftungsgitter, Zu-/Abluft	St	54	120	**148**	179	280
			45	101	**124**	150	235
27	Drallauslass, Decke	St	138	464	**687**	760	1.083
			116	390	**577**	638	910
28	Brandschutzklappen, RLT, eckig	St	322	719	**904**	987	1.269
			271	604	**760**	830	1.066
29	Brandschutzklappen, RLT, rund, Küche	St	5.744	7.960	**10.040**	10.983	15.921
			4.827	6.689	**8.437**	9.230	13.379
30	Tellerventil, Zu-/Abluft	St	33	71	**83**	119	188
			28	60	**70**	100	158
31	Wickelfalzrohr, Reduzierstück, DN100/DN80	St	21	26	**29**	35	42
			17	22	**25**	29	35
32	Drosselklappe, DN100	St	39	56	**70**	82	102
			33	47	**59**	69	86
33	Drosselklappe, 200x200mm	St	65	79	**96**	115	125
			55	66	**81**	97	105
34	Lüftungsgerät mit WRG, Zentral, Bypass, Feuerstätten-funktion	St	3.116	3.712	**4.663**	5.985	6.066
			2.618	3.119	**3.919**	5.030	5.097
35	Außenwanddurchlass, DN110	St	143	152	**199**	246	268
			120	128	**167**	207	225
36	Außenwanddurchlass, DN160	St	331	355	**447**	490	508
			278	298	**376**	412	427
37	Lüftungsgerät für Abluft	St	312	331	**338**	360	385
			263	278	**284**	303	324
38	KWL-Lüftungsgerät, in Außenwand, bis 100m³/h mit WRG	St	2.478	2.676	**2.974**	3.390	3.668
			2.082	2.249	**2.499**	2.849	3.082
39	KWL-Lüftungsgerät, Wohngebäude, bis 200m³/h mit WRG	St	5.749	5.986	**6.651**	7.583	7.928
			4.831	5.030	**5.589**	6.372	6.662
40	KWL-Lüftungsgerät, Wohngebäude, bis 350m³/h mit WRG	St	5.948	6.575	**7.306**	8.328	9.084
			4.998	5.525	**6.139**	6.999	7.634
41	KWL-Lüftungsgerät, Wohngebäude, bis 500m³/h mit WRG	St	8.128	8.600	**9.556**	10.894	11.399
			6.831	7.227	**8.030**	9.154	9.579
42	VRF-Außengerät, Heizen/Kühlen, 10kW	St	3.621	4.301	**6.537**	10.494	10.924
			3.043	3.614	**5.494**	8.819	9.180
43	VRF-Außengerät, Heizen/Kühlen, 15kW	St	8.387	8.844	**12.440**	16.916	17.202
			7.048	7.432	**10.454**	14.215	14.455
44	VRF-Außengerät, Heizen/Kühlen, 20kW	St	12.043	12.273	**15.882**	18.852	18.924
			10.120	10.314	**13.347**	15.842	15.903
45	VRF-Innenwandgerät, Heizen/Kühlen, 2,5kW	St	1.282	1.381	**1.889**	2.405	2.555
			1.077	1.161	**1.587**	2.021	2.147
46	VRF-Innenwandgerät, Heizen/Kühlen, 3,5kW	St	1.375	1.553	**2.147**	2.749	2.830
			1.155	1.305	**1.804**	2.310	2.378
47	VRF-Innenwandgerät, Heizen/Kühlen, 5,0kW	St	1.720	1.892	**2.581**	3.269	3.420
			1.446	1.590	**2.169**	2.747	2.874

Nr.	Positionen	Einheit	▶	▷	ø brutto € / ø netto €	◁	◀
48	VRF-Verteilereinheit, Innengerät	St	1.118	1.204	**1.720**	2.236	2.495
			940	1.012	**1.446**	1.879	2.096
49	Zubehörmontage, VRF-Anlage	psch	1.720	1.892	**2.236**	3.097	3.441
			1.446	1.590	**1.879**	2.602	2.891
50	Inbetriebnahme, VRF-Anlage	psch	399	483	**678**	979	1.547
			335	406	**570**	823	1.300
51	Stundensatz, Monteur/-in Lüftung/Kälte	h	72	83	**89**	102	122
			60	70	**75**	86	102
52	Stundensatz, Helfer/-in Lüftung/Kälte	h	57	66	**71**	73	79
			48	56	**59**	61	66

Kosten:
Stand 4. Quartal 2024
Bundesdurchschnitt

Nr. **Kurztext** / Langtext — Kostengruppe
▶ ▷ **ø netto €** ◁ ◀ [Einheit] Ausf.-Dauer Positionsnummer

1 Dezentrales Fassaden-Lüftungsgerät bis 45 m³/h KG **431**

Dezentrales Fassaden-Lüftungsgerät zur Be- und Entlüftung von Wohnungen oder Einzelräumen mit Wärmerückgewinnung als Geräteeinheit, bestehend aus: Wärmespeicher, Strömungsgleichrichter, Insektenschutzgitter, EC-Axialventilator mit Schutzgitter, Auszugshilfe mit EPP-Grundkörper. Inkl. verschließbarer Kunststoff-Design-Innenblende mit integriertem Filter.
Maße: 230 x 230 x 40 mm
Wärmebereitstellungsgrad: bis .....%
Betriebsarten: WRG, Querlüftung, Zuluft
Luftleistung (Stufen): **14 / 24 / 32 / 37 / 45** m³/h
Spannungsversorgung: 12 V DC
Leistungsaufnahme: **1,6 / 2,1 / 2,8 / 3,4 / 4,5** W
Schalldruck LPA in 3m: ..... dB(A)
Schalldämmung: ..... dB
Wandstärken min.: ..... mm

448€ 817€ **855€** 1.221€ 1.590€ [St] ⏱ 3,50 h/St 075.000.058

2 Brandschutz Absperrvorrichtung, K90, DN100 KG **431**

Brandschutz-Deckenschott, wartungsfrei, Anschlussstutzen oben und unten, als Absperrvorrichtung für Lüftungsanlagen DIN 18017-3, für Einbau in massive Decke gem. Herstellerangaben. Verfüllung des Ringspalts mit Mörtel MG III. Absperrvorrichtung ohne Querschnittsveränderung, für Anschluss an nicht brennbare Luftleitung.
Anschlüsse: DN100
Feuerwiderstandsklasse: K90, DIN 4102-6
Montagehöhe: bis **3,5 / 5,00 / 7,00** m über Fußboden

196€ 238€ **252€** 280€ 335€ [St] ⏱ 1,60 h/St 075.000.020

▶ min
▷ von
ø Mittel
◁ bis
◀ max

A 1 Be- und Entlüftungsgerät Beschreibung für Pos. **3-4**

Lüftungsanlage, Konstruktionsart: liegend, Zu- und Abluft übereinander; Gehäuse in doppelschaliger Ausführung aus korrosionsgeschütztem Material mit dazwischenliegender, formstabiler und fest mit den Deckblechen verbundener Schall- und Wärmedämmung (nichtbrennbar A1). Innen- und Außenschale aus verzinktem Stahlblech, Rahmenkonstruktion verzinkt. Türen an der Gerätevorderseite mit nachstellbaren, wartungsfreien Scharnieren und umlaufenden, formschlüssig eingelassenen und alterungsbeständigen Profilgummidichtungen. Die Türen sind mit Vorreibverschlüssen und Türgriffen ausgestattet.
Anlagenbestandteile: Ventilator **Zu- / Abluft**, Filter Zuluft, Heizregister über **Warmwasser / Dampf / elektrisch**, Kühlregister über **Kaltwasser / Direktverdampfer**, Luftbefeuchter über **Dampflanze, elektrisch / Sprühbefeuchter**, Wärmerückgewinner über **Kreuzstrom / Wärmerohr / Kreislaufverbundsystem / Rotor Mischkammer**

3 Be- und Entlüftungsgerät, bis 5.000m³/h KG **431**

Wie Ausführungsbeschreibung A 1
Zuluftmenge: ..... m³/h
Abluftmenge: ..... m³/h
Zulufttemperatur: min./max. ...../..... °C
Ablufttemperatur: min./max. ...../..... °C
Zuluftfeuchte: min./max. .....% relativ
Gerätequerschnitt Zuluft: Breite ..... m, Höhe ..... m
Abluft: Breite ..... m, Höhe ..... m
Filter Zuluft: **M5** bzw. **F7 / F9**, Mindest-Wirkungsgrad: .....

5.196€ 8.406€ **9.881€** 11.963€ 20.280€ [St] ⏱ 3,50h/St 075.000.001

4 Be- und Entlüftungsgerät, bis 12.000m³/h KG **431**

Wie Ausführungsbeschreibung A 1
Zuluftmenge: ..... m³/h
Abluftmenge: ..... m³/h
Zulufttemperatur: min./max. ...../..... °C
Ablufttemperatur: min./max. ...../..... °C
Zuluftfeuchte: min./max. .....% relativ
Gerätequerschnitt Zuluft: Breite ..... m, Höhe ..... m
Abluft: Breite ..... m, Höhe ..... m
Filter Zuluft: **M5** bzw. **F7 / F9**, Mindest-Wirkungsgrad: .....

14.482 17.219€ **20.078€** 22.939€ 24.280€ [St] ⏱ 6,00h/St 075.000.002

5 Abluftrohrventilator, Einbaugerät KG **431**

Abluftventilator als **Radialrohrventilator / Axialrohrventilator** in Unterputzgehäuse ohne Brandschutz für den Unterputzeinbau in Wand und Decke. Luftdichte Rückschlagklappe, Steckverbindung für elektrischen Anschluss und Putzdeckel. Aus schwerentflammbarem Kunststoff. Für Bedarfs- und Grundlüftung. Betriebsbereite Lieferung mit Innenfassade, Lieferung mit Schalldämmplatte, integrierter Steckverbindung für elektrischen Anschluss, Schutzisoliert. Wartungsfreier, Energiesparmotor. Flache Innenfassade, geräuschdämpfend für flüsterleisen Betrieb. Mit Filterwechselanzeige bei verschmutztem Dauerfilter. Filter mit einem Griff herausnehmbar.
Anschlussdurchmesser Luftaustritt: **DN75 / DN80**
Schutzart: IP 55
Energiesparmotor: 230 V, ... Hz, ... **W**
Geräusch: Schallleistung ...../..... dB(A)

1.782€ 2.354€ **3.035€** 3.302€ 3.965€ [St] ⏱ 2,00h/St 075.000.003

Nr.	Kurztext / Langtext						Kostengruppe
▶	▷	ø netto €	◁	◀	[Einheit]	Ausf.-Dauer	Positionsnummer

6 Kanalventilator KG **431**

Kanalventilator für Kanalanschluss, aus verzinktem Stahlblech mit schallabsorbierender Innenauskleidung. Motor und Laufrad herausnehmbar, mit beidseitigem genormtem Kanal-Flanschprofil. Mit systemgebundenem Zubehör sowie Verbindungs- und Befestigungsmaterial.
H x L x T: ..... x ..... x ..... mm
Luftleistung: ..... m³/h
Leistung: 230 / 400 V, ... Hz, ... W
Drehzahl: ..... U/min
Kanalanschluss: ..... mm

1.639€ 2.500€ **2.907€** 3.429€ 4.678€ [St] ⏱ 1,80h/St 075.000.059

7 Kulissenschalldämpfer, rechteckig, Stahlblech, verzinkt KG **431**

Kulissenschalldämpfer, rechteckig, Gehäuse aus verzinktem Stahlblech mit beidseitigen 4-Loch-Anschlussrahmen als Leichtbau-profil. Aufbau: Rahmen aus sendzimirverzinktem Stahlblech Absorptionsmaterial als Füllung aus Mineralwolle mit aufkaschierter Glasseidenvliesabdeckung, Baustoffklasse A2 (nicht brennbar) Standardkulisse für Einsatz vorwiegend bei mittleren und hohen Frequenzen. Inkl. Gummilippendichtungen und sämtlichen Befestigungs-, Verbindungs- und Abdichtungsmaterialien.
Breite: ..... mm
Höhe: ..... mm
Länge: ..... mm
Dämpfung (250 Hz): ..... dB

414€ 673€ **801€** 887€ 1.035€ [St] ⏱ 1,00h/St 075.000.004

8 Kulissenschalldämpfer, rund, Stahlblech, verzinkt KG **431**

Kulissenschalldämpfer, rund, Gehäuse aus Stahlblech verzinkt. Anschluss an die Kanalleitung durch 50mm langen Stutzen aus Stahlblech verzinkt, Dämpfung nach dem Absorptionsprinzip durch ringförmige Kammer mit Mineralwollefüllung, welche zum Luftstrom hin mit verzinktem Lochblech abriebfest abgedeckt ist. Inkl. Gummilippendichtungen und sämtlichen Befestigungs-, Verbindungs- und Abdichtungsmaterialien.
Nennweite: ..... mm
Außendurchmesser: ..... mm
Dämpfung (250 Hz): ..... dB
Länge: ..... mm

207€ 272€ **290€** 328€ 387€ [St] ⏱ 1,00h/St 075.000.005

9 Schalldämpfer, flach, runder Anschluss KG **431**

Schalldämpfer, als rechteckiger Flachschalldämpfer mit rundem Anschluss, aus Aluminium, in flexibler Ausführung, Absorber-material mineralfaserfrei, nicht brennbar Klasse A2
Temperaturbeständig: bis 200°C
Nennweite Schalldämpfer: 100 mm
Dämpfung (250 Hz): mind.10 dB
Länge: ca. 500 mm
Abmessungen Außenrohr: Breite: 195 mm, Höhe: 120 mm

126€ 152€ **173€** 178€ 198€ [St] ⏱ 1,00h/St 075.000.033

Kosten:
Stand 4. Quartal 2024
Bundesdurchschnitt

▶ min
▷ von
ø Mittel
◁ bis
◀ max

10 **Wetterschutzgitter, Außenluft-/Fortluft** KG **431**

Wetterschutzgitter für Außen- und Fortluft, rahmenlos, schrauben- und nietenlos zum Einbau in Maueröffnungen oder Fassadenverkleidungen, bestehend aus: Halterprofilen, Halter, Lamellen und Vogelschutzgitter, Gitter mit unterer Abtropflamelle und oberer Ausgleichslamelle nach Maßangabe.
Farbe .....
Montagehöhe: OK Wetterschutzgitter ca. ..... m über Gelände
Breite: ..... mm
Höhe: ..... mm
Lamellenabstand: ..... mm
Volumenstrom: ..... m^3/h
Druckabfall: ..... Pa
Schallleistungspegel max.: ..... B(A)

156€ 265€ **296€** 401€ 584€ [St] ⏱ 1,00 h/St 075.000.006

11 **Luftleitung, rechteckig, Stahlblech verzinkt** KG **431**

Luftleitung, rechteckig, aus verzinktem Stahlblech, inklusive sämtlicher Verbindungsteile und Abdichtungen sowie allen notwendigen Befestigungsteilen und Aufhängekonstruktion.
Medium: Luft
Material: Stahlblech verzinkt
Kantenlänge: bis **500 / 1.000 / 2.000** mm
Temperatur: min./max. ...../..... °C
Montagehöhe: bis **3,50 / 5,00 / 7,00** m

47€ 61€ **66€** 71€ 89€ [m^2] ⏱ 0,40 h/m^2 075.000.008

12 **Luftleitung, rechteckig, Kunststoff** KG **431**

Luftleitung, rechteckig, aus Kunststoff, inklusive sämtlicher Verbindungsteile und Abdichtungen sowie allen notwendigen Befestigungsteilen und Aufhängekonstruktion.
Medium: Luft
Material: **PVC / PE / PP**
Kantenlänge: bis ..... mm
Temperatur: min./max. ...../..... °C
Montagehöhe: bis **3,50 / 5,00 / 7,00** m

125€ 166€ **217€** 252€ 288€ [m^2] ⏱ 0,90 h/m^2 075.000.009

13 **Luftleitung, feuerbeständig L30/L90** KG **431**

Zweischalige Luftleitung als brandschutztechnische Bekleidung, von Luft führenden Kanälen und Rohrleitungen, für eine Feuerwiderstandsdauer von **30 / 90** min. Fertigung aus Brandschutzplatten (A1), d=45mm, stumpf gestoßen. Die Stoßfugen der beiden Plattenlagen sind fugenversetzt, Versatz 100mm, auszuführen. Plattenverbindung mit Schrauben oder Klammern. Die Lüftungsleitungen sind auf Stahlprofile oder Traversen aufzulagern, die mit Gewindestangen abgehängt werden. Die Befestigung an Massivdecken, F90, erfolgt mit bauaufsichtlich zugelassenen Dübeln. Gewindestangen über 1,50m Länge sind brandschutztechnisch über die gesamte Länge zu bekleiden. Senkrechte Kanäle sind geschossweise, max. 5,00m, auf die Massivdecken, F90, aufzusetzen.
Brandschutztechnische Bekleidung: **L30 / L90**
Rohrleitungen: .....
Feuerwiderstandsklasse: **F30 / F90**
Montagehöhe: bis **3,50 / 5,00 / 7,00** m

67€ 157€ **213€** 220€ 318€ [m^2] ⏱ 1,00 h/m^2 075.000.010

Kosten:
Stand 4. Quartal 2024
Bundesdurchschnitt

Nr.	Kurztext / Langtext					Kostengruppe
►	▷	ø netto €	◁	◄	[Einheit]	Ausf.-Dauer	Positionsnummer

14 Formstücke, verzinkt, Luftleitung KG **431**

Formteile der Luftleitung in Rechteckform und als Übergänge auf rund bzw. oval, aus verzinktem Stahlblech, inkl. sämtlicher Verbindungsteile und Abdichtungen sowie allen notwendigen Befestigungsteilen.
Medium: Luft
Material: Stahlblech verzinkt
Kantenlänge: bis **500 / 1.000 / 2.000** mm
Temperatur: min./max. ...../..... °C
Montagehöhe: bis **3,50 / 5,00 / 7,00** m

63€ | 95€ | **98€** | 120€ | 147€ | [m²] | ⏱ 0,40 h/m² | 075.000.011

15 Formteile, Kunststoff, Lüftungskanäle KG **431**

Formteile der Luftleitung in Rechteckform und als Übergänge auf rund bzw. oval, aus Kunststoff, inkl. sämtlicher Verbindungsteile und Abdichtungen sowie allen notwendigen Befestigungsteilen.
Medium: Luft
Material: **PVC / PE / PP**
Kantenlänge: bis ..... mm
Temperatur: min./max. ...../..... °C
Montagehöhe: bis **3,50 / 5,00 / 7,00** m

224€ | 234€ | **277€** | 319€ | 334€ | [m²] | ⏱ 0,60 h/m² | 075.000.012

A 2 Luftleitung, Wickelfalz, verzinkt Beschreibung für Pos. **16-21**

Luftleitung mit Wickelfalzrohren aus verzinktem Stahlblech, inkl. sämtlicher Verbindungsteile (z.B. Muffen, Steckverbindungen und Enddeckel) und Abdichtungen sowie allen notwendigen bauaufsichtlich zugelassenen Befestigungsteilen.

16 Luftleitung, Wickelfalz, verzinkt, DN100 KG **431**

Wie Ausführungsbeschreibung A 2
Material: Stahlblech verzinkt
Nennweite: DN100
Montagehöhe: bis **3,50 / 5,00 / 7,00**

20€ | 22€ | **23€** | 24€ | 26€ | [m] | ⏱ 0,18 h/m | 075.000.013

17 Luftleitung, Wickelfalz, verzinkt, DN125 KG **431**

Wie Ausführungsbeschreibung A 2
Material: Stahlblech verzinkt
Nennweite: DN125
Montagehöhe: bis **3,50 / 5,00 / 7,00** m

20€ | 25€ | **28€** | 38€ | 51€ | [m] | ⏱ 0,20 h/m | 075.000.021

18 Luftleitung, Wickelfalz, verzinkt, DN160 KG **431**

Wie Ausführungsbeschreibung A 2
Material: Stahlblech verzinkt
Nennweite: DN160
Montagehöhe: bis **3,50 / 5,00 / 7,00** m

23€ | 29€ | **30€** | 38€ | 51€ | [m] | ⏱ 0,25 h/m | 075.000.022

► min
▷ von
ø Mittel
◁ bis
◄ max

Nr.	Kurztext / Langtext						Kostengruppe
▶	▷	ø netto €	◁	◀	[Einheit]	Ausf.-Dauer	Positionsnummer

19 Luftleitung, Wickelfalz, verzinkt, DN180 KG **431**

Wie Ausführungsbeschreibung A 2
Material: Stahlblech verzinkt
Nennweite: DN180
Montagehöhe: bis **3,50 / 5,00 / 7,00** m

27€	31€	**36€**	44€	46€	[m]	⏱ 0,28 h/m	075.000.023

20 Luftleitung, Wickelfalz, verzinkt, DN250 KG **431**

Wie Ausführungsbeschreibung A 2
Material: Stahlblech verzinkt
Nennweite: DN250
Montagehöhe: bis **3,50 / 5,00 / 7,00** m

40€	44€	**51€**	59€	66€	[m]	⏱ 0,33 h/m	075.000.026

21 Luftleitung, Wickelfalz, verzinkt, DN500 KG **431**

Wie Ausführungsbeschreibung A 2
Material: Stahlblech verzinkt
Nennweite: DN500
Montagehöhe: bis **3,50 / 5,00 / 7,00** m

64€	71€	**81€**	91€	98€	[m]	⏱ 0,47 h/m	075.000.030

22 Luftleitung, Aluminium, flexibel, DN80 KG **431**

Elastische Luftleitung aus zweilagig gestauchtem Aluminium. Inkl. Befestigungsmaterial an Luftrohrstutzen.
Nennweite: DN80
Länge: 1,25 m, ausziehbar bis 5,00 m
Betriebsdruck: ..... Pa

8€	14€	**17€**	18€	24€	[m]	⏱ 0,10 h/m	075.000.034

23 Luftleitung, Aluminium, flexibel, DN100 KG **431**

Elastische Luftleitung aus zweilagig gestauchtem Aluminium. Inkl. Befestigungsmaterial an Luftrohrstutzen.
Nennweite: DN100
Länge: 1,25 m, ausziehbar bis 5,00 m
Betriebsdruck: .... Pa

12€	19€	**22€**	31€	41€	[m]	⏱ 0,10 h/m	075.000.032

24 Rohrbogen, Luftleitung KG **431**

Rohrbogen der Luftleitung, alle Winkelgrade, für Wickelfalzrohr aus verzinktem Stahlblech, inkl. sämtlicher Verbindungsteile (z.B. Muffen, Steckverbindungen) und Abdichtungen sowie allen notwendigen Befestigungsteilen.
Material: Stahlblech verzinkt
Nennweite: DN.....
Montagehöhe bis: **3,50 / 5,00 / 7,00** m
Winkelgrad: .....°

15€	22€	**26€**	33€	44€	[St]	⏱ 0,10 h/St	075.000.018

Nr.	Kurztext / Langtext						Kostengruppe
▶	▷	ø netto €	◁	◀	[Einheit]	Ausf.-Dauer	Positionsnummer

25 **Abzweigstück, Luftleitung** KG **431**

Abzweigstück der Luftleitung, als Abzweig 90°, für Wickelfalzrohr aus verzinktem Stahlblech, inkl. sämtlicher Verbindungsteile (z.B. Muffen, Steckverbindungen) und Abdichtungen sowie allen notwendigen Befestigungsteilen.
Material: Stahlblech verzinkt
Nennweite: DN.....
Montagehöhe bis: **3,50 / 5,00 / 7,00** m

▶	▷	ø	◁	◀	Einheit	Dauer	Position
19€	24€	**25€**	27€	32€	[St]	⏱ 0,10h/St	075.000.019

26 **Lüftungsgitter, Zu-/Abluft** KG **431**

Lüftungsgitter, mit Anbauteilen, für Zu- und Abluft, für Einbau in Rundrohr / Rechteckkanal mit frontseitig waagrechten oder senkrechten Tropfenlenklamellen. Rahmen und Lamellen aus Stahlblech mit Epoxidharz-Pulverbeschichtung oder Einbrennlackierung. Anbauteile aus elektrolytisch verzinktem Stahlblech, mit angeklebter Schaumstoffdichtung und Schlitzschieber zur Luftmengenregulierung
Farbe: .....
Volumenstrom max.: ..... m^3/h
Länge: ..... mm
Höhe: ..... mm

▶	▷	ø	◁	◀	Einheit	Dauer	Position
45€	101€	**124€**	150€	235€	[St]	⏱ 0,30h/St	075.000.014

27 **Drallauslass, Decke** KG **431**

Decken-Dralluftdurchlass für **Zuluft / Abluft**, **mit / ohne** Strahlverstellung. Luftdurchlass aus verzinktem Stahl, für Einbau in abgehängter Decke.
Luftdurchsatz max.: ..... m^3/h
Breite: ..... mm
Länge: ..... mm
Höhe Anschlusskasten: ..... mm
Leitungsanschluss seitlich, DN.....

▶	▷	ø	◁	◀	Einheit	Dauer	Position
116€	390€	**577€**	638€	910€	[St]	⏱ 0,90h/St	075.000.015

28 **Brandschutzklappen, RLT, eckig** KG **431**

Brandschutzklappe für Luftleitungen rechteckig DIN EN 15650, aus Stahl verzinkt, für Einbau in massive **Wand / Decke**. Gehäuse mit **1 / 2** Inspektionsöffnungen, Auslösung durch Schmelzlot. Kontrolle Klappenblatt über elektrische Endschalter.
Feuerwiderstandsklasse: **EI30 / EI60 / EI90 / EI120**, DIN EN 13501-3
Höhe: ..... mm
Breite: ..... mm
Höhe: ..... mm
Einbaulänge: **500 / 600** mm
Einbau in: Wand / Decke
Auslösetemperatur: **72 / 95**°C
Kontrolle Klappenblatt: **0 / 1 / 2**

▶	▷	ø	◁	◀	Einheit	Dauer	Position
271€	604€	**760€**	830€	1.066€	[St]	⏱ 1,80h/St	075.000.016

Kosten:
Stand 4. Quartal 2024
Bundesdurchschnitt

▶ min
▷ von
ø Mittel
◁ bis
◀ max

Nr.	Kurztext / Langtext						Kostengruppe
▶	▷	ø netto €	◁	◀	[Einheit]	Ausf.-Dauer	Positionsnummer

29 **Brandschutzklappen, RLT, rund, Küche** KG **431**

Brandschutzklappe für Luftleitungen rund DIN EN 15650. Zugelassen für fetthaltige Abluft aus Küchen. Gehäuse aus **Stahl verzinkt / andere Materialien**.
Feuerwiderstandsklasse: **EI30 /EI60 / EI90 / EI120**, DIN EN 13501-3
Durchmesser: ..... mm
Einbaulänge: **500 / 600** mm
Einbau in: **Wand / Decke**

4.827€ 6.689€ **8.437€** 9.230€ 13.379€ [St] ⏱ 3,00h/St 075.000.017

30 **Tellerventil, Zu-/Abluft** KG **431**

Tellerventil für Zu- / Abluft, mit Mengenregulierung. Für Montage in beliebiger Lage in Decke und Wand aus einbrennlackiertem Stahlblech, mit niedrigem Schallleistungspegel auch bei hohem Druckabfall, mit passendem Rohrmontagering (20mm) mit Bajonettverschluss. Inkl. Befestigungs-, Klein- und Dichtmaterial.
Anschlussdimension: DN100

28€ 60€ **70€** 100€ 158€ [St] ⏱ 0,20h/St 075.000.036

31 **Wickelfalzrohr, Reduzierstück, DN100/DN80** KG **431**

Reduzierstück, zentrisch (symmetrisch), für Wickelfalz-Rundrohr verzinkt, mit werkseitig vormontierter Lippendichtung aus EPDM.
EPDM Anschlüsse**: DN100 / DN80**

17€ 22€ **25€** 29€ 35€ [St] ⏱ 0,10h/St 075.000.038

32 **Drosselklappe, DN100** KG **431**

Drosselklappe aus verzinktem Stahlblech für Wickelfalz-Rundrohr verzinkt, mit Klappenflügel und außenliegender, stufenlos verstellbarer Feststellvorrichtung.
Anschlüsse: DN100

33€ 47€ **59€** 69€ 86€ [St] ⏱ 0,12h/St 075.000.039

33 **Drosselklappe, 200x200mm** KG **431**

Drosselklappe aus verzinktem Stahlblech für rechteckigen Lüftungskanal verzinkt, mit Klappenflügel und außenliegender, stufenlos verstellbarer Feststellvorrichtung.
Anschlüsse: 200 x 200 mm

55€ 66€ **81€** 97€ 105€ [St] ⏱ 0,20h/St 075.000.040

Nr.	Kurztext / Langtext						Kostengruppe
►	▷	ø netto €	◁	◄	[Einheit]	Ausf.-Dauer	Positionsnummer

34 **Lüftungsgerät mit WRG, Zentral, Bypass, Feuerstättenfunktion** KG **431**

Lüftungsgerät mit Wärmerückgewinnung und Bypass zur kontrollierten Be- und Entlüftung von Wohnungen und Wohnhäusern mit einem zentralen Luftverteilsystem. Effiziente Konstantvolumenstrom geregelte EC-Ventilatoren. Vereisungsschutzfunktion und Abtauautomatik. Integrierter automatischer Sommer-Bypass mit einstellbarer Schalttemperatur. Auskühlschutzfunktion. Optionalen Rauchsensor. Der gleichzeitige Betrieb von Lüftungsanlage und Feuerstätte ist ohne zusätzliche Sicherheitskomponenten möglich. LCD-Klartextanzeige. Filterwartungsanzeige mit einstellbarem Intervall. Außengehäuse Stahlblech, pulverbeschichtet RAL, **Wand / Decken** Montage mit beiliegender konsole. Kondensatwasseranschluss des Lüftungsgeräts.
Technische Daten:
Luftvolumenstrom Werkseinstellung: **90 / 160 / 250** m³/h
Schalldruckpegel (1m Abstand): **29 / 34 / 42** dB(A)
Wärmerückgewinnungsgrad: max. 95%
Wärmebereitstellungsgrad: max. 88%
Spannungsversorgung: 1~/N/PE 230 V 50 Hz
Leistungsaufnahme, Stufen: **19 / 36 / 95** W
Leistungsaufnahme: max. 136 W
Stromaufnahme: max. 1,2 A
Schutzart: IP 20
Filterklasse Zuluft / Abluft: M5 / M5
Luftkanalanschlüsse: **4x DN150 / DN160**
Kondensatanschluss: ..... mm
Abmessungen (B x H x T): ..... x ..... x ..... mm
Gewicht: ..... kg
Einsatzgrenzen Außentemperatur: -20°C bis +40°C
Einsatzgrenzen Raumtemperatur: +15°C bis +40°C

2.618€ | 3.119€ | **3.919€** | 5.030€ | 5.097€ | [St] | ⏱ 6,50h/St | 075.000.041

A 3 **Außenwanddurchlass, mit Filter/Schalldämpfer** Beschreibung für Pos. **35-36**

Außenwandluftdurchlass - Rundkanal, variables Teleskoprohr 305-535mm mit Schalldämpfer, steckbarem weißem Außengitter, Insektenschutz, Winddrucksicherung und Innenblende mit Staubfilter.

35 **Außenwanddurchlass, DN110** KG **431**

Wie Ausführungsbeschreibung A 3
Volumenstrom: V(8Pa) = 10 m³/h
Nennweite Rundkanal: DN110

120€ | 128€ | **167€** | 207€ | 225€ | [St] | ⏱ 1,00h/St | 075.000.042

36 **Außenwanddurchlass, DN160** KG **431**

Wie Ausführungsbeschreibung A 3
Volumenstrom: V(8Pa) = 10 m³/h
Nennweite Rundkanal: DN160

278€ | 298€ | **376€** | 412€ | 427€ | [St] | ⏱ 1,20h/St | 075.000.043

Kosten:
Stand 4. Quartal 2024
Bundesdurchschnitt

► min
▷ von
ø Mittel
◁ bis
◄ max

37 **Lüftungsgerät für Abluft** KG **431**

Lüftungsgerät (1,2 oder 3-stufig) für den Einbau in Wände oder Decken (ohne Brandschutzanforderung). Der Anschlussstutzen ist **seitlich / hinten** am Kasten angebracht. Mit federbelasteter Rückschlagklappe, verhindert Geruchs- und (Kalt) Rauchübertragung. Das Lüftungsgerät kann im Schutzbereich I eingebaut werden.
Leckluftrate: < 0,01 m³/h
Elektroanschluss: 230 VAC / 50 Hz
Nennleistung: **6 / 11 / 23** W bei **30 (40) / 60 /100** m³/h
Eigengeräusch LA: **26 / 30 / 33 / 39** dB(A) bei **30 / 40 / 60 / 100** m³/h
Abmessungen (L x B x T): 242 x 242 x 100 mm
Anschlussstutzen: NW80

263€ 278€ **284€** 303€ 324€ [St] ⏱ 2,00h/St 075.000.044

38 **KWL-Lüftungsgerät, in Außenwand, bis 100m³/h mit WRG** KG **431**

Dezentrales Lüftungsgerät mit Wärmerückgewinnung zur kontrollierten Be- und Entlüftung von Wohngebäuden, zur Innenmontage, für Zu-und Abluft, mit Außen- und Fortluftbetrieb. EC-Ventilatoren mit mind. drei Ventilatorstufen, Wärmerückgewinnung mit Wärmetauscher, mit Bedieneinheit am Gerät, mit Ab- und Außenluftfilter, hängende Außenwandmontage, einschl. Befestigungsmaterial und Montageset zur Außenwanddurchführung und Wetterschutzgittereinheit für Außenluftansaugung und Fortluftausblas.
Ausführung: **Aufputzmontage / Unterputzmontage**
Luftvolumenstrom: bis 100 m³/h
Wärmerückgewinnungsgrad: mind. 85%
Spannungsversorgung: 1~/N/PE 230 V 50Hz
Ausführung gem. nachfolgender Einzelbeschreibung: .....

2.082€ 2.249€ **2.499€** 2.849€ 3.082€ [St] ⏱ 1,35h/St 075.000.045

A 4 **KWL-Lüftungsgerät, Wohngebäude, mit WRG** Beschreibung für Pos. **39-41**

Zentrales Lüftungsgerät mit Wärmerückgewinnung zur kontrollierten Be- und Entlüftung von Wohngebäuden, zur Innenmontage, für Zu- und Abluft, mit Außen- und Fortluftbetrieb. EC-Ventilatoren mit mind. drei Ventilatorstufen, Wärmerückgewinnung mit Wärmetauscher, mit Bedieneinheit am Gerät, mit Ab- und Außenluftfilter, einschl. Befestigungsmaterial und Montageset zur Außenwanddurchführung und Wetterschutzgittereinheit für Außenluftansaugung und Fortluftausblas, einschl. 4 Geräteschalldämpfern.

39 **KWL-Lüftungsgerät, Wohngebäude, bis 200m³/h mit WRG** KG **431**

Wie Ausführungsbeschreibung A 4
Montageart: **wandhängend / deckenhängend / stehend**
Luftvolumenstrom: bis 200 m³/h
Wärmerückgewinnungsgrad: mind. 85%
Spannungsversorgung: 1~/N/PE 230 V 50 Hz
Ausführung gem. nachfolgender Einzelbeschreibung: .....

4.831€ 5.030€ **5.589€** 6.372€ 6.662€ [St] ⏱ 1,40h/St 075.000.046

Nr.	Kurztext / Langtext						Kostengruppe
▶	▷	ø netto €	◁	◀	[Einheit]	Ausf.-Dauer	Positionsnummer

40 KWL-Lüftungsgerät, Wohngebäude, bis 350m³/h mit WRG KG **431**

Wie Ausführungsbeschreibung A 4
Montageart: **wandhängend / deckenhängend / stehend**
Luftvolumenstrom: bis 350 m³/h
Wärmerückgewinnungsgrad: mind. 85%
Spannungsversorgung: 1~/N/PE 230 V 50 Hz
Ausführung gem. nachfolgender Einzelbeschreibung: .....

4.998€ 5.525€ **6.139€** 6.999€ 7.634€ [St] ⏱ 1,40h/St 075.000.047

41 KWL-Lüftungsgerät, Wohngebäude, bis 500m³/h mit WRG KG **431**

Wie Ausführungsbeschreibung A 4
Montageart: **wandhängend / deckenhängend / stehend**
Luftvolumenstrom: bis 500 m³/h
Wärmerückgewinnungsgrad: mind. 85%
Spannungsversorgung: 1~/N/PE 230 V 50 Hz
Ausführung gem. nachfolgender Einzelbeschreibung: .....

6.831€ 7.227€ **8.030€** 9.154€ 9.579€ [St] ⏱ 1,50h/St 075.000.048

Kosten:
Stand 4. Quartal 2024
Bundesdurchschnitt

A 5 VRF-Außengerät Heizen/Kühlen Beschreibung für Pos. **42-44**

VFR-Außengerät für die Klimatisierung von Wohnräumen, Gehäuse und Rahmen aus verzinktem beschichteten Stahl, UV- und witterungsbeständig, mit Schalldämmung, mit Wärmetauscher, Axialventilator, Kompressor drehzahlgeregelt mit Invertertechnologie, Kältekreislauf mit Filtern, Sammler, Ölabscheider und mit Kältemittel vorgefüllt, einschl. komplett verdrahteter Steuerung mit MSR -und Sicherheitsbauteilen sowie Bedieneinheit, inkl. Montagematerial.
Montageart: **bodenstehend / an Wand / auf Dach**
Betriebsart: **Kühlen / Kühlen und Heizen**
Wärmetauscher: **Verdampfer / Verflüssiger aus Kupferrohr mit Aluminiumlamellen**
Luftvolumenstrom: ..... m³/h
Schalldruckpegel in 1m Abstand - Kühlen: ..... dB(A)
Schalldruckpegel in 1m Abstand - Heizen: ..... dB(A)
Betriebsspannung: 230 / 400 V
Kältemittel: R410A / R32
Anschluss von Innengeräten max.: .....
Max. Rohrleitungslänge: ..... m
Max. Höhendifferenz: ...... m
Geräteabmessungen (L x B x H): ..... x ..... x ..... mm

▶ min
▷ von
ø Mittel
◁ bis
◀ max

42 VRF-Außengerät, Heizen/Kühlen, 10kW KG **434**

Wie Ausführungsbeschreibung A 5
Heizleistung: 10 kW
COP: .....
Kälteleistung: ..... kW
EER: .....

3.043€ 3.614€ **5.494€** 8.819€ 9.180€ [St] ⏱ 2,10h/St 075.000.049

Nr.	Kurztext / Langtext						Kostengruppe
▶	▷	ø netto €	◁	◀	[Einheit]	Ausf.-Dauer	Positionsnummer

43 VRF-Außengerät, Heizen/Kühlen, 15kW KG **434**

Wie Ausführungsbeschreibung A 5
Heizleistung: 15 kW
COP: .....
Kälteleistung: ..... kW
EER: .....

7.048€ | 7.432€ | **10.454€** | 14.215€ | 14.455€ | [St] | ⏱ 2,10h/St | 075.000.050

44 VRF-Außengerät, Heizen/Kühlen, 20kW KG **434**

Wie Ausführungsbeschreibung A 5
Heizleistung: 20 kW
COP: .....
Kälteleistung: ..... kW
EER: .....

10.120 | 10.314€ | **13.347€** | 15.842€ | 15.903€ | [St] | ⏱ 2,10h/St | 075.000.051

A 6 VRF-Innenwandgerät, Heizen/Kühlen Beschreibung für Pos. **45-47**

VRF-Innengerät für die Klimatisierung von Wohnräumen, Kältesystem mit Schutzgas gefüllt, mit Wärmetauscher, Luftansaugung mit Filter und Luftausblas mit motorbetriebenen Luftleitlamellen, Kondensatwanne, Ventilator mit Querstromgebläse, einschl. komplett verdrahteter Steuerung mit allen notwendigen MSR- und Sicherheitsbauteilen sowie mit Fernbedieneinheit, inkl. Montagematerial.
Betriebsart: **Kühlen / Kühlen und Heizen**
Wärmetauscher: **Verdampfer / Verflüssiger aus Kupferrohr mit Aluminiumlamellen**
Luftvolumenstrom von - bis: ..... m^3/h
Luftansaugung: **vorne / unten / oben**
Luftfilter: .....
Luftausblas: **vorne / unten / oben**
Schalldruckpegel von - bis: ..... dB(A)
Betriebsspannung: 230 V / 400 V / über Außengerät
Kältemittel: R410A / R32
Gehäuse: Kunststoff
Geräteabmessungen (L x B x H): ..... x ..... x ..... mm
Farbe: .....

45 VRF-Innenwandgerät, Heizen/Kühlen, 2,5kW KG **434**

Wie Ausführungsbeschreibung A 6
Heizleistung: 2,5 kW
SCOP: .....
Kälteleistung: ..... kW
SEER: .....

1.077€ | 1.161€ | **1.587€** | 2.021€ | 2.147€ | [St] | ⏱ 1,80h/St | 075.000.052

Nr.	Kurztext / Langtext						Kostengruppe
▶	▷	ø netto €	◁	◀	[Einheit]	Ausf.-Dauer	Positionsnummer

46 **VRF-Innenwandgerät, Heizen/Kühlen, 3,5kW** KG **434**

Wie Ausführungsbeschreibung A 6
Heizleistung: 3,5 kW
SCOP: .....
Kälteleistung: ..... kW
SEER: .....

1.155€	1.305€	**1.804€**	2.310€	2.378€	[St]	⏱ 1,80h/St	075.000.053

47 **VRF-Innenwandgerät, Heizen/Kühlen, 5,0kW** KG **434**

Wie Ausführungsbeschreibung A 6
Heizleistung: 5,0 kW
SCOP: .....
Kälteleistung: ..... kW
SEER: .....

1.446€	1.590€	**2.169€**	2.747€	2.874€	[St]	⏱ 1,80h/St	075.000.054

48 **VRF-Verteilereinheit, Innengerät** KG **434**

VRF-Verteilereinheit als Multi-Split-Regeleinheit, zum Einbau im Gebäudeinneren.
Abmessungen (L x B x T): ..... x ..... x ..... mm
Geräteanzahl: .....
Leistung: .....
Ausführung gem. Einzelbeschreibung: .....
Angeb. Fabrikat: .....

940€	1.012€	**1.446€**	1.879€	2.096€	[St]	⏱ 1,00h/St	075.000.055

Kosten:
Stand 4. Quartal 2024
Bundesdurchschnitt

▶ min
▷ von
ø Mittel
◁ bis
◀ max

49 Zubehörmontage, VRF-Anlage KG **434**

Montage von Zubehör der VRF-Anlage mit Leitungen und Leitungsabzweigungen. Die Kühlleitungen aus nahtlos gezogenem Kupferrohr in Kühlschrankqualität unter Schutzgas gelötet, mit Kälteschellen auf C- Profilen montiert, evakuiert und mit Kältemittel gefüllt. Die Flüssigkeits- und die Gasleitung sind mit diffusionsdichter und bezügl. Brandschutz zugelassenen Dämmung von min. 13mm Wanddicke umschlossen und mit den Kälteschellen verklebt. Die gesamte Verrohrung ist nach den derzeitig gültigen Regeln für das Kälteanlagenbauhandwerk zu erstellen.
Einbauort: .....
Bei den folgenden Massen handelt es sich um ca. Angaben:
Flüssigkeitsleitung Ø 10 mm: ..... m
Flüssigkeitsleitung Ø 6 mm: ..... m
Gasleitung Ø 10 mm ..... m
Gasleitung Ø 16 mm ..... m
Leitungs-Isolierung Ø 10 mm ..... m
Leitungs-Isolierung Ø 16 mm: ..... m
Leitungs-Isolierung Ø 6 mm: ..... m
Anzahl Brandschutzdurchführung Ø 10 mm: .....
Anzahl Brandschutzdurchführung Ø 16 mm: .....
Anzahl Brandschutzdurchführung Ø 6 mm: .....
Leitungs-Isolierung mit Blechmantel, wetterbeständig
Außen-Ø 10 mm: ..... m
Außen Ø 16 mm: ..... m
Außen Ø 6 mm: ..... m
Bus Kabel LIYCY 2x1,5 mm^2: ..... m
Zusätzliche Kältemittelnachfüllmenge:..... kg

1.446€ 1.590€ **1.879€** 2.602€ 2.891€ [psch] ⏱ 1,30h/psch 075.000.056

50 Inbetriebnahme, VRF-Anlage KG **434**

Die Inbetriebnahme hat gem. der Vorgaben des Herstellers sowie den gesetzlichen Bestimmungen unter Berücksichtigung der Garantie und Gewährleistung zu erfolgen, einschl. An- und Abreisekosten, inkl. Aushändigung des unterzeichneten Übergabe und Inbetriebnahmeprotokolls. Leistungsumfang: Inbetriebnahme der Kälteanlage, Inbetriebsetzen und Programmieren, Überprüfen der Hersteller-Projektierungsrichtlinien, Protokollerstellung mit allen eingestellten Parametern, inkl. Aushändigung des unterzeichneten Übergabe-/Inbetriebnahmeprotokolls.
Einbauort: .....

335€ 406€ **570€** 823€ 1.300€ [psch] ⏱ 1,50h/psch 075.000.057

51 Stundensatz, Monteur/-in Lüftung/Kälte KG

Verrechnungssatz für die jeweilige Arbeitskraft inkl. aller Aufwendungen wie Lohn- und Gehaltskosten, Lohn- und Gehaltsnebenkosten, Zuschläge, lohngebundene und lohnabhängige Kosten, sonstige Sozialkosten, Gemeinkosten, Wagnis und Gewinn. Leistung nach besonderer Anordnung der Bauüberwachung. Nachweis und Anmeldung gem. VOB/B.

60€ 70€ **75€** 86€ 102€ [h] ⏱ 1,00h/h 075.000.060

52 Stundensatz, Helfer/-in Lüftung/Kälte KG

Verrechnungssatz für die jeweilige Arbeitskraft inkl. aller Aufwendungen wie Lohn- und Gehaltskosten, Lohn- und Gehaltsnebenkosten, Zuschläge, lohngebundene und lohnabhängige Kosten, sonstige Sozialkosten, Gemeinkosten, Wagnis und Gewinn. Leistung nach besonderer Anordnung der Bauüberwachung. Nachweis und Anmeldung gem. VOB/B.

48€ 56€ **59€** 61€ 66€ [h] ⏱ 1,00h/h 075.000.061

STATISTISCHE KOSTENKENNWERTE FÜR GEBÄUDETECHNIK

H

Positionen für Altbau

Kosten:
Stand 4. Quartal 2024
Bundesdurchschnitt

Nr.	Positionen	Einheit	►	▷	ø brutto € / ø netto €	◁	◄
1	Anschluss Heiztherme	St	198	329	**375**	432	563
			167	277	**315**	363	473
2	Demontage Heiztherme	St	169	179	**180**	183	193
			142	150	**152**	153	162
3	Heizkessel ausbauen, Stahl, bis 50kW	St	472	620	**666**	777	1.115
			397	521	**560**	653	937
4	Gas-Brennwerttherme, Wand, bis 15kW	St	5.136	5.766	**7.869**	8.806	10.254
			4.316	4.845	**6.612**	7.400	8.617
5	Gas-Brennwerttherme, Wand, 15 bis 25kW	St	5.505	6.480	**8.190**	9.151	10.554
			4.626	5.445	**6.882**	7.690	8.869
6	Gas-Brennwerttherme, Wand, 25 bis 50kW	St	5.995	8.192	**9.133**	10.072	11.596
			5.038	6.884	**7.675**	8.464	9.744
7	Gas-Brennwertkessel, bis 25kW	St	6.153	7.774	**9.224**	9.822	11.078
			5.170	6.533	**7.751**	8.253	9.310
8	Gas-Brennwertkessel, 25 bis 50kW	St	6.657	8.775	**9.174**	10.147	12.264
			5.594	7.374	**7.709**	8.527	10.306
9	Gas-Brennwertkessel, 50 bis 70kW	St	7.062	9.827	**12.518**	14.153	15.072
			5.934	8.258	**10.519**	11.893	12.666
10	Gas-Brennwertkessel, 70 bis 150kW	St	11.554	14.498	**15.702**	19.358	25.677
			9.709	12.184	**13.195**	16.267	21.578
11	Gas-Brennwertkessel, 150 bis 225kW	St	16.235	19.875	**20.557**	23.941	29.238
			13.643	16.702	**17.275**	20.119	24.570
12	Gas-Brennwertkessel, 225 bis 400kW	St	19.825	28.987	**33.993**	37.930	48.751
			16.660	24.359	**28.566**	31.874	40.968
13	Öl-Brennwerttherme, Wand, bis 15kW	St	6.439	7.601	**8.943**	10.731	11.626
			5.411	6.388	**7.515**	9.018	9.770
14	Öl-Brennwerttherme, Wand, 15 bis 25kW	St	6.833	8.067	**9.490**	11.388	11.863
			5.742	6.779	**7.975**	9.570	9.969
15	Öl-Brennwertkessel, bis 25kW	St	10.424	11.283	**12.264**	13.490	15.943
			8.760	9.481	**10.306**	11.336	13.397
16	Öl-Brennwertkessel, 25 bis 50kW	St	11.089	12.003	**13.046**	14.351	16.308
			9.319	10.086	**10.963**	12.060	13.704
17	Öl-Brennwertkessel, 50 bis 70kW	St	13.896	15.962	**18.779**	22.534	26.290
			11.678	13.413	**15.780**	18.937	22.093
18	Öl-Brennwertkessel, 70 bis 100kW	St	19.516	22.417	**26.373**	31.648	35.867
			16.400	18.838	**22.162**	26.595	30.141
19	Heizöltank, stehend, 3.000 Liter	St	3.743	4.030	**4.907**	5.784	7.011
			3.145	3.387	**4.124**	4.860	5.891
20	Heizöltank, stehend, 5.000 Liter	St	4.176	4.619	**6.046**	6.716	9.657
			3.510	3.881	**5.081**	5.644	8.115
21	Holz/Pellet-Heizkessel, bis 25kW	St	16.384	17.669	**18.227**	19.460	22.012
			13.768	14.848	**15.317**	16.353	18.497
22	Holz/Pellet-Heizkessel, 25 bis 50kW	St	17.671	19.706	**20.248**	22.320	25.057
			14.849	16.560	**17.015**	18.756	21.057
23	Holz/Pellet-Heizkessel, 50 bis 120kW	St	27.463	47.612	**51.848**	74.455	104.291
			23.078	40.010	**43.570**	62.567	87.640
24	Pellet-Fördersystem, Förderschnecke	St	3.014	4.077	**4.351**	5.210	6.273
			2.533	3.426	**3.656**	4.378	5.272

► min
▷ von
ø Mittel
◁ bis
◄ max

Nr.	Positionen	Einheit	▶	▷	ø brutto € / ø netto €	◁	◀
25	Brennstofflagerbehälter für Holzpellets	St	4.646	5.746	**5.823**	5.898	6.998
			3.904	4.829	**4.893**	4.956	5.881
26	Neutralisationsanlage, Brennwertgeräte	St	384	663	**780**	1.198	2.044
			323	557	**655**	1.007	1.717
27	Neutralisationsgranulat 5kg	St	93	157	**188**	225	271
			78	132	**158**	189	228
28	Flach-Solarkollektoranlage, thermisch, bis 10m²	St	9.231	13.192	**14.910**	17.302	22.514
			7.757	11.085	**12.529**	14.540	18.920
29	Flach-Solarkollektoranlage, thermisch, 10-20m²	St	12.845	16.770	**17.841**	22.479	23.728
			10.794	14.093	**14.992**	18.890	19.940
30	Flach-Solarkollektoranlage, thermisch, 20-30m²	St	19.022	26.120	**28.391**	34.638	36.909
			15.985	21.950	**23.858**	29.107	31.016
31	Wärmepumpe, bis 15kW, Sole	St	15.198	18.717	**19.922**	23.009	29.022
			12.772	15.729	**16.741**	19.335	24.388
32	Wärmepumpe, 15-25kW, Sole	St	22.787	26.891	**28.569**	29.485	31.358
			19.149	22.597	**24.007**	24.778	26.352
33	Wärmepumpe, 25-35kW, Sole	St	28.966	34.350	**35.143**	38.852	41.304
			24.342	28.866	**29.532**	32.649	34.709
34	Wärmepumpe, 35-50kW, Sole	St	37.563	42.477	**45.594**	47.748	53.578
			31.566	35.695	**38.315**	40.124	45.024
35	Wärmepumpe, bis 15kW, Luft	St	15.316	18.417	**20.416**	22.128	25.138
			12.871	15.476	**17.156**	18.595	21.125
36	Wärmepumpe, 15-25kW, Luft	St	26.406	28.843	**29.493**	30.232	32.669
			22.190	24.238	**24.784**	25.405	27.453
37	Wärmepumpe, 25-35kW, Luft	St	37.368	41.712	**42.349**	45.751	50.033
			31.402	35.052	**35.588**	38.446	42.044
38	Erdsondenanlage, Wärmepumpe	m	105	115	**122**	127	137
			88	97	**103**	107	115
39	Elektro Heizeinsatz, Heizungsanlage	St	383	497	**554**	610	724
			322	417	**466**	513	608
40	Inbetriebnahme Wärmepumpe	psch	816	1.951	**2.136**	3.648	6.870
			686	1.640	**1.795**	3.066	5.774
41	Wartung, Wärmepumpe	psch	356	373	**375**	388	405
			299	313	**315**	326	340
42	Speicher-Wassererwärmer mit Solar, bis 500 Liter	St	4.532	5.487	**6.068**	6.803	8.028
			3.808	4.611	**5.099**	5.716	6.747
43	Stundensatz, Obermonteur/-in Heizung	h	72	76	**78**	81	85
			61	64	**65**	68	71
44	Stundensatz, Helfer/-in Heizung	h	48	55	**59**	64	72
			40	46	**49**	54	61

Kosten:
Stand 4. Quartal 2024
Bundesdurchschnitt

Nr.	**Kurztext** / Langtext						Kostengruppe
▶	▷	**ø netto €**	◁	◀	[Einheit]	Ausf.-Dauer	Positionsnummer

1 Anschluss Heiztherme KG **421**

Anschuss der Verteilungsleitungen an die Therme einschl. aller erforderlichen Pass- und Verbindungsstücke und sonstigem Kleinmaterial. Einschließlich Dichtheitsprüfung der gesamten Anlage.

167€ | 277€ | **315€** | 363€ | 473€ | [St] | ⏱ 3,30h/St | 340.000.078

2 Demontage Heiztherme KG **421**

Demontage Heiztherme und Zubehör einschl. Entsorgung

142€ | 150€ | **152€** | 153€ | 162€ | [St] | ⏱ 2,10h/St | 340.000.079

3 Heizkessel ausbauen, Stahl, bis 50kW KG **494**

Heizkessel ausbauen und entsorgen, sowie eingebundene Leitungen verschließen.
Wärmeleistung: bis 50 kW
Betriebsmittel: .....
Gewicht: .....
Abmessung: ....
Aufstellort: .....
Leitungen: .....

397€ | 521€ | **560€** | 653€ | 937€ | [St] | ⏱ 3,00h/St | 340.000.053

A 1 Gas-Brennwerttherme, Wand Beschreibung für Pos. **4-6**

Brennwerttherme, für geschlossene Heizungsanlage, wandhängende Montage, einschl. sicherheitstechnischer Einrichtungen, mit MSR in digitaler Ausführung; einschl. interner Verdrahtung.
Betriebsmittel: Erdgas

4 Gas-Brennwerttherme, Wand, bis 15kW KG **421**

Wie Ausführungsbeschreibung A 1
Kesselkörper: **Edelstahl / Aluminium**
Erdgas: **E / L / Flüssiggas / Bioerdgas**
Wärmeleistung: bis 15 kW, modulierend 30-100%
Auslegungsvorlauftemperatur: **bis 75 / 85**°C
Max. zulässiger Betriebsdruck: **4 / 6 / 10** bar
Heizmedium: Wasser
Norm-Nutzungsgrad bei 40 / 30°C: **102 / über 108**% (bezogen auf den unteren Heizwert)

4.316€ | 4.845€ | **6.612€** | 7.400€ | 8.617€ | [St] | ⏱ 3,80h/St | 340.000.054

5 Gas-Brennwerttherme, Wand, 15 bis 25kW KG **421**

Wie Ausführungsbeschreibung A 1
Kesselkörper: **Edelstahl / Aluminium**
Erdgas: **E / L / Flüssiggas / Bioerdgas**
Wärmeleistung: 15-25 kW, modulierend 30-100%
Auslegungsvorlauftemperatur: **bis 75 / 85**°C
Max. zulässiger Betriebsdruck: **4 / 6 / 10** bar
Heizmedium: Wasser
Norm-Nutzungsgrad bei 40 / 30°C: **102 / über 108%** (bezogen auf den unteren Heizwert)

4.626€ | 5.445€ | **6.882€** | 7.690€ | 8.869€ | [St] | ⏱ 3,80h/St | 340.000.055

▶ min
▷ von
ø Mittel
◁ bis
◀ max

6 **Gas-Brennwerttherme, Wand, 25 bis 50kW** KG **421**

Wie Ausführungsbeschreibung A 1
Kesselkörper: **Edelstahl / Aluminium**
Erdgas: **E / L / Flüssiggas / Bioerdgas**
Wärmeleistung: 25-50 kW, modulierend 30-100%
Auslegungsvorlauftemperatur: **bis 75 / 85**°C
Max. zulässiger Betriebsdruck: **4 / 6 / 10** bar
Heizmedium: Wasser
Norm-Nutzungsgrad bei 40 / 30°C: **102 / über 108**% (bezogen auf den unteren Heizwert)

5.038€ 6.884€ **7.675€** 8.464€ 9.744€ [St] ⏱ 4,10h/St 340.000.063

A 2 **Gas-Brennwertkessel** Beschreibung für Pos. **7-12**

Gas-Brennwertkessel für geschlossene Heizungsanlagen; für den Betrieb mit gleitend abgesenkter Kesselwasser-Temperatur ohne untere Begrenzung, modulierender Brenner, mit Edelstahl-Heizflächen. Alle abgasberührten Teile, wie Brennkammer, Nachschaltheizflächen und Abgassammelkasten, aus Edelstahl. Kesselkörper allseitig wärmegedämmt, Ummantelung aus Stahlblech, epoxidharzbeschichtet. Kessel mit schwenkbarer Kesseltür, einschl. Erdgas-Unit-Brenner, Reinigungsdeckel am Abgassammelkasten, Gegenflanschen mit Schrauben und Dichtungen an allen Stutzen, Wärmedämmung, Brennkammerschauglas. inkl. elektronischer Kesselkreisregelung, komplett mit allen Fühlern, Thermostaten und dem Sicherheitstemperaturbegrenzer.

7 **Gas-Brennwertkessel, bis 25kW** KG **421**

Wie Ausführungsbeschreibung A 2
Kesselkörperabmessung: .....
Gesamtabmessungen: ..... (mit Kesselregulierung)
Gewicht komplett mit Wärmedämmung ..... kg
Kesselkörper: .....
Erdgas: **E / L / Flüssiggas / Bioerdgas**
Max. Nennwärmeleistung: ..... kW
Feuerungst. Wirkungsgrad: bis 108%
Abgasseitiger Widerstand: ..... mbar
Zul. Vorlauftemperatur: bis **90 / 100**°C
Max. zulässiger Betriebsdruck: **4 / 6 / 10** bar
Wasserinhalt: ..... Liter
Abgasrohr, lichte Weite: ..... mm

5.170€ 6.533€ **7.751€** 8.253€ 9.310€ [St] ⏱ 5,00h/St 340.000.074

Nr.	Kurztext / Langtext						Kostengruppe
▶	▷	ø netto €	◁	◀	[Einheit]	Ausf.-Dauer	Positionsnummer

8 **Gas-Brennwertkessel, 25 bis 50kW** KG **421**

Wie Ausführungsbeschreibung A 2
Kesselkörperabmessung: .....
Gesamtabmessungen: ..... (mit Kesselregulierung)
Gewicht komplett mit Wärmedämmung ..... kg
Kesselkörper: .....
Erdgas: **E / L / Flüssiggas / Bioerdgas**
Max. Nennwärmeleistung: ..... kW
Feuerungst. Wirkungsgrad: bis 108%
Abgasseitiger Widerstand: ..... mbar
Zul. Vorlauftemperatur: bis **90 / 100**°C
Max. zulässiger Betriebsdruck: **4 / 6 / 10** bar
Wasserinhalt: ..... Liter
Abgasrohr, lichte Weite: ..... mm

5.594€ 7.374€ **7.709€** 8.527€ 10.306€ [St] ⏱ 5,30h/St 340.000.075

9 **Gas-Brennwertkessel, 50 bis 70kW** KG **421**

Wie Ausführungsbeschreibung A 2
Kesselkörperabmessung: .....
Gesamtabmessungen: ..... (mit Kesselregulierung)
Gewicht komplett mit Wärmedämmung ..... kg
Kesselkörper: .....
Erdgas: **E / L / Flüssiggas / Bioerdgas**
Max. Nennwärmeleistung: ..... kW
Feuerungst. Wirkungsgrad: bis 108%
Abgasseitiger Widerstand: ..... mbar
Zul. Vorlauftemperatur: bis **90 / 100**°C
Max. zulässiger Betriebsdruck: **4 / 6 / 10** bar
Wasserinhalt: ..... Liter
Abgasrohr, lichte Weite: ..... mm

5.934€ 8.258€ **10.519€** 11.893€ 12.666€ [St] ⏱ 5,50h/St 340.000.076

10 **Gas-Brennwertkessel, 70 bis 150kW** KG **421**

Wie Ausführungsbeschreibung A 2
Kesselkörperabmessung: .....
Gesamtabmessungen: ..... (mit Kesselregulierung)
Gewicht komplett mit Wärmedämmung ..... kg
Kesselkörper: .....
Erdgas: **E / L / Flüssiggas / Bioerdgas**
Max. Nennwärmeleistung: ..... kW
Feuerungst. Wirkungsgrad: bis 108%
Abgasseitiger Widerstand: ..... mbar
Zul. Vorlauftemperatur: bis **90 / 100**°C
Max. zulässiger Betriebsdruck: **4 / 6 / 10** bar
Wasserinhalt: ..... Liter
Abgasrohr, lichte Weite: ..... mm

9.709€ 12.184€ **13.195€** 16.267€ 21.578€ [St] ⏱ 5,80h/St 340.000.066

Kosten:
Stand 4. Quartal 2024
Bundesdurchschnitt

▶ min
▷ von
ø Mittel
◁ bis
◀ max

11 Gas-Brennwertkessel, 150 bis 225kW KG **421**

Wie Ausführungsbeschreibung A 2
Kesselkörperabmessung: .....
Gesamtabmessungen: ..... (mit Kesselregulierung)
Gewicht komplett mit Wärmedämmung ..... kg
Kesselkörper: .....
Erdgas: **E / L / Flüssiggas / Bioerdgas**
Max. Nennwärmeleistung: ..... kW
Feuerungst. Wirkungsgrad: bis 108%
Abgasseitiger Widerstand: ..... mbar
Zul. Vorlauftemperatur: bis **90 / 100**°C
Max. zulässiger Betriebsdruck: **4 / 6 / 10** bar
Wasserinhalt: ..... Liter
Abgasrohr, lichte Weite: ..... mm

13.643 16.702€ **17.275€** 20.119€ 24.570€ [St] ⏱ 6,70h/St 340.000.067

12 Gas-Brennwertkessel, 225 bis 400kW KG **421**

Wie Ausführungsbeschreibung A 2
Kesselkörperabmessung: .....
Gesamtabmessungen: ..... (mit Kesselregulierung)
Gewicht komplett mit Wärmedämmung ..... kg
Kesselkörper: .....
Erdgas: **E / L / Flüssiggas / Bioerdgas**
Max. Nennwärmeleistung: ..... kW
Feuerungst. Wirkungsgrad: bis 108%
Abgasseitiger Widerstand: ..... mbar
Zul. Vorlauftemperatur: bis **90 / 100**°C
Max. zulässiger Betriebsdruck: **4 / 6 / 10** bar
Wasserinhalt: ..... Liter
Abgasrohr, lichte Weite: ..... mm

16.660 24.359€ **28.566€** 31.874€ 40.968€ [St] ⏱ 8,00h/St 340.000.068

13 Öl-Brennwerttherme, Wand, bis 15kW KG **421**

Öl-Brennwerttherme, für geschlossene Heizungsanlage, für Heizöl EL DIN 51603-1, Kesselkörper aus Metall, wandhängende Montage, mit modulierendem Brenner, einschl. Ummantelung mit Wärmedämmung, einschl. sicherheitstechnischer Einrichtungen DIN EN 12828, mit MSR in digitaler Ausführung, einschl. interner Verdrahtung.
Kesselkörper: **Edelstahl / Aluminium / Gusseisen**
Heizöl: **EL schwefelarm / A Bio 10**
Wärmeleistung: ..... kW, modulierend 30-100%
Auslegungsvorlauftemperatur: bis **75 / 85**°C
Max. zulässiger Betriebsdruck: 3 bar
Heizmedium: Wasser
Norm-Nutzungsgrad bei **50 / 30**°C: **98 / über 104**% (bezogen auf den unteren Heizwert)
Ausführung gem. Einzelbeschreibung: .....

5.411€ 6.388€ **7.515€** 9.018€ 9.770€ [St] ⏱ 4,20h/St 340.000.080

Nr.	Kurztext / Langtext						Kostengruppe
▶	▷	ø netto €	◁	◀	[Einheit]	Ausf.-Dauer	Positionsnummer

14 Öl-Brennwerttherme, Wand, 15 bis 25kW KG **421**

Öl-Brennwerttherme, für geschlossene Heizungsanlage, für Heizöl EL DIN 51603-1, Kesselkörper aus Metall, wandhängende Montage, mit modulierendem Brenner, einschl. Ummantelung mit Wärmedämmung, einschl. sicherheitstechnischer Einrichtungen DIN EN 12828, mit MSR in digitaler Ausführung; einschl. interner Verdrahtung.
Kesselkörper: **Edelstahl / Aluminium / Gusseisen**
Heizöl: **EL schwefelarm / A Bio 10**
Wärmeleistung: ..... kW, modulierend 30-100%
Auslegungsvorlauftemperatur: bis **75 / 85**°C
Max. zulässiger Betriebsdruck: 3 bar
Heizmedium: Wasser
Norm-Nutzungsgrad bei **50 / 30**°C: **98 / über 104**% (bezogen auf den unteren Heizwert)
Ausführung gem. Einzelbeschreibung: .....

5.742€ | 6.779€ | **7.975€** | 9.570€ | 9.969€ | [St] | ⏱ 4,20h/St | 340.000.081

15 Öl-Brennwertkessel, bis 25kW KG **421**

Öl-Brennwertkessel für Heizöl EL DIN 51603-1, für geschlossene Heizungsanlagen; für den Betrieb mit gleitend abgesenkter Kesselwasser-Temperatur ohne untere Begrenzung, modulierender Brenner, mit Metall-Heizflächen, Brennwert-Wärmetauscher aus Edelstahl. Kesselkörper allseitig wärmegedämmt, Ummantelung aus Stahlblech, epoxidharzbeschichtet.
Lieferumfang: Kessel mit schwenkbarer Kesseltür, inkl. Erdöl-Unit-Brenner, Reinigungsdeckel am Abgassammelkasten, Gegenflanschen mit Schrauben und Dichtungen an allen Stutzen, Wärmedämmung, Brennkammerschauglas, inkl. elektronischer Kesselkreisregelung, komplett mit allen Fühlern, Thermostaten und dem Sicherheitstemperaturbegrenzer.
Abmessungen Kesselkörper: Länge ..... mm, Breite ..... mm, Höhe ..... mm
Gesamtabmessungen: Länge ..... mm, Breite (Kesselregulierung) ..... mm, Höhe ..... mm
Gewicht komplett mit Wärmedämmung ..... kg
Erdgas: **EL schwefelarm / A Bio 10**
Max. Nennwärmeleistung ..... kW
Feuerungst. Wirkungsgrad: bis 103%
Abgasseitiger Widerstand: ..... mbar
Zul. Vorlauftemperatur: bis **90 / 100**°C
Max. zulässiger Betriebsdruck: 3 bar
Wasserinhalt: ..... Liter
Abgasrohr lichte Weite: ..... mm
Ausführung gem. Einzelbeschreibung: .....

8.760€ | 9.481€ | **10.306€** | 11.336€ | 13.397€ | [St] | ⏱ 6,20h/St | 340.000.082

Kosten:
Stand 4. Quartal 2024
Bundesdurchschnitt

▶ min
▷ von
ø Mittel
◁ bis
◀ max

Nr.	Kurztext / Langtext						Kostengruppe
▶	▷	ø netto €	◁	◀	[Einheit]	Ausf.-Dauer	Positionsnummer

16 Öl-Brennwertkessel, 25 bis 50kW KG **421**

Öl-Brennwertkessel für Heizöl EL DIN 51603-1, für geschlossene Heizungsanlagen; für den Betrieb mit gleitend abgesenkter Kesselwasser-Temperatur ohne untere Begrenzung, modulierender Brenner, mit Metall-Heizflächen, Brennwert-Wärmetauscher aus Edelstahl. Kesselkörper allseitig wärmegedämmt, Ummantelung aus Stahlblech, epoxidharzbeschichtet.
Lieferumfang: Kessel mit schwenkbarer Kesseltür, inkl. Erdöl-Unit-Brenner, Reinigungsdeckel am Abgassammelkasten, Gegenflanschen mit Schrauben und Dichtungen an allen Stutzen, Wärmedämmung, Brennkammerschauglas, inkl. elektronischer Kesselkreisregelung, komplett mit allen Fühlern, Thermostaten und dem Sicherheitstemperaturbegrenzer.
Abmessungen Kesselkörper: Länge ..... mm, Breite ..... mm, Höhe ..... mm
Gesamtabmessungen: Länge ..... mm, Breite (Kesselregulierung) ..... mm, Höhe ..... mm
Gewicht komplett mit Wärmedämmung ..... kg
Erdgas: **EL schwefelarm / A Bio 10**
Max. Nennwärmeleistung ..... kW
Feuerungst. Wirkungsgrad: bis 103%
Abgasseitiger Widerstand: ..... mbar
Zul. Vorlauftemperatur: bis **90 / 100**°C
Max. zulässiger Betriebsdruck: 3 bar
Wasserinhalt: ..... Liter
Abgasrohr lichte Weite: ..... mm
Ausführung gem. Einzelbeschreibung: .....

9.319€ 10.086€ **10.963€** 12.060€ 13.704€ [St] ⏱ 6,20h/St 340.000.083

17 Öl-Brennwertkessel, 50 bis 70kW KG **421**

Öl-Brennwertkessel für Heizöl EL DIN 51603-1, für geschlossene Heizungsanlagen; für den Betrieb mit gleitend abgesenkter Kesselwasser-Temperatur ohne untere Begrenzung, modulierender Brenner, mit Metall-Heizflächen, Brennwert-Wärmetauscher aus Edelstahl. Kesselkörper allseitig wärmegedämmt, Ummantelung aus Stahlblech, epoxidharzbeschichtet.
Lieferumfang: Kessel mit schwenkbarer Kesseltür, inkl. Erdöl-Unit-Brenner, Reinigungsdeckel am Abgassammelkasten, Gegenflanschen mit Schrauben und Dichtungen an allen Stutzen, Wärmedämmung, Brennkammerschauglas, inkl. elektronischer Kesselkreisregelung, komplett mit allen Fühlern, Thermostaten und dem Sicherheitstemperaturbegrenzer.
Abmessungen Kesselkörper: Länge ..... mm, Breite ..... mm, Höhe ..... mm
Gesamtabmessungen: Länge ..... mm, Breite (Kesselregulierung) ..... mm, Höhe ..... mm
Gewicht komplett mit Wärmedämmung ..... kg
Erdgas: **EL schwefelarm / A Bio 10**
Max. Nennwärmeleistung ..... kW
Feuerungst. Wirkungsgrad: bis 103%
Abgasseitiger Widerstand: ..... mbar
Zul. Vorlauftemperatur: bis **90 / 100**°C
Max. zulässiger Betriebsdruck: 3 bar
Wasserinhalt: ..... Liter
Abgasrohr lichte Weite: ..... mm
Ausführung gem. Einzelbeschreibung: .....

11.678 13.413€ **15.780€** 18.937€ 22.093€ [St] ⏱ 7,60h/St 340.000.084

Nr.	Kurztext / Langtext						Kostengruppe
▶	▷	**ø netto €**	◁	◀	[Einheit]	Ausf.-Dauer	Positionsnummer

18 Öl-Brennwertkessel, 70 bis 100kW KG **421**

Öl-Brennwertkessel für Heizöl EL DIN 51603-1, für geschlossene Heizungsanlagen; für den Betrieb mit gleitend abgesenkter Kesselwasser-Temperatur ohne untere Begrenzung, modulierender Brenner, mit Metall-Heizflächen, Brennwert-Wärmetauscher aus Edelstahl. Kesselkörper allseitig wärmegedämmt, Ummantelung aus Stahlblech, epoxidharzbeschichtet.
Lieferumfang: Kessel mit schwenkbarer Kesseltür, inkl. Erdöl-Unit-Brenner, Reinigungsdeckel am Abgassammelkasten, Gegenflanschen mit Schrauben und Dichtungen an allen Stutzen, Wärmedämmung, Brennkammerschauglas, inkl. elektronischer Kesselkreisregelung, komplett mit allen Fühlern, Thermostaten und dem Sicherheitstemperaturbegrenzer.
Abmessungen Kesselkörper: Länge ..... mm, Breite ..... mm, Höhe ..... mm
Gesamtabmessungen: Länge ..... mm, Breite (Kesselregulierung) ..... mm, Höhe ..... mm
Gewicht komplett mit Wärmedämmung ..... kg
Erdgas: **EL schwefelarm / A Bio 10**
Max. Nennwärmeleistung ..... kW
Feuerungst. Wirkungsgrad: bis 103%
Abgasseitiger Widerstand: ..... mbar
Zul. Vorlauftemperatur: bis **90 / 100**°C
Max. zulässiger Betriebsdruck: 3 bar
Wasserinhalt: ..... Liter
Abgasrohr lichte Weite: ..... mm
Ausführung gem. Einzelbeschreibung: .....

16.400	18.838€	**22.162€**	26.595€	30.141€	[St]	⏱ 8,40h/St	340.000.085

A 3 Heizöltank, stehend Beschreibung für Pos. **19-20**

Heizöllagerbehälter in stehender Ausführung, für oberirdische Lagerung im Gebäude. Leckschutzauskleidung mit Bauartzulassung. Überwachung mit Vakuum. Eventueller Zusatz: Heizölauffangbehälter, Entlüftungsleitung, Füllleitung, Entlüftungshaube, Grenzwertgeber, Tankinhaltsanzeiger, Tankeinbaugarnitur, Sicherheitsrohr, Doppelpumpenaggregat, Absperrkombination, Filterkombination, Schnellschlussventile, Kugelhähne, Motor- und Schutzschalter, Elektroleitungen, Bezeichnungsschilder, Doppelkugel-Fußventil.

19 Heizöltank, stehend, 3.000 Liter KG **421**

Wie Ausführungsbeschreibung A 3
Material Behälter: **Stahl / GFK**
Brutto-Lagervolumen: 3.000 Liter
Abmessung: .....
Einbringung: **am Stück / geteilt**, mit Unterstützungskonstruktion

3.145€	3.387€	**4.124€**	4.860€	5.891€	[St]	⏱ 2,20h/St	340.000.058

20 Heizöltank, stehend, 5.000 Liter KG **421**

Wie Ausführungsbeschreibung A 3
Material Behälter: **Stahl / GFK**
Brutto-Lagervolumen: 5.000 Liter
Abmessung: .....
Einbringung: **am Stück / geteilt**, mit Unterstützungskonstruktion

3.510€	3.881€	**5.081€**	5.644€	8.115€	[St]	⏱ 2,50h/St	340.000.077

Kosten:
Stand 4. Quartal 2024
Bundesdurchschnitt

▶ min
▷ von
ø Mittel
◁ bis
◀ max

A 4 **Holz/Pellet-Heizkessel** Beschreibung für Pos. **21-23**

Heizkessel für geschlossene Warmwasserheizungsanlagen für Festbrennstoff zur Erzeugung von Warmwasser. Kesselkörper aus Metall, für stehende Montage, einschl. sicherheitstechnischer Einrichtungen. Anschlussstutzen für Vor-, Rücklauf, Entlüftung, Füllung, Entleerung. Mit CE-Registrierung und Bauartzulassung.

21 **Holz/Pellet-Heizkessel, bis 25kW** KG **421**

Wie Ausführungsbeschreibung A 4
Kesselkörper: **Stahl / Guss**
Brennstoff: **Stückholz / Pellets DIN EN ISO 17225-2**
Wärmeleistung: ..... kW
Auslegungsvorlauftemperatur: bis 110°C
Max. zulässiger Betriebsdruck: **6 / 10 / 16 / 25** bar
Heizmedium: Wasser
Norm-Nutzungsgrad: bei **75 / 60**°C: **92 / 94**% (bezogen auf den unteren Heizwert)
Abmessungen Kesselkörper: Länge ..... mm, Breite: ..... mm, Höhe: ..... mm
Gesamtabmessungen: Länge ..... mm, Breite (mit Kesselregulierung) ..... mm, Höhe: ..... mm
Gewicht komplett mit Wärmedämmung: ..... kg
Wasserinhalt: ..... Liter

13.768 14.848€ **15.317€** 16.353€ 18.497€ [St] ⏱ 5,00h/St 340.000.059

22 **Holz/Pellet-Heizkessel, 25 bis 50kW** KG **421**

Wie Ausführungsbeschreibung A 4
Kesselkörper: **Stahl / Guss**
Brennstoff: **Stückholz / Pellets DIN EN ISO 17225-2**
Wärmeleistung: ..... kW
Auslegungsvorlauftemperatur: bis 110°C
Max. zulässiger Betriebsdruck: **6 / 10 / 16 / 25** bar
Heizmedium: Wasser
Norm-Nutzungsgrad: bei **75 / 60**°C: **92 / 94**% (bezogen auf den unteren Heizwert)
Abmessungen Kesselkörper: Länge ..... mm, Breite: ..... mm, Höhe: ..... mm
Gesamtabmessungen: Länge ..... mm, Breite (mit Kesselregulierung) ..... mm, Höhe: ..... mm
Gewicht komplett mit Wärmedämmung: ..... kg
Wasserinhalt: ..... Liter

14.849 16.560€ **17.015€** 18.756€ 21.057€ [St] ⏱ 5,20h/St 340.000.071

Nr.	Kurztext / Langtext						Kostengruppe
▶	▷	ø netto €	◁	◀	[Einheit]	Ausf.-Dauer	Positionsnummer

23 **Holz/Pellet-Heizkessel, 50 bis 120kW** KG **421**

Wie Ausführungsbeschreibung A 4
Kesselkörper: **Stahl / Guss**
Brennstoff: **Stückholz / Pellets DIN EN ISO 17225-2**
Wärmeleistung: ..... kW
Auslegungsvorlauftemperatur: bis 110°C
Max. zulässiger Betriebsdruck: **6 / 10 / 16 / 25** bar
Heizmedium: Wasser
Norm-Nutzungsgrad: bei **75 / 60**°C: **92 / 94**% (bezogen auf den unteren Heizwert)
Abmessungen Kesselkörper: Länge ..... mm, Breite: ..... mm, Höhe: ..... mm
Gesamtabmessungen: Länge ..... mm, Breite (mit Kesselregulierung) ..... mm, Höhe: ..... mm
Gewicht komplett mit Wärmedämmung: ..... kg
Wasserinhalt: ..... Liter

23.078 40.010€ **43.570€** 62.567€ 87.640€ [St] ⏱ 6,00h/St 340.000.072

24 **Pellet-Fördersystem, Förderschnecke** KG **421**

Beschickungssystem für Pelletfeuerungen als Förderschnecke mit Antrieb und Steuerung. Lagerbodenschnecke mit ziehendem Antrieb und Übergabetrichter für Beschickung des Kessels mit Brennstoff. Antriebseinheit mit Stirnradgetriebemotor. Auswurf mit Revisionsdeckel, Sicherheitsendschalter und Fallrohr/Adapter zur nachfolgenden Fördereinrichtung. Schnecke und Kanal aus Stahl geschweißt. Rohrförderschnecke für Pellets, Steigungswinkel bis 65°. Ziehender Antrieb mit Auswurf über einer Fallstrecke. Der Antrieb erfolgt über Stirnradgetriebemotor. Steuerung im Schaltkasten vorverkabelt.
Lagerbodenschnecke: ..... m
Schneckendurchmesser: ..... mm
Waagerechte Länge: ..... m
Durchmesser Förderschnecke: max. 120 mm
Länge der Rohrförderschnecke: ..... m
Max. Förderkapazität: ..... kg/h
Anschluss 230 V 50 Hz: 0,5 kW

2.533€ 3.426€ **3.656€** 4.378€ 5.272€ [St] ⏱ 0,60h/St 340.000.073

25 **Brennstofflagerbehälter für Holzpellets** KG **421**

Brennstofflagerbehälter aus Stahlgestell und flexiblem Gewebe für Holzpellets als **Sacksilo / Betonschacht / Fertig-Kunststoffbehälter** inkl. Anschluss.
Aufstellort: **innerhalb des Gebäudes / außerhalb des Gebäudes / unterirdisch**
Ausführung Behälter: **luftdurchlässig / luftundurchlässig, staubdicht, antistatisch / wasserdicht und frostsicher**
Inhalt: ..... t
Länge/Breite Aufstellraum: ..... x ..... m
Raumhöhe: ..... m

3.904€ 4.829€ **4.893€** 4.956€ 5.881€ [St] ⏱ 4,50h/St 340.000.107

Kosten:
Stand 4. Quartal 2024
Bundesdurchschnitt

▶ min
▷ von
ø Mittel
◁ bis
◀ max

26 Neutralisationsanlage, Brennwertgeräte KG **421**

Neutralisationsanlage geeignet für Kondenswasser aus Erdgas/Heizöl. Gehäuse aus durchsichtigem Kunststoff mit Markierung für minimalen und maximalen Füllstand. Komplett mit Neutralisationsgranulat befüllt, Halteschellen und vorbereitetem Abwasseranschluss für HT-Rohr, inkl. Sifon.
Brennwertgeräte: bis ..... kW
Gesamtabmessungen Länge: ..... mm
Durchmesser: ..... mm
Anschluss Fallstrang: ca. 4,00 m

▶	▷	ø netto €	◁	◀	[Einheit]	Ausf.-Dauer	Positionsnummer
323€	557€	**655€**	1.007€	1.717€	[St]	⏱ 0,90h/St	340.000.105

27 Neutralisationsgranulat 5kg KG **421**

Neutralisationsgranulat als **Nachfüllpack / Erstbefüllung** in 5kg.

▶	▷	ø netto €	◁	◀	[Einheit]	Ausf.-Dauer	Positionsnummer
78€	132€	**158€**	189€	228€	[St]	⏱ 0,15h/St	340.000.106

A 5 Flach-Solarkollektoranlage, thermisch Beschreibung für Pos. **28-30**

Flachkollektor für Heizung in Aufdachmontage mit konstruktiver Verankerung sowie systembedingten Befestigungsmitteln und gedämmter Solarpumpenregelgruppe. Module mit korrosions- und witterungsbeständigem Rahmen und mit hochselektiver Vakuumbeschichtung, rückseitig hochtemperaturbeständige Wärmeschutzdämmung, mit durchgehender Wanne, hochtransparentes, gehärtetes Solarsicherheitsglas, mit Bauartzulassung, 2 Fühlerhülsen für Fühler. Leistung einschl. Anschlussfittinge für Kupferrohr sowie sämtlicher Verbindungs- und Dichtungsmaterialien und ca. 40m fertigisolierter Solaranschlussleitungen mit Dachdurchführungen und Frostschutz-Befüllung.

28 Flach-Solarkollektoranlage, thermisch, bis 10m² KG **421**

Wie Ausführungsbeschreibung A 5
Frostschutz-Befüllung (Menge, Art und Mischungsverhältnis): .....
Kollektor-Neigungswinkel: min./max. 15-75°
Mindest-Ertrag: 500 kWh/(m²a) gem. Prüfverfahren nach EN12975-2
Maximaler Betriebsdruck: 10 bar
Aperturfläche: bis 10 m²
Ausführung gem. nachfolgender Einzelbeschreibung: .....

▶	▷	ø netto €	◁	◀	[Einheit]	Ausf.-Dauer	Positionsnummer
7.757€	11.085€	**12.529€**	14.540€	18.920€	[St]	⏱ 4,90h/St	340.000.060

29 Flach-Solarkollektoranlage, thermisch, 10-20m² KG **421**

Wie Ausführungsbeschreibung A 5
Frostschutz-Befüllung (Menge, Art und Mischungsverhältnis): .....
Kollektor-Neigungswinkel: min./max. 15-75°
Mindest-Ertrag: 500 kWh/(m²a) gem. Prüfverfahren nach EN12975-2
Maximaler Betriebsdruck: 10 bar
Aperturfläche: 10 bis 20 m²
Ausführung gem. nachfolgender Einzelbeschreibung: .....

▶	▷	ø netto €	◁	◀	[Einheit]	Ausf.-Dauer	Positionsnummer
10.794	14.093€	**14.992€**	18.890€	19.940€	[St]	⏱ 5,80h/St	340.000.061

Kosten:
Stand 4. Quartal 2024
Bundesdurchschnitt

Nr.	**Kurztext** / Langtext						Kostengruppe
▶	▷	**ø netto €**	◁	◀	[Einheit]	Ausf.-Dauer	Positionsnummer

30 Flach-Solarkollektoranlage, thermisch, 20-30m² — KG **421**

Wie Ausführungsbeschreibung A 5
Frostschutz-Befüllung (Menge, Art und Mischungsverhältnis): .....
Kollektor-Neigungswinkel: min./max. 15-75°
Mindest-Ertrag: 500 kWh/(m²a) gem. Prüfverfahren nach EN12975-2
Maximaler Betriebsdruck: 10 bar
Aperturfläche: 20 bis 30 m²
Ausführung gem. nachfolgender Einzelbeschreibung: .....

▶	▷	ø netto €	◁	◀	[Einheit]	Ausf.-Dauer	Positionsnummer
15.985	21.950€	**23.858€**	29.107€	31.016€	[St]	⏱ 7,00h/St	340.000.062

A 6 Wärmepumpe, Sole — Beschreibung für Pos. **31-34**

Elektrisch angetriebene Wärmepumpe für Raumheizung und zur Erwärmung von Trinkwasser DIN EN 14511 für Innenaufstellung, mit Verdichter einschl. Schwingungsdämpfer sowie Regelung für Warmwasserbereitung und einen geregelten Heizkreis. Leistung einschl. Anschlusszubehör und Inbetriebnahme.

31 Wärmepumpe, bis 15kW, Sole — KG **421**

Wie Ausführungsbeschreibung A 6
Wärmequelle: **Sole / Wasser** über **Erdsonden / Erdkollektoren**
Solequalität: .....
Minimale Wärmequellentemperatur: 0°C
Maximale Vorlauftemperatur: **mind. 60**°C **zur Raumheizung / mind. 72**°C **zur WW-Bereitung**
Nennwärmeleistung: bis 15 kW (bei B0W35)
Leistungszahl (COP): mind. 4,5 (bei B0W35)
Maximaler Schallleistungspegel: 55 dB(A)
Maximaler Betriebsdruck: mind. PN 6
Bemessungsbetriebsspannung: 400 V AC
Ausführung gem. nachfolgender Einzelbeschreibung: .....

▶	▷	ø netto €	◁	◀	[Einheit]	Ausf.-Dauer	Positionsnummer
12.772	15.729€	**16.741€**	19.335€	24.388€	[St]	⏱ 6,00h/St	340.000.090

32 Wärmepumpe, 15-25kW, Sole — KG **421**

Wie Ausführungsbeschreibung A 6
Wärmequelle: **Sole / Wasser** über **Erdsonden / Erdkollektoren**
Solequalität: .....
Minimale Wärmequellentemperatur: 0°C
Maximale Vorlauftemperatur: **mind. 60**°C **zur Raumheizung / mind. 72**°C **zur WW-Bereitung**
Nennwärmeleistung: 15-25 kW (bei B0W35)
Leistungszahl (COP): mind. 4,7 (bei B0W35)
Maximaler Schallleistungspegel: 55 dB(A)
Maximaler Betriebsdruck: mind. PN 6
Bemessungsbetriebsspannung: 400 V AC
Ausführung gem. nachfolgender Einzelbeschreibung: .....

▶	▷	ø netto €	◁	◀	[Einheit]	Ausf.-Dauer	Positionsnummer
19.149	22.597€	**24.007€**	24.778€	26.352€	[St]	⏱ 6,00h/St	340.000.091

▶ min
▷ von
ø Mittel
◁ bis
◀ max

Nr.	Kurztext / Langtext						Kostengruppe
▶	▷	ø netto €	◁	◀	[Einheit]	Ausf.-Dauer	Positionsnummer

33 **Wärmepumpe, 25-35kW, Sole** — KG **421**

Wie Ausführungsbeschreibung A 6
Wärmequelle: **Sole / Wasser** über **Erdsonden / Erdkollektoren**
Solequalität: .....
Minimale Wärmequellentemperatur: 0°C
Maximale Vorlauftemperatur: **mind. 60**°C **zur Raumheizung / mind. 72**°C **zur WW-Bereitung**
Nennwärmeleistung: 25-35 kW (bei B0W35)
Leistungszahl (COP): mind. 4,7 (bei B0W35)
Maximaler Schallleistungspegel: 55 dB(A)
Maximaler Betriebsdruck: mind. PN 6
Bemessungsbetriebsspannung: 400 V AC
Ausführung gem. nachfolgender Einzelbeschreibung: .....

▶	▷	ø netto €	◁	◀	[Einheit]	Ausf.-Dauer	Positionsnummer
24.342	28.866€	**29.532€**	32.649€	34.709€	[St]	⏱ 6,00h/St	340.000.092

34 **Wärmepumpe, 35-50kW, Sole** — KG **421**

Wie Ausführungsbeschreibung A 6
Wärmequelle: **Sole / Wasser** über **Erdsonden / Erdkollektoren**
Solequalität: .....
Minimale Wärmequellentemperatur: 0°C
Maximale Vorlauftemperatur: **mind. 60**°C **zur Raumheizung / mind. 72**°C **zur WW-Bereitung**
Nennwärmeleistung: 35-50 kW (bei B0W35)
Leistungszahl (COP): mind. 4,7 (bei B0W35)
Maximaler Schallleistungspegel: 55 dB(A)
Maximaler Betriebsdruck: mind. PN 6
Bemessungsbetriebsspannung: 400 V AC
Ausführung gem. nachfolgender Einzelbeschreibung: .....

▶	▷	ø netto €	◁	◀	[Einheit]	Ausf.-Dauer	Positionsnummer
31.566	35.695€	**38.315€**	40.124€	45.024€	[St]	⏱ 7,00h/St	340.000.093

A 7 **Wärmepumpe, Luft** — Beschreibung für Pos. **35-37**

Elektrisch angetriebene Wärmepumpe für Raumheizung und zur Erwärmung von Trinkwasser DIN EN 14511 für Innen-/Außenaufstellung, mit Verdichter, einschl. Schwingungsdämpfer sowie Regelung für Warmwasserbereitung und einen geregelten Heizkreis. Leistung einschl. Anschlusszubehör und Inbetriebnahme.

35 **Wärmepumpe, bis 15kW, Luft** — KG **421**

Wie Ausführungsbeschreibung A 7
Wärmequelle: Luft
Minimale Wärmequellentemperatur: -18°C
Maximaler Vorlauftemperatur: **mind. 55**°C **zur Raumheizung mit zusätzlichem elektrischen Heizstab / mind. 72**°C **zur WW-Bereitung**
Montage/Aufstellung: schallentkoppelt
Nennwärmeleistung bis 15 kW (bei A2W35)
Leistungszahl (COP): mind. 4,0 (bei A2W35)
Maximaler Schallleistungspegel: 60 dB(A)
Maximaler Betriebsdruck: mind. PN 6
Bemessungsbetriebsspannung: 400 V AC
Ausführung gem. nachfolgender Einzelbeschreibung: .....

▶	▷	ø netto €	◁	◀	[Einheit]	Ausf.-Dauer	Positionsnummer
12.871	15.476€	**17.156€**	18.595€	21.125€	[St]	⏱ 6,00h/St	340.000.094

Nr.	Kurztext / Langtext						Kostengruppe
▶	▷	**ø netto €**	◁	◀	[Einheit]	Ausf.-Dauer	Positionsnummer

36 Wärmepumpe, 15-25kW, Luft KG **421**

Wie Ausführungsbeschreibung A 7
Wärmequelle: Luft
Minimale Wärmequellentemperatur: -18°C
Maximaler Vorlauftemperatur: **mind. 55**°C **zur Raumheizung mit zusätzlichem elektrischen Heizstab / mind. 72**°C **zur WW-Bereitung**
Montage/Aufstellung: schallentkoppelt
Nennwärmeleistung 15-25 kW (bei A2W35)
Leistungszahl (COP): mind. 3,5 (bei A2W35)
Maximaler Schallleistungspegel: 65 dB(A)
Maximaler Betriebsdruck: mind. PN 6
Bemessungsbetriebsspannung: 400 V AC
Ausführung gem. nachfolgender Einzelbeschreibung: .....

22.190 | 24.238€ | **24.784€** | 25.405€ | 27.453€ | [St] | ⏱ 6,00h/St | 340.000.095

37 Wärmepumpe, 25-35kW, Luft KG **421**

Wie Ausführungsbeschreibung A 7
Wärmequelle: Luft
Minimale Wärmequellentemperatur: -18°C
Maximaler Vorlauftemperatur: **mind. 55**°C **zur Raumheizung mit zusätzlichem elektrischen Heizstab / mind. 72**°C **zur WW-Bereitung**
Montage/Aufstellung: schallentkoppelt
Nennwärmeleistung 25-35 kW (bei A2W35)
Leistungszahl (COP): mind. 3,4 (bei A2W35)
Maximaler Schallleistungspegel: 65 dB(A)
Maximaler Betriebsdruck: mind. PN 6
Bemessungsbetriebsspannung: 400 V AC
Ausführung gem. nachfolgender Einzelbeschreibung: .....

31.402 | 35.052€ | **35.588€** | 38.446€ | 42.044€ | [St] | ⏱ 6,00h/St | 340.000.096

38 Erdsondenanlage, Wärmepumpe KG **421**

Erdsondenanlage mit druckgeprüften Doppel-U-Sonden und Füllung des Ringraums mit Zement-Bentonit-Suspension. Ausführung der Erdwärmesondenbohrung(en) einschl. eventuell notwendiger Verrohrung des Bohrlochs. Leistung inkl. Antrag auf wasserrechtliche Genehmigung einschl. Bohrgenehmigung zur Vorlage bei der zuständigen Behörde und Nebenarbeiten und Versicherungen. Graphische Darstellung der Bohrergebnisse, Ausbauzeichnung. Baustelleneinrichtung mit An- und Abtransport Bohrgerät, Mannschaft und Ausrüstung, Auf- und Abbau des Bohrgeräts je Ansatzpunkt einschl. Umsetzen.
Bohrloch: ca. 160 mm
Doppel-U-Sonden: 32 mm einschl. Fußstück
Durchflussspülung und Befüllung: mit **Wasser / Wasser-Glykol**
Sondentiefe: bis 50 m
Überstand Sonden über Gelände: ca. 1,00 m
Ausführung gem. nachfolgender Einzelbeschreibung: .....

88€ | 97€ | **103€** | 107€ | 115€ | [m] | ⏱ 0,20h/m | 340.000.101

Kosten:
Stand 4.Quartal 2024
Bundesdurchschnitt

▶ min
▷ von
ø Mittel
◁ bis
◀ max

39 Elektro Heizeinsatz, Heizungsanlage KG **422**

Elektro-Heizeinsatz, Heizleistung von 2,4 oder 6kW wählbar. Einsetzbar bei weichem bis mittelhartem Trinkwasser bis 2,5mol/m³ (14° dH, Härtebereich mittel). Mit Sicherheitstemperaturbegrenzer und Temperaturregler.

322€ 417€ **466€** 513€ 608€ [St] ⏱ 1,00h/St 340.000.111

40 Inbetriebnahme Wärmepumpe KG **421**

Die Erstinbetriebnahme der Wärmepumpe sollte rechtzeitig angemeldet werden. Die Inbetriebnahme hat gem. der Vorgaben des Wärmepumpenherstellers sowie den gesetzlichen Bestimmungen unter Berücksichtigung der Garantie und Gewährleistung zu erfolgen, einschl. An- und Abreisekosten, inkl. Aushändigung des unterzeichneten Übergabe und Inbetriebnahmeprotokolls.
Leistungsumfang: Inbetriebsetzen der Wärmepumpe, Inbetriebnahme der Regelungsanlage, Inbetriebsetzen und Programmieren Fernüberwachung, Überprüfen der Hersteller-Projektierungsrichtlinien, Protokollerstellung mit allen eingestellten Parametern, inkl. Aushändigung des unterzeichneten Übergabe-/Inbetriebnahmeprotokolls.

686€ 1.640€ **1.795€** 3.066€ 5.774€ [psch] ⏱ 4,80h/psch 340.000.108

41 Wartung, Wärmepumpe KG **421**

Wartung einer Luft, Wasser, Sole Wärmepumpe gem. der Vorgaben des Wärmepumpenherstellers sowie den gesetzlichen Bestimmungen unter Berücksichtigung der Garantie und Gewährleistung.

299€ 313€ **315€** 326€ 340€ [psch] ⏱ 1,80h/psch 340.000.104

42 Speicher-Wassererwärmer mit Solar, bis 500 Liter KG **421**

Bivalenter Speicher-Wassererwärmer für Trinkwasser, mit zwei innenliegenden Heizflächen, mit Einbauheizfläche für Solarthermie und weiteren Wärmeerzeuger. Leistung einschl. Anschlüssen für Medien und für Messwertgeber, mit Revisionsöffnung, mit abnehmbarer Wärmedämmung und Ummantelung, mit Anschlussleitungen.
Speicher: Bauart stehend
Material: **nichtrostendem Stahl / Stahl emailliert**
Speicherinhalt: bis 500 Liter
DIN 4708-2 bei Erwärmung von 10 auf 45°C
Leistungskennzahl je Heizfläche mindestens NL 2,5
(nach DIN 4708 bei Speicher-/VL-Temperatur 60/70°C)
Ausführung gem. nachfolgender Einzelbeschreibung: .....

3.808€ 4.611€ **5.099€** 5.716€ 6.747€ [St] ⏱ 2,50h/St 340.000.102

43 Stundensatz, Obermonteur/-in Heizung

Verrechnungssatz für die jeweilige Arbeitskraft inkl. aller Aufwendungen wie Lohn- und Gehaltskosten, Lohn- und Gehaltsnebenkosten, Zuschläge, lohngebundene und lohnabhängige Kosten, sonstige Sozialkosten, Gemeinkosten, Wagnis und Gewinn. Leistung nach besonderer Anordnung der Bauüberwachung. Nachweis und Anmeldung gem. VOB/B.

61€ 64€ **65€** 68€ 71€ [h] ⏱ 1,00h/h 340.000.109

44 Stundensatz, Helfer/-in Heizung

Verrechnungssatz für die jeweilige Arbeitskraft inkl. aller Aufwendungen wie Lohn- und Gehaltskosten, Lohn- und Gehaltsnebenkosten, Zuschläge, lohngebundene und lohnabhängige Kosten, sonstige Sozialkosten, Gemeinkosten, Wagnis und Gewinn. Leistung nach besonderer Anordnung der Bauüberwachung. Nachweis und Anmeldung gem. VOB/B.

40€ 46€ **49€** 54€ 61€ [h] ⏱ 1,00h/h 340.000.110

Kosten:
Stand 4. Quartal 2024
Bundesdurchschnitt

Nr.	Positionen	Einheit	▶	▷	ø brutto € / ø netto €	◁	◀
1	Röhrenradiator demontieren, bis 50kg	St	44	53	**54**	56	65
			37	44	**46**	47	55
2	Röhrenradiator demontieren, bis 100kg	St	54	82	**88**	97	121
			45	69	**74**	81	102
3	Flachheizkörper demontieren, bis 50kg	St	41	49	**53**	53	61
			35	41	**44**	45	51
4	Gewinderohrleitung, demontieren, bis DN50	m	6	9	**11**	16	21
			5	8	**9**	13	18
5	Gewinderohrleitung, demontieren, bis DN100	m	12	19	**20**	21	29
			10	16	**17**	18	24
6	Kupferrohrleitung, demontieren, bis DN25	m	7	8	**10**	11	12
			6	7	**8**	9	10
7	Heizkörper ausbauen/wieder einbauen	St	43	62	**66**	73	111
			36	52	**55**	62	94
8	Schlamm und Magnetitabscheider 1 1/4"	St	325	412	**426**	469	510
			273	346	**358**	394	429
9	Schlamm und Magnetitabscheider 1 1/2"	St	325	422	**452**	485	500
			273	355	**380**	407	420
10	Hydraulischer Abgleich	St	578	727	**788**	865	1.024
			486	611	**662**	727	861
11	Rohrleitung, C-Stahlrohr, DN10	m	16	19	**22**	25	28
			13	16	**18**	21	23
12	Rohrleitung, C-Stahlrohr, DN12	m	20	22	**25**	27	30
			17	19	**21**	23	25
13	Rohrleitung, C-Stahlrohr, DN15	m	23	26	**30**	32	36
			19	22	**25**	27	30
14	Rohrleitung, C-Stahlrohr, DN20	m	29	31	**33**	35	41
			24	26	**27**	30	34
15	Rohrleitung, C-Stahlrohr, DN25	m	29	41	**44**	58	77
			25	34	**37**	49	64
16	Rohrleitung, C-Stahlrohr, DN32	m	39	47	**47**	51	59
			33	39	**40**	43	50
17	Rohrleitung, C-Stahlrohr, DN40	m	48	59	**64**	68	79
			40	49	**54**	57	66
18	Rohrleitung, C-Stahlrohr, DN50	m	67	79	**80**	84	95
			56	66	**67**	70	80
19	Rohrleitung, C-Stahlrohr, DN65	m	70	82	**84**	90	102
			59	69	**71**	76	85
20	Kompaktheizkörper, Stahl, H=500, L=bis 700	St	213	234	**258**	306	394
			179	197	**217**	257	331
21	Kompaktheizkörper, Stahl, H=500, L=bis 1400	St	425	465	**495**	633	763
			357	390	**416**	532	642
22	Kompaktheizkörper, Stahl, H=500, L=bis 2.100	St	584	645	**710**	777	999
			490	542	**596**	653	839
23	Kompaktheizkörper, Stahl, H=600, L=bis 700	St	262	283	**320**	430	556
			221	238	**269**	361	468
24	Kompaktheizkörper, Stahl, H=600, L=bis 1.400	St	467	507	**600**	703	822
			393	426	**504**	591	691

▶ min
▷ von
ø Mittel
◁ bis
◀ max

Nr.	Positionen	Einheit	►	▷	ø brutto € / ø netto €	◁	◄
25	Kompaktheizkörper, Stahl, H=600, L=bis 2.100	St	607	682	**739**	878	1.039
			510	573	**621**	738	873
26	Kompaktheizkörper, Stahl, H=900, L=bis 700	St	346	382	**419**	522	644
			291	321	**352**	439	541
27	Kompaktheizkörper, Stahl, H=900, L=bis 1.400	St	561	652	**696**	884	1.097
			471	548	**585**	743	922
28	Kompaktheizkörper, Stahl, H=900, L=bis 2.100	St	820	875	**962**	1.069	1.282
			689	735	**809**	899	1.077
29	Deckenstrahlplatte	St	3.395	5.075	**5.351**	5.993	8.119
			2.853	4.265	**4.497**	5.036	6.823

Nr. **Kurztext** / Langtext — Kostengruppe

► ▷ **ø netto €** ◁ ◄ [Einheit] Ausf.-Dauer Positionsnummer

1 Röhrenradiator demontieren, bis 50kg KG **494**

Röhrenradiator entleeren, demontieren und anfallenden Bauschutt entsorgen, einschl. Verschließen der Anschlussleitung.
Größe: bis 50 kg

37€ 44€ **46€** 47€ 55€ [St] ⏱ 0,55h/St 341.000.060

2 Röhrenradiator demontieren, bis 100kg KG **494**

Röhrenradiator entleeren, demontieren und anfallenden Bauschutt entsorgen, einschl. Verschließen der Anschlussleitung.
Größe: 50 bis 100 kg

45€ 69€ **74€** 81€ 102€ [St] ⏱ 0,80h/St 341.000.061

3 Flachheizkörper demontieren, bis 50kg KG **494**

Flachheizkörper entleeren, demontieren und anfallenden Bauschutt entsorgen, einschl. Verschließen der Anschlussleitung.
Größe: bis 50 kg

35€ 41€ **44€** 45€ 51€ [St] ⏱ 0,50h/St 341.000.062

4 Gewinderohrleitung, demontieren, bis DN50 KG **494**

Entleerte Gewinderohrleitung inkl. Befestigung demontieren einschl. Entsorgung. Anschlussleitung verschließen.
Durchmesser: bis DN50
Material: ......

5€ 8€ **9€** 13€ 18€ [m] ⏱ 0,15h/m 341.000.063

5 Gewinderohrleitung, demontieren, bis DN100 KG **494**

Entleerte Gewinderohrleitung inkl. Befestigung demontieren einschl. Entsorgung. Anschlussleitung verschließen.
Durchmesser: DN65 bis DN100
Material: .....

10€ 16€ **17€** 18€ 24€ [m] ⏱ 0,33h/m 341.000.064

Nr.	Kurztext / Langtext						Kostengruppe
▶	▷	ø netto €	◁	◀	[Einheit]	Ausf.-Dauer	Positionsnummer

6 Kupferrohrleitung, demontieren, bis DN25 KG **494**

Entleerte Kupferrohrleitung inkl. Befestigung demontieren einschl. Entsorgung. Anschlussleitung verschließen.
Durchmesser: bis DN25

6€	7€	**8€**	9€	10€	[m]	⏱ 0,18h/m	341.000.065

7 Heizkörper ausbauen/wieder einbauen KG **423**

Heizkörper nach Aufforderung der Bauleitung einmal geschlossen ausbauen und wieder geschlossen einbauen.
Heizkörper: **Röhren- / Plattenheizkörper / Konvektor**
Einheit: Stück
Förderweg: .....
Lagerstelle: .....

36€	52€	**55€**	62€	94€	[St]	⏱ 1,00h/St	341.000.078

Kosten:
Stand 4. Quartal 2024
Bundesdurchschnitt

A 1 Schlamm und Magnetitabscheider Beschreibung für Pos. **8-9**

Schlamm und Magnetitabscheider für Heiz- und Kühlwassersysteme bzw. geschlossene flüssigkeitsgefüllte Anlagensysteme, geeignet für die Medien Wasser, Heizungswasser, Klimakaltwasser und Wasser-/Glykolgemisch, als Abscheider zur Entfernung von zirkulierenden Verunreinigungen (Schmutz und Schlamm), Eisenoxide (magnetische Partikel) aus wasserführenden Systemen.

8 Schlamm und Magnetitabscheider 1 1/4" KG **422**

Wie Ausführungsbeschreibung A 1
Technische Daten:
Abscheidertyp: .....
Gehäuse: .....
Betriebsdruck: .....
Anschluss: .....
Volumenstrom: ..... m³/h
Betriebstemperatur max.: .....°C
Baulänge: ..... mm
Filterwirksamkeit: ..... *f*-m
Fabrikat: .....

273€	346€	**358€**	394€	429€	[St]	⏱ 0,65h/St	341.000.092

9 Schlamm und Magnetitabscheider 1 1/2" KG **422**

Wie Ausführungsbeschreibung A 1
Technische Daten:
Abscheidertyp: .....
Gehäuse: .....
Betriebsdruck: .....
Anschluss: .....
Volumenstrom: ..... m³/h
Betriebstemperatur max.: .....°C
Baulänge: ..... mm
Filterwirksamkeit: ..... *f*-m
Fabrikat: .....

273€	355€	**380€**	407€	420€	[St]	⏱ 0,70h/St	341.000.093

▶ min
▷ von
ø Mittel
◁ bis
◀ max

Nr.	Kurztext / Langtext						Kostengruppe
▶	▷	**ø netto €**	◁	◀	[Einheit]	Ausf.-Dauer	Positionsnummer

10 Hydraulischer Abgleich KG **421**

Hydraulischer Abgleich der gesamten Heizungsanlage gem. VOB Teil C, Einstellen aller Regulierventile, Heizkörperthermostatventile, Pumpen, inkl. aller hierfür erforderlichen Messgeräte, Einstellwerkzeuge sowie Erstellung eines Protokolls.

486€ | 611€ | **662€** | 727€ | 861€ | [St] | ⏱ 2,80 h/St | 341.000.094

A 2 Rohrleitung, C-Stahlrohr Beschreibung für Pos. **11-19**

Rohrleitung in Stangen, geschweißte Ausführung, Rohre außen grundiert mit Kunststoffmantel aus Polypropylen, einschl. Fittings, Materialwechsel bei Armaturen etc. bis DN50, falls nicht separat aufgeführt.

11 Rohrleitung, C-Stahlrohr, DN10 KG **422**

Wie Ausführungsbeschreibung A 2
C-Stahlrohr: .....
Werkstoff: RSt. 34-2
Farbe: **..... / cremeweiß RAL 9001**
Nennweite: 12 x 1,2 mm

13€ | 16€ | **18€** | 21€ | 23€ | [m] | ⏱ 0,13 h/m | 341.000.089

12 Rohrleitung, C-Stahlrohr, DN12 KG **422**

Wie Ausführungsbeschreibung A 2
C-Stahlrohr: .....
Werkstoff: RSt. 34-2
Farbe: **..... / cremeweiß RAL 9001**
Nennweite: 15 x 1,2 mm

17€ | 19€ | **21€** | 23€ | 25€ | [m] | ⏱ 0,15 h/m | 341.000.090

13 Rohrleitung, C-Stahlrohr, DN15 KG **422**

Wie Ausführungsbeschreibung A 2
C-Stahlrohr: .....
Werkstoff: RSt. 34-2
Farbe: **..... / cremeweiß RAL 9001**
Nennweite: 18 x 1,2 mm

19€ | 22€ | **25€** | 27€ | 30€ | [m] | ⏱ 0,18 h/m | 341.000.075

14 Rohrleitung, C-Stahlrohr, DN20 KG **422**

Wie Ausführungsbeschreibung A 2
C-Stahlrohr: .....
Werkstoff: RSt. 34-2
Farbe: **..... / cremeweiß RAL 9001**
Nennweite: 22 x 1,5 mm

24€ | 26€ | **27€** | 30€ | 34€ | [m] | ⏱ 0,22 h/m | 341.000.074

Nr.	Kurztext / Langtext				[Einheit]	Ausf.-Dauer	Kostengruppe Positionsnummer
▶	▷	**ø netto €**	◁	◀			

15 Rohrleitung, C-Stahlrohr, DN25 KG **422**

Wie Ausführungsbeschreibung A 2
C-Stahlrohr: .....
Werkstoff: RSt. 34-2
Farbe: **..... / cremeweiß RAL 9001**
Nennweite: 28 x 1,5 mm

▶	▷	ø netto €	◁	◀	[Einheit]	Ausf.-Dauer	Positionsnummer
25€	34€	**37€**	49€	64€	[m]	⏱ 0,25h/m	341.000.073

16 Rohrleitung, C-Stahlrohr, DN32 KG **422**

Wie Ausführungsbeschreibung A 2
C-Stahlrohr: .....
Werkstoff: RSt. 34-2
Farbe: **..... / cremeweiß RAL 9001**
Nennweite: 35 x 1,5 .mm

▶	▷	ø netto €	◁	◀	[Einheit]	Ausf.-Dauer	Positionsnummer
33€	39€	**40€**	43€	50€	[m]	⏱ 0,28h/m	341.000.072

17 Rohrleitung, C-Stahlrohr, DN40 KG **422**

Wie Ausführungsbeschreibung A 2
C-Stahlrohr: .....
Werkstoff: RSt. 34-2
Farbe: **..... / cremeweiß RAL 9001**
Nennweite: 42 x 1,5 mm

▶	▷	ø netto €	◁	◀	[Einheit]	Ausf.-Dauer	Positionsnummer
40€	49€	**54€**	57€	66€	[m]	⏱ 0,33h/m	341.000.071

18 Rohrleitung, C-Stahlrohr, DN50 KG **422**

Wie Ausführungsbeschreibung A 2
C-Stahlrohr: .....
Werkstoff: RSt. 34-2
Farbe: **..... / cremeweiß RAL 9001**
Nennweite: 54 x 1,5 mm

▶	▷	ø netto €	◁	◀	[Einheit]	Ausf.-Dauer	Positionsnummer
56€	66€	**67€**	70€	80€	[m]	⏱ 0,36h/m	341.000.070

19 Rohrleitung, C-Stahlrohr, DN65 KG **422**

Wie Ausführungsbeschreibung A 2
C-Stahlrohr: .....
Werkstoff: RSt. 34-2
Farbe: **..... / cremeweiß RAL 9001**
Nennweite: 76,1 x 2,0 mm

▶	▷	ø netto €	◁	◀	[Einheit]	Ausf.-Dauer	Positionsnummer
59€	69€	**71€**	76€	85€	[m]	⏱ 0,39h/m	341.000.091

Kosten:
Stand 4. Quartal 2024
Bundesdurchschnitt

▶ min
▷ von
ø Mittel
◁ bis
◀ max

A 3 Kompaktheizkörper, Stahl Beschreibung für Pos. **20-28**

Kompaktheizkörper als Plattenheizkörper, Sickenteilung 33 1/3mm. Übergreifende obere Abdeckung und geschlossene seitliche Blenden. Zweischichtlackierung, lösungsmittelfrei im Heizbetrieb, entfettet, eisenphosphoriert, grundiert mit kathodischem Elektrotauchlack und elektrostatisch pulverbeschichtet, Rückseite mit vier Befestigungslaschen (ab Baulänge 1.800mm = 6St). Einschl. Montageset, bestehend aus Bohrkonsolen, Abstandshalter und Sicherungsbügel zur Befestigung sowie Blind- und Entlüftungsstopfen. Mit Lieferung, Montage sowie Montagezubehör, einschl. Einschraubventil mit Voreinstellung.

20 Kompaktheizkörper, Stahl, H=500, L=bis 700 KG **423**

Wie Ausführungsbeschreibung A 3
Material: Stahlblech St. 12.03
Blechstärke: 1,25 mm
Farbe: weiß
Anschlüsse: G 1/2 **vertikal links / rechts**
Betriebsdruck: max. **4 / 6 / 10** bar
Medium: Heißwasser bis **110 / 120**°C
Bautiefe: ..... mm
Bauhöhe: 500 mm
Baulänge: bis 700 mm
Fabrikat: .....
Typ: .....
Normwärmeabgabe: ..... W/m

179€ 197€ **217€** 257€ 331€ [St] ⏱ 1,00h/St 341.000.080

21 Kompaktheizkörper, Stahl, H=500, L=bis 1.400 KG **423**

Wie Ausführungsbeschreibung A 3
Material: Stahlblech St. 12.03
Blechstärke: 1,25 mm
Farbe: weiß
Anschlüsse: G 1/2 **vertikal links / rechts**
Betriebsdruck: max. **4 / 6 / 10** bar
Medium: Heißwasser bis **110 / 120**°C
Bautiefe: ..... mm
Bauhöhe: 500 mm
Baulänge: 701 bis 1.400 mm
Fabrikat: .....
Typ: .....
Normwärmeabgabe: ..... W/m

357€ 390€ **416€** 532€ 612€ [St] ⏱ 1,10h/St 341.000.081

Kosten:
Stand 4. Quartal 2024
Bundesdurchschnitt

Nr.	Kurztext / Langtext						Kostengruppe
▶	▷	ø netto €	◁	◀	[Einheit]	Ausf.-Dauer	Positionsnummer

22 **Kompaktheizkörper, Stahl, H=500, L=bis 2.100** — KG **423**

Wie Ausführungsbeschreibung A 3
Material: Stahlblech St. 12.03
Blechstärke: 1,25 mm
Farbe: weiß
Anschlüsse: G 1/2 **vertikal links / rechts**
Betriebsdruck: max. **4 / 6 / 10** bar
Medium: Heißwasser bis **110 / 120**°C
Bautiefe: ..... mm
Bauhöhe: 500 mm
Baulänge: 1.401 bis 2.100 mm
Fabrikat: .....
Typ: .....
Normwärmeabgabe: ..... W/m

490€ | 542€ | **596€** | 653€ | 839€ | [St] | ⏱ 1,30h/St | 341.000.082

23 **Kompaktheizkörper, Stahl, H=600, L=bis 700** — KG **423**

Wie Ausführungsbeschreibung A 3
Material: Stahlblech St. 12.03
Blechstärke: 1,25 mm
Farbe: weiß
Anschlüsse: G 1/2 **vertikal links / rechts**
Betriebsdruck: max. **4 / 6 / 10** bar
Medium: Heißwasser bis **110 / 120**°C
Bautiefe: ..... mm
Bauhöhe: 600 mm
Baulänge: bis 700 mm
Fabrikat: .....
Typ: .....
Normwärmeabgabe: ..... W/m

221€ | 238€ | **269€** | 361€ | 468€ | [St] | ⏱ 1,00h/St | 341.000.083

24 **Kompaktheizkörper, Stahl, H=600, L=bis 1.400** — KG **423**

Wie Ausführungsbeschreibung A 3
Material: Stahlblech St. 12.03
Blechstärke: 1,25 mm
Farbe: weiß
Anschlüsse: G 1/2 **vertikal links / rechts**
Betriebsdruck: max. **4 / 6 / 10** bar
Medium: Heißwasser bis **110 / 120**°C
Bautiefe: ..... mm
Bauhöhe: 600 mm
Baulänge: 701 bis 1.400 mm
Fabrikat: .....
Typ: .....
Normwärmeabgabe: ..... W/m

393€ | 426€ | **504€** | 591€ | 691€ | [St] | ⏱ 1,10h/St | 341.000.084

▶ min
▷ von
ø Mittel
◁ bis
◀ max

Nr.	Kurztext / Langtext						Kostengruppe
▶	▷	ø netto €	◁	◀	[Einheit]	Ausf.-Dauer	Positionsnummer

25 **Kompaktheizkörper, Stahl, H=600, L=bis 2.100** KG **423**

Wie Ausführungsbeschreibung A 3
Material: Stahlblech St. 12.03
Blechstärke: 1,25 mm
Farbe: weiß
Anschlüsse: G 1/2 **vertikal links / rechts**
Betriebsdruck: max. **4 / 6 / 10** bar
Medium: Heißwasser bis **110 / 120**°C
Bautiefe: ..... mm
Bauhöhe: 600 mm
Baulänge: 1.401 bis 2.100 mm
Fabrikat: .....
Typ: .....
Normwärmeabgabe: ..... W/m

▶	▷	ø netto €	◁	◀	[Einheit]	Ausf.-Dauer	Positionsnummer
510€	573€	**621€**	738€	873€	[St]	⏱ 1,30h/St	341.000.085

26 **Kompaktheizkörper, Stahl, H=900, L=bis 700** KG **423**

Wie Ausführungsbeschreibung A 3
Material: Stahlblech St. 12.03
Blechstärke: 1,25 mm
Farbe: weiß
Anschlüsse: G 1/2 **vertikal links / rechts**
Betriebsdruck: max. **4 / 6 / 10** bar
Medium: Heißwasser bis **110 / 120**°C
Bautiefe: ..... mm
Bauhöhe: 900 mm
Baulänge: bis 700 mm
Fabrikat: .....
Typ: .....
Normwärmeabgabe: ..... W/m

▶	▷	ø netto €	◁	◀	[Einheit]	Ausf.-Dauer	Positionsnummer
291€	321€	**352€**	439€	541€	[St]	⏱ 1,00h/St	341.000.086

27 **Kompaktheizkörper, Stahl, H=900, L=bis 1.400** KG **423**

Wie Ausführungsbeschreibung A 3
Material: Stahlblech St. 12.03
Blechstärke: 1,25 mm
Farbe: weiß
Anschlüsse: G 1/2 **vertikal links / rechts**
Betriebsdruck: max. **4 / 6 / 10** bar
Medium: Heißwasser bis **110 / 120**°C
Bautiefe: ..... mm
Bauhöhe: 900 mm
Baulänge: 701 bis 1.400 mm
Fabrikat: .....
Typ: .....
Normwärmeabgabe: ..... W/m

▶	▷	ø netto €	◁	◀	[Einheit]	Ausf.-Dauer	Positionsnummer
471€	548€	**585€**	743€	922€	[St]	⏱ 1,10h/St	341.000.087

Kosten:
Stand 4. Quartal 2024
Bundesdurchschnitt

Nr.	**Kurztext** / Langtext						Kostengruppe
▶	▷	**ø netto €**	◁	◀	[Einheit]	Ausf.-Dauer	Positionsnummer

28 **Kompaktheizkörper, Stahl, H=900, L=bis 2.100** KG **423**

Wie Ausführungsbeschreibung A 3
Material: Stahlblech St. 12.03
Blechstärke: 1,25 mm
Farbe: weiß
Anschlüsse: G 1/2 **vertikal links / rechts**
Betriebsdruck: max. **4 / 6 / 10** bar
Medium: Heißwasser bis **110 / 120**°C
Bautiefe: ..... mm
Bauhöhe: 900 mm
Baulänge: 1.401 bis 2.100 mm
Fabrikat: .....
Typ: .....
Normwärmeabgabe: ..... W/m

689€ | 735€ | **809€** | 899€ | 1.077€ | [St] | ⏱ 1,30 h/St | 341.000.088

29 **Deckenstrahlplatte** KG **423**

Deckenstrahlplatte mit Kopfstück, Anschlussmuffen, Aufhängekonstruktion, Abdeckblech, Stirn und Umlenkblechen, zum Heizen und Kühlen, zur Installation an der Decke. Die Temperaturübertragung erfolgt mittels Wärmestrahlung. Wärmeleistung geprüft, mit Registrierung.
Medium: **Wasser / Klimakaltwasser**
Betriebstemperatur: bis 120°C
max. Betriebsdruck: **6 / 10 / 16** bar
Auslegungs-Wärmeleistung: .....
Wärmedämmung: **als Schallschluckplatte mit 40** mm **Dicke / mineralfaserfreien Stoffen mit 40** mm **Dicke / Baustoffklasse A2 nicht brennbar**
Rohdichte: **min. 15** kg/m³
Bemessungswert der Wärmeleitfähigkeit: max. 0,040 W/(mK)
Ausführung Strahlfläche: **Blech / gelochtes Blech, 1** mm **/ 1,25** mm
Lage der Leitung: **über Strahlblech eingelegt / unter dem Strahlblech eingelegt**
Rohrleitung: **Stahlgewinderohr mittelschwer / Präzisionsstahlrohr, geschweißt / nahtlos schwarz**
Oberflächenschutz: **Grundbeschichtung / Deckbeschichtung als Pulverbeschichtung oder Grundbeschichtung, Deckbeschichtung als Pulverbeschichtung**
Farbton: **weiß / Sonderfarbton**
Länge Strahlplatte: ..... mm
Breite Strahlplatte: ..... mm

2.853€ | 4.265€ | **4.497€** | 5.036€ | 6.823€ | [St] | ⏱ 3,80 h/St | 341.000.095

▶ min
▷ von
ø Mittel
◁ bis
◀ max

Nr.	Positionen	Einheit	▶	▷	ø brutto € / ø netto €	◁	◀
1	Stahlrohrleitung demontieren, bis DN25	m	4	10	**12**	14	25
			3	9	**10**	12	21
2	Stahlrohrleitung demontieren, bis DN50	m	5	14	**16**	19	27
			4	12	**14**	16	23
3	Stahlrohrleitung demontieren, bis DN100	m	7	17	**20**	24	34
			5	15	**17**	20	28
4	Leitung, Metallverbundrohr, DN12	m	10	15	**18**	21	26
			8	13	**15**	17	22
5	Leitung, Metallverbundrohr, DN15	m	14	21	**24**	27	35
			11	18	**20**	22	29
6	Leitung, Metallverbundrohr, DN20	m	16	25	**29**	33	46
			13	21	**25**	28	39
7	Leitung, Metallverbundrohr, DN25	m	20	32	**38**	42	52
			17	27	**32**	35	44
8	Leitung, Metallverbundrohr, DN32	m	37	47	**51**	56	66
			31	39	**43**	47	55
9	Leitung, Metallverbundrohr, DN40	m	66	72	**75**	77	85
			55	60	**63**	65	71
10	Leitung, Kupferrohr, 15mm	m	23	29	**32**	34	39
			19	25	**27**	29	33
11	Leitung, Kupferrohr, 18mm	m	26	31	**33**	36	43
			22	26	**28**	31	36
12	Leitung, Kupferrohr, 22mm	m	31	38	**39**	46	57
			26	32	**33**	39	48
13	Leitung, Kupferrohr, 28mm	m	33	42	**48**	53	66
			27	35	**40**	45	55
14	Leitung, Kupferrohr, 35mm	m	39	51	**57**	59	77
			33	43	**48**	49	65
15	Leitung, Kupferrohr, 42mm	m	46	61	**69**	71	86
			39	51	**58**	59	72
16	Leitung, Kupferrohr, 54mm	m	59	74	**81**	87	106
			50	62	**68**	73	89

Kosten:
Stand 4. Quartal 2024
Bundesdurchschnitt

▶ min
▷ von
ø Mittel
◁ bis
◀ max

Nr. **Kurztext** / Langtext — Kostengruppe
▶ ▷ **ø netto €** ◁ ◀ [Einheit] Ausf.-Dauer Positionsnummer

1 Stahlrohrleitung demontieren, bis DN25 — KG **494**

Entleerte Stahlrohrleitung inkl. Befestigung demontieren einschl. Entsorgung. Anschlussleitung verschließen.
Durchmesser: bis DN25

3€ 9€ **10€** 12€ 21€ [m] ⏱ 0,15h/m 342.000.069

2 Stahlrohrleitung demontieren, bis DN50 — KG **494**

Entleerte Stahlrohrleitung inkl. Befestigung demontieren einschl. Entsorgung. Anschlussleitung verschließen.
Durchmesser: DN25 bis DN50

4€ 12€ **14€** 16€ 23€ [m] ⏱ 0,20h/m 342.000.070

Nr.	Kurztext / Langtext						Kostengruppe
▶	▷	**ø netto €**	◁	◀	[Einheit]	Ausf.-Dauer	Positionsnummer

3 Stahlrohrleitung demontieren, bis DN100 KG **494**

Entleerte Stahlrohrleitung inkl. Befestigung demontieren einschl. Entsorgung. Anschlussleitung verschließen.
Durchmesser: DN65 bis DN100

5€	15€	**17€**	20€	28€	[m]	⏱ 0,20h/m	342.000.071

A 1 Leitung, Metallverbundrohr Beschreibung für Pos. **4-9**

Metallverbundrohr aus Mehrschichtverbundwerkstoff (PE, Aluminium,PE), für Trinkwasser warm und kalt, einschl. Dichtungs- und Befestigungsmittel. Form- und Verbindungsstücke (Fittings) werden gesondert vergütet.

4 Leitung, Metallverbundrohr, DN12 KG **412**

Wie Ausführungsbeschreibung A 1
Nennweite: DN12
Außendurchmesser: 16 mm
Wandstärke: 2,25 mm
Lieferung: **Stangen / Ringen**
Verlegehöhe: **3,50 / 5,00 / 7,00** m

8€	13€	**15€**	17€	22€	[m]	⏱ 0,28h/m	342.000.077

5 Leitung, Metallverbundrohr, DN15 KG **412**

Wie Ausführungsbeschreibung A 1
Nennweite: DN15
Außendurchmesser: 20 mm
Wandstärke: 2,5 mm
Lieferung: **Stangen / Ringen**
Verlegehöhe: **3,50 / 5,00 / 7,00** m

11€	18€	**20€**	22€	29€	[m]	⏱ 0,28h/m	342.000.076

6 Leitung, Metallverbundrohr, DN20 KG **412**

Wie Ausführungsbeschreibung A 1
Nennweite: DN20
Außendurchmesser: 26 mm
Wandstärke: 3 mm
Lieferung: **Stangen / Ringen**
Verlegehöhe: **3,50 / 5,00 / 7,00** m

13€	21€	**25€**	28€	39€	[m]	⏱ 0,28h/m	342.000.075

7 Leitung, Metallverbundrohr, DN25 KG **412**

Wie Ausführungsbeschreibung A 1
Nennweite: DN25
Außendurchmesser: 32 mm
Wandstärke: 3 mm
Lieferung: **Stangen / Ringen**
Verlegehöhe: **3,50 / 5,00 / 7,00** m

17€	27€	**32€**	35€	44€	[m]	⏱ 0,28h/m	342.000.074

Kosten:
Stand 4. Quartal 2024
Bundesdurchschnitt

Nr.	**Kurztext** / Langtext						Kostengruppe
▶	▷	**ø netto €**	◁	◀	[Einheit]	Ausf.-Dauer	Positionsnummer

8 Leitung, Metallverbundrohr, DN32 KG **412**

Wie Ausführungsbeschreibung A 1
Nennweite: DN32
Außendurchmesser: 40 mm
Wandstärke: 3,5 mm
Lieferung: **Stangen / Ringen**
Verlegehöhe: **3,50 / 5,00 / 7,00** m

▶	▷	ø	◁	◀	Einheit	Ausf.-Dauer	Positionsnummer
31€	39€	**43€**	47€	55€	[m]	⏱ 0,28h/m	342.000.073

9 Leitung, Metallverbundrohr, DN40 KG **412**

Wie Ausführungsbeschreibung A 1
Nennweite: DN40
Außendurchmesser: 50 mm
Wandstärke: 4 mm
Lieferung: **Stangen / Ringen**
Verlegehöhe: **3,50 / 5,00 / 7,00** m

▶	▷	ø	◁	◀	Einheit	Ausf.-Dauer	Positionsnummer
55€	60€	**63€**	65€	71€	[m]	⏱ 0,28h/m	342.000.072

10 Leitung, Kupferrohr, 15mm KG **412**

Kupferrohr, blank, in Stangen, einschl. Rohrverbindung **löten / pressen**, mit Aufhängung.
Nennweite: 15 mm
Wandstärke: 1,0 mm
Verlegehöhe: **3,50 / 5,00 / 7,00** m

▶	▷	ø	◁	◀	Einheit	Ausf.-Dauer	Positionsnummer
19€	25€	**27€**	29€	33€	[m]	⏱ 0,25h/m	342.000.083

11 Leitung, Kupferrohr, 18mm KG **412**

Kupferrohr, blank, in Stangen, einschl. Rohrverbindung **löten / pressen**, mit Aufhängung.
Nennweite: 18 mm
Wandstärke: 1,0 mm
Verlegehöhe: **3,50 / 5,00 / 7,00** m

▶	▷	ø	◁	◀	Einheit	Ausf.-Dauer	Positionsnummer
22€	26€	**28€**	31€	36€	[m]	⏱ 0,25h/m	342.000.082

12 Leitung, Kupferrohr, 22mm KG **412**

Kupferrohr, blank, in Stangen, einschl. Rohrverbindung **löten / pressen**, mit Aufhängung.
Nennweite: 22 mm
Wandstärke: 1,0 mm
Verlegehöhe: **3,50 / 5,00 / 7,00** m

▶	▷	ø	◁	◀	Einheit	Ausf.-Dauer	Positionsnummer
26€	32€	**33€**	39€	48€	[m]	⏱ 0,25h/m	342.000.081

13 Leitung, Kupferrohr, 28mm KG **412**

Kupferrohr, blank, in Stangen, einschl. Rohrverbindung **löten / pressen**, mit Aufhängung.
Nennweite: 28 mm
Wandstärke: 1,0 mm
Verlegehöhe: **3,50 / 5,00 / 7,00** m

▶	▷	ø	◁	◀	Einheit	Ausf.-Dauer	Positionsnummer
27€	35€	**40€**	45€	55€	[m]	⏱ 0,25h/m	342.000.080

▶ min
▷ von
ø Mittel
◁ bis
◀ max

Nr.	Kurztext / Langtext						Kostengruppe
►	▷	**ø netto €**	◁	◄	[Einheit]	Ausf.-Dauer	Positionsnummer

14 Leitung, Kupferrohr, 35mm KG **412**

Kupferrohr, blank, in Stangen, einschl. Rohrverbindung **löten / pressen**, mit Aufhängung.
Nennweite: 35 mm
Wandstärke: 1,2 mm
Verlegehöhe: **3,50 / 5,00 / 7,00** m

33€	43€	**48€**	49€	65€	[m]	⏱ 0,25 h/m	342.000.078

15 Leitung, Kupferrohr, 42mm KG **412**

Kupferrohr, blank, in Stangen, einschl. Rohrverbindung **löten / pressen**, mit Aufhängung.
Nennweite: 42 mm
Wandstärke: 1,2 mm
Verlegehöhe: **3,50 / 5,00 / 7,00** m

39€	51€	**58€**	59€	72€	[m]	⏱ 0,25 h/m	342.000.088

16 Leitung, Kupferrohr, 54mm KG **412**

Kupferrohr, blank, in Stangen, einschl. Rohrverbindung **löten / pressen**, mit Aufhängung.
Nennweite: 54 mm
Wandstärke: 1,5 mm
Verlegehöhe: **3,50 / 5,00 / 7,00** m

50€	62€	**68€**	73€	89€	[m]	⏱ 0,25 h/m	342.000.079

Kosten:
Stand 4. Quartal 2024
Bundesdurchschnitt

Nr.	Positionen	Einheit	▶	▷	**ø brutto €** / ø netto €	◁	◀
1	Gussrohrleitung demontieren, bis DN100	m	12	16	**19**	22	26
			10	14	**16**	19	21
2	Gussrohrleitung demontieren, bis DN200	m	16	24	**28**	33	34
			13	20	**24**	27	29
3	Stahlrohrleitung demontieren, bis DN100	m	8	16	**19**	22	25
			7	13	**16**	18	21
4	Kunststoff-Rohrleitung, demontieren, bis DN100	m	8	12	**15**	17	25
			6	10	**12**	14	21
5	Abwasserleitung, Guss, DN50	m	29	41	**46**	54	65
			24	35	**38**	45	54
6	Abwasserleitung, Guss, DN80	m	49	57	**60**	64	74
			42	48	**51**	54	62
7	Abwasserleitung, Guss, DN100	m	66	76	**78**	83	92
			56	64	**66**	70	77
8	Abwasserleitung, Guss, DN125	m	104	111	**116**	125	134
			87	94	**97**	105	113
9	Abwasserleitung, Guss, DN150	m	125	137	**140**	148	160
			105	115	**118**	124	134
10	Abwasserleitung, HT-Rohr, DN/OD63	m	17	22	**25**	28	33
			15	19	**21**	23	28
11	Abwasserleitung, HT-Rohr, DN/OD75	m	29	34	**36**	39	47
			24	28	**30**	33	39
12	Abwasserleitung, HT-Rohr, DN/OD110	m	28	36	**38**	41	50
			23	30	**32**	34	42
13	Abwasserleitung, PE-Rohr, DN/OD75	m	28	39	**43**	49	60
			23	33	**36**	41	50
14	Abwasserleitung, PE-Rohr, DN/OD110	m	33	48	**53**	59	72
			27	40	**45**	49	61
15	Abflussleitung, PP-Rohr, DN/OD63, schallgedämmt	m	27	30	**41**	41	51
			22	26	**34**	34	43
16	Abflussleitung, PP-Rohr, DN/OD75, schallgedämmt	m	30	36	**46**	51	63
			25	30	**38**	43	53
17	Abflussleitung, PP-Rohr, DN/OD90, schallgedämmt	m	40	47	**55**	65	77
			33	39	**47**	54	65
18	Abflussleitung, PP-Rohr, DN/OD110, schallgedämmt	m	46	56	**67**	79	97
			39	47	**56**	66	81

▶ min
▷ von
ø Mittel
◁ bis
◀ max

Nr.	**Kurztext** / Langtext						Kostengruppe
▶	▷	**ø netto €**	◁	◀	[Einheit]	Ausf.-Dauer	Positionsnummer

1 Gussrohrleitung demontieren, bis DN100 KG **494**

Gussrohrleitung inkl. Befestigung demontieren einschl. Entsorgung.
Durchmesser: DN40 bis DN100

▶	▷	ø netto €	◁	◀	[Einheit]	Ausf.-Dauer	Positionsnummer
10€	14€	**16€**	19€	21€	[m]	⏱ 0,33 h/m	344.000.065

Nr.	Kurztext / Langtext						Kostengruppe
▶	▷	**ø netto €**	◁	◀	[Einheit]	Ausf.-Dauer	Positionsnummer

2 Gussrohrleitung demontieren, bis DN200 KG **494**

Gussrohrleitung inkl. Befestigung demontieren einschl. Entsorgung.
Durchmesser: DN125 bis DN200

13€	20€	**24€**	27€	29€	[m]	⏱ 0,42h/m	344.000.066

3 Stahlrohrleitung demontieren, bis DN100 KG **494**

Stahlrohrleitung inkl. Befestigung demontieren einschl. Entsorgung.
Durchmesser: DN40 bis DN100

7€	13€	**16€**	18€	21€	[m]	⏱ 0,26h/m	344.000.067

4 Kunststoff-Rohrleitung, demontieren, bis DN100 KG **494**

Kunststoffrohrleitung inkl. Befestigung demontieren einschl. Entsorgung.
Durchmesser: DN40 bis DN100

6€	10€	**12€**	14€	21€	[m]	⏱ 0,27h/m	344.000.068

5 Abwasserleitung, Guss, DN50 KG **411**

Abwasserleitungen aus Gussrohren zur Entwässerung innerhalb von Gebäuden, einschl. Verbindungen und Befestigungen.
Nennweite: DN50
Schutzschicht: Zweikomponenten-Epoxid-Beschichtung
Schutzfarbe: Grundbeschichtung, rotbraun
Rohrverbindung: .....
Befestigung: .....
Verlegehöhe: bis ..... m

24€	35€	**38€**	45€	54€	[m]	⏱ 0,40h/m	344.000.084

6 Abwasserleitung, Guss, DN80 KG **411**

Abwasserleitungen aus Gussrohren zur Entwässerung innerhalb von Gebäuden, einschl. Verbindungen und Befestigungen.
Nennweite: DN80
Schutzschicht: Zweikomponenten-Epoxid-Beschichtung
Schutzfarbe: Grundbeschichtung, rotbraun
Rohrverbindung: .....
Befestigung: .....
Verlegehöhe: bis ..... m

42€	48€	**51€**	54€	62€	[m]	⏱ 0,40h/m	344.000.069

7 Abwasserleitung, Guss, DN100 KG **411**

Abwasserleitungen aus Gussrohren zur Entwässerung innerhalb von Gebäuden, einschl. Verbindungen und Befestigungen.
Nennweite: DN100
Schutzschicht: Zweikomponenten-Epoxid-Beschichtung
Schutzfarbe: Grundbeschichtung, rotbraun
Rohrverbindung: .....
Befestigung: .....
Verlegehöhe: bis ..... m

56€	64€	**66€**	70€	77€	[m]	⏱ 0,50h/m	344.000.070

Kosten:
Stand 4. Quartal 2024
Bundesdurchschnitt

▶ min
▷ von
ø Mittel
◁ bis
◀ max

Nr.	Kurztext / Langtext						Kostengruppe
▶	▷	ø netto €	◁	◀	[Einheit]	Ausf.-Dauer	Positionsnummer

8 Abwasserleitung, Guss, DN125 KG **411**

Abwasserleitungen aus Gussrohren zur Entwässerung innerhalb von Gebäuden, einschl. Verbindungen und Befestigungen.
Nennweite: DN125
Schutzschicht: Zweikomponenten-Epoxid-Beschichtung
Schutzfarbe: Grundbeschichtung, rotbraun
Rohrverbindung: .....
Befestigung: .....
Verlegehöhe: bis ..... m

87€ | 94€ | **97€** | 105€ | 113€ | [m] | ⏱ 0,50 h/m | 344.000.071

9 Abwasserleitung, Guss, DN150 KG **411**

Abwasserleitungen aus Gussrohren zur Entwässerung innerhalb von Gebäuden, einschl. Verbindungen und Befestigungen.
Nennweite: DN150
Schutzschicht: Zweikomponenten-Epoxid-Beschichtung
Schutzfarbe: Grundbeschichtung, rotbraun
Rohrverbindung: .....
Befestigung: .....
Verlegehöhe: bis ..... m

105€ | 115€ | **118€** | 124€ | 134€ | [m] | ⏱ 0,50 h/m | 344.000.072

A 1 Abwasserleitung, HT-Rohr Beschreibung für Pos. **10-12**

HT-Abwasserrohre mit Steckmuffensystem und mit werkseitig eingebautem Lippendichtring zur Entwässerung innerhalb von Gebäuden und zur Ableitung von aggressiven Medien. Chemische Beständigkeit: Resistent gegenüber anorganischen Salzen, Laugen und Milchsäuren in Konzentrationen, wie sie zum Beispiel in Laborwässern vorhanden sind. Material heißwasserbeständig, lichtstabilisiert, dauerhaft schwer entflammbar.

10 Abwasserleitung, HT-Rohr, DN/OD63 KG **411**

Wie Ausführungsbeschreibung A 1
Material: Polypropylen (PP)
Nennweite: DN/OD63
Außendurchmesser: 50 mm
Wandstärke: 1,8 mm
Rohrverbindung: mit werkseitig eingebautem Lippendichtring
Befestigung: .....

15€ | 19€ | **21€** | 23€ | 28€ | [m] | ⏱ 0,30 h/m | 344.000.073

11 Abwasserleitung, HT-Rohr, DN/OD75 KG **411**

Wie Ausführungsbeschreibung A 1
Material: Polypropylen (PP)
Nennweite: DN/OD75
Außendurchmesser: 75 mm
Wandstärke: 1,9 mm
Rohrverbindung: mit werkseitig eingebautem Lippendichtring
Befestigung: .....

24€ | 28€ | **30€** | 33€ | 39€ | [m] | ⏱ 0,30 h/m | 344.000.074

Nr.	Kurztext / Langtext						Kostengruppe
▶	▷	**ø netto €**	◁	◀	[Einheit]	Ausf.-Dauer	Positionsnummer

12 Abwasserleitung, HT-Rohr, DN/OD110 KG **411**

Wie Ausführungsbeschreibung A 1
Material: Polypropylen (PP)
Nennweite: DN/OD110
Außendurchmesser: 110 mm
Wandstärke: 2,7 mm
Rohrverbindung: mit werkseitig eingebautem Lippendichtring
Befestigung: .....

23€ 30€ **32€** 34€ 42€ [m] ⏱ 0,35h/m 344.000.075

13 Abwasserleitung, PE-Rohr, DN/OD75 KG **411**

Abwasserleitung aus PE-Rohr, heißwasserbeständig und schallgedämmt, Verlegung in Gebäuden, Form- und Verbindungsstücke werden gesondert vergütet, einschl. Rohrbefestigungen, körperschallgedämmt.
Nennweite: DN/OD75

23€ 33€ **36€** 41€ 50€ [m] ⏱ 0,30h/m 344.000.076

14 Abwasserleitung, PE-Rohr, DN/OD110 KG **411**

Abwasserleitung aus PE-Rohr, heißwasserbeständig und schallgedämmt, Verlegung in Gebäuden, Form- und Verbindungsstücke werden gesondert vergütet, einschl. Rohrbefestigungen, körperschallgedämmt.
Nennweite: DN/OD110

27€ 40€ **45€** 49€ 61€ [m] ⏱ 0,34h/m 344.000.077

A 2 Abflussleitung, PP-Rohre, schallgedämmt Beschreibung für Pos. **15-18**

Schallgedämmte Abflussleitung aus mineralverstärktes Polypropylen (PP)-Rohr für Entwässerungsanlagen innerhalb von Gebäuden. Einsetzbar bis 95°C (kurzzeitig); geeignet zur Ableitung chemisch aggressiver Abwässer mit einem pH-Wert von 2 bis 12. Rohrverbindungen sind bis zu einem Wasserüberdruck von 0,5 bar dicht.
Material Lippendichtring: Styrol-Butadien-Kautschuk (SBR)

15 Abflussleitung, PP-Rohr, DN/OD63, schallgedämmt KG **411**

Wie Ausführungsbeschreibung A 2
Nennweite: DN/OD63

22€ 26€ **34€** 34€ 43€ [m] ⏱ 0,28h/m 344.000.078

16 Abflussleitung, PP-Rohr, DN/OD75, schallgedämmt KG **411**

Wie Ausführungsbeschreibung A 2
Nennweite: DN/OD75

25€ 30€ **38€** 43€ 53€ [m] ⏱ 0,28h/m 344.000.079

17 Abflussleitung, PP-Rohr, DN/OD90, schallgedämmt KG **411**

Wie Ausführungsbeschreibung A 2
Nennweite: DN/OD90

33€ 39€ **47€** 54€ 65€ [m] ⏱ 0,28h/m 344.000.080

18 Abflussleitung, PP-Rohr, DN/OD110, schallgedämmt KG **411**

Wie Ausführungsbeschreibung A 2
Nennweite: DN/OD110

39€ 47€ **56€** 66€ 81€ [m] ⏱ 0,32h/m 344.000.081

Kosten:
Stand 4. Quartal 2024
Bundesdurchschnitt

Nr.	Positionen	Einheit	►	▷	ø brutto € / ø netto €	◁	◄
1	Montageelement demontieren	St	60	77	**90**	104	113
			51	64	**76**	87	95
2	Badewanne demontieren	St	91	152	**165**	191	230
			77	127	**138**	160	193
3	Duschwanne demontieren	St	70	85	**100**	114	120
			59	71	**84**	96	101
4	Waschtisch demontieren	St	29	48	**50**	62	81
			25	40	**42**	52	68
5	WC-Anlage demontieren	St	29	45	**56**	66	80
			25	38	**47**	55	67
6	Waschtischbatterie demontieren	St	13	18	**20**	23	24
			11	15	**17**	19	20
7	Spülkasten Stahl demontieren	St	24	30	**33**	41	51
			20	26	**28**	34	43
8	Urinal demontieren	St	27	38	**47**	56	67
			23	32	**40**	47	56
9	Handwaschbecken, Keramik	St	136	210	**238**	299	438
			114	176	**200**	252	368
10	Waschtisch, Keramik 550x450	St	126	243	**278**	461	687
			105	204	**234**	387	577
11	Waschtisch, Keramik, 600x500	St	186	337	**398**	664	1.079
			156	283	**335**	558	907
12	Einhand-Waschtischarmatur	St	285	432	**500**	583	811
			239	363	**420**	490	682
13	Handtuchspender, Stahlblech	St	92	131	**147**	227	386
			77	110	**123**	191	324
14	Badewanne, Stahl, 170cm	St	479	586	**640**	760	940
			403	492	**538**	639	790
15	Badewanne, Stahl 180cm	St	621	784	**844**	1.145	1.449
			522	659	**710**	962	1.218
16	Badewanne, Stahl 200cm	St	890	1.217	**1.349**	1.443	1.648
			748	1.022	**1.134**	1.213	1.385
17	Einhandmischer, Badewanne	St	344	455	**484**	644	819
			289	383	**407**	542	688
18	WC, wandhängend	St	276	453	**516**	629	918
			232	380	**434**	529	771
19	WC-Sitz	St	61	142	**174**	252	415
			51	120	**146**	212	349
20	Duschwanne, Stahl, 80x80	St	293	411	**471**	636	877
			246	345	**396**	534	737
21	Duschwanne, Stahl 90x80	St	423	650	**692**	912	1.269
			356	547	**582**	767	1.067
22	Duschwanne, Stahl 90x90	St	435	694	**791**	940	1.294
			365	583	**665**	790	1.088
23	Duschwanne, Stahl 100x80	St	508	873	**906**	1.063	1.360
			427	734	**762**	893	1.143
24	Duschwanne, Stahl 100x100	St	681	927	**1.028**	1.162	1.480
			572	779	**864**	976	1.243

► min
▷ von
ø Mittel
◁ bis
◄ max

Nr.	Positionen	Einheit	►	▷	ø brutto € / ø netto €	◁	◄
25	Einhebelmischarmatur, Dusche	St	341	648	**845**	923	1.086
			287	545	**710**	776	913
26	Duschabtrennung, Kunststoff	St	1.081	1.385	**1.533**	1.579	2.276
			908	1.164	**1.288**	1.327	1.913
27	Installationselement, Urinal	St	325	402	**440**	556	691
			273	338	**370**	467	581
28	Installationselement, WC	St	304	373	**407**	449	545
			256	313	**342**	377	458
29	Installationselement, Bidet	St	346	392	**425**	455	535
			291	329	**357**	382	449
30	Installationselement, Waschtisch	St	252	322	**354**	385	462
			212	270	**297**	324	388
31	Installationselement, Stütz- und Haltegriffe	St	299	353	**364**	387	428
			251	297	**306**	325	359
32	Haltegriff, Edelstahl, 600mm	St	93	140	**167**	177	211
			78	118	**140**	149	177
33	Duschhandlauf, Messing	St	485	658	**702**	832	1.063
			408	553	**590**	699	893
34	Stützklappgriff, Edelstahl, bis 850mm	St	679	754	**776**	833	936
			570	633	**652**	700	787
35	Waschbecken, barrierefrei	St	360	430	**468**	603	855
			302	361	**393**	507	718
36	WC, barrierefrei	St	527	669	**733**	940	1.254
			443	562	**616**	790	1.054
37	Hygiene-Tiefspül-WC, barrierefrei	St	3.201	3.823	**4.446**	5.335	6.447
			2.690	3.213	**3.736**	4.483	5.417
38	WC-Spülkasten, mit Betätigungsplatte	St	268	298	**339**	393	480
			225	251	**285**	330	403
39	WC-Betätigung, berührungslos	St	501	619	**737**	885	1.143
			421	520	**620**	743	960
40	Nachrüstaufsatz, Hygiene-Tiefspül-WC	St	1.624	1.779	**1.933**	2.475	3.093
			1.365	1.495	**1.625**	2.080	2.599
41	Nachrüstung Türeinstieg Badewanne	St	1.486	1.522	**1.770**	2.053	2.566
			1.249	1.279	**1.487**	1.725	2.156
42	Stützgriff, fest, WC	St	498	561	**702**	842	947
			419	472	**590**	708	796
43	Stützgriff, fest, WC mit Spülauslösung	St	737	825	**887**	976	1.109
			619	694	**746**	820	932
44	Stützgriff, klappbar, WC	St	556	683	**843**	1.020	1.155
			468	574	**708**	857	970
45	Stützgriff, klappbar, WC mit Spülauslösung	St	816	926	**996**	1.105	1.245
			686	778	**837**	929	1.046
46	Stützgriff, fest, Waschtisch	St	393	488	**595**	732	816
			330	410	**500**	615	686
47	Stützgriff, klappbar, Waschtisch	St	566	648	**682**	771	846
			476	545	**574**	648	711

Nr.	Positionen	Einheit	▶	▷	ø brutto € ø netto €	◁	◀
48	Stundensatz, Obermonteur/-in Sanitär	h	66	72	**76**	76	86
			56	61	**64**	64	72
49	Stundensatz, Helfer/-in Sanitär	h	59	67	**68**	69	75
			50	56	**57**	58	63

Kosten:
Stand 4. Quartal 2024
Bundesdurchschnitt

Nr. **Kurztext** / Langtext — Kostengruppe
▶ ▷ **ø netto €** ◁ ◀ [Einheit] Ausf.-Dauer Positionsnummer

1 Montageelement demontieren KG **494**
Montageelement für Sanitärausstattung demontieren einschl. Entsorgung.
Ausstattung: .....
51€ 64€ **76€** 87€ 95€ [St] ⏱ 0,78 h/St 345.000.034

2 Badewanne demontieren KG **494**
Badewanne inkl. Ablaufgarnitur demontieren einschl. Entsorgung.
Abmessung: .....
77€ 127€ **138€** 160€ 193€ [St] ⏱ 2,00 h/St 345.000.035

3 Duschwanne demontieren KG **494**
Duschwanne inkl. Ablaufgarnitur demontieren einschl. Entsorgung.
Abmessung: .....
59€ 71€ **84€** 96€ 101€ [St] ⏱ 1,25 h/St 345.000.036

4 Waschtisch demontieren KG **494**
Waschtisch einschl. Zu- und Ablaufgarnitur demontieren einschl. Entsorgung. Anschlussleitungen verschließen.
Abmessung: .....
25€ 40€ **42€** 52€ 68€ [St] ⏱ 0,66 h/St 345.000.037

5 WC-Anlage demontieren KG **494**
WC-Anlage nach dem Entleeren demontieren einschl. Entsorgung. Anschlussleitungen verschließen.
25€ 38€ **47€** 55€ 67€ [St] ⏱ 0,70 h/St 345.000.038

6 Waschtischbatterie demontieren KG **494**
Waschtischbatterie demontieren einschl. Entsorgung. Anschlussleitungen verschließen.
11€ 15€ **17€** 19€ 20€ [St] ⏱ 0,23 h/St 345.000.039

7 Spülkasten Stahl demontieren KG **494**
Spülkasten demontieren, in Gebäuden, inkl. Demontage der Konsolen, Halter, Verschraubungen und Anschlussleitungen, einschl. Entsorgung.
Material: Stahl
20€ 26€ **28€** 34€ 43€ [St] ⏱ 0,35 h/St 345.000.077

▶ min
▷ von
ø Mittel
◁ bis
◀ max

Nr.	Kurztext / Langtext						Kostengruppe
▶	▷	ø netto €	◁	◀	[Einheit]	Ausf.-Dauer	Positionsnummer

8 Urinal demontieren KG **494**

Urinal in Gebäuden demontieren inkl. Konsolen, Halter, Verschraubungen und Anschlussleitungen, einschl. Entsorgung.
Material: Sanitärporzellan

23€	32€	**40€**	47€	56€	[St]	⏱ 0,49h/St	345.000.078

9 Handwaschbecken, Keramik KG **412**

Handwaschbecken mit Überlauf aus Sanitärporzellan installieren, einschl. Befestigung und Schallschutzset.
Größe: ..... x ..... cm
Farbe: .....

114€	176€	**200€**	252€	368€	[St]	⏱ 0,90h/St	345.000.064

10 Waschtisch, Keramik 550x450 KG **412**

Waschtisch mit Überlauf aus Sanitärporzellan installieren, einschl. Befestigung und Schallschutzset.
Größe: ca. 550 x 450 mm
Farbe: .....
Fabrikat: .....
Typ: .....

105€	204€	**234€**	387€	577€	[St]	⏱ 0,90h/St	345.000.065

11 Waschtisch, Keramik, 600x500 KG **412**

Waschtisch mit Überlauf aus Sanitärporzellan installieren, einschl. Befestigung und Schallschutzset.
Größe: ca. 600 x 500 mm
Farbe: .....
Fabrikat: .....
Typ: .....

156€	283€	**335€**	558€	907€	[St]	⏱ 1,20h/St	345.000.066

12 Einhand-Waschtischarmatur KG **412**

Einhand-Waschtischarmatur für Standmontage mit Keramikkartusche und Zugstangen-Ablaufgarnitur, inkl. Temperaturbegrenzer und Schnellmontagesystem.
Farbe: .....
Fabrikat: .....
Typ: .....

239€	363€	**420€**	490€	682€	[St]	⏱ 0,80h/St	345.000.067

13 Handtuchspender, Stahlblech KG **610**

Handtuchspender für Papierhandtücher, für Wandaufbau, inkl. Befestigungsmaterial.
Größe Papierhandtücher: **250 / 500** mm
Handtücher in: Lagen-Falzung
Gehäuse: Stahlblech
Lackiert: **weiß / Standardfarbe**
Vorratsbehälter: **offen / verschließbar**
Gehäuseabmessungen: 285 x 160 x 150 mm

77€	110€	**123€**	191€	324€	[St]	⏱ 0,45h/St	345.000.041

Kosten:
Stand 4. Quartal 2024
Bundesdurchschnitt

Nr.	**Kurztext** / Langtext						Kostengruppe
▶	▷	**ø netto €**	◁	◀	[Einheit]	Ausf.-Dauer	Positionsnummer

14 Badewanne, Stahl, 170cm KG **412**

Badewannenanlage bestehend aus: Badewanne Stahl emailliert, 1x Badewannenfüße oder Träger für oben beschriebene Badewanne; 1x Rolle Wannenprofil-Dämmstreifen für Bade- und Duschwannen, aus Polyethylen-Schaumstoff, oberseitig mit Silikonfolie kaschiert, Ab- und Überlaufgarnitur, Grund- und Fertigset für Normalwannen.
Farbe: .....
Größe: 170 x 80 cm

▶	▷	ø	◁	◀	Einheit	Ausf.-Dauer	Positionsnummer
403€	492€	**538€**	639€	790€	[St]	⏱ 1,80 h/St	345.000.068

15 Badewanne, Stahl 180cm KG **412**

Badewannenanlage bestehend aus: Badewanne Stahl emailliert, 1x Badewannenfüße oder Träger für oben beschriebene Badewanne; 1x Rolle Wannenprofil-Dämmstreifen für Bade- und Duschwannen, aus Polyethylen-Schaumstoff, oberseitig mit Silikonfolie kaschiert, Ab- und Überlaufgarnitur, Grund- und Fertigset für Normalwannen.
Farbe: .....
Größe: 180 x 80 cm

▶	▷	ø	◁	◀	Einheit	Ausf.-Dauer	Positionsnummer
522€	659€	**710€**	962€	1.218€	[St]	⏱ 2,00 h/St	345.000.048

16 Badewanne, Stahl 200cm KG **412**

Badewannenanlage bestehend aus: Badewanne Stahl emailliert, 1x Badewannenfüße oder Träger für oben beschriebene Badewanne; 1x Rolle Wannenprofil-Dämmstreifen für Bade- und Duschwannen, aus Polyethylen-Schaumstoff, oberseitig mit Silikonfolie kaschiert, Ab- und Überlaufgarnitur, Grund- und Fertigset für Normalwannen.
Farbe: .....
Größe: 200 x 80 cm

▶	▷	ø	◁	◀	Einheit	Ausf.-Dauer	Positionsnummer
748€	1.022€	**1.134€**	1.213€	1.385€	[St]	⏱ 2,40 h/St	345.000.049

17 Einhandmischer, Badewanne KG **412**

Einhandmischer für Badewanne in Wandmontage, eigensicher gegen Rückfließen, aus Metall, verchromt, Kugelmischsystem mit Griff, Luftsprudler und Rosetten, inkl. Temperaturbegrenzer, Geräuschverhalten DIN 4109 Gruppe I, mit Prüfzeichen.
Einbau: **Auf- / Unterputz**
Ausführungsoptionen: .....
Fabrikat: .....
Typ: .....

▶	▷	ø	◁	◀	Einheit	Ausf.-Dauer	Positionsnummer
289€	383€	**407€**	542€	688€	[St]	⏱ 0,80 h/St	345.000.069

18 WC, wandhängend KG **412**

WC-Anlage, bestehend aus: 1x Tiefspül-WC aus Sanitärporzellan, wandhängend, inkl. Befestigung und Schallschutzset DIN 4109.
Länge: ..... m
Breite: ..... m
Farbe: .....
Spülrand: **mit / ohne**

▶	▷	ø	◁	◀	Einheit	Ausf.-Dauer	Positionsnummer
232€	380€	**434€**	529€	771€	[St]	⏱ 1,80 h/St	345.000.070

▶ min
▷ von
ø Mittel
◁ bis
◀ max

19 WC-Sitz KG **412**

WC-Sitz einschl. Deckel und Scharniere.
Scharniere: **Edelstahl / Kunststoff**
Farbe: .....
Material: ....

51€ 120€ **146€** 212€ 349€ [St] ⏱ 0,20h/St 345.000.071

20 Duschwanne, Stahl, 80x80 KG **412**

Duschwannenanlage bestehend aus: 1x Duschwanne Stahlemaille inkl. Füße für Duschwanne, 1x Rolle Wannenprofil-Dämmstreifen für Bade- und Duschwannen, aus Polyäthylen-Schaumstoff, oberseitig mit Silikonfolie kaschiert, Schallschutz DIN 4109, 1x Ablaufgarnitur für Duschwannen mit Haube.
Größe: 80 x 80 x 6 cm
Farbe: .....
Ablauf: **40 / 50** mm

246€ 345€ **396€** 534€ 737€ [St] ⏱ 1,40h/St 345.000.072

21 Duschwanne, Stahl 90x80 KG **412**

Duschwannenanlage bestehend aus: 1x Duschwanne Stahlemaille inkl. Füße für Duschwanne, 1x Rolle Wannenprofil-Dämmstreifen für Bade- und Duschwannen, aus Polyäthylen-Schaumstoff, oberseitig mit Silikonfolie kaschiert, Schallschutz DIN 4109, 1x Ablaufgarnitur für Duschwannen mit Haube.
Größe: 90 x 80 x 6 cm
Farbe: .....
Ablauf: **40 / 50** mm

356€ 547€ **582€** 767€ 1.067€ [St] ⏱ 1,40h/St 345.000.042

22 Duschwanne, Stahl 90x90 KG **412**

Duschwannenanlage bestehend aus: 1x Duschwanne Stahlemaille inkl. Füße für Duschwanne, 1x Rolle Wannenprofil-Dämmstreifen für Bade- und Duschwannen, aus Polyäthylen-Schaumstoff, oberseitig mit Silikonfolie kaschiert, Schallschutz DIN 4109, 1x Ablaufgarnitur für Duschwannen mit Haube.
Größe: 90 x 90 x 6 cm
Farbe: .....
Ablauf: **40 / 50** mm

365€ 583€ **665€** 790€ 1.088€ [St] ⏱ 1,40h/St 345.000.043

23 Duschwanne, Stahl 100x80 KG **412**

Duschwannenanlage bestehend aus: 1x Duschwanne Stahlemaille inkl. Füße für Duschwanne, 1x Rolle Wannenprofil-Dämmstreifen für Bade- und Duschwannen, aus Polyäthylen-Schaumstoff, oberseitig mit Silikonfolie kaschiert, Schallschutz DIN 4109, 1x Ablaufgarnitur für Duschwannen mit Haube.
Größe: 100 x 80 x 6 cm
Farbe: .....
Ablauf: **40 / 50** mm

427€ 734€ **762€** 893€ 1.143€ [St] ⏱ 1,40h/St 345.000.044

Nr. **Kurztext** / Langtext — Kostengruppe
► ▷ **ø netto €** ◁ ◄ [Einheit] Ausf.-Dauer Positionsnummer

24 Duschwanne, Stahl 100x100 KG **412**

Duschwannenanlage bestehend aus: 1x Duschwanne Stahlemaille inkl. Füße für Duschwanne, 1x Rolle Wannenprofil-Dämmstreifen für Bade- und Duschwannen, aus Polyäthylen-Schaumstoff, oberseitig mit Silikonfolie kaschiert, Schallschutz DIN 4109, 1x Ablaufgarnitur für Duschwannen mit Haube.
Größe: 100 x 100 x 6 cm
Farbe: .....
Ablauf: **40 / 50** mm

572€ 779€ **864€** 976€ 1.243€ [St] ⏱ 1,40h/St 345.000.073

25 Einhebelmischarmatur, Dusche KG **412**

Unterputz-Brausearmatur, Einhebelmischer für Dusche in Wandmontage, eigensicher gegen Rückfließen, aus Metall verchromt, Kugelmischsystem mit Griff, Luftsprudler und Rosetten, einschl. Temperaturbegrenzer, Geräuschverhalten DIN 4109 Gruppe I, mit Prüfzeichen.
Anschluss: DN15

287€ 545€ **710€** 776€ 913€ [St] ⏱ 0,80h/St 345.000.074

26 Duschabtrennung, Kunststoff KG **610**

Duschabtrennung für Duschwanne, als Einzelanlage. Tür mit schmutzabweisender Beschichtung. Rahmen aus Kunststoff, mit Seitenwänden. Befestigung mit Wandanschlussprofil, wassergeschützt angesetzt. Mit Befestigungs- und Dichtmaterial.
Tür: **Drehtür / Schiebefalttür**
Kunststoff: **klar / mit Dekor mit schmutzabweisender Beschichtung**
Rahmen Farbe: **weiß / Standardfarbe**
Seitenwände: **1 / 2**
Breite Eingang: 800 mm
Breite Seitenteil: 800 mm
Höhe: 2000 mm

908€ 1.164€ **1.288€** 1.327€ 1.913€ [St] ⏱ 2,00h/St 345.000.050

27 Installationselement, Urinal KG **419**

Urinal-Installationselement mit selbsttragendem Montagerahmen, Oberfläche pulverbeschichtet, mit verstellbaren Fußstützen verzinkt, für einen Fußbodenaufbau 0-20cm, mit zwei kompletten Keramikbefestigungen und vormontiertem Passstück, Absperrventil und Schmutzfänger, mit Einbauspülkasten DIN EN 14055 und Schutzteil, Einlaufbogen und PE-Fertigablaufanschlussbogen, inkl. Anschlussgarnitur für Einlauf und Ablaufsiphon, einschl. Befestigungsmaterial.
Keramikbefestigungen: M8
Absperrventil: R 1/2
Einlaufbogen: DN25
Ablaufbogen: DN40/DN50

273€ 338€ **370€** 467€ 581€ [St] ⏱ 1,00h/St 345.000.080

Kosten:
Stand 4. Quartal 2024
Bundesdurchschnitt

► min
▷ von
ø Mittel
◁ bis
◄ max

Nr.	Kurztext / Langtext						Kostengruppe
▶	▷	ø netto €	◁	◀	[Einheit]	Ausf.-Dauer	Positionsnummer

28 **Installationselement, WC** KG **419**

WC-Installationselement für wandhängendes WC, Rahmen aus Stahl, pulverbeschichtet mit verstellbaren Fußstützen verzinkt, für einen Fußbodenaufbau von 0-20cm mit UP-Spülkasten, Betätigungsplatte mit Befestigungsrahmen, umstellbar auf Spül-Stopp-Funktion, für Betätigung von vorn. Vormontierter Wasseranschluss, Eckventil, schallgeschützter **Klemm- / Pressanschluss** aus Rotguss, C-Anschlussbogen, WC-Anschlussgarnitur, Befestigungsmaterial für Element und WC, inkl. Klein- und Befestigungsmaterial.
Wasseranschluss: Rp1/2
Anschlussbogen: **DN90 / DN100**

▶	▷	ø netto €	◁	◀	[Einheit]	Ausf.-Dauer	Positionsnummer
256€	313€	**342€**	377€	458€	[St]	⏱ 1,00h/St	345.000.075

29 **Installationselement, Bidet** KG **419**

Installationselement für wandhängendes Bidet, Rahmen aus Stahl, pulverbeschichtet mit verstellbaren Fußstützen verzinkt, für einen Fußbodenaufbau von 0-20cm. Für Standarmatur vormontierter Wasseranschluss, schallgeschützter **Klemm- / Pressanschluss** aus Rotguss, C-Anschlussbogen, Anschlussgarnitur, Befestigungsmaterial für Element und Bidet, inkl. Klein- und Befestigungsmaterial.
Wasseranschluss: Rp1/2
Anschlussbogen: **DN40 / DN50**

▶	▷	ø netto €	◁	◀	[Einheit]	Ausf.-Dauer	Positionsnummer
291€	329€	**357€**	382€	449€	[St]	⏱ 1,00h/St	345.000.079

30 **Installationselement, Waschtisch** KG **419**

Installationselement für Waschtisch mit Einlocharmatur, Rahmen aus Stahl, pulverbeschichtet, schallgeschützter Befestigung für Wandscheiben, Ablaufbogen, Gumminippel , Befestigungsmaterial für Element (Bodenbefestigung) und Waschtisch, selbstbohrende Schrauben für Befestigung an Ständerwand, inkl. Klein- und Befestigungsmaterial.
Ablaufbogen: **DN40 / DN50**
Gumminippel: **40/30**

▶	▷	ø netto €	◁	◀	[Einheit]	Ausf.-Dauer	Positionsnummer
212€	270€	**297€**	324€	388€	[St]	⏱ 1,00h/St	345.000.076

31 **Installationselement, Stütz- und Haltegriffe** KG **419**

Installationselement als Einzelelement, statisch belastbar und höhenverstellbar. Befestigungsmöglichkeit für Stütz- und Haltegriffe. Element für Metallständerwände und Vorwandmontage, zum Beplanken mit **Gipskarton / Gipsfaserplatten** für Aufbau auf Rohfußboden, zur Wand- und Fußbodenbefestigung.
Verstellbereich: 0 bis 200 mm
Einbauhöhe: über 1.000 bis 1.200 mm
Breite: 850 bis 1.000 mm
Fabrikat: .....
Typ: .....

▶	▷	ø netto €	◁	◀	[Einheit]	Ausf.-Dauer	Positionsnummer
251€	297€	**306€**	325€	359€	[St]	⏱ 1,00h/St	345.000.081

32 **Haltegriff, Edelstahl, 600mm** KG **412**

Haltegriff aus Edelstahl, gebürstet, mit Befestigung.
Grifflänge: 600 mm
Griffdurchmesser: 32 mm
Wandabstand: 50 mm
Belastung max.: 200 kg
Fabrikat : .....
Typ: .....

▶	▷	ø netto €	◁	◀	[Einheit]	Ausf.-Dauer	Positionsnummer
78€	118€	**140€**	149€	177€	[St]	⏱ 0,28h/St	345.000.045

Kosten:
Stand 4. Quartal 2024
Bundesdurchschnitt

Nr.	**Kurztext** / Langtext						Kostengruppe
▶	▷	**ø netto €**	◁	◀	[Einheit]	Ausf.-Dauer	Positionsnummer

33 Duschhandlauf, Messing KG **412**

Duschhandlauf mit 90° Winkel aus verchromtem Messingrohr mit Befestigung.
Höhenverstellbarkeit: ..... mm
Seitenverstellbarkeit: ..... mm
Rohrdurchmesser: 32 mm
Fabrikat : .....
Typ: .....

408€	553€	**590€**	699€	893€	[St]	⏱ 0,40h/St	345.000.046

34 Stützklappgriff, Edelstahl, bis 850mm KG **412**

Stützklappgriff in U-Form aus Edelstahl, gebürstet, mit Befestigung.
Grifflänge: bis 850 mm
Griffdurchmesser: 32 mm
Tiefe hochgeklappt: ..... mm
Belastung max.: 150 kg
Fabrikat : .....

570€	633€	**652€**	700€	787€	[St]	⏱ 0,35h/St	345.000.047

35 Waschbecken, barrierefrei KG **412**

Waschbecken, als barrierefreie Ausführung unterfahrbar DIN 18040, aus Sanitärporzellan, glasiert, weiß, mit wasserabweisender Beschichtung, mit Loch für Einlocharmatur, mit Überlauf, für Ablaufventil, inkl. Befestigung und Schallschutzset.
Breite: über 500 bis 550 mm
Ausladung: über 450 bis 500 mm
Fabrikat: .....
Typ: .....

302€	361€	**393€**	507€	718€	[St]	⏱ 1,25h/St	345.000.051

36 WC, barrierefrei KG **412**

Tiefspül-WC, wandhängend an Installationselement, als barrierefreie Ausführung DIN 18040, aus Sanitärporzellan, spülrandlos, glasiert, weiß, mit wasserabweisender Beschichtung, inkl. WC-Sitz und Rückenstütze und Schallschutzset.
Spülwasserbedarf: 6 l
Abgang: waagrecht
Fabrikat: .....
Typ: .....

443€	562€	**616€**	790€	1.054€	[St]	⏱ 2,00h/St	345.000.052

▶ min
▷ von
ø Mittel
◁ bis
◀ max

37 Hygiene-Tiefspül-WC, barrierefrei KG **412**

Tiefspül-WC mit ausfahrbarer Unterdusche und Benutzerkennung, als barrierefreie Ausführung DIN 18040, aus Sanitärporzellan, glasiert, in weiß, spülrandlos, wandhängend. Abgang waagrecht, mit Klosettsitz und Deckel mit Schließdämpfung und Geruchsabsaugung, mit Ventilator und Aktivkohlefilter, mit integriertem Wassererwärmer und Warmluftföhn, Temperaturen einstellbar. Befestigung wandhängend, an Installationselement, mit Schallschutz DIN 4109. Inklusive Eckventil und Metallanschlussschlauch, sowie mit Elektroanschluss.
Spülwasserbedarf: 6 l
Wasseranschluss: DN 15
Abgang: waagrecht
Zusätzliche Ausführungsoptionen: .....
Fabrikat: .....
Typ: .....

2.690€ 3.213€ **3.736€** 4.483€ 5.417€ [St] ⏱ 2,60h/St 345.000.053

38 WC-Spülkasten, mit Betätigungsplatte KG **412**

Unterputz-Spülkasten aus Kunststoff mit wassersparender Zweimengenspültechnik, schwitzwasserisoliert, für Wasseranschluss links, rechts oder hinten mittig, inkl. Betätigungsplatte für Betätigung von vorne, mit 2-Mengenauslösung, Befestigungsrahmen und Befestigung.
Inhalt: **3 / 6 Liter**
Geräuschklasse: I
Größe: ..... x ..... x ..... m
Farbe: .....

225€ 251€ **285€** 330€ 403€ [St] ⏱ 0,85h/St 345.000.054

39 WC-Betätigung, berührungslos KG **412**

Spülarmatur für Klosetts zur berührungslosen Betätigung, elektronisch gesteuert, mit Spülstromautomatik, mit Vorabsperrung und Eingangsverschraubung, Bemessungsbetriebsspannung 230 V AC, Geräuschverhalten DIN 4109 Gruppe I, mit Prüfzeichen, für Spülkasten mit elektrischer Auslösung, Spüldauer einstellbar.
Ausführungsoptionen: .....
Fabrikat: .....
Typ: .....

421€ 520€ **620€** 743€ 960€ [St] ⏱ 0,30h/St 345.000.055

40 Nachrüstaufsatz, Hygiene-Tiefspül-WC KG **412**

Nachrüst-Aufsatz für Tiefspül-WC mit ausfahrbarer Unterdusche und Benutzerkennung, mit Klosettsitz und Deckel mit Schließdämpfung und Geruchsabsaugung, mit Ventilator und Aktivkohlefilter, mit integriertem Wassererwärmer und Warmluftföhn, Temperaturen einstellbar.
Befestigung: auf bestehender WC-Keramik, mit Elektroanschluss
Wasseranschluss: DN15
zusätzliche Ausführungsoptionen: .....
Fabrikat: .....
Typ: .....

1.365€ 1.495€ **1.625€** 2.080€ 2.599€ [St] ⏱ 3,00h/St 345.000.056

Kosten:
Stand 4. Quartal 2024
Bundesdurchschnitt

Nr.	**Kurztext** / Langtext						Kostengruppe
▶	▷	**ø netto €**	◁	◀	[Einheit]	Ausf.-Dauer	Positionsnummer

41 Nachrüstung Türeinstieg Badewanne KG **412**

Einbau einer Wannentür in eine bestehende Badewanne, Türöffnung nach innen, mit mechanischer Verriegelung, bestehende Badewanne aus **Acryl / Stahl**.
lichte Türbreite: 500 bis 600 mm
lichte Türhöhe: 400 bis 500 mm
Türmaterial: **Kunststoff / Sicherheitsglas**
Ausführungsoptionen: .....
Fabrikat: .....
Typ: .....

▶	▷	ø	◁	◀	Einheit	Ausf.-Dauer	Positionsnummer
1.249€	1.279€	**1.487€**	1.725€	2.156€	[St]	⏱ 8,00h/St	345.000.057

42 Stützgriff, fest, WC KG **412**

Stützgriff, fest, für WC, aus Kunststoff mit Stahlkern, inkl. Befestigung mit Flansch, Schrauben verdeckt.
Farbton: weiß
Ausladung: 850 mm
Belastbar: bis 100 kg am Griffvorderteil
Zusätzliche Ausführungsoptionen: .....
Fabrikat: .....
Typ: .....

▶	▷	ø	◁	◀	Einheit	Ausf.-Dauer	Positionsnummer
419€	472€	**590€**	708€	796€	[St]	⏱ 0,30h/St	345.000.058

43 Stützgriff, fest, WC mit Spülauslösung KG **412**

Stützgriff, fest, für WC, aus Kunststoff mit Stahlkern, mit Spülauslösung, manuell, inkl. Befestigung mit Flansch, Schrauben verdeckt.
Farbton: weiß
Ausladung: 850 mm
Belastbar: bis 100 kg am Griffvorderteil
Zusätzliche Ausführungsoptionen: ....
Fabrikat: .....
Typ: .....

▶	▷	ø	◁	◀	Einheit	Ausf.-Dauer	Positionsnummer
619€	694€	**746€**	820€	932€	[St]	⏱ 0,50h/St	345.000.059

44 Stützgriff, klappbar, WC KG **412**

Stützklappgriff, klappbar, für WC, aus Kunststoff mit Stahlkern, mit Arretierung und Fallbremse, inkl. Befestigung mit Flansch, Schrauben verdeckt.
Farbton: weiß
Ausladung: 850 mm
Belastbar: bis 100 kg am Griffvorderteil
Zusätzliche Ausführungsoptionen: .....
Fabrikat: .....
Typ: .....

▶	▷	ø	◁	◀	Einheit	Ausf.-Dauer	Positionsnummer
468€	574€	**708€**	857€	970€	[St]	⏱ 0,35h/St	345.000.060

▶ min
▷ von
ø Mittel
◁ bis
◀ max

Nr.	Kurztext / Langtext						Kostengruppe
►	▷	ø netto €	◁	◄	[Einheit]	Ausf.-Dauer	Positionsnummer

45 Stützgriff, klappbar, WC mit Spülauslösung KG **412**

Stützklappgriff, klappbar, für WC, aus Kunststoff mit Stahlkern, mit Spülauslösung, manuell, mit Arretierung und Fallbremse, inkl. Befestigung.
Farbton: weiß
Ausladung: 850 mm
Belastbar: bis 100 kg am Griffvorderteil
Zusätzliche Ausführungsoptionen: .....
Fabrikat: .....
Typ: .....

686€	778€	**837€**	929€	1.046€	[St]	⏱ 0,45h/St	345.000.061

46 Stützgriff, fest, Waschtisch KG **412**

Stützgriff, fest, für Waschtisch, aus Kunststoff mit Stahlkern, inkl. Befestigung verdeckt.
Farbton: weiß
Ausladung: 600 mm
Belastbar bis 100 kg am Griffvorderteil
Fabrikat: .....
Typ: .....

330€	410€	**500€**	615€	686€	[St]	⏱ 0,35h/St	345.000.062

47 Stützgriff, klappbar, Waschtisch KG **412**

Stützklappgriff, klappbar, für Waschtisch, aus Kunststoff mit Stahlkern, mit Arretierung und Fallbremse, inkl. Befestigung verdeckt.
Farbton: weiß
Ausladung: 600 mm
Belastbar: bis 100 kg am Griffvorderteil
Fabrikat: .....
Typ: .....

476€	545€	**574€**	648€	711€	[St]	⏱ 0,42h/St	345.000.063

48 Stundensatz, Obermonteur/-in Sanitär

Verrechnungssatz für die jeweilige Arbeitskraft inkl. aller Aufwendungen wie Lohn- und Gehaltskosten, Lohn- und Gehaltsnebenkosten, Zuschläge, lohngebundene und lohnabhängige Kosten, sonstige Sozialkosten, Gemeinkosten, Wagnis und Gewinn. Leistung nach besonderer Anordnung der Bauüberwachung. Nachweis und Anmeldung gem. VOB/B.

56€	61€	**64€**	64€	72€	[h]	⏱ 1,00h/h	345.000.082

49 Stundensatz, Helfer/-in Sanitär

Verrechnungssatz für die jeweilige Arbeitskraft inkl. aller Aufwendungen wie Lohn- und Gehaltskosten, Lohn- und Gehaltsnebenkosten, Zuschläge, lohngebundene und lohnabhängige Kosten, sonstige Sozialkosten, Gemeinkosten, Wagnis und Gewinn. Leistung nach besonderer Anordnung der Bauüberwachung. Nachweis und Anmeldung gem. VOB/B.

50€	56€	**57€**	58€	63€	[h]	⏱ 1,00h/h	345.000.083

Nr.	Positionen	Einheit	►	▷	ø brutto € / ø netto €	◁	◄
1	Dämmung Rohrleitung, alukaschiert, demontieren	m	3	3	**4**	4	4
			3	3	**3**	3	3
2	Dämmung Rohrleitung demontieren	m	2	3	**3**	4	4
			2	3	**3**	3	4
3	Kompaktdämmhülse, Rohrleitung, DN12	m	7	12	**14**	16	20
			6	10	**12**	14	17
4	Kompaktdämmhülse, Rohrleitung, DN15	m	8	14	**17**	21	28
			7	12	**15**	17	23
5	Kompaktdämmhülse, Rohrleitung, DN20	m	11	17	**19**	24	31
			10	14	**16**	20	26
6	Kompaktdämmhülse, Rohrleitung, DN25	m	17	22	**24**	31	42
			14	19	**20**	26	35
7	Kompaktdämmhülse, Rohrleitung, DN32	m	20	28	**30**	36	45
			17	24	**25**	31	38
8	Rohrdämmung, MW-alukaschiert, DN12	m	8	16	**20**	24	33
			7	14	**17**	20	27
9	Rohrdämmung, MW-alukaschiert, DN15	m	9	19	**24**	27	37
			7	16	**20**	22	31
10	Rohrdämmung, MW-alukaschiert, DN20	m	9	19	**23**	32	52
			8	16	**19**	27	44
11	Rohrdämmung, MW-alukaschiert, DN25	m	28	36	**38**	48	61
			24	30	**32**	41	51
12	Rohrdämmung, MW-alukaschiert, DN32	m	30	45	**51**	54	66
			25	38	**42**	46	55
13	Rohrdämmung, MW-alukaschiert, DN40	m	31	40	**45**	52	69
			26	34	**38**	44	58
14	Rohrdämmung, MW-alukaschiert, DN50	m	33	47	**55**	57	73
			27	39	**46**	48	61
15	Rohrdämmung, MW-alukaschiert, DN65	m	39	56	**65**	73	101
			33	47	**55**	62	85
16	Brandschutzabschottung, R90, DN12	St	23	26	**28**	33	42
			19	22	**23**	27	35
17	Brandschutzabschottung, R90, DN15	St	25	31	**33**	39	47
			21	26	**28**	33	40
18	Brandschutzabschottung, R90, DN20	St	27	44	**52**	60	77
			23	37	**43**	50	64
19	Brandschutzabschottung, R90, DN25	St	35	52	**60**	69	84
			29	44	**51**	58	71
20	Brandschutzabschottung, R90, DN32	St	43	62	**72**	80	112
			36	52	**61**	67	94
21	Brandschutzabschottung, R90, DN40	St	56	79	**84**	93	111
			47	67	**70**	78	94
22	Brandschutzabschottung, R90, DN50	St	68	95	**103**	116	121
			57	80	**87**	97	102
23	Brandschutzabschottung, R90, DN65	St	86	107	**121**	129	144
			72	90	**102**	109	121
24	Brandschutzabschottung, R90, DN100	St	98	124	**139**	148	172
			83	104	**117**	124	145

Kosten:
Stand 4. Quartal 2024
Bundesdurchschnitt

► min
▷ von
ø Mittel
◁ bis
◄ max

Nr.	Positionen	Einheit	►	▷	ø brutto € / ø netto €	◁	◄
25	Brandschutzabschottung, R90, DN125	St	104	136	**149**	159	189
			87	114	**125**	133	159
26	Wärmedämmschalen für Armaturen und Pumpen, DN12	St	15	18	**22**	25	29
			12	15	**18**	21	25
27	Wärmedämmschalen für Armaturen und Pumpen, DN15	St	21	24	**26**	27	30
			17	20	**22**	23	25
28	Wärmedämmschalen für Armaturen und Pumpen, DN20	St	22	26	**29**	30	33
			19	22	**24**	25	27
29	Wärmedämmschalen für Armaturen und Pumpen, DN25	St	26	30	**40**	41	52
			22	25	**34**	34	44
30	Wärmedämmschalen für Armaturen und Pumpen, DN32	St	30	38	**43**	45	52
			25	32	**36**	38	44
31	Wärmedämmschalen für Armaturen und Pumpen, DN40	St	37	48	**53**	57	68
			31	40	**44**	48	57
32	Wärmedämmschalen für Armaturen und Pumpen, DN50	St	38	48	**57**	59	71
			32	41	**48**	49	60
33	Wärmedämmschalen für Armaturen und Pumpen, DN65	St	41	49	**61**	68	80
			34	41	**51**	58	67

Nr. **Kurztext** / Langtext Kostengruppe

► ▷ **ø netto €** ◁ ◄ [Einheit] Ausf.-Dauer Positionsnummer

1 Dämmung Rohrleitung, alukaschiert, demontieren KG **494**

Dämmung der Rohrleitung demontieren, als Schale mit Aluminium Kaschierung, mechanisch befestigt. Abbruch von Hand/mit handgeführten Kleingeräten, aufgenommene Stoffe sammeln, auf LKW des AN laden, Abfall ist nicht gefährlich, nicht schadstoffbelastet, die Entsorgung wird gesondert vergütet.
Nenndurchmesser: bis DN50
Dämmstoff: Mineralwolle
Dämmschichtdicke: 40 mm
Ausführung: in allen Geschossen
Arbeitshöhe: bis 3,50 m

3€ 3€ **3€** 3€ 3€ [m] ⏱ 0,25h/m 347.000.047

2 Dämmung Rohrleitung demontieren KG **494**

Dämmung der Rohrleitung demontieren, als Schale ohne Kaschierung, mechanisch befestigt. Abbruch von Hand/mit handgeführten Kleingeräten, aufgenommene Stoffe sammeln, auf LKW des AN laden, Abfall ist nicht gefährlich, nicht schadstoffbelastet, die Entsorgung wird gesondert vergütet.
Nenndurchmesser: bis DN50
Dämmstoff: Mineralwolle
Dämmschichtdicke: 40 mm
Ausführung: in allen Geschossen
Arbeitshöhe: bis 3,50 m

2€ 3€ **3€** 3€ 4€ [m] ⏱ 0,20h/m 347.000.048

Kosten:
Stand 4. Quartal 2024
Bundesdurchschnitt

Nr.	**Kurztext** / Langtext						Kostengruppe
▶	▷	**ø netto €**	◁	◀	[Einheit]	Ausf.-Dauer	Positionsnummer

A 1 Kompaktdämmhülse, Rohrleitung — Beschreibung für Pos. **3-7**

Wärmedämmung für Rohrleitungen haustechnischer Anlagen auf Rohfußboden. Kompaktdämmhülsen in Anti-Körperschall-Ausführung. Zur Verlegung im Dämmbereich des Fußbodenaufbaus. Polsterlage aus miteinander vernadelten Kunststoff-Fasern und geschlossenzelligem Polyethylen mit reißfestem Gittergewebe.

3 Kompaktdämmhülse, Rohrleitung, DN12 — KG **422**

Wie Ausführungsbeschreibung A 1
Nennwert der Wärmeleitfähigkeit: ..... W/(mK)
Bemessungswert der Wärmeleitfähigkeit: ..... W/(mK)
Normalentflammbar: B2
Nennweite: DN12
Dämmschichtdicke: ..... mm
Bauhöhe: ..... mm

6€	10€	**12€**	14€	17€	[m]	⏱ 0,05h/m	347.000.038

4 Kompaktdämmhülse, Rohrleitung, DN15 — KG **422**

Wie Ausführungsbeschreibung A 1
Nennwert der Wärmeleitfähigkeit: ..... W/(mK)
Bemessungswert der Wärmeleitfähigkeit: ..... W/(mK)
Normalentflammbar: B2
Nennweite: DN15
Dämmschichtdicke: ..... mm
Bauhöhe: ..... mm

7€	12€	**15€**	17€	23€	[m]	⏱ 0,05h/m	347.000.005

5 Kompaktdämmhülse, Rohrleitung, DN20 — KG **422**

Wie Ausführungsbeschreibung A 1
Nennwert der Wärmeleitfähigkeit: ..... W/(mK)
Bemessungswert der Wärmeleitfähigkeit: ..... W/(mK)
Normalentflammbar: B2
Nennweite: DN20
Dämmschichtdicke: ..... mm
Bauhöhe: ..... mm

10€	14€	**16€**	20€	26€	[m]	⏱ 0,05h/m	347.000.016

6 Kompaktdämmhülse, Rohrleitung, DN25 — KG **422**

Wie Ausführungsbeschreibung A 1
Nennwert der Wärmeleitfähigkeit: ..... W/(mK)
Bemessungswert der Wärmeleitfähigkeit: ..... W/(mK)
Normalentflammbar: B2
Nennweite: DN25
Dämmschichtdicke: ..... mm
Bauhöhe: ..... mm

14€	19€	**20€**	26€	35€	[m]	⏱ 0,05h/m	347.000.017

▶ min
▷ von
ø Mittel
◁ bis
◀ max

Nr.	Kurztext / Langtext						Kostengruppe
▶	▷	ø netto €	◁	◀	[Einheit]	Ausf.-Dauer	Positionsnummer

7 **Kompaktdämmhülse, Rohrleitung, DN32** — KG **422**

Wie Ausführungsbeschreibung A 1
Nennwert der Wärmeleitfähigkeit: ..... W/(mK)
Bemessungswert der Wärmeleitfähigkeit: ..... W/(mK)
Normalentflammbar: B2
Nennweite: DN32
Dämmschichtdicke: ..... mm
Bauhöhe: ..... mm

17€ | 24€ | **25€** | 31€ | 38€ | [m] | ⏱ 0,05 h/m | 347.000.039

A 2 **Rohrdämmung, Mineralwolle, alukaschiert** — Beschreibung für Pos. **8-15**

Wärmedämmung einschl. Ummantelung an Rohrleitungen für Heizung, Warmwasser und Zirkulation, in Gebäuden. Dämmung aus Mineralwolle, Baustoffklasse 1 A (nichtbrennbar), als Matte, auf verzinktem Drahtgeflecht mit verzinktem Draht versteppt, Befestigen mit Stahlhaken aus dem Werkstoff des Drahtgeflechts. Längs- und Rundstöße mit selbstklebender Aluminiumfolie überklebt.

8 **Rohrdämmung, MW-alukaschiert, DN12** — KG **422**

Wie Ausführungsbeschreibung A 2
Oberkante Dämmung über **Gelände / Fußboden**: **bis 3,50 / bis 5,00** m
Rohrleitung: .....
Nennweite: DN12
Dämmstärke: ..... mm
Dämmschichtdicke: ..... mm
Bemessungswert der Wärmeleitfähigkeit bei 40°: ..... W/(mK)

7€ | 14€ | **17€** | 20€ | 27€ | [m] | ⏱ 0,30 h/m | 347.000.040

9 **Rohrdämmung, MW-alukaschiert, DN15** — KG **422**

Wie Ausführungsbeschreibung A 2
Oberkante Dämmung über **Gelände / Fußboden**: **bis 3,50 / bis 5,00** m
Rohrleitung: .....
Nennweite: DN15
Dämmstärke: ..... mm
Dämmschichtdicke: ..... mm
Bemessungswert der Wärmeleitfähigkeit bei 40°: ..... W/(mK)

7€ | 16€ | **20€** | 22€ | 31€ | [m] | ⏱ 0,30 h/m | 347.000.002

10 **Rohrdämmung, MW-alukaschiert, DN20** — KG **422**

Wie Ausführungsbeschreibung A 2
Oberkante Dämmung über **Gelände / Fußboden**: **bis 3,50 / bis 5,00** m
Rohrleitung: .....
Nennweite: DN20
Dämmstärke: ..... mm
Dämmschichtdicke: ..... mm
Bemessungswert der Wärmeleitfähigkeit bei 40°: ..... W/(mK)

8€ | 16€ | **19€** | 27€ | 44€ | [m] | ⏱ 0,30 h/m | 347.000.015

Kosten:
Stand 4. Quartal 2024
Bundesdurchschnitt

Nr.	Kurztext / Langtext						Kostengruppe
▶	▷	**ø netto €**	◁	◀	[Einheit]	Ausf.-Dauer	Positionsnummer

11 Rohrdämmung, MW-alukaschiert, DN25 KG **422**

Wie Ausführungsbeschreibung A 2
Oberkante Dämmung über **Gelände / Fußboden**: **bis 3,50m / bis 5,00** m
Rohrleitung: .....
Nennweite: DN25
Dämmstärke: ..... mm
Dämmschichtdicke: ..... mm
Bemessungswert der Wärmeleitfähigkeit bei 40°: ..... W/(mK)

24€ 30€ **32€** 41€ 51€ [m] ⏱ 0,30 h/m 347.000.008

12 Rohrdämmung, MW-alukaschiert, DN32 KG **422**

Wie Ausführungsbeschreibung A 2
Oberkante Dämmung über **Gelände / Fußboden**: **bis 3,50 / bis 5,00** m
Rohrleitung: .....
Nennweite: DN32
Dämmstärke: ..... mm
Dämmschichtdicke: ..... mm
Bemessungswert der Wärmeleitfähigkeit bei 40°: ..... W/(mK)

25€ 38€ **42€** 46€ 55€ [m] ⏱ 0,30 h/m 347.000.009

13 Rohrdämmung, MW-alukaschiert, DN40 KG **422**

Wie Ausführungsbeschreibung A 2
Oberkante Dämmung über **Gelände / Fußboden**: **bis 3,50 / bis 5,00** m
Rohrleitung: .....
Nennweite: DN40
Dämmstärke: ..... mm
Dämmschichtdicke: ..... mm
Bemessungswert der Wärmeleitfähigkeit bei 40°: ..... W/(mK)

26€ 34€ **38€** 44€ 58€ [m] ⏱ 0,30 h/m 347.000.041

14 Rohrdämmung, MW-alukaschiert, DN50 KG **422**

Wie Ausführungsbeschreibung A 2
Oberkante Dämmung über **Gelände / Fußboden**: **bis 3,50m / bis 5,00** m
Rohrleitung: .....
Nennweite: DN50
Dämmstärke: ..... mm
Dämmschichtdicke: ..... mm
Bemessungswert der Wärmeleitfähigkeit bei 40°: ..... W/(mK)

27€ 39€ **46€** 48€ 61€ [m] ⏱ 0,30 h/m 347.000.011

▶ min
▷ von
ø Mittel
◁ bis
◀ max

15 **Rohrdämmung, MW-alukaschiert, DN65** KG **422**

Wie Ausführungsbeschreibung A 2
Oberkante Dämmung über **Gelände / Fußboden**: **bis 3,50 / bis 5,00** m
Rohrleitung: .....
Nennweite: DN65
Dämmstärke: ..... mm
Dämmschichtdicke: ..... mm
Bemessungswert der Wärmeleitfähigkeit bei 40°: ..... W/(mK)

33€ 47€ **55€** 62€ 85€ [m] ⏱ 0,30h/m 347.000.012

A 3 **Brandschutzabschottung, R90** Beschreibung für Pos. **16-25**

Brandschutzabschottung von Rohrleitungen haustechnischer Anlagen nach **MLAR / LAR**, zur Montage in **Wand / Decke / leichter Trennwand**. Zur Verlegung in rundem Durchbruch, ohne Hüllrohr, Verfüllung des Ringspalts mit Mörtel MG III, beidseitige Weiterführung der Dämmung.

16 **Brandschutzabschottung, R90, DN12** KG **422**

Wie Ausführungsbeschreibung A 3
Feuerwiderstandsklasse: R90
Rohrleitung: **nicht brennbar / brennbar**
Montagehöhe: bis **3,50 / 5,00 / 7,00** m über Fußboden
Ringspalt: bis 15 mm
Außendurchmesser der Rohrleitung: 15 mm
Außendurchmesser Schott: 60 mm
Dämmlänge: 1.000 mm
Dämmung: .....

19€ 22€ **23€** 27€ 35€ [St] ⏱ 0,38h/St 347.000.042

17 **Brandschutzabschottung, R90, DN15** KG **422**

Wie Ausführungsbeschreibung A 3
Feuerwiderstandsklasse: R90
Rohrleitung: **nicht brennbar / brennbar**
Montagehöhe: bis **3,50 / 5,00 / 7,00** m über Fußboden
Ringspalt: bis 15 mm
Außendurchmesser der Rohrleitung: 18 mm
Außendurchmesser Schott: 60 mm
Dämmlänge: 1.000 mm
Dämmung: .....

21€ 26€ **28€** 33€ 40€ [St] ⏱ 0,40h/St 347.000.031

Kosten:
Stand 4. Quartal 2024
Bundesdurchschnitt

Nr.	Kurztext / Langtext						Kostengruppe
►	▷	ø netto €	◁	◀	[Einheit]	Ausf.-Dauer	Positionsnummer

18 **Brandschutzabschottung, R90, DN20** KG **422**

Wie Ausführungsbeschreibung A 3
Feuerwiderstandsklasse: R90
Rohrleitung: **nicht brennbar / brennbar**
Montagehöhe: bis **3,50 / 5,00 / 7,00** m über Fußboden
Ringspalt: bis 15 mm
Außendurchmesser der Rohrleitung: 22 mm
Außendurchmesser Schott: 60 mm
Dämmlänge: 1.000 mm
Dämmung: .....

23€	37€	**43€**	50€	64€	[St]	⏱ 0,40 h/St	347.000.032

19 **Brandschutzabschottung, R90, DN25** KG **422**

Wie Ausführungsbeschreibung A 3
Feuerwiderstandsklasse: R90
Rohrleitung: **nicht brennbar / brennbar**
Montagehöhe: bis **3,50 / 5,00 / 7,00** m über Fußboden
Ringspalt: bis 15 mm
Außendurchmesser der Rohrleitung: 28 mm
Außendurchmesser Schott: 80 mm
Dämmlänge: 1.000 mm
Dämmung: .....

29€	44€	**51€**	58€	71€	[St]	⏱ 0,40 h/St	347.000.033

20 **Brandschutzabschottung, R90, DN32** KG **422**

Wie Ausführungsbeschreibung A 3
Feuerwiderstandsklasse: R90
Rohrleitung: **nicht brennbar / brennbar**
Montagehöhe: bis **3,50 / 5,00 / 7,00** m über Fußboden
Ringspalt: bis 15 mm
Außendurchmesser der Rohrleitung: 35 mm
Außendurchmesser Schott: 80 mm
Dämmlänge: 1.000 mm
Dämmung: .....

36€	52€	**61€**	67€	94€	[St]	⏱ 0,40 h/St	347.000.034

21 **Brandschutzabschottung, R90, DN40** KG **422**

Wie Ausführungsbeschreibung A 3
Feuerwiderstandsklasse: R90
Rohrleitung: **nicht brennbar / brennbar**
Montagehöhe: bis **3,50 / 5,00 / 7,00** m über Fußboden
Ringspalt: bis 15 mm
Außendurchmesser der Rohrleitung: 42 mm
Außendurchmesser Schott: 100 mm
Dämmlänge: 1.000 mm
Dämmung: .....

47€	67€	**70€**	78€	94€	[St]	⏱ 0,40 h/St	347.000.035

► min
▷ von
ø Mittel
◁ bis
◀ max

Nr.	Kurztext / Langtext						Kostengruppe
▶	▷	ø netto €	◁	◀	[Einheit]	Ausf.-Dauer	Positionsnummer

22 **Brandschutzabschottung, R90, DN50** KG **422**

Wie Ausführungsbeschreibung A 3
Feuerwiderstandsklasse: R90
Rohrleitung: **nicht brennbar / brennbar**
Montagehöhe: bis **3,50 / 5,00 / 7,00** m über Fußboden
Ringspalt: bis 15 mm
Außendurchmesser der Rohrleitung: 63 mm
Außendurchmesser Schott: 130 mm
Dämmlänge: 1.000 mm
Dämmung: .....

57€ | 80€ | **87€** | 97€ | 102€ | [St] | ⏱ 0,40 h/St | 347.000.036

23 **Brandschutzabschottung, R90, DN65** KG **422**

Wie Ausführungsbeschreibung A 3
Feuerwiderstandsklasse: R90
Rohrleitung: **nicht brennbar / brennbar**
Montagehöhe: bis **3,50 / 5,00 / 7,00** m über Fußboden
Ringspalt: bis 15 mm
Außendurchmesser der Rohrleitung: 76 mm
Außendurchmesser Schott: 180 mm
Dämmlänge: 1.000 mm
Dämmung: .....

72€ | 90€ | **102€** | 109€ | 121€ | [St] | ⏱ 0,40 h/St | 347.000.037

24 **Brandschutzabschottung, R90, DN100** KG **422**

Wie Ausführungsbeschreibung A 3
Feuerwiderstandsklasse: R90
Rohrleitung: **nicht brennbar / brennbar**
Montagehöhe: bis **3,50 / 5,00 / 7,00** m über Fußboden
Ringspalt: bis 15 mm
Außendurchmesser der Rohrleitung: 110 mm
Außendurchmesser Schott: 180 mm
Dämmlänge: 1.000 mm
Dämmung: .....

83€ | 104€ | **117€** | 124€ | 145€ | [St] | ⏱ 0,42 h/St | 347.000.043

25 **Brandschutzabschottung, R90, DN125** KG **422**

Wie Ausführungsbeschreibung A 3
Feuerwiderstandsklasse: R90
Rohrleitung: **nicht brennbar / brennbar**
Montagehöhe: bis **3,50 / 5,00 / 7,00** m über Fußboden
Ringspalt: bis 15 mm
Außendurchmesser der Rohrleitung: 139 mm
Außendurchmesser Schott: 180 mm
Dämmlänge: 1.000 mm
Dämmung: .....

87€ | 114€ | **125€** | 133€ | 159€ | [St] | ⏱ 0,45 h/St | 347.000.044

Nr.	Kurztext / Langtext						Kostengruppe
▶	▷	ø netto €	◁	◀	[Einheit]	Ausf.-Dauer	Positionsnummer

A 4 Wärmedämmschalen für Armaturen und Pumpen — Beschreibung für Pos. **26-33**

Wärmedämmschalen für Armaturen und Pumpen. Bestehend aus einem zusammenklappbaren Formteil aus Polyethylen mit kratzfester Oberfläche aus PE-Gittergewebe. Entleerungsöffnungen vorgeprägt, Lieferung inkl. Verschlussclipsen, mit handelsüblichen Klebern diffusionsdicht verschließbar.

Kosten:
Stand 4. Quartal 2024
Bundesdurchschnitt

26 Wärmedämmschalen für Armaturen und Pumpen, DN12 — KG **422**

Wie Ausführungsbeschreibung A 4
Baustoffklasse: B1
Wärmeleitwert 0,034 W/(mK): bei 10°C und 0,040 W/(mK) bei 40°C
Wasserdampfdiffusionsfaktor μ: 5.000
Temperaturbereich: -80°C bis +100°C
Abmessungen: Länge: 130 mm, Breite: 70 mm, Höhe: 112 mm
Nennweite: DN12

12€ | 15€ | **18€** | 21€ | 25€ | [St] | ⏱ 0,10 h/St | 347.000.045

27 Wärmedämmschalen für Armaturen und Pumpen, DN15 — KG **422**

Wie Ausführungsbeschreibung A 4
Baustoffklasse: B1
Wärmeleitwert 0,034 W/(mK): bei 10°C und 0,040 W/(mK) bei 40°C
Wasserdampfdiffusionsfaktor μ: 5.000
Temperaturbereich: -80°C bis +100°C
Abmessungen: Länge: 130 mm, Breite: 70 mm, Höhe: 112 mm
Nennweite: DN15

17€ | 20€ | **22€** | 23€ | 25€ | [St] | ⏱ 0,10 h/St | 347.000.024

28 Wärmedämmschalen für Armaturen und Pumpen, DN20 — KG **422**

Wie Ausführungsbeschreibung A 4
Baustoffklasse: B1
Wärmeleitwert 0,034 W/(mK): bei 10°C und 0,040 W/(mK) bei 40°C
Wasserdampfdiffusionsfaktor μ: 5.000
Temperaturbereich: -80°C bis +100°C
Abmessungen: Länge: 130 mm, Breite: 70 mm, Höhe: 112 mm
Nennweite: DN20

19€ | 22€ | **24€** | 25€ | 27€ | [St] | ⏱ 0,10 h/St | 347.000.025

29 Wärmedämmschalen für Armaturen und Pumpen, DN25 — KG **422**

Wie Ausführungsbeschreibung A 4
Baustoffklasse: B1
Wärmeleitwert 0,034 W/(mK): bei 10°C und 0,040 W/(mK) bei 40°C
Wasserdampfdiffusionsfaktor μ: 5.000
Temperaturbereich: -80°C bis +100°C
Abmessungen: Länge: 145 mm, Breite: 80 mm, Höhe: 130 mm
Nennweite: DN25

22€ | 25€ | **34€** | 34€ | 44€ | [St] | ⏱ 0,10 h/St | 347.000.026

▶ min
▷ von
ø Mittel
◁ bis
◀ max

Nr.	Kurztext / Langtext						Kostengruppe
▶	▷	ø netto €	◁	◀	[Einheit]	Ausf.-Dauer	Positionsnummer

30 Wärmedämmschalen für Armaturen und Pumpen, DN32 KG **422**

Wie Ausführungsbeschreibung A 4
Baustoffklasse: B1
Wärmeleitwert 0,034 W/(mK): bei 10°C und 0,040 W/(mK) bei 40°C
Wasserdampfdiffusionsfaktor µ: 5.000
Temperaturbereich: -80°C bis +100°C
Abmessungen: Länge: 195 mm, Breite: 137 mm, Höhe: 203 mm
Nennweite: DN32

25€ 32€ **36€** 38€ 44€ [St] ⏱ 0,10h/St 347.000.027

31 Wärmedämmschalen für Armaturen und Pumpen, DN40 KG **422**

Wie Ausführungsbeschreibung A 4
Baustoffklasse: B1
Wärmeleitwert 0,034 W/(mK): bei 10°C und 0,040 W/(mK) bei 40°C
Wasserdampfdiffusionsfaktor µ: 5.000
Temperaturbereich: -80°C bis +100°C
Abmessungen: Länge: 196 mm, Breite: 163 mm, Höhe: 230 mm
Nennweite: DN40

31€ 40€ **44€** 48€ 57€ [St] ⏱ 0,10h/St 347.000.028

32 Wärmedämmschalen für Armaturen und Pumpen, DN50 KG **422**

Wie Ausführungsbeschreibung A 4
Baustoffklasse: B1
Wärmeleitwert 0,034 W/(mK): bei 10°C und 0,040 W/(mK) bei 40°C
Wasserdampfdiffusionsfaktor µ: 5.000
Temperaturbereich: -80°C bis +100°C
Abmessungen: Länge: 212 mm, Breite: 182 mm, Höhe: 253 mm
Nennweite: DN50

32€ 41€ **48€** 49€ 60€ [St] ⏱ 0,10h/St 347.000.029

33 Wärmedämmschalen für Armaturen und Pumpen, DN65 KG **422**

Wie Ausführungsbeschreibung A 4
Baustoffklasse: B1
Wärmeleitwert 0,034 W/(mK): bei 10°C und 0,040 W/(mK) bei 40°C
Wasserdampfdiffusionsfaktor µ: 5.000
Temperaturbereich: -80°C bis +100°C
Abmessungen: Länge: 212 mm, Breite: 182 mm, Höhe: 253 mm
Nennweite: DN65

34€ 41€ **51€** 58€ 67€ [St] ⏱ 0,10h/St 347.000.046

Kosten:
Stand 4. Quartal 2024
Bundesdurchschnitt

► min
▷ von
ø Mittel
◁ bis
◀ max

Niederspannungsanlagen - Kabel / Leitungen, Verlegesysteme, Installationsgeräte — Preise €

Nr.	Positionen	Einheit	►	▷	**ø brutto €** ø netto €	◁	◀
1	Schlitz herstellen, Mauerwerk, 5x3cm	m	20	25	**30**	31	36
			17	21	**25**	26	30
2	Schlitz herstellen, Mauerwerk, 10x5cm	m	57	63	**68**	71	72
			48	53	**57**	59	61
3	Kabelrinne, Stahl, WA ,100mm	m	58	61	**69**	74	77
			49	52	**58**	62	65
4	Kabelrinne, Stahl, WA, 200mm	m	63	69	**72**	77	80
			53	58	**61**	65	67
5	Kabelrinne, Stahl, WA, 300mm	m	60	61	**66**	69	72
			50	52	**56**	58	61
6	Kabelrinne, Stahl, WA, 400mm	m	66	71	**75**	80	83
			56	59	**63**	67	70
7	Installationsleitung, NYM-J 1x16mm², uP	m	8	9	**10**	12	14
			7	8	**8**	10	11
8	Installationsleitung, NYM-J 3x2,5mm², uP	m	4	5	**5**	6	6
			4	4	**4**	5	5
9	Installationsleitung, NYM-J 5x2,5mm², uP	m	6	7	**8**	8	9
			5	6	**7**	7	8
10	Installationsleitung, NYM-J 5x6mm², uP	m	14	14	**16**	17	17
			12	12	**13**	14	15
11	Installationsleitung, NYM-J 5x16mm², uP	m	28	30	**32**	35	41
			24	25	**27**	29	34
12	Elektroinstallationsrohr, 16mm	m	6	6	**8**	9	10
			5	5	**7**	8	8
13	Elektroinstallationsrohr, 25mm	m	6	7	**8**	9	10
			5	6	**7**	8	8
14	Elektroinstallationsrohr, 40mm	m	12	14	**15**	17	18
			10	12	**13**	14	15
15	Leitungsführungskanal PVC 15x15mm	m	9	10	**12**	13	14
			8	9	**10**	11	12
16	Leitungsführungskanal PVC 30x30mm	m	13	14	**16**	18	20
			11	12	**13**	15	17
17	Leitungsführungskanal PVC 90x40mm	m	27	28	**31**	35	38
			22	24	**26**	29	32
18	Leitungsführungskanal PVC 110x60mm	m	44	47	**49**	53	55
			37	40	**41**	45	46
19	Leitungsführungskanal PVC 230x60mm	m	91	98	**109**	113	115
			77	82	**91**	95	96
20	Sockelleistenkanal, 50x20mm	m	28	29	**31**	33	36
			23	25	**26**	28	30
21	Geräteeinbaukanal, 130x60mm	m	50	53	**55**	61	63
			42	45	**46**	52	53
22	Geräteeinbaukanal, 170x60mm	m	69	72	**79**	83	87
			58	61	**66**	70	73
23	Geräteeinbaukanal, 210x60mm	m	94	99	**107**	110	112
			79	83	**90**	93	94
24	Photovoltaikanlage 2kW$_p$	St	4.996	6.860	**7.456**	9.097	9.693
			4.198	5.765	**6.266**	7.644	8.146

Nr.	Positionen	Einheit	▶	▷	ø brutto € / ø netto €	◁	◀
25	Photovoltaikanlage 10kW$_p$	St	17.950	24.648	**26.791**	32.685	34.828
			15.084	20.712	**22.513**	27.466	29.267
26	Batteriespeicher bis 10kW$_h$	St	8.486	10.598	**10.853**	11.526	13.208
			7.131	8.906	**9.120**	9.686	11.100
27	Bewegungsmelder	St	182	258	**290**	326	416
			153	217	**243**	274	350
28	Stundensatz, Monteur/-in Elektro	h	67	78	**82**	86	98
			56	66	**69**	73	82
29	Stundensatz, Helfer/-in Elektro	h	51	56	**60**	63	71
			43	47	**50**	53	59

Nr. **Kurztext** / Langtext — Kostengruppe

▶ ▷ **ø netto €** ◁ ◀ [Einheit] Ausf.-Dauer Positionsnummer

A 1 Schlitz herstellen, Mauerwerk — Beschreibung für Pos. **1-2**

Schlitz in verputztem Mauerwerk nachträglich herstellen und Bauschutt entsorgen.
Druckfestigkeitsklasse: bis Mz 12 N/mm²
Wanddicke: .....
Lage: .....

1 Schlitz herstellen, Mauerwerk, 5x3cm — KG **394**

Wie Ausführungsbeschreibung A 1
Breite: bis 5 cm
Tiefe: bis 3 cm

17€ 21€ **25€** 26€ 30€ [m] ⏱ 0,15h/m 353.000.023

2 Schlitz herstellen, Mauerwerk, 10x5cm — KG **394**

Wie Ausführungsbeschreibung A 1
Breite: bis 10 cm
Tiefe: bis 5 cm

48€ 53€ **57€** 59€ 61€ [m] ⏱ 0,15h/m 353.000.024

A 2 Kabelrinne, Stahl, WA — Beschreibung für Pos. **3-6**

Kabelrinne mit Trennsteg und Wandausleger, einschl. systembedingten Verbindungsstücken, Formstücken, Befestigungsmaterial.
Norm: DIN EN 61537 (VDE 0639)
Werkstoff: Stahl, feuerverzinkt, DIN EN ISO 1461
Dicke Metallwerkstoff: 1,5 mm
Ausführung: gelocht
Höhe: 60 mm

Kosten:
Stand 4. Quartal 2024
Bundesdurchschnitt

▶ min
▷ von
ø Mittel
◁ bis
◀ max

Nr.	**Kurztext** / Langtext						Kostengruppe
▶	▷	**ø netto €**	◁	◀	[Einheit]	Ausf.-Dauer	Positionsnummer

3 **Kabelrinne, Stahl, WA ,100mm** — KG **444**

Wie Ausführungsbeschreibung A 2
Breite: 100 mm
Angeb. Fabrikat: .....

49€	52€	**58€**	62€	65€	[m]	⏱ 0,20h/m	353.000.025

4 **Kabelrinne, Stahl, WA, 200mm** — KG **444**

Wie Ausführungsbeschreibung A 2
Breite: 200 mm
Angeb. Fabrikat: .....

53€	58€	**61€**	65€	67€	[m]	⏱ 0,25h/m	353.000.026

5 **Kabelrinne, Stahl, WA, 300mm** — KG **444**

Wie Ausführungsbeschreibung A 2
Breite: 300 mm
Angeb. Fabrikat: .....

50€	52€	**56€**	58€	61€	[m]	⏱ 0,30h/m	353.000.027

6 **Kabelrinne, Stahl, WA, 400mm** — KG **444**

Wie Ausführungsbeschreibung A 2
Breite: 400 mm
Angeb. Fabrikat: .....

56€	59€	**63€**	67€	70€	[m]	⏱ 0,40h/m	353.000.028

A 3 **Installationsleitung, NYM-J, uP** — Beschreibung für Pos. **7-11**

Installationsleitung für Verlegung unter Putz, mit Befestigung.
Norm: DIN VDE 0250-204 (VDE 0250-204)
Leitungstyp: NYM-J

7 **Installationsleitung, NYM-J 1x16mm², uP** — KG **444**

Wie Ausführungsbeschreibung A 3
Ader-/Leiterzahl: 1x 16 mm²
Metallzahl: Cu-Zahl 154

7€	8€	**8€**	10€	11€	[m]	⏱ 0,06h/m	353.000.030

8 **Installationsleitung, NYM-J 3x2,5mm², uP** — KG **444**

Wie Ausführungsbeschreibung A 3
Ader-/Leiterzahl: 3x 2,5 mm²
Metallzahl: Cu-Zahl 72

4€	4€	**4€**	5€	5€	[m]	⏱ 0,09h/m	353.000.032

Nr.	Kurztext / Langtext						Kostengruppe
▶	▷	ø netto €	◁	◀	[Einheit]	Ausf.-Dauer	Positionsnummer

9 Installationsleitung, NYM-J 5x2,5mm², uP — KG **444**

Wie Ausführungsbeschreibung A 3
Ader-/Leiterzahl: 5x 2,5 mm²
Metallzahl: Cu-Zahl 120

▶	▷	ø netto €	◁	◀	[Einheit]	Ausf.-Dauer	Positionsnummer
5€	6€	**7€**	7€	8€	[m]	⏱ 0,09h/m	353.000.033

10 Installationsleitung, NYM-J 5x6mm², uP — KG **444**

Wie Ausführungsbeschreibung A 3
Ader-/Leiterzahl: 5x 6 mm²
Metallzahl: Cu-Zahl 288

▶	▷	ø netto €	◁	◀	[Einheit]	Ausf.-Dauer	Positionsnummer
12€	12€	**13€**	14€	15€	[m]	⏱ 0,09h/m	353.000.034

11 Installationsleitung, NYM-J 5x16mm², uP — KG **444**

Wie Ausführungsbeschreibung A 3
Ader-/Leiterzahl: 5x 16 mm²
Metallzahl: Cu-Zahl 768

▶	▷	ø netto €	◁	◀	[Einheit]	Ausf.-Dauer	Positionsnummer
24€	25€	**27€**	29€	34€	[m]	⏱ 0,12h/m	353.000.035

A 4 Elektroinstallationsrohr — Beschreibung für Pos. **12-14**

Elektroinstallationsrohr, geschlossen, für Verlegung unter Putz, mit Befestigung.
Norm: DIN EN 61386 (VDE 0605)
Werkstoff: Kunststoff, halogenfrei
Ausführung: einwandig, gewellt, flexibel
Druckfestigkeitsklasse: 3 - mittel (750 N)
Klasse Schlagbeanspruchung: 3 - mittel (2 kg/100 mm)

12 Elektroinstallationsrohr, 16mm — KG **444**

Wie Ausführungsbeschreibung A 4
Außendurchmesser: 16 mm

▶	▷	ø netto €	◁	◀	[Einheit]	Ausf.-Dauer	Positionsnummer
5€	5€	**7€**	8€	8€	[m]	⏱ 0,12h/m	353.000.036

13 Elektroinstallationsrohr, 25mm — KG **444**

Wie Ausführungsbeschreibung A 4
Außendurchmesser: 25 mm

▶	▷	ø netto €	◁	◀	[Einheit]	Ausf.-Dauer	Positionsnummer
5€	6€	**7€**	8€	8€	[m]	⏱ 0,12h/m	353.000.037

14 Elektroinstallationsrohr, 40mm — KG **444**

Wie Ausführungsbeschreibung A 4
Außendurchmesser: 40 mm

▶	▷	ø netto €	◁	◀	[Einheit]	Ausf.-Dauer	Positionsnummer
10€	12€	**13€**	14€	15€	[m]	⏱ 0,12h/m	353.000.038

Nr. **Kurztext** / Langtext — Kostengruppe

▶ ▷ **ø netto €** ◁ ◀ [Einheit] Ausf.-Dauer Positionsnummer

15 Leitungsführungskanal PVC 15x15mm KG **444**

Leitungsführungskanal mit Trennsteg, einschl. systembedingter Verbindungsstücke, Formstücke, Befestigungsmaterial.
Norm: DIN EN 50085-2-1 (VDE 0604-2-1)
Werkstoff: PVC-U
Breite: 15 mm
Höhe: 15 mm
Farbe: **grau / weiß**
Befestigung: auf **Beton / Mauerwerk / Installationswand**

8€ 9€ **10€** 11€ 12€ [m] ⏱ 0,04 h/m 353.000.039

16 Leitungsführungskanal PVC 30x30mm KG **444**

Leitungsführungskanal mit Trennsteg, einschl. systembedingter Verbindungsstücke, Formstücke, Befestigungsmaterial.
Norm: DIN EN 50085-2-1 (VDE 0604-2-1)
Werkstoff: PVC-U
Breite: 30 mm
Höhe: 30 mm
Farbe: **grau / weiß**
Befestigung: auf **Beton / Mauerwerk / Installationswand**

11€ 12€ **13€** 15€ 17€ [m] ⏱ 0,04 h/m 353.000.040

17 Leitungsführungskanal PVC 90x40mm KG **444**

Leitungsführungskanal mit Trennsteg, einschl. systembedingter Verbindungsstücke, Formstücke, Befestigungsmaterial.
Norm: DIN EN 50085-2-1 (VDE 0604-2-1)
Werkstoff: PVC-U
Breite: 90 mm
Höhe: 40 mm
Farbe: **grau / weiß**
Befestigung: auf **Beton / Mauerwerk / Installationswand**

22€ 24€ **26€** 29€ 32€ [m] ⏱ 0,05 h/m 353.000.041

18 Leitungsführungskanal PVC 110x60mm KG **444**

Leitungsführungskanal mit Trennsteg, einschl. systembedingter Verbindungsstücke, Formstücke und Befestigungsmaterial.
Norm: DIN EN 50085-2-1 (VDE 0604-2-1)
Werkstoff: PVC-U
Breite: 110 mm
Höhe: 60 mm
Farbe: **grau / weiß**
Befestigung: auf **Beton / Mauerwerk / Installationswand**

37€ 40€ **41€** 45€ 46€ [m] ⏱ 0,05 h/m 353.000.042

Kosten:
Stand 4. Quartal 2024
Bundesdurchschnitt

▶ min
▷ von
ø Mittel
◁ bis
◀ max

Nr.	Kurztext / Langtext						Kostengruppe
▶	▷	ø netto €	◁	◀	[Einheit]	Ausf.-Dauer	Positionsnummer

19 Leitungsführungskanal PVC 230x60mm — KG **444**

Leitungsführungskanal mit Trennsteg, einschl. systembedingter Verbindungsstücke, Formstücke und Befestigungsmaterial.
Norm: DIN EN 50085-2-1 (VDE 0604-2-1)
Werkstoff: PVC-U
Breite: 230 mm
Höhe: 60 mm
Farbe: **grau / weiß**
Befestigung: auf **Beton / Mauerwerk / Installationswand**

▶	▷	ø netto €	◁	◀	[Einheit]	Ausf.-Dauer	Positionsnummer
77€	82€	**91€**	95€	96€	[m]	⏱ 0,10h/m	353.000.043

20 Sockelleistenkanal, 50x20mm — KG **444**

Sockelleistenkanal, einschl. systembedingter Verbindungsstücke, Formstücke, Befestigungsmaterial.
Norm: DIN EN 50085-2-1 (VDE 0604-2-1)
Werkstoff: PVC-U
Breite: 50 mm
Höhe: 20 mm
Farbe: **grau / weiß**
Befestigung: auf **Beton / Mauerwerk / Installationswand**

▶	▷	ø netto €	◁	◀	[Einheit]	Ausf.-Dauer	Positionsnummer
23€	25€	**26€**	28€	30€	[m]	⏱ 0,06h/m	353.000.044

21 Geräteeinbaukanal, 130x60mm — KG **444**

Geräteeinbaukanal mit Trennsteg, einschl. systembedingter Verbindungsstücke, Kabelhalteklammern, Formstücke, Befestigungsmaterial.
Norm: DIN EN 50085-2-1 (VDE 0604-2-1)
Werkstoff: PVC-U
Breite: 130 mm
Höhe: 60 mm
Farbe: **grau / weiß**
Befestigung: auf **Beton / Mauerwerk / Installationswand**

▶	▷	ø netto €	◁	◀	[Einheit]	Ausf.-Dauer	Positionsnummer
42€	45€	**46€**	52€	53€	[m]	⏱ 0,08h/m	353.000.045

22 Geräteeinbaukanal, 170x60mm — KG **444**

Geräteeinbaukanal mit Trennsteg, einschl. systembedingter Verbindungsstücke, Kabelhalteklammern, Formstücke, Befestigungsmaterial.
Norm: DIN EN 50085-2-1 (VDE 0604-2-1)
Werkstoff: PVC-U
Breite: 190 mm
Höhe: 60 mm
Farbe: **grau / weiß**
Befestigung: auf **Beton / Mauerwerk / Installationswand**

▶	▷	ø netto €	◁	◀	[Einheit]	Ausf.-Dauer	Positionsnummer
58€	61€	**66€**	70€	73€	[m]	⏱ 0,10h/m	353.000.046

Nr.	Kurztext / Langtext						Kostengruppe
▶	▷	ø netto €	◁	◀	[Einheit]	Ausf.-Dauer	Positionsnummer

23 Geräteeinbaukanal, 210x60mm KG **444**

Geräteeinbaukanal mit Trennsteg, einschl. systembedingter Verbindungsstücke, Kabelhalteklammern, Formstücke, Befestigungsmaterial.
Norm: DIN EN 50085-2-1 (VDE 0604-2-1)
Werkstoff: PVC-U
Breite: 230 mm
Höhe: 60 mm
Farbe: **grau / weiß**
Befestigung: auf **Beton / Mauerwerk / Installationswand**

79€	83€	**90€**	93€	94€	[m]	⏱ 0,12 h/m	353.000.047

A 5 Photovoltaikanlage Beschreibung für Pos. **24-25**

Solaranlage zur Stromgewinnung als Photovoltaiksystem zur Aufdach-/ Inndach-/Flachdachlösung, mit konstruktiver Verankerung. Leistung einschl. systembedingter Befestigungsmittel und Befestigungskonstruktionsmaterial, Befestigung gem. statischem Einzelnachweis, mit Wechselrichter mit Datenlogger, Powermanagement, DC-Schalter und dreipoliger Einspeisung, einschl. Elektrokabel, komplett verdrahtet, mit Durchführungen, Anschlussarbeiten und Inbetriebnahme.

24 Photovoltaikanlage 2kWp KG **442**

Wie Ausführungsbeschreibung A 5
Nennleistung System: 2 kW_p
Polykristalline PV-Module: mind. 250 Wp
Auflast (Schneelast): bis 5 kN/m^2
Dynamische Last (Windlast): bis 2 kN/m^2
Ausführung gem. Einzelbeschreibung: .....

4.198€	5.765€	**6.266€**	7.644€	8.146€	[St]	⏱ 14,00 h/St	353.000.048

25 Photovoltaikanlage 10kWp KG **442**

Wie Ausführungsbeschreibung A 5
Nennleistung System: 10 kW_p
Polykristalline PV-Module: mind. 250 Wp
Auflast (Schneelast): bis 5 kN/m^2
Dynamische Last (Windlast): bis 2 kN/m^2
Ausführung gem. Einzelbeschreibung: .....

15.084	20.712€	**22.513€**	27.466€	29.267€	[St]	⏱ 48,00 h/St	353.000.049

26 Batteriespeicher bis 10kWh KG **442**

Strom Batteriespeicher zur Eigenstrom-Nutzung.

7.131€	8.906€	**9.120€**	9.686€	11.100€	[St]	⏱ 3,00 h/St	353.000.050

Kosten:
Stand 4. Quartal 2024
Bundesdurchschnitt

▶ min
▷ von
ø Mittel
◁ bis
◀ max

27 **Bewegungsmelder** KG **444**

Bewegungsmelder für 230 V AC **mit Unterkriechschutz / mit Rückfeldüberwachung** mit integriertem Dämmerungsschalter.
Sensorart: **Ultraschall / Infrarot / Radar / optisch**
Erfassungsbereich: .....°
Reichweite: ..... m
Schnittstelle: **RS232 / KNX-TP / DALI / COM**
Einstellbereich: **5 bis 300 / 5 bis 1.000**
Ausschaltverzögerung: **1** s **bis 11** min **/ 30** s **bis 30** min **/ 2** s **bis 16** min
Schutzart IP: **44 / 2X / 24 / 3X / 54 / 55 / 65 / 67**
Einbaubereich: **Wandmontage / Deckenmontage / Eckmontage**
Montaghöhe: **bis 3** m **/ über 3 bis 6** m **/ über 6 bis 9** m **/ über 9 bis 12** m

153€ 217€ **243€** 274€ 350€ [St] ⏱ 1,80h/St 353.000.051

28 **Stundensatz, Monteur/-in Elektro**

Verrechnungssatz für die jeweilige Arbeitskraft inkl. aller Aufwendungen wie Lohn- und Gehaltskosten, Lohn- und Gehaltsnebenkosten, Zuschläge, lohngebundene und lohnabhängige Kosten, sonstige Sozialkosten, Gemeinkosten, Wagnis und Gewinn. Leistung nach besonderer Anordnung der Bauüberwachung. Nachweis und Anmeldung gem. VOB/B.

56€ 66€ **69€** 73€ 82€ [h] ⏱ 1,00h/h 353.000.052

29 **Stundensatz, Helfer/-in Elektro**

Verrechnungssatz für die jeweilige Arbeitskraft inkl. aller Aufwendungen wie Lohn- und Gehaltskosten, Lohn- und Gehaltsnebenkosten, Zuschläge, lohngebundene und lohnabhängige Kosten, sonstige Sozialkosten, Gemeinkosten, Wagnis und Gewinn. Leistung nach besonderer Anordnung der Bauüberwachung. Nachweis und Anmeldung gem. VOB/B.

43€ 47€ **50€** 53€ 59€ [h] ⏱ 1,00h/h 353.000.053

Nr.	Positionen	Einheit	▶	▷	ø brutto € / ø netto €	◁	◀
1	Abbruch Einbauleuchte	St	18	21	**21**	22	24
			15	17	**18**	19	20
2	Wannenleuchte, LED, Feuchtraum	St	151	184	**204**	222	263
			127	155	**171**	186	221
3	Einbauleuchte, LED, 39W	St	254	293	**313**	330	363
			213	246	**263**	277	305
4	Pendelleuchte, LED 47W, bis 598mm	St	248	449	**532**	642	908
			208	377	**447**	540	763
5	Pendelleuchte, LED 47W, bis 1.198mm	St	528	691	**757**	829	967
			444	580	**636**	697	813
6	Einbaudownlight, LED, 9W	St	58	102	**130**	171	215
			49	86	**109**	143	181
7	Einbaudownlight, LED, 17,8W	St	182	211	**237**	253	282
			153	177	**199**	212	237

Kosten:
Stand 4. Quartal 2024
Bundesdurchschnitt

Nr. **Kurztext** / Langtext — Kostengruppe
▶ ▷ **ø netto €** ◁ ◀ [Einheit] Ausf.-Dauer Positionsnummer

1 Abbruch Einbauleuchte KG **494**

Abbruch Einbauleuchte mit Befestigungsmaterial, inkl. Leuchtmittel, im Rahmen einer Teilabbruchmaßnahme, Ausführung innerhalb des Bauwerks. Abbruch von Hand/mit handgeführten Kleingeräten, aufgenommene Stoffe sammeln, in vom AG gestellten Behälter lagern. Abfall ist nicht gefährlich, nicht schadstoffbelastet, Entsorgung wird gesondert vergütet.
Ausführungsort: .....
Einbautiefe 50 mm
Arbeitshöhe: bis 3,50 m

15€ 17€ **18€** 19€ 20€ [St] ⏱ 0,30 h/St 358.000.049

2 Wannenleuchte, LED, Feuchtraum KG **445**

Wannenleuchte für Feuchtraum, Gehäuse aus Kunststoff (Polycarbonat), innenliegende Halterung, Stahlblech, weiß lackiert, Refraktor Kunststoff (PMMA oder PC), innenprismatisch.
Abmessung: ..... (bis 1278 mm)
Leuchtmittel: LED 28 W
Lichtfarbe: 840, neutralweiß
Leuchtenlichtstrom: 3.350 lm
Elektrische Ausstattung: Betriebsgerät
Schutzart: IP 66
Schutzklasse: I
Spannung: 220-240 V / 50-60 Hz
Farbe: lichtgrau
Zubehör: Befestigungsmaterial
Arbeitshöhe: bis ..... m

127€ 155€ **171€** 186€ 221€ [St] ⏱ 0,35 h/St 358.000.043

▶ min
▷ von
ø Mittel
◁ bis
◀ max

Nr.	Kurztext / Langtext					Kostengruppe
▶ ▷	ø netto €	◁ ◀	[Einheit]	Ausf.-Dauer		Positionsnummer

3 Einbauleuchte, LED, 39W KG **445**

Einbauleuchte in abgehängter Decke, Gehäuse aus Aluminium, Diffusor und Lightguide aus vergilbungsfreiem PMMA (opal), mit LED-Betriebsgerät extern.
Abmessung: ..... (bis 1.233 mm)
Abstrahlwinkel: 60°
Leuchtmittel: LED 39 W
Lichtfarbe: 830, warmweiß
Leuchtenlichtstrom: 3.600 lm
Lebensdauer: 50.000 h (L70/B10)
Schutzart: IP 20
Schutzklasse: II
Spannung: 220-240 V / 50-60 Hz
für Deckenstärke: 10-25mm
Gehäusefarbe: weiß
Zubehör: Befestigungsmaterial
Arbeitshöhe: bis ..... m

213€ 246€ **263€** 277€ 305€ [St] ⏱ 0,60h/St 358.000.044

A 1 Pendelleuchte, LED Beschreibung für Pos. **4-5**

Pendelleuchte, Abdeckung aus Stahlblech, pulverbeschichtet, Rahmen aus Aluminium, eloxiert, Diffusor microprismatisch, **direkt- / indirekt**-Stahlseilabhängung, stufenlos, strahlend, höhenverstellbar, bildschirmarbeitsplatzgerecht, designintegrierte.
Abstrahlwinkel: 80-200°
Leuchtmittel: LED 34 W
Lichtfarbe: 830, warmweiß
Leuchtenlichtstrom: 3.944 lm
Schutzart: IP 20
Schutzklasse: I
Spannung: 100-240 V / 50-60 Hz
Gehäusefarbe: aluminium, eloxiert
Zubehör: Befestigungsmaterial

4 Pendelleuchte, LED 47W, bis 598mm KG **445**

Wie Ausführungsbeschreibung A 1
Abmessung: ..... (bis 598 mm)
Arbeitshöhe: bis ..... m

208€ 377€ **447€** 540€ 763€ [St] ⏱ 0,50h/St 358.000.045

5 Pendelleuchte, LED 47W, bis 1.198mm KG **445**

Wie Ausführungsbeschreibung A 1
Abmessung: ..... (bis 1.198 mm)
Arbeitshöhe: bis ..... m

444€ 580€ **636€** 697€ 813€ [St] ⏱ 0,50h/St 358.000.046

Nr.	Kurztext / Langtext						Kostengruppe
▶	▷	ø netto €	◁	◀	[Einheit]	Ausf.-Dauer	Positionsnummer

A 2 Einbaudownlight, LED Beschreibung für Pos. **6-7**

Einbaudownlight mit LED, Gehäuse aus Aluminium-Druckguss, pulverbeschichtet, Lightguide und Kunststoffabdeckung aus vergilbungsfreiem Kunststoff (PMMA), Abdeckung Kunststoff opal matt, Deckenbefestigung mit Federsystem.
Betriebsgerät: extern über Steckverbindung, mit Verbindungsleitung zwischen Leuchte und LED-Betriebsgerät 250 mm
Abstrahlwinkel: 110°
Lichtfarbe: 830, warmweiß
Lebensdauer: L70> 50.000 h
Spannung: 220-240 V / 50-60 Hz
für Deckenstärke: 1-20 mm
Schutzart: IP20
Schutzklasse: II
Zubehör: Befestigungsmaterial

Kosten:
Stand 4. Quartal 2024
Bundesdurchschnitt

6 Einbaudownlight, LED, 9W KG **445**

Wie Ausführungsbeschreibung A 2
Deckenausschnitt: 170 mm
Einbautiefe: 27-53 mm
Lichtleistung: LED 9 W
Leuchtenlichtstrom: 780 lm
Arbeitshöhe: bis ..... m

49€	86€	**109€**	143€	181€	[St]	⏱ 0,30h/St	358.000.047

7 Einbaudownlight, LED, 17,8W KG **445**

Wie Ausführungsbeschreibung A 2
Deckenausschnitt: 234 mm
Einbautiefe: 30-56 mm
Lichtleistung: LED 17,8 W
Leuchtenlichtstrom: 1.650 lm
Arbeitshöhe: bis ..... m

153€	177€	**199€**	212€	237€	[St]	⏱ 0,40h/St	358.000.048

▶ min
▷ von
ø Mittel
◁ bis
◀ max

Gefahrenmeldeanlagen — Preise €

Nr.	Positionen	Einheit	▶	▷	ø brutto € / ø netto €	◁	◀
1	Brandmeldezentrale bis 4 Ringe-/Linien	St	3.240	3.575	**4.021**	4.322	4.874
			2.723	3.005	**3.379**	3.632	4.096
2	Brandmeldezentrale ab 5 Ringe-/Linien	St	8.344	11.648	**12.374**	12.970	13.863
			7.011	9.788	**10.398**	10.899	11.650
3	Feuerwehr - Schlüsseldepot	St	2.740	2.867	**3.019**	3.182	3.502
			2.303	2.409	**2.537**	2.674	2.943
4	Notruf Barrierefreies WC	St	825	912	**1.042**	1.102	1.321
			693	767	**876**	926	1.110
5	Optischer Rauchmelder	St	216	237	**276**	295	327
			182	199	**232**	248	274
6	Ionisations-Rauchmelder	St	349	385	**426**	474	520
			293	323	**358**	398	437
7	Optischer Rauchwarnmelder	St	66	73	**83**	86	100
			55	61	**70**	73	84
8	Funkvernetzte Rauchwarnmelder	St	155	180	**213**	227	252
			130	152	**179**	190	212
9	Wärme-Differenzialmelder	St	139	152	**185**	203	222
			117	128	**155**	170	187
10	Kombinierter Rauch-/Wärmemelder	St	255	286	**324**	356	377
			214	241	**272**	299	317
11	Handfeuermelder	St	133	136	**144**	163	186
			112	114	**121**	137	157
12	Signalgeber akustisch	St	200	222	**242**	261	289
			168	187	**203**	219	243
13	Signalgeber akustisch/optisch	St	243	256	**289**	325	356
			204	216	**243**	273	299
14	Signalgeber optisch	St	206	228	**252**	279	311
			173	192	**212**	234	261
15	Anzeige-Tableau	St	814	893	**993**	1.097	1.206
			684	751	**834**	922	1.014
16	Feuerwehr-Bedienfeld	St	593	665	**744**	822	892
			499	559	**625**	690	749
17	Überfallmelder	St	98	110	**124**	133	148
			83	93	**104**	112	124
18	Rauchauslöseeinrichtung	St	1.273	1.357	**1.421**	1.807	2.405
			1.070	1.140	**1.194**	1.519	2.021

Kosten:
Stand 4. Quartal 2024
Bundesdurchschnitt

▶ min
▷ von
ø Mittel
◁ bis
◀ max

Nr.	Kurztext / Langtext					Kostengruppe
▶	▷	ø netto €	◁	◀	[Einheit] Ausf.-Dauer	Positionsnummer

1 Brandmeldezentrale bis 4 Ringe-/Linien KG **456**

Brandmeldezentrale mit **Grenzwert - Linientechnik oder Ringbustechnik.** Ausführung als **Ringleitung oder Linien / Zonenleitung.**
Anzahl **Ringleitungen oder Linien / Zonenleitungen:** ..... St
Insgesamt ausbaubare Leitungen: ..... St
Ausgebaut mit Stichleitungen für adressierbare Melder: ..... St
Insgesamt ausbaubare Stichleitungen für adressierbare Melder: ..... St
Ausgebaut mit Stichleitungen für Grenzwertmelder: ..... St
Insgesamt ausbaubare Stichleitungen für Grenzwertmelder: ..... St
Ausgebaut mit Meldergruppen: ..... St
Insgesamt ausbaubare Meldergruppen: ..... St
Ausbaubare Koppler: ..... St
Registriereinheit: **mit internem Drucker / digital / digital, mit Schnittstelle zum Drucker**
Brandmeldezentrale mit Ersatzstromversorgung, für eine Überbrückungszeit von: **4 / 12 / 24 / 30 / 48 / 72** h
Alarmierungszeit mindestens 0,5 h

2.723€ 3.005€ **3.379€** 3.632€ 4.096€ [St] ⏱ 6,80h/St 363.000.001

2 Brandmeldezentrale ab 5 Ringe-/Linien KG **456**

Brandmeldezentrale mit **Grenzwert - Linientechnik oder Ringbustechnik.** Ausführung als **Ringleitung oder Linien / Zonenleitung.**
Anzahl **Ringleitungen oder Linien / Zonenleitungen:** ..... St
Insgesamt ausbaubare Leitungen: ..... St
Ausgebaut mit Stichleitungen für adressierbare Melder: ..... St
Insgesamt ausbaubare Stichleitungen für adressierbare Melder: ..... St
Ausgebaut mit Stichleitungen für Grenzwertmelder: ..... St
Insgesamt ausbaubare Stichleitungen für Grenzwertmelder: ..... St
Ausgebaut mit Meldergruppen: ..... St
Insgesamt ausbaubare Meldergruppen: ..... St
Ausbaubare Koppler: ..... St
Registriereinheit: **mit internem Drucker / digital / digital, mit Schnittstelle zum Drucker**
Brandmeldezentrale mit Ersatzstromversorgung, für eine Überbrückungszeit von: **4 / 12 / 24 / 30 / 48 / 72** h
Alarmierungszeit mindestens 0,5 h

7.011€ 9.788€ **10.398€** 10.899€ 11.650€ [St] ⏱ 7,80h/St 363.000.002

3 Feuerwehr - Schlüsseldepot KG **456**

Feuerwehr - Schlüsseldepot Gehäuse aus Stahl. Die Schließung erfolgt nach den Anschlussbedingungen der zuständigen behördlich benannten hilfeleistenden Stelle.
Einbauort: **Unterputzmontage / in WDVS, mit Einbauschutz / in Montagesäule**
Überwachte Schlüssel: ..... St.
Meldeanlagenbauteilklasse: **FSD1 / FSD2 / FSD3**

2.303€ 2.409€ **2.537€** 2.674€ 2.943€ [St] ⏱ 1,50h/St 363.000.003

4 Notruf barrierefreies WC KG **452**

Notruf barrierefreies-WC als Kompakt-Set, bestehend aus 1-Kammer-Signalleuchte rot, Zugtaster, Abstelltaster, Meldeeinheit und Netzteil, einschl. Stromquelle für Sicherheitszwecke DIN VDE 0100-560 (VDE 0100-560), Weiterleitung Störung an Meldeeinheit, Weiterleitung Notruf an Meldeeinheit.

693€ 767€ **876€** 926€ 1.110€ [St] ⏱ 1,20h/St 363.000.004

Nr. **Kurztext** / Langtext Kostengruppe
▶ ▷ **ø netto €** ◁ ◀ [Einheit] Ausf.-Dauer Positionsnummer

5 **Optischer Rauchmelder** KG **456**

Optischer Rauchmelder, nach dem Streulichtprinzip, passend zur überwachten Anschaltung an die Brandmeldezentrale. Einsatz bei einer Betriebsumgebungstemperatur von -10°C bis +60°C. Frühzeitige Erfassung offener Brände mit entsprechender Rauchentwicklung; intelligente Auswerteelektronik und optische Alarmanzeige sowie zusätzlicher Ausgang zur Anschaltung von externen Geräten, mit Meldersockel.
Energieversorgung: **aus Zentrale über Busleitung / aus Zentrale über separate Stichleitung / Batterie**
Schutzart: IP 42
Netzspannung: 24 V
Angeb. Fabrikat: .....
Ausführungshöhe über Fußboden: **bis 4** m **/ über 4** m **/ über 6** m

182€ 199€ **232€** 248€ 274€ [St] ⏱ 0,35h/St 363.000.005

Kosten:
Stand 4. Quartal 2024
Bundesdurchschnitt

6 **Ionisations-Rauchmelder** KG **456**

Ionisations-Rauchmelder, mit zwei getrennten Ionisations-Messkammern, passend zur überwachten Anschaltung an die Brandmeldezentrale. Einsatz bei einer Betriebsumgebungstemperatur von -10°C bis +60°C frühzeitige Erfassung offener Brände mit entsprechender Rauchentwicklung, intelligente Auswerteelektronik und optische Alarmanzeige sowie zusätzlicher Ausgang zur Anschaltung von externen Geräten, mit Meldersockel.
Schutzart: IP 42
Netzspannung: 24 V
Angeb. Fabrikat: .....
Ausführungshöhe über Fußboden: **bis 4** m **/ über 4** m **/ über 6** m

293€ 323€ **358€** 398€ 437€ [St] ⏱ 0,35h/St 363.000.006

7 **Optischer Rauchwarnmelder** KG **456**

Optischer Rauchwarnmelder, nach dem Streulichtprinzip, passend zur überwachten Anschaltung an die Brandmeldezentrale. Einsatz bei einer Betriebsumgebungstemperatur von -10°C bis +60°C. Frühzeitige Erfassung offener Brände mit entsprechender Rauchentwicklung; intelligente Auswerteelektronik und optische Alarmanzeige sowie zusätzlicher Ausgang zur Anschaltung von externen Geräten, mit Meldersockel.
Energieversorgung: **mit interner Primärbatterie / mit externer Energieversorgung**
Schutzart: IP 42
Netzspannung: 24 V
Angeb. Fabrikat: .....
Ausführungshöhe über Fußboden: **bis 4** m **/ über 4** m **/ über 6** m

55€ 61€ **70€** 73€ 84€ [St] ⏱ 0,35h/St 363.000.007

▶ min
▷ von
ø Mittel
◁ bis
◀ max

8 **Funkvernetzte Rauchwarnmelder** KG **456**

Funkvernetzte Rauchwarnmelder, nach dem Streulichtprinzip, passend zur überwachten Anschaltung an die Brandmeldezentrale. Einsatz bei einer Betriebsumgebungstemperatur von -10°C bis +60°C. Frühzeitige Erfassung offener Brände mit entsprechender Rauchentwicklung; intelligente Auswerteelektronik und optische Alarmanzeige sowie zusätzlicher Ausgang zur Anschaltung von externen Geräten, mit Meldersockel.
Energieversorgung: **mit interner Primärbatterie / mit externer Energieversorgung**
Schutzart: IP 42
Netzspannung: 24 V
Angeb. Fabrikat: .....
Ausführungshöhe über Fußboden: **bis 4** m **/ über 4** m **/ über 6** m

130€ 152€ **179€** 190€ 212€ [St] ⏱ 0,35h/St 363.000.008

9 **Wärme-Differenzialmelder** KG **456**

Wärme-Differenzialmelder mit Maximalwertauslösung. Temperaturerfassung mit Halbleitern, einschl. Sockel. Integriertem Signalgeber im Sockel.
Signalart: **optisch / akustisch / optisch und akustisch**
Signal als: **Notsignal / Warnsignal**
Energieversorgung: **mit interner Primärbatterie / mit externer Energieversorgung**
Schalldruckpegel mind. 80 dB(A)
Gehäuse: **Kunststoff / Metall**
Bezeichnungsschild: .....
Ausführungshöhe über Fußboden: **bis 4** m **/ über 4** m **/ über 6** m

117€ 128€ **155€** 170€ 187€ [St] ⏱ 0,35h/St 363.000.009

10 **Kombinierter Rauch-/Wärmemelder** KG **456**

Kombi-Melder mit integriertem Optischen Rauchmelder und Thermodifferenzialmelder, mit gewichteter Verknüpfung der Daten beider Melderfunktionen zur Erkennung von Schwelbränden und Bränden mit hoher Wärmeentwicklung mit Meldersockel und Trenner integriert im Melder. Soundgeber mind. 96dB (A). Eigenfunktionskontrolle, Notredundanz und automatischer Umweltanpassung. Mit Ferndiagnose und Softadressierung. Ringbus fähig über 2 Adern.
Spezifikation: .....
Gehäuse: ABS weiß ähnlich RAL 9010
Schutzart: IP 40

214€ 241€ **272€** 299€ 317€ [St] ⏱ 0,50h/St 363.000.010

11 **Handfeuermelder** KG **456**

Handfeuermelder für Anwendung **in Innenräumen / im freien** für Meldereinzelerkennung, in Aufputzausführung. Gehäuse aus **Isolierstoff / Druckguss.**
Bezeichnungsschild: .....

112€ 114€ **121€** 137€ 157€ [St] ⏱ 0,30h/St 363.000.011

12 **Signalgeber akustisch** KG **456**

Akustischer Signalgeber als elektronischer Schallgeber mit integriertem punktförmigem Melder/Sockel für die Alarmierungseinrichtung einer Brandmeldeanlage.
Signalgeber als: **Notsignal / Warnsignal**
Gehäuse: **Kunststoff / Stahl / Leichtmetall**
Anwendung Melder: **in Gebäuden (Typ A) / im Freien (Typ B)**
Montageort: **für Deckenmontage Kategorie C / für Wandmontage Kategorie W**
Arbeitshöhe: **bis / ab** 3,5 m

168€ 187€ **203€** 219€ 243€ [St] ⏱ 0,40h/St 363.000.012

Kosten:
Stand 4. Quartal 2024
Bundesdurchschnitt

Nr. **Kurztext** / Langtext — Kostengruppe
▶ ▷ **ø netto €** ◁ ◀ [Einheit] Ausf.-Dauer Positionsnummer

13 **Signalgeber akustisch/optisch** KG **456**

Akustischer und Optischer Signalgeber als elektronischer Schallgeber und Blitzleuchte einschl. Leuchtmittel mit integriertem punktförmigem Melder/Sockel für die Alarmierungseinrichtung einer Brandmeldeanlage.
Signalgeber als: **Notsignal / Warnsignal**
Farbton: rot
Gehäuse: **Kunststoff / Stahl / Leichtmetall**
Anwendung Melder: **in Gebäuden (Typ A) / im Freien (Typ B)**
Montageort: **für Deckenmontage Kategorie C / für Wandmontage Kategorie W**
Arbeitshöhe: **bis / ab** 3,5 m

204€ 216€ **243€** 273€ 299€ [St] ⏱ 0,50 h/St 363.000.013

14 **Signalgeber optisch** KG **456**

Optischer Signalgeber als Gefahrensignal mit Blitzleuchte einschl. Leuchtmittel mit integriertem punktförmigem Melder/Sockel für die Alarmierungseinrichtung einer Brandmeldeanlage.
Signalgeber als: **Notsignal / Warnsignal**
Farbton: rot
Gehäuse: **Kunststoff / Stahl / Leichtmetall**
Anwendung Melder: **in Gebäuden (Typ A) / im Freien (Typ B)**
Montageort: **für Deckenmontage Kategorie C / für Wandmontage Kategorie W**
Arbeitshöhe: **bis / ab** 3,5 m

173€ 192€ **212€** 234€ 261€ [St] ⏱ 0,40 h/St 363.000.014

15 **Anzeige-Tableau** KG **456**

Anzeige-Tableau, mit alphanumerischem Anzeigeelement, zur Anzeige aller Meldungen und Zustände der Brandmeldezentrale, mit mind. 3 LED-Anzeigeelementen, zur Anzeige aller Alarmmeldungen und Störungen, für Aufputzmontage.

684€ 751€ **834€** 922€ 1.014€ [St] ⏱ 1,60 h/St 363.000.015

16 **Feuerwehr-Bedienfeld** KG **456**

Feuerwehr-Bedienfeld einschl. Schließzylinder.
Schutzart: **IP 44 / IP 3X**
Betriebsspannung: V
Einbau: **Aufputz / Unterputz**

499€ 559€ **625€** 690€ 749€ [St] ⏱ 1,50 h/St 363.000.016

17 **Überfallmelder** KG **456**

Überfallmelder als Handtaster in Aufputzausführung.
Anschluss: **in Linientechnik / in Bustechnik / direkt an Zentrale**

- Impulsauslösung
- Alarmwiederholung
- Sabotageüberwachung

Schutzart: IP40
Abmessungen (D x T): ..... x ..... mm
Gehäuse: Kunststoff
Farbe: .....

83€ 93€ **104€** 112€ 124€ [St] ⏱ 0,65 h/St 363.000.017

▶ min
▷ von
ø Mittel
◁ bis
◀ max

Nr.	Kurztext / Langtext					Kostengruppe
▶	▷	**ø netto €**	◁	◀	[Einheit] Ausf.-Dauer	Positionsnummer

18 Rauchauslöseeinrichtung KG **456**

Rauchauslöseeinrichtung zur Ansteuerung von Brandschutzklappen und zugehöriger Ventilatoren, Gehäuse mit Staukreuz, optischen Rauchdetektor nach EN 54-7, Auswerteelektronik, potenzialfreien Ausgängen, Rauchdetektor geschützt, zugänglich und überprüfbar, mit Gehäuses, Funktionstest, Rückstellung, LED-Anzeigen für Betrieb, Störungen und Verschmutzungsgrade. Einbau lage- und strömungsrichtungsunabhängig. In Aufputzausführung, Montage an Wand. Anschlussspannung 230 V, 50/60 Hz.

1.070€ 1.140€ **1.194€** 1.519€ 2.021€ [St] ⏱ 2,15h/St 363.000.018

Aufzüge — Preise €

Kosten:
Stand 4. Quartal 2024
Bundesdurchschnitt

Nr.	Positionen	Einheit	▶	▷	**ø brutto €** / ø netto €	◁	◀
1	Personenaufzug bis 630kg, barrierefrei, Typ 2	St	69.918	80.955	**85.749**	90.702	102.689
			58.755	68.030	**72.058**	76.220	86.293
2	Personenaufzug bis 1.275kg, barrierefrei, Typ 3	St	96.029	111.090	**116.220**	120.850	135.910
			80.696	93.353	**97.664**	101.554	114.210
3	Bettenaufzug, 2.500kg	St	114.541	134.042	**145.415**	147.262	181.293
			96.253	112.640	**122.197**	123.750	152.347
4	Sitzlift, Treppe innen, gerade	St	5.771	6.796	**12.074**	16.656	17.371
			4.850	5.711	**10.146**	13.997	14.598
5	Sitzlift, Treppe innen, gewendelt	St	12.137	12.436	**18.253**	26.468	26.633
			10.199	10.451	**15.338**	22.242	22.381
6	Plattformlift, Treppe innen, gerade	St	15.438	15.950	**19.740**	28.614	28.991
			12.973	13.404	**16.588**	24.045	24.362
7	Plattformlift, Treppe innen, gewendelt	St	23.403	25.132	**33.805**	39.352	39.939
			19.667	21.119	**28.407**	33.069	33.563
8	Plattformlift, Treppe außen, gerade	St	21.308	23.198	**28.521**	31.465	32.633
			17.906	19.494	**23.967**	26.442	27.423
9	Hublift, Förderplattform, 1,5m	St	9.191	9.665	**18.918**	22.918	23.332
			7.724	8.122	**15.897**	19.259	19.607
10	Hublift, Förderplattform, 3,0m	St	23.525	25.085	**30.907**	33.192	34.797
			19.769	21.080	**25.972**	27.892	29.241
11	Plattformaufzug, barrierefrei, verglast, außen	St	45.430	46.120	**58.939**	73.466	77.079
			38.177	38.757	**49.528**	61.736	64.772
12	Schutzauskleidung Aufzugskabine	St	5.431	5.621	**5.783**	5.838	6.027
			4.564	4.723	**4.859**	4.906	5.065
13	Schachtgerüst, Aufzug	m^2	584	660	**692**	710	786
			491	555	**582**	597	661
14	Fahrkorb-Tableau, Aufzugsanlage	St	1.380	1.556	**1.566**	1.629	1.762
			1.160	1.308	**1.316**	1.369	1.481
15	Fern-/Notrufeinrichtung, Aufzugsanlage	St	1.176	1.300	**1.324**	1.390	1.514
			989	1.093	**1.112**	1.168	1.272
16	Schachttür, Aufzugsanlage	St	1.659	1.843	**2.452**	2.556	2.759
			1.394	1.549	**2.060**	2.148	2.318
17	Türlaibung, Aufzugsanlage	St	1.839	1.985	**2.063**	2.112	2.258
			1.545	1.668	**1.734**	1.774	1.898
18	Brandfallsteuerung	St	548	621	**636**	684	756
			461	522	**534**	575	636
19	Inbetriebnahme und Endabnahme Aufzugsanlage	psch	1.490	2.713	**2.789**	4.317	6.165
			1.252	2.280	**2.344**	3.628	5.181
20	Stundensatz, Monteur/-in Aufzüge	h	55	80	**91**	107	136
			46	67	**76**	90	115
21	Stundensatz, Helfer/-in Aufzüge	h	38	57	**67**	94	124
			32	48	**56**	79	104

▶ min
▷ von
ø Mittel
◁ bis
◀ max

1 Personenaufzug bis 630kg, barrierefrei, Typ 2 KG **461**

Seilaufzug, barrierefrei, 630kg Nutzlast, als Personenaufzug elektrisch betrieben EN 81-1, liefern und betriebsfertig montieren.
Ausführung gem. anliegender Einzelbeschreibungen, Anlagen-Nr.: .....
Türbreite: mind. 90 cm
Fahrkorbbreite: mind. 110 cm
Fahrkorbtiefe: mind. 140 cm
Typ: Personenaufzug EN81-70 Typ 2, barrierefrei, Nutzung durch 1 Rollstuhlbenutzer mit Begleitperson nach EN 12183 oder durch elektrisch angetriebenen Rollstuhl der Klassen A oder B DIN EN 12184
Gruppengröße: 8 Personen
Gruppensteuerung: Auf-/Abwärts-Sammelsteuerung
Geschwindigkeit: **1,6 / 1,0** / **0,5** m/s
Nennlast: 630 kg
Anzahl der **Fahrten / Fahrzeit** je Tag: ca. **1,5 / 3,0 / 6,0** (Stunden je Tag) nach VDI 4707 Bl.1
Schallwert 1 Meter vom Antrieb entfernt: max. ..... dB(A)
Schallwert in der Kabine während der Fahrt: max. 51 dB(A)
Schallwert1 Meter vor geschlossener Schachttür: max. ..... dB(A)
Brandschutz: Türen **ohne Brandanforderung / E120 nach EN81-58**, Türausbildung gem. DIN 18091
Anzahl Haltestellen: ..... Geschosse
Summe Zugänge: .....
Schachtausführung: Betonschacht nach EN81
Schachtbreite: ..... mm
Schachttiefe: ..... mm
Schachtgrubentiefe: ..... mm
Schachtkopfhöhe: ..... mm
Förderhöhe: ..... mm
Aufzugsantrieb: **im Schacht / im gesonderten Maschinenraum**
Antrieb, Kabinenausstattung, Ausführung, Schachtkorb und Türen, gem. Einzelbeschreibung
Bieterangaben:
Motor: Energieeffizienzklasse ..... mit ..... kW
Nennstrom: .....
Anlaufstrom: .....
Hersteller/Typ des Antriebes: .....
Hersteller/Typ des Motors: .....
Hersteller/Typ der Steuerung: .....
Hersteller/Typ des Fahrkorbes: .....
Hersteller/Typ der elektronischen Steuerung: .....

58.755 68.030€ **72.058€** 76.220€ 86.293€ [St] ⏱ 220,00h/St 369.000.001

Nr. **Kurztext** / Langtext | Kostengruppe
▶ ▷ **ø netto €** ◁ ◀ [Einheit] Ausf.-Dauer Positionsnummer

2 **Personenaufzug bis 1.275kg, barrierefrei, Typ 3** KG **461**

Seilaufzug, krankentrage und barrierefrei, 1.275kg Nutzlast, als Personenaufzug für 13 Personen, elektrisch betrieben EN 81-1, liefern und betriebsfertig montieren.
Ausführung gem. anliegender Einzelbeschreibungen, Anlagen-Nr.: .....
Türbreite: mind. 90 cm,
Fahrkorbbreite: mind. 200 cm
Fahrkorbtiefe: mind. 140 cm
Typ: Personenaufzug EN81-70 Tabelle 1 Typ 3, barrierefrei und krankentragegerecht, Nutzung durch 1 Rollstuhlbenutzer und weitere Personen, mit der Möglichkeit des Wenden des Rollstuhls der Klasse A oder B oder der Gehhilfe bzw. des Rollators.
Gruppengröße: 13 Personen
Gruppensteuerung: Auf-/Abwärts-Sammelsteuerung
Geschwindigkeit: **1,6 / 1,0 / 0,5** m/s
Nennlast: 1.275 kg
Anzahl der **Fahrten / Fahrzeit** je Tag: ca. **1,5 / 3,0 / 6,0** (Stunden je Tag) nach VDI 4707 Bl.1
Schallwert 1 Meter vom Antrieb entfernt: max. ..... dB(A)
Schallwert in der Kabine während der Fahrt: max. 51 dB(A)
Schallwert: Meter vor geschlossener Schachttür max. ..... dB(A)
Brandschutz: Türen **ohne Brandanforderung / E120 nach EN81-58,** Türausbildung gem. DIN 18091
Anzahl Haltestellen: ..... Geschosse
Summe Zugänge: .....
Schachtausführung: Betonschacht nach EN81
Schachtbreite: ..... mm
Schachttiefe: ..... mm
Schachtgrubentiefe: ..... mm
Schachtkopfhöhe: ..... mm
Förderhöhe: ..... mm
Aufzugsantrieb: **im Schacht / im gesonderten Maschinenraum**
Antrieb, Kabinenausstattung, Ausführung, Schachtkorb und Türen, gem. Einzelbeschreibung
Bieterangaben:
Motor: Energieeffizienzklasse ..... mit ..... kW
Nennstrom: .....
Anlaufstrom: .....
Hersteller/Typ des Antriebes: .....
Hersteller/Typ des Motors: .....
Hersteller/Typ der Steuerung: .....
Hersteller/Typ des Fahrkorbes: .....
Hersteller/Typ der elektronischen Steuerung: .....

80.696 | 93.353€ | **97.664€** | 101.554€ | 114.210€ | [St] | ⏱ 240,00h/St | 369.000.002

Kosten:
Stand 4. Quartal 2024
Bundesdurchschnitt

▶ min
▷ von
ø Mittel
◁ bis
◀ max

3 **Bettenaufzug, 2.500kg** KG **461**

Seilaufzug, Bettenaufzug, elektrisch betrieben EN 81-1, liefern und betriebsfertig montieren.
Ausführung gem. anliegender Einzelbeschreibungen, Anlagen-Nr.: .....
Türbreite: 140 cm
Fahrkorbbreite: 180 cm
Fahrkorbtiefe: 270 cm
Einsatzempfehlung: Bettenaufzug gem. DIN 15309, in Krankenhäuser und Kliniken, Bettengröße 1,00 x 2,30m, mit Geräten für die medizinische Versorgung und Notbehandlung der Patienten, mit Begleitperson am Kopfende und/oder seitlich stehend.
Ausführung barrierefrei EN81-70.
Gruppengröße: 33 Personen
Gruppensteuerung: Auf-/Abwärts-Sammelsteuerung
Geschwindigkeit: **1,0 / 0,5** m/s
Nennlast: 2.500 kg
Anzahl der **Fahrten / Fahrzeit** je Tag: ca. ..... (Stunden je Tag) nach VDI 4707 Bl.1
Schallwert 1 Meter vom Antrieb entfernt: max. ..... dB(A)
Schallwert in der Kabine während der Fahrt: max. 51 dB(A)
Schallwert 1 Meter vor geschlossener Schachttür: max. ..... dB(A)
Brandschutz: Türen **ohne Brandanforderung / E120 nach EN81-58,** Türausbildung gem. DIN 18091
Anzahl Haltestellen: ..... Geschosse
Zugänge: ..... / Türen gegenüber: .....
Schachtausführung: Betonschacht nach EN81
Schachtbreite: ..... mm
Schachttiefe: ..... mm
Schachtgrubentiefe: ..... mm
Schachtkopfhöhe: ..... mm
Förderhöhe: ..... mm
Aufzugsantrieb: **im Schacht / im gesonderten Maschinenraum**
Antrieb, Kabinenausstattung, Ausführung, Schachtkorb und Türen, gem. Einzelbeschreibung
Bieterangaben:
Motor: Energieeffizienzklasse ..... mit ..... kW
Nennstrom: .....
Anlaufstrom: .....
Hersteller/Typ des Antriebes: .....
Hersteller/Typ des Motors: .....
Hersteller/Typ der Steuerung: .....
Hersteller/Typ des Fahrkorbes: .....
Hersteller/Typ der elektronischen Steuerung: .....

96.253 112.640€ **122.197€** 123.750€ 152.347€ [St] ⏱ 260,00h/St 369.000.003

Nr.	Kurztext / Langtext						Kostengruppe
▶	▷	ø netto €	◁	◀	[Einheit]	Ausf.-Dauer	Positionsnummer

A 1 Sitzlift, Treppe innen — Beschreibung für Pos. **4-5**

Sitzlift mit Stangenantrieb für Treppen im Innenbereich, mit außenseitiger Stützenmontage auf Treppenstufen, gepolsterten Sitz, klappbar, mit Rücken- und beidseitiger Armlehne, mit Gurt und Fußbrett.
Förderlänge: ..... m (1 Wohngeschoss)
Neigungswinkel: 0-.... °
Betrieb: Zahnstangenantrieb, Akkumotor 0,36 kW
Tragfähigkeit: 125 kg
Fahrgeschwindigkeit: max. 0,11 m/s
Stromversorgung: 230 V / 50 Hz
Steuerung: Totmannsteuerung
Bedienung: Fernbedienung und Taster, Joystick auf Lehne
Fahrschiene: Stahlrohr, pulverbeschichtet

Kosten:
Stand 4.Quartal 2024
Bundesdurchschnitt

4 Sitzlift, Treppe innen, gerade — KG **461**

Wie Ausführungsbeschreibung A 1
Treppenlauf: gerade

4.850€	5.711€	**10.146€**	13.997€	14.598€	[St]	–	369.000.004

5 Sitzlift, Treppe innen, gewendelt — KG **461**

Wie Ausführungsbeschreibung A 1
Treppenlauf: gewendelt

10.199	10.451€	**15.338€**	22.242€	22.381€	[St]	–	369.000.005

A 2 Plattformlift, Treppe — Beschreibung für Pos. **6-8**

Plattformlift mit Fahrschiene und Antriebsseil, für Treppen mit Plattformrückwand und äußerer Wandbefestigung, Plattform mit Auffahrrampen, automatischen Sicherheitsbügel und Bedieneinheit.
Nutzgröße: mind. 860 mm x 650 mm
Förderlänge: ..... m (1 Wohngeschoss)
Neigungswinkel: 0-.... °
Betrieb: Seilantrieb, bis 2,2 kW
Tragfähigkeit: 250 kg
Fahrgeschwindigkeit: max. 0,52 m/s
Stromversorgung: 230 V / 50 Hz
Steuerung: Totmannsteuerung
Bedienung: Außenbefehlsgeber, Bedienpanel
Schlüsselaktivierung: **ja / nein**
Fahrschiene: Stahlrohrpaar, pulverbeschichtet

▶ min
▷ von
ø Mittel
◁ bis
◀ max

6 Plattformlift, Treppe innen, gerade — KG **461**

Wie Ausführungsbeschreibung A 2
Einbauort: innen
Treppenlauf: gerade

12.973	13.404€	**16.588€**	24.045€	24.362€	[St]	–	369.000.006

7 **Plattformlift, Treppe innen, gewendelt** KG **461**
Wie Ausführungsbeschreibung A 2
Einbauort: innen
Treppenlauf: gewendelt

19.667	21.119€	**28.407€**	33.069€	33.563€	[St]	–	369.000.007

8 **Plattformlift, Treppe außen, gerade** KG **461**
Wie Ausführungsbeschreibung A 2
Einbauort: außen
Treppenlauf: gerade

17.906	19.494€	**23.967€**	26.442€	27.423€	[St]	–	369.000.008

A 3 **Hublift, Förderplattform** Beschreibung für Pos. **9-10**
Hublift mit Förderplattform und Fördermast, Konstruktion selbsttragend, mit Wandbefestigung, Geländer mit Ausfachung, Bekleidungen aus Metall, sowie oberer Sicherheitstüre mit Blechbekleidung zur Sturzabsicherung und mitfahrender Sicherheitstüre.
Zugänge: gegenüber, 90° versetzt
Nutzgröße: 1.100 x 1.400 mm
Schachtgrube: .....
Betrieb: Spindelantrieb, 1,5 kW
Tragfähigkeit: 340 kg
Fahrgeschwindigkeit: max. 0,005 m/s
Stromversorgung: 230 V / 50 Hz
Steuerung: Totmannsteuerung
Bedienung: Wippschalter
Schlüsselaktivierung: **ja / nein**
Rahmen der Antriebseinheit und Türen: Aluminium, eloxiert
Geländer: Edelstahl
Ausfachung: Stahlblech, pulverbeschichtet
Farbe: .....
Bekleidung: .....

9 **Hublift, Förderplattform, 1,5m** KG **461**
Wie Ausführungsbeschreibung A 3
Einbauort: **Hochparterre / versetzte Geschossebene, innen / außen**
Förderhöhe: bis 1,5 m

7.724€	8.122€	**15.897€**	19.259€	19.607€	[St]	–	369.000.009

10 **Hublift, Förderplattform, 3,0m** KG **461**
Wie Ausführungsbeschreibung A 3
Einbauort: ....., **innen / außen**
Förderhöhe: bis 3,0 m

19.769	21.080€	**25.972€**	27.892€	29.241€	[St]	–	369.000.010

Nr.	Kurztext / Langtext						Kostengruppe
▶	▷	ø netto €	◁	◀	[Einheit]	Ausf.-Dauer	Positionsnummer

Kosten:
Stand 4. Quartal 2024
Bundesdurchschnitt

11 Plattformaufzug, barrierefrei, verglast, außen KG **461**

Aufzugsanlage mit Senkrechtplattform und Seitenschutz, Aufzugstraggerüst aus Stahlprofilen mit Verglasung, Automatiktüren, Bedienelementen, Ausstattungen und Klappsitz. Die Inbetriebnahme mit Schlüsselschalter am Bedientableau an Zugang, Sicherheitseinrichtung mit Not-Stopptaster, Notruf, Notruftonsignal, Notlicht und Notablass bei Stromausfall.
Tragfähigkeit: 400 kg
Geschwindigkeit: 0,15 m/s
Nutzgröße (B x L): ..... mm
Bedienung: Tableau
Stromversorgung: 230 V / 50 Hz
Steuerung: Totmann-Steuerung, Selbsterhaltungsteuerung
Schachtkonstruktion: Stahlprofile, lackiert, Farbton: RAL .....
Korrosivitätsklasse: C....., Schutzdauer: **L / M / H / VH**
Verglasung: Wärmeschutzglas, Sicherheitsverglasung
U-Werte, Hüllflächen: .....
Schachtgrubentiefe: .....
Türen: .....
Haltestellen: 2 St
Förderhöhe: bis 15 m
Einbauort: außen, ...

38.177 38.757€ **49.528€** 61.736€ 64.772€ [St] – 369.000.011

12 Schutzauskleidung Aufzugskabine KG **461**

Aufzugskabine auskleiden, zum Schutz vor Baubetrieb, während der gesamten Bauzeit vorhalten, danach rückstandsfrei demontieren, inkl. Entsorgung.
Abmessung: ca. ..... x ..... m
Auskleidung: H x T 2,20m x 2,10m
Material: OSB-Platten, d=18mm, Hinterlegung mit Luftpolsterfolie
Stöße: verklebt mit Kunststoffband
Ausschnitte für Bedienelemente: ..... St
Vorhaltedauer: gesamte Bauzeit - siehe Bauzeiten-Terminplan

4.564€ 4.723€ **4.859€** 4.906€ 5.065€ [St] ⏱ 18,00 h/St 369.000.015

13 Schachtgerüst, Aufzug KG **461**

Aufzugschachtgerüst, als geschweißte Stahlkonstruktion, Aufnahme einer Aufzugsanlage mit Haltestellen und Zugängen.
Tragfähigkeit: ..... kg
Förderhöhe: .....m
Haltestellen: ..... St
Zugänge: ..... St
Schachtinnenmaße (L x B x H): ..... m x ..... m x ..... m
Oberfläche: .....
Einbauort: .....

491€ 555€ **582€** 597€ 661€ [m²] ⏱ 3,00 h/m² 369.000.016

14 Fahrkorb-Tableau, Aufzugsanlage KG **461**

Tableau für Befehlsgeber im Fahrkorb, Tableaugröße, Beschriftung und Anordnung nach DIN EN 81-70, mit Schlüsselschalter, einschl. Profilhalbzylinder und 3 Schlüsseln. Ausführung mit Tasten für die Funktionen Fahrbefehl, Tür-Auf, Tür-Zu, Notruf.

1.160€ 1.308€ **1.316€** 1.369€ 1.481€ [St] ⏱ 1,50 h/St 369.000.017

▶ min
▷ von
ø Mittel
◁ bis
◀ max

15 Fern-/Notrufeinrichtung, Aufzugsanlage KG **461**

Drahtloses Notrufsystem mit GSM-Modul, als Schnittstelle zwischen Notrufsystem und GSM-Mobilfunknetz. Relais-Ausgang zur Meldung von Netzverlust. Einstellbar von Ferne über DTMF-Codes und SMS. Externe Antenne mit SMA-Anschluss.
Bereitstellen eines Telefonanschluss mit folgende Leistungsmerkmale:
Mobilfunk-Netz als Alternative zum analogen Festnetzanschluss
Entfernung zwischen Mobilfunk-Modul und Notrufsystem: bis zu 500 m
Zertifiziert nach EN 81-28 durch: **TÜV / DEKRA / .....**
Aufschaltbar: auf Notrufleitstellen und Standardtelefone
Frequenzstandard: **GSM900 / GSM1800 / UMTS / LTE**
Spannungsversorgung: 230 V AC
Überwachtes Netzteil mit Notstrom-Akku.
LED-Anzeigen für Status und Empfangsstärke
Abmessungen: ..... x ..... x ..... mm

989€ 1.093€ **1.112€** 1.168€ 1.272€ [St] ⏱ 5,50h/St 369.000.018

16 Schachttür, Aufzugsanlage KG **461**

Schachttür, für Personen-/Lastenaufzug, Schiebetür mit **1 / 2** Türblättern horizontal bewegt, **seitlich / mittig** öffnend, entdröhnt. Montage Schachttüren an Innenseite des Aufzugschachts, Befestigung Schachttüren an bauseitigen Ankerschienen.
Türblätter: Stahl, grundiert
Türöffnung (B x H): 0,90 x 2,10 m
Türrahmen als Eckprofil dreiseitig umlaufend, vorgerichtet für Anschluss der Laibungsbekleidungen
Türschwelle: Stahl, nicht rostend, matt

1.394€ 1.549€ **2.060€** 2.148€ 2.318€ [St] ⏱ 1,50h/St 369.000.019

17 Türlaibung, Aufzugsanlage KG **461**

Türlaibung, für Personen-/Lastenaufzug, mit Anschluss an umlaufendes Türportal, Tiefe Einfassungen: mit Bauüberwachung des AG mittels Zeichnung und Aufmaß abstimmen, aus Stahl, mit Grundbeschichtung.
Türöffnung (B x H): ..... x ..... m

1.545€ 1.668€ **1.734€** 1.774€ 1.898€ [St] ⏱ 4,50h/St 369.000.020

18 Brandfallsteuerung KG **461**

Brandfall-Steuerung als Erweiterung der Aufzugsanlagensteuerung, ausgelöst durch vorhandene Brandmeldeanlage über potenzialfreiem Kontakt, mit einer Haupt und einer alternativen Brandfallhaltestelle.
Anforderung: Im Brandfall, löscht die Aufzugssteuerung automatisch alle Außen- und Innenfahrbefehle und sperrt die Eingabe neuer Fahrbefehle. Die optischen Türsicherungs- und Überwachungssysteme werden überbrückt. Der Aufzug fährt in die vorgegebene Evakuierungshaltestelle und wird dort mit offener Tür stillgesetzt. Es ist zu verhindern, dass der Aufzug in eine brennende oder verrauchte Haltestelle fährt. Sofern die Evakuierungsebene nicht brand- und rauchfrei ist, wird automatisch eine alternative Fluchtetage angesteuert. Mit dem Löschen des Signales "Brandfall" geht der Aufzug wieder in den Normalbetrieb über.

461€ 522€ **534€** 575€ 636€ [St] ⏱ 3,00h/St 369.000.021

19 Inbetriebnahme und Endabnahme Aufzugsanlage KG **461**

Inbetriebnahme und Endabnahme mit Konformitätsbescheinigung durchführen, einschl. Übergabe der Konformitätserklärung mit allen erforderlichen Dokumentationen zur sofortigen Inbetriebnahme des Aufzuges und Verwendung durch die Benutzer (z. B. Prüfbescheinigungen durch eine vom AN frei gewählte benannte Stelle aus der europäischen Nando-Datenbank oder Nachweise eines Qualitätssicherungsverfahrens zur eigenverantwortlichen Endabnahme durch den AN), sämtliche Unterlagen, Bescheinigungen und Dokumentationen jeweils zweifach, geheftet in Ordnern.

1.252€ 2.280€ **2.344€** 3.628€ 5.181€ [psch] ⏱ 2,80h/psch 369.000.022

Nr.	Kurztext / Langtext					Kostengruppe
▶	▷	ø netto €	◁	◀	[Einheit]	Ausf.-Dauer	Positionsnummer

20 Stundensatz, Monteur/-in Aufzüge

Verrechnungssatz für die jeweilige Arbeitskraft inkl. aller Aufwendungen wie Lohn- und Gehaltskosten, Lohn- und Gehaltsnebenkosten, Zuschläge, lohngebundene und lohnabhängige Kosten, sonstige Sozialkosten, Gemeinkosten, Wagnis und Gewinn. Leistung nach besonderer Anordnung der Bauüberwachung. Nachweis und Anmeldung gem. VOB/B.

▶	▷	ø netto €	◁	◀	[Einheit]	Ausf.-Dauer	Positionsnummer
46€	67€	**76€**	90€	115€	[h]	⏱ 1,00h/h	369.000.012

21 Stundensatz, Helfer/-in Aufzüge

Verrechnungssatz für die jeweilige Arbeitskraft inkl. aller Aufwendungen wie Lohn- und Gehaltskosten, Lohn- und Gehaltsnebenkosten, Zuschläge, lohngebundene und lohnabhängige Kosten, sonstige Sozialkosten, Gemeinkosten, Wagnis und Gewinn. Leistung nach besonderer Anordnung der Bauüberwachung. Nachweis und Anmeldung gem. VOB/B.

▶	▷	ø netto €	◁	◀	[Einheit]	Ausf.-Dauer	Positionsnummer
32€	48€	**56€**	79€	104€	[h]	⏱ 1,00h/h	369.000.013

Kosten:
Stand 4. Quartal 2024
Bundesdurchschnitt

▶ min
▷ von
ø Mittel
◁ bis
◀ max

Nr.	Positionen	Einheit	►	▷	ø brutto € / ø netto €	◁	◄
1	Brandschutz Absperrvorrichtung, K90, DN100	St	265	308	**340**	353	398
			223	259	**286**	297	335
2	Be- und Entlüftungsgerät, bis 5.000m³/h	St	7.170	12.382	**13.970**	16.448	24.134
			6.025	10.405	**11.740**	13.822	20.280
3	Be- und Entlüftungsgerät, bis 12.000m³/h	St	17.977	21.287	**25.687**	28.357	29.803
			15.106	17.888	**21.586**	23.829	25.045
4	Abluftventilator, Einbaugerät	St	2.155	2.847	**3.670**	3.994	4.794
			1.811	2.392	**3.084**	3.356	4.029
5	Kulissenschalldämpfer, rechteckig, Stahlblech, verzinkt	St	578	850	**947**	1.088	1.397
			486	714	**796**	915	1.174
6	Kulissenschalldämpfer, rund, Stahlblech, verzinkt	St	428	487	**503**	520	579
			359	409	**422**	437	487
7	Schalldämpfer, flach, runder Anschluss	St	159	189	**196**	210	235
			134	159	**165**	176	198
8	Wetterschutzgitter, Außenluft-/Fortluft	St	186	341	**409**	479	695
			156	287	**343**	402	584
9	Luftleitung, rechteckig, Stahlblech verzinkt	m²	64	81	**84**	89	106
			54	68	**70**	75	89
10	Luftleitung, rechteckig, Kunststoff	m²	154	203	**266**	305	348
			129	170	**224**	256	293
11	Luftleitung, feuerbeständig L30/L90	m²	230	299	**301**	310	379
			194	251	**253**	261	318
12	Formstücke, verzinkt, Luftleitung	m²	86	105	**122**	145	175
			72	88	**103**	122	147
13	Formteile, Kunststoff, Lüftungskanäle	m²	270	283	**335**	386	403
			227	237	**282**	324	339
14	Luftleitung, Wickelfalz, verzinkt, DN100	m	25	27	**28**	28	31
			21	23	**24**	24	26
15	Luftleitung, Wickelfalz, verzinkt, DN125	m	29	35	**37**	48	61
			24	29	**31**	40	51
16	Luftleitung, Wickelfalz, verzinkt, DN160	m	31	35	**38**	50	61
			26	29	**32**	42	51
17	Luftleitung, Wickelfalz, verzinkt, DN180	m	33	37	**43**	54	55
			28	31	**36**	45	46
18	Luftleitung, Wickelfalz, verzinkt, DN250	m	48	53	**61**	72	80
			40	45	**51**	60	67
19	Luftleitung, Wickelfalz, verzinkt, DN500	St	78	86	**98**	111	119
			65	72	**83**	93	100
20	Luftleitung, Aluminium, flexibel, DN80	m	12	19	**23**	23	28
			10	16	**19**	20	24
21	Luftleitung, Aluminium, flexibel, DN100	m	14	23	**26**	37	49
			12	19	**22**	31	41
22	Rohrbogen, Luftleitung	St	18	27	**31**	40	53
			15	22	**26**	33	44
23	Abzweigstück, Luftleitung	St	22	29	**30**	32	38
			19	24	**25**	27	32
24	Lüftungsgitter, Zu-/Abluft	St	83	141	**160**	191	280
			70	118	**134**	160	235

Kosten:
Stand 4. Quartal 2024
Bundesdurchschnitt

► min
▷ von
ø Mittel
◁ bis
◄ max

Nr.	Positionen	Einheit	►	▷	**ø brutto €** ø netto €	◁	◄
25	Drallauslass, Decke	St	667	808	**920**	942	1.083
			561	679	**773**	791	910
26	Brandschutzklappen, RLT, eckig	St	498	836	**963**	1.046	1.269
			418	702	**809**	879	1.066
27	Brandschutzklappen, RLT, rund, Küche	St	3.818	5.837	**8.401**	11.162	16.180
			3.208	4.905	**7.060**	9.380	13.596
28	Tellerventil, Zu-/Abluft	St	58	88	**92**	127	188
			49	74	**77**	107	158
29	Wickelfalzrohr, Reduzierstück, DN100/80	St	21	26	**29**	35	42
			17	22	**25**	29	35
30	Drosselklappe, DN100	St	39	56	**79**	82	102
			33	47	**66**	69	86
31	Drosselklappe, 200x200mm	St	65	79	**96**	115	125
			55	66	**81**	97	105
32	Lüftungsgerät mit WRG, Bypass, Feuerstättenfunktion	St	3.116	3.712	**4.835**	5.985	6.066
			2.618	3.119	**4.063**	5.030	5.097
33	Außenwanddurchlass, DN110	St	143	152	**199**	246	268
			120	128	**167**	207	225
34	Außenwanddurchlass, DN160	St	331	355	**447**	490	508
			278	298	**376**	412	427
35	Lüftungsgerät für Abluft	St	312	331	**338**	360	385
			263	278	**284**	303	324
36	KWL-Lüftungsgerät, in Außenwand, bis 100m³/h mit WRG	St	2.676	2.837	**3.152**	3.594	3.668
			2.249	2.384	**2.649**	3.020	3.082
37	KWL-Lüftungsgerät, Wohngebäude, bis 200m³/h mit WRG	St	5.521	6.224	**6.915**	7.883	7.954
			4.640	5.230	**5.811**	6.624	6.684
38	KWL-Lüftungsgerät, Wohngebäude, bis 350m³/h mit WRG	St	6.245	6.739	**7.488**	8.536	8.566
			5.248	5.663	**6.292**	7.173	7.199
39	KWL-Lüftungsgerät, Wohngebäude, bis 500m³/h mit WRG	St	7.954	8.902	**9.891**	11.275	11.382
			6.684	7.480	**8.312**	9.475	9.564
40	VRF-Außengerät, Heizen/Kühlen, 10kW	St	3.664	4.260	**6.623**	10.394	10.655
			3.079	3.580	**5.566**	8.735	8.954
41	VRF-Außengerät, Heizen/Kühlen, 15kW	St	8.494	9.193	**12.742**	16.503	16.673
			7.138	7.725	**10.708**	13.868	14.011
42	VRF-Außengerät, Heizen/Kühlen, 20kW	St	11.664	11.928	**16.169**	19.521	19.865
			9.801	10.023	**13.587**	16.404	16.693
43	VRF-Innenwandgerät, Heizen/Kühlen, 2,5kW	St	1.343	1.363	**2.174**	2.386	2.547
			1.128	1.146	**1.827**	2.005	2.141
44	VRF-Innenwandgerät, Heizen/Kühlen, 3,5kW	St	1.491	1.534	**2.212**	2.726	2.989
			1.253	1.289	**1.859**	2.291	2.512
45	VRF-Innenwandgerät, Heizen/Kühlen, 5,0kW	St	1.865	1.935	**2.839**	3.381	3.422
			1.567	1.626	**2.385**	2.841	2.875
46	VRF-Verteilereinheit, Innengerät	St	1.155	1.206	**1.878**	2.326	2.421
			971	1.014	**1.578**	1.955	2.035
47	Zubehörmontage, VRF-Anlage	psch	1.813	2.042	**2.405**	3.208	3.346
			1.524	1.716	**2.021**	2.696	2.812
48	Inbetriebnahme, VRF-Anlage	psch	399	484	**678**	961	1.528
			335	407	**570**	808	1.284

Nr.	Positionen	Einheit	▶	▷	ø brutto € / ø netto €	◁	◀
49	Stundensatz, Monteur/-in Lüftung/Kälte	h	72	85	**91**	103	122
			61	71	**76**	86	102
50	Stundensatz, Helfer/-in Lüftung/Kälte	h	60	68	**71**	73	78
			50	57	**60**	61	66

Nr. **Kurztext** / Langtext — Kostengruppe
▶ ▷ **ø netto €** ◁ ◀ [Einheit] Ausf.-Dauer Positionsnummer

Kosten:
Stand 4. Quartal 2024
Bundesdurchschnitt

1 Brandschutz Absperrvorrichtung, K90, DN100 KG **431**

Brandschutz-Deckenschott, wartungsfrei, Anschlussstutzen oben und unten, als Absperrvorrichtung für Lüftungsanlagen DIN 18017-3, für Einbau in massive Decke gem. Herstellerangaben. Verfüllung des Ringspalts mit Mörtel MG III. Absperrvorrichtung ohne Querschnittsveränderung, für Anschluss an nicht brennbare Luftleitung.
Anschlüsse DN100
Feuerwiderstandsklasse: K90, DIN 4102-6
Montagehöhe: bis **3,5 / 5,00 / 7,00** m über Fußboden

223€ 259€ **286€** 297€ 335€ [St] ⏱ 1,60h/St 375.000.144

A 1 Be- und Entlüftungsgerät Beschreibung für Pos. **2-3**

Lüftungsanlage, Konstruktionsart: liegend, Zu- und Abluft übereinander; Gehäuse in doppelschaliger Ausführung aus korrosionsgeschütztem Material mit dazwischenliegender, formstabiler und fest mit den Deckblechen verbundener Schall- und Wärmedämmung (nichtbrennbar A1). Innen- und Außenschale aus verzinktem Stahlblech, Rahmenkonstruktion verzinkt. Türen an der Gerätevorderseite mit nachstellbaren, wartungsfreien Scharnieren und umlaufenden, formschlüssig eingelassenen und alterungsbeständigen Profilgummidichtungen. Die Türen sind mit Vorreibverschlüssen und Türgriffen ausgestattet.
Anlagenbestandteile: Ventilator **Zu- / Abluft**, Filter Zuluft, Heizregister über **Warmwasser / Dampf / elektrisch**, Kühlregister über **Kaltwasser / Direktverdampfer**, Luftbefeuchter über **Dampflanze, elektrisch / Sprühbefeuchter**, Wärmerückgewinner über **Kreuzstrom / Wärmerohr / Kreislaufverbundsystem / Rotor Mischkammer**.

2 Be- und Entlüftungsgerät, bis 5.000m³/h KG **431**

Wie Ausführungsbeschreibung A 1
Zuluftmenge: ..... m³/h
Abluftmenge: ..... m³/h
Zulufttemperatur: min./max. ...../..... °C
Ablufttemperatur: min./max. ...../..... °C
Zuluftfeuchte: min./max. ..... % relativ
Gerätequerschnitt Zuluft: Breite ..... m, Höhe ..... m
Abluft: Breite ..... m, Höhe ..... m
Filter Zuluft: **M5** bzw. **F7 / F9**, Mindest-Wirkungsgrad: .....

6.025€ 10.405€ **11.740€** 13.822€ 20.280€ [St] ⏱ 3,50h/St 375.000.145

▶ min
▷ von
ø Mittel
◁ bis
◀ max

3 Be- und Entlüftungsgerät, bis 12.000m³/h KG **431**

Wie Ausführungsbeschreibung A 1
Zuluftmenge: ..... m³/h
Abluftmenge: ..... m³/h
Zulufttemperatur: min./max. ...../..... °C
Ablufttemperatur: min./max. ...../..... °C
Zuluftfeuchte: min./max. ..... % relativ
Gerätequerschnitt Zuluft: Breite ..... m, Höhe ..... m
Abluft: Breite ..... m, Höhe ..... m
Filter Zuluft: **M5** bzw. **F7 / F9**, Mindest-Wirkungsgrad: .....

15.106 17.888€ **21.586€** 23.829€ 25.045€ [St] ⏱ 6,00h/St 375.000.146

4 Abluftventilator, Einbaugerät KG **431**

Abluftventilator in Unterputzgehäuse ohne Brandschutz für den Unterputzeinbau in Wand und Decke. Luftdichte Rückschlagklappe, Steckverbindung für elektrischen Anschluss und Putzdeckel. Aus schwerentflammbarem Kunststoff Klasse B2. Ventilatoreinsatz mit zwei Leistungsstufen (60 / 30m³). Für Bedarfs- und Grundlüftung. Betriebsbereite Lieferung mit Innenfassade, Schalldämmplatte, integrierter Steckverbindung für elektrischen Anschluss, Schutzisoliert, Klasse 2. Wartungsfreier, kugelgelagerter Energiesparmotor 230V, 50Hz, 16 / 8W. Flache Innenfassade, geräuschdämpfend für flüsterleisen Betrieb. Mit Filterwechselanzeige bei verschmutztem Dauerfilter. Filter mit einem Griff herausnehmbar.
Anschlussdurchmesser Luftaustritt: **DN75 / DN80**
Schutzart: IP 55
Energiesparmotor: 230 V, 50 Hz, **16 / 8** W
Geräusch: Schallleistung ...../..... dB(A)

1.811€ 2.392€ **3.084€** 3.356€ 4.029€ [St] ⏱ 2,00h/St 375.000.147

5 Kulissenschalldämpfer, rechteckig, Stahlblech, verzinkt KG **431**

Kulissenschalldämpfer, rechteckig, Gehäuse aus verzinktem Stahlblech mit beidseitigen 4-Loch-Anschlussrahmen als Leichtbauprofil. Aufbau: Rahmen aus sendzimirverzinktem Stahlblech Absorptionsmaterial als Füllung aus Mineralwolle mit aufkaschierter Glasseidenvliesabdeckung, Baustoffklasse A2 (nicht brennbar) Standardkulisse für Einsatz vorwiegend bei mittleren und hohen Frequenzen. Inkl. Gummilippendichtungen und sämtlichen Befestigungs-, Verbindungs- und Abdichtungsmaterialien.
Breite: ..... mm
Höhe: ..... mm
Länge: ..... mm
Dämpfung (250 Hz): ..... dB

486€ 714€ **796€** 915€ 1.174€ [St] ⏱ 1,00h/St 375.000.148

6 Kulissenschalldämpfer, rund, Stahlblech, verzinkt KG **431**

Kulissenschalldämpfer, rund, Gehäuse aus Stahlblech verzinkt. Anschluss an die Kanalleitung durch 50mm langen Stutzen aus Stahlblech verzinkt, Dämpfung nach dem Absorptionsprinzip durch ringförmige Kammer mit Mineralwollefüllung, welche zum Luftstrom hin mit verzinktem Lochblech abriebfest abgedeckt ist. Inkl. Gummilippendichtungen und sämtlichen Befestigungs-, Verbindungs- und Abdichtungsmaterialien.
Nennweite: ..... mm
Außendurchmesser: ..... mm
Dämpfung (250 Hz): ..... dB
Länge: ..... mm

359€ 409€ **422€** 437€ 487€ [St] ⏱ 1,00h/St 375.000.149

Nr.	Kurztext / Langtext						Kostengruppe
▶	▷	**ø netto €**	◁	◀	[Einheit]	Ausf.-Dauer	Positionsnummer

7 Schalldämpfer, flach, runder Anschluss KG **431**

Schalldämpfer, als rechteckiger Flachschalldämpfer mit rundem Anschluss, aus Aluminium, in flexibler Ausführung, Absorbermaterial mineralfaserfrei, nicht brennbar Klasse A2
Temperaturbeständig: bis 200°C
Nennweite Schalldämpfer: 100 mm
Dämpfung (250 Hz): mind. 10 dB
Länge: ca. 500 mm
Abmessungen Außenrohr: Breite: 195 mm, Höhe: 120 mm

134€ 159€ **165€** 176€ 198€ [St] ⏱ 1,00h/St 375.000.150

8 Wetterschutzgitter, Außenluft-/Fortluft KG **431**

Wetterschutzgitter für Außen- und Fortluft, rahmenlos, schrauben- und nietenlos zum Einbau in Maueröffnungen oder Fassadenverkleidungen, bestehend aus: Halterprofilen, Halter, Lamellen und Vogelschutzgitter, Gitter mit unterer Abtropflamelle und oberer Ausgleichslamelle nach Maßangabe.
Farbe .....
Montagehöhe: OK Wetterschutzgitter ca. ..... m über Gelände
Breite: ..... mm
Höhe: ..... mm
Lamellenabstand: ..... mm
Volumenstrom: ..... m^3/h
Druckabfall: ..... Pa
Schallleistungspegel max.: ..... B(A)

156€ 287€ **343€** 402€ 584€ [St] ⏱ 1,00h/St 375.000.151

9 Luftleitung, rechteckig, Stahlblech verzinkt KG **431**

Luftleitung, rechteckig, aus verzinktem Stahlblech, inklusive sämtlicher Verbindungsteile und Abdichtungen sowie allen notwendigen Befestigungsteilen und Aufhängekonstruktion.
Medium: Luft
Material: Stahlblech verzinkt
Kantenlänge: bis **500 / 1.000 / 2.000** mm
Temperatur: min./max. ...../.....°C
Montagehöhe: bis **3,50 / 5,00 / 7,00** m

54€ 68€ **70€** 75€ 89€ [m^2] ⏱ 0,40h/m^2 375.000.152

10 Luftleitung, rechteckig, Kunststoff KG **431**

Luftleitung, rechteckig, aus Kunststoff, inklusive sämtlicher Verbindungsteile und Abdichtungen sowie allen notwendigen Befestigungsteilen und Aufhängekonstruktion.
Medium: Luft
Material: **PVC / PE / PP**
Kantenlänge: bis ..... mm
Temperatur: min./max. ...../.....°C
Montagehöhe: bis **3,50 / 5,00 / 7,00** m

129€ 170€ **224€** 256€ 293€ [m^2] ⏱ 0,90h/m^2 375.000.153

Kosten:
Stand 4. Quartal 2024
Bundesdurchschnitt

▶ min
▷ von
ø Mittel
◁ bis
◀ max

Nr.	Kurztext / Langtext						Kostengruppe
▶	▷	ø netto €	◁	◀	[Einheit]	Ausf.-Dauer	Positionsnummer

11 Luftleitung, feuerbeständig L30/L90 KG **431**

Zweischalige Luftleitung als brandschutztechnische Bekleidung, von Luft führenden Kanälen und Rohrleitungen, für eine Feuerwiderstandsdauer von **30 / 90** Minuten. Fertigung aus Brandschutzplatten (A1), d=45mm, stumpf gestoßen. Die Stoßfugen der beiden Plattenlagen sind fugenversetzt, Versatz 100mm, auszuführen. Plattenverbindung mit Schrauben oder Klammern. Die Lüftungsleitungen sind auf Stahlprofile oder Traversen aufzulagern, die mit Gewindestangen abgehängt werden. Die Befestigung an Massivdecken, F90, erfolgt mit bauaufsichtlich zugelassenen Dübeln. Gewindestangen über 1,50m Länge sind brandschutztechnisch über die gesamte Länge zu bekleiden. Senkrechte Kanäle sind geschossweise, max. 5,00m, auf die Massivdecken, F90, aufzusetzen.
Brandschutztechnische Bekleidung: **L30 / L90**
Rohrleitungen: .....
Feuerwiderstandsklasse: **F30 / F90**
Montagehöhe: bis **3,50 / 5,00 / 7,00** m

194€ 251€ **253€** 261€ 318€ [m²] ⏱ 1,00h/m² 375.000.154

12 Formstücke, verzinkt, Luftleitung KG **431**

Formteile der Luftleitung in Rechteckform und als Übergänge auf rund bzw. oval, aus verzinktem Stahlblech, inkl. sämtlicher Verbindungsteile und Abdichtungen sowie allen notwendigen Befestigungsteilen.
Medium: Luft
Material: Stahlblech verzinkt
Kantenlänge: bis **500 / 1.000 / 2.000** mm
Temperatur: min./max. ...../.....°C
Montagehöhe: bis **3,50 / 5,00 / 7,00** m

72€ 88€ **103€** 122€ 147€ [m²] ⏱ 0,40h/m² 375.000.155

13 Formteile, Kunststoff, Lüftungskanäle KG **431**

Formteile der Luftleitung in Rechteckform und als Übergänge auf rund bzw. oval, aus Kunststoff, inkl. sämtlicher Verbindungsteile und Abdichtungen sowie allen notwendigen Befestigungsteilen.
Medium: Luft
Material: **PVC / PE / PP**
Kantenlänge: bis ..... mm
Temperatur: min./max. ...../.....°C
Montagehöhe: bis **3,50 / 5,00 / 7,00** m

227€ 237€ **282€** 324€ 339€ [m²] ⏱ 0,60h/m² 375.000.156

A 2 Luftleitung, Wickelfalz, verzinkt Beschreibung für Pos. **14-19**

Luftleitung mit Wickelfalzrohren aus verzinktem Stahlblech, inkl. sämtlicher Verbindungsteile (z.B. Muffen, Steckverbindungen und Enddeckel) und Abdichtungen sowie allen notwendigen bauaufsichtlich zugelassenen Befestigungsteilen.

14 Luftleitung, Wickelfalz, verzinkt, DN100 KG **431**

Wie Ausführungsbeschreibung A 2
Material: Stahlblech verzinkt
Nennweite: DN100
Montagehöhe: bis **3,50 / 5,00 / 7,00**

21€ 23€ **24€** 24€ 26€ [m] ⏱ 0,18h/m 375.000.157

Nr.	Kurztext / Langtext						Kostengruppe
▶	▷	ø netto €	◁	◀	[Einheit]	Ausf.-Dauer	Positionsnummer

15 **Luftleitung, Wickelfalz, verzinkt, DN125** — KG **431**

Wie Ausführungsbeschreibung A 2
Material: Stahlblech verzinkt
Nennweite: DN125
Montagehöhe: bis **3,50 / 5,00 / 7,00** m

▶	▷	ø	◁	◀	Einheit	Ausf.-Dauer	Positionsnummer
24€	29€	**31€**	40€	51€	[m]	⏱ 0,20h/m	375.000.158

16 **Luftleitung, Wickelfalz, verzinkt, DN160** — KG **431**

Wie Ausführungsbeschreibung A 2
Material: Stahlblech verzinkt
Nennweite: DN160
Montagehöhe: bis **3,50 / 5,00 / 7,00** m

▶	▷	ø	◁	◀	Einheit	Ausf.-Dauer	Positionsnummer
26€	29€	**32€**	42€	51€	[m]	⏱ 0,25h/m	375.000.159

Kosten:
Stand 4. Quartal 2024
Bundesdurchschnitt

17 **Luftleitung, Wickelfalz, verzinkt, DN180** — KG **431**

Wie Ausführungsbeschreibung A 2
Material: Stahlblech verzinkt
Nennweite: DN180
Montagehöhe: bis **3,50 / 5,00 / 7,00** m

▶	▷	ø	◁	◀	Einheit	Ausf.-Dauer	Positionsnummer
28€	31€	**36€**	45€	46€	[m]	⏱ 0,28h/m	375.000.160

18 **Luftleitung, Wickelfalz, verzinkt, DN250** — KG **431**

Wie Ausführungsbeschreibung A 2
Material: Stahlblech verzinkt
Nennweite: DN250
Montagehöhe: bis **3,50 / 5,00 / 7,00** m

▶	▷	ø	◁	◀	Einheit	Ausf.-Dauer	Positionsnummer
40€	45€	**51€**	60€	67€	[m]	⏱ 0,33h/m	375.000.162

19 **Luftleitung, Wickelfalz, verzinkt, DN500** — KG **431**

Wie Ausführungsbeschreibung A 2
Material: Stahlblech verzinkt
Nennweite: DN500
Montagehöhe: bis **3,50 / 5,00 / 7,00** m

▶	▷	ø	◁	◀	Einheit	Ausf.-Dauer	Positionsnummer
65€	72€	**83€**	93€	100€	[St]	⏱ 0,47h/St	375.000.166

20 **Luftleitung, Aluminium, flexibel, DN80** — KG **431**

Elastische Luftleitung aus zweilagig gestauchtem Aluminium. Inkl. Befestigungsmaterial an Luftrohrstutzen.
Nennweite: DN80
Länge: 1,25 m, ausziehbar bis 5,00 m
Betriebsdruck: bis 1.000 Pa

▶	▷	ø	◁	◀	Einheit	Ausf.-Dauer	Positionsnummer
10€	16€	**19€**	20€	24€	[m]	⏱ 0,10h/m	375.000.167

▶ min
▷ von
ø Mittel
◁ bis
◀ max

Nr.	Kurztext / Langtext						Kostengruppe
▶	▷	ø netto €	◁	◀	[Einheit]	Ausf.-Dauer	Positionsnummer

21 Luftleitung, Aluminium, flexibel, DN100 KG **431**

Elastische Luftleitung aus zweilagig gestauchtem Aluminium. Inkl. Befestigungsmaterial an Luftrohrstutzen.
Nennweite: DN100
Länge: 1,25 m, ausziehbar bis 5,00 m
Betriebsdruck: bis 1.000 Pa

12€ | 19€ | **22€** | 31€ | 41€ | [m] | ⏱ 0,10h/m | 375.000.168

22 Rohrbogen, Luftleitung KG **431**

Rohrbogen der Luftleitung, alle Winkelgrade, für Wickelfalzrohr aus verzinktem Stahlblech, inkl. sämtlicher Verbindungsteile (z.B. Muffen, Steckverbindungen) und Abdichtungen sowie allen notwendigen Befestigungsteilen.
Material: Stahlblech verzinkt
Nennweite: DN.....
Montagehöhe bis: **3,50 / 5,00 / 7,00** m
Winkelgrad: .....°

15€ | 22€ | **26€** | 33€ | 44€ | [St] | ⏱ 0,10h/St | 375.000.169

23 Abzweigstück, Luftleitung KG **431**

Abzweigstück der Luftleitung, als Abzweig 90°, für Wickelfalzrohr aus verzinktem Stahlblech, inkl. sämtlicher Verbindungsteile (z.B. Muffen, Steckverbindungen) und Abdichtungen sowie allen notwendigen Befestigungsteilen.
Material: Stahlblech verzinkt
Nennweite: DN.....
Montagehöhe bis: **3,50 / 5,00 / 7,00** m

19€ | 24€ | **25€** | 27€ | 32€ | [St] | ⏱ 0,10h/St | 375.000.170

24 Lüftungsgitter, Zu-/Abluft KG **431**

Lüftungsgitter, mit Anbauteilen, für Zu- und Abluft, für Einbau in Rundrohr / Rechteckkanal mit frontseitig waagrechten oder senkrechten Tropfenlenklamellen. Rahmen und Lamellen aus Stahlblech mit Epoxidharz-Pulverbeschichtung oder Einbrennlackierung. Anbauteile aus elektrolytisch verzinktem Stahlblech, mit angeklebter Schaumstoffdichtung und Schlitzschieber zur Luftmengenregulierung
Farbe: .....
Volumenstrom max.: ..... m^3/h
Länge: ..... mm
Höhe: ..... mm

70€ | 118€ | **134€** | 160€ | 235€ | [St] | ⏱ 0,30h/St | 375.000.171

25 Drallauslass, Decke KG **431**

Decken-Dralluftdurchlass für **Zuluft / Abluft**, **mit / ohne** Strahlverstellung. Luftdurchlass aus verzinktem Stahl, für Einbau in abgehängter Decke.
Luftdurchsatz max.: ..... m^3/h
Breite: ..... mm
Länge: ..... mm
Höhe Anschlusskasten: ..... mm
Leitungsanschluss seitlich, DN.....

561€ | 679€ | **773€** | 791€ | 910€ | [St] | ⏱ 0,90h/St | 375.000.172

Nr.	Kurztext / Langtext						Kostengruppe
▶	▷	ø netto €	◁	◀	[Einheit]	Ausf.-Dauer	Positionsnummer

Kosten:
Stand 4. Quartal 2024
Bundesdurchschnitt

26 Brandschutzklappen, RLT, eckig KG **431**

Brandschutzklappe für Luftleitungen rechteckig DIN EN 15650, aus Stahl verzinkt, für Einbau in massive **Wand / Decke**. Gehäuse mit **1 / 2** Inspektionsöffnungen, Auslösung durch Schmelzlot. Kontrolle Klappenblatt über elektrische Endschalter.
Feuerwiderstandsklasse: **EI30 / EI60 / EI90 / EI120**, DIN EN 13501-3
Höhe: ..... mm
Breite: ..... mm
Höhe: ..... mm
Einbaulänge: **500 / 600** mm
Einbau in: **Wand / Decke**
Auslösetemperatur: **72 / 95**°C
Kontrolle Klappenblatt: **0 / 1 / 2**

418€ 702€ **809€** 879€ 1.066€ [St] ⏱ 1,80 h/St 375.000.173

27 Brandschutzklappen, RLT, rund, Küche KG **431**

Brandschutzklappe für Luftleitungen rund DIN EN 15650. Zugelassen für fetthaltige Abluft aus Küchen. Gehäuse aus **Stahl verzinkt / andere Materialien**.
Feuerwiderstandsklasse: **EI30 /EI60 / EI90 / EI120**, DIN EN 13501-3
Durchmesser: ..... mm
Einbaulänge: **500 / 600** mm
Einbau in: **Wand / Decke**

3.208€ 4.905€ **7.060€** 9.380€ 13.596€ [St] ⏱ 3,00 h/St 375.000.174

28 Tellerventil, Zu-/Abluft KG **431**

Tellerventil für Zu- / Abluft, mit Mengenregulierung. Für Montage in beliebiger Lage in Decke und Wand aus einbrennlackiertem Stahlblech, mit niedrigem Schallleistungspegel auch bei hohem Druckabfall, mit passendem Rohrmontagering (20mm) mit Bajonettverschluss. Inkl. Befestigungs-, Klein- und Dichtmaterial.
Anschlussdimension: DN100

49€ 74€ **77€** 107€ 158€ [St] ⏱ 0,20 h/St 375.000.176

29 Wickelfalzrohr, Reduzierstück, DN100/80 KG **431**

Reduzierstück, zentrisch (symmetrisch), für Wickelfalz-Rundrohr verzinkt, mit werkseitig vormontierter Lippendichtung aus EPDM.
EPDM Anschlüsse**: DN100 / DN80**

17€ 22€ **25€** 29€ 35€ [St] ⏱ 0,10 h/St 375.000.177

30 Drosselklappe, DN100 KG **431**

Drosselklappe aus verzinktem Stahlblech für Wickelfalz-Rundrohr verzinkt, mit Klappenflügel und außenliegender, stufenlos verstellbarer Feststellvorrichtung.
Anschlüsse: DN100

33€ 47€ **66€** 69€ 86€ [St] ⏱ 0,12 h/St 375.000.178

31 Drosselklappe, 200x200mm KG **431**

Drosselklappe aus verzinktem Stahlblech für rechteckigen Lüftungskanal verzinkt, mit Klappenflügel und außenliegender, stufenlos verstellbarer Feststellvorrichtung.
Anschlüsse: 200 x 200 mm

55€ 66€ **81€** 97€ 105€ [St] ⏱ 0,20 h/St 375.000.179

▶ min
▷ von
ø Mittel
◁ bis
◀ max

Nr.	Kurztext / Langtext						Kostengruppe
▶	▷	ø netto €	◁	◀	[Einheit]	Ausf.-Dauer	Positionsnummer

32 Lüftungsgerät mit WRG, Bypass, Feuerstättenfunktion KG **431**

Wohnungslüftungsgerät mit Wärmerückgewinnung und Bypass zur kontrollierten Be- und Entlüftung von Wohnungen und Wohnhäusern mit einem zentralen Luftverteilsystem. Effiziente Konstantvolumenstrom geregelte EC-Ventilatoren mit drei Ventilatorstufen, Luftmengen je Stufe individuell programmierbar. Wärmerückgewinnung aus der Abluft mit Kreuzgegenstrom-Wärmetauscher. Vereisungsschutzfunktion und Abtauautomatik. Integrierter automatischer Sommer-Bypass mit einstellbarer Schalttemperatur zur Unterbrechung der Wärmerückgewinnung im Sommer. Auskühlschutzfunktion zum Frostschutz in der Wohneinheit im Winter. Umfassendes Selbstdiagnosesystem mit Fehlercodes und Meldungen in Klartextanzeige. Sicherheitsabschaltung des Lüftungsgerätes durch optionalen Rauchsensor möglich. TÜV-geprüfte integrierte Feuerstätten-Funktion mit permanenter Überwachung der Volumenstrom-Balance und Sicherheitsabschaltung im Fehlerfall zur sicheren Verhinderung von Unterdruck im Gebäude. Der gleichzeitige Betrieb von Lüftungsanlage und Feuerstätte ist ohne zusätzliche Sicherheitskomponenten möglich. Menügeführte multilinguale Bedienung mit LCD-Klartextanzeige am Gerät und integrierte Echtzeituhr mit Wochentimer zur zeitlichen Steuerung der Betriebsarten ermöglichen den Betrieb des Lüftungsgerätes ohne zusätzliche Steuerelemente. Die Steuerung des Geräts kann optional mit einem drahtgebundenen Bedienelement, einem Funkbedienschalter oder bedarfsgerecht mit automatischer Luftmengenregelung durch Bestimmung der Abluftqualität mit einem Luftqualitätssensor erfolgen. Für eine externe Steuerung sind programmierbare Ein- und Ausgänge integriert. Filterwartungsanzeige mit einstellbarem Intervall. Innenauskleidung des Geräts EPP, Außengehäuse Stahlblech, pulverbeschichtet RAL 9010, Revisionstüre Kunststoff lichtgrau RAL 7035. Luftkanalanschlüsse auf der Geräteoberseite, wandhängende Montage mit beiliegender Wandkonsole. Kondensatwasseranschluss an der Unterseite des Lüftungsgeräts.
Technische Daten:
Luftvolumenstrom Werkseinstellung: **90 / 160 / 250** m³/h
Schalldruckpegel (1m Abstand): **29 / 34 / 42** dB(A)
Wärmerückgewinnungsgrad: max. 95%
Wärmebereitstellungsgrad: max. 88%
Spannungsversorgung: 1~/N/PE 230 V 50 Hz
Leistungsaufnahme, Stufen: **19 / 36 / 95** W
Leistungsaufnahme: max. 136 W
Stromaufnahme: max. 1,2 A
Schutzart: IP 20
Filterklasse Zuluft / Abluft: M5 / M5
Luftkanalanschlüsse: **4 x DN150 / DN160**
Kondensatanschluss: 20 mm
Abmessungen (B x H x T): 750 x 725 x 469 mm
Gewicht: 32 kg
Einsatzgrenzen Außentemperatur: -20°C bis +40°C
Einsatzgrenzen Raumtemperatur: +15°C bis +40°C

▶	▷	ø netto €	◁	◀	[Einheit]	Ausf.-Dauer	Positionsnummer
2.618€	3.119€	**4.063€**	5.030€	5.097€	[St]	⏱ 6,50h/St	375.000.180

A 3 Außenwanddurchlass, mit Filter/Schalldämpfer Beschreibung für Pos. **33-34**

Außenwandluftdurchlass - Rundkanal, variables Teleskoprohr 305-535mm mit Schalldämpfer, steckbarem weißem Außengitter, Insektenschutz, Winddrucksicherung und Innenblende mit Staubfilter.

33 Außenwanddurchlass, DN110 KG **431**

Wie Ausführungsbeschreibung A 3
Volumenstrom: V(8Pa) = 10 m³/h
Nennweite Rundkanal: DN110

▶	▷	ø netto €	◁	◀	[Einheit]	Ausf.-Dauer	Positionsnummer
120€	128€	**167€**	207€	225€	[St]	⏱ 1,00h/St	375.000.181

Kosten:
Stand 4. Quartal 2024
Bundesdurchschnitt

▶ min
▷ von
ø Mittel
◁ bis
◀ max

Nr.	**Kurztext** / Langtext						Kostengruppe
▶	▷	**ø netto €**	◁	◀	[Einheit]	Ausf.-Dauer	Positionsnummer

34 Außenwanddurchlass, DN160 — KG **431**

Wie Ausführungsbeschreibung A 3
Volumenstrom: V(8Pa) = 10 m³/h
Nennweite Rundkanal: DN160

278€	298€	**376€**	412€	427€	[St]	⏱ 1,20h/St	375.000.182

35 Lüftungsgerät für Abluft — KG **431**

Lüftungsgerät (1, 2 oder 3-stufig) für den Einbau in Wände oder Decken (ohne Brandschutzanforderung). Der Anschlussstutzen ist **seitlich / hinten** am Kasten angebracht. Mit federbelasteter Rückschlagklappe, verhindert Geruchs- und (Kalt) Rauchübertragung. Das Lüftungsgerät kann im Schutzbereich I eingebaut werden.
Leckluftrate: < 0,01 m³/h
Elektroanschluss: 230 VAC / 50 Hz
Nennleistung: **6 / 11 / 23** W bei **30 (40) / 60 /100** m³/h
Eigengeräusch LA: **26 / 30 / 33 / 39** dB(A) bei **30 / 40 / 60 / 100** m³/h
Abmessungen (L x B x T): 242 x 242 x 100 mm
Anschlussstutzen: NW80

263€	278€	**284€**	303€	324€	[St]	⏱ 2,00h/St	375.000.183

36 KWL-Lüftungsgerät, in Außenwand, bis 100m³/h mit WRG — KG **431**

Dezentrales Lüftungsgerät mit Wärmerückgewinnung zur kontrollierten Be- und Entlüftung von Wohngebäuden, zur Innenmontage, für Zu-und Abluft, mit Außen- und Fortluftbetrieb. EC-Ventilatoren mit mind. drei Ventilatorstufen, Wärmerückgewinnung mit Wärmetauscher, mit Bedieneinheit am Gerät, mit Ab- und Außenluftfilter, hängende Außenwandmontage, einschl. Befestigungsmaterial und Montageset zur Außenwanddurchführung und Wetterschutzgittereinheit für Außenluftansaugung und Fortluftausblas.
Ausführung: **Aufputzmontage / Unterputzmontage**
Luftvolumenstrom: bis 100 m³/h
Wärmerückgewinnungsgrad: mind. 85%
Spannungsversorgung: 1~/N/PE 230 V 50Hz
Ausführung gem. nachfolgender Einzelbeschreibung: .....

2.249€	2.384€	**2.649€**	3.020€	3.082€	[St]	⏱ 1,35h/St	375.000.184

A 4 KWL-Lüftungsgerät, Wohngebäude, mit WRG — Beschreibung für Pos. **37-39**

Zentrales Lüftungsgerät mit Wärmerückgewinnung zur kontrollierten Be- und Entlüftung von Wohngebäuden, zur Innenmontage, für Zu- und Abluft, mit Außen- und Fortluftbetrieb. EC-Ventilatoren mit mind. drei Ventilatorstufen, Wärmerückgewinnung mit Wärmetauscher, mit Bedieneinheit am Gerät, mit Ab- und Außenluftfilter, einschl. Befestigungsmaterial und Montageset zur Außenwanddurchführung und Wetterschutzgittereinheit für Außenluftansaugung und Fortluftausblas, einschl. 4 Geräteschalldämpfern.

37 KWL-Lüftungsgerät, Wohngebäude, bis 200m³/h mit WRG — KG **431**

Wie Ausführungsbeschreibung A 4
Montageart: **wandhängend / deckenhängend / stehend**
Luftvolumenstrom: bis 200 m³/h
Wärmerückgewinnungsgrad: mind. 85%
Spannungsversorgung: 1~/N/PE 230 V 50 Hz
Ausführung gem. nachfolgender Einzelbeschreibung: .....

4.640€	5.230€	**5.811€**	6.624€	6.684€	[St]	⏱ 1,40h/St	375.000.185

Nr.	Kurztext / Langtext						Kostengruppe
▶	▷	ø netto €	◁	◀	[Einheit]	Ausf.-Dauer	Positionsnummer

38 KWL-Lüftungsgerät, Wohngebäude, bis 350m³/h mit WRG KG **431**

Wie Ausführungsbeschreibung A 4
Montageart: **wandhängend / deckenhängend / stehend**
Luftvolumenstrom: bis 350 m³/h
Wärmerückgewinnungsgrad: mind. 85%
Spannungsversorgung: 1~/N/PE 230 V 50 Hz
Ausführung gem. nachfolgender Einzelbeschreibung: .....

5.248€	5.663€	**6.292€**	7.173€	7.199€	[St]	⏱ 1,40h/St	375.000.186

39 KWL-Lüftungsgerät, Wohngebäude, bis 500m³/h mit WRG KG **431**

Wie Ausführungsbeschreibung A 4
Montageart: **wandhängend / deckenhängend / stehend**
Luftvolumenstrom: bis 500 m³/h
Wärmerückgewinnungsgrad: mind. 85%
Spannungsversorgung: 1~/N/PE 230 V 50 Hz
Ausführung gem. nachfolgender Einzelbeschreibung: .....

6.684€	7.480€	**8.312€**	9.475€	9.564€	[St]	⏱ 1,50h/St	375.000.187

A 5 VRF-Außengerät Heizen/Kühlen Beschreibung für Pos. **40-42**

VFR-Außengerät für die Klimatisierung von Wohnräumen, Gehäuse und Rahmen aus verzinktem beschichteten Stahl, UV- und witterungsbeständig, mit Schalldämmung, mit Wärmetauscher, Axialventilator, Kompressor drehzahlgeregelt mit Invertertechnologie, Kältekreislauf mit Filtern, Sammler, Ölabscheider und mit Kältemittel vorgefüllt, einschl. komplett verdrahteter Steuerung mit MSR -und Sicherheitsbauteilen sowie Bedieneinheit, inkl. Montagematerial.
Montageart: **bodenstehend / an Wand / auf Dach**
Betriebsart: **Kühlen / Kühlen und Heizen**
Wärmetauscher: **Verdampfer / Verflüssiger aus Kupferrohr mit Aluminiumlamellen**
Luftvolumenstrom: ..... m³/h
Schalldruckpegel in 1m Abstand - Kühlen: ..... dB(A)
Schalldruckpegel in 1m Abstand - Heizen: ..... dB(A)
Betriebsspannung: 230 / 400 V
Kältemittel: R410A / R32
Anschluss von Innengeräten max.: .....
max. Rohrleitungslänge: ..... m
max. Höhendifferenz: ...... m
Geräteabmessungen (L x B x H): ..... x ..... x ..... mm
Ausführung gem. Einzelbeschreibung: .....
Angeb. Fabrikat/Typ: .....

40 VRF-Außengerät, Heizen/Kühlen, 10kW KG **434**

Wie Ausführungsbeschreibung A 5
Heizleistung: 10 kW
COP: .....
Kälteleistung: .....kW
EER: .....

3.079€	3.580€	**5.566€**	8.735€	8.954€	[St]	⏱ 2,10h/St	375.000.188

Nr.	Kurztext / Langtext						Kostengruppe
►	▷	ø netto €	◁	◄	[Einheit]	Ausf.-Dauer	Positionsnummer

41 VRF-Außengerät, Heizen/Kühlen, 15kW KG **434**

Wie Ausführungsbeschreibung A 5
Heizleistung: 15 kW
COP: .....
Kälteleistung: ..... kW
EER: .....

7.138€ 7.725€ **10.708€** 13.868€ 14.011€ [St] ⏱ 2,10h/St 375.000.189

42 VRF-Außengerät, Heizen/Kühlen, 20kW KG **434**

Wie Ausführungsbeschreibung A 5
Heizleistung: 20 kW
COP: .....
Kälteleistung: ..... kW
EER: .....

9.801€ 10.023€ **13.587€** 16.404€ 16.693€ [St] ⏱ 2,10h/St 375.000.190

Kosten:
Stand 4. Quartal 2024
Bundesdurchschnitt

A 6 VRF-Innenwandgerät, Heizen/Kühlen Beschreibung für Pos. **43-45**

VRF-Innengerät für die Klimatisierung von Wohnräumen, Kältesystem mit Schutzgas gefüllt, mit Wärmetauscher, Luftansaugung mit Filter und Luftausblas mit motorbetriebenen Luftleitlamellen, Kondensatwanne, Ventilator mit Querstromgebläse, einschl. komplett verdrahteter Steuerung mit allen notwendigen MSR- und Sicherheitsbauteilen sowie mit Fernbedieneinheit, inkl. Montagematerial.
Betriebsart: **Kühlen / Kühlen und Heizen**
Wärmetauscher: **Verdampfer / Verflüssiger aus Kupferrohr mit Aluminiumlamellen**
Luftvolumenstrom von - bis: ..... m³/h
Luftansaugung: **vorne / unten / oben**
Luftfilter: .....
Luftausblas: **vorne / unten / oben**
Schalldruckpegel von - bis: ..... dB(A)
Betriebsspannung: 230 V / 400 V / über Außengerät
Kältemittel: R410A / R32
Gehäuse: Kunststoff
Geräteabmessungen (L x B x H): ..... x ..... x ..... mm
Farbe: .....
Ausführung gem. Einzelbeschreibung: .....
Angeb. Fabrikat/Typ: .....

► min
▷ von
ø Mittel
◁ bis
◄ max

43 VRF-Innenwandgerät, Heizen/Kühlen, 2,5kW KG **434**

Wie Ausführungsbeschreibung A 6
Heizleistung: 2,5 kW
SCOP: .....
Kälteleistung: ..... kW
SEER: .....

1.128€ 1.146€ **1.827€** 2.005€ 2.141€ [St] ⏱ 1,80h/St 375.000.191

Nr.	Kurztext / Langtext						Kostengruppe
►	▷	ø netto €	◁	◄	[Einheit]	Ausf.-Dauer	Positionsnummer

44 VRF-Innenwandgerät, Heizen/Kühlen, 3,5kW KG **434**

Wie Ausführungsbeschreibung A 6
Heizleistung: 3,5 kW
SCOP: .....
Kälteleistung: ..... kW
SEER: .....

1.253€	1.289€	**1.859€**	2.291€	2.512€	[St]	⏱ 1,80h/St	375.000.192

45 VRF-Innenwandgerät, Heizen/Kühlen, 5,0kW KG **434**

Wie Ausführungsbeschreibung A 6
Heizleistung: 5,0 kW
SCOP: .....
Kälteleistung: ..... kW
SEER: .....

1.567€	1.626€	**2.385€**	2.841€	2.875€	[St]	⏱ 1,80h/St	375.000.193

46 VRF-Verteilereinheit, Innengerät KG **434**

VRF-Verteilereinheit als Multi-Split-Regeleinheit, zum Einbau im Gebäudeinneren.
Abmessungen (L x B x T): ..... x ..... x ..... mm
Geräteanzahl: .....
Leistung: .....
Ausführung gem. Einzelbeschreibung: .....
Angeb. Fabrikat/Typ: .....

971€	1.014€	**1.578€**	1.955€	2.035€	[St]	⏱ 1,00h/St	375.000.194

Nr.	Kurztext / Langtext						Kostengruppe
▶	▷	ø netto €	◁	◀	[Einheit]	Ausf.-Dauer	Positionsnummer

47 Zubehörmontage, VRF-Anlage KG **434**

Montage von Zubehör der VRF-Anlage mit Leitungen und Leitungsabzweigungen. Die Kühlleitungen aus nahtlos gezogenem Kupferrohr in Kühlschrankqualität unter Schutzgas gelötet, mit Kälteschellen auf C- Profilen montiert, evakuiert und mit Kältemittel gefüllt. Die Flüssigkeits- und die Gasleitung sind mit diffusionsdichter und bezügl. Brandschutz zugelassenen Dämmung von min. 13mm Wanddicke umschlossen und mit den Kälteschellen verklebt. Die gesamte Verrohrung ist nach den derzeitig gültigen Regeln für das Kälteanlagenbauhandwerk zu erstellen.
Einbauort: .....
Bei den folgenden Massen handelt es sich um ca. Angaben:
Flüssigkeitsleitung Ø 10 mm: ..... m
Flüssigkeitsleitung Ø 6 mm: ..... m
Gasleitung Ø 10 mm: ..... m
Gasleitung Ø 16 mm: ..... m
Leitungs-Isolierung Ø 10 mm: ..... m
Leitungs-Isolierung Ø 16 mm: ..... m
Leitungs-Isolierung Ø 6 mm: ..... m
Anzahl Brandschutzdurchführung Ø 10 mm: .....
Anzahl Brandschutzdurchführung Ø 16 mm: .....
Anzahl Brandschutzdurchführung Ø 6 mm: .....
Leitungs-Isolierung mit Blechmantel, wetterbeständig
Außen-Ø 10 mm: ..... m
Außen Ø 16 mm: ..... m
Außen Ø 6 mm: ..... m
Bus Kabel LIYCY 2x 1,5 mm²: ..... m
Zusätzliche Kältemittelnachfüllmenge: ..... kg

1.524€	1.716€	**2.021€**	2.696€	2.812€	[psch]	⏱ 1,30h/psch	375.000.195

48 Inbetriebnahme, VRF-Anlage KG **434**

Die Inbetriebnahme hat gem. der Vorgaben des Herstellers sowie den gesetzlichen Bestimmungen unter Berücksichtigung der Garantie und Gewährleistung zu erfolgen, einschl. An- und Abreisekosten, inkl. Aushändigung des unterzeichneten Übergabe und Inbetriebnahmeprotokolls. Leistungsumfang: Inbetriebnahme der Kälteanlage, Inbetriebsetzen und Programmieren, Überprüfen der Hersteller-Projektierungsrichtlinien, Protokollerstellung mit allen eingestellten Parametern, inkl. Aushändigung des unterzeichneten Übergabe-/Inbetriebnahmeprotokolls.
Einbauort: .....

335€	407€	**570€**	808€	1.284€	[psch]	⏱ 1,50h/psch	375.000.196

49 Stundensatz, Monteur/-in Lüftung/Kälte

Verrechnungssatz für die jeweilige Arbeitskraft inkl. aller Aufwendungen wie Lohn- und Gehaltskosten, Lohn- und Gehaltsnebenkosten, Zuschläge, lohngebundene und lohnabhängige Kosten, sonstige Sozialkosten, Gemeinkosten, Wagnis und Gewinn. Leistung nach besonderer Anordnung der Bauüberwachung. Nachweis und Anmeldung gem. VOB/B.

61€	71€	**76€**	86€	102€	[h]	⏱ 1,00h/h	375.000.200

50 Stundensatz, Helfer/-in Lüftung/Kälte

Verrechnungssatz für die jeweilige Arbeitskraft inkl. aller Aufwendungen wie Lohn- und Gehaltskosten, Lohn- und Gehaltsnebenkosten, Zuschläge, lohngebundene und lohnabhängige Kosten, sonstige Sozialkosten, Gemeinkosten, Wagnis und Gewinn. Leistung nach besonderer Anordnung der Bauüberwachung. Nachweis und Anmeldung gem. VOB/B.

50€	57€	**60€**	61€	66€	[h]	⏱ 1,00h/h	375.000.199

Kosten:
Stand 4. Quartal 2024
Bundesdurchschnitt

▶ min
▷ von
ø Mittel
◁ bis
◀ max

ANHANG

Verzeichnis der Architektur- und Planungsbüros

Architektur- und Planungsbüros	Objektnummer
AFS - Architekturbüro, Frank Sieber; Ranis	6100-1394
a hoch i netzwerk, Lisa Groß; Dillingen	6100-1695
Alt, Peter, Architekten Stadtplaner; Saarbrücken	1300-0283
Amt für Gebäudetechnik und Hochbau, Tobias Walderich Architekt; Villingen-Schwenningen	9700-0028
Architekten Contor Voigt; Itzehe	5200-0012
Architekten_FSB; Bremen	4100-0173
architekturbüro bielke und struve partgmbb; Eutin	5300-0016, 6600-0032
Architekturbüro Thiemann; Hersbruck	6400-0112
ArGe Gurland+Seher+Rapp Architekten; Biberach & Ulm	1300-0292
Augustin + Imkamp, freie Architekten GbR; Leipzig	6100-1524
BAUatelier Deutscher; Dresden	6100-1379
Bialon ADK; Kirchheim u. Teck	6100-1393
bonfanti ARCHITEKTEN, Anke und Ralph Bonfanti; Wiehl-Weiershagen	6100-1593
Boose Westphal Schäffer Architekten; Winsen/Luhe	4100-0194
brack architekten; Kempten	6100-1672
bromsky Architekten, Liebscher Streb PartGmbH; Berlin	6100-1384
eap Architekten Stadtplaner PartGmbH; München	6200-0080
EBERT ARCHITEKTUR; Hamburg	6100-1355
Eßmann I Gärtner I Nieper Architekten GbR; Leipzig	9100-0155, 9100-0168
FRANKE Architektur I Innenarchitektur; Düren	1200-0001
Gerhardy, Christian, Stadtverwaltung Wittich; Wittich	4400-0334
goldbrunner + hrycyk; München	4400-0356, 4400-0357
Gössler Kinz Kerber Schippmann Architekten PartG mbB; Hamburg	7600-0078
härtner ito architekten PartGmbB; Stuttgart	4400-0362
Helmle, Wolfgang, Freier Architekt; Ellwangen	4400-0333
HJPplaner; Aachen	7800-0029
HOLON ARCHITEKTEN; Hamburg	6100-1444
HSP Projektmanagement und Beratung GmbH; Töging	6200-0115
IPROconsult GmbH; Dresden	6400-0109, 9100-0169
JR ARCHITEKTEN UND STADTPLANER, Fuchs und Dycker PartG mbB BDA; Husum	5100-0128
KM architekten bda; Kassel	5100-0122
Lieb Architekten BDA; Freudenstadt	4200-0039
messmerarchitektur gmbh; Wehingen	6100-1559
meyer-bassin und partner, freie architekten bda; Dresden	6100-1563
MRO Partnerschaft mbB, Architekt Kahnert, Ber.Ing. Martens; Oldenburg	5100-0127
Plan-R-Architektenbüro, Martin Brüdigam; Hamburg	6100-1587
Planungsring Mumm + Partner GbR; Treia	1300-0319
pwpMAS Architektne PartG mbB; Darmstadt	5100-0122
Reimann, Sabine, Dipl. Ing. Architektin; Wesenberg	5200-0020
Schmidtmann und Gölling Architektur- und Ingenieursgesellschaft mbH; Berlin	9100-0195
Schneider, Johannes, Architekt BDA; Bremen	7100-0066
Shakti Haus; Bad König	6100-1562
Sommer + Sommer Architekten BDA; Berlin	6100-1494
Sturm und Wartzeck GmbH, Architekten BDA, Innenarchitekten; Dipperz	1300-0234
Sweco GmbH; München	6200-0115
wening.architekten; Groß Glienicke	6100-1690
Werkgruppe Freiburg, Miller & Glos Part mbH; Freiburg	4400-0322
westform architekten; Alsdorf	6500-0051

Der Herausgeber dankt den genannten Büros für die zur Verfügung gestellten Objektdaten.

Nutzen Sie die Vorteile Ihrer Projekt-Veröffentlichung in den BKI-Produkten:
- Dokumentierte Kosten Ihres Projektes nach DIN 276
- Ausbau und Erweiterung Ihrer bürointernen Baukostendaten für Folgeprojekte
- Dokumentationsunterlagen als Referenz für Ihre Projekt-Akquise
- Aufwandsentschädigung von bis zu 700,- €
- Aufnahme Ihrer Bürodaten in die Liste der BKI Architekt*innen und Planer*innen
- Kostenloses Fachbuch

Weitere Informationen unter www.bki.de/bki-verguetung.html

ANHANG

Regionalfaktoren

Regionalfaktoren Deutschland

Diese Faktoren geben Aufschluss darüber, inwieweit die Baukosten in einer bestimmten Region Deutschlands teurer oder günstiger liegen als im Bundesdurchschnitt. Sie können dazu verwendet werden, die BKI Baukosten an das besondere Baupreisniveau einer Region anzupassen.
Hinweis: Alle Angaben wurden durch Untersuchungen des BKI weitgehend verifiziert. Dennoch können Abweichungen zu den angegebenen Werten entstehen. In Grenznähe zu einem Land-/Stadtkreis mit anderen Baupreisfaktoren sollte dessen Baupreisniveau mit berücksichtigt werden, da die Übergänge zwischen den Land-/Stadtkreisen fließend sind. Die Besonderheiten des Einzelfalls können ebenfalls zu Abweichungen führen.
Für die größeren Inseln Deutschlands wurden separate Regionalfaktoren ermittelt. Dazu wurde der zugehörige Landkreis in Festland und Inseln unterteilt. Alle Inseln eines Landkreises erhalten durch dieses Verfahren den gleichen Regionalfaktor. Der Regionalfaktor des Festlandes erhält keine Inseln mehr und ist daher gegenüber früheren Ausgaben verringert.

Land- / Stadtkreis / Insel	Bundeskorrekturfaktor
Aachen, Städteregion	0,935
Ahrweiler	0,985
Aichach-Friedberg	1,085
Alb-Donau-Kreis	1,040
Altenburger Land	0,881
Altenkirchen (Westerwald)	1,009
Altmarkkreis Salzwedel	0,855
Altötting	1,009
Alzey-Worms	0,942
Amberg, Stadt	1,075
Amberg-Sulzbach	1,023
Ammerland	0,823
Amrum, Insel	1,278
Anhalt-Bitterfeld	0,833
Ansbach	1,080
Ansbach, Stadt	1,108
Aschaffenburg	1,103
Aschaffenburg, Stadt	1,047
Augsburg	1,049
Augsburg, Stadt	1,239
Aurich, Festlandanteil	0,732
Aurich, Inselanteil	1,201
Bad Dürkheim	1,005
Bad Kissingen	1,064
Bad Kreuznach	0,972
Bad Tölz-Wolfratshausen	1,225
Baden-Baden, Stadtkreis	1,039
Baltrum, Insel	1,201
Bamberg	1,078
Bamberg, Stadt	1,170
Barnim	0,859
Bautzen	0,889
Bayreuth	1,080
Bayreuth, Stadt	1,011
Berchtesgadener Land	1,100
Bergstraße	1,002
Berlin, Stadt	1,128
Bernkastel-Wittlich	1,070
Biberach	1,052
Bielefeld, Stadt	0,836
Birkenfeld	1,053
Bochum, Stadt	0,894
Bodenseekreis	0,969
Bonn, Stadt	0,918
Borken	0,918
Borkum, Insel	1,099
Bottrop, Stadt	0,826
Brandenburg an der Havel, Stadt	1,022
Braunschweig, Stadt	0,697
Breisgau-Hochschwarzwald	1,088
Bremen, Stadt	0,937
Bremerhaven, Stadt	0,914
Burgenlandkreis	0,894
Böblingen	1,127
Börde	0,867
Calw	1,030
Celle	0,876
Cham	0,872
Chemnitz, Stadt	0,850
Cloppenburg	0,759
Coburg	1,027
Coburg, Stadt	1,098
Cochem-Zell	1,035
Coesfeld	0,921
Cottbus, Stadt	0,971
Cuxhaven	0,773
Dachau	1,227
Dahme-Spreewald	0,930
Darmstadt, Stadt	1,025
Darmstadt-Dieburg	0,979
Deggendorf	1,004

Delmenhorst, Stadt	0,797
Dessau-Roßlau, Stadt	0,854
Diepholz	0,798
Dillingen a.d.Donau	1,058
Dingolfing-Landau	0,972
Dithmarschen	1,063
Donau-Ries	1,031
Donnersbergkreis	0,957
Dortmund, Stadt	0,770
Dresden, Stadt	0,940
Duisburg, Stadt	0,953
Düren	0,955
Düsseldorf, Stadt	0,940
Ebersberg	1,309
Eichsfeld	0,931
Eichstätt	1,056
Eifelkreis Bitburg-Prüm	1,002
Elbe-Elster	0,899
Emden, Stadt	0,670
Emmendingen	1,117
Emsland	0,819
Ennepe-Ruhr-Kreis	0,884
Enzkreis	1,044
Erding	1,132
Erfurt, Stadt	0,902
Erlangen, Stadt	1,137
Erlangen-Höchstadt	1,022
Erzgebirgskreis	0,912
Essen, Stadt	0,871
Esslingen	0,989
Euskirchen	0,889
Fehmarn, Insel	1,171
Flensburg, Stadt	0,797
Forchheim	1,124
Frankenthal (Pfalz), Stadt	0,881
Frankfurt (Oder), Stadt	0,907
Frankfurt am Main, Stadt	0,981
Freiburg im Breisgau, Stadtkreis	1,166
Freising	1,054
Freudenstadt	1,017
Freyung-Grafenau	1,018
Friesland, Festlandanteil	0,810
Friesland, Inselanteil	1,408
Fulda	1,017
Föhr, Insel	1,278
Fürstenfeldbruck	1,218
Fürth	1,045
Fürth, Stadt	1,053
Garmisch-Partenkirchen	1,212
Gelsenkirchen, Stadt	0,854
Gera, Stadt	0,938
Germersheim	1,021
Gießen	0,964
Gifhorn	0,834
Goslar	0,796
Gotha	0,880
Grafschaft Bentheim	0,817
Greiz	0,922
Groß-Gerau	1,015
Göppingen	1,009
Görlitz	0,893
Göttingen	0,902
Günzburg	1,042
Gütersloh	0,905
Hagen, Stadt	0,864
Halle (Saale), Stadt	0,729
Hamburg, Freie und Hansestadt	1,112
Hameln-Pyrmont	0,819
Hamm, Stadt	0,893
Hannover, Region	0,900
Harburg	0,951
Harz	0,816
Havelland	1,006
Haßberge	1,095
Heidekreis	0,881
Heidelberg, Stadtkreis	1,092
Heidenheim	1,001
Heilbronn	0,990
Heilbronn, Stadtkreis	0,990
Heinsberg	0,953
Helgoland, Insel	1,409
Helmstedt	0,854
Herford	0,863
Herne, Stadt	0,951
Hersfeld-Rotenburg	1,001
Herzogtum Lauenburg	0,952
Hiddensee, Insel	1,121
Hildburghausen	0,863
Hildesheim	0,820
Hochsauerlandkreis	0,922
Hochtaunuskreis	1,025
Hof	1,074
Hof, Stadt	1,101
Hohenlohekreis	1,030
Holzminden	0,782
Höxter	0,902
Ilm-Kreis	0,893
Ingolstadt, Stadt	1,109
Jena, Stadt	1,046
Jerichower Land	0,862
Juist, Insel	1,201

Kaiserslautern	0,933
Kaiserslautern, Stadt	0,973
Karlsruhe	0,961
Karlsruhe, Stadtkreis	1,102
Kassel	1,033
Kassel, Stadt	0,946
Kaufbeuren	1,114
Kelheim	1,019
Kempten (Allgäu)	1,112
Kiel, Stadt	1,161
Kitzingen	1,027
Kleve	0,914
Koblenz, Stadt	0,875
Konstanz	1,052
Krefeld, Stadt	0,841
Kronach	1,146
Kulmbach	1,096
Kusel	0,933
Kyffhäuserkreis	0,860
Köln, Stadt	0,917
Lahn-Dill-Kreis	1,023
Landau in der Pfalz, Stadt	0,984
Landsberg am Lech	1,108
Landshut	0,995
Landshut, Stadt	1,075
Langeoog, Insel	1,073
Leer, Festlandanteil	0,744
Leer, Inselanteil	1,099
Leipzig	0,978
Leipzig, Stadt	0,820
Leverkusen, Stadt	0,848
Lichtenfels	1,053
Limburg-Weilburg	0,961
Lindau (Bodensee)	1,090
Lippe	0,886
Ludwigsburg	1,088
Ludwigshafen am Rhein, Stadt	1,053
Ludwigslust-Parchim	0,925
Lörrach	1,022
Lübeck, Hansestadt	0,934
Lüchow-Dannenberg	0,867
Lüneburg	0,893
Magdeburg, Stadt	0,884
Main-Kinzig-Kreis	0,996
Main-Spessart	1,074
Main-Tauber-Kreis	1,015
Main-Taunus-Kreis	0,984
Mainz, Stadt	0,986
Mainz-Bingen	1,006
Mannheim, Stadtkreis	1,073
Mansfeld-Südharz	0,898
Marburg-Biedenkopf	0,985
Mayen-Koblenz	0,989
Mecklenburgische Seenplatte	0,915
Meißen	0,913
Memmingen	1,044
Merzig-Wadern	0,943
Mettmann	0,902
Miesbach	1,271
Miltenberg	1,128
Minden-Lübbecke	0,826
Mittelsachsen	0,925
Märkisch-Oderland	0,908
Märkischer Kreis	0,906
Mönchengladbach, Stadt	0,913
Mühldorf a.Inn	1,025
Mülheim an der Ruhr, Stadt	0,879
München	1,347
München, Stadt	1,502
Münster, Stadt	0,896
Neckar-Odenwald-Kreis	1,039
Neu-Ulm	1,083
Neuburg-Schrobenhausen	1,052
Neumarkt i.d.OPf.	0,961
Neumünster, Stadt	0,877
Neunkirchen	0,950
Neustadt a.d.Aisch-Bad Windsheim	1,088
Neustadt a.d.Waldnaab	1,026
Neustadt an der Weinstraße, Stadt	0,967
Neuwied	0,917
Nienburg (Weser)	0,777
Norderney, Insel	1,201
Nordfriesland, Festlandanteil	1,105
Nordfriesland, Inselanteil	1,278
Nordhausen	0,851
Nordsachsen	0,902
Nordwest-Mecklenburg, Inselanteil	1,219
Nordwestmecklenburg, Festlandanteil	0,964
Northeim	0,887
Nürnberg, Stadt	1,066
Nürnberger Land	1,120
Oberallgäu	1,070
Oberbergischer Kreis	0,869
Oberhausen, Stadt	0,871
Oberhavel	0,992
Oberspreewald-Lausitz	0,932
Odenwaldkreis	0,973
Oder-Spree	0,942
Offenbach	0,972
Offenbach am Main, Stadt	0,962
Oldenburg	0,849
Oldenburg (Oldb), Stadt	0,823
Olpe	0,986
Ortenaukreis	0,987

Osnabrück ... 0,855
Osnabrück, Stadt ... 0,799
Ostalbkreis ... 1,049
Ostallgäu ... 1,059
Osterholz ... 0,870
Ostholstein, Festlandanteil ... 0,919
Ostholstein, Inselanteil ... 1,171
Ostprignitz-Ruppin ... 0,917

Paderborn ... 0,910
Passau ... 0,948
Passau, Stadt ... 1,051
Peine ... 0,806
Pellworm, Insel ... 1,278
Pfaffenhofen a.d.Ilm ... 1,054
Pforzheim, Stadtkreis ... 1,008
Pinneberg, Festlandanteil ... 0,975
Pinneberg, Inselanteil ... 1,409
Pirmasens, Stadt ... 0,993
Plön ... 0,966
Poel, Insel ... 1,219
Potsdam, Stadt ... 1,063
Potsdam-Mittelmark ... 0,948
Prignitz ... 0,818

Rastatt ... 0,998
Ravensburg ... 1,004
Recklinghausen ... 0,854
Regen ... 0,937
Regensburg ... 1,005
Regensburg, Stadt ... 1,094
Rems-Murr-Kreis ... 1,048
Remscheid, Stadt ... 0,885
Rendsburg-Eckernförde ... 0,966
Reutlingen ... 1,018
Rhein-Erft-Kreis ... 0,905
Rhein-Hunsrück-Kreis ... 1,018
Rhein-Kreis Neuss ... 0,885
Rhein-Lahn-Kreis ... 1,048
Rhein-Neckar-Kreis ... 1,041
Rhein-Pfalz-Kreis ... 0,996
Rhein-Sieg-Kreis ... 0,970
Rheingau-Taunus-Kreis ... 1,050
Rheinisch-Bergischer Kreis ... 0,920
Rhön-Grabfeld ... 1,107
Rosenheim ... 1,229
Rosenheim, Stadt ... 1,199
Rostock ... 0,946
Rostock, Stadt ... 0,964
Rotenburg (Wümme) ... 0,763
Roth ... 1,116
Rottal-Inn ... 0,990
Rottweil ... 0,962
Rügen, Insel ... 1,121

Saale-Holzland-Kreis ... 0,872
Saale-Orla-Kreis ... 0,840
Saalekreis ... 0,866
Saalfeld-Rudolstadt ... 0,945
Saarbrücken, Regionalverband ... 0,951
Saarlouis ... 0,963
Saarpfalz-Kreis ... 0,976
Salzgitter, Stadt ... 0,809
Salzlandkreis ... 0,806
Schaumburg ... 0,781
Schleswig-Flensburg ... 0,882
Schmalkalden-Meiningen ... 0,983
Schwabach, Stadt ... 1,075
Schwalm-Eder-Kreis ... 0,984
Schwandorf ... 0,979
Schwarzwald-Baar-Kreis ... 0,936
Schweinfurt ... 1,119
Schweinfurt, Stadt ... 1,041
Schwerin, Stadt ... 1,100
Schwäbisch Hall ... 0,958
Segeberg ... 0,935
Siegen-Wittgenstein ... 0,932
Sigmaringen ... 1,012
Soest ... 0,873
Solingen, Stadt ... 0,889
Sonneberg ... 0,888
Speyer, Stadt ... 1,078
Spiekeroog, Insel ... 1,073
Spree-Neiße ... 0,735
St. Wendel ... 0,984
Stade ... 0,827
Starnberg ... 1,302
Steinburg ... 0,959
Steinfurt ... 0,879
Stendal ... 0,698
Stormarn ... 0,952
Straubing, Stadt ... 1,272
Straubing-Bogen ... 1,015
Stuttgart, Stadtkreis ... 1,108
Suhl, Stadt ... 0,826
Sylt, Insel ... 1,278
Sächsische Schweiz-Osterzgebirge ... 0,992
Sömmerda ... 0,912
Südliche Weinstraße ... 1,002
Südwestpfalz ... 0,999

Teltow-Fläming ... 0,936
Tirschenreuth ... 1,081
Traunstein ... 1,126
Trier, Stadt ... 1,101
Trier-Saarburg ... 1,106
Tuttlingen ... 1,018
Tübingen ... 1,064

Uckermark	0,922
Uelzen	0,844
Ulm, Stadtkreis	1,086
Unna	0,901
Unstrut-Hainich-Kreis	0,833
Unterallgäu	1,022
Usedom, Insel	1,061
Vechta	0,850
Verden	0,809
Viersen	0,930
Vogelsbergkreis	0,982
Vogtlandkreis	0,906
Vorpommern-Greifswald, Festlandanteil	0,999
Vorpommern-Greifswald, Inselanteil	1,061
Vorpommern-Rügen, Festlandanteil	0,932
Vorpommern-Rügen, Inselanteil	1,121
Vulkaneifel	0,974
Waldeck-Frankenberg	0,980
Waldshut	1,035
Wangerooge, Insel	1,408
Warendorf	0,898
Wartburgkreis	0,888
Weiden i.d.OPf., Stadt	1,052
Weilheim-Schongau	1,144
Weimar, Stadt	1,182
Weimarer Land	0,904
Weißenburg-Gunzenhausen	1,060
Werra-Meißner-Kreis	0,997
Wesel	0,938
Wesermarsch	0,830
Westerwaldkreis	1,010
Wetteraukreis	0,989
Wiesbaden, Stadt	0,968
Wilhelmshaven, Stadt	0,843
Wittenberg	0,773
Wittmund, Festlandanteil	0,763
Wittmund, Inselanteil	1,073
Wolfenbüttel	0,864
Wolfsburg, Stadt	0,851
Worms, Stadt	0,992
Wunsiedel i.Fichtelgebirge	1,077
Wuppertal, Stadt	0,847
Würzburg	1,127
Würzburg, Stadt	1,172
Zingst, Insel	1,121
Zollernalbkreis	1,013
Zweibrücken, Stadt	0,994
Zwickau	0,936

Regionalfaktoren Österreich

Bundesland	Korrekturfaktor
Burgenland	1,109
Kärnten	1,105
Niederösterreich	1,043
Oberösterreich	1,128
Salzburg	1,098
Steiermark	1,116
Tirol	1,043
Vorarlberg	1,100
Wien	1,123

Regionalfaktoren für den Europa-Raum

Land	Korrekturfaktor
Albanien	0,324
Belgien	0,640
Bosnien und Herzegowina	0,303
Bulgarien	0,415
Dänemark	0,848
Deutschland	1,000
Estland	0,511
Finnland	0,884
Frankreich	0,754
Griechenland	0,473
Irland	0,687
Island	0,833
Italien	0,571
Kroatien	0,341
Lettland	0,528
Litauen	0,476
Luxemburg	0,836
Malta	0,563
Mazedonien	0,336
Montenegro	0,370
Niederlande	0,810
Norwegen	0,889
Österreich	1,101
Polen	0,448
Portugal	0,458
Rumänien	0,367
Schweden	0,988
Schweiz	1,078
Serbien	0,383
Slowakei	0,497
Slowenien	0,452
Spanien	0,526
Tschechien	0,508
Türkei	0,320
Ungarn	0,442
Zypern	0,480

ANHANG

Index Positionen

Die Stichworte verweisen auf Fundstellen bei den Positionen.

A

Abbruch Einbauleuchte 1056
Abflussleitung, PP-Rohre, schallgedämmt 1025
Abgleichventil, hydraulisch 874
Abluftventilator, Einbaugerät 977, 1079
Absperrklappen 836, 837
Absperr-Schrägsitzventil 886
Absperrventil, Guss 846
Abwasser-Abzweig, PP, schallgedämmt 901
Abwasserhebeanlage 893
Abwasserleitung, Guss 894, 895, 1023, 1024
Abwasserleitung, HT-Rohr 896, 897, 1024
Abwasserleitung, PE-Rohr 898, 899, 1025
Abwasser-Rohrbogen, PP, schallgedämmt 900
Abzweigstück, Luftleitung 982, 1083
Anbauleuchte, LED, Feuchtraum 948
Anbindeleitung, PE-X, Fußbodenheizung 872
Anschluss Heiztherme 994
Anzeige-Tableau 960, 1064
Ausgussbecken, Stahl 912
Außenwanddurchlass, mit Filter/Schalldämpfer 984, 1085

B

Badewanne demontieren 1028
Badewanne, Stahl 908, 1030
Badheizkörper/Handtuchheizkörper, beschichtet 847
Batteriespeicher 942, 1054
Be- und Entlüftungsgerät 977, 1078
Belegreifheizen, Fußbodenheizung 873
Bettenaufzug 967, 1069
Bewegungsmelder 942, 1055
Bidet, Keramik 911
Bodenablauf 892, 902
Brandfallsteuerung 973, 1073
Brandmeldezentrale 957, 1061
Brandschutz Absperrvorrichtung, K90, DN100 976, 1078
Brandschutzabschottung, R90 922, 1043
Brandschutzklappen, RLT 982, 983, 1084
Brennstofflagerbehälter für Holzpellets 823, 1002
Brunnenanlage 831

D

Dachentwässerung DN70 893
Dämmung Rohrleitung demontieren 1039
Dämmung Rohrleitung, alu kaschiert, demontieren 1039
Deckenstrahlplatte 1016
Deckenstrahlplatte, stahlblech beschichtet/Stahlrohre 869
Demontage Heiztherme 994
Dezentrales Fassaden-Lüftungsgerät 976
Doppelabzweig, Guss 899
Drallauslass, Decke 982, 1083
Dreifach-Schutzkontaktsteckdose 940
Dreiwegeventil 837
Drosselklappe 983, 1084
Druckleitung, Schmutzwasserhebeanlage 899
Duschabtrennung, Kunststoff 911, 1032
Duschhandlauf, Edelstahl 915
Duschhandlauf, Messing 1034
Duschrinne, Edelstahl 902
Duschsitz, klappbar 915
Duschwanne demontieren 1028
Duschwanne, Stahl 910, 1031, 1032

E

Eckventil 885
Einbaudownlight, LED 950, 1057, 1058
Einhandmischer 908, 911, 912, 1030
Einhand-Waschtischarmatur 1029
Einhebelmischarmatur, Dusche 910, 1032
Einhebel-Mischbatterie, Standmontage 907
Einregulierung/Inbetriebnahme, Fußbodenheizung 873
Elektro Heizeinsatz, Heizungsanlage 835, 1007
Elektroinstallationsrohr 930, 1051
Enthärtungsanlage, vollautomatisch 888
Erdgas-BHKW-Anlage 823, 824
Erdsondenanlage, Wärmepumpe 833, 1006

F

Fahrkorb-Tableau, Aufzugsanlage 972, 1072
Fehlerstromschutzschalter 945
Fern-/Notrufeinrichtung, Aufzugsanlage 973, 1073
Feuerwehr - Schlüsseldepot 957, 1061
Feuerwehr-Bedienfeld 960, 1064
Flachheizkörper demontieren 1009
Flach-Solarkollektoranlage, thermisch 824, 1003
Formstück, Abzweig, Guss 894, 895, 896
Formstück, Bogen, Guss 894, 895, 896
Formstück, HT Doppelabzweig 898
Formstück, HT Übergangsrohr 898
Formstück, HT-Abzweig 897, 898
Formstück, HT-Bogen 896, 897
Formstück, PE-Abzweig 898, 899
Formstück, PE-Bogen 898, 899
Formstück, PE-Putzstück 899
Formstücke, verzinkt, Luftleitung 980, 1081
Formteile, Kunststoff, Lüftungskanäle 980, 1081
Füll- und Entleerventil 887
Füllarmatur, Heizung 838
Funktionsheizen, Fußbodenheizung 873
Funkvernetzte Rauchwarnmelder 1062
Fußbodenheizung, Typ A, Träger/Leitung 872

G

Gas-Brennwertkessel 814, 995
Gas-Brennwerttherme 813, 994
Gerätedose, uP 939
Geräteeinbaukanal 935, 1053, 1054
Gewinderohrleitung, demontieren 1009
Gitterrinne, Stahl 929
Grundleitung, PVC-U 894
Gussrohrleitung demontieren 1022, 1023

H

Haltegriff 915, 1033
Handfeuermelder 959, 1063
Handtuchspender, Stahlblech 1029
Handwaschbecken, Keramik 906, 1029
Hauseinführung 880
Hauswasserstation, Druckminderer/Wasserfilter 880
Heizkessel ausbauen, Stahl 994
Heizkörper ausbauen/wieder einbauen 868, 1010
Heizkörperverschraubung 868
Heizkreisverteiler, Fußbodenheizung, 5 Heizkreise 870
Heizöltank, stehend 819, 1000
Heizungs-Not-Ausschalter, aP 938
Heizungsverteiler 820, 837, 838
Holz/Pellet-Heizkessel 821, 1001
Hublift, Förderplattform 970, 1071
Hydraulischer Abgleich 876, 1011
Hygiene-Tiefspül-WC, barrierefrei 1035

I

Inbetriebnahme und Endabnahme Aufzugsanlage 972, 1073
Inbetriebnahme Wärmepumpe 833, 1007
Inbetriebnahme VRF-Anlage 989, 1090
Installationselement, Bidet 1033
Installationselement, Hygiene-Spül-WC 913
Installationselement, Stütz- und Haltegriffe 914, 1033
Installationselement, Urinal 911, 1032
Installationselement, Waschtisch 913, 914, 1033
Installationselement, WC 912, 913, 1033
Installationskleinverteiler, uP 944
Installationsleitung 933, 934, 953-955, 1050
Installationsschalter, Aus-/Wechselschalter, aP 939
Installationsschalter, Taster, aP 938
Ionisations-Rauchmelder 1062

K

Kabelrinne, Stahl 929, 1049
Kanalventilator 978
Kappenventil, Ausdehnungsgefäß, DN20 868
Kleingüteraufzug mit Traggerüst 971
Kombinierter Rauch-/Wärmemelder 959, 1063
Kompaktdämmhülse, Rohrleitung 919, 1040
Kompaktheizkörper, Stahl 853, 1013
Körperschalldämmung, Abwasserrohre 924
Kugelhahn 885
Kulissenschalldämpfer, verzinkt 978, 1079
Kunststoff-Rohrleitung, demontieren 1023
Kupferrohrleitung, demontieren 1010
KWL-Lüftungsgerät mit WRG 985, 1086

L

Lasttrennschalter 947
Leitung, Edelstahlrohr 883
Leitung, Kupferrohr 882, 888, 1020, 1021
Leitung, Metallverbundrohr 880, 1019
Leitungsführungskanal PVC 930, 1052, 1053
Leitungsschutzschalter 946
Löschwasserleitung, verzinktes Rohr 884, 885
Luftleitung 979, 980, 981, 1080, 1081, 1082, 1083
Lüftungsgerät 984, 985, 1085, 1086
Lüftungsgitter, Zu-/Abluft 982, 1083
Lüftungskanal Mineral alukaschiert 922

M

Manometer, Rohrfeder 845
Membran-Druckausdehnungsgefäß 833, 834
Membran-Sicherheitsventil 868, 887
Messung, Feuchte, Fußbodenheizung 873
Montageelement demontieren 1028
Muffenkugelhahn 868

N

Nachrüstaufsatz, Hygiene-Tiefspül-WC 1035
Nachrüstung Türeinstieg Badewanne 1036
Neutralisationsanlage, Brennwertgeräte 820, 1003
Neutralisationsgranulat 820, 1003
Noppen-Systemträger, Fußbodenheizung 871
Notruf, barrierefreies WC 909, 957, 1061

O

Öl-Brennwertkessel 817, 818, 819, 998, 999, 1000
Öl-Brennwerttherme 817, 997, 998

P

Papierhandtuchspender, Wandmontage 912
Pellet-Fördersystem 822, 1002
Pendelleuchte, LED 949, 950, 1057
Personenaufzug, barrierefrei 969, 1067, 1068
Personenaufzug/Lastenaufzug 963, 964, 965, 966
Photovoltaikanlage 942, 1054
Plattformaufzug, barrierefrei, verglast, außen 1072
Plattformlift, Treppe 968, 1070
Potentialausgleichsschiene, Stahl, verzinkt 936
Prüfung vor Inbetriebnahme, Aufzugsanlage 972
Pufferspeicher, Heizung 825
Putzstück, Guss 894, 895, 896

R

Radiavektor, Profilrohr 865
Rauchauslöseeinrichtung 961, 1065
Rauchmelder 958, 1062
Rauchwarnmelder 958, 1062
Raumsparsiphon, Waschtisch, unterfahrbar 907
Rohrbelüfter 893
Rohrbogen, Luftleitung 981, 1083
Rohrdämmung 920, 921, 1041
Röhrenheizkörper, Stahl 852
Röhrenradiator demontieren 1009
Rohrleitung, Stahlrohr 848, 850, 1011
Rohrleitung, Kupfer 848
Rohrleitung, Fußbodenheizung 851
Rückschlagventil 837

S

Schachtgerüst, Aufzug 970, 1072
Schachttür, Aufzugsanlage 972, 1073
Schalldämpfer, flach, runder Anschluss 978, 1080
Schlamm und Magnetitabscheider 875, 1010
Schlitz herstellen, Mauerwerk 1049
Schmutzfänger 845
Schnellentlüfter 845
Schornsteinanlage 819
Schutzauskleidung Aufzugskabine 973, 1072
Schutzkontaktsteckdose 940, 941
Schutzummantelung, Fußbodenheizrohr 872
Seifenspender, Wandmontage 912
Sicherungssockel, dreipolig 947
Signalgeber 959, 960, 1063, 1064
Sitzlift, Treppe innen 968, 1070
Sockelleistenkanal 936, 1053
Speicher-Wassererwärmer mit Solar 835, 1007
Spiegel, hochkant, für Waschtisch 907
Spiegel, Kristallglas 907
Spülkasten Stahl demontieren 1028
Stahlrohrleitung demontieren 1018, 1019, 1023
Strangregulierventil 844
Stützgriff, fest 916, 1037
Stützgriff, klappbar 916, 917, 1034, 1036, 1037

T

Tacker/EPS-Systemträger, Fußbodenheizung 871
Tastschalter 936
Tellerventil, Zu-/Abluft 983, 1084
Thermostatarmatur, Badewanne 908
Thermostatventil 867
Trinkwarmwasserbereiter, Durchflussprinzip 826
Trinkwarmwasserspeicher 834
Türlaibung, Aufzugsanlage 972, 1073

U

Überfallmelder 1064
Überfallmelder, Handtaster, Aufputz 960
Überströmventil 844
Umlenkungsbogen, Heizleitung 871
Ummantelung, Anbindeleitung 873
Umwälzpumpen 835, 836
Unterkonstruktion Stützgriff/Sitz 914
UP-Siphon, Waschtisch 907
Urinal demontieren 1029
Urinal, Keramik 911

V

Verbindungs-/Abzweigdose, aP 938
Verbindungs-/Abzweigkasten, aP 938
Verglasung Aufzugsanlage 971
Verteiler Heizungswasser 869
Verteilerschrank, Fußbodenheizung 870
VRF-Außengerät Heizen/Kühlen 1087
VRF-Innenwandgerät, Heizen/Kühlen 1088
VRF-Verteilereinheit, Innengerät 988, 1089

W

Wannenleuchte, LED, Feuchtraum 1056
Wärmedämmschalen für Armaturen und Pumpen 924, 1046
Wärmedämmung, Rohrleitung, DN15 919
Wärme-Differentialmelder 959, 1063
Wärmepumpe 827, 828, 830, 1004, 1005
Warmwasser-Zirkulationspumpe, DN20 887
Wartung Personenaufzug 972
Wartung, Wärmepumpe 833, 1007
Waschbecken, barrierefrei 907, 1034
Waschtisch demontieren 1028
Waschtisch, Keramik 906, 1029
Waschtischbatterie demontieren 1028
WC, barrierefrei 908, 1034
WC, wandhängend 908, 1030
WC-Anlage demontieren 1028
WC-Betätigung, berührungslos 1035
WC-Bürste 909
WC-Rückenstütze 915
WC-Sitz 909, 1031
WC-Spülkasten, mit Betätigungsplatte 909, 1035
WC-Toilettenpapierhalter 909
Wetterschutzgitter, Außenluft-/Fortluft 979, 1080
Wickelfalzrohr, Reduzierstück 983, 1084

Z

Zählerschrank, uP, Multimediafeld 945
Zeigerthermometer, Bimetall 845
Zirkulations-Regulierventil 887
Zubehörmontage, VRF-Anlage 989, 1090
Zweifach-Schutzkontaktsteckdose 940, 941